AF307228

Springer Umweltlexikon

Springer-Verlag Berlin Heidelberg GmbH

M. Bahadir   H. Parlar   M. Spiteller   (Hrsg.)

Springer
Umweltlexikon
2. Auflage

Mit einem Geleitwort der Bundesministerin
für Bildung und Forschung

Unter Mitarbeit von
D. Angerhöfer, H. D. Behr, M. Beier, U. Bilitewski, F. Berschauer, R. Böhm, T. Brasser,
W. Brewitz, U. Clausen, H.-J. Collins, M. Erhardt, T. Eikmann, W. Ernst, G. Fingerling,
W. R. Fischer, S. Gäb, M. Gernert, T. Goldhammer, S. Hartwig, H. H. Heitland,
J. Henneböhl, E. E. Hildebrand, M. Hillerbrand, B. Hock, P. Jacob, J. Klein, R. Klinkner,
D. Klockow, W. Koelzer, D. Kotzias, R. Kreuzig, G. Lach, O. Larink, R. Leithner,
K. E. Lorber, P. N. Martens, G. Mattheß, H. Menrad, G. Morscheck, K. Münnich,
H. Niessen, F.-J. Peine, W. Pestemer, R. Petzold, H. Ploss, O. Renn, J. Richter, M. Rössert,
J. Schauermann, S. Schmidt, A. Schmieder, S. Schomburg, U. Schröder, J. Schwoerbel,
M. Seym, D. Sohn, P. Spillmann, D. Strauch, H. Teichmann, H. Wamhoff, H.-E. Wichmann,
M. Wiebelt

Springer

Prof. Dr. mult. Dr. h.c. MÜFIT BAHADIR
Technische Universität Braunschweig
Institut für Ökologische Chemie und Abfallanalytik
Hagenring 30
38106 Braunschweig

Prof. Dr. Dr. h.c. HARUN PARLAR
Technische Universität München
Lehrstuhl für Chemisch-Technische Analyse
und Chemische Lebensmitteltechnologie
85354 Freising-Weihenstephan

Prof. Dr. MICHAEL SPITELLER
Universität Dortmund
Institut für Umweltforschung
Otto-Hahn-Str. 6
44221 Dortmund

ISBN 978-3-642-62954-9

Die Deutsche Bibliothek – CIP-Einheitsaufnahme
Springer-Umweltlexikon / Hrsg.: Müfit Bahadir ... – Berlin ; Heidelberg ; New York ; Barcelo-
na ; Hongkong ; London ; Mailand ; Paris ; Singapur ; Tokio : Springer, 2000
ISBN 978-3-642-62954-9   ISBN 978-3-642-56998-2 (eBook)
DOI 10.1007/978-3-642-56998-2

Einbandgestaltung: eSTUDIO CALAMAR, Pau/Girona
Satz: Appl, Wemding
SPIN: 10629254   14/3134/AG – 5 4 3 2 1 0   Gedruckt auf säurefreiem Papier

Geleitwort

Der Planet Erde ist unser Lebensraum. Wir sind auf ihn angewiesen, er ist unsere Zukunft. Wenn unser Lebensraum zerstört wird, dann wird unsere Zukunft und die unserer Kinder zerstört.

Die Menschen sind nur ein Teil dieser Welt. Tiere, Pflanzen, Luft, Wasser und Boden gehören ebenso dazu. Wir Menschen sind aber derjenige Teil des Ökosystems Erde, der am tiefgreifendsten in die Zusammenhänge dieses gemeinsamen Lebensraumes bewußt eingreifen kann. Wir stehen deshalb in der Verantwortung, diesen Lebensraum zu erhalten, um uns und unseren Nachkommen eine lebenswerte Zukunft sichern zu können. Eine chinesische Weisheit drückt diese Verpflichtung treffend aus: „Eine Generation pflanzt die Bäume, eine andere genießt den Schatten."

Umweltpolitik darf aber nicht isoliert gesehen werden. Unser Ziel muß vielmehr eine dauerhafte nachhaltige Entwicklung sein. Das Leitbild der Nachhaltigkeit bedeutet: Alle wirtschaftlichen, sozialen und ökologischen Entscheidungen und Entwicklungen müssen zukunftsverträglich sein. Sie dürfen die Zukunft nicht belasten, sondern müssen sie sichern. Wirtschaftliche Leistungsfähigkeit, soziale Gerechtigkeit und ökologische Verträglichkeit sind die drei Zielkoordinaten, um die sich Politik in Deutschland, in Europa und weltweit zu bemühen hat.

Zukunftsgestaltung hat also einen hohen Stellenwert für die Politik. Sie hat vorsorgenden Charakter und bezieht den Schutz der Lebensgrundlagen zukünftiger Generationen ein. Wir müssen unsere heutigen Entscheidungen vorsorgend treffen und unseren Kindern damit Optionen für morgen erhalten.

Diese Zukunftsgestaltung bedarf einer intensiven Vorarbeit und Begleitung von Bildung, Wissenschaft und Forschung. Durch eine integrierte Untersuchung ökonomischer, sozialer und ökologischer Wirkungszusammenhänge können wir Problemfelder eingrenzen und Lösungsmöglichkeiten entwickeln, um eine erfolgreiche Nachhaltigkeitsstrategie voranzubringen. Der Wissenschaftsrat und auch der Sachverständigenrat für Umweltfragen haben zurecht mehrfach darauf hingewiesen, daß bei der Suche nach dauerhaft umweltgerechten Lösungen integrierte Ansätze erforderlich sind.

So fehlen uns noch genügend Kenntnisse und Vorstellungen über soziale und institutionelle Innovationen, die zu einer nachhaltigen Entwicklung führen könnten. Das Verhalten der Verbraucher und Kommunen, der Betriebe und Behörden muß sich verändern. Notwendig sind ökonomische Rahmenbedingungen, damit Preise die ökologische Wahrheit sagen. Umweltbelastende Lebensstile und Konsummuster müssen für große Bevölkerungsgruppen attraktiv und bezahlbar werden.

Wir brauchen Innovationen, die langfristigerem Denken auf allen gesellschaftlichen Ebenen wieder zu mehr Geltung verhelfen. Denn zukunftsfähig können nur Wohlstands- und Gesellschaftsmodelle sowie Lebensentwürfe sein, die ein gelungenes Leben – individuell und gesellschaftlich – auch mit weniger Stoffverbrauch realisierbar werden lassen.

Eine für die Zukunft ressourcenschonende Entwicklung verlangt auch, mit der Kreislaufwirtschaft ernstzumachen. Nachsorgender Umweltschutz ist zu teuer! Er ist zu einem erheblichen Kostenfaktor geworden. Er ist auch nur unzureichend in der Lage, die Ressourcen zu schonen. Wir müssen deshalb den Aufbau von Stoffkreisläufen in der industriellen Produktion und eine ökologische Gestaltung von Produkten fördern. Zur Abfallvermeidung und zur Stärkung der Produktverantwortung sind ökonomische Anreize notwendig. Die Entwicklung und die Einführung neuer produktionsintegrierter und damit an den Ursachen der Umweltbelastung ansetzender Technologien sowie innovativer Produkte und

Dienstleistungen wird nicht nur die Umwelt entlasten, sondern kann auch zur Schaffung von zukunftsfähigen Arbeitsplätzen und damit zu mehr sozialer Sicherheit beitragen.

Moderne Verfahren der Biotechnologie beispielsweise eröffnen neue Möglichkeiten und Chancen bei der umweltfreundlichen Umweltsanierung. Sie können dazu beitragen, Schadstoffe in unbedenkliche Stoffe umzuwandeln oder durch unbedenkliche Produkte zu ersetzen.

Neben vielen anderen Maßnahmen und Gebieten, auf denen wir tätig sein müssen, kommt auch der internationalen Umweltpolitik herausragende Bedeutung zu. Wir brauchen eine größere Harmonisierung der Umweltvorschriften vor allem in der Europäischen Union auf hohem Niveau. Internationale Vereinbarungen müssen verhindern, daß mit einer Politik des Umweltdumping unserem Planeten Erde Schaden zugefügt wird.

Die vorliegende zweite Auflage des Springer-Umweltlexikons gibt einen breiten Überblick über wichtige Begriffe des Umweltschutzes und der Umwelttechnik. Sie ist damit ein wichtiges Nachschlagewerk für alle, die sich im Sinne einer zukunftsverträglichen Entwicklung engagieren möchten. Ich wünsche diesem Buch viele Leserinnen und Leser.

Bonn, im Juli 1999   EDELGARD BULMAHN
                                       Bundesministerin für Bildung und Forschung

Vorwort zur zweiten Auflage

Infolge der „Standortdiskussion" in Deutschland Mitte der 90er Jahre wurde im öffentlichen Diskurs ökonomischen Themen zu Lasten der ökologischen eine hohe Priorität eingeräumt. Hinzu kamen die bereits verabschiedeten oder auf den Weg gebrachten Gesetze und Verordnungen, wie z.B. das Kreislaufwirtschafts- und Abfallgesetz (KrW/AbfG) und Bundes-Bodenschutzgesetz (BBodSchG), die in der Gesellschaft den Eindruck vermitteln konnten, daß die Umwelt nunmehr in Ordnung sei und man sich neuen aktuelleren Themen widmen könne. Die Umwelt als Kostenfaktor wurde für Fehlentwicklungen auf dem Arbeitsmarkt verantwortlich gemacht. Dementsprechend fiel der Umweltschutz in Umfragen auf hintere Plätze zurück.

Dann gibt es noch die Partikularinteressen von mächtigen (Wirtschafts-)Verbänden und Lobbyisten, die das Inkrafttreten von wichtigen Verordnungen verhindern können, wie es kürzlich mit der europäischen Altautoverordnung in Brüssel demonstriert wurde. Selbst solche Instrumente des Staates, wie die Ökosteuer auf Kraftstoff- und Energieverbrauch, werden nicht primär zur Steuerung des Umweltverbrauchs, sondern zum Stopfen von Haushaltslöchern verwendet.

Daß dies nicht richtig war, wird durch die jüngsten Umweltskandale, wie das „Recycling" von Dioxin- und PCB-haltigen Altölen in Belgien zu Hühnerfutter und von kontaminierten Klärschlämmen in Frankreich zu Tiermehl, auch dem Verbraucher eindrucksvoll vor Augen geführt. An diesen zunächst scheinbar nur den Lebensmittelsektor betreffenden Beispielen wird deutlich, daß zwischen dem rechtlichen Rahmen und dem Vollzug eine große Lücke klaffen kann, und daß mit dem Beschließen von Gesetzen die Umweltprobleme noch nicht beseitigt sind. So wurden z.B. durch das KrW/AbfG viele frühere Abfälle zu Wirtschaftsgütern umdeklariert und einer geordneten Entsorgung entzogen. Auf der anderen Seite wird Recycling primär unter Gesichtspunkten der technischen Machbarkeit durchgeführt, aber die ökologischen und umwelthygienischen (Langzeit-)Aspekte bleiben unberücksichtigt. Ja, vielfach existieren nicht einmal Prüfungs- und Bewertungsinstrumente als Grundlage zur Optimierung der Recyclingprozesse und -produkte.

Das Thema Umwelt wird uns also auch im neuen Millennium beschäftigen und in Atem halten. Es ist dabei allerdings erforderlich, daß die in der Vergangenheit vornehmlich mono- bzw. intradisziplinär fokussierte Betrachtungsweise sich für die komplexen Zusammenhänge und vernetzten Strukturen in der Gesellschaft öffnet und die globalen Umweltprobleme in interdisziplinären internationalen Netzwerken diskutiert und bearbeitet werden.

In der nunmehr vorliegenden überarbeiteten zweiten Auflage des Springer-Umweltlexikons wurden die ganzheitlichen und sozioökonomischen Aspekte neu bzw. verstärkt aufgegriffen. Naturgemäß wurde der gesetzlichen Entwicklung große Aufmerksamkeit geschenkt. Neu hinzu gekommen ist ein Fachwörterbuch Englisch–Deutsch im Anhang, um das Nachschlagen bei der englischsprachigen internationalen Literatur zu erleichtern. Schließlich wurde einem vielfach geäußerten Wunsch Rechnung getragen, den Stichwörtern z.T. weiterführende Literatur zuzuordnen.

Bedanken möchten wir uns bei vielen Rezensenten und Fachkollegen, die die erste Auflage kritisch-wohlwollend besprochen und uns dabei auf wichtige fehlende Stichwörter und (leider wohl unvermeidliche) Fehler hingewiesen haben. Auch für die zweite Auflage wünschen wir uns die entsprechende Resonanz. Dank gebührt ebenfalls den alten und neuen Autoren für die konstruktive Zusammenarbeit, dem neuen Lexikon-Team im Springer-

Verlag für die erhebliche Unterstützung und natürlich unseren Familien und Lebenspartnern für die aufgebrachte Geduld und das Verständnis.

September 1999

MÜFIT BAHADIR
HARUN PARLAR
MICHAEL SPITELLER

VIII   Vorwort zur zweiten Auflage

Verlag für die erhebliche Unterstützung und natürlich unseren Familien und Lebenspartnern für die aufgebrachte Geduld und das Verständnis.

Vorwort zur ersten Auflage

Im Januar 1990 feierte das *Chemical Abstracts Service (CAS)* ein denkwürdiges Jubiläum. In dieser weltweit vollständigsten chemischen Datenbank wurde die zehnmillionste Verbindung, *cis(+)-4,6,7,8,8a,8b-Hexahydro-6,6,8b-trimethyl-3H-naphtho[1,8-bc]furan,* der Japaner *Ken Kanematsu* und *Shigeru Nagashima* von der Kajushu Universität registriert.

Die CAS-Datenbank verzeichnet die nach deren Strukturaufklärung in der Literatur veröffentlichten chemischen Verbindungen. Die Bemühungen der synthetisch arbeitenden Chemiker sind naturgemäß darauf ausgerichtet, ein erwünschtes Präparat herzustellen und zu charakterisieren. Daher bleiben die bei vielen chemischen Prozessen gleichzeitig entstehenden Neben- und Abfallprodukte häufig unaufgeklärt. Bei der Produktion der gegenwärtig ca. 100.000 vermarkteten chemischen Verbindungen im technischen Maßstab werden 10 bis 100 Neben- und Abfallverbindungen je Zielverbindung, wenn auch nur in geringen Mengen, mitgebildet, die die Umweltqualität in Form von flüssigen und gasförmigen Emissionen und festen Abfällen beeinträchtigen können. Berücksichtigt man ferner, daß diese Verbindungen in Umweltmedien biotischen und abiotischen Umwandlungsreaktionen unterliegen, die ihrerseits mit der Bildung neuer chemischer Substanzen einhergehen, so wird die Zahl der durch Menschen verursachten, chemischen Wechselwirkungen in der Umwelt schier unüberschaubar. Hinzu kommen die zur Umwelt offenen Applikationen von Pestiziden, Lösungsmitteln u.a. sowie deren Folgeprodukten.

Es wäre jedoch falsch anzunehmen, die Umweltqualität würde allein oder hauptsächlich von der Chemischen Industrie beeinträchtigt. Es gibt praktisch keinen technischen Prozeß, der ohne Beteiligung von chemischen Reaktionen abliefe. Die Energieerzeugung etwa erfolgt durch thermische Oxidation fossiler Kohlenstoffträger, wie auch der Kfz-Verkehr von ihnen abhängt, der Bergbau und die Hüttenindustrie wenden im wesentlichen anorganisch-chemische Reaktionen an, im klassischen Maschinenbau und in der modernen EDV-Technologie sind metallurgische, d.h. anorganisch-chemische, sowie organisch-chemische Prozesse des Kühlschmierstoff- und Kunststoffeinsatzes bis hin zu Polymeradditiven und Flammschutzmitteln involviert. Diese Beispiele ließen sich fortsetzen.

Für das Verständnis der Vorgänge um die Umwelt(-qualität) gehört natürlich und in erster Linie die Beschreibung der ungestörten Systeme und deren Veränderungen. Die menschlichen Eingriffe in das Umweltgeschehen finden auch statt bei der „Optimierung" der Produktionsleistung der Ökosysteme für die menschliche Nahrungskette, etwa durch die gezielte Verarmung der Artenvielfalt in den land- und forstwirtschaftlich genutzten Flächen und der Ausweisung neuer Wohn- und Gewerbegebiete. Selbst die Verfahren der Luftreinhaltung und der Abwasserklärung sind mit Umweltbelastungen in Form von Flugstäuben, gebrauchten Filtern und kontaminierten Klärschlämmen verbunden.

Im vorliegenden *Springer-Umweltlexikon* versuchen die Herausgeber und der Verlag eine ganzheitliche Betrachtung der Umwelt unter biotischen, abiotischen und technischen sowie natürlichen und zivilisatorischen Gesichtspunkten herauszuarbeiten. Gemeinsam mit 64 Autoren werden etwa 100 Fachgebiete und Disziplinen in ca. 9.000 Stichwörtern dargestellt. Die Auswahl der Stichworte erfolgte zum einen wegen ihres Bezugs zur Umwelt. Zum anderen wurden aber zentrale Begriffe einer ansonsten für die Umwelt wichtigen Disziplin miterläutert, selbst wenn sie den unmittelbaren Bezug zur Umwelt vermissen lassen. Hierdurch soll vermieden werden, daß dieses Nachschlagewerk nur gemeinsam mit Fachlexika z.B. der Naturwissenschaften, der Technik, der Bergbaukunde, des Hüttenwesens u.a. benutzt werden könnte.

Ein so breites Gebiet, wie die Umweltwissenschaften und die Technik, die die Umwelt beeinträchtigt, kann naturgemäß kein Herausgeber allein im Detail überschauen. Hier gilt der besondere Dank den Autoren der Fachbeiträge für die Bereitschaft zur vertrauensvollen Zusammenarbeit mit den zuständigen Herausgebern und dem Verlag.

Der besondere Dank gilt auch den betreuenden Mitarbeitern im Springer-Verlag, die mit viel Engagement die Herausgeber in jeder Beziehung aktiv unterstützt haben, damit dieses Werk mit diesem Umfang fertiggestellt werden konnte.

Nicht zuletzt gilt unser Dank unseren Familien und Partnern, ohne deren verständnisvolle und geduldige Unterstützung die zusätzliche Arbeit der Erstellung eines Lexikons neben dem Hauptamt an der Universität kaum hätte erbracht werden können.

August 1994

M. BAHADIR
H. PARLAR
M. SPITELLER

Inhaltsverzeichnis

Abkürzungsverzeichnis

AAS	Atomabsorptionsspektroskopie/-metrie
Abb.	Abbildung
Abk.	Abkürzung
abs.	absolut
Ac_2O	Acetanhydrid
alkal.	alkalisch
allg.	allgemein
Anm.	Anmerkung
anorg.	anorganisch
anschl.	anschließend
Aufl.	Auflage
asymm.	asymmetrisch
bakt.	bakteriell
Bd.	Band
ber.	berechnet
Best.	Bestimmung
best.	bestimmt
betr.	betrifft, betreffen, betreffend
bez.	bezogen
biol.	biologisch
BuOH	Butanol
bzgl.	bezüglich
bzw.	beziehungsweise
ca.	circa, ungefähr
CAS	Chemical Abstracts Services
CD	Circulardichroismus
chem.	chemisch
d	Dublett
dgl.	dergleichen, desgleichen
dest.	destillatus (destilliert)
d.h.	das heißt
dil.	dilutus (verdünnt)
diss.	dissoziiert
D, L	Konfigurationsbezeichnung
DMF	Dimethylformamid
DMSO	Dimethylsulfoxid
EU-Nr.	Stoffe und Zusatzstoffe nach Zusatzstoff-Zulassungsverordnung
Eig.	Eigenschaft
einschl.	einschließlich
entw.	entweder
entspr.	entspricht, entsprechend
et al.	et alii
etc.	et cetera
EtOH	Ethanol
evtl.	eventuell
Exp.	Experiment

exp.	experimentell
Extr.	Extrakt
fl.	flüssig
Fp.	Schmelztemperatur
FT	Fourier Transform
GC	Gaschromatographie
ggf.	gegebenenfalls
GKl.	Giftklasse/Giftklassifizierung
Gl.	Gleichung
GPC	Gelpermeationschromatographie
HAc	Essigsäure
HPLC	Hochleistungsflüssigkeitschromatographie
Hrsg.	Herausgeber
HWZ	Halbwertzeit
hygr.	hygroskopisch
i	iso
IC	Ionenchromatographie
I.E.	Internat. Einheit
Inj.	Injektion
IR	Infrarot
i.v.	intravenös
i.w.	im wesentlichen
IZ	Iodzahl
KG	Körpergewicht
konst.	konstant
konz.	konzentriert
Konz.	Konzentration
korr.	korrigiert
Kp.	Siedetemperatur
krist.	kristallisiert, kristallin
lösl.	löslich
LD_{50}	Letale Dosis (50 %)
LC_{50}	letale Konzentration (50 %)
Lsg.	Lösung
m	Multiplett
m	meta
MAK	Maximale Arbeitsplatzkonzentration
max.	maximal
med.	medizinisch
MeOH	Methanol
MHK	Minimale Hemmkonzentration
MPLC	Mitteldruckflüssigkeitschromatographie
MS	Massenspektrum/Massenspektrometer
NMR	Kernmagnetische Resonanz
o	ortho
o.a.	oben angegeben(e)
od.	oder
opt.	optisch
org.	organisch
ORD	Optische Rotationsdispersion
Ox.	Oxidation
p	para
p.a.	pro analysi
PEG	Polyethylenglycol
pH	neg. dekadischer Logarithmus der Hydroniumionenkonzentration
ppm	Teile je Million Teile (parts per million)
p.o.	per os
prim.	primär
pur.	purus (rein)
PrOH	Propanol

q	Quartett
qual.	qualitativ
quant.	quantitativ
quart.	quartär
Red.	Reduktion
rel.	relativ
R_f	Retentionsfaktor
Rhiz.	Rhizoma (Rhizom)
R, S	Konfigurationsbez., nach CIP
R_{st}	R_{st}-Wert (Standard)
s	Singulet
s.	siehe
S.	Seite
s. a.	siehe auch
s. c.	subcutan
sek.	sekundär
s. o.	siehe oben
sog.	sogenannt
Spec.	Species
spez.	spezifisch
ssp.	Subspecies
s. u.	siehe unten
subl.	sublimatus (sublimiert)
Subl.	Sublimatus
symm.	symmetrisch
synth.	synthetisch
Synth.	Synthese
t	Triplett
Tab.	Tabelle
Temp.	Temperatur
tert.	tertiär
tgl.	täglich
THF	Tetrahydrofuran
tierexp.	tierexperimentell
Titr.	Titration
TLC	Dünnschichtchromatographie, Dünnschichtchromatogramm
TMS	Tetramethylsilan
u. a.	und andere, unter anderem
usw.	und so weiter
u. U.	unter Umständen
UV	ultraviolett
Verb.	Verbindung
Verbb.	Verbindungen
verd.	verdünnt
versch.	verschieden
vet.	veterinärmedizinisch
vgl.	vergleiche
VIS	sichtbares Licht
Vol.	Volume(n)
Vork.	Vorkommen
WHO	Weltgesundheitsorganisation
z. B.	zum Beispiel
Zers.	Zersetzung
zit.	zitiert
ZNS	Zentralnervensystem
z. T.	zum Teil
zus.	zusammen
Zus.	Zusammensetzung

Autorenverzeichnis

Daniela Angerhöfer
Lehrstuhl für Chemisch-Technische Analyse und Chemische Lebensmitteltechnologie
Technische Universität München
85354 Freising-Weihenstephan

Prof. Dr. mult. Dr. h.c. Müfit Bahadir
Institut für Ökologische Chemie und Abfallanalytik
Technische Universität Braunschweig
Hagenring 30
38106 Braunschweig

Dr. Hein Dieter Behr
Deutscher Wetterdienst
Geschäftsfeld Seeschiffahrt
Postfach 30 11 90
20304 Hamburg

Maria Beier
Melsunger Straße 21
34327 Körle

Priv.-Doz. Dr. Ursula Bilitewski
Gesellschaft für Biotechnologische Forschung – GBF –
Mascheroder Weg 1
38124 Braunschweig

Dir. Prof. Dr. Friedrich Berschauer
Pflanzenschutz Entwicklung
Pflanzenschutzzentrum Monheim
Geb. 6100
51368 Leverkusen-Bayerwerk

Prof. Dr. Reinhard Böhm
Institut für Umwelt- und Tierhygiene sowie Tiermedizin
Universität Hohenheim-460
70593 Stuttgart

Dr. Thomas Brasser
Gesellschaft für Anlagen- und Reaktorsicherheit (GRS) mbH
Fachbereich Endlagersicherheitsforschung
Theodor-Heuss-Straße 4
38122 Braunschweig

Dr. Wernt Brewitz
Gesellschaft für Anlagen- und Reaktorsicherheit (GRS) mbH
Fachbereich Endlagersicherheitsforschung
Theodor-Heuss-Straße 4
38122 Braunschweig

Dr. Uwe Clausen
Bayer AG
ZF-FGF/Gebäude Q 18
51368 Leverkusen-Bayerwerk

Prof. Dr.-Ing. Hans-Jürgen Collins
Technische Universität Braunschweig
Leichtweiß-Institut für Wasserbau
Landwirtschaftlicher Wasserbau und Abfallwirtschaft
Beethovenstraße 51 a
38106 Braunschweig

Dr. Manfred Ehrhardt
Abteilung Meereschemie
Institut für Meereskunde
Düsternbrooker Weg 20
24105 Kiel

Prof. Dr. med. Thomas Eikmann
Hygiene Institut der Justus-Liebig-Universität Gießen
Friedrichstraße 16
35385 Gießen

Prof. Dr. Wolfgang Ernst
Am Hang 16
27624 Bad Bederkesa

Dr. G. Fingerling
Lehrstuhl für Gemüsebau
TU München
85350 Freising-Weihenstephan

Prof. Dr. Walter R. Fischer
Institut für Bodenkunde
Universität Hannover
Herrenhäuserstraße 2
30419 Hannover

Prof. Dr. Siegmar Gäb
Fachbereich 9: Analytische Chemie
Bergische Universität
Gesamthochschule Wuppertal
Gaußstraße 20
42097 Wuppertal

Dr. M. Gernert
Institut für Pharmakologie
Bünterweg 17
30559 Hannover

Dr. Thomas Goldhammer
CDU/CSU-Fraktion
AG Ernährung, Landwirtschaft und Forsten
Unter den Linden 71
10117 Berlin

Prof. Dr. Sylvius Hartwig
Fachbereich 14: Sicherheitstechnik
Bergische Universität Gesamthochschule Wuppertal
Gaußstraße 20
42119 Wuppertal

Prof. Dr.-Ing. HERBERT H. HEITLAND
Brunnenstraße 27
38527 Meine-Grassel

Dipl.-Ing. JÜRGEN HENNEBÖHLE
Bayer AG Umweltforschung
Institut für Metabolismusforschung
Pflanzenschutzzentrum Monheim
Alfred-Nobel-Straße 50
40789 Leverkusen

Prof. Dr. E. E. HILDEBRAND
Institut für Bodenkunde und Waldernährungslehre
Universität Freiburg
Bertholdstraße 17
79098 Freiburg

Dr. MAX HILLERBRAND
SIEMENS AG – Bereich Energieerzeugung
KWU Ref. G 14
Freyeslebenstraße 1
91058 Erlangen

Prof. Dr. BERTHOLD HOCK
Lehrstuhl für Botanik
Fachbereich: Landwirtschaft und Gartenbau
Technische Universität München
85350 Freising-Weihenstephan

Dr. PETER JACOB
Institut für Spektrochemie und angewandte Spektroskopie (ISAS)
Postfach 10 13 52
44013 Dortmund

Prof. Dr. JOACHIM KLEIN
Lehrstuhl für Makromolekulare Chemie
Technische Universität Braunschweig
Hans-Sommer-Straße 10
38106 Braunschweig

Dr. ROMAN KLINKNER
Saarbrücker Innovations- und Technologiezentrum
Altenkesseler Straße 17
66115 Saarbrücken

Prof. Dr. DIETER KLOCKOW
Institut für Spektrochemie und angewandte Spektroskopie (ISAS)
Postfach 10 13 52
44013 Dortmund

Dipl.-Phys. WINFRIED KOELZER
Forschungszentrum Karlsruhe
Hauptabteilung Sicherheit
Postfach 36 40
76021 Karlsruhe

Dr. DIMITRIS KOTZIAS
Joint Research Centre of the EEC
Environment Institute
21020 Ispra (VA)
Italien

Priv.-Doz. Dr. ROBERT KREUZIG
Institut für Ökologische Chemie und Abfallanalytik
Technische Universität Braunschweig
Hagenring 30
38106 Braunschweig

Dr. GÜNTER LACH
c/o Handels- und Umweltschutzlaboratorium Dr. Wiertz/Eggert/Dr. Jörissen GmbH
Stenzelring 14 b
21107 Hamburg

Prof. Dr. OTTO LARINK
Zoologisches Institut
Technische Universität Braunschweig
Spielmannstraße 8
38106 Braunschweig

Prof. Dr. REINHARD LEITHNER
Institut für Wärme- und Brennstofftechnik
Technische Universität Braunschweig
Franz-Liszt-Straße 35
38106 Braunschweig

Prof. Dr.-Ing. KARL ERICH LORBER
Institut für Entsorgungs- und Deponietechnik
Montanuniversität Leoben
Peter-Tunner-Straße 15
8700 Leoben
Österreich

Prof. Dr.-Ing. P. N. MARTENS
Institut für Bergbaukunde I
RWTH Aachen
Wüllnerstraße 2
52062 Aachen

Prof. Dr. GEORG MATTHESS
Geologisch-Paläontologisches Institut und Museum der Universität Kiel
Olshausenstraße 40/60
24098 Kiel

HOLGER MENRAD
Haldensleber Straße 5
38442 Wolfsburg

Dr. G. MORSCHECK
Institut für Landschaftsbau und Abfallwirtschaft
Universität Rostock
Justus-von-Liebig-Weg 6
18051 Rostock

Dr. KAI MÜNNICH
Technische Universität Braunschweig
Leichtweiß-Institut für Wasserbau
Landwirtschaftlicher Wasserbau und Abfallwirtschaft
Beethovenstraße 51 a
38106 Braunschweig

Dr. HEINZ NIESSEN
Pannenberg 73
51469 Bergisch Gladbach

Prof. Dr. Dr. h.c. HARUN PARLAR
Lehrstuhl für Chemisch-Technische Analyse
und Chemische Lebensmitteltechnologie
Technische Universität München
85354 Freising-Weihenstephan

Prof. Dr. FRANZ-JOSEF PEINE
Juristisches Seminar der Universität Göttingen
Platz der Göttinger Sieben 6
37073 Göttingen

Prof. Dr. WILFRIED PESTEMER
Institut für ökologische Chemie
Biologische Bundesanstalt für Land- und Forstwirtschaft
Königin-Luise-Straße 19
14195 Berlin

Dr. RALF PETZOLD
Bundesministerium für Ernährung, Landwirtschaft und Forsten
Postfach 14 02 70
53107 Bonn

Dr. HARTMUT PLOSS
Sierichstraße 88
22301 Hamburg

Prof. Dr. ORTWIN RENN
Akademie für Technikfolgenabschätzung
in Baden-Württemberg
Industriestraße 5
70565 Stuttgart

Prof. Dr. JÖRG RICHTER
Institut für Geographie und Geoökologie
der Technischen Universität Carolo-Wilhelmina
Langer Kamp 19 c
38106 Braunschweig

Dr. MICHAEL RÖSSERT
Bayerisches Landesamt für Umweltschutz
86177 Augsburg

Dr. JÜRGEN SCHAUERMANN
Institut für Zoologie und Anthropologie
Abteilung Ökologie
Berliner Straße 28
37073 Göttingen

Dr. SIBYLLE SCHMIDT
Morsbroicher Straße 40
53175 Leverkusen

Dr. ANDREAS SCHMIEDER
WV Umweltschutz
Bayer AG
51368 Leverkusen-Bayerwerk

Dr. SABINE SCHOMBURG
Erfurter Straße 22
35274 Kirchhain

Dr. Uwe Schröder
Regierungspräsidium Kassel
Otto-Hahn-Straße 5
34123 Kassel

Prof. Dr. Jürgen Schwoerbel
Limnologisches Institut
Fakultät für Biologie
Universität Konstanz
Postfach 55 60
78434 Konstanz

Dr. Madeleine Seym
Pflanzenschutz Forschung
Umweltforschung, Institut für Produktinformation und Rückstandsanalytik
Bayer AG
51368 Leverkusen

Dipl.-Ing. D. Sohn
Institut für Bergbaukunde I
RWTH Aachen
Wüllnerstraße 2
52062 Aachen

Prof. Dr.-Ing. Peter Spillmann
Institut für Landschaftsbau und Abfallwirtschaft
Universität Rostock
Justus-von-Liebig-Weg 6
18051 Rostock

Prof. Dr. Michael Spiteller
Universität Dortmund
Institut für Umweltforschung
Otto-Hahn-Straße 6
44221 Dortmund

Prof. Dr. Dr. h.c. Dieter Strauch
Institut für Umwelt- und Tierhygiene sowie Tiermedizin
Universität Hohenheim-460
70593 Stuttgart

Prof. Ing. Hanns Teichmann
Primelstraße 18b
85591 Vaterstetten bei München

Prof. Dr. Heinrich Wamhoff
Institut für Organische Chemie und Biochemie der Universität Bonn
Gerhard-Domagk-Straße 1
53121 Bonn

Prof. Dr. Dr. H.-E. Wichmann
GSF Forschungszentrum für Umwelt und Gesundheit
Institut für Epidemiologie
Ingolstädter Landstraße 1
85764 Neuherberg

Dr. Manfred Wiebelt
Institut für Weltwirtschaft
Duesternbrooker Weg 120
24105 Kiel

AAS. >Atomabsorptionsspektroskopie<.

Abbau. 1. allgemein: Bezeichnung für die meist über definierte Zwischenprodukte verlaufende Zerlegung vielatomiger in einfachere Verbindungen. Zunehmende Bedeutung erlangen Abbaureaktionen im Umweltschutz und bei der Anwendung von Pflanzenbehandlungsmitteln. Sie bestimmen im wesentlichen die Verweildauer von Chemikalien in der Umwelt sowie die Menge der Rückstände in unserer Nahrung. Größere Bedeutung bei Abbaureaktionen kommt dem Sonnenlicht zu: Die darin enthaltene UV-Strahlung kann eine Vielzahl chem. Bindungen spalten. Die so entstehenden Bruchstücke (Radikale) reagieren dann durch Hydrolyse, Dehalogenierung, Isomerisierung, Dimerisierung, Oxidation und Reduktion ab. Biol. verläuft der A. enzymatisch katalysiert in höheren Tieren, Pflanzen oder Mikroorganismen. Die im Organismus gebildeten Abbauprodukte nennt man >*Metaboliten*<. Wichtig sind Abbaureaktionen für Waschmittel, Detergentien, Tenside und Kunststoffe in Abwässern und Abfällen sowie für Pflanzenschutzmittel im Agrarbetrieb.
Physikalischer, chem. oder biochem. Vorgang, bei dem org. Stoffe in der Umwelt oder bei Laborversuchen in künstlichem Substrat zerlegt werden. Für den biol. A. sind Mikroorganismen verantwortlich, deren Abbauenzyme org. Stoffe in einfache Abbauprodukte (Metabolite) zerlegen oder bis zum CO_2 mineralisieren. Der A. ist ein wesentlicher Parameter zur Beurteilung von Stoffen. Die Möglichkeit eines A., gleich ob abiotisch oder biotisch, entlastet einen Stoff. Der A. wird in Zusammenhang mit der Schadwirkung gegenüber aquatischen und terrestrischen Organismen betrachtet. Der >biologische Abbau< kann >aerob< oder >anerob< erfolgen.
2. abiotischer: (Syn. nichtbiologischer Abbau). Abbau einer Substanz durch chem. oder physikalische Vorgänge, z.B. Hydrolyse, Photolyse, Reduktion, oxidativen Abbau (ISO 6107/6). Bei der Bewertung von Stoffen werden spezifische Daten zur Hydrolyse und zum Photoabbau erfragt. Für letzteren werden gelegentlich auch Rechenmethoden herangezogen. Die Untersuchungsmethoden zum Photoabbau sind noch nicht international festgelegt.
3. biotischer: Abbau org. Substanz durch lebende Organismen, üblicherweise im wäßrigen Medium; >Abbaubarkeit<.
– aerober: („aerobic degradation"). Abbau durch Mikroorganismen unter Verbrauch von Sauerstoff (DIN 4045). Es handelt sich hierbei um das bevorzugte Prinzip kommunaler und industrieller Kläranlagen. Unterschiedliche Belüftungsaggregate sorgen für den Sauerstoffeintrag.
– anaerober: („anaerobic degradation"). Abbau von Stoffen durch Mikroorganismen unter anaeroben Bedingungen bei Temperaturen über 30 °C. *Anaerobe Abbautests*: Es wird mit Mikroorganismen aus anaeroben Schlammfaulungsanlagen (>anaerobe Schlammformung<) angeimpft. Die Versuche laufen bis zu 60 Tagen. Die Gasproduktion (CH_4 und CO_2) wird als Maß des Abbaus gewertet (s. Abb.). Über eine Versuchsmethode wird im internationalen Bereich derzeit diskutiert (ISO/Dis 13641).
4. Abwasser: Physikalischer, chem. oder biochem. Vorgang, bei dem org. Abwasserinhaltsstoffe zerlegt werden (DIN 4045).
5. Pflanzenschutzmittel (PSM): Veränderungen des Wirkstoffmoleküls durch biotische und/oder abiotische

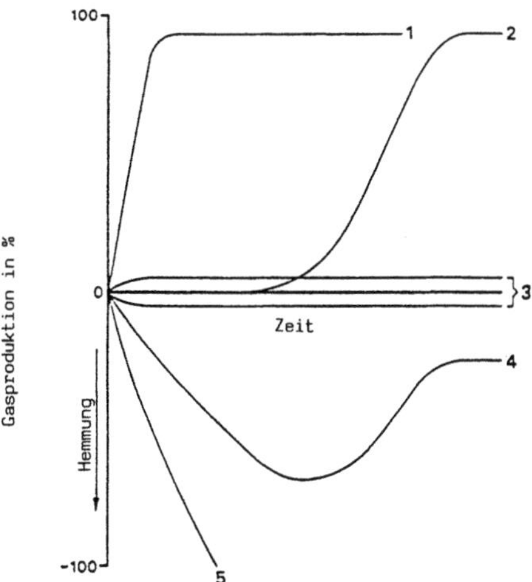

Abbau: Produktion von CH_4 und CO_2: 1 leicht abbaubar; 2 nach einer lag-Phase abbaubar; 3 wenig Effekte bezüglich Gasproduktion; 4 Hemmung am Beginn des Versuchs; 5 Hemmung während des gesamten Versuchs.

Faktoren, die zum Verlust der ursprünglichen Eigenschaften der Verbindung führen. Im strengeren Sinne versteht man unter A. eines PSM-Wirkstoffes z.B. im Boden dessen Mineralisierung, d.h. eine Änderung oder Abspaltung von Substituenten, Ringspaltung usw. bis hin zu „bodeneigenen" Verbindungen (Endmetaboliten) und schließlich den Einbau in den Ton-Humus-Komplex des Bodens. Im Boden wird oft zwischen metabolischem (>lag-Phase<) und >cometabolischem< A. unterschieden, wie sie in der Abb. in den verschiedenen Arten der Abbaukinetik dargestellt sind. Die DT-Werte (= disappearance time) geben dabei die Zeiten für einen 50– bzw. 90%igen Verlust zur Ausgangsmenge an.
In Pflanzen und Warmblütern verlaufen viele metabolische Prozesse ähnlich, wobei jedoch oft qualitative und quantitative Unterschiede bestehen. In Pflanzen unterliegen nur die in das Gewebe gelangenden Pflanzenschutzmittel einem A., wobei erst ein Transport im Xylem von den Wurzeln in die Blätter (apoplastischer Transport) oder von den Blättern zu Orten höherer Stoffwechselaktivität (z.B. Konjugate) stattfindet, oder unlösliche Endrückstände, die im System verbleiben und erst nach Absterben der Pflanzen in den Boden gelangen und dort weiter abgebaut werden. In Warmblütern führen die Abbauprozesse dagegen überwiegend zur Bildung von >Metaboliten<, die polarer sind als das Ausgangsmolekül. Der A. von Pflanzenbehandlungsmitteln erfolgt allgemein durch biol. (z.B. durch Mikroorganismen), chem. (z.B. Oxidation, Hydrolyse) oder durch physikalische Einflüsse (z.B. Licht, Wärme), wobei folgende Abbaumechanismen in Boden und Pflanze vorrangig zu nennen sind:
– Decarboxylierung [Abspaltung von CO_2 aus freien Carbonsäuren (COOH-Gruppen)], z.B. bei Benzoe- und Phenoxycarbonsäuren.
– Hydroxylierung [Einführung der Hydroxylgruppe (OH) in die Verbindung durch Substitution, z.B. durch Ersatz von funktionellen Gruppen oder Was-

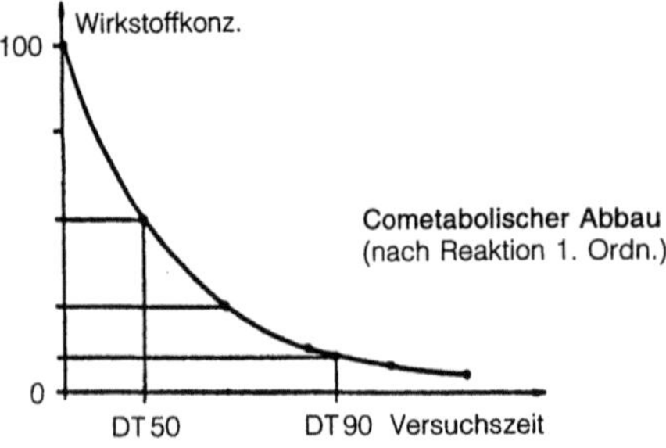

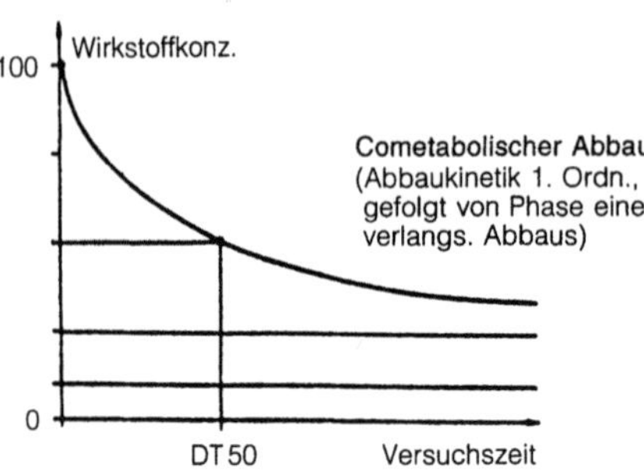

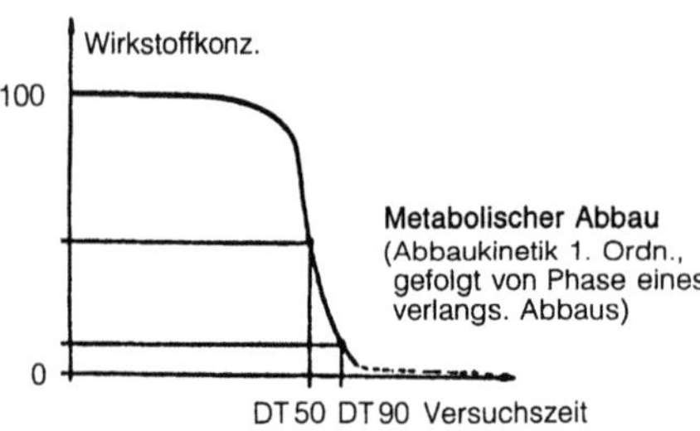

Abbau: Verschiedene Arten der Abbaukinetik von Pflanzenschutzmitteln im Boden (nach Herzel, 1987: Nachrichtenblatt des Deutschen Pflanzenschutzdienstes 39, 97–104)

serstoffatomen durch OH-Gruppen] z.B. bei Benzoe-, Phenoxycarbonsäuren, Triazinen.
- Dealkylierung [Abspaltung des Alkylrests (C_nH_{2n+1})], z.B. bei Harnstoffen, Triazinen.
- Demethylierung, Demethoxylierung [Abspaltung der Methyl-(CH_3) bzw. Methoxygruppen (OCH_3), z.B. bei Harnstoffen, Triazinen.
- Hydrolyse [Spaltung von kovalenten Bindungen durch Einwirkung von Wasser], z.B. bei Triazinen, Dinitroanilinen.
- Reduktion [z.B. Ersatz von Nitrogruppen (NO_2) durch Aminogruppen (NH_2)] z.B. bei Dinitroanilinen.
- Oxidation [z.B. Ersatz von Methylgruppen (CH_3) durch Carboxylgruppen (COOH)] z.B. bei Phenylharnstoffen.
6. Bergbau: 1. Tätigkeit der Gewinnung mineralischer Rohstoffe. 2. Ort der Gewinnung mineralischer Rohstoffe in der Lagerstätte.

Lit: Falbe J, Regnitz M (1989) Römpp Chemie Lexikon, 9. Aufl., Georg Thieme Verlag, Stuttgart New York – Wallnöfer PR, Engelhard G (1989) Microbial Degradation of Pesticides. In: Haug G, Hoffmann H (Hrsg.) Chemistry of Plant Protection, Bd. 2, Springer, Berlin Heidelberg New York S. 1–115 – Ökotoxikologie von Pflanzenschutzmitteln: Sachstandsbericht/Deutsche Forschungsgemeinschaft (1994, Hrsg. von der Senatskommission zur Beurteilung von Stoffen in der Landwirtschaft. – Langfassung. –). VCH Verlagsges. mbH, Weinheim – Hock B, Fedtke C, Schmidt RR (1995) Herbizide – Entwicklung, Anwendung, Wirkungen, Nebenwirkungen (Kap. 10, Verbleib in der Umwelt). Georg Thieme Verlag, Stuttgart New York.

Abbaubarkeit. 1. allgemein: („degradability"). Eigenschaft eines Stoffes, Stoffgemisches oder Abwassers, sich durch biol. (biochem., biotische), chem. und/oder physikalische (abiotische) Prozesse in andere Stoffe (Abbauprodukte, >Metaboliten<) oder bei vollständiger Mineralisierung zu CO_2, H_2O und ggf. NH_3 umzuwandeln. Die A. ist ein wichtiger Parameter zur Beurteilung chem. Stoffe. Man unterscheidet zwischen leicht biol. abbaubaren Stoffen („readily biodegradable") oder nicht leicht abbaubaren Stoffen („inherently biodegradable") oder sehr schwer (low biodegradable) bis nicht abbaubaren Stoffen. Für die Klassifizierung werden *biol. Abbautests* in Laboratorien durchgeführt oder auch *Photoabbautests*.
2. Tenside: Bei der biol. A. wird zwischen dem Primär- und dem Totalabbau unterschieden. Beim prim. oder funktionalen Abbau verlieren die >Tenside< lediglich ihre Grenzflächenakt. Der vollständige Abbau zu CO_2, H_2O und Mineralsalzen wird als Totalabbau bezeichnet. Der Nachweis der anionischen Tenside als methylenblauaktive Substanz (MBAS) erfolgt über die Salzbildung mit dem kationischen Farbstoff Methylenblau durch photometrische Best. des Komplexes in einer Chloroformphase. Die nichtionischen Tenside werden als bismutaktive Substanz (BiAS) durch Fällung mit Dragendorff-Reagenz und anschließende potentiometrische Titr. des gelösten Bismuts mit Pyrrolidinthiocarbamatlsg. bestimmt. In beiden Fällen wird nur die prim., d.h. der funktionale Abbau bestimmt, was den Verlust der Grenzflächenakt. bedeutet, nicht aber die totale Mineralisierung. Die Best. der A. von anionischen und nichtionischen Tensiden erfolgt zunächst nach einem Auswahltest (z.B. OECD-Screening-Test) sowie bei einem Abbau von weniger als 80% bzw. bei uneinheitlichen Ergebnissen nach einem Bestätigungstest (OECD-Confirmatory-Test).
Beim Auswahltest werden Bakterien aus Gartenerde in einer Mineralsalzlsg. 5 mg/L MBAS bzw. BiAS als einzige Kohlenstoffquelle angeboten und die Abbaurate im Vergleich zum biol. harten Tetrapropylenbenzolsulfonat (TPS) bzw. zu biol. weichen linearen Alkylbenzolsulfonaten (LAS) zu festgelegten Zeiten über einen Zeitraum von 19 Tagen als % MBAS- bzw. % BiAS-Abnahme best.
Beim Bestätigungstest wird das Abbauverhalten in einer >Belebtschlammanlage< in einer vorgeschriebenen Versuchsordnung im Labormaßstab nachempfunden.
Die Abbaurate (Abb. S. 3) der zu untersuchenden Substanz wird nach Beimpfung in einem synth. Abwasser bei einer mittleren Verweildauer von 3 Stunden in der Anlage wieder mit dem Abbau-Standard „Weich" und dem Abbau-Standard „Hart" verglichen. Nach einer Einarbeitungszeit von ca. 10 Tagen wird der Überlauf jeweils 24 Stunden gesammelt und als % MBAS- bzw. % BiAS-Abnahme über 21 Tage mit mind. 4 Tageswerten bestimmt. Zur Best. der Totala.

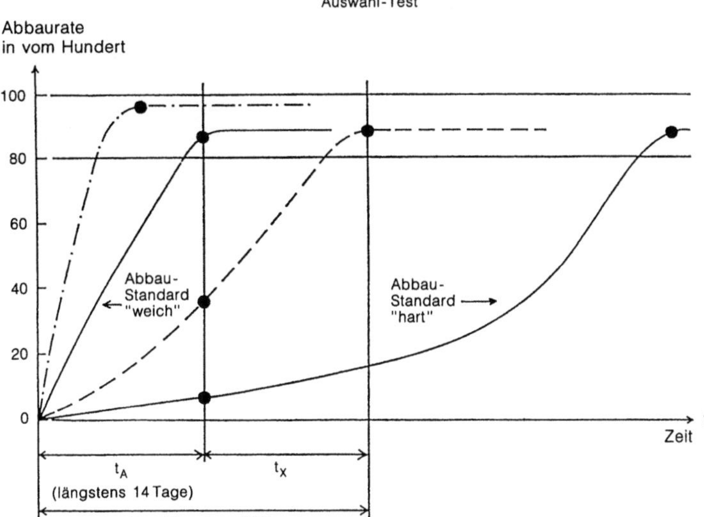

Abbaubarkeit: Ermittlung der biologischen Abbaurate

durchläuft die zu überprüfende Substanz zunächst eine Modellkläranlage (Confirmatory- oder Coupled-Unit-Test), dann wird die Abbaurate best., indem der verbliebene, gelöste org. Kohlenstoff (DOC-Wert) gemessen wird. Andere Methoden sind z. B. die Best. des Sauerstoffbedarfs im Vergleich zum theoretischen Sauerstoffbedarf oder die Best. des gebildeten Kohlenstoffdioxids.

Abbaugeschwindigkeit. Die Zeit, die zum Abbau benötigt wird; sie wird je nach Versuchsdurchführung in n Stunden oder n Tagen angegeben. Sie kann in Abbauversuchen in Laboratorien ermittelt werden und ist wichtig für die Auslegung von Kläranlagen (DIN 38412 Teil 24); s. Abb.

Abbaugrad. 1) Technischer A. (Abbaugrenze): Der Grad des Abbaus org. Substanz, der mit einem bestimmten Verfahren im praktischen technischen Betrieb nach den allgemein anerkannten Regeln der Technik erreichbar ist. 2) Theoretischer A.: Der Grad des Abbaus, der theoretisch erreichbar ist. Er entspricht dem Anteil der abbaubaren Substanz an den gesamten im Substrat enthaltenen org. .Substanzen (DIN 4045).

Abbaukante. Im >Tiefbau< Bez. für die Grenze zwischen abgebautem und stehengebliebenem Lagerstättenteil, die sich beim Abbau darüber- oder daruntergelegener Lagerstättenteile sowie im Hinblick auf >Bergschäden< ungünstig auswirken kann. Im >Tagebau<

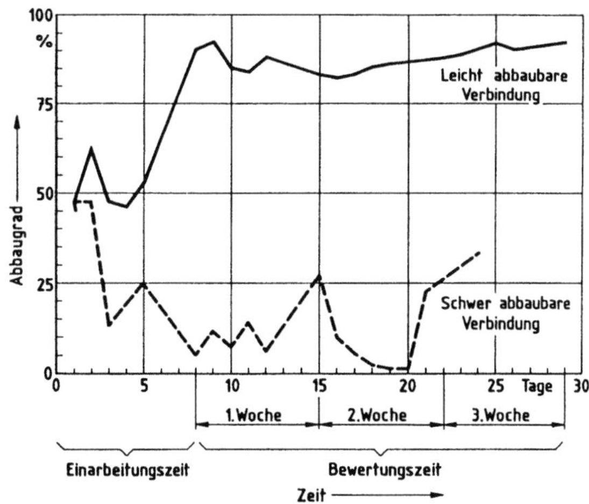

Abbaugeschwindigkeit: Abbaudiagramm

Bez. für die Begrenzung des Tagebaulochs auf der Gewinnungsseite. >Endböschung<.

Abbaukoeffizient. Beschreibt als spezieller Reaktions- od. Umwandlungskoeffizient in einer >Abbau-Gl.<, auch >Zerfalls-< od. >Zers.-Gl.< genannt, den >Abbau< chem. Verb., z. B. von Nitrat als >Denitrifikation< od. eines >Herbizids<. Der A. ist neben einer >Zustandsgröße< od. deren Gradient als >Parameter< die entscheidende Größe, die den >Fluß< in einer >dynamischen< Gl. best. Er ist abhängig von den sog. >intensiven Zustandsgrößen< wie Temp., Druck, Konz. od. >Aktivität< der versch. Komponenten. Erstreckt sich die Abhängigkeit über viele Größenordnungen, wird anstelle der Konz. od. Aktivität oft deren Logarithmus verwendet, z. B. der >pH-Wert<.

Abbauleistung. Abgebauter Teil der Raumbelastung nach DIN 4045, angegeben in kg/(m^3 · d).

Abbauprodukte. >Metaboliten<, >Abbaubarkeit<.

Abbaurichtung. >Abbauverfahren<.

Abbauverfahren. Verfahrensweise bei der Gewinnung mineralischer Rohstoffe. Insbesondere im >Tiefbau< gibt es eine Vielzahl unterschiedlicher A., die durch die Merkmale Bauweise, Dachbehandlung, Abbau- und Verhiebsrichtung sowie Abbauführung gekennzeichnet sind. Die Auswahl des A. hängt v. a. von der >Lagerstätte< ab und hat maßgeblichen Einfluß auf Wirtschaftlichkeit, >Abbauverluste< und Umweltverträglichkeit. Insbesondere die Dachbehandlung hat auf Umweltverträglichkeit und >Bergschäden< maßgeblichen Einfluß.

Abbauverluste. Aus technischen, geologischen oder wirtschaftlichen Gründen nicht abbaufähiger Lagerstätteninhalt.

Abbrand. 1. Kernreaktoren: Der Brennstoff von >Kernreaktoren< kann im Gegensatz zu >fossilem Brennstoff< nicht „in einem Zuge" umgesetzt werden, da im Laufe des Einsatzes im >Reaktor< der Brennstoff Veränderungen erfährt, die ein Auswechseln der >Brennelemente< erfordern. Der nichtverbrauchte Brennstoff und das entstandene >Plutonium< werden durch >Wiederaufarbeitung< der entnommenen Brennelemente wiedergewonnen. Für >Leichtwasserreaktoren< beträgt der A. 45 bis 50 MWd/t Uran. Das bedeutet, daß etwa 45 bis 50 kg spaltbares Material pro Tonne eingesetzten Kernbrennstoffes gespalten wurden und bei einem Wirkungsgrad des Kernkraftwerkes von 34 % 360 bis 400 Mio. kWh elektrische Energie pro Tonne Uran erzeugt werden.
2. Verbrennung: >Verbrennung<.

Abdeckelemente für Klärwerksbecken. Meist aus Kunststoff (>GFK<) oder Beton gefertigte Abdeckplatten oder Formstücke, die zum Schutz vor Emissionen – v. a. von Geruchsstoffen – über Klärwerksbauten wie z. B. Absetzbecken, Belebungsbecken oder Schlammeindicker gespannt bzw. gelegt und miteinander verbunden werden, so daß eine zusammenhängende Abdeckung entsteht. Bedingt durch das geringe Eigengewicht der Abdeckungen ist eine Verwendung bei bestehenden Becken und den vorhandenen Fundamenten besonders geeignet. Die Konstruktionen der Rundabdeckungen und der Rechteckabdeckungen sind meist freitragend ausgelegt und dimensioniert, können aber unter Beibehaltung des Systems auch an Stahl- oder Betonbrücken befestigt werden. Eine De-

Abdeckelemente für Klärwerksbecken (Werkbild Sulzer-Escher-Wyss Kältetechnik)

montage aller Elementtypen ist, unter Verwendung einfachster Werkzeuge und ohne Hebezeuge, durch Lösen weniger Verbindungs- bzw. Befestigungselemente möglich. Durch die Bearbeitung von hochwertigen, chem. resistenten >Polyesterharzen< bestehen auch bei Abwässern von Chemie-Unternehmen keine Bedenken gegen den Einsatz der beschriebenen Abdecksysteme (s. Abb.). Bei Geräuschentwicklung, z.B. durch Kreiselbelüfter, wird durch die Sandwich-Bauweise der jeweiligen Elemente eine Schallminderung erreicht. Die gleiche Vorrichtung kann auch bei der Gewinnung von >Biogas< eingesetzt werden.

Abdeckerei. Nicht mehr gebräuchliche Bezeichnung. >Tierkörperbeseitigung<.

Abdrift. >Abtrift<.

ABE. >Allgemeine Betriebserlaubnis<.

Abfahrvorgang. An- und Abfahrvorgänge sind bei vielen Prozessen mit erhöhten >Emissionen< verbunden. Im Einzelfall kann es daher erforderlich sein, für diese Betriebszustände Ausnahmen von den >Emissionsbegrenzungen< zuzulassen, bzw. besondere Festlegungen zu treffen. Die >TA Luft< gibt daher vor, An- und Abfahrvorgänge zu optimieren. Die Verordnung über >Verbrennungsanlagen< für Abfälle (17. Verordnung zur Durchführung des *Bundes-Immissionsschutzgesetzes*) schreibt z.B. konkret vor, bei An- und Abfahrvorgängen die Zusatzbrenner zu betreiben.

Abfall. 1. allgemein: Feste, flüssige oder gasförmige Gegenstände oder Stoffe, die nach Ansicht des Besitzers nicht weiter verwendet werden können und daher weggeworfen bzw. -geschüttet werden. Das >Kreislaufwirtschafts- und Abfallgesetz< definiert in Artikel 3.1, daß Abfälle im Sinne des Gesetzes alle bewegliche Sachen sind, die unter die im Anhang I des Gesetzes aufgeführten Gruppen fallen und deren sich ihr Besitzer entledigen will (subjektiver Abfallbegriff) oder entledigen muß (objektiver Abfallbegriff). Es unterscheidet zwischen Abfällen zur Verwertung, d.h. Abfällen, die noch im Wirtschaftskreislauf verbleiben, und solchen, die nicht verwertet werden, d.h. Abfällen zur Beseitigung. Der Begriff der Entledigung umfaßt damit die drei Kriterien: Verwertung – Beseitigung – Aufgabe der tatsächlichen Sachherrschaft. Der Begriff „bewegliche Sachen" bedeutet, daß verseuchtes Erdreich erst dann zu A. wird, wenn es ausgebaggert wird, vorher bleibt es wesentlicher Bestandteil des Grundstücks. Nicht gefaßte Gase, z.B. Deponiegase, sind kein A.

2. juristisch: Der Abfallbegriff: Der deutsche Abfallbegriff ist definiert in § 3 Abs. 1–6 KrW-/AbfG (§§ im folgenden ohne nähere Kennzeichnung beziehen sich auf das Kreislaufwirtschafts- und Abfallgesetz). Der Abfallbegriff differenziert zwischen einem subjektiven und einem objektiven Abfallbegriff.

Gemeinsame Definitionselemente: Subjektiver und objektiver Abfallbegriff haben nach § 3 Abs. 1 Satz 1 als gemeinsame Definitionsmerkmale die Elemente „bewegliche Sachen, die unter die in Anhang I aufgeführten Gruppen fallen", und „Besitzer". Mit dem Begriff „bewegliche Sache" nimmt das Gesetz Bezug auf die §§ 90 ff. BGB. Bewegliche Sachen sind alle körperlichen Gegenstände, die nicht Grundstücke, den Grundstücken gleichgestellt oder Grundstücksbestandteile nach Maßgabe der §§ 93–95 BGB sind.

Der Anhang I mit seinen 16 Stoffgruppen ist extrem weit gefaßt. Unter Berücksichtigung des Auffangtatbestandes Q 16 wird jede Sache erfaßt; dem als zusätzliches Tatbestandsmerkmal formulierten Anhang I fehlt offenbar jede eingrenzende und konkretisierende Bedeutung. Alles ist A. bzw. kann zu A. werden.

Der im Gesetzestext benutzte Begriff „Besitzer" ist durch § 3 Abs. 6 legaldefiniert. Besitzer von Abfällen ist jede natürliche oder juristische Person, die die tatsächliche Sachherrschaft über Abfälle hat. Dieses Verständnis unterscheidet sich vom Besitzbegriff des BGB insoweit, als er einen Besitzbegründungswillen nicht voraussetzt, sondern an die tatsächliche Sachherrschaft anknüpft; hinreichend für sein Vorliegen ist ein Mindestmaß an Sachherrschaft.

Subjektiver und objektiver Abfallbegriff: Das Recht unterscheidet einen subjektiven und einen objektiven Abfallbegriff. Unterfällt ein Stoff oder Gegenstand einer der in Anhang I aufgezählten Gruppen, so handelt es sich um A.

- im subjektiven Sinn, wenn sich sein Besitzer seiner entledigt oder entledigen will,
- im objektiven Sinn, wenn sich sein Besitzer seiner entledigen muß.

Der Begriff „entledigen" ist in § 3 Abs. 2 definiert. Diese Vorschrift kennt drei Fälle von entledigen: 1. die Zuführung zu einer Verwertung i.S. des Anhangs I B, 2. die Zuführung zu einer Beseitigung i.S. des Anhangs II A, 3. die Aufgabe der tatsächlichen Sachherrschaft über die bewegliche Sache unter Wegfall jeder weiteren Zweckbestimmung. Zuführen i.S. der ersten beiden Fälle bedeutet die direkte Übergabe der Sache an eine zur Verwertung oder Beseitigung bereiten Stelle. Aufgabe der tatsächlichen Sachherrschaft unter Wegfall jeder weiteren Zweckbestimmung bedeutet die Übergabe der Sache an Personen oder Institutionen, die ihrerseits notwendige Vorbereitungshandlungen für die Verwertung oder Beseitigung leisten, z. B. Transporteure. Der dritte Fall von Entledigung bedingt: Derjenige, der die tatsächliche Sachherrschaft über eine bewegliche Sache in einer bestimmten Absicht aufgibt, sie z. B. verkauft oder verschenkt, entledigt sich ihrer nicht i.S. des § 3 Abs. 2. Der hier bedeutsame Begriff des Entledigens erfaßt demnach sämtliche Vorgänge nicht, in denen sich der Besitzer zwar einer Sache entäußert oder entäußern will, die Sache nach seinem Willen aber einer als wirtschaftlich sinnvoll anzuerkennenden neuen Verwendung zugeführt werden soll. Ferner fehlt es an einer Entledigung, wenn durch die Besitzaufgabe bei einem anderen ein Vorteil begründet wird. Die Einräumung eines Vorteils kann sogar dann gegeben sein, wenn der Besitzer im

Einzelfall für die Abnahme der Sache ein Entgelt zahlt.

Der Entledigungswille muß vom Besitzer geäußert werden. Die Äußerung geschieht üblicherweise dadurch, daß Sachen in den Abfalleimer verbracht, sperriges Gut zu Zeiten der Sperrmüllabfuhr an den Straßenrand gestellt oder Sachen an beliebiger Stelle fortgeworfen werden. – Die Entledigung ist eine rechtsgeschäftliche Willenserklärung. Gelangt eine Sache versehentlich in das Abfallgefäß, tritt die mit der Entledigung verbundene Eigentumsaufgabe nicht ein.

A. im subjektiven Sinn liegt vor bzw. der subjektive Abfallbegriff ist erfüllt, wenn der Abfallbesitzer i. S. einer der drei Varianten von Entledigung die tatsächliche Sachherrschaft über eine bewegliche Sache aufgibt, die einer der in Anhang I genannten Stoffgruppen zuzuordnen ist. Bei Aufgabe der tatsächlichen Sachherrschaft äußert er seinen Entledigungswillen und macht die beweglichen Sachen zu A., die in einer der in Anhang I genannten Stoffgruppen genannt werden. Der subjektive Abfallbegriff enthält also zwei Komponenten:
- Aufzählung einer beweglichen Sache in Anhang I,
- Äußerung des Entledigungswillens durch Aufgabe der tatsächlichen Sachherrschaft oder (alleiniges) Vorhandensein eines Entledigungswillens.

Damit bestimmte bewegliche Sachen zu A. im subjektiven Sinne werden, definiert der Gesetzgeber das Vorhandensein des Willens zur Entledigung in § 3 Abs. 3 für zwei Fälle: Entledigungswille ist 1. anzunehmen für solche beweglichen Sachen, die bei der Energieumwandlung, Herstellung oder Behandlung oder Nutzung von Stoffen oder Erzeugnissen oder bei Dienstleistungen anfallen, ohne daß der Zweck der jeweiligen Handlung hierauf gerichtet ist. Für vom Handlungszweck nicht umfaßte Sachen – also „Nebenprodukte" – wird der Entledigungswille von Rechts wegen unwiderleglich angenommen; auch wirtschaftlich verwertbare bewegliche Sachen, die bei Durchführung der im Gesetz genannten Tätigkeiten als Nebenprodukt anfallen, sind A. im subjektiven Sinne. Der Entledigungswille ist 2. anzunehmen, wenn bei beweglichen Sachen die ursprüngliche Zweckbestimmung entfällt und aufgegeben wird, ohne daß ein neuer Verwendungszweck unmittelbar an ihre Stelle tritt. Man kann sagen, daß ein Entledigungswille existiert, wenn die bewegliche Sache für den Besitzer sinnlos geworden ist. Für die Beurteilung der Zweckbestimmung nach § 3 Abs. 3 Satz 2 Nr. 1 ist nach § 3 Abs. 3 Satz 2 die Auffassung des Erzeugers oder Besitzers unter Berücksichtigung der Verkehrsanschauung zugrunde zu legen. Erzeuger ist nach der Definition des § 3 Abs. 5 jede natürliche oder juristische Person, durch deren Tätigkeit Abfälle angefallen sind, oder jede Person, die Vorbehandlungen, Mischungen oder sonstige Behandlungen vorgenommen hat, die eine Veränderung der Natur oder der Zusammensetzung dieser Abfälle bewirken. Für die Abfälle im subjektiven Sinne kommt es nach § 3 Abs. 3 Satz 2 also im wesentlichen auf die subjektive Auffassung des Erzeugers oder Besitzers an, freilich nicht ausschließlich; zusätzlich ist die Verkehrsanschauung zu berücksichtigen.

A. im objektiven Sinne liegt vor bzw. der objektive Abfallbegriff ist erfüllt, wenn der Abfallbesitzer i. S. einer der drei Varianten von Entledigung die tatsächliche Sachherrschaft über eine bewegliche Sache aufgeben muß, die einer der in Anhang I genannten Stoffgruppen zuzuordnen ist. Die beim subjektiven Abfall-

begriff partiell vorhandene Möglichkeit zur freiwilligen Äußerung des Entledigungswillens entfällt. Der objektive Abfallbegriff enthält ebenfalls zwei Komponenten:
– Aufzählung einer beweglichen Sache in Anhang I,
– die Pflicht zur Äußerung des Entledigungswillens durch Aufgabe der tatsächlichen Sachherrschaft.
Für die Entledigungspflicht kann es Probleme nicht geben: Sie ist gesetzlich definiert. Die Pflicht zur Entledigung liegt nach § 3 Abs. 4 vor, wenn die beweglichen Sachen entsprechend ihrer ursprünglichen Zweckbestimmung nicht mehr verwendet werden, aufgrund ihres konkreten Zustands geeignet sind, gegenwärtig oder künftig das Wohl der Allgemeinheit, insbesondere die Umwelt zu gefährden, und deren Gefährdungspotential nur durch eine ordnungsgemäße und schadlose Verwertung oder gemeinwohlverträgliche Beseitigung nach den Vorschriften des Kreislaufwirtschafts- und Abfallgesetzes oder der aufgrund dieses Gesetzes erlassenen Rechtsverordnungen ausgeschlossen werden kann. Das Element „Entledigungspflicht" des objektiven Abfallbegriffs enthält normative Elemente. Die bewegliche Sache kann 1. entsprechend ihrem ursprünglichen Zweck nicht mehr verwendet werden – das ist der Fall, wenn der Verwender die Sache nicht mehr entsprechend ihrer Zweckbestimmung einsetzt, die Sache also aus der Sicht des Verwenders ihre ursprüngliche Zweckbestimmung verloren hat. Ein potentiell noch vorhandener Gebrauchs- oder Handelswert ist bedeutungslos. Der konkrete Zustand der Sache muß 2. geeignet sein, gegenwärtig oder zukünftig das Wohl der Allgemeinheit, insbesondere die Umwelt zu gefährden – diese Geeignetheit ist nach objektiven Kriterien festzustellen. Das Gefährdungspotential kann 3. nur durch eine ordnungsgemäße und schadlose Verwertung oder gemeinwohlverträgliche Beseitigung entsprechend dem Kreislaufwirtschaftsrecht ausgeschlossen werden. Eine Verwertung oder Beseitigung zur Abwehr von Gefahren für das Wohl der Allgemeinheit ist nicht geboten, wenn die Gefährdung anders behoben werden kann. Werden beispielsweise Gefährdungen nur durch eine unsachgemäße Lagerung von Sachen hervorgerufen, so kommt ausschließlich eine auf das Polizeirecht gestützte Verfügung in Betracht, mit der eine abgesicherte Lagerung aufgegeben wird. Kann die Gefährdung nur durch eine abfallrechtliche Beseitigung ausgeräumt werden, muß geprüft werden, ob diese Beseitigung „geboten" ist. Das Gebotensein der Entsorgung ist unter Beachtung des Grundsatzes der Verhältnismäßigkeit im Wege einer Abwägung der betroffenen privaten und öffentlichen Interessen zu ermitteln. Damit hängt die Frage, ob eine Sache A. im objektiven Sinne ist, von den Einzelumständen ab, es sei denn, die Abfalleigenschaft einer Sache ist rechtlich verbindlich festgelegt; dieses ist z. B. bei besonders überwachungsbedürftigen Abfällen zur Beseitigung der Fall.
3. inerter: (Lat. inert = untätig, schlaff) Bezeichnet >Abfall<, der durch >Abfallvorbehandlung< oder durch seine Herkunft weitgehend mineralisiert, d. h. verfestigt ist und dadurch nur geringe flüssige, gasförmige oder staubförmige >Emissionen< aufweist.
4. radioaktiver: In den Kernkraftwerken fallen radioaktive Rohabfälle an. Sie entstehen durch Reinigungsmaßnahmen des Kühlkreislaufes, des aus dem Kontrollbereich abzugebenden Wassers, der Luft und durch Reinigung der Anlage. Bei Reinigung des Kühlkreislaufes werden z. B. bei DWR-Anlagen Kugelharze und Filterkerzeneinsätze verwendet. Zur Reinigung des abzugebenden Wassers werden Eindampfanlagen, Zentrifugen und Ionenaustauscherfilter eingesetzt. Zur Luftreinigung dienen ebenfalls Filter. Bei der Reinigung der Anlage fallen insbesondere brennbare und preßbare Abfälle an. Die Rohabfälle werden entweder direkt im Kernkraftwerk oder in einer externen Abfallkonditionierungsanlage behandelt. Die Verarbeitungsverfahren wie Trocknen, Pressen oder Verbrennen bringen eine starke Volumenverminderung. Verarbeitungsverfahren, die zu einer Vermehrung des Volumens führen, wie z. B. Zementieren, werden nur noch selten angewandt. Das Volumen des jährlichen Anfalls von radioaktiven Abfällen durch den Betrieb eines 1300-MWe-DWR- bzw. SWR-Kernkraftwerkes beträgt:

– Ionentauscherharze   2 m^3/8 m^3
– Verdampferkonzentrat   25 m^3/35 m^3
– Metallteile, Isoliermaterial   60 m^3/90 m^3
– Filterhilfsmittel, Schlämme   7 m^3/90 m^3
– Papier, Textilien, Kunststoffe   190 m^3/300 m^3

Lit: von Köller H (1996) Kreislaufwirtschafts- und Abfallgesetz. Textausgabe mit Erläuterungen. Abfallwirtschaft in Forschung und Praxis. Bd. 77, E. Schmidt, Berlin.

Abfall- und Reststoffüberwachungs-Verordnung (AbfRestÜberwV). Diente der Nachweisführung zur Entsorgung von Abfällen und der Verwertung der Reststoffe. Durch die Einführung des >Kreislaufwirtschafts- und Abfallgesetzes< wurde diese Zweiteilung hinfällig und die AbfRestÜberwV. wurde durch die >Verordnung über Verwertungs- und Beseitigungsnachweise< ersetzt.

Abfallanalyse. Bestimmung der Anteile einzelner Stoffgruppen (z. B. Papier, Kunststoff, Glas, Metalle), auch als >Abfallfraktionen< bezeichnet, in einer Abfallprobe. Die Probe kann z. B. im Rahmen einer Haus- oder Gewerbemüllanalyse als Stichprobe aus den Mülltonnen eines Stadtteils, eines Unternehmens entnommen werden oder aber die gesamte Anlieferung an einer >Deponie< über einen bestimmten Zeitraum umfassen. Die Analyse kann aus einer Handsortierung, Siebung, Schätzung der Anteile oder aus einer Kombination dieser Methoden bestehen. Ziel der A. ist es, die Gewichtsanteile der einzelnen Abfallfraktionen an der Gesamtmasse zu ermitteln und daraus Hinweise für >Getrenntsammlungen<, z. B. über deren Erfolg oder den Heizwert usw. des untersuchten Abfalls abzuleiten.

Lit: Henselder R (1986) Das neue Abfallgesetz. Sonderausgabe für den Verlag für Verwaltungspraxis, Franz Rehm, München Münster – Merkblatt M4 des Verbandes kommunaler Fuhrpark- und Stadtreinigungsbetriebe (VKF) (1963) Müllhandbuch Kennzahl 1720, Lfg. 3/88, E. Schmidt, Berlin.

Abfallarten. Zuordnung von Abfällen, die nach der Herkunft und der Zusammensetzung vorgenommen wird. Die Gesamtheit der einzelnen Stoffe (Papier, Kunststoff usw.) wird oft mit >Abfallfraktion< bezeichnet. Nach der Herkunft werden folgende A. unterschieden. a) Siedlungsabfälle, die sich zusammensetzen aus >Hausmüll<, >hausmüllähnlichen Gewerbeabfällen<, >Sperrmüll<, >Straßenkehricht<, >Marktabfällen<; b) landwirtschaftliche Abfälle, c) Bodenaushub, Bauschutt; d) sonstige feste produktionsspezifische Abfälle aus Industrie und Gewerbe, sowie stichfeste Schlämme aus Industrie und Gewerbe; e) stichfeste und nicht stichfeste Schlämme aus kommunalen Kläranlagen, Fäkalien, Kanal- und Sinkkastenschlamm;

Abscheidegut aus Benzin-, Öl- und Fettabscheidern, ölgetränktes und sonstiges verunreinigtes Erdreich, Aufsaugmassen aus Unfällen mit Öl und sonstigen wassergefährdenden Stoffen; f) flüssige Abfälle; g) Schlacken aus Müllverbrennungsanlagen, Kompost, Krankenhausabfälle, sonstige Abfälle. Eine andere Unterscheidungsform unterteilt die Abfälle in kommunale, Gewerbe-, landwirtschaftliche und Industrieabfälle. Entsprechend ihrer Herkunft und Zusammensetzung muß die >Entsorgung< der Abfälle gewährleistet werden.

Lit: Umweltbundesamt (Hrsg.) (1997) Daten zur Umwelt, E. Schmidt, Berlin.

Abfallaufbereitung, radioaktiv. Im gesamten >Kernbrennstoffkreislauf<, insbesondere im >Kernkraftwerk< und bei der >Wiederaufarbeitung<, fallen feste, flüssige oder gasförmige >radioaktive Abfälle< an. Sie müssen für die >Endlagerung< aufbereitet werden. Man unterscheidet schwach-, mittel- und hochaktive Abfälle. Ein anderes Unterscheidungskriterium ist die durch den radioaktiven Zerfall bedingte Wärmeentwicklung und die daraus resultierende Einteilung in wärmeentwickelnde und nicht-wärmeentwickelnde Abfälle. Schwach- und mittelaktive Abfälle werden mittels chem. oder physikalischer Verfahren kompaktiert und dann die Konzentrate mit Zement verfestigt. Für hochaktive, wärmeentwickelnde Abfälle ist die >Verglasung< eine geeignete Methode zur Überführung in ein endlagerfähiges Produkt.

Abfallaufkommen. Bezeichnet die jährlich anfallenden Abfallmassen insgesamt und der einzelnen >Abfallarten<. Das gesamte A. in der Bundesrepublik lag 1993 bei 338,5 Mio. t. Das Aufkommen an >Restabfällen< betrug in der Bundesrepublik 1993 283 kg pro Einwohner und Jahr gegenüber 333 kg im Jahr 1990.

Abfallaufkommen, radioaktiv. Die Erfassung des Bestandes an radioaktiven Abfällen wird regelmäßig durch das >Bundesamt für Strahlenschutz< vorgenommen. Die konditionierte, zur Endlagerung vorgesehene Abfallmenge mit vernachlässigbarer Wärmeentwicklung betrug bis Dezember 1996 ca. 61.800 m³ von allen Abfallverursachern, wie z. B. Kernkraftwerken, Wiederaufarbeitungsanlagen, Großforschungseinrichtungen, Landessammelstellen, kerntechnische Industrie. Bis zum Jahr 2010 beläuft sich das prognostizierte Abfallgebindevolumen auf ca. 226.200 m³. Für die prognostizierten Mengen wurde unterstellt, daß die installierte Kernkraftwerksleistung unverändert bleibt. Die radioaktiven Abfälle aus der Wiederaufarbeitung abgebrannter Brennelemente aus deutschen Leichtwasserreaktoren im Ausland sind dabei berücksichtigt. Die jährlich anfallenden Abfallmengen werden sich weiter verringern, da in den letzten Jahren erfolgreiche Bemühungen zur Abfallreduzierung unternommen wurden. Dies bezieht sich sowohl auf Bestrebungen, das Aufkommen von Rohabfällen zu verringern, als auch auf den Einsatz von modernen Konditionierungsverfahren, bei denen radioaktive Abfälle durch Hochdruckpressen kompaktiert, durch Verbrennung verascht und durch Trocknen im Gußbehälter verfestigt werden.

Abfallbeauftragter. Betriebsbeauftragter für Abfall nach § 54 des >Kreislaufwirtschafts- und Abfallgesetzes< (KrW-/AbfG). Der A. muß von Betreibern von Anlagen, in denen regelmäßig besonders überwachungsbedürftige Abfälle anfallen, von Betreibern ortsfester Sortier-, Verwertungs- oder Abfallbeseitigungsanlagen bestellt werden. Die Aufgaben sind in § 55 des KrW-/AbfG geregelt, sie umfassen v. a. die Überwachung der Abfälle bis zur Verwertung/Beseitigung, die Einhaltung der Gesetze, die Aufklärung der Betriebsangehörigen. Darüber hinaus soll er v. a. auf eine umweltschonende Produktion und Verwertung/Beseitigung hinwirken.

Lit: von Köller H (1996) Kreislaufwirtschafts- und Abfallgesetz. Textausgabe mit Erläuterungen. Abfallwirtschaft in Forschung und Praxis, Bd. 77, E. Schmidt, Berlin.

Abfallbeförderung. Die Beförderung von Abfällen, d. h. das Einsammeln und Transportieren zu einer >Abfallentsorgungsanlage< darf gem. § 49 Abs. 1 >KrW-/AbfG< gewerbsmäßig oder im Rahmen wirtschaftlicher Unternehmen lediglich mit behördlicher >Genehmigung< geschehen. Davon gibt es enge, gesetzlich genau beschriebene Ausnahmen (Satz 2). Die Genehmigung ist zu erteilen, wenn der Antragstellende insbesondere zuverlässig und er selbst oder die von ihm beauftragten Dritten die notwendige Sach- und Fachkunde besitzen. Das Recht der Transportgenehmigung ist näher geregelt in der Verordnung zur Transportgenehmigung vom 10. 9. 1996.

Abfallbegleitschein. >Begleitschein<.

Abfallbehälter. Behälter zur Aufnahme eines Abfallproduktes wie z. B. Faß, Betonbehälter, Gußbehälter, Container.

Abfallbehandlung. Das Behandeln von Abfällen regelt das KrW-/AbfG an verschiedenen Stellen, z. B. in §§ 3 Abs. 5, 4 Abs. 4, 4 Abs. 5, 10 Abs. 2, 27 Abs. 1. Das Gesetz definiert den Begriff nicht. A. erfaßt jede qualitative und quantitative Veränderung von Abfällen z. B. durch Zerkleinern, Verdichten, Entwässern, Kompostieren, Verbrennen, Vermischen, Entmischen, Sortieren, Entgiften. A. ist deshalb in den verschiedensten Varianten mechanischer, chem.-physikalischer und mechanisch-biol. Art vorstellbar, wenn die Tätigkeit nur mit dem Ziel der Veränderung des Abfalls erfolgt. In Abhängigkeit davon, ob die A. eine Verwertung oder eine Beseitigung der Abfälle intendiert, ist sie ein Unterfall der Abfallverwertung oder ein Unterfall der Abfallbeseitigung.

Für die A. zum Zwecke der Verwertung existiert eine generelle Rechtspflicht zur Vornahme der Verwertungshandlung in einer Anlage nicht; ob eine Anlage, in der Abfälle mit dem Ziel der Verwertung behandelt werden, genehmigungsbedürftig ist, richtet sich nach § 4 Abs. 1 Satz 1 BImSchG in Verbindung mit § 1 der 4. BImSchV und Nr. 8.5–8.8 des Anhangs zur 4. BImSchV.

Abfälle, die nicht verwertet werden, sind dauerhaft von der Kreislaufwirtschaft auszuschließen und zur Wahrung des Wohles der Allgemeinheit zu beseitigen, § 10 Abs. 1 KrW-/AbfG. Die Beseitigung darf regelmäßig nur in einer zugelassenen >Abfallbeseitigungsanlage< erfolgen, § 27 Abs. 1 Satz 1 KrW-/AbfG, i. d. R. handelt es sich dabei um eine Deponie. Die thermische Behandlung nach § 4 Abs. 4 ist ein Unterfall der Behandlung von Abfällen zur Beseitigung. Abfälle zur Beseitigung dürfen ausnahmsweise nach § 27 Abs. 1 Satz 2 KrW-/AbfG auch in Anlagen behandelt werden, die überwiegend einem anderen Zweck als der Abfallbeseitigung dienen und die einer Genehmigung nach § 4 BImSchG bedürfen; i. d. R. handelt es sich um ein Verbrennen der Abfälle. Diese Regelung gilt seit dem

1.9. 1990. Nach § 27 Abs. 1 Satz 3 KrW-/AbfG ist die Behandlung von Abfällen zur Beseitigung in den diesen Zwecken dienenden Abfallbeseitigungsanlagen auch zulässig, soweit diese als unbedeutende Anlagen nach dem Bundes-Immissionsschutzgesetz keiner Genehmigung bedürfen und in bestimmten Normen nichts anderes bestimmt ist.

Abfallbehandlung, radioaktiv. >Konditionierung<.

Abfallbeize. Verdünnte Lauge, die u. a. zur Entfernung von Oxidschichten bei Eisen- und Metallwaren vor deren Weiterverarbeitung verwendet wird (s. auch DIN 50902). Oxidierende Schmelzen bestehen hauptsächlich aus >Ätznatron< und >Nitraten<. Vom Metall werden hierdurch sowohl org. Verunreinigungen durch Oxidation rückstandslos entfernt als auch Zunder aufgelockert und teilweise gelöst. Da nach der Behandlung eine Reinigung des Metalls mit Wasser stattfindet, wird das Wasser alkalisiert und mit Metallen angereichert. Der größte Teil der Metallionen geht dabei sofort oder bei der anschließenden Neutralisation in eine unlösl. Form über und kann als Schlamm abgeschieden werden. Das gelöste Chromoxid wird jedoch in der alkalischen, nitrathaltigen Lsg. zum >Chromat< oxidiert. Zur Reduktion in die dreiwertige Form wird die Lsg. angesäuert und die Chromatreduktion mit Natriumhydrogensulfitlsg. ($NaHSO_3$) durchgeführt. Salzsaure Abbeizen werden z. T. einschließlich der Spülwässer, thermisch behandelt. Mischsäurebeizen für Edelstähle lassen sich durch Regeneration zurückgewinnen. Bei der flüssig-flüssig-Extraktion werden die Metallsalze vorher durch Schwefelsäure in freie Säure umgesetzt, die dann mit Tributylphosphat extrahiert und mit Wasser wieder gestrippt werden. Nach einem anderen Verfahren werden die Abbeizen eingedampft und die Fluoride auskristallisiert.

Lit: Abwassertechnische Vereinigung (Hrsg.) (1982–1986) Lehr- und Handbuch der Abwassertechnik, 3. Aufl., Bd. 1–7, Verlag von Wilhelm Ernst und Sohn, Berlin München – Rüffer H, Rosenwinkel K-H (1991) Taschenbuch der Industrieabwasserreinigung. R. Oldenbourg Verlag, München Wien.

Abfallberater. Gemäß § 38 des >Kreislaufwirtschafts- und Abfallgesetzes< besteht eine Abfallberatungspflicht. Davon sind die öffentlich-rechtlichen Entsorgungsträger, die Entsorgungsverbände und die Selbstverwaltungskörperschaften der Wirtschaft betroffen. Die Aufgabe des A. besteht in der Beratung über die Möglichkeiten der Vermeidung, Verwertung und Beseitigung von Abfällen.

Abfallbeseitigung. 1. technisch: Dauerhafte Entfernung der >Abfälle< aus der >Biosphäre< durch relativ stabile Festlegung oder Umwandlung in Stoffe, die nach chem. Eigenschaften und >Konzentration< Naturvorgänge nicht nachteilig beeinflussen. Es ist zu unterscheiden zwischen Beseitigung durch Kapselung mit dauernder Kontrolle, z. B. in geordneten >Deponien<, Festlegung in geologisch stabilen Formationen wie z. B. leicht löslicher Stäube in Salzstöcken, Festlegung potentiell toxischer Stoffe, v. a. von Elementen in chem. und biochem. langzeitstabilen Grundmassen wie Naturbitumen oder Glas oder Umwandlung toxischer Verb. in unschädliche Verb. wie z. B. die Oxidation chlorierter Kohlenwasserstoffe zu Kohlendioxid, Wasser und anorg. Chloriden (Salze).

Lit: Hösel G, Bilitewski B, Schenkel W, Schnurer H (Hrsg.) (1964) Müll-Handbuch. Fortlaufend ergänztes Handbuch für Sammlung und Transport, Behandlung und Ablagerung sowie Vermeidung und Verwertung von Abfällen, E. Schmidt Verlag, Berlin.

2. juristisch: A. ist ein Unterfall von >Abfallentsorgung<; Abfallentsorgung umfaßt die Verwertung und Beseitigung von Abfällen, § 3 Abs. 7 KrW-/AbfG. Mit Blick auf die A. ist der Ort der Beseitigung – Inland oder Ausland – von Bedeutung; nach § 10 Abs. 3 Satz 1 KrW-/AbfG sind Abfälle im Inland zu beseitigen. Dieser Satz enthält ein Abfallexportverbot. Das Abfallexportverbot ist durchbrochen durch die Ausnahmeregelung des § 10 Abs. 3 Satz 2 KrW-/AbfG. Diese Norm läßt die Verordnung Nr. 259/93/EWG – Abfallverbringungsverordnung – und das Basler Übereinkommen vom 22.3. 1989 über die Kontrolle der grenzüberschreitenden Verbringung gefährlicher Abfälle und ihrer Entsorgung unberührt. Soweit die zuvor genannten Normen den Abfallexport gestatten, ist Abfallexport nach deutschem Recht zulässig. Ferner ist von Bedeutung der Ort der Beseitigung – Anlagenzwang.

Abfallbeseitigungsanlage. 1. technisch: Zugelassene Anlage oder Einrichtung, in der Abfälle behandelt, gelagert oder abgelagert werden. Dazu gehören Deponien, Abfallverbrennungs-, Pyrolyseanlagen oder Anlagen der mechanisch-biol. Behandlung. Eine A. muß durch das >Bundes-Immissionsgesetz< bzw. durch ein >Planfeststellungsverfahren< durch die zuständige Behörde genehmigt werden. Bei unbedeutenden Deponien, bei Änderungen von Deponien oder des Betriebes, die jedoch keine nachteiligen Auswirkungen auf die Umwelt haben, sowie bei Versuchsanlagen kann auch ein >Plangenehmigungsverfahren< durchgeführt werden. Die Definition, Verfahren für die Zulassung, Stillegung etc. sind im >Kreislaufwirtschafts- und Abfallgesetz< geregelt.

2. juristisch: Nach § 27 Abs. 1 Satz 1 KrW-/AbfG dürfen Abfälle zum Zwecke der Beseitigung nur in den dafür zugelassenen Anlagen oder Einrichtungen behandelt, gelagert oder abgelagert werden. Der Begriff „Anlage" ist weit. Entscheidend ist die Prägung eines Grundstücks oder Gegenstandes durch seine Nutzung zur Behandlung, Lagerung oder Ablagerung von Abfällen. Es kommt darauf an, ob die Anlage einer speziellen Entsorgungsphase „dient"; das Merkmal des „Dienens" ist als ungeschriebenes Tatbestandsmerkmal in der Norm mit enthalten. Für die Erfüllung des Begriffs „Anlage" kommt es weder auf das Vorhandensein von Gebäuden noch von technischem Gerät oder irgendwelchen sonstigen Einrichtungen an; ein brachliegendes Grundstück kann deshalb ebenso eine Anlage sein wie eine Maschine oder ein Gerät. – Die der Abfallentsorgung dienenden Anlagen müssen „zugelassen" sein. Das Recht der Zulassung von Anlagen und ihre Stillegung regeln §§ 30–36 KrW-/AbfG; es ist zu differenzieren zwischen der Planfeststellung und der Plangenehmigung einer Anlage. Stoffbezogene Anforderungen an die Art und Weise der Verwertung und Beseitigung von Abfällen richten sich nach abfallrechtlichen Vorschriften. Für dem Immissionsschutz unterliegende A. gilt zunächst, daß auf deren Genehmigung zur Errichtung und zum Betrieb sowie zu wesentlichen Änderungen grundsätzlich ein Rechtsanspruch besteht (gebundene Entscheidung), solange die gesetzlichen Voraussetzungen erfüllt sind. A., die nach dem >Bundes-Immissionsschutzgesetz – BImSchG< als >genehmigungsbedürftige Anlagen< eingestuft sind, sind im Anhang zur 4. Durchführungsverordnung des BImSchG (>Anlagenkatalog<) im einzelnen detailliert genannt (Anlagen zur Verwertung und Beseitigung von Abfällen unter Nr. 8). Die Pflichten der Be-

treiber >genehmigungsbedürftiger Anlagen< ergeben sich aus § 5 BImSchG, die der Betreiber nicht genehmigungsbedürftiger Anlagen aus § 22 BImSchG. Für erstere ist insbesondere das >Vorsorgeprinzip< des § 5 Abs. 1 BImSchG von spezieller Bedeutung. Danach ist insbesondere durch die dem >Stand der Technik< entsprechenden Maßnahmen zur >Emissionsbegrenzung< Vorsorge gegen schädliche >Umwelteinwirkungen< zu treffen. Konkrete Anforderungen zur Emissionsbegrenzung an derartigen Anlagen enthalten die 17. Durchführungsverordnung des Bundes-Immissionsschutzgesetzes (Verordnung über Verbrennungsanlagen für Abfälle und ähnliche brennbare Stoffe – 17. BImSchV) sowie in Verbindung damit die Verwaltungsvorschriften zum BImSchG. Die Errichtung und der Betrieb von Deponien sowie die wesentliche Änderung einer solchen Anlage oder ihres Betriebes bedürfen der >Planfeststellung< durch die zuständige Behörde. In dem Planfeststellungsverfahren ist eine >Umweltverträglichkeitsprüfung< nach den Vorschriften des Gesetzes über die Umweltverträglichkeitsprüfung durchzuführen. Unter bestimmten Voraussetzungen kann die zuständige Behörde auf Antrag oder von Amts wegen anstelle eines >Planfeststellungsverfahrens< ein Genehmigungsverfahren durchführen (§ 31 KrW-/AbfG).

Abfallbeseitigungsgesetz (AbfG). Bezeichnung des ersten Gesetzes der Bundesrepublik Deutschland vom 11.06. 1972 über die Beseitigung von Abfällen. Wurde 1986 durch das >Abfallgesetz< ersetzt, welches wiederum am 6.10. 1994 durch das >Kreislaufwirtschafts- und Abfallgesetz< ersetzt wurde.

Abfallbeseitigungspflicht. Die Grundpflichten der Abfallbeseitigung werden in § 11 des >Kreislaufwirtschafts- und Abfallgesetzes< für alle nicht verwertbaren Abfälle beschrieben. Erzeuger oder Besitzer von Abfällen aus privaten Haushaltungen sind verpflichtet, diese den nach Landesrecht zur Entsorgung verpflichteten juristischen Personen (öffentlich-rechtliche Entsorgungsträger) bzw. Dritten oder privaten Entsorgungsträgern, denen die Pflichten zur Verwertung und Beseitigung übertragen wurden, zu überlassen. Von der Entsorgungspflicht können Abfälle ausgeschlossen werden, die einer Rücknahmepflicht (z.B. Pfandsystem) unterliegen, und Abfälle, die nach Art, Menge und Beschaffenheit nicht mit den in Haushaltungen anfallenden Abfällen beseitigt werden können. In diesen Fällen ist der Besitzer der Abfälle entsorgungspflichtig. Die A. besteht auch bei Kraftfahrzeugen, die ohne gültige amtliche Kennzeichen auf öffentlichen Flächen abgestellt wurden.

Abfallbesitzer. Nach § 3 Abs. 6 KrW-/AbfG ist A. (Besitzer von Abfällen) jede natürliche oder juristische Person, die die tatsächliche Sachherrschaft über Abfälle hat.

Abfallbestimmungsverordnung (AbfBestV). Die AbfBestV listete alle Abfälle auf, die landläufig als Sonderabfall bezeichnet wurden. Sie wurde 1996 durch die >Verordnung zur Bestimmung von besonders überwachungsbedürftigen Abfällen< ersetzt.

Abfallbezeichnung. >Abfallschlüssel<.

Abfallbilanz. Jährlich muß gemäß § 20 des >Kreislaufwirtschafts- und Abfallgesetzes< eine Bilanz über Art, Menge und Verbleib der verwerteten oder beseitigten besonders überwachungsbedürftigen und überwachungsbedürftigen Abfälle erstellt werden. Die A. sind für Kommunen und Abfallerzeuger vorgeschrieben und sie geben Auskunft über Erfolg und Mißerfolg von Verwertungsmaßnahmen, über den Verbleib und die Art und Weise der Entsorgung der Abfälle. Inhalt und Form der A. sind in der >Verordnung über Abfallwirtschaftskonzepte und Abfallbilanzen< geregelt. Im Gegensatz zu den >Abfallwirtschaftskonzepten< müssen sie nicht die Maßnahmen der Abfallvermeidung darstellen. Sie müssen nicht veröffentlicht, sondern nur der zuständigen Behörde vorgelegt werden.

Abfallbörse. Nationale und internationale Einrichtungen, meist bei Verbänden (z.B. Industrie- und Handelskammer) oder in bestimmten Branchen (z.B. Verband der Chemischen Industrie), für die Vermittlung von >Wertstoffen< aus Industrie und Gewerbe. Die A. führen Listen über angebotene Abfallstoffe und über gesuchte Stoffe. Hauptsächlich werden chem. Produkte, Kunststoffe und Metalle vermittelt.

Abfallentsorgung. 1. technisch: Aufbereitung und Behandlung von >Abfällen<. Die A. umfaßt gemäß § 3 des >Kreislaufwirtschafts- und Abfallgesetzes< die Verwertung und Beseitigung von Abfällen, nicht aber die Abfallvermeidung. Sie beinhaltet damit alle Maßnahmen (Einsammeln, Befördern, Behandlung, Lagern), die für eine stoffliche und energetische Verwertung bzw. Beseitigung notwendig sind.
2. juristisch: Nach § 3 Abs. 7 KrW-/AbfG umfaßt die A. die Verwertung und Beseitigung von Abfällen; zur Verwertung von Abfällen >Abfallverwertung juristisch<; zur Abfallbeseitigung >Abfallbeseitigung, juristisch<.

Abfallentsorgungsanlage. 1. technisch: Zugelassene Anlage oder Einrichtung, in der Abfälle behandelt, gelagert und abgelagert werden. Eine A. muß durch ein >Planfeststellungsverfahren< oder in wenigen Ausnahmefällen (z.B. bei geringfügigen Änderungen bestehender Anlagen, Wertstoffsortieranlagen, kleine Kompostanlagen), durch ein >Plangenehmigungsverfahren< durch die zuständige Behörde genehmigt werden. Die Definition, Verfahren für die Zulassung, Stillegung u.ä. sind im >Abfallgesetz< geregelt.
2. juristisch: Für die Behandlung, Lagerung oder Ablagerung zugelassene Anlage. Das sind insbesondere Betriebsstätten und technische Einrichtungen, aber auch Grundstücke einschließlich Anlagen, die Abfälle verwerten: von der Hochtemperaturverbrennungsanlage über die Kompostierungsanlage bis zur Deponie. Diese Anlagen bedürfen der Zulassung. Ihre Errichtung und ihr Betrieb werden entweder durch >Planfeststellung< oder durch >Genehmigung< erlaubt (§ 7 >KrW-/AbfG<). >Abfallbeseitigungsanlagen<.

Abfallentsorgungspflicht. Regelung nach § 3 des >Abfallgesetzes<. Die A. legt fest, daß der Besitzer seine Abfälle dem Entsorgungspflichtigen überlassen muß. Der Entsorgungspflichtige ist eine Körperschaft des öffentlichen Rechts (z.B. Stadtverwaltung), die durch das jeweilige Landesrecht hierzu bestimmt wurde. Hierzu kann der Entsorgungspflichtige auch einen Dritten (d.h. Entsorgungsunternehmen) beauftragen. Die Entsorgungspflichtigen müssen grundsätzlich alle in ihrem Gebiet anfallenden Abfälle entsorgen. Sie können nur dann Abfälle ausschließen, wenn sie „diese nach ihrer Art oder Menge nicht mit den in Haushaltungen anfallenden Abfällen entsorgen können". In diesem Fall ist dann der Besitzer der Abfälle entsorgungspflichtig.

Abfallentsorgungspläne. Von den Bundesländern aufzustellende Pläne, die geeignete Standorte für >Abfallentsorgungsanlagen< festlegen. Weitere Inhalte von A. und Verfahren zu ihrer Aufstellung sind gem. § 29 >KrW-/AbfG< den Ländern überlassen. Das einschlägige Landesrecht differiert stark.

Abfallfraktion. Bezeichnung für die Anteile eines Abfallgemenges, die aus dem gleichen Material bestehen. >Hausmüll< besteht z.B. aus den A. Pappe, Papier, Kunststoffe, Glas, Vegetabilien usw. Bei einer >Abfallanalyse< werden aus einer Abfallprobe die einzelnen A. heraussortiert und ihre Gewichtsanteile an der Gesamtmasse bestimmt.

Abfallgebühren. Die Gebühr für die Entsorgung von Abfällen im kommunalen Bereich. Die A. setzen sich zusammen aus den Kosten für Sammlung, Transport, Vorbehandlung und Ablagerung der Abfälle sowie für Verwaltung, Beratung der Bürger und die Nachsorge stillgelegter Beseitigungsanlagen. Die zu zahlenden Gebühren werden nach dem Gewicht oder Volumen bemessen. Bei privaten Kleinanlieferern an >Abfallbeseitigungsanlagen< wird zuweilen eine pauschale A. erhoben.

Abfallgesetz (AbfG). Gesetz über die Vermeidung und Entsorgung von Abfällen vom 01.11. 1986. In diesem Gesetz wurde erstmalig die Rangfolge >Abfallvermeidung< vor >Abfallverwertung< und >Abfallbeseitigung< festgelegt. Das AbfG wurde durch das >Kreislaufwirtschafts- und Abfallgesetz< vom 06.10. 1994 ersetzt.

Abfallkataster. >Gewerbeabfallkataster<.

Abfallkonzept. >Abfallwirtschaftskonzept<.

Abfallmengen. >Abfallaufkommen<.

Abfallrecht. Summe derjenigen Rechtsnormen, die den Abfall zum Gegenstand haben. – Die Struktur oder das „System" des A. ist kompliziert. Diese Aussage ist nicht spezifisch für das A.; sie ist spezifisch für unsere gesamte Rechtsordnung. Der Grund ist einfach: Für den Erlaß des in Deutschland geltenden Rechts ist nicht ein Gesetzgeber zuständig, sondern sechs Institutionen produzieren für uns relevante Normen: Der Gesetzgeber der Europäischen Gemeinschaft schafft Verordnungen und Richtlinien; das Parlament in Berlin verabschiedet Parlamentsgesetze; die durch Parlamentsgesetze ermächtigten Stellen, die Bundesregierung oder ein Bundesminister, erlassen Rechtsverordnungen und Verwaltungsvorschriften; die Landesparlamente verabschieden Landesgesetze; die durch Landesgesetze ermächtigten Stellen, die Landesregierung oder ein Landesminister, erlassen Rechtsverordnungen und Verwaltungsvorschriften; die kommunalen Parlamente sind zuständig für das örtliche Recht in Form von Satzungen. – Die verschiedenen Varianten von Normen lassen sich in folgendes System einbringen: Sie werden hierarchisch so nach dem Muster geordnet, daß eine rangniedrigere Norm einer ranghöheren nicht widersprechen darf. Dieses System sei beschrieben als mit dem „Dach" beginnend und mit dem „Fundament" endend. Das Dach dieses „Rechtshauses" bildet das Europarecht: die Richtlinien und Verordnungen. Dieses Dach wird getragen von zwei Säulen: der Säule bestehend aus Bundesrecht – Parlamentsgesetze und bundesweit geltende Rechtsverordnungen, und der Säule bestehend aus Landesrecht – Parlamentsgesetze und landesweit geltende Rechtsverordnungen. Zwischen diesen beiden Säulen besteht eine spezielle Beziehung: Landesrecht darf Bundesrecht nicht widersprechen. Das Fundament bilden die kommunalen Satzungen.

Europarecht: Verordnungen: Es existiert die Verordnung (EWG) Nr. 259/93 des Rates vom 1. Februar 1993 zur Überwachung und Kontrolle der Verbringung von Abfällen in der, in die und aus der Europäischen Gemeinschaft, ABl. EG Nr. L 30 vom 6. Februar 1993, S. 1; Richtlinien: Richtlinie des Rates vom 16. Juni 1975 über die Altölbeseitigung (75/439/EWG), ABl. EG Nr. L 194 vom 25. Juli 1975, S. 31; Richtlinien des Rates vom 15. Juli 1975 über Abfälle (75/442/EWG), ABl. EG Nr. L 194 vom 25. Juli 1975, S. 47; Richtlinie des Rates vom 18. März 1991 zur Änderung der Richtlinie 75/442/EWG über Abfälle, ABl. EG Nr. L 78 vom 26. 3. 1991, S. 32; Richtlinie des Rates vom 6. April 1976 über die Beseitigung polychlorierter Biphenyle und Terphenyle (76/403/EWG) ABl. EG Nr. L 108 vom 26. 4. 1976, S. 41; Richtlinie des Rates vom 20. März 1978 über giftige und gefährliche Abfälle (78/319/EWG) ABl. EG Nr. L 84 vom 31. März 1978, S. 43; Richtlinie des Rates vom 27. Juli 1985 über Verpackungen von flüssigen Lebensmitteln (85/339/EWG) ABl. EG Nr. L 176 vom 6. Juli 1985, S. 18; Richtlinie des Rates vom 12. Juni 1986 über den Schutz der Umwelt und insbesondere der Böden bei der Verwendung von Klärschlamm in der Landwirtschaft (86/278/EWG) ABl. EG Nr. L 181 vom 4. Juli 1986, S. 6; Richtlinie des Rates vom 8. Juni 1989 über die Verhütung der Luftverunreinigung durch neue Verbrennungsanlagen für Siedlungsmüll (89/369/EWG) ABl. EG Nr. L 163 vom 14. Juni 1989, S. 32; Richtlinie des Rates vom 21. Juni 1989 über die Verringerung der Luftverunreinigung durch bestehende Verbrennungsanlagen für Siedlungsmüll (89/429/EWG) ABl. EG Nr. L 203 vom 15. Juli 1989, S. 50; Richtlinie des Rates vom 18. März 1991 über gefährliche Stoffe enthaltende Batterien und Akkumulatoren (91/157/EWG) ABl. EG Nr. L 78 vom 26. März 1991, S. 38; Richtlinie 93/86/EWG des Rates vom 4. Oktober 1993 zur Anpassung der Richtlinie 91/157/EWG des Rates über gefährliche Stoffe enthaltende Batterien und Akkumulatoren an den technischen Fortschritt, ABl. EG Nr. L 264 vom 23. Oktober 1993, S. 51; Richtlinie des Rates vom 12. Dezember 1991 über gefährliche Abfälle (91/689/EWG) ABl. EG Nr. L 377 vom 31.12. 1991, S. 20; *Entscheidungen der Kommission:* Entscheidung der Kommission vom 20. Dezember 1993 über ein Abfallverzeichnis gem. Art. 1a der Richtlinie 75/442/EWG des Rates über Abfälle (94/3/EG) ABl. EG Nr. L 5 vom 7. Januar 1994, S. 15.

Bundesrecht: *Parlamentsgesetze:* Kreislaufwirtschafts- und Abfallgesetz vom 27. September 1994, BGBl. I S. 2705; Gesetz über die Überwachung und Kontrolle der grenzüberschreitenden Verbringung von Abfällen – Abfallverbringungsgesetz – vom 30. September 1994, BGBl. I S. 2771. *Rechtsverordnungen:* Verordnung über Entsorgungsfachbetriebe vom 10. September 1996, BGBl. I S. 1421; Verordnung über Abfallwirtschaftskonzepte und Abfallbilanzen vom 13. September 1996; BGBl. I S. 1447; Verordnung über Betriebsbeauftragte für Abfall vom 26. Oktober 1977, BGBl. I S. 1913; Klärschlammverordnung vom 15. April 1992, BGBl. I S. 912; Verordnung über die Entsorgung gebrauchter halogenierter Lösemittel vom 23. Oktober 1989, BGBl. I S. 1918; Verordnung zur Bestimmung von besonders überwachungsbedürftigen Abfällen vom 10. September 1996, BGBl. I S. 1366; Verordnung zur Bestimmung von überwachungsbedürftigen Abfällen zur Verwertung vom 10. September 1996, BGBl. I S. 1377; Verordnung über Verwertungs- und Beseitigungsnachweise vom 10. September 1996, BGBl. I S. 1382; Verordnung zur Transportgenehmigung vom 10. September 1996, BGBl. I S. 1411; Verordnung über die Vermeidung von Verpackungsabfällen vom 12. Juni 1991, BGBl. I S. 1234; Verordnung über die Überlassung und umweltverträgliche Entsorgung von Altautos vom 4. Juli 1997, BGBl. I S. 1666; Altölverordnung vom 27. Oktober 1987, BGBl. I S. 2335; Verordnung zur Einführung des europäischen Abfallkatalogs vom 13. September 1996, BGBl. I S. 1428; Verordnung über die Rücknahme und Entsorgung gebrauchter Batterien und Akkumulatoren vom 27. März 1998, BGBl. I S. 658. *Verwaltungsvorschriften:* Allg. Abfallverwaltungsvorschrift über Anforderungen zum Schutz des Grundwassers bei der Lagerung und Ablagerung von Abfällen vom 31. Januar 1990, GMBl. S. 74; Zweite allg. Verwaltungsvorschrift zum Abfallgesetz (TA Abfall) – Teil I: Technische Anleitung zur Lagerung, chem./physikalischen biol. Behandlung, Verbrennung und Ablagerung von besonders überwachungsbedürftigen Abfällen vom 12. März 1991, GMBl. S. 139; Dritte allg. Verwaltungsvorschrift zum Abfallgesetz (TA Siedlungsabfall) – Technische Anleitung zur Verwertung, Behandlung und sonstigen Entsorgung von Siedlungsabfällen vom 14. Mai 1993, BAnz. Nr. 997 S. 4967;

Richtlinie für die Tätigkeit und Anerkennung von Entsorgergemeinschaften (Entsorgergemeinschaftenrichtlinie) vom 9. September 1996, BAnz. Nr. 178 S. 10 909.

Landesrecht: *Landesgesetze:* In allen Bundesländern gibt es Landesabfallgesetze, in Niedersachsen heißt dieses Gesetz Niedersächsisches Abfallgesetz vom 14. Oktober 1994, GVBl. S. 467. *Rechtsverordnungen:* In allen Bundesländern gibt es auf der Grundlage der Landesabfallgesetze Rechtsverordnungen, in Niedersachsen: Verordnung über Zuständigkeiten auf dem Gebiet der Kreislaufwirtschaft und des Abfallrechts vom 6. November 1996, GVBl. S. 442; Verordnung über die Andienung von Sonderabfällen vom 14. September 1995, GVBl. S. 291; Verordnung über die Entsorgung von Abfällen außerhalb von Abfallentsorgungsanlagen (Kompostverordnung) vom 15. Mai 1992, GVBl. S. 141; Verordnung zur Begrenzung der Ermächtigung zur Anordnung von betrieblichen Sonderabfallkonzepten vom 12. Oktober 1995, GVBl. S. 323.

Kommunalrecht: In allen Städten und Gemeinden der Bundesrepublik gibt es eine Abfallsatzung; häufig wird diese Abfallsatzung ergänzt durch eine Gebührensatzung, manchmal ist die Gebührensatzung, soweit sie abfallrechtliche Tatbestände enthält, in die Abfallsatzung integriert.

Abfallsäure. Verdünnte >Säure<, die nach ähnlicher Verwendung wie >Abfallbeize< anfällt. Diese A. enthalten meist Eisenverb. und können deshalb zur

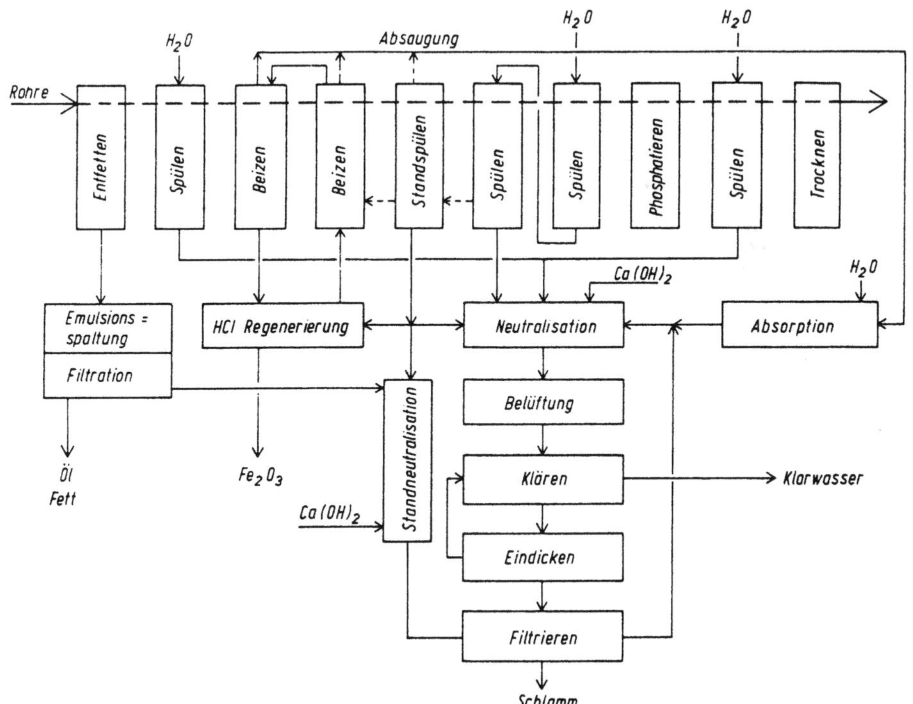

Abfallsäure: Fließschema einer HCJ Rohrbeizerei mit Nebenanlagen (aus: Abwassertechnische Vereinigung (Hrsg.) (1982) Lehr- und Handbuch der Abwassertechnik, 3. Aufl., Bd. 1–7, Verlag von Wilhelm Ernst und Sohn, Berlin München)

>Flockung< und >Fällung< bei der Abwasserreinigung verwendet werden. Bei einer mit >Salzsäure< betriebenen Breitbandbeizanlage fallen zur Behandlung hauptsächlich konz. Abbeizen sowie mit geringen Säureanteilen und zweiwertigem Eisen belastete Spülwässer an. Häufig sind aber aus zusätzlichen Verfahrensschritten verbrauchte Entfettungs- und Phosphatierungsbäder mit ihren Spülwässern sowie Lsg. aus der >Abluftreinigung< zu behandeln. Dies ist anhand des Fließschemas einer Rohrbeize dargestellt (s. Abb. S. 11).
Lit: Abwassertechnische Vereinigung (Hrsg.) (1982–1986) Lehr- und Handbuch der Abwassertechnik, 3. Aufl., Bd. 1–7, Verlag von Wilhelm Ernst und Sohn, Berlin München.

Abfallschlüssel. Den >Abfällen< zugeordnete Kennziffer zur Umsetzung der Entscheidung 94/3 EG der Kommission vom 20. 12. 1993 über ein Abfallverzeichnis gemäß Artikel 1 Buchstabe a) der Richtlinie 75/442/EWG des Rates über Abfälle (ABl. EG 1994 Nr. L 5 S. 15). Im Bereich nationalen deutschen Rechts sind dazu die Verordnung zur Einführung des Europäischen Abfallkatalogs (EAK-Verordnung – EAKV) vom 13. 09. 1996 (BGBl. I S. 1428) sowie die Verordnung zur Bestimmung von besonders überwachungsbedürftigen Abfällen (Bestimmungsverordnung besonders überwachungsbedürftiger Abfälle – BestbüAbfV) vom 10. 09. 1996 (BGBl. I S. 1366) sowie die Verordnung zur Bestimmung von überwachungsbedürftigen Abfällen zur Verwertung (Bestimmungsverordnung überwachungsbedürftiger Abfälle zur Verwertung – BestüVAbfV) vom 10. 09. 1996 (BGBl. I S. 1377) ergangen. Soweit bewegliche Sachen Abfälle nach § 3 Abs. 1 des >Keislaufwirtschafts- und Abfallgesetzes< sind, sind sie den in den Anlagen zu diesen Rechtsverordnungen genannten und mit einem sechsstelligen Abfallschlüssel gekennzeichneten Abfallarten zuzuordnen. Die branchen- oder prozeßspezifische Herkunft der Abfälle reicht von der Steine- und Erden- bzw. Gewinnungsindustrie über die Landwirtschaft bzw. Nahrungsmittelherstellung/-verarbeitung, die Holz-, Zellstoff-, Papierherstellung/-verarbeitung, die Leder- und Textilindustrie, die Öl-, Erdgas-, Kohleindustrie, die chemische Industrie (einschließlich Farben, Email u. a.), die photographische Industrie, die Kraftwerks-, Stahl-, Eisen- und Nichteisenmetallindustrie bis hin zu Fahrzeugwracks, Schredderrückständen, Bau- und Abbruchabfällen, Abfällen aus ärztlicher Versorgung, Restaurants u. a. sowie Abfällen aus Abfallbehandlungsanlagen und zu Siedlungsabfällen.

Abfallschlüsselnummer (ASN). Den >Abfällen< bzw. >Reststoffen< zugeordnete Kennziffern. Die ASN sind im Abfallkatalog der Länder-Arbeitsgemeinschaft-Abfall (LAGA) verzeichnet. Ein Großteil der ASN ist in der >Abfall- und/oder Reststoffüberwachungsverordnung< aufgelistet. Die zugehörigen Stoffe unterliegen damit den jeweiligen Verordnungen.

Abfallsortierung. Bezeichnung für die Entnahme von >Wertstoffen< oder von für die weitere Entsorgung störenden (z. B. größere Metallteile) bzw. kritischen Stoffen (>Sonderabfälle<) aus der Menge des anfallenden Abfalls. Sie wird entweder in Privathaushaltungen (>Wertstoffsammlung<) oder in großtechnischen Anlagen durchgeführt.

Abfallsteuer. Denkmodell zur Umgestaltung der Steuern in D. Grundgedanke ist dabei, Produkte nicht nach ihrem Wert, sondern nach ihrer >Umweltverträglichkeit< zu besteuern. Ein gleichartiges, aber umweltfreundlicheres Produkt würde demnach mit weniger Steuern belastet als ein weniger umweltfreundliches. Als größtes Problem wird bei der A. die soziale Komponente gesehen, da z. B. kinderreiche Familien, die naturgemäß mehr Produkte verbrauchen, steuerlich höher belastet würden als Einzelpersonen.

Abfallstoffe. s. >Abfall<.

Abfallumschlagstation. Großtechnische Anlage, um Abfälle aus Sammelfahrzeugen auf Ferntransporter (Straße, Schiene, Wasser) umzuladen. A. werden eingesetzt, wenn die >Abfallbeseitigungsanlage< weit entfernt ist, z. B. bei zentralen >Müllverbrennungsanlagen<. Bei der direkten Umladung erfolgt die Entleerung des Abfalls unmittelbar in das Ferntransportfahrzeug, der Abfall wird nicht verdichtet. Bei der indirekten Umladung wird ein Zwischenbunker oder eine Abfallpresse eingeschaltet. Das Transportfahrzeug kann direkt an die Presse angeschlossen werden, oder es werden Wechselcontainer eingesetzt, die universell für verschiedene Transportsysteme einsetzbar sind. A. sind in Städten mit hoher Abfalldichte, aber auch hoher Verkehrsdichte ab Transportentfernungen von 5 bis 10 km, im ländlichen Raum ab 20 bis 25 km wirtschaftlich.
Lit: Sattler K, Emberger J (1992) Behandlung fester Abfälle. Vogel, Würzburg.

Abfallverbringung. Nach § 10 Abs. 3 Satz 1 KrW-/AbfG sind Abfälle im Inland zu beseitigen; es gilt das Prinzip der Abfallbeseitigung im Inland. Demzufolge kann es ein Abfallverbringungsrecht, wenn man darunter versteht, daß Abfälle im Ausland entsorgt werden dürfen, nicht geben. Freilich macht § 10 Abs. 3 Satz 2 KrW-/AbfG vom Grundsatz der Inlandsentsorgung eine Ausnahme. Die Norm läßt die Vorschriften der Verordnung (EWG) Nr. 259/93 des Rates vom 1. Februar 1993 zur Überwachung und Kontrolle der Verbringung von Abfällen in der, in die und aus der Europäischen Gemeinschaft und des Ausführungsgesetzes zu dem Basler Übereinkommen vom 22. März 1989 über die Kontrolle der grenzüberschreitenden Verbringung gefährlicher Abfälle und ihrer Entsorgung vom 30. 9. 1994 unberührt. Sowohl die Verordnung der EWG als auch das Basler Übereinkommen erlauben unter genau definierten Voraussetzungen, Abfälle im Ausland zu entsorgen. Beispielhaft sei hier eingegangen auf die Verordnung der EWG: Diese Verordnung enthält Anhänge; Anhang II enthält die sog. Grüne Liste, Anhang III die sog. Gelbe Liste, Anhang IV die sog. Rote Liste; die Abfälle sind entsprechend ihrer Gefährlichkeit eingeteilt; die Grüne Liste enthält die am wenigsten gefährlichen Abfälle, die Rote Liste die gefährlichsten. Die Verordnung differenziert ferner danach, ob ein Abfall zur Verwertung oder zur Beseitigung exportiert werden soll. Zusammenfassend läßt sich das Recht des Abfallexports aus deutscher Sicht wie folgt darstellen: 1. Das Recht des Abfallexports innerhalb der Europäischen Union: Zu unterscheiden ist nach dem Zweck des Exports: Soll Abfall beseitigt oder verwertet werden? Wenn Beseitigung: Gilt für alle Abfälle der Anhänge II–IV; Export ist im Prinzip erlaubt; formell notwendig ist die Durchführung eines Notifizierungsverfahrens. Von dem prinzipiell möglichen Export gibt es zwei Ausnahmen: Ausnahmen genereller Natur, wenn sie mit dem EWG-Vertrag in Einklang stehen; Ausnahmen im Einzelfall. Wenn Verwertung: Gilt für alle Abfälle der Anhänge III und IV, für Abfälle des Anhangs II gilt ausschließlich die Richtlinie 75/442/EWG. Export ist für Abfälle der Anhänge III und IV im Prinzip erlaubt; formell notwendig ist die Durchführung eines Notifizierungsverfahrens. Export ist durch Einwände verhinderbar. Export von Abfällen des Anhangs II ist immer möglich. 2. Das Recht des Abfallexports aus der Europäischen Union: Auch hier ist zu unterscheiden nach dem Zweck des Exports: Soll Abfall beseitigt oder verwertet werden? Wenn Beseitigung: gilt für alle Abfälle der Anhänge II–IV der Verordnung: Export ist generell verboten. Ausnahmen vom Exportverbot sind für EFTA-Länder erlaubt, die Vertragsparteien des Basler Abkommens sind. Von diesen Ausnahmen existieren zwei Ausnahmen: der EFTA-Staat verbietet den Import, da im EFTA-Staat eine umweltverträgliche Beseitigung unmöglich ist. Wenn Verwertung: Gilt für alle Abfälle der Anhänge III und IV. Export generell verboten. Ausnahmen: Export in Staaten erlaubt, für die der OECD-Beschluß vom 30.3. 1992 über die Überwachung der grenzüberschreitenden Verbringung von Abfällen zur Verwertung gilt; Export erlaubt den Staaten, die Vertragsparteien des Basler Übereinkommens sind; Export erlaubt den Staaten, mit denen ein bilaterales Abkommen besteht, wenn dieses Abkommen vor der Anwendung der hier relevanten EWG-Verordnung geschlossen wurde und dieses Abkommen sowohl den Anforderungen des Art. 11 des Basler Übereinkommens genügt als auch mit dem Gemeinschaftsrecht vereinbar ist. – Der Export ist genehmigungsbedürftig. Für AKP-Staaten gilt ein Sonderrecht für bestimmte Abfälle. Für Abfälle, die zur Verwertung exportiert werden und die im Anhang II der einschlägigen EWG-Verordnung aufgeführt werden, gilt nach Art. 17 der Verordnung ein Sonderrecht.

Lit: Peine F-J (1996) Recht der Abfallwirtschaft. In: Schmidt R (Hrsg.). Öffentliches Wirtschaftsrecht. BT 2, S. 461 ff. mit umfangreichen Literaturnachweisen.

Abfallverfestigung. Erzeugung fester, schwer löslicher Körper aus staubförmigen >Abfällen< durch Zusatz von hydraulischen Bindemitteln wie Zement oder durch Mobilisierung von Bindungskräften im Abfall.

Lit: Schmidt M (1995) Reststoff- und Abfallverfestigung, expert-Verlag, Renningen.

Abfallverglasung. 1. Einschmelzen von Abfällen in einen nahezu unlöslichen Glaskörper. 2. Erzeugung glasähnlicher, schwer löslicher Massen durch Erhitzen mineralischer Abfälle bis zur Schmelze und anschließender schneller Abkühlung. Verglasung ab ca. 1.200 °C.

Abfallvermeidung. 1. technisch: Nach dem § 4 des >Kreislaufwirtschafts- und Abfallgesetzes< (KrW-/AbfG) hat die A. höchste Priorität. Dabei sind drei verschiedene Maßnahmen beschrieben: 1. anlageninterne Kreislaufführung: wenn z. B. beim Herstellungsprozess anfallende Rückstände in der Produktion wieder eingesetzt werden können; 2. abfallarme Produktion und 3. die Lenkung des Konsumverhaltens der Bürger. Die ersten beiden Vorkehrungen werden im KrW-/AbfG näher bestimmt, während die 3. Maßnahme anderen Gesetzen überlassen wird. Die Maßnahmen zur Vermeidung sind vom Abfallerzeuger bzw. den öffentlich-rechtlichen Entsorgungsträgern in >Abfallwirtschaftskonzepten< und >Abfallbilanzen< zu dokumentieren.

2. juristisch: A. ist nach § 4 Abs. 1 Nr. 1 KrW-/AbfG ein Grundsatz der Kreislaufwirtschaft; Abfälle sind zu vermeiden, insbesondere durch die Verminderung ihrer Menge und Schädlichkeit – zur Vermeidung zählt nach dem Sprachgebrauch des Gesetzes nicht nur das Nichtentstehen von Abfällen, sondern auch ihre mengenmäßige Reduzierung und die Reduzierung ihrer Schädlichkeit. Als Maßnahmen zur Vermeidung stellt Abs. 2 „insbesondere" heraus: die anlageninterne Kreislaufführung von Stoffen – Abfälle zur Verwertung oder Entsorgung entstehen nicht; die abfallarme Produktgestaltung – die Menge der Abfälle wird vermindert; ein auf den Erwerb abfall- und schadstoffarmer Produkte gerichtetes Konsumverhalten – die Menge der Abfälle sowie ihre Gefährlichkeit wird reduziert. – Eine Rechtspflicht zur A. besteht nach § 5 Abs. 1 KrW-/AbfG nach § 9 des genannten Gesetzes sowie nach den aufgrund der §§ 23, 24 KrW-/AbfG erlassenen Rechtsverordnungen. Der Verweis auf § 9 bedeutet inhaltlich einen Weiterverweis auf § 5 Abs. 1 Nr. 3 BImSchG; der Betreiber einer genehmigungsbedürftigen Anlage ist verpflichtet, diese so zu errichten und zu betreiben, daß Abfälle vermieden werden, es sei denn, sie werden ordnungsgemäß und schadlos verwertet oder, soweit Vermeidung und Verwertung technisch nicht möglich oder unzumutbar sind, ohne Beeinträchtigung des Wohls der Allgemeinheit beseitigt; ferner richtet sich die A. nach Rechtsverordnungen auf der Grundlage der §§ 23, 24. Diese Normen erlauben Rechtsverordnungen unterschiedlichen Inhalts; erlaubt ist beispielsweise der Erlaß einer Rechtsverordnung, die Anforderungen an die stoffliche Zusammensetzung sowie Verwendungsverbote ausspricht; erlaubt ist ferner der Erlaß einer Rechtsverordnung, die Produkte verbietet; erlaubt sind außerdem Rechtsverordnungen, die Rücknahme- und Rückgabepflichten aussprechen und diese Pflichten näherhin konkretisieren. Auf der Grundlage dieser Verordnungsermächtigungen sind bislang ergangen die Verordnung über die Vermeidung von Verpackungsabfällen sowie die Verordnung über die Überlassung und umweltverträgliche Entsorgung von Altautos.

Abfallverwertung. 1. >Rechtsbegriff<. A. gehört zu den Grundsätzen und Pflichten der Erzeuger und Besitzer von Abfällen sowie der Entsorgungsträger im modernen deutschen Abfallrecht. Nach § 4 Abs. 1 des >Kreislaufwirtschafts- und Abfallgesetzes – KrW-/AbfG< des Bundes vom 27.09. 1994 (BGBl. I S. 2705) sind Abfälle 1. in erster Linie zu vermeiden ..., 2. in zweiter Linie a) stofflich zu verwerten oder b) zur Gewinnung von Energie zu nutzen (energetische Verwertung). Die stoffliche Verwertung beinhaltet die Substitution von Rohstoffen durch das Gewinnen von Stoffen aus Abfällen (sekundäre Rohstoffe) oder die Nutzung der stofflichen Eigenschaften der Abfälle für den ursprünglichen Zweck oder für andere Zwecke mit Ausnahme der unmittelbaren Energierückgewinnung. Eine stoffliche Verwertung liegt vor, wenn nach einer wirtschaftlichen Betrachtungsweise, unter Berücksichtigung der im einzelnen Abfall bestehenden Verunreinigungen, der Hauptzweck der Maßnahme in der Nutzung des Abfalls und nicht in der Beseitigung des Schadstoffpotentials liegt (§ 4 Abs. 3 KrW-/AbfG). Die energetische Verwertung beinhaltet den Einsatz von Abfällen als Ersatzbrennstoff; vom Vorrang der energetischen Verwertung unberührt bleibt die thermische Behandlung von Abfällen zur Beseitigung, insbesondere von Hausmüll. Für die Abgrenzung ist · auf den Hauptzweck der Maßnahme abzustellen (§ 4

Abfallverwertung, Landwirtschaft: Die wichtigsten Verwertungswege von Rest- und Abfallstoffen in der Landwirtschaft und die damit verbundenen Risiken

	Herkunft aus Industrie und Kommunen	Pflanzenproduktion und -verarbeitung	Tierproduktion und -verarbeitung
Verwendung in der Pflanzenproduktion; mögliche Gefährdung	Bodenverbesserung Düngung Mensch + Tier durch – anorganische Schadstoffe, – organische Schadstoffe, – Krankheitserreger in pflanzl. Nahrungs- bzw. Futtermitteln und – indirekt (Mensch) über vom Tier stammende Nahrungsmittel	Bodenverbesserung Düngung Nutzpflanzen durch – pflanzenschädliche Viren, Bakterien, Pilze und Parasiten, – Verbreitung von Unkrautsamen, – Akkumulation von schädlichen Hilfsstoffen aus der Produktion, – einseitige Mineralstoffversorgung	Bodenverbesserung Düngung Tier+Mensch durch – Krankheitserreger, – schädliche Hilfsstoffe aus der Produktion in – pflanzl. Futtermitteln und – indirekt (Mensch) über vom Tier stammende Nahrungsmittel
Verwendung in der Tierproduktion; mögliche Gefährdung		Futtermittel Tier durch – toxische Substanzen, – organische Schadstoffe, – anorganische Schadstoffe, – einseitige Mineralstoffversorgung Mensch durch in der Nahrungskette angereicherte Schadstoffe	Futtermittel Tier durch – Krankheitserreger, – schädliche Hilfsstoffe aus der Produktion Mensch durch vom Tier stammende kontaminierte Lebensmittel

Abs. 4 KrW-/AbfG). Beispiele für Abfallverwertung sind die Brennstoffsubstitution durch Altreifen in der Zementindustrie (gleichzeitig stoffliche Verwertung der Stahlkarkasse als Bestandteil der Zementchemie), in der Stahlindustrie und der Kraftwerksindustrie, die Verwendung von Gießereisanden einschließlich enthaltener brennbarer Substanzen, von Papier, Kunststoffen, Holzspänen, Schlacken und dergleichen in der Zementindustrie sowie anderes mehr. Für die Zulässigkeit der genannten Fälle sind die Vorgaben der Verordnung über >Verbrennungsanlagen< für Abfälle und ähnliche brennbare Stoffe – 17. BImSchV von besonderer Bedeutung, wobei § 19 der Verordnung der zuständigen Behörde eine Ermächtigung für Ausnahmen von Vorschriften dieser Verordnung einräumt, soweit unter Berücksichtigung der besonderen Umstände des Einzelfalls einzelne Anforderungen unverhältnismäßig sind, im übrigen die dem >Stand der Technik< entsprechenden Maßnahmen zur Emissionsbegrenzung angewandt werden. Derartige Ausnahmen erscheinen nach Auffassung der Unterausschüsse des Länderausschusses für Immissionsschutz für jene Komponenten im Abgas erforderlich, die nicht signifikant von der Brennstoffart beeinflußt werden, sondern aus dem nicht zur Verbrennung bestimmten Rohstoff resultieren (z. B. C, CO, NO_X, Staub bei Zementöfen).

2. technisch: Nach dem Grundsatz des >Kreislaufwirtschafts- und Abfallgesetzes< (KrW-/AbfG) ist die A. nachrangig gegenüber der >Abfallvermeidung< und vorrangig gegenüber der >Abfallbeseitigung<. Die A. ist sowohl Teil der Kreislaufwirtschaft als auch der >Abfallentsorgung<. Die Möglichkeit der stofflichen und der energetischen Verwertung sind gleichrangig. Im Einzelfall hat die besser umweltverträgliche Verwertungsart im Verhältnis zu der anderen Vorrang

(§ 6 KrW-/AbfG). Die stoffliche A. unterscheidet die Rückgewinnung von Rohstoffen, die Nutzung der stofflichen Eigenschaften für den ursprünglichen Zweck oder für andere Zwecke. Die energetische A. erfolgt zum Zweck der Energiegewinnung. Erfolgt eine Verbrennung zum Zweck der Schadstoffbeseitigung oder zur Volumenreduzierung, so ist dies eine >Abfallbeseitigung<. Die Pflicht zur A. ist einzuhalten, soweit dies technisch möglich, wirtschaftlich zumutbar und ein Markt für die gewonnenen Stoffe vorhanden ist oder geschaffen werden kann. Die Verfahren der A. sind im Anhang II B des KrW-/AbfG angeführt.
3. juristisch: Nach § 4 Abs. 1 Nr. 2 KrW-/AbfG ist die A. ein Grundsatz der Kreislaufwirtschaft; Abfälle sind stofflich zu verwerten oder zur Gewinnung von Energie zu nutzen. Die A. ist der Abfallvermeidung nachrangig; mit Blick auf einen Vorrang gibt es nach § 4 Abs. 1 Nr. 2 KrW-/AbfG keine Aussage. – § 4 Abs. 3 KrW-/AbfG befaßt sich mit der stofflichen Verwertung; § 4 Abs. 4 mit der energetischen Verwertung. – Eine Rechtspflicht zur Verwertung beinhaltet § 5 Abs. 2 Satz 1 KrW-/AbfG; die Erzeuger oder Besitzer von Abfällen sind verpflichtet, diese nach Maßgabe von § 6 zu verwerten. § 6 befaßt sich mit der Relation von stofflicher und energetischer Verwertung. Vorrang hat die besser umweltverträgliche Verwertungsart. Ferner stellt § 5 Abs. 2 Satz 2 KrW-/AbfG fest, daß, soweit sich aus dem Kreislaufwirtschaftsgesetz nichts anderes ergibt, die Verwertung von Abfällen Vorrang vor deren Beseitigung hat. Das Gesetz enthält dann Aussagen über die Verwertung. Es stellt in Abs. 4 fest, daß die Pflicht zur Verwertung von Abfällen einzuhalten ist, soweit dies technisch möglich und wirtschaftlich zumutbar ist, insbesondere für einen gewonnenen Stoff oder gewonnene Energie ein Markt vorhanden ist oder geschaffen werden kann; das Gesetz regelt dann nähe-

re Details für die technische Möglichkeit sowie für die wirtschaftliche Zumutbarkeit.

4. Landwirtschaft: Die Wiederverwertung von Rest- und Abfallstoffen in der Landwirtschaft ist ein ökonomisch und ökologisch sinnvolles Vorgehen und hat eine lange Tradition. Mit der zunehmenden Industrialisierung sowie der Intensivierung der landwirtschaftlichen Produktion sind eine Reihe von Risiken entstanden, die die Verwertungsmöglichkeiten der Rest- und Abfallstoffe einschränken. In der Tabelle sind einige wichtige Wege und daraus folgende mögliche Gefährdungen zusammengefaßt. Gesetzliche Beschränkungen für eine Wiederverwertung ergeben sich aus dem Futtermittelrecht, dem Lebensmittelrecht, dem Wasserrecht, dem Düngermittelrecht, dem Abfallbeseitigungsrecht sowie der Umweltschutzgesetzgebung.

Abfallverwertung, radioaktiv. Die Strahlenschutzkommission hat Strahlenschutzgrundsätze zur schadlosen Wiederverwertung von schwachaktivem Stahl und Eisen aus Kernkraftwerken herausgegeben. Danach sind für metallische Reststoffe nachfolgende Verwertungswege realisierbar:
– Eine bedingungslose Freigabe zur allgemeinen uneingeschränkten Verwendung oder Verwertung ist möglich, wenn die spezifische Gesamtaktivität nicht größer als 0,1 Bq/g ist und die Grenzwerte der Oberflächenkontamination gemäß Strahlenschutzverordnung nicht überschritten werden.
– Eine Freigabe von Schrott zum allgemeinen Einschmelzen, d. h. zum Einschmelzen mit inaktivem Schrott, ist möglich, wenn die spezifische Gesamtaktivität jedes Einzelstücks nicht größer als 1 Bq/g ist. Gleichzeitig muß auch die Forderung der Strahlenschutzverordnung hinsichtlich der Oberflächenkontamination erfüllt sein. Die Strahlenschutzkommission geht davon aus, daß beim Einschmelzen des kontaminierten Schrotts eine Verdünnung des kontaminierten Materials mit inaktivem Material um mindestens den Faktor 10 erfolgt. Für das Einschmelzen des Schrotts benötigt die entsprechende Gießerei keine atomrechtliche Umgangsgenehmigung.
– Sind die Werte der spezifischen Aktivität von 1 Bq/g oder der Grenzwert der Oberflächenkontamination überschritten, so ist eine kontrollierte Verwertung der Reststoffe durch Einschmelzen möglich, wenn ein Produkt entsteht, dessen mittlere spezifische Aktivität auf keinen Fall größer als 1 Bq/g ist. Das Einschmelzen der Reststoffe muß im Rahmen einer Umgangsgenehmigung erfolgen.

Abfallvolumen. Geometrisch meßbarer Raum, den >Abfälle< einschließlich der Hohlräume einnehmen, z. B. im Abfallsammelbehälter oder in der Deponie.

Abfallvorbehandlung. 1. allgemein: Maßnahme vor einer Ablagerung der Abfälle, um flüssige, gasförmige und staubförmige >Emissionen< der Ablagerung zu vermindern und die Ablagerungsdichte der Abfälle zu erhöhen, um Deponievolumen zu sparen und Setzungen von Deponien zu verringern. Die A. kann in einer >Abfallsortierung< bestehen, mit dem Ziel, wiederverwertbare Stoffe (z. B. Glas, Papier) oder solche mit gefährlichen Emissionen (z. B. Lacke, Altöl) auszusortieren und ggf. wiederzuverwerten. Auch die >Müllverbrennung< oder >Rotte< sind A. Eine weitere Methode ist die >Homogenisierung<, die eine Durchmischung der Abfälle darstellt, um eine gleichmäßigere Verbrennung oder Rotte sicherzustellen.

2. aerobe: (Syn. >Rotte<). Kontrollierter >biochemischer Abbau< von >Abfällen< unter Zufuhr molekularen Sauerstoffs, i. d. R. Luftsauerstoff.

3. anaerobe: Kontrollierter >biochemischer Abbau< von >Abfällen< unter Ausschluß von molekularem Sauerstoff.

4. thermische: Chem. Umwandlung von >Abfällen< im Temperaturbereich >300 °C: a) Oxidation unter Zusatz von molekularem Sauerstoff, i. d. R. Luftsauerstoff (>Verbrennung<); b) Umwandlung durch Erhitzung ohne Zusatz von Sauerstoff (>Pyrolyse<). Ziel der Behandlung ist die vollständige Oxidation org. Verbindungen, die Erzeugung nicht auslaugbarer mineralischer Rückstände im >Massenhauptstrom< zur >übertägigen< Ablagerung auf der Erdoberfläche und die Konzentration der löslichen Bestandteile als Salze im >Massennebenstrom< zur Ablagerung in Salzstöcken.
Lit: Lukner C (1997) Technologien der Abfallbehandlung, Praxis der Naturwissenschaften, 46 (7), 41–45.

Abfallwirtschaft. >Rechtsbegriff<. Nach den gesetzlichen Vorgaben des Bundes stellen die Länder für ihren Bereich >Abfallwirtschaftspläne< nach überörtlichen Gesichtspunkten auf. Die Abfallwirtschaftspläne stellen dar: 1. die Ziele der Abfallvermeidung und -verwertung sowie 2. die zur Sicherung der Inlandsbeseitigung erforderlichen Abfallbeseitigungsanlagen. Die Abfallwirtschaftspläne weisen aus: 1. zugelassene Abfallbeseitigungsanlagen, 2. geeignete Flächen für Abfallbeseitigungsanlagen zur Endlagerung von Abfällen (Deponien) sowie für sonstige Abfallbeseitigungsanlagen. Dabei sind künftige Entwicklungen zu berücksichtigen, ebenso die Ziele und Erfordernisse der Raumordnung und Landesplanung. Derartige Pläne sind erstmalig zum 31. 12. 1999 zu erstellen und alle fünf Jahre fortzuschreiben (§ 29 KrW-/AbfG).

1. technisch: Als Teil des Umweltschutzes die Gesamtheit aller Maßnahmen zur >Abfallvermeidung<, Abfallverminderung und umweltschonenden >Abfallverwertung<, einschließlich der >Abfallentsorgung< der nichtverwertbaren Reste. Für die Bereiche der Bundesländer werden >Abfallwirtschaftspläne< erarbeitet, von den öffentlich-rechtlichen Entsorgungsträgern im Sinne des § 15 >Kreislaufwirtschafts- und Gesetz< ein >Abfallwirtschaftskonzept<.

2. juristisch: Das jetzige Abfallrecht, das über die bloße Abfallbeseitigung hinaus auch Vermeidung, Verringerung, Verwertung und Entsorgung (in dieser Reihenfolge indessen nicht als Rechtspflicht) betrifft, ist der Sache nach ein Abfallwirtschaftsrecht, weil Abfall zum Gegenstand wirtschaftlicher Betrachtung und Objekt von Wirtschaftssubjekten geworden ist und nicht mehr lediglich Bedeutung unter dem Aspekt gefahrloser Beseitigung (Gefahrenabwehr) genießt.

Abfallwirtschaftskonzept. Von großen Abfallerzeugern (mehr als 2000 kg/Jahr besonders überwachungsbedürftige Abfälle oder mehr als 2000 t/Jahr überwachungsbedürftige Abfälle) sowie den öffentlich-rechtlichen Entsorgungsträgern ist gemäß § 19 >Kreislaufwirtschafts- und Abfallgesetz< ein A. zu erstellen. Die genauen Anforderungen an die A. werden in der >Verordnung über Abfallwirtschaftskonzepte und Abfallbilanzen< geregelt. Es sind das Abfallaufkommen sowie die Wege der Verwertung und Beseitigung darzulegen. Des weiteren müssen die Maßnahmen aufgezeigt werden, wie künftig Abfälle vermieden oder besser verwertet werden können. Die A. dienen den Behörden als Grundlage von landesweiten Abfallwirtschaftsplänen und den Abfallerzeugern als innerbetriebliches Planungsinstrument. Das A. ist erstmalig bis zum 31.12. 1999 für die nächsten 5 Jahre zu erstellen und alle fünf Jahre fortzuschreiben, soweit nicht auf Länderebene andere Regelungen beschlossen wurden.

Abfallwirtschaftskonzept, betriebliches. In einigen Bundesländern in den Landesabfallgesetzen festgelegtes Instrument, um Betriebe zu einer abfallbewußten Produktion zu bewegen. A. dienen i.w. der Bestandsaufnahme in den Betrieben und sollen mit weitergehenden Fragestellungen den Betrieben ihre Abfallerzeugung bewußt machen. In Nordrhein-Westfalen gelten z.B. folgende Mindestanforderungen:
1. Angaben über Art, Menge und Verbleib der zu entsorgenden Abfälle,
2. Darstellung der getroffenen und geplanten Abfallvermeidungs- und Verwertungsmaßnahmen,
3. Nachweis einer fünfjährigen Entsorgungssicherheit, bei Eigenentsorgung einschließlich der notwendigen Standort- und Anlagenplanung,
4. Ausführungen zur umweltverträglichen Entsorgbarkeit der erzeugten Produkten nach Wegfall der Nutzung. Ein A. ist nicht erforderlich, wenn pro Jahr die Menge von 500 kg besonders überwachungsbedürftiger Abfälle, bzw. 2000 kg Massenreststoffe unterschritten werden.

Abfallwirtschaftsplan. Nach § 29 KrW-/AbfG sind die Länder verpflichtet, für ihren Bereich Abfallwirtschaftspläne nach überörtlichen Gesichtspunkten aufzustellen. Die Abfallwirtschaftspläne stellen die Ziele der >Abfallvermeidung< und >Abfallverwertung< sowie die zur Sicherung der Inlandsbeseitigung erforderlichen >Abfallbeseitigungsanlagen< dar. Die Abfallwirtschaftspläne weisen zugelassene Abfallbeseiti-

gungsanlagen und geeignete Flächen für Abfallbeseitigungsanlagen zur Endablagerung von Abfällen (Deponien) sowie für sonstige Abfallbeseitigungsanlagen aus. Das Gesetz enthält nähere Details betreffend die Abfallwirtschaftsplanung und stellt in Abs.9 fest, daß die Pläne erstmalig zum 31.Oktober 1999 zu erstellen und alle 5 Jahre fortzuschreiben sind.

Abfallwirtschaftsplanung. >Abfallwirtschaft<.

Abfallwirtschaftsprogramm. >Abfallwirtschaftskonzept<.

Abfluß. Die ober- und unterirdische Bewegung des nicht verdunsteten Anteils des >Niederschlags< nach seinem Auftreffen auf die Landoberfläche zum Meer oder in abflußlose Senken (>Wasserkreislauf<). Diese Fließbewegung erfolgt unter dem Einfluß der Schwerkraft in Vorflutersystemen, die natürliche (Rinnsale, Bäche, Flüsse, Ströme) und künstliche Gewässer (Gräben und Kanäle) umfassen. Hier ist der A. aus einem Einzugsgebiet sichtbar und als das Wasservol. meßbar, das den A.-Querschnitt in der Zeiteinheit durchfließt (DIN 4049, T.3). Er wird an langfristig eingerichteten Meßstellen in den Vorflutern bestimmt und in L/s oder m^3/s angegeben. Der Gesamt-A. und die rel. Größe der verschiedenen A.-Komponenten sind von den Charakteristiken des Niederschlags (Höhe, Form, Art, Dauer, zeitliche Verteilung, Intensität) sowie von den natürlichen und vom Menschen beeinflußten Verhältnissen des Einzugsgebiets abhängig. Hierzu gehören u. a. die klimatischen Verhältnisse, Form, Lage und Exposition des Einzugsgebiets, dessen Oberflächenrelief, geol. Aufbau, Bodenbeschaffenheit und Vegetation, v.a. sein Waldbestand (s. Abb. unten). Für den A. ist die Form und die zeitliche Verteilung des Niederschlags von großer Bedeutung. Niederschläge, die als

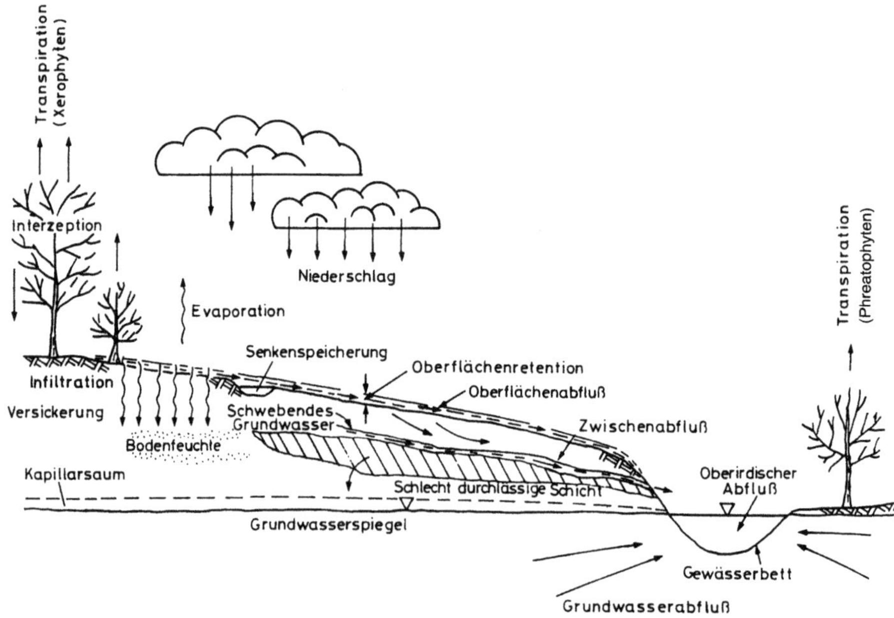

Abfluß: Schema des Abflußvorgangs

Schnee fallen, werden kurz- oder mittelfristig zurückgehalten (Zwischenspeicherung) und kommen bei der Schneeschmelze verzögert zum A. Zu Beginn eines Regenereignisses wird der Anteil des Niederschlags von den Laubflächen der Pflanzen (Interzeption) und der Landoberfläche in mehr oder weniger großen Bodensenken als Pfützen zurückgehalten und gespeichert (Oberflächenretention, Senkenspeicherung). Dieses Wasser, das wegen der großen verfügbaren Oberflächen intensiver Verdunstung unterliegt, trägt zum A. nicht bei. Wenn das Rückhaltevermögen der Pflanzenoberflächen und der Bodendepressionen überschritten wird, können erste A.-Vorgänge beobachtet werden (z.B. Stammabfluß oder Tropfwasser). Der weitere Vorgang hängt von >Niederschlagsdichte< und >-fracht< und von der Infiltrationsrate und -kapazität des Bodens (>Infiltration<) ab. Im Boden können zeitweise erhebliche Wassermengen gespeichert werden, bis dessen >Hohlraumanteile< wassergesättigt sind. Der Infiltrationsanteil des Niederschlags und seine Verweilzeit im Boden hängen u.a. von den hydraulischen Eig., der Beschaffenheit des Bodens und seiner Bodenhorizonte (Hohlraumanteil, >Durchlässigkeit<), der Bodennutzung, dem Pflanzenbewuchs, dem Flurabstand der Grundwasseroberfläche und vom Oberflächenrelief ab. Ein Teil des infiltrierten Wassers bleibt in der Deckschicht als Bodenfeuchte zurück, ein Teil tritt als >Zwischenabfluß< (Bodenwasserabfluß) in Erscheinung, ein weiterer Teil wird durch Transpiration, Evaporation und Wasserdampfaustausch wieder an die Atmosphäre abgegeben (>Verdunstung<), und ein anderer Teil des infiltrierten Wassers sickert bis zum Grundwasserspiegel hinab und speist das Grundwasser, das als Grundwasserabfluß und als >Grundwasserabstrom< zum A.-Vorgang beiträgt. Direktabfluß ist die unmittelbare Folge eines bestimmten, aber unbekannten Teils des Niederschlags, des a.-wirksamen Niederschlags. Der Basisabfluß Q_B ist der Teil des A., der den Vorfluter zeitlich verzögert erreicht und größtenteils aus dem Grundwasser – nach DIN 4049$_1$, T.3 ausschließlich aus dem Grundwasser – aber auch aus sonstigen Wasservorräten des Einzugsgebiets aus früheren Niederschlagsperioden stammt (s. Tabelle unten). Nach der Herkunft der A.-Komponenten wird der Gesamtabfluß in den oberirdischen und unterirdischen A. und deren weitere Teilkomponenten getrennt.

Lit: Baumgartner A, Reichel E (1975) Die Weltwasserbilanz, München: Oldenbourg-Verlag; DIN 4049$_1$ u. T.3: Hydrologie, Begriffe, quantitativ. Deutscher Normenausschuß (Hrsg.) Ausg. 1979 u. 1994 – Matheß G, Ubell K (1983) Allgemeine Hydrogeologie – Grundwasserhaushalt, Gebr. Borntraeger-Verlag, Berlin, Stuttgart.

Abflußganglinie. Analyse: Aus der Ganglinie einzelner Hochwasserwellen oder A. größerer Zeitintervalle wird mit graphischen Näherungsmethoden der Gesamtabfluß in Direkt- und >Basisabfluß< bzw. in oberirdischen Abfluß und Grundwasserabfluß getrennt. Analysen der A. dienen ferner der Untersuchung der Niederschlagabflußbeziehung und den Abfluß-Vorhersagen. Aus den langjährigen Meßreihen des Gesamtabflusses werden die Einzelwerte des Trockenwetterabflusses Q_T abgeleitet, der in niederschlagsarmer Zeit den natürlichen ober- und unterirdischen Speicherräumen des Einzugsgebietes entstammt (DIN 4049$_1$ u. T.3) (s. Abb. S.18). Die Trennung des ober- und unterirdischen Abflusses ist bei kombinierter Beobachtung des Abflußvorganges am Pegel und Analyse der Gehalte an konservativen Bestandteilen (stabile Sauerstoff- und Wasserstoff-Isotopen ^{18}O und ^2H, ferner Chlorid) im Niederschlagswasser, abfließenden Wasser und Grundwasser möglich, vorausgesetzt, daß sich die hydrologischen Komponenten in ihrer Isotopenzusammensetzung oder ihrem Chlorid-Gehalt signifikant unterscheiden.

Lit: DIN 4049$_1$ u. T.3: Hydrologie, Begriffe, quantitativ. Deutscher Normenausschuß (Hrsg.) Ausg. 1979 u. 1994 – Fritz P, u.a.: Storm runoff analyses using environmental isotopes and major ions. Panel Proc. Ser. STI/PUB/429, S.111/130, Wien: IAEA 1976 – Meinzer OE, Stearns HD: A study of groundwater in the Pomperaug basin. Connecticut. U.S. Geol. Survey Water-Supply Pap. 597-B, S.73/146, Washington, D.C. 1929.

Abflußhöhe. (Gebietsabfluß). Ist der Quotient aus >Abflußsumme< und zugehöriger Einzugsgebietsfläche, z.B. in mm/a angegeben. 1 mm entspricht 1 L/m^2 oder 1.000 m^3/km^2 (DIN 4049$_1$, T.3: Hydrologie, Begriffe, quantitativ. Deutscher Normenausschuß (Hrsg.) Ausg. 1994).

Abfluß: Größte Abflüsse aus Strömen zum Weltmeer. (Nach Baumgartner u. Reichel 1975)

Strom	Einzugsgebiet [10^6 km^2]	[%][a]	[%][b]	m^3/s	km^3/a	Abfluß R [%][c]	mm/a
Amazonas	7.180	4,8	6,2	190.000	6.000	15,1	835
Kongo	3.822	2,6	3,3	42.000	1.330	3,4	340
Yangtsekiang	1.970	1,3	2,7	35.000	1.100	2,8	560
Orinoco	1.086	0,7	0,9	29.000	915	2,2	845
Brahmaputra	589	0,4	0,5	20.000	630	1,6	1.070
La Plata	2.650	1,8	2,3	19.500	615	1,5	235
Yenissei	2.599	1,7	2,2	17.800	565	1,4	215
Mississippi	3.224	2,2	2,8	17.700	560	1,4	175
Lena	2.430	1,6	2,1	16.300	515	1,3	210
Mekong	795	0,8	0,7	15.900	500	1,3	630
Ganges	1.073	0,7	0,9	15.500	490	1,2	455
Irawadi	431	0,3	0,4	14.000	440	1,1	1.020
Ob	2.950	2,0	2,6	12.500	395	1,0	135
Sikiang	435	0,3	0,4	11.500	365	0,9	840
Amur	1.843	1,2	1,6	11.000	350	0,9	190
St. Lorenz	1.030	0,7	0,9	10.400	330	0,8	310

[a] des Festlands (148,9 · 10^6 km^2).
[b] des peripheren Gebiets (115,7 · 10^6 km^2).
[c] des gesamten Abflusses (39,7 · 10^3 km^3).

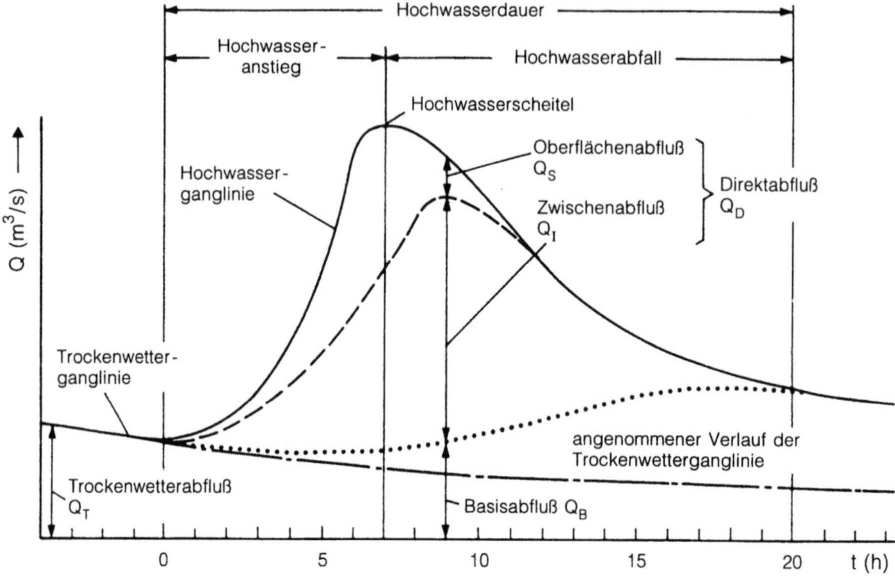

Abflußganglinie, Analyse: Schematische Aufgliederung des Gesamtabflusses bei einer Hochwasserwelle (DIN 4049₁)

Abflußmeßwesen. Die ältesten bekannten Wasserstandsmessungen fanden an sog. Nilometern seit ca. 3500 v. Chr. an verschiedenen Stellen des Nillaufs, v. a. am 2. Katarakt bei Semna statt. In Deutschland begannen Wasserstandsmessungen an Lattenpegeln im 18. Jahrhundert (Magdeburg/Elbe 1772, Barby/Elbe 1753, Düsseldorf/Rhein 1766, Köln/Rhein 1770, Emmerich/Rhein 1770, Stettin/Oder 1771, Meißen/Elbe 1775, Dresden/Elbe 1776, Küstrin/Oder 1778). Der erste Schreibpegel wurde im Jahre 1888 in Koblenz eingerichtet. A.-Messungen begannen mit der Entwicklung des Woltmann-Flügels im Jahre 1790. Sie werden in größerem Umfang ab 1880 durchgeführt. Heute wird der A. in D. an etwa 2.900 registrierenden und 1.000 nicht registrierenden Meßstationen bestimmt. Abflußmessungen erfolgen als Wasserstands- und Abflußmengen-Messungen. Der Abfluß wird für gewässerkundliche Untersuchungen an langfristig eingerichteten Meßstellen bestimmt. Geeignete Pegelquerschnitte unterliegen weder dauerhaften Veränderungen des Durchflußprofils (durch Erosion oder Akkumulation) noch zeitweisen Störungen (durch Rückstau, Treibeis oder Verkrautung). Die Wasserstände (Höhenlage des Wasserspiegels) werden an Pegeln verschiedener Art (Lattenpegel, Schrägpegel, Treppenpegel) ein- oder mehrmals tgl. abgelesen. An höherwertigen Meßstellen werden Schreibpegel für die kontinuierliche Aufzeichnung der Wasserstände (Schwimmerschreibpegel, Bandmeßpegel, Druckluftpegel, elektrische und induktive Widerstandpegel) sowie Fernpegel mit elektrischen Wasserstandsanzeigern und Fernsprecheinrichtungen eingesetzt. Abflußmessungen erfassen die in der Sekunde den Abflußquerschnitt durchfließende Wassermenge. Abflußquerschnitt ist der vom abfließenden Wasser angefüllte kleinste lotrechte Gerinnequerschnitt in fließenden Gewässern. Die aufwendigen Abflußmessungen werden bei verschiedenen Wasserständen nur gelegentlich durchgeführt. Die fortlaufende Best. der Abflußwerte erfolgt indirekt über die Messung des Wasserstandes und dessen Umrechnung zum Abfluß aufgrund der Wasserstand-Abfluß-Beziehung (Abflußkurve, Schlüsselkurve) der jeweiligen Meßstation.

Lit: Dracos T (1980) Hydrologie, eine Einführung für Ingenieure, Springer, Wien New York – Dyck S (1980) Angewandte Hydrologie, T. 2, Der Wasserhaushalt der Flüsse, 2. Aufl., Ernst-Verlag, Berlin München – DIN 4049 T. 3: Hydrologie, Begriffe z. quantitativ. Hydrol. Deutsch. Inst. f. Normung (Hrsg.) Ausg. 1994.

Abflußspende. Der Abfluß Q wird häufig auf die Fläche des Einzugsgebietes bezogen als Abflußspende R (in L/s · km²) oder als >Abflußhöhe< angegeben.

Abflußsumme. Die Abflußsumme Q (in m³, hm³ oder km³) ist das Wasservol., das in einer bestimmten Zeitspanne, z. B. in einem Jahr, abgeflossen ist.

Lit: DIN 4049₁, T. 3: Hydrologie, Begriffe, quantitativ. Deutscher Normenausschuß (Hrsg.) Ausg. 1994.

Abgabe. 1. allgemein: Oberbegriff für bestimmte Formen von Zahlungspflichten, die für den Bürger gegenüber dem Staat bestehen. Das Finanzrecht differenziert zwischen Steuern, Gebühren, Beiträgen und Sonderabgaben (von Interesse: >Abwasserabgabe<).
2. Gift: Im 2. Abschnitt der >GefStoffV< wird das Inverkehrbringen von >gefährlichen< Stoffen und Zubereitungen geregelt. Darin sind auch giftrechtliche Bestimmungen enthalten, die aus den früheren >Giftgesetzen</-verordnungen der (alten) Bundesländer stammen. Sie schreiben für >giftige< und >sehr giftige< Stoffe und Zubereitungen eine Erlaubnis- oder Anzeigepflicht vor: im Einzelhandel muß die Abgabe von der Behörde erlaubt werden; *ausgenommen* sind Apotheken, Tankstellen (und wissenschaftliche Institute). >Hersteller<, >Einführer< und Großhändler dürfen

„>Gifte<" (gemäß Anhang VI GefStoffV oder aufgrund einer Selbsteinstufung nach § 3a Abs. 1 Nr. 6 und 7 ChemG (>Gefährlichkeitsmerkmale<) nur an gewerbliche Kunden und Weiterverarbeiter abgeben, wenn sie dies bei der Behörde angezeigt haben (§§ 11, 12). Voraussetzung ist die >Sachkenntnis< nach § 13 GefStoffV. Im Einzelhandel sind darüber hinaus weitere Bedingungen zu beachten: Abgabe nur an vertrauenswürdige Personen, die volljährig sein müssen; Führung von Aufzeichnungen über die Abgabe (früher „Giftbuch").

Das Inverkehrbringen bestimmter gefährlicher Stoffe, Zubereitungen und Erzeugnisse, auch solcher, die diese freisetzen können oder enthalten, ist verboten. Näheres dazu enthält die Verordnung über Verbote und Beschränkungen des Inverkehrbringens gefährlicher Stoffe, Zubereitungen und Erzeugnisse nach dem Chemikaliengesetz (Chemikalien-Verbotsverordnung – ChemVerbotsV) in der Fassung der Bekanntmachung vom 19. 07. 1996 (BGBl. I S. 1151, geändert durch Gesetz vom 09. 10. 1996, BGBl. I S. 1498).

Lit: Kitzinger G, Beekhuizen S, Lorenz G (1991) Gefahrstoffverordnung, Kommentar und Rechtsvorschriften zum Gefahrstoffrecht, Werner-Verlag, Düsseldorf.

Abgänge. Bei der >Aufbereitung< bergbaulich gewonnener mineralischer Rohstoffe ausgesonderte >Berge< oder in der vorliegenden Form, beispielsweise wegen zu kleiner Körngröße, zu geringer Anreicherung oder hohen Wassergehalts nicht verwendungsfähige Produkte. A. werden je nach Art als >Versatz< wieder in die entstandenen bergmännischen Hohlräume eingebracht, aufgehaldet, als Beiprodukt verkauft, z. B. an die Bauindustrie, oder müssen entsorgt werden.

Abgas. Bei technischen Prozessen aller Art, wie z. B. Verbrennungsvorgängen in Feuerungsanlagen und Verbrennungsmotoren, chem. Reaktionen, aber auch Verdampfungsvorgängen, durch feste, fl. und/oder gasförmige luftfremde Stoffe – >Luftverunreinigungen< – belastete, in die >Atmosphäre< entweichende Gase.

Abgasableitung. Abführung der >Abgase< eines >Emittenten< in die >Atmosphäre<. Abgase sind so abzuleiten, daß ein ungestörter Abtransport mit der freien Luftströmung gewährleistet ist. Hierzu ist i. d. R. eine Ableitung über ausreichend hohe >Schornsteine< bzw. Abgaskamine erforderlich. Die Schornsteinhöhen sind jeweils an die spez. Gegebenheiten im Hinblick auf die Austrittsbedingungen, wie >Abgasvolumenstrom<, >-temperatur< und -geschwindigkeit, sowie die Umgebungsbedingungen, wie Geländeform, Bebauung und Bewuchs, anzupassen. Bei geringen Emissionsmassenströmen sind die Abmessungen des Gebäudes, an das der Schornstein bzw. der Abgaskamin angebunden ist, zu berücksichtigen. Zur Festlegung der Schornsteinhöhe dient die >Schornsteinhöhenbestimmung<.

Abgasanalyse. Bestimmung von Art und Menge der Bestandteile im Abgas. Unterscheidung nach >limitierten< und >nichtlimitierten Komponenten< sowie nicht schädlichen Bestandteilen wie der zur Best. der >Luftzahl< notwendige Sauerstoffgehalt. Die Ermittlung der Bestandteile im Abgas aus der Prüfung von Motoren und Fahrzeugen erfolgt meist mit physikalischen Methoden, z. B. Kohlenmonoxid und Kohlendioxid durch den >nichtdispersiven Infrarot-Analysator (NDIR)<, Kohlenwasserstoffe durch den >Flammenionisationsdetektor (FID)<, Stickoxide durch den >Chemilumineszenz-Analysator< (CLA), Sauerstoff durch magnetische Detektoren. Nichtlimitierte Komponenten werden üblicherweise naßchem. ermittelt.

Lit: Winckler J (1985) Spezifische Probleme bei Probenahme und Messung von Dieselabgasen, VDI-Verlag, Düsseldorf, VDI-Bericht 559: 355–384 – Klingenberg H (1977) Prüfmethoden und Meßverfahren für Automobilabgase, Volkswagenwerk AG. Forschung und Entwicklung – Thiel W (1991) Abgasmeßtechnik für dynamische Untersuchungen an Verbrennungsmotoren. MTZ Motortechnische Zeitschrift 52: 356–361 – Dietrich R (1991) Gegenüberstellung des Schadstoffverhaltens moderner Verbrennungsmotoren im stationären wie im Nutzfahrzeugbetrieb. MTZ Motortechnische Zeitschrift 52: 296–303.

Abgasausbreitung. Für die Betrachtung von Auswirkungen einzelner >Abgasemissionen< und ihres Einflusses auf >Immissionen< sind die Kenntnisse der A. wesentlich (s. Abb. S. 20).

Nach heutiger Kenntnis breiten sich Abgase von Fahrzeugen prim. in Bodennähe und in der unmittelbaren Umgebung ihrer Quelle aus. Zur Bewertung der A. sind einige Rechenmodelle entwickelt worden, >Rollback-Modell<.

Abgasbestandteile. Man unterscheidet Abgasschadstoffe, >limitierte Abgaskomponenten<. Hierzu gehören in erster Linie CO, HC und NO_X, die in Abhängigkeit des motorischen Einstellparameter entstehen, z. B. von der >Luftzahl<. Weitere Abgasschadstoffe gelten als >nichtlimitierte Abgaskomponenten<, wozu auch die nicht schädlichen A. wie Wasserdampf und Stickstoff gehören.

Abgasentgiftung. >Abgasreinigung<.

Abgasentschwefelung. Verfahren zur Verringerung des Gehaltes an >Schwefeloxiden< (SO_X) im Abgas von insbesondere thermischen, mit >Kohle< oder >Öl< betriebenen >Kraftwerken<, Sinteranlagen oder >Schwefelsäureanlagen< durch geeignete >Abgasreinigungsanlagen<. Insgesamt sind weit über 100 versch. >Abgasentschwefelungsverfahren< bekannt. Die wichtigsten Verfahren lassen sich in Naß-, Halbtrocken- und Trockenverfahren einteilen. Neben diesen abgasseitigen Maßnahmen kommen als emissionsmindernde Maßnahmen zur Verringerung der SO_X-Emission brennstoffseitige und feuerungstechnische Maßnahmen zum Einsatz.

Naßverfahren: Herauswaschen der Schwefeloxide in einem Abgaswäscher, der mit z. B. Kalkmilch [$Ca(OH)_2$], Kalk ($CaCO_3$)-Suspension oder Natronlauge (NaOH) als Waschflüssigkeit betrieben wird. In dem Wäscher reagiert >Schwefeldioxid< (SO_2) mit z. B. Kalkmilch zu Calciumsulfit ($CaSO_3$) und Schwefeltrioxid (SO_3) zu Calciumsulfat ($CaSO_4$). Da in den Abgasen der Anteil des Schwefeldioxids mit i. d. R. ca. 95 % weitaus höher ist als der Anteil des Schwefeltrioxids, entsteht im Wäscher überwiegend Calciumsulfit, das so weder einer Verwertung zugeführt noch – wegen seiner Löslichkeit – ohne Probleme deponiert werden kann. In einer zusätzlichen Verfahrensstufe findet daher i. d. R. eine Ox. mit Luftsauerstoff zu unlösl. >Gips< ($CaSO_4$) (Rückstandsgips) statt, der problemlos einer Verwertung in der Bauindustrie zugeführt werden kann. Ebenfalls mit ausgewaschene Chloride und Fluoride sowie >Schwermetalle< verbleiben im >Abwasser<, das vor der Ableitung zu behandeln ist. In Anlagen neueren Typs findet, falls erforderlich, die Abscheidung von >Halogen<verb. in einem Vorabscheider statt, und die Ox. zu Gips erfolgt direkt im Absorbersumpf. Die starke Abkühlung der Abgase im Abgaswäscher erfordert deren Wiederaufheizung, be-

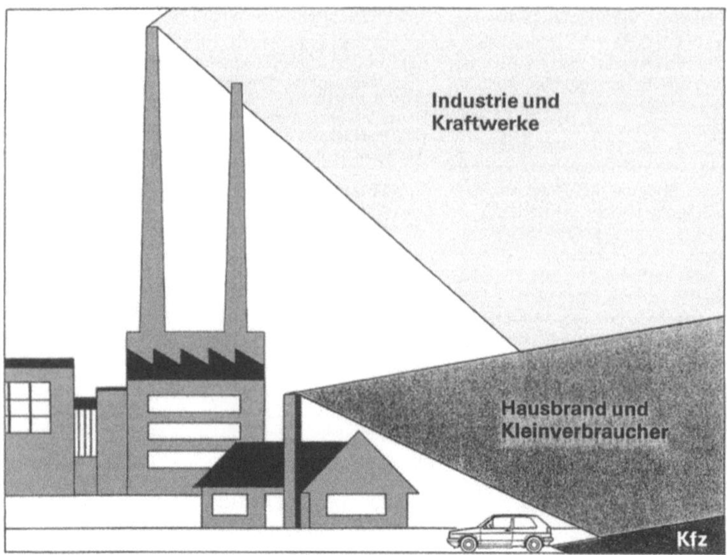

Abgasausbreitung: Vereinfachtes Ausbreitungsmodell von Abgasen, VW-Bild

vor die Abgase über einen Schornstein abgeleitet werden. Durch Wärmeaustausch zwischen >Roh-< und >Reingas< mittels eines Regenerativwärmetauschers wird ein zusätzlicher Energiebedarf vermieden. Der Entschwefelungsgrad moderner Anlagen erreicht über 95%. Bei einer Schwefeloxid-Rohgasbeladung von 2.000 mg/m^3 sind somit 100 mg/m^3 im Reingas einzuhalten. Die überwiegende Anzahl der bei Kraftwerksfeuerungen installierten Abgasentschwefelungsverfahren arbeitet nach dem Naßverfahren.

Halbtrockenverfahren: Herauswaschen von Schwefeloxiden durch Eindüsen von Waschflüssigkeit in den heißen Abgasstrom. Die Schwefeloxide reagieren z. B. mit dem >Kalk< in der Waschflüssigkeit zu einem Gemisch aus Calciumsulfit und -sulfat, während das Wasser der Waschflüssigkeit verdampft. Die festen Reaktionsprodukte werden anschl. über einen filternden >Abscheider< aus dem Abgas entfernt. Zur Verwertung der Rückstände ist eine besondere Aufarbeitung erforderlich. Das Halbtrockenverfahren wird zum Teil auch als Quasitrockenverfahren bezeichnet.

Trockenverfahren: Entfernen der Schwefeloxide mittels in fester Form vorliegenden Sorbentien. Z. B. mit ᛫Kalkhydrat mit großer Oberfläche, das in den Abgasstrom eingebracht wird, reagieren die Schwefeloxide zu Calciumsulfit und -sulfat (Trockensorptionsverfahren). Das Abgas ist hierzu zuvor durch Wassereindüsung abzukühlen. Zu den Trockenverfahren zählt auch die >Adsorption< von Schwefeloxiden an Aktivkoks. Durch Wärmebehandlung können die adsorptiv gebundenen Schwefeloxide kontinuierlich wieder herausgelöst und einer Schwefelsäurefabrikationsanlage zugeführt werden. Während die o. g. Trockensorptionsverfahren insbesondere für kleinere Feuerungsanlagen in Betracht kommen, ist die Adsorption an Aktivkoks mit integrierter Schwefelsäurefabrikation nur für Großkraftwerke geeignet. Die A. erfolgt bei einigen Verfahren simultan zur >Abgasentstickung<.

Abgasentstaubung. Verfahren zur Verringerung des Gehaltes an festen Partikeln im >Abgas<. Die hierzu erforderliche Abtrennung der Staubpartikel aus der Gasphase kann durch Anwendung versch. physikalischer Verfahren erreicht werden. Nach dem vorherrschenden Abscheideprinzip lassen sich die *Staubabscheider* in drei Typen einteilen:
– Filternde >Abscheider< oder >Gewebefilter<, >Staubfilter<
– Elektrische Abscheider, >Elektrofilter<
– Naßarbeitende Abscheider, >Naßabscheider<.
Dazwischen gibt es auch Übergangsformen wie z.B. Naßelektrofilter. Massenkraftabscheider eignen sich v.a. zur Abscheidung von >Grobstaub< und kommen daher insbesondere als Produktabscheider oder Vorfilter zum Einsatz. Die Einhaltung der geltenden emissionsbegrenzenden Anforderungen ist jedoch praktisch nur noch mit hochwertigen Naßabscheidern, Elektrofiltern oder filternden Abscheidern möglich. Insbesondere zur Abscheidung der gesundheitsgefährdenden, da lungengängigen >Feinstäube< setzt sich der Einsatz von filternden Abscheidern auch bei größeren >Abgasvolumenströmen< immer mehr durch. Die mit filternden Abscheidern erreichbaren Abscheideleistungen geben daher in zahlreichen Fällen den >Stand der Technik< der >Staubabscheidung< vor.

Abgasentstickung (DeNO$_X$). Verfahren zur Verringerung des Gehaltes an >Stickstoffoxiden< (NO$_X$) im >Abgas< insbesondere von Anlagen, bei denen Verbrennungsprozesse ablaufen. Zur Anwendung gelangen im wesentlichen die selektive katalytische Red. des NO$_X$ mit Hilfe von Ammoniak zu Stickstoff und Wasser (SCR-Verfahren), die selektive nichtkatalytische Red. mit Ammoniak (SNCR-Verfahren) sowie simultane Abgasreinigungsverfahren zur gleichzeitigen >Entstickung< und >Entschwefelung<. Im >Kraftwerksbereich< kommt überwiegend das SCR-Verfahren zum Einsatz. Hierbei werden die Abgase bei Temperaturen von 300 bis 400 °C über einen mit Schwermetallen aktivierten Platten- oder Wabenkörper geleitet. Das SCR-Verfahren geht auf eine japanische Technologie zurück, die jedoch im Hinblick auf die höheren >Flugasche<- und NO_X-Gehalte der in der Bundesrepublik Deutschland überwiegend eingesetzten Schmelzkammerfeuerungen durch die Entwicklung resistenter Katalysatorrezepturen anzupassen war. Mit der SCR-Technologie lassen sich Entstickungsgrade von über 80 % erreichen. Beim SNCR-Verfahren wird Ammoniak in die heißen Abgase unmittelbar nach dem Abhitzekessel eingegeben. Wegen des im Vergleich zum SCR-Verfahren geringeren Wirkungsgrades kommt das SNCR-Verfahren v. a. bei geringeren NO_X-Konz. im >Rohgas< zum Einsatz. Als simultanes Verfahren sei genannt der Einsatz von Aktivkoks als Niedertemperaturkatalysator, wobei an dem Aktivkoks gleichzeitig eine >Adsorption< der >Schwefeloxide< stattfindet (>Abgasentschwefelung<). Vor dem Einsatz von Abgasentstickungsanlagen sind jedoch die Möglichkeiten feuerungstechnischer Maßnahmen auszuschöpfen. Feuerungstechnische Maßnahmen bieten sich an, da NO_X nicht nur aus dem im Brennstoff gebundenen Stickstoff gebildet wird, sondern unter best. Feuerungsbedingungen v. a. aus dem Stickstoff der Verbrennungsluft. Wichtige feuerungstechnische Maßnahmen sind Absenkung der Verbrennungstemp., Verwendung NO_X-armer Brenner, Abgasrückführung, Luftüberschußabsenkung sowie Luftstufung im Feuerraum. Damit lassen sich die Anforderungen an die Abgasentstickungsanlagen reduzieren oder sogar, wie am ehesten bei Gasfeuerungen, die emissionsbegrenzenden Anforderungen allein schon erfüllen.

Abgasgeruch. Für die Erfassung des A. haben sich trotz intensiver Forschungsarbeiten noch keine meßtechnisch brauchbaren Verfahren finden lassen. Üblich ist die Erfassung und Auswertung der Empfindungen einer größeren Zahl von Versuchspersonen.

Abgasgrenzwerte. 1. Emissionswerte: >Emissionswerte<.
2. Verkehr: Vom Gesetzgeber festgelegte höchstzulässige Mengen an >Abgasschadstoffen<, d. h. >limitierte Komponenten<. Diese Grenzwerte müssen in engem Zusammenhang mit dem zugehörigen >Abgas-Prüfverfahren< gesehen werden, das exakt definiert sein muß. Üblicherweise legen die A. den zulässigen Gehalt an >Kohlenmonoxid, >Kohlenwasserstoffen<, >Stickoxiden< und >Feststoffen< wie >Ruß< fest. Neuere Bestrebungen in den USA, insbesondere in Kalifornien zielen auch auf eine Begrenzung von Benzol und Formaldehyd sowie Methanol bei alkoholbetriebenen Fahrzeugen, bei Low Emission Vehicles (LEV) bzw. Ultra Low Emission Vehicles (ULEV). Außerdem werden in den USA zukünftig die A. unter Berücksichtigung des smogbildenden Ozonpotentials (Photooxidantien) festgelegt, wobei dann auch die Eig. der Kraftstoffe eingeschlossen sind, >limitierte Abgaskomponenten.< Die unterschiedlichen Stufen der kalifornischen A. werden mit TLEV (Transitional Low Emission Vehicles), LEV (Low Emission Vehicles), ULEV (Ultra Low Emission Vehicles und ZEV (Zero Emission Vehicles) bezeichnet.
Lit: Schäfer F (1991) Gesetzliche Vorschriften zur Schadstoff- und Verbrauchsbegrenzung bei PKW-Verbrennungsmotoren, MTZ Motortechnische Zeitschrift 52: 346–355 – ECE 15, ECE 83, Richtlinie 70/220 bis 91/441/EWG. Abgas- und Verdamp-

fungsemissionen von PKW und leichten Nutzfahrzeugen – ECE 24, Richtlinie 72/306/EWG. Rauchemissionen von Dieselfahrzeugen – ECE 49, Richtlinie 88/77 bis 91/542/EWG, 13-Stufen-Test – US-Federal Register 49 CFR, Part 86, US-Abgasvorschriften für PKW und leichte Nutzfahrzeuge – CARB Title 13, Abgasvorschriften für Kalifornien.

Abgasgroßversuch. Anfang der 80er Jahre auf Anregung des Bundesministers für Verkehr veranlaßte und von versch. Behörden unter der Leitung der Vereinigung der Technischen Überwachungs-Vereine durchgeführte Untersuchung über den Einfluß der Fahrgeschwindigkeit auf Autobahnen auf den gesamten Schadstoffausstoß von Fahrzeugen. Dabei wurden auf unterschiedlichen Strecken mit Hilfe von zeitweiser >Geschwindigkeitsbeschränkung< die Einflüsse des Verhaltens der Fahrer, d. h. Befolgungsgrad, der Zahl und Art der Fahrzeuge, d. h. Pkw und Lkw, sowie der Streckenführung auf die >Abgasschadstoffemissionen< ermittelt. Das Ergebnis zeigte nur geringen Einfluß der zulässigen Höchstgeschwindigkeit auf die gesamte Schadstoffbelastung.

Abgaskontrollsysteme. Einrichtungen im Fahrzeug, die den Schadstoffgehalt im Abgas mindern. Dazu gehören z. B. Eingriffe in Gemischbildungseinrichtungen und Zündungssteuerungen, >Abgasrückführung< sowie Maßnahmen zur Abgasnachbehandlung wie >Thermoreaktoren<, >Katalysatoren<, >Lambdasonden<, >Zusatzluft< usw.
Lit: Seiffert U, Walzer P (1989) Automobiltechnik der Zukunft, VDI-Verlag, Düsseldorf, ISBN 3-18-400836-3 – Bussien R (1987) In: Goldbeck E (Hrsg.) Automobiltechnisches Handbuch, Ergänzungsband Abschnitt 6.1 Abgasentgiftung, 18. Aufl., Verlag Walter de Gruyter, S. 1253–1348 – Schäfer G, v Basshuysen R (1993) Schadstoffreduzierung und Kraftstoffverbrauch von PKW-Verbrennungsmotoren. Springer Verlag, Wien New York – Albrecht F, Braun HS, Krauß M, Meisberg D (1996) BMW Sechszylinder-Technik für TLEV und OBD II Anforderungen in den USA MTE 57 – Liebl J, Otto E, Albrecht F, Zinecker R (1997) Die Entwicklung von Abgasnachbehandlungssystemen für die zukünftige Gesetzgebung. MTZ 58 12, S. 728–737.

Abgasmeßverfahren. >Abgasanalyse<.

Abgasnachbehandlung. Einrichtungen im Fahrzeug, die hinter dem Motor im Abgassystem angebracht sind mit dem Ziel, den Schadstoffgehalt zu verringern, >Abgaskontrollsysteme<.

Abgas-Prüfverfahren. >Abgas-Rollenprüfstand<.

Abgasreinigung. 1. allgemein: Verfahren zur Verringerung des Gehaltes an >Schadstoffen< im >Abgas<. Die einsetzbaren Abgasreinigungsverfahren richten sich nach Art und Konz. der einzelnen Schadstoffe im Abgas sowie nach dem für die einzelnen Schadstoffe zu erreichenden Abscheidegrad. Bei Abgasen mit einem komplexen Schadstoffgemisch sind ggf. unterschiedliche Reinigungsverfahren zur Abscheidung von Stäuben (>Abgasentstaubung<), Gasen (>Abgasentschwefelung<, >Abgasentstickung<, Abscheidung sonstiger anorg. Gase sowie von org. Gasen) und Flüssigkeiten einzusetzen (s. hierzu auch >Absorption<, >Adsorption<, >Biofilter<, >Biowäscher<).
2. radioaktiv: Grundsätzlicher Aufbau der Abgasreinigung kerntechnischer Abgase in der Reihenfolge des Durchströmens:
– nasse Gase: Waschen in Kolonnen und/oder Venturiwäschern, Naßfilterung, Trocknen, Absolutfilterung mit Aerosolfilter Sonderklasse S, Abgasgebläse;
– trockene Gase: Vorfilterung, Absolutfilterung, Abgasgebläse;

– heiße Abgase aus der Verbrennung radioaktiver Abfälle: Nachverbrennen und Staubrückhalten an Sinterkeramikfilterkerzen (Temperatur bis 1.000 °C), Nachfilterung mit Sinterkeramik- oder Sintermetallfilter bei Temp. bis 700 °C, ggf. weitere Reinigung wie bei trockenen Gasen. Iod und >Ruthenium< erfordern Sondermaßnahmen.

3. Müllverbrennung [Vehlow, 1997; Kaimer, Schade, 1999]: Bei modernen Müllverbrennungsanlagen kühlt man das Rauchgas in Abhitzekesseln auf Temperaturen <200 °C ab. Die Wärme wird dabei zur Produktion von Strom und Fernwärme genutzt. Während des Abkühlvorganges durchläuft das Rauchgas das Temperaturfenster der sog. „De-Novo-Synthese", bei der org. >Schadstoffe< wie >Dioxine< und >Furane< gebildet werden können. Das Rauchgas einer Müllverbrennungsanlage enthält verschiedene >Schadstoffe< wie Schwefel- und Chlorverbindungen, Schwermetalle, >Stickoxide< und Stäube. Gemäß der 17. Verordnung zum >Bundesimmissionsschutzgesetz< (17. BImSchV) unterliegen die >Emissionen< von Müllverbrennungsanlagen strengeren Grenzwerten als andere Feuerungsanlagen z.B. 1. BImSchV über Kleinfeuerungsanlagen und 13. BImSchV über Großfeuerungsanlagen. Die Abgasreinigung erfolgt daher meist in mehrstufigen Anlagen, die folgende Einzelkomponenten umfassen:

1. Entstaubung;
2. Wäscher zur Abscheidung von SO_2, Quecksilber, HCl und anderen Halogenverbindungen;
3. Katalysatoren zur NO_x-Minderung und
4. Aktivkohle/-koks-Filter zur Abscheidung von Dioxinen und Furanen; ferner werden in diesen Filtern

die Gehalte an SO_2, SO_3, NO_x und Staub weiter reduziert.

Für die >Abgasentstaubung< werden meist >Elektrofilter< oder >Gewebefilter< eingesetzt.

Für die Rauchgaswäsche, in der im wesentlichen Schwefelverbindungen, Quecksilber und Halogene entfernt werden, unterscheidet man
– trockene
– quasitrockene und
– nasse Verfahren.

Trockene Verfahren (s. Abb. unten) arbeiten bei relativ hohen Temperaturen (240 bis 280 °C) mit alkalischen, pulverförmigen Absorptionsmitteln. Diese reagieren mit den abzuscheidenden Schadstoffen und werden anschließend in Filtern abgeschieden. Trockene Verfahren können ohne Zusatzmaßnahmen die strengen Grenzwerte der 17. BImSchV nicht einhalten. Die Absorption wird verbessert durch Absenken der Temperatur auf 140 bis 160 °C durch Wassereinsprühen und durch Zumischung von 1–5 % Aktivkohle bzw. Aktivkoks zum Absorbens (i. allg. Kalk oder Kalkhydrat).

Quasitrockene bzw. Halbtrockene Verfahren (s. Abb. S. 23) arbeiten nach dem bewährten Prinzip der Sprühtrocknung (s. >Abgasentschwefelung< unter Eindüsung eines flüssigen Absorbens (z.B. Kalkmilch) bei Temperaturen zwischen 140 und 160 °C. Mit ihnen können die Grenzwerte nach der TA-Luft 86 für SO_2, HCl und HF eingehalten werden. Quasitrockenverfahren lassen sich auch ohne Vorentstaubung betreiben. Stäube und saure Schadstoffe werden in einem anschließenden Filter gemeinsam abgeschieden. Quecksilber kann nur eingeschränkt abgeschieden werden, da die Temperatur aus verfahrenstechnischen Gründen

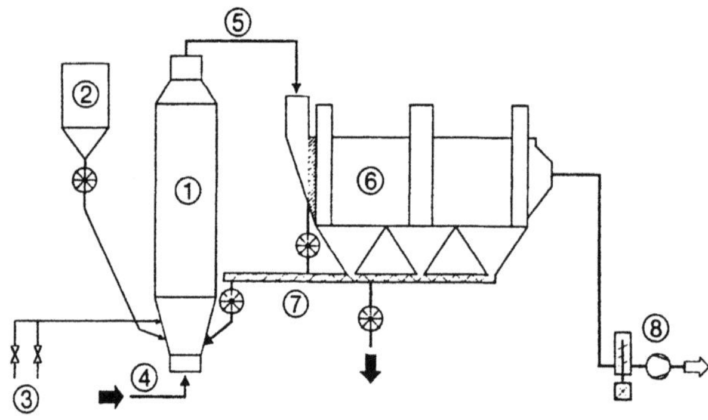

Abgasreinigung, Müllverbrennung, Trockene Verfahren: Trockene Schadgasreinigung mit zirkulierender Wirbelschicht [Mayer-Schwinning]

Abgasreinigung, Müllverbrennung: Trockene Gasreinigung – Meßwerte bei verschiedenen Temperaturen

		Rohgas	Reingas	Reingas
Gas-Temperatur	°C	240–280	240–280	160
Staubbeladung	g/m³ (i. N. tr.)	200–600	0,04–0,06	<15
HCl	mg/m³ (i. N. tr.)	700–1500	< 30	<15
HF	mg/m³ (i. N. tr.)	etwa 15	< 1	< 1
SO_2	mg/m³ (i. N. tr.)	400–600	<100	<50
Schwermetalle Pb, Cd, Hg, As (Staub) Abscheidegrad	%		99	>99
Hg (Dampf) Abscheidegrad	%		37	46

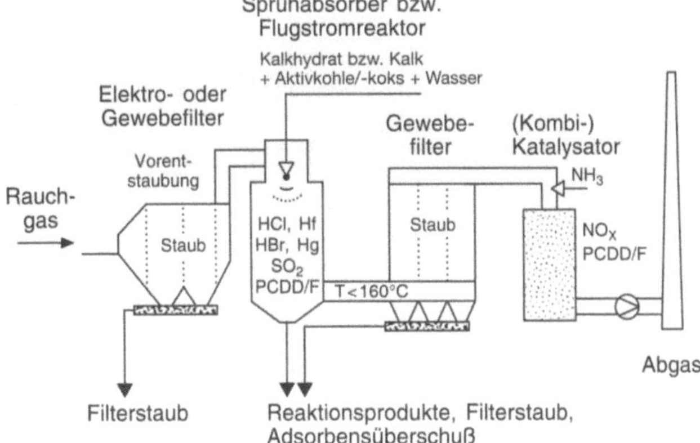

Abgasreinigung, Müllverbrennung: Schema einer quasitrockenen Rauchgasreinigung nach [Vehlow, 1997 und Kaimer, Schade 1999]

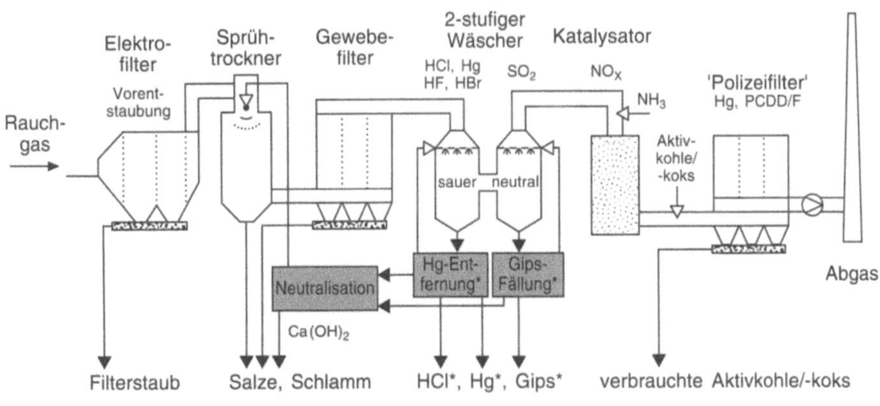

Abgasreinigung, Müllverbrennung: Schema einer abwasserfreien, nassen Rauchgasreinigung nach [Vehlow, 1997 und Kaimer, Schade 1999]

(Filterverklebung) nicht unter 130 °C abgesenkt werden darf. Mit einer abschließenden Aktivkoksstufe können Rauchgasreinigungsanlagen mit quasitrockenen Verfahren auch Quecksilber bis unter die Nachweisgrenze abscheiden, wie Versuche an der MVA Düsseldorf ergaben. Der dort verwendete Herdofenkoks ist ein sehr preiswertes Adsorbens. In der Koksschicht werden auch die verbliebenen sauren Schadstoffe und Dioxine fast vollständig abgeschieden. Der beladene Herdofenkoks kann dann in der MVA verbrannt werden, wodurch die Schadstoffe teilweise vernichtet (z. B. Dioxine) oder erneut in den Kreislauf zurückgeschleust werden und wieder (allerdings bei höherer Konzentration) abgeschieden werden müssen.

Nasse Verfahren bringen das Rauchgas in Kontakt mit einer Waschflüssigkeit, die die Schadstoffe absorbiert. Die Abb. oben zeigt das Schema einer abwasserfreien, zweistufigen, nassen Rauchgasreinigung. Im ersten Wäscher scheidet man unter stark sauren Bedingungen (pH-Wert 0,5 bis 1,5) v. a. Chloride, Fluoride, Bromide und vorhandene, leichtflüchtige Schwermetalle wie Quecksilber ab. Der zweite Wäscher scheidet bei fast neutralem Milieu (pH-Wert 6 bis 7) SO_2 und SO_3 ab. Aus beiden Wäschern schleust man kontinuierlich einen Teil des Waschwassers aus, um störende Anreicherungen der gelösten Stoffe im Wäscherkreislauf zu vermeiden. Für den abwasserfreien Betrieb wird das aufkonzentrierte, neutralisierte und filtrierte Waschwasser in den vorgeschalteten Sprühtrockner eingesprüht, wobei das Wasser verdampft und die Rauchgastemperatur gesenkt wird. Die gelösten Salze fallen aus und werden im Gewebefilter abgeschieden.

Lit: Mayer-Schwinning G et al. (1989) Grundverfahren der Rauchgasreinigung bei Müllverbrennungsanlagen, VGB Kraftwerkstechnik 69, 1: 53–59 – Verordnung über Betriebsbeauftragte für Abfall vom 26. 10. 1977 (BGBl. I S. 1913) – Reimer H (1987) Entwicklungsstand der Rauchgasreinigungsverfahren in Hausmüll-Verbrennungsanlagen, VDI Bericht Nr. 637 – Vogg H

Abgasreinigung, Müllverbrennung, Quasitrockene Verfahren – Sprühabsorption: Meßergebnisse und Schwermetallabscheidung der MVA München Nord [Horch 1988]

	Rohgas	Reingas	
	mg/m^3 i.N.tr., 11% O_2		
HCl	600–1.500	50 ⎤ bei	100 ⎤ bei
SO_2	200– 500	100 ⎦ 12,5 kg	150 ⎦ 9,4 kg
HF	5– 15	<1 ⎤ CaO pro t	<1 ⎤ CaO pro t
		⎦ Abfall	⎦ Abfall
NO	205	160	
NO_2	16	10	
Staub	2.000–5.000	<25	
Cd + Tl + Hg (Klasse I)	1,3	0,02	
As + Co + Ni + Se + Te (Klasse II)	4,1	0,15	
Sb + Pb + Cr + Cu + Mn + V (Klasse III)	32,5	0,60	
Hg gasförmig	0,08–0,45	0,05–0,2	
Gasmenge		1200.000 m^3 i.N.tr./h	
Druckverlust		5 mbar	
Stromverbrauch		25 kWh/t Abfall	

		Rohgasgehalt		Reingasgehalt		Abscheidegrad
		mg/m^3 i.N.	% >2 μm	mg/m^3 i.N.	% >2 μm	%
Kl.I	Cd	1,29	75	0,020	40	
	Tl	0,002	100	>10^{-5}	–	
	Hg	>10^{-4}		>10^{-5}		
Summe	Kl.1	1,292		0,020		98,45
Kl.II	As	0,198	48	0,0026	87	
	Co	0,173		0,0954		
	Ni	3,705	80	0,0520	82	
	Se	>10^{-4}		>10^{-5}		
	Te	0,020		>10^{-5}		
Summe	Kl.2	4,2096		0,1500		96,34
Kl.III	Sb	0,175		0,0076		
	Pb	21,10	81	0,2450	38	
	Cr	6,30	94	0,0034	85	
	Cu	2,25	58	0,0160	35	
	Mn	2,53	13	0,3207	80	
	V	0,132	17	0,0080	84	
Summe	Kl.3	32,487		0,6007		98,15
	Be	0,0035	4	>10^{-5}	–	
	Ba	8,05		0,021		
	Sn	0,38		0,114		
	Zn	74,3		1,30		
Gesamtstaub		3.560	16	18,00	44	99,49

Quelle: Horch K, Hausmüllverbrennung,
Vorlesungsumdruck, RWTH Aachen, 1988

Abgasreinigung, Müllverbrennung, Nasse Verfahren [mg/m^3] [Horch 1988]

	Quasitrocken-Verfahren	Rauchgas-Waschanlage
HCl	50	10
SO_2	100	25
Staub	10	10
Hg	(50% Abscheidung)	0,05
NO	(10% Abscheidung)	100
Schwermetalle		
– Kl.I	0,02	0,01
– Kl.II	0,2	0,02
– Kl.III	1	0,2

et al. (1987) Neuartige Minderungsmöglichkeiten für PCDDs und PCDFs in MVAs, VDI Bericht Nr. 634 – Kassebohm B et al. (1989) Möglichkeiten der weitergehenden Rauchgasreinigung hinter Müllverbrennungsanlagen, VGB Kraftwerkstechnik 69, 1: 88–94 – Prospekt und Referenzliste über Rauchgasreinigungsanlagen hinter Müllverbrennungen, MR-Verfahren der Simmering-Graz-Pauker AG, Wien – Horch K (1988) Hausmüllverbrennung, Studienbaustein Abfall und Recycling, Zusatzstudium Umweltschutz, RWTH Aachen – Vehlow J (1997) Behandlung der Rückstände thermischer Verfahren. Die österreichische Abfallwirtschaft – Hohe Ziele, hohe Kosten? Schriftenreihe des Österreichischen Wasser- und Abfallwirtschaftsverbandes, Bd. 111, S. 69-85 – Kaimer M, Schade D (Hrsg) (1999) Bewerten von thermischen Abfallbehandlungsanlagen. Akademie für Technikfolgenabschätzung Baden Württemberg, Erich Schmidt Verlag, Berlin.

Abgasreinigungssystem. >Abgasnachbehandlung<.

Abgasrichtlinien. Vorschriften zur Festlegung von >Abgasgrenzwerten<.

Abgas-Rollenprüfstand. Die Ermittlung von Abgas- und Verbrauchskennwerten von Fahrzeugen erfolgt üblicherweise auf dem A. Hierbei werden die Bedingungen einer Straßenfahrt simuliert.
Voraussetzung für exakte und vergleichbare Ergebnisse ist eine weitgehende Einengung aller beeinflussenden Parameter (s. Abb. S. 25).
Dazu bietet ein A. in entspr. Qualität die erforderliche Voraussetzung. Notwendig sind Klimatisierung, exakte

Anpassung der Rollenbremse an die Fahrwiderstände, der Schwungmassen an das Fahrzeuggewicht und viele andere Maßnahmen. Auf dem A. wird mit dem entspr. konditionierten und vorbereiteten Fahrzeug der >Fahrzyklus< nachgefahren, wobei die Abgas- >Probennahme< üblicherweise über die >CVS-Anlage< für die anschl. Analysen erfolgt, >Abgasanalyse<.
Lit: Hausschulz G, Heich HJ, Leisen P, Raschke J, Waldeyer H, Winckler J (1983) Emissions- und Immissionsmeßtechnik im VErkehrswesen, Verlag TÜV Rheinland, Köln, ISBN 3-88585-58-3.

Abgasrückführung. Bei >Verbrennungsmotoren< übliche Verfahren zur Senkung der NO_x-Emissionen. Da-

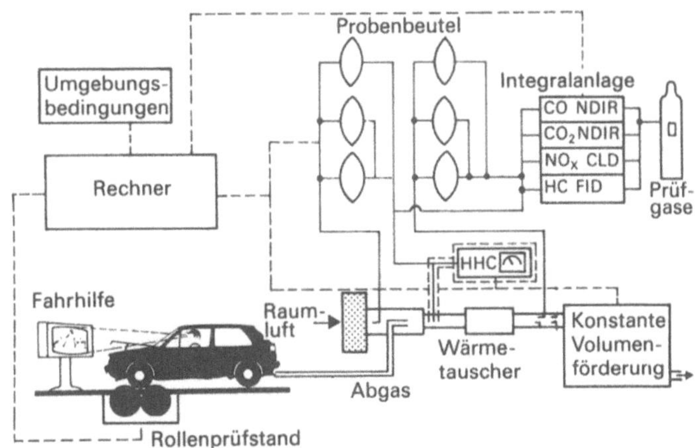

Abgas-Rollenprüfstand: Prinzip eines Abgas-Rollenprüfstands für Pkw und leichte Nutzfahrzeuge mit Ottomotor, VW-Bild

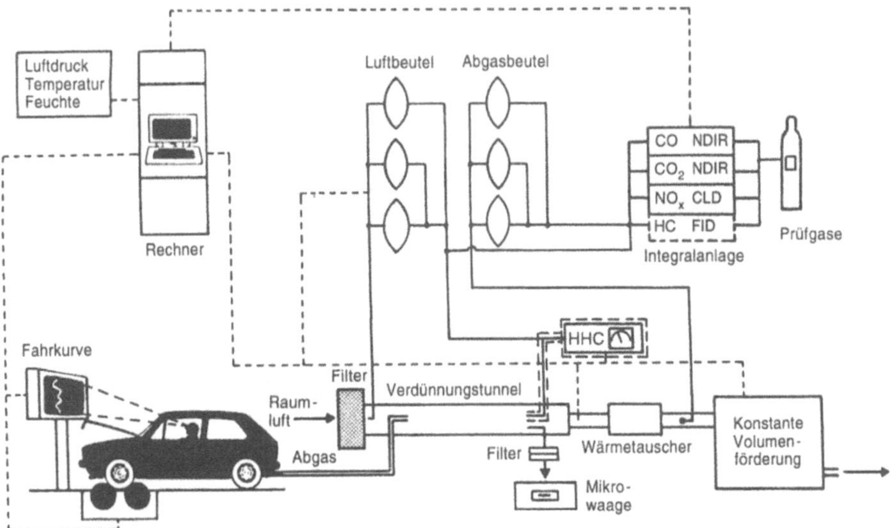

Abgas-Rollenprüfstand: Prinzip eines Abgas-Rollenprüfstands für Pkw und leichte Nutzfahrzeuge mit Dieselmotor, VW-Bild

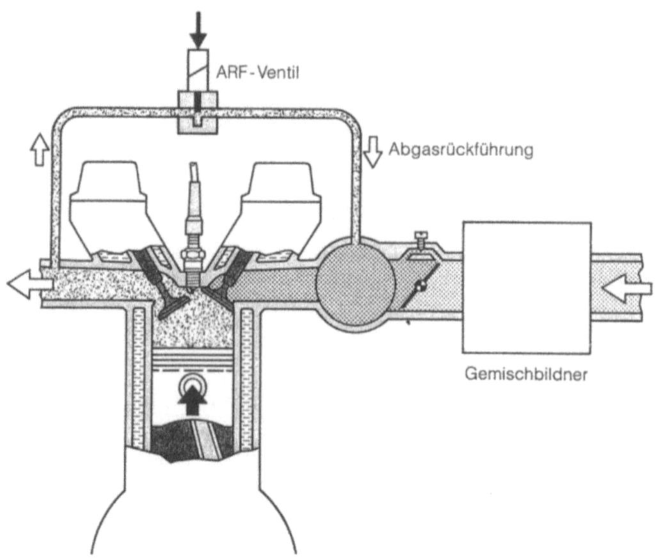

Abgasrückführung: Funktionsschema einer Abgasrückführung

bei wird ein Teil der Abgase aus dem Auspuff in das Ansaugsystem zurückgeführt (s. Abb. oben).

Der dadurch erreichte höhere Anteil an >Inertgasen< senkt die Verbrennungstemp. und damit die >NO$_x$-Werte<. Die Menge des rückgeführten Abgases muß sorgfältig auf den Betriebszustand des Motors abgestimmt sein, um unerwünschte Probleme durch erhöhte >HC-Emissionen<, ansteigenden Kraftstoffverbrauch und im >Fahrverhalten< zu vermeiden.

Lit: Bosch (Hrsg.) (1987) Autoelektrik, Autoelektronik, ISBN 3-18-419 106–0, VDI-Verlag, Düsseldorf.

Abgasschadstoff. >Abgasbestandteile<, >limitierte Abgaskomponenten<, >nichtlimitierte Abgaskomponenten<.

Abgassonden. Einrichtungen zur Erfassung des Zustands des Abgases, >Lambdasonde<.

Abgassonderuntersuchung (ASU). Vorgeschriebene, in regelmäßigen Zeiträumen von geeigneten Stellen wie z.B. zugelassen Werkstätten, TÜV usw. durchzuführende Überprüfung des Fahrzeugzustandes, soweit er auf die >Abgasschadstoffemissionen< Einfluß hat. Dies betr. insbesondere bei Fahrzeugen mit Ottomotoren die Einstellung von Zündung und Vergasern bzw. Einspritzanlagen sowie den Zustand der >Abgaskontrollsysteme<. Ähnliche Untersuchungen für Fahrzeuge mit Dieselmotoren sind in Vorbereitung (1993).

Abgastemperatur. Die Temp. des >Abgases< ist ein wichtiger Parameter bei der >Schornsteinbauhöhenbestimmung<, da die Abgastemp. das Ausmaß des thermischen Auftriebs des Abgases nach Austritt aus dem Schornstein beeinflußt und damit die effektiv erforderliche Schornsteinbauhöhe bestimmt. Des weiteren beeinflußt die Temp. den Aggregatszustand der Schadstoffe im Abgas. So können bei höheren Temp. best. Schwermetallverb. gasförmig vorliegen und wären somit ohne vorherige Abkühlung der Abgase nicht über

einen filternden Abscheider aus dem Abgas zu entfernen.

Abgastest. Unter Labormaßstäben durchgeführte Untersuchung des Abgasverhaltens von Fahrzeugen und Motoren. Für Pkw und leichte Nutzfahrzeuge wird dazu ein Test auf dem >Abgasrollenprüfstand< durchgeführt, wobei das Fahrzeug einen praxisnahen >Fahrzyklus< durchläuft. Dabei werden vom Abgas Proben entnommen, >Probenahme<, die dann analysiert werden, >Abgasanalyse<. Für große Nutzfahrzeuge wird das Abgasverhalten der Motoren auf dem Motorprüfstand ermittelt, wobei ähnliche Probenahmen und Analysen weitgehend angeglichen sind.

Abgasturbolader. Durch das Abgas von Motoren angetriebene Aufladevorrichtung, die zusätzliche Luft in das Ansaugsystem fördert. Dadurch kann die Leistung von Motoren erhöht werden bei gleichzeitigem Verringern der Abgasschadstoffmenge. Besonders vorteilhaft bei >Dieselmotoren<, um die >Ruß<- und >Stickoxidemissionen< zu senken.

Abgasvolumenstrom. Wird von einer Anlage an die Atmosphäre abgegeben. Der A. wird in Kubikmeter je Stunde angegeben. Da Abgasvolumenströme temp.- und druckabhängig sind, werden sie i.allg. auf Normbedingungen (0 °C, 1.013 mbar) umgerechnet. Dies ist v.a. beim Vergleich von gemessenen >Schadstoffkonzentrationen< mit vorgegebenen, auf Normbedingungen bezogenen >Emissionswerten< von Bedeutung. Des weiteren ist in Abhängigkeit von der jeweiligen Vorgabe des Emissionswertes ggf. der Wassergehalt abzuziehen. Bei Verbrennungsprozessen werden darüber hinaus bei der Beurteilung der gemessenen Schadstoffkonz. die A. in Abhängigkeit von der Art des jeweiligen Verbrennungsprozesses auf einen best. Sauerstoff- oder Kohlendioxidgehalt bezogen. Der tatsächliche A. (Betriebskubikmeter) ist hingegen bei der Auslegung von z.B. Ventilatoren und Abgasleitungen von Bedeutung. S. a. Stoffströme in >Asche- und Schlackeverwertung<.

Abgaszusammensetzung. >Verbrennung<, >Schadstoffe<.

Abgereichertes Uran. Uran mit einem geringeren Prozentsatz an U-235 als die im natürlichen Uran vorkommenden 0,7205 %. Es fällt bei der Uranisotopentrennung an.

Abiose. >Anabiose<.

abiotisch. >Abbau, abiotisch<.

Abiotische Faktoren. >Umweltfaktoren< der unbelebten Natur, die auf Lebewesen einwirken und ihr Vorkommen, ihre Lebensweise, ihre Morphologie und Physiologie etc. beeinflussen. Die wichtigsten a. F. sind Licht, Temperatur, Feuchtigkeit, Wind, >Wasserbewegung<, chem. und physikalische Eig. u. a. der Luft, des Substrats bzw. des umgebenden Wassers. Gegensatz: >biotische Faktoren<.

Abiotische Krankheitsursachen. Sie sind durch ungünstige Umweltbedingungen, nicht jedoch durch Schaderreger bedingt. Hierunter fallen 1. Klima- und Witterungsbedingungen, z. B. Temperatur (Kälte, Hitze), Licht (Lichtmangel, Starklicht), Luftbewegung (Windstille, Sturm), Niederschläge (Regen, Hagel, Schnee); 2. Bodenbedingungen, z. B. Feuchtigkeit (Trockenheit, Nässe), physikalische Faktoren (Verdichtungen, Verfestigungen), chem. Faktoren (pH-Wert, Nährstoffmangel bzw. -überschuß, >toxische< Stoffe, Salzanreicherungen); 3. Agrartechniken, z. B. Geräte, Maschinen (Verursachung von Wunden, Druckschäden); 4. >Immissionen<, z. B. >Abgase<, >Aerosole< und Stäube (Industrie, Haushaltungen, Kraftfahrzeuge). Abiotische Krankheiten sind nicht übertragbar, sie bilden oft erst die Voraussetzung für den Befall mit Schaderregern.

Abklinganlage. Mit Wasser gefülltes Becken, in dem bestrahlte >Brennelemente< so lange lagern, bis ihre >Aktivität< und >Wärmeentwicklung< auf einen gewünschten bzw. erforderlichen Wert abgenommen haben.

Abklingbecken. >Abklinganlage<.

Abklingverhalten. Die im >Kernbrennstoff< durch >Kernspaltung< entstandenen >radioaktiven< >Spaltprodukte< sind die Ursache für die ursprünglich hohe Strahlungsintensität und >Wärmeentwicklung< des abgebrannten Kernbrennstoffs. Wärmeleistung und >Aktivität< des bestrahlten Brennstoffs nehmen wegen des großen Anteils kurzlebiger >Nuklide< zunächst ziemlich rasch ab. Die in ihnen enthaltene Aktivität ist innerhalb eines Jahres auf etwa 1/100 des ursprünglichen Wertes zurückgegangen (Abklingzeit).

Abklingzeit. >Abklingverhalten<.

Abkühlung. Temperaturabnahme der Atmosphäre in Abhängigkeit von der Zeit, d. h. Verlust von innerer (sensibler) Energie. Folgende Prozesse können die A. der Atmosphäre hervorrufen:
- Entzug von sensibler Energie der Atmosphäre bei der Verdunstung,
- >Ausstrahlung<, da verschiedene Luftmassen sich nicht im Strahlungsgleichgewicht befinden, erfolgt der Energietransport von der wärmeren zur kühleren Luftmasse,
- Heranführen (>Advektion<) von kälteren Luftmassen,
- dynamische Prozesse in der Atmosphäre. Luftmassen dehnen sich beim >Aufsteigen< aus und verbrauchen dabei sensible Energie.

Abkühlungsgröße. Wärmemenge Q, die pro Zeit- und Flächeneinheit einem Körper, meist als turbulenter Wärmefluß, von der Atmosphäre zu- bzw. abgeführt wird. Q wird durch die Temperaturdifferenz zwischen den Medien, der >Strahlungsbilanz< an der Grenzfläche sowie der >Windgeschwindigkeit< bestimmt.

Abkühlungsnebel. Nebelart, >Nebelklassifikationen<.

Ablagerung. Zeitlich unbefristete Verbringung von >Abfällen< in eine oberirdische oder untertägige >Deponie<, die nach heutiger Gesetzgebung nur noch dann genehmigungsfähig ist, wenn nach Maßgabe entspr. Rechtsverordnungen alle Vermeidungs- und Verwertungspotentiale ausgeschöpft worden sind und das >Wohl der Allgemeinheit< durch die A. nicht beeinträchtigt wird. Nach >TA Abfall< wird bei der oberirdischen A. das sog. Mehrbarrierenprinzip verfolgt, um die Möglichkeit einer Freisetzung und Ausbreitung von >Schadstoffen< zu verhindern; wo dies nicht möglich ist, sollen bei der A. von Abfällen in einer >Untertagedeponie< im Salzgestein die >Abfälle< dauerhaft und nachsorgefrei von der >Biosphäre< ferngehalten werden. Bei radioaktiven Abfällen wird der Begriff >Endlagerung< verwendet.

Ablandiger Wind. An der Küste von Meeren oder größeren Binnengewässern örtlich begrenztes Windsystem, das vom Land zum Wasser setzt. Ausbildung nachts, größte Stärke kurz vor Sonnenaufgang. Gegensatz: >auflandiger W.<, s. a. >Land- und Seewindzirkulation<.
Lit: Defant F (1951): Local Winds. In: Compendium of Meteorology, Boston, S. 655–672.

Ablauge. Bezeichnung für erschöpfte, meist mit Wasser verdünnte und z. T. mit Bestandteilen des zu behandelnden Produktes verunreinigte Lauge bei industriellen und gewerblichen Betrieben (>Sulfitablauge<). Die technische Durchführung der Ablaugenerfassung ist bei diskontinuierlichem Kocherbetrieb grundsätzlich auf drei Wegen möglich: Abzug der A. nach Beendigung des Aufschlusses aus dem Kocher, Zellstoffwäsche im Kocher, Verdrängung der A. aus dem Kocher (soweit möglich), weitere Verdrängungswäschen in Stoffgruben oder Stoffbütten, Entleerung des Kocherinhaltes in einen Blasetank; anschließende Zellstoffwäsche in Diffuseuren oder/und Pressen oder/und Zellenfiltern. Zwischen diesen drei grundsätzlichen Verfahren gibt es zahlreiche Übergänge.

Abluft. Bezeichnung für Abgase aus natürlichen und technischen Prozessen. Von >Kläranlagen<. Entsteht bei Klärprozessen; der Luftaustritt wird meist durch die technischen Verfahrensweisen (Belüftung der Belebungsbecken) oder Einrichtungen (hohe Überfallschwelle bei >Absetzbecken<) bewirkt. Diese A. ist häufig mit Geruchsstoffen angereichert. Bei Geruchsstoffen aus Abwasseranlagen handelt es sich im allg. entweder um leicht flüchtige, d. h. leicht verdampfende und gleichzeitig geruchsintensive, gasförmige Abwasserinhaltsstoffe oder Abbauprodukte, häufig auch aus dem industriellen und gewerblichen Bereich, oder aber um Prozeßabluft aus den einzelnen Funktionsstufen der Abwasserreinigung und >Schlammbehandlung<, die jedoch entscheidend durch die Zusammensetzung des Rohabwassers und die angewandte Verfahrenstechnik geprägt wird. Es sind häufig Reaktionsprodukte, die meist Stickstoff und/oder Schwefel enthalten. Vornehmlich verursachen Stoffgemische die Geruchsemissionen aus den Abwasseranlagen. Ein völlig geruchsfreies Abwasser gibt es nicht und deshalb auch kaum eine Abwasseranlage ohne jede Geruchsemission.

Abluftpfad. radioaktiv: Modellmäßige Annahmen zur Berechnung der >Strahlenexposition< durch die Ableitung radioaktiver Stoffe mit der Abluft einer >kerntechnischen Anlage<. Das Ergebnis der Ausbreitungsrechnung liefert ortsabhängige Konz.-Werte von >Radionukliden<. Die beim >Zerfall< dieser Radionuklide entstehende >Strahlung< erreicht den Menschen auf dem A. durch:
- externe >Betastrahlung< innerhalb der Abluftfahne,
- externe >Gammastrahlung< innerhalb und aus der Abluftfahne,
- externe Gammastrahlung von der am Boden abgelagerten Aktivität,
- interne Bestrahlung durch eingeatmete Radionuklide (>Inhalation<),
- interne Bestrahlung durch Radionuklide, die mit der Nahrung aufgenommen werden (>Ingestion<).

Modelle und Berechnungsannahmen für die Strahlenexposition über den A. sind in der „Allgemeinen Verwaltungsvorschrift: Ermittlung der Strahlenexposition durch die Ableitung radioaktiver Stoffe aus kerntechnischen Anlagen oder Einrichtungen" enthalten.

Abluftreinigung. Die Abluft aus Ställen, Schlachthöfen und Betrieben, die tierische Rest- oder Abfallstoffe verarbeiten, kann in wechselnden Anteilen Geruchsstoffe, Schadgase, Staub und Mikroorganismen enthalten. Zur Senkung der Emissionen aus Tierstallungen werden i. d. R. geeignete haltungstechnische und stallbauliche Maßnahmen ergriffen, nur vereinzelt wird eine Reinigung der Abluft vorgenommen, s. a. >VDI-Richtlinien Hühner/Schweine<. Die Reinigung der Abluft speziell aus Betrieben, die >tierische Rest- und Abfallstoffe< verarbeiten, kann mittels chem., physikalischer und biol. Verfahren allein oder in Kombination erfolgen. Am gebräuchlichsten sind physikalische Verfahren wie Luftfiltration und Luftwäsche, als be-

sonders kostengünstig gelten biol. Methoden wie die Verwendung von Biowäschern oder Erdfiltern. Beim Betrieb von Biowäschern muß die Entstehung von Sekundäraerosolen beachtet werden. Erdfilter, deren Aufbau in der Abb. dargestellt ist, müssen kontinuierlich gefahren und vor dem Austrocknen geschützt werden, sonst entstehen Spalten im Gefüge, durch die die Luft ungereinigt fortströmt (Kaminwirkung).

Abortanlagen. Schon aus dem Altertum (u. a. Pompeji) bekannte Einrichtung zur Abführung der menschlichen Abgänge. Man unterscheidet Trocken- und Spülaborte; letztere benutzen Wasser als Transportmittel zur >Kanalisation< bzw. >Kläranlage<. Die Industrialisierung des 19. Jahrhunderts brachte ein lawinenartiges Wachstum der Städte und Ballungsgebiete; die hinsichtlich des Abwasseranfalls wesentlichste Erfindung, das Wasserklosett (erste bekannte Bauanweisung von 1718 in Paris, brauchbare Konstruktionen ab 1810) konnte sich mit der Entwicklung der öffentlichen Wasserversorgung allmählich durchsetzen. Das Wasserklosett hatte das Abwasserproblem sozusagen vom Haus auf die Straße verlegt; die Kanalisationsbauten verlegten es in den Vorfluter.

Abraum. Im Tagebau unhaltiges Nebengestein von Lagerstätten nutzbarer mineralischer Rohstoffe, das vor der Gewinnung des Wertminerals zur >Kippe< oder >Halde< umgelagert wird.

Abraumbeschaffenheit. Gibt Auskunft über die petrographische Zus. und die bodenmechanischen Eig. des Abraumes.

Abraumhalde. Aufschüttung von >Abraum<.

Abraumkippe. >Kippe<.

Abraumsalz. Ursprünglich Bezeichnung für Kalisalze, die bei der Steinsalzgewinnung und -verarbeitung anfielen und damals als wertlos galten. Bei der Errichtung eines >Endlager-Bergwerkes< im Salzgestein fällt zunächst das gesamte geförderte Salz als >Abraum< an; ein Teil kann jedoch später während bzw. nach erfolgter >Endlagerung< als >Versatz-< und Verschlußmaterial wiederverwendet werden.

Abrieb. 1. allgemein: Oberflächenverschleiß von Materialien. Der Oberflächenabrieb von z. B. Kontaktmassen, Katalysatormassen, Rohr- und Behältermateria-

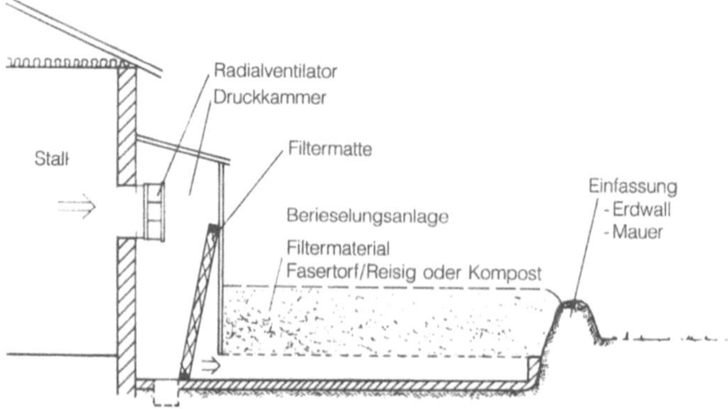

Abluftreinigung: Schematische Darstellung des Aufbaus eines Erdfilters („Biofilters")

lien kann bei technischen Prozessen zu >Emissionen< des jeweiligen Materials führen. Hierbei ist insbesondere zu beachten, daß zahlreiche Katalysatoren >Schwermetalle< enthalten. Zu berücksichtigen ist ferner, daß auch die Materialien der Abgasreinigungseinheit einem A. unterliegen, der ggf. bei den Emissionen zu berücksichtigen ist.
2. Verkehr: Materialabtragung, die in vielen Fällen in die Umwelt gelangt, z.B. A. von >Reifen< und >Bremsbelägen<. Während der A. von Reifen im wesentlichen aus nicht gefährlich angesehenem Ruß besteht, wird heute in Bremsbelägen >asbestfreies Material< verwendet, um Umweltbelastungen zu vermeiden.

Abschaltreaktivität. Die >Reaktivität< des durch Abschaltung mit betriebsüblichen Mitteln in den unterkritischen Zustand gebrachten >Reaktors<. Sie hängt i. allg. von der Betriebsweise des Reaktors und der Dauer des abgeschalteten Zustandes ab und ist stets negativ.

Abschaltstab. Abschaltstäbe dienen dazu, einen >Reaktor< schnell abschalten zu können. Zu diesem Zweck müssen sie sehr schnell eingefahren werden können und einen hohen >Reaktivitätswert< haben, der zur sicheren Reaktorabschaltung ausreicht. >Regelstab<.

Abscheider. 1. Abgas: Unter A. wird vielfach ein Aggregat zur >Abgasentstaubung< verstanden. Im weiteren Sinne kann jedoch jedes System zur >Abgasreinigung< als A. bezeichnet werden, s. a. >Zyklon<.
2. Abwasser: Einrichtung, die mittels Schwerkraft das Eindringen von schädlichen Stoffen in die Entwässerungsanlage durch Abscheiden aus dem Abwasser verhindert (DIN 4045), z.B. Fettabscheider, Abscheider für Leichtflüssigkeiten (Benzinabscheider, Heizölabscheider), Schwerflüssigkeitsabscheider, Stärkeabscheider. Fettabscheider bestehen in der Hauptsache aus Becken, in welche das Abwasser an der Sohle ein- und abgeleitet wird. Hierdurch wird eine ruhige Oberflächenschicht erzielt. Zur leichteren Sinkschlammabführung ist die Sohle mit einem Gefälle von 1:2 gegen den Ablauf geneigt und das Abflußtauchrohr mit engem Querschnitt ausgebildet. Bei Großanlagen kann der Wirkungsgrad der Fett- und Ölabscheider durch Einblasen fein verteilter Luft erhöht werden. Die Luftbläschen binden durch ihre Oberflächenspannung feinere Fett- und Ölteilchen und treiben sie als Schaum hoch. Das Schäumen wird durch entgegenwirkende Stoffe, z.B. Säuren oder Metallsalze, beeinträchtigt. Benzinabscheider sind für Kraftwagenhallen vorgeschrieben, um das Kanalnetz von einem explosionsfähigen Gas-Luft-Gemisch freizuhalten. Für ihre Ausbildung sind Normen aufgestellt worden (DIN 1999 jetzt: E 858 u. 1825). Benzinabscheider arbeiten nach dem gleichen Prinzip wie die Fett- und Ölabscheider. Wegen ihrer Feuergefährlichkeit bedürfen sie besonderer, ggf. behördlicher Überwachung, die sich v. a. auf rechtzeitige Entfernung des angesammelten Treibstoffes erstreckt.

Abschirmung. Schutzeinrichtung für radioaktive Quellen bzw. >kerntechnische Anlagen<, um deren Strahlung nach außen den Erfordernissen entsprechend zu verringern. >Schild, biol.<; >Schild, thermischer<.

Abscisinsäure. (Lat. abscissus = abgeschnitten), Abk. ABA (engl. abscisic acid). Ein >Phytohormon< aus der Verb.-Klasse der Terpenoide (s. Formel). Ausgangspunkt für die Biosynthese sind Carotinoide. Sie führt über eine oxidative Spaltung von C_{40}-Epoxycarotinoiden über das C_{15}-Spaltungsprodukt Xanthoxin zur ABA. Syntheseort sind >Chloroplasten<, v.a. in Blättern. Als Streßhormon löst die A. eine Reihe physiol. Reaktionen aus, die letztlich zur Hemmung und Einstellung von Stoffwechsel- und Wachstumsprozessen führen. Hierzu zählen 1. der >Stomata-Verschluß< und damit die Hemmung der >Transpiration<, 2. die Hemmung von Zellteilungs- und Zellstreckungswachstum, 3. der Eintritt in den Ruhezustand (>Dormanz<) bei Samen und Knospen, 4. die Adaptation an Streßsituationen, z.B. durch Erhöhung von Frost-, Dürre- und Salztoleranz, 5. die Hemmung der >Photosynth.<, 6. bei einigen Systemen wie Baumwolle die Förderung von Blatt- und Fruchtfall (Abscission). Synth. Analoga der A. werden als Transpirationshemmer genutzt.
Der Wirkungsmechanismus erfordert die Bindung von ABA an einen im Plasmalemma verankerten Rezeptor. Daran schließt sich eine Signaltransduktionskette mit cADP-Ribose als sekundärem Messenger und einer Ca^{2+}-Kaskade als Mediator an. Am Ende steht die Induktion einer Reihe von Genen, z.B. Streßgenen.

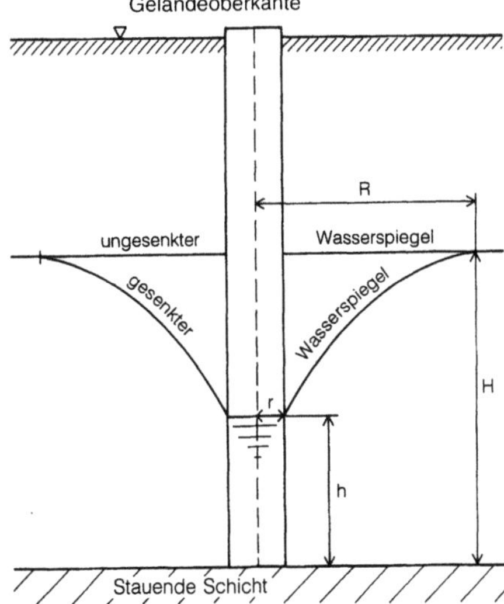

(+)-Abscisinsäure

Abscission. Blatt- und Fruchtfall, >Abscisinsäure<.

Absenktrichter. Trichterförmige Absenkung des Grundwasserspiegels im Bereich einer Grundwasserentnahme durch Schacht- und Bohrbrunnen. Der A. ist umso größer, je mehr Wasser pro Zeiteinheit ent-

Absenktrichter: Trichterförmige Absenkung des Grundwasserspiegels bei der Entnahme von Grundwasser in einem Bohrbrunnen

nommen wird und je langsamer das Grundwasser nachströmt, d. h. je größer der Widerstand des Lückensystems für das fließende Grundwasser ist (s. Abb. S. 29). Die Fördermenge an Grundwasser beträgt:

$$q_a = k \frac{H^2 - h^2}{\ln\dfrac{R}{r}} \, m^3 s^{-1}$$

H = Höhe des ruhenden Grundwasserspiegels über der stauenden liegenden Schicht [m]; h = Höhe des Absenktrichters im Entnahmerohr m; k = Bodendurchlässigkeitsbeiwert [ms⁻¹]; R = Reichweite des Absenktrichters [m]; r = halber Durchmesser des Brunnenrohrs [m]. Bei der Entnahme von >Uferfiltrat< darf der A. das Oberflächengewässer nicht erreichen (Sicherheitsabstand 50 m).
Lit: Bieske E, Bieske E jun (1973) Bohrbrunnen, 6. Aufl., Oldenbourg München Wien – BMI-Fachausschuß „Wasserversorgung und Uferfiltrat" (1975) Uferfiltration, BMI, Bonn.

Absenkung. 1. A. der Erdoberfläche nach untertägigem Abbau. 2. Planmäßige Verringerung eines Niveaus z. B. des Grundwasserspiegels im Zusammenhang mit bergbaulicher Tätigkeit. Beides kann zu >Berg-< und Umweltschäden führen.

Absenkungsfaktor. Verhältnis der >Absenkung< der Tagesoberfläche zur >Mächtigkeit< einer im >Tiefbau< abgebauten Lagerstätte. Der insbesondere durch das >Abbauverfahren< beeinflußte A. kann 0 bis 100 % betragen.

Absetzbare Stoffe. Suspendierte Feststoffe, die durch Ausnutzung der Schwerkraft aus Flüssigkeiten abgetrennt werden. Nach DIN 4045: Massenkonz. bzw. Vol.-Anteil der in Wasser ungelösten Stoffe, die sich unter festgelegten Bedingungen in einem Absetzbehälter im Laufe einer best. Zeit absetzten (s. DIN 38409 Teil 9 u. 10); Einheit in mg/L bzw. mL/L.

Absetzbecken. Bauliche Einrichtung zur Abscheidung von Stoffen aus dem Abwasser unter Einwirkung der Schwerkraft, z. B. Vorklärbecken, Zwischenklärbecken, Nachklärbecken. Eine Gruppe von A. wird auch als Absetzanlage bezeichnet (DIN 4045). Für die Abtrennung der sedimentierbaren feinkörnigen oder flokkigen, suspendierten Stoffe verwendet man A., in denen die Fließgeschwindigkeit des Wasser so weit herabgesetzt wird, daß die Schlammflocken auf Grund ihrer Sinkgeschwindigkeit während einer best. Aufenthaltszeit des Wassers bis auf den Boden des Beckens absinken können. Hier wird der Schlamm mit geeigneten Räumvorrichtungen in Schlammtrichter geschoben und von dort aus dem Becken herausgefördert. A. verwendet man als Vorklärbecken zur Abtrennung von Schlammstoffen in der mechanischen Reinigungsstufe, soweit dies die nachfolgenden Reinigungsstufen erfordern. A. gleicher oder ähnlicher Konstruktion werden jedoch auch als Nachklärbecken hinter biol. Stufen zur Abtrennung des biol. Schlammes vom gereinigten Wasser verwendet. Sie dienen außerdem bei physikalisch-chem. Verfahren zur Feststoffabscheidung. Entspr. dem Verwendungszweck der Becken werden sie nach den entsprechenden Arbeitsblättern der >ATV< (A 131, A 135) bemessen. I. allg. unterscheidet man folgende Konstruktionen: Rechteckbecken mit horizontaler Durchströmung (s. Abb.), Rundbecken mit horizontaler Durchströmung, zweistöckige Becken mit Absetzraum und Schlammsammelraum. Der Einsatzbereich der versch. Beckenkonstruktionen richtet sich nach der Schlammart und den örtlichen Verhältnissen.

Absetzgeschwindigkeit. Sinkgeschwindigkeit von Feststoffen, z. B. dargestellt in der Absetzkurve in cm/s (DIN 4045). Die absetzbaren Stoffe des >Abwassers< sind, abgesehen von einzelnen industriellen Abwässern, selten kugelförmig. Die unregelmäßigen Teilchen setzen sich daher wegen der größeren Reibung langsamer als eine Kugel von gleichem Vol. ab. Da die Reibungs- und Widerstandsflächen in bezug zur Bewegungsrichtung außerdem noch wechseln, kommt eine weitere Unregelmäßigkeit hinzu. Es ist deshalb nicht möglich, die A. aus dem Durchmesser der Teilchen zu errechnen. Für kugelförmige Teilchen könnte die Sinkgeschwindigkeit nach den Gesetzen von Stoke, Hazen und Schulz ermittelt werden. In der Abb. (s. S. 31) ist die theoretische Sinkgeschwindigkeit des häuslichen Abwassers in Abhängigkeit vom Teilchendurchmesser d aufgetragen. Dabei wird für $\gamma_1 = 1,2 \, g/cm^3$, $\gamma = 1,0 \, g/cm^3$ angenommen. Die Formeln für die A. gelten nur, wenn die absetzbaren Stoffe während des Absetzvorganges keine weiteren Veränderungen erleiden. Da dieses jedoch durch >Flokkung< und andere Einflüsse im >Absetzbecken< geschieht, ist es bis jetzt noch nicht gelungen, die A. der absetzbaren Stoffe des häuslichen Abwassers rechnerisch zu ermitteln; sie wird daher meist experimentell best. Aus versch. Untersuchungen ist bekannt, daß bei

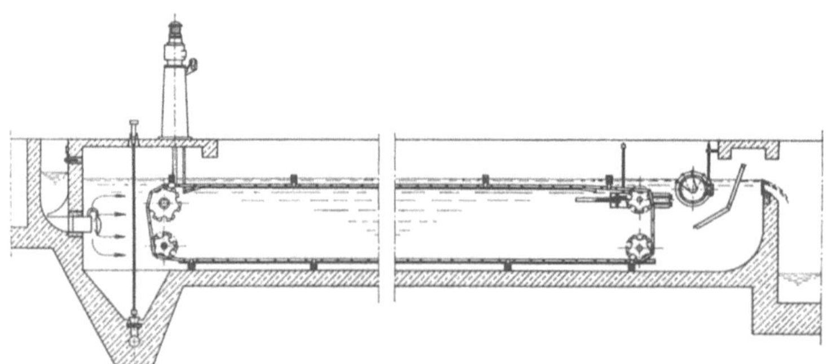

Absetzbecken: Rechteckiges Absetzbecken mit Bandräumer (aus: Imfoff K, Imhoff KR (1990) Taschenbuch der Stadtentwässerung, 27. Aufl., R. Oldenburg Verlag, München Wien)

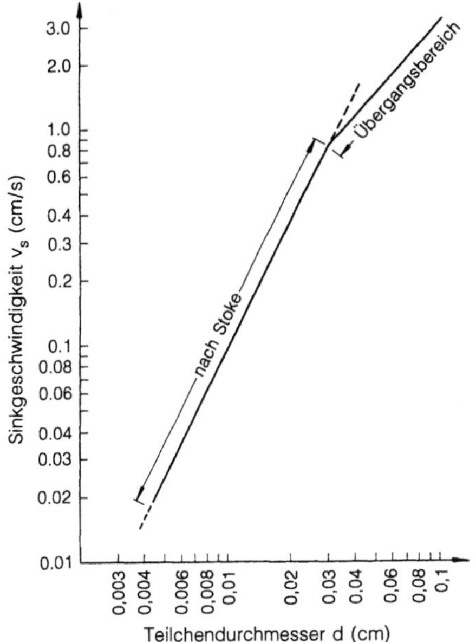

Absetzgeschwindigkeit: Theoretische Absetzgeschwindigkeit der Feststoffe des häuslichen Abwassers

höherem Schlammvol., wie es in den Nachklärbecken bei >Belebungsanlagen< vorkommt, der Absetzvorgang des belebten Schlammes durch gegenseitige Beeinflussung der Schlammflocken behindert wird.
Lit: Brix J, Heyd H, Gerlach E (1963) Die Wasserversorgung, R. Oldenbourg Verlag, München Wien.

Absetzteich. Absetzteiche dienen zur Abscheidung der im Rohabwasser enthaltenen absetzbaren Stoffe und der Ausfaulung des abgesetzten Schlammes (s. a. >Faulung<). Sie werden i. allg. nur als Vorstufe vor einer weiteren Behandlung eingesetzt. Bei >Mischkanalisation< können sie zugleich die Regenwasserbehandlung übernehmen. Bemessungskriterien sind Durchflußzeit, Schlammanfall und Räumungshäufigkeit.

Absinken. Abwärts gerichtete Luftbewegung in der Atmosphäre, Gegensatz: >Aufsteigen<. Ursachen sind:
- Großräumige dynamische Prozesse. Eine divergente Strömungsverteilung in den unteren Schichten induziert in Hochdruckgebieten aus Kontinuitätsgründen A.
- Kleinräumige Kompensationsströmungen zwischen Wolken, die sich im Verlaufe der Ausbildung der >Konvektion< formiert haben. Die Größenordnungen betragen in Hochdruckgebieten nur wenige cm/s, dagegen werden in der Umgebung von außertropischen >Zyklonen< Beträge bis zu 10 cm/s erreicht.
Lit: Defant F et al. (1973) Meteorol Rundsch 26: 103–125.

Absinkinversion. Absinkende Luft wird >adiabatisch< erwärmt und trocknet dabei aus. Damit ist das abgesunkene Luftpaket wärmer und trockener als die Umgebungsluft. In derjenigen Höhe, in der sich die Absink- und Auftriebskräfte, die im Verlaufe der >adiabatischen< Erwärmung entstanden sind, kompensieren, bildet sich die Obergrenze der A. Darunter nimmt

die Temperatur markant ab und die relative Feuchtigkeit markant zu, bis wieder der feuchtadiabatische Temperaturgradient erreicht ist, >Feuchtadiabate<. A. treten v. a. bei Hochdruckwetterlagen auf, >Hochdruckgebiet<. Sie haben eine Höhe von 800 bis 1.200 m und eine vertikale Mächtigkeit von wenigen hundert m. Eine A. ist somit eine Sperre für vertikale >Austausch<prozesse. >Inversion<.

Absolute Feuchte. Feuchtemaß, >Feuchte<.

Absolute Temperatur. Temperaturskala, die auf den >absoluten Nullpunkt< bezogen ist. Die auf ihr abgelesenen Temperaturwerte werden in Kelvin (abgekürzt K) ausgedrückt, sog. Kelvin-Skala.

Absoluter Nullpunkt. Der absolute Nullpunkt wird theoretisch dadurch erreicht, daß ein Gas soweit abgekühlt wird, daß die thermische Bewegung seiner Moleküle aufhört. Dieser Punkt wird als a. N., d. h. als unterer Fixpunkt der nach oben offenen Temperaturskala bezeichnet. $0\,°K = -273,16\,°C$.
Lit: VDI 3786 (1985) Blatt 3: Lufttemperatur.

Absorber. 1. Wärme: Wärmetauscher, der jede Art von Umgebungs- oder >Umweltwärme< absorbieren (aufnehmen) kann. So kann ein A. die direkte und indirekte >Sonnenstrahlung<, die Wärme der Luft, die Kondensationswärme des Taus sowie die Wärme von Regen und sogar von Schnee nutzen. Die vom A. aufgenommene Wärme wird über Rohre und Kanäle, in denen ein Wärmeträgermedium wie z. B. Wasser mit Gefrierschutzmittel (Sole), Spezialöl oder Luft fließt, abgeführt. Ein einfaches Beispiel eines A. ist ein mit Wasser gefüllter – möglichst schwarzer – Gartenschlauch, der von der Sonne erwärmt wird. A. werden in vielerlei Formen und aus verschiedenen Werkstoffen gebaut, z. B. als Plattenabsorber aus Kupferblech mit angelöteten Wärmeträgerrohren oder eingearbeiteten Kanälen, als Gitter von Kunststoffröhren oder als Betonfassadenelemente. Man unterscheidet Flächenabsorber wie >Dachabsorber< sowie Energiedachfassade und -zaun, die eine große Fläche aufweisen. Kompaktabsorber wie Energieblock, -säule oder -stapel hingegen brauchen nur eine geringe Fläche. (>Kollektor<).
2. Strahlung: Jedes Material, das ionisierende Strahlung „aufhält". Für Gammastrahlen werden Materialien hoher Ordnungszahl und großer Dichte als A. verwendet (Blei; Stahl; >Beton<, z. T. mit speziellen Zuschlägen). Starke Neutronenabsorber wie Bor, Hafnium und Cadmium werden in >Regelstäben< von >Reaktoren< verwendet. >Alphastrahlung< wird bereits durch ein Blatt Papier total absorbiert, zur Absorption von >Betastrahlung< genügen bereits wenige Zentimeter Kunststoffmaterial oder auch 1 cm Aluminium.
Lit: Khartchenko N (1995) Thermische Solaranlagen, Springer Verlag Berlin Heidelberg New York Tokyo

Absorberstab. >Regelstab<.

Absorption. 1. allgemein: Aufnahme (>Sorption<) von i. d. R. gasförmig, aber ggf. auch fl. oder staubförmig vorliegenden Stoffen (Absorptiv) in Flüssigkeiten (Absorbens, Absorptionsmittel, Lösemittel, Waschflüssigkeit, >Waschmittel<) in einem >Absorber<. Bestehen zwischen dem abzuscheidenden Stoff und der aufnehmenden Flüssigkeit physikalische Wechselwirkungen, liegt eine physikalische Sorption (Physisorption) vor, die reversibel ist. Findet jedoch eine chem. Reaktion statt, liegt eine chem. Sorption (Chemisorption) vor, die häufig irreversibel ist. Die Waschflüssigkeit kann dann z.B. nicht durch Herausdestillieren des absorbierten Stoffes regeneriert werden. Neben den sorptiven Kräften bestimmen im wesentlichen Phasenverteilung und -führung den erzielbaren Abscheidegrad. Eine intensive Vermischung der Phasen kann durch Durchströmen des >Abgases< durch die fl. Phase in Bodenkolonnen oder Blasensäulen oder Verteilung der Waschflüssigkeit in der gasförmigen Phase in Sprühtürmen, Wäschern oder >Venturiwäschern< erreicht werden. Die Waschflüssigkeit kann jedoch auch den Absorber als Film durchströmen, wobei >Füllkörper<, Platten oder Rohre als Filmträger dienen. Die gasförmige und die fl. Phase können zueinander jeweils im Gegenstrom, Gleichstrom oder Kreuzstrom geführt werden. Der wirkungsvollste Stoffaustausch ist im Gegenstromverfahren zu erzielen, da hierbei die vorliegenden Konzentrationsverhältnisse in jedem Bereich des Absorbers einen Übergang des zu absorbierenden Stoffes in die fl. Phase begünstigen. So steht am Ende des Auswaschprozesses nicht beladene (frische) Waschflüssigkeit zur Verfügung. Beim Gleichstromverfahren steigt hingegen die Konz. des zu absorbierenden Stoffes in der Waschflüssigkeit an und fällt gleichzeitig im zu reinigendem Abgas ab, bis sich ein Gleichgewicht einstellt.

2. Meteorologie: Aufnahme von Strahlungsenergie durch einen festen Körper, eine Flüssigkeit oder ein Gas; hierbei wird die Strahlungsenergie aufgenommen und in eine andere Energieform, meist in Wärme, umgewandelt.

3. Spektroskopie: Aufnahme der Energie eines Teils einer Wellen- oder Teilchenstrahlung durch eine Substanz oder einen Körper. Die Energieaufnahme führt zur Anregung der Substanz und, soweit die Energie nicht wieder in Form von Strahlung (Wärmeabstrahlung, >Relaxation<, >Fluoreszenz<, >Phosphoreszenz<, s.a. >Internal conversion< und >Intersystem crossing<) abgegeben wird, zur Ionisierung der Atome bzw. Moleküle der bestrahlten Substanz. Die Intensität der einfallenden Strahlung wird durch die A. geschwächt. Der aufgenommene Energiebetrag ist substanzspezifisch und hängt von den Abständen der Energieniveaus der jeweiligen Atome bzw. Moleküle ab. Die Abnahme der Intensität des eingestrahlten Lichtes in Abhängigkeit von Konzentration bzw. Schichtdicke der bestrahlten Substanz in verdünnten Lösungen wird durch das Lambert-Beersche Gesetz beschrieben: $A = \varepsilon \cdot c \cdot d$ (A = Absorption; ε = molarer Extinktionskoeffizient in $cm^{-1} \cdot mol^{-1} \cdot l$; c = Konzentration; d = Schichtdicke).

Absperrorgan. Allgemein versteht man darunter eine Einrichtung zum Unterbrechen eines Durchflusses in Gerinnen und Rohrleitungen z.B. durch Schieber oder Absperrventile (DIN 19542). A. werden nach den prinzipiellen Grundformen in Hähne, Ventile, Schieber und Klappen gegliedert. Sie dienen außer zur Absperrung selbst auch zur Regelung des Durchflusses bzw. Druckes.

Absprachen. Oberbegriff für ein breites Spektrum zwischen Bürger und Staat konsensual vereinbarter, auf dem >Kooperationsprinzip< beruhender Umweltschutzmaßnahmen; die Gemeinsamkeit der rechtlich unterschiedlichen Handlungsformen besteht im wesentlichen im Verzicht auf einseitigen staatlichen Zwang und in der Aktivierung privater Initiative, die sowohl bei der näheren Bestimmung der Umweltschutzaufgabe als auch bei deren Vollzug eine gegenüber anderen Umweltschutzinstrumenten gesteigerte Bedeutung erhält.

Abstandserlaß. Der Erlaß des Ministers für Umwelt, Raumordnung und Landwirtschaft des Landes Nordrhein-Westfalen „Abstände zwischen Industrie- bzw. Gewerbegebieten und Wohngebieten im Rahmen der Bauleitplanung (Abstandserlaß)" ist in Deutschland bisher einer der wenigen konkreten Versuche, Nutzungskonflikte zwischen Arbeiten und Wohnen zu analysieren und die gegenseitige Verträglichkeit der Nutzungen herbeizuführen und zu sichern. Der Erlaß richtet sich an die Staatlichen >Umweltämter< und soll dazu beitragen, deren Stellungnahmen zu den vom Planungsträger vorgelegten Bauleitplänen zu vereinheitlichen. Die Staatlichen Umweltämter sollen die Entwürfe der Bauleitpläne daraufhin prüfen, ob und inwieweit die Planungsabsichten mit den Erfordernissen des Immissionsschutzes zu vereinbaren sind. Sie sollen ferner im Rahmen ihrer Beteiligung die Gemeinden beraten und mit ihnen konstruktiv zusammenarbeiten. Dabei sollen insbesondere die Möglichkeiten vorgestellt werden, durch die >Immissionen< gemindert werden können. Bei der Prüfung der Bauleitpläne auf Übereinstimmung mit den Grundsätzen des *Immissionsschutzes* ist zu berücksichtigen, daß es erfahrungsgemäß trotz aller dem Stand der Technik entsprechenden Maßnahmen zur Immissionsminderung bei bestimmungsgemäßem Betrieb emittierender Industrie- und Gewerbeanlagen in der unmittelbaren Umgebung dieser Anlagen noch zu Gefahren, erheblichen Nachteilen oder erheblichen Belästigungen durch Luftverunreinigungen oder Geräusche kommen kann, wenn der Abstand zwischen Emissionsquellen und schutzbedürftigen Gebieten zur Herabsetzung der Immissionen in diesen Gebieten nicht ausreicht. Daher kommt einem ausreichenden Abstand zwischen Industrie- bzw. Gewerbegebieten und Wohngebieten in der Bauleitplanung, insbesondere bei Neuplanungen, besondere Bedeutung zu. Der A. enthält deshalb im Anhang 1 eine Abstandsliste, in der 212 Anlagen auf sieben Abstandsklassen verteilt aufgelistet sind, s. Tabelle S.33. Zusätzlich sind im Anhang 2 >genehmigungsbedürftige Anlagen<, die nicht in die Abstandsliste aufgenommen worden sind (insgesamt 26 Anlagenarten), enthalten. Bei Einhaltung oder Überschreitung der angegebenen Abstände ist davon auszugehen, daß Gefahren, erhebliche Nachteile oder erhebliche Belästigungen durch Luftverunreinigungen oder Geräusche bei bestimmungsgemäßem Betrieb der entsprechenden Anlagen in den umliegenden Wohngebieten nicht entstehen, wenn die Anlage dem Stand der Technik entspricht. Die in der Abstandsliste aufgeführten Abstandswerte wurden unter Berücksichtigung der einschlägigen Verwaltungsvorschriften des Bundes, des Landes, der einschlägigen VDI-Richtlinien und DIN-Normen u.a. erarbeitet. Die Abstandsliste wurde auf der Basis des Anhangs zur Verordnung über genehmigungsbedürftige Anlagen – 4.>BImSchV< – aufgestellt, beinhaltet aber auch eine Vielzahl nicht genehmigungsbedürftiger Anlagen. Die Abstandsliste ist nicht abschließend. Es fehlen z.B. gewerbliche Anlagen, die selbst in Wohn- oder gemischt genutzten Gebieten zulässig sind, sowie Anlagen, die z.B. in Nordrhein-Westfalen entweder überhaupt nicht oder nur ganz vereinzelt vorkommen. Als Abstand gilt die geringste Entfernung zwischen der Umrißlinie der emit-

Abstandserlaß

Abstandsklasse	Abstand [m]	Anlagenart	Anzahl der Anlagen in NRW 1990
I	1500	z. B. Kraftwerk mit einer Leistung >900 MW	6
II	1000	z. B. Anlagen zur Vergasung oder Verflüssigung von Kohle	16
III	700	z. B. Kraft- u. Heizkraftwerke mit einer Leistung bis 900 MW bzw. <300 MW	17
IV 43	500	z. B. Heizkraftwerke mit einer Leistung bis 300 MW	
V	300	z. B. Gasturbinenanlagen	66
VI	200	z. B. Anlagen zum fabrikmäßigen Säurepolieren oder Mattätzen von Glas oder Glaswaren unter Verwendung von Flußsäure	30
VII	100	z. B. Anlagen zum mechan. Be- oder Verarbeiten von Asbesterzeugnissen auf Maschinen	18

tierenden Anlage und der Begrenzungslinie von Wohngebieten. Bei mehreren Anlagen auf einem Werksgelände ist für die Bemessung des notwendigen Abstandes regelmäßig diejenige Anlageart maßgebend, die gemäß Abstandsliste mit dem größten erforderlichen Abstand angegeben ist. Die Abstandsliste gilt nur für die Planung in ebenem Gelände, in anderen Fällen, z. B. bei der Planung in Tallagen, sind Einzeluntersuchungen durchzuführen. Aus der Abstandsliste können keine Rückschlüsse auf vorhandene Immissionssituationen gezogen werden. Der bloße Hinweis auf eine Abstandsunterschreitung rechtfertigt nicht ein Einschreiten der Überwachungsbehörde nach den immissionsschutzrechtlichen Vorschriften gegen Anlagen.

Der A. ist ausweislich seiner eigenen Vorgaben bei immissionsschutzrechtlichen Genehmigungsverfahren nicht anzuwenden. Als >Erlaß< stellt auch der A. NRW kein geltendes Recht dar, sondern bleibt eine verwaltungsinterne Anweisung der Landesregierung NRW an ihre nachgeordneten Behörden und unterliegt somit verwaltungsgerichtlicher Kontrolle. Als Sachverständigenäußerung hohen Ranges stellt er jedoch eine Konkretisierung z. B. des >Trennungsgebots< des § 50 BImSchG dar, die auch für die Verwaltungsgerichte nicht unbeachtlich ist. Vor diesem Hintergrund ist der A. NRW auch in anderen Bundesländern übernommen worden (z. B. Hessen), oder diese haben in Anlehnung an den A. NRW eigene A. herausgegeben (z. B. Sachsen-Anhalt) und die nachgeordneten Behörden zu dessen Anwendung angewiesen.

Lit: RdErl. d. Ministers für Umwelt, Raumordnung und Landwirtschaft, veröff. im Min. Blatt NW, Nr. 43 vom 02. 07. 1998. Eine Broschüre ist beim vorgenannten Ministerium erhältlich.

Abstandsgeschwindigkeit. (>Filtergeschwindigkeit<). Die A. des >Grundwassers< ist der Quotient aus dem horizontalen Abstand zweier Meßpunkte und der Fließzeit des Grundwassers zwischen diesen Meßpunkten.

Abstandsverordnung. >Abstandserlaß<.

Abstrahlung. Die von der Temperatur des strahlenden Körpers abhängige Wärmeabgabe in Form von langwelliger Strahlung nach dem Stefan-Boltzmann-Gesetz im Wellenlängenbereich 0.3 bis 100 μm. In der Meteorologie beobachtet man zwei Formen der A.: Wärmeabgabe der Atmosphäre (A) >atmosphärische Gegen-strahlung< sowie Wärmeabgabe des Untergrundes (E) >terrestrische Strahlung<.

Die Differenz E-A bezeichnet die effektive A. der Erdoberfläche, -(E-A) = A-E ist die langwellige Strahlungsbilanz der Erdoberfläche.

Lit: VDI 3786 (1986) Blatt 5: Globalstrahlung, direkte Sonnenstrahlung und Strahlungsbilanz.

Abtrift. Allg.: Verfrachtung von Pflanzenschutzmitteln (PSM) durch Luftbewegung. *Direkte A.* ist der Anteil an PSM, der während des Applikationsvorgangs über die zu behandelnde Fläche infolge von atmosphärischen Luftbewegungen (horizontal und vertikal) hinausgetragen wird und sich außerhalb dieser Fläche im Nahbereich absetzt (Bodensediment) oder als Schwebeanteil durch Wind über größere Distanzen verfrachtet wird (atmosphärischer Driftanteil). *Indirekte A.* ist der Anteil an PSM, der nach Beendigung des Applikationsvorgangs, insbesondere durch die physikalisch-chem. Eigenschaften des PSM bestimmt, über die Atmosphäre aus der behandelten Fläche entweicht (z. B. Verdunstung, Verflüchtigung). Nach der Applikation können durch beide Abtriftformen Pflanzenschutzmittel unter bestimmten klimatischen Bedingungen z. B. durch Austausch von Luftmassen – mit dem Wind – abgetrieben werden (Thermik-A.) und durch trockene und feuchte Deposition an anderen Orten wieder bestimmte >Kompartimente< der Umwelt kontaminieren. (Nach DPG-Glossar).

Lit: Spencer WF, Farmer WJ, Cliath MM (1973) Pesticide volatilization. Residue Review 49, 1–47 – Walter U, Frost M, Pestemer W (1996) The challenge of measuring pesticide volatilization. X. Symposium Pesticide Chemistry, Sept.–Oct. 1996, 305-312, Piacenza, Italy

Abundanz. Anzahl von Tieren und Pflanzen in einem Raum oder pro Flächeneinheit. Der Begriff kann sich auf die Individuen einer >Art< beziehen *(Individuenabundanz = Individuendichte)*, wie sie bei der Angabe einer Populationsgröße benutzt wird, bzw. als *Artendichte* auf das Vorhandensein von Arten in einem >Lebensraum<. Die Erfassung der A. ist oft mit methodischen Schwierigkeiten verbunden, weil vielfach der Flächenbezug nicht gegeben ist. So wird z. B. bei der Erfassung von Insekten mittels >Barberfallen< eine *Aktivitätsabundanz* oder >Aktivitätsdichte< ermittelt.

Abwägung. 1. allgemein: Bezeichnung für den Gedankenvorgang, bei dem Vorteile und Nutzen (i. allg. wirtschaftlicher Art oder Nutzen für die Allgemeinheit) eines Vorhabens oder von Entscheidungen mit den damit verbundenen Risiken verglichen werden. Beispiele für wichtige A.-Prozesse sind >Risiko/Nutzen<-Betrachtungen, >Kosten/Nutzen<-Betrachtungen und >Risiko/Risiko<-Betrachtungen.

2. juristisch: Spezifikum jeder staatlichen Planungsentscheidung. A. vollzieht sich in drei Phasen: Ermittlungs- und Feststellungsvorgang (es geht um die von der Planung konkret betroffenen Interessen), Bewertungsvorgang (Bestimmung des objektiven Inhalts der betroffenen Interessen) und Abwägungsvorgang (Einräumung des Vorrangs für ein bestimmtes Interesse). Das A.-Ergebnis ist nur dann akzeptabel, wenn es mit Blick auf das objektive Gewicht einzelner Belange inhaltlich ausgewogen ist.

Lit: Peine F-J (1998), Interessenermittlung und Interessenberücksichtigung im Planungsprozess. In: Akademie für Raumforschung und Landesplanung (Hrsg.), Methoden und Instrumente räumlicher Planung, S. 169 ff. mit weiteren Nachweisen.

Abwärme. 1. allgemein: Bei Energieumwandlungsprozessen in die Umwelt abgegebene, ungenutzte Wärme. Die Nutzung von A. trägt in mehrfacher Hinsicht erheblich zur Entlastung der Umwelt bei. Neben der Verringerung der Umweltbelastung durch Wärme ist die damit verbundene Einsparung von Energie mit einer dementspr. Vermeidung von >Schadstoffemissionen< sowohl bei der Energiegewinnung als auch bei der Gewinnung des Energieträgers verbunden. Der Bedeutung dieses Zieles des Umweltschutzes entspr. ist im >Bundes-Immissionsschutzgesetz< (Stand 1999) in § 5 „Pflichten der Betreiber genehmigungsbedürftiger Anlagen" unter Nr. 4 im Absatz (1) die Verpflichtung aufgenommen, daß „entstehende Wärme für Anlagen des Betreibers genutzt oder an Dritte, die sich zur Abnahme bereit erklärt haben, abgegeben wird, soweit dies nach Art und Standort der Anlage technisch möglich und zumutbar ... ist".

2. Kernkraft: Der >Wirkungsgrad< eines Wärmekraftwerkes ist das Verhältnis der gewonnenen elektrischen Energie zur erzeugten Wärme. Er ist aufgrund physikalischer Gesetze von der Temp. des Prozeßmediums abhängig und beträgt etwa 33 % beim >Leichtwasserreaktor< und 40 % bei einem modernen Öl-, Gas- oder Kohlekraftwerk, >Schnellen Brutreaktor< bzw. >Hochtemperaturreaktor<. Der größte Teil der erzeugten Wärme wird über das Kondensatorkühlwasser an die Umgebung abgegeben.

Abwasser. 1. allgemein: Durch Gebrauch verändertes, abfließendes Wasser und jedes in die Kanalisation gelangte Wasser (ISO 6107-1). Man unterscheidet z. B. a) Schmutzwasser, b) Regenwasser, c) Fremdwasser, d) Mischwasser, e) Kühlwasser (DIN 4045). In D gibt es seit 1976 das >Abwasserabgabengesetz<. Es werden verschiedene Parameter gemessen, für die bezahlt werden muß. Die Liste der abgabepflichtigen Parameter wird laufend erweitert.

2. radioaktives: Nach § 46 Abs. 4 der >Strahlenschutzverordnung< ist die Abgabe von >Radioaktivität< mit dem A. begrenzt. Auf keinen Fall darf die Herabsetzung der Radioaktivitätskonz. durch eine zusätzliche Verdünnung der A. erfolgen. Deshalb sind höheraktive >Abfälle<, z. B. aus >nuklearmedizinischen< Therapiestationen, getrennt von anderen A. zu führen und i. d. R. einer Rückhalteeinrichtung zuzuleiten, in welcher sie abklingen können. Üblicherweise wird die Ableitung radioaktiver A. in der >Umgangsgenehmigung< geregelt.

Abwasserabgabe. Nach dem Gesetz über Abgaben für das Einleiten von >Abwasser< in Gewässer vom 13. 9. 1976 i. d. F. d. B. v. 3. 4. 1991 ist dafür eine Gebühr zu entrichten.

Gemäß § 13 AbwAG ist das Aufkommen der A. von den Ländern zweckgebunden für Maßnahmen, die der Erhaltung oder Verbesserung der Gewässergüte dienen, einzusetzen. Hierzu gehört insbes. der Bau von kommunalen Abwasserbehandlungsanlagen, die mit Darlehen oder Zuschüssen aus diesen Mitteln finanziert werden; dies umfaßt Regenrückhaltebecken und -behandlungsanlagen, Ring- und Auffangkanäle, Klärschlammbeseitigungsanlagen sowie Maßnahmen im und am Gewässer zu Verbesserung der Gewässergüte.

Abwasserabgabengesetz. Das AbwAG ergänzt dabei von seiner Intention her das ordnungsrechtliche Wasserrecht durch die als ökonomisches Instrument wirkende >Abwasserabgabe<. Die Abgabe wird für das Einleiten von >Abwasser< in Gewässer erhoben. Abgabepflichtig sind grundsätzlich die Einleiter, die ihr Abwasser unmittelbar in ein Gewässer einleiten, d. h. also insbesondere die kommunalen Gebietskörperschaften, die Abwasserverbände und Teile der Industrie (vgl. §§ 1, 9 Abs. 1 AbwAG). Die Städte und Gemeinden können die von ihnen zu zahlende Abwasserabgabe auf der Grundlage der kommunalen Abgabegesetze durch kommunale (Entwässerungs-)Gebührensatzungen auf die (indirekten) Einleiter abwälzen, die ihr Abwasser in die öffentliche Kanalisation einleiten.

Abwasserableitung. Transport des >Abwassers< vom Entstehungsort zum Behandlungsort (>Kläranlage<) bzw. zur Einleitung in den >Vorfluter< mittels Kanälen und Gerinnen. Die stärkste Verschmutzung der Gewässer tritt durch die Ableitung der Abwässer aus Städten, Gemeinden und von Industriebetrieben auf. Aus wirtschaftlichen und technischen Gründen ist eine vollständige Reinigung der Abwässer (100 %) vor ihrer Ableitung in ein Gewässer i. d. R. nicht durchführbar. Deshalb sind die gereinigten Abwässer dort in dem Gewässer unterzubringen, wo die natürliche Selbstreinigungskraft mit der Restverschmutzung des Abwassers fertig wird, bevor das Wasser wieder für die Versorgung mit Trink- und Brauchwasser herangezogen wird.

Lit: Abwassertechnische Vereinigung (Hrsg.) (1982–1986) Lehr- und Handbuch der Abwassertechnik, 3. Aufl., Bd. 1–7, Verlag von Wilhelm Ernst und Sohn, Berlin München.

Abwasseranalyse. Untersuchung des Abwassers in bezug auf seine chem., physikalischen und biol. Inhaltsstoffe. Diese Analysen werden in speziell dazu eingerichteten Abwasserlaboratorien durchgeführt. Da Bau und Betrieb kommunaler Abwasseranlagen für die Reinhaltung der Gewässer große finanzielle Aufwendungen erfordern, ist eine optimale Leistung aus volkswirtschaftlichen Gründen anzustreben. Eine unabdingbare Voraussetzung für die Erfüllung dieser Aufgabe bilden die fachgerechten Abwasseruntersuchungen. Hierbei sind drei Ziele zu unterscheiden: Planung von Kläranlagen, Steuerung der Kläranlagen, regelmäßige Überwachung der Kläranlagen und Vorfluter.

Abwasseranlage. Einrichtung zur Abwassersammlung, Abwasserableitung, Abwasserbehandlung oder Abwasserbeseitigung (DIN 4045). Mit diesem Begriff werden alle baulichen und verfahrenstechnischen Anlagen auf dem Gebiet des Abwasserwesens zusammenfassend bezeichnet. Im einzelnen gehören dazu: Haus- und Grundstücksentwässerung, >Kanalisation< (Misch- bzw. Trennverfahren) Sonderbauwerke (Schächte, Düker etc.), Abwasserpumpwerke (s.a. >Pumpwerk<), Regenentlastungen, Abwasserreinigungsanlagen, >Schlammbehandlung<.

Abwasseraufbereitung. Gezielte Veränderung der Abwasserbeschaffenheit, z.B. durch Reinigung, Kühlung, Neutralisation (DIN 4045). >Abwasserbehandlung< oder >Abwasserreinigung<.

Abwasserbehandlung. 1. Aerobe: Reinigung von >Abwasser< mit Hilfe von aeroben Mikroorganismen unter Zufuhr von Sauerstoff (DIN 4045). Wird bei kommunalem Abwasser und den meisten industriellen Abwässern angewendet.
2. Anaerobe: Reinigung von Abwasser mit Hilfe von anaeroben Mikroorganismen ohne Zufuhr von Sauerstoff (DIN 4045). Diese Behandlungsart wird z.B. bei der Zucker-, Pektin- und Hefeherstellung angewendet; in Australien auch bei der Tomaten- und Kartoffelverarbeitung.

Abwasserberegnung. >Abwasserverregnung<.

Abwasserbeseitigung. 1. technisch: Rückführung des >Abwassers< in den natürlichen Kreislauf. Als A. kann jede Art der Fortleitung des Abwassers verstanden werden. Der Vorgang ist in dem Begriff >Abwasseranlage< integriert (DIN 4045).
2. juristisch: Es besteht gem. § 18a Abs.2 des >Wasserhaushaltsgesetzes< und den Landeswassergesetzen die Pflicht für die Kommunen, Abwässer in >Abwasseranlagen< (Anlage zur Reinigung von Abwässern; Bau und Betrieb müssen nach § 18b des Wasserhaushaltsgesetzes den Regeln der Technik entsprechen; ihre Genehmigung richtet sich nach Landeswasserrecht) zu beseitigen, d.h. entsprechend den gesetzlich festgelegten Maßstäben zu reinigen. Für Industrieabwässer gibt es unter bestimmten Voraussetzungen eine Freistellung der Kommunen; in diesen Fällen besteht die Pflicht der Erzeuger zur Beseitigung ihrer Abwässer. Abwässer dürfen nur dann in Gewässer eingeleitet (oder auf andere Weise beseitigt) werden, wenn sie den Anforderungen des § 7a Wasserhaushaltsgesetz entsprechen: Eine Erlaubnis für das Einleiten von Abwasser darf nur erteilt werden, wenn die Schadstofffracht des Abwassers so gering gehalten wird, wie dies bei Einhaltung der jeweils in Betracht kommenden Verhältnisse nach dem *Stand der Technik* möglich ist. Anforderungen, die dem Stand der Technik entsprechen, hat die Bundesregierung in der Abwasserverordnung vom 21.3. 1997, BGBl. I S.566 festgestellt; ferner existiert die Verwaltungsvorschrift über Mindestanforderungen an das Einleiten von Abwasser in Gewässer – Rahmen-Abwasser-Verwaltungsvorschrift – i.d.F. der Bekanntmachung vom 31.7. 1996, GMBl. S.729.

Abwasserbiologie. Ein Bereich versch. Fachrichtungen der angewandten Biologie, hauptsächlich >Mikrobiologie<, >Hydrobiologie<, >Limnologie<, >Ökologie<, >Hygiene< und >Taxonomie<, der sich mit den Vorgängen bei der >Abwasserreinigung< (mikrobiol. Abbau) und Abbauprozessen in Gewässern bei >Abwassereinleitungen< befaßt. Sie beschreibt sowohl die an diesen Vorgängen beteiligten Organismen einschl. ihrer >Lebensgemeinschaften< unter Einbeziehung der Bedeutung für die Wasser- und Gewässerqualität als auch die Funktion von pflanzlichen und tierischen Le-

bewesen bei der Selbstreinigung der Gewässer. Einen wichtigen Zweig der A. stellen die überwiegend mikrobiol. Vorgänge dar, die sich bei der biol. Abwasserreinigung vollziehen und dort zum Abbau von Schmutzstoffen überwiegend org. Art führen. Die Darstellung der daran beteiligten Organismen, wie die von diesen erbrachten >Stoffwechselleistungen<, sind ein wesentlicher Teil dieser Disziplin.

Abwassereinleitung, Mindestanforderungen. Die am 01.10. 1976 in Kraft getretene 4.Novelle zum WHG hat in § 7a, Abs.1 Mindestanforderungen an das Einleiten von >Abwasser< festgelegt. Diese Mindestanforderungen entsprechen den „allgemein anerkannten Regeln" der Technik. Damit werden >Emissionsstandards< gesetzlich eingeführt. Die für Mindestanforderungen zu erlassenden allgemeinen Verwaltungsvorschriften, die auch den erforderlichen Grad der Abwasserbehandlung bestimmen, liegen für >kommunales Abwasser< und für die einzelnen industriellen Bereiche vor. Die Werte stehen zur optimal geforderten Reinigungsleistung für die Güteklasse II. Der Begriff Mindestanforderungen und ihre Orientierung an den „allgemein anerkannten Regeln der Technik" (a.a.R.d.T.) bietet noch die Möglichkeit strengerer Anforderungen, d.h. niedrigerer Werte, wenn Belastungs- oder Benutzungsverhältnisse eines Gewässers ein bestimmtes Güteziel (*Immissionsstandard*) erfordern.
Lit: Abwassertechnische Vereinigung (Hrsg.) (1982–1986) Lehr- und Handbuch der Abwassertechnik, 3.Aufl., Bd.1–7, Verlag von Wilhelm Ernst und Sohn, Berlin München.

Abwasserfahne. Die unterhalb einer >Abwassereinleitung< feststellbare, nicht gleichmäßig im Wasserkörper des >Vorfluters< verteilte Verschmutzung. Eine A. ist nicht immer durch andere Farbgebung auszumachen. So können sich auch Dichteströmungen ausbilden, die nur durch gezielte Wasseruntersuchungen festzustellen sind.

Abwasserfischteich. Dient der Fischzucht; geeignete Besatzfische sind Karpfen und Schleie. Die Teiche werden meist mit biol. gereinigtem >Abwasser< beschickt; als Verdünnungswasser muß mindestens die fünffache Menge reinen Flußwassers zugesetzt werden. Die Teiche werden im Herbst abgefischt und stehen im Winter leer. Der Gedanke, Fischteiche für die Abwasserreinigung einzusetzen, wurde erstmals in den zwanziger Jahren dieses Jahrhunderts von Demoll technisch konzipiert und kurz darauf, ca. 1929, mit dem Bau der Münchener Abwasserfischteichanlage verwirklicht. Sie ist das größte und bedeutendste Projekt dieser Art geblieben und kann in abwassertechnischer, wasserwirtschaftlicher und fischereilicher Hinsicht auch heute noch als Beispiel gelten. Das Verfahren wurde in der Folgezeit nur noch selten und in wesentlich kleinerem Maßstab angewandt. Das Abwasserfischteichverfahren könnte aber unter klimatisch geeigneten Bedingungen, v.a. aufgrund der Möglichkeit, damit Eiweiß für die menschliche Ernährung zu erzeugen, in manchen Entwicklungsländern nach wie vor eine Alternative zu aufwendigen technischen Verfahren bleiben.
Lit: Abwassertechnische Vereinigung (Hrsg.) (1982–1986) Lehr- und Handbuch der Abwassertechnik, 3.Aufl., Bd.1–7, Verlag von Wilhelm Ernst und Sohn, Berlin München.

Abwassergebühr. Für die Benutzung der öffentlichen >Abwasseranlage< wird eine Gebühr berechnet. Die Benutzungsgebühr muß dem Umfang der Benutzung entsprechen: Äquivalenzprinzip. Zwischen Leistung (die zu zahlenden Gebühren der Anschlußnehmer) und Gegenleistung (die dem Betreiber der öffentlichen Abwasseranlage entstehenden Kosten für Abwasserableitung und -reinigung) muß ein angemessenes Verhältnis bestehen. Dabei ist Kostendeckung erforderlich, die eine Abschreibung und Verzinsung der Anlagen einschließt.

Lit: Abwassertechnische Vereinigung e. V. (Hrsg.) (1985–1997) ATV-Handbuch, 4. Aufl., Band 1–7, Verlag Wilhelm Ernst und Sohn, Berlin München.

Abwasserherkunftsverordnung (AbwHerkV). Wichtige, im tägl. Vollzug des Wasserrechts bestehende Vorschrift über die Herkunftsbereiche von Abwasser v. 3. 7. 1987, g. d. VO v. 27. 5. 1991. In dieser Verordnung werden Abwässer mit gefährlichen Inhaltsstoffen benannt bzw. definiert. D. h., für das Einleiten von gefährlichen Stoffen im Sinne des § 7 a WHG in eine öffentliche Abwasseranlage ist, unabhängig von der Genehmigung nach der Ortssatzung, eine Genehmigung/Erlaubnis der zuständigen Wasserrechtsbehörde erforderlich (Abwasserherkunftsverordnung – AbwHerkV, Allg. Rahmenverwaltungsvorschrift über Mindestanforderungen an das Einleiten von Abwasser in Gewässer – Rahmen-AbwasserVwV, Indirekteinleitungsverordnung – VGS).

Abwasserkanal. Offenes oder geschlossenes Gerinne, in dem >Abwasser< i. d. R. mit freiem Gefälle abgeleitet wird. Man unterscheidet z. B. Regenwasserkanäle, Schmutzwasserkanäle, Mischwasserkanäle (DIN 4045). Als Baumaterial dienen Rohre mit meist kreisförmigem Querschnitt unterschiedlicher Länge aus >Asbestzement<, Beton, Kunststoff oder Steinzeug. Anstatt des umstrittenen Asbestzementrohres ist es gelungen, ein normgerechtes, systemgleiches und zum AZ-Rohr kompatibles Abwasserrohr herzustellen. Die neuen asbestfreien Faserzementrohre werden aus einer homogenen Mischung aus genormtem Zement, Prozeß- und Armierungsfasern, Zusatzstoffen und Wasser hergestellt. Als Armierung werden Hochmodul-Fasern aus Zellstoff verwendet. Der neue Werkstoff Faserzement ist gesundheitlich völlig unbedenklich, weil die Fasern durch Größe und Zusammensetzung weder bei der Herstellung und Bearbeitung noch bei der Anwendung irgendeine Gefahr bilden.

Abwasserkontrollstation. Bauwerk mit den entsprechenden Einrichtungen zur automatischen Untersuchung der >Abwasserbeschaffenheit<. Mit Hilfe solcher Stationen kann durch eine regelmäßige Untersuchung einzelner Flußabschnitte oder der ganzen Flußlänge die qualitative und quantitative Belastung eines Gewässers bei gleichzeitiger Kontrolle der Einleitungen festgestellt werden (s. Abb.). Das Fließbild einer solchen Wasserqualitätsstation ist in der Abb. wiedergegeben.

Abwasserlast. Unter dem Begriff der *„Abwasserlast"* wird die Zahl der an Ortsentwässerungen angeschlossenen Einwohner verstanden, die auf 1 L/s des Niederwassers eines Flusses kommen. Zu den Einwohnern werden die Einwohnergleichwerte der Industrie zugezählt. Bei den Einwohnern der oberhalb liegenden Gebiete werden Abzüge entsprechend der inzwischen eingetretenen Selbstreinigung gemacht. Die Zahlen der A. geben ein klares Bild über die Belastung jedes einzelnen Gewässerpunktes. Sie eignen sich zum Aufstellen von „Reinhalteplänen" oder >Reinhalteordnungen< für ganze Flußgebiete.

Lit: Imhoff K, Imhoff KR (1999) Taschenbuch der Stadtentwässerung. 29. Aufl., R. Oldenbourg Verlag, München Wien.

Abwasserlastplan. Darstellung der Belastung eines Flusses oder einer Flußstrecke mit org. Verschmutzung aus kommunalen bzw. industriellen >Abwässern< unter Berücksichtigung von Sauerstoffverbrauch (>Selbstreinigung<) und Sauerstoffaufnahme des Gewässers. Meist als >BSB$_5$-Last< oder >Einwohnerlast< je L/s Abfluß graphisch dargestellt. Die Zahlen der >Abwasserlast< geben einen guten Überblick über die Belastung jedes einzelnen Gewässerpunktes (s. a. DIN 4049, Blatt 2).

Abwasserpfad, radioaktiver. Modellmäßige Annahmen zur Berechnung der >Strahlenexposition< durch die Ableitung radioaktiver Stoffe mit dem >Abwasser< einer >kerntechnischen Anlage<. Die beim >Zerfall< der >Radionuklide< entstehende >Strahlung< kann prinzipiell über folgende Pfade zu einer Strahlenexposition des Menschen führen:
– externe >Bestrahlung< bei Aufenthalt auf Sediment
– interne Bestrahlung nach Aufnahme radioaktiver Stoffe auf einem der folgenden Wege:
  – Trinkwasser,
  – Wasser – Fisch,
  – Viehtränke – Kuh – Milch,
  – Viehtränke – Tier – Fleisch,
  – Beregnung – Futterpflanze – Kuh – Milch,
  – Beregnung – Futterpflanze – Tier – Fleisch,
  – Beregnung – Pflanze.

Modelle und Berechnungsannahmen für die Strahlenexposition über den A. sind in der „Allgemeinen Ver-

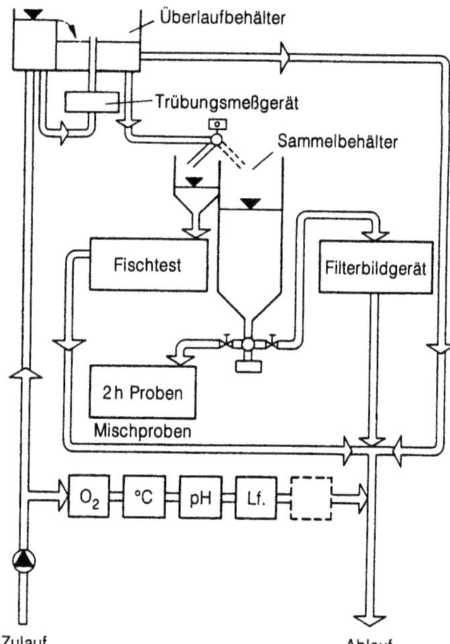

Abwasserkontrollstation: Elementares Fließbild einer kontinuierlich arbeitenden Wasserqualitätsmeßstation (aus: Abwassertechnische Vereinigung (Hrsg.) (1982–1986) Lehr- und Handbuch der Abwassertechnik, 3. Aufl., Bd. 1–7, Verlag von Wilhelm Ernst und Sohn, Berlin München)

waltungsvorschrift: Ermittlung der Strahlenexposition durch die Ableitung radioaktiver Stoffe aus kerntechnischen Anlagen oder Einrichtungen" enthalten.

Abwasserpilz. Sammelbezeichnung für >Pilze< und >Bakterien<, die in abwasserbelasteten >Fließgewässern< fellartige Überzüge auf toten oder lebenden Oberflächen bilden. Bei den Pilzen handelt es sich um 1. *Leptomitus lacteus* AG (= *Apodea lactea*) (Phycomycetes, Oomycetes, Saprolegniaceae) mit schlauchartigen Mycelfäden ohne Querwände, aber mit Einschnürungen. Makroskopisch erkennbare Überzüge werden bei guter Versorgung mit hochmolekularen Stickstoffverb. und Wassertemp. von 18 bis 26 °C gebildet. Sporangien treten auf, wenn Nährstoffverarmung eintritt. Der Pilz ist bei gutem Wachstum ein Indikator für den α-mesosaproben, bei Sporangienbildung für den Übergang vom α- zum β-mesosaprobem Zustand. 2. *Fusarium aquaeductum* LAG (Eumycetes, Ascomycetes) mit verzweigtem, oft rötlichem Mycel, durch Querwände in Zellen gegliedert. Tritt besonders unterhalb der Einleitung von sauren >Abwässern< aus Zellstoffabriken, Zuckerraffinerien in Fließgewässern auf. Wegen seines fellartigen Massenwuchses wird auch das Bakterium *Sphaerotilus natans* als „Abwasserpilz"

bezeichnet. Die Bakterien bilden lange Ketten, die durch eine dünne Scheide zusammengehalten werden, diese aber verlassen können. *Sphaerotilus natans* ist säureempfindlich, Optimum > pH 7. Der Sauerstoffbedarf ist hoch, bei anaeroben Bedingungen tritt >Autolyse< ein. Das Temp.-Optimum liegt bei 22 °C. Vorkommen mit Massenwuchs in der α-mesosaproben Zone, bei großer Dicke des Überzugs reißen Flocken ab und bilden das „Pilztreiben". Auch in >Tropfkörpern< der >Kläranlagen<. In den Sphaerotilusüberzügen lebt eine charakteristische Tiergesellschaft, vorwiegend Ciliaten und Flagellaten.

Lit: Scheuring L, Höhnl G (1956) Schr Ver Zellstoff- und Papier-Chemiker und Ing 20:1–152 – Painter HA (1983) Metabolism and physiology of aerobic bacteria and fungi. In: Curds CR, Hawkes HA (Hrsg.) Ecological aspects of used-water treatment, Bd. 2, Academic Press, London New York Paris San Diego San Francisco.

Abwasserreinigung. 1. Biol. A. (nach DIN 4045): Entfernung von gelösten Kolloiden und Schwebstoffen aus >Abwasser< durch aeroben und/oder anaeroben Abbau, Aufbau neuer Zellsubstanz und Adsorption an Bakterienflocken oder >biol. Rasen<, z.B. >Belebungsverfahren< (s. Abb.), >Tropfkörperverfahren<

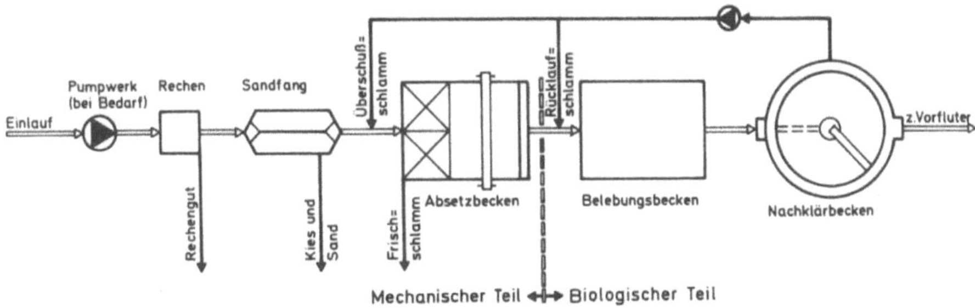

Abwasserreinigung: Schema des Belebungsverfahrens

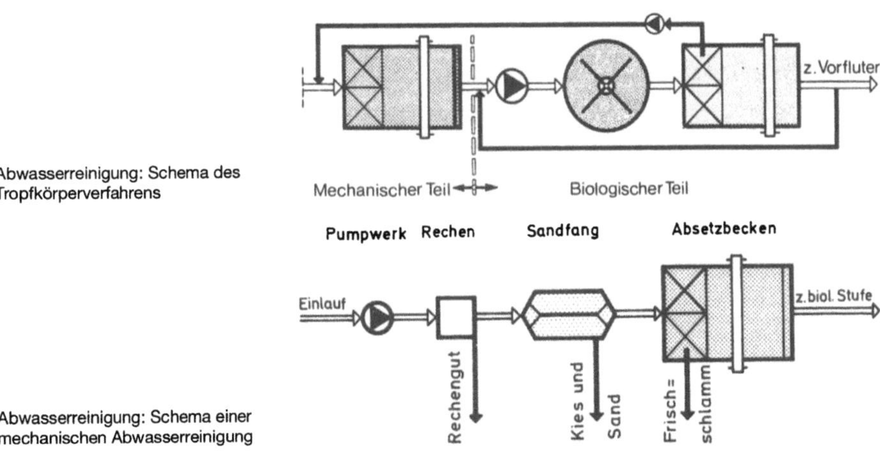

Abwasserreinigung: Schema des Tropfkörperverfahrens

Abwasserreinigung: Schema einer mechanischen Abwasserreinigung

Abwasserreinigung (aus: Bretschneider H, Lecher K, Schmidt M (Hrsg.) (1993) Taschenbuch der Wasserwirtschaft, 7. Aufl., Verlag Paul Parey, Hamburg Berlin)

Abwasserreinigung: Übersicht weitergehender Abwasserreinigungsverfahren

Eliminierte Stoffgruppe	Mögliche Reinigungsverfahren
Suspendierte Stoffe (BSB_5-Träger)	Chemische Flockung Platten und Röhrenabscheider Mikrosiebe Flotation Filtration Ultrafiltration
Stickstoff (Algennährstoff)	Nitrifikation-Denitrifikation Ammoniak-Desorption Selektiver Ionenaustausch
Phosphor (Algennährstoff)	Mikrobielle P-Elimination Algen-P-Elimination Chemische Fällung Ionenaustausch
gelöste organische Substanzen (refraktär, biologisch resistent)	Adsorption Chemische Oxidation Ausschäumen Desorption Hyperfiltration (umgekehrte Osmose)
gelöste anorganische Substanzen (Salze, TDS)	Ionenaustausch Elektrodialyse Hyperfiltration (umgekehrte Osmose) Destillation Extraktion

(s. Abb.). 2. Chem. A.: Behandlung des Abwassers mit chem. Zusätzen. Entfernen von feinen Schwebstoffen und Ausfällung von gelösten Stoffen durch >Flokkung< unter Verwendung von chem. Flockungs- und Fällungsmitteln. 3. Mechanische A. (nach DIN 4045): Entfernung von ungelösten Stoffen aus dem Abwasser durch mechanische Verfahren, z. B. durch >Rechen<, Siebe, >Sandfang<, >Absetzbecken< (s. Abb.). 4. Weitergehende A. (nach DIN 4045): Verfahren oder Verfahrenskombinationen, die in ihrer Reinigungswirkung über die herkömmliche, i. d. R. mechanisch-biol. A. hinausgehen und besonders solche Stoffe eliminieren, die im Ablauf einer mechanisch-biol. >Kläranlage<

noch enthalten sind, wie z. B. Stickstoff bzw. Phosphor (s. Tabelle).

Lit: Bischofsberger W, Heemann W (1984) Lexikon der Abwassertechnik, 3. Aufl., Vulkan Verlag, Essen.

Abwasserrückstände. In Betrieben, die tierische Rohstoffe be- und verarbeiten, fallen erhebliche Abwassermengen an, die gereinigt werden müssen. Speziell in Schlacht- und Fleischverarbeitungsbetrieben, die bis zu über 95 % ihrer Abwässer als Indirekteinleiter in das kommunale Abwassernetz ableiten, ist eine Vorreinigung notwendig. Hierbei fallen bei der Grobreinigung Rechen- und Siebgut an, und die Fettabscheider müssen entsorgt werden. In zunehmendem Maße werden zur Senkung der org. Abwasserfracht auch Flotationseinrichtungen verwendet, in denen Flotate anfallen. Nach DIN 4040 müssen Fettabscheider im Zeitraum von 14 Tagen bis max. 4 Wochen entsorgt werden. Das anfallende Material besteht i. d. R. aus 50 % Wasser, 20 % Sand, 15 % Fleischabfällen mit ca. 20 % gebundenem Fett sowie 15 % freiem Fett, das 30 bis 70 % freie Fettsäuren enthält. Seine Beseitigung ist kostenintensiv; bei der Deponierung muß mit mind. 150,00 DM/m³ gerechnet werden, bei der Verbrennung entstehen ca. 800,00 DM/m³ an Kosten. Ein Recycling als technisches Fett ist durch Spezialbetriebe und Tierkörperbeseitigungsanstalten möglich. Eine Verwendung als >Futtermittel< ist rechtlich nicht zulässig. Die Reinigung des Abwassers von Schwebstoffen mit relativ geringem spezifischen Gewicht kann in Flotationseinrichtungen erfolgen, ferner sind neuerdings Verfahren zur Elektrokoagulation entwickelt worden (s. Abb.). Zur >Flotation< werden hauptsächlich drei Verfahren benutzt, die Luft-, Entspannungs- und Elektroflotation. Die entstehenden Flotate können bis zu 18 % Feststoffe enthalten. Der Eiweißgehalt schwankt zwischen 4 und 7 %, der Fettanteil zwischen 5 und 8 % mit einem Anteil von 40 bis 90 % an freien Fettsäuren. In Deutschland ist die Wiederverwertung als Tierfutter wie in einigen europäischen Nachbarländern rechtlich nicht möglich. Flotate werden i. d. R. wie die Rückstände aus Fettabscheidern als Abfall behandelt bzw. durch Spezialbetriebe entsorgt.

Abwassersammler. Kanal zur Aufnahme des aus Teilgebieten abgeleiteten >Abwassers< (z. B. Nebensamm-

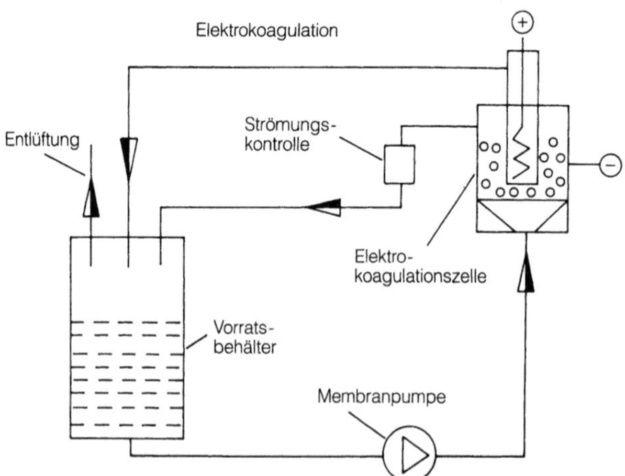

Abwasserrückstände: Prinzip der Elektrokoagulation

Abwassersammler: Übliche Tiefenlagen von Kanalleitungen

Entwässerungsgebiet	Tiefenlage in m	
	normal	mindest.
Großstädtische Geschäftsstraßen	3,00	2,50
Wohnstraßen und Kleinstädte	2,50	2,00
Landgemeinden und Siedlungen	2,00	1,50

ler, Hauptsammler) (DIN 4045). Die Tiefenlage der Abwassersammler wird bestimmt durch die Lage der Kellerentwässerung, durch den Grundwasserspiegel und durch die Forderung nach Frostsicherheit. Kann eine Mindestüberdeckung von 1,50 m, gemessen von Straßenoberkante bis Rohrscheitel, nicht eingehalten werden, müssen die Rohre gegen die unmittelbar einwirkenden Verkehrslasten durch besondere bauliche Maßnahmen geschützt werden. Übertiefe Keller sind erforderlichenfalls durch Abwasserhebeanlagen zu entwässern. I. allg. sollte man vermeiden, die Leitungen in das Grundwasser zu verlegen. Üblich sind die in der Tabelle (s. oben) angegebenen Tiefenlagen. Das Sohlengefälle der Leitungen ist maßgebend für die Fließgeschwindigkeit und Wassertiefe, besonders für den Trockenwetterabfluß. Die Minimalgeschwindigkeit soll nicht unter 0,5 m/s, besser 0,6 m/s liegen. Die Schwimmtiefe soll 3 cm nicht unterschreiten. Diese Forderungen bedingen ein Mindestsohlengefälle. Das größte zulässige Sohlengefälle hängt von der Widerstandsfähigkeit der Kanalsohle gegen mechanischen Eingriff ab. Die Maximalgeschwindigkeit soll bei Trockenwetter 1,1 bis 1,3 m/s nicht überschreiten. Das entspricht bei voller Füllung einer Geschwindigkeit von rd. 2,5 bis 3,0 m/s. Bei Regenwasserkanälen können Maximalgeschwindigkeiten von 4,0 bis 5,0 m/s zugelassen werden.

Abwassertechnik. Oberbegriff für Technologien der >Abwassersammlung< und >Abwasserableitung<, >Abwasserbehandlung< und >Abwasserbeseitigung< (DIN 4045).

Abwassertechnische Vereinigung. Die ATV hat den Zweck, das Abwasser- und Abfallwesen und damit die Reinhaltung der Gewässer unter Beachtung aller Gesichtspunkte des Umweltschutzes sowie der Wissenschaft und Forschung zu fördern und die auf dem Gebiet des Abwasser- und Abfallwesens tätigen Fachleute zusammenzuführen. Die ATV dient nicht Erwerbszwecken, sondern verfolgt ausschließlich und unmittelbar gemeinnützige Zwecke im Sinne des Abschnittes „Steuerbegünstigte Zwecke" der Abgabenverordnung. Zu den Aufgaben der ATV gehören insbes.: a) Vertretung gemeinsamer technischer, rechtlicher und wirtschaftlicher Belange des Abwasser- und Abfallwesens; b) Beobachtung und Förderung des Abwasser- und Abfallwesens in allg., technischer, wissenschaftlicher, wirtschaftlicher, rechtlicher und organisatorischer Hinsicht; Auskunftserteilung und Beratung, Unterstützung bei der Eigenüberwachung; c) Erarbeitung und Fortschreibung des Regelwerkes Abwasser/Abfall; d) Mitarbeit bei der Aufstellung einschlägiger Normen, e) Aus- und Fortbildung im Abwasser- und Abfallwesen; f) Zusammenarbeit mit Städten, Gemeinden, Verbänden und Organisationen, g) Zusammenarbeit mit fachverwandten Vereinigungen der Wasser-, Abfall- und Energiewirtschaft sowie mit der Industrie und deren Organisationen, h) Zusammenarbeit und Gedankenaustausch mit fachverwandten Vereinigungen im Ausland zur Förderung des Fachgebietes, i) Förderung der Forschung auf dem Gebiet des Abwasser- und Abfallwesens sowie die Veröffentlichung der Forschungsergebnisse.
Lit: Originaltext ATV e. V.

Abwasserteich. Becken einfacher Bauweise, meist Erdbecken, zur Behandlung von >Abwasser<; z.B. >Absetzteiche<, unbelüftete >Abwasserteiche<, belüftete Abwasserteiche und >Schönungsteiche< (s. Abb.) (DIN 4045). A. sind großräumige Abwasserreinigungsanlagen und können naturnah gestaltet werden. Da die Begriffe und Bezeichnungen in der Fachliteratur unterschiedlich angewendet werden, ist eine generelle Gliederung und Einordnung der unterschiedlichen Ar-

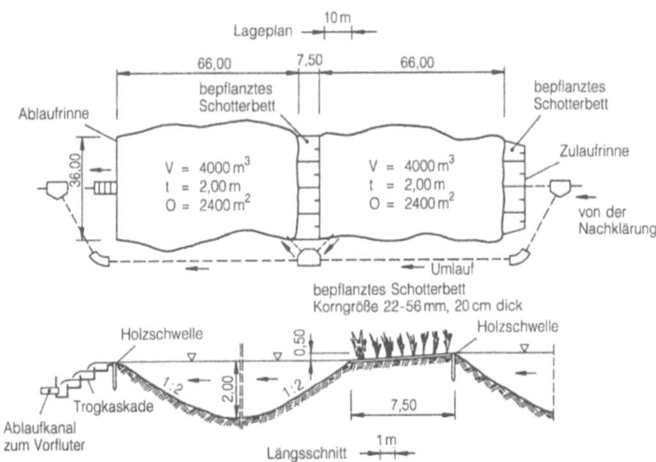

Abwasserteich: Schönungsteich (aus: Abwassertechnische Vereinigung (Hrsg.) (1982–1986) Lehr- und Handbuch der Abwassertechnik, 3. Aufl., Bd. 1–7, Verlag von Wilhelm Ernst und Sohn, Berlin München)

ten und Einsatzmöglichkeiten von A. im Arbeitsblatt 201 der ATV gegeben worden. Außer klimatischen bzw. meteorologischen Voraussetzungen best. Abwasserzufluß und -beschaffenheit sowie die Bemessung und die bauliche Gestaltung der Teiche den Grad der Reinigungsleistung.

Abwasserverband. I. allg. nach der Rechtsform des Zweckverbandes bestehende Selbstverwaltungskörperschaft aus dem Zusammenschluß mehrerer Gemeinden mit der Aufgabe der gemeinsamen Abwasserableitung und -behandlung. Sie werden meist dann gegründet, wenn die Anforderungen in technischer und finanzieller Hinsicht über das Leistungsvermögen eines Einzelträgers hinausgehen.

Abwasserverregnung. Dient der landwirtschaftlichen >Abwasserverwertung<. Bei künstlicher Verregnung von meist kommunalem Abwasser auf die Landflächen wird das Abwasser bei der Versickerung durch die Bodenschichten, die als Filter wirken, gereinigt. Auf die Einhaltung der entsprechenden Gaben (max. 150 mm/a) bei den versch. Nutzungsarten ist zu achten. Die Verregnung ist eine für den Pflanzenwuchs bei sparsamstem Wasserverbrauch besonders wirksame Form der Wassergabe. Sie eignet sich mit ihren genau dosierbaren Gaben und der gleichmäßigen Wasserverteilung besonders für einen gleichmäßigen Pflanzenbestand. Die Wassergaben richten sich unmittelbar nach den pflanzenphysiologischen Erfordernissen. Hierzu werden in 10- bis 20 tägigem Turnus je nach Pflanzenbestand und Bodenstruktur Einzelgaben von 15 bis 40 mm verabreicht.
Bei festen und halbbeweglichen Beregnungssystemen wird das Abwasser den Beregnungsflächen über Druckrohre und Schlauchleitungen zugeleitet und meistens über schwenkbare Regner mit einem Überdruck von 3 bar und mehr verregnet. Vom Pumpenhaus führt eine ortsfeste, unter Frosttiefe verlegte Druckrohrleitung ins Verwertungsgebiet. Die Feldleitungsrohre, auf denen die Regner befestigt sind, werden über Unterflurhydranten angeschlossen. Der Umtrieb und die systematische Überregnung des gesamten Gebiets erfolgen durch den tägl. Vorschub dieser Rohre. Die Regner werden vorzugsweise im Dreieckverband aufgestellt.
Lit: Abwassertechnische Vereinigung e.V. (Hrsg) (1985–1997) ATV-Handbuch, 4. Aufl., Band 1–7, Verlag Wilhelm Ernst und Sohn, Berlin München.

Abwasserverrieselung. Intermittierende Ableitung von >Abwasser< auf Felder, sog. >Rieselfelder<, die durch niedrige Dämme abgeteilt sind. Das Abwasser versickert in die Bodenschichten, wo es durch Bakterien gereinigt wird. Die landwirtschaftliche Nutzung steht im Vordergrund. Die genutzten Nährstoffmassen sind in der Tabelle (s. u.) angegeben. Für die Verrieselung sind leichte und mittlere Böden mit tiefem Grundwasserstand Voraussetzung. Wenn wegen der verfahrensbedingten Wasserverluste höhere Gaben aufgebracht

werden sollen als pflanzenphysiologisch erforderlich sind, und keine weitgehende biol. Vorreinigung stattfindet, ist mindestens ein Dränableitungssystem zum Schutz des Grundwassers erforderlich. Die jährlichen Beschickungshöhen sollten höchstens bis zu 3 m betragen, um die Verwertungsflächen nicht zu überlasten. Bei der Verrieselung ist davon auszugehen, daß in 10- bis 20 tägigem Turnus Einzelgaben von 50 bis 120 mm je nach Pflanzenbestand und Bodenstruktur verabreicht werden. Es ist zu unterscheiden zwischen Hang-, Furchen- und Stauverrieselung. Die dafür erforderlichen Be- und Entwässerungsgräben sowie die Dämme der einzelnen Haltungen stehen allerdings einer modernen landwirtschaftlichen Nutzung im Wege und hindern einen rationellen Maschineneinsatz. Auch aus diesem Grund wird der Rieselfeldwirtschaft heute kaum eine Bedeutung mehr zugemessen.
Lit: Abwassertechnische Vereinigung e.V. (Hrsg) (1985–1997) ATV-Handbuch, 4. Aufl., Band 1–7, Verlag Wilhelm Ernst und Sohn, Berlin München.

Abwasserverwaltungsvorschrift. Bundeseinheitliche Verwaltungsvorschriften über Mindestanforderungen an das Einleiten von >Abwasser< in Gewässer (sog. Direkteinleiter); sie werden erlassen vom Bundesminister für Umwelt, Naturschutz und Reaktorsicherheit. Die für kommunale und industrielle Abwässer erlassenen Vorschriften geben Grenzwerte für Stoffkonz. an, die bei den Behandlungsverfahren nach den allg. anerkannten Regeln der Technik eingehalten werden können (s. Tabelle S. 41). Welches Abwasser welchen öffentlichen Abwasseranlagen zuzuleiten ist, regeln die örtlich gültigen Abwassergesetze oder -satzungen. Diese legen auch die Anschluß- und Einleitungsbedingungen fest und nennen Werte für die Begrenzung und Minimierung der Schadstoffe, die örtliche Gegebenheiten berücksichtigen.
Darüber hinaus sind die Bestimmungen des Wasserhaushaltsgesetzes (WHG), die Verwaltungsvorschriften nach 7a WHG, die Landeswassergesetze und die hierauf basierenden Verordnungen für Indirekteinleiter sowie das Bundes-Immissionsschutzgesetz (BImSchG) für ihm unterliegende Anlagenteile zu beachten. Für die Gestaltung, den Betrieb und die Überwachung der Abwasserbehandlungsanlagen sind außerdem die Abwasser-Herkunftsverordnung, das Arbeitsblatt A 115 der Abwassertechnischen Vereinigung, Teil 3 der DIN 1986 sowie die jeweiligen Eigenkontrollverordnungen der Länder heranzuziehen. Sie geben Auskunft darüber, welche Fremd- und Schadstoffe bei den einzelnen Produktionsprozessen zu erwarten sind, welche Behandlung anwendbar ist und wie die Anlagen zu kontrollieren und zu überwachen sind.
Lit: Abwassertechnische Vereinigung e.V. (Hrsg) (1985–1997) ATV-Handbuch, 4. Aufl., Band 1–7, Verlag Wilhelm Ernst und Sohn, Berlin München.

Abwasserverwertung, landwirtschaftliche. Aufbringen von Abwasser auf landwirtschaftlich genutzte Flächen zur Verwertung der Abwasserinhaltsstoffe, z.B. >Ver-

Abwasserverrieselung: Bei der Verrieselung und Verregnung von Abwasser genutzte Nährstoffmassen in g/m^3

	Stickstoff	Phosphate (P$_2$O$_5$)	Kali (K$_2$O)	Organische Stoffe
Rohes Abwasser	12,8	3,5	7,0	55,0
biologisch gereinigtes Abwasser	10,9	2,8	6,7	19,0
Schlamm ausgefault	1,3	0,7	0,2	20,0

Abwasserverwaltungvorschrift: Anhang 1 (Gemeinden) der Rahmen-Abwasser VwV
Zum 01.01. 1990 trat der Anhang 1 (Gemeinden) der Rahmen-AbwasserVwV in Kraft. Mit der Änderung vom 27.08. 1991 sind die Anforderungen an die Stickstoffablaufwerte nochmals verschärft worden. Ab 01.01. 1992 wurde für die Größenklassen 3, 4 und 5 ein Grenzwert von Stickstoff(gesamt) = 18 mg/L für die Summe aus Ammonium-, Nitrit- und Nitrat-Stickstoff, was dem gesamten anorganischen Stickstoff entspricht, festgelegt:

$N_{ges.}$: Summe aus NH_4^+-N, NO_2^--N und NO_3^--N = $N_{ges., anorg.}$

Somit gelten seit dem 01.01. 1992 folgende Anforderungen an das Abwasser im Ablauf von kommunalen Abwasserbehandlungsanlagen:

	>CSB< (mg/L)	>BSB$_5$< (mg/L)	NH_4-N* (mg/L)	$N_{ges.}$* (mg/L)	$P_{ges.}$ (mg/L)
Größenklasse 1 >60 kg/d BSB$_5$ (roh)	150	40	–	–	–
Größenklasse 2 60 bis >300 kg/d BSB$_5$ (roh)	110	25	–	–	–
Größenklasse 3 300 bis >1.200 kg/d BSB$_5$ (roh)	90	20	10	18**	–
Größenklasse 4 1.200 bis >6.000 kg/d BSB$_5$ (roh)	90	20	10	18**	2
Größenklasse 5 <6.000 kg/d BSB$_5$ (roh)	75	15	10	18**	1

seit 01.01.1992:

NH_4-N >10 mg/L ab 5.000 EW $P_{ges.}$ >1 mg/L ab 100.000 EW

$N_{ges.}$** >18 mg/L ab 5.000 EW   Einwohnerwert = Einwohner + Einwohnergleichwert

$P_{ges.}$ > 2 mg/L ab 20.000 EW   EW = E+EGW

$N_{ges.}$ als Summe aus Ammonium-, Nitritund Nitrat-Stickstoff

* Diese Anforderung gilt bei einer Abwassertemperatur von 12 °C und größer im Ablauf des biologischen Reaktors der Abwasserbehandlungsanlage. An die Stelle von 12 °C kann auch die zeitliche Begrenzung vom 1. Mai bis 31. Oktober treten.

** Im wasserrechtlichen Bescheid kann eine höhere Konzentration bis zu 25 mg/L zugelassen werden, wenn die Verminderung der Gesamtstickstofffracht mindestens 70 v. H. beträgt. Die Verminderung bezieht sich auf das Verhältnis der Stickstofffracht im Zulauf zu derjenigen im Ablauf in einem repräsentativen Zeitraum, der 24 Stunden nicht überschreiten soll. Für die Fracht im Zulauf ist die Summe aus organischem und anorganischem Stickstoff zu Grunde zu legen.

regnung<, >Verrieselung< (DIN 4045, s.a. >Stau<- und >Rieselverfahren< sowie Beregnung in DIN 4047, Teil 1). Die l.A. wäre theoretisch die beste Methode der Abwasserbehandlung, führt sie doch die org. Abfallstoffe wieder dorthin zurück, wo sie ursprünglich als Nahrungsmittel produziert worden sind. Sie wurde deshalb auch lange Zeit gefördert und praktiziert. Ihre Anwendung stieß jedoch zunehmend aus den verschiedensten Gründen auf Schwierigkeiten. Die wesentlichen davon sind:
- hohe Transportkosten (teure Leitungssysteme) aus den Siedlungen in das landwirtschaftliche Umland,
- hohe Anteile an nicht-org. Schmutzstoffen im Abwasser (Salze, Schwermetalle, dazu toxische Organika),
- die Gefahr der Ausbreitung von pathogenen Keimen und Eingeweidewürmern,
- die Schwierigkeit der zeitlichen Integration der Abwasserbehandlung in die landwirtschaftlichen Produktionspläne (Fruchtfolge und saisonaler Ablauf von Vegetation und technischen Maßnahmen); schließlich noch:
- mögliche Geruchsbelästigungen in dichter besiedelten Gebieten.

Lit: Imhoff K, Imhoff KR (1993) Taschenbuch der Stadtentwässerung, 28. Aufl., R. Oldenbourg Verlag, München Wien – Abwassertechnische Vereinigung e. V. (Hrsg) (1985–1997) ATV-Handbuch, 4. Aufl., Band 1–7, Verlag Wilhelm Ernst und Sohn, Berlin München.

Abwehrmechanismen. Sie führen zur Resistenz gegen >abiotische Krankheitsursachen< sowie gegen Schaderreger wie >Viren<, Viroide, >Bakterien<, >Pilze<, Insekten, Nematoden u.a. Zu den A. der Pflanze gegen Schaderreger zählen 1. präinfektionelle Faktoren: a) die Strukturresistenz, z.B. durch vorhandene morphol. und physikalische Barrieren an der Oberfläche der Wirtspflanze wie Wachsbeläge oder Haarbesatz der Epidermis, b) konstitutive Abwehrtoxine, d.h. vorgebildete Inhaltsstoffe zur Abwehr gegen Schaderreger wie z.B. >Saponine<, deren Freisetzung zur Schädigung von Pilzmembranen führt. 2. Postinfektionelle Faktoren, d.h. induzierte A.: a) morphol. und physikalische Veränderungen wie Lignifizierung, Einlagerung von >Kohlenhydraten< oder Bildung von Gelen oder Thyllen, b) Bildung von induzierten Abwehrtoxinen (= >Phytoalexine<), die als Reaktion auf den Befall mit Krankheitserregern, auf Verletzungen oder andere Streßeinwirkungen gebildet werden.

Lit: Elstner EF, Oßwald W, Schneider I (1996) Phytopathologie, Spektrum Akademischer Verlag, Heidelberg Berlin Oxford.

Abwind. Abwärts gerichtete Luftbewegungen entlang von Berghängen oder schwach geneigtem Gelände. Strömungsrichtung und -stärke werden durch die Form des Untergrundes (z.B. enge Täler) sowie durch die Temperaturdifferenz zwischen Bergkamm und Tal bestimmt. Induziert wird der A. durch die nächtliche >Abkühlung< durch >Ausstrahlung<. Die dabei schwerer gewordene Luft fließt hangab. A. können auch als Ausgleichsbewegungen im Umfeld von Gewitter- oder Schauerwolken auftreten. Gegensatz: >Aufwind<.

Acarina. Milben, >Arachnida<.

Acceptable Daily Intake (ADI). Diejenige Höchstmenge eines Stoffes, ausgedrückt in mg/kg KG des Menschen, die der Mensch „ohne erkennbares >Risiko<" (das auf der Basis aller zur Zeit der Festlegung bekannten Daten beruht) täglich über die Nahrung aufnehmen kann. Dabei bedeutet „ohne erkennbares Risiko", daß der Mensch auch bei lebenslanger Aufnahme der angegebenen Tagesdosis nicht geschädigt wird. Der ADI-Wert wird folgendermaßen abgeleitet: In Langzeituntersuchungen wird die Wirkung einer täglich verabreichten Dosis des Stoffes geprüft; für Ratten und Mäuse beträgt dieser Zeitraum üblicherweise zwei Jahre. Bei den Fütterungsversuchen wird auf krebsauslösende und erbgutverändernde Eigenschaften geachtet. Parallel zu den Versuchsreihen mit Nagetieren müssen auch Studien mit anderen Säugetieren (z.B. Hunden) durchgeführt werden. Ziel der Versuche ist die Ermittlung derjenigen Dosis, die keine Schädigung zeigt, >NOEL-Wert<, No Observed Effect Level. Die Festlegung dieser unwirksamen Höchstdosis wird an der Tierart ermittelt, die am empfindlichsten gegen die Einwirkung des Stoffes reagierte. Aus dem NOEL-Wert wird die höchste duldbare Tagesdosis, angegeben in mg/kg KG, festgelegt. Diese trägt die Bezeichnung „ADI-Wert – Tier". Der so abgeleitete Wert wird durch den Sicherheitsfaktor 100 dividiert, dieser stellt den „ADI-Wert – Mensch" dar (s. Abb.). Der ADI-Wert wird von der >FAO/WHO< als Vorsorgewert festgelegt und bildet die Grundlage für die Aufstellung von >Grenzwerten< bzw. Toleranzwerten, insbesondere für Rückstände in Lebensmitteln. Der ADI-Wert dient auch der Rückstandsberechnung sowie zur Ermittlung der duldbaren Rückstandsmenge.

ACEA. Association des Constructeurs Europeens d'Automobiles. >Committee of Common Market Automobiles Constructeurs<.

Acenaphthen. 1,2-Dihydroacenaphthylen. Im weiteren Sinn zu den >PAH< gezählte Verbindung mit der Summenformel $C_{12}H_{10}$. Ist aus der bei ca. 350 °C siedenden Fraktion des Steinkohlenteers isolierbar und bildet farblose Nadeln mit einer Smt. von 96 °C. Der Sdt. der Reinsubstanz liegt bei 279 °C. Die Wasserlöslichkeit ist mit 3,5 mg/L relativ hoch. Dementsprechend ist der Verteilungskoeffizient n-Octanol/Wasser mit

log P_{ow} = 4,33 vergleichsweise niedrig. Der Dampfdruck bei Normalbedingungen wird mit 2,7 Pa angegeben. A. kommt ubiquitär vor. Durchschnittliche Konzentrationen im Umweltkompartiment Wasser liegen unter 1 µg/L. Im Boden/Sediment treten um den Faktor 10 höhere Werte auf. Das Vorkommen in Luft wurde bisher nur qualitativ nachgewiesen. Unter aeroben Bedingungen wird A. in Wasser mäßig bis gut abgebaut. In Böden wurde innerhalb von 4 Monaten ein mikrobieller Totalabbau festgestellt. Ökotoxikologische Relevanz zeigt A. bzgl. seiner akuten Toxizität gegenüber Fischen und Daphnien. Einen Hinweis auf mutagenes oder carcinogenes Potential gibt es nicht.

Acenaphthylen. Wird im weiteren Sinne zu den >polycyclischen aromatischen Kohlenwasserstoffen< gezählt. Die Substanz weist sehr ähnliche physikalischchem., biol. und ökotoxikologische Eigenschaften wie seine 1,2-Dihydroxy-Verbindung, das >Acenapthen< auf: Smt. = 92 °C; Sdt. = 265 °C; Wasserlöslichkeit = 3,9 mg/L; log $P_{o/w}$ = 4,1. Nennenswerte Unterschiede ergeben sich nur in der Einschätzung des mutagenen bzw. carcinogenen Potentials: A. zeigt im Gegensatz zum >Acenaphthen< deutliche mutagene bzw. carcinogene Wirkung.

Acesulfam-K. Kaliumsalz des 6-Methyl-1,2,3-oxathiazin-4(3H)-on-2,2-dioxids: $C_4H_4KNO_4S$ (M_r = 201,2); D = 1,83, farblose Kristalle Smt. = 250 °C, gut löslich in kaltem Wasser, sehr leicht in siedendem W. oder in Ethanol-Wasser-Gemischen; 200 fache Süßkraft von Zucker; Synthese Farbwerke Hoechst 1972.
Im Gegensatz zum Süßstoff → Aspartam® (L-Asp-L-Phe-OMe, Aspartylphenylalanin-methylester) wird Acesulfam weder in sauren Lebensmitteln noch beim Erhitzen nennenswert abgebaut; als Kaliumverbindung scheint es ferner auch für natriumarme Diät geeignet.
Lit: Clauß K, Jensen H (1973) Angew Chem 85: 965.

Acetaldehyd. (Syn. Ethanal). CAS-Nr. 75–07–0. Farblose, leichtflüchtige und brennbare Flüssigkeit von stechendem, betäubendem Geruch. M_r = 44,5, Dichte = 0,78, Dampfdruck = 10^3 mbar, Fp. = – 124 °C, Kp. = 21 °C, Flammpunkt = – 58 °C, MAK-Wert = 90 mg/m³ (50 ppm). Es besteht ein Verdacht auf Can-

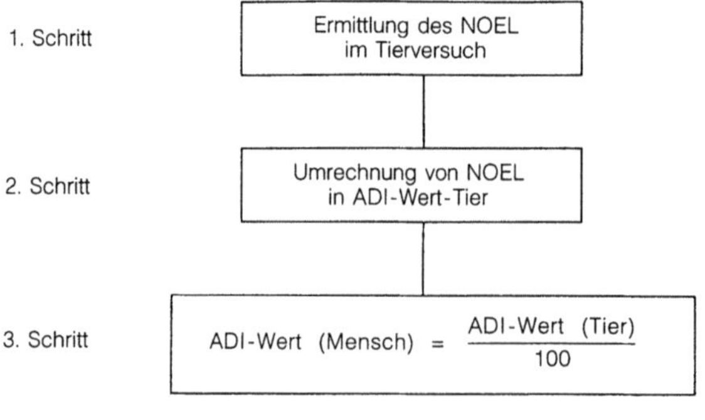

Acceptable Daily Intake: Ermittlung des ADI-Wertes für den Menschen

cerogenität. A. ist leicht löslich in Wasser sowie org. Lösungsmitteln und löst selbst viele Öle und Harze. In Luftgemischen mit 4 bis 55 Vol.-% ist er explosiv. Bei starker Erhitzung zerfällt A. zu >Methan< und Kohlenmonoxid (CO). Seine Dämpfe reizen die Schleimhäute und wirken in großen Dosen atmungslähmend. Chronisches Einatmen führt zu Gefäßschädigungen. A. tritt als wichtiges Zwischenprodukt beim biochem. Zuckerabbau auf und ist im menschlichen Organismus Hauptmetabolit beim Abbau von >Ethanol<. Technisch ist er ein wichtiger Ausgangsstoff zur Herstellung von >Essigsäure<, Aceton, Ethanol u. a.

Acetat-Mevalonat-Weg. Spielt eine zentrale Rolle in der Biosynth. der Terpenoide, die zus. mit den Phenolen und Alkaloiden zu den wichtigsten Gruppen der sek. Pflanzenstoffe zählen. Beim A.-M.-W. geht aus der Kondensation von drei Acetateinheiten (Acetyl-CoA) ein C_6-Körper hervor, der zur Mevalonsäure reduziert wird. Hieraus erfolgt unter ATP-Verbrauch und CO_2-Abspaltung die Synth. von Isopentenylpyrophosphat, dem aktiven Isopren (s. Abb.). Die Verlängerung dieser C_5-Einheit durch Addition weiterer C_5-Körper führt zum Aufbau von Monoterpenen (C_{10}), Sesquiterpenen (C_{15}), Diterpenen (C_{20}, z.B. Gibberelline), Triterpenen und Steroiden (C_{30}), Tetraterpenen und Carotinoiden (C_{40}) usw (s. Formelschema rechts).

Acetophenon. (Syn. 1-Phenylethanon, Methylphenylketon, Acetylbenzol.) CAS-Nr. 98–86–2. Farblose bis schwach gelbliche Flüssigkeit mit intensiv süßlichem Geruch. MG 120,15, Dichte 1,03, Fp. 20 °C, Kp. 202 °C. A. ist leicht löslich in org. Lösungsmitteln wie Alkohol, Ether und >Benzol<, aber praktisch unlöslich in Wasser. Als natürlicher Bestandteil ist A. in vielen Nahrungsmitteln, etherischen Ölen und im >Steinkohlenteer< enthalten und findet Verwendung u. a. als >Lösungsmittel< für Farben, Kunst- und Naturharze, in der Riechstoffindustrie sowie als >Desinfektions-< und >Reinigungsmittel<. Bereits geringe Konzentrationen wirken haut- und schleimhautreizend, während bei höheren Konzentrationen narkotische Wirkungen auftreten können. Im >Ames-Test< ist A. negativ. An der Methylgruppe halogenierte Derivate stellen starke Tränenreizstoffe dar.

Acetophenon

Acetyl-CoA. >Coenzym A<.

Acetylcholin. (2-Acetoxyethyl)trimethylammoniumhydroxid, aktives biogenes Amin, entsteht aus Cholin und aktivierter Essigsäure (Acetyl-Co A) durch das Enzym Cholinacetyltransferase. Synthetisiertes A. wird in Vesikeln gespeichert, durch ein an der Nervenendigung eintreffendes Aktionspotential freigesetzt und fungiert so als Neurotransmitter der cholinergen Synapsen. Die Inaktivierung des A. erfolgt über die Spaltung des A. zu Cholin und Essigsäure durch >Cholinesterasen<. >Neurotransmitter<

Acetat-Mevalonat-Weg: Schema der Terpenoid-Biosynthese mit den wichtigsten Zwischenstufen. (Aus: Heß D (1988) Pflanzenphysiologie, 8. Aufl, Verlag Eugen Ulmer, Stuttgart)

Lit: Forth W, Henschler D, Rummel W (1987) Pharmakologie und Toxikologie, BI Wissenschaftsverlag, Mannheim Wien Zürich.

Acetylenschwarz. >Kohlenschwarz<.

Acetylrot G. >Brillantsäurecarmin 2 G<.

Acetylsalicylsäure. (Aspirin®). 2-Acetoxybenzoesäure, kristallin, mit säuerlichem Geruch und Geschmack, wirkt ähnlich wie Salicylsäure fiebersenkend, entzündungshemmend und analgetisch. A. verändert das Serumalbumin, die wichtigste Eiweißfraktion des Blutplasmas, durch Acetylierung, *in vitro* werden auch andere Substanzen acetyliert (z. B. γ-Globulin, Hormone und Hämoglobin). A. hemmt die Synthese der Prostaglandine durch Blockierung der enzymatischen Umwandlung von Arachidonsäure. Dadurch wird die Aggregation und Desaggregation gestört und das Stillen von Blutungen erschwert, andererseits wird durch die Hemmung der Prostaglandinsynthese die Behandlung von Thrombosen ermöglicht. Bei einer Dosis von 300 mg beträgt die Halbwertszeit von A. 20 min. Die Elimination verläuft langsam, 4 h nach oraler Anwendung sind 15 bis 20 % der Dosis ausgeschieden. Die Eliminationsgeschwindigkeit ist kleiner als die Absorptionsgeschwindigkeit, daher besteht die Gefahr der Kumulation. Die tödliche Dosis beträgt bei einmaliger oraler Aufnahme 30 bis 40 g.

Lit: Möschlin S (1980) Klinik und Therapie der Vergiftungen, Thieme, Stuttgart New York. – Forth W, Henschler D, Rummel W (1987) Pharmakologie und Toxikologie, BI Wissenschaftsverlag, Mannheim Wien Zürich.

Acibenzolar-S-methyl. Wirkt als >Bioaktivator< und zählt zur Substanzklasse der Benzothiadiazole.
Chemische Bezeichnung: S-Methylbenzo-(1,2,3)-thiadiazol-7-carbothioat
CAS-Nummer: 135158–54–2
Hersteller: Novartis
Wirkungstyp: Aktiviert den natürlichen Abwehrmechanismus und macht die Pflanzen resistenter gegen Pilz-, Bakterien- oder Viruskrankheiten. Dabei wird das natürliche Phänomen der systemisch aktivierten Resistenz (SAR) nachgeahmt. Der Wirkstoff verhält sich als funktionales Analog der Salicylsäure, der an der markierten Stelle eingreift und eine Resistenz auslöst bzw. verstärkt. Die Aufnahme erfolgt über das grüne Pflanzengewebe und die Wurzeln.
Bevorzugte Anwendung: Im Weizen zum Aufbau von SAR gegen Mehltau und vorbeugend gegen andere Krankheiten, in Tabak und Gemüse gegen Pilzkrankheiten wie Schneeschimmel, Falscher Mehltau, Bakterien- und Viruskrankheiten. Lange dauernder SAR wird speziell bei einkeimblättrigen Pflanzen erreicht; dikotyle Pflanzen müssen mehrfach behandelt werden.

Chemische und physikalische Eigenschaften: Weiß-beiges feines Pulver mit einem Schmelzpunkt von 132,9 °C und einer Dichte von 1,54 bei 22 °C.
Dampfdruck: 0,46 mPa bei 25 °C.
Verteilungskoeffizient (log Po/w): 3,1 bei 25 °C.
Stabilität: Hydrolyse DT_{50} beträgt 3,8 Jahre bei pH 5, 23 Wochen bei pH 7 und 19,4 Stunden bei pH 9; jeweils bei 20 °C.
Löslichkeit: In Wasser 7,7 mg/L bei 25 °C.
Abbau und Metabolismus: In der Pflanze erfolgt der Abbau über Hydrolyse mit nachfolgender Zuckerkonjugation oder durch Oxidation des Phenylringes und nachfolgender Zuckerkonjugation. Im Boden hauptsächlich hydrolytischer Abbau, DT_{50} beträgt 0,3 Tage. Die entstandene Säure besitzt eine DT_{50} von 20 Tagen. Der Koc-Wert beträgt 1394 ml/g, d. h. geringe Bodenmobilität. DT_{50} im Wasser beträgt >1 Tag, die DT_{50}

der entstandenen Säure beträgt 8 Tage. Bei Ratte erfolgt nach oraler Aufnahme schnelle und komplette Ausscheidung über Urin und Faeces. Der Abbauweg ist unabhängig vom Geschlecht und Anwendungskonzentration.
Säugertoxizität: Akute orale und dermale LD_{50} für Ratte >2.000 mg/kg. Bei Kaninchen keine Haut- und Augenreizung. Hautsensibilisierung bei Meerschweinchen. Inhalation LC_{50} (4 h) für Ratte >5.000 mg/m³ Luft. 2-Jahre-Fütterungstest NOEL für Ratte 8,5 mg/kg KGW/Tag. Der ADI-Wert beträgt 0,05 mg/kg KGW.
Bienentoxizität: Akute orale LD_{50} (48 h), 128,3 µg/Biene. Kontakt LD_{50} 100 µg/Biene.
Vogeltoxizität: 14-Tage-Fütterungstest LD_{50} für Japanische Wachtel und Stockente >2.000 mg/kg. 8-Tage-Fütterungstest für Japanische Wachtel und Stockente >5200 mg/kg.
Fischtoxizität: LC_{50} (96 h) für Regenbogenforelle 0,4 und Blaukiemen-Sonnenbarsch 2,8 mg/L.
Wirbellosetoxizität: LC_{50} (48 h) für *Daphnia magna* 2,4 mg/L. EC_{50} (72 h) für Grünalge 1,7 mg/L. LC_{50} (14 Tage) für Regenwurm >1.000 mg/kg Boden.

Ackerbau. Regelmäßige Nutzung des Bodens zum Anbau von Kulturpflanzen, dazu gezielte Anbaumaßnahmen wie >Bodenbearbeitung<, Zufuhr von Nährstoffen, >Pflanzenschutz< zur Gewinnung eines verwertbaren >Pflanzenertrages<. Beginn des A. etwa im 7. Jahrtausend vor Christus in Kleinasien als Ablösung der okkupierenden Wirtschaftsform (Jäger, Sammler) durch die exploitierende (Nutzung des Bodens ohne Rücksicht auf Nachhaltigkeit der Erträge, z. B. Waldbrandwirtschaft), die auch heute noch in Teilen der Welt praktiziert wird. Geringer werdende Ackerfläche und Bodenfruchtbarkeit, wachsende >Bevölkerungsdichte< führen zur kultivierenden >Bodennutzung< (permanenter Ackerbau, Maßnahmen zur Erhaltung der >Bodenfruchtbarkeit, z. B. >Düngung u. >Fruchtfolge<), in Mitteleuropa etwa seit dem 6. Jh. nach Christus, dort geht die Steigerung der Erträge über die Feldgraswirtschaft, die Dreifelderwirtschaft zum heutigen Anbausystem, der Fruchtwechselwirtschaft (mit Beginn 19. Jh.). Im 18. Jh. allmähliche Zunahme der Kenntnisse über die biol., chem. und physikalischen Grundlagen des Pflanzenwachstums im Zuge der Fortschritte der Naturwissenschaften, damit Verbesserung der Anbaumethoden. Mitte des 18. Jh. planmäßiger Anbau von >Leguminosen<, v. a. >Klee<, dadurch über mehr Viehfutter höherer Düngeranfall, dadurch bessere Ernährung der Pflanzen. Entscheidend ist die Nutzung des Luftstickstoffes zur Herstellung von >Stickstoffdüngern< (>Stickstoffdüngung<) durch das Haber/Bosch-Verfahren (1913) und die Aufschlußverfahren für Rohphosphate und Kalirohsalze (1855 bis 1916) zur besseren Pflanzenverfügbarkeit. Damit ist zum ersten Mal die Nährstoffzufuhr der Felder unabhängig vom Viehbesatz, nährstoffarme Böden werden fruchtbar gemacht. Ein weiterer Schritt zur Ertragserhöhung und -sicherung sind die ersten Erfolge des chem. Pflanzenschutzes (ab 1950). In unseren Breiten werden durch Ackerbau erzeugt: Nahrungspflanzen für Mensch und Tier; Pflanzen zur Ölerzeugung, zur Gründüngung, für den Genuß, zum Würzen und für Arzneien. Zunehmende Bedeutung gewinnen die „nachwachsenden Rohstoffe", d. h. Pflanzen für technische und energetische Zwecke.

Ackerbaubetrieb. Erwirtschaftet sein Betriebseinkommen ausschließlich aus dem Anbau von Kulturpflanzen, keine Viehhaltung.

Ackerbohne. (*Vicia faba* L.) >Leguminose<, die Körner sind eiweißreich. Es gibt klein-, mittel- und großkörnige Formen, letztere als Gartenform für Speisezwecke (Puff-, Sau-, dicke Bohnen). Übrige Formen dienen als Körner- od. Grünfutter für Schweine, Hühner, Rinder, früher auch für Pferde (Pferdebohne). Ertragspotential 35 bis 60 dt/ha, empfindlich gegen Trockenheit, relativ krankheitsanfällig.

Ackerfauna. Abhängig vom regionalen Klima, den Bodenbedingungen sowie Intensität und Form der Bewirtschaftung leben auf Äckern teilweise sehr artenreiche Wirbellosen-Tiergesellschaften. Arten sowohl aus natürlichen Offenlandsystemen als auch aus dem Wald siedeln sich an. >Bodenfauna<, >Ackerbau<, >Agrarökosystem<.

Ackerflur. >Feldflur<.

Ackerkrume. Regelmäßig bearbeitete Bodenschicht, entspricht der Pflugtiefe, die in Mitteleuropa auf guten Böden etwa 30 cm beträgt. Hauptbereich der Durchwurzelung und des Stoffumsatzes, daher humushaltig, dunkler gefärbt und lockerer als der Unterboden.

Ackerland. Fläche, die aufgrund ihrer >Bodenqualität< ackerbaulich genutzt wird oder durch entsprechende Maßnahmen wie z.B. >Drainage< und Humuszufuhr ackerfähig gemacht wird.

Ackernutzung. Bodennutzungsart, gekennzeichnet durch den sich wiederholenden Anbau von Feldfrüchten für die Dauer einer Vegetationsperiode; im Unterschied dazu z.B. Nutzung als Grünland. Unterschiedliche >Anbauintensität<.

Ackerrandstreifenprogramm. Auf 3 bis 5 m breiten Streifen am Rand des Ackers erfolgt weder chem. noch mechanische Unkrautbekämpfung, zudem wird die >Düngung< reduziert. Der Landwirt erhält für Ertragsausfall und erschwerte Erntebedingungen durch höheren Unkrautbesatz einen finanziellen Ausgleich, geregelt durch die Bundesländer. Ziel ist der Erhalt bzw. die Wiederansiedlung seltener Ackerunkräuter, unter diesem Aspekt „Ackerwildkräuter" genannt. Als Begleiteffekt bietet das A. Lebensraum und Nahrung für >Insekten<, Vögel und Kleintiere. Seltene Ackerwildkräuter sind allerdings nur auf nährstoffarmen, ertragsschwachen Standorten mit entsprechenden Bodenbedingungen (z.B. kalkhaltig) zu erwarten, auf nährstoffreichen Böden dominieren die weitverbreiteten Unkräuter mit hoher Konkurrenzkraft. >Brache< eignet sich für A. ebenfalls nicht, da für das Auflaufen der Ackerwildkräuter eine regelmäßige Bodenbearbeitung Voraussetzung ist. Bis jetzt (1990) gibt es in Deutschland über 6.000 km A., an vielen Standorten sind wieder seltene Ackerwildkräuter zu finden.
Lit: Ebel F, Hentschel A (1987) Analyse und Wertung der Naturschutzprogramme einzelner Bundesländer, Arbeitsunterlagen der DLG, F/87, Frankfurt – Oesau A, Schietinger R (1986) „Rote Liste" am Feldrand, Pflanzenschutz-Praxis 2: 38–41.

Ackerschätzungsrahmen. Schema zur Bewertung von Böden für die Ackernutzung. Dabei werden >Bodenart<, bodengenetische Entwicklungsstufe und geologischer Typ des Ausgangsgesteins berücksichtigt. Das Ergebnis der Beurteilung nach dem A. ist die >Bodenzahl<.

Ackervegetation. Neben den Kulturpflanzen koexistieren abhängig von der Bewirtschaftung zahlreiche Pflanzenarten auf Äckern. >Ackerbau<, >Agrarökosystem<.

Ackerzahl. Maßzahl zur Kennzeichnung der Eignung eines Bodens (genauer: eines Standorts) zur Ackernutzung. Die A. ergibt sich aus der >Bodenzahl< durch Zu- oder Abschläge für Klima- und Geländeverhältnisse; die Spannweite reicht von Abschlägen bis etwa 30% (Mittelgebirge oder steilere Hänge) bis Zuschlägen von knapp 20% (Oberrheintal). Die A. wird hauptsächlich für fiskalische Belange (Besteuerung) ausgewertet.

Aclonifen. Wirkt als >Herbizid< und zählt zur Substanzklasse der Diphenylether.
Chemische Bezeichnung: 2-Chlor-6-nitro-3-phenoxyanilin
CAS-Nummer: 74070–46–5
Hersteller: Rhone-Poulenc
Wirkungstyp: Selektives Vorauflaufherbizid, das die Protoporphyrinogen-oxidase hemmt.
Bevorzugte Anwendung: Gegen Gräser und breitblättrige Unkräuter in Winterweizen, Kartoffeln, Sonnenblumen und anderen Ackerbaukulturen.

Chemische und physikalische Eigenschaften: Gelbe Kristalle mit einem Schmelzpunkt von 81–82 °C und einer Dichte von 1,46 g/cm^3.
Dampfdruck: 0,9 µPa bei 20°C.
Verteilungskoeffizient (log Po/w): 4,37.
Löslichkeit: In Wasser 1,4 mg/L bei 20 °C.
Stabilität: Bei Lichteinwirkung (UV) findet langsamer Zerfall statt.
Abbau und Metabolismus: In der Pflanze erfolgt Hydroxylierung der beiden Phenylringe. Die HWZ beträgt ca. 14 Tage. Im Boden beträgt die HWZ 36–80 Tage bei einer Temperatur von 22 °C; der Koc-Wert liegt zwischen 5.318–12.164. Bei Ratten werden innerhalb von 24 Stunden 70 % über den Urin in Form polarer Verbindungen ausgeschieden.
Säugertoxizität: Akute orale LD_{50} für Ratte und Maus >5.000 mg/kg. Akute dermale LD_{50} für Ratte >5.000 mg/kg. Bei Kaninchen keine Augenreizung und geringe, reversible Hautreizung. Inhalation LC_{50} (4 h) für Ratte >5,06 mg/L Luft. 90-Tage-Fütterungstest NOEL für Ratte 28 mg/kg KGW/Tag und 180-Tage-Fütterungstest NOEL für Hund 12,5 mg/kg KGW/Tag. ADI-Wert 0,02 mg/kg KGW.
Bienentoxizität: Nicht bienentoxisch; orale LD_{50} >100 µg/Biene.
Fischtoxizität: LC_{50} (96 h) für Regenbogenforelle 0,67 und Karpfen 1,7 mg/L.
Vogeltoxizität: Akute orale LD_{50} für Japanische Wachtel >15.000 mg/kg.
Wirbellosetoxizität: EC_{50} (48 h) für *Daphnia* 2,5 mg/L. LC_{50} (14 d) für Regenwurm 300 mg/kg Boden. EC_{50} (96 h) für Alge 6,9 µg/L.

Acrania (Schädellose). Ursprüngliche marine Gruppe mit durchgehender Chorda, *Branchiostoma*, Lanzettfischchen. >Chordatiere<.

Acridine. Gruppe von Verb., die vom Acridin (s. Tabelle) abgeleitet sind und als Beizfarbstoffe, >Desinfektionsmittel< oder Medikamente zur Wundbehand-

Verbindung	Struktur	Verwendung
Acridin	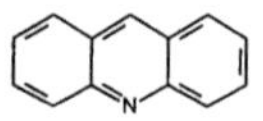	Ausgangsstoff für die Synthese von Acridinen
Acridinorange	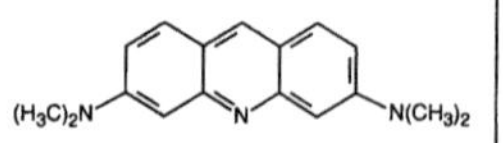 $(H_3C)_2N$ … $N(CH_3)_2$	Färbung von gebeizter Baumwolle
Ethacridin (Rivanol)	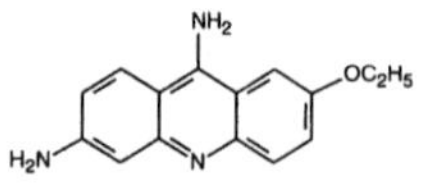 NH_2 / OC_2H_5 / H_2N	Wunddesinfektion
Proflavin	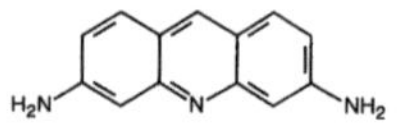 H_2N … NH_2	Wunddesinfektion

Acridine: Acridin und einige seiner Derivate

lung verwendet werden. Da sie sich in den >Zellkernen< anreichern, lassen sich mit ihnen genetisch aktive Zellkerne sichtbar machen. Des weiteren eignen sie sich zur selektiven Hemmung der DNA- und RNA-Synth. in Mitochondrien, >Plastiden< und >Prokaryonten< sowie zur Gewinnung von DNA-Verlust-Mutanten. Ihre mutagene Wirkung beruht darauf, daß durch ihre reversible Einlagerung (Interkalation) zwischen die Mononukleotide der DNA der Abstand zwischen zwei Basenpaaren soweit vergrößert wird, daß die Zunahme der Entfernung genau einem Nukleotid entspr. Dadurch kann es bei der Replikation zum Verlust eines Mononukleotids oder zum Einbau zusätzlicher Mononukleotide kommen, je nachdem ob die Interkalation vor oder während der Replikation erfolgt. Darüber hinaus wird durch die Einlagerung wahrscheinlich die Umlagerung der ringförmigen Doppelhelix in die Superhelix und umgekehrt gestört, so daß es zu vermehrten Strangbrüchen und damit zur Beeinträchtigung von Replikation und Transkription kommt.

Acrolein. (Syn. Propenal, 2-Propenaldehyd) Bestandteil von HC-Abgaskomponenten, gehört zu den >Aldehyden< und riecht stechend. Entsteht z.B. beim Einsatz von >Pflanzenölen< als Kraftstoff für >Dieselmotoren< und riecht dann nach gebratenem Fett.

Acrylamid. $CH_2=CH\text{-}CONH_2$, eine sehr reaktionsfähige monomere Verbindung, Fp. 84–85 °C, wird zur Herstellung wasserlöslicher >Polymere< wie Polyacrylamid und dessen >Copolymerisate< eingesetzt. Das >Monomer< reizt Augen und Haut, wirkt auf das Zentralnervensystem stark toxisch und erwies sich im Tierversuch als carcinogen (Kategorie III A2, krebserzeugende Arbeitsstoffe). Die wasserlöslichen Polymerisate werden in Dispersionsfarben als Bindemittel eingesetzt und können bei Ersatz herkömmlicher >Nitrolacke< Lösungsmittelemissionen in die Atmosphäre vermindern helfen.

Acrylglas. Bezeichnung für Polymethacrylsäuremethylester (PMMA), Handelsname auch Plexiglas, wird durch Block->Polymerisation< hergestellt. Die Polymerisate sind glasklar, leicht und bruchfest, beständig gegen wäßrige Säuren, Basen und Salze sowie unpolare Lösungsmittel. Es wird z.B. für Linsen und Sonnengläser, Autorückleuchten, bruchsichere Dachverglasungen, Duschkabinen, Lichtwerbung u.a. verwendet.

Acrylharze. Sammelbezeichnung für >makromolekulare Acrylverbindungen<, die als >Kunststoffe< und >Lack-Rohstoffe< dienen; s.a. >Acrylglas<, >Polyacrylate<.

Actinomyceten. Gruppe wichtiger Bodenmikroorganismen, die physiologisch zwischen Bakterien und Pilzen einzuordnen sind. Sie haben ein Häufigkeitsmaximum in der Humusauflage und sind wichtige Zersetzer der >Biomasse<, da sie auch Chitin abbauen können. Viele Arten erzeugen antibiotisch wirkende Substanzen (z.B. Streptomycin). >Bacteria<

Actinomycine. Gruppe von orangeroten, stark toxischen und antibiotisch wirksamen Chromoproteiden, die als Stoffwechselprodukte von versch. Streptomyces-Stämmen gebildet werden. Gemeinsam ist diesen Verb. eine Phenoxazon-dicarbonsäuregruppe, während sie sich in der Zusammensetzung der beiden Peptidlactoneinheiten unterscheiden. Die Wirkung von A. beruht darauf, daß sie sich in den DNA-Doppelstrang einschieben, wobei sie sich bevorzugt an Guanin anlagern. Als Folge davon wird bereits bei sehr geringen Dosen die Transkription und bei höheren Konz. auch die Replikation gestört. Da die RNA-Polymerase sehr

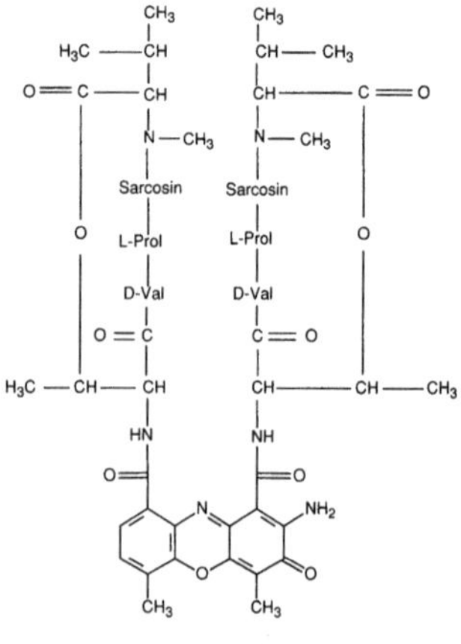

Actinomycin D

viel empfindlicher auf die Einlagerung von A. reagiert als die DNA-Polymerase, werden diese Verb. in der Forschung zur selektiven Hemmung der RNA-Biosynthese verwendet. Actinomycin D (Dactinomycin) wird außerdem chemotherapeutisch zur Behandlung versch. bösartiger Tumore eingesetzt.

Adaptation. (Syn. Adaption). Anpassung eines Organismus in der Lebens- bzw. Verhaltensweise an veränderte ökologische Bedingungen (Umweltbedingungen), beispielsweise durch Einwirkungen tox. Agentien (>Toxine<), Veränderungen in der Nahrungskette, Auftreten von Konkurrenten oder bei Parasiten auch durch veränderte Eig. des Wirts, wobei eine phänotypische (>Phänotyp<) oft nur schwer von einer genotypischen (>Genotyp<) A. zu unterscheiden ist. Bei der phänotypischen A. an veränderte Umweltbedingungen sind zumeist alle, bei der genotypischen A. nur einige Organismen – z.B. solche, die durch Mutation eine spezielle Toxinresistenz erworben haben und nun besser als die Wildform wachsen – beteiligt. Zur A. sind besonders Populationen mit hoher >genetischer Variabilität< befähigt, da erst durch das Zusammenspiel von >Mutation< und >Selektionsdruck< eine genotypische A. zustandekommt. Von den theoretischen Ansätzen hat sich die Vorstellung DARWINS durchgesetzt, nach der neue sowie an die Umwelt angepaßtere Typen und Arten durch milieuunabhängige, ungerichtete, statistische Mutationen mit anschließender >Selektion< der geeignetsten Vertreter entstehen.

Additiv. Substanz, die einer anderen zugemischt wird, um deren Eigenschaften zu beeinflussen. Typische Beispiele sind Weichmacher in Polymeren, Antioxidantien in Kosmetika, Antiklopfmittel in Kraftstoffen. Im Pflanzenschutz v.a. >Netz-< oder >Haftmittel<, die häufig die Wirkstoffaufnahme durch die Pflanze verbesssern, oder >Entschäumer<. Hier kann das A. entweder in der >Formulierung< enthalten sein oder der wäßrigen anwendungsfertigen >Spritzbrühe< zugemischt werden.

Additive Wirkung. Bei Kombination von z.B. mehreren >PSM< entspricht die Wirkung der Summe der Wirkungen aller einzelnen Komponenten. >Antagonistische Wirkung<, >Synergistische Wirkung<. (Aus DPG-Glossar).

Adenin. Heterodicyclische Purin-Base; gehört neben anderen Purin- und Pyrimidinbasen, Zuckern (>Ribose<, >Desoxyribose<) und Phosphorsäure zu den typischen Bausteinen der >Nucleinsäuren< (>RNA< und >DNA<) und des energiekonservierenden und -übertragenden Adenylsäuresystems (>AMP<, >ADP<, >ATP<). Frei vorliegendes A. wird im Organismus z.T. zu Harnsäure metabolisiert.

Adenosin. (1' → 9)-*N*-glykosidische Verb. von >Adenin< mit β-D-Ribose (Pentose) (Trivialname). A. ist ein Nucleosid, aus dem durch Veresterung mit einem Molekül Phosphorsäure das Nucleotid Adenosinmonophosphat (>AMP<, Adenylsäure) entsteht. AMP ist unmittelbarer Baustein für die Ribonucleinsäuren. Werden an das Phosphat im AMP weitere Phosphorsäure-Moleküle durch Säureanhydridbildung angela-

gert, führt dies zu den energiereichen Verb. Adenosindiphosphat (>ADP<) und schließlich zu Adenosintriphosphat (>ATP<).

Adhäsion. Haftwirkung von Molekülen, Tröpfchen, Pulvern oder von flüssigen oder festen Filmen an einer festen Grenzfläche. Ursache für die Haftwirkung sind elektrostatische Kräfte, van-der-Waalssche Bindungskräfte oder echte chem. Bindungen. Ein Maß für diese intermolekularen Wechselwirkungen ist die Adhäsionsenergie. Das ist die Energie, die man aufwenden muß, um eine Flüssigkeitsfläche von $1\,cm^2$ von einer festen Oberfläche abzuheben. Die A. bildet die Basis sowohl der Adsorption an einer Grenzfläche, wie auch der >Absorption< in einer Grenzflächenschicht. In der Technik spielt die A. eine Rolle u.a. beim Auftragen von Anstrichfilmen, beim Druckprozeß, beim Kleben, beim Beschichten von Textilien und Metallen.
Lit: Allen KW (Hrsg.) (mehrere Bände seit 1977) Adhesion, Applied Science Publishers LTD, London.

ADI. >Acceptable Daily Intake<.

Adiabate. (Syn. Isentrope). Kurve in einem >thermodynamischen Diagramm<, die thermodynamische Zustände gleicher >Entropie< verbindet. Finden Bewegungsvorgänge statt, ohne daß sich die Entropie eines Luftteilchens ändert, so erfolgt kein Wärmeaustausch mit der Umgebung. Die zur Bewegung des Teilchens erforderliche Energie kommt in diesem Fall aus der inneren Energie des Systems.

Adiabate Verbrennungstemperatur. Die a.V. der Abgase erhält man bei einer Verbrennung ohne Wärmeabgabe. Sie ist nur abhängig vom Brennstoff, insbesondere vom Heizwert, vom Luftüberschuß und von der Verbrennungslufttemperatur. Die höchste a.V. wird bei >stöchiometrischer Verbrennung< erreicht; sie steigt mit ansteigender Verbrennungslufttemp. Bei überstöchiometrischer Verbrennung (d.h. Verbrennung mit Luftüberschuß) und unterstöchiometrischer Verbrennung (d.h. mit Luftmangel) sind die a.V. niedriger.

Adiabatenpapier. >Thermodynamisches Diagramm<.

adiabatisch. (Syn. isentropisch). Thermodynamische Prozesse, die ohne Änderung der >Entropie< ablaufen; sie sind damit reversibel.

Adiabatische Prozesse. Vorgänge in der Atmosphäre, in deren Verlauf sich ihre Eigenschaften (Dichte, Feuchtigkeit, Temperatur) ändern, ohne daß zwischen dem betrachteten Luftpaket und seiner Umgebung ein Wärmeaustausch stattfindet. I.d.R. sind dies vertikale Luftbewegungen, z.B. Überströmen von Hindernissen (Gebirge) oder >Auf-< oder Abstiegvorgänge an Luftmassengrenzen (>Fronten<). Gegensatz: >diabatische Prozesse<.

Adiabatischer Temperaturgradient. Änderung der Temperatur eines >adiabatisch< in der Vertikalen sich bewegenden Luftpaketes. Der Energiegehalt eines aufsteigenden Teilchens bleibt dabei konstant. >Feuchtadiabate<, >Trockenadiabate<.

Adipinsäure. Eine Dicarbonsäure, die biol. neben Malonsäure in Rübensaft vorkommt. Technisch erfolgt die Synthese durch oxidative Ringöffnung von Cyclohexanol oder Cyclohexanon mit 65 %iger Salpetersäure bei 30 bis 40 °C.

A. wird u.a. Fertiggetränken und Backpulver zugesetzt. Durch die Veresterung von Stärke mit A. wird die Quellung der Stärke verzögert. Die Widerstandsfähigkeit gequollener Stärkekörner gegen Scherkräfte wird erhöht. Deshalb ist die Andickung im sauren Medium dauerhaft, während unmodifizierte Stärke im sauren pH-Bereich eine abnehmende Viskosität zeigt. In Marmeladen und Gelees verbessert der Zusatz von A. die Gelbildung. Bei der Herstellung von Käse wird die Textur verbessert. Der Nachweis von A. erfolgt durch Kristallfällung mit Quecksilber(II)acetat.

ADI-Wert. Tgl. Höchstdosis eines (>PSM<)-Rückstandes in mg/kg Körpergewicht, die bei lebenslanger Aufnahme ohne Einfluß bleibt. Die Feststellung der gesetzlichen Rückstands-Toleranzen für die >Höchstmengenverordnung< ist aus der Abb. ersichtlich. Anhand der unwirksamen Höchstdosis (>NEL/NOEL<), die mit einem Sicherheitsfaktor dividiert wird, errechnet man die geduldete (>permitted level<) bzw. duldbare (>permissible level<) Dosis und schließlich den ADI-Wert.

ADP. Adenosindiphosphat (ADP) wird aus >AMP< durch Säureanhydridbildung mit Phosphorsäure gebildet. ADP gehört wie >AMP< und >ATP< zum Adenylsäuresystem, das im Organismus als Energiespeicher- und Energieübertragungssystem dient. ADP besitzt eine energiereiche Bindung zum zweiten Phosphatrest, so daß bei der Hydrolyse von ADP (>AMP< + Phosphat) eine Energie von 37,4 kJ/mol frei wird (Änderung der freien Energie bei 25 °C und pH 7), die für viele biochem. Reaktionen genutzt werden kann.

Adrenalin. >Neurotransmitter<.

Adrenolytika. >Beta-Blocker<.

Adsorbierbare Organische Halogenverbindungen (AOX). AOX ist ein >Summenparameter< zur Bestimmung von org. Halogenverbindungen (OX). Dabei werden die in org. gebundener Form auftretenden Halogene Chlor, Brom und Jod als Chlorid-Äquivalente bestimmt. Die im Wasser enthaltenen org. Halogenverb. werden zunächst auf Aktivkohle adsorbiert, zur Elimination von anorg. Halogeniden mit Kaliumnitrat nachgewaschen und schließlich in einer Sauerstoffatmosphäre bei 950 °C verbrannt. Die gebildeten Halogenide werden in einer Silberionen enthaltenden Elektrolytlösung aufgefangen und microcoulometrisch titriert, schließlich als Chlorid berechnet.

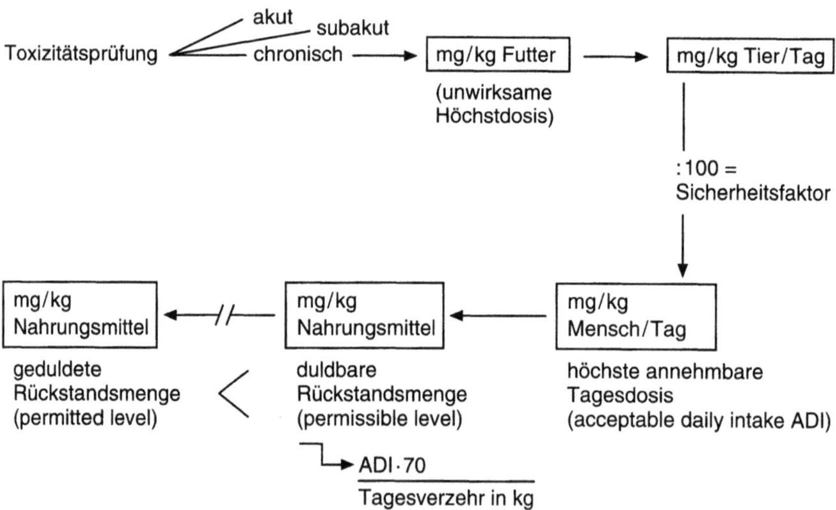

Toxizitätsprüfungen = Prüfungen zur Giftigkeit

ADI-Wert: Feststellung der gesetzlichen Rückstands-Toleranzen

Will man anstelle des Bezugs der Halogenide auf Chlorid die tatsächlichen Spezies bestimmen, kann zur Detektion auch die Ionenchromatographie herangezogen werden. Freie Halogene bzw. anorg. Halogenverb. stören die Bestimmung und müssen in geeigneter Weise vorbehandelt werden. Ebenso darf der >DOC<-Gehalt der Probe nicht zu hoch sein, da diese Substanzen ansonsten die Adsorptionsplätze der Aktivkohle belegen würden. In diesem Fall ist die Bestimmung des EOX zuverlässiger. Neben AOX gibt es auch die Summenparameter POX (*P*urgable OX) und EOX (*E*xtractable OX), die zur Bestimmung der leichtflüchtigen OX durch Ausblasen der Probe mit Sauerstoff bzw. durch Extraktion vorzugsweise mit niederen Alkanen (C_5–C_7) und nachfolgender Verbrennung ermittelt werden. (DIN 38409 Teil 14, DEV H14).

Adsorption. 1. Umwelttechnik: Anlagerung (>Sorption<) von Stoffen (Adsorptiv) an der Oberfläche fester Stoffe (Adsorbens, Adsorptionsmittel) in einem Adsorber. Durch A. lassen sich >Schadstoffe< aus >Abgasen< oder Flüssigkeiten entfernen. Als Adsorbentien werden Materialien eingesetzt, die eine Porenstruktur mit großer innerer Oberfläche aufweisen. Derartige Materialien sind z. B. durch pyrolytische Zers. mit anschl. Aktivierung von Kohlenstoffmaterial hergestellte >Aktivkohlen<, thermisch behandelte oxidische Materialien, wie z. B. Aluminiumoxid, >Kieselgel< oder Molekularsiebe und auch natürlich vorkommende Molekularsieb->Zeolithe<. Je nach Material und Anwendungszweck erreichen die spez. Oberflächen Werte von 100 bis 1.500 m^2 Oberfläche pro g Adsorbens-Masse. Die Anlagerung der abzuscheidenden Stoffe erfolgt auf den inneren Oberflächen aufgrund der an jeder Trennfläche wirksamen Oberflächenkräfte. Zu Beginn des Adsorptionsvorgangs wird der Adsorber zuerst beim Adsorbereingang voll beladen. Die Grenze zwischen beladenem und unbeladenem Zustand wandert im Laufe der Beladung durch die Adsorberschicht, bis es am Adsorberausgang zum Durchbruch kommt. Diese Grenze ist jedoch nicht als scharf abgegrenzter Bereich anzusehen, sondern als Übergangsbereich, der in Abhängigkeit von dem zu adsorbierenden Stoff und dem Adsorptionsmittel sogar über die gesamte Adsorberschicht reichen kann. Der zu adsorbierende Stoff bricht somit durch, bevor die theoretisch vorhandene Adsorptionskapazität ausgeschöpft ist. Zur Wiederherstellung der Aufnahmekapazität des Adsorbers ist dieser zu regenerieren. Das am häufigsten angewandte Regenerationsverfahren ist das direkte Aufheizen des beladenen Adsorbers mit Wasserdampf als Desorptionsmittel. Neben seiner Funktion als Wärmequelle bewirkt der Wasserdampf gleichzeitig einen Spül- und Verdrängungseffekt. Anschl. ist das Adsorbens zu trocknen. Zum direkten Regenerieren des Adsorbens kann auch heißes Gas eingesetzt, das Adsorbens einem Unterdruck ausgesetzt oder das Adsorptiv mit Lösungsmitteln ausgewaschen werden. Nebenreaktionen und Verunreinigungen können im Laufe der Zeit zu irreversiblen Veränderungen der chem. Struktur des Adsorptionsmittels führen und damit dessen Aktivität beeinträchtigen. Durch eine gezielte Ox. z. B. mit Sauerstoff ist dann ggf. eine Reaktivierung des Adsorptionsmittels möglich. In best. Fällen kann jedoch eine chem. Reaktion zwischen Adsorptiv und Adsorptionsmittel gewünscht sein, um einen ausreichenden Abscheideeffekt zu erzielen. Bei der Mehrzahl der zu Abgasreinigungszwecken eingesetzten Adsorptionsanlagen durchströmt das Abgas das in einem Behälter ruhende Adsorptionsmittel (Festbett). Um einen kontinuierlichen Betrieb auch während der Regeneration zu ermöglichen, sind zwei im Wechselbetrieb arbeitende Adsorber erforderlich. Von untergeordneter Bedeutung sind Wanderbettabsorber, bei denen beaufschlagtes Adsorbens kontinuierlich durch unbeaufschlagtes ersetzt wird. Zunehmend kommen Wirbelbettadsorber zum Einsatz, bei denen das Adsorptionsmittel, das im Gegenstrom zum zu reinigenden Abgas geführt wird, im Adsorber ein Wirbelbett ausbildet. Dieses Verfahren wird z. B. als letzte Stufe einer Abgasreinigungsanlage zur Abscheidung von Restemissionen eingesetzt. Eine Regeneration findet hierbei i. d. R. nicht statt. Adsorptionsanlagen finden breite Anwendung zur Reinigung von >Abgasen<, die mit org. >Schadstoffen< belastet sind, und insbesondere auch zur Geruchsbeseitigung. Das Abscheideverhalten der einzelnen org. Verb. kann sehr unterschiedlich sein. Schwerflüchtige, polare Verb. lassen sich dabei in aller Regel besser abscheiden als leichtflüchtige, unpolare Verb. Von den zahlreichen weiteren Anwendungsgebieten sei der Einsatz zur >Abgasentschwefelung< und >Abgasentstickung< genannt. Durch den Einsatz von >Aktivkohle<, die mit Schwefel, Iod oder Schwefelsäure imprägniert sind, lassen sich quecksilberhaltige Abgase abreinigen.

2. Boden: In Böden läßt sich der Vorgang der A. nicht immer klar von anderen Festlegungsmechanismen (z. B. Eindringen in das Kristallgitter, Bildung von Verbindungen) trennen, so daß im bodenkundlichen Bereich oft der unspezifische Ausdruck *Sorption* verwendet wird. Quantitativ läßt sich die A. an Bodenbestandteile oft mit den A.-Isothermen nach Langmuir (z. B. für Anionen, Schwermetalle) oder Freundlich (z. B. für Pestizide) beschreiben (s. Abb. S. 50): Die Langmuir-Isotherme gilt für reversible A.-Prozesse, bei denen eine begrenzte Anzahl von Bindungsplätzen zur Verfügung steht, die alle dieselbe Bindungsenergie haben; Mehrschichten-A. findet nicht statt. Die mathematische Formulierung entspricht einer Sättigungsfunktion der Form $c_s = \dfrac{k \cdot b \cdot c_l}{1 + K \cdot c_l}$ mit c_s, c_l = Gleichgewichtskonzentration sorbiert bzw. gelöst, b = Sorptionskapazität, k = Bindungskonstante. Die Freundlich-Isotherme ist der Graph einer empirischen Funktion der Form $c_s = k \cdot c_l^n$, wobei n meist zwischen 0,5 und 0,8 liegt. Dementsprechend hat sie kein Sorptionsmaximum und setzt keine konstante Bindungsenergie voraus. Weiterhin wird gelegentlich noch eine lineare A.-Isotherme der Form $c_s = k \cdot c_l$ verwendet, die aber nur bei sehr geringen Beladungen des Sorbenten gültig ist. Zur Ermittlung einer A.-Isothermen werden Bodenproben mit Lösungen steigender Konzentrationen des zu adsorbierenden Stoffes ins Gleichgewicht gesetzt und dann die jeweils adsorbierte Menge gegen die zugehörige Gleichgewichtskonzentration aufgetragen.

Die Grundformen beider Isothermen beschreiben nicht den Bereich der Desorption, setzen also voraus, daß der Stoff zu Beginn des Experiments nicht im Boden vorhanden ist. Ist dies jedoch der Fall (wie z. B. beim Phosphat), so wird auf der Ordinate die Änderung des adsorbierten Anteils Δc_s aufgetragen (positiv: Adsorption, negativ: Desorption).

Aus einer solchen Funktion können folgende ökologisch wichtige Parameter abgeleitet werden: a) die Gleichgewichtskonzentration der Bodenlösung (bei

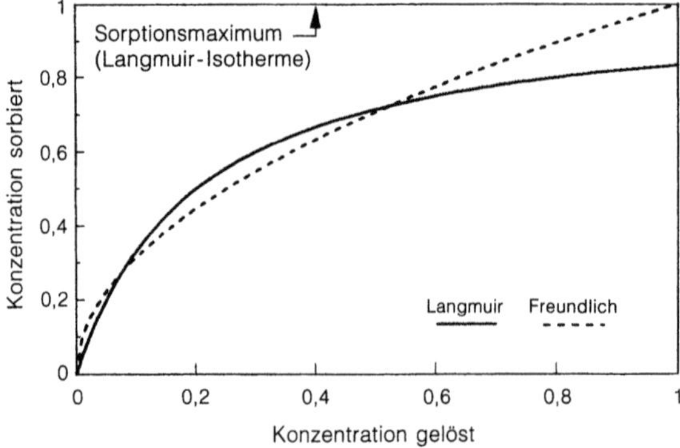

Adsorption Boden: Vergleich von Langmuir- und Freundlich-Adsorptionsisotherme in willkürlichen Konzentrationseinheiten für den Fall, daß die Meßwerte im Konzentrationsbereich zwischen 0 und etwa 0,6 liegen. Das Sorptionsmaximum entspricht der Asymptoten der Langmuir-Funktion

der der sorbierte Teil sich nicht ändert) als Konzentration c_l bei $\Delta c_s = 0$; b) die aktuelle Pufferung als Steigung der Kurve bei $\Delta c_s = 0$; c) der desorbierbare Vorrat (= bereits sorbiert) als negativer Ordinatenabschnitt durch Extrapolation der Kurve auf $c_l = 0$. Aus der Langmuir-Funktion kann zusätzlich die maximale Anzahl der Sorptionsplätze extrapoliert werden. Hierbei ist allerding zu berücksichtigen, daß bei höheren Konzentrationen oft andere Reaktionen (z.B. Ausfällungen) das Ergebnis verfälschen können. Die Ermittlung der Kurvenparameter geschieht meist über entsprechende mathematische Transformationen (Reziprokdarstellung bei Langmuir-, log/log-Darstellung bei Freundlich-Isothermen), neuerdings auch durch iterative Kurvenanpassung.

3. Pflanzenschutzmittel: Unter A. versteht man allgemein das „Anhaften" eines Wirkstoffs an der Oberfläche einer anderen festen oder fl. Substanz. Im Boden nimmt unter allen Prozessen, die das Verhalten von >PSM< beeinflussen, die A. eine Schlüsselstellung ein. Sie best. den Transport (>Einwaschung<, Mobilität), >Abbau< und die >Verfügbarkeit< eines Wirkstoffs und damit dessen >Persistenz< im Boden. Als Sorbentien (Adsorbens) kommen die kolloiden Fraktionen der Tonminerale, der org. Substanz, der Metalloxide und -hydroxide in Frage. Die Sorptionskapazität wird zum einen von der Größe der Oberfläche des Adsorbens bestimmt. Sie liegt z.B. bei org. Substanzen zwischen 500 und 800 $m^2 g^{-1}$, bei Tonmineralien zwischen 7 (Kaolinit) und 800 $m^2 g^{-1}$ (Vermikulit) und bei Oxiden bzw. Hydroxiden zwischen 100 und 800 $m^2 g^{-1}$. Zum anderen sind versch. Sorptionsmechanismen für die Sorptionsstärke verantwortlich, die in ihren einzelnen Bindungsformen häufig kombiniert auftreten und wie folgt eingeteilt werden können:

– Physikalische A. [bedingt durch van der Waals'sche Kräfte verschiedenster Art (z.B. Dipol-Dipol-Interaktionen, Dipol-induzierte Dipol-Interaktionen) und Wasserstoffbrückenbindung].
– Chemisorption (z.B. Ionenaustausch, Protonisation) z.B. bei Triazinen (T)
$$T + H_2O \rightleftharpoons HT^+ + OH^-$$
$$RCOOH + H_2O \rightleftharpoons R\text{-}COO^- + H_3O^+$$
$$RCOO^- + HT^+ \rightleftharpoons R\text{-}COO^-HT$$
$$RCOOH + T \rightleftharpoons R\text{-}COO^-HT$$
(Wasserstoffbrückenbindung)
– Komplexbildung über Metalle (M) durch Koordination, z.B. über Sauerstoffbrückenbindung (C=O):
$$PSM = C = O .. M + (\text{Tonmineral bzw. Huminsäure}).$$

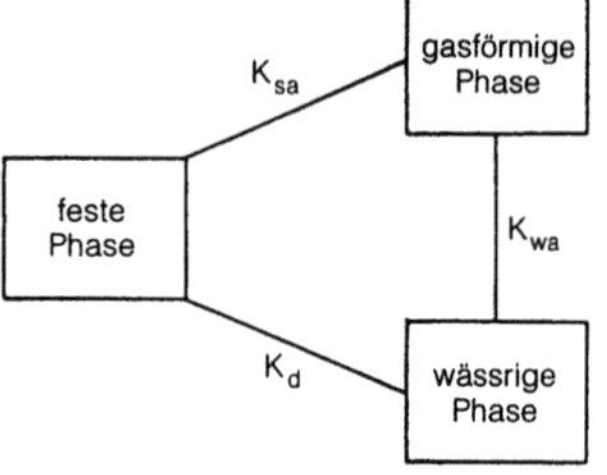

$$K_d = \frac{\mu g\ \text{Aktivsubstanz} / \text{Boden}}{\mu g\ \text{Aktivsubstanz} / \text{ml Wasser}}$$

$$K_{wa} = \frac{\mu g\ \text{Aktivsubstanz} / \text{ml Wasser}}{\mu g\ \text{Aktivsubstanz} / \text{ml Luft}}$$

$$K_{sa} = \frac{\mu g\ \text{Aktivsubstanz} / \text{g Boden}}{\mu g\ \text{Aktivsubstanz} / \text{ml Luft}}$$

Adsorption: Sorptionsgleichgewichte von Pflanzenschutzmitteln im Boden (nach Riley, 1978: British Crop Protection Council Monograph, No. 17)

Zwischen den reversibel adsorbierten und den bioverfügbaren Wirkstoffanteilen existieren in Abhängigkeit von Klima- und Standortfaktoren und den Eigenschaften von Adsorbat und Adsorbens versch. dynamische Gleichgewichtszustände, wie sie in der Abb. (s. oben) zwischen der festen Phase (z.B. Bodenkolloide), der wässrigen (z.B. Bodenlösung) und gasförmigen (z.B. Bodenluft) Phase gezeigt werden.

Lit: Hamaker JW, Thompson JM (1972) Adsorption. – In: Goring CAI, Hamaker JW (eds): Organic Chemicals in the Environment. Marcel Dekker, New York, 49–142.

Adsorptionsisotherme. Unter isothermen (= konstante Temperatur) Bedingungen erstellte Gleichgewichtsbeziehung zwischen der Lösungs- und der Festphasenkonzentration einer chem. Verb. bzw. einer Ionensorte. Sorptionsgleichgewichte werden häufig erst nach langer Zeit erreicht. A. ist Ausdruck energetischer Beziehungen, die die Wechselwirkung zwischen einer sorbierbaren chem. Spec. und einem Sorbenten beschreibt, der eine org. oder mineralische Festphase mit sehr großer spezifischer/aktiver Oberfläche enthält. Von Bedeutung v.a. in der Ökologie, Bodenkunde und chem. Verfahrenstechnik. S.a. >Sorptionsisotherme<.

Adsorptionswasser. (Hygroskopisches Wasser). Umhüllt die feste Oberfläche der Bodenteilchen ohne Menisken-Bildung. Die Bindung dieses Wassers beruht auf den van der Waals'schen Kräften, der Wasserstoffbrückenbindung zwischen den Sauerstoffatomen der festen Oberfläche und den Wassermolekülen sowie auf elektrostatischen Kräften zwischen den geladenen festen Oberflächen, den hydratisierten Ionen und den Wasserdipolen.
Lit: Mattheß G, Ubell K (1983) Allgemeine Hydrogeologie, Gebr. Borntraeger, Berlin Stuttgart – Scheffer F, Schachtschabel P (1989) Lehrbuch der Bodenkunde, 12. Aufl., Enke, Stuttgart.

Adultizid. Mittel gegen erwachsene und geschlechtsreife Insekten oder Milben.

Advektion. Horizontale Zufuhr von Luftmassen. Die A. kann folgende Ursachen haben: – großräumig unterschiedliche Luftmassenverteilung, – divergente Strömungen in anderen, i.d.R. höheren Schichten. Beim Heranführen von wärmeren Luftmassen spricht man von „Warmluftadvektion" (WLA), dabei dreht in der freien Atmosphäre der großräumige Wind auf der Nordhalbkugel mit der Höhe nach rechts. Beim Heranführen von kälteren Luftmassen spricht man von „Kaltluftadvektion" (KLA), dabei dreht in der freien Atmosphäre der großräumige Wind auf der Nordhalbkugel mit der Höhe nach links. Auf der Südhalbkugel erfolgt die Drehung jeweils im entgegengesetzten Sinn. Wirken keine weiteren dynamischen Prozesse in der Atmosphäre, so führt WLA zum Luftdruckfall, KLA zum Luftdruckanstieg. Gegensatz: >Konvektion<.

Advektionsnebel. Nebelart, >Nebelklassifikation<.

Advektionswetterlage. >Wetterlage<, in deren Verlauf großräumige horizontale Luftbewegungen zu einem Austausch von verschieden temperierten und feuchten Luftmassen zwischen den verschiedenen Gebieten der Erde führen. Sog. Westwetterlagen führen im Sommer meist kühle, im Winter meist milde Luftmassen nach Mitteleuropa.

aerob. Lebensweise von Organismen, die Sauerstoff zur Atmung benötigen. Gegensatz: >anaerob<.

Aerobier. Organismen, die für ihre Stoffwechselreaktionen Sauerstoff verwerten können (ISO 6107/8). Man unterscheidet *obligate* und *fakultative* A. Obligat aerobe Organismen vermögen Energie nur durch Atmung zu erzeugen und sind auf Sauerstoff angewiesen. Fakultative A. können sowohl mit als auch ohne Sauerstoff existieren. Gegensatz:>Anaerobier<.

Aerob-thermophile Behandlung. Das Verfahren dient bei >Klärschlamm< der Stabilisierung und Entseuchung. Es wird bei >Gülle< zur Geruchsminderung und ebenfalls zur Entseuchung, d.h. zur Eliminierung von Krankheitserregern, eingesetzt. Bei diesem Prozeß treten bei Luft(Sauerstoff)-Zufuhr infolge mikrobieller Abbau- und Stoffwechselvorgänge eine Erwärmung und eine pH-Wert-Erhöhung auf Werte um 8 und darüber im Klärschlamm und der Gülle auf. Bei guter Wärmedämmung der Reaktionsbehälter, der richtigen Luftzufuhr und einer ausreichenden Konzentration org. Trockenmasse, können Temperaturen erreicht werden, die neben der Stabilisierung beim Klärschlamm und der Deodorierung bei Gülle auch eine Entseuchung beider Substrate sicherstellen. Solche Anlagen sollten wenigstens zweistufig (d.h. mit zwei Reaktionsbehältern in Reihenschaltung) betrieben werden, um die seuchenhygienischen Nachteile von Kurzschlußströmungen zu unterbinden. Als Aufenthaltszeiten sind bei gleichen Behältergrößen mindestens 5 Tage im Gesamtsystem vorzusehen.
Lit: ATV (1988) Entseuchung von Klärschlamm, Korr. Abwasser 35: 71 u. 1325.

Aerodynamik. >Luftwiderstand<.

Aerologie. Teilgebiet der >Meteorologie<, in dem die Vertikalverteilung einzelner meteorologischer Parameter meßtechnisch erfaßt, in Beziehung untereinander sowie zu dem betreffenden Bodenwert gebracht werden. Als Geräteträger bediente man sich bis in die Zeit des 2. Weltkrieges noch der Drachen, danach der Ballone (>Radiosonden<), Wetterflugzeuge, Raketen und nunmehr auch der Wettersatelliten, >METEOSAT<. Die Meßgeräte übertragen die Meßwerte kontinuierlich per Funk an die Bodenstation.

Aerologische Station. Stationen meist von Mitarbeitern der nationalen >Wetterdienste< betrieben, die in regelmäßigen Abständen >aerologische Aufstiege< durchführen. Von der >Weltorganisation für Meteorologie< (>WMO<) sind international folgende Termine als Aufstiegszeiten festgelegt worden: 00 und 12 >UTC<. Die Daten der aerologischen Aufstiege fließen wesentlich in die >Wettervorhersage< ein. In Europa beträgt der Stationsabstand nur wenige hundert, in den dünn besiedelten Gebieten Asiens dagegen mehrere tausend km. Im Gebiet des Nordatlantik, in dem sich ein großer Teil der Tiefdruckentwicklung vollzieht, werden nur von vier >Wetterschiffen< aerologische Aufstiege durchgeführt; ähnliches gilt für den Stillen Ozean. Da eine gute Kenntnis der räumlichen Verteilung der einzelnen meteorologischen Größen in der Atmosphäre entscheidend die Qualität der Wettervorhersage bestimmt, ist man bemüht, die Datenlücken zwischen den a. S. mit Hilfe von Satellitenmessungen zu schließen. >METEOSAT<.

Aerologischer Aufstieg. Gewinnung von Meßdaten der >Lufttemperatur<, >Feuchtigkeit<, >Wind< und >Luftdruck< der freien Atmosphäre bis in etwa 30 km Höhe mit Hilfe von >Radiosonden<. A.A. werden auf der Nordhalbkugel der Erde an rund 700 Stationen gleichzeitig zu den international festgelegten Terminen 00 und 12 >UTC< durchgeführt. Reine Windmessungen erfolgen vielfach zusätzlich um 06 und 18 UTC.

Aerosol. >Dispersion< feinverteilter, mikroskopisch kleiner fester oder fl. Teilchen, aber auch von Teilchen, die aus einem fl. und einem festen Anteil bestehen, deren Teilchendurchmesser so gering ist (Teilchendurchmesser 10^{-8} bis 10^{-3} cm), daß die Teilchen für einen längeren Zeitraum in der Luft verbleiben. >Schwebstaub< und >Feinstaub< zählen danach zu den Aerosolen. Je nach ihrer Entstehung unterscheidet man:
– natürliches, org. A.: Pollen, Sporen, Bakterien, Insektenreste;
– natürliches, anorg. A.: Staub, Rauch, Seesalz;
– anthropogenes A.: diverse Verbrennungsprodukte wie Rauch, Asche, Stäube.
Man kann die Ae. auch nach folgenden Typen einteilen:
– nicht wasserlöslich: Mischung aus Dunst und unlöslichen Anteilen org. Materials. Quelle: Kontinente;
– wasserlöslich: Sulfate, Nitrate. Quellen: gas-to-particel-conversion und natürliche Prozesse wie z.B. Abgabe aus festem Boden durch biol. Prozesse;

– Ruß: Quelle: Verbrennungsprozesse der Industrie, Heizung, Verkehr, biomass-burning;
– Seesalz: Quelle: Wind über der freien See;
– Minerale: Quarz und Lehm, meist aus den Wüstengebieten;
– gelöstes Sulfat in der Stratosphäre, insbesondere über der Antarktis, >Ozon-Loch<;
– Feuchtigkeit: indirekter Beitrag durch Größenveränderungen des A. durch Quellungen.

Wirkungen des A.:

1. meteorologisch:
– Beeinflussung des Strahlungshaushalts des Atmosphäre, >Strahlungsbilanz<;
– Auslösen und Steuerung von luftchem. Prozessen wie z.B. Ozon-Loch;
– durch Anlagerung von Wasserdampf Ausbildung von Wolken.

2. medizinisch: Da A. wegen ihrer geringen Größe in die Lunge geraten, dort abgelagert und entspr. ihren Inhaltsstoffen schädliche Wirkungen hervorrufen können, sind sie bei der Betrachtung der hygienischen Auswirkungen von >Luftverunreinigungen< besonders zu beachten. Dabei ist zu berücksichtigen, daß A. als Träger von hochtoxischen Stoffen, wie z.B. Rußteilchen mit anhaftenden cancerogenen Substanzen, diese in die Lunge einschleusen können. Die in fl. Phase vorliegenden Anteile von A. können hohe Säurekonz. aufweisen und somit spez. Wirkungen sowohl auf Menschen als auch auf Pflanzen und Materialien bewirken.

Lit: d'Almeida GA, Koepke P, Shettle EP (1991) Atmospheric Aerosols. Global climatology and radiative characteristics. A. Deepak Publ., Hampton VA. – Jaenicke A (1988) Aerosol physics and chemistry, Kapitel 9, S.391–457, dort insbesondere Fig.9–16 – In: Landolt-Börnstein, Zahlenwerte und Funktionen aus Naturwissenschaft und Technik, Neue Serie, Gruppe V, Band 4b, Meteorologie, physikalische und chemische Eigenschaften der Luft. Springer-Verlag, Berlin Heidelberg New York.

Aerosoldose. (Internat. Kurzbezeichnung: AE). Auch Sprühdose, Spray oder Spraydose genannter Zerstäuber. A. finden u.a. Verwendung für Arzneimittel, Kosmetika (Desodorantien, Haarpflegemittel), Farben, Lacke, Haushaltsprodukte, Autopflege- sowie Pflanzenschutz- und Schädlingsbekämpfungsmittel. Ein druck- und bruchfestes Gefäß enthält eine Mischung des wirksamen Stoffes mit Wasser oder einem org. Lösungsmittel und einem unter Druck verflüssigten Gas („Flüssiggas") als Treibmittel. Sind alle Komponenten ineinander löslich, so steht eine homogene Flüssigphase mit einer Gasphase im Gleichgewicht. Ein solches System bezeichnet man als Zweiphasenaerosol. Dreiphasenaerosole enthalten entweder 2 nicht mischbare flüssige Phasen (z.B. Propan-Butan/Wasser) oder eine flüssige und eine darin unlösliche feste Phase (z.B. das Pigment eines Lacksprays). Sie müssen vor Gebrauch geschüttelt werden. A. unterliegen der Druckgasverordnung von 1968. Bei Öffnung des die Dose verschließenden Ventils drückt dampfförmiges Treibmittel die Flüssigkeit durch das Steigrohr in den Sprühkopf, wo eine Zerstäubung eintritt (s. Abb. unten). Beim Entspannen auf Atmosphärendruck verdampft das Flüssiggas, so daß ein Aerosol, d.h. ein Sprühnebel feinster Tröpfchen mit Durchmessern von meist >10 µm, entsteht. Die Tröpfchengröße läßt sich durch Art und Menge des Lösungsmittels und durch Ventil- und Düsendimensionen dem Verwendungszweck als Oberflächen- oder Raumspray anpassen. Als Treibgase wurden früher überwiegend unbrennbare Fluorchlorkohlenwasserstoffe (FCKW) eingesetzt, deren Produktion und Verwendung jedoch wegen ihres Potentials zur Ausdünnung der stratosphärischen Ozonschicht und ihres Beitrags zum Treibhauseffekt aufgrund internationaler Abkommen (Montreal-Protokoll von 1987 und Londoner Zusatzvereinbarung von 1990) bis zum Jahr 2000 auslaufen sollen. Sie wurden weitgehend durch Mischungen aus Propan und Butan oder Dimethylether ersetzt. Wenn aus Sicherheitsgründen unbrennbares Treibgas erforderlich ist, so stehen heute unvollständig halogenierte Kohlenwasserstoffe (HFCKW) wie Chlordifluormethan zur Verfügung, deren Lebensdauer in der Atmosphäre und da-

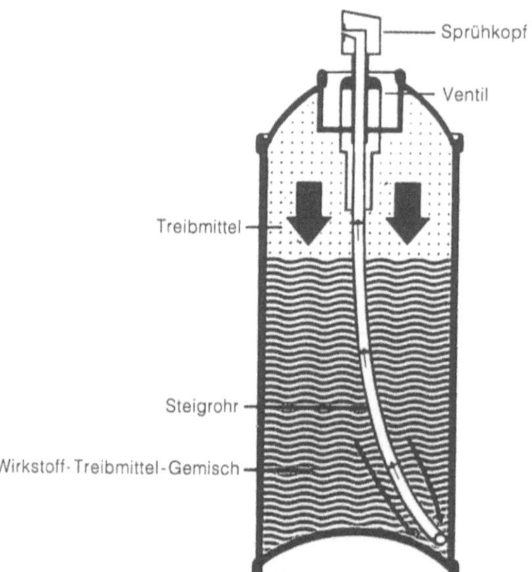

Aerosoldose: Schematischer Querschnitt durch eine Aerosoldose mit auch entsprechende negative Auswirkungen auf die Umwelt weitaus geringer sein sollen als die der FCKW.

Aestuar. Mündungsbereich eines Flusses in ein Gezeitenmeer, z.B. Rhein, Weser, Elbe, Themse, nicht aber Donau, Rhone, Wolga. A. sind demzufolge durch eine ausgedehnte Brackwasserzone mit unterschiedlichem Salzgehalt ausgezeichnet. Bei Ebbe strömt Süßwasser durch das A. ins Meer, bei Flut dringt Salzwasser ein und vermischt sich mit dem Süßwasser. Generell wird das A. in eine limnische Endozone mit >0,5‰, eine Mesozone mit 0,5 bis 30‰ und >Ektozone< mit >30‰ Salzgehalt eingeteilt. In der Mesozone gehen fast alle Süßwasser- und Meeresorganismen zugrunde, so daß die ökologische Grenze Meer/Süßwasser sehr scharf ist. Nur wenige spez. angepaßte Organismen leben in der Brackwasserzone des Mesohalinikums.

Änderung, wesentliche. >Rechtsbegriff<. >Genehmigungsbedürftige Anlagen< nach >BImSchG< bedürfen der Genehmigung sowohl für deren Errichtung und Betrieb (§ 4 BImSchG) – von Teilgenehmigung, Zulassung vorzeitigen Beginns und Vorbescheid hier einmal abgesehen (§§ 8 bis 9 BImSchG) – als auch bei Änderung der Lage, der Beschaffenheit oder des Betriebs, wenn durch die Änderung nachteilige Auswirkungen hervorgerufen werden können und diese für die Prüfung nach § 6 Abs.1 Nr.1 BImSchG erheblich sein können (wesentliche Änderung). Eine Genehmigung ist nicht erforderlich, wenn durch die Änderung hervorgerufene nachteilige Auswirkungen offensichtlich gering sind und die Erfüllung der sich aus § 6 Abs.1 Nr.1 BImSchG ergebenden Anforderungen sichergestellt ist (§ 16 BImSchG). Für Änderungen >genehmigungsbedürftiger Anlagen<, welche die vorgenannten Merkmale der Wesentlichkeit nicht erfüllen, legt § 15 BImSchG fest, daß derartige Änderungen mindestens einen Monat, bevor mit der Änderung begonnen werden soll, schriftlich anzuzeigen sind, wenn sich die Änderung auf in § 1 BImSchG genannte Schutzgüter auswirken kann. Dieser Anzeige sind Unterlagen im Sinne des § 10 Abs.1 Satz 2 BImSchG beizufügen (>Genehmigungsverfahren<), soweit diese für die Prüfung erforderlich sein können, ob das Vorhaben genehmigungsbedürftig ist. Die zuständige Behörde hat den Eingang der Anzeige unverzüglich zu bestätigen, teilt die etwaige Notwendigkeit weiterer Unterlagen unverzüglich mit und hat unverzüglich, spätestens innerhalb eines Monats nach Eingang der Anzeige und der erforderlichen Unterlagen zu prüfen, ob die Änderung einer Genehmigung bedarf. Der Träger des Vorhabens darf die Änderung vornehmen, sobald die Behörde ihm mitteilt, daß die Änderung keiner Genehmigung bedarf, oder sich innerhalb der vorher genannten Monatsfrist nicht geäußert hat (§ 15 BImSchG). Die vorgenannten Regelungen über Änderungen genehmigungsbedürftiger Anlagen resultieren aus einer Novellierung des BImSchG, die mit Gesetz zur Beschleunigung und Vereinfachung immissionsschutzrechtlicher Genehmigungsverfahren vom 09.10. 1996 (BGBl.I S. 1498) am 15.10. 1996 in Kraft trat. Jede wesentliche Änderung einer >genehmigungsbedürftigen Anlage< bedarf der Genehmigung. Der bereits genehmigte Bestand wird durch die Änderung nicht berührt, die erteilte Genehmigung bleibt weiterhin in Kraft. Genehmigungsbedürftig ist die vorgesehene w.Ä. Die Genehmigung tritt als Zusatzgenehmigung zu der bereits vorhandenen Genehmigung hinzu

und bildet mit dieser einen neuen Genehmigungsbestand. Eine Änderungsgenehmigung (z.B. gemäß § 15 >BImSchG<) ist ihrer Art nach eine Genehmigung im Sinne des § 4 BImSchG. Gegenstand der Genehmigung ist nicht nur das Änderungsvorhaben allein, sondern auch die Errichtung und der Betrieb derjenigen Anlage, in der die Änderung vorgenommen werden soll, soweit sich die Änderung hierauf auswirkt. Mit der Änderungsgenehmigung können neue Auflagen verbunden werden. Jedoch kann das Änderungsvorhaben nicht zum Anlaß genommen werden, die gesamte Anlage neu zu konzessionieren. Genehmigungsbedürftig ist die wesentliche Änderung der Lage, der Beschaffenheit oder des Betriebes der Anlage sowie ihrer Nebeneinrichtungen, insbesondere die Verlegung, Erweiterung, Kapazitätserhöhung, Änderung von Produktionsverfahren, betrieblichen Arbeitsabläufen u.a. Die Änderung ist nur dann genehmigungspflichtig, wenn sie wesentlich ist. Der Maßstab der Wesentlichkeit ist aus den Genehmigungsvoraussetzungen (z.B. §§ 5, 6 BImSchG) abzuleiten. Entscheidend ist, ob die geplante Änderung von wesentlichem Einfluß auf die Genehmigungsvoraussetzungen sein kann. Dies ist gemäß § 16 BImSchG stets dann der Fall, wenn durch die Änderung nachteilige Auswirkungen hervorgerufen werden können und diese für die Prüfung nach § 6 Abs.1 Nr.1 BImSchG erheblich sein können. Eine Genehmigung ist nicht erforderlich, wenn durch die Änderung hervorgerufene Auswirkungen offensichtlich gering sind und die Erfüllung der sich aus § 6 Abs.1 Nr.1 ergebenden Anforderungen sichergestellt ist. In einem vorgeschalteten Anzeigeverfahren nach § 15 BImSchG kann dies geprüft werden. Das Änderungsvorhaben muß mit dem Baurecht in Einklang stehen, andernfalls muß die Genehmigung versagt werden. Das Verfahren zur Änderung einer z.B. nach BImSchG genehmigten Anlage bestimmt sich nach § 10 oder nach § 19 BImSchG. Um das Verfahren zu beschleunigen, soll über den Änderungsantrag innerhalb von 6 Monaten entschieden werden. Bei auftretenden Prüfungsschwierigkeiten kann die Frist um jeweils 3 Monate verlängert werden. Ist eine w.Ä. ohne Genehmigung vorgenommen worden, ist die Behörde i.allg. verpflichtet, die Anlage stillzulegen oder zu beseitigen; ein Bestandsschutz steht dem ungenehmigten Teil einer Anlage grundsätzlich nicht zu. Der Begriff der w.Ä. erscheint darüber hinaus in folgenden rechtlichen Regelungen: Gesetz über die Umweltverträglichkeitsprüfung (§ 3), Wasserhaushaltsgesetz (§§ 19a, 19d, 19i, 31, 41), Abfallgesetz (§§ 7, 18), Abfallbeförderungsverordnung (§ 1), Verordnung über Kleinfeuerungsanlagen – 1.BImSchV (§§ 2, 9, 11), Verordnung über genehmigungsbedürftige Anlagen – 4.BImSchV (§ 2), Grundsätze des Genehmigungsverfahrens – 9.BImSchV (§§ 1, 3), Verordnung über Großfeuerungsanlagen – 13.BImSchV (§ 30), Gesetz zum Schutz gegen Fluglärm (§ 4), Atomgesetz (§§ 7, 9, 9a–9c, 13), Atomrechtliche Verfahrensordnung (§ 4), Energieeinsparungsgesetz (§ 4), Chemikaliengesetz (§ 16), Pflanzenschutzgesetz (§§ 15, 25), Strafgesetzbuch (§§ 327, 328).

Lit: Bundesimmissionsschutzrecht, Band 1A, Kommentar, Feldhaus G., Vallender W, Deutscher Fachschriften-Verlag, Braun, Wiesbaden. – Pütz M, Buchholz KH (1989) Das Genehmigungsverfahren nach dem Bundesimmissionsschutzgesetz, 3.Aufl., Erich Schmidt-Verlag.

Änderungsgenehmigung. Das Recht zum Betreiben einer Anlage, die Umweltgüter nutzt, setzt in aller Regel eine >Genehmigung< voraus, die mit Bedingungen und Auflagen verbunden ist. Soll die Genehmigung in ihrem Umfang verändert, sollen Auflagen und Bedingungen gelockert oder verschärft werden, ist – da der Betreiber durch die Genehmigung eine „sichere" Rechtsposition erwirbt – eine Ä. notwendig; sie zu erlassen ist rechtlich zulässig, wenn sie vorbehalten wurde oder das Gesetz ihren Erlaß erlaubt.

Äpfelsäure. (Monohydroxybernsteinsäure): Natürliche Pflanzensäure, die in unreifen Äpfeln, Stachelbeeren, Vogelbeeren und Berberitzen enthalten ist.

HOOC⟍⟋COOH   HOOC⟍⟋COOH
ÖH   ÖH

D-Äpfelsäure   L-Äpfelsäure

Nur die L-Ä. kommt im Pflanzenreich vor. Die D,L-Verbindung kann synth. durch Wasseranlagerung an Malein- oder Fumarsäure hergestellt werden. L-Ä. kann enzymatisch aus Fumarsäure mit *Lactobacillus brevis* oder Paracolobactrum spp. erzeugt werden. Aus anderen Kohlenstoffquellen, z.B. Paraffinen, wird L-Ä. durch Fermentation mit Candida spp. hergestellt. Wegen der Geschmackswirkung wird Ä. Getränken, Obst- und Gemüsekonserven, Marmeladen und Gelees zugesetzt. Als Zusatz zu Koch- und Bratfetten verhindern die Monoester der Ä. mit Fettalkoholen das Spritzen.

Äquivalentdosis. Nach der Strahlenschutzverordnung ist die Ä. das Produkt aus der >Energiedosis< und dem Bewertungsfaktor q, der seinerseits das Produkt aus dem >Qualitätsfaktor< Q und dem modifizierenden Faktor N ist. Bei äußerer >Exposition< ist N gleich 1, bei innerer Exposition wird N von der zuständigen Behörde bestimmt. Der Qualitätsfaktor Q hängt vom linearen Energieübertragungsvermögen $L\infty$ (s. Tabelle) ab.

Äquivalentdosis: Qualitätsfaktor Q in Abhängigkeit vom linearen Energieübertragungsvermögen

$L\infty$ in Wasser (keV/µm)	Q
3,5 oder weniger	1
7	2
23	5
53	10
175 oder mehr	20

Für bestimmte Strahlenarten wurde der effektive Qualitätsfaktor $\bar{Q}$ entsprechend der folgenden Tabelle festgelegt.

Äquivalentdosis: Werte des effektiven Qualitätsfaktors $\bar{Q}$

Strahlung	$\bar{Q}$
Röntgen- und Gammastrahlung, Betastrahlung, Elektronen und Positronen	1
Neutronen nicht bekannter Energie	10
Alphastrahlung aus Radionukliden	20

Die >Internationale Strahlenschutzkommission< hat 1991 die Ä. unter Einführung des Strahlenwichtungs-faktors w_R neu definiert. Die Ä. H_T in einem Gewebe oder Organ T ergibt sich zu
$$H_T = \Sigma_R \, w_R \cdot D_{T,R}$$
Dabei ist $D_{T,R}$ die Energiedosis, gemittelt über das Organ oder Gewebe T durch die Strahlenart R, und w_R der Strahlenwichtungsfaktor entsprechend den Daten der Tabelle.

Äquivalentdosis: Strahlenwichtungsfaktor nach ICRP für verschiedene Strahlenarten

Strahlenart und -energie	Strahlenwichtungsfaktor w_R
Photonen	1
Elektronen, Myonen	1
Neutronen	
>10 keV	5
10 keV bis 100 keV	10
<100 keV bis 2 MeV	20
<2 MeV bis 20 MeV	10
<20 MeV	5
Protonen <2 MeV	5
Alphateilchen, Spaltfragmente, schwere Kerne	20

Für nicht aufgeführte Strahlenarten und -energien enthält ICRP 60 eine Berechnungsvorschrift für w_R

Die Einheit für die Ä. ist Joule/kg (J/kg). Der besondere Name für die Einheit der Äquivalentdosis ist das >Sievert< (Sv). Zur Zeit wird der frühere Einheitenname >Rem< noch häufig gebraucht. 1 Sievert = 100 Rem. Der Quotient aus der Ä. und einer Zeiteinheit wird Ä.-leistung genannt: z.B. Millisievert/Stunde (mSv/h).

Äquivalenttemperatur. Diejenige Temperatur, die Luft einnehmen würde, wenn der gesamte in ihr vorhandene Wasserdampf bei konstantem Druck kondensieren und die dabei frei werdende latente Wärme zur Erhöhung der Temperatur der trockenen Luft verwendet würde. Die Ä. $T_{\ddot{a}}$ kennzeichnet den Gesamtwärmeinhalt einer Luftmenge und wird deshalb als Maß für die Schwüle verwendet. Es gilt:
$$T_{\ddot{a}} = T + 2{,}5\,s;$$
T = Temperatur der trockenen Luft, s = spezifische Feuchte.
Lit: VDI 3786 (1985) Blatt 3: Lufttemperatur.

Äschenregion. Der Abschnitt eines >Fließgewässers< mit der Äsche (*Thymallus thymallus*) als Charakterfisch. Die Sohle des Gewässers ist steinig – kiesig – sandig, da die Äsche ein Kieslaicher ist: das Weibchen schlägt eine Laichgrube in den Untergrund, das Männchen bedeckt die abgelaichten Eier mit Sand. Die Sommertemp. liegen bei 20 °C, die Fließgeschwindigkeit des Wassers ist hoch, das Wasser immer nahezu sauerstoffgesättigt. Die Ä. setzt sich oberhalb in die >Forellenregion< fort, unterhalb schließt sich die >Brachsenregion< an. Durch Verminderung der Abwasserbelastung und Renaturierungsmaßnahmen breitet sich die Äsche wieder aus. Eine typische Ä. ist der Hochrhein vom Bodensee bis Basel.

Ätiologie. Lehre von den Ursachen, besonders von den Krankheitsursachen, im weiteren Sinne auch die Ursachen selbst.

ätzend. >Gefährlichkeitsmerkmal< nach § 3a Abs. 1 Nr. 9 >ChemG<. Ä. sind >Stoffe< und >Zubereitungen<, die lebende Gewebe bei Kontakt *zerstören* können (Best. gemäß § 1 ChemGefMerkv). Stoffe und Zubereitungen werden mit dem >Gefahrensymbol< und der >Gefahrenbezeichnung< „Ätzend" gekennzeichnet, wenn die Ergebnisse der Prüfungen den in der >GefStoffV< Anhang I Nr. 1.1 genannten Kriterien entsprechen. Die unter Nr. 1.1. 2.4.9 aufgeführten >R-Sätze< werden ebenfalls nach diesen Kriterien ausgewählt. Darüber hinaus werden im Transportrecht (national wie international) auch Stoffe, die *Metalle* abtragen können, d. h. die korrosiv sind, als „ätzende" Stoffe bezeichnet (>Gefahrenklasse 8<).

Aflatoxine. Äußerst giftige Cumarinderivate, die vorwiegend von verschiedenen Schimmelpilzarten, z. B. >*Aspergillus flavus*<, als Stoffwechselprodukt ausgeschieden werden. >Mykotoxine< (s. Formelschema unten).
Der Nachweis von A. erfolgt durch chromatographische Verfahren und Massenspektrometrie. A. wirken stark lebertoxisch unter Bildung von Nekrosen (Leberzirrhose). Aflatoxin B_1 ist die stärkste bisher bekannte carcinogene Verbindung (Leberkrebs). LD_{50} = 7,2 mg/kg (Ratte, oral). A. greifen erst nach einer enzymatischen Metabolisierung die DNS und RNS des kontaminierten Organismus an. Primär sind pflanzliche Lebensmittel, z. B. Erdnüsse, Mandeln, Paranüsse, Mais und Getreide kontaminiert. Durch kontaminierte Futtermittel gelangen A. auch in tierische Produkte wie Milch. Die Kuh metabolisiert dabei aufgenommenes Aflatoxin B zu Aflatoxin M, das ebenfalls carcinogen wirkt. Der zulässige Höchstgehalt in Lebensmitteln beträgt 10 ppb ($B_1 + B_2 + G_1 + G_2$). Auf Aflatoxin B_1 dürfen nicht mehr als 5 ppb entfallen. Zur Vorbeugung des „Carry-over" auf tierische Lebensmittel durch Futterstoffe enthält auch das Futtermittelrecht eine Höchstmengenverordnung. Im Durchschnitt sind bei Erdnüssen 0,01 % kontaminiert. In Trinkmilch sind die aus den Aflatoxinen B_1 und B_2 durch Hydroxylierung in 4-Stellung hervorgehenden Aflatoxine M_1 und M_2 in Konzentrationen von 3 bis 8 ng/L nachzuweisen. Weizen und Roggen sind kaum mit A. belastet. Etwas häufiger ist dieses beim Mais. Die Bestimmung der A. erfolgt dünnschichtchromatographisch nach Extraktion mit Chloroform-Methanol sowie Reinigung und Trennung an einer Kieselgelsäule.

AFNOR. (Association Française de Normalisation). Französische Behörde, die dem deutschen >DIN< entspr.

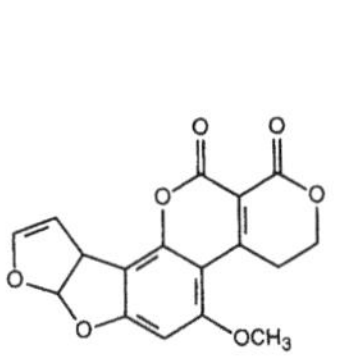

Aflatoxin-Grundgerüst

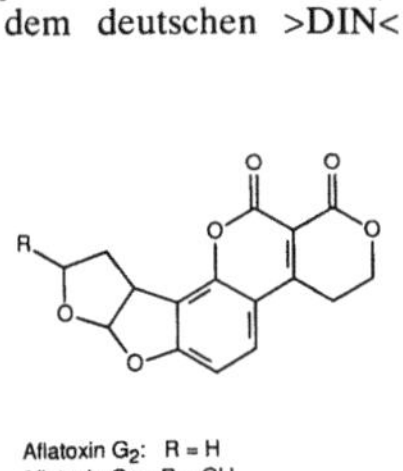

Aflatoxin G_2: R = H
Aflatoxin G_{2a}: R = OH

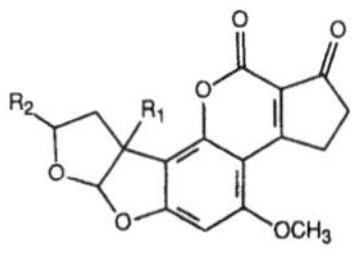

Aflatoxin B_2: R_1 = H, R_2 = H
Aflatoxin M_2: R_1 = OH, R_2 = H
Aflatoxin B_{2a}: R_1 = H, R_2 = OH

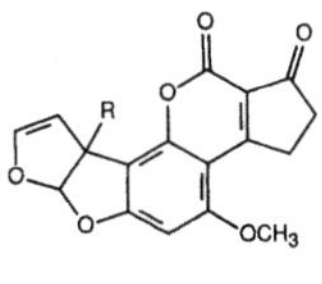

Aflatoxin B_1: R = H
Aflatoxin M_1: R = OH

AFNOR-Test, modifizierter. Von der Europäischen Gemeinschaft vorgeschlagene Methode zur Best. der biol. >Abbaubarkeit<. Dabei wird soviel der Prüfsubstanz, wie 40 mg org. Kohlenstoff/L entspr., in einem mineralischen Nährmedium gelöst und mit einer geringen Menge von >Mikroorganismen< angeimpft, die die Substanz als einzige Energiequelle benutzen. Die Lsg. wird bei 20 bis 25 °C im Dunkeln oder bei diffuser Beleuchtung unter Schütteln 28 Tage lang bebrütet. Nach 3, 7, 14 und 28 Tagen wird der in der Lsg. noch vorhandene org. Kohlenstoff best. Dabei ist der Abbau definiert als die prozentuale Abnahme des DOC (= dissolved organic carbon) bezogen auf die Prüfsubstanz.

$$D_t = \left(1 - \frac{C_t - C_{bl(t)}}{C_0 - C_{bl(0)}}\right) \cdot 100$$

D_t = Abbau (%)
C_0 = DOC-Konz. (mg DOC/L) des Kulturmediums zu Beginn des Tests
C_t = DOC-Konz. (mg DOC/L) des Kulturmediums zum Zeitpunkt t
$C_{bl(0)}$ = DOC-Konz. (mg DOC/L) im Blindversuch bei Testbeginn
$C_{bl(t)}$ = DOC-Konz. (mg DOC/L) im Blindversuch zum Zeitpunkt t

Agar-Agar. Wird zur Herstellung fester Nährböden verwendet. Er wird aus Rotalgen (Gelidium-Arten) gewonnen und ist ein Gemisch aus *Agarose* und *Agaropektin*. Er wurde im Jahre 1883 im Labor von Robert Koch eingeführt. Agar-Plattenteste werden zur Koloniezahl-(Keimzahl-)bestimmung (MPN) mit unterschiedlichsten Medien eingesetzt. Nährlösungen werden mit A. versetzt, so daß sich nach dem Schmelzen und Abkühlen ein fester Nährboden bildet. Er bietet Vorteile gegenüber Gelatine, die von weit mehr Mikroorganismen verflüssigt wird als A. Außerdem schmilzt A. bei höheren Temperaturen als Gelatine. Der flüssige, noch warme A. wird in Petrischalen (aus Glas oder Kunststoff) oder Röhrchen gegossen. Nach dem Erstarren werden die Gefäße, wenn sie bebrütet werden sollen, in Brutschränke mit unterschiedlichen Temperaturen gestellt. Die Mikroorganismen sind auf dem A. gut sichtbar und können dann ausgezählt werden.
A.-A. besteht zu 30 % aus nichtgelierendem Agaropektin, zu 70 % aus gelierfähiger Agarose. Agarose besteht aus β-D-Galactopyranose und 3,6-Anhydro-L-galactopyranose, die abwechselnd in $(1\rightarrow4)$- und $(1\rightarrow3)$-Bindungen zu einem unverzweigten Fadenmolekül verknüpft werden. Agaropektin besteht aus β-$(1\rightarrow3)$-verknüpften D-Galactose-Einheiten, die teilweise in 6-Stellung mit Schwefelsäure verestert sind. Brenztraubensäure ist als Ketal gebunden.

Agelenidae. >Trichterspinnen<.

AGENDA 21. Zusammen mit den Vereinbarungen zum Rio-Protokoll aus dem Jahre 1992 wurde eine Liste von Maßnahmen und Aktivitäten aufgestellt, die unter dem Begriff „Agenda 21" bekannt geworden sind. Dort sind die Maßnahmen zusammengefaßt, die zur Erzielung einer >nachhaltigen Entwicklung< dienen sollen. Im Folgenden sind die fünf wichtigsten Anforderungen der A. 21 aufgeführt:
1. Weltweit sollten nur so viele natürliche Rohstoffe eingesetzt werden, daß die Versorgung künftiger Generationen mit diesem Rohstoff nicht gefährdet wird.

2. Weltweit sollten nur so viele Emissionen und Abfallstoffe in die Umwelt entlassen werden, wie diese sie verkraften bzw. abbauen kann.
3. Im Rahmen regionalen Wirtschaftens sollten Umweltbelastungen nicht außerhalb des lokalen Umfeldes exportiert werden. Dies gilt v. a. für globale Schadstoffe oder klimarelevante Emissionen.
4. Weltweit soll auf eine möglichst gleichmäßige und gerechte Verteilung von Lebenschancen und Zugängen zu Umweltressourcen geachtet werden. Mit einer gerechten Verteilung soll auch ein sorgsamerer Umgang mit den natürlichen Ressourcen verbunden sein.
5. Die Veränderungen hin zu einer nachhaltigen Entwicklung sollten in einem kommunikativen Prozeß der Bewußtseinsbildung und der Übernahme von gemeinsamen Verantwortung erfolgen. >Nachhaltigkeit< sollte nicht verordnet werden, sondern sich als eine kollektive Einsicht durch aktives Handeln in der eigenen Lebenswelt entwickeln.

In der Diskussion um >Nachhaltigkeit< gibt es keineswegs Einigkeit darüber, welche politischen Instrumente geeignet sind, um diese fünf Strategien wirksam zu implementieren. Zur Verfügung stehen regulative, planerische, anreizorientierte, partizipativ-kooperative und informativ-erzieherische Instrumente. Es besteht weithin Konsens, daß die weicheren Instrumente zu bevorzugen sind, es sei denn, Gefahren für die menschliche Gesundheit oder die Funktionsfähigkeit von Ökosystemen stünden auf dem Spiel.

Lit: BUND/Miserior (1996) Zukunftsfähiges Deutschland – Ein Beitrag zu einer global nachhaltigen Entwicklung, Birkhäuser, Basel – Bundesministerium für Umwelt, Naturschutz und Reaktorsicherheit (1992) Konferenz der Vereinten Nationen für Umwelt und Entwicklung im Juni 1992 in Rio de Janeiro. Dokumente: Agenda 21. Bundesdrucksache, Bonn – Knaus A, Renn O (1998) Den Gipfel vor Augen – Wege in eine nachhaltige Entwicklung. Metropolis, Marburg mit CD.

Agent Orange. Ein im Vietnam-Krieg in großen Mengen eingesetztes Entlaubungsmittel. Die >herbiziden< Bestandteile, eine Mischung aus 2,4-Di- und 2,4,5-Trichlorphenoxyessigsäure (>2,4-D<; >2,4,5-T<) waren mit extrem hohen Mengen an >2,3,7,8-TCDD< (bis zu 40 ppm) verunreinigt. Durch das Versprühen des Entlaubungsmittels kamen große Teile der Zivilbevölkerung Vietnams mit dem Ultragift in Berührung, wodurch nach Ansicht vieler Toxikologen ein Anstieg der Krebssterblichkeit und der Totgeburten zu verzeichnen war.

Ageostrophischer Wind. Wind, dessen Richtung und Betrag von demjenigen des >geostrophischen Windes< abweicht. Die Vektordifferenz zwischen dem ageostrophischen und dem geostrophischen Wind wird als ageostrophische Windkomponente bezeichnet.

AGF. Frühere Arbeitsgemeinschaft der >Großforschungseinrichtungen<, jetzt: >Hermann von Helmholtz-Gemeinschaft Deutscher Forschungszentren<, HGF.

Agglomeration. Zusammenbacken von Einzelteilchen der Sand- bis Kiesfraktion durch verschiedene Bindemittel, z. B. A. von vulkanischen Tuffen und Aschen.

Aggregatzustand. Erscheinungsformen der Materie. Nach der inneren Ordnung der einen Stoff bildenden >Moleküle<, Atome (>Atom<) oder >Ionen< unterscheidet man die drei klassischen A. fest, flüssig und gasförmig. Im *festen* A. besitzen die Teilchen den höchsten Ordnungsgrad. Festkörper sind weitgehend form- und volumenbeständig. In einem idealen Festkörper besitzen die Teilchen keine Bewegungsenergie, sondern lediglich Wechselwirkungskräfte. Es besteht eine regelmäßige Anordnung innerhalb eines dreidimensonalen Raumgitters. Ein realer Festkörper kommt dem idealen Zustand auch bei tiefen Temperaturen und hohen Drücken nur annähernd nah. Die Anordnung der Teilchen im >Kristall< zeigt chem. strukturelle Unregelmäßigkeiten. Die Teilchen führen leichte, pendelartige Schwingungen um eine Gleichgewichtslage aus. Im *flüssigen* A. ist der Ordnungsgrad geringer. Die Teilchen unterliegen einer höheren Wärmebewegung. Flüssigkeiten sind gekennzeichnet durch eine leichte Verschiebbarkeit ihrer Teilchen gegeneinander, so daß sie zwar weitgehend volumenbeständig, aber keinesfalls formbeständig sind. Sie passen sich der Form des sie umgebenden Gefäßes an. Im *gasförmigen* A. besitzen die Teilchen den niedrigsten Ordnungsgrad, sie nehmen keine räumliche Ordnung mehr ein. Gase sind daher weder form- noch volumenbeständig. Sie füllen jedes verfügbare Volumen und sind untereinander mischbar. Teilchen in einem idealen Gas zeigen keine Wechselwirkung untereinander und besitzen kein Eigenvolumen. Ein reales Gas nähert sich diesen Bedingungen bei hoher Temperatur und niedrigem Druck. Bei extremen Temperaturen wird als vierter A. häufig das >Plasma< benannt, bei dem die elektrischen Ladungsträger getrennt sind, z. B. ein völlig ionisiertes Gas. Ein Plasma breitet sich wie ein Gas aus, ist aber elektrisch leitend. Alle chem. Elemente und viele chem. Verbindungen können abhängig von der Stoffart, der Temperatur und dem Druck in die drei A. überführt werden (s. Abb.). Eine Erniedrigung des Ordnungszustandes ist dabei mit einer Energieaufnahme, eine Erhöhung mit einer Energieabgabe verbunden.

Agnatha (Kieferlose). Ursprünglichste wasserlebende Wirbeltiere, *Petromyzon*-Neunauge, ektoparasitisch. >Vertebrata<.

AGR. Advanced Gas-Cooled Reactor. In England und Schottland werden insgesamt 14 Reaktorblöcke dieses Bautyps betrieben. AGR-Reaktoren benutzen bis auf 2,5 % angereichertes Uran als Brennstoff, Graphit als Moderator und CO_2 als Kühlgas.

Agrarfabrik. Undefinierter Begriff, belegt werden damit meist Betriebe mit hohem Technisierungsgrad, Kapitaleinsatz, starker Spezialisierung (vornehmlich in der Tierhaltung) und hoher Produktivität; dadurch werden Formen der industriellen Produktion in der Landwirtschaft negativ bewertet, im Gegensatz zum „bäuerlichen Familienbetrieb". Faktisch kann auch

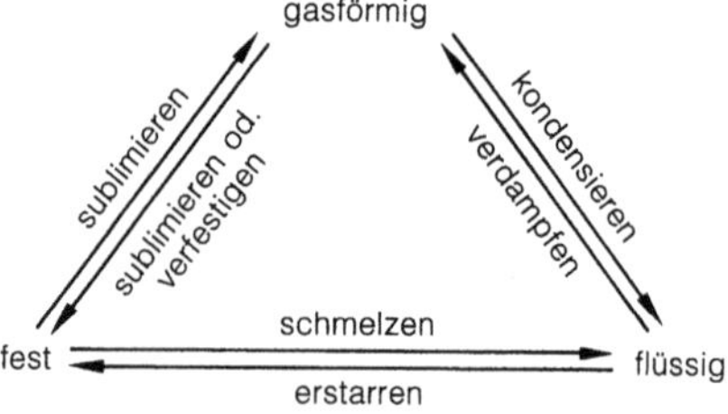

Aggregatzustand: Aggregatzuständ und Übergänge

ein Familienbetrieb die obigen Merkmale aufweisen, er ist dadurch aber kein Industrieunternehmen. Dies ist dann der Fall, wenn die Betriebsführung nicht mehr allein in der Hand der Familie ist, die betrieblichen Arbeiten nicht zum größten Teil durch Familienmitglieder bewältigt werden, das Eigenkapital des Betriebes nur zu einem geringen Anteil von den Familienangehörigen gestellt wird und die Produktion weitgehend losgelöst von der Betriebsfläche ist. In Deutschland gibt es eine steuerliche Abgrenzung zwischen landwirtschaftlichen und gewerblichen Betrieben. Die Steuergrenze ergibt sich aus Betriebsgröße, Zahl der >Vieheinheiten< und einem Umrechnungsschlüssel. Gewerbliche Betriebe erhalten keine staatliche Förderung.

Agrarlandschaft. Vorrangig landwirtschaftlich genutztes Gebiet, in Deutschland trifft dies auf etwa 55 % der Fläche zu. Das Erscheinungsbild der A. wird einmal geprägt durch die Art der landwirtschaftlichen Flächennutzung wie >Ackerland<, >Dauergrünland<, Gartenland, Obstanlagen, Weinberge, Baumschulen etc., zum anderen durch Art und Zahl der Landschaftselemente (>Feldhecken<, >Feldgehölze<, >Feldraine<, Bäche, Tümpel etc.); dadurch wird die landschaftsökologische Struktur bestimmt.

Agrarmeteorologie. Erforscht die Zusammenhänge zwischen >Klima< (langfristiges Wettergeschehen), >Witterung< (mittelfristiges), Wetter (kurzfristiges) und dem Wachstum der Kulturpflanzen sowie der daraus abzuleitenden Optimierung der Anbaumethoden. Ein Teilgebiet der A. ist die >Phänologie< (Beobachtung des Pflanzenwachstums). Spezielle Forschungsgebiete sind z.B.: Das Geländeklima zur Kartierung der Frostgefährdung; das Kleinklima in einem Pflanzenbestand zur Prognose von Pflanzenkrankheiten für einen gezielten >Pflanzenschutz<; Bestimmung der Bodenfeuchte zur Steuerung der Beregnung und der Ermittlung der Befahrbarkeit des Ackers; Trocknungsprozesse von Erntegut. In Deutschland wird in Zusammenarbeit zwischen dem Deutschen Wetterdienst und landwirtschaftlichen Beratungsstellen ein Fernsprechansagedienst mit Empfehlungen für die landwirtschaftliche Praxis betrieben.
Lit: Eimern J van, Häckel H (1984) Wetter- und Klimakunde für Landwirte, Gärtner, Winzer und Landschaftspfleger, 4. Aufl., Ulmer, Stuttgart.

Agrar-Ökosystem. Kennzeichnet über die allgemeine Definition des >Ökosystems< hinaus ein Nutzökosystem, das vom Menschen bewußt geschaffen und völlig von ihm abhängig ist. Seine räumliche Abgrenzung hängt von den Standortbedingungen ab; schon ein einzelnes >Ackerland< ist ein A.; eine umfassende Bewertung muß die Betrachtung der >Agrarlandschaft< einschließen. Die Funktionen des A. steuert der Mensch durch >Bodenbearbeitung<, >Düngung< und >Pflanzenschutz< unter Zufuhr von Energie und erreicht so eine Stabilität des A. Diese kann sich langfristig in Abhängigkeit von der Anbauintensität auf unterschiedlichem Niveau der Artenvielfalt einstellen. Ein A. stellt die Grenze zwischen naturbetonten und anthropogenen >Ökosystemen< dar. Seine Zielbestimmung ist die Erzeugung von möglichst viel verwertbarem Pflanzenmaterial bei Erhaltung der Fähigkeit zur nachhaltigen Produktion von Kulturpflanzen; bei >Tierhaltung< kommt noch das Ziel einer möglichst guten Verwertung des pflanzlichen Futters hinzu. Der

Regelungsaufwand durch den Menschen im A. sollte auf das notwendige Maß reduziert werden, um die Selbstregulationsfähigkeit des A. nutzen zu können und Nachbarökosysteme nicht durch den Export von Stoffen aus Düngung und Pflanzenschutz zu belasten. Andererseits wird das A. von außen durch Stoffimporte beeinflußt (Nährstoff- und Schadstoffzufuhr aus der Luft), ebenso durch Schädlingsbefall (>Schädling<). Eine exakte Beschreibung der komplexen Regelkreisläufe eines A. ist zur Zeit und wahrscheinlich auch in Zukunft nicht möglich, man ist auf die Abschätzung der Wirkung der Einzelfaktoren und deren Wechselwirkungen angewiesen.
Lit: Knauer N (1991) Anforderungen an die Gestaltung von Agrarökosystemen unter Beachtung ihrer Rolle im Naturhaushalt. In: Bodennutzung und Bodenfruchtbarkeit, Bd. 1, Bodenfruchtbarkeit, Berichte über Landwirtschaft, 203. Sonderheft, Parey, Hamburg, Berlin, S. 64–84 – Haber W (1988) Anforderungen des Naturschutzes an die Landwirtschaft, Fördergemeinschaft Integrierter Pflanzenbau (FIP) (Hrsg.), Bonn 4: 26–44.

Agrarpolitik. Gesamtheit der Maßnahmen des Staates oder überstaatlicher Organisationen, der öffentlich-rechtlichen Körperschaften sowie der berufsständischen Organisationen zur Gestaltung der wirtschaftlichen, sozialen und rechtlichen Verhältnisse in der Landwirtschaft im weiteren Sinne. Instrumente der A. sind Markt- und Preispolitik, Strukturpolitik, Sozialpolitik und Verbraucherpolitik. Die Kompetenz für die Markt- und Preispolitik für D liegt bei den Organen der EU; bei der Struktur- und Sozialpolitik hat die EU die Rahmenkompetenz. *Ziele:* Verbesserung der Lebensverhältnisse im ländlichen Raum und Teilnahme der in der Land- und Forstwirtschaft Tätigen an der allgemeinen Einkommens- und Wohlstandsentwicklung, Versorgung der Bevölkerung mit hochwertigen Produkten der Agrarwirtschaft zu angemessenen Preisen; Verbesserung der agrarischen Außenwirtschaftsbeziehungen und der Welternährungslage; Sicherung der natürlichen Lebensgrundlagen. Ziele und Maßnahmen ergeben sich u.a. aus dem Landwirtschaftsgesetz von 1955, dem EWG-Vertrag sowie weiteren gesetzlichen Grundlagen.

Agrarrecht. Summe der Normen, die einen Bezug zur landwirtschaftlichen Bodennutzung haben; ein Agrar*gesetz* gibt es nicht. Normen, die einen Bezug zur landwirtschaftlichen Bodennutzung besitzen, finden sich über die gesamte Rechtsordnung verstreut. Rechtspolitisch heftig umstritten ist die Landwirtschaftsklausel in § 1 Abs. 3 des >Bundesnaturschutzgesetzes<: Der ordnungsgemäßen Land- und Forstwirtschaft kommt für die Erhaltung der Kultur- und Erholungslandschaft eine zentrale Bedeutung zu; sie dient i. d. R. den Zielen dieses Gesetzes. Man spricht vom *Agrarprivileg* (dem Privileg der Landwirtschaft, die Umwelt beliebig verschmutzen zu dürfen).

Agrarstruktur. Umfaßt alle Faktoren, welche die landwirtschaftliche Produktion und deren Vermarktung strukturell beeinflussen. Die wichtigsten sind: Siedlungsform (z.B. Einzelhöfe, Dörfer), Betriebsgröße (damit verknüpft die Schlaggröße), Art der Bodennutzung (>Ackerbau<, Grünland, >Sonderkulturen<, abhängig von den Standortfaktoren), Art der >Viehhaltung< (Tierart, Konzentration), Erwerbscharakter der Betriebe (Voll-, Zu-, Nebenerwerb), Besitzstand (Eigentum, Pacht), Marktstruktur, Marktchancen (Marktferne, -nähe, Selbstvermarktung). In Deutschland gibt es bezüglich der A. markante Unterschiede, der Süden ist kleinflächiger strukturiert als der Norden und v. a. die neuen Bundesländer. Auch innerhalb der EU bestehen große Differenzen. Die A. unterliegt einem ständigen Wandel, der abhängig von der politischen, wirtschaftlichen und technisch-wissenschaftlichen Entwicklung unterschiedlich rasch verläuft. In Deutschland wird die A. durch verschiedene Maßnahmen gefördert: Gemeinschaftsaufgabe von Bund und Ländern „Verbesserung der Agrarstruktur und des Küstenschutzes", das sind >Flurbereinigung<, Dorferneuerung und spezielle Fördermaßnahmen für benachteiligte Betriebe.

Agrobacterium tumefaciens. Aerobes, gramnegatives, peritrich begeißeltes stäbchenförmiges Bodenbakterium. Es gibt virulente (>Virulenz<) Stämme von *A. t.*, die bei Infektionen von Pflanzen Tumore, sog. >Wurzelhalsgallen< (crown galls), Wurzelkröpfe oder Pflanzenkrebs hervorrufen. Sie werden durch ein großes Plasmid, das Ti-Plasmid („*Tumor induzierendes*" P.), verursacht, indem die Plasmid-DNA stabil in die chromosomale DNA der Pflanzenzelle integriert wird. Das Ti-Plasmid sorgt so für die Bildung von Aminosäuren (Octopin und Noplain; beides Argininderivate), die ausschließlich von den Bakterien verwertet werden können. Das Ti-Plasmid läßt sich aber auch zur Übertragung von Fremd-DNA auf Pflanzen einsetzen (>transgene Pflanzen<). So konnten z. B. Tabakpflanzen gezüchtet werden, die völlig normal wachsen, zusätzlich jedoch die Aminosäuren Octopin und Nopalin synthetisieren.

Agrobiozönose. Lebensgemeinschaft aller auf einer landwirtschaftlich genutzten Fläche regelmäßig vorkommenden Pflanzen, Tiere und >Mikroorganismen<. Artenzahl, Häufigkeit der einzelnen Arten, Qualität und Quantität der Wechselbeziehungen, wie z. B. Verhältnis von Schädling und Nützling, hängen wesentlich von der Vielfalt der angebauten Kulturen, ihrer >Anbauintensität< und der ökologischen Struktur der Agrarlandschaft ab.

AGU. >Arbeitsgemeinschaft für Umweltfragen<.

AHL. >Stickstoffdünger<.

AI (a. i.). Abk. der engl. Bez. für active ingredient (a. i.). >Aktivsubstanz (AS)<, >Wirkstoff<.

AIF. Atomic Industrial Forum (USA) bzw. Arbeitsgemeinschaft industrieller Forschungsgemeinschaft (Deutschland).

Air Pollution. Engl. Bezeichnung für >Luftverunreinigung<. Der häufig gebrauchte Ausdruck „Air Pollution Control" steht für „Überwachung der Schadstoffbelastung der Luft".

Airlift. Verfahrenstechnische Förder- und Dosiereinrichtung, bei der Luft als Fördermedium für Flüssigkeiten benutzt wird, z. B. eingesetzt zur Förderung hochaktiver Flüssigkeiten. Ein A. hat keine beweglichen Teile (kein Verschleiß). Er benötigt das zwei- bis fünffache Förderluftvol. gegenüber dem Flüssigkeitsvol.; die Förderluft muß als radioaktive Abluft gereinigt werden.

Aitken-Kerne. Stets in der Atmosphäre vorhandene, schwebende, flüssige oder feste Partikeln mit einem Durchmesser >0,1 µm, die in der Aitken-Nebelkammer (>Kernzähler<) gemessen werden können. Die A.-K.

wirken als >Kondensations-< bzw. >Sublimationskerne< für die in der Atmosphäre vorhandene Feuchtigkeit. Darüber hinaus spielen die A.-K. eine wichtige Rolle bei elektrischen Prozessen in der Atmosphäre, indem kleine Ionen eingefangen und zu größeren zusammengefügt werden. Dadurch wird die elektrische Leitfähigkeit der Atmosphäre erhöht. Ferner beeinflussen die A.-K. die Absorption, Reflexion und Streuung der solaren Strahlung. Die Anzahl der A.-K. unterliegt starken Schwankungen, reine Luft enthält weniger als 10^3, stark verschmutzte mehr als 10^6 Teilchen je cm^3.

Akademie für Technikfolgenabschätzung. Die A. f. T. in Baden-Württemberg hat die Aufgabe, Technikfolgen zu erforschen, diese Folgen zu bewerten und den gesellschaftlichen Diskurs über Technikfolgen zu initiieren und zu koordinieren. Die Akademie ist eine öffentlich-rechtliche Stiftung, die ihre Forschungsarbeit unabhängig durchführt. Ihre wesentliche Funktion besteht darin, aus interdisziplinärer Sicht Folgen von Technikentwicklung und Techniknutzung zu identifizieren und im Diskurs mit gesellschaftlichen Gruppen eine Bewertung dieser Folgen durchzuführen. Zur Erfüllung dieser Aufgabe orientieren sich die Forschungsprojekte der Akademie an Folgen von Technik, die wichtige gesellschaftliche Funktionen (Wirtschaft, Bildung, Freizeit) berühren, die in ihren Auswirkungen auf das Land Baden-Württemberg bezogen sind und bei denen wissenschaftliche Analyse und politischer Handlungsbedarf zur Lösung von Problemen erforderlich sind. Dabei werden sowohl Anregungen aus der Wissenschaft als auch von gesellschaftlichen Gruppen aufgegriffen. Vor diesem Hintergrund entstehen Forschungsprojekte der Akademie typischerweise in einem diskursiven Prozeß mit Wissenschaftlern, Experten und Vertretern der Politik sowie gesellschaftlichen Gruppen.

Akarizide. Wirkstoffe gegen Milben als Pflanzenschädlinge mit zunehmender wirtschaftlicher Bedeutung. Hierzu gehören die ökonomisch wichtigen Milbenfamilien Tetranychidae (Spinnmilben), Tenuipalpidae (Falsche Spinnmilben), Tarsonemidae (Weichkörper-Milben), Eriophydae (Gallen-Milben). In den letzten Jahrzehnten haben die Ernteschäden und der Befall von Faserstoffen enorm zugenommen (Gründe: Monokulturen, Anwendung unspezif. Insektizide ohne akarizide Wirkung, Eliminierung natürlicher Feinde, Düngemittel, Bewässerung, Resistenzphänomene), so daß die Milbenbekämpfung zu einem wichtigen Bestandteil des Pflanzenschutzes geworden ist.
Die Kontrolle der Spinnmilben erfolgt zum einen im Stadium der Überwinterung (Eier), z. B. durch Behandlung mit Mineralölen oder direkt gegen die Milbenarten im mobilen Stadium. Im letzten Falle wurden in früheren Jahren Nitrophenole (in Komb. mit Mineralölen), Schwefel (protekt. Fungizid gegen Mehltau und Milben, z. B. im Weinbau) sowie Azobenzole (Räuchermittel im Gewächshaus) verwendet.
In neuerer Zeit kommen zahlreiche insektizide Wirkstoffe mit gleichzeitiger akarizider Wirkung zum Einsatz, wie z. B. Organophosphorverbindungen, Carbamate, Pyrethroide, Formamidine; daneben kommen selektive A. (zugleich Fungizide), wie z. B. Nitrophenylester, Sulfide, Sulfone, Sulfonsäuren, halogenierte Benzhydrolderivate und zinnorganische Wirkstoffe zum Einsatz.
Lit.: Ullmann's Encyclopedia of Industrial Chemistry (1985) 5.Aufl., Bd. A1, VCH, Weinheim – Büchel KH (1983), Chemistry of Pesticides, Wiley, New York.

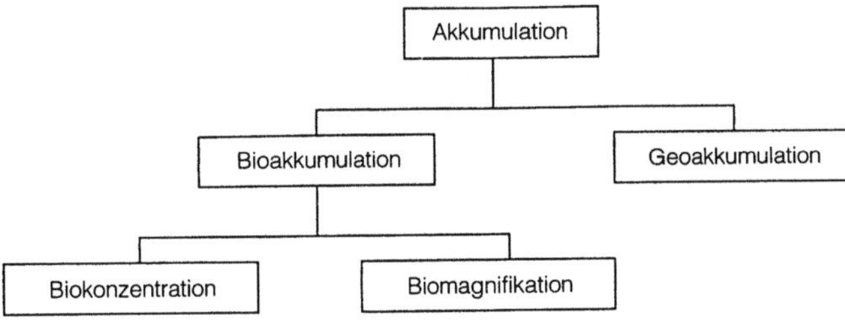

Akkumulation: Gliederung des Begriffs Akkumulation

Akklimatisation. Anpassung von Organismen an natürliche oder durch Menschen verursachte Umweltveränderungen (z. B. durch kontinuierlichen Eintrag von Industrieabwasser oder -abfall) (ISO 6107/5). Für die Bewertung von Stoffeinträgen in die Umwelt ist dieser Prozeß sehr wichtig; durch verfeinerte Analysenmethoden können die Veränderungen sehr gut beobachtet werden.

Akkreditierung. Akkreditierung ist eine formelle Anerkennung der Kompetenz eines Prüflaboratoriums, bestimmte Prüfungen oder Prüfungsarten durchzuführen. So können sich Prüflaboratorien nach der EN 45001 bzw. ISO 17025 akkreditieren lassen, um ihren Auftraggebern einen von unabhängiger Stelle erbrachten Kompetenznachweis liefern zu können. Neben der Akkreditierung von Prüflaboratorien gibt es auch Akkreditierungen für Zertifizierungs- sowie für Inspektionsstellen.

Lit: DIN EN 45001 (Ausgabe: 1990–05) Allgemeine Kriterien zum Betreiben von Prüflaboratorien – ISO 17025 (in Arbeit): General requirements for the competence of testing and calibration laboratories – Günzler H (Hrsg) (1994) Akkreditierung und Qualitätssicherung in der Analytischen Chemie, Springer-Verlag, Berlin Heidelberg New York Tokyo – Internet: http:// www. analytik.de, Rubrik Akkreditierung.

Akkumulation. Bezeichnet die Fähigkeit von Stoffen natürlicher oder anthropogener Herkunft, sich in biotischen (>Bioakkumulation<) und abiotischen Bereichen (>Geoakkumulation<) der Umwelt anzureichern. Für die Bioakkumulation sind sowohl die >Biokonzentration< als auch die >Biomagnifikation< von Bedeutung (s. Abb. oben).

Pflanzenschutzmittel: (Anhäufung, Anreicherung, Ansammlung). Anreicherung von anthropogenen (z. B. Agrarchemikalien) oder natürlichen Umweltchemikalien in Organismen, die zu einer Konzentrationserhöhung im Körper oder seinen Teilen gegenüber dem Medium führen. Die Aufnahmewege und -prozesse bleiben hierbei unberücksichtigt. Der Begriff „Bioakkumulation" wird v. a. verwendet, wenn die Mitwirkung biol. Prozesse bei der Aufnahme des betreffenden Stoffes nachgewiesen ist, z. B. bei energieabhängiger Aufnahme. Eine Anreicherung besteht, wenn das Verhältnis Menge [PSM]/Maßeinheit an oder in Strukturen (tot oder lebend) bzw. Kompartimenten zur Menge [PSM] in gleicher Maßeinheit im Wasser oder in der Nahrung größer als 1 ist.

Bei z. B. jährlicher Anwendung eines >PSM< oder mehrmaliger Anwendung innerhalb eines Jahres (periodische Applikation) kommt es häufig zu einer Plateaubildung mit maximalen und minimalen Rückstandgehalten, wie es in der Abb. zu erkennen ist. Im

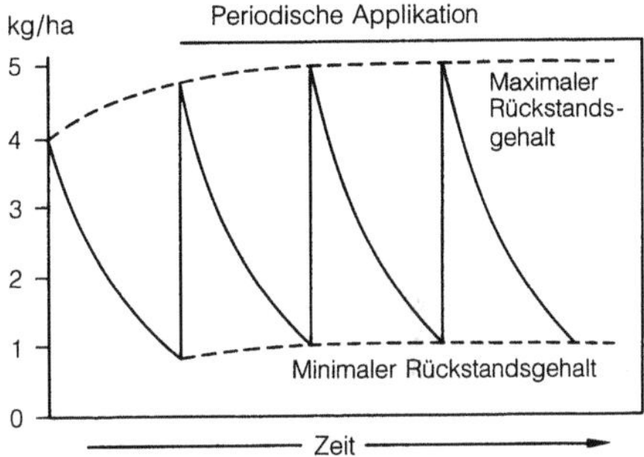

Akkumulation: Rückstandsbildung von Pflanzenschutzmitteln im Boden nach periodischer Applikation

Boden tritt auch nach langjähriger Anwendung eine A. nur dann ein, wenn die Applikationsabstände kürzer sind als die Zeit, die notwendig ist, die zugeführte Wirkstoffmenge vollständig abzubauen.

Lit: DFG Forschungsbericht 1987. VCH Verlagsgesellschaft Weinheim.

Aktionsraum. Der Bereich, in dem ein Tier aktiv ist, in dem es lebt und wohnt. Bei Pflanzenfressern ist der A. oft kleiner als bei >Räubern<; bei männl. oft kleiner als bei weibl. Tieren; in der Fortpflanzungszeit oft größer als in der übrigen Jahreszeit. Die Größe des A. steht oft in einem doppelt-logarithmischen Verhältnis zum Körpergewicht der Tiere. >Territorium<.

Aktivator-Sequenz. >Promotor<.

Aktiver Lärmschutz im Kfz. Maßnahmen, die die Schallemission direkt mindern, z. B. am Motor Senkung des Verbrennungsgeräuschs mittels entspr. Maßnahmen wie Gehäuse mit geringer Schallabstrahlung, >Dieselmotoren< mit „weicher" Verbrennung, d. h. niedrigen Drücken und Druckanstiegswerten durch entspr. Gestaltung des Einspritzverlaufs.

Aktiver Transport. Bezeichnet den gerichteten Transport von Ionen, z. B. K^+, H^+, Ca^{2+}, und >Metaboliten<, z. B. >Aminosäuren<, >Zucker<, durch eine >Biomembran< gegen einen Konz.- bzw. Ladungsgradienten unter Energieverbrauch. Am Transportprozeß sind spez. Transportproteine oder Translokatoren beteiligt (vgl. >Membranpermeabilität<).

Aktivierung. Vorgang, durch den ein Material durch Beschuß mit >Neutronen<, >Protonen< oder anderen

Teilchen >radioaktiv< gemacht wird. >Aktivierungsanalyse<.

Aktivierungsanalyse. Verfahren zur quant. und qual. Best. chem. Elemente in einer zu analysierenden Probe. Die Probe wird durch Beschuß mit >Neutronen< oder geladenen Teilchen >radioaktiv< gemacht. Die danach radioaktiven Atome der Probe senden charakteristische Strahlungen aus, durch die die Art der Atome identifiziert und ihre Menge gemessen werden kann. Die A. ist häufig empfindlicher als eine chem. Analyse. Sie findet in steigendem Maße in Forschung, Industrie, Archäologie und Kriminalistik Anwendung.

Aktivität. 1. chemisch: Chem.-thermodynamischer Begriff, der anstelle der Konzentration verwendet wird, um die im Falle hoher (> 0.001 molar) Konzentrationen durch innere Wechselwirkungen der gelösten Stoffe bedingte Veränderung phys.-chem. Eigenschaften wie Kp., Dampfdruck etc. von Lösungen zu beschreiben, analog der Einführung von >Fugazitäten< realer Gase anstelle der Partialdrücke idealer Gase. A. ist bekannt v. a. durch den sog. pH als dekad. Logarithmus der Protonen-Aktivität. S. a. >Aktivitätskoeffizient<, >Aktivitätenverhältnis<.
2. Radioaktivität: Aktivität ist die Zahl der je Sekunde in einer radioaktiven Substanz zerfallenden Atomkerne. Die Maßeinheit für die Aktivität ist das >Becquerel<, Kurzzeichen: Bq. 1 Becquerel entspricht dem Zerfall eines Atomkerns pro Sekunde. Die früher übliche Einheit der Aktivität war das Curie, Kurzzeichen Ci:
1 Ci = 37.000.000.000 Bq. >Curie<.
3. spezifische: Quotient aus der >Aktivität< eines Stoffes und der Masse dieses Stoffes. Einheit z. B. Bq/kg. Bezeichnet A die Aktivität und m die Masse, so ergibt sich die spezifische Aktivität A_{sp} aus

$$A_{sp} = \frac{A}{m}$$

Aktivitätenverhältnis. Als sog. reduziertes A. (engl.: activity ratio) wird im Zusammenhang mit dem >Ionenaustausch< (z. B. in der Bodenkunde) das Verhältnis der reduzierten >Aktivitäten< zweier od. auch mehrerer herausgegriffener Ionen in Lsg. bezeichnet. Reduziert bedeutet hier, daß die Aktivitäten der verschiedenwertigen Ionen in der Potenz ihrer reziproken Wertigkeit berücksichtigt werden, also z. B. anstelle von $a_{Ca^{2+}}$ für Ca $\sqrt{a_{Ca^{2+}}}$. Von Bedeutung v. a. in der sog. >Gapon-Gl.<.

Aktivitätsdichte. Anzahl von Tieren, die in einer bestimmten Zeit, z. B. einer Nacht, einem Tag oder einer Woche gefangen, oder registriert werden können. Sie müssen dazu eine bestimmte Linie, z. B. eine Lichtschranke, passieren oder in ein Sammelgefäß fallen, >Barberfalle<. Notwendig ist die aktive Bewegung der Tiere in einem nicht genau bestimmbaren Areal, >Abundanz<.

Aktivitätsdominanz. Der relative Anteil von Individuen einer bestimmten Art im Verhältnis zu den Anteilen anderer Arten, die während ihrer aktiven Bewegung erfaßt werden, >Aktivitätsdichte<, meist in % angegeben.

Aktivitätskoeffizient. Beschreibt das Verhältnis von physikalisch wirksamer Konz., der sog. >Aktivität<, zur wahren Konz. von in ihre Ionen diss. Salzen in Lsg. Ist ab Konz. $> 10^{-3}$ M deutlich und mit wachsender Konz. zunehmend kleiner als diese wegen der zunehmenden Behinderung der freien Beweglichkeit der Ionen. Sinkt aus demselben Grunde mit zunehmender >Ionenstärke< der Lsg. Läßt sich z. B. anhand von Gefrierpunktserniedrigung od. Siedepunktserhöhung ermitteln.

Aktivitätskonzentration. Quotient aus der >Aktivität< eines Stoffes und dem Vol. dieses Stoffes. Einheit z. B. Bq/m³. Bezeichnet A die Aktivität und V das Volumen, so ergibt sich die A. aus

$$A_{konz} = \frac{A}{V}.$$

Aktivitätskurve. Die Lebewesen zeigen Bewegungen, die nicht kontinuierlich ablaufen, sondern durch Ruhephasen unterbrochen sind; >Aktivitätsrhythmus<. Diese *Aktivitätsänderungen* lassen sich durch Beobachtung oder geeignete Apparate ermitteln. Bei Tieren werden dazu vielfach sog. *Aktographen* eingesetzt, mit denen z. B. das Herumlaufen von Tieren in einem Käfig registriert werden kann. Dabei entsteht eine A., die die Intensität der Bewegung in Abhängigkeit von der Zeit darstellt.

Aktivitätsmuster. >Aktivitätskurve<, >Aktivitätsrhythmus<.

Aktivitätsrhythmus. Tiere sind nicht gleichmäßig aktiv, vielmehr wechseln Ruhephasen und Aktivitätsphasen rhythmisch miteinander ab. Damit entsteht ein oft charakteristisches Aktivitätsmuster, das in einer >Aktivitätskurve< wiedergegeben werden kann. Der A. wird von verschiedenen äußeren Faktoren gesteuert, z. B. vom Licht. Die Zeit höchster Aktivität (Aktivitätsmaximum) kann im Jahresgang oder bei verschiedenen Altersstufen unterschiedlich sein, z. B. ist die Weinbergschnecke in den ersten Jahren rein nachtaktiv, später auch tagaktiv. Dem A. liegt auch eine angeborene, d. h. genetische Komponente zugrunde. >Rhythmik<.

Aktivitätszufuhr. Die durch Mund oder Nase (>Ingestion<, >Inhalation<) oder durch die intakte oder verletzte Haut in den Körper gelangte Menge >radioaktiver Stoffe<. >Jahresaktivitätszufuhr<.

Aktivkohle. Durch thermische Zersetzung pflanzlicher oder tierischer Materialien oder auch aus fossilen Brennstoffen (Kohle, Torf) gewonnene Kohle mit großer Adsorptionsfähigkeit, die zur Gasreinigung (z. B. in Atemschutzgeräten), zum Entfärben und Klären von Flüssigkeiten, insbesondere zur Wasserreinigung sowie in der Medizin zur Entgiftung und Entgasung des Darmkanals dient. A. ist sehr porenreich und besitzt eine große innere Oberfläche (300 bis 2.000 m²/g).

Aktivkohlebehälter. >Kraftstoffdampf-Rückhaltesystem<.

Aktivsauerstoff. Bezeichnung für den Gewichtsanteil (% AO) an peroxidischem Sauerstoff in Peroxoverb., die in >Bleich-< und >Waschmitteln< eingesetzt werden. Die A.-Gehalte werden nach Auflösen der Peroxoverb. in Wasser durch Titration mit Kaliumpermanganat oder KI/Thiosulfat ermittelt. Dabei wird aus historischen Gründen dem peroxidischen Sauerstoff nicht die Peroxogruppe O_2^{2-}, sondern ein hypothetisches O-Radikal als sog. aktiver Sauerstoff zugeordnet, der sich nach folgendem Reaktionsablauf bildet:

$$2\,Na_2O_2 + 4\,H_2O \rightarrow 4\,NaOH + 2\,H_2O_2$$
$$2\,H_2O_2 + 2\,OH^- \rightleftharpoons 2\,HO_2^- + 2\,H_2O$$
$$2\,HO_2^- \rightleftharpoons 2\,OH^- + 2\,[O]$$
$$2\,[O] \rightarrow O_2$$

zusammengefaßt:

$$2\,Na_2O_2 + 2\,H_2O \rightarrow 4\,NaOH + O_2$$

Beispiele: Natriumperoxid (Na_2O_2): A. 20,5 %; Natriumperoxoborat-Tetrahydrat ($NaBO_2(OH)_2 \cdot 3\,H_2O$): A. 10,4 %; Ammoniumperoxidisulfat (($NH_4)_2S_2O_8$): A. 7 %.

Lit: Ullmanns Enzyklopädie der technischen Chemie (1979), 4. Aufl., Bd. 17, Verlag Chemie, Weinheim New York, S. 691–728 – Stache H, Großmann H (1985) Waschmittel, Springer-Verlag, Berlin Heidelberg New York Tokyo, S. 64–68 – Degussa Firmenschrift Wasserstoffperoxid, Eigenschaften, Handhabung und Anwendung.

Aktivsubstanz (AS). (active ingredient, a.i.). Wirksamer Bestandteil eines chem. >PSM<, der in unterschiedlichen Aufbereitungen (>Formulierungen<) wie z. B. Staub, Emulsion, Granulat, Spritzpulver oder Suspensionskonzentrat im Präparat allein oder in Kombinationen vorliegt.

Akute Säugetiertoxizität. Giftwirkung einer Substanz auf Säugetiere nach einmaliger Verabreichung. Zweck der Untersuchung der a. S. ist die Feststellung der mittleren letalen Dosis (LD_{50}) und der Symptomatik der Vergiftungserscheinungen. Für die Untersuchungen sind mehrere Säugetierarten (z. B. Ratten, Mäuse, Meerschweinchen) und mehrere Applikationsformen zu wählen. Die Beobachtungszeit beträgt i. allg. 7 bis 14 Tage.

Lit: Hapke H J (1975) Toxikologie für Veterinärmediziner, Ferdinand Enke Verlag, Stuttgart.

Akute Toxizität. 1. allgemein: Schädigende Auswirkungen einer Substanz, die innerhalb eines kurzen Zeitraums nach einer einzelnen Exposition auftreten. Manche Autoren rechnen zur a. T. auch diejenigen Wirkungen, die nach mehreren Expositionen innerhalb einer kurzen Zeit auftreten. Der Zeitraum ist nicht exakt definiert, wird aber meistens mit 24 h angegeben. Das Maß für die Toxizität ist die effektive Dosis ED bzw. die letale Dosis LD (jeweils in mg/kg KG), bei der i. d. R. noch angegeben wird, bei wieviel Prozent der Versuchsorganismen der Effekt eingetreten ist. Die am häufigsten verwendete Einheit ist die LD_{50}, die auch als mittlere letale Dosis MLD bezeichnet wird. Zur Best. der a. T. wird die Substanz jeweils mehreren Versuchstiergruppen in abgestufter Dosierung oral, subcutan, intraperitoneal oder inhalativ verabreicht, wobei jede Gruppe eine andere Dosierung erhält. Anschließend werden die Tiere 14 Tage lang beobachtet. Registriert werden der Zeitpunkt des Auftretens bzw. Abklingens von Vergiftungserscheinungen, die Art der Symptome sowie der Zeitpunkt von Todesfällen. Nach Abschluß des Versuches werden die überlebenden Tiere getötet und ebenso wie die gestorbenen seziert bzw. histopathologisch untersucht. Als Versuchstier wird normalerweise die Ratte verwendet.

Lit: Brown VK (1980) Acute toxicity in theory and practice. Wiley, Chichester, New York.

2. orale: Die nachteilige Wirkung („adverse effects"), die während einer kurzen Zeit der oralen Gabe einer einzigen Dosis einer Substanz oder mehrerer Dosen während 24 h auftritt.

Lit: Organisation für Economic Cooperation and Development (OECD), Paris.

3. dermal: Akute hautreaktive Eigenschaften von Chemikalien.

Lit: Stephan U, Elstner P (1985) Fachlexikon ABC Toxikologie, Verlag Harri Deutsch, Thun Frankfurt.

4. Daphnien: Im Sinne der Prüfmethode der EG-Richtlinie wird die a. T. für Daphnien als die mittlere effektive (Wirk)konzentration (EC_{50}) der Schwimmfähigkeit verstanden. Das ist die Konzentration (bezogen auf die Ausgangskonzentration), die 50 % der Daphnien einer geprüften Gruppe innerhalb eines Einwirkungszeitraums (Expositionszeitraum) von 24 h schwimmunfähig macht. Der 48-h-EC_{50}-Wert kann, wenn dies möglich ist, ebenfalls bestimmt werden.

Lit: Richtlinie der Kommission vom 25. April 1984 zur sechsten Anpassung der Richtlinie 67/548/EWG des Rates zur Angleichung der Rechts- und Verwaltungsvorschriften für die Einstufung, Verpackung und Kennzeichnung gefährlicher Stoffe an den technischen Forschritt (84/449/EWG). In: Rippen G (Hrsg.) Handbuch Umweltchemikalien, Ecomed Verlagsgesellschaft, Landsberg/Lech.

5. Fische: Die deutlich erkennbare schädigende Wirkung, die in einem Organismus innerhalb kurzer Zeit (Tage) durch Einwirkung (Exposition) eines Stoffes hervorgerufen wird. Die a. T. wird als die mittlere tödliche (letale) Konz. (LC_{50}) ausgedrückt, das ist die Konz. im Wasser, die 50 % einer Prüfgruppe von Fischen innerhalb einer anzugebenden ununterbrochenen Einwirkungsdauer tötet. Alle Konz. der Prüfsubstanz sind in Gewicht/Vol. (mg/L) und in Gewichtsanteilen (ppm) anzugeben.

Lit: Richtlinie der Kommission vom 25. April 1984 zur sechsten Anpassung der Richtlinie 67/548/EWG des Rates zur Angleichung der Rechts- und Verwaltungsvorschriften für die Einstufung, Verpackung und Kennzeichnung gefährlicher Stoffe an den technischen Fortschritt (84/449/EWG). In: Rippen G (Hrsg.) Handbuch Umweltchemikalien, Ecomed Verlagsgesellschaft, Landsberg/Lech.

AKW. >Atomkraftwerk<, >Kernkraftwerk<.

Akzeptanz. >Risikoakzeptanz<.

Alachlor. Ein >Herbizid< aus der Gruppe der Carbonsäureamide. Als Chloracetamid hemmt A. die Proteinsynthese der Unkräuter. Die Wirkung tritt bei Monokotylen und Dikotylen ein. Da die Unkräuter nur während der Keimphase und im Jugendstadium gegenüber A. empfindlich sind, muß die Anwendung spätestens drei Tage nach Aussaat der Kulturpflanze erfolgen. A. ist ein Bodenherbizid, das überwiegend von Wurzel oder Hypokotyl der Pflanze aufgenommen wird. Der Einsatz erfolgt vorwiegend im Raps-, Kohl- und Maisanbau.
Chemische Bezeichnung: 2-Chlor-2',6'-diethyl-*N*-methoxymethylacetanilid
CAS-Nummer: 15972–60–8
Hersteller: Monsanto
Wirkungstyp: Selektives Vorauflaufherbizid.
Bevorzugte Anwendung: Gegen Hirsearten, Gräser und Samenunkräuter besonders in Kohl, Mais und Winterraps.

Chemische und physikalische Eigenschaften:
Physikalische Beschaffenheit: Krist., farblos.
Geruch: Leicht süßlich.
Siedepunkt: >400 °C.

Schmelzpunkt: 40 °C.
Dampfdruck: 2,9 mPa bei 25 °C.
Dichte: 1,133 bei 25 °C.
Stabilität: Wird durch starke Säuren und Alkalien gespalten. Gegenüber UV-Licht stabil. Zersetzt sich bei Temp. >105 °C.
Korrosives Verhalten: Korrosiv gegen Eisen. Nicht korrosiv gegen Aluminium und rostfreien Stahl.
Löslichkeit: 240 mg/L bei 25 °C.
Verteilungskoeffizient (log $P_{o/w}$): 3,09.
Abbau und Metabolismus: Im Boden und in der Pflanze erfolgt rascher Abbau zu 2-Chlor-2,6-diethylacetamid. Weitere Umsetzung bis zum Anilinderivat. Starker Abbau durch Sonnenlicht (in 8 Stunden bis zu 39 %). Es findet weiterhin ein starker mikrobieller Abbau statt. Bei einer Aufwandmenge von 4 kg/ha erfolgt in 10 Wochen Abbau bis zu einem Rückstand von >0,1 mg/kg.
In Ratten wird A. sofort absorbiert und rasch metabolisiert. Innerhalb von 96 bis 120 Stunden erfolgt Ausscheidung über Urin und Faeces. Der Metabolismus ist spez. für Ratte und weicht ab vom Metabolismus für andere Säuger.
Toxizität: Akute orale LD_{50} für Ratte 930 mg/kg. Akute Inhalationstoxizität LC_{50} (6 Stunden) für männliche Ratte >23,4 mg/L. Bei Kaninchen geringe Hautreizwirkung, keine Augenreizung.
Bienentoxizität: Bei zugelassener Anwendung werden Bienen nicht gefährdet.
Fischtoxizität: LC_{50} (96 Stunden) für Regenbogenforelle 1,8 mg/L, für Sonnenbarsch 2,8 mg/L und Elritze 5,0 mg/L. Sehr geringe Bioakkumulation, wodurch sich weder eine Gesundheitsgefährdung, noch ein Nahrungsmittelkettenproblem ergibt.
EC_{50} (48 Stunden) für Wasserfloh 10,0 mg/L.
Vogeltoxizität: 8-Tage-Fütterungstest LC_{50} für Stockente und Japanische Wachtel >5.000 mg/kg.

ALARA. *as low as reasonably achievable* (so gering wie vernünftigerweise erreichbar). Konzept der >Internationalen Strahlenschutzkommission< zur Dosisbegrenzung, ausführlich erläutert und begründet in der >ICRP<-Publikation 60.

Alarmstufen. Bei hoher Luftbelastung durch Schadstoffe eintretende Beschränkung des Fahrzeugverkehrs u. a. luftbelastender Maßnahmen. Abhängig von best. Grenzwerten werden dabei unterschiedlich strenge Einschränkungen vorgeschrieben, z. B. Fahrverbot für Fahrzeuge ohne >geregelten Katalysator<.

Albedo. (Syn. Reflexionsgrad). S. >Reflexions-/Transmissionsgrad<
Lit: DIN 1304, Teil 2, Tabelle 3 – Neuere Zahlenwerte. In: Iqbal M (1983) An Introduction to Solar Radiation, 9, Academic Press, Toronto, S. 281–294.

Albedometer. Gerät zur Messung der >Albedo<, bestehend aus 2 gegeneinander montierten Meßgeräten, die getrennt die von oben bzw. von unten kommende Strahlung messen. Zur Messung der kurzwelligen Albedo verwendet man 2 >Pyranometer<, zur Messung der langwelligen Albedo zusätzlich 2 >Pyrradiometer<. >Strahlungsmeßgeräte<.

Albit. >Natronfeldspat<.

Aldehyde. >Formaldehyd<.

Aldicarb. Ein >Insektizid<, das auch als >Akarizid< und >Nematizid< wirkt und zur Substanzklasse der Carbamate zählt.

Chemische Bezeichnung: 2-Methyl-2-(methylthio)-propionaldehyd-*O*-methyl-carbamoyloxim
CAS-Nummer: 116–06–3
Hersteller: Union Carbide
Wirkungstyp: Insektizid, Akarizid und Nematizid. Berührungsgift mit systemischer Wirkung. Aufnahme durch Wurzeln. Cholinesterase-Hemmstoff.
Bevorzugte Anwendung: Bodenbehandlung gegen beißende und saugende Insekten, Spinnmilben und freilebende Nematoden in Beet-Kulturen im Freiland und unter Glas nach der Aussaat bzw. dem Pflanzen. Gegen Rübenfliege und Moosknopfkäfer an Zuckerrüben.

Chemische und physikalische Eigenschaften:
Physikalische Beschaffenheit: Krist., farblos.
Siedepunkt: Nicht unzersetzt destillierbar (Zers. ab 100 °C).
Dampfdruck: 13 mPa bei 20 °C.
Dichte: 1,195 bei 25 °C.
Stabilität: Wird durch starke Alkalien gespalten und ist hitzeempfindlich. Ox.-Mittel verwandeln es rasch zum Sulfoxid und langsam zum Sulfon.
Löslichkeit: In Wasser 6 g/L bei Raumtemp. Das oxidativ entstehende Sulfon löst sich leicht (>33 %) in Wasser.
Verteilungskoeffizient (log $P_{o/w}$): 1,14 bei 20 °C.
Abbau und Metabolismus: In Pflanzen, Tieren und im Boden wird das S-Atom zur Sulfoxidgruppe oxidiert. Das gut lösl. Sulfoxid wirkt in der Pflanze systemisch und ist als Cholinesterase-Hemmer 10– bis 20mal wirksamer als A. selbst. Aus dem Sulfoxid wird anschl. das Sulfon gebildet. Des weiteren entstehen in allen drei Ox.-Stufen des Schwefels durch Abbau die entspr. Nitrilverb. und daraus die Alkohole. Die Metaboliten liegen in der Pflanze nur in konjugierter Form vor. Bei Ratten, Hunden und Kühen schnelle und vollständige Absorption. Innerhalb von 24 Stunden werden >80 % und innerhalb von 3 bis 4 Tagen >96 % renal ausgeschieden.
Toxizität: Akute orale LD_{50} für Ratten 0,93 mg/kg. Akute dermale LD_{50} für Kaninchen 5,0 mg/kg. Einatmen von 200 mg/m^3 Staub ist für Ratten in 5 min tödlich. Akute dermale LD_{50} für Ratten 400 bis 3.200 mg/kg, für Meerschweinchen 2.400 mg/kg. Verabreichung von 0,1 mg/kg/Tag an Ratten und Hunde über 2 Jahre verursachte keine gesundheitlichen Schäden.
Bienentoxizität: Bienengefährlich (B 1).
Fischtoxizität: LC_{50} (96 Stunden) für Regenbogenforelle 560 µg/L.
Vogeltoxizität: 7-Tage Fütterungstest LC_{50} für Japanische Wachtel 2.400 mg/kg Futter.
Giftklasseneinstufung: Deutschland: T (giftig).
Bemerkungen: A. ist strukturell verwandt mit Butocarboxim. – Gewässerschutzauflage beachten. – Im Behandlungsjahr anfallendes Obst darf nicht verwendet werden.

Aldrin. Ein Insektizid aus der Gruppe der >chlorierten Kohlenwasserstoffe<, das auch auf Säugetiere toxisch wirkt. Wurzelgemüse nehmen chlorierte Kohlenwasserstoffe besonders gut aus dem Boden auf. Bei Umbelliferen, z. B. der Möhre, werden die lipophilen Wirkstoffe der Pflanzenschutzmittel in den etherischen Ölen der Exkretschläuche des Rindenteils und der Seitenwurzelanlagen angereichert und bleiben dort in fast unveränderter Konzentration gespeichert. Da Möhren häufig zur Babynahrung verwendet werden, durfte A. schon früher nicht im Gemüseanbau verwendet werden. Inzwischen besteht in Deutschland ein absolutes Anwendungsverbot.

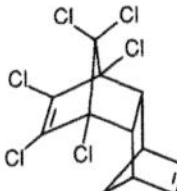

Algen. (Phycophyta). Artenreiche Gruppe von eukaryoten Pflanzen, ohne Gefäße und Wurzeln, überwiegend im Wasser, wenige terrestrisch, z. B. an Bäumen (Trentepohlia, Pleurococcus). Alle A. sind zur Photosynth. befähigt (phototroph), die meisten assimilieren anorg. Kohlenstoff, sind also photoautotroph. 12 Klassen: Chloromonadophyceae, Euglenophyceae, Cryptophyceae, Pyrrhophyceae (Dinoflagellaten), Haptophyceae, Chrysophyceae, Bacillariophyceae (Diatomeae, Kieselalgen), Prasinophyceae, Xanthophyceae, Chlorophyceae, Phaeophyceae, Rhodophyceae. Bei den einfachsten monadalen Euglenophyceae sind die Einzelzellen und Kolonien beweglich. In der weiteren phylogenetischen Entwicklung reduziert sich die freie Beweglichkeit auf die Fortpflanzungsstadien, während die vegetativen Stadien unbeweglich sind, jedenfalls nicht mit Geißeln bewegt werden. Die Gestalt ist dann einzellig-koloniebildend (coccal), fädig (trichal), schlauchförmig (siphonal) oder in kompliziertere Gewebe differenziert (thallös). Die A. gehören zu den wichtigsten >Primärproduzenten< im Meer und Süßwasser. Nur die monadalen, coccalen und wenige fädige Arten schweben im Wasser und bilden das >Phytoplankton<, die anderen wachsen auf festen Unterlagen im Küsten- und Uferbereich des Meeres und der Seen sowie in >Fließgewässern<. Einige Arten leben endosymbiontisch mit Tieren: im Meer die Zooxanthellen z. B. in Hohltieren, im Süßwasser Zoochlorellen in Amöben, Hohltieren und Turbellarien. Dinoflagellaten erzeugen bei Massenentwicklung mit 2 Mio. Zellen/L die red und brown tides in den Küstengewässern abwasserbelasteter Meere (vgl. auch >Algenblüte<). Sofern die A. als ökologische Organismengruppe aufgefaßt werden, werden hierzu auch die Blaualgen gezählt, obwohl sie als prokaryote Organismen Cyanobakterien sind. >Edaphon<
Lit: Fott B (1971) Algenkunde, 2. Aufl., Fischer, Stuttgart – Ettl H, Gerloff J, Heynig H, Mollenhauer D (Hrsg.) (1985ff) Süßwasserflora von Mitteleuropa, Fischer, Stuttgart New York; bisher erschienen die Algengruppen Chrysophyceae, Haptophyceae, Xanthophyceae, Bacillariophyceae, Chlorophyta, Phytomonadina, Conjugatophyceae, Zygnemales, Charophyceae.

Algenblüte. Kurzfristige Massenentwicklung von Algen vorwiegend in stehenden Gewässern. Die Ursachen sind hohe Nährstoffkonz. und optimale Oberflächentemp. Im Meer sind besonders die Flagellaten Gymnodinium und Gonyaulax an A., den red tides beteiligt. Im Süßwasser sind hauptsächlich die Kieselalgen *Asterionella formosa, Stephanodiscus handzschii, Diatoma elongatum, Melosira italica* u. a. und die „Blaualgen" *Aphanizomenon flos-aquae, Microcystis aeruginosa,* Anabaena- und Oscillatoria-Arten an A. beteiligt. Die >algenbürtigen Schadstoffe< können dann gefährlich hohe Konz. erreichen.

Lit: Cosper EM, Bricelj VM, Carpener EJ (Hrsg.) (1989) Novel phytoplankton blooms, 1. Aufl., Springer, Berlin Heidelberg New York London Paris Tokyo Hong Kong.

Algenbürtige Schadstoffe. Von >Algen< gebildete und ins Wasser abgegebene Substanzen mit Schadwirkungen, die sich in 3 Bereiche zusammenfassen lassen: 1. Algentoxine, die schon in geringen Konz. für Tiere und den Menschen akut oder chronisch schädigend sind und äußerlich auch >Badeallergien< hervorrufen können. 2. Geruchs- und Geschmacksstoffe. 3. Substanzen, welche die Wasseraufbereitung durch Beeinträchtigung von >Flockungsprozessen< hemmen und daher vorher z. B. durch Absorptionsfilter entfernt werden müssen. A. S. sind besonders während der >Algenblüte< und Massenentwicklungen von Aufwuchsalgen problematisch und können zu Todesfällen beim Vieh führen, wenn das Wasser getrunken wird. Die von den Organismen der „red tides" produzierten Neurotoxine können über Muscheln und Fische dem Menschen gefährlich werden. Chem. sind die Stoffe sehr heterogen und im Gewässer oft nicht lange persistent; Nachweis und Identifikation erfolgt gaschromatographisch. Im Gewässer haben diese „Schadstoffe" vielleicht auch eine spez. ökologische, z. B. allelopathische Bedeutung.
Lit: Müller H, Jüttner F, DeHaar U (Hrsg.) (1982) Schadstoffe im Wasser. Bd. 3, Algenbürtige Schadstoffe, 1. Aufl., Harald Boldt, Boppard.

Algenmehl. Naturkalk für >Düngung<, wird gewonnen durch Trocknung und Vermahlen von Rotalgen (Lithothamium, aus 30 bis 50 m Meerestiefe). Der Kalkgehalt beträgt mindestens 70 % $CaCO_3$. A. ist besonders weicherdig und hat einen hohen Bor-Gehalt (ca. 50 ppm), der Kochsalzgehalt sollte bei der Düngung unter 3 % liegen. A. wird bei bestimmten Formen des ökologischen Landbaus verwendet.

Algentest. Toxizitätstests mit Algen, z. B. >Scenedesmus-subspicatus-Zellvermehrungstest<.

Algentoxizität. Hemmung der Zellvermehrung (Wachstum) nach einmaliger Applikation einer Substanz während 72 h. Prüforganismus ist die Grünalge *(Scenedesmus subspicatus),* ein >Primärproduzent<. Diese Prüfung wird nach dem >Chemikaliengesetz< gemäß Stufe 1 gefordert.
Lit: Rudolph P, Boje R (1987) Ökotoxikologie nach dem Chemikaliengesetz, Ecomed Verlagsgesellschaft, Landsberg/Lech.

Alginate. A. sind Salze der >Alginsäure< und kommen bei allen Braunalgen (Phaeophyceae) in der Zellwand als Polysaccharide vor. Sie können z. B. durch alkalische Extraktion von Laminaria ssp., Ascophyllum ssp. und Sargassum ssp. gewonnen werden. Bausteine der A. sind β-D-Mannuronsäure und α-L-Guluronsäure in $(1 \rightarrow 4)$-Bindung. Das Molekulargewicht liegt zwischen 32.000 und 200.000 g/mol. Die Anwendung der A. liegt in der Fähigkeit zur Viskositätserhöhung bzw. Gelbildung begründet. Eine Gelbildung kann durch Zugabe von Säuren (z. B. Glucono-δ-lacton) oder mehrwertigen Kationen (z. B. Calcium) zu Natriumalginatlsg. erreicht werden. *Einsatzgebiete:* Allgemein zugelassenes Verdickungsmittel in Lebensmitteln (Alginsäure: E 400; Alginate: E 401, E 402 u. E 404), Immobilisierungsmatrix für Enzyme (>immobilisierte Enzyme<).

Alginsäuren. In Form von schwerlöslichen Salzen >Alginate< aus den Zellwänden verschiedener Braunalgen gewinnbarer Gelbildner. Die Alkalimetallsalze und das Ammoniumsalz der A. sind wasserlöslich und bilden klare Lösungen von hoher Viskosität. A. ist ein aus D-Mannuron- und D-Guluronsäure durch β-(1→4)-glykosidische Verknüpfung gebildetes Polysaccharid. Die Carboxygruppen sind nicht verestert. Durch Zusatz von mehrwertigen Kationen oder Säuren erfolgt eine Ausfällung. Mit niederveresterten Pektinen bilden A. in Gegenwart von Calciumionen Hauptvalenzgele. Die Gelbildung ist im pH-Bereich von 4,5 bis 10 möglich. Synthetisch hergestelltes Propylenglykolalginat ist relativ unempfindlich gegen Säuren und wird deshalb in sauren Speisen eingesetzt, z. B. in Salatsoßen oder zur Schaumstabilisation in Getränken.

Algizid. Mittel gegen >Algen<.

Algorithmus. Rechenregel, Berechnungsschema. Abgeleitet vom Namen des berühmten choresmischen Mathematikers ABU DSHAAFAR MOHAMAD IBN MUSSA EL-CHWARISMI, „der Choresmier", lat. Alschwirznius, der um 800 n. Chr. am Hofe des Khalifen von Bagdad wirkte. – Effektive Algorithmen sind wesentlich für alle numerischen Lsg. v. a. von partiellen Differentialgl. mit Hilfe von Computern.

ALI. *a*nnual *l*imit of *i*ntake. Grenzwert der >Jahresaktivitätszufuhr<.

Alizarinblau. >Indanthrenblau<.

Alkalifeldspäte. Sammelbezeichnung für Feldspäte des Typs $MAlSi_3O_8$, wobei M für K (Kalifeldspat, Orthoklas) oder Na (Natronfeldspat, Albit) steht. In Gestei-

Grundtyp	Vertreter	Struktur (Beispiel)
Pyrrolidin-Typ	3-Methoxy-zimtsäure-pyroiodid Hygrin Mesembrenol	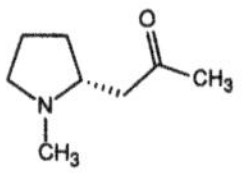 (+)-Hygrin
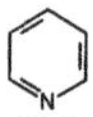 Pyridin-Typ	Nicotin Anabasin Cantleyin	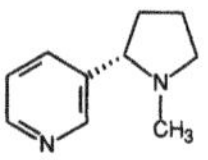 Nicotin 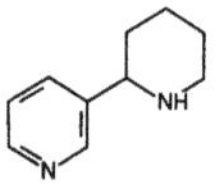Anabasin
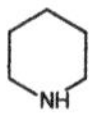 Piperidin-Typ	Coniin Lobelin Piperin	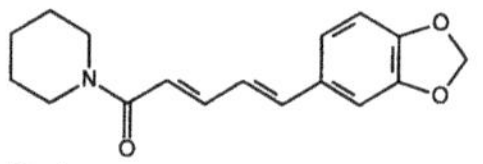 Piperin 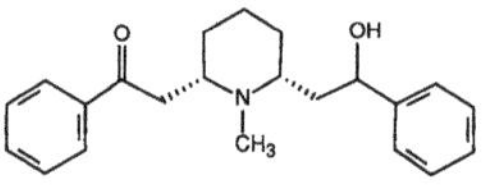Lobelin
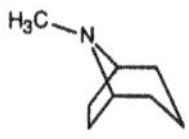 Tropan-Typ	Atropin Cocain Scopolamin	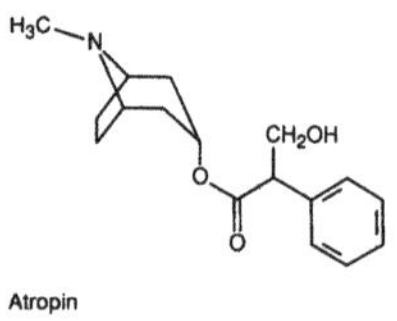 Atropin 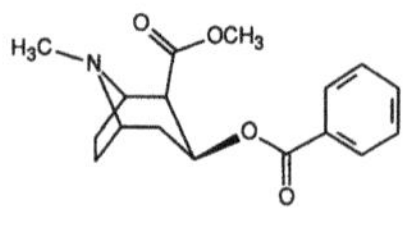 (2 R,3 S) - (-) - Cocain

Alkaloide und ihre Einteilung nach den zugrundeliegenden Ringsystemen

nen kommen die reinen Formen nur selten vor; meist enthalten sie neben K auch Na.

Alkaloide. Bezeichnung für eine Gruppe von stickstoffhaltigen Naturstoffen, die vorwiegend in höheren Pflanzen und einigen Tierarten vorkommen. Es sind bis auf wenige Ausnahmen basisch reagierende Verbindungen mit mehr oder weniger kompliziert gebauten heterocyclischen Ringsystemen, die eine starke, meist sehr spezifische Wirkung auf verschiedene Bezirke des Nervensystems besitzen. Zu den A. zählen weiterhin Verbindungen mit aliphatisch gebundenem >Stickstoff<, z.B. Ephedrin und einige nicht basisch reagierende Verbindungen wie Colchicin u.a. Eine Abgrenzung von anderen N-haltigen Naturstoffen ist nicht exakt möglich, da kein allgemein akzeptiertes Einteilungsprinzip existiert. Die Zahl der bekannten A. wird auf etwa 7.000 geschätzt. In Pflanzen sind sie meist salzartig an *Pflanzensäuren* gebunden, zu denen z.B. Oxal-, Essig-, Äpfel-, Milch-, Wein- und Zitronensäure zählen. A. sind lipophile Substanzen, während ihre Salze in den meisten Fällen gut wasserlöslich sind, worauf die Isolierung aus Pflanzen beruht. Über die biochem. Funktion der A. in der Pflanze ist bisher wenig bekannt. Im tierischen sowie menschlichen Organismus zeigen viele A. bereits in kleinsten Dosen eine hervorragende physiologische Wirkung, während andere wiederum in sehr geringen Mengen starke >Gifte< darstellen wie z.B. Strychnin und Atropin. In geeigneter Dosierung finden einige A. Verwendung als Rausch-, Heil- und Genußmittel, z.B. Cocain, Morphin, Chinin, Codein, Nicotin usw. Die Einteilung der A. erfolgt zumeist nach dem ihnen zugrunde liegenden Ringskelett (s. Tabelle S.64 und 65).

Grundtyp	Vertreter	Struktur (Beispiel)
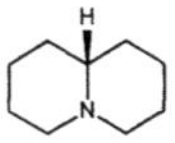 Chinolizidin-Typ	Lupinin Selagin Annotinin	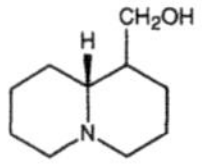 (-)-Lupinin
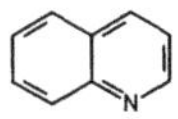 Chinolin-Typ	(-) - Chinin Echinopsin Dictamnin	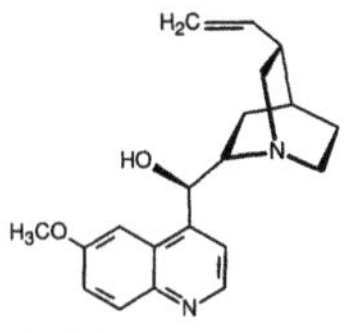 (-) - Chinin
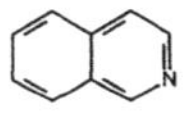 Isochinolin-Typ	Papaverin (-) - Narcotin Morphin Berberin	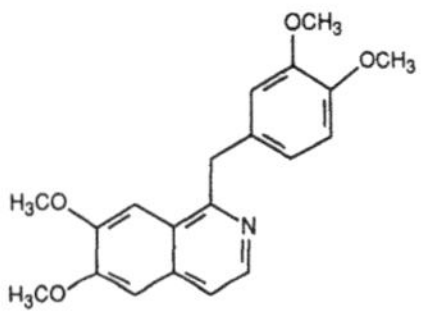 Papaverin 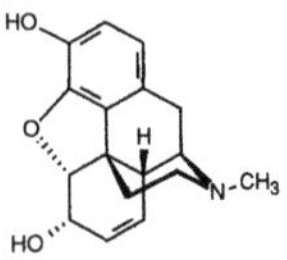 Morphin
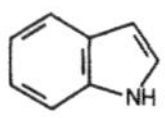 Indol-Typ	Reserpin Yohimban Strychnin	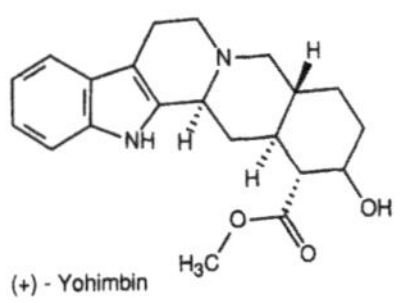 (+) - Yohimbin 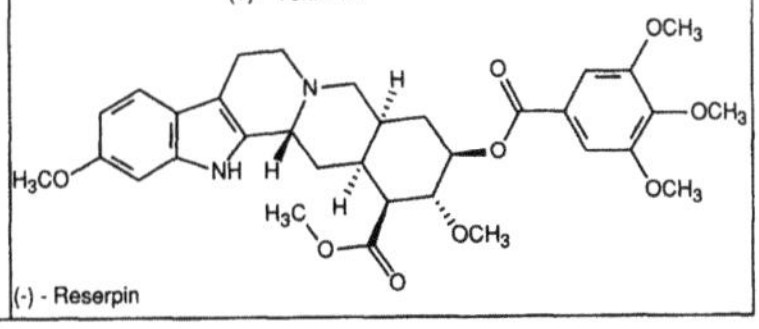 (-) - Reserpin

Alkaloide und ihre Einteilung nach den zugrundeliegenden Ringsystemen

Peptid-, Diterpen- und Steroid-Alkaloide besitzen meist exocyclisch angeordneten Stickstoff.

Lit: Hesse M (1978) Alkaloidchemie. Thieme Verlag, Stuttgart – Robinson T (1981) The Biochemistry of Alkaloids, 2. Aufl., Springer-Verlag, Berlin Heidelberg New York.

Alkane. Paraffine (lat. parum affinis = wenig reaktionsfähig). Gesättigte Kohlenwasserstoffe, deren C-Atome durch Einfachbindungen verknüpft sind, wobei Ketten- und Ringstrukturen auftreten. Die unverzweigten kettenförmigen Vertreter heißen n-Alkane mit der Summenformel C_nH_{2n+2}, während die einfach verzweigten C_nH_{2n+2} mit n > 3 Isoalkane und die ringförmigen C_nH_{2n} mit n > 2 Cycloalkane genannt werden. A. sind farblose Substanzen, die bei Normaltemperatur von C_1 bis C_4 gasförmig, von C_5 bis C_{16} flüssig und ab C_{17} fest sind. Die flüssigen Vertreter besitzen einen benzin- oder petroleumartigen Geruch. Alle A. sind brennbar, wobei die niederen leicht entflammbar sind bzw. mit O_2 explosive Gemische bilden können. Aufgrund ihres unpolaren Charakters lösen sie sich gut in org. Lösungsmitteln, wie z. B. Ether, Chloroform, Benzol und Tetrachlormethan, während sie in Wasser kaum löslich sind. Bei moderaten Temperaturen sind sie relativ stabil und wenig reaktionsfreudig. Erst bei höheren Temperaturen spalten sich die C-C-Bindungen in einem thermischen Crackprozeß. A. kommen in >Erdgasen< und >Erdölen< vor sowie in den synthetisierten Produkten der Kohleveredlung. Verwendung finden sie als Brennstoffe, Schmiersubstanzen und Lösungsmittel sowie als Ausgangssubstanz für die Herstellung zahlreicher Stoffe, wie z. B. Ethylen, Acetylen, Alkohole, Aromaten, Essigsäure, Fettsäuren, Chlorkohlenwasserstoffe und Waschmittelrohstoffe. Die gasförmigen Vertreter >Methan< und Ethan besitzen eine sehr geringe >Toxizität<, während >Propan<, >Butan< sowie die Dämpfe der flüssigen A. schwach narkotische Wirkung zeigen. Bis n = 12 werden die A. leicht vom Organismus aufgenommen und im Fettgewebe gespeichert, wobei entsprechend der narkotischen Wirkung folgende >MAK-Werte< gelten: Propan, Butan, Pentan 0,1 %, Hexan 0,01 % und Heptan, Octan 0,05 %.

Alkanna. (Orchanette, Alkannawurzel, Anchusin, Anchusasäure, Alkannarot): Dunkelrotes, grünlich reflektierendes, amorphes Pulver mit schwach saurer Reaktion, gewonnen aus dem Petroletherextrakt getrockneter Wurzeln von *Alkanna tinctoria* TAUSCH und *Lawsonia alba* LAM. Der Hauptfarbstoff Alkannin dient zur Färbung von Eiscreme, Teigwaren, Fruchtsäften, Limonaden, Suppen, Heringssalat, Saucen und Früchten.

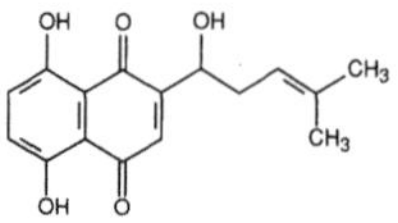

Alkazid-Verfahren. Verfahren zur Verringerung des Schwefelwasserstoffgehaltes (H_2S) im >Abgas< durch >Absorption< (Chemiesorption) von H_2S in einer wäßrigen Lsg. des Kaliumsalzes der Dimethylaminoessigsäure. Saure Schadstoffe im Abgas, wie >Cyanwasserstoff< (HCN, Blausäure) oder >Schwefeldioxid< (SO_2), schädigen das Waschmittel und sind daher vorher durch geeignete Waschverfahren zu entfernen. Durch Zufuhr von Wärme ist der aufgenommene H_2S im sog. Ausgaser zur Regeneration der Lauge wieder auszutreiben.

Alkoholkraftstoff. Kraftstoff, der im wesentlichen aus Alkoholen besteht. Hierzu gehören insbesondere die einfachen Alkohole >Methanol< und >Ethanol< (s. Abb.)

A. werden als umweltfreundliche Kraftstoffe angesehen, weil bei ihrer Verbrennung in Motoren weniger Abgasschadstoffe als bei den konventionellen Kraftstoffen entstehen.

Lit: Menrad H, König A (1982) Alkoholkraftstoffe, Springer-Verlag Wien, ISBN 3-211-81696-8 – Asinger F (1986) Methanol, Chemie- und Energierohstoff, Springer Verlag, Berlin, ISBN 3-540-15864-2 – – (1983) Methanol, Voraussetzungen für die Einführung von Alkoholkraftstoffen, Verlag TÜV Rheinland, Köln ISBN 3-88585-134-2 – – (1976 bis 1991) Entwicklungsrichtlinien in Kraftfahrzeugtechnik und Straßenverkehr, Forschungsbilanz(en) 1976 bis 1991, Verlag TÜV Rheinland, Köln – Fabri J, Dabelstein W, Reglitzky A (1991) Chancen alternativer Kraftstoffe unter besonderer Berücksichtigung der Umweltverträglichkeit, Shell Technischer Dienst, Deutsche Shell Hamburg, ISSN 0934-3601 – Menrad H, Bernhardt W, Decker G (1988) Methanol Vehicles of Volkswagen – A Contribution to Better

Wichtige Kennwerte für den Ottomotoren-Betrieb

Vergleich von Methanol, Ethanol, Normalbenzin

	Methanol (CH_3OH)	Ethanol (C_2H_5OH)	Normal-Benzin (C_nH_{2n})
chem. Zusammensetzung kg/kg Kraftstoff	C 0,38 H 0,12 O 0,50	C 0,52 H 0,13 O 0,35	C 0,857 H 0,14 O 0,03
Heizwert MJ/kg	19,7	26,8	43,0
ROZ	~114	~111	~92,6
MOZ	~94	~94	~82,7
Luftbedarf kg Luft/ kg Kraftstoff	6,4	9,0	14,7

Quelle: Menrad/König; typische Marktdaten BRD

Alkoholkraftstoff: Wichtige Kennwerte von Alkoholkraftstoffen. Die ROZ (Research-Octan-Zahl) bzw. MOZ (Motor-Octan-Zahl) stellen ein Maß für die >Klopffestigkeit< von Kraftstoffen dar. (Fabri J, Dabelstein W, Reglitzky A (1991) Chancen alternativer Kraftstoffe unter besonderer Berücksichtigung der Umweltverträglichkeit, Shell Technischer Dienst, Deutsche Shell Hamburg, ISSN 0934-3601)

Air Quality, SAE 881196 – - (1989 und 1991) International Symposia on Alcohol Fuel Technology, Tokyo 1989 und Firenze 1991 – Müller E, Mutke H, Neyer D (1991) Der 1.9 l Dieselmotor mit Oxidationskatalysator für den VW-Passat. MTZ Motortechnische Zeitschrift 52: 494–499 – Nierhauve B (1991) Neue Anforderungen an Ottokraftstoffe, Mineralöltechnik 9, September 1991 – Dabelstein W, Reders K (1984) Unverbleite Ottokraftstoffe – Möglichkeiten und Grenzen der Herstellung, Shell Technischer Dienst.

Alkoholmotor. Verbrennungsmotor zum Betrieb mit >Alkoholkraftstoff<. Dabei kann es sich um MeOH oder EtOH handeln; die motorischen Eig. beider Alkohole sind sehr ähnlich. Aufgrund der hohen >Klopffestigkeit< und der niedrigen Zündwilligkeit sind A. i.d.R. als >Ottomotoren< ausgeführt. Im Vergleich zum Betrieb mit >Ottokraftstoff< sind für den Einsatz von Alkoholen eine Reihe von Anpassungen erforderlich. Dies betr. hauptsächlich den Luftbedarf, die Auswahl geeigneter Baustoffe – Kunststoffe, Dichtungen und einige Metalle –. Eine Anpassung an die hohe Klopffestigkeit ist empfehlenswert, was einer Erhöhung des Wirkungsgrads gleichkommt. Außerdem sind Maßnahmen zur Verbesserung des >Kaltstartverhaltens< der A. erforderlich, z.B. Startvorrichtung mit Hilfskraftstoff wie handelsüblicher >Ottokraftstoff< oder >Flüssiggas<, elektrische Vorheizung oder Beimischung geeigneter Komponenten zum Alkohol. Man unterscheidet bei den A. monovalente Konzepte für den ausschl. Einsatz von >Alkoholkraftstoff< oder bivalente für den wahlweisen Gebrauch von Ottokraftstoff oder Alkohol, >Multi Fuel Concept. < Der A. nach dem Dieselprinzip erfordert wegen der geringen Zündwilligkeit des Kraftstoffs zusätzliche Zündungsmaßnahmen, entweder mittels >Zünd<- oder >Glühkerzen< oder zusätzliche Kraftstoffkomponenten. Die Abgasemissionen der A. sind günstiger als die von handelsüblichen Kraftstoffen. Bei Ottomotoren betrifft dies insbesondere best. HC-Gruppen, die für die >Smogbildung< verantwortlich sind, und polycyclische Aromaten. Bei >Dieselmotoren< kommen noch Vorteile durch geringere $>NO_x<$- und >Rußwerte< dazu.

Lit: Menrad H, König A (1982) Alkoholkraftstoffe, Springer Verlag, Wien, ISBN 3-211-81696-8 – (1983) Methanol, Voraussetzungen für die Einführung von Alkoholkraftstoffen, Verlag TÜV Rheinland, Köln ISBN 3-88585-134-2 – Fabri J, Dabelstein W, Reglitzky A (1991) Chancen alternativer Kraftstoffe unter besonderer Berücksichtigung der Umweltverträglichkeit, Shell Technischer Dienst, Deutsche Shell Hamburg, ISSN 0934-3601 – Menrad H, Bernhardt W, Decker G (1988) Methanol Vehicles of Volkswagen – A Contribution to Better Air Quality, SAE 881196 – (1989 und 1991) International Symposia on Alcohol Fuel Technology, Tokyo 1989 und Firenze 1991.

Alkoholsensor. Bei Fahrzeugen, die wahlweise mit >Alkoholkraftstoff< oder >Ottokraftstoff< betrieben werden können, notwendige Einrichtung zur Ermittlung der Zus. des Kraftstoffs, d.h. der Anteile der möglichen Kraftstoffe (s. Abb unten). >Multi Fuel Concept<.

Lit: Schmitz G, Bartz R, Hilger U, Siedentop M (1990) Intelligent Alcohol Sensor, SAE 900231.

Alkydharze. Mit Fetten und Ölen modifizierte >Polyesterharze<, die als >Lack<-Rohstoffe eingesetzt werden (Alkydharzlacke).

Alkylbenzolsulfonate. Lineare A. (LAS) sind die mengenmäßig wichtigsten anionischen >Tenside<, da die Herstellung im Vergleich zu anderen Tensiden sehr kostengünstig ist. Sie werden durch Friedel-Crafts-Alkylierung von Benzol mit *n*-Alkylchloriden oder *n*-Olefinen, Sulfonierung des erhaltenen Alkylbenzols und anschließender Neutralisierung hergestellt. Es ergibt sich ein Isomerengemisch, wie in der unteren Abb. dargestellt.

Aufgrund der weiten Verbreitung sind LAS seit Jahrzehnten Gegenstand intensiver Untersuchungen hinsichtlich des Abbauverhaltens und der tox. Daten (s. Tabellen S.68).

So ist auch der Mechanismus für den Totalabbau aufgeklärt. Es wurde nachgewiesen, daß die Komponenten am schnellsten abgebaut werden, bei denen eine Methylgruppe möglichst weit von der Sulfophenylgruppe entfernt ist. Die nach dem Abbau verbleibende Isomerenverteilung erweist sich als ca. achtmal weniger tox. als das Ausgangsgemisch. Im Test zur Erkennung stabiler Metaboliten erwiesen sich 3,9 bis 6,3% als nicht abbaubar. Dabei konnte nicht geklärt werden, ob es sich um stabile Intermediärprodukte oder Verunreinigungen aus dem Herstellungsprozeß handelt. Die Analyse und tox. Bewertung der nicht abbaubaren Anteile steht noch aus. Im >Klärschlamm< wurden LAS im Bereich von 0,3 bis 1,2% der Trockenmasse nach-

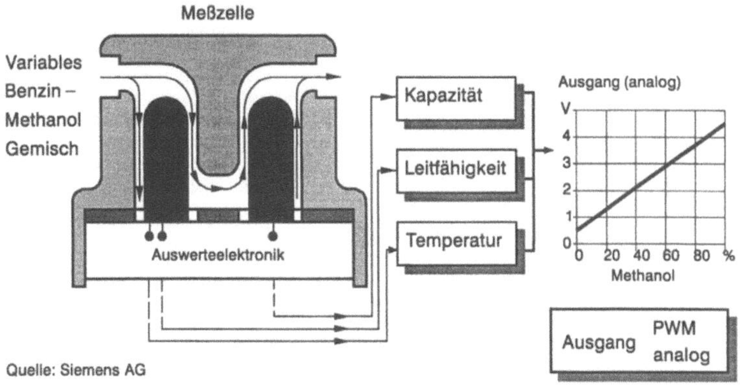

Alkoholsensor: Prinzip eines Alkoholsensors (Decker G, Degen A, Heinrich H (1991) Stand der Multi Fuel-Motorentechnik bei Volkswagen, 3. Aachener Kolloquium „Fahrzeug- und Motorentechnik", 15.–17. 10. 1991: 363–382)

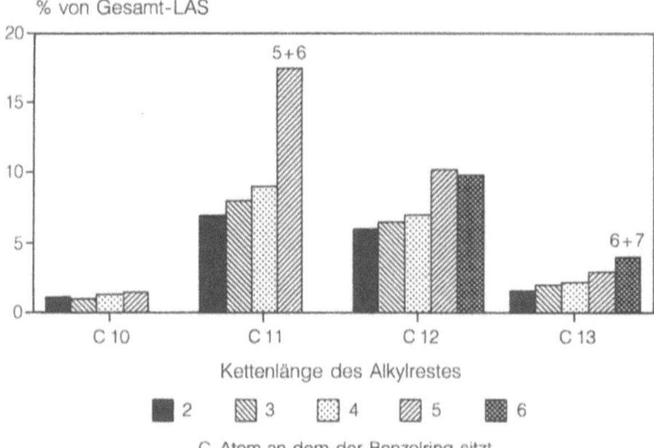

Alkylbenzolsulfonate:
Isomerenverteilung in LAS
(Handelsware)

Alkylbenzolsulfonate: Daten zur Toxikologie von LAS

akute Säugertoxizität	LD_{50} oral, 1.260 mg/L Ratte
Hautverträglichkeit	reizend
Schleimhautverträglichkeit	reizend
akute Ökotoxizität	
LC_{50} (Goldorfe)	3,2 bis 4,9 mg/L
LC_{50} (Forelle)	5,6 mg/L
LC_{50} *(Daphnia magna)*	8,9 bis 14 mg/L
Algen (Wachstums-Hemmtest je nach Alge)	10 bis 300 mg/L
verlängerter Fischtest	
14- bis 30-Tage-Test (Forelle)	0,12 mg/L (letal)
chronische Toxizität	
Life Cycle-Test (Dickkopffritze)	0,25 mg/L
Mikrocosm-Test	0,2 mg/L
Pseudomonas putida	48 mg/L

Alkylbenzolsulfonate: Biologische Abbaubarkeit von LAS

Primärabbau (nach der Verordnung zum Wasch- und Reinigungsmittelgesetz)

a) OECD-Screening-Test	95 %
b) OECD-Confirmatory-Test	90 bis 97 %
Totalabbau	
a) Modifizierter OECD-Screening-Test (DOC-Abnahme)	73 bis 84 %
b) Geschlossener Flaschen-Test (BSB_{50} bezogen auf den theoretischen BSB, O_2-Verbrauch)	55 bis 65 %
c) Sturm-Test (CO_2-Evolution)	45 bis 76 %
d) Coupled Units-Test (DOC-Abnahme)	73 bis 74 %
e) Test zur Erkennung stabiler Metaboliten (DOC-Abnahme)	95 %

gewiesen. Kontrolldaten über den Verbleib in den Böden, auf die Klärschlamm aufgebracht wurde, fehlen. Die neu entwickelten HPLC-Verfahren werden in Zukunft Aussagen über die Abbaumöglichkeiten in den Böden erlauben.

Lit: Gerike P, Jasiak W (1985) Tenside im Test zur Erkennung stabiler Metabolite, Tenside Detergents, 22: 305–310 – Gilbert PA, Kleiser HH (1988) Beurteilung der Umweltverträglichkeit von LAS. Tenside Surfactans Detergents, 25: 128–133 – Goßler K, Miess R (1987) Verhalten von linearen Alkylbenzolsulfonaten aus Haushaltswaschmitteln bei der Abwasserbehandlung – Literaturstudie, Eigenverlag der Landesgewerbeanstalt Bayern, Nürnberg.

Alleinfuttermittel. Mischungen von >Futtermitteln<, die aufgrund ihrer Zusammensetzung allein für die tägliche Ration ausreichen.

Allel. Verschiedene Formen eines bestimmten >Gens<, die auf den gleichen Genorten homologer >Chromosomen< in di- oder polyploiden Zellen liegen. >Diploide< Zellen, also die meisten eukaryontischen Zellen, enthalten den doppelten Satz Gene oder Chromosomen, die jeweils vom männlichen und weiblichen >Gameten< (Sperma- bzw. Eizelle) stammen. Sind die beiden Kopien eines A. gleich, spricht man von einer für dieses Gen >homozygoten Zelle<, sind sie unterschiedlich von einer >heterozygoten Zelle<. In heterozygoten Zellen entwickelt die Zelle bei der Expression die Charakteristika des einen, des anderen oder einer Mischung beider A. Dominante A. führen zur Ausprägung ihrer jeweiligen Merkmale in homo- und heterozygoten Zellen, während rezessive A. sich nur bei homozygoten Zellen bemerkbar machen. Der >Phänotyp< einer Zelle oder eines Organs ist das Ergebnis aller ausgeprägten, exprimierten Merkmale.

Allelopathie. (Grch. allelos = gegenseitig, pathos = Erleiden, Einwirkung). Bezeichnet die gegenseitige Beeinflussung von Pflanzen durch Ausscheidung von Stoffwechselprodukten, die meist hemmend, teilweise aber auch fördernd wirken. Ein typisches Beispiel liefert der Echte Walnußbaum *Juglans regia*. Nach Freisetzung eines glucosidierten Naphthochinon-Derivats v. a. aus den Blättern entsteht im Boden durch Hydrolyse das >toxische< Juglon. Hierdurch wird der Aufwuchs zahlreicher Pflanzen wie Getreide, Kartoffeln und Kiefern im unmittelbaren Baumbereich gehemmt.

Allergie. Überempfindlichkeitsreaktion des >Immunsystems< auf körperfremde Substanzen, die >Allergene<. Die A. basiert auf einer >Antigen-Antikörper-Reaktion< im >Gewebe< und im Blut. Sie verläuft in zwei Phasen. 1. Phase: Sensibilisierung: Bei Kontakt eines Allergens mit Zellen des Immunsystems kommt es zur Bildung von Antikörpern. 2. Phase: Auslösung: Bei erneuter Zufuhr desselben Allergens kommt es zur Antigen-Antikörper-Reaktion, besonders im Gewebe. Dabei werden gefäßaktive Substanzen freigesetzt, welche die Blutgefäße erweitern und deren Durchlässigkeit für Blutflüssigkeit erhöhen. Dadurch kommt es zur Quaddelbildung und Juckreiz sowie Laufen der Nase bzw. Tränen der Augen, den typischen Symptomen des Heuschnupfens. An den Atemwegen kann eine Kontraktion der glatten Muskulatur der Bronchien mit Anstieg des Atemwegswiderstandes bewirkt werden, ein wichtiges Symptom des Asthma bronchiale (>Asthma<). Durch Antigen-Antikörper-Komplexe können weiße Blutkörperchen angelockt werden, welche Entzündungen an Haut und Schleimhäuten hervorrufen können, das allergische Hautekzem. Die Diagnostik bedient sich verschiedener Hauttests, sog. Intracutantests sowie bestimmter Blutuntersuchungen, z.B. des RAST-Tests. Die wichtigste Maßnahme zur Therapie einer Allergie ist die Vermeidung eines Kontaktes mit dem auslösenden Allergen. Eine Heilung einer Allergie kann z.T. durch die Hyposensibilisierung erreicht werden. Im übrigen bleibt nur die medikamentöse Prophylaxe bzw. Behandlung der Symptome.

Allergische Kontaktdermatitis. >Hautsensibilisierung<.

Allerödzeit. Wärmere Phase im Würm-Spätglazial, etwa 9.800 bis 9.000 v.Chr., in der weite Bereiche Mitteleuropas mit lockerem Birken-Kiefern-Wald bedeckt waren.

Allgemeine Betriebserlaubnis. (ABE). Vom Kraftfahrtbundesamt erteilte Erlaubnis zum Betreiben eines Fahrzeugs. Diese wird nur erteilt, wenn die gesetzlichen Vorschriften erfüllt sind, wie z.B. >Geräuschvorschriften<, >Abgasrichtlinien<, Sicherheitsvorschriften usw. Wird üblicherweise vom Hersteller des Fahrzeugs erwirkt.

Allgemeine Gleichgewichtsanalyse. (Syn. Totalanalyse). Beschäftigt sich generell mit der Gesamtheit der über Märkte vermittelten Interaktionen zwischen Unternehmen und Haushalten. Typischerweise geht man von bestimmten Daten (geg. Vermögensbestände, Faktoren, Präferenzen, Produktionsfunktionen) und fixierten Verhaltensweisen (Gewinnmaximierung seitens der Unternehmen, Nutzenmaximierung seitens der Haushalte) sowie der Annahme vollkommener Konkurrenz auf allen Märkten aus und reduziert das Problem auf eine Analyse der Veränderungen der Preise. Werden solche Modelle des Konkurrenzgleichgewichts mit >Materialbilanzen< verknüpft, lassen sich die Beziehungen zwischen der Umwelt und dem Preissystem herstellen. Ziel ist die Ableitung der Bedingungen, unter denen eine Marktwirtschaft mit unabhängigen Entscheidungsträgern und >externen Effekten< zu einem Gleichgewicht führt (Existenz) und Pareto-optimal ist. >Pareto-Optimalität< bezeichnet dabei eine gesellschaftliche Situation, in der es nicht möglich ist, die Wohlfahrt eines Individuums durch eine Re>allokation< der Ressourcen zu erhöhen, ohne gleichzeitig die eines anderen Individuums zu verringern. Es läßt sich unter bestimmten (und plausiblen) Annahmen zeigen, daß eine Konkurrenzwirtschaft, bei der die externen Effekte durch geeignete Steuern oder Subventionen internalisiert werden, existiert und Pareto-optimal ist. Die in der >Umweltökonomik< zur Bestimmung der gesamtwirtschaftlichen Kosten von Umweltschutzaktivitäten (>Top down-Ansatz<) angewandten Modelle des allg. Gleichgewichts können dabei von unterschiedlicher Komplexität sein. Zur Analyse von Umweltproblemen muß das Modell der Konkurrenzwirtschaft jedoch zumindest in dreifacher Hinsicht erweitert werden. Geht es z.B. darum, den durch die Verbrennung fossiler Energieträger verursachten CO_2-Ausstoß zu vermindern, so müssen Brennstoffe als separater Produktionsfaktor in der Produktionsfunktion und Substitutionsmöglichkeiten zwischen fossilen Brennstoffen und alternativen Energieträgern berücksichtigt werden. Mit einem derartigen Modell kann die Frage beantwortet werden, wie stark das Wirtschaftswachstum im Vergleich zum „business-as-usual-Szenarium" (>Top down-Ansatz<) eingeschränkt wird, wenn die Nutzung >fossiler Brennstoffe< auf ein bestimmtes Niveau beschränkt wird. Sofern Bestandseffekte wichtig sind (wie bei der Zerstörung der >Ozonschicht<, der Übernutzung von Wäldern und bei der >Bodenerosion<) muß das Modell dynamisiert und die Bestände an Umweltressourcen in den Produktions- und Konsumfunktionen berücksichtigt werden. Derartige Modelle geben Aufschluß darüber, ob der Grenznutzen von Umweltschutzaktivitäten unterschätzt wird, wenn man sich auf eine statische Analyse der Kosten laufender >Emissionen< beschränkt. Schließlich geht es drittens darum, das suboptimale Verhalten auf einzelnen Märkten (>Marktversagen<) explizit im Modell zu berücksichtigen. Der Zweck, ein solches partialanalytisches Modell in ein allg. Gleichgewichtsmodell zu integrieren, liegt darin, daß es weitere Verzerrungen in der Ökonomie gibt, die ebenfalls einen Einfluß auf die Ressourcennutzung haben.
Lit: Klepper G et al. (1994) Jahrb. f. Nationalök. u. Stat. 213: 513–544.

Allmenderessource. Natürliche Ressource im Gemeineigentum. Bei uneingeschränktem Zugriff besteht die Gefahr der vorzeitigen Erschöpfung bzw. Ausrottung. Unregulierte Märkte führen bei A. nicht zu optimalen Marktergebnissen (>Marktversagen<). Ursache für die Fehl>allokation< ist der fehlende Anreiz für den individuellen Ressourcennutzer, die von ihm verursachten >Nutzungskosten< zu berücksichtigen. Zur Korrektur von Fehlentwicklungen werden Beschränkungen der Nutzungsrechte oder steuerpolitische Maßnahmen (z.B. Ressourcennutzungssteuern) vorgeschlagen (>Umwelt- und Ressourcenökonomik<.
Lit: Siebert H (1983) Ökonomische Theorie natürlicher Ressourcen. J.C.B.Mohr, Tübingen.

Allochthon. (Grch. allos = anders, chthon = Erde; fremdbürtig) In der Geologie und Bodenkunde Bezeichnung für Gesteine, Decken, >Böden< etc., die nicht am Fundort gebildet, also verfrachtet wurden; Gegensatz: >autochthon<. In der Limnologie der Eintrag aller natürlichen gelösten und partikulären Stoffe von außen in ein Gewässer, z.B. Fallaub, Geschiebe.

Allolobophora (Lumbricidae). Endogäische Regenwurmarten im A-Horizont nährstoffreicher Böden. >Annelida<, >Bodenfauna<, >Mull-Moder-Modell<.

Allokation. (Lat. Zuweisung). Zuweisung von Gütern (inkl. Umweltgütern) und Faktoren (inkl. natürlicher Ressourcen) zu versch. Verwendungszwecken und/ oder Perioden. In der Marktwirtschaft wird die A. primär über Güter- und Faktorpreise (Preismechanismus) bestimmt. Insbesondere sub-optimale (statische und/ oder intertemporale) A. bewirkt u.U. Probleme bei allen wirtschaftlichen Vorgängen mit >externen Effekten< bzw. bei >öffentlichen Gütern<, so bei der Umweltbelastung oder der Nutzung natürlicher Ressourcen (>Marktversagen<).
Lit: Endres A (1994) Umweltökonomie. Wissenschaftliche Buchgesellschaft, Darmstadt.

Allopathie. Bezeichnung für die der >Homöopathie< entgegengesetzte Heilmethode; somit die Heilmethode(n) der Schulmedizin.

Allopatrie. Das Vorkommen von >Populationen<, Unterarten oder >Arten< in voneinander getrennten geographischen Gebieten. Durch Isolation können dort neue Rassen, Unterarten oder Arten entstehen. Gegensatz: >Sympatrie<.

Allophane. Wasserreiche Aluminiumsilicate mit einem Si/Al-Molverhältnis von 0,5 bis 1, deren Kristallbausteine nur im Nahbereich geordnet sind. Die A. bilden Hohlkugeln mit einem Durchmesser von etwa 5 nm und besitzen eine sehr große spezifische Oberfläche und eine hohe variable Ladung (>Ionenaustausch<). Sie kommen besonders häufig in Böden aus jungen vulkanischen Aschen (z.B. Andosolen) vor.

Allosterie. (Grch. allos = anders; steros = Raum). Veränderung der Raumstruktur von Enzymen durch Anlagerung eines Effektors abseits vom aktiven Zentrum, wobei dieses mitbeeinflußt wird. Nach der Auffassung mancher Autoren ist für eine solche Änderung eine kooperative Wechselwirkung zwischen mehreren Proteinuntereinheiten notwendig, so daß bei Proteinen mit nur einer Polypeptidkette keine allosterischen Effekte auftreten dürften. Allerdings kennt man auch von solchen Proteinen Veränderungen der Tertiärstruktur durch kleine Moleküle, die sich auf das aktive Zentrum auswirken. Je nach Art des Einflusses auf das aktive Zentrum unterscheidet man eine allosterische Hemmung und eine allosterische Förderung. Letztere ist von großer Bedeutung für die Regelung der Enzymaktivität. Bei einer allosterischen Hemmung bzw. bei der Regulation vom K-Typ wird durch die Anlagerung des Effektors die Affinität des Enzyms zu seinem Substrat verändert, was sich an der Erhöhung bzw. Erniedrigung der Michaelis-Konstante K_M (>Michaelis-Menten-Gleichung<) erkennen läßt. Dadurch wird bei konstanter Substratkonz. die effektive Umsatzrate variiert. Dagegen ändert sich bei der sehr seltenen allosterischen Regelung vom V-Typ die katalytische Kapazität, d.h. die Umsatzgeschwindigkeit v_{max} bei der Sättigungskonz.

allotherm. Ein Prozeß (z.B. >Vergasung<) ist a., wenn von außen über Heizflächen oder durch Mischung mit heißen Wärmeträgern (z.B. Reaktionsprodukten oder unbeteiligten Stoffen) Wärme zugeführt wird.

Alloxydim. Wirkt als >Herbizid< und zählt zur Substanzklasse der Oxim-Derivate.
Chemische Bezeichnung: Methyl-3-[1-allyloxyimino)-butyl]-4-hydroxy-6,6-dimethyl-2-oxocyclohex-3-encarboxylat,
Natriumsalz.
CAS-Nummer: 55634–91–8 (66003–55–2 für das Na-Salz).
Hersteller: Nippon Soda.
Wirkungstyp: Systemisch wirkendes, selektives Gras-Herbizid zur Nachauflaufbehandlung in dikotylen Kulturen. Aufnahme vorwiegend über die Blätter, weniger durch die Wurzeln. Hemmt die Teilung bei der Mitose. Die Wirkung tritt innerhalb von 8 bis 14 Tagen nach der Spritzung ein und wird durch Wärme und gleichzeitig hohe Luftfeuchte beschleunigt. Wirkung ist unabhängig von der Bodenart.
Bevorzugte Anwendung: Bekämpfung von einkeimblättrigen Unkräutern einschließlich Ausfallgetreide,

ausgenommen Gemeine Quecke und Einjähriges Rispengras, in Zucker- und Futterrüben, Kartoffeln, Raps, Möhren, Erbsen, Buschbohnen und in gepflanztem Gemüsekohl sowie in Rotschwingel-Untersaaten und in Spinat.

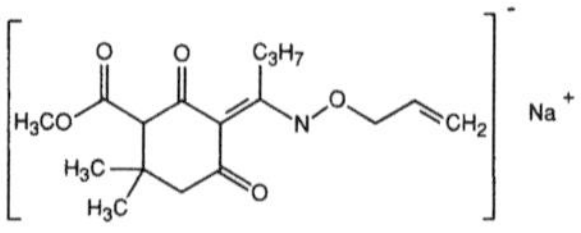

Chemische und physikalische Eigenschaften für das Natrium-Salz:
Physikalische Beschaffenheit: Kristallin, farblos.
Schmelzpunkt: 185,5 °C (Zersetzung).
Siedepunkt: Nicht destillierbar.
Dampfdruck: >0,133 mPa bei 25 °C.
Stabilität: Bei 50 °C stabil für 30 Tage, in trockenem Zustand. Sehr hygroskopisch.
Löslichkeit: In Wasser mehr als 200 g/100 mL bei 30 °C.
Abbau und Metabolismus: Boden: Nach Abspaltung der Allyloxygruppe zerfällt der Rest zu kleinen Bruchstücken und CO_2. HWZ im Boden etwa 10 Tage.
Säugerorganismus: Nach oraler Aufnahme durch Ratte Absorption, Metabolisierung und Ausscheidung nach 24 h, wobei 75 bis 84 % über Urin und 16 bis 25 % über Faeces ausgeschieden werden.
Toxizität: Akute orale LD_{50} für Ratte 2.250 bis 2.560 mg/kg, für Maus 3.000 bis 4.600. Akute dermale LD_{50} für Ratte mehr als 1.630 mg/kg, für Maus mehr als 1.380 mg/kg. Intraperitoneale LD_{50} für Ratte 1.700 mg/kg.
Akute Inhalation LC_{50} (24 h) für Ratte >3,8 mg/L Luft. Keine Haut- und Augenreizwirkung bei Kaninchen. 2-Jahre Fütterungstest NOEL für Ratte und Maus 100 mg/kg Futter.
Bienentoxizität: Nicht bienengefährlich.
Fischtoxizität: LC_{50} (96 h) für Karpfen 2,6 g/L, für Forelle 2,0 g/L.
Vogeltoxizität: Akute orale LD_{50} für Japanische Wachtel 2.970 mg/kg.

Allradantrieb. Für geländegängige Nutzfahrzeuge erforderlich, bei einer zunehmenden Zahl von Pkw eingesetzt, um die Fahrsicherheit in Grenzbereichen zu verbessern. Die nicht zu vermeidenden zusätzlichen Verluste im aufwendigen Antriebssystem erhöhen >Kraftstoffverbrauch< und >Abgasemissionen<.

Alltox. Handelsname für ein Insektizid-wirksames Polychlorterpengemisch (>Toxaphen<).

Allura Rot AC. 1-(4-Sulfo-3-methyl-6-methoxy-1-phenylazo)-2-hydroxy-naphthalin-6-sulfonsäure (Dinatriumsalz). Ein orangeroter bis rubinroter Lebensmittelfarbstoff, der für Getränke, Speiseeis, Gelatinedessert, Zuckerwaren, Puddingpulver etc. verwendet wird.

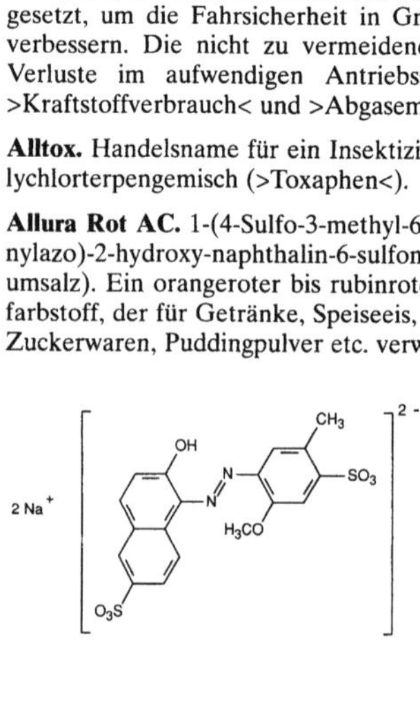

Alluvium. Ältere Bezeichnung für das Holozän, die jüngste geologische Formation. In der landwirtschaftlichen >Bodenbewertung< wird der Begriff A. für nacheiszeitliche Sedimente gebraucht. Da diese Sedimente i.d.R. nur wenig verwittert sind, sind die daraus gebildeten Böden oft relativ fruchtbar.

Alphateilchen. Von verschiedenen radioaktiven Stoffen beim Zerfall ausgesandtes, positiv geladenes Teilchen. Es besteht aus zwei >Neutronen< und zwei >Protonen<, ist also mit dem Kern des Heliumatoms identisch. Die >Ruhemasse< des Alphateilchens beträgt $6{,}644 \cdot 10^{-27}$ kg, das entspr. $3{,}727\,32 \cdot 10^{9}$ eV. >Alphastrahlung< ist die am wenigsten durchdringende Strahlung der drei Strahlungsarten (Alpha-, >Beta-<, >Gammastrahlung<). Alphastrahlung wird schon durch ein Blatt Papier absorbiert. Sie ist für Lebewesen nur dann gefährlich, wenn die die >Alphastrahlen< aussendende Substanz eingeatmet oder mit der Nahrung aufgenommen wird oder in Wunden gelangt.

Alphazerfall. Radioaktive Umwandlung, bei der ein >Alphateilchen< emittiert wird. Beim A. nimmt die >Ordnungszahl< um zwei Einheiten und die >Massenzahl< um vier Einheiten ab. So entsteht z.B. aus U-238 mit der Ordnungszahl 92 beim A. Th-234 mit der Ordnungszahl 90.

Alprenolol. >Beta-Blocker.<

Altablagerung. Stillgelegte Anlagen zum Ablagern von Abfällen, sonstige stillgelegte Aufhaldungen und Verfüllungen und >Abfallablagerungen< auf Grundstükken, die vor der Geltung des >Abfallgesetzes< (11.06. 1972) eingerichtet wurden und nicht den Anforderungen des Gesetzes genügen, so daß davon >Umweltbelastungen< ausgehen können.
Lit: LAGA (1990) Altablagerungen und Altlasten, E. Schmidt Verlag, Berlin.

Altanlage. Unter A. wird im allg. eine Anlage verstanden, die zum Zeitpunkt des Inkrafttretens eines neuen Gesetzes, einer neuen >Verordnung< oder >Verwaltungsvorschrift< schon errichtet ist, bzw. für die eine Genehmigung zur Errichtung und zum Betrieb schon erteilt ist oder in einem >Vorbescheid< oder einer >Teilgenehmigung< schon einschlägige Anforderungen gestellt sind. Der Begriff A. kann dabei in den einzelnen Vorschriften unterschiedlich definiert sein. A. entspr. in vielen Fällen nicht mehr dem neuesten >Stand der Technik< und sind daher gemäß der jeweiligen Vorgabe der entspr. gesetzlichen Regelung innerhalb best. Übergangsfristen nachzurüsten (>Altanlagensanierung<).

Altanlagenprogramm. Seit 1979 stattfindende Fördermaßnahme in Deutschland mit einem Vol. von über 600 Mio. DM zum Bau großtechnischer Demonstrationsanlagen mit dem Ziel, aufzuzeigen, daß und auf welche Art und Weise >Altanlagen< nachträglich einem fortschrittlichen >Stand der Technik< zur >Emissionsminderung< angepaßt werden können. Vorrangig bildeten z.B. Maßnahmen zur Erfassung diffuser >Emissionen< im Bereich der Eisen-, Stahl- und Nichteisen-Metallindustrie, zur Verringerung der Emissionen an schwer >abbaubaren< und giftigen >Staubinhaltsstoffen<, insbesondere an >Schwermetallen<, und zur Verringerung der >Schwefeloxid-< und >Stickstoffoxid-Emissionen< (NO_x) die Schwerpunkte des A. Seit 1987 werden auch fortschrittliche Verfahren bei neuen Anlagen gefördert. Die Ergebnisse dieses Programms stellen eine ausgezeichnete Grundlage für normative Regelungen dar. So konnten wesentliche Erkenntnisse aus den so geförderten Demonstrationsanlagen in die Novellierungsarbeiten zur >TA Luft< einfließen. Auch bei der Konkretisierung der Minimierungsgebote und Dynamisierungsklauseln der TA Luft, bei der Entwicklung „sauberer" Technologien und bei der Umsetzung des Abwärmenutzungs- und des >Reststoff<vermeidungsgebotes werden Erkenntnisse aus dem Förderprogramm wertvolle Hinweise geben können.

Altanlagensanierung. Nachrüstung von >Altanlagen< mit dem Ziel, die Luftreinhaltemaßnahmen bei Altanlagen an den neuesten >Stand der Technik< anzupassen. Mit der Novelle des >Bundes-Immissionsschutzgesetzes< im Jahr 1985 wurde der Verordnungsgeber erstmals ermächtigt, per >Verordnung< oder per >Verwaltungsvorschrift< zu bestimmen, inwieweit die zur >Vorsorge< gegen schädliche >Umwelteinwirkungen< festgelegten Anforderungen für die Errichtung, die Beschaffenheit und den Betrieb >genehmigungsbedürftiger Anlagen< nach Ablauf best. Übergangsfristen auch für Altanlagen zu erfüllen sind. Die Dauer der Übergangsfristen soll sich dabei insbesondere nach Art, Menge und Gefährlichkeit der von der Anlage ausgehenden >Emissionen< sowie der Nutzungsdauer und technischen Besonderheiten der Anlage richten. Diese Ermächtigung, Vorgaben für eine allg. Sanierung der Altanlagen zu erlassen, reduziert den Bestandsschutz auf das im Grundgesetz festgelegte Minimum der Verhältnismäßigkeit, die somit vor Erlaß der Verordnung bzw. Verwaltungsvorschrift zu prüfen ist. Vor der Novelle des Bundes-Immissionsschutzgesetzes konnte eine A. allein aus Gründen der Vorsorge nicht gefordert werden. Einzelanordnungen waren nur möglich, falls nach Erteilung der Genehmigung festgestellt wurde, daß die Allgemeinheit oder die Nachbarschaft nicht ausreichend vor schädlichen Umwelteinwirkungen oder sonstigen Gefahren, erheblichen Nachteilen oder erheblichen >Belästigungen< geschützt war. Die Verhältnismäßigkeit einer derartigen Einzelanordnung war an den Auswirkungen der Emissionen der betroffenen Anlage auf die >Immissionen< im Einwirkungsbereich dieser Anlage zu prüfen. Das im Rahmen einer Verordnung oder Verwaltungsvorschrift vorgegebene Sanierungskonzept zielt hingegen auf eine Gesamtwirkung ab und berücksichtigt im Rahmen der Prüfung der Verhältnismäßigkeit nicht die auf eine Anlage zurückzuführenden Immissionen. Einzelanordnungen aus einem der oben genannten Gründe sind gemäß § 17 Bundes-Immissionsschutzgesetz immer noch möglich, aber für genehmigungsbedürftige Anlagen kaum noch zu erwarten, da im Teil 4 der >TA Luft< die Regierung von Deutschland 1986 von der o.g. Ermächtigung Gebrauch gemacht hat und Sanierungsfristen für Altanlagen von 3 bis 8 Jahren festgelegt hat.

Altarm. Alte, vom Flußlauf teilweise abgetrennte Mäanderschlinge, die so zu einem stehenden Gewässer wird. Bei >Hochwasser< kann der A. durchströmt oder überflutet werden. A. sind biol. interessante Stillwasserbiotope, die aus ökologischen und landschaftspflegerischen Gründen erhaltenswert sind. Da sie zur Verlandung neigen, müssen sie auch unterhalten werden, wobei ausschließlich ökologische Gesichtspunke berücksichtigt werden sollen. Wird die Flußschlinge vollständig vom >Fließgewässer< abgetrennt, entsteht ein „Altwasser".

Altauto. Fahrzeug, das nicht mehr betriebsfähig ist oder nicht mehr weiter verwendet werden soll und deshalb der >Autoverwertung< zugeführt werden muß.

Altern. (Syn. Seneszenz). Umfaßt den letzten Abschnitt in der >Ontogenese< eines Organismus, der dem Tod vorausgeht. Bei der Pflanze ist zwischen dem Altern der ganzen Pflanze und dem Altern einzelner Organe wie z.B. der Blätter, Blüten oder Früchte zu unterscheiden. Die Seneszenz pflanzl. Organe kommt nicht durch eine allmähliche Häufung von Schäden zustande (vgl. >Alterungsprozesse<), sondern durch gezielte und physiol. streng geregelte Veränderungen. Das Absterben von Pflanzenzellen kann der Übernahme einer spez. Funktion dienen, z.B. bei Sklerenchymzellen der Festigung, bei >Tracheen< und >Tracheiden< der Wasserleitung oder bei Korkzellen der Wärmeisolierung und dem Schutz vor der Besiedelung durch Schadorganismen.

Alternaria. >Fungi< (s. Abb. S.469).

Alternative Antriebe. (s. Tabelle). Alle Antriebe im >Straßenverkehr<, die sich von >konventionellen Antrieben< unterscheiden, wie >Wankelmotor<, >Stirlingmotor<, >Gasturbine<, >Elektroantriebe<, >Hybridantriebe< etc. Auch >herkömmliche Antriebe<, die mit >alternativen Brennstoffen< betrieben werden, rechnen dazu. In den USA wird auch der >Dieselmotor< zu den alternativen Antrieben gezählt. Sie sind im allg. im Hinblick auf >Umweltverträglichkeit< den konventionellen Antrieben überlegen.

Altersklassen. Schließen alle Individuen etwa gleichen Alters einer >Population< ein. Je nach Lebensdauer einer >Art< kann eine A. mehrere Jahrgänge umfassen, z.B. alle Schulkinder, oder nur wenige Wochen bis Tage. I. allg. werden wenigstens drei A. unterschieden: die Entwicklungsperiode bis zur Geschlechtsreife; die Fortpflanzungs- oder reproduktive Phase und die >Seneszenzperiode<, die bis zum Tod dauert. Die einzelnen A. können auch relativ zueinander sehr unterschiedlich lang sein, z.B. bei manchen Insekten: eine jahrelange Larvalentwicklung, wenige Tage Reproduktionszeit und unmittelbar folgender Tod. Der Altersaufbau einer Population kann in Form einer >Alterspyramide< dargestellt werden.

Alterspyramide. Möglichkeit, den Altersaufbau einer >Population< darzustellen. Dabei kann von den drei wichtigsten >Altersklassen< ausgegangen werden, oder es erfolgt eine differenzierte Aufschlüsselung, z.B. nach Lebensjahren. Eine wachsende Population besitzt zahlreiche junge Individuen, die A. hat also eine breite Basis. Ist die Basis schmäler als der mittlere Bereich, so bedeutet dies ein Schrumpfen der Population. Die A. kann für verschiedene Populationen einer Art unterschiedlich gestaltet sein, bedingt durch Mängel in der Ernährung, Zahl der Feinde, klimatische Ereignisse usw. Darin drückt sich die Beeinflußbarkeit durch >Umweltfaktoren< aus. Die Ermittlung von A. aufgrund von Freilanduntersuchungen ist meist sehr aufwendig, die Daten ergeben jedoch einen guten Einblick in die Populationsstruktur und zeigen z.B. die Lebensdauer, die Länge der Fortpflanzungssaison, die Dauer der Entwicklungsperioden. Die A. weist i. allg. jahresrhythmische Variationen auf.

Altersstruktur. Altersmäßige Zus. von mikrobiellen, pflanzlichen, tierischen od. menschlichen Populatio-

Alternative Antriebe: Gegenüberstellung von Fahrzeugantrieben als Alternative zum Benzin- oder Dieselmotor

Antrieb	Alternative Primärenergieträger	Kraftstofftank bzw. Speicher	Energieverbrauch im Fahrzeug	Aufwand für Abgasreinigung	Mehrkosten	Leistung, bezogen auf Fahrzeuggewicht einschl. Tank
Alkohol-Hubkolbenmotor	Kohle, Erdgas, Biomasse	doppelt so großer Kraftstofftank notwendig	niedriger als bei Benzin	niedrig	gering	hoch
Wasserstoff-Hubkolbenmotor	Kernenergie, Solarenergie	Schwere und teure Speicher (Metallhydride bzw. Kryogentank)	wie Benzin, jedoch hoher Energieaufwand für H_2-Gewinnung	sehr niedrig	hoch bis sehr hoch	mittel
Elektroantrieb	Kohle, Wasserkraft, Kernenergie, Solarenergie	Batterien sind schwer, voluminös und teuer	hohe Umwandlungsverl., Energiekette über Kraftwerk entspricht Benzin	niedrig im Fahrzeug, Aufwand im Kraftwerk	hoch	niedrig bis sehr niedrig
Elektro-Verbrennungsmotor-Hybrid	wie oben	zwei Speicher (Batterie und Tank)	niedrig, bezogen auf fl. Kraftstoffanteil	wie für Otto- bzw. Dieselmotor	mittel	mittel
Gasturbine	Erdöl (alle Derivate), Kohle (z.B. Staub), Biomasse	Tank wie bei Otto- oder Dieselmotor	etwa wie Diesel	niedrig für NO_x, Verbrennungsoptimierung notwendig	hoch	hoch
Stirlingmotor	alle Primärenergieträger	Tank wie Fahrzeug mit Otto- oder Dieselmotor	wie Diesel	sehr niedrig	hoch	mittel

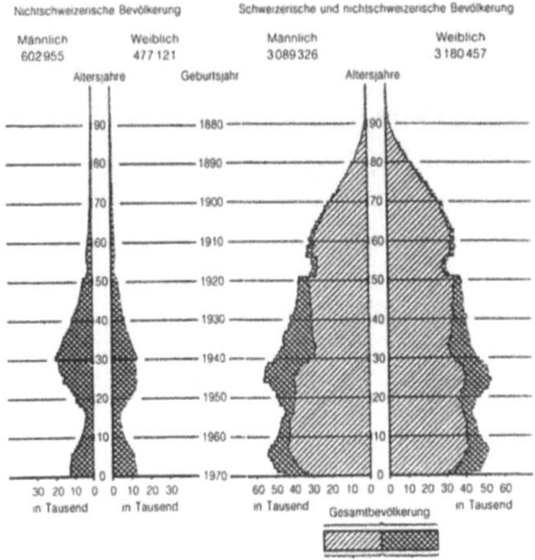

Altersstruktur: Geschlechterspezifische Alters-Struktur einer Population

nen, meist dargestellt durch rel. Häufigkeiten von Altersklassen (s. Abb.).

Alterung. 1) Durch längeren Gebrauch nachlassende Wirkung von z.B. Abgasreinigungseinrichtungen, >Katalysatoren<. 2) Bei Kraftstoffen durch längeres Lagern eintretender Qualitätsverlust, beispielsweise durch Abbau von Additiven, >Gumbildung< oder Polymerisation von best. HC-Komponenten, z.B. Olefinen.

Alterungsbeständigkeit. Beständigkeit von Materialien gegenüber Einflüssen, die zu Änderungen der Materialbeschaffenheiten im Laufe der Zeit führen. Neben natürlichen, insbesondere klimatischen Einflüssen können >Luftverunreinigungen< die Alterungsprozesse best. Materialien beschleunigen und damit deren Lebensdauer verkürzen. Z.B. werden org. Materialien, wie Kunststoffe, Lacke oder Gummi, von den sog. >Photooxidantien<, die v.a. in den Sommermonaten auftreten, oxidativ angegriffen. Nach zunächst oberflächigen Veränderungen kann hierbei die gesamte Struktur des Materials unter Verlust der Funktionsfähigkeit verändert werden. Lacke verlieren z.B. ihren Glanz, ihre Elastizität und bekommen Risse, Gummi versprödet und reißt.

Alterungsprozesse. Sie kommen bei Tieren und ausdauernden Pflanzen wie Bäumen vermutlich durch eine allmähliche Anhäufung von Schäden zustande, z.B. durch Fehler bei der >DNA-Reparatur< und der Proteinsynth. oder durch mangelnde Beseitigung freier Radikale, die zu oxidativen Schäden führen. Die Seneszenz (>Altern<) von ein- oder zweijährigen Pflanzen oder von Pflanzenorganen, die nach einer Vegetationsperiode abgeworfen werden, wird i.d.R. durch Hormonsignale ausgelöst und führt über eine streng geregelte Folge physiol. Prozesse schließlich zum Tod bzw. zur >Abscission< des Organs.

Altglas. 1. Technik: Glasscherben aus schon gebrauchtem Glas, die bei der Herstellung von neuem Behälterglas bei der Schmelze zugegeben werden. A. schmilzt bei niedrigeren Temperaturen, so daß je Prozentpunkt Scherbenzugabe der Energiebedarf um ca. 0,2 bis 0,3% sinkt. A. stammt vorwiegend aus Behälterglas, das zu ca. 80% als >Einwegverpackung< verwendet wird. Die Verwertungsquote betrug 1996, bezogen auf den Behälterglasabsatz im Inland, ca. 79%. A. aus Getrennt- oder Containersammlungen muß in einer Sortieranlage von Hand, durch >Überbandmagneten< und >Windsichter< von Bestandteilen gereinigt werden, die bei der erneuten Behälterherstellung zu Problemen führen.

2. Umweltschutz: A. kann nur einer stofflichen Verwertung zugeführt werden, wobei die Nutzung zum ursprünglichen Zwecke erfolgt. A. kann im Gegensatz zu Papier grundsätzlich beliebig oft wiederverwendet werden, ohne daß ein Qualitätsverlust entsteht. 1994 wurden ca. 4,4 Mio. t Behälterglas produziert und ca. 2,8 Mio. t als A. erfaßt. Im Hausmüll sind etwa 21 Gew.%, an Glas enthalten. Der Einsatz von A. stößt bezüglich den Anforderungen an den Reinheitsgrad des A. an technische und wirtschaftliche Grenzen. Für Weißglas muß z.B. eine Farbreinheit von 99,7% sichergestellt sein, damit beim Einsatz von 50% A. eine ausreichende Glasqualität gesichert werden kann. Die geringsten Anforderungen an die Sortenreinheit ist bei Grünglas gegeben, so daß sich hier mittlerweile ein Überangebot ergibt.

Lit: Gallenkemper B, Doedens H (1988) Getrennte Sammlung von Wertstoffen des Hausmülls, Abfallwirtschaft in Forschung und Praxis, Bd.21, E.Schmidt, Berlin – Umweltbundesamt (1997) Daten zur Umwelt. E.Schmidt, Berlin.

Altlast. Der früher inhaltlich umstrittene Begriff ist nunmehr legaldefiniert durch § 1 Abs.5 des Bundes-Bodenschutzgesetzes vom 17.März 1998, BGBl.I S.502. Danach sind Altlasten i.S. des Gesetzes 1. stillgelegte >Abfallbeseitigungsanlagen< sowie sonstige Grundstücke, auf denen Abfälle behandelt, gelagert oder abgelagert worden sind (Altablagerungen), und 2. Grundstücke, stillgelegte Anlagen und sonstige Grundstücke, auf denen mit umweltgefährdenden Stoffen umgegangen worden ist, ausgenommen Anlagen, deren Stillegung einer Genehmigung nach dem Atomgesetz bedarf (Altstandorte), durch die schädliche Bodenveränderungen oder sonstige Gefahren für den Einzelnen oder die Allgemeinheit hervorgerufen werden. Eine schädliche Bodenveränderung ist nach § 1 Abs.3 des zuvor genannten Gesetzes eine Beeinträchtigung der Bodenfunktionen, die geeignet ist, Gefahren, erhebliche Nachteile oder erhebliche Belästigungen für den Einzelnen oder die Allgemeinheit herbeizuführen. Als Bodenfunktionen kennt das Gesetz nach § 2 Abs.2 natürliche Funktionen: nämlich Lebensgrundlage und Lebensraum für Menschen, Tiere, Pflanzen und Bodenorganismen, Bestandteil des Naturhaushalts, insbesondere mit seinen Wasser- und Nährstoffkreisläufen, Abbau-, Ausgleichs- und Aufbaumedium für stoffliche Einwirkungen aufgrund der Filter-, Puffer- und Stoffumwandlungseigenschaften, auch zum Schutz des Grundwassers; ferner Funktionen als Archiv der Natur- und Kulturgeschichte; schließlich Nutzungsfunktionen: nämlich als Rohstofflagerstätte, Fläche für Siedlung und Erholung, Standort für die land- und forstwirtschaftliche Nutzung, Standort für sonstige wirtschaftliche und öffentliche Nutzungen, Verkehr, Ver- und Entsorgung. Wann eine A. vorliegt, mit welchen Stoffen und wie intensiv ein Boden gegenüber seinem natürlichen Zustand verändert sein muß, sagt das Gesetz nicht direkt, sondern § 8 ermächtigt die Bundesregierung, durch Rechtsverordnung Vorschriften zu erlassen; es können insbesondere 1. Werte, bei deren Überschreitung unter Berücksichtigung der Bodennutzung eine einzelfallbezogene Prüfung durchzuführen und festzustellen ist, ob eine schädliche Bodenveränderung oder A. vorliegt (Prüfwerte), 2. Werte für Einwirkungen oder Belastungen, bei deren Überschreiten unter Berücksichtigung der jeweiligen Bodennutzung i.d.R. von einer schädlichen Bodenveränderung oder A. auszugehen ist und Maßnahmen erforderlich sind (Maßnahmenwerte), festgelegt werden. Die Rechtsverordnung heißt: Bundes-Bodenschutz- und Altlastenverordnung vom 12.Juli 1999, BGBl.I S.1554; landesrechtliche Verordnungen zum Bodenschutz treten zumindest insoweit außer Kraft, wie sie der Bundesverordnung widersprechen. – Über die Zahl der A. und die Kosten, die ihre Sanierung verursachen wird, lassen sich verläßliche Angaben nicht machen; die Zahlen, die in der Literatur genannt werden, schwanken außerordentlich. – Aus dem Begriff der A. hat sich in jüngerer Zeit im Rahmen einer wissenschaftlichen Diskussion der Begriff „Rüstungsaltlast" abgespalten. Darunter versteht man ein Grundstück, auf dem 1. zur Ausrüstung der Kampfverbände des Deutschen Reiches Kampfmittel jeder Art hergestellt, erprobt sowie gelagert oder 2. diese Kampfmittel sowie ihre Vor-, Neben-, Zwischen- oder Abfallprodukte beseitigt wurden, wenn von diesen Stoffen eine Gefahr für die öffentliche Sicherheit ausgeht; zur Diskussion dieses Begriffs s. *Peine*, Deutsches Verwaltungsblatt 1990, S.733ff. – Ferner gibt es den Begriff „militärische Altlast"; darunter versteht man mit Kampfstoffen verseuchte Grundstücke unabhängig vom Verursacher, beispielsweise der Bundeswehr, der Nationalen Volksarmee, der Streitkräfte der (untergegangenen) Sowjetunion usw.

Altlastenbewertung. Eikmann-Kloke-Werte: Methodische Grundlage der von Eikmann und Kloke entwikkelten Orientierungswerte (Bodenwerte) des „Drei-Bereiche-Systems" bildet der auch vom Rat von Sachverständigen für Umweltfragen geforderte Bezug auf Schutzgüter und Nutzungsarten. Das „Drei-Bereiche-System" ist aus der allg. Erfahrung entstanden, daß es für die verschiedensten >Pflanzen< und Schutzgüter unterschiedliche Toleranz- und Toxizitätsbereiche gibt. Auch die unterschiedliche Aufnahme von >Schadstoffen< aus dem Boden und die unterschiedliche, spätere Verarbeitung und Nutzung der Pflanzen spielen für die im Boden akzeptierbaren Schadstoffkonz. eine wesentliche Rolle. Folgende drei Bereiche werden unterschieden: *Bereich A:* Uneingeschränkte, standortübliche Multifunktionalität und Nutzungsmöglichkeit des Bodens. *Bereich B:* Toleranzbereich, eingeschränkte, aber standort- und schutzgutbezogene Nutzungsmöglichkeit des Bodens. *Bereich C:* Toxizitätsbereich ohne Nutzungsmöglichkeit urbaner Böden sowie ohne produktive Nutzungsmöglichkeit für den Anbau von Pflanzen. Das „Drei-Bereiche-System" wurde von Kloke zur Bewertung der Schadstoffbelastung in Böden entwickelt. In diesem System wird die Stoffbelastung der Böden den drei Bereichen „Bewahren" – „Tolerieren" – „Sanieren" qual. und quant. zugeordnet. Die Bodenwerte BWI, BWII und BWIII sind das Gerüst des „Drei-Bereiche-Systems". Für sie gelten folgende Definitionen: Bodenwert I = BW I = Grundwert = Oberer, geogen und pedogen bedingter Istwert der meisten Böden ohne wesentliche – anthropogen bedingte – Einträge. Bodenwert II = BW II = Toleranzwert = Schutzgut- und nutzungsbezogener Gehalt in Böden, der trotz dauernder Einwirkung auf die jeweiligen Schutzgüter deren „normale" Lebens-

Altlastenbewertung: Nutzungs- und schutzgutbezogene Orientierungswerte für (Schad-)Stoffe in Böden. Teil I: Metalle (mg/kg Boden) BW = Bodenwert

Nr.	Nutzungsarten	Boden-wert	Elemente										
			As	Be	Cd	Cr	Cu	Hg	Ni	Pb	Se	Tl	Zn
0	Multifunktionale Nutzungsmöglichkeit	BW I	20	1	1	50	50	0,5	40	100	1	0,5	150
1	Kinderspielplätze*	BW II	20	1	2	50	50	0,5	40	200	5	0,5	300
		BW III	50	5	10	250	250	10	200	1.000	20	10	2.000
2	Haus- und Kleingärten	BW II	40	2	2	100	50	2	80	300	5	2	300
		BW III	80	5	5	350	200	20	200	1.000	10	20	600
3	Sport- und Bolzplätze	BW II	35	1	2	150	100	0,5	100	200	5	2	300
		BW III	90	2,5	5	350	300	10	250	1.000	20	20	2.000
4	Park- und Freizeitanlagen, unbefestigte, vegetations-arme Flächen	BW II	40	5	4	150	200	5	100	500	10	5	1.000
		BW III	80	15	15	600	600	15	250	2.000	50	30	3.000
5	Industrie-, Gewerbe- und Lagerflächen, unversiegelt	BW II	50	5	10	200	300	10	200	1.000	15	10	1.000
		BW III	150	20	20	800	1.000	20	500	2.000	70	30	3.000
6	Industrie-, Gewerbe- und Lagerflächen, versiegelt oder bewachsen	BW II	50	10	10	200	500	10	200	1.000	15	10	1.000
		BW III	200	20	20	800	2.000	50	500	2.000	70	30	3.000
7	Landwirtschaftliche Nutzflächen, Obst- und Gemüseanbau	BW II	40	10	2	200	50	10	100	500	5	2	300
		BW III	50	20	5	500	200	50	200	1.000	10	20	600
8	nichtagrarische Ökosysteme	BW II	40	10	5	200	50	10	100	1.000	5	2	300
		BW III	60	20	10	500	200	50	200	2.000	10	20	600

* bei den Metallen As, Cd, Cr, Hg, Ni, Pb, Tl sind BWII und BWIII identisch mit den Richtwerten I und II des NRW-Kinderspielplatzerlasses

und Leistungsqualität auch langfristig nicht negativ beeinträchtigt. Bodenwert III = BW III = Toxizitätswert = Gehalt im Boden, bei dem Schäden an Schutzgütern wie Pflanze, Tier und Mensch sowie an Ökosystemen erkennbar werden können. Der BW III ist ein phyto-, zoo-, human- und ökotoxikologisch abgeleiteter Wert. Der BW I grenzt den Toleranzbereich B nach unten und der BW III nach oben ab. Der BW III zeigt den Gehalt an, der auf keinen Fall überschritten werden sollte. Der BW II sollte immer mit einem nutzungs- und schutzgutbezogenen, aber deutlichen Sicherheitsabstand unter dem BW III liegen. In den Tabellen sind die Bodenwerte I, die eine multifunktionale Nutzung der Böden zulassen, allen übrigen Nutzungen vorange-

stellt. Die BW I (Grundwerte) decken sich in der Regel mit den „Orientierungsdaten für tolerierbare Gesamtgehalte einiger Elemente in Kulturböden". Sie wurden zum Teil als „Eintragungsgrenzwerte" in der >Klärschlammverordnung< festgeschrieben und könnten auch die Basis für die noch festzulegenden >Immissionswerte< lt. >TA Luft< für (Schad-)Stoff-Einträge in Böden werden. Obwohl heute bekannt ist, daß die (Schad-)Stoffgehalte in den Böden – geogen und pedogen bedingt – sehr unterschiedlich sind, muß aus grundsätzlichen Erwägungen – wie bei der Klärschlammverordnung – an einem einheitlichen Bodenwert I festgehalten werden. Bei geogen vorkommenden höheren (Schad-)Stoffkonz. sollte bei allen Nut-

Altlastenbewertung: Nutzungs- und schutzgutbezogene Orientierungswerte für (Schad-)Stoffe in Böden. Teil II: Organische Verbindungen. BW = Bodenwert

Nr.	Nutzungsarten		Benzo-a-pyren (mg/kg)	Polychlorierte Biphenyle (PCB)* (mg/kg)	PCDD/PCDF (ng TE/kg)**
0	Multifunktionale Nutzungsmöglichkeit	BW I	1	0,2	10
1	Kinderspielplätze	BW II	1	0,2	10
		BW III	5	1	100
2	Haus- und Kleingärten	BW II	2	0,5	30
		BW III	5	2,5	100
3	Sport- und Bolzplätze	BW II	1	1	30
		BW III	3	5	100
4	Park- und Freizeitanlagen, unbefestigte, vegetationsarme Flächen	BW II	3	3	50
		BW III	6	10	150
5	Industrie-, Gewerbe- und Lagerflächen, unversiegelt, versiegelt oder bewachsen	BW II	5	5	75
		BW III	10	15	200

* Summe 6 Ballschmiter PCB-Kongenere
** TE nach BGA/UBA

Altlastenbewertung: Kriterien für verschiedene Nutzungsarten

Nr. Kriterien	Nutzungsart	Nutzungsgruppe/ Schutzgut	Aufnahmepfad	Bodenbereiche	Bodentiefe*
1	Kinderspielplätze	Kleinkinder, begleitende Personen	oral	Spielsand, vegetationsfreies Umfeld	35 cm
2	Haus- und Kleingärten	Kinder, Erwachsene	oral, inhalativ	Beete, vegetationsarme Bereiche	35 cm
3	Sport- und Bolzplätze	Sportler, Jugendliche	inhalativ	Tennenflächen, vegetationsfreie Areale	10 cm
4	Park- und Freizeitanlagen, unbefestigte vegetationsarme Flächen	Erwachsene, Kinder	inhalativ, oral	unbefestigte vegetationsarme Flächen	10 cm
5	Industrie-, Gewerbe- und Lagerflächen, unversiegelt	Erwachsene im erwerbsfähigen Alter	inhalativ, Wasserpfad	unbefestigte vegetationsfreie Flächen	10 cm
6	Industrie-, Gewerbe- und Lagerflächen, versiegelt oder bewachsen	Erwachsene im erwerbsfähigen Alter, Grundwasser	(inhalativ) Wasserpfad	befestigte und bewachsene Flächen	bis zu 35 cm
7	Landwirtschaftliche Nutzflächen, Obst- u. Gemüsebau	Pflanze, Nahrungs- und Futterkette	oral, Pflanzenpfad	Ackerland, Gemüseland, Obstflächen Grünfläche	Mutterboden bis 35 cm 10 cm
8	nichtagrarische Ökosysteme	Grundwasser, Wild- und Forstpflanzen	oral, Wasserpfad, Pflanzenpfad	Forst, Wald, Ödland, naturbelassene Flächen	Oberboden je nach Bodenprofil bis 50 cm

* Sofern bei Altlasten der Verdacht auf eine Grundwasserbelastung besteht, ist die gesamte Drainzone in die Untersuchung einzubeziehen.

zungsarten mit Ausnahme des Kinderspielplatzes eine Einzelfallbeurteilung vorgenommen werden; diese höheren Gehalte können dann u. U. toleriert werden. Je geringer die Möglichkeit der oralen Aufnahme von Boden bzw. der inhalativen Aufnahme von Staub ist, um so höhere Schadstoffgehalte können toleriert werden. Sind mehrere Schutzgüter auf einem Standort zu berücksichtigen, müssen sich die Bodenwerte BW II und BW III am empfindlichsten Schutzgut orientieren. In den ersten beiden Tabellen sind die Bodenwerte für Metalle und org. Verb. in Böden aufgelistet. In der Tabelle (s. S. 75 unten) werden die Kriterien für die Festlegung der Bodenwerte – bezogen auf die versch. Nutzungsarten – dargestellt.

Lit: Der Rat von Sachverständigen für Umweltfragen (1990) Altlasten, Sondergutachten 1989, Metzler-Poeschel, Stuttgart – Eikmann T, Kloke A, Lühr HP (1991) Grundlagen und Wege zur Ermittlung von Bodenwerten für das „Drei-Bereiche-System", IWS-Schriftenreihe, Bd. 13, Erich Schmidt-Verlag, Berlin – Kloke A (1988) Das „Drei-Bereiche-System" für die Bewertung von Böden mit Schadstoffbelastung, VDLUFA-Schriftenreihe 28/2, Kongreßband 1988, S. 1117–1127.

Altöl. Unter der Stoffgruppe A. werden in erster Linie A. mit weniger als 20% Fremdstoffanteilen zusammengefaßt, da die Definition des Begriffes „Altöl" nach § 3 Abs. 2 des Altölgesetzes Ölemulsionen, Öl-Wasser-Gemische und Ölschlämme einbezieht.

Hauptsächlich handelt es sich in dieser Stoffgruppe um Motorenaltöle, die über 50% des gesamten Altölanfalls (bezogen auf den Mineralölanteil im A.) ausmachen.

Synthetische Öle sind zwar nach der Richtlinie des Rates der Europäischen Gemeinschaften vom 16. Juni 1975 über die Altölbeseitigung in Artikel 1 und in Angleichung daran auch im zweiten Gesetz zur Änderung des Deutschen Altölgesetzes vom 24. 10. 1979 in die Altöldefinition mit einbezogen, wurden aber von der Arbeitsgruppe „Mineralölhaltige Rückstände" nicht behandelt, da sie nicht zu den gebrauchten Mineralölen und Mineralölprodukten zu zählen sind.

Die den Mineralölprodukten bei ihrer Herstellung beigefügten Stoffe gelten nach dem Altölgesetz nicht als Fremdstoffe, sind aber natürlich auch im A. enthalten. Dieses trifft in besonderem Maße auf >Additive< zu, deren Bedeutung und prozentualer Anteil an Schmierölen in den letzten Jahren laufend zugenommen hat; Mehrbereichsöle bestehen zu durchschnittlich 15% aus Additiven.

Bei der Zusammensetzung von A. unterscheidet man zwischen typischen und atypischen Fremdstoffen. Bei den typischen Fremdstoffen handelt es sich um Stoffe, die aus gebrauchs- oder betriebsbedingten Gründen in das Öl gelangt sind bzw. sich durch Alterungsvorgänge und Verbrennungsprozesse darin gebildet haben. In aus Motoren stammenden A. sind vorwiegend Metallabrieb, Kraftstoffreste, Ruß, Asphaltharze, Staub sowie Wasser zu finden; repräsentative Untersuchungen liegen nicht vor.

Eisen, Chrom, Titan, Mangan, Nickel, Aluminium und Magnesium reichern sich durch Abrieb aus dem Bereich gleitender Teile an, während z. B. das Blei, das von allen Metallen die höchste Konzentration im A. erreicht, aus Additiven und Antiklopfmitteln im Ottokraftstoff stammt; eine Senkung des Bleigehalts ist auch nach dem Inkrafttreten des Benzinbleigesetzes nicht eingetreten.

Als typische Fremdstoffe gelten alle Stoffe, die nicht aus gebrauchs- und betriebsbedingten Gründen im A.

vorkommen; hier sind besonders Lösemittel und biol. belastete Abwässer anzuführen. Der Anteil an atypischen Fremdstoffen ist in den letzten Jahren ständig gestiegen; der Wassergehalt im A. z. B. liegt heute bei durchschnittlich 15 Gew. %.

Lit: Hösel G, Schenkel W, Schnurer H (1998) Loseblatt-Sammlung, Müll-Handbuch, Ergänzbares Handbuch für die kommunale und industrielle Abfallwirtschaft, Erich Schmidt Verlag, Berlin

Altpapier. 1. Technik: Abfälle aus Papier oder Pappe, die wiederverwendet werden sollen. A. kann nur ca. 3 mal als Papier verwertet werden, da infolge der Aufbereitung des A. die Papierfasern verkürzt werden. A. wird nach einer Sortierung eingeweicht und durch weitere mechanische und chem. Behandlungen gereinigt und von Fremdstoffen (Druckfarbe, Klebstoffe, Büroklammern usw.) befreit. Danach wird es der Papierherstellung zugesetzt. Während die Altpapiereinsatzquote 1995 bei Wellpappenrohpapieren über 100% lag, beträgt der Einsatz bei hochwertigen Papieren nur ca. 9%. Eine weitere stoffliche Verwertung erfolgt z. B. im Baubereich z. B. als Dämmstoff oder, wenn keine weitere Nutzung möglich ist, bleibt die energetische Verwertung.

2. Umweltschutz: 1995 wurden in der Bundesrepublik ca. 15,8 Mio. t Papier, d. h. ca. 194 kg/Einwohner verbraucht und ca. 8,6 Mio. t A. der Wiederverwertung zugeführt. Durch einen gesteigerten Einsatz von A. bei der Papierherstellung konnte das Abfallaufkommen an Papier etwa konstantgehalten werden. Die Sammlung erfolgt durch Bündelsammlung, >Containersammlung< oder >Getrenntsammlung<. Durch das in den letzten Jahren gesteigerten A.-Aufkommen ist es v. a. bei schlechteren Papiersorten zu einem starken Preisverfall gekommen.

Lit: Gallenkemper B, Doedens H (1988) Getrennte Sammlung von Wertstoffen des Hausmülls. Abfallwirtschaft in Forschung und Praxis, Bd. 21, E. Schmidt, Berlin – Umweltbundesamt (1997) Daten zur Umwelt Ausgabe 1997. E. Schmidt, Berlin.

Altreifen. Nicht mehr verwendungsfähige >Reifen< von Fahrzeugen. Teilweise Wiederaufarbeitung, >Runderneuerung< oder thermische Verwertung in speziellen Anlagen. Einsatz von Gummigranulat im Straßenbau, für Sportstätten, für Gummiplatten und als Dämmaterial ist beabsichtigt (1993). An Konzepten zur vollwertigen Recyclierung wird gearbeitet.

Altsalze. In Deutschland werden in ca. 3.000 Salzbadhärtereien jährlich 13.000 bis 14.000 t Härtesalz verbraucht. In den Härtereien entstehen natürliche Verluste durch Verdampfen, Kehricht und durch die in Wasserbäder übergeschleppten Salze. Man schätzt, daß die danach verbleibenden Rückstände an festen Härtesalzen jährlich etwa 7.000 bis 9.000 t betragen. Art und Zusammensetzung der Rückstände aus Salzhärtereien: 1. Warmbadschlamm: In die aus Natriumnitrit ($NaNO_2$) und Kaliumnitrat (KNO_3) bestehenden Anlaßsalzbäder wird mit den gehärteten oder aufgekohlten Teilen Schmelze aus cyanidhaltigen und anderen Härtebädern eingeschleppt. Im unteren Drittel dieser Bäder sammelt sich Bariumcarbonat, Alkalicarbonat- und Alkalichlorid-Schlamm an, der zusammen mit erheblichen Mengen anhaftender Stammschmelze von Zeit zu Zeit ausgeschöpft wird. 2. Kohlungsbad-Abfälle: Zur Änderung der Zusammensetzung von Kohlungsbädern oder vor dem Frischsalzzusatz müssen Teile der vorliegenden Schmelze ausgetragen werden. Diese Abfälle enthalten Bariumchlorid, Bariumcarbonat, Alkalichlorid und Alkalicarbonat sowie Alkalicyanid, selten geringe Mengen Alkalicyanat. 3. Abfälle aus der Salzbad-Nitrierung: Austragungen aus Nitrierbädern und verbrauchte Nitrierbäder enthalten größere Mengen Alkalicyanid und Alkalicyanat neben oxidativ gebildetem Alkalicarbonat. 4. Abfälle aus Härtebädern (Glühbädern), die bei Austenitisierungstemperaturen arbeiten. Die Überschußabschöpfungen aus Salzschmelzen, die Erdalkali- und Alkalichloride, außerdem Inertoren, z.B. Silicium und daraus entstehendes Siliciumdioxid enthalten, fallen unter diese Gruppe. 5. Ölbadabfälle: Werden aufgekohlte Teile oder solche aus Glühbädern in Öl abgekühlt, so fällt im Öl ein Salzgemisch als Sumpf an, das ausgeschöpft neben Öl, Alkalicyanid, Bariumchlorid und -carbonat Natrium- und Kaliumchlorid enthält.

Lit: Hösel G, Schenkel W, Schnurer H, Loseblatt-Sammlung, Müll-Handbuch, Ergänzbares Handbuch für die kommunale und industrielle Abfallwirtschaft, Erich Schmidt Verlag, Berlin.

Altstandort. Standorte stillgelegter Industrie-, Gewerbe- und Verkehrsanlagen sowie Lagerplätze und Tanklager, an denen die Möglichkeit bestand, daß umweltbelastende Stoffe in den Untergrund gelangen konnten. Ausgenommen sind Anlagen, die dem Atomgesetz unterliegen.

Lit: RSU (Rat von Sachverständigen für Umweltfragen) (1995) Sondergutachten Altlasten Band II, Metzler-Poeschel Verlag, Stuttgart.

Altstoffbörse. >Abfallbörse<

Altstoffe. >Rechtsbegriff< der Verordnung (ESW) Nr. 793/93 des Rates vom 23.03. 1993 zur Bewertung und Kontrolle der Umweltrisiken chem. Altstoffe (ABl. EG Nr. L 84 S. 1, ber. ABl. EG Nr. L 224 S. 34). Nach § 16c Chemikaliengesetz – ChemG hat derjenige, der nach den Artikeln 3 und 4 der vorgenannten Verordnung zur Vorlage von Angaben über alte Stoffe an die Kommission der Europäischen Gemeinschaften verpflichtet ist, gleichzeitig mit der Vorlage dieser Angaben an die Kommission der Anmeldestelle und der zuständigen Landesbehörde eine Liste der betreffenden Stoffe zu übermitteln. Nicht zu verwechseln mit >Altlasten<!
Von besonderer Bedeutung für den EU-Raum (z. Zt. 12 Mitgliedstaaten) sind die Stoffe, die im „Europäischen Altstoffinventar" >EINECS< enthalten sind. Nach dem Vorbild von Japan und den USA unterscheidet die >EG-Richtlinie für gefährliche Stoffe< (in der Fassung von 1979) zwischen den Stoffen, die vor dem 19.09. 1981 auf dem damaligen EG-Markt waren und solchen, die erst nach diesem Stichtag im EG-Bereich in Verkehr gebracht worden sind bzw. werden. Letztere heißen >„neue" Stoffe<. Demgemäß sind A. im Sinne des >ChemG< Stoffe, die die Bundesregierung auf der Grundlage des von der >EG-Kommission< zu erstellenden Altstoffverzeichnisses EINECS als solche bezeichnet (§ 3 Nr. 2).
A. sind von der Verpflichtung zur >Anmeldung< und >Prüfung< nach §§ 4 u. 7 ChemG grundsätzlich befreit. Das ist auch in den anderen EU-Staaten sowie in denjenigen „Drittländern", die (inzwischen) ebenfalls Chemikaliengesetze haben, der Fall. Für >Polymere< gilt insoweit eine Sonderregelung, als auch bis zu 2% neue Stoffe – als >Monomere< in gebundener Form – vorliegen können, ohne daß Polymerisate, Polykondensate oder Polyaddukte angemeldet werden müssen (Ausnahme von der Anmeldepflicht nach § 5 Abs. 1 Nr. 1 ChemG).

Obwohl das ChemG eine Ermächtigung zu Rechtsverordnungen für A. enthält, die im Zuge der Novellierung noch verschärft worden ist (zunächst § 4 Abs. 6, jetzt § 16c), hat der Verordnungsgeber bisher noch keinen Gebrauch davon gemacht. Eine Gleichstellung bestimmter A. mit neuen Stoffen ist in Deutschland somit noch nicht erfolgt. Allerdings haben die Bundesregierung (A.-Konzept) und die EG-Kommission (VO-Entwurf) Vorschriften für die Erfassung und Überprüfung von A. vorbereitet.
Die Überprüfung von A. erfolgte daher bislang auf freiwilliger Basis und nicht aufgrund gesetzlicher Verpflichtungen. Mehrere >Beratergremien< folgender Institutionen sind damit befaßt: BG Chemie, GDCh „BUA" (Aspekte des Arbeits- und Umweltschutzes). Ferner widmen sich auf nationaler Ebene VCI und IuA der Aufarbeitung von A. Somit wird ein wichtiger Beitrag zur Lsg. der Altstoffproblematik geleistet, die allerdings weltweit zu sehen ist. Daher kommt einer möglichst internationalen Zusammenarbeit zunehmende Bedeutung zu. Angesichts der Vielzahl und Vielfalt chem. Stoffe auf den Chemiemärkten der Welt ist die Kenntnis ihrer Eigenschaften und Wirkungen besonders wichtig. Vorhandene Lücken sollten in internationaler Arbeitsteilung geschlossen werden, was aus Kapazitätsgründen nur nach einer vorgegebenen Prioritätensetzung möglich ist. EG-Vorschlag zur Bewertung und Kontrolle der Umweltrisiken chem. A. (VO in Vorbereitung); >OECD<-Programm für eine Überprüfung von Großstoffen; >IPCS<-Stoffberichte (mit denen des „BUA" vergleichbar).

Lit: Pohle H (1991) Chemische Industrie, Umweltschutz, Arbeitsschutz, Anlagensicherheit VCH Verlagsgesellschaft, Weinheim – Altstoffbeurteilung. Ein Beitrag zur Verbesserung der Umwelt. Herausgegeben vom GDCh-Beratergremium für umweltrelevante Altstoffe (BUA). 2. Aufl., Juli 1988.

Altstofftonne. >Grüne Tonne<.

Aluminium (Al). Chem. Element (s. Tabelle unten) mit einem Anteil an der Erdkruste (oberste 16 km) von ca. 8,13%. Damit ist A. das häufigste Metall und das dritthäufigste Element. In der Natur tritt es nur in Form von Al(III)-Verb. auf, z.B. als Al_2O_3 in Tonmineralien. Die größten Aluminiumvorräte befinden sich in Guinea und Australien; größere Lager von Bauxit, dem für die >Aluminiumgewinnung< wichtigsten Mi-

Aluminium: Physikalisch-chemische Daten von Aluminium

chem. Symbol	Al
natürliche Isotope	27 (100%)
Atomgewicht	26,98154
Ordnungszahl	13
Wertigkeit in Verbindungen	(+1), +3
Smp.	660,37°C
Sdp.	2.467°C
Dichte	2,702
wichtige Mineralien	Orthoklas ($K[AlSi_3O_8]$), Albit ($Na[AlSi_3O_8]$), Anorthit ($Ca[Al_2Si_2O_8]$), Muskovit ($KAl_2[AlSi_3O_{10}](OH,F)_2$), Margarit ($CaAl_2[Al_2Si_2O_{10}](OH)_2$), Bauxit (55–65% Al_2O_3, >28% Fe_2O_3, >7% SiO_2, >4% TiO_2, 12–30% H_2O), Korund (α-Al_2O_3, rotgefärbt durch Cr_2O_3: Rubin – blaugefärbt durch TiO_2: Saphir)

neral, existieren in Südosteuropa, Frankreich, Jamaika, Guayana, Surinam, der Dominikanischen Republik, den USA, Brasilien, der ehemaligen UdSSR, China, Indien und Indonesien. Der Name ist abgeleitet von lat. alumen = Alaun ($KAl(SO_4)_2 \cdot 12\,H_2O$), das schon in der Antike zur Papierleimung und als Beizmittel in der Färberei und Gerberei verwendet wurde. A. ist ein silberweißes, gut wärme- und stromleitendes Leichtmetall, das in der kubisch-dichtesten Packung krist. Im weichgeglühten Zustand ist es sehr dehnbar sowie leicht formbar; durch Hämmern hergestelltes Blattaluminium kann bis zu 0,0004 mm dünn sein. Oberhalb von 600 °C wird A. körnig und geht durch Schütteln in Grießform über. Massives A. wird sowohl an der Luft als auch in oxidierenden Säuren durch die Bildung einer Oxidschicht passiviert. Diese Schicht ist unlösl. in einem pH-Bereich von ca. 4,5 bis 8,5. Durch anodische Ox., bei der eine noch dickere, harte, leicht anfärbbare Oxidschicht entsteht (Eloxal-Verfahren), kann die Schutzwirkung noch verstärkt werden. Eloxiertes A. ist widerstandsfähig gegen Witterung, Salzwasser, Säuren und Alkalilaugen. Dagegen reagiert frisch hergestelltes A. auch mit Wasser und niederen Alkoholen. Feinverteiltes A. verbrennt beim Erhitzen an der Luft unter starker Licht- und Wärmeentwicklung, was in der Photographie bei den Vakublitzen genutzt wird, bei denen in einem Glaskolben eine Folie oder ein Draht aus A. in reinem Sauerstoff nach elektrischer Zündung verbrennt. Verwendet wird A. außerdem zur Red. von Oxiden (Aluminothermisches Verfahren), zur Desox. von >Eisen<, für Legierungen im Auto-, Schiff- und Flugzeugbau, Rostschutzlacke und -öle, elektrische Leitungen, Verpackungsfolien, Behälter, Armaturen, Teleskopspiegel, im Buchdruck und in der Bau-, Sprengstoff- und Feuerwerkindustrie. Aluminiumverb. dienen als Adsorbentien, Polymerisationskatalysatoren, Füllstoffe, Verdickungs- und Hydrophobierungsmittel.

A. gehört nicht zu den >essentiellen< Nahrungsbestandteilen. Der menschliche Körper enthält im Durchschnitt 50 bis 150 mg A. Im Magen-Darm-Trakt wird A. kaum resorbiert, so daß die akute Toxizität gering ist. A. bzw. die im Kontakt mit Lebensmitteln entstehenden Verb. gelten als toxikol. unbedenklich. Metallisches A. ist als kosmetisches Färbemittel zugelassen. Wenn jedoch größere Mengen A. tatsächlich aufgenommen werden, dann sind ernsthafte biol. Effekte möglich. So beträgt der LD_{50} (Maus) von $Al_2(SO_4)_3$ oral 979 und intraperitoneal 22 mg Al/kg KG. Die Bindung von >Phosphat< durch Al^{3+} führt zu Wachstumsstörungen und Rachitis; die Symptome verschwinden, wenn mit der Nahrung zusätzlich Phosphat aufgenommen wird. Zu Reaktionen mit Membranen, dem >Cytoskelett< oder dem Genom kommt es offenbar nur bei sehr hohen Konz. Dagegen bewirkt A. bei manchen Tieren bei Konz. von mehr als 4 µg Al/g Gehirn eine progressive Enzephalopathie, die sich in Verhaltensänderungen, Muskelzucken und Paroxismen äußert und tödlich verlaufen kann. Morphol. läßt sich eine neurofibrilläre Degeneration nachweisen. Als Ursache wird auch hier der Eingriff des A. in den Phosphatstoffwechsel sowie die Wechselwirkung mit >Calcium<, >Magnesium< oder >Enzymen< angenommen. Auch beim Menschen wird A. mit best. neuronalen Erkrankungen in Verb. gebracht. So lassen sich bei der Alzheimer Krankheit – bei normalem Aluminiumgehalt im übrigen Körper – in manchen Bereichen des Gehirngewebes über 4 µg Al/g Gehirn nachweisen. Ob

der erhöhte Gehalt eine Ursache oder eine Folge der Krankheit ist, steht noch nicht fest. Da A. sehr langsam angereichert wird, können i.d.R. nur sehr langlebige Zellen, wie Nervenzellen, toxische Konz. akkumulieren. So gehört ein Anstieg des Aluminiumgehaltes im Gehirn zu den normalen Alterserscheinungen. Charakteristisch sind höhere Aluminiumkonz. im Gehirn auch bei der Dialyse-Enzephalopathie, die sich bei Dialysepatienten entwickeln kann. Die Anreicherung von A. ist hier nicht nur auf die aluminiumhaltigen, phosphatbindenden Medikamente zurückzuführen, sondern auch auf die verringerte Aluminiumausscheidung infolge der gestörten Nierenfunktion. Die kritische Plasmakonz. liegt im Bereich von 100 bis 200 µg/L. Die Krankheit äußert sich anfangs in Sprech- und Schreibschwierigkeiten sowie Koordinationsstörungen und später in Schwachsinn; in schweren Fällen kann sie tödlich verlaufen. Über begleitende morphol. Änderungen ist noch kaum etwas bekannt, aber Unterschiede zur Alzheimer Krankheit bzw. der bei Tieren nachgewiesenen Enzephalopathie sind vorhanden. Eine progressive Enzephalopathie mit erhöhten Aluminiumkonz. im Gehirn wurde auch bei einigen Arbeitern in einer Aluminiumschmelze festgestellt. Darüber hinaus kann die chronische Einwirkung von Aluminiumdampf, -staub oder -rauch zu Lungenfibrosen führen (Korundschmelzerkrankheit).

Auch auf Mikroorganismen und Pflanzen kann A. in höheren Konz. toxisch wirken. Für manche Pflanzen ist es auf sauren Böden, in denen Al^{3+} zu den dominierenden Kationen gehört, der wachstumsbegrenzende Faktor. Die Symptome sind schwer zu identifizieren, da sie denen für Phosphat- oder Calciummangel ähneln. Betroffen sind hauptsächlich die >Wurzeln<, bei denen das Wachstum gehemmt und das Verzweigungsmuster geändert wird. Die Mechanismen, durch die manche Pflanzen Aluminiumresistenz erlangen, sind noch nicht in allen Fällen eindeutig geklärt. Von großer Bedeutung sowohl für die Toxizität bzw. Detoxifikation als auch für die Pflanzenverfügbarkeit im Boden bzw. den Transport in der Pflanze ist wahrscheinlich die Bindung des A. durch niedermolekulare, pflanzliche Komplexbildner. In sauren Gewässern kann ein erhöhter Aluminiumgehalt – beispielsweise nach Einleitungen lösl. Aluminiumverb. – zu einem Fischsterben führen. Eine Komplexierung des Al^{3+} verringert dessen Fischtoxizität; am giftigsten ist das freie Ion, das den Ionenaustausch an den Kiemen beeinträchtigt. Dagegen werden Planktonalgen in sauren Gewässern wahrscheinlich eher indirekt betroffen durch die verringerte Verfügbarkeit von Phosphat infolge der Phosphatfällung bzw. Inhibition der Hydrolyse von Phosphatestern.

Phytotoxizität: Während bei pH-Werten >4 gelöstes Aluminium als Al^{3+} auftritt, nimmt die Löslichkeit bei höheren pH-Werten drastisch ab und ist deshalb oberhalb von ca. 5,5 zu vernachlässigen. A. hat keine spez. Funktion im >Stoffwechsel< der höheren Pflanze; lediglich einige Farne und Schachtelhalme sowie der Teestrauch benötigen A. für das Wachstum. Die A.-Toxizität, die bei pH-Werten unter 5 auftritt, macht sich zuerst in einer Hemmung des Wurzelwachstums bemerkbar. Eine A.-Anreicherung findet v.a. in den >Zellkernen< der >Wurzelhaube< statt. Da es in Gegenwart von Al^{3+} zu einer Präzipitation von Aluminiumphosphat an der Wurzeloberfläche sowie im Interzellularraum kommt, ist die Phosphataufnahme gestört, häufig auch durch indirekte Effekte die Ca- und

Mg-Aufnahme. Al^{3+} blockiert u.a. die K^+-Influxkanäle des Plasmalemmas.

Lit: Steinegger A, Rickenbacher U, Schlatter C (1990) Aluminium. In: Hutzinger O (Hrsg.) The Handbook of Environmental Chemistry Bd.3, Teil E, Springer, Berlin Heidelberg New York, S.155–184 – Hollemann AF, Wiberg E, Wiberg N (1985) Lehrbuch der anorganischen Chemie, Walter de Gruyter, Berlin New York, S.864–885 – Kinzel H (1982) Pflanzenökologie und Mineralstoffwechsel. Ulmer, Stuttgart, S.311–322 – Hock B, Elstner EF (1995) Schadwirkungen auf Pflanzen, 3.Aufl., Spektrum Akademischer Verlag, Heidelberg Berlin Oxford – Merian E (Hrsg.) Metalle in der Umwelt, Verlag Chemie, Weinheim – Kaim W, Schwederski B (1991) Bioanorganische Chemie, Teubner, Stuttgart, S.345–347.

Aluminiumoxide. A. (meist als Sammelbegriff für Oxide und Hydroxide verwendet) entstehen bei der Verwitterung Al-haltiger Silicatminerale in sauren Böden. Häufigstes A. in den Böden des gemäßigt-humiden Klimas ist der Gibbsit (γ-Al(OH)$_3$), weiterhin kommt Bayerit (α-AlOOH) vor. An der Oberfläche von A. können bei niedrigen pH-Werten durch Protonenanlagerung positive Ladungen („variable" Ladungen) entstehen und so die Sorption von Anionen ermöglichen. In gleicher Weise können bei hohem pH-Wert H^+-Ionen abgespalten und die Oberfläche damit zur Kationensorption befähigt werden.

Aluminiumphosphat. >Phosphatdünger<.

Aluminiumtoxizität. Toxische Wirkung von ionischem >Aluminium< (Al^{3+}) der Bodenlösung in Waldböden auf Organismen. Wenn der >pH-Wert< der >Bodenlösung< soweit absinkt, daß Aluminiumoxide und -hydroxide instabil werden (z.B. für amorphen Gibbsit pH < 4,2), kommt es zu einer exponentiell ansteigenden Ausschüttung von Al^{3+} in die <Bodenlösung>. Hohe Al^{3+} Konzentrationen (0,1 bis 1 mmol Al^{3+}/l), die sich u.a. bei Abwesenheit komplexierender löslicher Huminstoffe einstellen, behindern die apoplastische Nährstoffaufnahme, so daß die Versorgung mit kationischen Nährelementen (z.B. Mg^{2+}) gestört wird. Sehr hohe Al^{3+}-Konzentrationen wirken als Zellgift und führen zu direkten Schäden bei Feinwurzeln und Mykorrhizen. Die A. wurde als primärer Schadfaktor für Waldbäume im Rahmen der >Versauerungshypothese< angesehen.

Amalgam aus Zahnfüllungen. Amalgam-Zahnfüllungen sind Legierungen des Quecksilbers mit anderen Metallen (Hg, Ag, Cu, Zn, Sn). Heute werden nur noch Silberamalgame verwendet. Amalgam-Füllungen tragen zur Gesamtbelastung des Organismus durch Quecksilber bei, eine Abgabe von dampfförmigem Quecksilber in die Atemluft und von Quecksilber(II)-Ionen und Amalgam-Partikeln in den Speichel läßt sich v.a. nach Legen der Füllungen nachweisen. Die Bedeutung dieser Gesamtfreisetzung für die Gesamtkörperlast von Quecksilber ist umstritten. In Abhängigkeit von Anzahl und Qualität der Amalgam-Füllungen werden für Quecksilber höhere Konzentrationen in Urin und Blut als bei Nicht-Amalgam-Trägern gemessen, überwiegend liegen diese jedoch innerhalb der für Industrienationen als durchschnittlich und nicht toxisch angesehenen Konzentrationsbereiche. Vereinzelte Überschreitungen der „Normalkonzentrationen" und die Normalisierung nach Entfernung der Amalgam-Füllungen sind Argumente für eine kritischere Betrachtungsweise. Am 01.Juli 1997 wurde in einem Konsenspapier u.a. des Bundesinstitutes für Arzneimittel und Medizinprodukte BfArM empfohlen, bei Schwangeren möglichst keine Amalgamfüllungen zu legen bzw. zu entfernen. Außerdem sind Restaurationsmaterialien, u.a. Amalgam, dann nicht zu verwenden, wenn eine nachgewiesene Allergie gegen einen Bestandteil vorliegt.

Lit: Marquart H, Schäfer SG (1994) Lehrbuch der Toxikologie. BI-Wissenschaftsverlag, Mannheim

Amaranth. (Naphtholrot S): Trinatriumverbindung der 1-(4'-Sulfon-1'-naphthylazo)-2-naphthol-3,6-disulfonsäure. Diese zu den Azofarbstoffen gehörende Verbindung bildet in wässrigem Medium eine dunkelrote Farbe. Der ADI-Wert beträgt bis zu 0,75 mg/kg Körpergewicht. Der Zusatz erfolgt in Zuckerwaren, Marmelade, Puddingpulver, Aperitifs, Speiseeis und Fruchtkonserven.

Amazonas. Der längste Strom Südamerikas und zugleich der wasserreichste der Erde. Er entsteht durch die Vereinigung der aus den peruanischen Anden kommenden Quellflüsse Maranon und Ucayali und mündet in drei Hauptarmen in den Atlantischen Ozean. Das Amazonasgebiet wird von dem größten geschlossenen tropischen Regenwald (>Urwald<) bedeckt, der heute durch menschliche Eingriffe in seinem Bestand gefährdet ist. Schwerwiegende ökologische Folgen für die gesamte Erde sind zu befürchten, insbesondere durch die auf Grund der Brandrodungen und Abholzung zu erwartenden Klimaänderungen.

Amensalismus. Beziehung zwischen zwei >Arten< von Lebewesen, bei der die eine einen Nachteil, die andere weder einen Vorteil noch einen Nachteil hat.

American Society for Testing and Material (ASTM). US-Institution zur Normung von Stoffen, insbesondere von Kraft- und Schmierstoffen, wobei sowohl die Qualitätskriterien als auch die zu ihrer Best. erforderlichen Verfahren festgelegt werden. Ähnlich >DIN< und >EN<.

AMES-Test. Für die Ermittlung eines Krebsrisikos gibt es zahlreiche Untersuchungsverfahren. Weit verbreitet sind sog. Kurz-Zeit-Tests auf der Basis von In-vitro-Verfahren. Am bedeutendsten ist der nach dem Wissenschaftler Ames benannte A.-T. Dieser Test arbeitet mit bestimmten Salmonella typhimurium-Stämmen, ist einfach durchführbar und liefert das Ergebnis innerhalb von 8 Tagen. Er ist wie andere In-vitro-Tests darauf ausgerichtet, Genmutationen als Initiationsphase in der Krebsentstehung nachzuweisen.

Lit: Ames BN, McCann J, Yamasaki E (1975) Mutation Res 31: 347–363.

Ametryn. Pre- und post-emergence Herbizid aus der Gruppe der 1,3,5-Triazine („Triatryne").
Chemische Bezeichnung: 2-Methylamino-6-isopropylamino-4-methylthio-1,3,5-triazin
Summenformel: $C_9H_{17}N_5S$
$M_r = 227,3$
Smt.: 84–86 °C
Dampfdruck: $11 \times S\ddot{o}\,10^{-7}$ Pa (20 °C)
Löslichkeit in Wasser (20 °C): 185 ppm

Synthese: Geigy, 1964
Handelsnamen: Gesapax®, Evik®
LD_{50} (mg/kg Ratte): 1.405.
Synthese aus Cyanursäure via >Atrazin< durch stufenweisen Ersatz der Halogenatome mit Ethylamin, Isopropylamin und Natrium-methylmercaptid. A. gehört zur 2. Generation der Triazin-Herbizide und findet Anwendung als pre- und post-emergence Herbizid gegen Mono- und Dikotyledonen im Obstbau, bei Ananas, Zuckerrohr, Bananen, Citrusfrüchten, Kaffee, Erdnüssen, Soja, gegen Kartoffel-Stengelfäule sowie als Gewässer-Herbizid.

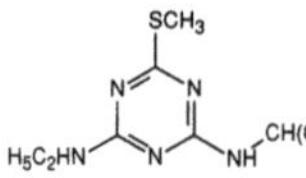

Amidonaphtholrot G. >Brillantsäurecarmin 2G<.

Amidosulfuron. Wirkt als >Herbizid< und zählt zur Substanzklasse der Sulfonylharnstoffe.
Chemische Bezeichnung: 1-(4,6-Dimethoxypyrimidin-2-yl)-3-mesyl(methyl)sulfamoylharnstoff
CAS-Nummer: 120923–37–7
Hersteller: AgrEvo
Wirkungstyp: Hemmt die Acetolactatsynthase durch Störung der Biosynthese der essentiellen Aminosäuren Valin und Isoleucin, was zu einem sehr schnellen Wachstumsstop der Unkräuter führt. Die Wirkstoffaufnahme erfolgt hauptsächlich über die Blätter, aber auch über die Wurzeln bei guter Bodenfeuchtigkeit. Die Verteilung des Wirkstoffes erfolgt akropetal wie auch basipetal.
Bevorzugte Anwendung: Selektives Nachauflauf-Herbizid zur Kontrolle von breitblättrigen Unkräutern, besonders Klettenlabkraut im Sommer- und Wintergetreide (ausgenommen Sommerroggen und Hartweizen). Ein weiteres Einsatzgebiet ist die Bekämpfung von Stumpfblättrigem Ampfer und Löwenzahn auf Wiesen und Weiden.

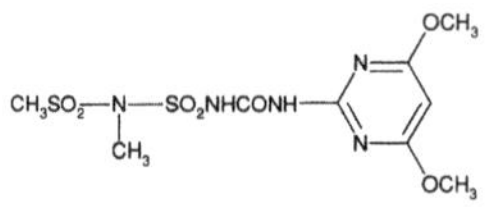

Chemische und physikalische Eigenschaften: Feines weißes Pulver mit leicht säuerlichem Geruch und einem Schmelzpunkt von 160–163°C und einer Dichte von 1,5 bei 20°C.
Dampfdruck: 13 µPa bei 20°C und 22 µPa bei 25°C.
Verteilungskoeffizient(log Po/w): 1,63 bei pH 2 und 20°C.
Stabilität: Praktisch kein photolytischer Abbau.
Löslichkeit: Wasserlöslichkeit ist stark pH-abhängig: 3,3 mg/L bei pH 3, 9,0 mg/L bei pH 5,8 und 13 500 mg/L bei pH 10,0; jeweils bei 20°C.
Abbau und Metabolismus: In der Pflanze rascher Wirkstoffabbau unter Bildung hydrophiler Endprodukte. Hauptmetabolit ist desmethyliertes A. Im Laborboden beträgt die HWZ ca. 4 Wochen, unter Freilandbedingungen ca. 25 Tage, abhängig von Bodenstruktur und pH-Wert. In einem Lehmboden betrug die Halbwertszeit 231 Tage bei 10°C. Der Abbau geschieht mikrobiell wie auch chem., als Metabolit entsteht das demethylierte Produkt. Im Wasser erfolgt

der Abbau abiotisch durch Hydrolyse bei saurem pH-Wert und biotisch durch Mikroorganismen. DT_{50} liegt in Abhängigkeit vom Humusgehalt im Wasser/Sedimentsystem zwischen 29 und 120 Tagen. Die hydrolytische Stabilität bei 25°C beträgt bei pH 5 33,9 Tage und bei pH 7–9 >365 Tage. Nach Verfütterung an Ratten erfolgt überwiegend über die Nieren schnelle Ausscheidung, was auf eine fast vollständige Resorption hindeutet. Hauptmetabolit ist wie im Pflanzengewebe desmethyliertes Amidosulfuron.
Säugertoxizität: Akute orale LD_{50} für Ratte und Maus >5.000 mg/kg. Akute dermale LD_{50} für Ratte und Maus >5.000 mg/kg. Inhalation LC_{50} (4 Stunden) für Ratte >1,8 mg/L Luft. Keine Haut- und Augenreizung bei Kaninchen. Keine dermale Sensibilisierung bei Meerschweinchen. 3-Monate-Fütterungstest NOEL für Ratte 5.000, für Maus 4.000 und für Hund 8.000 mg/kg Futter. 2-Jahre-Fütterungstest NOEL für Ratte 400 mg/kg Futter entsprechend 19,5 mg/kg KGW/Tag bei männlicher und 23,6 mg/kg KGW/Tag bei weiblicher Ratte. ADI-Wert 0,2 mg/kg KGW.
Bienentoxizität: Akute orale LD_{50} >100 µg/Biene und Kontakt LD_{50} >100 µg/Biene.
Fischtoxizität: LC_{50} (96 h) für Regenbogenforelle >320 mg/L, Sonnenbarsch >100 mg/L und Karpfen >94 mg/L. 21-Tage-Test LC_{50} für Regenbogenforelle >100 mg/L und NOEC 10 mg/L.
Vogeltoxizität: Akute oral LD_{50} für Japanische Wachtel, Baumwachtel und Stockente >2.000 mg/kg. 8-Tage-Fütterungstest LC_{50} für Japanische Wachtel und Stockente >5.000 mg/kg Futter.
Wirbellosetoxizität: EC_{50} (48 h) für *Daphnia magna* 36 mg/L und NOEC 10 mg/L. EC_{50} (72 h) für Grünalge *Scenedesmus subspicatus* 47 mg/L und NOEC 3,2 mg/ L. LC_{50} (14 d) für Regenwurm >1.000 mg/kg Boden.

Amine, biogene. Beim Abbau von >Aminosäuren< können primäre Amine (= b. A.) durch eine Decarboxylierung entstehen. Bei von Tieren stammenden Lebensmitteln kann die Bildung b. A. Folge eines zu hohen unspezifischen Keimgehaltes im Lebensmittel oder eines hohen originären Gehaltes des Lebensmittels an Decarboxylasen sein. Die als b. A. bezeichneten Stoffwechselprodukte wie das Histamin sind in Fischkonserven (Thunfisch, Makrelen, Sardinen) nicht selten. Treffen sie in bestimmten Mengen auf einen Verbraucher, dessen Aminooxidaseaktivität zur Entgiftung nicht mehr ausreicht, kann es u.a. zu Schockzuständen und akuten Kreislaufstörungen kommen. Histaminkonzentrationen über 1.000 mg/kg Lebensmittel gelten als gesundheitlich bedenklich und nicht verkehrsfähig.

Aminoplaste. >Polykondensate< aus Amiden oder Aminen, wie z.B. >Harnstoff< und Melamin, mit >Formaldehyd<. Dabei werden >duroplastische Kunststoffe< erhalten. Einsetzbar als Bindemittel in Preßmassen, >Spanplatten<, Holzleimen, als Lackharze und >Schaumstoffe<; s.a. >UF-Harz<, >Melaminharze<.

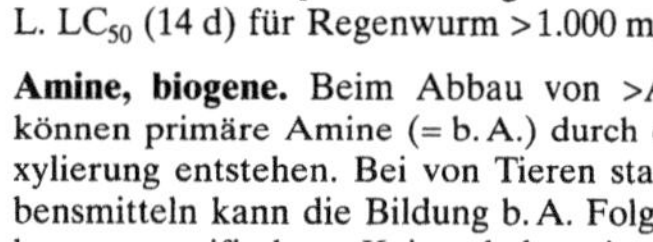

Harnstoff-Formaldehyd-Harz   Melamin-Formaldehyd-Harz

Aminoplaste: Chemische Strukturen (aus: Hellerich W, Harsch G, Haenle S (1978) Werkstoff-Führer Kunststoffe, Carl Hanser Verlag, München Wien, S.81)

Aminosäuren. Aminocarbonsäuren der allg. Formel R-CH(NH$_2$)COOH. Je nach Stellung der NH$_2$-Gruppe unterscheidet man α-, β-, γ- usw. A. α-A. bilden die Bausteine der Proteine. A. sind kristalline, relativ hochschmelzende Substanzen, die in saurer Lösung als Kation vorliegen, in basischer Lösung als Anion (Ampholyte). In wäßriger Lösung besteht ein Dissoziationsgleichgewicht.

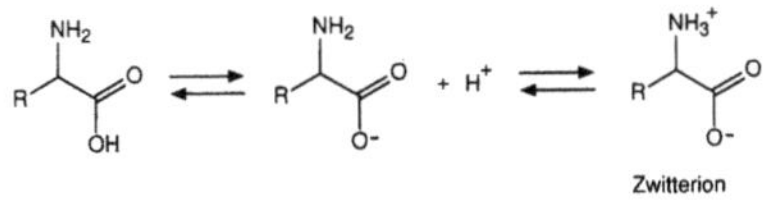

Die Reaktion beim Lösen in Wasser ist neutral oder schwach sauer.

Nach ernährungsphysiologischen Gesichtspunkten unterscheidet man essentielle A. (Valin, Leucin, Isoleucin, Phenylalanin, Tryptophan, Methionin, Threonin, Histidin, Lysin, Arginin) und nichtessentielle A. (Glycin, Alanin, Prolin, Serin, Cystein, Tyrosin, Asparagin, Glutamin, Asparaginsäure, Glutaminsäure) (s. Abb.). Der Gehalt eines Lebensmittels an essentiellen A. bestimmt dessen biol. Wertigkeit (g gebildetes Körperprotein/100 g Nahrungsprotein). Auch das Verhältnis der einzelnen essentiellen und nichtessentiellen A. zueinander ist von Bedeutung. Häufig werden durch die Nahrung nicht die notwendigen Mengen an A. zugeführt, oder es besteht besonders bei einseitiger Ernährung ein Defizit an bestimmten A., Bedarfswerte s. Tabelle unten. Deshalb werden Nahrungsmittel häufig durch den Zusatz von essentiellen A. qualitativ verbessert. Z.B. werden in Japan Lysin und Threonin zur „Rice-Fortification" eingesetzt. Besondere Bedeutung haben A. bei der Herstellung von chem. definierten Diäten, die zur parenteralen Ernährung, zur Therapie von Maldigestions- und Malabsorptionserkrankungen und in der Raumfahrt eingesetzt werden. Die Produktion von A. ist in drei Verfahren möglich: a) Isolierung aus natürlichen Rohstoffen (z.B. Threonin), b) chem. Synthese (z.B. Alanin, Asparagin), c) mikrobielle Verfahren (z.B. Arginin, Glutamin, Leucin). Zusätzlich haben einige A. eine geschmacksbeeinflussende Wirkung, die besonders in proteinreichen Lebensmitteln wie Fleisch, Fisch und Käse, in denen hydrolytische Vorgänge ablaufen, zur Wirkung kommt (s. Tabelle S. 82). 17 A. sind in Form ihrer Salze als Zusatzstoffe zugelassen. Eine Sonderstellung nimmt Glutaminsäure ein. In geringen Konzentrationen verstärkt sie den Eigengeschmack eines Lebensmittels (>Aromaverstärker<), in hohen Konzentrationen ruft sie den Geschmack von Fleischbrühe hervor.

Durch den Vorgang der Transaminierung ist der Organismus in der Lage, verschiedene A. aus α-Ketosäuren

Aminosäuren: Bedarf einiger essentieller Aminosäuren eines Erwachsenen

Aminosäure	Bedarf (mg/kg Körpergewicht)
Valin	11–14
Leucin	11–14
Isoleucin	10–11
Tryptophan	3
Threonin	6–7
Lysin	9–12

1. Essentielle Aminosäuren:

R = —CH(CH$_3$)$_2$
Valin

R = —CH$_2$—CH(CH$_3$)$_2$
Leucin

Isoleucin

Phenylalanin

Tryptophan

Methionin

Threonin

Histidin

Lysin

Arginin

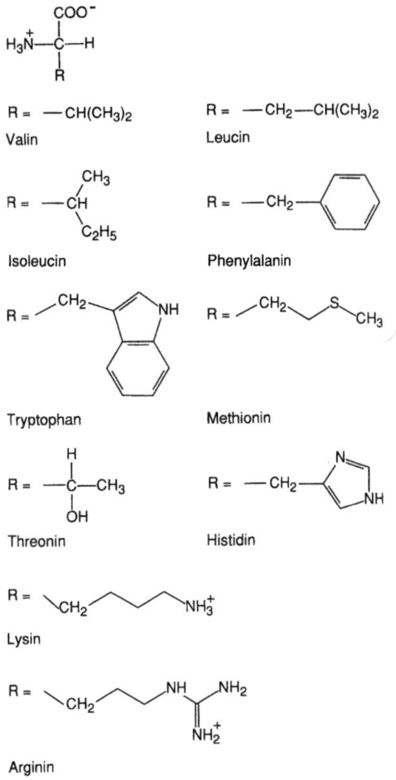

2. Nichtessentielle Aminosäuren:

R = —H
Glycin

R = —CH$_3$
Alanin

R = —CH$_2$OH
Serin

R = —CH$_2$SH
Cystein

Asparagin

Glutamin

R = —CH$_2$—COO$^-$
Asparaginsäure

Glutaminsäure

Tyrosin

Prolin

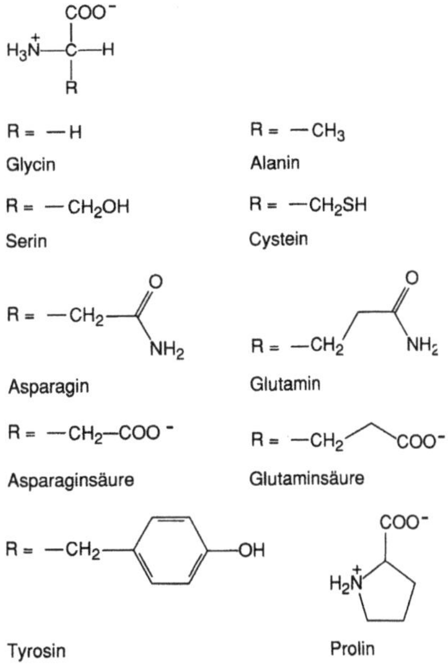

Aminosäuren: Geschmacksbeeinflussende Aminosäuren

Aminosäure	Erkennungsschwellen-wert (mmol/L)	Geschmack
Alanin	12–18	süß
Glycin	25–35	
Serin	25–35	
Threonin	35–45	
Prolin	25–40 (süß)	bitter + süß
	25–27 (bitter)	
Lysin	80–90	
Histidin	45–50	bitter
Isoleucin	10–12	
Leucin	11–13	
Phenylalanin	5–7	

zu synthetisieren. Die α-Ketosäuren können dem Kohlenhydratstoffwechsel entnommen werden. So entstehen Alanin aus Brenztraubensäure, Asparaginsäure aus Oxalessigsäure, Glutaminsäure aus α-Ketoglutarsäure und Serin aus Hydroxybrenztraubensäure. Außer diesen A. können noch weitere im Stoffwechsel gebildet werden, meist durch Umwandlung anderer A., wie z. B. Cystin aus Methionin und Tyrosin aus Phenylalanin. Diese vom Organismus synthetisierbaren A. machen etwa 40 % des Körpereiweißes aus. Für eine zweite Gruppe von A. hingegen sind im Intermediärstoffwechsel weder α-Ketosäuren noch sonstige geeignete Vorstufen vorhanden. Diese A. müssen daher dem Körper mit der Nahrung zugeführt werden (unentbehrliche oder essentielle A.).

Lit: Kirchgessner M (1987) Tierernährung, 7. Aufl., DLG, Frankfurt/M.

Aminotriazol. >Amitrol<.

Amitraz. Ein >Akarizid<, das auch als >Insektizid< wirkt und zur Substanzklasse der Amidine gehört.
Chemische Bezeichnung: N-Methylbis-(2,4-xyliliminomethyl)amin
CAS-Nummer: 33089–61–1
Hersteller: AgrEvo
Wirkungstyp: Nützlingsschonendes Kontaktakarizid und -insektizid mit Atmungswirkung.
Bevorzugte Anwendung: Gegen Spinnmilben im Wein-, Gemüse-, Hopfen- und Zierpflanzenbau sowie als Ectoparasitenmittel gegen Zecken, Milben und Läuse an Tieren.

Chemische und physikalische Eigenschaften: Weiße bis blaßgelbe geruchlose Kristalle mit einem Schmelzpunkt von 86–88 °C und einem spezifischen Gewicht von 1,128 g/cm^3 bei 25 °C.
Dampfdruck: 0,34 mPa bei 25 °C.
Verteilungskoeffizient (log Po/w): 5,5 bei 25 °C.
Löslichkeit: In Wasser < 0,1 mg/L bei 25 °C.
Stabilität: Hydrolyse-HWZ bei pH 5 2,1 h, bei pH 7 22,1 h und bei pH 9 25,5 h.
Abbau und Metabolismus: Im Säugerorganismus erfolgt schnelle Absorption, Metabolisierung und Ausscheidung; bei Ratten werden innerhalb von 96 h

78 % über Urin und 9 % über Faeces, bei Hunden 57 % über Urin und 24 % über Faeces ausgeschieden. Hauptmetaboliten sind N-(2,2-Xylyl)-N-methyl-formamidin, 2,4-Dimethylformanilid, 2,4-Dimethylanilin, 4-Formamido-3-methylbenzoesäure und 4-Amino-3-methylbenzoesäure.
Säugertoxizität: Akute orale LD$_{50}$ für Ratte 600–800 mg/kg. Akute dermale LD$_{50}$ für Ratte > 1.600 mg/kg. Inhalation LC$_{50}$ (6 h) für Ratte 65 mg/L Luft. Geringe Augenreizwirkung bei Kaninchen. 2-Jahre-Fütterungstest NOEL für Ratte 2,5 und Hund 0,25 mg/kg KGW/Tag.
Fischtoxizität: LC$_{50}$ (96 h) für Regenbogenforelle 0,74 mg/L.
Vogeltoxizität: Akute orale LD$_{50}$ für Virginiawachtel 788 mg/kg. LC$_{50}$ (8 d) für Stockente 7.000 mg/kg Futter.
Wirbellosetoxizität: Giftig für Fischnährtiere und Algen. EC$_{50}$ (48 h) für Daphnia 35 µg/L. EC$_{50}$ (96 h) für Grünalge 0,67 mg/L. LC$_{50}$ (14 d) für Regenwurm > 1.000 mg/kg Boden.

Amitrol. Wirkt als >Herbizid< gegen tief wurzelnde Unkräuter und zählt zur Substanzklasse der Triazol-Derivate.
Chemische Bezeichnung: 1H-1,2,4-Triazol-3-ylamin
CAS-Nummer: 61–82–5
Hersteller: Bayer, Nufarm
Wirkungstyp: Nichtselektives Herbizid, Aufnahme durch Blätter und Wurzeln, translokierend. Hemmt Chlorophyllsynth. u. a. enzymatische Prozesse.
Bevorzugte Anwendung: Gegen tiefwurzelnde Unkräuter wie Huflattich, Rasenschmiele, Quecke, Schachtelhalm, Adlerfarn. Im Gemisch mit anderen Herbiziden als Totalherbizid auf Nichtkulturland.

Chemische und physikalische Eigenschaften:
Physikalische Beschaffenheit: Krist., farblos.
Schmelzpunkt: 157 bis 159 °C; 150 bis 153 °C (techn.).
Verteilungskoeffizient (log P$_{o/w}$): –0,85 bei 20 °C.
Dampfdruck: 3,3 · 10^{-7} hPa bei 20 °C.
Stabilität: Stabil in wäßrig-neutralem, saurem und alkal. Medium.
Korrosives Verhalten: Schwach korrosiv gegen Eisen, Aluminium, Kupfer.
Löslichkeit: 28 g in 100 g Wasser von 23 °C bzw. 53 g in 100 g Wasser von 53 °C.
Abbau: Zerfall unter Ringöffnung in CO$_2$, Harnstoff und Cyanamid. Vielleicht N-Glucosid-Bildung an der 3-Aminogruppe. Wirkungsdauer in feuchten, warmen Böden 2 bis 3 Wochen, u. a. Bedingungen auch erheblich länger.
Im Säugerorganismus wird A. im wesentlichen als unveränderter Wirkstoff innerhalb von 24 Stunden mit dem Urin ausgeschieden, geringe Mengen mit den Faeces, Spuren mit der Atemluft.
Toxizität: Akute orale LD$_{50}$ für Ratten > 5.000 mg/kg, für Mäuse 14.700 mg/kg. Akute dermale LD$_{50}$ > 5.000 mg/kg.
Inhalation Ratte LC$_{50}$ > 0,44 (Aerosol) mg/L.
Keine Haut- und Augenreizung bei Kaninchen.
Bienentoxizität: Nicht bienengefährlich (B 4).
Fischtoxizität: Nicht fischgiftig. Für Forelle sind 400 mg/L 24 Stunden, Karpfen 1.000 mg/L 48 Stunden,

Guppy 600 mg/L 48 Stunden, jeweils als Präparat (50%), noch verträglich.

Amixis, amiktisch. Ein See, der niemals voll- oder teildurchmischt wird, also keine >Mixis< aufweist (Amixis), ist amiktisch. Die Ursache ist meist eine ganzjährige Eisbedeckung in Polargebieten und extremen Hochlagen.

Ammoniak. NH_3 ist ein farbloses Gas von stechendem Geruch. Es löst sich in Wasser unter Einstellung des Gleichgewichts $NH_3 + H_2O \rightleftharpoons NH_4^+ + OH^-$, das vom pH-Wert abhängt und sich mit sinkendem pH-Wert nach rechts verschiebt.

1. veterinär: Als Stickstoffquelle zum Aufbau ihres Körpereiweißes benutzen die Pansenmikroorganismen zum einen die aus dem Abbau von Futtereiweiß entstehenden Peptide, >Aminosäuren< und A. Zum anderen werden hierzu auch die Nicht-Protein-Stickstoff (NPN)-Verbindungen des Futters herangezogen, d.h. das A., welches beim Abbau der NPN-Verbindungen anfällt. Das bei den Abbauvorgängen im Pansen gebildete A. wird nur teilweise direkt zur Synthese von >Eiweiß< durch die Bakterienflora verwendet. Der übrige Teil wird über die Pansenwand absorbiert oder gelangt in die weiteren Abschnitte des Magen-Darm-Kanals, wo dann ebenfalls der Übertritt ins Blut erfolgt. Die Absorption von A. durch die Pansenwand ist ein Diffusionsvorgang, der in etwa proportional der A.-Konzentration im Pansen verläuft. Das absorbierte A. gelangt durch die Pfortader in die Leber und wird hier in Harnstoff überführt. Ein Teil dieses Harnstoffs wird über den Harn ausgeschieden, der andere Teil gelangt in den Pansen zurück, hauptsächlich über den Speichel, zum geringeren Teil auch direkt durch die Pansenwand. Man bezeichnet diesen Kreislauf des Stickstoffs als rumino-hepatischen Kreislauf.

2. Pflanze: In der Pflanzenzelle liegt A. fast ausschließlich als Ammoniumion NH_4^+ vor. Beide Verb. dienen der Pflanze als Stickstoffquelle. Sie wirken jedoch in höheren Konz. >toxisch<, NH_3 stärker als NH_4^+. Symptome von Ammoniakvergiftungen sind Chlorosen der Blätter, nekrotische Flecken auf Blättern und Stengeln, Absterben des >Mesophylls< sowie >Blattfall<. Die prim. Schäden gehen nicht nur auf eine pH-Erhöhung durch Bildung von NH_4OH, sondern auch auf eine Entkopplung der >Photophosphorylierung< und eine Hemmung der O_2-Produktion zurück. Seit geraumer Zeit ist v.a. in Regionen mit intensiver Viehhaltung eine signifikante Zunahme des NH_3-Gehalts der Luft zu beobachten. Durch Auswaschung über den >Regen< kommt es zum erhöhten N-Eintrag in Böden und entspr. Wachstumssteigerungen.

Lit: Kirchgessner M (1987) Tierernährung, 7. Aufl., DLG, Frankfurt/M – Hock B, Elstner EF (1995) Schadwirkungen auf Pflanzen, 3. Aufl., Spektrum Akademischer Verlag, Heidelberg Berlin Oxford.

Ammoniakemissionen. Zahlenangaben über A. beruhen auf Schätzungen, da exakte NH_3-Messungen schwierig sind. Zur genauen Erfassung der A. aus der landwirtschaftlichen Tierhaltung z.B. wäre eine hermetische Abdichtung der Ställe notwendig. A. werden zu ca. 80 bis 90% durch die landwirtschaftliche Tierhaltung, der Rest durch Verbrennungsvorgänge von Industrie, Verkehr, Haushalte sowie durch Fäulnisse natürlicher >Biomasse< und die Ausbringung von Mineraldüngern und >Klärschlamm< verursacht. Die Gesamtmenge an emittiertem >Ammoniak< schätzt man

für Deutschland auf 622 kt (Stand 1996). Ab 1990 (759 kt) sinken die A. Das gasförmige Ammoniak kann über weite Strecken transportiert werden, in der Luft (Verweilzeit 5 bis 9 Tage) reagieren und als >Ammonium< (NH_4^+) oder in Form verschiedener N-Verbindungen vorwiegend über Niederschlag oder an Staubpartikel gebunden auf den Boden gelangen. A. können also weitab der >Emissionsquelle< die Umwelt beeinflussen. Ammoniak kann von den Spaltöffnungen der Blätter aufgenommen werden und wirkt in schwachen Konzentrationen als >Dünger<. Höhere Konzentrationen (Dosis-Wirkungs-Beziehung wenig bekannt) führen zu Pflanzenschäden und können an Waldschäden beteiligt sein, wobei Nadelbäume aufgrund ihrer größeren Blattoberfläche mehr betroffen sind als Laubbäume. Weitere negative Auswirkungen sind: Versauerung von Oberflächengewässern und Böden; >Eutrophierung< stickstoffarmer Standorte und Gewässer, dadurch langfristig Veränderung der Pflanzen- und Tiergesellschaften; Gebäudekorrosion; >Geruchsemissionen<. Stallhaltung mit Stroh (Rotte-, Tiefstallmist) verursacht geringere Geruchsemissionen als strohlose Aufstallung mit >Gülle<, ist aber nicht günstiger hinsichtlich der A. zu beurteilen. Es gibt Unterschiede zwischen den Tierarten, die stark von den Faktoren der Haltung abhängig sind. Optimale Praxis von Mistanfall bis Mistverwertung können bei Tiefstall und Güllewirtschaft zu gleich niedrigen A. führen, Gülle bedeutet allerdings erhebliche arbeitswirtschaftliche Vorteile. Auf folgenden Wegen ist eine Reduktion der A. zu erzielen: Verminderung der Viehbesatzdichten, Fütterungsumstellung (tier- und bedarfsgerechte Proteinfütterung, Aminosäure-Zusätze können die Stickstoffausscheidungen bei gleicher Leistung um 40% senken), verlustoptimierte Lagerung von Wirtschaftsdüngern, zeit- und mengenmäßige Anpassung der Ausbringung von Mineral- und Wirtschaftsdüngern (bei Gülledüngung können je nach Verfahren die NH_3-Verluste zwischen 1% und 100% schwanken), Abluftfilter. Bisher erlassene Gesetze und Verordnungen mit beschränkender Wirkung: Immissionsschutzgesetz (>Immissionsschutzrecht<), Technische Anleitung zur Reinhaltung der Luft, >Düngeverordnung<, Umweltverträglichkeitsprüfung.

Lit: Sechster Immissionsschutz der Bundesregierung (1996) Drucksache 13/4825. Vertrieb: Bundesanzeiger Verlagsgesellschaft mbH, Bonn.

Ammonifikation. Mikrobieller Abbau von Stickstoffverb. wie Proteinen, Aminosäuren u.a. zu Ammoniak NH_3. Je nach dem pH-Wert und der Temp. des Wassers ist Ammoniak unterschiedlich stark dissoziiert:

$$NH_3 + H_2O \rightarrow NH_4^+ + OH^-$$

Im Gewässer kann durch die photosynthesebedingte Erhöhung des pH-Wertes zeitweise Ammoniak NH_3 entstehen, besonders in >eutrophen< Gewässern. Ammoniak ist schon in wenigen µg/L für Fische chronisch tox., die EG-Richtlinie gibt als Qualitätsziel für Salmoniden- und Cyprinidengewässer einen Richtwert von ≤5 µg/L und einen imperativen Wert von ≤25 µg/L an; für Ammonium insgesamt in Salmonidengewässern ≤0,04 mg/L als Richtwert, ≤1 mg/L als imperativer Wert, in Cyprinidengewässern ≤0,2 (R) und ≤1 mg/L. Ionisiertes Ammonium wird von vielen Wasserpflanzen gegenüber Nitrat bevorzugt aufgenommen und für die Proteinsynth. verwendet. Eine spezielle Art der A. ist die >Nitratammonifikation<.

Ammoniumsulfat. >Stickstoffdünger<.

Ammoniumsulfatsalpeter. >Stickstoffdünger<.

Ammoniumverbindungen. Anorg. Stickstoffverb. mit der niedrigsten Ox.-Stufe des Stickstoffs (−3). Das Ammoniumion tritt beim Abbau von Eiweißverb., Harnstoff u. a. auf:

$$H_2N-\overset{\overset{\text{O}}{\|}}{C}-NH_2 \quad \xrightarrow{\text{Urease}} \quad NH_4^+ / NH_3$$

Es entsteht auch bei der mikrobiellen Red. von Nitrat (>Nitratammonifikation<). Je nach dem pH-Wert und der Temp. liegt A. im Wasser überwiegend als Ammonium NH_4^+ in dissoziierter Form oder als undissoziiertes Ammoniak NH_3 vor. Ammoniak ist für Wasserorganismen stark tox. Die natürlichen Grundkonz. an A. liegen >0,1 mg/L, da A. im Gewässer sofort ox. wird. Höhere Konz. in Oberflächengewässern und im Grundwasser weisen auf eine anthropogen bedingte Verunreinigung hin.
Lit: Schwoerbel J (1990) Ökotoxikologische und mikrobiologische Aspekte der anorganischen Stickstoffverbindungen in Gewässern. In: Wasser, Berlin '89 Kongressvorträge, E.Schmidt Verlag, Berlin, S.418–427.

Ammonnitrat-Harnstoff-Lösung. >Stickstoffdünger<.

Amöben. >Protozoen<, >Bodenfauna< (s. Abb. S.223).

Amöbendysenterie. >Amöbenruhr<.

Amöbenruhr. (Syn. Amöbendysenterie). Durch *Entamoeba histolytica* verursachte akute oder chronisch rezidivierende Dickdarmerkrankung. Nach einer Inkubationszeit zwischen wenigen Tagen bis mehrere Wochen treten akut blutig-schleimige Stühle auf (der Durchfall kommt evtl. im Wechsel mit Verstopfungen vor). Es bestehen anhaltender Stuhldrang und ziehende Leibschmerzen. Weiterhin können auch Lebervergrößerung, >Anämie< und körperlicher Verfall beobachtet werden. Die Krankheit verläuft meist ohne Fieber oder >toxische Symptome<.

AMP. Adenosinmonophosphat (AMP) (Syn. Adenylsäure) wird aus >Adenosin< durch Veresterung des Riboserestes mit Phosphorsäure gebildet. AMP gehört wie >ADP< und >ATP< zum Adenylsäuresystem, das im Organismus als Energiespeicher- und Energieübertragungssystem dient. Die Esterbindung ist im Gegensatz zu den Säureanhydridbindungen bei ADP und ATP nicht als energiereich anzusehen. AMP ist gleichermaßen als >Nucleotid< anzusprechen.

Amphibia (Lurche). Zu den Amphibien gehören Molche und Frösche. Die Arten der gemäßigten Klimazone repräsentieren den Übergang vom Wasser- zum Landleben, z.B. *Triturus vulgaris* (Teichmolch) und *Bufo bufo* (Erdkröte). L. sind wichtige Gipfeltiere der Nahrungsketten. Der Artenbestand kann nur durch den Erhalt unbelasteter Süßgewässer im Verbund der Kulturlandschaft gesichert werden. >Vertebrata<, >Limnologie<, >Nahrungskette<.

Amphibole. Mineralgruppe der Bandsilicate, die aufgrund ihres Eisengehalts dunkel gefärbt sind. Ihre wichtigsten Vertreter in den bodenbildenden Gesteinen sind Hornblende und Aktinolith. A. sind in Böden relativ leicht verwitterbar und liefern die wichtigen Pflanzennährstoffe Magnesium und Kalium.

Amprolium. A. ist eine synthetisch hergestellte Substanz zur Behandlung der Geflügelcoccidiose. Die Substanz darf in Dosierungen von 62,5 bis 125 mg/kg Futter eingesetzt werden. Die >Wartezeit< beträgt 3 Tage.

Amylasen. Stärkeabbauende Enzyme, die zur Verzuckerung von Stärke in der Glucose- und Stärkesirup-Herstellung, in der Bäckerei und beim Brauen eingesetzt werden.

Amyloglucosidasen. Enzyme, die Stärke zu Glucose hydrolysieren. In Kombination mit >Amylasen< werden sie zur Herstellung von Glucose- und Stärkesirup eingesetzt.

Amylopektin. Eines der beiden Glucane (>Amylose<), aus denen >Stärke< besteht. Es handelt sich um ein verzweigtes Glucan, das aus $\alpha(1{\rightarrow}4)$-verknüpften D-Glucopyranosyleinheiten aufgebaut ist, wobei auf durchschnittlich 15 bis 30 Glucoseeinheiten eine $\alpha(1{\rightarrow}6)$-Verzweigung kommt. Auf ca. 400 Glucosereste kommt ein Phosphatrest. Der Polymerisationsgrad ist wesentlich höher als der der >Amylose<. A. kann enzymatisch durch α-Amylase, β-Amylase und Glucoamylase hydrolysiert werden. β-Amylase baut das Polymer hydrolytisch bis zu den Verzweigungspunkten ab; es bleiben dadurch Fragmente, die Grenzdextrine genannt werden, zurück. Wird A. in Wasser erhitzt, entstehen klare, hochviskose Lsg., die fadenziehend und kohäsiv sind.

Amylose. A. ist eines der beiden Glucane (>Amylopektin<), aus denen >Stärke< besteht. A. ist aus $\alpha(1{\rightarrow}4)$-verknüpften D-Glucopyranosyleinheiten aufgebaut und in sehr geringem Maß über $\alpha(1{\rightarrow}6)$-Bindungen verzweigt; der Polymerisationsgrad ist sehr unterschiedlich. Er geht von 1.000 bei Getreidestärken bis 4.500 bei Kartoffelstärke. A. kann enzymatisch durch α-Amylase, β-Amylase und Glucoamylase hydrolysiert werden. In heißem Wasser quillt sie unter Bildung eines Stärkekleisters auf.

Anabiose. (Syn. Abiose). Die Fähigkeit verschiedener Lebewesen, auf extrem ungünstige Lebensbedingungen mit einer Ruhepause zu antworten, in der keine oder nur noch äußerst geringe physiologische Prozesse ablaufen. Meist erfolgt bei der A. eine weitgehende Austrocknung, die mit einer Zystenbildung einhergeht, z.B. bei >Einzellern<, >Bakterien<, >Pilzsporen<, aber auch bei manchen vielzelligen Tieren wie Fadenwürmern (>Nematoden<) und Rädertieren (Rotatorien). Am bekanntesten und eindrucksvollsten sind die Fähigkeiten der Bärtierchen (Tardigraden), die selbst einen Aufenthalt in flüssigem Sauerstoff überstehen und nach Befeuchtung wieder zu aktivem Leben übergehen können. Diese Fähigkeit wird auch als *Anhydrobiose* oder *Kryobiose* bezeichnet.

Anabolika. Stoffe, die den Hormonhaushalt des Körpers beeinflussen. Das führt zu einer erhöhten Stickstoffretention, wodurch eine Steigerung der Proteinbildung bewirkt wird. A. werden vorwiegend in der Kälberaufzucht eingesetzt. Durch die bessere Ausnutzung des Futters ist die Gewichtszunahme 5 bis 15 % höher. Als A. werden Sexualhormone eingesetzt. Deshalb ist die Wirksamkeit bei jungen Tieren, deren eigene Sexualhormonproduktion noch gering ist, besonders groß. Bei Bullenkälbern z. B. erzielt man die optimale Wirkung im Alter von 10 bis 11 Wochen. Man unterscheidet zwischen natürlichen Sexualhormonen (>Estradiol<, >Progesteron<, >Testosteron<), synth. Steroidderivaten (>Trenbolon<, Methyltestosteron, Ethinylestradiol) und synth. nichtsteroidalen A. (>Diethylstilbestrol<, Dienestrol, Hexestrol, >Zeranol<). Estrogene Verbindungen haben die höchste Wirksamkeit, jedoch wird auch häufig mit einem gestagenen oder androgenen Stoff kombiniert. In Lebensmitteln dürfen keine Rückstände von A. enthalten sein. Deshalb sollen intramuskuläre Injektionen und die orale Gabe mit dem Futter vermieden werden. Die Applikation erfolgt deshalb häufig durch die Implantation von A.-haltigen Pellets hinter den Ohren. Diese Partien werden bei der Schlachtung verworfen. Rückstände von A. im Fleisch werden durch radioimmunologische Verfahren (RIA) bis in den Picogramm-Bereich möglich. Körperfremde Steroide können also in Konzentrationen gemessen werden, die denen der körpereigenen Steroide entsprechen. Daraus resultieren Schwierigkeiten bei der Bestimmung der Herkunft dieser Stoffe. Rückstände im Urin oder Kot von Schlachttieren können leicht durch dünnschichtchromatographische Verfahren nachgewiesen werden. >Androgene<.

Anabolismus. Baustoffwechsel (A.) und Energiestoffwechsel sind miteinander verknüpft. Organotrophe Organismen müssen aus der org. Nährsubstanz sowohl die Bausteine zum Aufbau körpereigener Substanz gewinnen, als auch ihren Energiebedarf daraus decken. Jedes aufgenommene Molekül kann je nach Bedarf dem einen oder dem anderen Zweck dienen.
Lit: Hartmann L (1992) Biologische Abwasserreinigung. 3. Aufl., Springer Verlag, Berlin Heidelberg.

anaerob. Lebensweise von Organismen, die zur Atmung keinen Sauerstoff benötigen. Gegensatz: >aerob<.

Anaerobe Abwasserbehandlung. >Abwasserbehandlung<.

Anaerobe Vergärung. >Abfallvorbehandlung, anaerobe<.

Anaerobie. Zustand der Sauerstofffreiheit, bei dem sich der bakterielle Stoffwechsel von respirativen Prozessen hauptsächlich auf Fermentation (>Gärung<) umgestellt hat. In Böden stellt sich ein anaerobes Milieu durch länger anhaltenden Luftmangel ein, der bei hoher biologischer Aktivität (rascher Verbrauch des Luftsauerstoffs) und ungenügender Sauerstoffzufuhr (z. B. bei Bodenverdichtungen oder wassergefüllten Poren) entstehen kann. Typische Beispiele sind z. B. der Reduktionshorizont von Gleyen oder Unterwasserböden oder das Innere von Deponien. Unter A. laufen viele Abbaureaktionen organischer Substanzen in anderer Weise ab als unter Sauerstoffzutritt, so daß ein Wechsel Aerobie/Anaerobie häufig den vollständigen Abbau >xenobiotischer Stoffe< (z. B. von Pestiziden) begünstigt.

Anaerobier. Organismen, die ohne gelösten oder gasförmigen Sauerstoff leben und sich vermehren können

(ISO 6107/8). Sie werden unterschieden von *fakultativen* A., für die Sauerstoff toxisch wirkt. Im Laborbetrieb lassen sich die sauerstoffbedingten toxischen Effekte durch Zugabe von Reduktionsmitteln zu den Nährlösungen vermindern oder sogar ausschalten. Gegensatz: >Aerobier<.

Anämie. (Sog. Blutarmut). Verminderung der Anzahl der roten Blutkörperchen (Erythrocyten), der Konzentration des roten Blutfarbstoffs (Hämoglobin) bzw. des Anteils aller roten Blutkörperchen am Gesamtblut (Hämatokrit) unter die altersentsprechende und geschlechtsspezifische Norm. Eine Einteilung der A. nach Krankheitsentstehung ergibt drei Hauptgruppen: (1) A. durch übermäßigen Blutverlust (Akute und chronische Blutungsanämien); (2) A. infolge verminderter Bildung der roten Blutkörperchen (z. B. Eisenmangelanämie, Eiweißmangelanämie, A. durch Vitamin-B_{12}-Mangel); (3) A. infolge des übermäßigen Abbaus der roten Blutkörperchen (z. B. immunologisch bedingte A., A. durch Veränderung der Erythrocytenmembran oder Störung des Erythrocytenstoffwechsels).

Analytische Lösung. Eine A. einer Differentialgl. ist, im Gegensatz zu einer sog. numerischen Lösung, die eine Näherungslösung einer Differenzengl. anstelle der entsprechenden Differentialgl. beschreibt, ein analytischer Ansatz, der die Differentialgl. identisch erfüllt, d. h. in diese eingesetzt zu einer Identität führt.

Anatas. >Titan(IV)-oxid<.

Anbauintensität. >Intensität in der Landwirtschaft<.

Anbausystem. >Anbauverfahren<.

Anbauverfahren. Bezeichnet die planmäßige Abfolge der Anbaumaßnahmen für eine Ackerkultur und deren Ausgestaltung nach bestimmten Kriterien. Letztere bestanden bis zum Beginn der pflanzenbaulichen Forschung (>Ackerbau<) aus den empirischen Grundlagen, die bis dahin vornehmlich auf den Erfahrungen der traditionellen Landwirtschaft beruhten. Die Weiterentwicklung von A. erfolgte aufgrund der Ergebnisse von Feldversuchen, auf deren Basis man die einzelnen Elemente eines A., wie >Bodenbearbeitung<, >Dünge- und Pflanzenschutzmaßnahmen< (>Pflanzenschutz<) und Ernte unter den jeweiligen Zielvorstellungen zu optimieren und soweit als möglich die erfaßbaren Wechselwirkungen zu berücksichtigen sucht. So ermöglicht die mengen- und zeitgerechte Aufteilung der Düngegaben an die physiologischen Entwicklungsstadien der Kulturpflanzen (>Bestandesführung<) eine Beeinflussung der Qualität und die Vermeidung einer Grundwasserbelastung; eine reduzierte Bodenbearbeitung und Untersaat kann die >Bodenerosion< bei Mais und Zuckerrüben vermeiden, erfordert aber eine andere Strategie bei der >Unkrautbekämpfung<. Es gibt zunehmend Bestrebungen, A. mit Computermodellen zu steuern, da es dadurch möglich wird, das erforderliche Wissen zu komprimieren, zu aktualisieren und allgemein zugänglich zu machen.

Anbauverhältnis. Bezeichnet den relativen Anteil einzelner Kulturarten (z. B. Winterweizen) oder einer Gruppe von Kulturarten (z. B. Getreide) an der Ackerfläche eines Betriebes (>Fruchtfolge<).

An-Bord-Diagnose. >Selbstdiagnosesystem<.

Anchusasäure. >Alkanna<.

Anchusin. >Alkanna<.

Ancrod. Thrombinähnlicher Bestandteil aus dem >Schlangengift< der malaischen Grubenotter *(Agkistrodon rhodostoma)*, der zu den proteolytischen >Enzymen< gehört, d. h. er katalysiert die Spaltung von Peptidbindungen. A. ist ein Glykoprotein mit einem Molekulargewicht von ca. 38.000. Der Kohlenhydratanteil beträgt ca. 30%. A. verhindert die Blutgerinnung und wird daher therapeutisch bei peripheren arteriellen Durchblutungsstörungen eingesetzt; Handelsname: Arwin®, Firma Knoll AG.

Lit: Siebeneick HU (1976) Chemie in unserer Zeit 10: 33–41. – Habermehl G (1987) Gift-Tiere und ihre Waffen, 4. Aufl., Springer, Berlin Heidelberg.

Androgene. A. sind die männlichen Sexualhormone (C_{19}-Steroidhormone). Sie werden v. a. in den Leydig-Zwischenzellen des Hodens gebildet. Das wichtigste A. ist das >Testosteron<. A. können eine anabole Wirkung (>Anabolika<) haben.

Anemometer. (Syn. Windmesser). Allgemeine Bezeichnung für die verschiedensten Typen von Windmeßgeräten. Die Windgeschwindigkeit wird unter Ausnutzung folgender physikalischer Prinzipien wie folgt gemessen:
– Schalensternanemometer: die Rotationsgeschwindigkeit des Schalensternes ist direkt proportional der Windgeschwindigkeit. Meßbereich: 0,5 m/s (Anlaufgeschwindigkeit) bis etwa 60 m/s;
– Hitzdrahtanemometer: die Abkühlung (Widerstandsänderung) eines stromdurchflossenen Leiters ist direkt proportional der Windgeschwindigkeit. Meßbereich: >4 m/s, wird i. d. R. nur für Spezialuntersuchungen eingesetzt.

Lit: VDI 3786 (1988) Blatt 2: Wind; Meßgeräte; Meß- und Auswerteverfahren – WMO (1996) Guide to Meteorological Instruments and Methods of Observation, WMO-Nr. 8. 6. Aufl., Genf, Loseblattsammlung.

Anerkennung, Pflanzenschutzgeräte. Freiwilliges Prüfangebot bei der >BBA< zur Feststellung, ob Pflanzenschutzgeräte geeignet sind. Mit Inkrafttreten der Erklärungspflicht für neue Pflanzenschutzgerätetypen nach dem >Pflanzenschutzgesetz< bezieht sich die Anerkennung auf Pflanzenschutzgeräte, die die Anforderungen nach der >Pflanzenschutzmittelverordnung< übertreffen. Bei erfolgreichem Abschluß wird das Gerät für die Dauer von 5 Jahren anerkannt. Es kann mit einem Anerkennungsdreieck der >BBA< versehen werden. Das Anerkennungsverfahren wird zusammen mit den Pflanzenschutzdienststellen der Länder durchgeführt; neben kompletten Pflanzenschutzgeräten werden auch Geräteteile, z. B. Düsen, geprüft.

Anfahrvorgang. >Abfahrvorgang<. Bei >Müllverbrennungsanlagen< können nach der Aufgabe von >Abfall< bis zum Erreichen stabiler Betriebszustände für max. zwei Stunden Ausnahmen von der >Emissionsbegrenzung< für bestimmte >Schadstoff<komponenten wie >Kohlenmonoxid< zugelassen werden.

Angereichertes Uran. >Uran<, bei dem der Prozentsatz des spaltbaren >Isotops U-235< über den Gehalt von 0,7205 % des Natururans hinaus gesteigert ist. Zur Anreicherung sind verschiedene Verfahren möglich: >Diffusionstrennverfahren<, >Gaszentrifugenverfahren<, >Trenndüsenverfahren<.

Angewende. >Vorgewende<.

Angiospermen. (Grch. angeion = Gefäß, Behälter; sperma = Samen). A. oder Bedecktsamer bilden mit ca. 236.000 Arten die größte Unterabteilung der >Samenpflanzen< und repräsentieren zugleich die am höchsten entwickelten Formen im Pflanzenreich. Ihre Samenanlagen sind im Gegensatz zu den >Gymnospermen< immer in den Fruchtknoten, von den Fruchtblättern gebildete Gehäuse, eingeschlossen.

Ångström-Pyrgeometer. Nach A. J. ÅNGSTRÖM benanntes Instrument zur Messung des langwelligen Anteils der Strahlungsbilanz (effektive Ausstrahlung), >Strahlungsmeßgeräte<.

Anhörung. Eine A. findet statt in Genehmigungsverfahren mit Öffentlichkeitsbeteiligung; angehört werden Bürger und öffentliche Einrichtungen, soweit ihre Interessen von dem zu genehmigenden Objekt betroffen sind. Beispiel: § 10 des >Bundes-Immissionsschutzgesetzes<: nach Abs. 4 ist in der Bekanntmachung, daß eine Genehmigung beantragt worden ist, darauf hinzuweisen, wo und wann der Antrag auf Erteilung der Genehmigung und die Unterlagen zur Einsicht ausgelegt sind und daß etwaige Einwendungen bei einer in der Bekanntmachung zu bezeichnenden Stelle innerhalb der Einwendungsfrist vorzubringen sind; nach Abs. 6 hat nach Ablauf der Einwendungsfrist die Genehmigungsbehörde die rechtzeitig gegen das Vorhaben erhobenen Einwendungen mit dem Antragsteller und denjenigen, die Einwendungen erhoben haben, zu erörtern. Details der Anhörung finden sich geregelt in der 9. Verordnung zur Durchführung des Bundes-Immissionsschutzgesetzes – Verordnung über das Genehmigungsverfahren – vom 29. Mai 1992.

Anhydritgestein. >Karstgrundwasserleiter<.

Anilazine. Wirkt als >Fungizid< und zählt zur Substanzklasse der Triazin-Derivate.
Chemische Bezeichnung: 2,4-Dichlor-6-(2-chloranilin)-1,3,5-triazin
CAS-Nummer: 101–05–3
Hersteller: Bayer AG
Wirkungstyp: Protektiv wirkendes, nicht systemisches Fungizid.
Bevorzugte Anwendung: Gegen zahlreiche Blatt- und Fruchtkrankheiten an versch. Kulturpflanzen.

Chemische und physikalische Eigenschaften:
Physikalische Beschaffenheit: Farblose Kristalle.
Schmelzpunkt: 159 bis 160 °C (rein).
Dampfdruck: $8,2 \cdot 10^{-9}$ hPa bei 20 °C.
Verteilungskoeffizient (log $P_{o/w}$): 3,02 bei 20 °C.
Stabilität: Stabil in neutralem und schwach saurem Medium. Zersetzlich beim Erwärmen mit Alkalien.
Korrosives Verhalten: Schwach korrosiv gegen Metalle.
Löslichkeit: In Wasser 8 mg/L bei 20 °C.
Abbau und Metabolismus: 1 oder 2 Chloratome des Triazinrings werden durch Reaktion mit Aminosäuren, Peptiden, Coenzymen u. a. Inhaltsstoffen des pflanzlichen Zellsystems durch Amino- oder Thio-Reste substituiert.
Halbwertszeit auf feuchtem Boden etwa 12 Stunden.

Toxizität: Akute orale LD_{50} für Ratte >5.000 mg/kg, männliche Maus ca. 5.000 und weibliche Maus 3.672 mg/kg, Katze >500 mg/kg. Inhalationstoxizität LC_{50} Ratte >228 mg/m^3 bei 1 Stunde und >254 mg/m^3 bei 4 Stunden. Bei Kaninchen leichte prim. reversible Haut- und starke prim. reversible Augenreizwirkung. Fütterungsversuch 3 Monate an Ratte NOEL 500 mg/kg Futter.
Bienentoxizität: Produkt ist nicht bienengefährlich (B 4).
Fischtoxizität: Akute orale LC_{50} (96 Stunden) für Goldfisch, Karpfen, Sonnenbarsch 0,1 bis 1,0 mg/L, Goldorfe 0,1 bis 0,5 mg/L.
Vogeltoxizität: LD_{50} für Stockente >2.000 mg/kg, Japanische Wachtel 2.500 bis 3.700 mg/kg. Huhn 3.750 bis 5.000 mg/kg. Kanarienvogel >1.000 mg/kg.

Anilin. (Phenylamin, Aminobenzol, $C_6H_5NH_2$). CAS-Nr. 62–53–3. Farblose Flüssgikeit mit süßlichem Geruch, die sich in Gegenwart von Luft und Licht braun färbt. A. brennt mit rußender Flamme und bildet mit Luft explosionsfähige Gemische. Es ist eine schwache Base, die mit starken Mineralsäuren Salze bildet. A. ist im >Steinkohlenteer< enthalten und kann sich in Kläranlagenausläufen aus Nitrobenzol bilden. Technisch ist es ein wichtiger Ausgangsstoff bei der Herstellung von Farben (Anilinfarben), Pharmaka, Isocyanat-Kunststoffen, Photochemikalien, >Pflanzenschutzmitteln< u. a. Es ist ein starkes Blut- und Nervengift, das leicht über die Haut und die Lunge aufgenommen wird. Es wirkt als indirekter Methämoglobinbildner und kann hämolytische Veränderungen hervorrufen. Anzeichen einer >Intoxikation< ist eine bläulichgraue Verfärbung von Lippen, Nase und Ohren (Cyanose). Akute Intoxikationen führen zu Lähmungen und Tod durch Atemstillstand. Im >Ames-Test< ist A. nicht mutagen. Bei Mäusen und Ratten sind keine cancerogenen Wirkungen festgestellt worden. Von Mikroorganismen wird A. relativ schnell abgebaut, wobei es von einigen als Kohlenstoffquelle genutzt wird. Für Fische wird die akute Toxizität mit 100 bis 1.000 mg/L angegeben. In Oberflächengewässern werden A.-Konzentrationen mit bis zu 9,7 µg/L beobachtet.

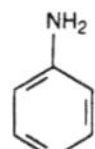

Physikalisch-chemische und toxikologische Daten von Anilin.
M_r: 93,15
Fp.: –6 °C
Kp.: 184 °C
Flammpunkt: 76 °C
Dichte (20 °C): 0,263
Dampfdruck (20 °C): 0,35 mbar
Löslichkeit (H_2O): 34 g/L
n-Octanol/Wasser-Verteilungskoeffizient (log $P_{o/w}$): 1,3
Henry-Koeffizient: 5,24
Sorptionskoeffizient: 1,9
Biokonzentrationsfaktor: 1,88
MAK-Wert (Deutschland): 8 mg/m^3 bzw. 2 ppm (cancerogenverdächtig), oral Mensch LD 4 bis 25 mL, Grenzwert für Trinkwasser: 0,1 mg/L

Anionen. Bezeichnung für nach außen elektrisch negativ geladene Ionen mit einfacher oder mehrfacher Ladung. Zu ihnen gehören u. a. die Säurerest- und die Hydroxidionen, wie z. B. Cl^-, NO_3^-, SO_4^{2-}, $HCCOO^-$ und OH^--Ionen. A. wandern im elektrischen Feld aufgrund ihrer negativen Ladung zur positiven Elektrode (Anode). Gegensatz: >Kationen<.

Anionenaustauscher. >Ionenaustauscher<, bei dem kationische Gruppen in eine feste Matrix eingebunden sind. Die locker daran gebundenen Anionen sind reversibel austauschbar gegen beliebige andere Anionen, die sich in der umgebenden Flüssigkeit befinden.

Anisotropie. Aus der Physik stammende Bezeichnung dafür, daß in einem Körper oder Medium mit mikroskopisch regelmäßigem Aufbau physikalische Eig., wie z. B. spez. Leitfähigkeiten, thermische Ausdehnungskoeffizienten, Ausbreitungsgeschwindigkeit des Lichtes etc., von der Richtung abhängen. Wichtigste Vertreter anisotroper Körper sind >Kristalle<, die sich entspr. ihrer Symmetrie-Eig. in Klassen einteilen lassen. Gegensatz: >Isotropie< mit Hauptvertreter Wasser. >Böden< sind ebenfalls anisotrope Körper.

Anlage. Nach der Legaldefinition des § 3 Abs. 5 >Bundesimmissionsschutzgesetzes< sind A. 1) Betriebsstätten und sonstige ortsfeste Einrichtungen, 2) Maschinen, Geräte und sonstige ortsveränderliche technische Einrichtungen sowie Fahrzeuge (mit Ausnahme der Fahrzeuge, die am allg. Verkehr teilnehmen) und 3) Grundstücke, auf denen Stoffe gelagert oder abgelagert oder Arbeiten durchgeführt werden, die Emissionen verursachen können, ausgenommen öffentliche Verkehrswege.

Anlagen zur thermischen Abfallbehandlung. Thermische Abfallbehandlung umfaßt die Verfahren der >Verbrennung<, >Verschwelung< und >Vergasung< von Abfällen. Unter Zufuhr von Wärme laufen mit steigender Temperatur die folgenden, sich teilweise überlappenden Teilprozesse ab:
– >Trocknung<
– >Entgasung<
– >Vergasung<
– >Verbrennung<
Die klassische Müllverbrennung umfaßt alle genannten Prozeßstufen in der Brennkammer. Andere Verfahren wie >Schwelbrennverfahren< oder >Thermoselect-Verfahren< führen einen oder mehrere Prozeßabschnitte in getrennten Reaktionsräumen durch. Verbrennungsanlagen sind:
– Rostfeuerungen, s. >Roste<
– Wirbelschichtfeuerungen, s. >Wirbelschicht<
– >Etagenöfen<
– >Drehrohröfen<
– >Schachtöfen<
Andere thermische Abfallbehandlungsanlagen sind:
– >Schwelbrennverfahren<
– >Thermoselect-Verfahren<
– >Noell-Konversionsverfahren<
– >RCP-Verfahren<
– Spezialverfahren wie: Verbrennen in geschmolzenem Glas, Infrarot-Durchlaufofen, Pyroplasmaverfahren etc. s. [Anton et al. und Anton P, Grafenbauer D]
Einen Vergleich der Verfahren gibt die folgende Tabelle (s. S. 88):

Lit: Anton P, Hoffmann P, Schweiger JW (1987) Entsorgung von Sonderabfällen – Wahl der richtigen Technologie als Teil der Planung, Fa. Fichtner, Stuttgart – Fichtner Information (April 1987) Aufgabenstellung und -lösung in der Entsorgung von Sonderabfällen – Anton P, Grafenbauer D (1987) Perspektiven

Anlagen zur thermischen Abfallbehandlung: Gegenüberstellung der Eigenschaften der wichtigsten thermischen Restabfallbehandlungsverfahren [Kaimer, Schade 1999]

	Rostfeuerung	Wirbelschicht (ZWS)[1]	Schwel-Brenn-Verfahren[3]	Thermoselect-Verfahren	Noell-Konversionsverfahren	RCP-Verfahren[2]
Verfahrensstufen	Verbrennung	Verbrennung	Pyrolyse, Verbrennung	Entgasung, Vergasung	Pyrolyse, Vergasung	Pyrolyse, Verbrennung
Müllvorbehandlung	nur Sperrmüllzerkleinerung	Zerkleinerung des gesamten Restabfalls	Zerkleinerung des gesamten Restabfalls	nur Sperrmüllzerkleinerung	Zerkleinerung des gesamten Restabfalls	nur Sperrmüllzerkleinerung
Entwicklungsstand/Betriebserfahrungen	z.Z. an 53 Standorten in Deutschland Anlagen in Betrieb	erste Serienanlage in Österreich im Bau	erste Serienanlage in Deutschland in der Inbetriebnahme[3]	erste Serienanlage in Deutschland im Bau	erste Pilotanlage in Deutschland in der Inbetriebnahme	erste Serienanlage in Deutschland in der Inbetriebnahme
Rückstandsmenge	klein bis mittel	klein bis mittel	klein	klein	klein	klein
Emissionsverhalten nach 17.BImSchV und TA Luft	erfüllt	erfüllt	erfüllt	erfüllt	erfüllt	erfüllt
Flächenbedarf	vergleichbar	vergleichbar	vergleichbar	vergleichbar	vergleichbar	vergleichbar
Energieabgabe (bzgl. Strom)	hoch	sehr hoch	hoch	gering	gering	gering
Investitionskosten	bei 300.000 t[4] Anlage ca. 1.000 DM/t	bei 300.000 t Anlage ca. 850 DM/t	bei 150.000 t Anlage ca. 2.000 DM/t	bei 150.000 t Anlage ca. 1.500 DM/t	bei 100.000 t Anlage ca. 2.500 DM/t	bei 135.000 t Anlage ca. 1.250 DM/t
Behandlungskosten	250–300 DM/t	150–220 DM/t	ca. 250 DM/t	ca. 300 DM/t	ca. 400 DM/t	ca. 300 DM/t

[1] nach Lurgi Umwelt GmbH
[2] nach Von Roll Umwelttechnik AG (Konzept mit Schwermetallgewinnung)
[3] 1.Serienanlage in Fürth am 1.3. 1999 während der Inbetriebnahme stillgelegt und abgerissen
[4] Behandlungskapazität in t Müll/Jahr

zur thermischen Behandlung von Sonderabfälllen in Baden-Württemberg, Expertenanhörung zum Thema Sonderabfallentsorgung in Baden-Württemberg, 06. 11. 1987 in Stuttgart-Bad Cannstadt, Fa. Fichtner – Kaimer M, Schade D (Hrsg.) (1999) Bewertung von thermischen Behandlungsanlagen (Planung, Genehmigung, Konzept und Betrieb), Erich Schmidt Verlag, Berlin.

Anlagenbetreiberpflichten. Für genehmigungsbedürftige Anlagen ergeben sich die Betreiberpflichten aus § 5 Abs. 1 des Bundes-Immissionsschutzgesetzes. Danach sind genehmigungsbedürftige Anlagen so zu errichten und zu betreiben, daß 1. schädliche Umwelteinwirkungen und sonstige Gefahren, erhebliche Nachteile und erhebliche Belästigungen für die Allgemeinheit und die Nachbarschaft nicht hervorgerufen werden können, 2. Vorsorge gegen schädliche Umwelteinwirkungen getroffen werden, insbesondere die dem Stand der Technik entsprechenden Maßnahmen zur Emissionsbegrenzung, 3. Abfälle vermieden werden, es sei denn, sie werden ordnungsgemäß und schadlos verwertet, oder, soweit Vermeidung und Verwertung technisch nicht möglich oder unzumutbar sind, ohne Beeinträchtigung des Wohls der Allgemeinheit beseitigt und 4. entstehende Wärme für Anlagen des Betreibers genutzt oder an Dritte, die sich zur Abnahme bereit erklärt haben, abgegeben werden, soweit diese nach Art und Standort der Anlagen technisch möglich und zumutbar sowie mit den Pflichten nach den Nrn. 1–3 vereinbar ist (die 4. Betreiberpflicht gilt nach Maßgabe einer Rechtsverordnung, die bislang nicht erlassen worden ist; die 4. Betreiberpflicht läuft deshalb

leer). Nach § 7 des >Bundes-Immissionsschutzgesetzes< können Rechtsverordnungen die sich aus § 5 Abs. 1 Nr. 1–3 ergebenden Pflichten konkretisieren; der Umfang der Konkretisierung ergibt sich aus der Norm; bislang gibt es die folgenden einschlägigen Rechtsverordnungen: Störfall-Verordnung vom 20. 9. 1991; Emissionserklärungsverordnung vom 12. 12. 1991; die Verordnung über Großfeuerungsanlagen vom 22. Juni 1983. – Für *nicht genehmigungsbedürftige* >Anlagen< gilt § 22 Abs. 1 des >Bundes-Immissionsschutzgesetzes<. Diese Anlagen sind so zu errichten und zu betreiben, daß 1. schädliche Umwelteinwirkungen verhindert werden, die nach dem Stand der Technik vermeidbar sind, 2. nach dem Stand der Technik unvermeidbare schädliche Umwelteinwirkungen auf ein Mindestmaß beschränkt werden, und 3. die bei Betrieb der Anlagen entstehenden Abfälle ordnungsgemäß beseitigt werden können. Es ist der Bundesregierung erlaubt, durch Rechtsverordnung aufgrund der Art oder Menge aller oder einzelner anfallender Abfälle die >Anlage< zu bestimmen, für die die Anforderung des § 5 Abs. 1 Nr. 3 entsprechend gelten. Die zuvor genannten Anforderungen dürfen nach § 23 Abs. 1 des >Bundes-Immissionsschutzgesetzes< mit Hilfe von Rechtsverordnungen konkretisiert werden; bislang existieren folgende Verordnungen: Verordnung über Kleinfeuerungsanlagen vom 15. 7. 1988; Verordnung zur Emissionsbegrenzung von leicht flüchtigen Halogen-Kohlenwasserstoffen vom 21. 4. 1986; Verordnung zur Auswurfbegrenzung von Holzstaub vom 18. 12. 1975.

Anlagengenehmigung, atomrechtliche. Genehmigungsverfahren zum Errichten und Betreiben von ortsfesten Anlagen zur Erzeugung oder zur Bearbeitung oder zur Verarbeitung oder zur Spaltung von >Kernbrennstoffen< oder zur Aufarbeitung bestrahlter Kernbrennstoffe; Voraussetzung dafür: § 7 Abs. 2 >Atomgesetz<, davon die praktisch wichtigste Voraussetzung: Nr. 3: Die Genehmigung darf nur erteilt werden, wenn die nach dem >Stand von Wissenschaft und Technik< erforderliche Vorsorge gegen Schäden durch die Errichtung und den Betrieb der Anlage getroffen ist; Verfahrensregelung: Verordnung über das Verfahren bei der Genehmigung von Anlagen nach § 7 des Atomgesetzes i. d. F. der Bekanntmachung vom 31.03. 1982, BGBl. I S. 411.

Anlagenkatalog. Gelegentlich anzutreffende Kurzbezeichnung für den Anhang zur vierten >Verordnung zur Durchführung des Bundes-Immissionsschutzgesetzes< (Verordnung über genehmigungsbedürftige Anlagen – 4. BImSchV) in der Fassung vom 14.03. 1997 (BGBl. I S. 504). In der jeweils geltenden 4. BImSchV sind jene Anlagen abschließend aufgelistet, die für Errichtung, Betrieb und wesentliche Änderung einer immissionsschutzrechtlichen Genehmigung bedürfen. Der A. enthält sehr unterschiedliche Begriffskategorien, deren jeweilige Bedeutung von großer Tragweite sein kann. So umschreibt beispielsweise der Begriff „Anlagen zum Brennen von Kalk" lediglich Teile des Kalkwerkes, ein Begriff wie „Anlagen zum Herstellen von Zement" jedoch nahezu den gesamten Produktionsprozeß eines Zementwerkes. „Kraftwerk" ist umfassender als „Feuerungsanlage". Die Folge ist, daß die Pflichten der Betreiber genehmigungsbedürftiger Anlagen (§ 5 BImSchG) nur für die im A. genannten Anlagen oder Anlagenteile gelten.

Anlagensicherheit. >Sicherheit<.

Anlieferungserklärung. Nachweis, der bei der Abfallanlieferung an einer Entsorgungsanlage ausgefüllt werden muß. Er dient der Kontrolle der ordnungsgemäßen Entsorgung und ist Teil des >Beseitigungsnachweises<. Die Art, der Umfang und Inhalt der A. liegt im Ermessen der zuständigen Behörden. Während bei nicht-überwachungsbedürftigen Abfällen die A. fakultativ ist, ist sie bei >besonders überwachungsbedürftigen Abfällen< obligatorisch (>Verantwortliche Erklärung<).

Anmeldepflicht. Neue Stoffe müssen seit dem Inkrafttreten des >Chemikaliengesetzes< (01.01. 1982) bei der Bundesanstalt für Arbeitsschutz in Dortmund angemeldet werden, bevor sie in den Verkehr gebracht werden dürfen. Der Anmeldung sind bestimmte Unterlagen beizufügen (s. §§ 6, 7 des Chemikaliengesetzes).

Anmeldestelle. Die A. nach § 12 ChemG wurde durch die Bundesregierung bei der Bundesanstalt für Arbeitsschutz eingerichtet. Die Rechtsaufsicht über diese Bundesstelle obliegt dem Bundesminister für Arbeit und Soziales (BMA), die Fachaufsicht hingegen dem Bundesminister für Umwelt, Naturschutz und Reaktorsicherheit (BMU). Die A. hat ihre wesentlichen Aufgaben im Anmelde- und Mitteilungsverfahren >neuer Stoffe<. Sie bearbeitet im Zusammenspiel mit den nachgeordneten >Bewertungsstellen<: Bundesgesundheitsamt (BGA), Umweltbundesamt (UBA) und Bundesanstalt für Arbeitsschutz (BAU) die eingereichten Unterlagen und hat die alleinige juristische Entscheidungsbefugnis. Die A. kooperiert mit den zuständigen Behörden der Bundesländer, der >EU-Kommissionen< und den Anmeldestellen der übrigen EU-Mitgliedsstaaten.

Anmeldung. Seit Inkrafttreten des >ChemG< am 01.01. 1982 muß jeder >neue Stoff< (auch als Bestandteil einer >Zubereitung<) ab 1 jato >Vermarktung< (Gesamt EU) 45 Tage vor dem erstmaligen >Inverkehrbringen< in einem Mitgliedstaat der EU *angemeldet* werden (§ 4 ChemG).
Die Anmeldepflicht gilt auch für neue Stoffe, die aus Staaten, die nicht der EU angehören (Drittländer), importiert werden. Der >Einführer< eines neuen Stoffes (auch in Form einer Zubereitung) muß in einem Mitgliedstaat der EU niedergelassen sein. Neue Stoffe i. S. des Gesetzes sind alle Stoffe, die nicht im europäischen Altstoffinventar >EINECS< aufgeführt sind.
Zur Anmeldung eines neuen Stoffes bei der zuständigen >Anmeldestelle< (Deutschland: >BAU<) ist die Abgabe eines technischen Dossiers mit folgenden Angaben notwendig: Identitätsmerkmale des Stoffes; Hinweise zur Verwendung, schädliche Wirkungen bei der Verwendung; Menge des Stoffes, die jährlich in Verkehr gebracht werden soll; Möglichkeiten der sachgerechten Entsorgung bzw. Wiederverwendung sowie *Grundprüfung* über physikalische, chem. und physikalisch-chem. Eigenschaften, akute >Toxizität<, Anhaltspunkte für >krebserzeugende< und >erbgutverändernde< Eigenschaften, >reizende<, >ätzende< und >sensibilisierende Eigenschaften<, subakute Toxizität, abiotische und leichte biol. >Abbaubarkeit< und Toxizität gegenüber Wasserorganismen bei kurzzeitiger Einwirkung (§§ 6 u. 7 ChemG.). Müssen der Anmeldestelle zur Beurteilung weitere Daten nachgereicht werden, so darf der angemeldete Stoff erst 45 Tage nach dem Eingang der Ergänzungsangaben in den Verkehr gebracht werden. Ausgenommen von der Anmeldung sind (§ 5 ChemG): a) >Altstoffe<, b) >Polymere< (falls der Anteil des chem. gebundenen neuen Monomeren unter 2 Gew.-% liegt) und c) Stoffe für Zwecke der Forschung und Entwicklung sowie Stoffe unter 1 jato Vermarktung. Für die unter c) aufgeführten Stoffe sind >Mitteilungen< nach § 16 a ChemG erforderlich.
Der Anmelder (>Hersteller< oder Einführer) ist verpflichtet, Änderungen der Angaben bzw. das Erreichen der in §§ 9 und 9 a genannten Mengenschwellen (10, 100, 1000 t jährlich) der Anmeldestelle unverzüglich mitzuteilen (§ 16 ChemG). Die Anmeldestelle ist berechtigt, aufgrund der veränderten Sachlage zusätzliche >Prüfnachweise< über toxikologische u. ökobiol. Prüfungen anzufordern (Zusatzprüfung 1. und 2. Stufe, §§ 9 u. 9 a).
Die Anmelde- u. Mitteilungsvorschriften des ChemG gelten *nicht* für Stoffe, die durch Spezialgesetze geregelt sind: Tabakerzeugnisse, Altöle, radioaktive Abfälle, Abwasser, Lebensmittel, Futtermittel u. Pflanzenschutzmittel.

Lit: Bundesanstalt für Arbeitsschutz (1991) Leitfaden für Meldungen nach dem Chemikaliengesetz, Dortmund.

Anmoor. Humustyp hydromorpher Böden, die infolge des gehemmten Abbaus von org. Substanzen bei hohem Grundwasserstand zwischen 15 und 30 % Humus enthalten, aber keine besondere Humusauflage besitzen. A.-Böden werden sehr oft ackerbaulich genutzt, wobei i. d. R. die Bodenbelüftung verbessert wird. Dies führt zu einem verstärkten Humusabbau und zu einer Freisetzung des darin enthaltenen Stickstoffs in Form von Nitraten, so daß bei durchlässigen Böden dann die Nitratkonzentrationen im Grundwasser erheblich ansteigen können.

Annahmeerklärung. Teil des >Beseitigungsnachweises<. Mit der A. erklärt die >Abfallentsorgungsanlage<, daß sie bereit und in der Lage ist, die in der >Verantwortlichen Erklärung< beschriebenen Stoffe zu behandeln bzw. zu deponieren.

Annatto. Gelber, öliger oder wäßrig-alkalischer Extrakt aus Samen von *Bixa orellana*. Hauptkomponenten sind >Bixin< und >Norbixin<.

Annelida. Ringelwürmer mit äußerlich homonomer Segmentierung. Charakteristisch ist das Hervortreten eines Clitellums, die gürtelförmige Geschlechtsregion. Wichtig in terrestrischen Böden sind die saprophagen *Oligochaeta* oder >Wenigborster<. Die bedeutsamsten Familien sind die >*Lumbricidae*< oder Regenwürmer und die >*Enchytraeidae*<. Versch. Arten der *Enchytraeidae* ernähren sich mycetophag und bacteriophag. Im >Moder< und >Rohhumus< treten bei den Regenwürmern nur die >epigäischen< Arten auf. Häufig sind *Dendrobaena octaedra, D. pygmaea, Dendrodrilus rubidus, Lumbricus rubellus, L. castaneus*. In versauerten Wäldern sind nur einzelne Individuen pro m^2 zu finden. Nach Kalkungsmaßnahmen in sauren Wäldern vermehren sich die epigäischen Arten auf mehrere Hundert Individuen pro m^2. Im Moder oder Rohhumus leben bis zu 200.000 *Enchytraeidae* pro m^2. Sehr häufig sind die Gattungen *Mesenchytraeus, Marionina, Cognettia, Achaeta*. In nährstoffreichen Böden tragen >endogäische< und >anözische< Regenwürmer mit einer Individuendichte von einigen Hundert Individuen pro m^2 zur starken >Bioturbation< und Durchporung des Mineralbodens bei. >Schlüsseltierarten< in diesen Böden sind *Aporrectodea caliginosa, A. rosea, Octolasion lacteum, O. cyaneum, Lumbricus terrestris*. *Enchytraeidae* treten in >Mull<böden nur in geringen Siedlungsdichten, jedoch mit hoher Artenzahl auf.

Anözische Arten. >Regenwürmer<, die im Mineralboden ihre Gänge bis auf das anstehende Gestein oder >Grundwasser< graben. Beispiele sind der große Tauwurm *Lumbricus terrestris* und der sehr große *L. badensis* im Schwarzwald.

ANOG. Arbeitsgemeinschaft für naturnahen Qualitätsanbau von Obst-, Gemüse- und Feldfruchtanbau e. V. Vertritt eine weniger strenge Form des >ökologischen Landbaus<, dabei restriktiver Einsatz von >Pflanzenschutzmitteln<, erlaubt nur wenige >Fungizide<, >Insektizide< und Akarizide, Vorbeugung hat Vorrang entsprechend dem Prinzip des intergrierten Pflanzenschutzes. Es erfolgt keine Anwendung von >Herbiziden<, nur mechanische und thermische Bekämpfung. Warenzeichen: „Aus naturnahem Anbau nach ANOG-Richtlinien“.

Anordnung, nachträgliche. >Rechtsbegriff< nach § 17 >Bundes-Immissionsschutzgesetz – BImSchG<, der den Behörden die Möglichkeit einräumt, auch nach Erteilung der Genehmigung Anordnungen zur Erfüllung der sich aus diesem Gesetz und der aufgrund dieses Gesetzes erlassenen Rechtsverordnungen ergebenden Pflichten zu treffen. Die nachträgliche Anordnung ist bereits vom Begriff her gekennzeichnet durch einen Eingriff in bestehende Rechte, welche vorher durch ei-

ne Genehmigung erteilt worden sind. Dem steht vom Grundsatz her der in Artikel 14 Grundgesetz festgelegte >Bestandsschutz< entgegen. Dementsprechend ist die Ermächtigung des § 17 BImSchG für nachträgliche Anordnungen durch die zuständigen Behörden an sehr einschränkende Voraussetzungen gebunden. So darf die zuständige Behörde eine nachträgliche Anordnung nicht treffen, wenn sie unverhältnismäßig ist, vor allem wenn der mit der Erfüllung der Anordnung verbundene Aufwand außer Verhältnis zu dem mit der Anordnung angestrebten Erfolg steht.

Anorganische Dünger. >Düngung<.

Anoxibiose (Anaerobiose). Fähigkeit von Tieren, ohne Sauerstoff Energie zu gewinnen. Viele freilebende Wassertiere können bei eintretendem Sauerstoffmangel zeitweilig ohne Sauerstoff leben. Diese fakultative biotopbedingte Anoxibiose ist genauer untersucht bei einigen >Zuckmückenlarven< der Gattung Chironomus (*Ch. anthracinus, Ch. plumosus*), Oligochaeten der Gattung Tubifex, Dipteren (Chaoborus-Larven) und Muscheln im Süßwasser; im Wattenmeer z. B. *Arenicola arenaria*. Ausgangsmaterial für die Anoxibiose ist meist gespeichertes Glykogen, das zu Milchsäure, Alanin, Succinat, Ethanol und flüchtigen Fettsäuren abgebaut wird. Oft wird in einer „Erholungsatmung“ unter normalen Sauerstoffbedingungen zur Ox. der Endprodukte, besonders Lactat, und zur Neubildung von Glykogen besonders viel Sauerstoff aufgenommen. Sie geht dann in eine normale Respiration über, bei der die Tiere normal aktiv sind. Viele der zur Anoxibiose fähigen freilebenden Wassertiere haben ein besonders sauerstoffaffines Hämoglobin und können so den Beginn der A. lange hinauszögern.
Lit: Schöttler U, Schroff G (1976) J Comp Physiol 108: 243–254 – Brandt E (1978) Arch Hydrobiol 84: 302–338 – Hoffmann KH, Mustafa T, Jorgensen JB (1979) J Comp Physiol 130: 337–345 – Famme P, Knudsen J (1985) Oecologia (Berlin) 65: 599–601 – Schlee D (1992) Ökologische Biochemie, 2. Aufl., Gustav Fischer Verlag, Jena Stuttgart.

anoxisch. Zustand, bei dem die Konzentration an gelöstem Sauerstoff so gering ist, daß Mikroorganismen höhere Oxidationsstufen von Stickstoff, Schwefel oder Kohlenstoff als Elektronenakzeptoren vorziehen (ISO 6106/5). A. Verfahren werden heute bei speziellen Abwasserströmen eingesetzt.

Anpassung. >Akklimatisation<.

Anreicherung. Vorgang, durch den der Anteil eines bestimmten >Isotops< in einem >Element< vergrößert wird. Das Verhältnis der rel. Häufigkeit eines best. Isotops in einem Isotopengemisch zur rel. Häufigkeit dieses Isotops in einem Isotopengemisch natürlicher Zus. wird Anreicherungsfaktor genannt. Anreicherungsfaktor minus 1 ist der Anreicherungsgrad. >Akkumulation<.

Anreicherungsketten. >Radioaktive< >Isotope< eines >Elementes< verhalten sich chem. wie seine nichtradioaktiven Isotope. Deshalb können sie sich wie diese in Pflanzen, Tieren und schließlich im Menschen abreichern oder anreichern. Radioaktive Isotope werden in der Forschung eingesetzt, um Stoffwechselvorgänge zu untersuchen. Eine solche A. liegt z. B. beim Iod vor. Über Luft → Gras → Kuh → Milch ist eine Iodanreicherung schließlich in der menschlichen Schilddrüse gegeben. Diese Anreicherungsvorgänge sind bekannt. Die dabei möglicherweise auftretenden Aktivitätskonz. sind berechenbar. Um die durch A. entstehenden höheren >Strahlenexpositionen< in den betroffenen Organen zu vermeiden, werden die zulässigen Freisetzungswerte für solche radioaktiven Stoffe entsprechend reduziert festgesetzt. Auch durch Anreicherungseffekte dürfen die >Strahlendosisgrenzwerte< nicht überschritten werden.

Anreicherungsverfahren. >Isotopentrennung<.

Ansaugluftvorwärmung. Bei Fahrzeugmotoren übliches Verfahrens zur Verbesserung der >Gemischaufbereitung< und Verbrennung mit dem Ziel, die Emission von >Abgasschadstoffen< zu senken. Dazu wird i.d.R. die Wärme aus dem Abgas genutzt. Hilft hauptsächlich zur Absenkung von >HC-Werten<, wobei Grenzen durch die Erhöhung von NO_x-Werten<, höhere Klopfgefahr, >Klopffestigkeit< und Leistungseinbußen gesetzt sind.

Anschlußrecht. Recht der Einwohner auf Anschluß an die öffentliche >Kanalisation<. Das A. wird begrenzt durch die Lage des Grundstücks in einem nichtkanalisierten Gebiet oder die Kapazität der >Abwasserreinigungsanlagen<. Auch eine Beschränkung der Einleitung best. Stoffe ist möglich.

Anschlußzwang. Durch die Gemeindesatzung kann der Zwang zum Anschluß eines Gebäudes oder Grundstücks an die vorhandene oder geplante >Kanalisation< auferlegt werden. Der A. ist mit dem Benutzerzwang verbunden (s.a. >Anschlußrecht<).

Anschwemmfilter. Flüssigkeitsfilter mit einer Filterhilfsschicht, der sog. Precoatschicht, die vor Aufbringen des Filtergutes auf einen Filterträger angeschwemmt wird. Die Precoatschicht kann z.B. aus Asche, Holzmehl o.ä. bestehen.

Anspringtemperatur. Bei >Katalysatoren< definierter Kennwert, bei dem die Umsetzung der >Schadstoffe< zum überwiegenden Teil einsetzt.

Ansteckung. >Infektion<.

Anstellwinkel. Winkel zwischen der Richtung der Windanströmgeschwindigkeit *(w)* und dem Rotorblatt bzw. der Sehne an das Rotorblatt einer Windkraftanlage. Die Richtung der Windanströmgeschwindigkeit *(w)* ergibt sich aus der vektoriellen Addition von Windgeschwindigkeit *(v)* und Umfangsgeschwindigkeit *(u)* des Rotorblatts um die Rotorachse (s. Abb.).
Eine effektive Windausnutzung für Windkraftanlagen erfolgt bei relativ kleinem A., d.h. die Sehne an das Rotorblatt schließt mit der Richtung der Windanströmgeschwindigkeit nur einen kleinen Winkel ein. Die Rotorblätter von modernen Windkraftanlagen können deshalb nachgeführt werden, so daß der A. während des gesamten Betriebs relativ klein gehalten werden kann. Bei kleinen oder einfachen Windkraftanlagen ist eine Nachführung der Rotorblätter nicht möglich. Beim Anlaufen der Windkraftanlage ist der A. relativ klein. Da die Umfangsgeschwindigkeit praktisch Null ist, entspricht die Richtung der Windgeschwindigkeit der Windanströmgeschwindigkeit. Mit wachsender Umfangsgeschwindigkeit nimmt der A. solange zu, bis bei einem größeren Winkel sich hinter dem Rotorblatt Wirbel bilden bzw. bis die Luftströmung um das Rotorblatt abreißt. Dann nimmt die Umlaufgeschwindigkeit wieder ab mit der Folge, daß sich ein kleinerer A. zwischen dem Rotorblatt und der Richtung der Windanströmgeschwindigkeit einstellt.

Lit: Jarass L (1981) Strom aus Wind: Integration einer regenerativen Energiequelle. Springer, Berlin Heidelberg New York – Kleemann M, Meliß M (1993) Regenerative Energiequellen. 2. Auflage, Springer, Berlin Heidelberg New York London Paris Tokyo.

Antagonismus. Eine auf dem Vorhandensein einer anderen Substanz oder eines anderen Organismus beruhende Intensitätsabnahme einer Wirkung (chem. oder biol.), wobei die Kombinationswirkung geringer ist als die additive Wirkung der einzelnen Substanzen oder Organismen (ISO 6107/7).

Antagonist. >Antagonismus<.

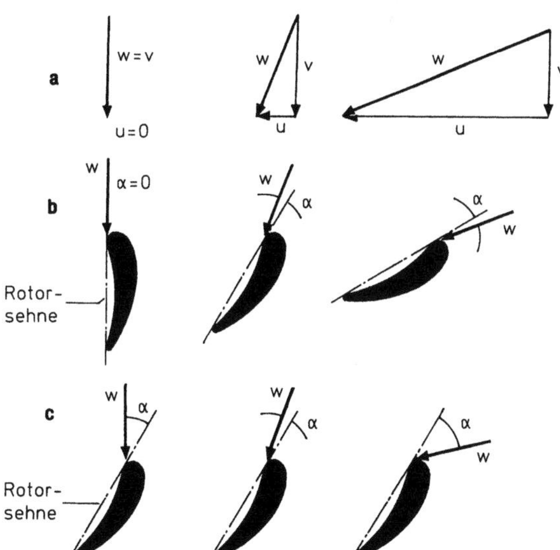

Anstellwinkel: *a* Vektordiagramm (*w* Windanströmgeschwindigkeit, *v* Windgeschwindigkeit, *u* Umfangsgeschwindigkeit des Rotors); *b* nachführbare Rotorblätter (α Anstellwinkel) *c* starre Rotorblätter (α Anstellwinkel)

Antagonistische Wirkung von >PSM<. Bei der Kombination von mehreren >PSM< ist die Gesamtwirkung kleiner als die Summe der Wirkungen der einzelnen Komponenten. >Additive Wirkung<, >Synergistische Wirkung<. (Aus DPG-Glossar).

Anthelminthika. Als Parasitentum bezeichnet man eine spezielle Form einer engen Beziehung zwischen zwei Spezies: Die eine Spezies, der Wirt, wird dabei bis zu einem gewissen Grade durch die Aktivitäten der anderen Spezies, den Parasiten, geschädigt. Der Parasit muß dabei nicht zwangsläufig in allen seinen Lebensstadien parasitär sein. Man unterscheidet Endoparasiten (innerhalb des Wirtes lebend) und Ektoparasiten (auf der Oberfläche des Wirtes existierend, z.B. Arthropoden). Im Folgenden werden helminthische Infektionen und ihre Bekämpfung (Endoparasiten) abgehandelt (s.a. Tab. „Antiparasitika" S.96–105).

Helminthen sind wurmartige Organismen, die gemäß ihren drei morphologisch unterschiedlichen Formen in zwei Stämme aufgeteilt werden: (a) die Plattwürmer (Trematoden, Egel) und Bandwürmer (Cestoden) sowie (b) Rundwürmer (Nematoden). Hierbei treten die >Trematoden< (Egel) als Schistosomen (Bilharziose-Erreger, Schistosoma spp.), Lungenegel (Paragonimus spp.), Leberegel, große und kleine intestinale Egel auf. Die >Cestoden< (Bandwürmer) werden in breite oder Fisch-Bandwürmer, Rinder-, Schweine- und Zwerg- bzw. Hunde-Bandwürmer eingeteilt. Zu den >Nematoden< (Rundwürmer) gehören schließlich der Rundwurm *(Ascaris lumbricoides)*, die Hakenwürmer *(Ancylostoma duodenale, Necator americanus)*, verantwortlich für die weitverbreitetsten Tropenerkrankungen, der Madenwurm *(Enterobius vermicularis)*, der Peitschenwurm *(Trichuris trichiura)*, der Schraubenwurm *(Strongyloides stercoralis)*, die Trichine *(Trichinella spiralis)*, der Medina-Wurm *(Dracunculus medinensis)*, die Lymphen-Filarien *(Wucheria bancrofti, Brugia malayi)*, die Knäuel-Filarien *(Onchocerca volvulus)* sowie der afrikanische Augenwurm *(Loa loa)*.

Nach den Berichten der WHO leiden Hunderte von Millionen Menschen an vielfältigen Erkrankungen durch Wurmbefall, in Afrika, im Mittleren und Fernen Osten und in Asien, aber auch im südlichen Europa, den Mittelmeerländern und in den USA. In einigen Fällen (z.B. Fisch-, Rinder-, Schweine- und Hundebandwurm) sind diese Krankheiten weltweit verbreitet und zum Teil bis in die hochentwickelten Länder der nördlichen Hemisphäre vorgedrungen.

Für die chemotherapeutische Behandlung dieser Wurmparasiten stehen heute neben einfachen Wirkstoffen, wie z.B. Piperazin (Uvilon®, Antepar®, Helmazine®, Multifuge®, Neox®), Tetrachlorethylen (Perklone®, Didakene®, Tetralea®, Tetraleno®) und quartären Ammoniumsalzen, Bephenium (Alcopar®, Befen®, Lecibis®) und Diethylcarbamazine (Hetrazan®, Banocide®, Supatonin®, Caricide®) v.a. Salicylderivate (Niclosamide) und Heterocyclen, wie z.B.

Benzimidazole (Flubendazole®, Flumoxal®, Fluvermal®); Mebendazole (Vermox®), Thiabendazole (Mintezol®, Minzolum®) sowie Pyrazino[2,1-a]isochinolin-4-one (Praziqantel, Biltricide®, Cestox®, Cesol®), Imidazo[2,1-b]thiazole (Levamisole, Ascaridil®, Decaris®, Ketrax®), Thienyl-vinyl-pyridiniumsalze (Pyrantel) und das Macrofilarizid Suramin (vom Germanin®-Typ, Antrypol®) zur Verfügung.

Im >Pflanzenschutz< werden gegen Wurmparasiten >Nematizide< erfolgreich eingesetzt, und zwar zur Wurzelbehandlung in Form von Begasungsmitteln (Methylbromid, Ethylendibromid, 1,3-Dichlorpropen, Natrium-methyl-carbamoyldithionat, Vapam®) und in Form wasserlöslicher Wirkstoffe, z.B. Dichlorfenthion (Nemacide®), Fensulfothion (Terracur-P®), Triazophos (Hostation®) und zahlreiche aliphatisch und heterocyclisch substituierte Thiophosphorsäureester.

Lit: Ullmann's Encyclopedia of Industrial Chemistry (1985) 5th Ed., Band A2, VCH, Weinheim, S.329 – Islip PJ (1979) Anthelmintic Agents. In: Wolff ME (Hrsg.) Burger's Medical Chemistry, Bd.2, Wiley, New York, S.481 – WHO Tech Rep Ser (1981) Intestinal Protozoan and Helminthic Infections, No.666.

Anthocyanidine. Natürliche Farbstoffe, die die roten, blauen und violetten Färbungen von Blüten und Früchten hervorrufen (E163a–f). A. enthalten als Ringskelett das Flaven (2-Phenylchromen) (chem. Formel s.u.). Sie bilden die eigentlichen Farbstoffkomponenten (Aglyka) der Anthocyane, in denen die A. in 3- oder 5-Stellung glykosidisch an Zucker, meist Glucose, Galactose oder Rhamnose, gebunden sind. Durch Säuren oder Enzyme werden die glykosidischen Bindungen gespalten. Bei saurer Hydrolyse der Anthocyane gehen die A. in mesomeriestabilisierte Flavyliumsalze über.

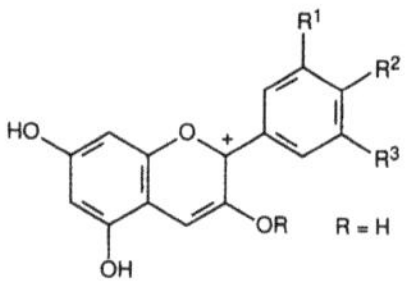

	R^1	R^2	R^3
Pelargonidin	H	OH	H
Paeonidin	OCH$_3$	OH	H
Malvidin	OCH$_3$	OH	OCH$_3$
Cyanidin	OH	OH	H
Petunidin	OCH$_3$	OH	OH
Delphinidin	OH	OH	OH

Die Farbe der A. ist stark vom pH-Wert abhängig. Die mineralsauren Salze weisen Rottöne auf, durch Neutralisation gebildete freie A. haben infolge einer chi-

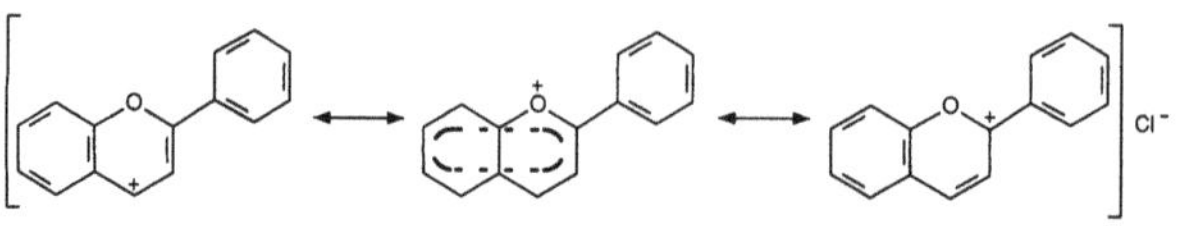

Anthocyanidine: Die wichtigsten Anthocyanidine sind Pelargonidin (λ_{max}=520 nm), Cyanidin (λ_{max} = 535 nm), Paeonidin (λ_{max} = 532 nm), Delphinidin (λ_{max} = 544 nm), Petunidin (r;l$_{max}$ = 543 nm) und Malvidin (λ_{max} = 542 nm).

noiden Gruppierung blaue bis violette Farbtöne. Metallionen bewirken häufig Farbänderungen, z.B. die Graufärbung von Kirschen in ungelackten Konservendosen. Ausgangsmaterialien zur Gewinnung der A. sind Erdbeeren und Maulbeeren für Pelargonidin, Kirschen, Himbeeren, Brombeeren und Rotkohl für Cyanidin, Mangos für Paeonidin, Blaubeeren und schwarze Johannisbeeren für Delphinidin sowie rote Trauben für Petunidin und Malvidin. Der Einsatz bei der Herstellung von Lebensmitteln erfolgt zur Farbverbesserung von Säften, Obstkonserven, Speiseeis, Geleespeisen und Zuckerwaren.

Anthracen. Zur Substanzklasse der >PAH< gehörende aromatische Verbindung mit drei linear anellierten Ringen der Summenformel $C_{14}H_{10}$. Physikal. Eigenschaften: $M_r = 178$; Smt. = 216 °C; Sdt. = 340 °C; Wasserlöslichkeit ca. 55 µg/L; Verteilungskoeffizient Octanol/Wasser log $P_{o/w} = 4,45$. Wird als Zwischenprodukt zur Herstellung von Anthrachinon und Farbstoffen gezielt hergestellt. Große Mengen gelangen durch überwiegend anthropogene Emissionen in die Umwelt. Steinkohlenteer, Kreosot, Anthracenöl, Imprägnieröle, Straßenteer und Ruße weisen Gehalte im Prozentbereich auf. Durch zahlreiche Verbrennungs- bzw. Pyrolyseprozesse, wie Kohle-, Öl- und Müllverbrennung, wird A. in die Atmosphäre eingetragen. Im Zigarettenrauch werden 1 bis 20 µg/100 Zigaretten gefunden. Bedingt durch biotische und abiotische Reaktionen, wie Abbau im Boden und Photooxidation mit Singulett-Sauerstoff, liegt die geschätzte Halbwertszeit unter 1 Tag. Verbunden mit der hohen Lipidlöslichkeit besteht eine starke Tendenz zur Akkumulation. Im >Ames-Test< konnte keine mutagene Wirkung nachgewiesen werden. Karzinome wurden nach Applikation sehr hoher Dosen beobachtet. Der LD_{50}-Wert (Maus) liegt bei 450 mg/kg. Bei Bestrahlung mit UV-Licht werden stark daphnien- und fischtoxische Umwandlungsprodukte gebildet. In Ratten und Mäusen wurden 1,2-Dihydro-1,2-dihydroxyanthracen, *in vitro* weiterhin 9,10-Dihydro-9,10-dihydroxyanthracen, 9–10-Dihydroxyanthracen, 2,9,10-Trihydroxyanthracen und Anthracen-9,10-dion nachgewiesen. Im Trinkwasser dürfen nicht mehr als 0,25 µg/L (berechnet als A.), im Mineral- und Tafelwasser max. 0,2 µg/L enthalten sein.

Anthropogaea. Die durch den Menschen geformte >Kulturlandschaft< als >Lebensraum< für Pflanzen und Tiere. Sie umfaßt heute weite Teile der Erdoberfläche, durchdringt mehr und mehr die Naturlandschaften und ist vielfach durch die Zerstörung der natürlichen >Biotope< gekennzeichnet; >Agrarökosystem<.

Anthropogen. (Grch. ánthropos = Mensch; genos = Abstammung bzw. génesis = Entstehung, Zeugung). Vom Menschen beeinflußt bzw. verursacht.
Umwelt: Bezeichnung für Stoffe oder Bodenmerkmale, die durch menschliche Tätigkeit in die Umwelt gebracht oder in der Umwelt angereichert bzw. durch den Menschen verändert wurden, im Gegensatz zu >atmogen<, >biogen<, >geogen<.

Antiadrenergika. >Beta-Blocker<.

Antibiose. (Grch. anti = gegen; bios = Leben). Eine Wachstumshemmung oder Abtötung einer >Mikroorganismenart< durch eine andere. Sie kommt durch Ausscheidung von >Antibiotika< zustande.

Antibiotika. Substanzen, die von lebenden Zellen gebildet werden, und deren Derivate, die in der Lage sind, das Wachstum von Mikroorganismen zu hemmen oder diese zu töten. A. können den verschiedensten Stoffklassen angehören und stimmen dementsprechend bezüglich ihrer chem. und physikalischen Charakteristika nicht überein. Jedes A. wirkt nur auf bestimmte Mikroorganismen. Je nach der Wirkungsbreite werden Schmalspektrum- und Breitspektrumantibiotika unterschieden. Das klassische und weitaus wichtigste Anwendungsgebiet der A. ist die Medizin, wo sie mittels oraler, parenteraler oder örtlicher Applikation zur Vorbeugung gegen Infektionen und v.a. zu deren Heilung eingesetzt werden. Daneben werden einzelne A. in der >Konservierung< von Lebensmitteln und im Pflanzenschutz verwendet; dazu kommt noch eine Reihe von Spezialanwendungsbereichen auf verschiedenen Gebieten. Bei Tieren wurde festgestellt, daß verschiedene A. in geringer Dosierung leistungsfördernde Eigenschaften (>Leistungsförderer<) besitzen. Als >Fütterungsantibiotika< werden diese dem Futter zugesetzt.
1. Resistenz: Als A.-Resistenz bezeichnet man die Unempfindlichkeit von Mikroorganismen gegenüber A., die besonders bei pathogenen Mikroorganismen relevant ist. Eine verbreitete A.-Resistenz tritt bei Bakterien z.B. gegenüber Penicillin auf. Diese Arten können eine >β-Lactamase< (Enzym) synthetisieren, die Penicillin durch eine β-Lactamring-Spaltung inaktiviert. Dadurch sind die Bakterien resistent gegenüber Penicillin und werden bei Anwendung konstanter Antibiotikakonz. nicht geschädigt. Die Resistenzbildungen gehen stets auf statistisch zufällige >Mutationen< (>Herbizidresistenz<) zurück und werden durch eine breite und häufige A.-Anwendung begünstigt, da hierdurch der >Selektionsdruck< erhöht wird und durch >Selektion< der Anteil resistenter Organismen an der Population steigt. Im Falle der Penicillinresistenz ist das β-Lactamase-Gen bei vielen Bakterienarten auf einem z.B. durch >Konjugation< übertragbaren >Plasmid< lokalisiert, so daß hierdurch eine Ausbreitung der Resistenz beschleunigt wird. Zur Bekämpfung resistenter Stämme werden im wesentlichen drei Maßnahmen durchgeführt:
– Einsatz anderer β-Lactam-Antibiotika (z.B. Cephalosporine);
– Penicillinanwendung in Kombination mit β-Lactamase-Hemmern (z.B. Clavulansäuren);
– Entwicklung chem. variierter Penicilline. Diese tragen an Stelle einer Phenylacetatseitenkette eine größere, sperrigere Gruppierung, so daß die β-Lactamase nicht wirksam werden kann (z.B. Oxacillin, Methicillin).
2. Rückstände: Stoffwechselprodukte von Bakterien, Aktinomyceten, Pilzen, Flechten, Algen und höheren Pflanzen, die zur Behandlung infektiöser Krankheiten eingesetzt werden. Inzwischen können A. auch halb- oder vollsynth. hergestellt werden. Die Wirkung richtet sich relativ spezifisch gegen mikrobielle Krankheitserreger. Dabei werden die Mikroorganismen abgetötet (Bakterizidie) oder im Wachstum gehemmt (Bakteriostase). Die Wirkung erfolgt durch Hemmung der Zellwandbiosynthese (Penicilline, Cephalosporine, Bacitracin), durch Erhöhung der Permeabilität der Cytoplasmamembran (Polymyxine, Amphotericin, Nystatin) oder durch Störung der bakteriellen Proteinsynthese (Tetracycline, Chloramphenicol, Erythromycin, Aminoglykoside). In der modernen Masttierhaltung werden A. als Therapeutika, z.B. zur Mastitisbehand-

lung, eingesetzt. Durch prophylaktischen Zusatz von A. zum Futter soll die durch die Haltung vieler Tiere auf engem Raum erhöhte Infektionsgefahr verringert werden. Außerdem lassen sich einige A., z.B. Tetracycline, Penicillin und Bacitracin, als Masthilfsmittel einsetzen, da sie die Futterverwertung verbessern. Der Abbau der A. im Tier erfolgt i. allg. innerhalb von 5 Tagen. Wenn bei Erkrankungen die Dosis erhöht und die vorgeschriebene Wartezeit nicht eingehalten wird, sind Rückstände von A. im Fleisch nachweisbar. Durch verschiedene Verarbeitungsverfahren des Fleisches (Kühlung, Erhitzen etc.) können diese Rückstände im Fleisch nur vermindert, jedoch nicht ganz beseitigt werden. Bei der technologischen Behandlung ist die Bildung von toxikol. bedenklichen Metaboliten nicht ausgeschlossen. In Deutschland besteht ein amtlich vorgeschriebenes biol. Testverfahren. *Bacillus subtilis* dient als Testkeim im „Hemmstoff-Test". Chloramphenicol und Sulfonamide können mit dem Hemmstoff-Test jedoch nur beim Vorliegen höherer Konzentrationen erfaßt werden. In Futtermitteln sind nur solche A. zugelassen, die in der Humanmedizin nicht eingesetzt werden, um die Entwicklung von Resistenzen beim Menschen durch regelmäßige Aufnahme geringer Dosen mit dem Fleisch und die Allergiebildung zu vermeiden. Der Einsatz von A. zur Konservierung von Fleisch ist weitestgehend eingeschränkt. Nisin, ein von Strept.-lactis-Stämmen produziertes Polypeptidantibiotikum, ist hitzeresistent und wirksam gegen grampositive Erreger. Die Anwendung erfolgt bei Kondensmilch und Käse. Zur Oberflächenbehandlung von Käse wird Pimaricin (Natamycin) eingesetzt, das Hefen und Schimmelpilze erfaßt.

Lit: Bocker H, Hennig A (1982) Antibiotika und andere Darmstabilisatoren. In: Hennig A (Hrsg.) Ergotropika, Eine wissenschaftlich-monografische Zusammenstellung über stoffwechsel- und verzehrsregulierende Substanzen für landwirtschaftliche Nutztiere, VEB Deutscher Landwirtschaftsverlag, Berlin, S. 13 – Spicher G (1981) Über das Auftreten von Aflatoxinen in Getreide und Getreideprodukten. In: DFG-Forschungsbericht, Rückstände in Getreide und Getreideprodukten, Harald Boldt Verlag, Boppard, S. 93 ff.

Antidot. Hebt als Gegengift die Wirkung eines zuvor zugeführten >Giftes< auf. Dies kann beim kompetitiven Antagonismus durch Verdrängung des Giftes von seinem Rezeptor durch einen kompetitiven Antagonisten erfolgen, der den Rezeptor blockiert, ohne jedoch eine Reaktion auszulösen. Hierzu zählt z.B. die >Atropin-Gabe< bei der Vergiftung mit Digitalisglykosiden. Beim chem. Antagonismus dagegen kommt es zu einer chem. Reaktion zwischen Gift und A., so daß das Gift chem. verändert wird und seinen Giftcharakter verliert. Hierzu gehört auch die Bindung von >Schwermetallen<, z.B. >Quecksilber<, an Dimercaprol.

Antigen. Kurzform von Anti*somato*gen (wörtl. Antikörperbildner). Als A. wirken Stoffe, die vom Wirbeltierorganismus als körperfremd erkannt werden und dadurch eine Immunreaktion („Immunantwort") des >Immunsystems< hervorrufen. Als A. können viele Stoffklassen, meist biol. Herkunft, mit höherem Molekulargewicht als etwa 10.000 g/mol wirken, z.B. Polysaccharide, Lipide, Lipopolysaccharide, aber auch biol. Strukturen wie Bakterien, Viren oder Pollen. Natürliche A. bestehen aus einem hochmolekularen Träger („carrier") und der determinanten Gruppe, welche die Spezifität der gebildeten >Antikörper< bestimmt und dann mit ihnen reagiert. Niedermolekulare Fremdstoffe, die selber nicht als A. wirken können, gegen die jedoch durch Kopplung an einen hochmolekularen Träger (Immunkonjugat) Antikörper gewonnen werden können, werden als >Hapten< bezeichnet.

Antiklopfmittel. Zusätze zu >Ottomotor<-Kraftstoffen zur Verhinderung von ungewollten Zündvorgängen (>Klopfen<) im Motor. Diese Zusätze unterbinden die explosionsartige Selbstentzündung des Gasgemisches außerhalb der Flammenfront durch Abfangen von freien Radikalen, die sich bei der Verbrennung des Kraftstoffes aus Peroxidzwischenverbindungen gebildet haben. Als wirksamste A. kamen überwiegend >Tetraethylblei< und >Tetramethylblei< zum Einsatz. Diese Zusätze führten jedoch zur Ablagerung von >Blei<dioxid (PbO_2) im Motor. Die Zugabe weiterer Hilfsmittel (>Scavenger<) wie Dichlorethan oder Dibromethan verhinderte diese Ablagerung durch die Bildung flüchtiger Halogenbleiverbindungen. Der Einsatz der bleihaltigen A. führte daher zu relevanten Umweltbelastungen in Städten und an stark befahrenen Straßen sowie zu einem deutlichen landesweiten Anstieg der >Blei<belastung im >Staubniederschlag<. Durch das >Benzinbleigesetz< wurde daher der Zusatz bleihaltiger A. begrenzt. Durch den Zusatz der halogenhaltigen >Scavenger< entstanden darüberhinaus beim Verbrennungsprozeß polyhalogenierte >Dibenzodioxine< und >Dibenzofurane<, die mit den Auspuffgasen ausgeschieden wurden. Ersetzt wurden die Alkylbleiverbindungen durch andere, die >Oktanzahl< erhöhende Additive, wie z.B. Methyl-tert-butylester oder tert-Butylalkohol. Da diese aber nicht so wirksam sind, ist deren Anteil am Kraftstoff wesentlich höher. >Blei<.

Antikörper. Werden von Lymphozyten der Wirbeltiere zur Abwehr körperfremder Makromoleküle, der >Antigene<, gebildet und stellen ein Element der Immunantwort des Tieres auf das Eindringen dieser Fremdstoffe dar. Es handelt sich um Proteine, die auch als >Immunglobuline< bezeichnet werden. Durch Kopplung niedermolekularer Substanzen, wie Pflanzenschutzmittel, >Toxine<, >Antibiotika>, >Hormone< etc., an hochmolekulare Carrier lassen sich A. auch gegen Substanzen gewinnen, die selber nicht antigen wirken, sog. >Haptene<. Alle Immunglobuline (Ig) besitzen die gleiche Grundstruktur aus 2 schweren und 2 leichten Ketten, die sich Y-förmig zusammenlagern. A. besitzen zwei Bindungsstellen für ihr Antigen, mit denen sie dieses komplexieren. Während der Immunabwehr werden A. von verschiedenen Zellen gebildet, die sich in ihrer jeweiligen Spezifität durch die Detailstruktur der antigenbindenden Domäne unterscheiden. Ein solches Gemisch wird als polyklonales Antiserum bezeichnet. Homogene Immunglobuline erhält man durch Isolation einzelner Lymphozytenklone. Diese können jedoch nicht unbegrenzt in Gewebekulturen wachsen. Deshalb werden sie heutzutage mit Myelomzellen hybridisiert. Diese >Hybridome< produzieren das Ig des Lymphozyten und besitzen das unbegrenzte Wachstum der Myelomzelle. Dadurch lassen sich >monoklonale Antikörper< in nahezu unbegrenzter Menge gewinnen. Sie lassen sich zum Nachweis (>ELISA<) und zur Isolierung selbst geringer Mengen von Antigenen bzw. Haptenen verwenden. Der Einsatz als Therapeutika scheiterte bis jetzt daran, daß nicht-menschliche A. ihrerseits eine Immunantwort auslösen. Antigene können mehrere Determinanten für A. besitzen, so daß es zur Vernetzung von A. und Antigenen und bei geeigneten Konzentrations-Verhältnissen zur Präzipitation (Ausfällung) bzw. zur Agglutination kommen kann, was bei serologischen Nachweisverfahren ausgenutzt werden kann.

Antikoinzidenzschaltung. Elektronische Schaltung, die nur dann einen Ausgangsimpuls liefert, wenn nur an einem – meist einem festgelegten – Eingang ein Impuls auftritt. Treten an anderen Eingängen gleichzeitig oder um eine best. Zeit verzögert Impulse auf, so wird kein Ausgangsimpuls abgegeben. A. finden z.B. in Radioaktivitätsmeßgeräten wie >Szintillationszählern< Verwendung.

Antimaterie. Materie, in der die Kernteilchen (>Neutronen<, >Protonen<, >Elektronen<) durch die entsprechenden Antiteilchen ersetzt sind (Antineutronen, Antiprotonen, Positronen).

Antimon (Sb). Chem. Element. In der Metallindustrie findet Antimon als Legierungsbestandteil zur Steigerung der Härte Verwendung. Antimonverb. wie Antimonoxid werden als Läuterungsmittel bei der Glasherstellung, als >Flammschutzmittel< für Kunststoffe und Textilien sowie als >Pigmente< zum Färben von Lakken und Keramik eingesetzt. In Form von Antimonsulfid kommt A. als >Asbest<ersatz in >Bremsbelägen< zum Einsatz. Die >TA Luft<, die zur Beurteilung immissionsschutzrechtlich >genehmigungsbedürftiger Anlagen< heranzuziehen ist, führt A. und seine Verb. in der Klasse III der Ziffer 3.1.4 auf. In der Summe dürfen die in dieser Klasse aufgeführten Stoffe – insgesamt 12 Elemente und deren Verb., ber. jeweils als Element, bei einem >Massenstrom< von 25 g/h und mehr 5 mg/m^3 nicht überschreiten.
Antimontrioxid ist jedoch in der >MAK-Liste< (Stand 1999) unter der Kategorie 2 der krebserzeugenden Substanzen aufgeführt (Stoffe, die als krebserzeugend für den Menschen anzusehen sind). Gemäß Ziffer 2.3 der TA Luft sind die im >Abgas< enthaltenen >Emissionen< krebserzeugende Stoffe unter Beachtung des Grundsatzes der Verhältnismäßigkeit soweit wie möglich zu begrenzen.

Antioxidantien. Verhindern oder verzögern die Autoxidation von Lebensmittelbestandteilen. Ungesättigte Fettsäuren reagieren mit Sauerstoff primär zu geruchund geschmacklosen Monohydroperoxiden. Sekundär entstehen Carbonylverbindungen wie aliphatische Aldehyde und Vinylketone, aus Linol- und Linolensäure auch Furanderivate, die zu einer Qualitätsminderung führen. Die Verfärbung von angeschnittenem Obst und Gemüse beruht auf Oxidationsprozessen, in denen Vitamin C, Aroma- und Farbstoffe zerstört werden. Die Autoxidation erfolgt als Radikalkettenreaktion, die zu inaktiven Produkten führt.

$$RH + \text{Initiator} \longrightarrow R\cdot + H\cdot \quad \text{(Initiation)}$$
$$R\cdot + O_2 \longrightarrow ROO\cdot \quad \text{(Propagierung)}$$
$$ROO\cdot + RH \longrightarrow ROOH + R\cdot$$
$$R\cdot + R\cdot \longrightarrow R{-}R$$
$$ROO\cdot + R\cdot \longrightarrow ROOR \quad \text{(Terminierung)}$$
$$ROO\cdot + ROO\cdot \longrightarrow ROOR + O_2$$

R = Alkyl- oder Acylradikal

Antioxidantien wirken durch Abfangen der Radikale unter Bildung von stabilen Endprodukten.

$$ROO\cdot + AH_2 \longrightarrow ROOH + AH\cdot$$
$$R\cdot + AH_2 \longrightarrow RH + AH\cdot$$
$$2\,AH\cdot \longrightarrow AH_2 + A \quad \text{(Abbruch)}$$

Häufig werden phenolische Verbindungen eingesetzt, z.B. Tocopherol, da die aus dem Antioxidationsmittel (AH$_2$) gebildeten Radikale (AḢ) mesomeriestabilisiert sind. Natürlich vorkommende phenolische A. finden sich im Rosmarin, Salbei, Anis, Koriander, Fenchel, Dill und Majoran. Als synth. A. sind in bestimmten Lebensmitteln Propylgallat (E310), Octylgallat (E311), Dodecylgallat (E312) >Butylhydroxyanisol< (E320) und >Butylhydroxytoluol< (E321) zugelassen. Gallate sind toxikologisch relativ unbedenklich. 100 mg Gallat pro kg Lebensmittel sollten jedoch nicht überschritten werden. Butylhydroxyanisol und Butylhydroxytoluol können mit Fetten leicht im Körper absorbiert werden. Die Ausscheidung erfolgt jedoch relativ schnell. Natürliche Antioxidationsmittel wie >Tocopherole< (E334), >Phosphorsäure< (E338) und >Ascorbinsäure< (E300) sind in Lebensmitteln allgemein zugelassen.

Antioxidationsmittel müssen im Bereich von 0,01 bis 0,05 % wirksam sein und dürfen keine toxischen Wirkungen zeigen. Die sensorischen Eigenschaften des Lebensmittels dürfen nicht beeinflußt werden. Antioxidationsmittel müssen im Lebensmittel oder in dessen Bestandteilen löslich sein. Als Lösungsmittel und Trägerstoffe für Antioxidationsmittel sind Propylenglykol, Glycerin, Orthophosphorsäure und Sorbit erlaubt. Die qualitative und quantitative Analyse der Antioxidationsmittel erfolgt überwiegend durch HPLC und UV- oder Fluoreszenzdetektion.

Antiparasitika. Parasiten-Therapeutika (Eine Auswahl einiger Antiparasitika s. Tab. S.96–105). I. allg. sind hier nur die Therapeutika gemeint, die gegen >Parasiten< des Menschen eingesetzt werden. Als Parasiten kommen sowohl die hier nicht näher zu betrachtenden >Bakterien<, >Viren<, verschiedene Pilzarten und einige Arthropoden (Gliederfüßer) in Frage, als auch die hier näher beschriebenen Protozoen (einzellige „Urtierchen") und die Helminthen (Würmer). Die A. gegen Protozoen bezeichnet man auch als >Antiprotozoika< und diejenigen gegen Helminthen als >Anthelminthika<.

Lit: Wiesmann E, Kayser FH, Bienz KA, Eckert J, Lindenmann J (1986) Medizinische Mikrobiologie. Immunologie, Bakteriologie, Mykologie, Virologie, Parasitologie, 6. Aufl., Georg Thieme, Stuttgart New York. – Forth W, Henschler D, Rummel W (1988) Allgemeine und spezielle Pharmakologie und Toxikologie, 5. Aufl., Bibliographisches Institut, Mannheim. – James DH, Gilles HM (1985) Human Antiparasitic Drugs: Pharmacology and Usage, Wiley, New York.

Antiphytopathogene. Sie dienen der Bekämpfung von phytopathogenen Erregern. Dabei kann es sich um Konkurrenten handeln, aber auch um Feinde der Schaderreger. Die Verwendung eines Organismus zur Kontrolle eines anderen wird als biol. Kontrolle bezeichnet. Eine erfolgreiche Anwendung dieses Prinzips wurde von RISHBETH beschrieben, der in Forstplantagen den Pilz *Peniophora gigantea* zur Wachstumshemmung des Rotfäule-Erregers *Fomes annosus* (= *Heterobasidi-*

Antiparasitika: Auswahl einiger >Antiparasitika<

Parasitose	Spezies	Antiprotozoika (Freiname)	Chemischer Name
Afrikanische Trypanosomose	*Trypanosoma gambiense* oder *rhodesiense*	Suramin	3,3'-Ureylenbis-[8-(3-benzamido-4-methyl-benzamido)-naphthalin-1,3,5-trisulfonsäure]
Amerikanische Trypanosomose	*Trypanosoma cruzi*	Nifurtimox	Tetrahydro-3-methyl-4-(5-nitro-furfuryliden-amino-4H-1,4-thiazin-1,1-dioxid
Leishmaniose	Verschiedene Leishmania Spezies	Stibophen	Pentanatrium-bis-(4,5-dihydrobenzol-1,3-di-sulfonato)-antimon (III)
		Pentamidin	4,4'-(Pentamethylen-dioxy)-dibenzamidin
Trichomonose (Trichomoniasis)	*Trichomonas vaginalis*	Metronidazol	2-Methyl-5-nitroimidazol-1-ethanol
		Ornidazol	α-(Chlormethyl)-2-methyl-5-nitro-1H-imidazol-1-ethanol
		Tinidazol	1-[2-(Ethylsulfonyl)-ethyl]-2-methyl-5-nitroimidazol
		Nimorazol	1-(β-Morpholinoethyl)-5-nitroimidazol

Antiparasitika (Fortsetzung)

Handelspräparat (Eingetragenes Warenzeichen)	Formelbild	Bemerkumgen
Germanin Antrypol	s. Formel (1), S. 99	Meist in Form des Hexanatrium-salzes Suramin-Natrium; erhebliche Nebenwirkungen, daher meist nur noch veterinär-medizinisch oder als Anthelminthika eingesetzt, siehe auch dort
Lampit	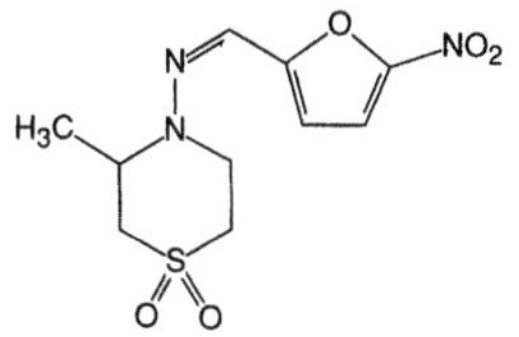	
Fuadin	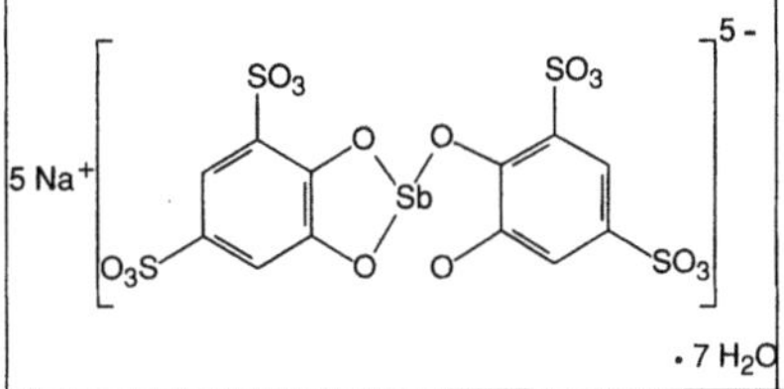 $\cdot$ 7 H$_2$O	Und andere Antimonpräparate; das entsprechende K-Salz wird in der Veterinärmedizin eingesetzt
Lomidine	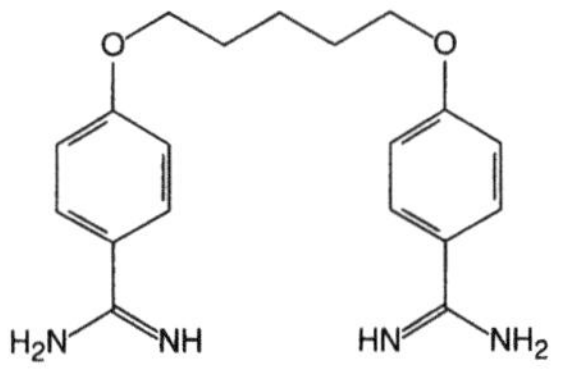	Wird auch gegen Trypanosomen eingesetzt; außerdem lokalanästhetisch wirksam
Flagyl Clont Fossyol	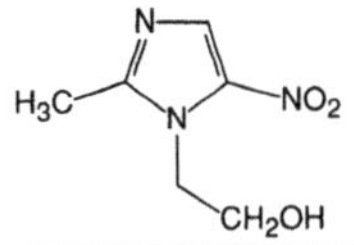	Nitroimidazol-Derivate; außerdem bakterizide Wirkung gegen anaerobe Bakterien; Metronidazol wird auch zur Behandlung des Alkoholismus eingesetzt
Tiberal	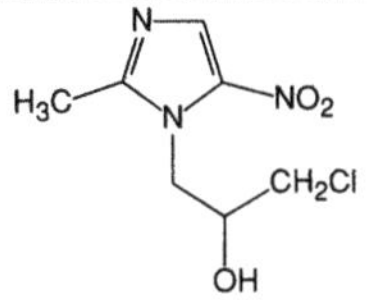	
Fasigyn Simplotan	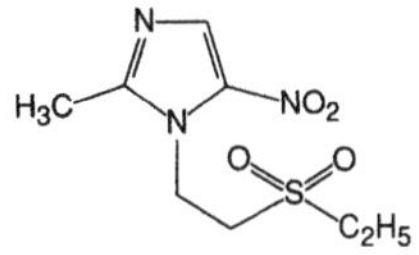	
Acterol Esclama	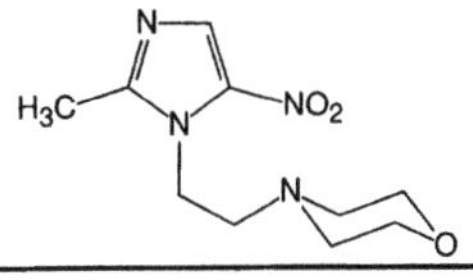	

Antiparasitika (Fortsetzung)

Giardiose (Giardiasis)	*Giardia lamblia*	Wie bei Trichomonose	
Amöbose (Amöbiasis)	*Entamoeba histolytica*	Diloxanid	2,2-Dichlor-4'-hydroxy-N-methylacetanilid
		Wie bei Trichomonose	
Toxoplasmose	*Toxoplasma gondii*	Pyrimethamin + Sulfonamid, z.B. Sulfadiazin	5-(4-Chlorphenyl)-6-ethyl-pyrimidin-2,4-diamin + z.B. N^1-(Pyrimidin-2-yl)-sulfanilamid
		Levamisol	(-)-2,3,5,6-Tetrahydro-6-phenylimidazol [2,1-b] thiazol
Trichurose	*Trichuris trichiura* (Peitschenwurm)	Mebendazol	5-Benzoylbenzimidazol-2-yl-carbamidsäure-methylester

Antiparasitika (Fortsetzung)

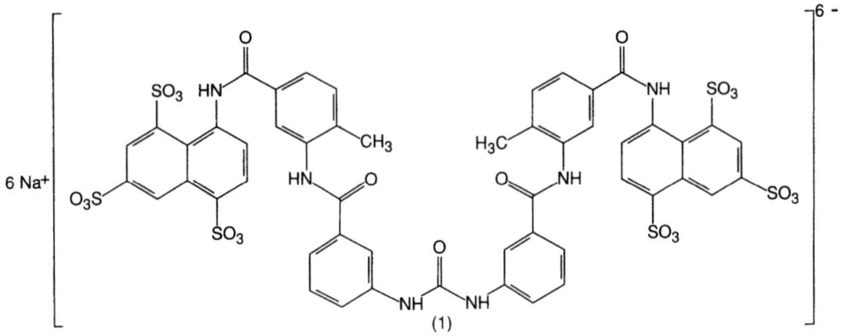

$6\ Na^+$ ... $6-$

(1)

Furamide	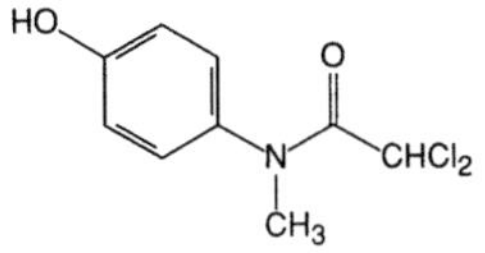	Calciumantagonist
Daraprim Bayrena	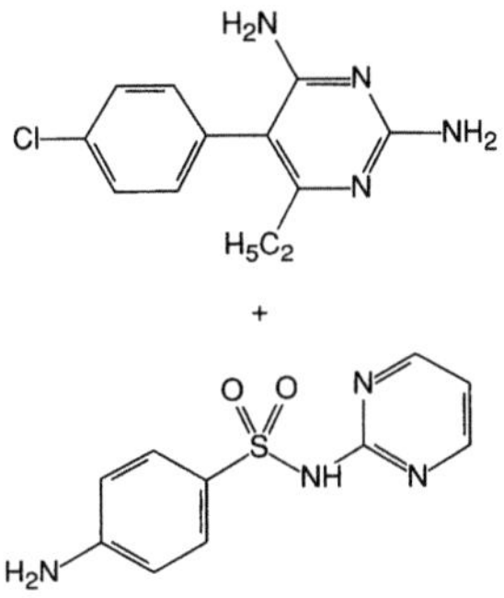	Die Behandlungserfolge sind zum Teil nur gering
Ketrax	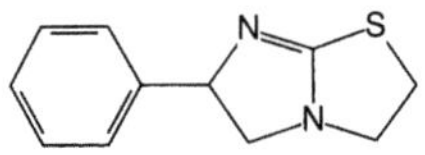	Wirkt außerdem als Immunstimulans
Vermox	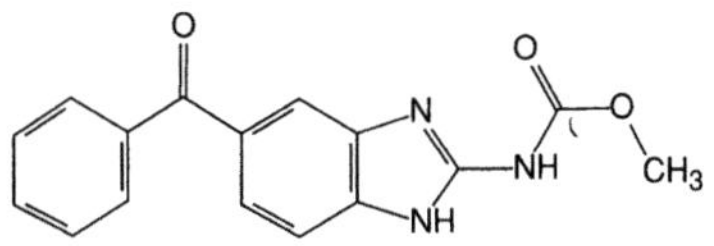	Kaum Nebenwirkungen; hemmt die Glucoseaufnahme im Parasiten

Antiparasitika (Fortsetzung)

Enterobiose	*Enterobius vermicularis* (Madenwurm) Synonym: Oxyuris	Mebendazol	siehe oben
		Pyrantel	1,4,5,6-Tetrahydro-1-methyl-2-[(*E*)-2-(2-thienyl)-vinyl]-pyrimidin
		Pyrviniumchlorid	6-Dimethylamino-2-[2-(2,5-dimethyl-1-phenyl-pyrrol-3-yl)-vinyl]-1-methylchinoliniumchlorid
Ankylostomatidose (Ankylostomiasis)	*Ancylostoma duodenale* oder *Necator americanus* (Hakenwürmer)	Mebendazol	siehe oben
		Pyrantel	siehe oben
Strongyloidose	*Strongyloides stercoralis* (Zwergfadenwurm)	Tiabendazol	2-(4-Thiazolyl)-benzimidazol
Drakunkulose	*Dracunculus medinensis* (Medinawurm)	Mebendazol	siehe oben
		Tiabendazol	siehe oben
Verschiedene Filariosen (Filariasis)	*Wuchereria bancrofti* *Brugia malayi* oder *timori* *Onchocerca volvulus* *Loa loa*	Diethylcarbamazin	*N,N*-Diethyl-4-methyl-1-piperazincarboxamid
		Suramin	3,3'-Ureylen-bis-[8-(3-benzamido-4-methyl-benzamido)-naphthalin-1,3,5-trisulfonsäure]
Trichinellose (Trichinose)	*Trichinella spiralis* (Trichine)	Mebendazol	siehe oben
		Prednisolon	11β,17α,21-Trihydroxy-1,4-pregnadien-3,20-dion (1-Dehydrohydrocortison)

Antiparasitika (Fortsetzung)

siehe oben	siehe oben	siehe oben
Cobantril Helmex	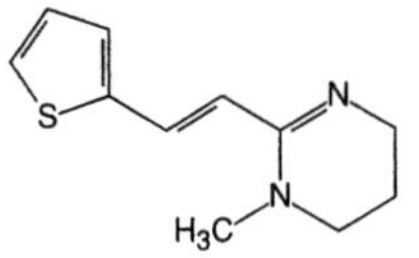	Wird kaum vom Magen-Darm-Trakt resorbiert; führt zur neuromuskulären Blockade des Parasiten
Molevac	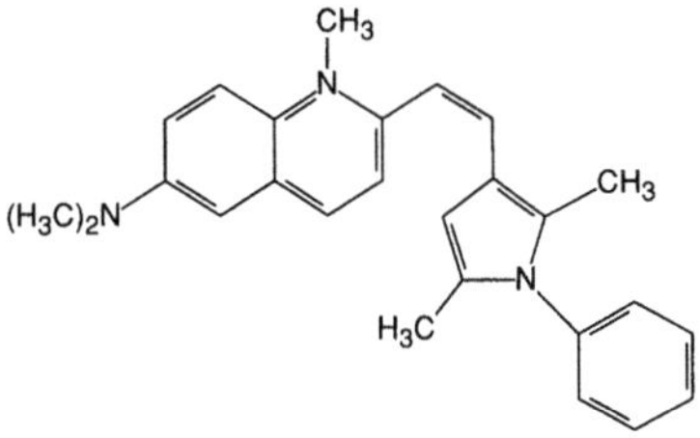	Gut verträglich
siehe oben	siehe oben	siehe oben
siehe oben	siehe oben	siehe oben
Mintezol Minzolum	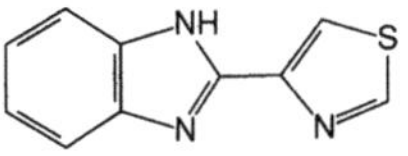	Wird außerdem als Fungizid gegen Mehltau bei Kernobst und als Konservierungsmittel E233 für Citrusfrüchte und Bananen eingesetzt
siehe oben	siehe oben	siehe oben
siehe oben	siehe oben	siehe oben
Hetrazan Banocide	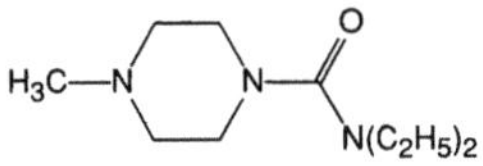	Piperazin-Derivat
Germanin	siehe Abbildung (1)	Wird hauptsächlich bei Onchocerose durch *Onchocerca volvulus* eingesetzt; wirkt auch gegen Trypanosomen, siehe daher auch Antiprotozoika
siehe oben	siehe oben	siehe oben
Dacortin	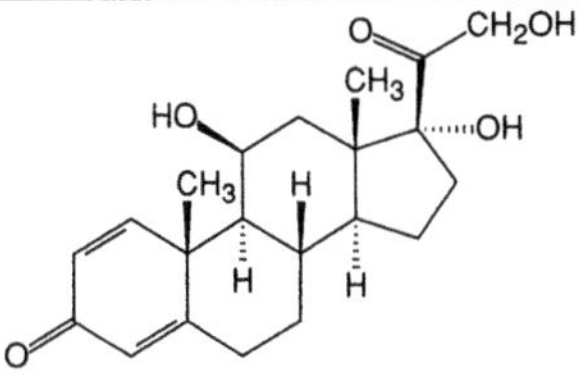	Ein Glucocorticosteroid mit entzündungshemmender Wirkung; dient außerdem als Ausgangsprodukt für synthetische Nebennierenrindenhormone

Antiparasitika (Fortsetzung)

Malaria	*Plasmodium vivax* oder *ovale* oder *malariae* oder *falciparum*	Chinin	6'-Methoxy-cinchonan-9-ol
		Mefloquin	α-2-Piperidinyl-2,8-bis-(trifluormethyl)-chinolinmethanol
		Mepacrin	6-Chlor-9-(4-diethylamino-1-methylbutylamino)-2-methoxyacridin
		Chloroquin	7-Chlor-4-(4-diethylamino-1-methylbutylamino)-chinolin
		Primaquin	8-(4-Amino-1-methylbutyl-amino)-6-methoxychinolin
		Pyrimethamin	5-(4-Chlorphenyl)-6-ethyl-pyrimidin-2,4-diamin
		Sulfadoxin	N^1-(5,6-Dimethoxy-pyrimidin-4-yl)-sulfanilamid

Antiparasitika (Fortsetzung)

Chinin-Dihydrochlorid Chinin-Sulfat		Zahlreiche Nebenwirkungen, bildet Komplexe mit der DNA, rasche Resorption nach oraler Gabe, wasserunlöslich
Lariam		
Quinacrine		
Resochin Avloclor Aralen Nivaquine		Nebenwirkungen sind zum Teil Hornhauttrübung; bildet Komplexe mit der DNA; vollständige Resorption nach oraler Gabe; meist in Form von Chloroquin-diphosphat oder Chloroquinsulfat; wirkt auch amöbizid und antirheumatisch
Primaquin Primaquine		Vollständige Resorption nach oraler Gabe; geringe Nebenwirkungen
Daraprim Bayrena Malocide		Dihydrofolatreductase-hemmer (DRH)
Fanasil		Dihydropteroatsynthetase-hemmer (DSH)

Antiparasitika (Fortsetzung)

Malaria	*Plasmodium vivax* oder *ovale* oder *malariae* oder *falciparum*	Kombinationspräparate aus den oben genannten:	
		Sulfadoxin + Pyrimethamin	siehe oben
		Sulfadoxin + Pyrimethamin + Mefloquin	siehe oben

on annosum) nutzte. Diese kommt durch Hyphen-Interferenz, d. h. eine Kontakthemmung, zustande.
Lit: Rishbeth J (1963) Stem protection against *Phomes annosus*. 3. Inoculation with *Peniophora gigantea*. Annu Appl Biol 52: 63–77.

Antiprotozoika. Antiparasitika (s. a. Tabelle „Antiparasitika" S. 96–105) gegen >Protozoen< (einzellige „Urtierchen"), die besonders in den tropischen und subtropischen Gebieten hohe praktische Bedeutung erlangen. An erster Stelle ist hier die >Malaria< zu nennen, die in Form verschiedener Plasmodium-Arten durch die weibliche Anopheles-Mücke übertragen wird. Bei der Auswahl geeigneter sog. Antimalarika muß heute die weit verbreitete Arzneimittelresistenz von Plasmodiumstämmen berücksichtigt werden. Das älteste Antimalarikum ist >Chinin<. Chinin wurde in den 50er Jahren aufgrund hoher Nebenwirkungen weitgehend durch *Chloroquin* ersetzt und später, bei zunehmenden Resistenzerscheinungen gegen Chloroquin, wieder eingesetzt. Die Zahl der jährlichen Malariaerkrankungen wird auf über 100 Mio. geschätzt, viele Formen verlaufen tödlich. Global verbreitet sind die >Toxoplasmose< und die durch zunehmenden Tourismus sich auch in unseren Breiten häufende sog. „Reisediarrhoe", wobei es sich meist um eine Giardiose oder Amöbose handelt. Sog. importierte Infektionskrankheiten sind auch die afrikanische Trypanosomose (Schlafkrankheit) und die aus Lateinamerika stammende amerikanische Trypanosomose (Chagas-Krankheit). Zur Therapie der Leishmaniosen, z. B. Kala-Azar od. Orientbeule, dienen v. a. Antimonpräparate. Nitroimidazol-Derivate werden v. a. gegen Trichomonas vaginalis eingesetzt, aber auch bei Giardiose und Amöbose. Nitroimidazolderivate sind allerdings während der Schwangerschaft kontraindiziert. Als Nebenwirkungen treten außerdem Kopfschmerzen, Schwindel und Exantheme (Hautausschlag) auf. Viele menschenpathogene Protozoen benötigen Insekten als Zwischenwirte bzw. Überträger. So wird z. B. die Schlafkrankheit durch Tsetsefliegen übertragen.
Lit: Kuschinsky G, Lüllmann H (1989) Kurzes Lehrbuch der Pharmakologie und Toxikologie, 12. Aufl., Georg Thieme, Stutt-gart New York. – Mutschler E (1991) Arzneimittelwirkungen, Lehrbuch der Pharmakologie und Toxikologie, 6. Aufl., Wissenschaftliche Verlagsgesellschaft mbH, Stuttgart. – Wirth W, Gloxhuber C (1985) Toxikologie, Für Ärzte, Naturwissenschaftler und Apotheker, 4. Aufl., Georg Thieme, Stuttgart. – Wiesmann E, Kayser FH, Bienz KA, Eckert J, Lindenmann J (1986) Medizinische Mikrobiologie. Immunologie, Bakteriologie, Mykologie, Virologie, Parasitologie, 6. Aufl., Georg Thieme, Stuttgart New York. – Forth W, Henschler D, Rummel W (1988) Allgemeine und spezielle Pharmakologie und Toxikologie, 5. Aufl., Bibliographisches Institut, Mannheim. – Roth HJ, Eger K, Troschütz R (1985) Pharmazeutische Chemie II: Arzneistoffanalyse. Reaktivität, Stabilität, Analytik, 2. Aufl., Georg Thieme, Stuttgart New York.

Antivirus. Viren bilden eine spezielle Klasse von Mikroorganismen und zugleich die kleinste aller Lebensformen. Sie bestehen aus nur einer Form einer einfachen oder Doppelhelix einer Ribo- (RNA) oder Desoxyribonucleinsäure (DNA). Daneben gibt es virale (z. B. glykosylierte) Proteine, die das genetische Material membranartig umhüllen und schützen (Capsid-Proteine), aber zugleich erkennen können, welche Art von Wirtszellen durch das bestimmte Virus angegriffen werden können. Die Größe der Viren beträgt zwischen 20 und 200 nm, d. h. sie sind kleiner als die Wellenlänge des sichtbaren Lichtes. Zur Sichtbarmachung benötigt man die Elektronenmikroskopie oder biochem. die Antigen-Reaktion auf virale Proteine.
Um eine Infektion auszulösen, muß ein Virus in die Zelle eindringen und dort seine eigene Nucleinsäure auf Kosten der Wirtszelle vermehren. In vielen Fällen wird diese dabei eher umgewandelt als abgetötet. Diese Umwandlung erklärt auch die Entstehung von Krebszellen, die sich, induziert von Viren, rasant vermehren. Nachdem also das Virus auf der Zellmembran adsorbiert und schließlich ins Zellinnere penetriert ist, zerfällt die Umhüllung. Das Virus hängt nun von der Biochemie der befallenen Zelle ab: Versorgung mit niedermolekularen Vorstufen für die eigene Enzymproduktion, dann Ernährung und Reproduktion. Die so entstandenen neuen Viren verlassen die Wirtszelle, die dabei umgewandelt oder zerstört wird.

Antiparasitika (Fortsetzung)

Fansidar	siehe oben	DSH + DRH; gegen Fansidar sind wegen schwerer Nebenwirkungen und Resistenzerscheinungen Anwendungsbeschränkungen erlassen worden (Deutsches Ärzteblatt 82 von 1985, S. 1076)
Fansimef	siehe oben	Mefloquin überwindet hier eventuell die oben genannten Resistenzerscheinungen

Das internationale Komitee für die Taxonomie von Viren (ICTV) hat 16 der insgesamt 55 Virus-Familien als pathogen für den Menschen festgelegt (Vgl. Matthews REF (1982) Intervirology 17: 1–199). Aufgrund der Eigenart der Viren, sich ausschließlich unter Zuhilfenahme der Wirtszellen zu vermehren, müssen antivirale Wirkstoffe in der Lage sein, die Zellwand zu penetrieren, um die Virus-Vermehrung wirkungsvoll zu unterbinden. Das ideale A.-Mittel sollte dabei nicht den normalen Abwehrmechanismus der Zelle gegen die Virus-Infektion stören, sondern die normale Zell-Immunität unterstützen. Wichtig ist hier eine Breitband-A.-Aktivität (die klinische Identifizierung von Viren ist i. d. R. sehr zeitaufwendig). Eine weitere Bedingung ist eine genügende Potenz des Wirkstoffes zur völligen Inhibierung der viralen Vermehrung; sodann sind günstige pharmakokinetische Eigenschaften erforderlich, d. h. der Wirkstoff sollte das befallene Organ möglichst rasch erreichen, ohne die normalen Prozesse und die aktive Immunität des Patienten negativ zu beeinflussen. Nachdem eine Kontrolle über die eingedrungenen Viren erfolgt ist, sollte das körpereigene Immunsystem in der Lage sein, die restliche Abwehr zu erledigen. Daß die eingesetzten Wirkstoffe möglichst keine Resistenzerscheinungen oder gar Toxizität entwickeln sollten, versteht sich. Diverse Pyrimidin- und Adenin-Nucleoside sind aktiv gegen DNA-Viren, spezielle gegen Herpes-Viren: Idoxuridin, Trifluridin, FIAC, Ara-T, Vidarabine (Ara-A) und Cycloaradin.

Guanosin-Analoga inhibieren Herpes-Viren: 6-Desoxyacyclovir, Acyclovir. Dabei wird in Zellen, die mit Herpes simplex-Viren (HSV) infiziert sind, Acyclovir durch eine spezielle virale Thymidin-Kinase in das Monophosphat überführt; sodann reagiert dieses mit GMP-Kinase zum Diphosphat sowie durch Zell-Enzyme zum Triphosphat. Dieses Acyclovir-triphosphat hemmt Herpes simples-Viren (Typ 1) an der DNA-Polymerase, ist jedoch gegenüber der zelleigenen α-DNA-Polymerase wirkungslos.

Weitere Guanosin- und Adenosin-Analoga mit antiviralen Eigenschaften sind: 3-Desazaguanosin, Ribavirin, Selenazofurin, Tiazofurin, 3-Deazaadenosin, (S)-DHPA, Neoplanocin A, DHPG, Buciclovir und (R)-DHBG (s. a. chem. Formeln S. 106).

Bei Routine-Untersuchungen wurde gefunden, daß Phosphonoessigsäure (PAA) in der Lage ist, HSV-Viren zu inhibieren. Desgleichen inhibiert Phosphonoameisensäure, Foscarnet, PFA, die Virus-induzierte DNA-Polymerase. Im Einsatz gegen Influenza-Viren sind Amantadine (1-Adamantanamin-hydrochlorid), Symmetral® und Rimantadin erfolgreich.

3'-Azidothymidin, AZT, 1979 erstmals dargestellt, ist aktiv gegenüber Retro-Viren, die für das acquired immunodeficiency syndrome (AIDS), verursacht durch das HTLV-III-Virus, verantwortlich sind. Dabei inhibiert das 3'-Azidothymin-5'-triphosphat die reverse Transcriptase des HTLV-Virus und damit die Virus-Replikation.

In neuerer Zeit sind weitere A.-Wirkprinzipien, insbesondere im Hinblick auf eine wirkungsvolle AIDS-Bekämpfung, entwickelt worden: ddC, Carbovir. Klinische Untersuchungsreihen haben hier hoffnungsvolle Resultate ergeben: erhöhte Levels an T4-Zellen, eine

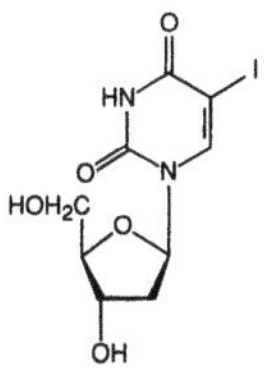

Idoxuridin

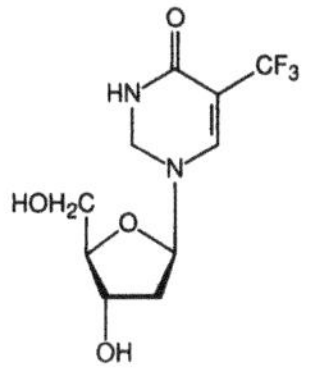

Trifluridin

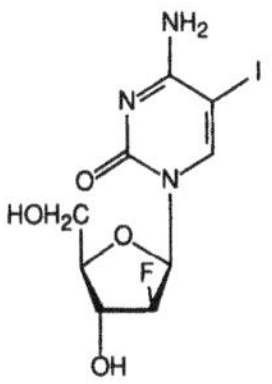

Cyclaradin

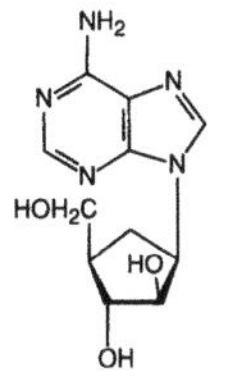

FIAC

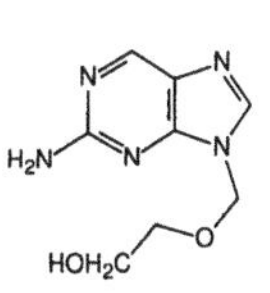

6-Desoxyacyclovir

Acyclovir   Ribavirin   DHPG

3 Na $^+$ $[O_3P-COO]^{3-}$

Foscarnet   Amantadin   Rimantadin

3'-Azidothymidin (AZT)   Carbovir   ddC

partielle Restaurierung der Immun-Parameter, niedrigere P24-Levels; die Patienten fühlen sich nach Behandlung deutlich besser, nehmen an Körpergewicht zu und können z.T. ins Berufsleben zurückkehren. Dennoch weisen zahlreiche gegen HTLV-Viren eingesetzte Chemotherapeutika starke Nebenwirkungen auf; der Entwicklung weiterer, neuer und gut verträglicher Reverse-Transscriptasehemmer zur Frühbehandlung von AIDS gilt z.Zt. intensive, weltweite Forschung (z.B. AZT).

Lit: Ullmnn's Encyclopedia of Industrial Chemistry (1985), 5.Aufl., Bd.A6, VCH Weinheim, S.173ff – Clement B (1986) Pharm unserer Zeit 15: 72 – Robins RK (1986) Chem Eng News, S.28ff – Jones MF (1988) Chem Br, S.1122.

Antizipiertes Sachverständigengutachten. In der Rechtsprechung entwickelter Begriff zur rechtlichen Zuordnung der >TA Luft<. In jüngerer Rechtsprechung entwickelt und seitdem bevorzugt verwendet: >normkonkretisierende Verwaltungsvorschrift<. Mit beiden Begriffen soll aufgezeigt werden, daß es sich bei der >TA Luft< als Verwaltungsvorschrift einerseits nicht um geltendes >Recht< handelt, das sich bei seiner Anwendung in >Verwaltungsakten< grundsätzlich richterlicher Kontrolle entzieht, andererseits diese für die Gerichtsbarkeit aber auch nicht von vornherein völlig unbeachtlich bleiben kann, da Verwaltungsvorschriften wie die TA Luft durch ihre gesetzliche Ermächtigung (§ 48 BImSchG), den ihr innewohnenden politischen Konsens und durch hohe Sachverständigenkompetenz nicht nur den >Stand der Technik< darstellen, sondern gleichzeitig verfassungsrechtliche Grundsätze wie den der Gleichbehandlung und den der Verhältnismäßigkeit berücksichtigen.

antizyklonal. Bezeichnung für eine Luftströmung, die um ein Gebiet höheren Luftdrucks herum gerichtet ist. Die Strömungsrichtung ist auf der Nordhalbkugel im Uhrzeigersinn, auf der Südhalbkugel entgegenge-

setzt zum Uhrzeigersinn gerichtet. Im übertragenen Sinn wird diese Bezeichnung auch für eine >Großwetterlage< mit Überwiegen des Hochdruckeinflusses verwendet. Gegensatz: >zyklonal<.

Antizyklone. >Hochdruckgebiet<.

Antragsunterlagen. Die von einem Antragssteller im Rahmen eines Genehmigungsverfahrens beizubringenden Unterlagen; siehe z.B. §§ 3, 4 der 9. Verordnung zur Durchführung des >Bundes-Immissionsschutzgesetzes< (Grundsätze des Genehmigungsverfahrens) vom 29.Mai 1992, BGBl.I S.1001; nach dem >Bundes-Immissionsschutzgesetz< sind dem Antrag die Unterlagen beizufügen, die zur Prüfung der Genehmigungsvoraussetzungen erforderlich sind; ferner sind weitere Unterlagen beizufügen, z.B. Unterlagen betreffend den Naturschutz und die Landschaftspflege, wenn eine solche Prüfung erforderlich ist; Unterlagen betreffend Angaben zur Anlage und zum Anlagenbetrieb; Unterlagen betreffend Angaben zu den Schutzmaßnahmen; Unterlagen betreffend den Plan zur Behandlung der Abfälle; Unterlagen betreffend Angaben zur Wärmenutzung sowie Unterlagen betreffend Angaben zur Prüfung der Umweltverträglichkeit.

Anwendung. (Syn. Verwendung). Bereich, in dem die betreffende Substanz eingesetzt wird. Man unterscheidet z.B. Lösemittel, Schmiermittel, >Pflanzenschutzmittel<, Pharmazeutika etc. Ist nur die A. einer Chemikalie gegeben, so wird keine Aussage über die Größenordnung der Verwendung getroffen. Anders verhält es sich bei der Angabe des Anwendungsmusters.

Pflanzenschutzmittel: Begriff hinsichtlich Prüfung und Ausbringung von Pflanzenschutzmitteln. Die Prüfung auf Zulassung eines Pflanzenschutzmittels durch die >BBA< erfolgt auf der Grundlage der bestimmungsgemäßen und sachgerechten Anwendung des Mittels. Nach dem >Pflanzenschutzgesetz< hat die Anwendung von Pflanzenschutzmitteln grundsätzlich in den mit der Zulassung festgesetzten >Anwendungsgebieten< und nach guter fachlicher Praxis zu erfolgen. Gute fachliche Praxis schließt auch die Prüfung der Notwendigkeit ein. Durch das Pflanzenschutzgesetz sind bestimmte Anwendungen von Pflanzenschutzmitteln durch >Anwendungsverbote< grundsätzlich untersagt (z.B. Anwendung auf Freilandflächen, soweit sie nicht landwirtschaftlich, forstwirtschaftlich oder gärtnerisch genutzt werden, in oder unmittelbar an oberirdischen Gewässern und Küstengewässern). Darüber hinaus können die Länder spezielle Regelungen treffen. Die Anwendung von Pflanzenschutzmitteln unterliegt, soweit sie Gefahrstoffe im Sinne des Chemikaliengesetzes sind, als Teil des Umgangs mit Gefahrstoffen besonderen Regelungen zum Schutz von Beschäftigten (>Gefahrstoffverordnung<).

Anwendungsmuster. Prozentuale Verteilung der Verwendung einer Chemikalie. *Beispiel*: Tributylzinnoxid (>CAS-Nummer<: 56–35–9).Tributylzinnoxid und dessen Derivate werden zu ca.70 % in Antifoulingfarben, ca.20 % in Holzschutzmitteln und ca.10 % in anderen Bereichen (Materialschutz) eingesetzt.

Lit: Gesellschaft Deutscher Chemiker (1989) Beratergremium umweltrelevante Altstoffe, Tributylzinnoxid BUA-Stoffbericht 36, VCH Verlagsgesellschaft mbH, Weinheim.

Anwendungsverbote, -beschränkungen. In bezug auf Pflanzenschutzmittel bestehen A. entweder a) aufgrund des >Pflanzenschutzgesetzes<: z.B. dürfen Pflanzenschutzmittel grundsätzlich nur in den mit der Zulassung festgesetzten >Anwendungsgebieten<, Anwendungsbestimmungen und nur nach guter fachlicher Praxis angewandt werden, müssen Personen, die Pflanzenschutzmittel für andere anwenden, dies der zuständigen Behörde anzeigen, müssen betriebliche Anwender sachkundig sein, dürfen Pflanzenschutzmittel grundsätzlich auf Freilandflächen nur angewendet werden, soweit diese landwirtschaftlich, forstwirtschaftlich oder gärtnerisch genutzt werden, ist die Anwendung von Pflanzenschutzmitteln in oder unmittelbar an oberirdischen Gewässern und Küstengewässern grundsätzlich verboten, b) aufgrund der >Pflanzenschutz-Anwendungsverordnung< sowie c) für bienengefährliche Pflanzenschutzmittel durch die >Bienenschutzverordnung<. Darüber hinaus sind die Länder ermächtigt, weitere spezielle Vorschriften zu treffen (§§ 3 und 8 des Pflanzenschutzgesetzes), z.B. aufgrund des >Wasserhaushaltsgesetzes< und des >Bundesnaturschutzgesetzes<.

Anwurf. >Spülsaum<, >Strandanwurf<.

Anzeigepflicht. Eine durch das Tierseuchengesetz (TSG) (BGBl. 1980 I S. 387–404 i.d.F. vom 15. Februar 1991, BGBl. I) vorgeschriebene Maßnahme zur Bekämpfung von >Tierseuchen<. Der § 9 TSG regelt die Anzeigepflicht, und der § 10 in Verbindung mit § 1 der Verordnung über anzeigepflichtige Tierseuchen (BGBl. 1991 I) nennt die Tierseuchen, für die sie gilt. Verpflichtet zur Anzeige sind der Besitzer bzw. sein Vertreter sowie eine große Gruppe von Personen, die direkt mit der Tierhaltung zu tun hat. U.a. sind genannt: Hirten, Schäfer, Schweizer, Sennen, Fischereiberechtigte, Tierärzte, Besamungstechniker, Kastrierer, Fleischbeschauer, Geflügelfleischkontrolleure, Fleischereifachverständige, Schlächter und Tierkörperbeseitiger. Die Anzeige ist bei der zuständigen Behörde (i.d.R. Ortspolizeibehörde) oder beim beamteten Tierarzt zu machen. Anzeigepflichtige Seuchen sind nach § 1 der Verordnung über anzeigepflichtige Tierseuchen: 1. Afrikanische Pferdepest, 2. Afrikanische Schweinepest, 3. Ansteckende Blutarmut der Einhufer, 4. Ansteckende Schweinelähmung (Teschener Krankheit), 5. Aujeszkysche Krankheit, 6. Beschälseuche der Pferde, 7. Blauzungenkrankheit, 8. Bösartige Faulbrut der Bienen, 9. Brucellose der Rinder, Schweine, Schafe und Ziegen, 10. Enzootische Leukose der Rinder, 11. Geflügelpest, 12. Hämorrhagische Krankheit der Hauskaninchen, 13. Infektiöse Hämatopoetische Nekrose der Salmoniden, 14. Infektiöse Pustulöse Vulvovaginitis der Rinder, 15. Lumpy-skin-Krankheit (Dermatitis nodularis), 16. Lungenseuche der Rinder, 17. Maul- und Klauenseuche, 18. Milbenseuche der Bienen, 19. Milzbrand, 20. Newcastle-Krankheit, 21. Pest der kleinen Wiederkäuer, 22. Pockenseuche der Schafe und Ziegen, 23. Psittakose, 24. Rauschbrand, 25. Rifttal-Fieber, 26. Rinderpest, 27. Rotz, 28. Salmonellose der Rinder, 29. Schweinepest, 30. Seuchenhafter Spätabort der Schweine, 31. Spongiforme Rinderenzephalopathie, 32. Stomatitis vesicularis, 33. Tollwut, 34. Traberkrankheit der Schafe und Ziegen, 35. Trichomonadenseuche der Rinder, 36. Tuberkulose der Rinder, 37. Vesikuläre Schweinekrankheit, 38. Vibrionenseuche der Rinder. Ferner enthält der § 10 TSG die Ermächtigung, weitere Seuchen auf dem Verordnungsweg unter Anzeigepflicht zu stellen. Der aktuelle Stand kann bei den >Veterinärbehörden< erfragt werden.

AOX. >Adsorbierbare Organische Halogenverbindungen<.

Aphizide. (Lat. aphis = Blattlaus) Spezielle >Insektizide< gegen Blattläuse bei Nutz- und Zierpflanzen.
Als A. werden zumeist >Carbamate< eingesetzt, die als Kontakt- und Magengift mit ausgeprägtem „knock down"-Effekt wirken (z.B. Propoxur, Unden®, Blattanex®; Pirimicarb, Pirimor®; Ethiofencarb, Crotenon®).
Ferner haben auch Organophosphor-Insektizide Verwendung gefunden (z.B. Metasystox®, Isothioate, Hosdon®; Mecarbam, Tokuthion®).

aphotische Zone. Tiefenzone eines Gewässers, in die kein Licht mehr von der Oberfläche her eindringt infolge der Lichtextinktion, die durch das LAMBERT BEERsche Gesetz $I_z = I_o \cdot e^{-\varepsilon z}$ (I_o Strahlungsintensität unmittelbar unter der Gewässeroberfläche, I_z in einer Tiefe z, ε Extinktionsfaktor) beschrieben wird. Die a.Z. beginnt bei etwa $I_z = 0{,}01\,\%\ I_o$. Bezogen auf die >Photosynthese< beginnt sie schon unterh. $I_z = 1\,\%\ I_o$.
In sehr klaren (>oligotrophen<) Gewässern beginnt die photos. freie Z. bei < 50 m, in >mesotrophen< bei 10 m, in >eutrophen< bei 6 m; in sehr schwebstofffreien >Fließgewässern< schon bei < 0,3 m.

Aplysiatoxin. ($C_{32}H_{47}BrO_{10}$). Toxische Substanz, die zuerst aus der passiv giftigen Schnecke *Stylocheilus longicauda* der Seehasenfamilie Aplysiidae isoliert wurde. A., ein Tumorpromotor, entstammt einem Seegras, das von diesen Meeresschnecken gefressen wird. In Gewässern, in denen dieses Seegras nicht vorkommt, findet sich diese Substanz in den Seehasen, z.B. *Aplysia kudodai*, nicht (>Mollusken<).

Lit: Habermehl G (1987) Gift-Tiere und ihre Waffen, 4. Aufl., Springer, Berlin Heidelberg. – Habermehl GG, Krebs HC (1986) Naturwissenschaften 73: 459–470. – Sheehan PJ (1984) Effects on Individuals and Populations. In: Sheehan PJ, Miller DR, Butler GC, Bourdeau P (Hrsg.) Effects of Pollutants at the Ecosystem Level, SCOPE 22, John Willey and Sons, Chichester New York Brisbane Toronto Singapure. – Scheuer PJ (1982) Naturwissenschaften 69: 528–533.

β-Apo-8'-carotinal. (L-Orange 8, E 160e) Ein in Citrusfrüchten, Gemüse und Leber natürlich vorkommendes Vitamin A-wirksames >Carotinoid<, das auch synth. hergestellt werden kann. Als gelber Farbstoff erfolgt der Zusatz zu fettlöslichen Handelspräparaten wie Mayonnaisen, Käse und Salatsaucen. Auch wasserdispergierbare Lebensmittel, wie z.B. Zuckerwaren, Paniermehl und Fruchtgetränke, lassen sich so färben. Durch den Zusatz zu Futtermitteln wird bei Hühnern eine stärkere Pigmentierung der Eidotter erzielt.

R = CHO

β-Apo-8'-carotinsäure. (L-Orange 9, E 160f) Abbauprodukt von >β-Apo-8'-carotinal<, das ebenfalls eine gelbe Farbe besitzt. Der Vitamin A-wirksame Ethylester wird industriell synth. hergestellt. Als Futterzusatzmittel bewirkt der Farbstoff eine stärkere Eidotter- und Hautpigmentierung von Mastgeflügel.

R = COOH   (Säure)

R = COOC$_2$H$_5$ (Ethylester)

Apoplast. (Grch. apo = weg, getrennt von; plastos = geformt, gebildet). Der Begriff umfaßt den extraprotoplasmatischen Raum des pflanzlichen Gewebes, d. h. die >Zellwände< sowie die Aussparungen zwischen den Zellen, die >Interzellularen<. Der A. bildet damit einen zusammenhängenden Raum, in dem sich Stoffe durch >Diffusion< bis weit in das Innere von Geweben hinein bewegen können. Der A. umschließt den >Symplast<.

Apoptose. (Syn. Programmierter Zelltod). Der genetisch gesteuerte Prozeß führt zum gezielten Absterben von Zellen. Der Vorgang tritt während der Entwicklung vielzelliger Organismen (z. B. Caenorhabditis elegans; Säuger), aber auch von Einzellern (z. B. Trypanosoma, Dictyostelium, Tetrahymena) oder nach einer Schädigung durch Toxine, Strahlung, Viren etc. auf. Der Mechanismus der A. schließt eine spezifische Zerstörung der DNA ein. Die hieran beteiligten Endonucleasen werden durch Caspasen (Cystein-enthaltende Aspartat-spezifische Proteasen) aktiviert, letztere z. B. durch Cytochrom c, das aus Mitochondrien freigesetzt wird. Eine Disregulation der A. kann zu Erkrankungen wie Krebs, Diabetes (Typ I), Multiple Sklerose und Autoimmunerkrankungen führen.
Lit: Peter ME, Heufelder AE, Hengartner MO (1997) Advances in apoptosis research. Proc. Nat. Acad. Sci. USA 94, 12736–12737.

Appetenzverhalten. Begriff aus der >Verhaltensforschung<: Aufsuchen einer als Reiz wirkenden Situation mit einer entsprechenden Endhandlung, z. B. Nahrungssuche oder Suche nach einem Geschlechtspartner. Die gefundene Reizquelle kann eine bestimmte Instinkthandlung auslösen, womit das A. erlischt. Umstritten ist, ob die Suche gerichtet oder ungerichtet erfolgt.

Applikation. Anwendung oder Ausbringung von >PSM< mit genauer Dosierung, gleichmäßiger Verteilung und Anlagerung an der Zielfläche. >Aufwandmenge<, >Nebeln<, >Spritzen<, >Sprühen<, >Stäuben<. (Aus DPG-Glossar).

aquatisch. Im Wasser befindlich, im Wasser entstanden (Brockhaus Enzyklopädie, 1966).

Aquicluden. Können größere Wassermengen speichern, aber nicht durchlassen. (>Grundwassernichtleiter<, z. B. >Tongesteine<).

Aquifer. >Grundwasserleiter<.

Aquiferspeicherung. Versenkung von Flüssigkeiten, auch fl. >Abfällen< wie beispielsweise Kali-Endlaugen, phenolhaltige >Abwässer<, Säuren oder >radioaktive Abwässer< über Schluckbrunnen in Gesteinshorizonte, deren natürliches Hohlraumvol. hydraulisch wirksam verbunden ist. Die Versenkmöglichkeiten sind im wesentlichen abhängig vom Speichertyp, seinem natürlichen >Lagerstätteninhalt< sowie der regionalgeologischen Situation. Unterschiedliche Speichertypen stellen Porenspeicher (Locker- und Festgestein mit durchflußwirksamen Porenanteilen), Kluftspeicher (Festgesteine mit durchflußwirksamen Klüften und anderen Gesteinsfugen) sowie Karstspeicher (Festgesteine mit durchflußwirksamen Hohlräumen, die durch chem. Lösungsvorgänge in Kalk- und Dolomitgesteinen entstanden sind) dar. Für die A. werden Porenspeicher bevorzugt, da ihr Speichervol. sowie das hydrodynamische Gesamtsystem besser bewertet werden können. Hydraulisch geschlossene >Systeme<, bei denen das >Grundwasser< nicht mit anderen >Aquiferen< in hydraulischer Verb. steht und nicht am hydrologischen Kreislauf teilnimmt, können besonders für >Abfälle< geeignet sein, deren schädliche Wirkung auch nach langer Verweildauer im geologischen Untergrund nicht abgebaut wird. Bei A. in hydraulisch offenen Systemen, die nicht oder nur ungenügend gegen andere Aquifere abgedichtet sind, muß die Verweildauer des >Abfalls< im Untergrund so lang sein, daß dieser sein >Gefährdungspotential< verliert. Die Mindesttiefe sollte deshalb mind. 300 m betragen. In der Bundesrepublik Deutschland werden fl. Abfälle bereits seit Anfang des 20. Jahrhunderts und heute vornehmlich im Werra-Kalirevier, Fulda-Kalirevier sowie in der süddeutschen Molasse versenkt. Im Jahr 1902 begann die Tiefversenkung von Kalilaugen im Achenbach-Schacht in Staßfurt und wurde ab 1925 im Werra-Kaligebiet in großem Umfang fortgesetzt. Seit 1940 wurden mit der Versenkung phenolhaltiger Schwefelwässer erstmals auch Industrieabwässer in großen Mengen in den Plattendolomit des Thüringer Beckens versenkt. Mit 1,6 % der Gesamtmenge ist der Anteil bergbaufremder Flüssigkeiten relativ gering. Im hessischen Teil des Werra-Kalireviers sind zur Zeit zehn Schluckbrunnen mit Aufnahmekapazitäten zwischen 100 und 800 m^3/h in Betrieb. Insgesamt sind in dem hydrodynamisch zusammenhängenden Werra-Kalirevier (Hessen und Thüringen) mehr als 800 Mio. m^3 Salzabwässer versenkt worden. In den USA findet die Versenkung seit 1951 breite Anwendung; die US-Industrie versenkt mehr als 114.000 m^3/d fl. Abfälle. Das Verfahren wird aber auch in anderen Staaten wie z. B. der ehemaligen UdSSR praktiziert.

Aquifugen. Sind Gesteine, die weder Wasser durchlassen, noch Wasser speichern >Durchlässigkeit<. Beispiel: Gesteinsblöcke in Plutoniten und Metamorphiten.

Aquitarde. (Grundwasserhemmer) Sind Gesteine, die Wasser speichern und auch genügend Wasser durchlassen, um den regionalen Grundwasserhaushalt zu beeinflussen, nicht aber genug, um Brunnen zu speisen (Beispiel: Löß). Löß, ein äolisches >Lockersediment<, weist Porositäten (>Hohlraumanteil<) von 40 bis 55 %, nutzbare Porositäten von >15 bis 35 % und Durchlässigkeitsbeiwerte in der Größenordnung von 10^{-9} bis 10^{-5} m/s (Medianwert 10^{-7} m/s) auf.
Lit: Mattheß G, Ubell K (1983) Allgemeine Hydrogeologie, Grundwasserhaushalt, Gebr. Borntraeger, Berlin Stuttgart.

Arachnida (Spinnentiere). Klasse der Gliederfüßer ohne Antennen, die teilweise außerhalb des Körpers verdauen. Die Nahrung wird mit einer pharyngealen

Saugpumpe aufgesogen. Räuberisch leben die Gruppen der Pseudoskorpione, Raubmilben u.a. und die Webspinnen im Boden. Bei den Hornmilben u.a. sind viele Arten >Saprophage< und Microphytophage. Viele Hornmilben wirken auf die >Mikroorganismen< des Bodens durch direkten Fraß oder >grazing<. Die o.g. Gruppen siedeln in hoher Dichte und Artenzahl im >Moder< und >Rohhumus<. >Spinnen< erreichen Siedlungsdichten bis zu 1.000 Individuen pro m², >Milben< bis zu 200.000 Tiere (s. Abb. bei >Bodentiere<). In der org. Substanz nährstoffreicher Böden ist die >Artenzahl< noch höher. Die Siedlungsdichte ist jedoch durch das trockenere Mikroklima u.a. Faktoren dort geringer. >Schlüsseltiere< in allen Gruppen sind nur wenige Arten (s. Abb. bei >Bodeninsekten<).

Araneida. Webspinnen, >Arachnida<.

Arbeitsgemeinschaft für Umweltfragen (AGU). 1970 gegründet, um als Drehscheibe für einen ständigen Informationsaustausch zwischen allen Beteiligten auf dem Gebiet des Umweltschutzes zu dienen. In der AGU sind neben dem Bund und den Ländern alle gesellschaftlichen Gruppen vertreten; die AGU ist Träger des Umweltforums, in dem aktuelle Umweltprobleme öffentlich beraten werden.

Arbeitsmedizin. Fachgebiet der Medizin, das alle medizinischen Sonderbereiche umfaßt, die sich mit dem in den Arbeitsprozeß eingegliederten Menschen beschäftigen, v.a. mit den durch berufliche Arbeit entstehenden Gesundheitsschäden; berührt Bereiche der Psychologie, Physik, Chemie und der Technik sowie Fragen des Versicherungsrechts und der Soziologie; Teilgebiete der A. sind: *Arbeitshygiene:* Sie beschäftigt sich mit den Umgebungsbedingungen, wie z.B. >gefährlichen Stoffen< am Arbeitsplatz. *Arbeitsphysiologie:* Sie beschreibt die normalen körperlichen Reaktionen des Menschen auf die Arbeit. *Arbeitspsychologie:* Sie untersucht psychische Belastungen, Leistung und Motivation am Arbeitsplatz und entwickelt auch Eignungstests. *Ergonomie:* Sie versucht den Arbeitsplatz an menschliche Fähigkeiten und Bedürfnisse anzupassen. *Arbeitstoxikologie:* Sie untersucht durch den Arbeitsprozeß auftretende Vergiftungen. *Arbeitspathologie:* Die Lehre von den >Berufskrankheiten<. Ziel der A. ist es, durch Vorsorgemaßnahmen arbeitsbedingte Erkrankungen zu verhüten, eingetretene Gesundheitsschäden zu beseitigen, dem Geschädigten die Wiedereingliederung in den Arbeitsprozeß zu erleichtern und ihm eine gerechte Entschädigung zu ermöglichen.

Arbeitsschutz. Der Begriff A. umfaßt alle Maßnahmen gegen eine physische, seelische, geistige und sittliche Gefährdung des Menschen aus beruflicher Beschäftigung. Er ist als Teil des Arbeitsrechts anzusehen. Der A. gliedert sich in den technischen und gesundheitlichen A., welcher sich z.B. mit der Verhütung von Arbeitsunfällen und >Berufskrankheiten< befaßt, und den sozialen Arbeitsschutz, zu dessen Aufgaben z.B. der Arbeitszeit-, Kinder-, Jugendlichen-, Frauen- und Mutterschutz und der Lohnschutz gehören. In Deutschland gibt es zwei Hauptträger des A.: 1. die Staatl. Gewerbeaufsicht, 2. die >Berufsgenossenschaften<.

Arbeitsstätten-Verordnung. Die A.-VO vom 20.03. 1975, zuletzt geändert durch VO vom 01.08. 1983, regelt die allgemeinen Anforderungen für Unfallschutz und >Hygiene< in Arbeitsräumen und an Arbeitsplätzen, z.B. bauliche Einrichtungen, Beleuchtung und Belüftung, Umkleide-, Wasch- und sanitäre Räume. Der Arbeitgeber ist gesetzlich (§ 618 BGB) verpflichtet, Räume, Vorrichtungen und Gerätschaften des Betriebes so einzurichten und zu unterhalten, daß der Arbeitnehmer gegen alle Gefahren für Leib, Leben und Gesundheit so weit geschützt ist, wie das Wesen des Beschäftigungsverhältnisses es gestattet.

Arbeitsstoff-Verordnung. VO über gefährliche Arbeitsstoffe vom 29.07. 1980 in der Fassung vom 11.02. 1982 enthält Begriffsbestimmungen und Vorschriften über Auskunftspflicht, Inverkehrbringen von gefährlichen Arbeitsstoffen und den Umgang mit ihnen sowie allgemeine Vorschriften über die gesundheitliche Überwachung. Ein gefährlicher Arbeitsstoff ist als ein gefährlicher Stoff oder eine gefährliche Zubereitung definiert, aus dem (der) oder mit dessen (deren) Hilfe Gegenstände erzeugt oder Leistungen erbracht werden. Gleichgestellt sind Erzeugnisse, die gefährliche Stoffe oder Zubereitungen enthalten. Ein Stoff oder eine Zubereitung sind gefährlich, wenn sie u.a. giftig, mindergiftig oder gesundheitsschädlich, reizend, explosionsgefährlich, brandfördernd, leicht entzündlich, krebserregend, fruchtschädigend, erbgutverändernd oder auf sonstige Weise für den Menschen gefährlich sind.

Arborizid. >Herbizid< zur Bekämpfung von Gehölzen.

Archil. >Orseille<.

Areal. Siedlungsgebiet einer >Art<, evtl. auch einer Unterart oder Sippe, wird zuweilen auch für höhere Taxa (>Taxonomie<) angewendet. Das A. kann zusammenhängend sein, d.h. kontinuierlich, oder aus einzelnen unzusammenhängenden Flächen bestehen, also disjunkt sein. Die *Arealgröße* kann sehr gering sein, z.B. nur eine Insel umfassen – eine Art ist dort >endemisch< – oder sehr weite Bereiche der Erdoberfläche: >kosmopolitische< Verbreitung. Letzteres trifft auf die sog. >Kulturfolger< zu, Tiere, die z.B in die Wohnungen von Menschen eingedrungen sind, wie etwa das Silberfischchen. Die *Arealkunde* beschäftigt sich mit der Verbreitung von Pflanzen und Tieren und der Bedeutung der ökologischen, genetischen und historischen Ursachen.

Arealkurve. (Syn. Artenarealkurve). Eine A. entsteht, wenn man die Artenzahl im Verhältnis zur Arealgröße aufträgt. Sie steigt zunächst steil an und flacht dann rasch ab, um einen Sättigungswert zu erreichen. Dagegen steigt die Individuenzahl in Abhängigkeit von der Probenzahl linear an. Gleichungen für die A. zeigen, daß bei kleinen Flächen die Artenzahl exponentiell wächst, bei großen Flächen aber nur logarithmisch; >Artendiversität<.

Arenicola marina (Wattwurm). Der bekannte Anglerwurm besiedelt in hoher Biomassen- und Individuendichte den Wattboden. Der Wattboden wird durch Porung und Substrataufnahme permanent umgelagert. Wie bei der Bioturbation durch Regenwürmer in Landböden werden günstige physiko-chem. Verhältnisse im Watt eingestellt. >Wattenmeer<, >Bioturbation<.

Argonaut. *Argonne Nuclear Assembly for University Training;* Typ eines >Schulungsreaktors<.

Arides Klima. >Klima< von Gebieten, in denen die mögliche jährliche Verdunstungshöhe V größer ist als die jährliche Niederschlagshöhe N. Man unterscheidet: - vollarides Klima: Jahreshöhe des Niederschlags weniger als 100 mm, anzutreffen in den Kernwüsten, - semiarides Klima: in der Jahresbilanz gilt zwar V > N, in einigen Monaten (bis zu 5) kann dagegen gelten: N > V, anzutreffen in den Steppen und Wüstensteppen der Tropen und Subtropen. Aride Klimazonen treten v. a. in den subtropischen Hochdruckgürteln, in den Küstenregionen mit kaltem Auftriebswasser und leewärts von Gebirgen auf. Gegensatz: >humides Klima<.

Arktikfront. Frontensystem, das sich zeitweilig und regional begrenzt an der äquatorwärtigen Grenze der arktischen Polarluft in etwa 65 bis 75 °N über den polaren Meeresgebieten bildet.

Arktikluft. Arktische Luftmasse, die im polaren Hochdruckgebiet entsteht. Die A. strömt nach Süden und erreicht Mitteleuropa über Nordsibirien als *kontinentale* A., über das Europäische Nordmeer als *maritime* A.

Armleuchteralgen. Den Grünalgen nahestehende Ordnung (Charales) oder Klasse (Charophyceae) der Algen mit charakeristischem Habitus. Die Hauptachse („Stengel") besteht aus Internodien und Knoten mit wirtelig angeordneten Radien, dadurch armleuchterartige Gestalt. Die Algen sind mit fädigen Rhizoiden im Schlamm oder Sand befestigt, wachsen aufrecht, oft in dichten Rasen in stehenden und langsam fließenden Gewässern, immer unter Wasser. Vermehrung nur geschlechtlich, Eizellen in grünen Oogonien, Spermatozoiden in roten Antheridien, beide an den Pflanzen gut sichtbar. In Mitteleuropa vier Gattungen der einzigen Familie Characeae: Chara, Nitella, Nitellopsis, Tolypella. Chara-Arten kommen besonders in kalkreichen Gewässern vor und sind oft stark kalkinkrustiert (>biogene Entkalkung<); einige sind charakteristisch für oligotrophe Seen und gehen durch >Eutrophierung< stark zurück. Die Arten der Gattung Nitella kommen in kalkarmen Gewässern vor und sind nie inkrustiert.

Lit: Gams H (1969) Makroskopische Süßwasser- und Luftalgen, 1. Aufl., G. Fischer Verlag, Stuttgart.

Aromastoffe. 1. Lebensmittel: Flüchtige Verbindungen, die von den Geruchsrezeptoren wahrgenommen werden können und an der Ausbildung der typischen Geschmacks- und Geruchsnote eines Lebensmittels beteiligt sind. Die Menge an flüchtigen Stoffen in einem Lebensmittel ist relativ gering, besteht jedoch aus einer Vielzahl von Komponenten. Um den Aromaeindruck hervorzurufen, muß die jeweilige Komponente eine Schwellenkonzentration erreichen. Die anderen Komponenten dienen zur „Abrundung" des Eindrucks. Lebensmittel, die durch thermische Verfahren oder durch Fermentation hergestellt werden, enthalten besonders viele Komponenten, z.B. mehr als 500 in Kaffee, Tee, Kakao, Bier, Brot. Natürliche Aromastoffe entstehen bei der Reifung von Früchten oder durch mikrobiologische Prozesse, z.B. die Aromabildung von Käse. Handelsübliche A. werden in 3 Gruppen unterteilt: 1. Natürli-

Stoffgruppe	Verbindung	Aroma	Vorkommen	Struktur
Carbonylverbindung	Benzaldehyd	bittermandel	Mandeln Kirschen Pflaumen	CHO
Ester	Decadiensäure-ethylester	fruchtig	Birnen	C_5H_{11} …O–C_2H_5
Phenole	Gujacol	rauchig, süßlich	Kaffee Milch	OH, OCH_3
Pyrane	Maltol	karamel	Malzkaffee Bier	OH, CH_3
Furane	4-Hydroxy-2,5-dimethyl-3(2H)-Furanon	erdbeer	Erdbeeren	H_3C, OH, CH_3
Lactone	γ-Butyrolacton	butterartig, süß	Ananas getr. Pilze Popcorn	
Thioverbindungen	2,4-Dimethyl-5-vinylthiazol	nußartig	Nüsse	H_3C, N, CH_3, H_2C, S
Terpene	Carvon	würzig	Kümmel- und Dillöl	CH_3, H_3C, CH_2
Oxazole, Pyrrole	2-Acetyl-1-pyrrolin	geröstet	Brotkruste	CH_3, N, O
Pyrazine	Isobutyl-3-methoxypyrazin	scharf	Paprika	N, $CH(CH_3)_2$, OCH_3

Natürliche und naturidentische Aromastoffe

Stoff	Aroma	Höchstmenge (mg / kg)	Struktur
Ethylvanillin	süß	250	CHO, OC_2H_5, OH
α-Amylzimt-aldehyd	Jasmin Lilien	1	CHO, C_5H_{11}
Anisylaceton	fruchtig süß blumig	25	O, CH_3, H_3CO
6-Methyl-cumarin	krautartig	30	H_3C, O

Künstliche Aromastoffe

che A., wenn sie aus natürlichen Ausgangsstoffen durch physikalische oder fermentative Verfahren gewonnen werden, 2. naturidentische A. besitzen die gleiche Molekülstruktur wie natürliche, 3. künstliche A. besitzen nicht die gleiche Molekülstruktur wie naturidentische oder naturidentische A. (s. Tabellen S. 110). Wegen möglicher toxischer Gefahren ist die Anwendung einiger A., z. B. Cumarin, Sassafrasöl, Wacholderbeeröl und Wermutöl, verboten. Aromafehler können durch Verlust von A. bei der Bearbeitung und Lagerung, durch Veränderungen der Konzentrationsverhältnisse der einzelnen A. untereinander oder durch artfremde A. verursacht werden. Einzelne A. regen stoffwechselphysiologische Vorgänge an, z. B. die Speichelsekretion. V. a. wird das Verbraucherverhalten wesentlich vom Aromaeindruck beeinflußt. Der Zusatz von A. erfolgt in Limonaden, künstlichen Getränken, Cremespeisen, Pudding, Geleespeisen, Backwaren, Zuckerwaren, Kaugummi etc. Zur Analyse von Aromagemischen werden Gaschromatographie und Massenspektrometrie eingesetzt.

2. Tierernährung: Beim Verzehr eines Lebens- oder >Futtermittels< entsteht durch das Zusammenwirken von Geschmacks-, Geruchs- und Tastempfindungen ein Gesamtsinneseindruck, der am besten mit dem englischen Wort „Flavour" bezeichnet wird, da die deutsche Sprache keinen entsprechend umfassenden Begriff kennt, sondern den Begriff „Geschmack" vieldeutig sowohl für den Geschmack im engeren Sinn als auch für die Gesamtempfindung verwendet. Die am Zustandekommen des Flavours beteiligten Verbindungen lassen sich in Geschmacksstoffe und Geruchsstoffe oder A. unterteilen. Es gibt aber auch Verbindungen, die sowohl auf den Geschmacks- als auch auf den Geruchssinn wirken. A. sind flüchtige Verbindungen, die mit den Geruchsrezeptoren wahrgenommen werden können. Der Begriff A. wird ebenso wie der Begriff Geschmacksstoff wertfrei verwendet, denn dieselbe Verbindung kann in einem Lebensmittel an der Ausbildung der typischen Geruchs- und Geschmacksnote beteiligt sein und in einem anderen an einem Fehlgeruch oder Fehlgeschmack. Geschmacksstoffe sind bei Zimmertemperatur i. allg. nicht flüchtig. Sie werden deshalb nur mit den Geschmacksrezeptoren wahrgenommen. Als Geschmacksstoffe sind saure, süße, bittere und salzige Verbindungen von Bedeutung. In der >Tierernährung< werden schlecht schmeckenden >Futtermitteln< bzw. Futterrationen A. zur Verbesserung der Schmackhaftigkeit und des Geruchs zugesetzt, um die Futteraufnahme zu erhöhen.

Aromaverstärker. (flavour enhancers) Stoffe, die das Aroma eines Lebensmittels verstärken, ohne im wirksamen Konzentrationsbereich einen wahrnehmbaren Eigengeruch oder -geschmack zu besitzen, z. B. >5'-Nucleotide<, >Mononatriumglutamat<, >Maltol<.

Arsen (As). 1. allgemein: Chem. Element, das in zahlreichen mineralischen Rohstoffen vorkommt. A. und seine Verb. werden bzw. wurden u. a. als Legierungsbestandteil in der Metallindustrie, bei der Glasherstellung und als >Holzschutzmittel< eingesetzt. A. bzw. seine Verb. sind v. a. in den >Abgasen< von >Feuerungsanlagen< sowie von Metall- und Glashütten anzutreffen. Bei den Brennstoffen können insbesondere best. Kohlesorten vergleichsweise hohe Arsengehalte aufweisen. Als Spurenelement der Rohstoffe für die Eisen- und Stahlproduktion kann A. im Abgas von Kupolöfen auftreten. Der Zusatz von Arsentrioxid As_2O_3 (>Arse-

nik<) als Läuterungsmittel bei der Glasherstellung führt zu hohen Arsenemissionen im Abgas der Glasschmelzöfen. Auch bei geringen Arsenkonz. im Brennstoff bzw. im eingesetzten Material treten im Abgas vergleichsweise hohe Arsenkonz. auf, da Arsenverb. i. d. R. so hohe Dampfdrücke aufweisen, daß sie bei den hohen Temperaturen zahlreicher Prozesse nahezu quant. in die Gasphase übertreten können. Durch eine wirkungsvolle >Entstaubung< der Abgase über z. B. Gewebefilter lassen sich jedoch auch Arsenverb. abscheiden, da bei den deutlich geringeren Temperaturen im Bereich der Entstaubungseinrichtungen die Arsenverb. i. d. R. wieder in fester Form vorliegen. In Einzelfällen könnte es jedoch erforderlich sein, den Arsengehalt in der Gasphase zu beachten, da best. Arsenverb., wie z. B. Arsentrichlorid $AsCl_3$, so hohe Dampfdrücke aufweisen, daß sie im Bereich der Entstaubungseinrichtung noch gasförmig vorliegen. Bei Rückführung der abgeschiedenen Stäube in den Produktionsprozeß ist zu beachten, daß sich wegen der hohen Flüchtigkeit von Arsenverb. diese im abgeschiedenen Staub immer mehr anreichern. Dies kann bei der Zementklinkerproduktion von Bedeutung sein, falls die Einsatzstoffe A. in Spuren enthalten. Die Maßnahmen zur Vermeidung von >Emissionen< an >Thallium< sind jedoch auch bezüglich A. wirkungsvoll. Die >TA Luft<, die zur Beurteilung immissionsschutzrechtlich >genehmigungsbedürftiger Anlagen< heranzuziehen ist, führt A. und seine Verb. in der Klasse II der Ziffer 3.1.4 auf. In der Summe dürfen die in dieser Klasse aufgeführten Stoffe – insgesamt 5 Elemente und deren Verb., berechnet jeweils als Element – bei einem >Massenstrom< von 5 g/h und mehr 1 mg/m^3 nicht überschreiten. Wegen ihrer krebserzeugenden Eig. sind jedoch Arsentrioxid und Arsenpentoxid, arsenige Säure und ihre Salze, Arsensäure und ihre Salze, falls sie in atembarer Form vorliegen, in der Klasse II der Ziffer 2.3 aufgeführt. Für die Summe der in dieser Klasse aufgeführten Stoffe gelten ebenfalls die o. g. Werte. Dabei ist jedoch zu beachten, daß diese Stoffe, da cancerogen, unter Beachtung des Grundsatzes der Verhältnismäßigkeit so weit wie möglich zu begrenzen sind.

2. Lebensmittel: A. ist ein Schwermetall mit toxischer Wirkung, das sich in kontaminierten Pflanzen und Tieren anreichern kann. Durch Anwendung von arsenhaltigen Insektiziden wurde der Arsengehalt auf 0,1 bis 2533 mg A./kg Boden angehoben. 1974 erfolgte ein endgültiges Verbot. Mit steigendem Arsengehalt im Boden steigt auch die Konzentration in Pflanzen. Ein Arsengehalt des Bodens von 20 mg A./kg wird als tolerierbar angesehen. Bei langfristiger Aufnahme aus der Umwelt über Futter, Wasser und Luft befinden sich bei Schlachttieren die höchsten Konzentrationen in der Niere, bei kurzfristiger Aufnahme in der Leber. In der Muskulatur von Rindern können durchschnittlich Konzentrationen unter 0,005 mg/kg Frischgewicht festgestellt werden, in Leber und Nieren Konzentrationen unter 0,05 mg/kg. Arsen-reiches Fischeiweiß im Schweinemastfutter wurde durch Arsen-armes Sojaeiweiß ersetzt. Eine Sekundärkontamination von Fleisch kann bei der Verarbeitung erfolgen, z. B. durch Verwendung von Schüsseln, die mit metallhaltigen Dispersionsfarbstoffen gefärbt sind.

Lit: Rauscher H, Engst R, Freimuth U (1986) Untersuchung von Lebensmitteln. 2. Aufl., VEB Fachbuchverlag Leipzig, S. 279 – Maier-Bode H (1981) Rückstände von Herbiziden in Getreide. In: DFG-Forschungsbericht, Rückstände in Getreide und Getreideprodukten, Harald Boldt Verlag, Boppard, S. 137 ff.

Arsenate. (Arsenate (V)). Salze der Arsensäure (H_3AsO_4), die in bezug auf Kristallform und Löslichkeit den >Phosphaten< ähneln. Lösliche A. bilden mit Silberionen einen braunen Niederschlag von Ag_3AsO_4 und lassen sich so von Phosphaten unterscheiden. >Bleiarsenat<, Calcium- und Dinatriumhydrogenarsenat bildeten früher Bestandteile von Schädlingsbekämpfungsmitteln. Die Toxizität von A. ist etwas geringer als die von 3 wertigen Arsenverb., da erstere im Organismus erst in die 3 wertige Form überführt werden müssen. >Arsenite<.

Arsenik. (syn. Weißarsenik). Arsentrioxid (As_2O_3), MG 197,82; D = 3,7 bis 3,87. In der Natur kommt A. in mehreren Modifikationen vor (Claudetit, Arsenolith = Arsenblüte). Im Handel ist es als weißes Pulver oder als weiße, porzellanartige Stücke erhältlich. Die technische Gewinnung erfolgt durch Verhüttung arsenhaltiger Erze. Reines A. ist leicht löslich in Salzsäure und Alkalilaugen, ist aber in kaltem Wasser schlecht benetzbar und löst sich deshalb nur langsam in siedendem Wasser. Beim Erhitzen sublimiert es. Der Dampf ist geruch- und farblos und besteht zuerst aus As_4O_6-Molekülen, die bei höherer Temperatur zu As_2O_3-Molekülen zerfallen. A. ist das wichtigste Ausgangsprodukt für alle anderen Arsenverb. und für metallisches >Arsen<. Verwendet wird es für Katalysatoren, Spezialgläser und Vernickelungsbäder. Früher wurde es auch zur Konservierung von Vogelbälgern, als Schädlingsbekämpfungsmittel (Mäusepulver) und als Bestandteil von Chemotherapeutika benutzt. Inzwischen sind arsenhaltige Pflanzenschutzmittel in D verboten, und die meisten arsenhaltigen medizinischen Präparate wurden durch weniger toxische Verb. ersetzt. A. ist stark giftig; die toxische Dosis beträgt 0,01 bis 0,05 g. In gelöster Form wird es über den Darm schnell resorbiert; es kann aber auch über die Haut aufgenommen werden. Die Ausscheidung beginnt nach mehreren Stunden und dauert 3 bis 10 Tage, bei höheren Dosen auch mehrere Wochen, so daß bei wiederholter Exposition die Gefahr der Akkumulation besteht. A. wirkt sowohl allgemein enzymhemmend als auch kapillarlähmend durch Reaktion mit Thiolgruppen. Bei schneller Resorption großer Mengen gelösten A. kommt es zu Übelkeit, Kopfschmerzen und Tod durch Kreislaufversagen, während nach Aufnahme von festem A. und langsamerer Resorption kolikartige Schmerzen, Erbrechen und wäßriger Durchfall auftreten; der starke Elektrolytverlust führt zu Blutverdickungen, Nierenstörungen und Tod durch Herzlähmung. Symptome einer akuten Vergiftung durch Inhalation sind Reizerscheinungen des Atmungstraktes, Heiserkeit und der sog. Arsenschnupfen. Chronische Vergiftungen zeigen sich durch Haut- und Nervenschäden, Schmerzen, Muskelschwäche, Lähmungen und Knochenmarkschäden, die zu sekundärer Anämie führen können. Als Spätfolge sind versch. Formen von Krebs möglich. Bei regelmäßiger oraler Aufnahme kleiner Mengen (Arsenesser) wird ein mehrfaches der sonst tödlichen Dosis vertragen, während bei anderen Aufnahmewegen keine Gewöhnung möglich ist. Wegen seiner Wasserlöslichkeit, Geschmacklosigkeit und lange Zeit auch mangelnden Nachweisbarkeit wurde A. in früheren Jahrhunderten häufig als Mordgift benutzt, und zwar sowohl in fester Form (Altsitzerpulver, Erbschaftspulver, „poudre de succession") als auch in wäßriger Lsg. (Aqua tofana). Seit Einführung der Marsh-Probe 1836, mit der auch sehr geringe Mengen

Arsen (bis zu 0,1 μg) noch nachgewiesen werden können, spielt A. in der Gerichtsmedizin keine Rolle mehr. Dazu hat auch beigetragen, daß sich Arsen durch Reaktion mit den Thiolgruppen des Keratins bevorzugt in der Haut und den Haaren ablagert und so in Leichen noch nach Jahren nachweisbar ist. Das Prinzip des Marsh-Nachweises ist die Überführung des in der Probe enthaltenen Arsens in den instabilen Arsenwasserstoff (AsH_3), der sich beim Erhitzen in die Elemente zersetzt. Das metallische Arsen bildet an kalten Glasflächen einen schwarzen Niederschlag (Arsenspiegel), der sich durch seine Löslichkeit in Natriumhypochloritlsg. von Antimon unterscheiden läßt.

Arsenite (Arsenate (III)). Frühere Bezeichnung für die Salze der arsenigen Säure, die in einer Orthoform (H_3AsO_3) und einer Metaform ($HAsO_2$) auftritt. Die meisten Salze leiten sich von der Metaform ab, wie beispielsweise das Kupfer-A. $Cu(AsO_2)_2$. Die Alkali-A. sind in Wasser leicht löslich, die Erdalkali-A. sind schwer löslich und die Schwermetall-A. unlöslich. Die Calcium- und Kupfersalze wurden früher als Schädlingbekämpfungsmittel im Weinbau eingesetzt (Kupferarsenbrühe). Die Giftigkeit und die toxische Wirkung leicht resorbierbarer A. entsprechen der von >Arsenik<.

Art. (Syn. Spezies) Wichtigste und einzige reale Kategorie der Systematik von Pflanzen und Tieren. Eine A. umfaßt die Gesamtheit aller Populationen bzw. aller Individuen, die eine Fortpflanzungsgemeinschaft bilden (Biospezies). Mindestens einzelne >Populationen< sind >fertil< (fortpflanzungsfähig). Jede A. bewohnt ein bestimmtes >Areal< und ist durch verschiedenartige Isolationsmechanismen von anderen A. getrennt. Bei verschiedenen Pflanzen und Tieren kommen >Rassen< oder *Unterarten* vor, die oft räumlich voneinander getrennt sind, z. T. durch unbekannte Mechanismen. Bei verschiedenen Pflanzen kommt es zu umfangreichen Bastardierungen und Bildung von *Artenkomplexen*, z. B. Brombeeren. Die Individuen einer A. sind sich meist weitgehend ähnlich: *Morphospezies*. Aber auch innerhalb einer A. kann es aufgrund von Variationen zu unterschiedlichem Äußeren kommen. Ferner können bei Tieren geschlechtsgebundene Unterschiede auftreten, sog. *Sexualdimorphismus*, oder es kommt zur Kastenbildung wie bei staatenbildenden Insekten oder zum Polymorphismus in Tierstöcken. Alle bekannten Tiere und Pflanzen sind einer bestimmten >Gattung< zugeordnet und besitzen den Namen der Gattung und den eigenen *Artnamen*. Damit sind sie eindeutig gekennzeichnet. Das Problem der Definition und Abgrenzung der A. und der Entstehung neuer A. wird heute stark diskutiert, insbesondere unter den Aspekten der modernen >Genetik<.

Artendichte. Anzahl der >Arten< pro Flächeneinheit in einem >Biotop<. Der größte *Artenreichtum* wird in den Tropen erreicht, z. B. im Korallenriff und im >tropischen Regenwald<. Je extremer die Bedingungen sind, um so geringer ist die A., z. B. in den polaren Regionen. Dies zeigt sich aber auch besonders auf Kulturflächen, wo im Extrem nur eine Pflanzenart wächst und damit die *Artenhäufigkeit* die niedrigsten Werte erreicht; >Agrarökologie<. Geringe A. geht meist mit hoher Individuendichte einher und umgekehrt.

Artendiversität. Artenmannigfaltigkeit eines >Lebensraumes< im Verhältnis zu den Individuenzahlen, Arten-Individuen-Relation. Die Bedeutung eines Lebensraumes liegt nicht nur in der Zahl der Individuen, die in ihm leben, sondern auch in der Zahl der Arten, die dort vorkommen: >Artendichte<. Viele Arten bedeuten andererseits oft auch relativ wenige Individuen bei den einzelnen Arten. Man versucht hier durch Bildung sog. Diversitätsindizes (>Diversität<) Zahlen zu errechnen, um den Vergleich ähnlicher Flächen zu erleichtern. Diese >ökologischen Indizes< sind jedoch mit verschiedenen Problemen behaftet.

Artenfehlbetrag. Maßzahl für das qual. Besiedlungsdefizit in belasteten >Fließgewässern<, von P. KOTHÉ (1962) in die biol. >Gewässergütebeurteilung< als Ergänzung zum >Saprobiensystem< eingeführt. Ein Artenfehlbetrag (AF) von 0 % bedeutet volle Besiedlung, AF = 80 % heißt, daß 80 % der zu erwartenden Arten in einem Gewässerabschnitt nicht da sind (weil die Besiedlung geschädigt ist). Problematisch bei der Anwendung des AF ist die Auswahl der Referenzstrecke des Gewässers mit AF = 0.

Artenhäufigkeit. >Artendichte<.

Artenidentität. Maß für die Übereinstimmung von >Artenspektren<, die sich bei der Erfassung von Tieren oder Pflanzen eines bestimmten Gebietes ergeben. Dabei wird die Anzahl der Individuen nicht berücksichtigt. Zur Ermittlung der A. werden verschiedene >ökologische Indices< verwendet, z.B. die Jaccard-(sche) Zahl.

Artenliste. Zusammenstellung der >Arten< in einem bestimmten Bereich, dessen Größe beliebig ist. Sie dient dem Vergleich der >Artenidentität<, die Bewertung ist aber vielfach problematisch. Sie erfolgt oft mithilfe >ökologischer Indices<.

Artenreichtum. >Artendichte<, >Artendiversität<.

Artenschutz. Besonderer Schutz der wildlebenden Tier- und Pflanzenarten in ihrer natürlichen und historisch gewachsenen Vielfalt; s. § 20 Abs.1 des >Bundesnaturschutzgesetzes< (BNatSchG) i.d.F. der Bekanntmachung vom 12.03. 1987, BGBl.I S.889. Umfang des Schutzes in der Bundesrepublik s. §§ 20 bis 23, 26 bis 26c BNatSchG sowie die Verordnung zum Schutz wildlebender Tier- und Pflanzenarten vom 18.9. 1989, BGBl.I S.1678. Ferner das Gesetz zu dem Übereinkommen vom 3. März 1973 über den internationalen Handel mit gefährdeten Arten freilebender Tiere und Pflanzen (Gesetz zum Washingtoner Artenschutzübereinkommen) vom 22.5. 1975, BGBl.II S.773. Schließlich ist bedeutungsvoll die Verordnung 338/97/EG des Rates über den Schutz von Exemplaren wildlebender Tier- und Pflanzenarten durch Überwachung des Handels vom 9.12. 1996, ABl. EG vom 2.1. 1997 Nr.L 61, S.1.

Artenspektrum. Übersicht über die Arten eines Gebietes, z.B. eines >Biotops<. Meist kann nur ein begrenztes Spektrum erfaßt werden, z.B. alle Blütenpflanzen, s.a. >Artenliste<, >Artenidentität<.

Artensukzession. >Sukzession<.

Artenzahlen der Bodentiere. >Mull-Moder-Modell<, Tab.

Artesisches System. A.S. enthalten gespanntes >Grundwasser<, dessen Druckwasserspiegel über der Erdoberfläche liegt und frei ausfließende (artesische) Brunnen ermöglicht. Das typische a.S. ist das muldenförmige artesische Becken, in dem ein oder mehrere >Grundwasserleiter< von >Grundwassernichtleitern< überlagert werden. Die Grundwasserleiter treten an den umgebenden Randgebirgen zutage, wo ihre >Grundwasserneubildung< erfolgt. Der Druckwasserspiegel senkt sich vom Neubildungsgebiet leicht bekkenwärts und liegt im Innern des Beckens über der Erdoberfläche. Beispiele sind das Pariser Becken und das Große Artesische Becken in Australien.
Lit: Mattheß G, Ubell K (1983) Allgemeine Hydrogeologie, Gebr. Borntraeger, Berlin Stuttgart.

artgerecht. Jedes Tier, aber auch jede Pflanze ist an bestimmte Umweltbedingungen angepaßt und benötigt diese zu einem artgerechten Leben. Wird ein Lebewesen aus seinem heimischen >Biotop< entfernt und an anderer Stelle angesiedelt, muß ihm eine künstliche Umwelt geschaffen werden, die ein artgerechtes Leben ermöglicht. Dies gilt insbesondere für die Haltung höherer Tiere. Bei der Haltung in Käfigen, Ställen und auch in modernen Zooanlagen können diese Bedingungen bestenfalls näherungsweise erreicht werden. Für die artgerechte Haltung sind aber Mindestanforderungen wie genügend Raum, Versteckmöglichkeiten usw. unbedingt zu beachten.

Arthropoda. (Syn. Gliederfüßer). Mit weit über 1 Mio. >Arten< artenreichster Tierstamm, der in den *Insekten* seine höchste Entwicklung erfährt. Die beiden anderen großen Gruppen sind die *Spinnentiere* und die *Krebse*. Der Körper ist segmentiert und trägt gegliederte Extremitäten. Er ist von einer Cuticula bedeckt, die ein festes Exoskelett bildet. Ursprüngliche Formen sind aus zahlreichen gleichartigen Segmenten aufgebaut, die höher entwickelten Formen zeigen Verschmelzungen einzelner Segmentgruppen. Die stärksten Konzentrationen findet man im Kopfabschnitt. Hier bilden sich ein komplexes Gehirn und hochspezialisierte Sinnesorgane, z.B. die Komplexaugen. Die Mundgliedmaßen können sehr vielgestaltig sein, besonders bei den Insekten mit sehr unterschiedlichen Ernährungsweisen. Auch die *Exkretionsorgane* zeigen Besonderheiten. Die Mehrzahl der Insekten besitzt Flügel, die einen paarigen Hautauswuchs und keine Extremitäten darstellen. A. besiedeln alle Lebensräume und stellen in den meisten >Biotopen< eine arten- und individuenreiche Tiergruppe dar.

Arzneimittelgesetz. Das Arzneimittelgesetz (AMG) vom 24.08. 1976, das auch die Grundlage für die Zulassung von >Tierarzneimitteln< stellt, sieht im § 6 eine spezielle Ermächtigung zum Schutze der Gesundheit vor und regelt in den §§ 21 bis 37 die Zulassungsmodalitäten. Besondere Bedeutung besitzt der § 23, der aufgrund des Ersten Gesetzes zur Änderung des Arzneimittelgesetzes vom 01.03. 1983 die Zulassung von Arzneimitteln zur Anwendung bei Tieren, die zur Lebensmittelgewinnung dienen, von der Vorlage eines routinemäßig durchführbaren Rückstandsnachweisverfahrens abhängig macht. Er schreibt zudem die Angabe von >Wartezeiten< und die Vorlage von Unterlagen über die Ergebnisse der Rückstandsprüfung vor. In den §§ 56 bis 61 finden sich Sondervorschriften für Arzneimittel, die zur Anwendung bei Tieren bestimmt sind (u.a. Regelungen für Fütterungsarzneimittel, über die Anwendung bei Tieren, die der Gewinnung von Lebensmitteln dienen, und über die klinische Prüfung und Rückstandsprüfung).

Arzneimittelmißbrauch. >Medikamentenmißbrauch<.

Arzneimittelrecht. Spezieller Ausschnitt aus dem sog. Recht der gefährlichen Stoffe; A. ist die Summe der Rechtsvorschriften, die den Verkehr mit solchen Stoffen, die zum Heilen von menschlichen und tierischen Krankheiten geeignet sind, regeln; für den Menschen geeignete Arzneimittel regelt das Gesetz über den Verkehr mit Arzneimitteln (Arzneimittelgesetz) i.d.F. der Bekanntmachung vom 19.Oktober 1994, BGBl.I S.3018.

Arzneimittelzulassung. Das Zulassungsverfahren eines Tierarzneimittels, das zur Anwendung bei lebensmittelliefernden Tieren bestimmt ist, erfolgt stufenweise: Die Vorphase kann auf Wunsch des Antragstellers mit dem Bundesgesundheitsamt (BGA) vereinbart werden. Sie dient der Festlegung eines Rückstandsgrenzwertes, i.d.R. in der Form einer „Annehmbaren Tagesdosis" (>ADI-Wert<). Einmalig wird die Möglichkeit zur Mängelbehebung aufgrund eines Mängelberichtes gegeben. Danach wird der ADI-Wert festgelegt und mitgeteilt, oder es erfolgt eine Ablehnung. Eine Vorphase wird nur durchgeführt, wenn zumindest die Ergebnisse >subchronischer Toxizitätsprüfungen< vorliegen. Je unvollständiger die Unterlagen, desto größer ist das Risiko auf seiten des Antragstellers, daß in den weiteren Phasen der ADI-Wert revidiert werden muß. Der Antragsteller kann seinen Antrag auch von vornherein mit allen erforderlichen Unterlagen unterstützen. Es erfolgt dann eine vollständige Prüfung hinsichtlich Qualität, Wirksamkeit und Unbedenklichkeit in der 1.Phase. Sie führt erfahrungsgemäß praktisch nie bereits zu einer Zulassung. Die 2.Phase befaßt sich mit den zur Mängelbehebung nachgereichten Unterlagen. Nach Anhörung der Zulassungskommission kommt es zu einer Erteilung oder Versagung der Zulassung. Gegen eine Versagung kann der Antragsteller formell Widerspruch einlegen und seinen Widerspruch während des laufenden Verfahrens jederzeit durch weitere nachgereichte Unterlagen unterstützen. Weist das BGA den Widerspruch zurück, kann der Klageweg beschritten werden. Er endet je nach Ausgang des Verfahrens mit einer Zulassung oder definitiven Ablehnung. Die Zulassung gilt i.d.R. für 5 Jahre.

AS. >Aktivsubstanz<.

Asbest. 1. allgemein: Sammelbegriff für eine Vielzahl von Mineralfasern, die aus Silicium, Sauerstoff, Wasserstoff und aus Kationen, wie Magnesium, Eisen, Aluminium, Calcium, Natrium u.a., zusammengesetzt sind. Die wichtigsten Asbestfasern sind Aktinolith, Amosit, Anthophyllit, Chrysotil, Krokydolith und Tremolit. A. spaltet leicht Fasern ab, die in das Lungengewebe eindringen und in Abhängigkeit von der Konz. und der Einwirkungsdauer zu Asbestose, Lungenkrebs und immer tödlich verlaufenden Mesotheliomen des Rippen- und Bauchfells führen können. Die Latenzzeit bis zum Ausbruch der Krankheit beträgt zwischen zehn und vierzig Jahren. Während Asbestose und Lungenkrebs hohe und langandauernde Asbeststaubeinwirkungen voraussetzen, ist für Mesotheliome offensichtlich mehr die Länge der Einwirkungszeit als die Dosis von Bedeutung. Die Bildung von Krebszellen setzt dabei Asbestfasern einer best. Fasergeometrie voraus, die von menschlichen Zellen nicht mehr umhüllt und damit unschädlich gemacht werden können. Asbestfasern lösen sich im Körper nicht auf.
Von technologischer Bedeutung sind v.a. Weißasbest (Chrysotil) und in geringerem Umfang auch Blauasbest (Krokydolith) und Amosit. Die hervorragenden Eig. von A. insbesondere hinsichtlich der hohen thermischen und chem. Beständigkeit, geringen elektrischen und thermischen Leitfähigkeit, großen Elastizität und Zugfestigkeit sowie leichten Verarbeitbarkeit führte zu ca. 3.500 Anwendungsbereichen. Wichtigste Produkte sind bzw. waren Faserzementerzeugnisse für Hoch- und Tiefbau, Reibbeläge, Schutzbekleidungen, Dichtungen, Straßenbeläge, Bodenbeläge und Isoliermaterial. In freiwilligen Abkommen verpflichtete sich die Asbestzementindustrie 1982/1984, bis Ende 1990 auf A. in allen Hochbauprodukten zu verzichten. Dementspr. ging der Verbrauch an Rohasbest von ca. 190.000 t im Jahr 1976 auf ca. 40.000 t im Jahr 1989 zurück. Ein weiterer Rückgang ist aufgrund der seit dem 01.05. 1990 gültigen Umstufung von A. aus der Gruppe II in die Gruppe I der >Gefahrstoffverordnung< eingetreten, womit für A. ein Expositionsverbot gilt.
Nach den Vorgaben in Abschnitt 2 des Anhangs 1 der Chemikalien-Verbotsverordnung (Stand 09.10. 1996) dürfen nur noch bestimmte asbesthaltige Produkte, soweit asbestfreie Ersatzstoffe, Zubereitungen und Erzeugnisse nicht auf dem Markt angeboten werden oder deren Verwendung zu einer unzumutbaren Härte führt, hergestellt werden.
Mit dem Rückgang der Asbestverarbeitung war gleichzeitig ein deutlicher Rückgang der produktionsbedingten >Emissionen< verbunden. Asbestfasern gelangen daher heute hauptsächlich durch Verschleiß vorhandener asbesthaltiger Materialien in die Umwelt. Hohe Asbestfaserkonz. können dabei in Innenräumen auftreten, falls Produkte mit leicht gebundenen Fasern und ohne Schutzbeschichtung an der Oberfläche eingebaut wurden. Verbindliche >Grenzwerte< für zulässige Asbestfaserkonz. in der Atemluft liegen nicht vor. Die Arbeitsgruppe *Krebsrisiko* des >LAI< empfahl eine Grenzbelastung von unter 400 Fasern pro Kubikmeter Innenraumluft. Aus bauaufsichtlichen Gründen ist jedoch eine Sanierung zwingend vorgeschrieben, falls schwach gebundene Asbestprodukte mit einer Rohdichte von unter 1.000 kg/m^3, wie Spritzasbest, Asbestpappen, Dichtungsmaterial u.a., nachzuweisen sind. Bei den Sanierungsmaßnahmen können erhebliche Asbestemissionen auftreten. In zahlreichen Regelungswerken, wie u.a. in der Technischen Regel für Gefahrstoffe TRGS 519, der Unfallverhütungsvorschrift VBG 119 und der in Landesbauordnungen umgesetzten Asbest-Richtlinie für die Gebäudeuntersuchung, ist daher die genaue Vorgehensweise vorgegeben. Z.B. ist vor Beginn der Abbruch- und Sanierungsmaßnahmen ein Arbeitsplan auszuarbeiten und den einschlägigen Behörden vorzulegen. Im häuslichen Bereich ist insbesondere zu beachten, daß beim Abschleifen von Asbestpappenresten von PVC-Fußböden extrem hohe Asbestfaseremissionen auftreten.
2. Kraftfahrzeugtechnik: Die früher übliche Verwendung von A. in versch. Bauteilen wie z.B. Dichtungen, Kupplungs- und >Bremsbelägen< ist inzwischen durch neuere Materialentwicklungen überholt. Besonders bedenklich wegen des als Staub auftretenden A.-Abriebs war der Einsatz in Bremsbelägen.

Asbestfreie Bremsbeläge. Seit mehreren Jahren allg. Stand der Kraftfahrzeug-Technik. >Asbest<.

Asbestzement. Einst Material zur Herstellung von Rohren, Behältern oder Platten. Der Werkstoff war sehr widerstandsfähig gegen aggressive Abwässer und hatte ein geringeres Gewicht als Steinzeug oder Beton bei sonst vergleichbaren Eigenschaften. Zement diente als Bindemittel, während die >Asbestfaser< die Zugspannung aufnahm. Die Einlagerung der Asbestfasern, die gleichsam als eine über den ganzen Querschnitt verteilte Bewehrung aufgefaßt werden konnte, verlieh diesem Zementprodukt die Fähigkeit, Zugkräfte aufzunehmen. Dieser Fähigkeit verdankte das Material seine vielfachen Verwendungsmöglichkeiten als Baustoff. Besonders gut eignete sich dieses in sich zugfeste Material zur Herstellung von Rohren.

Asbestzement darf in der Bundesrepublik Deutschland aufgrund der kanzerogenen Eigenschaften der Asbestfaser nicht mehr verarbeitet und vertrieben werden; Ausnahme: Reparaturen.

Asche. Nicht verbrennbare Bestandteile von Brennstoffen und Müll, >Aschezusammensetzung<, >Flugasche<, >Schlacke<, >Asche- und Schlackeverwertung<.

Asche- und Schlackeverwertung. Die >TA-Siedlungsabfall< nennt als Rückstände der thermischen Abfallbehandlung Schlacke, Asche, Rostdurchfall, Stäube, Reaktionsprodukte und unverbrauchte Chemikalien aus der Abgasreinigung, die jedoch nicht immer getrennt erfaßt werden. Die Verwertung dieser Stoffe ist geregelt im Merkblatt der „Länderarbeitsgemeinschaft Abfall": „Verwertung von festen Verbrennungsrückständen aus Hausmüllverbrennungsanlagen".

Als >Schlacke< bezeichnet man dabei die grobkörnigen Aschepartikeln, die am Rostende abgeworfen werden, als >Filterstaub< den aus dem Abgas der MVA mittels >Elektrofilter< oder >Gewebefilter< abgeschiedenen Staub.

Insgesamt fielen 1991 rund 2,6 Mio. t Rohschlacke [Jahresbericht des Umweltbundesamtes 1992 in Kaimer, Schade 1999] an, von denen 170 000 t als Eisenschrott und 1,2 Mio. t als aufbereitete Schlacke verwertet wurden. Der Rest wurde deponiert. Von den rund 330 000 t Filterstäuben konnten rund 10 % als Versatzmaterial im Bergbau und etwa 1600 t NaCl in der Chlor-Alkali-Elektrolyse verwertet werden. Der Rest mußte als besonders überwachungsbedürftiger Sonderabfall im Sonderabfall- oder >Untertagedeponien< entsorgt werden. Aus der nassen Schadgasabscheidung waren zudem 33 000 t Reaktionsprodukte zu entsorgen [Kaimer, Schade 99].

Die folgende Tabelle gibt einen Überblick über die spezifischen Rückstandsmengen und Schadstoffgehalte von Schlacke und Asche.

Neue thermische Verfahren (z. B. >Schwelbrennverfahren<, >Thermoselectverfahren<, >Noell-Konversionsverfahren<) liefern an Stelle der Schlacke ein Granulat, da bei diesen Verfahren die Schlacke schmelzflüssig und in einem Wasserbad abgeschreckt wird, wodurch das Granulat entsteht. Auch die Flugstäube können mit eingeschmolzen werden. Der Vorteil des Granulats ist, daß praktisch keine Stoffe ausgewaschen (eluiert) werden können (entweder, weil sie nicht enthalten sind wie z. B. Unverbranntes, Dioxine etc., oder fest eingebunden sind wie die Schwermetalle) und keine Gefahr für das Grundwasser entstehen kann. Flüchtige Schwermetalle wie Quecksilber etc. müssen getrennt abgeschieden und entsorgt werden.

Ähnlich wie in den genannten Verfahren kann natürlich Schlacke und Filterstaub allein oder gemeinsam bei ca. 1300–1600 °C eingeschmolzen und zu Granulat

Asche- und Schlackeverwertung: Spezifische Rückstandsmengen bei der Hausmüllverbrennung

Rückstand	spez. Anfall in kg/t Abfall
Rohschlacke	250–450
Filterstaub	10–70
Rückstände aus Schadgasabscheidung	
a) Naßverfahren	5–12
b) Trockenverfahren ohne Staub	10–40
c) Trockenverfahren mit Staub	30–70

In einer Tonne Rohschlacke sind enthalten	
30– 50 kg	Überkorn (Durchmessser größer 45 mm)
120–150 kg	Schrott
800–850 kg	verwertbare Schlacke

Asche- und Schlackeverwertung: Chemische Zusammensetzung fester Rückstände aus der Hausmüllverbrennung [Thomé-Kozmiensky 94 in Kaimer, Schade 99]

Element	Schlacke (g/kg)	Filterstaub (g/kg)	Staub-Salz-Gemisch (g/kg)	Mittelwerte der Erdkruste (g/kg)[1]
Silicium	10–215	105–150	30–50	277,2
Aluminium	80–180	60–120	17–48	81,3
Eisen	40–230	28–40	4–12	50,0
Calcium	25–100	30–90	230–390	36,3
Natrium	10–60	20–80	4–20	28,3
Kalium	5–20	12–74	12–32	25,9
Magnesium	6–18	28–40	6–11	20,9
Phosphat (als P)	7–14	1–12	0,5–3	1.05
Sulfat (als S)	2–4	20–40	14–37	0,26
Kohlenstoff	15–40	14–36	9–27	0,20
Chlorid	3–6	40–78	100–200	0,13
Carbonat (als C)	7–15	1–5	3–17	k. A.
Chrom	1–10	0,5–1,7	0,03–0,2	0,10
Nickel	0,1–0,3	0,2–0,3	0,002–0,03	0.075
Zink	4–15	13–39	6–17	0,070
Kupfer	1–4	0,7–2	0,2–0,8	0,055
Blei	1–17	6–12	1–7	0,013
Cadmium	0,01–0,03	0,2–0,6	0,09–0,3	0,0002
Quecksilber	0,0001–0,007	0,002–0,025	0,002–0,03	0,00008

[1] Verteilung der Elemente in der Erdkruste nach [Krauskopf und Bird 1995]

verarbeitet werden. Der Aufwand an Energie ist dabei nicht unerheblich. Von [Köcher, Kley 92] (BAM-Bundesanstalt für Materialforschung und -prüfung Berlin und TU Berlin) wird ein metallurgischer Prozeß vorgeschlagen, bei dem aus der Schmelze Metalle und Mineralfasern gewonnen werden könnten.

Eine >Immobilisierung< der Schadstoffe läßt sich auch durch Zugabe von Zement (mit Chloriden bis zu 50 %, nach Auswaschung der Chloride 15–20 %) erreichen [Tobler].

Die Stoffströme in MVA werden von [Horch 88] ausführlich beschrieben.

Aschen und Schlacken von Kraftwerken mit Kohlefeuerungen und von Hochöfen werden bei der Zement- und Betonherstellung verwertet.

Lit: Horch K (1988) Hausmüllverbrennung, Studienbaustein Abfall und Recycling, Zusatzstudium Umweltschutz, RWTH Aachen. – Verwertung von festen Verbrennungsrückständen aus Hausmüllverbrennungsanlagen. Merkblatt der Länderarbeitsgemeinschaft Abfall – Köcher P, Kley G (1992) 7. ZAF-Seminar: Ist die thermische Behandlung von Abfallstoffen vermeidbar? 24./25. September 1992, TU Braunschweig, ISSN 0934-9243 – Tobler HP (1988) Behandlung und Verfestigung von Rückständen aus Müllverbrennungsanlagen, Technische Mitteilungen 81, Heft 6 – Kaimer, Schade (Hrsg.): Bewertung von thermischen Abfallbehandlungsanlagen, Erich Schmidt Verlag ISBN 3503050639, 1999 – Thomé-Kozmiensky KJ (Hrsg.) (1994) thermische Abfallbehandlung EF-Verlag für Energie- und Umwelttechnik Berlin – Krauskopf KB, Bird DK (1995) Introduction to Geochemistry 3 rd ed., McGraw-Hill, New York – VGB-TB 221: Rückstände aus der Müllverbrennung, VGB-Kraftwerkstechnik, Verlag techn.-wissenschaftlicher Schriften, Essen.

Ascheabscheidung. >Abgasreinigung<.

Aschezusammensetzung. s. >Asche- und Schlackeverwertung<.

Ascomyceten. (Grch. askos = Schlauch; mykes = Pilz). Schlauchpilze umfassen mit ca. 30.000 Arten ca. 30 % aller bisher beschriebenen >Pilze<. Der Name leitet sich von dem blasen- oder schlauchförmigen Meiosporangium ab, das im Zuge der sexuellen Fortpflanzung gebildet wird und die Ascosporen enthält. Zu den A. zählen u. a. die meisten Hefen sowie zahlreiche Phytopathogene wie die Echten >Mehltaupilze< oder der >Mutterkornpilz<.

Ascorbinsäure. (Vitamin C) Wasserlösliches Vitamin, das in frischen Früchten, z. B. Hagebutten, Apfelsinen, Zitronen, schwarzen Johannisbeeren, Paprikaschoten etc., in hohen Konzentrationen vorliegt, z. B. in Kartoffeln 3 bis 30 mg/100 g. Der menschliche Körper ist auf die Zufuhr von A. zur Beteiligung an stoffwechselphysiologischen Vorgängen angewiesen. Der Mangel führt zum Skorbut. Erwachsene benötigen ca. 75 mg/Tag. Durch Lagerung und Verarbeitung von Lebensmitteln kommt es zu Vitaminverlusten. Der Ascorbinsäurezusatz soll diese Verluste ausgleichen.

Die Endiolgruppierung bewirkt eine saure Reaktion und ermöglicht die Bildung von Salzen, den Ascorbaten. A. ist autoxidabel und wirkt deshalb als kräftiges Reduktionsmittel. Sie ist somit ein natürlich vorkommendes und häufig eingesetztes >Antioxidationsmittel<, z. B. in Fruchtsaftgetränken. Kaffeearoma und

Kaffee-Trockenextrakte werden durch A. stabilisiert. Durch den Zusatz von 2 bis 6 g A. pro hL zu Flaschenbier kann die nachteilige Wirkung des Luftsauerstoffs verhindert werden. Der Zusatz von Natriumascorbat zu Fleisch soll die Entstehung von Nitrosaminen reduzieren oder verhindern.

Aspartam.   (Asparagyl-phenylalaninmethylester) Synth. hergestellter Dipeptidester der >Asparaginsäure< mit einem stark süßen Geschmack, der 100- bis 200 mal stärker als der von Saccharose ist. Beim Süßen von Getränken, die zum sofortigen Genuß bestimmt sind, z. B. Kaffee oder Tee, ist die Stabilität ausreichend. Bei Zusätzen von A. zu Lebensmitteln, die erhitzt oder längere Zeit gelagert werden, kommt es zu Abbaureaktionen. Der ADI-Wert beträgt bis zu 40 mg/kg Körpergewicht.

Aspektwechsel. Das Erscheinungsbild eines >Lebensraumes< oder >Ökosystems< verändert sich im Jahresverlauf. Besonders deutlich ist dies in unseren Breiten durch die Bildung des Laubes im Frühjahr und den Laubfall im Herbst, bzw. die kahlen Bäume und Sträucher im Winter. Diese periodischen Veränderungen werden als A. oder *Aspektfolge* bezeichnet. Ein besonders auffälliger Abschnitt ist in unserer Landschaft der *Aspekt* der Löwenzahnblüte.

Aspergillus flavus. Aus der Gruppe der Pilzgifte (>Mykotoxine<) ist der wichtigste Vertreter das >Aflatoxin<, das vom Pilz *Aspergillus flavus* gebildet wird. Dieses Mykotoxin entsteht meist bei der nicht sachgerechten Lagerung von pflanzlichen Futter- und Lebensmitteln, z. B. in Erdnußschrot, das als Milchviehfutter verwendet wird.

Asse. >Forschungsbergwerk Asse<.

Asse II. Zur versuchsweisen >Endlagerung< von schwach- und mittelaktiven Abfällen hergerichtetes ehemaliges Salzbergwerk 10 km südöstlich von Wolfenbüttel. Versuche zur Einlagerung hochaktiver Abfälle wurden durchgeführt. Bis Ende 1978 wurden mehr als 120.000 Fässer, das entspr. rund 24.000 m³, mit schwachaktiven Abfällen eingelagert. In einer speziellen Lagerkammer für mittelaktive Abfälle wurden bis Ende 1978 insgesamt 1.289 Zweihundert-Liter-Fässer eingelagert. Die Genehmigung zur Einlagerung radioaktiver Abfälle ist 1978 abgelaufen.

Asseln. Isopoda, >Crustacea<.

Assimilate. Aus der >Photosynthese< hervorgehende org. Verb. wie z. B. Triosephosphate, Saccharose oder >Stärke<. Sie werden zur Bildung weiterer Substanzen für das Wachstum und die Fortpflanzung sowie zum Aufbau von anderen Speicherstoffen verwendet.

Assimilation. (Lat. assimilare = angleichen) Bezeichnet in der ursprünglichen Bedeutung die Überführung körperfremder Ausgangsstoffe in körpereigene Substanzen. Heute wird der Begriff meist auf die Fähigkeit >autotropher Organismen< eingeschränkt, aus anorg. Grundsubstanzen wie CO_2, H_2O, NH_4^+ und SO_4^{2-} unter Energieverbrauch org. Verb. aufzubauen. Wird der >Energiebedarf< aus der Umwandlung von Lichtenergie gedeckt, handelt es sich um >Photosynthese<, stammt er aus der Ox. von anorg. Substraten, spricht man von Chemosynth.

Assimilationsrate. Bezeichnet in der ursprünglichen Bedeutung die Geschwindigkeit der Substanzzunahme durch >Assimilation<. Der Begriff wir heute meist synonym zur >Photosyntheserate< verwendet.

Assimilattransport. Gliedert sich in den Langstreckentransport von >Assimilaten< in den Assimilatleitbahnen des >Phloems<, d. h. in den Siebzellen oder >Siebröhren<, und in den Kurzstreckentransport von den >Mesophyllzellen< zu den Siebröhren bei der Beladung des Phloems sowie in umgekehrter Richtung bei der Entladung des Phloems.

Association des Constructeurs Europeens d'Automobiles (ACEA). Zusammenschluß von Fahrzeugherstellern Europas zur Klärung wichtiger Fragen der Technik und Entwicklung.

Astaxanthin. (L-Orange 7i) Ein rotorangefarbenes Öl, das als Lebensmittelfarbstoff Getränken, Zuckerwaren und Tomatenprodukten zugesetzt wird. Das Lipidmolekül bildet in Krebsen in Kombination mit Proteinen drei blaue (α?-, β- und γ?-Crustacyanin) und einen gelben Farbstoff. Durch Erhitzen der Krebse wird rotes A. aus den grün erscheinenden >Carotinoid<-Proteinen freigesetzt.

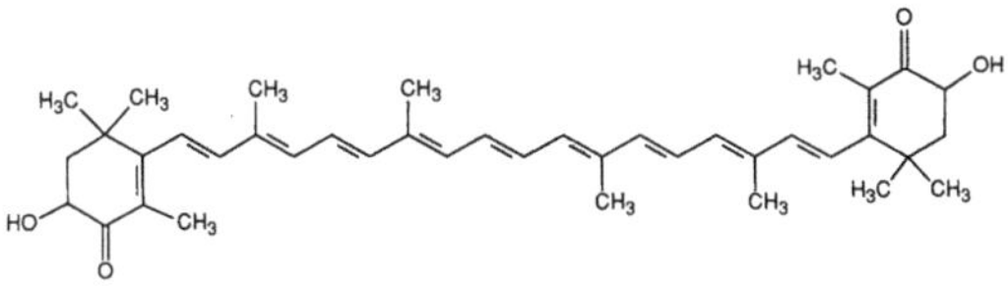

Asthma. Anfallsweise auftretende reversible Verengung der Atemwege. Sie beruht auf einer Verkrampfung der Bronchialmuskulatur und Anschwellung der Bronchialschleimhaut mit vermehrter Produktion eines zähen Schleimes. Symptome sind Atemnot, Rasseln, Keuchen und Pfeifen. Asthmatiker haben ein hyperreaktives Bronchialsystem. Verschiedene Ursachen können Anfälle auslösen. Spezifische Auslöser sind z. B. >Pollen< von Gräsern vorrangig im Juni, Juli, Baumpollen zwischen Februar und Mai, freigesetzte >Sporen< von Pilzen im Juli, August. Saisonales A. tritt oft in Verbindung mit Heuschnupfen und Bindehautentzündung auf. Weitere wichtige >Allergene< sind der Kot von Hausstaubmilben, Tierhaare sowie Stäube, Mehle oder Gase. *Nahrungsmittelallergene* verursachen bevorzugt >Ekzeme<, seltener A. Auch können bestimmte *Arzneimittel* A. auslösen. Unspezifische Ursachen sind: Erkältungen, Luft, Nebel, Tabakrauch, *Luftverunreinigungen. Anstrengungsasthma* (Exercise-induced A.) kommt besonders häufig bei Kindern vor. *Infektasthma* entsteht durch virale oder bakterielle Infektion. *Psychische Faktoren* wie Streß und seelische Einflüsse können die Reaktion auf spezifische sowie unspezifische Reize beeinflussen, wenngleich sie nicht selbst als Auslöser gelten. Emotionen wie Weinen und Lachen führen hierbei zur Reizung des hyperreaktiven Bronchialsystems. *Genetische Faktoren:* Allergisch bedingtes A. tritt familiär gehäuft auf. Die Unterscheidung in exogen-allergisches und nichtallergisches A. wird heute nicht mehr getroffen, da viele Asthmatiker mit >Allergie< nicht nur durch Kontakt mit Allergenen, sondern ebenso auf verschiedene unspezifische Reize mit Asthmaanfällen reagieren. *Verlauf:* A. bei Kindern tritt oft erstmals zwischen dem 1. und 6. Lebensjahr nach Infekt, Grippe oder Masern auf und bessert sich oft in der Pubertät, kann aber auch in chronische Obstruktion übergehen. Bei Erwachsenen tritt A. meist nach dem 40. Lebensjahr als chronisch obstruktive Bronchitis auf und wird u. a. durch Rauchen begünstigt. Langjährige Erkrankung führt zur Belastung des Lungenkreislaufs und des rechten Herzens (Cor pulmonale).

ASTM. >American Society for Testing and Materials<.

ASU. >Abgassonderuntersuchung<.

asymbiotisch. (Grch. a = nicht; sym = zusammen; bios = Leben). Bezieht sich auf die Eigenschaft eines Organismus, ohne >Symbiose<partner zu leben.

Asymbiotische Stickstoffbindung. >Stickstoff<.

AtDeckV. >Atomrechtliche Deckungsvorsorge-Verordnung<.

Atemwegserkrankungen durch Umwelteinflüsse. Zu den Atemwegen werden Nasen- bzw. Mundhöhle, Rachen, Kehlkopf, Luftröhre und Bronchien gezählt; diese Organe dienen der Zuleitung der Luft in die Alveolen (Lungenbläschen). In den oberen Atemwegen wird die Luft angewärmt, filtriert und angefeuchtet. In der Luft enthaltene Stoffe (gasförmig, an Staub gebunden, als >Aerosol<) werden je nach ihren spezifischen Eigenschaften (u. a. Löslichkeit) bereits in den oberen Atemwegen zurückgehalten und möglicherweise absorbiert, oder sie gelangen bis in die unteren Atemwege. In beiden Bereichen können sie schädliche Wirkungen entfalten (z. B. Reizerscheinungen durch >Schwefeldioxid< oder >Ozon<). >Epidemiologische Untersuchungen< von Kindern in Gebieten mit starker und schwacher >Luftverschmutzung< ergaben Hinweise auf Einflüsse der Luftverunreinigung auf die Häufigkeit von akuten und chronischen Atemwegserkrankungen bzw. Beeinträchtigung von Lungenfunktionsparametern; es ist umstritten, ob die Veränderungen der Lungenfunktion Krankheitswert besitzen und als frühe >Indikatoren< für spätere chronische Atemwegserkrankungen (z. B. chronische Bronchitis) angesehen werden müssen. Wichtige Einflußfaktoren, insbesondere bei Säuglingen und Kleinkindern, sind Rauchen der Eltern und andere Belastungen der >Innenraumluft<.
Lit: Der Rat von Sachverständigen für Umweltfragen (1987) Umweltgutachten, Kohlhammer, Stuttgart Mainz.

Atenolol. >Beta-Blocker.<

AtG. >Atomgesetz<.

AtKostV. >Kostenverordnung<.

atmogen. Bezeichnung für Stoffe, die auf dem Weg über die Atmosphäre (z. B. mit Regen oder Schnee) auf den Boden gelangen.

Atmosphäre. Gasförmige Hülle eines Himmelskörpers, speziell Lufthülle der Erde. Die A. ist für das Leben auf unserem Planeten von existentieller Bedeutung. In ihr spielen sich die physikalischen Prozesse ab, die summarisch unter dem Begriff „Wetter" zusammengefaßt werden. Zusammensetzung der A.: Die Lufthülle der Erde setzt sich aus einem Gemisch von permanenten und nichtpermanenten Gasen bzw. Spurenstoffen zusammen, (s. Tabelle S.118). Stickstoff und Sauerstoff stellen mit 99,03 Vol% den Hauptbestandteil der Luft dar und sind für den Ablauf der Lebensprozesse auf der Erde die wichtigsten Gase. Der Wasserdampf nimmt unter den nicht permanenten Gasen eine Sonderstellung ein, da seine Konzentration

Atmosphäre: Zusammensetzung der Luft in der unteren Atmosphäre in Volumenprozent oder millionstel Volumenanteil je nach Konzentration. Aus: Graßl H (1989) Anthropogene Beeinflussung des Klimas, Phys Blätter 45: 199–206

		Konzentration		Treibhausgas*	Ursprung	
		Vol-%	ppm$_v$		biologisch	anthropogen
Stickstoff	N_2	78,08			x	
Sauerstoff	O_2	20,95			x	
Argon	A	0,93				
Kohlendioxid	CO_2	0,035	350	x	x teilweise	x
Neon	Ne		18,2			
Helium	He		5,2			
Methan	CH_4		1,7	x	x	x
Krypton	Kr		1,1			
Wasserstoff	H_2		0,5			
Lachgas	N_2O		0,3	x	x	x
Xenon	Xe		0,09			
F11	CF_2Cl_2		0,00048			
F12	$CFCl_3$		0,00028			
Kohlenmonoxid	CO	stark variabel	<1	(x)	x	x
Ozon	O_3	stark variabel	0,01 bis 10	x		
Stickstoffdioxid	NO_2	stark variabel	<0,002 in Reinluft	(x)	x teilweise	x
Schwefeldioxid	SO_2	stark variabel	<0,001 in Reinluft	(x)	x	x
Wasserdampf (Substanz mit Sonderstellung)	H_2O			xx	x teilweise	x nur hohe Atmosphäre

* (x) = relativ geringe, x = starke, xx = sehr starke Wirkung

örtlich und zeitlich sehr stark schwankt und seine drei Aggregatzustände einen wesentlichen Einfluß auf das Wettergeschehen haben. Ferner sind von großer Bedeutung das Kohlendioxid und das Ozon, die einen wesentlichen Einfluß auf den Strahlungshaushalt der Atmosphäre ausüben (>anthropogene Klimabeeinflussung<) sowie durch menschliche Aktivitäten freigesetzte Spurenstoffe wie CO_2, CO, FCKW, N_2O, NO_x, Ammoniak, Methan sowie >Staub< und Ruß. Dies ist besonders im Bereich der Großstädte und Industriegebiete bedeutsam. Durch die langlebigen Beimengungen insbesondere von CO_2 und FCKW, s. dazu Tabelle bei >Klimabeeinflussung, anthropogene<, verändert sich die natürliche Zusammensetzung der A. mit zur Zeit noch nicht absehbaren Folgen für das >Klima< und die >Biosphäre<. Die Einteilung des vertikalen Aufbaus der A. (s. Abb. S.119) kann unter verschiedenen Gesichtspunkten erfolgen:

– Die Zusammensetzung der A. kann infolge ständiger Durchmischung bis in Höhen von 100 km als nahezu konstant angesehen werden, nur die Vertikalverteilungen des Wasserdampfes werden lokal durch das Wettergeschehen und diejenige des Kohlendioxids u. a. durch menschliche Aktivitäten beeinflußt. Oberhalb der >Homopause< erfolgt eine Entmischung der einzelnen Komponenten der A.

– Die Vertikalverteilung der Temperatur liefert folgende Stockwerksgliederung der A.: >Troposphäre< bis 11 km, hier findet im wesentlichen das Wettergeschehen statt, >Stratosphäre< bis 50 km mit Ozonschicht (20 bis 50 km), Mesosphäre bis 80 km, Thermosphäre bis 500 km und Exosphäre über 500 km. Die einzelnen Schichten sind durch Inversionen oder Grenzschichten voneinander abgetrennt, in denen die Temperatur eine wesentliche Änderung erfährt: >Tropopause<, >Stratopause< und >Mesopause<.

Lit: Ber T (1990) Applied Environmetrics Meteorological Tables – Applied Environmetrics, Balwyn, Victoria 3103, Australia (Software-Version auf 5,25"-Diskette einschließlich Handbuch zur Berechnung aller relevanten meteorologischen Größen so-

wie der aus ihnen abgeleiteten Variablen) – Möller F (1973) Einführung in die Meteorologie, Bd.1, Mannheim – Möller F (1973) Einführung in die Meteorologie, Bd.2, Mannheim.

Atmosphärische Gegenstrahlung. (Syn. Wärmestrahlung der Atmosphäre). Abwärts gerichtete langwellige Strahlung der Atmosphäre im Spektralbereich von 0,3 bis 100 μm. >Ausstrahlung<.

Lit: VDI 3786 (1986) Blatt 5: Globalstrahlung, direkte Sonnenstrahlung und Strahlungsbilanz.

Atmosphärische Grenzschicht. (Syn. Reibungsschicht, turbulente Grenzschicht, planetarische Grenzschicht). Unterste Schicht der Atmosphäre, die sich unmittelbar an die >laminare Grenzschicht< der Atmosphäre anschließt. In ihr dominieren die turbulenten Flüsse von Impuls, fühlbarer und latenter Wärme gegenüber den molekularen. Druckgradientkraft, >Coriolis-Kraft< und turbulente Reibungskraft steuern allein den horizontalen Massenfluß (Wind). Die unterschiedliche Rauhigkeit des Untergrundes induziert diese ungeordneten turbulenten Flüsse, die wiederum von der vertikalen Temperaturschichtung und >Windscherung< gesteuert werden. Die Vertikalerstreckung der a. G. hängt von der thermischen Schichtung der Atmosphäre und der Rauhigkeit der Erdoberfläche ab. Die Schichtdicke ist bei labiler Schichtung (>Labilität der Atmosphäre<) größer als bei stabiler >Stabilität der Atmosphäre<, sie beträgt im Mittel etwa 1.500 m. Man unterteilt die a. G. in die >Prandtl-Schicht< und in die darüber lagernde >Ekman-Schicht< (s. Abb. S.119). >Bodennahe Grenzschicht<, >laminare Grenzschicht<.

Lit: Geiger R (1961) Das Klima der bodennahen Luftschicht, 4. Aufl., Braunschweig – McBean GA et al (1979) The Planetary Boundary Layer, WMO Nr.530, Technical Note 165, Genf – Wippermann F (1973) The Planetary Boundary – Layer of the Atmosphere, Ann der Meteorologie 7.

Atmosphärische Turbulenz. Tritt in der Atmosphäre stets und in ganz verschiedenen Größenordnungen auf. Durch sie werden turbulente Flüsse erzeugt, die versuchen, Gegensätze bezüglich Eigenschaften (Tem-

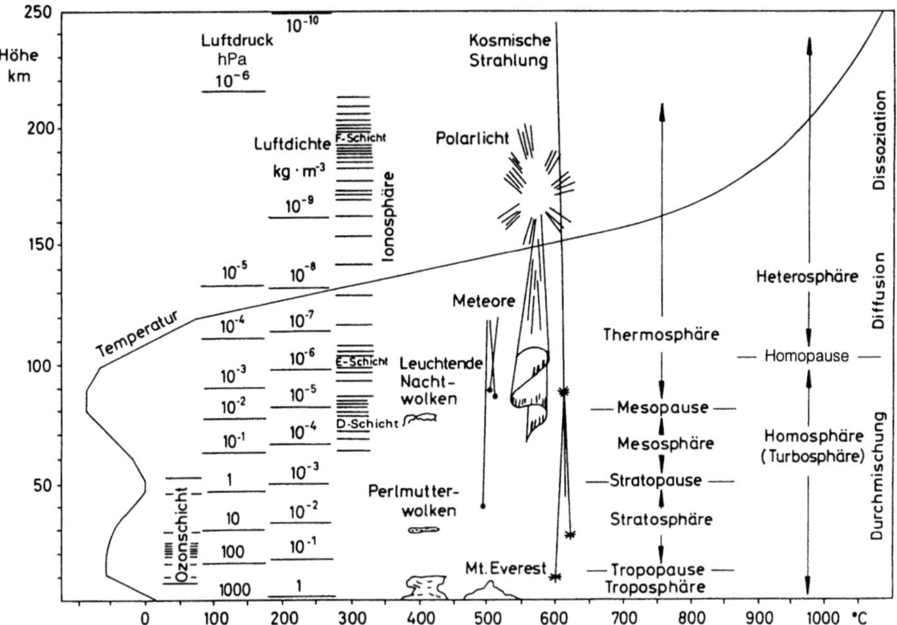

Atmosphäre: Querschnitt durch die Atmosphäre; dargestellt sind Temperatur, Luftdruck, Luftdichte in verschiedenen Höhen und Lagen der verschiedensten Schichten der Atmosphäre. Das vornehmlichste Studienobjekt der Meteorologie ist die Troposphäre. In ihr spielen sich die meisten wetterbildenden Prozesse ab. In der Ozonschicht wird das Ozon durch photochemische Prozesse bei der Absorption der ultravioletten Sonnenstrahlung gebildet. In der Ionosphäre gibt es elektrisch leitende Schichten, welche die Radioverbindungen weit voneinander liegender Stationen ermöglichen. (Aus: Liljequist GH, Cehak K (1984): Allgemeine Meteorologie, 3. Aufl., Vieweg, Braunschweig Wiesbaden)

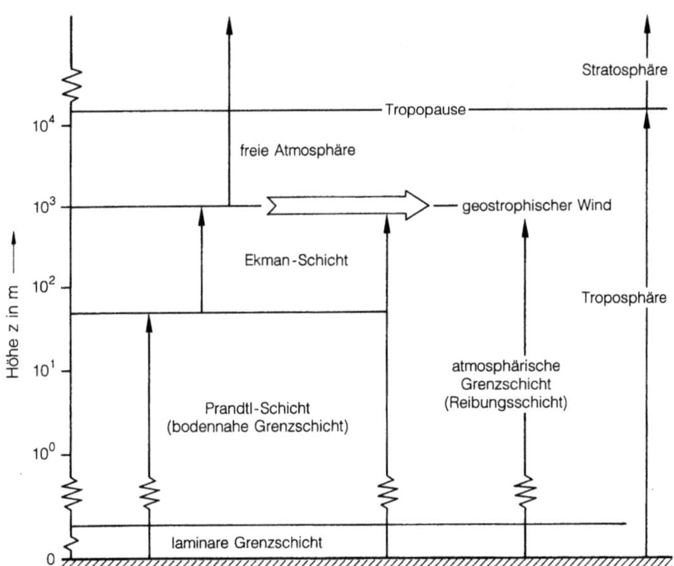

Atmosphärische Grenzschicht: Schematische Darstellung des Aufbaus der atmosphärischen Grenzschicht. (Aus: Christoffer J, Ulbricht-Eissing M (1989) Die bodennahen Windverhältnisse in der Bundesrepublik Deutschland, 2. Aufl., Ber Deut Wetterdienst 147)

peratur, Wind usw.) oder Beimengungen (Feuchte, stoffliche Konzentrationen usw.) auszugleichen. Dabei findet ein Energieübergang von der größeren zur kleineren Konzentration statt.

Atmosphärisches Fenster. Spektralbereiche, in denen die Atmosphäre die kurzwellige solare bzw. die langwellige terrestrische Strahlung fast ungehindert zur Erdoberfläche bzw. in den Weltenraum passieren läßt. Dies sind v.a. jene Spektralbereiche, in denen weder Kohlendioxid noch Wasserdampf absorbieren oder emittieren. Für die einfallende solare Strahlung liegen sie bei 1,2 µm, 1,6 µm, 2,2 µm und 3,8 µm. In der zum Stichwort >Sonnenstrahlung< gehörigen Abb. sind das jene Bereiche, die zwischen den durch die Pfeile gekennzeichneten Absorptionsbanden von H_2O, CO_2 bzw. O_3 liegen. Für die ausgehende langwellige >Wärmestrahlung der Atmosphäre< sind v.a. die Wasserdampffenster zwischen 3,5 µm und 5 µm sowie zwischen 8 µm und 13,5 µm von Bedeutung.

Atmung. (Syn. Respiration) Allgemein: In ihrer allgemeinsten Definition ein ATP-produzierender Prozeß, bei dem eine anorg. Substanz (wie z.B. O_2) als terminaler Elektronenrezeptor dient. Der Elektronendonator kann eine org. oder anorg. Substanz sein. Sie umfaßt mehrere Teilprozesse: (1) Sauerstoffaufnahme aus der Luft oder dem Wasser über Grenzflächen und Abgabe des Kohlendioxids (äußere Atmung), d.h. mit der Atmung ist ein Gasaustausch verbunden, durch den bei Pflanzen und Tieren der Luftsauerstoff zu den Mitochondrien gelangt und gleichzeitig das durch versch. Stoffwechselvorgänge entstandene Kohlendioxid nach außen abgegeben wird; (2) Transport des Sauerstoffs im Organismus zu Geweben und Zellen; (3) Aufnahme des Sauerstoffs in die Zellen (innere Atmung, Zellatmung); (4) Ox. Abbau von org. Stoffen (geeigneten Substraten) und Speicherung der freigesetzten Energie in Adenosintriphosphat (>ATP<). Dabei ist Sauerstoff der terminale Akzeptor für den aus org. Verb. abgespaltenen Wasserstoff. Bei Mikroorganismen folgt auf Prozess 1 unmittelbar 4. Bei einigen >Bakterien< ist anaerobe Atmung mit Nitrat, Sulfat, Schwefel, Carbonat u.a. Verb. als terminalen Elektronen-Acceptoren möglich (>Nitratatmung<, >Sulfatatmung< etc.). Bei Tieren sind oft Atmungsorgane ausgebildet, die entweder die Sauerstoffaufnahme verbessern, wie Kiemen oder Lungen, bzw. den Transport des Sauerstoffs im Körper begünstigen. Dies geschieht mit einem luftgefüllten Tracheensystem oder einem Flüssigkeitstransportsystem mit (z.B. Blut) oder ohne respiratorische Farbstoffe, die Sauerstoff intensiv aber reversibel binden. Bei Wassertieren findet man oft besondere Verhältnisse: >Physikalische Kieme<, >Plastron<.

Lit: Stryer L (1995) Biochemistry, 4.Aufl., W H Freeman and Company, New York.

Atmungsaktivität. Zur biochem. Charakterisierung von belebten Schlämmen werden meist Parameter der momentanen Stoffwechselaktivität bestimmt. Hierzu gehören z.B. der Sauerstoffverbrauch oder die Aktivität von Enzymen, die am Abbau von hochmolekularen Polymer- oder niedermolekularen Oligomerverbindungen beteiligt sind, wie etwa Lipasen am Fettabbau oder Glucosidasen am Zuckerabbau. Die Messung der Atmungsaktivität sowie bestimmter Enzymaktivitäten in Abhängigkeit von verschiedenen Umweltfaktoren, pH usw. ist methodisch relativ leicht durchzuführen und

erlaubt vielseitige Aussagen. Einige Parameter wie NAD, Dehydrogenaseaktivität oder ATP weisen allerdings methodische Schwierigkeiten bei der Bestimmung auf und sind zudem in der Zelle in Abhängigkeit von den zur Zeit der Messung vorliegenden Nährstoffverhältnissen starken und raschen Konzentrationsänderungen unterworfen.

Lit: Abwassertechnische Vereinigung e.V. (Hrsg.) (1985–1997) ATV-Handbuch, 4.Aufl., Band 1–7, Verlag Wilhelm Ernst und Sohn, Berlin München.

Atmungskette. Energieliefernde Reaktion des Stoffwechsels aller >aerob< lebenden Zellen. Eingebettet in die innere Mitochondrienmembran der >Eukaryonten< bzw. der Cytoplasmamembran der >Prokaryonten< wird die stark exergonische Reaktion $H_2 + 1/2$ $O_2 \rightarrow H_2O$ in viele kleine Schritte aufgeteilt, so daß der größte Teil der freiwerdenden Energie in eine speicherbare Energieform umgewandelt werden kann. Der chem. gebundene >Wasserstoff<, d.h. die sog. Reduktionsäquivalente, entstammen z.B. der >Glykolyse<, dem >Citronensäurecyclus< oder dem Fettsäureabbau. Sie werden in Form von NAD$(H + H^+)$, das ist die reduzierte Form von Nicotinamid-Adenin-Dinucleotid, oder von Flavinnucleotiden auf die A. übertragen. Der innerhalb der A. freiwerdende Energiebetrag von insgesamt 219 kJ pro Mol gebildeten Wassers ist für eine biochem. Reaktion ungewöhnlich hoch, weswegen z.B. NAD$(H + H^+)$ nicht direkt mit dem Sauerstoff, sondern über eine Reihe von Redoxkatalysatoren reagiert. Vergleichbar ist der Vorgang mit einer Kaskade, wobei gleichfalls die Gesamtenergie des Gefälles in Teilen freigesetzt wird. Im Fall von NAD$(H + H^+)$ als Elektronendonator wird der freiwerdende Energiebetrag der A. in drei „handliche" Energiepakete zerlegt, wobei der Elektronenfluß von drei Enzymkomplexen gesteuert wird: NAD$(H + H^+)$-Dehydrogenase, Cytochromreduktase, und Cytochromoxidase; s.a. Abb. Diese Enzymkomplexe pumpen mit Hilfe der freiwerdenden Energie der A. >Protonen< aus der Mitochondrienmatrix (>Mitochondrien<) durch die Membran nach außen. Dabei wird ein elektrochem. Protonengradient aufgebaut, der dazu genutzt wird, über oxidative Phosphorylierung >ATP< (Adenosintriphosphat) über einen anderen, auch in der Membran lokalisierten Enzymkomplex zu bilden. Diese sog. ATP-Synthetase (Komplex V) ist reversibel und wandelt normalerweise die bei dem Rückfluß der Protonen in die Matrix freiwerdende Energie in phosphatgebundene Energie in Form von ATP um. Die Zahl der gebildeten ATP-Moleküle pro verbrauchtem Sauerstoffatom beträgt dabei drei. Nur zwei ATP-Moleküle pro verbrauchtem Sauerstoffatom werden gebildet, wenn der Enzymkomplex NAD$(H+H^+)$-Dehydrogenase umgangen wird durch Einschleusen von reduzierten Flavinnucleotiden, z.B. FAD(H_2), das ist die reduzierte Form des Flavin-Adenin-Dinucleotid. FAD(H_2) tritt erst auf dem Niveau von Ubichinon in die A. ein. Dabei werden die Elektronen mit Hilfe der Succinat-Dehydrogenase (Komplex II), die zugleich ein Enzym des >Zitronensäurezyklus< ist, von Succinat auf Ubichinon übertragen. Neben den drei schon erwähnten Enzymkomplexen wird die A. vervollständigt durch die frei beweglichen Elektronencarrier Ubichinon und Cytochrom c. Der Elektronenfluß läuft also über folgende Verbindungen: NAD$(H + H^+)$ $\rightarrow$ NAD$(H + H^+)$-Dehydrogenase $\rightarrow$ Ubichinon $\rightarrow$ Cytochrom-Reduktase-Komplex $\rightarrow$ Cytochrom c $\rightarrow$ Cytochrom-Oxidase-Komplex $\rightarrow$ molekularer Sauerstoff O_2. Der Elektronentransport der

Atmungskette: Schema der Atmungskette (ohne Berücksichtigung der Stöchiometrie). (Nach: Karlson, 1988)

A. beginnt, wenn die Reduktionsäquivalente von NAD(H + H$^+$) auf Ubichinon (Coenzym Q) übertragen werden. Katalysiert wird diese Reaktion durch die NAD(H + H$^+$)-Dehydrogenase (Komplex I), ein Eisen- und Schwefel-haltiges Flavoprotein aus ca. 25 Polypeptidketten mit einem Molekulargewicht von ca. 850.000. Es enthält FMN (Flavinmononucleotid) als prosthetische Gruppe. Das aufgrund langer Isoprenseitenketten hydrophobe Ubichinon kann ein od. zwei Elektronen aufnehmen, unter gleichzeitiger Aufnahme von Protonen aus dem umgebenden Medium. Die reduzierte Form Ubihydrochinon wird vom Cytochrom-Reductase-Komplex (Komplex III), das ist Cytochrom b + c$_1$ mit Eisen-Schwefel-Zentren, wieder oxidiert. Dabei werden die Elektronen auf das nur lose mit der Membran assozierte wasserlösliche Cytochrom c übertragen, dessen dreidimensionale Struktur durch Röntgenkristallographie aufgeklärt wurde. Im letzten Schritt wird das nun reduzierte Cytochrom c mit Hilfe des kupferhaltigen Cytochrom-Oxidase-Komplexes (Komplex IV), das ist Cytochrom a + a$_3$, wieder oxidiert. Dabei werden die Elektronen auf molekularen Sauerstoff übertragen, der dabei zu Wasser reduziert wird. Der Cytochromoxidasekomplex besitzt 13 Untereinheiten und wird z. T. auch als „Warburgsches Atmungsferment" bezeichnet. Die fünf in der A. vorkommenden Cytochrome bilden eine Gruppe von gefärbten Proteinen, die alle eine gebundene Häm-Gruppe enthalten, deren Eisen-Atom bei Elektronenaufnahme von dem Ferri (Fe^{3+})- in den Ferro (Fe^{2+})-Zustand übergeht. Jede der aufeinanderfolgenden Enzym-Gruppen hat eine höhere Affinität zu Elektronen als die vorige, daher wandern die Elektronen in einer Kaskade vom $NAD(H + H^+)$ zu immer niedrigeren Energieniveaus, bis sie schließlich auf Sauerstoff übertragen werden, der die höchste Affinität zu Elektronen besitzt. In die A. können an verschiedenen Stellen Hemmstoffe angreifen, z. B. das hochtoxische Pflanzengift Rotenon und Barbiturate als die Derivate der Barbitursäure an der $NAD(H + H^+)$-Dehydrogenase, Malonat an der Succinatdehydrogenase, das Antibiotikum Antimycin A an der Cytochromoxidase, Oligomycin an der ATP-Synthetase. Die genannten Hemmstoffe haben wesentlich zur Aufklärung der A. beigetragen.

Lit: Alberts B, Bray D, Lewis J, Raff M, Roberts K, Watson JD (1987) Molekularbiologie der Zelle, VCH, Weinheim. – Karlson P (1988) Kurzes Lehrbuch der Biochemie für Mediziner und Naturwissenschaftler, 13. Aufl., Georg Thieme, Stuttgart New York. Und 12. Aufl. (1984). – Lehninger AL (1983) Biochemie, 2. Aufl., Verlag Chemie, Weinheim. – Lehninger AL (1982) Principles of Biochemistry, Worth Publishers, New York. – Capaldi RA (1979) Membrane Proteins in Energy Transduction, Dekker, New York. – Anraku Y (1988) Annual Review of Biochemistry 57: 101–132.

Atom. Das kleinste Teilchen eines >Elementes<, das auf chem. Wege nicht weiter teilbar ist. Die Elemente unterscheiden sich durch ihren Atomaufbau voneinander. Der Durchmesser eines A., das aus einem Kern (dem >Atomkern<) und einer Hülle (der Atomhülle oder Elektronenhülle) besteht, beträgt ungefähr ein hundertmillionstel Zentimeter (10^{-8} cm). Der Atomkern ist aus positiv geladenen >Protonen< und >Neutronen<, die keine elektrische Ladung tragen, aufgebaut. Er ist daher positiv geladen. Sein Durchmesser beträgt einige zehnbillionstel Zentimeter (1 bis $5 \cdot 10^{-13}$ cm). Der Atomkern ist daher 100.000 mal kleiner als die Atomhülle. Die Atomhülle besteht aus negativen >Elektronen<, die in der Hülle den Kern umkreisen. A. verhalten sich nach außen elektrisch neutral, da die Protonenzahl im Kern und die Elektronenzahl in der Hülle gleich sind. >Nuklid<.

Atomabsorptionsspektrometrie. (Abk.: AAS) Jedes Atom kann Licht derjenigen Wellenlängen absorbieren, bei der es auch Strahlung emittiert. Diese Erkenntnis von Bunsen und Kirchhoff führte erst 1955 durch Sir Alan Walsh (Australien) dazu, die AAS als allgemein brauchbare quantitative Analysenmethode zu verwenden. Funktionsprinzip: Von einer Hohlkathodenlampe wird das Spekrum des interessierenden Elementes ausgesandt. Die Probe, die in fl. Form vorliegen muß und das zu analysierende Element enthält, wird in die Flamme (Flammen-AAS) zerstäubt und so atomisiert. Die Atome werden also aus dem Molekülverband befreit und in Atomdampf überführt. Die Spektrallinien, die von der Hohlkathodenlampe ausgesandt werden, durchstrahlen die Atomwolke in der Flamme. Je nach Konz. des Elements in der Flamme wird die Intensität der Spektrallinien geschwächt. Nach der spektralen Zerlegung des Lichtes im Monochromator wird durch den Austrittsspalt die Resonanzlinie ausgesondert; alle anderen Linien werden ausgeblendet. Der Detektor „sieht" daher nur die Resonanzlinie, deren Schwächung durch die Probe schließlich zur Anzeige kommt. Durch die Graphitrohr-, Hydrid- und Kaltdampftechnik erzielt man Empfindlichkeitsverbesserungen, z. T nur bei best. Elementen wie Arsen und Quecksilber. Die AAS ist eine Relativmethode, d. h. die quantitative Analyse des interessierenden Elementes in der Probe erfolgt durch Vergleich mit Eichlsg. Diese enthalten das entsprechende Element in genau definierten Konz.

Atombombe. Kernwaffe, bei der die Energiefreisetzung bei der >Spaltung< von U-235 oder Pu-239 ausgenutzt wird. Die Sprengkraft einer Kernwaffe wird in Kilotonnen (kt) oder Megatonnen (Mt) TNT-Äquivalenten angegeben; TNT (Trinitrotoluol) ist ein chem. Sprengstoff. Bei den Bomben auf Hiroshima (U-235-Bombe) und Nagasaki (Pu-239-Bombe) entsprach die Explosionsenergie der von 13 bzw. 22 kt TNT. Dabei wurde rund 1 kg Spaltstoff in einer millionstel Sekunde gespalten. Das technische Problem der Zündung einer Atombombe besteht darin, innerhalb einer sehr kurzen Zeit die erforderliche Spaltstoffmenge (etwa 20 kg) zu einer >kritischen Anordnung< zu vereinen. >Wasserstoffbombe<.

Atombombentest. Seit 1945 haben die USA, die UdSSR und Großbritannien, später auch Frankreich, China und Indien A. durchgeführt. Speziell die bis August 1963 bis zur Unterzeichnung des „Vertrages über das Verbot von Kernwaffenversuchen in der Atmosphäre, im Weltraum und unter Wasser" auf der Erdoberfläche und in die >Atmosphäre< zur Detonation gebrachten Megatonnenbomben führten weltweit zu einer bis dahin nicht bekannten Erhöhung der >Cäsium-137<- und >Strontium-90<-Konz. in den Gewässern, am Boden und in den Nahrungsmitteln. In der Bundesrepublik Deutschland stieg die >Aktivität< in der Milch im Jahresmittel 1964 auf ca. 6 Bq/L Cs-137 und 1,5 Bq/L Strontium-90. Die durchschnittlichen Werte der damals durch die A. hervorgerufenen >Strahlenexposition< erreichten in der Bundesrepublik Deutschland Werte von ca. 0,3 mSv >Ganzkörperdosis< und durch das Strontium-90 >Organdosen< im Knochen von bis zu 2 mSv. Wie lange es dauert, bis die Aktivität in den Nahrungsmitteln zurückgeht, zeigt am Beispiel der Milch die Abb (s. S. 123). Der Anstieg der Cäsiumkonz. im Jahre 1986 ist auf den Unfall im >Kernreaktor< >Tschernobyl< zurückzuführen.

Atomgesetz (AtG). Das „Gesetz über die friedliche Verwendung der Kernenergie und den Schutz gegen ihre Gefahren" – Atomgesetz – ist am 01.01. 1960 in Kraft getreten. Es wurde in der Zwischenzeit mehrfach geändert und ergänzt, zuletzt durch Gesetz vom 6. April 1998. Unter Berücksichtigung der Änderungen bis 1985 wurde der Wortlaut des A. in der ab 01.09. 1985 geltenden Fassung im Bundesgesetzblatt, Teil I, S. 1565 bekanntgemacht. Zweck dieses Gesetzes ist,

1. die Erforschung, die Entwicklung und die Nutzung der >Kernenergie< zu friedlichen Zwecken zu fördern,

2. Leben, Gesundheit und Sachgüter vor den Gefahren der Kernenergie und der schädlichen Wirkung >ionisierender Strahlen< zu schützen und durch Kernenergie oder ionisierende Strahlen verursachte Schäden auszugleichen,

3. zu verhindern, daß durch Anwendung oder Freiwerden der Kernenergie die innere oder äußere Sicherheit Deutschlands gefährdet wird,

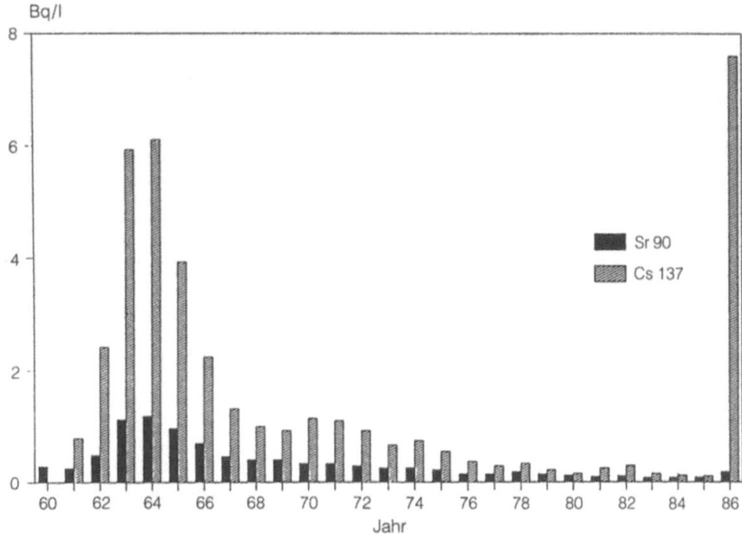

Atombombentest: Jahresmittelwerte des Sr-90- und Cs-137-Gehaltes der Milch in der Bundesrepublik Deutschland (1960–1986)

4. die Erfüllung internationaler Verpflichtungen Deutschlands auf dem Gebiet der Kernenergie und des >Strahlenschutzes< zu gewährleisten.

Atomgewicht. Relativzahl für die Masse eines >Atoms<. Die Grundlage der Atomgewichtsskala ist das Kohlenstoffatom, dessen Kern aus 6 Protonen und 6 Neutronen besteht. Ihm wurde das Atomgewicht 12 zugeteilt. Somit ist die Atomgewichtseinheit 1/12 des Gewichtes des Kohlenstoff-12, das entspricht etwa der Masse des >Protons< oder >Neutrons<.

Atomhaftungsübereinkommen. Übereinkommen vom 29.07. 1960 über die Haftung gegenüber Dritten auf dem Gebiet der >Kernenergie< (Pariser Atomhaftungsübereinkommen), Bekanntmachung der Neufassung vom 15.07. 1985, Bundesgesetzblatt, Teil II, S. 963. Internationales Übereinkommen, um den Personen, die durch ein >nukleares Ereignis< Schaden erleiden, eine angemessene und gerechte Entschädigung zu gewährleisten und um gleichzeitig die notwendigen Maßnahmen zu treffen, um sicherzustellen, daß dadurch die Entwicklung der Erzeugung und Verwendung der Kernenergie für friedliche Zwecke nicht behindert wird.

Atomkern. Der positiv geladene Kern eines >Atomes<. Sein Durchmesser beträgt einige 10^{-13} cm, das ist rund 1/100.000 des Atomdurchmessers. Er enthält fast die gesamte Masse des Atomes. Der Kern eines Atomes ist, mit Ausnahme des Kernes des normalen Wasserstoffes, zusammengesetzt aus >Protonen< und >Neutronen<. Die Anzahl der Protonen bestimmt die >Kernladungs-< oder >Ordnungszahl< Z, die Anzahl der Protonen plus Neutronen (der >Nukleonen<) die Nukleonen- oder Massenzahl M des Kernes.

Atommüll. In den Medien verwendeter Begriff für >radioaktive Abfälle<.

Atomreaktor. >Reaktor<.

Atomrecht. Summe der Rechtsvorschriften, die den Umgang mit >Kernenergie< regeln; wichtigstes Gesetz: Gesetz über die friedliche Verwendung der Kernenergie und den Schutz gegen ihre Gefahren (>Atomgesetz<) i. d. F. der Bekanntmachung vom 15.07. 1985, BGBl. I S. 1565. Zweck des Atomgesetzes ist gem. § 1, 1) die Erforschung, die Entwicklung und die Nutzung der Kernenergie zu friedlichen Zwecken zu fördern, 2) Leben, Gesundheit und Sachgüter vor den Gefahren der Kernenergie und der schädlichen Wirkung ionisierender Strahlen zu schützen und durch Kernenergie oder ionisierende Strahlen verursachte Schäden auszugleichen, 3) zu verhindern, daß durch Anwendung oder Freiwerden der Kernenergie die innere oder äußere Sicherheit Deutschlands gefährdet wird, 4) die Erfüllung internationaler Verpflichtungen Deutschlands auf dem Gebiet der Kernenergie und des >Strahlenschutzes< zu gewährleisten.

Atomrechtliche Deckungsvorsorge-Verordnung (At-DeckV). Die Verordnung über die >Deckungsvorsorge< nach dem >Atomgesetz< vom 25.01. 1977, zuletzt geändert durch das 6. Überleitungsgesetz vom 15. September 1990, regelt die Deckungsvorsorge für Anlagen und Tätigkeiten, bei denen eine atomrechtliche Haftung nach internationalen Verträgen oder nach dem Atomgesetz in Betracht kommt. Die Deckungsvorsorge kann durch eine Haftpflichtversicherung oder eine Freistellungs- oder Gewährleistungsverpflichtung eines Dritten erbracht werden.

Atomrechtliche Verfahrensverordnung (AtVfV). Die Verordnung über das Verfahren bei der Genehmigung von Anlagen nach § 7 des >Atomgesetzes< vom 18.02. 1977 in der Fassung der Bekanntmachung vom 3. Februar 1995 (Bundesgesetzblatt, Teil I, S. 180) regelt das Verfahren bei der Erteilung einer Genehmigung, einer Teilgenehmigung oder eines Vorbescheids für die in § 7 Abs. 1 und 5 des Atomgesetzes genannten Anlagen. Die AtVfV regelt insbesondere die Beteiligung Dritter und den Erörterungstermin.

Atomuhr. Gerät, das sich der Atomkern- oder Molekülschwingungen zur Messung von Zeitintervallen bedient. Diese Schwingungen sind äußerst zeitkonstant. Eine solche A. wird bei der Physikalisch-Technischen Bundesanstalt (PTB) in Braunschweig als Normgerät für Deutschland betrieben.

ATP. Adenosintriphosphat (ATP) ist als Prototyp einer energiereichen Verb. des Stoffwechsels anzusehen. Es ist aus >Adenosin< und drei kettenförmig aneinanderhängenden Phosphatmolekülen aufgebaut. Die beiden Säureanhydridbindungen zwischen den Phosphorsäuremolekülen sind energiereich, da bei der Hydrolyse von ATP zu ADP + Phosphat 34,5 kJ/mol frei werden; bei der Hydrolyse von ADP zu AMP + Phosphat sind es 37,4 kJ/mol (Änderung der freien Energie bei 25 °C und pH 7). ATP ist in vielen biochem. Rkt. ein universeller Energieträger. So wird z. B. im bedeutendsten energieliefernden Prozeß der Zelle, der Atmungskette, die chem. Energie in Form von ATP konserviert. Es dient dann an vielen Orten des Stoffwechsels als Energielieferant. ATP kann als „Währung" biochem. Energie der Zelle bezeichnet werden; oft wird der Nutzwert einer exergonen Rkt. im Stoffwechsel in ATP ausgedrückt. Beispielsweise werden bei vollständiger Ox. von 1 mol Glucose über die Glykolyse und Atmungskette 38 mol ATP gebildet. Der analytisch bestimmbare ATP-Gehalt kann auch als Biomasse-Parameter von Umweltproben (z. B. Böden) herangezogen werden.

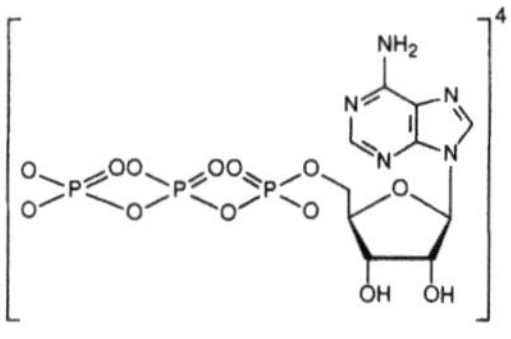

Atraton. Gehört zur 2. Generation der 1,3,5-Triazin-Herbizide und wird aus dem Wirkstoff >Atrazin< gewonnen, indem das 6-Chloratom durch eine Methoxygruppe ersetzt wird.
Chemische Bezeichnung: 2-Ethylamino-4-isopropylamino-6-methoxy-1,3,5-triazin
Summenformel: $C_9H_{17}N_5O$
$M_r = 211,3$
Smt. 98&. °C
LD_{50}: 1.465 mg/kg (Ratte, oral, akut)
Entwicklung: Geigy 1959
Handelsname: Gesatamin®.

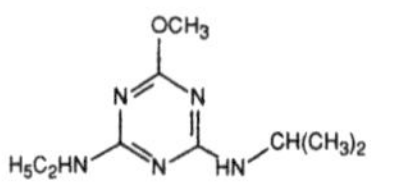

Lit: Büchel KH (1983) Chemistry of Pesticides, Wiley, New York, S. 383.

Atrazin. Hat als >Herbizid< im Maisanbau große Bedeutung erlangt und zählt zu der Substanzklasse der Triazin-Derivate. Wurde in Deutschland wegen

Grundwasserkontamination oberhalb von 0,1 µg/L Wirkstoff verboten.
CAS-Nummer: 1912–24–9
Hersteller: Novartis
Wirkungstyp: Vor- und Nachauflauf-Herbizid für selektive und allg. Anwendung (Boden- und Blattherbizid). Störung der Photosynth. u. a. fermentativer Prozesse in der Pflanze.
Bevorzugte Anwendung: Als selektives Herbizid gegen Unkräuter und Quecken in Mais- und Spargelkulturen, unter Kernobst und im Weinbau, hier auch in Kombinationen, z. B. mit Mecoprop. Als Totalherbizid auf Wegen und Plätzen sowie auf Nichtkulturland in Kombination mit >Amitrol<, >Bromacil<, >Dalapon< und Wuchsstoffen.

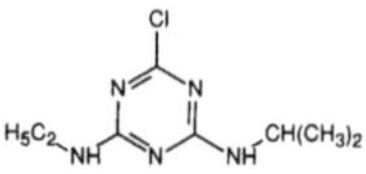

Chemische und physikalische Eigenschaften:
Physikalische Beschaffenheit: Krist., farblos.
Schmelzpunkt: 176 °C.
Dampfdruck: $4,0 \cdot 10^{-7}$ hPa bei 20 °C.
Verteilungskoeffizient (log $P_{o/w}$): 2,34 bei 20 °C.
Stabilität: Stabil in neutralem, schwach saurem und schwach alkal. Medium. Wird durch Säuren und Laugen bei Erwärmung zur inaktiven Hydroxyverb. hydrolysiert.
Löslichkeit: 0,0005 g bei 0 °C, pH 7; 0,007 g bei 20 °C, pH 7; 0,032 g bei 85 °C, pH 7, jeweils in 100 g Wasser.
Abbau und Metabolismus: Im Boden entsteht 2-Ethylamino-4-hydroxy-6-isopropylamino-1,3,5-triazin (Hydroxyatrazin), das mikrobiol. unter Aufspaltung des heterocyclischen Ringes zerlegt wird. Nachwirkungszeit im Boden 5 bis 7 Monate (bei 3 kg/ha). Im Säugerorganismus wird A. nach oraler Gabe rasch absorbiert. Innerhalb von 24 Stunden werden mehr als 50 % wieder ausgeschieden, bevorzugt über die Niere, ca. 1/3 in den Faeces. Während der Passage wird A. vollständig metabolisiert, v. a. durch oxidative Dealkylierung der Aminogruppen und durch Reaktion des Chlors mit endogenen Thiolreagenzien.
Toxizität: Akute orale LD_{50} für Ratten 3.080 mg/kg, für Mäuse 1.750 mg/kg, für Kaninchen 750 mg/kg. Verfütterung von 2,20 und 200 mg/kg A. (50 %ig) an Ratten über 2 Jahre verursachte keine Krankheitssymptome. Akute dermale LD_{50} für Kaninchen 7.500 mg/kg. Höchste Dosis ohne Wirkung bei Ratten 100 mg/kg Futter (8 mg/kg/Tag), bei Hunden 150 mg/kg Futter (5 mg/kg/Tag). Geringe Hautreizwirkung. Inhalationstoxizität: LC_{50} für Ratte >710 mg/m³ Luft (1 Stunde).
Bienentoxizität: Nicht bienengefährlich (B 4).
Fischtoxizität: LC_{50} (96 Stunden) für Regenbogenforelle 8,8 mg/L, Katzenwels 7,6 mg/L, Barsch 16,0 mg/L, Guppy 4,3 mg/L und Karpfen 76,0 mg/L.
Vogeltoxizität: LD_{50} für Wachteln 5.760 mg/kg (errechnet).

Atropa belladonna. Die Tollkirsche zählt zu den Nachtschattengewächsen (Solanaceae). Alle Teile der Pflanze enthalten ein hochwirksames Gemisch aus den Tropa-Alkaloiden >Atropin<, L-Hyoscyamin und Scopolamin. Im Vergleich zu Vögeln reagieren einige Säugetiere und der Mensch sehr empfindlich auf Atropin. Bereits die in 2 bis 5 Beeren enthaltene Menge kann bei Kindern durch Koma und Atemlähmung zum Tod führen.

Atropin. Ein Alkaloid zahlreicher Nachtschattengewächse; es handelt sich um das Racemat von D- und L-Hyoscyamin, einem Ester des Tropins mit Tropasäure (s. Abb.). A. blockiert als kompetitiver Antagonist (vgl. >Antidot<) des Neurotransmitters Acetylcholin die muscarinähnliche Wirkung des Aceylcholins an den Rezeptoren der postsynaptischen Membranen. Daraus resultiert seine Wirkung als Parasympatholytikum, die u. a. zur motorischen Erregung, zur Zunahme der Schlagfrequenz des Herzens und zur Erweiterung der Hautgefäße führt.

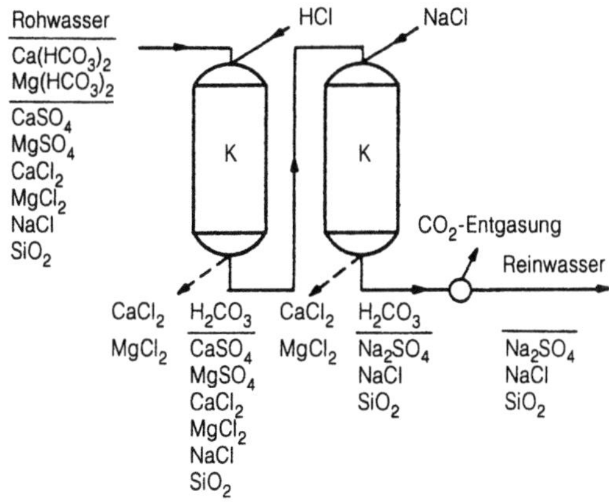

Attractant. (Lockstoff) Stoff, der über eine Distanz hinweg (zu Wirtspflanzen, Geschlechtspartnern) auf ein Tier anlockend wirkt (>Pheromone<). Gegensatz: >Repellent<.

ATV. >Abwassertechnische Vereinigung e. V.<.

AtVfV. >Atomrechtliche Verfahrensverordnung<.

ATWS. *Anticipated Transients Without Scram;* >Transienten ohne Schnellabschaltung<.

Aue, Talaue. Der Teil eines Talbodens, der vom Hochwasser des Flusses überflutet und von >Sedimenten< und org. Sinkstoffen immer wieder überlagert wird. Die A. ist charakterischerweise mit >Auwald< bewachsen.

Auenböden. Böden in Flußtälern, die regelmäßig für jeweils kurze Zeiträume überflutet werden. Die Bodenentwicklung ist im wesentlichen durch 2 Standortfaktoren geprägt: 1) Stark schwankender Grundwasserstand. Die starken (bis zu mehreren Metern) und raschen (innerhalb von Tagen) Wasserstandsschwankungen haben zur Folge, daß kurzfristig Redoxprozesse in Gang gesetzt werden, als deren Folge im Unterboden oft rostfleckige Go-Horizonte (>Bodenhorizonte<) auftreten. Da die Böden meist gut durchlässig

sind und daher bald nach dem Absinken des Wasserspiegels wieder Luft führen, entstehen jedoch keine ausgeprägten Reduktionshorizonte. 2) Periodische Sedimentationsphasen. Dabei werden vom Fluß mitgebrachte Feststoffe auf der Bodenoberfläche abgelagert und bei Ablaufen des Wassers von Bodentieren in den Oberboden eingearbeitet. Meist werden auf diese Weise dem Boden Minerale mit relativ geringem Verwitterungsgrad und entsprechend hohen Nährstoffgehalten zugeführt. Dementsprechend sind A. meist nährstoffreich und besitzen ein hohes Ertragspotential. Trotz intensiver Produktion pflanzlicher Biomasse ist der Humusgehalt im Boden nur selten höher als wenige Prozent, da ebenfalls der Biomasseabbau durch das Bodenleben sehr rasch und vollständig verläuft. Da das Abflußverhalten fast aller Flüsse durch technische Maßnahmen erheblich verändert wurde, kommen echte A. (mit einer heute noch wirksamen Auendynmaik) fast nur noch im Bereich der Hochwasserbetten zwischen den Deichen vor.

Auenlandschaft. Landschaftsbereiche in der Sohle von Flußtälern, die periodisch (etwa 2mal jährlich bis einmal in 3 Jahren) für kurze Zeit überschwemmt werden. Die typische Form landwirtschaftlicher Nutzung ist die Grünlandbewirtschaftung. Sehr häufig werden große Flächen in A. auch als Acker genutzt, doch besteht hierbei wegen des hohen Wasserstands eine erhebliche Kontaminationsgefährdung des Grund- und Flußwassers. In vielen A. ist der Bereich in Flußnähe von naturnahen Wäldern (Auenwald) bedeckt, in denen die vorherrschenden Baumarten von der Überschwemmungshäufigkeit bestimmt werden. Diese Zonen stellen wichtige Wanderstraßen für die Verbreitung zahlreicher Tier- und Pflanzenarten dar, auf denen Pflanzen (bzw. ihre Samen) durch größere Tiere auch entgegen dem Flußlauf transportiert werden können. Wegen der Regulierung nahezu aller natürlichen Flüsse und ihres besonderen Artenreichtums gehören A. heute zu den besonders schutzwürdigen Landschaften Mitteleuropas.

Aufbaufaktor. >Dosisaufbaufaktor<.

Aufbereitung. 1. Wasser: Behandlung des Wassers, um seine Beschaffenheit dem jeweiligen Verwendungszweck und best. Anforderungen anzupassen, z.B. Gewinnung von Trinkwasser (DIN 4046). Dies geschieht i. allg. durch Sieben, Absetzen, Belüften, Flocken und

Aufbereitung: Wasser

Filtern. Zum Enthärten und Entsalzen werden meist >Ionenaustauscher< verwendet (s. Abb. S.125). Die Entkeimung erfolgt mittels Chlor oder Ozon.
2. Bergbau: Abtrennung bzw. Anreicherung von bergmännisch gewonnenen mineralischen Rohstoffen, um ihnen die für den Verbrauch oder die Weiterverarbeitung geeigneten, gleichmäßigen Eigenschaften zu geben. Die Hauptprozesse sind hierbei die Zerkleinerung, Sortierung, Klassifizierung, Entwässerung, etc.
Lit: Brix J, Heyd H, Gerlach E (1963) Die Wasserversorgung, R.Oldenbourg Verlag, München Wien – Dahlhaus C, Damrath H (1987) Wasserversorgung, 9.Aufl, B.G.Teubner, Stuttgart.

Aufbereitungsanlage für Abfälle. Sammelbegriff für Anlagen, die Abfälle so bearbeiten, daß sie entweder direkt wiederverwendet werden können oder aber einem Produktionsprozeß zugeführt werden können.

Aufbrauch. Aufbrauch ΔS- ist in der Hydrologie die Abnahme der ober- und unterirdischen Wasservorräte durch Abfluß und Evapotranspiration während der Zeiten negativer klimatischer >Wasserbilanz< (P– ET > 0) (in Mitteleuropa im Sommer).
Lit: Deutscher Normenausschuß (Hrsg.) (1994) Vorratsänderung, DIN 4049₁, T.3: Hydrologie, Begriffe, quantitativ, Hydrol.

Aufbringungsverbot. Verbot, bestimmte im § 8 Abs.2 des >Kreislaufwirtschafts- und Abfallgesetzes< aufgezählte Stoffe auf Felder aufzubringen: § 8 Abs.2 ist näherhin konkretisiert durch die >Klärschlammverordnung<; das Aufbringen bestimmter Stoffe, die in § 8 Abs.2 nicht genannt sind, ist in einigen Ländern durch sog. >Gülleverordnungen< näher geregelt, wie z.B. die Gülleverordnung des Landes Nordrhein-Westfalen vom 13.03. 1984, Gesetz- und Verordnungsblatt-NW S.210.

Aufenthaltszeit. Die Aufenthaltszeit eines Partikels oder Gasvol.-Elements in einem Raum ist die Zeit zwischen Eintritt bzw. Entstehung und Austritt bzw. Verschwinden des Partikels bzw. Gasvol. in dem definierten Raum. Die Mittelwerte der A. können als Quotient des Raumes und des Vol.-Stromes oder der im Raum enthaltenen Masse und des Massenstromes berechnet werden.

Aufforstung. Forstwirtschaftliche Anpflanzung auf ehemals landwirtschaftlich oder industriell genutzten Flächen; >Rekultivierung<.

Aufhellungsmittel. >Optische Aufheller<.

Aufladung. Eine Erhöhung der Dichte des Kraftstoff-Luft-Gemisches vor dem Motor durch mechanische Verdichter (z.B. Rootsgebläse) >Abgasturbolader< und gasdynamisch arbeitende Lader (z.B. >Comprex-Aufladung<), zur Erhöhung der Motorleistung und Verbesserung des >Kraftstoffverbrauchs< und Senkung der >Abgasemissionen<.

Auflage. Verwaltungsrechtliches Regelungsinstrument; wird einem Verwaltungsakt bei Notwendigkeit beigefügt, wenn dem durch den Verwaltungsakt Begünstigten gleichzeitig ein bestimmtes Tun, Dulden oder Unterlassen vorgeschrieben werden soll; s. § 36 Abs.2 Nr.4 des Verwaltungsverfahrensgesetzes vom 25.05. 1976, BGBl.I S.1253.

W-Auflage. >Wasserschutzgebietsauflage<.

Auflagehumus. Org., teilweise zersetztes und humifiziertes Material, das dem Mineralboden aufliegt. Eine solche Humusauflage entsteht v.a. dann, wenn bei an-

haltender Produktion von Biomasse (Streu) die Aktivität des Bodenlebens gehemmt ist und dadurch Ab- und Umbau der Biomasse sowie die Einarbeitung in den Mineralboden gehemmt sind. Mächtige A.-Pakete sind daher typisch für saure, nährstoffarme Böden wie >Podsole<. In solchen Fällen wird der Hauptteil der in der Streu enthaltenen mineralischen Nährstoffe im A. freigesetzt und kann über die zahlreich vorhandenen Feinwurzeln wieder von den Pflanzen aufgenommen werden. Aus dem gleichen Grund finden sich im A. besonders viele Tierarten, die die frische org. Substanz verwerten können („Primärzersetzer"), ebenso viele Pilze. Obwohl das C/N-Verhältnis meist relativ hoch ist, können im A. erhebliche Stickstoffmengen gespeichert sein, die bei einer Änderung der ökologischen Bedingungen (z.B. durch Düngung, Kalkung) in Nitratform freigesetzt werden können. Aufgrund der hohen Bindungsfestigkeit der Huminstoffe für viele Schwermetalle und org. Stoffe (z.B. Pestizide) kann deren Konzentration im A. belasteter Standorte sehr hoch sein. Nach den unterschiedlichen Eigenschaften der Stoffe wird der A.u.U. in mehrere Humushorizonte unterteilt und bildet dann ein >Humusprofil<.

Auflandiger Wind. An der Küste von Meeren oder größeren Binnengewässern örtlich begrenztes Windsystem, das vom Wasser zum Land setzt und deshalb auch Seewind genannt wird. Wegen der unterschiedlichen >Absorption< und Reflexion der kurzwelligen solaren Strahlung und der langwelligen Ausstrahlung von Land und Meer sind die Gesamt>strahlungsbilanz<en der Meeres- und Landoberfläche unterschiedlich. Dies bedingt eine unterschiedliche Erwärmung des Untergrundes. Der daraus folgende Temperaturgegensatz der Atmosphäre über Land und über dem Meer bildet die treibende Kraft für den a.W. und erzeugt über Land einen aufwärts, über dem Meer einen abwärts gerichteten turbulenten Fluß von sensibler Energie. Der Seewind kann sich am besten bei wolkenarmen Wetterlagen verbunden mit einem geringen großräumigen Luftdruckgradienten entwickeln. Begünstigt wird er durch kaltes Auftriebswasser in Küstennähe. Er entsteht zunächst auf der freien See, danach wandert er auf die Küste zu. Seine größte Stärke erreicht er etwa 2 Stunden nach Sonnenhöchststand. Der entgegengesetzt gerichtete >ablandige Wind< ist wegen des geringeren nächtlichen Temperaturgegensatzes Land/Meer schwächer. >Land- und Seewindzirkulation<.
Lit: Defant F (1951) Local Winds. In: Compendium of Meteorology, Boston, S.655–672.

Auflaufen. Die Phase der Samenkeimung, bei der oberirdische Pflanzenteile an der Erdoberfläche erscheinen.

Auflockerung. Durch Bildung von Trennflächen verursachte Lockerung des Gebirgsgefüges.

Auflockerungszone. Die A. entsteht in >Festgesteinen< durch Gebirgsentspannung. Die zur Erdoberfläche parallelen Entspannungsklüfte folgen in vielen Fällen der tektonischen Klüftung, Schieferung oder sonstigen Trennfugen. Sie unterscheiden sich durch eine rauhere Oberfläche und geringe vertikale Ausdehnung von den ebenflächigeren, weiterreichenden tektonischen Klüften. Die Abstände der oberflächenparallelen Entspannungsklüfte betragen zwischen etwa 5 cm und fast 100 cm, im Durchschnitt 40 bis 70 cm; sie nehmen von einigen Zentimetern nahe der Oberfläche zur Tiefe hin zu. Die Mächtigkeit der A. beträgt meist zwischen wenigen Metern und ca. 100 m, gelegentlich bis 200 m.

Auflöser. Apparat für das Auflösen des >Kernbrennstoffes< in Säure. >PUREX-Verfahren<.

Aufpunkt. Der A. ist der von meteorologischen Daten abhängige geographische Punkt des Niederganges der >Abluftfahne< aus einem Kamin auf den Erdboden. Der A. ist für die Ermittlung der >Strahlenexposition< über den >Abluftpfad< von Bedeutung.

Aufsalzung. Erhöhung der Salzfracht, z.B. eines Gewässers, durch nicht entfernbare Salze bei der >Abwasserreinigung<, welche dann in den >Vorfluter< gelangen. Bekannt sind die Vorgänge in den Flußgebieten von Werra und Fulda mit der Auswirkung auf die Weser. Hier werden durch die Abwässer der Kalibergwerke in Thüringen und Hessen hohe Salzfrachten in die Vorfluter eingebracht. In einem Gutachten des Reichsgesundheitsrates vom 08.06. 1914 über das duldbare Maß der Verunreinigung des Weserwassers (1916) wurde als Höchstgrenze für die Gesamthärte und den Chloridgehalt bei Bremen 23 °dH und 350 mg/L festgesetzt (Bremen bezog sein Trinkwasser früher aus der Weser). Ähnliche Probleme sind für Rhein und Mosel bekannt (Chloridabkommen).

Aufschluß. Im Bergbau Maßnahmen zur Erschließung von >Lagerstätten< als Vorbereitung des Abbaus. Beim >Tiefbau< durch Anlage von >Schächten< oder >Stollen<. Beim >Tagebau< durch Abräumen des >Deckgebirges< und Herstellen der >Aufschlußfigur<, von der der eigentliche Abbau ausgeht.

Aufschlußfigur. Im >Tagebau< Form des Aufschlusses, von dem der Abbau ausgeht. Sie richtet sich nach der Gestalt der Erdoberfläche im Aufschlußbereich. Man unterscheidet die Grundformen Hangaufschluß und Plateauaufschluß. Der Plateauaufschluß kann z.B. in Form eines Grabens erfolgen. >Grabenaufschluß<, >Birnenaufschluß<.

Aufsicht. Befugnis des Staates zur Überwachung der Einhaltung von Rechtsvorschriften: Welche staatliche Instanz gegenüber wem (Bürger oder andere Glieder des Staates) und in welchem Umfang zur A. befugt ist, bedarf der gesetzlichen Regelung; *Beispiel:* >Gewerbeaufsicht<: §§ 139 b, 155 Abs. 2 der Gewerbeordnung, §§ 40 ff. des >Kreislaufwirtschafts- und Abfallgesetzes< (Überwachung der Abfallvermeidung und Abfallbeseitigung).

Aufsteigen. Aufwärts gerichtete Luftbewegung in der Atmosphäre, Gegensatz: >Absinken<. Ursachen sind: – Großräumige dynamische Prozesse. Eine divergente Strömungsverteilung in der mittleren Atmosphäre induziert in >Tiefdruckgebieten< aus Kontinuitätsgründen A., – kleinräumige Kompensationsbewegungen, die sich zwischen Konvektionswolken bilden, – Aufgleiten an Luftmassengrenzen (Frontflächen) oder an Unebenheiten des Geländes, insbesondere an Berg- und Gebirgshängen.

Auftaumittel. Salze zur Bekämpfung der Glätte in den Wintermonaten auf Straßen, Fahrbahnen und Treppen. Es werden i. allg. Kochsalz, Magnesiumchlorid, Karnallit, Calciumchlorid und sonstige geeignete Mischungen verwendet. Die Verwendung von Salzen als Streumittel wird in letzter Zeit aus umweltrelevanten Gründen stark eingeschränkt.

Auftriebsgebiete. Meeresgebiete, in denen Tiefenwasser, das reich an anorg. >Nährstoffen< ist, an die Oberfläche gebracht wird. Ursache für den Wassermassentransport zur Meeresoberfläche sind a) windbedingte Oberflächenströmungen, die durch die Corioliskraft auf der nördlichen Hemisphäre nach rechts und auf der südlichen nach links abgelenkt werden, b) thermisch bedingte Vertikalkonvektionen von Wassermassen durch verringerte Stabilität der Schichtung im Herbst und im Winter in gemäßigten und höheren Breiten, c) Schiefstellungen der Schichtung des Meerwassers in allen ozeanischen Strömungen. Auf der Nordhemisphäre wird auf der linken, auf der Südhemisphäre auf der rechten Strömungsflanke nährstoffreiches Wasser in Oberflächennähe transportiert. Der Transport der Wassermassen erfolgt aus ca. 100 bis 300 m Tiefe mit kleinen Geschwindigkeiten von ca. 0,001 bis 0,005 cm s^{-1}. Die Hauptauftriebsgebiete finden sich im Bereich der Passat- und Monsunwinde, sowie an der äquatorialen Divergenz; sie zeichnen sich durch hohe biol. Aktivität aus.
Lit: Gierloff-Emden HG (1986) Upwelling regions. In: Sündermann J (Hrsg.) Landolt-Börnstein, Bd. 3, Teilband C Ozeanographie. Springer, Berlin Heidelberg New York London Paris Tokio, S. 135.

Aufwandmenge. Bezeichnet im >Pflanzenbau< die ausgebrachte Menge an Dünge- oder >Pflanzenschutzmitteln<, üblicherweise als kg/ha bzw. l/ha angegeben. Der A. an Düngemitteln ist durch die >Düngeverordnung<, der A. an Pflanzenschutzmitteln durch das >Pflanzenschutzgesetz< ein Handlungsrahmen vorgegeben.

Aufwärmung der Atmosphäre. Z. Zt. meistdiskutierte, verallgemeinernd als >Klimaänderung< angesprochene globale Veränderung. Auch als sog. >Gewächshauseffekt< bekannt, bezeichnet A. die seit einigen Dekaden beobachtete Zunahme der mittleren Temperatur der unteren Atmosphäre (Troposphäre), die durch ihre Anreicherung mit wärmespeichernden Gasen wie Kohlendioxid, Methan, Lachgas und F(C)KWs bedingt ist. Sie kommt im wesentlichen auf Grund verstärkter Verbrennung fossiler Brennstoffe oder >intensivierter Landwirtschaft< zustande.

Aufwind. Aufwärts gerichtete Luftströmung, teilweise verbunden mit Wolkenbildung, dabei können Geschwindigkeiten von mehreren m/s erreicht werden. A. entsteht: – Über erhitztem Gelände infolge starker Sonneneinstrahlung, – in Verbindung mit Gewitterwolken, – vor Fronten, insbesondere >Kaltfronten<, – bei orographisch bedingten Hebungsprozessen.

Aufwindkraftwerk. Ein A. nutzt den >Treibhauseffekt< und die Kaminzugwirkung zum Antrieb einer Windturbine (s. Abb. S. 128). Dazu wird eine größere Fläche mit einem Foliendach abgedeckt, das entsprechend seiner chem. Struktur zwar die von oben kommende solare Strahlung passieren läßt, nicht aber die von unten kommende langwellige Wärmestrahlung der unter der Folie lagernden Luft sowie des Erdbodens. Letztere beiden Strahlungsflüsse erhöhen sich durch >Absorption< der einfallenden solaren Strahlung im Erdboden sowie in der unter dem Foliendach lagernden Luft. Dies führt zu einer Temperaturzunahme unterhalb des Foliendaches. Die je nach Sonneneinstrahlung um 10 bis 20 K erwärmte und damit leichtere Luft wird in den Kamin eingeleitet und steigt nach oben. Der Auftrieb ist um so stärker, je höher der Ka-

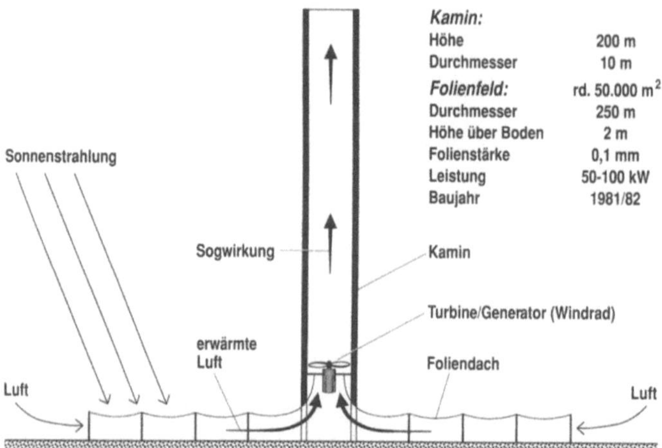

Aufwindkraftwerk: Prinzip eines Aufwindkraftwerks (Versuchsanlage in La Mancha, Zentralspanien): Die unter dem Foliendach erwärmte Luft steigt durch den Kamin nach oben und treibt so einen Turbinengenerator zur Stromerzeugung an (Aus: Knapp 1986)

min ist. Am unteren Teil des Kamins treibt der Aufwind ein Windrad (Turbine) an, an die ein Generator zur Stromerzeugung angeschlossen ist. Die Anlage kann auch nachts Strom liefern, da der Boden als Wärmespeicher wirkt, allerdings nur höchstens 1/10 der Tagesspitze.

In Manzanares (Zentralspanien) wurde 1981 ein von der deutschen Bundesregierung finanzierter Prototyp mit einer maximalen Leistung von 100 kW errichtet und einige Jahre betrieben. Die Fläche des Foliendachs betrug 50000 m², die Kaminhöhe 200 m, der Nutzungsgrad 1%. Eine Stromerzeugung mit Aufwindkraftwerken dürfte erst mit Großanlagen in sonnenreichen Gebieten wirtschaftlich werden. Bei einer derartigen Großanlage würde der Kaminturm dann 600 bis 800 m hoch werden, das Folienfeld würde eine Fläche mit einem Radius von mehreren km bedecken.
Lit: Knapp W (1986) Bild der Wissenschaft extra, Energie aus Sonne und Wind, S. 58–66. Deutsche Verlags-Anstalt, Stuttgart
– VDI-GET (Hrsg.) (1995) VDI-Berichte Nr. 1200, Solarthermische Kraftwerke II, VDI-Verlag, Düsseldorf.

Aufwuchs. Die auf festem Untergrund sich vielfach ansiedelnden Pflanzen und Tiere, die aber nicht in das >Substrat< eindringen. Dies kann sowohl im Wasser als auch am Land erfolgen. Beispiele sind >Algen<, >Flechten< und >Moose< auf Baumstämmen oder Steinen sowie Moostiere, Seepocken und andere sessile Meerestiere. Zum A. gehören auch Lebewesen, die auf Pflanzen wachsen, die >Epiphyten<, oder solche, die auf Tieren siedeln: >Epizoen<. So können z.B. Kleinkrebse von einzelligen Algen dicht bewachsen sein. Landlebende Epiphyten können oft Wasser aus der Atmosphäre aufnehmen und/oder sie bilden Luftwurzeln aus. A. kann von wirtschaftlicher Bedeutung sein, wenn z.B. Schiffsrümpfe dicht von sog. „Fouling-Organismen" bedeckt sind und so der Reibungswiderstand erhöht wird. Die Begriffe Epiphyten und Epizoen werden oft auf pflanzliche Besiedler von Pflanzen bzw. auf tierische Besiedler von Tieren eingeschränkt. Flechten werden als >Zeigerorganismen< für >Luftverschmutzung< angesehen.

Aufzeichnungsschwelle. Wert der >Äquivalentdosis< oder der >Aktivitätszufuhr<, bei dessen Überschreitung das Ergebnis der Messung aufgezeichnet und aufbewahrt werden sollte.

Augenreizung. Auslösung reversibler Veränderungen am Auge nach Verabreichung einer Prüfsubstanz auf die Oberfläche des Auges.
Lit: Richtlinie der Kommission vom 25. April 1984 zur sechsten Anpassung der Richtlinie 67/548/EWG des Rates zur Angleichung der Rechts- und Verwaltungsvorschriften für die Einstufung, Verpackung und Kennzeichnung gefährlicher Stoffe an den technischen Fortschritt (84/449/EWG). In: Rippen G (Hrsg.) Handbuch Umweltchemiklien, Ecomed Verlagsgesellschaft, Landsberg/Lech.

Augermining. Im Bergbau auf Kohle seltener angewandtes Gewinnungsverfahren. Dabei werden von Geländeeinschnitten aus Großbohrlöcher in der >Lagerstätte< hergestellt. Das Verfahren ist mit starker Umweltbeeinträchtigung verbunden.

Ausbiß. Geologische Bezeichnung für einen Bereich, in dem eine >Lagerstätte< an der Tagesoberfläche austritt.

Ausblasbare Organische Halogenverbindungen (POX). >Adsorbierbare Organische Halogenverbindungen<.

Ausbreitung. Transport von gasförmigen oder als >Aerosole< vorliegenden Verunreinigungen der Luft von der >Emissionsquelle< zum Einwirkungsort, dem >Immissions-< oder >Depositionsort<. >Luftverunreinigungen< können über Tausende von Kilometern und in die höchsten Schichten der >Atmosphäre< transportiert werden. Die Belastungen in der Umgebung eines >Emittenten< bestimmen neben den meteorologischen Verhältnissen vor Ort insbesondere die Austrittsbedingungen an der Emissionsquelle. Je höher z.B. der >Schornstein<, die >Abgastemperatur< und die Austrittsgeschwindigkeit des >Abgases< sind, desto besser verteilen sich die Schadstoffe in der Atmosphäre und desto geringer wirken sich somit die von diesem

Schornstein ausgehenden Belastungen in der Umgebung des Emittenten aus. Dies ausnutzend diente in den 60er Jahren die Politik der hohen Schornsteine als ein Instrument zur „>Luftreinhaltung<". Die Auswirkungen von >Luftverunreinigungen< auf die Vegetation („>Waldsterben<", „>saurer Regen<") und Materialien sowie die Erhöhung der schädlichen >Ozonkonz.< in der >Troposphäre< und der Ozonabbau in der >Stratosphäre< gaben Anfang der 80er Jahre den Anstoß, dem Prinzip der >Vorsorge< folgend, die Schadstoffemissionen entspr. dem >Stand der Technik< drastisch zu minimieren. Zur Simulierung der A. von >Schadstoffen< werden Ausbreitungsmodelle herangezogen, die die meteorologischen Ausbreitungsbedingungen z. B. in Form von sog. Ausbreitungsklassen berücksichtigen. Zur Berechnung der >Zusatzbelastung< durch >genehmigungsbedürftige Anlagen< ist in der >TA Luft< ein Berechnungsverfahren vorgegeben, das auf dem Gaußschen Abgasfahnenmodell basiert.

Ausbreitung, biologische. Vergrößerung eines (Be)-Siedlungsbereiches von Tieren oder Pflanzen. Die A. kann sehr unterschiedlich schnell erfolgen und findet kontinuierlich oder nur vereinzelt statt. Zur A. trägt auch der Mensch bewußt oder unfreiwillig bei, >Areal<, >Neophyten<.

Ausbreitungsrechnungen. Um die Auswirkungen der Abgabe von >Radioaktivität< mit der Abluft aus >Kernkraftwerken< zu ermitteln, werden Ausbreitungsrechnungen durchgeführt. Bei diesen Berechnungen werden die meteorologischen Verhältnisse im Standortgebiet berücksichtigt. Ausbreitungsrechnungen stellen sowohl die >Strahlenexposition< fest, die durch die >Emission< >radioaktiver Stoffe< mit der Abluft infolge >Gamma-< und >Betastrahlung< auf den Menschen von außen einwirkt, als auch die >Strahlendosis< durch Einatmen radioaktiver Stoffe und Aufnahme mit den Nahrungsmitteln, die infolge der Ablagerung der Aktivität auf dem Boden radioaktive Stoffe enthalten können.

Ausbreitungstypen. Zuordnung der Form einer Schornsteinabluftfahne zur vertikalen Temperaturschichtung. Es werden unterschieden (s. Abb.):
– Grundtypen: Fanning, Coning und Looping. – Sondertypen: Fumigation und Lofting. Ferner bestimmen Form und Art der Umgebung der Quelle die Ausbreitung (s. Abb.). Liegt bei einem steilen Hang eine Quelle in seinem oberen Drittel, so akkumulieren sie die emittierten Stoffe unterhalb des sich ausbildenden Leewirbels, liegt sie dagegen im unteren Drittel, so werden die emittierten Stoffe hangab forttransportiert.

Lit: Baumbach G (1990) Luftreinhaltung, Entstehung, Ausbreitung und Wirkung von Luftverunreinigungen – Meßtechnik, Emissionsminderung und Vorschriften – Unter Mitarbeit von Baumann K, Droescher F, Gross H, Steisslinger B, Springer, Berlin, Heidelberg – Oke TR (1978) Boundary layer climates, Methuen, London.

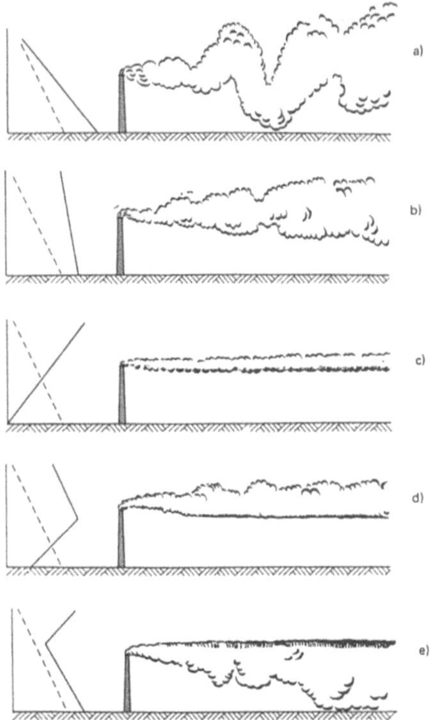

Ausbreitungstypen: Ausbreitung von Rauchteilchen aus einem Fabrikrauchfang bei verschiedenen Schichtungen. Links im Bild werden die Schichtungsverhältnisse angegeben: durchgezogene Linie: Temperatur, gestrichelte Linie: Trockenadiabate. Die vertikale Ausbreitung nimmt mit zunehmender Stabilität in den Fällen a bis c ab. Eine Höheninversion ist eine Sperre für Vertikalbewegungen, sie beeinflußt die Atmosphäre in verschiedener Weise, je nachdem ob sie unter oder über der Rauchfangspitze liegt (Fall d bis e). (Aus: Liljequist GH, Cehak K (1984) Allgemeine Meteorologie, 3. Aufl., Vieweg, Braunschweig Wiesbaden)

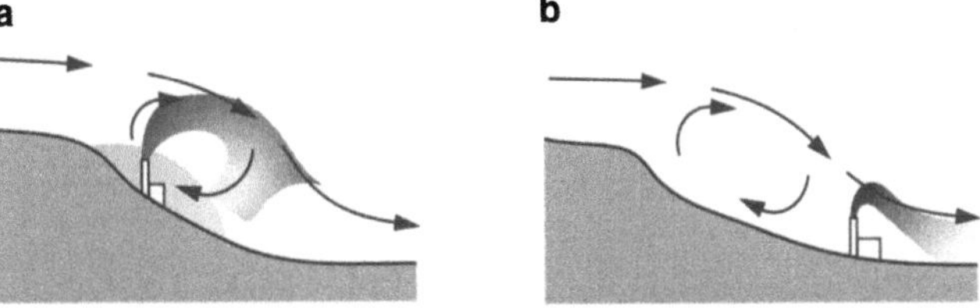

Ausbreitungstypen: Ausbreitungsprobleme für eine an steilerem Hang gelegene Schadstoffquelle in Abhängigkeit von der Lage relativ zum Rotor im Lee: a Akkumultion innerhalb des Leewirbels, b sog. „downwash" im Hangabwind (nach Oke 1978)

Ausbringungstechnik. Bezeichnet die technische Durchführung von Dünge- und Pflanzenschutzmaßnahmen (>Pflanzenschutz<). Bei der >Düngung< ist zwischen Mineral- und Wirtschaftsdünger zu unterscheiden. Gekörnter Mineraldünger wird meist mit Schleuder-, Pendel- oder pneumatischen Düngerstreuern ausgebracht, flüssiger Mineraldünger mit der Feldspritze. Die Verteilungsgenauigkeit ist bei allen Techniken gut, am besten bei der Feldspritze. Streifige Verteilung bedeutet Ertragseinbußen durch >Nährstoffmangel< oder >Überdüngung< (führt bei Getreide zum Lagern). Das Anlegen von Fahrgassen ist eine wichtige Voraussetzung für eine exakte Verteilung. Für die sachgerechte Ausbringung von >Flüssigmist< ist aufgrund seines Feststoffanteils und der unterschiedlichen Nährstoffkonzentration dessen vorherige Homogenisierung notwendig. Die Ausbringung erfolgt mittels Tankwagen mit verschiedenen Pumpen- und Verteiltechniken, wobei Eindrillgeräte unter dem Gesichtspunkt der Ammoniakemissionen (>Ammoniak<) am günstigsten einzustufen sind. Probleme bringt das hohe Gewicht der Tankwagen im Hinblick auf >Bodenverdichtung<, die Lösung liegt in der Verwendung von Breitreifen. Die Ausbringung im Pflanzenschutz erfolgt mit Feldspritzgeräten, fahrbaren Spritz- und Sprühgeräten, Geräten zum Ausbringen von Pflanzenschutzmittel-Granulaten, tragbaren hand- und motorbetriebenen Sprüh-, Spritz- und Stäubegeräten, in besonderen Fällen per Flugzeug oder Hubschrauber. Im >Ackerbau< werden das Spritzverfahren und die Granulatausbringung, im Garten- und Obstbau Spritz- und Sprühverfahren, im Unterglasanbau das Nebelverfahren angewandt. Für umweltgerechten Einsatz ist einwandfreie Technik wichtig, die Geräte müssen den Anforderungen der >Biologischen Bundesanstalt< entsprechen. Düsen und andere Teile verschleißen im Praxiseinsatz, deshalb soll eine regelmäßige Kontrolle stattfinden; ist diese erfolgreich, erhält das Gerät eine offizielle Plakette. Für die genaue Ausbringung sind >Fahrgassen< wichtig, die Windstärke darf beim Spritzverfahren wegen der Gefahr der Abtrift je nach Düsenart 3 bis 5 m/s nicht überschreiten; zu vermeiden ist starke >Sonneneinstrahlung<, da sie eine hohe >Verdunstung< der Wirkstoffe verursacht. Bei modernen Spritz- und Sprühgeräten wird die Ausbringungsmenge durch eine Steuerelektronik geregelt, diese erleichtert auch die Abschaltung von Teilbreiten. Eine neue Entwicklung für den Weinbau ermöglicht die Rückgewinnung nicht von der Pflanze aufgefangener Spritzflüssigkeit. Durch Nutzung satellitengestützter Navigationssysteme kann die A. im Sinne einer Verringerung der >Ausbringungsverluste< und der >Auswaschung> bei der >Düngung< verfeinert werden. Auch im >Pflanzenschutz< arbeitet man mit Hilfe obiger Technik daran, die Ausbringung von >Pflanzenschutzmitteln< genauer an den >Unkrautbesatz< anzupassen.

Ausbringungsverluste. Bezeichnet den Anteil an Dünger- und Pflanzenschutzmitteln, die nicht an den Zielort Pflanze gelangen. Dies ist bei der Mineraldüngung der Fall, wenn der gekörnte >Dünger< über den Akkerrand hinaus geschleudert wird. Um die Nährstoffbelastung von benachbarten Gewässern zu vermeiden, werden *Gewässerrandstreifen* geschaffen. Bei Wirtschaftsdüngern gibt es A. durch *Ammoniakemissionen*. Beim Pflanzenschutz entstehen A. durch >Abtrift< und >Verdunstung< (>Ausbringunstechnik<). Ent-

scheidend für die Höhe der Verdunstung ist der Dampfdruck des Wirkstoffes. Die Prüfung der Verflüchtigung ist Teil des Zulassungsverfahrens von Pflanzenschutzmitteln. Bei der Granulierung, Inkrustierung und Pillierung von Pflanzenschutzmitteln entfallen diese Probleme, diese Formulierungen gibt es bis jetzt nur gegen wenige Schaderreger.

ausfällbares Wasser. Gesamtgehalt an Wasserdampf in der Atmosphäre, ausgedrückt als Vertikalintegral der absoluten >Feuchte< einer Luftsäule vom Boden bis in etwa 400 hPa. Diese obere Begrenzung wurde gewählt, da darüber keine Feuchtigkeit in meßbaren Mengen auftritt. Das a. W. einer Luftsäule wird i. d. R. indirekt aus einem >Radiosondenaufstieg< berechnet oder durch direkte Messung der absorbierten >Sonnenstrahlung< unter Verwendung von Farbfiltern bestimmt.

Ausfällung. Methode, bei der ein gelöster Stoff durch Zusatz geeigneter Fällungsmittel ganz oder teilweise als unlöslicher Niederschlag von Kristallen, Flocken oder Tröpfchen aus der Lsg. ausgeschieden wird. Die Ausfällung kann bewirkt werden durch 1) Zugabe eines Lösungsmittels, in dem die auszufällende Substanz schwerlösl. ist, 2) eine Verschiebung des pH-Wertes der Lösung in einen Bereich, in dem die auszufällende Verb. die geringste Löslichkeit besitzt, 3) Zugabe eines Ions oder Komplexors, mit dem das auszufällende Ion bzw. Molekül eine schwerlösl. Verb. bildet, und 4) Überschreitung des Löslichkeitsprodukts ionischer Verb. durch Zugabe eines der beteiligten Ionen. Von Bedeutung sind Fällungsreaktionen v. a. in der Analytik zur Abtrennung von Ionen oder Verb. aus Gemischen. Für eine quantitative Fällung müssen in der Regel best. Fällungsbedingungen wie Temperatur, pH-Wert, Konz. des Fällungsmittels etc. genau eingehalten werden.

Ausfaulung. (Syn. >anaerobe Schlammfaulung<). Biol. Abbau org. Bestandteile des Belebtschlammes, i. d. R. durch einen anaeroben Prozeß (ISO 6107/1).

Ausfließverhalten. Kenngröße für die Entleerbarkeit von Behältern, die mit strukturviskosen wassermischbaren Flüssigkeiten, z. B. >Suspensionskonzentraten< gefüllt sind. Unvollständige Leerung erschwert die Entsorgung der Verpackungen und stellt bei gefährlichen Inhaltsstoffen ein Gefährdungspotential für Mensch und Umwelt dar. Das A., nach standardisierter Methode gemessen, kann deshalb als Qualitätskriterium in Spezifikationen aufgenommen werden.

Lit: Henriet J, Martijn A, Povlsen HH (1985) Analysis of Technical and Formulated Pesticides, CIPAC Handbook 1C, Heffers printers, Cambridge, MT 148 S. 2282.

Ausflockung. (Syn. Flockung, Koagulation) Umwandlung eines Sols in ein Gel, wobei die vorher frei beweglichen, dispergierten Teilchen zu größeren, netz- oder klumpenartigen Einheiten zusammentreten. Dies kann durch Zugabe von Elektrolyten bzw. entgegengesetzt geladenen Kolloiden, durch Erhitzen oder >Aussalzen< geschehen. Technische Bedeutung besitzen A.-Prozesse für die Herstellung von Farblacken, Butter und Käse sowie für die Papierleimung und best. Schritte der Abwasserreinigung. Natürliche Flockungsvorgänge sind beispielsweise die Blutgerinnung und die A. von Tonkolloiden in Flußdeltas durch Meersalze (Elektrolyte).

Ausfuhr (Chemikalien). Der grenzüberschreitende Warenverkehr ist zwar grundsätzlich frei, d. h. nicht genehmigungspflichtig, dennoch sind bei der >Einfuhr< und A. best. Rechtsvorschriften zu beachten (>Chemikaliengesetz<, Außenwirtschaftsgesetz). In Anlehnung an die Definition für >Einführer< nach § 3 Nr. 8 ChemG ist A. das Verbringen eines >Stoffes<, einer >Zubereitung< oder eines >Erzeugnisses< aus dem Geltungsbereich des vorgenannten Gesetzes.

Bei der A. sind die Rechtsvorschriften des Empfängerlandes zu beachten. Daher ist beim „Ausland" zu unterscheiden zwischen EU-Mitgliedsstaaten und Nicht-EU-Ländern. Die Regelungen für den grenzüberschreitenden Warenverkehr mit Chemikalien sind innerhalb der EU weitgehend harmonisiert. Das gilt insbesondere für >neue Stoffe< und >gefährliche< Produkte (Stoffe, Zubereitungen und Erzeugnisse). Letztere sind gemäß EU-Richtlinien einzustufen, zu verpacken und zu kennzeichnen. Die entsprechende >Einstufung<, >Verpackung< und >Kennzeichnung< wird auch bei der A. in diejenigen Länder außerhalb der EU verwendet, die (noch) keine Regelung haben. Das gilt auch für >Sicherheitsdatenblätter<, die den Exportwaren beigegeben werden (sollen), um die Abnehmer (Kunden) über sicherheitstechnische Kenndaten zu informieren.

Dies sind zugleich die wichtigsten Elemente des Codes of Conduct, einer freiwilligen Maßnahme des VCI und des Deutschen Chemikalien-Groß- und -Außenhandels. Diese beiden Verbände haben 1986 als Beitrag zur weiteren Verbesserung des Gesundheits- und Umweltschutzes einen Verhaltenskodex für die A. von gefährlichen Chemikalien beschlossen. Danach sollen den Verwendern in den Einfuhrländern, insbesondere in der Dritten Welt, zumindest die Informationen zur sicheren Anwendung chem. Produkte gegeben werden, die auch der Kunde in einem EU-Mitgliedsstaat erhält. Die >Hersteller< sollen eine Gefahrenbeurteilung aller zur A. best. Produkte vornehmen. Der Verhaltenskodex sieht ferner vor, daß einmal pro Jahr die erstmalige A. von chem. Stoffen, deren Anwendung in Deutschland verboten bzw. streng beschränkt ist, über den VCI der zuständigen Bundesbehörde gemeldet werden soll. Diese Meldepflicht bezieht sich auf eine vorläufige Liste von 44 Stoffen.

Von dieser Meldepflicht ausgenommen sind diejenigen Stoffe, die in Anhang I einer EG-VO 22.06. 1989 aufgeführt sind. Sie unterliegen der Notifizierungspflicht dieser Verordnung zur A. best. gefährlicher Chemikalien aus der EG bzw. deren Einfuhr in die EG. Eine weitere Verordnung betrifft die A. „bestimmter chemischer Erzeugnisse", die als Kampfstoffvorprodukte eingesetzt werden können. Ferner ist auf die EG-Entschließung vom 22.02. 1991 hinzuweisen, die sich mit den Aus- und Einfuhrbest. für gesundheits- und umweltgefährdende Erzeugnisse der EG und von Drittländern befaßt (s. Tabelle unten).

Im Hinblick auf neue Stoffe ist – wie bei der Einfuhr – zu unterscheiden zwischen der A. in Drittländer und in andere EU-Staaten. Bei letzteren ist vom Hersteller zu beachten, daß bei der >Prüfung< und >Anmeldung< bzw. >Mitteilung< die im gesamten EU-Raum in den Verkehr gebrachten Mengen voll zu berücksichtigen sind. Für Exporte in Nicht-EU-Staaten gilt seit dem 01.08. 1990 eine Mitteilungspflicht gegenüber der >Anmeldestelle< (ab 1 jato). Vorher waren neue „Exportstoffe" frei von Verpflichtungen.

Lit: Rehbinder E, Kayser D, Klein H (1985) Chemikaliengesetz, Kommentar und Rechtsvorschriften zum Chemikalienrecht. C. F. Müller Juristischer Verlag, Heidelberg.

Ausgangsgestein. Bezeichnung für das geologische Material, aus dem sich ein Boden gebildet hat. Hierzu gehören sowohl Festgesteine (z. B. Kalkstein, Granit) wie auch Lockergesteine (z. B. >Löß<, Geschiebemergel). Neben den klimatischen und >biotischen Faktoren< ist die Art des A. entscheidend für die Eigenschaften des Bodens, so daß sie bei der ökologischen Standortbeurteilung stets mit berücksichtigt werden muß.

Ausgangsmaterial. Begriff aus dem Bereich der Kernmaterialüberwachung; er umfaßt >Uran<, welches das in der Natur vorkommende Isotopengemisch enthält, Uran, dessen Gehalt an U-235 unter dem natürlichen Gehalt liegt, sowie >Thorium<.

Ausgleichbecken. Becken oder Behälter zum Ausgleich von Abflußschwankungen, Konz.-Schwankungen usw. (z. B. >Speicherbecken<, >Mischbecken<) (DIN 4045). A. werden häufig bei industriellen >Kläranlagen< vorgeschaltet. Bei kommunalen Anlagen dienen sie zum Ausgleichen bzw. Mischen industrieller Abwasserzuflüsse (z. B. Molkereien, Brauereien, Textilverarbeitung). Die Bemessung erfolgt meist nach einem best. Stundenausgleich.

Ausgleichsanspruch. 1) Zivilrechtlich: Anspruch eines Privaten auf Ausgleich, insbesondere eines erlittenen Schadens; Rechtsnormen: §§ 906 ff., 1004, 823 ff. BGB. 2) Öffentlich-rechtlich: Anspruch der öffentlichen Hand auf Ausgleich eines Eingriffs in Natur und Landschaft. Rechtsgrundlagen finden sich in den Landesnaturschutzgesetzen (naturschutzrechtliche Ausgleichsabgabe).

Ausgleichskonzept. („offset policy"). Das ebenso wie das >Glockenkonzept< in den USA entwickelte A.

Ausfuhr (Chemikalien): EWG-Verordnungen für bestimmte Chemikalien

---

1. Verordnung (EWG) Nr. 1734/88 des Rates vom 16.06. 1988 über die Ausfuhr bestimmter gefährlicher Chemikalien aus der Gemeinschaft bzw. deren Einfuhr in die Gemeinschaft (ABl. Nr. L 155 vom 22.06. 1988).

2. Vorschlag für eine Verordnung (EWG) des Rates betreffend die Ausfuhr und Einfuhr bestimmter gefährlicher Chemikalien. Von der Kommission vorgelegt am 20.12. 1990 (ABl. C Nr. 17 vom 25.01. 1991).

3. Verordnung (EWG) Nr. 428/89 des Rates vom 20.02. 1989 betreffend die Ausfuhr bestimmter chemischer Erzeugnisse (Kampfstoffvorprodukte) ABl. Nr. L 50 vom 22.02. 1989.

4. Verordnung (EWG) Nr. 3677/90 des Rates vom 13.12. 1990 über Maßnahmen gegen die Abzweigung bestimmter Stoffe zur unerlaubten Herstellung von Suchtstoffen und psychotropen Substanzen (Drogenvorprodukte), gültig am 01 07. 1991 (ABl. Nr. L 357 vom 20.12. 1990).

– In diesem Zusammenhang ist die Entschließung des >Europäischen Parlaments< (EP) vom 22.02. 1991 „zum Grundsatz der Äquivalenz der im Handel zwischen der Europäischen Gemeinschaft und Drittländern für gesundheitsund umweltgefährdende Erzeugnisse geltenden Ausund Einfuhrbestimmungen" zu erwähnen (ABl. Nr. C 72, 18.03. 1991).

wird als umweltpolitisches Instrument vornehmlich in >Untersuchungsgebieten< eingesetzt. Mit Hilfe dieses Konzeptes kann die Möglichkeit geschaffen werden, unter bestimmten Voraussetzungen auch in Untersuchungsgebieten neue Anlagen zu errichten und bestehende Anlagen zu erweitern. Nach dem A. dürfen neue, emissionsrelevante Anlagen dann errichtet und in Betrieb genommen werden, wenn gleichzeitig an anderer Stelle bei bestehenden Anlagen des gleichen Unternehmens („internal offset") oder des gleichen Gebietes („external offset") >Emissionen< in mindestens gleichem Umfang reduziert werden. In den USA muß bei der Verringerung der jeweiligen Emissionen eine Ausgleichsrelation zwischen verminderten und neuen Emissionen von 1,1 bis 1,3 zu 1 eingehalten werden, um sicherzustellen, daß sich die Immissionssituation in Untersuchungsgebieten insgesamt verbessert. In den USA wurden von 1977 bis 1981 etwa 1000 unternehmensinterne Ausgleichsoperationen registriert. In Deutschland wurde mit der Neufassung der >TA Luft< 1986 erstmals auch im bundesdeutschen >Umweltrecht< die Möglichkeit geschaffen, in besonderen Fällen das A. anzuwenden. Der Ausgleich ist nur zwischen denselben oder in der Wirkung auf die Umwelt gleichen Stoffen und nur zwischen Anlagen zulässig, die mindestens eine Beurteilungsfläche gemeinsam haben oder deren Beurteilungsgebiete sich mindestens in der Größe einer Beurteilungsfläche überschneiden (Ziff. 4.2. 10 TA Luft 1986).
Lit: Knüppel H (1989) Umweltpolitische Instrumente, Nomos Verlagsgesellschaft, Baden-Baden.

Auslaufbauwerk. Bauliche Einrichtung an der Auslaufstelle von >Kanälen<, Abwasserleitungen und Abwasserdruckleitungen in einen >Vorfluter< (DIN 4045). Die Ausmündung von Entwässerungsleitungen im Vorfluter erfordert den Bau von A. Bei größeren Vorflutern ist die Ausmündung so anzuordnen, daß einerseits ein störungsfreier Abfluß des Vorfluters ermöglicht wird und andererseits Beschädigungen vom Wasserlauf aus vermieden werden. Damit im Bereich der Ausmündung – die zweckmäßigerweise bis in den Stromstrich geführt wird – die >Selbstreinigungskraft< des Vorfluters nicht überansprucht wird, soll sich das eingeleitete Abwasser rasch mit dem Wasser des Vorfluters vermischen. Die Ausmündung ist stromab in die Fließrichtung zu führen. Der Winkel zwischen der Achse des Auflaufkanals und dem Vorfluter soll maximal 45° betragen. Bei starker Wasserführung des Vorfluters und geringen Zuflüssen aus dem Kanal kann er größer sein. An kleinen Wasserläufen wird das A. in die Böschung gelegt. An der Ausmündung in den Wasserlauf ist eine Herdmauer bzw. eine Spundwand anzuordnen.
Lit: Abwassertechnische Vereinigung (Hrsg.) (1982–1986) Lehr- und Handbuch der Abwassertechnik, 3. Aufl., Bd. 1–7, Verlag von Wilhelm Ernst und Sohn, Berlin München.

Auslaugrate. Die A. ist ein Maß für das Auslaugverhalten von Festkörpern in Flüssigkeiten. Beispielsweise gilt für verfestigte radioaktive Abfälle in siedendem destilliertem Wasser:

zementierte Abfälle 10^{-2} bis 10^{-3} g/cm²·Tag
bituminierte Abfälle 10^{-4} bis 10^{-5} g/cm²·Tag
verglaste Abfälle 10^{-5} bis 10^{-7} g/cm²·Tag

Auslaugresistenz. Widerstandsfähigkeit gegen Auslaugen in Flüssigkeiten.

Auslegung, öffentliche. Verwaltungsrechtliches Instrument zur Beteiligung der Öffentlichkeit an öffentlich-rechtlichen Zulassungsverfahren, für welche die Öffentlichkeitsbeteiligung gesetzlich vorgeschrieben ist. So setzt z. B. das >Genehmigungsverfahren< nach >BImSchG< einen schriftlichen Antrag voraus. Die zuständige Behörde hat das Vorhaben öffentlich bekanntzugeben und die Unterlagen (mit Ausnahme der Geschäfts- und Betriebsgeheimnisse) einen Monat lang zur Ansicht öffentlich auszulegen. Sinn der Bekanntmachung ist es, die Nachbarn und etwaige sonstige Interessenten über den Beginn und den weiteren Ablauf des Genehmigungsverfahrens zu unterrichten. § 9 (1) der 9. >BImSchV< bestimmt, daß die Bekanntmachung zusätzlich den notwendigen Inhalt des Antrags wiedergeben und einen Hinweis auf die Dauer der Auslegungsfrist (begrenzt für einen Monat) unter Angabe des ersten und des letzten Tages enthalten muß. Das Vorhaben ist im amtlichen Veröffentlichungsblatt der Genehmigungsbehörde und in mindestens einer im Bereich des Standortes der Anlage verbreiteten örtlichen Tageszeitung bekanntzumachen. Der Antrag und die Unterlagen sind zur Einsicht auszulegen. Durch die Auslegung soll die Öffentlichkeit Gelegenheit haben, sich über die möglichen Auswirkungen des Vorhabens zu informieren. Deshalb sollen insbesondere solche Unterlagen ausgelegt werden, die Angaben über die Auswirkung der Anlage auf die Nachbarschaft und die Allgemeinheit enthalten. Unterlagen, die für Dritte keine Bedeutung haben, dürfen von der Auslegung ausgenommen werden. Die Auslegung erfolgt in den Amtsräumen der Standortgemeinde bzw. bei der >Genehmigungsbehörde<. Einsicht kann während der Auslegungsfrist und am Ort der Auslegung jedermann ohne Angabe von Gründen verlangen. Außerdem kann verlangt werden, daß eine Abschrift oder Vervielfältigung der Kurzbeschreibung überlassen wird. Dem Einsichtnehmenden darf nicht verwehrt werden, Aufzeichnungen über den Inhalt der ausgelegten Unterlagen anzufertigen. Einzelheiten der Auslegung und der Durchführung des Genehmigungsverfahrens nach BImSchG sind in der 9. BImSchV geregelt. Weitere Beispiele für öffentliche Auslegung im Rahmen der Öffentlichkeitsbeteiligung sind das Abfallrecht und das Atomrecht. Öffentlichkeitsbeteiligung in >Planfeststellungsverfahren< ist in §§ 72 ff. >Verwaltungsverfahrensgesetz< geregelt.
Lit: 9. Verordnung zur Durchführung des Bundes-Immissionsschutzgesetzes (Grundsätze des Genehmigungsverfahrens) – 9. BImSchG – vom 18. 02. 1977, zuletzt geändert durch VO vom 19. 05. 1988, BGBl. I, S. 608 – Bundesimmissionsschutzrecht, Kommentar, Feldhaus G, Vallender W, Deutscher Fachschriften-Verlag, Braun, Wiesbaden.

Auslegungsstörfall. Bei >Kernkraftwerken< wird heute eine weitgefächerte Vielfalt von Leitungsbrüchen und Komponentenversagen bei der Auslegung der Anlage zugrundegelegt. A. müssen durch die >Sicherheitseinrichtungen< so beherrscht werden, daß die Auswirkungen in der Umgebung unter den vorgegebenen Grenzwerten der >Strahlenschutzverordnung< bleiben. >GAU<.

Ausleseverfahren. >Bodenbiologie, Methoden<.

Auslöseschwelle. Ist die Konzentration eines Stoffes in der Luft, am Arbeitsplatz oder im Körper, bei deren Überschreitung zusätzliche Maßnahmen zum Schutz der Gesundheit erforderlich sind.
Lit: Technische Regeln für Gefahrstoffe (1986) Carl Heymanns Verlag.

Ausnutzungsdauer. Die Ausnutzungsdauer eines >Kraftwerkes< ist gleich dem Quotienten aus der Gesamtarbeit in einer Zeitspanne und der >Engpaßleistung< der Anlage (s. Tabelle).

Ausnutzungsdauer: Die Ausnutzungsdauer verschiedener Kraftwerke der öffentlichen Versorgung in Deutschland im Jahre 1997

Ölkraftwerke	235 h/a
Erdgaskraftwerke	1.871 h/a
Steinkohlekraftwerke einschl. Mischfeuerung	4.447 h/a
Laufwasserkraftwerke	5.247 h/a
Braunkohlekraftwerke	6.695 h/a
Kernkraftwerke	7.245 h/a

Auspuffgeräusch. >Geräusch<.

Ausreißer. Extremwerte: Bezeichnung für einzelne extrem hohe oder niedrige Werte einer Mehrfachanalyse. Sie können das Gesamtergebnis verfälschen, indem sie den Mittelwert stark verschieben bzw. die Standardabweichung vergrößern.

Außenkippe. >Kippe<.

Aussalzeffekt. Die Eigenschaft, daß durch Zugabe eines Salzes zu einem in Lösung befindlichen Stoff dieser ausgefällt wird, während der Salzzusatz selbst in Lösung geht. Der gelöste Stoff wird dabei durch das hinzugefügte Salz gleichsam aus der Lösung verdrängt. Dieser Effekt findet technisch vielseitig Anwendung, so z. B. bei der Seifenherstellung durch Zugabe großer Mengen an >Kochsalz< zu den mit Lauge verseiften Fetten und Ölen, wodurch die Seife ausfällt und sich als zähflüssige Schicht auf der Wasseroberfläche abscheidet. Synthetische Farbstoffe werden durch ähnliche Verfahren gewonnen, wobei viele durch Aussalzen mit Natriumacetat gereinigt werden, während Direktfarbstoffe durch Verdrängung aus ihrer Lösung sich auf Fasern niederschlagen. Bei kolloidalen Lösungen, deren dispergierte Teilchen elektrische Ladungen tragen, werden diese durch Salzzusatz so weit neutralisiert, daß es zu ihrer Ausfällung kommt.

Aussolverfahren. Verfahren zur Herstellung von Hohlräumen, bei dem man die Löslichkeit mineralischer Rohstoffe in Wasser ausnutzt. Auch gebräuchlich zur Herstellung von Speicher- oder Deponieräumen im Salzgestein. >Untertagespeicher<, >Kaverne<.

Ausschuß für Gefahrstoffe (AGS). In § 44 >GefStoffV<, ist festgelegt, daß ein AGS gebildet wird und welche Zusammensetzung und Aufgaben er hat. Ihm gehören 38 Mitglieder aus vier verschiedenen Arbeitsbereichen an, die von den Arbeitnehmern und -gebern sowie Behörden und der Wissenschaft entsandt werden. Die Beteiligung der Sozialpartner ist wegen der Akzeptanzfragen von besonderer Bedeutung. Der AGS gliedert sich in z. Z. acht Unterausschüsse (UA), aus deren Bezeichnung die wichtigsten Schwerpunkte der Arbeiten hervorgehen (s. Tabelle rechts). Zielsetzung ist die Umsetzung allg. Schutzziele in konkrete Vorschriften für die betriebliche Praxis. Der AGS hat v. a. die Aufgabe, die Bundesminister für Arbeit und Sozialordnung sowie für Umwelt, Naturschutz und Reaktorsicherheit in Fragen des Arbeitsschutzes bzw. des allg. Gesundheitsschutzes zu beraten. Ferner befaßt er sich mit der Erarbeitung der für den sicheren Umgang

Ausschuß für Gefahrstoffe

Ausschuß für Gefahrstoffe (AGA)
Vorsitzender: Prof. Dr. H. Hulpke, Bayer AG
Stellvertreter: R. Konstanty, DGB-Hauptvorstand,
    – Dr. W. Streit Ministerium f. Umwelt u. Gesundheit Rheinland-Pfalz
UA I: *Technik und Umwelt*
Obmann: Prof. Dr. Ing. H. Steen,
    – Bundesanstalt für Materialforschung und -prüfung (BAM), Berlin
UA II: *Einstufung und Kennzeichnung*
Obmann: Dr. H. Schnierle,
    – Hoechst AG, Frankfurt a. M.
UA III: *Arbeitsmedizin*
Obmann: Prof. Dr. Dr. H. M. Bolt,
    – Institut für Arbeitsphysiologie an der Universität Dortmund
UA IV: *Krebserzeugende Stoffe*
Obmann: Dr. rer. nat. G. Fleischhauer,
    – Berufsgenossenschaft der chemischen Industrie, Heidelberg
UA V: *TRK-Werte, Anwendung von Grenzwerten*
Obmann: Dr. rer. nat. H. Blome,
    – Berufsgenossenschaftl. Inst. für Arbeitssicherheit (BIA), Sankt Augustin
UA VI: *Meßstrategie*
Obmann: Dr. E. Drope,
    – Bayer AG, Leverkusen
UA VII: *Verwendungsbeschränkungen*
Obmann: Dr. rer. nat. G. Meyer,
    – IG Chemie Papier Keramik, Hannover
UA VIII: *Gesundheitsund Verbraucherschutz*
Obmann: Prof. Dr. med. F. Kemper,
    – Institut für Pharmakologie und Toxikologie der Universität Münster
AK *Toxikologie*
Obmann: Dr. D. Steinhoff
    – Bayer AG, Leverkusen

mit >Gefahrstoffen< notwendigen Erkenntnisse, mit der Ermittlung, wie die Anforderungen der GefStoffV erfüllt werden können sowie mit Vorschlägen für Vorschriften, die dem Stand von Wissenschaft, Technik und Medizin entsprechen. Um diese Aufgabe zu erfüllen, erarbeitet der AGS >Technische Regeln für Gefahrstoffe (TRGS)<. Diese werden von den Unterausschüssen formuliert, vom Plenum (AGS) verabschiedet und vom BMA bzw. BMU – im Bundesarbeits- oder im Bundesgesundheitsblatt – veröffentlicht.
Lit: Schäfer HK (1990) Die Bedeutung des Ausschusses für Gefahrstoffe. Nachr Chem Tech Lab, S.108/9 – Weinmann W (1992) 20 Jahre AGS. Bundesarbeitsblatt, S.18/19.

Ausstrahlung. Die von der Temperatur des strahlenden Körpers abhängige Wärmeabgabe in Form von langwelliger Strahlung nach dem Stefan-Boltzmann-Gesetz im Wellenlängenbereich 0,3 bis 100 µm. In der Meteorologie beobachtet man zwei Formen der A.: Wärmeabgabe der Atmosphäre (A) >atmosphärische Gegenstrahlung< sowie Wärmeabgabe des Untergrundes (E) >terrestrische Strahlung<.
Die Differenz E-A bezeichnet die effektive A. der Erdoberfläche, -(E-A) = A-E ist die langwellige Strahlungsbilanz der Erdoberfläche.
Lit: VDI 3786 (1986) Blatt 5: Globalstrahlung, direkte Sonnenstrahlung und Strahlungsbilanz.

Austausch. Gesamtheit aller turbulenten Vorgänge in allen Größenordnungen in der Atmosphäre. >Atmosphärische Turbulenz<.

Austauscharme Wetterlage. Eine flach über dem Erdboden (ca. 700 m) liegende >Inversion<, die die stabile Grenzschicht nach oben hin begrenzt (Def. >Turbulenz<), sowie geringe Horizontalwinde verhindern den >Austausch< bzw. die Durchmischung der Luft in der Vertikalen. Diese Bedingungen treten häufig im Herbst oder im Winter am Rande von Hochdruckgebieten auf. Die Konzentration der Luftbeimengungen ist im *stationären* Fall proportional der Quellstärke aller Emittenten im betrachteten Volumen und umgekehrt proportional der >Windgeschwindigkeit< und der Inversionshöhe. Im *nichtstationären* Fall wird die Schadstoffkonzentration v. a. durch >Advektion< von Luftbeimengungen von außerhalb des Gebietes vermittels höherer Windgeschwindigkeiten oder durch Absinken der Inversionshöhe erhöht. Nach der für Smog-Gebiete erlassenen Smog-Verordnung liegt eine a. W. dann vor, wenn (1) in einer Luftschicht, deren Untergrenze weniger als 700 m über dem Erdboden liegt, die Temperatur mit der Höhe zunimmt (Temperaturinversion), (2) die Windgeschwindigkeit in Bodennähe seit mehr als 12 Stunden im Mittel weniger als 3 m/s beträgt, und (3) nach den meteorologischen Erkenntnissen des >Deutschen Wetterdienstes< nicht auszuschließen ist, daß diese Wetterlage länger als 24 Stunden anhalten wird. >Smog<, >Turbulenz<.
Lit: VDI Richtlinie 3782 (Vorentwurf 1990) Blatt 9, Abschnitt 2: Umweltmeteorologie, Meteorologische Kriterien für Winter-Smog – BlmSchG i. d. F. vom 14. 05. 90 (BGBl. I, S. 880).

Austauschazidität. >Bodenazidität<

Austauschbedingungen. Meteorologische Parameter, die den Vertikalaustausch in der >atmosphärischen Grenzschicht< bestimmen. Dies sind in erster Linie die Geschwindigkeit des Horizontalwindes und seine vertikale Scherung, >Windscherung<, der Vertikalgradient der Lufttemperatur, sowie die Existenz und Höhe von Temperatur>inversionen<.

Austauscher. Besonders als Wärme- oder Ionenaustauscher bekannte Körper bzw. Systeme im technisch-wissenschaftlichen Bereich, die Wärme oder Ionen aus einer physikalischen Phase (Aggregatzustand/Teilsystem) über eine Kontaktphase bzw. -system in ein anderes Teilsystem/Phase überführen. Als wichtige natürliche Kationenaustauscher wirken in Böden Ton- und Oxidminerale sowie die sog. organ. Substanz. Kationenaustauscher werden auch z. B. in der Wasserenthärtung angewandt, wo bei Passage von hartem ($CaCO_3$-haltigem) Wasser durch Kationenaustauscher das die >Wasserhärte< bedingende Ca^{2+}-Ion gegen K^+ ausgetauscht wird.

Austauscherharze. Kunstharze (>Polykondensate<) aus org. Netzwerk mit überwiegend sauren Gruppen (Kationenaustauscher). Im sauren Austauscher bilden sich im Wasser H^+-Ionen, im basischen Austauscher OH^--Ionen (>Ionenaustauscher<). A. müssen regeneriert werden, sobald sie mit den zu entfernenden Ionen gesättigt sind. Dies geschieht durch Behandlung mit >Säuren< oder >Basen<. Der wichtigste Schritt in der Entwicklung der Ionenaustauscher war die Herstellung von Austauschermaterial auf >Kunstharzbasis<. Die Kondensations- und >Polymerisationsharze< von Kunstharz-Ionenaustauschern sind strukturchem. als lockere Gerüste (Kristallgitter oder vernetzte Ketten) aufzufassen, in die austauschaktive Gruppen versch. Charakters eingebaut werden können. Sie gestatten somit die Herstellung von Kationenaustauschern mit

sauren und Anionenaustauschern mit basischen, austauschaktiven Gruppen, die je nach Aufbereitungszweck auf eine best. Reaktionsstufe eingestellt werden können.
Lit: Abwassertechnische Vereinigung (Hrsg.) (1982–1986) Lehr- und Handbuch der Abwassertechnik, 3. Aufl., Bd. 1–7, Verlag von Wilhelm Ernst und Sohn, Berlin München.

Austauschisothermen. Beschreiben die Veränderung des Austausch-Gleichgewichtes gewöhnlich von Paaren herausgegriffener Kat- od. Anionenspec. zwischen Austausch-Lsg. und geladenen >spez. Oberflächen< natürlicher od. synth. >Austauscher< bei konst. Temp. Der dadurch beschriebene >Ionenaustausch< stellt die wichtigste Speichereig. für Nährionen wie K^+, Ca^{2+}, Mg^{2+} und NH_4^+, aber auch für Schadionen in >Böden< dar: A. kennzeichnen den sofort od. leicht >pflanzenaufnehmbaren< Anteil eines Nährions im System Austauscher-Lsg. – im Gegensatz zu dem nichtaustauschbaren, fixierten od. chem. gebundenen Anteil, der erst bei höherem Energieaufwand od. nach einer Mineralisierungsreaktion freigesetzt für die Aufnahme zur Verfügung steht; s. a. >Filterfunktion< von Böden. In der einfachsten Form wird wie bei der >Adsorptionsisotherme< die Abhängigkeit der sorbierten Menge Ionen pro Masseneinheit Austauscher von der Ionenkonz. oder -aktivität in der umgebenden Austauschlsg. dargestellt (s. Abb. a, S. 135); aussagekräftiger ist jedoch die Darstellung der Veränderung des Mengenverhältnisses zweier Ionenspec. am Austauscher mit der Veränderung des reduzierten >Aktivitätenverhältnisses< (abgekürzt AR, von activity ratio) in Lsg. als Ausdruck der Austausch-Energien bzw. -Enthalpien, der sog. Beckett-Form (s. Abb. b und c, S. 135).
Werden für eine herausgegriffene Ionenspec. die Isothermen nur zur Charakterisierung der Austauschverhältnisse bei sehr kleinen Anteilen verwendet, dann lassen sich beide Isothermen-Formen ineinander überführen, solange zusätzlich eine Ionenspecies, wie z. B. Ca^{2+} in Ca-reichen od. gut Ca^{2+}-gedüngten Böden, deutlich überwiegt. Allg. jedoch hängt die Form a) von der Zus. der Ionentracht am Austauscher ab. A. der Beckett-Form eignen sich als Charakteristika für die Austauscher; bei Böden als den wichtigsten natürlichen Austauschkörpern ist der Verlauf z. B. der K-Ca-Isotherme dann in erster Linie abhängig von Art und Mengenanteil der Austauscher an der Festphase, also von org. Substanz und Tonmineralen, sowie von der Düngungsgeschichte (s. Abb. c). Düngung über oder unter Entzug plus unvermeidbare Verluste hinaus läßt Nährionen-Vorräte in Böden anwachsen bzw. sinken, was sich in einer Verschiebung der Beckett-Isothermen parallel zur Ordinate ausdrückt (s. Abb. c).
Das durch Extrapolation der Beckett-Isotherme erhaltene Ordinaten-Intercept ist Ausdruck für das sofort mit Ca austauschbare K, während der Schnittpunkt mit der Abszisse das Gleichgewichts-Aktivitätenverhältnis AR_0 angibt. Die Steigung der Beckett-Isotherme gibt generell die spez. >Pufferkapazität<, in AR_0 die aktuelle spez. Pufferkapazität an, d. h. die Menge K, die pro AR-Einheits-Änderung freigesetzt bzw. gegen Ca am Austauscher ausgetauscht wird. Die spez. Pufferkapazität entspr. im linearen Bereich der Beckett-Isotherme dem Produkt aus dem >Gapon-Koeffizienten< der >Gapon-Gl.< und der >Kationenaustausch-Kapazität<. Der gekrümmte Verlauf der Beckett-Isothermen, bei hochgedüngten Böden meist im Bereich AR >AR_0, entspr. dem Austausch auf spez. Austauscherplätzen hoher Bindungsintensität und wird

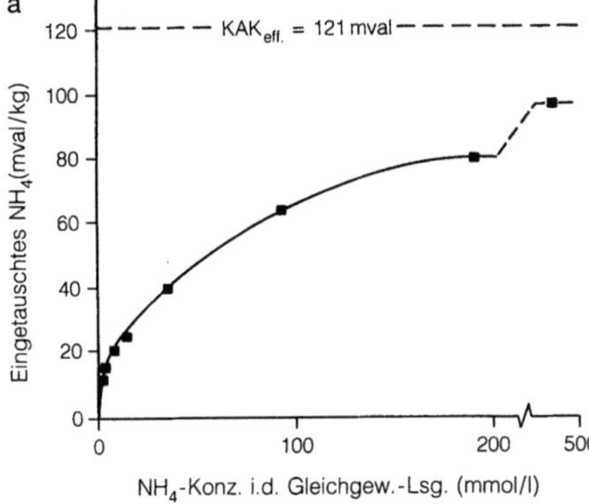

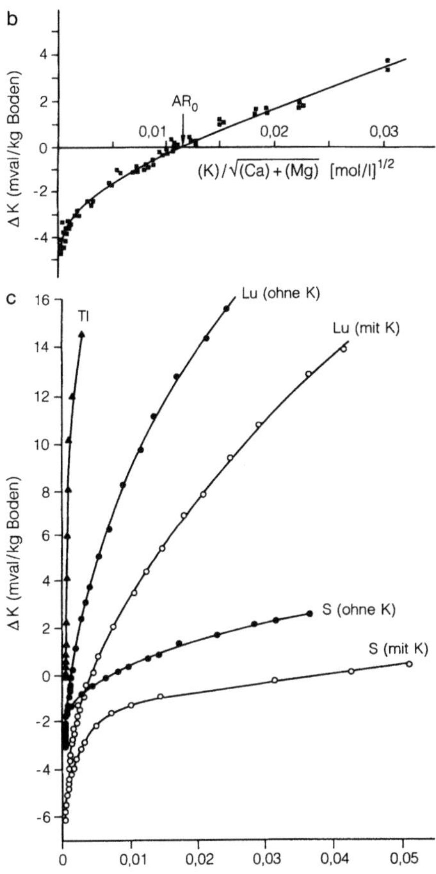

Austauschisothermen: Austauschisothermen für den Kationen-Austausch. a) Adsorptions-Typ, hier für Ammonium im A_p-Horizont einer Löß-Parabraunerde, b) Beckett-Typ für den Austausch K gegen (Ca+Mg), c) wie b), jedoch für Bodenproben unterschiedlicher Tongehalte, K-Düngung und Fixierung (aus: Scheffer F, Schachtschabel P (1989) Lehrbuch der Bodenkunde, 12. Aufl., Enke, Stuttgart)

am besten durch eine >Freundlich-Isotherme< dargestellt. Der nahezu lineare Teil in der Abb. bedeutet nahezu konstante Gapon-Koeffizienten, d. h. unspez. Bindung an leicht zugänglichen Positionen auf den Austauscher-Oberflächen und läßt sich durch eine >Langmuir-Isotherme< beschreiben. Neben der Gapon-Gl. die die Grundlage für die Beckett-Isothermen bildet, sind auch andere Austausch-Gl. gebräuchlich.

Austauschkapazität. >Kationenaustauschkapazität<.

Austrocknungs-Koeffizient. Der A. α (s^{-1}) ist ein Maß für das Wasser-Rückhaltevermögen des Untergrundes oder eines Einzugsgebietes. Er ist definiert durch die Austrocknungsgleichung nach MAILLET (1905)
$$Q_t = Q_o \cdot e^{-\alpha t},$$
mit der >Quellschüttung< oder dem >Abfluß< Q_t (m^3/d) nach einer Zeit von t Tagen, die seit der Erstmessung (Q_o) verstrichen ist. Der A.-K. α hängt von der Größe, dem Hohlraumanteil und der Durchlässigkeit des Grundwasservorkommens ab.
Lit: Mattheß G, Ubell K (1983) Allgemeine Hydrogeologie, Grundwasserhaushalt, Gebr. Borntraeger, Berlin Stuttgart.

Auswaschung. Bezeichnet den Austrag der in der Bodenlösung vorhandenen Nährstoffionen aus dem Wurzelbereich durch das >Sickerwasser< in das Grundwasser. Bei der in unseren Breiten positiven >Wasserbilanz< ist die Wasserbewegung abwärts gerichtet, eine A. also nicht vermeidbar. Je nach >Nährstoff< und Standort werden unterschiedliche Mengen ausgetragen (in kg/ha und Jahr): Calcium: 200 bis 450, Kalium: 20 bis 60, Magnesium: 10 bis 40, Phosphat: 0 bis 10, Stickstoff: 10 bis 100. Unter Umweltaspekten spielt die A. von Stickstoff die wichtigste Rolle (>Nitratauswaschung<).

Autoabgas. Allgemeinbegriff für die Schadstoffe im Abgas von Fahrzeugen. Festgelegte Meßverfahren (>Abgas-Rollenprüfstand<) definieren die >gesetzlich limitierten Schadstoffe<, zahlreiche Maßnahmen an Motor und Fahrzeug vermindern den Schadstoffgehalt, s. a. >Abgasnachbehandlung<, >Abgasrückführung<, >Katalysator<, >Motormanagement<.
Lit: Schäfer G, v Basshuysen R (1993) Schadstoffreduzierung und Kraftstoffverbrauch von PKW-Verbrennungsmotoren. Springer-Verlag, Wien New York – Mayer KP, Tagung Motor und Umwelt, MTZ 59 (1998) 1, S. 50–52.

autochthon. Biotopeigenes Material; innerhalb eines >Lebensraumes< an Ort und Stelle entstanden. Gegensatz: >allochthon<.

Autökologie. Der Bereich der >Ökologie<, der sich mit den einzelnen Organismen befaßt. Meist wird mit physiologischen Methoden eine Art im Hinblick auf >abiotische< oder >biotische Faktoren< untersucht. Gegensatz: >Synökologie<.

Autofluoroskop. Gerät in der >nuklearmedizin<ischen Diagnostik zur Lokalisation der in einem Organ deponierten >Radioaktivität<. Das A. besteht aus einer Anordnung von 14 × 21 Natriumiodid-Kristallen zur Erfassung der ausgestrahlten >Gammaquanten<. Die in den Kristallen erzeugten Lichtblitze werden von den an Seiten befindlichen Photomultipliern erfaßt und in elektrische Signale umgewandelt. Mittels einer >Koinzidenzschaltung< kann der das Lichtsignal aussendende Kristall best. werden. Das A. ist wegen seiner rel. geringen Ortsauflösung von etwa 1 cm in neuerer Zeit mehr und mehr durch die >Gammakamera< verdrängt worden.

Autogas. Handelsname für >Flüssiggas<.

Auto-Oil-Program. Umfangreiche Untersuchungen von zahlreichen Mineralölfirmen und Kraftfahrzeugherstellern mit dem Ziel, umweltfreundliche Kraftstoffe zu schaffen. Dabei ist von besonderem Interesse, wie bestimmte Kraftstoffkomponenten, wie z.B. Aromaten oder Alkene (Olefine), den Schadstoffgehalt im Abgas und aus der Kraftstoffverdampfung von Kraftfahrzeugen bestimmen. Diese Untersuchungen führten in den USA unter besonderer Bewertung des >Smog<problems zum >Reformulated Gasoline<. Vergleichbare Tests in Europa mit den dort vorwiegend gefahrenen Fahrzeugtypen führten zu ähnlichen Ergebnissen in der Zusammensetzung von Ottokraftstoffen. Auch Dieselkraftstoffe wurden in entsprechenden Programmen untersucht, z.B. im >ACEA<-Programm mit der Beteiligung von namhaften Motoren- und Kraftstoffherstellern, >Umweltfreundliche Kraftstoffe<.

Autokatalyse. Form der >Katalyse<, bei der ein während der Reaktion gebildetes Produkt den weiteren Verlauf der Reaktion beschleunigt.

Autolyse. Freisetzung von Stoffen aus toten Organismen ohne Mitwirkung von anderen Organismen. A. erfolgt durch Wirkung von Eigenenzymen und den Zusammenbruch von Transportbarrieren. Sie spielt eine große Rolle beim Abbau von Fallaub im Boden und Wasser. Durch sog. Leaching werden org. Stoffe freigesetzt, noch ehe Mikroorganismen tätig werden, jedoch führt das Leaching zur Ansammlung von >Bakterien< und >Pilzen<. A. ist auch für den „kleinen Phosphorkreislauf" in Gewässern von Bedeutung: durch A. z.B. des >Planktons< werden beträchtliche Mengen org. gebundenen Phosphors frei, noch ehe die toten Partikel aus der durchlichteten Oberschicht absinken. Mit diesem Phosphor kann sofort wieder pflanzliche >Biomasse< aufgebaut werden.

Autoradiographie. Als A. bezeichnet man die fotografische Aufzeichnung der Verteilung eines >radioaktiven Stoffes< durch die von diesem Stoff emittierte >Strahlung<. A. wird oft in der Umweltforschung zur Aufnahme, >Akkumulation< und >Translokation< von radioaktiv markierten >Umweltchemikalien< in >Testorganismen<, z.B. Pflanzen, durchgeführt.

Autoradiolyse. Dissoziation von Molekülen durch >ionisierende Strahlung<, die von >radioaktiven Stoffen< stammt, die in der Substanz oder im Substanzgemisch selbst enthalten sind. Beispiel: autoradiolytische Dissoziation des Wassers im hochaktiven, flüssigen >radioaktiven Abfall<, sowie autoradiolytische Umwandlungen von mit C-14 oder S-35 radioaktiv markierten, org. Verb., die z.B. in der Umwelt- und >Metabolismus<-Forschung eingesetzt werden.

Autosom. >Heterosom<.

autotherm. Ein Prozeß (z.B. >Vergasung<) ist autotherm, bei dem die benötigte Wärme durch Teilverbrennung entsteht.

autotroph. (Grch. autos = selbst; trophein = ernähren). Beschreibt die Ernährungsweise von Organismen, die für den Aufbau ihrer org. Verb. ausschließlich anorg. Stoffe benötigen. >Photoautotrophe< Lebewesen nutzen hierfür als Energiequelle das Licht, chemoautotrophe dagegen die chem. >Energie<, die bei der Ox. von

anorg. Substraten wie H_2, NH_4^+, NO_2^-, H_2S oder S frei wird. Mit Autotrophie bezeichnet man heute meist die autotrophe Kohlendioxidassimilation, die bei der >Photosynthese< stattfindet.

Autotrophe Bakterien. Bestreiten den Aufbau ihrer org. Verb. ausschließlich mit anorg. Stoffen.

Autoverwertung. Möglichst umfassende Nutzung nicht mehr gebrauchsfähiger Fahrzeuge mit der Absicht, das Material weitgehend zu recyclieren und Deponien wenig zu belasten, >Altauto<.

Autowrack. >Altauto<.

Autowrackplatz. Allg.: Schrottplatz. Lagerplatz für nicht mehr fahrfähige Kraftfahrzeuge, auf denen Kraftfahrzeuge teilweise demontiert und >Wertstoffe< für eine Wiederverwertung entnommen werden. Die Anlage und der Betrieb eines A. unterliegt dem >Kreislaufwirtschafts- und Abfallgesetz< und damit den entsprechenden Genehmigungsverfahren und baulichen Anforderungen, z.B. zum Schutz des Grundwassers vor Verunreinigungen.

Autoxidation. Chem. Reaktion eines Stoffes mit Luftsauerstoff bei milden Bedingungen, die nach einer über freie Radikale verlaufenden Kettenreaktion abläuft und durch Licht, Wärme sowie Metallionen katalysiert werden kann. Die Reaktion gliedert sich in drei Schritte:
Kettenstart:
$R-H \rightarrow R \cdot + \cdot H$
Kettenfortpflanzung:
$R \cdot + O_2 \rightarrow R-O-O \cdot$
$R-O-O \cdot + R-H \rightarrow R-O-OH + \cdot R$
Kettenabbruch:
$R-O-O \cdot + R \cdot \rightarrow R-O-O-R$
Es ist im Gegensatz zur >Photooxidation< eine unselektive Reaktion. Besonders anfällig für die A. sind ungesättigte Verbindungen, die i. allg. in der Allyl-Stellung angegriffen werden. Die dabei gebildeten Primärprodukte sind Hydroperoxide und Peroxide, während als Sekundärprodukte >Aldehyde<, >Ketone<, >Alkohole< und Epoxide entstehen können. Die A. macht sich häufig störend bemerkbar, so z.B. bei der Alterung von Kunststoffen und Gummi, der Verharzung von Kraft- und Schmierstoffen sowie dem Ranzigwerden von Fetten und Ölen, insbesondere solchen, die einen hohen Anteil an mehrfach ungesättigten Fettsäuren besitzen, wie z.B. >Fischöl<. Durch Einsatz von >Antioxidantien< und >Stabilisatoren< können A. verhindert oder eingeschränkt werden.

Auxin. (Grch. auxanein = wachsen). Die allg. Bezeichnung für ein >Phytohormon<, das in Sproßzellen >Streckungswachstum< auslöst und der Indol-3-essigsäure (chem. Formel, s. S.137) in physiol. Hinsicht ähnelt. Weitere Wirkungen bestehen in der Stimulierung der Adventivwurzelbildung, der Hemmung des >Blattfalls<, der Förderung der apikalen Dominanz, der Steuerung des Fruchtwachstums und der Differenzierung von >Xylem<elementen. Die A.-Wirkung erfordert die Bindung an A.-spezifische Rezeptoren, z.B. an der Außenseite des Chloridkanals von Schließzellen. Die Signaltransduktionskette schließt mehrere, voneinander unabhängige Prozesse ein.
(1) A. führt zur raschen Aktivierung der Transkription einer Reihe sog. früher Gene. Hierzu zählen das ACS-Gen (codiert für die ACC-Synthase) sowie die Aux/IAA-Gene, die für kurzlebige Zellkern-Proteine co-

dieren, welche als Transkriptionsfaktoren die Expression sog. später A.-regulierter Gene steuern.

(2) H⁺-Export in den Zellwandbereich durch Stimulierung der Plasmalemma-ATPase; dies führt zu einer Erhöhung der Plastizität der Zellwand.

(3) Anstieg der cAMP-Konzentration und Freisetzung von Ca^{2+} aus intrazellulären Ca^{2+}-Speichern wie dem Endoplasmatischen Retikulum.

Der Transport innerhalb der Pflanze erfolgt streng polar im >Parenchym< oder über die >Phloem<leitungsbahnen. Im ersten Fall handelt es sich um ein spezifisches polares A.-Transportsystem, das auf einem aktiven A.-Efflux über einen A.-Anionen-Uniport beruht, wobei der Influx von ungeladenem A. passiv erfolgt. Eine Reihe hochwirksamer synth. A. wurde entwickkelt, die in der Pflanze nicht oder nur schlecht abgebaut werden. Dazu zählen verschiedene Indolsäuren, Naphthylsäure-, Chlorphenoxyessigsäure-, Benzoesäure- und Picolinsäure-Derivate. Viele dieser Verb. werden als >Herbizide< genutzt.

Indol-3-essigsäure

Auxotrophie. (Grch. trophe = Nahrung). Spezielle Ernährungsform von Mikroorganismen (z. B. auxotrophen Mutanten), bei der im Substrat best. Baustoffe (Wachstumsfaktoren) zusätzlich zu den Energiequellen („Grundnährstoffen") enthalten sein müssen, damit ein Wachstum stattfindet. Gegenüber den Wildtypen haben auxotrophe Mutanten die Fähigkeit zur Produktion eines für sie essentiellen Stoffes verloren, so daß dieser nun zugesetzt werden muß. Es gibt beispielsweise Leucin-bedürftige Mutanten (Mangel-, Defekt- oder Verlustmutanten), bei denen die Aminosäure Leucin zusätzlich zum normalen Nährmedium des Wildtyps vorhanden sein muß.

Avena sativa. (Syn. Saathafer). Zu den Süßgräsern (Poaceae) gehörendes einjähriges Kulturgras, das weit verbreitet angebaut wird und ca. im Juni/Juli blüht. Der Saathafer dient als pflanzlicher Testorganismus eines terrestrischen Systems bei biol. Testverfahren u. a. zur Beurteilung des >toxikologischen< und ökotoxikologischen (>Ökotoxikologie<) Wirkungspotentials neuer Stoffe innerhalb des Chemikaliengesetzes (Bundesgesetz zum Schutz vor gefährlichen Stoffen vom 16.09.1980, seit dem 01.01.1982 in Kraft getreten). Innerhalb der Stufe 1 des Chemikaliengesetzes, d.h. mehr als 100 t/Jahr oder 500 t insgesamt, wird hier die Hemmung des Wachstums von Saatgut, also die Verringerung der >Biomasse<, innerhalb von 14 Tagen nach einmaliger Applikation getestet.

Lit: Gesetz zum Schutz vor gefährlichen Stoffen (Chemikaliengesetz) vom 16.09.1980, BGBl. I 1980, S.1718 und 1986, S.1517. – Chemikaliengesetz (1983) Referenzchemikalien und Testspezies, Heft 4, Texte 34/83, Umweltbundesamt, Berlin. – Organisation of Economic Cooperation and Development (1981) Guidelines for Testing of Chemicals, OECD, Paris. – Rippen G (1987) Handbuch Umwelt-Chemikalien, Stoffdaten, Prüfverfahren, Vorschriften, Bd. 1, II, III, IV, 2. Aufl., ecomed Verlagsgesellschaft mbH, Landsberg/Lech. – Korte F, Bahadir M, Klein W, Lay JP, Parlar, H Scheunert I (1987) Lehrbuch der ökologischen Chemie, Grundlagen und Konzepte für die ökologische Beurteilung von Chemikalien, 2.Aufl., Georg Thieme, Stuttgart New York.

Aves (Vögel). Vögel sind wichtige Bestandteile der Nahrungsketten. Der Artenbestand kann nur durch den Erhalt der gewachsenen Kulturlandschaft gewährleistet werden. >Vertebrata<, >Nahrungskette<.

Avizid. Mittel gegen Schadvögel.

AVM-Verfahren. Kontinuierliches >Verglasungsverfahren< von flüssigem hochaktivem >Abfall< zu Borosilikatglas. Seit Juli 1978 ist eine Anlage in Marcoule/Frankreich in Betrieb. In der Wiederaufarbeitungsanlage La Hague wird dieses Verfahren im industriellen Maßstab genutzt.

Avoparcin. Ein aus einem Stamm von *Streptomyces candidas* gebildetes >Antibiotikum< mit Glykopeptidstruktur. Sein mikrobiol. Wirkungsspektrum ist gegen grampositive Bakterien wie Staphylokokken, Streptokokken und aerobe und anaerobe Sporenbildner gerichtet. A. ist ein >Leistungsförderer< und wird als >Futterzusatzstoff< in Dosierungen von 5 bis 40 ppm im >Alleinfutter< verwendet.

AVR. 1. Kerntechnik: Atomversuchsreaktor, Jülich; >Hochtemperaturreaktor< mit einer elektrischen Bruttoleistung von 15 MW, nukleare Inbetriebnahme am 26.08.1966, am 31.12.1988 endgültig außer Betrieb genommen. Die kumulierte Stromerzeugung betrug 1,7 TWh. Der >Reaktor< wurde nach dem von Prof. Schulten entwickelten >Kugelhaufen-Reaktor<-konzept errichtet. Mit dem AVR wurden v. a. Betriebserfahrungen für die Entwicklung von Hochtemperaturreaktoren gesammelt. Bei dem AVR handelt es sich um den ersten ausschließlich in der Bundesrepublik Deutschland entwickelten Leistungsreaktor.

2. Abwasser: (Schwed. *Avloppsvattenrening* = Abwasserreinigung) AVR ist ein leicht aufzulösendes >Fällungs<-/>Flockungsmittel< in Granulatform, das zur Reinigung von Wasser eingesetzt wird. Es enthält 3wertige Aluminium- und Eisenverb. AVR ist für die Abwasserreinigung in den meisten Reinigungsanlagen geeignet. Aufgrund der Gefahr der Ausfällung von Metallhydroxiden und der daraus folgenden verminderten Reinigungswirkung soll die Konz. der AVR-Lsg. immer über 5% liegen. Chem. Zusammensetzungen sind den Firmenprospekten zu entnehmen.

Azadirachtin. Wirkt als >Insektizid< und ist ein Extrakt aus dem Neem-Baum Azadirachta indica. Nimbin und Salannin sind die enthaltenden wichtigsten Triterpenoide von A.

Chemische Bezeichnung: Dimethyl (2a*R*(2aα,3β,4β-(1a*R**,2*S**,3a*S**,6a*S**,7*S**,7a*S**)4aβ,5α,7a*S**,8β(*E*),10β, 10aα,10bβ))-10-(acetyloxy)octahydro-3,5-dihydroxy-4-methyl-8-((2-methyl-1-oxo-2-butenyl)oxy)-4-(3a,6a,7, 7a-tetrahydro-6a-hydroxy-7a-methyl-2,7-methan-furo-(2,3-*b*)oxireno(*e*)oxepin-1a(2*H*)-yl)-1*H*,7*H*-naphtho-(1,8-*bc*:4,4a-*c'*)difuran-5,10a(8*H*)-dicarboxylat

CAS-Nummer: 11141–17–6

Wirkungstyp: Ecdyson-Antagonist; stört die Insektenhäutung.

Bevorzugte Anwendung: Der aus dem Neem-Baum gewonnene Extrakt wird gegen eine Vielzahl von Insekten angewandt, z. B. gegen Weiße Fliege, gegen saugende und beißende Insekten. Wegen der im Extrakt enthaltenen weiteren Inhaltsstoffe, z. B. Salannin, besitzen die Produkte zusätzlich Antifraß- und Repellenteigenschaften sowie nematizide, akarizide und fungizide Eigenschaften. Einsatz auch im Tierhygiene-Bereich.

Chemische und physikalische Eigenschaften: Gelbgrünes Pulver mit einem stechenden Knoblauch/Schwefel-Geruch.

Verteilungskoeffizient (log Po/w): 1,09.

Stabilität: Im Wasser erfolgt im alkalischen Bereich schnellere Hydrolyse als im sauren Bereich. Abbau und Metabolismus: Hauptabbauweg stellt die Photolyse dar. Die Dihydro- und Tetrahydro-Derivate zeigen eine signifikant längere Residualwirkung als die Stammverbindung. Die biol. DT_{50} für Kartoffelkäfer für 30 mg a. i./l liegt bei A. bei 14 Tage und für die Dihydroverbindungen zwischen 24,6 und 29 Tagen. Die im A. enthaltenen Triterpenoide Nimbin und Salannin werden signifikant schneller photolytisch abgebaut als A. DT_{50} beträgt im Wasser 19 Tage bei pH 4 und 12,9 Tage bei pH 7; jeweils bei 20 °C.

Säugertoxizität: Akute orale LD_{50} für Ratte >5.000 mg/kg. Akute dermale LD_{50} für Kaninchen >2.000 mg/kg.

Azepromazin. Sedativum, das Tieren bei Streßzuständen, z. B. bei Impfungen oder vor der Schlachtung, verabreicht wird. Handelsname: Plegicil.

Azidität. Maß für den Säuregrad oder die Säurestärke einer wäßrigen Lösung, deren Höhe durch den >pH-Wert< angegeben wird. Sie äußert sich durch die Fähigkeit einer in Wasser gelösten Substanz, Protonen an die Wassermoleküle abzugeben, wobei hydratisierte Hydroniumionen (H_3O^+-Ionen) entstehen. Je mehr Protonen von dieser Substanz abgegeben werden, um so höher ist ihre Säurestärke und um so geringer ist ihr pH-Wert. Die A. kann mit Hilfe von Indikatorfarbstoffen geprüft, bzw. quantitativ durch Neutralisationstitration bestimmt werden.

azidophil. Anpassung mancher Pflanzen und Tiere an ein saures Milieu, z. B. Boden mit niedrigem pH-Wert. Solche Bedingungen herrschen u. a. in >Hochmooren< und manchen Waldböden. Gegensatz: >basophil< und >basophob<, die jeweils bedeuten, daß bestimmte Organismen >Substrate< mit niedrigem bzw. hohem pH-Wert meiden.

Azinphos-ethyl. Wirkt als >Insektizid< und zählt zur Substanzklasse der >Phosphorsäureester<.
Chemische Bezeichnung: *S*-(3,4-Dihydro-4-oxo[1,2,3]-benzotriazin-3-ylmethyl)-*O,O*-diethyl-dithiophosphat
CAS-Nummer: 2642–71–9
Hersteller: Bayer AG
Wirkungstyp: Insektizid und >Akarizid< mit Fraßgift-Wirkung, Cholinesterase-Hemmstoff.
Bevorzugte Anwendung: Gegen beißende und saugende Insekten, Spinnmilben, Kartoffelkäfer, Rapsglanz-

käfer, Schädlinge im Kartoffel-, Ölfrucht- und Rübenanbau. Gegen Fritfliege in Mais.

Chemische und physikalische Eigenschaften:
Physikalische Beschaffenheit: Krist., farblos.
Schmelzpunkt: 53 °C.
Dampfdruck: $3,2 \cdot 10^{-6}$ haPa bei 20 °C.
Verteilungskoeffizient (log $P_{o/w}$): 3,18 bei 20 °C.
Stabilität: Rasche Hydrolyse in alkal. Medium, relativ stabil in saurem Medium.
Löslichkeit: In Wasser praktisch unlösl.
Abbau: Als Metaboliten in Pflanzen wurden Azinphos-ethyl-oxon, Benzazimid und Dimethylbenzazimid-sulfid bzw. -disulfid identifiziert.
Bei Nagern (Ratte und Maus) sehr rasche, praktisch 100 %ige Resorption. Nach zwei Tagen sind mehr als 90 % ausgeschieden.
Im Boden geringe Mobilität.
Toxizität: Akute orale LD_{50} für Ratten 12,5 bis 17,5 mg/kg. Akute dermale LD_{50} für Ratten 500 mg/kg. Inhalation Ratte LC_{50} ca. 0,15 mg/L (Aerosol). Nicht haut- und augenreizend.
Bienentoxizität: Bienengefährlich (B 1).
Fischtoxizität: Toxisch für Fische und Fischnährtiere. LC_{50} (96 h) für Regenbogenforelle 0,08 mg/L. EC_{50} (48 h) für *Daphnia* 0,2 µg/L.
Vogeltoxizität: Akute orale LD_{50} für Japanische Wachtel 12,5–20 mg/kg.

Azinphos-methyl. Wirkt als >Insektizid< und zählt zur Substanzklasse der >Phosphorsäureester<.
Chemische Bezeichnung: *S*-(3,4-Dihydro-4-oxo[1,2,3]-benzotriazin-3-ylmethyl)-*O,O*-dithiophosphat
CAS-Nummer: 86–50–0
Hersteller: Bayer AG
Wirkungstyp: Insektizid und Akarizid mit Fraßgift- und Berührungsgiftwirkung. Cholinesterase-Hemmstoff.
Bevorzugte Anwendung: Gegen beißende und saugende Insekten, Käfer, Raupen, Afterraupen, Obstmade, Hau- und Sauerwurm, Spinnmilben.

Chemische und physikalische Eigenschaften:
Physikalische Beschaffenheit: Krist., farblos.
Schmelzpunkt: 73 bis 74 °C.
Dampfdruck: $1,8 \cdot 10^{-6}$ hPa bei 20 °C.
Verteilungskoeffizient (log $P_{o/w}$): 2,96 bei 20 °C.
Stabilität: Rasche Hydrolyse in alkal., langsamer in saurem Medium.
Löslichkeit: In Wasser 30 mg/L bei 25 °C.
Abbau: Allg. Abbauprinzip für Dithiophosphate. Ox. zum Phosphat (Oxon) und Thiolphosphat, Entmethylierung einer oder beider Methylestergruppen, Hydrolyse mit Endstufe Phosphorsäure. Benzazimid wurde als Spaltstück gefunden.
Bei Nagern (Ratte und Maus) sehr rasche, praktisch 100 %ige Resorption. Nach zwei Tagen sind mehr als 95 % ausgeschieden.
Im Boden geringe Mobilität.

Toxizität: Akute orale LD$_{50}$ für Ratten 11 bis 20 mg/kg, für Meerschweinchen 80 mg/kg. Akute dermale LD$_{50}$ für Ratten 88 bis 220 mg/kg. Verabreichung von 2 und 5 mg/kg im Futter über 60 Tage an Ratten ohne gesundheitlichen Einfluß. Inhalation Ratte LC$_{50}$ ca. 0,15 mg/L (Aerosol). Nicht haut- und augenreizend.
Bienentoxizität: Bienengefährlich (B 1).
Fischtoxizität: Toxisch für Fische. LC$_{50}$ für Regenbogenforellen 0,01 mg/L (48 Stunden) und 4,3 µg/L (96 Stunden). Für Karpfen LC$_{50}$ (96 Stunden) 695 µg/L. EC$_{50}$ (48 Stunden) für *Daphnia magna* 1,6 µg/L.
Vogeltoxizität: Akute orale LD$_{50}$ für Japanische Wachtel 32 mg/kg.

Azocyclotin. Wirkt als >Akarizid< und zählt zur Substanzklasse der org. Zinnverb.
Chemische Bezeichnung: Tricyclohexyl-1H-1,2,4-triazol-1-ylzinn
Hersteller: Bayer AG
CAS-Nummer: 41083–11–8
Wirkungstyp: Langwirkendes Akarizid mit Berührungswirkung gegen alle beweglichen Stadien der Spinnmilben, Larven und Imagines.
Bevorzugte Anwendung: Gegen Spinnmilben, auch Phosphorsäureester- resistente Stämme, im Obst-, Gemüse-, Wein- und Citrusbau.

Chemische und physikalische Eigenschaften:
Physikalische Beschaffenheit: Farblose Kristalle.
Schmelzpunkt: 218,8 °C.
Dampfdruck: 10^{-5} hPa bei 20 °C.
Stabilität: Hydrolysiert in wässrigen Säuren unter Abspaltung von Triazol.
Löslichkeit: In Wasser weniger als 1 mg/L bei 20 °C.
Abbau: Als Metaboliten wurden in Pflanzen 1,2,4-Triazol, Tri-(cyclohexyl)-zinnhydroxid und Di-(cyclohexyl)-zinnoxid gefunden. Halbwertszeit im Boden je nach Bodenart zwischen einigen Tagen und mehreren Wochen. Bei Ratten rel. geringe Resorption (12 bis 15 %): Ausscheidung vor allem faecal (ca. 90 %), Rest renal. Kontinuierliche Ausscheidung aus allen Organen und Geweben.
Metabolismus: Azocyclotin wird vorwiegend hydrolytisch metabolisiert. In den Faeces konnte neben dem Wirkstoff und Tricyclohexylzinnhydroxid in geringeren Mengen Dicyclohexylzinnoxid nachgewiesen werden.
Toxizität: Akute orale LD$_{50}$ für männliche Ratte 99 mg/kg, Maus 410 bis 450 mg/kg, Meerschweinchen 261 mg/kg. Akute dermale LD$_{50}$ (Ratte) >1.000 mg/kg. >NOEL< (subchronisch, oral, Fütterung 3 Monate) 5 mg/kg für Ratte und Hund.
Vogeltoxizität: LD$_{50}$ Huhn 250 bis 375 mg/kg.
Inhalationstoxizität: LC$_{50}$ für männliche Ratte 0,018 mg/L Luft (4 Stunden).
Bienentoxizität: Nicht bienengefährlich (B 4).
Fischtoxizität: Fischgiftig. LC$_{50}$ für Karpfen 0,05 bis 0,1 mg/L, für Goldfisch 0,01 bis 0,1 mg/L, Regenbogenforelle 0,005 bis 0,01 mg/L, jeweils für das Spritzpulver (25 %, 96 Stunden).

Azogeranine B. >Brillantsäurecarmin 2G<.

Azorenhoch. Im Gebiet der Azoren nahezu immer anzutreffendes, mehr oder weniger stark ausgeprägtes stationäres >Hochdruckgebiet<, Teil des subtropischen Hochdruckgürtels (>Subtropenhoch<). Seine Lage und Intensität bestimmen wesentlich das Wetter und Klima in Mitteleuropa.

Azorubin. (Carmoisin, E 122): Dinatriumsalz der 2-(4-Sulfo-1-naphthylazo)-1-hydroxy-naphthalin-4-sulfonsäure. Ein Lebensmittelfarbstoff von kräftig bläulichroter Farbe. Zur Erzielung von roten Fruchttönen wird A. Getränken, Zuckerwaren, Marmeladen, Puddingpulver, Glasuren, Kunstspeiseeis und Obstkonserven zugesetzt. Der ADI-Wert beträgt bis zu 0,5 mg/kg Körpergewicht.

Azospirillum. (Pl. Azospirillen). Gattung von Bodenbakterien (z. B. *Azospirillum lipoferum*), die in der Lage ist, Distickstoff durch Red. zu Ammonium zu fixieren (>Stickstoff-Fixierung<). Für diese Fixierung bilden Azospirillen typischerweise Nitrogenase, einen molybdänhaltigen Enzymkomplex.

Azotobacter. Wichtige Gruppe von aeroben Bakterien, die elementaren Stickstoff (N$_2$) reduzieren und damit für den biol. Kreislauf verwertbar machen können. A. kommen in Böden bei pH-Werten größer 4 vor und benötigen leicht verwertbare org. Substanzen wie Kohlenhydrate, Peptide usw.

Azoxystrobin. Wirkt als >Fungizid< und zählt zur Substanzklasse der Strobilurine.
Chemische Bezeichnung: Methyl(E)-2[2-(6-(2-cyanophenoxy)pyrimidin-4-yloxy)phenyl]-3-methoxyacrylat
CAS-Nummer: 131860–33–8
Hersteller: Zeneca
Wirkungstyp: Systemisches Fungizid mit hauptsächlich protektiven aber auch mit eradikativen Eigenschaften. Im Xylem findet akropetaler Transport statt. Hemmt wie die natürlich auftretenden Strobilurine die mitochondriale Atmung durch Blockierung des Elektronentransfers zwischen dem Cytochrom b und Cytochrom c1. Dadurch wird die Sporenkeimung und -entwicklung gehemmt. Im Weizen wurde eine gesteigerte Assimilatverlagerung vom Fahnenblatt in die Ähre und Erhöhung des Chlorophyllgehaltes in den Blättern nachgewiesen.
Bevorzugte Anwendung: Im Weizen, Gerste, Roggen und Triticale sowie im Obst-, Wein- und Gemüsebau gegen ein breites Spektrum von pilzlichen Erkrankungen.

Chemische und physikalische Eigenschaften: Weißes Pulver mit einem Schmelzpunkt von 116 °C und einer Dichte von 1,25 g/cm^3.

Dampfdruck: 1,1 nPa bei 25°C.
Verteilungskoeffizient (log Po/w): 2,5 bei 20 °C.
Stabilität: Photolytisch stabil.
Löslichkeit: In Wasser 6,7 mg/L bei 20 °C und pH 7.
Abbau und Metabolismus: Im Weizen erfolgt schnelle Metabolisierung und Abbau. 17 Metaboliten wurden nachgewiesen. Im Boden erfolgt schneller photolytischer und mikrobieller Abbau. DT_{50} liegt zwischen 3 und 39 Tagen; DT_{90} zwischen 87 Tagen und 433 Tagen. Geringe Bodenmobilität. Im Wasser erfolgt der Abbau photolytisch. Hydrolyse trägt zum Abbau unter normalen Umweltbedingungen nur unwesentlich bei. In aquatischen Modellsystemen (Wasser/Sediment) wird der Wirkstoff rasch an das Sediment adsorbiert. Der Abbau erfolgt in diesem Falle durch mikrobielle Prozesse. Bei Ratte erfolgt nach oraler Aufnahme eine rasche Metabolisierung und Ausscheidung hauptsächlich über die Faeces. Eine Anreicherung im Tiergewebe findet nicht statt.

Toxizität: Akute orale LD_{50} für Ratte >5.000 mg/kg. Akute dermale LD_{50} für Ratte >2.000 mg/kg. Bei Kaninchen leichte Haut- und Augenreizung. 2-Jahre-Fütterungstest NOEL für Ratte 18 mg/kg Futter/Tag und Hund 3 mg/kg Futter/Tag. ADI-Wert 0,2 mg/kg KGW.
Bienentoxizität: Produkt nicht bienentoxisch.
Fischtoxizität: LC_{50} (96 Stunden) für Regenbogenforelle <1 mg/L und Karpfen 1–10 mg/L.
Vogeltoxizität: Akute orale LD_{50} Stockente und Wachtel >2.000 mg/kg. Subakute LC_{50} für Stockente >849 mg/kg und für Wachtel >506 mg/kg.
Wirbellosetoxizität: EC_{50} (48 h) für *Daphnia magna* <1 mg/L. EC_{50} (96 h) für Grünalge *Selenastrum capricornutum* >1 mg/L. Produkt ist nicht schädigend für Regenwurm, Laufkäfer, Schwebfliege und Schlupfwespe.

Bach. Fließgewässer, oft der Oberlauf eines Flusses. Ein B. ist durch rasche Wasserbewegung und geringe Breite charakterisiert. Der Untergrund ist oft fest, mit Geröll und Steinen, aber auch mit sandigen Abschnitten. Der hohen Fließgeschwindigkeit müssen die Bewohner angepaßt sein, entsprechend haben sie Festheftungsorgane: Haken, Saugnäpfe, Klebflächen u. ä., bzw. sind sie festgewachsen (>Aufwuchs<). In Tieflandbächen mit geringeren Fließgeschwindigkeiten sind die Temperaturen höher und damit der Sauerstoffgehalt niedriger als im Bergbach. Daher kommen dort auch andere Tier- und Pflanzenarten vor. Für den >Bergbach< in Mitteleuropa ist die Forelle charakteristisch. Die Bäche sind heute durch >Umweltzerstörung< und -verschmutzung stark bedroht, besonders durch den Gewässerausbau, Begradigungen, eingeleitete Schadstoffe und Eintrag aus landwirtschaftlichen Flächen. Sie sind aber als >Biotope< und >Landschaftselemente< besonders schützenswert.

Bacharach-Skala. Vergleichsskala zur Best. der >Rußzahl< des Rauchgases von Ölfeuerungen. Die B.-S. stellt auf zehn runden Feldern mit jeweils einer kreisrunden Öffnung im Zentrum zehn versch. Schwärzungsgrade von 0 bis 100 % dar. Zur Best. des Schwärzungsgrades und damit der Rußzahl wird ein Abgasteilstrom durch ein Filterpapier gesaugt und das berußte Filterpapier unter die versch. Öffnungen der B.-S. gelegt. Das Bestimmungsverfahren ist in der DIN 51402 Teil 1, Ausgabe Oktober 1986, aufgeführt und sowohl für Kleinfeuerungsanlagen nach der Ersten Verordnung des >Bundes-Immissionsschutzgesetzes< (Kleinfeuerungsanlagenverordnung – 1. BImSchV), Stand 14. 03. 1997, als auch für genehmigungsbedürftige Ölfeuerungsanlagen gemäß den Vorgaben der >TA Luft< anzuwenden. Bezüglich des Grauwertes von >Abgasfahnen<; >Ringelmann-Skala<.

Bachflohkrebse. Süßwasserkrebse der Gattung Gammarus („Gammariden"), speziell *G. fossarum* KOCH (Bachflohkrebs), *G. pulex* (L.) (Gemeiner Flohkrebs) und *G. roeseli* GERVAIS (Flußflohkrebs) in >Fließgewässern< (s. Abb.). Die Tiere bewegen sich am Grund auf der Seite liegend fort. Ernährung vorwiegend von Falllaub und anderen pflanzlichen Resten, auch von lebenden Wasserpflanzen, z. B. Wasserhahnenfuß (*Ranunculus fluitans*). Die Ansprüche an die Umwelt und das Vorkommen der drei Arten sind unterschiedlich. *G. fossarum* lebt in Bächen mit hoher Sauerstoffsättigung und Sommertemp. <20 °C; kommt nur oberhalb von 450 m NN in Gebirgsbächen vor. *G. pulex* ist weniger empfindlich gegen hohe Sommertemp. und Sauerstoffdefizit; Verbreitung in Fließgewässern unterhalb 450 m NN. *G. roeseli* ist am wenigsten empfindlich, lebt

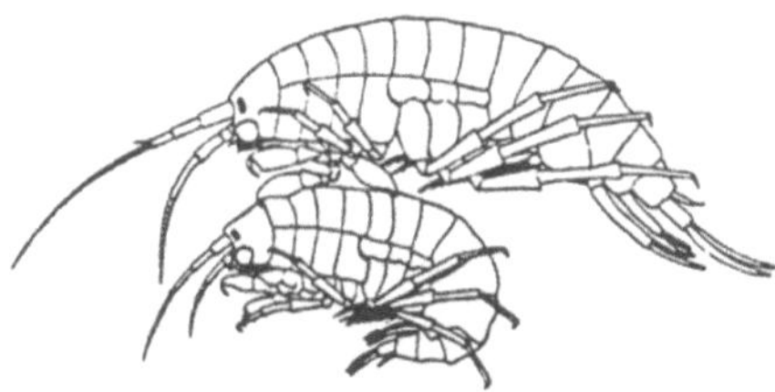

Bachflohkrebse: *Gammarus (Rivulogammarus) pulex.*
Männchen in „Reiterstellung" („präkopula")

in Fließgewässern in 350 bis 100 m Höhe, auch im >Litoral< von Seen, z. B. Bodensee-Obersee. Die Unterscheidung von *G. pulex* und *G. fossarum* ist schwierig, *G. roeseli* ist sofort an den dorsal bestachelten Segmenten zu erkennen. Zu den „Bachflohkrebsen" im weiteren Sinn gehören auch der aus Nordamerika eingebürgerte *G. tigrinus* SEXTON und *Echinogammarus berilloni* CATTA. In Europa und anderen Kontinenten existieren viele weitere Arten mit ähnlicher Lebensweise. Alle Gammariden gehören zur Ordnung Amphipoda der Unterklasse Malacostraca der Krebse.

Bachröhrichte. Bach- und flußbegleitende Ufer- und teilweise untergetauchte Vegetation aus unterschiedlichen Pflanzengesellschaften, die zum Verband *Sparganio-Glycerion fluitantis* (Kleinröhrichte, Bachröhrichte) zusammengefaßt werden. Dazu gehören z. B. *Glyceria fluitans, G. plicata, G. maxima, Sium (Berula) erectum, Nasturtium officinale, Veronica beccabunga, V. anagallis aquatica, Phalaris arundinacea* und Sparganium-Arten. Die Bachröhrichte sind für Fließwasserinsekten von Bedeutung, z. B. Libellen: die Prachtlibellen (Calopteryx), Federhaarlibellen (*Platycnemis pennipes*) und andere Kleinlibellen, auch Köcherfliegen und Schlammfliegen (Megaloptera) nutzen die Röhrichte als Rast- und Paarungsplatz.

Lit: Oberdorfer E (1977) Süddeutsche Pflanzengesellschaften, Teil I, 2. Aufl., Stuttgart New York – Schwabe A (1987) Fluß- und bachbegleitende Pflanzengesellschaften und Vegetationskomplexe im Schwarzwald, 1. Aufl., Cramer, Berlin Stuttgart.

Bacillus thuringiensis. Ein >grampositives<, aerobes, stäbchenförmiges, Endosporen-bildendes Bakterium mit peritricher Begeißelung. Besonders zu erwähnen ist seine Eig., insektenpathogene Proteine zu synthetisieren, weshalb es auch großtechnisch als biol. (mikrobielles) Insektizid eingesetzt wird. Man kennt rund 1.000 Stämme von *B. thuringiensis*, aufgeteilt in 30 Subspecies und 3 Pathotypen, die für je eine Insektengruppe pathogen sind:
– *Pathotpy I:* gegenüber Schmetterlingen (Lepidopteren)
– *Pathotyp II:* gegenüber Mücken (Nematoceren)
– *Pathotyp III:* gegenüber Blattkäfern (Chrysomeliden)
Die Wirkung beruht darauf, daß mit der Endosporenbildung die Bildung eines kristallinen Proteins (Protoxin) einhergeht, welches durch partielle Hydrolyse in das aktive Toxin umgewandelt werden kann. Im Wirtsorganismus kommt es nach der Sporulation zur Freisetzung der Toxine und dadurch zu einer irreversiblen Schädigung des Darmepithels. Dabei gibt es mehrere Rkt.-Mechanismen, die eine Erhöhung der Permeabilität des Epithels zur Folge haben. Zur Insektenbekämpfung werden in >Bioreaktoren< biotechnisch große Mengen des *B. t.* angezüchtet, und die Kultur wird nach Sporulation und geeigneter Konservierung zu Spritzbrühen, Spritzpulvern oder Ködern formuliert. Für die volle Wirksamkeit der Präparate müssen allerdings fressende Larvenstadien der Zielinsekten vorhanden sein. In vielen Untersuchungen wurde bisher die Unbedenklichkeit der Präparate gegenüber anderen Organismen und Pflanzen festgestellt.

Lit: Krieg A (1986) *Bacillus thuringiensis* – ein mikrobielles Insektizid. Acta Phytomedica, Bd. 10., Paul Parey, Hamburg.

Background-Aerosol. Dasjenige >Aerosol<, das weitab von irgendeiner Quelle in Reinluft vorhanden ist. Die Verteilung des Aerosols innerhalb der gesamten Atmosphäre, insbesondere der >Troposphäre<, erfolgt durch die großräumigen Austausch- und Mischungsvorgänge, die mit der allgemeinen Zirkulation der Atmosphäre verknüpft sind. Durch die während des Transports stattfindende Fraktionierung besteht das B.-A. fast ausschließlich aus feinsten Partikeln (Durchmesser ca. 10^{-4} µm). Man benutzt das B.-A. als Bezugsgröße, um ausgeprägte lokale Verunreinigungen zu quantifizieren. >BAPMoN<.

Backhefe. Kulturhefe, die aus *Saccharomyces cerevisiae* gewonnen wird. Die Züchtung erfolgt auf einem Melassesubstrat unter starker Belüftung. Frische Preßhefe enthält 50 bis 75% Wasser. Durch Trocknen im Vakuum erhält man Trockenback- oder Dauerhefe, die max. 12% Wasser enthält. Hefezellen vergären Zucker zu Kohlendioxid und Ethanol. Normalhefe vergärt Saccharose vor Maltose, während Schnelltriebhefen beide Saccharide gleich schnell vergären. Backhefe wird zur Lockerung von Weizenteig, z.B. in Brot und Brötchen, verwendet.

Bacteria. S.a. >Bakterien<. Spaltpilze sind sehr alte und primitivste Lebewesen mit mehr als 6.000 Arten. Die meist einzeln auftretenden Zellen sind oft kugelig, stäbchenförmig oder schraubenförmig gestaltet. B. und >Cyanobakterien< ernähren sich >heterotroph<. Im Wasserfilm an den Bodenpartikeln und in der Rhizosphäre bieten eiweiß- und kohlenhydratreiche Areale gute Aufwuchsbedingungen für die Bakterien. >Ammonifikation<, >Denitrifikation<, Cellulosezers. u.a. wichtige Prozesse werden durch Bakterien getragen. Funktionell wichtige Gruppen sind die >aerob chemo-organotrophen<, die >anaerob< und >fakultativ< anaerob chemo-organotrophen und die chemo-lithotro-

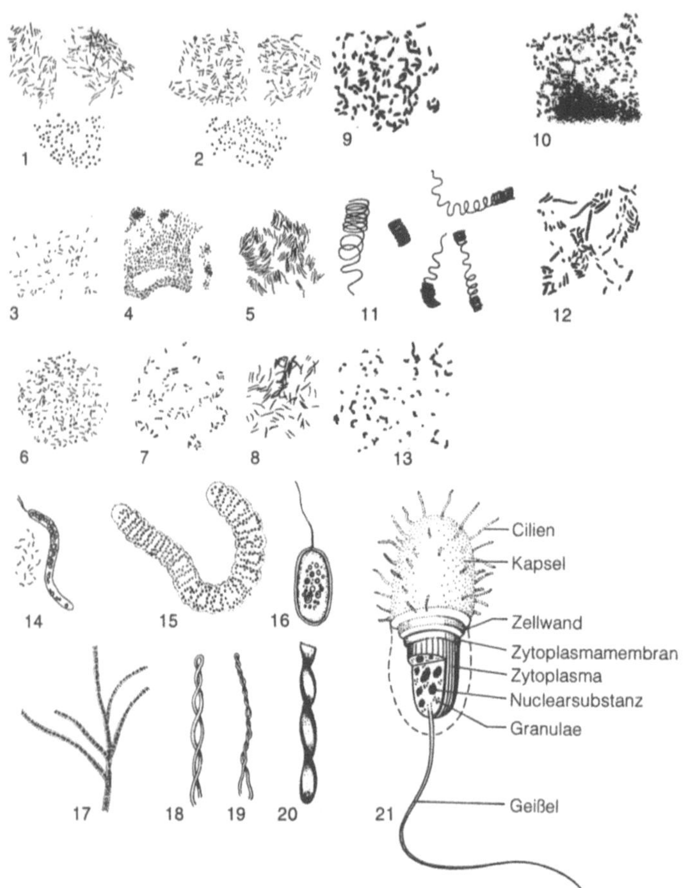

Bacteria: Typische Bodenbakterien (aus Brauns 1968, nach Kas 1966). Cellulosezersetzer (1–8); *Bacterium cellulosae hydrogenicus* (1), *B. cellulosae methanicus* (2), *Cellvibrio fulva* (3), *C. viridis* (4), *Cytophaga lutea* (5), *Myxococcus cellulosae* (6), Sorangium (7), *Chondromyces aurantiacus* (8). Nitrifizierer (9–13): Nitrosomonas – Form b (9), Nitrosocystis – Form a – Zerfall in einzelne Zellen (10), Nitrosospira – spiralige Form (11), Nitrosospira (12), Nitrobacter (13). Schwefel- und Eisenbakterien (14–20): *Thiospirillum winogradski* (14), *Beggiatoa mirabilis* (15), *Chromatium okenii* (16), *Crenothrix polyspora* – mit Makrokonidien in der Hülle (17), *Gallionella ferruginea* (18, 19), *Spirophyllum ferrugineum* (20). Feinbau eines Bakteriums (21).

phen B. Bedeutsame Gattungen der Bakterien sind Pseudomonas, Arthrobacter, Clostridium, Bacillus, Micrococcus, Mycobacterium, Agrobacterium, Streptomyces, Nocardia, Micromonospora, Anabaena, Nitrosomonas, Nitrobacter u. a. (s. Abb. S. 142).

Lit: Brauns A (1968) Praktische Bodenbiologie, 1. Aufl., Fischer, Stuttgart – Kas V (1966) Mikroorganismen im Boden. Neue Brehm-Bücherei 361, 1. Aufl., Ziemsen, Wittenberg.

Bacterium coli. *B.c.* ist ein veraltetes, nicht mehr zu verwendendes Synonym für >*Escherichia coli*<.

Badeallergie. Im Hochsommer bei in natürlichen Gewässern Badenden und bei Karpfenteichwirten gelegentlich bis häufig auftretende Dermatitis mit Rötung, Quaddelbildung und starkem Jucken. Die Symptome treten 30 min nach dem Baden auf und dauern 2 bis 3 Tage an. Erreger sind die Entwicklungsstadien (Cercarien) von Saugwürmern (Trematoden) der Gattungen Trichobilharzia und Bilharziella. Sie bohren sich in die Haut des Menschen ein, bleiben aber im Unterhautgewebe stecken. Es handelt sich um >Parasiten< von Enten, besonders der Stockente (*Anas platyrhynchus*), die für den Fehlwirt Mensch ansonsten ungefährlich sind. Sie verwechseln die Haut des Menschen mit den Schwimmhäuten der Vögel. Um eine Allergie handelt es sich nicht, daher sollte man besser von einer Badedermatitis sprechen. Echte Bade-Allergien beim Menschen können durch org. Stoffe hervorgerufen werden, die von Algen ins Wasser abgegeben werden (>algenbürtige Schadstoffe<) und bei sommerlichen >Algenblüten< hohe Konz. erreichen.

Badegewässer. Für die Nutzung als Badegewässer – teilweise auch für verschiedene Wassersportarten wie Surfen, Tauchen, Wildwasserfahren – sind die EG-Richtlinien über die Qualität der Badegewässer vom 8. 12. 1975; bzw. – in Österreich – die Anforderungen an die Beschaffenheit von Badegewässern (ÖNORM) heranzuziehen. Die genannte EG-Richtlinie ist als Tabelle abgedruckt.

Bärtierchen. >Tardigrada<.

Baggergut. Bodenmaterial, das im Rahmen von Unterhaltungs-, Neu- und Ausbaumaßnahmen aus Gewässern entnommen wird. Baggergut kann, in Abhängigkeit von der Herkunft, sowohl ein in der Landwirtschaft, im Landbau oder der Rekultivierung verwertbares Substrat als auch stark kontaminiert sein.

Bahngeschwindigkeit. Geschwindigkeit der einzelnen Wasserteilchen im Porenraum zwischen den Gesteinskörnern eines >Grundwasserleiters<.

Bakterien. S. a. >Bacteria<. Kleine, einzellige Lebewesen. Ihre Tätigkeit ist u. a. bei biol. Abbauvorgängen (Fäulnis, Verwesung, Gärung etc.) und als Erreger von Krankheiten von Bedeutung. Bakterien, die als Dauerform Sporen ausbilden können, heißen Bazillen. Grundformen der Bakterien sind: Kugeln, Stäbchen und Korkenzieherform (s. Abb. unten). Der Durchmesser beträgt i. allg. 0,01 mm. Die Bakterien sind von Schleim umgeben; ihr eigentlicher Leib hat eine Wand aus Hemicellulose. Das Innere enthält Protoplasma, Zellsaft und die für den Zellkern kennzeichnenden Stoffe als Erbmasse. Man unterscheidet *aerobe* B., die nur bei Zutritt des Sauerstoffs der Luft leben können, *anaerobe* B., die nur bei völligem Sauerstoffabschluß, und *fakulativ anaerobe* B., die ohne freien Sauerstoff und auch mit ihm leben können. Die meisten Bakterien müssen ihren Kohlenstoffbedarf aus dem Kohlenstoff in org. Verb. beziehen (Zucker, Eiweiß). Autotrophe: Bakterien, die sich vermehren können, indem sie nur anorganische Stoffe als Kohlenstoffquelle verwenden (ISO 6107/3). Sie sind in der Lage, den

Badegewässer: EG-Richtlinie über die Qualität der Badegewässer vom 8. 12. 1975 (76/160 EWG)

	Vol.	Leitwert	Grenzwert
Gesamtcoliforme Bakterien	100 ml	500 (80)	10 000 (95)
Fäkalcoliforme Bakterien	100 ml	100 (80)	2 000 (95)
Streptococcus faecalis	100 ml	100 (90)	
Salmonellen	1 l		0 (95)
Darmviren	PFU/10 l		0 (95)

Die Ziffern in Klammer geben die Probenanzahl in Prozent an, bei denen die Werte nicht überschritten werden dürfen. Der Probenahmeabstand beträgt 14 Tage, bei negativem Befund im Vorjahr 4 Wochen. Die Bestimmung von Fäkalstreptokokken, Salmonellen und Darmviren wird gefordert, wenn die „Untersuchung in dem Badegebiet ihre Anwesenheit möglich erscheinen oder auf eine Verschlechterung der Wasserqualität schließen läßt."

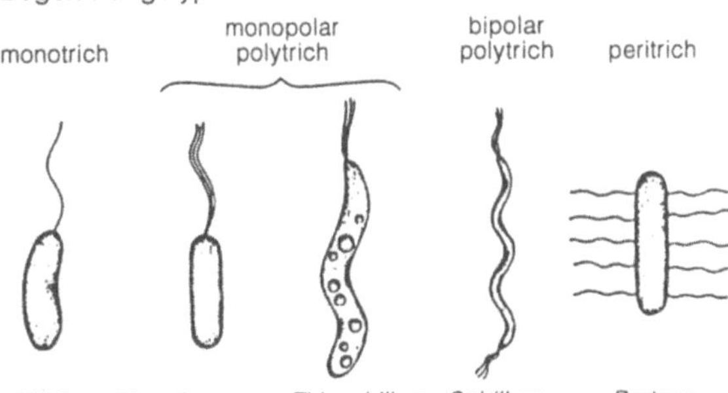

Bakterien: Bakteriengeißeln (aus: Wasser-Kalender, Jahrbuch für das gesamte Wasserfach, mehrere Jahrgänge, Erich Schmidt Verlag, Berlin)

größten Teil des Kohlenstoffs durch Fixierung von Kohlendioxid zu gewinnen. Gegensatz: >heterotrophe Bakterien<.

Bakterienfilter. Gase und Flüssigkeiten (Pharmazeutika, Infusionslsg., >Nährlsg.<) können u. a. durch Filtration über geeignete Filtermaterialien von Mikroorganismen (z. B. Bakterien) befreit und damit sterilisiert werden. Dabei werden die Mikroorganismen entweder bereits an der Oberfläche des Filters abgeschieden (Oberflächenfilter) oder sie bleiben in der Tiefe des Filtermaterials hängen (Tiefenfilter). Insbesondere bei hitzeempfindlichen Stoffen (Vitaminen, Proteinen, labilen Arzneistoffen) ist die Filtration oft die einzige praktikable Sterilisationsmethode. Gase können bei niedriger Strömungsgeschwindigkeit mittels Filtration durch Wattefilter, die als Tiefenfilter wirken, sterilisiert werden. Die gebräuchlichste Methode bei Fl. ist die Membranfiltration. Dabei werden die zu sterilisierenden Fl. unter Druck oder Vakuum durch sterile Membranfilter mit einem Porendurchmesser von etwa 0,2 µm filtriert. Membranfilter sind Oberflächenfilter, da sie sehr gleichmäßige Poren von definierter Größe (5 nm bis 10 µm) aufweisen, so daß ein „Siebeffekt" auftritt. Für mikrobiol. Anwendungen bestehen diese Filter meistens aus Cellulosederivaten (Cellulosenitrat, Celluloseacetat). Für spezielle Anwendungen sind auch Kunststoffmaterialien (Nylon, PTFE) gebräuchlich. Hersteller von Membranfiltern sind beispielsweise: Sartorius GmbH (Göttingen), Millipore GmbH (Eschborn), Schleicher & Schüll GmbH (Dassel).

Bakterienfresser. >Bacteriophage<, >Bodenfauna<, >Mull-Moder-Modell<.

Bakterientest. >Pseudomonas-Zellvermehrungshemmtest<, >Respirationshemmtest<, >Leuchtbakterientest<.

Bakterientoxine. Bakterielle Giftstoffe, die den Wirtsorganismus schädigen und deshalb eine wichtige Rolle bei Erkrankungen spielen. In der Humanmedizin unterscheidet man zellgebundene Toxine, z. B. die Endotoxine aus der >Zellwand< gramnegativer >Bakterien< wie das Lipoid-A-Endotoxin von Salmonellen, sowie die löslichen extrazellulären Toxine grampositiver Bakterien, z. B. das >Botulinumtoxin< aus *Clostridium botulinum*. Phytotoxische Verb. werden von Phytopathogenen gebildet; sie sind häufig für die Ausbildung von Krankheitssymptomen bei der befallenen Wirtspflanze und anderen Pflanzenarten verantwortlich. Der Wirkungsmechanismus kann auf einer Membranzerstörung und Hemmung von >Enzymaktivitäten<, auf Störungen des Wasserhaushaltes der Wirtspflanze, Hormonaktivitäten, Chelatoreigenschaften und einer Unterdrückung der hypersensitiven Reaktion beruhen. Ein wichtiges Beispiel ist das von *Erwinia amylovora*, dem Erreger des Feuerbrands, gebildete Polysaccharid Amylovorin, das durch Verstopfen der Wasserleitungen das Verwelken der Wirtspflanze, z. B. von Apfelbäumen, verursacht.

Lit: Hock B, Elstner EF (Hrsg.) (1995) Schadwirkungen auf Pflanzen. Ein Lehrbuch der Pflanzentoxikologie. 3. Aufl., Spektrum Akademischer Verlag, Heidelberg Berlin Oxford.

Bakteriologie. Lehre von der Gestalt (Morphologie), Funktion (Physiologie), Struktur, Lebensweise (Ökologie), Systematik und Analytik von Bakterien. Die B. ist ein Teilgebiet der Mikrobiologie.

Bakteriophage. (Grch. phagein = fressen). Viren, denen Bakterien als Wirtsorganismus dienen. Nach der Invasion kommt es bei *virulenten* B. (>Virulenz<) zur Replikation und nachfolgender Bakteriolyse, so daß man bildlich vom „Auffressen" der Bakterienzelle sprechen kann. *Temperente* (= temperierte = lysogene) B. lagern sich zunächst an das >Genom< der Bakterien an und werden bei den Bakterienteilungen synchron vermehrt. Äußere Einflüsse können dann zur Virulenz der B., d. h. zu ihrer Replikation und zur Lyse der Zelle führen.

Bakteriostatikum. Stoff, der das Wachstum von Bakterien hemmt.

Bakterizide. Das Ziel bakterizid wirkender Stoffe ist, die Übertragung und Ausbreitung von Mikroorganismen, die Krankheiten übertragen, zu verhindern. Man kann dabei äußere desinfektorische Aspekte und interne biochem. Bekämpfungsmaßnahmen unterscheiden. Im medizinischen Bereich begegnet man dieser Bakteriengefahr mit Desinfektionsmitteln sowie mit speziellen bakteriziden Wirkstoffen, ebenso im Bereich des Pflanzenschutzes.

Das Ziel dieser Bemühungen ist: a) Abtötung oder Inaktivierung aller krankheitserregenden Organismen durch chem. Wirkstoffe oder physikalische Maßnahmen; b) Entfernung oder Zerstörung pathogener Mikroorganismen und c) Abtötung oder irreversible Inaktivierung aller ursächlicher Träger übertragbarer Krankheiten.

Während ein >Bakteriostatikum< lediglich das Wachstum von Bakterien hemmt oder verhindert, müssen B. definitionsgemäß bakterien- und keimabtötende Wirkung besitzen.

Im desinfektorischen Bereich werden folgende Stoffe eingesetzt: 1. >Alkohole<, wie z. B. Ethanol, *n*- und *i*-Propanol; Wirkung tritt allerdings nur in hohen Konzentrationen auf; höhere Alkohole sind weitaus wirkungsvoller, besitzen jedoch eine zu geringe Flüchtigkeit und üblen Geruch; aromatische Alkohole (Benzylalkohol, Phenetyhlalkohol, Phenoxyethanol) finden nur begrenzt Anwendung. 2. >Aldeyhde<: ausgezeichnete Wirkung zur Desinfektion von Instrumenten und Flächen, aber kaum einsetzbar auf Hautoberflächen (z. B. Form-, Bernstein(Succin)-, Glutaraldehyde, 2-Ethylhexanal). 3. >Peroxysäuren<: sehr wirksame Desinfektionsmittel (Peroxycarbonate, Perborate, Monoperoxyglutar- und -bernsteinsäuren). 4. >Phenole<: 1867 von Lister als Antiseptika eingeführt (Phenol); ferner 2-Phenylphenol, Thymol, Eugenol sowie halogenierte Phenole: 4-Chlor-3-methylphenol, 2-Benzyl-4-Chlorphenol, Clorophorene; Chlorxylenol. 5. >Kationen-aktive Verbindungen<: 1935 von Domagk als antimikrobische Wirkstoffe erkannt: quartäre Ammoniumverbindungen, Guanidinium- und Pyridinium-Derivate, z. B. Benzalkoniumchlorid, Poly(hexamethylenbiguanid)-hydrochlorid, Cetylpyridiniumchlorid, Chlorhexidin-digluconat, Octenidin-dihydrochlorid. 6. >Anorganische Verbindungen<: Hier sind v. a. Chlor, elementar, in wäßriger Lösung bzw. als Hypochlorit oder unterchlorige Säure zu nennen, und auch chlorabspaltende Verbindungen, wie z. B. *N*-Chlorsulfonamide (Chloramin T) und *N*-Chlorisocyanursäure. Daneben findet Iod als lokales Desinfizienz in der Wund-, Haut- und Schleimhautbehandlung nach wie vor breiteste Anwendung, auch in Form eines Iod-Polyvinylpyridon-Komplexes (PVP-Iod), wodurch man bei Anwendung in wäßriger Lösung die Menge an freiem Iod (wenige ppm) gut kontrollieren kann. 7. >Chemotherapeutika<, wie z. B. >Antibiotika< vom

Typ des Chloramphenicols, des Penicillins und der davon abgeleiteten Wirkstoffe, des Gramicidins, der Sulfonamide und der Sulfa-Medikamente. Ferner Nalidixinsäure und verwandte Chinolone sowie die Fluorchinolone (Floxacine) der zweiten Generation; diese gehören wie alle anderen vorstehend genannten Wirkstoffe überwiegend zur Gruppe der Bakteriostatika und werden an anderer Stelle behandelt.

Auch im Pflanzenschutz sind B. in Verwendung, obgleich die Bekämpfung von intrazellulär befindlichen Bakterien sehr schwierig ist.

Hier kommen bakterizide Antibiotika, wie z. B. Streptomycin oder Chloramphenicol (Shiragen®) in Form des Sulfates oder Hydrochlorids, gegen bakteriellen Befall in Mais, Äpfeln, Birnen und Tabak in Anwendung, obgleich hohe Kosten und Phytotoxizität enge Grenzen setzen.

BAM. Bundesanstalt für Materialforschung und -prüfung, Berlin.

Bandbelüftungssysteme. Die feinblasige Verteilung der Druckluft im Belebungsbecken erfolgt üblicherweise über Rohre aus poröser Keramik (Porengröße ca. 0,1 mm) oder, zunehmend häufiger, aus gelochtem oder geschlitztem Kunststoffmaterial. Bei der Bandbelüftung werden die Elemente hauptsächlich als Breitband an einer Beckenlängswand bzw. an beiden Beckenlängswänden mit Abständen der Elemente von 0,20 bis 0,60 m angeordnet. Einblastiefen von 3,0 bis 6,0 m sind üblich.

Einer guten Durchmischung stehen mäßige Werte von Sauerstoffeintrag und Sauerstoffertrag und damit erhöhte Energiekosten gegenüber. Der geringe Ertrag wird durch die hohe, aufwärts gerichtete Komponente der Wassergeschwindigkeit v_w infolge der Druckluftheberwirkung verursacht. Diese Geschwindigkeit verkürzt die Aufenthaltszeit der Luftblasen im Wasser erheblich (auf $^1/_2$ bis $^1/_5$ gegenüber stillstehendem Wasser) und verringert die Grenzflächen Luft/Wasser entsprechend.

Lit: Abwassertechnische Vereinigung e. V. (Hrsg.) (1985–1997) ATV-Handbuch, 4. Aufl., Band 1–7, Verlag Wilhelm Ernst und Sohn, Berlin München.

Bandfilter. In der Konditioniertrommel werden Aufgabenschlamm und polymeres Flockungsmittel intensiv miteinander vermischt und dem Siebband aufgegeben. In der Seihphase fließt das durch die Konditionierung freigesetzte Wasser aus dem Schlamm durch das Siebband ab. Anschließend gleitet das Siebband über einen Saugkasten, an dem ein Vakuum angelegt ist; hier wird weiteres gebundenes Wasser aus dem Schlamm abgesaugt. Vom Ende der Saugzone an wird ein Preßband über den Schlamm geführt, welches etwa die Hälfte der Umkehrtrommel für das Siebband umspannt und unter Druck- und Schereinwirkung weiteres Wasser aus dem Schlamm auspreßt. Am Ende dieser Preßzone, d. h. kurz vor dem unteren Scheitelpunkt der Umkehrtrommel für das Siebband, werden Sieb- und Preßband wieder auseinandergeführt: Der Preßkuchen fällt zwischen den beiden Bändern heraus bzw. wird mit einer geeigneten Abhebevorrichtung von den Tüchern abgenommen und aus dem Bereich der Presse abgefördert. Waschdüsen, die in den Rückführbereichen der Bänder angeordnet sind, bieten die Möglichkeit zum kontinuierlichen oder zyklischen Waschen der Bänder.

Bandfilterpressen. >Bandfilter< sind kontinuierlich arbeitende Maschinen, die in vier hintereinander geschalteten Schritten Schlamm bei steigendem Druck und wechselnder Beanspruchung entwässern. Alle B. arbeiten nach diesem Prinzip, z. T. mit modifizierter Bauweise für besondere Schlammeigenschaften und Betriebsabläufe.

Nach der Seih- oder Vorentwässerungszone verengt sich der Spalt zwischen den Bändern. Die stetig steigenden Druckkräfte der Preßzone werden im letzten Teil des gemeinsamen Bandweges durch einen Walkvorgang unterstützt. Hier wird durch versetzt angeordnete Druckwalzen eine Relativbewegung der Bänder gegeneinander erreicht. In begrenztem Umfang tritt im Schlamm eine Scherbeanspruchung (Scherzone) auf.

Lit: Abwassertechnische Vereinigung e. V. (Hrsg.) (1985–1997) ATV-Handbuch, 4. Aufl., Band 1–7, Verlag Wilhelm Ernst und Sohn, Berlin München.

Bandpresse. (s. Abb.) S. a. >Bandfilterpressen<.

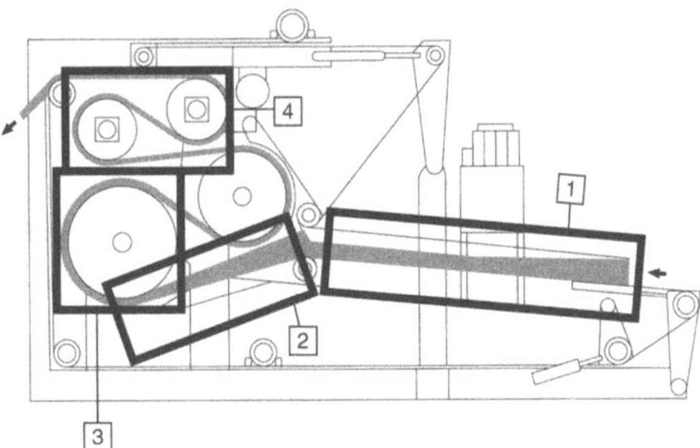

Bandpresse: Bandfilterpresse der Fa. Rittershaus & Blecher mit den wesentlichen Entwässerungszonen; 1, Vorentwässerung/Seihzone; 2, Drucksteigerungszone; 3, Mitteldruckzone; 4, Hochdruck-/Walk-/Scherzone (aus: ATV-Handbuch, Klärschlamm, Ernst u. Sohn, 1996)

Bandräumer. Der auf dem Beckenboden abgesetzte Schlamm ist möglichst schnell zu entfernen, damit er nicht in >Fäulnis< gerät und aufschwimmt bzw. bei >belebtem Schlamm< an Aktivität verliert. So gibt es die Möglichkeit, den Schlamm mit B. zu entfernen. An einer endlosen Kette sind Räumbalken angebracht, die den Schlamm fortschieben. Für Nachklärbecken von Belebungsanlagen kommen bei Langbecken i. allg. nur B. in Frage. Ein Räumerwagen kann zumeist den Schlamm nicht – wie erforderlich – kontinuierlich räumen und die große Schlammenge fortschaffen. Der belebte Schlamm bleibt dann zu lange im Absetzbecken liegen und wird durch Sauerstoffmangel geschädigt. Sind irgendwelche Einbauten unterhalb des Wasserspiegels oder vorgezogene Querablaufrinnen vorhanden, so sind in der Regel ebenfalls Bandkratzer erforderlich.

Lit: Abwassertechnische Vereinigung (Hrsg.) (1982–1986) Lehr- und Handbuch der Abwassertechnik, 3. Aufl., Bd. 1–7, Verlag von Wilhelm Ernst und Sohn, Berlin München.

Bandtrockner. Bei horizontalen Bandtrocknern durchlaufen ein oder mehrere Förderbänder, auf denen der zu trocknende Schlamm liegt, langsam einen von heißen >Rauchgasen< durchströmten Raum. Die Trocknungswirkung kann dabei noch durch Ventilatoren, welche die Rauchgase umwälzen, verstärkt werden. Wenn es die Konsistenz des entwässerten Schlammes erlaubt, kann dieser vor seiner Trocknung auch in Sieb- oder Wabenbändern eingedrückt werden. Bei solchen Hänge- oder Wabentrocknern können die Bänder dann auch senkrecht den Trockner in einer oder mehreren Schleifen durchlaufen (Laufbandtrockner, s. Abb.). Soll flüssiger Klärschlamm auf Bandtrocknern behandelt werden, so verwendet man ein sog. Kratzerband, das in einer Rinne bewegt wird, in welche der Schlamm an der einen Seite langsam zuläuft. Die heißen Rauchgase umströmen die Rinne von oben und unten. Da Bandtrockner im Betrieb meist empfindlicher sind als Trockentrommeln, werden sie zur Schlammtrocknung nur sehr selten angewendet.

Lit: Abwassertechnische Vereinigung (Hrsg.) (1982–1986) Lehr- und Handbuch der Abwassertechnik, 3. Aufl., Bd. 1–7, Verlag von Wilhelm Ernst und Sohn, Berlin München.

BAPMoN. Abkürzung für engl.: *B*ackground *A*tmospheric *P*ollution *M*onitoring *N*etwork = Hintergrundluftverschmutzungs-Überwachungsnetz. Meßprogramme zur Bestimmung der chem. Zusammensetzung der Atmosphäre sind erforderlich, um das natürliche Verhalten der Atmosphäre und deren langfristige Störung durch menschliche Eingriffe zu verstehen. Dazu wurde mit Förderung der >WMO< ein Meßnetz fernab von menschlichen Besiedlungen eingerichtet, um die zeitliche Veränderung der Beimengungen der Reinluft zu überwachen. I. d. R. werden Substanzen gemessen, die den Strahlungshaushalt der Atmosphäre und die stratosphärische Ozonschicht beeinflussen wie: Kohlenstoffoxide, Stickstoffoxide, Schwefeldioxid, Staub, Pestizide sowie Inhaltsstoffe des Niederschlagswassers; ferner erfolgt die Erfassung der klassischen meteorologischen Größen Temperatur, Feuchte, Luftdruck und Wind. Aus diesem Meßnetz ist einer breiteren Öffentlichkeit v. a. die Station auf dem Mauna Loa (Hawaii) durch die dort gewonnene lange Meßreihe des Kohlendioxids bekannt. Gern wird diese Meßreihe des CO_2 kombiniert mit Datensätzen, die aus Eisbohrkernen gewonnen wurden. Die Zusammenschau beider Kurven zeigt deutlich den Anstieg der atmosphärischen CO_2-Konzentration (s. Abb.).

Bar. Gesetzlich seit dem 1. 1. 1994 nicht mehr zulässige Maßeinheit des Druckes. Umrechnung: 1 bar = 10^5 Pa = 10^6 dyn/cm^2 = 750 torr. Häufig wird die kleinere Einheit 1 Millibar = 1 mbar = 10^{-3} bar = 0,001 bar verwendet.

Barbenregion. An die >Äschenregion< flußabwärts anschließende Zone eines >Fließgewässers< mit der Flußbarbe (*Barbus barbus* L.) als dominierendem Charakterfisch. Die Bachforelle fehlt ganz, die Äsche tritt sehr zurück. Die Barbenregion ist der Übergangsbereich vom sommerkühlen zum sommerwarmen Teil des Fließgewässers mit Spitzentemp. >20 °C. Der Untergrund ist sandig-kiesig-steinig. Die Barbe gehört zu den Kieslaichern, die Eier werden an Steine angeklebt. Da die Barbe ein Weißfisch (Cypriniden) ist, bildet die Barbenregion den obersten Abschnitt der >Cypriniden<-Region der Fließgewässer. Die Barbe ist überall

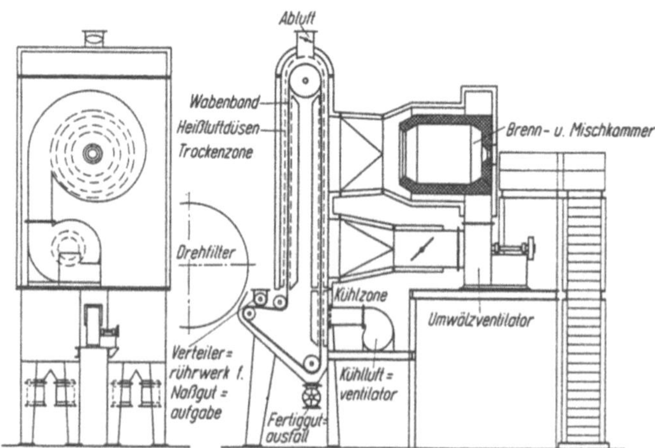

Bandtrockner: Wabenbandtrockner, schematischer Aufbau

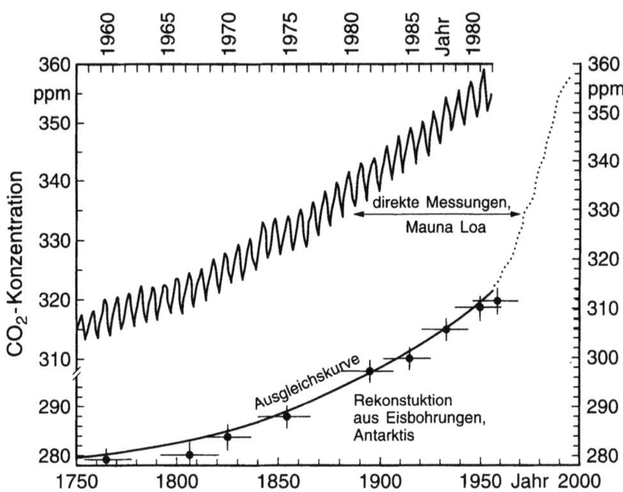

BAPMoN: Anstieg der atmosphärischen CO_2-Konzentration, seit 1750 nach Eisbohrkonstruktion, seit 1958 nach direkten Messungen auf dem Mauna Loa, Hawaii (verschiedene Primärquellen, Zusammenstellung und Ausgleichskurve nach Schönwiese, 1995 a: 176)

eine gefährdete Fischart, da ihr Lebensraum stark durch Wasserbau und Abwasser belastet ist. Die Barbenregion ist auch das Laichgebiet für den Lachs *(Salmo salar)*.

Barberfalle. (Syn. Becherfalle, Bodenfalle, Pitfalltrap). Einfache Erfassungsmethode für Tiere, die an der Bodenoberfläche leben. Es werden Becher oder Gläser bündig in den Boden eingegraben und teilweise, z. B. mit Tongranulat gefüllt, um die Tiere lebend zu fangen und ihnen dazu Versteckmöglichkeiten zu geben, oder mit einer Fangflüssigkeit (Formalin 2 %ig, Pikrinsäure, Ethylenglykol), die die Tiere tötet und konserviert. Die Fangflüssigkeiten dürfen nicht anlockend wirken. Vielfach werden die B. mit kleinen Dächern gegen Regen geschützt. Mit Hilfe der B. kann so die >Aktivitätsdichte< der Tiere ermittelt werden. Die am häufigsten untersuchten Tiergruppen sind die Laufkäfer (Carabidae) und Spinnen.

Barisches Windgesetz. Formelmäßiger Zusammenhang zwischen dem horizontalen >Luftdruckgradienten< und dem Wind: Auf der Nordhalbkugel (Südhalbkugel) weht der Wind stets so, daß, in Windrichtung gesehen, links (rechts) der tiefere, rechts (links) der höhere Luftdruck ist. Je stärker der horizontale Luftdruckgradient ist, desto größer ist die Windgeschwindigkeit. >Gradientwind<.

Barn. Einheit zur Angabe von >Wirkungsquerschnitten< von Teilchen in der Atom- und Kernphysik, Kurzzeichen: b. $1\,b = 10^{-28}\,m^2$. Das ist etwa die Querschnittsfläche eines Atomkernes.

Barogramm. Aufzeichnung des Luftdrucks mittels des >Barographen< auf einen Registrierstreifen, in der Regel für eine Woche.

Barograph. Gerät zur Aufzeichnung des zeitlichen Verlaufs des Luftdrucks, >Barogramm<, am Beobachtungsort. Meßelemente sind ein Satz Vidie-Dosen, in denen, bezogen auf die Außenluft, Unterdruck herrscht, sog. Aneroid-Barograph. Luftdruckschwankungen verändern die Ausdehnung der Dosen, die wiederum mit Hilfe eines Hebelsystems einen Schreiber auf einer sich drehenden Registriertrommel bewegen. In den >Radiosonden< nutzt man die Formänderung der Vidie-Dosen zur Veränderung der Kapazität in einem elektrischen Schwingkreis aus, der wiederum die Signale eines Senders steuert.

Barokline Instabilität. Befindet sich die Atmosphäre im Zustand der horizontalen >Baroklinie<, so kann die verfügbare potentielle Energie in die kinetische Energie der Wirbel und Wellen übergehen und damit der allgemeinen Zirkulation der Atmosphäre Störungen aufprägen. Aus diesen entwickeln sich schließlich >Tiefdruckgebiete<, deren Zuggeschwindigkeit und -richtung im wesentlichen von der Strömung in etwa 5 km Höhe gesteuert werden. Folgende Voraussetzungen müssen mindestens zur Auslösung der b.I. erfüllt sein, >Scale<: - Ausbildung nur im Wellenlängenbereich 3.000 bis 7.000 km der mäandrierenden planetarischen Strömung, - >meridionaler< Temperaturgradient in der Horizontalen zwischen 3,5 und 6,0 °C/1.000 km.

Baroklinie. (Syn. Baroklinität), Das Druck- und Massenfeld in der Atmosphäre kann durch Flächen gleichen Drucks (isobare Flächen) und Flächen gleicher Dichte (isopyknische Flächen) bzw. Flächen gleichen spezifischen Volumens (isostere Flächen) dargestellt werden. Fallen diese Flächensysteme zusammen, dann befindet sich die Atmosphäre im absoluten Gleichgewichtszustand, sog. >barotrop< geschichtete Atmosphäre. Schneiden sich dagegen die isobaren und isopyknischen Flächen, so herrschen auf einer Luftdruckfläche unterschiedliche Temperaturen (Baroklinie). Da die reale Atmosphäre immer baroklin geschichtet ist, steht Energie für Zirkulationsbewegungen zur Verfügung, deren Betrag direkt proportional dem Temperaturgradienten auf der Druckfläche ist. Man kann dabei folgende Fälle unterscheiden: – vertikale B. Unterschiedliche Warm- und Kaltluftzufuhr bzw. -produktion in verschiedenen Höhen. Ausgleich durch vertikale Zirkulationsströmungen um eine horizontale Achse; >auflandiger Wind<, >ablandiger Wind<, >Berg- und Talwindzirkulation<, – horizontale B. In der allg. Zirkulation der Atmosphäre gibt es neben den Gebieten mit in der Horizontalen einheitlichen Luftmassen schmale Übergangsgebiete von einer Luftmasse zu einer anderen, in denen die B. sehr hohe Werte erreichen kann. Dies ist i.d.R. an den Übergangszonen zwischen den polaren Luftmassen und denjenigen der mittleren Breiten zu beobachten. Ein zonaler Grundstrom entwickelt hier die größte Bereitschaft zur Bildung von wirbel- und wellenartigen Störungen. >Strahlstrom<, >thermische Windgleichung<, >Sonnenstrahlung<.

Lit: Defant A, Defant F (1958) Physikalische Dynamik der Atmosphäre, Akademische Verlagsgesellschaft, Frankfurt am Main.

Baroklinität. >Baroklinie<.

Barometer. Instrument zur Messung des Luftdrucks, erstmals von E. TORRICELLI (1608 bis 1647) als Flüssigkeitsbarometer entwickelt. Derartige Geräte werden jetzt nur noch im stationären Einsatz verwendet. Weiter verbreitet ist statt dessen das Aneroid-Barometer >Barograph<, das auch für den Feldeinsatz geeignet ist.

barotrop. Zustand der Atmosphäre, bei dem Flächen gleichen Luftdrucks und gleicher Temperatur parallel zueinander verlaufen. Somit ändern Windrichtung und -geschwindigkeit sich nicht mit der Höhe. Gegensatz: baroklin; >Baroklinie<.

Barriere. Der sichere Einschluß des radioaktiven Inventars einer >kerntechnischen Anlage< erfolgt nach dem Mehrfachbarrierenprinzip, d.h. zur Freisetzung radioaktiver >Nuklide< müssen diese mehrere verschiedene hintereinander geschaltete Barrieren nacheinander passieren. Barrieren eines >Kernreaktors<:
– Rückhaltung der >Spaltprodukte< im >Kernbrennstoff< selbst,
– Einschluß des Kernbrennstoffes in Hüllrohren,
– Einschluß der Brennelemente im >Reaktordruckbehälter< bzw. >Primärkühlkreislauf<,
– gasdichter Sicherheitsbehälter um den Reaktordruckbehälter.

Bartlett-Test. Statistisches Verfahren zur Prüfung der Homogenität der >Varianzen< bei mehr als 2 Stichproben zum Zweck der Vorentscheidung über die Zulässigkeit der Anwendung der >Varianzanalyse<.

Baryon. Teilchen mit der Baryonenzahl 1, das sind: >Neutron<, >Proton<, >Hyperon<. Der Name (Griech. barys = schwer) leitet sich von der verhältnismäßig großen Masse dieser Teilchen gegenüber anderen Elementarteilchen (>Leptonen<, >Mesonen<) ab.

Basalt. Wichtiger Typ basischer (Si-armer, Ca-reicher), meist dunkel gefärbter magmatischer Gesteine. Die vorherrschenden Minerale sind meist Plagioklase, Pyroxene und Olivin. Aus B. bilden sich im gemäßigt-humiden Klimabereich häufig nährstoffreiche Böden, die im Bergland auch eine sehr geringe Dichte aufweisen können („Lockerbraunerden").

Basen. 1. Lebensmittelchemie: Natronlauge und basische Salze, z.B. $NaHCO_3$, MgO, $MgCO_3$, $Ca(OH)_2$, Na_2HPO_4, Na_3PO_4, werden in verschiedenen Herstellungsverfahren der Lebensmittelindustrie angewendet.

Laugengebäck erhält seine typische glatte und dunkle Kruste durch Eintauchen der rohen Gebäckstücke in 1,25%ige Natronlauge und anschließendes Backen bei 85 bis 88 °C. Durch die Behandlung von reifen Oliven mit 2%iger Natronlauge verlieren diese den Bittergeschmack. Bei der Herstellung von Schokolade führt der Zusatz von $NaHCO_3$ zur Intensivierung der Maillard-Reaktion und der Ausbildung der dunklen, bitteren Geschmacksnoten. Alkalische Salze werden außerdem als >Schmelzsalze< bei der Herstellung von Schmelzkäse verwendet. Durch die Anhebung des pH-Werts wird die Quellbarkeit des Caseingels gesteigert.
2. Boden: Stoffe, die Protonen aufnehmen (bzw. OH^--Ionen abspalten) können. In Böden sind dies die Anionen schwacher Säuren, vornehmlich der Kohlen- und Kieselsäure sowie von Humin- und Fulvosäuren. Die wichtigste B. im Porenwasser der meisten Böden nahe dem Neutralpunkt ist das Hydrogencarbonat HCO_3^-. Fälschlicherweise werden in der Bodenkunde auch die Neutralkationen (z.B. Ca^{2+}, Mg^{2+}, K^+) als B. bezeichnet.

Basenkapazität. Quantitative Fähigkeit eines wäßrigen Mediums, mit Wasserstoffionen zu reagieren (ISO 6107/2).

Basenneutralisationskapazität (Abk. BNK, BNC). Menge an gelösten und austauschbaren Säuren (hauptsächlich H^+- und Al-Kationen) eines Bodens, die bis zu einem bestimmten Ziel-pH-Wert (meist 7,0) durch OH^--Ionen neutralisiert werden können. Die B. wird meist durch Titration einer Bodenprobe mit Lauge bestimmt; sie kann zur Kennzeichnung der Bodenversauerung herangezogen werden und steht in Beziehung zum >Kalkbedarf< eines Bodens.

Basenpaar (bp). >Adenin<, >Guanin<, >Cytosin<, >Thymin<. Zwei Basen von >Nucleotiden< in einem >DNA<- oder >RNA<-Molekül, die über Wasserstoffbrückenbindungen ($O \rightarrow H$, $N \rightarrow H$) miteinander gepaart sind. Dabei kommt es nur zu den typischen Basenpaarungen zwischen Adenin und Thymin (2 Bindungen) sowie zwischen Cytosin und Guanin (3 Bindungen). Die Wechselwirkung ist im zweiten Fall stärker; die Bindung ist stabiler. Durch diese Wasserstoffbrücken werden zwei Nucleinsäurestränge (Polynucleotide) zusammengehalten, wobei jede Base des einen Stranges den Partner im zweiten Strang best. Die Sequenz des zweiten Stranges ist der des ersten komplementär und somit im ersten bereits vollständig co-

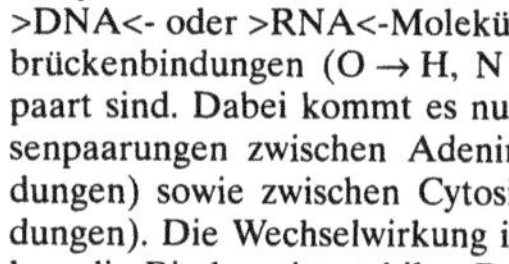

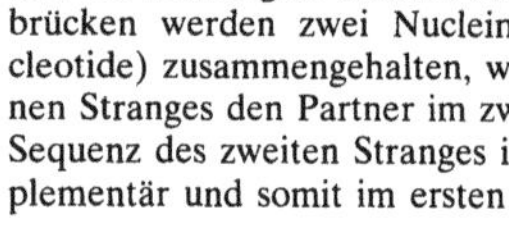

Basenpaar: Darstellung der Basenpaarungen durch Wasserstoffbrückenbindungen (GC: 3 Bindungen, AT: 2 Bindungen)

diert. Durch die Wechselwirkungen der Basenpaarungen und die damit verbundenen sterischen Effekte entlang der Stränge kommt es zur >Doppelhelix-Bildung< der DNA.

basenreich. 1. Bezeichnung für Böden mit einem hohen Anteil von Silicat- oder Carbonatmineralen. 2. Bezeichnung für Böden mit einem hohen Anteil von Neutralkationen („Basen") am Austauschkomplex.

Basensättigung. Anteil von Neutralkationen (Na, K, Ca, Mg) an der Äquivalentsumme aller austauschbaren Ionen eines Bodens. Der Begriff „Basen" ist zwar chem. unzutreffend, da diese Ionen keine Protonenakzeptoren sind, er ist jedoch in der Bodenökologie üblich und auch weltweit verbreitet. (Die Hydroxide „basischer" Kationen sind starke Basen.) Die Äquivalentsumme derjenigen „basischen" Kationen, die an Anionen schwacher Säuren gebunden sind (z.B. -silikat, -karbonat, -humat), ergibt die >Säureneutralisierungskapazität< eines Bodens.

Basenverhältnis. Verhältnis der Stoffmengen der Basen (A + T) zu (G + C). Die in der >DNA< vorkommenden Purin- bzw. Pyrimidin-Basen, >Adenin< (A), >Thymin< (T), >Cytosin< (C) und >Guanin< (G), stehen in best., gesetzmäßigen Verhältnissen zueinander. Die Stoffmenge an Adenin ist aufgrund der spezifischen Basenpaarungen (>Basenpaar<) immer gleich der an Thymin (A = T), und die Stoffmenge an Cytosin ist gleich der an Guanin (G = C). Das B. (A + T) zu (G + C) in der DNA ist in weiten Bereichen variabel, jedoch eine Konstante für eine Art. Dieses Verhältnis wird meistens als Stoffmengenanteil von (G + C) an der Gesamt-Basenmenge (mol% G + C) ausgedrückt. Da die G-C-Bindungen stabiler als die A-T-Bindungen sind, „schmilzt" eine DNA mit höherem (G + C)-Anteil erst bei höherer Temp., d.h. die beiden Einzelstränge der DNA-Doppelhelix werden voneinander gelöst, weil die Wasserstoffbrücken zwischen den Basen gelöst werden. Da das „Schmelzen" u.a. mit Änderungen der optischen Drehung und Lichtabsorption verbunden ist, kann der Effekt auch analytisch zur Best. des (G + C)-Anteils und damit zur Artcharakterisierung (taxonomisches Merkmal) ausgenutzt werden.

Basidiomyceten. (Grch. basis = Säulenfuß; mykes = Pilz). Ständerpilze umfassen mit ca. 30.000 Arten ungefähr 30% aller bisher beschriebenen >Pilze<. Der Name leitet sich von der Basidie ab, einem charakteristischen Sporenständer, der im Zuge der sexuellen Fortpflanzung gebildet wird und in der Regel vier getrennt stehende Meiosporen nach außen abschnürt. Zu dieser am höchsten entwickelten Pilzgruppe gehören die meisten Speise- und Giftpilze sowie wichtige >Phytopathogene< wie die Rost- und Brandpilze.

Basisabdichtung. Technisch hergestellte Sperre (s. Abb. unten) gegen strömende und diffundierende Stoffe, angeordnet zwischen dem natürlichen Untergrund einer >Abfalldeponie< und den abgelagerten >Abfällen<; Ausführung nach dem Stand der Technik

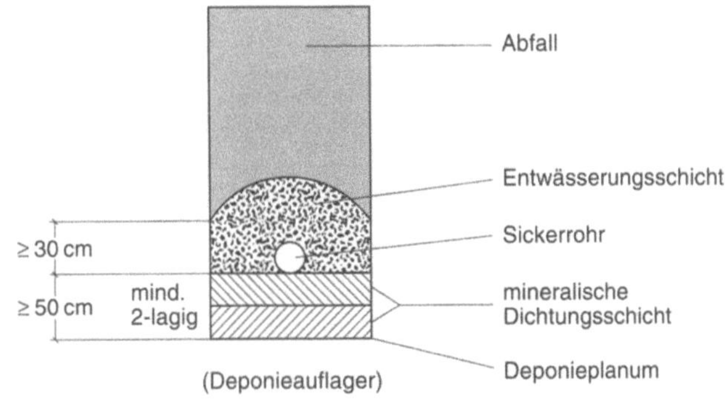

Basisabdichtung: Deponieklasse I nach TASI

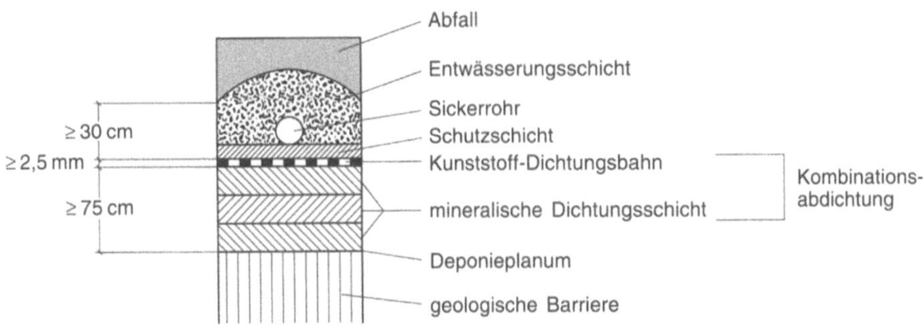

Basisabdichtung: Deponieklasse II nach TASI

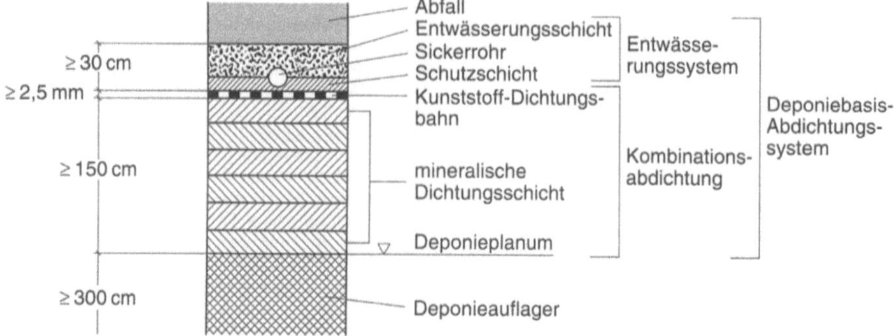

Basisabdichtung: Deponieklasse nach TA Abfall

als >Kombinationsabdichtung<: Mind. 50 cm Ton in Schichten zu 25 cm Dicke auf schwer durchlässigem Untergrund, und darauf (Ausnahme >Deponieklasse I< der >TASI<) eine mindestens 2,5 mm dicke verschweißte Sperrschicht aus Polyethylen (HDPE) im Preßverbund mit der Tonschicht, geschützt mit einem Geotextil und einer filterstabilen Sandschicht der Körnung 0 bis 8 mm von mind. 15 cm Dicke gegenüber der mind. 30 cm dicken Filterschicht der Körnung 16 bis 32 mm.

Lit: Technische Anleitung Siedlungsabfall: In: Müll-Handbuch, Kennzahl 0675, Technische Anleitung Abfall: In: Müll-Handbuch, Kennzahl 0670, E. Schmidt Verl., Berlin (1964); ISBN 3 503 02830 7.

Basisabfluß. Teil des Abflusses, der den >Vorfluter< verzögert erreicht und nach DIN 4049₁ ausschließlich aus dem Grundwasser stammt. Bei längerem Trockenwetter besteht der Abfluß nur aus Basisabfluß („Trockenwetterabfluß"), bei Niederschlag kommt Zwischenabfluß und Oberflächenabfluß nach geringer oder ohne Verzögerung („Direktabfluß") hinzu (s. untere Abb.). Die quant. Auftrennung der 3 Abflußkomponenten (Ganglinienseparation) ist noch nicht befriedigend gelungen, obwohl sie unterschiedliche Wasserinhaltsstoffe haben: Der Basisabfluß spiegelt im wesentlichen die geochem. Verhältnisse wider, der Zwischenabfluß liefert org. gelöste Stoffe.

Bast. Bast oder sek. Rinde wird bei der Pflanze während des sek. Dickenwachstums der >Sproßachse< und der >Wurzel< vom >Kambium< nach außen gebildet und durchzieht als dünner Hohlzylinder die genannten Organe. Der Bast enthält die Leitelemente für die >Assimilatleitung<, vor allem von >Saccharose<, außerdem Zellen zur Assimilatspeicherung sowie Festigungselemente.

BAT. Nach Definition der Senatskommission zur Prüfung gesundheitsschädlicher Arbeitsstoffe (MAK-Kommission) ist der BAT-Wert (*Biologische Arbeitsstoff-Toleranz*) die beim Menschen höchstzulässige Quantität eines Arbeitsstoffes bzw. >Metaboliten< eines Arbeitsstoffes oder die dadurch ausgelöste Abweichung eines biol. >Indikators< von seiner Norm, die nach dem gegenwärtigen Stand der wissenschaftlichen Kenntnis i. allg. die Gesundheit der Beschäftigten auch dann nicht beeinträchtigt, wenn sie durch Einflüsse des Arbeitsplatzes regelhaft erzielt wird. Wie bei den >MAK-Werten< wird i. d. R. eine Arbeitsstoffbelastung von maximal 8 Stunden täglich und 40 Stunden wöchentlich zugrunde gelegt. BAT-Werte können als

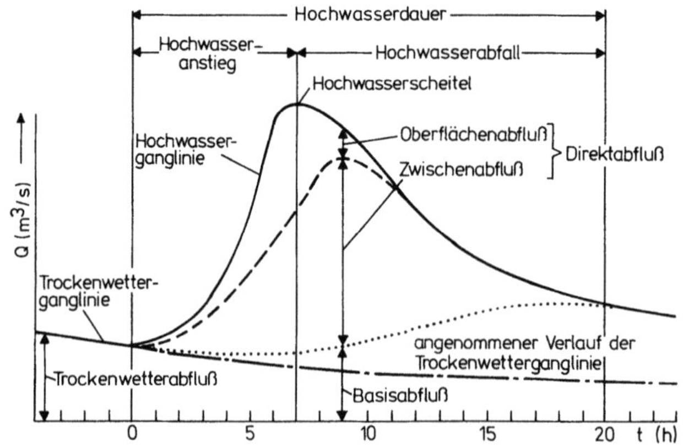

Basisabfluß: Gliederung des Abflusses einer Hochwasserwelle (nach DIN 4049₁)

Konzentrationen, Bildungs- oder Ausscheidungsraten (Menge/Zeiteinheit) definiert sein. Sie sind als Höchstwerte für gesunde Einzelpersonen konzipiert und werden unter Berücksichtigung der Wirkungscharakteristika der Arbeitsstoffe und einer angemessenen Sicherheitspanne i.d.R. für Blut bzw. Urin aufgestellt. Maßgebend sind dabei >arbeitsmedizinisch-toxikologisch< fundierte Kriterien des Gesundheitsschutzes. Der BAT-Wert ist nicht geeignet, biol. Grenzwerte für langandauernde Belastungen aus der allgemeinen Umwelt, etwa durch Verunreinigungen der Luft oder von Nahrungsmitteln, anhand konstanter Umrechnungsfaktoren abzuleiten.

Lit: DFG, Senatskommission zur Prüfung gesundheitsschädlicher Arbeitsstoffe (1992) Maximale Arbeitsplatzkonzentrationen und Biologische Arbeitsstofftoleranzwerte 1992, VCH Verlagsgesellschaft, Weinheim.

Batch-Verfahren. Aus dem englischen Sprachgebrauch übernommene Bez. für einen chem. oder biol. Prozeß, bei dem ein Reaktionsgefäß gefüllt und nach Abschluß der Reaktion wieder entleert wird; es handelt sich also um einen diskontinuierlichen Vorgang. Für eine Bilanzierung in einem Batchsystem, z.B. für den >CSB<, gilt folgende Gleichung:

$$CSB_M^A = CSB_S^E + CSB_{gel.}^E + CSB_{OX}$$

A = Anfang, E = Ende, M = Mischung, S = Schlamm, gel. = gelöst, ox. = oxidiert. CSB_M^A = CSB des volldurchmischten Abwassers, wobei eine Aufschlüsselung in gel. und feste Stoffe vorgenommen werden kann, CSB_{OX} = BSB, $CSB_{gel.}$ = CSB der durch Abzentrifugieren und Abfiltrieren von festen Stoffen befreiten Probe. CSB_S = CSB der Feststoffe, wobei nicht zwischen adsorbierten Stoffen und Zellmasse unterschieden werden kann. Mit diesen Gesetzmäßigkeiten können der Anteil der oxidierten org. Abwasserinhaltsstoffe, die Feststoffproduktion und der Oxidationsgrad ermittelt werden.

Lit: Abwassertechnische Vereinigung (Hrsg.) (1982–1986) Lehr- und Handbuch der Abwassertechnik, 3. Aufl., Bd. 1–7, Verlag von Wilhelm Ernst und Sohn, Berlin München.

Batterien. Bezeichnung für die Zusammenschaltung gleichartiger Geräte, die zu einem gemeinsamen Effekt beitragen; speziell Geräte zur Speicherung elektrischer Energie. Zu unterscheiden ist zwischen aufladbaren Systemen, wie z.B. Blei-, Nickel-Cadmium- und Schwefel-Natrium-Akkumulatoren, und nicht wiederaufladbaren Systemen, wie z.B. Kohle-Zink-, Alkali-Mangan-, Luft-Zink-, Silberoxid- und Quecksilberoxid-B. Beim Gebrauch von B. ist i.d.R. keine Freisetzung von >Schadstoffen< zu befürchten, jedoch bei der Entsorgung der verbrauchten B. bzw. Akkumulatoren, falls diese keiner >Wiederverwertung< zugeführt werden können. Insbesondere ist mit der Freisetzung von >Quecksilber< und >Cadmium< zu rechnen. Quecksilber kann zum einen wesentlicher Systembestandteil wie in Quecksilberoxid-B. sein. Noch 1977 wurden von dieser Batterieart, den sog. Primärknopfzellen, die bis zu 30 Gewichtsprozent Quecksilber enthalten, 40 Mio. Stück mit insgesamt 25 t Quecksilber verkauft. Quecksilber kann aber auch Bestandteil der Kohle-Zink- und Alkali-Mangan-B. sein. Hier dient das Quecksilber dazu, Verunreinigungen zu kompensieren, die während des Gebrauchs ansonsten zur Gasentwicklung führen würden. Eine Reduzierung des Quecksilbergehaltes erfordert eine entspr. Reinheit der eingesetzten Materialien. Für Nickel-Cadmium-Akkus, quecksilberhaltige Primärknopfzellen und Alkali-Mangan-B. mit einem Quecksilbergehalt von mehr als 0,1% hatten im September 1988 der Einzelhandel und der Zweckverband Elektrotechnik- und Elektronikindustrie eine freiwillige Vereinbarung über die Rücknahme und die Entsorgung von Altbatterien beschlossen. Ein Großteil der nicht wiederaufladbaren B. wies 1990 schon einen Quecksilbergehalt von unter 0,1% auf. Dennoch wird empfohlen, auch diese B. wegen des generellen Schwermetallgehaltes als >Sondermüll< zu entsorgen. Mit Datum vom 27. März 1998 hat die Bundesregierung Deutschland die Verordnung zur Rücknahme und Entsorgung gebrauchter B. und Akkumulatoren (Batterieverordnung – BattV) erlassen. Mit dieser Verordnung soll der Eintrag von >Schadstoffen< in >Abfälle< durch B. verringert werden. Hierzu wurden umfangreiche Rückgabepflichten des Verbrauchers und Rücknahmepflichten des Handels vorgeschrieben, ein Pfandsystem für Starterbatterien eingeführt und Verbote für das Inverkehrbringen bestimmter B. ausgesprochen. So wurde z.B. der >Quecksilber<gehalt in Alkali-Mangan-B. auf max. 0,025% beschränkt.

Bauabfall. Verkürzende Bezeichnung für die Abfallgruppe >Bauschutt<, Bodenaushub, Straßenaufbruch und >Baustellenabfälle<.

Baugenehmigung. Durch die zuständige Behörde erteilte >Genehmigung< zur Errichtung einer baulichen Anlage; Voraussetzungen und Verfahren sind geregelt in den *Landesbauordnungen*; notwendig ist i.d.R. die Übereinstimmung der Anlage mit öffentlichem >Baurecht<, also mit *Bauplanungsrecht* (Regelung der Standortfrage) und *Bauordnungsrecht* (Fragen der technischen Sicherheit); neuerdings wird auf die Erteilung der Baugenehmigung verzichtet: In vielen Fällen, die die Landesbauordnungen im Detail regeln, tritt an die Stelle der Baugenehmigung die baurechtliche Anzeige, häufig entfallen sowohl die Baugenehmigung als auch die Bauanzeige; damit ist das Errichten einer baulichen Anlage ohne eine präventive staatliche Kontrolle möglich.

Baugesetzbuch. Bekanntmachung der Neufassung des Baugesetzbuches (BauGB) vom 27. 08. 1997 (BGBl. I S. 2141). Dem BauGB kommt Bedeutung für den Umweltschutz insbesondere hinsichtlich seines ersten Kapitels zu, in welchem das >Bauplanungsrecht< die bauliche und sonstige Nutzung der Grundstücke regelt. Bestandteil des >Bauplanungsrechts< ist auch die >Baunutzungsverordnung<.

Bauleitplanung. Das Recht der Bauleitplanung ist enthalten im ersten Teil des ersten Kapitels des Baugesetzbuchs i.d.F. der Bekanntmachung vom 27.8. 1997, BGBl. I S. 2141; nach § 1 Abs. 1 ist es Aufgabe der Bauleitplanung, die bauliche und sonstige Nutzung der Grundstücke in der Gemeinde nach Maßgabe des Baugesetzbuchs vorzubereiten und zu leiten; Instrumente dazu sind der Flächennutzungsplan (vorbereitender Bauleitplan) und der Bebauungsplan (verbindlicher Bauleitplan); das Recht der Aufstellung des Bauleitplans (Inhalt, Beteiligung der Bürger, Beteiligung der Träger öffentlicher Belange, Genehmigung bzw. Anzeige und Inkrafttreten des Bauleitplans) ist geregelt in den §§ 1–10 BauGB.

Baumaschinen. Verordnung zur Durchführung des >Bundes-Immissionsschutzgesetzes<.

Baumaterialien. Bei den im Bauwesen verwendeten B. handelt es sich mit Ausnahme von Kunststoffen meist um anorg. Stoffe natürlichen und synth. Ursprungs. Zu den natürlichen B. zählen Natursteine, Holz, Schotter, Kies u.a., zu den synth. B. keramische Baustoffe (Klinker, Ziegel, Keramiken), Glas, Moniereisen u.a. Gips, Kalk, Mörtel, Zement und der hieraus hergestellte Beton werden als Bindebaustoffe bezeichnet. Darüber hinaus werden Isoliermaterialien (>Mineralfasern<) und Bauhilfsmittel wie >Dichtstoffe< und Bauten-, >Holz<- sowie >Flammschutzmittel< eingesetzt. Für die Auswahl von B. sind nicht nur bautechnische Kriterien, sondern auch >ökologische< und ökochem. bzw. >ökotoxikologische< Aspekte zu berücksichtigen. Zu den ökologischen Aspekten zählen möglichst schadstoffarme Herstellung und Verarbeitung, Wiederverwendbarkeit der B. sowie geringer Energieaufwand bei Herstellung und Transport. Ökochem. bzw. ökotoxikologische Aspekte betrachten den Einfluß der B. auf das >Raumklima< unter besonderer Berücksichtigung der >Innenraumbelastung< mit >Innenraumchemikalien<.

Baumschutzsatzung. Kommunale Rechtsnormen zum Schutze der Bäume vor Abholzen. Rechtsgrundlage für den Satzungserlaß ist das jeweilige Landesnaturschutzgesetz; s. z.B. § 28 Abs.1 Nr.1, Abs.2 Satz 1 des Niedersächsischen Naturschutzgesetzes i.d.F. vom 11.4. 1994, GVBl. S.155.

Baumsterben. >Waldsterben<.

Baumüll. >Baustellenabfälle<.

Baunutzungsverordnung. Verordnung über die bauliche Nutzung der Grundstücke (Baunutzungsverordnung – BauNVO) in der Neufassung der Bekanntmachung vom 23.01. 1990 (BGBl.I S.132). Als wichtiges Instrument des >Bauplanungsrechts< kommt dieser Rechtsvorschrift besondere Bedeutung für den Umweltschutz zu durch ihre Gliederung der Grundstücksnutzung in Wohn-, Misch-, Gewerbe- und Industriegebiete, wobei die entsprechenden Festsetzungen dieser Gebiete nahezu wortgleich mit denen der >TA Lärm< sind, in welcher diesen Gebieten im einzelnen Immissionswerte für Lärm zugeordnet werden.

Bauplanungsrecht. Rechtsgebiet, das in seinem Regelungsgehalt wesentliche Teile des >Umweltschutzes< als Querschnittsdisziplin mit regelt und deshalb oft in einem weiter gefaßten Sinn dem >Umweltrecht< zugeordnet wird. Seine Bedeutung auch im Umweltrecht leitet sich insbesondere aus dem ersten Kapitel des >Baugesetzbuches< her, welches die bauliche und sonstige Nutzung der Grundstücke in der Gemeinde regelt. Durch die Aufstellung von Bauleitplänen – Flächennutzungsplan (vorbereitender Bauleitplan) und Bebauungsplan (verbindlicher Bauleitplan) – soll u.a. dazu beigetragen werden, eine menschenwürdige Umwelt zu sichern und die natürlichen Lebensgrundlagen zu schützen und zu entwickeln (§ 1 Abs.5 Baugesetzbuch – BauGB). Inhalte der Flächennutzungspläne und Bebauungspläne werden in der zum Baugesetzbuch – BauGB ergangenen >Baunutzungsverordnung< geregelt. Mit ihren bei der Nutzung der Grundstücke vorgenommenen Festsetzungen von Reines Wohngebiet, Allgemeines Wohngebiet, (Dorf-), Misch-, (Kern-)gebiet, Gewerbegebiet und Industriegebiet greift sie auf Definitionen zurück, die fast wortgleich in der >TA Lärm< als Verwaltungsvorschrift zum

>Bundes-Immissionsschutzgesetz – BImSchG< bereits zu finden sind. Dementsprechend gilt das >Trennungsgebot< des § 50 BImSchG, wonach bei raumbedeutsamen Planungen und Maßnahmen die für eine bestimmte Nutzung vorgesehenen Flächen einander so zuzuordnen sind, daß schädliche Umwelteinwirkungen auf die ausschließlich oder überwiegend dem Wohnen dienenden Gebiete sowie auf sonstige schutzbedürftige Gebiete soweit wie möglich vermieden werden. Konkrete Abstände zu vorhandenen gewerblichen oder industriellen Anlagen, die von den Gemeinden bei der Aufstellung von Bauleitplänen zu beachten sind, enthält der in NRW entwickelte und danach auch in anderen Bundesländern eingeführte >Abstandserlaß<.

Baurecht. Summe der privatrechtlichen und öffentlich-rechtlichen Rechtsnormen, die die Errichtung baulicher Anlagen zum Gegenstand haben. 1) Privatrechtlich: Werkvertragsrecht, Architektenrecht u.ä. 2) Öffentlich-rechtlich: Baugesetzbuch i.d.F. der Bekanntmachung vom 27.8. 1997, BGBl.I S.2141 und die darauf gestützten Rechtsverordnungen, z.B. die Verordnung über Grundsätze für die Ermittlung der Verkehrswerte von Grundstücken (Wertermittlungsverordnung) vom 6.12. 1988, BGBl.I S.2209, und die Verordnung über die bauliche Nutzung der Grundstücke (Baunutzungsverordnung) i.d.F. der Bekanntmachung vom 23.1. 1990, BGBl.I S.132; ferner zählen zum öffentlich-rechtlichen Baurecht die sog. Landesbauordnungen und die auf sie gestützten landesrechtlichen Rechtsverordnungen; schließlich sind zu nennen die kommunalen Satzungen: z.B. der Bebauungsplan.

Lit: Peine F-J (1997) Öffentliches Baurecht. 3.Aufl., Mohr Siebeck Verlag, Tübingen – Battis U, Krautzberger M, Löhr RP (1998) Baugesetzbuch, Kommentar. 6.Aufl., Verlag C.H. Beck, München – Schlichter O, Stich R (Hrsg.) (1995) Berliner Kommentar zum Baugesetzbuch. 2.Aufl., Carl Heymanns Verlag, Köln – Große-Suchsdorf U, Lindorf D, Wiechert R, Schmaltz HK (1995) Niedersächsische Bauordnung, Kommentar. 6.Aufl., Vincentz Verlag, Hannover.

Bauschutt. Mineralische Stoffe aus Bautätigkeiten, die auch einen geringen Fremdanteil aufweisen können. B. aus Gebäudeabriß ist äußerst heterogen; er enthält neben mineralischen Bestandteilen z.B. Elektrokabel, Rohre, Bewehrungsstähle, Fußbodenbeläge, Glas, Isoliermaterial. Das >Bauschuttrecycling< ist insofern aufwendig. B. kann infolge der früheren Nutzung z.B. als Schornstein zum >besonders überwachungbedürftigen Abfall< werden. Bereits an der Anfallstelle sollte eine Trennung erfolgen, da das >Bauschuttrecycling< aufwendig und kostenintensiv ist. Nach einer Aufarbeitung kann B. als Zuschlagsstoff oder im Wege- und Straßenbau eingesetzt werden.

Bauschuttrecycling. Aufbereitung von >Bauschutt< oder Straßenaufbruch, in erster Linie um das Material wieder als Baustoff verwenden zu können. Die Aufbereitung geschieht i.d.R. durch Zerkleinern der Stücke in Brechern und anschließendes Absieben und Aussortieren störender Teile (z.B. Bewehrungsstähle, Elektrokabel, Isoliermaterial). Danach wird das Rohmaterial in bestimmte Korngrößen abgesiebt und kommt als Zuschlagstoff z.B. für Beton oder Unterbaumaterial im Straßenbau wieder in den Handel. Ziel ist die Schonung der natürlichen Ressourcen und des Deponievolumens. Durch immer höhere Kosten für z.B. Kiese, Sande wird das B. auch ökonomisch sinnvoll. Für die Aufbereitung des Bauschutts werden mobile (zumeist im Straßenbau) oder stationäre Anlagen eingesetzt (s.

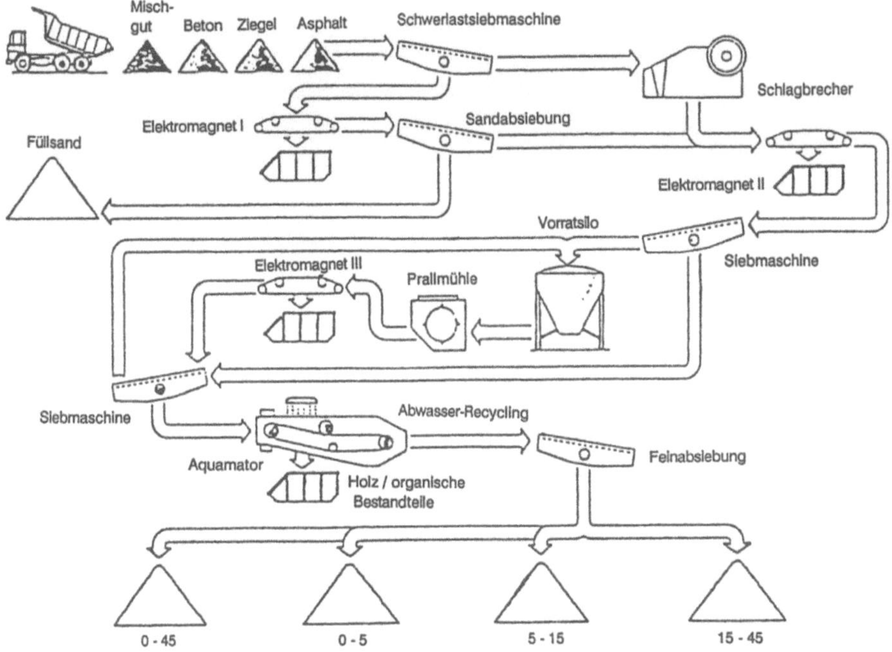

Bauschuttrecycling: Schematischer Aufbau einer Bauschuttaufbereitungsanlage mit einer Naßreinigung (Firma Westdeutsche Baustoff-Recycling GmbH, Düsseldorf. (Aus: Bilitewski et al., 1990)

Abb.). Es wird geschätzt, daß mindestens 40 % des Bauschutts und mindestens 80 % des Straßenaufbruchs wiederverwertet werden können. Hierbei ist u. a. die Herkunft des Abbruchmateriales ausschlaggebend, da die Aufbereitung von schadstoffbelasteten Materialien – sofern überhaupt möglich – einen hohen finanziellen Aufwand erfordert. Zunehmend wird versucht, bereits bei der Planung und dem Bau von Bauwerken die Möglichkeiten eines künftigen B. zu berücksichtigen.
Lit: Willkomm W (1988) Baustoffrecycling. Rationalisierungs-Kuratorium der Deutschen Wirtschaft, Lengericher Handelsdruckerei, Lengerich – Bilitewski B, Härdtle G, Marek K (1990) Abfallwirtschaft, Springer, Berlin Heidelberg New York.

Baustellenabfälle. Neben >Bauabfall< umfaßt der Begriff auch nicht wiederverwertbare Abfälle von Baustellen, wie z. B. leere Farbeimer, verunreinigte Folien, Holzkleinteile.

Bauteileprüfung. Bei der >Allgemeinen Betriebserlaubnis< und ähnlichen Zulassungsverfahren im Ausland übliche Überprüfung von Bauelementen des Fahrzeug-Motorkonzepts, insbesondere soweit sie die Abgasemission beeinflussen.

Bauweise. >Abbauverfahren<.

Bazillen. (Lat. bacillum = Stäbchen). 1. Umgangssprachliches Synonym für >Bakterien<; manchmal nur für pathogene Bakterien verwendet. 2. Syn. für Bazillus: stäbchenförmiges, endosporenbildendes Bakterium (morphologisch). Bacillus ist die zugehörige taxonomische Bezeichnung für den Genus I der Familie Bacillaceae (Holt, 1984), z. B. *Bacillus anthracis* (Milzbranderreger), *Bacillus subtilis* (Heu- und Bodenbak-

terium). Bacillus-Arten sind >grampositive<, zur Kettenbildung neigende, häufig peritrich begeißelte, große (bis zu 5 µm) lange stäbchenförmige, aerobe, endosporenbildende Bakterien.
Lit: Holt JG (Hrsg.) (1984) BERGEY'S Manual of Systematic Bacteriolgoy. Williams & Wilkins, Baltimore Hong Kong London Sydney.

BBA. >Biologische Bundesanstalt für Land- und Forstwirtschaft<.

BBU. >Bundesverband Bürgerinitiativen Umweltschutz<.

Bdelloidea (Rädertierchen). >Nemathelminthes<, >Rotatoria<, >Bodenfauna<, >Süßwasserökologie<.

BDW. >Biologisch-dynamische Wirtschaftsweise<.

BE. >Brennelement<.

Beaufort-Skala. Dreizehnteilige Skala der >Windstärke<stufen von 0 (Windstille) bis 12 (Orkan), im Jahre 1806 von Sir FRANCIS BEAUFORT (1774 bis 1857) anfänglich als Anweisung für Segelschiffsoffiziere eingeführt, bei welcher Windstärke welche Segel zu führen sind. Jede Windstärkestufe ist mit einer bestimmten Auswirkung auf die Umgebung verknüpft. Die Windstärkestufen umfassen verschieden breite >Windgeschwindigkeit<sintervalle; die B.-S. wird in der Regel auf See benutzt. Seit 1838 ist die B.-S. bei der britischen Admiralität und seit 1874 weltweit im Gebrauch. Die endgültige Zuordnung von Windstärkestufen und Windgeschwindigkeitsintervallen erfolgte 1939 bei einem Treffen des International Meteorological Committee in Berlin.

Becken. 1. Längsdurchströmtes bzw. pfropfendurchströmtes B.: Reaktor mit Konz.-Veränderung seiner Abwasserinhaltsstoffe über seine Länge, z.B. Rohrreaktor (DIN 4045). Im längsdurchströmten Becken ist am Anfang eine größere Nährstoffkonz. im Abwasserschlammgemisch vorhanden. Hieraus ergibt sich eine größere >Schlammaktivität<, d.h. die org. Verunreinigungen werden schneller abgebaut. Im letzten Drittel des Beckens herrscht nur noch geringe Schlammaktivität. 2. Total durchmischtes B.: Reaktor mit gleicher Konz. der Abwasserinhaltsstoffe an jeder Stelle (Rührkessel-Reaktor) (DIN 4045). Bei vollständiger Mischung sind die Schwankungen in den Nährstoffkonz. gering, so daß sich der Enzymmechanismus der Bakterien den rel. konstanten Bedingungen voll anpassen kann. Damit wird auch bei geringer Nährstoffkonz. eine hohe Aktivität erreicht.

Beckenarten. In der Abwassertechnik werden vorzugsweise horizontal durchströmte Rechteck- und Rundbecken (s. Abb. unten) sowie vertikal durchströmte Rundbecken eingesetzt. Kombinationsbecken mit integriertem Schlammfaulraum (>Emscherbrunnen<, >Üdembecken<) werden wegen der aufwendigen Konstruktion und der Forderung nach optimierter Schlammstabilisierung in beheizten Faulräumen praktisch nicht mehr hergestellt. Kombinationsbecken mit ausgewiesenem Flokkungsreaktor finden ausschließlich bei Fällungsanlagen Verwendung. Mehrstöckige Absetzbecken sind wegen ihres verringerten Platzbedarfes auch im kommunalen Bereich im Einzelfall anzutreffen. Hervorzuheben ist, daß hierdurch neben dem höheren baulichen Aufwand die betrieblichen Bedingungen aufgrund der eingeschränkten Zugänglichkeit verschlechtert sind. Dies ist auch im Hinblick auf die Räumeinrichtungen bei der Konstruktion zu beachten. Als weitere Sonderkonstruktion horizontal durchströmter Absetzbecken sind Rundbecken mit Randzufluß („Rim-Flo-Becken") und querdurchströmte Rechteckbecken bekannt. Als vertikal durchströmte Rechteckbecken mit flacher Sohle und rotierendem Schildräumer wurde das „Berliner Becken" entwickelt. Als wesentliche Vorteile der Rechteckbecken in Sonderkonstruktion sind der verminderte Platzbedarf und die Möglichkeit zur Kompakt- oder Modulbauweise anzusehen. Insofern ist eine Anwendung bei größeren Kläranlagen häufiger gegeben. Zu beachten ist jedoch, daß auch eine Sonderkonstruktion des Räumsystems erforderlich wird. Bei querdurchströmten Rechteckbecken ist auf eine gleichmäßige Zulaufverteilung – z.B. über eine belüftete Vorkammer oder -rinne – besonders zu achten.

Lit: Abwassertechnische Vereinigung e.V. (Hrsg.) (1985–1997) ATV-Handbuch, 4.Aufl., Band 1–7, Verlag Wilhelm Ernst und Sohn, Berlin München.

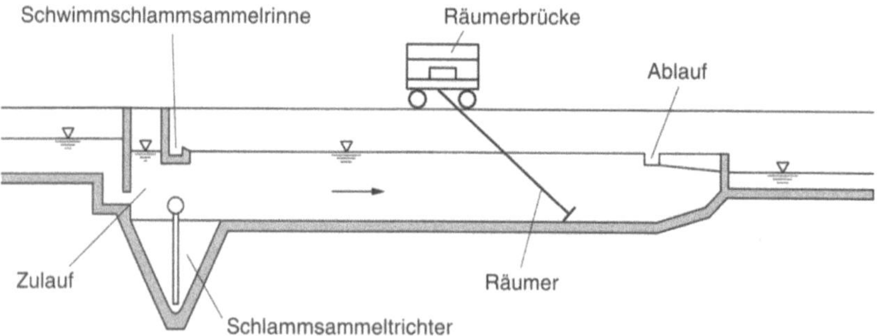

Beckenarten: Horizontal durchströmtes Längsbecken (aus: Abwassertechnische Vereinigung e.V. (Hrsg) (1985–1997) ATV-Handbuch, 4.Aufl., Band 1–7, Verlag Wilhelm Ernst und Sohn, Berlin München)

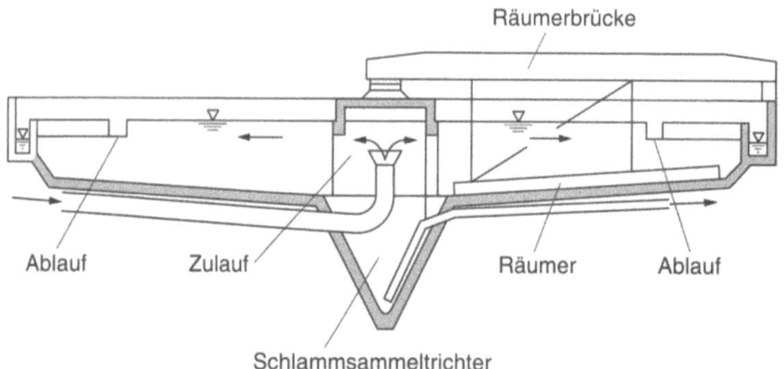

Beckenarten: Horizontal durchströmtes Rundsbecken (aus: Abwassertechnische Vereinigung e.V. (Hrsg) (1985–1997) ATV-Handbuch, 4.Aufl., Band 1–7, Verlag Wilhelm Ernst und Sohn, Berlin München)

Beckett-Isotherme. B. stellt eine spezielle, in der Bodenkunde gebräuchliche binäre Form einer Kationen->Austauschisotherme< dar. Beispiele s. S.135, Abb. b, c.

Becquerel. Maßeinheit für die Radioaktivität: 1 Bq $\triangleq$ 1 Zerfall pro Sekunde.

Bedarfsermittlung. Element der >Düngeplanung<.

Bedarfsgegenständerecht. Summe der Rechtsvorschriften, die sich auf die in § 5 des Lebensmittel- und Bedarfsgegenständegesetzes aufgezählten Gegenstände (bestimmte Verpackungen, Kosmetikartikel, Reinigungs- und Pflegemittel) beziehen; das B. ist Teil des Rechts betreffend den Verkehr mit Lebensmitteln, Tabakerzeugnissen, kosmetischen Mitteln und sonstigen Bedarfsgegenständen, geregelt im Gesetz über Lebensmittel und Bedarfsgegenstände, LMBG, i.d.F. der Bekanntmachung vom 9.9. 1997, BGBl. I S.2296.

bedingt schadstoffarm. Einteilung von Pkw nach ihrer >Abgasschadstoffmenge<, wobei der in den Jahren 1987 bis 1990 in D vorübergehend eingeführte Begriff „Bedingt schadstoffarm nach Anlage XXIV der Straßenverkehrszulassungsordnung" ein Verhalten kennzeichnet, das günstiger als die Vorschrift ECE R15/04 ist und noch nicht die Werte von „Anlage XXIII", die der US-Norm entspr., erreicht. Diese Abgaswerte ließen sich in der Regel mit einem >ungeregelten Katalysator< erreichen.

Bedürfnisanstalt. Öffentliche Bedürfnisanstalten dienen der Hygiene und Sauberkeit einer Stadt. Jeder Bürger soll auch außerhalb seiner Wohnung oder seines Arbeitsplatzes und – wie jeder Ortsfremde – ohne etwa nur zu diesem Zwecke eine Gaststätte, ein Warenhaus, einen Bahnhof oder dergleichen aufsuchen zu müssen, rasch und einfach eine ordentliche Toilette benutzen können. Schon bei der Aufstellung von Flächennutzungsplänen bzw. Bebauungsplänen sollen geeignete Standorte ausgewiesen werden.
Es ist zu unterscheiden zwischen Bedürfnisanstalten mit und ohne ständig anwesendem Bedienungspersonal. Die Anstalten mit Personal sind die sog. Vollanstalten und bestehen standardmäßig aus je 2 getrennten WC-Anlagen für Damen und Herren; zusätzlich ist ein Pissoir angegliedert.
Lit: Abwassertechnische Vereinigung e.V. (Hrsg.) (1985–1997) ATV-Handbuch, 4.Aufl., Band 1–7, Verlag Wilhelm Ernst und Sohn, Berlin München.

Bedürfnisprüfung. Prüfung, ob ein Bedarf an der Errichtung einer >Anlage< oder der Eröffnung eines Geschäfts etc. besteht. Häufig aus verfassungsrechtlichen Gründen unzulässig wegen Berufs- und Gewerbefreiheit, die verfassungsrechtlich durch Art.12 und Art.2 Abs.1 des Grundgesetzes garantiert sind.

Befahrbarkeit des Ackers. Wichtig für die termingerechte Erledigung der Feldarbeiten. Sie hängt ab von der >Bodenfeuchte<, >Bodenart< (Sandboden eher befahrbar als Lehmboden) und der jeweiligen Feldbeit (die Saat von Zuckerrüben benötigt trockeneren Boden als deren Ernte). Die termingerechte Arbeitserledigung wird von den Entwicklungsstadien der Kulturpflanze bzw. der Schaderreger bestimmt. Verspätungen können z.B. bei Saat, Dünge- und Pflanzenschutzmaßnahmen Ertragseinbußen bewirken, aber auch bei >Pflanzenschutz< die Wirksamkeit mindern, was einen höheren Aufwand notwendig bzw. eine Bekämpfung unmöglich macht. Verzögerungen bei der Ernte können Ertrag und Qualität mindern.

Beförderung. (Transport, offiziell nicht „Verkehr"). B. ist die amtliche Bezeichnung für den (körperlichen) Transport von Waren, die im Verkehrsrecht „Güter" genannt werden. Das deutsche >Gefahrgutgesetz< versteht unter B. „sowohl den Vorgang der Ortsveränderung als auch die Übernahme und Ablieferung des Gutes einschl. sog. zeitweiliger Aufenthalte im Verlauf der Beförderung, Vorbereitungs- und Abschlußhandlungen (Verpacken und Auspacken, Be- und Entladen)" (§ 3).
Damit von >gefährlichen Gütern< keine Gefahren ausgehen können, müssen sie sicher befördert werden, um Menschen, Tiere, Umwelt und Sachen nicht zu gefährden. Um das zu erreichen, sind umfangreiche >Gefahrgutvorschriften< erlassen worden. Diese gelten nicht nur für die innerstaatliche, sondern auch für die grenzüberschreitende B. gefährlicher Güter. Bislang sind Regelungen (s. Tabelle) erlassen worden für den Straßen-, Eisenbahn-, Binnenwasserstraßen-, Seeschiffs- u. Lufttransport sowie für die Versendung mit der Post.
Bei der B. und Lagerung von Gefahrgut in Deutschland ist zu unterscheiden zwischen der Ortsveränderung auf öffentlichen Verkehrswegen und innerhalb von Werksgrenzen. Das Gefahrgutgesetz gilt (nur) für die Beförderung gefährlicher Güter auf der Eisenbahn

Beförderung gefährlicher Güter

Straße	Eisenbahn	Schiff	Flugzeug
National: GGVS Gefahrgutverordnung Straße	**National:** GGVE Gefahrgutverordnung Eisenbahn	**National:** GGV See Gefahrgutverordnung See	
International: ADR	**International:** RID	**International:**	**International:** UNO/ICAO
		Binnenschiffe: ADN-R	
Europäisches Übereinkommen über die Beförderung gefährlicher Güter auf der Straße	Internationale Ordnung für die Beförderung gefährlicher Güter mit der Eisenbahn	Europäisches Übereinkommen über die internationale Beförderung gefährlicher Güter auf Binnenwasserstraßen	Vorschriften über die Beförderung bedingt zugelassener Artikel mit Luftfahrzeugen
		Seeschiffe: IMDG-Code Vom IMO erlassener Code für die Beförderung gefährlicher Güter mit Seeschiffen	

IMO = International Maritime Organisation, ICAO = International Civil Aviation Organisation

und mit Straßen-, Wasser- u. Luftfahrzeugen. Für den *innerbetrieblichen* Verkehr gelten das >Gefahrgut<-Gesetz und die ihm nachgeordneten Rechtsvorschriften *nicht*, sondern das >ChemG< und die >GefStoffV<. Außer der B. wird auch die Lagerung von Gefahrgut innerhalb der Werksgrenzen von zahlreichen Gesetzen, Verordnungen und „Richtlinien" des Bundes und der Länder geregelt. Auf die innerbetriebliche Lagerung von Gefahrgut ist immer auch die GefStoffV anzuwenden. Ferner sind u. a. zu berücksichtigen: DruckbehälterV, SprengG, VbF. Für den *grenzüberschreitenden* Verkehr auf der Straße und der Schiene bestehen die europäischen Übereinkommen *RID* bzw. *ADN*. Beim Transport gefährlicher Güter auf dem >Wasser< ist zu unterscheiden zwischen Binnengewässern und dem Schiffsverkehr auf See. Für letzteren gilt das Internationale Übereinkommen zum Schutz menschlichen Lebens auf der See *SOLAS*, Detailregelungen sind im *IMDG*-Code enthalten. Der Bereich Binnengewässer wird von der *GGV Binnenschiff* geregelt, mit Ausnahme der Donau (internationales Gewässer). Im Luftverkehr sind die Vorschriften der *ICAO* und *IATA* zu beachten. Der Transport gefährlicher Güter bedarf der Erlaubnis des Luftfahrtbundesamtes.

Die nationalen Gefahrgutvorschriften und die internationalen Regelwerke sind in einer Tabelle (s. S.155) zusammengestellt (>Gefahrgutgesetz<). Trotz strenger Vorschriften und intensiver Schulung der Fahrer von Gefahrgütern lassen sich Unfälle mit diesen nicht ganz vermeiden. Beim öffentlichen Verkehr wurden von den Behörden der – für die Schadensbekämpfung zuständigen – Bundesländer sowie auch von der chem. Industrie umfangreiche Vorsorgemaßnahmen getroffen: Gefahrgut-Schnellauskunft (GSA) und >Transport-Unfall-Informations- und Hilfeleistungs-System< (TUIS).

Ab 01.10. 1991 haben bestimmte Firmen einen Gefahrgutbeauftragten gemäß gleichnamiger Verordnung (GbV) zu bestellen, s. >Gefahrgutvorschriften<.

Lit: Der Bundesminister für Verkehr (Hrsg.) (1990) Die Beförderung gefährlicher Güter – Raeschke-Kessler, Schendel, Schuster (Hrsg.) (1990) Umwelt und Betrieb/Umweltrecht für die betriebliche Praxis, Erich Schmidt Verlag, Berlin.

Begasung. Begriff des >Gefahrstoffrechts<. Die B. wird mit sehr giftigen und giftigen Stoffen und Zubereitungen zur Schädlingsbekämpfung (Entwesung, Entseuchung), zur Qualitätssicherung und zur Sterilisation (Entkeimung) durchgeführt; sie umfaßt alle Arbeiten, die im Zusammenhang mit dem sicheren Verwenden eines Begasungsmittels erforderlich sind (Vorbereitung, Einbringung, Überwachung, Lüftung, Freigabe). Die B. darf grundsätzlich nur mit den in der >Gefahrstoffverordnung< genannten Stoffen und Zubereitungen und mit Erlaubnis der zuständigen Behörde und unter Verantwortung eines Begasungsleiters durchgeführt werden. Besondere Vorschriften gelten für die B. von Räumen, Anlagen, Transportbehältern und auf Schiffen.

Beggiatoa. >Bacteria< (s. Abb. S.142).

Begleitschein. Teil des Nachweisverfahrens bei der Entsorgung von >besonders überwachungsbedürftigen Abfällen<, geregelt in der >Verordnung über Verwertungs- und Beseitigungsnachweise<. Mit dem B. soll eine Verbleibskontrolle, d. h. eine Nachweisführung über die tatsächliche Durchführung der Entsorgung erfolgen. Vor Beginn der Entsorgung muß ein Entsorgungsnachweis vorliegen. Von den Ausfertigungen der B. verbleibt jeweils ein Exemplar beim Abfallerzeuger, beim Beförderer und beim Entsorger, und es werden zwei Exemplare der Überwachungsbehörde übergeben.

Begleitsubstanzen. In technischen Produkten treten neben der Hauptkomponente meist Nebenprodukte aus der Herstellung als Verunreinigungen auf. So sind in der >fungiziden< >Holzschutzmittel< >formulierung< >Pentachlorphenol< (PCP) neben den Hauptverunreinigungen Tetrachlorphenol (4 bis 8 %) und chlorierten Phenoxyphenolen (2 bis 6 %) auch chlorierte >Dibenzo-*p*-dioxine< und >-furane< im Spurenbereich nachweisbar. Als störende B. werden in der Spurenanalytik auch Verb. aus der Probenmatrix (z. B. >Hausstaub<) bezeichnet, die bei der Lsg.-Mittelextraktion zus. mit den Analyten in die Probenlsg. freigesetzt werden und mittels >chromatographischer< Aufreinigungsschritte vor der instrumentellen Best. weitgehend eliminiert werden müssen, um Querempfindlichkeiten sicher auszuschließen.

Begrenzender Faktor. Terminus technicus, bezeichnet bei sog. Ertragskurven, die die Abhängigkeit des Wachstums bzw. Ertrages vom Nährstoff- oder Energieaufwand darstellen, denjenigen Nährstoff oder Faktor, der den pflanzlichen Ertrag begrenzt; in Agrar-Ökosystemen selten Strahlungsenergie oder Wasser, sondern meist Stickstoff oder Phosphor.

Begründungsgebot. Wichtiger Grundsatz des >Verwaltungsverfahrensrechts<, geregelt im Verwaltungsverfahrensgesetz des Bundes sowie in den (nahezu wortgleichen) Verwaltungsverfahrensgesetzen der Länder. Danach ist ein >Verwaltungsakt< schriftlich zu begründen. Dies gilt auch für einzelne Anforderungen innerhalb des Verwaltungsaktes in seiner Gesamtheit (Auflagen und Bedingungen). In der Begründung sind die wesentlichen tatsächlichen und rechtlichen Gründe mitzuteilen, die die Behörde zu ihrer Entscheidung bewogen haben. Die Begründung von Ermessensentscheidungen soll auch die Gesichtspunkte erkennen lassen, von denen die Behörde bei der Ausübung ihres Ermessens ausgegangen ist (§ 39 Verwaltungsverfahrensgesetz – VwVfG vom 25.05. 1976. BGBl. I S.1253).

Behälter. Vielfältig benutzter Begriff, der allg. „Umhüllung" bedeutet. In der Reaktortechnik werden beispielsweise die Begriffe >Druckbehälter<, >Reaktordruckbehälter< und >Sicherheitsbehälter< verwendet. Im Zusammenhang mit der >Endlagerung< >radioaktiver Abfälle< gibt es eine Reihe von Transport- und Abschirmbehältern. Das 200-l-Rollreifenfaß stellt den einfachsten Typ eines reinen Transportbehälters ohne Strahlenabschirmung dar. Eine mit einem derartigen Abfallgebinde praktisch unlöslich verbundene Zementmörtelschicht dient der Strahlenabschirmung und wird als „verlorene Betonabschirmung" bezeichnet. Der >CASTOR< (CAsk for Storage and Transport Of Radioactive material) ist ein zwischen 70 und 120 Tonnen schwerer Behältertyp für den Transport und die (Langzeit-) Zwischenlagerung von abgebrannten >Brennelementen< und verglastem hochradioaktivem Abfall. Der dickwandige (ca. 450 mm) B. aus Gußeisen mit Kugelgraphit enthält zusätzlich Kunststoffeinlagen zur Neutronenabschirmung und wird mit einem Mehrfachdeckelsystem aus Edelstahl verschlossen, das zusätzlich durch eine Schutzplatte vor mechanischen Einwirkungen und Feuchtigkeit geschützt wird. Die Brennelemente selbst stehen in einem Gestell aus Borstahl, einem neutronenabsorbierenden Material. Der >POLLUX< ist ein B. zur >direkten Endlagerung< abgebrannter Brennelemente. Ein Innenbehälter zur Aufnahme kompaktierter Brennelemente wird, durch einen Neutronenmoderator getrennt, von einem äußeren Abschirmbehälter aus Sphäroguß umgeben und geschützt. Für Referenzuntersuchungen wurde ein B. dieses Bautyps entwickelt, der bei einem Durchmesser von ca. 1,5 m und einer Länge von ca. 5,5 m bis zu acht Brennelemente aus Druckwasserreaktoren aufnehmen kann und beladen 64 Tonnen wiegt. Der Pollux-B. ist nach den Vorschriften des Verkehrsrechts für Typ-B(U)-Verpackungen und des Atomrechts für die Zwischenlagerung von Kernbrennstoffen ausgelegt, so daß die B. gleichermaßen als Transport-, Zwischenlager- und Endlagerbehälter einsetzbar sind. S. a. >Kokille<.

Behälterdeponie. >Deponie< aus mehreren bautechnisch hergestellten, allseitig beherrschbaren abgeschlossenen Räumen, die nacheinander unter Dach verfüllt und dann gegen die Außenluft und den umgebenden Boden gas- und wasserdicht verschlossen werden.

Beintaster. >Protura<.

Beizereiabwässer. Im wesentlichen enthalten die Abwässer freie >Säure< oder Natronlauge und gelöste Metalle. Sie werden neutralisiert und die ausgefällten Metalle durch >Sedimentation< abgetrennt. Da es sich – zumindest beim Beizen – um größere Spülwassermengen handelt, haben sich auf diesem Sektor die Durchlaufbehandlungsanlagen am weitesten durchgesetzt. Aus den gleichen Gründen wird auch die kostengünstige Kalkmilch als Neutralisierungsmittel verwendet. Nur soweit >nitrit<- oder >chrom<haltige Abwässer anfallen, ist auf entsprechende Abwassertrennung und die Erstellung der notwendigen >Entgiftungsanlagen< zu achten. Da meist Eisen und seine Legierungen das Beizgut darstellen, sind Vorkehrungen erforderlich, dieses in die 3wertige Form zu überführen. Die >Oxidation< läßt sich sehr gut und schnell mit >Natriumhypochlorit<lsg. während der Neutralisation durchführen. Bei dieser Behandlung liegt eine für jede Redoxmessung wichtige >pH-Wert<-Konstanz in engen Grenzen bereits vor. Der Potentialsprung im Äquivalenzpunkt ist groß, da er sich vom negativen Potential des 2wertigen Eisens bis zum positiven Potential des Chlors erstreckt.
Lit: Abwassertechnische Vereinigung (Hrsg.) (1982–1986) Lehr- und Handbuch der Abwassertechnik, 3.Aufl., Bd.1–7, Verlag von Wilhelm Ernst und Sohn, Berlin München.

Beizmittel. Präparate, die u.a. in der Saatgutbehandlung (z.B. von Getreide-, Mais-, Rüben- und Gemüsesamen) zum vorbeugenden Schutz gegen Schadpilze und -insekten eingesetzt werden. Man unterscheidet zwischen Tauch-, Benetzungs-, Kurznaß- und Trockenbeizen.

Bekämpfungsverordnungen. Auf das Pflanzenschutzgesetz von 1968 sowie das >Pflanzenschutzgesetz< gestützte Verordnungen, um spezielle Schadorganismen zu bekämpfen. Die Verordnungen zur Bekämpfung des Kartoffelkrebses, der Kartoffelnematoden, der Bakterienringfäule der Kartoffel, zur Bekämpfung von Nelkenwicklern und der San-José-Schildlaus beru-

hen auf EG-Richtlinien des Rates; die Verordnungen zur Bekämpfung der Blauschimmelkrankheit des Tabaks, der Feuerbrandkrankheit, der Reblaus, der Scharkakrankheit sind nationale Verordnungen. Gemeinsames Ziel der Verordnungen ist die Abwehr besonders wichtiger Schadorganismen. Die Verordnungen enthalten daher eine Anzeigepflicht über das Auftreten und den Verdacht des Auftretens des jeweiligen Schadorganismus sowie Regelungen über Vernichtung, Entseuchung und Freihalten. Der Umgang (Züchten, Halten und Arbeiten) mit den Schadorganismen ist grundsätzlich verboten.

Bekanntmachung. Bestandteil des förmlichen >Genehmigungsverfahrens< für immissionsschutzrechtlich genehmigungsbedürftige Anlagen. Bei Durchführung eines vereinfachten Verfahrens entfällt die Bekanntmachung. Die Bekanntmachung eines Vorhabens erfolgt durch die Genehmigungsbehörde im amtlichen Veröffentlichungsblatt und in örtlichen Tageszeitungen, die im Bereich des Standortes der Anlage verbreitet sind. Entspr. Vorgaben sind in § 10 >Bundes-Immissionsschutzgesetz< und in den §§ 8 und 9 der Neunten Verordnung zur Durchführung des Bundes-Immissionsschutzgesetzes (Grundsätze des Genehmigungsverfahrens – 9.BImSchV), Stand 09.10.1996, enthalten. Die Vierte Verordnung zur Durchführung des Bundes-Immissionsschutzgesetzes (Verordnung über genehmigungsbedürftige Anlagen – 4.BImSchV), Stand 19.03. 1997, listet die Anlagenarten auf, für deren Errichtung und Betrieb ein förmliches oder vereinfachtes immissionsschutzrechtliches Genehmigungsverfahren durchzuführen ist. § 16 Bundes-Immissionsschutzgesetz (Stand 18.04.1997) regelt die Vorgehensweise bei einer wesentlichen Änderung einer immissionsschutzrechtlich genehmigungsbedürftigen Anlage.

Belastbarkeit. Unscharfer Begriff für eine >Belastung<, bei deren Überschreitung das System nicht nur kurzfristig gestört nach einer gewissen Zeit in seinen ursprünglichen Zustand zurückkehrt, sondern nachhaltig gestört, verändert oder gar zerstört wird. S. z.B. >Umkippen von Gewässern<, >(Brand-)Rodung<, etc.

Belästigung. Durch Rauch, Ruß, >Staub<, Gase, >Aerosole<, Dämpfe oder Geruchsstoffe, aber auch Wärme, Geräusche, Erschütterungen oder Lichtstrahlen hervorgerufene Beeinträchtigung des körperlichen und seelischen Wohlbefindens, die nicht mit einer Gesundheitsbeeinträchtigung verbunden ist. >Immissionen<, die nach Art, Ausmaß oder Dauer geeignet sind, erhebliche Belästigungen für die Allgemeinheit oder die Nachbarschaft herbeizuführen, sind schädliche >Umwelteinwirkungen< im Sinne des >Bundes-Immissionsschutzgesetzes<. Nach Bundes-Immissionsschutzgesetz bedarf die Errichtung oder der Betrieb von Anlagen, die in besonderem Maße geeignet sind, schädliche Umwelteinwirkungen hervorzurufen, einer >Genehmigung<. Immissionsschutzrechtlich genehmigungsbedürftige Anlagen sind dann so zu errichten und zu betreiben, daß u.a. schädliche Umwelteinwirkungen nicht hervorgerufen werden können und >Vorsorge< gegen schädliche Umwelteinwirkungen getroffen wird, insbesondere durch die dem >Stand der Technik< entspr. Maßnahmen zur >Emissionsbegrenzung<. Auch nicht immissionsschutzrechtlich genehmigungsbedürftige Anlagen sind so zu errichten und zu betreiben, daß schädliche Umwelteinwirkungen ver-

hindert werden, soweit es der Stand der Technik zuläßt, bzw. auf ein Mindestmaß beschränkt sind. Neben >Immissionswerten< zum Schutz der Gesundheit enthält die >TA Luft< auch Immissionswerte zum Schutz vor erheblichen Nachteilen oder erheblichen Belästigungen. Auftrag des Bundes-Immissionsschutzgesetzes ist es, die menschliche Gesundheit uneingeschränkt zu schützen, während der Schutz vor erheblichen Belästigungen und erheblichen Nachteilen eine Abwägung gegen andere rechtliche Belange ermöglicht. Die Erheblichkeit ist keine absolut feststehende Größe. Sie ist im Einzelfall durch Abwägung aller bedeutsamen Umstände, wie z. B. bisherige Belastung, Charakter der Umgebung, Tageszeit sowie Dauer und Intensität der Einwirkungen zu ermitteln. Gleichartige Immissionen können dabei durchaus zu unterschiedlichen Bewertungen hinsichtlich der Zumutbarkeit führen. Z. B. kann der Bestandsschutz einer bestehenden Anlage dazu führen, daß im stärkeren Maße Nachteile hinzunehmen sind. Des weiteren ist zu beachten, daß die Bewertung einer Belästigung auf das Empfinden eines Durchschnittsmenschen und nicht auf eine mehr oder weniger empfindliche Person abgestellt ist.
Lit: Bundesimmissionsschutzrecht, Bd. 1 A, Kommentar von G. Feldhaus & W. Vallender, Deutscher Fachschriften-Verlag, Braun GmbH & Co. KG, Wiesbaden – Gem. RdErl. d. Ministers für Umwelt, Raumordnung und Landwirtschaft u. d. Ministers für Wirtschaft, Mittelstand und Technologie, Durchführung der technischen Anleitung zur Reinhaltung der Luft, Min.-Bl. NW vom 17. 11. 1986, S. 1658.

Belastung. Gesamtheit der negativen Einwirkungen auf ein System (Organismus, Population, Ökosystem oder deren Kompartimente), die sein Anpassungsvermögen überschreiten.

Belastungsgebiet. Bis zur Neufassung des >Bundes-Immissionsschutzgesetzes< vom 11.05.1990 war der Begriff B. im fünften Teil des Gesetzes verankert. Mit der Novellierung wurde die Bezeichnung „Belastungsgebiet" zugunsten der Bezeichnung „>Untersuchungsgebiet<" aufgegeben. Nach § 44 Abs. 2 Bundes-Immissionsschutzgesetz sind dies Gebiete, in denen >Luftverunreinigungen< auftreten oder zu erwarten sind, die wegen der Häufigkeit und Dauer ihres Auftretens, ihrer hohen Konz. oder der Gefahr des Zusammenwirkens versch. Luftverunreinigungen in besonderem Maße schädliche >Umwelteinwirkungen< hervorrufen können. Die Belastungs-/Untersuchungsgebiete werden durch Rechtsverordnung der Landesregierungen festgesetzt. Zur einheitlichen Beurteilung von Stand und Entwicklung der Luftverunreinigungen im Bundesgebiet hat die Regierung der Bundesrepublik Deutschland die Vierte Allgemeine Verwaltungsvorschrift zum Bundes-Immissionsschutzgesetz (Ermittlung von >Immissionen< in Belastungsgebieten – 4. BImSchVwV), Stand 26. 11. 1993, und die >TA Luft<, Stand 27. 02. 1986, erlassen. Die Kriterien für die Festlegung der Belastungs-/Untersuchungsgebiete sind unscharf und räumen den Behörden viel Entscheidungsspielraum ein. Zur Konkretisierung hat daher der Länderausschuß für Immissionsschutz bundeseinheitliche Kriterien beschlossen. Ein Kriterium ist danach z. B. das Erreichen oder Überschreiten eines >Immissionswertes< nach TA Luft, aber auch das Auftreten großräumiger schädlicher Umwelteinwirkungen wie z. B. von Vegetationsschäden. Nach § 47 Bundes-Immissionsschutzgesetz hat die nach Landesrecht zuständige Behörde für ein Belastungs-/Untersuchungs-

gebiet oder einen Teil dieses Gebietes bei Überschreitung von Immissionswerten einen >Luftreinhalteplan< als Sanierungsplan aufzustellen bzw. soll sie bei sonstigen schädlichen Umwelteinwirkungen einen derartigen Sanierungsplan aufstellen. Bei Überschreitung von Immissionsleitwerten können zur >Vorsorge< gegen schädliche Umwelteinwirkungen Vorsorgepläne aufgestellt werden.

Belebter Schlamm. Beim >Belebungsverfahren< entstehender Schlamm (DIN 4045). Der belebte Schlamm besteht vorwiegend aus flockenbildenden >Mikroorganismen<, hauptsächlich >Bakterien<, und wird durch die Zuführung von atmosphärischer Luft intensiv mit dem >Abwasser< vermischt. Durch diese Durchmischung kommen die Mikroorganismen des belebten Schlammes sowohl mit den org. Verunreinigungen des Abwassers als auch mit dem in der Luft enthaltenen Sauerstoff ständig in Kontakt; sie werden dadurch gleichzeitig in Schwebe gehalten. Weil die Bakterienmasse wie Schlamm aussieht, bezeichnet man sie als „belebten Schlamm".

Belebungsanlage. Anlage zur >biol. Abwasserreinigung< mit >belebtem Schlamm<, bestehend aus Belebungsbecken (>Becken<) und >Nachklärbecken<. Es gibt unterschiedliche Bauarten, die sich in Beckenformen und Installationsarten unterscheiden, z. B. längsdurchströmte oder total durchmischte Belebungsbecken; Rundbecken, auch >Dortmundbrunnen< bzw. Rechteckbecken zur Nachklärung. Versch. Belüftungssysteme wie Druckbelüfter, >Oberflächenbelüfter<, Strahlbelüfter etc. bewirken eine optimale O$_2$-Zufuhr.

Belebungsverfahren. Verfahren zur >biol. Abwasserreinigung<, bei dem >belebter Schlamm< mit Abwasser durchmischt, anschließend abgetrennt und zum großen Teil als >Rücklaufschlamm< wieder zugeführt wird (DIN 4045). Das Belebungsverfahren ist eine künstlich verstärkte >Selbstreinigung<. Die Vorgänge gleichen denen im natürlichen Fluß oder See; lediglich die Mikroorganismen, welche hier die Reinigung besorgen, befinden sich im Belebungsbecken in sehr hoher Konz. (2 bis 3 % TS). Durch künstliche Zufuhr von Luft ist dafür gesorgt, daß sie trotz ihrer Anhäufung noch genügend Sauerstoff vorfinden. Das Abwasser/Schlammgemisch im Belebungsbecken wird auch deshalb künstlich bewegt, damit die flockige Masse – der belebte Schlamm – sich nicht am Boden des Beckens absetzen kann, wo sie infolge des auftretenden Sauerstoffmangels absterben müßte. Gleichzeitig werden durch die Bewegung die zahlreichen Austauschvorgänge begünstigt.
Lit: Imhoff K, Imhoff KR (1990) Taschenbuch der Stadtentwässerung, 27. Aufl., R. Oldenbourg Verlag, München Wien.

Beleuchtungsmesser. >Luxmeter<.

Belüfterketten (schwimmende). Eine Sonderform der feinblasigen Belüftung stellen schwimmende Belüfterketten dar. Sie werden i. d. R. in 4,0 bis 5,0 m tiefen Erdbecken eingesetz, die ein- oder zur Dichtheitskontrolle zweilagig mit verschweißten PE-Platten ausgekleidet sind (s. Abb.).

Belüftung. 1. allgemein: Gasaustausch zwischen Wasser und Luft zum Einbringen von Sauerstoff und ggf. Entfernen gelöster Gase (DIN 4046).
2. Bei der Abwasserbehandlung: Einbringen von Sauerstoff in Belebungsbecken (>Becken<) mittels Luft- oder Sauerstoffzufuhr. Man unterscheidet nach der

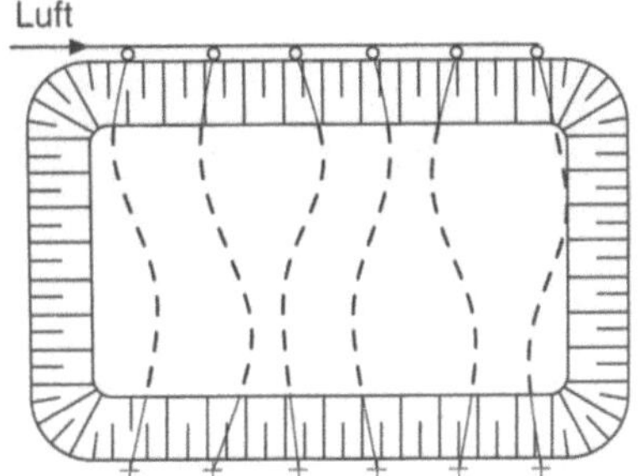

Belüfterketten: Belüftungsbecken in Erdbauweise mit schwimmenden Belüfterketten (aus: Abwassertechnische Vereinigung e.V. (Hrsg.) (1985–1997) ATV-Handbuch, 4. Aufl., Band 1–7, Verlag Wilhelm Ernst und Sohn, Berlin München)

Verfahrensart: z.B. Oberflächenbelüftung, Druckbelüftung (s. Abb.), Sauerstoffbegasung; nach der Ausführungsart: z.B. Strahl-, Kreisel-, Walzenbelüftung (Mammutrotor) (s. Abb.), fein-, mittel-, grobblasige Druckbelüftung (DIN 4045).

3. kombinierte: Kombinierte Belüfter sind Systeme, bei denen durch mechanisch wirkende Vorrichtungen die eingeblasene oder eingesaugte Luft im Abwasser fein verteilt wird. Gleichzeitig wird durch den Luftstrom und die Paddel oder >Rührwerke< das Abwasser im >Belebungsbecken< umgewälzt. Bei schwach belasteten Belebungsanlagen wird von der zugeführten Druckluft oft nur ein geringer Teil für den Sauerstoffverbrauch der >Mikroorganismen< benötigt, der größte Teil dient der Umwälzung des Beckeninhaltes. IMHOFF verwirklichte deshalb auf der ersten deutschen Belebungsanlage in Essen-Rellinghausen 1926 bereits den Gedanken, nur soviel Druckluft feinblasig zuzuführen, wie für die Sauerstoffversorgung erforderlich war und zur Umwälzung und zur verbesserten Flockenbildung langsam laufende Paddelrührwerke anzuordnen. Die Paddel liefen entgegen der Strömungsrichtung der Umwälzbelüftung und begünstigten durch eine Verlängerung der Kontaktzeit zwischen Luftblasen und Wasser eine häufigere Grenzflächenerneuerung und verbesserten die Sauerstoffausnutzung der Druckluft.

Lit: Abwassertechnische Vereinigung (Hrsg.) (1982–1986) Lehr- und Handbuch der Abwassertechnik, 3. Aufl., Bd. 1–7, Verlag von Wilhelm Ernst und Sohn, Berlin München.

Bénard-Zellen. Konvektionszellen, die von H. BÉNARD im Jahre 1900 in Flüssigkeiten entdeckt wurden. Erst mit Hilfe der Satellitenaufnahmen wurde in der Atmosphäre eine derartige Zirkulation erkannt. Hier haben die hexagonalen Zellen einen Durchmesser von 20 bis 150 km. Derartige Zellen findet man i.d.R. auf der Rückseite eines Tiefs, >Rückseitenwetter<. Man unterscheidet zwischen: 1) offenen Zellen, bei denen die stärksten Aufwinde an den Zellwänden unter Ausbildung von Cumulus- und Cumulonimbuswolken herrschen. Das Innere der Zelle ist aufgrund der Absinkbewegung wolkenfrei. 2) geschlossenen Zellen, bei denen das Innere der Zelle mit >Wolken< gefüllt ist, während die Zellränder wolkenfrei bleiben. Ausgelöst wird die Ausbildung der Zellen, sobald die >Rayleigh-Zahl< einen kritischen Wert unterschreitet; dies wird dann stets bei feuchtlabiler Schichtung der Atmosphäre erreicht (>Labilität<), die nach oben hin durch eine >Inversion >begrenzt wird.

Lit: Brunt D (1951) Experimental Cloud Formation. In: Compendium of Meteorology, Boston, S. 1255–1262 – Huschke RE (1970) Glosssary of Meteorology, American Meteorological Society (Hrsg.), Boston, Mass.

Benazolin-ethyl. Wirkt als >Herbizid< und zählt zur Substanzklasse der Benazoline.

Chemische Bezeichnung: Ethyl-4-chlor-2-oxobenzothiazolin-3-ylacetat

CAS-Nummer: 25059–800–7

Hersteller: AgrEvo

Wirkungstyp: Selektives systemisches Nachauflaufherbizid mit wachstumsregulatorischen Eigenschaften.

Bevorzugte Anwendung: Gegen Unkräuter in Raps und Getreide.

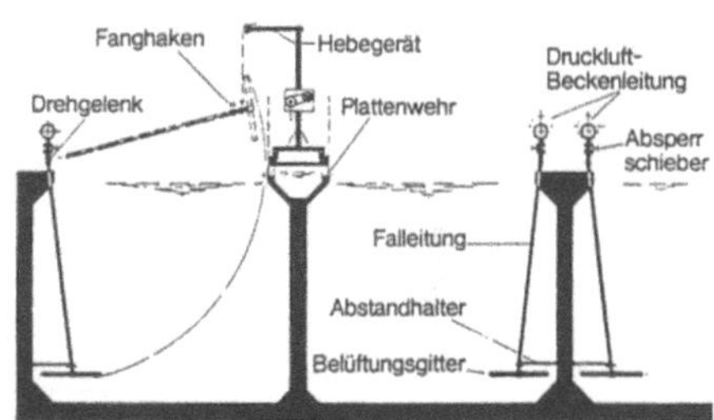

Belüftung: Druckbelüftung (aus: Prospekt Schumacher'sche Fabrik, Bietigheim)

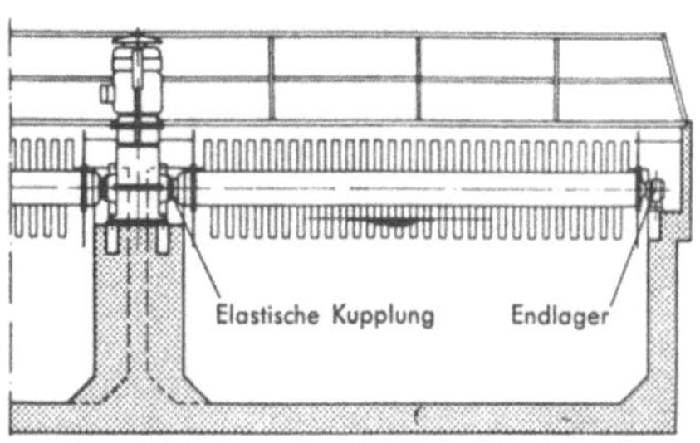

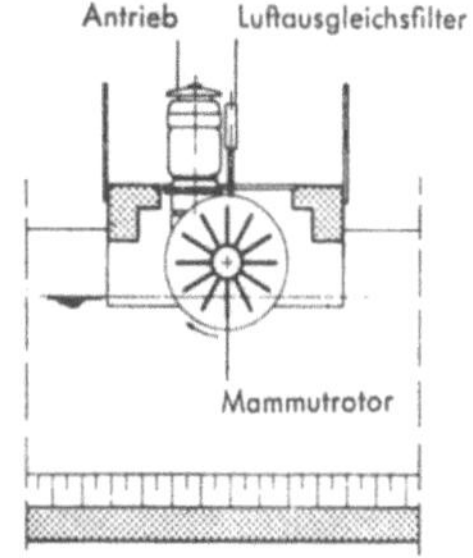

Belüftung: Walzenbelüftung (Mammutrotor, aus: Bretschneider H, Lecher K, Schmidt M (Hrsg.) (1993) Taschenbuch der Wasserwirtschaft, 7. Aufl., Verlag Paul Parey, Hamburg Berlin)

Chemische und physikalische Eigenschaften: Beigefarbene Kristalle mit aromatischen Geruch, einer Dichte von 1,45 g/cm^3 und einem Schmelzpunkt von 79,2 °C.
Dampfdruck: 0,37 mPa bei 20 °C.
Verteilungskoeffizient (log Po/w): 2,48 bei 20 °C.
Löslichkeit: In Wasser 47 mg/L bei 20 °C.
Stabilität: Stabil im sauren und neutralen Medium. Hydrolysiert im alkalischen Medium, DT_{50} beträgt bei pH 9 9 Tage.
Abbau und Metabolismus: Im Boden findet sehr schnelle Hydrolyse des Esters zur Säure statt, DT_{50} <1 Tag. Weiterer Abbau führt zu 4-Chlorbenzothiazolin-2-on und anschließender Ringöffnung.
Säugertoxizität: Akute orale LD_{50} für Ratte >6.000 und Maus >4.000 mg/kg. Akute dermale LD_{50} für Ratte >2.100 mg/kg. Keine Haut- und Augenreizwirkung bei Kaninchen. Inhalation LC_{50} (4 h) für Ratte >5,5 mg/L Luft. 2-Jahre-Fütterungstest NOEL für Ratte 12,5 mg/kg Futter und Maus 100 mg/kg Futter. ADI-Wert 0,006 mg/kg KGW.
Bienentoxizität: Nicht bienentoxisch; LD_{50} beträgt >200 µg/Biene.
Fischtoxizität: LC_{50} (96 h) für Regenbogenforelle 5,4 mg/L.
Vogeltoxizität: Akute orale LD_{50} für Japanische Wachtel >9.709 und Stockente >3.000 mg/kg. 5-Tage-Fütterungstest LC_{50} für Japanische Wachtel und Stockente >20.000 mg/kg Futter.
Wirbellosetoxizität: EC_{50} (48 h) für *Daphnia* 6,2 mg/L. LC_{50} (14 d) für Regenwurm >1.000 mg/kg Boden. EC_{50} (96 h) für Grünalge 16 mg/L.

Benchmark-Konzept. Verfahren zur Prognose des Verhaltens von >Umweltchemikalien< unter Umweltbedingungen, das aus den folgenden Schritten besteht: 1) Eingrenzung der wichtigsten Eig., die das Verhalten von >Pestiziden< in der Umwelt bestimmen (Schlüsselparameter), 2) Entwicklung von Testmethoden zur Messung dieser Parameter, 3) Testen dieser Eig. bei einem oder mehreren Vertretern aus wichtigen Klassen toxischer Verb. (Referenzchemikalien = Benchmark-Verb.) und 4) Aufstellen einer Beziehung zwischen diesen Labordaten und dem Umweltverhalten der zugehörigen Referenzchemikalien. Dabei werden die Schlüsselparameter der Substanzen (Wasserlöslichkeit, Dampfdruck, Hydrolysierbarkeit, >Abbaubarkeit< im Boden, >Adsorptionsverhalten<, Flüchtigkeit, Photoabbau, Verteilungskoeffizient) zu deren sog. Umweltprofil kombiniert. Mittels dieser Profile kann das Verhalten neuer Chemikalien vorhergesagt werden, indem durch Strukturvergleich die zugehörige Referenzchemikalie identifiziert und dann deren Klasse das Verhaltensmuster entnommen wird.
Lit: Haque R (Hrsg.) (1980) Dynamics, exposure, and hazard assessment of toxic chemicals, Ann Arbor Science, S. 61–62.

Benefit. (engl.) Nutzen, der ein Risiko, das durch den Gebrauch oder die Anwendung z. B. von Anlagen oder Produkten entsteht, rechtfertigt.

Benetzungswärme. B. (J/g) ist die bei der Benetzung trockener Böden freiwerdende Wärme.

Benetzungszeit. Zeitdauer für die selbsttätige Benetzung eines >wasserdispergierbaren Pulvers< oder >Granulats< unter standardisierten Bedingungen. Lange B. können die Bildung homogener >Spritzbrühen< unter Praxisbedingungen erschweren und sogar zu Ausbringungsschwierigkeiten durch Klumpenbildung führen.
Lit: Ashworth RdeB, Henriet J, Lovett JF, Raw GR (1970) Analysis of technical and formulated pesticides, CIPAC Handbook 1, Heffers Printers, Cambridge, MT 53.3 S. 966.

Benfuracarb. Wirkt als >Insektizid< und zählt zur Substanzklasse der Carbamate.
Chemische Bezeichnung: Ethyl-N-[2,3-dihydro-2,2-dimethylbenzofuran-7-yloxycarbonyl(methyl)aminothio]-N-isopropyl-β-alaninat
CAS-Nummer: 82560–54–1
Hersteller: Otsuka
Wirkungstyp: Systemisch wirkendes Insektizid mit ausgezeichneter Pflanzenverträglichkeit.
Berührungs- und Fraßgift: Aufnahme durch die Wurzeln und über die Blätter. Reversibler Cholinesterase-Hemmstoff.
Bevorzugte Anwendung: In Zuckerrüben, Mais, Raps und Kartoffeln gegen Rübenfliege, Moosknopfkäfer, Drahtwürmer u. a. Im Obst-, Wein-, Hopfen- und Gemüsebau gegen Blattläuse und weitere Schädlinge.

Chemische und physikalische Eigenschaften: Rotbraune, viskose Flüssigkeit mit einem spezifischem Gewicht von 1,142 bei 20 °C und einem Siedepunkt von 110 °C bei 3 Pa.
Dampfdruck: 27 µPa bei 20 °C.
Verteilungskoeffizient (log Po/w): 4,3 bei pH 7 und 20 °C.
Stabilität: Unter sauren und alkalischen Bedingungen instabil. Zersetzung bei Temperaturen >225 °C.
Löslichkeit: In Wasser 8,1 mg/L bei 20 °C.
Abbau und Metabolismus: In der Pflanze Spaltung der N-S-Bindung zu Carbofuran und Metabolisierung weiter zu 3-Hydroxycarbofuran. Im Boden beträgt die HWZ 2–3 Tage. Es erfolgt Abbau zu den Metaboliten Carbofuran, 3-Hydroxycarbofuran und zu Zuckerkonjugaten.
Bei Ratten erfolgt nach oraler Aufnahme Ausscheidung innerhalb von 7 Tagen über Urin und Faeces. Hauptmetaboliten in der Faeces sind Carbofuran, Carbofuran phenol, 3-Hydroxycarbofuran, 3-Hydroxyphenol und 3-Ketophenol. Im Urin liegen diese Metaboliten als β-Glucuronid-Konjugate vor.
Säugertoxizität: Akute orale LD_{50} für männliche Ratte 222,6 und weibliche Ratte 205,4, Maus 175 und Hund 300 mg/kg. Akute dermale LD_{50} für Ratte >2.000 mg/kg. Inhalation LC_{50} (4 Stunden) für Ratte 0,34 mg/L Luft. Keine Hautreizung, aber geringe Augenreizung bei Kaninchen. Bei Meerschweinchen keine Hautsensibilisierung. 2-Jahre-Fütterungstest >NOEL< für Ratte 25 mg/kg Futter.
Bienentoxizität: LD_{50} (örtlich) 0,29 µg/Biene.
Fischtoxizität: LC_{50} (48 Stunden) für Karpfen 0,65 mg/L.
Vogeltoxizität: Akute orale LD_{50} für Huhn 92 mg/kg.
Wirbellosetoxizität: LC_{50} (3 Stunden) für *Daphnia magna* >10 mg/L.

Benomyl. >Fungizid< wirkendes Benzimidazolderivat mit einem sehr breiten Anwendungsbereich.

Chemische Bezeichnung: Methyl-1-(butylcarbamoyl)-benzimidazol-2-ylcarbamat

CAS-Nummer: 17804–35–2

Hersteller: Du Pont

Wirkungstyp: Systemisch wirkendes Fungizid. Aufnahme durch Blätter und Wurzeln. Wird akropetal transportiert. Hemmt die Assemblierung der Mikrotubuli. Die eigentlich wirksame Substanz ist das entstehende Carbendazim (MBC). Besitzt eine akarizide Nebenwirkung (ovizid).

Bevorzugte Anwendung: Nach Resistenzerscheinungen bei versch. anderen Pilzerkrankungen heute vorwiegend gegen Halmbruchkrankheit an Wintergetreide eingesetzt. Gegen pilzliche Lagerfäulen an Kernobst und gegen Wurzelbräune an Cyclamen.

Chemische und physikalische Eigenschaften:

Physikalische Beschaffenheit: Farblose Kristalle.

Schmelzpunkt: Zersetzt sich beim Erhitzen, ohne zu schmelzen.

Dampfdruck: $< 10^{-5}$ hPa bei 20 °C.

Stabilität: Zersetzlich in stark saurem und stark alkal. Medium. Trocken aufbewahren. In Gegenwart von Feuchtigkeit langsamer Zerfall.

Löslichkeit: In Wasser ca. 2 mg/L bei 25 °C.

Verteilungskoeffizient (log $P_{o/w}$): 23,4 bei 20 °C.

Abbau und Metabolismus: Durch Abspaltung der Butylcarbamoylgruppe entsteht in wäßrigem Milieu, Tieren, Pflanzen und im Boden das rel. stabile Carbendazim (MBC). In Pflanze und Tier erfolgt langsamer Abbau zum nichttoxischen 2-Amino-benzimidazol. In Pflanzen dann weiterer Abbau durch Spaltung des Benzimidazol-Kerns. Im Tier wird B. hydroxyliert, wobei sich der Hauptmetabolit (5-Hydroxybenzimidazolcarbamat) (5-HCB) zum O- und N-Konjugat umsetzt. Innerhalb weniger Tage werden B. und seine Metaboliten in Urin und Faeces ausgeschieden.

Im Boden sind B. und Carbendazim ziemlich persistent (Halbwertszeit 6 bis 12 Monate): Ein Abbau durch Mikroorganismen erfolgt nur in geringem Umfang zu 2-Aminobenzimidazol und 5-Hydroxy-Carbendazim. Bei Ratten und Hunden werden 99 % einer einmaligen oralen Dosis von 2-C^{14}-markiertem B. über Urin und Faeces innerhalb von 72 Stunden ausgeschieden. Der Hauptmetabolit ist 5-HCB, der im Urin als Glucuronid und/oder Sulfat erscheint. Milchkühe und Hühner zeigen gleiche Metabolisierung und Ausscheidung. Andere mögliche Abbauprodukte im tierischen Organismus sind MBC und 4-Hydroxy-2-benzimidazolmethylcarbamat (4-HCB). B. und seine Metaboliten akkumulieren im tierischen Gewebe nicht (Hunde und Ratten).

Toxizität: Akute orale LD_{50} für Ratte >10.000 mg/kg. Akute dermale LD_{50} für Kaninchen >10.000 mg/kg. Geringe Augen-, keine Hautreizung. Akute Inhalation LC_{50} (4 Stunden) für Ratte >2 mg/L Luft. 2-Jahres-Fütterungstest NOEL für Ratte >2.500 mg/kg Futter (höchste getestete Rate) und für den Hund 500 mg/kg Futter.

Bienentoxizität: Orale und Kontakt-LD_{50} >10 µg/Biene. Produkt ist nicht bienengefährlich (B 4).

Fischtoxizität: LC_{50} (96 Stunden) für Regenbogenforelle 0,17 mg/L und Goldfisch 4,2 mg/L. LC_{50} (48 Stunden) für Guppy 3,4 mg/L, Kugelalge 1,4 mg/L und *Daphnia magna* 640 µg/L.

Vogeltoxizität: 8-Tage-Fütterungstest LC_{50} für Stockente und Japanische Wachtel >500 mg/kg Futter.

Bentazon. Wirkt als >Herbizid< und zählt zur Substanzklasse der Thiadiazin-Derivate.

Chemische Bezeichnung: 3-Isopropyl-($1H$)-benzo-2,1,3-thiadiazin-4-on-2,2-dioxid

CAS-Nummer: 25057–89–0

Hersteller: BASF AG

Wirkungstyp: Selektives Herbizid, das über Blatt und Sproß aufgenommen wird und in der Pflanze transloziert. Es wird auch über die Wurzeln absorbiert, wobei der Wirkstoff akropetal im Xylem transportiert wird. Hemmung der Photosynth. Hohe Luftfeuchtigkeit, Temp. und Licht beschleunigen bei Blattapplikation den Wirkungseintritt.

Bevorzugte Anwendung: Im Nachlauf gegen zweikeimblättrige Unkräuter, insbesondere Kamille, Klettenlabkraut und Vogelmiere in Winter- und Sommergetreide, ausgenommen Sommerroggen. Anwendung in Nachbarschaft von wuchsstoffempfindlichen Kulturen. Weitere Kulturen sind Mais, Kartoffeln, Erbsen, Soja, Reis und Lein.

Chemische und physikalisch Eigenschaften:

Physikalische Beschaffenheit: Hell ockergelbe und geruchlose Kristalle.

Schmelzpunkt: 137 bis 139 °C.

Dampfdruck: $4{,}6 \cdot 10^{-4}$ Pa bei 20 °C.

Stabilität: Weitgehend hydrolysebeständig: In 0,1 N NaOH und in 0,1 N HCl nach 48 Stunden noch 100 % stabil. Halbwertszeit im UV-Licht 13,3 Stunden.

Löslichkeit: In Wasser 500 mg/L bei 20 °C.

Verteilungskoeffizient (log $P_{o/w}$): –0,45 bei pH 7 und 22 °C.

Abbau und Metabolismus: In Pflanzen schnelle Metabolisierung zu Derivaten der Anthranilsäure. Hauptmetaboliten sind die 6- und 8-Hydroxy-Derivate. Nach der Hydroxylierung des aromatischen Ringes erfolgt Konjugation mit Kohlenhydraten. Im Boden werden ebenfalls zunächst kurzlebige Hydroxy-Verb. gebildet, die jedoch rasch weitermetabolisiert werden. Im Sonnenlicht wird Bentazon in einer Ox. und Dimerisierung unter Verlust des SO_2 abgebaut. Es entsteht eine Neubildung des Chinazolin-3H-on-Ringsystems. Nach einmaliger oraler Applikation an Kaninchen (5 mg/kg) sind nach 24 Stunden 99 % als unveränderter Wirkstoff ausgeschieden. Von der Ratte werden 93 % mit dem Urin eliminiert, davon sind 84 % unveränderter Wirkstoff. Metabolisierung erfolgt zu Hydroxybentazon und durch Bruch der Bindungen im Heterocyclus.

Toxizität: Akute orale LD_{50} für Ratte 1.100, Maus 400, Kaninchen 750 und Katze 500 mg/kg. Akute dermale LD_{50} für Ratte >2.500 mg/kg. Bei Kaninchen geringe Haut- und Augenreizung. 90-Tage-Fütterungsversuch >NOEL< bei Ratte 70 mg/kg (3,5 mg/kg/Tag), bei

Hund 300 mg/kg (7,5 mg/kg/Tag). Langzeitfütterungsstudie an der Ratte: NOEL 10 mg/kg/Tag. ADI-Wert beträgt 0,1 mg/kg/Tag.
Bienentoxizität: Nicht bienengefährlich (B 4).
Fischtoxizität: LC_{50} (96 Stunden) für Regenbogenforelle 109 mg/L und Blaukiemen-Sonnenbarsch 616 mg/L.
Vogeltoxizität: Akute orale LD_{50} für Japanische Wachtel 720 mg/kg und Stockente 2.000 mg/kg.
Giftklasseneinstufung: X_n (mindergiftig) laut Gefahrstoffverordnung.

Benthal. >Benthos<.

Benthische Zone. >Benthos<.

Benthon. >Benthos<.

Benthos. >Lebensgemeinschaft< des Bodens von Meeres- und Süßgewässern, bestehend aus freibeweglichen und festsitzenden Tiere und Pflanzen. Das B. ist sehr unterschiedlich zusammengesetzt, je nach Tiefe, Art des Untergrunds, Wasserqualität, Temperatur usw. In vielen Bereichen ist das *Benthal*, d.h. der >Lebensraum< des B. aus >Sedimenten< zusammengesetzt. Diese können geogenen Ursprungs sein oder auf abgestorbene Lebewesen bzw. deren Reste zurückgeführt werden. In den Sedimenten können Schadstoffe akkumulieren, die wiederum durch die Tätigkeit von Tieren, z.B. von Tubifexwürmern umgelagert werden können. Durch bakterielle Wirkung kann es am oder im Boden zur Sauerstoffzehrung kommen. Diese Bedingungen können nur wenige Tiere ertragen, etwa die >Larven< mancher Zuckmücken (Chironomiden). Die flachen Uferbereiche werden als *Litoral* bezeichnet und zeigen vielfältige Spezialisierungen.

Bentonit. 1. technisch: Lockeres Sedimentgestein, dessen Hauptminerale >Smectite< sind und das daher (meist im Tagebau) abgebaut wird. Entsprechend den Eigenschaften der Smectite werden B. technisch als Filtermasse, zum Stabilisieren von Sanden und in wäßriger Suspension als Spülmittel bei Bohrungen eingesetzt.
2. Lebensmittel: Aluminiumhaltiges Schichtsilikat, das als >Rieselhilfsmittel< oder Klärhilfsmittel bei der Herstellung von Wein, Bier oder Fruchtsaft eingesetzt wird. Häufig bilden sich bei der Herstellung dieser Getränke Trübungen oder Sedimente aus Pektinen, Proteinen und phenolischen Verbindungen. Pektine und Proteine lassen sich durch partiellen enzymatischen Abbau entfernen oder durch den Zusatz von Bentonit. Bei der Herstellung von Pflanzenfetten wird Bentonit zur Bleichung bei der Raffination verwendet.

Benz[a]anthracen. >Polycyclischer aromatischer Kohlenwasserstoff< aus vier anellierten Ringen. $M_r = 228$; Smt. $= 161\,°C$; die Angaben für die Wasserlöslichkeit schwanken zwischen 1 und 14 µg/L; Verteilungskoeffizient n-Octanol/Wasser log $P_{o/w} = 5{,}6$. Hauptquellen sind Öl und Ölprodukte sowie Kohle und Kohleprodukte. In Rohöl liegen je nach Herkunft Konzentrationen im unteren ppm-Bereich vor. In Bitumen wurden Konzentrationen von 0,1 bis 0,9 ppm nachgewiesen. Benz[a]anthracen wird bei Verbrennungs- bzw. Pyrolyseprozessen gebildet und in die Umwelt eingetragen. Die durchschnittliche Belastung von Oberflächengewässern liegt unter 1 µg/L und in Böden bzw. Sedimenten unter 10 µg/kg. In Gebieten mit starkem Verkehr oder industrieller Tätigkeit überschreiten die Luft-Konzentrationen deutlich 1 ng/m³. Im Zigarettenrauch

werden 0,3 µg/100 Zigaretten gefunden. Nach den OECD-Tests gilt Benz[a]anthracen in Wasser als nicht abbaubar. Ebenso ist der Abbau im Boden äußerst gering. Dagegen wird es zu etwa 25 % photomineralisiert. Es liegt ein hohes Bioakkumulationspotential vor: Der Biokonzentrationsfaktor für Belebtschlamm in 5 Tagen beträgt 24.400, für Algen in 1 Tag 3.180 und 350 für Fische in 3 Tagen. In Mutagenitätstests treten deutlich positive Effekte auf. Ebenso ist starke Evidenz für krebsauslösende Wirkung gegeben.

Benzimidazol. Heterocycl. Verbindung als Ausgangsstoff bei organischen Synthesen von Wirkstoffen in Pharmazie und Pflanzenschutz.
Grundkörper für eine Verbindungsklasse mit einem breiten Aktivitätsspektrum bei hoher systemischer Wirkung. B. wurde besonders bekannt durch die Entdeckung der Benzimidazol-Fungizide, wie z.B. >Thiabendazol< (Merck & Co.), >Fuberidazol< (Bayer AG) sowie der Benzimidazol-carbamate: >Benomyl<, >Carbendazim< (Du Pont). Wirkungsstudien haben ergeben, daß Benzimidazole in der Lage sind, mit DNA und RNA Wechselwirkungen einzugehen und in die Protein-Biosynthese sowie in die oxidative Phosphorylierung einzugreifen.
Benzimidazole haben ferner als >Sonnenschutzmittel< Verwendung gefunden. >Polybenzimidazole< sind hochtemperaturbeständige Polymere.
Zur Wirkstoff-Familie der Benzimidazole zählt man auch die Gruppe der offenkettigen Phenylen-bis-thiophanate (Thiophanat, Topsin®, Thiophanatmethyl, Topsin M®), aus denen nach Applikation erst durch Ringschluß die eigentlichen Benzimidazol-Derivaten entstehen.

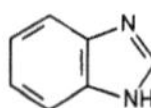

Lit: Büchel KH (1983) Chemistry of Pesticides, Wiley, New York, S. 311, 314 – Preston PN (1980) In: Weissberger A, Taylor EC (Hrsg.). The Chemistry of Heterocyclic Compounds, Bd. 40, Teil 2, Wiley, New York, S. 531.

Benzin. Aus Mineralöl gewonnene Mischung von >Kohlenwasserstoffen<, die u.a. als Kraftfahrzeugtreibstoff und Lösungsmittel Verwendung findet. Diese Mischung besteht aus ca. 150 Alkanen, Alkenen, Cycloalkanen und >Aromaten< mit 5 bis 10 Atomen im Molekül. Der Siedebereich des B. liegt gewöhnlich bei 80 bis 130 °C. Man unterscheidet auch Petrolether (Sdp. 25 bis 80 °C), Waschbenzin (aromatenfrei; 80 bis 110 °C), Ligroin (90 bis 120 °C bzw. 150 bis 180 °C), Testbenzin (130 bis 220 °C), >Kerosin< (180 bis 270 °C) u.a. Mit einem niedrigen Flammpunkt (Fp. < 21 °C) ist B. leichtentzündlich. Die Explosionsgrenzen von B.-Luft-Gemischen liegen bei 0,6 bis 7,6 Vol.-% (VbF : AI).
Beim Betanken von Fahrzeugen und bei sonstigen Umfüllvorgängen treten erhebliche >Betankungsverluste< auf. Kraftfahrzeugbenzin kann gesundheits- und umweltschädliche Zusätze, wie z.B. >Benzol<, >Antiklopfmittel< wie >Tetraethylblei< und Scavenger wie Dichlorethan enthalten. Der Einsatz von Abgaskatalysatoren erfordert >bleifreies Benzin<, da >Blei< die eingesetzten >Katalysatoren< chem. vergiften würde. Schon mit zwei Tankfüllungen verbleiten Benzins wäre ein Katalysator auf Dauer in seiner Wirkung stark herabgesetzt. Der Absatz *bleifreien Benzins* wird in der Bundesrepublik Deutschland seit 1985 steuerlich ge-

fördert. Zur Auszeichnungspflicht für bleifreien Kraftstoff an den Tankstellen wurden die DIN 51607, Ausgabe Juni 1985, und am 20.06. 1985 die Benzinqualitätsangabeverordnung entspr. angepaßt. Zur Sicherstellung einer einheitlichen Qualitätsüberwachung des Kraftstoffes an der Tankstelle wurde am 06.11. 1985 die Allgemeine Verwaltungsvorschrift zur Benzinqualitätsangabeverordnung erlassen. Die letztgenannten beiden gesetzlichen Vorgaben wurden am 27.06. 1988 durch die Benzinqualitätsverordnung ersetzt, die gleichzeitig die Richtlinien 85/536/EWG und 87/44/EWG, mit denen u. a. eine Begrenzung von Ersatzkraftstoffkomponenten im Benzin vorgeschrieben wird, in staatliches Recht umsetzt. Nach der sog. EG-Benzinbleirichtlinie von 1985 waren außerdem alle EG-Mitgliedstaaten gehalten, die Verfügbarkeit von bleifreiem Benzin und eine ausgewogene Streuung der Tankstellen bis zum 01.10. 1989 herzustellen. In dieser EG-Richtlinie wurde auch der Gehalt an >Benzol< im Benzin ab Oktober 1989 EG-weit auf 5 Vol.-% begrenzt und damit der in der DIN 51607, Ausgabe Juni 1985, festgelegte Höchstgehalt an Benzol für alle EG-Mitgliedstaaten verbindlich festgelegt.

Benzinabscheider. Sammel- und Auffangvorrichtung für Benzin, meist in Fertigteilbauweise, die in Entwässerungsleitungen eingebaut wird (s. Abb.). Die Fertigteilprogramme bieten die Möglichkeit, durch baukastenartige Kombination entspr. Schlammfänge und Benzinabscheider die Anlagen in den erforderlichen Größen zusammenzustellen. In einem evtl. zu installierenden Nachreinigungsteil wird das aus dem Benzinabscheider abfließende Abwasser durch ein Labyrinth – in dem sich eine Filtermasse befindet – geleitet. Dabei werden dem Abwasser weitere Leichtflüssigkeitsanteile entzogen.

Benzinbleigesetz. Gesetz zur Verminderung von >Luftverunreinigungen< durch >Bleiverb.< in Ottokraftstoffen für Kraftfahrzeugmotore (Benzinbleigesetz – BzBlG) vom 05.08. 1971, geändert mit Gesetz vom 18.12. 1987. Das B. begrenzt u. a. den Bleigehalt des >Benzins<. Der Bleigehalt im Benzin durfte danach ab 01.01. 1972 0,40 g/L und ab 01.01. 1976 0,15 g/L nicht übersteigen. Mit der Änderung des B. vom 18.12. 1987 wurde auf der Grundlage der am 21.07. 1987 geänderten EG-Benzinbleirichtlinie ab 01.02. 1988 verboten, bleihaltiges Normalbenzin in der Bundesrepublik Deutschland in Verkehr zu bringen. Dieses bleifreie Normalbenzin, dessen Motor>octanzahl< (MOZ) den Wert 85 und dessen >Researchoctanzahl< (ROZ) den Wert 95 unterschreitet, darf nicht mehr

als 0,013 g Blei je Liter, gemessen bei 15 °C, enthalten. Die Reduzierung des Benzinbleigehaltes war unmittelbar mit einem Rückgang des Bleigehaltes im >Staubniederschlag< verbunden. Seit Ende 1997 wird an vielen Tankstellen in Deutschland bleihaltiges Superbenzin nicht mehr angeboten. Wegen der geringen Nachfrage nach bleihaltigem Superbenzin ist dessen Vertrieb nicht mehr lohnenswert. Für alte Motoren, die auf bleihaltiges Superbenzin angewiesen waren, sind Kraftstoffzusätze im Handel erhältlich.

Benzineinspritzung. Alternative zur >Gemischbildung< im >Ottomotor< mittels Vergaserbetrieb. Man unterscheidet zwischen mechanischer, pneumatischer und elektronischer Einspritzung einerseits und Saugrohr- bzw. Zylindereinspritzung andererseits. Bessere Gemischaufteilung auf die Zylinder, Vergleichmäßigung der Einzeleinspritzmengen, Kraftstoffabschaltung im Schubbetrieb u. a. Maßnahmen verbessern >Kraftstoffverbrauch< und Abgasverhalten. >Gemischbildung<.

Benzinqualitätsverordnung. Verbindliche Vorschrift über Kraftstoffqualität, d. h. an Zapfsäulen mit dem „DIN"-Zeichen dürfen nur >Kraftstoffe< entsprechend dieser DIN abgegeben werden. Zuwiderhandlungen können rechtlich geahndet werden.

Benzinverbleiung. Zur Verbesserug der >Klopffestigkeit< von >Ottokraftstoffen< werden >Antiklopfmittel< zugegeben, deren wirksamste Bleiverb. sind, die seit den 30er Jahren in zunehmendem Maße bei der Herstellung von Ottokraftstoffen verwendet wurden, bis sie wegen ihrer gesundheitlich bedenklichen Umweltbelastung durch Bleikontaminierung der Umgebung von Straßen zunehmend aus dem Verkehr gezogen wurden.

Benzoeharz. Hellbraunes bis rötliches festes Harz, das aus der Rinde von *Strax tonkinense*, *S. benzoides* und *S. sumatranus* gewonnen wird. Hauptbestandteil sind Benzoesäureester des Coniferylalkohols. Benzoeharz wird als Überzugsmittel für Zuckerwaren und Kaugummi eingesetzt.

Benzoesäure. (Benzolcarbonsäure) Weiße, kristalline Substanz mit schwachem, charakteristischem Geruch.

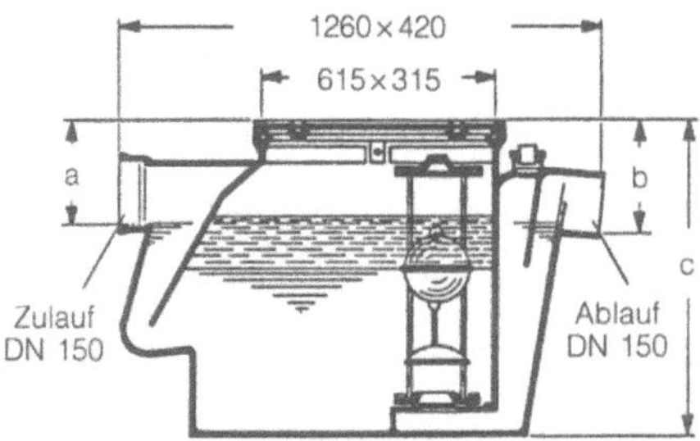

Moosbeeren, Preiselbeeren, Heidelbeeren, Pflaumen, Zimt und Gewürznelken enthalten B., meist als Glykosid gebunden. Großtechnisch erfolgt die Darstellung meist durch Oxidation der Seitenkette, z. B. von Toluol, zur Carboxylgruppe. B. (E 210) ist als Konservierungsstoff für Lebensmittel zugelassen. Die antimikrobielle Wirkung richtet sich vorwiegend gegen Hefen und Pilze, weniger gegen Bakterien, und beruht auf der Hemmung der Enzyme des Citratcyklus (Bernsteinsäuredehydrogenase, Ketoglutarsäuredehydrogenase) und der oxidativen Phosphorylierung. Wegen der relativ schlechten Löslichkeit der B. werden meist ihre Salze, Natrium-, Kalium- und Calciumbenzoat, eingesetzt. Die Anwendung erfolgt oft in Kombination mit anderen Konservierungsstoffen. Wegen der pH-Abhängigkeit ergibt sich der Einsatz vorwiegend in sauren Lebensmitteln (pH < 4 bis 4,5), z.B. in Frucht-

Benzinabscheider: Benzinabscheider (aus: Katalog K 88 – Passaventwerke)

salaten, Marmelade, Gelees, Pastetenfüllungen, Sauergemüse und kohlensäurehaltigen Getränken. Bei Obstprodukten kann es durch Umesterungen zu Aromaveränderungen kommen. Konzentrationen über 0,1% können in Fruchtsäften einen unangenehm brennenden Geschmack erzeugen. I. allg. arbeitet man mit Höchstkonzentrationen von 0,1 bis 0,2%. Der Zusatz von 100 bis 300 ppm Natriumbenzoat zu Fruchtsäften bewirkt eine Senkung der Hitzeresistenz von Hefen. Deshalb ist eine Pasteurisierung unter schonenderen Bedingungen möglich. Der ADI-Wert beträgt 0 bis 5 mg/kg Körpergewicht. B. wird im Körper schnell metabolisiert und nach Anlagerung von Glycin als Hippursäure im Harn ausgeschieden.

Benzo[k]fluoranthen. Verbindung aus fünf kondensierten Ringen, die zur Substanzklasse der >polycyclischen aromatischen Kohlenwasserstoffe< gehört. $M_r = 252$, Smt. $= 216\,°C$, Wasserlöslichkeit $= 0,8\,\mu g/L$, Verteilungskoeffizient n-Octanol/Wasser log $P_{o/w} = 6,84$. Kommt in allen fossilen Brennstoffen und deren Verarbeitungsprodukten vor. In Bitumen liegt z. B. die Konzentration bei 1 mg/kg. B. entsteht hauptsächlich bei der Verbrennung bzw. Pyrolyse von org. Material. Dementsprechend hängt das Vorkommen in der Luft in starkem Maße von industriellen Tätigkeiten und dem Verkehr ab. In städtischen Gebieten können Luftkonzentrationen deutlich über 1 ng/m³ auftreten. Die atmosphärische Abbaubarkeit gilt als mäßig. Aufgrund des hohen $P_{o/w}$-Wertes ist eine starke Tendenz zur Akkumulation zu erwarten. Ökotoxikologische Studien zeigen eine hohe Daphnientoxizität. Nach den OECD-Methoden wurde B. als biol. nicht abbaubar eingestuft. Die mutagene und carcinogene Wirkung ist deutlich. Nach der Trinkwasserverordnung gehört B. zu den sechs zu bestimmenden >PAH<, deren Grenzwert als Summe bei 0,2 µg/L festgelegt ist.

Benzo[ghi]perylen. >Polycyclischer aromatischer Kohlenwasserstoff< aus sechs Ringen.
Physikal. Daten: $M_r = 276$, Smt. $= 278\,°C$, Wasserlöslichkeit ca. 0,5 µg/L. Aus der geringen Wasserlöslichkeit ergibt sich ein hoher Verteilungskoeffizient n-Octanol/Wasser (log $P_{o/w}$) = 7,23.
Typische Quellen sind die Verbrennung bzw. Pyrolyse organischer Brennstoffe. In Motorenöl werden 0,1 ppm gemessen; nach einer Kilometerleistung von 5.000 km steigt der Wert auf das 1.000 fache. Das Vorkommen in der Atmosphäre ist im Verlauf der letzten 20 Jahre aufgrund des zurückgehenden Einsatzes von Holz- und Kohlefeuerung sowie der Verbesserung der Abgasreinigungsanlagen deutlich zurückgegangen. Die niedrige Wasserlöslichkeit bedingt sehr niedrige Konzentrationen in Fluß- und Seewasser. Andererseits liegt eine starke Tendenz zur Anreicherung in Sedimenten vor. B. gilt als mutagen und carcinogen. Es gehört zu den in der Trinkwasserverordnung festgelegten sechs >PAH<, deren Konzentration insgesamt 0,2 µg/L nicht überschreiten darf.

Benzol. (Cyclohexatrien, Benzene, C_6H_6) CAS-Nr. 71–43–2. Ungesättigter, cyclischer Kohlenwasserstoff, der als Grundkörper der Stoffklasse der Aromaten gilt. Es ist eine farblose, stark lichtbrechende, nicht korrosive Flüssigkeit mit charakteristischem Geruch. B. brennt mit stark rußender Flamme und gibt bei vollständiger Verbrennung eine Wärmemenge von 39.650 kJ/kg. Es ist mit org. Lösungsmitteln in jedem Verhältnis mischbar. Mit Luft bildet B. explosionsfähige Gemische in-

nerhalb der Grenzen 1 bis 8 Vol.-%. Die jährliche Produktionsmenge beträgt weltweit ca. 17 Mio. t. B. ist ein wichtiger Ausgangsstoff für die Herstellung zahlreicher Produkte, wie >Styrol<, Farbstoffe, >Insektizide<, Kunststoffe etc.; weiterhin wird es als Zusatz von Vergaserkraftstoffen (bis 5%), Lösungs-, Reinigungs- und Extraktionsmittel verwendet. B. wirkt cancerogen, weshalb ein >MAK-Wert< nicht mehr angegeben wird.
Akute >Toxizität<:
oral LD_{50} Ratte: 3.400 mg/kg;
perkutan TLD_0 Maus: 1.232 mg/kg in 52 Wochen;
inhalativ LC_{50} Ratte: 10.000 mL/m³;
TCL_0 Mensch: 210 ppm.
Für Kaltblüter liegt die akute Toxizität im Bereich zwischen 5 und 50 mg/L. B. wird überwiegend durch Inhalation aufgenommen und kann beim Einatmen Schwindel, Erbrechen sowie Bewußtlosigkeit hervorrufen. Bei längerem Einatmen oder Resorption durch die Haut kann es zu Blutungen in der Haut und im Zahnfleisch kommen; zudem werden eine Abnahme der Leukocyten und Knochenmarksschädigungen beobachtet. B. steht im Verdacht, >Leukämie< auszulösen. Der enzymatische Abbau verläuft über Benzoloxide zu Phenolen, die als >Glucuronide< ausgeschieden werden. In der Atmosphäre wird es innerhalb von 1 bis 2 Tagen zu 50% abgebaut. B. gehört zu den wassergefährdenden Stoffen, da es bereits bei Konzentrationen von 10 mg/L Wasserpflanzen schädigt.

Physikal. Daten:
M_r: 78,1, Fp.: 5,5 °C, Kp.: 80,1 °C, Dampfdruck (20 °C): 101 mbar, Flammpunkt: −11 °C, Zündtemperatur: 555 °C, Löslichkeit (H_2O): 0,8 g/L bei 20 °C, n-Octanol/Wasser-Verteilungskoeffizient (log $P_{o/w}$): 1,8
Emission: Gewonnen wird B. überwiegend über die Aufarbeitung der bei der Erdölraffination bzw. der Koksherstellung anfallenden Kohlenwasserstoffgemische. Als Grundkörper der aromatischen Verb. ist B. einer der wichtigsten Ausgangsstoffe der chem. Industrie. >Emissionen< an B. treten bei chem. Verfahren, durch Verdampfen benzolhaltiger Lsg., aber auch bei Verbrennungsvorgängen auf, da bei der unvollständigen Verbrennung von org. Materialien neben zahlreichen weiteren org. Verb. auch B. gebildet wird. An den Benzolemissionen hat der Kfz-Verkehr den insgesamt größten Anteil, da einerseits B. bis zu max. 5 Vol.-% im >Benzin< enthalten ist und andererseits beim Verbrennungsprozeß neu gebildet wird. Die Emissionen an B. über nicht durch einen >Katalysator< gereinigte Kfz-Abgase überwiegen jedoch bei weitem die beim Betanken von Fahrzeugen in die Atmosphäre freigesetzten Benzolmengen. Nach Schätzungen des >Umweltbundesamtes< erreichten die verkehrsbedingten Benzolemissionen im Jahr 1983 50.000 bis 60.000 t/a und die sonstigen Emissionen, u. a. durch die Verbrennung >fossiler< Brennstoffe, Kraftstoffverteilung, Kokereien sowie Kleinverbrauch, insgesamt 5.000 bis 10.000 t/a. Messungen ergaben z. B. durchschnittliche Benzolemissionen von 2,35 g pro Kilogramm Benzin (>Ottomotor< ohne Katalysator) bzw. 0,2 g pro Kilogramm >Diesel<. Die durchschnittliche Benzolbelastung ländlicher Gebiete erreicht 1 bis 10 µg/m³, die von Ballungsgebieten 10 bis 30 µg/m³.

Mit der Verordnung über die Festlegung von Konzentrationswerten (23. BImSchV) vom 16. 12. 1996 hat die Bundesregierung für best. Straßen oder Gebiete, in denen besonders hohe, vom Verkehr verursachte >Immissionen< zu erwarten sind, neben Konzentrationswerten für >Stickstoffdioxid< und >Ruß< auch Werte für B. festgelegt. Danach sind bei Überschreitung eines B.-Konzentrationswertes (arithmetischer Jahresmittelwert) von 15 µg/m^3 (bis 30. 06. 1998) bzw. 10 µg/m^3 (ab 01. 07. 1998) Maßnahmen zur Verminderung oder zur Vermeidung des Entstehens schädlicher Umwelteinwirkungen durch >Luftverunreinigungen< zu prüfen. Als Ergebnis dieser Prüfung durch die für den Immissionsschutz zuständige Behörde kann die Straßenverkehrsbehörde z. B. den Kraftfahrzeugverkehr auf best. Straßen oder in best. Gebieten unter Berücksichtigung der Verkehrsbedürfnisse und der städtebaulichen Belange nach Maßgabe der verkehrsrechtlichen Vorschriften beschränken oder verbieten. Gemäß der Einstufung in der MAK-Liste ist B. in der >TA Luft< in der Klasse III der Nr. 2.3 aufgeführt. Die in dieser Klasse aufgeführten Stoffe dürfen in der Summe bei einem >Massenstrom< von 25 g/h oder mehr im >Abgas< immissionsschutzrechtlich genehmigungsbedürftiger Anlagen eine Konz. von 5 mg/m^3 nicht überschreiten. Dabei sind die Benzolemissionen unter Beachtung des Grundsatzes der Verhältnismäßigkeit so weit wie möglich zu begrenzen. Die Emissionen an B. können drastisch gesenkt werden, z. B. durch den Einsatz von Ottomotoren mit Katalysator, die Optimierung von Verbrennungsvorgängen und das Vermeiden von >Betankungsverlusten< beim Umschlag benzolhaltiger org. Flüssigkeiten z. B. durch >Gaspendelung< oder >Adsorption<.

Benzolschwarz. >Kohlenschwarz<.

Benzo[a]pyren. Zur Substanzklasse der >PAH< gehörende Verbindung mit fünf kondensierten Ringen mit der Summenformel $C_{20}H_{12}$. M_r = 252; Smt. = 178 °C; bei Raumtemp. liegen feine gelbe Plättchen oder Nadeln vor. Es gibt keine kommerzielle Verwendung oder Produktion. Zahlreiche technische Produkte, z. B. Straßenteer, Bitumen und Asphalt, enthalten Mengen bis zu 1 %. Rohöl enthält je nach Herkunft Konzentrationen im unteren ppm-Bereich. Gebrauchtes Motorenöl weist deutlich höhere Werte auf als frisches Motorenöl, wobei die Gehalte im Öl der Ottomotoren geeignet sind, im Tierversuch Krebs zu induzieren. Die größten Mengen werden bei der Verbrennung bzw. Pyrolyse organischer Stoffe gebildet. Verfahren zur Wärme- oder Stromgewinnung, industrielle Prozesse wie Kokserzeugung, Stahlindustrie, Aluminiumgewinnung, die Abfallverbrennung und der Verkehr sind die Hauptemittenten. Die jährliche Emission weltweit wurde auf ca. 5.000 t (1968) geschätzt. Durch den starken Rückgang der Kohle in der häuslichen Wärmegewinnung und die Verbesserungen in der Abgasreinigung hat sich die Emission deutlich reduziert. Daten zur Mobilität, Persistenz und Akkumulierbarkeit: Wasserlöslichkeit ca. $4,5 \times 10^{-3}$ mg/L (bei 25 °C); Dampfdruck bei 25 °C = $0,7 \cdot 10^{-6}$ Pa; Adsorbierbarkeit an Böden und Sedimente: K_{oc} = $4,5 \cdot 10^6$; hohe Hydrolysestabilität; Photolysestabilität: Reaktionskonstante = $0,18 \cdot 10^{-3}$ s^{-1} im Winter in Wasser, 40° nördl. Breite; Reaktion mit OH-Radikalen: geschätzte Halbwertszeit für photochemische Transformation in Wasser = ca. 0,55 h; Bioabbau im Belebtschlamm in 5 Tagen = <0,1 % CO_2; Bodenabbau: geringe bis mäßige Transformation durch

Bodenbakterien; Verteilungskoeff. n-Octanol/Wasser log $P_{o/w}$ = 6,15; Biokonzentrationsfaktoren: in Belebtschlamm in 5 Tagen = 100; in Algen (*Chlorella fusca*) in 1 Tag = 3.300; in Fischen (Goldorfe) in drei Tagen = 480; Speicherung in Ratten = 1,4 %. Pflanzen nehmen nur geringe Mengen aus einer Nährlösung auf. Daten zu biologischen Aktivität: Akute Toxizität (Maus): LD_{50} = 232 mg/kg; Toxizität gegenüber Pflanzen: Bei Grünalgen (*Selenastrum capricornutum*) in kaltem Weißlicht bei 25 ppb Wachstumshemmung von 30 %. Weizenkeimlinge in Nährlösung mit 2,5 ppm B. verkümmern nach wenigen Tagen; Mutagenität (Ames-Test): Bakterienstämme TA 97, TA 98, TA 100 (*Salmonella typhimurium*) verhalten sich positiv; Cancerogenität: stärkstes Cancerogen aus der Klasse der PAH. In allen getesteten Tierspezies traten nach oraler und dermaler sowie inhalatorischer Applikation Tumoren auf. Die carcinogene Wirkung beruht hauptsächlich auf einer metabolischen Aktivierung durch das Monooxigenase-System, wobei Epoxide entstehen, die durch Hydrolyse in Phenole oder mittels Hydrolasen in Diole umgewandelt werden. Bestimmte Diole, wie z. B. das 7,8-Oxid reagieren dagegen unter erneuter Einwirkung des Monooxigenase-Systems zu Epoxiden weiter, die dann nur sehr schlecht hydrolysiert werden können, andererseits aber mit der >DNA< in Interaktion treten können. Vorkommen in verschiedenen Umweltkompartimenten: Luft: aufgrund des niedrigen Dampfdrucks liegt das durch Verbrennungen in die Atmosphäre eingetragene Benzo[a]pyren überwiegend an Partikulate gebunden vor. Der größte Anteil liegt in der lungengängigen Fraktion (<5 µm) vor. Typische Konzentrationen in Großstadtgebieten liegen bei einigen ng/m^3. Vor etwa 20 Jahren lagen diese Werte noch erheblich höher. Aquatische Systeme: Eintrag durch Deposition und Ausregnen aus der Atmosphäre, durch Abwassereinleitung, Run-off und unkontrollierte Abflüsse, z. B. von Schiffen. Häusliche Abwässer enthalten 10 bis 500 ng/L, Sickerwässer aus Mülldeponien 1 bis 10 µg/L, Oberflächengewässer 1 bis 100 ng/L, Sedimente bis zu einigen mg/kg, Klärschlamm 0,1 bis 100 mg/kg. Kontamination von Nahrungsmitteln: in Blattgemüse werden 0,1 bis 50 ppb gefunden, in Getreide 0,1 bis 4 ppb, in Fleisch- und Wurstwaren, vor allem in geräucherten Produkten 0,5 bis 25 ppb. In der >Trinkwasserverordnung< ist die zulässige Höchstkonzentration auf 0,2 µg/L (Summe von sechs Referenzsubstanzen incl. Benzo[a]pyren) festgelegt. Die Grenzwertempfehlung der WHO ist 0,01 µg/L.

Benzo[e]pyren. >Polycyclischer aromatischer Kohlenwasserstoff< aus fünf Ringen. Isomer von >Benzo[a]pyren< mit nahezu identischen physikalisch-chemischen Eigenschaften. Die Stabilität ist aufgrund der vorhandenen drei Elektronen-Systeme etwas erhöht. Hauptvorkommen und -quellen sind Öl und Ölprodukte, Kohle und Kohleprodukte, z. B. >Teer<, Pech, Asphalt und Bitumen, sowie die Verbrennung bzw. Pyrolyse organischen Materials. Die bei Verbrennungsprozessen entstehenden Mengen sind bei beiden Isomeren etwa gleich hoch, so daß die in verschiedenen Umweltkompartimenten vorliegenden Kontaminationen in gleichen Größenordnungen liegen. Dagegen liegt der Gehalt an Benzo[e]pyren in Mineralöl wesentlich höher. Entgegen dem Benzo[a]pyren zeigt es nur schwache mutagene bzw. cancerogene Wirkung.

Benzoylperoxid. Radikalstarter bei Polymerisationsprozessen, z. B. >Polystyrol<. Wird auch als Bleichmittel eingesetzt, z.B. bei der Herstellung von Mehl. Die farbaufhellende Wirkung tritt in Lebensmitteln z.B. durch Oxidation der farbigen >Carotinoide< ein.

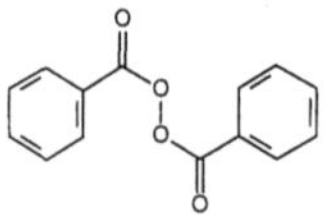

Benzylviolett 4B. 4'-(*N*-ethyl-*N*-3-sulfobenzyl)amino-4''-(*N*-dimethyl)amino-*N*-ethyl-*N*-3-sulfobenzyl-fuchsonimonium (Natriumsalz). Ein leuchtend violetter Farbstoff, der zur Farbgebung bei Getränken, Speiseeis und Süßwaren verwendet wird. Außerdem erfolgt der Einsatz als Stempelfarbe bei Fleisch.

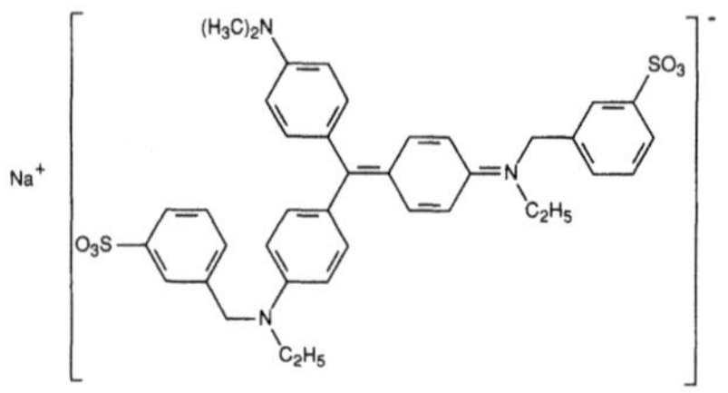

BER II. >Forschungsreaktor< des >Hahn-Meitner-Instituts<, Berlin; >Schwimmbadreaktor< mit einer thermischen Leistung von 15 MW.

Beratergremien (Altstoffe). Nach den Best. des ChemG besteht für >neue Stoffe< die Verpflichtung zur >Prüfung< und >Anmeldung< bzw. >Mitteilung<. Hiervon sind >Altstoffe< grundsätzlich ausgenommen. Allerdings enthält das ChemG eine Ermächtigung zu Rechtsverordnungen (zunächst in § 4 Abs. 6), die in der Neufassung 1990 verschärft worden ist (§ 16c). Von einer Gleichstellung mit neuen Stoffen ist jedoch noch kein Gebrauch gemacht worden. Vielmehr wurde mit der Überprüfung von Altstoffen auf freiwilliger Basis begonnen. Damit sind in erster Linie folgende B. befaßt.
1. *Beratergremium für umweltrelevante Altstoffe (BUA)*: 1982 bei der Gesellschaft Deutscher Chemiker (GDCh) gegründet, unter Beteiligung von Hochschulen/Wissenschaft, Behörden/Ministerien und chem. Industrie. Zielsetzung ist die Auswahl (Prioritätensetzung) und Erarbeitung von Stoffberichten unter ökologischen Gesichtspunkten. Bisher sind ca. 80 BUA-Berichte für insgesamt 100 Stoffe erarbeitet worden.
2. *Beratergremium für gesundheitsschädigende Arbeitsstoffe*: Bereits seit 1977, d.h. vor Erlaß des ChemG besteht bei der Berufsgenossenschaft der chem. Industrie ein dem BUA vergleichbares B. Bei der BG Chemie befaßt sich ein „Programm mit der Verhütung von Gesundheitsschädigungen durch Arbeitsstoffe". Im BG-Gremium, dem Toxikologen, Arbeitsmediziner und Chemiker angehören, werden Stoffe bearbeitet, die bei der >Exposition< am Arbeitsplatz von Interesse sind. Es wurde ebenfalls eine Liste „prioritärer" Stoffe (bisher 274) aufgestellt, zu denen ca. 100 „Toxikologische Bewertungen" ausgearbeitet und veröffentlicht worden sind. Die beiden B. (BG Chemie und GDCh) haben Leitlinien für ihre Zusammenarbeit vereinbart, um die Arbeiten zu koordinieren und um Doppelarbeit zu vermeiden. Aus letztgenanntem Grunde sollen bei der BG Chemie keine Stoffe bearbeitet werden, für die ein >MAK-Wert< festgesetzt wurde, oder die in den Abschnitten III A 1 und III A 2 der sog. MAK-Liste aufgeführt sind. Diese gehören zum Aufgabenbereich des folgenden B.
3. *Senatskommission zur Prüfung gesundheitschädlicher Arbeitstoffe der Deutschen Forschungsgemeinschaft (DFG)*: Die sog. MAK-(Werte)Kommission existiert bereits seit 1958. Gemäß den Grundsätzen für Mandat und Arbeitsweise hat sie die wissenschaftlichen Grundlagen des Schutzes der Gesundheit vor toxischen Stoffen am Arbeitsplatz zu erarbeiten. Hierzu gehören in erster Linie wissenschaftliche Empfehlungen zur Aufstellung von MAK- und >BAT<-Werten, zur Einstufung >krebserzeugender< Arbeitsstoffe und zur Bewertung >fruchtschädigender< und >erbgutverändernder< Wirkungen. Die Ergebnisse der Beratungen finden ihren Niederschlag in den jährlichen „Mitteilungen" (XXVII 1991). Zur Erläuterung der Gründe für die Ansätze von MAK- und von BAT-Werten gibt die DFG-Kommission je eine Sammlung „Toxikologisch-arbeitsmedizinischer Begründungen" der MAK- und BAT-Werte heraus.
Die jeweils aktuellen Werte und die damit veröffentlichten Listen krebserzeugender Stoffe werden vom >Ausschuß für Gefahrstoffe< (AGS) offiziell verabschiedet und in den >Technischen Regeln für Gefahrstoffe< (TRGS 900) im Bundesarbeitsblatt veröffentlicht. Die in den o.g. „Mitteilungen" enthaltenen >TRK<-Werte werden vom AGS festgelegt und (mit Begründungen) in der TRGS 102 bekanntgegeben. Der Vollständigkeit halber sei als weiteres Gremium der Bund-Länder-Ausschuß Umweltchemikalien (BLAU) erwähnt. Ferner ist in diesem Zusammenhang auf die Altstoffaktivitäten des Verbandes der Chemischen Industrie (VCI) und auf die Initiative umweltrelevante Altstoffe (IuA) hinzuweisen.

Lit: Pohle H (1991) Chemische Industrie. Umweltschutz, Arbeitsschutz Anlagensicherheit, VCH Verlagsgesellschaft, Weinheim.

Beratung in der Landwirtschaft. Notwendige Maßnahme, weil in einem landwirtschaftlichen Betrieb die Erzeugung, betriebswirtschaftliche und kaufmännische Angelegenheiten sowie Verwaltung allein in der Hand des Betriebsleiters liegen und in jedem Bereich fallweise Spezialkenntnisse erforderlich sind. In Deutschland gibt es verschiedene Arten der B: Die sog. Offizialberatung beruht auf gesetzlichen Bestimmungen und ist Sache der Bundesländer. Sie wird durch die Selbstverwaltungseinrichtungen der Landwirtschaftskammern oder direkt durch staatliche Stellen kostenlos geleistet. Die B. ist hier weit in die einzelnen Sachgebiete aufgefächert. Nach einer Phase der engen Spezialisierung werden bzw. sind zunehmend Konzepte einer integrierten Beratung verwirklicht, um der Aufgabe der Umsetzung des >integrierten Pflanzenbaus< in der Praxis gerecht werden zu können. Faktisch ist dazu die Beratungskapazität zu klein. Die B. findet hauptsächlich auf Anfrage statt. Eine Erweiterung der Kapazität über den traditionellen Weg der B. durch die Druckmedien hinaus ist über >Beratungsmodelle< z.B. per Bildschirmtext möglich. Hier ist Bayern führend. Auch die >Schlagkarteiführung< (>Schlagkartei<) und -auswertung per Computer sowie der >Fernsprechansagedienst< ist zu nennen. Die Offizialberatung ist zunehmend mit hoheitlichen Aufgaben wie Durchführung und Kontrolle von Gesetzen belastet.

Weiter gibt es die kommerzielle B., die den Einsatz ihrer Produkte (vor allem >Pflanzenschutz-< und >Düngemittel<) vor Ort berät. Neben den Herstellerfirmen sind daran auch Genossenschaften, Landhandel und Lohnunternehmer beteiligt. In letzter Zeit hat auch die private B. Fuß gefaßt, die gegen Bezahlung den Betrieben einen überdurchschnittlichen Informationsstand und eine ebensolche Betreuung der Produktionsmethoden vermitteln, auch die >Bestandesführung< per Computerberatung gehört hierzu. Eine andere Form der B. sind Beratungsringe, bei denen eine Gruppe von Landwirten mit staatlicher Förderung einen Berater finanziert. Maschinenringe werden ebenfalls staatlich gefördert. Sie tragen wesentlich zur Verminderung der Maschinenkosten und Arbeitsbelastung des Einzelbetriebes bei und beraten die Produktionstechnik.

Beratungsmodelle in der Landwirtschaft. Bieten Informationsvermittlung und Entscheidungshilfen im landwirtschaftlichen Betrieb per EDV. B. sind in der Lage, Basis- und aktuelles Wissen zusammenzuführen und so den Großteil der notwendigen Informationen zur Verfügung zu stellen. Je nach Art der anstehenden Entscheidung müssen die Daten des B. noch um betriebs- und standortspezifische Informationen ergänzt werden. Dies geschieht durch Dialogprogramme, die den Betriebsleiter zu den entsprechenden Datenangaben anleiten. B. stehen für betriebseigene Microcomputer oder über Internet zur Verfügung. Anbieter sind Privatfirmen und die staatliche Beratung, in Deutschland v.a. in Bayern mit Btx-Dialogprogrammen im Bayrischen Landwirtschaftlichen Informationssystem (BALIS). Die positiven Aspekte von B. sind in der Vervielfachung der beschränkten Beratungskapazität zu sehen sowie in der Möglichkeit, die Beratungsinhalte ständig zu aktualisieren. Voraussetzung für die Annahme durch den Landwirt ist der Beratungserfolg, B. können dies nur in Rückkoppelung mit dem Landwirt erreichen, besonders bei Modellen für den Pflanzenbau. Spezielle B. sind Prognosemodelle (>Prognosemodell<) für den Pflanzenschutz oder für die Stickstoffdüngung im Pflanzenbau.
Lit: Adner A, Gerowitt B (1990) Beispiele für computergestützte Entscheidungshilfen. In: Diercks R, Heitefuss R (Hrsg.) Integrierter Landbau. BLV Verlagsgesellschaft, München, S. 215–230 – Kochs HJ (1991) Gezielter Pflanzenschutz durch computergestützte Beratung. In: Verschiedene Autoren, Kuratorium für Technik und Bauwesen in der Landwirtschaft (KTBL) (Hrsg.) Darmstadt, S. 101–109.

Berg- und Talwindzirkulation. Durch Täler örtlich begrenztes Windsystem, das im Gebirge hangauf bzw. hangab setzt. Wegen der unterschiedlichen Besonnung und damit Erwärmung der einzelnen Berghänge im Verlaufe des Tages bildet sich eine >barokline Instabilität< aus, die zu einem Hangaufwind führt, der im Verlaufe des Vormittags vom Talwind, einer talauf gerichteten Strömung abgelöst wird. Als Folge bildet sich an den Bergkämmen Quellbewölkung. Nachts führt die starke Abkühlung der Bergkämme zu kalten Hangabwinden, die nach Zusammenströmen im Talgrund dort den zum Talausgang gerichteten Bergwind erzeugen. Dabei lösen sich die Wolken an den Bergkämmen auf. Voraussetzung für die ungestörte Ausbildung dieses Windsystems ist ein schwacher, großräumiger >Luftdruckgradient<. Die Geschwindigkeit dieses Windsystems beträgt in der Regel bis zu 5 m/s, kann aber durch die verschiedensten orographischen Effek-

te sowie durch Bewuchs und Bebauung der Hänge beeinflußt werden. Aus diesem Grund erfordert die Planung von Bauvorhaben an Hängen besondere Aufmerksamkeit, um die Zufuhr von frischer Kaltluft aus der Höhe sowie den Abtransport von verbrauchter Talluft nicht zu unterbinden.
Lit: Defant F (1951) Local Winds. In: Compendium of Meteorology, Boston, S. 655–672.

Bergbach. Von AUGUST THIENEMANN geprägter Ausdruck für Mittelgebirgsbäche. Typischer Aspekt sind großes bis mittleres Gefälle, steinig-kiesige Gewässersohle, mittlere Fließgeschwindigkeit und durch die Sohlenrauhigkeit stark verwirbelter Abfluß. Bergbäche auf Hochflächen der Mittelgebirge können auch geringeres Gefälle haben. Immer sind charakteristische >Biozönosen< mit typischen Fließwasserorganismen ausgebildet.
Lit: Forschungsgruppe Fließgewässer (Hrsg.) (1994) Fließgewässertypologie. Verlag Ecomed, Landsberg.

Bergbau. Alle Tätigkeiten im Zusammenhang mit dem Aufsuchen, dem Gewinnen und teilweise auch der Weiterverarbeitung nutzbarer Mineralien der Erdkruste.

Bergbehörde. Staatliche Sonderordnungsbehörde, die u.a. die Aufsicht über den Bergbau führt und für die Durchführung von Genehmigungsverfahren (Betriebsplanverfahren, >Betriebsplan<, Planfeststellungverfahren, Umweltverträglichkeitsprüfung) im Zusammenhang mit Bergbauprojekten zuständig ist.

Berge. Bergmännische Bezeichnung für die bei der Gewinnung von Wertmineral anfallenden, nicht verwertbaren Anteile.

Bergewirtschaft. >Versatz<.

Bergfeste. Beim >Tiefbau< planmäßig stehengelassener Lagerstättenanteil, der die Absenkung des Gebirges und damit >Auflockerung< oder Bergschäden verhindert. (>Abbauverfahren<)

Bergrecht. Summe der Normen, die den Abbau von „Bodenschätzen" aus dem „Berg" regeln. Wichtigstes Gesetz: Bundesberggesetz vom 13.08.1980, BGBl. I S. 1310. Nach § 50 BBergG unterscheidet man mit Blick auf die Betriebsformen eines Bergwerks einen Aufsuchungsbetrieb, einen Gewinnungsbetrieb und einen Aufbereitungsbetrieb. Stillgelegte Bergwerke, die als Untertagedeponien genutzt werden, unterliegen nicht dem B.; es handelt sich bei ihnen um Abfallbeseitigungsanlagen, die der Planfeststellung oder der Genehmigung nach § 31 KrW-/AbfG unterliegen. Die besonderen Anforderungen, die an Untertagedeponien im Salzgestein zu stellen sind, regelt die Zweite Allgemeine Verwaltungsvorschrift zum Abfallgesetz (TA-Abfall), Teil I: Technische Anleitung zur Lagerung, chem.-physikalischen und biol. Behandlung, Verbrennung und Ablagerung von besonders überwachungsbedürftigen Abfällen vom 12.3.1991, GMBl. S. 139, Gliederungspunkt 10.

Bergrechtliche Genehmigung. Verwaltungsverfahren, das u.a. im Zusammenhang mit der untertägigen Verwertung von >Abfällen< Verwendung findet. Voraussetzung dafür ist, daß der Verwertungsaspekt (beispielsweise zur >Hohlraumverfüllung<, >Versatz<) eindeutig im Vordergrund steht. Dominiert die Beseitigungsabsicht, ist ein >Planfeststellung<sverfahren erforderlich.

Bergschaden. Durch >Abbau< verursachte Beeinträchtigung, insbesondere an der Tagesoberfläche etwa in Form von Absenkung, Schiefstellung, Zerrung, Pressung. Die Vermeidung von Bergschäden ist möglich durch Anwendung von >Versatz< oder Stehenlassen von >Festen<. >Einwirkungsbereich<.

Bergwald. Im Gebirge gibt es unter natürlichen Bedingungen eine bestimmte Vegetationsgliederung. In Mitteleuropa sind die Bereiche bis 1.000 m Höhe mit submontanem Laubwald bedeckt. In der montanen oder Bergwaldstufe bis etwa 1.600 m folgt Nadelwald, meist Fichte und Lärche, die in eine Krummholzstufe mit u. a. Zirbelkiefern übergeht, welche an der Waldgrenze bei 2.000 bis 2.400 m endet. Der B. ähnelt den borealen Nadelwäldern der Taiga mit niedrigen Durchschnittstemperaturen, langen schneereichen Wintern und einer kurzen sommerlichen Vegetationsperiode. Die B. sind besonders stark vom >sauren Regen< betroffen.

Berlese Apparatur. >Bodenbiologie<, >Methoden<.

Berme. >Deich<.

Bernsteinsäure. Eine Dicarbonsäure, die in Algen, Pilzen, Rhabarber, unreifen Weintrauben und Tomaten vorkommt. Bernsteinsäure hat als Zwischenprodukt im Citronensäurecyclus eine wichtige physiologische Bedeutung.

$$HOOC-CH_2-CH_2-COOH$$

Die technische Synthese erfolgt durch katalytische Hydrierung von Maleinsäure. Die durch Veresterung von Bernsteinsäure mit Glycerin und Fettsäuren erzeugten Bernsteinsäuremonoglyceride werden Brot, Kuchen und Backfetten als >Emulgator< zugesetzt.

Bernsteinsäureanhydrid. Wird durch intramolekulare Wasserabspaltung aus Bernsteinsäure durch Erhitzen mit Acetanhydrid hergestellt. Wegen der langsamen Hydrolysierbarkeit ist Bernsteinsäureanhydrid gut als Zusatz für >Backpulver< geeignet. Außerdem wird es zur Bindung von Wasser einigen Trockenlebensmitteln zugesetzt.

Berstschutz. Nicht realisiertes Baukonzept, um durch Umgeben des >Reaktordruckbehälters< mit einem Stahlbetonmantel ein Bersten des Druckbehälters zu verhindern. Der Nachteil eines Berstschutzes liegt darin, daß Wiederholungsprüfungen des Druckbehälters (z.B. durch Ultraschallmeßmethoden) praktisch unmöglich werden.

Beruflich strahlenexponierte Personen. Beruflich strahlenexponierte Personen sind alle Personen, die bei ihrer Berufsausübung oder bei ihrer Berufsausbildung pro Jahr mehr als ein Zehntel der >Dosisgrenzwerte< erhalten können, also beispielsweise mehr als 5 mSv >effektive Dosis< pro Jahr. Innerhalb der Gruppe der beruflich strahlenexponierten Personen wird unterschieden zwischen Personen der Kategorie A, die mehr als drei Zehntel der Grenzwerte erhalten können, also mehr als 15 mSv effektive Dosis pro Jahr, und Personen der Kategorie B, die mehr als ein Zehntel bis höchstens drei Zehntel der Grenzwerte, also 5 bis 15 mSv effektive Dosis pro Jahr, erhalten können. Auswirkungen hat diese unterschiedliche Eingruppierung bei der Häufigkeit der Untersuchung im Rahmen der ärztlichen Überwachung.

Berufsgenossenschaften. Berufsgenossenschaften sind Träger der gesetzlichen Unfallversicherung. Sie haben die Aufgabe, >Arbeitsunfälle< und >Berufskrankheiten< zu verhüten, bzw. nach Eintritt eines Arbeitsunfalls oder einer Berufskrankheit den Betroffenen, dessen Angehörige oder Hinterbliebene zu unterstützen. Dies geschieht durch Rehabilitation, Arbeits- und Berufsförderung oder durch Gewähren einer Rente. Die B. sind aufgrund der unterschiedlichen Risiken nach Gewerbezweigen aufgeliedert. Es gibt z.Zt. 35 gewerbliche und 18 landwirtschaftliche B. Mitglieder der B. sind alle Unternehmer unmittelbar kraft Gesetzes. Diese sind auch allein beitragspflichtig. Versichert ist jeder aufgrund eines Arbeits-, Dienst- oder Ausbildungsverhältnisses Beschäftigte. Die B. sind Körperschaften des öffentlichen Rechts mit dem Recht der Selbstverwaltung. Ihre Organe sind die Vertreterversammlung und der Vorstand; die laufenden Geschäfte werden von einem Geschäftsführer wahrgenommen. Die Organe sind paritätisch mit Versicherten und Arbeitgebern besetzt. Die Rechtsprechung über Angelegenheiten der gesetzlichen Unfallversicherung und ihrer Träger obliegt der Sozialgerichtsbarkeit. Adresse: Hauptverband der gewerblichen Berufsgenossenschaften, Alte Heerstraße 111, 53754 Sankt Augustin, Tel. 0 22 41/2 31–01, e-mail: pr@hvbg.de.

Berufskrankheiten. B. sind im Recht der gesetzlichen Unfallversicherung einem Arbeitsunfall gleichgestellte Erkrankungen oder Schädigungen, die bei Angehörigen bestimmter Berufsgruppen durch die Arbeitsweise, das Arbeitsverfahren oder den zu bearbeitenden Rohstoff entstehen und sich nach einem längeren Zeitraum als Krankheit manifestieren. Diese typischen B. sind in einer Rechtsverordnung der Bundesregierung zusammengestellt und fallen wie die Arbeitsunfälle unter die Meldepflicht. Z.Zt. gilt die 9. Berufskrankheitenverordnung vom 01.07.1988. Sie umfaßt 59 Krankheiten in folgenden Gruppen:
1. Durch chemische Einwirkungen verursachte Krankheiten.
2. Durch physikalische Einwirkungen verursachte Krankheiten.
3. Durch Infektionserreger oder Parasiten verursachte Krankheiten sowie Tropenkrankheiten.
4. Erkrankungen der Atemwege und der Lungen, des Rippenfells und Bauchfells.
5. Hautkrankheiten.
6. Krankheiten sonstiger Ursachen.

Hat ein Arzt oder Zahnarzt den begründeten Verdacht, daß bei einem Versicherten eine Berufskrankheit besteht, so hat er dies der >Berufsgenossenschaft< oder der für den medizinischen Arbeitsschutz zuständigen Stelle, i.d.R. dem Gewerbeaufsichtsamt, anzuzeigen. Für die Anzeige ist ein Vordruck zu verwenden. Danach wird ein Untersuchungs- und Gutachterverfahren eingeleitet.

Beryllium (Be). Erstes Element aus der II. Hauptgruppe des >Periodensystems<, den Erdalkalimetallen. Es ist ein silberweißes, glänzendes, hartes Leichtmetall mit einem Atomgewicht von 9,013, einer Dichte von 1,85 g/cm^3, einem Schmelzpunkt von 1.284 °C und einem Siedepunkt von 2.472 °C. Sein Dampfdruck bei

30 °C beträgt $1{,}3 \cdot 10^{-4}$ mbar. In Wasser ist B. praktisch unlöslich, während es in verdünnten Mineralsäuren unter Wasserstoffentwicklung Kationen der Oxidationsstufe+2 bildet. B. ist mit 2 mg/kg in der Erdkruste enthalten, wobei sein Anteil im Boden zwischen 0,1 und 5 mg/kg liegt. Kohle enthält ca. 20 mg/kg, die bei der Verbrennung in die Umwelt gelangen. B. findet Anwendung bei der Herstellung von Metallegierungen hoher Härte und Widerstandsfähigkeit gegen Hitze und Säuren. B.-Legierungen werden verwendet für Uhrenfedern, chirurgische Instrumente sowie im Flugzeug- und Raketenbau. Reines B. wird in der Kerntechnik, als Röntgenstrahlfenster und als Desoxidationsmittel (u. a. beim Kupferguß) eingesetzt. Die jährliche Weltproduktion an B. und B.-Verbindungen wird auf ca. 3.000 bis 4.000 t geschätzt, wovon die Produktion an reinem B. ca. 1.000 t beträgt. In die Umwelt gelangen jährlich global ca. 8.000 t, die z. T. aus Verbrennungsprozessen stammen, andererseits aber auch natürlichen Ursprungs sein können, wie z.B. durch Gesteinsverwitterung und vulkanische Aktivitäten. B. ist in fast allen Nahrungsmitteln enthalten, wobei die Konz. weitgehend unbekannt sind. Relativ hohe Konz. (ca. 0,6 µg/Zigarette) sind im Tabak zu finden. B. ist in D als stark krebserregender Arbeitsstoff eingestuft; zudem gilt es als potentiell >mutagen< und >teratogen<.
Akute >Toxizität<:
oral LD_{50} Ratte 9,7 mg/kg
i.v. LD_{50} Ratte 0,444 mg/kg
inhal. LD_{50} Ratte 0,19 mg/kg
inhal. LDL_0 Mensch 0,1 mg/kg
Besonders gefährlich ist die inhalative Aufnahme von B.-haltigem Staub, der leicht von Haut und Lungen resorbiert wird, wodurch chronische Berylliose, Pneumonitis und Lungenfibrose ausgelöst werden können. Bei oraler Applikation ist keine carcinogene Wirkung festgestellt worden. Langzeitexpositionen sind mit Anreicherungen von B. in Knochen, Muskeln, Fett und Leber verbunden. Chronische Intoxikationen bewirken Veränderungen der Enzymaktivitäten, wie z.B. der ATPase und DNA-Polymerase. In aquatischen Systemen zeigt B. eine hohe Toxizität gegenüber Fischen und >Mikroorganismen<. Die chronisch toxische Exposition bei Daphnia wird unter 3 µg/L beobachtet. B. wird von aquatischen Organismen gespeichert (Biokonzentrationsfaktor bis zu 1.000).

Beschalte Amöben. Testacea, >Protozoa<.

Beschickung. Zufuhr von Einsatzstoffen. Die B. ist bei best. Anlagen durch automatische Vorrichtungen so zu regeln, daß keine unzulässigen >Emissionen< auftreten. So fordert die Verordnung über >Verbrennungsanlagen< für Abfälle (17. Verordnung zur Durchführung des >Bundes-Immissionsschutzgesetzes<) vom 23. 11. 1990, daß eine B. der Anlagen mit Einsatzstoffen nur bei Gewährleistung der >Mindesttemperatur< im >Abgas< und Einhaltung der >Emissionsgrenzwerte< möglich ist.

Beschleuniger. Gerät zur Beschleunigung elektrisch geladener Teilchen auf hohe Energien. Zu den Beschleunigern zählen z.B. >Betatron<, >Linearbeschleuniger<, >Synchrotron<, >Synchrozyklotron<, >Van-de-Graaff-Generator< und >Zyklotron<.

Beschränkungsrichtlinie (EG). Nachdem zunächst die >Einstufung<, >Verpackung< und >Kennzeichnung< >Gefährlicher Stoffe< (ab 1967) und später best. >Zubereitungen< – rein anwendungsbezogen – harmonisiert wurden, kam es Mitte der 70er Jahre zu einer Angleichung der Rechts- und Verwaltungsvorschriften für die >Beschränkung< des >Inverkehrbringens< und der >Verwendung< gewisser gefährlicher Stoffe und Zubereitungen, auch in >Erzeugnissen<. Die vom Ministerrat am 27.07. 1976 erlassene Richtlinie hatte das Ziel, die Umwelt und die Bevölkerung vor besonders gefährlichen Stoffen zu schützen. Weiterhin diente sie dem Abbau von Handelshemmnissen, die die Errichtung u. das Funktionieren des Gemeinsamen Marktes beeinträchtigten (Zuständigkeit in der >EU-Kommission< bei GD III, während die EG-Richtlinien für gefährliche Stoffe und Zubereitungen von der GD XI bearbeitet werden).
Die *Grundrichtlinie* regelt das Inverkehrbringen und die Verwendung von >polychlorierten Biphenylen< (*PCB*), polychlorierten Terphenylen (*PCT*) und monomerem >Vinylchlorid< *(VC)* als Treibgas. Die Mitgliedsstaaten waren verpflichtet, diese Richtlinie innerhalb von 18 Monaten in das innerstaatliche Recht umzusetzen und die EG-Kommission hiervon zu unterrichten. Die Umsetzung erfolgte in der BRD als 10. BImSchV, weil es seinerzeit noch kein >Chemikaliengesetz< gab (26.07. 1978). VC als Treibmittel in >Aerosolen< ist bereits seit langem verboten. Die Beschränkung bezog sich anfangs nur auf den *offenen* Sektor (Weichmacher in Druckfarben, Lacken, Fugendichtungsmassen etc.) und stellte somit ein Teilverbot der Stoffklassen PCB, für PCT jedoch praktisch das „Aus" dar. Im Zuge der 6. Änderungsrichtlinie zur Beschränkungsrichtlinie vom 11.10. 1985 wurden die PCB praktisch verboten. Soweit sie in best. Gegenständen z.B. Kondensatoren und Transformatoren, Verwendung finden, können diese bis zum 31.12. 1999 weiterhin verwendet werden. Die EG-RL 85/467/EWG und die deutsche Verbotsverordnung vom 18.07. 1989 enthalten darüber hinaus Zeitangaben für den Ablauf einer zulässigen Verwendung (praktisch Stoffverbot für PCT und PCB, Ersatzprodukt als Elektroisolierflüssigkeit: Siliconöl).
Die sog. *Grundrichtlinie* (76/769/EWG) wurde bisher insgesamt 11 mal geändert. Betroffen waren u.a. folgende Stoffe, auch in Zubereitungen und z.T. auch in Erzeugnissen: >Asbest(fasern)<, Benzidin u. Derivate, 4-Nitro- und 4-Aminodiphenyl, >Polybromierte Diphenyle< (PBB), Pb-, Hg-, As-, Sn-Verbindungen sowie >Pentachlorphenol< (PCP). Die neuesten Änderungsrichtlinien befassen sich mit Cadmium, u.a. in Düngemitteln, und PCB-Ersatzstoffen. Weitere Änderungen sind in Vorbereitung. Soweit bereits bekannt, werden sie folgende Stoffe/Produktgruppen betreffen: Polybrombisphenyl-Ether (PBBE) als Flammschutzmittel in bestimmten Kunststoffen (12. RL). Verbot der >C,M,T-Stoffe< in Publikumsprodukten (13. RL), Beschränkung von Teerölen im Holzschutz und von 11 Halogenkohlenwasserstoffen (14. RL).

Lit: Welzbacher U (1989) Das System der EG-Regelungen über gefährliche Stoffe, Die Berufsgenossenschaften 7, S. 454 f. – Pohle H (1991) Chemische Industrie: Umweltschutz, Arbeitsschutz, Anlagensicherheit, VCH Verlagsgesellschaft, Weinheim.

Beschränkung (ChemG). 1. (ChemG): Die *Richtlinie 76/769/EWG* sieht eine B. des Inverkehrbringens und der Verwendung bestimmter >gefährlicher< Stoffe, auch in Zubereitungen sowie einiger Erzeugnisse vor. Das hat inzwischen für einige Produkte der Industrie zu einem Verbot geführt, z.B. Asbestfasern und PCB/

PCT. Die Umsetzung in deutsches Recht erfolgt über das >ChemG<, in dessen § 17 eine Ermächtigung für die Bundesregierung enthalten ist. Danach können einzelne >Stoffe< und >Zubereitungen< sowie >Erzeugnisse<, die solche Stoffe enthalten, verboten oder zumindest beschränkt werden. Ein Verbot des >Inverkehrbringens< kann durch Aufnahme in § 9 >GefStoffV< erzielt werden, während für weitergehende Maßnahmen ein Erlaß von Verbotsverordnungen erforderlich ist (s. Tabelle „Rechtsverordnungen zum >ChemG<"). Diese betreffen das >Herstellen< und >Verwenden< von Produkten, aber auch Verfahren hierzu.

Damit stellt sich die Frage nach >Ersatzstoffen< und -verfahren, für die es im deutschen Gefahrstoffrecht ein „Substitutionsgebot" gibt (§ 16 Abs. 2 GefStoffV). Mit deren Auswahl befaßt sich im >Ausschuß für Gefahrstoffe< der Unterausschuß „Verwendungsbeschränkungen" (AGS-UA VII). Sofern der vollständige Ersatz in allen Verwendungsbereichen (noch) nicht möglich ist, empfiehlt sich eine B. bzw. ein Teilverbot. – Im Hinblick auf den Europäischen Binnenmarkt sind solche Restriktionen zumindest über die >EU-Kommission<, möglichst auch mit den EFTA-Mitgliedstaaten, abzustimmen.

Außer Herstellung, Inverkehrbringen und Verwendung von Chemikalien werden auch deren >Einfuhr< und >Ausfuhr< beschränkt, wenn bestimmte Eigenschaften oder Einsatzgebiete bekannt sind. Beispiele: Betäubungsmittel/Drogen, Chemiewaffen/Kampfstoffe sowie deren Vorprodukte. Grundlage für solche B. stellen einerseits spezielle Gesetze (Betäubungsmittel- und Kriegswaffenkontrollgesetz) dar, andererseits jedoch auch freiwillige Vereinbarungen bzw. Branchenabkommen. So gibt es z. B. einen „Code of Conduct" (Verhaltenskodex) der Verbände der Chemischen Industrie und des Chemikalienhandels für die Ausfuhr gefährlicher Stoffe in Drittländer, wonach in jedem Falle bestimmte Informationen an die Abnehmer mitgeliefert werden müssen, auch wenn die Vorschriften des Empfängerlandes das (noch) nicht fordern. Abgesehen von bestimmten Chemikalien, die als „Vorprodukte" verwendet werden *können*, unterliegen weitere Stoffe Exportrestriktionen: Ausfuhrliste zur Außenwirtschaftsverordnung, EU-Verordnungen.

Einen anderen Aspekt zum Thema B. stellt die „Zulassung" bestimmter Stoffe zu Einsatzgebieten dar, die vom Gesetzgeber in den entsprechenden Bestimmungen vorgegeben sind: Wirkstoffe als Arzneimittel, Lebensmittelzusatzstoffe, Pflanzenschutz- und Schädlingsbekämpfungsmittel (Biozide) sowie Sprengstoffe. Die Zulassung solcher Stoffe, meist in Zubereitungen enthalten, ist an die Erfüllung von Prüfanlagen geknüpft, die vom Hersteller/Einführer vor dem Inverkehrbringen zu erfüllen sind.

Auch bei den Transportvorschriften nehmen B. und Verbote einen breiten Raum ein, z. B. die „nur"-Klassen bei der >Beförderung< bestimmter >Gefahrgüter<.

Am 25.03. 1993 hat die Bundesregierung eine Verordnung über die Neuordnung und Ergänzung der Verbote und Beschränkungen des Herstellens, Inverkehrbringens und Verwendens gefährlicher Stoffe, Zubereitungen und Erzeugnisse beschlossen. Sie betrifft die bisher in verschiedenen Einzelverordnungen und in der GefStoffV enthaltenen Regelungen nach § 17 ChemG sowie die Umsetzung von EU-Richtlinien in diesem Bereich (s. a. >Verbote, Chemikalien<).

Lit: Pohle H (1991) Chemische Industrie; Umweltschutz, Arbeitsschutz, Anlagensicherheit. VCH Verlagsgesellschaft, Weinheim – Meyer G (1992) Unterausschuß „Verwendungsbeschränkungen". In: Gefährliche Arbeitsstoffe, Bundesarbeitsblatt 2/1992, S. 29/30.

Besiedlungsdichte. Anzahl von Pflanzen und Tieren auf eine Flächen- oder Raumeinheit. >Bodentiere<, >Mull-Moder-Modell<.

Besonders überwachungsbedürftiger Abfall. Das >Kreislaufwirtschafts- und Abfallgesetz< erfaßt alle Abfälle zur Beseitigung und Verwertung. Bei der Beseitigung sind alle Abfälle, die nach Art, Beschaffenheit und Menge im besonderen Maße gesundheit-, luft- und wassergefährdend, explosibel oder brennbar sind oder Erreger übertragbarer Krankheiten enthalten oder hervorbringen können, b. ü. A. Alle Abfälle, die nicht diese Merkmale aufweisen, sind, wenn sie beseitigt werden, überwachungsbedürftig. Nach denselben Stoffeigenschaften erfolgt eine Regelung bei der Verwertung von Abfällen, nur daß bei der Bezeichnung der Abfälle der Zusatz „zur Verwertung" beigefügt wird. Das Verzeichnis der b. ü. A. und der jeweiligen Abfallschlüssel kann der >Verordnung zur Bestimmung von besonders überwachungsbedürftigen Abfällen< entnommen werden. Entsprechend gilt für die überwachungsbedürftigen Abfälle zur Verwertung die >Verordnung zur Bestimmung von überwachungsbedürftigen Abfällen zur Verwertung<.

Lit: Kaminski R, Konzak O (1997) Das untergesetzliche Regelwerk zum Kreislaufwirtschafts- und Abfallgesetz – Verordnungen und Verwaltungsvorschriften. Abfallwirtschaft in Forschung und Praxis, Bd. 95, E. Schmidt, Berlin.

Besorgnisgrundsatz. In § 19g Abs. 1 des >Wasserhaushaltsgesetzes< niedergelegtes Prinzip: Anlagen zum Lagern, Abfüllen, Herstellen und Behandeln >wassergefährdender Stoffe< sowie Anlagen zum Verwenden wassergefährdender Stoffe im Bereich der gewerblichen Wirtschaft und im Bereich öffentlicher Einrichtungen müssen so beschaffen sein und so eingebaut, aufgestellt und erhalten und betrieben werden, daß eine Verunreinigung der Gewässer oder eine sonstige nachteilige Veränderung ihrer Eigenschaften nicht zu besorgen ist.

Bestäubung. Die Übertragung der >Pollen<körner durch versch. Transportmechanismen, z. B. Wasser (Hydrophilie), Wind (Anemophilie) oder Tiere (Zoophilie), auf die Narbe als dem weiblichen Empfängnisapparat der Blüte. Die Bestäubung ist die Voraussetzung für die nachfolgende Befruchtung.

Bestandesaufbau. Beschreibt die Zusammensetzung einer Pflanzengemeinschaft, z. B. einer Fläche angebauter Kulturpflanzen, >Wald<, Wiese oder >Moor<.

Bestandesdeposition. Deposition luftgetragener Stoffe in Waldbeständen, die aufgrund der großen äußeren Oberflächen der Bäume i. d. R. die >Freilanddeposition< übersteigt. Die Auskämmung und Zwischenspeicherung von Luftverunreinigungen im Kronenraum von Waldbeständen wird auch als >Interzeptionsdeposition< bezeichnet. Eine direkte Messung des gesamten Eintrages in den Bestand durch chem. Analyse des Bestandesniederschlages ist nicht möglich, da auch pflanzliche Inhaltsstoffe ausgewaschen werden (>leaching<) und einige deponierte Stoffe (z. B. Protonen, Ammonium) unmittelbar, d. h. bereits an der Blatt- oder Nadeloberfläche mit der Biomasse reagieren (>Kronenraumpufferung<).

Bestandesdichte. Umfaßt die Anzahl der Pflanzen pro m² in einem angebauten Pflanzenbestand.

Bestandesführung. Wichtiges Element eines >Anbauverfahrens<. B. muß zum Ziel haben, mit der Gestaltung des Einsatzes von Saatgut, >Düngung< und >Pflanzenschutz< den Pflanzenbestand so zu steuern, daß das Verhältnis zwischen Aufwand und Ertrag aus betriebswirtschaftlicher Sicht optimiert und die >Umweltbelastung< minimiert wird. Das Saatgut ist durch seine Standorteignung und Resistenzeigenschaften gegen Schaderreger mitentscheidend über den später notwendigen Aufwand an Pflanzenschutzmaßnahmen, die Sorteneigenschaften beeinflussen auch die Quantität und Qualität des Erntegutes. B. im weiteren Wachstumsverlauf hat besonders Bedeutung bei Kulturarten, die über eine unterschiedliche Anzahl von Trieben und wirtschaftlich wertgebenden Organen (z. B. Körner) pro Pflanze durch gegenseitige Kompensation in Wechselwirkung mit dem Pflanzenbestand auf unterschiedlichem Weg zum gleichen Ertrag kommen können. Dies sei am Beispiel Winterweizen gezeigt: Eine hohe Saatstärke (Körner pro m²) führt bei entsprechender Nährstoffversorgung über eine mäßige Bestockung (Triebe pro Pflanze) zu einer hohen Bestandesdichte (Triebe pro m²), wo sich aufgrund der pflanzlichen Konkurrenz auch bei optimalen Bedingungen nur ein mittlerer Einzelährenertrag (Produkt aus Kornzahl pro Ähre und Gewicht des Einzelkornes) einstellt. Eine niedrige Saatstärke führt über eine stärkere Bestockung zu einer mittleren Bestandesdichte mit hohem Einzelährenertrag. Solche B. bedeutet geringere Anfälligkeit gegen pilzliche Schaderreger und Lager, weniger Wasserverbrauch, aber auch geringere Konkurrenzkraft gegen >Verunkrautung<. Die Durchführbarkeit einer Strategie der B. hängt entscheidend vom Witterungsverlauf (>Witterung<) während der Ausbildung der vegetativen Organe (Triebe) und der generativen (Ähre) ab. Insofern ermöglicht eine verhaltene B. eine bessere Steuerung und den zielgenaueren Einsatz von Düngung und Pflanzenschutz. Neuere Ansätze der B. über computergeführte Beratungsmodelle zeigen gute Erfolge.

Bestandsaufnahme. Um einen >Lebensraum< genau kennenzulernen und ihn bewerten zu können, muß man über Art und Zahl der vorhandenen Pflanzen und Tiere informiert sein. Dazu wird eine B. durchgeführt. Die vollständige Erfassung auch nur aller größeren Pflanzen und Tiere ist schon vom Arbeitsaufwand her nicht möglich und scheitert in der Praxis an den Bestimmungsmöglichkeiten, insbesondere der Tiere. Daher kann oft nur das Vorkommen höherer Pflanzen und weniger ausgewählter Tiergruppen erfaßt werden. Eine B. der Pflanzen erfolgt dabei nach Braun-Blanquet, wobei die >Arten<, die Zahl der Individuen, die Anordnung in vertikaler und horizontaler Richtung, die geographischen und geologischen Verhältnisse etc. berücksichtigt werden. Das zahlenmäßige Vorkommen wird bestimmten Kategorien zugeordnet, woraus sich Vergleichszahlen errechnen lassen. Die B. von Tieren ist nur durch den Einsatz verschiedenartiger Geräte wie Kescher, Exhaustoren, Eklektoren, Berlese-Apparate etc. durchführbar. Eine anschließende Bestimmung ist oft nur Spezialisten möglich. Bei der Durchführung einer B. sind die gesetzlichen Vorschriften wie >Bundesnaturschutzgesetz< usw. zu beachten.

Bestandsdichte. Die Deckung des Bedarfs an >Proteinen< tierischer Herkunft erfolgt weitgehend über die in der Landwirtschaft gehaltenen Haustiere. Unter der Bestandsdichte wird die Anzahl der gehaltenen Haustiere in Relation zur Bevölkerung verstanden. Weltweit werden pro 1.000 Bewohner durchschnittlich gehalten: 2 Pferde, 2 Esel, 3 Büffel, 11 Ziegen, 17 Schweine, 30 Schafe und 31 Rinder.

Bestandsschutz. Gebräuchlicher Begriff für das in Artikel 14 des Grundgesetzes gewährte Grundrecht auf Eigentum (und Erbe). Beides wird nach Absatz 1 gewährleistet. Inhalt und Schranken werden durch die Gesetze bestimmt. Eigentum verpflichtet. Sein Gebrauch soll zugleich dem Wohle der Allgemeinheit dienen (Artikel 14 Abs. 2 GG). Nach Absatz 3 ist unter bestimmten, durch das Gesetz geregelten Voraussetzungen die Enteignung möglich. Dem Bestandsschutz nach Artikel 14 Grundgesetz kommt im Umweltschutz deshalb besondere Bedeutung zu, weil dem Eigentum auch Rechte zugerechnet werden, wie sie z. B. mit behördlichen Zulassungen aller Art (z. B. Genehmigung, Erlaubnis, Bewilligung) auf den verschiedenen Rechtsgebieten (z. B. Atomrecht, Abfallrecht, Immissionsschutzrecht, Naturschutzrecht, Wasserrecht) erteilt werden. Vor diesem Hintergrund können einmal erteilte Rechte nur unter sehr eingeschränkten Voraussetzungen wieder (ganz oder teilweise) zurückgezogen werden. Allgemein-gesetzlich sind die Voraussetzungen, unter denen ein rechtmäßiger begünstigender >Verwaltungsakt<, auch nachdem er unanfechtbar geworden ist, widerrufen werden darf, in § 49 Verwaltungsverfahrensgesetz des Bundes bzw. der Bundesländer geregelt. Daneben gibt es Widerrufsvorbehalte in nahezu allen einschlägigen >Rechtsvorschriften< des >Umweltrechts<.

Bestandsschutz bezüglich Umweltqualität. Mit dem Begriff B. wird normalerweise der rechtlich gesicherte, durch Verfassung oder einfaches Recht gewährte Schutz eines tatsächlich vorhandenen Bestandes von Rechten oder sonstigen Positionen verstanden; dieser Schutz besteht in dem Recht, den Bestand trotz Änderungen der Rechtslage oder der tatsächlichen Situation unverändert behalten und nutzen zu dürfen oder bei Änderungen von hoher Hand jedenfalls eine Entschädigung zu erhalten; diese Variante von B. gibt es z. B. im Baurecht, im Anlagengenehmigungsrecht und im Planungsrecht. B. bezüglich der Umweltqualität meint zunächst ein rechtspolitisches Prinzip, welches eine Verschlechterung der Umwelt und damit ein Anwachsen von Umweltbelastungen verhindern will; häufig wird das Prinzip als Teilprinzip des Vorsorgeprinzips verstanden. Positiv-rechtlich gibt es einen B. bezüglich der Umweltqualität im Bundesnaturschutzgesetz; nach § 8 dieses Gesetzes ist der Verursacher eines Eingriffs in Natur und Landschaft verpflichtet, vermeidbare Beeinträchtigungen von Natur und Landschaft zu unterlassen sowie unvermeidbare Beeinträchtigungen innerhalb einer zu bestimmenden Frist durch Maßnahmen des Naturschutzes und der Landschaftpflege auszugleichen, soweit es zur Verwirklichung der Ziele des Naturschutzes und der Landschaftspflege erforderlich ist. Freilich ist zu betonen, daß der B. im geltenden Recht außerordentlich schwach ausgeprägt ist, weil die Naturschutzbehörden gegenüber anderen Behörden eine nur sehr schwach entwickelte Durchsetzungskraft besitzen.

Bestimmtheitsgebot. Wichtiger Grundsatz des >Verwaltungsverfahrensrecht<, geregelt im Verwaltungsverfahrensgesetz des Bundes sowie in den (nahezu wortgleichen) Verwaltungsverfahrensgesetzen der Länder. Danach muß ein >Verwaltungsakt< inhaltlich hinreichend bestimmt sein (§ 37 Abs. 1 Verwaltungsverfahrensgesetz – VwVfG i.d.F. vom 21.09. 1998, BGBl. I S. 3050). Die Anforderung der Bestimmtheit gilt für den jeweiligen Verwaltungsakt in seiner Gesamtheit wie auch in seinen Anforderungen im einzelnen, wie z.B. in Nebenbestimmungen (Auflagen und Bedingungen). Die fehlende Bestimmtheit eines Verwaltungsaktes stellt regelmäßig einen besonders schwerwiegenden Fehler dar, der zur Nichtigkeit des Verwaltungsaktes führt (§ 44 Abs. 1 VwVfG). Betrifft die Nichtigkeit nur einen Teil des Verwaltungsakts, so ist er im ganzen nichtig, wenn der nichtige Teil so wesentlich ist, daß die Behörde den Verwaltungsakt ohne den nichtigen Teil nicht erlassen hätte (§ 44 Abs. 4 VwVfG). Bei umweltrechtlichen Entscheidungen erlangt das Bestimmtheitsgebot besondere Bedeutung in den >Antragsunterlagen<, die, wenn sie mit der behördlichen Entscheidung zum Bestandteil des Verwaltungsakts geworden sind, in jedem Detail der zeichnerischen und textlichen Darstellung des Vorhabens Ausdruck des Bestimmtheitsgebots geworden sind.

Bestimmungsgemäßer Betrieb. Von der zuständigen Genehmigungsbehörde genehmigter Normalbetrieb einer Anlage gemäß ihrer Auslegung. Zum bestimmungsgemäßen Betrieb gehören auch Betriebsstörungen ohne Sicherheitsbedeutung sowie die Wartung und Instandhaltung.

Bestimmungsgrenze (DIN 32645). 1. allgemein: Niedrigster Gehalt, bei dem ein Stoff mit einer geforderten Zuverlässigkeit noch quantifiziert werden kann. Damit endet die Kalibrierfunktion im unteren Konzentrationsbereich bei der Bestimmungsgrenze. Die Literaturdefinitionen und die Vorgaben zur Ermittlung der Bestimmungsgrenze weichen teilweise erheblich voneinander ab. Für die Umweltanalytik hat sich die DIN 32645 durchgesetzt, die neben der Bestimmungsund der >Nachweisgrenze< auch die >Erfassungsgrenze< definiert. Danach sind bei der Nachweisgrenze alpha- und beta-Fehler (falschpositive bzw. falschnegative Entscheidung) mit 5% gleich groß, so daß die Nachweisgrenze (als Gehalt in Konzentrationseinheiten auf der x-Achse der Kalibrierfunktion) dem kritischen Wert der Meßgröße (als Signalgröße auf der yAchse der Kalibrierfunktion) zugeordnet werden kann. Als Faustregel kann gelten, daß die Bestimmungsgrenze etwa 3× so groß ist wie die Nachweisgrenze.
2. Rückstandsanalytik: Die B. gibt die kleinste quantifizierbare Konzentration eines Analyten in einer Probe an. In der >Rückstandsanalytik< von >Pflanzenschutzmitteln< wird diese in Zusatzversuchen ermittelt, bei denen Nullproben der zu untersuchenden Probenmatrix mit Standardlösungen der Analyten in unterschiedlichen Konzentrationen dotiert und analysiert werden. Danach entspricht die B. der kleinsten Konzentrationsstufe, die größer als oder gleich groß wie die >Nachweisgrenze< ist, und bei der die Wiederfindungsraten 70–110% bei einer >Standardabweichung< von s ≤ 20% (n ≥ 4) betragen.
Lit: DIN 32645 (Ausgabe: 1994–05) Chemische Analytik; Nachweis-, Erfassungs- und Bestimmungsgrenze; Ermittlung unter Wiederholbedingungen; Begriffe, Verfahren, Auswertung – Thier H-P, Frehse H (1986) Rückstandsanalytik von Pflanzenschutzmitteln, Thieme Verlag, Stuttgart New York, 262–264 –

Deutsche Forschungsgemeinschaft (1991) Statistische Beurteilung von Analysenverfahren und Analysenergebnissen. Mitteilung VI der Senatskommission für Pflanzen- und Vorratsschutzmittel, Methodensammlung der Arbeitsgruppe Analytik, 1–11 Lfg., VCH, Weinheim – DIN (1994): Nachweis-, Erfassungs- und Bestimmungsgrenze. Ermittlung unter Wiederholbedingungen. DIN 32645.

Bestockung. Die Bildung von Seitentrieben bei Getreide und Wiesengräsern an einem nahe am Boden liegenden Halmknoten.

Bestrahlungsstärke. Quotient aus der auf eine Fläche auftreffenden Strahlungsleistung und dieser Fläche, Einheit: W/m^2. In der Meteorologie wird die B. auf die horizontale Fläche, die durch die Sonne und den Himmel erzeugt wird, als „Globalbestrahlungsstärke" bezeichnet. >Solarkonstante<, >direkte Sonnenstrahlung<, >diffuse Sonnenstrahlung<, >Globalstrahlung<.
Lit: DIN 5031 (1982) Teil 1, Tabelle 1.1, Nr. 6: Strahlungsphysik im optischen Bereich und Lichttechnik, Größen, Formelzeichen und Einheiten der Strahlungsphysik.

Beta-Agonist. Beta-Rezeptor-Agonisten sind Stoffe mit einer überwiegenden Wirkung auf Beta-Rezeptoren. Sie wurden ursprünglich als Bronchodilatatoren und Tokolytika entwickelt. Es besteht eine Strukturverwandtschaft mit den natürlichen Catecholaminen Adrenalin und Noradrenalin, die ein vergleichbares physiologisch-biochemisches und pharmakologisches Wirkungsprofil aufweisen (Stimulierung des Abbaus des Kohlenhydrats Glykogen und von Fettdepots; relaxierende Wirkung auf die glatte Muskulatur; bei sehr hohen Dosen Steigerung der metabolischen Aktivität; Erhöhung der Herzfrequenz und periphere Gefäßverengung). Einige Substanzen dieser Strukturklasse, wie z.B. >Clenbuterol< steigern das Muskelwachstum durch eine stimulierte Proteinsynthese bzw. einen verringerten Abbau von bestehendem Körperprotein.
Lit: Greife HA, Berschauer F (1988) Übers. Tierernährg. 16: 27– 78.

Beta-Blocker. (Syn. β-Blocker, β-Rezeptorenblocker, β-Sympathicolytika). Arzneistoffe, die sowohl die sympathischen β_1-Rezeptoren des Herzens als auch die sympathischen β_2-Rezeptoren der glatten Muskulatur blockieren, d.h. es erfolgt keine Stimulierung des Herzens und keine Erschlaffung der glatten Muskulatur (>Beta-Rezeptoren<). Einige neuere Präparate wirken cardioprävalent, also bevorzugt an den β_1-Rezeptoren. Sie versetzen das Herz in einen „Schongang", indem sie es gegen überschießende Sympathikusreize abschirmen. Beta-Blocker verringern die Schlagfrequenz und -stärke des Herzens und senken den Sauerstoffverbrauch und die Erregbarkeit des Herzens. Sie werden therapeutisch u.a. bei erhöhter Herzfrequenz, Herzrhythmusstörungen, >Koronarinsuffizienz< und in der symptomatischen Behandlung bei Schilddrüsenüberfunktion eingesetzt. Beta-Blocker werden außerdem in blutdrucksenkenden Arzneistoffen verwendet und können lokal verabreicht werden, um den Augeninnendruck zu senken. Als Nebenwirkung treten u.a. Müdigkeit, Schwindel, Übelkeit und evtl. Depressionen auf. Die nicht vollkommen auszuschaltende β_2Blockade kann einen Asthmaanfall (>Asthma<) auslösen und führt zu peripheren Durchblutungsstörungen. Vergiftungen mit Beta-Blockern sind stets ernst. Nach bisherigen Erfahrungen muß bereits bei 8- bis 10fach erhöhter Dosis mit einer >Letalität< von über 50% gerechnet werden. Beta-Blocker dienen außerdem z.T. als Beruhigungsmittel in Form von Futtermittelzusät-

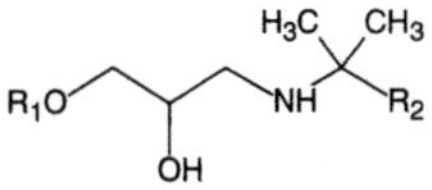

R₁	R₂	Internationaler Freiname	Handelspräparat (eingetragenes Warenzeichen)	Plasmahalbwertszeit [h]	Bioverfügbarkeit[%]
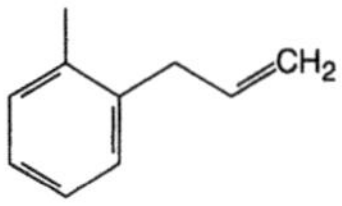	—H	Alprenolol	Aptin	3	10 bis 50
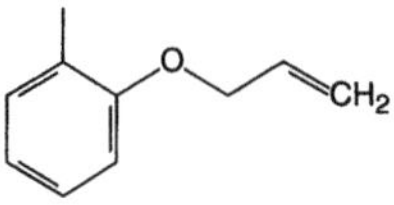	—H	Oxprenolol	Trasicor	1 bis 2	75 bis 90
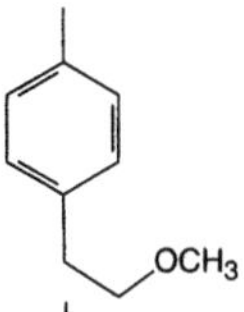	—H	Metoprolol	Beloc, Lopresor, Prelis	3	38
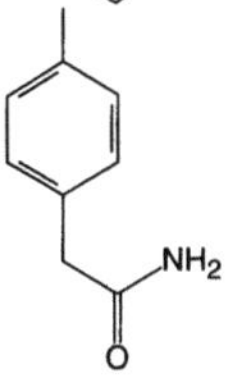	—H	Atenolol	Tenormin	6	40 bis 60
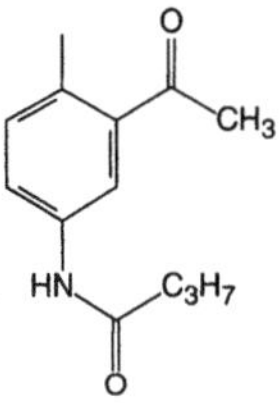	—H	Acebutolol	Neptol, Prent	>8	60
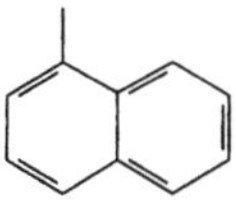	—H	Propranolol	Beta-Tablinen, Beta-Timelets, Dociton, Indobloc, Sagittol, Efektolol	4	90 bis 95
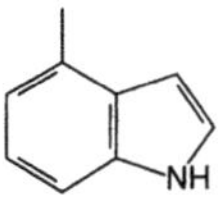	—H	Pindolol	Visken, Durapindol	3 bis 4	86
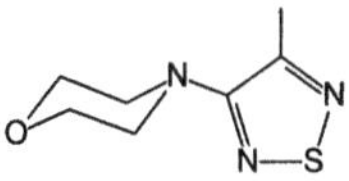	—CH₃	Timolol	Temserin	4 bis 7	50 bis 90
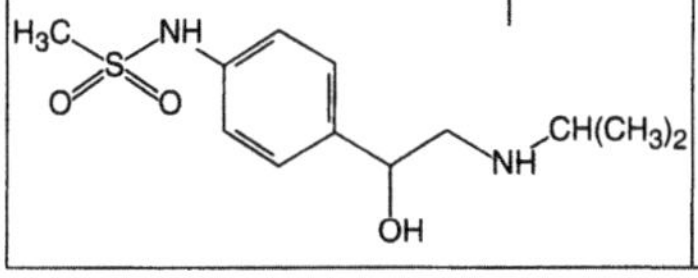		Sotalol	Sotalex	13	90

Beta-Blocker: Eine Auswahl von Beta-Blockern

zen zur Vermeidung von Streßzuständen bei Massentierhaltung bzw. vor Schlachtungen oder Tiertransporten. Bekannt geworden ist in der Entwicklungsphase der Beta-Blocker das aufgrund starker Nebenwirkungen heut nicht mehr verwendete Dichlorisoprenalin (DCI). Die besser verträglichen neueren Präparate sind mit Ausnahme von Timolol und Sotalol chemisch nahe miteinander verwandt und besitzen eine einheitliche Grundstruktur vom Propanol-Typ: es sind Arylether von Aminopropandiolen. Die internationalen Freinamen der Beta-Blocker enden alle auf „olol". Eine Auswahl der Beta-Blocker zeigt die Tabelle (s. S.173).
Das in der Grundstruktur mit einem Stern markierte Kohlenstoffatom ist optisch aktiv. Lediglich die (–)-Form blockiert die β-Rezeptoren, dagegen sind unspezifische biologische Wirkungen, z.B. Membranstabilisierung, beiden Enantiomeren eigen. Fertigarzneimittel der Beta-Blocker liegen meist als Racemate vor. Die Anzahl der im Handel erhältlichen Beta-Blocker nimmt ständig zu. Alle Beta-Blocker werden vom Magen-Darm-Trakt zu 70 bis 90 % resorbiert, unterliegen dann aber einer unterschiedlichen >Biotransformation< beim Durchgang durch die Leber, dem sog. „First-pass-Effekt". Darin liegt eine unterschiedliche Bioverfügbarkeit begründet. Die Ausscheidung der Beta-Blocker erfolgt hauptsächlich über die Niere.

Lit: Kuschinsky G, Lüllmann H (1989) Kurzes Lehrbuch der Pharmakologie und Toxikologie, 5. Aufl., Wissenschaftliche Verlagsgesellschaft mbH, Stuttgart. – Mutschler E (1991) Arzneimittelwirkungen, Lehrbuch der Pharmakologie und Toxikologie, 6. Aufl., Wissenschaftliche Verlagsgesellschaft mbH, Stuttgart. – Lüderitz B (1987) Therapie der Herzrhythmusstörungen, Leitfaden für Klinik und Praxis, 3. Aufl., Springer, Berlin Heidelberg New York. – Strubelt O (1989) Elementare Pharmakologie und Toxikologie, 3. Aufl., Gustav Fischer, Stuttgart.

Betanin. Ein wasserlöslicher, roter Farbstoff, der aus roten Rüben (Rote Beete) gewonnen wird. Aus Hypokotyl und Wurzel der roten Rübe (*Beta vulgaris*) wird Beetenrot, das wasserlösliche Farbstoffpräparat, gewonnen. Beetenrot enthält als Preßsaft ca.1 % Betanin, als Konzentrat ca.4 % Betanin. Betanin dient zur Färbung von Joghurt, Kaugummi, Fruchtgelee, Wurst, Teigwaren, Fleisch, Schmelzkäse, Waffelfüllungen, Suppen, Soßen etc. Besonders bei der Herstellung von Tomatensoßen bewirkt der Zusatz von Betanin die kräftige, fruchtig rote Farbe.

Betankung von Kraftfahrzeugen. Bei der B. und dem Umschlagen von >Kraftstoffen< entweichen erhebliche Mengen an Kraftstoffdämpfen in die Umgebung, besonders bei den leichtflüchtigen >Ottokraftstoffen<. Um diese >Emissionen< zu vermeiden, wird ein Gaspendelsystem eingesetzt, bei dem die Dämpfe zur Wiederverwertung abgesaugt werden. >Verordnungen zur Durchführung des Bundes-Immissionsschutzgesetzes<.

Betankungsverluste. Beim Betanken von Fahrzeugen auftretende Kraftstoffverluste durch Verschütten und Verdampfen von Kraftstoff, aber insbesondere durch Verdrängung der im Tank befindlichen, mit Kraftstoff angereicherten Luft. Die Konz. des Kraftstoffes in der Tankluft hängt vom >Dampfdruck< der Kraftstoffkomponenten ab. >Benzin< weist einen wesentlich höheren Dampfdruck auf als >Dieselkraftstoff<. Als Durchschnittswert bei Tankvorgängen konnte eine Kohlenwasserstoffemission von 0,84 g pro getanktem Liter Kraftstoff festgestellt werden. Beim Einfüllen von 50 Liter Benzin werden somit ca. 42 g an >Kohlenwasserstoffen< mit der verdrängten Luft in die Umwelt abgegeben. Nach einer Abschätzung des >Umweltbundesamtes< werden bei der Betankung von Kraftfahrzeugen mit Ottokraftstoffen allein in Deutschland (alte Bundesländer) mindestens 45.000 t Benzin pro Jahr über die verdrängte Tankluft freigesetzt. Einschl. der Verteilungsverluste von der >Raffinerie< bis zu den Fahrzeugen ist von einer jährlichen Gesamtemission an Benzin von 100.000 bis 120.000 t auszugehen. Durch Rückführung der bei Umfüllvorgängen verdrängten Luft mittels des sog. Gaspendelverfahrens wären diese >Emissionen< zu reduzieren. Bei der Betankung von Kraftfahrzeugen läßt sich über einen sog. Saugrüssel, der an den Kraftstofftank direkt anschließt, die verdrängte, schadstoffbeladene Luft in die Bodentanks der Tankstellen zurückführen. Fahrzeugseitige Lsg., bei der die >Schadstoffe< durch >Adsorption< an einem eingebauten, ausreichend bemessenen >Aktivkohle<filter entfernt werden, haben keine Bedeutung. Zur Begrenzung der Emissionen von org. Dämpfen beim Umfüllen und Lagern von org. Flüssigkeiten hat der Gesetzgeber am 07.10. 1992 die Verordnung zur Begrenzung der Kohlenwasserstoffemissionen beim Umfüllen und Lagern von >Ottokraftstoffen< (20. BImSchV) erlassen. Diese Verordnung enthält Vorgaben für emissionsmindernde Maßnahmen für Anlagen, die wie Tankstellen keiner immissionsschutzrechtlichen Genehmigung bedürfen. Für immissionsschutzrechtlich genehmigungsbedürftige Anlagen, wie z.B. größere Tankläger, fordert die >TA Luft< schon dem >Stand der Technik< entspr. Maßnahmen, wie Gaspendelung oder >Abgasreinigung< entspr. den risikodifferenzierten Anforderungen an die >Vorsorge<. Zur Begrenzung von Kohlenwasserstoff>emissionen< bei der >Betankung von Kraftfahrzeugen< hat der Gesetzgeber am 07.10. 1992 die 21. BImSchV erlassen. Diese Verordnung enthält Vorgaben für die Betankung von Kraftfahrzeugen mit >Ottokraftstoffen<. Einzusetzen sind Gasrückführungssysteme mit oder ohne Unterdruckunterstützung. Kleine Tankstellen mit einer jährlichen Abgabemenge von bis zu 1000 Kubikmeter sind hiervon befreit. In Abhängigkeit vom Kraftstoffumschlag galten Übergangsfristen für die Nachrüstung der Tankstellen von drei bis fünf Jahren nach Inkrafttreten (01.01. 1993) der Verordnung.

Beta-Rezeptoren. (Syn. β-Rezeptoren) Biochemisch und pharmakologisch definierte und isolierbare Membranproteine der Zelle, die die >Hormone< Adrenalin, Noradrenalin und bestimmte Arzneistoffe binden. Durch diese Bindung wird das Rezeptormolekül in seiner Konformation derart geändert, daß eine Folgereaktion in der Zelle ausgelöst wird, die dann für die Hormone oder den Arzneistoff spezifisch ist. β-Rezeptoren vermitteln u.a. die stimulierende Wirkung des Sympatikusnerven auf das Herz und die hemmende Wirkung auf die glatte Muskulatur.

Lit: Erdmann E, Krawietz W (1981) Rezeptorstudien mit β-Rezeptorenblockern. In: Bolte HD, Schrey A (Hrsg.) Beta-Rezeptorenblocker, 1. Aufl., Springer, Berlin Heidelberg New York.

Betastrahlung. Mit Betastrahlung bezeichnet man die >Emission< von >Elektronen< beim >radioaktiven Zerfall<. Betastrahlen haben ein Energiekontinuum, angegeben wird jeweils die max. Energie. Betastrahlen werden bereits durch geringe Schichtdicken (z. B. 2 cm Kunststoff oder 1 cm Aluminium) absorbiert.

Betateilchen. Ein Elektron positiver oder negativer Ladung, das von einem Atomkern oder Elementarteilchen beim >Betazerfall< ausgesandt wird.

Betatron. Gerät zur Beschleunigung von >Elektronen< auf sehr hohe Energie. Die Elektronen laufen in einer ringförmigen Vakuumröhre um und werden durch eine Magnetfeldanordnung auf dieser Bahn gehalten. Die Beschleunigung erfolgt durch elektromagnetische Induktion (Transformatorprinzip).

Betazerfall. Radioaktive Umwandlung unter >Emission< eines >Betateilchens<. Beim Betazerfall ist die Massenzahl des Ausgangsnuklids und des neu entstandenen Nuklids gleich, die Ordnungszahl ändert sich um eine Einheit; und zwar wird die Ordnungszahl beim Betazerfall unter Aussendung eines Positrons – [β^+-Teilchen, z.B. Zerfall von Na-22 in Ne-22] – um eine Einheit kleiner und beim Betazerfall unter Aussendung eines negativen Elektrons – [β^--Teilchen, z.B. Zerfall von P-32 in S-32 oder Cs-137 in Ba-137] – um eine Einheit größer.

Beteiligungsrecht. Diejenigen in ihrem Umfang gesetzlich bestimmten Rechte, die Nachbarn oder sonstige Dritte im Verfahren der >Genehmigung< von Vorhaben (bauliche Anlagen, Anlagen nach dem >Bundesimmissionsschutzgesetz<, Straßenbau etc.) haben; Beispiel: Die Mitwirkung von Verbänden nach § 29 des Bundesnaturschutzgesetzes beispielsweise bei Planfeststellungsverfahren über Vorhaben, die mit Eingriffen in Natur und Landschaft i.S. des § 8 BNatSchG verbunden sind. Der Begriff „Beteiligungsrecht" ist bezogen auf die Mitwirkung in Verwaltungsverfahren; davon zu trennen ist die Möglichkeit, Klage vor den Verwaltungsgerichten in derselben Angelegenheit zu erheben, in denen Dritte Beteiligungsrecht besitzen – das Recht zu klagen heißt „Klagerecht". Wenn es nach den Landesnaturschutzgesetzen Verbänden eingeräumt ist, spricht man von Verbandsklage.

Betriebsbeauftragter. 1. Für Gewässerschutz: Zu den auf Verursacherprinzip und Vorsorgeprinzip basierenden Instrumenten vorausschauenden Umweltschutzes gehört auch die staatlich verlangte – oder zumindest gewünschte – Etablierung von Schutzbeauftragten für bestimmte schützenswerte Medien oder Regelungsbereiche. Hierzu zählen auch die Betriebsbeauftragten für Gewässerschutz (Gewässerschutzbeauftragte, GSB).
Der Betriebsbeauftragte für Gewässerschutz hat grundsätzlich eine rein innerbetriebliche Funktion. Er hat nicht die Aufgabe oder Befugnis, anstelle des Unternehmers oder gar gegen den Unternehmer zu entscheiden; er ist auch kein verlängerter Arm der Behörden.
Der GSB ist vielmehr derjenige,
– der für die Eigenüberwachung des Betriebes Sorge trägt und
– der die Erfahrungen aus der Eigenüberwachung in beratender und informierender Weise innerbetrieblich nutzbar macht.

2. Immissionsschutz: Betreiber von Anlagen, die den Vorschriften des >Bundesimmissionsschutzgesetzes< unterliegen, sind ggf. nach § 53 dieses Gesetzes zur Bestellung eines Betriebsbeauftragten für Immissionsschutz (Immissionsschutzbeauftragter) verpflichtet. Für welche *genehmigungsbedürftigen Anlagen* Immissionsschutzbeauftragte zu bestellen sind, wird in der 5. Verordnung zur Durchführung des Bundes-Immissionsschutzgesetzes (Verordnung über Immissionsschutzbeauftragte – 5. >BImSchV<) abschließend geregelt. In dieser Verordnung sind nur solche genehmigungsbedürftigen Anlagen aus dem Katalog der 4. BImSchV aufgeführt, bei denen im Hinblick auf ihre Art oder Größe wegen der >Emissionen<, der technischen Probleme der *Emissionsbegrenzung* oder Eignung der Erzeugnisse, bei bestimmungsgemäßer Verwendung schädliche Umwelteinwirkungen durch Luftverunreinigungen, Geräusche oder Erschütterungen hervorgerufen werden und für die die Bestellung eines oder mehrerer Immissionsschutzbeauftragter erforderlich ist. Betreiber nichtgenehmigungsbedürftiger Anlagen brauchen i.allg. keinen Immissionsschutzbeauftragten zu bestellen. Die Aufgaben des Immissionsschutzbeauftragten, die Pflichten des Betreibers gegenüber dem Immissionsschutzbeauftragten, die Stellungnahme des Immissionsschutzbeauftragten zu Investitionsentscheidungen, sein Vortragsrecht und das Benachteiligungsverbot sind in den §§ 54 bis 58 BImSchG geregelt. Die Aufgaben sind von der Funktion her unterschiedlich. Es handelt sich im wesentlichen um Entwicklungsaufgaben und um die Betriebskontrolle. Die vom Gesetz her mit Vorrang versehene Aufgabe ist die der *Vorsorge*. Die wichtigste Aufgabe ist dementsprechend die Entwicklung und Einführung umweltfreundlicher Verfahren und Erzeugnisse sowie die Entfaltung von Initiativen, die zur Erfüllung dieser Aufgaben beitragen. Eine weitere wichtige Aufgabe ist die Betriebsüberwachung. In diesem Bereich ist der Immissionsschutzbeauftragte berechtigt und verpflichtet, innerbetriebliche Meß- und Kontrollsysteme einzurichten und zu überwachen. Zur betrieblichen >Emissionsüberwachung< gehört in besonderen Fällen die >Immissionsüberwachung< im Einwirkungsbereich der Anlagen. Der Betreiber ist verpflichtet, den Immissionsschutzbeauftragten vor bestimmten, für den Immissionsschutz bedeutsamen Investitionsentscheidungen zu befragen. Der Betreiber ist ferner verpflichtet, dem Immissionsschutzbeauftragten die Möglichkeit zu schaffen, seine Vorschläge oder Bedenken unmittelbar der Geschäftsleitung vortragen zu können, falls eine Einigung auf unterer Ebene nicht zustande kommen konnte oder eine Entscheidung der Geschäftsleitung für erforderlich gehalten wird. Der Immissionsschutzbeauftragte darf wegen der Erfüllung seiner Aufgaben nicht benachteiligt werden. Dies kann sich im Einzelfall auch als Kündigungsschutz auswirken.

3. Umweltschutz: Aufgrund verschiedener Gesetze von bestimmten Unternehmen zu beschäftigender Mitarbeiter (ausnahmsweise auch ein Externer), dem die Aufgabe obliegt, die Einhaltung von Umweltschutzvorschriften durch das Unternehmen zu überwachen; es handelt sich um ein Instrument der sog. „Eigenüberwachung der Unternehmen". Es existiert in mehreren Varianten: Betriebsbeauftragter für Abfall, für Immissionsschutz, Störfallbeauftragter, Betriebsbeauftragter für Gewässerschutz, Beauftragter für die Biologische Sicherheit. Rechtsgrundlagen: §§ 54 ff. KrW-/AbfG,

§§ 53 ff. BImSchG, § 21 a WHG, § 6 Abs. 4 GenTG. Daneben existieren einige Verordnungen, z. B. die Verordnung über Immissionsschutz- und Störfallbeauftragte vom 30. 7. 1993, BGBl. I S. 1433.
Lit: 5. Verordnung zur Durchführung des Bundes-Immissionsschutzgesetzes (Verordnung über Immissionsschutzbeauftragte – 5. BImSchV) vom 14. 02. 1975, zuletzt geändert durch Verordnung vom 19. 05. 1988, BGBl. I, S. 608) – 6. Verordnung zur Durchführung des Bundes-Immissionsschutzgesetzes (Verordnung über die Fachkunde und Zuverlässigkeit der Immissionsschutzbeauftragten – 6. BImSchV) vom 12. 04. 1975, BGBl. I, S. 957 – Abwassertechnische Vereinigung e. V. (Hrsg.) (1985–1997) ATV-Handbuch, 4. Aufl., Band 1–7, Verlag Wilhelm Ernst und Sohn, Berlin München.

Betriebshandbuch. Alle zum Betrieb und zur Instandhaltung einer verfahrenstechnischen Anlage notwendigen Anweisungen werden in einem Betriebshandbuch erfaßt. Es enthält Hinweise zur Organisation des Betriebes sowie Anweisungen für das Verhalten des Anlagenpersonals bei Betriebsstörungen, >Störfällen< und anderen Vorkommnissen.

Betriebsplan. Grundlage für die Aufsichtstätigkeit der Bergbehörden. Er ist vom Bergbau-Unternehmer von Beginn der jeweiligen bergbaulichen Tätigkeit bei der Behörde einzureichen. Betriebsplanpflicht besteht für alle Aufsuchungs- und Gewinnungsbetriebe sowie Betriebe zur >Aufbereitung<.

Betriebssicherheit. >Sicherheit<.

Betriebsstörungen. Mit einer Betriebsstörung ist oftmals eine Minderung der Reinigungsleistung bzw. eine Überschreitung der zugelassenen Ablaufwerte verbunden. Deshalb kommt der Vorsorge gegen eine Betriebsstörung, dem richtigen Verhalten bei einer Störung sowie den Vorkehrungen, mit dem Ziel der zukünftigen Vermeidung der Wiederholung, große Bedeutung zu.
Dem Anspruch auf die jederzeitige Einhaltung der zur Gewässerbenutzung zugelassenen Überwachungswerte wird man wegen fachlicher Bedingungen und ökonomischer Aspekte allerdings nicht immer uneingeschränkt gerecht werden können. Durch die Mehrstraßigkeit von Anlagen lassen sich aber oft die Auswirkungen von Betriebsstörungen mindern.
Lit: Abwassertechnische Vereinigung e. V. (Hrsg.) (1985–1997) ATV-Handbuch, 4. Aufl., Band 1–7, Verlag Wilhelm Ernst und Sohn, Berlin München.

Betriebswasser. Gewerblichen, industriellen, landwirtschaftlichen oder ähnlichen Zwecken dienendes Wasser mit unterschiedlichen Güteeigenschaften, worin >Trinkwassereigenschaft< eingeschlossen werden kann (DIN 4046). Betriebswasser ist jedoch i. allg. der Sammelbegriff für alle Wässer, die für andere als Trinkwasserzwecke best. sind. An das Betriebswasser von Zuckerfabriken z. B. brauchen hinsichtlich der Qualität keine so hohen Anforderungen gestellt werden wie an Trinkwasser. Das Frischwasser für die Saftgewinnung sollte allerdings wenig Salze und org. Stoffe enthalten; beim Kühlwasser ist ein höherer Eisen- und Mangangehalt unerwünscht.
Lit: Abwassertechnische Vereinigung (Hrsg.) (1982–1986) Lehr- und Handbuch der Abwassertechnik, 3. Aufl., Bd. 1–7, Verlag von Wilhelm Ernst und Sohn, Berlin München.

Beurteilungsflächen. Quadratische Teilflächen eines >Beurteilungsgebietes< nach >TA Luft<. Die Seitenlänge einer Beurteilungsfläche beträgt 1 Kilometer. Falls wegen der Besonderheit des Einzelfalls die >Vor-

belastung< auch nicht näherungsweise beurteilt werden kann, soll die Beurteilungsfläche auf 500 mal 500 m verkleinert werden.

Beurteilungsgebiet. Nach >TA Luft< der für ein immissionsschutzrechtliches Genehmigungsverfahren maßgebliche Einwirkungsbereich einer Anlage, in dem die >Immissionsbelastung< ermittelt und geprüft wird, falls die von dieser Anlage ausgehenden >Emissionen< die in der TA Luft diesbezüglich aufgeführten >Massenströme< überschreiten. Der Umfang des Beurteilungsgebietes wird von der Höhe des >Schornsteins< in Verb. mit dem Ergebnis der >Ausbreitungsrechnung< bestimmt. Die Schornsteinhöhe ergibt sich aus der >Schornsteinhöhenbestimmung<. Das Beurteilungsgebiet ist die Summe der Beurteilungsflächen, die sich vollständig innerhalb eines Kreises um den Emissionsschwerpunkt mit einem Radius befinden, der dem 30 fachen der Schornsteinhöhe H' entspricht. Zum Beurteilungsgebiet gehören ferner die >Beurteilungsflächen<, auf denen die Zusatzbelastung durch den jeweiligen >Schadstoff<, für den Immissionskenngrößen zu ermitteln sind, mehr als 1 vom Hundert des >Immissionswertes< IW 1 beträgt und die vollständig innerhalb eines Kreises liegen, dessen Radius dem 50 fachen der Schornsteinhöhe H' entspricht. Bei Anlagen mit Emissionsaustrittshöhen von weniger als 30 m über der Flur ist das Beurteilungsgebiet eine quadratische Fläche mit der Seitenlänge 2 km bzw. 4 km, falls die räumliche Ausdehnung der >Emissionsquellen< größer als 0,04 km^2 ist. Bei der Beurteilung des >Staubniederschlags< ist der sich ergebende Radius bzw. die sich ergebende Seitenlänge zu halbieren.

Beurteilungsspielraum. Recht der Verwaltung, in bestimmten Fragen, z. B. naturwissenschaftlich-technischer Art, die Anwendung von Gesetzen letztverbindlich (d. h. ohne substantielle Kontrolle durch Gerichte) entscheiden zu können.

Bevölkerungsaufbau. Daten zur Bevölkerungsstruktur zeigen, daß u. a. enge Zusammenhänge zwischen Umwelt- und Sozialbedingungen sowie Gesundheitszustand der Bevölkerung bestehen. Von besonderer Bedeutung sind dabei die Bevölkerungszahl und -dichte, die Stadt-Land-Verteilung, der Altersaufbau, die Lebenserwartung, Geburten- und Sterbeziffern, aber auch z. B. die Anzahl der Ehescheidungen oder Schwangerschaftsunterbrechungen. Wichtige Trends sind z. Zt. die zunehmende Verstädterung, das Ansteigen der durchschnittlichen Lebenserwartung und damit verbunden die sog. Überalterung und die sinkenden Geburtenzahlen (Sterbeüberschuß).
Lit: Steuer W (1982) Sozialhygiene, Thieme, Stuttgart New York.

Bewegungsgleichungen. >Hydrodynamische Bewegungsgleichungen<.

Beweislast. Pflicht desjenigen, für den das Vorliegen einer Tatsache im Prozeß günstig ist, das Vorliegen der relevanten Tatsache mit Hilfe bestimmter Beweismittel (z. B. Urkunden, Zeugenaussagen) zu beweisen; bei Nichtbeweisbarkeit der bedeutsamen Tatsache droht i. d. R. der Verlust des Prozesses.

Beweislastumkehr. Instrument eines Geschädigten, die Voraussetzungen für den Haftungsanspruch darzulegen; nicht der Geschädigte hat die >Beweislast< für das Vorliegen einer ihm günstigen Tatsache, sondern der in Anspruch Genommene muß beweisen, daß er ein bestimmtes schädigendes Ereignis nicht verursacht hat. Ein Instrument der Haftungserleichterung ist die Ursachenvermutung, die z.B. § 6 des Umwelthaftungsgesetzes enthält; nach dieser Vorschrift ist dann, wenn eine Anlage nach den Gegebenheiten des Einzelfalles geeignet ist, einen entstandenen Schaden zu verursachen, zu vermuten, daß der Schaden durch diese Anlage verursacht worden ist.

Bewertung (Chemikalien). Gemäß >ChemG< sind >neue Stoffe< (vor ihrem erstmaligen >Inverkehrbringen<) prüf- und meldepflichtig. Die Unterlagen der >Anmeldung< bzw. >Mitteilung< sind bei der BAU in Dortmund einzureichen. Die >Anmeldestelle< überprüft sie auf offensichtliche Unvollständigkeit und Fehlerhaftigkeit und versendet sie an die >Bewertungsstellen< (BAU, BGA, UBA), u.U. unter Beteiligung von BAM und BBA. Dies ist in der AVwV vom 18.12.1981 geregelt (s.u.: Lit.). Die Aufgaben der Bewertungsstellen und die Durchführung der B. gehen aus Teil 3 hervor, in dem auch die Zuständigkeiten geregelt sind.

Die drei Bewertungsstellen nehmen ihre Aufgaben im Hinblick auf folgende Schutzziele gemäß ChemG wahr: Arbeits-, Gesundheits- und Umweltschutz. Die B. umfaßt in erster Linie folgende Elemente: 1. Überprüfung der Meldepapiere hinsichtlich Plausibilität und Validität; 2.B. der vom Meldepflichtigen vorgenommenen >Einstufung<, >Verpackung< und >Kennzeichnung< gefährlicher Neustoffe (im Hinblick auf die bestimmungsgemäße >Verwendung<) auf Basis der Grundprüfung. Mögliche Konsequenzen sind u.a. Zurückweisungen oder Nachforderungen von Prüfnachweisen nach § 8, Zusatzprüfungen nach § 9 sowie Empfehlungen für >Beschränkung<smaßnahmen nach § 17 ChemG. Für gefährliche Neustoffe kann durch Anordnung der Anmeldestelle das Inverkehrbringen von neuen Stoffen mit Auflagen und Bedingungen verknüpft werden (§ 11).

Eine umfassende B. der Gefährlichkeit neuer Stoffe kann in der Regel erst nach Ablauf der 45-Tage-Frist vorgenommen werden, d.h. nur auf Basis von Folgeprüfungen. Sie sollen die Grundlage für evtl. Regelungen schaffen, z.B. Anordnungen der zuständigen Landesbehörden gemäß § 23 Abs.2 ChemG.

Lit: Allgemeine Verwaltungsvorschrift zur Durchführung der Bewertung gemäß § 12 Abs.2 Chemikaliengesetz, vom 18.12. 1981 – Grundzüge der Bewertung von neuen Stoffen nach dem Chemikaliengesetz (1. Fortschreibung 1990) Umweltbundesamt: Texte 28/90 – Roll, R (1984) Prüfung und Bewertung von chemischen Stoffen im Hinblick auf den Gesundheitsschutz im Rahmen des Chemikaliengesetzes, Bundesgesundheitsblatt 27, S.329.

Bewertung der natürlichen Radioaktivität. Die natürliche Radioaktivität< besteht im wesentlichen aus den langlebigen >Uran<- und >Thorium<isotopen in der Erdkruste und deren Folgeprodukten, welche aufgrund ihrer >Gammastrahlen<komponente zur >Strahlenexposition< führen. Beim >Zerfall< entsteht >Radon<. Als >Edelgas< gelangt es in die >Atmosphäre< und damit in die Atemluft. Daneben kommt in allen kaliumhaltigen Substanzen noch das langlebige natürliche radioaktive >Isotop< >Kalium-40< vor. Während in früheren Jahren die >natürliche Strahlenbelastung< nur im Hinblick auf die „genetische signifikante Dosis" zur Beurteilung des >Strahlenrisikos< für die Nachkommen (genetisches Risiko) betrachtet wurde, geht man heute mehr und mehr zum neuen Bewertungskonzept der >effektiven Dosis< über. Hierbei berücksichtigt man neben dem >genetischen< auch das >somatische Strahlenrisiko<. Unter dem Gesichtspunkt der effektiven Dosis erfährt die vom Radon in der Lunge hervorgerufene Dosis eine sehr viel stärkere Berücksichtigung als früher.

Bewertungsstellen (ChemG). Nach der >Anmeldung< >neuer Stoffe< hat eine Überprüfung der – bei der BAU eingereichten – Unterlagen und eine >Bewertung< der angemeldeten >Stoffe< zu erfolgen. Dafür zuständig sind drei versch. B. bei folgenden Behörden: >BAU<, >BGA< und >UBA<. Das gleiche gilt für Stoffinformationen, die im Zusammenhang mit >Mitteilungen< stehen.

Bei der BAU gibt es also zwei versch. offizielle „Stellen" gemäß >ChemG<: außer der >Anmeldestelle< auch eine B. für den Arbeitsschutz. Die B. beim BGA befaßt sich mit dem (allg.) Gesundheitsschutz für neue Stoffe und die UBA-B. mit Aspekten des Umweltschutzes. Mit Ausnahme der BAU (Dortmund) haben sie ihren Sitz in Berlin. Dort befindet sich auch eine Bundesanstalt, die bei der Bewertung hinzugezogen werden kann (BAM). Auch die in Braunschweig ansässige *BBA* kann beteiligt werden (s. Abb.).

Das geht aus der „Allgemeinen Verwaltungsvorschrift zur Durchführung der Bewertung gemäß § 12 Abs.2 ChemG" hervor, die Ende 1981 erlassen und veröffentlicht worden ist (BAz. Nr.240). Darin sind die Durchführung der Bewertung, das Zusammenwirken der Anmeldestelle mit den B. und die Beteiligung von BBA und BAM sowie die Aufgaben der Anmelde- und Bewertungsstellen geregelt (s.a. Abb.; Anmeldung, Anmeldestelle, Bewertung).

Wagner B (1988) Gesetze und Verordnungen für chemische Stoffe In: Birgersen B et al.: Chemie und Gesundheit. VCH Verlagsgesellschaft, Weinheim – Pohle H (1991) Chemische Industrie. Umweltschutz, Arbeitsschutz. Anlagensicherheit. VCH Verlagsgesellschaft, Weinheim

Bewertungsverfahren. Mit der ökonomischen Bewertung wird versucht, das Ausmaß von Umweltschäden (oder Umweltverbesserungen) in Geldeinheiten zu erfassen (Monetarisierung) und damit die Voraussetzungen für eine >Internalisierung externer Effekte< zu schaffen. Außerdem dient die ökonomische Bewertung der umweltpolitischen Zielfindung. Sie ermöglicht nämlich die Gegenüberstellung von Nutzen und Kosten umweltrelevanter Maßnahmen in ein und derselben Dimension (>Kosten-Nutzen-Analyse<, >Kostenwirksamkeitsanalyse>. Schließlich kann die Bewertung zur Integration von Umwelteffekten in die Volkswirtschaftliche Gesamtrechnung beitragen. Sie dient dabei dem Ziel, die VGR zu einer Nettowohlfahrtsrechnung auszubauen. Die Ermittlung des monetären Werts von Umweltschäden wird bisher im wesentlichen mit folgenden Verfahren vorgenommen: 1. Ermittlung der >Zahlungsbereitschaft<, 2. Ermittlung der ökonomischen Folgen der Umweltschäden, 3. Ermittlung der Kosten des Vermeidens der Umweltschäden. Bei der Ermittlung der Zahlungsbereitschaft werden die von Umweltschäden tatsächlich oder möglicherweise betroffenen Haushalte befragt, welchen Geldbetrag sie für die Verbesserung der Umweltqualität bzw. für die Verhinderung einer Verschlechterung der Umweltqualität zahlen würden. Ein solches Verfahren hat offensichtlich eine Reihe von Schwachpunkten: Es ist nicht sicher, daß die Befragten ihren Nutzen von besserer Umwelt (bzw. ihren Schaden durch Umweltverschlechterung) tatsächlich kennen. Es ist ferner offen, ob sie

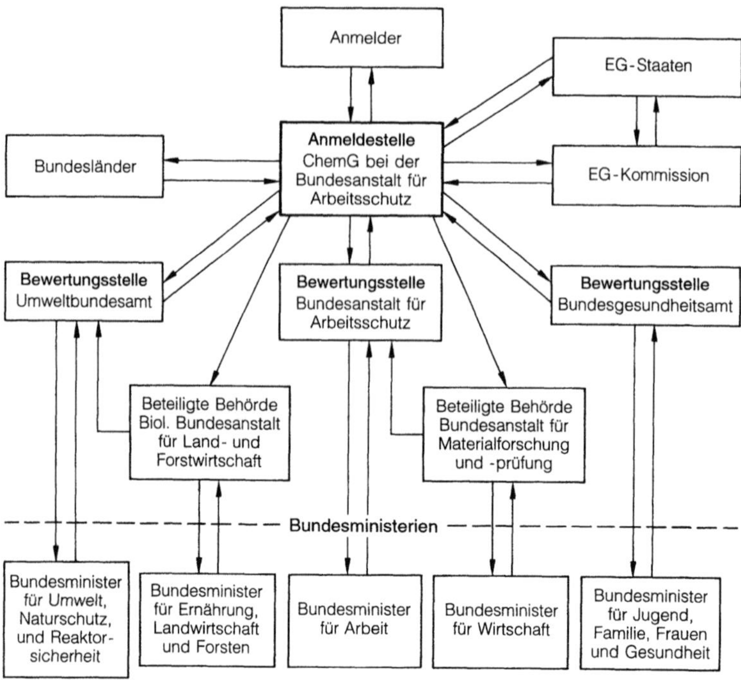

Bewertungsstellen (ChemG): Meldeverfahren nach dem Chemikaliengesetz (aus: Wagner 1988)

ihn, falls sie ihn kennen, tatsächlich wahrheitsgemäß offenbaren, weil sie alle Aussicht haben, von einer Umweltverbesserung auch dann zu profitieren, wenn sie nicht dafür zahlen (>Freifahrerproblem<, Öffentliches Gut). Zudem kann ein solches Verfahren immer nur die Präferenzen der gegenwärtigen Generation erfassen, obwohl ein wesentlicher Teil heutiger Umwelt-Inanspruchnahme sich auch oder sogar erst in den nächsten Generationen auswirken wird. Empirische Untersuchungen haben ergeben, daß die geäußerte Zahlungsbereitschaft wesentlich vom Informationsstand des Befragten über Umweltprobleme und von seinem Einkommen abhängt.

Die Ermittlung der ökonomischen Folgen von Umweltschäden kann bei den unmittelbar erkennbaren Schadenskosten (z.B. dem Wert des ausfallenden Nutzholzes oder den Gebäudeschäden infolge der Luftverschmutzung) ansetzen, darf dabei aber nicht stehenbleiben. Vielmehr bedarf es einer Verfolgung der Wirkungen im Wirtschaftskreislauf. Die Schwierigkeiten dieses Ansatzes liegen u.a. in der enormen Komplexität der Wirkungsgefüge, so daß jedem „Abbruch" der Wirkungsketten immer etwas Willkürliches anhaftet.

Für die Ermittlung von Vermeidenskosten kommen die vom „Council of Environmental Quality" vorgeschlagenen Kategorien der Kosten der Verminderung der Umweltschäden, der Kosten des Ausweichens vor Umweltschäden sowie der Transaktionskosten der Planung und Überwachung in Betracht. Versuche zu einer Messung der Vermeidenskosten haben in Deutschland eine längere Tradition: Bereits seit 1975 werden z.B.

in der BRD die Umweltschutzinvestitionen der Unternehmen erhoben. Diese stellen jedoch nur einen Teil der Vermeidenskosten dar, denn es werden bisher weder die laufenden Betriebsaufwendungen für Umweltschutzzwecke noch die Umweltschutzaufwendungen der privaten Haushalte erhoben. Insgesamt scheinen mit den bisher angewandten Methoden der Bewertung lediglich die Trends und Größenordnungen der monetären Konsequenzen der Umweltbelastung einigermaßen zutreffend erfaßt zu werden. Es ist jedoch zu erwarten, daß sich diese Situation durch die in den letzten Jahren verstärkten Forschungsanstrengungen in absehbarer Zeit verbessern wird (s. a. >Bottom up-Ansatz<, >Top down-Ansatz<, >Hedonischer Preisansatz<, >Kontingenter Bewertungsansatz<, >Reisekostenansatz<).

Lit: Cansier D (1996) Umweltökonomie, 2.Aufl., Lucius & Lucius, Stuttgart – Wicke L (1986) Die ökologischen Milliarden, Kösel, München – Schulz W, Wicke L (1987) Zschr Umweltpolitik Umweltrecht 2: 109–155 – Schulz W (1989) Zschr Umweltpolitik Umweltrecht 1: 55–72 – Leipert C (1989) Die heimlichen Kosten des Fortschritts, Fischer, Frankfurt/M.

Bewertung von Umweltchemikalien. Meer: Die Konzentrationen von Umweltchemikalien im offenen Meer liegen etwa 4 oder mehr Größenordnungen unterhalb den experimentell bestimmten akut toxischen Konzentrationen. Zur Abschätzung der Situation für einige Stoffe s. Abb.; aus der Gegenüberstellung aktueller und toxischer Konzentrationen von Schadstoffen ergeben sich aus der Differenz beider Werte „Sicherheitsfaktoren", die jedoch in >Ästuarien< und Küstengewässern aufgrund der dort höheren stofflichen Bela-

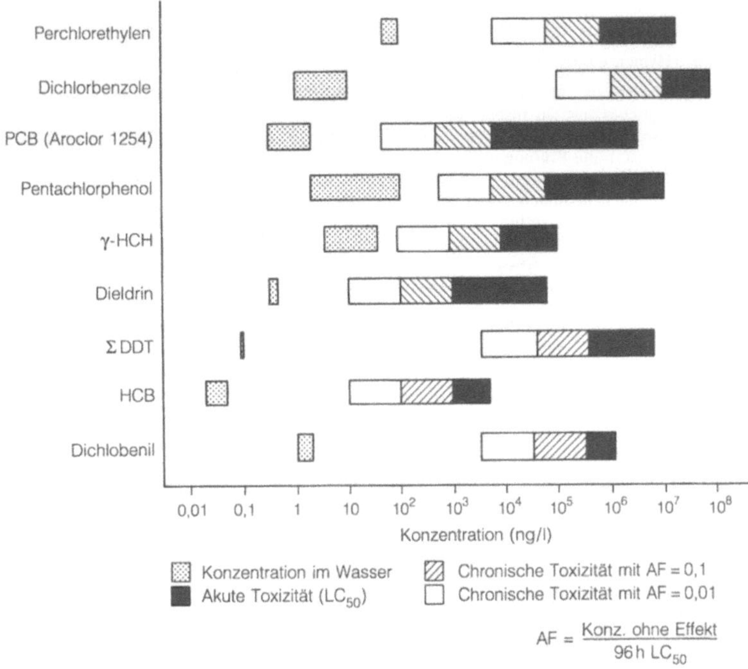

$$AF = \frac{Konz.\ ohne\ Effekt}{96\,h\ LC_{50}}$$

Bewertung von Umweltchemikalien: Vergleich aktueller und toxischer Konzentrationen von organischen Halogenverbindungen im marinen Bereich (aus: Ernst 1984)

stung kleiner sind. Weitere Gründe für eine Verringerung solcher „Sicherheitsfaktoren" können sein: Streßfaktoren wie niedriger Sauerstoffgehalt, gleichzeitiges Vorhandensein vieler Stoffe, Einschleusung von Stoffen in Organismen durch kontaminierte Sedimente. Im Hochseebereich sind die Sicherheitsbereiche groß genug, um toxische Wirkungen auszuschließen; in den Ästuarien sind Sicherheitsfaktoren im Bereich von 10 wegen unbekannter Faktoren als zu niedrig anzusehen.
Lit: Ernst W (1984) Pesticides and technical organic compounds in the sea. In: Kinne O (Hrsg.) Marine Ecology – Ocean Management, Bd.V, J.Wiley & Sons, Chichester, New York, S.1.627–1.709.

Bewilligung. Instrument des >Wasserrechts< zur Einräumung des Rechts, ein Gewässer in einer bestimmten Weise zu benutzen; verleiht besonders gesicherte Rechtstellung; wird erteilt z.B. für den Bau von Talsperren regelmäßig dann, wenn das Investitionsvolumen groß ist. Rechtsgrundlage: § 8 >Wasserhaushaltsgesetz<.

Bezugsgrößen. Zur Auswertung und Beurteilung von Meßdaten benötigte Parameter. Zur Auswertung und Beurteilung von >Emissionsmeßdaten< sind die Parameter Temperatur, Druck, >Feuchte<gehalt sowie bei Verbrennungsprozessen zusätzlich Sauerstoffgehalt bzw. Kohlendioxidgehalt heranzuziehen. Durch einen Bezug auf einheitliche Bezugsgrößen ist erst der unmittelbare Vergleich einzelner Meßergebnisse miteinander bzw. mit vorgegebenen >Grenzwerten< durchführbar. Die >TA Luft< bezieht die Masse der pro Kubikmeter >Abgas< emittierten >Schadstoffe< auf Ab-

gas im Normzustand (0°C; 1.013 hPa) nach oder vor Abzug des Feuchtgehaltes an Wasserdampf sowie bei Verbrennungsprozessen zusätzlich auf best. Sauerstoffgehalte im Abgas, die den üblichen Betriebsbedingungen für den jeweiligen Prozess entsprechen. Wird einem Prozess zu viel Luft zugeführt und damit das Abgas verdünnt, ist die >Schadstoffkonzentration< im Abgas auf den vorgegebenen Sauerstoffgehalt umzurechnen. Somit wird „Falschluft" rechnerisch eliminiert, wodurch sich eine höhere Schadstoffkonz. im Abgas ergibt.

BGA. >Bundesgesundheitsamt<.

Bhopal. Standort einer Pestizidproduktionsanlage von Union Carbide in Zentralindien, in dem es im Dezember 1984 zu einem folgenschweren Unfall kam, bei dem ca. 30 Tonnen >Methylisocyanat (MIC)< entwichen. Dabei starben ca. 3.000 Menschen, ca. 20.000 erblindeten und ca. 200.000 trugen Verletzungen durch Hirnschäden, Lähmungen, Herz-, Nieren- und Leberleiden davon. MIC wird als Ausgangsprodukt für Sevin, einem Insektizid aus der Gruppe der >Carbamate<, verwendet. Wegen der großen Reaktivität von MIC ist anzunehmen, daß es mit Verunreinigungen reagiert haben muß, in deren Folge Temp. und Druck kontinuierlich anstiegen und es schließlich zum Bersten der Sicherheitsventile kam.

Biblis. Kernkraftwerk Biblis/Rhein, >Druckwasserreaktor< mit einer elektrischen Bruttoleistung von 1.204 MW, nukleare Inbetriebnahme am 16.04. 1974 (Block A), und Druckwasserreaktor mit einer elektrischen Bruttoleistung von 1.300 MW, nukleare Inbetriebnahme am 25.03. 1976 (Block B).

Bienen. >Hymenoptera<.

Bienengefährlichkeit. Kriterium für die Einstufung von Pflanzenschutzmitteln insbesondere im Hinblick auf die Auswirkungen auf die Westliche Honigbiene (*Apis mellifera* L.); die Prüfung ist auf die Verhältnisse bei der praktischen Anwendung der Mittel ausgerichtet. Die Prüfungen beginnen in der Regel mit Labor- oder Flugzeitprüfungen; sollten diese keine abschließende Bewertung zulassen, so erfolgt die Einstufung des Mittels aufgrund der Auswirkungen im Freilandversuch. Als „bienengefährlich" werden solche Mittel eingestuft, die die Völker der Honigbiene nachhaltig schädigen; Beurteilungskriterien sind Kontakt der Flugbienen mit dem Mittel oder dessen Rückstände und Eintrag belasteter Nahrung. Die Anwendung bienengefährlicher Pflanzenschutzmittel ist in der >Bienenschutzverordnung< geregelt. Ob Pflanzenschutzmittel bienengefährlich sind, ist der Kennzeichnung zu entnehmen; welche Mittel als bienengefährlich eingestuft sind, enthält das >Pflanzenschutzmittelverzeichnis<.

Bienenschutzverordnung. Auf das Pflanzenschutzgesetz gestützte Verordnung (1992); amtliche Bezeichnung: „Verordnung über die Anwendung bienengefährlicher Pflanzenschutzmittel (Bienenschutzverordnung)". Die Verordnung hat die aus 1950 und 1972 stammenden Verordnungen über bienenschädliche Pflanzenschutzmittel abgelöst; sie dient der grundsätzlichen Sicherheit und Bewahrung der pflanzlichen Erzeugung (ordnungsgemäße Befruchtung von Blütenpflanzen) sowie dem Schutz der Flugbienen, Stockbienen und Bienenbrut vor Nebenwirkungen des Pflanzenschutzes. Regelungsinhalt sind insbesondere die Anwendung, Handhabung und Aufbewahrung von bienengefährlichen Pflanzenschutzmitteln.

Bienenwachs. Lipidwachs aus den Wachsdrüsen der Honigbienen. Hauptkomponenten sind Palmitinsäuremyricylester, Kerotinsäure und höhere Kohlenwasserstoffe (C_{25} bis C_{31}). Bienenwachs dient in der Lebensmittelindustrie als Überzug für Citrusfrüchte und verschiedene Käsesorten.

Bifenox. Wirkt als >Herbizid< und zählt zur Substanzklasse der Dichlorphenoxybenzoesäure-Derivate.
Chemische Bezeichnung: Methyl-5-(2,4-dichlorphenoxy)-2-nitrobenzoat
CAS-Nummer: 42576–02–3
Hersteller: Rhône-Poulenc
Wirkungstyp: Blatt- und Wurzelherbizid. Hemmstoff der Photosynth.
Bevorzugte Anwendung: Herbizide Kontrolle von einjährigen breitblättrigen Unkräutern und versch. Gräsern im Vorauflauf in Sojabohnen, Mais, Winterweizen und Sorghum, im Nachauflauf in Wintergetreide und Reis.

Chemische und physikalische Eigenschaften:
Physikalische Beschaffenheit: Gelbe Kristalle mit einem schwach aromatischen Geruch.

Schmelzpunkt: 84 bis 89 °C.
Dampfdruck: $320 \cdot 10^{-}$ hPa bei 25 °C.
Stabilität: Stabil in schwach saurem und schwach alkal. Medium. Rel. stabil gegen UV-Licht.
Korrosives Verhalten: Schwach korrosiv zu Aluminium.
Löslichkeit: In Wasser 35 mg/L bei 25 °C.
Verteilungskoeffizient (log $P_{o/w}$): 2,48 bei 20 °C.
Abbau und Metabolismus: Der Abbau im Boden erfolgt chem. und mikrobiol., die beiden Hauptmetaboliten sind 5-(2',4'-Dichlorphenoxy)-2-nitrobenzoesäure und Methyl-5-(2,4-dichlorphenoxy)-anthranilat. Die Halbwertszeit beträgt 5 bis 7 Tage. Bei Sojabohnen werden geringe Spuren Bifenox an den Wurzeln festgehalten. Die herbizide Aktivität im Feld beträgt 7 bis 8 Wochen. Radiologische Untersuchungen an behandelten Pflanzen zeigen, daß >99 % der Radioaktivität sich im Wurzelbereich wiederfinden.
Toxizität: Technisches Produkt: Akute orale LD_{50} für Ratten >6.400 mg/kg, Mäuse 4.556 mg/kg. Akute dermale LD_{50} für Kaninchen >20.000 mg/kg. Inhalation für Ratte LC_{50} >200 mg/L. Keine Haut- und Augenreizung. Verfütterung von 500 mg/kg an Hunde und Ratten für 90 Tage und 600 mg/kg an Hunde für 2 Jahre ergab keine gesundheitlichen Schäden.
Fischtoxizität: LC_{50} für Forelle 0,87 mg/L und Sonnenbarsch 0,64 mg/L (4 Tage).
Vogeltoxizität: LD_{50} für Hühner und Fasane >5.000 mg/kg (8 Tage).

Bikini. Atoll der Marshall-Inseln, Zentralpazifik. S. a. >Kernwaffentestgebiet<.

Bilanzgleichung, lokale. (Engl. local balance) Gl. für eine auf einen Punkt im Raum bzw. auf ein >infinitesimal< kleines Raumelement od. >Kompartiment< bezogene Bilanz, im Gegensatz zu einer großräumigen od. Gebiets-Bilanz; gründet auf Vorstellungen der Kontinuums-Theorie, die die makroskopischen Zustandsvariablen als Felder beschreibt. Insofern auch mit dem Begriff des >lokalen Gleichgewichtes< verwandt, der aus der Thermodynamik der irreversiblen Prozesse stammenden Bezeichnung für ein hypothetisches Gleichgewicht in einem infinitesimal kleinen System, in dem trotz ablaufender irreversibler Transportprozesse makroskopische Begriffe wie >Entropie< und >Entropieproduktion< ihren Sinn behalten. Eine lokale Bilanzgl. ist z. B. die sog. >Kontinuitätsgl.< der Hydrodynamik.

Bilanzierung. Wichtige Methode der >Kernmaterialüberwachung< einer >kerntechnischen Anlage<. Ziel der Bilanzierung (Buchführung) ist die quant. Best. des Kernmaterials zur Aufdeckung von Fehlbeständen (unerlaubten Abzweigungen). Eine Bilanzierung bezieht sich auf einen definierten, begrenzten, umschlossenen Raum, dessen Inhalt sich aus der Differenz aller fortlaufend gemessenen Kernmaterialzu- und -abgänge ergibt. Am Ende eines Bilanzierungszeitraumes wird durch unabhängige direkte Messung das Anlageninventar ermittelt. >MUF<.

Bilge. Tiefstgelegener Raum eines Schiffes zwischen Kiel und unterstem Boden, in dem sich Leck- und Schwitzwasser sowie ausgetretene Schmier- und Treibstoffreste sammeln. Das am 02.10.1983 in Kraft getretene Internationale Übereinkommen von 1973/78 zur Verhütung der >Meeresverschmutzung< durch Schiffe (MARPOL) enthält Vorschriften über den maximalen Ölgehalt in die See abgepumpten Bilgenwassers. Danach dürfen Tanker und Nichttankschiffe mit einem Bruttoraumgehalt von 400 und mehr Registertonnen Maschinenraumbilgen einleiten, wenn folgende Voraussetzungen erfüllt sind: 1) das Schiff befindet sich nicht in einem Sondergebiet, 2) das Schiff ist mehr als 12 Seemeilen vom nächstgelegenen Land entfernt, 3) das Schiff fährt auf seinem Kurs, 4) der Ölgehalt des Ausflusses beträgt weniger als 100 mg pro kg (ppm), 5) das Schiff hat ein Überwachungs- und Kontrollsystem für das Einleiten von Öl, eine Öl-Wasser-Separatoranlage, ein Ölfiltersystem oder entsprechende Anlagen in Betrieb. Für Nichttankschiffe von weniger als 400 BRT gibt es zusätzliche nationale Vorschriften. In Sondergebieten ist das Einleiten von ölhaltigem Bilgenwasser durch Nichttankschiffe von weniger als 400 BRT erlaubt, falls der Ölgehalt des Ausflusses ohne Verdünnung weniger als 15 mg pro kg (ppm) beträgt oder folgende Voraussetzungen erfüllt sind: 1) das Schiff fährt auf seinem Kurs, 2) der Ölgehalt des Ausflusses beträgt weniger als 100 ppm, 3) das Einleiten erfolgt so weit wie möglich vom Land entfernt, keinesfalls jedoch weniger als 12 Seemeilen. Sondergebiete im Sinne von MARPOL sind die Ostsee, das Mittelmeer, das Schwarze Meer, das Rote Meer und das Gebiet der Arabischen Golfe in bestimmten, festgelegten Grenzen.

Lit: Internationales Übereinkommen von 1973 zur Verhütung der Meeresverschmutzung durch Schiffe in der Fassung des Protokolls von 1978 (MARPOL 73/78).

Bilharziose. >Parasitenkrankheit< des Menschen in Gebieten zwischen dem 40° n.Br. und 30° s.Br., die durch Saugwürmer (Trematoden) der Gattung Schistosoma hervorgerufen wird (Schistosomiasis). Ihre Entwicklung ist an Gewässer und Wasserschnecken als Zwischenwirte gebunden (>water borne diseases<). Die Eier des Wurmes gelangen mit Stuhl oder Urin des Befallenen ins Wasser, es schlüpfen die Mirazidien, die sich in einer Schnecke zu Cercarien entwickeln und dabei vermehren. Die Cercarien sind Furcocercarien mit gegabeltem Schwanz, was für die Diagnose wichtig ist. Sie verlassen die Schnecke, dringen unter Wasser durch die Haut des Menschen in ihren Endwirt ein und leben dann als gechlechtsreife Tiere in Blutgefäßen, das Weibchen in der Bauchrinne des Männchens. Es sind besonders drei Arten der Bilharziose von med. Bedeutung: Darm- und Leberbilharziose durch *Sch. mansoni*, endemisch in Afrika, nach Südamerika verschleppt; Afrikanische Blasenbilharziose durch *Sch. haematobium*, endemisch in Afrika und im Vorderen Orient; Asiatische Blasenbilharziose durch *Sch. japonicum* in Japan, Ostchina, Taiwan, Philippinen, Thailand. Die Sanierung der Befallsgbiete erfolgt durch Bekämpfung der Schnecken mit Molluscziden und/oder biol., der Miracidien und Cercarien durch Chemostimulantien sowie medikamentöse Behandlung der Befallenen und durch Verbesserung der hygienischen Verhältnisse.

Bindungsenergie. Die erforderliche Energie, um aneinander gebundene Teilchen (unendlich weit) zu trennen. Im Falle eines >Atomkerns< sind diese Teilchen >Protonen< und >Neutronen<, die infolge der Kernbindungsenergie zusammengehalten werden. Neutronen- und Protonenbindungsenergien sind die Energien, die erforderlich sind, um ein Neutron bzw. ein Proton aus einem Kern zu entfernen. Elektronenbindungsenergie ist die Energie, die benötigt wird, um ein Elektron vollständig aus einem Atom oder einem

Molekül zu entfernen. Die Bindungsenergie der Nukleonen in einem Atomkern beträgt für die meisten Atomkerne rund 8 MeV je Nukleon. Bei den schwersten Atomkernen, wie z.B. Uran, ist die Bindungsenergie je >Nukleon< deutlich kleiner als bei Atomkernen mit mittleren Massenzahlen. Bei der Spaltung eines Uranatomkerns in zwei Atomkerne mit mittlerer Massenzahl wird daher die Bindungsenergie insgesamt größer, was zur Folge hat, daß Energie nach außen abgegeben wird (>Kernspaltung<). Bei den leichten Atomkernen ist die Bindungsenergie der Atomkerne der Wasserstoffisotope Deuterium und Tritium deutlich geringer als die des Heliumkerns He-4. Die Verschmelzung von Deuterium und Tritium zu Helium ist daher ebenfalls mit einer Energiefreisetzung verbunden (>Fusion<).

Binnenfischerei. Fischereiliche Nutzung der Binnengewässer, global eine Süßwasserfläche von 5 Mio. km². Zur Binnenfischerei gehören 1. die fischereiliche Nutzung und Bewirtschaftung der natürlichen >Seen< und >Fließgewässer<, auch Talsperren und >Stauseen< im Binnenland; 2. die Sportfischerei und 3. die >Teichwirtschaft< als Intensivnutzung künstlicher Gewässer. Die Binnenfischerei liefert etwa 15% des Weltfischertrages; davon entfallen etwa 50% auf Teichwirtschaften und Fischvermehrungsbetriebe. Die beiden letzteren gewinnen immer mehr an Bedeutung, während die Befischung natürlicher Gewässer rückläufig ist. Die Teichwirtschaften produzieren in erster Linie marktfähige Karpfen und Regenbogenforellen, aber auch Schleien, Zander, Aale, Hechte und Bachforellen. Die Fischvermehrungsbetriebe (Fischbrutanstalten) produzieren Jungfische für den Besatz, besonders Hechte, >Coregonen< und Forellen. Zur Binnenfischerei gehören auch Fang und Besatz mit >Flußkrebsen<.

Binomialverteilung. In der Statistik verwendete Funktion *Bi(n,p)* für diskrete Verteilungen, die auf der Entwicklung des Binoms p + (1–p) beruht; die normierten diskreten Häufigkeiten in den n-Klassen dafür, daß sich in n unabhängigen Wiederholungen, Versuchen, Fällen das fragliche Ereignis x-mal zeigt, entspr. den Gliedern der binomischen Entwicklung. Diese Glieder sind in Produkte aus den sog. Binomialkoeffizienten und dem Binom-Produkt $p^x \cdot (1–p)^{n–x}$. Für symmetrische Binomialverteilungen mit p = 0,5 sind die Binomprodukte konst., so daß die Klassenhäufigkeiten den Binomialkoeffizienten entspr., die sich mit Hilfe des sog. Pascalschen Dreiecks angeben lassen. Beispiele für symmetrische und für asymmetrische Binomialverteilungen (s. Abb. S.182).

Bioabfall. Die Erfassung von Bioabfällen in getrennten Sammelgefäßen sowie von Grünabfällen hat in den letzten Jahren eine deutliche Aufwärtsentwicklung erfahren. Waren es 1990 noch weniger als 1 Mio. t, so soll nach Schätzungen die Menge im Jahr 2000 bei 8–10 Mio. t/a liegen. Nach biol. Behandlung (z.B. Kompostierung oder Vergärung mit anschließender Feststoffabtrennung) entspricht dies dann einem Kompostaufkommen von voraussichtlich 4–4,5 Mio. t, das in den Bereichen Hobby- und Erwerbsgartenbau, Landschaftsbau und Landwirtschaft sowie zur Rekultivierung abgesetzt wird.

Eine Abgabe von Bioabfällen, Komposten oder Gärrückständen ist nur vertretbar, wenn sie strengen seuchen- und phytohygienischen Anforderungen entsprechen. Die rechtlichen Details sind in der >Bioabfall-

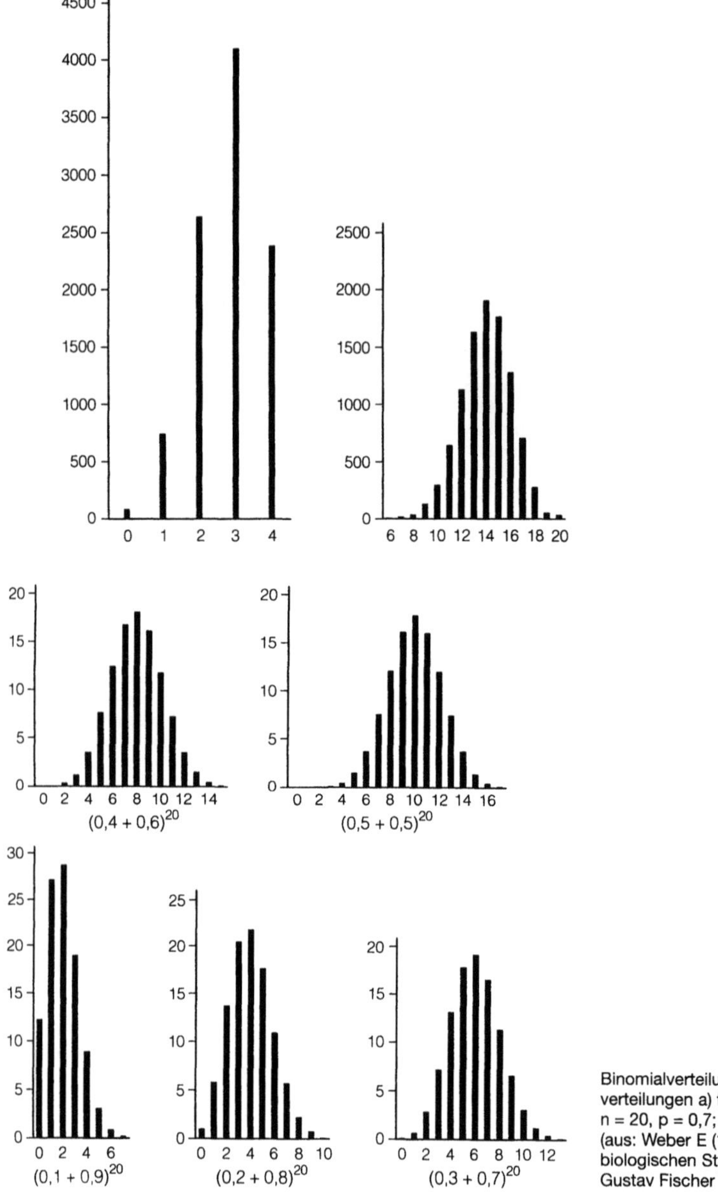

Binomialverteilung: Binomialverteilungen a) für n = 4, p = 0,7 und n = 20, p = 0,7; b) für verschiedene p (aus: Weber E (1967) Grundriß der biologischen Statistik, 6. Aufl., VEB Gustav Fischer Verlag, Jena)

verordnung< (BioAbfV) festgelegt, die am 1.10. 1998 in Kraft getreten ist.

Im § 2 Satz 1 Nr. 1 der BioAbfV werden Bioabfälle wie folgt definiert: Abfälle tierischer oder pflanzlicher Herkunft zur Verwertung, die durch Mikroorganismen, bodenbürtige Lebewesen oder Enzyme abgebaut werden können; hierzu gehören insbesondere die im Anhang 1 Nr. 1 genannten Abfälle. In einer vom Bundesrat beschlossenen Änderung, der aber das Kabinett noch nicht zugestimmt hat, sollen im § 2 Satz 1 Nr. 1 nach den Wörtern „... oder pflanzlicher Herkunft zur Verwertung" die Wörter „sowie sonstige biol. abbaubare Abfälle zur Verwertung gemäß Anhang 1 Nr. 1" eingefügt werden. Die Änderung hat zur Wirkung, daß auch biol. abbaubare Kunststoffe aus überwiegend bzw. rein fossilen Rohstoffen unter den Bioabfallbegriff fallen.

Bioabfallverordnung. Die Verordnung über die Verwertung von Bioabfällen auf landwirtschaftlich, forstwirtschaftlich und gärtnerisch genutzten Böden (Bioabfallverordnung – Bio AbfV) vom 21. September 1998 (BGBl. 1998 Teil I Nr. 65 pp. 2955–2981) regelt die Anforderungen an Behandlungsverfahren und Endprodukte für Bioabfälle unter den Aspekten des Umwelt-, Pflanzen- und Gesundheitsschutzes. Folgende Schwermetallgehalte in mg je kg Trockenmasse (TM) sind bei Ausbringung von nicht mehr als 20 Mg (TM) bzw. 30 Mg (TM) je Hektar in drei Jahren einzuhalten (s. Tabelle).

Neben der Fixierung von Ausbringungsverboten und Beschränkungen sowie von Nachweispflichten sind auch Verpflichtungen für Bodenuntersuchungen in Verbindung mit Grenzwerten, die Ausbringungsverbote nach sich ziehen, falls sie überschritten werden, festgeschrieben. Diese sind wie folgt bezogen auf TM (s. Tabelle).

Ferner sind Anforderungen an die Seuchen- und Phytohygiene der behandelten Bioabfälle festgeschrieben. Nur Produkte aus validierten Anlagen dürfen als Sekundärrohstoffdünger in Verkehr gebracht werden. Die Validierung erfolgt in zwei Inbetriebnahmeprüfungen (direkte Prozeßprüfung). Diese wird durch die ständige Erfassung und Dokumentation von Meßwerten, die den ordnungsgemäßen Ablauf des Prozesses belegen (indirekte Prozeßprüfung) und durch die regelmäßige Kontrolle des Endprodukts ergänzt. Die Tabelle S. 184 faßt diese Anforderungen zusammen.

Lit: Biologische Abfallbehandlung – Erste Erfahrungen mit der Bioabfallverordnung in Deutschland. 7. Hohenheimer Seminar. Verlag d. Deutschen Veterinärmedizinischen Gesellschaft e. V., Giessen.

Bioaerosole. „Als Bioaerosole werden luftgetragene Partikel mit wesentlichen Anteilen von Stoffen menschlicher, tierischer, pflanzlicher und mikrobieller Herkunft bezeichnet". Diese Definition setzt voraus, daß Viren als Mikroorganismen betrachtet werden und enthält den Begriff „wesentlich", der seinerseits genauer beschrieben werden muß. Auch mineralische Aerosole wie z. B. Asbestfasern können Stoffe mikrobieller oder anderer organischer Herkunft tragen, ohne daß von einem Bioaerosol gesprochen werden kann, weil die Zielsetzung einer solchen Messung im Hinblick auf die Wirkung im Organismus eine andere ist. Was ein wesentlicher Anteil ist, läßt sich also weder qualitativ noch quantitativ begrenzen, sondern die Herkunft des Aerosols einerseits und die Wirkung im

Bioaerosole: Auflistung der Fragestellungen, die die Messung von Bioaerosolen bedingen

1. Zur Erfassung und Erklärung von Übertragungswegen für Krankheitserreger
2. Zur Beurteilung von Hygienerisiken in der Medizin, Veterinärmedizin, Pharmazie und industriellen Produkten
3. Zur Beurteilung arbeitsmedizinischer Risiken
4. Zur Beurteilung der Wirksamkeit lufttechnischer Maßnahmen und Einrichtungen
5. Zur Beurteilung umwelthygienischer Risiken

Zielsystem (Mensch, Tier, Pflanze etc.) andererseits definieren in diesem Zusammenhang den Begriff „wesentlich". Das bedeutet einmal, daß die Aerosolquelle selbst von ihrer Definition her als organisches Material zu bezeichnen ist und/oder daß die gemessenen Parameter biologischer Herkunft in einer Menge in Aerosol vorkommen, die geeignet ist, eine erfaßbare Reaktion im komplexen lebenden Organismus hervorzurufen. Folgende Stoffe können allein oder in Kombination als Bestandteile von Bioaerosolen eine Bedeutung haben.

a. Se- und Exkrete sowie Gewebeteile von Mensch und Tier;
b. Pollen, Stäube und Fasern pflanzlicher Herkunft;
c. Bakterien und Pilze;
   – Zellen und Zellverbände;
   – Endo- und Exotoxine;
   – Enzyme und Metaboliten;
d. Viren.

Die Gründe, weshalb Bioaerosole gemessen werden, haben sich im Laufe der Zeit gewandelt. Während am Anfang der Forschung über Bioaerosole die Frage nach der aerogenen Übertragung von Infektionskrankheiten im Vordergrund stand, sind es heute primär Fragestellungen des Arbeits- und Umweltschutzes, zu deren Beantwortung die Messung von Bioaerosolen herangezogen wird. Die Tabelle oben faßt die Ziele der Messung von Bioaerosolen zusammen. Es zeigt sich, daß für viele Meßzwecke nicht mehr allein der Nachweis der Art und Menge der luftgetragenen Mikroorganismen ausreichend ist, sondern daß die physikalische Qualität der Aerosole in Relation zum erfaßten biologischen Parameter zunehmend an Bedeutung gewinnt, um so komplexe Fragen, wie die Beurteilung arbeitsmedizinischer Risiken, beantworten zu können.

Lit: Hygiene der biologischen Abfallbehandlung, 4 Beiträge in: Wiemer K, Kern M (Hrsg., 1998), Bio- und Restabfallbehandlung II, S. 253–344 – Böhm R, Martens W, Bittighofer PM (1998) Aktuelle Bewertung der Luftkeimbelastung in Abfallbehandlungsanlagen; beide Veröff. bei M.I.C. Baeza-Verlag, Witzenhausen.

Bioakkumulation. 1. allgemein: Prozeß der Anreicherung von natürlichen und anthropogenen Stoffen in einem Organismus, der zu einer Konzentrationserhöhung führt. Die Bioakkumulation ist gegeben, wenn das Verhältnis

Menge (Schadstoff)/Maßeinheit an oder in toten oder lebenden Strukturen zur

Bioabfallverordnung: Schwermetallgehalte

Bei Ausbringung bis zu:	20 Mg/ha	30 Mg/ha
Grenzwert für:		
Blei	150 mg/kg	100 mg/kg
Cadmium	1,5 mg/kg	1 mg/kg
Chrom	100 mg/kg	70 mg/kg
Kupfer	100 mg/kg	70 mg/kg
Nickel	50 mg/kg	35 mg/kg
Quecksilber	1 mg/kg	0,7 mg/kg
Zink	400 mg/kg	300 mg/kg

Bioabfallverordnung: Grenzwerte

Böden	Cadmium	Blei	Chrom	Kupfer	Quecksilber	Nickel	Zink
Bodenart Ton	1,5 mg/kg	100 mg/kg	100 mg/kg	60 mg/kg	1 mg/kg	70 mg/kg	200 mg/kg
Bodenart Lehm	1 mg/kg	70 mg/kg	60 mg/kg	40 mg/kg	0,5 mg/kg	50 mg/kg	150 mg/kg
Bodenart Sand	0,4 mg/kg	40 mg/kg	30 mg/kg	20 mg/kg	0,1 mg/kg	15 mg/kg	60 mg/kg

Bioabfallverordnung: Prüfungsumfang des Nachweises der seuchen- und phytohygienischen Unbedenklichkeit bei Kompostierungs- und Vergärungsanlagen gemäß Anhang II Bioabfallverordnung

Qualitätsparameter		direkte Prozeßprüfung	indirekte Prozeßprüfung	Produktprüfung
Seuchen- und phytohygienische Unbedenklichkeit		Kontrolle des Wirkungsgrades des Verfahrens	Fortlaufende Temperaturkontrolle	Endproduktkontrolle[3), 4)]
Seuchen- und Phytohygiene		– Neu errichtete Kompostierungs- und Vergärungsanlagen (innerhalb von 12 Monaten nach Inbetriebnahme), – bereits geprüfte Anlagen bei Einsatz neuer Verfahren oder wesentlicher Änderung der Verfahren/Prozeßführung (innerhalb von 12 Monaten nach Einsatz/Änderung), – bestehende Anlagen ohne Hygieneprüfung der Anlage oder des Verfahrens innerhalb der letzten fünf Jahre vor Inkrafttreten dieser Verordnung (innerhalb von 18 Monaten nach Inkrafttreten dieser Verordnung).	– Kontinuierliche Temperaturmessung an drei repräsentativen Stellen im Hygienisierungsbereich (-teil), – prüffähige Aufzeichnung von Daten (u. a. Umsetztermine, Feuchtigkeitsgehalt, Befüllung/Entleerung)	Regelmäßige Prüfung des abgabefertigen Kompostes und Gärrückstandes auf hygienische Unbedenklichkeit
Anzahl der Untersuchungsgänge		2 Untersuchungsgänge; bei offenen Anlagen einer im Winter	Permanente, nachprüfbare Aufzeichnung (5 Jahre Aufbewahrung)	Kontinuierlich über ein Jahr verteilt, mindestens jedoch – halbjährlich (Anlagen-Durchsatzleistung ≤ 3.000 t/a), – vierteljährlich (Anlagen-Durchsatzleistung > 3.000 t/a)
Anzahl der Prüforganismen	Seuchenhygiene	1 Testorganismus (Salmonella senftenberg W775, H₂S-neg.)	–	Salmonellen (in 50 g Kompost oder Gärrückstand nicht nachweisbar)
	Phytohygiene	3 Testorganismen (Plasmodiophora brassicae, Tabak-Mosaik-Virus, Tomatensamen)	–	Keimfähige Samen und austriebsfähige Pflanzenteile; weniger als 2 pro Liter Prüfsubstrat
Probenzahl (je Testdurchgang):			–	Anlagendurchsatz in Jahrestonnen: 1. ≤ 3.000 (6 Proben/Jahr), 2. > 3.000–6.500 (6 Proben/Jahr + je angefangener 1.000 t eine weitere Probe), 3. > 6.500 (12 Proben/Jahr + je angefangener 3.000 t eine weitere Probe)
Seuchenhygiene		24[1), 2)]		
Phytohygiene		36[1), 2)]		
Summe, gesamt		60		

[1)] Halbe Probenzahl bei kleinen Anlagen (Mengendurchsatz ≤ 3.000 t/a)
[2)] Die direkte Prozeßprüfung in Vergärungsanlagen kann auch in mehreren Durchgängen hintereinander erfolgen. So kann z. B. der für die thermische Inaktivierung relevante Anlagenteil in drei Chargen an drei aufeinanderfolgenden Tagen untersucht werden.
[3)] Die Aussagen zur seuchenhygienischen Unbedenklichkeit von behandelten Materialien gelten nur, wenn sowohl die Endproduktprüfungen als auch die Prozeßprüfungen bestanden wurden.
[4)] Die Proben sind Sammelmischproben (ca. 3 kg) aus je fünf Teilproben des abgabefertigen Produktes.

Menge (Schadstoff) in gleicher Maßeinheit im Wasser oder in der Nahrung größer als 1 ist. Die der Anreicherung zugrundeliegenden Aufnahmewege und -prozesse werden hierbei nicht berücksichtigt. Die Fähigkeit von Organismen zur natürlichen Bioakkumulation ist eine elementare Eigenschaft, die der Erhaltung des natürlichen Gleichgewichtszustandes dient und ohne die ein Leben nicht denkbar wäre. Diese Eigenschaft bedingt jedoch auch die Anreicherung von überflüssigen oder schädlichen Stoffen.

2. Gewässer: Anreicherung von Stoffen in marinen Organismen durch Inkorporation in Gewebe und Organe oder durch Adsorption. Bei der Bioakkumulation von

>Umweltchemikalien< unterscheidet man entsprechend der Aufnahme der Stoffe aus dem Wasser bzw. der Nahrung >Biokonzentration< und >Biomagnifikation<. Besondere Bedeutung hat die B. solcher Stoffe, die schwer metabolisierbar sind und langsam ausgeschieden werden, da hierdurch toxikologisch relevante Depots gebildet werden können. Unpolare Umweltchemikalien, wie zahlreiche Halogenverbindungen, werden vorzugsweise in lipidreichen Geweben gespeichert. Ein besonders hohes B.-Potential besitzen einige >Organohalogenverbindungen< wie >DDT< und >polychlorierte Biphenyle<. Bei der B. von >Metallen< muß zwischen essentiellen und nichtessentiellen unterschieden werden (>Schwermetalle<).
Lit: DFG Forschungsbericht 1987. VCH Verlagsgesellschaft, Weinheim.

Bioakkummulationsfaktor.   >Biokonzentrationsfaktor<.

Bioalkohol. Umgangssprachliche Bez. für Alkohol – gemeint ist meist nur Ethanol – aus biol. Herkunft, d. h. aus alkoholischer Gärung. Der von Mikroorganismen (besonders von >Hefen<) durch Vergärung (teils nach vorheriger Hydrolyse) diverser kohlenhydrathaltiger Rohstoffe erzeugte Ethanol kann technisch vielfältig eingesetzt werden (z. B. als Lsg.-Mittel, Brennstoff, Edukt für Synthesen). Dazu erfolgt jedoch vorher eine Konzentrierung und Reinigung durch Destillation. Im Gegensatz zu B. ist der durch chem. Synth. erzeugte Alkohol („Synthesealkohol") zu sehen. Beispiele dafür sind die Herstellung von Ethanol durch Hydratisierung von Ethylen (aus Crackgasen) bei hoher Temp. und hohem Druck unter Säurekatalyse oder durch das „Schwefelsäureverfahren", ebenfalls mit Ethylen als Edukt. Wegen der reichhaltigen und preisgünstigen Verfügbarkeit kohlenhydrathaltiger Rohstoffe (>nachwachsende Rohstoffe<) kommt der Erzeugung von B. jedoch eine größere Bedeutung zu.

Bioassay (Biotest). Untersuchungsmethode zur qualitativen bzw. quantitativen Best. von Wirkstoffen durch Verwendung empfindlicher Indikatororganismen (z. B. Pflanzen, -teile, Zell- und Gewebekulturen, Insekten).

Nachfolgende Tabelle gibt ein Beispiel für mögliche Biotests zum Nachweis von phytotoxischen (pflanzengiftigen) Substanzen. In der Abb. unten werden die verschiedenen Aktivitätskategorien vom „No observable effect level" (>NOEL<) bis zu einem „Totalschaden" (= Tod der Pflanzen) anhand einer Dosis-Wir-

---

Bioassay (Biotest): Biotests zum Nachweis phytotoxischer Substanzen (>Herbizide<, >Xenobiotika<)

1.	Material
1.1	Chemikalie
	– unterschiedliche chemische Verbindungsklassen
	– unterschiedliche Wirkungsmechanismen
	– unterschiedliche Aufnahmeorte bei Pflanzen
1.2	Pflanzenmaterial
	– ganze Pflanzen
	– verschiedene Samen
	– Pflanzenteile (z. B. Blattscheiben, Chloroplasten)
	– Zell- und Gewebekulturen
1.3	Substrat
	– Nährlösung, Bodenextrakte (Wasserkultur, Hydroponik)
	– Nährlösung mit sorptionsfreiem Substrat (Hydroponik)
	– Böden (versch. Applikationstechniken)
2.	Durchführung der Bioteste
	– Laborversuche
	– Gewächshaus, Klimakammer (Phytotron)
	– Freilandversuche
3.	Versuchsdauer
	– Kurzzeittests (Stunden – wenige Tage)
	– Langzeittests (mehrere Tage – Wochen)
4.	Auswertung
	– Symptombeschreibung, Bonituren (z. B. Nekrosen, Chlorosen)
	– Wachstumsmessungen (z. B. Sproß- und/oder Wurzellänge)
	– Frisch- und/oder Trockenmassebest.
	– Stoffwechselmessungen (z. B. Chlorophyll, Atmung)
	– Zellzahl und/oder -dichte (z. B. Algenkulturen)
5.	Mathematische Beschreibung von Dosis-Wirkungs-(Zeit)-Beziehungen

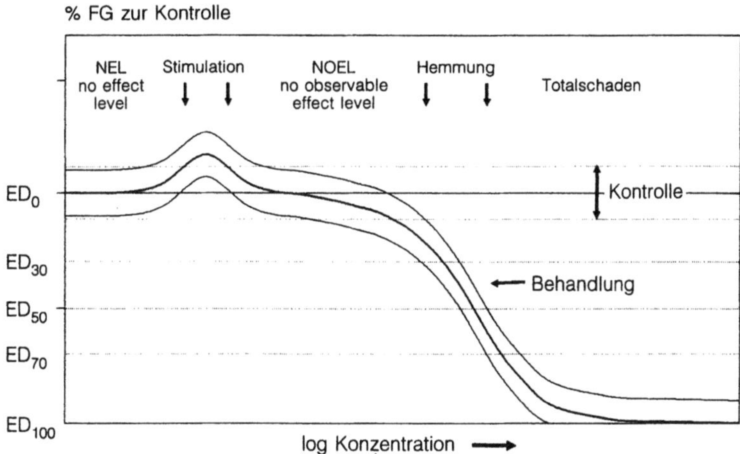

Bioassay (Biotest): Dosis-Wirkungs-Beziehungen zwischen Herbiziden und Pflanzen

kungs-Beziehung zwischen Herbiziden und Pflanzen usw. dargestellt.

Lit: Streibig J, Kudsk P (ed) (1993) Herbicide Bioassays. CRC Press – Pestemer W, Günther P (1995) Growth inhibition of plants as a bioassay for herbicide analysis. In: Analysis of Pesticides in Ground and Surface Water I – Progress in Basic Multi-Residue Methods – Chemistry of Plant Protection (Editor-in-Chief: Ebing W), Vol. 11, 219–231, Springer-Verlag, Berlin Heidelberg New York Tokyo.

Biochemie. Interdisziplinäre Wissenschaft zwischen Biologie und Chemie. Sie bedient sich physikalischer und chem. Methoden, um die den physiologischen Umsätzen in Organismen zugrundeliegenden Vorgänge zu erklären. In der B. werden oft auch biotechnologische (>Biotechnologie<) Prozesse eingesetzt.

Biochemischer Abbau. Stoffumwandlung zu energieärmeren organischen oder mineralischen Verbindungen durch die >Aktivität< von >Mikroorganismen<. *1. Schritt:* Hydrolyse, d.h. Umwandlung fester Stoffe in biochemisch verfügbare lösliche Stoffe außerhalb der >Mikroorganismen< durch Einlagerung von Wasser mit Hilfe von >Enzymen<. *2. Schritt:* Aufnahme der gelösten Stoffe durch die Zellwand zum Energiegewinn durch Umwandlung in energieärmere Stoffe (Betriebsstoffwechsel) oder zum Aufbau körpereigener Substanz (Baustoffwechsel). *3. und weitere Schritte maximal bis zum Ausgangsmaterial:* Abgabe der energieärmeren Stoffe, Aufnahme als Energie- und Baustoffquelle durch die in der Abbaukette folgenden Organismen; Abbau mit Oxidation durch Luftsauerstoff (aerober Abbau, s. Abb. unten); Abbau ohne Luftsauerstoff (anaerober Abbau, s. Abb. S. 187).

Biochemischer Sauerstoffbedarf. (BSB_n) Volumenbezogene Masse an Sauerstoff, die für den aeroben Abbau der in einem Liter Probewasser enthaltenen biochemisch oxidierbaren Inhaltsstoffe in n Tagen bei der Stoffwechseltätigkeit von einer entsprechenden Mikrobiozönose bei 20°C summarisch verbraucht wird; n = 5 bedeutet den >Sauerstoffverbrauch< in 5 Tagen (DIN 4045), gemessen in mg/L.

Der BSB_5 bildet i. allg. die Grundlage zur Bemessung von >biol. Abwasserreinigungsanlagen<. Neben der *Verdünnungsmethode* zur BSB-Best. – hier steht der Probe einmalig eine best. Menge an Sauerstoff zur Verfügung – können auch die sog. *direkten Verfahren* angewendet werden (Warburg und Sapromat).

Der BSB ist einer der summarischen Wirkungsparameter. Im Versuch ist darauf zu achten, daß die Versorgung mit mineralischen Nährstoffen gegeben ist, die Mikrobiozönose entsprechend verbreitet ist. Das Er-

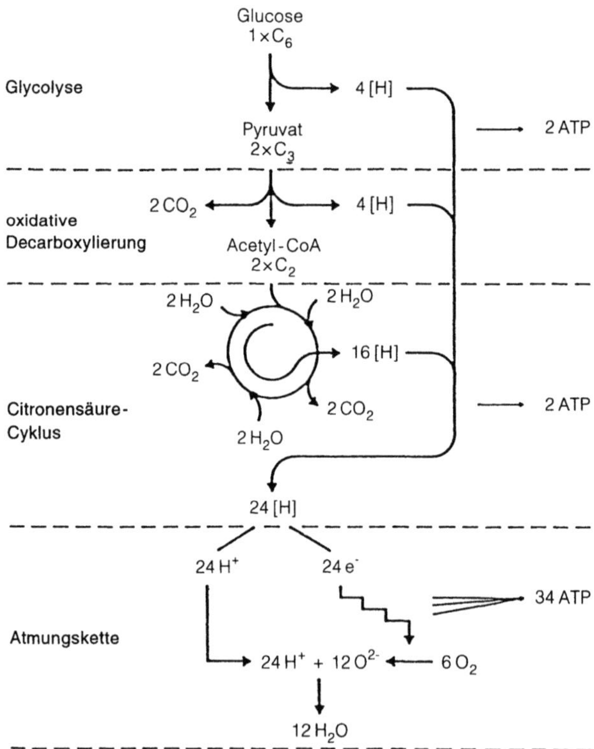

$$C_6H_{12}O_6 + 6\,O_2 \rightarrow 6\,CO_2 + 6\,H_2O \quad (-2.870\,kJ/Mol)$$
$$38\,ADP + P \rightarrow 38\,ATP \quad (+1.100\,kJ/mol)$$

Biochemischer Abbau: Schema des vollständigen aeroben Abbaus. (Nach: Mudrack/Kunst, 1988)

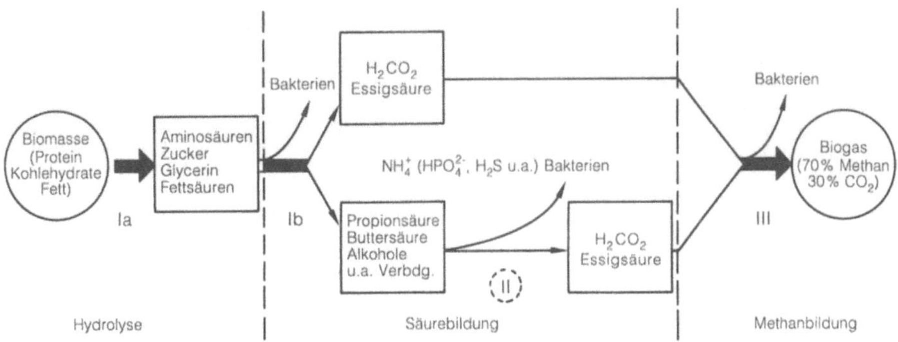

Biochemischer Abbau: Hauptabbauwege der organischen Abfälle unter anaeroben Bedingungen

gebnis kann nicht mit dem einer definierten chemischen Umsetzung gleichgesetzt werden, es ist abhängig von den verschiedenartigen biochemischen Umsetzungen. Der BSB wird nach wie vor für die Einschätzung der Wasserqualität eingesetzt. Im allgemeinen beträgt der Versuchszeitraum 5 Tage, er kann aber durchaus verlängert werden. Aus einem Kurzzeittest kann nicht extrapoliert werden. Das Verhältnis von biochemischem zu >theoretischem Sauerstoffbedarf< oder auch zu >chemischem Sauerstoffbedarf (CSB)< zeigt an, wie hoch der biologisch abbaubare Anteil an der organischen Gesamtbelastung ist. Den Verdünnungsansätzen wird ein Nitrifikationshemmstoff zugesetzt zur Vermeidung von falschen Ergebnissen, die durch die Oxidation von Ammoniumstickstoff erhalten werden. Ein Parallelansatz wird mit einer Standardlösung durchgeführt; daraus ist zu erkennen, ob Verdünnungswasser und Impfgut den Anforderungen gerecht werden. Der Sauerstoffgehalt wird entweder titrimetrisch oder (heute vermehrt) mit Sauerstoffelektroden gemessen.

Biochor. Großlebensräume (>Lebensraum<) der Erde, die in Hinblick auf Klima und Vegetation weitgehend gleichartig sind: am Land z.B. Tundren, Wüsten, Savannen, >tropische Regenwälder<; im Meer u.a. *Litoral* (Ufersaum) und *Pelagial* (freies Wasser).

Biochorion. (Syn. Mikrobiozönose). Kleinlebensraum (>Lebensraum<) innerhalb eines >Biotops<, der evtl. nur kurzfristig besteht und der weitgehend von den >abiotischen< und >biotischen Faktoren< dieses Biotops abhängt. Im Zentrum steht oft ein einzelner, evtl. abgestorbener Organismus, z.B. Baumstümpfe, Aas, Exkremente oder auch ein einzeln liegender Stein. Die Bewohner eines B. sind nur Teile einzelner >Populationen<. Für B. wird in der Literatur oft auch der Ausdruck >Biochor< benutzt, von andern Autoren auch der Begriff >Konsortium<.

Biodiesel (PME). Biodiesel, genauer Pflanzenölfettsäuremethylester (PME), wird durch ein einfaches chem. Verfahren aus Pflanzenölen und -fetten gewonnen. Alle pflanzlichen und tierischen Öle und Fette bestehen aus Fettsäureestern des Glycerins, eines dreiwertigen Alkohols. In einem basenkatalysierten Umesterungsprozeß bei ca. 60–70 °C wird das Glycerin, das drei Fettsäuremoleküle bindet, gegen Methanol ausgetauscht, so daß aus einem Triglycerid drei Fettsäuremethylester-Moleküle entstehen. Das Rohglyce-

rin wird abgetrennt, wodurch sich die Reaktionsgleichung in Richtung der Endprodukte verschiebt, und der Äther wird durch Rektifikation von überschüssigem Methanol befreit. Biodiesel weist beim Einsatz als Kraftstoff einige vorteilhafte Eigenschaften auf: geringe Emissionen bei der Verbrennung, schwefelfrei, weitgehend ausgeglichene CO_2-Bilanz, ungiftig, nicht wassergefährdend, gute Schmierfähigkeit und hohe >Cetanzahl<.

Rohstoffe für die Biodieselproduktion sind in Europa überwiegend Raps- (RME) und Sonnenblumenöl, in Übersee mehr Soja- und Palmöl. Auch werden Versuche zum Einsatz von gebrauchten Speisefetten und -ölen durchgeführt. Die Normung des Biodiesels ist von großer Bedeutung; es liegt seit 1997 ein mit Fahrzeugherstellern abgestimmter Normenentwurf E DIN 51606 vor, nach dem der inzwischen an ca. 900 Tankstellen angebotene Kraftstoff sich richtet. Der Gesamtverbrauch in Deutschland ist von 200 t in 1991 auf ca. 100.000 t in 1997 angestiegen.

Bei vergleichenden Untersuchungen der Emissionen bei Verwendung von gewöhnlichem Dieselkraftstoff und RME wurde festgestellt, daß die CO- und NO_x-Werte im Abgas bei beiden Kraftstoffarten vergleichbar waren, während die CH-Emissionen sowie die krebserzeugenden PAK beim RME-Betrieb sich signifikant reduzierten. Allerdings führte die Verbrennung von RME zu einem Anstieg von Aldehyden und Ketonen, insbesondere von Formaldehyd und Acrolein, die für den die Schleimhäute reizenden Geruch verantwortlich sind. Die Ozonbildungspotentiale beider Kraftstoffarten waren zwar ähnlich, aber aufgrund der höheren Konzentrationen im Abgas beim RME-Betrieb ca. 30 % oberhalb des Dieselkraftstoffs.

Lit: Munnack A, Krahl J (1998) Biodiesel – Optimierungspotentiale und Umwelteffekte. Tagungsband, Bundesforschungsanstalt für Landwirtschaft, Braunschweig – Krahl J (1993) Bestimmung der Schafstoffemissionen von landwirtschaftlichen Schleppern beim Betrieb mit Rapsölmethylester im Vergleich zum Dieselkraftstoff. Fortschrittberichte VDI, Reihe 15: Umwelttechnik, Nr. 110, VDI Verlag, Düsseldorf

Biodiversität. V.a. als Vielfalt der Arten in einem bestimmten Ökosystem wichtiger Begriff in der Ökologie. B. wird im Zusammenhang mit der Struktur und Komplexität eines Ökosystems hoher Primärproduktion als abhängig gesehen im wesentlichen von Resourcenumfang und -Vielfalt. Die auf Elton (1959) zurückgehende These, daß ein Ökosystem umso stabiler sei, je größer seine Komplexität ist, wird trotz ihrer anscheinend offenkundigen Plausibilität zunehmend in Zweifel gezogen.

Lit: Wissel Ch (1989) Theoretische Ökologie, S. 206f, Springer-Verlag Berlin Heidelberg New York Tokyo.

Biodyn. Bezeichnung für Erzeugnisse aus Betrieben, die nach der >Biologisch-dynamischen Wirtschaftsweise< angebaut werden, die >Demeter-Qualität< aber noch nicht erreicht haben, da der Betrieb sich in der Umstellungsphase von konventioneller zu ökologischer Bewirtschaftung befindet.

Biofilter. Technisch eingesetzte Filter, die zur Reinigung von Abluftströmen genutzt werden können, wobei die erzielte Reinigungswirkung durch mikrobielle Stoffwechselaktivität zustande kommt. Zum Einsatz kommen B. beispielsweise bei der Abluftreinigung von Tierkörperverwertungsanlagen oder auch bei der Reinigung löse- oder entfettungsmittelhaltiger Abluft (>biol. Abbau von halogenierten Kohlenwasserstoffen<) aus Industriebetrieben. Flächenfilter (s. Abb. unten) stellen das älteste Prinzip der B. dar. Bei deren sehr einfachem Aufbau wird der zu reinigende Gasstrom (Rohgas) durch eine feuchtgehaltene Schüttung aus natürlichen org. Materialien wie Heidekraut, Kompost, Fasertorf, Reisig etc. (auch Mischungen) geleitet. Die am org. Material befindlichen Mikroorganismen verwerten die vorbeiströmenden „Schad-" oder „Störkomponenten" und reinigen somit die Abluft. Die Umsetzung der Komponenten erfolgt oft im Sinne eines >Cometabolismus<, wobei den Mikroorganismen als Energie- und Kohlenstoff-Quelle zusätzlich die leicht verwertbaren Anteile der org. Filtermatrix zur Verfügung stehen. Verfahrenstechnische Nachteile solcher Flächenfilter sind die inhomogene Matrix, der Kontakt mit Außenluft und

Witterung sowie die schlechte Kontrollierbarkeit der Aktivität, Wasserbilanz und „Alterung" des Filters. Weiterentwicklungen des Verfahrens führten dann zu geschlossenen B. (s. Abb. unten), die bezüglich der Kontrollierbarkeit der Wasserbilanz, Temperatur und weiterer Parameter Vorteile bieten. Zudem werden immer neue Filtermatrices (Trägermaterialien für Biofilme) entwickelt oder natürliche Materialien wie Kompost durch Homogenisierung, Konditionierung und durch Auflockerung mit Kunststoffteilchen (z. B. Polystyrol) so variiert, daß homogene, gleichmäßig durchströmte, hoch aktive Filterschichten erhalten werden können.

Lit: Diks RMM, Ottengraf SPP (1989) Verfahrenstechnische Grundlagen der biologischen Abgasreinigung und insbesondere der Abscheidung von chlorierten Kohlenwasserstoffen. In: Verein Deutscher Ingenieure (VDI) (Hrsg.) Biologische Abgasreinigung, Tagungsbericht der VDI-Kommission Reinhaltung der Luft, Tagung Köln, 23./24. Mai 1989, VDI-Bericht 735. VDI Verlag GmbH, Düsseldorf.

Biofiltration. Biofilter sind ihrer Bauart gemäß grundsätzlich Raumfilter. Bezüglich Aufbau, baulicher Gestaltung und technischer Ausrüstung, wie z. B. Rückspültechnik, Düsenboden etc. sind sie prinzipiell den bekannten klassischen Flockungsfiltern sehr ähnlich bzw. aus diesen entwicklungstechnisch hervorgegangen.

Je nach Durchströmungsrichtung kann man
– Aufstromfilter und
– Abstromfilter
unterscheiden.

Daraus ergibt sich verfahrenstechnisch, daß die gasförmigen Medien, wie z. B. die einzutragende Prozeßluft und die bei den Stoffwechselprozessen entstehenden Produkte (u. a. CO_2, N_2, N_2O) entweder im Gleich-

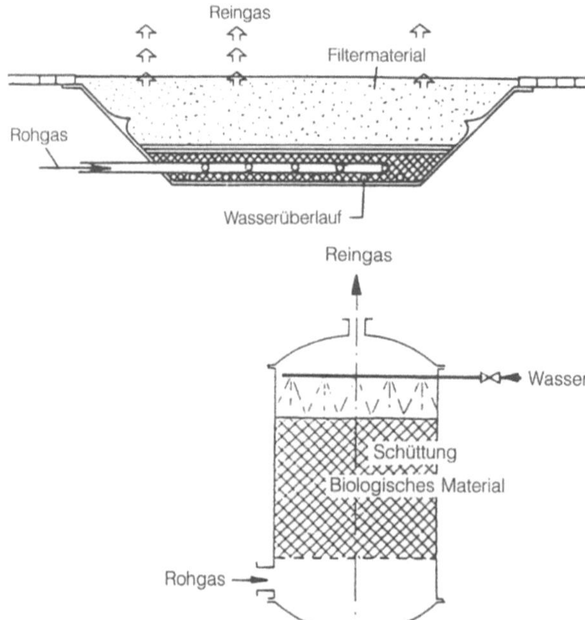

Biofilter: Schematische Darstellung von Biofiltern (offenes Flächenfilter und geschlossenes Biofilter). oben: Ein offenes Flächenfilter. Filtermaterialien aus Mischungen von Kompost, Heidekraut, Fasertorf usw. Witterung können einen großen Einfluß auf die Wirkung des Filters haben. unten: Ein geschlossenes Biofilter, in dem Temperatur und Filterfeuchtigkeit gut reguliert werden können

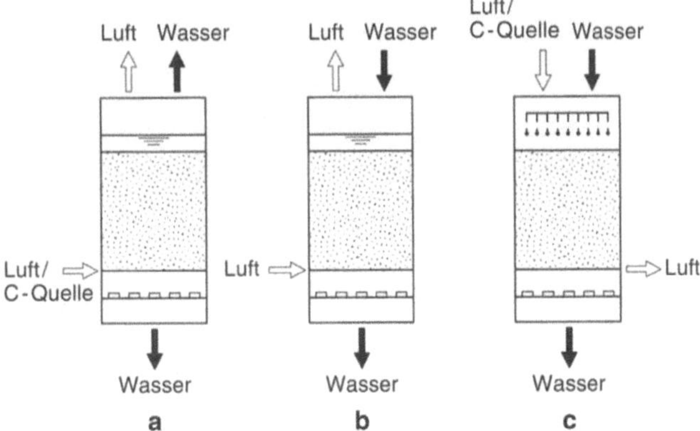

Biofiltration: Bauarten biologischer Filter (nach Dohmann u. a.) (a) Aufstromfilter im Gleichstrom, (b) Abstromfilter im Gegenstrom, (c) Abstromfilter im Gleichstrom/Trockenfilter (aus: ATV-Handbuch, Biologische u. weitergehende Abwasserreinigung, Ernst u. Sohn, Berlin)

strom oder Gegenstrom zur Durchströmungsrichtung des Abwassers geführt werden.

Lit: Abwassertechnische Vereinigung e. V. (Hrsg.) (1985–1997) ATV-Handbuch, 4. Aufl., Band 1–7, Verlag Wilhelm Ernst und Sohn, Berlin München.

Biofloc-Verfahren. Es handelt sich um ein >biol.-chem. Abwasserreinigungsverfahren<, das vornehmlich zur Klärung von industriellen Abwässern angewendet wird. Die biol. Stufe wird i. allg. mit hoher Belastung gefahren, d. h. die Belebungsbecken (>Becken<) bzw. >Tropfkörper< haben einen verhältnismäßig kleinen Rauminhalt. Die sich daran anschließende chem. >Flockung< des Abwassers mit geeigneten >Fällmitteln< erfolgt in einem Kombinationsbecken (Flokkungs- und Absetzbecken), ähnlich wie bei der Wasseraufbereitung, woher das Biofloc-Verfahren entlehnt ist (s. Abb. unten).

Lit: Meinck F, Stooff H, Kohlschütter H (1968) Industrie-Abwässer, Gustav Fischer Verlag, Stuttgart.

Biogas. Beim anaeroben Abbau von Biomasse nach DIN 4045 entstehendes Gemisch aus vornehmlich Methan (CH_4) und Kohlendioxid (CO_2) sowie einigen Spurenanteilen von Stickstoff (N_2), Wasserstoff (H_2) und Schwefelwasserstoff (H_2S). Bei diesem auch als >Methangärung< bezeichneten Prozeß sind die Methanbakterien das letzte Glied in einer Kette von Mikroorganismen aus Pilzen, Protozoen und Bakterien, die als Stoffzersetzer unter Energie- und Baustoffgewinn die Bestandteile des biologischen Materials wieder in den Stoffkreislauf zurückführen. Ein Schema des anaeroben Abbaus von Biomasse zeigt die Abb. (s. S. 190). Die Tabelle. (s. S. 190) enthält Angaben über die jährlich in Deutschland anfallenden Mengen der wichtigsten biogenen Rest- und Abfallstoffe, während das Schema (S. 191) die Ein- und Ausgangsstoffe von Biogasanlagen zeigt. Nach einer Erhebung in 1994 könnten in Deutschland bei vollständiger Verwertung sämtlicher im Agrar- und Kommunalbereich an-

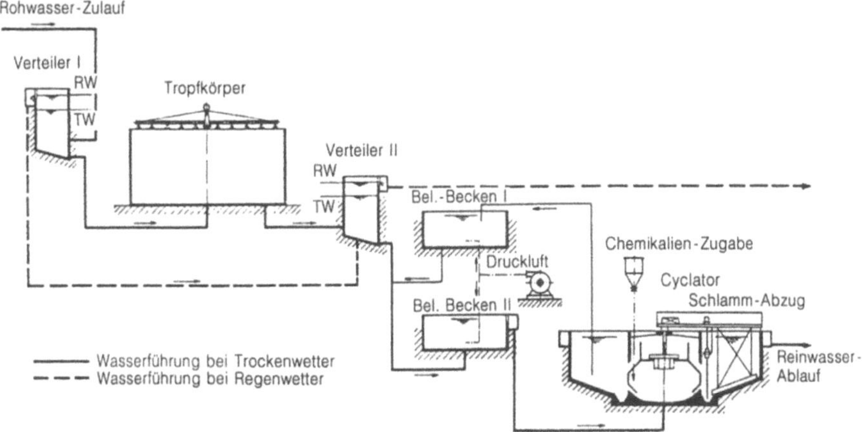

Biofloc-Verfahren: Schema des Biofloc-Verfahrens (aus: Meinck F et al., 1968)

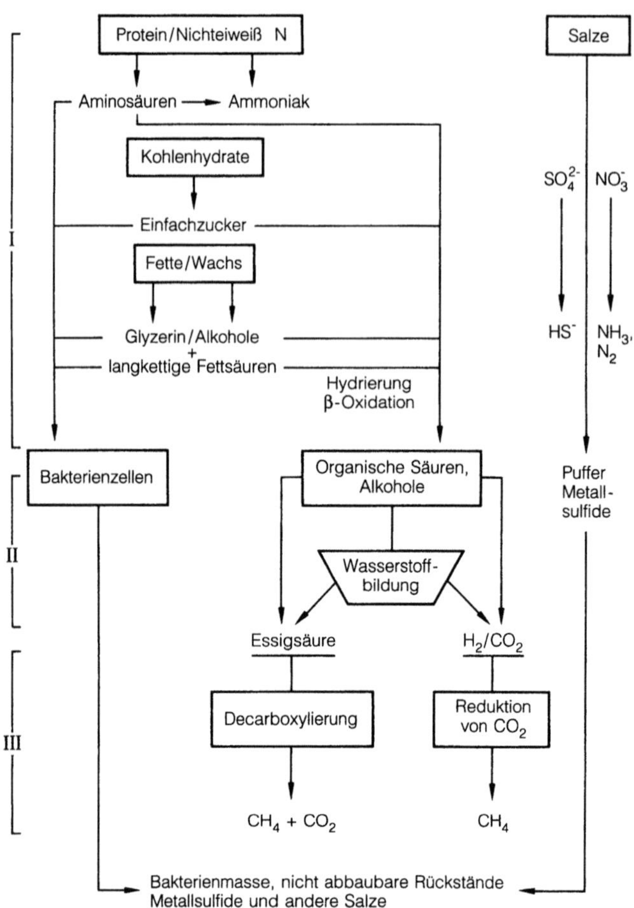

Biogas: Schema des anaeroben Abbaus von Biomasse (aus: Stadlbauer EA u. a. (1982) Biogasanlagen, expert, Grafenau, S. 27). I. Hydrolyse, Auflösung, Gärung durch acidogene Bakterien; II. Symbiotisch acidogene Bakterien setzen Propionsäure, Buttersäure und längerkettige Carbonsäuren (aus I) zu Essigsäure um. Auch Aromaten, Alkohol und Aceton werden verstoffwechselt; III. Methanbildung durch methanogene Bakterien, die aufgrund der mikrobiochemischen Zersetzungsvorgänge über ein erhebliches Potential an Biogas verfügen. Die Erfahrungen mit den ersten großtechnischen Anlagen zur Deponiegasnutzung in Deutschland sind überaus positiv, so daß sich die bisher praktizierten Nutzungsarten, Verstromung und Beheizung, weiter durchsetzen werden

Biogas: Aufkommen der wichtigsten biogenen Rest- und Abfallstoffe in Deutschland (Aus: Weiland, 1996a)

Abfallstoff	Frischmasse [Mio. t/a]	TS-Gehalt [%]	Trockenmasse [Mio. t/a]
Flüssigmist	190	7	13,5
Cosubstrate			
Bioabfall (häuslich)*	8	40	3,2
Bioabfall (gewerblich)**	4	40	1,6
Biertreber	3,1	21	0,64
Kartoffelpülpe	0,3	19	0,06
Obst- und Weintreber	0,6	30	0,18
Ölsaatexpeller	4,3	78	3,4
Zuckerrübenblatt	13,5	13	1,75
Zuckerrübenschnitzel	7,3	20	1,5

* Annahme: 100 % Anschluß an Getrenntsammlung
** Schätzwert (50 % des häuslichen Abfalls)

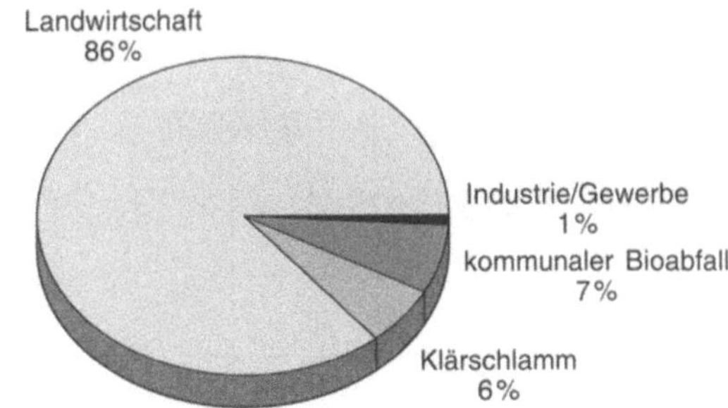

Biogas: Ein- und Ausgangsstoffe von
Biogasanlagen (Aus: Weiland, 1996 b)

Σ Biogaspotential: Mrd. 17,5 m^3/a

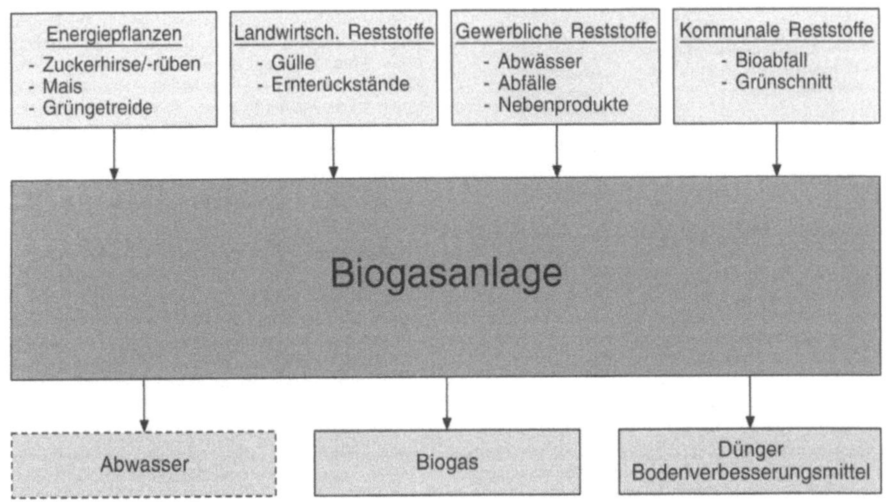

Biogas: Biogaspotential in Deutschland (Aus: Weiland, 1996 b)

fallenden biogenen Abfallstoffen ca. 17,5 Mrd. m^3 Biogas pro Jahr erzeugt werden (s. Abb. oben).

Die Biogasgewinnung und -verwertung ist für >Gülle<, >Bioabfall<, >Klärschlamm< und die meisten biogenen Rest- und Abfallstoffe aus Landwirtschaft, Gewerbe, Kommunen und Industrie zur markteinführenden technischen Reife entwickelt. Biogasanlagen in der Landwirtschaft können einzelbetrieblich oder als Gemeinschaftsanlagen betrieben werden. Die einfachste und kostengünstigste Art der Gasverwertung ist das Verbrennen des Gases für Heizzwecke, z.B. zur Beheizung von mesophil oder thermophil betriebenen Biogasanlagen, von Wohn- oder Betriebsräumen oder zur Warmwasserbereitung. Die Erzeugung von elektrischem Strom ist technisch kein Problem. Aus 1 m^3 Biogas können ca. 1,5 kWh elektrischer Strom und bei Kraft-Wärme-Kopplung ca. 3,0 kWh Wärme produziert werden.

Eine noch relativ wenig genutzte Quelle für große Biogasmengen sind die über 2.000 geordneten und abgeschlossenen Hausmülldeponien, die aufgrund der mikrobiochemischen Zersetzungsvorgänge über ein erhebliches Potential an Biogas verfügen. Die Erfahrungen mit den ersten großtechnischen Anlagen zur De-

poniegasnutzung in Deutschland sind positiv. Die bisher praktizierten Nutzungsarten, Verstromung und Beheizung, stehen im Vordergrund des Interesses. Von den zukünftig gemäß TA Siedlungsabfall betriebenen Deponien erwartet man keine wesentliche Gasbildung mehr, weshalb sich die Kontrolle dann auf den Gasnachweis beschränkt.

Lit: Weiland (1996a) in: Aufbereitung u. Verwertung organischer Reststoffe im ländlichen Raum, S. 69–85, Bornimer Agrartechn. Ber. H. 12, D-14469 Potsdam-Bornim – Weiland (1996b) in: Internationale Erfahrungen mit der Verwertung biogener Abfälle zur Biogasproduktion, S. 10–26, Tagg.berichte Bd. 14, Umweltbundesamt, A-1090 Wien – Winkler E (1996) Gas- u. Wasserkontrollen auf Deponien, Müll-Handbuch, Kennzahl 4584, E. Schmidt, Berlin.

biogen. Bezeichnung für Stoffe oder Bodeneigenschaften, die durch die Tätigkeit der Bodenorganismen gebildet oder verändert wurde. *Beispiele:* b. Gefüge (z.B. Wurmlosungsgefüge), b. Minerale (Calcit, Opal).

Biogene Belüftung. Sauerstoffeintrag durch >Photosynthese<. Mit Hilfe des Sonnenlichtes produzieren Grünpflanzen und >Algen< >Kohlenhydrate< und Sauerstoff, der im umgebenden Wasser gelöst wird. Bei hoher Algendichte und Strahlungsintensität kann

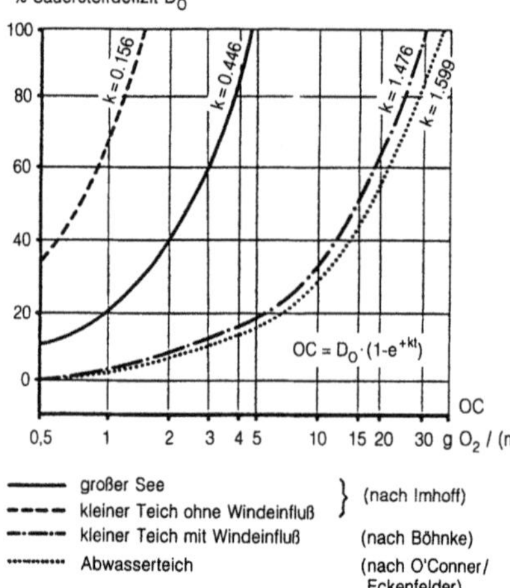

———— großer See
- - - - kleiner Teich ohne Windeinfluß   } (nach Imhoff)
—·—·— kleiner Teich mit Windeinfluß   (nach Böhnke)
·········· Abwasserteich   (nach O'Conner/ Eckenfelder)

Biogene Belüftung: Sauerstoffaufnahme über die Teichoberfläche bei 20 °C in Abhängigkeit vom Sauerstoffdefizit

die b.B. den O_2-Eintrag an der Oberfläche weit übersteigen und zu einer O_2-Übersättigung führen. Während der Nachtstunden macht sich die O_2-Zehrung durch die Algenatmung im O_2-Haushalt des Gewässers mit der Abnahme der O_2-Konz. bemerkbar. Die b.B. geht in den Wintermonaten zurück; aber auch im Sommer kann sie durch einen zeitweisen Zusammenbruch der Algenpopulation, der durch Nährstoffmangel oder Massenentwicklung von >Planktonfressern< ausgelöst wird, zeitweise ausfallen (s. Abb. oben).

Biogene Entkalkung. Ausfällung von Calciumcarbonat im Gewässer durch Pflanzen, die dem Wasser CO_2 oder HCO_3^- bei der Photosynth. entziehen. Dadurch ändert sich das Gleichgewicht zwischen CO_2, HCO_3^- und dem gelösten $Ca(HCO_3)_2$, >chemische Entkalkung<. Es zerfällt Calciumhydrogencarbonat zu Calciumcarbonat und CO_2, bis ein neues Gleichgewicht entsteht:

$$Ca(HCO_3)_2 \rightleftharpoons CaCO_3 + CO_2 + H_2O$$

Das Calciumcarbonat fällt aus. Da die Pflanzen während vieler Stunden des Tages Photosynth. machen, ist die biogene Entkalkung erheblich. Im See lagert sich der Kalk z.B. auf den Blättern untergetauchter Pflanzen ab oder sedimentiert in Form feinster Ausfällungen im Freiwasser durch >Phytoplankton<, was als biogene Calcitfällung bezeichnet wird. In Quellen verstärken Moose der Gattung Cratoneuron die Bildung von Quelltuff und >Travertin<, an der in erster Linie >chem. Entkalkung< beteiligt ist.

Biogeochemischer Kreislauf. >Biogene Entkalkung<.

Biohalogenierung. Bildung von halogenhaltigen Metaboliten in marinen Organismen durch *Haloperoxidasen* (>Organohalogen-Verbindungen, natürliche<).

Bioindikatoren. (Grch. bios = Leben; lat. indicare = anzeigen) Organismen oder Organismengemeinschaften, die auf >Schadstoffbelastungen< mit >Stoffwechsel<-Veränderungen reagieren bzw. den Schadstoff über das normale Maß hinaus akkumulieren. Man unterscheidet folgende Typen: 1. Zeigerorganismen reagieren aufgrund ihrer besonderen Lebensansprüche auf Veränderungen ihres Lebensmilieus, z.B. durch Schadstoffeinwirkung mit Verschwinden oder aber mit Vermehrung, was zu einer Verschiebung der Artengesellschaft führt. 2. Testorganismen antworten in spez. Weise bereits auf geringe Schadstoffmengen, z.B. durch Veränderung best. Stoffwechselleistungen. Sie werden überwiegend im Labor unter standardisierten Bedingungen zu Toxizitätstests eingesetzt. 3. >Monitororganismen< ermöglichen eine qual. und quant. Erfassung von Schadstoffen und eignen sich damit zur >Immissionsüberwachung< und Kennzeichnung von Belastungsräumen. Innerhalb dieser Gruppe unterscheidet man zwischen a) Akkumulationsindikatoren, die best. Schadstoffe anreichern und diese somit analytisch erfaßbar machen, ohne daß der Organismus zunächst sichtbar geschädigt wird, und b) Wirkungsindikatoren, die eine spez. Schadwirkung wie charakteristische Veränderungen der Blattspreite zeigen. Letztere können entweder am natürlichen Standort entnommen oder nach standardisierten Verfahren exponiert werden. Hierdurch lassen sich Wirkungskataster erstellen.
Lit: Huber A, Huber W (1988) Pflanzen als Schadstoffindikatoren. Verhütung von Schäden. In: Hock B, Elstner EF (Hrsg.) Schadwirkungen auf Pflanzen. Ein Lehrbuch der Pflanzentoxikologie. 2. Aufl., B.I. Wissenschaftsverlag, Mannheim Wien Zürich, S. 44–66.

Biokatalysator. Syn. für >Enzym< (isoliertes, immobilisiertes, aber auch in Organismen lokalisiertes Enzym). B. sind die Katalysatoren der Organismen, weil sie in der Lage sind, die Aktivierungsenergie (E_a) für Reaktionen bei physiologischen Temp. und Milieubedingungen soweit zu senken, daß vorher gehemmte Reaktionen nach Zusatz des Katalysators ablaufen, wobei der Endzustand ein thermodynamisch stabilerer Zustand ist.

Biokonzentration. Anreicherung von >Umweltchemikalien< durch aquatische Organismen nach Aufnahme der Stoffe aus dem Wasser (>Bioakkumulation<). Die gleichzeitig stattfindenden Vorgänge der Ausscheidung

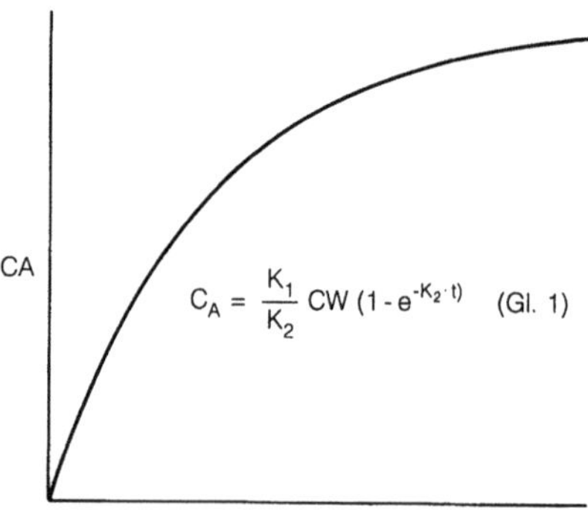

Biokonzentration: Zeitlicher Verlauf der Stoffaufnahme aus dem Wasser durch Meerestiere bei konstanter Konzentration des Stoffes im Wasser. C_A Konzentration des Stoffes im Tier, K_1, K_2 Geschwindigkeitskonstanten für die Aufnahme bzw. Eliminierung, C_w Konzentration im Wasser, t Expositionszeit

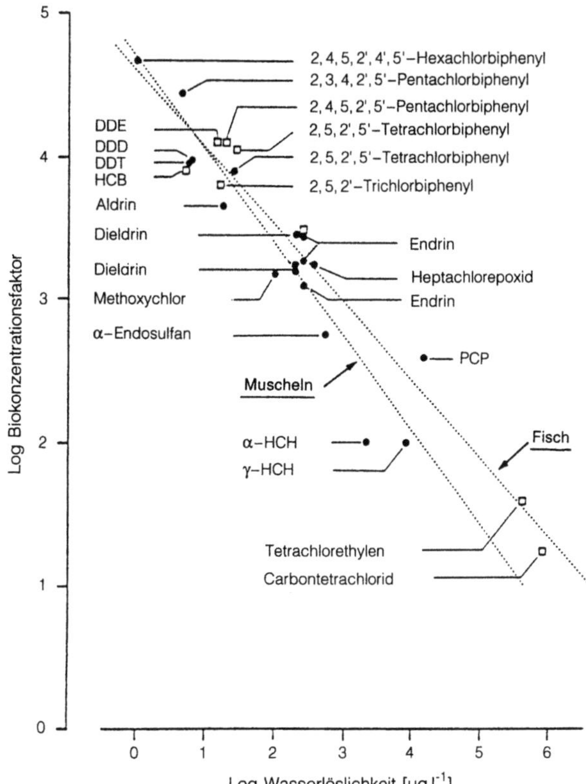

Biokonzentration: Abhängigkeit des Biokonzentrationsfaktors von der Wasserlöslichkeit verschiedener organischer Stoffe, bezogen auf das Frischgewicht der Tiere. (Nach: Ernst 1984)

und Metabolisierung sind gegenläufig und bewirken, daß bei einer Reihe von Chemikalien nach ausreichend langer Exposition der Organismen bei konstanter Konzentration der Stoffe im Wasser (C_W) ein Gleichgewichtszustand (Steady state) erreicht wird, bei dem die Konzentration der Stoffe in den Organismen (C_A) maximale Werte erreicht (s. Abb. S. 192). Ein Maß für die B. ist der Biokonzentrationsfaktor (BCF) (s. Abb. oben). Der numerische Wert des BCF ist der Quotient C_A/C_W bzw. K_1/K_2 nach Gleichung 1. Für die B. sind physikalisch-chemische Eigenschaften der Stoffe sowie ihre biologische Verfügbarkeit (>Speziation< bei >Schwermetallen<) maßgebend. Für ausreichend persistente organische Chemikalien z. B. gilt, daß der BCF mit steigender Wasserlöslichkeit ab- und mit steigendem Octanol/Wasser-Verteilungskoeffizienten zunimmt. Bezogen auf den Fettgehalt der Organismen liegen BCF-Werte zwischen 10 und 10^7.

Lit: Ernst W (1984) Pesticides and technical organic chemicals. In: Kinne O (Hrsg.) Marine Ecology, Bd. V, Teil 4, Wiley & Sons, Chichester New York Brisbane Toronto Singapore, S. 1.650.

Biokonzentrationsfaktor BCF. Maßzahl der Biokonzentration, stellt das Verhältnis zwischen der Konzentration im betrachteten Kompartiment (z. B. Fisch) zum umgebenden Medium (z. B. Wasser) dar. Die Ermittlung des BCF-Wertes kann sowohl experimentell als auch über Rechenmodelle erfolgen. Für die experimentelle Bestimmung sind von der >OECD< mehrere Test Guidelines (305 A, 305 B, 305 C, 305 D, 305 E) ent-

wickelt worden. In den USA werden für die experimentelle Bestimmung des BCF die „EPA Pesticide Assessment Guidelines; Hazard Evaluation: Wildlife and Aquatic Organisms" herangezogen. Die theoretische Berechnung des BCF erfolgt mit Hilfe von >QSAR-Modellen<. Als Ausgangsdaten für diese Modellrechnungen dienen die physikalisch-chemischen Daten der zu untersuchenden Substanzen, insbesondere der >Verteilungskoeffizient< n-Octanol/Wasser ($P_{o/w}$).

Lit: Streit B (1989) Bioakkumulation in der Natur, Biologie in unserer Zeit 2: 47–54.

Bio-Kraftstoff. Allg. Bezeichnung für >Kraftstoffe< aus >nachwachsenden Rohstoffen<. Hierzu gehören durch Gärung gewonnene >Alkoholkraftstoffe<, >Ethanol<, >Pflanzenöle<, >Rapsöl< und weitere, noch im Forschungsstadium befindliche. >Energy-Farming<.

Biologisch-dynamische Wirtschaftsweise (BDW). Methode des ökologischen Landbaus nach Rudolf Steiner (1861–1925). Kennzeichnend für die BDW ist die terminliche Ausrichtung der Anbaumaßnahmen nach den von den Vertretern der BDW als erwiesen betrachteten kosmischen Beziehungen der Wachstumsvorgänge, d. h. es werden bestimmte Konstellationen des Mondes zu Tierkreiszeichen als besonders günstig für die morphologische Ausprägung der Kulturpflanzen und damit auch den Ertrag eingeschätzt. Aufgrund des siderischen Mondumlaufes ergeben sich so vier

Trigone (Dreiecke), die als Blatt- oder Feuchtetrigon, Samen- oder Wärmetrigon, Wurzel- oder Erdtrigon sowie Licht- oder Blütentrigon bezeichnet werden. Demnach bewirkt die Beachtung der entsprechenden Rhythmen der Gestirne bei den Anbaumaßnahmen eine Erhöhung des Blatt-, Korn-, Wurzel- (z.B. Rüben) oder Samenertrages. Ebenso wichtig ist die Ausbringung von „Präparaten", die mit Nummern von 500 bis 507 bezeichnet werden. Es gibt in Wasser aufgelösten Horn- oder Kuhmist bzw. Hornkiesel als Spritzpräparate zur Behandlung des Bodens sowie Kompostpräparate, wo es sich um Beigaben von Schafgarbe, Kamille, Brennessel, Eichenrinde, Löwenzahn und Baldrian in Kompost, Stallmist, Gülle oder Jauche zur besseren >Rotte< und Nährstoffausnutzung handelt. Die Konzentrationen der einzelnen Präparate bewegen sich im homöopathischen Bereich. Die Produkte der BDW werden nach Anerkennung der >Demeter-Qualität< durch den >Demeter-Bund e. V.< unter der Bezeichnung „Demeter" vertrieben.

Lit: Koepf HH, Pettersson BD, Row F, Schaumann W (1980) Biologisch-dynamische Landwirtschaft, 3.Aufl., Ulmer, Stuttgart.

Biologisch-mechanische Restmüllbehandlung. (auch biologisch-mechanische Abfallbehandlung, BMA bzw. MBA, seltener biologisch-mechanische (Rest)abfallstabilisierung BMS bzw. MBS). Vorbehandlung oder Behandlung von >Restmüll< mit dem Ziel der biol. Stabilisierung und Trocknung. Die Intensität und Dauer der biol. Behandlung entscheidet über die Möglichkeit der weiteren Verwertung der behandelten Abfälle. Die biol. Behandlung erfolgt hauptsächlich >aerob<; eine >anaerobe< Behandlung ist aber auch möglich. Mechanische Behandlungsschritte dienen der Zerkleinerung und Trennung der Abfälle in verschiedene Fraktionen. Biologisch-mechanisch behandelte Abfälle werden z.T. direkt in Deponien eingebaut oder nach Fraktionierung zu der weiteren Verwertung bzw. Behandlung zugeführt.

Lit: Umweltbundesamt (Hrsg.) (1998) BMBF-Statusseminar zum Verbundvorhaben mechanisch-biologische Behandlung von zu deponierenden Abfällen, Potsdam – Heyer KU et al. (1994) Restmüllbehandlung – Mechanisch-biologische Vorbehandlung. Economica Verlag, Bonn.

Biologische Abbaubarkeit. Folge der Wechselwirkungen von organischen Stoffen, Organismen und Umwelt, die unter gegebenen Umweltbedingungen zum biologischen Abbau der organischen Stoffe führen können. Wie z.B. die Toxizität ist die A. keine ausschließlich vom Stoff bestimmte Eigenschaft. Die b.A. hängt nicht nur von der Art der Stoffe und der Organismen ab, sondern wird durch >biotische< und >abiotische Faktoren< mitbestimmt, z.B. physiologischer Zustand der Organismen, Konzentration des Stoffes, Anwesenheit anderer organischer Stoffe, Klimafaktoren. Zur Bestimmung der b.A. werden Mikroorganismenkulturen, Belebtschlämme oder andere >Biozönosen< mit dem zu untersuchenden Stoff (Testsubstanz) versetzt, und nach einigen Tagen oder Wochen (bis Jahren) wird durch das Verschwinden des Stoffes selbst (direkter Nachweis; Abklingtest, Die-away-Test) oder mittelbar, z.B. über den Sauerstoffverbrauch oder das Auftreten von Abbauprodukten, ein biologischer Abbau nachgewiesen. Wenn die Testsubstanz als einzig nutzbare C-Quelle vorliegt, kann auch die Zunahme der Mikroorganismenzahl eine b.A. anzeigen. Speziell zur nichtsubstratspezifischen Analyse der b.A. im

Abwasser wird die Masse des zur Oxidation benötigten Sauerstoffs (BSB) bestimmt.

Lit: Falbe J, Regnitz M (1989) Römpp Chemie Lexikon, 9.Aufl., Georg Thieme Verlag, Stuttgart New York.

Biologische Abfallbehandlung. Behandlung von Abfällen mittels biol. Prozesse. Mikroorganismen bauen dabei z.T. die org. Substanzen ab. Die eingesetzten Verfahren sollen den Mikroorganismen optimale Lebensbedingungen schaffen und Emissionen beim biol. Abbau reduzieren. Die biol. Abfallbehandlung kann >aerob< (mit Luftsauerstoff) oder >anaerob< (ohne Sauerstoff) erfolgen. Behandelbar sind sowohl biogene Abfälle, z.B. vegetabile Abfälle aus Haushalten, als auch Abfallgemische, die biogene Abfälle beinhalten, wie z.B. >Restmüll<. Aerobe Behandlungsverfahren, die ein land- oder gartenbaulich verwertbares Produkt erzeugen (>Kompost<) heißen >Kompostierung<. Erfolgt die biol. Behandlung anaerob, spricht man in der Abfallwirtschaft von >Vergärung<, und in der Abwasserbehandlung von >Faulung<. Die biol. Abfallbehandlung beinhaltet auch die >Biologisch-mechanische Restmüllbehandlung<.

Lit: Thomé-Kozmiensky KJ (Hrsg.) (1995) Biologische Abfallbehandlung. TK-Verlag, Berlin.

Biologische Abwasserreinigung. >Abwasserreinigung, biologische<.

Biologische Aktivität. Zusammenfassender Begriff für die Tätigkeit der gesamten im Boden lebenden Organismen (DIN 4047, Teil 10). Dieser biol. Vorgang wird auch in der >Abwasserreinigung< angewendet und vornehmlich auf die lebenden Organismen im Abwasser bezogen. So nennt die DIN 4045 den sog. Aktivitätsfaktor k in 1/d; 1/h; 1/min; 1/s als Beiwert zur Ermittlung der Reaktionsgeschwindigkeit beim Abbau. >Biozönose<.

Biologische Bundesanstalt für Land- und Forstwirtschaft (BBA). Selbständige Bundesoberbehörde im Geschäftsbereich des Bundesministeriums für Ernährung, Landwirtschaft und Forsten mit Sitz in Berlin und Braunschweig. *Entstehung*: Die BBA wurde 1898 als „Biologische Abteilung für Land- und Forstwirtschaft beim Kaiserlichen Gesundheitsamt" in Berlin gegründet, 1905 selbständige Reichsbehörde, nach dem Zweiten Weltkrieg als „Biologische Zentralanstalt" weitergeführt und 1950 mit der heutigen Bezeichnung „Biologische Bundesanstalt für Land- und Forstwirtschaft, Braunschweig" in die Verwaltung des Bundes übernommen. *Organisation*: Die BBA ist derzeit gegliedert in 2 Abteilungen, 17 Forschungsinstitute und mehrere Gemeinschaftseinrichtungen. Außeninstitute befinden sich in Bernkastel-Kues, in Darmstadt, Dossenheim, Kleinmachnow und Münster. *Aufgaben*: Die Aufgaben der BBA sind in § 33 des >Pflanzenschutzgesetzes< näher ausgeführt. Sie umfassen neben den durch Gesetz oder aufgrund von Verordnungen unmittelbar zugewiesenen Aufgaben wie z.B. die Zulassung von Pflanzenschutzmitteln a) Unterrichtung und Beratung der Bundesregierung auf dem Gebiet des Pflanzenschutzes, b) Forschung im Rahmen des Pflanzenschutzgesetzes einschließlich bibliothekarischer und dokumentarischer Erfassung, Auswertung und Bereitstellung von Informationen, c) Mitwirkung bei der Überwachung von Pflanzenschutzmitteln und -geräten, d) Prüfung von Pflanzen auf ihre Widerstandsfähigkeit gegen Schadorganismen, e) Untersuchung von Bienen auf Schäden durch zugelassene

Pflanzenschutzmittel, f) Mitwirkung bei der Bewertung von Stoffen nach dem Chemikaliengesetz, g) Veröffentlichungspflichten. Neben den bindenden Aufgaben hat die BBA wahlfreie Aufgaben, z.B. Prüfung von Pflanzenstärkungsmitteln oder von Geräten, die keine Pflanzenschutzgeräte sind. Die BBA ist Einvernehmensbehörde bei der Sicherheitsprüfung hinsichtlich Freisetzung gentechnologisch veränderter Organismen.

Biologische Halbwertzeit (T$_{1/2}$). Zeit, die erforderlich ist, um die zur Zeit t = 0 im Organismus oder in einem Organ vorliegende Stoffkonzentration durch Eliminierung des Stoffes zu halbieren. Die T$_{1/2}$ kann für verschiedene Stoffe zwischen einigen Stunden und mehreren Monaten liegen; es existieren artspezifische Unterschiede.

Biologische Membran. >Lipidmembran<, >Biomembran<.

Biologische Schädlings- und Unkrautbekämpfung. >Biologischer< und >biotechnischer Pflanzenschutz<. Begrenzung der Population schädlicher Tier- und Pflanzenarten durch Anwendung von Selbstvernichtungsverfahren, Schonung, Förderung und Einsatz von Nützlingen, Verwendung mikrobiologischer Präparate und Förderung spez. Schädlinge von Unkräutern.

Biologische Selbstreinigung. Summe physikalischer, chem. und biol. Prozesse, durch die schädliche Wasserinhaltsstoffe verändert und/oder aus dem Wasser (meist nicht aus dem Gewässer) entfernt werden. Im engeren Sinne bezieht sich die biol. Selbstreinigung auf die org. abbaubaren Abwasserinhaltsstoffe in >Vorflutern<. 1. Erster Schritt ist die Förderung von >Mikroorganismen<, die die org. Stoffe abbauen, z.B. >*Sphaerotilus natans*< und >Abwasserpilze<. 2. Die Folge ist eine Belastung des Sauerstoffhaushaltes des Gewässers, die durch physikalischen Sauerstoffeintrag aus der Atmosphäre über die Gewässeroberfläche ausgeglichen werden kann. Die Prozesse 1 und 2 führen zu einer Verödung der tierischen >Biozönosen< (>Artenfehlbetrag<). In einem 3. Schritt reorganisiert sich die Biozönose: „Abwasserpilze" verschwinden wegen Mangel an Nährstoffen, andere >Bakterien< ox. die anorg. Abbauprodukte, z.B. >Ammonium< zu >Nitrat< (>Nitrifikation<). Diese zeitlich aufeinanderfolgenden Prozesse sind im Fließgewässer räumlich getrennt, so daß bei kontinuierlichem Eintrag an org. Abwasserinhaltsstoffen eine konstante Selbstreinigungsstrecke ausgebildet ist, in der tierische Organismen je nach Widerstandsfähigkeit und Toleranz in unterschiedlichen Bereichen leben und so die Bedeutung von >Indikatororganismen< bei der >Gewässergütebestimmung< nach dem >Saprobiensystem< erhalten.

Biologische Umsatzleistung. Der Umfang od. auch die Effizienz eines allg. od. spez. Bio-Produktions- od. Abbauprozesses im Hinblick auf Menge an eingesetztem Substrat und Energie in Fermentern, biol. >Reaktoren< oder Agrar-Ökosystemen.

Biologische Verfügbarkeit. Bezeichnet die Eig. einer Substanz, allgemein durch einen biol., in der Umwelt insbesondere auch mikrobiellen Stoffwechsel umgesetzt werden zu können. Bezogen wird diese Eig. heute oft auf den Umsatz org. Umweltkontaminanten (Schadstoffe), wobei ein möglichst vollständiger Abbau (Mineralisierung) der Stoffe erwünscht ist. Allg. gilt, daß natürlich entstandene Stoffe auch biol. abge-

baut werden, wogegen anthropogene Stoffe, vor allem solche mit einem hohen Halogenierungsgrad, nur schwer verfügbar sind (>biologischer Abbau von halogenierten Kohlenwasserstoffen<). >Bioverfügbarkeit<

Biologische Verwitterung. Sammelbezeichnung für Prozesse der chemischen Verwitterung, die durch die Stoffwechselaktivitäten von Organismen hervorgerufen oder erheblich beschleunigt werden. Hierzu gehört z.B. die protolytische Auflösung von Carbonaten oder Silicaten. In Böden wird die b.V. besonders durch Bakterien und Pilze, auf freien Gesteinsflächen auch durch Symbiosen (z.B. Flechten) unterstützt. Viele Organismen scheiden neben organischen Säuren auch komplexierende Substanzen aus, so daß z.T. sogar Glas in relativ kurzer Zeit angegriffen wird.

Biologische Waffen. Bezeichnung für biogene Kampfstoffe, deren Wirkung auf der Basis von pathogenen >Bakterien<, >Viren< oder biogenen >Toxinen< beruht, die beim Menschen oder bei Tieren schwere oder sogar tödliche Krankheiten auslösen. Diese völkerrechtlich geächteten Waffen enthalten entsprechend stabilisierte, z.B. gefriergetrocknete Mikroorganismen, Mikroorgansimen-Sporen (>Sporen<) oder toxinhaltige Kulturflüssigkeiten und können waffentechnisch so eingesetzt werden, daß ein Aerosol mehr oder weniger großflächig verbreitet wird. Die Aufnahme wirksamer >Pathogene< kann z.T. noch lange nach Anwendung der Waffen stattfinden, da die Bakterien oder Viren mitunter lange Überlebenszeiten aufweisen und sich im Anwendungsgebiet etablieren. Dann sind sie nur sehr schwer wieder zu eliminieren. Gruignard Island, eine kleine Insel an der schottischen Westküste, war Anfang der 40er Jahre durch einen Test mit b.W. mit Milzbranderregern (*Bacillus anthracis*) verseucht worden und bis in die 80er Jahre kontaminiert. Durch Genmanipulationen sind heute Möglichkeiten gegeben, bisher völlig unbekannte Pathogene mit neuen Eig. zu synthetisieren (Entwicklungszentrum für b.W. in Fort Derick, Md., USA). Auf Basis von pathogenen Bakterien, die folgende Krankheiten verursachen, sind b.W. geplant bzw. gebaut worden: Pest (*Yersinia pestis*), Milzbrand (*Bacillus anthracis*), Thyphus (*Salmonella typhi*), Cholera (*Vibrio cholerae*), >Botulismus< (*Clostridium botulinum*). Verschiedenartige Viren können eingesetzt werden, um Encephalitis (Hirnhautentzündung) hervorzurufen. Die im Vietnamkrieg von den USA eingesetzten nicht biogenen Entlaubungsmittel (z.B. Agent orange) werden nicht zu den biol., sondern zu den chem. Waffen gezählt.

Biologische Zeit. Berücksichtigt in >Modellen< biol. Prozesse implizit den eminent wichtigen Einfluß der Temp. auf alle enzymgesteuerten Prozesse. Bei Benutzung der „physikalischen Zeit" in Modellen von Wachstumsprozessen muß die Temp. explizit berücksichtigt werden.

Biologischer Abbau. Halogenierte Kohlenwasserstoffe: Eine große Zahl zumeist anthropogener halogenierter Kohlenwasserstoffe (HKW) führt bei der heutigen industriellen Massenherstellung und der breiten Anwendung zu umweltrelevanten Verschmutzungen von Boden, Wasser und Luft. Während der letzten Jahre hat man jedoch an immer mehr Beispielen beobachten können, daß insbesondere Mikroorganismen in der Lage sind, viele anthropogene halogenierte org. Stoffe durch Biotransformation umzuwandeln oder gar vollständig zu CO_2, H_2O und Halogenwasserstoffsäuren

zu mineralisieren und damit eine Detoxifikation zu erreichen. Bei den Umsetzungen mit Mikroorganismen kann man drei Prinzipien unterscheiden:
- Die HKW dienen als einzige Energiequelle. Dies ist bevorzugt unter aeroben, aber in einigen Fällen auch unter anaeroben Bedingungen beobachet worden.
- Die HKW dienen als Substrat für einige, zumeist unspezifische Enzyme eines Organismus und werden in einem >Cometabolismus< umgesetzt.
- Die HKW dienen als Elektronenakzeptor, wobei allg. anaerobe Bedingungen erforderlich sind.
Bei der Metabolisierung von Organo-Halogen-Verb. ist die enzymatische Entfernung eines Halogenatoms meistens der erste Reaktionsschritt. Er wird von sog. Dehalogenasen katalysiert, wobei bislang vier Reaktionsmechanismen bekannt sind: thiolytische, oxygenolytische, hydrolytische und reduktive Dehalogenierungen. Bei den *thiolytischen Spaltungen* sind >Glutathion< -abhängige Dehalogenierungen gefunden worden (z.B. beim Dichlormethanabbau durch >Pseudomonas<, Hyphomicrobium oder Methylobacterium). Für die sauerstoffabhängigen *oxygenolytischen Spaltungen* der Kohlenstoff-Halogen-Bindung sind oft Methan- und z.T. spezifische sowie z.T unspezifische Alkan-Monooxigenasen verantwortlich (z.B. beim Abbau von Chlormethan, Vinylchlorid oder 1,2-Dichlorethan). *Hydrolytische Spaltungen* führen zu den entsprechenden Alkoholen, z.B. durch *Xanthobacter autotrophicus*) oder von 1-Halogenalkanen zu den analogen *n*-Alkoholen. Bei den *reduktiven Dehalogenierungen* wird entweder das Halogenatom durch ein Wasserstoffatom ersetzt oder durch Elimination von zwei an benachbarten C-Atomen befindlichen Halogenatomen eine Doppelbindung gebildet. Ein Beispiel für diesen Reaktionstyp ist die anaerobe Dechlorierung von Tetrachlorkohlenstoff mit *Desulfobacterium autotrophicum*. Durch mikrobielle Transformation oder einen mikrobiellen Totalabbau sind heute eine Vielzahl halogenierter Kohlenwasserstoffe zugänglich, wenn verfahrenstechnisch geeignete Bedingungen für den Umsatz geschaffen werden können. So sind z.B. die meisten der in der „EPA List of Priority Pollutants" aufgeführten halogenierten Aliphaten biotransformierbar. Sogar für das stabilste aller chlorierten Ethanderivate, das lange Zeit als persistent angesehene Perchlorethylen (Tetrachlorethen, C_2Cl_4) konnte von Hoppenheidt eine mikrobielle >Transformation< nachgewiesen und ein Abbauverfahren entwickelt werden. Neben den aliphatischen Kohlenwasserstoffen können auch aromatische halogenierte Kohlenwasserstoffe mikrobiell abgebaut werden, auch wenn diese Verbindungen überwiegend als Pestizide oder über industrielle Anwendungen in die Umwelt gelangen und dort über natürliche Quellen fast nicht vorkommen. Die Bakterien, die solche Verbindungen abbauen können, nutzen sie co-metabolisch, da sie in der Regel nur die nicht-halogenierten Analoga zum Wachstum verwerten können. Prinzipiell sind die Dehalogenisierungsmechanismen die gleichen wie bei den aliphatischen Verbindungen. Sie können in einzelnen Fällen direkt am aromatischen Ring angreifen. In der Regel wird jedoch zunächst der aromatische Ring über eine Dioxygenierung geöffnet.

Lit: Cook AM, Scholz R, Leisinger T (1988) Mikrobieller Abbau von halogenierten aliphatischen Verbindungen. GWF – Wasser/Abwasser. 129: 61–69 (Review-Artikel!) – Hoppenheidt K, Hanert HH (1989) Stimulation der biologischen Chlorkohlenwasserstoff-Transformation in Tetrachlorethen-kontaminiertem Grundwasser. GWF – Wasser/Abwasser 130: 706–711 – Ratledge C (Hrsg.) (1994) Biochemistry of Microbial Degradation. Kluwer Acad Publishers, Dordrecht, NL.

Biologischer Arbeitsstofftoleranzwert. >BAT<.

Biologischer Katalysator. >Biokatalysator<, Syn. für >Enzym<.

Biologischer Pflanzenschutz. Er umfaßt die gesteuerte Nutzung biol. Vorgänge, insbes. von Antagonismen gegenüber Schaderregern, natürlichen Reaktionen mit Verhaltensweisen von Schaderregern, (>biotechnischer Pflanzenschutz<), pflanzeneigene Schutzmechanismen gegenüber biotischen und abiotischen Schadfaktoren. (Aus DPG-Glossar).

Biologischer Rasen. Bewuchs von >Mikroorganismen< auf einem Festbett, z.B. Füllstoff von >Tropfkörpern< (DIN 4045). Die Grundsubstanz des b.R. bilden >Bakterien<, die durch eine selbsterzeugte Schleimmasse aneinander und am >Tropfkörpermaterial< haften. Diese Wuchsform wird >Zoogloea< genannt. Durch die Lebenstätigkeit der Bakterien werden die faulfähigen org. Stoffe teils oxidiert, teils in körpereigene Substanz umgewandelt, wobei mit steigender Nahrungszufuhr die Bakterienvermehrung und damit die Schlammbildung zunehmen. Der biol. Rasen ist von einzelligen und vielzelligen Organismen besiedelt (s. Abb.).

Lit: Abwassertechnische Vereinigung (Hrsg.) (1982–1986) Lehr- und Handbuch der Abwassertechnik, 3.Aufl., Bd. 1–7, Verlag von Wilhelm Ernst und Sohn, Berlin München.

Biologischer Sauerstoffbedarf. >Biochemischer Sauerstoffbedarf<.

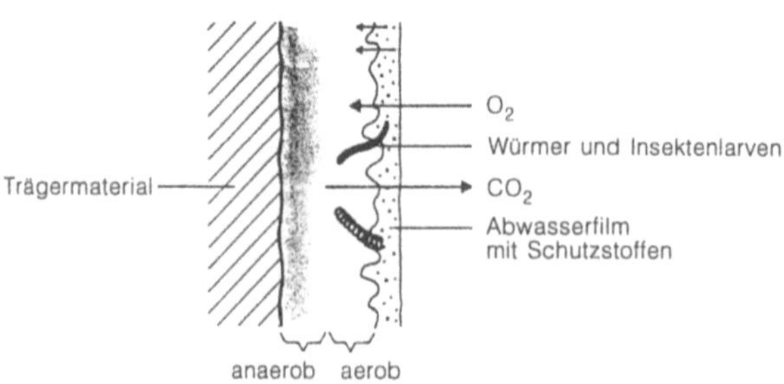

Biologischer Rasen: Schematischer Aufbau des Tropfkörperrasens (aus: Mudrack K, Kunst S (1985) Biologie der Abwasserreinigung, Gustav Fischer Verlag, Stuttgart)

Biologischer Wasserbau. Unter einem b.W. versteht man allg. die Verwendung von lebenden Pflanzen, ihre Ansiedlung oder Anpflanzung zu versch. Zwecken im Wasserbau („Lebendverbauung"). Dazu gehören die Sicherung der Uferstabilität, die Verhinderung der Erosion und – mehr ökologisch – die Schaffung oder Erhaltung einer gewässerbegleitenden Vegetation als Lebensraum für Organismen, als Nährstofflieferanten und zur Regulierung der Belichtung. Heute muß der b.W. auch ganzheitlich aus der Sicht der Erhaltung der ökologischen Vielfalt eines Gewässers gesehen werden: Erhaltung der natürlichen Sohlenstruktur der Laufentwicklung, der Sohlen- und Ufervegetation einschl. Aubereich und Erhaltung der Vielfalt der tierischen >Biozönosen< und deren Lebensräume. Der b.W. hat heute nicht mehr vordringlich zu gestalten, sondern zu bewahren. Eine aktuelle Aufgabe des b.W. ist die Renaturierung der Gewässer.

Lit: Lange G, Lecher K (1993) Gewässerregelung Gewässerpflege, 3.Aufl., Parey, Hamburg Berlin – Bundesanstalt für Gewässerkunde Koblenz (Hrsg.) (1965) Der biologische Wasserbau an den Bundeswasserstraßen, 1.Aufl., Ulmer, Stuttgart – DVWK (Hrsg.) (1984) Ökologische Aspekte bei Ausbau und Unterhaltung von Fließgewässern, 1.Aufl., Parey, Hamburg Berlin. – Kern K (1994) Grundlagen naturnaher Gewässergestaltung. Springer Verlag, Berlin Heidelberg New York Tokyo – Gunkel G (Hrsg.) (1996) Renaturierung kleiner Fließgewässer. Gustav Fischer Verlag, Jena Stuttgart – Hütte M (1999) Ökologie und Wasserbau, Parey Buchverlag, Berlin.

Biologisches Gleichgewicht. >Gleichgewicht<.

Biolumineszenz. Ausstrahlung von Licht durch Organismen. Der Leuchtvorgang kommt im Energiestoffwechsel durch einen als Nebenweg zur Atmung ablaufenden enzymatischen Ox.-Prozeß zustande. Dabei kommt es jedoch nicht zur Bildung von >ATP<, sondern infolge einer Ox. zur Anregung von >Luciferinen<, die die Reaktionsenergie in Form von sichtbarem Licht mittlerer Wellenlänge – meistens grün – abgeben. Dieser Vorgang wird durch sog. Luciferasen katalysiert (>Luciferin-Luciferase-Reaktion<). Man findet ihn häufig bei Mikroorganismen, beispielsweise bei Leuchtbakterien, die oft auf Fleisch oder im marinen Bereich auf Fischen zu finden sind (Gattungen Photobacterium, Lucibacterium), und bei Pilzen *(Armillaria mellea, Panus stipticus)*. Aber auch bei Protozoen (Dinoflagellaten) und höheren Tieren gibt es die Erscheinung der B., wobei die Reaktionen besonders gut beim Leuchtkäfer *Photinus pyralis* („firefly") untersucht worden sind. Mitunter treten auch Leuchtbakterien als Symbionten in speziellen Leuchtorganen von Tieren auf. Die Biolumineszenz einer best. Leuchtbakterienart *(Photobacterium phosphoreum)* wird analytisch als Kurzzeittest eingesetzt, um die Ökotoxizität von Wasser zu ermitteln. >Toxine< können die Aktivität der Bakterien beeinträchtigen oder sie absterben lassen, wodurch unter genau definierten Bedingungen die natürliche B. der Bakterien um einen best. Betrag gesenkt wird (DIN 38412/Teil 34 vom März 1991). Diese Methode kann analog auch für die Ermittlung der Ökotoxizität anderer Proben eingesetzt werden.

Lit: DIN 38412/Teil34, entspricht DEV l34 (März 1991) Testverfahren mit Wasserorganismen (Gruppe L): Bestimmung der Hemmwirkung von Abwasser auf die Lichtemission von *Photobacterium phosphoreum* – Leuchtbakterien-Abwassertest mit konservierten Bakterien. Normenausschuß Wasserwesen (NAW) im DIN Deutsches Institut für Normung e.V., Berlin.

Biomagnifikation. Erhöhung der (Schadstoff-)Konzentration über die kontaminierte Nahrung von niederen zu höheren >trophischen Ebenen< (Konzentrationszunahme im Verlauf einer Nahrungskette). Biomagnifikation durch Nahrungsaufnahme beruht stets auf aktiven biologischen Prozessen. >Bioakkumulation<.

Lit: DFG Forschungsbericht (1987) VCH Verlagsgesellschaft, Weinheim.

Biomanipulation. Gezielter Eingriff in die >Nahrungsketten< eines Sees, z.B. zur >top down Kontrolle< der >Algen<: Durch die Förderung von Raubfischen werden >Zooplankton<-fressende Fische dezimiert und so das Algen-fressende Zooplankton gefördert, was zu einer Verminderung des >Phytoplanktons< führt. Die B. ist eine biol. Möglichkeit der >Seesanierung<.

Lit: Benndorf J (1994) Possibilities and limits for controlling eutrophication by biomanipulation. Int. Rev. ges. Hydrobiol. 80, 519–534.

Biomasse. 1. allgemein: Diese umfaßt 1) die Gesamtmasse aller Lebewesen eines >Biotops< und wird in g Frischgewicht oder Trockengewicht pro m^3 Vol. oder m^2 Oberfläche angegeben; 2) die gesamte Zellsubstanz von Organismen, die als Rohprodukt in der >Biotechnologie< verwendet wird; sie liefert bei Arten mit stark schwankender Individuengröße oft ein besseres Maß für die Populationsgröße als die Individuenzahl; 3) die durch >Photosynthese< gebildeten Substanzen.
2. Boden: Die durchschnittliche Biomasse des >Edaphon< in nährstoffreichen Böden beträgt ein bis drei kg Trockengewicht pro Quadratmeter. Davon entfallen 50% auf >Wurzeln<, 30% auf >Pilze<, 10% auf >Bakterien< und 10% auf Tiere. Die Biomassewerte in nährstoffarmen Böden sind sehr viel niedriger.

Biome. Umfassen die >Lebensgemeinschaften< großer >terrestrischer< Lebensräume, die aufgrund gleicher klimatischer Bedingungen eine gleichartige >Flora< und >Fauna< besitzen. Die >Vegetation< befindet sich im Klimaxstadium, d.h. im Endstadium ihrer Entwicklung. B. sind z.B. Tundra, tropische Savanne, Hartlaubwälder, nordafrikanische Wüsten etc.; >Biochor<.

Biomembranen. Sie dienen der äußeren und ggf. der inneren Begrenzung der Zelle sowie der Unterteilung der Zelle in Reaktionsräume oder Kompartimente. Die Hauptbestandteile sind Lipide und Proteine, die durch nichtkovalente Kräfte zusammengehalten werden. Viele Membranen enthalten zusätzlich Glycolipide und Sterole (bei Tieren Cholesterol). Die Lipide bilden einen bimolekularen Film, wobei die hydrophilen Pole nach außen gekehrt sind; sie fungieren als Barrieren für den Durchtritt polarer >Moleküle<. Die Proteine sind für die meisten dynamischen Prozesse von Membranen verantwortlich; z.B. treten sie als Pumpen, Kanäle, Rezeptoren, Elektronencarrier oder >Enzyme< auf. Sie finden sich als integrale oder periphere Proteine (s. Abb. S.198). Die nur 6 bis 10 nm dicken Membranen bilden grundsätzlich geschlossene Begrenzungen. Der asymmetrische Aufbau bedingt Unterschiede zwischen der Außen- und Innenfläche. Die Moleküle sind seitlich frei beweglich, können jedoch nicht um ihre Achse parallel zur Membranebene rotieren. >Lipidmembran<.

Biomonitoring. (Grch. bios = Leben; lat. monitor = Mahner, Warner) Bezeichnet die qual. und quant. Erfassung von >Schadstoffen< in der Umwelt durch >Bioindikatoren<. Hierzu eignen sich entweder Organismen, die im Ökosystem vorhanden sind (passives

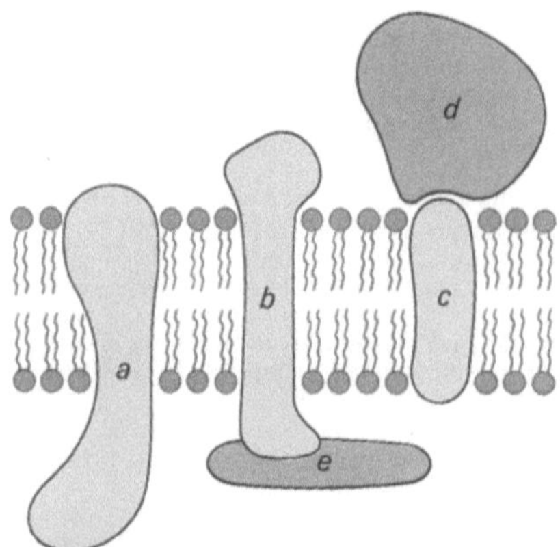

Biomembranen: Aufbau einer Biomembran. (Nach Stryer L (1988) Biochemistry, 3. Aufl., W. H. Freeman and Company, New York) Die integralen Membranproteine (a), (b), (c) weisen eine starke Wechselwirkung mit der Kohlenwasserstoff-Region der Lipid-Doppelschicht auf. Nahezu alle bekannten integralen Membranproteine durchqueren die Lipiddoppelschicht. Periphere Membranproteine (d und e) binden an die Oberfläche der integralen Membranproteine

Biomonitoring), oder sie werden in standardisierter Form eingebracht (Bioindikatoren; aktives Biomonitoring). Zur Bioindikation zieht man z. B. häufig >Flechten< heran, da sie potentiell ubiquitär sind und auch in industriell-urbanen Belastungsgebieten noch genügend Aufwuchssubstrate finden. Eine Bioindikation mit Flechten kann durch passives Monitoring (Flechtenkartierung) oder auch als aktives Monitoring (Exposition verschiedener Flechten) erfolgen. Flechten sind komponentenunspez. Bioindikatoren. Sie werden vorwiegend durch Einwirkung saurer Schadgase (>Schwefel-<, >Fluor-< und >Chlorverb.<), aber auch durch >Schwermetalle< und >Photooxidantien< geschädigt.

Biomülltonne. >Biotonne<.

Biopräzipitation. >Immobilisierung von Schwermetallen durch Mikroorganismen<, >Biosorption<.

Bioproduktion. Im Sinne von >Primärproduktion< verwendeter Begriff, der in Abhängigkeit von Sonneneinstrahlung (und damit im wesentlichen von der geographischen Höhe und Breite) und anderen Standortgrößen wie Wasser- und Nährstoffverfügbarkeit (Ressourcen) aus Boden, Grundwasser und Klima das Potential eines Standorts zur Produktion von Pflanzen bestimmt. V. a. unter naturnahen, vom Menschen weitgehend unbeeinflußten Bedingungen von großer Bedeutung.

Bioreaktor. (Syn. Fermenter) Eine zentrale Rolle in der >Biotechnik< und >Biotechnologie< nehmen die Kultivierung von Mikroorganismen oder Zellen sowie die Stoffumsetzungen mit isolierten >Enzymen< in Bioreaktoren (Fermentern) ein. Dabei versteht man allgemein unter einem B. eine Vorrichtung zur kontrollierten Vermehrung von Mikroorganismen bzw. Zellen in fl. Nährlsg. unter aseptischen Bedingungen mit dem Ziel, eine möglichst günstige Umgebung für das Mikroorganismen- bzw. Zellwachstum und damit verbunden auch für die Produktion best. Metaboliten zu schaffen. Um dieses Ziel zu erreichen, sind einige Grundanforderungen an einen B. zu stellen:
– In den meisten Fällen ist es erforderlich, daß der B. sterilisierbar ist, da die Umsetzungen wegen der Gefahr einer Überwucherung der gewünschten mit unerwünschten Mikroorganismen bzw. Zellen (Infektion) üblicherweise mit Reinkulturen bzw. definierten Mischkulturen durchgeführt werden. Dieser Aspekt stellt zudem einen wichtigen Unterschied zu den chem. Reaktoren dar.
– Zur optimalen Nährstoff- und Sauerstoffversorgung sowie zur gleichmäßigen Verteilung von Edukten und Produkten ist eine intensive Durchmischung des Kulturmediums erforderlich, die häufig durch Rühren erreicht wird.
– Die für die Kultivierung der Organismen bzw. Zellen wichtigen Milieubedingungen müssen konrollier- und leicht auf günstige Werte regelbar sein. Dabei sind vor allem die Temperatur-, Sauerstoff-, pH-Wert- und Substrat-Regelung zu erwähnen.

Um diese Anforderungen zu erfüllen, gibt es eine breite Palette konstruktiv unterschiedlicher Reaktoren, die entweder kontinuierlich, (z. B. Durchfluß-B., Festbett-B., Membran-B., Rieselfilm-B. (Tropfkörper)) oder diskontinuierlich betrieben werden. Bei den diskontinuierlich betriebenen Batch-Verfahren werden die Kultivierungen bzw. Umsetzungen üblicherweise in Edelstahl-, bei kleineren Ansätzen ggf. auch in Glaskesseln durchgeführt. Diese Methoden werden auch als Submers-Verfahren (Tank- oder Rührkesselverfahren) bezeichnet. Bei den kontinuierlich arbeitenden Verfahren sind (Mikro-)Organismen oder auch isolierte Enzyme auf Trägern immobilisiert („Biofilme", >immobilisierte Enzyme<). Bei der vorhandenen Vielzahl an Rühr-, Belüftungs-, Temperierungs- und weiteren Regelungsprinzipien von B. muß an dieser Stelle auf die Literatur verwiesen werden. Ein vereinfachtes Schema eines „typischen" Rührreaktors ist in der Abbildung dargestellt. Beispiele für den industriellen Einsatz von B. sind: Reinigung kommunaler oder industrieller Abwässer, z. B. in Belebungsbecken, Tropfkörper- oder Turm-B.; Produktion pharmazeutisch relevanter Stoffe (z. B. Insulin, Penicillin); Produktion von Chemikalien (z. B. Citronensäure, Essigsäure, Dexan, >Xanthan<) oder deren mikrobielle Umwandlung (Biotransformation) sowie die Herstellung von Lebensmitteln (z. B. Wein, Sekt, Bier Essig, Hefe).

Lit: Dellweg H (1987) Biotechnologie: Grundlagen und Verfahren. VCH Verlagsgesellschaft, Weinheim – Deckwer WD, Luttmann R, Reng H-G, Yonsel S (1987) Bioreaktoren: Ein Leitfaden für Anwender. GBF – Gesellschaft für Biotechnologische Forschung mbH, Braunschweig.

Biorhythmus. (Syn. circadianer Rhythmus) Schwankungen von biologischen Funktionen (z. B. Freisetzung von Hormonen, Nierenfunktion) und den dadurch beeinflußten Parametern (z. B. Blutdruck, Pulsfrequenz) im Tagesverlauf. Wichtigster beeinflussender Außenfaktor ist der Tag-Nacht-Wechsel, der auch bei der Isolierung von der Außenwelt über längere Zeit aufrechterhalten wird.

Biosensor. Spezielle Gruppe chem. Sensoren. B. dienen der Quantifizierung einzelner Substanzen oder Substanzgruppen. Die Spezifität der B. wird durch biol. Elemente vorgegeben, die >immobilisierte Enzyme<, >Antikörper<, >Rezeptoren< oder ganze Zellen

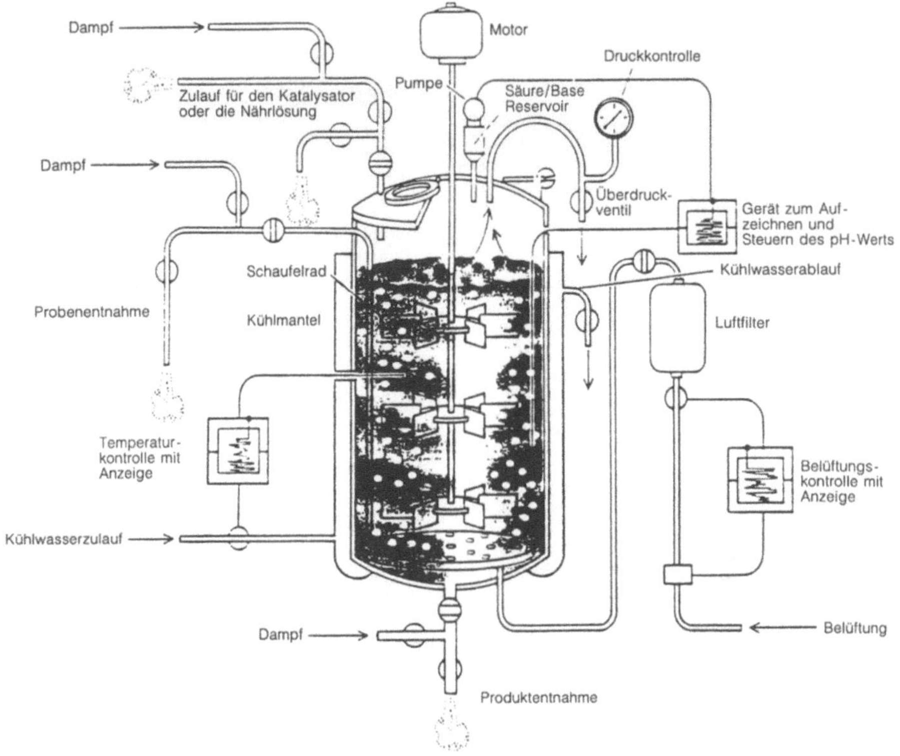

Bioreaktor: Vereinfachtes Schema eines Rührfermenters mit Anschlüssen und Meßeinrichtungen. (aus: Dellweg 1987)

(>Bakterien<) sein können. Die ablaufende biol. Reaktion wird mit einem geeigneten Meßfühler verfolgt. Dabei kann es sich um eine Elektrode, z.B. eine Sauerstoff- oder pH-Elektrode, aber auch einen Lichtwellenleiter, Schwingquarz oder einen Temperaturmeßfühler (Thermistor) handeln. Er wird möglichst in unmittelbarer Nähe des immobilisierten biol. Elementes plaziert. Die wirtschaftlich erfolgreichsten B. sind Glukosesensoren zur Bestimmung des Glukosegehaltes von Blut. Bei ihnen ist ein >Enzym<, i.d.R. die Glukoseoxidase, unmittelbar auf einer Elektrode immobilisiert. Auch für den Umweltbereich sind eine Reihe von B. entwickelt worden, von denen insbesondere Sensoren unter Verwendung von immobilisierten Mikroorganismen als Indikatoren des >biochemischen Sauerstoffbedarfs< erwähnt werden sollen. In der >Innenraum<-Analytik werden auch biochem. Nachweissysteme als Schnelltests eingesetzt, bei denen eine Farbreaktion eine visuelle Signalerfassung ermöglicht. Bei einem solchen Test wird >Formaldehyd< durch das Enzym Formaldehyd-Dehydrogenase zuerst oxidiert. Das reduzierte Coenzym reagiert anschließend mit einem Tetrazoliumsalz und dem Enzym Diaphorase zu einem Farbstoffmolekül. Über den Vergleich der erzielten Färbung mit einem Farbcode kann die vorliegende Formaldehyd-Konzentration ermittelt werden.
Lit: Göpel W, Hesse J, Zemel JN (Hrsg.) (1992) Sensors A Comprehensive Survey, Vol 3 Chemical and Biochemical Sensors Part II, VCH, Weinheim – Scheller F, Schubert F (1989)

Biosensoren, Birkhäuser Verlag, Basel – Bilitewski U, Turner APF (Hrsg.) (1999) Biosensors for Environmental Monitoring, Harwood Acad. Publishers, Amsterdam – Polzius R, Wuske T, Mahn J, Manns J (1997) BioTec, 3, 28.

Biosorption. >Immobilisierung von Schwermetallen durch Mikroorganismen<.

Biosphäre. (Syn. Ökosphäre, Umwelt). Der von Leben erfüllte Raum der Erde, der die oberste Schicht der Erdkruste (inklusive des Wassers) und die unterste Schicht der Atmosphäre umfaßt. Der terrestrische Bereich kann auch als Biogeosphäre und der aquatische Teil als Biohydrosphäre bezeichnet werden. Die B. wird heute vorzugsweise >Umwelt< genannt. Organismen findet man in der Atmosphäre bis in etwa 5 km Höhe und in den Ozeanen bis in 10 km Tiefe; dort sind noch Bakterien anzutreffen. Man schätzt die gesamte Biomasse der B. auf etwa $3,6 \cdot 10^{17}$ g (360 Mrd. Tonnen) Trockenmasse. In der Geochemie ist mitunter ein etwas anderer Gebrauch des Begriffs B. üblich. Hier wird er für die Gesamtheit der Organismen auf der Erde verwendet (Einteilung in Lithosphäre, Hydrosphäre, Atmosphäre und B.).

Biosphärenreservat. Wertvolle Natur- und Kulturlandschaften können seit 1976 im Rahmen eines UNESCO-Programms als B. anerkannt werden; diese Reservate dienen der Entwicklung und Erprobung nachhaltiger, ökologischer und sozio-ökonomischer

Landnutzungskonzepte; B. gibt es vornehmlich in den neuen Bundesländern.

Biota. Gesamtheit der Pflanzen (>Flora<) und Tiere (>Fauna<) in einem bestimmten Gebiet.

Biotechnik. Integrierte Anwendung von Biochemie, Mikrobiologie, und Verfahrenstechnik mit dem Ziel der technischen Anwendung des Potentials von Mikroorganismen, >Zell-< und >Gewebekulturen<, sowie Teile davon (Definition der *Europäischen Föderation Biotechnologie* (1981) für den Begriff >Biotechnologie<).

Biotechnischer Pflanzenschutz. Sammelbegriff für Verfahren, die auf der Nutzung der natürlichen Reaktionen von Schädlingen auf physikalische und chem. Reize basieren mit dem Ziel, die Dichte der Schädlinge oder deren Schadwirkung zu vermindern. Im einzelnen kann es sich dabei um Schallimpulse (Vogelabwehr), Lichtreize (gelbe Leimtafeln), >Attractants<, >Repellent< u.a. handeln. Bestandteil des >biologischen Pflanzenschutzes<.

Biotechnologie. Wissenschaft, die sich mit der >Biotechnik< befaßt. Die Begriffe B. und Biotechnik werden heute jedoch in den meisten Fällen synonym verwendet. So beschreibt die *Europäische Föderation Biotechnologie* in ihrer Definition für B. eigentlich die >Biotechnik<.

Biotest. Ein Test zur Ermittlung der quantitativen oder qualitativen Wirkung verschiedener Stoffe im Wasser durch Untersuchung der Veränderung einer bestimmten biol. Aktivität (ISO 6107/2). B. werden seit ca. 60 Jahren durchgeführt, aber erst im letzten Jahrzehnt erfolgte eine Standardisierung der Methoden sowohl im nationalen (DIN) als auch im internationalen Bereich (ISO, CEN). Aus den Ergebnissen dieser Tests kann die Schadwirkung gegenüber verschiedenen Organismen eines Stoffes, Abwassers oder Abfalls erkannt werden.

biotisch. Bezogen auf lebende Organismen und die von ihnen ausgehenden Vorgänge.

Biotische Faktoren. >Umweltfaktoren< der belebten Natur, die auf die Lebewesen einwirken, z.B. Nahrung, Feinde, Parasiten, Konkurrenten, Bevölkerungsdichte etc. Gegensatz: >Abiotische Faktoren<.

Biotische Interaktionen. Sind ursächlich für den Ablauf der Zers. und des Stoffumsatzes im Boden. Diese haben im Bereich der Rhizosphäre Einfluß auf Pflanzenwachstum und Nährstoffaufnahme. Pflanzenkrankheiten werden durch b.I. best. (s. Abb. S.201).
Lit: Edwards CA, Stinner BR, Stinner D, Rabatin S (Hrsg.) (1992) Biological interactions in soil, 2.Aufl., Elsevier, Amsterdam London New York Tokyo – Paul EA, Clark FE (1989) Soil microbiology and biochemistry, 1.Aufl., Academic Press, San Diego London.

Biotit. Eisenhaltiger dunkler Glimmer mit der chemischen Zusammensetzung $K(Fe^{2+},Mg)_3Si_3AlO_{10}(OH)_2$. In Böden verwittert der B. relativ rasch unter der Bildung von Tonmineralen und ist daher ein wichtiger Lieferant der Nährstoffe K, Mg und Fe.

Biotonne. System zur Erfassung kompostierbarer Abfälle aus dem Haus- und Gartenbereich durch Aufstellen eines zweiten Abfallbehälters. Die Entsorgung dieses zusätzlichen Behälters erfolgt wöchentlich im Wechsel mit der >Restabfalltonne< >Sammlung, alternierend<) oder gleichzeitig, mit einem zweiten Müllsammelfahrzeug, zusammen mit der >Restabfalltonne< (>Sammlung, additiv<).

Biotop. (Syn. Habitat) Lebensraum einer >Lebensgemeinschaft< (>Biozönose<). Der B. ist gegen benachbarte B. gut abgrenzbar, z.B ein Wald gegen umliegende Wiesen, aber von durchaus unterschiedlicher Größe. Die umgangssprachliche Einschränkung auf einen Feuchtbiotop ist falsch. >Standort<.

Biotopbindung. Pflanzen und Tiere sind an bestimmte >Biotope< und diese wieder an bestimmte Landschaften gebunden. Dabei ist für das Vorkommen einer bestimmten >Art< meist eine Anzahl von >abiotischen< und >biotischen Faktoren< verantwortlich. Man kann aber beobachten, daß einzelne dieser Faktoren sich großräumig ändern und daß z.B. bestimmte Tiere auch in anderen Landschaften mit anderen klimatischen Bedingungen zu finden sein können. Man spricht dann von einer relativen B. So findet man manche Pflanzen im Mittelmeergebiet weit verbreitet, während sie in Mitteleuropa nur auf warmen Kalkböden anzutreffen sind. Für den Grad der B., die in der >Pflanzensoziologie< als Treue bezeichnet wird, gibt es verschiedene detaillierte Bezeichnungen. Die B. kann sehr differenziert sein, es kann auch zu einem >Biotopwechsel< kommen. So benötigen viele >Amphibien< ein Laichgewässer, einen Sommerlebensraum und ein Winterquartier. Andere Beispiele bieten pflanzensaugende Insekten mit Wirtswechsel, z.B. Blattläuse.

Biotopmanagement. Es ist im >Naturschutz< häufig notwendig, gezielt einzugreifen und durch verschiedenartige Maßnahmen >Biotope< zu pflegen oder gar zu verändern, um sie langfristig zu erhalten. In Mitteleuropa gibt es verschiedene Biotope, die erst durch die >Bewirtschaftung< des Menschen entstanden sind, z.B. die Heide. Ohne Beweidung durch Heidschnukken würde die Heide rasch von Gras überwuchert und durch Büsche und später Bäume verdrängt werden. Auch Kopfweiden als charakteristische Bäume mancher Landschaften bedürfen einer ständigen Pflege. In subtropischen Steppen wird häufig Feuer als notwendige Pflegemaßnahme eingesetzt.

Biotopschutz. Schutz der Erhaltung von wildlebenden Pflanzen und Tieren durch Erhaltung und Gestaltung ihrer Lebensräume. Rechtsgrundlagen: §§ 20ff des >Bundesnaturschutzgesetzes<; spezielle Verordnungsermächtigungen zum Biotopschutz finden sich in den einzelnen Landesnaturschutzgesetzen, z.B. in Art.18 Abs.2 Bayerisches Naturschutzgesetz.

Biotopvernetzung. Durch den menschlichen Eingriff sind vielerorts die natürlichen >Lebensräume< zerstört worden. Besonders in der Agrarlandschaft sind oft nur Relikte verschiedener >Biotope< vorhanden, z.B. Waldreste, >Feuchtgebiete<. Diese weisen i.allg. nur eine verarmte >Flora< und >Fauna< auf. Zudem sind die >Populationen< in diesen Relikten oft nur klein. Durch entsprechende Anpflanzungen, besonders von Hecken und Gehölzstreifen, versucht man eine B. zu erreichen. Damit ist vielen Tieren eine Wanderungsmöglichkeit gegeben, die zu einem Austausch von Individuen einzelner Populationen führen kann. Gleichzeitig bieten die ökologisch wertvollen Hecken neue Lebensmöglichkeiten für vielen Pflanzen und Tiere.

Biotopwechsel. >Biotopbindung<.

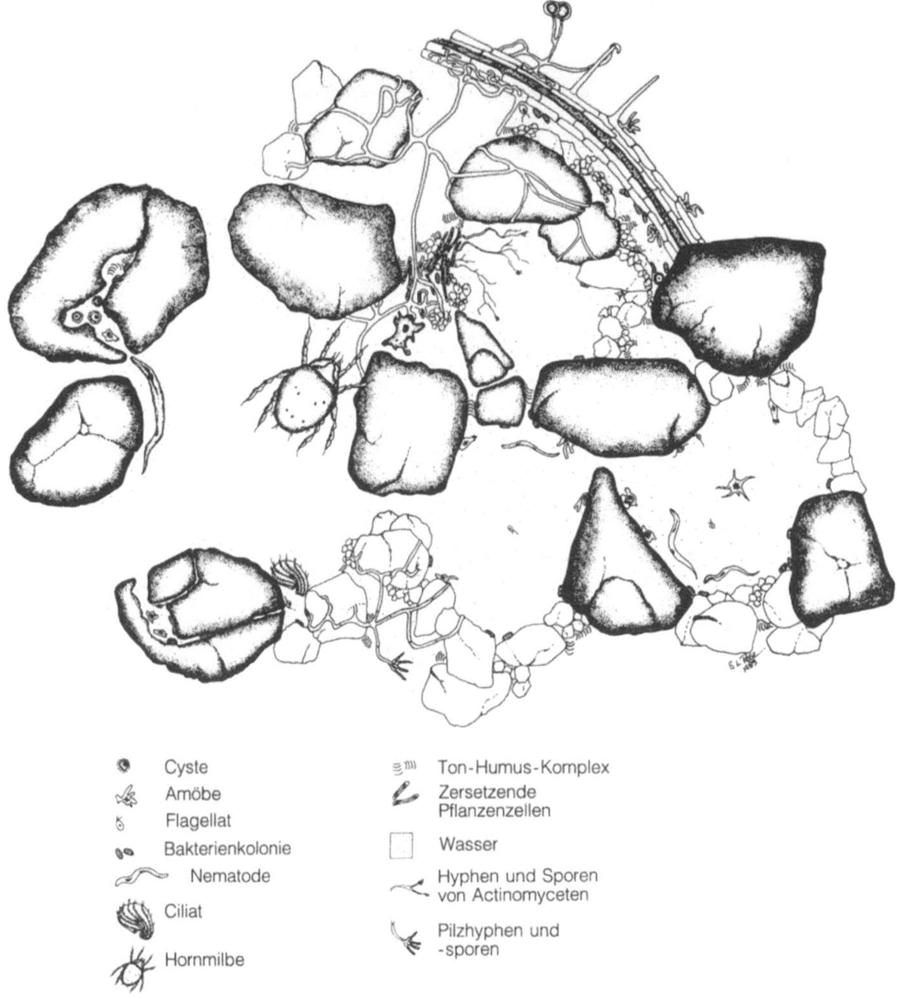

Biotische Interaktionen: Ernährungsbeziehungen zwischen verschiedenen Gruppen von Bodenorganismen sind bestimmt durch die Erreichbarkeit der Nahrung. Die Darstellung zeigt einen Ausschnitt von 1 cm^2 eines reich strukturierten Wiesenoberbodens. (Nach Paul und Clark 1989, nach Rose und T. Elliot unveröffentlicht)

Biotransformation. Die Elimination eines >Rückstandes< ist vor allem von seiner Biotransformation, d.h. seiner Verstoffwechselung, abhängig, in deren Verlauf häufig eine enzymbedingte Umwandlung entsteht. Im Mittelpunkt befindet sich hier die Aktivität der Leber. In Einzelfällen erweist sich der entstehende Metabolit toxischer als die Muttersubstanz. Schließlich wird der Stoffwechsel durch sogenannte Enzyminduktoren beeinflußt, die in der Lage sind, die dafür notwendige Enzymaktivität zu erhöhen. Die Exkretion eines Rückstandes oder seiner Metaboliten erfolgt über die Niere oder die Galle.

Bioturbation. Mehr oder weniger lokale Vermischung der obersten Sedimentlagen eines Gewässers oder des Meeres durch die Bewegungs- und/oder Freßaktivität von sedimentbewohnenden Organismen. So transportieren Oligochaeten der Gattung >Tubifex< Sediment aus 1–2 cm tiefen Schichten als Faeces auf die Sedimentoberfläche. B. kann die Schichtanalyse der Sedimente stören, für den Stoffhaushalt der Gewässer aber auch von beträchtlicher Bedeutung sein.

Bioverfügbarkeit. („bioavailability") Spielt eine wichtige Rolle für die Synthetisierung von Arznei- und Pflanzenschutzmitteln und für die Erkennung, wohin ein Stoff gelangt, bzw. wie er verwertet werden kann. Auch für die Mikroorganismen in Kläranlagen spielt die B. bei der Verwertung von Stoffen eine große Rolle, z.B. Veränderung der Löslichkeit durch Änderung des pH-Werts.

Biowäscher. Anlage zur Reinigung von org. belasteten >Abgasen< durch >Absorption< der org. >Schadstoffe< in einem >Naßwäscher<, der in Wasser aufgeschlämmte Bakterien enthält, bzw. dessen Füllkörper mit >Bakterien< besiedelt sind, die org. Schadstoffe abbauen können. Der Einsatzbereich von Biowäschern ist ähnlich wie bei >Biofiltern<, jedoch erfordern sowohl die Errichtung als auch der Betrieb eines Biowäschers in der Regel einen deutlich höheren Aufwand.

Biozide. Biozide sind Substanzen, die biol. Leben töten oder in anderer Form unterdrücken. Zu B. gehören synthetische oder natürliche Wirkstoffe aus der Gruppe der >Akarizide<, >Algizide<, >Bakterizide<, >Fungizide<, >Herbizide<, >Insektizide<, Mikrobiozide, >Rodentizide<, allg. >Pestizide< und Sterilantien. Nach der Richtlinie des Europaparlaments und des Rates über das Inverkehrbringen von Biozid-Produkten (1996) 8847/96 ENV 249 ENT 129 (>Biozidrichtlinie<) ist ein Biozid-Produkt ein solches, das, außer daß es biozide Eigenschaften besitzt, auch mit biozider Zweckbestimmung (vernichten, abschrecken, unschädlich machen, wirkungslos machen oder auf andere Weise schädliche Organismen kontrollieren) in den Verkehr gebracht wird. Das bedeutet aber, daß ätzende oder toxische Substanzen, wie z. B. starke Säuren und Basen sowie Gifte, nicht zu den Bioziden gezählt werden können, wenn das Inverkehrbringen nicht mit biozider Zweckbestimmung erfolgt ist, obwohl sie biol. Leben durchaus erheblich beeinträchtigen können.

Biozidrichtlinie. Die Richtlinie des Europäischen Parlaments und des Rates über das Inverkehrbringen von Biozidprodukten hat den Stellenwert eines Gesetzes, da die Mitgliedstaaten die Richtlinie in geltendes Recht umsetzen müssen. >Biozide< unterliegen grundsätzlich einem Zulassungsverfahren. Die behördliche Zulassung ist erforderlich, da hier eine Gefahr für die Gesundheit von Mensch und Tier, wobei auch Haustiere gemeint sind, besteht und eine Wirkung auf die Umwelt gegeben ist. Bei den >Bioziden< werden demnach vier Hauptgruppen mit verschiedenen Produktarten definiert:

I. Hauptgruppe „Desinfektionsmittel und allgemeine Biozid-Produkte",
  1. Biozidprodukte für die menschliche Hygiene
  2. Desinfektionsmittel für den Privatbereich und den Bereich des öffentlichen Gesundheitswesens sowie andere Biozid-Produkte
  3. Biozid-Produkte für die Hygiene im Veterinärbereich
  4. Desinfektionsmittel für den Lebens- und Futtermittelbereich
  5. Trinkwasserdesinfektionsmittel
II. Hauptgruppe „Schutzmittel"
  6. Topf-Konservierungsmittel
  7. Beschichtungsmittel
  8. Holzschutzmittel
  9. Schutzmittel für Fasern, Leder, Gummi und polymerisierte Materialien
  10. Schutzmittel für Mauerwerk
  11. Schutzmittel für Flüssigkeiten in Kühl- und Verfahrensanlagen
  12. Schleimbekämpfungsmittel
  13. Schutzmittel für Metallbearbeitungsflüssigkeiten
III. Hauptgruppe „Schädlingsbekämpfungsmittel"
  14. Rodentizide
  15. Avizide
  16. Molluskizide

  17. Fischbekämpfungsmittel
  18. Insektizide, Akarizide und Produkte gegen Arthropoden
  19. Repellentien und Lockmittel
IV. Hauptgruppe „Sonstige Biozid-Produkte"
  20. Schutzmittel für Lebens- und Futtermittel
  21. Antifoulingmittel (z. B. in Schiffsfarben etc.)
  22. Flüssigkeiten für Einbalsamierung und Taxidermie
  23. Produkte gegen sonstige Wirbeltiere

Das Zulassungsverfahren läuft folgendermaßen ab und orientiert sich an folgenden Anforderungen:
Die zuständige Behörde des Mitgliedstaates erstellt aufgrund der vorgelegten Prüfdossiers einen Zulassungsbescheid. Dazu müssen folgende Zulassungsvoraussetzungen erfüllt werden:
– Die Wirksamkeit eines Stoffes muß belegt werden.
– Es darf zu keiner unannehmbaren Auswirkung auf die Gesundheit von Mensch und Tier bei direkter und indirekter Exposition kommen.
– Es darf keine unannehmbare Auswirkung auf die Umwelt (Luft/Wasser/Boden) und die Lebewesen geben.
– Auch für die Zielorganismen dürfen keine unannehmbaren Auswirkungen existieren, z. B. darf keine Resistenz auftreten, Zieltiere dürfen nicht unnötig leiden etc.
– Der Wirkstoff muß in einer Positivliste stehen (Anhang I, europ. Liste zulässiger Wirkstoffe).

Für eine begrenzte Reihe von Produkten ist ein erleichtertes Verfahren vorgesehen, die Registrierung, die zur Ausstellung eines Registrierbescheides führt. Dies ist z. B. für die Konservierungsmittel von Lacken und Algenmittel in Kühlkreisläufen der Fall. Ferner sind dies Regelungen für Altstoffe („commodity substances") in Form eines Aufarbeitungsprogramms alter Wirkstoffe zwecks Bewertung, das z. B. für Grundchemikalien wie Kalk, Alkohol, etc. gedacht ist. Wichtig sind die Anlagen zur Richtlinie, die folgende Inhalte regeln:

Anlage I: Liste der Wirkstoffe mit auf Gemeinschaftsebene vereinbarten Anforderungen zur Verwendung in Biozid-Produkten.

Anlage I A: Liste der Wirkstoffe mit auf Gemeinschaftebene vereinbarten Anforderungen zur Verwendung in Biozid-Produkten mit niedrigem Risikopotential.

Anlage I B: Liste der Grundstoffe mit auf Gemeinschaftsebene vereinbarten Anforderungen.

Anhang II A: Gemeinsamer Kerndatensatz für Wirkstoffe – chemische Stoffe.

Anhang II B: Gemeinsamer Kerndatensatz für Biozid-Produkte – chemische Produkte.

Anhang III A: Zusätzliche Daten für Wirkstoffe – chemische Stoffe.

Anhang III B: Zusätzliche Daten für Biozid-Produkte – chemische Produkte.

Anhang IV A: Datensatz für Wirkstoffe – Pilze, Mikroorganismen und Viren.

Anhang IV B: Datensatz für Biozidprodukte – Pilze, Mikroorganismen und Viren.

Anhang V: Biozid-Produktarten und ihre Beschreibung gemäß Artikel 2 Absatz 1, Buchstabe a).

Anhang VI: Gemeinsame Grundsätze für die Bewertung von Unterlagen für Biozid-Produkte.

Biozönose. (Grch. koinos = gemeinsam, allgemein) Auf MÖBIUS (1877) zurückgehende Vorstellung von der Gesamtheit einer Organismengemeinschaft, auch und v. a. dann als „Lebensgemeinschaft" verstanden, wenn eindeutige Wechselwirkungen od. Anpassungen zwischen Populationen erkennbar sind; s. a. >Symbiose<. Im Laufe der Entwicklung eines Ökosystems zum Reife- od. Klimaxstadium – z. B. als Anpassung an verändertes Klima – verändert sich die Biozönose sowohl hinsichtlich >Biomasse< als auch >Diversität< der Populationen synchron oder phasenverschoben zur Entwicklung der Böden; ein Klimax als stabiles „ökologisches >Quasi-Fließgleichgewicht<" kann nur dann erreicht werden, wenn die Umgebungsbedingungen über lange Zeit hinreichend konst. sind. Während der Entwicklung zum Fließ-Gleichgewicht nimmt die Bruttoproduktion zu, die Nettoproduktion wegen überproportional starken Anstieges der Atmung jedoch ab. Ackerbau-Biozönosen werden durch den Anbau einjähriger Kulturpflanzen zur Erzielung hoher Nettoproduktion künstlich jung gehalten, weisen häufig aber auch eine rel. geringe >Stabilität< auf. Die Böden werden dabei durch Düngung verjüngt.

Abwasser: Zweck der biol. Untersuchung ist es, die in >Gewässern< und biol. >Kläranlagen< auftretenden Organismen zu erfassen und nach ihrem Aussagewert bezüglich des einwandfreien oder gestörten Ablaufs der >Selbstreinigungsvorgänge< einzustufen. Es reicht nicht aus, den einen oder anderen >Indikatororganismus< heranzuziehen, vielmehr muß in jedem Fall die gesamte Biozönose der Untersuchungsstelle erfaßt werden.

Biphenyl. Bildet farblose, glänzende Plättchen, Smt. 70 °C, die in Wasser unlöslich, aber gut lipidlöslich sind. Biphenyl hemmt das Wachstum von Grün- und Blauschimmel (*Penicillium digitatum, P. italicum*) bereits bei einer Konzentration von 0,08 mg/L Luft. Die Anwendung erfolgt zur Imprägnierung von Verpackungsmaterial und ausschließlich zur Konservierung von Citrusfrüchten. Der ADI-Wert beträgt 0,125 mg/kg Körpergewicht.

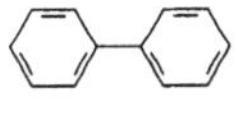

BImSchG. >Bundesimmissionsschutzgesetz<.

BImSchV. >Verordnungen zur Durchführung des Bundesimmissionsschutzgesetzes<.

Bitertanol. Wirkt als >Fungizid< und zählt zur Substanzklasse der Triazol-Derivate.
Chemische Bezeichnung: *all-rac*-1-([1,1'-Biphenyl]-4-yloxy)-3,3-dimethyl-1-(1*H*-1,2,4-triazol-1-yl)-butan-2-ol
CAS-Nummer: 55179–31–2
Hersteller: Bayer AG
Wirkungstyp: Protektiv, kurativ und eradikativ wirksames Blattfungizid mit Tiefenwirkung, Hemmstoff der Sterol-Biosynth.
Bevorzugte Anwendung: Gegen Schorf- und Moniliakrankheiten im Obstbau. Gegen Blattfleckenkrankheiten im Erdnuß- und Bananenbau. Als Beizmittel gegen Zwergsteinbrand an Winterweizen.
Chemische und physikalische Eigenschaften:
Physikalische Beschaffenheit: Farblos, krist.
Schmelzbereich: Etwa 123 bis 129 °C.
Verteilungskoeffizient (log $P_{o/w}$): 4,1 bis 4,4 bei 20 °C.
Dampfdruck: 0,001 mPa bei 20 °C.

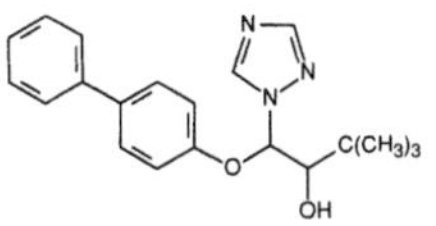

Stabilität: In saurem, neutralem und alkal. Medium nach 12monatiger Lagerung kein Abbau feststellbar.
Löslichkeit: In Wasser 5 mg/L.
Abbau und Metabolismus: Nach oraler Verabreichung wurde Bitertanol von Ratten größtenteils resorbiert (>80 %).
Die Ausscheidung erfolgt im wesentlichen über die Faeces (ca. 90 % in 7 Tagen), der Rest über den Urin.
Wichtigste Metabolisierungsreaktionen sind Hydroxylierung am Phenylring bzw. am *tert*-Butyl-Rest sowie Oxidation am *tert*-Butyl-Rest zur Carbonsäure und Etherspaltung.
Toxizität: Akute orale LD_{50} für Ratten >5.000 mg/kg, für Mäuse 4.200 bis 4.500 mg/kg, für Hunde >5.000 mg/kg. Dermale LD_{50} (Ratten) >5.000 mg/kg (24 Stunden). Keine Hautreizung, geringe Schleimhautreizung (Kaninchen). Höchste Dosis ohne Schädigung bei Verfütterung über 3 Monate an Ratten 100 mg/kg, bei Hunden 1 mg/kg.
Fischtoxizität: LC_{50} für Karpfen 2,5 mg/L (48 Stunden), für Regenbogenforelle 2,2 bis 2,7 mg/L (96 Stunden).
Bemerkung: Die Verb. tritt in zwei diastereomeren Formen auf.

Bittere Mandeln. Sie enthalten den >Bitterstoff< Amygdalin (Amygdalus = Mandelbaum), ein blausäurehaltiges Glykosid (s. chem. Formel). Beim Verreiben unter Wasserzusatz kommt das Amygdalin in Konakt mit normalerweise kompartimentierten >Enzymen< und wird in Benzaldehyd, Blausäure und >Glucose< gespalten. Bittere Mandeln sind daher zum Rohverzehr ungeeignet. Unter Backhitzeeinfluß verflüchtigt sich der Blausäuregehalt. Morphologisch sind Bäume der süßen und bitteren Mandel nicht zu unterscheiden. Die chem. Zus. ist bis auf den unterschiedlichen Gehalt an Amygdalin nahezu identisch.

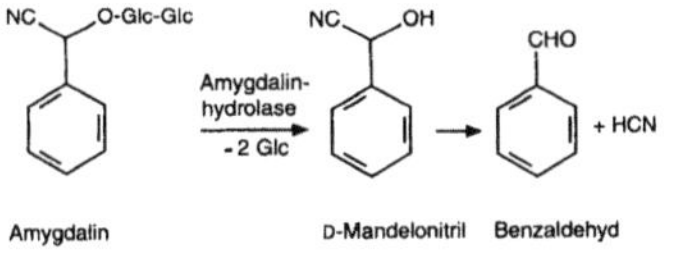

Amygdalin und die enzymatische Freisetzung von HCN

Bitterstoffe. Zur Erzeugung eines leicht bitteren Geschmacks werden vorwiegend Getränken Bitterstoffe, meist Alkaloidverbindungen, zugesetzt. Die im Brauprozeß eingesetzten Hopfenöle und -extrakte enthalten als bittere Komponenten Humulon, Lupulon, Lactarinsäure und Cerotinsäure. >Chinin< und Coffein dienen ebenfalls als Bitterstoffe bei der Getränkeerzeugung.

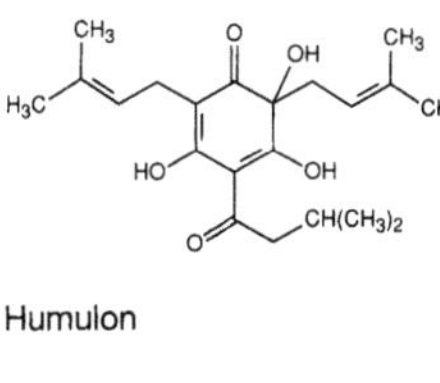

Humulon

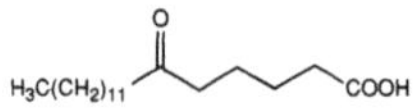

Lactarinsäure

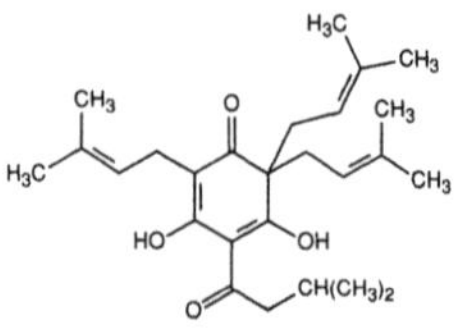

Lupulon

$H_3C(CH_2)_{24}$—COOH

Cerotinsäure

Bixin. 6,6'-Diapo-carotin-6,6'-disäure. Orangefarbenes Hauptpigment des >Annatto<-Extraktes, das durch Extraktion und Kristallisation aus organischen Lösungsmitteln gewonnen wird. Wegen der Fettlöslichkeit wird dieses >Carotinoid< zur Färbung von Butter, Margarine, Öl, Mayonnaise, Teigwaren, Fleischprodukten, Karamelbonbons und fetthaltigen Pralinenfüllungen eingesetzt.

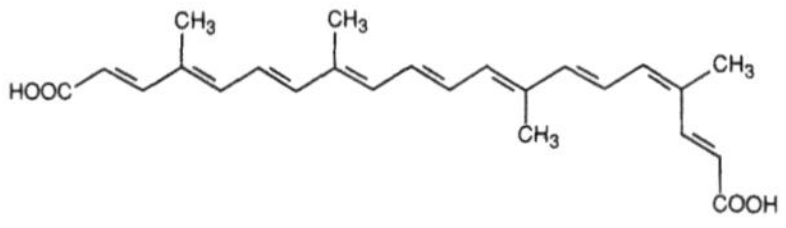

Black PN. >Brillantschwarz PN<.

Black-box-Modelle. (Engl. „schwarze Kasten"-Modelle) >Kompartimentmodelle<, bei denen es um die Ermittlung der „Funktion" des >Kompartimentes< geht, ohne jedoch Kenntnis seines Inhalts, seiner Struktur zu haben. Ökologische >Systeme< niedriger zeitlicher und räumlicher Auflösung sind häufig nur als Black-box-Modelle zu formulieren. Verwandt den sog. >Kaskaden-< od. >Plattenmodellen<, die bei Kenntnis umfangreicher Zeitreihen der In- und Outputgrößen sowie zusätzlich best. physikalisch interpretierbarer Charakteristika, z.B. zur Speicherung, durch entspr. Modellfunktionen angepaßt werden können; ferner den Transferfunktionsmodellen, bei denen im allg. allerdings Annahmen bezüglich Linearität der prozeßbeschreibenden Funktionen zu machen sind.

Blähschlamm. Belebter Schlamm mit schlechten Absetzeigenschaften, zumeist infolge übermäßiger Entwicklung von fadenförmigen >Bakterien< und >Pilzen< (DIN 4045). Blähschlamm liegt dann vor, wenn durch die Entwicklung von fadenförmig wachsenden >Mikroorganismen< die Absetzeigenschaften des >belebten Schlammes< so weit verschlechtert werden, daß der >Verdünnungsschlammindex< mehr als 150 mL/g beträgt. Weiterhin können folgende Ursachen den sog. Blähschlamm bewirken: Massenentwicklung von Bäumchenbakterien (>Zoogloea<), Zerfall der Flocke (z.B. Unterbelastung, toxische Einflüsse), Schwimmschlammbildung durch stabile Anheftung von Gasblasen aus der Belüftung oder auch von >Denitrifikationsstickstoff< an hydrophoben Oberflächen.

Blanket. >Brutmantel<.

Blasenkammer. Vorrichtung zum Nachweis und zur Messung von Kernstrahlung. In einer überhitzten Flüssigkeit (meist fl. Wasserstoff) erzeugen geladene Teilchen längs ihrer Bahn eine Spur winziger Dampfblasen, die fotografiert und dann ausgewertet werden kann.

Blastomere. (Pl. Blastomeren) Die durch die Teilung einer befruchteten Eizelle entstehenden Furchungszellen. Man kann B. im Experiment sowohl in andere Keimbezirke (Blastomeren-Translokation) als auch in einen anderen Keimling verpflanzen (Blastomeren-Transplantation).

Blastozyste. Bezeichnung des frühembryonalen Säugerkeims mit 64 bis 128 Zellen (>Embryo<).

Blasversatz. >Versatz<, Verfahren zum Einbringen von >Versatzgut<, >Berge< in den abgebauten Raum durch Druckluft.

Blattdüngung. Eine spezielle Form der Nährstoffversorgung. Pflanzen nehmen die notwendigen >Mineralstoffe< hauptsächlich über die Wurzeln auf, sind aber auch in der Lage, über die Spaltöffnungen der Blätter neben >Sauerstoff< und >Kohlendioxid< auch Nährstoffe in gelöster Form aufzunehmen. In der Praxis wird die B. im Spritz- oder Sprühverfahren durchgeführt; der Ausnutzungsgrad ist zwar gut, es kann aber nur eine begrenzte Menge aufgenommen werden. Ein Ausgleich durch höhere Nährstoffkonzentration findet seine Grenzen in der Verätzung der Pflanzen, wobei die Schwelle bei den einzelnen Arten unterschiedlich liegt. Neuere Depotblattdünger gehen langsam in die lösliche Form über, sind dadurch weniger ätzend, aber auch weniger wirksam. Über die Blattdüngung werden vor allem die Spurennährstoffe >Eisen<, >Mangan<, >Zink<, >Kupfer<, >Bor< und >Molybdän< verabreicht. So können Mangelsituationen ausgeglichen werden, die durch ein hohes Ertragsniveau in Verbindung mit hohen Gaben an Hauptnährstoffen (>Stickstoff<, >Phosphat<, >Kalium<) entstehen können und/oder natürlicherweise am Standort vorhanden sind. In der Praxis verbindet man die B. häufig mit Pflanzenschutzmaßnahmen.

Blattfall. Er wird durch die Ausbildung einer Trennzone vermittelt, die quer durch die Basis des Blattstiels verläuft und erst kurz vor dem Abfallen durch Zellteilungen vorbereitet wird. Alle Festigungsgewebe sind an dieser Stelle reduziert. Die Ablösung des noch lebenden Blattes an der Trennschicht wird durch die Produktion von >Pektinasen< und >Cellulasen< ermöglicht, die den Zusammenhalt der Zellen durch Auflösung der Mittellamellen aufheben. Unter der Trennschicht wird meist vor dem Blattfall eine >Korkschicht< gebildet, die dem Wundverschluß dient. In der Regel steuert die Tageslänge über die Vermittlung von >Phytohormonen< den jährlichen Blattfall der sommergrünen Laubbäume. Die wichtigste Rolle spielt dabei das >Ethylen<, dessen Konz. im Laufe der >Seneszenz< zunimmt und die Bildung des Trenngewebes auslöst. Durch Befall mit >Phytopathogenen<, durch ungünstige Umweltbedingungen wie Trockenheit oder Staunässe sowie durch Einwirkung von Umweltschadstoffen kann es zum vorzeitigen Blattfall kommen.

Blattgrün. >Chlorophyll<.

Blattkäfer (Chrysomelidae). >Insecta<.

Blattläuse. Es sind zu den Schnabelkerfen gehörende, kleine, in Kolonien lebende Insekten mit stechend-saugenden Mundwerkzeugen und einem röhrenförmigen Fortsatz auf dem Abdomen. Sie ernähren sich über ihren Stechrüssel vom >Phloemsaft<. Nur wenige Arten haben eine unmittelbare wirtschaftliche Bedeutung als Pflanzenschädlinge, wie z. B. die Reblaus im Weinbau. Der Hauptschaden entsteht durch die Übertragung pflanzenpathogener >Viren<. Der Generationszyklus jeder Blattlausart ist artspez. Die Individuen jeder Generation unterscheiden sich biol. und meist auch morphologisch (Polymorphismus). Es gibt wirtswechselnde und nicht-wirtswechselnde Arten. Wichtig ist ihre Fähigkeit der parthenogenetischen Fortpflanzung.

Blattnekrosen. (Grch. nekros = abgestorben). Sie entstehen durch lokalen Zell- oder Gewebetod nach >toxischen< oder physikalischen Einwirkungen (intensive Sonneneinstrahlung) oder als Reaktion der Pflanze auf parasitische Einflüsse. Es handelt sich um braune oder schwarze fleckenartige Verfärbungen auf den Blättern, die wie Brandstellen aussehen und auch als Blattbrand bezeichnet werden.

Blattodea. Schaben sind geflügelte Insekten ohne ein Puppenstadium. Die Waldschaben der Gattung Ectobius leben teilweise auch im Boden als Allesfresser.

Blattschäden. Sie machen sich durch Chlorosen (Vergilbungen) und Nekrosen (Bräunungen und Schwärzungen) (>Blattnekrosen<) bemerkbar. Hierfür kommen außerordentlich vielfältige Ursachen in Frage, z. B. Ernährungsstörungen, extreme Witterungsbedingungen, >Immissionen< sowie Befall mit >phytopathogenen< Organismen.

Blattverfärbung. Verfärbungen von Nadeln oder Blättern im Zusammenhang mit >neuartigen Waldschäden<. Weit verbreitet in Mitteleuropa ist die sog. >montane Vergilbung< der Fichte, die ein Mg-Mangelsymptom darstellt.

Blattverlust. >Kronentransparenz<.

L-Blau 1. >Indanthrenblau<.

L-Blau 2. >Indigotin<.

L-Blau 3. >Patentblau<.

Blaualgen. >Aerobe<, >phototrophe< Organismen ohne Zellkern, daher zu den Prokaryonten gehörend (Cyanobakterien). Einzellig oder fädig, oft sehr klein. Mit den Algen (Eukaryonten) haben sie Chlorophyll a und die oxigene Photosynth., bei der Sauerstoff entwickelt wird, gemeinsam. Viele Arten können molekularen Stickstoff aus der Luft assimilieren, in Symbiose mit höheren Pflanzen, z. B. Leguminosen, kommt das diesen zugute. Blaualgen leben (selten) terrestrisch, meist in Meer und Süßwasser. Im See sind es wichtige >Primärproduzenten<, einige Arten zeigen in >eutrophen< >Seen< zeitweilig Massenentwicklungen (>Algenblüten<), rot gefärbt *Oscillatoria rubescens* als Indikator für hocheutrophe Gewässer. In >Fließgewässern< und im >Litoral< der Seen bilden viele Arten krustige oder fädige Lager auf festen Unterlagen. Die „Tintenstriche" der (alpinen) Kalkfelsen werden von einzelligen Arten gebildet, die von ablaufendem Wasser benetzt werden. In der >Nahrungskette< des >Planktons< sind Blaualgen eine schlecht verwertbare Nahrung.

Blaue Tonne. >Biotonne<.

Blauer Engel. Umgangssprachlich für das >Umweltzeichen des Umweltbundesamtes<.

Blaufärbemethode. >Nitratschnelltest<.

Blaulichtrezeptor. (Syn. Cryptochrom) Rezeptorfamilie, die bei Pflanzen und >Pilzen< verschiedene Varianten einschließt. Es handelt sich um Flavoproteine, die im Plasmalemma lokalisiert sind. Das Wirkungsspektrum dieses >Photorezeptors< weist in der Regel Maxima bei 367 nm und 446 nm auf. Eine Anregung führt bei Schließzellen zur Stimulierung der Protonenextrusion und schließlich zur >Stomataöffnung<. Ein weiterer wichtiger Effekt ist die Aktivierung von Genen, z. B. des RubisCo-Gens. Charakteristische physiologische Reaktionen sind bei Pflanzen die Hemmung des Zellstreckungswachstums und von Achsenorganen, die Förderung des Blattflächenwachstums und der Blütenbildung, die Photonastie und der Phototropismus. Häufig bestehen Interaktionen mit dem >Phytochromsystem<. Bei Pilzen steuert Blaulicht oft die Fruchtkörper- und die Konidienbildung sowie die Synth. von >Carotinoiden<. Die Signaltransduktionskette führt nach Anregung des Flavin-haltigen Rezeptors zu Redox-Änderungen, gefolgt von einer Autophosphorylierung einer Kinase-Domäne, und schließlich zur Depolarisation des Plasmalemmas.

Blaurauch. Sichtbare >Abgasemission<, vorzugsweise bei >Dieselmotoren< im >Leerlauf< und bei Betrieb mit kleiner Last, wenn die Temp. des >Brennraums< absinkt und dabei durch nicht vollständige Verbrennung höhere Anteile an teilverbrannten Komponenten entstehen können. B. riecht häufig stechend wegen Anteilen an >Acrolein< und >Aldehyden<. B. wird teilweise auch als >Weißrauch< bezeichnet.

Blausäure. Cyanwasserstoff, HCN, M_r = 27,03. Farblose, sehr toxische Flüssigkeit von charakteristischem Geruch, Fp. –14 °C, Sdt. 26 °C, als schwache Säure wird B. aus den Salzen (Cyanide) durch Kohlensäure der Luft ausgetrieben. B. findet sich in verschiedenen Glykosiden, wie z. B. im Amygdalin (in bitteren Mandeln und in den Kernen vieler Steinobstsorten). Die >Toxizität< der B. entsteht durch Blockierung des dreiwertigen Eisens der Cytochromoxidase, dadurch kann kein Sauerstoff aus dem Hämoglobin auf die Gewebe übertragen werden und es folgt rasche Erstickung. Die tödliche Dosis bei akuten Intoxikationen liegt bei 1mg CN^-/ kg KG.

Blausucht. >Cyanose<.

Blei (Pb). 1. allgemein: Pb ist ein metallisches Element der 4. Hauptgruppe des >Periodensystems< mit der >Ordnungszahl< 82, dem rel. >Atomgewicht< 207,2 und besteht vorwiegend aus den natürlichen >Isotopen< ^{208}Pb (52,3 %), ^{207}Pb (22,6 %), ^{206}Pb (23,6 %) und ^{204}Pb (1,48 %). Daneben existieren einige künstlich hergestellte >Radioisotope< von Pb. Pb ist ein glänzendes, an der Luft rasch grau anlaufendes, sehr weiches Metall mit niedrigem Schmelzpunkt (Fp. 327,5 °C, Bleigießen), hohem Siedepunkt (Sdp. 1.744 °C, und hoher >Dichte< (11,34 g/cm³), weshalb es zu den >Schwermetallen< gezählt wird. Pb wird u. a. für >Akkumulatoren<, Kabelummantelungen, Formgußteile, Rostschutzfarben, Farbpigmente und in Form von >Tetraethylblei< als >Antiklopfmittel< verwendet. Blei und seine Verb. sind in den >Abgasen<

von >Metallhütten<, bleiverarbeitenden Betrieben, >Abfallverbrennungsanlagen< und >Kohlefeuerungsanlagen< sowie vor allem in den Kfz-Abgasen anzutreffen, da etwa 75 % des im Antiklopfmittel enthaltenen Bleis mit den Kfz-Abgasen in die Umwelt gelangt. Der Rest verbleibt im Motor und Auspuffsystem. Von den im Jahr 1970 in der Bundesrepublik Deutschland emittierten 15.000 t Blei waren ca. 12.000 t verkehrsbedingt. 1989 dürften insgesamt nur noch ca. 5.000 t, davon weniger als 4.000 t verkehrsbedingt, freigesetzt worden sein. Zu diesem insgesamt deutlichen Rückgang haben emissionsmindernde Maßnahmen bei Anlagen, wie z.B. verbesserte >Abgasentstaubung< und die Reduzierung des Bleigehaltes im >Benzin< (>Benzinbleigesetz<) bzw. die Einführung >bleifreien Benzins<, beigetragen. Die >TA Luft<, die zur Beurteilung immissionsschutzrechtlich >genehmigungsbedürftiger Anlagen< heranzuziehen ist, führt Blei und seine Verb., angegeben als Pb, in der Klasse III der Ziffer 3.1.4 auf. In der Summe dürfen die in dieser Klasse aufgeführten Stoffe – insgesamt 12 Elemente und deren Verb., ber. jeweils als Element – bei einem >Massenstrom< von 25 g/h und mehr im Abgas eine Konz. von 5 mg/m^3 nicht überschreiten. Zum Schutz vor Gesundheitsgefahren ist in der TA Luft für Blei und anorg. Bleiverb. als Bestandteile des >Schwebstaubs<, angegeben als Pb, ein >Immissionswert< IW 1 von 2,0 µg/m^3 aufgeführt. Des weiteren ist zum Schutz vor erheblichen >Nachteilen< oder erheblichen >Belästigungen< in der TA Luft für Blei und anorg. Bleiverb. als Bestandteile des >Staubniederschlags<, angegeben als Pb, ein Immissionswert IV 1 von 0,25 mg/m^{2}d angegeben. Diese Werte sind mit den ermittelten durchschnittlichen Belastungen, z.B. Jahresmittelwerten, für eine >Beurteilungsfläche< zu vergleichen. Die Belastung der Umwelt durch Blei ist entspr. den verminderten >Emissionen< insgesamt rückläufig. Insbesondere hatte die im Benzinbleigesetz verankerte Reduzierung des Bleigehaltes im Benzin von 0,40 g/L auf 0,15 g/L ab 01.01.1976 unmittelbare Auswirkungen auf den Rückgang der Bleibelastung im Staubniederschlag. So ging die Bleiniederschlagsbelastung in Bayern (Mittelwert aus den Meßergebnissen von neun Meßstationen) von 0,28 mg/m^{2}d im Jahr 1975 auf 0,10 mg/m^{2}d im Jahr 1976 zurück. Der weitere kontinuierliche Rückgang ist insbesondere im Zusammenhang mit dem zunehmenden Anteil bleifreien Benzins zu sehen. In den Jahren 1983 bis 1985 in München durchgeführte Messungen der Bleibelastung im Schwebstaub auf insgesamt 159 Beurteilungsflächen ergaben Jahresmittelwerte, die max. 22 % des entspr. IW 1 der TA Luft erreichten.

2. Lebensmittel: Besonders oberirdisch wachsende Pflanzen mit großer oder rauher Oberfläche, z.B. Spinat und Grünkohl, weisen einen hohen Bleigehalt auf, der vorwiegend aus der Staubbelastung resultiert. Durch gründliches Waschen kann der Bleigehalt in diesen Fällen stark gesenkt werden. Bei Weizen erfolgt die Anreicherung vor allem in Blättern und Spelzen. Bei der Verarbeitung der Weizenkörner können durch mehrfache Trockenschälung 70 % des Bleis mit der Schälkleie entfernt werden, da die Anreicherung vorwiegend in den äußeren Schichten des Korns erfolgt. In Schlachttieren erfolgt die Anreicherung in Leber, Niere, Knochenteilen sowie in geringerem Umfang im Muskelfleisch. Hochbelastet sind Tiere, die in der Nähe bleiemittierender Betriebe aufgezogen wurden. Weitere Kontaminationsquellen sind Gefäße mit bleihaltigen Glasuren, besonders beim Kontakt mit sauren Lebensmitteln, sowie bleihaltige Zinngefäße, gelötete Konservendosen etc. Diese Kontaminationsquellen werden jedoch zunehmend ausgeschaltet. Die durchschnittliche Aufnahme von Blei liegt in der Woche in Deutschland bei 0,7 bis 1,2 mg. 90 % dieser Menge werden mit der Nahrung zugeführt. Die Resorptionsquote aufgenommener Bleiverbindungen liegt beim Menschen schätzungsweise bei 5 bis 10 %. Blei wird vorwiegend in den Knochen und den inneren Organen kumuliert. Dadurch besteht die Gefahr, daß unter bestimmten Bedingungen plötzlich größere Mengen Blei freigesetzt werden können und wegen der Inhibition von Enzymen und der Hämoglobinsynthese eine stark toxische Wirkung ausüben. Eine ausgewogene und abwechslungsreiche Ernährung hält die Bleizufuhr in Grenzen. Übermäßiger Verzehr von Innereien und Speisepilzen sollte jedoch vermieden werden. Über die Kontamination von Böden und Pflanzen und damit >Futtermitteln< erreichen Bleiverbindungen die Tiere, über Innereien wie die Leber dann den Konsumenten. Blei ist ein ausgesprochenes Enzymgift und in der Lage, die Hämoglobinbildung zu beeinträchtigen. Darüber hinaus werden bei zu starker Exposition Muskelschwäche und Lähmungen sowie Leber- und Nierenschädigungen angenommen. Oral aufgenommenes Blei wird über den Magen-Darm-Trakt nur zu etwa 8 % resorbiert. Bleivergiftungen verlaufen häufig chronisch, und Blei wirkt als Summationsgift. Anämien verbunden mit Appetitlosigkeit, Verdauungsstörungen und Erbrechen sind nicht selten. Der Bleigehalt im Blut zeigt die aktuelle Bleibelastung, während der in Knochen und Zähnen ein Maß für die chronische Belastung ist. Die von der Weltgesundheitsorganisation (WHO) festgesetzte duldbare wöchentliche Aufnahmemenge beträgt für den Menschen (70 kg Körpergewicht) 3,5 mg.

Lit: Weigert P, Müller J, Klein H, Zufelde KP, Hillenbrand J (1984) Arsen, Blei, Cadmium und Quecksilber in und auf Lebensmitteln, ZEBS-Bericht 1, Bundesgesundheitsamt, Dietrich Reimer, Berlin.

Bleiakkumulator. >Bleibatterie<.

Bleiarsenat (PbHAsO$_4$). Natürliches B. (Schultenit, farblose Kristalle, D = 5,94) ist sehr selten. Es gibt Vorkommen in Namibia. Synthetisches B. (M$_r$ = 347,13) ist ein weißes, wasserunlösliches Pulver, das giftig und carcinogen ist. Bis 1928 wurde es in Deutschland als >Insektizid< v. a. gegen Kartoffelkäfer eingesetzt.

Bleibatterie. Heute noch wichtigster Elektrospeicher für Elektrofahrzeuge – insbesondere als Blei-Gel-Batterie; gegenüber Benzintank sehr schlechte Energiedichte (30mal größer und 100mal schwerer) (s. Abb.).

Bleibende Härte. Man unterscheidet neben der Calcium- und Magnesiumhärte nach der Art der Anionen die sog. Carbonathärte und die Nichtcarbonathärte, deren Summe die Gesamthärte ausmacht. Die vorübergehende oder temporäre Härte (Carbonathärte) beruht auf den sich beim Kochen zersetzenden Hydrogencarbonaten des Calciums und Magnesiums. Dabei scheiden sich die schwerlösl. Carbonate ab (Bildung von Kesselstein). Die Nichtcarbonathärte (bleibende oder permanente Härte) basiert auf den auch beim Erhitzen in Lsg. bleibenden Erdalkaliverb. wie Hydroxide, Chloride, Nitrate, Sulfate, Phosphate, Silikate, Humate. Je nach Härtegrad bezeichnet man das Wasser

Bleibatterie: Raumbedarf des Tanks bei verschiedenen Energiearten für die Fahrstrecke, die mit 55 L Benzin zurückgelegt werden kann. Berücksichtigt sind die fahrzeugseitig benötigten Zusatzeinrichtungen und der Wirkungsgrad der Energieumsetzung in der Antriebsmaschine (aus: Dechema 1986, VW 1987)

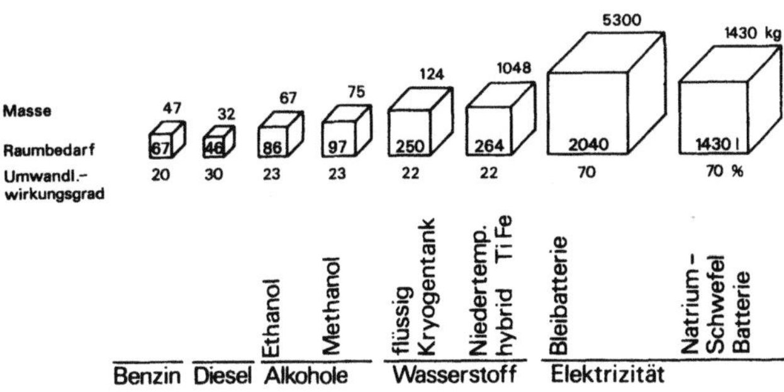

Bleibende Härte: Härteskala (aus Brix J et al, 1963)

Härtegrad DG	Benennung	Härtegrad DG	Benennung
0– 4	sehr weich	12–18	ziemlich hart
4– 8	weich	18–30	hart
8–12	mittelhart	über 30	sehr hart

(In USA gelten schon Wässer über 17 DG als „sehr hart").

als weich oder hart. Üblich ist die Härteskala s. Tabelle.

Lit: Brix J, Heyd H, Gerlach E (1963) Die Wasserversorgung, R. Oldenbourg Verlag, München Wien.

Bleichmittel. Dienen zur Entfärbung (Bleichung) von Lebensmitteln. Farbgebende >Carotinoide< können durch den Zusatz von Oxidationsmitteln, z. B. >Benzoylperoxid<, Cl_2, ClO_2, NOCl, NO_2, N_2O_4, aufgehellt werden. Lipoxygenase hat ebenfalls eine bleichende Wirkung. Bei der Herstellung von Pflanzenfetten werden die erhitzten Fette mit Bleicherden (>Bentonit<, Floridaerde) behandelt. Bei der Mehlerzeugung spielt die Bleichung ebenfalls eine große Rolle.

Bleifreies Benzin. >Benzin<, >Benzinbleigesetz<.

Blei-Tetraethyl. >Tetraethylblei<.

Blei-Tetramethyl. >Tetramethylblei<.

Blindprobe. Leerversuch, Bezeichnung für eine chem. Analysenprobe, die mutmaßlich frei von der zu bestimmenden Komponente ist und deren Untersuchung als Kontrollverfahren zur Reinheitsprüfung der Reagenzien sowie zur Überprüfung des Hintergrundes dient. Die Durchführung erfolgt, indem das reine Lösungsmittel ohne Zugabe der zu untersuchenden Substanz dem vollständigen Analysenverfahren unterworfen wird. Das dabei gemessene Ergebnis wird als Blindwert bezeichnet.

Blindversuch. Verabreichung von Präparaten an Versuchspersonen, die nicht darüber aufgeklärt werden, ob es sich um ein echtes med. Präparat oder ein unwirksames Blindpräparat (Placebo) handelt. Ziel des B. ist die Überprüfung der Wirksamkeit eines Präparats unter Ausschaltung von suggestiven Einflüssen. Bei einem Doppelblindversuch wird auch der Leiter des Tests nicht über die Art des Präparats informiert.

Blindwert. Bezeichnung für die Menge an nachzuweisender Substanz, die bei einer Analyse ohne Zugabe der zu analysierenden Probe ermittelt wird. In der Regel entspricht der B. der Summe aus den Verunreinigungen der Reagenzien mit der Substanz und der Kontamination der Analysengeräte.

Blockdiagramm. Darstellung von Vergleichen diskreter Größen mit Hilfe von Säule oder Blöcken, deren Länge ein Maß für die dargestellte Größe ist.

Blockheizkraftwerk. Mit einem Verbrennungsmotor oder einer >Gasturbine< betriebenes >Kraftwerk< zur Erzeugung von Strom und Wärme mit einem sehr hohen Wirkungsgrad. Im Vergleich zum Dampfkraftwerk ist die Auskopplung von Nutzwärme nicht mit einem erhöhten Brennstoffaufwand gegenüber der reinen Stromerzeugung verbunden, da die >Abwärme< auf einem höheren Temperaturniveau anfällt, das eine Aufwertung in der Regel nicht erforderlich macht. Blockheizkraftwerke sind insbesondere für Standorte geeignet, an denen der Aufwand für die Wärmeverteilung gering ist, wie zur Energieversorgung von Industriebetrieben aber auch von Stadtbezirken. Ohne Maßnahmen zur >Schadstoffverringerung< im >Abgas< tritt jedoch eine negative Emissionsbilanz zur konventionellen Energieversorgung auf, da der Strom sonst in Kraftwerken erzeugt worden wäre, die den höchsten Anforderungen an die >Emissionsminderung< unterliegen.

Blockierendes Hoch. Nahezu ortsfestes, bis in große Höhen reichendes warmes >Hochdruckgebiet<. Bildet sich vor allem im Spätwinter und Frühling in den mittleren Breiten vor der Westküste Europas und Nordamerikas aus und verharrt dort bis zu 14 Tage ortsfest. Wegen seiner großen vertikalen Ausdehnung wird die zonale, von Westen kommende Strömung in mehrere Äste aufgespalten. Die mit der Strömung wandernden >Tiefdruckgebiete< werden um das >Hoch< herumgesteuert, so daß eine Luftmassenerneuerung im Gebiet des Hochdruckgebietes unterbleibt. >Austauscharmes Wetter<, >Großwetterlage<.

Blockköder. (Internat. Kurzbezeichnung: BB). Zu Blöcken gepreßter >Fertigköder< zur Schädlingsbekämpfung.

Blow-by-Gase. Verbrennungsgase, die an den Kolben vorbei ins Kurbelgehäuse von Hubkolben-Verbrennungsmotoren gelangen >Kurbelgehäuseentlüftung<.

Blüten. Kurzsprosse mit begrenztem Wachstum, deren Blattorgane im Dienste der geschlechtlichen Fortpflanzung stehen. Neben sterilen Blättern, die als Kelch- und Blütenblätter Schutz- und Schaufunktionen übernehmen, enthalten Blüten die Staubblätter als Mikrosporophylle und die Fruchtblätter als Megasporophylle. An die Sporenproduktion (Pollenzellen als Mikrosporen, einkernige Embryosackzelle als Megaspore) schließt sich im Rahmen eines komplizierten Generationswechsels die Produktion von Geschlechtszellen, den Sperma- und Eizellen an, aus deren Vereinigung ein neues Individuum hervorgeht. Blüten treten bei den >Samenpflanzen< (Spermatophyta) auf.

BMA. >Biologisch-mechanische Restmüllbehandlung<.

BMBF. >Bundesministerium für Bildung und Forschung<.

BMFT. Früheres Bundesministerium für Forschung und Technologie, heute >BMBF<.

BMI. Bundesministerium des Innern, Berlin.

BMU. >Bundesministerium für Umwelt, Naturschutz und Reaktorsicherheit<, Bonn.

BNatSchG. >Bundesnaturschutzgesetz<.

BNFL. British Nuclear Fuels plc.; britische Gesellschaft im Kernbrennstoffkreislauf; von der Uranversorgung, der Herstellung von Brennelementen, dem Transport radioaktiver Stoffe, der >Wiederaufarbeitung< bis zur Abfallbehandlung.

BOD (biological oxygen demand). Engl. Ausdruck für >BSB<.

Boden. Oberster Teil der festen Erdkruste, der aus dem Ausgangsgestein durch die Prozesse der Bodenbildung hervorgegangen und der Lebensraum der Bodenorganismen und Pflanzenstandort ist. Häufig werden auch junge Unterwassersedimente, in denen ähnliche Prozesse ablaufen, zu den Böden gerechnet. Ein Boden ist ein komplexer Naturkörper, dessen Funktionen im Landschaftshaushalt eine zentrale Stellung einnehmen. Die ökologische Bedeutung eines Bodens kann angenähert durch folgende Funktionen beschrieben werden: 1) Wasserspeicher für Pflanzen und Bodenorganismen. Hierdurch wird auch der Sickerwasserstrom ins Grundwasser verzögert, so daß sich witterungsbedingte Änderungen nicht in gleicher Intensität ins Grundwasser übertragen. 2) Filter für Stoffe, die aus der Atmosphäre abgeschieden oder direkt vom Menschen aufgebracht werden. Die Filterwirkung beruht einmal auf einer direkten Pufferung von z.B. Säuren, zum anderen auf Sorptions- und Abbauvorgängen, durch die die Konzentration toxischer Stoffe im Sickerwasser auch langfristig verringert wird. 3) Filter bzw. Lieferant für gesteinsbürtige Pflanzennährstoffe. So können zugeführte Nährstoffe reversibel gebunden und bei Bedarf wieder bereitgestellt werden. Eine wichtige Quelle von Nährstoffen ist die Verwitterung der Bodenminerale, doch muß bei ständigen Entzügen (z.B. Pflanzenbau ohne Ausgleichsdüngung) berücksichtigt werden, daß diese Quellen nicht unerschöpflich sind. 4) Speicher für Kohlenstoff und Stickstoff in pflanzenverfügbarer Form. Der größte Teil dieser Ele-

mente wird im Boden in Form von Humus bzw. Huminstoffen festgelegt und kann durch mikrobiellen Abbau wieder in den Kreislauf zurückgeführt werden. Für die Unterteilung der Böden gibt es unterschiedliche Klassifikationskriterien, die sich entweder mehr auf die abgelaufenen Prozesse der Bodenbildung (z.B. deutsche Systematik) oder auf die analytisch bestimmbaren Eigenschaften eines Bodens stützen (z.B. US-amerikanische Systematik). Wegen dieser grundsätzlichen Unterschiede sind die bodentypologischen Bezeichnungen nicht ohne weiteres von einem System in das andere umzusetzen.

Bodenabtrag. >Bodenerosion<.

Bodenaktivität. Allgemeine biologische Aktivität der Bodenorganismen. Meist werden unter B. nur die Stoffwechselaktivitäten der Bodenmikroflora verstanden und entweder als Bodenatmung oder als Aktivität bestimmter, in fast allen Organismen vorkommender Enzyme (z.B. Dehydrogenasen) angegeben. Eine i. allg. hohe B. bedeutet einen raschen Ab- und Umbau der organischen Substanz und damit eine intensive Umsetzung wichtiger Nährstoffe sowie langfristig relativ geringe Humusgehalte.

Bodenalgen. >Edaphon<.

Bodenanalyse. 1. Chemie: Sammelbezeichnung für die chem. Analyse bestimmter Bodenbestandteile. Hierbei geht es in vielen Fällen um die Ermittlung der Gesamtgehalte interessierender Stoffe im Boden. Für die ökologische Interpretation oft wichtiger ist jedoch der Teil des Gesamtgehalts, der durch besonders große Mobilität, Pflanzenverfügbarkeit oder Abbaubarkeit oder durch bestimmte Bindungsformen gekennzeichnet ist. Aus diesem Grund werden im Rahmen der chem. Bodenuntersuchung oft Fraktionierungsverfahren angewendet (wichtige Beispiele s. Tabelle unten). 2. Meteorologie: Analyse (manuelle oder mit Hilfe objektiver mathematischer Verfahren) der am Boden gewonnenen meteorologischen Meßwerte, i.d.R. Bodenluftdruck. Ziel ist die Anfertigung einer Boden>wetterkarte<.

Bodenanzeiger. Pflanzen oder Pflanzengesellschaften, deren Vorhandensein an einem Standort auf gewisse Bodeneigenschaften hinweist (z.B. Brennessel für stickstoffreiche neutrale Böden). Maßgebend hierfür sind die Eigenschaften des Wurzelraumes. So wächst der säureliebende Sauerklee auch auf neutralen Böden, wurzelt dann aber in der (sauren) Humusauflage.

Bodenart. Unterteilungsschema der Böden nach der Korngrößenverteilung ihrer mineralischen Bestandteile. Dabei werden die Gehalte an den 3 Körnungsfraktionen Ton (Durchmesser <2 µm, Abkürzung T), Schluff (63 bis 2 µm, Abkürzung U) und Sand (2 bis 0,063 mm, Abkürzung S) berücksichtigt, nicht jedoch die Gehalte an gröberen Fraktionen (Steine). Böden, die Ton, Schluff und Sand in vergleichbaren Anteilen

Bodenanalyse

Zielfraktion	Extraktionsmedium
Pflanzenverfügbar	Ca-acetat und -lactat
Verwitterbar	Heiße/kochende Salzsäure
Pedogene Eisenoxide	Na-dithionit in neutraler Lösung
Mobilisierbares Mangan	Milde Reduktionsmittel (NH_2OH usw.)
Phosphat, an Al- und Fe(III)-oxide gebunden	Natronlauge nach vorheriger Säurebehandlung

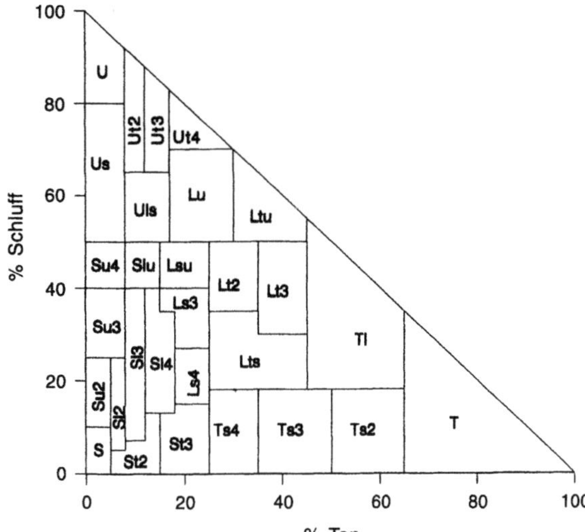

Bodenart: Bodenartendreieck nach der Bodenkundlichen Kartieranleitung (Arbeitsgruppe Bodenkunde 1982) mit EDV-gerechter Schreibweise der Kurzzeichen. (Aus: Arbeitsgruppe Bodenkunde 1982)

Bodenart: Beispiel

Bodenart	Konventionell	EDV-gerecht
Schluffig-toniger Lehm	utL	Ltu
Schwach lehmiger Sand	l'S	S12

enthalten, bezeichnet man als Lehm (Abkürzung L). In der entsprechenden Nomenklatur werden die Haupt-B. in großen Buchstaben, feinere Abstufungen durch Kleinbuchstaben dargestellt; zur Kennzeichnung der Mengenanteile der Nebenfraktionen wurden Apostroph (schwach) oder Überstrich (viel) verwendet. In EDV-gerechter Schreibweise werden die Reihenfolge dieser Symbole neuerdings umgestellt und die Mengenanteile durch nachgestellte Zahlen (1 = sehr schwach bis 5 = sehr stark) repräsentiert.
Die genaue Unterteilung erfolgt nach dem B.-Dreieck (s. Abb.).
Die B. kann im Gelände mit Hilfe der „Fingerprobe" geschätzt werden, bei der Körnigkeit, Bindigkeit und Formbarkeit des feuchten Bodens zwischen Daumen und Zeigefinger beurteilt werden. Zur genaueren Festlegung werden im Labor die Anteile der 3 Hauptkorngrößenfraktionen bestimmt. Da die B. eines Bodens zumindest im mitteleuropäischen Klimabereich eng mit dessen mineralogischen und hydrologischen Eigenschaften verknüpft ist, lassen sich aus ihr wichtige ökologische Gegebenheiten ableiten, so z.B. Wasser- und Lufthaushalt, Pufferwirkung, Nährstoffnachlieferung und Erosionsanfälligkeit.
Lit: Arbeitsgruppe Bodenkunde (1982) Bodenkundliche Kartieranleitung. Bundesanstalt für Geowissenschaften und Rohstoffe und Geologische Landesämter in der Bundesrepublik Deutschland (Hrsg.) 3. Auflage, Hannover.

Bodenatmung. Verbrauch von Sauerstoff und Freisetzung von Kohlendioxid durch den Stoffwechsel der Bodenorganismen. Den Hauptteil der B. machen in der Regel die Bodenmikroorganismen aus, doch tragen auch Bodentiere und die Wurzeln höherer Pflanzen zur B. bei. Da die Intensität der B. ein wichtiges Kennzeichen für die allgemeine biologische Aktivität eines Bodens ist, gibt es verschiedene methodische Ansätze zur Messung des pro Zeiteinheit gebildeten CO_2 unter Labor- und Feldbedingungen. Im Labor werden Bodenproben unter definierten Bedingungen in abgeschlossenen Gefäßen inkubiert und die Zunahme der CO_2-Konzentration der Luft verfolgt. Im Feld wird das durch die Bodenoberfläche tretende CO_2 mit Hilfe von aufgesetzten Glocken aufgefangen und bestimmt. Dies geschieht im einfachsten Fall durch ein Gefäß mit einer abgemessenen Menge Natronlauge, deren nicht durch CO_2 neutralisierter Anteil nach Versuchsende mit Salzsäure zurücktitriert wird. Die Intensität der B. wird von den allgemeinen Lebensbedingungen der Bodenorganismen bestimmt, so auch vom Sauerstoffgehalt des Bodens und dem Angebot an leicht verwertbaren organischen Substanzen. Hemmstoffe (Gifte) verringern die B., doch wird bei akuten Belastungen sehr häufig zunächst die CO_2-Abgabe verstärkt, da die überlebenden, resistenten Organismen die Biomasse der abgestorbenen abbauen (>Bodenbiomasse<).

Bodenazidität. Bezeichnung für austauschbare Wasserstoffionen und austauschbare Säuren des Bodens. In Mineralböden sind dies in den meisten Fällen Al-Kationen; in Humusauflagen treten auch lösliche organische Säuren („Fulvosäuren") auf.

Bodenbakterien. >Bacteria<.

Bodenbearbeitung. 1. allgemein: Sammelbezeichnung für unterschiedliche (meist mechanische) landwirtschaftliche (auch forstwirtschaftliche) Bodenbearbeitungsmaßnahmen, die die Produktion landwirtschaftlicher Nutzpflanzen in ökonomischem und ökologischem Sinn optimieren sollen. Ziele einer B. sind die Erhöhung der Bodenfruchtbarkeit, die Förderung des Bodenlebens, die Bereitung eines optimalen Saatbetts und die Optimierung des Wasser- und Lufthaushalts. Bei ungünstigen Bodenverhältnissen gehören auch Meliorationsmaßnahmen zur notwendigen B. Die anzuwendenden Verfahren gliedern sich in Lockern,

Wenden, Krümeln, Ebnen, Mischen, Mulchen, Lüften und Verfestigen. Ungünstige Nebenwirkungen intensiver B. sind z. B. Verdichtung durch zu häufiges Befahren und Zerstörung des Bodengefüges. Besonders gravierende Fehler können durch B. bei ungünstiger Witterung auf Lehmböden gemacht werden: Bei zu feuchtem Boden besteht die Gefahr des Verschmierens (Bildung von Pflugsohlen oder Schleppersohlen); bei zu trockenem Boden ist der erforderliche Energiebedarf sehr groß, und die entstehenden Klumpen sind zu groß, d. h. ein Krümel- oder Bröckelgefüge kann nicht aufgebaut werden. Um solche Nachteile zu vermeiden, wird heute die B. oft erheblich reduziert (Minimalbodenbearbeitung, integrierter Pflanzenbau) oder vereinzelt auf mechanische B. ganz verzichtet.

2. konservierend: Der Begriff ist eine Übersetzung des amerikanischen „conservation tillage", wird oft auch ungenau als „Minimalbodenbearbeitung" bezeichnet, wobei dieser Begriff auch für die >Direktsaat< verwendet wird. Wesentliche Merkmale der k. B. sind die reduzierte >Bodenbearbeitung< mit nichtwendenden Geräten und Pflanzenresten der vorherigen Kultur, die auf der Oberfläche belassen oder dort mit dem Boden vermischt werden. Das Saatgut wird mit besonderen Sämaschinen abgelegt, was als „Mulchsaat" bezeichnet wird. In den USA führte man dieses Verfahren v. a. zum Schutz gegen >Winderosion< ein, da hierdurch eine fast ganzjährige >Bodenbedeckung< gewährleistet ist. Langjährige k. B. bedeutet durch die entfallende Bodenwendung eine dichtere Lagerung und so eine bessere Befahrbarkeit des Bodens, dessen bessere Wasserführung, eine niedrigere Bodentemperatur, eine langsamere >Mineralisation< des Stickstoffes im Oberboden bei steigendem >Humusgehalt<, während die Humuszufuhr in den Unterboden reduziert wird. Die Bekämpfung von Wurzelunkräutern (Vermehrung über Wurzelausläufer, z. B. Quecke) ist nur über >Herbizide< erfolgreich möglich. Hierfür sind umweltverträgliche Wirkstoffe vorhanden. Der Vergleich zur herkömmlichen Bodenbearbeitung ergibt bei k. B. einen höheren Besatz an Bodentieren (v. a. Regenwürmern). Probleme können Ungräser und der Durchwuchs von Getreide bringen. Wesentliche Vorteile hat die k. B. hinsichtlich der Einsparung von Energie und Arbeit. In Deutschland wird das Verfahren besonders beim Anbau von Mais- und Zuckerrüben, aber auch bei Getreide durchgeführt, um Erosion und Verschlämmung vorzubeugen. Vor- und Nachteile des Verfahrens sind am Standort abzuwägen.

Bodenbeläge. Werden mit dem meist aus >Beton< oder Estrich bestehenden Untergrund von >Innenräumen< durch Bindemittel oder Klebstoffe fest verbunden. Sie fungieren als Oberflächenschutz und erhöhen die Pflegeleichtigkeit. Als B. werden Parkett, Steinplatten, Keramikfliesen, Teppiche und Kunststofffliesen eingesetzt. Eine >Innenraumbelastung< geht hauptsächlich von den verwendeten Bindemitteln und Klebstoffen durch die Freisetzung von >Lösungsmitteldämpfen< u. a. aus. Bei Teppichböden, deren Rückenbeschichtung aus >Schaumstoffen< besteht, werden außerdem flüchtige >Weichmacher< und >Restmonomere< freigesetzt. Ferner können Fußbodenpflegemittel und >Fußbodenreiniger< zur Beeinflussung des >Raumklimas< beitragen.

Bodenbelastung. Beeinflussung ökologisch wichtiger Bodeneigenschaften, die vom System selbst nicht mehr vollständig ausgeglichen werden kann. Dabei wird ein Boden als ein teilweise geschlossenes System betrachtet, in dem eine Einwirkung von außen entsprechende Reaktionen nach sich zieht. Da die Beurteilung der Auswirkungen meist mit subjektiven Maßstäben erfolgt, ist der Begriff B. nicht eindeutig und wertfrei zu definieren. So wird der Begriff B. meist mit einer Verschlechterung der ökologischen Standorteigenschaften gleichgesetzt, obwohl grundsätzlich z. B. auch eine Anhebung des Ertragspotentials eine Belastung für das Ökosystem darstellt (*Beispiel:* Düngung von Magerrasen oder Hochmooren). Häufig wird B. für folgende Einflußbereiche unterteilt: 1) Mechanische B., z. B. durch Bodenbearbeitung, Trittbelastung oder Regentropfenaufprall; 2) chemische B., z. B. durch Versauerung oder Versalzung, aber auch durch Überdüngung oder fortgesetzten Nährstoffentzug ohne entsprechenden Ausgleich; 3) biologische B. durch Pestizide, Schwermetalle und andere Stoffe, die direkt auf die Bodenbiozönose einwirken, weiterhin durch Veränderung des Luft- und Wasserhaushalts (z. B. durch Ausbringung großer Mengen an Gülle oder Abwasser). Eng verknüpft mit dem Problem der B. ist die Frage nach der Belastbarkeit eines Bodens bzw. nach entsprechenden Belastungsgrenzwerten. In seltenen Fällen lassen sich hier eindeutige Werte berechnen. So ist die Säurepufferung eines Kalkbodens für den Neutralbereich durch dessen Carbonatgehalt bestimmt, kann also berechnet werden. In der überwiegenden Mehrzahl der Fälle entspricht die Ursachen-Wirkungs-Beziehung jedoch einem Kontinuum, so daß ein stärkerer Einfluß auch eine entsprechend größere Veränderung zur Folge hat. Hier muß also unter Verwendung anderer (z. B. toxikologischer oder politischer) Kriterien festgelegt werden, welche Veränderung noch tolerierbar ist (*Beispiel:* Grundwassergrenzwerte). Die entsprechenden Beziehungen sind in der Regel sehr komplex und lassen sich z. Zt. nur in Einzelfällen mit der erforderlichen Genauigkeit mathematisch modellieren, so daß meist Versuche unter naturnahen Bedingungen angestellt werden müssen.

Bodenbewertung. Beurteilung eines Bodens (richtiger: eines Standorts) im Hinblick auf land- oder forstwirtschaftliche Nutzung. Bei der forstlichen Standortbewertung werden ökologisch wichtige Bodeneigenschaften aufgenommen und zusammen mit den jeweiligen Pflanzengesellschaften interpretiert. Die landwirtschaftliche Bodenbewertung für Ackerböden richtet sich in D noch weitgehend nach dem Bodenschätzungsgesetz von 1934 (Reichsbodenschätzung), das folgende Faktoren berücksichtigt: 1) Die *Bodenart* im durchwurzelten Bereich, die nach dem Gehalt an der Fraktion < 0,01 mm in 8 mineralische (Sand bis Ton) und eine org. (Moor) Gruppe unterteilt wird. 2) Das *geologische Alter* des Ausgangsgesteins. Hier wird unterschieden zwischen Diluvialböden (aus eiszeitlichen Ablagerungen), Lößböden (aus Löß und Lößlehm), Alluvialböden (junge Ablagerungen in Niederungen, „Schwemmlandböden") und Verwitterungsböden (aus Festgestein). Gesteinsböden sind Verwitterungsböden mit einem hohen Steinanteil. 3) Die Zustandsstufe, die den Entwicklungsgrad des Bodens in 13 Stufen unterteilt und in 7 Abstufungen in die B. einbringt (Stufe 7 für Rohböden – Stufe 1 für optimalen Entwicklungsgrad – wiederum Stufe 7 für extrem weit entwickelte Böden wie Ortsteinböden). Aus Bodenart, geologischem Alter und Zustandsstufe werden mit einer empirischen Tabelle („Ackerschätzungsrahmen") die Bodenzahlen ermittelt und auf den Wert 100 für die besten Böden bezogen. Je nach den klimatischen und akerbaulichen Gegebenheiten werden noch Zu- oder Abschläge vorgenommen und so die Ackerzahl ermittelt, die u. a. bei Steuerschätzungen und bei der Flurbereinigung als Bewertungsmaßstab verwendet wird. Die *Grünlandschätzung* richtet sich nach demselben Prinzip, es werden jedoch nur 4 Bodenarten und Moor sowie 3 Zustandsstufen unterschieden. An die Stelle des Ausgangsgesteins treten hier die Wasserverhältnisse, die in 5 Stufen geschätzt werden. Die hieraus für einen Boden erhaltene Grünlandgrundzahl wird durch entsprechende Zu- oder Abschläge in die Grünlandzahl übergeführt. Die B. berücksichtigt zunächst nur die Ertragsfähigkeit von Böden. Seit einigen Jahren werden die Informationen der Bodenschätzung digitalisiert, in geographischen/bodenkundlichen Datenbanken gespeichert und z. B. zur Erstellung von Bodenkarten herangezogen.

Bodenbildung. Entwicklung eines Bodens aus Gestein und Streu durch die Tätigkeit des Bodenlebens unter dem Einfluß klimatischer Faktoren. Während der B. entstehen durch verschiedene Bodenbildungsprozesse unterschiedlich ausgeprägte, mehr oder weniger oberflächenparallele Horizonte und damit Bodenprofile. Die B. wird durch bodenbildende Faktoren gesteuert, die Prozesse auslösen, welche Bodenmerkmale verändern. In der Erforschung der B. wird umgekehrt von den Merkmalen auf Prozesse und von dort auf Faktoren geschlossen. Während der B. durchlaufen die Böden in der Regel verschiedene Entwicklungsstadien. Eine Abfolge von Böden unterschiedlicher Stadien aus gleichem Ausgangsgestein bilden eine Chronosequenz (Beispiel s. Abb.).

Die Geschwindigkeit der Bodenbildung hängt von vielen Faktoren ab, zu denen neben klimatischen und hydrologischen Faktoren die Verwitterungsstabilität des Gesteins und der Minerale und v. a. die Bodenaktivität gehören. Die in neuerer Zeit durch die >anthropogen< bedingte Bodenversauerung verstärkte Mineralverwitterung beschleunigt in vielen Fällen die Bodenentwicklung, ohne jedoch die Richtung der ablaufenden Prozesse grundsätzlich zu verändern.

Bodenbiologie. Befaßt sich mit den strukturellen und funktionellen Eig. sowie den biotischen Interaktionen der >Mikroflora<, der Wurzeln höherer Pflanzen und der Tiere des Bodens. Ein wichtiger Prozeß ist die Zers. der toten org. Substanz, die zur >Humusbildung< führt.

Methoden: Erfassungsmethoden sind Direktbeobachtung, Fallenfang, Austreibung aus dem Substrat und Anzucht auf Nährböden. Zur Messung der Leistung und Funktion der >Bodenorganismen< werden Direktbeobachtung, Fraßversuche, mikromorphologische Untersuchungen des Bodens, Aktivitätstest von >Enzymen<, Mikrokosmosversuche zur Auswirkung auf Stoffumsätze und Bodenatmung verwendet. In neuerer Zeit spielen >radioaktive< Markierung und Sterilisierung sowie Computertomographie eine Rolle.

Lit: Crossley DA, Coleman DC, Hendrix PF, Cheng W, Wright DH, Beare MH, Edwards CA (Hrsg.) (1991) Modern techniques in soil ecology, reprinted from Agriculture Ecosystems and Environment, Bd. 34 Nr. 1–4, Elsevier, Amsterdam Oxford New York Tokyo – Dunger W, Fiedler HJ (Hrsg.) (1997) Methoden der Bodenbiologie, 2. Aufl., G. Fischer, Jena Stuttgart New York – Schinner F, Öhlinger R, Kandeler E (1991) Bodenbiologische Arbeitsmethoden, 1. Aufl., Springer, Berlin Heidelberg New York.

Bodenbildung aus einem carbonathaltigen Lockergestein

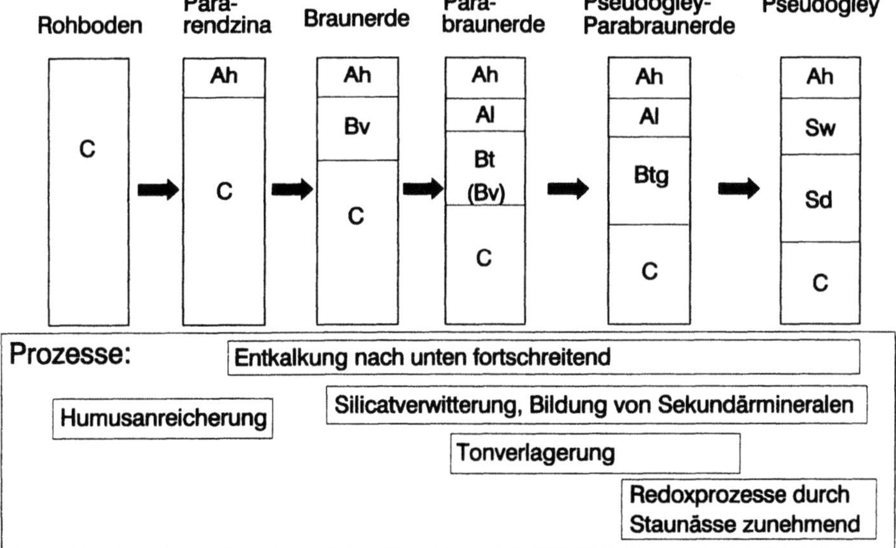

Bodenbildung: Schema der einzelnen Entwicklungsstufen bei der Bodenbildung aus einem carbonathaltigen Lockergestein. Die klimatischen Verhältnisse entsprechen denen im mitteleuropäischen Raum (gemäßigt-humid)

Bodenbiomasse. Gesamtmasse aller lebenden Bodenorganismen. In der Regel wird unter B. jedoch nur die Gesamtmasse der aktiven Bodenmikroorganismen verstanden, die zugleich unter den Bodenorganismen den größten Teil ausmacht. Da die B. nicht direkt (z.B. durch Wägung) ermittelt werden kann, werden indirekte Verfahren zur Bestimmung verwendet und z.T. an Reinkulturen von Bodmikroorganismen geeicht. Aus diesem Grund ist die Kalibrierung der Methode für bodennahe Bedingungen ein großes Problem, so daß bei der Angabe von Zahlenwerten für die B. stets auch die Nennung der entsprechenden Bestimmungsmethode erforderlich ist. Häufig werden für die Bestimmung der B. folgende Verfahren angewendet: 1) Direktzählung der Mikroorganismen in Bodenaufschwemmungen im Fluoreszenzmikroskop und Multiplikation mit der Einzelmasse der Organismen. Hierbei treten Fehler durch unvollständige Dispergierung oder Anfärbung der Organismen auf. 2) Begasung mit Hemmstoffen, z.B. Chloroform, und anschließende Inkubation. Dabei wird die Biomasse der abgetöteten Mikroorganismen von den überlebenden mineralisiert, so daß eine der B. proportionale CO_2-Entwicklung gemessen werden kann. 3) Durch Zugabe großer Mengen einer leicht verwertbaren Kohlenstoffquelle (z.B. Glucose) und aerobe Inkubation wird die Bodenatmung auf das maximal mögliche Niveau angehoben, das proportional zur B. ist (substratinduzierte Respiration). 4) Quantitative Bestimmung des universellen Energieträgers Adenosintriphosphat (ATP) durch Lumineszenzphotometrie über die Luziferin-Luziferase-Reaktion. Ein hoher Gehalt an B. in einem Boden bedeutet meist eine rasche Stoffumsetzung, die in der Regel zu günstigen ökologischen Verhältnissen führt. Bei gehemmter Sauerstoffzufuhr kann dann allerdings um so leichter Sauerstoffmangel im Boden auftreten.

Bodenbiota. >Edaphon<.

Bodenbiozönose. Gesamtheit der Organismen eines Bodens als Lebensgemeinschaft, deren Artenspektrum sich auf den entsprechenden Standort eingestellt hat. Die Möglichkeit zu kontinuierlicher Fortpflanzung und zum Nahrungserwerb sind von besonderer Wichtigkeit. Zu den wichtigen Eigenschaften einer B. gehört die gegenseitige Abhängigkeit vieler Organismengruppen, so daß die Beeinflussung eines Teils meist auch Veränderungen in anderen Gliedern der B. hervorrufen. Dies muß besonders bei der Beurteilung von Bodenbelastungen berücksichtigt werden.

Bodencatena. Gruppe unterschiedlicher, in einer Landschaft benachbart vorkommender und daher zusammengehöriger Böden. Beispiele für häufig vorkommende Catenen sind die an Hängen gebildeten Böden, wobei die Entwicklung der Böden am Oberhang durch Erosion, am Unterhang durch Akkumulation geprägt ist. Für die bodenkundliche Beschreibung einer Landschaft reicht in der Regel nicht die Angabe eines häufig vorkommenden Bodentyps, so daß die vorherrschenden B. genannt werden müssen (z.B. Parabraunerde-Pseudogley-Landschaft). Aus den Angaben über die vorherrschenden B. einer Landschaft lassen sich wichtige Informationen über z.B. Stoffverlagerungsprozesse, Grundwasserbeeinflussung und Bodenversauerung ableiten.

Bodendegradation. (Syn. Bodendegradierung) Nicht exakt definierte Bezeichnung für die Verringerung des Ertragspotentials (der „Bodenfruchtbarkeit") eines Bodens oder eines Standorts bzw. die Erhöhung seiner Erosionsanfälligkeit durch die Auswirkungen menschlicher Tätigkeit. Hierzu gehört insbesondere der Einfluß intensiver Ackernutzung, die v.a. die Erosionsgefährdung verstärkt.

Bodendegradierung. >Bodendegradation<

Bodendichte. 1) Flächenbezogene Auflast eines landwirtschaftlichen Fahrzeugs. Zusammen mit mechanischen Schwingungen (z.B. Vibrationen beim Fahren) ist die B. für die Verdichtung des Bodens und damit u.U. für die Verschlechterung seiner physikalischen Eigenschaften verantwortlich. 2) Druck, den die Masse eines Bodenkörpers auf die darunter liegenden Bodenbereiche ausübt.

Bodeneigenschaften. Sammelbezeichnung für Begriffe, mit denen die ökologisch wichtigen und ihn gegen das Ausgangsgestein abgrenzenden Eigenschaften eines Bodens beschrieben werden. Hierunter fallen z.B. *allgemeine B.*: Gründigkeit, Horizontfolge, Entwicklungsstufe; *physikalische B.*: Korn- und Porengrößenverteilung, Gefügestabilität, Wasserhaushalt; *mineralogische B.*: Mineralzusammensetzung; *chemische B.*: Säure-, Verwitterungsgrad, Austausch- und Sorptionsverhalten, Pufferung, Nährstoffnachlieferung; *biologische und biochemische B.*: biologische Aktivität, Bodenatmung, Enzymaktivität, Mineralisierungsleistung. Viele der B. berücksichtigen kinetische Parameter (z.B. Umsatzgeschwindigkeiten), so daß das Ergebnis häufig von der verwendeten Methode abhängt. In solchen Fällen muß streng zwischen im Labor und unter Feldbedingungen ermittelten B. unterschieden werden.

Bodenentseuchung. Sammelbegriff für verschiedene Maßnahmen, die die Verringerung der Konzentration schädlicher Stoffe oder Organismen in einem Boden zum Ziel haben. Hierzu gehören u.a. folgende Verfahren: *Kompostierung* (Heißrotte), z.B. zur Eliminierung pathogener Keime und zum Abbau organischer Stoffe; *Extraktion* mit organischen Lösungsmitteln oder wäßrigen Lösungen von Komplexbildnern zur Entfernung von organischen Stoffen oder Schwermetallen; *Erhitzung* auf etwa 600 bis 1.000°C zur Entfernung pathogener Keime, organischer Stoffe und von Schwermetallen mit niedrigem Siedepunkt. Die durch Erhitzung oder Extraktion abgetrennten Schadstoffe können dann in technische Keisläufe zurückgeführt oder deponiert werden. Der Bodenrückstand dieser Behandlungen hat oft (v.a. bei Erhitzung) nicht mehr die Eigenschaften eines natürlich gewachsenen Bodens; er muß in der Regel vor der Verwendung als Pflanzensubstrat mit natürlichem Boden vermischt werden, so daß sich langsam wieder günstige ökologische Bedingungen und eine naturnahe Bodenmikroflora einstellen.

Bodenentwicklung. >Bodenbildung<.

Bodenerosion. Abtrag von Bodenmaterial durch Wind (auch als Deflation bezeichnet) und durch fließendes Wasser. Die >Winderosion< kann besonders leicht Partikel mit geringer Dichte bei fehlender Aggregierung erfassen, so daß z.B. entwässerte Niedermoor- oder Anmoorböden aus tonarmem Material besonders erosionsgefährdet sind. Bei den mineralischen Böden existiert ein Maximum der Erosionsanfälligkeit bei Teilchen von etwa Schluffgröße; tonigere Substrate sind in der Regel stärker aggregiert, gröbere Teilchen (Sand) oft zu schwer für den Windtransport. Zu den wirkungsvollen Erosionsschutzmaßnahmen gehören neben der Anpflanzung von Windschutzgehölzen v. a. die Förderung der Gefügebildung und einer schützenden Pflanzendecke. Die *Regenerosion* wird hauptsächlich durch oberflächlich abfließendes Niederschlagswasser bewirkt. Im einzelnen wirken die folgenden Parameter auf das Ausmaß der B. ein: a) Die pro Zeiteinheit fallende Regenmenge. Nennenswerte B. tritt nur auf, wenn diese Regenintensität größer als die Versickerungsgeschwindigkeit des Wassers ist. b) Die kinetische Energie der Regentropfen, die direkt auf die Bodenoberfläche einwirkt. Bei hoher Regenenergie werden Bodenaggregate durch den Aufprall zerstört („splash"). Dadurch kann die Bodenoberfläche rasch verschlämmt werden, was die Infiltration stark verzögert. c) Der Feuchtezustand der Bodenoberfläche. Trockener Boden kann zunächst rasch Wasser aufnehmen, während bei einem bereits nassen Boden Oberflächenwasser sehr viel früher auftritt. d) Die Hangneigung und die Länge eines zusammenhängenden Hangstückes. Dies ist dadurch begründet, daß das am Oberhang sich sammelnde Wasser am Unterhang zusätzlich zu dem dort auftreffenden Regen wirksam werden kann. e) Verdichtungszonen im Unterboden, z. B. Pflugsohlen. Diese verhindern schon nach kurzer Zeit einen Weitertransport des Sickerwassers und begünstigen so das Auftreten von Oberflächenwasser. f) Die Aggregierung des Oberbodens. Ein stabiles Bodengefüge bewirkt in der Regel eine rasche Versickerung des Regenwassers. g) Ein mechanischer Schutz des Bodens, z. B. durch eine dichte Pflanzendecke oder Mulch. Hierdurch wird die mechanische Wirkung der Regentropfen gemildert und die Regenintensität durch Interzeption verringert. Je nach der Art der Abtragung und der räumlichen Ausdehnung des Bodenabtrags unterscheidet man: a) Rinnenerosion, bei der sich das abfließende Wasser sammelt und durch die erhöhte Schleppkraft z. T. tiefe Erosionsrinnen bilden kann. Bei intensiver Erosion kann sich eine solche Rinne rückschreitend sehr tief einschneiden („Gullyerosion"); b) Flächenerosion, bei der der Bodenabtrag gleichmäßig auf den gesamten Hang einwirkt; c) Tunnelerosion, bei der oberhalb einer Stauschicht im Boden Wassersättigung auftritt, der Boden zähflüssig wird und am Unterhang als Schlammstrom aus der Oberfläche austritt. Dabei entstehen unter der Bodenoberfläche Kanäle, die später bei mechanischer Belastung einbrechen. Maßnahmen zur Verringerung oder Vermeidung von B. können an folgenden Punkten ansetzen: a) Schutz der Bodenoberfläche vor der mechanischen Energie der Regentropfen (durch Pflanzenbewuchs, Mulch); b) Erhöhung der Versickerungsrate (durch Förderung eines stabilen Gefüges, Bodenlockerung, Pflanzenbewuchs); c) Verringerung von Hangneigung und -länge (durch Terrassierung); d) Verzögerung des Oberflächenabflusses (z. B. durch Konturpflügen); e) Änderung der Fruchtfolge und der Bodenbearbeitung (Erhöhung der bodenbiologischen Aktivität, Vermeidung von mechanischen Belastungen). Zur Abschätzung der mittleren Erosion eines Standorts werden empirische Rechenmodelle verwendet, die an die jeweiligen Standortgegebenheiten (Regenmenge und -verteilung etc.) angepaßt werden müssen, dann aber auch die Wirkung von Schutzmaßnahmen abschätzen können.

Bodenfalle. Rinnen oder Gruben am Unterhang von erosionsgefährdeten Geländebereichen, die verhindern sollen, daß größere Mengen Bodenmaterial in den Vorfluter gelangen und so einerseits dem Standort verloren gehen, andererseits im Gewässer Schaden anrichten. Entsprechendes gilt für B. vor Straßen und anderen technischen Bauwerken. Dabei kann eine B. hauptsächlich nur Bodenteilchen von mindestens Schluffgröße aufhalten, da die Verweildauer des Wassers meist nicht zur Sedimentation der Tonfraktion ausreicht.

Bodenfauna. Sammelbezeichnung für die im Boden lebenden Tiere, nach der Größe unterteilt in Mikrofauna (2 bis 200 μm), Mesofauna (0,2 bis 2 mm), Makrofauna (1 bis 20 mm) und Megafauna (>20 mm). Die B. hat einen wichtigen Einfluß auf die Bodenentwicklung und die ökologischen Bodeneigenschaften. Neben ihrer Rolle in der Nahrungskette sind v. a. die Tiere von Makro- und Megafauna durch ihre wühlende und mischende Tätigkeit von Bedeutung.

Bodenfeuchte. Teil des Bodenwassers, der entgegen der Schwerkraft im Boden verbleibt (auch als Haftwasser bezeichnet).

Bodenfilter. Sie dienen nur der >Abwasserbehandlung< ohne landwirtschaftliche Nutzung. Voraussetzung ist dabei ein sandiger Boden. Es werden ca. 0,4 ha große Flächen planiert; der Mutterboden abgeschoben und damit begrenzende Erddämme aufgeschüttet. Die Flächen sind zu dränieren; sie werden tgl. mit 5 bis 10 cm Abwasser in 5 bis 10 min überstaut. Bei Nachlassen der Versickerung läßt man die Flächen abtrocknen und harkt die Oberfläche ab. Zur Vorreinigung sind >Absetzbecken< zu bauen.
Lit: Imhoff K, Imhoff KR (1990) Taschenbuch der Stadtentwässerung, 27. Aufl., R. Oldenbourg Verlag, München Wien.

Bodenfiltration. Entfernung von Abwasserinhaltsstoffen bei der >Verrieselung< von vorgereinigtem >Abwasser< in den Untergrund. Im Gegensatz zur >landwirtschaftlichen Abwasserverwertung< liegt die Hauptaufgabe des Verfahrens in der >Abwasserbeseitigung< (>Bodenfilter<).

Bodenflora. Sammelbezeichnung für Pflanzen, die in Wald und Buschland den Boden bedecken (Krautschicht, Gräser).

Bodenfracht. Summe der mineralischen Schwebstoffe, die ein Fluß pro Zeiteinheit mitführt. Diese bestehen in der Regel aus flußaufwärts erodiertem Bodenmaterial und Gesteinsabrieb. Sehr häufig werden durch den Erosionsvorgang Gesteinsbruchstücke mechanisch zerkleinert, so daß von den neugebildeten Oberflächen leicht Nährstoffe freigesetzt werden können. In Sedimentationsbereichen finden sich dann oft nährstoffreiche Böden mit hohem Ertragspotential (>Auenböden<).

Bodenfruchtbarkeit. Die Fähigkeit eines Bodens, Funktionen als Pflanzenstandort zu erfüllen. Dabei umfaßt die Bodenfruchtbarkeit die gesamte Komplexität der Wechselwirkungen aller physikalischen, chem. und biol. Eig. eines Bodens.

Bodenfruchtbarkeitsniveau. Wird festgelegt in Bodenfruchtbarkeitsstufen. Dabei werden möglichst viele Standorteigenschaften berücksichtigt.

Bodengefüge. (Syn. Bodenstruktur) Bezeichnung für die Art und Weise, mit der die Einzelteilchen eines Bodens miteinander verbunden sind. Dabei unterscheidet man zwischen dem Makrogefüge (s. Tabelle),

Bodengefüge: Typen des Bodengefüges

Name	Kennzeichnung	Typischer Boden	Bildung
Einzelkorngefüge	Teilchen nicht verklebt	Sand	–
Kohärentgefüge	Ungegliederte Masse	Gekneteter Lehm, Ortsstein	Gleichmäßige Verkittung ohne Schrumpfung
Aggregatgefüge	Zusammenhängende Teile deutlich von anderen abgesetzt		Mehrere unterschiedliche Prozesse
Typen wichtiger *Aggregatgefüge*			
Krümelgefüge	Unregelmäßig, rundlich 1–10 mm	Mull-Rendzinen	Hohe biologische Aktivität
Wurmlosungsgefüge	Rund, ca. 1 mm	Pararendzinen	Wurmausscheidungen
Polyedergefüge	Ähnliche Länge aller Hauptachsen, 2–50 mm, scharfkantig	Quellen und Schrumpfen	
Subpolyedergefüge	Wie Polyeder, aber gerundete Kanten	Bearbeitete Horizonte	Mechanische Beanspruchung von Polyedern
Prismengefüge	Vertikal gestreckt, rauhe Seitenflächen, Durchmesser 10–300 mm	Tonreiche Böden, tonreiche Bt-Horizonte	Quellen und Schrumpfen
Plattengefüge	Horizontale Platten, Dicke 1–50 mm	Fahrspuren, Pflugsohlen	Vertikale Belastung

das mit dem bloßen Auge zu erkennen ist, und dem Mikrogefüge, zu dessen Beurteilung ein Mikroskop erforderlich ist.

Das B. hat weitreichenden Einfluß auf die ökologischen Eigenschaften eines Bodens, da dessen Wasser- und Luftführung sowie mechanische Stabilität ganz wesentlich von der Art des B. abhängen.

Damit verbunden sind z.B. Versickerungsgeschwindigkeit, Erosionsanfälligkeit und das Redoxmilieu im Wurzelbereich.

Allgemein günstig für die ökologischen Standorteigenschaften sind kleine Aggregate mit relativ hoher Stabilität, z.B. ein Krümelgefüge, da sie einerseits Wasser- und Lufttransport in den Boden begünstigen, andererseits von Pflanzenwurzeln ein relativ großer Bereich des Bodens erfaßt werden kann.

Dies gilt auch für die allgemeine biologische Aktivität. Wenn bei einer Bodenbewirtschaftung die Erhaltung einer hohen Bodenfruchtbarkeit im Vordergrund steht, sind daher Aufbau und Erhaltung eines Krümel- oder Bröckelgefüges besonders wichtig.

Bodengesellschaft. Die Gesamtheit der Böden einer Landschaft bzw. eines Einzugsgebiets. Die Glieder einer B. stehen in genetischen und damit stofflichen Beziehungen zueinander. Auf kleinmaßstäblicher Karte sind Bodengesellschaften die angemessenen Einheiten. Vereinfacht läßt sich eine Bodengesellschaft häufig durch eine >Bodencatena< darstellen.

Bodenhafter. Bilden das sessile, festsitzende >Edaphon<. Dazu gehören viele >Pilze< und >Bakterien<, die rasenbildend in die feinsten Lückensysteme der belebten Bodenschichten eindringen. Best. Lebensformtypen der Tiere sind auf dem Substrat festsitzend.

Bodenhilfsstoffe. Als B. im weitesten Sinne werden alle diejenigen Materialien bezeichnet, die im Pflanzen- und Gartenbau sowie in der Landwirtschaft eingesetzt werden und die wegen ihres zu geringen Nährstoffgehaltes als Düngemittel nicht in Frage kommen, jedoch unter pflanzenbaulichen Aspekten trotzdem eine posi-

tive Wirkung haben. Der Gesetzgeber hat sie deshalb folgendermaßen definiert: B. sind Stoffe ohne wesentlichen Nährstoffgehalt, die den Boden biotisch, chem. oder physikalisch beeinflussen, um seinen Zustand oder die Wirksamkeit von Düngemitteln zu verbessern, insbesondere Bodenimpfmittel, Bodenkrümler, Bodenstabilisatoren, Gesteinsmehle; sowie Stoffe mit wesentlichem Nährstoffgehalt, die dazu bestimmt sind, in geringen Mengen zur Aufbereitung org. Materials zugesetzt zu werden.

Die Grenzen für die nicht zu überschreitenden Nährstoffgehalte sind dabei sowohl für Bodenhilfsstoffe als auch für Kultursubstrate und Pflanzenhilfsstoffe auf 0,5 % Stickstoff, 0,3 % Phosphat oder 0,5 % Kaliumoxid im Trockenrückstand festgesetzt. Ferner ist festgelegt, daß bei einer Aufbringung dieser Stoffe in praxisüblichen Mengen eine jährliche Nährstoffzufuhr von mehr als 30 kg Stickstoff, 20 kg Phosphat, 30 kg Kaliumoxid oder 100 kg basisch wirksames Calciumoxid je Hektar nicht überschritten werden darf. Die beiden anderen oben genannten Stoffgruppen, für die durch den Gesetzgeber die gleichen Maßgaben gelten, sind wie folgt definiert:

Kultursubstrate: Pflanzenerden, Mischungen auf der Grundlage von Torf und andere Substrate, die den Pflanzen als Wurzelraum dienen, auch in flüssiger Form;

Pflanzenschutzmittel: Stoffe ohne wesentlichen Nährstoffgehalt, die dazu bestimmt sind, auf die Pflanzen einzuwirken.

Bodenhorizonte. Im Gegensatz zur geologischen Schichtung sind B. mehr oder weniger oberflächenparallele Bereiche des Bodens, deren Eigenschaften durch Bodenbildungsprozesse verändert wurden. In der in D üblichen bodenkundlichen Systematik werden die Haupthorizonte mit großen Buchstaben benannt. Durch vorangestellte Kleinbuchstaben kann das Gestein näher charakterisiert werden, während nachgestellte Kleinbuchstaben weitere Horizontmerkmale bezeichnen. Übergangshorizonte werden durch die Aneinanderreihung beider Horizontsymbole bezeichnet. *Beispiel:* AhBv=Überhang zwischen humushaltigem Oberboden (Ah) und verbrauntem B-Horizont (Bv). In der folgenden Übersicht sind einige wichtige Horizontbezeichnungen aufgeführt:

Hauptsymbole:
F Horizont am Gewässergrund
H Torfhorizont
L Streuhorizont, weitgehend unzersetzt
O organischer Auflagehorizont, humifiziert
A (humushaltiger) mineralischer Oberbodenhorizont
B Mineralhorizont im Unterboden
C Horizont des Ausgangsgesteins
G Mineralhorizont im Grundwasserbereich (Gley)
M Kolluvium aus humushaltigem Material
R durch Tiefumbruch (Rigolen) entstandener Mischhorizont
Y anthropogener Auftrag
Als Index verwendete Symbole:
f fermentiert (bei Humusauflagen)
h mit Akkumulation von Huminstoffen
r reduziert
o oxidiert
s mit Akkumulation von Sesquioxiden
e sauergebleicht (podsoliert)
g durch Stauwasser beeinflußt, marmoriert
w wasserleitend (bei Stauwasserböden)
d dicht (bei Stauwasserböden)
t mit Tonanreicherung
l lessiviert (durch Tonauswaschung)
v verwittert, verbraunt
p durch Pflügen homogenisiert
Beispiele:
Ah humushaltiger Oberbodenhorizont, der AP genannt wird, wenn er durch Bodenbearbeitung verändert wurde; BTG Tonanreicherungshorizont einer Parabraunerde mit Staunässemerkmalen.

Bodenhygiene. Teilgebiet der >Hygiene<, welches sich mit den Wechselwirkungen zwischen Mensch und Boden beschäftigt. Einen besonderen Stellenwert nimmt dabei die Gefährdung des Menschen durch Schadstoffe im Boden ein, insbesondere im Bereich von >Altlasten< und >Deponien<. Neben der Erforschung des Einflusses von Schadstoffen im Boden auf die Gesundheit von betroffenen Personen ist die Erarbeitung von humantoxikologisch begründeten Richtwerten (>Altlastenbewertung<) zur Verhütung von Krankheiten und Belastungen eine der Hauptaufgaben der Bodenhygiene (>Abfallstoffe<, >Abwasser<, >Altlasten<).

1. Aufnahmepfade: Im Unterschied zu anderen Medien können Stoffe aus dem Boden sowohl oral als auch inhalativ und in geringem Ausmaß auch cutan aufgenommen werden. Entscheidend für die Wirksamkeit eines Schadstoffes ist die nach der Aufnahme tatsächlich absorbierte Menge der Wirksubstanz. Die Absorption kann nach Inhalation über die Alveolen (Lungenbläschen), nach oraler Aufnahme über das Darmepithel, aber auch über die Haut direkt erfolgen.

A. Inhalative Aufnahme: Hier muß zwischen der Aufnahme von nicht- bzw. schwerflüchtigen und flüchtigen Substanzen unterschieden werden.

a. Nicht- bzw. schwerflüchtige Substanzen: Neben der Konzentration, der Einwirkungszeit und stoffabhängigen Wirkung spielt insbesondere die Korngröße der Partikel eine Rolle. Als biol. besonders relevant ist der alveolengängige Feinstaub mit Teilchen eines aerodynamischen Durchmessers von 1-7 μm (nach der Johannesburger Konvention von 1959) einzustufen. Diese lungengängigen Staubteilchen gelangen bis zu den Lungenbläschen und können dort direkt in die Blutbahn übergehen.

Wirkungen beim Menschen sind dann anzunehmen, wenn es zu einer aktiven Freisetzung von Stäuben kommt, wie z. B. bei sportlichen Aktivitäten auf kontaminierten Tennenbelägen aus Hüttenasche oder Moto-Cross-Fahren auf Altlastbereichen. Auch ausgeprägter direkter Kontakt zum Boden, beispielsweise während Baumaßnahmen auf Altlasten, und Transport von schadstoffbelastetem Bodenmaterial (ohne ausreichende Abdeckung) kann zu Belastungen des Menschen führen.

b. Flüchtige Substanzen: Die Exposition zu flüchtigen Schadstoffen aus dem Boden ist grundsätzlich im Vergleich zu den nicht- oder schwerflüchtigen Substanzen als toxikologisch relevanter einzustufen. Symptome oder Erkrankungen von betroffenen Personen wurden im wesentlichen nur bei Anreicherung der Schadstoffe in geschlossenen Räumlichkeiten beobachtet. Das Auftreten von Geruchsbelästigungen ist dabei als ein wichtiges Warnsignal für die betroffene Bevölkerung anzusehen. Die Exposition kann bei flüchtigen Schadstoffen über relativ weite Entfernungen (u. U. mehrere hundert Meter) von einer Altlast entfernt erfolgen.

B. Orale Aufnahme: Die Gefahr der oralen Aufnahme von Schadstoffen aus dem Boden scheint am ehesten bei Kleinkindern (im „Buddelalter") gegeben. Schätzungen verschiedener Autoren über die Aufnahmerate reichen von 100 mg bis zu 10 g/Tag. Die Altlastenkommission des Landes Nordrhein-Westfalen hat als anzunehmende Aufnahmerate für spielende Kleinkinder 1 g Boden/Tag festgelegt. Die orale Belastung Erwachsener kommt in den meisten Fällen durch Aufnahme kontaminierter Nutzpflanzen aus Haus- oder Kleingärten zustande.

C. Cutane Aufnahme: Die Aufnahme von Schadstoffen aus dem Boden über die Haut ist insgesamt eher als unbedeutend einzuschätzen. Die theoretisch mögliche Aufnahme von fettlöslichen Substanzen oder Lösungen durch direkten Kontakt mit der Haut erfordert sehr hohe Schadstoffkonzentrationen, wie sie normalerweise weder bei Altlasten noch bei anderen kontaminierten Böden gefunden werden.

2. Nutzungsszenarios: Zur Ermöglichung der Beurteilung der Exposition von Personen zu Schadstoffen in Böden und zur Ableitung von Richtwerten (>Altlastenbewertung<) werden Nutzungsszenarios entwickelt, die die kaum überschaubare Zahl möglicher Nutzungen des Bodens auf eine kleine Anzahl von Nutzungsarten reduzieren. Ansatzpunkte sind dabei zum einen bestimmte Nutzergruppen, zum anderen die möglichen Aufnahmepfade.

A. Kinderspielplätze: Bei diesem Nutzungsszenario sind als empfindlichste Nutzergruppe Kleinkinder in der Altersstufe zwischen 1 und 6 Jahren anzusehen. Als dominierender Aufnahmepfad ist hier die orale Bodenaufnahme durch buddelnde Kleinkinder einzustufen. Bei der Beprobung des Bodens und entsprechend auch bei der Beurteilung der Ergebnisse muß zwischen dem Spielsand des Sandkastens und dem eigentlichen Bodenbereich des Kinderspielplatzes unterschieden werden. Da die Kleinkinder außerhalb des Sandkastens ihre Buddelaktivitäten in erster Linie in dem vegetationsfreien Umfeld in unmittelbarer Nähe ausüben, sollte sich die Beurteilung auch nur auf diesen Bereich beziehen. Als humanrelevante zu beprobende Bodentiefe ist die sog. Buddeltiefe von Kleinkindern mit 35 cm festzulegen.

B. Haus- und Kleingärten: Bei diesem Nutzungsszenario sind als empfindlichste Nutzergruppen neben Kleinkindern und Kindern auch Erwachsene anzusehen. Kinder können bei ihren Spielaktivitäten natürlich u. U. in gleicher Weise wie auf >Kinderspielplätzen< exponiert sein; da aber Häufigkeit und Intensität i. allg. weniger ausgeprägt sind, ist die Bildung einer eigenen Kategorie hier durchaus angemessen. Erwachsene haben durch ihre gartenspezifische Freizeittätigkeit in diesem Nutzungsbereich häufig direkten Kontakt zum Boden und müssen hier wie Kinder, aber mit geringerer Intensität, als exponiert eingestuft werden. Als Aufnahmepfad steht bei den Kleinkindern die orale Aufnahme im Vordergrund, die auch bei Kindern und Erwachsenen in geringerem Maße berücksichtigt werden muß. Allerdings muß bei der gärtnerischen Nutzung eine, wenn auch geringe, inhalative Exposition angenommen werden. Die Gesamtexposition bei der Nutzungsart „Haus- und Kleingärten" ist für Kleinkinder und Kinder insgesamt als geringer einzustufen als bei „Kinderspielplätzen". Als humanrelevante Bodentiefe ist die für gärtnerische Nutzung angenommene Grabetiefe von bis zu 35 cm anzusehen.

C. Sportplätze, Freizeitanlagen: Relevante Nutzergruppen sind bei dieser Nutzungsart in erster Linie Sportler, spielende Jugendliche und u. U. auch häufige Zuschauer von sportlichen Aktivitäten. Als dominierender Aufnahmepfad ist die Inhalation anzunehmen, während die orale Aufnahme hier i. allg. vernachlässigt werden kann. Zu dieser Nutzungsart sind entsprechend „DIN 18035" Großspielfelder, Kleinspielfelder, Leichtathletikanlagen, Tennisfelder und Freizeitanlagen, aber darüber hinaus auch Bolzplätze oder ähnliche nicht besonders ausgewiesene oder befestigte Flächen zu zählen. Spielfelder mit Rasenbelägen oder Freizeitanlagen mit einer Vegetations- oder anderen Bedeckung sind nicht in diese Nutzungsart einzustufen. Bei Spielflächen mit Rasenbelägen sind allerdings Teilbereiche ohne Vegetation (z. B. Spielfläche vor dem Fußballtor) nach diesen Nutzungskriterien zu beurteilen. Als relevante Bodentiefe wird entsprechend DIN 8035 eine Probennahmetiefe bis zu 5 cm festgesetzt.

D. Parkanlagen, Grünflächen, Wohnumfeld: Diese Nutzungsart kann im Vergleich zu den anderen als wenig kritisch eingestuft werden. Neben Kleinkindern, Kindern und Jugendlichen – die aufgrund ihrer jeweiligen alterspezifischen Spielaktivitäten im Vergleich zu den Erwachsenen immer einen erheblich größeren Kontakt zum Boden haben – können aber auch Erwachsene hier in geringem Maße als exponiert eingestuft werden. Ein dominierender Aufnahmepfad für Schadstoffe im Boden kann aufgrund der weiten Nutzungs- und Expositionsmöglichkeiten nicht genannt werden. Trotz der möglichen großen Variation von Nutzung und Exposition erscheint es gleichwohl sinnvoll, eine eigene Kategorie zu schaffen, weil viele Flächen durch die anderen Nutzungsarten nicht erfaßt und damit keiner Beurteilung zugänglich gemacht werden. Charakteristisch ist für diese Nutzungsart, daß immer eine Bedeckung aus Stein oder anderen Materialien, Wegeabdeckungen oder -verfestigungen und vieles andere mehr vorhanden sein müssen. Ein direkter Kontakt zum Boden sollte nur in geringem Ausmaß möglich sein und eher die Ausnahme bilden. Sondernutzungen, wie beispielsweise das Spielen von Kindern und Jugendlichen auf vegetationsfreien Feldern in unmittelbarer Nähe zur Wohnbebauung, bedürfen einer Sonderbeurteilung, jedoch im Rahmen dieser Nutzungsart. Als humanrelevante Bodentiefe wird bei dieser Nutzungsart eine Tiefe von 10 cm festgesetzt.

E. Industrie-, Gewerbe- und Lagerflächen: Dieses Nutzungsszenario muß als Sonderfall eingestuft werden, weil hier unter normalen Bedingungen Kinder, Jugendliche oder vorgeschädigte Erwachsene nicht anzutreffen sind. Die betroffenen Kollektive setzen sich aus Personen im erwerbsfähigen Alter zusammen, bei denen aufgrund ihrer Selektion nicht in gleichem Maße Anforderungen an präventivmedizinische Maßnahmen zu stellen sind, wie bei Normalbevölkerungskollektiven. Direkter Kontakt zum Boden muß trotz der vielfältigen Nutzungsmöglichkeiten und Bodengestaltung als nicht relevant angesehen werden. Wie bei dem Nutzungsszenario „Verkehrsflächen, Autoparkplätze" steht hier die inhalative Aufnahme von aufgewirbeltem bzw. sekundär sedimentiertem Bodenmaterial als Staub im Vordergrund. Bei der Beurteilung einer möglichen gesundheitlichen Beeinträchtigung der betroffenen Personen kann in diesem speziellen Fall eine Orientierung an den >Maximalen-Arbeitsplatz-Konzentrationen< erfolgen, ohne diese jedoch voll auf dieses Szenario anzuwenden. Beschäftigungsverbote für Jugendliche oder Schwangere, wie sie für bestimmte besonders gesundheitsgefährdende Arbeitsplätze bestehen, sind hier nicht generell anzunehmen, so daß diese Risikokollektive in der Bewertung von Bodenkonzentrationen nicht vergessen werden dürfen.

F. Verkehrsflächen, Autoparkplätze: Eine ausgewiesene Nutzergruppe kann bei diesem Nutzungsszenario nicht angegeben werden. Als spezifische Aktivitäten müssen neben dem Befahren dieser Flächen u. U. auch Spielaktivitäten von Kindern und Jugendlichen angenommen werden. Eine Aufnahme von nicht- oder schwerflüchtigen Schadstoffen direkt aus dem Boden kann hier weitgehend ausgeschlossen werden. Eher ist aufgrund von Aufwirbelung bzw. sekundärer Sedimentation von Bodenmaterial als Staub auf diesen Flächen eine inhalative Aufnahme anzunehmen. Im Unterschied zu dem Nutzungsszenario „Parkanlagen, Grünflächen, Wohnumfeld" (s.o.) sind bei diesem Szenario große und weitgehend versiegelte Bereiche vorhanden, die auch nur sehr eingeschränkt einer direkten Nutzung unterliegen. Als kritisch sind hier am ehesten die Randbereiche der versiegelten Flächen einzustufen, aus denen sich Bodenmaterial als Staub – wahrscheinlich aber in nur sehr geringem Ausmaß – lösen können. Als humanrelevante Fläche wird deshalb dieser Randbereich angesehen und eine Probenahmetiefe von 10 cm festgelegt.

3. Richtwerte: Bei der Ableitung von Richtwerten für den Boden muß zwischen nicht- bzw. schwerflüchtigen und flüchtigen Substanzen unterschieden werden. Für nicht- bzw. schwerflüchtige Schadstoffe im Boden können Richtwerte nur in Abhängigkeit von Nutzungsszenarios (s.o.) abgeleitet werden. Humantoxikologisch begründete Richtwerte sind so festzulegen, daß bei nichtcancerogenen Stoffen eine gesundheitliche Gefährdung von Menschen nicht anzunehmen ist, bei >cancerogenen< bzw. cocancerogenen eine über das normalerweise vorhandene Risiko hinausgehende Gefährdung nicht zu erwarten ist. Das „normale" Risiko ist anhand der natürlicherweise (geogen) oder weit verbreitet (anthropogen) vorliegenden Konzentrationen der Stoffe im Boden abzuschätzen. Für flüchtige

Schadstoffe im Boden sollten für eine humantoxikologische Beurteilung nicht die Konzentration im Boden, in der Bodenluft oder in der Außenluft, sondern wegen der möglichen Anreicherung nur Schadstoffkonzentrationen in Innenräumen (abgeschlossenen Räumlichkeiten) herangezogen werden. Für nichtcancerogene Stoffe sind hier schon vorhandene Innnenraumrichtwerte oder in eingeschränktem Maße Immissionsrichtwerte anzuwenden. Bei cancerogenen Substanzen sollten wegen des Fehlens einer Wirkungsschwelle z.Zt. keine Richtwerte abgeleitet werden, sondern die ortsüblichen >Immissions<-Konzentrationen zum Vergleich herangezogen werden. Zur Beurteilung von Bodenkontaminationen liegen heute ein große Anzahl von Listen bzw. Regelwerken vor, die unterschiedliche juristische Verbindlichkeiten besitzen. Neben gesetzlich festgelegten Werten existieren Listen mit Empfehlungscharakter.

Die Projektgruppe „Untergesetzliches Regelwerk zur Durchführung des Bundesbodenschutzgesetzes" hat unter Beteiligung der Länder gefahrenbezogene Prüfwerte für den Wirkungspfad Boden – Mensch vorgeschlagen. Seit dem 06.02.1998 liegen „Ressortabgestimmte fachliche Inhalte einer Verordnung zur Durchführung des Bundes-Bodenschutzgesetzes (Bodenschutz- und Altlastenverordnung, BodSchV)", herausgegeben vom Bundesministerium für Umwelt, Naturschutz und Reaktorsicherheit der Bundesrepublik Deutschland vor. Die Regelungen gelten u.a. für die Untersuchung und Bewertung von Flächen mit dem Verdacht einer schädlichen Bodenveränderung oder Altlast und die Sanierung des Bodens und von Altlasten sowie die Sanierungsuntersuchung und die Erstellung eines Sanierungsplans. Es werden Prüfwerte für die Nutzungsszenarios Kinderspielflächen, Wohngebiete, Park- und Freizeitanlagen sowie Industrie- und Gewerbegebiete genannt.

Lit: Eikmann T, Einbrodt HJ (1990) Bodenhygiene. In: Gundermann KO, Rüden H, Sonntag HG (Hrsg.) Lehrbuch der Hygiene, Fischer, Stuttgart New York – Michels S, Eikmann T (1990) Bewertung von nicht- oder schwerflüchtigen Schadstoffen im Boden im Hinblick auf ihre humantoxikologische Wirkung, VDI-Bericht 837, Düsseldorf – Eikmann T, Michels S (1990) Bewertung von flüchtigen Schadstoffen im Boden im Hinblick auf ihre humantoxikologische Wirkung, VDI-Bericht 837, Düsseldorf – Eikmann T, Kloke A (1993) Nutzungs- und schutzgutbezogene Orientierungswerte in Böden - Eikmann-Kloke-Werte. 2.Aufl., in: Rosenkranz D, Einsele G, Harreß H-M (Hrsg.) Handbuch Bodenschutz. 3590 S. 1–26, Erich Schmidt Verlag, Berlin – Bodenschutz- und Altlastenverordnung, BodSchV, WA 15-73103/1, Bonn, 06.02.1998.

Bodeninsekten. S. >Insekten< und Abb. S.218.

Bodeninversion. >Inversion<, bei der die Temperaturumkehr, d.h. Temperaturzunahme mit der Höhe, unmittelbar am Boden beginnt. Entstehungsursache ist, daß der durch >Ausstrahlung< abgekühlte Erdboden seine Temperatur auf die unmittelbar über ihm lagernden Luftschichten überträgt. Die vertikale Mächtigkeit der B. beträgt nur wenige Dekameter, sie löst sich je nach Strahlungsintensität der Sonne im Sommer im Verlaufe des Vormittags, im Winter wegen der kurzen Länge des lichten Tages und der erhöhten Bewölkung eventuell erst nach Tagen auf. In der B. erfolgt nur geringer >Austausch<.

Bodenkarte. Spezialkarte, die, meist auf der Basis der gültigen >Bodensystematik<, die räumliche Verbreitung der >Bodentypen< wiedergibt. Dabei werden in der Regel die topographische Karte als Grundlage verwendet und neben den eigentlichen Bodentypen auch noch Informationen über Geologie, Hydrologie und evtl. weitere Standortfaktoren eingearbeitet. Daher sind zur Erstellung einer B. meist wesentlich mehr Informationen erforderlich als in der zweidimensionalen kartographischen Darstellung untergebracht werden können. Dem wird meist durch ausführliche Legenden oder Begleithefte Rechnung getragen. Weiterhin können aus dem Datenmaterial nach entsprechender Interpretation stärker spezialisierte Karten (z.B. der Erosionsanfälligkeit, Nutzungseignung, Meliorationsbedürftigkeit) abgeleitet werden. Die Herstellung von B. obliegt in Deutschland den entsprechenden Abteilungen der Geologischen Landesämter, über die sie auch meist zu beziehen sind. Der Aufwand zur Erstellung einer B. hängt entscheidend von der geforderten räumlichen Auflösung ab und beträgt für erfahrene Kartierer z.B. bei einer topographischen Karte 1:25.000 0,5 bis 2 Mannjahre.

Bodenkataster. Flächendeckende Bestandsaufnahme der Böden durch eine Behörde, ursprünglich zur Festlegung der Besteuerung. In neuerer Zeit werden entsprechende Aufnahmen auch unter anderen Gesichtspunkten durchgeführt, z.B. zur Erfassung der flächenbezogenen Schadstoffbelastung der Böden.

Bodenklassifikation. Einteilung der Vielfalt vorkommender Böden nach einem hierarchischen Prinzip. B. im engeren Sinne ist die Einordnung von natürlichen Boden in eine künstliche >Bodensystematik<. Klassifikationssysteme können nach morphologischen, genetischen, effektiven oder numerischen Prinzipien aufgestellt werden. Da die Einteilung der Bodentypen immer in gewisser Weise subjektiv ist und in der Natur fast nur Übergangsformen existieren, kann kein Klassifikationssystem allen Eigenschaften der Böden gerecht werden. In Deutschland wird meist ein genetisches System angewendet, das den Boden beeinflussende Faktoren und Prozesse berücksichtigt. Es ist allerdings stark vom Kenntnisstand der Bodenentwicklung abhängig. Deshalb haben sich international Systeme wie die >FAO-Systematik< oder die US-Soil Taxonomy durchgesetzt, die auf quantifizierbaren Bodenmerkmalen basieren und damit objektiver und leichter zu handhaben sind.

Bodenkriecher. Bilden das serpente >Edaphon<. Dazu werden viele Arten der >Enchytraeidae<, >Bärtierchen<, >Webespinnen<, Raubmilben, Hornmilben, >Springschwänze< u.a. gezählt. Diese Gruppen ernähren sich als >Zersetzer<, aber auch Weidetiere, grazer (>grazing<) der >Mikroflora< und Räuber im Kleinstlückensystem des Oberbodens.

Bodenkultur. Planmäßige Nutzung von Böden mit dem Ziel, einen regelmäßigen Ertrag (Ernte) zu erwirtschaften. Die Wissenschaft von der Bodenkultur umfaßt deshalb alle Disziplinen, die sich mit der Bewirtschaftung von Boden zur pflanzlichen und tierischen Produktion befassen, insbesondere der Land-, Forst- und Gartenbauwissenschaft.

Bodenkunde. Wissenschaftliche Disziplin, die sich mit der Erforschung der Böden aus land- oder forstwirtschaftlicher Sicht, aus Belangen des Umweltschutzes oder allgemein der Geowissenschaften beschäftigt. Meist werden folgende Fachgebiete unterschieden: *Bodenbiologie:* Untersuchung von Arten und Umsatzleistungen der Bodenmikroflora und Bodenfauna; *Bo-*

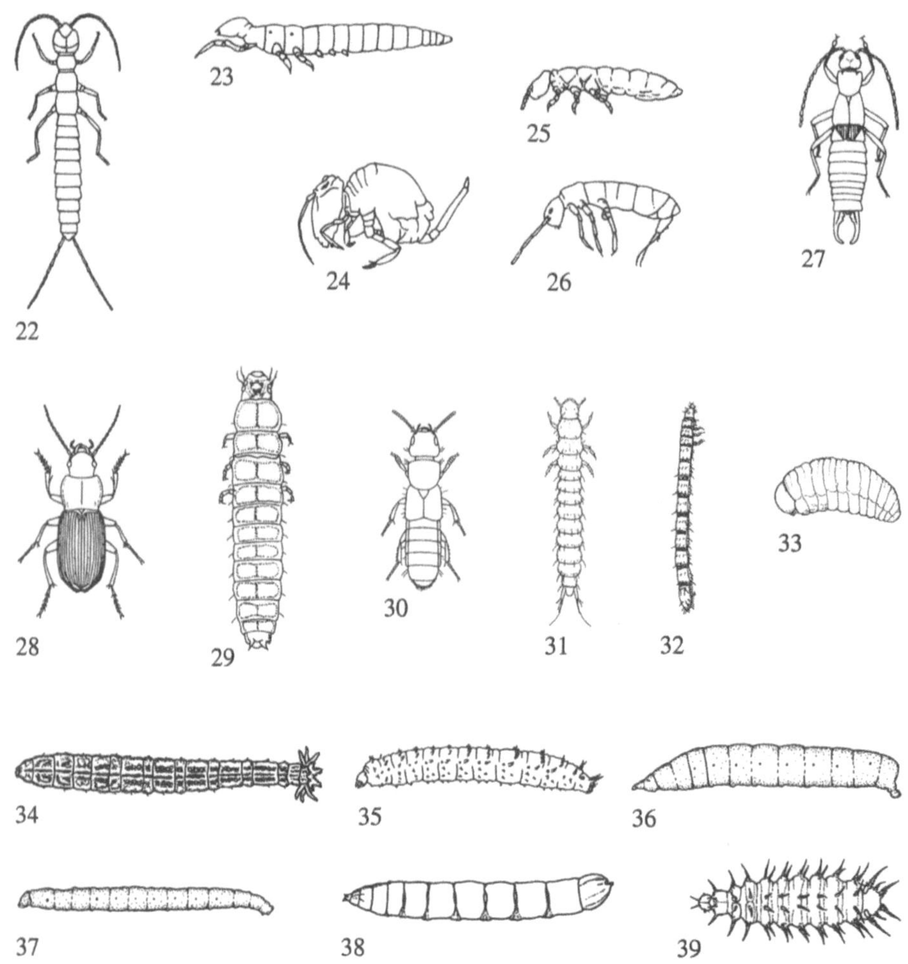

Beispiele typischer Bodeninsekten: 22 = Doppelschwanz, 23 = Beintaster, 24 = Kugelspringschwanz, 25, 26 = Spring-schwänze, 27 = Ohrwurm, 28 = Laufkäfer, 29 = Laufkäferlarve, 30 = Kurzflügelkäfer, 31 = Kurzflügelkäferlarve, 32 = Schnellkäferlarve, 33 = Rüsselkäferlarve, 34 = Schnakenlarve, 35 = Haarmückenlarve, 36 = Trauermückenlarve, 37 = Pilzmückenlarve, 38 = Tanzfliegenlarve, 39 = Fanniafliegenlarve (nach Schaefer 1992, s. Bodentiere)

denchemie: Untersuchung der in Böden ablaufenden chemischen und biochemischen Prozesse und der ent-sprechenden Bodeneigenschaften, von Nährstoffhaus-halt und Filtervermögen; *Bodenphysik:* Untersuchung des Wasser- und Lufthaushalts (Speicherung und Be-wegung), von Gefügeeigenschaften sowie der Erosi-onsanfälligkeit; *regionale Bodenkunde* bzw. *Bodenkar-tierung* mit der Beurteilung der Eignung von Böden für unterschiedliche Nutzung und der Erstellung von Bodenkarten. Die Grenzen zwischen diesen Teildiszi-plinen sind jedoch fließend. In D beschäftigen sich die bodenkundlichen Abteilungen der Geologischen Lan-desämter in erster Linie mit der Bodenkartierung und der flächenmäßigen Erfassung von Bodeneigenschaf-ten (>Bodenkataster<), während die Landwirtschaftli-chen Untersuchungs- und Forschungsanstalten (LU-FA) mit der Durchführung landwirtschaftlicher Bo-

denuntersuchungen betraut sind. Die bodenkundliche Grundlagenforschung liegt weitgehend in Händen der entsprechenden Universitätsinstitute. Viele Industrie-betriebe (z. B. Hersteller von Dünge- und Pflanzen-schutzmitteln) sowie unabhängige und staatliche Un-tersuchungsanstalten betreiben eigene Abteilungen zur Bodenuntersuchung, auch viele Institute verwand-ter Disziplinen (z. B. Pflanzenernährung, Pflanzenbau, Abfallwirtschaft) führen in begrenztem Umfang und mit spezieller Fragestellung bodenkundliche Untersu-chungen durch.

Bodenlebewesen. >Edaphon<.

Bodenlockerung. Form der Bodenmelioration, die zum Ziel hat, durch Schaffung stabiler Grobporen den durchwurzelbaren Raum eines Bodens zu erhöhen oder zu verbessern. Dadurch sollen meist der Wasser-

und Luftaustausch mit der Atmosphäre verbessert und ein günstiges Saatbett bereitet werden. Je nach der geforderten Lockerungstiefe (z.B. 20 cm, zum Lockern von Pflugsohlen bis 40 cm) werden unterschiedliche Geräte eingesetzt, z.B. Pflug, Grubber, Fräsen und verschiedene Eggen. Besonders bei Lehmböden muß dabei der richtige Wassergehalt beachtet werden, um der Gefahr des Verschmierens vorzubeugen. Die biologische Lockerung des Oberbodens (durch intensives Bodenleben oder durch den Anbau von wurzelreicher Zwischenfrucht) dauert zwar lange, zeigt i.allg. aber auch eine lang anhaltende Wirkung. Oft wird durch Zusatz von strukturstabilisierenden Stoffen (organische Substanz, Kalk) versucht, den bei der Bearbeitung erzielten Effekt zu erhalten.

Bodenlösung. Andere Bezeichnung für das Bodenwasser, die darauf hinweisen soll, daß das Bodenwasser stets mit den festen Bodenbestandteilen in Wechselwirkung steht und daher gelöste organische und anorganische Stoffe enthält.
Die Bodenlösung ist als Transportmedium gelöster Stoffe und als Schnittstelle des Boden zu Pflanzen ein wichtiger Monitor für ökochem. Prozesse. Im Rahmen der Erforschung von Versauerungsprozessen, >Versauerungshypothese<, zu den neuartigen Waldschäden konnten kritische, die Ionenzusammensetzung kennzeichnende Intensitätsparameter für die >Waldernährung< identifiziert werden: So gilt es als Risiko für eine stabile Waldernährung, wenn das molare Verhältnis aus der Summe der Neutralkationen (Na, K, Mg, Ca) zu ionarem Aluminium (Al^{3+}) 1,0 unterschreitet.
Lit: Cronan SC, Grigal DF (1995) Use of calcium/aluminium ratios as indicators of stress in forest ecosystems. J. Environ. Qual. 24: 209–226.

Bodenluft. Luftgefüllter Porenraum im Boden mit fraktaler Grenzfläche zur >Bodenlösung<. Die Bodenluft ist das Kompartiment, in dem die Gasflüsse zur O_2-Versorgung und CO_2-Entsorgung aerober Bodenorganismen inkl. der Wurzeln stattfinden. Diese Flüsse werden überwiegend von Partialdruckunterschieden angetrieben, die durch biogene Quellen und Senken entstehen. In gut belüfteten Waldböden ist der CO_2-Partialdruck der Bodenluft ca. 10 mal höher als in der freien Atmosphäre. Wesentlich höhere CO_2-Partialdrücke weisen weniger auf erhöhte biol. Aktivität als auf eine gestörte CO_2-Entsorgung des Bodens hin. Die Qualität der Gasflüsse wird wesentlich durch das Volumen und die Struktur („Kontinuität") der Grobporen ($\varnothing$ 10–1.000 µm) kontrolliert. Da beide Parameter durch immissionsbedingten >Strukturverlust< oder durch befahrungsbedingte >Waldbodenverformung< verändert werden, bestehen in beiden Fällen enge Rückkopplungen zum Gashaushalt von Waldböden. Der Beitrag veränderter Gasflüsse in Waldböden an der Entstehung neuartiger Waldschäden ist bislang wenig untersucht.

Bodenmikroorganismen. >Edaphon<.

Bodenmineral. Im weiteren Sinn alle Minerale, die in einem Boden auftreten, einschließlich der vom Gestein ererbten Minerale. I.e.S. Minerale, die im Laufe der Bodenentwicklung oder bei exogenen Umwandlungsprozessen entstehen. Solche Minerale werden auch als „pedogen" bezeichnet. Die wichtigsten Gruppen pedogener Minerale sind Tonminerale, Oxide, Carbonate sowie unter besonderen Bedingungen Sulfate, Phosphate und Nitrate.

Bodenmüdigkeit. Im Lauf der Zeit zunehmende Wachstumshemmung bestimmter Kulturpflanzen, falls diese jedes Jahr ohne Unterbrechung oder zwischengeschaltete Fremdkulturen auf demselben Standort angebaut werden. Mögliche Ursachen für B. sind Anreicherung schädlicher Stoffe (z.B. Wurzelausscheidungen) oder Veränderungen in der Zusammensetzung der Bodenlebewesen (z.B. Virosen, Pilzinfektionen).

Bodennährstoffvorrat. Gesamtgehalt eines Bodens an Pflanzennährstoffen (hauptsächlich N, P, K, Mg) im durchwurzelten Bereich. Der B. wird entweder auf die Bodenmasse bezogen und z.B. in g/kg oder flächenbezogen in g/m^2 oder kg/ha ausgedrückt. Gelegentlich werden unter dem B. auch nur die in leicht verwitterbaren Mineralen gebundenen Nährstoffe verstanden und dann durch Extraktion mit siedender Salzsäure bestimmt.

Bodennahe Grenzschicht. (Syn. >Prandtl-Schicht<). Von der >atmosphärischen Grenzschicht< die unterste Schicht, etwa 10%, im Mittel 100 m. Die Strömung der b.G. ist turbulent, d.h. die zum Untergrund parallele mittlere Strömung ist von regellosen Zusatzbewegungen überlagert. Durch die >Turbulenz< wird die Übertragung der physikalischen Eigenschaften (Impuls, Wärme, >Feuchte<) bewirkt. Die Windrichtung bleibt konstant, das Windgeschwindigkeitsprofil ist annähernd logarithmisch, so daß an der Obergrenze der b.G. bereits 70 bis 80% der an der Obergrenze der atmosphärischen Grenzschicht anzutreffenden >Windgeschwindigkeit< herrschen (s. Abb. bei >atmosphärische Grenzschicht<). Thermische Schichtung und >Bodenrauhigkeit< prägen wesentlich das Windprofil in der b.G.
Lit: McBean GA et al. (1979) The Planetary Boundary Layer, WMO Nr.530, Tech. Note Nr.165, Genf.

Bodennebel. Nebelart, >Nebelklassifikation<.

Bodennutzung. Man unterscheidet grob zwischen forstwirtschaftlicher (Waldbau), gartenbaulicher und landwirtschaftlicher B. Besonders bei der landwirtschaftlichen B. werden häufig nach der vorherrschenden Nutzungsart noch weitere Abstufungen vorgenommen (z.B. Acker-, Weide-, Streuwiesennutzung). Ungenutzte, nicht von Büschen oder Bäumen bestandene Flächen werden als Brache bezeichnet. Die Arten der B. unterscheiden sich erheblich in der Intensität der menschlichen Einflußnahme. Damit hat die B.u.U. einen erheblichen Einfluß auf die aktuellen Eigenschaften der Böden und muß daher z.B. bei der Entnahme von Bodenproben stets angegeben werden.

Bodenorganismen. Sammelbezeichnung für Mikroorganismen, Pflanzen und Tiere, die ständig im Boden leben. In der Regel werden höhlenbewohnende größere Tiere sowie im Boden wurzelnde Landpflanzen nicht zu den B. gerechnet. >Edaphon<.

Bodenparameter. Sammelbezeichnung für ökologisch wichtige Kenngrößen eines Standorts, die den Boden betreffen. Hierzu gehören z.B. Korngrößenverteilung, pH-Wert, Humus- und Nährstoffgehalte, Speichervermögen für Wasser und Nähr- bzw. Schadstoffe.

Bodenpilze. >Fungi<.

Bodenproben. *Entnahme:* Grundsätzlich wird unterschieden zwischen der Entnahme ungestörter und gestörter Bodenproben: *1) Ungestörte Proben:* Bei der Entnahme ungestörter Bodenproben wird darauf geachtet, die natürliche Lagerung möglichst weitgehend zu erhalten, um Parameter der Bodenphysik (z. B. Lagerungsdichte, Porenvolumen, Gefüge, Aggregatstabilität) messen zu können. Zu diesem Zweck werden Stechzylinder in den Boden gepreßt oder geschlagen und mit geeigneten Werkzeugen (Messer, Spachtel) herauspräpariert. Die Aggregatstabilität kann auch an einzelnen gesammelten Bodenaggregaten bestimmt werden. *2) Gestörte Proben:* Bei der Entnahme gestörter Proben zur Bestimmung chemischer, mineralogischer oder mikrobiologischer Kenngrößen wird das Bodengefüge zerstört, dafür aber großer Wert auf die Gewinnung einer typischen oder repräsentativen (Durchschnitts)probe gelegt. Als Probenmenge reicht für die meisten Untersuchungen 1 kg aus, bei skeletthaltigen Proben (z. B. Kiesböden) entsprechend 1 kg Feinboden. Für bestimmte Untersuchungen (meist auf Pflanzennährstoffe) werden Proben auch mittels eines Bohrstocks gezogen („Bohrstockproben"); dann sind aber 10 bis 30 Einschläge je Hektar für eine repräsentative Durchschnittsprobe erforderlich.

Aufbereitung: Gestörte Proben werden vor der Untersuchung homogenisiert. Bei Analysenmethoden, die feldfrische Proben erfordern, kann dies nur durch Zerkleinern der Aggregate von Hand und sorgfältiges Vermischen (nicht Verschmieren!) geschehen. Anderenfalls wird die Probe zunächst getrocknet und dann gesiebt. Üblich sind Siebe mit Maschenweiten von 1 oder 2 mm, bei der Untersuchung auf Spurenelemente evtl. aus Kunststoff. Bei Unterwasserböden wird zweckmäßigerweise die frische Probe mit einem Überschuß an Wasser gesiebt und erst dann getrocknet. Zur Trocknung der Bodenproben kommen je nach dem Verwendungszweck Lufttrocknung, „Ofentrocknung" bei 105 °C und Gefriertrocknung in Frage.

Aufbewahrung: Von allen im Rahmen längerfristiger Untersuchungen entnommenen Bodenproben müssen Teilproben für spätere Nachprüfungen aufbewahrt werden. Die Art der Aufbewahrung richtet sich nach der Vorbehandlung und dem Untersuchungszweck. Frische Proben für chemische Untersuchungen werden zweckmäßigerweise bei tiefer Temperatur eingefroren und bei –18 °C aufbewahrt. Für mikrobiologische Untersuchungen scheint jedoch eine Aufbewahrung im Kühlschrank (1 bis 4 °C) günstiger zu sein, da hierbei die mikrobiellen Populationen am wenigsten verändert werden. Luftgetrocknete Proben werden meist in luftdurchlässigen Pappschachteln bei Zimmertemperatur mit möglichst geringen Temperaturschwankungen aufbewahrt, ofengetrocknete und gefriergetrocknete in Glas- oder Kunststoffgefäßen. Sollen Proben auf flüchtige Substanzen (z. B. Quecksilber, Kohlenwasserstoffe, Pestizide) untersucht werden, ist besondere Vorsicht geboten. Diese Proben dürfen nur in hermetisch abgeschlossenen Glasgefäßen aufbewahrt werden; bei der Untersuchung auf organische Verbindungen ist eine Kontamination durch Weichmacher zu befürchten, wenn Plastikgefäße oder -verschlüsse verwendet werden. Bei der Aufbewahrung frischer, wassergesättigter Proben (z. B. von Unterwasserböden) ist zu beachten, daß viele Gefäßmaterialien (z. B. Polyethylen, Plexiglas) für Sauerstoff durchlässig sind, wodurch das Redoxpotential im Probeninneren verändert werden könnte.

Dokumentation: Die Dokumentation einer B. (in schriftlicher Form oder als EDV-Datei) muß neben den bereits ermittelten Kenngrößen und dem Entnahmedatum stets die genaue Herkunftsbezeichnung enthalten, so daß der exakte Ort der Probenahme wiedergefunden werden kann. Dabei sollten folgende Parameter angegeben werden: Entnehmer, Ort (z. B. als Rechts- und Hochwert im Gauß-Krüger-Netz), Lage in der Probefläche (z. B. bezogen auf Feldgrenzen), Horizont mit oberer und unterer Grenze, Entnahmetiefe. Außerdem ist anzugeben, ob die Probe einer Vorbehandlung (Trocknen, Sieben usw.) unterworfen wurde. Bei den ermittelten Analysendaten sind stets der Bearbeiter, das Datum der Analyse sowie die genaue Analysenmethode (z. B. als Literaturzitat) zu vermerken.

Bodenproduktion. Landwirtschaftliche Produktion, die aus einem Boden erwirtschaftet wurde. Der Begriff wird im Gegensatz zu bodenunabhängiger industrieller Produktion verwendet.

Bodenprofil. Gesamtheit der Horizonte (>Bodenhorizonte<) eines Bodens von der Oberfläche bis zum unveränderten Ausgangsgestein. Das B. ist kennzeichnend für den jeweiligen Bodentyp; seine Interpretation ermöglicht wichtige Rückschlüsse auf die ökologischen Verhältnisse und z. B. auf die Filterwirkung eines Bodens.

Bodenrauhigkeit. Zusammenfassende Bezeichnung für alle Unebenheiten des Untergrundes, die durch Reibung die Luftströmung am Boden beeinflussen. In theoretischen Berechnungen wird die B. durch den >Rauhigkeitsparameter< berücksichtigt.

Bodenreaktion. Bezeichnung für den Säuregrad eines Bodens (sauer, neutral, alkalisch), häufig in Form des pH-Werts angegeben.

Bodenreibung. Reibung einer Luftströmung am Erdboden, wodurch die >Windgeschwindigkeit< reduziert und der Wind in Richtung zum tieferen Druck hin abgelenkt wird. Die B. hängt vom >Rauhigkeitsparameter< des Untergrundes ab.

Bodensäule, Labor-B. Bei ungestörter Probenahme auch >Monolith< genannt, dient der Untersuchung der Grundprozesse, also hauptsächlich der Transport-, Umwandlungs- und der Setzungs- und Lockerungsvorgänge in Böden bzw. porösen Medien (s. Abb. S. 221).

Bodensatz. Aus einer >Emulsion<, einer >Suspension< oder einer übersättigten Lösung am Gefäßboden sich absetzende feste oder flüssige Phase. Die quantitative Bestimmung des B. unter standardisierten Bedingungen dient der Beurteilung der >Emulsionsstabilität< bzw. der >Suspensionsstabilität< von Pflanzenschutzmittelformulierungen in wäßriger Verdünnung.

Lit: Ashworth RdeB, Henriet J, Lovett JF, Raw GR (1970) Analysis of technical and formulated pesticides, CIPAC Handbook 1, Heffers Printers, Cambridge, MT 36 S. 910 und MT 15, S. 861.

Bodenschleimpilze. >Myxomycota<.

Bodenschutz. Schutz des Bodens gegen 1) Belastungen der Bodensubstanz durch Eintrag von Schadstoffen, insbesondere von Schwermetallen und anderen Stoffen, die in der Umwelt nicht oder nur schwer abbaubar sind, 2) Belastungen der Bodenstruktur wie >Erosionen< und Bodenverdichtungen infolge von Eingriffen, 3) Belastungen der Bodenfläche durch Landschaftsverbrauch wie z. B. unbedachte Inanspruchnahme natürlicher oder naturnah genutzter Flächen für Siedlung, Industrie und Verkehr. Der Boden ist zusammen mit

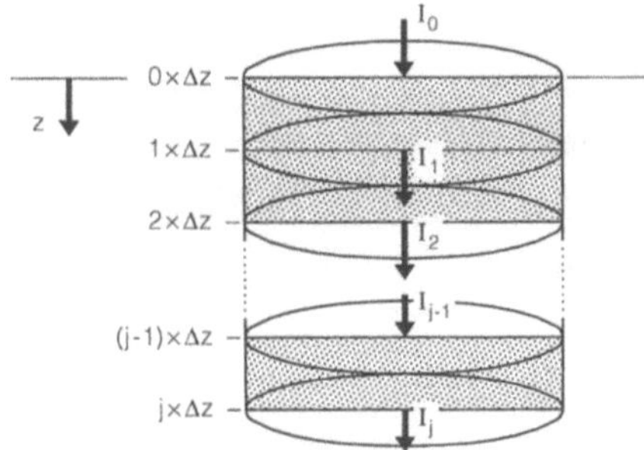

Bodensäule: Labor-Bodensäule zur Untersuchung von Prozessen im Boden. a) schematisch; b) Monolith im Labor

Wasser, Luft und Sonnenlicht Grundlage allen Lebens und ganz überwiegend Ausgangs- und Endpunkt menschlicher Aktivitäten. Dem B. kommt besondere Bedeutung zu im Hinblick auf a) Erhaltung der Funktionen des Bodens im Naturhaushalt sowie der Bodenfruchtbarkeit, b) Erhaltung der ökologischen Funktionen und Rohstoffreserven der Wälder, c) Erhaltung der Filter- und Pufferfähigkeit des Bodens, d) Sicherung der ökologischen Anforderung in bezug auf den Wasserhaushalt, e) Sicherung einer nach Güte und Menge ausreichenden Wasserversorgung, f) Sicherung der Nahrungsmittelerzeugung, g) Sicherung der Land- und Forstwirtschaft, h) Sicherung einer langfristig ausreichenden Rohstoffversorgung, i) Verträglichkeit von Standorten der Abfallbeseitigung, k) Flächennutzung und Raumordnung. In D besteht kein eigenständiges Bodenschutzgesetz, jedoch enthält das geltende Recht eine Vielzahl bodenschutzrelevanter Regelungen. Zur umfassenden Sicherung des Bodens wurde eine >Bodenschutzkonzeption< erarbeitet.

Bodenschutzgesetz. Gesetz, das den Schutz und die Erhaltung des Bodens mit seinen Funktionen zum Ziel hat. Ziel ist meist weniger der Boden selbst als vielmehr dessen Funktionen als Filter (Schutz des Grund- und Oberflächenwassers) oder als Pflanzenstandort (Schutz vor Kontamination der Nahrungsmittel). In einzelnen Fällen wird auch der Boden als besonderer Naturkörper geschützt („Bodendenkmal"). Wichtige Ansatzpunkte für entsprechende Schutzgesetze, die in D in die Zuständigkeit der Länder fallen, sind z.B. die >Bodenerosion<, die Belastung mit Schadstoffen oder mobilen (auswaschungsgefährdeten) Nährstoffen.

Bodenschutzkonzeption. Konzeption der Bundesregierung aus dem Jahr 1985, um dem Schutz des Bodens als a) Teil der Natur der Landschaft, b) Produktionsgrundlage für Land- und Forstwirtschaft, c) Speicher und Filter für den Wasserhaushalt, d) Träger von Bodenschätzen, e) Siedlungs- und Wirtschaftsfläche künftig umfassend (wie z.B. Naturschutz und Landschaftspflege) Rechnung zu tragen. Die Konzeption enthält die Leitlinien des >Bodenschutzes<, programmatische Grundlagen der Bodenschutzpolitik, eine Analyse des Sachstandes sowie spezifische Lösungsansätze in den einzelnen Fachbereichen. Die B. zielt ab auf die zentralen Handlungsansätze a) Reduzierung und Minimierung von qualitativ oder quantitativ problematischen Stoffeinträgen aus Industrie, Gewerbe, Landwirtschaft und Haushalten, b) eine Trendwende im Landverbrauch; sie richtet sich sowohl an den Bund als auch an die Länder. Die B. wird ergänzt durch Maßnahmen zum Bodenschutz (BT-Drs. 11/1625 vom 12.01.1988).

Bodenschutzrecht. Das B. ist nunmehr enthalten im Gesetz zum Schutz des Bodens vom 17.März 1998, BGBl.I S.502 ff. Sein Art.1 enthält das „eigentliche" B.: Gesetz zum Schutz vor schädlichen Bodenveränderungen und zur Sanierung von Altlasten (Bundesbodenschutzgesetz). Zweck des Bundesbodenschutzgesetzes ist nach seinem § 1, nachhaltig die Funktionen des Bodens zu sichern oder wiederherzustellen; hierzu sind schädliche Bodenveränderungen abzuwehren, der Boden und Altlasten sowie hierdurch verursachte Verunreinigungen zu sanieren und Vorsorge gegen nachteilige Einwirkung auf den Boden zu treffen; bei Einwirkungen auf den Boden sollen Beeinträchtigungen seiner natürlichen Funktionen sowie seiner Funktion als Archiv der Natur- und Kulturgeschichte soweit wie möglich vermieden werden. Auf der Grundlage dieses Gesetzes ist die Bundes-Bodenschutz- und Altlastenverordnung vom 12.Juli 1999, BGBl.I S.1554 erlassen worden.

Lit: Peine FJ (1988) Bodenschutzrecht, Umwelt- und Technikrecht, Werner Verlag, Düsseldorf, Bd.3, S.201 ff.

Bodenschwimmer. Bilden das >natante< >Edaphon<. Viele Arten der >Einzeller<, >Strudelwürmer<, >Rädertierchen<, >Fadenwürmer<, >Bärtierchen<, Ruderfußkrebse u.a. bewegen sich im Wasserfilm des Bodens als >Zersetzer<, Weidetiere an der >Mikroflora< oder Räuber an toter org. Substanz und dem >sessilen< Edaphon.

Bodensee. Größter See Mitteleuropas, internationales Gewässer mit Anteilen Deutschlands, Österreichs und der Schweiz. Der See besteht aus zwei sehr unterschiedlichen Teilbecken, Obersee mit Überlinger See und Untersee (s. Tabelle). Der gesamte Vol.-Anteil des Sees beträgt bei Normalwasserstand etwa 50 Mrd. m³. >Limnologisch< verhalten sich die beiden

Bodensee: Kenndaten der beiden Teilbecken des Bodensees: Obersee mit Überlinger See und Untersee

	Obersee	Untersee
Oberfläche (km^2)	476	63
Volumen (10^6 m^3)	47,7	0,83
maximale Tiefe (m)	252	46
mittlere Tiefe (m)	100	13,2
Einzugsgebiet (km^2)	10.819	11.454
Erneuerungszeit (a)	4,15	0,072
Umgebungsfaktor	21,95	181,81
Uferlänge (km)	165	90
Uferentwicklung	2,26	3,2
Mixis-Typ	mono-holomikt.	di-holomikt.

Seeteile ganz unterschiedlich. Der tiefe Obersee und Überlinger See zirkulieren nur einmal pro Jahr im Februar/März (Winterzirkulation), sind also >monomiktisch< und meist >holomiktisch<. Der flache Untersee ist >dimiktisch< mit Frühjahrs- und Herbstzirkulation und >holomiktisch<. Der Obersee befindet sich nach einer Phase der >Eutrophierung< auf dem Weg zur >Oligotrophierung< infolge konsequenter Phosphatelimination in den >Kläranlagen< des Einzugsgebietes und Verminderung des Phosphats in den >Wasch-< und >Reinigungsmitteln< (Phosphathöchstmengenverordnung 1981, 1984). Der Untersee neigt aufgrund seiner Morphologie von Natur aus zur Eutrophie, ist aber wegen seiner raschen Wassererneuerungszeit stark vom Obersee geprägt. Der größte Zufluß zum Bodensee ist der Alpenrhein. Beide Seeteile werden durch den 4 km langen Seerhein verbunden. Unterhalb des Untersees verengt sich der See zum Rheinsee, und bei Stein (Schweiz) verläßt der Rhein den See und strömt als „Hochrhein" Richtung Basel. Der Bodensee hat als Trinkwasserspeicher größte Bedeutung. Jährlich werden an 25 Entnahmestellen insgesamt 170 Mio. m^3 Wasser für 4 Mio. Einwohner entnommen (>Bodenseefernwasserversorgung<). Weitere wirtschaftliche Bedeutung hat er als Fischgewässer. Im Zeitraum von 1981 bis 1987 wurden im Mittel 1.128 t Fisch gefangen, hauptsächliche >Coregonen< (*C. lavaretus*) und Barsch (*Perca fluviatilis*, deutsch „Krätzer", schweiz. „Egli"). In den Uferbereichen des Untersees ausgedehnte Schilfbestände, z.B. Wollmatinger Ried, die Bestände sind teilweise im Rückgang begriffen (>Schilfsterben<). Die „Internationale Kommission zum Schutz des Bodensees (IGKB)" vereinbart und überwacht Schutzmaßnahmen und gibt Berichte über den Zustand des Sees mit limnologischen Daten heraus. Wichtigste limnologische Institute am See: Institut für Seenforschung und Seenbewirtschaftung in Langenargen (heute Institut der Landesanstalt für Umweltschutz Baden-Württemberg, LFU) und Limnologisches Institut der Universität Konstanz in Konstanz.

Lit: Elster H-J (1977) Die Naturwissenschaften 64: 207–215 – Elster H-J (1982) gwf-Wasser/Abwasser 123: 277–287 – Tilzer MM, Serruya C (1990) Large Lakes. Ecological structure and function, 1.Aufl., Springer, Berlin Heidelberg New York London Paris Tokyo Hong Kong – Kiefer F (1972) Naturkunde des Bodensees, 2.Aufl., Thorbecke, Sigmaringen – Maurer H (1982) Der Bodensee. Landschaft Geschichte Kultur, 1.Aufl., Thorbecke, Sigmaringen – Bäuerle E, Gaedtke U (Hrsg.) (1988) Lake Constance. Characterization of an ecosystem in transition. Erg. Limnol. 53, E.Schweizerbart'sche Verlagsbuchhandlung, Stuttgart.

Bodenseefernwasserversorgung. Größte der insgesamt 25 Entnahme- und Aufbereitungsanlagen für Trinkwasser aus dem Bodensee zur Versorgung von 3,5 Mio. Einwohnern in Nordwürttemberg. Bei Sipplingen werden mit drei Rohrleitungen jährlich 127 Mio. m^3 Wasser aus 60 m Tiefe dem Überlinger See entnommen und auf den 312 m höheren Sipplinger Berg gepumpt. Dort wird das Bodenseewasser aufbereitet: Mikrosiebe halten >Schwebstoffe< zurück, durch eine anschließende Behandlung mit >Ozon< werden >Bakterien< getötet und gelöste org. Stoffe zerstört. Eine Schnellfiltration durch Quarzsand und Bims hält letzte Rückstände zurück, und eine leichte >Chlorung< dient als Schutz beim Transport des Wassers. In Fernwasserleitungen, die auf einer Länge von 24 km teilweise 240 m tief die Schwäbische Alb unterqueren, erreicht das aufbereitete Trinkwasser im freien Gefälle in 36 h den Hochbehälter Stuttgart-Rohr, von wo es weiter verteilt wird.

Bodenstickstoff. Sammelbezeichnung für den im Boden vorhandenen Stickstoff, wobei der Stickstoff der Bodenluft meist nicht einbezogen wird. In humushaltigen Böden liegt der überwiegende Teil des B. (meist >90%) in org. Bindung vor; die vorherrschenden anorg. („mineralischen") Formen sind Ammonium und Nitrat, daneben auch Nitrit. Die Formen des B. und seine Umsetzungen haben große Bedeutung für das Pflanzenwachstum. Abgesehen von den N_2-fixierenden Organismen können Pflanzen nur Nitrat und Ammonium aufnehmen und damit verwerten. Daher sind die Umwandlungsgeschwindigkeit der org. in anorg. Formen („Mineralisierungsrate") sowie der Vorrat an (leichter) mineralisierbaren N-Formen in einem Boden für die ökologischen Standorteigenschaften von besonderer Bedeutung. Bei einer raschen Mineralisierung des org. gebundenen Stickstoffs können in durchlüfteten Böden große Nitratmengen ins Sickerwasser gelangen und damit zur Nitratauswaschung führen, wodurch z.B. in kultivierten Niedermoorböden hohe Nitratkonzentrationen auch im Grundwasser auftreten.

Bodenstörung und Fauna. >Bodenbelastung<.

Bodenstrahlung. >terrestrische Strahlung<; daneben auch die >Gammastrahlung<, die von Ablagerungen radioaktiver Stoffe auf dem Erdboden infolge der Ableitung mit der Abluft aus kerntechnischen Anlagen ausgeht.

Bodenstruktur. >Bodengefüge<.

Bodensystematik. Hierarchische Unterteilung der Böden anhand eines Katalogs von Kriterien in bestimmte Gruppen und Typen. Je nach der Art der angewendeten Kriterien ist diese Unterteilung eher genetisch (z.B. deutsche B.) oder analytisch (z.B. Soil Taxonomy der USA) geprägt, so daß eine Übertragung zwischen den Systemen oft nicht einfach ist.

Bodentemperatur. Temperatur der Luft, gemessen entsprechend den >WMO<-Richtlinien in einer Thermometerhütte in 2 m über Grund. Gegensatz: Temperatur am Erdboden, gemessen in 5 cm über Grund zur Bestimmung des Erdbodenminimums. >Frosteindringtiefe<.

Lit: WMO (1996) Guide to Meteorological Instruments and Methods of Observation, 6.Aufl., WMO Nr.8, Genf, Loseblattsammlung.

Bodentextur. Bezeichnung für die Korngrößenverteilung eines Bodens (>Bodenart<).

Bodentiere. S. >Bodenfauna<.
Sammelbezeichnung für Tiere, deren Lebensraum im Boden ist, wie Regenwürmer und Asseln (s. Abb.). Höhlenbewohnende Landtiere werden in der Regel nicht zu den B. gezählt. >Mikrofauna<, >Mesofauna<, >Makrofauna<, >Megafauna<.

Lit: Schaefer M (1994) Brohmer; Fauna von Deutschland, 19. Aufl., Quelle & Meyer, Heidelberg Wiesbaden.

Bodentyp. In der deutschen Bodensystematik eine Gruppe von Böden, die alle den gleichen Entwicklungszustand und damit die gleiche Horizontabfolge haben (z.B. Braunerde). Unterschiedliche Eigenschaften können durch entsprechende Zusätze (z.B. Lockerbraunerde, eutrophe Braunerde), Übergangsformen zwischen B. durch Namenskombinationen wiedergegeben werden (z.B. Podsol-Braunerde), wo-

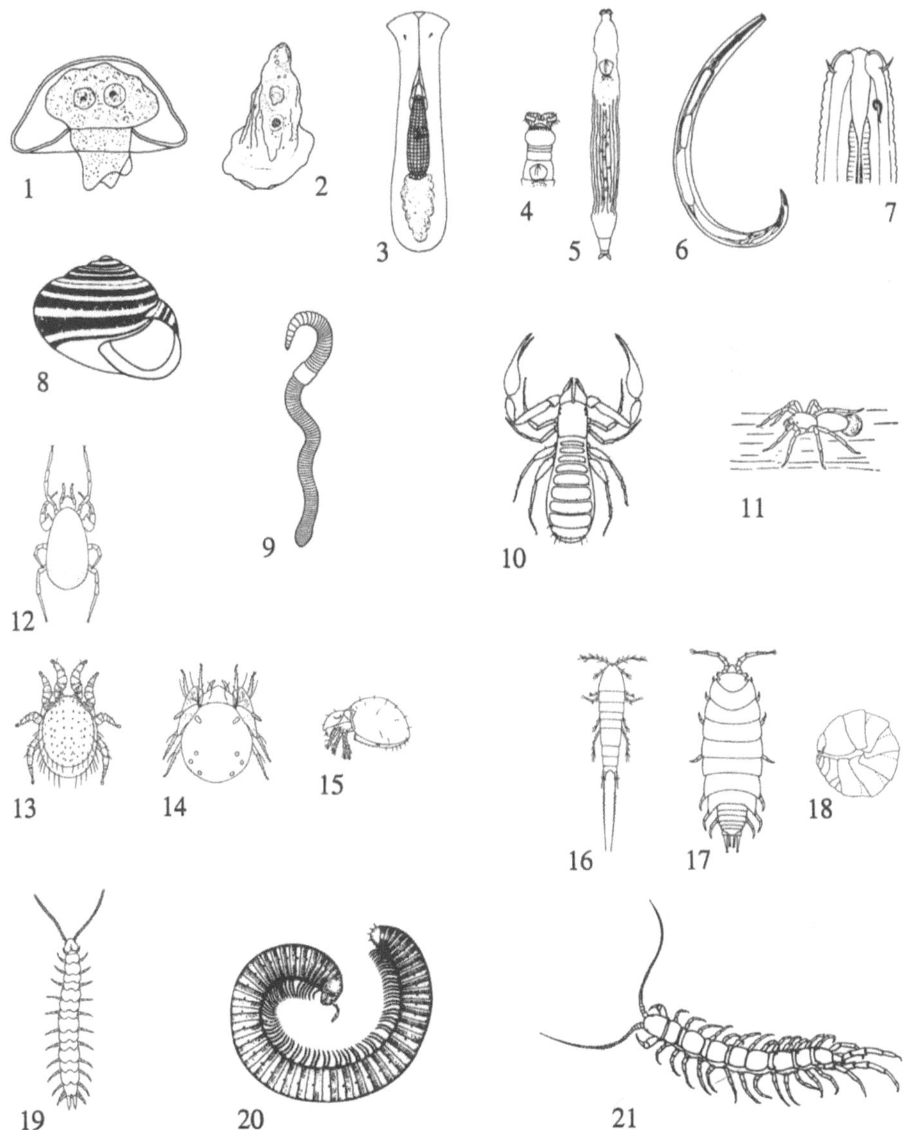

Beispiele typischer Bodentiere: 1 = Schalenamöbe, 2 = Nacktamöbe, 3 = Strudelwurm, 4 = Rädertier, 5 = Räderorgan R., 6 = Fadenwurm, 7 = Mundregion F., 8 = Schalenschnecke, 9 = Regenwurm, 10 = Pseudoskorpion, 11 = Wolfspinne, 12, 13 = Raubmilben, 14, 15 = Hornmilben, 16 = Ruderfußkrebs, 17 = Waldassel, 18 = Rollassel, 19 = Zwergfüßer, 20 = Schnurfüßer, 21 = Hundertfüßer (nach Schaefer 1992, s. Bodentiere)

bei der Name des vorherrschenden B. nachgestellt wird.

Bodenuntersuchung. Sammelbegriff für die analytische Ermittlung von chemischen, physikalischen oder biologischen Bodeneigenschaften. Im Gegensatz zur Analytik anderer Stoffe wird der Begriff B. sehr oft für Analysen verwendet, die unter dem Gesichtspunkt land- oder forstwirtschaftlicher Nutzung ausgeführt werden. Bei der chemischen B. spielen dann meist die Gesamtgehalte der zu untersuchenden Stoffe nur eine untergeordnete Rolle; viel wichtiger sind die verfügbaren und weitere mobilisierbare Anteile. Zu deren Bestimmung werden gewöhnlich Fraktionierungsverfahren eingesetzt, deren Auswahl sich nach dem jeweiligen Analysenziel richtet. Am gebräuchlichsten sind Extraktionen, bei denen die Bodenproben mit unterschiedlichen, meist sauren wäßrigen Salzlösungen oder mit Wasser geschüttelt werden. Nach dem Abtrennen des Bodens (durch Zentrifugieren oder Filtrieren) wird der gelöste Anteil des interessierenden Stoffes analytisch bestimmt. In neuerer Zeit wird auch das Verfahren der >Elektrodialyse< (Elektroultrafiltration) zur Abtrennung bestimmter Nährstofffraktionen eingesetzt. Die sich der Abtrennung der gesuchten Stoffe anschließende analytische Bestimmung verläuft analog der in der analytischen Chemie üblichen Arbeitsweise, wobei allerdings die Besonderheiten von Bodenextrakten berücksichtigt werden müssen (z.B. Gehalte an löslichen Huminstoffen oder Kieselsäure). Hier sind zur Ausarbeitung einer neuen Methode oder Methodenvariante umfangreiche Störversuche erforderlich. Die B. zur Ermittlung des Düngerbedarfs landwirtschaftlicher Böden muß sehr große Probenzahlen in relativ kurzer Zeit bewältigen. Daher wird hier in der Regel ein hoher Automatisierungsgrad angestrebt. Bei der Benennung von Ergebnissen der B. sind grundsätzlich zwei Wege zu unterscheiden: 1) Die Bezeichnung nach der angewendeten Methode (z.B. oxalatlösliches Eisen, salzsäurelösliches Kalium, Kjeldahl-Stickstoff, lactatlöslicher Phosphor) enthält keinerlei Wertung des Analysenergebnisses. 2) Die Bezeichnung mittels eines Wirkungsmodells (für die oben erwähnten Beispiele „amorphe Eisenoxide", „verwitterbares Kalium", „organisch gebundener Stickstoff", „pflanzenverfügbares Phosphat") enthält eine Interpretation, die die Kenntnis der zugehörigen chemischen Prozesse und Annahmen über ihre Auswirkungen voraussetzt. Da die Wirkungsweise der natürlichen Prozesse (wie Verwitterung oder Pflanzenaufnahme) aber nur in seltenen Fällen von den Untersuchungsmethoden exakt nachgebildet wird, sind solche Bezeichnungen stets mit der Gefahr einer Überinterpretation behaftet und dürfen nur mit besonderer Sorgfalt angewendet werden.

Bodenverbesserung. >Melioration<.

Bodenverdichtung. Verringerung des Porenvolumen eines Bodens durch mechanische Belastung, z.B. durch Befahren oder durch Bodenbearbeitung unter ungünstigen Bedingungen (Bildung einer Pflugsohle). Dabei werden häufig das Gefüge verändert und v.a. das Volumen der Grob- und Mittelporen verringert, so daß in erster Linie Wasser- und Lufttransport gehemmt werden. Bei lehmigen Böden und nicht zu geringen Niederschlägen tritt so leicht Staunässe auf, die bei entsprechender biologischer Aktivität zu Luftmangel führen kann. Die Beseitigung einer schädlichen B. ist durch mechanische Lockerung oder durch langfristige Erhöhung der biologischen Aktivität (v.a. der Bodentiere) möglich.

Bodenversalzung. Anreicherung von wasserlöslichen Salzen im Oberboden. Dies tritt besonders häufig auf in trockenen Klimazonen bei relativ hohem Grundwasserspiegel. Dabei werden die im Grundwasser (bzw. Bodenwasser) gelösten Salze mit dem Kapillaraufstieg nach oben transportiert und bleiben beim Verdunsten des Wassers als Feststoffe zurück. Hauptsächlich handelt es sich dabei um Chloride und Sulfate von Natrium, Calcium und Magnesium. Die B. verändert die ökologischen Eigenschaften eines Bodens erheblich, da in der Regel das osmotische Potential der Bodenlösung stark ansteigt und die Wasseraufnahme der Pflanzen entsprechend eingeschränkt ist. Weiterhin bewirken Na^+-Ionen in höheren Konzentrationen Gefügeverschlechterungen (z.B. verringerte Aggregatstabilität, erhöhte Verschlämmungsneigung). Die B. kann nur durch zusätzliche Bewässerung vermieden oder rückgängig gemacht werden. Die dabei angewendeten Wassermengen müssen so groß sein, daß mindestens während kurzer Zeiträume ein abwärts gerichteter Sickerwasserstrom die Salze bis ins Grundwasser verlagern kann. Bei natriumreichen Böden können außerdem zur Korrektur von Gefügeschäden Ca^{2+}-Ionen (z.B. durch Gips) zugeführt werden, die die Na-Ionen vom Austauscherkomplex verdrängen.

Bodenversauerung. Erniedrigung des pH-Werts eines Bodens durch den Eintrag oder die Bildung von Säuren. Wichtige Säurequellen sind in der Tabelle unten dargestellt.
Im Verlauf der B. werden im Boden verschiedene Puffersysteme (>Puffer<) aktiviert, was zu entsprechenden Verwitterungsreaktionen führt. Der sich dabei einstellende pH-Wert hängt außer vom Säureeintrag v.a. von Art und Menge der vorhandenen Puffersysteme ab. So liegt der pH-Wert carbonathaltiger Böden im Neutralbereich (7 bis 7,5); er kann erst nach vollständiger Auflösung des Carbonats deutlich absinken. Bei schluff- oder tonreichen Böden, die reich an leicht verwitterbaren Silicaten (Glimmer, Hornblenden usw.) sind, ist der pH-Wert häufig im Bereich um 5 für längere Zeit stabil. Erst nach der Zersetzung dieser Minerale bzw. in silicatarmen, quarzsandreichen Böden sinkt der pH-Wert rascher ab und erreicht auch im Mineralboden Werte unter 4. Da die B. in durchlässigen Böden meist mit einer Auswaschung von Pflanzennährstoffen verbunden ist, verändert sich während dieser Prozesse auch die Zusammensetzung der Bodenvegetation. Es werden Arten dominierend, die an nährstoffarme, saure Standorte angepaßt sind und eine entsprechend nährstoffarme Streu liefern.

Bodenversauerung

Protonenquelle	Quelle bzw. Prozeß
Kohlensäure Organische Säuren	Luft, Humus- und Biomasseabbau, Gärung
Humin-, Fulvonsäuren	Unvollständige Humifizierung
Schwefel-, Salpetersäure	Luftverunreinigungen
Wurzelausscheidungen	Ausgleich der Ionenbilanz
Mikroorganismen	Nitrifikation

Bodenviren. >Edaphon<.

Bodenwärmehaushalt. Gesamtheit aller Komponenten, die den Energiehaushalt des Erdbodens bestimmen. Die Wärmequelle an der Erdoberfläche ist die einfallende direkte und diffuse Sonnenstrahlung, >Globalstrahlung<. Sie wird von der Erdoberfläche zum Teil reflektiert, zum Teil absorbiert und erwärmt dadurch den Erdboden. Dieser gibt seine Energie als fühlbare Wärme an die bodennahe Luftschicht sowie als thermische Ausstrahlung, >Wärmestrahlung<, ab. Da die Erdoberfläche streng genommen als zweidimensionale Fläche keine Energie speichern kann, ist ihr Energiehaushalt stets ausgeglichen = 0. Die verschiedenen Komponenten des B. faßt man in der folgenden Energiebilanzgleichung zusammen:

$$Q + B - H - L = 0$$

Darin bedeuten: Q = Gesamt>strahlungsbilanz<, mit: $Q = Q_K + Q_L = (G - R) + (A - E)$, Q_K, Q_L = kurz- bzw. langwellige >Strahlungsbilanz<, G = >Globalstrahlung<, R = am Untergrund reflektierte Globalstrahlung, sog. Reflexstrahlung, A = >Wärmestrahlung< der Atmosphäre, sog. Gegenstrahlung, E = >Wärmestrahlung< der Erdoberfläche, sog. >Ausstrahlung<, B = >Bodenwärmestrom<, im langzeitigen Mittel gleich Null, H = fühlbarer Wärmefluß, L = latenter Wärmefluß infolge Verdunstung bzw. Kondensation. Die Vorzeichen der Energieflüsse Q und B sind positiv, diejenigen von L und H negativ in Richtung auf die Erdoberfläche. >Bodentemperatur<, >Oberflächentemperatur<.
Lit: Kraus H (1970) Die Energieumsätze in der bodennahen Atmosphäre, Ber Dtsch Wetterd 117.

Bodenwärmestrom. Transport von sensibler Energie durch Wärmeleitung. Der B. hängt von der Wärmeleitfähigkeit und der Wärmekapazität des Erdbodens sowie von dem vertikalen Temperaturgradienten ab. >Bodenwärmehaushalt<.

Bodenwanne. Auffangwannen, in denen flüssigkeitsführende Apparate und Behälter stehen, zur gezielten Aufnahme eventuell auslaufender Prozeßflüssigkeiten zur Verhinderung der Ausbreitung dieser Flüssigkeiten in der Anlage.

Bodenwasser. Das im Boden enthaltene Wasser, das durch Trocknen bei 105 °C entfernt werden kann. Je nach der Festigkeit der Bindung an die festen Bodenbestandteile unterscheidet man: *Grund- und Stauwasser*: freies Wasser in größeren Poren, das nicht an Bodenbestandteile gebunden ist; *Kapillarwasser*: Wasser, das in engen Kapillaren (z. B. Feinporen) durch Kapillarkräfte mit entsprechend gekrümmten Menisken festgehalten wird; *Adsorptionswasser*: Wasser, das meist in mehreren Molekülschichten an der Oberfläche der festen Bodensubstanz durch Adsorptionskräfte (van der Waals-Kräfte, Dipol-Wechselwirkungen) gebunden ist. Kapillar- und Adsorptionswasser haben gegenüber freiem Wasser veränderte physikalische Eigenschaften, so z. B. erhöhten Siedepunkt, größere Dichte und Viskosität und tieferen Gefrierpunkt.

Bodenwirbeltiere. >Vertebrata<.

Bodenwühler. Bilden das >fodente< >Edaphon< der >Makro-< und >Megafauna<. B. sind Lebensformtypen mit morphologischen Anpassungen an die grabende Lebensweise. Keilförmige Kopfgestaltung bei den Schnellkäfern, Grabbeine bei Maulwurfsgrillen, hydro-

statisches Skelett bei >Regenwürmern< u. a. sind Beispiele dafür. Viele Arten der Regenwürmer, Rüsselkäfer, Schnellkäfer, Nager, Maulwürfe, Hamster u. a. leisten damit qual. und quant. einen großen Beitrag an der >Bioturbation< und Strukturierung des Bodens.

Bodenzahl. Bewertungszahl der Bodenbewertung (Reichsbodenschätzung), die die Ertragsfähigkeit eines Bodens bei Ackernutzung beschreiben soll und aus der Bodenart, dem geologischen Alter des Ausgangsgesteins und dem Entwicklungszustand des Bodens ermittelt wird (>Bodenbewertung<). Als Bezugsgröße für die B. wurde die Ertragsfähigkeit der besten deutschen Böden (Schwarzerden im Raum Magdeburg) gleich 100 gesetzt. Besonders ungünstige Böden (z. B. kaum oder sehr weit entwickelte Böden aus silicatischen Festgesteinen) erhalten dann z. T. B. unter 10.

Bodenzone. Ausgedehnter Bereich der Erdoberfläche, der von einer bestimmten genetischen Gruppe von Böden dominiert wird, wie z. B. die B. der Schwarzerden und humosen Gleye. Die Bildung von B. wird hauptsächlich durch klimatische Bedingungen beeinflußt.

Bodenzoologie. Die Wissenschaft, die sich mit den Tieren im Boden beschäftigt.

Bodenzustandserhebung im Wald (BZE). Erstmalige bundesweite Erhebung des Bodenzustandes im Wald 1987–1993. Im Vordergrund der Erhebung standen Speichergrößen, die für die >Waldernährung< von Bedeutung sind, wie z. B. der Vorrat an austauschbaren Nährelementkationen im durchwurzelten Raum. Die Ergebnisse der BZE lassen in vielen Bundesländern den Schluß zu, daß auf silikatischen Standorten in den letzten Jahrzehnten die Vorräte an austauschbaren Nährelementkationen eine Nivellierung auf niedrigem Niveau erfahren haben.
Lit: BUELF (1996) Deutscher Waldbodenbericht, Bd. 1 u. Bd. 2, Bonn.

Body Burden. >Körperbelastung<.

Body Counter. >Ganzkörperzähler<.

Bö. Kurzfristige und unregelmäßige Schwankungen der Windrichtung und -geschwindigkeit. Beim Auffrischen dreht der Wind im Uhrzeigersinn (>Rechtdrehen< des Windes), beim darauf folgenden Abflauen entgegengesetzt zum Uhrzeigersinn (>Rückdrehen< des Windes). Auf der Südhalbkugel ist der Drehsinn jeweils umgekehrt. Die Böigkeit wird hervorgerufen durch: a) erhöhte >Bodenrauhigkeit<, b) erhöhte >barokline Instabilität<, i. d. R. dadurch ausgelöst, daß kalte Luft über erwärmten Untergrund fließt (>Rückseitenwetter<). Man spricht von einer Bö nur, sofern: a) der Mittelwind mindestens 8 m/s (entsprechend 5 >Beaufort<), b) die Windspitze mindestens 12 m/s (entsprechend 6 Beaufort), c) die Dauer der Windspitze mindestens 2 s, d) die Geschwindigkeitsdifferenz zwischen Windspitze und Windgeschwindigkeitsminimum mindestens 8 m/s beträgt. Von praktischer Bedeutung ist v. a. die charakteristische Länge ℓ einer Bö:

$$\ell = v_B \cdot t_B.$$

Beträgt bei einer Windspitze von v_B = 15 m/s (entsprechend 7 Beaufort) ihre Dauer t_B = 2 s, so erhält man für die charakteristische Länge ℓ = 30 m; dies stellt für schlanke technische Bauten (z. B. Kräne) wie auch für Sportboote, insbesondere Segelboote, eine Gefahr dar.
Lit: Böllmann G, Jurksch G (1984) Meteorol Rundsch 37: 1–10.

Böschung. Seitliche Begrenzungsfläche eines Tagebaus oder einer >Kippe<. >Böschungsstandfestigkeit<, >Endböschung<, Böschungswinkel.

Böschungsstandfestigkeit. Ist gegeben, wenn die Summe der Haltekräfte größer ist als die Summe der Verschiebekräfte. Sie wird best. durch geologische Gegebenheiten, Böschungshöhe, Böschungsneigung, Böschungswinkel sowie äußere Einwirkungen.

Bogenrechen. Für kleine >Kläranlagen< geeignet, bei denen geringe Wasserspiegelschwankungen auftreten und eine flache Einbautiefe vorhanden ist. Der viertelkreisförmige Rechen ist derart in das Gerinne installiert, daß sein unteres Ende tangential an die Kanalsohle anschließt. Er zeichnet sich durch eine große wirksame Siebfläche bei niederen Wasserständen und durch seine einfache Bauart aus. Die Schmutzstoffe werden durch eine um eine feste Achse umlaufende Reinigungsvorrichtung am oberen Rechenende abgestreift (s. Abb. unten) (s. auch DIN 1955 Teil 2).

Bohnerwachs. B. gehören zu den >Haushaltschemikalien< und werden hauptsächlich zur Pflege von Linoleum- und unversiegelten Parkett->Bodenbelägen< eingesetzt. Pflegende Inhaltsstoffe sind >Paraffine<, pflanzliche oder synth. Hart>wachse< und >Lösungsmittel< (>Lösungmitteldämpfe<). Zur Pflege von Kunststoffböden werden B. durch lösemittelfreie Selbstglanzemulsionen ersetzt. Diese enthalten neben Wachsen auch Fettsäuren und Amine als >Emulgatoren< sowie Kunststoff>dispersionen<, >Konservierungsmittel< und Duftstoffe.

Bohrlochlagerung. Neben einer >Ablagerung< in Kammern oder Strecken eines >Endlager-Bergwerkes< können auch tiefe Bohrlöcher als >Deponie<hohlraum genutzt werden. Für diese Form der Ablagerung eignen sich vornehmlich Abfälle mit geringem Mengenaufkommen. Im Konzept eines bundesdeutschen >Endlagers< für >radioaktive Abfälle< sind derartige Bohrlöcher, die von der Sohle eines Endlager-Bergwerkes aus abgeteuft werden, zur Aufnahme von >Kokillen< mit verglastem hochradioaktivem Abfall vorgesehen. Die Technik des Trockenbohrverfahrens als eine wesentliche Voraussetzung der Bohrlocherstellung im Salzgestein wird mit Durchmessern von 600 bis 5.000 mm und einer Teufe bis 600 m gegenwärtig im >Forschungsbergwerk Asse< erprobt. In Dänemark ist darüber hinaus Anfang der 80er Jahre die Möglichkeit untersucht worden, radioaktive Abfälle in tiefen Bohrlöchern endzulagern, die von der Erdoberfläche aus in einen >Salzstock< hinein abzuteufen sind. Dieses Konzept entspr. im Prinzip dem einer >Endlager-Kaverne<.

Bohrlochsbergbau. >Bergbau<, bei dem die Gewinnung des flüssigen oder gasförmigen Lagerstätteninhalts durch >Tiefbohrungen< erfolgt.

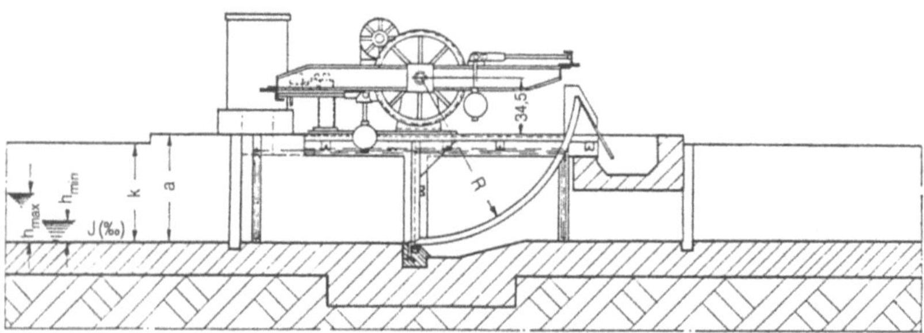

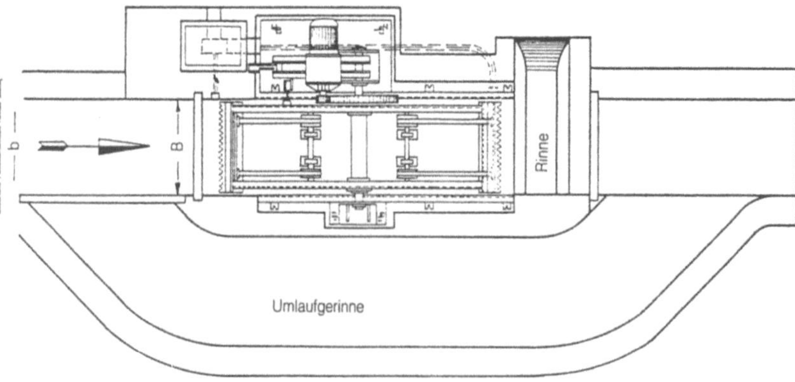

Bogenrechen (aus: ATV (1982–1986) Lehr- und Handbuch der Abwassertechnik, 3. Aufl., Wilhelm Ernst u. Sohn Verlag, Berlin)

Bombykol. (E, Z) - 10, 12 - Hexadecadien - 1 - ol, $C_{16}H_{30}O$). Farblose Flüssigkeit mit einem Molekulargewicht von 238,4. Bombykol ist ein Sexuallockstoff (>Lockstoffe<) des Seidenspinners *Bombyx mori* L., der 1959 von Butenandt et al. aus den Hinterleibsegmenten weiblicher Seidenspinner isoliert wurde, und zwar 12 mg aus 500.000 Weibchen. Nach Ermittlung der Konstitution gelang auch die Synthese. Für Seidenspinner-Männchen ist Bombykol noch in einer Verdünnung von 10^{-16} bis 10^{-18} g/mL als Lockstoff wahrnehmbar.

Lit: Bestmann HJ, Vostrowsky O (1982) Naturwissenschaften 69: 457–471. – Sirrenberg W (1977) Weitere Bekämpfungsmethoden. In: Büchel KH (Hrsg.) Pflanzenschutz und Schädlingsbekämpfung, 1. Aufl., Georg Thieme, Stuttgart, S. 101. – Eiter K (1970) Insekten-Sexuallockstoffe. In: Wegler R (Hrsg.) Chemie der Pflanzenschutz- und Schädlingsbekämpfungsmittel. Bd. 1, 1. Aufl., Springer, Berlin Heidelberg New York, S. 497–522.

Bor (B). Chem. Element mit der Ordnungszahl 5, das am Aufbau der oberen Erdkruste mit etwa 0,001 % beteiligt ist. Es ist ein äußerst hartes, hitzebeständiges Nichtmetall mit Halbleitereigenschaften, wobei die elektrische Leitfähigkeit bei 20 °C etwa ein Zehntel derjenigen von Kupfer beträgt. Elementares Bor existiert in drei Modifikationen, einer schwarzen, glasigundurchsichtigen, amorphen und zwei roten, temperaturabhängigen, kristallinen Formen. Es ist chem. sehr reaktionsträge und reagiert erst bei hohen Temp. mit O_2, Cl, Br, N und S. Von Salzsäure wird Bor nicht angegriffen, während es von heißer konz. Salpetersäure zu Borsäure, $B(OH)_3$, oxidiert wird. In Verb. ist Bor streng 3wertig. In der freien Natur tritt Bor nur in Form von Sauerstoffverb. auf. Größere Lagerstätten befinden sich in Kalifornien, der Türkei und in Kasachstan. Die jährliche Gesamtprod. beträgt in den USA etwa 2 Mio. t und in der Türkei 1 Mio. t. Die techn. Darstellung erfolgt durch Reduktion von Bortrioxid mit Magnesium. Bor wird verwendet als Legierungsbestandteil bei der Herstellung von besonders harten Stählen, die u.a. als Neutronenabsorber in Kernreaktoren eingesetzt werden. Borverb. wie z.B. Borax $Na_2B_4O_7 \cdot 10\ H_2O$ und Borsäure finden Verwendung in der Glas-, Keramik und Email-Industrie und werden als Pflanzenschutz- und Düngemittel eingesetzt. Ausgangsverb. für Waschmittel sind Perborate, die bei Temp. von ca. 90 °C zu H_2O_2 hydrolysieren und als Bleichmittel eingesetzt werden. Borate bewirken in Waschmitteln eine Wasserenthärtung, wobei sie 20 bis 35 % des Waschmittelvolumens ausmachen können. Elementares Bor zeigt keine toxische Wirkung, wohl aber einige seiner Verb. wie z.B. Borax. Für Menschen, Tiere, Mikroorganismen und einige Pflanzenarten ist es offensichtlich nicht essentiell, während es für viele Pflanzen als Spurenelement eine wichtige Funktion besitzt. Die biochem. Bedeutung im pflanzlichen Stoffwechsel ist jedoch noch nicht vollständig aufgeklärt. Im pflanzlichen RNA-Stoffwechsel spielt Bor eine bedeutende Rolle bei der Synthese von Uracil. Bei Bor-Unterversorgung ist die Aufrechterhaltung der Zellteilung gestört. Mit fortschreitendem Mangel stirbt der Wachstumskegel ab, die Wurzeln verkümmern, und die Wasseraufnahme ist stark beeinträchtigt. In borfreien Nährlösungen werden praktisch überhaupt keine Wurzeln mehr gebildet. Eine bekannte

Bor (B): Physikalisch-chemische Daten

chem. Symbol:	B
natürliche Isotope:	10(19,78), 11(80,22)
Atomgewicht:	10,811
Smp.:	2.180 °C
Sdp.:	3.650 °C
Dichte:	2,35–2,46
wichtige Mineralien	Borsäure (Sassolin) H_3BO_3
	Colemanit $Ca_2B_6O_{11} \cdot 5\ H_2O$
	Ulexit $NaCaB_5O_8 \cdot 8\ H_2O$
	Borax (Tinkal) $Na_2B_4O_7 \cdot 10\ H_2O$
	Kernit $Na_2B_4O_7 \cdot 4\ H_2O$

Bor-Mangelerscheinung ist die Herz- und Trockenfäule bei Beta-Rüben. Bor wird für die Synthese einiger Ligninarten von zweikeimblättrigen Pflanzen benötigt, die daher einen höheren Bor-Gehalt als einkeimblättrige Pflanzen aufweisen. Besondes hohe Borgehalte sind in milchsaftführenden Pflanzen enthalten. So enthalten z.B. Gerste 2,3 ppm, Erbsen 21,7 ppm, Salat 69,9 ppm und Mohn 94 ppm Bor (bezogen auf die Trockenmasse). Der Gehalt an Bor im Boden liegt zwischen 5 und 100 ppm. Lösliches Bor im Boden besteht hauptsächlich aus Borsäure, $B(OH)_3$, die Form, in der es auch von Pflanzen aufgenommen wird. Bei einem pH-Wert >6,3, bei dem die Borsäure vorwiegend als $B(OH)_4^-$ vorliegt, wird sie stark an Bodenpartikel, wie z.B. Al-Fe-Oxide und Tonminerale, adsorbiert und verliert dadurch ihre Bioverfügbarkeit. Eine Phytotoxizität kommt hauptsächlich auf salinen Standorten vor, die in der Regel einen extrem hohen Gehalt an Bor aufweisen. Toxische Symptome zeichnen sich vorwiegend in Rand- und Spitzenchlorosen aus, denen bald Nekrosen folgen. Besonders empfindlich gegenüber hohen Konz. an Bor reagieren Koniferen. Weniger empfindlich sind Einkeimblättrige wie Getreide und Gräser, während Zweikeimblättrige wie Rüben, Salat und Raps recht unempfindlich sind.

Lit: Greenwood NN, Earshaw A (1990) Chemie der Elemente. VCH, Weinheim – Mengel K (1991) Ernährung und Stoffwechsel der Pflanze. Gustav Fischer Verlag, Stuttgart.

Bordeaux B. >Amaranth<.

Borke. Ein tert. Abschlußgewebe von Stämmen und >Wurzeln< der meisten Bäume. Sie besteht aus einem geschichteten Mischgewebe von >Kork< und >Bast<, das im abgestorbenen Zustand einen perfekten Schutz- und Isoliermantel bildet. Für die Produktion ist das Korkkambium zuständig, das in immer tieferen Regionen und zuletzt im Bast entsteht. Durch Abstoßen von Borkenteilen gelangen wieder Substanzen in den Boden, die diesem von der Pflanze entzogen wurden.

Borkenkäfer. Sie gehören mit ca. 4.500 Käferarten zur Familie der Scolytidae. Die Käfer und Larven leben unter der >Borke<, im >Bast< oder im Splintholz (Rindenbrüter) sowie im Holz (Holzbrüter). Befallen werden vor allem kranke, umgebrochene oder gefällte Bäume, aber auch Sträucher oder Kräuter. Wirtschaftlich von Bedeutung sind vor allem Forstschädlinge wie Buchdrucker oder Fichtenborkenkäfer, die nach Massenvermehrungen zu großen Einbußen in der Forstwirtschaft führen. Versch. Borkenkäfer übertragen Pilzkrankheiten, z.B. der Ulmensplintkäfer den Erreger des Ulmensterbens.

Borosilikatglas. Glassorte mit hoher Auslaugbeständigkeit, geeignet zur >Verfestigung< des flüssigen

>hochaktiven Abfalls< aus der >Wiederaufarbeitung< von >Kernbrennstoffen<.

Borsäure. Eine sehr schwache Säure, die in der Lebensmittelindustrie weitgehend pH-unabhängig eingesetzt werden kann. Die antimikrobielle Wirkung ist relativ gering, besonders gegenüber Bakterien. Deshalb sind Konzentrationen von 0,5 bis 1,5 % notwendig. Wegen der gesundheitlichen Bedenklichkeit ist der Einsatz von Borsäure inzwischen weitestgehend verboten. Ausnahmen bestehen bei der Konservierung von Kaviar und ähnlichen Produkten mit zulässigen Höchstkonzentrationen von 2.000 bis 5.000 ppm. In einigen Ländern werden Citrusfrüchte vor dem Wachsen und Polieren mit 8 %igen Boratlösungen gewaschen.

Borzähler. Detektor, z. B. ein >Proportionalzählrohr<, der Bor, z. B. gasförmiges BF_3, enthält. Der Borzähler dient zum Nachweis langsamer Neutronen.

Boschzahl. >Schwärzungszahl<.

Bottom up-Ansatz. Ökonomischer Ansatz zur Bestimmung der gesamtwirtschaftlichen Kosten von Umweltschutzaktivitäten (>Ökonomische Effizienz<). Hierzu werden konkrete technologische Möglichkeiten zur Schadensvermeidung auf ihre Kosten und Einsparungseffekte hin untersucht. Im Idealfall werden dabei alle Stufen von der Erzeugung bis zum Endverbraucher berücksichtigt, so daß sich ein möglichst umfassendes Bild der verfügbaren Einsparungspotentiale ergibt. In einem zweiten Schritt werden dann die jeweiligen Durchschnittskosten pro Einheit vermiedener Emission berechnet und die einzelnen Optionen nach ihrer Wirtschaftlichkeit angeordnet. Werden hierbei die kumulierten Einsparungspotentiale in Abhängigkeit von den jeweiligen Kosten dargestellt, so kann der resultierende Kurvenverlauf als technologisch determinierte Vermeidungskostenfunktion interpretiert werden. Ein Problem von Bottom up-Schätzungen besteht darin, daß es sich in der Regel um eine reine Addition partialanalytisch festgestellter Vermeidungspotentiale handelt, die in der Praxis jedoch häufig nicht unabhängig voneinander sind, so daß die Gefahr der Doppelzählung besteht (s. a. >Input-Output–Analyse<). Hinzu kommt, daß die praktische Durchsetzung der als kostengünstig identifizierten Vermeidungsoptionen mit spürbaren gesamtwirtschaftlichen Effekten einhergehen kann. Dies betrifft die Änderung von relativen Preisen und der außenwirtschaftlichen Terms of Trade sowie die hieraus resultierenden Nachfrageumschichtungen und die entsprechenden Anpassungsreaktionen der Produzenten. Werden solche Rückwirkungen in die Betrachtung einbezogen, so lassen sich die tatsächlichen gesamtwirtschaftlichen Kosten der Emissionsvermeidung nur noch als Änderung des Sozialprodukts gegenüber einem entsprechenden Referenzpfad angeben, und der in Bottom up-Ansätzen verwendete Kostenbegriff, der nur den direkten Ressourcenverzehr umfaßt, verliert an Aussagekraft. Mithin sind Bottom up-Schätzungen strenggenommen nur bei Umweltproblemen von geringer ökonomischer Reichweite zulässig. In allen anderen Fällen, in denen spürbare gesamtwirtschaftliche Effekte zu erwarten sind, ist dem >Top down-Ansatz< der Vorzug zu geben.
Lit: Michaelis P (1996) Ein ökonomischer Orientierungsrahmen für die Umweltpolitik. Institut für Weltwirtschaft, Kiel.

bottom up-Kontrolle. Kontrolle von meist aquatischen Nahrungsketten von ihrer Basis her, z. B. der >Algen<

eines Sees durch Verminderung der Nährstoffkonzentration. Solche in der Seentherapie eingesetzten Kontrollen wirken sich stets auf alle Glieder der >Nahrungsketten< aus.

Botulinumtoxin. Stoffwechselprodukt des Bakteriums *Clostridium botulinum*. Es handelt sich dabei um ein Peptid mit einer relativen Molekülmasse von ca. 150.000, von dem in den einzelnen Bakterienstämmen unterschiedliche Formen existieren. Die Bildung erfolgt unter anaeroben Bedingungen in Fleisch-, Fisch- oder Gemüsekonserven sowie in ungenügend gesalzenen Pökel- und Räucherwaren. Die dadurch ausgelöste Lebensmittelvergiftung wird als Botulismus bezeichnet. Während Vergiftungen bei Menschen nur noch selten vorkommen, führt Rinderbotulismus in Südafrika zu hohen Tierverlusten. Auch bei Wasservögeln wurden in letzter Zeit vermehrt Massensterben beobachtet, wenn es in flachen Seen durch Zersetzung von Wasserpflanzen und Sauerstoffmangel zu einer starken Vermehrung von *C. botulinum* kam. Infektionsquellen sind v. a. faulende Tierkadaver. Das B. ist das stärkste bekannte Toxin; der LD_{50}-Wert (Maus, intraperitoneal) beträgt 0,0004 µg/kg KG. Die Wirkung als Neurotoxin beruht auf der Hemmung der Freisetzung von >Acetylcholin< an den motorischen Endplatten. Durch 30minütiges Erhitzen auf 80 bis 100 °C wird das Toxin zerstört.
Lit: Simpson LL (1981) The origin, structure, and pharmacological activity of botulinum toxin. Pharmacol Rev 33, S. 155–188.

Botulismus. (Lat. botulus = Wurst, Syn. Allantiasis). Seltene, oft schwer verlaufende Lebensmittelvergiftung, hervorgerufen durch die >Toxine< von >*Clostridium botulinum*<, >Botulinumtoxin<. Es liegt typischerweise eine Intoxikation mit den starken Neurotoxinen (Typ A–G, Proteine) des Bakteriums und keine Infektion vor. Ausgangspunkt des Eintrags von *C. botulinum* sind oft Verunreinigungen mit Boden (ungenügend gewaschene Gemüse), Staub oder kontaminierte Geräte. Dadurch kommen die Sporen in die Lebensmittel und keimen, wenn eine nicht ausreichende Hitzekonservierung zur Abtötung der Sporen vorliegt, bei günstigen Milieubedingungen, v. a. bei Abwesenheit von O_2, aus. Die Bakterien vermehren sich dann und scheiden Toxine ins Lebensmittel aus. Der Lebensmittelverderb durch *C. botulinum* kann trotz der sensorisch unangenehmen Stoffwechselprodukte der Buttersäuregärung und der Gasbildung nur in manchen Fällen erkannt werden. In den Fällen, wo ein Verderb nicht erkannt wurde, tritt nach Aufnahme der betroffenen Lebensmittel der B. auf. Die kurze Inkubationszeit bis zum Einsetzen ernster Symptome ist dabei von großem Nachteil.
Symptome: (nach 12 bis 36 h) Übelkeit, Erbrechen, Seh-, Schluck-, Sprech- und Atemstörungen bis -lähmungen; später auch Lähmungen der Gliedmaßen; größte Gefahr durch Atemstillstand (respirative Paralyse).
Diagnose: Am schnellsten ist der Toxinnachweis durch >ELISA<.
Therapie: Schnelle Gabe von >Antidots<, da nur freies, nicht an Nervensynapsen gebundenes Toxin neutralisiert werden kann; Gabe von Acetylcholin-Ersatzstoffen; „Verdünnung" des Toxins durch Infusionen und Magen-Darm-Spülungen; ggf. Sauerstoffbeatmung.
Prophylaxe: Ausreichende Erhitzung der Lebensmittel (LM), da Sporen und Toxine hitzelabil sind; pH-Werte

im LM unter 4,5; Kühllagerung der LM verlangsamt die Vermehrung der Bakterien; Konservierungsmaßnahmen (Pökeln, Trocknen, Zuckern, Zusatz von Konservierungsstoffen).

Lit: Brandis H, Otte HJ (1984) Lehrbuch der medizinischen Mikrobiologie, 5. Aufl., Gustav Fischer Verlag, Stuttgart.

Bq. >Becquerel<, >Radioaktivität<.

Brache. >Ackerland<, auf dem eine Bodenbearbeitung durchgeführt wird, danach aber keine Bestellung mit Kulturpflanzen erfolgt. B. kann auch ein kurzzeitiger Zustand sein (z. B. über Winter). Die ganzjährige B. war Bestandteil der *Dreifelderwirtschaft*, wo sie als Schwarzbrache bezeichnet wurde. Im Rahmen der marktentlastenden Maßnahmen der EG-Agrarreform (1992) wird Flächenstillegung in Form der Rotations- oder Dauerbrache durchgeführt, die Flächen müssen begrünt werden. Bei Rotationsb. werden Flächen im Turnus der >Fruchtfolge< stillgelegt, bei Dauerb. ist es immer dieselbe Fläche. Aus ökologischer Sicht ist bei Betrachtung der kurzfristigen Auswirkungen die unbegrünte B. zu vermeiden, weil der Wegfall des Bewuchses in der Zeit des Wachstums eine Nitratauswaschung (>Nitrat<) bedeutet, in hängigen Lagen die Erosion zunimmt und sich zunächst einmal ein unkontrollierter Bewuchs von Massenunkräutern einstellt. Die begrünte B. dagegen ist als Auflockerung der >Fruchtfolge< mit positiven Effekten für die Kleintierwelt zu werten. Der damit verbundene Nichteinsatz von Pflanzenschutzmitteln, besonders von >Insektiziden<, kann die Nützlingspopulationen günstig beeinflussen. Eine Grünb. erlaubt jederzeit wieder eine Bewirtschaftung. Langfristige Auswirkung von B. >Brachland<.

Brachland. Langfristig aus der Pflanzenproduktion ausgeschiedene Fläche. Ein wesentlicher Grund für die Entstehung von B. war in der Vergangenheit die Veränderung der >Agrarstruktur<, in deren Verlauf aufgrund der Disparität des landwirtschaftlichen Einkommens zu den übrigen Zweigen der Volkswirtschaft viele Grenzertragsflächen (geringer Ertrag, schwer zu bearbeiten) aus der Bewirtschaftung genommen wurden, wobei die Betriebe oft gleichzeitig zu klein für eine dauerhafte Rentabilität waren. Diese Flächen sind auch als Sozialbrache bekannt. Je nach vorheriger Nutzung wird B. z. B. als Acker-, Wiesen- oder Weinbergsbrache gekennzeichnet. Damit ist auch bei langfristiger Betrachtung eine unterschiedliche Entwicklung dieser Flächen verbunden. Auf Ackerboden führt der Wegfall der Bodenbearbeitung zu einer besseren Gefügestabilität, ebenso mittelfristig zu einer Erhöhung des >Humusgehaltes<, da sich in unseren Breiten eine ganzjährige Vegetation einstellt. Die Art des Bewuchses ändert sich mit der Zeit, langfristig wird er von den veränderten chemischen Bodeneigenschaften bestimmt, die sich aufgrund fehlender Kalk- und Nährstoffzufuhr in Richtung >Versauerung< bewegen und somit die Pufferwirkung des Ackers gegen den Säureeintrag aus der Luft auf diesen Flächen fehlt. Grundsätzlich entwickelt sich der Bewuchs langfristig über mehrere Stadien zum Wald. Auf ehemaligem Grünland stellt sich wegen Wegfall der Düngung zunächst eine artenreichere >Flora< ein, die allerdings nur durch Pflegemaßnahmen erhalten werden kann, da sonst langfristig eine Verbuschung und weiter die Bewaldung eintritt. Inwieweit B. in ein Konzept einer >Biotopvernetzung< einbezogen werden kann, wird sehr vom Standort und den Kapazitäten zur Pflege des B. abhängen; es dient

aber als kleine ökologische Nische, die wie im Fall der Weinbergbrache sehr wertvoll ist.

Brachydanio rerio. (Syn. Zebrabärbling). Oftmals auch nur mit „Danio rerio" bezeichnet. Innerhalb der höheren Knochenfische (Osteichthyes) zu den Karpfenfischverwandten (Cyprinoidei) gehörender, wegen seiner Zeichnung beliebter Aquarienfisch. Der aus Indien stammende Schwarmfisch ist ein Allesfresser, der überwiegend in ruhigem bis langsam fließendem Süß- und Brackwasser anzutreffen ist, wo er die unteren bis mittleren Wasserschichten bevorzugt. Die nicht haftfähigen Eier werden ins offene Wasser abgegeben und sinken anschließend auf den Grund. Das Schlüpfen erfolgt nach ca. 30 Stunden. Der adulte Zebrabärbling erreicht eine Länge bis 5 cm. Da er hinsichtlich der Wasserqualität relativ anspruchslos ist, läßt er sich leicht halten und züchten. *Brachydanio rerio* dient als Testorganismus in *Fischtests* und wird hier von *EG*, *UBA* und *OECD* für Bioakkumulations-Versuche empfohlen, wo er im Gegensatz zu vielen einheimischen Arten unter einfachen Laborbedingungen gut reproduzierbare Ergebnisse liefert.

Lit: Gesetz zum Schutz vor gefährlichen Stoffen (Chemikaliengesetz) vom 16.09. 1980, BGBl.I 1980, S.1718 und 1986, S.1517. – Peter H, Rudolph P (1982) Anforderungen des Chemikaliengesetzes und die Einsatzmöglichkeiten aquatischer Modellökosysteme, Umweltbundesamt, Berlin. – Organisation of Economic Cooperation and Development (1981) Guidelines for Testing of Chemicals, OECD, Paris. – Rippen G (1987) Handbuch Umwelt-Chemikalien, Stoffdaten, Prüfverfahren, Vorschriften, Bd.I, II, III, IV, 2.Aufl., ecomed Verlagsgesellschaft mbh, Landsberg/Lech. – Korte F, Bahadir M, Klein W, Lay JP, Parlar H, Scheunert I (1987) Lehrbuch der ökologischen Chemie, Grundlagen und Konzepte für die ökologische Beurteilung von Chemikalien, 2.Aufl., Georg Thieme, Stuttgart New York. – Deutsche Forschungsgemeinschaft (1987) Bioakkumulation in Nahrungsketten, VCH Verlagsgesellschaft, Weinheim.

Brachydanio-rerio-Fischtest. (Syn. Zebrabärbling-Fischtest). Der Zebrabärbling >*Brachydanio rerio*< ist ein in D und anderen der EU der OECD angehörenden Ländern verwendeter Testfisch zur Bestimmung der Fischgiftigkeit, z. B. der LC_{50}, LC_0 und LC_{100} bei Stoffen sowie zur Erkennung subchronischer oder chronischer Effekte. Dazu werden unterschiedliche Konzentrationen eingesetzt. Üblicherweise geht der >Kurzzeittest< über 96 Stunden; die Tiere werden während dieser Zeit nicht gefüttert. Beim *verlängerten Fischtest*, auch eine in der EU und OECD vorgeschlagene Methode, kann der Test über mehrere Monaten durch geführt werden. Auch für den *chronischen Fischtest* liegt ein international diskutiertes Verfahren vor. Für alle Tests ist die Einhaltung des Sauerstoffgehalts, der Temperatur, des pH-Werts, der Stoffkonzentration etc. vorgeschrieben. Sogar bei Kurzzeittests kann es notwendig sein, je nach Verhalten des Stoffes, daß ein *semistatisches* Verfahren oder sogar ein *Durchflußsystem* eingesetzt werden muß. Als Gründe werden rasche >biologische Abbaubarkeit< oder Flüchtigkeit des Stoffes etc. angesehen. Für chronische Tests eignet sich der Zebrabärbling wegen der verhältnismäßig kürzeren Laichzeit besser als z. B. Forellen oder andere >Cypriniden<.

Brackwasser. Natürliches Wasser mit einem Gehalt an festen gel. Bestandteilen zwischen 1.000 und 10.000 mg/L.

Lit: Davies SN, De Wiest RJM (1967) Hydrogeology, 2.Aufl., Wiley, New York London Sydney – Mattheß G (1990) Die Beschaffenheit des Grundwassers, 2.Aufl., Gebr. Borntraeger, Berlin Stuttgart.

Brackwasserquelle. >Süß-/Salzwasser-Grenze<.

BRAM. *Br*ennstoff *a*us sortiertem und zerkleinertem *M*üll.

Branchiotremata. (Eichelwürmer, Flügelkiemer). Marine B. stehen den Stammformen der Wirbeltiere sehr nahe. E. werden bis zu 2,5 m groß. >Meeresfauna<.

brandfördernd. >Gefährlichkeitsmerkmal< nach § 3a Abs.1 Nr.2 >ChemG<. Brandfördernd sind >Stoffe< und >Zubereitungen<, die häufig selbst nicht brennbar sind, aber bei Berührung mit brennbaren Stoffen oder Zubereitungen, überwiegend durch Sauerstoffabgabe, die Brandgefahr und die Heftigkeit eines Brandes beträchtlich erhöhen (Best. gemäß § 1 ChemGefMerkV). – Stoffe und Zubereitungen werden mit dem >Gefahrensymbol< und der >Gefahrenbezeichnung< „Brandfördernd" gekennzeichnet, wenn die Ergebnisse der Prüfungen den in >GefStoffV< Anhang I Nr.1.1 genannten Kriterien entspr. Die unter Nr.1.1.2.4.2 aufgeführten >R-Sätze< werden ebenfalls nach diesen Kriterien ausgewählt.

Brandrodung. Die Entfernung von Wald durch Abbrennen wird durchgeführt, um in natürlichen Waldgebieten (insbesondere Tropenwäldern) Raum für Pflanzenbau und Weidetiere zu schaffen. Da in vielen Tropengebieten die Böden sehr humus- und nährstoffarm sind, ist auf dem durch Brandrodung gewonnenen Kulturland nur eine dürftige und kurzfristige Nutzung möglich. Da hier der Hauptanteil der Biomasse samt den Nährstoffen in der Pflanzendecke selbst enthalten ist, geht nach dem Abbrennen und Abschwemmen der Asche die Grundlage für die hohe Produktivität verloren. Wiederholte Brandrodung hat in den meisten wechselfeuchten Gebieten dazu geführt, daß sich anstelle feuerempfindlicher Wälder feuerresistente Savannen, Grasländer und Feldheiden stark ausgebreitet haben. Die verheerenden Waldbrände, die z.B. 1997 und 1998 große Anteile der indonesischen und brasilianischen Wälder vernichtet haben, lassen sich auf eine unkontrollierte Ausbreitung von Feuern aus Brandrodungen zurückführen.

Brandschutz. Alle Maßnahmen, die auf die Verhütung und Bekämpfung von Bränden zielen; insbesondere Maßnahmen, die zum Schutz von Personen vor Bränden oder Brandfolgen (z.B. Rauchgase) getroffen werden. Zum Erreichen dieser Schutzziele müssen bauliche Anlagen so beschaffen sein, daß der Entstehung eines Brandes und der Ausbreitung von Feuer und Rauch vorgebeugt wird und daß bei einem Brand die Rettung von Menschen und Tieren sowie wirksame Löscharbeiten möglich sind. Ein Brandschutzkonzept beinhaltet also eine Vielzahl von Maßnahmen, die die Voraussetzung für eine erfolgreiche Brandbekämpfung durch eine Feuerwehr schaffen und eine Begrenzung des Schadens bewirken.

Lit: Falbe J, Regnitz M (1989) Römpp Chemie Lexikon, 9.Aufl., Georg Thieme Verlag, Stuttgart New York.

Branntkalk. Durch Brennen chem. aufbereiteter >Naturkalk<. $CaCO_3$ (Calciumcarbonat) reagiert bei 900 °C zu CaO (B.) und CO_2 (>Dolomit<). Aus Kalkstein (Calciumcarbonat) wird B., aus Dolomitstein (Calciummagnesiumcarbonat) Magnesiumb. gewonnen. Je nach Ausgangsgestein beträgt der Kalkgehalt von B. 65 bis 95 %, der von Magnesiumb. 50 bis 80 %, wobei hier der Magnesiumanteil 15 bis 22 % ausmacht. B. reagiert bei der Ausbringung mit der Bodenfeuch-

tigkeit zu Löschkalk: $CaO + H_2O \rightleftharpoons Ca(OH)_2$. B. wirkt schnell (steigend mit der Mahlfeinheit) und beseitigt so wirksam überschüssige Bodensäure. Aufgrund seiner Wasseranziehung hat B. für Pflanzen eine stark ätzende Wirkung und sollte deshalb nicht auf wachsende Bestände ausgebracht werden.

Brasilien-Alkoholprogramm. Regierungsprogramm „PRO ALCOOL", anfänglich sehr erfolgreich. Im Erntejahr 1986/87 über 10 Milliarden L EtOH aus Zuckerrohr gewonnen, mit welchem über 2,5 Mio. Pkws betrieben wurden (Anteil der Alkohol-Pkws zeitweise mehr als 90 %). >Alkoholmotor<.

Brassica rapa ssp. ***rapa.*** (Syn. Wasser- oder Stoppelrübe). Zu den Kreuzblütlern (Brassicaceae) gehörende Kohlgemüsepflanze. Die aus dem Mittelmeergebiet stammende 1- bis 2jährige Kulturpflanze dient als Testorganismus eines terrestrischen Systems bei biologischen Testverfahren u.a. zur Beurteilung des >toxikologischen< und ökotoxikologischen Wirkungspotentials (>Ökotoxikologie<) neuer Stoffe innerhalb des >Chemikaliengesetzes< (Bundesgesetz zum Schutz vor gefährlichen Stoffen vom 16.09. 1980, seit dem 01.01. 1982 in Kraft getreten). Prüfparameter wie bei >*Avena sativa*< L.

Lit: Gesetz zum Schutz vor gefährlichen Stoffen (Chemikaliengesetz) vom 16.09. 1980, BGBl. I 1980 S.1718 und 1986 S.1517. – Chemikaliengesetz (1983) Referenzchemikalien und Testspezies, Heft 4, Texte 34/83, Umweltbundesamt, Berlin. – Organisation of Economic Cooperation and Development (1981) Guidelines for Testing of Chemicals, OECD, Paris. – Rippen G (1987) Handbuch Umwelt-Chemikalien. Stoffdaten, Prüfverfahren, Vorschriften, Bd. I, II, III, IV, 2.Aufl., ecomed Verlagsgesellschaft, Landsberg/Lech. – Korte F, Bahadir M, Klein W, Lay JP, Parlar H, Scheunert I (1987) Lehrbuch der ökologischen Chemie, Grundlagen und Konzepte für die ökologische Beurteilung von Chemikalien, 2.Aufl., Georg Thieme, Stuttgart New York.

Brassicol. (Syn. Qintozen, PCNB): Pentachlornitrobenzol. Als Fungizid mit lokaler Wirkung wird Brassicol zur Saatgutbehandlung von Getreide (außer Mais) verwendet. Brassicol kann bis zu 3 % Hexachlorbenzol enthalten. Die Höchstmenge beträgt 0,01 mg/kg.

Brassinosteroide. Phytohormone aus der Gruppe der Steroide, die von der Pflanze in extrem geringen Mengen aus Phytosterolen (Campesterol) synthetisiert werden (s. Formel) und ein weites Spektrum biol. Wirkungen umfassen. Hierzu zählen die Förderung von Zellstreckungs- und -teilungswachstum bei Achsenorganen, Xylemdifferenzierung, Hemmung des Blattfalls, Förderung der Ethylen-Synthese, Streßresistenz und Anthocyansynthese. Eine Reihe sog. Zwergmutanten, wie z.B. det2 von Arabidopsis, sind in der Brassinosteroid-Synthese blockiert und können nach exogener Hormonapplikation den Habitus des Wildtyps annehmen.

Brassinolide

Brauchwasser. Bezeichnung für nicht als >Trinkwasser< geeignetes, sondern für technische Verwendung bestimmtes Wasser. Kann je nach Eignung dem Betriebswasserkreislauf entnommen werden (s.a. >Betriebswasser<).
Lit: Neumüller OA (1976) Römpps Chemie Lexikon, 7.Aufl., Franckh'sche Verlagshandlung, Stuttgart.

Brauerei-Emissionen. In Deutschland (West) gibt es derzeit noch über tausend Brauereien. Früher war in best. Regionen Deutschlands in nahezu jeder Ortschaft eine Brauerei anzutreffen. Brauereien mit einem Ausstoß von 5.000 hL Bier oder mehr je Jahr sind unter Nummer 7.27 der Vierten Verordnung des >Bundes-Immissionsschutzgesetzes< (Verordnung über genehmigungsbedürftige Anlagen – 4.BImSchV), Stand 19.03.1997, aufgeführt und damit immissionsschutzrechtlich genehmigungsbedürftig. Beim Betrieb der Maische- und Würzpfannen werden org. Verb. freigesetzt, die z.T. sehr geruchsintensiv sind. In den >Brüden< der Pfannen lassen sich über 150 versch. Komponenten nachweisen. >Geruchszahlen< zwischen 100.000 und 1.000.000 wurden gemessen. Der Gehalt an org. Verb., angegeben als Gesamtkohlenstoff, wurde zu 50 bis 500 mg/m^3 im >Abgas< einer Maischepfanne und 130 bis 1.000 mg/m^3 im Abgas einer Würzpfanne ermittelt. Durch verfahrenstechnische Maßnahmen, wie kontinuierliche Hochtemperaturwürzekochung und Brüdenkompression mit Turboverdichter, sind neben Energieeinsparungen von 50 bis 60% >Emission<sminderungen von 50 bis 80% zu erzielen. Falls diese Primärmaßnahmen nicht ausreichen, ist der Einsatz von Verfahren zur >Abgasreinigung< wie >Kondensation<, >Absorption< oder >Biofilter< erforderlich. Während durch Kondensation bis zu 50% der org. Stoffe abgeschieden werden können, lassen sich durch Einsatz von Wäschern bei Zugabe von Benetzungsmitteln zum Waschwasser zur Absorption der unpolaren Geruchsstoffe Abscheidegrade von bis zu 90% erzielen. Biofilter sind insbesondere geeignet, die geruchsintensiven Verb. abzuscheiden.

Braunerde. Bodentyp der deutschen >Bodensystematik<, der durch einen Verbraunungshorizont Bv unter dem Ah-Horizont gekennzeichnet ist (>Bodenhorizontc<). Da die ökologischen Eigenschaften einer B. nach Ausgangsgestein und Bildungsbedingungen ganz unterschiedlich sein können, wird oft eine einengende Bezeichnung beigefügt, z.B. saure B., nährstoffarme B., Locker-B.

Braunkohle. Erdgeschichtlich junge Kohle mit z.T. noch holzartigen Einschlüssen und einem hohen Ballastanteil. Braunkohlen werden meistens im >Tagebau< gewonnen. Im Vergleich zur geologisch älteren >Steinkohle< weist Braunkohle einen geringeren Kohlenstoffgehalt, höheren Sauerstoffgehalt und deutlich geringeren >Heizwert< auf. Wegen des hohen Wassergehaltes der Rohbraunkohle von 45 bis 60% wird diese zu Trockenbraunkohle mit einem Wassergehalt von 10 bis 20% getrocknet. Braunkohle wird in reviernahen >Kraftwerken< eingesetzt. Der Rest dient zur Herstellung von Braunkohlenbriketts und -staub. Die Braunkohlenbrikettierung erfolgt ohne Bindemittel. >Staubemissionen< treten sowohl bei der Gewinnung als auch der Verarbeitung auf, hier insbesondere bei der Trocknung der Rohbraunkohle. Ein erhebliches Problem stellen die >SO$_2$-Emissionen< dar, die bei der Verbrennung der an >Schwefel< reichen Braunkohle zur Wohnungsbeheizung und zur Stromerzeugung insbesondere in den neuen Bundesländern entstehen.

Breitbandbelüftung. Meist feinblasige Druckbelüftung, bei der die Belüftungsaggregate >Filterkerzen< als Band am Beckenboden angeordnet sind. Mit der Druckbelüftung wird atmosphärische Luft in das Belebungsbecken eingeblasen. Dabei erfolgt die Sauerstoffzufuhr vorwiegend durch die aufsteigenden Luftblasen. Je nach Blasengröße, Einblastiefe, Beckenform und Anordnung der Belüfter unterscheidet man einige charakteristische Belüfterarten, wie z.B. die Breitbandbelüftung (s. auch Bandbelüftungssysteme).

Bremsbeläge. Material zur Erzielung eines hohen Haftreibungsbeiwertes zwischen Bremse und Rad, um den Bremsvorgang zu ermöglichen. Bis 1980 wurde zur Herstellung von Scheiben- und Trommelbremsbelägen wegen der hervorragenden thermischen Beständigkeit, großen Elastizität und hohen Zugfestigkeit >Asbest< eingesetzt. Der jährliche Asbestverbrauch in Reibbelägen lag bei etwa 12.000 t. Ab 1981 wurde mit der Substitution von Asbest für diesen Anwendungszweck begonnen. Ende der 80er Jahre kamen nur noch asbestfreie Kfz-Bremsbeläge auf den Markt. Beim Abrieb asbesthaltiger Beläge wird ein großer Teil des Asbestes in nichtfaserigen Staub zerrieben. Der mittlere Asbestgehalt in dem aus deutschen Kraftfahrzeugen emittierten Bremsabriebstaub asbesthaltiger Bremsbeläge wird in Abhängigkeit vom Fahrverhalten und der technischen Ausstattung zu 0,1 bis 1% geschätzt. An verkehrsreichen Kreuzungen konnten demzufolge auch hohe Asbestfaserkonz. bis etwa 5.000 Fasern pro Kubikmeter festgestellt werden. Während der Abriebstaub aus Scheibenbremssystemen unmittelbar an die Umwelt abgegeben wird, sammelt sich Abriebstaub bei Trommelbremssystemen in der Bremstrommel und wird insbesondere beim Reinigen der Bremstrommeln in der Werkstatt freigesetzt. Problematisch sind vor allem auch die beim Nachbearbeiten von Trommelbremsbelägen in der Werkstatt entstehenden asbesthaltigen Stäube.

Bremsflüssigkeit. Dient in hydraulischen Bremsanlagen zur Übertragung des Drucks vom Hauptbremszylinder zu den Radbremsen. B. besteht in der Regel aus Esterverb. Wichtig ist im Sinne der Betriebssicherheit ein hoher Siedepunkt. Da alle B. hygroskopisch sind und mit zunehmendem Wassergehalt ihren Siedepunkt absenken, müssen sie regelmäßig ausgetauscht werden, um eine Entsorgung als Sonderabfall zu vermeiden.

Bremsstrahlung. Elektromagnetische >Strahlung<, die entsteht, wenn elektrisch geladene Teilchen beschleunigt oder abgebremst werden. Das >Spektrum< der emittierten Strahlung reicht von einer Maximalenergie, die durch die kinetische Energie des erzeugenden Teilchens gegeben ist, bis herab zur Energie Null.

Bremsstrahlung tritt erst dann merklich auf, wenn die Energie des Teilchens sehr groß gegen seine Ruheenergie ist; das ist meist nur für >Elektronen< erfüllt.

Bremszeit. Zeitdauer des Bremsprozesses für >Spaltneutronen< von der Entstehungsenergie (ca. 2 MeV) auf thermische Energie. Sie beträgt bei H_2O als >Moderator< 10^{-5} s, bei D_2O $4,6 \cdot 10^{-5}$ s, bei Graphit $1,5 \cdot 10^{-4}$ s.

Brennelemente. 1. allgemein: Aus einer Vielzahl von >Brennstäben< montierte Anordnung, in der der Kernbrennstoff in den >Kernreaktor< eingesetzt wird. Ein Brennelement eines >Druckwasser-< oder >Siedewasserreaktors< enthält rund 530 bzw. 190 kg >Uran<. Im Kernkraftwerk >Biblis-A<(DWR) sind 193, im Kernkraftwerk Krümmel (SWR) 840 Brennelemente eingesetzt.
2. abgebrannte: Brennelemente nach ihrem Einsatz im >Reaktor<, deren Brennstoff nicht mehr ohne >Wiederaufarbeitung< zur Energiegewinnung verwendet werden kann.

Brennelementzwischenlager. Zeitlich begrenzte Lagerung ausgedienter >Brennelemente< für den Zeitraum zwischen Entladung aus dem Kernkraftwerk und der >Wiederaufarbeitung< oder der >direkten Endlagerung<. Diese Lagerung außerhalb der Kernkraftwerke erfolgt in speziellen für Transport und Lagerung entwickelten Behältern, häufig in sog. >Castor-Behältern<, die alle Sicherheitsfunktionen wie Strahlenabschirmung, Rückhaltung radioaktiver Stoffe, mechanische Integrität auch bei Erdbeben und Flugzeugabsturz erfüllen. Die Kühlung der Behälter im Zwischenlager geschieht durch vorbeistreichende Luft in Naturkonvektion. In Deutschland bestehen solche Zwischenlager für abgebrannte Brennelemente in Ahaus (Nordrhein-Westfalen) mit einer Kapazität von 3.960 t und Gorleben (Niedersachsen) mit einer Lagerkapazität von 3.800 t abgebrannten Kernbrennstoffs. Ein weiteres Zwischenlager wurde in Lubmin (Mecklenburg-Vorpommern) insbesondere für die Lagerung von ausgebauten Komponenten der Reaktorblöcke des ehemaligen Kernkraftwerks Greifswald errichtet.

Brennraum. Seine Gestaltung best. weitgehend den >Brennverlauf< und das >Abgasverhalten< der verbrennungsmotorischen Antriebe. Während beim konventionellen >Ottomotor< kompakte Brennräume angestrebt werden (schwierig beim >Wankelmotor<), sind bei kleinvolumigen >Dieselmotoren< zerklüftete Brennräume (Vorkammer- und Wirbelkammermotoren) heute noch üblich.

Brennstab. Geometrische Form, in der >Kernbrennstoff<, ummantelt mit Hüllmaterial, in einen >Reaktor< eingesetzt wird. Meistens werden mehrere Brennstäbe zu einem >Brennelement< zusammengefaßt (z.B. beim Kernkraftwerk Philippsburg 2 bilden 236 Brennstäbe ein Brennelement).

Brennstoff. 1. Kerntechnik: >Kernbrennstoff<.
2. keramischer: Hochtemperaturbeständiger >Kernbrennstoff< in keramischer Form, z.B. Oxide, Carbide, Nitride.

Brennstoff aus Müll (BRAM). Durch eine >Abfallvorbehandlung< hergestellter Brennstoff, der gegenüber dem unvorbehandelten Abfall einen höheren und gleichmäßigeren Heizwert, einen niedrigeren Wassergehalt, einen geringeren Inertanteil, eine unbegrenzte Lagerungsfähigkeit sowie gute Transportfähigkeit aufweisen soll. Der Einsatz von BRAM ist Abfallverwertung und unterliegt damit dem >Kreislaufwirtschafts- und Abfallgesetz<.

Brennstoffhülle. Unmittelbar auf den >Kernbrennstoff< aufgebrachte, dichte Umhüllung, die diesen gegen eine chem. aktive Umgebung (Kühlwasser) schützt und den Austritt von >Spaltprodukten< in das Kühlwasser verhindert.

Brennstoffkreislauf. >Kernbrennstoffkreislauf<.

Brennstoffvergleich. Bei vollständiger Verbrennung bzw. Spaltung lassen sich aus 1 kg Steinkohle ca. 8 kWh, aus 1 kg Erdöl ca. 12 kWh und aus 1 kg Uran-235 rund 24.000.000 kWh Wärme gewinnen. Das heißt, daß im Uran-235 das zwei- bis dreimillionenfache Energieäquivalent von Öl bzw. Kohle enthalten ist. Die Grafik (s. unten) zeigt eine Umrechnung zwischen den zur Stromerzeugung erforderlichen Kohle-, Öl- und Uranmengen. Durch Vergleiche der übereinander angeordneten Skalen ist ablesbar, wieviel Steinkohle, Öl oder Natururan für eine best. Strommenge erforderlich ist. So entspr. 1 kg >Natururan< – eingesetzt für die Stromerzeugung in >Leichtwasserreaktoren< – knapp 10.000 kg Erdöl oder 14.000 kg Steinkohle und ermöglicht die Erzeugung von 45.000 kWh Strom.

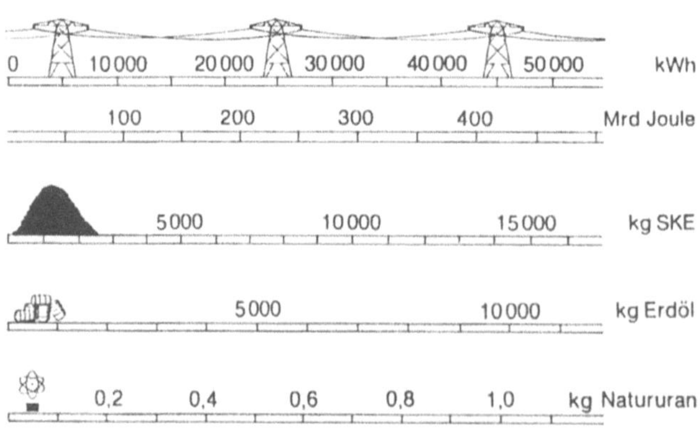

Brennstoffvergleich: Brennstoffvergleich für verschiedene Primärenergieträger zur Stromerzeugung

Brennstoffzelle (BZ). Die BZ ist eine elektrochem. Vorrichtung zur direkten Umwandlung der chem. Energie eines Brennstoffs in Elektrizität. BZ werden zusammengeschaltet zu einem Zellenblock (Stack), der für stationäre Stromerzeugungssysteme (auch BHKW) wie auch für Elektro-Fahrzeugantriebe eingesetzt werden kann. Diese Anwendungen mit BZ als Energiewandler und einer separaten Kraftstoffzufuhr aus einem Tank (Alkohole, Benzin/Diesel oder Wasserstoff für Antriebe) oder aus einem Leitungssystem (Erdgas für stationäre Systeme) haben systembedingt im Vergleich zu entsprechenden konventionellen Systemen den Vorteil hoher Effizienz und damit eines niedrigen spezifischen Energiebedarfs sowie niedriger

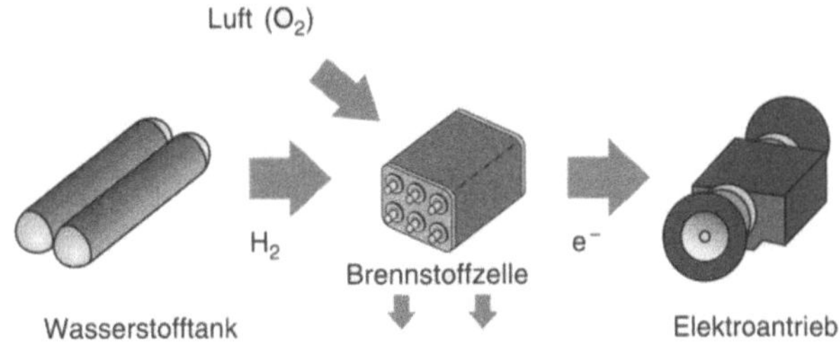

Vorteile:

+ Fahren ohne Emissionen
+ Bester Kraftstoff für die Brennstoffzelle
+ Bietet das Potential für den höchsten Wirkungsgrad
+ Gut geeignet für Flottenfahrzeuge, die zentral betankt werden
+ Langfristig regenerativ herstellbar

Brennstoffzelle: Prinzip der Brennstoffzelle

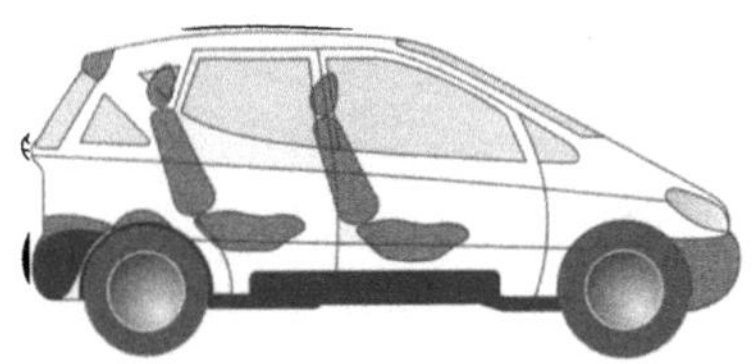

Brennstoffzellensystem	Leistung (2 Stacks)	70 kW
	Leistungsgewicht	5 kg/kW (200 W/kg)
	Spannungsniveau	max. Last: 210 V
		Leerlauf: 300 V
Flüssigwasserstofftank	Volumen	100 l Inhalt (5 kg LH_2)
	Druck	9 bar
Antriebssystem	Elektro-Antrieb	max. 55 kW
	Höchstgeschwindigkeit	145 km/h
	Reichweite	450 km
zul. Gesamtgewicht		1750 kg

Brennstoffzelle: Fahrzeug mit Brennstoffzellen-Elektroantrieb (Daimler-Benz)

spezifischer Emissionen. Weltweite Projekte insbesonder in Europa (F, D, NL, I, S, CH, DK), USA und Japan lassen erkennen, daß der Entwicklungsstand von BZ-Systemen mit verschiedenen Energieträgern und BZ-Typen sehr unterschiedlich ist.
Seit 1996 sind erste Forschungsfahrzeuge mit B-Antrieb in praktischer Erprobung.

Brennverlauf. Maßgeblich für die thermodynamische Qualität (Gütegrad), das akustische Verhalten und den Zünd- und Mitteldruck. Beim >Ottomotor< wird er durch den Zündzeitpunkt, beim >Dieselmotor< durch den Einspritzzeitpunkt und das Einspritzgesetz gesteuert. >Brennraumgeometrie<, >Ladungsbewegung<,

>Gemischbildungsverfahren< und >Kraftstoffqualität< sind von großem Einfluß auf erreichbare Leistung, Kraftstoffverbrauch und Abgasqualität (s. Abb. unten).

Brestan. (Syn. Fentinacetat): Triphenylzinnacetat, ein zinnhaltiges Fungizid. Die fungitoxische Wirkung wird vorwiegend von der Triphenylzinngruppe ausgeübt, wahrscheinlich durch eine Hemmung der oxidativen Phosphorylierung. Triphenylzinnacetat hat eine geringe Phytotoxizität, da die Blattentwicklung und Chlorophyllbildung in der Planze positiv beeinflußt werden. Der Einsatz erfolgt z.B. bei Rüben gegen *Cercospora beticola* und *Erysiphe betae*, gegen Kraut- und Knollenfäule bei Kartoffeln sowie gegen Reiskrankheiten.

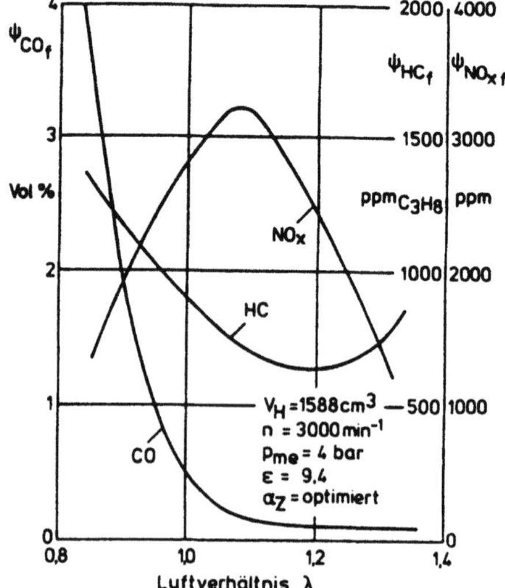

Brestan

Brevetoxin-B. (Syn. Gymnotoxin, BTX-B). Brevetoxin-B ist ein Neurotoxin (>Nervengift<), das in verschiedenen Muschelarten (>Mollusken<) durch Aufnahme

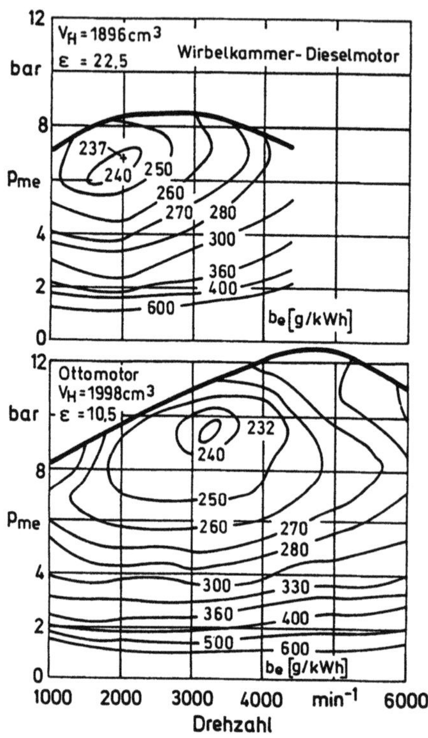

Brennverlauf: Verbrauchskennfeld Ottomotor – Dieselmotor

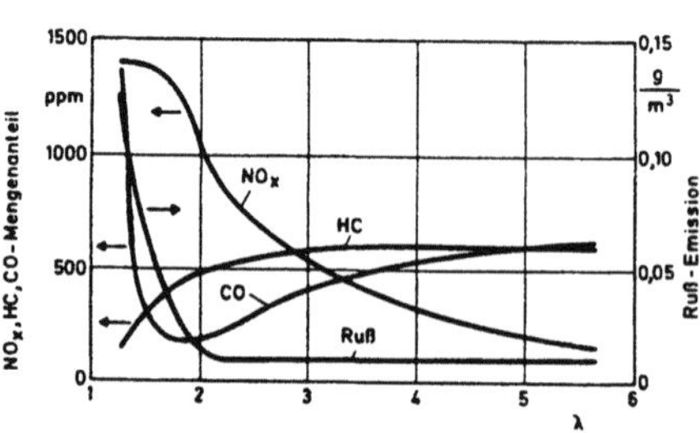

Brennverlauf: Schadstoffkonzentrationen in Abhängigkeit von λ beim direkteinspritzenden Dieselmotor

Brennverlauf: Schadstoffkonzentrationen in Abhängigkeit von λ beim Ottomotor

des das >Toxin< produzierenden Dinoflagellaten *Gymnodinium breve* vorkommt. Brevetoxin-B wirkt vorwiegend hämolytisch, greift aber auch neuromuskulär an.
Lit: Habermehl G (1987) Gift-Tiere und ihre Waffen, 4. Aufl., Springer Berlin Heidelberg. – Teuscher E, Lindequist U (1988) Biogene Gifte, 1. Aufl., Akademie, Berlin. – Habermehl GG, Krebs HC (1986) Naturwissenschaften 73:459–470.

Brevicomin. (7-Ethyl-5-methyl-6,8-dioxabicyclooctan, $C_9H_{16}O_2$). Farbloses Öl mit einem Molekulargewicht von 156,22. B. ist ein Sexuallockstoff (>Lockstoffe<) des Kiefernborkenkäfers *Dendroctonus brevicomis*, der durch Silverstein et al. isoliert und dessen Konstitution ermittelt wurde. Nach Befall eines Wirtsbaumes wird Brevicomin durch die Weibchen ausgeschieden, um Männchen zur Kopulation anzulocken. Der in die Nagespäne abgegebene Lockstoff hat bei der Bekämpfung von Insekten gewisse Bedeutung erlangt, da *Dendroctonus brevicomis* in den Kieferwäldern Kaliforniens durch Vernichtung von Nutzholz jährlich einen hohen Schaden anrichtet.

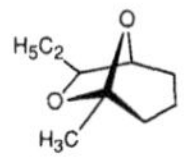

Lit: Eiter K (1970) Insekten-Sexuallockstoffe. In: Wegler R (Hrsg.) Chemie der Pflanzenschutz- und Schädlingsbekämpfungsmittel, 1. Aufl., Bd. 1, Springer, Berlin Heidelberg New York, S. 497–522.

Brillant Ponceau 4 RC. (Syn. Ponceau 4 R, Brillantscharlach 4 R, Cochenille A, Viktoriascharlach 4 R, L-Rot 4, E 124): 1-(4-Sulfo-1-naphthylazo)-2-hydroxynaphthalin-6,8-disulfonsäure (Trinatriumsalz). Ein kräftiger, gelbstichig roter Azofarbstoff, der in Fruchtsäuren sehr gut löslich ist. Der Zusatz erfolgt bei Puddingpulver, Marmeladen, Getränken, Speiseeis, Konfekt, Fruchtkonserven, Zuckerwaren etc. Der ADI-Wert beträgt bis zu 0,125 mg/kg.

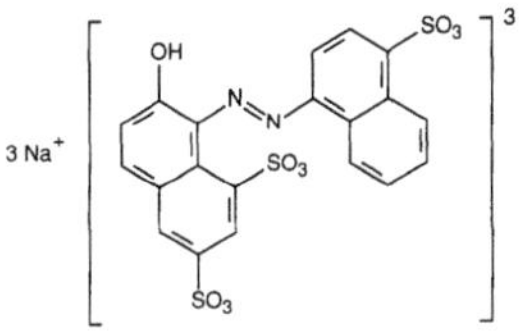

Brillantblau FCF. (Patentblau AE): Diethyl-di-(3-sulfobenzyl)-di-4-amino-2-sulfo-fuchsonimonium. Ein grünlichblauer Farbstoff, der in Fruchtsäuren gut löslich ist. Zur Färbung von Getränken und Zuckerwaren werden das Diammonium- oder das Dinatriumsalz eingesetzt. Der ADI-Wert beträgt bis zu 12,5 mg/kg.

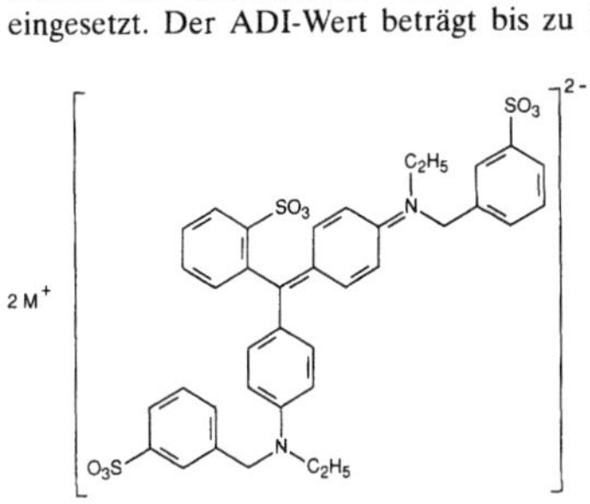

Brillantgelb. (Syn. Chinolingelb, L-Gelb 3, E 104): Chinophthalondisulfonsäure (Natriumsalz). Ein grünstichig gelber Farbstoff, der in Fruchtsäuren sehr gut löslich ist. Er kann allein verwendet werden oder zur Herstellung von reinen Grünnuancen in Kombination mit blauen Farbstoffen. Die Anwendung erfolgt bei Puddingpulver, Limonaden, Fruchtessenzen, Speiseeis, Glasuren, Senf etc. Der ADI-Wert beträgt bis zu 0,5 mg/kg.

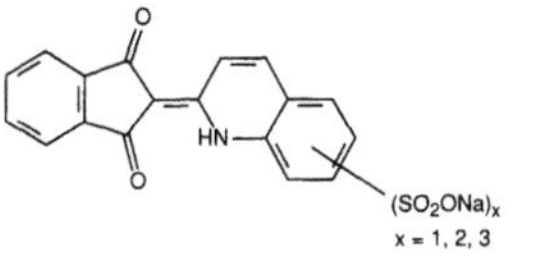

Brillantsäurecarmin 2 G. (Syn. Amidonaphtholrot G, Acetylrot G, Rot 2 G): 2-(Phenylazo)-8-aminoacetyl-1-hydroxy-naphthalin-3,6-disulfonsäure (Dinatriumsalz). Ein scharlachroter Azofarbstoff, der in Fruchtsäuren gut löslich ist. Der Einsatz erfolgt zur Farbgebung bei Konfitüren, Zucker- und Fleischwaren.

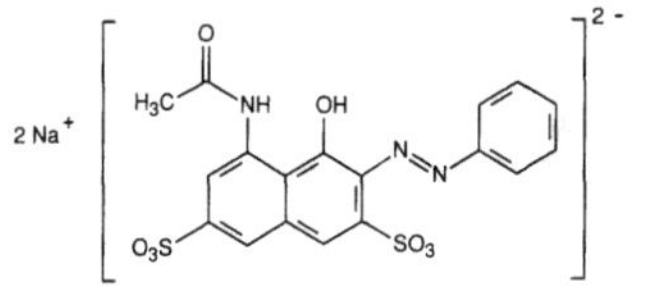

Brillantscharlach 4 R. >Brillant Ponceau 4 RC<.

Brillantschwarz PN. (Brillantschwarz BN, Melanschwarz, L-Schwarz 1, E 151): [4-(4-Sulfo-1-phenylazo)-7-sulfo-1-naphthylazol]-1-hydroxy-8-acetylamino-naphthalin-3,5-disulfonsäure (Tetranatriumsalz). Ein schwarzer Azofarbstoff, der als Komponente zum Trüben und als Basis für Brauntöne eingesetzt wird. In Durchsicht erscheint er etwas rotstichig. Durch Kombination mit gelben Farbstoffen lassen sich neutrale Schwarztöne erzielen. Der Einsatz erfolgt zur Anfärbung von Lakritz, Tee, Soßen, deutschem Kaviar und Schokolade. Der ADI-Wert beträgt bis zu 2,5 mg/kg.

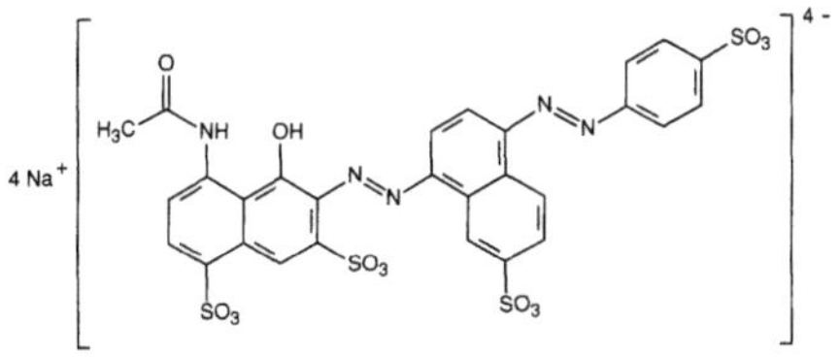

Bringsystem. System der Gewinnung von Wertstoffen aus >Hausmüll<, bei dem die >Wertstoffe< (z. B. >Altglas<, >Altpapier<) von den Bürgern in zentral aufgestellten >Depotcontainern< eingeworfen werden. Die Systeme werden i. d. R. von privaten Rohstofferfassern betrieben. Gegenüber dem >Holsystem< hat das B. den Vorteil der geringen Investitionskosten der Behälter, der guten Qualität der Wertstoffe, aber die Nachteile bezüglich der geringeren Erfassungsquote, der Verschmutzung bei den Depotcontainerstandplätzen sowie der begrenzten Anzahl an Erfassungsstellen.
Lit: Gallenkemper B, Doedens H (1988) Getrennte Sammlung von Wertstoffen des Hausmülls. Abfallwirtschaft in Forschung und Praxis, Bd. 21, E. Schmidt, Berlin.

Brockenköder. (Internat. Kurzbezeichnung: SB). In Form von Brocken vorliegender >Fertigköder< zur Schädlingsbekämpfung.

Brodifacoum. Wirkt als >Rodentizid< und zählt zur Substanzklasse der Cumarine.
Chemische Bezeichnung: 3-(3-(4'-Brombiphenyl-4-yl)-1,2,3,4-tetrahydro-1-naphthyl)-4-hydroxycumarin
CAS-Nummer: 56073–10–0
Hersteller: Zeneca
Wirkungstyp: Hemmt die Blutgerinnung durch Blokkierung der Prothrombinbildung (Anticoagulants). Führt bei wiederholter Aufnahme zum Tod der Nagetiere durch innere Blutungen.
Bevorzugte Anwendung: Gegen Ratten und Mäuse, speziell gegen die Große Wühlmaus (Schermaus) und gegen die Feldmaus.

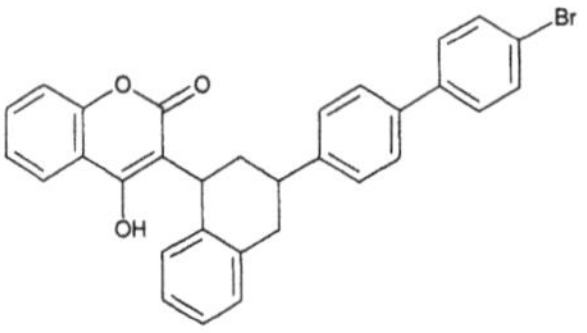

Chemische und physikalische Eigenschaften: Weißbraunes, geruchloses Pulver mit einem Schmelzpunkt von 228–232 °C und einer Dichte von 1,39 g/cm^3 bei 20 °C.
Dampfdruck: <0,13 mPa bei 25 °C.
Verteilungskoeffizient (log Po/w): 8,5.
Löslichkeit: In Wasser 0,24 mg/L bei 20 °C und pH 7,4.
Stabilität: Thermisch und photolytisch stabil. Hydrolysestabil für 30 Tage bei pH 5, 7 und 9. In Lösungen erfolgt Abbau durch UV-Licht.
Abbau und Metabolismus: Im Säugerorganismus erfolgt die Absorption über den gastrointestinalen Trakt. Im Rattenserum beträgt die HWZ mehr als 156 h.
Säugertoxizität: Akute orale LD$_{50}$ für männliche Ratte 0,27, männliche Maus 0,4, männliches Kaninchen 0,3, Hund 0,25 und Katze ca. 25 mg/kg. Akute dermale LD$_{50}$ für Kaninchen 0,25–0,63 mg/kg. Schwache Haut- und Augenreizwirkung bei Kaninchen. Inhalation LC$_{50}$ (4 h) für Ratte 0,5–5,00 µg/L Staub. 3-Monate-Fütterungstest >NOEL< für Ratte 0,1 mg/kg Futter.
Als Antidot wird Vitamin K1-Phytomenadion empfohlen. Das Antidot muß unter ärztlicher Aufsicht oral oder durch Injektion verabreicht werden. Die Prothrombinzeit sowie die Hämoglobinwerte sind zu überwachen.
Fischtoxizität: Fischtoxisch. LC$_{50}$ (96 h) für Regenbogenforelle 0,05 und Sonnenbarsch <0,1 mg/L.
Vogeltoxizität: Akute orale LD$_{50}$ für Huhn 4,5 und Stockente 2,0 mg/kg.
Wirbellosetoxizität: Giftig für Fischnährtiere. EC$_{50}$ (48 h) für *Daphnia* <1,0 mg/L.

Bromacil. Wirkt als >Totalherbizid< auf Nichtkulturland; selektive Bekämpfung von Unkräutern und Ungräsern im Citrus- und Ananasanbau. Zählt zur Substanzklasse der Uracil-Derivate.
Chemische Bezeichnung: 5-Brom-3-*sek*-butyl-6-methyluracil
CAS-Nummer: 314–40–9
Hersteller: Du Pont

Wirkungstyp: Nichtselektives Herbizid. Rasche Aufnahme durch die Wurzeln, geringe Absorption durch das Blattwerk. Hemmstoff der Photosynth.
Bevorzugte Anwendung: Auf Industriegelände, Wegen und Plätzen, Eisenbahngelände usw. Meist in Kombination mit anderen Herbiziden. Im Ausland auch in Citrus- und anderen tiefwurzelnden Kulturen. Aufwandmengen zwischen 1,5 und 20 kg/ha AS.

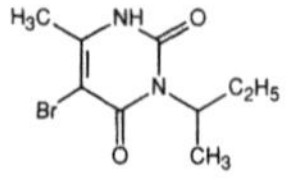

Chemische und physikalische Eigenschaften:
Physikalische Beschaffenheit: Krist., farblos.
Schmelzpunkt: 158 bis 159 °C.
Dampfdruck: 3,3 · 10^{-7} hPa bei 25 °C.
Stabilität: Thermisch stabil bis zum Schmelzpunkt; beständig gegen wäßrige Basen, wird langsam zersetzt durch starke Säuren.
Löslichkeit: In Wasser 815 mg/L bei 25 °C.
Abbau: Hauptmetabolit ist 5-Brom-3-*sek*-butyl-6-hydroxymethyluracil, Nachwirkungszeit im Boden 7 Monate (bei 7,5 kg/ha).
Toxizität: Akute orale LD$_{50}$ für Ratten 5.200 mg/kg. NOEL für Ratten und Hunde 250 mg/kg (2 Jahre). Dermale LD$_{50}$ für Kaninchen >5.000 mg/kg. Leichte Reizwirkung auf Haut und Schleimhäute (Augen). Inhalationstoxizität: LC$_{50}$ für Ratte 4,8 mg/L Luft (Formulierung 80 %, 4 Stunden).
Bienentoxizität: Nicht bienengefährlich (B 4).
Fischtoxizität: Nicht fischgiftig. LC$_{50}$ für Regenbogenforelle 75 mg/L, für Sonnenbarsch 80 mg/L, jeweils 48 Stunden.
Vogeltoxizität: Akute orale LD$_{50}$ für Japanische Wachtel 2.250 mg/kg. 8 Tage Fütterungstest LC$_{50}$ für Stockente und Japanische Wachtel >10.000 mg/kg Futter.

Bromadiolon. Bromadiolon wirkt als >Rodentizid< und zählt zur Substanzklasse der Cumarin-Derivate.
Chemische Bezeichnung:
3-[3-(4'-Brombiphenyl-4-yl)-3-hydroxy-1-phenyl-propyl]-4-hydroxycumarin
CAS-Nummer: 28772–56–7
Hersteller: Lipha
Wirkungstyp: Hemmt die Blutgerinnung durch Blokkierung der Prothrombinbildung. Führt bei wiederholter Aufnahme zum Tod der Nagetiere durch innere Blutungen. Durch Wirkungsverzögerung tritt auch bei wiederholter Anw. keine Köderscheu ein.
Bevorzugte Anwendung: Gegen Wanderratten und Hausmäuse.

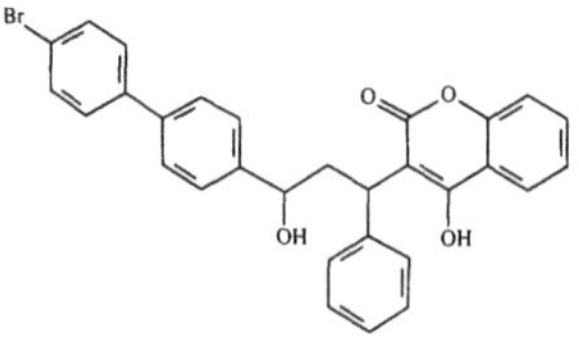

Chemische und physikalische Eigenschaften:
Physikalische Beschaffenheit: Gelbliches geruchloses Pulver.
Schmelzpunkt: 200 bis 210 °C.
Dampfdruck: 2 µPa bei 25 °C.

Verteilungskoeffizient (log $P_{o/w}$): 3,15.
Stabilität: Gegenüber Hydrolyse stabil. Schneller Abbau durch Photolyse (HWZ: 2 h).
Löslichkeit: In Wasser 16 mg/L bei 25 °C.
Abbau und Metabolismus:
Boden: Abbau erfolgt durch Bodenmikroorganismen. Metabolismus führt über Ketonbildung und Öffnung des Lactonrings bis zur Mineralisierung des Moleküls. HWZ unter aeroben Bedingungen 53 Tage, unter anaeroben Bedingungen 58 bis 63 Tage.
Säugerorganismus: Bei Ratten nach oraler Aufnahme rasche Resorption und hohe Konz. in Leber und Blutplasma. HWZ im Blutplasma betragen 26 bis 58 h. Ausscheidung hauptsächlich über die Faeces, nach 96 h zu 89 %. Weniger als 1 % im Urin.
Toxizität (für technischen Wirkstoff): Akute orale Toxizität LD_{50} für Ratte 1,125 mg/kg. Akute dermale LD_{50} für Kaninchen 2,1 bis 9,4 mg/kg. Akute Inhalation (1 h) LC_{50} für Ratte 0,2 mg/L. Keine Haut- und sehr geringe Augenreizwirkung bei Kaninchen. Akuter NOEL für Hund 10 mg/kg, Katze 25 mg/kg. 3-Monate-Fütterungstest für Ratte und Hund 10 µg/kg.
Fischtoxizität: Fischgiftig. LC_{50} (96 h) für Regenbogenforelle 1,4, Sonnenbarsch 3,0 mg/L. NOEC (96 h) für Regenbogenforelle <0,46, Sonnenbarsch 1,3 mg/L.
Vogeltoxizität: Akute orale LD_{50} für Japanische Wachtel >1.200 mg/kg. 5-Tage-Fütterungsversuch für Stockente LC_{50} 110 bis 440 mg/kg.
Wirbellose-Toxizität: Giftig für Fischnährtiere und Grünalgen. EC_{50} (48 h) für *Daphnia magna* 0,24 mg/L. EC_{50} (96 h) für Grünalge (*Scenedesmus subspicatus*) 0,17 mg/L.

Bromochlorden. Es wird aus >Chlorden< und >Tetrachlorkohlenstoff< mit *N*-Bromsuccinimid synthetisiert. In das Chlorengrundgerüst wird ein Bromatom in Allylstellung des Fünfrings eingeführt. Bromochlorden wird zur Synth. wichtiger Metaboliten des >Chlordans< benötigt.

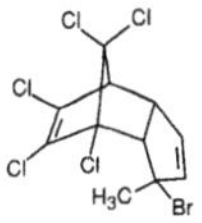

Bromodan. 5-Brommethyl-1,2,3,4,7,7-hexachlor-bicyclo[2.2. 1]hepten-(2). Die Synthese erfolgt durch eine Diels-Alder-Reaktion von Hexachlorcyclopentadien (HCCP) und Allylbromid. Bromodan bildet wasserunlösliche, grauweiße Kristalle mit einer Smt. von 7,5 bis 79 °C und ist gut löslich in Aceton, Kohlenwasserstoffen und chlorierten Kohlenwasserstoffen. Wegen der relativ geringen Warmblütertoxizität erfolgt der Einsatz im Veterinärsektor gegen Ektoparasiten und als Insektizid im Vorratsschutz. LD_{50}: 12.900 mg/kg (Ratte, oral). Als Puder oder Spray wird Bromodan gegen Räude und Läuse bei Hunden, Katzen, Rindern, Schweinen und Schafen sowie gegen Bettwanzen u. ä. eingesetzt. Im Vorratsschutz bekämpft man damit Kornkäfer und Schaben. Der Nachweis erfolgt kolorimetrisch oder durch die Electron-Capture-GLC-Methode.

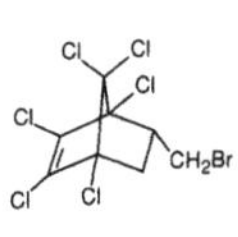

Bromophos. (Syn. Nexion). >Insektizid< wirkender Monothiophosphorsäureester.
Chemische Bezeichnung: *O*-(4-Brom-2,5-dichlor-phenyl)-*O,O*-dimethyl-monothiophosphat
CAS-Nummer: 2104–96–3
Hersteller: Cyanamid
Wirkungstyp: Insektizid mit Berührungs- und Fraßgiftwirkung, Cholinesterase-Hemmstoff.
Bevorzugte Anwendung: Gegen beißende und saugende Insekten an Kern- und Steinobst, im Gemüsebau, in Ziergehölzen, im Forst. Besonders gegen Bohnenfliege, Kohlfliege, Rübenfliege, Möhrenfliege, Zwiebelfliege und Tipula (Saatgutpuder), gegen Stubenfliegen und Hausungeziefer, Stallspritzmittel, Winterspritzmittel, Vorratsschutz.
Wegen der geringen Warmblütertoxizität und der guten Haut- und Schleimhautverträglichkeit kann Bromophos auch als Mittel gegen Ektoparasiten von Großtieren eingesetzt werden.

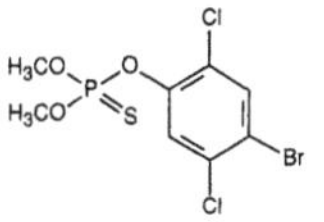

Chemische und physikalische Eigenschaften:
Physikalische Beschaffenheit: Gelbe Kristalle.
Schmelzpunkt: 54 °C.
Siedepunkt: 140 bis 142 °C bei 1,3 Pa
Dampfdruck: $1,7 \cdot 10^{-2}$ Pa bei 20 °C.
Verteilungskoeffizient (log $P_{o/w}$): 5,07 bei 20 °C.
Stabilität: Stabil bis pH 9. Wird in alkal.-wäßrigem Medium langsam hydrolysiert.
Löslichkeit: In Wasser 40 mg/L.
Abbau und Metabolismus: Demethylierung der Alkoxylgruppen, hydrolytische Abspaltung von 4-Brom-2,5-dichlorphenol.
Bei Ratten gute Absorption nach oraler Applikation. Vollständige Metabolisierung durch Hydrolyse. Nach 24 Stunden sind 90 % der Metaboliten, hauptsächlich über die Nieren, ausgeschieden. Keine Akkumulation.
Toxizität: Akute orale LD_{50} für Ratten 3.700 bis 6.100 mg/kg, für Maus 2.829 bis 5.850 mg/kg, Meerschweinchen 1.500 mg/kg. Akute dermale LD_{50} für Kaninchen 2.188 mg/kg. Verfütterung von 188 mg/kg/Tag über 100 Tage an Ratten erbrachten keine Krankheitssymptome. Inhalation Ratte LC_{50} >190 mg/L (8 Stunden).
Bienentoxizität: Bienengefährlich (B 1).
Fischtoxizität: Giftig für Fische. LC_{50} für Guppy etwa 1,5 mg/L für Regenbogenforelle 0,05 bis 0,5 mg/L.

Bromoxynil. Wirkt als >Herbizid< und zählt zur Substanzklasse der Benzonitril-Derivate.
Chemische Bezeichnung: 3,5-Dibrom-4-hydroxybenzonitril
CAS-Nummer: 1089–84–5
Hersteller: Nufarm, Makhteshim
Wirkungstyp: Kontaktherbizid, in gewissem Umfang translozierend, nach Aufnahme durch die Blätter. Hemmstoff der Hill-Reaktion (Kohlensäure-Assimilation). Einfluß auf Zellteilung.
Bevorzugte Anwendung: Gegen zweikeimblättrige Unkräuter in Sommergetreide (Nachauflauf), besonders Kamille-Arten. Gegen Unkräuter, ausgenommen Hirse, in Mais.

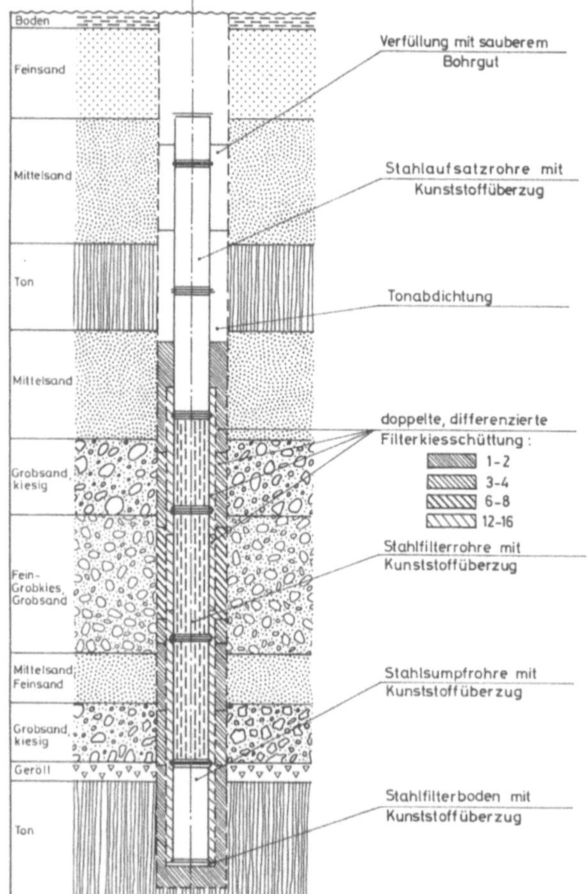

Chemische und physikalische Eigenschaften:
Physikalische Beschaffenheit: Krist., farblos.
Schmelzpunkt: 194 bis 195 °C, sublimiert bei 135 °C/
0,2 mbar. Octansäureester 45 bis 46 °C.
Dampfdruck: $<10^{-5}$ hPa bei 25 °C.
Verteilungskoeffizient (log $P_{o/w}$): 2,80 (Phenol) bei
20 °C.
Stabilität: Stabil unter Lagerbedingungen, weitgehend
stabil gegen verd. Alkalien und Säuren. Der Octansäureester ist hydrolyseempfindlich gegen Säuren und Alkalien.
Löslichkeit der Säure (= Phenol): In Wasser 130 mg/L
bei 20 bis 25 °C. Mit Alkalien bilden sich wasserlösl.
Salze, z. B. Natriumsalz 42 g/L, Lithiumsalz 76 g/L,
ebenso mit Aminen.
Abbau: Im Boden Umwandlung der Nitrilgruppe zunächst in das Säureamid, dann in die Carbonsäure. Abspaltung von Bromionen vom Benzolring und Ringhydroxylierung. Halbwertszeit im Boden (schwerer Ton)
etwa 14 Tage.

Nach Exp. mit Ratten mit ^{14}C-markiertem Bromoxy-
niloctylester (orale Aufnahme) sind die Hauptaus-
scheidungsprodukte der unveränderte Ester und
Bromoxynil selbst. Nach einmaliger Verabreichung
von 5 mg/kg wurden etwa 86 % der Aktivität in 14 Tagen hauptsächlich renal ausgeschieden.
Toxizität: Akute orale LD_{50} für Ratten 190 mg/kg, Kaninchen 260 mg/kg, Hunde etwa 100 mg/kg. Octansäureester LD_{50} für Ratten 260 mg/kg, Kaninchen
325 mg/kg. Dermale LD_{50} für Ratten >2.000 mg/kg.
Inhalation Ratte LC_{50} 0,38 mg/L.
Keine Haut- und Augenreizung bei Kaninchen.
Bienentoxizität: Nicht bienengefährlich (B 4).
Fischtoxizität: LC_{50} für Regenbogenforelle 0,05 mg/L.

Bronchialkarzinom. >Lungenkrebs<.

Bronchitis. Akute und chronische, unspezifische oder
spezifische Entzündung der Bronchialschleimhaut. Definition der chron. Bronchitis nach >WHO<: „Husten
mit Auswurf an den meisten Tagen von mindestens je
drei Monaten zweier aufeinanderfolgender Jahre".

Brunnen: Bohrbrunnen mit
differenzierter Kiesschüttung

Hauptursachen der chron. B. sind langjähriges Zigarettenrauchen, Luftverunreinigung durch Reizgase (z.B. >Schwefeldioxid<) und möglicherweise Infektionen. >Pseudokrupp<.

Brown RS. >Schokoladenbraun HT<.

Bruchbau. >Bergmännisches Abbauverfahren<, bei dem das überlagernde Gebirge planmäßig zu Bruch geworfen wird.

Bruchhohlraumverfüllung. >Versatzverfahren< bei >Bruchbau<. Eine Suspension aus Wasser und feinkörnigem Material wird nach dem Hereinbrechen der überlagernden Schichten unmittelbar hinter dem Abbau in den Bruchraum gepumpt. Das Verfahren ist geeignet zum Versetzen von feinkörnigen Reststoffen.

Bruchwald. Bei der Verlandung von Süßgewässern entsteht im letzten Stadium ein B., der in Mitteleuropa besonders von Schwarzerle, Moorbirke und Weiden gebildet wird. Das >Grundwasser< steht hoch an, der Boden ist humusreich (>Humus<). In der Krautschicht wachsen Seggen, Schwertlilien, Farne und Moose. B. sind besonders durch Grundwasserabsenkungen gefährdet, daneben durch Anpflanzung von Fremdgehölzen wie Pappelforsten. Dem B. ähnlich sind *Sumpfwälder*, die aber nicht auf Torfuntergrund stehen und auch nicht an Flußläufen wie die >Auwälder<.

Brüden. Beim Kochen und Trocknen von Nahrungs- und Genußmitteln, aber auch aus chem. Reaktionskesseln freigesetztes wasserdampfhaltiges >Abgas<, das in vielen Fällen geruchsintensive org. Verb. enthält.

Brüsseler Beschlüsse. Für die >Europäische Gemeinschaft< verbindliche Vereinbarungen wie z.B. >Abgasgrenzwerte<, Definition der >Kraftstoffqualitäten<, technische Ausrüstungen von Fahrzeugen.

Brüten. Umwandlung von nicht spaltbarem in spaltbares Material, z.B. >Uran<-238 in >Plutonium<-239.

Brundland Report. >Nachhaltigkeit<.

Brunnen. Durch Schachten oder Bohren erstellte >Grundwasserfassungen< (Schacht- oder Bohrbrunnen), die bis in den >Grundwasserraum< (unvollkommene Brunnen) oder bis zur Basis des >Grundwasserleiters< (vollkommene Brunnen) niedergebracht werden. Brunnen dienen zur Wassergewinnung (Förderbrunnen), zur >Grundwasserabsenkung< (Absenkungsbrunnen), zur Grundwassersanierung (Sanierungsbrunnen), zur Grundwasserbeobachtung (Beobachtungsbrunnen, >Grundwasserbeschaffenheit<,· Probenahme-Methoden) oder zur Einleitung von Wasser in den Untergrund (Schluckbrunnen). Die Förderleistungen moderner Bohrbrunnen können durch dem Untergrund angepaßte Filterschüttungen und Blindstrecken optimiert werden (s. Abb. S.238). Je nach dem Flurabstand des abgesenkten Grundwasserspiegels wird zwischen Flachbrunnen (Grundwasser-Flurabstand bis max. 7 bis 8 m; Förderung mit Kreisel- oder Kolbenpumpe), >Tiefbrunnen< (Grundwasser-Flurabstand >7 bis 8 m; Förderung mit Unterwasserpumpe) und artesischen Brunnen (Überlaufbrunnen mit freiem Auslauf) unterschieden. Neben vertikalen Bohrbrunnen werden, vor allem bei der >Uferfiltration<, Sonderformen, wie die Horizontalfilterbrunnen (s. Abb. rechts), verwendet.

Lit: Bieske E (1965) Handbuch des Brunnenbaus, Bd. II, Schmidt, Berlin-Konradshöhe.

Brunnenfilter. Gelochte Rohre, deren Eintrittsöffnungen durch eine geeignete Gestaltung einen strömungsdynamisch günstigen, quantitativ optimalen Zufluß bewirken sollen. Als Filtermaterial dienen Kunststoff, Holz, Keramik, Stahl (u.U. mit einem Korrosionsschutz, wie Kunststoff, Hartgummi oder Zink) und – bei >Mineralwässern< – Kupfer. Der Brunnenfilter ist in nicht standfesten Gesteinen mit einer Kiesschüttung oder mit mehrfachen, aufeinander abgestimmten Kiesschüttungen umgeben, die den Eintrag von Feinkorn aus dem umgebenden Gebirge verhindern sollen. In Abschnitten ohne Grundwasserzufluß oder in Bereichen mit ungeeigneter >Grundwasserbeschaffenheit< werden geschlossene Aufsatzrohre verwendet.

Brunnengalerien. Im Zusammenhang mit einem Tagebau angelegte Brunnen auf Linien gleichen Grundwasserspiegels, die zur Absenkung des Grundwasserspiegels unter das Niveau der Tagebausohle dienen.

Brunnenleistung. Zusätzliches Maß für >Durchlässigkeit<. Die spezifische Brunnenleistung ist als Verhältnis der Förderleistung Q zur Absenkung im Brunnen (L/s · m) definiert. Sie variiert mit der >Transmissivität<, dem Produkt von Mächtigkeit und Durchlässigkeitsbeiwert eines >Grundwasserleiters< und damit auch mit der Gesamtmächtigkeit der erschlossenen Grundwasserleiter, dem >Speicherkoeffizienten<, der Pumpzeit und dem wirksamen Brunnenradius (Bohrdurchmesser).

Lit: Mattheß G, Ubell K (1983) Allgemeine Hydrogeologie, Grundwasserhaushalt, Gebr. Borntraeger, Berlin Stuttgart.

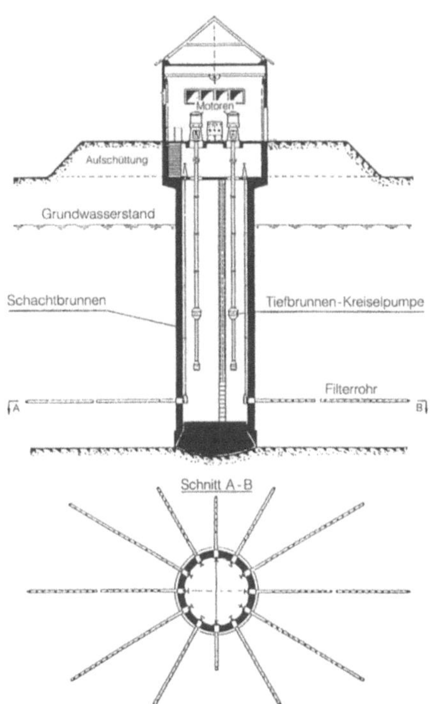

Brunnen: Horizontalfilterbrunnen (Sammelschacht mit horizontalen Filterrohren)

Brutfaktor. >Brutverhältnis<.

Brutgewinn. Überschuß der in einem >Reaktor< gewonnenen >Spaltstoffmenge< über die verbrauchte, bezogen auf die verbrauchte Menge. Brutgewinn = Brutverhältnis−1.

Brutmantel. Eine Schicht aus >Brutstoff< rings um den >Spaltstoff< in einem >Reaktor<.

Brutpflege. Alle Handlungen der Elterntiere zum Schutz und zur Nahrungsvorsorge der Nachkommenschaft, soweit sie nach der Eiablage bzw. Geburt stattfinden. Vorsorge vor der Eiablage ohne nachfolgende Handlungen werden im Gegensatz dazu als *Brutfürsorge* bezeichnet. B. findet man in vielen Tierstämmen bei höher entwickelten Gruppen. So zeigen viele Insekten ein komplexes B.-Verhalten, z.B. Mistkäfer. Am weitesten verbreitet ist B. bei den Wirbeltieren mit langdauerndem Füttern, Wärmen der Jungen, Reinigen des Nestes und der Nachkommen etc.

Brutprozeß. >Brüten<.

Brutreaktor. Ein >Reaktor<, der mehr >Spaltstoff< erzeugt als er verbraucht. >Konverterreaktor<, >Schneller Brutreaktor<. Anfang 1999 waren weltweit sieben Brutreaktoren in Betrieb oder im Bau. Der Brutreaktor in Kasachstan dient neben der Stromerzeugung auch der Wasserentsalzung.

Bruttoproduktion. Gesamtproduktion einer >Biomasse< einschließlich ihrer während des Produktionsprozesses bereits eintretenden Verluste durch Metabolismus, Exkretion, >Exsudation< und Fraß. Daher ist die B. exakt nur im Labor zu bestimmen.

Brutstoff. Nicht spaltbarer Stoff, aus dem durch >Neutronenabsorption< und nachfolgende Kernumwandlung (>Betazerfall<) spaltbares Material entsteht. Brutstoffe sind Th-232, das in spaltbares U-233, und U-238, das in spaltbares Pu-239 umgewandelt wird.

Th-232 + n → Th-233 → Pa-233 → U-233
U-238 + n → U-239 → Np-239 → Pu-239

Brutverhältnis. Das Verhältnis von gewonnenem >Spaltstoff< zu verbrauchtem Spaltstoff.

Brutvogel. Ein in einem bestimmten >Areal< nicht nur lebender, sondern auch brütender Vogel. Der Brutbereich kann sehr viel kleiner sein als das gesamte Gebiet, das ein Vogel in seinem Leben durchzieht. Dies wird besonders deutlich bei den Zugvögeln.

Brutzone. >Reaktor<zone außerhalb oder innerhalb der >Spaltzone<, die >Brutstoffe< zum Zweck des >Brütens< enthält.

BSB₅. >Biochemischer Sauerstoffbedarf in 5 Tagen<.

Bubble policy. >Glockenkonzept<.

Bündelsammlung. >Straßensammlung<.

BUND. Bund für Umwelt- und Naturschutz Deutschland e.V., bundesweite Organisation von Landesverbänden, seit 1979 staatlich anerkannte Naturschutzorganisation mit Beteiligung an allen umweltpolitischen Vorhaben.

Bundesamt für Naturschutz. Aufgrund des Gesetzes vom 6.8. 1993, BGBl.I S.1458 im Geschäftsbereich des Bundesministeriums für Umwelt, Naturschutz und Reaktorsicherheit als selbständige Bundesoberbehörde mit Sitz in Bonn eingerichtet. Seine Aufgabe besteht darin, Verwaltungsaufgaben des Bundes auf dem Gebiet des Naturschutzes und der Landschaftspflege zu erledigen, das Bundesministerium für Umwelt, Naturschutz und Reaktorsicherheit fachlich und wissenschaftlich in allen Fragen des Naturschutzes und der Landschaftspflege sowie der internationalen Zusammenarbeit zu unterstützen, wissenschaftliche Forschung auf dem Gebiete des Naturschutzes und der Landschaftspflege zu betreiben sowie Aufgaben des Bundes auf den Gebieten des Naturschutzes und der Landschaftspflege zu erledigen, wenn es damit speziell beauftragt wird.

Bundesamt für Seeschiffahrt und Hydrographie (BSH). Das Bundesamt für Seeschiffahrt und Hydrographie ist eine Bundesoberbehörde für zentrale maritime Aufgaben im Geschäftsbereich des Bundesministeriums für Verkehr. Es wurde am 1.Juli 1990 durch die Zusammenlegung des Deutschen Hydrographischen Instituts und des Bundesamtes für Schiffsvermessung gebildet. Gleichberechtigte Dienstsitze sind Hamburg und Rostock.

Das Aufgabenspektrum reicht von Wirtschaftsfragen in der Seeschiffahrt über Sicherheit der Schiffahrt bis hin zur wissenschaftlichen Beschreibung der Meere für alle meeresbezogenen Tätigkeiten. Im einzelnen gehören dazu:

– Allgemeine Schiffahrtsaufgaben wie Flaggenrechtsangelegenheiten, Schiffsvermessung, Maßnahmen der Schiffahrtsförderung;
– Prüfung und Zulassung der nautischen Instrumente und Geräte der Schiffsausrüstung;
– Seevermessung und Wracksuche, Herausgabe amtlicher Seekarten und nautischer Veröffentlichungen;
– meereskundliche Untersuchungen zur Verbesserung der Kenntnisse über das Meer;
– nautische und hydrographische Dienste wie Gezeitenvorausberechnungen, Wasserstandsvorhersage- und Sturmflutwarndienst, Eisnachrichtendienst und erdmagnetischer Dienst;
– Angelegenheiten des Meeresumweltschutzes, insbesondere die Überwachung der Veränderungen der Meeresumwelt;

Brutreaktor

Reaktor	Land	Betriebsbeginn	Leistung	
			MWth	MWe
BN-350	Kasachstan	1973	1000	150
Phénix	Frankreich	1973	563	250
Joyo	Japan	1978	100	–
BN-600	Rußland	1980	1470	600
Monju	Japan	1994	714	280
BN-800	Rußland	geplant	2100	800

– Förderung der Seeschiffahrt und Seefischerei durch naturwissenschaftliche und nautisch-technische Forschungen.

Zur Erfüllung seiner Aufgaben arbeitet das BSH in zahlreichen Bundes- und Ländergremien mit und unterhält Arbeitskontakte zu mehr als 20 internationalen Organisationen.

Die sechs Schiffe des BSH: Forschungsschiff „Gauß", Vermessungsschiff „Komet", die Vermessungs-, Wracksuch- und Forschungsschiffe „Atair", „Wega" und „Deneb", Vermessungseinheit „Mercator/Bessel" werden für die Arbeit auf See eingesetzt. Das BSH unterhält die größte maritime Fachbibliothek Deutschlands mit über 140.000 Einheiten. Es gibt die Fachzeitschrift „German Hydrographic Journal – Deutsche Hydrographische Zeitschrift" heraus.

Bundesamt für Strahlenschutz. Aufgrund des Gesetzes vom 9.10. 1989, BGBl. I S. 1830 im Geschäftsbereich des Bundesministers für Umwelt, Naturschutz und Reaktorsicherheit in Salzgitter ansässige selbständige Bundesoberbehörde. Das B. erledigt Verwaltungsaufgaben des Bundes auf den Gebieten des Strahlenschutzes einschließlich der Strahlenschutzvorsorge sowie der kerntechnischen Sicherheit, der Beförderung radioaktiver Stoffe und der Entsorgung radioaktiver Abfälle einschließlich der Errichtung und des Betriebs von Anlagen des Bundes zur Sicherung und zur Endlagerung, die ihm durch Bundesgesetze zugewiesen werden, es unterstützt den Bundesminister für Umwelt, Naturschutz und Reaktorsicherheit fachlich und wissenschaftlich auf den zuvor genannten Gebieten, es betreibt zur Erfüllung seiner Aufgaben wissenschaftliche Forschung und erledigt Aufgaben des Bundes auf den zuvor genannten Gebieten, mit deren Durchführung es vom Bundesminister für Umwelt, Naturschutz und Reaktorsicherheit oder mit seiner Zustimmung von der sachlich zuständigen obersten Bundesbehörde beauftragt wird. Das B. ist beispielsweise zuständig für das Informationssystem „Radioaktivität in der Umwelt", s. § 4 Abs. 1 Satz 2 des Strahlenschutzvorsorgegesetzes vom 19.12. 1986, BGBl. I S. 2610.

Bundesanstalt für Geowissenschaften und Rohstoffe (BGR). Die B. berät die Bundesregierung in geowissenschaftlichen Fragestellungen und bei der Ausführung von Arbeiten im In- und Ausland. Schwerpunkte bilden hierbei a) Rohstoffe, Grundwasser, Boden und Umweltschutz, b) Geotechnik, Endlagerung von Abfällen, c) Meeres- und Polarforschung, Methodenentwicklung, d) Seismologie, fachliche Publikationen und Karten, e) internationale Zusammenarbeit.

Bundesanstalt für Gewässerkunde. Behörde mit allgem. länderübergreifenden Aufgaben im Wassermengen- und Wassergütewesen Deutschlands, einschl. der Bundeswasserstraßen und Küstengewässer. Sitz Koblenz/Rhein. Die 5 Tätigkeitsschwerpunkte sind: 1. Wassermengenkunde und Morphologie für Binnenland und Küste; Koordinierung der Entwicklungshilfeaufgaben. 2. Grundwasser, Wasserhaushalt, Wasserstandsvorhersage, mathematische Modelle. 3. Physik, Chemie und Biologie; Fischereiangelegenheiten. 4. Allg. und technische Wassergütefragen, Gewässerradiologie, Landschaftspflege. 5. Vermessungswesen und Gerätewesen. Die Bundesanstalt für Gewässerkunde betreibt eine umfangreiche Forschungstätigkeit an Binnen- und Küstengewässern und ist auch Sitz des Sekretariats des Internationalen Hydrologischen Programms (IHP/OHP). Jährlich erscheinende Tätigkeitsberichte.

Bundesanstalt für Materialforschung und -prüfung (BAM). Die BAM in Berlin beschäftigt sich mit a) Qualitätssicherung im chem.-analytischen Laboratorium, b) Bereitstellung von Referenzmethoden und zertifizierten Referenzmaterialien (ZRM), c) Entwicklung von Prüfrichtlinien und Meßmethoden, d) Prüfung von Bauartzulassung von Tankcontainern und Ausrüstung zur Beförderung wassergefährdender Stoffe, metallischer Gefahrgutverpackungen, Transportbehälter und Kapseln für radioaktive Stoffe, e) Untersuchung von Ölunfällen und Trinkwasserbehältnissen, f) Ausarbeitung von Richtlinien für Schall- und Erschütterungsschutz, g) Untersuchung von Kunststoffen und Verpackungsmaterialien, h) Untersuchung im Bereich biol. Materialprüfung, Holzwerkstofftechnik, Sekundärrohstoffe.

Bundesberggesetz. Gesetzliche Grundlage vom 13.08. 1980 für den >Bergbau< in Deutschland.

Bundesgesundheitsamt (BGA). Selbständige Bundesoberbehörde im Geschäftsbereich des Bundesministers für Gesundheit. 1952 durch Gesetz errichtet. *Sitz:* Berlin. *Aufgabe:* Forschungs-, Beratungs- und Exekutivaufgaben auf dem Gebiet der öffentlichen Gesundheitspflege, der medizinischen Statistik und der Überwachung des Verkehrs mit Betäubungsmitteln. Die gesetzlichen Aufgaben des BGA wurden erweitert durch das >Lebensmittel- und Bedarfsgegenständegesetz<, das >Pflanzenschutzgesetz<, die >Strahlenschutzverordnung<, das >Bundesseuchengesetz<, das Tierseuchengesetz, das >Tierschutzgesetz<, das >Arzneimittelgesetz<, das >Chemikaliengesetz<, das >Gentechnikgesetz<. *Organisation:* Zentralabteilung, 7 Institute und mehrere zentrale Dienste.

Bundes-Immissionsschutzgesetz. Das „Gesetz zum Schutz vor schädlichen Umwelteinwirkungen durch Luftverunreinigungen, Geräusche, Erschütterungen und ähnliche Vorgänge" (Bundes-Immissionsschutzgesetz, BImSchG) wurde am 15.03.1974 erlassen und erfuhr seine derzeit letzte Neufassung am 14.05. 1990 (BGBl. I S. 881). Die derzeit letzte Änderung stammt vom 18.04. 1997 (BGBl. I S. 805). Es ist als Kernstück des >Umweltrechts< anzusehen. Wichtigstes Ziel des Gesetzes ist es, Menschen, Tiere und Pflanzen, den Boden, das Wasser, die Atmosphäre sowie Kultur- und sonstige Sachgüter vor schädlichen Umwelteinwirkungen und, soweit es sich um genehmigungsbedürftige Anlagen handelt, auch vor Gefahren, erheblichen Nachteilen und erheblichen Belästigungen zu schützen und dem Entstehen schädlicher Umwelteinwirkungen vorzubeugen (§ 1). Erreicht werden soll dieses Ziel im wesentlichen durch emissionsmindernde Maßnahmen, die dem Stand der Technik entsprechen, bzw. durch Festsetzung von Grenzwerten für >Emissionen< und >Immissionen<.

Die Begrenzung von Emissionen und Immissionen bei der Genehmigung von Anlagen gemäß vierter >Verordnung zur Durchführung des Bundes-Immissionsschutzgesetzes< (Verordnung über genehmigungsbedürftige Anlagen – 4. BImSchV) bedeutet vorbeugenden Umweltschutz und stellte als Prinzip der Vorsorge die wesentliche Neuerung im Umweltschutzrecht dar.

Das Bundes-Immissionsschutzgesetz gliedert sich in 7 Teile (in Klammern die lfd. §§): 1. Teil: Allgemeine Vorschriften (1 bis 3) 2. Teil: Errichtung und Betrieb von Anlagen (4 bis 31 a); 3. Teil: Beschaffenheit von Anlagen, Stoffen, Erzeugnissen, Brennstoffen, Treibstoffen und Schmierstoffen (32 bis 37); 4. Teil: Beschaffenheit und Betrieb von Fahrzeugen, Bau und Änderung von Straßen- und Schienenwegen (38 bis 43); 5. Teil: Überwachung der Luftverunreinigung im Bundesgebiet, Luftreinhaltepläne und Lärmminderungspläne (44 bis 47 a); 6. Teil: Gemeinsame Vorschriften (48 bis 62 a) (§§ 63 bis 65 entfallen); 7. Teil: Schlußvorschriften (66 bis 74). Zu § 40 Abs. 1 ist ein Anhang angefügt. Inhaltlich umfaßt es den anlagenbezogenen Immissionsschutz (genehmigungsbedürftige und nicht genehmigungsbedürftige Anlagen), den flächenbezogenen Immissionsschutz sowie den stoffbezogenen Immissionsschutz.

Die wichtigsten Regelungen des BImSchG gelten im 2. Teil der Errichtung und dem Betrieb von genehmigungs- und nichtgenehmigungsbedürftigen Anlagen sowie der Ermittlung von Emissionen und Immissionen (§§ 4 bis 31). In § 4 sind die Voraussetzungen für die Genehmigung genehmigungsbedürftiger Anlagen festgelegt: Der Genehmigung bedürfen die Errichtung und der Betrieb von Anlagen, die aufgrund ihrer Beschaffenheit oder ihres Betriebes in besonderem Maße geeignet sind, schädliche Umwelteinwirkungen hervorzurufen oder in anderer Weise die Allgemeinheit oder die Nachbarschaft zu gefährden, erheblich zu benachteiligen oder erheblich zu belästigen.

Welche Anlagen im einzelnen genehmigungsbedürftig sind, hat die Bundesregierung in der vierten >Verordnung zur Durchführung des Bundes-Immissionsschutzgesetzes< (Verordnung über genehmigungsbedürftige Anlagen – 4. BImSchV) festgelegt.

Dem Betreiber einer genehmigungsbedürftigen Anlage werden Pflichten auferlegt, die in § 5 BImSchG näher bezeichnet sind: 1. Das Verbot, schädliche Umwelteinwirkungen, sonstige Gefahren, erhebliche Nachteile und Belästigungen zu verursachen, 2. das Gebot, >Vorsorge< gegen schädliche Umwelteinwirkungen zu treffen, insbesondere durch die dem Stand der Technik entsprechenden Maßnahmen zur Emissionsbegrenzung, 3. das Gebot der Abfallvermeidung oder -verwertung, 4. das Gebot der Abwärmenutzung. Zu den Pflichten neu hinzugekommen ist die Forderung, daß auch nach Betriebseinstellung vom Betreiber sicherzustellen ist, daß von der Anlage oder dem Anlagengrundstück keine schädlichen Umwelteinwirkungen oder sonstige Gefahren, Belästigungen oder Benachteiligungen hervorgerufen werden können und vorhandene Abfälle ordnungsgemäß verwertet oder ohne Beeinträchtigung des Allgemeinwohls beseitigt werden.

Im BImSchG ist vorgesehen, Teilgenehmigungen (§ 8) und Vorbescheide (§ 9) zu erteilen. Hierfür wie auch für die Genehmigung gelten Verfahrensregeln, die im § 10 BImSchG für das Genehmigungsverfahren aufgestellt sind. Die einzelnen Verfahrenschritte sind in der 9. Verordnung zur Durchführung des Bundes-Immissionsschutzgesetzes (Grundsätze des >Genehmigungsverfahrens< – 9. >BImSchV<) geregelt. Die Genehmigung kann mit Auflagen zur Sicherstellung der Genehmigungsvoraussetzungen gemäß § 6 BImSchG verbunden, zeitlich begrenzt oder mit dem Vorbehalt des Widerrufs erteilt werden (§ 12). Nach § 13 BImSchG schließt die Genehmigung andere, die Anlage betreffende behördliche Entscheidungen ein, insbesondere öffentlich-rechtliche Genehmigungen, Zulassungen, Verleihungen, Erlaubnisse und Bewilligungen, mit Ausnahme von Planfeststellungen, Zulassungen berg-

rechtlicher Betriebspläne, Atom- und wasserrechtlicher Vorschriften (ausgenommen Eignungsfeststellung nach § 19 Wasserhaushaltsgesetz). Werden der Betrieb, die Lage oder die Beschaffenheit einer Anlage geändert oder wesentlich geändert, bedarf dies einer Anzeige (§ 15 BImSchG) oder einer Genehmigung (§ 16 BImSchG). In den §§ 22 bis 25 sind die Pflichten der Betreiber nicht genehmigungsbedürftiger Anlagen (§ 22), die Anforderungen an die Errichtung, die Beschaffenheit und den Betrieb nicht genehmigungsbedürftiger Anlagen (§ 23), Anordnungen im Einzelfall (§ 24) und die Untersagung des Betriebes der Anlage (§ 25) geregelt. Die Ermittlung von Emissionen und Immissionen, die sicherheitstechnischen Prüfungen und die Bildung des technischen Ausschusses für Anlagensicherheit sind Inhalt der §§ 26 bis 31a. Von der zuständigen Behörde können aus besonderem Anlaß Messungen (§ 26), erstmalige und wiederkehrende Messungen (§ 28), kontinuierliche Messungen (§ 29) sowie sicherheitstechnische Prüfungen (§ 29a) angeordnet werden. Die Erstellung der Immissionserklärung wird in § 27, die Kostenverteilung der Messungen in § 30 und die Auskunftspflicht über ermittelte Emissionen und Immissionen im § 31 geregelt. § 31a sieht die Bildung eines technischen Ausschusses für Anlagensicherheit beim Bundesminister für Umwelt, Naturschutz und Reaktorsicherheit vor. Von Bedeutung ist die Ermächtigung des § 48, nach der die Bundesregierung nach Anhörung beteiligter Kreise (§ 51) mit Zustimmung des Bundesrates allgemeine Verwaltungsvorschriften über Emissions- und Immissionswerte, über Verfahren zur Ermittlung der Emissionen und Immissionen sowie über besondere Maßnahmen im Rahmen von Rechtsverordnungen erlassen kann. Die technische Anleitung zur Reinhaltung der Luft (>TA Luft<) ist eine Allgemeine Verwaltungsvorschrift des Bundes aufgrund des § 48 BImSchG. Die Beschaffenheit und der Betrieb von Fahrzeugen usw. sind Gegenstand des 4. Teiles, die Überwachung der Luftverunreinigungen im Bundesgebiet, Luftreinhalte- und Lärmminderungspläne Gegenstand des 5. Teiles. Das Gesetz enthält mehrfach Ermächtigungen der Bundesregierung zum Erlaß von >Rechtsverordnungen<. Bisher sind insgesamt 28 >Verordnungen zur Durchführung des Bundes-Immissionsschutzgesetzes< ergangen (Stand: November 1998).

Lit: Gesetz zum Schutz vor schädlichen Umwelteinwirkungen durch Luftverunreinigungen, Geräusche, Erschütterungen und ähnliche Vorgänge (Bundes-Immissionsschutzgesetz – BImSchG) vom 15.03. 1974, zuletzt geändert durch Gesetz vom 09.10. 1996 (BGBl. I S. 1498).

Bundesministerium für Bildung, Wissenschaft, Forschung und Technologie (BMBF). Das BMBF ist neben der Deutschen Forschungsgemeinschaft (DFG) der wichtigste Forschungsträger in Deutschland. Wesentliche Aufgabe ist die Förderung von Forschungs- und Entwicklungsvorhaben für den Umweltschutz in den Bereichen a) produktionsintegrierter Umweltschutz, b) Gewässerschutz, c) Trinkwasseraufbereitung, d) Abwasser- und Schlammbehandlung, e) Abfallwirtschaft/Altlastensanierung.

Bundesministerium für Ernährung, Landwirtschaft und Forsten (BML). Aufgabe des BML ist die Sicherung und Entwicklung der natürlichen Lebensgrundlagen. Wesentliche Aufgaben bestehen in der Mitwirkung bei Fragen des Naturschutzes, der Luftreinhaltung, des Lärmschutzes, der Wasser- und Abfallwirtschaft und der agrarischen Erzeugung. Darüber hinaus werden Aufgaben im Küstenschutz übernommen.

Bundesministerium für Umwelt, Naturschutz und Reaktorsicherheit (BMU). Durch Organisationserlaß des Bundeskanzlers vom 05.06.1986 gebildetes Ressort der Regierung der Bundesrepublik Deutschland. Dem BMU sind übertragen worden a) die Zuständigkeit für Umweltschutz, Sicherheit kerntechnischer Anlagen, Strahlenschutz aus dem Geschäftsbereich des Bundesministers des Innern, b) die Zuständigkeit für Naturschutz aus dem Geschäftsbereich des Bundesministers für Ernährung, Landwirtschaft und Forsten, c) die Zuständigkeiten für gesundheitliche Belange des Umweltschutzes, Strahlenhygiene, Rückstände von Schadstoffen in Lebensmitteln, Chemikalien aus dem Geschäftsbereich des Bundesministers für Jugend, Familie und Gesundheit.

Bundesnaturschutzgesetz (BNatSchG). Amtliche Bezeichnung „Gesetz über Naturschutz und Landschaftspflege (Bundesnaturschutzgesetz – BNatSchG)" vom 20.12.1976. *Ziel*: Natur und Landschaft im besiedelten und unbesiedelten Bereich so zu schützen, zu pflegen und zu entwickeln, daß die Leistungsfähigkeit des Naturhaushalts, die Nutzungsfähigkeit der Naturgüter, die Pflanzen- und Tierwelt sowie die Vielfalt, Eigenart und Schönheit von Natur und Landschaft als Lebensgrundlagen des Menschen und als Voraussetzung für seine Erholung in Natur und Landschaft nachhaltig gesichert sind. Das BNatSchG hat das Reichsnaturgesetz von 1935 abgelöst; es ist eine Rahmenregelung für die Gesetzgebung der Länder; bestimmte Regelungen, wie z.B. die Ziele, Grundsätze, Aufgaben der Behörden, Zusammenarbeit, über besonders geschützte Pflanzen und Tiere, gelten jedoch unmittelbar. *Hauptregelungsbereiche*: Ziele, Grundsätze Landschaftsplanung, allgemeine Schutz-, Pflege- und Entwicklungsmaßnahmen, Schutz, Pflege und Entwicklung bestimmter Teile von Natur und Landschaft, Schutz und Pflege wildwachsender Pflanzen und wildlebender Tiere, Erholung in Natur und Landschaft, Mitwirkung von Verbänden. Das BNatSchG ist Rechtsgrundlage für die Bundesartenschutzverordnung.

Bundessortenamt. Selbständige Bundesoberbehörde mit Sitz in Hannover, die zum Geschäftsbereich des Bundesministers für Ernährung, Landwirtschaft und Forsten gehört. Aufgrund des Sortenschutzgesetzes (SortG) und Saatgutverkehrsgesetzes (SaatG) entscheidet es über die Sortenzulassung und den Sortenschutz von wirtschaftlich wichtigen Pflanzenarten. Darüberhinaus obliegen dem B. koordinierende Funktionen im Hinblick auf die internationalen Aktivitäten auf dem Saatgutsektor (EU, OECD, Wirtschaftskommission der Vereinigten Nationen für Europa – ECE, Welternährungsorganisation – FAO) und die Erstellung von technischen Grundlagen für die Saatgut- und Sortengesetzgebung einschl. der Vorbereitung der Rechtsnormen. Das SaatG dient dem Schutz des Verbrauchers und der Versorgung der Landwirtschaft und des Gartenbaus mit hochwertigem Saat- und Pflanzgut resistenter, qualitativ hochwertiger und leistungsfähiger Sorten. Bei landwirtschaftlichen Pflanzenarten werden deshalb nur Sorten zugelassen und in die nationale Sortenliste eingetragen, von denen aus der Gesamtheit ihrer wertbestimmenden Eig. gegenüber den zugelassenen vergleichbaren Sorten eine deutliche Verbesserung für den Pflanzenbau (z.B. Resistenz), die Verwertung des Ernteguts (z.B. Speisekartoffeln) oder

Bundessortenamt: Beim Bundessortenamt zugelassene und geschützte Sorten (Stand: 01.07.1991). (aus: Bundessortenamt, 1992)

Pflanzenart	Sortenzahl Zugelassene Sorten	Geschützte Sorten
A. Landwirtschaftliche Pflanzenarten		
Getreide	301	298
Mais	114	263
Gräser	433	415
Klee u. Luzerne	62	48
Mittelu. Großkörnige Leguminosen	92	88
Ölu. Faserpflanzen, Phazelie	150	180
Zuckeru. Runkelrübe	158	111
Kartoffel	161	171
Rebe	70	39
sonstige landwirtsch. Arten	11	28
Insgesamt A	1.552	1.642
B. Gartenbauliche Pflanzenarten		
Wurzelgemüse	140	81
Gemüse – Hülsenfrüchte	195	181
Fruchtgemüse	105	51
Zwiebelgemüse	56	21
Blattu. Stielgemüse	94	86
Kohlgemüse	138	65
Zierpflanzen		1.309
Obstarten		142
Ziergehölze		546
Forstliche Arten		26
Heilund Gewürzpflanzen		8
Insgesamt B	728	2.516
Insgesamt A u. B.	2.280	4.158

für aus dem Erntegut gewonnene Erzeugnisse (z. B. Backwaren) erwartet wird. Nach dem SaatG gibt das B. für Sorten von Saat- und Pflanzgut für Landwirtschaft und Gartenbau, die die entspr. Prüfungen durchlaufen haben, beschreibende Sortenlisten heraus (für landwirtschaftliche Pflanzenarten, Reben, Rasengräser, Gemüse, Beerenobst, Ziersträucher, Straßenbäume). Das SortG dient der Förderung der Pflanzenzüchtung. Jeder Züchter oder Entdecker einer neuen Sorte kann beim Bundessortenamt den Sortenschutz, der den Patenten für Erfindungen auf dem gewerblichen Sektor entspricht, beantragen (s. Tabelle S. 243).
Lit: Bundessortenamt (Hrsg.) (1992) Das Bundessortenamt, Aufgaben, Organisation, Einrichtungen. Bundessortenamt, Hannover.

Bundes-Seuchengesetz (BSeuchG). Das „Gesetz zur Verhütung und Bekämpfung übertragbarer Krankheiten beim Menschen" vom 18. 12. 1979, letzte Änderung vom 07. 08. 1996 versteht unter „übertragbaren Krankheiten" Krankheiten, die durch Krankheitserreger unmittelbar oder mittelbar auf den Menschen übertragen werden können, wobei als Infektionsquelle nicht nur der Mensch, sondern auch das Tier in Frage kommen kann. Das Gesetz regelt durch besondere Meldepflicht (beim zuständigen Gesundheitsamt) die Seuchenbekämpfung im Verdachts-, Krankheits- oder Todesfall bei bestimmten Erkrankungen. Es enthält weiterhin Angaben zu seuchenspezifischen Maßnahmen wie z. B. Schutzimpfungen, Verbot von Menschenansammlungen, Schul- und Bäderschließungen und zu Personen, die zur Meldung verpflichtet sind.
Seit Anfang 1998 liegt der Entwurf eines Gesetzes zur Neuordnung seuchenrechtlicher Vorschriften vor (Gesetz zur Verhütung und Bekämpfung von Infektionskrankheiten beim Menschen, Infektionsschutzgesetz – IfSG), dessen Zweck es ist, übertragbaren Krankheiten beim Menschen vorzubeugen, Infektionen frühzeitig zu erkennen und ihre Weiterverbreitung zu verhindern. Die hierfür notwendige Mitwirkung und Zusammenarbeit von Ärzten, Krankenhäusern, wissenschaftlichen Einrichtungen, von Behörden des Bundes, der Länder, der Kommunen und von sonstigen Beteiligten soll entsprechend der medizinischen und epidemiologischen Kenntnisse gestaltet und unterstützt werden. Die Eigenverantwortung des Einzelnen bei der Prävention übertragbarer Krankheiten soll verdeutlicht und gefördert werden.

Bundesumweltgesetzbuch. Gesetzgebungsvorhaben mit dem Ziel, das gesamte vorhandene Umweltrecht in einer Gesamtkodifikation zusammenzufassen. Es gibt für die Realisierung dieses Gesetzgebungsvorhabens zwei publizierte Vorschläge: zum einen den sog. Professorenentwurf eines Umweltgesetzbuchs: Umweltgesetzbuch – Allgemeiner Teil, erarbeitet von *Kloepfer, Rehbinder, Schmidt-Aßmann, Kunig*, Umweltgesetzbuch – Besonderer Teil, erarbeitet von *Jarass, Kloepfer, Kunig, Papier, Peine, Rehbinder, Salzwedel* und *Schmidt-Aßmann*; die beiden Bände sind erschienen als Berichte des Umweltbundesamtes 1990 und 1994; zum anderen existiert der vom Bundesministerium für Umwelt, Naturschutz und Reaktorsicherheit herausgegebene Entwurf der unabhängigen Sachverständigenkommission zum Umweltgesetzbuch, Umweltgesetz (UGB-KomE), erschienen 1998. Die Bundesregierung plant, Schritt für Schritt die Arbeiten an einem einheitlichen und umfassenden Umweltgesetzbuch voranzubringen; ein erster Schritt in diese Richtung ist geplant mit der Änderung

des Bundes-Immissionsschutzgesetzes infolge der europarechtlich begründeten Pflicht, zum einen die IVU-Richtlinie und zum anderen die UVP-Änderungsrichtlinie in das nationale Recht umzusetzen. Durch die Erfüllung dieser Umsetzungspflichten wird eine einheitliche Grundlage für die Prüfung und Genehmigung von großen umweltrelevanten Vorhaben geschaffen.

Bundesverband Bürgerinitiativen Umweltschutz e. V (BBU). Nach dem >Naturschutzgesetz< anerkannter unabhängiger Umweltschutzverband. Der BBU besteht aus dem Bundesverband, aus Landesverbänden sowie einer Vielzahl von Kreis- und Ortsverbänden. Finanziert wird der BBU durch Mitgliedsbeiträge sowie durch Spenden. Das Ziel der Arbeit ist die Verbreitung umweltbewußten Denkens und Handelns durch Denkmodelle oder konkrete Vorschläge für einzelne Projekte oder Problembereiche.

α-Bungarotoxin. Curareähnlich wirkender Bestandteil aus dem >Schlangengift< des chinesischen Krait *(Bungarus multicinctus)*. Es blockiert die neuromuskuläre Reizübertragung, indem es sich an der postsynaptischen Membran anlagert und sie für den Überträgerstoff >Acetylcholin< unangreifbar macht. α-Bungarotoxin ist ein langkettiges >Polypeptid< und besteht aus 74 Aminosäuren mit fünf Disulfidbrücken. Die Aminosäuresequenz sowie die Lage der Disulfidbrücken ist bekannt. Der LD_{50}-Wert für Mäuse bei s. c. Inj. beträgt ca. 210 µg/kg KG.
Lit: Habermehl G (1987) Gift-Tiere und ihre Waffen, 4. Aufl., Springer, Berlin Heidelberg. – Wirth W, Gloxhuber C (1985) Toxikologie, Für Ärzte, Naturwissenschaftler und Apotheker, 4. Aufl., Georg Thieme, Stuttgart. – Teuscher E, Lindequist U (1988) Biogene Gifte, 1. Aufl., Akademie, Berlin. – Stephan U, Elstner P, Müller RK (1985) Fachlexikon ABC Toxikologie, 1. Aufl., Harri Deutsch, Thun Frankfurt/M.

Buntmetalle. Untergruppe der >Nichteisenmetalle<; Sammelbezeichnung für alle >Schwermetalle< und ihre Legierungen (mit Ausnahme von >Eisen<), die allein oder in Legierungen farbig sind. Wichtige Buntmetalle sind >Cadmium<, >Kobalt<, >Kupfer<, >Nikkel<, >Blei<, >Zink< und Zinn.

Butadien. Chemische Bezeichnung: 1,3-Butadien, $H_2C = CH\text{-}CH = CH_2$, farbloses, leicht zu verflüssigendes Gas, Sdp-4,5 °C, ein MAK-Wert wird nicht mehr angegeben, da es sich im Tierversuch als carcinogen erwiesen hat und auch ein carcinogenes Risiko für den Menschen besteht (Kategorie III A2 der Krebserzeugenden Arbeitsstoffe). Gewinnung durch Isolierung aus C4-Steamcrackschnitten sowie Dehydrierung von n-Butan und n-Buten. Als Ausgangssubstanz (>Monomer<) für Homopolymerisate (BR, cis>Polybutadien<) oder >Copolymerisate< mit >Styrol< (SBR) oder >Terpolymerisate< (ABS).

Butan (C_4H_{10}). In zwei Strukturisomeren vorliegender Kohlenwasserstoff aus der Gruppe der >Alkane< mit einem Molekulargewicht von 58,1. Beide Isomere sind in org. Lösungsmitteln wie Ether und Ethanol leicht löslich. Man unterscheidet *n*-Butan und Isobutan (2-Methylpropan). *n-Butan* (CAS-Nr. 106–97–8), ist ein farb- und geruchloses Gas mit einem Dampfdruck (20 °C) von 2.100 mbar und einer Wasserlöslichkeit (20 °C) von 61 mg/L. Es kommt als natürlicher Stoff im >Erdgas< vor. Die jährliche Produktion beträgt weltweit ca. 2 Mio t, wobei die in die Umwelt emittierte Menge auf über eine Mio t pro Jahr geschätzt wird. Seine Halbwertszeit in der Luft beträgt 6 Tage. *n-Bu-*

tan findet Anwendung als Ausgangsprodukt für zahlreiche Stoffe in der chem. Industrie, ist Hauptbestandteil in Flüssiggasen und wird als Treibgas in Sprays verwendet. Seine Dämpfe zeigen schwach narkotische Wirkung; bei Konz. über 6 % treten Schwindel und Übelkeit auf; >MAK-Wert< 0,1 %. Mutagenität (nach >Ames-Test<) negativ. *Isobutan* (2-Methylpropan; CAS-Nr. 75–28–5) ist ein farb- und geruchloses Gas, das als natürlicher Stoff im Erdgas vorkommt und eine geringe Wasserlöslichkeit besitzt. Es findet Verwendung als Treibgas und Kühlmittel sowie als Bestandteil von Flüssiggas. Seine Toxizität wird als sehr gering eingestuft. Hinweise auf >Mutagenität< und >Karzinogenität< liegen nicht vor.

Buttersäure. (Butansäure), *n*- und *i*-Buttersäure: *n*-Buttersäure ist eine ölige, ranzig riechende Flüssigkeit. Ihr Glycerinester kommt in Butter vor. Isobuttersäure riecht ebenfalls ranzig und kommt frei im Johannisbrot vor. Einige Buttersäureester werden wegen ihres fruchtigen Geruchs als Aromastoffe verwendet, z. B. Isobutylacetat (Banane), Methylbutyrat (Apfel), Ethylbutyrat (Ananas) und Isoamylbutyrat (Birne).

$$H_3C(CH_2)_2{-}COOH \qquad (H_3C)_2HC{-}COOH$$

n-Buttersäure   *i*-Buttersäure

Buturon. Auf Kulturen von Beerenobst, Wein und Wintergetreide eingesetztes Herbizid. Bei vorschriftsmäßiger Anwendung sind keine analytisch faßbaren Rückstände zu erwarten.

Butylhydroxyanisol. (BHA, E 320): Eine als synth. >Antioxidationsmittel< verwendete phenolische Verbindung, die in Verbindung mit Fetten leicht im Körper absorbiert, aber auch leicht wieder ausgeschieden werden kann.

Butylhydroxytoluol. (BHT, E 321): Wie >Butylhydroxyanisol< ein synth. hergestelltes >Antioxidationsmittel<.

Tierernährung: BHT ist ein Antioxidans (>Antioxidantien<), das in der >Futtermittelherstellung< eingesetzt wird, um Futterfette und die Fettkomponente im >Mischfutter< vor oxidativen Zersetzungen zu schützen.

BWR. Boiling Water Reactor; >Siedewasserreaktor<.

Bypass. Bei Abwasseranlagen: Zur Verbesserung des Wirkungsgrades der nachgeschalteten Denitrifikation bietet sich die Installation einer Bypassleitung zur Beschickung des Denitrifikationsreaktors mit Rohabwasser an. Es ist jedoch schwierig, bei wechselndem BSB_5/N-Verhältnissen eine optimale Stromführung zu erreichen; außerdem kann nicht vorhergesagt werden, in welchem Maße reduzierter Stickstoff, der nicht für Assimilationsprozesse benötigt wird, mit in den Gesamtablauf des Klärwerks gelangt.

Lit: Bever J, Stein A, Teichmann H (1994) Weitergehende Abwasserreinigung, 3. Aufl., Oldenbourg Verlag, München Wien.

Byssinose. (Grch. byssos = Baumwolle). (Syn. Baumwollunge = Cottonmill-fever). B. ist eine durch Einatmen von feinem Staub der Rohbaumwolle hervorgerufene >allergische Bronchitis< bei Baumwollarbeitern. Sie gilt als >Berufskrankheit<. Die Betroffenen klagen über Brustenge, Atembeschwerden, Hitze- und Erschöpfungsgefühl, geringgradig auch über Husten ohne >asthma<tisches Pfeifen bei der Atmung. Die Beschwerden treten am Anfang nur nach einem mindestens eintägigen arbeitsfreien Intervall auf. Man bezeichnet dies auch als „Montags-Symptomatik". Nach mehrjährigem Bestehen findet man ein obstruktives Lungenemphysem. Es gibt keine für B. spezifische pathologisch-anatomische Veränderungen. Die Erkrankungshäufigkeit lag 1971 in 7 süddeutschen Baumwollspinnereien bei etwa 33 % der Exponierten. In den letzten Jahren sind die Mitteilungen über das Auftreten der B. seltener geworden.

C. 1. Chemische Bezeichnung für Kohlenstoff. 2. corrosive: >Kennbuchstabe< für die >Gefahrenbezeichnung< >„ätzend"<.

C-14. Radioaktives Isotop von Kohlenstoff >Kohlenstoff-14<.

Cadmium (Cd). 1. allgemein: Cd ist ein metallisches Element der 2.Nebengruppe des >Periodensystems< mit der >Ordnungszahl< 48, dem relativen >Atomgewicht< 112,41 und besteht vorwiegend aus den natürlichen >Isotopen< $^{110-114}$Cd (90,33 %), daneben auch aus ^{106}Cd (1,22 %), ^{108}Cd (0,88 %) und ^{116}Cd (7,58 %). Cd ist ein silberweiß-glänzendes, weiches Metall mit niedrigem Schmelzpunkt (Fp. 321 °C), niedrigem Siedepunkt (Sdp. 767 °C) und hoher Dichte (8,65 g/cm^3), weshalb es zu den >Schwermetallen< gezählt wird. Cd wurde in der Vergangenheit als rotes und gelbes >Pigment< („Postgelb", „Signalfarben") für >Lacke< und zum Einfärben von >Kunststoffen<, als Stabilisator für >PVC< sowie für die Oberflächenveredlung von Metallteilen eingesetzt. Für diese Anwendungszwecke sind wegen der hiermit verbundenen Umweltbelastungen durch Cd-Freisetzungen bei der Produktion, aber auch durch Verwitterungsvorgänge, weitgehend Ersatzstoffe gefunden worden. Cd und seine Verb. sind in den Abgasen von >Metallhütten<, Cd-verarbeitenden Betrieben, >Abfallverbrennungsanlagen< und >Kohlefeuerungsanlagen< anzutreffen. Die >TA Luft<, die zur Beurteilung immissionsschutzrechtlich >genehmigungsbedürftiger Anlagen< heranzuziehen ist, führt Cd und seine Verb., angegeben als Cd, in der Klasse I der Ziffer 3.1.4 auf. In der Summe dürfen die in dieser Klasse aufgeführten Stoffe – insgesamt 3 Elemente und deren Verb., ber. jeweils als Element – bei einem >Massenstrom< von 1 g/h und mehr im Abgas eine Konz. von 0,2 mg/m^3 nicht überschreiten. Cd und seine Verb. Cadmiumchlorid (CdCl$_2$), Cadmiumoxid (CdO), Cadmiumsulfat (CdSO$_4$), Cadmiumsulfid (CdS) und andere bioverfügbare Verb. (in Form von >Stäuben</>Aerosolen<) sind jedoch 1989 in die >MAK-Liste< III A2 der krebserzeugenden Stoffe aufgenommen worden. Gemäß Ziffer 2.3 der TA Luft sind im Abgas enthaltene >Emissionen< krebserzeugender Stoffe unter Beachtung des Grundsatzes der Verhältnismäßigkeit so weit wie möglich zu begrenzen. Zum Schutz vor Gesundheitsgefahren ist in der TA Luft für Cd und anorg. Cd-Verb. als Bestandteile des >Schwebstaubs<, angegeben als Cd, ein >Immissionswert< IW 1 von 0,04 µg/m^3 aufgeführt. Des weiteren ist zum Schutz vor erheblichen >Nachteilen< oder erheblichen >Belästigungen< in der TA Luft für Cd und anorg. Cd-Verb. als Bestandteile des >Staubniederschlags<, angegeben als Cd, ein Immissionswert IW 1 von 5 µg/(m^{2}d) angegeben. Diese Werte sind mit den ermittelten durchschnittlichen Belastungen, z.B. Jahresmittelwerten, für eine >Beurteilungsfläche< zu vergleichen.

In den letzten Jahren ist ein stetiger Rückgang der Cd-Belastungen zu verzeichnen. So ist die Belastung durch Cd im Staubniederschlag in München (Mittelwert aus den Meßergebnissen an 10 Meßstationen) von 1,7 µg/(m^{2}d) für das Jahr 1982 auf 0,9 µg/(m^{2}d) für das Jahr 1996 zurückgegangen. Dieser Rückgang ist auf die ständig verbesserten Maßnahmen zur >Luftreinhaltung<, aber auch auf den Rückgang diffuser >Emissionsquellen< zurückzuführen. Als diffuse Emissionsquellen wären z.B. verwitternde Cd-haltige Oberflächenbeschichtungen zu bezeichnen. In den Jahren 1983 bis 1985 in Bayern durchgeführte Messungen der Cd-Belastung im Staubniederschlag in sog. >Reinluftgebieten< zeigen, daß dort vergleichsweise hohe Belastungen auftreten können. Hier ist der deutliche Einfluß der >Schadstofferntransporte< zu erkennen. Schätzungen ergeben, daß sich etwa 50 % des freigesetzten Cd nicht unmittelbar absetzt, sondern bis zu einer Höhe von 10.000 m verteilt wird. Bei einer mittleren Verweilzeit von ca. 10 Tagen ist somit eine weite Verbreitung gegeben. Da ca. 90 % des wieder abgeschiedenen Cd gelöst im Regenwasser niedergeschlagen wird, können in Gebieten mit hohen Niederschlägen durchaus auch höhere Cd-Niederschlagsbelastungen auftreten als in Ballungszentren. Auf landwirtschaftlich genutzten Flächen kann der Cd-Eintrag durch Phosphatdüngemittel jedoch zwei- bis dreimal so hoch sein wie der über die Luft.

2. Boden: Cd kommt im Boden nur als 2wertiges Kation Cd^{2+} vor. In seinen chemischen Eigenschaften ähnelt es dem Zink, bildet wie dieses mit bestimmten Huminstoffen organische Komplexe sowie schwerlösliche Carbonate und Sulfide. Da Cd auch mit Cl$^-$-Ionen Komplexe bildet, kann bei höheren Chloridkonzentrationen (Auftausalze) Cd im Boden mobilisiert werden. Cd ist eines der Elemente, dessen Konzentration im Boden durch anthropogene Einflüsse besonders stark erhöht wird. Auf landwirtschaftlich genutzten Flächen wurden größere Mengen Cd durch die früher verwendeten Cd-haltigen Phosphatdünger (z.B. Superphosphat) eingebracht.

Gelöstes Cd ist bereits in geringen Konzentrationen (<1 mg/L) für die meisten Organismen toxisch. Ab etwa 2 mg/kg Boden wurden für Kulturpflanzen Ertragsdepressionen gefunden; auch der mikrobielle Stoffwechsel wird erheblich beeinflußt, so daß Artenverschiebungen der Bodenmikroorganismen auftreten. Cd greift besonders auch in den Kreislauf des Stickstoffs im Boden ein; es hemmt bei der Denitrifizierung die Reduktion des Nitrits, so daß z.B. in Cd-belasteten Fluß- und Hafenschlämmen erhöhte Nitritgehalte gefunden werden.

Caelifera. Feldheuschrecken sind geflügelte Insekten ohne ein Puppenstadium. Es gibt Arten der C., die bodenlebend an Wurzeln fressen.

Cäsium (Cs). Cäsium ist ein in der Natur rel. seltenes, metallisches >Element<, welches schon bei Temp. um 30 °C schmilzt und bei etwa 700 °C verdampft. Das stabile >Isotop< hat die >Massenzahl< 133, bei der >Kernspaltung< treten die radioaktiven Isotope >Cäsium-137< und >Cäsium-134< in großen Mengen auf.

Cäsium-134. Bei der >Kernspaltung< erzeugtes >radioaktives Isotop< des >Cäsiums< mit einer >Halbwertszeit< von 2,06 Jahren; >Beta<->Gamma<-Kombinations>strahler< mit einer Beta-Energie von 0,7 MeV und einer Gamma-Energie von 605 bzw. 796 keV.

Cäsium-137. >Radioaktives< >Isotop< des >Cäsiums< mit einer >Halbwertszeit< von 30,17 Jahren. Es ist ein

Cadmium: Cadmiumgehalt unterschiedlicher Böden

Konzentrationsüberblick (mg/kg):	+
Erdkruste (Mittel):	0,18
Böden, unbelastet:	meist < 0,5
Böden nahe Erzhütten oder -gruben:	50 bis 1.700
Superphosphate:	50 bis 170

>Beta<->Gamma<-Kombinations>strahler< mit Beta-Maximalenergien von 0,5 und 1,2 MeV und einer Gamma-Energie des angeregten Barium-137-Kerns von 662 keV. Es ist ein bei der >Kernspaltung< erzeugtes >Nuklid< und dient als >Leitnuklid< bei der Freisetzung von radioaktiven Stoffen bei Unfällen oder >Kernwaffen<explosionen.

CAFE. >Car Aequivalent Fuel Economy<.

Calanus finmarchicus. Zu den Ruderfußkrebsen bzw. Hüpferlingen (Copepoda, Crustaceae) gehörende Kleinkrebsart, die in hohen Populationsdichten (>Population<) im Meeresplankton (>Plankton<) vorkommt. Ca. 70% der Nahrung eines Herings besteht aus verschiedenen Calanus-Arten, wodurch *C.f.* ein wichtiges Glied der >Nahrungskette< darstellt. Von der Ernährung her ist *C.f.* ein „Filtrierer", d.h. er siebt mit dicht stehenden Filterborsten das Meerwasser nach Nahrung durch, wobei auch unerwünschte >Schadstoffe< angereichert werden können. *C.f.* eignet sich daher als Testorganismus zur Beurteilung der substanzspezifischen >Bioakkumulation<. In Bioakkumulationstests natürlich vorkommender >Elemente< zeigt sich z.B., daß *C.f.* hier die höchste Bioakkumulation für >Phosphor< zeigt. Eine Anreicherung findet außerdem von >Kohlenstoff<, >Stickstoff< und >Eisen< statt. Ähnliche Untersuchungen lassen sich von Chemikalien durchführen. Da die Bioakkumulation speziesabhängig ist, lassen sich derartige Testergebnisse nicht auf andere Arten übertragen. Eine Anreicherung von Schadstoffen innerhalb der Nahrungskette ist dennoch gegeben.

Lit: Remane A, Storch V, Welsch U (1986) Systematische Zoologie, 3.Aufl., Gustav Fischer, Stuttgart New York. – Korte F, Bahadir M, Klein W, Lay JP, Parlar H, Scheunert I (1987) Lehrbuch der ökologischen Chemie. Grundlagen und Konzepte für die ökologische Beurteilung von Chemikalien, 2.Aufl., Georg Thieme, Stuttgart New York.

Calcit. (Syn. Kalkspat). Zusammen mit >Dolomit< wichtigstes Carbonatmineral in Böden mit der Formel $CaCO_3$ und der Dichte 2,7 gcm^{-3}. C. löst sich durch Säureeinwirkung (Bodenversauerung) leicht auf und ist dadurch ein wichtiger Säurepuffer. Aus hydrogencarbonathaltigen Lösungen kann bei pH-Anhebung (CO_2-Abgabe) C. auch im Boden gebildet werden. Je nach ihrer Ausprägung werden solche Abscheidungen z.B. Almkalk (in Niedermoorböden), Seekreide (in Seen), Lößkindel (im C-Horizont von Lößböden) oder Pseudomycel (an den Oberflächen der Bodenaggregate) genannt.

Calcium (Ca). 1. allgemein: Chem. Element aus der Gruppe der Erdalkalimetalle. Es ist ein silberweißes, sehr weiches, glänzendes unedles Metall, das in Gegenwart von Feuchtigkeit von einer grauweißen Hydroxidschicht überzogen wird. Beim Erhitzen reagiert es mit dem Sauerstoff und Stickstoff der Luft zu Calciumoxid CaO bzw. Calciumnitrid Ca_3N_2. Von den meisten Säuren wird es unter Salzbildung schnell aufgelöst, während es mit einigen wenig oder schwer wasserlösliche Salze bildet, wie z.B. Calciumcarbonat $CaCO_3$ und Calciumoxalat CaC_2O_4. Calcium ist am Aufbau der oberen Erdkruste mit 3,6% beteiligt. Es ist damit das fünfthäufigste Element in der Erdkruste und das dritthäufigste Metall nach Aluminium und Eisen. Aufgrund seiner großen Reaktionsfähigkeit kommt es in der Natur nur gebunden vor. Riesige Lager von Sedimenten von $CaCO_3$ erstrecken sich über weite Teile der Erdoberfläche. Sie sind in dicken Schichten abge-

lagert, die meistens biologischen Ursprungs sind, wie z.B. aus Muschelschalen. Die Vorkommen lassen sich in zwei Hauptgruppen einteilen: den häufiger vorkommenden rhomboedrischen Kalkspat und den orthorhombischen Aragonit, der sich bisweilen in wärmeren Gewässern bildet. Wichtige Minerale vom Typ des Kalkspats sind neben ihm der Dolomit, Marmor, Kreide und der isländische Doppelspat. Zum größten Teil aus Aragonit bestehen die Bahamas, das Becken des Roten Meeres sowie die Ausläufer Floridas. Calcium besitzt eine große Bedeutung bei der Bodenbildung. Es bewirkt die Ausflockung organischer und anorganischer Bodenkolloide und hemmt dadurch deren Verlagerung in tiefere Bodenschichten. Der durchschnittliche Calcium-Gehalt eines Bodens ist stark abhängig vom Ausgangsgestein und vom Klima. Aus Kalkstein gebildete Böden sind calciumreich und aufgrund ihres Carbonatgehaltes sehr gut gepuffert. Böden, die aus basischen Ausgangsgesteinen, wie z.B. Basalt, gebildet sind, weisen zwar kein freies Carbonat auf, jedoch liegen ihre pH-Werte noch im schwach sauren Bereich, während Böden aus sauren Ausgangsgesteinen zu niedrigen pH-Werten neigen. Je feuchter ein Klima ist, um so schneller werden die Ca^{2+}-Ionen ausgewaschen und aus dem Oberboden in tiefere Bodenschichten verlagert, wodurch eine Bodenversauerung entstehen kann, denn das aus dem Oberboden verdrängte Ca^{2+} wird meistens durch H^+ ersetzt. Durch Düngung mit „basisch wirksamen Kalk", wie z.B. mit Calcium- oder Magnesiumcarbonat, kann der pH-Wert auf einem optimalen Stand gehalten werden. Unter ariden Bedingungen kann es in den oberen Bodenschichten zu einer Anreicherung von Calcium kommen. In diesem Fall liegt Calcium hauptsächlich in Form des Chlorides oder Sulfates vor. In Form seiner zweiwertigen Salze ist Calcium für alle Organismen von großer Bedeutung. Es ist beteiligt am Aufbau vieler Stützsubstanzen, wie z.B. von Knochen, Zähnen, Schalen und Gehäusen. Für Pflanzen ist Calcium einer der lebensnotwendigen Wachstumsfaktoren. Es ist essentiell für die Erregung von Muskeln und Nerven sowie bei der Blutgerinnung. Es wird benötigt für die Bildung von Zellwänden und der Zellteilung und ist notwendig für die Aktivierung einiger Enzyme. In vielen Organismen erfolgt die Steuerung des Calcium-Haushalts durch Schilddrüsenhormone. Das Knochengerüst eines erwachsenen Menschen enthält ca. 1,2 kg Calcium. Die empfohlene tägliche Aufnahme liegt bei ca. 700 mg, wovon etwa 50 bis 300 mg wieder mit dem Harn ausge-

---

Calcium (Ca): Physikalisch-chemische Daten von Calcium

chem. Symbol:	Ca
natürliche Isotope:	40 (96,947%), 42 (0,646%), 43 (0,135%), 44 (2,083%), 46 (0,0186%), 48 (0,18%)
Atomgewicht:	40,08
Ordnungszahl:	20
Wertigkeit in Verb.:	+2
Smp.:	839°C
Sdp.:	1.494°C
Dichte bei 20°C:	1,55
Wichtige Mineralien:	Kalkspat (Calcit) $CaCO_3$, Aragonit $CaCO_3$ Dolomit $CaMg(CO_3)_2$, Flußspat (Fluorit) CaF_2 Anhydrit $CaSO_4$, Gips (Selenit) $CaSO_4 \cdot 2 H_2O$

schieden werden. Besonders reich an Calcium sind Milchprodukte, Gemüse und Obst. Über längere Zeit eingenommene sehr hohe Dosen an Calcium können wie bei Iod-Mangel zu einer Kropfbildung führen.
2. Boden: Ca kommt im Boden nur als 2wertiges Kation Ca^{2+} vor; es ist in den meisten landwirtschaftlich genutzten Böden das häufigste Kation der Bodenlösung und des Ionenbelags der Kationenaustauscher. In carbonathaltigen Böden kommt Ca hauptsächlich als >Calcit< ($CaCO_3$) und >Dolomit< ($CaMg(CO_3)_3$) vor, während in carbonatfreien Böden Ca-Feldspäte die bedeutendste Ca-Quelle darstellen. Entsprechend variiert der Ca-Gehalt von 20 bis 30% bei >Rendzinen< bis gegen 1% und darunter bei sauren, stark verwitterten Böden. Als 2wertiges Kation hat Ca^{2+} eine relativ hohe Eintauschstärke und vermag Brücken zwischen einzelnen Ton- und Humusteilchen zu bilden und so diese Stoffe zu größeren Glocken zu verknüpfen bzw. einer >Dispergierung< entgegenzuwirken.
Lit: Greenwood NN, Earnshaw A (1990) Chemie der Elemente. VCH, Weinheim – Mengel K (1991) Ernährung und Stoffwechsel der Pflanze. Gustav Fischer Verlag, Stuttgart.

Calciumsilikat. Eine anorganische Siliciumverbindung, die u. a. in der Lebensmittelindustrie wie Calciumcarbonat, Calciumorthophosphat oder Calciumgluconat als Antiklumpmittel oder >Rieselhilfsmittel< verwendet wird.

Caledon Blue. >Indanthrenblau<.

California Air Resource Board (CARB). Kalifornische Behörde, die für die Luftqualität verantwortlich ist und die >Abgasgrenzwerte< für Automobile festlegt und überprüft.
Lit: CARB Title 13, Abgasvorschriften für Kalifornien.

California-Test. Erste Prüfvorschrift zur Ermittlung des Abgasverhaltens von Fahrzeugen. Wurde später durch die >Federal Test Procedure (FTP)< ersetzt.

Calvin-Zyklus. (Auch photosynthetischer C-Reduktionszyklus (PCR-Zyklus) oder reduktiver Pentosephosphatzyklus). Wurde von M. CALVIN (Nobelpreis für Chemie 1961) und Mitarbeitern in den fünfziger Jahren aufgeklärt. Er dient der CO_2-Fixierung und läuft unter >ATP-< und >NADPH<-Verbrauch im Stroma der >Chloroplasten< ab. An den Reaktionen sind insgesamt 11 versch. >Enzyme< beteiligt. Auf eine Carboxylierungsphase, in der CO_2 unter Nutzung des Akzeptors Ribulosebisphosphat von der Ribulosebisphosphatcarboxylase (RubisCo) in 3-Phosphorglycerat überführt wird, folgt die Red.-Phase mit der Umwandlung zu Triosephosphat und schließlich die Akzeptorregenerierende Phase. Triosephosphat wird entweder zur >Stärkesynth.< im Chloroplasten oder zur >Saccharosesynth.< im >Cytosol< genutzt. Eine Vielzahl von Kontrollmechanismen stellt sicher, daß der Calvin-Zyklus nur durchlaufen wird, wenn ATP und NADPH in ausreichendem Maß durch die Lichtreaktion der >Photosynth.< produziert werden.

Camphechlor. Handelsname für ein insektizid wirksames Polychlorterpengemisch (>Toxaphen<), v. a. in Osteuropa gebräuchlich.

Camphen. Ausgangssubstanz für die Synthese von >Toxaphen<. C. gehört zur Gruppe der bizyklischen Terpene. Es wird über eine katalytische Isomerisierungsreaktion aus >Pinen, alpha< gewonnen, einer Hauptkomponente des >Terpentinöls<.

Camphenchlorierung. Dient zur Darstellung insektizid wirksamer Chlorterpengemische wie >Toxaphen< und >Strobane<. Als erster Reaktionsschritt erfolgt die Chlorierung der Doppelbindung des >Camphens<, unter Bildung von 2-*exo*,10->Dichlorbornan<, wobei eine Gerüstumlagerung im Sinne einer >Wagner-Meerwein-Umlagerung< stattfindet. Das 2-*exo*,10-Dichlorbornan dient dann als Ausgangsverbindung für die nunmehr unspezifisch verlaufende weitere Chlorierung zu höhersubstituierten Derivaten. Die in den Endprodukten vorherrschenden Chlorgehalte betragen für Toxaphen 67 bis 69%, für Strobane jedoch nur ca. 65%. Als Folge der nur im technischen Reinheitsgrad vorliegenden Ausgangsprodukte und der unspezifischen Chlorierung erhält man ein äußerst komplexes Reaktionsgemisch.
Lit: Parlar H (1985) Int J Environ Anal Chem 20: 141.

cancerogen. (syn. kanzerogen, carcinogen) >Carcinom< (>Krebs<) erzeugend.

Cancerogene in der Umwelt. Der Mensch ist über verschiedene Medien (z. B. Wasser, Boden, Luft, Lebensmittel) einer Vielzahl von >cancerogenen< Stoffen ausgesetzt; aber auch physikalische und biologische Faktoren können eine wichtige Rolle spielen. Das Krebsrisiko kann durch allgemeine Umweltfaktoren, durch individuelle Verhaltensweisen (u. a. Rauchen, bestimmte Ernährungsgewohnheiten und Hobbies) bzw. durch die Belastung am Arbeitsplatz überlagert werden. Risiko-Abschätzungen der Environmental Protection Agency (EPA) in den USA (s. Tabelle unten) zeigen nur einen geringen Einfluß (ca. 5%) von Umweltfaktoren im engeren Sinne (>Exposition< zu Schadstoffen in Wasser, Boden und Luft) auf die Gesamtsterblichkeit durch Krebs.

Cancerogenese. (syn. Kanzerogenese, Carcinogenese, Karzinogenese).
1. allgemein: Prozeß, bei dem es infolge der Einwirkung von Krebsrisikofaktoren zur unkontrollierten und ungeordneten Neubildung von Gewebe (Neoplasie) kommt; unter Neoplasien werden sowohl benigne (gutartige) >Tumoren< als auch maligne (bösartige) Tumoren (>Krebs<) verstanden. Krebsauslösend

Cancerogene in der Umwelt: Verschiedene Faktoren als Verursacher von Krebs-Todesfällen in den USA nach Environmental Protection Agency (EPA), Angabe in % aller Krebs-Todesfälle

Faktor	Anteil in %
Allgemeine (anthropogene) Umweltbelastung (z. B. Innenraum, Luft, Trinkwasser, Boden, Altlasten, Pestizid-Eintrag)	2
Geophysikalische Faktoren (z. B. Sonnenlicht-Exposition, Innenraumbelastung durch Radon, allg. Strahlenbelastung)	3
Arbeitsplatz	4
Industrieprodukte	< 1
Tabakkonsum	30
Alkohol	3
Nahrung	35
Lebensmittel-Zusatzstoffe	< 1
Fortpflanzungs- und Sexualverhalten	7
Arzneimittel und medizinische Prozeduren	1
Infektionen	10?
Unbekannt	?

(>cancerogen<) können physikalische Faktoren wie z.B. >ionisierende< und >UV-Strahlung<, eine Vielzahl chemischer Substanzen, aber auch Viren wirken; weiterhin haben Immundefekte, hormonelle Einflüsse und ererbte Veranlagung eine Wirkung auf die Krebsentstehung. Die Entwicklung maligner Tumoren verläuft – entsprechend dem Mehrstufenmodell – in drei Phasen: 1. Initiation; im allgemeinen rasch auftretende >persistierende< Zellveränderung, die an die Nachkommenschaft der Zelle weitergegeben wird. Sie befähigt die betroffene Zelle, auf Einwirkung durch einen Promotor mit Vermehrung (Tumorbildung) zu reagieren. 2. Promotion; ein langsam verlaufender Prozeß (Wochen bis Jahre), der durch Einwirkung von Promotoren (Krebsrisikofaktoren) eine Vermehrung der durch die Initiation veränderten Zellen bewirkt. Promotion führt nicht unmittelbar oder zwangsläufig zur Entstehung maligner Zellen, erhöht jedoch das Risiko, daß eine Progression zum malignen Tumor eintritt. 3. Progression; Zunahme von Wachstumsautonomie und Malignität (Tumormanifestation). Vorgänge, die die initiierende Wirkung eines Stoffes verstärken, werden als Cancerogenese bezeichnet; durch die Syncancerogenese können beim Zusammenwirken mehrerer >cancerogener< Stoffe die Wirkungen der Einzelstoffe additiv oder überadditiv verstärkt auftreten; als Anticancerogenese werden alle Prozesse bezeichnet, bei denen die Krebsentstehung infolge der Einwirkung chemischer Faktoren gehemmt wird.

2. Chemische: Entstehung gutartiger und bösartiger >Tumore< unter der Einwirkung von chemischen Substanzen (z.B. >Benzol<).

3. Physikalisch bedingte: Tumorbildung vor allem durch Einwirkung natürlicher und künstlicher >Strahlung< (z.B. Sonnenlicht, radioaktive Strahlen).

Lit: Forth W, Henschler D, Rummel W (1988) Pharmakologie und Toxikologie, BI Wissenschaftverlag, Mannheim Wien München.

Cancerogenität. >Cancerogenese<.

Candela. SI – Einheit der Lichtstärke. Die Candela ist die Lichtstärke in einer bestimmten Richtung einer Strahlungsquelle, die monochromatische Strahlung der Frequenz $540 \cdot 10^{12}$ Hz aussendet und deren Strahlstärke in dieser Richtung 1/683 W/Steradiant beträgt. 1 cd = 1 lm/sr. Beschluß der 16. Generalkonferenz für Maße und Gewichte, 1979.

Lit: Bureau Central de la Commission Electrotechnique International (CIE) (1987), Internationales Wörterbuch der Lichttechnik, Genf.

Cannabinol. Inhaltsstoff von >*Cannabis sativa*<. Nur Tetrahydrocannabinol (THC, s. chem. Formel) besitzt jedoch eine halluzinogene Wirkung.

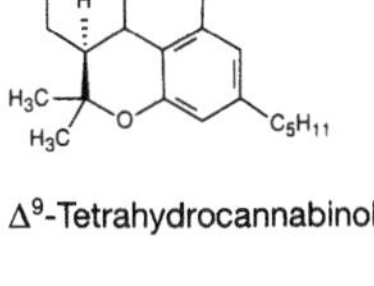

Δ^9-Tetrahydrocannabinol (psychoaktiv)

Cannabis sativa. (Grch. kannabis = Hanf). Der echte Hanf ist eine aus dem westlichen Asien stammende, einjährige Pflanze aus der Familie der Cannabaceae, deren Anbau wegen der Produktion halluzinogener Verb. in vielen Ländern verboten ist. Verwendet werden die getrockneten Blütenstände der weiblichen Pflanzen. Bekannte Handelsbezeichnungen sind Cannabis, >Haschisch< und Marihuana. Das vor allem von weiblichen Pflanzen ausgeschiedene Harz mit der Sammelbezeichnung Haschisch enthält Cannabinoide, deren Anzahl und Zus. von der Sorte, dem Klima und anderen Faktoren abhängt. Hierzu zählen die psychoaktiven Verb. Δ^1- und Δ^9-Tetrahydrocannabinol (s. Abb. unter >Cannabinol<). Ihre Wirkung wird auf einen erhöhten Noradrenalin- und Dopamin-Umsatz im Gehirn zurückgeführt. Cannabis ist als Schrittmacher für stärker wirksame Rauschgifte anzusehen. Der europäische Hanf (Faserhanf) liefert wertvolle Pflanzenfasern, besonders für Seilerwaren. Als Nebenprodukt erntet man die ölhaltigen Früchte, kleine runde Nüsse, die zum Teil als Vogelfutter verkauft, zum Teil zur Ölgewinnung gemahlen und gepreßt werden. Das Öl dient vorwiegend zur Herstellung grüner Schmierseife sowie von Farben und >Lacken<. In diesem Zusammenhang gewinnen THC-arme oder -freie Hanfsorten steigende Bedeutung.

Lit: Hoppe HA (1975) Drogenkunde, Bd.1: Angiospermen, 8. Aufl., De Gruyter, Berlin New York.

Canthaxanthin. (L-Orange 7 g): Oranger Lebensmittelfarbstoff, der natürlich in Fischen, Pilzen, Algen und Crustaceen vorkommt, aber auch industriell synth. hergestellt werden kann. Fruchtgetränke, Lachskonserven, Käse, Würste, Tomatenprodukte und Zuckerwaren erhalten durch Färbung mit Canthaxanthin ihren typischen Farbton. Als Futtermittelzusatz bewirkt Canthaxanthin bei Geflügel eine kräftigere Pigmentierung der Haut und der Eidotter. Bei Fischen wird die Fleischpigmentierung verstärkt. Der ADI-Wert beträgt bis zu 25 mg/kg KG.

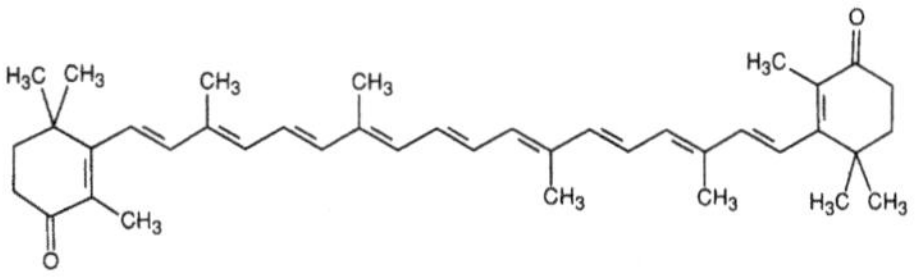

Capsaicin. Bewirkt den charakteristischen scharfen Geschmack in Capsicum-Arten, z.B. Pfefferschoten, Paprika, Chili.

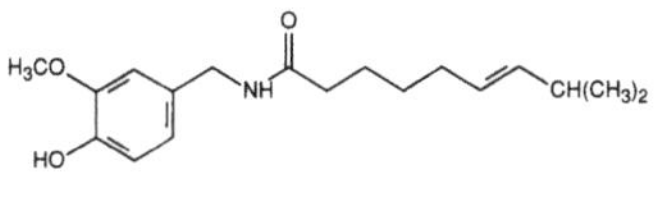

Capsanthin. Wird aus reifen Paprikaschoten gewonnen. Das fettlösliche Präparat findet Anwendung als Gewürz und wegen der orangenen Farbe zur Färbung von Fleisch- und Fischkonserven, Zuckerwaren, Mayonnaisen, Saucen, Suppen etc. Als Futtermittelzusatz werden bei Geflügel die Pigmentierungen der Haut und der Eidotter verstärkt.

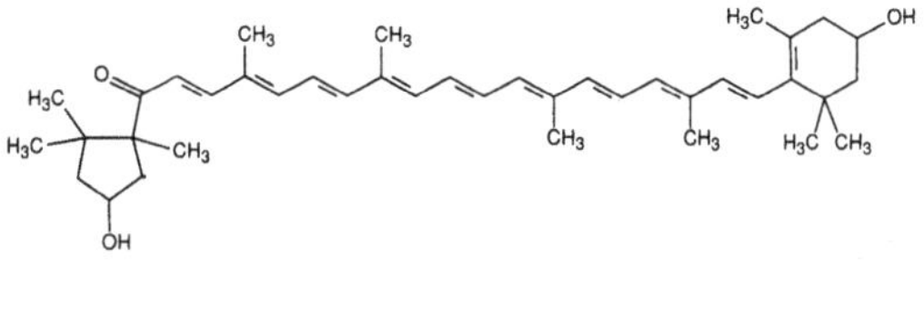

Capsorubin. Eine aus Paprikaschoten isolierbare fett-lösliche Verbindung von roter Farbe. Die Anwendungsgebiete entsprechen denen des >Capsanthins<.

Captafol. Lokal fungizid wirkende Phthalimidverbindung. Die Wirkung tritt durch die Hemmung von Enzymen im Kohlenhydrat-, Aminosäure- und Phosphatstoffwechsel ein. Die Anwendung erfolgt im Obstanbau, im Gemüse- und Zierpflanzen- sowie im Weinanbau. Captafol wird auch als Trockenbeizmittel von Sämereien im Ackerbau, meist in Kombination mit systemischen Fungiziden, angewendet. Wegen der in Tierversuchen festgestellten cancerogenen Wirkung von Phthalimidverbindungen wurden in der Bundesrepublik Deutschland 1986 die Zulassungen für Verbindungen dieser Gruppe von der Biologischen Bundesanstalt zurückgenommen.

Captan. Wie >Captafol< ein >Fungizid< aus der Substanzklasse der Phthalsäure-Derivate.
Chemische Bezeichnung: *N*-(Trichlormethylthio)-4-cyclohexen-1,2-dicarboximid
CAS-Nummer: 133–06–2
Hersteller: Chevron
Wirkungstyp: Kurativ wirksames Blattfungizid.
Bevorzugte Anwendung: Gegen pilzliche Krankheiten im Obst-, Gemüse-, Zierpflanzen- und Weinbau, besonders Schorf und Lagerfäule an Kernobst, Sprühflecken- und Schrotschußkrankheit, Monilia bei Kirschen, Rebenperonospora, Traubenbotrytis, Auflaufkrankheiten bei Gemüse, Mais, Leguminosen, Zierpflanzen.

Chemische und physikalische Eigenschaften:
Physikalische Beschaffenheit: Krist., farblos, techn.: gelb.
Geruch: Schwach mercaptanartig.
Schmelzpunkt: 178 °C (rein), 158 bis 164 °C (techn.).
Siedepunkt: Nicht destillierbar, Zers. oberhalb Schmelzpunkt.
Dampfdruck: $1,33 \cdot 10^{-7}$ hPa bei 25 °C.
Dichte: 1,74.
Stabilität: Langsame Hydrolyse in wäßrig-neutralem und saurem Medium, rasche Hydrolyse im alkal. Bereich.
Korrosives Verhalten: Leicht korrosiv gegen Metalle.

Löslichkeit: In Wasser unter 0,5 mg/L bei 25 °C.
Abbau und Metabolismus: Unter dem Einfluß von Sulfhydrylverb. des Zellsystems werden die Chloratome abgespalten. Es entstehen Trithiocarbamate, Thiophosgen und Tetrahydrophthalimid. Es erfolgt keine Anreicherung im tierischen Organismus.
Toxizität: Akute orale LD_{50} für Ratte 9.000 und für Kaninchen 2.000 mg/kg. Akute dermale LD_{50} für Kaninchen >22.600 mg/kg.
Inhalation LC_{50} (1 Stunde) für Ratte >55,0 mg/L.
Bei Kaninchen haut- und augenreizend.
Bienentoxizität: Nicht bienengefährlich (B 3, B 4).
Fischtoxizität: Giftig für Fische. LC_{50} (96 Stunden) für Harlequin-Fisch 0,3 mg/L.
Bemerkungen: Günstiger Einfluß auf Fruchtfärbung.

Car Aequivalent Fuel Economy (CAFE). Nach US-Richtlinien definierter durchschnittlicher >Kraftstoffverbrauch< der Fahrzeugflotte eines Herstellers. Dazu wird der vorher für jeden Fahrzeugtyp aus City Driving und Highway Driving Cycle >Fahrzeugzyklus< ermittelte Kraftstoffverbrauch herangezogen, um den rechnerischen Gesamtverbrauch aller in einem best. Zeitraum von einem Hersteller verkauften Fahrzeuge zu ermitteln. Der Gesetzgeber gibt dafür Grenzwerte vor, die jedes Jahr weiter abgesenkt werden. Überschreitungen dieser Richtwerte werden mit Geldbußen geahndet.

Carabidae (Laufkäfer). Laufkäfer sind mit vielen Arten Spitzenräuber aber auch Pflanzenfresser der Nahrungsketten in Landökosystemen. Methodisch leicht erfaßbar, ist die Bionomie vieler Arten gut bekannt. Die bioindikatorische Bedeutung der C. wird meist methodisch falsch zugeordnet. >Insecta<, (s. Abb. S.218).

Carabiden. >Carabidae<, >Coleoptera<.

CARB. >California Air Resource Board<.

Carbadox. Carbadox ist ein synthetisch hergestelltes Chinoxalin-di-*N*-oxid und wirkt gegen gramnegative Bakterien. Es darf als >Leistungsförderer< nur bei Schweinen in einer Dosierung von 20 bis 50 mg/kg >Alleinfutter< eingesetzt werden.

Carbamate. Insektizide Carbamate stellen eine Verbindungsklasse dar, die durch folgende allgemeine Konstitutionsformel repräsentiert wird:

R_1 = phenolischer oder heteroaromatischer Grundkörper; R_2 = Methylrest; R_3 = H, Alkyl, leicht abspaltbarer Rest
Diese Strukturelemente wurden zuerst in einem Naturstoff entdeckt (neue Leitstruktur), dem Physostigmin (Eserin).
Seit der Einführung des >Carbaryl<, 1958, haben die Carbamate im Bereich der Insektizide stetig an Bedeutung gewonnen, und zwar in dem Maße, in dem die >Chlorkohlenwasserstoffe< wegen ihrer erkannten >Persistenz< und ihrer sehr geringen Abbaubarkeit nicht mehr einsetzbar waren, und in dem gegenüber zahlreichen Phosphorester-Insektiziden Resistenzphänomene auftraten. Haupteinsatz in der Landwirtschaft sind Baumwolle, Obstbau, Futterpflanzen sowie der

Reisbau. Viele Carbamate wirken systemisch, d. h. sie werden über die Transportströme in der Pflanze verteilt, hauptsächlich im Xylem; damit wird eine Schädlingsbekämpfung im Wurzel- und Triebbereich möglich, daneben wird auch eine >nematizide< Wirkung beobachtet. Produkte mit niedriger Toxizität werden im Hygienebereich und in der Veterinärmedizin (z.B. gegen Ektoparasiten) eingesetzt.

Die *Synthese* geht von Verbindungen aus, die reaktive (schwach saure) Hydroxygruppen (Phenole, Enole) enthalten. Reaktion mit Carbamoylchloriden, Methylisocyanat oder Phosgen+Methylamin führen direkt zu den stabilen Carbamaten.

Die *biologische Wirkung* entspricht genau derjenigen von den Organophosphorverbindungen, nämlich Inhibierung des Enzyms Acetylcholinesterase (AChE) an der postsynaptischen Membran des Insektes, die zu unkontrollierbaren Bewegungen und zum baldigen Tod führt. Die Toxizität der Carbamate gegenüber Warmblütlern variiert stark mit der Substitution in Bereichen zwischen 1 und 850 mg/kg (Ratte, oral, akut). Im allg. findet in der Pflanze, im Tier oder im Erdreich ein rascher Abbau statt, wobei hydrolytische, enzymatische, aber auch photomechanische Abbaureaktionen erfolgen; damit entsprechen zahlreiche der heute angewandten Carbamate den Anforderungen an ein modernes Insektizid. Man teilt die heute erfolgreich eingesetzten Carbamate in drei Gruppen ein:

1. Phenylcarbamate, wie z.B. Aminocarb, Metacil®; Bendiocarb, Ficam®; BPMC, Baycarb®; Carbaryl, Serin®; Carbofuran, Curaterr®; Furadan®; Ethiofencarb, Croneton®; Mercaptodimethur, Mesurol®; Promecarb, Carbamult®; Propoxur, Unden®, Baygon®, Blattanex®.
2. Oximcarbamate: z.B. Aldicarb, Temik®; Methomyl, Lannate®, Nudrin®; Oxamyl, Vydate®; Aldoxycarb, Standak®.
3. *N,N'*-Dimethylcarbamate von Enolen und Hydroxyheterocyclen: z.B. Isolan, Primin®; Dimethilan, Snip®, Pirimicarb, Pirimor®.

Carbaryl   Carbofuran

Aldicarb

Lit: Büchel KH (1983) Chemistry of Pesticides, Wiley, New York, S.125 ff. – Ullmanns Enzyklopädie der techn. Chemie (1979), Band 13, Verlag Chemie, Weinheim, S.232 – Gysin H (1954) Chimia 8: 205 – Kolbezen MJ, Metacalf RL, Fukoto TR (1954) J Agric Food Chem 2: 864.

Carbaryl. (1-Naphthyl-*N*-methylcarbamat). CAS-Nr.63–25–2. Insektizid wirkender Vertreter aus der Gruppe der >Carbamate<, der unter dem Handelsnamen Sevin bekannt ist. Es ist ein farbloser kristalliner Feststoff. C. ist recht stabil gegenüber UV-Einwirkung sowie Temperaturen unterhalb von 70 °C. Erst bei höheren Temperaturen in alkalischem Millieu erfolgt Zersetzung. Die Stabilität in Böden wird auf ca. 1 bis 2 Jahre geschätzt; MAK(Deutschland): 5 mg/m^3, ADI-Wert: 0,01 mg/kg/d (WHO). Sein Grenzwert beim

>Trinkwasser< beträgt 0,1 µg/L als Einzelstoff und 0,5 µg/L als Summe von >Pflanzenschutzmitteln<. C. wird überwiegend als >Insektizid< gegen beißende Insekten und Rinderzecken eingesetzt. Die globale Produktionshöhe wird auf jährlich ca. 1.000 bis 1.500 t geschätzt. In Deutschland besteht seit Juli 1988 ein vollständiges Anwendungsverbot. C. wird leicht von der Haut resorbiert und im Organismus verteilt. Seine Wirkung beruht auf der Cholinesterasehemmung. Bei Warmblütern äußern sich akute und chronische >Intoxikationen< bevorzugt in der Hemmung der Erythrocyten- und Hirncholinesterase sowie von Peroxidasen.

Physikalisch-chemische und toxikologische Daten von Carbaryl. M_r: 201,2, Fp.: 142 °C, Dampfdruck (25 °C): $6 \cdot 10^{-3}$ mbar, Dichte (25 °C): 1,232, Wasserlöslichkeit (20 °C): 50 mg/L, *n*-Octanol/Wasser-Verteilungskoeffizient (log $P_{o/w}$): 2,36, Henry-Koeffizient: 13,2, Sorptionskoeffizient: 2,1, Biokonzentrationsfaktor: 1,86; LD_{50} (Ratte): 500 bis 850 mg/kg, LD_{50} (Meerschweinchen): 280 mg/kg, LD_{50} (Kaninchen): 710 mg/kg.

Carbendazim. Wirkt als >Fungizid< und zählt zur Substanzklasse der Benzimidazole.
Chemische Bezeichnung: Methyl-benzimidazol-2-yl-carbamat
CAS-Nummer: 10605–21–7
Hersteller: BASF, Du Pont, AgrEvo u.a.
Wirkungstyp: Systemisches Fungizid mit protektiver und kurativer Wirkung. Hemmt durch Reaktion mit Proteinuntereinheiten der Mikrotubuli des Kernes und des Cytoplasmas die Assemblierung der Mikrotubuli. Die Wirkstoffaufnahme erfolgt über die Wurzeln mit akropetalem Transport und über die grünen Pflanzenteile.
Bevorzugte Anwendung: Bekämpft Halmbruchkrankheiten an Wintergetreide. Als Beizmittel gegen bodenbürtige Krankheiten im Getreide und gegen Pilzkrankheiten im Wein-, Obst-, Gemüse- und Zierpflanzenbau.

Chemische und physikalische Eigenschaften: Farb- und geruchlose Kristalle, die sich bei 302–307 °C zersetzen.
Dampfdruck: 0,09 mPa bei 20 °C und 1,3 mPa bei 50 °C.
Verteilungskoeffizient (log Po/w): 1,51 bei pH 7.
Löslichkeit: In Wasser 8 mg/l bei 24 °C.
Stabilität: Unter sauren Bedingungen Bildung wasserlöslicher Salze. In alkalischen Lösungen langsame Zersetzung. Hydrolyse-HWZ bei pH 5–7 >350 Tage und pH 9 124 Tage.
Abbau und Metabolismus: In der Pflanze und im Boden erfolgt durch Mikroorganismen und Photolyse langsamer Abbau zu nichttoxischem 2-Amino-benzimidazol und Verbindungen mit geöffnetem Benzimidazol-Kern. HWZ beträgt 6–12 Monate. Im Säugeror-

ganismus wird 2-Amino-benzimidazol und 5-Hydroxy-2-amino-benzimidazol gefunden, die innerhalb von 3 Tagen über den Urin zu 95 % ausgeschieden werden.
Säugertoxizität: Akute orale LD_{50} für Ratte und Maus >15.000. Akute dermale LD_{50} für Ratte >2.000 mg/kg. Inhalation LD_{50} (4 h) für Ratte >2,59 mg/L Luft. Geringe Augenreizwirkung bei Kaninchen. 2-Jahre-Fütterungstest NOEL für Hund 300 mg/kg Futter (6–7 mg/kg KGW/Tag). ADI-Wert 0,03 mg/kg KGW.
Bienentoxizität: Kontakt LD_{50} >50 µg/Biene.
Fischtoxizität: LC_{50} (96 h) für Karpfen 0,61 und Regenbogenforelle 0,83 mg/L.
Wirbellosetoxizität: LC_{50} (48 h) für Daphnia 0,13–0,22 mg/L. EC_{50} (72 h) für Grünalge 1,3 mg/L. LC_{50} (28 d) für Regenwurm 6 mg/kg Boden.

Carbetamid. Wirkt als >Herbizid< aus der Substanzklasse der Acyl->Carbamate<.
Chemische Bezeichnung: 2-Phenyl-carbamoyloxy-*N*-ethyl-propionamid
CAS-Nummer: 16118–49–43
Hersteller: Rhône-Poulenc
Wirkungstyp: Selektives Herbizid zur Vorauflauf- und Nachauflauf-Behandlung; Aufnahme durch Wurzeln und Blätter. Hemmstoff der Zellteilung im jungen Wurzelgewebe.
Bevorzugte Anwendung: Gegen Ungräser in Winterraps, besonders gegen Ackerfuchsschwanz, Windhalm, Einjährige Rispe, Flughafer sowie gegen einige breitblättrige Unkräuter, z.B. Vogelmiere, Ehrenpreis, Klettenlabkraut. In Kopfsalatkulturen kurz vor oder nach der Saat.

D-Carbetamid

Chemische und physikalische Eigenschaften:
Physikalische Beschaffenheit: Krist., farblos, geruchlos.
Schmelzpunkt: 118 °C; techn. etwa 110 °C.
Siedepunkt: Nicht unzersetzt destillierbar.
Dampfdruck: <10^{-5} hPa bei 25 °C.
Verteilungskoeffizient (log $P_{o/w}$): 0,02 bei 20 °C.
Stabilität: Der Wirkstoff und seine Formulierung sind unter normalen Lagerbedingungen beständig.
Löslichkeit: Etwa 3,5 g/L Wasser bei 20 °C.
Abbau und Metabolismus: Wird innerhalb von 2 Monaten abgebaut, Hauptmetabolit ist Anilin.
Im Säugerorganismus werden 90 % innerhalb von 24 Stunden über Faeces und Urin ausgeschieden.
Toxizität: Akute orale LD_{50} für Ratte 11.000 mg/kg, für Maus 1.250 mg/kg, Hund 1.000 mg/kg. Akute dermale LD_{50} für Kaninchen mehr als 500 mg/kg. Keine Reizwirkung beim Auge von Kaninchen. Inhalationstoxizität: LC_{50} (4 Stunden) für Ratte >0.13 mg/L Luft.
Bienentoxizität: Nicht bienengefährlich.

Carbo medicinalis. >Kohlenschwarz<.

Carbofloc-Verfahren. Es handelt sich um ein Verfahren der >Schlammentwässerung<, bei dem durch Zugabe von Kalk und CO_2-haltigen >Rauchgasen< eine Koagulation als Vorbehandlung vor der >Zentrifugation< des Schlammes erreicht wird. Das Zentrifugat wird dann einem >Eindicker< zugeführt. Das Carbofloc-Verfahren wurde mit der Zeit modifiziert. Schließ-

lich unterblieb auch das Einleiten der Verbrennungsgase. Damit beinhaltet die Konditionierung nur noch die Zugabe von Kalk und den anschließenden Zusatz von hochmolekularen anionischen Polymeren (s.a. >Schlammkonditionierung<).
Lit: Abwassertechnische Vereinigung (Hrsg.) (1982–1986) Lehr- und Handbuch der Abwassertechnik, 3.Aufl., Bd.1–7, Verlag von Wilhelm Ernst und Sohn, Berlin München.

Carbofuran. Wirkt als >Insektizid< aus der Substanzklasse der >Carbamate<.
Chemische Bezeichnung: 2,3-Dihydro-2,2-dimethyl-benzofuran-7-yl-*N*-methylcarbamat
CAS-Nummer: 1563–66–2
Hersteller: Bayer AG
Wirkungstyp: Systemisch wirkendes Insektizid mit Fraßgift- und Berührungsgift-Wirkung. Cholinesterase-Hemmstoff.
Bevorzugte Anwendung: Breites Wirkungsspektrum gegen saugende und fressende Insekten, Blattläuse, Spinnmilben, Nematoden und andere Bodenschädlinge im Kartoffel-, Mais-, Rüben- und Hopfenanbau. Als Granulat auch im Weinbau, an Kohl und Zierpflanzen unter Glas.

Chemische und physikalische Eigenschaften:
Physikalische Beschaffenheit: Farblos, krist.
Schmelzpunkt: 153 bis 154 °C (rein), techn. 150 bis 152 °C.
Siedepunkt: Nicht destillierbar.
Dampfdruck: 1,9 · 10^{-7} hPa bei 20 °C.
Verteilungskoeffizient (log $P_{o/w}$): 1,42 bei 20 °C.
Stabilität: Unbeständig in alkal. Medium.
Löslichkeit: In Wasser 250 bis 700 mg/L bei 25 °C.
Abbau: Nach Verabreichung an Kühe wurden 94 % der Metaboliten im Urin gefunden. Es erfolgt Ox. am C-3 durch Hydroxylierung oder Ketonbildung. Hydroxylierung der N-Gruppe, Hydrolyse der Esterbindung. In der Milch wurde 2,3-Dihydro-2,2-dimethyl-3-keto-7-hydroxybenzofuran gefunden.
Halbwertszeit im Boden: 8 bis 13 Tage.
Toxizität: Akute orale LD_{50} für Ratten 8,2 bis 14,1 mg/kg (in Maisöl), für Hunde 19 mg/kg (als Pulver), 25 bis 39 mg/kg für Küken (Pulver). NOEL bei 2jährigen Fütterungsversuchen an Ratten 10 mg/kg; ab 100 mg/kg Wachstums-Depression. Geschätzte akute dermale LD_{50} bei Kaninchen 10.200 mg/kg (24 Stunden). Subakute dermale LD_{50} über 20 Tage 850 mg/kg/Tag. Inhalationstoxizität: LC_{50} in Atemluft bei Meerschweinchen 0,043 bis 0,053 mg/L Luft.
Bienentoxizität: Bienengefährlich.
Fischtoxizität: Giftig für Fische. LC_{50} (96 Stunden) für Regenbogenforelle 0,28 mg/L, für Sonnenbarsch 0,24 mg/L. EC_{50} (48 h) für Daphnia 15 µg/L.
Vogeltoxizität: Akute orale LD_{50} für Japanische Wachtel 2,5 mg/kg.

Carbolineum. Gemisch aus Steinkohlenteer-Destillation mit öliger Konsistenz. Enthält eine Reihe von >PAH< wie z.B. >Naphthalin<, >Phenanthren<, >Anthracen< und >Chrysen<, aber auch >Phenole< und methylierte Phenole. Aufgrund seiner fäulnishemmenden und desinfizierenden Wirkung wird es als Anstreichmittel für Eisenbahnschwellen, Telegraphenstangen etc. verwendet. Daneben wird es im Pflanzenschutz als Spritzmittel gegen Flechten und Moose, gegen Pflanzenschädlinge und Insektenlarven nach Zugabe von Emulgatoren eingesetzt. Carbolineum wirkt stark hautreizend. Die Dämpfe reizen die Atemwege. Es zeigt >cancerogene< Wirkung.

Carbon black. >Kohlenschwarz<.

Carbon-Canister. >Aktivkohlebehälter<.

Carbosulfan. Wirkt als >Insektizid< aus der Substanzklasse der >Carbamate<.
Chemische Bezeichnung: 2,3-Dihydro-2,2-dimethyl-benzofuran-7-yl-(dibutylaminothio)-methylcarbamat
CAS-Nummer: 55285–14–8
Hersteller: FMC
Wirkungstyp: Systemisches Insektizid mit Kontakt- und Fraßwirkung. Hemmt die Cholinesterase.
Bevorzugte Anwendung: Kontrolle einer großen Anzahl von bodenbürtigen und Blattschädlingen in vielen Kulturen. Beispielsweise gegen Drahtwürmer und Engerlinge bei Mais und Zuckerrüben, gegen Rapserdflöhe in Winterraps und gegen Hopfenblattlaus im Hopfen.

Chemische und physikalische Eigenschaften:
Physikalische Beschaffenheit: Braune viskose Flüssigkeit.
Flammpunkt: 96 °C (TCC).
Verteilungskoeffizient (log $P_{o/w}$): 3 bis 3,43 bei 20 °C.
Dampfdruck: $0,41 \cdot 10^{-6}$ Pa bei 25 °C.
Stabilität: Hydrolysiert im wäßrigen Medium pH-abhängig. Bei höherem pH-Wert stabiler. Die Halbwertszeit im Wasser (25 °C) beträgt bei pH 4 1 Stunde, pH 6 22 Stunden, pH 7 7,6 Tage und bei pH 9 58,3 Tage.
Löslichkeit: In Wasser 0,03 mg/L bei 25 °C.
Abbau und Metabolismus: In Ratten erfolgt schnelle Metabolisierung durch Hydrolyse, Ox. und Konjugation. Es erfolgt eine schnelle Ausscheidung der Metaboliten aus dem Körper, nachgewiesen durch die rel. niedrigen Rückstandsspuren im Gewebe.
Im Boden erfolgt sowohl unter aeroben wie auch anaeroben Bedingungen schneller Abbau, die Halbwertszeit beträgt ca. 2 bis 3 Tage. Hauptmetabolit ist >Carbofuran<.
Toxizität: Akute orale LD_{50} für Ratten 250 mg (techn.)/kg; weibliche Ratten 185 mg/kg. Akute dermale LD_{50} für Kaninchen >2.000 mg/kg. Leichte Augen-, mittlere Hautreizung. Inhalation (1 h) für männl. Ratte 1,53 mg/L.
Bienentoxizität: Bienengiftig (B 1).
Fischtoxizität: LC_{50} (96 Stunden) für Sonnenbarsch 0,015 und für Forelle 0,042 mg/L. EC_{50} (48 h) für *Daphnia* 1,5 µg/L.
Vogeltoxizität: Akute orale LD_{50} für Fasan 26 mg/kg, für Wachtel 82 mg/kg und für Stockente 8,1 mg/kg.

carcinogen. >cancerogen<.

Carcinogenese. >Cancerogenese<.

Carcinogenität. >Cancerogenese<.

Carcinogenität von Antimon. Epidemiologische Untersuchungen von Arbeitern aus der Antimon-Industrie geben Hinweise auf ein erhöhtes Lungenkrebsrisiko für diese Berufsgruppe. Bei Inhalationsversuchen mit Antimontrioxid konnte bei Ratten eine erhöhte Rate von Lungentumoren nachgewiesen werden. In der MAK-Liste ist Antimontrioxid in die Gruppe III 2 eingestuft (krebserzeugend für den Menschen, weil hinreichende Ergebnisse aus Tierversuchen vorliegen).

Carcinom. (Syn. Karzinom). Vom Epithel ausgehender maligner (bösartiger) >Tumor<; allgemein als >Krebs< bezeichnet. Einteilung der Carcinomformen erfolgt nach Herkunft, Differenzierungsgrad und Bindegewebsgehalt. Die Ausbreitung geschieht durch Hineinwachsen und Übergreifen auf benachbarte Gewebe und Organe, über die Lymphgefäße sowie durch >Metastasen<.

Cardiotoxin. Bestandteil aus dem >Schlangengift< der chinesischen Kobra *(Naja naja atra)*. Es besteht aus 60 Aminosäuren mit vier Disulfidbrücken. Die Aminosäuresequenz sowie die Lage der Disulfidbrücken sind bekannt.
Lit: Habermehl G (1987) Gift-Tiere und ihre Waffen, 4. Aufl., Springer, Berlin Heidelberg – Teuscher E, Lindequist U (1988) Biogene Gifte, 1. Aufl., Akademie, Berlin.

Carmine. >Cochenille<.

Carmini acid. >Cochenille<.

Carmoisin B. >Azorubin<.

Carnallitit. Gemisch von >Steinsalz< und Carnallit ($KMgCl_3 \cdot 6H_2O$), dem wichtigsten primären Kalisalz in den Kalisalzlagerstätten Deutschlands. Häufiger Bestandteil von >Salzstöcken<.

Carnaubawachs. Wachs aus der Blattoberseite der Karnaubapalme. Das gelbgrüne Wachs schmilzt bei 80 °C und enthält Wachsester, Alkohole, Paraffine, Harze und Säuren. Der Einsatz erfolgt als Trennmittel oder als Überzugsmittel bei der Verarbeitung von Citrusfrüchten, Rohkaffee, Kaffee-Ersatz etc.

Caroten, α-, β-, γ-. >Carotin, α-, β-, γ-<.

Carotin. α-, β-, γ-, ($C_{40}H_{56}$): Vitamin A-wirksame Tetraterpene, die in der Natur neben Chlorophyll und

α-Carotin

β-Carotin

γ-Carotin

Xanthophyll in grünen Blättern sowie in Blüten und Früchten vorkommen, z. B. in Brennesseln, Möhren, rotem Palmöl etc. Im tierischen Organismus ist Carotin in Milch, Fett und im Blutserum enthalten. Die konjugierten Doppelbindungen im Molekül wirken als Chromophore und verursachen eine gelbe Färbung. Carotine sind lipophil. β-Carotin wird technisch aus rotem Palmöl oder Karotten erzeugt. Es bildet dunkelrote Kristalle mit einer Smt. von 184 °C und ist sehr leicht oxidierbar. Der Einsatz erfolgt als Lebensmittelfarbstoff zur Anfärbung von fettlöslichen Handelspräparaten, z. B. Butter, Margarine, Mayonnaise, Käse, Suppenpulver. Wasserdispergierbare Lebensmittel, z. B. Fruchtgetränke, Pudding, Teigwaren und Joghurt, lassen sich ebenfalls färben. Im tierischen Organismus wird β-Carotin enzymatisch in zwei Moleküle Vitamin A gespalten und in seiner Funktion als Provitamin A zur qualitativen Aufwertung Lebensmitteln zugesetzt. Der ADI-Wert beträgt bis zu 5 mg/kg Körpergewicht. α-Carotin ist als Provitamin nur halb so wirksam wie β-Carotin, da die Lage der Doppelbindung im β-Jononring ausschlaggebend für die Vitaminwirkung ist, während die Molekülhälfte mit dem α-Jononring keinen Einfluß darauf hat.

Carotinoide. Polyterpenoide, fettlösliche >Moleküle< mit konjugierten Doppelbindungen, die aus 8 Isopreneinheiten (C_5H_8) aufgebaut sind. Die beiden Molekülenden bestehen meist aus je einem ungesättigten, substituierten Cyclohexenring (s. chem. Formeln unten). Man unterscheidet zwei Hauptklassen von Carotinoiden: 1. die Carotine, reine Kohlenwasserstoffe wie z. B. das β-Carotin und das Lycopin, 2. die >Xanthophylle<, deren terminale Ringe Sauerstoffatome tragen, wie z. B. das Violaxanthin und Lutein. Carotinoide werden von Pflanzen und >Pilzen<, aber auch von einigen Bakteriengruppen synthetisiert. Sie spielen im Photosyntheseapparat als Antennen- und Lichtschutzpigmente eine wichtige Rolle. β-Carotin dient als Vorstufe des Vitamins A, das u. a. zum Aufbau des Sehpurpurs benötigt wird.

Die Farbe des Eidotters bewirken mit dem Futter aufgenommene gelbliche und rötliche Pigmente aus der in der Pflanzenwelt weit verbreiteten Gruppe der Carotinoide. Auch die Farbe der Haut und des Fettgewebes werden beim Geflügel von diesen Farbstoffen wesentlich beeinflußt. Da das Huhn nicht in der Lage ist, diese Stoffe zu synthetisieren, spiegelt die Dotterfärbung mehr oder weniger quantitativ die Versorgung des Tieres mit Carotionoiden wider. Die mit dem Futter aufgenommenen und im Ei abgelagerten Carotinoide können nach der Verbrauchererwartung daher als „erwünschte >Rückstände<" angesehen werden. Bei der freien Auslaufhaltung werden durch Aufnahme grüner Futterpflanzen ausreichende Mengen von Carotioniden aufgenommen. Dies führte bei der extensiven Haltung früherer Zeiten im Winter durch fehlende Grünfutterzufuhr zu blasseren Dottern (Wintereier). In der Intensivhaltung von Geflügel kann die Carotinoidzufuhr über >Futtermittel< mit hohem Pigmentgehalt, wie Mais, Luzernegrünmehl, Grasmehl oder Paprikamehl erfolgen. Der Carotinoidgehalt dieser >Einzelfuttermittel< unterliegt erheblichen Schwankungen und kann lagerungsbedingt stark zurückgehen. Abhängig von der Zusammensetzung der Ration kann es daher im Legehennen- und Broilerfutter zu Carotinoiduntergehalten kommen, die eine den Verbraucher weniger ansprechende Dotter- bzw. Hautfarbe herbeiführen. Durch den Einsatz von zum Teil synthetisch zugänglichen Carotinoiden kann ein solches Defizit ausgeglichen werden. Die Höchstdosis für die zugelassenen Carotinoide beträgt 80 mg/kg im Geflügelalleinfutter. Toxikologisch können Carotinoide als unproblematisch angesehen werden. Angesichts des ubiquitären Vorkommens der übrigen Carotinoide in täglich vom Verbraucher verzehrten Lebensmitteln kann eine Gefährdung durch zusätzliche Carotinoidzufuhr über Eier ausgeschlossen werden, zumal der größte Teil dieser Carotinoide auch bei Fütterung mit Grünfutter bzw. Mais im Ei enthalten ist.

Lit: Großklaus D (1989) Färbende Stoffe (Carotinoide). In: Großklaus D (Hrsg.) Rückstände in von Tieren stammenden Lebensmitteln, Paul Parey, Berlin Hamburg, S. 100.

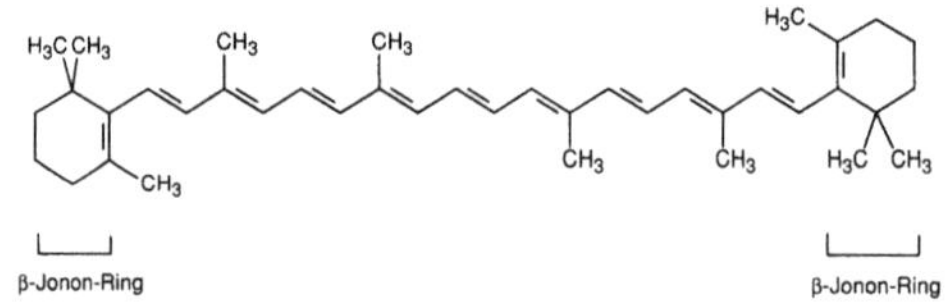

β-Jonon-Ring   β-Jonon-Ring

β-Carotin

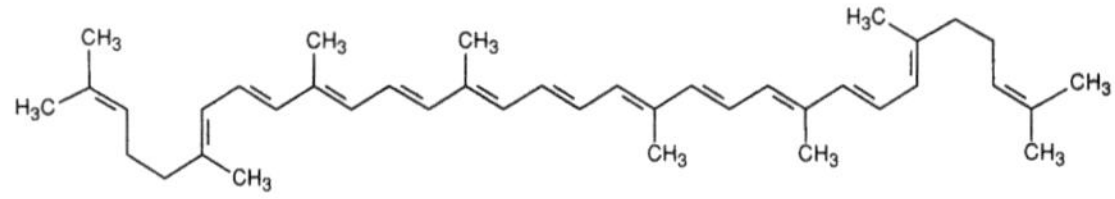

Lycopin

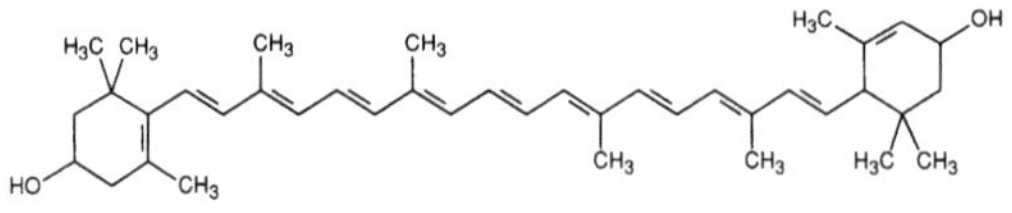

Lutein

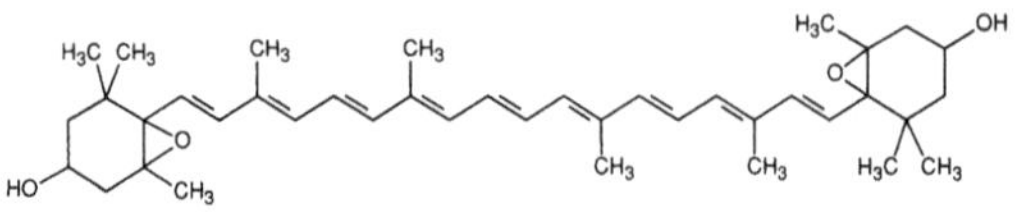

Violaxanthin

Carotinoide. Hierzu zählen die reinen Kohlenwasserstoffe β-Carotin und Lycopin sowie die Xanthophylle Lutein und Violaxanthin.

Carrier. In >Biomembranen< lokalisierte Proteine, die einem Gradienten folgend eine katalysierte >Diffusion< von polaren, niedermolekularen Stoffen wie Ionen, Zuckern oder >Aminosäuren< durch die Membran hindurch vermitteln. Carrier besitzen eine hohe Selektivität. Der Transport erfolgt durch zyklische Konformationsänderungen, wobei die Bindungsstellen für die Liganden abwechselnd nach der Innen- bzw. Außenseite der Membran gerichtet sind, ohne daß die Carrierproteine eine Diffusions- oder Rotationsbewegung in der Membran durchführen.

Carry-over. Die Übergänge eines Schadstoffes aus dem Boden in die Futterpflanze und von hier in den tierischen Organismus bezeichnet man auch als Carry-over. In den meisten Fällen geht dieser Übergang bis in das Lebensmittel weiter. Das Verhalten der Stoffe beim Carry-over hängt einerseits von den chemischen bzw.

physikalischen Eigenschaften, andererseits jedoch vom Passagemedium, also vom Boden, der Pflanze, der Tierart und letztendlich vom Lebensmittel ab. Auf den verschiedenen Stufen des Carry-over kann es zu Anreicherungen, aber auch zu Verminderungen der Schadstoffkonzentrationen kommen.

Carthamidin. >Färberdistel<.

Carthamin. >Färberdistel<.

CAS-Registry-Number. Der Chemical Abstract Service (CAS), eine Abteilung der American Chemical Society, teilt seit 1965 jeder Verb. eine Registry-Number zu, die zur eindeutigen Kennzeichnung einer Verb. verwendet wird. Die Registereintragungen erfaßten bis 1997 weit über 10 Mio. Verbindungen – allein für Pflanzenschutzmittel werden etwa 1.500 Verbindungen, deren Mischungen und optischen Isomere angegeben, einschließlich ihrer chem. Struktur. Sie basieren auf den >IUPAC-Regeln<, weichen aber häufig davon ab, weshalb bei chem. Bezeichnungen oftmals der IUPAC-Name und die CA-Bezeichnung gesondert ausgewiesen werden. Bei Literaturrecherchen im CA-Index sollte deswegen der CA-Index Guide befragt werden.
Lit: Tomlin CDS (Ed.) (1997) The Pesticide Manual, 11th Edition, British Crop Protection Council (BCPC).

Castor. *Ca*sk für *st*orage and *t*ransport *o*f *r*adioactive material. Behältertyp für den Transport und die Zwischenlagerung von abgebrannten Brennelementen und verglasten hochaktiven Abfall. Für alle CASTOR-Typen gilt dieselbe Grundkonzeption. Der Transportbehälter ist ein dickwandiger (ca. 450 mm) Körper aus Gußeisen mit Kugelgraphit. Dieses Material zeichnet sich durch besonders hohe Festigkeit und Zähigkeit aus. In der Wandung des Gußkörpers befinden sich durchgehende axiale Bohrungen, die mit Kunststoffstäben gefüllt sind. Diese Kunststoffeinlagen dienen der Neutronenabschirmung. Auch im Boden- und Deckelbereich befinden sich solche Einlagen. Die Brennelemente stehen in einem Gestell aus Borstahl, einem neutronenabsorbierenden Material. Der Behälter ist durch ein Mehrfachdeckelsystem verschlossen. Es besteht aus einem etwa 340 mm starken Primärdeckel sowie einem etwa 130 mm starken Sekundärdeckel aus Edelstahl. Die beiden übereinanderliegenden Deckel sind mit dem Behälterkörper fest verschraubt. Die Dichtwirkung der Deckel wird durch den Einsatz besonderer Metalldichtungen gewährleistet. Eine über dem Deckelsystem aufgeschraubte Schutzplatte aus Stahl schützt das Deckelsystem vor mechanischen Einwirkungen und Feuchtigkeit. Am Kopf- und Fußende des Behälters sind Tragzapfen angebracht. Die Sicherheit der Brennelementbehälter vom Typ CASTOR wurde durch folgende Prüfungen nachgewiesen:
– Fall aus 9 m Höhe auf ein praktisch unnachgiebiges Fundament (Betonsockel von 1.000 t, abgedeckt mit einer 35 t schweren Stahlplatte). Diese Fallversuche wurden teilweise mit auf – 40 °C gekühlten Behältern durchgeführt. Bei dieser niedrigen Temperatur ist das Material weniger widerstandsfähig. Bei Fallversuchen aus 9 m Höhe auf das genannte, praktisch unnachgiebige Beton-Stahl-Fundament werden die Behälter Belastungen ausgesetzt, die in der Praxis bei Transporten äußerst unwahrscheinlich sind. Damit sind die Tests repräsentativ für einen Fall aus weit größerer Höhe auf einen realen Untergrund, z.B. auf Straße oder Erdreich, und für Belastungen bei schwersten Verkehrsunfällen.

– Feuertests bei einer Temperatur von mehr als 800 °C über die Zeit von einer halben Stunde,
– Simulation des Aufpralls eines Flugzeuges durch den Beschuß mit einem Flugkörper von ca. 1 t Gewicht mit nahezu Schallgeschwindigkeit.

CCMC. >Committee of Common Market Automobile Constructors<.

CCPR. >Codex Commitee on Pesticide Residues<.

CEA. Commissariat à l'Energie Atomique; französische Atomenergiebehörde.

CEC. >Coordinating European Council< = Fachausschuß der europäischen Automobilhersteller und Mineralölfirmen zur Festlegung von Prüfmethoden für Motorenkraftstoffe und Schmieröle.

Cellulasen. Enzyme, die Cellulosen und Hemicellulosen hydrolysieren. Bei der Weizenstärke-Herstellung bewirkt der Einsatz von Cellulosen eine Erhöhung der Ausbeute. Gemüse wird weicher, vor allem bei der Behandlung mit einer Kombination von Cellulasen mit Pektinasen.

Cellulose. Ein unlösl. >Polysaccharid< mit der Summenformel $(C_6H_{10}O_5)_n$. Es besteht aus hochmolekularen, unverzweigten Ketten, in denen bis zu 14.000 D-Glucoseeinheiten β-1,4-glykosidisch miteinander verknüpft sind (s. Abb.) und die sich zu Fasern hoher Zugstärke bündeln. Cellulose bildet als Gerüstsubstanz den Hauptbestandteil der pflanzlichen Zellwand. Nahezu reine Cellulose läßt sich aus den Samenhaaren der Baumwolle gewinnen, aber auch Flachs- und Hanfstengel enthalten hohe Celluloseanteile. Laub- und Nadelholz besteht zu ca. 40 % aus Cellulose. Das Makromolekül kommt außerdem bei Oomyceten, sowie im Mantel der Tunicaten vor. Cellulose ist das häufigste Makromolekül auf der Erde. Der in Form von Cellulose gebundene Kohlenstoff entspr. ca. 50 % des in der gesamten Erdatmosphäre als CO_2 vorliegenden Kohlenstoffs. Pro Jahr werden ca. 10^{12} t produziert und wieder abgebaut. Zum Abbau mit Hilfe des >Enzyms< >Cellulase< sind einige >Bakterien<, holzzerstörende >Pilze<, >Protozoen< sowie best. Schnecken in der Lage. Cellulose hat eine große technische und wirtschaftliche Bedeutung, z.B. in der Papier-, Textil und Kunststoffproduktion.

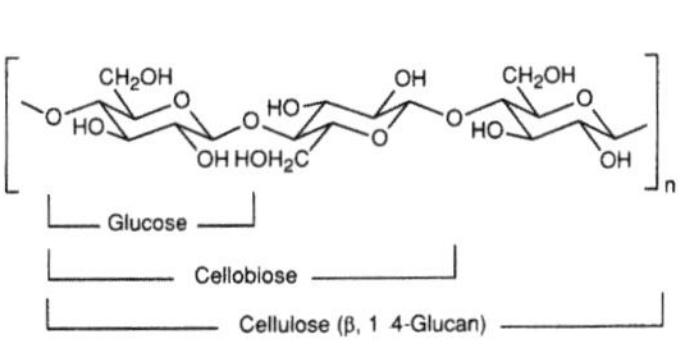

Cellvibrio. >Bacteria< (s. Abb. S. 142).

Cercarien. Freilebende Entwicklungsstadien von Saugwürmern *(Trematodes Digenea)* im Gewässer. Bohren sich bei Berührung mit der Haut, z.B. eines Menschen oder eines anderen warmblütigen Endwirtes, ein und entwickeln sich zum geschlechtsreifen >Parasiten<. Viele gefährliche Tropenkrankheiten des Menschen, besonders >Bilharziosen<, Opisthorchiasis, Paragonimiasis u. a. Cercarien von Trichobilharzia und Bilharziella verursachen beim Menschen die >Badeallergie< (Badedermatitis).

Cerenkov-Strahlung. Licht mit Maximum im blauen Spektralbereich, das entsteht, wenn geladene Teilchen sich in einem lichtdurchlässigen Medium mit einer Geschwindigkeit bewegen, die größer ist als die Lichtgeschwindigkeit in diesem Material ($v > c_0/n$, c_0 = Lichtgeschwindigkeit im Vakuum, n = Brechungsindex). Die Schwellenenergie für >Elektronen< in Wasser ($n = 1{,}33$), bei der Čerenkov-Strahlung auftritt, beträgt 260 keV.

Cetanindex. Rechnerische Ermittlung der >Cetanzahl< aus den Eig. der einzelnen Komponenten des >Dieselkraftstoffs<. Dieses vorwiegend in den USA gebräuchliche Verfahren ist wegen seiner Ungenauigkeit umstritten, insbesondere dann, wenn unkonventionelle Bestandteile im Kraftstoff enthalten sind, z.B. >Alkohole<.

Cetanzahl. Im Labor mittels eines speziellen Prüfmotors ermittelter Wert für die >Zündwilligkeit< von >Kraftstoffen<. Die C. sollte für >Dieselkraftstoffe< mindestens den Wert 50 erreichen, um umweltfreundliches Lauf- und Abgasverhalten der Motoren zu gewährleisten. Die Bestimmung der C. ist nach ISO 5165 definiert.

Chaetomium. >Fungi< (s. Abb. S. 469).

Chancen-Risiko. Die Beurteilung der Sicherheit von Maßnahmen, bedingt durch menschliche Aktivitäten. Die Beschäftigung mit dem >Risiko< ist eine Sicherheitsvorkehrung, um gegenüber bekannten Risiken Schutzmaßnahmen ergreifen zu können. Die Bewertung eines Risikos ist abhängig von der richtigen Beurteilung, der Höhe des möglichen Schadens und seiner Eintrittshäufigkeit. Die Zustimmung oder Ablehnung eines erkannten Risikos erfolgt unter Abwägung mit der sich eröffnenden Chance. Chance ist definiert als das Produkt aus der Eintrittshäufigkeit des erwünschten Ereignisses und dem entstehenden Nutzen. Erscheint diese Chance größer als das Risiko, wird das Risiko eher eingegangen. >Risiko-Nutzen<, >Kosten-Nutzen-Analyse<.

Characeen. >Armleuchteralgen<.
Lit: Krause W (1997) Charales (Charophyceae). Süßwasserfauna Mitteleuropas 18. 1. Aufl., Gustav Fischer Verlag, Stuttgart Jena New York.

Charcoal. >Kohlenschwarz<.

Chelate. Metallorg. Komplexverb. aus einem zentralen komplexbildenden Metallion und einer je nach äußeren Bedingungen unterschiedlichen Zahl von Liganden. Bei den mehrzähnigen Komplexverb. umschließen die Liganden das Zentralatom ähnlich den Scheren eines Krebses, daher werden sie „Chelate" genannt. Bei der typischen Bindungsform der metallorg. Komplexe steht eine Ligandengruppe mit dem Zentralion in Ionenbindung, die andere in Donator-Akzeptor-Bindung, z.B. im Kupferkomplex der Aminosäuren:

Org. Komplexbildner wie Aminosäuren, Polyphenole, besonders >Fulvoin-< und >Huminsäuren< sind in Gewässern oft in hoher Konz. vorhanden und komplexieren hier Kupfer, Eisen und Aluminium sowie anthropogene Schwermetalle. Diese Komplexe zeichnen sich durch eine hohe Stabilität aus.

Chelicerata. >Arachnida<.

Chemietoiletten. Mobile Toiletten aus dem Freizeit- und Gewerbebereich, die der Stapelung von Fäkalien dienen und denen biozidhaltige oder biozidfreie Sanitärzusätze zugegeben werden. Gestiegene ästhetische Ansprüche begünstigen den zunehmenden Einsatz von Chemietoiletten mit Sanitärzusätzen im Freizeitbereich. Auch im Bereich der Bauwirtschaft ließen die rechtlichen Vorschriften den Einsatz von mobilen Toiletten deutlich ansteigen. Da dies meist unter Verwendung von Sanitärzusätzen erfolgte, hat sich für diese Art der mobilen Toiletten der Begriff „Chemietoiletten" eingebürgert.

Chemikaliengesetz (ChemG). Das C. ist am 01.01. 1982 als „Gesetz zum Schutz vor gefährlichen Stoffen" in Kraft getreten. Es dient der Umsetzung der EG-Richtlinie 79/831 in deutsches Recht. Die letzte Neufassung gilt mit ihrer Bekanntmachung vom 25.07. 1994 (BGBl. I S. 1703) ab 01.08. 1994.
Das C. verfolgt drei Ziele: Arbeitsschutz, Gesundheitsschutz und Umweltschutz (der Verbraucherschutz ist weitgehend dem LMBG zugeordnet). Daher sind 1982 die bis dahin selbständige Arbeitsstoffverordnung und die Länder->Giftgesetze< bzw. -verordnungen in den Geltungsbereich des C. einbezogen worden. Am 01.10.1986 wurden diese durch die >GefStoffV< abgelöst.
Zweck des C. ist es, den Menschen und die Umwelt vor schädlichen Einwirkungen >gefährlicher Stoffe< und >Zubereitungen< zu schützen, insbesondere sie erkennbar zu machen, sie abzuwenden und ihrem Entstehen vorzubeugen (§ 1 ChemG). Das soll durch die >Prüfung< und >Anmeldung< bzw. >Mitteilung< >neuer Stoffe<, durch Vorschriften zur >Einstufung<, >Verpackung< und >Kennzeichnung< gefährlicher Stoffe und Zubereitungen sowie durch Ermächtigungen zu >Verboten<, >Beschränkungen< und andere Maßnahmen zum Schutz von Beschäftigten erreicht werden.
Gegenüber anderen, schon länger gültigen Stoffgesetzen und stoffbezogenen Regelungen in Umweltgesetzen ist das C. abgegrenzt. Es gilt für Stoffe und Zubereitungen, sofern sie nicht stoffbezogen oder medienbezogen durch Spezialgesetze geregelt sind (>Arzneimittel<, >Lebensmittel<, >Futtermittel<, >Pflanzenschutzmittel<, >Abfälle< und >Abwasser<).
Das C. läßt sich vereinfachend in 2 wesentliche Teile gliedern: 1. *Anmeldung* neuer Stoffe sowie *Mitteilungen* über neue und alte Stoffe auf der Grundlage vorhergehender *Prüfungen*. 2. Vorsorge- und Schutzmaßnahmen allg. und besonderer Art. Das C. ist ein Rahmengesetz, das nur die allg. Regeln enthält, spezielle Best. zur Durchführung sind in Verordnungen und Verwaltungsvorschriften aufgeführt (s. Tabelle S. 257).
C. regelt das >Inverkehrbringen< – seit dem 01.08. 1990 auch die Herstellung und den Export – >neuer Stoffe< und indirekt (über die GefStoffV) auch den Umgang mit gefährlichen Stoffen und Zubereitungen. >Erzeugnisse< unterliegen nur wenigen Spezialvorschriften. Für >alte Stoffe< war zunächst nur eine Ermächtigung für die Anmeldung/Prüfung best. gefährlicher >Altstoffe< vorgesehen, von der jedoch kein Gebrauch gemacht worden ist. Zur beschleunigten Bearbeitung und Bewertung alter Stoffe wurde im novellierten C. eine Prüf- und Mitteilungsverpflichtung für best. alte Stoffe eingeführt, die in einer Rechtsverordnung der Bundesregierung bezeichnet werden.

Chemikaliengesetz (ChemG): Rechtsverordnungen zum ChemG

Verordnungen über Prüfnachweise und sonstige Anmelde- und Mitteilungsunterlagen nach dem Chemikaliengesetz (Prüfnachweisverordnung – ChemPrüfV) vom 01.08.1994 (BGBl.I S.1877); in Kraft getreten am 01.09.1994.

Verordnung über Verbote und Beschränkungen des Inverkehrbringens gefährlicher Stoffe, Zubereitungen und Erzeugnisse nach dem Chemikaliengesetz (Chemikalienverbotsverordnung – ChemVerbotV) in der Fassung der Bekanntmachung vom 19.07.1996 (BGBl.I S.1151, zuletzt geändert durch Verordnung vom 22.12.1998, BGBl.I S.3956).

Verordnung zum Schutz vor gefährlichen Stoffen (Gefahrstoffverordnung – GefStoffV) vom 26.10.1993 (BGBl.I S.1782, ber. S.2049, zuletzt geändert durch Verordnung vom 22.12.1998, BGBl.I S.3956).

Verordnung über die Mitteilungspflichten nach § 16c des Chemikaliengesetzes zur Vorbeugung und Information bei Vergiftungen (Giftinformationsverordnung – ChemGiftInfoV) in der Fassung der Bekanntmachung vom 31.07.1996 (BGBl.I S.1198).

Verordnung zum Verbot von bestimmten die Ozonschicht abbauenden Halogenkohlenwasserstoffen (FCKW-Halon-Verbots-Verordnung) vom 06.05.1991 (BGBl.I S.1090, geändert durch Gesetz vom 24.06.1994, BGBl.I S.1416).

Verordnung über die Mitteilungspflichten nach § 16e des Chemikaliengesetzes zur Vorbeugung und Information bei Vergiftungen (Giftinformationsverordnung – ChemGiftInfoV) vom 31.07.1996 (BGBl.I S.1119).

Die Verpflichtungen des C. und seiner VO betreffen somit die >Hersteller<, Lieferanten und >Einführer< neuer Stoffe (auch in Zubereitungen) und best. Altstoffe (Abgrenzung zwischen diesen beiden Kategorien s. entspr. Stichworte). Besonders zu beachten sind die Kennzeichnungs- und Verpackungsvorschriften solcher Stoffe und Zubereitungen, die als >gefährlich< gelten (s. GefStoffV, insbesondere Anhänge I und VI). Wegen der Beschränkungsmaßnahmen wird außer auf die vorgenannte VO auch auf die Chemikalienverbotsverordnung hingewiesen (s. Tabelle oben).

Folgende Prinzipien wurden dem C. zugrundegelegt: 1. Verantwortung für die Produktsicherheit gemäß Verursacherprinzip. 2. Prüf- und Anmeldepflicht beim Hersteller oder Einführer neuer Stoffe. 3. Informationsverpflichtung gegenüber der Anmeldebehörde. 4. Pflicht zur ordnungsgemäßen Einstufung, Kennzeichnung und Verpackung aller gefährlichen Stoffe und Zubereitungen. 5. Möglichkeiten staatlicher Eingriffe zur Abwendung von Gefahren durch schädliche Einwirkungen gefährlicher Stoffe. Im Gegensatz zu Gesetzen, die z.B. Wirkstoffe für best. Verwendungsgebiete „zulassen" (AMG, PfSchG), beinhaltet das C. ein Anmeldeverfahren.

Die Durchführung des C. und der zugehörigen VO wird durch Behörden der Bundesländer überwacht. Beauftragte der Landesbehörden sind berechtigt, die Betriebe zu betreten, Proben zu entnehmen, Unterlagen einzusehen, Arbeitseinrichtungen und Arbeitsschutzmittel zu prüfen, Herstellungs- und Verwendungsverfahren zu untersuchen, die Konz. von gefährlichen Stoffen zu messen und Anordnungen zu treffen, die zur Beseitigung von Verstößen notwendig sind.

Verstöße gegen das C. werden als Ordnungswidrigkeiten mit Geldbußen bis zu 100 TDM oder als Straftaten mit Geldstrafen oder mit Freiheitsstrafen bis zu fünf Jahren geahndet.

Lit: Rehbinder E, Kayser D, Klein H (1985) Chemikaliengesetz (Kommentar und Rechtsvorschriften zum Chemikaliengesetz), C.F. Müller Juristischer Verlag, Heidelberg – Uppenbrink, Broecker, Schottelius, Schmidt-Bleek (ab 1981) Chemikaliengesetz (Kommentar und Vorschriften – Sammlung zum gesamten Chemikalienrecht), Kohlhammer, Stuttgart Berlin Köln Mainz.

Chemikalientanker. Spezialschiffe zum Massentransport schädlicher flüssiger Substanzen in unverpackter Form. Als flüssig gelten Substanzen, die bei 37,8 °C einen Dampfdruck von 2,8 kp cm^{-2} nicht überschreiten. Für die Kategorisierung der Substanzen nach ihrer Schädlichkeit und der erforderlichen Schiffstypen ist die >IMO< mit Sitz in London zuständig. Als Parameter für Schädlichkeit werden bewertet: >Bioakkumulation<, Toxizität für Meeresorganismen, Geschmacksbeeinträchtigung von eßbaren Meerestieren, Schädlichkeit für die menschliche Gesundheit a) bei oraler Aufnahme, b) bei Haut- oder Augenkontakt oder durch Inhalation, Beeinträchtigung des Erholungswertes. Vertragliche Grundlage ist das „Internationale Übereinkommen von 1973 zur Verhütung der Meeresverschmutzung durch Schiffe" (>MARPOL<); (>Meeresschutzkonventionen<).

Lit: International Maritime Organization (1977) International Conference on Marine Pollution 1973 Final Act of the Conference, with attachments, including the International Convention for the prevention of pollution from ships, 1973. Reprinted by Whitstable Litho Ltd., Whitstable Kent. – GESAMP Reports and Studies No 35 (1989) The Evaluation of the hazards of harmful substances carried by ships.

Chemilumineszensdetektor (CLD). Meßgerät zur Ermittlung des Gehalts an >Stickoxiden< im >Abgas<. Nutzt als Meßprinzip die Intensität der optisch meßbaren Strahlung bei der Reaktion von Stickstoffmonoxid-Konz.

Chemiosmotische Hypothese. Wurde von dem englischen Biochemiker PETER MITCHELL 1961 aufgestellt. Hiernach sind >Elektronentransport< und >ATP<-Synth. durch einen Protonengradienten quer über eine >Biomembran< gekoppelt und somit nicht durch ein gemeinsames, kovalent gebundenes chem. Zwischenprodukt. Das Modell, für das MITCHELL 1978 den Nobelpreis für Chemie erhielt, postuliert, daß der Elektronenfluß über eine >Elektronentransport<kette bei Mitochondrien zum >Protonentransport< aus der Mitochondrienmatrix in das endoplasmatische Kompartiment des Intermembranenraums führt, bei >Chloroplasten< zum Protonentransport aus dem Stroma in das >Thylakoid<lumen. Hierdurch erhöht sich die H$^+$-Konz. im >endoplasmatischen< Raum, und es baut sich dort ein positives elektrisches Potential auf. Die elektrochem. Potentialdifferenz zwischen den beiden, durch die Membran getrennten Räumen treibt den Protonenfluß durch den ATPase-Komplex in der Membran und ermöglicht damit die ATP-Synth. Damit ist der Protonenfluß durch die Membran der prim. energiekonservierende Prozeß. Das aus der elektrochem. Potentialdifferenz verfügbare osmotische Potential wird in ein chem. Potential überführt.

Chemische Abwasserbehandlung. >Abwasserreinigung, chemische<.

Chemische Entkalkung. Ausfällung von Calciumcarbonat $CaCO_3$ durch Entgasung von Kohlendioxid (CO_2) aus Wasser mit einer hohen Konz. von Calciumhydrogencarbonat $Ca(HCO_3)_2$. Dieser Vorgang tritt besonders in Quellen in Kalkgebieten auf. Dabei entsteht poröser, löcheriger Kalktuff oder Kalksinter, der in mächtigen Lagen zu hartem >Travertin< verdichtet sein kann.

Chemische Ökologie. C.Ö. behandelt die biochemischen Steuerungsmechanismen von Organismen und Populationen in >Ökosystemen<. Die Informationsvermittlung und sämtliche andere Vorgänge in belebten Systemen werden durch Chemikalien gesteuert; z.B. sind die Sexuallockstoffe der Insekten (>Pheromone<) für deren gehäuftes Auftreten mitverantwortlich. Diese werden z.T. erfolgreich in Insektenfallen zum Zwecke des >Monitorings<, aber auch zur Verwirrung von Schadinsekten in der Landwirtschaft eingesetzt. Auch beim gemeinsamen Anbau best. Nutzpflanzen, wie z.B. Zwiebeln und Möhren, macht man sich die natürlichen Abwehrstoffe der Zwiebeln zum Schutz der Möhren zunutze. C.Ö. sollte nicht mit der >ökologischen Chemie< verwechselt werden.
>*Pheromone*<: Wirken ausschließlich oder am stärksten auf Artgenossen. Hierher gehören die Sexuallockstoffe sowie Substanzen, die Artgenossen alarmieren oder zu einer Ansammlung von Individuen führen. Die Schreckstoffe der Elritzen sind auch bei anderen >Cypriniden< wirksam. P. werden vorsätzlich abgegeben.
Allomone: Wirken auf Organismen, die nicht zur eigenen Art gehören (interspez.) und bringen dem Produzenten Vorteil, indem sie den Empfänger schädigen. Hierher gehören die vielen Wehrsubstanzen zur Abschreckung, Irritation und Schädigung von Feinden im terrestrischen und aquatischen Bereich. Allomone werden vorsätzlich abgegeben.
Kairomone: Interspez. wirkende Stoffe, die dem Produzenten schaden und dem Empfänger nützen. Hierher gehören Substanzen, die einen >Parasit< zu seinem Wirt hinführen und Stoffe im Süßwasser, die von Räubern ins Wasser abgegeben werden und bei ihren Beutetieren zur Bildung von Dornen führen, die sie unfreßbar machen. Kairomone werden nicht vorsätzlich abgegeben.
Daneben gibt es viele weitere von Organismen abgegebene Substanzen mit best. Wirkung, die z.B. das Wachstum anderer Pflanzen verhindern oder hemmen (Allelopathie), Trockenresistenz bei Wasserschnecken bewirken, das Wachstum von Fischen hemmen oder die Fortbewegung von Organismen auf der Wasseroberfläche beschleunigen.
Lit: Sondheimer E, Simeone JB (1970) Chemical Ecology, 1.Aufl., Academical Press, New York London – Schlee D (1992) Ökologische Biochemie, 2.Aufl., Gustav Fischer Verlag, Stuttgart – Eisner T (1986) Chemische Ökologie: Erforschung und Entdeckung einer scheidenden Welt, Information processing in Animals, Bd.3, S.7–23, Akad. Wiss., Mainz und Gustav Fischer Verlag, Stuttgart – Harborne JB (1995) Ökologische Biochemie. Eine Einführung. Spektrum Akad. Verlag, Heidelberg Berlin Oxford.

Chemische Reinigung. Verfahren zur Reinigung von Textilien, Lederwaren und Pelzen mit org. >Lösungsmitteln<. Wegen ihrer Unbrennbarkeit und ihres sehr guten Lösevermögens werden nahezu ausschließlich Tetrachlorethen (>Perchlorethylen<) und bei empfindlichen Materialien wie Leder und Pelzen 1,1,2-Trichlor-1,2,2-trifluorethan (R-113) eingesetzt. Die entspr. Anlagen unterliegen der Zweiten Verordnung zur Durchführung des >Bundes-Immissionsschutzgesetzes< (Verordnung zur >Emissionsbegrenzung< von leichtflüchtigen Halogenkohlenwasserstoffen – 2.BImSchV) vom 21.04.1986, in der Fassung vom 05.06.1991, die die Verordnung über Chemische Reinigungsanlagen vom 28.08.1974 abgelöst hatte. Die 2.BImSchV begrenzt u.a. die Konz. im >Abgas< derartiger Anlagen. Anlagentechnisch ist bei mit Tetrachlorethen betriebenen Anlagen zu unterscheiden zwischen „ausblasenden" und „nicht ausblasenden" Systemen. Bei ausblasenden Systemen wird nach dem Reinigen, Schleudern und Umlufttrocknen (Kühlung der umlaufenden Luft mittels eines Wasserkühlers auf ca. +15°C zur >Kondensation< des Lösungsmittels und Wiederaufheizung auf 50 bis 70°C vor Eintritt in die Trommel) zur weiteren Trocknung der Ware Frischluft zugeführt. Die beladene Luft wird hierbei zur >Adsorption< von Tetrachlorethen über eine >Aktivkohlefilter<anlage gereinigt und anschl. ausgeblasen. Bei nicht ausblasenden Systemen erfolgt nur eine Umlufttrocknung ohne Frischluftzufuhr. Die umlaufende Luft wird jedoch mittels eines Kälteaggregats auf ca. –20°C abgekühlt und bei modernen Systemen anschl. zusätzlich über ein Aktivkohlefilter geführt, wodurch weitaus höhere Tetrachlorethenmengen aus der Umluft entfernt werden. Emissionsfrei sind derartige Anlagen jedoch nicht, da beim Erwärmen des Luft-Lösungsmittelgemisches mit Tetrachlorethen beladene Luft über eine Atmungsleitung abgeführt wird und vor allem beim Entladen der Maschine mit Tetrachlorethen beladene Luft freigesetzt wird. Nach Abkühlung der Umluft auf –20°C sind aufgrund des hohen >Dampfdrucks< von Tetrachlorethen immer noch ca. 13 g Tetrachlorethen pro Kubikmeter Luft enthalten, falls kein Aktivkohlefilter eingebaut ist. Die Gesamtverluste an Tetrachlorethen wurden in der Vergangenheit für ausblasende Systeme auf 30 bis 60 g je kg Reinigungsgut und für nicht ausblasende auf 20 g geschätzt. Die hohen >Emissionen< für ausblasende Systeme ergeben sich dadurch, daß im Abgas trotz Aktivkohlefilter noch vergleichsweise hohe Tetrachlorethenkonz. vorhanden sind. Oftmals werden die >Grenzwerte< der 2.BImSchV überschritten, insbesondere bei nicht ausreichender Wartung. Bei Fehlbedienung während des Regenerationsprozesses kann die Aktivkohle naß und damit wirkungslos werden. Neuanlagen für den Ladenbetrieb sind nur noch als ausblasfreie Anlagen konzipiert. Ausblasende Maschinen werden lediglich für den industriellen Großeinsatz hergestellt. Mit R-113 betriebene Anlagen sind wegen des niedrigen Siedepunktes von R-113 gasdicht gebaut. Chemische Reinigungsbetriebe können zu erheblichen Belastungen in der Nachbarschaft führen. Maßgebend sind hierfür vor allem die im Betrieb selbst auftretenden Tetrachlorethenbelastungen der Raumluft, die insbesondere bei ungenügend getrocknetem Reinigungsgut aufgrund einer Fehlbedienung, Überladung oder Verkürzung des Trocknungsvorganges aus Gründen der Energieersparnis sehr hohe Werte annehmen können. Messungen haben gezeigt, daß hierdurch angrenzende Räume erheblich belastet werden können, da Tetrachlorethen auch durch Betonwände bzw. -decken dringt. Werden dort fetthaltige Lebensmittel gelagert, so können diese wegen der hervorragenden fettlöslichen Eig. von Tetrachlorethen erhebliche Tetrachlorethenkonz. aufweisen. In Altbauten mit Holzdecken waren z. T. in Wohnungen, die über Chemischen Reinigunsbetrieben lagen, ähnlich hohe Konz. an Tetrachlorethen in der Raumluft festzustellen wie im Betriebsraum selbst. Die 2. BImSchV in der Fassung vom 05.06. 1991 verschärft daher die Anforderungen an Chemische Reinigungsanlagen erheblich. U. a. ist sicherzustellen, daß in einer angrenzenden Wohnung oder in einem angrenzenden Betrieb, in dem z. B. Lebensmittel gelagert werden, eine Raumluftkonz. an Tetrachlorethen von $1\ mg/m^3$ nicht überschritten wird.

Chemische Unkrautbekämpfung. >Unkrautbekämpfung<.

Chemische Verwitterung. Sammelbegriff für die chemischen Prozesse, die zur Umwandlung und Auflösung von Primärmineralen in Böden unter dem Einfluß von atmosphärischen oder biologischen Faktoren führen. Hierzu gehören in erster Linie Prozesse der Protolyse, wie Carbonatauflösung und Silicatzersetzung bei tiefen pH-Werten, so daß die ch. V. ein wichtiges Prinzip der Säurepufferung von Böden darstellt. Dabei werden gleichzeitig die in den Mineralen enthaltenen Nährstoffe freigesetzt und können von Pflanzen aufgenommen oder mit dem Sickerwasser verlagert werden. Durch den höheren Gehalt an CO_2 in der Bodenluft und das Vorhandensein von sauren und komplexierenden Huminstoffen verläuft die ch. V. in Böden meist wesentlich rascher als in Gesteinen. Da die Einwirkung der verwitternden Substanzen von der Oberfläche der Feststoffe aus erfolgt, wird die ch. V. durch die physikalische Verwitterung (Vergrößerung der spezifischen Oberfläche) erheblich beschleunigt.

Chemischer Sauerstoffbedarf (CSB). Volumenbezogene Masse an Sauerstoff (mg/L), die der Masse an >Kaliumdichromat< äquivalent ist, welche unter definierten Bedingungen mit den im Wasser enthaltenen oxidierbaren Stoffen reagiert (DIN 4045). Jede >biologische Abwasserreinigung< hinterläßt Restsubstanzen, die biol. nur schwer abbaubar sind. Deren Menge ist von der Zusammensetzung des Abwassers abhängig. In häuslichem Abwasser ist diese Menge gering. Bei kommunalen Abwässern mit einem Anteil an best. Industrieabwässern und in best. Industrieabwässern können sich die Anteile biol. schwer abbaubarer Substanz erhöhen. Dies hat zur Folge, daß die nach einer biol. Reinigung verbleibende Restmenge an org. Substanzen zunimmt. Um nicht nur die über den BSB_5 erfaßten, biol. leichter abbaubaren Stoffe, sondern auch die biol. schwerer abbaubaren Stoffe zu erfassen, wird die Menge der org. Stoffe im >Abwasserabgabengesetz< nicht als biochem. Sauerstoffbedarf BSB, sondern als chem. Sauerstoffbedarf CSB gemessen

Lit: Abwassertechnische Vereinigung (Hrsg.) (1982–1986) Lehr- und Handbuch der Abwassertechnik, 3.Aufl., Bd. 1–7, Verlag von Wilhelm Ernst und Sohn, Berlin München.

Chemisches Potential μ. C.P. bezeichnet das in der Thermodynamik für jede chem. Komponente charakteristische Teilpotential und damit neben Druck und Temperatur die dritte und weitere unabhängige „intensive" Zustandsvariable in „geschlossenen" chem. Systemen. Von diesen Zustandsvariablen hängen die thermodynamischen Zustandsfunktionen Energie, Entropie, Enthalpie sowie Freie Energie und Freie Enthalpie ab. Die Komponenten lassen sich dadurch energetisch charakterisieren. Die Zustandsvariable c.P. ist formal nichts anders als die partielle Ableitung jeder dieser energetischen Zustandsfunktionen nach der jeweiligen Molekülsorte j (korrekterweise jedoch nach der kontinuierlichen Masse der jeweiligen Molekülsorte) bei konstant gehaltenen, allen anderen das System konstituierenden Teilchenzahlen i wie auch der beiden anderen charakteristischen Zustandsgrößen, im Falle der Freien Energie $\{= (\partial F/\partial N_j)_{T,P,Ni}\}$ also auch von Temperatur und Druck. Das c.P. ist somit abhängig von der Zusammensetzung des Systems und beschreibt den Beitrag der jeweiligen Komponente zu den energetischen Zustandsfunktionen desselben.

Lit: Eggers DF jr, Gregory NW, Halsey GD jr, Rabinovitch BS (1964) Physical Chemistry, J. Wiley and Sons.

Chemisch-physikalische Verfahren der Abwasserbehandlung. Als weitergehende Abwasserreinigung wird die Anwendung von Verfahren oder Verfahrenskombinationen verstanden, die in ihrer Reinigungswirkung über die herkömmliche mechanisch-biol. Abwasserreinigung hinausgehen. Durch die weitergehende Abwasserreinigung können insbes. auch solche Stoffkomponenten bis auf geringe Restkonz. aus dem Wasser eliminiert werden, die im Ablauf der mechanisch-biol. >Kläranlagen< noch enthalten sind. Der Begriff der weitergehenden Abwasserreinigung sagt nichts aus über die Art (mechanisch, biol., chem., physikalisch) und die Reihenfolge der miteinander verbundenen Verfahrensschritte. Die sog. >dritte Reinigungsstufe< im Anschluß an die mechanisch-biol. Abwasserreinigung ist ein verbreitetes Verfahren der weitergehenden Abwasserreinigung von kommunalem Abwasser. Die Kombination von biol., physikalischen und chem. Teilprozessen hat folgendes Ziel: 1. Weitergehende Entnahme suspendierter Stoffe, 2. Elimination biol. >resistenter Stoffe<, 3. Elimination der >Nährstoffe< Phosphor und Stickstoff, 4. Entfernung schädlicher, gelöster org. und anorg. Verb., 5. Verbesserung der hygienischen Beschaffenheit, 6. spezielle Behandlung von Industrieabwässern.

Chemoautotrophie. >Chemosynthese<.

Chemokline. Chem. Sprungschicht. In die Tiefe sprunghaft zunehmende Stoffkonz. in einem stehenden Gewässer und dadurch bedingter Anstieg der Dichte des Wassers. Ursache sind die Akkumulation von Stoffen im Tiefenwasser eines >meromiktischen< Sees; oder Eintrag von salzreichem Wasser in Küstenseen; oder Salzquellen am Grund eines Gewässers. Das salzreiche >Monimolimnion< nimmt wegen seiner Dichte nicht an der >Zirkulation< teil.

Chemolithotrophe Bakterien. >Autotrophe Bakterien<, z. B. nitrifizierende Bakterien (ISO 6107/3).

Chemosterilisation. Unterdrückung der Reproduktion von Insekten durch Wirkstoffe: Chemosterilantien. Gewisse chemische Wirkstoffe, nach ihrer Wirkung Chemosterilantien genannt, sind in der Lage, bei Insekten Mutationen und Sterilität hervorzurufen. Hierbei werden die Chromosomen der behandelten Insekten in vielfältiger Weise verändert; u. U. werden ganze Abschnitte des Chromsoms abgetrennt, was zum Tod des Organismus führt. Andere (geringere) Veränderungen des Chromsoms machen sich erst bei späteren Generationen bemerkbar (Translokationen, Inversionen). Veränderungen im genetischen Code werden als Chromosomen-Fehler an folgende Generationen weitergegeben und führen wenigstens zu einer Verringerung der Nachkommenschaft, wenn nicht zum Aussterben der ganzen Population.

KNIPLING (1955) hat als erster vorgeschlagen, daß solchermaßen behandelte und sterilisierte Insekten zur Kontrolle ihrer Art verwendet werden können. So hat man in früherer Zeit männliche Insekten durch hochenergetische Strahlung sterilisiert und in großer Zahl freigesetzt: Hierdurch erhoffte man sich einen Rückgang der natürlichen Population, indem diese sterilisierten Männchen mit ihren normalen Artgenossen bei der Befruchtung in Konkurrenz treten („Sterile Männchen-Technik"). Diese Methode wurde erstmals 1955 auf der Insel Curaç unter besonders günstigen Bedingungen zur Bekämpfung und Ausrottung der Schraubenwurm-Fliege (*Cochliomyia hominivorax*) mit Erfolg angewandt.

Seit 1958 wurde systematisch nach geeigneten Chemosterilantien geforscht, und es wurden diverse Wirkprinzipien entdeckt, die z. T. gegen Männchen, andere gegen Weibchen oder gegen beide Geschlechter, wirksam sind. Der Schaden kann zeitlich begrenzt oder dauernd sein. Die Wirkprinzipien spielen nebenbei eine große Rolle in der Genetik und Krebsforschung; sie können z. B. bei der Entstehung von Eizellen und Samen eingreifen und lassen sich in drei Gruppen einteilen: 1. Alkylierungsmittel (s. a. >Cytostatika<); 2. Antimetaboliten (Eingriff in metabolische Prozesse); 3. andere Wirkstoffe.

Alkylierungsmittel bilden die größte Gruppe, indem sie nachhaltig genetische Systeme angreifen. Hier sind besonders Aziridin-Derivate wie Apholat, Tepa und Tretamin zu erwähnen (s. chem. Formel).

Tretamin, TEM, Triethylenmelamin

Eine zweite Gruppe ist die der Antimetaboliten, meistens Analoge von Purinen, Pyrimidinen und Folsäure; sie stören den Metabolismus, wie z. B. die Nucleinsäuresynthese.

Die dritte Gruppe enthält z. B. Triphenylzinn-Derivate, cyclische Harnstoffe und Antibiotika und hat nur eine geringe Bedeutung.

Der Nutzen der Chemosterilantien in der Schädlingsbekämpfung wird durch ernsthafte toxikologische Probleme geschmälert. Als Folgeerscheinungen des Einsatzes dieser Mittel wurden teratogene, carcinogene, mutagene und Sterilisationseffekte an Warmblütlern beobachtet; bei Insekten tritt ferner >Resistenz< auf.

Die Kombination von >Pheromonen< mit Chemosterilantien in eng begrenzten Räumen (Kontaktgifte oder Futterzusätze) versprechen einigen Nutzen. Konventionelle Insektizide sind bisher noch nicht durch Chemosterilantien verdrängt worden.

Lit: Büchel KH (1983) Chemistry of Pesticides, Wiley, New York – Knipling EF (1959) Science 130: 902 – Wegler R (1970) Chemie der Pflanzenschutz- und Schädlingsbekämpfungsmittel, Bd. 1, S. 475, Springer, Berlin – Ullmanns Encyclopedia of Industrial Chemistry (1989), Bd. A 14, VCH Verlagsgesellschaft, Weinheim, S. 304

Chemosynthese. (Syn. Chemoautotrophie). Manche >Bakterien< sind in der Lage, aus bestimmten chemischen Prozessen Stoffwechselenergie zu gewinnen und CO_2 zu assimilieren. Die gewonnene Energie stammt aus >Redoxreaktionen< und wird in Form von >ATP< gespeichert. Zum Umsatz können verschiedene Substrate genutzt werden. Schwefelbakterien oxidieren Schwefelwasserstoff (H_2S) zu Schwefel, Eisenbakterien Eisen-II- zu Eisen-III-Verbindungen, Methanbakterien Methan (CH_4) zu Kohlendioxid (CO_2). Von großer Bedeutung sind die nitrifizierenden Bakterien des Bodens, die entweder Nitrit (NO_2^-) oder Nitrat (NO_3^-) aus Ammoniak (NH_3) bzw. Ammonium (NH_4^+) bilden. >Nitrat< ist einer der wichtigsten Pflanzennährstoffe. Unter anaeroben Bedingungen läuft der Prozeß durch denitrifizierende Bakterien in umgekehrter Richtung unter Freisetzung von Dickstoffoxid (N_2O) und bis zum elementaren Stickstoff. Gegensatz zur C.: >Photosynthese<.

Chemotherapeutika. Ch. sind in der belebten Natur vorkommende oder synthetische niedermolekulare Substanzen, die Krankheitserreger oder Tumorzellen weitgehend selektiv zu schädigen vermögen.

Chemotherapie. Allgemein: Jede Behandlung mit chemischen Mitteln; spezifisch: Hemmung von Infektionserregern und Behandlung von >Tumoren< bzw. Tumorzellen mit >Cytostatika<.

chemotroph. Die Ernährungsweise von Organismen, die als Energiequellen nicht Sonnenlicht, sondern chem. Red.-Ox.-Prozesse verwenden; Gegensatz daher >phototrophe< Lebensweise.

Chernozem. Unter Steppenbedingungen (Grasvegetation, hohe Biomasseproduktion im Frühjahr, aber trockene Spätsommer und kalte Winter) vorwiegend aus >Löß< entstandener fruchtbarer Boden, dessen Bildung hauptsächlich durch >Bioturbation< geprägt ist. Er besitzt einen mächtigen dunklen Ah-Horizont (>Bodenhorizonte<) mit der Humusform >Mull<; im Unterboden findet man oft alte Nagetiergänge, die mit dunklem Oberbodenmaterial verfüllt sind (Krotowinen). Typische Landschaften mit Ch. sind die russischen Steppen. In Deutschland gibt es Ch.-ähnliche Böden („Schwarzerden", „Feuchtschwarzerden"), z. B. in der Magdeburger und Hildesheimer Börde, die zu den fruchtbarsten Böden gehören und daher als Basis für die >Bodenbewertung< dienten (Bodenzahl 100). Aufgrund ihrer Korngrößenverteilung sind Ch. empfindlich gegen Erosion und gegen mechanische Belastung, so daß bei intensiver Bodenbearbeitung leicht Verdichtungen im Unterboden entstehen (>Pflugsohle<).

Chilopoda. Hundertfüßer, >Myriopoda<.

Chimäre. (Lat. chimaera = flammenhauchendes Untier der Mythologie).
1. Begriff aus der Botanik. Ch. sind Organismen oder auch einzelne Triebe, die aus genetisch verschiedenen Zellen aufgebaut sind. Die Ch. entsteht bei Pfropfungen (Pfropf-Ch.) oder infolge natürlicher bzw. künstlicher Mutationen einer Zelle des Sproßvegetationspunkts (Zyto-Ch.). Die Pfropf-Ch. wird gebildet, wenn an der Verwachsungsstelle des eingesetzten Triebs oder Zweigs mit der Unterlage aus Zellen beider Partner ausnahmsweise ein Vegetationspunkt entsteht. Bei der Periklinal-Ch. liegen die Zellen des einen Partners im Inneren des Vegetationspunkts und die des anderen

als einheitliche Decke darüber (ein- oder mehrschichtig). Bei der Sektorial-Ch. stammt ein Sektor eines Sprosses oder Blattes vom Reis, der Rest dagegen von der Unterlage.
2. Begriff in der Gentechnik. Dort bezeichnet er analog zur obigen Bedeutung rekombinante DNA, die Sequenzen aus mehr als einem Organismus enthält (>chimäres Gen<).

Chimäres Gen. Als chimäres >Gen< wird eine DNA-Sequenz bezeichnet, die ein Merkmal codiert und gentechnisch so hergestellt wurde, daß sie aus Teilsequenzen besteht, die aus mehreren Organismen stammen (>Chimäre<).

Chinidingelb. >Brillantgelb<.

Chinin. (6-Methoxycinchonan-9-ol), Alkaloid aus der Chinarinde, wirkt als starkes Protoplasmatoxin, Verwendung bis in die 50er Jahre gegen Plasmoiden, die Erreger der Malaria. Wirkungsweise bis heute nicht geklärt, diskutiert wird eine Interkalation (Einlagerung) in die DNA der Plasmoiden, dadurch Hemmung der Nukleinsäuresynthese. C. wirkt fiebersenkend, erregend auf die glatte Muskulatur, früher als Wehenmittel eingesetzt. Heute wird es als Antipyretikum in Grippemitteln verwendet. Höhere Dosen können Schwindel, Kopfschmerz, Herzlähmung usw. hervorrufen, die tödliche Dosis liegt bei 8 bis 10 g.

Lit: Möschlin S (1980) Klinik und Therapie der Vergiftungen, Thieme, Stuttgart New York. – Forth W. Henschler D, Rummel W (1987) Pharmakologie und Toxikologie, BI Wissenschaftsverlag, Mannheim Wien Zürich.

Chi-Quadrat-Verteilung (χ^2-Verteilung). Statistische Prüfverteilung einer als χ^2-Funktion bezeichneten Zufallsgröße (Stichprobenfunktion) χ^2, die definiert ist als die Summe der quadratischen Abweichungen n stochastisch unabhängiger Zufallsvariablen X_i (i = 1, 2, ..., n) von einem gemeinsamen Mittelwert μ, um den die X_i normalverteilt sind. Die χ^2-Verteilung ist eine stetige unsymmetrische Verteilung, die allein von der Anzahl der Freiheitsgrade $n-v$ (v = Anzahl der voneinander unabhängigen Nebenbedingungen, die für die X_i bestehen können) abhängt und die sich mit zunehmender Anzahl an Freiheitsgraden langsam der >Normalverteilung< nähert. Ein Beispiel für die χ^2-Verteilung ist die Maxwell-Boltzmann-Geschwindigkeitsverteilung der kinetischen Gastheorie.

Chironomiden. >Zuckmücken<.

Chitin. (Grch. chiton = Unterkleid, Hülle). Ein celluloseähnliches, jedoch stickstoffhaltiges >Polysaccharid< mit der Summenformel $(C_8H_{13}NO_5)_n$. Es besteht aus hochmolekularen, unverzweigten Ketten, in denen N-Acetyl-D-glucosamin-Einheiten β-1,4-glycosidisch miteinander verknüpft sind (s. Abb.). Chitin findet sich mit einem Anteil von 3 bis 60 % der Trockenmasse in der >Zellwand< der meisten >Pilze<, außerdem als Bestandteil des Exoskeletts von Insekten und Crustaceen. Der Abbau erfolgt durch Chitinase und Chito-

biase, die von >Bakterien<, einigen Pilzen, im Schnekkenmagen, aber auch von höheren Pflanzen nach Pilzinfektion produziert werden. Das verwandte Chitosan, das ebenfalls bei Pilzen vorkommt, entspricht einem Chitin ohne Acetyl-Gruppen.

Chlor (Cl). Chem. Element aus der Gruppe der Halogene. Chem. Symbol: Cl; Atomgewicht: 35,453; Fp.: $-100,98$ °C; Siedepunkt: $-34,6$ °C; stechend riechendes, gelbgrünes Gas, besteht aus den natürlichen >Isotopen< ^{35}Cl (75,53 %) und ^{37}Cl (24,47 %). Chlorgas bildet zweiatomige Moleküle (Cl_2) und ist etwa 2,5mal so schwer wie Luft. Chlor ist äußerst reaktiv und wirkt als starkes >Oxidationsmittel<. Es verbindet sich direkt mit den meisten Elementen. Chlor ist ein starkes Lungengift und bewirkt Verätzungen der Atemwege. Chlor findet breite Verwendung in der chem. Industrie zur Herstellung chlorhaltiger org. Verb. (CKW) und zur >Desinfektion< von Wasser durch Chlorierung. Das bedeutendste Verfahren zur Herstellung von Chlor ist die *Chloralkalielektrolyse*, die Gewinnung von Chlor, >Wasserstoff< und >Natriumhydroxid< durch >Elektrolyse< einer wäßrigen Natriumchloridlsg. Bei dem überwiegend eingesetzten Amalgamverfahren treten neben Chloremissionen vor allem >Quecksilber<emissionen auf. Das Diaphragmaverfahren arbeitet ohne Quecksilber. Bei erhöhtem Anfall von Abfallsäure kommt die Herstellung von Chlor durch Salzsäureelektrolyse in Betracht. Die >TA-Luft<, die zur Beurteilung immissionsschutzrechtlich >genehmigungsbedürftiger Anlagen< heranzuziehen ist, führt Chlor in der Klasse II der Ziffer 3.1. 6 auf. Danach darf die Konz. an Chlor im >Abgas< bei einem >Massenstrom< von 50 g/h und mehr als 5 mg/m^3 nicht überschreiten. Durch >Absorption< in Abgaswäschern kann Chlor aus Abgasen entfernt werden. Zum Schutz vor Gesundheitsgefahren sind in der TA Luft für Chlor ein >Immissionswert< IW1 von 0,10 mg/m^3 und ein Immissionswert IW2 von 0,30 mg/m^3 aufgeführt. Belastungen durch Chlor sind insgesamt nicht relevant und lediglich im Einwirkungsbereich von Anlagen zur Herstellung von Chlor und zur Herstellung von Produkten unter Einsatz von Chlor zu berücksichtigen. Störfälle, bei denen Chlor freigesetzt werden könnte, sind jedoch äußerst problematisch, da die bei konz. Freisetzung z.B. aus einem Tank oder Kesselwagen freigesetzten Gaswolken aufgrund ihrer im Vergleich zur Luft wesentlich höheren Dichte am Boden entlangkriechen und je nach Wetterlage auch nach vergleichsweise großen Entfernungen noch >toxisch< wirken können. Zum Schutz von Arbeitnehmern führt die >MAK-Liste< (Stand 1999) eine max. Arbeitsplatz-Konzentration in der Luft von 1,5 mg/m^3 auf.

Chloraceton. 1-Chlor-propanon, eine farblose Flüssigkeit, Sdt. = 119 °C. Die Synth. erfolgt durch Chlorierung von Aceton. Als Monohalogenketon besitzt Chloraceton eine stark tränenreizende Wirkung.

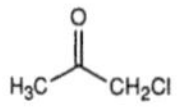

Chlorakne. Hautkrankheit, die durch akute Intoxikation von >TCDD< beim Menschen ausgelöst wird. Die Chlorakne zeigt in ihrem Verlauf Rötung und Anschwellung der Hautpartien, besonders in Kopf- und Nackenbereichen, mit anschl. Hautläsionen. Charakteristisch sind weiterhin cystenartige Hauterhebungen mit dunkel gefärbten Mitessern. Es handelt sich hierbei um vergrößerte Haarfollikel, die mit keratinhaltigem Material gefüllt sind. Zusätzlich findet man einen Gewebsschwund im Bereich der Talgdrüsen.

Die Chlorakne tritt nicht nur bei TCDD auf, sondern ist ein Zeichen für eine hohe Exposition gegenüber cyclischen org. Chlorverb., von denen der potenteste Vertreter TCDD ist. Bei 90% der bekannt gewordenen TCDD-Intoxikationen war Chlorakne das auffälligste Symptom. Somit kann die Chlorakne als empfindlicher Indikator für hohe lokale Expositionen gelten.

Chloralhydrat. Durch Einleiten von Chlor in wasserhaltiges Ethanol wird Chloral (Trichloracetaldehyd) gebildet. Unter Dehydrierung des Alkohols wird über verschieden chlorierte Zwischenstufen Chloralhydrat gebildet. Smt: 58 °C.

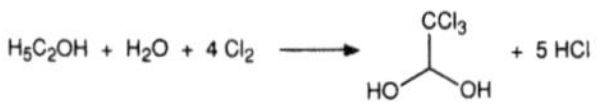

$$H_5C_2OH + H_2O + 4\,Cl_2 \longrightarrow \underset{HO\quad OH}{\overset{CCl_3}{C}} + 5\,HCl$$

Im Chloralhydrat sind als Ausnahme von der Erlenmeyer-Regel zwei OH-Gruppen an ein C-Atom gebunden. Die Stabilität dieser Verbindung ergibt sich aus dem I-Effekt der Trichlormethylgruppe. Chloralhydrat besitzt eine herbizide Wirkung auf Gräser (Hirsearten) und wird zur Vorsaatbehandlung von Winterraps eingesetzt. Die herbizide Wirkung beruht auf der Ox. des Chloralhydrats zu Trichloressigsäure. Chloralhydrat kann als Schlafmittel (Chloraldurat) verwendet werden sowie als Ausgangsstoff für die Synth. von >Chloroform< und >DDT<.

Chloramphenicol. Internationale Freiname für ein Antibiotikum mit der IUPAC-Bez. D-*threo*-2-(Dichloracetamido)-1-(4-nitrophenyl)-1,3-propandiol (M = 323,14 g/mol). C. wurde schon 1947 durch EHRLICH und unabhängig davon auch von GOTTLIEB in Nährböden von Streptomyceten-Arten (z.B. *Streptomyces venezuelae*) entdeckt. Es war das erste synthetisch hergestellte Breitband-Antibiotikum. C. wirkt gegen >grampositive< und >gramnegative< Bakterien, einige Viren, Rickettsien und Actinomyceten. Es wird vor allem

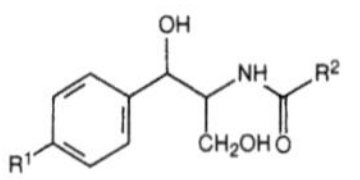

Strukturformel von Chloramphenicol und seiner Derivate Azidamfenicol und Thiamphenicol. – Chloramphenicol: $R^1 = O_2N$; $R^2 = CHCl_2$ – Azidamfenicol: $R^1 = O_2N$; $R^2 = CH_2N_3$ – Thiamphenicol: $R^1 = H_3C\text{-}SO_2$; $R^2 = CHCl_2$

bei der Bekämpfung von Thyphus, Paratyphus, Fleckfieber und Meningitis eingesetzt und wirkt durch die Hemmung der >Proteinbiosynthese< in den Krankheitserregern. Wegen toxischer Nebenwirkungen bleibt seine klinische Verwendung auf schwere Infektionen beschränkt. Die Resistenz mancher Bakteriengattungen (>Antibiotikaresistenz<) gegenüber C. ist auf das Vorhandensein eines Enzyms zur Acetylierung des Moleküls zurückzuführen.

Chlorbiphenyle. >PCB<.

Chlorbufam. Ein Herbizid, das auf Kulturen von Möhren und Roten Rüben eingesetzt wird.

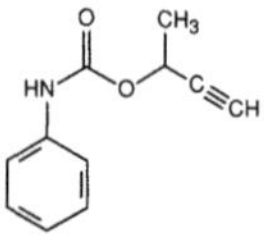

Chlorcamphen. Nebenprodukt bei der >Camphenchlorierung<. Als monosubstituierte Produkte entstehen 8-Chlorcamphen sowie 10-Chlortricyclen. Bei weiterer Chlorierung lagern sich diese zu Bornanderivaten um.
Lit: Khalifa AS, Mon TR, Engel JL, Casida JE (1974) J Agric Food Chem 22: 653.

Chlor-Chem T-590. Handelsname für ein insektizid wirksames Polychlorterpengemisch (>Toxaphen<).

Chlordan. 1,2,4,5,6,7,8,8-Octachlor-3a,4,7,7a-tetrahydro-4,7-methano-indan. Ein Cyclodien-Insektizid, das in einer Diels-Alder-Reaktion aus Hexachlorcyclopentadien (HCCP) und Cyclopentadien zum >Chlorden< und durch Chlorieren mit Chlor in siedendem >Tetrachlormethan< in Gegenwart von Eisen(II)-chlorid zum Ch. umgesetzt wird.

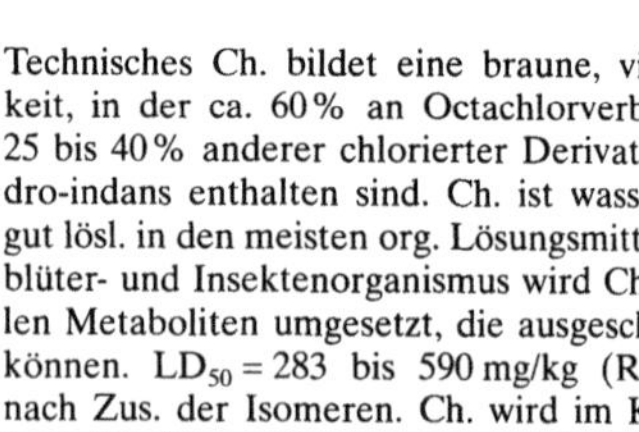

Technisches Ch. bildet eine braune, viskose Flüssigkeit, in der ca. 60% an Octachlorverbindungen und 25 bis 40% anderer chlorierter Derivate des Tetrahydro-indans enthalten sind. Ch. ist wasserunlösl., aber gut lösl. in den meisten org. Lösungsmitteln. Im Warmblüter- und Insektenorganismus wird Ch. zu hydrophilen Metaboliten umgesetzt, die ausgeschieden werden können. $LD_{50} = 283$ bis $590\,mg/kg$ (Ratte, oral), je nach Zus. der Isomeren. Ch. wird im Körperfett und in lipidhaltigen Organen gespeichert. Die Wirkung kann sowohl chronisch toxisch als auch kumulativ toxisch sein. Ch. wirkt als Fraß-, Kontakt- und Atemgift zur Bekämpfung von Bodenschädlingen, z.B. Engerlingen und Drahtwürmern. Seit 1971 besteht in der Bundesrepublik Deutschland ein Anwendungsverbot. In den USA erfolgt der Einsatz im Baumwollanbau und zur Bekämpfung von Heuschrecken. α- und β-Ch. sind Chlordanisomere, die in technischem Ch. bis zu 10% enthalten sein können. γ- und δ-Ch. sind in technischem Ch. nicht enthalten, sondern werden bei der UV-Chlorierung von Hexachlormethano-tetrahydro-indans gebildet. Der Nachweis erfolgt kolorimetrisch oder gaschromatographisch mit Electron-Capture-Detektoren.

Chlorden. 1,2,3,4,8,8-Hexachlor-1,4,4a,7a-tetrahydro-1,4-endo-methyleninden, das durch eine Dien-Addition von Cyclopentadien an Hexachlorcyclopentadien gebildet wird. Die Chlorierung von Ch. führt zum >Chlordan<. Im Insektenorganismus erfolgt eine Epoxidation und Hydroxylierung des Ch. Schweineleber-mikrosomen wandeln Ch. über ein toxisches Epoxid in nichttoxisches 6,7-Trans-diol um. Da das toxische Chlorden-epoxid nur eine geringe Stabilität besitzt, ist Ch. weniger toxisch als z. B. >Heptachlor<. Durch Inhibition des Epoxidabbaus wird die Toxizität des Ch. erhöht.

Chlorfenvinphos. Ein Insektizid aus der Gruppe der Phosphorsäureester, das als Spritzmittel gegen Kartoffelkäfer und Apfelblütenstecher, als Granulat gegen Gemüsefliegen eingesetzt wird. Es handelt sich um ein bienengefährliches Kontakt-, Fraß- und Atemgift mit guter Dauerwirkung. Eine nennenswerte Anreicherung im Boden erfolgt nicht.

Chlorfluorkohlenwasserstoffe (CFK). >FCKW<.

Chloridabkommen. Zum Schutz des Rheines gegen Verunreinigung arbeiten Deutschland, Frankreich, Luxemburg, die Niederlande und die Schweiz zusammen in einer internationalen Kommission. Durch Übereinkommen vom 03.12. 1976 ist der Schutz gegen Chemikalien und Chloride besonders geregelt.

Chloridazon. Wirkt als >Herbizid< aus der Substanzklasse der Pyridazon-Derivate.
Chemische Bezeichnung: 5-Amino-4-chlor-2-phenylpyridazin-3-on
CAS-Nummer: 1698–60–8
Hersteller: BASF AG, Du Pont
Wirkungstyp: Selektives Vor- und Nachauflauf-Herbizid. Aufnahme vorwiegend durch die Wurzeln. Hemmstoff der Photosynth. und Hill-Reaktion.
Bevorzugte Anwendung: Gegen Samenunkräuter und Ungräser in Zuckerrüben, Futterrüben, Roten Rüben und Mangold.

Chemische und physikalische Eigenschaften:
Physikalische Beschaffenheit: Krist., farblos. Techn.: gelb-braun.
Schmelzpunkt: 205 bis 206 °C unter Zers.

Verteilungskoeffizient (log $P_{o/w}$): ca. 1,18 bei pH 6,5 und 25 °C.
Dampfdruck: $< 1 \cdot 10^{-5}$ Pa bei 20 °C.
Stabilität: Unter Normalbedingungen weitgehend stabil. Im Sonnenlicht rasche Photolyse.
Löslichkeit: In Wasser 400 mg/L bei 20 °C.
Abbau und Metabolismus: Mikrobiol. Zers. im Boden führt unter Abspaltung des Phenylrestes zu 4-Amino-5-chlor-pyridazon-(6).
Wirkungsdauer im Boden bei ausreichender Feuchtigkeit 6 bis 8 Wochen.
Bei Ratten werden nach einmaliger Applikation 86 % der Aktivität über den Urin (davon bereits nach 1 Stunde 85 % der Gesamtaktivität) und 13 % über die Faeces ausgeschieden. Die Ausscheidung nach mehrmaliger Applikation verläuft ähnlich (75 % über Urin, 15 % über Faeces).
Toxizität: Akute orale LD_{50} für Ratten 1.100 bis 1.300 mg/kg.
Akute dermale LD_{50} (Kaninchen) >2.500 mg/kg. Geringe Hautreizung. Im 15-Wochen-Versuch an Ratten höchste Dosis ohne Wirkung 50 mg/kg Futter. Inhalationstoxizität: LC_{50} (4 Stunden) für Ratte >30.8 mg/L Luft.
Bienentoxizität: Nicht bienengefährlich (B 3). LD_{50} (48 h) oral und Kontakt >200 µg/Biene.
Fischtoxizität: LC_{50} (96 Stunden) für Forelle 32 mg/L. EC_{50} (48 h) für *Daphnia* 131 mg/L.
Vogeltoxizität: Akute orale LD_{50} für Japanische Wachtel >2.000 mg/kg.

Chloridbelastung. Besonders bei Flüssen (z. B. Rhein, Mosel etc.) von Bedeutung. Die Chloride entstammen der natürlichen Auslaugung unterirdischer Salzlager, der Auswaschung landwirtschaftlicher Düngemittel und den eingeleiteten Abwässern, vornehmlich aus der Industrie. Hier spielen die >Abraumsalze< z. B. der elsässischen >Kaliindustrie< eine große Rolle. Als deutscher Beitrag ist der internationalen >Rheinschutzkommission< eine Studie zugeleitet worden, in der Vorschläge für eine Begrenzung der Chloridgehalte gemacht werden. In dieser Studie sind die Anteile der Anliegerstaaten an der Chloridbelastung angegeben.

Chlorit. Dreischichtsilicat (Tonmineral), bei dem die permanente Ladung des Kristallgitters durch eingelagerte, nicht mehr austauschbare Metall-Hydroxo-Komplexe ausgeglichen ist. Man unterscheidet primäre Ch., die aus metamorphen Gesteinen stammen und deren Zwischenschicht aus Brucit- $(Mg(OH)_2)$-Einheiten besteht, und sekundäre Ch., die im Verlauf der Bodenversauerung durch Einlagerung von Hydroxokationen des Aluminiums gebildet werden.

Chlorkautschuk. Anlagerungsprodukt von >Chlor< an Naturkautschuk, >Polyisopren<, bzw. Synthese-Produkte wie Polybutadien u. a., durchgeführt in verdünnter Lösung in >Tetrachlorkohlenstoff< und anderen >chlorierten Lösungsmitteln<. Das Chlor wird entweder an die Doppelbindungen addiert, oder es substituiert Wasserstoffatome im >Makromolekül<. Nach Entfernung des Lösungsmittels erhält man das Chlorierungsprodukt, das mit etwa 40 % Cl-Gehalt weich und plastisch, mit 60 % Cl-Gehalt hart und spröde, aber chem. widerstandsfähig ist. C. ist löslich in polaren Lösungsmitteln und wird für chemikalien- und wetterfeste sowie Unterwasser-Anstriche und -Überzüge verwendet, z. B. im Schiffbau.

Chlorkohlenwasserstoffe (CKW). Chlorierte Derivate der Kohlenwasserstoffe. Aus dieser Gruppe stammen viele org. Lösungsmittel sowie Pflanzenschutz- und Schädlingsbekämpfungsmittel. In der Industrie bestehen weitere, vielfältige Einsatzgebiete. CKW können aliphatisch, cyclisch oder aromatisch sein. Viele dieser Substanzen sind leicht flüchtig. In der Troposphäre werden CKW deutlich langsamer abgebaut als nichthalogenierte org. Verbindungen. Die Halbwertszeiten der CKW in der Troposphäre liegen zwischen einigen Tagen bis hin zu mehreren Jahren. Dadurch erfolgt eine Anreicherung in der Atmosphäre. Die hohe Mobilität führt in Verbindung mit den langen Halbwertszeiten zu einer weiträumigen Verteilung der CKW. In der Atmosphäre haben CKW neben den FCKW einen wesentlichen Anteil an der Zerstörung der Ozonschicht und am Treibhauseffekt. Als Endprodukt des atmosphärischen Abbaus entsteht Salzsäure, die zum „sauren Regen" beiträgt. Emittierte CKW können über den Luftweg mit dem Niederschlag zum Boden gelangen und führen dann zu Boden- und Grundwasserverunreinigungen. Die Persistenz ist hoch. Als langfristig gebildetes Abbauprodukt wird u. a. giftiges >Vinylchlorid< gebildet. Im Organismus werden CKW kumuliert. Hohe direkte Belastungen führen zu Organschäden (Leber, Niere, ZNS) und chronischen Erkrankungen. Viele CKW können cancerogen wirken. Wegen des umweltgefährdenden Potentials der CKW wird eine Reduktion des Verbrauchs bzw. der völlige Ersatz angestrebt. Die wichtigsten CKW sind Dichlormethan (Methylenchlorid), >Trichlorethylen< (Tri), >Tetrachlorethylen< (Per) und 1,1,1-Trichlorethan. Dichlormethan CH_2Cl_2 entsteht bei der direkten Chlorierung von Methan über Chlormethan CH_3Cl in der Gasphase. Weitergehende Chlorierung führt zu >Trichlormethan< $CHCl_3$ (Chloroform) und >Tetrachlormethan< (Tetrachlorkohlenstoff).

$$CH_4 \xrightarrow[-HCl]{+Cl_2} CH_3Cl \xrightarrow[-HCl]{+Cl_2} CH_2Cl_2 \xrightarrow[-HCl]{+Cl_2} CHCl_3 \xrightarrow[-HCl]{+Cl_2} CCl_4$$

Methylenchlorid dient als Lösungsmittel für versch. org. Synthesen. 1,1,1-Trichlorethan wird als Lösungsmittel eingesetzt. In der Luft erfolgt durch Photooxidation der Abbau zu Salzsäure, Kohlendioxid, Phosgen, Acetylchlorid, Essigsäure und 1,1,1,2-Tetrachlorethan. Die Lebensdauer in der Troposphäre beträgt ca. 10 Jahre. Infolge der besonders langen Lebensdauer dringt 1,1,1-Trichlorethan bis in die Stratosphäre vor und trägt dort zum Abbau der Ozonschicht mit bei. Das Ozonabbaupotential beträgt schätzungsweise 20 % von dem des Trichlorfluormethans.

$$H_3C{-}CCl_3$$

1,1,1-Trichlorethan

Chlormequat. Wirkt als >Wuchsstoff< und zählt zu der Substanzklasse der quarternären Ammoniumverb.
Chemische Bezeichnung: Chlorid: 2-Chlorethyltrimethylammoniumchlorid
CAS-Nummer: 991–81–5 für Chlorid
Hersteller: American Cyanamid, BASF AG
Wirkungstyp: Hemmstoff des Zellstreckungs-Wachstums. Bei Getreide und früher Anwendung besonders zur Verkürzung und Verstärkung der untersten Internodien. Aufnahme über Blätter und Wurzeln.

Bevorzugte Anwendung: Zur Verbesserung der Standfestigkeit von Weizen, Hafer und Roggen durch Halmverfestigung. Hemmung des Längenwachstums im Zierpflanzenbau.

$$\left[ClH_2C{-}\!\!\!\bigwedge\!\!\!{-}N(CH_3)_3 \right]^+ Cl^-$$

Chemische und physikalische Eigenschaften:
Physikalische Beschaffenheit: Krist., farblos, stark hygr.
Schmelzpunkt: 245 °C.
Dampfdruck: $< 1 \cdot 10^{-5}$ Pa bei 20 °C.
Geruch: Schwacher Eigengeruch.
Verteilungskoeffizient (log $P_{o/w}$): –1,58 bei pH 7 und 20 °C.
Stabilität: Bis zu 50 °C mind. 2 Jahre stabil.
Korrosives Verhalten: Korrosiv gegen Eisen und andere Metalle. Aufbewahrung der wäßrigen Lsg. in Glas- oder Kunststoffbehältern.
Löslichkeit: In Wasser >100; Aceton 0,03; Chloroform 0,03; EtOH 32, jeweils g Substanz in 100 g Lsg.-Mittel bei 20 °C.
Abbau und Metabolismus: In Winterweizen ging der CCC-Gehalt von 2.200 bzw. 3.600 mg/kg nach der Spritzung innerhalb 5 Wochen auf 7 bzw. 25 mg/kg zurück. Die Körner sind frei von CCC.
Bei Ziegen sind nach zehntägiger Applikation innerhalb 24 Stunden 97 % der Gesamtaktivität ausgeschieden. Dabei bleibt der Wirkstoff weitgehend unverändert.
Toxizität: Akute orale LD_{50} bei techn. Wirkstoff für Ratte 883 mg/kg, Maus 589 mg/kg. Bei Formulierungen, die Cholinchlorid enthalten, ist die akute Toxizität deutlich vermindert. Akute dermale LD_{50} für Ratte >4.000 mg/kg. Inhalation LC_{50} (4 Stunden) für Ratte >5,2 mg/L. Leichte Augenreizung bei Kaninchen.
Bienentoxizität: Nicht bienengefährlich (B 4).
Fischtoxizität: In Formulierung nicht fischgiftig. LC_{50} (96 Stunden) für Forelle in Cycocel Extra (460 g/L Chlormequatchlorid, 320 g/L Cholinchlorid) ca. 4.500 mg/L und in Chlormequat (400 g/L) 3.200 mg/L.
Vogeltoxizität: Akute orale LD_{50} für Fasan 261 mg/kg, Wachtel 555 mg/kg.

Chloroform. (Trichlormethan, Formylchlorid, Methantrichlorid). Chloroform ist ein >Chlorkohlenwasserstoff<; Chem. Formel: $CHCl_3$; M_r: 119,4 g/Mol; Fp.: –63,5 °C; Siedepunkt: 61,2 °C; Sättigungskonz. in der Luft bei 20 °C: 1,035 g/m³; klare, stark lichtbrechende, farblose Flüssigkeit mit typischem, süßlichem Geruch. Chloroform wurde früher in der Medizin zur Narkose eingesetzt, führte dabei jedoch in zahlreichen Fällen zur Schädigung der Leber. Chronische Intoxikationen können zu Schädigungen der Leber, Niere, des Zentralnervensystems und des cardiovaskulären Systems führen. Die >MAK-Liste< (Stand 1997) ordnet Chloroform der Gruppe III B „Stoffe mit begründetem Verdacht auf krebserzeugendes Potential" zu. Die Herstellung von $CHCl_3$ erfolgt z. B. über die Chlorierung von >Methan<. Chloroform findet u. a. Verwendung als Ausgangsstoff für weitere Produkte und als >Lösungsmittel<. >Emissionen< treten bei der Produktion und beim Einsatz von Chloroform auf. Die >TA Luft<, die zur Beurteilung immissionsschutzrechtlich >genehmigungsbedürftiger Anlagen< heranzuziehen ist, führt Chloroform in der Klasse I der Ziffer 3.1.7 auf. In der

Summe dürfen die in dieser Klasse aufgeführten Stoffe bei einem >Massenstrom< von 0,1 kg/h und mehr im >Abgas< eine Konz. von 20 mg/m^3 nicht überschreiten. Chloroform ist, begünstigt durch seine rel. gute Wasser- und Fettlöslichkeit, seinen hohen >Dampfdruck< sowie seine vergleichsweise große Stabilität, ubiquitär nachweisbar. Neben den Emissionen bei der Produktion und Anwendung sind hierbei die Bildung von Chloroform bei der Chlorbleiche von >Cellulose< und der >Chlorung< von Wasser (Haloform-Rkt.) sowie als Abbauprodukt weiterer Chlorkohlenwasserstoffe bedeutsame Kontaminationsquellen.

Chloroform-Fumigationsmethode. Bestimmung der mikrobiellen >Biomasse< von Böden durch Messung der Atmung eines mit Chloroform sterilisierten und mikrobiell wiederbeimpften Bodens. >Chloroform<, >Bodenbiologie, Methoden<.

Chlorophos. >Trichlorphon<.

Chlorophyll. (Blattgrün): Ein in allen grünen Pflanzenteilen vorkommendes Gemisch aus Chlorophyll a (blaugrün) und Chlorophyll b (gelbgrün), das gemeinsam mit >Carotinen< und >Xanthophyllen< in den Chloroplasten der Pflanzenzellen vorliegt. Es handelt sich um ein Porphyringerüst, das Magnesium als Zentralatom enthält. Eine Phytylseitenkette bewirkt die Lipidlöslichkeit. In der Pflanze ist das Chlorophyll an Eiweiß zu einem lichtstabilen, gegen Sauerstoff und Kohlendioxid beständigen Chromoprotein gebunden. Chlorophyll fungiert in der Pflanze als Photosynthesepigment. Es kann durch Extraktion mit Alkohol oder Aceton z.B. aus Gras, Brennesseln oder Luzerne gewonnen werden. Der Eiweißanteil wird dabei abgetrennt. Bei der Herstellung von Lebensmitteln dient Chlorophyll zur Färbung von Pistazienspeiseeis, Pfefferminzbonbons, Kaugummi und Essenzen. Der ADI-Wert ist nicht limitiert.

Chlorophyll-Kupfer-Komplex. Ein grüner Lebensmittelfarbstoff, der aus >Chlorophyll< durch teilweisen Ersatz des Magnesiums durch Kupfer als Zentralatom hergestellt wird. Der ADI-Wert beträgt bis zu 15 mg/kg Körpergewicht. Der Einsatz erfolgt für dieselben Zwecke wie Chlorophyll.

Chloroplasten. (Grch. chlorus = grün; plastos = gebildet). Chlorophyllhaltige, pflanzliche Zellorganellen aus der Gruppe der >Plastiden<, in denen die >Photosynthese< abläuft. Weitere Biosyntheseleistungen resultieren aus der Synth. von langkettigen Fettsäuren, Isoprenoiden, versch. >Aminosäuren< sowie aus der >Nitrit-< und >Sulfat-Red.<. Chloroplasten besitzen eine doppelte Membranhülle, welche das Stroma und darin eingeschlossen >Thylakoidmembranen< umschließt (s. Abb.). Thylakoidstapel bilden sog. Grana. Verschiedene Grana werden durch Stromathylakoide

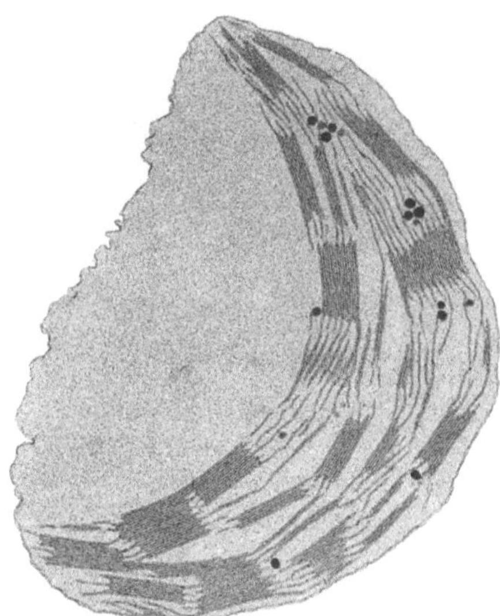

Chloroplasten: Elektronenmikroskopische Aufnahme eines Chloroplasten aus einem Spinatblatt (Aus Stryer L (1988) Biochemistry, 3. Aufl., W. H. Freeman and Company, New York)

verbunden. Die Thylakoidmembranen enthalten die photosynth. Reaktionszentren (Photosystem II und I) mit den assoziierten Pigment-Proteinkomplexen als Antennen, außerdem den wasserspaltenden Enzymkomplex, die >Elektronentransportkette< und die ATP-Synthase. Im Stroma befinden sich u.a. die lösl. >Enzyme< des >Calvin-Zyklus<, welche die von den Thylakoiden synthetisierten Cosubstrate >ATP< und >NADPH< zur Synth. von Zuckern aus >CO_2< nutzen. Die innere Hüllmembran enthält u.a. den Phosphattranslokator, ein Antiportsystem für die exportierbaren C_3-Zucker Phosphoglycerat und Dihydroxyacetonphosphat gegen anorg. >Phosphat<, sowie den Adenylattranslokator, ein Antiportsystem für ATP gegen >ADP<. Chloroplasten sind genetisch semiautonome Systeme. Sie enthalten eigene >DNA< in Form von bis zu 100 doppelsträngigen DNA-Ringen in jungen Blättern. Auf der DNA sind ca. 150 Gene lokalisiert, u.a. für die 4 ribosomalen RNAs und einige Transfer-RNAs, für die plastidäre Proteinsynthese und Gentranskription sowie für eine Reihe plastidärer Enzyme. Die überwiegende Mehrzahl der Chloroplastenproteine muß jedoch aus dem >Cytosol< importiert werden.

Chloroquin. >Antiprotozoika<.

Chloroxuron. Ein herbizid wirkendes Harnstoffderivat, das vorwiegend im Gemüseanbau eingesetzt wird. Der Abbau im Boden erfolgt relativ schnell, so daß nachfolgende Kulturen i. allg. nicht gefährdet sind.

Chlorphacinon. Chlorphacinon wirkt als >Rodentizid< und zählt zur Substanzklasse der Indan-Derivate.

Chemische Bezeichnung: 2-[2-(4-Chlorphenyl)-2-phe-nylacetyl]-indan-1,3-dion
CAS-Nummer: 3691–35–8
Hersteller: Lipha
Wirkungstyp: Hemmt die Blutgerinnung durch Blok-kierung der Prothrombinbildung. Führt bei wiederhol-ter Aufnahme zum Tod der Nagetiere durch innere Blutungen. Durch Wirkungsverzögerung tritt auch bei wiederholter Anwendung keine Köderscheu ein.
Bevorzugte Anwendung: Gegen Feldmäuse auf Grün-land und im Obstbau sowie Erd- und Rötelmäuse im Forst. Als Antikoagulans gegen Wanderratten und Hausmäuse.

Chemische und physikalische Eigenschaften:
Physikalische Beschaffenheit: Hellgelb, geruchlos, kri-stallin.
Schmelzpunkt: 140 °C.
Siedepunkt: 240 °C bei 80 Pa.
Dampfdruck: 0,1 µPa bei 25 °C.
Verteilungskoeffizient (log $P_{o/w}$): 2,71.
Stabilität: Die HWZ im Wasser beträgt >45 Tage bei 22 °C und pH 5,4 bis 9. Schneller Abbau durch Photo-lyse, die HWZ beträgt <1 Stunde.
Löslichkeit: In Wasser 11 mg/L bei 20 °C und pH 7.
Abbau und Metabolismus:
Boden: Schnelle Adsorption an Bodenpartikel. Durch oxidative Ringöffnung entsteht als Hauptmetabolit 4-Chlordiphenylessigsäure.
Säugeorganismus: Nach oraler Aufnahme rasche Re-sorption, wobei eine hohe Konz. in der Leber erreicht wird. Bei der Ratte erreicht die Konz. im Blut bereits nach 4 h ihren Höchstwert. Die HWZ im Blut beträgt 10 h. Elim. hauptsächlich über Faeces (90 % in 48 h).
Toxizität: Akute orale LD_{50} für Ratte 3,15 mg/kg. Aku-te dermale LD_{50} für Kaninchen 3 mg/kg. Akute Inhala-tion LC_{50} (4 h) für männliche Ratte 0,99 mg/L. Keine Haut- und sehr geringe Augenreizwirkung bei Kanin-chen. 3-Monate-Fütterungstest NOEL für Ratte 5 µg/L.
Fischtoxizität: Fischgiftig. Akute LC_{50} (96 h) für Re-genbogenforelle 0,35, Sonnenbarsch 0,62 mg/L. NOEC (96 h) Regenbogenforelle 0,10, Sonnenbarsch 0,24 mg/L.
Vogeltoxizität: Akute orale LD_{50} für Japanische Wach-tel 607 und Hühnerküken 2.340 mg/kg. Subakute LD_{50} (120 h) für Stockente 204 bis 426. Virginiawachtel 95 bis 242 mg/kg Futter.
Wirbellose-Toxizität: Giftig für Fischnährtiere und Grünalgen. EC_{50} (24 h) für *Daphnia magna* >1 mg/L. EC_{50} (48 h) für *Daphnia magna* 0,42 mg/L. EC_{50} (96 h) für Grünalge *(Scenedesmus)* 0,42 mg/L. NOEC (48 h) für *Daphnia magna* 0,13 mg/L. NOEC (96 h) für Grünalge *(Scenedesmus)* 0,037 mg/L.

Chlorpromazin. (Megaphen): Ein Psychopharmakon aus der Gruppe der Phenothiazine. Das Neurolepti-kum wirkt zentraldämpfend und antipsychotisch, anti-cholinergisch, ganglienblockierend, lokalanästhetisch, adrenolytisch und antihistaminisch. Beim Menschen hält die sedierende Wirkung 5 bis 6 h an. Der Abbau erfolgt vorwiegend in der Leber, wobei ca. 75 z. T. noch aktive Metaboliten entstehen. Die Anwendung erfolgt ebenfalls bei Schlachttieren zur Sedierung.

Chlorpropham (CIPC). Wirkt als >Herbizid< und zählt zur Substanzklasse der >Carbamate<.
Chemische Bezeichnung: N-(3-Chlorphenyl)-isopro-pylcarbamat
CAS-Nummer: 101–21–3
Hersteller: Monsanto
Wirkungstyp: Selektives Vor- und Nachauflauf-Herbi-zid. Hemmstoff der Photosynth. und der Zellteilung (Mitose).
Bevorzugte Anwendung: Gegen auflaufende Unkräu-ter in Blumenzwiebeln und Blumenknollen. Keimhem-mung bei lagernden Speise- und Wirtschaftskartoffeln, auch in Kombination mit Propham.

Chemische und physikalische Eigenschaften:
Physikalische Beschaffenheit: Krist., farblos.
Schmelzpunkt: 38 bis 40 °C, rein 41,4 °C.
Siedepunkt: 247 °C (unter Zers.).
Dampfdruck: ca. $1,3 \cdot 10^{-3}$ Pa bei 25 °C.
Geruch: charakteristisch
Verteilungskoeffizient (log $P_{o/w}$): 2,92 bei 20 °C.
Stabilität: Wird durch Säuren und Alkalien langsam hydrolysiert. Unter Normalbedingungen weitgehend stabil.
Löslichkeit: 89 mg/L in Wasser bei 25 °C.
Abbau: Hydrolytische Spaltung der Esterbindung, Zer-fall der entstehenden 3-Chlorphenyl-carbamidsäure in CO_2 und 3-Chloranilin. Im Warmblüterorganismus Hy-droxylierung des Benzolrings und der Estergruppe. Halbwertszeit im Boden etwa 65 Tage bei 15 °C, 30 Ta-ge bei 29 °C.
Toxizität: Akute orale LD_{50} für Ratten 5.000 bis 7.500 mg/kg, für Kaninchen 5.000 mg/kg. Dermale To-xizität war nicht feststellbar. In 2-Jahre-Fütterunsver-suchen an Ratten und Hunden waren 2.000 mg/kg Fut-ter die höchste Dosis ohne Wirkung.
Bienentoxizität: Deutschland: Emulsionskonzentrat bienengefährlich (B 1).
Fischtoxizität: Nicht fischgiftig. Die LC_{50}-Daten schwanken zwischen 2 und 15 mg/L.

Chlorpyrifos. Wirkt als >Insektizid< aus der Substanz-klasse der >Phosphorsäureester<.
Chemische Bezeichnung: O,O-Diethyl-O-(3,5,6-tri-chlor-2-pyridyl)-monothiophosphat
CAS-Nummer: 2921–88–2
Hersteller: Dow AgroSciences
Wirkungstyp: Insektizid mit Berührungs-, Fraß- und Atemwirkung. Absorption durch Blätter und Wurzeln. Geringe Translokation. Hemmstoff der Cholinestera-se.
Bevorzugte Anwendung: Gegen Blutlaus an Äpfeln, Obstmade an Kernobst, beißende Insekten an Kern-

obst, Pflaumen, Zwetschen. Gegen Ameisen an Zierpflanzen. Gegen Drahtwürmer, Moosknopfkäfer an Zuckerrüben. Gegen Hausfliegen, Haushalts- und Lagerschädlinge, Kleidermotten, Parasiten an Haustieren. Stallspritzmittel, Moskitobekämpfung.

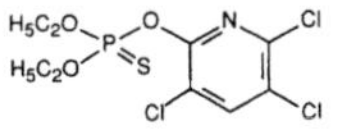

Chemische und physikalische Eigenschaften:
Physikalische Beschaffenheit: Krist., farblos.
Schmelzpunkt: 42 bis 43,5 °C (99,5 % rein).
Dampfdruck: $2,5 \cdot 10^{-5}$ Pa bei 25 °C.
Verteilungskoeffizient (log $P_{o/w}$): 4,7 bei 20 °C.
Stabilität: In neutralem und schwach saurem Medium weitgehend stabil. Hydrolyse durch starke Alkalien. Halbwertszeit einer wäßrig-alkoholischen Lsg. bei pH 10 etwa 7 Tage.
Korrosives Verhalten: Greift Kupfer und Messing an.
Löslichkeit: In Wasser etwa 2 mg/L bei 35 °C.
Abbau: Ratten scheiden nach oraler Aufnahme 90 % mit dem Urin aus. Als Metaboliten wurden Monoethyl-Chlorpyriphos und das P=O-Oxidationsprodukt gefunden, außerdem Trichlorpyridinol. Im Boden langsamer hydrolytischer Abbau, geringer bakterieller Angriff, Halbwertszeit 80 bis 100 Tage.
Toxizität: Akute orale LD_{50} für Ratten 135 bis 163 mg/kg, Meerschweinchen 500 mg/kg, Kaninchen 1.000 bis 2.000 mg/kg, Küken 32 mg/kg. Keine teratogenen Eig. Bei wiederholter Moskito-Bekämpfung keine Vogelmortalität beobachtet. Dermale LD_{50} für Kaninchen etwa 2.000 mg/kg. Geringe Reizwirkung auf die Augen.
Bienentoxizität: Bienengefährlich (B 1).
Fischtoxizität: Fischgiftig. LC_{50} (24 Stunden) für Goldfisch 0,18 mg/L. EC_{50} (48 h) für *Daphnia* 1,7 µg/L.

Chlorpyrifos-methyl. Wirkt als >Insektizid< und zählt zur Substanzklasse der Organophosphorverbindungen.
Chemische Bezeichnung: *O,O*-Dimethyl-*O*-(3,5,5-trichlor-2-pyridyl)-phosphorthioat
CAS-Nummer: 5598–13-0
Hersteller: Dow AgroSciences
Wirkungstyp: Nicht-systemisches Insektizid mit Berührungs-, Fraß- und Atemwirkung, das durch Hemmung der Cholinesterase wirkt.
Bevorzugte Anwendung: Gegen Insekten und Milben in Lagergetreide und verschiedenen Schädlingen in Gemüse, Obst und anderen Kulturen.

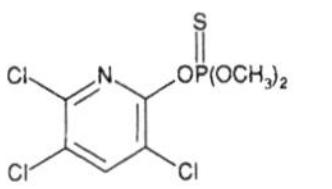

Chemische und physikalische Eigenschaften: Farblose Kristalle mit einem Schmelzpunkt von 45,6–46,5 °C und einer Dichte von 1,64.
Dampfdruck: 3 mPa bei 25 °C.
Verteilungskoeffizient (log Po/w): 4,24.
Koc-Wert: 1190–8100 mL/g.
Löslichkeit: In Wasser 2,6 mg/l bei 20 °C.
Stabilität: Hydrolysiert unter sauren und alkalischen Bedingungen. Unter wäßrigen Hydrolysebedingungen beträgt die HWZ 1,8–3,8 Tage.

Abbau und Metabolismus: Im Boden findet überwiegend mikrobieller Abbau zu 3,5,6-Trichlorpyridin-2-ol statt, das weiter zu Organochlorverbindungen und CO_2 abgebaut wird. HWZ beträgt 1,5–33 Tage. In Ratten erfolgt schnelle Metabolisierung überwiegend zu 3,5,6-Trichlor-2-pyridinol, das hauptsächlich über den Urin ausgeschieden wird.
Säugertoxizität: Akute orale LD_{50} für Ratte >3.000 mg/kg. Akute dermale LD_{50} für Kaninchen >2.000 mg/kg. Inhalation LC_{50} für Ratte (4 h) >0,67 mg/L. Bei Kaninchen keine Haut- und Augenreizung. 2-Jahre-Fütterungstest NOEL für Ratte und Hund 0,1 mg/kg/Tag.
Als Antidot wird Injektion von Atropin empfohlen.
Bienentoxizität: Stark toxisch. LD_{50} Kontakt 0,38 µg/Biene.
Fischtoxizität: Stark fischtoxisch; LC_{50} (96 h) für Regenbogenforelle 0,3 mg/L.
Vogeltoxizität: Akute orale LD_{50} für Huhn >7.950 mg/kg (Kapselanwendung). 8-Tage-Fütterungstest LC_{50} für Stockente 2.500–5.000 mg/kg Futter.
Wirbellosetoxizität: EC_{50} (24 h) für Daphnia 16–25 µg/L.

Chlorsulfuron. Chlorsulfuron wirkt als >Herbizid< und zählt zur Substanzklasse der Sulfonylharnstoffe.
Chemische Bezeichnung:
1-(2-Chlorphenylsulfonyl)-3-(4-methoxy-6-methyl-1,3,5-triazin-2yl)harnstoff
CAS-Nummer: 64902–72–3
Hersteller: Du Pont
Wirkungstyp: Selektives systemisches Herbizid, das über Wurzeln und Blätter absorbiert und sowohl akropetal wie auch basipetal in der Pflanze transportiert wird. Es hemmt die Synth. essentieller Aminosäuren, was zur Inhibierung der Zellteilung führt. Dies führt zum Wachstumsstillstand, die Unkräuter sterben von den Trieb- und Wurzelspitzen her ab.
Bevorzugte Anwendung: Gegen breitblättrige Unkräuter und einige Gräser in Getreide sowie auf Nichtkulturland.

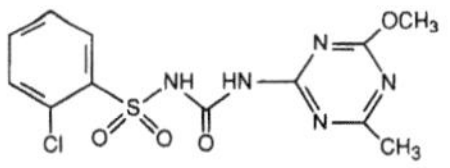

Chemische und physikalische Eigenschaften:
Physikalische Beschaffenheit: Farblose Kristalle.
Schmelzpunkt: 174 bis 178 °C.
Dampfdruck: 3 nPa bei 25 °C.
Dichte: 1,52 g/cm^3.
Verteilungskoeffizient (log $P_{o/w}$): 5,5 bei pH 5, 0,046 bei pH 7; jeweils bei 25 °C.
Stabilität: In wäßrigen Lösungen tritt Hydrolyse auf, bei pH 5,7 bis 7 und 20 °C beträgt die HWZ 4 bis 8 Wochen, pH <5 signifikanter Abbau innerhalb von 1 bis 2 Tagen. Hydrolyse kann durch polare organische Lösungsmittel wie Methanol oder Aceton noch gesteigert werden.
Löslichkeit: In Wasser bei 25 °C und pH 5 60 mg/L; bei pH 7 7 g/L.
Abbau und Metabolismus: Pflanze: In toleranten Pflanzen erfolgt schnelle Inaktivierung durch Metabolisierung, während in sensitiven Pflanzen nur eine sehr geringe Metabolisierung auftritt. Beispielsweise katalysieren Weizenpflanzen die Arylhydroxylierung von Chlorsulfuron in der 5-Position des Phenylringes.

Boden: Es erfolgt Hydrolyse und mikrobieller Abbau. Die Abbaurate ist geringer als die von Metsulfuron-methyl, die HWZ beträgt durchschnittlich 4 bis 6 Wochen. Hohe Bodentemperaturen, niedriger pH-Wert und Bodenfeuchtigkeit fördern den Abbau.

Säugerorganismus: Es erfolgt schnelle Metabolisierung und Ausscheidung über Urin und Faeces.

Toxizität: Akute orale LD_{50} für männliche Ratte 5.545, weibliche Ratte 6.293 mg/kg. Akute dermale LD_{50} für Kaninchen >3.400 mg/kg. Akute Inhalation LC_{50} (4 h) für Ratte >5,9 mg/L. 2-Jahre-Fütterungstest NOEL für Ratte 100, Maus 500 mg/kg Futter. Geringe Haut- und Augenreizwirkung bei Kaninchen.

Bienentoxizität: Nicht bienentoxisch.

Fischtoxizität: LC_{50} (96 h) für Regenbogenforelle und Blaukiemen-Sonnenbarsch >250 mg/L.

Vogeltoxizität: Akute orale LD_{50} für Stockente und Japanische Wachtel >5.000 mg/kg. 8-Tage-Fütterungstest LC_{50} für Stockente und Japanische Wachtel >5.000 mg/kg Futter.

Chlorthalonil. Wirkt als >Fungizid< und gehört zur Gruppe der halogenierten Benzonitrile.
Chemische Bezeichnung: Tetrachlor-isophthalonitril
CAS-Nummer: 1897–45–6
Hersteller: Diamond Shamrock
Wirkungstyp: Blattfungizid.
Bevorzugte Anwendung: Gegen Kraut- und Knollen-fäule an Kartoffeln. Gegen *Botrytis tulipae* an Tulpen im Gewächshaus. Im Ausland auch gegen Pilzerkrankungen im Obst-, Gemüse-, Wein- und Zierpflanzenanbau und im Rasen.

Chemische und physikalische Eigenschaften:
Physikalische Beschaffenheit: Krist., farblos, geruchlos (rein).
Schmelzpunkt: 250 bis 251 °C.
Siedepunkt: >350 °C
Dampfdruck: $5,72 \cdot 10^{-7}$ Pa bei 25 °C.
Verteilungskoeffizient (log $P_{o/w}$): 2,89.
Geruch: Geruchlos (techn. Wirkstoff hat leicht stechenden Geruch).
Verteilungskoeffizient (log $P_{o/w}$): $7,62 \cdot 10^2$ bei 20 °C.
Stabilität: Beständig gegen Hitze und UV-Bestrahlung, auch gegen mäßig starke Säuren und Alkalien.
Löslichkeit: In Wasser 0,6 mg/L bei 20 °C.
Abbau: Als Metabolit wird in Pflanzen 4-Hydroxy-2,5,6-trichlorisophthalonitril gefunden. Halbwertszeit im Boden je nach Feuchtigkeit und Temp. 1,5 bis 3 Monate. Bei Metabolisierung im Säugerorganismus werden Konjugate mit Glutathion gebildet.
Toxizität: Akute orale LD_{50} für Ratten >10.000 mg/kg, für Hunde >5.000 mg/kg. Akute dermale LD_{50} für Kaninchen >10.000 mg/kg. Leichte Reizwirkung auf die Augen. Verfütterung bis zu 2 g/kg/Tag (20.000 mg/kg im Futter) an Ratten über 90 Tage und ebenso 60 mg/kg an Ratten bzw. 120 mg/kg an Hunde über 2 Jahre ergab keine pathologischen Veränderungen. >NOEL< für Hunde im 2-Jahre-Fütterungstest >120 mg/kg.
Fischtoxizität: Giftig für Fische. LC_{50} (96 h) für Regenbogenforelle 0,49 mg/L, für Bluegill 0,62 mg/L. EC_{50} (48 h) für *Daphnia* 70 µg/L.

Vogeltoxizität: Akute orale LD_{50} für Stockente >4.640 mg/kg. 8-Tage-Fütterungstest LC_{50} für Stockente und Japanische Wachtel >10.000 mg/kg Futter.

Chlortoluron. Wirkt als >Herbizid< und zählt zur Substanzklasse der Harnstoff-Derivate.
Chemische Bezeichnung: 3-(3-Chlor-4-methyl-phenyl)-1,1-dimethyl-harnstoff
CAS-Nummer: 15545–48–9
Hersteller: Novartis.
Wirkungstyp: Selektives Vor- und Nachauflauf-Herbizid. Aufnahme über Wurzeln und Blätter. Hemmstoff der Photosynth.
Bevorzugte Anwendung: Gegen Ackerfuchsschwanz, Windhalm, Rispengräser und flachkeimende Samenunkräuter in Winterweizen und Gerste.

Chemische und physikalische Eigenschaften:
Physikalische Beschaffenheit: Krist., farblos.
Schmelzpunkt: 147 bis 148 °C.
Dampfdruck: $1,7 \cdot 10^{-7}$ hPa bei 20 °C.
Verteilungskoeffizient (log $P_{o/w}$): 2,29 bei 20 °C.
Stabilität: Stabil unter Normalbedingungen in neutralem Medium. Wird durch starke Säuren und Alkalien hydrolysiert.
Löslichkeit: In Wasser 70 mg/L bei 20 °C.
Abbau: Bei Frühjahrsanwendung im Freiland Halbwertszeit etwa 30 Tage. 120 Tage nach Frühjahrsbehandlung von Winterweizen enthielten die Körner keine nachweisbaren Rückstände mehr. Metaboliten sind 3-Chlor-*p*-toluidin, 3-(3-Chlor-4-methyl-phenyl)-1-methyl-harnstoff und 1-(3-Chlor-4-methyl-phenyl)-harnstoff.
Toxizität: Akute orale LD_{50} für Ratten mehr als 10.000 mg/kg, akute dermale LD_{50} (Ratte) mehr als 2.000 mg/kg, akute Inhalationstoxizität LD_{50} (Ratte) 1.300 mg/m³ techn. Wirkstoff, Versuchsdauer 6 Stunden. Bei Verfütterung von 800 mg/kg an Ratten bzw. 600 mg/kg an Hunde über 90 Tage waren keine Vergiftungssymptome feststellbar. Nach oraler Verabreichung über 90 % Ausscheidung innerhalb von 24 Stunden in Urin und Faeces.
Bienentoxizität: Nicht bienengefährlich (B 4).
Fischtoxizität: LC_{50} für Forelle 35 mg/L, für Karpfen >100 mg/L.

Chlorung. Chlor ist als gebräuchliches chem. Desinfektionsmittel seit vielen Jahrzehnten bekannt. Die Chlorbehandlung ermöglicht eine umfassende Eliminierung von Keimen in Abwässern (kommunalen Abwässern, Krankenhausabwässern, Abwässern aus Heilstätten u.a.). Ein sicherer Desinfektionserfolg ist besonders bei nicht zu stark verschmutzten Abwässern erreichbar (z.B. >biol. gereinigten Abwässern<. In den USA und in Kanada ist die Abwasserchlorung bei kommunalen Abwässern weit verbreitet, in Europa wird hingegen unter Abwägung von Hygiene und Gewässerschutz (Gewässerbelastung durch halogenierte Kohlenwasserstoffe) in der Regel gegen die Abwasserchlorung am Ablauf von kommunalen Kläranlagen entschieden. Als Ch. im engeren Sinne bezeichnet man die direkte Behandlung des Wassers mit reinem Chlor in Gasform oder die indirekte mit wäßrigen Chlorlsg. Unter Ch. im weiteren Sinne wird die Anwendung von chlorabspaltenden Verb. verstanden wie Hypochloriten, Chloraminen u. a. org. Chlorverb. Die Ch. ermöglicht 1. die Verminderung von Krankheitserregern im Abwasser mit verhältnismäßig geringen Anschaffungs- und Betriebskosten, 2. die Desinfektion beliebiger Abwassermengen, 3. die einfache Erweiterung der Desinfektionseinrichtungen bei zunehmenden Abwassermengen, 4. raschen Einsatz, z. B. während einer Badesaison oder einer >Epidemie<.

Lit: Abwassertechnische Vereinigung (Hrsg.) (1982–1986) Lehr- und Handbuch der Abwassertechnik, 3. Aufl., Bd. 1–7, Verlag von Wilhelm Ernst und Sohn, Berlin München.

Chlorwasserstoff. Anorg. Säure; Chem. Formel: HCl; M_r: 36,461; Fp.: –114,22 °C; Siedepunkt: –85,05 °C; farbloses Gas von stechendem Geruch. Chlorwasserstoff wirkt ätzend auf die Atmungsorgane und führt bei längerer >Exposition< zu Bronchialkatarrhen mit heftigem Reizhusten. Eine Lsg. von Chlorwasserstoff in Wasser wird als >Salzsäure< bezeichnet. Eine bei 15 °C an Chlorwasserstoff gesättigte wäßrige Lsg. ist 42,7 %ig. „Konz. Salzsäure", auch „rauchende Salzsäure" genannt, des Handels ist meist 38 %ig. Chlorwasserstoff ist eine bedeutsame Grundchemikalie, u. a. zur Herstellung chlorierter org. Verb., wie z. B. >Polyvinylchlorid<, und als Salzsäure zu Ätz-, Beiz- und Reinigungszwecken für metallische und keramische Werkstoffe. Als häufiges Nebenprodukt bei Produktionsprozessen ist es im >Abgas< entspr. Produktionsanlagen anzutreffen. Weitere >Emissionsquellen< stellen mit Kohle betriebene >Kraftwerke< und insbesondere >Abfallverbrennungsanlagen< dar, da aus chlorhaltigen Materialien beim Verbrennungsprozeß überwiegend Chlorwasserstoff entsteht. Die >TA Luft<, die zur Beurteilung immissionsschutzrechtlich >genehmigungsbedürftiger Anlagen< heranzuziehen ist, führt Chlorwasserstoff in der Klasse III der Ziffer 3.1.6 auf. Danach dürfen dampf- oder gasförmige anorg. Chlorverb., soweit nicht in Klasse I, angegeben als Chlorwasserstoff, bei einem >Massenstrom< von 0,3 kg/h oder mehr im Abgas eine Konz. von 30 mg/m^3 nicht überschreiten. Durch >Absorption< in Abgaswäschern kann Chlorwasserstoff aus Abgasen entfernt werden. Der Abscheideeffekt wird durch basisch arbeitende Wäscher verbessert. Bei Zugabe von >Natronlauge< entsteht Natriumchlorid, das ggf. nach dem Eindampfen des Waschwassers und nach Reinigung einer Verwertung zugeführt werden kann. Verbrennungseinheiten, in denen org. Verb. mit hohem Chlorgehalt verbrannt werden, dienen zur Rückgewinnung von Salzsäure durch den Einsatz mehrstufiger Wasserwäscher. In diesen Anlagen wird ein Großteil der Stoffe verwertet, die früher wegen der hohen Chlorwasserstoffemissionen der >Verbrennung auf See< zugeführt wurden. Zum Schutz vor Gesundheitsgefahren sind in der TA Luft für Chlorwasserstoff ein >Immissionswert< IW 1 von 0,10 mg/m^3 und ein Immissionswert IW 2 von 0,20 mg/m^3 aufgeführt. Sehr empfindliche Pflanzen werden bereits durch deutlich geringere Chlorwasserstoffkonz geschädigt, so daß die Immissionswerte der TA Luft ein gewisses Risiko für die Pflanzen nicht ausschließen. Die verursachten Schäden, z. B. Braunfärbung der Blattränder, sind ähnlich wie bei der Einwirkung von >Fluorwasserstoff<. Auf Metalle wirkt Chlorwasserstoff korrodierend und greift Anstriche an. Zum Schutz von Arbeitnehmern führt die >MAK-Liste< (Stand 1999) eine max. Arbeitsplatzkonzentration in der Luft von 7,6 mg/m^3 auf.

Chocolate Brown. >Schokoladenbraun FB<.

Cholera. Akute, durch *Vibrio cholerae* (heute meist Biovar = Biotyp eltor) hervorgerufene Infektionskrankheit vorwiegend des Dünndarms. Symptome: zunächst plötzliches Auftreten heftiger dünnflüssiger Durchfälle, danach Flüssigkeitsverarmung (Exsikkose), Untertemperatur, eingefallenes Gesicht, Krämpfe, Benommenheit, Delirium, >Koma<. Infektion erfolgt fast nur >oral< durch die mit dem Kot ausgeschiedenen Erreger, und zwar entweder nach Kontakt von Mensch zu Mensch oder durch verunreinigte Nahrung (Trinkwasser). Meldepflichtige Krankheit nach Bundes-Seuchengesetz.

Cholin. (2-Hydroxyethyl)trimethylammoniumhydroxid, farblose, viskose, hygroskopische Flüssigkeit, reagiert stark basisch; in der Natur weit verbreitet, z. B. als Bestandteil des Lecithins; in Pflanzen liegt es häufig in oxidierter Form als Betain vor. Im Organismus fungiert es als Methylgruppendonator und wirkt als Vorstufe zu >Acetylcholin<, aus Acetylcholin wird es unter dem Einfluß von Acetylcholinesterase gebildet. C. wirkt gefäßerweiternd, blutdrucksenkend, vermindert die Fettablagerung bes. in der Leber. Cholinmangel kann zur Fettleber führen.

Cholinesterase. C. spaltet Acetylcholin zu Cholin und Essigsäure und bewirkt eine Inaktivierung, da Cholin deutlich weniger wirksam ist als Acetylcholin. Man unterscheidet die spez. Acetylcholinesterase und die unspez. (Pseudo-)Cholinesterase. Die Acetylcholinesterase ist strukturgebunden und findet sich in hoher Aktivität v. a. in den post- sowie präsynaptischen Membranen. Sie ist in der Lage, Acetylcholin innerhalb weniger Millisekunden zu spalten. Essigsäure wird auf dem Blutweg abtransportiert, während Cholin zum größten Teil wieder in das cholinerge Neuron aufgenommen wird und dort zur Resynthese von Acetylcholin genutzt wird. Die unspez. C. spaltet auch andere Cholinester wie Benzoylcholin, Succinylcholin oder mit besonders hoher Aktivität Butyrylcholin und wird deshalb auch Butyrylcholinesterase genannt. Sie befindet sich u. a. im Blutserum und in der Leber; sie verhindert eine Übertragung der Acetylcholinwirkung auf andere Organe. Spez. Hemmstoffe sind >Cholinesterasehemmer<.

Lit: Forth W, Henschler D, Rummel W (Hrsg.) (1988) Pharmakologie und Toxikologie. BI Wissenschaftsverlag, Mannheim Wien Zürich.

Cholinesterasehemmer. Synthetische Hemmstoffe der Cholinesterase: 1. reversible Hemmstoffe: Physostigmin, natürliches Alkaloid; Neostigmin und Pyridostigmin sind synthetische Präparate mit Erregungswirkung auf Darm- und Blasenmuskulatur, ohne Wirkung auf das ZNS (als quaternäre Ammoniumverbindung können sie im Unterschied zu Physostigmin nicht die Blut-Hirn-Schranke passieren). Distigmin und Demecarium unterscheiden sich von den letztgenannten durch eine langsam einsetzende und lange anhaltende Wirkung und sind für Dauerbehandlung geeignet. 2. Irreversible Hemmstoffe: >Phosphorsäureester<, sie sind biologisch abbaubar, werden nicht im Organismus gespeichert, allerdings weisen sie eine hohe akute >Toxizität< auf. Sie hemmen die >Cholinesterase<; indem das Enzym irreversibel phosphoryliert wird, >Acetylcholin< kann nicht mehr gespalten werden, was eine Acetylcholintoxikation mit Erbrechen, Durchfällen, Blutdrucksenkung, Krämpfen, Atemlähmung und schließlich Tod zur Folge haben kann. Phosphorsäu-

reester werden als Kontakt- und systemische >Insektizide< im >Pflanzenschutz<, als >Fungizide<, gegen >Ekto<- und >Endoparasiten< in der Veterinärmedizin sowie zur >Malaria-Bekämpfung< eingesetzt. Einige hochtoxische Verbindungen wurden zu Kampfstoffen (>Tabun<, >Sarin<) entwickelt. In der chemischen Industrie finden die Phosphorsäureester weite Anwendungsbereiche, z. B. als >Weichmacher< in >Kunststoffen< und >Lacken<, als >Flammschutzmittel< usw. Als Arzneimittel werden sie in begrenztem Umfang zur Behandlung des Glaukoms und Myasthenia gravis eingesetzt.
Lit: Forth W, Henschler D, Rummel W (1987) Pharmakologie und Toxikologie, BI Wissenschaftsverlag, Mannheim Wien Zürich.

Chondrichthyes (Knorpelfische). >Vertebrata<, >Chordata<.

Chondromyces. >Bacteria< (s. Abb. S. 142).

Chop-leach-Verfahren. Verfahren in >Wiederaufarbeitungsanlagen< zum Aufschluß der >Brennstäbe<. Dabei werden die bestrahlten Brennstäbe mit einer mechanischen Vorrichtung in einige Zentimeter große Stücke zerschnitten und in einem Lösekessel der >Kernbrennstoff< und die >Spaltprodukte< mit konzentrierter Salpetersäure aus den Brennstoffhüllrohren herausgelöst.

Chordata (Chordatiere). >Vertebrata<, >Tunicata<, >Acrania<.

Chrom (Cr). 1. allgemein: Cr ist ein metallisches >Element< der 6. Nebengruppe des >Periodensystems< mit der >Ordnungszahl< 24, dem relativen Atomgewicht 51,996 und besteht aus den natürlichen >Isotopen< ^{50}Cr (4,31 %), ^{52}Cr (83,76 %), ^{53}Cr (9,55 %) und ^{54}Cr (2,38 %). Cr ist ein silberglänzendes, zähes Metall mit hohem Schmelz- (Fp. 1.890 °C) und Siedepunkt (Sdp. 2.670 °C) sowie einer hohen Dichte (7,2 g/cm^3), weshalb es zu den >Schwermetallen< gezählt wird. Cr wird hauptsächlich als Legierungsbestandteil in Spezialstählen, wie z. B. Chrom-Nickel-Stahl, sowie zum Oberflächenschutz durch Chromatieren oder Verchromen eingesetzt. Cr-Verb. kommen u. a. als >Gerbereihilfsmittel< und in Korrosionsschutz- sowie >Farbpigmenten< zum Einsatz. >Emissionen< an Cr sind bei den o. g. Verwendungszwecken zu berücksichtigen. Die >TA Luft<, die zur Beurteilung immissionsschutzrechlich >genehmigungsbedürftiger Anlagen< heranzuziehen ist, führt Cr und seine Verb., angegeben als Cr, in der Klasse III der Ziffer 3.1.4 auf. In der Summe dürfen die in dieser Klasse aufgeführten Stoffe – insgesamt 12 Elemente und deren Verb., berechnet jeweils als Element – bei einem >Massenstrom< von 25 g/h und mehr im >Abgas< eine Konz. von 5 mg/m^3 nicht überschreiten. Verb. des sechswertigen Chroms, die nach >MAK-Liste< (Stand 1999) unter der Kategorie 2 der krebserzeugenden Arbeitsstoffe (Stoffe, die als krebserzeugend für den Menschen anzusehen sind) aufgeführt sind, sind jedoch der Klasse II der Ziffer 2.3 „Krebserzeugende Stoffe" zugeordnet. Danach dürfen Chrom(VI)-Verb. (in atembarer Form), Calciumchromat, Chrom(III)chromat, Strontiumchromat und Zinkchromat angegeben als Cr, und 6 weitere Stoffe bzw. Stoffklassen in der Summe bei einem Massenstrom von 5 g/h oder mehr im Abgas eine Konz. von 1 mg/m^3 nicht überschreiten. Die Belastung der Luft durch Cr ist insgesamt gering. So ist der Chromgehalt des

Chrom: Chrom (Cr, Boden)

	Konzentrations- überblick (mg/kg):
Erdkruste:	80
Serpentinite, ultrabasische Magmatite:	bis 3.400
Böden	
– allgemein:	5 bis 100
– aus Cr-reichem Ausgangsgestein:	bis 3.000
Unterwasserböden	
– unbelastet:	bis 800
– industriell belastet:	bis 800
Pflanzen:	0,1 bis 1
Bodenlösung (schwach sauer bis	
neutral):	0,6 bis 40 µg/L

>Staubniederschlags< und des >Schwebstaubs< in der Regel deutlich geringer als der Gehalt an Blei. Die gemessenen Konz. lassen nach dem gegenwärtigen Kenntnisstand keine Schäden oder bedenkliche Anreicherungen über den Luftpfad erwarten.
2. Boden: Cr kommt in Böden (s. Tabelle) hauptsächlich als 3wertiges Kation Cr^{3+} vor, aber auch als Chromat(VI), dem Anion der Chromsäure H$_2$CrO$_4$. Cr gehört für Tiere und Menschen zu den essentiellen Spurenelementen; für Pflanzen ist dies nicht nachgewiesen.
Cr ist in Böden sehr wenig mobil; Cr(VI) wird, ähnlich wie Phosphat, selektiv sorbiert, Cr(III) in neutralen Böden als schwerlösliches Cr(OH)$_3$ ausgefällt.

Chromatin. (Grch. chroma = Farbe). Die DNA-Moleküle, die sich bei der mitotischen Kernteilung (>Mitose<) zusammen mit anderen Komponenten (Proteine) zu den >Chromosomen< verdichten, liegen während der Interphase, der Phase zwischen den Kernteilungen, stark aufgelockert, über den gesamten Zellkern verteilt vor. Diese Form wird als Ch. bezeichnet. Im Ch. behält die DNA zwar ihre Identität, Chromosomen sind jedoch lichtmikroskopisch nicht mehr zu erkennen.

Chromatium. >Bacteria< (s. Abb. S. 142).

Chromatographie. Verfahren zur Abtrennung von Substanzen aus Substanzgemischen, bei der die zwischen einer stationären Phase und einer mobilen Phase (Laufmittel) auftretenden Verteilungsvorgänge trennend wirken. Je nach Anordnung der stationären Phase unterscheidet man >Säulen-<, >Papier-< und >Dünnschichtchromatographie<.

Chromosom. (Grch. chroma = Farbe, soma = Körper). Im ursprünglichen Sinne die schleifchenförmigen, stark anfärbbaren Strukturen, die bei >Eukaryonten< im Verlauf der mitotischen Kernteilung lichtmikroskopisch sichtbar werden. Jedes Chromosom enthält meistens nur ein großes DNA-Molekül und ist somit eine genetische Teileinheit des >Genoms<. Die DNA liegt hier nicht in langgestreckter Form vor, sondern ist durch basische Proteine (Histone) so verpackt bzw. aufgeknäuelt, daß sie als Ch. sichtbar wird (>DNA-bindende Proteine<).

Chromosomenaberration. (Lat. aberratio = Abweichung). Sammelbegriff für verschiedene Formen der durch >Mutationen< hervorgerufenen Abweichungen an Chromosomen:
– *Genetische Ch.:* In den Keimzellen meist während der mitotischen Teilung auftretende Änderung der

Struktur oder Zahl der Geschlechtschromosomen (gonosomale Ch.) oder sonstiger Chromosomen (autosomale Ch.).

- *Strukturelle Ch.:* Durch >Mutation< hervorgerufener Vorgang im ganzen Chromosom, in einer Chromatide oder kleineren Untereinheiten; z.B. >Deletion<, >Punktmutation< (molekulare Ch.), Chromosomen-Inversion, „Crossing over".
- *Numerische Ch.:* Veränderung der Anzahl an Chromosomen, die z.B. durch Störungen oder Ausfall des zur Chromosomenverteilung auf die Tochterzellen notwendigen Spindelapparats verursacht wird; z.B. Mono- oder Trisomie (Trisomie A21, bekannter als „Mongolismus"), Poly- oder Heteroploidie.
- *Somatische Ch.:* Durch mutagene Agentien in Körperzellen (somatischen Zellen) hervorgerufene Abweichungen an den Chromosomen. Sie werden mit verschiedenen Erkrankungen, wie z.B. der Tumorbildung, in Verb. gebracht.

Lit: Hickl F, Riegel KP (1974) Angewandte Perinatologie. Urban & Schwarzenberg, München – Lust CG, Pfaundler P (1982) Pädiatrische Diagnostik und Therapie. Urban & Schwarzenberg, München.

Chromosomenanalyse. Best. der Zahl, Form, Größe und weiterer morphologisch und durch Färbemethoden unterscheidbarer Details der >Chromosomen< eines Individuums. Dabei wird oft auch die typische Längsgliederung der Chromosomen in sog. Chromosomenbänder (Q-, C-, G-, R- und T-Banden) untersucht. Diese cytochem. darstellbaren Bandenmuster können verwendet werden, um die Chromosomen nach einer Standard-Nomenklatur, der sog. „Paris-Nomenklatur" zu identifizieren. Aus der Ch. wird mittels schematischer Darstellungen des Chromosomenbestandes ein Karyogramm erstellt.

Chromosomendeletion. (Syn. Deletion). Verlust von Teilen eines oder mehrerer Chromosomen. Dabei kann es zum Verlust eines endständigen (distalen) oder eines im Inneren gelegenen (interkalaren) Chromosomenstücks kommen. Bei der interkalaren Ch. werden die neu gebildeten Enden des Chromosoms wieder miteinander verbunden. Die Ch. ist eine Form der >Mutation< und kann mit statistischer Zufälligkeit spontan auftreten oder durch >Mutagene< induziert werden. Die Ch. ist bei >homozygoten< Organismen fast immer letal; bei >heterozygoten< ist sie dann letal, wenn das fehlende Stück dominante, unentbehrliche genetische Informationen enthielt. Bleiben die Organismen lebensfähig, so weisen diese Deletionsmutanten oft starke Mißbildungen oder Anomalien auf.
Beispiele beim Menschen: Katzenschreisyndrom (Ch. auf Chromosom Nr.5); Gaumenspalte, Affenfurche, Muskelhypotonie, Skelettanomalien (Ch. auf Chromosom Nr.14, evtl. auch 13 oder 15); juvenile Diabetes, Mund-, Ohr-, Zahnfehlbildungen, Augenanomalien, Mißbildungen von Gliedmaßen und Herz (Ch. auf Chromosom 17 oder 18; sog. „Deletion-17–18-Syndrom").

Chromosomenkartierung. Graphische Darstellung der linearen Anordnung der auf einem Chromosom lokalisierten >Gene<. Die dadurch erstellten Diagramme werden Chromosomenkarten genannt.

chronisch. (Grch. chronos = Zeit). Im Gegensatz zu >akut< sich langsam entwickelnd und lange dauernd. Chron. Krankheiten nehmen einen stetigen oder schubweisen Verlauf. Manche Krankheiten kommen typischerweise nur als chron. Krankheiten vor, z.B. primär chron. Gelenkrheumatismus, andere können akut oder chron. verlaufen, z.B. Lungenentzündung. Auch Übergänge sind möglich: Krankheiten können aus einem anfänglich akuten in ein chron. Stadium eintreten, wie auch eine chron. Krankheit von akuten Schüben unterbrochen werden kann.

chronisch schädigend. >Gefährlichkeitsmerkmal< nach § 3a Abs.1 Nr.15 >ChemG<. Da spezielle, wiederholte oder länger andauernde Expositionen voraussetzende Gefährlichkeitsmerkmale definiert sind (>krebserzeugend<, >fruchtschädigend<, >erbgutverändernd<), sind >Stoffe< und >Zubereitungen< „nur auf sonstige Weise" chronisch schädigend, wenn sie bei wiederholter oder länger andauernder Exposition einen schweren Gesundheitsschaden, der nicht unter ChemGefMerkV § 1 Nr.12 bis 14 genannt ist, verursachen können.
Für diese Stoffe und Zubereitungen gibt es weder ein eigenes >Gefahrensymbol< noch eine eigene >Gefahrenbezeichnung<. Die spezifische >Kennzeichnung< erfolgt mit dem >R-Satz< 48, *zusätzlich* zu einer Kennzeichnung als „>mindergiftig<", nach den Kriterien gemäß Nr.1.1.2.4.8 Abs.2 Nr.5 (>GefStoffV< Anhang I). Zur Bezeichnung des kritischen Aufnahmeweges sind alternativ R20, R21 oder R22 zusätzlich anzugeben.

Chronische Toxizität. Langsam verlaufende T., die bedingt ist durch wiederholte Zugabe eines Stoffes bezogen auf die gesamte Lebensdauer. T., die erst nach längeren Einwirkzeiten, teilweise über mehrere Generationen, meßbare Effekte zeigt.

Chronischer Test. (Syn. Langzeittest). Stoffe oder Abwässer werden über einen längeren Zeitraum den Organismen zugeführt, z.B. chronischer Fischtest, >Daphnienreproduktionstest<. Je nach Länge eines Lebenszyklus dauern derartige Tests unterschiedlich lang. Die Konzentrationen sollen so gewählt werden, daß möglichst wenig Organismen sterben, Effekte jedoch beobachtet werden, aber auch die >NOEC< notiert werden kann.

Chrysen. >PAH< aus vier kondensierten Benzol-Ringen der Summenformel $C_{18}H_{12}$. Smt.254°C; die Wasserlöslichkeit liegt bei 2 µg/L, der Verteilungskoeffizient *n*-Octanol/Wasser log $P_{o/w}$ = 5,61. Vorkommen in >Teer< mit ca. 2%. Die Gehalte in >Benzin< liegen zwischen 0,1 und 3 mg/kg. Frisches Motorenöl enthält ähnliche Konzentrationen, die sich nach einer Motorleistung von 5.000 km auf ca. 200 mg/kg erhöhen. Der Eintrag in die Umwelt verläuft hauptsächlich über die Verbrennung bzw. Pyrolyse von organ. Material, wobei stets PAH gebildet werden. Die Belastung der Luft schwankt je nach der Intensität industrieller Tätigkeit und dem Verkehr. In Reinluftgebieten findet man Werte <2 ng/m³, belastete Gebiete weisen Konzentrationen bis zu 50 ng/m³ auf. Chrysen hat die Tendenz zur Akkumulation z.B. an Boden und Sedimenten. Entsprechend findet man in Flußsedimenten bis zu 5 mg/kg. Chrysen ist unter Umweltbedingungen relativ stabil. Es ist nur geringer Bioabbau zu verzeichnen. Chrysen ist im Mutagenitätstest positiv. Es besteht der Verdacht auf Cancerogenität, jedoch ist die Datenlage nicht eindeutig.

Chrysoin S. (Gold Yellow, Resorcin-Gelb, Säuregelb, Tropäolin O, Crisoina S): 2,4-Dihydroxy-azolbenzol-4'-sulfonsäure (Natriumsalz). Der goldgelbe Azofarbstoff wird allgemein verwendet zur Anfärbung von Zuckerwaren, Sirup, Cremespeisen, Pfirsichkonserven, Käserinden, Likören und zur Färbung von gelbbraunen Wursthüllen.

Chrysomelidae (Blattkäfer). >Insecta<. Zu den wichtigen blattfressenden Insektenfamilien gehören die artenreichen B. Bekannt ist der aus Amerika eingeschleppte Kartoffelkäfer *(Leptinotarsa decemlineata)*.

Ci. Einheitenkurzzeichen für >Curie<.

Ciguatera-Fischvergiftung. An fast allen tropischen Küsten verbreitete Vergiftung, die nach dem Genuß von vorübergehend passiv giftigen Fischen, wie Seebarsche, Barrakudas, Doktorfische, Schnapper, Papageifische u.a., auftritt. Diese Arten sind normalerweise eßbar oder gehören sogar zu den wertvollen Speisefischen. Die enthaltenen Toxine – hautpsächlich Ciguatoxin und Maitotoxin – werden von Dinoflagellaten, wie *Gambierdiscus toxicus*, produziert, die auf Algen siedeln, und gelangen über algenfressende Fische in die >Nahrungskette<. Während die Fische ohne Beeinträchtigung hohe Konz. der Toxine speichern können, erzeugt der Genuß ciguateratoxischer Fische beim Menschen schwere, oft wochenlang anhaltende Erkrankungen, die gelegentlich sogar tödlich verlaufen. Zu den Symptomen gehören Hautausschläge, ein Taubheitsgefühl im Mund, Bauchschmerzen, Übelkeit und Erbrechen, in schweren Fällen auch Blutdruckerniedrigung, Fieber, Kopf- und Rückenschmerzen, Schlaflosigkeit, Muskelschwäche und Atemnot. Die Struktur der Haupttoxine ist noch nicht endgültig geklärt. Das Ciguatoxin ist ein weißer Feststoff, bei dem es sich wahrscheinlich um einen Polyether handelt. Es ist unlöslich in Wasser und löslich in org. Lsg.-Mitteln. Der LD_{50}-Wert (Maus, i. p.) beträgt 0,45 µg/kg. Die neurotoxische Wirkung beruht möglicherweise auf einem Öffnen der Na^+-Kanäle an den Nervenmembranen, das zu einer Depolarisation und Dauererregung führt. Dagegen erhöht das wasserlösliche Maitotoxin (LD_{50} Maus i. p.: 0,17 µg/kg) die Permeabilität für Ca^{2+} an den neuromuskulären Endplatten. Aufgrund seiner hochspezifischen Wirkung wird es in der Neurophysiologie zur Lokalisierung und Aktivierung bzw. Blockierung von Ionenkanälen benutzt. Bei dem in Papageifischen (Scaridae) vorkommenden Scaritoxin handelt es sich wahrscheinlich um einen Metaboliten des Ciguatoxins, der in den Fischen gebildet wird. Wodurch es zu Massenvermehrungen der Dinoflagellaten mit folgender Akkumulation der Toxine in Fischen kommt, ist noch nicht geklärt.

Lit: Halstead BW (1965) Poisonous and Venomous Marine Animals of the World. US Government Printing Office, Washington – Halstead BW (1988) Poisonous and Venomous Marine Animals of the World, 2nd revised ed., Darwin Press, Princeton (New Yersey) S. 43–88 – Mebs D (1989) Gifte im Riff. Wissenschaftl. Verlagsgesellschaft, Stuttgart, S. 77–82.

Ciliaten. Wimperntierchen; Gruppe der Urtiere (Stamm Protozoa, Klasse Ciliata) mit etwa 7.500 bisher bekannten Arten mit 50 bis 300 µm, selten über

1 mm Länge. Charakteristische Merkmale sind die Wimpern (Cilien) zur Fortbewegung und zum Nahrungserwerb; weiterhin die funktionelle Teilung des Zellkerns in den Makronucleus, der hauptsächlich für den Zellstoffwechsel wichtig ist, und den Mikronucleus, der die genetische Information speichert. Die Vermehrung ist eine asexuelle Querteilung oder eine Konjugation, bei der zwei Zellen seitlich teilweise miteinander verschmelzen und genetisches Material austauschen, sich dann aber wieder trennen (s. Abb. S. 273). C. sind wichtige Konsumenten im Meer und im Süßwasser, seltener im Boden, mit einem beträchtlichen Anteil am organischen Stoffumsatz in den Gewässern. Viele Arten leben im >Plankton< des freien Wassers, im >Aufwuchs< und im Sediment. Besonders zahlreich sind C. in abwasserbelasteten Gewässern und im >Faulschlamm< sowie im >Belebtschlamm< und im >Tropfkörper< der >biol. Abwasserreinigungsanlagen<.

Lit: Anderson OR (1987) Comparative Protozoology. 1.Aufl., Springer, Berlin Heidelberg New York London Paris Tokyo – Fenchel T (1987) Ecology of protozoa. 1.Aufl., Springer, Berlin Heidelberg New York London Paris Tokyo – Hausmann K, Hülsmann N (1996) Protozoologie. 2.Aufl., Thieme, Stuttgart New York.

Circadianer Rhythmus. >Tagesrhythmus<.

Citranaxanthin. Ein orange bis roter Farbstoff aus der Gruppe der >Carotinoide<, der aus den Schalen von *Citrus sinensis* isoliert werden kann. Der Vitamin A-wirksame Farbstoff bewirkt als Futtermittelzusatz eine bessere Pigmentierung der Haut und der Eidotter bei Mastgeflügel.

Citratcyclus. >Zitronensäurezyklus<.

Citronensäure. Tricarbonsäure, die in Zitronen, Orangen, Ananas, Johannis-, Preisel-, Erdbeeren etc. den vorherrschend sauren Geschmack verursacht. Blut und Harn enthalten geringe Mengen Citronensäure. Sie ist für den Stoffwechsel von grundlegender Bedeutung. Die Darstellung erfolgt durch die Citronensäuregärung von Kohlenhydraten, z.B. Glucose, Rohrzukker, Stärke, Melasse, durch Fermentation mit *Aspergillus niger* in 50- bis 70%iger Ausbeute. Der Zusatz erfolgt bei der Herstellung von Marmelade, Gelees, Fruchtbonbons, Gemüsekonserven und zur Aromaverbesserung von Buttermilch, Schmelzkäse etc. Citronensäure wirkt selbst nicht als >Antioxidationsmittel<, wirkt jedoch als „Metallfänger". Sie bindet Metalle, die die Oxidationsreaktionen beschleunigen können, komplex und wirkt somit als Synergist für Antioxidationsmittel.

CKW. >Chlorkohlenwasserstoffe<.

Cladoceren. Gruppe von Kleinkrebsen, vorwiegend im Süßwasser, wenige auch im Meer. Die C. sind Blattfußkrebse mit zweilappiger Schale, die den Kopf frei läßt. 4 bis 6 blattförmige Beinpaare, die bei den Cladoceren

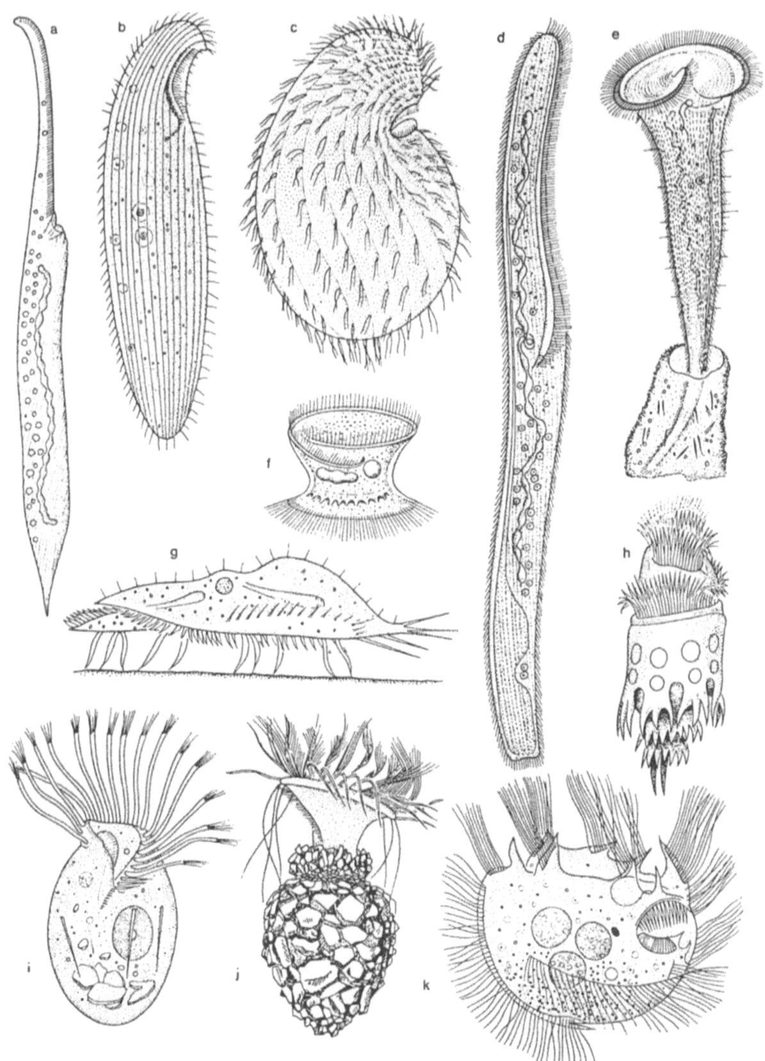

Ciliaten: a. *Dileptus anser*, b. *Loxodes rostrum*, c. *Colpoda cucullus*, d. *Spirostomum ambiguum*, e. *Stentor roeseli*, f. *Trichodina pediculus*, g. *Stylonychia mytilus*, h. *Ophryoscolex purkinjei*, i. *Strombidium arenicola*, j. *Tintinnopsis ventricosa*, k. *Saprodinium dentatum*. (Nach Büschli, Corliss, Dragesco, Grell, Hawes, Mackinnon, Stein)

des >Zooplanktons< teilweise Borstenkämme tragen, mit denen kleine Nahrungspartikel aus dem Wasser herausgefiltert werden. Entwicklung mit Generationswechsel (Heterogonie) von Parthenogenese und zweigeschlechtlicher Fortpflanzung: Befruchtete Eier werden zu Dauereiern, die ungünstige Verhältnisse, Kälte und Trockenheit überdauern. Daraus entwickeln sich Weibchen, deren Eier sich ohne Besamung wieder zu Weibchen entwickeln. Erst bei Abkühlung und abnehmender Tageslänge treten auch Männchen auf, die die Bildung der Dauereier ermöglichen. Die Nahrung der C. sind in aller Regel kleines >Phytoplankton< und >Bakterien<, bodenlebende Arten weiden auch das >Periphyton< ab und/oder nehmen Sedimentpartikel auf. Einige Vertreter sind räuberisch: *Leptodora kindtii* und *Bythotrephes*-Arten im >Plankton<, *Polyphemus pediculus* im >Litoral<. Die Familie Polyphemidae ist auch im Meer mit vielen Arten vertreten, während die C. generell eine Gruppe primärer Süßwassertiere sind.

CLD. Chemiluminiszensdetektor zur NO_x-Messung. >Abgasanalyse<.

Clean Air Act. Gesetz in Kalifornien zur Verbesserung der Luftqualität.

Clean Bench. Bei der C.B. handelt es sich um ein Reinluft-Digestorium. Mittels über eine Pumpe angesaugter und über einen Aktivkohlefilter gereinigter Luft wird im Inneren der C.B. ein geringer Überdruck erzeugt, damit Laborluft nicht eindringen kann. So wird beim Arbeiten mit >Kulturen< von >Bakterien<, >Pilzen< oder >Zellkulturen< höherer Pflanzen ein Einschleppen von >Keimen< verhindert. Die C.B. wird auch in der Ultraspurenanalytik eingesetzt, um eine >Kontamination< von Probenmaterial oder >Referenzchemikalien< durch Luftverunreinigungen auszuschließen.

Clean Room. Der C.R. stellt einen >Modellraum< in Größe von >Innenräumen< des Wohnbereiches dar. Beim Ausbau finden nur >Baumaterialien< und Bauhilfsstoffe Verwendung, die eine Freisetzung von >Innenraumchemikalien< ausschließen lassen. Der C.R. ist mit einer Klimaanlage ausgestattet, um >Modellversuche< unter kontrollierten Bedingungen des >Raumklimas< durchführen zu können. Die Be- und Entlüftung erfolgt über ein von anderen Räumen getrenntes Lüftungssystem, um Einträge von Chemikalien und Staub auszuschließen. Deswegen sind auch Fenster kritisch zu bewerten. Denn eine vollständige Abdichtung setzt den Einsatz von >Dichtstoffen< voraus, die wiederum als Quelle der >Innenraumbelastung< fungieren können.

Clenbuterol. Clenbuterol ist ein >Beta-Agonist<, der in der Human- und Veterinärmedizin bei Atemwegserkrankungen und zur Therapie der Tokolyse (Wehenhemmung) eingesetzt wird. Da diese Substanz auch über eine fettabbauende und proteinanabole Wirkung verfügt, kann sie bei Verabreichung an Masttiere Effekte erzielen, die vom Verbraucher und Mäster erwünscht sind (Förderung des Fleischansatzes und Hemmung des Fettansatzes). Für diese Indikation ist Clenbuterol bisher nicht zugelassen. In den letzten Jahren erfolgte mehrfach eine illegale Anwendung dieser Substanz in der Tierproduktion.

Lit: Greife HA, Berschauer F (1988) Übers. Tierernährung 16: 27–78.

Clofentezin. Wirkt als >Akarizid< und zählt zur Substanzklasse der Tetrazine.
Chemische Bezeichnung: 3,6-bis-(2-Chlorphenyl)-1,2,4,5-tetrazin
CAS-Nummer: 74115–24–5
Hersteller: AgrEvo
Wirkungstyp: Kontaktakarizid mit ovizider Wirkung. Im letzten Embryonalstadium ist die Ausbildung bestimmter Zellstrukturen unvollständig, was zur Verhinderung der Entwicklung des Atmungsapparates führt.
Bevorzugte Anwendung: Gegen Spinnmilben im Ei- oder Junglarvenstadium im Obst-, Wein- und Gemüsebau. Schont Raubmilben und andere Nützlinge.

Chemische und physikalische Eigenschaften: Fuchsinrote, geruchlose Kristalle mit einem Schmelzpunkt von 182 °C und einem spezifischen Gewicht von 1,51 g/cm^3.
Dampfdruck: 130 nPa bei 25 °C.

Verteilungskoeffizient (log Po/w): 4,1 bis 25 °C.
Löslichkeit: In Wasser <1 mg/L bei 25 °C.
Stabilität: Licht-, luft- und wärmestabil. Hydrolytische HWZ 248,9 h bei pH 5, 34,4 h bei pH 7 und 4,3 h bei pH 9; jeweils bei 22 °C.
Abbau und Metabolismus: In Pflanzen entsteht 2-Chlorbenzonitril als Metabolit. Im Boden wird der Tetrazinring unter aeroben Bedingungen hydrolytisch unter Bildung des Hydrazids gespalten. DT_{50} beträgt im Freiland 4–8 Wochen, die Bodenmobilität ist äußerst niedrig. Im Säugerorganismus erfolgt Metabolisierung durch Hydroxylierung und Austausch der Chloratome am Aromaten durch Methhylthiogruppen. Ausscheidung innerhalb von 48 Stunden hauptsächlich über Faeces.
Säugertoxizität: Akute orale LD_{50} für Ratte >5.200 mg/kg. Akute dermale LD_{50} für Ratte >2.100 mg/kg. Keine Haut- und geringe Augenreizwirkung bei Kaninchen. Inhalation LC_{50} (4 h) für Ratte >9 mg/L Luft. 2-Jahre-Fütterungstest NOEL für Ratte 40 und Hund 50 mg/kg Futter. ADI-Wert 0,02 mg/kg KGW.
Bienentoxizität: Akute orale LD_{50} >20 µg/Biene.
Fischtoxizität: LC_{50} (96 h) für Regenbogenforelle >0,015 mg/L.
Vogeltoxizität: Akute orale LD_{50} für Stockente >3.000 und Japanische Wachtel >7.500 mg/kg. 5-Tage-Fütterungstest LC_{50} für Stockente >20.000 mg/kg Futter.
Wirbellosetoxizität: EC_{50} (48 h) für *Daphnia* >0,1 mg/L.

Clopyralid. Wirkt als >Herbizid< aus der Substanzklasse der Pyridin-Derivate.
Chemische Bezeichnung: 3,6-Dichlorpyridin-2-carbonsäure (IUPAC)
CAS-Nummer: 1702–17–6
Hersteller: Dow Agrosciences
Wirkungstyp: Systemisches Breitbandherbizid. Wird durch die Blätter und Wurzeln absorbiert. Wird akropetal wie basipetal transportiert. Wird auch in Wurzelausläufer verlagert und tötet meristematische Zellverbände ab.
Bevorzugte Anwendung: Gegen Distelunkräuter (Akkerkratzdistel) und weitere im Rübenbau bedeutende Unkräuter, wie z.B. Ackergänsedistel, Huflattich, Knöterich- und Kamille-Arten, bei Futter- und Zukkerrüben im Nachauflauf.

Chemische und physikalische Eigenschaften:
Physikalische Beschaffenheit: Farblose Kristalle.
Schmelzpunkt: 151 bis 152 °C.
Dampfdruck: $1,33 \cdot 10^{-5}$ Pa bei 24 °C.
Stabilität: Stabil unter sauren Bedingungen. Reagiert mit Alkalien unter Bildung von Salzen.
Korrosives Verhalten: Die Salzlsg. sind korrosiv zu Aluminium, Eisen und Weißblech.
Löslichkeit: In Wasser 0,9 g/100 mL bei 25 °C.
Abbau und Metabolismus: In Ratten schnelle und fast quant. Ausscheidung des Wirkstoffes über den Urin. Der Abbau im Boden erfolgt mikrobiol. Im Boden mit einem Gehalt von 0,25 bis 1,0 mg/kg liegt die HWZ unter günstigen mikrobiol. Bedingungen ungefähr bei 49 Tagen. Keine Metabolisierung in Pflanzen.

Toxizität: Akute orale LD_{50} für Ratten >4.300 bis 5.000 mg/kg, Maus >5.000 mg/kg. Akute dermale LD_{50} für Kaninchen >2.000 mg/kg. In 2 jährigen Fütterungsversuchen betrug der >NOEL< für Ratten 50 mg/kg/Tag. Geringe Augenreizwirkung. Bienentoxizität: Nicht toxisch. Orale LD_{50} (48 Stunden) und Kontakt LD_{50} >100 µg/Biene. Fischtoxizität: LC_{50} (96 Stunden) für Regenbogenforelle 103,5 mg/L. Vogeltoxizität: Akute orale LD_{50} für Stockente 1.465 mg/kg. LC_{50} (8 Tage) für Wildenten und Wachteln >4.640 mg/kg.

Clostridium botulinum. (Lat. botulus = Wurst). Weit verbreitetes Bodenbakterium, das in Lebensmitteln tierischer und pflanzlicher Herkunft starke Exotoxine (>Toxine<) bilden kann, welche den >Botulismus< hervorrufen. Aufgrund der Bildung serologisch verschiedener, bei Menschen unterschiedlich wirksamer Toxine wird *C. b.* in die Gruppen A bis G unterteilt. Die Bakterien sind mikroskopisch als aktiv bewegliche, gerade bis leicht gebogene, endosporenbildende Stäbchen (Durchmesser 0,5 bis 1,0 µm; Länge 2 bis 10 µm) zu erkennen. Sie wachsen, typisch für Clostridien, nur in Abwesenheit von Sauerstoff (anaerob) und führen zur Energiegewinnung eine sensorisch leicht wahrnehmbare Buttersäuregärung durch. Die Endprodukte sind dabei u. a. Buttersäure, Essigsäure, Butanol, Isopropanol und Aceton sowie die gasförmigen Produkte CO_2 und H_2; bei Proteolyse auch H_2S und NH_3. Die CO_2- und H_2-Bildung führt bei Konserven zum Aufblähen der Dosen („hard sweller"). Die Toxine von *C. b.* sind >Proteine< mit Proteaseaktivität und gehören zu den stärksten bekannten Giften. Für das Toxin A wird die letale Dosis bei oraler Aufnahme (LD_{oral}) auf 0,1 bis 1,0 µg geschätzt. Die Toxine wirken auf die Neurotransmitter-Freisetzung.
Lit: Bandis H, Otte HJ (1984) Lehrbuch der medizinischen Mikrobiologie, 5. Aufl., Gustav Fischer Verlag, Stuttgart – Balows A (1991) Manual of clinical Microbiology, 5. Aufl., Am. Soc. for Microbiol., Washington.

Club of Rome. Ein 1968 in Rom auf Anregung des italienischen Industriellen A. Peccei (*1908, †1984) gegründeter informeller Zusammenschluß von Wirtschaftsführern, Politikern und Wissenschaftlern aus über 30 Ländern. Der Club hat sich zur Aufgabe gestellt, Ursachen und innere Zusammenhänge der Menschheitsprobleme unter besonderer Berücksichtigung ihrer wirtschaftlichen, politischen, ökologischen, sozialen und demographischen Situation unter der Annahme zu ergründen, daß die Zukunft der Menschheit wesentlich von der Schaffung weltweiter sozialer Gerechtigkeit, Gewährleistung der Menschenrechte und Harmonie zwischen Mensch und Umwelt abhängig sei. Mit ihrer Arbeit beabsichtigen sie, Einfluß zu nehmen auf politische Entscheidungsträger im Hinblick auf die Regierbarkeit der Welt. Zu den bekannten Berichten an den Club of Rome zählen u. a. die 1972 erschienene Untersuchung von D. Meadows *Die Grenzen des Wachstums*, von Mesarović und Pestel 1974 *Menscheit am Wendepunkt*, J. Tinbergen u. a. 1977 *Wir haben nur eine Zukunft*, E. Borgese 1985 *Die Zukunft der Weltmeere*, U. Colombo 1986 *Der zweite Planet*, D. Meadows 1992 *Die Neuen Grenzen des Wachstums*.

Clubgut. (>öffentliches Gut<, >meritorisches Gut<, >Mischgut<): Ein Club ist ein freiwilliger Zusammenschluß von Individuen, die gemeinsam ein Gut nutzen, von dessen Nutzung sie andere ausschließen können. Innerhalb des Clubs liegt also ein >öffentliches Gut< vor, das gegenüber Nichtmitgliedern aber als privates Gut in Erscheinung tritt. Durch die Möglichkeit des Ausschlusses sind die Mitglieder in der Lage, „Eintrittsgelder" zu erheben, die eine „Pseudo-Marktallokation" erlauben, weil die beitrittswilligen Nichtmitglieder, die das Gut nutzen wollen, zur Offenbarung ihrer wahren Präferenzen gezwungen sind. Damit wird das >Freifahrerproblem< teilweise gelöst, das bei der Planung der Bereitstellung von öffentlichen Gütern erhebliche Schwierigkeiten verursacht. Ein oft genanntes Beispiel für ein Clubgut ist die Nutzung eines Satelliten, falls es gelingt, durch geeignete Verschlüsselungstechniken die Zugänglichkeit für Nichtmitglieder auszuschließen. Aber auch Naturschutzgebiete aller Art lassen sich als Clubgut gestalten, weil das Problem der Zugangsbeschränkung technisch leicht zu lösen ist. Die Höhe der erzielbaren Eintrittsgelder erlaubt einen Rückschluß auf den Wert, den der Beitrittswillige der Nutzung (oder Erhaltung) der unzerstörten Natur beimißt.
Lit: Cornes R, Sandler T (1986) The theory of externalities, public goods, and club goods, Cambridge University Press, Cambridge.

C, M, T-Stoffe. Nichtamtliche Gruppenbezeichnung in Kurzform für Stoffe mit >krebserzeugender< (cancerogener), >erbgutverändernder< (mutagener) und >fruchtschädigender< (teratogener) Wirkung. Für sie gibt es keine spezifische >Kennzeichnung<, d. h. weder ein eigenes >Gefahrensymbol< noch eine >Gefahrenbezeichnung<. Vielmehr sind Totenkopf oder Andreaskreuz obligatorisch (s. >GefStoffV< Anhang I Nr. 1.1.3). Bei krebserzeugenden oder erbgutverändernden Stoffen erscheinen diese Gefährlichkeitsmerkmale in den jeweiligen >R-Sätzen< (45, 46), außer bei Verdachtsstoffen (R 40: Irreversibler Schaden möglich). S. Tabelle >Gefährlichkeitsmerkmale<.

CN-Gas. US-Codewort für 2-Chloracetophenon, wirkt als starker Augenreizstoff, Einsatz als Tränengas (Chemische Keule), in kleinen Räumen Todesfälle und Fälle von Hautkrebs bekannt geworden.

CO. >Kohlenmonoxid<.

CO_2. >Kohlendioxid<.

CO-Messung. >Abgasanalyse<.

CO_2-Messung. >Abgasanalyse<.

Coase-Theorem. Ansatz des Ökonomen RONALD COASE, wonach bei eindeutiger Zuordnung von Eigentumsrechten an den Umweltgütern >externe Effekte< internalisiert werden können und damit die optimale >Allokation< im Marktmechanismus möglich ist. Wären die Eigentumsrechte an den Umweltgütern den Verursachern und den Geschädigten eindeutig zugewiesen, so könnten diese über das Niveau der Umweltbelastung verhandeln. Eine Möglichkeit wäre etwa, daß der Verursacher den Geschädigten eine Kompensationszahlung für jede Umweltbelastung jenseits einer eindeutig best. Grenze leisten müßte. Umgekehrt müßte ihm der Geschädigte eine Kompensationszahlung für die Unterlassung von Umweltbelastung diesseits dieser Grenze zahlen. Jeder der Partner wird nun versuchen, so der Grundgedanke des Coase-Theorems, aus seinen Eigentumsrechten den größtmöglichen Nutzen zu ziehen. Der Verursacher, der ein Recht auf Verschmutzung der Umwelt diesseits der festgelegten Grenze besitzt, wird als >Opportunitätskosten< diejenigen Kompensationszahlungen seiner umweltbelastenden Aktivitäten berücksichtigen, die er von den Geschädigten nicht erhält. Die Geschädigten andererseits, die ein Recht auf „Nicht-Verschmutzung" der Umwelt jenseits der festgelegten Grenze haben, werden als >Opportunitätskosten< das veranschlagen, was ihnen beim Scheitern der Verhandlungen mit dem Verursacher entgeht. Das Verhandlungsergebnis stellt dann den Interessenausgleich zwischen Verursachern und Geschädigten her. Voraussetzung ist, daß die >Internalisierung externer Effekte< gelingt und daß keine Transaktionskosten der Information und Verhandlung entstehen.

Lit: Coase R (1960) J Law Econ 3: 1–44 – Endres A (1977) Z Gesamte Staatswiss 133: 637–651 – Weghenkel L (Hrsg.) (1981) Marktwirtschaft und Umwelt, J.C.B. Mohr, Tübingen.

Cobalt (Co). Element (s. Tabelle) mit einem Anteil an der Erdkruste (oberste 16 km) von 0,0023 %. In Meteoreisen und möglicherweise auch im Erdinnern ist es häufiger. Als >Spurenelement< findet es sich in den meisten Böden. In der Regel tritt es vergesellschaftet mit >Nickel< auf. Größere Lagerstätten existieren in Kanada, Zaire, Sambia, Finnland und Marokko. Der Name stammt von einem Erdgeist (Kobold), der schuld sein sollte, daß die vielversprechend aussehenden cobalt- und nickelhaltigen Erze beim Rösten durch ihren >Arsengehalt< einen knoblauchartigen Geruch entwickelten, aber kein verwertbares Metall ergaben. Später wurde der Name zu Cobaltum latinisiert. Als Element erkannt wurde Cobalt erst 1735. Verwendet wird es für Mischkatalysatoren, Legierungen, Trockenmittel und elektronische Anlagen. ^{60}Co dient anstelle von Radium als γ-Strahler. Die Verwendung von Cobaltverb. zum Blaufärben von Gläsern und Keramik war bereits in der Antike üblich. Cobalt ist ein stahlgrau glänzendes, ferromagnetisches, sehr zähes Metall, das härter und fester ist als Stahl. Es krist. in hexagonal-dichtester (α-Co) oder kubischdichtester Packung (β-Co). Bei Raumtemp. ist es von feuchter Luft nicht angreifbar. Mit nicht oxidierenden Säuren reagiert es nur langsam, mit verd. Salpetersäure dagegen leicht. Von konz. Salpetersäure wird es passiviert. Die Verb. sind hauptsächlich 2- und 3wertig. Während bei einfachen Salzen die 2wertige Stufe beständiger ist, wird in Komplexen eher die 3wertige Stufe stabilisiert. Die meisten Cobaltsalze sind im hydratisierten Zustand rosa und im trockenen Zustand blau. Einige dieser Salze eignen sich deshalb als Feuchtigkeitsindikatoren. Als Bestandteil der Cobal-

amine (Vitamin und Coenzym B$_{12}$), die u.a. Redoxreaktionen, Umlagerungen und Alkylierungen von Metallen katalysieren, gehört Cobalt zu den >essentiellen< Nahrungsbestandteilen. Viele der Reaktionen dieses Coenzyms wurden bisher erst bei >Mikroorganismen< nachgewiesen. Bei Säugern ist es für den Aminosäurestoffwechsel vor allem in der Leber von Bedeutung. Im menschlichen Körper sind durchschnittlich 2 mg Co enthalten; die tägliche Aufnahme mit der Nahrung beträgt ca. 50 µg/Tag. Eine Störung der Co-Resorption durch Fehlen des Proteins, das das aufzunehmende Vitamin B$_{12}$ bindet, führt zu einer Reifungsstörung der roten Blutkörperchen (perniziöse Anämie), die durch Cobaltgaben geheilt werden kann. Auch bei Wiederkäuern sind Co-Mangelkrankheiten bekannt. Dagegen führt ein Überschuß an Cobalt bei Tieren zu Herzmuskelschäden; Folgen beim Menschen können Haut- und Lungenerkrankungen, Magenbeschwerden sowie Leber- und Nierenschäden sein. Die Stäube von metallischem Cobalt und Cobaltsalzen sind carcinogen.

Lit: Merian E (Hrsg.) (1984) Metalle in der Umwelt, Verlag Chemie,. Weinheim – Hollemann AF, Wiberg E, Wiberg N (1985) Lehrbuch der anorganischen Chemie, Walter de Gruyter, Berlin New York, S. 1146–1152 – Hock B, Elstner EF (1984) Pflanzentoxikologie, Bibliogaphisches Institut, Mannheim Wien Zürich – Kaim W, Schwederski B (1991) Bioanorganische Chemie, Teubner, Stuttgart, S. 40–57.

Cobrotoxin. Curareähnlich wirkender Bestandteil aus dem >Schlangengift< der chinesischen Kobra (*Naja naja atra*); Wirkungsmechanismus wie bei >α-Bungarotoxin<. Cobrotoxin ist ein kurzkettiges >Polypeptid< aus 62 Aminosäuren mit vier Disulfidbrücken. Der LD$_{50}$-Wert für Mäuse bei s.c. Injektion beträgt ca. 90 µg/kg KG. Cobrotoxin zeigt morphinähnliche, schmerzstillende Wirkung und findet daher therapeutische Verwendung z.B. bei Krebsfällen im Endstadium.

Lit: Habermehl G (1987) Gift-Tiere und ihre Waffen, 4.Aufl., Springer, Berlin Heidelberg. – Wirth W, Gloxhuber C (1985) Toxikologie, Für Ärzte, Naturwissenschaftler und Apotheker, 4.Aufl., Georg Thieme, Stuttgart. – Teuscher E, Lindequist U (1988) Biogene Gifte, 1.Aufl., Akademie, Berlin. – Stephan U, Elstner P, Müller RK (1985) Fachlexikon ABC Toxikologie, 1.Aufl., Harri Deutsch, Thun Frankfurt/M.

Coccidiose. Die C. ist unter intensiven Haltungsbedingungen eine der bedeutendsten Geflügelerkrankungen und wird durch verschiedene Protozoen hervorgerufen. Die infizierten Tiere zeigen in Abhängigkeit vom Schweregrad der Erkrankung Durchfallerscheinungen, die so massiv sein können, daß die Tiere sterben. Auf

Cobalt (Co): Physikalisch-chemische Daten von Cobalt

chem. Symbol	Co
natürliche Isotope	59 (100 %)
Atomgewicht	58,9332
Ordnungszahl	27
Elektronenkonfiguration	$3d^7\,4s^2$
Wertigkeit in Verbindungen	$0, +1, +2, +3, +4$
Smp.	1.495 °C
Sdp.	3.100 °C
Dichte (20 °C)	8,9
Wichtige Mineralien	Cobaltit (= Kobaltglanz, CoAsS), Skutterudit (= Speiskobalt, CoAs$_3$), Erythrin (= Kobaltblüte, Co$_3$(AsO$_4$)$_2\cdot$8H$_2$O)

jeden Fall treten bei erkrankten Tieren Minderzunah-
men und eine verschlechterte >Futterverwertung<
auf. Die für Huhn und Pute spezifisch pathogenen Erreger gehören zur Gattung Eimeria, die jedoch eine
unterschiedliche Pathogenität haben. Beginnend mit
der zweiten Lebenswoche treten C. auf. In der Auf-
zuchtperiode sind unter den Bedingungen der indu-
striemäßigen Geflügelproduktion Verluste bis zu 50 %
zu verzeichnen. Bei ausgewachsenen Hennen (Legepe-
riode) kommt es durch eine während der Aufzucht
ausgebildete Immunität und eine gewisse Altersresi-
stenz nur selten zu C.-Erkrankungen. Coccidien sind
ubiquitär verbreitet, d. h. sie kommen in allen Geflü-
gelhaltungen vor. Die Gefahr einer massiven Cocci-
dieninfektion ergibt sich immer dort, wo eine große
Anzahl von Tieren auf engstem Raum gehalten wird.
Da beim Auftreten der ersten klinischen Erscheinungen die Behandlung für die bereits erkrankten Tiere
zu spät kommt, sind durch prophylaktische Maßnahmen, die sich gegen alle pathogenen Coccidien-Arten
richten, Verluste zu vermeiden. Vor Einführung der
>Coccidiostatika< gab es nur hygienische Möglichkei-
ten.

Coccidiostatika. Sind >Futterzusatzstoffe<, die vor allem in der Geflügelhaltung zur Verhütung der >Cocci-
diose< (Kükenruhr) dem Futter in geringer Dosierung
beigemischt werden. Die Kükenruhr, die vor allem als
Dünndarm- und Dickdarmcoccidiose bei Junggeflügel
verbreitet auftritt, wird bei Huhn und Pute durch verschiedene Protozoen der Gattung Eimeria verursacht.
In der intensiven Massenhaltung ist im Vergleich zur
früheren Auslaufhaltung, bei der durch ständige
schwache Infektionen eine Immunitätsausbildung der
Jungtiere möglich war, ein Zusatz von C. zur Vermeidung von Großinfektionen unerläßlich. Die Dosierungen bei den derzeit in Deutschland zugelassenen C.
(z. B. >Amprolium<, >Monensin<) liegen für Geflügel
im Bereich von 2 bis 133 mg je kg Futter. C.-haltiges
Futter darf laut gesetzlicher Bestimmungen an
Schlachtgeflügel längstens bis 3 bzw. 5 Tage vor dem
Schlachten verfüttert werden, um die Gefahr von
>Rückständen< im Geflügelfleisch für den Verbrau-
cher auszuschließen. Aus gleichem Grunde ist auch
der Zusatz von C. zum Legehennenfutter nicht erlaubt,
wohl aber zum Junghennenfutter bis zur Legereife.
Entsprechendes gilt auch für Futterzusatzstoffe, die
der Verhütung der Schwarzkopfkrankheit (Histomoniasis) bei Puten dienen.

Cochenille. (Karmin, Karminsäure): Ein roter Farbstoff, der aus den getrockneten, befruchteten Weibchen der Scharlach-Schildlaus *Coccus cacti* gewonnen
wird. Der Einsatz erfolgt zur Färbung von Fleisch,
Konditoreiwaren, Fertigsuppen, Fruchtsäften, Konfitüren und alkoholischen Getränken. In der EG war Cochenille bis 1980 nur noch für einige alkoholische Getränke zugelassen.

Cochenillerot A. >Brillant Ponceau 4RC<.

COD (chemical oxygen demand). Engl. Ausdruck für
>CSB<.

Code of Conduct. Internationaler Verhaltenskodex für
das Inverkehrbringen und die Anwendung von Pflan-
zenschutz- und Schädlingsbekämpfungsmitteln; 1985
von der >FAO< verabschiedet, 1988 ergänzt um das
„Prior-informed-consent-Verfahren". Der Kodex ist
freiwillig, er will Hilfestellung geben, insbesondere im
Verhältnis zwischen Exportländern von Pflanzenschutzmitteln und Importländern mit noch ungenügender Infrastruktur im Pflanzenschutz; er richtet sich sowohl an die staatlichen als auch an die privaten Einrichtungen.

Codein. (Methylmorphin, Morphin-3-methylether).
Bildet mit Säuren leichtlösl. Salze, von denen in der
Medizin Codeinphosphat verwendet wird. C. gehört
zu den Opium-Alkaloiden; es ist bis zu 3 % im Opium-
saft enthalten. C.-Salze haben eine dämpfende Wirkung auf das Hustenzentrum, sie werden als Antitussi-
va angewendet.

Codex Committee on Pesticide Residues (CCPR).
Gremium zwischen Regierungen, das die gemeinsame
FAO/WHO Codex Alimentarius Commission in allen
Fragen, die Rückstände von Pflanzenschutzmitteln im
weitesten Sinn betreffen, berät. Das Gremium trifft
sich jedes Jahr und berichtet der Commission mit
„ALINORM"-Berichten (Sekretariat: Niederlande).
Aufgaben: a) Ermittlung von Höchstmengen für Pflan-
zenschutzmittelrückstände für einzelne Lebensmittel
oder Gruppen von Lebensmitteln, b) Ermittlung von
Höchstmengen für Pflanzenschutzmittel in bestimmten
Futtermitteln, die in den internationalen Handel gelangen, wo es zum Schutz der menschlichen Gesundheit gerechtfertigt ist, c) Vorbereitung von Prioritätsli-
sten für die Bewertung von Pflanzenschutzmitteln
durch das Joint FAO/WHO Meeting on Pesticide Residues (JMPR), d) Betrachtung von Analysemethoden
für die Bestimmung von Rückständen von Pflanzenschutzmitteln in Lebens- und Futtermitteln, e) Berücksichtigung sonstiger Angelegenheiten im Hinblick auf
die Sicherheit bei Lebens- und Futtermitteln, die
Rückstände von Pflanzenschutzmitteln enthalten,
f) Festlegung von Höchstmengen für Umwelt- und In-
dustriekontaminanten, für einzelne Lebensmittel oder
Gruppen von Lebensmitteln, die chemische oder andere Ähnlichkeiten zu Pflanzenschutzmitteln aufweisen.
Das CCPR trifft seine Entscheidung auf der Grundlage von Daten, die von den Mitgliedsstaaten stammen
und aufgrund von Empfehlungen und Bewertungen
des JMPR. Die Festlegung der Werte erfolgt durch
die Commission, nachdem sie ein mehrstufiges Verfahren unter voller Beteiligung der Regierungen und der
internationalen Organisationen durchlaufen haben.

Codon. Nucleotidtriplett, das entweder die genetische
Information für eine Aminosäure oder ein Terminati-
onssignal darstellt. Die Angabe eines Codons in der
Literatur erfolgt typischerweise durch einen Dreier-
block von Anfangsbuchstaben der Bezeichnungen für
die Purin- und Pyrimidinbasen (A, C, G und T bzw.
U). Sieht man diese Buchstaben als „Code-Alphabet"
(>genetischer Code<) an, so erhält man mit einer Abfolge von drei Buchstaben (Triplett) dementsprechend
4^3 Kombinationsmöglichkeiten. Es ergeben sich 64 Co-
dewörter, die die 20 physiologisch vorkommenden
Aminosäuren und einige Stopsequenzen codieren. Für
einige Aminosäuren codieren mehrere Tripletts; diese
Erscheinung wird auch als degenerierter Code bezeichnet.

Coelenterata (Hohltiere). Nesseltiere und Rippenquallen zeigen mit Massenauftreten einiger Quallenarten im küstennahen Bereich des Meeres die Eutrophierung des Meerwassers an. >Süßwasserökologie<, >Meeresfauna<.

Coenzym A (CoA, CoA-SH). Cosubstrat versch. Enzyme im C_2-Stoffwechsel, $M_r = 767{,}55$. Die Reinsubstanz ist ein farbloses Pulver, das in Wasser leicht lösl. und in Alkohol, Ether und Aceton unlösl. ist. Das Molekül enthält einen phosphorylierten Adenosinrest, der über eine Diphosphorsäure mit Pantothensäure, einem Vitamin der B_2-Gruppe, verknüpft ist (s. chem. Formel). Die für die Reaktionsfähigkeit entscheidende Gruppe ist die HS-Gruppe des Cysteaminanteils. Die wichtigste CoA-Verb. ist das Acetyl-CoA (aktivierte Essigsäure), das an zentraler Stelle im Stoffwechsel steht. Die energiereiche Thioesterbindung dient hier nicht zur Energiespeicherung, sondern zur Erhöhung der Reaktionsfähigkeit des Zwischenproduktes. Acetyl-CoA entsteht beim Abbau von Zuckern, Fettsäuren und einigen Aminosäuren. Zum Teil wird es in den Mitochondrien zur Energiegewinnung über den >Zitronensäurezyklus< weiter abgebaut, z.T. dient es im Cytosol als Ausgangsstoff für die Synthese von Speicherfetten, Steroiden, Carotinoiden und Terpenen.

Coenzym Q. >Ubichinon<.

Coffein. 1,3,7-Trimethylxanthin, das in Kaffeebohnen (1 bis 1,5%), in Tee (5%) sowie in der Colanuß (2%) enthalten ist. Die Gewinnung erfolgt aus Teeabfällen, als Nebenprodukt bei der Erzeugung coffeinfreien Kaffees oder synth. durch Methylierung des aus Harnsäure und Formamid zugänglichen Xanthins. C. wirkt anregend und belebend auf das Zentralnervensystem und das Herz-Kreislauf-System. In der Lebensmittelindustrie erfolgt die Anwendung bei der Getränkeherstellung oder indirekt bei der Erzeugung coffeinhaltiger Schokolade, deren C.-Gehalt ausschließlich aus Cola oder anderen coffeinhaltigen Auszügen oder Pflanzenteilen stammt.

COGEMA. Compagnie Générale des Matières Nucléaires, französische Unternehmensgruppe für den Kernbrennstoffkreislauf; betreibt u.a. die Urananreicherungsanlage EURODIF in Pierrelatte und die >Wiederaufarbeitungsanlage< La Hague.

Coleoptera. Käfer sind hochentwickelte Insekten mit einem Puppenstadium, einem >chitinisierten< ersten Deckflügelpaar und beißenden Mundwerkzeugen.

Diese Eigenschaften sind als Grund für ihre Entwicklung zu einer riesigen Artenzahl von mehr als 500.000 anzusehen. Zu den Käfern gehören die pflanzenfressenden Rüsselkäfer. Mit mehr als 50.000 Arten hat diese größte Familie im Tierreich eine erfolgreiche Koevolution mit den höheren Pflanzen durchlaufen. In Europa sind mehr als fünftausend Käferarten beschrieben worden. Im Boden sind von sehr vielen Familien die Laufkäfer, Kurzflügelkäfer, Blatthornkäfer, Schnellkäfer, Weichkäfer und Rüsselkäfer mit vielen Arten als Räuber, Wurzelfresser und Allesfresser in ihrer Bedeutung herausragend.

Colibakterien. Umgangssprachliches Synonym für >*Escherichia coli*<. Gelegentlich werden mit dieser Bezeichnung auch verallgemeinernd „Fäkalbakterien" (>Coliforme Organismen< oder Gattungen der Familie >Enterobacteriaceae<) benannt, obwohl viele Vertreter der Enterobacteriaceae keine Darmbewohner, also keine „Fäkalbakterien" sind.

Coliforme Organismen. Eine Gruppe von aeroben und fakultativ anaeroben gramnegativen, nicht sporenbildenden, Lactose fermentierenden Bakterien, die gewöhnlich den Dickdarm von Mensch und Tier besiedeln. Im allgemeinen können viele dieser Bakterien, mit Ausnahme von *E. coli*, in der natürlichen Umwelt leben und sich vermehren (ISO 6107/7). Der Gehalt an >*Escherichia coli*< und coliformen Keimen ist entsprechend der Trinkwasserverordnung nach festgelegten Methoden zu prüfen.

Colititer. Kleinste Wassermenge in Milliliter, in der noch >Colibakterien< (*Escherichia coli*) und/oder coliforme >Bakterien< nachweisbar sind. C = 0,1 bedeutet, daß in 0,1 mL Wasser 1 entspr. Bakterium enthalten ist, in 1 mL 10, in 1 Liter 10.000 Bakterien. Die Best. des C. gehört zum Routineprogramm der mikrobiol. Kontrolle von Grundwasser , >Uferfiltrat<, Badegewässern, Schwimmbadwasser, Trinkwasser und Mineralwasser. Der Nachweis von *E. coli* erfolgt biochem. mit der IMViC-Testkombination als Minimalprogramm: Indolbildung aus Tryptophan, Methylrotreaktion, Vosges-Proskauer-Reaktion und Citratverwertung. Als Grenzwert für Trinkwasser dürfen in 100 mL Wasser *E. coli* und Coliforme nicht nachweisbar sein (C = 100), in Mineralwasser muß C = 250 sein. Nach den EU-Richtlinien über die Qualität von Badegewässern wird für Coliforme ein Leitwert von 500 Zellen/ 100mL und als Grenzwert 10.000 Zellen/100 mL gefordert; für *E. Coli* 100/100 mL bzw. 2.000/100 mL. *E coli* und coliforme Bakterien sind Indikatoren für Fäkalverunreinigungen von Wasser und Gewässern. Coliforme sind solche, die Lactose unter Säure- und Gasbildung bei 36 °C Bebrütungstemp. abbauen und keine Cytochromoxidase bilden. Zu ihnen gehören die Gattungen Escherichia, Citrobacter, Klebsiella und Enterobacter.
Lit: Quentin K-E (1988) Trinkwasser. Untersuchung und Beurteilung von Trink- und Schwimmbadwasser. 1. Aufl., Springer, Berlin Heidelberg New York London Paris Tokyo.

Collembola. Flügellose Urinsekten mit weltweit mehr als 3.000, davon einheimisch 300, meist bodenlebenden saprophagen und mycetophagen Arten. Viele von ihnen haben eine Sprunggabel am Hinterende, mit der sie sich vom Untergrund wegschnellen können. Den bestangepaßten Bodenformen fehlt dieses Organ. >Springschwänze< haben große Bedeutung als >Zersetzer< und als Weidetiere oder grazer (>grazing<) auf der >Mikroflora<, deren Aktivität dadurch gesteigert wird. Pilzsporen und -hyphen werden durch C. verbreitet. Im Rohhumus des Waldes können mehr als 500.000 C. pro m^2 vorkommen.

Cometabolischer Abbau von >PSM<. Der >Abbau< eines Pflanzenschutzmittels durch Mikroorganismen ohne energetischen Nutzen für die abbauende Art (kein Einfluß auf das Wachstum der entspr. Population).

Cometabolismus. Biotransformation von Stoffen, die von Organismen nicht allein umgesetzt und als Energiequelle genutzt werden können. Hierbei ist die Umsetzung von Xenobiotika (anthropogenen Stoffen) zus. mit einem oder mehreren anderen, zur Energie- und Biomasseerzeugung genutzten Substraten besonders umweltrelevant. Auf diese Weise werden von Organismen (Tiere, Pflanzen und Mikroorganismen) die allein nicht metabolisierbaren Xenobiotika gemeinsam mit natürlichen Substraten transformiert. Die durch den C. gebildeten Produkte können nach wie vor relevante Schadstoffe sein, die wie Xenobiotika einzustufen sind. Mitunter sind die transformierten Stoffe sogar biol. wirksamer als die Ausgangsverb.; dieser Effekt wird als biol. Aktivierung bezeichnet. Eine vollständige Mineralisierung zu CO_2, H_2O, HCl etc. erfolgt durch den C. meistens nicht. Aus dem Umsatz der verwertbaren Substrate wird Energie häufig als >ATP< und Redoxäquivalente (z.B. als $NADH_2$) bereitgestellt, mit denen die enzymatische Transformation der Xenobiotika erfolgen kann. Diese werden zumeist von unspezifischen Enzymsystemen ox. (z.B. mit mischfunktionellen Oxygenasen), reduziert oder hydrolysiert (s. Tabelle). Die oxidativen Veränderungen

Cometabolismus: Enzymatische Transformationen von Xenobiotika. (nach Korte F, 1992)

Reaktionen	Beispiele
Oxidationen	
C-Hydroxylierung	Benzol-Derivate, PCB, DDT, Dieldrin, Benz[a]pyren
Methyloxidation	Bromacil
Epoxidation	Cyclodien-Insektizide
Ketonbildung	Carbofurane
β-Oxidation	2,4-Dichlorphenoxyalkansäuren
Sulfoxidation	Thioanisol, Carboxin
Phosphorthionat-Oxidation	Parathion
C-Dehydrierung	HCH
N-Oxidation	Chloraniline
Reduktion von	
Keto-Gruppen	Acetophenon
Azo-Gruppen	Azobenzol
Nitro-Gruppen	4-Nitrobenzoesäure, Pentachlor-nitrobenzol, Parathion
N-Oxid-Gruppen	Nicotinamid-*N*-oxid
Doppelbindungen	DDMU (DDT-Metabolit)
Dreifachbindungen	Buturon
Red. Dechlorierung	DDT, chlorierte Benzol-Derivate, Toxaphen
Hydrolysen	
Ester-Hydrolyse	Malathion, Kelevan, Phthalate
Nitril-Hydrolyse	2,4-Dichlorbenzonitril
Amid-Hydrolyse	*N*-Acetyl-2-amino-fluoren
Phosphat-Hydrolyse	Tri-o-tolyl-phosphat, Parathion
Epoxid-Hydrolyse	Cyclohexenoxid, Dieldrin
Carbamat-Hydrolyse	Carbaryl

nehmen dabei die dominierende Rolle ein. Mit wenigen Ausnahmen liegen keine spezifischen Enzyme für die Umwandlung von Fremdstoffen vor. Sekundär kann es u.a. zum Einbau der transformierten Stoffe in körpereigene Makromoleküle kommen, was zur Bildung „nicht extrahierbarer Rückstände" führt.

Lit: Korte F (1992) Lehrbuch der Ökologischen Chemie – Grundlagen und Konzepte für die ökologische Beurteilung von Chemikalien, 3. Auflage. Georg Thieme, Stuttgart New York.

Committee of Common Market Automobile Constructeurs (CCMC). Zusammenschluß von Fahrzeugherstellern, um Einigung in wichtigen technischen Fragen zu erreichen, ist inzwischen durch die ACEA, Association des Constructeurs Europeens d'Automobiles, ersetzt.

Common name. International gültige Kurzbez. eines >PSM<-Wirkstoffs.

Lit: The Agrochemicals Handbook, The Royal Society of Chemistry, Cambridge, Last up date 1990.

Common Rail. Neuartiges Kraftstoff-Einspritzsystem für Dieselmotoren. Im Gegensatz zu herkömmlichen Einspritzsystemen wird dabei durch eine Hochdruckpumpe der Kraftstoff in einem Reservoir auf hohen Druck gebracht und von dort über eine Ringleitung (Common Rail) den elektromagnetisch gesteuerten Einspritzventilen zugeführt. Dadurch sind im Vergleich mit der herkömmlichen Technik Vorteile im Verbrennungsablauf und damit bei der Schadstoffemission und beim Verbrauch zu erzielen (s. Abb. S. 280).

Lit: Klingmann J, Brüggemann H, Der neue Vierzylinder Dieselmotor OM 611 mit Common Rail Einspritzung. MTZ 58 (1997) 11 u. 12, S. 652–658 u. 760–767.

Comprex-Aufladung. Beruht auf dem Prinzip, daß die im Abgassystem vorhandenen Druckwellen in einem Zellenrad am offenen Ende positiv und am geschlossenen Ende negativ reflektiert werden. Vorteile liegen im instationären Arbeitsbereich. Sie ist noch nicht serienreif.

Compton-Effekt. Wechselwirkungseffekt von >Röntgen-< und >Gammastrahlung< mit Materie. Compton-Effekt ist die elastische Streuung eines >Quants< mit einem freien oder quasi-freien >Elektron<. Ein Teil der Energie und des Impulses des Quants wird auf das Elektron übertragen, der Rest bleibt bei dem gestreuten Quant.

CONCAWE. Internationale Studiengruppe von Mineralölfirmen zur Reinhaltung von Luft und Wasser, (Conservation Clean Air and Water).

Conchagene. (Lat. concha = Muschel). Eiweißartige Grundmassen in den Schalen der >Mollusken<, in welche feinkristallines Calciumcarbonat (>Calciumverbindungen<) eingelagert ist. Conchagene bestehen aus >Chitin< und >Protein< mit hohem Anteil an sauren und hydroxyhaltigen >Aminosäuren<. Funktionell stehen die Conchagene dem Collagen nahe.

Confirmatory-Test. (Syn. Bestätigungstest auch „active sludge simulation test"). Wurde ursprünglich im Detergenziengesetz gefordert, wenn der vorangegangene Screeningtest keine genügende Abnahme der oberflächenverändernden Eigenschaften eines anionaktiven >Tensids< aufgezeigt hatte. Er wird in sog. 31-Anlagen, auch *Husmannanlagen* genannt, durchgeführt. Mittlerweile wird dieser Test auch für Stoff- und Abwasseruntersuchung eingesetzt. In besonderen Fällen werden auch 2 Anlagen hintereinander im sog. *coupled*

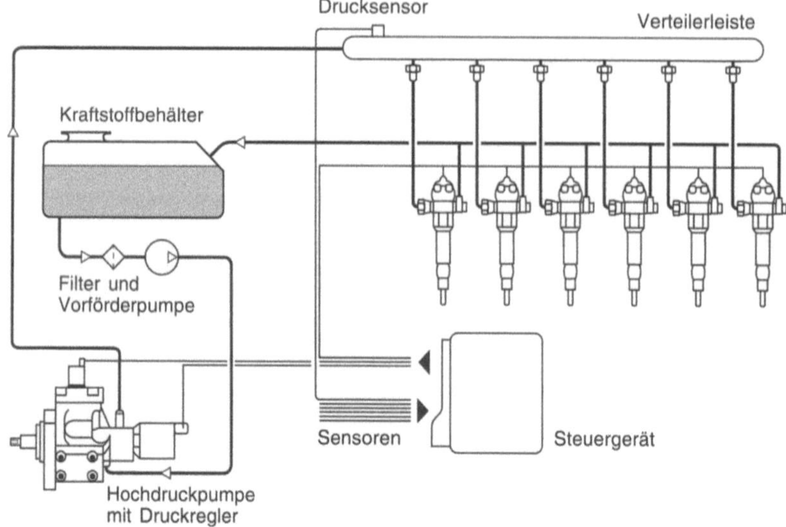

Common Rail: Common Rail-System für Pkw

units test mit täglichem Schlammaustausch durchgeführt. Testparameter können >DOC<, spezielle Analytik oder auch Toxizitätstests sein.

Coning. Kegelförmige Struktur einer Schornsteinabluftfahne, die bei neutraler vertikaler Temperaturschichtung entsteht. S. Abb. bei >Ausbreitungstypen<.

Conotoxine. Neurotoxine (>Toxine<) aus Kegelschnecken (Conidae) suptropischer und tropischer Meere (>Mollusken<). Kegelschnecken besitzen einen komplizierten Giftapparat mit einem harpunenähnlichen Stachel von ca. 7 mm Länge, der zum Beutefang verwendet wird. Bisher sind ca. 10 verschiedene Verbindungen isoliert worden, die alle relativ kurzkettige Polypeptidstrukturen aufweisen. Die Zahl der Aminosäuren liegt zwischen 13 und 27, teilweise über Disulfidbrücken verknüpft. Das Formelbild zeigt die Aminosäuresequenz und die Lage der zwei Disulfidbrücken von Conotoxin GI.

$$\text{H}_2\text{N-Cys-Ser-Tyr-His-Arg}$$
$$\text{Gly}$$
$$\text{H-Glu-Cys-Cys-Asn-Pro-Ala-Cys}$$

Primärstruktur des Conotoxin GI

Die Stiche verursachen große Schmerzen, Taubheit, z.T. Muskellähmung. Die Todesursache ist Herzversagen. Verursacht werden die Vergiftungen vor allem durch *Conus geographus, Conus tulipa, Conus magus* und *Conus textile.*

Lit: Habermehl G (1987) Gift-Tiere und ihre Waffen, 4.Aufl., Springer, Berlin Heidelberg. – Teuscher E, Lindequist U (1988) Biogene Gifte, 1.Aufl., Akademie, Berlin. – Habermehl GG, Krebs HC (1986) Naturwissenschaften 73: 459–470. – Yanagawa Y et al. (1988) Biochemistry 27: 6256–6262 – Olivera BM, Gray WR, Zeikus R, McIntosh JM, Varga J, Rivier J, de Santos V, Cruz LJ (1985) Peptide neurotoxins from fish-hunting cone snails. Science 230: 1338–1343.

Constant Volume Sampling (CVS). Probenahmesystem bei >Abgasrollentests<. Dabei wird der während des Tests entstehende Abgasstrom des Motors in einer entspr. Vorrichtung mit einem konst. Vol.-Strom aus der Umgebungsluft verdünnt und ein Teilstrom daraus in Beuteln zur späteren Analyse gesammelt. Das Fördervol. für die Teilmenge wird über die Testzeit konst. gehalten, >Probennahme<. Dieses Verfahren hat sich weltweit bei Abgastests durchgesetzt, >Abgas-Rollenprüfstand<.

Lit: US-Federal Register 49 CFR, Part 86, US-Abgasvorschriften für PKW und leichtere Nutzfahrzeuge – Hauschulz G, Heich HJ, Leisen P, Raschke J, Waldeyer H, Winckler J (1983) Emissions- und Immissionsmeßtechnik im Verkehrswesen, Verlag TÜV Rheinland, Köln, ISBN 3-88585-58-3.

Constant-level-balloon. Freifliegender, von der Luftströmung getriebener Ballon. Durch eine Steuertechnik für das Druckventil an Bord des Ballons bleibt er stets auf einer >isobaren Fläche<. Mit Hilfe der C.-l.-b. kann man über größere Distanzen (Tausende von km) und Zeitskalen (Wochen bis Monate) Aufschlüsse über die großräumige atmosphärische Zirkulation erhalten.

Containment. >Sicherheitsbehälter< eines Reaktors.

Controlled-release-Formulierung. (CRF; syn. Sustained oder Slow-release-Formulierung, Depotpräparat). Arzneimittel, Pflanzenschutz- oder Schädlingsbekämpfungsmittel, dessen Wirkstoff sich zunächst großenteils in einem Depot befindet, aus dem er verzögert abgegeben wird. Durch CRF können Behandlungsintervalle vergrößert und gleichzeitig unerwünschte Nebenwirkungen hoher Wirkstoffdosierungen vermieden werden. Ziel aller Bemühungen ist es, am Wirkungsort eine optimale Wirkstoffkonzentration, die zur Entfaltung der gewünschten Wirkung erforderlich ist, möglichst lange aufrechtzuerhalten. Aus dem Depot muß daher Wirkstoff mit etwa derselben Geschwindigkeit freigesetzt werden, wie er am Wirkungsort durch Abbau oder Abtransport verschwindet. Ist die Freiset-

Controlled-release-Formulierungen

Physikalische Systeme	
1) Depotsysteme mit Membran zur Migrationskontrolle	– Kapseln: Kapselgranulate, Mikrokapseln, – Laminate.
2) Depotsysteme ohne Membran	– Adsorption an anorganische oder organische Matrizes, – Kapillarsysteme und Hohlfasern, – poröse polymere Substrate und Schäume.
3) Monolithische Systeme	– Lösungen und Dispersionen in nichtporösen polymeren Matrizes, Migration ohne Zerstörung der Matrix, – Lösungen und Dispersionen in nichtporösen polymeren Matrizes, Migration aufgrund biotischen oder abiotischen Matrixabbaus, – Wirkstofffreisetzung durch kontrollierte Ausnützung der Lösungsgeschwindigkeit von Wirkstoff und/oder Matrix.
Chemische Systeme	
1) Ionisch gebundene Wirkstoffe:	– Ionenaustauscher.
2) Kovalent gebundene Wirkstoffe	– Kopolymerisate mit Wirkstoffen als Komonomere, – Bindung an funktionelle Gruppen natürlicher oder synthetischer Polymere, – Wirkstofffreisetzung aus monomeren Wirkstoffderivaten, die selbst unwirksam sind.

zungsgeschwindigkeit zu gering, so besteht die Gefahr, daß die Wirkung früh abbricht, obwohl sich noch hohe Wirkstoffrückstände im Depot am Applikationsort befinden. Ist sie zu hoch, wird die Wirkungsdauer beeinträchtigt. Verzögerungseffekte für die Wirkstofffreisetzung können auf unterschiedliche Weise erzielt werden, z.B. durch langsames Lösen aus großen Kristallen oder Formkörpern definierter Oberfläche oder durch chemische Rückspaltung von Wirkstoffderivaten, die als solche unwirksam sind. Physikalische Adsorption an organische oder anorganische Trägerstoffe kann ebenso ausgenützt werden wie die Einarbeitung in Polymere (s. Tabelle oben). Den Vorteilen der besseren Verträglichkeit, geringerer Anwendungshäufigkeit und gewissen Wirkstoffeinsparungen stehen als Nachteile in der Regel weit höhere Kosten für Formulierung, Transport und Lagerhaltung und ggf. spezielle Applikationsvorrichtungen entgegen. Außerdem bedarf das Verhalten von evtl. verwendeten polymeren Matrizes und den darin enthaltenen Wirkstoffresten und >Additiven< am Anwendungsort und deren Transfer in andere Umweltmedien intensiver Untersuchungen.

Lit: Bahadir M, Pfister G (1990) Controlled release formulations of pesticides. In: Haug G, Hoffmann H (Hrsg.) Chemistry of plant protection, Bd. 6, Springer, Berlin, S. 1.

Coordinating European Council (CEC). Zusammenschluß best. Mineralölfirmen, Fahrzeughersteller und Anwender zur Abstimmung in Fragen der >Kraftstoffzusammensetzung< und -qualität.

Copepoda. Ruderfüßer, >Crustacea<, >Copepoden<.

Copepoden. Kleinkrebse aus der Klasse >Crustacea<, Unterklasse Copepoda im Süßwasser und Meer, freilebend und parasitisch an Fischen. C. sind eine der wichtigsten Gruppen des >Zooplanktons<, im Meer besonders die Arten der Gattung Calanus: *C. helgolandicus, C. finmarchicus, C. pacificus* u.a., im Süßwasser besonders die Familien Diaptomidae und Cyclopidae (s. Abb. S. 282). Die meisten Arten ernähren sich von >Phytoplankton<, einige sind räuberisch, z.B. *Cyclops vicinus* und die Heterocope-Arten. Die Fortpflanzung ist fast immer zweigeschlechtlich, die Eier werden von den Weibchen in Eipaketen getragen. Die Entwicklung verläuft über Nauplien, Metanauplien und Copepodide. Auch im Sediment, im >hyporheischen Interstitial< und im Grundwasser leben viele Arten der Ordnungen Cyclopoida und Harpacticoida. Die parasitischen Arten gehören zu den Familien Ergasilidae, Lernaeidae, Caligidae und Lernaeopodidae. Sie leben als Ectoparasiten auf Fischen und verursachen z.B. die anzeigepflichtige Ergasilose. Viele freilebende C. übertragen als Zwischenwirte Wurmparasiten auf Fische, z.B. den Breiten Bandwurm *(Diphyllobothrium latum)* oder direkt auf den Menschen, z.B. den Medinawurm *Dracunculus medinensis*.

Lit: Einsle W (1993) Crustacea: Copepoda: Calanoida und Cyclopoida, 1. Aufl., Gustav Fischer, Suttgart Jena New York – Janetzki W, Enderle W, Noodt W (1996) Crustacea Copepoda Gelylloidea und Harpacticoidea. Gustav Fischer Verlag, Stuttgart Jena New York.

Copolymerisate. Durch >Copolymerisation< hergestellte, makromolekulare Stoffe. s.a. >Elastomere<, >Kunststoffe<.

Copolymerisation. >Polymerisation< von Gemischen zweier oder mehrerer >Monomere< zu >Makromolekülen<, in denen die monomeren Einheiten statistisch, alternierend oder in Blöcken verteilt sind. Letztere werden >Block-Copolymerisate< genannt. Sind drei verschiedene Monomere beteiligt, spricht man von *Terpolymerisation.* Man kann auch eine Polymerkette auf ein anderes, bereits vorhandenes Gerüstpolymer „aufpfropfen" und spricht dann von *Pfropf-Copolymeren.* Durch solche Modifikationen werden >Polymere< mit maßgeschneiderten Eigenschaften erhalten (s. Abb. S. 283). Beispiele für Co- und Terpolymerisate sind *SAN* (Styrol-Acrylnitril: 70/30), *SB* (Styrol-Butadien: 30/70) und *ABS* (Acrylnitril-Butadien-Styrol), die als schlagzähe und kratzfeste >Kunststoffe< für hochwertige technische Formteile im Fahrzeug- und Gerätebau verwendet werden.

Coprecipitation. Mitfällung: Vermengung des Niederschlags einer Substanz mit Stoffen, die im Lsg.-Mittel enthalten waren und die beim Ausfällen in den Niederschlag eingebaut werden; vgl. >Flockung<.

Core. >Spaltzone< eines Kernreaktors.

Coregonen. Süßwasser- und Wanderfische der Gattung Coregonus (Familie Coregonidae), nahe verwandt mit den lachsartigen Fischen (Familie Salmonidae) und wie diese mit einer Fettflosse vor der Schwanzflosse. Der Körper ist meist schlank, seitlich zusammengedrückt, die Schuppen sind größer als bei den Salmoniden. Die Fische sind >Zooplankton-< oder >Bodentierfresser<, die Mundöffnung ist klein. Die Gattung Coregonus ist zirkum-subarktisch in Nordamerika, Europa und Asien verbreitet. Die Abgrenzung der acht Arten ist schwierig und unklar, da sie durch viele Übergänge miteinander verbunden sind. Mit statistischen

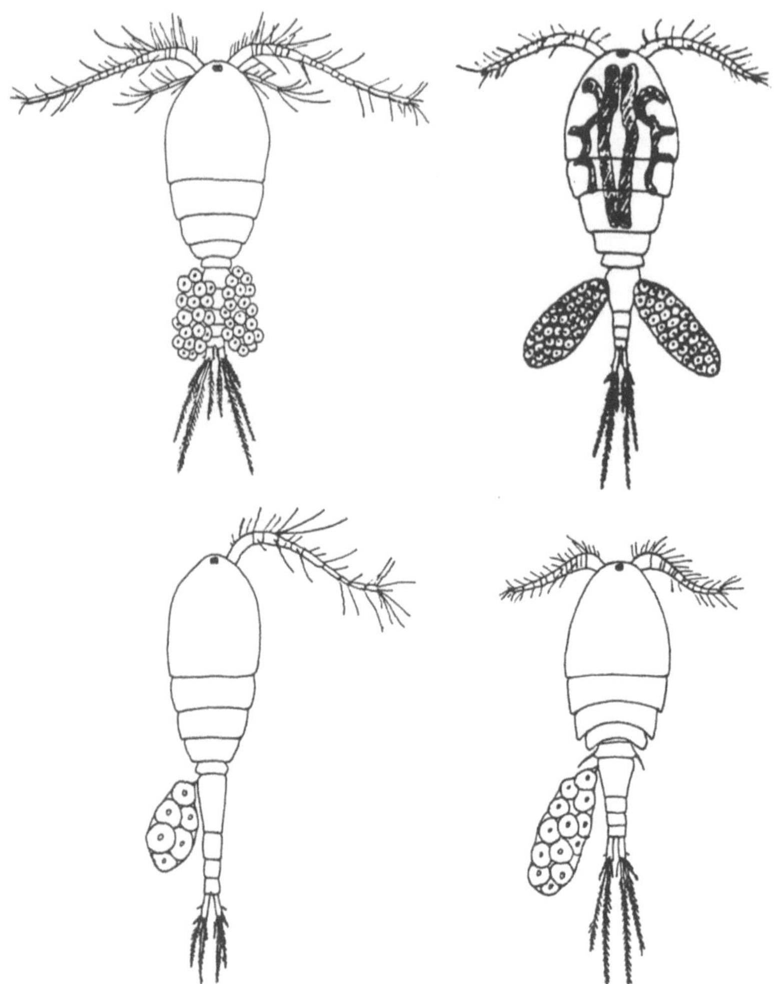

Copepoden: Copepoden aus der Familie Cyclopidae (Umrißzeichnungen) mit den typischen Eisäckchen

Methoden läßt sich anhand der Kiemenreusen eine grobe Gliederung in „Schwebrenken" mit vielen langen und feinen Fortsätzen auf den Kiemenreusen als Filter für die Konz. des >Planktons<, und „Bodenrenken" mit weniger und kurz-derben Fortsätzen vornehmen. In Norddeutschland werden die C. „Maränen", in Bayern „Renken", im Bodenseegebiet „Felchen" genannt. In Mitteleuropa leben folgende Arten (Formenkreise): *Coregonus albula* L., 1758, Kleine Maräne. Besonders in Seen im Ostsee-, Kattegatt- und teilweise Skagerak- Gebiet; in Deutschland vor allem östlich der Elbe. *Coregonus lavaretus* L., 1758, Große Schwebrenke. Zooplanktonfresser der großen Seen, z. B. >Bodensee< (Blaufelchen) und Nordeuropa. In der südlichen salzarmen Ostsee ein verbreiteter Wanderfisch. Die Laichzeit des Blaufelchens im Bodensee beginnt bei Oberflächentemp. von 6 bis 7 °C Ende November/Anfang Dezember. Die Tiere laichen über der größten Tiefe von 200 bis 250 m, die ·befruchteten Eier sinken zu Boden und entwickeln sich am Grund bei etwa 4 °C innerhalb von 3 bis 4 Monaten. Die Fischlarven steigen an die Oberfläche und füllen ihre Schwimmblase mit Luft. Heute werden viele Jungfische in Brutanstalten erbrütet und im See ausgesetzt. *Coregonus nasus* (PALLAS, 1776) = *C. fera* (JURINE, 1825), Große Maräne, Große Bodenrenke, Sandfelchen. In großen Seen Nordeuropas, in der Ostsee und in Seen des voralpinen (Bodensee u. a.) und alpinen Gebiets. *Coregonus oxyrhynchus* L., 1758 = *C. microphthalmus* (NÜSSLIN, 1882), Schnäpel, Kleine Bodenrenke, Gangfisch. Wanderfische der Nord- (Elbe, Rhein) und Ostsee. Auch im Bodensee, laicht hier aber hauptsächlich im Rhein.

Lit: Lelek A (1987) Threatened fishes. The freshwater fishes of Europe, Bd. 9, Aula, Wiesbaden – Luczynski M (Managing Ed.) (1995) Biology and Management of Coregonid fishes. E. Schweizerbart'sche Verlagsbuchhandlung, Stuttgart.

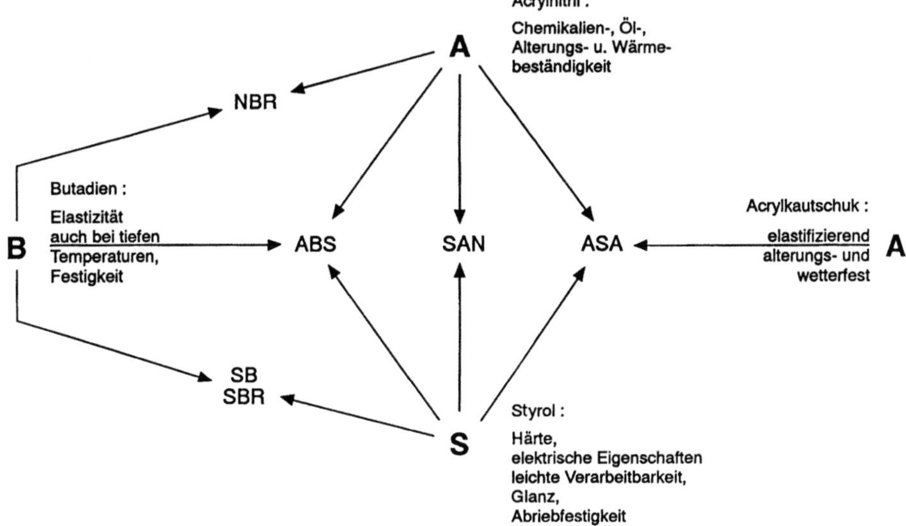

Copolymerisation: Die Kombination der Eigenschaften von Polymerisaten verschiedener Monomere bei der Co- und Terpolymerisation und durch Blends (aus: Biederbick K (1974) Kunststoffe, Vogel Verlag, Würzburg, S. 88)

Coriolis-Kraft. Scheinkraft, die auf jedes sich bewegende Teilchen in einem rotierenden Polarkoordinatensystem wirkt, erforderlich bei der Übertragung der >Bewegungsgleichungen< von einem karthesischen in ein Polarkoordinatensystem. In der Meteorologie ist die C.-K. je Einheitsvolumen gleich dem Vektorprodukt aus der Winkelgeschwindigkeit der Erde und der Geschwindigkeit v des sich bewegenden Teilchens:

$$\mathbf{C} = -\,2\,\omega \times \mathbf{v}.$$

Daraus ergibt sich, daß die C.-K. senkrecht auf dem Drehvektor der Erdrotation ω und dem Bewegungsvektor v des Teilchens steht und auf der Nordhalbkugel nach rechts, auf der Südhalbkugel nach links, bezogen auf die Bewegungsrichtung des Teilchens, wirkt. Die Horizontalkomponente der C.-K. heißt Coriolis-Parameter und ist proportional zum Sinus der geographischen Breite. Dadurch verschwindet die C.-K. in der Nähe des Äquators und erreicht größte Werte in den Polarregionen. Augenfälligste Wirkung der C.-K. ist die Ablenkung der bodennahen Winde in den Subtropen zum Nordost- bzw. Südost-Passat.
Lit: Pichler H (1986) Dynamik der Atmosphäre, 2. Aufl., BI Wissenschaftsverlag, Mannheim, S. 94.

Coroxon. Organophosphor-Insektizid der ersten Generation aus der Reihe der Cumarine (1-Benzopyran-2-on). C. besitzt pestizide, insbesondere insektizide und anthelmintische Eigenschaften.
Chemische Bezeichnung: 3-Chlor-4-methyl-2-oxo-2H-1-benzopyran-7-yl-phosphorsäure-diethylester
Summenformel: $C_{14}H_{16}ClO_6P$
CAS-Nr. 321–54–0

LD_{50}: 12 mg/kg (Ratte, oral, akut).
Synthese aus 3-Chlor-7-hydroxy-4-methylchromen-2-on und $ClPO(OEt)_2$ bzw. $P(OEt)_3$ / $CBrCl_3$.
Lit: Schrader G (1963) Die Entwicklung neuer insektizider Phosphorsäure-Ester, Verlag Chemie, Weinheim.

Corticoide. >Glucocorticoide<.

Cost-Benefit-Analysis. (engl.) >Kosten-Nutzen-Analyse<.

Coupled-units-Test. >Confirmatory-Test<.

CP-1. Chicago Pile No. 1 (s. Abb. S. 284). Erster >Kernreaktor<; erste sich selbst erhaltende Kettenreaktion am 02. 12. 1942; >Brennstoff<: Natururan, >Moderator<: Graphit; Leistung: 200 W.

Cradle-to-grave-Prinzip. Für besonders gefährliche Stoffe, z. B. besonders überwachungsbedürftige Abfälle, ordnet das Kreislaufwirtschaftsrecht an, diesen Stoff „von der Wiege bis zur Bahre" behördlich verfolgen zu können, um sicherzustellen, daß von dem Stoff keine Gefahren für die Menschen und die Umwelt ausgehen; Instrumente sind beispielsweise Nachweisbücher und Begleitscheine. Rechtsgrundlage: §§ 41 ff. KrW-/AbfG.

Crenothrix. >Bacteria< (s. Abb. S. 142).

Crisoina S. >Chrysoin S<.

Crocein orange G. >Orange RN<.

Crocetin. >Safran<.

Crocin. >Safran<.

Crocus. >Safran<.

„cross protection". Methode zur Erzeugung einer >Virusresistenz< bei Pflanzen durch „immunisierungsanaloge" Prinzipien.

CP-1: CP-1 während des Experiments zur ersten sich selbst erhaltenden Kettenreaktion

Crotoxin. Bestandteil aus dem >Schlangengift< der südamerikanischen Klapperschlange (*Crotalus durissus terrificus*). Es blockiert die neuromuskuläre Reizübertragung, indem es an der präsynaptischen Membran angreift und so die Freisetzung des Überträgerstoffs >Acetylcholin< verhindert. Crotoxin ist ein Oligomer aus 2 >Polypeptiden<. Es besteht aus dem Crotoxin A, einem sauren 3 kettigen Polypeptid mit $40+34+14$ Aminosäuren und 3 Disulfidbrücken, und dem Crotoxin B mit Phospholipaseaktivität. Der LD_{50}-Wert für Mäuse bei s.c. Injektion beträgt ca. 500 µg/kg KG.
Lit: Teuscher E, Lindequist U (1988) Biogene Gifte, 1.Aufl., Akademie, Berlin. – Stephan U, Elstner P, Müller RK (1985) Fachlexikon ABC Toxikologie, 1.Aufl., Harri Deutsch, Thun Frankfurt/M.

„crown gall". >Wurzelhalsgalle<.

Crud. In der >Wiederaufarbeitung< Begriff für Niederschläge, die aus >Spaltprodukten<, hauptsächlich >Zirkon<, mit >Radiolyse<produkten des Lösungsmittels entstehen. Diese Niederschläge sammeln sich vornehmlich an den Phasengrenzflächen zwischen >Kernbrennstoff<lösung und Extraktionsmittel und stören deswegen die quant. Extraktion.

Crustacea. Von den Krebsen leben viele Arten der Harpacticoidea und Isopoda in Landböden. Die Ruderfußkrebse und >Asseln< sind >Gliederfüßer< mit zwei Paar Antennen. R. ernähren sich schwimmend als Filtrierer. A. fressen vor allem >saprophag< an nährstoffreicher Krautstreu, weiden jedoch auch >Algen< und >Flechten< ab. Die Asseln *Oniscus asellus* und *Trichoniscus pusillus* sind >Schlüsseltierarten< in Wäldern.

Cryptoxanthin. 3-Hydroxy-β-carotin. Ein gelber Farbstoff aus der Gruppe der >Xanthophylle<, der in grünen Pflanzen, Früchten, Orangenschalen, Milch und Butter enthalten ist. Das Vitamin A-wirksame, fettlösliche Cryptoxanthin kann aus den Kelchen und Beeren von *Physalis alkekengi* und aus Maissamen isoliert werden.

CSB. >Chemischer Sauerstoffbedarf<.

CS-Gas. Kurzbezeichnung für (2-Chlorbenzyliden)-malonsäuredinitril, starker Augenreizstoff, Kampfstoff.

CTP. Kurzform für Cytidintriphosphat. CTP ist aus dem Nucleosid Cytidin, bestehend aus der Pyrimidinbase >Cytosin< und Ribose und 3 kettenförmig aneinanderhängenden Phosphatmolekülen aufgebaut. Dabei sind die beiden Säureanhydridbindungen zwischen den Phosphatmolekülen energiereich. Somit kann CTP wie >ATP< ebenfalls in biochem. Rkt. als Energieüberträger fungieren.

Cumasina-Verfahren. Elektr. Silberungsverfahren zur Desinfektion von Trinkwasser. Es bringt mehr Silberionen in Lsg. im Gegensatz zum stromlosen Silberungsverfahren. Die Wirkung tritt jedoch erst bei längerer Kontaktzeit ein. Es sind deshalb große Vorratsbehälter notwendig, in denen das Wasser 5 bis 6 h verweilt, bevor es an den Verbraucher abgegeben werden kann. Das Wasser wird durch ein regelbares Gleichstromgerät geleitet, das bei dem einen Verfahren (Katadyn) zwei Gruppen von Silberplatten in Zinkenstellung, die regelmäßig umgepolt werden, und bei dem anderen (Cumasina) eine Silberanode zwischen Metallkathoden enthält. Die Spannung richtet sich nach den Eigenschaften des Wassers und beträgt 2 bis 40 V. Durch Änderung der Spannung läßt sich die Silberabgabe regeln und damit der Wasserbeschaffenheit anpassen.
Lit: Dahlhaus C, Damrath H (1987) Wasserversorgung, 9.Aufl, B.G. Teubner, Stuttgart.

Curculionidae (Rüsselkäfer). >Insecta<. Artenreichste Familie im Tierreich. Die rein pflanzenfressende Käfergruppe hat sich v.a. mit dem Artenreichtum der tropischen Pflanzen entwickeln können.

Curcuma. (Gelbwurz, Tumeric, Indischer Safran, Merita Erde): Ein gelbbraunes Pulver von charakteristischem Geruch und scharfem Geschmack, das aus den Rhizomen von *Curcuma longa* (Gelbwurz) gewonnen wird. Der Zusatz erfolgt zu Würzen, Curry-Pulver, Senf, Essenzen, Saucen, Suppen etc.

Curcumin. [1,7-*Bis*-(4-hydroxy-3-methoxy-phenyl)]-1,6-heptadien-3,5-dion. Hauptfarbstoff des >Curcuma<, der auch synth. hergestellt werden kann.

Curie. Frühere Einheit der >Aktivität< eines >Radionuklides<. Die Aktivität von 1 Curie (Ci) liegt vor, wenn von einem Radionuklid $3,7 \cdot 10^{10}$ Atome je Sekunde zerfallen. Die Aktivitätseinheit Curie wurde ersetzt durch die neue Einheit >Becquerel<. 1 Curie = $3,7 \cdot 10^{10}$ Becquerel.

Curvularia. >Fungi< (s. Abb. S. 469).

Cuticula. (Lat. cuticula = Häutchen). Eine >lipophile< Außenhaut, welche die äußere Oberfläche prim., oberirdischer Pflanzenorgane bei >Moosen< und höheren Pflanzen bedeckt und eine Schutzfunktion gegenüber der Umwelt ausübt. Die häufig gefaltete Schicht gliedert sich in eine meist vielschichtige eigentliche Cuticula aus >Cutin<-Lamellen, die oft mit einem epicuticulären >Wachs< überzogen ist, und eine nach innen angrenzende Cuticularschicht aus Cutin, Wachsen und >Cellulose<-Fibrillen (s. Abb. unten). Das Schadgas SO_2 löst sich erheblich besser durch die lipophile Phase der Cuticula als z.B. >CO_2< oder gar Wasserdampf.

Cutin. (Lat. cutis = Haut). Eine strukturelle Komponente der pflanzlichen >Cuticula<. Der Polyester mit

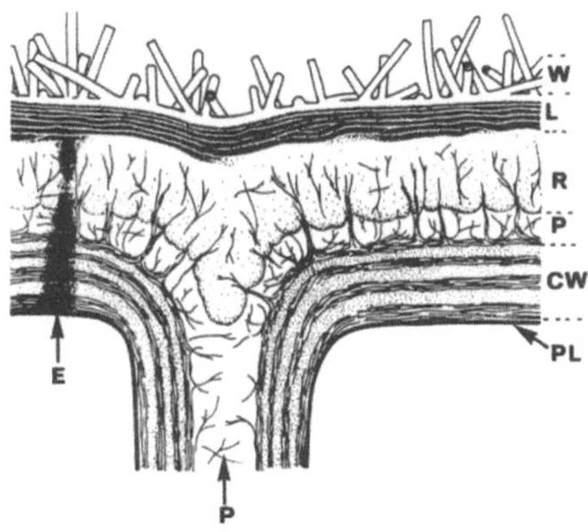

Cuticula: Struktur der pflanzlichen Cuticula. [Aus: Juniper BE, Jeffree CE (1983) Plant surfaces. Edward Arnold, London]. P, Pektinschicht und Mittellamelle; PL, Plasmalemma; CW, Zellwand, die vorwiegend aus Hemicellulose und Pectin besteht; R, netzartige Region der Cuticula, in der Cutin und Wachs von Cellulosefibrillen durchzogen werden; L, geschichtete Region der Cuticula mit getrennten Lamellen aus Cutin und Wachs; W, Epicuticularwachs

ungesättigten Hydroxy- und Epoxy-Fettsäuren als Hauptbestandteilen weist Kettenlängen von C = 16 und 18 auf (s. chem. Formel). Hinzu kommen veresterte Phenolsäuren wie z.B. p-Coumarsäure und Ferulasäure. Das amorphe Polymer bildet eine extrazelluläre biol. Barriere gegen den Befall mit >Phytopathogenen<; es ist weiterhin eine Wasserdampfbarriere gegen Flüssigkeitsverluste und eine Infiltrationsbarriere für >Ionen< und hydrophile >Moleküle<.

Cutin: (Aus: Ziegler H (1995) Weg der Schadstoffe in der Pflanze. In: Hock B, Elstner EF (Hrsg.) Schadwirkungen auf Pflanzen. Ein Lehrbuch der Pflanzentoxikologie, 3. Aufl., Spektrum Akademischer Verlag, Heidelberg Berlin Oxford.)

CVS. >Constant Volume Sampling<.

cW-Wert. S. Abb. S. 286. Stellt den dimensionslosen Widerstandsbeiwert eines umströmten Körpers dar. Bei heutigen modernen Pkw liegt er zwischen 0,25 und 0,35 und ist direkt proportional der erforderlichen Leistung zur Erreichung der Fahrgeschwindigkeit, s.a. >Luftwiderstand<.

Cyanamid. Wirkt als >Herbizid< und als Wuchsstoff.
Chemische Bezeichnung: Cyanamid
CAS-Nummer: 420–04–2
Hersteller: SKW Trostberg AG
Wirkungstyp: Kontaktherbizid zur frühen Nachauflaufanwendung, ohne Dauerwirkung.
Bevorzugte Anwendung: Gegen zweikeimblättrige Unkräuter in Zwiebeln, Porree, Schnittlauch, Beseitigung von Nebentrieben, Nachschossern, im Hopfenbau („chem. Putzen"), zur Beseitigung von Stocktrieben im Weinbau.

$H_2N{-}CN$

Chemische und physikalische Eigenschaften:
Physikalische Beschaffenheit: Krist., farblos, hygr.

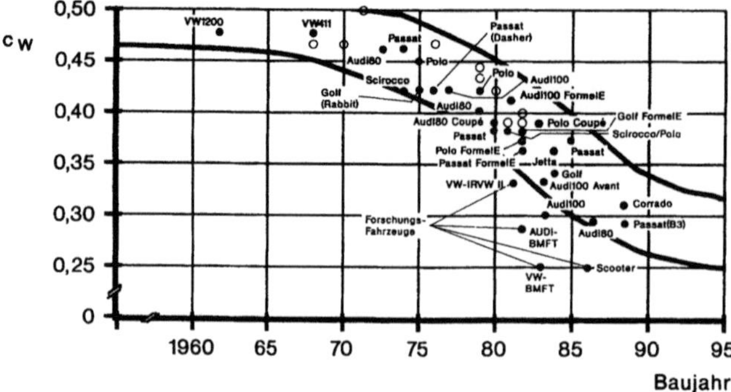

cW-Wert: cW-Werte verschiedener Pkw

Schmelzpunkt: 46 °C.
Siedepunkt: 140 °C bei $2,5 \cdot 10^{-3}$ Pa.
Dampfdruck: 20 Pa bei 64 °C.
Verteilungskoeffizient (log $P_{o/w}$): –0,82 bei 20 °C.
Stabilität: Beständig gegen Licht. Zugabe von Säuren führt zu spontaner Zers. (Bildung von Harnstoff). Laugen beschleunigen die Dimerisierung stark, so daß die Lsg. unter heftiger Wärme- und Ammoniakentwicklung reagiert (Bildung von Dicyandiamid und Polymerisation). Kühl lagern.
Korrosives Verhalten: Korrosiv.
Löslichkeit: In Wasser 459 g/100 mL bei 20 °C.
Abbau und Metabolismus: In der Pflanze und im Boden Umwandlung zu schnell aufnehmbaren Stickstoffverb. Keine Rückstandsprobleme. Im Säugerorganismus durch Anlagerung an SH-Gruppen des Glutathions vorübergehend Hemmung von Redoxvorgängen. Alkohol erhöht die Toxizität (möglicherweise als Folge eines gestörten Alkoholabbaus).
Toxizität: Akute orale LD_{50} für Ratten 150 mg/kg. Akute dermale LD_{50} für Kaninchen 2.100 bis 3.200 mg/kg. Inhalationstoxizität: LC_{50} mehr als 1,0 mg/L Luft für Ratten (4 Stunden). Reizwirkung auf Haut und Augen. Vasomotorische Reaktion nach Cyanamid-Aufnahme (oral oder inhalativ) in Verb. mit Alkoholgenuß.
Bienentoxizität: Bienengefährlich (B 1).
Fischtoxizität: Fischgiftig. LC_{50} (96 h) für Regenbogenforelle 90 mg/L. EC_{50} (48 h) für *Daphnia* 3,2 mg/L.

Cyanide. Salze der Cyanwasserstoffsäure (>Blausäure<, HCN). Die Alkali- und Erdalkalicyanide sind wasserlöslich, reagieren infolge Hydrolyse stark alkalisch und riechen nach Blausäure. Die einfachen Schwermetallcyanide sind meist wasserunlöslich (außer HgCN). Toxisch wirksam ist das Cyanid-Ion CN^-, das auch aus organischen Verbindungen wie Nitrilen (R-CN) und aus glykosidischer Bindung im Organismus enzymatisch oder nichtenzymatisch freigesetzt werden kann. Das CN^- hat zu bestimmten Schwermetallen eine hohe Komplexaffinität. Im Warmblütlerorganismus wird das dreiwertige Eisen in den zellulären Atmungsenzymen auf der Stufe der Cytochromoxidase-Fe^{3+} blockiert. Der Sauerstoff kann nicht aktiviert und für Oxidationsprozesse nutzbar gemacht werden. Dadurch erfolgt eine innere Erstickung auf zellulärer Ebene. Erstes Symptom bei einer Cyanid-Intoxikation ist eine Hyperpnoe (vertiefte Atmung), es folgt eine Rotfärbung der Haut, bedingt durch die Arterialisierung des Ve-

nenblutes, d.h. der Sauerstoff wird dem Hämoglobin beim Durchgang durch die Kapillaren nicht entzogen. Es folgen Unwohlsein, Erbrechen, zentrale bzw. periphere Atemlähmung, Tod.
Cyanide werden verwendet als Zwischenprodukte bei org. Synthesen von >Carbonsäuren<, Pharmazeutika, Farbstoffen, >Schädlingsbekämpfungsmitteln<; größere Mengen werden bei der >Flotation<, der Oberflächenvergütung von Metallen, der >Galvanotechnik< und der Cyanidlaugerei benötigt. In Abwässern solcher Betriebe stellen sie ein erhebliches Umweltproblem dar.

Cyanidin. Eine Komponente der >Anthocyanidine<.

Cyanobakterien. >Blaualgen<.

Cyanose. (Syn. Zyanose, Blausucht). Bläuliche Verfärbung der Haut und Schleimhäute infolge der Abnahme des Sauerstoffgehalts im Blut; relative Vermehrung des reduzierten >Hämoglobins< (Hb) im Kapillarblut, d. h. Entstehung von Methämoglobin (Met-Hb), wobei der Sauerstofftransport nicht mehr möglich ist. Intoxikationen können mit verschiedenen Arten von Met-Hb-Bildnern vorkommen (z.B. Anilin, Nitrite, Chlorate usw.). Nitrate können leicht mikrobiell in Nitrite umgewandelt werden, z.B. in Silagen und im menschlichen Darm. Nitratreiche Wässer (zur Bereitung von Säuglingsnahrung) und stark nitratgedüngte Gemüse, vor allem Spinat, sind häufige Ursachen für die Bildung von Met-Hb (>Methämoglobinämie<) beim Säugling, dessen Darmflora eine höhere reduzierende Kapazität als die des Erwachsenen hat. Symptome treten bei 10 bis 20 % Met-Hb im Gesamt-Hb auf, bei 60 bis 80 % Met-Hb kann der Tod durch innere Erstickung eintreten.
Lit: Forth W, Henschler D, Rummel W (1987) Pharmakologie und Toxikologie, BI Wissenschaftsverlag, Mannheim Wien Zürich.

Cyanwasserstoff. >Blausäure<.

Cyclamat. Natrium- oder Calciumsalz der Cyclohexylsulfamidsäure. Die Darstellung erfolgt durch katalytische Hydrierung des Anilins zu Cyclohexylamin, das durch Sulfonierung mit Chlorsulfonsäure in Gegenwart von Natronlauge in das Salz überführt wird. Der Einsatz erfolgt als Süßstoff. Die Geschmacksintensität ist geringer als die des Saccharins. Der ADI-Wert beträgt bis zu 11 mg/kg Körpergewicht.

Cycloxidim. Wirkt als >Herbizid< und zählt zur Substanzklasse der Cyclohexandionoxime.
Chemische Bezeichnung: (±)-2-[1-(Ethoxyimino)butyl]-3-hydroxy-5-thian-3-ylcyclohex-2-enon
CAS-Nummer: 101205–02–1. 99434–58–9 für das Tautomer
Hersteller: BASF
Wirkungstyp: Systemisch wirkendes Kontaktherbizid, das vorwiegend über die grünen Pflanzenteile aufgenommen wird. Hemmt die Fettsäurebiosynthese und beeinflußt die Bildung des meristematischen Gewebes. Wird in der Pflanze akropetal und basipetal transportiert.
Bevorzugte Anwendung: Bekämpfung von Ausfallgetreide und ein- und mehrjährigen Gräsern in Raps, Zucker- und Futterrüben, Sonnenblumen, Kartoffeln und Gemüse im Nachauflaufverfahren.

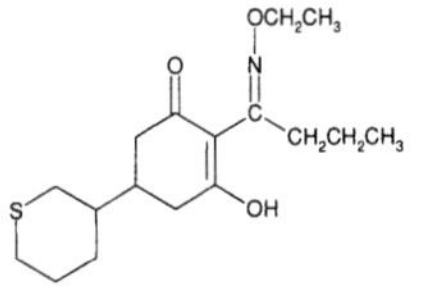

Chemische und physikalische Eigenschaften: Farblose und geruchlose Kristalle mit einem Schmelzpunkt von 41 °C und einer Dichte 1,12 g/cm^3 bei 20 °C.
Dampfdruck: <0,01 mPa bei 20 °C.
Verteilungskoeffizient (log Po/w): ca. 1,36 bei 25 °C und pH 7.
Stabilität: Bei Raumtemperatur mindestens 1 Jahr stabil; bei 30 °C nach 6 Monaten 15 % Abbau.
Löslichkeit: In Wasser 40 mg/L bei 20 °C.
Abbau und Metabolismus: In der Pflanze Abbau über Oxidation, Umlagerung, und reduktive Etherspaltung. Im Boden mikrobieller Abbau; Hauptabbauprodukte sind primäre Oxidationsprodukte des Wirkstoffs am Schwefel. DT$_{50}$ in Laborstudien <21 Tage. Im Wasser beträgt DT$_{50}$ bei pH 3 ca. 24 Stunden, pH 9 ca. 1.000 Tage. Bei Belichtung verringert sich die Halbwertszeit auf 90 Minuten. DT$_{50}$ im Wasser-Sediment-System ca. 5 Tage. Bei Ratten nach oraler Aufnahme fast vollständige Ausscheidung innerhalb von 5 Tagen.
Säugertoxizität: Akute orale LD$_{50}$ für Ratte 3.940 mg/kg; akute dermale LD$_{50}$ für Ratte >2.000 mg/kg. Inhalation LC$_{50}$ (4 h) für Ratte >5,28 mg/L Luft. Keine Haut- und Augenreizwirkung bei Kaninchen. Bei Meerschweinchen keine sensibilisierende Wirkung. 3-Monate-Fütterungstext >NOEL< für Ratte 300 mg/kg Futter entsprechend 25 mg/kg KGW/Tag und Hund 1.500 mg/kg Futter entsprechend 50 mg/kg KGW/Tag.
ADI-Wert 0,07 mg/kg KGW.
Bienentoxizität: LD$_{50}$ >100 µg/Biene; nicht bienengefährlich.
Fischtoxizität: LC$_{50}$ (96 h) für Forelle 220 mg/L und Blaukiemen Sonnenbarsch >100 mg/L.
Vogeltoxizität: Akute orale LD$_{50}$ für Wachtel >2.000 mg/kg.
Wirbellosetoxizität: LC$_{50}$ (48 h) für *Daphnia magna* 132 mg/L. EC$_{50}$ (96 h) für Alge *Chlorella fusca* 32,0 mg/L. LC$_{50}$ (14 d) für Regenwurm 1,1 g/kg Boden.

Cyfluthrin. Wirkt als >Insektizid< und zählt zur Substanzklasse der synth. Pyrethroide.

Chemische Bezeichnung: (*RS*)-α-Cyano-4-fluor-3-phenoxybenzyl-(1*RS*,3*RS*, 1*RS*,3*SR*)-3-(2,2-dichlorvinyl-2,2-dimethylcyclopropancarboxylat
CAS-Nummer: 68359–37–5
Hersteller: Bayer AG
Wirkungstyp: Nichtsystemisches Insektizid mit Kontakt- und Fraßwirkung. Besitzt eine sehr hohe Residualwirkung. Wirkt auf das Nervensystem von Insekten mit schneller knock-down-Wirkung.
Bevorzugte Anwendung: Gegen beißende und saugende Insekten in Kohl- und Zierpflanzen sowie im Obst- und Weinbau. Gegen Maiszünsler im Mais, gegen Rapsglanzkäfer und Kohlschotenrüßler. Gegen Vorrats- und Hygieneschädlinge.

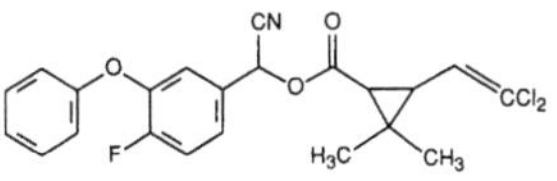

Chemische und physikalische Eigenschaften: Der technische Wirkstoff ist ein Gemisch aus 4 diastereomeren Enantiomerenpaaren.
Physikalische Beschaffenheit: Der technische Wirkstoff ist eine gelbbraune Masse von öliger bis pastenartiger Konsistenz, oberhalb 60 °C ein klares, gelbbraunes Öl.
Schmelzpunkt: Enantiomerenpaar I 64 °C, II 81 °C, III 65 °C und IV 106 °C.
Siedepunkt: Dichte: 1,27 bis 1,28 g/cm^3 bei 20 °C (unterkühlte Schmelze).
Dampfdruck: Enantiomerenpaar I 0,96 µPa, II 0,0 1µPa, III 0,02 µPa und IV 0,09 µPa, jeweils bei 20 °C.
Verteilungskoeffizient (log P$_{o/w}$): 5,92 bis 6,04 bei 20 °C.
Stabilität: Unter normalen Lagerbedingungen 24 Monate stabil.
Löslichkeit: In Wasser 2 µg/L bei 20 °C. Für I bis IV in Dichlormethan >200 g/L. Für I bis III in 2-Propanol 5 bis 50 g/L, *n*-Hexan 10 bis 20 g/L und Toluol >200 g/L. Für IV in 2-Propanol 2 bis 5 g/L, *n*-Hexan 1 bis 2 g/L und in Toluol 100 bis 200 g/L, jeweils bei 20 °C.
Abbau und Metabolismus: In Gartenbaukulturen betrugen die Rückstände 7 Tage nach Anwendung weniger als die vorgeschriebene Toleranz von 0,1 mg/kg.
Toxizität: Akute orale LD$_{50}$ ist stark abhängig vom verwendeten Vehikel, z. B. männliche Ratte 250 mg/kg (in Aceton/Öl, 1:10), 400 mg/kg (in DMSO), 500 mg/kg (in *i*-Dodecan und Xylen). Für männliche Maus 300, weibliche Maus 600 mg/kg, jeweils in Lutrol. Akute dermale LD$_{50}$ (24 Stunden) für Ratte >5.000 mg/kg. Inhalationstoxizität LC$_{50}$ (4 Stunden) für Ratte 469 bis 592 mg/m^3. Bei Kaninchen keine Hautreizung, aber prim. schleimhautreizend Auge. 2-Jahre-Fütterungsversuche NOEL Ratte 50, Hund 160 und Maus 200 mg/kg Futter.
Bienentoxizität: Bienengefährlich.
Fischtoxizität: LC$_{50}$ (96 Stunden) für Karpfen 0,022, Blaukiemen-Sonnenbarsch 0,0015, Goldorfe 0,0032 und Regenbogenforelle 0,0006 mg/L.
Vogeltoxizität: Akute orale LD$_{50}$ für Kanarienvogel 250 bis 1.000, für Wachtel >5.000 und für Huhn ca. 5.000 mg/kg.
Bemerkungen: Das Mittel kann bei Kontakt mit der Haut ein Brennen oder Kribbeln hervorrufen, ohne daß äußerlich Reizerscheinungen sichtbar werden.

Cymoxanil. Wirkt als >Fungizid< und zählt zur Substanzklasse der Harnstoff-Derivate.
Chemische Bezeichnung: 1-(2-Cyano-2-methoxyiminoacetyl)-3-ethylharnstoff
CAS-Nummer: 57966–95–7
Hersteller: Du Pont
Wirkungstyp: Kontaktfungizid mit lokal systemischer, vorwiegend kurativer Wirkung. Daher bevorzugt in Kombination mit vorbeugenden (protektiven) Fungiziden angewendet.
Bevorzugte Anwendung: Gegen Rebenperonospora, Hopfenperonospora und Phytophthora an Kartoffeln, Oidium an Reben.

Chemische und physikalische Eigenschaften:
Physikalische Beschaffenheit: Krist., farblos, geruchlos.
Schmelzpunkt: 160 bis 161 °C
Dampfdruck: $8{,}0 \cdot 10^{-7}$ hPa bei 25 °C.
Stabilität: Stabil in saurem, zersetzlich in alkal. Medium. Licht fördert den Abbau.
Löslichkeit: In Wasser 0,1 g/L bei 25 °C.
Abbau und Metabolismus: Rascher Abbau in Pflanzen. Rückstände zur Erntezeit unter 0,2 mg/kg. Halbwertszeit in Böden im Freiland <2 Wochen, im Gewächshaus etwa 3 Tage. Bei Ratten werden nach Inkubation (30 mg/kg) nach 72 Stunden 89% des Wirkstoffs abgebaut. Die Ausscheidung erfolgte zu 71% mit dem Urin, zu 11% mit den Faeces und zu 7% mit der Atemluft.
Toxizität: Akute orale LD_{50} für Ratten 1.425 mg/kg (80%iges Spritzpulver), für Meerschweinchen 1.096 mg/kg. Akute dermale LD_{50} für Kaninchen mehr als 3.000 mg/kg. Keine Reizwirkung auf die Haut. Geringe Reizwirkung auf die Augen. Inhalationstoxizität: LC_{50} (Ratte, 1 Stunde) 7,03 mg/kg (80%ig WP). Kein Hinweis auf kumulierende Toxizität bei Verabreichung von 10mal 2.000 mg/kg/Tag oral an Ratten über 2 Wochen.
Bienentoxizität: Nicht bienengefährlich (B 4).
Fischtoxizität: LC_{50} für Regenbogenforelle 18,7 mg/L, Sonnenbarsch 13,5 mg/L (jeweils 96 Stunden).
Vogeltoxizität: LC_{50} (8 Tage) für Wachtel 2.847 mg/kg Futter, für Stockente >10.000 mg/kg Futter.

Cypermethrin. Wirkt als >Insektizid< und zählt zur Substanzklasse der synth. Pyrethroide.
Chemische Bezeichnung: (*RS*)-α-Cyano-3-phenoxy-benzyl-(1*R*,1*S*)-*cis*, *trans*-3-(2,2-dichlorvinyl)-2,2-dimethylcyclopropan-carboxylat
CAS-Nummer: 52315–07–8
Hersteller: Cyanamid
Wirkungstyp: Insektizid mit Berührungs- und Fraßgiftwirkung.
Bevorzugte Anwendung: Gegen beißende und saugende Insekten einschl. Kohleulen im Acker-, Gemüse- und Kartoffelbau. Gegen Virusvektoren an Kartoffeln, gegen Blattläuse an Hopfen, Borkenkäfer im Forst, Ektoparasiten an Haustieren.

Cypermethrin

Chemische und physikalische Eigenschaften:
Physikalische Beschaffenheit: Gelbbraune, viskose Flüssigkeit.
Siedepunkt: Substanz zersetzt sich.
Dampfdruck: $2{,}3 \cdot 10^{-7}$ Pa bei 20 °C.
Dichte: 1,12 g/cm^3 bei 22 °C
Verteilungskoeffizient (log $P_{o/w}$): 6,6 bei 20 °C.
Stabilität: Weitgehend stabil in neutralem und schwach saurem Medium. Zersetzlich im alkal. Bereich. Nur geringer photochem. Abbau.
Löslichkeit: In Wasser etwa 1 mg/L bei 20 °C.
Abbau: Im Boden Hydrolyse (Esterspaltung) innerhalb etwa 16 Wochen. Es entsteht u.a. 3-Phenoxybenzoesäure. Weiterer hydrolytischer und oxidativer Abbau. Bei Ratten, Hunden, Schafen und Kühen wird C. nach oraler Aufnahme schnell und vollständig abgebaut und innerhalb weniger Tage über Urin und Faeces (etwa im Verhältnis 2:1) ausgeschieden.
Toxizität: Akute orale LD_{50} für Ratten 200 bis 800 mg/kg, für Mäuse 138 mg/kg. Akute dermale LD_{50} (Ratte) mehr als 1.600 mg/kg. Geringe Reizwirkung auf Haut und Augen. Verabreichung von 100 mg/kg Futter über 90 Tage an Ratten blieb ohne Wirkung.
Bienentoxizität: Bienengefährlich (B 1).
Fischtoxizität: Fischgiftig. LC_{50} für Regenbogenforelle 2,0 bis 2,8 µg/L.

Cyprinid. Fisch der Familie der Cyprinidae, z.B. Plötze, Rotfeder oder Karpfen, der manchmal als biologischer Indikator für die Wasserbeschaffenheit verwendet wird (ISO 6107/5). Für akute >Fischtests< werden z.B. >Zebrabärblinge< und kleine Karpfen eingesetzt.

Cyprinidenregion. Unterer, auf die >Salmonidenregion< folgender Groß-Abschnitt der >Fließgewässer<, vorwiegend mit Weißfischen (Cypriniden) und vielen anderen Fischarten, aber kaum noch (>Barbenregion<) oder nicht mehr (>Brachsenregion<) mit >Salmoniden< besiedelt. Die C. ist deutlich in die obere >Barbenregion< und die untere Brachsenregion getrennt.

Cyproconazol. Wirkt als >Fungizid< und zählt zur Substanzklasse der Azole.
Chemische Bezeichnung: 2 Diastereomere im Verhältnis ca. 1:1 von 2-(4-Chlorphenyl)-3-cyclopropyl-1-(1*H*-1,2,4-triazol-1-yl)butan-2-ol
CAS-Nummer: 94361–07–6 für das *R**,*S**-Diastereomere und 94361–06–5 für das *R**,*R**-Diastereomere
Hersteller: Novartis
Wirkungstyp: Systemisches Fungizid mit protektiver und kurativer Wirkung. Wird schnell vom Pflanzengewebe aufgenommen und akropetal transportiert. Hemmt die C-14-Demethylierung der Sterol-Biosynthese. Alle 4 Isomere haben ähnliche fungizide Aktivität.
Bevorzugte Anwendung: Gegen Echten Mehltau, Blattflecken- und Rostkrankheiten an Getreide sowie gegen eine Vielzahl von pilzlichen Krankheiten im Obst-, Wein-, Hopfen- und Zierpflanzenbau.

Chemische und physikalische Eigenschaften: Farblose und geruchlose Kristalle mit einem Schmelzpunkt von 103–105 °C und einem spezifischen Gewicht von 1,26 g/cm^3.

Dampfdruck: 34,6 µPa bei 20 °C.
Verteilungskoeffizient: 2,91 bei pH 7.
Löslichkeit: In Wasser 140 mg/L bei 25 °C.
Stabilität: In wäßriger Lösung bei pH 1–9 stabil.
Abbau und Metabolismus: Im Boden beträgt DT_{50} ca. 3 Monate. Geringes Leachingpotential. Bei Ratten werden 90 % der verabreichten Dosis innerhalb von 168 h ausgeschieden.
Säugertoxizität: Akute orale LD_{50} für männliche Ratte 1.020 und weibliche Ratte 1.333 mg/kg. Akute dermale LD_{50} für Ratte und Kaninchen >2.000 mg/kg. Inhalation LC_{50} (4 h) für Ratte >5,65 mg/L. Bei Kaninchen keine Haut- und geringe Augenreizwirkung. 2-Jahre-Fütterungstest NOEL für Ratte und Hund 1 mg/kg KGW/Tag.
Bienentoxizität: LD_{50} Kontakt >1.000 µg/Biene und oral >100 µg/Biene.
Fischtoxizität: Fischgiftig. LC_{50} (96 h) für Karpfen 18,9 und Regenbogenforelle 19 mg/L.
Vogeltoxizität: Akute orale LD_{50} für Japanische Wachtel 150 mg/kg. 8-Tage-Fütterungstest LD_{50} für Stockente 1.197 mg/kg.
Wirbellosetoxizität: Giftig für Fischnährtiere und Algen. LC_{50} (48 h) für *Daphnia* 4,6 mg/l. EC_{50} für Grünalge 77 µg/L. NOEC für Regenwurm 250 mg/kg Boden.

Cytochrom-P-450. Bezeichnung für eine Gruppe von Monooxygenasen, die zu den >Cytochromen< gehören. Während die 5. Koordinationsstelle des Häm-Eisens mit dem Cysteinschwefel verbunden ist, bindet die 6. Koordinationsstelle den Sauerstoff. Der Name stammt vom Maximum der Hauptabsorptionsbande (450 nm) des C.-P-450-CO-Komplexes. CO bildet mit dem Eisen einen stabileren Komplex als Sauerstoff. Allerdings ist die Bindung reversibel. Durch einen Überschuß an O_2 wird CO verdrängt, bzw. der CO-Komplex wird durch Anregung mit Licht der Wellenlänge 450 nm zerstört. Monooxygenasen bilden einen Teil der Redoxsysteme, die in die Membrane der >Mitochondrien< und des endoplasmatischen Retikulums eingebettet sind. Sie kommen in besonders großer Zahl in der Leber vor, in der sie einen wesentlichen Bestandteil des Entgiftunssystems ausmachen und für den Stoffwechsel von Medikamenten von Bedeutung sind. Zur wichtigsten Gruppe der C.-P-450-Enzyme gehören die Hydroxylasen. Zahlreiche unterschiedliche Verb. werden von ihnen angegriffen, v.a. lipophile Verb., darunter auch inerte Substanzen, wie aliphatische Kohlenwasserstoffe und Aromaten. Dabei wird eine C-H-Bindung homolytisch getrennt und ein Sauerstoffatom eingeschoben. Die Spaltung dieser relativ stabilen Bindung wird durch die Bildung des sehr reaktiven Oxenradikals ermöglicht, das durch das Häm-Thiolat-Eisen resonanzstabiliert wird. Die Energie dafür stammt aus der Wasserstoffübertragung auf das zweite Sauerstoffatom durch $NADH/H^+$.

Cytochrome. Bezeichnung für eine Gruppe von Eisenproteiden, die in den Mitochondrien und Chloroplasten an Elektronentransportvorgängen der >Atmungskette< bzw. der >Photosynthese< sowie im endoplasmatischen Retikulum an Oxidationsprozessen beteiligt sind. Alle C. enthalten ein Porphyrinsystem, das mit dem Häm des Hämoglobins identisch oder nahe verwandt ist. Der Elektronentransport läuft über das Häm-Eisen, das dabei die Wertigkeit wechselt:

$$Fe^{3+} + e^- \rightleftharpoons Fe^{2+}.$$

Inzwischen sind über 30 C. bekannt. Einige, deren Aminosäuresequenzen bereits aufgeklärt wurden, werden zur Analyse der phylogenetischen Abstammung bzw. des Verwandtschaftsgrades benutzt. Nimmt man beispielsweise beim C. c (s. Abb.) den Menschen als Bezugspunkt, dann weicht die Sequenz bei Affen an einer Stelle ab, die von Pferden an 12 Stellen, die von Thunfischen an 21 und die von Hefebakterien an 44. Dabei befindet sich die Häm-Gruppe unabhängig von Herkunft und Kettenlänge immer an der gleichen Stelle, den Aminosäuren 14 und 17 (beides Cystein), an die sie durch Disulfidbrücken gebunden ist. Während bei denjenigen C., die nur der Elektronenübertragung zwischen Enzymkomplexen dienen, sämtliche Koordinationsstellen des Eisens besetzt sind, ist bei denjenigen, die Elektronen auf Sauerstoff übertragen, die 6. Koordinationsstelle frei, so daß sich der Sauerstoff anlagern kann. Nur im letzten Fall sind die C. durch Inhibitoren, wie CO, CN^- oder N_3^- (Atemgifte), blockierbar.

Aktives Zentrum von Cytochrom c

Cytokinine. (Grch. kytos = Zelle; kineain = bewegen). >Phytohormone<, die sich vom N-6-substituierten >Adenin< ableiten und die >Zellteilung< (= Cytokinese) stimulieren. Sie lassen sich einteilen in 1. die *N*-6-Isoprenoid-Adenin-Analogen, die sich a) vom Zeatin und seinem Ribosid, b) vom Dihydrozeatin sowie c) vom Isopentenyladenin ableiten, (s. chem. Formel) 2. die *N*-6-Benzyladenin-Analogen. Die Abb. zeigt einige wichtige natürlich vorkommende Cytokinine, deren Gesamtzahl 40 überschreitet. Hinzu kommen mindestens 100 synth. Cytokinine. Neben den freien Basen kommen Riboside, wie z.B. Ribosylzeatin und Isopentenyladenosin, sowie Ribotide wie z.B. Ribosylzeatin-5'-Monophosphat vor. Interessanterweise ist das zuerst entdeckte Cytokinin Kinetin (= 6-Furfurylaminopurin) ein synth. Cytokinin. Die Hauptorte der Cytokinin-Synth. sind die >Wurzeln<. Von hier aus erfolgt der Transport in die übrigen Pflanzenteile, vor allem über die >Xylembahnen<. Besonders hohe Konz. kommen in sich rasch teilenden Geweben vor, z.B. den >Meristemen< einschließlich junger Blätter und junger Früchte. Cytokinine treten nicht nur in höheren Pflanzen, sondern auch in >Moosen<, >Pilzen<, >Algen< und sogar in >Bakterien<, insbesondere in der Rhizosphäre, auf. Die Synth. erfolgt aus niedermolekularen Vorstufen. An das Adeninmolekül wird in *N*-6-Stellung die Seitenkette angehängt. Da Cytokinine auch als Bestandteil der t-RNA vorkommen, wo sie durch Übertragung eines Isopentenylrests auf ein Adenin der Polynucleotidkette synthetisiert werden, können auch beim Abbau der t-RNA Cytokinine freigesetzt werden. Zu den multiplen Wirkungen der Cytokinine

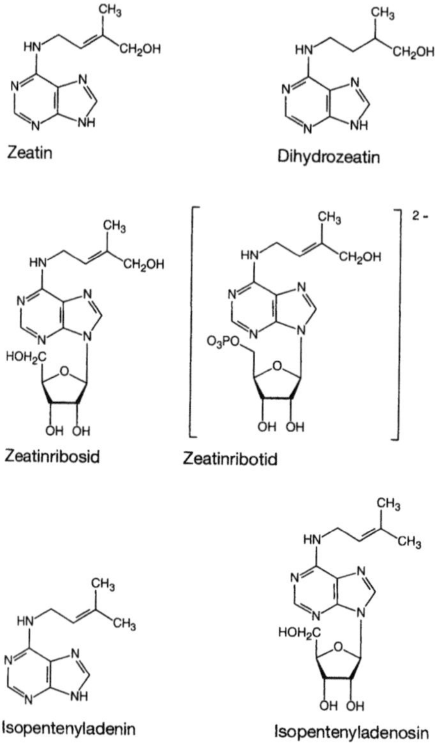

Zeatin

Dihydrozeatin

Zeatinribosid

Zeatinribotid

Isopentenyladenin

Isopentenyladenosin

Natürlich vorkommende Cytokinine

zählen neben der Stimulierung der Zellteilung, meist in Kombination mit >Auxinen< sowie Lipochitooligosacchariden, die Förderung der Seitenknospenentwicklung, des Blattflächenwachstums und der Samenkeimung, die Verzögerung der >Seneszenz< bei Blättern und Blüten sowie die Induktion von Moosknospen. Zu den gesicherten Primärwirkungen zählt die Stimulierung der Ca^{2+}-Aufnahme in die Zelle.

Cytophaga. >Bacteria< (s. Abb. S. 142).

Cytoplasma. (Grch. plasma = Gebilde). Fl. Grundsubstanz der Zelle, welche nach außen hin durch die Cytoplasmamembran (>Lipidmembran<) abgeschlossen ist. Es enthält diverse Zelleinschlüsse (z. B. Grana, Vesikel) und bettet bei >Eukarykonten< den Zellkern, die >Mitochondrien< und ggf. die >Chloroplasten< ein. Das C. ist keine homogene Proteinlsg., sondern wird von zahlreichen Membranen (z. B. Endoplasmatisches Retikulum) durchzogen, enthält Membrankörper (z. B. >Chloroplasten<, >Mitochondrien<), >Ribosomen< und vorwiegend lösl. Enzyme sowie auch lösl. >Ribonucleinsäuren<.

Cytosin. ist wie >Thymin< und >Uracil< eine monocyclische Pyrimidin-Base und gehört neben anderen Purin- und Pyrimidinbasen, den Zuckern >Ribose< bzw. >Desoxyribose< und Phosphorsäure zu den typischen Bausteinen der >Nucleinsäuren< (>RNA< und >DNA<) und zu einem energieübertragenden System auf Basis einer Säureanhydrid-Bildung und -Hydrolyse

mit Phosphorsäure. Analog zum >ATP< gibt es auch ein energiekonservierendes und -übertragendes >CTP<.

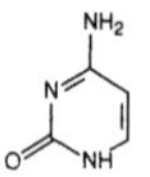

Cytoskelett. Umfaßt >Mikrotubuli<, >Mikrofilamente< und intermediäre Filamente, deren fibrilläre Strukturen die Organisation des Grundcytoplasmas (>Cytosol<) entscheidend mitbestimmen. Diese Komponenten bilden zus. ein dynamisches und flexibles Netzwerk, das rasche Änderungen in der dreidimensionalen Organisation des >Protoplasten< zuläßt und Bewegungsprozesse ermöglicht. An diesen Bewegungsprozessen sind außerdem Motorproteine beteiligt; hierbei handelt es sich um mechanochemische Enzyme, die chem. Energie, gewöhnlich in Form von ATP, in eine mechanische Kraft umwandeln. Die Motorproteine gehören folgenden Superfamilien an: 1. Myosine erzeugen zusammen mit Actinkabeln Oberflächenkontraktionen von Zellen, die Beweglichkeit von Vesikeln in der Zelle, Plasmaströmung und die Kontraktion von Muskelzellen. 2. Vertreter der Dyneine und 3. der Kinesine sind mit Mikrotubuli assoziiert und bewegen Vesikel und Zellorganellen, ermöglichen den Cilien- und Geißelschlag und sorgen innerhalb der Mitose- und Meiosespindel für die Verteilung der replizierten Chromosomen auf die Tochterzellen.

Cytosol. (Grch. kytos = Zelle; lat. solutio = Gelöstsein). (Syn. Grundcytoplasma). Der auch elektronenmikroskopisch strukturlose, amorph erscheinende Teil des >Protoplasmas<, in dem die >Zellorganellen<, die Ribosomen und das >Cytoskelett< eingebettet sind. Das Cytosol enthält lösl. >Ribonucleinsäuren< und zahlreiche >Enzyme<. Es stellt eine Verb. zwischen den Zellorganellen her und hat somit eine wesentliche Bedeutung im intrazellulären >Stoffwechsel<. Es besitzt die Fähigkeit zur Sol-Gel-Transformation. Plasma-Sol hat eine 2- bis 10mal höhere Viskosität als Wasser. Plasma-Gel besitzt eine hochviskose Struktur und Elastizität.

Cytostatika. (Syn. Zytostatika). Chemisch heterogene Gruppe zelltoxischer Substanzen, die die Zellteilung funktionell aktiver Zellen verhindern oder verzögern, indem sie den Zellstoffwechsel auf unterschiedliche Art und Weise beeinflussen. Einsatz in der Tumor-Therapie zur Bekämpfung der Tumorzellen, die sich durch eine der Wachstumskontrolle entzogene, gesteigerte Zellteilungsrate auszeichnen. Es werden eingesetzt alkylierende Verbindungen, Antimetaboliten, Mitosehemmstoffe und spezielle Antibiotika.

Cytotoxizität. Unspezifische Bezeichnung für die Fähigkeit von Substanzen oder Strahlungen „zellgiftig" zu wirken. Von einigen Autoren wird C. gleichgesetzt mit cytolytischer Aktivität, andere Autoren benennen damit jeden auf zellulärer Ebene stattfindenen Prozeß, der schließlich zum Zelltod führt. C. besitzen z. B. >Umweltchemikalien< wie >Nitrosamine<, chlorierte >Dioxine< und >Furane<, Organometallverbindungen und die polycyclischen aromatischen Kohlenwasserstoffe (PAH). Auch verschiedene Epoxide und Halogenether zeigen cytotoxische Wirkungen. Die sehr stabilen polychlorierten Biphenyle (>PCB<), die u. a.

auch in Lebensmitteln nachweisbar sind, zeigen neben cytotoxischer auch immunsuppressive >Immunsystemwirkung<. In höheren Dosen von ca. 5.000 mg/kg KG führen PCB zur Gewichtsabnahme und Leberveränderungen bei Rhesusaffen. Auch das Holzschutzmittel Pentachlorphenol (>PCP<) ist, ähnlich anderen Chlorphenolen, ein starkes Zellgift. Es stört die oxidative Phosphorylierung und die Energieversorgung der Zelle. Von den Chlorphenolen ist PCP die toxischste Verbindung. Der >MAK-Wert< beträgt bei der Ratte 30 bis 210 mg/kg KG. Technisches PCP enthält zusätzlich andere hochwirksame Begleitsubstanzen wie Dibenzodioxine und >Dibenzofurane<, die die Anwendung von technischem PCP in geschlossenen Räumen bedenklich erscheinen lassen. >Tetrachlorkohlenstoff< führt bei Säugetieren schon in geringen Dosen zu schweren Zellschäden, v.a. bei bestimmten Leber- und Nierenzellen. >Blausäure< ist als Gift für die roten Blutkörperchen bekannt. Elementarer >Phosphor< der auch als Rattengift verwendet wurde, ist ein allgemeines Zellgift, übt aber eine deutlich erkennbare Wirkung v.a. auf die Leberzellen aus. Auxinähnliche >Herbizide< wie z.B. 2,4-Dichlorphenoxyessigsäure (2,4-D), die selektiv das Wachstum von breitblättrigen Pflanzen blockiert, zeigt bei hoher Konzentration Störungen des normalen Streckungswachstums der Pflanzenzellen bis hin zum Zelltod. Auch die große Gruppe der >Cytostatika<, also >Chemotherapeutika< gegen >Krebs<, wirken cytotoxisch auf körpereigene Zellen. Meist sind davon schnell wachsende Zellen betroffen, wie sie bei >Tumoren< od. >Leukämien< vorkommen. Leider sind jedoch auch gesunde Gewebe mit hoher Zellteilungsrate (>Zellteilung<) betroffen, wie Knochenmark, Keimdrüsen, Darmschleimhaut und Haare. Cytostatica sind daher meist stark cytotoxisch. Viele wirken carcinogen bzw. >mutagen<. Zahlreiche >Nebenwirkungen< treten in den meisten Fällen auf. Cytostatika sind z.B. >alkylierende Substanzen<, die z.T. stark cytotoxisch wirken. Sie hemmen die >Proteinsynthese< der Zelle durch Alkylierung der >DNA<. Verwendet werden verschiedene *N*-Lost-Derivate und *N*-Nitroso-Verbindungen. Auch Methansulfonate, Epoxide und Triazenderivate wirken alkylierend. Antimetaboliten beeinträchtigen die DNA-Synthese durch Interferenz mit Folsäure oder Nucleinbasen. Hier kommen u.a. Pyrimidin-, >Purin<- und Pteridinderivate in Frage. Cytostatische >Alkaloide< sind >Mitosehemmer<, z.B. verschiedene Vinca-Alkaloide. Cyto-

statische >Antibiotika< binden an die DNA und hemmen deren Funktion. Auch radioaktive >Isotope< wie Radiogold od. Radiocobalt (>radioakt. industrielle Erzeugnisse<) wirken über ihre β- und γ-Strahlen cytotoxisch und werden in der >Krebstherapie< verwendet. Schließlich sind noch einige Verbindungen unterschiedlicher Konstitution und Wirkungsweise zu nennen, wie z.B. Hydroxyharnstoffderivate, Hydrazone, Cisplatin und Procarbazin. Cytotoxizität besitzen weiterhin einige Naturstoffe, wie das vom Diphtherieerreger *Corynebacterium diphtheriae* abgegebene Zellgift *Diphtherietoxin*, das in nichtbakteriellen Zellen die Proteinbiosynthese inaktiviert, was schließlich zum Zelltod führt. Einige andere bakterielle >Toxine< bewirken Cytolyse von Zellen, wobei manche der Toxine durch Thiol-Verbindungen aktiviert werden müssen, andere hingegen nicht. Zellwände grampositiver Bakterien werden durch Lysozym hydrolysiert, was schließlich zum Zelltod führt. Das in Rizinussamen enthaltene Protein *Ricin* stört die normale ribosomale Tätigkeit der Zellen, was ebenso zu deren Tod führt. Unter den >Pilzgiften< sind es vor allem die Amanita-Toxine von Amanita phalloides, die spezielle Leberzellschäden verursachen. Auch das *Antiprotozoikum Chinin* ist cytotoxisch. C. besitzen außerdem die cytotoxischen T-Lymphocyten des >Immunsystems<, die ihre Zielzellen mit Hilfe von Perforin lysieren.

Lit: Kuschinsky G, Lüllmann H (1989) Kurzes Lehrbuch der Pharmakologie und Toxikologie, 12. Aufl., Georg Thieme, Stuttgart New York. – Mutschler E (1991) Arzneimittelwirkungen, Lehrbuch der Pharmakologie und Toxikologie, 6. Aufl., Wissenschaftliche Verlagsgesellschaft, Stuttgart. – Wirth W, Gloxhuber C (1985) Toxikologie, Für Ärzte, Naturwissenschaftler und Apotheker, 4. Aufl., Georg Thieme, Stuttgart. Hörath H (1987) Giftige Stoffe der Gefahrstoffverordnung, 2. Aufl., Wissenschaftliche Verlagsgesellschaft mbH, Stuttgart. – Korte F, Bahadir M, Klein W, Lay JP, Parlar H, Scheunert I (1987) Lehrbuch der ökologischen Chemie, Grundlagen und Konzepte für die ökologische Beurteilung von Chemikalien, 2. Aufl., Georg Thieme, Stuttgart New York. – Korte F, Klein W, Parlar H, Scheunert I (1980) Ökologische Chemie. Grundlagen und Konzepte für die ökologische Beurteilung von Chemikalien, 1. Aufl., Georg Thieme, Stuttgart New York. – Forth W, Henschler D, Rummel W (1988) Allgemeine und spezielle Pharmakologie und Toxikologie, 5. Aufl., Bibliographisches Institut, Mannheim. – Cottier H (1980) Pathogenese. Ein Handbuch für ärztliche Fortbildung, Bd. 1 und 2, Springer, Berlin Heidelberg. – Kato I, Morinaga N, Muneto R (1988) Microbiol. Sciences 5: 53–57 – Gebefügi I, Parlar H (1978) Zur Risikoabschätzung von Pentachlorphenol in der Umwelt, Institut für ökologische Chemie, Gesellschaft für Strahlen- und Umweltforschung, München.

2,4-D. (2,4-Dichlorphenoxyessigsäure) Chlorierte Phenoxycarbonsäuren wie 2,4-D gehören zu den synthetischen pflanzlichen Wachstumshormonen vom Auxin-Typ und besitzen selektive herbizide Eigenschaften. Das Wachstum dikotyler Pflanzen wird gehemmt, während monokotyle Kulturpflanzen diese Substanzen tolerieren. Der Einsatz erfolgt deshalb vorwiegend im Getreidebau. 2,4-D wird außerdem wie Ethylen als Reifungsbeschleuniger eingesetzt.

CAS-Nummer: 94–75–7
Hersteller: BASF
Wirkungstyp: Selektives Herbizid, translozierbar, mit Wuchsstoff-Eig.
Bevorzugte Anwendung: Bekämpfung zweikeimblättriger Unkrautarten im Getreide sowie auf Grünland und Rasenflächen, besonders Knötericharten, Kamille und Disteln, einige empfindliche holzige Unkräuter. Meist in Kombination mit anderen Herbiziden.

Chemische und physikalische Eigenschaften:
Physikalische Beschaffenheit: Krist., farblos.
Schmelzpunkt: 140,5 °C (Ammoniumsalz 179 bis 180 °C, Dimethylaminsalz 85 bis 87 °C, Methylaminsalz 157 bis 159 °C, Ethanolaminsalz 145 bis 147 °C, Triethanolaminsalz 142 bis 144 °C).
Siedepunkt: Nicht destillierbar (Säure).
Dampfdruck: $< 1 \cdot 10^{-5}$ Pa bei 20 °C.
Verteilungskoeffizient (log $P_{o/w}$): 0,11 bei pH 7 und 22 °C.
Stabilität: Bis 50 °C mindestens 2 Jahre stabil.
Korrosives Verhalten: Die Säure ist korrosiv gegen Metalle.
Löslichkeit (freie Säure): In Wasser 0,06 g/100 g bei 20 °C. Mono-n-butylaminsalz 1,8 g/100 g Wasser bei 30 °C, Triethanolaminsalz 440 g/100 g Wasser bei 30 °C, Natriumsalz 4,5 g/100 g Wasser bei 20 °C.
Abbau und Metabolismus: In Boden und Pflanzen Abbau der Seitenkette, d. h. des Ac-Restes unter Entstehung von 2,4-Dichlorphenol. Ring-Hydroxylierung in 6-Stellung, Öffnung des Phenylringes. – DT_{50} im Boden < 7 Tage. Bei Ratten ist die Ausscheidung nach Verabreichung von radioaktiv markierten Dosen bis 10 mg/kg innerhalb der ersten 24 Stunden nahezu vollständig. Bei höheren Dosen dauert die Ausscheidung länger. Die Höchstkonz. in den Organen wird nach ca. 12 Stunden erreicht. Ausgeschieden wird hauptsächlich unveränderter Wirkstoff.
Säugertoxizität: Akute orale LD_{50} für Ratte 700 bis 1.200 mg/kg, Natriumsalz 666 bis 805 mg/kg, Isopropylester 700 mg/kg. Akute dermale LD_{50} für Kaninchen > 1.600 mg/kg. Leicht hautreizend, stark augenreizend. NOEL für Ratte 31 mg/kg/Tag, für Hund 12 mg/kg/Tag.
Bienentoxizität: Nicht bienengefährlich (B 4). LD_{50} (oral) 104,5 µg/Biene.
Fischtoxizität: Säure: LC_{50} (48 Stunden) für Regenbogenforelle 1,1 mg/L. Dimethylaminsalz: LC_{50} (96 Stunden) für Regenbogenforelle 100,0 mg/L.
Vogeltoxizität: Akute orale LD_{50} für Wildenten > 1.000 mg/kg, Fasane 472 mg/kg, Japanische Wachtel und Tauben 668 mg/kg. Na-Salz: Wildenten > 2.025 mg/ kg.

Wirbellosetoxizität: EC_{50} (21 d) für *Daphnia magna* 235 mg/L.

Dachabsorber. Bezeichnet Wärmetauscher mit großer Absorberfläche, der auf dem Dach eines Hauses jede Art von >Umweltwärme< oder Umgebungswärme nutzen kann (Energiedach). In den D. ist ein durchlaufendes Rohrleitungssystem eingearbeitet. Durch dieses Rohrleitungssystem strömt ein Gemisch aus Wasser und Frostschutzmittel (Sole), dessen Temperatur der Sole ist, um so mehr Wärmeenergie wird aus der Umgebung auf den >Absorber< übertragen, die in der Regel über eine >Wärmepumpe< auf ein heiztechnisch verwertbares Temperaturniveau gebracht wird (s. Abb. unten).
Ist der Dachabsorber mit optisch durchlässigen und leicht konzentrierenden Glaselementen überdeckt, so spricht man von einem >Solarkollektor<. Die Umgebungsluft sowie die Wärme des Taus oder des Regenwassers werden damit weniger genutzt, die >Sonnenstrahlung< aber dafür besser. Die auf dem D. aufgelegten Glaselemente konzentrieren das Sonnenlicht auf die Stelle des Absorbers, unter der sich das Rohr mit dem wärmeabführenden Medium (Sole) befindet. Bei ausreichendem Sonnenschein kann auf diese Weise das Wärmeträgermedium so stark erwärmt werden, daß auf eine Wärmepumpe verzichtet werden kann.

Lit: Weber R (1986) Laßt uns die Energie vom Himmel holen! Olynthus, Oberbözberg, S. 80 – Weber R (1986) Erneuerbare Energie. Taschenlexikon, 1. Aufl., Olynthus, Oberbözberg, S. 12.

Dämmerung. Als Dämmerung wird die Übergangszeit zwischen Tag und Nacht (Abenddämmerung) bzw. zwischen Nacht und Tag (Morgendämmerung) bezeichnet, in der die Dämmerungshelligkeit (Globalbeleuchtungsstärke) durch Beleuchtung der höheren Atmosphärenschichten erzeugt wird. Die Dämmerung beginnt (endet) mit dem Sonnenunter- (-aufgang), das ist der Zeitpunkt, in dem, bei 0 m Augenhöhe, der Oberrand der Sonne in der Kimm verschwindet (auftaucht). Man unterscheidet zwei Dämmerungsphasen: - bürgerliche Dämmerung: in dieser Zeit kann man bei klarem Himmel im Freien noch lesen, die Sonnentiefe, bezogen auf den Sonnenmittelpunkt, beträgt weniger als 6° oder die Globalbeleuchtungsstärke mindestens 2 lux, - astronomische Dämmerung: Umrisse zeichnen sich noch gegen den klaren Himmel ab, die Sonnentiefe, bezogen auf den Sonnenmittelpunkt, beträgt zwischen 6° und 18°. Der Begriff nautische Dämmerung (Sonnenmitte 12° unter dem Horizont) stammt aus der englischsprachigen Literatur, er ist in Deutschland nicht gebräuchlich. Die Globalbeleuchtungsstärke in

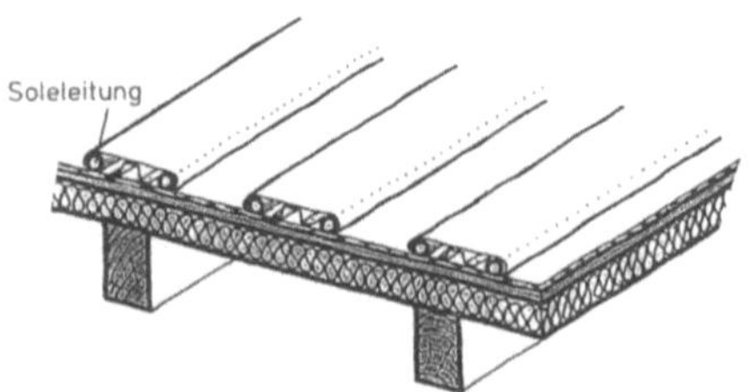

Dachabsorber: Dachabsorber nimmt Wärme aus der Umwelt auf und gibt sie über eine Soleleitung an ein Heizsystem weiter

der Dämmerungsphase wird in erster Linie von der Sonnentiefe bestimmt; sie wird von Art und Menge der Bewölkung, Niederschlägen, >Nebel<, >Dunst< sowie von allen Hindernissen reduziert, die sich mehr als 15° über den Horizont erheben. Ein heller Erdboden (z.B. Schneefläche) erhöht die Globalbeleuchtungsstärke.

Lit: Dehne K et al. (1988) Globalbeleuchtungsstärke während der Dämmerung, Ber Deut Wetterdienst 175 – Schlegel K (1995) Vom Regenbogen zum Polarlicht: Leuchterscheinungen in der Atmosphäre. Spektrum-Akademischer Verlag, Heidelberg Berlin Oxford.

Dalapon. Wirkt als >Herbizid< aus der Substanzklasse der Carbonsäure-Derivate.
Chemische Bezeichnung: 2,2-Dichlorpropionsäure; Natriumsalz: Natrium-2,2-dichlorpropionat
CAS-Nummer: 75–99–0. 127–20–8 für das Na-Salz.
Hersteller: BASF
Wirkungstyp: Selektives Herbizid (translozierbar) vorwiegend gegen Ungräser. Aufnahme über Blätter und Wurzeln.
Bevorzugte Anwendung: Gegen Quecke auf Ackerland, Gräser im Forst; in Entwässerungsgräben gegen Schilf, Rohrglanzgras, Wasserschwaden, Rohrkolben, Seggen, Binsen.

Chemische und physikalische Eigenschaften: Na-Salz:
Physikalische Beschaffenheit: Helles Pulver, hygr.
Schmelzpunkt: 166,5 °C unter Zers.
Dampfdruck: $< 1 \cdot 10^{-8}$ Pa bei 20 °C.
Stabilität: Langsame Hydrolyse in wäßriger Lsg. bei 25 °C. Trockenes Natriumsalz bis 50 °C mind. 2 Jahre stabil.
Korrosives Verhalten: Wäßrige Lsg. korrodieren Eisen.
Löslichkeit: In Wasser lösen sich 50 g/100 g bei 25 °C.
Abbau und Metabolismus: In Pflanzen bleibt D. lange unverändert erhalten. Im Boden erfolgt mikrobielle Zers. unter Dehalogenierung und CO_2-Entwicklung. Nachwirkungsdauer im Boden 3 bis 4 Monate (nach 22 kg/ha). Im Säugerorganismus wird D. nach oraler Applikation schnell ausgeschieden. Bei Hunden werden nach einmaliger Applikation von 500 mg ca. 65 bis 70 % innerhalb 2 Stunden ausgeschieden.
Toxizität: Für das Na-Salz: Akute orale LD_{50} für Ratte 7.570 bis 9.330 mg/kg, Maus >4.600 mg/kg, Kaninchen (weiblich) 3.860 mg/kg und Meerschweinchen (weiblich) 3.860 mg/kg. Akute dermale LD_{50} für Kaninchen >2.000 mg/kg. Mäßige Haut- und Augenreizwirkung bei Kaninchen.
Bienentoxizität: Nicht bienengefährlich (B 4).
Fischtoxizität: LC_{50} (96 Stunden) für Regenbogenforellen >100 mg/L, Karpfen 500 mg/L und Guppy >1.000 mg/L.
Vogeltoxizität: LC_{50} (5 Tage) für Japanische Wachtel, Fasan und Stockente >500 mg/kg Futter.

Dampfblasenkoeffizient. Die Reaktivität eines >Reaktors<, ein Maß für das Abweichen der >Kettenreaktion<srate vom stabilen Gleichgewichtszustand, ist von einer Reihe von Betriebsparametern, in einem >Siedewasserreaktor< u.a. vom Dampfblasenanteil im Kühlmittel in der Kernzone, abhängig. Ein negativer Dampfblasenkoeffizient bewirkt, daß bei einem Ansteigen der Kettenreaktionsrate und dem damit verbundenen Leistungs- und Temp.-Anstieg durch den sich vergrößernden Dampfblasenanteil automatisch die Leistung begrenzt wird und wieder zurückgeht. Im deutschen >Genehmigungsverfahren< muß nachgewiesen werden, daß der Dampfblasenkoeffizient immer negativ ist. Bei dem russischen >RBMK<-Reaktor ist dieser Dampfblasenkoeffizient positiv; eine Leistungs- und Temp.-Steigerung bewirkt eine immer schneller zunehmende Kettenreaktionsrate, die weitere Leistungs- und Temp.-Erhöhungen zur Folge hat. Dieser Effekt war die physikalische Ursache für den Reaktorunfall in >Tschernobyl<.

Dampfdichte. >Gasdichte<.

Dampfdruck. Sättigungsdruck über einer festen oder flüssigen Substanz. Im thermodynamischen Gleichgewicht ist der D. einer reinen Substanz ausschließlich eine Funktion der Temperatur. Die zu verwendende SI-Einheit für den Druck ist Pascal (Newton/m²).
1. Kraftstoffe: Maß für die Flüchtigkeit von >Ottokraftstoffen<, in der DIN 51600 und 51607 festgelegt. Wird üblicherweise nach dem Verfahren von Reid – DIN 51754 – gemessen. Der D. ist für die Betriebssicherheit und das Abgasverhalten von Motoren wichtig.
2. Meteorologie: Partialdruck des Wasserdampfes in einem Wasserdampf-Luft-Gemisch. Maß für den Feuchtigkeitsgehalt der Luft. Da ein Luftquantum bei einer vorgegebenen Temperatur nur eine bestimmte Feuchtigkeitsmenge aufnehmen kann, hat der D. für jede Temperatur einen oberen Grenzwert. >Sättigungsdampfdruck< des Wassers.

Lit: Stephan U, Elstner P (1985) Fachlexikon ABC Toxikologie, Verlag Harri Deutsch, Thun Frankfurt/M.

Dampf-Flüssigkeits-Verhältnis. Maß für die Flüchtigkeit von >(Otto)-Kraftstoffen<. Dabei wird in einer entspr. Apparatur das mit der Temp. ansteigende Verhältnis von Dampfförmigem zu noch flüssigem Kraftstoff ermittelt. Daraus lassen sich Rückschlüsse aus evtl. Probleme im Lauf- und Abgasverhalten von Motoren und Fahrzeugen bei hoher Temp. ermitteln, z.B. die Förderleistung von Kraftstoffpumpen und das Verdampfen von Kraftstoff.

Danish Agar. >Furcelleran<.

Daphnia magna. (Syn. Großer Wasserfloh). Zu den Blattfußkrebsen (Phyllopoda, Crustaceae) gehörende Wasserflohart, die sich über Generationswechsel vermehrt. *D. m.* dient als Testorganismus bei biologischen Testverfahren u.a. zur Beurteilung des >toxikologischen< und ökotoxikologischen Wirkungspotentials neuer Stoffe innerhalb des >Chemikaliengesetzes< (Bundesgesetz zum Schutz vor gefährlichen Stoffen vom 16.09. 1980, seit dem 01.01. 1982 in Kraft getreten). Innerhalb der Grundstufe des Chemikaliengesetzes, d. h. mehr als 1 t Jahr, wird die akute >Toxizität< an dem Primärkonsumenten *D. m.* getestet. Hierbei wird die Hemmung der Schwimmfähigkeit nach einmaliger >Applikation< während 24 bis 48 Stunden untersucht. Innerhalb der Stufe 1, d. h. mehr als 100 t/ Jahr oder 500 t insgesamt, wird die Reproduktionsleistung und die tödliche Wirkung bei wiederholter oder ständiger Applikation während mindestens 21 Tagen langfristig getestet. Daphnien erweisen sich außerdem bei Langzeitfreilanduntersuchungen als geeignete Indikatororganismen für letale und subletale (>Letalität<) Schadstoffeinwirkungen.

Lit: Sheehan PJ (1984) Effects on Individuals and Populations. In: Sheehan PJ, Miller DR, Butler GC, Bourdeau P (Hrsg.) Effects of Pollutants at the Ecosystem Level, SCOPE 22, John Wiley and Sons, Chichester New York Brisbane Toronto Singapore – Gesetz zum Schutz vor gefährlichen Stoffen (Chemikaliengesetz) vom 16.09. 1980, BGBl.I 1980 S.1718 und 1986 S.1517 – Peter H, Rudolph P (1982) Anforderungen des Chemikaliengesetzes und die Einsatzmöglichkeiten aquatischer Modellökosysteme, Umweltbundesamt, Berlin – Chemikaliengesetz (1983) Referenzchemikalien und Testspezies, Heft 4, Texte 34/83, Umweltbundesamt, Berlin – Organisation of Economic Cooperation and Development (1981) Guidelines for Testing of Chemicals, OECD, Paris – Rippen G (1987) Handbuch Umwelt-Chemikalien, Stoffdaten, Prüfverfahren, Vorschriften, Bd., II, III, IV, 2.Aufl., ecomed Verlagsgesellschaft, Landsberg/Lech – Korte F, Bahadir M, Klein W, Lay JP, Parlar H, Scheunert I (1987) Lehrbuch der ökologischen Chemie. Grundlagen und Konzepte für die ökologische Beurteilung von Chemikalien, 2.Aufl., Georg Thieme, Stuttgart New York.

Daphnien-Life-cycle-Test. (Syn. Daphnien-Langzeittest, Daphnien-Reproduktionstest.) >Daphnia magna<.

Daphnien-Reproduktionstest. (Syn. Daphnien-Life-cycle-Test, Daphnien-Langzeittest). >Daphnia magna<.

Daphnien-Test. >*Daphnia magna*<.

Darcys Gesetz. In der Hydrologie und Bodenphysik verwendete eindimensionale >hydraulische Fließgl.< als linearer Zusammenhang zwischen hydraulischem Volumenfluß q und dem antreibenden Gradienten des Bodenwasser-Potentials ψ, aus Matrix- + Gravitationspotential, engl. „hydraulic head" genannt:

$$q = -k\,\partial\psi/\partial z.$$

Geht auf den französischen Ingenieur HENRI DARCY zurück, der die lineare Beziehung um 1856 bei Untersuchungen des Versickerns von Wasser in einem Sandbett für eine verbesserte Wasserversorgung von Dijon entdeckte. – Zusammen mit der sog. >Kontinuitätsgl.< der Hydrodynamik bildet die Fließgl. nach DARCY die Grundlage der quant. Hydrologie. Mit ihr vereinigt ergibt sich die sog. Wassertransport- od. Richardsgl., die für den wichtigen stationären Fall Laplace-Gl. heißt. Deren zwei- bzw. dreidimensionale Form bildet die Grundlage für die Beschreibung von Grundwasserströmungen. k hat dann mathematisch die Bedeutung eines >Tensors<.

Darmflora. Die unteren Darmabschnitte (unteres Ileum, Kolon und Rectum) sind von 100 bis 400 intestinalen Bakterienspezies besiedelt. Etwa 99% der in Konzentrationen von 10^{11} pro g züchtbaren Darmbakterien gehören zu den strikt anaeroben Arten, die zumeist harmlos sind. Es können sich darunter jedoch auch Krankheitserreger befinden.

Darrieus-Rotor. Windenergieanlage, die nach ihrem französischen Entdecker Georges Darrieus benannt ist (s. Abb.). Durch seine senkrechte Drehachse ist der D.-R. unabhängig von der Windrichtung, damit entfällt die bei anderen Windenergieanlagen notwendige laufende Ausrichtung nach dem Wind. Schlanke, bogenförmig ausgebildete Flügel (Rotorblätter) drehen sich im Wind um die senkrechte Achse. Diese Drehbewegung läßt sich mit Hilfe eines Generators für die Erzeugung von Elektrizität nutzen. Die maximale Windgeschwindigkeit, die einen Betrieb dieser Windenergieanlage noch gestattet, liegt bei ca. 13 ms^{-1}. Ein Vorteil des D.-R. besteht darin, daß wegen der senkrecht stehenden Drehachse der schwere >Genera-

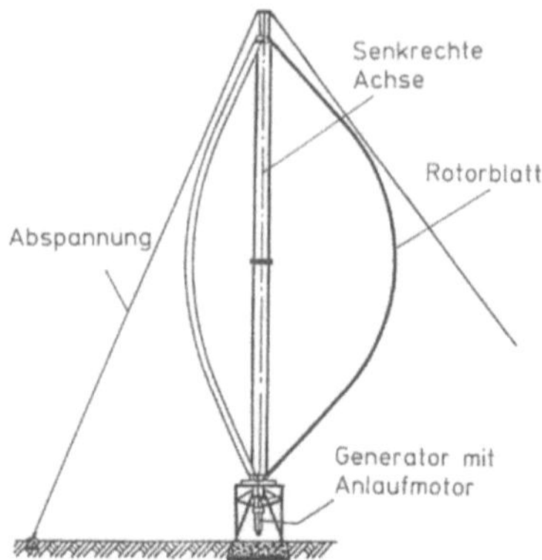

Darrieus-Rotor: Beim Darrieus-Rotor drehen sich die bogenförmigen Rotorblätter um eine senkrechte Achse und sind damit unabhängig von der Windrichtung

tor< nicht in luftiger Höhe positioniert werden muß, sondern am Boden verbleiben kann. Ein Nachteil des D.-R. liegt darin, daß er „Anfahrhilfe" benötigt, weil er nach Flaute oder Windstille – auch bei neu aufkommendem starken Wind – allein nicht mehr in Bewegung kommt. In neuen Modellen werden deshalb ein Windmeßgerät und ein Motor eingebaut. Sobald das Windmeßgerät eine bestimmte Geschwindigkeit registriert, wird der Motor für kurze Zeit in Betrieb gesetzt, bis der Wind allein wieder für den weiteren Antrieb ausreicht. Seit 1981 arbeitet eine Darrieus-Anlage mit maximal 25 kW Leistung im argentinischen Comodoro Rivadavia. Die Erfahrungen mit D.-R. sind noch sehr klein im Vergleich zu denjenigen beim Betrieb von Windanlagen mit Horizontalachsen; über die weitere Zukunft dieses Konzepts sind deshalb keine Aussagen möglich.
Lit: Bennert W, Werner UJ (1989) Windenergie, 1.Aufl., VEB Verlag Technik, Berlin – Schönball W (Hrsg.) (1988) Windenergie-Jahrbuch, Müller, Karlsruhe – Hau E (1996) Windkraftanlagen, 2.Aufl., Springer Verlag, Berlin Heidelberg New York Tokyo.

DAtF. >Deutsches Atomforum e. V.<.

Datierung, radioaktive. Verfahren zur Messung des Alters eines Gegenstandes durch Best. des Verhältnisses verschiedener darin enthaltener >Radionuklide< zu stabilen >Nukliden<. So kann man z.B. aus dem Verhältnis von >Kohlenstoff-14< zu Kohlenstoff-12 annähernd das Alter von Knochen, Holz und anderen archäologischen Proben ermitteln.

dATP. Kurzform für *Desoxy-Adenosintriphosphat* (Desoxy-ATP). Bei dATP ist im Gegensatz zu >ATP< nicht >Ribose<, sondern die für die DNA typische Pentose >Desoxyribose< als Zuckerkomponente enthalten.

Dauerausscheider. Klinisch gesunde Personen, die nach einer überstandenen >Infektion< dauernd oder zeitweilig >Krankheitserreger< ausscheiden. Ursprungsort der >Erreger< können die Mandeln, die Gallenblase oder das Knochenmark sein. Die Übertragungsmedien können Stuhl, Harn, Speichel oder Hustentröpfchen sein. Dauerausscheidung kann nach bakteriellen Darminfektionen wie >Ruhr<, >Cholera<

oder >Typhus< oder nach >Diphtherie<, Kinderlähmung bzw. >Hepatitis< auftreten. Nach dem >Bundesseuchengesetz< besteht für die D. eine Meldepflicht.

Dauerei. Hartschalige Eier mancher Krebse, z.B. von >Cladoceren<, Rädertieren oder Strudelwürmern. Die Eier sind befruchtet, im Gegensatz zu den Sommereiern (Subitaneiern) dieser Tiere, die sich meist parthenogenetisch (ohne Befruchtung) entwickeln. D. sind widerstandsfähig gegen Austrocknung und Kälte, vgl. >Anabiose<. Manche D. können Jahre überdauern und entwickeln sich bei Befeuchtung in sehr kurzer Zeit. Ein Beispiel dafür sind die D. des Salinenkrebschens Artemia, die von Aquarianern zur Gewinnung von lebendem Fischfutter genutzt werden.

Dauererprobung. Bestandteil der Abgas-Zulassungsvorschriften für Fahrzeuge. Dabei muß der Fahrzeughersteller die Funktionsfähigkeit der >Abgaskontrollsysteme< über eine festgelegte Dauer durch eine D. nachweisen. z.B. nach der >Federal Test Procedure< in den USA über eine Laufstrecke von 50.000 Meilen – 80.000 km –, wobei dieser Wert in Zukunft noch weiter erhöht werden soll.

Dauerfrostböden. (Syn. Permafrostböden). Böden mit ständig gefrorenem Unterboden, die z.B. im Norden Nordamerikas und Eurasiens vorkommen. Der Oberboden taut durch Sonneneinstrahlung höchstens einige cm bis dm tief auf; die Bodenbildungsprozesse sind hauptsächlich durch >Kryoturbation< geprägt, der Oberboden weist häufig ein Polygonmuster eisgefüllter Spalten auf. Wärmezufuhr (z.B. durch technische Maßnahmen) kann die physikalischen und ökologischen Eigenschaften eines D. erheblich beeinflussen.

Dauergrünland. >Grünland<.

Dauerhumus. Ältere Bezeichnung für den Teil des >Humus<, der auch unter günstigen Bedingungen nur sehr langsam abbaubar ist und dessen Nährstoffe daher den Pflanzen nicht kurzfristig zur Verfügung stehen, sondern längerfristig im Boden gespeichert sind. *Gegensatz:* >Nährhumus<.

Dauerspore. (Grch. sporos = Saat), (Syn. Spore). Kleine Fortpflanzungseinheiten von Organismen, die morphologisch meist von den vegetativen Zellen differenziert sind. Sie sind >Sporen< mit der speziellen Eig. zur Überdauerung (Dauerstadien) ungünstiger Umweltbedingungen. Häufig dienen D. gleichzeitig der Vermehrung und Verbreitung. Bei den meisten D. ist der Wassergehalt stark herabgesetzt und der Stoffwechsel stark vermindert oder nicht mehr vorhanden. Im Vergleich zu vegetativen Zellen haben sie eine veränderte chem. Zus., z.B. tritt Dipicolinsäure als typische Komponente in Bakterien-Endosporen auf. Die meisten D. haben zum Schutz vor der schädlichen UV-Strahlung der Sonne verschiedenfarbige (gelbe, grüne, graugrüne, schwarze) Pigmente eingelagert. Sporenbildende Bakterien der Familie *Bacillaceae* (z.B. *Bacillus*- und *Clostridium*-Arten) entwickeln pro Zelle eine Endospore, die sich durch besonders hohe Widerstandsfähigkeit gegen Trockenheit, Hitze und Kälte auszeichnet. Auch viele Pilze vermögen dickwandige D. auszubilden, die zur Verbreitung durch Wind und Überdauerung ungünstiger Umweltbedingungen dienen, z.B. Konidien, die meist auf besonderen Sporenträgern (Konidienträgern) in großer Anzahl gebildet werden und eine geringere Widerstandsfähigkeit als die meisten Bakterien-Endosporen aufweisen.

Dauerstadien. Widerstandsfähige Stadien, die im Lebenszyklus vieler Organismen eingeschaltet sind, um ungünstige Lebensbedingungen zu überstehen, >Anabiose<. Wichtigste Ursachen sind extreme Temperatur- und Feuchtebedingungen wie Kälte oder Trockenheit, aber auch Nahrungsmangel bei Tieren. Einzeller und niedere Tiere können Zysten bilden, andere Tiere bilden >Dauereier< oder auch vegetative Knospen. D. sind auch Samen oder >Dauersporen< von Pflanzen.

Dazomet. Ein Nematizid, das im feuchten Boden zu Formaldehyd, Schwefelkohlenstoff und Methylsenföl CH_3-N=C=S gespalten wird. Die eigentlich wirksamen Komponenten sind Methylsenföl und Schwefelkohlenstoff. Voraussetzung für eine gute Wirksamkeit ist die Anwendung auf ausreichend feuchtem Boden und eine Temperatur von mindestens 10 °C, damit die Hydrolyse stattfinden kann. Neben den Nematoden werden auch andere Bodeninsekten mit erfaßt. Zusätzlich übt Dazomet auch eine fungizide Wirkung auf viele Bodenpilze aus. Die Anwendung erfolgt im Obst- und Gemüseanbau, auf Ackerkulturen und im Kartoffelanbau.

DBE. Deutsche Gesellschaft zum Bau und Betrieb von Endlagern für Abfallstoffe mbH, Peine.

DBG. >Deutsche Bodenkundliche Gesellschaft<.

D & C Red. >Litholrubin<.

D & C Yellow 10. >Brillantgelb<.

dCTP. Kurzform für *Desoxy-Cytidintriphosphat* (Desoxy-CTP). Bei dCTP ist im Gegensatz zu >CTP< nicht Ribose, sondern die für die DNA typische Pentose >Desoxyribose< als Zuckerkomponente enthalten.

DDD. Dichlordiphenyldichlorethan. 2,2-*Bis*-[4-chlorphenyl]-1,1-dichlorethan. Ein dem >DDT< ähnliches Insektizid, das zu Anreicherungseffekten über die Nahrungskette führt. Die Synth. erfolgt aus Dichloracetaldehyd und Chlorbenzol. DDD ist gegen Apfelblattroller und Raupen am Kohl wirksamer als DDT. DDD wird auf Grund seiner toxikologischen Effekte nicht mehr produziert. DDD ist einer der Hauptmetaboliten des DDT.

DDE. Dichlordiphenyldichlorethylen. Hauptmetabolit des >DDT<. Im Warmblüter und im Insekt erfolgt der Abbau des DDT mit Hilfe einer Dehydrochlorinase zum DDE. DDE reichert sich im Fett an. Es besitzt keine insektizide Wirkung. Der Abbau von DDT zu DDE ist vorwiegender Grund für die Resistenz von Insekten gegenüber DDT. Die Konzentration an Dehydrochlorinase gilt als Maß für den Resistenzgrad.

DDT. Wirkt als >Insektizid< und zählt zur Substanzklasse der Organochlorverb.

Chemische Bezeichnung: 1,1,1-Trichlor-2,2-bis(4-chlorphenyl)-ethan

Hersteller: Früher Ciba-Geigy, heute hauptsächlich Firmen in der Dritten Welt.

Wirkungstyp: Breit wirksames Insektizid mit Berührungs- und Fraßgiftwirkung.

Bevorzugte Anwendung: In Deutschland früher gegen fressende Insekten, Käfer und Raupen im Obst-, Gemüse-, Acker- und Weinbau und im Forst.

Chemische und physikalische Eigenschaften:

Physikalische Beschaffenheit: Farblos, krist. (rein), wachsartig (techn.).

Schmelzpunkt: 108,5 bis 109 °C (rein).

Siedepunkt: 185 bis 187 °C bei 0,07 mbar, unter Zers.

Dampfdruck: 0,025 mPa bei 20 °C für techn. DDT und 0,45 mPa bei 20 °C für p,p-DDT.

Dichte: 1,54 g/cm^3.

Verteilungskoeffizient (log $P_{o/w}$): 5,95 bei 20 °C.

Stabilität: Wird in Lsg. durch Alkalien und org. Basen dehydrochloriert. Eisen, Aluminium und UV-Licht fördern den Abbau.

Korrosives Verhalten: Unter Lagerbedingungen leicht korrosiv gegen Eisen und Aluminium.

Löslichkeit: In Wasser $1,2 \cdot 10^{-3}$ mg/L.

Abbau: Im Warmblüterorganismus und teilweise im Insekt entstehen Di-(p-chlorphenyl)-dichlorethylen (DDE), Di-(p-chlorphenyl)-dichlorethan (DDD), p,p'-Dichlorbenzophenon, 1,1,1-Trichlor-2,2-di-(p-chlorphenyl)-ethanol und Di-(p-chlorphenyl)-essigsäure (DDA), letztere wird mit dem Urin ausgeschieden. Das Verhalten in der Umwelt ist geprägt durch die geringe Wasserlöslichkeit und Flüchtigkeit sowie durch die mit der Lipophilie verbundene Bio- und Geoakkumulationstendenz in Sedimenten.

Toxizität: Akute orale LD_{50} für Ratten etwa 250 bis 300 mg/kg, Mäuse 150 bis 300, Kaninchen 300, Hunde 500 bis 750, Schafe und Ziegen über 1.000 mg/kg. Akute dermale LD_{50} für Ratten 2.510 mg/kg. Vorübergehende Speicherung im Körperfett und in fetthaltigen Organen, Ausscheidung in der Milch. Im 2-Jahre-Fütterungsversuch NOEL für Hunde 5 bis 10 mg/kg/Tag. Die nur bei männlichen Mäusen beobachteten Lebertumore sind bei begrenzter Expositionszeit rückbildbar und bilden keine Metastasen.

Neuere Untersuchungen zeigen, daß DDT beim Menschen keinen Krebs erzeugt (Regulatory Toxicology Pharmacology (1985) 5: 329–383).

Es wurde auch nachgewiesen, daß die Eierschalenverdünnung bei best. Vogelarten nicht durch DDT, sondern durch darin als Verunreinigung enthaltene >polychlorierte Biphenyle< hervorgerufen wurde.

Bienentoxizität: Gering bienengefährlich.

Fischtoxizität: LC_{50} (96 Stunden) für Regenbogenforelle 8,7, Sonnenbarsch 8,6 und Flohkrebs 1,0 µg/L. EC_{50} (48 Stunden) für *Daphnia magna* 4,7 µg/L.

DDT-Auswirkung. Hohe DDT-Gehalte wurden 1967 in Meeresfischen aus dem Küstenbereich von Los Angeles festgestellt. Fischlebern enthielten 1970 bis zu 370 mg/kg DDT und dessen Abbauprodukte DDE,

DDT-Auswirkung: Auswirkung von DDT auf kalifornische Pelikane und Sardinen. (Nach: Gerlach 1981)

Jahr	Anzahl der Jungvögel	DDT in intakten Eiern [mg/kg Fett]	DDT in Sardinen [mg/kg Frischgewicht]
1969	4	907	4,27
1970	5		1,40
1971	42		1,34
1972	207	221	1,12
1973	134	183	0,29
1974	1.185	97	0,15

DDD (Santa Monica Bay). Bei Pelikanen auf nahegelegenen Inseln wurde ein Rückgang der Jungtiere beobachtet, weil die Eier so dünnschalig waren, daß sie beim Brutgeschäft zerbrachen (s. Tabelle). Ursachen waren Einleitungen von DDT-haltigen Abwässern aus einer DDT-Produktionsanlage im Bereich von Los Angeles. 1970 wurde die DDT-Verschmutzung drastisch reduziert mit der Folge einer Vermehrung der Pelikane und einer Reduzierung der Belastung von Sardinen.

DDT-Gesetz. Das Gesetz über den Verkehr mit DDT vom 07.08. 1972, BGBl. I S.1385, verbietet es, DDT und seine Isomeren herzustellen, einzuführen, auszuführen, in den Verkehr zu bringen, zu erwerben und anzuwenden. In bestimmten Fällen (z.B. für Forschungszwecke) kann die zuständige Behörde eine Ausnahme zulassen.

DDVP. >Phosphorsäureinsektizide<.

De minimis risk. Beschreibt Risiken, deren Eintrittswahrscheinlichkeit kleiner ist als eins zu einer Million. Diese Risiken werden als zu gering betrachtet, um von öffentlichem Interesse zu sein. Der Ausdruck stammt ursprünglich aus dem juristischen Bereich. Anfang der 80er Jahre haben US-Behörden wie die Food and Drug Administration (FDA) und die Environmental Protection Agency (EPA) versucht, Risiken, die nach dem „de minimis-Prinzip" einzuordnen sind, nicht zu reglementieren. Dies galt u. a. für verdächtige karzinogene Stoffe. Nach dieser Konvention handelnd, versuchte die FDA im Jahre 1986 eine „de minimis risk-Ausnahme" der „Delaney Klausel" zu bewirken, indem sie die Anwendung mehrerer Farbstoffe zuließ, deren karzinogene Wirkung im Tierversuch nachgewiesen wurde (eine strenge Interpretation der „Delaney Klausel" untersagt die Verwendung eines Moleküls einer vermutlich karzinogenen Verbindung bei der Herstellung von Lebensmitteln). Quantitative Analysen deuteten darauf hin, daß die von den untersuchten Lebensmittelzusatzstoffen ausgehenden Risiken vernachlässigbar waren. Die damalige Entscheidung der FDA wurde jedoch durch gerichtliche Beschlüsse zurückgezogen, da der Kongreß der Vereinigten Staaten ein absolutes Verbot für den Einsatz karzinogener Stoffe in Lebensmitteln mit der „Delaney Klausel" beabsichtigt hatte.

Dead-end-Metabolit. (Engl. dead-end = Sackgasse) Stoff, der beim biologischen Abbau entsteht und nicht mehr weiter abgebaut werden kann.

Beim biologischen Abbau von Substanzen (>Metabolismus<) können Stoffe auftreten, die nicht mehr oder nur sehr langsam weiter abgebaut werden können. Zumeist enthalten sie noch wesentliche Strukturmerkmale der Ausgangssubstanz. Grund für das Auftreten dieser „Dead-end"-Metaboliten ist das Fehlen eines Enzyms bzw. die Abwesenheit eines geeigneten Cosubstrates (Coenzym). Eng verknüpft mit Dead-end-Metaboliten ist der Begriff des Selbstmord-Inhibitors (engl. „suicide inhibitor"), ein Wirkstoff, der ein abbauendes Enzym (häufig dasjenige Enzym, durch welches es gebildet wird) hemmt. Auch hierbei wird der weitere Metabolismus gestoppt und es entstehen eben diese Dead-end-Metaboliten, bzw. sie akkumulieren. Das genaue Stadium derartig entgleister Metabolismus-Wege, die Feststellung der Akkumulierung solcher Dead-end-Metaboliten ist von Wichtigkeit für die Entwicklung von Wirkstoffen in Pflanzenschutz und Pharma-Forschung.

Deckgebirge. Gesteinsformation, die die >Lagerstätte< führenden Gebirgsschichten überdeckt. Im Ruhrgebiet wird das Steinkohlengebirge nach Norden von zunehmend mächtiger werdendem Deckgebirge überlagert.

Deckschicht. Die Deckschichten umfassen die in der Wasser-ungesättigten Zone vorhandenen Gesteine (einschl. Boden im engeren Sinne) bis zur Grundwasseroberfläche, an der die >Wasserspannung< null ist.

Deckungsgrad. In der >Pflanzensoziologie< gebräuchlicher Begriff, der den prozentualen Anteil der von einer Pflanzenart überdeckten Fläche an der Gesamtfläche angibt. Die Bemessung erfolgt nach Braun-Blanquet; >Bestandsaufnahme<.

Deckungsvorsorge. Die Verwaltungsbehörde hat für Anlagen und Tätigkeiten, bei denen eine atomrechtliche Haftung nach internationalen Verpflichtungen oder nach dem >Atomgesetz< in Betracht kommt, die Höhe der Vorsorge – Deckungsvorsorge – für die Erfüllung gesetzlicher Schadensersatzverpflichtungen festzulegen, die der Antragsteller zu treffen hat. Die Deckungsvorsorge kann durch eine Haftpflichtversicherung oder durch eine Freistellungs- oder Gewährleistungsverpflichtung eines Dritten erbracht werden. Die Regeldeckungssumme beträgt, z.B. bei Reaktoren mit einer elektrischen Leistung von 1300 MW, 500 Mio. DM. Unbeschadet der Festsetzung dieser Deckungsvorsorge haftet der Inhaber der Anlage aber unbegrenzt.

Defensivausgaben. Das >Bruttosozialprodukt< ist als Wohlstandsmaß u.a. deswegen umstritten, weil es alle Aufwendungen für die Aufrechterhaltung des status quo oder die Beseitigung von Schäden (in bezug auf die Umwelt oder die Gesundheit) als positive Beiträge enthält. Je mehr in einer Volkswirtschaft für die Beseitigung von Umweltschäden ausgegeben wird, desto größer ist das BSP. Es ist nun vorgeschlagen worden, solche Aufwendungen gesondert zu erfassen und sie als „Defensivausgaben" oder auch „kompensatorische Ausgaben" vom BSP abzuziehen, um zu einem sinnvolleren Wohlstandsmaß zu kommen. Die Wirkung solcher Defensivausgaben ist keine Wohlstandssteigerung, sondern – bestenfalls – Wohlstandserhaltung. Die Defensivausgaben umfassen weit mehr als den Umweltschutz, nämlich z.B. auch die Aufwendungen für das Gesundheitswesen, Folgekosten der Straßenverkehrsunfälle, Kriminalitätsbekämpfung usw. Nach Schätzungen von Leipert betrugen sie 1988 knapp 12% des BSP. Dabei war der Anteil der umweltbezogenen Defensivausgaben der größte Einzelposten (3,4%), wobei man aber einen Teil der gesundheitsbezogenen Defensivausgaben (1988 = 2,6% des BSP) noch hinzurechnen muß. Wichtig ist, daß der Anteil der umweltbezogenen Defensivausgaben am stärksten steigt. Er hat sich innerhalb von 18 Jahren mehr als verdoppelt. Angesichts der erheblichen Probleme bei der Abschätzung der Auswirkungen von Umweltbelastungen auf Menschen, Natur und Sachgüter und angesichts der mindestens ebensogroßen Probleme bei der Bewertung solcher Auswirkungen müssen die Angaben über den Umfang der Defensivausgaben gegenwärtig noch mit Vorsicht interpretiert werden. Gleichwohl ist hier eine Debatte in Gang gekommen, an deren Ende vielleicht die realistische Best. von Umweltschäden und Defensivausgaben stehen kann, die eine unabdingbare Voraussetzung z.B. für jede >Kosten-Nutzen-Analyse< in diesem Bereich darstellt.

Lit: Leipert C (1989) Die heimlichen Kosten des Fortschritts, S. Fischer, Frankfurt/M. – Wicke L (1986) Die ökologischen Milliarden, Kösel, München.

Defoliantien. Wirkstoffe aus dem Bereich der >Herbizide<, die zur totalen Entblätterung von Pflanzen führen: >Totalherbizide<. Hierdurch werden zum einen Erntemaßnahmen erleichtert; zum anderen waren Totalherbizide in militärischem Einsatz (Vietnam 1962–1971).

Der gezielte Einsatz von Herbiziden kann zur Rationalisierung der Ernte und zur besseren Kontrolle der Frucht eingesetzt werden. So kann z.B. im Kartoffel- und Rübenanbau bei Anwendung geeigneter Herbizide die Laubabtrennung und das Ausgraben der Feldfrüchte stark vereinfacht werden. Zudem ist eine ökonomische Ernte großflächiger Anlagen, wie z.B. Baumwolle und Kartoffeln, durch Erntemaschinen erst dann möglich, wenn zuvor die störenden Faktoren (z.B. Laub) durch den Einsatz von Herbiziden (defoliants and desiccants) entfernt worden sind.

Folgende Präparate haben Anwendung gefunden: die am längsten als Defolianten im Baumwollenanbau verwendeten Substanzen *S,S,S*-Trithiobutylphosphat (DEF®) und Trithiobutylphosphit (Merphos, Folex®); Natrium- und Magnesiumchlorat; Calciumcyanamid; Natriumborat (Borascu®); Dinatriumoctaborat (Polybor®); Kakodylsäure (Phytar®); Dimethipine (Harvade®); die Pyridiniumsalze vom 4,4'-Dipyridyl-Typ Diquat (Reglone®) sowie Paraquat (Gramoxone®); ferner die Aminophosphonsäure Glufosinat-Ammonium (Basta®) als Totalherbizid für Bodenpflanzen, z.B. im Weinbau, sowie beim Einsatzgebiet „minimale Bodenbearbeitung" (neuaufwachsende Kulturen in nicht umgepflügter, verbleibender Schutzkultur (z.B. Stoppelfeld) mit vorheriger Entfernung der Unkräuter).

Der natürlich vorkommende Wachstumsregulator Abscisinsäure (Phytotranquilizer) wirkt gleichfalls als Defoliant, spielt allerdings wegen geringer Stabilität und hoher Gewinnungskosten nur eine geringe Rolle.

Defolianten spielten durch ihren Einsatz eine Rolle im Vietnamkrieg (1962–1971) „Agent Orange" (50:50-Mischung von 2,4-D (2,4-Dichlorphenoxy-essigsäure) und 2,4,5-T (2,4,5-Trichlorphenoxy-essigsäure) „Agent Blue" (Kakodylsäure); „Agent White" (4-Amino-3,5,6-trichlorpyridin-2-carbonsäure, Picloram, Tordon®). Das in „Agent Orange" als Nebenprodukt enthaltene 2,3,7,8-Tetrachlor-1,4-dibenzodioxin (2,3,7,8-TCD) wird für die bei Vietnam-Veteranen beobachteten Spätschäden verantwortlich gemacht.

Lit: Neilands JB (1973) Naturw 60: 177 – Umschau (1974) 74: 685.

Degradation. >Bodendegradierung<.

Deich. Aufgeschütteter und befestigter >Erddamm< an Meeresküsten oder Flußufern (Seedeich, Flußdeich) zum Schutz niedrigliegenden flachen Geländes vor Überflutung bei Hochwasser und Sturmfluten; an Meeresküsten auch zur Landgewinnung. Das durch einen Deich geschützte Land nennt man Binnenland, Polder, Koog oder Marsch. Das einem Deich seewärts vorgelagerte Land heißt Vorland, Außen(deich)land oder Butenland. Höhe und Profil eines Deiches sind durch bestimmte Vorschriften festgelegt. Diese ergeben sich aus Beanspruchung und Baumaterial. Seedeiche sind meist höher und breiter als Flußdeiche, da sie vor allem bei Sturmfluten durch Wellenschlag erheblichen Belastungen standhalten müssen. „Maßgeblicher Sturmflutwasserstand" und „örtlicher Wellenauflauf" bestimmen die Höhe. Die Breite hängt neben der zu erwartenden Belastung vom Schüttwinkel des Baumaterials und der „Sickerlinie" ab. Die seeseitige Außenböschung eines Deiches ist mit einer Steigung von 1:10 relativ flach, um die Energie auflaufender Wellen auf eine große Fläche zu verteilen. Kurz unterhalb der Deichkrone kann die Steigung steiler sein (bis 1:4). Die Binnenböschung ist mit etwa 1:3 steiler als die Außenböschung. Bei Seedeichen ist der Fuß beider Böschungen durch Deichsicherungswerke, die Bermen, geschützt, welche einen flachen Böschungswinkel besitzen und seeseitig manchmal als Asphaltstreifen ausgebildet sind. Bei Seedeichen ohne Vorland ist der seeseitigen Berme ein aus Steinen bestehendes Deckwerk vorgelagert. Landseitig der Berme vorgelagert ist ein Deichgraben zur Ableitung von Niederschlagswasser. Die Außenböschung aller Deiche ebenso wie Kronen und Innenböschungen aller zeitweilig überfluteten Flußdeiche sind zur Befestigung mit Gras bewachsen, bei besonders starker Belastung (Wellenschlag, Seegang, Strömung, Eisgang) auch mit einer Steinschüttung oder Pflasterung. An Flüssen unterscheidet man Sommer- und Winterdeiche. Die Sommerdeiche sollen das dahinter liegende Land vor sommerlichen Hochwassern schützen, werden jedoch bei höchsten Wasserständen überflutet. Die Winterdeiche, auch Haupt-, Schau- oder Banndeiche genannt, sollen auch höchste Fluten abhalten. An besonders gefährdeten Stellen liegen verstärkte Gefahr- oder Schardeiche. Geschlossene Deiche enden beidseitig an hochwasserfreien Höhen, offene Deiche nur flußaufwärts, so daß deren Hinterland nicht vor Überschwemmung, wohl aber vor Versandung, Auskolkung und Verschotterung geschützt ist. Rückstaudeiche erstrecken sich an Nebenflüssen weit genug flußaufwärts, um bei Rückstau des Hauptflusses Überschwemmungen zu verhindern. Ein hinter einem neu gebauten zur Sicherheit verbleibender alter Deich wird Schlaf- oder Sturmdeich genannt.

Deka. Abk.: da. Vorsatz vor Maßeinheiten, die um das 10fache vergrößert sind.

Dekantieren. Trennung flüssiger von festen Bestandteilen (Bodenkörper) durch Abgießen, z.B. der überstehenden Flüssigkeit beim Auswaschen von Niederschlägen. Im Laboratorium verwendet man besondere Dekantiergefäße, die z.B. in verschiedener Höhe seitliche Öffnungen haben, durch die man die Flüssigkeit abfließen lassen kann, ohne den Bodenkörper aufzuwirbeln, oder sog. Kantenkolben (Kolben mit gekantetem Boden). Meist dekantiert man eine Flüssigkeit auf das beim nachherigen Filtrieren benutzte Filter; denn die zu klärende Flüssigkeit läuft rascher durch das Filter, wenn dessen Poren nicht bereits mit dem Niederschlag verstopft sind. Auch in großtechnischen Prozessen spielt das Dekantieren als Methode der Phasentrennung eine wichtige Rolle, z.B. mittels >Dekantier-Zentrifugen<.

Dekantierzentrifuge. Dekantierzentrifugen, kurz auch nur als Dekanter bezeichnet, sind zur Zeit die gebräuchlichsten Fliehkraftabscheider für die Zwecke der >Schlammentwässerung<. Sie haben gegenüber der Schälschleuder und der Doppelkegelzentrifuge den Vorteil, daß sie einen kontinuierlichen Betrieb gestatten, bei dem Rohschlamm ständig zugeführt und sowohl entwässerter Schlamm als auch Überlaufwasser (Zentrifugat) ohne Unterbrechung ausgetragen werden können. Der Zulauf des >Flüssigschlammes< erfolgt durch ein zentrisches Zulaufrohr, dessen Austrittsöffnung etwa auf halber Länge des Rotors liegt. Das abgetrennte Wasser fließt durch ein ringförmiges Überfallwehr ab, während die Feststoffe durch eine Förderschnecke, deren Drehzahl gegenüber dem rotierenden Trommelmantel etwas verschieden ist, aus dem „Flüssigkeitsteich" herausgefördert werden. Trommel und Schnecke können ganz oder teilweise konische Form haben (s. Abb. unten).

Lit: Abwassertechnische Vereinigung (Hrsg.) (1982–1986) Lehr- und Handbuch der Abwassertechnik, 3.Aufl., Bd. 1–7, Verlag von Wilhelm Ernst und Sohn, Berlin München.

Dekontamination. Beseitigung oder Verringerung einer radioaktiven >Kontamination< mittels chem. oder physikalischer Verfahren, z.B. durch Abwaschen oder Reinigung mit Chemikalien. Dekontamination von Luft und Wasser erfolgt durch Filtern bzw. Verdampfen und Ausfällen.

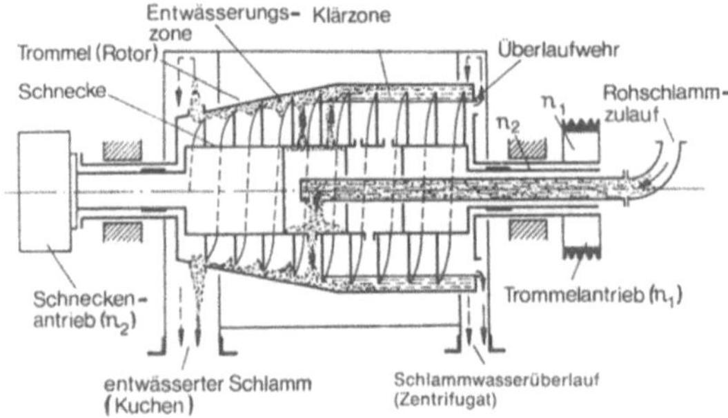

Dekantierzentrifuge (aus: Bretschneider H et al. (Hrsg.) Taschenbuch der Wasserwirtschaft, 6.Aufl., Paul Parey Verlag, Hamburg (1982))

Dekontaminationsfaktor. Verhältnis der >Aktivität< vor und nach der >Dekontamination< von radioaktiv verunreinigten Gegenständen, Abwässern, Luft usw.

Deletion. (Lat. deletio = Vernichtung). 1. In der Gentechnologie wird das „Herausschneiden" von „beweglichen" >Genen< aus >Plasmiden< mittels Endonucleasen als D. oder als Excision bezeichnet (im Gegensatz zur >Insertion<). 2. Die Bezeichnung D. wird in der allg. Genetik häufig als Syn. für >Chromosomendeletion< gebraucht.

Deletionsmutante. Sind durch >Chromosomendeletion< oder >Deletion< entstandene >Mutanten<.

Delphinidin. Eine Farbstoffkomponente der >Anthocyanidine<.

Deltamethrin. Wirkt als >Insektizid< aus der Substanzklasse der synth. Pyrethroide.
Chemische Bezeichnung: (*S*)-α-Cyano-*m*-phenoxybenzyl(1*R*,3*R*)-3-(2,2-dibromvinyl)-2,2-dimethylcyclopropan-1-carboxylat
CAS-Nummer: 52918–63–5
Hersteller: Roussel Uclaf
Wirkungstyp: Pyrethroides Insektizid mit Fraß- und Berührungswirkung.
Bevorzugte Anwendung: Gegen beißende Insekten im Gemüsebau, im Freiland an Kopfsalat und Wirsing. Gegen beißende und saugende Insekten an Kernobst, Kirschen, Zwetschen und Pflaumen, gegen Apfelwickler an Apfel, Weiße Fliege an Zierpflanzen, Traubenwickler an Reben.

Chemische und physikalische Eigenschaften:
Physikalische Beschaffenheit: Krist., farblos, geruchlos.
Schmelzpunkt: exotherme Zers. ab 270 °C.
Dampfdruck: <1 · 10⁻³ Pa bei 20 °C.
Stabilität: Kein Abbau bei Lagerung über 6 Monate bei 40 °C. Weitgehend beständig gegen Luftsauerstoff. Unter UV-Bestrahlung und im Sonnenlicht erfolgt cis-trans-Isomerisation, Spaltung der Esterbindung, Verlust von Brom.
Löslichkeit: In Wasser weniger als 0,1 mg/L.
Abbau: Etwa 10 Tage nach Anwendung keine Rückstände auf Pflanzen nachweisbar. Nach Verabreichung (Ratten) Ausscheidung in 2 bis 4 Tagen. Metaboliten sind an den Phenylringen hydroxyliert. Nach Hydrolyse der Esterbindung Ausscheidung des Säureanteils als Glucuronid und Glycinkonjugat.
Toxizität: Akute orale LD_{50} für männliche Ratte 128 mg/kg, weibliche Ratte 139 mg/kg. Akute dermale LD_{50} für Kaninchen >2.000 mg/kg. Keine Hautreizung, leichte Augenreizung. Dosis ohne Wirkung bei Verabreichung über 90 Tage an Ratten 10 mg/kg/Tag. Inhalation Ratte LC_{50} 0,6 mg/L.
Bienentoxizität: Bienengefährlich (B 1). Repellent-Effekt.
Fischtoxizität: LC_{50} (96 h) für Regenbogenforelle 0,91 µg/L.

Demeter-Bund e. V. Hat zum Ziel, den geschützten Namen und das Zeichen „Demeter" und somit Erzeuger, Verarbeiter, Vermarkter und Verbraucher von nach der >Biologisch-dynamischen Wirtschaftsweise< angebauten Produkten rechtlich zu schützen und diese Wirtschaftsweise zu fördern. Mit dem über den Verkauf von Demeter-Produkten erhobenen Schutzbeitrag werden Verwaltung, die „Demeterblätter", Forschung, Qualitätskontrollen und Beratung finanziert. Eigentümer der Schutzmarke „Demeter" ist der „Forschungsring für biologisch-dynamische Wirtschaftsweise", in dem Landwirte, Wissenschaftler und Berater zusammenarbeiten. Dort werden Richtlinien für Erzeugung und Vermarktung der Demeterprodukte erarbeitet. Der D.-B. berechtigt über Schutzverträge Vertragsnehmer zur Führung der Schutzmarke. Voraussetzung zur Anerkennung der >Demeter-Qualität< ist ein zweijähriger Anbau nach der obigen Wirtschaftsweise. Bei der jährlichen Ernteerfassung bestätigt der Anbauer durch Unterschrift die Einhaltung der Anbauregeln, die Demeter-Qualität wird von einem Beauftragten des Forschungsringes anerkannt. Die Gütestelle des Forschungsringes prüft die Produkte durch Stichproben. Seit 1997 existiert der Verein „Demeter-International", gegründet von unabhängigen Demeter-Organisationen aus 20 verschiedenen Ländern. Ziel ist eine weltweite Standardisierung der >Biol.-dynamischen Wirtschaftsweise< sowie die Qualitätssicherung der nach dieser Methode erzeugten Lebensmittel. >Demeter-Qualität<.

Lit: Koepf HH, Pettersson BD, Row F, Schaumann W (1980) Biologisch-dynamische Landwirtschaft, 3. Aufl., Ulmer, Stuttgart – Brugger G (1990) Landbau – alternativ und konventionell, Auswertungs- und Informationsdienst für Ernährung, Landwirtschaft und Forsten (AID) (Hrsg.) Bonn, Heft Nr. 1070.

Demeter-Qualität. Besitzen nach den Regeln der >biologisch-dynamischen Wirtschaftsweise< angebaute Produkte und wird durch die Schutzmarke „Demeter" garantiert, deren Verwendung durch den „Demeter-Bund" geregelt ist.

Demeton-*S*-methylsulfon. Wirkt als >Insektizid< aus der Substanzklasse der >Phosphorsäureester<.
Chemische Bezeichnung: *S*-2-Ethylsulfonylethyl-*O*,*O*-dimethylthiophosphat
CAS-Nummer: 919–86–8
Hersteller: Bayer AG
Wirkungstyp: Insektizid mit Berührungs- und Fraßgiftwirkung, Cholinesterase-Hemmstoff.
Bevorzugte Anwendung: In Kombination mit Azinphos-methyl gegen beißende und saugende Insekten und Spinnmilben in Apfel- und Birnenanlagen, außerdem gegen Obstmade. Im Weinbau gegen Traubenwickler und Rebstichler.

Chemische und physikalische Eigenschaften:
Physikalische Beschaffenheit: Techn. Produkt ist ein gelbliches Öl mit unangenehmem Geruch.
Siedepunkt: 74 °C bei 7 Pa.
Dampfdruck: 40 mPa bei 20 °C.
Stabilität: In saurem Medium langsame Hydrolyse, im alkal. Bereich rascher Abbau.
Löslichkeit: In Wasser 3,3 g/L bei 20 °C.
Abbau: Oxidative und hydrolytische Abspaltung der Seitenkette unter Entstehung von Dimethylphosphorsäure und Phosphorsäure.
Toxizität: Akute orale LD_{50} für Ratten 40 mg/kg, für Mäuse etwa 30 mg/kg. Akute dermale LD_{50} für Ratten

etwa 30 mg/kg. 50%ige Hemmung der Rattenhirn-Cholinesterase durch $11,5 \cdot 10^{-6}$ molare Lsg. Keine Reizwirkung auf die Haut, geringe Reizwirkung auf die Augen. Rasche Ausscheidung aus dem Warmblüterorganismus vorwiegend im Urin.
Inhalation: Ratte LC_{50} 0,2 mg/L.
Bienentoxizität: Bienengefährlich (B 1).
Fischtoxizität: Giftig für Fische und Fischnährtiere. LC_{50} für Regenbogenforelle 6,4 mg/L als 250 g/L EC.
Vogeltoxizität: Akute orale LD_{50} für männliche Japanische Wachtel 50 mg/kg.

Demökologie. (Syn. Populationsökologie). Dieser Teilbereich der >Ökologie< befaßt sich mit den >Populationen<. Neben der Größe und dem Aufbau der Populationen, der in einer >Alterspyramide< wiedergegeben werden kann, werden räumliche Verteilung und einflußnehmende Faktoren erfaßt. Für einige Systeme, z.B. *Räuber-Beute-* und *Wirt-Parasit-Beziehungen* gibt es mathematische Modelle und Simulationsmöglichkeiten, die z.T. im >Pflanzenschutz< zur Vorhersage von möglichen Schäden genutzt werden. Die D. wird von manchen Autoren als selbständiger Teil der Ökologie zwischen >Autökologie< und >Synökologie< gestellt, von anderen Autoren als Teil der Synökologie aufgefaßt.

Demographie. Bevölkerungswissenschaft. Sie untersucht die zahlenmäßigen Zustände und Veränderungen einer Bevölkerung mit statistischen Methoden und ermittelt die >Populationsdichte<, das >Populationswachstum< und die >Populationsdynamik<. >Demökologie<.

Denaturantien. >Denaturierung<.

Denaturierung. Strukturänderung eines makromolekularen Stoffes, z.B. eines >Proteins<, bei der die biol. Eig., z.B. die Enzym- oder Hormonwirkung verlorengeht. Bei Proteinen wird durch D. die Löslichkeit durch Ausbildung neuer, zufälliger Bindungen stark verringert, und es kommt zu Veränderungen physikalischer und chem. Eig. Die D. entspricht formal dem Übergang eines hochgeordneten Zustandes (Raumstruktur des Proteins) in einen Zustand der Unordnung (Entstehung eines Zufallsknäuels, „random coil"). Die frühere Annahme der Irreversibilität von Protein-D. konnte in einigen Fällen, bei denen nur eine „milde" D. vorlag, widerlegt werden. Damit konnte auch gezeigt werden, daß in diesen Fällen alle Informationen der funktional notwendigen Raumstruktur bereits in der Sequenz des Proteins enthalten sind – sie bleibt ja bei der D. erhalten – und die notwendige Faltung sich durch physikalische und chem. Bindungskräfte quasi von selbst einstellt. Die D. kann durch physikalische und chem. Denaturantien ausgelöst werden.
Physikalische Denaturantien: z.B. Hitze und energiereiche Strahlung, wobei die Wirkung auch vom pH-Wert und Salzgehalt der Lsg. abhängt.
Chem. Denaturantien: z.B. Säuren, Alkalien, org. Lsg.-Mittel, Harnstoff- oder Guanidin-Lsg., Detergentien (z.B. Natriumdodecylsulfat, SDS), Schwermetall-Lsg.

Dendrobaena (Lumbricidae). D.-Arten sind v.a. in der obersten org. Streuschicht von Moder- und Rohhumusböden und Totholz, auch Abfallvorräten aller Art zu finden. *D. octaedra* als >epigäische< Lebensform ist die einzige Regenwurmart in besonders nährstoffar-

men Rohhumusböden, auch der borealen Klimazone. Nach Kalkung von Fichtenforsten, erreicht die Art Individuendichten von 400 bis 600 Ind. pro m^2. >Annelida<, >Bodenfauna<, >Mull-Moder-Modell<, >Auflage-, Rohhumus<.

Dendrodrilus (Lumbricidae). *D. rubidus* lebt als >epigäische< Art v.a. in Moderböden. Nach Kalkung von Buchenwäldern erreicht die Art Individuendichten von 300 Ind. pro m^2. >Annelida<, >Bodenfauna<, >Mull-Moder-Modell<, >Auflagehumus<.

Denitrierung. Bei der >Wiederaufarbeitung< notwendiger chem. oder elektrochem. Verfahrensschritt zur Verminderung des Nitratgehaltes salpetersaurer Lösg. bzw. zur Zers. von Salpetersäure in >Stickoxide< und Wasser, z.B. vor der >Verfestigung< >radioaktiver flüssiger Abfälle<.

Denitrifikation. >Reduktion< von oxidierten Stickstoffverb. im Abwasser zu elementarem Stickstoff durch Bakterien (DIN 4045). Im Gegensatz zur Oxidation reduzierter N-Verb. bei der >Nitrifikation< erfolgt bei der Denitrifikation eine Reduktion oxidierter N-Verb. (>Nitrat<, Nitrit) zum elementaren Stickstoff (N_2). Verläuft die Reaktion bis zum Ammonium (NH_4^+) so spricht man von Ammonifikation. Bei der Denitrifikation dient das Nitrat-Ion den >Denitrifikanten< an Stelle des Luft-Sauerstoffs als terminaler Wasserstoff-Akzeptor. Man bezeichnet die Denitrifikation wegen der Parallelität zur Sauerstoff-Atmung auch als >Nitrat-Atmung<. Da die Organismen bei der Denitrifikation Energie aufwenden müssen, um den Nitrat-Sauerstoff zu aktivieren, ist der Energiegewinn gegenüber der Sauerstoff-Atmung um etwa 10% geringer. Die Denitrifikanten werden daher bei Anwesenheit von Sauerstoff immer die Sauerstoff-Atmung bevorzugen und nur bei O_2-Mangel auf Nitrat-Atmung umschalten. Die Denitrifikanten unterscheiden sich daher im >aeroben< Milieu nicht von anderen >heterotrophen< Bakterien. Die Fähigkeit zur Nitrat-Atmung ist jedoch bei vielen Bakterien-Arten vorhanden, d.h. artenreiche >Biozönosen<, wie z.B. auch >Belebtschlamm<, enthalten meist Denitrififkanten.
Lit: Mudrack K, Kunst S (1991) Biologie der Abwasserreinigung, 3. Aufl., Gustav Fischer Verlag, Stuttgart New York.

Denitrifikationsgeschwindigkeit. Die D. wird in gleicher Weise wie die Atmungsgeschwindigkeit von der Nährstoff-Konz. (H-Donator) bestimmt. Wird daher z.B. bei einer >BSB_5<-Stoßbelastung die BSB_5-Konz. im >Nachklärbecken< merklich erhöht, kann die zum Aufschwimmen erforderliche Gasmenge in kürzerer Zeit produziert werden. Gleichzeitig wird dadurch der Rest-O_2-Gehalt im Schlamm schneller aufgezehrt, so daß die >Denitrifikation< eher einsetzen kann. Die Verweilzeit des Schlammes ist wiederum von dem >Rücklaufschlamm<-Verhältnis und der absoluten Schlamm-Menge abhängig. Hohe Schlammgehalte und geringe Rücklaufverhältnisse verlängern die Verweilzeit im Nachklärbecken und begünstigen den Schlammauftrieb.
Lit: Mudrack K, Kunst S (1991) Biologie der Abwasserreinigung, 3. Aufl., Gustav Fischer Verlag, Stuttgart New York.

Denitrifikationsleistung. (Beim >Belebungsverfahren<). Mit einer gezielten >Denitrifikation< kann erreicht werden: Entfernung der Stickstoffverb. (z.B. über 90%), weniger >Schwimmschlamm< durch Denitrifikation in der Nachklärung, Vermeidung von Stö-

rungen der biol. Reinigung (besonders der >Nitrifikation<) durch Erniedrigen des >pH-Wertes< und Vermindern des Energieaufwandes durch Verwendung von Nitratsauerstoff für >Oxidationsvorgänge<. Für die Durchführung der Denitrifikation kommen verschiedene Betriebsweisen des Belebungsverfahrens in Betracht: nachgeschaltete Denitrifikation (Denitrifikation bleibt unvollständig). Vorgeschaltete Denitrifikation (etwa 67 %). Simultane Denitrifikation (80 bis 90 %). Alternierende Denitrifikation (ca. 90 %). Intermittierende Denitrifikation (nur als Notmaßnahme). Getrennte Denitrifikation mit Methanolzugabe (ca. 80 bis 90 %). Kombinierte (vor- und nachgeschaltete) Denitrifikation (etwa 94 %). Vorgeschaltete Anaerob- und Denitrifikationsstufe (ca. 92 %).
Lit: Abwassertechnische Vereinigung (Hrsg.) (1982–1986) Lehr- und Handbuch der Abwassertechnik, 3. Aufl., Bd. 1–7, Verlag von Wilhelm Ernst und Sohn, Berlin München.

Denkmalschutzrecht. Summe der (jeweils landesrechtlichen) Normen, die die Erhaltung von Baudenkmälern zum Gegenstand haben; Naturdenkmäler sind geschützt durch § 1 Abs. 1 Nr. 4 des >Bundesnaturschutzgesetzes<.

DeNO$_x$. >Abgasentstickung<.

DeNO$_x$-Anlage. Korrekte Bezeichnung für >Abgasentstickungs<-anlage.

DeNO$_x$-Katalysator. Das zum Abbau von Stickoxiden im Abgas von Verbrennungsmotoren erforderliche Reduktionsmittel ist beim >Dreiwegekatalysator< auf einen genau einzuhaltenden CO- und HC-Gehalt im Abgas angewiesen. Deshalb muß das Kraftstoff-Luftgemisch für den Motor auf den stöchiometrischen (Lambda 1) Wert geregelt werden. Günstigere Kraftstoffverbrauchswerte lassen sich jedoch mit magerem Gemisch (mit Luftüberschuß) erreichen. Dann ist aber das erforderliche Reduktionsmittel nicht in ausreichender Menge im Abgas vorhanden. Mit der DeNO$_x$ Kat.-Technologie wird versucht, im verbrauchsgünstigsten Betriebsbereich des Motors zu fahren und die Stickoxide entweder durch die in geringem Maße im Abgas noch vorhandenen CO- und HC-Bestandteile und/oder ein zusätzlich eingebrachtes Reduktionsmittel abzubauen. Mit einer anderen Technologie wird versucht, die anfallenden NO$_x$-Werte kurzzeitig im Katalysator zu speichern und anschließend durch Wechsel der Kraftstoff-Luftzusammensetzung ausreichende Mengen des erforderlichen Reduktionsmittels im Verbrennungsabgas dem Katalysator zu liefern.
Lit: Held W, Richter T, Puppe L (1988) Katalytische Stickoxidminderung bei Dieselmotoren, VID Berichte Nr. 714, Düsseldorf.

Deponie. Bestimmte Form einer >Abfallentsorgungsanlage<: Ablagerung von Abfall auf einem dafür geeigneten Platz. Rechtsgrundlage für die Errichtung einer Deponie § 31 KrW-/AbfG.
1. geordnete: >Abfallbeseitigung< durch beherrschbare Ablagerung der >Abfälle< auf >geologischer Barriere< mit >Basisabdichtung< und >Basisentwässerung<, >Sickerwasserbehandlung<, >Eingangskontrolle< der Abfälle, hohlraumarmer Einbau und >Entgasung< der Abfälle mit >Deponiegasbehandlung<. Schutz der Nachbarschaft vor geruchsintensiven oder gesundheitsschädlichen Gasen, Staub, Papierflug, Schall und unerwünschten Tieren während des Betriebes und nach dessen Ende. Abschluß der Abfalloberfläche gegen Kontakt, Wettereinfluß und Ausgasungen durch >Deponieabdeckung<.
2. über Tage/unter Tage: Deponie über Tage (ü. T.): >Abfallablagerung< in Haldenform oder in offenen Gruben; Deponie unter Tage (u. T.): >Abfallablagerung< in bergmännisch geschaffenen Hohlräumen unter natürlichem Deckgebirge, z. B. durch >Stollenvortrieb< oder >Kavernenausspülung<.
Lit: Burkhardt G, Egloffstein T (1996) Handbuch der Deponietechnik. Springer Verlag, Berlin – Lindner KH, Hösel G (1997) Technische Vorschriften für die Abfallbeseitigung (Ergänzbare Sammlung der Technischen Anleitungen, Technischen Regeln, Richtlinien, Merkblätter, Musterblätter u. ä. für Vorbereitung, Planung und Durchführung). E. Schmidt Verlag, Berlin.

Deponieabdeckung. Bautechnisch hergestellte Trennkonstruktion (s. Abb.) zwischen abgelagertem >Abfall< und der Außenluft mit folgenden Funktionen: Sperrung gegen Kontakt mit Mensch und Tier, Verringerung der in den >Abfall< einsickernden Niederschläge, >Rekultivierung<, Gassperre und Abfuhr der aus dem Abfall aufsteigenden Gase. Bei besonderen Anforderungen Ausführung als >Kombinationsabdichtung<: Ausgleichsschicht auf dem Abfall (ggf. Gasdränschicht), mineralische Dichtungsschicht, 2,5 mm

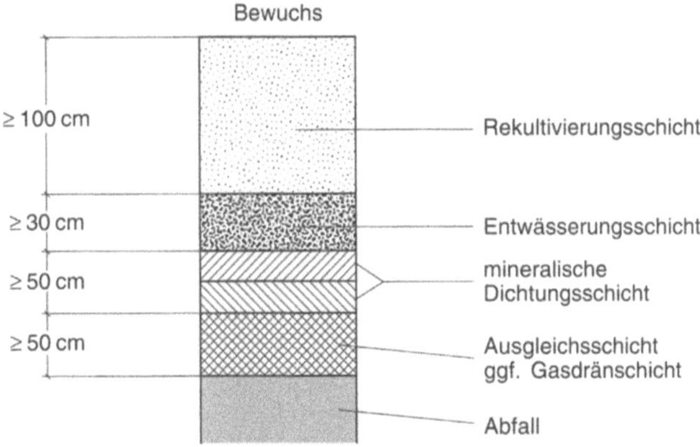

Deponieabdeckung: Deponieklasse I nach TASI

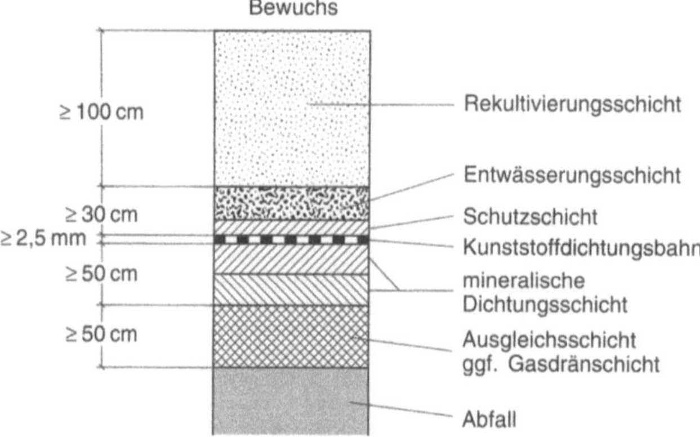

Deponieabdeckung: Deponieklasse II nach TASI

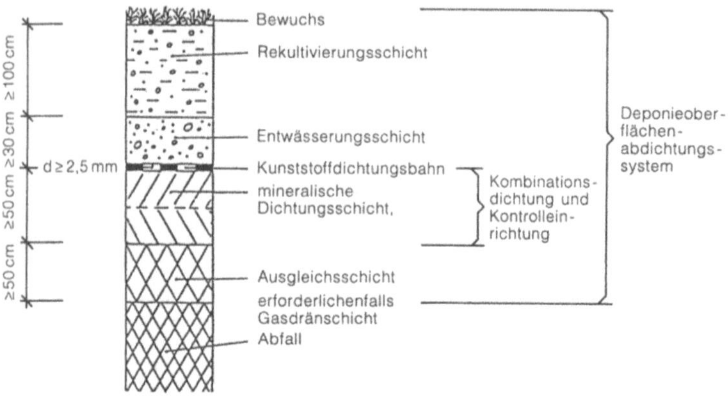

Deponieabdeckung: Deponieklasse nach TA Abfall

Kunststoffdichtungsbahn aus >Polyethylen<, geotextile Schutzschicht, >Entwässerungsschicht< und kulturfähige Rekultivierungsschicht von mind. 1 m Mächtigkeit.

Lit: Technische Anleitung Siedlungsabfall: In: Müll-Handbuch, Kennzahl 0675, Technische Anleitung Abfall: In: Müll-Handbuch, Kennzahl 0670. E. Schmidt Verlag, Berlin (1964).

Deponieabdichtung. >Basisabdichtung<.

Deponieeingangsbereich. Bereich auf dem Betriebsgelände der Deponie, in den Abfälle angeliefert, gewichts- oder volumenbezogen erfaßt und kontrolliert werden. Der Bereich ist mindestens ausgestattet mit den zum geordneten Betrieb an dieser Stelle gehörenden Anlagen und Gebäuden, wie z.B. Waage, Abfallkontrolle, Abladestelle für Kleinanlieferer, Annahme von >Problemabfall<, Reifenreinigungsanlage, Wendeschleife für Lkw, Parkplätze für Pkw.

Deponieentwässerung. 1. Deponiebasisentwässerung: Fassung des auf der >Basisabdichtung< aufgestauten >Sickerwassers< durch eine flächige >Entwässerungsschicht< und dessen Ableitung in gelochten oder geschlitzten Entwässerungsrohren. 2. Entwässerung des >Deponiekörpers<: Ableitung des im Deponiekörper gestauten >Sickerwassers< durch >Schlucker< oder Entwässerungsschlitze. 3. Deponiebetriebsflächenentwässerung: Fassung und Ableitung des auf der Betriebsfläche gestauten Niederschlagswassers. 4. Entwässerung des Deponieoberflächeabdichtungssystems mittels einer unter der Rekultivierungsschicht liegenden Entwässerungsschicht aus Kies oder Dränmatten. Dadurch soll der Zutritt des Niederschlagswassers in den Deponiekörper vermindert werden. 5. Entwässerung des Deponiebetriebsgeländes: Fassen und Ableiten von Niederschlägen und Fremdwasserzuflüssen aus dem Betriebsgelände; entspricht der Regenwasserkanalisation eines gewerblichen Betriebsgeländes

Lit: Deponieentwässerungssysteme (1995/1996) Planung, Bau, Betrieb, Schäden und Sanierungsverfahren. Bd.1 u. Bd.2, expert-Verlag, Renningen.

Deponiefolie. >Kunststoffdichtungsbahn<.

Deponiegas. Gase, die infolge anaeroben Abbaus org. Substanzen im Deponiekörper entstehen; hauptsächlich Methan (CH_4) und Kohlendioxid (CO_2), ferner umweltbelastende >Spurengase< aller Art (s. Tabelle). Die Volumenverhältnisse der Gase charakterisieren

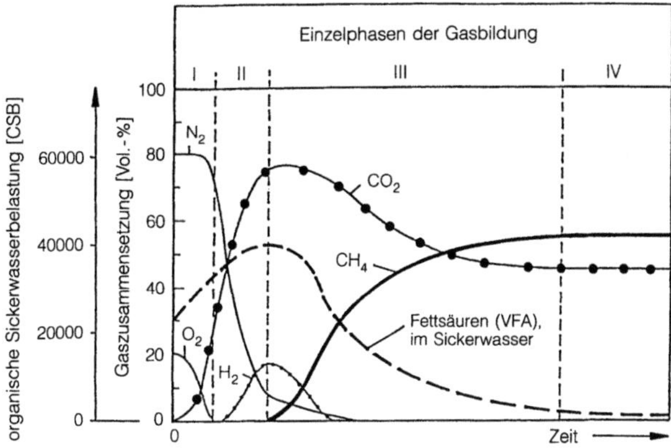

Deponiegas: Auswirkung der unterschiedlichen Abbauphasen auf die Zusammensetzung der entstehenden Gashauptbestandteile. (Nach Farquhar u. Roves 1973, ergänzt von Rees 1981, zit. nach Poller 1990)

I   aerobe Phase (Rotte)
II anaerobe Anfangsphase ohne Aktivitäten der Methanbakterien
III Wachstumsphase der Methanbakterien
IV statische Phase der Methanbakterien

Deponiegas

Komponente	Meßwerte (mg/m³)	X_{min}	X_{max}	X	δ_n
Dichlordifluormethan R 12	8	10,3	111,0	51,5	36,1
Dichlormethan R 30	7	0,01	57,3	27,0	19,7
Chlordifluormethan R 22	8	1,9	30,7	13,4	9,8
cis-1,2-Dichlorethen	5	2,4	14,7	6,7	4,2
Trichlorfluormethan R 11	7	0,3	35,0	9,7	11,2
Vinylchlorid	8	0,3	5,7	3,4	1,9
Dichlortetrafluorethan R 114	8	2,3	8,9	4,1	2,0
Dichlorfluormethan R 21	7	0,7	28,0	11,8	9,9
Tetrachlorethen	8	0,5	10,5	3,3	3,5
Trichlorethen	8	0,04	8,6	2,3	3,1
1,1,1-Trichlorethan	6	0	2,4	0,7	0,8
1,1,2-Trichlortrifluorethan	6	0,07	1,7	1,0	1,1
Trichlormethan R 20	5	0	0,2	0,1	0,1

Summe von organischem Chlor aus Einzelkomponenten Σ Cl=79,4 mg/m³
Summe von organischem Fluor aus Einzelkomponenten Σ F=27,4 mg/m³

die Phasen des biochem. Abbaus (s. Abb.). Die zeitliche Dauer der Phasen hängt vom Deponiebetrieb ab. Durch schnellen Höhenaufbau der Deponie kann die ungünstige „saure Phase" mehr als 10 Jahre dauern. Durch >aerobe Abfallvorbehandlung< kann diese Phase auf 3 Monate verkürzt werden. Die toxischen Spurengase können alle im Handel erhältlichen flüchtigen Stoffe enthalten.
Lit: Bechmann D, Bergmann A, Rettenberger G, Arendt G (1996) Deponiegas 1995 – Nutzung und Erfassung. Economica Verlag, Bonn – Löffler T (1995) Deponiegasnutzung. Fraunhofer IRB Verlag, Berlin – Anonymus (1997) Neue Aspekte bei der Deponiegasnutzung. Economica Verlag, Bonn.

Deponieklassen. Zuordnung von Abfällen anhand ihrer Inhaltsstoffe zu best. Deponietypen z. B. Bodenaushub- und Bauschuttdeponie, Hausmülldeponie, Sonderabfalldeponie. Die Einteilung in D. für überwachungsbedürftigen Abfall zur Beseitigung erfolgt nach den Vorgaben der >TA Siedlungsabfall (TASi)< bzw. für >besonders überwachungsbedürftigen Abfall< gemäß >TA Abfall<. In der TASi werden zwei Deponieklassen unterschieden, die Dep.-Kl. I für Abfälle, die einen sehr geringen org. Anteil enthalten und bei denen nur eine geringe Schadstofffreisetzung im Auslau-

gungstest erfolgt, und die Dep.-Kl. II, bei der die abgelagerten Abfälle jeweils höhere Belastungen aufweisen dürfen als bei der Dep.-Kl. I. Im Anhang B der TASi sind die Zuordnungskriterien zu den D., deren Einhaltung vor der Ablagerung der Abfälle nachgewiesen werden muß, aufgeführt (s. Tabelle). Die D. unterscheiden sich bezüglich des Rückhaltevermögens der >geologischen Barriere< des Standorts und der bautechnischen Ausstattung der Deponie, v. a. der >Basisabdichtung< und der Oberflächenabdichtung, beurteilt nach wasserwirtschaftlichen Kriterien. Die TA Abfall unterscheidet zwischen oberirdischen Deponien und >Untertagedeponien<, wobei die bautechnischen Anforderungen sowie die Betriebstechnik in Hinblick auf eine Minimierung der Emissionen um ein vielfaches höher sind als in der TASi.

Deponiesickerwasser. >Sickerwasser< aus Abfalldeponien.

Deponiesimulationsreaktoren (DSR). Stahl- oder Kunststoffbehälter, die mit Abfällen gefüllt werden und an denen unter kontrollierbaren Randbedingungen das Langzeitverhalten einer Deponie unter Laborbedingungen (Volumen i. d. R. kleiner 500 l) oder im

Deponieklassen: Zuordnungskriterien von Abfällen zu Deponien gemäß TA Siedlungsabfall

Nr.	Parameter	Zuordnungswerte	
		Deponieklasse I	Deponieklasse II
1	Festigkeit[1]		
1.01	Flügelscherfestigkeit	≥ 25 kN/m^2	≥ 25 kN/m^2
1.02	Axiale Verformung	$\leq 20\,\%$	$\leq 20\,\%$
1.03	Einaxiale Druckfestigkeit	≥ 50 kN/m^2	≥ 50 kN/m^2
2	Org. Anteil des Trockenrückstandes der Originalsubstanz[2]		
2.01	bestimmt als Glühverlust	≤ 3 Masse-%	≤ 5 Masse-%[3]
2.02	bestimmt als TOC	≤ 1 Masse-%	≤ 3 Masse-%
3	Extrahierbare lipophile Stoffe der Originalsubstanz	$\leq 0{,}4$ Masse-%	$\leq 0{,}8$ Masse-%
4	Eluatkriterien		
4.01	pH-Wert	5,5–13,0	5,5–13,0
4.02	Leitfähigkeit	≤ 10.000 µS/cm	≤ 50.000 µS/m
4.03	TOC	≤ 20 mg/l	≤ 100 mg/l
4.04	Phenole	$\leq 0{,}2$ mg/l	≤ 50 mg/l
4.05	Arsen	$\leq 0{,}2$ mg/l	$\leq 0{,}5$ mg/l
4.06	Blei	$\leq 0{,}2$ mg/l	≤ 1 mg/l
4.07	Cadmium	$\leq 0{,}05$ mg/l	$\leq 0{,}1$ mg/l
4.08	Chrom-VI	$\leq 0{,}05$ mg/l	$\leq 0{,}1$ mg/l
4.09	Kupfer	≤ 1 mg/l	≤ 5 mg/l
4.10	Nickel	$\leq 0{,}2$ mg/l	≤ 1 mg/l
4.11	Quecksilber	$\leq 0{,}005$ mg/l	$\leq 0{,}02$ mg/l
4.12	Zink	≤ 2 mg/l	≤ 5 mg/l
4.13	Fluorid	≤ 5 mg/l	≤ 25 mg/l
4.14	Ammonium-N	≤ 4 mg/l	≤ 200 mg/l
4.15	Cyanide, leicht freisetzbar	$\leq 0{,}1$ mg/l	$\leq 0{,}5$ mg/l
4.16	AOX	$\leq 0{,}3$ mg/l	$\leq 1{,}5$ mg/l
4.17	Wasserlöslicher Anteil (Abdampfrückstand)	≤ 3 Masse-%	≤ 6 Masse-%

[1] 1.02 kann gemeinsam mit 1.03 gleichwertig zu 1.01 angewandt werden. Die Festigkeit ist entsprechend den statischen Erfordernissen für die Deponiestabilität jeweils gesondert festzulegen. 1.02 in Verbindung mit 1.03 darf dabei insbesondere bei kohäsiven, feinkörnigen Abfällen nicht unterschritten werden.

[2] 2.01 kann gleichwertig zu 2.02 angewandt werden; Anforderung gilt nicht für verunreinigten Bodenaushub, der auf einer Monodeponie abgelagert wird.

[3] Gilt nicht für Aschen und Stäube aus nichtgenehmigungsbedürftigen Kohlefeuerungsanlagen nach dem Bundesimmissionsschutzgesetz.

halbtechnischen Maßstab (Volumen bis zu mehreren Kubikmetern, >Lysimeter<) untersucht werden kann. Dabei können u. a. Aussagen zu den Gas- und Sickerwasseremissionen und zum Abbauverhalten von in Abfällen vorhandener org. Substanz oder Schadstoffen gewonnen werden.

Deponiesperrbahn. >Kunststoffdichtungsbahn<.

Deposition. Ablagerung von >Schadstoffen< aus der Luft. Zu unterscheiden ist zwischen der *trockenen D.*, z. B. dem >Staubniederschlag<, und der *nassen D.*, dem Eintrag von Schadstoffen über das >Niederschlagswasser<. Das Auskämmen von staub- und gasförmig vorliegenden Schadstoffen aus der Luft durch Bäume mit ihren großen Nadel- bzw. Blattoberflächen wird als >Interzeptions-D.< bezeichnet. Insbesondere im Rahmen der >Waldschadensforschung< spielen Fragen der D. eine wesentliche Rolle. Die Unterscheidung zwischen trockener und nasser D. gelingt mit Niederschlagssammelgefäßen, deren Öffnungen über Regensensoren gesteuert werden. Beim >Schadstoffeintrag< über den Regen zeigt sich der Einfluß großräumiger Schadstoffverfrachtungen und vor allem der Einfluß der Niederschlagshäufigkeit. Insbesondere an Westhängen und in Kammlagen ist daher mit höheren Stoffeinträgen zu rechnen. Erhebliche Erhöhungen der D.-Raten bis um den Faktor 4 können in Wäldern auftreten. Die ausgekämmten Schadstoffe werden, soweit sie nicht in den >Stoffwechsel< der Pflanze einge-

bunden werden, beim nächsten Regen abgewaschen. Über den Niederschlag werden dem Boden u. a. Säuren, aber auch >Schwermetalle< wie >Cadmium< zugeführt. Die trockene D. beinhaltet auch die D. von gasförmig vorliegenden Schadstoffen unmittelbar an aktiven Oberflächen. Wie der Auskämmeffekt von Wäldern zeigt, ist diese Art D. von wesentlicher Bedeutung. Als ein weiteres Beispiel hierzu ist die wesentlich niedrigere Schadstoffbelastung von >Schwefeldioxid< in Innenräumen im Vergleich zur Außenluft aufgrund der D. des sauren Schwefeldioxids auf den basisch reagierenden Wandbestandteilen zu nennen.
Bei der D. findet eine Trennung zwischen den schweren Teilchen, die sich in unmittelbarer Nähe der Quelle ablagern, und den leichteren statt, die durch Ferntransport in entlegene Gebiete transportiert werden (s. Abb.) sog. Fraktionierung. Bekannt ist der Ferntransport der leichten Teilchen des Saharasandes bis in tropische Wälder Brasiliens, um dort zu deren Düngung beizutragen.

Depotcontainer. Großbehälter, die im Rahmen des >Bringsystems< an zentralen Standorten (z. B. Straßenkreuzungen, Einkaufszentren) aufgestellt werden, zur Erfassung von einem (Einkammercontainer) oder mehreren (>Mehrkammercontainer<) >Wertstoffen<. Man unterscheidet Umleercontainer, die an Ort und Stelle in ein Sammelfahrzeug – ggf. mit mehreren Kammern – entleert oder Absetzcontainer, die von einem Sammelfahrzeug komplett abgefahren und durch

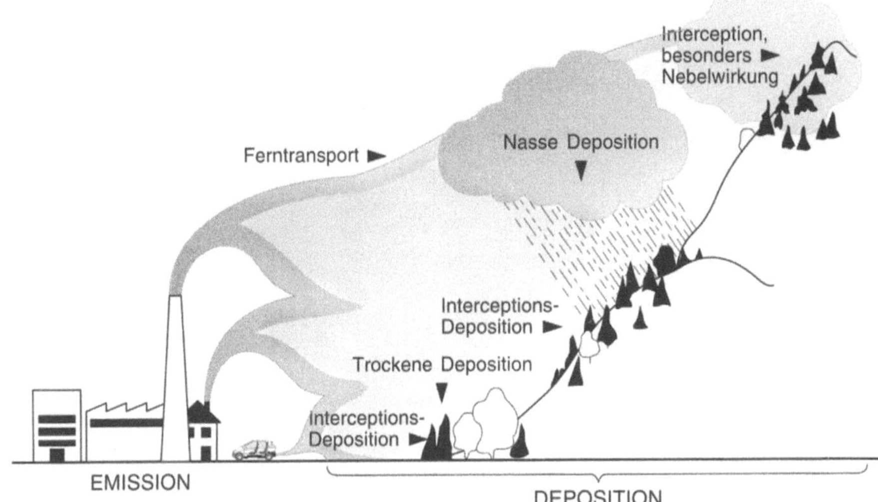

Deposition: Räumliche Trennung von Emission, Transmission (Ferntransport) und Immission/Deposition luftverunreinigender Substanzen. (Quelle: Stimm B (1984) Waldsterben: Eine Bestandsaufnahme zum Erkenntnisstand über neuartige und existenzbedrohende Umwelterkrankungen, ecomed, Landsberg/Lech)

einen leeren Container ersetzt werden. Die D. sind z.T. aus Stahlblech oder aus glasfaserverstärktem Kunststoff hergestellt und haben ein Fassungsvermögen von ca. 800 bis 4000 l.

Derivate. Bezeichnung für Abkömmlinge einer chem. Verbindung, bei der ein oder mehrere Atome abgetrennt, eingefügt oder durch andere Atome oder Atomgruppierungen ersetzt sind und in denen das Ursprungsgerüst noch vorhanden ist. Sie lassen sich in der Regel in einem Reaktionsschritt herstellen und sind ggf. leicht wieder in ihre Ausgangsverb. überführbar. Mit der Derivatisierung ändern sich die meisten physikalischen Eigenschaften der Ausgangsverbindungen grundlegend, so z.B. der Schmelz- und Siedepunkt sowie die Löslichkeit, während die Lichtabsorption bei Einführung eines lichtabsorptiven Restes nur geringfügige Änderungen erfährt. D. werden u.a. hergestellt, um die Flüchtigkeit einer Substanz zu erhöhen, ihre Nachweisempfindlichkeit zu steigern sowie die Trenneigenschaften von anderen Substanzen zu vergrößern.

Dermaptera. (Ohrwürmer). Insekten ohne ein Puppenstadium. Die O. sind als Allesfresser mit wenigen Arten auch im Boden sehr wichtig. In Waldökosystemen ist *Chelidurella acanthopygia*, der Waldohrwurm, eine >Schlüsseltierart<. S. Abb. S.218.

Dermatitis. Akute Hautentzündung mit Hautrötung (Erythem) und Schwellung (Ödem). Weiterhin können auch Lymphabsonderungen (Exsudation) und Bläschen-, Krusten- und Schuppenbildung (Effloreszenzen) auftreten. Ursachen können chemische, physikalische, allergische bzw. mikrobielle Einwirkungen sein; sie tritt aber auch ohne erkennbare Ursache als idiopathische Dermatitis auf.

Derris. Insektizider Naturstoff aus den Wurzeln von Derris und Lonchcarpus spp. Enthält als Wirkstoff Ro-

tenon bzw. die Rotenoide. Der Gehalt an Rotenon liegt durchschnittlich bei 2 bis 6%. Rotenon fand bei den Naturvölkern als Fisch- und Pfeilgift Verwendung. Die trockenen, rotenonhaltigen Wurzeln wurden früher meist gemahlen und als insektizider Staub verwendet.

DES. >Diethylstilbestrol<.

Desertifikation. Ausweitung der >Wüsten< oder deren Neubildung, in der Regel hervorgerufen durch Eingriffe des Menschen in das >Ökosystem< der Wüstenrandgebiete. Bekanntestes Beispiel: Ausdehnung der Sahara gegen den Sahel, >anthropogene Klimabeeinflussung<.

Desinfektion. Maßnahmen zur Abtötung bzw. irreversiblen Inaktivierung von krankheitserregenden oder anderen unerwünschten Mikroorganismen an und in kontaminierten Objekten sowie zur Unterbrechung von Infektionsketten. Für die Durchführung der D., die im seuchenmedizinischen Bereich von Human- und Veterinärmedizin auch als Entseuchung bezeichnet wird, können physikalische Verfahren verwendet werden, wie z.B. trockene oder feuchte Hitze, Bestrahlung oder chem. Verfahren, wie z.B. Begasung mit Ethylenoxid, Triethylenglykol, Formaldehyd, Anwendung von Ozon oder Chlor zur Trink- und Abwasserdesinfektion, chem. Desinfektionsmittel für Hände, Haut, Flächen, Räume, Geräte, Wäsche oder Ausscheidungen sowie in Form von Aerosolen für verschiedene Desinfektionszwecke. Chem. Desinfektionsmittel können umwelt- und gesundheitsschädlich sein. Von Vorteil sind daher Wirkstoffe, die in Kläranlagen oder im Boden möglichst rückstandslos biol. abgebaut werden und keine toxische Wirkung auf Menschen, Tiere oder die Umwelt allg. haben, wie z.B. org. Säuren. Diese Eigenschaften sind zukünftig immer zu prüfen, da ein Wirkstoff zwar gut abbaubar, aber andererseits gesundheitsschädlich sein kann. So steht z.B.

>Formaldehyd< im Verdacht, >cancerogen< zu wirken.

Lit: Strauch D, Böhm R (2000), Desinfektion in Nutztierhaltung, Fleisch- und Milchwirtschaft, 3. Aufl. Enke, Stuttgart – Wallhäußer KH (1988) Praxis der Sterilisation – Desinfektion – Konservierung. Thieme, Stuttgart, New York.

Desinfektionsmittel. Chemische Wirkstoffe, die die aktiven Mikroorganismen, möglichst auch die Dauerformen, unschädlich machen. Erforderlich sind rascher Wirkungseintritt (hygienische Händedesinfektion 30 s, Flächendesinfektion 1 h), zuverlässige Wirkung (keine Beeinträchtigung durch Fett, Eiweiß, Kohlenhydrate und Salze), keine >toxischen< Wirkungen auf Mensch und Tier und Geruchsarmut. Wichtige Wirkstoffe sind Säuren (Peressigsäure), Laugen, Oxidationsmittel (Ozon, Wasserstoffperoxid), Halogene (Chlor, Iod), Schwermetalle und ihre Salze (Silber), Alkohol, Aldehyde (Formaldehyd, Glutardialdehyd), Phenole und deren Derivate, Kresole (Methylphenol) und >Tenside<. Maßnahmen zur chemischen und physikalischen Desinfektion sind in drei Listen enthalten: „Liste der vom Bundesgesundheitsamt (BGA) geprüften und anerkannten Desinfektionsmittel und -verfahren"; „Liste der nach den Richtlinien für die Prüfung chemischer Desinfektionsmittel geprüften und von der Deutschen Gesellschaft für Hygiene und Mikrobiologie als wirksam befundenen Desinfektionsmittel"; Liste „Desinfektionsmaßnahmen bei Tuberkulose" herausgegeben vom Deutschen Zentralkomitee zur Bekämpfung der Tuberkulose.

Lit: Beck G, Schmidt P (1988) Hygiene – Präventivmedizin, Enke, Stuttgart.

Desmedipham. Wirkt als >Herbizid< aus der Substanzklasse der Biscarbonate.

Chemische Bezeichnung: 3-(Ethoxycarbonylaminophenyl)-N-phenyl-carbamat

CAS-Nummer: 13684–56–5

Hersteller: AgrEvo

Wirkungstyp: Selektives Herbizid zur Bekämpfung aufgelaufener Unkräuter. Aufnahme durch die Blätter.

Bevorzugte Anwendung: Bekämpfung von dikotylen Unkräutern in Zuckerrüben und Futterrüben, bevorzugt gegen Fuchsschwanz (Amaranthus). Keine Anwendung in Brassica-Rüben.

Chemische und physikalische Eigenschaften:

Physikalische Beschaffenheit: Krist., farblos.

Schmelzpunkt: 120 °C.

Dampfdruck: $4 \cdot 10^{-7}$ Pa bei 25 °C.

Verteilungskoeffizient (log $P_{o/w}$): 3,39 bei pH 3,86 und 22 °C.

Stabilität: Im sauren, wäßrigen Medium stabil, zunehmende Instabilität bei steigendem pH-Wert. Halbwertszeiten in Puffer/Methanol 3:1 (VN) bei 26 °C: pH 5 31 Tage; pH 7 14 Stunden; pH 9 20 Minuten.

Löslichkeit: In Wasser 7 mg/L.

Abbau: Im Boden werden innerhalb von 1 bis 2 Monaten 50 % des Wirkstoffs abgebaut.

Toxizität: Akute orale LD_{50} des Wirkstoffs für Ratten >9.600 mg/kg. Akute dermale LD_{50} für Kaninchen 2.025 mg/kg. Nach oraler Verabreichung 80 % Ausscheidung von Wirkstoff und Metaboliten innerhalb von 24 Stunden im Urin.

Bienentoxizität: Nicht bienengefährlich (B 4).

Fischtoxizität: Fischgiftig LC_{50} (4 Tage) für Regenbogenforelle 3,8 mg/L, für Sonnenbarsch 13,4 mg/L (jeweils EC 16).

Vogeltoxizität: Akute orale LD_{50} für Wachtel 2.480 mg/kg.

Desoxyribonucleinsäure (DNS). In allen Lebewesen der Träger der genetischen Erbinformation, wird oft als „Schlüssel des Lebens" bezeichnet. Die D. weist als wichtiges Merkmal die Fähigkeit zur identischen Verdopplung (DNA-Replikation) auf und besteht aus polymeren >Nucleotiden<. Die Polynucleotidketten lagern sich zu Doppelketten zusammen und bilden eine als >Doppelhelix< benannte Raumstruktur aus. Die beiden Ketten werden untereinander durch Wasserstoffbrückenbindungen, die von den nach innen weisenden Nucleinbasen ausgehen, zusammengehalten (>Basenpaar<). Die beiden Einzelstränge der D. in einer Doppelhelix sind notwendigerweise komplementär, da sich nur die Paarungen zwischen Adenin und Thymin sowie zwischen Cytosin und Guanin ausbilden. Über diese Festlegung der gegenüberstehenden Basen ist auch eine identische Verdopplung nach Aufspaltung der Doppelhelix möglich. Die beiden Stränge der D. in der Doppelhelix sind gegenläufig (5'→ 3'- und 3'→ 5'-Richtung). Eine Helixwindung enthält etwa 10 Basenpaare. 1 µm doppelsträngiger D. enthält etwa 3.000 Basenpaare (3 kb; kb = Kilobasen). Die D. wurde schon 1896 von dem Schweizer Biochemiker F. MIESCHER entdeckt. Jedoch erst die Strukturaufklärung der D. mit der sehr bekannt gewordenen Darstellung der Doppelhelix-Raumstruktur durch J. D. WATSON, F. H. C. CRICK und M. WILKINS (1953) wurde als Enthüllung eines der großen Geheimnisse des Lebens gefeiert. 1962 bekamen die Forscher dafür den Nobelpreis für Medizin.

Lit: Karlson P (1984) Kurzes Lehrbuch der Biochemie für Mediziner und Naturwissenschaftler, 12. Aufl., Georg Thieme, Stuttgart – Lewin B (1991) Gene VCH, Weinheim – Watson JD (1969) Die Doppel-Helix. Rohwohlt Taschenbuch Verlag GmbH, Hamburg.

Desoxyribose. Die 2-β-D-Desoxyribose ist der typische Zuckerbaustein der >Desoxyribonucleinsäuren< (DNA). D. ist eine Pentofuranose und in der DNA am C-1-Atom N-glykosidisch mit den heterocyclischen Purin- bzw. Pyrimidinbasen (>Nucleosid<) und am C-3- und C-5-Atom esterartig mit je zwei Phosphatgruppen verknüpft (>Nucleotid<). >ATP<, >AMP<.

Destruenten. Alle >heterotrophen< Organismen, die org. Stoffe als Energie- und Nährstofflieferanten für Stoffwechsel, Wachstum und Reproduktion verwerten. Im weiteren Sinne sind also auch alle Tiere D. Im engeren Sinn werden meist nur >Bakterien< und >Pilze< als D. bezeichnet, sofern sie tote org. Reste abbauen und somit am Stoffkreislauf entscheidend beteiligt sind. Bakterien wandeln einen Teil der aufgenommenen gelösten org. Stoffe in partikuläre >Biomasse< um, die von vielen Tieren besonders im Wasser aufgenommen werden kann (>Microbial loop<).

DESY. Deutsches Elektronen-Synchrotron, Hamburg. Aufgaben: Zweck der Stiftung sind die Förderung der physikalischen Grundlagenforschung auf dem Gebiet der Atomkerne und Elementarteilchen, vor allem durch den Betrieb und weiteren Ausbau der Hochenergiebeschleuniger und deren wissenschaftliche Nutzung, sowie die wissenschaftliche und technische For-

Detektor: Kenngrößen einiger wichtiger GC-Detektoren

Detektor	FID	ECD	WLD	PND
Prinzip	Flammenionisation	Elektroneneinfang	Wärmeleitfähigkeit	Thermionisch
Detektierbare Gruppen	C-H u. C-C	Cl, Br, J, NO_2	Alles	N, P
Nachweisgrenze	10^{-11} g/s	10^{-14} g/s	10^{-10} g/s	10^{-13} g/s
Linearer Bereich	10^7	10^3	10^4	10^5

Detektor: Kenngrößen einiger wichtiger HPLC-Detektoren

Detektor	UV/VIS	Fluoreszenz	Brechungsindex (RI)
Typ	selektiv	selektiv	universell
Nachweisgrenze	$2 \cdot 10^{-10}$ g/mL	10^{-11} g/mL	10^{-7} g/mL
Linearer Bereich	10^5	10^3	10^4

schung auf Gebieten, die mit der Hochenergiephysik in Zusammenhang stehen. Forschungsschwerpunkte: Grundlagenforschung im subnuklearen Bereich (Elementarteilchenphysik) mit Teilchenbeschleunigern/ Speicherringen; Festkörperpyhysik, Molekularbiologie, Geologie, Medizin, Chemie, Oberflächenphysik und Kristallographie mit Synchrotronstrahlung; Verarbeitung großer Datenmengen für extreme Anforderungen; Entwicklung neuer Beschleunigungstechniken (speziell supraleitende Techniken).

Detektor. Allgemeine Bezeichnung für ein Nachweisgerät, dessen Aufgabe in der >GC< und >HPLC< darin besteht, kontinuierliche Veränderungen der Zusammensetzung des Eluats anzuzeigen. Dabei werden Konzentrationswerte oder Substanzmengenströme chromatographisch getrennter Komponenten in elektrische Signale umgewandelt, die von einem Schreiber aufgezeichnet werden und die den Konz.- oder Substanzmengenströmen proportional sind. Die gebräuchlichsten Detektoren in der GC sind u. a. >FID<, >ECD<, >WLD<, >PND< und in der HPLC UV-, Fluoreszenz- und RI-Detektor (s. Tabellen oben). D. werden ebenfalls zum Nachweis von ionisierender Strahlung und geladenen Elementarteilchen verwendet.

Detergentien. (Engl. detergent = Reinigungsmittel). Waschaktive Substanz mit grenzflächenaktiven Eigenschaften. Detergentien werden als Wasch-, Spül- und Reinigungsmittel sowie >Flotations<- und Feuerlöschmittel verwendet. Physiolog. Verhalten einiger Detergentientypen s. Tabelle unten. In der Bundesrepublik Deutschland wurde durch das Detergentien-Gesetz von 1961 eine biol. Abbaubarkeit von mindestens 80 % vorgeschrieben; dieses wurde 1975 abgelöst durch das Gesetz über die Umweltverträglichkeit von Wasch- und Reinigungsmitteln.

Lit: Meinck F, Stooff H, Kohlschütter H (1968) Industrie-Abwässer, Gustav Fischer Verlag, Stuttgart.

deterministisch. (Lat. determinare = begrenzen) Bezeichnung für einen physikalisch-mathematischen – aber auch philosophischen – Ansatz zur Beschreibung von Prozessen, bei denen alles Geschehen vollständig und eindeutig durch Ausgangsbedingungen, kausalmechanische Ursachen und prozeßspez. Koeffizienten, z. B. verallgemeinerte Leitfähigkeiten, best. und sicher erklärt ist und kein Platz für Willkür od. Wahrscheinlichkeitseinflüsse bleibt; Gegensatz: phys.: >stochastisch< od. >probabilistisch<; philos.: Indeterminismus.

Deterministische Analyse. Methode zur Untersuchung des erwarteten Verhaltens eines Systems, welches durch Parameter, Ereignisse und Merkmale definiert ist, deren Werte bestimmt und mathematisch definierbar sind.

Detoxifikation. Prozeß der Umwandlung einer toxischen Substanz in eine Verbindung mit niedrigerer Toxizität im Organismus durch Entfernen, Maskieren oder Umwandeln funktioneller Gruppen. Diese Umwandlung eines Stoffes wird durch Enzyme, nichtspezifische Reaktionen und ausgewählte, abgestimmte exkretorische Systeme katalysiert. Der Umwandlungsprozeß eines Stoffes wird auch als Metabolismus bezeichnet.

Detritivoren. (Lat. detritus = abgenutzt und vorare = fressen) >Detritus<-Fresser, aus der Tier-Ökologie stammender Begriff, der auf dem Hintergrund von >Nahrungsketten< und >trophischen Niveaus< sowohl >Mikroorganismen< als auch Meso- und Makrofauna zur ökologisch außerordentlich wichtigen Gruppe der >Zersetzer< od. >Destruenten< zusammenfaßt.

Detritus. Gesamtheit der feinpartikulären, toten org. Stoffe in aquatischen und terrestrischen Lebensräumen. D. besteht aus toten Organismen und Teilen von Organsimen, z. B. Fallaub, und wird von >Destruenten<: >Bakterien<, >Pilzen< und vielen Tieren (Sedimentfresser, Bodenstreufresser, Filtrierer, Aasfresser) als Nahrung konsumiert.

Detritusfresser. Die oft beträchtlichen Mengen von >Detritus< bilden eine Nahrungsgrundlage für die D. Sie werden auch als *Saprophagen* bezeichnet. Die D. fressen und zersetzen das meist pflanzliche Material weiter, oder sie leben von den zersetzenden Bakterien

Detergentien: Physiologisches Verhalten einiger Detergentientypen

Chemische Struktur	phys.-chem. Natur	physiologisches Verhalten
Alkylsulfate	anionaktiv	biologisch leicht abbaubar
Alkylarylsulfonate (m. gerader Seitenkette)	anionaktiv	biologisch schwer abbaubar
dsgl., Seitenkette verzweigt m. quaternärem C-Atom	anionaktiv	biologisch kaum abbaubar
tertiäre Ammoniumoder Pyridiniumsalze	kationaktiv	giftig, bakterizid wirkend
Polyglykoläther	nichtionogen	biologisch schwer abbaubar

und Pilzen. Sie spielen damit eine wichtige Rolle im
>Stoffkreislauf<.

Deuterium. Wasserstoff>isotop<, dessen Kern ein
>Neutron< und ein >Proton< enthält und infolgedes-
sen etwa doppelt so schwer ist wie der Kern des normalen Wasserstoffes, der nur ein Proton enthält. Deuterium kommt in der Natur vor. Man bezeichnet es
oft als „schweren" Wasserstoff. Auf 6.500 Wasserstoffatome entfällt ein Deuteriumatom. >Schweres Was-
ser<.

Deuteron. Kern des >Deuteriums<. Er besteht aus einem >Proton< und einem >Neutron<.

Deutsche Bodenkundliche Gesellschaft (DBG). Gesellschaft zur Förderung der Bodenkunde in D durch
wissenschaftliche Kongresse, Kommissionssitzungen
(7 Kommissionen) und andere Öffentlichkeitsarbeit.
Ende 1997 hatte die DBG etwa 2.400 Mitglieder. Offi-
zielles Organ ist das Journal of Plant Nutrition and
Soil Science (*Zeitschrift für Pflanzenernährung und
Bodenkunde*, Wiley-VCH, Weinheim) mit rezensierten
wissenschaftlichen Publikationen, dazu noch die *Mitteilungen der Deutschen Bodenkundlichen Gesellschaft*
im Selbstverlag, v. a. mit Kongreßberichten und Ver-
einsnachrichten.

**Deutsche Einheitsverfahren zur Wasser-, Abwasser-
und Schlammuntersuchung (DEV).** Allg. verbindliche
Analysenvorschriften für Wasser-, Abwasser- und
Schlammuntersuchungen. Sie werden von der Fachgruppe Wasserchemie in der Gesellschaft Deutscher
Chemiker, Weinheim, herausgegeben. Die Einheitsverfahren werden inzwischen in das Normenwerk des
>DIN< übernommen.

Deutsche Phytomedizinische Gesellschaft (DPG). Seit
1969 bestehender Verband von Fachleuten und Experten in der Bundesrepublik Deutschland, der alle mit
dem Pflanzenschutz zusammenhängenden Fachrichtungen wissenschaftlich vertritt. Die DPG gehört der
International Society of Plant Protection an. *Aufgaben:*
Wissenschaftliche Aktivitäten (derzeit 12 Arbeitskrei-
se); Ausbildung des berufsständischen Nachwuchses;
Pflege von Beziehungen zu Organisationen verwandter
Zielsetzung; Öffentlichkeitsarbeit (z. B. „Pflanzenschutz Presseinformation"). Die DPG verleiht alle
2 Jahre den „Julius-Kühn-Preis" an jüngere Wissenschaftler.

Deutscher Wetterdienst. (Abk. DWD). Seit 1952 bestehende Bundesoberbehörde im Geschäftsbereich
des Bundesministers für Verkehr mit Sitz in Offenbach
am Main. Der DWD hat u. a. die Aufgabe, die meteorologischen Erfordernisse insbesondere auf den Gebieten des Verkehrs, der Land- und Forstwirtschaft, der
gewerblichen Wirtschaft, des Bauwesens und des Gesundheitswesens für den Bereich Deutschlands zu erfüllen, die meteorologische Sicherung der See- und
Luftfahrt zu gewährleisten, die Atmosphäre auf radioaktive Beimengungen zu überwachen, durch Forschungsarbeiten die Erkenntnisse auf dem Gebiet der
Meteorologie zu fördern, an der internationalen Zusammenarbeit im Bereich der Meteorologie teilzuneh-
men und die sich daraus ergebenden Verpflichtungen
auf dem Gebiet des Wetterdienstes und des Wetter-
nachrichtendienstes zu erfüllen. Der DWD ist in 5 Geschäftsbereiche (GB) untergliedert, wobei die zentralen Aufgaben in Offenbach, die regionalen in den betreffenden Außenstellen wahrgenommen werden. An

Außenstellen mit externem Bekanntheitsgrad sind zu
nennen:
im GB Vorhersagekunden und Medien: Essen, Ham-
burg, Leipzig, München, Potsdam und Stuttgart, im
GB Klima und Landwirtschaft: Bonn, Braunschweig,
Dresden, Essen, Freiburg, Geisenheim, Hamburg,
Hannover, Halle/Saale, München, Nürnberg, Potsdam,
Rostock, Schleswig, Stuttgart, Trier, Weihenstephan
und Weimar, im GB Forschung und Entwicklung: Meteorologische Observatorien in Hohenpeißenberg/
Obb., Lindenberg und Potsdam.
Ferner gibt es die Geschäftsbereiche Technische Infrastruktur sowie Personal und Betriebswirtschaft. Der
DWD beschäftigt (01.01. 98) rund 3.200 Bedienstete,
davon knapp 480 Meteorologen. Seine Arbeitsergeb-
nisse werden der Allgemeinheit in Form von >Wetter-
vorhersagen< (Wetterberichten), Warnungen und Ein-
zelberichten zugänglich gemacht. Auskünfte und amtliche Gutachten behandeln Themen mit den verschiedensten Fragestellungen aus dem Bereich der theoretischen und angewandten Meteorologie, >technische
Klimatologie<. Ferner gibt der DWD folgende periodische Veröffentlichungen heraus: tägliche >Wetter-
karte<, monatlicher Witterungsbericht, >Deutsches
Meteorologisches Jahrbuch<.

Deutsches Atomforum. Das Deutsche Atomforum
e. V. ist eine private, gemeinnützige Vereinigung, in
der Politik, Verwaltung, Wirtschaft und Wissenschaft
vertreten sind. Das Deutsche Atomforum e. V. fördert
in Deutschland auf der Basis freiwilliger Zusammenarbeit die Entwicklung und friedliche Nutzung der Kernenergie. Einer der Schwerpunkte der Tätigkeit des
Deutschen Atomforums ist die Unterrichtung der Öffentlichkeit über die friedliche Nutzung der Kernenergie. Die Geschäftsstelle des Deutschen Atomforums
e. V., Heussallee 10, 53113 Bonn, beantwortet Fragen
und steht für Auskünfte über die friedliche Nutzung
der Kernenergie zur Verfügung.

Deutsches Institut für Normung (DIN). Herausgeber
wichtiger Vorschriften und Normen u. a. für die Qualität von Betriebsstoffen, sowohl der Stoffwerte als auch
ihrer Best. Diese DIN-Normen entstehen in enger Anlehnung an EN-Normen der >Europäischen Union<
und an die US-ASTM-Vorschriften. Die Qualität der
Betriebsstoffe ist für den umweltfreundlichen Betrieb
von Fahrzeugen wesentlich >Benzinqualitätsverord-
nung<, >Kraftstoffe<.

Deutsches Meteorologisches Jahrbuch. >Meteorologi-
sches Jahrbuch<.

Dextran. Ein wasserlösliches Polysaccharid, das von
Leuconostoc mesenteroides, *Streptobacterium dextrani-
cum* oder *Streptococcus mutans* extracellulär aus Saccharose mit Hilfe des Enzyms α-1,6-Glucan-D-Fructo-
se-2-Glucosyl-Transferase produziert wird. Dextran ist
ein β-1,6-Glucan, in dem einige Glucoseseitenketten
über 1,3- 1,4- oder 1,2-Bindungen gebunden sind. Dextran findet vorwiegenden Einsatz in der Medizin als
Blutersatzmittel. Bei der Herstellung von Lebensmitteln dient es als Stabilisator und Verdickungsmittel,
z. B. bei Süßwaren, Speiseeis, Backwaren und Getränken.

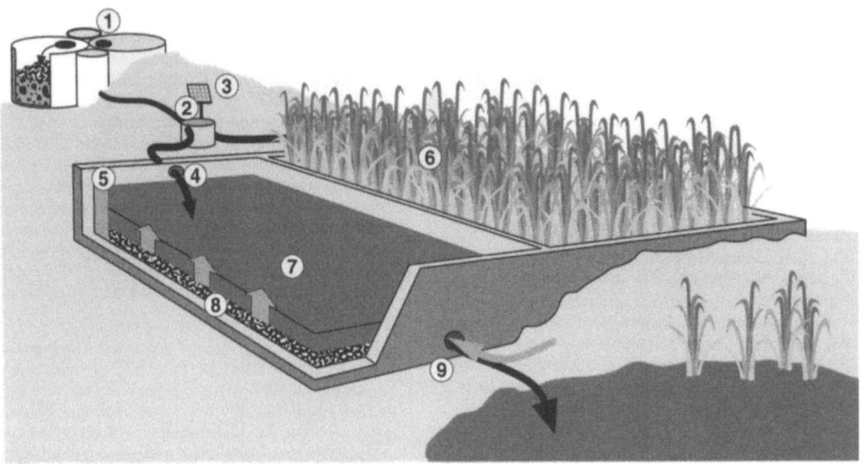

Dezentrale Abwasserbeseitigung: Aufbau einer Pflanzenkläranlage ① Grobstoffrotte ② Regeleinheit ③ Solarpanel ④ Einlaufverteiler ⑤ Lüftungsrohr ⑥ Schilfbepflanzung ⑦ Filtergranulat ⑧ Nachklärplatte ⑨ Ablauf zum Teich

Dezentrale Abwasserbeseitigung. Der Ausbau des öffentlichen Kanalnetzes stößt, wenn es um den Anschluß entlegener Weiler und Gehöfte geht, an Grenzen, die durch Kosten-Nutzen-Überlegungen bestimmt sind. Für solche entlegenen Standorte bietet sich die dezentrale Abwasserbeseitigung an. Folgende Anforderungen sind an dezentrale Abwasserbeseitigungsanlagen zu stellen:
- Wenn das gereinigte Abwasser in Oberflächengewässer eingeleitet wird, müssen die darin enthaltenen Nährstoffe soweit abgebaut sein, daß sie das aquatische System nicht negativ beeinflussen (Direkteinleiter).
- Die flüssige Phase muß wegen der kurzen Wege, auf denen sich Infektionskreisläufe in vorwiegend landwirtschaftlich genutzten Bereichen schließen können, seuchenhygienisch unbedenklich sein, unabhängig davon, ob sie in ein Oberflächengewässer geleitet oder auf den Boden ausgebracht wird.
- Falls Abwasserschlämme entstehen oder falls das gesamte Abwasser oder Teilströme davon zusammen mit tierischen Fäkalien behandelt und als Dünger verwertet werden, müssen sie so behandelt werden, daß sie seuchenhygienisch unbedenklich sind.

Folgende Verfahren sind für die dezentrale Abwasserbehandlung beschrieben:
- Dreikammerklärgrube
- Schilfkläranlage (Wurzelraumentsorgung)
- mesophile Anaerobbehandlung mit zusätzlicher Erhitzung (Pasteurisierung)
- thermophile Anaerobbehandlung mit oder ohne Erhitzung
- Kompostierung für anfallende Schlämme vor der Ausbringung auf landwirtschaftliche Nutzflächen.

Von den genannten Verfahren ist die Dreikammerklärgrube wegen der mit der Nutzung der Kammerinhalte in der Landwirtschaft verbundenen Infektionsgefahr (Salmonellen/Bandwürmer) unter hygienischen Gesichtspunkten als unsicher einzustufen. Eine Abfuhr der Kammerinhalte in eine kommunale Kläranlage oder eine nachfolgende validierte keimabtötende Behandlung sind notwendig. Schilfkläranlagen arbeiten je nach Aufbau und Konzeption unterschiedlich gut. Horizontal durchströmte Schilfbeete sind unter dem Aspekt der Eliminierung von Krankheitserregern günstiger einzustufen als vertikal durchströmte. Die anfallenden Feststoffe müssen einer keimabtötenden Behandlung unterworfen werden (z. B. Kompostierung). Eine Pasteurisierung möglicherweise Krankheitserreger enthaltender Teilströme vor der Biogasgewinnung in anaeroben mesophilen oder thermophilen Fermentern ist eine sichere und kontrollierbare Lösung. In thermophilen Biogasanlagen (53 °C–55 °C) ohne Vorerhitzung muß eine reale Aufenthaltszeit im Reaktor von mindestens 20 h garantiert sein. Für die Kompostierung sind die Maßstäbe der Bioabfallverordnung anzulegen. Unter besonderen epidemiologischen Bedingungen (z. B. Fremdbeherbergung) können die Behörden besondere Maßstäbe anlegen, die dem erhöhten Risiko des Eintrages von Krankheitserregern gerecht werden. Die Abb. zeigt schematisch den Aufbau einer Pflanzenkläranlage zur dezentralen Abwasserbeseitigung.

Lit: ATV/VSA Fachtagung 1997, Tagg. band, ATV-Landesgr. Bad.-Württ., Wilhelm-Geiger-Platz 10, 70469 Stuttgart. Entsorgung häuslicher Abwässer im ländlichen Raum. AID-Heft 1374/1998; AID-Vertrieb DVG, Meckenheim.

Dezi. Abk. d. Vorsatz vor Maßeinheiten, die um das 10fache verkleinert sind.

DFDT. 2,2-Bis-[4-fluor-phenyl]-1,1,1-trichlor-ethan. Das Fluor-Analoge des >DDT< wird durch Kondensation von Fluorbenzol und Chloral synthetisiert. Im 2. Weltkrieg diente es in Deutschland zur Bekämpfung von Flöhen und Wanzen. Seine Dauerwirkung ist geringer als die des DDT, jedoch erfolgt der Wirkungseintritt etwas schneller. LD_{50} = 900 mg/kg (Ratte, oral). Im Pflanzenschutz hat DFDT wegen seiner zu hohen phytotoxischen Wirkung keine Bedeutung.

DI-Dieselmotor. Die direkte Einspritzung des Kraftstoffes in den Brennraum von Dieselmotoren ohne Vor- und Wirbelkammer erfordert erheblichen zusätzlichen Aufwand bei der Motorentwicklung, der Einspritztechnik >Common Rail<, >Pumpe-Düse-Einspritzung< und im >Motormanagement<, um die zunächst damit gegebenen Nachteile wie höhere Schadstoffemissionen, höheres Geräuschniveau und niedrigere Leistung zu vermeiden. Ein deutlich geringerer Kraftstoffverbrauch rechtfertigt diesen Mehraufwand.

Diabatische Prozesse. (Syn. nichtadiabatische Prozesse). Thermodynamische Prozesse in der Atmosphäre, in deren Verlauf sich ihre Eigenschaften (Dichte, Feuchtigkeit, Temperatur) unter Änderung der >Entropie< ändern, d. h. von außen wird Wärme zugeführt bzw. entzogen; sie sind damit irreversibel. Typische Prozesse sind Erwärmungen oder Abkühlungen durch Strahlung und Wärmeübergänge zwischen Luft und Boden. >Adiabatische Prozesse<.

Diacetat. (Natriumdiacetat, E 262): $C_2H_4O_2 \cdot NaC_2H_3O_2$. Natriumdiacetat wird durch Kristallisation von Natriumacetat mit einem Mol >Essigsäure< gebildet und enthält mindestens 40 % Essigsäure. Der Zusatz zu Lebensmitteln erfolgt auf Grund der toxischen Wirkung auf Mikroorganismen. Der ADI-Wert beträgt bis zu 15 mg/kg Körpergewicht.

Diacylglyceride. Polyglycerinester von Speisefettsäuren, die meist im Gemisch mit Monoacylglyceriden als >Emulgatoren< verwendet werden. Durch Kombination und Derivatisierung der einzelnen Ausgangskomponenten bei der Synthese der Diacylglyceride erhält man Emulgatoren mit verschiedenen Eigenschaften. So kann man z.B. Mono- und Diglyceride mit >Essigsäure< (Acetem, E 472a), mit >Milchsäure< (Lactem, E 472b), mit >Citronensäure< (Citrem, E 472c) oder mit Monoacetyl- und Diacetylweinsäure (Datem, E 472e) verestern.

Diätfuttermittel. Unter diätetischen Lebens- oder >Futtermitteln< werden Mittel verstanden, die vom Arzt bzw. Tierarzt als Ergänzung zu einem Heilplan empfohlen werden, die aber auch ohne ärztliche Empfehlung in besonderen physiologischen Grenzsituationen zur Anwendung kommen müssen. Diätfuttermittel sollen bei bestimmten Körperumständen die angemessene, angepaßte, optimale Ernährung bieten. Hierbei geht es um Ernährungserfordernisse sowohl bei bestimmten Gruppen von Tieren, deren Verdauungs- bzw. Resorptionsprozeß oder Stoffwechsel gestört ist, als auch bei bestimmten Gruppen von Tieren, die sich in besonderen physiologischen Umständen befinden und deshalb einen besonderen Nutzen aus der kontrollierten Aufnahme bestimmter in den Futtermitteln enthaltener Stoffe ziehen können.
Lit: Entel HJ (1989) Kraftfutter 10: 368–379.

Diagenese. Umwandlung von Lockergesteinen (>Sedimenten<) in Festgesteine durch die Einwirkung von Druck und erhöhter Temperatur. Dabei werden nur in einigen Fällen Minerale neu gebildet; meist vergrößern sich nur die Kristalle bereits vorhandener >Modifikationen<. Auch die Umwandlung von >Biomasse< in >Humus< bzw. Braunkohle wird gelegentlich als D. bezeichnet, ebenso die Bildung von >Unterwasserböden<.

Diagnosesystem. Einrichtungen im Fahrzeug und in Servicewerkstätten zur Ermittlung und Überprüfung von Einstelldaten des Motors, die für die Betriebssicherheit und das Abgasverhalten wesentlich sind. >An-Bord-Diagnose<.

Diagrammpapier. >Thermodynamisches Diagramm<.

Diallat. Ein herbizid-wirkendes Thiocarbaminsäurederivat, das auf Kulturen von Rüben, Roten Rüben und Erbsen eingesetzt wurde, in Deutschland jedoch nicht mehr zugelassen ist. Statt dessen wird >Triallat< eingesetzt.

Dialyse. Physikalisch-chem. Verfahren zur Trennung von hoch- und niedermolekularen Stoffen (z.B. Salze) aus einer gemeinsamen Lsg. Mit Hilfe einer semipermeablen Membran werden die Makromoleküle in einer Kammer zurückgehalten, während die kleinen Moleküle die Membran durchdringen und in die schwächer konzentrierte Lsg. der anderen Kammer diffun-

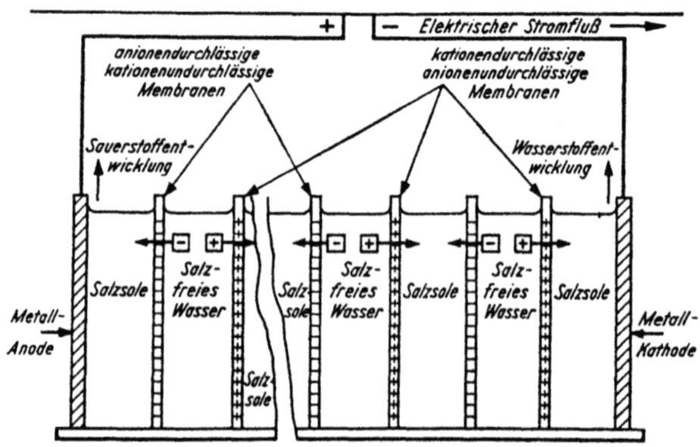

Dialyse: Meerwasserentsalzung durch Elektrodialyse (aus: Brix, J. et al., Die Wasserversorgung, Verl. R. Oldenbourg, München (1963)

dieren. In der Medizin wird die D. für therapeutische Zwecke zur Blutreinigung bei Nierenversagen eingesetzt. Ebenso kann die D. zur Trinkwassergewinnung aus Salzwasser eingesetzt werden. Die Elekrodialyse ist ein Entsalzungsverfahren, das auf Dissoziation von Salzen in wässrigen Lsg. beruht. Bei diesem Verfahren wird infolge Stromdurchgang durch Zellen, die abwechselnd von kationen- und anionendurchlässigen Membranen begrenzt sind, das im Wasser gelöste Salz herauselektrolysiert. Die Lsg. dieser Zellen werden damit vom Salz befreit, während sich das Salz in den benachbarten Zellen anreichert (s. Abb.). Es ist das einzige Verfahren, bei dem nicht das Wasser sondern das Salz aus der Lsg. herausgebracht wird.

Diapause. Besonders bei den Insekten zu beobachtende Ruhephasen, die in jedem Stadium der Entwicklung auftreten können, also im Ei, bei Larven, Puppen oder Imagines. Die D. wird durch äußere (exogene) oder innere (endogene) Faktoren ausgelöst. Äußere Auslöser sind oft Veränderungen der Länge der Photoperiode oder der Temperatur. Manche Autoren sprechen dann von >Parapause<. Aber auch gleichbleibende Bedingungen können eine D. bewirken, sofern die Entstehung des nächsten Stadium nur durch eine Änderung induziert wird. Als dritte Möglichkeit ist die endogene Auslösung der D. anzusehen. In jedem Fall ist die Fähigkeit zur D. genetisch bedingt. Die D. der Insekten ist an hormonelle Veränderungen geknüpft. Das Ende der D. wird immer durch Außenfaktoren gesteuert, meist durch eine längere Zeit mit niedriger Temperatur. Während der Hauptphase der D. der sog. Refraktärphase, ist der Gesamtstoffwechsel (>Stoffwechsel<) sehr stark gedrosselt, die >DNA-< und >RNA-Synthese< ist unterbrochen. In dieser Zeit kann die D. nicht gebrochen, d. h. rasch beendet werden. Diese Phase ist auch durch ein hohes Resistenzvermögen gegen Zellgifte und >Insektizide< gekennzeichnet; >Dormanz<.

Diatomeen. Einzellige Algen der Spezies Bacillariaceae mit Zellwänden aus Siliciumoxid (ISO 6107/2). Sie haben bis auf wenige Ausnahmen eine Größe von bis max. 400 µm Durchmesser. Die oftmals sehr schönen Formen können mit einer Pillenschale verglichen werden. Häufig sind die Schalen mit Ornamenten verziert, die zur Stabilität der sehr dünnen Schale und der Vergrößerung der Oberfläche dienen. Es wird zwischen *planktischen* und *benthischen* Formen unterschieden, wobei letztere häufig merklich dickere Wände haben. Die benthischen Formen überziehen oftmals Tiere oder Pflanzen und bilden Überzüge auf Steinen und an Fischen. Sie vermehren sich durch asexuelle Teilung, die 3- bis 4mal am Tag erfolgen kann, wodurch sich die häufigen Massenexplosionen erklären. Zur Überdauerung ungünstiger Zeiten können einige Formen auch Dauersporen bilden.

Diazepam. (Valium®): Ein Tranquilizer aus der Gruppe der 1,4-Benzodiazepine, der in der Humanmedizin eingesetzt wird. Diazepam wird im menschlichen Organismus methyliert und zu Oxazepam hydrolysiert, das im Urin als Glucuronid ausgeschieden wird. Diazepam wird bei Schlachttieren zur Sedierung vor Streßsituationen, z.B. Impfungen oder Transport, verabreicht.

Diazinon. Wirkt als >Insektizid< aus der Substanzklasse der Thiophosphat-Derivate >Phosphorsäureester<.
Chemische Bezeichnung: O,O-Diethyl-O-(2-isopropyl-6-methylpyrimidin-4-yl)-thiophosphat
CAS-Nummer: 333–41–5
Hersteller: Novartis
Wirkungstyp: Insektizides Berührungs-, Fraß- und Atemgift. Cholinesterase-Hemmstoff.
Bevorzugte Anwendung: Gegen beißende und saugende Insekten, Spinnmilben, Heu- und Sauerwurm, Obstmade, Rübenfliege, Fritfliege im Mais, Bodenschädlinge usw. Saatgutpuder für Mais. Verhinderung von Fasanenfraß.

Chemische und physikalische Eigenschaften:
Physikalische Beschaffenheit: Farbloses Öl (rein), techn. (95 %) gelb.
Siedepunkt: 83 bis 84 °C bei 0,06 hPa.
Dampfdruck: $9,7 \cdot 10^{-5}$ hPa bei 20 °C.
Verteilungskoeffizient (log $P_{o/w}$): 3,95 bei 20 °C.
Stabilität: Empfindlich gegen Ox. Wird langsam zersetzt von Wasser und verd. Säuren. Rel. stabil gegen verd. Alkalien.
Löslichkeit: In Wasser 0,004 %.
Abbau: Ox. zum Phosphat (Diazoxon) und Hydrolyse. Im Säugerorganismus erfolgt nach oraler Gabe rasche Absorption. Innerhalb von 24 Stunden sind ca. 75 % der Dosis wieder ausgeschieden, vor allem über die Niere, ca. 1/5 in den Faeces. Während der Passage wird Diazinon fast vollständig metabolisiert, vor allem durch Hydrolyse des Phosphorsäureesters, gefolgt von Ox. der Alkylseitenketten am Pyrimidinring.
Toxizität: Akute orale LD_{50} für Ratten 300 bis 850 mg/kg, Mäuse 80 bis 135 mg/kg, Meerschweinchen 250 bis 355 mg/kg. Akute dermale LD_{50} für Ratten >2.150 mg/kg. Verfütterung von 1.000 mg/kg enthaltender Nahrung an Ratten über 2 Jahre erbrachte keine Krankheitssymptome. Keine Reizwirkung auf die Haut. Schwache Reizung der Augen. Inhalation Ratte LC_{50} 3,5 mg/L.
Bienentoxizität: Bienengefährlich (B 1).
Fischtoxizität: LC_{50} (96 Stunden) für *Salmo gairdneri* 1,35 mg/L, EC_{50} (48 Stunden) für *Daphnia magna* 1,5 mg/L.

Dibbelsaat. (Engl. dibble = mit dem Setzholz Löcher machen). Das Saatgut wird nicht als Einzelkorn abgelegt, sondern in bestimmten Abständen in kleinen Häufchen, die Horste genannt werden.

Dibenz[a,h]anthracen. >Polycyclischer aromatischer Kohlenwasserstoff< mit fünf kondensierten Benzolringen; $M_r = 278$; Smt. 267 °C. Die Angaben zur Wasserlöslichkeit schwanken zwischen 0,5 bis 30 µg/L; der Verteilungskoeffizient n-Octanol/Wasser log $P_{o/w} = 6,5$. Quellen sind der Steinkohlenteer, in dem 2 bis 3 ppm vorkommen. Wird bei der Verbrennung bzw. Pyrolyse von organ. Material, insbes. bei höheren Temperaturen, gebildet. Im Zigarettenrauch werden 0,5 µg/100 Zigaretten nachgewiesen. Die Datenlage über Konzentrationen ist für alle Umweltkompartimente unsicher. Ökotoxikologische Relevanz ergibt sich z.B.

durch die starke Tendenz zur Akkumulation: der Biokonzentrationsfaktor in Belebtschlamm (5 Tage) = 42.000, in Algen (1 Tag) = 2.380 und in Fisch (3 Tage) = 10. D. wird biologisch nicht abgebaut. Dagegen kann es photochemisch gut abgebaut werden. Ferner zeigt es hohe Reaktivität bei der Behandlung mit Ozon. Es weist starke Evidenz bzgl. Mutagenität und Kanzerogenität auf.

Dibenzodioxine. Systematische Bezeichnung für ein Ringsystem, bei dem einem Dioxinring (sechsgliedriger, zweifach ungesättigter Heterocyclus mit zwei gegenüberliegenden Sauerstoffatomen) linear zwei Phenylringe anelliert sind (s. chem. Formel unten). Durch die Numerierung ist die Stellung der Substituenten im Ring festgelegt. Chlorierte Dibenzodioxine sind toxikologisch sehr bedenkliche Verb. >TCDD<.

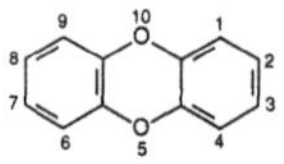

Dibenzofurane. Systematische Bezeichnung für ein Ringsystem, bei dem einem Furanring (fünfgliedriger zweifach ungesättigter *O*-Heterocyclus) linear 2 Phenylringe anelliert sind (s. chem. Formel). Durch die Numerierung ist die Stellung der Substituenten im Ring festgelegt. Chlorierte Dibenzofurane haben erhöhte toxische Wirkungen. >TCDD<.

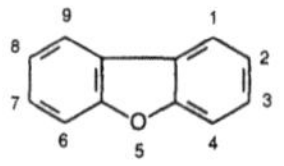

Dibrom. Ein organischer Phosphorsäureester, der als Insektizid auf Kulturen von Kartoffeln, Getreide, Gemüse und Obst eingesetzt wird. Als Phosphorsäureester erfaßt Dibrom fressende und saugende Insekten sowie Milben. Die Wirkung erfolgt im wesentlichen über die Hemmung der Acetylcholinesterase.

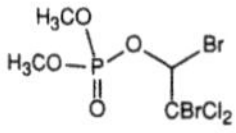

Dicalciumphosphat (CaHPO$_4$ · (2H$_2$O)). >Phosphatdünger<, gehört zu den natürlicherweise in den Böden vorkommenden >Rohphosphaten<, enthält mindestens 17 % Phosphat, 21 % >Calcium< und ist langsam wirkend. D. wird in technisch reiner Form auch als mineralisches Einzelfuttermittel verwendet.

Dicamba. Wirkt als >Herbizid< aus der Substanzklasse der Benzoesäure-Derivate.
Chemische Bezeichnung: 3,6-Dichlor-2-methoxy-benzoesäure
CAS-Nummer: 1918–00–9
Hersteller: Velsicol
Wirkungstyp: Selektives Nachauflauf-Herbizid. Wird in der Pflanze transloziert. Aufnahme durch Blätter und Wurzeln.
Bevorzugte Anwendung: In Kombination mit >MCPA< zur Nachauflaufanwendung im Frühjahr in Winter- und Sommergetreide, auf Grünland, in Zier- und Sportrasen, Kombiniert mit >Mecoprop< gegen Klettenlabkraut und Vogelmiere in Getreide.

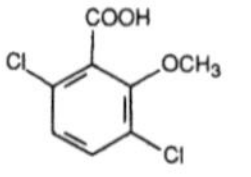

Chemische und physikalische Eigenschaften:
Physikalische Beschaffenheit: Krist., farblos.
Schmelzpunkt: 114 bis 116 °C.
Siedepunkt: >200 °C, Zers.
Dampfdruck: 4,5 · 10^{-3} Pa bei 25 °C.
Stabilität: Die Säure ist weitgehend stabil gegen hydrolytische und oxidative Einflüsse. Abbau im Sonnenlicht.
Korrosives Verhalten: Das Dimethylaminsalz gilt als wenig korrosiv.
Löslichkeit: In Wasser 0,79 g/100 g bei 25 °C. Das Natriumsalz ist zu etwa 40 % in Wasser lösl., das Dimethylaminsalz etwa 85 %.
Abbau und Metabolismus: Der Abbau von D. in Pflanzen verläuft je nach Pflanzenart unterschiedlich rasch. Nach einer Ringhydroxylierung an der 5-Position entstehen polare, säurelabile Konjugate, wahrscheinlich *O*-Glucoside. Weniger wichtig dürfte die Demethylierung zu 3,6-Dichlor-1-hydroxybenzoesäure und 3,6-Dichlor-1,5-dihydroxybenzoesäure sein, die auch glykosidisch gebunden werden. Auch D. selbst wird zu Konjugaten unbekannter Struktur gebunden. Decarboxylierungen finden in der Pflanze nur in geringem Ausmaß statt.
Im Boden wird D. vor allem mikrobiell zu bisher nicht identifizierten Metaboliten abgebaut, wobei Desalkylierung eintritt. Im Tier wird D. nur wenig metabolisiert; jedoch rasch als unveränderter Wirkstoff oder als Glucuronsäure-Konjugat ausgeschieden.
Toxizität: Akute orale LD$_{50}$ für Ratte 1.581 bis 1.879 und für Maus 1.180 bis 2.392 mg/kg. Akute dermale LD$_{50}$ für Ratte >6.000 bis 8.000 und für Kaninchen >2.000 mg/kg. Inhalation LC$_{50}$ für männliche Ratte >200 mg/L. Bei Kaninchen geringe Hautreizwirkung, aber reizende bis ätzende Augenwirkung.
Bienentoxizität: Nicht bienengefährlich (B 4).
Fischtoxizität: Nicht fischgiftig. LC$_{50}$ für Regenbogenforelle und Sonnenbarsch 135 mg/L (jeweils 96 Stunden). EC$_{50}$ (48 Stunden) für *Daphnia magna* >100 mg/L (88 %ig).
Vogeltoxizität: LC$_{50}$ (8 Tage) für Stockente und Japanische Wachtel >10.000 mg/kg.

Dichlobenil. Wirkt als >Herbizid< aus der Substanzklasse der chlorierten aromatischen Nitrile.
Chemische Bezeichnung: 2,6-Dichlor-benzonitril
CAS-Nummer: 1194–65–6
Hersteller: Uniroyal
Wirkungstyp: Totalherbizid und selektives Nachauflauf-Herbizid. Wird von Wurzeln und Blättern aufgenommen und transloziert. Wirkt auf keimende Saat, schädigt Rhizome. Kein Einfluß auf Zellatmung und Photosynth.
Bevorzugte Anwendung: Im Obstbau bei Vegetationsbeginn gegen auflaufende Unkräuter; unter Kernobst und Beerenobst sowie im Weinbau, im Forst und in Ziergehölzen. Auf Wegen, Plätzen, Nichtkulturland zur Frühjahrsanwendung. Gegen Ampfer auf Wiesen und Weiden.

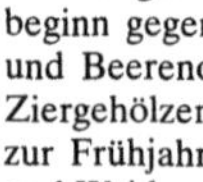

Chemische und physikalische Eigenschaften:
Physikalische Beschaffenheit: Krist., farblos.
Schmelzpunkt: 144 bis 145 °C, techn. 139 bis 145 °C.
Dampfdruck: $13,5 \cdot 10^{-2}$ Pa bei 25 °C.
Verteilungskoeffizient (log $P_{o/w}$): 2,70 bei pH 3 und 22 °C.
Stabilität: Wird durch starke Säuren und Alkalien hydrolysiert. Thermisch sehr stabil.
Löslichkeit: In Wasser 18 mg/L bei 20 °C.
Abbau: Stufen des Metabolismus in Pflanzen und Boden sind 2,6-Dichlorbenzoesäureamid und 2,6-Dichlorbenzoesäure. Nachwirkungsdauer im Boden 5 bis 7 Monate (nach 120 kg/ha Streumittel).
Bei Ratten und Kaninchen wird D. nach oraler Applikation vollständig metabolisiert und innerhalb von 96 Stunden ausgeschieden. Metabolisierung erfolgt vorwiegend durch Hydroxylierung des intakten Moleküls. Ausscheidungsprodukte sind Hydroxylierungs- und Konjugationsprodukte.
Toxizität: Akute orale LD_{50} für Ratten >3.160 mg/kg, für Mäuse 2.460 mg/kg, Meerschweinchen 681 bis 825 mg/kg. Akute dermale LD_{50} für Kaninchen 1.350 mg/kg. 6 Monate Fütterung von 50 mg/kg enthaltender Nahrung an Schweine ohne schädliche Wirkung, bei 100 mg/kg Leberschädigung. Höchste Dosis ohne Wirkung bei Ratten 20 mg/kg. Inhalation LC_{50} für Ratte >5 mg/kg. Bei Kaninchen keine Haut- und Augenreizung.
Bienentoxizität: Nicht bienentoxisch. LD_{50} Kontakt >11 µg/Biene.
Fischtoxizität: Nicht fischgiftig. LC_{50} für Guppy 18 mg/L (48 Stunden). Für andere Fischarten Toleranzgrenze (TLm) 15 bis 35 mg/L (48 Stunden). EC_{50} (48 Stunden) für *Daphnia* 6,2 mg/L.
Vogeltoxizität: Orale LD_{50} (8 Stunden) für Japanische Wachtel >5.000 mg/kg und Fasan ca. 1.500 mg/kg.

Dichlofluanid. Wirkt als >Fungizid< aus der Substanzklasse der Anilin-Derivate.
Chemische Bezeichnung: *N*-Dichlorfluormethylthio-*N'*,*N'*-dimethyl-*N*-phenylsulfamid
CAS-Nummer: 1085–98–9
Hersteller: Bayer AG
Wirkungstyp: Fungizid mit vorbeugender und heilender Wirkung. Akarizider Nebeneffekt.
Bevorzugte Anwendung: Gegen Rosenmehltau, Peronospora an Reben und Hopfen, gegen Botrytis an Kopfsalat, Tomaten, Erdbeeren, Brombeeren, Himbeeren und Zierpflanzen, gegen Schorf und Lagerfäule an Kernobst, gegen Kräuselkrankheit an Pfirsich und Blattfallkrankheit an Johannisbeeren.

Chemische und physikalische Eigenschaften:
Physikalische Beschaffenheit: Krist., farblos.
Schmelzpunkt: 105 bis 106 °C.
Dampfdruck: $1,4 \cdot 10^{-7}$ hPa bei 20 °C.
Verteilungskoeffizient (log $P_{o/w}$): 3,7 bei 20 °C.
Stabilität: Zers. in stark alkal. Medium und durch Polysulfide.
Löslichkeit: In Wasser 2 mg/L bei 20 °C.
Abbau und Metabolismus: Bei Ratten rel. rasche Absorption. Die sehr schnelle Ausscheidung erfolgt vorwiegend renal, nur in geringerem Maße faecal und über die Atemluft. Die Metabolisierung ist schnell und vollständig.
Auf pflanzlichem Material wird der Dichlorfluormethylrest unter Entstehung von *N'*,*N'*-Dimethyl-*N*-phenylschwefelsäurediamid abgespalten.
Toxizität: Techn. Wirkstoff: Akute orale LD_{50} für Ratte >5.000 mg/kg, Maus 5.464 bis 5.597 mg/kg, weibliches Meerschweinchen 945 mg/kg, weibliches Kaninchen ca. 3.500 mg/kg. Akute dermale LD_{50} für Ratte (24 Stunden) >5.000 mg/kg. Bei Kaninchen leichte prim. Haut- und mäßige Augenreizwirkung. Inhalationstoxizität LC_{50} für Ratte 0,3 mg/L bei 4 Stunden. Fütterungsversuch 2 Jahre NOEL Ratte 1.500 mg/kg Futter, Hund und Maus 1.000 mg/kg Futter.
Bienentoxizität: Produkt ist nicht bienengefährlich.
Fischtoxizität: LC_{50} (96 Stunden) für Regenbogenforelle 0,05 mg/L und Goldorfe 0,12 mg/L.
Vogeltoxizität: LD_{50} für Japanische Wachtel und Huhn >5.000 mg/kg.
Giftklasseneinstufung: Deutschland: Xn (gesundheitsschädlich).

Dichlorbenzol. $C_6H_4Cl_2$. Die Synth. erfolgt durch die Chlorierung von Benzol unter Verwendung von Aluminium- oder Eisenchlorid als Katalysator. Das technische Produkt enthält *o*- und *p*-Dichlorbenzol. *m*-Dichlorbenzol ist nur in Spuren enthalten. Eine Isolierung der einzelnen Komponenten ist möglich. Trotz der relativ hohen Sdt. sind die Isomeren leicht flüchtig, so daß ein Entweichen in die Atmosphäre leicht möglich ist. Wie viele andere halogenierte Aromaten findet Dichlorbenzol Verwendung in der chem. Synth. Wegen des relativ hohen weltweiten Verbrauchs ist die Freisetzung in die Umwelt vergleichsweise hoch. *p*-Dichlorbenzol findet außer in der Synth. auch Anwendung als Insektenbekämpfungsmittel (vorwiegend gegen Motten). Eine weitere Quelle für Dichlorbenzol ist die Müllverbrennung. Bei der thermischen Zersetzung verschiedener chlorhaltiger org. Stoffe werden u. a. Dichlorbenzolisomere gebildet.

Dichlorbornan. Zwischenprodukt bei der Herstellung von >Toxaphen<. Die schonende Chlorierung von >Camphen< zum 2-*exo*,10-D. stellt allgemein die Ausgangsreaktion zur Synthese polychlorierter Bornane dar. Ausgehend von 2-*exo*,10-D. konnten mehrere >Trichlorbornane< sowie ein >Tetrachlorbornan< synthetisiert werden. Diese niedrigchlorierten Bornanderivate wurden als Modellsubstanzen zum besseren Verständnis des spektroskopischen Verhaltens von Toxaphenkomponenten eingesetzt.
Lit: Parlar H, Michna A (1983) Chemosphere 12: 913 – Parlar H, Gäb S, Michna A, Korte F (1976) Chemosphere 5: 217.

Dichlordiphenyltrichlorethan. >DDT<.

Dichlorisoprenalin. >Beta-Blocker.<

Dichlorphenoxyessigsäure. >2,4-D<.

Dichlorprop. Wirkt als >Herbizid< aus der Substanzklasse der Phenoxycarbonsäure-Derivate.

Chemische Bezeichnung: Racemat: (*RS*)-2-(2,4-Dichlorphenoxy)-propionsäure P-Form (optisch rechtsdrehende Form): (*R*)-2-(2,4-Dichlorphenoxy)-propionsäure
CAS-Nummer: 120–36–5 für das Racemat; 15165–67–0 für die P-Form
Hersteller: BASF AG
Wirkungstyp: Selektives, translozierendes Herbizid mit Wuchsstoffcharakter. Aufnahme erfolgt über die grünen Pflanzenteile. Wüchsige Witterung beschleunigt den Wirkungseintritt und erhöht die Endwirkung. Bei P-Form Reduzierung der Wirkstoff- und Produktmengen um 45 bis 50 %.
Bevorzugte Anwendung: Nachauflaufanwendung in Sommer- und Wintergetreide ohne Untersaaten, insbesondere gegen Klettenlabkraut und Vogelmiere in Mischverunkrautung mit Knöterich. Auch in Kombination mit anderen Herbiziden, z. B. 2,4-D, MCPA und Bentazon einsetzbar.

Chemische und physikalische Eigenschaften:
Physikalische Beschaffenheit: Krist., gelblich-beige.
Schmelzpunkt: Racemat: 118 bis 119 °C. P-Form: 117 bis 118 °C.
Dampfdruck: $8,8 \cdot 10^{-5}$ Pa bei 20 °C.
Verteilungskoeffizient (log $P_{o/w}$): 1,74 bei ca. pH 4 und 22 °C.
Stabilität: Bis 50 °C mehr als 2 Jahre stabil. Die Säure bildet mit Schwermetallen schwer lösl., wenig wirksame Salze.
Korrosives Verhalten: Geringe Korrosionswirkung der Säure gegen Metalle.
Abbau und Metabolismus: In Boden und Pflanze Abbau der Seitenkette bis zum Dichlorphenol, Ringhydroxylierung in 6-Stellung, Spaltung des Phenylringes. Im lehmigen Sand beträgt die Halbwertszeit 8 Tage. Die Salze haben eine ausgeprägte Mobilität im Boden. Im Säugerorganismus erfolgt die Ausscheidung zu > 90 % in unveränderter Form mit dem Urin; bei hohen Konz. verzögerte Ausscheidung, Bildung von Aminosäurekonjugaten und Ausscheidung über die Galle.
Toxizität: Für Racemat: Akute orale LD_{50} für Ratte ca. 800 mg/kg (als Säure) und 450 mg/kg (als K-Salz). Akute dermale LD_{50} für Maus 1.400 mg/kg und Ratte > 4.000 mg/kg (als Säure). Leicht haut-, stark augenreizend. Inhalationstoxizität LC_{50} für Ratte > 0,65 mg/L Luft (4 Stunden). Für die Säure beträgt die NOEL für Ratte 12,4 mg/kg/Tag und für Hund 10,0 mg/kg/Tag. Für den Butylester beträgt der NOEL für Ratte 37,0 mg/kg/ Tag. Für P-Form: Akute orale LD_{50} für Ratte 825 bis 1.470 mg/kg. Akute dermale LD_{50} für Ratte > 4.000 mg/ kg. Akute Inhalationstoxizität LC_{50} (4 Stunden) für Ratte > 7,4 mg/L Luft. Starke Reizwirkung an Schleimhäuten. 90-Tage-Fütterungstest NOEL männliche Ratte 100 mg/kg Futter, weibliche Ratte 500 mg/kg Futter.
Bienentoxizität: Das Mittel ist nicht bienengefährlich (B 4).
Fischtoxizität: LC_{50} (48 Stunden) für Blaukiemen-Sonnenbarsch 165 mg/L (als Dimethylammoniumsalz), 16 mg/L (als Isooctylester) und 1,1 mg/L (als 2-Butoxyethylester). LC_{50} (96 Stunden) für Forelle 166 mg/L und Goldorfe 196 mg/L.

Giftklasseneinstufung: Xn (mindergiftig) nach Gefahrstoffverordnung.

Dichlorpropan/Dichlorpropen. (DD): Das Gemisch dieser beiden Komponenten wird gegen freilebende Nematoden und Wurzelgällchen eingesetzt. Bodenpilze und Unkräuter werden kaum angegriffen. Der Einsatz erfolgt meist in Kombination mit >Methylisocyanat< im Gemüse-, Wein- und Obstanbau sowie auf Kartoffeln und Rüben.

1,3-Dichlorpropen. Wirkt als >Insektizid< und >Nematizid< und zählt zu der Substanzklasse der >Chlorkohlenwasserstoffe<.
Chemische Bezeichnung: (*E*)- und (*Z*)-Isomere von 1,3-Dichlorpropen
CAS-Nummer: 542–75–6, 10061–02–6 für (*E*)-Isomer und 10061–01–5 für (*Z*)-Isomer
Hersteller: Dow Agrosciences
Wirkungstyp: Nematizid, vor Saat oder Pflanzung anzuwenden. Wirkt als Boden-Fumigant.
Bevorzugte Anwendung: Gegen wandernde, nicht zystenbildende Wurzelnematoden in allen Ackerbaukulturen, Hopfen, Tabak, allen Gemüsekulturen, Obstkulturen, Zierpflanzen und Rebschulen. Zur intensiven Populationsminderung von Kartoffelnematoden und zur Abwehr des Frühbefalls von Rübennematoden.

Chemische und physikalische Eigenschaften:
Physikalische Beschaffenheit: Farblose bis bernsteinfarbene Flüssigkeit (technisches Produkt mit 92 %) mit stechendem Geruch.
Siedepunkt: 106 bis 108 °C bei 1013 hPa.
Schmelzpunkt: > –50 °C.
Dampfdruck: 46,2 Pa bei 20 °C.
Spezifische Dichte: 1,220 (*E*)-Isomer; 1,224 (*Z*)-Isomer, bei 20 °C.
Flammpunkt: 25 °C (closed up).
Stabilität: Stabil in wäßrigem und schwachsaurem Medium. Zers. durch Alkalien, konz. Säuren und Metalle.
Korrosives Verhalten: Korrodiert Eisen, Aluminium u. a. Metalle.
Verteilungskoeffizient (log $P_{o/w}$): 1,9 (cis); 1,9 (trans) bei 20 °C.
Abbau und Metabolismus: In sandigen Böden beträgt die Halbwertszeit bei 15 bis 20 °C ca. 24 Tage, die entspr. Abbauraten liegen zwischen 2 und 3,5 % pro Tag. In tonhaltigen Böden vollzieht sich der Abbau wesentlich schneller, die HWZ liegt bei 4,6 Tage (15 % pro Tag bei 20 °C). Beim Abbau werden Chloridionen freigesetzt. In feuchten Böden bildet sich 3-Chlorallylalkohol.
In Pflanzen finden sich weiterhin 3-Chlor-1-propanol und 3-Chloracrylsäure. Bei Ratten nach oraler Aufnahme oder Inhalation Abbau und Ausscheidung innerhalb von 24 Stunden zu 97 % über den Urin.
Toxizität: Akute orale LD_{50} für Ratte 127 bis 140 mg/ kg, für Maus 234 bis 300 mg/kg. Akute dermale LD_{50} für Kaninchen 2.100 mg/kg. Inhalationstoxizität LC_{50} (4 Stunden) für Ratte 1,2 mg/L Luft. Bei Kaninchen starke Haut- und Augenreizung.
Bienentoxizität: Bienen werden bei festgelegter Anwendung nicht gefährdet (B 3).

Fischtoxizität: LC_{50} (96 Stunden) für Regenbogenforelle 5,5 mg/L und für Blauen Sonnenbarsch 6,1 mg/L.

Vogeltoxizität: 8-Tage-Fütterungstest LD_{50} für Stockente und Japanische Wachtel >10.000 mg/kg Futter.

Giftklasseneinstufung: Deutschland: Für das hochkonz. Produkt D-D Super Kennzeichnung Xn (mindergiftig).

Dichlorvos. Ein >Insektizid< aus der Gruppe der organischen Phosphorsäureverbindungen, das vorwiegend Arthropoden erfaßt. Auf Grund der hohen Flüchtigkeit ist eine Anwendung auch kurz vor der Ernte möglich, eine Dauerwirkung ist allerdings kaum gegeben. Im Freiland wird die Dauerwirkung oft durch Zusatzstoffe oder Kombination mit anderen Wirkstoffen verlängert. Bevorzugt erfolgt die Anwendung jedoch zur Erfassung von Vorratsschädlingen mit Hilfe von Aerosolsprühdosen in geschlossenen Räumen.

Chemische Bezeichnung: 2,2-Dichlorvinyl-dimethylphosphat

CAS-Nummer: 62–73–7

Hersteller: Novartis

Wirkungstyp: Insektizid und Akarizid, wirkt infolge seines hohen Dampfdruckes vorwiegend über die Gasphase. Wirkt aber auch als Kontakt- und Fraßgift.

Bevorzugte Anwendung: Gegen beißende und saugende Insekten, Spinnmilben, Schildläuse, Schmierläuse, Weiße Fliege im Gemüse- und Zierpflanzenbau unter Glas sowie in Champignon-Kulturen. Gegen Vorratsschädlinge, Motten, Fliegen und Ungeziefer in Räumen. Zur Moskitobekämpfung.

$$Cl_2C\diagdown\diagup^{O}\diagdown{}_{P}\diagup^{OCH_3}_{\diagdown OCH_3}$$

Chemische und physikalische Eigenschaften:

Physikalische Beschaffenheit: Farblose (rein) bis gelbe (techn.) Flüssigkeit mit aromatischem Geruch.

Spezifische Dichte: 1,415 bei 25 °C.

Siedepunkt: 74 °C bei 1,3 hPa.

Dampfdruck: $2,9 \cdot 10^{-3}$ hPa bei 20 °C.

Verteilungskoeffizient (log $P_{o/w}$): 1,43 bei 20 °C.

Stabilität: Wird langsam durch Wasser, auch im sauren Bereich, dagegen rasch durch Alkalien hydrolisiert.

Korrosives Verhalten: Korrosiv gegen Eisen. Beständig sind rostfreier Stahl, Aluminium und Nickel unter wasserfreien Bedingungen.

Löslichkeit: In Wasser 8 g/L bei 20 °C.

Abbau und Metabolismus: In feuchtem Medium Hydrolyse unter Entstehung von Phosphorsäure. Halbwertszeit in Gewässern, abhängig von Temp. und pH-Wert, zwischen 19 und 79 Stunden.

Im Säugerorganismus rascher Abbau in der Leber, hydrolytische Spaltung mit einer Halbwertszeit von 25 Minuten. Hauptmetabolit ist Dichloracetaldehyd.

Toxizität: Akute orale LD_{50} für Ratte 56 bis 80 und Hund 100 bis 300 mg/kg. Akute dermale LD_{50} für Ratte 75 und Kaninchen 107 mg/kg. Akute Inhalation LC_{50} für Ratte und Maus >0,2 mg/L Luft (4 Stunden). 90-Tage-Fütterungstest an Ratte NOEL 0,03 mg/kg/Tag. Bei Kaninchen hautreizend.

Bienentoxizität: Orale LD_{50} 0,03 µg/Biene und Kontakt LD_{50} 0,065 µg/Biene. Bienengefährlich (B 1).

Fischtoxizität: LC_{50} (96 Stunden) für Forelle 170 µg/L, Blaukiemen-Sonnenbarsch 869 µg/L und Flohkrebs 0,5 µg/L. LC_{50} (48 Stunden) Gewöhnlicher Wasserfloh 0,07 µg/L.

Vogeltoxizität: Akute orale LD_{50} für Japanische Wachtel 26,8 mg/kg.

Dichte. Die D. der Materie, auch spezifische Masse genannt, ist der Quotient aus Masse und Volumen eines Körpers oder einer Substanz. Die D. ist abhängig vom Zustand des Stoffes (fest, flüssig, gasförmig), von Temperatur, Druck, Feuchtigkeit usw. Einheit: kg/m^3.

Dichtemaximum. Des Wassers. Größte Dichte des Wassers in kg/m^3 bei 1 bar Druck und einer best. Temp., die je nach dem Stoffgehalt des Wassers unterschiedlich ist. Bei reinem Wasser ist D_{max} = 998,3 kg/m^3 bei einer Temp. von 3,98 °C; oberhalb und unterhalb dieser Temp. ist die Dichte geringer. Meerwasser von 35‰ Salzgehalt hat D_{max} = 1.024,2 kg/m^3 bei – 3,52 °C. Die Temp. des D_{max} rel. zum Gefrierpunkt G. ist klimatisch und ökologisch von großer Bedeutung. Im Süßwasser liegt G. unterhalb D_{max}, das kalte Wasser < 4 °C lagert ebenso wie das warme > 4 °C an der Oberfläche: Süßgewässer frieren an der Oberfläche zu und bilden im Sommer ein warmes, stabil geschichtetes >Epilimnion< aus. Im Meer liegt G. mit – 1,91 °C oberhalb D_{max}, d. h. das kalte Waser sinkt in die Tiefe, ehe es an der Oberfläche gefriert. Dieser Wärmeaustausch hat für den Temp.-Haushalt des Meeres und das ozeanische Klima des Festlandes große Konsequenzen.

Dichteströmung. Strömung, die sich aufgrund von Dichteunterschieden (z. B. verursacht durch Temperatur, Schwebstoffgehalt, Salzgehalt u. a.) in fließendem Wasser einstellt; z. B. in >Absetzbecken< (DIN 4045). Die Dichte und das spez. Gewicht z. B. des Abwassers wird durch die Temperatur und den Gehalt an gelösten und ungelösten Stoffen beeinflußt. Ein beträchtlicher Gehalt an Chloriden oder >Schwebstoffen< erhöht die Dichte wesentlich. Dichteunterschiede zwischen Beckeninhalt und dem zulaufenden Abwasser wirken sich in Dichteströmungen aus. Fließt Abwasser mit einer anderen Dichte als der des Beckeninhaltes in ein Absetzbecken, so wird das Abwasser im Becken durch den Zufluß nicht gleichmäßig verdrängt. Das zufließende Abwasser wird je nach seiner Dichte über oder unter dem Beckeninhalt fließen. Es kann zu ausgeprägten Walzenströmungen kommen. Es muß jedoch angestrebt werden, durch bauliche oder betriebliche Maßnahmen den Einfluß der Dichteströmung herabzumindern.

Lit: Abwassertechnische Vereinigung e. V. (Hrsg.) (1985–1997) ATV-Handbuch, 4. Aufl. Band 1–7, Verlag Wilhelm Ernst und Sohn, Berlin München.

Dichtstoffe. Bei D. handelt es sich um Bauhilfsstoffe (>Baumaterialien<) in fl. bis zähfl. Form oder als elastische Profile und Bahnen zum Abdichten von Gebäuden gegen atmosphärische Einflüsse und zur >Wärmedämmung< sowie zur Isolation von Einrichtungen u. a. im Naßzellenbereich gegen Wasser. D. auf >Lösungsmittel<basis setzen während der Aushärtung neben >Weichmachern< auch >Lösungsmitteldämpfe< frei, die durch reduzierten >Luftwechsel< (Wärmedämmung) erheblich zur >Innenraumbelastung< beitragen können.

Dickungsmittel. Werden Lebensmitteln bei der Herstellung oder Verarbeitung zugesetzt, um eine bestimmte Konsistenz und Viskosität zu erhalten, Gele zu erzeugen und Suspensionen, Schäume etc. zu stabilisieren. Als Dickungsmittel dienen Hydrokolloide, i. allg. aus der Gruppe der Polysaccharide. Durch physikalische oder chemische Verarbeitungsmethoden können die Eigenschaften der Dickungsmittel noch modifiziert werden. Die meisten Dickungsmittel sind pflanzlicher Herkunft. Als Dickungsmittel werden häufig eingesetzt: >Stärke<, >Galaktomannane<, >Pektine<, >Exsudat-Gummi<, >Alginate<, >Agar-Agar<, >Carrageenane< etc. >Gelatine< ist ein tierisches Erzeugnis.

Diclofop-methyl. Wirkt als >Herbizid< und zählt zur Substanzklasse der Aryloxyphenoxycarbonsäure-Derivate.
Chemische Bezeichnung: Methyl-(RS)-2-[4-(2,4-dichlorphenoxy)-phenoxy]-propionat
CAS-Nummer: 51338–27–3
Hersteller: Agrevo
Wirkungstyp: Selektives Nachauflauf-Herbizid. Aufnahme durch das Blatt, auf feuchtem Boden in geringem Umfang über Wurzeln. Hemmung des Wurzelwachstums.
Bevorzugte Anwendung: Gegen Gräser, besonders Flughafer und Schadhirsen in Zuckerrüben, Weizen, Roggen, Gerste, Rotschwingel, Zwiebeln, Ackerbohnen, Erbsen und fast allen anderen dikotylen Kulturen.

Chemische und physikalische Eigenschaften:
Physikalische Beschaffenheit: Krist., farblos, geruchlos.
Schmelzpunkt: 39 bis 41 °C
Spezifische Dichte: 1,30 bei 40 °C.
Dampfdruck: $< 1 \cdot 10^{-3}$ Pa bei 20 °C.
Verteilungskoeffizient (log $P_{o/w}$): ca. 4,6 bei pH 7 und 22 °C.
Stabilität: Wird durch starke Säuren und Alkalien hydrolytisch gespalten: Zers. durch UV-Licht und durch hohe Temp., ca. 288 °C.
Löslichkeit: In Wasser 3 mg/L bei 22 °C.
Abbau und Metabolismus: Hydrolyse zur freien Säure, die auch die eigentlich herbizide Substanz darstellt. Im Weizen erfolgt dann eine rasche Hydroxylierung und anschl. Umwandlung in ein phenolisches Konjugat. Die Konjugationsreaktion ist auch wieder umkehrbar. In anderen Pflanzen entstehen Ester-Konjugate. Als Hauptmetaboliten wurden 2-[4-(2,4-Dichlorphenoxy)-phenoxy]-propionsäure und 2-[4-(2,4-Dichlor-5-hydroxyphenoxy)-phenoxy]-propionsäure identifiziert.
Bei Ratten wird Diclofop-methyl nach oraler Aufnahme zu 80 % mit den Faeces ausgeschieden. Weitere 15 % werden im Urin als Konjugate ausgeschieden (Glucuronide, Schwefelsäureester u. a.). Nach Spaltung der Konjugate finden sich zu 80 % zwei Abbauprodukte, wahrscheinlich 2',4'-Dichlor-5'-hydroxy- und 2',4'-Dichlor-6'-hydroxy-Isomere. Die restlichen noch im Körper verbleibenden 5 % unterliegen langsamer Metabolisierung und Ausscheidung.
Toxizität: Akute orale LD_{50} für Ratten 557 bis 580 mg/kg (in Sesamöl). Beim Hund 1.600 mg/kg ohne Erbrechen. Akukte dermale LD_{50} mehr als 5.000 mg/kg. NOEL bei Verfütterung über 90 Tage an Ratten 12,5 mg/kg, bei Hunden 80 bzw. bei über 15 Monaten 8 mg/kg. Inhalationstoxizität: LC_{50} für Ratte $> 3,83$ mg/L.

Bienentoxizität: Nicht bienengefährlich (B 4).
Fischtoxizität: LC_{50} (96 Stunden) für Regenbogenforelle 0,35 mg/L, Goldorfe 1,81 mg/L.
Vogeltoxizität: Akute orale LD_{50} für Japanische Wachtel > 10.000 mg/kg. 8-Tage-Fütterungstest LC_{50} für Japanische Wachtel 13.000 mg/kg Futter, Stockente > 20.000 mg/kg Futter.

Dicofol. Dicofol wirkt als >Akarizid< und zählt zur Substanzklasse der Organochlorverb.
Chemische Bezeichnung: 2,2,2-Trichlor-1,1-*bis*-(4-chlor-phenyl)-ethanol
CAS-Nr. 115–32–2
Hersteller: Rohm und Haas
Wirkungstyp: Akarizid mit Berührungsgiftwirkung gegen bewegliche Stadien von Spinnmilben aller Art und deren Sommereier.
Bevorzugte Anwendung: Gegen Spinnmilben und Weichhautmilben (einschließlich *Panonychus, Teranychus* und *Brevinpalpus ssp.*) im Hopfen-, Wein- und Zierpflanzenanbau.

Chemische und physikalische Eigenschaften:
Physikalische Beschaffenheit: Kristallin, farblos, techn. viskoses Öl (80 bis 90 %).
Schmelzpunkt: 78,5 bis 79,5 °C.
Siedepunkt: 180 °C bei 13 Pa.
Dampfdruck: 1,87 mPa bei 20 °C.
Verteilungskoeffizient (log $P_{o/w}$): 4,28.
Stabilität: Empfindlich gegen Alkalien, stabil gegen Säuren.
Korrosives Verhalten: Schwach korrosiv gegen Metalle.
Löslichkeit: In Wasser 0,8 mg/L bei 25 °C.
Abbau und Metabolismus: Als Metabolit auf Pflanzen wird p,p'-Dichlorbenzophenon gefunden. Im Boden beträgt die HWZ 40 bis 50 Tage. Im Säugerorganismus erfolgt schnelle Metabolisierung zu Dichlorbenzhydrol, p-Chlorhippursäure und p-Dichlorbenzilsäure und Ausscheidung über Urin und Faeces. Innerhalb 24 h mehr als 50 %.
Toxizität: Akute orale LD_{50} für männliche Ratte 595, weibliche Ratte 578, Meerschweinchen 1.810, Kaninchen 1.870 mg/kg. Akute dermale LD_{50} für Ratte 5.000 mg/kg. Akute Inhalation LC_{50} (4 h) für Ratte $> 5,00$ mg/L. Haut- und Augenreizwirkung bei Kaninchen. Dermale Sensibilisierung bei Meerschweinchen. 2-Jahre-Fütterungstest NOEL für Ratte 5 mg/kg Futter. 1-Jahr-Fütterungstest NOEL für Hund 30 mg/kg Futter.
Bienentoxizität: Nicht bienengefährlich.
Fischtoxizität: Fischgiftig. LC_{50} (96 h) für Sonnenbarsch 520, Getüpfelter Gabelwels 360 und Regenbogenforelle 110 µg/L.
Vogeltoxizität: Fütterungstest LC_{50} für Fasan 265 und Japanische Wachtel 169 mg/kg/Tag.
Bemerkungen: Das technische Produkt besteht aus dem o,p'-Isomeren im Verhältnis 85:15. Die DDT-Analoge betragen weniger als 0,1 %.

Dicyandiamid. $(NCNH_2)_2$, entsteht in geringen Mengen bei der Umsetzung von >Kalkstickstoff< im Boden. D. wird auch der >Gülle< bei ihrer Ausbringung beigemengt, um die Umwandlung des darin in Form von >Ammonium< enthaltenen >Stickstoffes< zu >Nitrat< zu verlangsamen, und somit vor allem bei nicht vermeidbarer Gülleausbringung im Herbst eine Nitratauswaschung über Winter zu minimieren. Ebenso ist D. Zusatz in mineralischen Stickstoffdüngern, um so den Pflanzen eine langsam fließende Stickstoffquelle zur Verfügung zu stellen.

DIDO. >Schwerwasser<moderierter und -gekühlter >Forschungsreaktor<. Der Name DIDO ist von D_2O, der chem. Formel für schweres Wasser, abgeleitet. Ein Reaktor vom Typ DIDO ist unter der Bezeichnung FRJ-2 im Forschungszentrum Jülich in Betrieb.

Dieldrin. 1,2,3,4,10,10-Hexachloro-6,7-epoxi-1,4, 4a,5,6,7,8,8a-octahydro-*endo*-1,4-*exo*-5,8-dimethano-naphthalin. Eine insektizid-wirkende Substanz, die aus Hexachlorcyclopentadien oder durch die Epoxidierung von >Aldrin< synthetisiert wird.

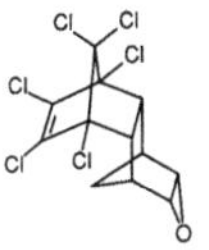

In der Technik wird die Epoxidierung von Aldrin bevorzugt, da Dieldrin dabei in 80 % Reinausbeute gewonnen wird. Als Epoxidierungsmittel werden Wasserstoffperoxid/Acetanhydrid oder Persäuren eingesetzt. Dieldrin ist beständig gegen Alkalien und Säuren. Durch die geringe Flüchtigkeit und eine hohe Persistenz besitzt Dieldrin eine lange Wirkungsdauer. $LD_{50} = 40$ bis 87 mg/kg (Ratte, oral). Dieldrin wird durch die Haut resorbiert und in lipidhaltigen Organen gespeichert. Im Warmblüterorganismus erfolgt die Metabolisierung u.a. zu *trans*-Dihydroxy-dihydro-aldrin. Der Einsatz erfolgt zur Beizung von Saatgut sowie zur Bekämpfung von Insekten, die sich auf Oberflächen aufhalten, z.B. Heuschrecken und Schaben. Infolge der hohen insektiziden Potenz sind dabei nur geringe Aufwandmengen nötig. Dieldrin wurde wie >DDT< ebenfalls zur Bekämpfung von Anopheles-Mücken und Tse-Tse-Fliegen eingesetzt. Eine Einschränkung erfolgte jedoch durch die Resistenz-Bildung der Insekten. In Deutschland besteht ein Anwendungsverbot. Importierte Lebensmittel dürfen höchstens 0,01 mg/kg Dieldrin enthalten. Die Analyse erfolgt durch die Electron-Capture-GLC oder durch eine abgewandelte kolorimetrische Methode.

Diesel-Gasmotor. >Zündstrahlmotor<.

Dieselkraftstoff. Für >Dieselmotoren< geeigneter >Kraftstoff< mit entspr. >Zündwilligkeit<, >Cetanzahl<. Nach DIN EN 590 genormt. Die Abgasqualität des Dieselmotors ist wesentlich von seiner Kraftstoffqualität abhängig. Dabei sind besonders die Dichte, Zündwilligkeit, Cetanzahl, der Schwefel- und Aromatengehalt wichtig. >Kraftstoffe<.

Lit: Weidmann K, Menrad H, Reders K, Hutchinson RC (1988) Diesel Fuel Quality Effects on Exhaust Emissions, SAE 881649 – Gairing M, Fortnagl M, Scherer F (1984) Zu Qualitätsfragen bei Dieselkraftstoffen. Mineralöltechnik, 12–13. Dezember 1984 – Heinze P (1987) Betriebsverhalten zukünftig möglicher Dieselkraftstoffe in heutigen Motoren. Mineralöltechnik 4. März 1987 – König A, Heid W, Richter T, Puppe K (1988) Katalytische Stickoxidverminderung bei Dieselmotoren. VDI Berichte 714. VDI-Verlag, Düsseldorf.

Dieselmotor. Der D. zeichnet sich im Vergleich zum >Ottomotor< ohne >Katalysator< durch günstigere >Rohemissionen< bezüglich >CO<, >HC< und >NO_x< aus. Auch der >Kraftstoffverbrauch< ist günstiger. Nachteilig sind die höheren >Rußpartikel-Emissionen< >PAK< gehalte, das Geräusch und eventuell im best. Betriebsbereichen der >Abgasgeruch<. Gegenüber dem Ottomotor mit >Dreiwegekatalysator< hat der Dieselmotor auch Nachteile im höheren Stickoxidausstoß. Nach heutigem Stand des Wissens werden Partikel- und Stickoxidemissionen des D. mit den derzeit marktüblichen Kraftstoffen nicht beliebig reduziert werden können.

Lit: Meurer JS (1988) Das erstaunliche Entwicklungspotential des Dieselmotors, VDI-Berichte 714 – VDI (1985) Emissionsminderung Automobilabgase – Dieselmotoren – VDI Berichte 559, VDI Verlag, Düsseldorf – Wojik K (1990) Weiterentwicklung der direkteinspritzenden Dieselmotoren für Personenkraftwagen, MTZ Motortechnische Zeitschrift 51: 196–200 – Anisits F, Heimesch O, Kratochwill H, Mundorf F (1991) Der neue BMW Sechszylinder-Dieselmotor, Teil 2, MTZ Motortechnische Zeitschrift 52: 548–554 – Rhode W, Gökesme S, Liang JR, Schmitt JL (1991) Der neue Direkteinspritzende 1,9 I-Dieselmotor von Volkswagen, 3. Aachener Kolloquium Fahrzeug- und Motorentechnik 91, 15.–17.10. 1991, LAT RWTH Aachen: 59–81 – Fränkle GJ, Haase FW, Woschee, Sommer H (1991) Moderne Mercedes-Benz Nutzfahrzeug-Dieselmotoren für den amerikanischen Markt, 3. Aachener Kolloquium Fahrzeug- und Motorentechnik 91, 15–17.10. 1991, LAT RWTH Aachen: 147–195.

Dieselöl. >Dieselkraftstoff<.

Diethylcarbamazin. >Anthelminthika<.

Diethyldicarbonat. Eine farblose Flüssigkeit von esterartigem Geruch, die eine antimikrobielle Wirkung auf Hefen, Bakterien und Pilze ausübt. Der Einsatz erfolgt in Konzentrationen von 120 bis 300 ppm zur Kaltpasteurisierung von Säften, Wein, Bier etc. Diethyldicarbonat wird zu Kohlendioxid und Ethanol hydrolysiert:

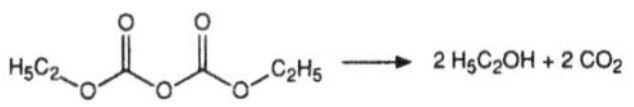

$$H_5C_2\text{-O-CO-O-CO-O-}C_2H_5 \longrightarrow 2\,H_5C_2OH + 2\,CO_2$$

Mit Alkohol reagiert Diethyldicarbonat in geringen Mengen zu Diethylcarbonat.

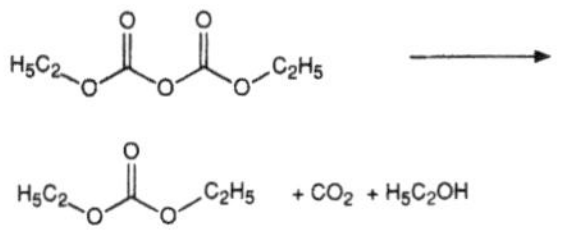

In Gegenwart von Ammoniumsalzen kann pH-abhängig Ethylurethan entstehen.

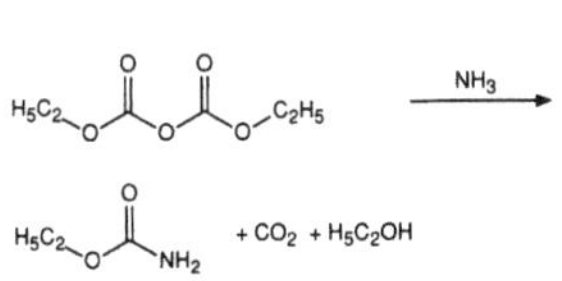

Ethylurethan wirkt cancerogen, Diethyldicarbonat teratogen. Deshalb sollte statt dessen besser >Dimethyldicarbonat< eingesetzt werden.

Diethylenglykol. (Syn. Diglykol). Farblose, hygroskopische, süßlich schmeckende, viskose Flüssigkeit, die mit Wasser, Alkoholen, Glykolethern, Ketonen usw.

in jedem Verhältnis mischbar ist, nicht jedoch mit Kohlenwasserstoffen und Ölen. D. wird verwendet als >Weichmacher< für >Zellglas<, Trocknungsmittel für inerte Gase, Feuchthaltemittel für Tabak, Kork, Papier, Leim usw.; als Lösungsmittel für Textilfärbung und -bedruckung, für >Harze<, Cellulosenitrat und etherische Öle; Bestandteil in Gefrierschutzmitteln und Hydraulikölen; Zwischenprodukt in der Herstellung von Textilhilfsmitteln und >Polyesterharzen<.

Diethylstilbestrol.   *trans*-Diethyl-*p,p*'-dihydroxy-stilben. Ein synth. erzeugtes Stilbenderivat mit estrogener Wirksamkeit. Die pharmakologischen Eigenschaften ähneln denen des Estradiols. Da bei Frauen, deren Mütter während der Schwangerschaft mit Diethylstilbestrol zur Verhinderung eines Aborts längere Zeit hochdosiert behandelt wurden, Genitalkarzinome auftraten, wurden die meisten Diethylstilbestrol enthaltenden Präparate vom Markt genommen.

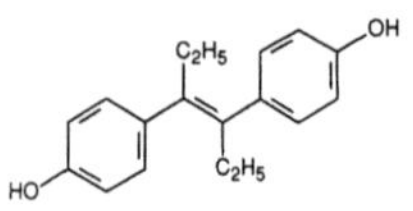

Unter den synthetisch hergestellten >Östrogenen< hat das D. als >Anabolikum< die weitaus größte Bedeutung erlangt. Das Hauptanwendungsgebiet ist die Rindermast, vor allem die Jungochsenmast. Als Folge der Stilbestrolanwendung erwartet man eine Erhöhung der durchschnittlichen Gewichtszunahmen um 10 bis 20 % und eine korrespondierende Verbesserung der >Futterverwertung< um 5 bis 15 %. Diese Leistungsverbesserung ist gleichmäßig über die gesamte Mastperiode verteilt. Eine Beeinflussung der Fleischqualität scheint nicht stattzufinden, wenn die Tiere auf ein etwas höheres Gewicht gemästet werden. Das D. verfügt über ein cancerogenes und teratogenes Potential. Wo die Anwendung von D. zugelassen ist, wird der Entzug dieses Futters spätestens 48 Stunden vor der Schlachtung vorgeschrieben und die Warnung vor der Verfütterung an Zuchtrinder und milchgebende Tiere zur Auflage gemacht. Da der Verzehr von estrogenhaltigem Fleisch zu Gesundheitsschäden beim Menschen führen kann, ist die Anwendung zur Tiermast in Deutschland verboten.

Difenacoum. Wirkt als >Rodentizid< und zählt zur Substanzklasse der Coumarine.
Chemische Bezeichnung: 3-(3-Biphenyl-4-yl-1,2,3,4-tetrahydro-1-naphthyl)-4-hydroxycoumarin
CAS-Nummer: 56073–07–5
Hersteller: Zeneca
Wirkungstyp: Rodentizid mit blutgerinnungshemmender Wirkung (Anticoagulans). Wiederholte Aufnahme subletaler Mengen erforderlich. Hemmt die Epoxid-Reduktase im Vitamin K-Stoffwechsel.
Bevorzugte Anwendung: Gegen Ratten und Mäuse, auch solche, die gegen andere Anticoagulantien resistent sind.

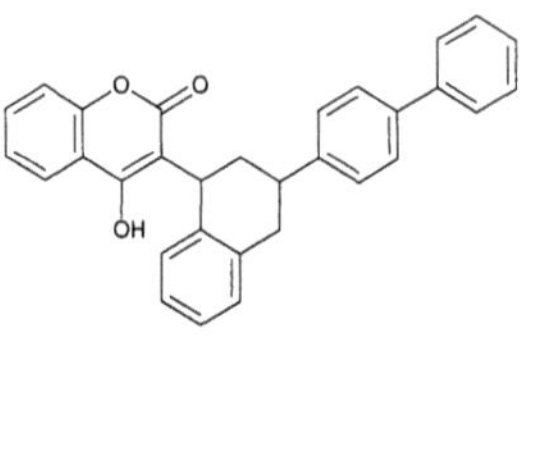

Chemische und physikalische Eigenschaften: Der techn. Wirkstoff existiert in einer Mischung von 2 geometrischen Isomeren.
Physikalische Beschaffenheit: Kristallin, weiß, geruchlos.
Schmelzpunkt: 215–217 °C.
Dampfdruck: 0,48 mPa bei 25 °C (160 µPa bei 45 °C, 770 µPa bei 55 °C).
Dichte: 1,25 bei 20 °C.
Verteilungskoeffizient (log Po/w): 7,6.
Stabilität: Hydrolysestabil für 30 Tage bei pH 5, 7 und 9.
Löslichkeit: In Wasser 31 µg/L bei pH 5,2, 2,5 mg/L bei pH 7,3 und 84 mg/L bei pH 9,3; jeweils bei 20 °C. Bildet in Wasser begrenzt lösliche Aminsalze.
Abbau und Metabolismus: Im Boden liegen die HWZ zwischen 146 und 439 Tagen. Im Wasser findet unter UV-Einfluß schnelle Photolyse statt, die DT_{50} beträgt <24 Stunden. In Ratten nach oraler Aufnahme schnelle Ausscheidung über Urin und Faeces. Die Ausscheidungsgeschwindigkeit ist dabei abhängig von der Menge der aufgenommenen Dosis.
Säugertoxizität: Akute orale LD_{50} für männliche Ratte 1,8, weibliche Ratte 2,45, männliche Maus 0,8, Kaninchen 2,0, Hund und Schwein >50, Katze 100 mg/kg. Akute dermale LD_{50} für männliche Ratte 27,4, weibliche Ratte 17,2 mg/kg. Keine Haut-, schwache Augenreizwirkung mit 2,5 % igem Wirkstoffkonzentrat bei Kaninchen. Subakute orale LD_{50} (5 d) für männliche Ratte 0,16 mg/kg KGW/Tag. 3-Monate-Fütterungstest NOEC für männliche Ratte 0,01, weibliche Ratte 0,03 mg/kg Futter.
Antidot: Transfusion von frischem Blut oder Frischplasma, anschließend intravenöse und orale Gabe von Vitamin K1 für eine längere Periode (einige Wochen) unter Beobachtung.
Fischtoxizität: Fischgiftig. LC_{50} (96 h) für Regenbogenforelle 0,1 mg/L.
Vogeltoxizität: Akute orale LD_{50} für Huhn >50 mg/kg.
Wirbellosetoxizität: Giftig für Fischnährtiere. EC_{50} (48 h) für *Daphnia magna* 0,1–1,0 mg/L.

Difethialone. Wirkt als >Rodentizid< und zählt zur Substanzklasse der Coumarinanalogen.
Chemische Bezeichnung: 3-((1RS,3RS;1RS,3SR)-3-4'-Brombiphenyl-4-yl)-1,2,3,4-tetrahydro-1-naphthyl)-4-hydroxy-1-benzothi-in-2-on mit einem Verhältnis der Racemate (1RS,3RS):(1RS,3SR) von 0–15 %: 85–100 %
CAS-Nummer: 104653–34–1
Hersteller: Lipha
Wirkungstyp: Wirkt als Antikoagulans durch Hemmung der Epoxid-Reduktase im Vitamin K-Stoffwechsel.
Bevorzugte Anwendung: Köder gegen Wanderratten und Hausmäuse, einschließlich resistenter Stämme.

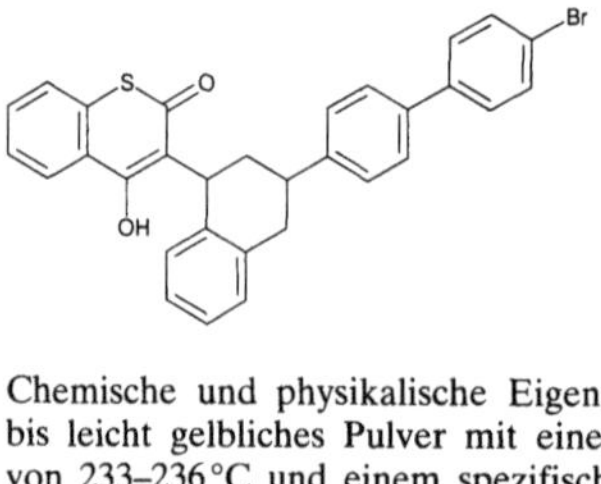

Chemische und physikalische Eigenschaften: Weißes bis leicht gelbliches Pulver mit einem Schmelzpunkt von 233–236 °C und einem spezifischen Gewicht von 1,3614 g/cm^3 bei 25 °C.

Dampfdruck: 74 µPa bei 25 °C.
Verteilungskoeffizient: 5,17.
Löslichkeit: In Wasser 0,39 mg/L bei 25 °C.
Stabilität: Der Wirkstoff ist thermisch und photolytisch stabil.
Abbau und Metabolismus: In Ratten schnelle Ausscheidung ohne Metabolisierung über Faeces.
Kurze HWZ im Blut und längere HWZ in der Leber.
Säugertoxizität: Akute orale LD_{50} für Ratte 0,56, Maus 1,29, Hund 4,0 und Schwein 2–3 mg/kg.
Akute dermale LD_{50} für Ratte 5,3–6,5 mg/kg. Inhalation LD_{50} (4 h) für Ratte 5–19,3 mg/L Luft.
Antidot: Vitamin K1-Phytomenadion. Das Antidot muß unter ärztlicher Aufsicht oral oder durch Injektion verabreicht werden. Die Prothrombinzeit sowie die Hämoglobinwerte sind zu überwachen.
Fischtoxizität: Fischgiftig. LC_{50} (96 h) für Regenbogenforelle 51 µg/L.
Vogeltoxizität: Akute orale LD_{50} für Japanische Wachtel 0,26 mg/kg.
Wirbellosetoxizität: Toxisch für Fischnährtiere. EC_{50} (48 h) für *Daphnia* 4,4 µg/L.

Differentialgleichung. Eine Gl., in der außer einer od. mehrerer unabhängiger od. abhängiger Variablen Differentialquotienten der letzteren nach der bzw. den ersteren vorkommen. Treten in der Differentialgl. partielle Differentialquotienten auf, spricht man von >partiellen Dgl.<, ansonsten von >gewöhnlichen Dgl.< Gewöhnliche Dgl. enthalten daher nur eine unabhängige Variable. Man klassifiziert Dgl. a) nach der Ordnung ihres höchsten Differentialquotienten und gelegentlich auch b) nach dem Grad der höchsten Potenz der in ihr enthaltenen Differentialquotienten, wenn die Gl. rational in der abhängigen Variablen ist oder auf algebraischem Wege dazu gemacht werden kann. Eine Dgl. heißt im besonderen linear, wenn die abhängigen Variablen und ihre Ableitungen nur in der ersten Potenz und nicht miteinander multipliziert vorkommen. Entspr. der Vielfalt von Dgl. existiert eine Vielfalt von Lsg.-Möglichkeiten. Als >analytische Lsg.< einer Dgl. od. Lsg. im engeren Sinn bezeichnet man eine Funktion der unabhängigen Variablen, welche für die abhängige Variable in die Gl. eingesetzt diese identisch in den unabhängigen Variablen erfüllt. Als Integral bezeichnet man eine Funktion der unabhängigen und abhängigen Variablen sowie evtl. willkürlicher Konst., welche, gleich einer willkürlichen Konst. gesetzt, bei jedem Wert dieser Konst. eine Gl. liefert, die von der Lsg. der Dgl. befriedigt wird. Bis heute wurde nur eine begrenzte Anzahl spezieller Typen von gewöhnlichen und vor allem partiellen Dgl. analytisch gelöst. Oft hängt darüber hinaus die Brauchbarkeit solcher Lsg. vom Auftreten von Randformen ab, für die die Randbedingungen erfüllt werden können. Meist bleibt nur übrig, approximative analytische oder numerische Verfahren anzuwenden: s. a. >numerische Lsg.< Dgl. bzw. >Dgl.-Systeme< und ihre Lsg. sind ein wichtiges Werkzeug zur vorwiegend >deterministischen< Beschreibung und zum Verständnis von Prozessen in künstlichen, technischen bzw. natürlichen Systemen od. >Ökosystemen<.
partielle: Eine Dgl., die partielle Differentialquotienten enthält. Sonst spricht man von einer >gewöhnlichen Dgl.< Vor allem in den Ingenieurwissenschaften und in der Hydrologie und Ökologie werden >deterministische< Beschreibungen der Zustände oder Zu-

standsänderungen über Felder mit Hilfe von partiellen Dgl. sowie deren Lsg. vorgenommen.

Differentielle Genexpression. >Zellspezifische Expression<.

Differenzengleichung. Eine Gl., die im wesentlichen Differenzen-Ausdrücke bzw. -Quotienten enthält; bei numerischer Behandlung einer >Differentialgl.< wird die Differenzengl. als Näherung derselben verwendet, wobei es im Hinblick auf die Stabilität der Lsg. auf die Wahl der Größe der räumlichen und zeitlichen Inkremente ankommt. Differentialquotienten werden durch Differenzenquotienten ersetzt.

Diffuse Quelle. Verunreinigungsquelle des Oberflächenwassers oder Grundwassers, die nicht von einem Punkt aus, sondern eher weiträumig eintritt, z. B. durch Auswaschen aus Böden (ISO 6107/6).

Diffuse Sonnenstrahlung. Anteil an der kurzwelligen Strahlung der Sonne (>Globalstrahlung<, G), der durch Streuung der >direkten Sonnenstrahlung< an den Molekülen der Luft, den >Aerosol<-Partikeln und den Wolkentröpfchen und -kristallen erzeugt wird. Der Betrag von d. S. hängt von der Sonnenhöhe, von der >Trübung< der Atmosphäre und von Menge, Dikke und der räumlichen Verteilung der Wolken über der Himmelshalbkugel ab. Der Anteil von d. S. an G schwankt zwischen 30 % bei wolkenlosem Himmel und klarer Luft und 100 % bei bedecktem Himmel.

Diffusion. Molekulare Stoffbewegung durch ein Medium entlang eines Stoffgradienten. Die D. eines Stoffes S/Zeit ist

$$\frac{dS}{dt} = -D\frac{k \cdot F}{l} \ [\text{mol/s}]$$

k = Konzentrationsdifferenz, F = Fläche für den Stofftransport, l = Diffusionsweg, D = >Diffusionskoeffizient<. Die (gerichtete) D. kommt zum Stillstand, wenn k = 0 ist. Stofftransport durch D. ist an Grenzflächen, z. B. Atmosphäre/Wasser, Wasser/Sediment, Atmosphäre/Blatt von größter Bedeutung, unbedeutend dagegen für den Stofftransport über größere Entfernungen, da die D. zu langsam erfolgt, besonders im Wasser, wo sie etwa 10^5mal langsamer als in Luft ist.

Diffusionskoeffizient. In der meist >linearen<, die >Diffusion< beschreibenden Diffusionsgl. der mediumspez. Koeffizient, der neben dem Konzentrationsgefälle oder ->Gradienten< der fraglichen Komponente als Ursache den Diffusions->Fluß< quantifiziert. Außer von Partikelgröße und umgebendem Medium abhängig von allen sog. >intensiven Zustandsgrößen< wie Konz. der anderen Komponenten im Medium, Druck und Temp. >Dispersionskoeffizient<.

Diffusionssammler. Neben der aktiven >Luftprobenahmetechnik< werden als >Passivsammler<, insbesondere für Langzeitprobenahmen in >Innenräumen< oder bei personenbezogenen Luftuntersuchungen, D. eingesetzt. Bei diesen handelt es sich um z. B. Sammelröhrchen, die mit einer Adsorptionsschicht (z. B. Aktivkohle), einer vorgelagerten Diffusionsstrecke und einer nachgeschalteten Diffusionsbarriere, die Einflüsse durch Luftströmungen verhindern soll, ausgestattet sind. In diese D. aus der Umgebungsluft eindringende gasförmige Substanzen werden sofort auf der Adsorptionsschicht adsorbiert, da die Adsorptionsgleichgewichte auf der Seite des Adsorbens liegen. Damit wird die >Diffusion< nur durch die vorgegebene Diffusionsstrecke bestimmt. Nach Überführung der angereicherten Analyte in eine Analysenlösung und anschließender Analyse erfolgt dann unter Berücksichtigung des vorliegenden Diffusionskoeffizienten und des Moleküldurchmessers die Berechnung der zu ermittelnden Konzentration nach dem 1. Fickschen Gesetz.

Lit: Pannwitz K-H (1981) ORSA 5, ein neuer Probenehmer für organische Lösemitteldämpfe, Drägerheft 321 – Hery M (1984) GIT Fachz Lab, 6, 540–542.

Diffusionstrennverfahren. >Isotopentrennverfahren<, das die unterschiedliche Diffusionsgeschwindigkeit verschieden schwerer Atome bzw. Moleküle durch eine poröse Wand zur Trennung ausnutzt. Der >Anreicherungsgrad< der leichteren Komponente nach Durchströmen der Trennwand wird bestimmt durch die Wurzel aus dem Massenverhältnis der Teilchen. Das Diffusionstrennverfahren wird großtechnisch genutzt zur >Uran<isotopentrennung. Als Prozeßmedium wird UF_6 benutzt. Der >Trennfaktor< pro Stufe beträgt nur etwa 1,002. Durch Hintereinanderschalten in Form einer Kaskade läßt sich der Trenneffekt vervielfachen (s. Abb. unten).

Diffusionswasser. Das in Zuckerfabriken nach der Auslaugung der Rübenschnitzel in den Diffuseuren anfallende Wasser mit hohem Gehalt an gelösten org. Stoffen, hauptsächlich >Kohlenhydraten<. Der Abbau erfolgt unter Bildung von org. Säuren (>saure Gärung<). Durch Rücknahme des Diffusionswassers in die Diffuseure kann der Anfall dieses hoch belasteten Abwassers vermieden werden. Voraussetzung ist die Entfernung der feinen Rübenschnitzelreste (Pülpe) und die Einhaltung einer Temperatur von 50 bis 80 °C zur Vermeidung des Auftretens der sauren Gärung.

Lit: Bischofsberger W, Hegemann W (1990) Lexikon der Abwassertechnik, 4. Aufl., Vulkan Verlag, Essen.

Diffusionszeit. Zeitspanne, in der >Neutronen< mit thermischer Energie bis zur Absorption diffundieren. Sie beträgt in H_2O $2 \cdot 10^{-4}$ s, in D_2O 0,15 s, in Graphit $1,2 \cdot 10^{-2}$ s.

Diflubenzuron. Diflubenzuron wirkt als >Insektizid< und zählt zur Substanzklasse der Harnstoff-Derivate.
Chemische Bezeichnung: 1-(4-Chlorphenyl)-3-(2,6-difluorbenzoyl)-harnstoff
CAS-Nummer: 35367–38–5
Hersteller: Uniroyal

Wirkungstyp: Insektizid mit Fraßgiftwirkung und gewisser Kontaktwirkung. Nicht systemisch und dringt nicht in das Pflanzengewebe ein, weshalb saugende Insekten in der Regel nicht erfaßt werden. Hieraus ergibt sich die deutliche Selektivität in der Wirkung. Greift in den Chitinstoffwechsel von Raupen und Larven ein, verhindert deren Häutung, führt zum Absterben der Puppen oder zu nicht lebensfähigen Adulten. Besitzt auch eine ovizide Wirkung, indem die Chitineinlagerung in die Cuticula des Embryos gestört wird. Adulte Tiere (Imagines) zeigen dagegen keine Rkt.
Bevorzugte Anwendung: Gegen Obstmade und beißende Insekten in Kernobst, gegen Goldafter und beißende Insekten in Ziergehölzen. Im Forst und in Ziergehölzen gegen Schmetterlingsraupen, After- und Wickler-Raupen.

Chemische und physikalische Eigenschaften:
Physikalische Beschaffenheit: Kristallin, farblos.
Schmelzpunkt: 230 bis 232 °C (rein, mit Zersetzung); 210 bis 230 °C (techn., mit Zersetzung).
Siedepunkt: Nicht unzersetzt destillierbar.
Dampfdruck: <13 μPa bei 20 °C.
Verteilungskoeffizient (log $P_{o/w}$): 3,89 bei 22 °C und pH 3.
Flüchtigkeit: Weniger als 4 % verdampfen bei Raumtemp. innerhalb 48 h.
Stabilität: Im sauren und neutralen Bereich (pH 2 bis 8) beständig. Instabil bei pH 12. In Lsg. lichtempfindlich.
Löslichkeit: In Wasser etwa 0,08 mg/L bei 25 °C.
Abbau und Metabolismus: Im Boden kann die HWZ weniger als 2 Wochen betragen, in sandigem Lehm und Ton etwa 3 bis 5 Monate. Erste Abbauprodukte sind 4-Chlorphenylharnstoff und 2,6-Difluorbenzoesäure. Im Säugerorganismus ist die Absorption nach oraler Verabreichung stark dosisabhängig. Während der nichtabsorbierte Anteil unverändert über die Faeces ausgeschieden wird, erfolgt mit dem absorbierenden Teil Hydroxylierung und weitere Metabolisierung und anschließende vollständige Ausscheidung.

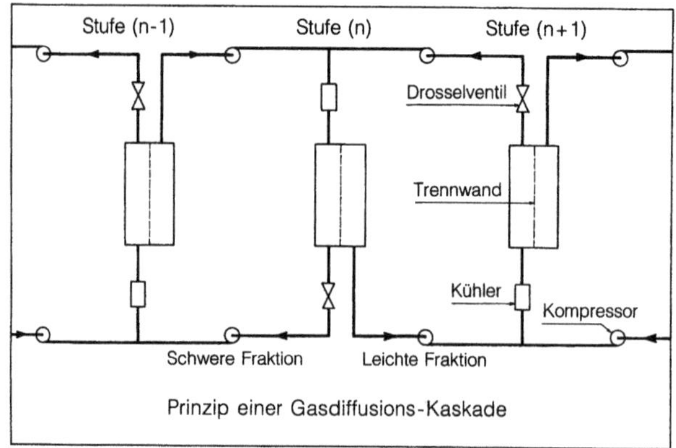

Diffusionstrennverfahren: Prinzip einer Gasdiffusions-Kaskade

Toxizität: Akute orale LD_{50} für Ratte und Maus mehr als 4.640 mg/kg. Intraperitoneale LD_{50} für Maus mehr als 2.150 mg/kg. Dermale LD_{50} an Kaninchen mehr als 2.000 mg/kg. Inhalationstoxizität (4 h) bei Ratte >15 mg/L (symptomlose Dosis). 2-Jahre-Fütterungsversuch NOEL für Ratte 40 mg/kg Futer. Keine Haut-, aber geringe Augenreizwirkung bei Kaninchen. Keine dermale Sensibilisierung bei Meerschweinchen.
Bienentoxizität: Nicht bienengefährlich. Kontakt LD_{50} >30 µg/Biene; orale LD_{50} >30 µg/Biene.
Fischtoxizität: LC_{50} (96 h) für Regenbogenforelle 140 mg/L, Blaukiemen-Sonnenbarsch 135 mg/L, Getüpfelter Katzenwels >100 mg/L.
Vogeltoxizität: Akute orale LD_{50} für Rotschulter-Schwarzdrossel 3.762 mg/kg. 8-Tage-Fütterungstest LC_{50} für Japanische Wachtel und Stockente >4.640 mg/kg Futter.
Wirbellose-Toxizität: EC_{50} (49 h) für *Daphnia magna* 16 µg/L.
Bemerkung: Das Produkt gilt als nützlingsschonend.

Diflufenican. Wirkt als >Herbizid< und zählt zur Substanzklasse der Phenoxynicotinanilide.
Chemische Bezeichnung: 2',4'-Difluor-2-(α,α,α-trifluor-*m*-tolyloxy)-nicotinanilid
CAS-Nummer: 83164–33–4
Hersteller: Rhône-Poulenc
Wirkungstyp: Selektives Herbizid für den Getreideanbau. Wirkung ist prim. auf Hemmung der Carotinbiosynth. und sek. auf Chlorophyllabbau zurückzuführen. Wird hauptsächlich über den Sproß der keimenden Sämlinge und im geringen Maße über Wurzel und Blatt aufgenommen.
Bevorzugte Anwendung: Herbizid für Wintergetreide, vor allem im Vorauflauf und frühen Nachauflauf.

Chemische und physikalische Eigenschaften:
Physikalische Beschaffenheit: Farblose Kristalle.
Schmelzpunkt: 162 °C.
Dampfdruck: $3{,}03 \cdot 10^{-7}$ hPa bei 25 °C.
Verteilungskoeffizient (log $P_{o/w}$): 4,9 bei 20 °C.
Stabilität: Stabil in wäßrigen Lsg. bei pH 5, 7 und 9, jeweils bei 22 °C. Stabil bei Temp.- und Lichteinwirkung.
Löslichkeit: In Wasser 0,05 mg/L bei 25 °C.
Abbau und Metabolismus: Boden: Diflufenican wird über die Metaboliten 2-(3-Trifluormethylphenoxy)-nikotinamid und -nikotinsäure zu CO_2 bzw. zu gebundenen Rückständen abgebaut. Die Halbwertszeit beträgt je nach Bodenart und Wassergehalt 15 bis 30 Wochen. Getreide: Schneller Abbau in Wurzeln und oberirdischen Pflanzenteilen über Nikotinsäure und Nikotinamid zu CO_2.
Toxizität: Akute orale LD_{50} für Ratte >2.000, Maus >1.000, Kaninchen und Hund >5.000 mg/kg. Akute dermale LD_{50} für Ratte >2.000 mg/kg. Inhalation (4 Stunden) für Ratte >2,34 mg/L. Weder haut- noch augenreizend bei Kaninchen. Im 90-Tage-Fütterungstest betrug der NOEL für Hund 1.000 mg/kg/Tag.
Bienentoxizität: Bienen vom Handelsprodukt nicht gefährdet.

Fischtoxizität: LC_{50} (96 Stunden) für Regenbogenforelle 56 bis 100 mg/L und für Karpfen 105 mg/L.
Vogeltoxizität: Akute orale LD_{50} für Wachtel >2.150 mg/kg und Stockente >4.000 mg/kg.

Digifant. Herstellerbezeichnung (VW) einer mikroprozessorgesteuerten bzw. -geregelten Anlage zur Zündungs- und Einspritzsteuerung von >Ottomotoren<, >Gemischbildung<.

Digijet. Herstellerbezeichnung (VW) einer mikroprozessorgesteuerten bzw. -geregelten Einspritzanlage für >Ottomotoren<, >Gemischbildung<.

Digitale Diesel Electronic. Mikroprozessorgesteuerte bzw. -geregelte Dieseleinspritzanlage, die gegenüber der meist noch üblichen mechanischen Steuerung die Abgasqualität des Motors verbessert, insbesondere bei instationären Vorgängen wie z. B. Beschleunigung.
Lit: Anisits F, Heimesch O, Kratochwill H, Mundorf F (1991) Der neue BMW Sechszylinder-Dieselmotor, Teil 2, MTZ Motortechnische Zeitschrift 52: 548–554 – Rhode W, Gökesme S, Liang JR, Schmitt JL (1991) Der neue direkteinspritzende 1,9 I-Dieselmotor von Volkswagen, 3. Aachener Kolloquium Fahrzeug- und Motorentechnik 91, 15. bis 17.10. 1991, LAT RWTH Aachen: 59–81 – Fränkle GJ, Haase FW, Woschee, Sommer H (1991) Moderne Mercedes-Benz Nutzfahrzeug-Dieselmotoren für den amerikanischen Markt, 3. Aachener Kolloquium Fahrzeug- und Motorentechnik 91, 15 bis 17.10. 1991, LAT RWTH Aachen: 147–195.

Digitalis. 1. Bez. für >Fingerhut<, eine Pflanzengattung der Rachenblütler (*Scrophulariaceae*). Beispiele sind:
- Roter Fingerhut (*Digitalis purpurea*), wichtigste einheimische Art;
- Gelber Fingerhaut (*Digitalis lutea*);
- Großblütiger Fingerhut (*Digitalis gandiflora*).
2. Kurzbezeichnung für Digitalisglykoside, die chem. zur Gruppe der Isoprenoide gehören. Es sind starke herzwirksame Stoffe (Pharmaka) aus den Blättern verschiedener Fingerhutarten (D.-Arten). Sie werden mit den >Digitaloiden< zus. als >Herzglykoside< bezeichnet. Für die Wirkung der D.-Glykoside ist die Steigerung der Kontraktionskraft des Herzmuskels typisch, wobei in der Dosis die Wirkung als Pharmazeutikum oder als letales >Toxin< begründet liegt. Die Toxine sind Digitoxin, Digitonin, Gitoxin u. a.

Digitaloide. Sind in ihrer Struktur und Wirkung den Digitalisglykosiden (>Digitalis<) ähnliche pflanzliche Toxine (Phyto-Toxine), die u. a. in Maiglöckchen, Meerzwiebeln und Adonisröschen vorkommen. Gemeinsam mit den Digitalisglykosiden werden sie als >Herzglykoside< bezeichnet.

Diglykol. >Diethylenglykol<.

Dihydrochalkone. Aus Citrus-Flavenoiden durch Behandlung mit Alkali und anschließender katalytischer Hydrierung zugängliche halbsynth. Süßstoffe. Der süße Geschmack baut sich langsam auf, hält dann aber einige Zeit an. Problematisch für den Einsatz sind jedoch die schlechte Wasserlöslichkeit und ein menthol-artiger Nachgeschmack. β-Neohesperidin-dihydrochalkon hat einen relativen Süßwert von 2.000 und kommt zur Verwendung in Kaugummi und Bonbons in Frage.

Dihydroheptachlor (DHC). 2-*exo*-4,5,6,7,8,8-Heptachlor,4,7-methano-3a,4,7,7a-Tetrahydroindan. Ein Insektizid, das nur eine rel. geringe Warmblütertoxizität besitzt. LD_{50} >9.000 mg/kg (Maus, oral), >5.000 mg/kg (Ratte, oral). Die Synth. erfolgt durch Addition von HCl mit Lewis-Katalysatoren an die 1,2-Doppelbindungen des >Chlordan<. In Abhängigkeit von den Reaktionsbedingungen werden das α-, β- und γ-Isomere in unterschiedlich hohen Anteilen gebildet.

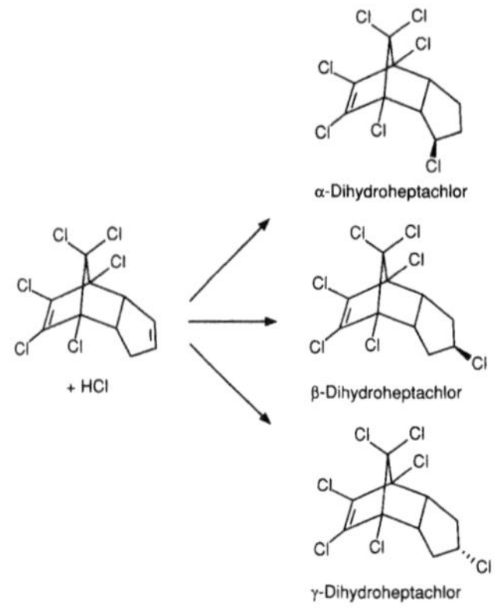

α-Dihydroheptachlor

+ HCl

β-Dihydroheptachlor

γ-Dihydroheptachlor

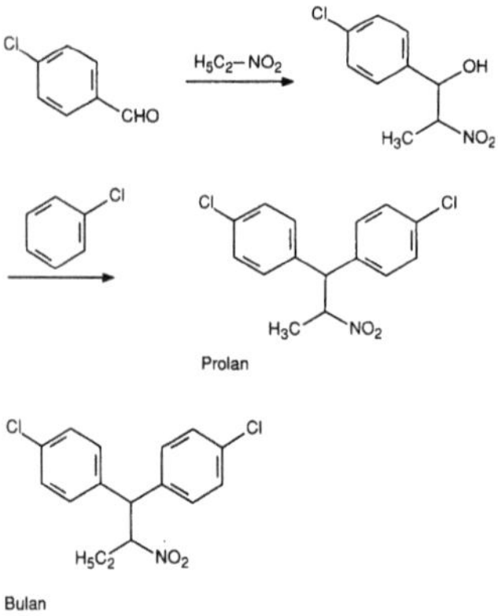

Prolan

Bulan

β-DHC hat von den drei Isomeren die stärkste insektizide Wirkung. Das Anwendungsspektrum ist ähnlich wie bei >DDT< und Chlordan. Die geringe Toxizität beruht z.T. auf einer niedrigen Resorptionsrate, z.T. auf einem sehr schnellen Abbau zu hydrophilen Metaboliten. Der Einsatz erfolgt im Vorratsschutz und zur Bekämpfung von Motten. β-DHC wirkt u.a. gut gegen Wanzen und gegen die Überträger der Erreger der Chagas-Krankheit.

Dikotyle Pflanze. Zweikeimblättrige Pflanze; >Dikotyledonen<.

Dikotyledonen. (Grch. di = zweifach; kotyledon = Saugorgan). (Syn. Dikotylen, Zweikeimblättrige, zweikeimblättrige Pflanzen, Bedecktsamer, Magnoliopsida, Dikotyledoneae; zählen zus. mit den: >Monokotyledonen<) Angiospermen. D. sind eine sehr große Klasse der Bedecktsamer mit über 170.000 Arten. Sie weisen im allg. zwei am Embryo seitenständig angelegte Keimblätter (Kotyledonen) auf und haben eine Hauptwurzel, die während der Lebensdauer der Pflanze erhalten bleibt. Die Leitbündel des Sprosses sind im Querschnitt gesehen in der Regel kreisförmig angeordnet und weisen ein Leitbündelkambium auf. Dieses ist zusammen mit dem interfaszikulären Kambium Ausgangspunkt für das sek. Dickenwachstum der D. Die Blätter von D. sind zumeist deutlich gestielt und netzadrig gegliedert, z.T. auch zusammengesetzt. Häufig treten zusätzlich Nebenblätter auf. Blüten der D. sind vorwiegend 4- oder auch 5-zählig sowie in Kelch und Krone gegliedert. Zu den D. gehören beispielsweise fast alle Holzgewächse, wobei die Palmen allerdings eine wichtige Ausnahme bilden. In der Erdgeschichte sind sie, wie auch die Monokotyledonen, seit der „unteren Kreide", d. h. seit etwa 100 bis 130 Mio. Jahren, in Fossilien nachzuweisen.

Dikotylen. >Dikotyledonen<.

Dilan. Ein Insektizid, das aus den Komponenten Bulan (2-Nitro-1,1-*bis*(p-chlorphenyl)butan) und Prolan (2-Nitro-1,1-*bis*(p-chlorphenyl)propan) im Verhältnis 2:1 besteht. Die Synth. von Prolan erfolgt durch die Addition von Nitroethan an 4-Chlorbenzaldehyd zum Carbinol, das dann mit Chlorbenzol kondensiert wird. Bulan wird analog über 1-Nitropropan erzeugt.
Prolan und Bulan sind sehr empfindlich gegen Alkalien.
Dilan wirkt gegen einige Blattlausarten und den mexican bean beatle stärker als >DDT<. Die Warmblütertoxizität ist gering. Dilan wird nicht mehr produziert.

DI-Motoren. >DI-Ottomoter<. >DI-Dieselmotor<.

Dimefuron. Wirkt als >Herbizid< und zählt zu der Substanzklasse der Harnstoff-Derivate.
Chemische Bezeichnung: 3-[4-(5-*tert*-Butyl-2,3-dihydro-2oxo-1,3,4-oxadiazol-3-yl)-3-chlorphenyl]-1,1-dimethylharnstoff
CAS-Nummer: 34205–21–5
Hersteller: Rhône-Poulenc
Wirkungstyp: Vor- und Nachauflaufherbizid. Aufnahme erfolgt hauptsächlich über die Wurzel, zu geringem Teil über das Blatt. Hemmstoff der Hillreaktion (Photosynth.).
Bevorzugte Anwendung: Dimefuron stellt mit seiner gegen dikotyle Unkräuter gerichteten Wirkung einen idealen Ergänzungspartner zu Carbetamid dar. Einsatz Nachauflauf Raps und Nachauflauf in anderen Kulturen wie Luzerne und Weizen.

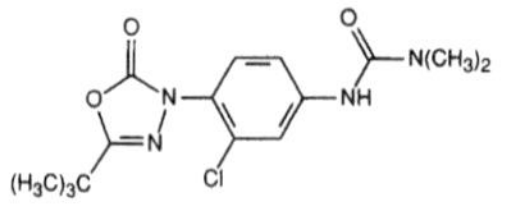

Chemische und physikalische Eigenschaften:
Physikalische Beschaffenheit: Weißes, geruchloses Pulver.
Schmelzpunkt: 193,0 °C
Dampfdruck: $1 \cdot 10^{-6}$ hPa bei 25 °C.

Verteilungskoeffizient (log $P_{o/w}$): 2,51 bei 20 °C.
Löslichkeit: In Wasser 16 mg/L bei 20 °C.
Abbau und Metabolismus: Die bei der Anwendung im Spätherbst/Winter herrschenden niedrigen Temp. bedingen einen rel. langsamen Abbau innerhalb von etwa 3 bis 6 Monaten. Die Intensität des im wesentlichen mikrobiellen Abbaus erfährt durch die im Frühjahr ansteigenden Bodentemp. eine erhebliche Beschleunigung.
Bei Ratten wurden nach einer oralen Höchstdosis von 200 mg/kg Dimefuron (^{14}C-markiert) im Mittel 97 % bzw. 94 % der verabreichten Radioaktivität innerhalb von 98 bzw. 122 Stunden wiedergefunden, wovon der größte Teil innerhalb von 72 Stunden ausgeschieden wurde.
Toxizität: Akute orale LD_{50} für Ratte >2.000 und Maus >10.000 mg/kg. Akute dermale LD_{50} für Ratte >4.000 und für Kaninchen >2.000 mg/kg.
Bienentoxizität: Nicht bienengefährlich.
Fischtoxizität: LC_{50} (96 h) für Regenbogenforelle und Blaukiemen-Sonnenbarsch >1.000 mg/L.

Dimethanamid. Dimethanamid wirkt als >Herbizid< und zählt zur Substanzklasse der Acetamid-Derivate.
Chemische Bezeichnung: (1*RS*,a*RS*)-2-Chlor-*N*-(2,4-dimethyl-3-thienyl)-*N*-(2-methoxy-1-methylethyl)acetamid
CAS-Nummer: 87674–68–8
Hersteller: Novartis
Wirkungstyp: Selektives Vorauflauf-Gräserherbizid mit gewisser breitblättriger Wirkung. Aufnahme erfolgt ausschließlich über die Samenkeimlinge von keimenden Gräsern, wodurch die Keimung von Unkrautpflanzen verhindert wird. Fernerhin wird die Proteinsynth. gestört.
Bevorzugte Anwendung: Gegen eine Vielzahl von einjährigen Gräsern, einschließlich Hirsearten und zum gewissen Maße breitblättrige Unkräuter wie beispielsweise Hirtentäschel im Mais und Soja.

Chemische und physikalische Eigenschaften:
Physikalische Beschaffenheit: Gelb-braune viskose Flüssigkeit.
Siedepunkt: 127 °C bei 26,7 Pa.
Dampfdruck: 36,7 mPA bei 25 °C.
Stabilität: Hitzestabil für 4 Wochen bei 54 °C, für 2 Wochen bei 70 °C. Verlustrate innerhalb von 2 Jahren ca. <5 %.
Löslichkeit: In Wasser 1.174 ± 12 mg/L bei 25 °C.
Abbau und Metabolismus: Pflanze: Es erfolgt rascher Abbau, wobei infolge Glutathion- und Homoglutathion-Konjugation nichttoxische Metaboliten entstehen.
Boden: Die HWZ im Boden beträgt in Abhängigkeit vom Bodentyp und Klimabedingungen 6 bis 43 Tage.
Säugerorganismus: Nach oraler Aufnahme rasche Ausscheidung über Urin und Faeces.
Toxizität: Akute orale LD_{50} für Ratte 1.570 mg/kg. Akute dermale LD_{50} für Ratte und Kaninchen >2.000 mg/kg. Inhalation LC_{50} (4 h) für Ratte >4.990 mg/m^3. Keine Haut-, aber schwache Augenreiz-

wirkung bei Kaninchen. Keine dermale Sensibilisierung.
Fischtoxizität: Akute LC_{50} (96 h) für Blaukiemen-Sonnenbarsch 6,4 mg/L und Regenbogenforelle 2,6 mg/L.
Vogeltoxizität: Akute orale LD_{50} für Japanische Wachtel 1.980 mg/kg. Fütterungstest LC_{50} für Japanische Wachtel und Stockente >5.620 mg/kg.
Bemerkung: Dimethanamid existiert in 4 stereoisomeren Formen, die aber alle biologisch aktiv sind.

Dimethipin. 2,3-Dihydro-5,6-dimethyl-1,4-dithiin-1,1,4,4-tetraoxid; $C_6H_{10}O_4S_2$ (M_r = 210,3); Smt. 162 bis 167 °C; LD_{50} 1.180 mg/kg (Ratte, oral, akut) WHO. Entwicklung 1977 durch Uniroyal; Handelsnamen: Harvade®, Dimethipine®; weit verwendeter Wachstumsregulator zur Entblätterung von Baumwollpflanzen, Gummibäumen und Weinreben.

Dimethoat. Ein bienengefährliches Kontaktinsektizid aus der Gruppe der >Phosphorsäureester<, das vor allem Spinnmilben und saugende Insekten erfaßt.
Chemische Bezeichnung: *O,O*-Dimethyl-*S*-methyl-carbamoylmethyl-phosphordithioat
CAS-Nummer: 60–51–5
Hersteller: BASF u. a.
Wirkungstyp: Systemisches Insektizid und Akarizid mit Fraß- und Berührungsgiftwirkung. Es hemmt die Cholinesterase. Verteilung und Transport des Wirkstoffs erfolgt im Xylem.
Bevorzugte Anwendung: Gegen beißende und saugende Insekten und gegen Spinnmilben in Getreide, Kartoffeln, Zucker- und Futterrüben, im Weinbau und im Forst. Als Gießmittel gegen Kohl-, Möhren- und Zwiebelfliege.

Chemische und physikalische Eigenschaften:
Physikalische Beschaffenheit: Fest, farblos (rein), techn: gelbbraunes Öl.
Spezifische Dichte: 1,277 bei 65 °C
Schmelzpunkt: 51 °C.
Siedepunkt: 117 °C bei 10 Pa.
Dampfdruck: $2,5 \cdot 10^{-4}$ Pa bei 20 °C.
Verteilungskoeffizient (log $P_{o/w}$): 0,74 bei 20 °C.
Stabilität: In saurer, wäßriger Lsg. langsame, in alkal. Lsg. rasche Hydrolyse. Ab 60 °C thermisch nicht mehr stabil.
Korrosives Verhalten: Schwach korrosiv gegen Eisen.
Löslichkeit: In Wasser 25 g/L bei 21 °C.
Abbau und Metabolismus: In Pflanzen und Tieren sowohl Ox. zum Thiolphosphat als auch Hydrolyse zur *O,O*-Dimethyl-dithiophosphorsäure, -thiolphosphorsäure und -phosphorsäure. Außerdem Demethylierung einer Estergruppe und hydrolytische Abspaltung der Methylamingruppe.
In Pflanzen und auch im Säugetier entsteht durch Ox. der Thiophosphorsäure Dimethoat-Oxon, das akut toxisch ist und die Cholinesterase starkt hemmt. Es

scheint persistenter als Dimethoat zu sein; dagegen sind Desmethyl-Dimethoat und Dimethoat-Säure nur wenig toxisch.

Toxizität: Akute orale LD_{50} Ratte 250 bis 310, Maus 80, Kaninchen 400 bis 500 und Meerschweinchen 600 mg/kg. Akute dermale LD_{50} für Ratte 400, Kaninchen 800 und Meerschweinchen >1.000 mg/kg. Bei Kaninchen leichte Augen-, keine Hautreizung. 2-Jahre-Fütterungstest an Ratte NOEL 1 mg/kg Futter (0,2 mg/kg/Tag). Inhalationstoxizität LC_{50} (4 Stunden) für Ratte 0,01 mg/L Luft in Gasform und 0,005 mg/L Luft in Aerosolform.

Bienentoxizität: Orale LD_{50} 0,15 µg/Biene und Kontakt LD_{50} 0,12 µg/Biene. Das Produkt ist bienengefährlich (B 1).

Fischtoxizität: LC_{50} (96 Stunden, techn. Wirkstoff) für Regenbogenforelle 6,2 und Sonnenbarsch 6,0 mg/L. LC_{50} (96 Stunden) für *Daphnia magna* 6,4 mg/L.

Vogeltoxizität: Akute orale LD_{50} für männlichen Fasan 15, weibliche Stockente 40, Wachtel 84 und Huhn 108 mg/kg.

Giftklasseneinstufung: Deutschland: Für EC mindergiftig (Xn).

Dimethyldicarbonat. Wirkt wie >Diethyldicarbonat<. Da in Gegenwart von Ammoniumsalzen jedoch das nicht cancerogene Methylurethan gebildet wird, sollte dem Dimethylcarbonat der Vorzug gegeben werden.

Dimethylquecksilber. Toxische, farblose, süßlich riechende Flüssigkeit, die im Organismus leicht in >„Methylquecksilber"< (CH_3Hg^+) übergehen kann. Infolge hoher Lipidlöslichkeit verteilen sich methylierte Hg-Verbindungen im >ZNS<, wo sie die toxischen Wirkungen entfalten. Diese sind durch Reizerscheinungen des ZNS gekennzeichnet: Unruhe, psychomotorische Erregung, Tremor, Einschränkung aller sinnlichen Wahrnehmungsqualitäten, Lähmungszustände. Die Symptome sind Ausdruck einer Neuroencephalopathie. Praktische Bedeutung hat D. als >Fungizid< (>Saatbeizmittel<).

Dimiktischer See. See, der jährlich zweimal bei Homothermie zirkuliert, jeweils im Frühjahr nach der Erwärmung der Oberschicht und im Herbst nach Abkühlung. Die Homothermie wird bei diesen Seen in der Regel bei 4°C erreicht. Durch Windeinwirkung wird das Wasser ganz (>Holomixis<) oder teilweise (>Meromixis<) durchmischt (s. Abb.). Dimiktische Seen sind in den nördlichen und südlichen gemäßigten Breiten am häufigsten; s.a. >Mixis<.

Dimixis. Jährliche zweimalige Zirkulation eines Sees, >dimiktischer See<.

DIN. 1. allgemein: Kurzbezeichnung für das Deutsche Institut für Normung e. V., das die national zuständigen >DIN-Normen< herausgibt. Die einzelnen Bereiche werden von Normenausschüssen betreut. Der Normenausschuß >Luftreinhaltung< (NLuft) vertritt deutsche Interessen bei der internationalen Normentätigkeit der Internationalen Organisation für Standardisierung (ISO) und setzt die ISO-Standards in nationale Normen um. Der NLuft ist wiederum in die vier Arbeitsausschüsse >Emissionsüberwachung<, >Immissionsüberwachung<, Meßplanung und Arbeitsplatzüberwachung gegliedert. Im Bereich der Luftreinhaltung sind jedoch die den >Stand der Technik< repräsentierenden >VDI-Richtlinien< wesentlich zahlreicher als DIN-Normen.

2. Wasser: In der von dem Normenausschuß Wasserwesen (NAW) im DIN und der Fachgruppe Wasserchemie in der Gesellschaft Deutscher Chemiker (GDCh) bearbeiteten und von der Wiley-VCH Verlagsgesellschaft, Weinheim, New York, herausgegebenen Loseblattsammlung „Deutsche Einheitsverfahren zur Wasser-, Abwasser- und Schlammuntersuchung" werden genormte Analysenverfahren zur Charakterisierung der Wasserbeschaffenheit zusammengestellt. Die Sammlung wird jährlich durch 3 Lieferungen ergänzt; sie umfaßt gegenwärtig etwa 180 genormte Deutsche Einheitsverfahren. Soweit notwendig, sind in den einzelnen Verfahren Begriffsdefinitionen aufgenommen. Diese Verfahren erhalten alle eine DIN-Nummer und sind auch beim Beuth-Verlag, Berlin Wien Zürich, zu erwerben. Die Ausarbeitung dieser chem., biol. und statistischen Normen erfolgt in einer Gruppe von Mitarbeitern aus Universitäten, Behörden und aus der Industrie. Ein Teil der Begriffe ist in der DIN Norm 4045 enthalten, diese dient der einheitlichen Sprachregelung auf dem Gebiet der Abwassertechnik. Im NAW werden die Sekretariate des ISO/TC 147 „Wasserbeschaffenheit" und des CEN/TC 230 „Wasseranalytik" geführt. Der Normenausschuß Wasserwesen befaßt sich auch mit der Normung von Verfahren zur Bodenuntersuchung, die in der ISO im TC 190 „Bodenbeschaffenheit" bearbeitet werden. Eine Loseblattsammlung mit genormten deutschen Verfahren ist in Vorbereitung.

DIN-Normen. >DIN<.

DI-Ottomotor. Im Gegensatz zur konventionellen externen Gemischbildung, bei der der Kraftstoff außerhalb des Verbrennungsraums in das Ansaugsystem eingebracht wird, wird in DI-Motor der Kraftstoff direkt in den Zylinder eingespritzt. Die dann nur geringe Zeit für die Gemischaufbereitung erfordert eine besonders exakte Steuerung des Gaswechsels, der Ladungsbewegung im Brennraum und Abstimmung des >Motormanagements<. Durch die aufwendige DI-Technik werden geringere Schadstoffemissionen bei günstigsten Kraftstoffverbrauchswerten erwartet.

Dioxin. Oberbegriff für die versch. chlorierten, bromierten oder sonstwie substituierten Vertreter der (>Dibenzodioxine<). Im allg. werden unter dem Begriff Dioxin vor allem die polychlorierten Dibenzodioxine (>PCDD<) und gelegentlich die polychlorierten Dibenzofurane (>PCDF<) zusammengefaßt.

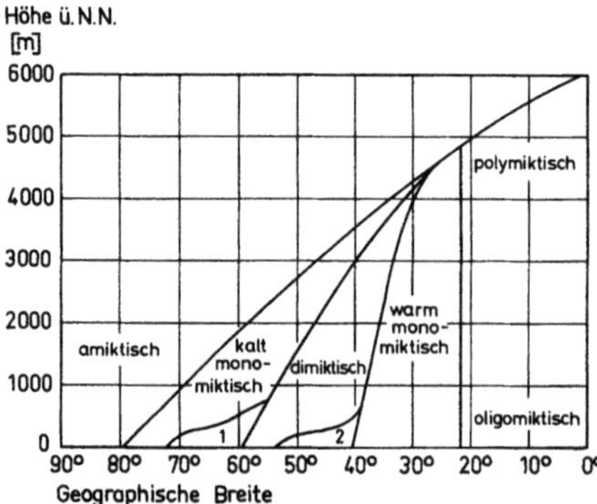

Dimiktischer See

Dipeptidester. Eine Reihe von Dipeptidestern hat einen süßen Geschmack wie z.B. die Dipeptidester der L-Asparaginsäure, der 4-Aminomalonsäure oder >Aspartam<. Die Stabilität ist jedoch nicht immer ausreichend.

Diphenyl. Eine aromatische Verbindung, in der zwei Benzolringe miteinander verbunden sind. Die Synth. erfolgt in einer Wurtz-Fittig-Reaktion durch Umsetzung von Iod- oder Brombenzol mit Natrium. Diphenyl bildet farblose, glänzende Blättchen von Smt. 70 °C, die wasserunlöslich sind. Diphenyl übt eine Hemmwirkung auf Schimmelpilze aus und wird zur Konservierung der Schalen von Citrusfrüchten verwendet. Auch Verpackungsmaterial wird mit Diphenyl imprägniert.

diploid. (Grch. diploos = doppelt; eides = gestaltet, ähnlich). Der Begriff d. bedeutet, daß die angesprochene genetische Einheit (>Organismus<, >Spore<, >Gamet<, >Zygote<) mit einem doppelten Chromosomensatz ausgestattet ist. Die normalen Körperzellen höherer Pflanzen und Tiere sind z.B. diploid. Zur sexuellen Fortpflanzung wird durch die Meiose (Reduktionsteilung) der Chromosomensatz auf die Hälfte reduziert (Kernphasenwechsel); es entsteht der >haploide Chromosomensatz<. Bei einigen Organismen, z.B. der >Hefe< >*Saccharomyces cerevisiae*< oder bei Weizen, gibt es die Erscheinung, daß der Chromosomensatz in mehr als zweifacher (diploider) Zahl vorhanden ist, was dann als tri-, tetra- oder polyploid bezeichnet wird.

Diplopoda. Doppelfüßer, >Myriopoda<.

Diplura. Doppelschwänze sind ungeflügelte >Urinsekten< mit geringer Artenzahl im Boden. Räuberische, aber auch microphytophage Ernährung treten bei den versch. Arten auf. S. Abb. S. 218.

Diptera. Zweiflügler sind Insekten mit einem Flügelpaar. Das zweite Flügelpaar ist zu Schwingkölbchen reduziert. Die Larven der D. haben bei vielen Arten reduzierte Kopfkapseln und hochspezialisierte Mundwerkzeuge. Im Boden eines >Ökosystems< sind die Larven sehr wichtig als >Zersetzer< und Räuber. Es gibt zwei große Gruppen, >Mücken< oder Nematocera und die >Fliegen< oder Orthorrapha und Cyclorrapha. Im Boden leben 200 bis 300 Arten der D. aus 30 bis 40 Familien. Dauerfeuchte >Moderböden< sind durch sehr hohe Siedlungsdichten der Mückenlarven bis zu 100.000 Individuen pro m² charakterisiert. In >Mullböden< leben weniger Mücken. Nur wenige Arten der D. stellen als >Schlüsseltiere< den Hauptanteil an Siedlungsdichte und >Biomasse< bei den Fliegen und Mücken.

Diquat. Wirkt als >Herbizid< und zählt zur Substanzklasse der Dipyridyliumverbindungen.
Chemische Bezeichnung: 1,1'-Ethylen-2,2'-bipyridyldiylium-ion
CAS-Nummer: 2764–72–9 (Ion); 6385–62–2 (Diquatdibromidmonohydrat); 85–00–7 (Dibromid)
Hersteller: Zeneca
Wirkungstyp: Nicht selektives Herbizid. Wird schnell über grünes Pflanzengewebe aufgenommen und im Xylem transportiert. Die Wirkung ist an Chlorophyll, Licht und Sauerstoff gebunden. Hemmt die Atmung der Pflanze, die Fixierung von Kohlendioxid und die Lichtreaktion der Photosynthese. Geschädigt werden alle grünen Pflanzenteile durch „Austrocknen".
Bevorzugte Anwendung: Zur Sikkation in Ackerbaukulturen; in Pflanzkartoffeln zur Verhinderung der Virusabwanderung; zum Hopfenputzen einschließlich Unkrautbekämpfung sowie gegen dikotyle Unkräuter und gegen Unterwasserpflanzen.

Chemische und physikalische Eigenschaften (für Diquatdibromidmonohydrat):
Physikalische Beschaffenheit: Kristallin-fest, fahlgelb, geruchlos.
Schmelzpunkt: Zersetzung bei ca. 325 °C.
Dampfdruck: $<10\ \mu$Pa bei 25 °C.
Dichte: 1,61 bei 25 °C.
Verteilungskoeffizient (log Po/w): –4,6 bei 20 °C.
Stabilität: Das Ion ist hydrolysestabil bei pH 5 und pH 7. Bei pH 9 verbleiben nach 30 Tagen (Dunkelheit, 25 °C) >90 % im Wasser.
Korrosives Verhalten: Korrosiv gegen Metalle. Die handelsübliche wäßrige Lösung enthält Korrosionsschutz.
Löslichkeit: In Wasser 718 g/L bei pH 7,2 und 20 °C. In Methanol 25 g/L; in Aceton, Dichlormethan, Toluol, Ethylacetat und Hexan <0,1 g/L bei 20 °C.
Abbau und Metabolismus: In der Pflanze findet keine Metabolisierung statt. Der Abbau erfolgt photolytisch, d.h. die Metabolisierung geht bestenfalls im Licht auf der Pflanzenoberfläche vor sich. Im Boden ist wegen der sehr starken und unlöslichen Bindung an Bodenbestandteile die Bioverfügbarkeit außerordentlich gering. Anschließend findet ein langsamer Abbau mittels Hydrolyse und durch Mikroorganismen statt. Unter bestimmten Bedingungen kann es zu einer Akkumulation kommen, die aber wegen der geringen biol. Aktivität keine unmittelbare Gefahr für Folgekulturen darstellt.
Im Wasser rasche Adsorption an Sediment und im Wasser enthaltenen Pflanzenoberflächen mit anschließendem mikrobiellen sowie photolytischen Abbau. In simuliertem Sonnenlicht bei pH 7 beträgt DT_{50} ca. 74 Tage.
Bei Ratte nach oraler Aufnahme Ausscheidung über Urin und Faeces innerhalb 4 Tage, nur geringe Metabolisierung.
Säugertoxizität: (Diquat-dibromid): Akute dermale LD_{50} für Ratte 231, Maus 125, Kaninchen 187, Hund 100 und Kuh 37 mg/kg. Akute dermale LD_{50} für Ratte >2000 und Kaninchen >750 mg/kg. Haut- und Augenreizwirkung bei Kaninchen. 2-Jahre Fütterungstest NOEL für Ratte 0,5, Maus 3 mg/kg/Tag. ADI-Wert 0,002 mg/kg KGW.
Bienentoxizität: Handelsprodukt nicht bienengefährlich (B 4).
Fischtoxizität: LC_{50} (96 Stunden) für Regenbogenforelle 21, Spiegelkarpfen 67 und Blaukiemen Sonnenbarsch 10–100 mg/L.
Vogeltoxizität: Akute orale LD_{50} für Rebhuhn 295 und Huhn 200 mg/kg. Reproduktionsstudie NOEL für Stockente 5 und Wachtel 100 mg/kg Diquat-Ion.
Wirbellosetoxizität: Giftig für Fischnährtiere, Algen und Bakterien. EC_{50} (48 Stunden) für *Daphnia magna* 7,1 mg/L.

Direktabfluß. Ist als unmittelbare Folge des wirksamen Niederschlages die Summe aus Oberflächen- und >Zwischenabfluß<. >Abfluß<.
Lit: Deutscher Normenausschuß (Hrsg.) (1994) DIN 4049₁, T.3: Hydrologie, Begriffe.

Direkte Einspritzung. Ist bei großvolumigen >Dieselmotoren< wegen der erreichten Wirtschaftlichkeit üblich und setzt sich heute auch beim kleinvolumigen Pkw-Dieselmotor durch. >Geräusch-< und >Abgasverhalten< sind noch verbesserungsfähig. Direkteinspritzung in >Ottomotoren< ist bei 2-Takt-Motoren in Erprobung.

Direkte Endlagerung. >Endlagerung, direkte<.

Direkte Sonnenstrahlung. Derjenige Teil der von außen auf die Erdatmosphäre auftreffenden >extraterrestrischen Sonnenstrahlung<, der die Erdoberfläche nach Extinktion in der Atmosphäre erreicht. Die Extinktion beruht auf >Streuung< an den Molekülen der Luft, Streuung und >Absorption< durch die in der Luft >suspendierten< >Aerosol<-Partikeln und auf Absorption durch die Moleküle von Wasserdampf, >Ozon< und einigen weiteren >Spurengasen<. Diese Strahlung wird aus dem Raumwinkel der Sonnenscheibe empfangen, sog. schattenwerfende Strahlung. Bezieht man die d. S. auf eine zum Strahlengang normale Empfangsebene, so wird sie mit I, bezieht man sie dagegen auf eine horizontale Empfangsebene, so wird sie mit B abgekürzt.

Direkte Umwandlung. Als d. U. bezeichnet man bei der >Sonnenenergie< einen physikalischen Prozeß, bei dem Sonnenenergie direkt in elektrische Energie umgewandelt wird. „Direkt" bedeutet also, daß keine Zwischenstufen notwendig sind, um elektrische Energie zu erzeugen. Eine d. U. erfolgt z.B. in einer >Solarzelle<. Sonnenenergie wird in einer Solarzelle mit einem Wirkungsgrad von etwa 10 bis 15 % direkt in elektrische Energie umgewandelt. Eine d. U. von Lichtenergie in elektrischen Strom über den sog. photoelektrischen oder >photovoltaischen Effekt< ist seit rund 100 Jahren bekannt. 1839 entdeckte der französische Physiker ALEXANDRE EDMONT BECQUEREL diesen photoelektrischen Effekt. 1873 fand der englische Naturwissenschaftler SMITH, daß bei einer Lichteinstrahlung auf polykristallines Selen (ein >Halbleiter<) ein geringer Teil der eingestrahlten Energie in Gleichstrom umgewandelt wird. Die erste Solarzelle war erfunden. Der Wirkungsgrad war aber mit ca. 1 % zu niedrig, um den photoelektrischen Effekt als Energielieferant ansehen zu können. Die weitere Forschung hat inzwischen ergeben, daß dieser photoelektrische Effekt auch bei anderen Halbleitermaterialien wie z.B bei >Galliumarsenid< beobachtet werden kann. Inzwischen hat sich weitgehend die >Siliciumsolarzelle< durchgesetzt. Silicium ist praktisch unbeschränkt verfügbar und zeigt vor allem eine außerordentlich hohe thermische Stabilität. Die d. U. in elektrische Energie ist eine Sonderform der direkten Nutzung der >Sonnenstrahlung<. Eine direkte Nutzung ist auch mit Hilfe von >Flachkollektoren< für Niedertemperaturwärme und mit Hilfe von konzentrierenden Kollektoren für Hochtemperaturwärme möglich.
Lit: Bruckmann G (1980) Sonnenkraft statt Atomenergie, 1.Aufl., Goldmann, München – Stoy B (1980) Wunsch-Energie-Sonne, 3.Aufl., Energie-Verlag, Heidelberg – Weber R (1982) Mini-Lex der Energie, Bd.2, Limata Verlag, Köln.

Direkteinleiter. Betrieb, dessen Abwasser direkt in ein Gewässer ohne Zwischenschaltung einer kommunalen >Kanalisation< oder >Kläranlage< eingeleitet wird.

Bei Direkteinleitung von Abwasser in ein Gewässer genießt sowohl von der wasserrechtlichen Regelungsdichte als auch von der wasserwirtschaftlichen Bedeutsamkeit und den praktischen Folgen des wasserbehördlichen Vollzugs her besondere Aufmerksamkeit und Bedeutung.
Eine der Ursachen für diese Regelungsdichte ist sicherlich in der rechtsdogmatischen Konstruktion zu sehen, vorsorglich grundsätzlich jede Gewässerbenutzung – und damit natürlich auch und gerade das Einleiten von Abwasser – unmittelbar durch das Gesetz zu verbieten. Denn eine staatliche Bewirtschaftung von Menge und Qualität des zur Verfügung stehenden Wassers wäre unmöglich, wenn es jedermann ohne weiteres gestattet wäre, die Gewässer in einer ihm genehmen Art und Weise zu nutzen und zu benutzen. Wegen der überragenden Bedeutung des Wassers – und damit auch der Gewässer – für die Trinkwasserversorgung, für Produktionszwecke, als Kühlmittel, zu Freizeitzwecken (Schwimmen, Segeln, Surfen, Tauchen, Angeln, etc.), zu Transportzwecken und ähnlich anderen Nutzungen mehr hat der Bundesgesetzgeber deshalb in § 2 >WHG< ein grundsätzliches Verbot jeglicher Gewässerbenutzungen statuiert.
Lit: Abwassertechnische Vereinigung e.V. (Hrsg.) (1985–1997) ATV-Handbuch, 4.Aufl., Band 1–7, Verlag Wilhelm Ernst und Sohn, Berlin München.

Direktendlagerung. >Endlagerung< bestrahlter >Brennelemente< als >radioaktiver Abfall< ohne vorherige Wiederaufarbeitung; s.a. >Endlagerung, direkte<.

Direktfällung. Bei der direkten Fällung findet nur eine chem. Behandlung des Abwassers statt. Die Chemikalien werden dem Rohabwasser zugesetzt. Auf Mischung, >Flockung< und Absetzvorgang folgt ggf. eine Nachreinigung mit Schnellsandfiltern. I. allg. wird gebrannter >Kalk< als Fällmittel verwendet, der trocken als CaO oder gelöst als Ca(OH)$_2$ (>Kalkmilch<) zugegeben wird. Die erforderliche Dosierung liegt je nach Alkalität des Rohabwassers bei 350 bis 450 mg Ca/L. Durch Direktfällung kann eine >BSB$_5$<-Abnahme von 60 bis 80 % und eine Phosphorelimination von 80 bis 90 % erreicht werden. Die Dosieranlagen leiden oft unter Störungen durch Kalkablagerungen und Leitungsverstopfungen. Das Verfahren ist besonders geeignet bei Abwässern mit hohem Gehalt an >Schwermetallen< und anderen Giften, für die eine biol. Behandlung ohnehin nicht in Frage kommt.
Lit: Abwassertechnische Vereinigung (Hrsg.) (1982–1986) Lehr- und Handbuch der Abwassertechnik, 3.Aufl., Bd.1–7, Verlag von Wilhelm Ernst und Sohn, Berlin München.

Direktsaat. Das Saatgut wird, ohne daß seit der Ernte der Hauptfrucht eine Bodenbearbeitung erfolgt ist, in den Boden mit speziellen Säegeräten eingebracht; das Saatgut ist anschließend mit einem Gemisch aus Erde und Pflanzenresten bedeckt. D. ist das Bodenbearbeitungsverfahren mit dem geringsten Energieaufwand, ist jedoch in der Praxis mit einem höheren Ertragsrisiko verbunden und hat deshalb unter den Verhältnissen in Mitteleuropa wenig Bedeutung (>konservierende Bodenbearbeitung<).

Direktstrahlung. Direktstrahlung ist der Anteil der aus einer Strahlenquelle emittierten >Strahlung<, die auf dem kürzesten Wege, u.U. durch vorliegende >Abschirmwände< geschwächt, zum betrachteten Aufpunkt gelangt. Die Direktstrahlung wird unterschieden von der >Streustrahlung<, die infolge Streuung an anderen Medien indirekt zum Aufpunkt gelangen kann.

Diskontierung. (Wörtlich: „Abzinsung"). Rechenverfahren, das den Vergleich von Aufwendungen und Erträgen ermöglichen soll, die zu unterschiedlichen Zeitpunkten anfallen. Im Hinblick auf den Umweltschutz treten Diskontierungsprobleme vor allem dann auf, wenn z.B. durch >Kosten-Nutzen-Analyse< versch. mögliche Belastungsminderungen oder Sanierungsvorhaben miteinander verglichen werden sollen. Hier sind die überwiegend zukünftigen und in der Regel zeitlich höchst unterschiedlich verteilten Nutzen der versch. Projekte mit den überwiegend heutigen Aufwendungen zu vergleichen. Dabei entstehen neben den Problemen der Diskontierung auch solche der Bewertung (>Bewertungsverfahren<).

Lit: Hanusch H (1987) Kosten-Nutzen-Analyse, Vahlen, München.

Disparlur.   (cis-7,8-Epoxi-2-methyloctadecan, $C_{19}H_{38}O$). $M_r = 282,5$. D. ist ein Sexuallockstoff (>Lockstoffe<) des weiblichen Schwammspinners *Lymantria dispar* zum Anlocken der Männchen. Schwammspinner sind Schadinsekten, die in Europa und Amerika zeitweise hohe Schäden in den Waldbeständen verursachen. D. wird unter dem Handelsnamen Disparmone in der >Schädlingsbekämpfung< verwendet.

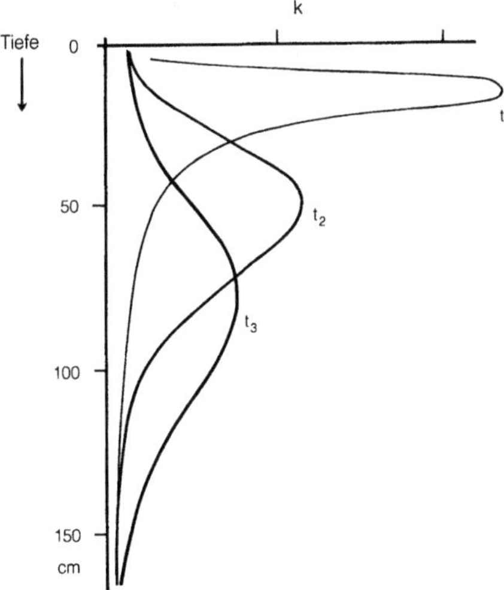

Lit: Bestmann HJ, Vostrowsky O (1982) Naturwissenschaften 69: 457–471. – Boness M (1973) Naturw. Rdsch. 26: 515–522. – Sirrenberg W (1977) Weitere Bekämpfungsmethoden. In: Büchel KH (Hrsg.) Pflanzenschutz und Schädlingsbekämpfung, 1.Aufl., Georg Thieme, Stuttgart, S.101. – Eiter K (1970) Insekten-Sexuallockstoffe. In: Welger R (Hrsg.) Chemie der Pflanzenschutz- und Schädlingsbekämpfungsmittel., 1.Aufl., Bd.1, Springer, Berlin Heidelberg New York, S.497–522.

Dispergierbares Konzentrat. (Internat. Kurzbezeichnung: DC). Pflanzenschutzmittelformulierung bestehend aus einer homogenen Lösung eines festen Wirkstoffs in wassermischbaren organischen Lösungsmitteln unter Zusatz von >Emulgatoren< und ggf. weiteren Wirkstoffen oder >Additiven<. Die Anwendung erfolgt in wäßriger Verdünnung. Dabei bildet sich zunächst eine kolloidale >Emulsion<, aus der der feste Wirkstoff mehr oder weniger schnell auskristallisiert. Dabei müssen die Wirkstoffkristalle so klein bleiben, daß sie die Düsen der Ausbringungsgeräte nicht verstopfen. Häufig unterliegt dieser Formulierungstyp Einschränkungen hinsichtlich der Mischbarkeit mit anderen Formulierungen im >Tankmixverfahren<, da deren Bestandteile das Kristallwachstum beeinflussen können.

Dispergierbarkeit. Leichtigkeit, mit der in einer Flüssigkeit oder in einem Gas eine darin praktisch unlösliche Substanz gleichmäßig verteilt werden kann. Wichtige Eigenschaft beim Ansetzen wäßriger >Spritzbrühen< von Pflanzenschutzmitteln. Bei einigen Formulierungstypen wie z.B. >Suspensionskonzentraten< oder >wasserdispergierbaren Granulaten< wird die Bestimmung der D. unter standardisierten Bedingungen zur Qualitätskontrolle herangezogen.

Lit: Biologische Bundesanstalt für Land- und Forstwirtschaft (1988) Richtlinien für die amtliche Prüfung von Pflanzenschutz-

mitteln, Teil III 2–1/1, Aco Druck, Braunschweig, S.2 – Henriet J, Martijn A, Povlsen HH (1985) Analysis of technical and formulated pesticides, CIPAC Handbook 1 C, Heffers Printers, Cambridge, MT 161 S.2294.

Dispergiermittel. Grenzflächenaktive Substanz zur Stabilisierung von >Dispersionen< feinteiliger Feststoffe, z.B. von Farbstoffen oder Pflanzenschutzmitteln in Wasser oder in einem anderen Dispersionsmittel. Für wäßrige Systeme werden häufig Calciumsalze von Arylsulfonsäuren verwendet, deren hydrophober Teil gut an die Oberflächen der Feststoffe adsorbiert werden kann, wie Ligninsulfonate oder Sulfonate komplexer synthetischer aromatischer Systeme. Die Dispergierwirkung kommt wesentlich dadurch zustande, daß die dispergierten Teilchen in Wasser durch die Sulfonsäureanionen negativ geladen werden und sich gegenseitig elektrostatisch abstoßen.

Dispersion. 1. hydrodynamische: (Lat. dispergere = zerstreuen) Bezeichnet allg. das Phänomen, daß beim Fließen einer Lsg. durch ein porös-kontinuierliches Material hohe Konz., engl. „peaks", inerter Komponenten abnehmen und verschmieren (s. Abb.). Wird analog wie >Diffusion< beschrieben in einem linearen Ansatz für den eindimensionalen Dispersions->Fluß< I:

$$I = -D \cdot \frac{\partial c}{\partial z},$$

wobei D jetzt >Dispersionskoeffizient< oder >Dispersivität< genannt wird und $\frac{\partial c}{\partial z}$ der Konz.-Gradient ist. Ein negatives Vorzeichen besagt, daß der Fluß immer entgegengesetzt dem erzeugenden Gradienten gerichtet ist. Diffusion kann als Spezialfall der Dispersion bei ruhender Lsg. angesehen werden. Grund für die hydrodynamische Dispersion ist die Aufspaltung der mikroskopischen Fließwege im porösen Medium und ihre nur unvollkommene Beschreibung in eindimensionalen Ansätzen. Die Dispersion spielt eine große Rolle

Dispersion, hydrodynamische: Dispersion im Fließmedium in einem porösen Körper dargestellt anhand von Konzentrations-Tiefen-Verteilungen in einem Boden zu verschiedenen Zeiten im Abwärtsstrom

nicht nur bei der Klärung der Struktur des durchflossenen Materials, sondern auch als in der Natur – Böden, geologischer Untergrund – weitverbreiteter Prozeß.

2. technisch: Oberbegriff für eine aus mindestens 2 Phasen bestehende Mischung, bei der eine oder mehrere Phasen (Dispergens, disperse oder dispergierte Phase) in einer anderen (Dispersionsmittel) in feinster Form verteilt sind. Molekulare Verteilungen sind echte Lösungen und fallen nicht unter die Definition, obwohl man gelegentlich den Begriff der molekularen D. findet. D. mit Teilchengrößen der dispergierten Phase zwischen 1 und 100 nm bezeichnet man als Sole, >Kolloide<, kolloiddisperse oder mikroheterogene Systeme. Da ihre Teilchendurchmesser deutlich unter der Wellenlänge des sichtbaren Lichts und damit der mikroskopischen Sichtbarkeitsgrenze liegen, erscheinen sie im Durchlicht optisch klar, zeigen jedoch senkrecht zum einfallenden Lichtstrahl eine durch Lichtstreuung hervorgerufene Opaleszenz (Tyndall-Effekt). Systeme mit Teilchengrößen >100 nm sind trüb und werden als grobdispers oder makroheterogen bezeichnet. Sind alle dispergierten Teilchen etwa gleich groß, so spricht man von einem *homo-* oder *isodispersen*, andernfalls von einem *heterodispersen* System. Je nach Aggregatzustand der dispergierten Phase und des Dispersionsmittels unterscheidet man: Aerosol (fest oder flüssig in gasförmig), Rauch oder Staub (fest in gasförmig), Nebel (flüssig in gasförmig), >Suspension< (fest in flüssig), >Emulsion< (flüssig in flüssig), Schaum (gasförmig in flüssig oder fest).

3. Umweltverhalten: Die anwendungsbedingte Ausbreitung eines Stoffes in der Umwelt. Unterschiede bei der Dispersion gibt es u. a. zwischen landwirtschaftlichen und industriellen Produkten. Im Unterschied zu industriellen Gütern werden landwirtschaftliche Produkte nicht punktuell an bestimmten Industriestandorten, sondern weiträumig, global hergestellt. Durch ihren vorwiegenden Verbrauch in Ballungszentren und die meist punktuelle Entsorgung der Abfallprodukte kommt es in stärkerem Maße zu einer stofflichen Verlagerung in die Umwelt, deren Auswirkungen u. a. in der >Eutrophierung< von Gewässern sichtbar werden. Im Gegensatz dazu kommt es durch den immer stärker vernetzten Welthandel zu einer globalen Ausbreitung industrieller Produkte, die dispers verbraucht werden. Da deshalb eine Wiederverwertung oft unmöglich wird, tragen diese Produkte in Form ihrer Abfälle zu einer stofflichen Verlagerung in der Umwelt bei. Die Dispersion anthropogener Stoffe aus den Anwendungsbereichen (durch Abwasser, Bodenauswaschung oder auch Verdampfen in die Luft) ist in der Regel eine unerwünschte Erscheinung mit negativen Folgen auf die stoffliche Umweltqualität. Ursache der (unerwünschten) Verbreitung von Chemikalien ist ihre Dispersionstendenz, ein Maß für das Bestreben einer Chemikalie, ihren Anwendungsbereich zu verlassen.

Lit: Korte F (1987) Lehrbuch der Ökologischen Chemie, Thieme, Stuttgart New York.

Dispersionskoeffizient. In Analogie zum >Diffusionskoeffizienten< mediumspez. Koeffizient, der in der Dispersionsgl. die >hydrodynamische Dispersion< beschreibt. Umfaßt in eindimensionalen Ansätzen außer dem fließgeschwindigkeitsunabhängigen Diffusionskoeffizienten den fließgeschwindigkeitsabhängigen eigentlichen hydrodyn. Dispersionskoeffizienten, der zudem von der Art der Mittelung und der Größe des Transportweges abhängig ist.

Dispersionslänge. Ist als Gesteinseig. ein Maß für die hydraulische Inhomogenität des Untergrundes. Der Dispersionskoeffizient in der Gleichung der hydrodynamischen >Dispersion< hängt von der Abstandsgeschwindigkeit v_w und der Dispersivität (Dispersionslänge, Dimension m) ab:

$$D_L = \alpha \cdot v_w{}^a$$

Der Exponent a liegt zwischen 1 und 1,2. Die D. steigt mit abnehmender Porosität, wachsender Korngröße, abnehmendem Rundungsgrad und wachsendem Ungleichförmigkeitsgrad (dem Quotienten des Korngrößenanteiles bei 60 und 10 % der Kornverteilungskurve (Lockergestein).

Lit: Mattheß G, Ubell K (1983) Allgemeine Hydrogeologie, Grundwasserhaushalt, Gebr. Borntraeger, Berlin Stuttgart.

Dispersionsmittel. Zusatzstoffe, die eine >Dispersion< ermöglichen oder beschleunigen.

Dispersivität. Maß für die Zerstreuungswirkung, die eine Konz.-Verteilung einer inerten gelösten Substanz beim Durchfließen des Lösungsmittels durch einen porösen Körper erfährt; anderer Ausdruck für >Dispersionskoeffizient<.

Disposition. In der Parasitologie die Eigenschaft eines Wirtes, für einen >Parasiten< anfällig zu sein. Die D. ist nicht bei allen Individuen gleichartig ausgebildet, und sie kann in verschiedenen Lebensphasen unterschiedlich sein. Die D. ist größer, wenn die Abwehrkräfte eines Organismus durch andere Belastungen geschwächt sind, z.B. durch Hunger, bereits vorhandene Parasitierung, toxische Substanzen etc. Es kann dann zu >synergistischen Effekten< kommen.

Disquat. (Deiquat): Wie >Paraquat< ein herbizidwirksames Bipyridiliumderivat. Die Wirkung von Disquat erfaßt vorwiegend dikotyle Pflanzen. Da die Verbindung als Kation vorliegt, erfolgt im Boden eine sofortige Absorption, so daß nur die oberirdischen und grünen Teile der Pflanze erfaßt werden. Unter Energiezufuhr durch Belichtung werden während der Photosynthese durch Aufnahme von Elektronen die freien Radikale der Bipyridile gebildet. Diese werden in Gegenwart von Sauerstoff unter Bildung von Peroxidradikalen zu den Ausgangsionen oxidiert. Durch das dabei gebildete Peroxid werden die Pflanzenzellen stark geschädigt. Aufgrund dieses Wirkungsmechanismus eignet sich Disquat besonders gut zur Krautabtötung bei Kartoffeln. Diese dient sowohl zur Erleichterung der Ernte als auch zur Vermeidung einer Wanderung von Viren vom Kraut in die Knolle.

Dissimilation. (Lat. dissimilare = unähnlich machen). Bezeichnet die Gesamtheit der energieliefernden, meist oxidativen Abbauprozesse des >Stoffwechsels<. Hierfür wird >Energie< in Form energiereicher Verb. wie z.B. >ATP< für energieverbrauchende biol. Prozesse bereitgestellt.

Dissipation. (Lat. dissipatio = Zerstreuung). Umwandlung von Bewegungsenergie in Wärme. In der Atmosphäre erfolgt die D. dadurch, daß die Wirbelelemente der atmosphärischen >Turbulenz< immer weiter zerfallen und schließlich in ungeordnete Bewegung der Moleküle übergehen, d. h. in Wärme (innere Energie). Die D. wird hauptsächlich durch >Reibung< verursacht und ist deshalb am größten in der >atmosphärischen Grenzschicht< sowie im Bereich größerer Windscherungen, d. h. im Bereich von Strahlströmen.

Dissolvable organic carbon (DOC) die away test. Ursprünglich unter dem Namen „modified >OECD< screening test" bekannt, ist dies einer der Tests zur Erkennung der leichten >biol. Abbaubarkeit< für die Chemikaliengesetzgebung in D und der EU sowie in der >ISO< und >OECD<. Der Test wird in offenen Gefäßen, 2- bis 5-L-Glasgefäße, auf einer Schüttelmaschine durchgeführt. Die Animpfung ist gering, der Test wird bei konstanter Temperatur (20 bis 25 °C) und bei Dunkelheit über üblicherweise 28 Tage durchgeführt. Es wird die DOC-Abnahme gemessen. Die Abnahme des DOC-Gehalts muß 70 % betragen, wenn der Stoff als leicht biol. abbaubar gelten soll. Wie bei allen biol. Tests wird auch hier eine Kontrolle ohne den Stoff mitgeführt. Im Fall der Abbaubarkeit soll gesichert sein, daß das Inokulum (Impfgut) nicht geschädigt ist (ISO/CD 14592).

Dissolver. Auflösebehälter; Behälter zur Auflösung des >Kernbrennstoffes< in Säure bei der >Wiederaufarbeitung<.

Dissoziation. Thermische Zerlegung von Molekülen in Atome und Radikale. Tritt während der motorischen Dissoziation bei hohen Verbrennungstemp. auf und vermindert den erreichbaren Prozeßwirkungsgrad. >Spaltgas MeOH<.

Distärkeadipat. Eine chemisch modifizierte >Stärke<, die durch Umsetzung von wässriger Stärkesuspension mit >Adipinsäure< erzeugt wird. Durch Verbindung benachbarter Stärkemoleküle über den Säurerest entstehen durchscheinende Kleister mit sehr hohem Verdickungsvermögen, die jedoch keine Gelierfähigkeit besitzen.

Distärkephosphat. Wie >Distärkeadipat< eine chemisch modifizierte >Stärke<. Die Bildung erfolgt durch Umsetzung wässriger Stärkesuspension mit Trinatriummetaphosphat. Phosphatmodifizierte Stärken besitzen eine höhere Stabilität gegenüber Hitze, Hydrolyse und mechanischen Einflüssen. Der Zusatz erfolgt zu Puddings, Backwaren, Trockensuppen, Margarine etc.

Distickstoffoxid, Dinitrogenoxid. Auch >Lachgas (N_2O)<; farbloses, leicht süßlich riechendes ungiftiges Gas, das wegen seiner Rauschwirkung zur Inhalationsanästhesie verwendet wird. Entsteht bei unvollständiger Verbrennung in Kfz-Motoren, aber auch infolge chem. und mikrobieller Umsetzungen bei der sog. (De-)Nitrifikation im Boden und bei anderen chem.-industriellen Prozessen. Durch Katalysator in Auspuffgasen gegenüber den NO_x erheblich angereichert. Kein gesetzlich kontrolliertes Auspuffgas. Distickstoffoxid ist von den sog. klimarelevanten Gasen in der Atmo-

sphäre das mit der schnellsten Zuwachsrate. Es ist mitverantwortlich für den >„Gewächshauseffekt"< und für den Abbau des Ozons in der oberen Stratosphäre.

Diuron. Wirkt als >Herbizid< und zählt zu der Substanzklasse der Harnstoff-Derivate.
Chemische Bezeichnung: 3-(3,4-Dichlorphenyl)-1,1-dimethylharnstoff
CAS-Nummer: 330–54–1
Hersteller: Bayer, Du Pont
Wirkungstyp: Vorauflauf- Wurzelherbizid, Hemmstoff der Photosynth. (Hill-Reaktion).
Bevorzugte Anwendung: Selektiv in Baumwolle, Zukkerrohr, Spargel, Gemüsearten, Obstbau (0,5 bis 4,5 kg AS/ha). Als Totalherbizid auf Wegen und Plätzen (5 bis 30 kg AS/ha), auch in Kombination mit anderen Herbiziden. Gegen Moose und Algen.

Chemische und physikalische Eigenschaften:
Physikalische Beschaffenheit: Krist., farblos.
Schmelzpunkt: 158 bis 159 °C.
Dampfdruck: $2,3 \cdot 10^{-9}$ hPa bei 20 °C.
Verteilungskoeffizient (log $P_{o/w}$): 2,82 bei 20 °C.
Stabilität: Stabil unter Normalbedingungen. Wird durch Säuren und Laugen hydrolysiert.
Löslichkeit: 42 mg/L in Wasser bei 25 °C.
Abbau: In Pflanze und Boden enzymatische und mikrobielle Entmethylierung am Stickstoff, außerdem Hydroxylierung des Phenylringes in 2-Stellung. Wirkungsdauer bei normaler Aufwandmenge je nach Bodenart und Feuchtigkeit 4 bis 8 Monate.
Bei Ratten langsame, jedoch nahezu vollständige Resorption. Max. Radioaktivitätskonz. im Blut ca. 2 bis 7 Stunden nach Verabreichung. Rasche Ausscheidung aus allen Organen und Geweben innerhalb von 3 Tagen, davon ca. 3/4 mit dem Urin, 1/4 über die Faeces. Hauptmetabolit im Urin bei versch. Tierspezies: N-(3,4-Dichlorphenyl)-harnstoff; in geringen Mengen renale Ausscheidung von weiteren 4 Metaboliten und von unverändertem Wirkstoff. Beim Menschen konnten ebenfalls der Hauptmetabolit sowie 2 weitere Metaboliten nachgewiesen werden.
Toxizität: Akute orale LD_{50} für Ratte >5.000 mg/kg. Akute dermale LD_{50} für Ratte >5.000 mg/kg. Inhalation LC_{50} für Ratte 0,2 mg/L (Aerosol). Bei Kaninchen keine Haut- und Augenreizung. Höchste Dosis ohne Wirkung bei Ratten und Hunden 250 mg/kg (2 Jahre).
Bienentoxizität: Nicht bienengefährlich (B 4).
Fischtoxizität: LC_{50} für Regenbogenforelle 5,6 mg/L, Bluegill 5,9 mg/L, Guppy 25 mg/L (96 Stunden).
Vogeltoxizität: LC_{50} (8 Tage) für Japanische Wachtel und Stockente >5.000 mg/kg.

Divergenz. Beschreibt die räumliche Veränderung der Vektorkomponenten eines dreidimensionalen Strömungsfeldes. Die D. wird als positiv definiert, sofern mehr aus einem Volumenelement heraus- als hineinströmt. Da in der >Meteorologie< die Vertikalkomponente des Windes in der Regel um 2 Zehnerpotenzen kleiner ist als diejenigen des Horizontalwindes, wird sie meist vernachlässigt. Gegensatz: >Konvergenz<.

Diversität. (Lat. diversitas = Verschiedenheit; Artenvielfalt) >Biozönosen< mit großer Artenvielfalt zeichnen sich meist durch rel. hohe >Stabilität< aus, was gleichbedeutend mit dem Erreichen des Reife- oder Klimaxstadiums als eines >quasi-stationären Zustandes< ist.

DKFZ. Deutsches Krebsforschungszentrum, Heidelberg.

DNA. Engl. Abk. für *D*esoxribo*n*ucleic *a*cid (heute gebräuchlicher als >DNS<, >Desoxyribonucleinsäure<).

DNA-bindende Proteine. Proteine, die mit der DNA in Zellen spezifische Bindungen eingehen. Man unterscheidet verschiedene Typen von DNA-bindenden Proteinen für unterschiedliche Funktionen: 1. Bei >Eukaryonten< kommt die im Zellkern als >Chromosom< oder während der Interphase als >Chromatin< vorliegende DNA vergesellschaftet mit einigen >Proteinen< vor. Darunter nehmen die Histone (5 Typen: H1, H2A, H2B, H3 und H4) die dominierende Rolle ein. Es sind basische Proteine, die sich zu Oktameren zusammenlagern und um die die DNA aufgewickelt (je 1,75 Windungen um ein Histon-Oktamer) und damit auf etwa 15% ihrer Ausgangslänge verdichtet wird. Die Histon-DNA-Komplexe können als sog. Nucleosomen elektronenmikroskopisch sichtbar gemacht werden. Durch kurze DNA-Sequenzen, die >Linker< genannt werden, sind die einzelnen Histon-DNA-Komplexe miteinander verbunden, so daß wie Perlschnüre aussehende Strukturen resultieren, die dann im Chromatin und den Chromosomen zu weiteren „Überstrukturen" organisiert werden. Das Gewichtsverhältnis DNA zu Protein ist ungefähr 1:1. Außer den Histonen sind noch weitere Proteine an die DNA gebunden, die unter dem Sammelbegriff Nicht-Histon-Fraktion zusammengefaßt werden. Darunter ist beispielsweise das Nucleoplasmin zu nennen. Es erfüllt die Funktion eines „Montageproteins" für die Organisation der DNA-Histon-Komplexe. Über die Natur und biol. Funktion weiterer Proteine ist bisher noch recht wenig bekannt. Man vermutet darunter z. B. Regulationsproteine zur Kontrolle der >Transcription<.
2. Die Expression von >Genen<, Transcription, wird häufig über spezifische Wechselwirkungen zwischen Proteinen und der DNA kontrolliert. So besitzt ein Repressor-Protein eine DNA-Bindungsstelle, mit der es die Sequenz des Operators erkennt und damit die Expression des zugehörigen Gens blockiert. Außerdem besitzt es eine Induktor-Bindungsstelle. Wird diese besetzt, verliert das Protein die Bindungsfähigkeit für den Operator, und die Expression des entsprechenden Gens wird möglich. Bekanntestes Beispiel für dieses Prinzip ist der Repressor der Gene für die β-Galactosidase, deren Expression durch Lactose induziert wird. Andere Proteine ändern durch Bindung eines Liganden ihre Konformation so, daß eine DNA-Bindungsstelle freigelegt wird. Durch Bindung an die DNA findet die Expression des Gens statt (Transkriptionsfaktoren). Beispiele sind Steroid-Rezeptoren, die u. a. für östrogene Wirkungen von Umweltchemikalien von Bedeutung sind. Der Vergleich der Sequenz von Transkriptionsfaktoren zeigt, daß gemeinsame Motive auftauchen, die für die Bindung an die DNA von Bedeutung sind. Sie sind i. d. R. relativ kurz und bilden nur einen kleinen Teil der gesamten Proteinstruktur. So besteht die DNA-bindende Domäne in Steroidhormonrezeptoren aus etwa 80 Aminosäuren, mit einer

spezifischen Erkennungssequenz (CKXFF(K,R)R), außerdem 2 Zinkfinger-Motiven und einem Helix-Knick-Helix-Motiv. Letztere findet man neben Leucin-Reißverschluß-Motiven (engl. leucin zipper) auch in anderen Transkriptionsfaktoren. Neben den DNA-bindenden Domänen besitzen Transkriptionsfaktoren auch DNA-aktivierende Domänen, z. B. zur Bindung von RNA-Polymerase.
Lit: Lewin B (1991) Gene. VCH, Weinheim – Bielka H, Börner T (1995) Molekulare Biologie der Zelle. Gustav Fischer Verlag, Jena – Lehninger AL, Nelson DL, Cox MM (1994) Prinzipien der Biochemie. Spektrum Akademischer Verlag, Heidelberg.

DNA-Chip. (Syn. DNA-Mikroarray). Träger, auf denen eine hohe Zahl unterschiedlicher Oligonukleotide geordnet aufgebracht sind. Sie dienen der >Genomanalyse< bzw. >RNA<-Analyse, da nur bei komplementären Sequenzen in der genomischen DNA bzw. RNA eine >Hybridisierung< an die entsprechende Sonde auf dem DNA-Chip stattfinden kann. Häufig werden die Produkte aus einer >PCR< mit dem Chip inkubiert, da nach der PCR kürzere Abschnitte der DNA in höheren Konzentrationen vorliegen, was zu einer Beschleunigung der Hybridisierungsreaktion und gleichzeitig zur Einbaumöglichkeit fluoreszenzmarkierter >Nukleotide< führt. Der Nachweis erfolgt i. d. R. mit geeigneten scannenden Fluoreszenz-Detektoren, z. B. -Mikroskopen. Alternativ zu fluoreszenzmarkierten Nukleotiden können auch Verbindungen verwendet werden, die sich in die entstehenden Doppelstränge einlagern (Intercalatoren) und sich dann fluorimetrisch über scannende Mikroskope detektieren lassen oder über radioaktive Markierungen sekundärer Sonden. Hergestellt werden die DNA-Chips entweder durch direkte Synthese der Oligonukleotide auf dem Träger mit Hilfe geeigneter photolithographischer Masken und photochemischer Aktivierung der einzelnen Nucleotide, oder durch Pipettieren, Stempeln etc. bereits vorgefertigter Oligonucleotide. Mit dem ersteren Verfahren wird eine höhere Dichte von Sonden auf dem Träger erzeugt, das zweite Verfahren läßt eine Qualitätskontrolle der Oligonukleotide zu und ist preiswerter. Als DNA-Chips werden auch (Glas)Träger bezeichnet, auf die cDNA-Bibliotheken oder PCR-Produkte dicht und geordnet aufgespottet wurden und die dann mit einer geeigneten fluoreszenzmarkierten Sonde (Oligonucleotid) auf spezifische Hybridisierung untersucht werden. Mittlerweile sind mehrere Systeme sowohl zum Erzeugen, als auch zum Auslesen der Raster kommerziell erhältlich.
Lit: Schena M, Heller RA, Theriault TP, Konrad K, Lachenmeier E, Davis RW (1998) Microarrays: biotechnology's discovery platform for functional genomics. TIBTECH 16, 301–306 – Hoheisel JD, Vingron M (1998) DNS-Chip-Technologie. Biospektrum 4 (6), 17–21.

DNA-damage (dnd). (Engl. damages = Beschädigungen). In der englischsprachigen Literatur zu findende Bez. für >Mutationen<, besonders >Punktmutationen< der DNA.

DNA-fingerprinting. (Engl. fingerprint = Fingerabdruck). Analytische Methode zur Charakterisierung von DNA-Molekülen – analog für RNA oder Proteine möglich –, ohne dabei die vollständige Sequenz der Basen zu ermitteln. Die Analogie zu menschlichen Fingerabdrücken besteht darin, daß diese ebenfalls zur Identifizierung ausreichen, ohne daß dabei persönliche Daten wie Alter, Geschlecht, Haarfarbe etc. bekannt sein müssen. Zur Herstellung eines DNA-fingerprints werden DNA-Moleküle mit Endonucleasen, häufig mit nur einer Endonuclease, inkubiert und so in charakteristische Fragmente (Oligonucleotide) zerlegt. Nach vollständiger Spaltung aller für das Enzym zugängliche Bindungen werden die Oligonucleotid-Gemische einer zweidimensionalen Trennung unterzogen. In der ersten Dimension wird üblicherweise eine Hochspannungselektrophorese (>Elekrophorese<) auf Trägern, z.B. Celluloseacetatfolien, durchgeführt. Für die Trennung in der zweiten Dimension werden oft folgende zwei Varianten durchgeführt: 1. Nach Übertragen der Oligonucleotide vom ersten Träger auf z.B. ein DEAE-Cellulosepapier (Diethylaminoethyl-) durch sog. „Blotten" wird erneut eine Hochspannungselektrophorese durchgeführt. 2. Die Oligonucleotide werden auf dem gleichen Träger mit einer chromatographischen Trennmethode aufgetrennt, die als „Homochromatographie" bezeichnet wird. Hierbei handelt es sich um eine Dünnschicht- oder Papierchromatographie, bei der die Oligonucleotide in einer homologen Reihe nach ihrer Länge und damit auch nach ihrer Ladung aufgetrennt werden. Nach einer geeigneten Detektion der aufgetrennten Gemische ergeben sich zweidimensionale fingerprints („Fleckmuster"), bei denen jede Fleck-Position von der Länge und Basensequenz der darin enthaltenen Oligonucleotide abhängt. Anwendungsgebiete ergeben sich für DNA-fingerprinting-Methoden z.B. in der forensischen Biologie, bei Vaterschafts-Streitigkeiten oder dem Nachweis des Täters bei Vergewaltigungen.

DNA-repair. Genetisch determinierte Reparaturmechanismen von Organismen, die best., durch >Mutagene< (z.B. HNO_2, UV-Strahlung) aber auch durch Spontanmutationen hervorgerufene prämutative DNA-Veränderungen zu korrigieren vermögen, so daß eine Mutation sich nicht manifestieren kann und die beobachtete >Mutations-< und Letalrate geringer ausfällt, als es der theoretischen Erwartung entspricht. Dabei gibt es verschiedene Reparaturprinzipien:
- >Cytosin< kann spontan, aber auch durch die mutagene salpetrige Säure (HNO_2) zu >Uracil< desaminieren (Uracil kommt in >RNA< anstelle des in DNA enthaltenen Cytosins vor). Würde dieser Basen-Fehler nicht korrigiert, so bedeutete dies einen Defekt in der genetischen Information. Die Zelle enthält jedoch zur Korrektur dieses Defekts ein Reparaturenzym, die Uracil-DNA-Glycosidase. Sie erkennt die nicht in die DNA gehörige „RNA-Base" und entfernt sie hydrolytisch. Über weitere enzymatische Vorgänge wird die entstandene Lücke mit Cytosin aufgefüllt, geschlossen und somit die ursprüngliche Sequenz wiederhergestellt.
- >Thymin< neigt dazu, durch den Einfluß mutagen wirkender UV-Bestrahlung (Sonnenlicht!) zu dimerisieren. Die Dimere würden bei der DNA-Replikation zu Störungen führen, da sie sterisch nicht in die Doppelhelixstruktur passen. Auch hierfür gibt es ein Reparaturenzym, eine spezifische Endonuclease. Diese Endonuclease erkennt die Thymin-Dimeren und „schneidet" sie aus der DNA heraus (Exzisionsreparatur). Mittels Katalyse durch die DNA-Endonuclease I wird die Lücke mit Thymin wieder aufgefüllt und durch eine Ligase wird sie geschlossen. Es gibt auch ein photochem. Reparatursystem dieser Dimeren-Bildung. Daran ist eine DNA-Photolyase beteiligt.

Fehlen solche Reparatursysteme, z.B. durch genetische Erbdefekte, so kommt es zu schweren Hauterkrankungen mit nachfolgend bösartiger Hautkrebsbildung mit Todesfolge. Diese seltene Erbkrankheit wird als Xeroderma pigmentosum bezeichnet.
Lit: Stryer L (1990) Biochemie. Spektrum der Wissenschaft Verlagsgesellschaft, Heidelberg.

DNA-Sequenzierung. Ermittlung der Nucleotidabfolge in der >DNA<. Die Methoden gelten analog auch für die >RNA<-Sequenzierung. Allerdings wird von RNA üblicherweise durch reverse >Transkription< erst eine cDNA-Kopie erzeugt und diese anschließend sequenziert. Die Gewinnung der Sequenzen erfolgt in 6 Schritten: 1. Isolierung und Reinigung der Nucleinsäuren, 2. Klonierung oder PCR-Amplifikation, da zum einen die genomische DNA zu lang ist, um sie direkt bearbeiten zu können, und zum anderen die Zahl der bei einer Präparation erhaltenen Kopien für eine Sequenzierung nicht ausreicht, d.h. die Ausgangsmenge amplifiziert werden muß. 3. DNA-Aufreinigung, z.B. Abtrennung kontaminierender Proteine, Kohlenhydrate etc., 4. DNA-Sequenzierung und Elektrophorese, 5. Rekonstitution der ursprünglichen Sequenzinformation, 6. Fehlerkorrektur und Sequenzdatenanalyse. Zur eigentlichen DNA-S. verwendet man heute zumeist die Methode nach Sanger („Didesoxy-Methode"). Dieses Verfahren basiert auf der enzymatisch katalysierten Synthese einer Population von basenspezifisch terminierten DNA-Fragmenten, die nach ihrer Größe gelelektrophoretisch getrennt werden. Aus dem resultierenden Bandenmuster wird die Sequenz rekonstruiert. Ausgehend von einer bekannten Startsequenz wird durch Zugabe eines Sequenzierungsprimers (20 bp), eines Nucleotidgemisches und einer DNA-Polymerase die Neusynthese eines komplementären DNA-Strangs initiiert. Die Reaktion wird in 4 parallelen Ansätzen gleichzeitig durchgeführt, die sich nur im Nucleotidgemisch unterscheiden. Jedes Gemisch enthält eine Mischung der natürlichen 2-Desoxynucleotide und jeweils einen Typ 2′, 3′-Didesoxynucleotide, die zum Abbruch der Kette führen. Aus jedem Reaktionsansatz ergibt sich damit im Polyacrylamidgel ein typisches Bandenmuster. Neben diesem Verfahren wird das Maxam-Gilbert-Verfahren eingesetzt, bei dem die DNA durch verschiedene Enzyme bzw. chem. basenspezifisch gespalten wird. Auch hier erhält man Sequenz-typische Bandenmuster. Voraussetzung für die rasante Entwicklung der Sequenzierungstechniken und damit der bereits vorliegenden Genom-Informationen war zum einen das Vorhandensein spezifischer, reiner Enzyme für die DNA-Spaltung und -Synthese, und zum anderen die Weiterentwicklung von Detektions- und Trenntechniken, mit denen Sequenzen unterschieden werden können, die sich in der Länge nur um ein Basenpaar unterscheiden. Heute sind diese Methoden weitgehend automatisiert. Da die Gelelektrophorese i.d.R. den durchsatzlimitierenden Schritt darstellt, versucht man ihn zu eliminieren bzw. durch Parallelansätze zu beschleunigen. Daher werden als Alternativen gelfreie Sequenzierungsmethoden entwickelt, wie z.B. die sog. „Sequenzierung durch Hybridisierung", bei der alle kombinatorisch möglichen Oligonucleotide einer gegebenen Länge n auf einer Oberfläche synthetisiert werden und anschließend die basenspezifische Hybridisierung beobachtet wird (>DNA-Chip<).
Lit: Lottspeich F, Zorbas H (1998) Bioanalytik, Spektrum Akademischer Verlag, Heidelberg.

DNA-Synthese. Die chem. Synth. von DNA-Einzelstrang-Sequenzen, die oft nur 15 bis 40 Nucleotide lang sind und sich >*in vivo*< völlig analog zu ihren natürlichen Pendants verhalten, wird in der Gentechnik für eine Reihe wichtiger Zwecke angewandt:
- Zur Synth. und nachfolgenden Einführung von Erkennungssequenzen für spezielle Restriktionsenzyme in die DNA.
- Zur Synth. von Oligonucleotiden zur Auffindung von komplementären >Genen<, z.B. in >Genbanken<.
- Zur Herstellung von >Gensonden<.
- Als wichtigster Zweck ist die gezielte Synth. modifizierter DNA-Sequenzen zu nennen, die nach der >Expression< „maßgeschneiderte" Veränderungen in den dadurch codierten Enzymen und Proteinen hervorrufen können. Als Ziel ist die dadurch mögliche Neusynth. nicht natürlich vorkommender Proteine im Gespräch.

Aus chem. Sicht ist die Herst. von DNA-Sequenzen auf das Problem der selektiven Verknüpfung von >Nucleosiden< mittels Phosphodiesterbrücken zwischen der 3'-OH-Gruppe des einen Rests und der 5'-OH-Gruppe im nächsten Rest konz. Damit die Verknüpfung nur an den gewünschten Stellen erfolgt, müssen die Nucleoside entsprechend vorbereitet sein. Die DNA-Synth. ist in vier prinzipielle Operationen einteilbar:

1. Die Herstellung gewünschter Mononucleoside (auch im Handel erhältlich, z.B. bei Sigma, Deisenhofen oder bei Aldrich, Steinheim).
2. Die Verknüpfung der geschützten Mononucleoside durch Internucleotid-Phosphodiester-Bindungen.
3. Die ggf. erforderlichen Reinigungsschritte zwischen den einzelnen Verknüpfungen, z.B. mit HPLC-Methoden.
4. Die Abspaltung der Schutzgruppen von der fertigen DNA.

Bei den Verknüpfungstechniken sind immer wieder Veränderungen eingeführt worden, um die Ausbeuten zu verbessern. Die erste, im großen Maße eingesetzte, heute aber zurückgedrängte Technik war die Phosphodiester-Methode. Verbesserungen brachten die Phosphotriester-, Phosphoamidit-(Phosphit-) und die relativ neue Hydrogenphosphonat-Methode. Im Hinblick auf erforderliche Reinigungsschritte und die Ausbeute brachte auch die Einführung polymerer Träger zur Verankerung und Immobilisierung der wachsenden Nucleotidkette deutliche Verbesserungen. Die zunehmenden Fortschritte in der Automatisierung und Standardisierung haben die Entwicklung von computergesteuerten „DNA-synthesizern" möglich gemacht. Mit dieser Methode können gewünschte DNA-Sequenzen routinemäßig, verhältnismäßig leicht, automatisch und programmgesteuert hergestellt werden. Eine besonders elegante und technisch relativ wenig aufwendige Methode ist die von FRANK und BLÖCKER 1983 entwickelte „Papierfiltermethode". Eine der längsten bisher vollsynth. hergestellten DNA-Sequenzen ist das >Gen< für Thaumatin mit rund 750 Basenpaaren.

Lit: Davies JE, Gassen HG (1983) Synthetische Genfragmente in der Gentechnik – Die Renaissance der Chemie in der Molekularbiologie. Angewandte Chemie 95: 26–44 – Gait MG (1983) Oligonucletide synthesis: a practical approach. IRL Press, Oxford, Washington – Gassen HG, Martin A, Berram S (Hrsg.) (1987) Gentechnik, 2.Aufl., G. Fischer, Stuttgart – Gassen HG, Martin A, Sachse G (1990) Der Stoff aus dem die Gene sind. Campus, New York.

„DNA-synthesizer". In der Gentechnik und Molekularbiologie eingesetztes Laborgerät zur automatisierten >DNA-Synthese<.

DNS. Dt. Abk. für >*D*esoxyribo*n*uclein*s*äure< (heute weniger gebräuchlich als >DNA<).

Dobson-Einheit. (Dobson-Units, DU). Maß für die Ozongesamtmenge über einer bestimmten Stelle der Erdoberfläche. 100DU entsprechen einer Luftschicht von 1 mm Dicke bei Atmosphärendruck (1.013 hPa) und einer Temperatur von 298 K.

DOC. („dissolved organic carbon") >Organische Substanz<, >Kohlenstoff<.

Dodekan. *n*-Dodekan, $C_{12}H_{26}$, Fp. –9,6 °C, Kp. 216,3 °C, Dichte 0,7493 g/cm^3. Dodekan ist eine Kohlenwasserstoffverb. (>Alkan<), geeignet als Lsg.-Mittel zur Verdünnung des >TBP< bei der Extraktion von U und Pu aus bestrahltem >Kernbrennstoff<. >PUREX-Verfahren<.

Dollar. Ein bei Angaben der >Reaktivität< verwendeter Name. Dollar ist die auf den Anteil der verzögerten >Neutronen< bezogene Maßeinheit für die Reaktivität eines >Reaktors<.

Dolomit. Eines der Hauptminerale der Carbonatgesteine mit der Formel $CaMg(CO_3)_2$. Die Löslichkeit von D. ist kleiner als die von >Calcit<, daher verwittert er langsamer als dieser; die Verwitterungsprodukte weisen oft sandige bis grusige Formen auf.

Dolomitgestein. >Karstgrundwasserleiter<.

DOM. Gesamtheit der gelösten organischen Stoffe im Gewässer. Herkunft aus dem mikrobiellen Abbau von toten Organismen und Pflanzenresten sowie der Abgabe von lebenden Pflanzen (>Exsudation<) und Tieren (Exkretion). Hauptkomponenten >Huminstoffe<, Polysaccharide, freie Enzyme, z.B. Phosphatasen, Nucleinsäuren, Aminosäuren. DOM ist die Basis für den >microbial loop< im Gewässer.

dominant. Übergewicht eines >Allels< gegenüber der Wirkung des zugehörigen zweiten Allels, welches als rezessiv bezeichnet wird. Das d. Allel wirkt bei der Ausprägung des codierten Merkmals im >Phänotyp< bestimmend. Beim Menschen werden z.B. die Merkmale für Nachtblindheit und Kurzfingrigkeit d. vererbt.

Dominanz. Beschreibung für den relativen Anteil einer >Art< im Verhältnis zu anderen Arten, die auf einer bestimmten Fläche leben. Dazu werden alle Individuen einer Art mit den Individuenzahlen aller anderer Arten verglichen und D.-Klassen erstellt, z.B. nach ENGELMANN: Eudominante Arten haben einen Anteil von 32 bis 100 % an den Individuen pro Fläche, dominante Arten 10 bis 31,9 %, *subdominante* Arten 3,2 bis 10 %, *rezedente* Arten 1 bis 3,1 % *subrezedente* Arten unter 1 %; die Bezeichnungen entsprechen abnehmender D. Bei der Bildung dieser D.-Klassen können nur Individuen vergleichbarer Gruppen, z.B. Vögel oder Blütenpflanzen, verglichen werden. In der >Pflanzensoziologie< wird der Deckungsgrad als Maß herangezogen, d. h. der Anteil, den die jeweilige Art bei der Projektion auf die Bodenoberfläche bedeckt.

Lit: Engelmann HD (1978) Zur Dominanklassifizierung von Bodenarthropoden, Pedobiologia 18.

Dominanzidentität. Die Artenspektren der Pflanzen und Tiere ähnlicher Lebensräume weisen oft unterschiedliche >Dominanzen< auf. Der Grad der Übereinstimmung wird als D. bezeichnet. Als Maß für die D. wird die Renkonen(sche) Zahl berechnet, ökologische Indices.

Domodiagnostik. Kunstwort aus dem Foschungsbereich Innenraumuntersuchung. Lehre vom Erkennen der >Innenraumbelastung< durch Chemikalien.

Doppelbettkatalysator. Zweiteilige Katalysatoranlage, wobei im ersten Abschnitt das Motorabgas aus der Verbrennung von >fettem Gemisch< reduziert wird und somit zur >NO_x-Absenkung<führt. Vor dem nachgeschalteten zweiten Abschnitt wird >Sekundärluft< für die Ox. von >CO< und >HC< eingeblasen.

Doppelblindversuch. >Blindversuch<.

Doppelfüßer. Diplopoda, >Myriopoda<.

Doppelhelix. (Syn. Watson-Crick-Modell). Bez. für die Raumstruktur der >Desoxyribonucleinsäure< (DNA). Die Theorie, daß die DNA sich in Form einer D. um eine gedachte Achse windet, wobei die nach innen weisenden, gepaarten Nucleinbasen wie Stufen einer Wendeltreppe vorstellbar sind, wurde 1953 von J.D. WATSON, F.H.C. CRICK und M. WILKINS veröffentlicht. Für diese Leistung bekamen die Forscher 1962 den Nobelpreis für Medizin (s. Abb. unten).

Lit: Watson JD (1969) Die Doppel-Helix. Rohwohlt Taschenbuch VerlagGmbH, Hamburg – Watson JD, Crick FHC (1953) Genetical Implication of the Structure of Deoxyribonucleic Acid. Nature S. 177–964 (Originalveröffentlichung!).

Doppelschwänze. >Diplura<.

Dopplereffekt. Veränderung der gemessenen Frequenz einer Wellenstruktur durch die Bewegung des Empfängers oder der Wellenquelle. Der bewegte Empfänger schneidet mehr oder weniger Wellen pro Zeiteinheit, je nachdem, ob er sich auf die Quelle der Wellen zu oder von ihr weg bewegt. Analog gilt in einem >Reak-

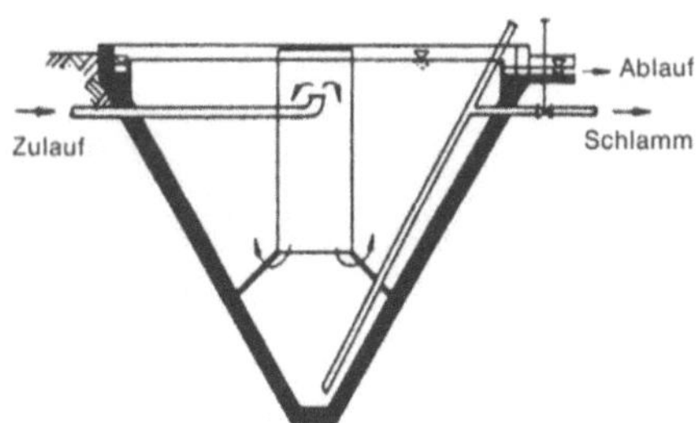

Dortmundbecken: Dortmundbecken (aus: Bretschneider H, Lecher K, Schmidt M (Hrsg.) (1993) Taschenbuch der Wasserwirtschaft, 7. Aufl., Verlag Paul Parey, Hamburg Berlin)

tor<, da Spaltungsquerschnitte von der relativen Geschwindigkeit der >Neutronen< und der >Uranatome< abhängen, daß die Schwingungen der Uranatome in einem >Brennelement< aufgrund der steigenden Betriebstemp. zu einem Dopplereffekt führen. Dieser Dopplereffekt kann die >Reaktivität< des Reaktors verändern.

Dormanz. (Lat. dormire = schlafen). 1. Pflanzen: Der Ruhezustand von Knospen und Samen, dient der Überdauerung ungünstiger Witterungsbedingungen, wie sie z.B. in der Winterperiode herrschen. Die Dormanz wird über den Photoperiodismus und hormonell gesteuert, in vielen Fällen durch Anhäufung von >Abscisinsäure<.
2. Tiere: Verschieden vom Organismus gesteuerter Stillstand in der Entwicklung der Tiere. >Diapause<.

Dortmundbecken. Auch Trichterbecken oder Dortmundbrunnen (s. Abb.); werden zentral im unteren Bereich mit Abwasser beschickt und haben eine vertikale Durchströmung. Die Ablaufrinnen sind am Rand der runden oder quadratischen Becken angebracht. Trichterbecken haben üblicherweise keine maschinelle Schlammräumung, da der Schlamm an den steilen Wänden der Trichtersohle selbsttätig zur Trichterspitze abrutscht. Die Wandneigungen müssen mindestens 1,7:1 betragen. Wird der Schlammspiegel des abgesetzten Schlammes über den Einlauföffnungen des Zentralrohres gehalten, so muß das Abwasser zusätzlich durch einen Flockenfilter strömen, das die Abscheidewirkung begünstigt. Vertikal durchströmte >Absetzbecken< können mit höherer Oberflächenbeschickung betrieben werden als horizontal durchströmte Becken. Nachteilig ist bei größeren Trichterbecken die notwendige Beckentiefe, die sich durch die erforderliche Neigung der Trichterwände konstruktiv ergibt. Trichterbecken kommen daher i. allg. nur für kleinere >Kläranlagen< in Betracht.

Dortmundbrunnen. >Dortmundbecken<.

Dosenbarometer. Gerät zur Messung des Luftdrucks mit Hilfe von sog. Vidie-Dosen, in denen, bezogen auf die Außenluft, Unterdruck herrscht. >Barograph<, >Barometer<.

Dosieranlage. Zum Ansetzen von Lösungen stehen bewährte Dosieranlagen zur Verfügung. Die Abb. (S. 334) zeigt eine solche Anlage. Das als Trockengut angelieferte anorg. Konditioniermittel wird über die Beschickungsleitung (b) aus einem Silowagen oder Container

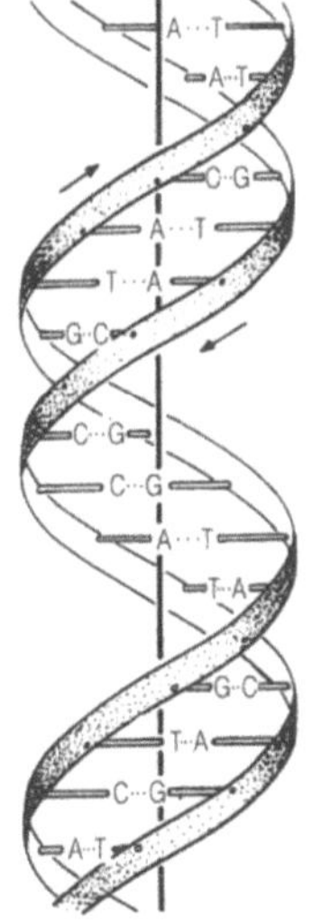

Doppelhelix: Schematische Darstellung der Doppelhelix (Originalabbildung von Watson u. Crick). (aus Watson JD, 1969)

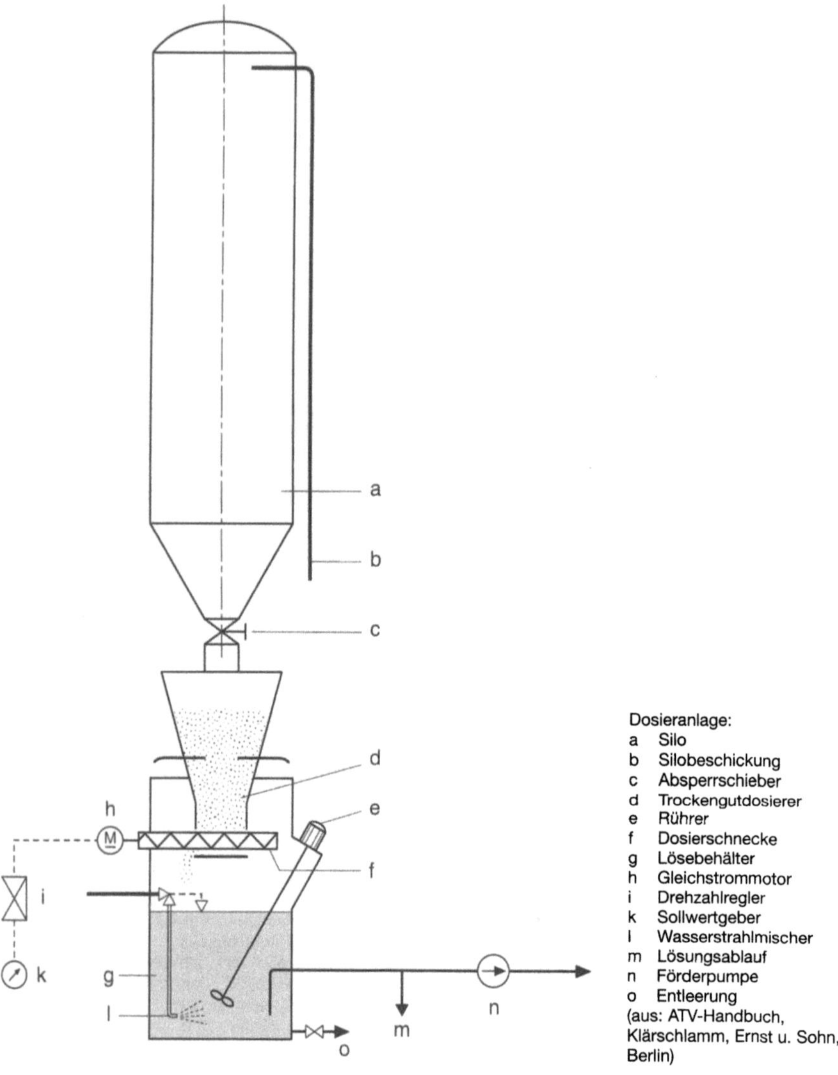

dem Vorratssilo (a) aufgegeben und hier gespeichert. Das Silo ist über den Absperrschieber (c) mit einem speziellen Trockengutdosierer (d) verbunden. Über eine von einem Gleichstrommotor angetriebene Dosierschnecke (f) wird das Trockengut dosiert in den Lösebehälter (g) abgeworfen. Mit dem Rührer (e) wird der Lösevorgang unterstützt. Die Dosierrate der Schnecke wird von einem Sollwertgeber kontrolliert. Die eigentliche Benetzung des Trockengutes findet im Wasserstrahlmischer (l) statt. Die gebrauchsfertige Konditioniermittel-Lösung wird dem Lösebehälter (g) entnommen und entweder im freien Ablauf oder über die Dosierpumpe(n) den Verbraucherstellen zugepumpt.

Für alle mit der Konditioniermittel-Lösung in Berührung kommenden Anlagenteile, wie Behälter, Rohrleitungen, Pumpen, Armaturen usw., sind korrosionsbeständige Werkstoffe zu verwenden. Für Behälter, Rohrleitungen sowie Armaturen haben sich säurebeständige Kunststoffe wie Polyethylen- oder Polyvinylchlorid (PVC)-Qualitäten bewährt.

Lit: Meinck F, Stooff H (1968) Industrie-Abwässer, Gustav Fischer Verlag, Stuttgart – Abwassertechnische Vereinigung e.V. (Hrsg.) (1985–1997) ATV-Handbuch, 4.Aufl., Band 1–7, Verlag Wilhelm Ernst und Sohn, Berlin München.

Dosimeter. Ein Instrument zur Messung der >Ionendosis<, >Energiedosis< oder >Äquivalentdosis<. >Ionisationskammer<, >Filmdosimeter<, >Phosphatglasdosimeter<, >Thermolumineszenzdosimeter<.

Dosimetrie. Meßverfahren zur Best. der durch >ionisierende Strahlung< in Materie erzeugten >Ionen-<, >Energie-< oder >Äquivalentdosis<.

Dosis. Die Dosis ist ein Maß für eine näher anzugebende >Strahlenwirkung<. Die >Energiedosis< gibt die gesamte absorbierte Strahlungsenergie an die bestrahlte Materie an, sie wird in der Einheit >Gray< (Gy) angegeben. Bedeutsam für >Strahlenschutzzwecke< ist die >Äquivalentdosis<, die die unterschiedlichen biol. Wirkungsmöglichkeiten verschiedener Strahlenarten berücksichtigt. Die Einheit der Äquivalentdosis ist das >Sievert<. >Röntgen<, >Rad<, >Rem<.

Dosisaufbaufaktor. Er berücksichtigt bei >Abschirmberechnungen< den Einfluß der >Streustrahlung< auf die >Dosis<.

Dosiseffektkurve. Begriff aus der >Strahlenbiologie<. Bezeichnet den Zusammenhang zwischen dem prozentualen Auftreten einer untersuchten Wirkung in Abhängigkeit von der eingestrahlten >Dosis<.

Dosisfaktor. Faktor zur Ermittlung der >Strahlenexposition< einzelner Organe und des gesamten Körpers durch inkorporierte >radioaktive Stoffe<. D. sind abhängig vom >Radionuklid<, von der Inkorporationsart (>Inhalation</>Ingestion<), von der chem. Verb. des Radionuklids (lösl./unlösl.) sowie vom Alter der Person. Im Bundesanzeiger Nr. 185a vom 30.09. 1989 sind umfassend D. aufgeführt. Sie geben die Äquivalentdosis in 21 Organen oder Geweben sowie die effektive Äquivalentdosis für eine durch Inhalation oder Ingestion zugeführte Aktivität von 1 Becquerel an. Die Euratom-Grundnormen zum Strahlenschutz von 1996, die bis zum Jahr 2000 in nationales Recht übernommen werden müssen, enthalten z.T. andere Werte.

Dosisfaktor: Dosisfaktoren der effektiven Dosis in Sv/Bq

Nuklid	Kind Alter: 1 Jahr	Erwachsene
Inhalation		
Sr-90	$1{,}9 \cdot 10^{-6}$	$3{,}5 \cdot 10^{-7}$
I-131	$6{,}6 \cdot 10^{-8}$	$8{,}1 \cdot 10^{-9}$
Cs-137	$6{,}4 \cdot 10^{-9}$	$8{,}6 \cdot 10^{-9}$
Pu-239	$3{,}4 \cdot 10^{-4}$	$1{,}2 \cdot 10^{-4}$
Ingestion		
Sr-90	$1{,}1 \cdot 10^{-7}$	$3{,}5 \cdot 10^{-8}$
I-131	$1{,}1 \cdot 10^{-7}$	$1{,}3 \cdot 10^{-8}$
Cs-137	$9{,}3 \cdot 10^{-9}$	$1{,}4 \cdot 10^{-8}$
Pu-239	$2{,}9 \cdot 10^{-6}$	$9{,}5 \cdot 10^{-7}$

Dosisgrenzwerte. >Dosis< einer >ionisierenden Strahlung<, die auf der Basis von Empfehlungen wissenschaftlicher Gremien als das Maximum festgelegt wurde, das aufgenommen werden darf.

1. Grenzwerte für beruflich strahlenexponierte Personen. Die Körperdosen dürfen für beruflich strahlenexponierte Personen die in der obigen Tabelle genannten Werte je Kalenderjahr nicht überschreiten.
2. Grenzwerte für nicht beruflich strahlenexponierte Personen. Die Körperdosen dürfen für nicht beruflich strahlenexponierte Personen bei Aufenthalt im betrieblichen >Überwachungsbereich< ein Zehntel der Tabellenwerte für Personen der Kategorie A je Jahr nicht überschreiten. Die effektive Dosis darf im außerbetrieblichen Überwachungsbereich unter Einbeziehung der >Strahlenexposition< durch die >Emission< >radioaktiver Stoffe< mit >Abluft< und >Abwasser< aus Anlagen, die mit radioaktiven Stoffen umgehen, für keine Person 1,5 mSv/Jahr überschreiten (in Sonderfällen mit Zustimmung der Behörden 5 mSv/Jahr).
3. Grenzwerte für die Bevölkerung. Bei der Ableitung radioaktiver Stoffe mit Abluft oder Abwasser hat der >Strahlenschutzverantwortliche< die technische Auslegung und den Betrieb seiner Anlagen so zu planen, daß folgende Grenzwerte nicht überschritten werden:

Dosisgrenzwert

Organ	Dosisgrenzwert
Keimdrüsen, Gebärmutter, rotes Knochenmark	0,3 mSv/Jahr
Knochenoberfläche, Haut	1,8 mSv/Jahr
sonstige Organe und Gewebe	0,9 mSv/Jahr

Die >Grenzwerte< müssen eingehalten werden
– an der ungünstigsten Einwirkungsstelle,
– unter Berücksichtigung sämtlicher relevanter Belastungspfade,
– unter Berücksichtigung der biologischen Daten sowie der Ernährungs- und Lebensgewohnheiten der Referenzperson,
– unter Berücksichtigung einer möglichen Vorbelastung durch andere Anlagen und Einrichtungen.

Dosisleistung. Die Dosisleistung ist der Quotient aus der >Dosis< und der Zeit; z.B. wird die Äquivalentdosisleistung im >Strahlenschutz< häufig in Mikrosievert je Stunde (μSv/h) angegeben.

Dosis-Wirkungs-Beziehung im Strahlenschutz. Beziehung zwischen der >Energie-< oder >Äquivalentdosis< eines Organs, Körperteils oder des Gesamtkörpers und der daraus resultierenden >Strahlenwirkung<.

Dosisgrenzwerte: Grenzwerte der Körperdosis für beruflich strahlenexponierte Personen

Körperdosis	Beruflich strahlenexponierte Person im Kalenderjahr (Werte in mSv)	
	Kategorie A	Kategorie B
effektive Dosis	50	15
Teilkörperdosis		
1. Keimdrüsen, Gebärmutter, rotes Knochenmark	50	15
2. Alle Organe und Gewebe, soweit nicht unter 1., 3. oder 4. genannt	150	45
3. Schilddrüse, Knochenoberfläche, Haut, soweit nicht unter 4. genannt	300	90
4. Hände, Unterarme, Füße, Unterschenkel, Knöchel, einschl. der dazugehörigen Haut	500	150

Dränage. Im Boden angeordnete Abzugskanäle zur Ableitung überschüssigen Bodenwassers und Verbesserung der Luftführung. Die D. kann aus porösen Tonrohren, perforierten Kunststoffrohren oder im Boden erzeugten röhrenförmigen Hohlräumen („Maulwurfsdrän") bestehen; ihr Durchmesser ist meist etwa 10 cm. Die aus Rohren bestehenden Dräne werden in regelmäßigen Abständen in Gräben verlegt und zur Erleichterung des Wasserübertritts oft mit lockeren Schüttungen (Kies) umgeben. Die Tiefe und die Entfernung der einzelnen Dränstränge einer D. hängen von der Wasserleitfähigkeit des Bodens, der Lage einer Stauschicht und der Bearbeitungstiefe ab; auf jeden Fall muß eine hinreichende Höhendifferenz zum Vorfluter für freien Ablauf des Wassers sorgen. Zur Bestimmung des optimalen Dränabstands werden unterschiedliche bodenphysikalische Modelle angewendet, in die als Bestimmungsgrößen v. a. die Lage der Stauschicht und die gesättigte Wasserleitfähigkeit des Bodens sowie die Kenngrößen der Wasserbilanz eingehen. Bei flachgründigen, staunassen Böden kann nach einer D. das verbleibende pflanzenverfügbare Wasser in trockeneren Jahreszeiten u. U. nicht mehr zur Pflanzenversorgung ausreichen, so daß dann Trockenschäden entstehen. Wenn das Dränwasser im Oberboden unter reduzierenden Bedingungen lösliche Eisenverbindungen (Eisen(II)-hydrogencarbonat, organische Eisenkomplexe) aufgenommen hat, können im Dränrohr bei Luftzutritt Eisen(III)-oxide („Ocker") abgeschieden werden, die die D. nach einigen Jahren verstopfen („verockern") und damit unwirksam machen. Dies ist besonders in Moorlandschaften der Fall. In D obliegt die Anordnung und Überwachung von D.-Maßnahmen den Wasserwirtschaftsämtern.

Dränung. Verlust von Wasser aus einem Boden unter dem Einfluß der Schwerkraft. Bei andauernd oder periodisch hohen Wassersättigungen wird die landwirtschaftliche Nutzung der Böden oft durch eine künstlich verbesserte D. (>Dränage<) unterstützt.

Dränwürdigkeit. Kriterium, mit dessen Hilfe die Zweckmäßigkeit von Dränagemaßnahmen für einen Standort abgeschätzt wird. Zur Bestimmung der D. müssen erwarteter Nutzen (Verbesserung der Bearbeitbarkeit, Ertragssteigerung), Kosten (für Installation und Instandhaltung) und Risiko (Erhöhung von Nähr- und Schadstoffausträgen, Wasserverlust, Veränderung der natürlichen Vegetation) gegeneinander abgewogen werden, wobei in den letzten Jahren der Biotopschutz ein steigendes Gewicht erhält. Da hier neben dem Kenntnisstand der Wissenschaft auch ökonomische und politische Faktoren mitspielen, sind die Kriterien zur Beurteilung der D. im Lauf der Zeit einem Wandel unterworfen.

Drehfilter. Für die Saugfiltration verwendet man überwiegend sog. Drehfilter, die mit ihrem unteren Teil in einem mit >Klärschlamm< gefüllten Filtertrog eintauchen (s. Abb.). Die sich langsam drehende Trommel, deren durchlochter Mantel mit einem Filtertuch oder einem feinen Drahtgewebe, dem sog. Filtermedium, umgeben ist und in deren Innerem ein Unterdruck herrscht, saugt mittels einer Unterdruckpumpe beim Durchgang durch den Filtertrog flüssigen Schlamm an, mit dem der Trog gefüllt ist. Das Filtermedium läßt dabei nur jenes Wasser in die Trommel eindringen, das dem Schlamm durch den Druckunterschied zwischen der äußeren Atmosphäre und dem im Innern der Trommel herrschenden Unterdruck entzogen wird, während die Schlammfeststoffe mit dem restlichen Schlammwasser auf dem Filtertuch haften bleiben und als Filterkuchen abgenommen werden. Beim Filtrieren durchläuft die sich drehende Trommel also drei Phasen: Die Ansaugzone, die den Bereich der Trommel umfaßt, der in den mit Schlamm gefüllten Filtertrog eintaucht, die sich anschließende Trockenzone, die Abnahmezone. In der Abnahmezone darf kein Unterdruck herrschen, damit der Filterkuchen sich leicht vom Filtertuch löst und abgenommen werden kann.
Lit: Abwassertechnische Vereinigung (Hrsg.) (1982–1986) Lehr- und Handbuch der Abwassertechnik, 3. Aufl., Bd. 1–7, Verlag von Wilhelm Ernst und Sohn, Berlin München.

Drehrohrofen. Drehrohröfen basieren auf einer seit Jahrzehnten bewährten Technologie, die z. B. in der

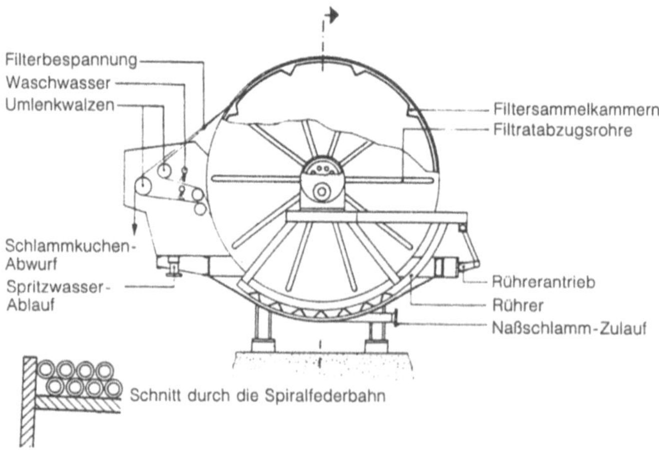

Drehfilter: Komline-Drehfilter (aus: Meinck F, Stooff H, Kohlschütter H (1968) Industrie-Abwässer, Gustav Fischer Verlag, Stuttgart)

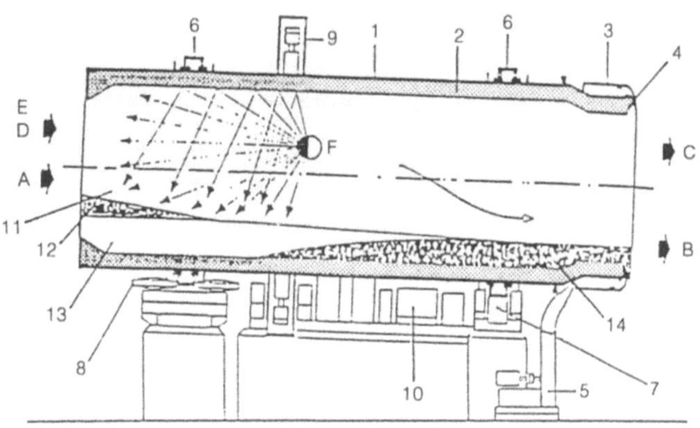

A	Abfälle	1	Drehrohrmantel	8	Ofenlängsführung
B	Asche/Schlacke/Austrag	2	Feuerfeste Auskleidung	9	Zahnkranz
C	Rauchgase	3	Auslaufschuß	10	Regelbarer Antrieb
D	Zusatzbrennstoff	4	Abschlußsegmente	11	Wasserdampfzone
E	Verbrennungsluft	5	Kühlluftventilator	12	Abfälle
F	Wärmestrahlung	6	Laufringe	13	Brennbares
		7	Laufrolle	14	Asche/Schlacke

Drehrohrofen (aus: Thomé-Kozmiensky KJ, 1983)

Zement- und Kalkindustrie angewendet wird und auch zum Rösten von Erzen. In der Abfallbeseitigung werden sie vor allem für die Verbrennung heizwertreicher Sonderabfälle eingesetzt. Wesentliches Bauelement von Drehrohröfen ist eine geneigte zylindrische Trommel, die um die Längsachse rotiert (s. Abb. oben). Die Rotation der geneigten Trommel bewirkt eine Durchmischung des Mülls bei gleichzeitigem Transport zum tiefer gelagerten Ende. Die Drehzahl liegt in der Regel zwischen 0,05 und 2 U/min. Übliche Abmessungen von Drehrohröfen sind eine Länge von 8 bis 12 m bei einem Durchmesser von 1 bis 5 m. Sie erzielen Mülldurchsätze von 0,1 bis 20 t/h. Abhängig davon, ob die Verbrennungsluft die Trommel in gleicher oder entgegengesetzter Richtung wie der Müll passiert, unterscheidet man Gleich- und Gegenstrombetrieb. Der Gegenstrombetrieb wird wegen der nötigen Aufheizung bei Abfällen mit niedrigem Heizwert (H_U < 8 MJ/kg) angewandt. Dabei werden im allg. Schwelgase etc. freigesetzt, und eine Nachbrennkammer ist unbedingt erforderlich. Da sich bei heizwertarmen und feuchten Abfällen die Zündgrenze in Richtung auf den Ausgang verschiebt und somit der Ausbrand verkürzt wird, werden oft Zusatzbrenner im Bereich des Trommelanfangs installiert, die ein rechtzeitiges Zünden sicherstellen sollen. Bei der Sonderabfallverbrennung wird meistens der Gleichstrombetrieb gewählt. Weil sowohl die Verbrennungsluft bzw. das Rauchgas als auch die Schlacke sich auf dem Weg durch den Ofen erwärmen, tritt am Austritt eine sehr hohe Temp. auf, und die Schlacke verläßt häufig geschmolzen (flüssig) das Drehrohr und wird in einem Wasserbad abgeschreckt. Das dabei entstehende Granulat enthält kaum eluierbare (mit Wasser lösl.) Schadstoffe und kann u. U. als Baumaterial insbesondere im Straßenbau verwendet werden; >Asche- und Schlakkenverwertung<. Damit die Trommel die hohen thermischen Belastungen aushält, ist sie mit feuerfestem Material ausgekleidet. Wegen der schlechten Durchmi-

schung ist das >Luftverhältnis< von Drehrohröfen im allg. hoch, ca. 3. Wegen zu geringer Verweilzeiten muß im allg. eine Nachbrennkammer nachgeschaltet werden.

Lit: Thomé-Kozmiensky KJ (1983) Müllverbrennung und Rauchgasreinigung, EF-Verlag, Berlin – Lurgi-Prospekt: Abfallverbrennung im Drehrohrofen, Lurgi GmbH, Frankfurt/M.

Drehsprenger. Um ein Zentrallager sich drehende Einrichtung zur gleichmäßigen Verteilung von Abwasser, z.B. auf >Tropfkörper< und Filter (DIN 4045). Bei den in Deutschland fast ausschließlich runden Tropfkörpern sind Drehsprenger üblich, die mit 2 bis 6 Strahlarmen um die Mittelsäule rotieren, die zugleich als Standrohr dienen kann. Sie werden entweder durch den Rückstoß des aus zahlreichen Öffnungen fließenden Abwassers oder durch Elektromotoren bewegt. Zur gleichmäßigen Oberflächenbeschickung und Raumbelastung sind in den Strahlarmen die äußeren Bohrungen weiträumiger oder enger angeordnet als die achsnahen. Für den Durchfluß sehr unterschiedlicher Abwassermengen durch dieselbe Summe an Öffnungen ergeben sich Probleme.

Lit: Abwassertechnische Vereinigung (Hrsg.) (1982–1986) Lehr- und Handbuch der Abwassertechnik, 3. Aufl., Bd. 1–7, Verlag von Wilhelm Ernst und Sohn, Berlin München.

Drehzahlbegrenzer. Vorwiegend bei >Dieselmotoren< eingesetzt; regelt Enddrehzahl.

Dreifelderwirtschaft. Vorherrschende Form der >Fruchtfolge< im Mittelalter, erstmals 771 erwähnt: 1. >Brache<, 2. Winterfrucht (Roggen, Weizen), 3. Sommerfrucht (Gerste, Hafer, später auch Erbsen, Bohnen). Auf der Brache erzielt man über die Pause des Nährstoffentzugs und gleichzeitige Nährstoffzufuhr über Stallmist und Selbstbegrünung des Feldes eine Verbesserung des Nährstoffangebotes und damit im Folgejahr einen höheren Ertrag. Die D. stellt einen wesentlichen Fortschritt in der Geschichte des Ackerbaus dar. Das Einzelfeld war nach dem sozialen Rang des jeweiligen Bauern in unterschiedlich große Streifen eingeteilt; auch das Land der Feudalherren wurde von den Bauern bestellt. Durch die vielen notwendigen Wege verlor man viel Ackerfläche.

Dreikantmuschel. Muscheln der Gattung Dreissena, Familie Dreisseniidae mit mehreren Arten im Brack- und Süßwasser. Ihre Heimat ist das Kaspische und Schwarze Meer, von hier aus ist die „Wandermuschel" *D. polymorpha* seit dem frühen 19. Jahrh. nach Mitteleuropa eingewandert, wo sie heute überall in Flüssen und Seen lebt. Charakteristisch sind die dreikantige Schale und die Byssusdrüse, mit deren Sekret sich die Tiere auf festen Unterlagen anheften. Die Tiere sind getrenntgeschlechtlich, die Geschlechtsprodukte werden ins Wasser abgegeben. 6 bis 20 h nach der Besamung der Eier beginnt der Embryo zu schwimmen, nach 4 Tagen ist er 90 bis 100 µm groß und beginnt, >Plankton< zu fressen. Die D. ist in Mitteleuropa die einzige Muschel mit einem derartigen freibeweglichen pelagischen Larvenstadium. Die Dauer dieses Veliger-Stadiums währt 4 bis 5 Wochen, dann haben die Tiere eine Schalenlänge von 200 µm. Sie heften sich jetzt auf festen Unterlagen an und leben weiterhin als >benthische< Muscheln, die als festsitzende Filtrierer lebende und tote Nahrungspartikel einstrudeln. 1966 ist D. erstmals im Bodensee, 1971 im Gardasee erschienen, hatte also die Alpen überquert. Neuerdings auch in Nordamerika eingetroffen. Die rasche Ausbreitung der Muschel ist über das planktische Larvenstadium und über die Muschel selbst möglich, die an Booten angeheftet verschleppt wird. Im Bodensee wird D. sehr stark von Tauchenten, besonders der Reiherente *Aythya fuligula* dezimiert, deren Bestand sich nach der Invasion von D. vervielfacht hat.
Lit: Neumann D, Jenner A (1992) The Zebra Mussel Dreissena polymorpha, 1. Aufl., Gustav Fischer Verlag, Stuttgart Jena.

Drei-Liter-Auto. Im Bestreben, den Kraftstoffverbrauch von Fahrzeugen weiter zu verringern, hat sich der Begriff des 3-Liter Autos eingebürgert. Dieses Ziel soll mit einem möglichst leichten Fahrzeug und einem entsprechend verbrauchsgünstigen Motor bei Erhalt der heute üblichen Sicherheitsstandards erreicht werden. Als 3-Liter-Auto soll ein Fahrzeug gelten, das im genormten EU-Verbrauchstest nicht mehr als 90 g CO_2 emittiert. Das entspricht einem Wert von 3,88 l/100 km Otto- bzw. 3,45 l/100 km Dieselkraftstoff.

Dreiphasenpunkt. (Syn. Tripelpunkt). Ist der D. erreicht, so können bei einer chemisch einheitlichen Substanz ihr fester, flüssiger und gasförmiger >Aggregatzustand< gleichzeitig nebeneinander bestehen, da alle drei Phasen im stabilen Gleichgewicht zueinander stehen. Der D. ist gemeinsamer Schnittpunkt der jeweils zwei Phasen trennenden >Dampfdruck-<, Schmelz- und >Sublimations<-Kurven. Der D. des Wassers liegt bei 0,0100 °C und 6,112 hPa Dampfdruck und dient als Fixpunkt der Internationalen Praktischen Temperaturskala.

Dreissena. >Dreikantmuschel<.

Dreiwegekatalysator. Allg. Bezeichnung für einen sowohl reduzierend auf >NO_x< als auch oxidierend auf >CO< und >HC< wirkenden >Katalysator<. Das Funktionieren des D. ist von einer eng begrenzten Abgaszus. abhängig und deshalb an die >geregelte Gemischbildung< gebunden, >Lambdafenster<.

Dreizehn-Stufen-Test. In der EU für die Prüfung des Abgasverhaltens von >Dieselmotoren< eingeführter >Abgastest<. Dabei werden die Emissionen nach einem vorgegebenen Last- und Drehzahlprogramm auf dem Motorprüfstand ermittelt und gewichtet.
Lit: ECE 49, Richtlinie 88/77 bis 91/542/EWG, 13-Stufen-Test.

Drift, genetische. (Syn. Gendrift). Ausfallsbedingte genetische Veränderung innerhalb einer >Population<, oft durch Allelverlust (>Allel<). Die verringerte genetische Variabilität kann sich negativ auswirken, kann aber auch das Hervortreten eines vorteilhaften, bisher nicht wirksam gewordenen Allels ermöglichen. Dies kann bei der Besiedelung neuer Lebensräume in kleinen sog. Gründerpopulationen deutlich werden und zur Entstehung neuer Arten führen. Häufiger ist allerdings wohl ein Inzuchteffekt, der zum Aussterben solcher isolierter Populationen führt.

Drilosphäre. Röhrensystem der >Regenwürmer< in der org. Auflage und im Mineralboden. Die Schleimproduktion der Regenwürmer auf der Röhrenoberfläche begünstigt die nachfolgende Besiedlung durch viele Arten der >Mikroflora<, >Mikro-< und >Mesofauna< sowie durch die Feinstwurzeln der Pflanzen.

Drittelmix. Der arithmetrische Mittelwert aus >Kraftstoffverbrauchsmessungen<, die jeweils im >Europazyklus<, bei Konstantfahrten bei 90 km/h und 120 km/h ermittelt werden.

Dritter Reinigungsteil. Auch dritte Reinigungsstufe. Verfahrensschritt zur Abwasserreinigung, der sich an eine >mechanische Abwasserreinigung< (erster Reinigungsteil) und >biol. Abwasserreinigung< (zweiter Reinigungsteil) anschließt, z.B. chem. >Nachfällung<, >Schönungsteich<. Die sog. dritte Reinigungsstufe ist ein häufiger Fall der weitergehenden Abwasserreinigung von kommunalem Abwasser. Mit den Verfahrenskombinationen von biolog., physikalischen und chem. Teilprozessen lassen sich hinsichtlich der Reinigungsleistung folgende Zielsetzungen verfolgen: Weitergehende Entnahme suspendierter Stoffe, Elimination biol. resistenter Stoffe, Elimination der Nährstoffe Phosphor und Stickstoff, Entnahme schädlicher gelöster org. oder anorg. Verb., Verbesserung der hygienischen Beschaffenheit, spezielle Behandlung von >Industrieabwässern<.

Drittschutz. Das Recht von Nachbarn und sonstigen Dritten, sich im Rahmen des >Genehmigungsverfahrens< und vor den Gerichten gegen Baugenehmigung und Betrieb von Anlagen (Fabriken, Straßen etc.) wehren zu können.

Drogen. Ursprünglich Bezeichnung für durch Trocknung haltbar gemachtes Material von Pflanzen und Tieren oder Teilen davon, das entweder direkt als Heilmittel verwendet wurde oder aus dem Wirkstoffe gewonnen wurden. Heute werden darunter die Substanzen (auch Arzneimittel) zusammengefaßt, die zur Abhängigkeit (körperlich und seelisch begründetes „Nicht mehr entbehren können") führen. Wichtige Suchtmittel mit euphorischen und bewußtseinsändernden Wirkungen sind neben Alkohol und Schlafmitteln vor allem Morphin-, Opiat-, Cocain- und >Cannabis< (Haschisch)-Präparate.

Drosselstrecke. Der weiterführende Kanal soll nur in Ausnahmefällen als Drosselstrecke ausgebildet werden, da geeignetere Drosseleinrichtungen zur Verfügung stehen. Im übrigen wird auf das ATV-Arbeitsblatt A 128, Absatz 10.2.4 sowie A 111 (Februar 1994) verwiesen.

Drosselstrecken weisen i.d.R. eine schlechte Trennschärfe auf, da ihre Länge in der Praxis meist begrenzt ist. Sie sollten bei Neuplanungen von Regenentlastungen nur noch bei untergeordneten Bauwerken eingeplant werden, weil eine spätere Veränderbarkeit nur mit großem baulichem Aufwand möglich ist.

Drosselstrecken sind so auszulegen, daß der zulässige Abfluß nicht überschritten wird. Der Rohrdurchmesser ist mit Rücksicht auf die Verstopfungsgefahr nicht <0,30 m zu wählen. In Sonderfällen und da durch Betriebsüberwachung die Verstopfungsgefahr ausgeschlossen werden kann, darf der Durchmesser bis auf 0,20 m reduziert werden.

Lit: Abwassertechnische Vereinigung e.V. (Hrsg.) (1985–1997) ATV-Handbuch, 4.Aufl., Band 1–7, Verlag Wilhelm Ernst und Sohn, Berlin München.

Druck. Quotient aus der senkrecht auf eine Fläche wirkenden Kraft und der Größe dieser Fläche; SI-Einheit: Pascal (Pa). In der Meteorologie wird der >Luftdruck< in Hektopascal (hPa) ausgedrückt.

Druckbehälter. Dickwandiger, zylindrischer Stahlbehälter, der bei einem Kraftwerksreaktor den Reaktorkern (die >Spaltzone<) umschließt. Er ist aus einem speziellen Feinkornstahl gefertigt, der sich gut schweißen läßt und eine hohe Zähigkeit, aber geringe Versprödung unter Neutronenbestrahlung zeigt. Auf der Innenseite ist der Druckbehälter mit einer austenitischen Plattierung zum Schutz gegen Korrosion versehen. Bei einem 1.300-MWe-Druckwasserreaktor beträgt die Höhe des Druckbehälters etwa 12 m, der Innendurchmesser 5 m, die Wandstärke des Zylindermantels rd. 250 mm und das Gesamtgewicht ohne Einbauten etwa 530 t. Er ist auf einen Druck von 17,5 MPa (175 bar) und eine Temperatur von rd. 350 °C ausgelegt.

Druckentwässerung. Die Druckentwässerung stellt ein Sonderentwässerungsverfahren dar, das dort eingesetzt werden kann, wo die Kosten für eine herkömmliche Kanalisation mit Freispiegelleitungen unvertretbar hoch werden. Sie ist nur für die Ableitung von Schmutzwasser geeignet, etwa bei:
– mangelndem Geländegefälle,
– hohem Grundwasserstand,
– geringer Siedlungsdichte,
– ungünstigen Untergrundverhältnissen,
– beengten Platzverhältnissen,
– nur zeitweisem Abwasseranfall (z.B. Campingplätze, Ausflugsgaststätten o.ä.),
– Beeinträchtigung ökologischer Belange.

Bei der Druckentwässerung fördern kleine Pumpen das anfallende Schmutzwasser einzelner Häuser oder von Häusergruppen in ein Druckrohrnetz, welches das Schmutzwasser zur weiteren Behandlung ableitet.

Druckentwässerungsnetze können sowohl als vermaschtes Ringnetz als auch als Verästelungsnetz konzipiert werden. Auch ein einzelner Leitungsstrang ist möglich.

Lit: Abwassertechnische Vereinigung e.V. (Hrsg.) (1985–1997) ATV-Handbuch, 4.Aufl., Band 1–7, Verlag Wilhelm Ernst und Sohn, Berlin München.

Druckfeld. Gebietsmäßige Verteilung der Schnittlinien der >Druckflächen< mit einer Fläche parallel zu einer Bezugsebene; in der >Meteorologie< wird in der Regel das Meeresniveau gewählt. Man erhält dann eine >synoptische Wetterkarte<. Aus dem D. läßt sich über die >Druckgradientkraft< der >geostrophische Wind< berechnen.

Druckfilter. Zur Druckfiltration werden Filterpressen angewendet. Die sog. >Kammerfilterpressen< arbeiten mit einem Betriebsdruck von etwa $15 \cdot 10^5$ Pa, der i.allg. durch Kolbenmembranpumpen erzeugt wird. Mit Hilfe dieser Pumpen wird der Schlamm in ein System von Filterplatten gedrückt, die mit Filtertüchern bespannt und parallel nebeneinander abgehängt sind. Beim Füll- und Preßvorgang wird das Filtratwasser über die Filtertücher ausgepreßt und fließt in den kannelierten Filterplatten ab. Nach Abschluß des Preßvorganges werden die Platten der Reihe nach auseinander geschoben, die Preßlinge (Schlammkuchen) fallen zwischen den Platten heraus und werden mit einem Transportband weggefördert (s. Abb.). Der Entwässerungsvorgang verläuft diskontinuierlich. Die Filterzeit einer Charge schwankt zwischen 1 bis 3 h. Wie bei allen Entwässerungsmaschinen muß der Schlamm vor der Entwässerung konditioniert werden.

Druckfläche. (Syn. isobare Fläche). Da viele mathematisch-meteorologische Rechnungen einfacher durchzuführen sind, wenn man als Vertikalkomponente nicht die Höhe über der Meeresoberfläche, sondern den Luftdruck verwendet, wurden die D. eingeführt. Dies sind Flächen, auf der an allen Punkten der gleiche Luftdruck herrscht. In der Regel verlaufen die D. nicht parallel zur Erdoberfläche, sondern schneiden sie; ihre Schnittlinien mit dem Meeresniveau nennt man >Isobaren<. Auf den D. verbindet man Punkte gleicher Höhe durch >Isohypsen<.

Druckgradientkraft. Die horizontalen Differenzen der Wärmebilanz des Systems Erdoberfläche - Atmosphäre erzeugen Dichte- und daraus schließlich Druckdiffe-

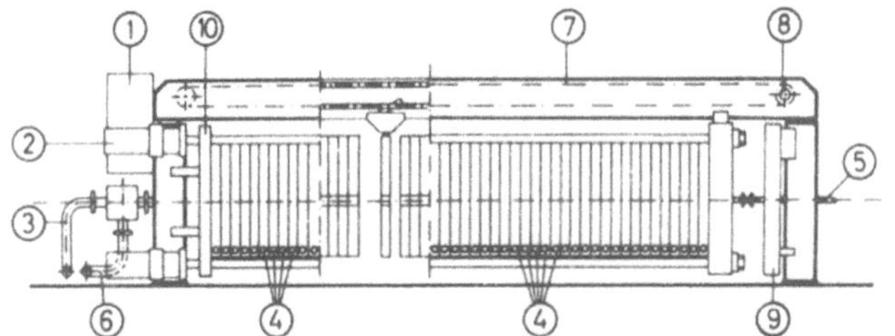

Druckfilter: Kammerfilterpresse (aus: Bretschneider H, Lecher K, Schmidt M (Hrsg.) (1993) Taschenbuch der Wasserwirtschaft, 7.Aufl., Verlag Paul Parey, Hamburg Berlin)

renzen. Die hieraus resultierende D. wirkt auf die Luftpartikeln beschleunigend und versucht, diese vom hohen zum tiefen Druck hin zu bewegen. Nur oberhalb der >atmosphärischen Grenzschicht< anzutreffen.

Druckröhrenreaktor. >Kernreaktor<, bei dem sich die >Brennelemente< innerhalb zahlreicher Röhren befinden, in denen das Kühlmittel umläuft. Diese Röhrenanordnung ist vom >Moderator< umgeben. Beim kanadischen Candu-Reaktortyp dient >schweres Wasser< (D_2O) als Kühlmittel und Moderator, beim russischen >RBMK-Reaktortyp< wird leichtes Wasser (H_2O) als Kühlmittel und Graphit als Moderator benutzt.

Druckschwankungen. Tägliche und jährliche Schwankungen des Luftdrucks um einen entsprechenden Mittelwert; sog. Tages- bzw. Jahresgang des Luftdrucks. D. werden zur Charakterisierung von Klimagebieten herangezogen. Unperiodische oder unregelmäßige D., die in den mittleren Breiten von wandernden >Tief-< und >Hochdruckgebieten< verursacht werden, bestimmen im wesentlichen den Wetterablauf.

Druckwasserreaktor. Leistungsreaktor, bei dem die Wärme aus der >Spaltzone< durch Wasser abgeführt wird, das unter hohem Druck (etwa 160 bar) steht, damit eine hohe Temp. erreicht und ein Sieden in der >Spaltzone< vermieden wird. Das Kühlwasser gibt seine Wärme in einem Dampferzeuger an den >Sekundärkreislauf< ab. Beispiel: Kernkraftwerk >Biblis-A< mit 1.204 MWe (s. Abb.).

DT. (*disappearence time*) >Halbwertszeit<.

Düker. Kreuzungsbauwerk, das ein Hindernis in der Regel als Abwasserdruckleitung unterfährt (s. DIN 19661 Teil 1; DIN 4045). Kreuzt eine Entwässerungsleitung tief eingeschnittene Wasserläufe oder sonstige Hindernisse und kann dabei die Sohllinie nicht beibehalten werden, ist der Bau eines Dükers nicht zu umgehen. Planung, Bauausführung und Überwachung eines Dükers muß sehr sorgfältig erfolgen, da gerade bei diesen Bauwerken, insbesondere bei Mischwasserdükern, Verstopfungen und damit Betriebserschwernisse zu befürchten sind. Ihre Gestaltung richtet sich nach den örtlichen Gegebenheiten sowie nach dem gewählten Entwässerungsverfahren. Da das Abwasser stets leicht ablagerbare Sinkstoffe und fäulnisfähige Schmutzstoffe mitführt, muß zur Erzielung einer ausreichenden Schleppspannung die Fließgeschwindigkeit

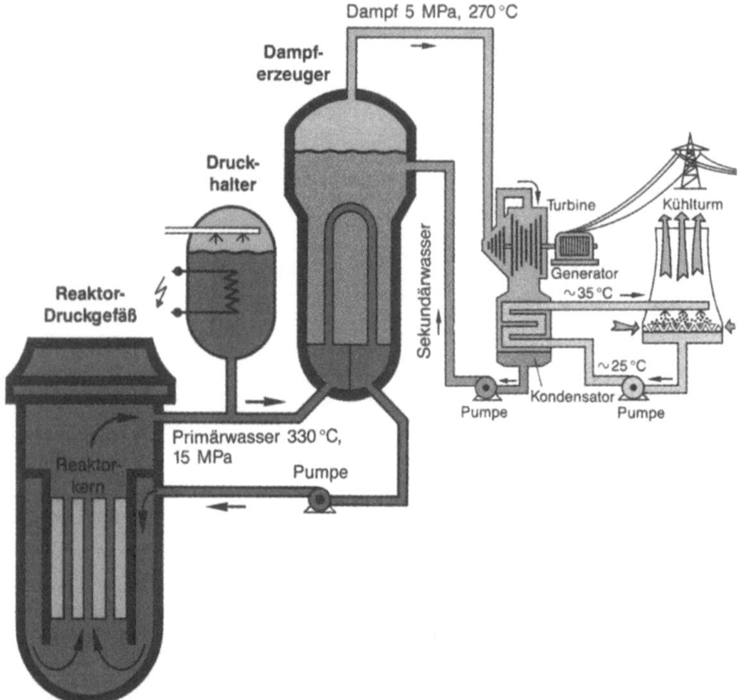

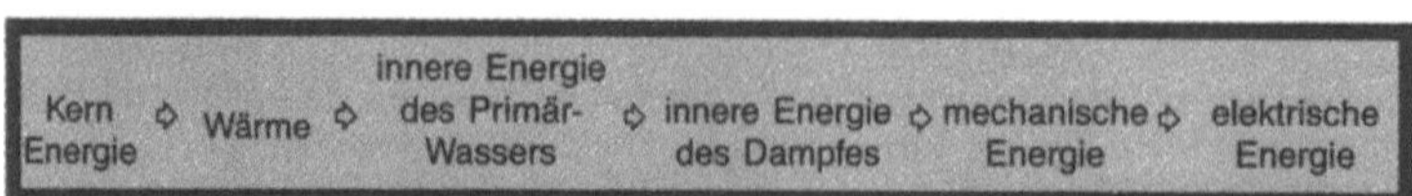

Druckwasserreaktor: Kernkraftwerk mit Druckwasserreaktor (Kreislauf)

genügend groß sein. Je größer sie ist, desto größer sind aber auch die Reibungsverluste und damit der Wasserspiegelhöhenunterschied zwischen Ober- und Unterwasser, d. h. zwischen Dükerein- und -auslauf.
Lit: Abwassertechnische Vereinigung (Hrsg.) (1982–1986) Lehr- und Handbuch der Abwassertechnik, 3. Aufl., Bd. 1–7, Verlag von Wilhelm Ernst und Sohn, Berlin München.

Düngebedarf. Ergibt sich aus dem vom Ertragsziel abzuleitenden Nährstoffdefizit – verursacht durch den Entzug der Pflanzen und unvermeidliche Verluste wie >Auswaschung< und >Denitrifikation< – abzüglich der Nährstoffnachlieferung im Boden und dem Nährstoffeintrag über Niederschlag und Staub. Die Quantifizierung des D. erfolgt anhand der >Nährstoffbilanz< der >Fruchtfolge<. Ziel ist, das Verhältnis von Nährstoffzufuhr und -abfuhr 1:1 zu gestalten.

Düngefenster. Bei der Stickstoffdüngung von Getreide wird der Düngerstreuer eine kurze Strecke lang abgeschaltet, um auf dieser Fläche anhand der heller werdenden Pflanzen im Vergleich zur gedüngten Fläche Zeitpunkt und Stärke der Stickstoffnachlieferung abschätzen und so die Stickstoffdüngung dem Pflanzenwuchs anpassen zu können. Die Methode ist eine Hilfe für die gezielte >Bestandesführung<.

Düngemittel. (Syn. Dünger). Sind Stoffe, die unmittelbar (z.B. durch Blattdüngung) oder mittelbar (kurz- oder langfristig über den Boden) Nutz- und Zierpflanzen zugeführt werden, um deren Wachstum zu fördern, ihren Ertrag zu erhöhen und ihre Qualität zu verbessern. Die D. kann man nach ihrer >chemischen Verbindung< in organische und mineralische D. unterteilen: Bei den organischen D. haben von der Menge her die bei der Tierhaltung anfallenden >Wirtschaftsdünger<, d. h. >Gülle<, >Stallmist<, >Jauche< die größte Bedeutung. Daneben sind D. aus >Komposten<, >Torf<, tierischen Abfällen (Guano, Blut- und Knochenmehle), Pflanzenresten (z.B. Kakao, Seetang) zu nennen. Bei Vorhandensein bzw. Zusatz von pflanzenbedeutsamen Anteilen mineralischer D. spricht man von organisch-mineralischen Mischdüngern, worunter >Siedlungsabfälle<, >Klärschlamm<, tierische und pflanzliche Abfälle und Torfmischdünger zählen. Mineralische D. sind Pflanzennährstoffe in Salzform, entstanden durch chemische Veränderung von natürlicherweise im Boden vorkommenden Düngemineralen (wie bei >Phosphat< und >Kalium<) oder durch chemische Synthese von überall verfügbaren Ausgangsstoffen (bei wichtigen Stickstoffdüngern). Die in diesem Zusammenhang oft gebrauchte Bezeichnung >„Kunstdünger"< ist insofern irreführend, als die Pflanzen >Stickstoff< fast ausschließlich in Form von >Nitrat< aufnehmen und auch der in organischer Form verabreichte erst im Boden durch Mikroorganismen in Nitrat umgewandelt wird. D. werden auch nach der Anzahl der in ihnen enthaltenen Nährstoffen bezeichnet, demnach gibt es Einnährstoff- und >Mehrnährstoffdünger<. >Handelsdünger< sind alle D., die in Verkehr gebracht und vom Landwirt oft in Ergänzung wirtschaftseigener Dünger zugekauft werden. Ihr Vertrieb unterliegt zum größten Teil dem >Düngemittelgesetz<.
Lit: Finck A (1989) Dünger und Düngung, 1. korrigierter Nachdr. d. 1. Aufl., VCH, Weinheim.

Düngemittelgesetz. Definiert die Begriffe >Düngemittel<, >Wirtschaftsdünger<, Bodenhilfsstoffe, Kultursubstrate, Pflanzenhilfsmittel. Es regelt die Zulassung von Düngemitteltypen hinsichtlich der enthaltenen >Nährstoffe<, deren Mindestgehalte, Formen, Löslichkeit, Zusammensetzung und Art der Herstellung. Die Zulassung ist Voraussetzung, um ein Düngemittel in Verkehr bringen zu können. Weiter bestimmt das D. Kennzeichnung und Verpackung der Düngemittel, Verkehrsbeschränkungen, die Überwachung des Düngemittelverkehrs sowie die Einsetzung eines wissenschaftlichen Beirates zur Beratung der Regierung. Die Umsetzung des D. geschieht über die Ermächtigung des Bundesministers für Ernährung, Landwirtschaft und Forsten, Rechtsverordnungen mit Zustimmung des Bundesrates zu erlassen. Das D. wurde 1977 verkündet, seitdem mehrere Änderungen der Düngemittelverordnung, 1989 Vorschriften für die Anwendung von Düngemitteln nach guter fachlicher Praxis.
Lit: Düngemittelgesetz vom 28. Dezember 1977, BGBl I, S. 2845.

Düngemittelrecht. Düngemittel sind solche Stoffe, die im Boden verlorengegangene Nährstoffe ersetzen. Man unterscheidet Düngemittel (im engeren Sinne): das sind Stoffe, die dazu bestimmt sind, unmittelbar oder mittelbar Nutzpflanzen zugeführt zu werden, um ihr Wachstum zu fördern, ihren Ertrag zu erhöhen oder ihre Qualität zu verbessern; Wirtschaftsdünger: das sind tierische Ausscheidungen, Gülle, Jauche, Stallmist, Stroh sowie ähnliche Nebenerzeugnisse aus der landwirtschaftlichen Produktion, auch weiterbehandelt, die dazu bestimmt sind, zu einem der zuvor genannten Zwecke angewandt zu werden; Sekundärrohstoffdünger: Abwasser, Fäkalien, Klärschlamm und ähnliche Stoffe aus Siedlungsabfällen und vergleichbare Stoffe aus anderen Quellen, die dazu bestimmt sind, zu einem der zuvor genannten Zwecke angewandt zu werden; s. zu diesen Definitionen § 1 Nr. 1, 2 und 2a des Düngemittelgesetzes vom 15.11. 1977, BGBl. I S. 2134. Aufgrund dieses Gesetzes sind einige Rechtsverordnungen ergangen. Das Düngemittelgesetz enthält kein Verbot betreffend die Menge, die auf Flächen höchstens aufzubringen erlaubt ist. Das Aufbringen von Wirtschaftsdünger regeln § 8 KrW/AbfG sowie die aufgrund dieser Norm erlassene Klärschlammverordnung; ferner existieren in einigen Bundesländern sog. Gülleverordnungen, die das Aufbringen von Gülle etc. regeln.

Dünger. >Düngemittel<.

N-Dünger. >Stickstoffdünger<.

Düngerausnutzung. Gibt den Anteil des ausgebrachten Düngers an, den die Pflanzen aufnehmen; dies wird auch als Ausnutzungsgrad bezeichnet und in Prozent der mit der Düngung zugeführten Nährstoffmenge angegeben. Eine Angabe der D. ist nur mit Definition des betrachteten Zeitraumes sinnvoll, da die Düngerformen unterschiedlich schnell pflanzenverfügbar werden. So liegt z.B. die D. von mineralischem >Stickstoff< in Nitratform im ersten Jahr der Ausbringung bei 50 bis 60%, die von Stickstoff in organischer Substanz bei 20 bis 30%. Eine exakte Schätzung der D. hat bei Stickstoff als wichtigem Faktor für die Steuerung des >Pflanzenwachstums< und die >Nitratbelastung< des >Grundwassers< besondere Bedeutung, sie gibt Auskunft über die zu erwartende Stickstoffnachlieferung des Bodens und damit über die Bemessung der aktuellen Düngergabe. Dabei ist langfristige Kalkulation, gestützt auf die Daten der Düngemaßnahmen und der Bodenuntersuchungen auf dem entsprechenden Feldstück, notwendig. Die jährlich gegebenen Stickstoffgaben führen zu einem bestimmten Nährstoffvorrat im Boden, deshalb ist die D. langfristig mit 100 % zu kalkulieren. Zu berücksichtigen ist, daß bei guter Nährstoffversorgung die D. sinkt, ein bestimmtes Maß an Verlusten nicht zu vermeiden ist, aber auch Nährstoffeinträge über die Luft gegenzurechnen sind. Durch Pflanzenschutzmaßnahmen (Aufrechterhaltung der Assimilation) kann die D. verbessert werden.

Düngergabe. >Düngung<.

Düngerschäden. Direkte Pflanzenschäden, verursacht durch Düngungsmaßnahmen. Auslöser sind im wesentlichen Dünger mit ätzender Wirkung wie >Blattdünger<, wo der >Dünger< auf die Pflanze aufgebracht werden muß, aber auch z.B. >Gülle< und Ammonnitrat-Harnstoff-Lösung, wenn sie auf die Pflanzen ausgebracht werden, bestimmte Mengen überschritten werden und die Witterungsbedingungen ungünstig sind. Leichte Ätzschäden haben bei Getreide keine Auswirkungen auf den Ertrag. Neben Ätzschäden sind auch >Versalzungsschäden< bei jungen Kulturen durch extreme Düngergaben zu nennen. D. haben in der Praxis keine Bedeutung.

Düngervoranschlag. >Düngungsplan<.

Düngesalze. Hiermit bezeichnet man u.a. Nitrat und Phosphat im Ablauf von >Kläranlagen<, die als >Nährstoffe< das Algenwachstum in Gewässern fördern. Düngesalze werden aber nicht nur von häuslichen Abwässern zugeführt, auch die Landwirtschaft hat einen erheblichen Anteil am Einfluß von Düngesalzen auf die >Gewässergüte<. Nach Veröffentlichungen von Bucksteeg rechnet man mit 3,2 g Phosphor/ (E · d) und mit 500 g/(ha · a) bei landwirtschaftlichen Nutzflächen. Die Stickstoffmenge beträgt 13,5 g/ (E · d). In schwierigen Fällen muß das biol. gereinigte Abwasser ganz vom Gewässer ferngehalten werden; z.B. bei Seen durch den Bau einer Ringkanalisation.
Lit: Imhoff K, Imhoff KR (1990) Taschenbuch der Stadtentwässerung, 27. Aufl., R. Oldenbourg Verlag, München Wien.

Düngeverordnung. Die D., in Kraft gesetzt 1996, regelt in Deutschland die Anwendung von Düngemitteln auf landwirtschaftlich und gartenbaulich genutzten Flächen. Sie löst die Gülleverordnungen der Länder ab und setzt die EG-Nitratrichtlinie (= Schutz der Gewässer vor Nitrateintrag durch die Landwirtschaft) um. Neben Vermeidung des direkten Eintrages von Düngemitteln in Gewässer (dazu auch Nutzung entsprechender Technik) schreibt die D. im einzelnen vor: Zeitliche und mengenmäßige Anpassung der Düngung an den Pflanzenbedarf im Rahmen der >guten fachlichen Praxis<; dazu: schlagweise Ermittlung des >Düngebedarfs< unter Einbeziehung des angestrebten Pflanzenertrages und der Nährstoffverfügbarkeit. Zu deren Ermittlung sind Bodenproben für Stickstoff (jedes Jahr) sowie für >Phosphat<, >Kali< und >Kalk< (jedes 6. Jahr) vorgeschrieben, der Bodengehalt an >Magnesium< und >Schwefel< ist durch repräsentative Bodenproben oder anerkannte Richtwerte zu bestimmen. Bei der Ausbringung von >Wirtschaftsdüngern< sind >Ammoniakemissionen< zu minimieren; deshalb ist bei Ausbringung auf Ackerfläche ohne Bewuchs schnelle Einarbeitung vorgeschrieben. Zu Kulturen nach der Ernte der Hauptfrucht darf höchstens 40 kg Ammoniumstickstoff bzw. 80 kg Gesamtstickstoff je Hektar gedüngt werden. Vom 15. November bis 15. Januar ist die Ausbringung verboten, die Behörde kann Ausnahmen zulassen. Generell gelten für Wirtschaftsdünger im Betriebsdurchschnitt als Obergrenzen: 210 kg für Grünland und 170 kg je Hektar für Ackerland. Die Betriebe müssen für Stickstoff jährlich, für Phosphat und Kali eine Bilanz der Nährstoffzu- und -abfuhr erstellen. Erhobene Daten sind 9 Jahre aufzubewahren.

Düngung. Maßnahmen zur Verbesserung der Nährstoffversorgung von land- oder forstwirtschaftlichen Nutzpflanzen. Je nach der Zielsetzung der D. unterscheidet man: *Entzugsdüngung:* Düngung in einer Höhe, die dem Entzug von Nährstoffen durch die Pflanzen entspricht. Die Nettoentzugsdüngung entspricht der Abfuhr von Pflanzennährstoffen mit dem Erntegut, berücksichtigt also, daß mit Ernterückständen (Wurzeln, Stoppeln usw.) ein Teil der Nährstoffe auf dem Felde verbleibt oder z.T. mit wirtschaftseigenen Düngern (Mist, Gülle) wieder zurückgeführt wird. *Erhaltungsdüngung:* Düngung, deren Höhe so bemessen ist, daß ein bestimmter Nährstoffzustand langfristig erhalten bleibt. Dieser wird durch die Werte der >Bodenuntersuchung< gekennzeichnet. Bei der Festlegung geht man zunächst von der Nettoentzugsdüngung aus und korrigiert diesen Wert dann entsprechend den Ergebnissen der Bodenuntersuchung. *Vorratsdüngung:* D. mit Mengen eines Stoffes, die dem mehrjährigen Bedarf der Pflanzen entsprechen. Dies ist nur bei Düngestoffen möglich, die die Nährstoffe mit sehr geringer Geschwindigkeit freisetzen oder deren Nährstoffe im Boden festgelegt und nicht ausgewaschen werden (z.B. Phosphat bei eisenoxidreichen Böden).

Düngungsplan. (Syn. Düngervoranschlag). Kalkuliert die erforderliche Menge und Form der >Dünger< für das kommende Wirtschaftsjahr. Voraussetzung dafür ist ein Anbauplan. In den D. gehen als Daten ein: Schätzung des >Nährstoffbedarf< der Pflanzen, des >Nachlieferungspotentials< des Bodens in Abhängigkeit von der Fruchtfolge, zeitliche Verteilung und Arbeitsbedarf der Düngergaben, bei Betrieben mit Vieh die mit dem >Wirtschaftsdünger< eingebrachten Nährstoffe. Die Berechnung der Düngermenge pro Hektar führt zur Kalkulation für den Gesamtbetrieb und ermöglicht es, die beim Frühbezug von Düngern gewährten Preisnachlässe zu nutzen.

Dünnsäure. Bei chem. Prozessen, u.a. der Farbstoffproduktion, als Abfall anfallende Säure (>Schwefelsäure<). Den höchsten Anfall an Abfallschwefelsäure hat die organisch-chem. Industrie, die die Schwefelsäure meist als Reaktionsmedium, weniger als Reaktionspartner einsetzt. Dort fällt die Schwefelsäure je nach Prozeß in verschiedenen Konz. mehr oder weniger stark org. verunreinigt an. Der nächst größere Anfall an Abfallschwefelsäure geschieht bei der Herstellung von >Titandioxid<. Die konventionellen Verfahren, Dünnsäuren mit >Kalk< zu neutralisieren oder ins Meer zu >verklappen<, stoßen auf verschieden gelagerte Schwierigkeiten. Bei der >Neutralisation< mit Kalk entsteht auf der einen Seite zwar ein Abwasser, das den vorgesehenen Verwaltungsvorschriften für die Direkteinleitung entspricht, doch fällt auf der anderen Seite Gips in großen Mengen an, die zu Deponieproblemen führen können.
Lit: Abwassertechnische Vereinigung (Hrsg.) (1982–1986) Lehr- und Handbuch der Abwassertechnik, 3. Aufl., Bd. 1–7, Verlag von Wilhelm Ernst und Sohn, Berlin München.

Dünnsäurerückführung. Die z.B. beim Aufschluß des Titanerzes Ilmenit anfallende 22%ige Schwefelsäure ist mit Eisen-, Chrom- und Vanadiumverb. u.a. verunreinigt. Bis 1989 wurde ein großer Teil dieser >Dünnsäure< in die Nordsee >verklappt<, was seit 1990 verboten ist. In einer Verwertungskaskade wird nunmehr die Dünnsäure (DS) durch Eindampfen konzentriert, mit Frischsäure bzw. Oleum („rauchende Schwefelsäure") versetzt und wieder eingesetzt (s. Abb. unten). Das Filtersalz (FS), das die Begleitelemente als Sulfa-

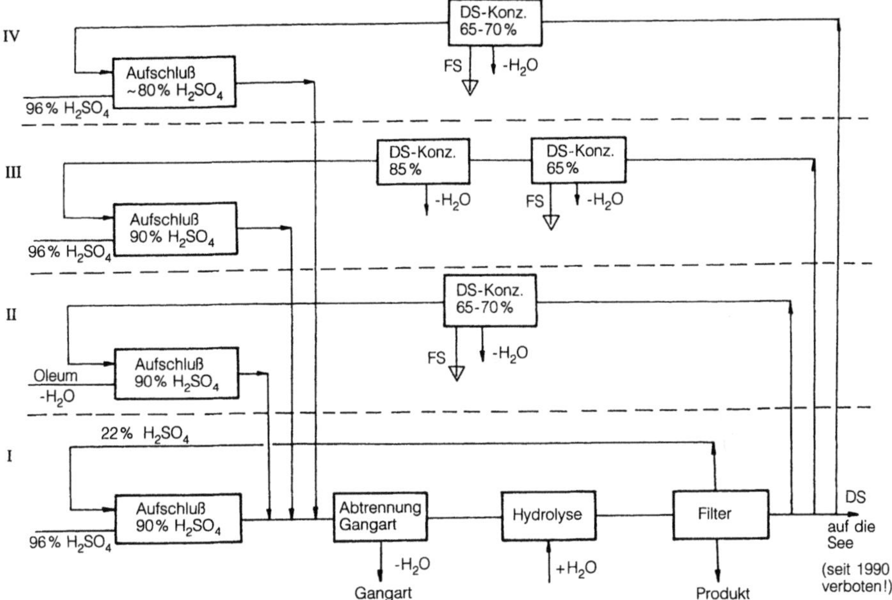

Dünnsäurerückführung: Kreislaufführung der Dünnsäure bei der TiO_2-Herstellung (DS: Dünnsäure; FS: Filtersalz)

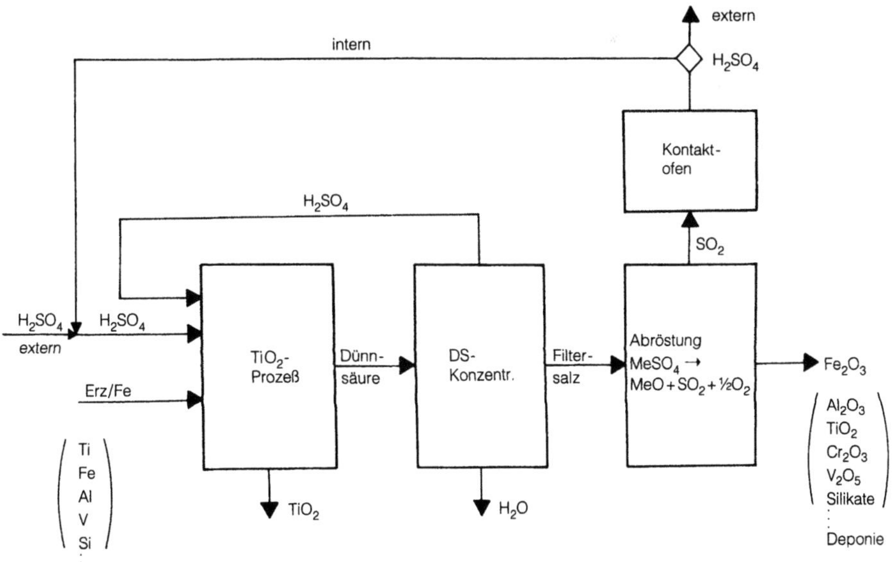

Dünnsäurerückführung: Thermische Spaltung des Filtersalzes (Verwertungskaskade) (aus: Sutter H (1987) Vermeidung und Verwertung von Sonderabfällen, Erich Schmidt Verlag, Berlin, S. 54 ff.)

te enthält, wird geröstet, und das dabei entstehende SO_2 in den Schwefelsäurekreislauf eingeschleust. Schließlich werden die beim Rösten entstehenden Metalloxide zur weiteren Verarbeitung gelagert (s. Abb. S. 343). Diese D. ist ein gutes Beispiel für innovative Entwicklungen auf dem Gebiet der >Abfallvermeidung< und >-verwertung< aufgrund von Verbotsandrohung.

Dünnsäureverklappung. >Dünnsäurerückführung<, >Verklappung<.

Dünnschichtsolarzelle. >Solarzelle<, deren Dicke im µm-Bereich liegt. Bei einer D. wird in Schichtdicken von ca. 1 µm amorphes Silicium auf ein Trägermaterial (z.B. Glas) aufgedampft. Zuerst wird das Glas mit einer transparenten, leitfähigen Zinkoxidschicht (ZnO) versehen. Anschließend werden eine positiv-leitende (p) Schicht (Silicium und Boratome), eine undotierte („intrinsic") Silicium-i-Schicht und eine negativ-leitende (n) Schicht (Silicium und Phosphoratome) aufgedampft. Abschließend wird als Rückelektrode eine hochreflektierende Metallschicht aufgebracht. Die gesamte Schichtdicke der D. beträgt dann ca. 4 µm (s. Abb. unten). Zum Vergleich: Die Dicke eines Haares beträgt etwa 30 µm.
Laborwirkungsgrade von über 15% lassen, angesichts geringen Materialverbrauchs und kostengünstiger Fertigung für Kupfer-Indium-Diselenid „CIS-Zellen" und Cadmiumtellurid „CdTe-Zellen", zukünftig eine verbesserte Wirtschaftlichkeit gegenüber anderen Photovoltaikzellen erhoffen. Der durch >Tandemdünnschichtzellen< (zwei D. übereinander) oder Mehrfachzellen (drei und mehr Schichten) erreichbare Wirkungsgrad liegt bei über 30%.
Lit: Hoffmann V (1996) Photovoltaik – Strom aus Licht. B.G.Teubner Verlagsgesellschaft, Leipzig.

Düseneffekt. Zunahme der Windgeschwindigkeit durch die Verengung des Strömungsquerschnittes. Tritt z.B. in engen Straßenzügen, an eng beieinander stehenden Bauwerken sowie in engen Tälern mit einem breiten Einzugsgebiet auf.

Dulcin. 4-Ethoxyphenylharnstoff. Dulcin hat einen Geschmack, der dem der Saccharose sehr ähnlich ist. Die Anwendung erfolgte früher in Kombination mit Saccharin. Auf Grund der toxikologischen Bedenklichkeit ist der Einsatz heute jedoch nicht mehr üblich.

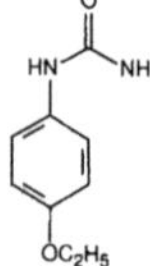

Duldung. Hinnahme von rechtswidrigem Verhalten seitens der Bürger durch die Verwaltung. Rechtlich zulässig, soweit der Verwaltung Ermessen eingeräumt ist; ob bei längerer Duldung die Verwaltung ihr Recht zum Einschreiten verliert, ist streitig.

Dumping. Absichtliche Beseitigung von Material und Substanzen jeder Art und Form von Schiffen, Flugzeugen, Plattformen oder anderen Konstruktionen aus in die See. Ausgeschlossen vom D.-Begriff ist der Eintrag von Abfall und anderem Material bedingt durch den normalen Betrieb von Schiffen, Flugzeugen, Plattformen und anderer Konstruktionen, von Material ohne die Absicht der Beseitigung und von Material, das bei der Exploration und Ausbeutung mineralischer Ressourcen des Meeres anfällt.

Dung. >Stallmist<, >Jauche<, >Gülle<, >Wirtschaftsdünger<.

Dungbehälter. >Stallmist<, >Jauche< und >Gülle< können nur zu bestimmten Zeiten zweckentsprechend als Dünger zur Erhaltung oder Verbesserung der natürlichen Bodenfruchtbarkeit angewendet werden. Der täglich anfallende Dung muß deshalb bis zur Verwertung gespeichert werden. Stallmist wird in der Regel auf Dungstätten gelagert. Dies sind betonierte Flächen, die so eingefaßt sind, daß auf keinen Fall abfließende Dungteile über die Dungplatte hinaustreten und die Umgebung verunreinigen können. Die Jauche wird zusammen mit dem Abfluß der Dungplatte in einer unter oder neben der Dungplatte befindlichen Jauchegrube aufgefangen. Gülle wird entweder in Tiefbehältern gespeichert, die abgedeckt oder nach oben offen in den Erdboden eingelassen sind, oder in offenen Hochbehältern, die entweder teilweise in den Erdboden eingelassen sind oder ganz oberirdisch stehen. Aus Umweltschutzgründen zur Vermeidung von Geruchs- und Ammoniakemissionen wird heute eine geruchsdichte Abdeckung dieser Behälter empfohlen. Die Speicherkapazität der Dungbehälter soll für mindestens 6 Monate ausgelegt sein.

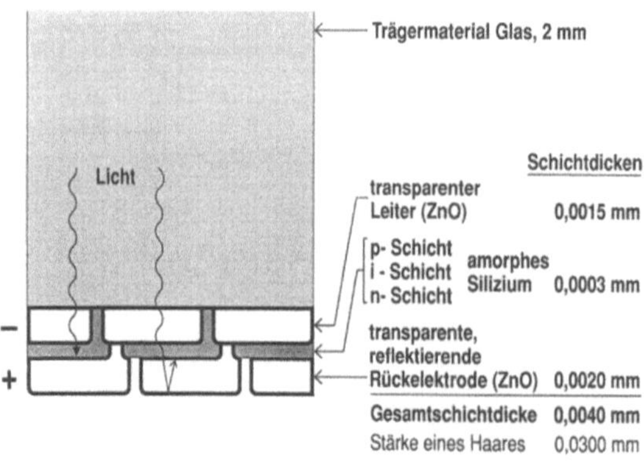

Dünnschichtsolarzelle: Vereinfachtes Aufbauschema einer amorphen Silicium-Dünnschichtsolarzelle

Lit: AID-Heft 1268, Flüssigmistlagerung (1993), AID Bonn. KTBL-Schrift 347, Güllegemeinschaftsanlagen (1991), KTBL, Darmstadt.

Dungeinheit. Als eine Dungeinheit (DE) gilt ein Tierbesatz, der jährlich mit Kot und Harn nicht mehr als 80 kg Gesamtstickstoff oder 60 bis 70 kg Gesamtphosphat absetzt. Die einer DE zugrundeliegenden Tierzahlen sind von vier Bundesländern in einer >Gülleverordnung< festgelegt, wobei geringe Differenzen bei den Tierzahlen bestehen.

Dungspeicher. >Dungbehälter<.

Dungstoffe. Inhaltsstoffe von >Wirtschaftsdüngern<, die der Pflanzenernährung dienen. Dies sind im wesentlichen neben der organischen Substanz: N, P_2O_5, K_2O, CaO, MgO sowie die Spurenelemente Mn, Cu, Co, B, Mo, Zn.

Dunkelreaktionen. Umfassen die Reaktionen des >Calvin-Zyklus<, bei denen >CO_2< fixiert und mit Hilfe von >NADPH< und >ATP<, die bei den Lichtreaktionen der >Photosynthese< bereitgestellt werden, zu >Kohlenhydraten< umgewandelt wird. Regelmechanismen stellen sicher, daß auch die Dunkelreaktionen, die nicht unmittelbar auf Lichtenergie angewiesen sind, nur im Licht ablaufen.

Dunst. Minderung der Horizontalsicht durch Lichtstreuung an flüssigen (feine Wassertröpfchen) und festen (feiner Sand, Staub, Rauch, Industrieabgase) Beimengungen der Atmosphäre; man unterscheidet deshalb zwischen feuchtem und trockenem D. Der sich dabei ausbildende milchigweiße bis schmutziggelbe Schleier läßt bei einem Sichtweitenbereich zwischen 1 und 8 km die Sichtziele in der Ferne diffus erscheinen. Bei Sichtweiten unter 1 km spricht man von >Nebel<. D. entsteht häufig bei windschwachen Wetterlagen (>austauscharmes _Wetter<) und beim Vorhandensein einer >Inversion<. In industriellen Ballungsgebieten führt die durch >Rauch< und >Industrie<-Abgase erhöhte Anzahl der >Kondensations<-Kerne häufig zur Ausbildung einer >Dunstglocke<.

Dunstglocke. Die durch >Emissionen< aus Industrie, Verkehr und >Hausbrand< verursachte und optisch erkennbare Anreicherung von >Aerosolen< in der Grenzschicht; im Extremfall kann sich die D. zum >Smog< verdichten.

Durchbauungsgrad. Qual. Angabe über die Zahl der abgebauten Flöze im Verhältnis zur Zahl der ursprünglich anstehenden Flöze im >untertägigen Bergbau<. D. ist ein Maß für die Beanspruchung der Gebirgsschichten durch den >Abbau<.

Durchbrandzone. >Verbrennung<.

Durchbruchskurve. Bezeichnung aus der >Hydrodynamik< der porösen Medien für den sich stark verändernden Konz.-Verlauf mit der Zeit an einem best. Querschnitt eines porösen Materials, z.B. in einer >Labor-Bodensäule< (s. Abb.), als Folge einer mehr oder weniger abrupten Konz.-Änderung stromaufwärts sowie der >hydrodynamischen Dispersion<; spielt insbes. bei der Untersuchung letzterer eine erhebliche Rolle.

Durchflußzeit. Quotient aus theoretisch nutzbarem Volumen und Zufluß (z.B. bei Belebungsbecken): $t^{R,BB}$, angegeben in min, h oder d (DIN 4045).

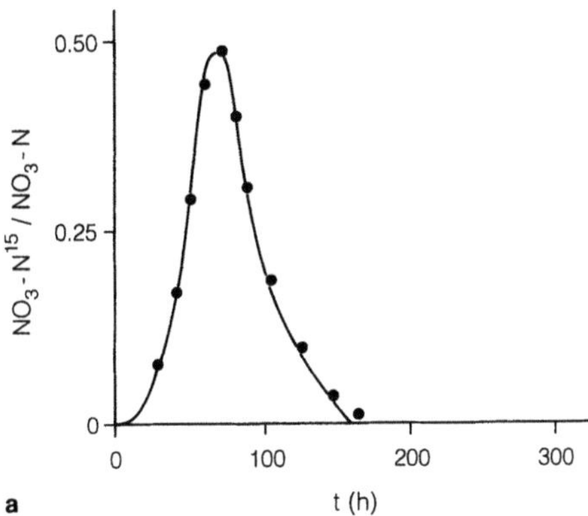

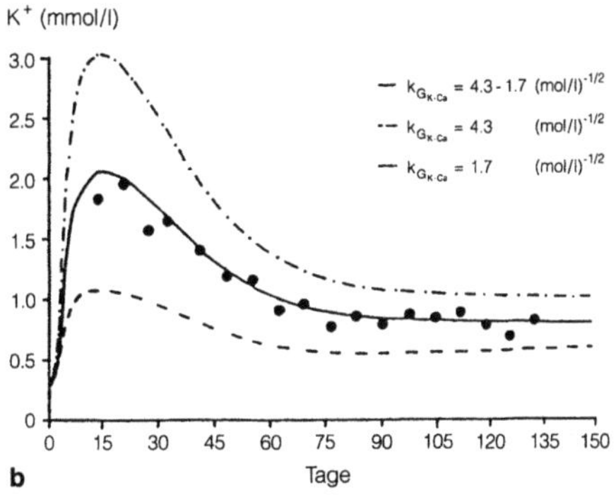

Durchbruchskurve: a) Gemessene (Punkte) und berechnete Durchbruchskurve für nicht mit dem Boden wechselwirkendes, markiertes Nitrat in einem Labor-Bodenmonolithen; b) dgl., jedoch für austauschendes Kalium

Durchlässigkeit. (Permeabilität). Die Durchlässigkeit K ist die spezifische Eig. eines porösen Mediums, für Fluide (Gas, Wasser, Erdöl) durchlässig zu sein, unabhängig von den Eig. des Fluids. Die Durchlässigkeit K wird in cm^2 oder – meist – in Darcy (D) angegeben (1 Darcy entspricht ca. $1 \cdot 10^{-8} cm^2$). Als Maß für die D. für Grundwasser dient der >Durchlässigkeitsbeiwert< k_f, bzw. für Sickerwasser der Durchlässigkeitsbeiwert im ungesättigten Bereich k_u. Weitere Durchlässigkeitsmaße sind die Brunnenleistung und die Ergiebigkeitsziffer. In >Festgesteinen< ist zwischen der Trennfugendurchlässigkeit und der Gesteinsdurchlässigkeit zu unterscheiden, die zusammen die Gebirgsdurchlässigkeit ergeben. Die Trennfugendurchlässigkeit (Wasserwegsamkeit) ist die Durchlässigkeit des Gebirges aufgrund seiner Zerlegung durch mechanisch oder chemisch verursachte >Trennfugen<, wie Spalten, Klüfte, Schicht-, Schieferungs- und Abkühlungsfugen sowie Lösungshohlräume. Die Gesteinsdurchlässigkeit ist die Durchlässigkeit (Permeabilität), die durch die Porenräume der nicht von Trennfugen zerlegten Gesteinskörper bedingt ist. Die den >Grundwassernichtleitern< zuzuordnenden >Tongesteine<, die >Kluftgrundwasserleiter< (>Sandsteine<, >Vulkanite<, >Plutonite< und >Metamorphite<) und die >Karstgrundwasserleiter< besitzen meist keine bedeutungsvolle

Gesteinsdurchlässigkeit, so daß bei diesen Gesteinen die Gebirgsdurchlässigkeit praktisch ausschließlich von der Trennfugendurchlässigkeit herrührt. Ausnahmen sind bindemittelarme, grobkörnige Sandsteine, grobporige Karbonatgesteine und grusig verwitterte Plutonite und Metamorphite, in denen die Gesteinsdurchlässigkeit dagegen zur Gebirgsdurchlässigkeit beiträgt.

Lit: Levorsen Al (1954) Geology of Petroleum, Freeman, San Francisco – Marotz G (1968) Technische Grundlagen einer Wasserspeicherung im natürlichen Untergrund, Mitt Inst Wasserwirtschaft, Grundbau u. Wasserbau 9, Stuttgart – Mattheß G, Ubell K (1983) Allgemeine Hydrogeologie – Grundwasserhaushalt. Gebr. Borntraeger-Verlag, Berlin Stuttgart.

Durchlässigkeitsbeiwert. Der D. k_f ist das Maß für den Energieverlust, den das Grundwasser als Folge der Reibung an den Porenwänden des festen Mediums bei laminarer Strömung durch sandig-kiesige Grundwasserleiter unter der Wirkung eines hydraulischen Gradienten erleidet. Zwischen Fließgeschwindigkeit (Filtergeschwindigkeit, Darcy-Geschwindigkeit) v_f und Energieverlust durch Reibung je Wegeinheit oder bezogen auf den hydraulischen Gradienten (i, grad h) gilt die lineare >Darcy-Gleichung< (DARCY 1856)

$$v_f = - k_f \cdot i = - k_f \cdot \text{grad } h.$$

Der Durchlässigkeitsbeiwert k_f ist durch Dichte ϱ, dynamische Viskosität η und Kompressibilität des fließenden Mediums und durch die >Durchlässigkeit< (Permeabilität) K des festen porösen Mediums bestimmt, die alle als konstant angenommen werden. Durchlässigkeit K und Durchlässigkeitsbeiwert k_f sind durch folgende Umrechnungsbeziehung verknüpft (g = Erdbeschleunigung):

$$k_f = \frac{\varrho}{\eta} \cdot g \cdot K.$$

In der Hydrologie und im Wasserwerksbetrieb wird der Durchlässigkeitsbeiwert k_f in m/s angegeben, in der Bodenkunde und der Bodenmechanik in cm/s. Für natürliche Lockermaterialien gelten folgende mittlere Werte für k_f und K (s. Tabelle).

Der Durchlässigkeitsbeiwert k_f von Lockergesteinen wird im Laboratorium an gestörten Proben bei versuchstechnisch dichtester Lagerung mit Hilfe von Permeametern (Meßanordnungen auf der Grundlage der Darcy-Gleichung) bestimmt. Indirekte Näherungsmethoden nutzen die Zusammenhänge zwischen Durchlässigkeitsbeiwert, Korngröße, Kornverteilung, Porosität und spezifischer Oberfläche. Die Gesteinsdurchlässigkeit von >Festgesteinen< wird im Laboratorium an Probezylindern mit Luft oder mit Wasser als strömendem Medium ermittelt (Meßanordnung auf der Grundlage der Darcy-Gleichung).

Lit: Buch KF, Luckner L (1974) Geohydraulik, 2.Aufl., Enke, Stuttgart – Mattheß G, Ubell K (1983) Allgemeine Hydrogeologie – Grundwasserhaushalt, Gebr. Borntraeger, Stuttgart.

Durchlässigkeitsbeiwert: Mittlere Werte von k_f und K in Lockergesteinen

Boden	k_f in m/s	K in Darcy
Kies	10^{-2} bis 1	10^3 bis 10^5
Reine Sande	10^{-5} bis 10^{-2}	1 bis 10^3
tonige Sande, Feinsande	10^{-8} bis 10^{-5}	10^{-3} bis 1
Kaolinit	10^{-8}	10^{-3}
Montmorillonit	10^{-10}	10^{-5}

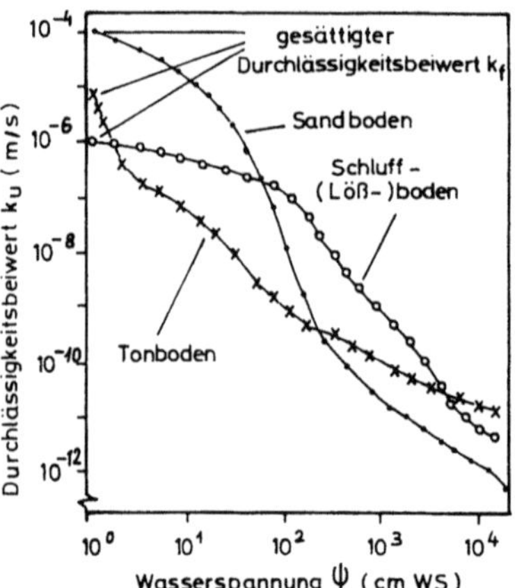

Durchlässigkeitsbeiwert im ungesättigten Bereich: Durchlässigkeitsbeiwert (gesättigt und ungesättigt) eines Sand-, Schluff- und Tonbodens in Abhängigkeit von der Wasserspannung (1 cm WS = 0,9807 mbar)

Durchlässigkeitsbeiwert im ungesättigten Bereich. Der Durchlässigkeitsbeiwert im ungesättigten Bereich k_u hängt bei den verschiedenen Bodenstoffen von Korngrößenverteilung und Gefüge (Porenradienverteilung, Lagerungsdichte) ab. Er nimmt bei sinkendem Wassergehalt bzw. steigender >Wasserspannung< ab. In bindigen Bodenbereichen treten beim Austrocknen offene Risse auf, die ihre Durchlässigkeit erhöhen. Bei Wasserzutritt werden diese Rißsysteme durch quellende Tone und org. Kolloide wieder geschlossen. Im Bereich der durchwurzelten Bodenzone ist die Durchlässigkeit durch Trockenrisse, Pflanzenwurzeln und Grabgänge von Kleintieren erheblich vergrößert (s. Abb.).

Lit: Scheffer F, Schachtschabel P (1989) Lehrbuch der Bodenkunde, 12.Aufl., Enke, Stuttgart.

Durchlaufbecken (DB). >Regenüberlaufbecken< mit Beckenüberlauf und Klärüberlauf, das bis zu einem begrenzten Mischwasserabfluß mechanisch geklärtes Mischwasser dem Vorfluter zuführt (DIN 4045). Durchlaufbecken kommen in Frage, wenn der Spül-

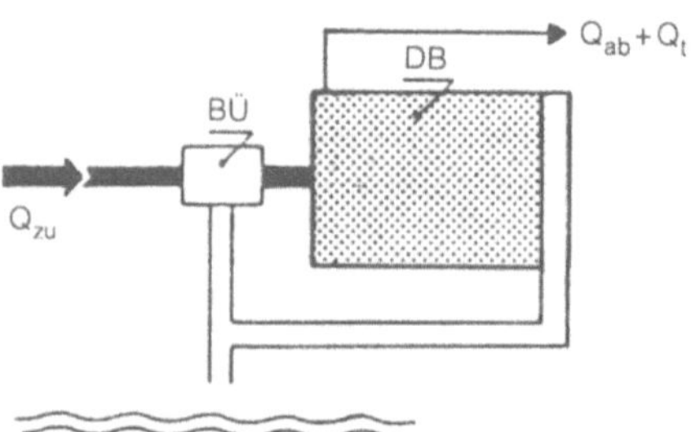

Durchlaufbecken: Durchlaufbecken im Hauptschluß mit Umlauf für $Q_{ab} + Q_t$ (aus: Abwassertechnische Vereinigung (Hrsg.) Lehr- und Handbuch der Abwassertechnik, 3.Aufl., Verlag von Wilhelm Ernst u. Sohn, Berlin (1982–1986))

stoß nicht mehr ausgeprägt auftritt. Sie sind deshalb so zu gestalten, daß sie neben der Speicherung von Mischwasser zusätzlich eine Klärwirkung erzielen. Sie kommen in Betracht bei nicht vorentlasteten Einzugsgebieten, wenn die Fließzeit zum Becken beim Berechnungsregen des Kanalnetzes mehr als 15 min beträgt; durch Regenüberlaufbecken vorentlasteten Netzen; durch >Regenüberläufe< vorentlasteten Netzen, sofern diese bei Regenspenden unter 30 L/s · ha anspringen (s. Abb. S. 346).

Durchmischung. Vertikale Umwälzung der Luft durch auf- und absteigende Bewegungen. Man unterscheidet: - ungeordnete D., verursacht durch >Turbulenz< und >Konvektion<, - geordnete D., verursacht durch: dynamisches Auf- und Abgleiten an >Fronten<, Aufsteigen im Kern von >Tiefdruckgebieten<, Absinken in >Hochdruckgebieten >sowie beim Überströmen von Gebirgen. Bei der D. erfolgt ein Vertikaltransport von sensibler und latenter Energie sowie von Luftbeimengungen. Eine labile Schichtung der Atmosphäre >Labilität der Atmosphäre< begünstigt die D., äußerlich erkennbar an vertikal hoch aufragenden Cumulonimben (s. Tabelle bei >Wolken<), in denen >Aufwinde< und außerhalb derselben entsprechende >Abwinde< herrschen. Eine vertikal stabile Schichtung >Stabilität der Atmosphäre< hemmt die D.

Durchsickerung. Die D., der Durchgang des Wassers durch die ungesättigte Zone, wird in seiner Höhe von den örtlichen klimatischen Verhältnissen (Höhe und Verteilung des >Niederschlages<, >Verdunstung<), sowie von Bodenart und Bewuchs beeinflußt. Bei mittleren Jahresniederschlagssummen zwischen 550 und 700 mm gelten nach LIEBSCHER (1970) näherungsweise folgende Prozentanteile des Sickerwassers am Niederschlag: Dünensand 7,5 %, Sand 45 bis 55 %, lehmiger Sand 31 bis 40 %, Lehm 20 bis 23 %, toniger Lehm 8 bis 10 %.
Lit: Liebscher HJ (1970) Grundwasserneubildung und Verdunstung unter verschiedenen Niederschlags-, Boden- und Bewuchsverhältnissen, Wasserwirtschaft 60: 168–173.

Durchwurzelungstiefe. Mächtigkeit des tatsächlich durchwurzelten Bodens. Die D. ist für die ökologischen Eigenschaften eines Bodens wichtig, da Pflanzennährstoffe in der Regel nur aus dem durchwurzelten Raum aufgenommen werden können. Die D. wird (außer durch die physiologischen Eigenschaften der Pflanzen) begrenzt durch Verdichtungs- und Reduktionshorizont (>Bodenhorizonte<) sowie (bei Festgesteinsböden) durch die Entwicklungstiefe des Bodens.

Duroplaste. Vernetzte >Kunststoffe<, die unlöslich sind und, im Gegensatz zu >Thermoplasten<, thermisch nicht mehr umgeformt werden können. D. werden als unvernetzte, meist lineare Vor->Kondensate< aus dem gelösten, flüssigen oder plastischen Zustand geformt und danach gehärtet. Anschließend sind sie nur noch spanend bearbeitbar. Die Härtung erfolgt durch Peroxide als Katalysatoren in der Kälte oder in der Wärme. Beispiele für D. sind Gießharze, >Epoxidharze<, >Polyesterharze<, >glasfaserverstärkte Kunststoffe<, verstärkte Preß- und Formmassen, Klebstoffe u. a. Da D. thermisch nicht umformbar sind, sind sie einem >Recyclingprozeß< nur schwer zugänglich. Bei schonender >Pyrolyse< können >monomere und oligomere Einheiten< erhalten, und nach einer fraktionierten >Destillation< als >Sekundärrohstoffe< der stofflichen Wiederverwertung zugeführt werden.

DWK. Deutsche Gesellschaft zur Wiederaufarbeitung von Kernbrennstoffen mbH, Hannover.

DWR. >Druckwasserreaktor<.

Dy. Sediment flacher, pflanzenreicher, saurer und huminstoffreicher Seen mit einem großen Anteil von unvollständig abgebauten Pflanzenresten und ausgefällten Humuskolloiden. Dy ist das typische Sediment der >dystrophen Seen< meist kalkarmer Gebiete.

Dyn. Seit 01.01. 1978 nicht mehr gesetzlich zulässige Maßeinheit der Kraft; 1 dyn = 1 g · cm/s^2. Mit dem >Newton (N)<, der SI-Einheit der Kraft, hängt das Dyn wie folgt zusammen: 1 dyn = 10^{-5} N.

Dynamik. (Grch. dynamis = Kraft, Macht). Im engeren Sinne Lehre von den Kräften und – erweitert – den durch sie hervorgerufenen Bewegungen. So hauptsächlich in Physik und verwandten Wissenschaften im Gegensatz zur >Statik< gebraucht. Im allg. Sprachgebrauch bedeutet das Adjektiv dynamisch soviel wie „energiegeladen, voll innerer Spannkraft", während vor allem in der Biologie der Bezug auf die Bewegung selbst im Vordergrund steht. >Kinetik< der chem. Umsetzungen sollte besser Dynamik heißen, wobei die Ursache in einer Konz. oder im Produkt von Konz. als antreibender Kraft zu sehen ist. In der >Thermodynamik< der >irreversiblen<, d. h. realen Prozesse wird das Anwachsen der >Entropie< als Ursache eines Vorganges, eines >Flusses< angesehen; die irreversiblen Flüsse sind in erster Näherung >lineare< Kombinationen in den thermodynamischen Kräften. S. a. >phänomenologische Gl.< der Thermodynamik.

Dynamik der Atmosphäre. Beschreibung der Bewegungsvorgänge in der Atmosphäre als Folge der auf die Luftteilchen wirkenden Kräfte. In der freien Atmosphäre werden die Bewegungsvorgänge in erster Linie durch die >hydrodynamischen Bewegungsgleichungen< beschrieben. Im Übergangsbereich Atmosphäre/Untergrund gelten diese Gleichungen nur eingeschränkt, die Vorgänge der >Turbulenz<, >Reibung< und >Austausch< bestimmen hier die Bewegungen der Luftteilchen. >Statik der Atmosphäre<.
Lit: Defant A, Defant F (1958) Physikalische Dynamik der Atmosphäre, Akademische Verlagsgesellschaft, Frankfurt am Main – Haltiner GJ, Martin FL (1957) Dynamical and Physical Meteorology, New York – Liljequist GH, Cehak K (1984) Allgemeine Meteorologie, 3. Aufl., F. Vieweg & Sohn, Braunschweig, Wiesbaden – Pichler H (1986) Dynamik der Atmosphäre, 2. Aufl., BI Wissenschaftsverlag, Mannheim.

dynamisch. Die >Dynamik< betreffend.

Dynamische Abkühlung. >Adiabatische< Abkühlung eines Luftteilchens, meist verursacht durch Hebung, tritt in der Regel innerhalb von >Tiefdruckgebieten< auf.

Dynamische Anreizwirkung. Bezeichnet die Eignung eines Instruments, umwelttechnischen Fortschritt zu induzieren. Umwelttechnischer Fortschritt liegt vor, wenn es gelingt, mit gleichem Aufwand höhere Emissionsreduktionen bzw. mit geringerem Aufwand gleiche Emissionsreduktionen zu erzielen. Die dynamische Anreizwirkung ist wie die >ökonomische Effizienz< und die >ökologische Treffsicherheit< ein zentrales Kriterium zur ökonomischen Beurteilung umweltpolitischer Instrumente (>Umwelt- und Ressourcenökonomik<).

Dynamische Erwärmung. >Adiabatische< Erwärmung eines Luftteilchens, meist verursacht durch >Absinken<, tritt in der Regel innerhalb von >Hochdruckgebieten< auf.

Dynamischer Toxizitätstest. Toxizitätstest mit konstantem Durchfluß des Testmediums nach ISO 6107/3, z. B. für >Bioakkumulationsversuche< oder >chronische Fischtests<. Es wird in einer bestimmten Zeit eine konstante Menge an Abwasser oder gelöstem Stoff durchgesetzt. Häufig werden heute computergesteuerte Dosiersysteme eingesetzt.

Dynamisierungsklauseln. Die >TA Luft< von 1986, deren Grundverständnis das einer >normkonkretisierenden Verwaltungsvorschrift< ist, enthält entgegen diesem Grundverständnis an 35 Stellen Forderungen wie „Die Möglichkeiten, die Emissionen von ... durch dem Stand der Technik entsprechende Maßnahmen weiter zu vermindern, sind auszuschöpfen". Über rechtliche Bedeutung und Anwendung dieser D. s. >LAI-Empfehlungen<.

Dynamitfischerei. Die D. gehört zu den überall offiziell verbotenen Methoden der Fischerei mit Sprengstoffen. Durch die Explosion unter Wasser werden die Fische mechanisch betäubt oder getötet. Dies geschieht durch die 1. Druckwelle, besonders aber die nachfolgende Unterdruckwelle, wodurch sich die Schwimmblase bis zur Explosion ausdehnt; auch das Gewebe der Fische wird teilweise zerstört. Wie weit Fische ohne Schwimmblase getötet werden, ist noch unklar. Vorgänger der D. sind die Verwendung von Schießpulver (1816 Frankreich) und gebranntem Kalk („Kalkfischerei", 1852 Deutschland), der in eine fest verkorkte Flasche eingefüllt ins Wasser geworfen wird. Durch ein kleines Loch im Kork dringt Wasser ein, der Kalk wird gelöscht, und das entstehende Gas bringt die Flasche zur Detonation und betäubt die Fische. Nach der Erfindung des Dynamit durch A. Nobel 1867 wurde dieser Sprengstoff verwendet, trotz des Verbots in manchen Ländern immer noch, z. B. in Tanzania, wo solche Fische auch auf den Markt gelangen, aber an ihrem schlaffen Körper und weichen Fleisch leicht zu erkennen sind. Durch die D. werden Fischbestände durch Schädigung der Jungfische und Eier nachhaltig dezimiert.

Dystrophe Seen. Seen dieses Typs treten vorwiegend in kalkarmen und humiden Gebieten auf. Charakteristisch ist der hohe Gehalt des Wassers an braun gefärbten >Huminstoffen< („Braunwasserseen") und >Dy< als Sediment.

E-Filter. >Elektrofilter<.

EAK. (EWC) >Europäischer Abfall-Katalog<.

E-Nummer. Zur Kennzeichnung von *Zusatzstoffen* in Lebensmitteln (>Lebensmittelzusatzstoffe<) wird häufig eine Kombination des Buchstabens E mit einer (dreistelligen) Zahl verwendet, die von der >EU-Kommission< vergeben wird. Diese EWG-Nummer (offizielle Bezeichnung) soll für die Stoffe der >Zusatzstoff-Richtlinien< deren Identität sichern. Diese Bezeichnung kann – gemäß Etikettierungsrichtlinie für Lebensmittel – zur >Kennzeichnung< der Zusatzstoffe in der „Zutatenliste" *zusätzlich* zum obligatorischen Klassennamen (z.B. Farbstoff) anstelle der chem. Verkehrsbezeichnung (z.B. Tartrazin) verwendet werden (E 102).
Eine solche Kennzeichnungserleichterung ist für 133 weitere wichtige Zusatzstoffe, die noch nicht durch EU-Richtlinien geregelt sind, durch die sog. Nummern-Richtlinie erzielt worden. Hier wurden vorläufige EWG-Nummern vergeben, jedoch noch so lange ohne „E", bis auch für diese Stoffe die Zulassungen, Anwendungen und Reinheitsanforderungen gemeinschaftlich festgelegt sind sowie die Überprüfung der gesundheitlichen Unbedenklichkeit abgeschlossen ist.
Es gibt also zwei Arten von EWG-Nummern für Lebensmittelzusatzstoffe: solche *mit E.* und solche *ohne E.* Die mit dem vorangestellten Buchstaben ausgewiesenen Stoffe sind bereits gemeinschaftlich harmonisiert, die ohne noch nicht. Beide Arten sind jedoch für die Kennzeichnung von Lebensmitteln gleichermaßen verwendbar (in Deutschland jedoch nur, soweit Stoffe und Nummern in Anlage 2 der Zusatzstoff-Verkehrsverordnung erwähnt sind).
Lit: Glandorf K, Kuhnert P (1991) Handbuch Lebensmittelzusatzstoffe, Behrs, Hamburg.

E4Chem-Modell. (Exposure and Ecotoxicity Estimation for Environmental Chemicals). Computerprogramm, das prim. für die Bewertung des rel. Gefahrenpotentials von Chemikalien entwickelt wurde, aber auch für andere Anwendungsbereiche erweitert werden kann. Es basiert auf den Empfehlungen der >OECD< und dem deutschen Chemikaliengesetz und enthält sowohl Modelle zur Expositions- und Wirkungsanalyse als auch ein System zur Transformation und zum Vergleich der gewonnenen Daten. Folgende Parameter gehen in die Bewertung ein: Freisetzungsrate, Input-Medium, Persistenz, Mobilität, Kontamination des Wassers, Geoakkumulation, Bioakkumulation sowie Toxizität für aquatische und terrestrische Arten. Für die Expositionsanalyse wurden insgesamt 5 Submodelle entworfen, von denen jedes einen best. Umweltausschnitt repräsentiert. Für die Verteilung zwischen den >Kompartimenten< Luft, Wasser und Boden wird ein einfaches Gleichgewichtsmodell (EXTND) benutzt, das auf dem >Fugazitätsprinzip< beruht. Darin werden die Transportprozesse innerhalb der Kompartimente vernachlässigt, der Transport zwischen den Phasen wird anhand der Verteilungskoeffizienten berechnet, und für die Abbauprozesse wird eine Kinetik erster Ordnung angenommen. Des weiteren gehen Vol. und Dichte der drei Phasen, der pH-Wert und der Gehalt von Boden, Sediment bzw. Aerosolen an org. Kohlenstoff in die Berechnung ein. Für die Verteilung innerhalb der Kompartimente werden drei weitere der Submodelle (EXAIR, EXWAT und EXSOL) verwendet. Die Daten, auf denen sie basieren, sind in der Tabelle zusammengefaßt. Ein weiteres Modell (EXATM) dient zur Kalkulation des Austausches zwischen >Troposphäre< und >Stratosphäre<. Nicht einbezogen in das Gesamtmodell wurden die Umweltbereiche Meere und Grundwasser. Schließlich existiert noch ein Subsystem (RLTEC), das der Ermittlung der Freisetzungsrate anhand des Anwendungsmusters dient. Für die Wirkungsanalyse wurde ein Teilmodell entwickelt, das unter Betonung der Nährstoffzyklen die wichtigsten dynamischen Prozesse von Ökosystemen simuliert und damit eine allg. Aussage über die Änderung der Massenbalance unter dem Einfluß von Chemikalien ermöglicht (s. Abb. S.350). Dazu wird die Umwelt in fünf Kompartimente unterteilt, von denen drei die trophischen Ebenen (>Produzenten<, >Konsumenten< und >Destruenten<) repräsentieren, während die anderen beiden den Bereichen Detritus (= tote org. Materie) und Nährstoffe (= anorg. Materie) entspr. Sämtliche Kompartimente stehen durch Stofftransfer miteinander in Verb. Für die Erfassung der >Populationsdynamik< wird angenommen, daß

E4Chem-Modell: Benötigte Daten für die Kompartiment-Submodelle zur Expositionsanalyse

Submodell	Berechnungsgrundlagen	Umweltbezogene Daten
EXAIR	Atmosphärischer Transport mittlerer Reichweite Dynamisches Gleichgewicht Photoabbau mit Kinetik 1. Ordnung Kombination der Wetterdaten	Charakteristika der Emissionsquelle Wetterstatistik (Windrichtung, Windgeschwindigkeit, Niederschläge, Stabilitätsklasse) Größe der Aerosolpartikel Depositionsparameter
EXSOL	Vielschichtige Bodensäule Sofortige Einstellung eines Sorptionsgleichgewichtes Vertikaler chromatographischer Transport Verdunstung und Auswaschung Aufnahme durch Pflanzen Degradation mit Kinetik 1. Ordnung	Bodencharakteristika (Porosität, pH, Feuchtigkeit, Gehalt an organischem C, Flußrate des Wassers, Bodendichte) Klima Vegetation
EXWAT	Zwei-Kompartiment-Modell Sofortige Einstellung eines Sorptionsgleichgewichtes Dynamisches Gleichgewicht Volatilität Biokonzentration in Fischen Degradation mit Kinetik 1. Ordnung	Charakteristika des Oberflächenwassers Wasser- und Windgeschwindigkeit Sedimentcharakteristika (Dichte, Porosität, Gehalt an organischem C)

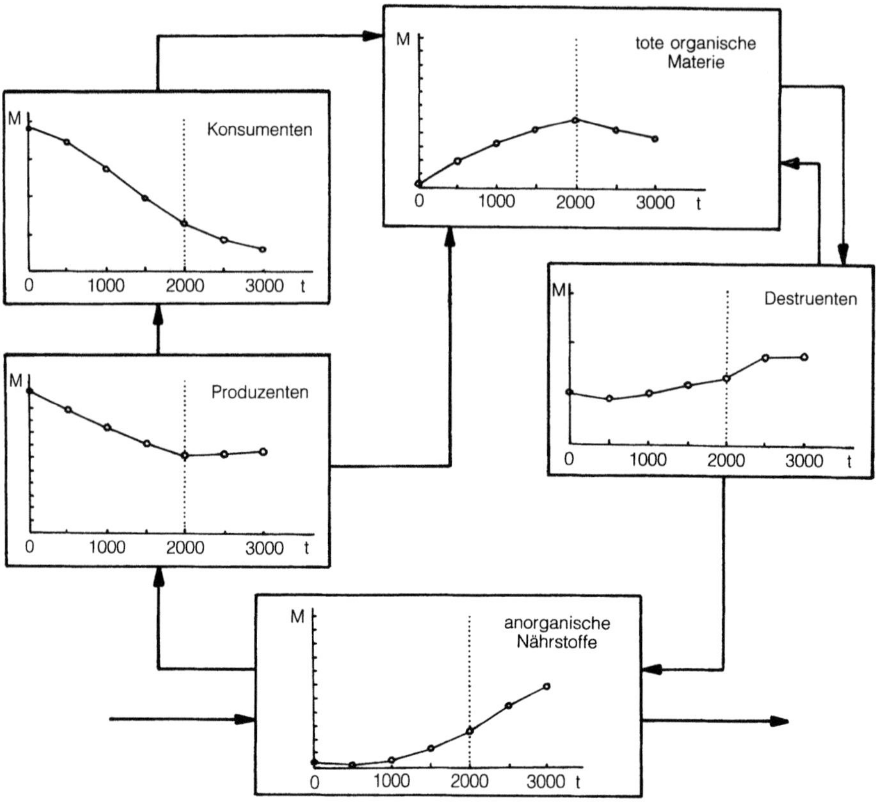

E4Chem-Modell: Enwicklung der Masse der Kompartimente (M) während und nach der Belastung durch eine Chemikalie bei einer Dosis von 0,5 Einheiten und einer Expositionsdauer von 2.000 Zeiteinheiten

die Individuen einer Population einem der drei Zustände vital (= reproduktionsfähig), nicht-vital (= lebend, aber reproduktionsunfähig) oder tot angehören. Innerhalb der ersten beiden Zustände sind die Individuen durch die Zahl ihrer Defekte gekennzeichnet, wobei Defekte als irreversible Störungen der Lebensfähigkeit definiert sind. Von der Zahl der Defekte hängt die Wahrscheinlichkeit des Übergangs zwischen den Zuständen ab, während die Wahrscheinlichkeit des Auftretens eines Defektes eine Funktion aller biotischen und abiotischen Streßfaktoren ist. Von diesen werden im Modell nur die Auswirkungen der Ernährungssituation und der Einfluß von Chemikalien berücksichtig. Ersteres läßt sich als Sättigungsfunktion formulieren, während letzteres durch eine Dosis-Wirkungs-Kurve beschrieben wird. Informationen über die Zusammenhänge zwischen Streßfaktoren und Defekten erhält man durch die Messung der Effekte, wobei vorausgesetzt werden muß, daß die Effekte unabhängig voneinander auftreten und jeder Effekt eine Vielzahl von Defekten anzeigt. Da die trophischen Stufen nur in ihrer Gesamtheit in die Berechnung eingehen, ist es ausschließlich möglich, eine gleichmäßige Beeinträchtigung aller Arten eines Niveaus zu erkennen, nicht aber die Beeinträchtigung einzelner Arten, da im letzteren Fall die Massenabnahme der geschä-

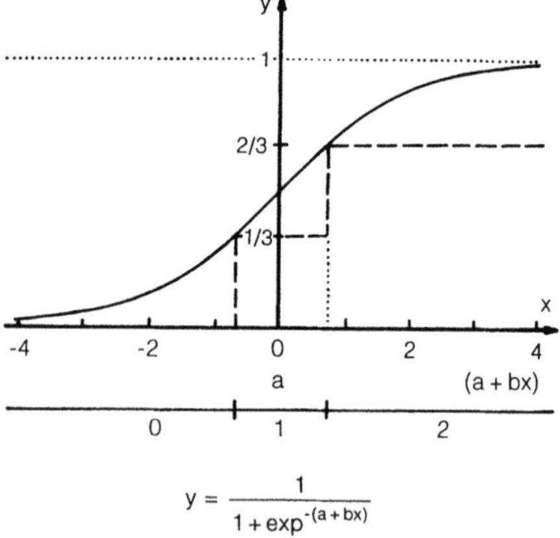

$$y = \frac{1}{1 + \exp^{-(a + bx)}}$$

E4Chem-Modell: Transformationsfunktion für die Skalierung der Bewertungsdaten. Während die Eingangswerte von minus bis plus unendlich reichen, ergibt sich für die transformierten Daten eine Ergebnisspanne von 0 bis 1. a und b bezeichnen einen mittleren Wert bzw. ein Streckungsmaß

digten Populationen durch eine Massenzunahme von deren Konkurrenten ausgeglichen werden kann. Darüber hinaus wird das ökotoxische Potential mit dem Modell ETTOX erfaßt, das auf den Ergebnissen von Toxizitätstests an einzelnen Standardorganismen beruht. In eine Skala werden die Daten des E4Chem-Modells erst auf einem höheren Niveau der Gefährlichkeitsbewertung überführt. Auf den unteren Stufen werden sie lediglich soweit transformiert (s. Abb. S. 350), daß sie sich direkt vergleichen lassen; sie gehen aber jeweils isoliert in die Betrachtung ein. Für die Klassifizierung von Chemikalien bzw. die Identifizierung von Substanzen mit einem besonders hohen Gefährdungspotential können die Parameter jeweils in Form der transformierten oder auch unveränderten Werte gegeneinander aufgetragen werde. Die Auswahl der Substanzen mit besondes bedenklichen Werten bezüglich beider Parameter kann dann durch graphische Abgrenzung erfolgen. Die Grenzwerte können nach Bedarf gewählt werden, indem man beispielsweise die 0–1-Skala in drei gleich große Bereiche unterteilt.

Lit: Benz J (1986) A modelling attempt for estimating ecotoxicity. In: Environmental modelling for priority setting among existing chemicals. Proceedings of the Workshop 11.–13. Nov. München-Neuherberg, Ecomed, München, S. 354–370 – Matthies M, Brüggemann R, Trenkle R (1986) A multimedia modelling approach for comparing the environmental fate of chemicals. In: Proceedings of the Workshop 11.–13. Nov. München-Neuherberg, Ecomed, München, S. 211–252 – Rohleder H, Münzer B, Voigt K (1986) E4Chem (Exposure and ecotoxicology estimation for environmental chemicals) – A computerized aid for priority setting. In: Proceedings of the Workshop 11.–13. Nov. München-Neuherberg, Ecomed, München, S. 491–525.

E 605. >Parathion<.

EC (*effective* *concentration*). Wirkungsbereich von >PSM< (insbesondere Herbiziden und Wachstumsreglern), in dem bei einer best. Einwirkungszeit eine gewünschte quantitative Wirkung erreicht wird. EC_{50} bedeutet z. B., daß bei einer best. Herbizidkonz. (z. B. im Bodenwasser) die Biomassebildung der Versuchspflanzen um 50 % gemindert wird. (Nach DPG-Glossar).

ECCS. Emergency Core Cooling Systems; >Notkühlung<.

ECD (electron capture detector). Elektroneneinfangdetektor: spezifischer Ionisierungsdetektor in der >GC<, der eine sehr hohe Selektivität für Verbindungen besitzt, die eine große Elektronenaffinität aufweisen, wie z. B. Halogenatome und NO_2. Sein Prinzip beruht darauf, daß von einer schwachen β-Strahlungsquelle, wie z. B. ^{63}Ni, energiereiche Elektronen abgestrahlt werden, die aus dem Trägergas energieärmere Elektronen herausschlagen. Durch eine von außen angelegte Spannung wird mit den letzteren ein Stromfluß in einem externen Stromkreis erzeugt. Befinden sich in der Probe Verbindungen mit hoher Elektronenaffinität, dann werden die energiearmen Elektronen eingefangen. Da die resultierenden negativen Ionen im elektrischen Feld eine geringere Beweglichkeit besitzen als freie Elektronen, verringert sich die Stromstärke in Abhängigkeit von der Konzentration der elektroneneinfangenden Komponente. Der ECD wird überwiegend in der Rückstandsanalytik von halogenierten Verb. eingesetzt. Seine Nachweisgrenze liegt für hochchlorierte Verb. bei 10^{-14} g/s. Von Nachteil ist der ziemlich kleine lineare Bereich von 2 bis 3 Zehnerpotenzen. Zu seinem Betrieb ist eine Genehmigung der zuständigen Strahlenschutzbehörde (>Strahlenschutz<) notwendig.

Ecdyson. (Chem. Formel s. unten). Ein Häutungshormon von Insekten, dessen relatives Verhältnis zum >Juvenilhormon< die Larval-, Pupal- und Adult-Häutung bestimmt. Vom Ecdyson abgeleitete Substanzen (Zoo-Ecdysteroide) haben zahlreiche hormonelle Wirkungen im Tierreich. Phytoecdysteroide kommen als sek. Inhaltsstoffe im Pflanzenreich vor, wo sie vermutlich der Abwehr nichtangepaßter Insektenschädlinge dienen. Ecdyson ist ein Steroidhormon, das sich vom Cholesterin ableitet. Es wird im >Stoffwechsel< in das aktivere 20-Hydroxyecdyson umgewandelt. Für Ecdysteroide existieren cytosolische sowie kerngebundene Rezeptoren. Zum Beispiel tritt β-Ecdyson in hoher Konz. bei der Eibe *Taxus baccata* oder dem Farn *Polypodium vulgare* auf. Ein besonders potentes Strukturanalogon ist z. B. Cycasteron in Cycas. Als Wirkung werden Mißbildungen, Sterilität und Tod berichtet.

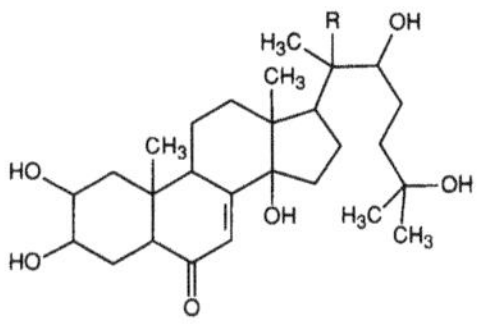

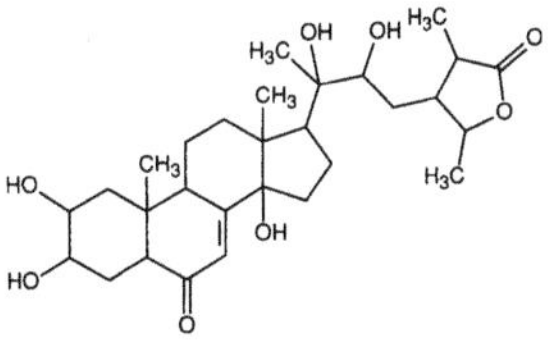

Ecdyson und Phytoecdysteroide

Lit: Harborne JB (1988) Introduction to ecological biochemistry, 3. Aufl., Academic Press, London.

ECE-Konvention „Luftreinhaltung". Von der UN-Wirtschaftskommission für Europa (ECE) in Genf verabschiedetes Übereinkommen über weiträumige grenzüberschreitende >Luftverunreinigungen< vom 13. 11. 1979, das am 16. 03. 1983 in Kraft getreten ist und inzwischen für mehr als 30 Staaten gilt. Die 18 Artikel der Konvention verpflichten die Unterzeichnerstaaten, Programme zur Bekämpfung insbesondere grenzüberschreitender Luftverunreinigungen zu erarbeiten und durch gemeinsame Strategien und intensiven Informationsaustausch zur schrittweisen Verringerung von Luftverunreinigungen beizutragen. Hierzu sind die bestmöglichen – wirtschaftlich vertretbaren – Technologien insbesondere bei neuen Anlagen einzusetzen. >Genfer Luftreinhaltekonvention<.

ECE-Test. Fahrzeug-Abgastest für Pkw und leichte Nutzfahrzeuge nach der >EU-Norm<, gekennzeichnet durch den Europäischen >Fahrzyklus< und das >Constant Volume Sampling Verfahren< zur Probenahme und entspr. Analyse analog zur US >Federal Test Procedure<.

Lit: ECE 15, ECE 83, Richtlinie 70/220 bis 91/441/EWG, Abgas- und Verdampfungsemissionen von Pkw und leichten Nutzfahrzeugen.

ECETOC. >European Centre for Ecotoxicology and Toxicology of Chemicals<.

Echtgelb. (Acid Yellow G, Säuregelb, E 105): 1-(4-Sulfo-1-phenylazo)-4-aminobenzol-5-sulfonsäure (Dinatriumsalz). Ein leicht rotstichig gelber Azofarbstoff, der zur Erzeugung von goldgelben Farbtönen bei der Herstellung von Zuckerwaren, Getränken, Limonaden, Kaltschalen, Pudding etc. verwendet wird. In der EU ist der Einsatz seit 1977 verboten.

Echtgrün FCF. (Fast Green FCF, Vert solid FCF): Diethyl-disulfobenzyl-di-4-amino-2-sulfo-4-hydroxyfuchsonimonium (Dinatriumsalz). Ein allgemein anwendbarer Lebensmittelfarbstoff, der bläulichgrüne Farbtöne erzeugt. Der ADI-Wert beträgt bis zu 12,5 mg/kg Körpergewicht.

Echtrot E. (Fast Red E, Naphtholot GR, Rouge solide E): 1-(4-Sulfo-1-naphthylazo)-2-hydroxy-naphthalin-6-sulfonsäure (Dinatriumsalz). Ein Azofarbstoff von gelbstichig roter Farbe, der zur Farbgebung bei der Herstellung von Marmelade, Puddingpulver, Glasuren, Speiseeis, Zuckerwaren etc. eingesetzt wird.

Eckeneffekt. Zunahme der >Windgeschwindigkeit< an Ecken, Vorsprüngen des Reliefs sowie an sonstigen Hindernissen durch Zusammendrängen der Stromlinien. In >Lee< der Hindernisse entstehen, insbesondere bei labiler Schichtung der Luft, >Labilität<, kleinräumige Wirbel, die eine stärke >Durchmischung< der Luftmasse bewirken. >Düseneffekt<.

EC-Konzentration. Analog zu den >LC-Werten<, bei denen der Tod als Beobachtungskriterium gilt, werden bei anderen aquatischen Organismen Wirkungen wie Schwimmunfähigkeit (bei Daphnien) oder Hemmung des Zellwachstums (bei Algen oder Bakterien) EC_{50}-, EC_0- oder EC_{100}-Werte angegeben, je nachdem, ob die beobachteten Wirkungen bei 50 %, 0 % oder 100 % der Individuen aufgetreten ist. Eine solche Angabe erfordert immer die Nennung der beobachteten Wirkung.

Lit: Rippen G (1990) Handbuch Umweltchemikalien, ecomed, Landsberg.

ECOSYS. Rechenprogramm zur Abschätzung der möglichen >Strahlenexpositionen< von Mitgliedern der Bevölkerung nach angenommener Freisetzung von >Radionukliden< im Rahmen eines >Störfalls< in einem >Kernkraftwerk< oder einer >Wiederaufarbeitungsanlage<. Das Programm berücksichtigt den Zeitpunkt der Freisetzung, die Lebensgewohnheiten der Bevölkerung und die landwirtschaftlichen und ernährungstechnologischen Praktiken sowie örtliche Einflußgrößen. Die berechneten Belastungspfade beziehen sich auf
– die >Gamma<- und >Betastrahlung< von Radionukliden in der umgebenden Luft,
– die Gammastrahlung von auf dem Boden abgelagerten Radionukliden,
– die >Inhalation< von Radionukliden und
– die Aufnahme von Radionukliden mit der Nahrung selbst.
Im Zusammenhang mit dem Reaktorunfall von >Tschernobyl< konnte bereits in der Anfangsphase mittels ECOSYS eine schnelle Prognose der zu erwartenden radiologischen Auswirkung erstellt werden.

ED (effective dose). Wirkungsbereich von >PSM< (insbesondere Herbiziden und Wachstumsreglern), in dem nach einmaliger Applikation eine gewünschte quantitative Wirkung erreicht wird. ED_{50} bedeutet z.B., daß bei einer best. Herbiziddosis die Biomassebildung der Versuchspflanzen um 50 % gemindert ist. (Nach DPG-Glossar).

edaphisch. Zum Boden gehörig. Der Begriff wird unter zwei Aspekten benutzt: 1. unter Bezug auf die Lebewesen im Boden, das >Edaphon<, und 2. im Hinblick auf die >abiotischen Bodenfaktoren<.

Edaphon. Die Gesamtheit aller lebenden Organismen im Boden. Es gehören dazu >Viren<, >Bakterien<, >Pilze<, >Algen<, >Wurzeln< höherer Pflanzen und >Bodentiere<.

EDTA. (Ethylendiamin-tetraessigsäure): Wird durch die Strecker-Synth. aus Formaldehyd und Blausäure in Gegenwart von Ethylendiamin über das Tetranitril und anschließende alkalische Hydrolyse erzeugt. EDTA dient bei der Lebensmittel-Herstellung als >Komplexbildner<. EDTA spielt bei der Komplexierung von Metallen eine wichtige Rolle.

Effektive Ausstrahlung. >Ausstrahlung<.

Effektive Dosis. Die effektive Dosis oder genauer die effektive >Äquivalentdosis< dient zur Bewertung des >Risikos<, an einer zufallsbedingten >Strahlenwirkung< zu sterben. Die mittleren Dosen in den einzelnen Organen und Geweben des menschlichen Körpers werden entspr. der Strahlenempfindlichkeit der Organe mit sogenannten >Wichtungsfaktoren< (s.a. Tab. dort) gewichtet. In der >Strahlenschutzverordnung< und >Röntgenverordnung< sind die derzeit gültigen

Wichtungsfaktoren niedergelegt: Gonaden 0,25, Brust 0,15, Lunge 0,12, Rotes Knochenmark 0,12, Schilddrüse 0,03 Knochenoberfläche 0,03. Von den anderen Organen und >Geweben< sind die fünf am stärksten strahlenexponierten zu ermitteln und deren Dosis mit dem Faktor 0,06 zu wichten. Diese heute gültigen Wichtungsfaktoren werden zur Zeit diskutiert und es ist abzusehen, daß sich einige der Faktoren ändern werden.

Zur Berechnung der effektiven Dosis bei einer Ganz- oder Teilkörperexposition werden die Äquivalentdosen der in der Tabelle der >Wichtungsfaktoren< genannten Organe und Gewebe mit den dort angegebenen Wichtungsfaktoren multipliziert und die so erhaltenen Produkte addiert. Bezeichnet H_T die mittlere Äquivalentdosis im Organ oder Gewebe T und w_T den entsprechenden Wichtungsfaktor, so ergibt sich die effektive Dosis E zu:

$$E = \Sigma T \, w_T \cdot H_T.$$

Effektive Konzentration (EC 1 /EC 50). Beispielsweise die Summe der Hemmeffekte bei >Bakterien< und >Algen< auf die >Zellvermehrung<. Aus der Konzentrations-Wirkungs-Beziehung ermittelte Konzentration an Testgut, bei der im Vergleich mit dem Kontrollansatz eine Hemmung z.B. der Zellvermehrung um 10% bzw. 50% eingetreten ist (DIN 38412 Teil 8, Teil 9).

EG-Nummern. Zur Identifizierung chem. >Stoffe< in Listen und Vorschriften werden in der EU neben oder anstelle von Bezeichnungen (nach versch. Nomenklaturen) auch *Zahlen* verwendet. Bisher wurden zwei versch. Systeme entwickelt, die folgende Gebiete betreffen: 1. >gefährliche Stoffe< i.S. der gleichnamigen EG-RL 67/548/EWG (Anhang I). 2. *Lebensmittel-Zusatzstoffe*, die über das Europäische Lebensmittelrecht für die EG-Mitgliedstaaten geregelt sind.

Beide Systeme haben vom Ansatz her nichts miteinander zu tun, wenn es auch bei einigen Stoffen Überschneidungen gibt, z.B. bei HCl, H_2SO_4 und SO_2, die sowohl gefährliche Stoffe als auch Lebensmittelzusatzstoffe sind. Beide Systeme heißen streng genommen *EWG-Nummern*, weil sie mit entsprechenden >Richtlinien< im Zusammenhang stehen. Vereinfacht werden die erstgenannten jedoch (im deutschen Sprachgebrauch) *EG-Nummern* genannt, z.B. im Anhang VI >GefStoffV< Spalte 3.

Zur >Kennzeichnung von Zusatzstoffen< in >Lebensmitteln< wird häufig eine *Kombination* des Buchstabens *E* mit einer Zahl verwendet. Bei *Lebensmitteln* dürfen zu Kennzeichnungszwecken jedoch diejenigen *E(WG)-Nummern nicht* verwendet werden, 1. die für Zusatzstoffe in der *Tierernährung* vergeben sind, die in versch. Richtlinien (leider) ebenfalls als >*E*-Nummern< bezeichnet werden; 2. die in noch nicht verabschiedeten Arbeitspapieren zur sog. Global-RL der EG genannten, meist aus dem Internationalen Numbering System des Codex Alimentarius übernommenen Nummern.

Eichgas. Bei der Abstimung von Geräten zur >Abgasanalyse< erforderliche, genaueste in ihrer Zus. definierte Gase zum Abgleich der Meßeinrichtungen, >Prüfgase<.

Eigenberge, oder **Eigenversatz.** >Berge< für den >Versatz<, die zwangsläufig im Grubenbetrieb unter Tage oder im Tagesbetrieb (>Aufbereitung<) anfallen.

Eigendiagnosesystem. >An-Bord-Diagnose<.

Eigenkontrolle. Das Betriebsgeschehen in einer Kläranlage wird durch vielfältige, teilweise nicht beeinflußbare Einwirkungen geprägt. Vom Reinigungsprozeß wird dennoch ein gleichmäßig gutes Ergebnis erwartet. In den Prozeßablauf kann verbessernd nur eingreifen, wer Zulauf, Reinigungsgeschehen und Ablauf durch Messungen und Untersuchungen erfassen und die Ergebnisse werten kann. Diese ständig wahrzunehmende Aufgabe kann weder von einem überörtlichen Meßtrupp allein noch von der staatlichen Überwachung in einer erkenntnisgerechten Dichte bewältigt werden. Sie wird deshalb am besten als Eigenkontrolle oder Selbstüberwachung dem örtlichen Klärwerkspersonal aufgetragen.

Auf diese Weise können die gewonnenen Erkenntnisse unmittelbar und unverzüglich auf die Betriebsführung übertragen werden. Zur Eigenkontrolle gehören Beobachtungen, Messungen und Untersuchungen. Dazu sind entsprechende Kontrolleinrichtungen und Geräte notwendig.

In allen Bundesländern werden seit Jahren bei Kläranlagen ähnliche Anforderungen an die eigenverantwortliche Betriebskontrolle gestellt, die mit steigender Ausbaugröße anspruchsvoller werden und in kürzeren Zeitabständen durchzuführen sind. Die Ergebnisse werden in ein Betriebstagebuch eingetragen, in dem sie dokumentiert sind und als Monats- und Jahresberichte ausgewertet werden können.

Lit: Abwassertechnische Vereinigung (Hrsg.) (1985–1997) ATV-Handbuch, 4. Aufl., Bd. 1–7, Verlag von Wilhelm Ernst und Sohn, Berlin München.

Eigenüberwachung. Die Pflicht jedes Bürgers, sein Verhalten auf Übereinstimmung mit der Rechtsordnung zu überprüfen, in besonders gefährlichen Bereichen formalisiert und institutionalisiert, z.B. durch Umweltbeauftragte oder durch die Pflicht, Unterlagen aufzubewahren, s. z.B. § 41 KrW-/AbfG.

Eignungsprüfung. Zur Qualitätssicherung bei kontinuierlichen >Emissionsmessungen< sind Meßgeräte und Auswerteeinheiten einer E. durch ein anerkanntes Prüfinstitut wie z.B. durch das Umweltbundesamt oder einen Technischen Überwachungsverein zu unterziehen. Dabei haben sie best. Mindestanforderungen, die der Länderausschuß für Immissionsschutz (>LAI<) festlegt, zu erfüllen. Insbesondere ist zu prüfen, für welche Anlagentypen und welche Meßbereiche das Meßgerät geeignet ist sowie welche >Querempfindlichkeiten< und >Standardabweichungen< vorliegen. Geeignete Meßgeräte und Auswerteeinheiten werden vom Bundesminister für Umwelt, Naturschutz und Reaktorsicherheit nach Abstimmung mit den zuständigen obersten Landesbehörden veröffentlicht.

Einäscherungsanlage. s. >Feuerbestattung<.

Einbau. hochverdichtet: 1. Übliche, aber nicht zutreffende Bezeichnung für Abfallablagerungen, auf denen unbehandelte >Abfälle< von Stampffußverdichtern (>Kompaktoren<) verdichtet werden und anschließend noch ca. 70 Vol.-% Hohlräume enthalten; dafür zutreffend: Verdichtungsdeponie. 2. Systematische Verringerung der Hohlräume im Abfall durch >Abfallvorbehandlung< und anschließende Verdichtung mit >Kompaktoren< in dünnen Schichten.

Lit: Spillmann P (1989) Die Verlängerung der Nutzungsdauer von Müll- und Müll-Klärschlamm-Deponien, E. Schmidt, Berlin.

Einblastiefe. Die Höhe der Wassersäule, die über der Austrittsöffnung der Belüfter im Klärbecken bei Druckbelüftung steht. Mit steigender E. steigt die Sauerstoffmenge, die beim Aufsteigen der Luftblasen durch den Wasserkörper in Lsg. geht, aber auch der Druck und damit die erforderliche Energie, um die Luft in das Wasser einzublasen. Wirtschaftliche E. liegen i. allg. bei 3 bis 4 m. Es gilt überschlägig: je größer die E., umso mehr Sauerstoff wird übertragen. Werden z. B. von 1 m³ Luft bei 1 m E. 10 g O_2 zugeführt, so sind es bei 3 m E. 30 g O_2 (also etwa 10 % der gesamten Sauerstoffmenge von 300 g). Mit der E. steigt der Sauerstoffsättigungswert an, so daß die spezifische Sauerstoffzufuhr mit größeren E. geringfügig zunimmt.

Einbohrlochmethoden. Die >Filtergeschwindigkeit< kann mit Hilfe der E. an einer einzigen Grundwassermeßstelle dadurch direkt bestimmt werden, daß das Grundwasser in einem Filterrohrabschnitt mit einem Farbstoff oder einem Radionuklid markiert und die Verdünnung dieser Lsg. durch das in das Filterrohr einströmende unmarkierte Grundwasser gemessen wird. Bei radioaktiver Markierung kann die Fließrichtung mit einem richtungsempfindlichen Detektor aus der Richtung maximaler Strahlung (= Richtung der abfließenden Wolke des Markierungsstoffes) bestimmt werden.

Lit: Moser H, Rauert W (1980) Isotopenmethoden in der Hydrologie, Gebr. Borntraeger, Berlin Stuttgart.

Eindampfen. Die Eindampfung ist in der Abwassertechnologie ein Verfahren zur Aufkonzentrierung von nichtwasserdampfflüchtigen Abwasserinhaltsstoffen. Es dient zur Trennung von Stoffen unterschiedlicher Flüchtigkeit und unterscheidet sich von der Trocknung durch den höheren Restwassergehalt. In einer Eindampfungsanlage wird dem Abwasser die zur Verdampfung notwendige Energie durch direkte oder indirekte Beheizung zugeführt. Wasserdampf und wasserdampfflüchtige Stoffe werden in einem Brüdenabscheider vom Konzentrat getrennt. Während das Konzentrat wieder in den Verdampferteil zurückgegeben werden kann, könnnen die >Brüden< zur indirekten Erwärmung von weiteren Verdampferstufen eingesetzt werden. Der mögliche und erwünschte Aufkonzentrierungsgrad ist von vielen Faktoren abhängig, z. B.: – Weiterverwendung des Konzentrats (z. B. erneuter Einsatz in der Produktion, Verfütterung, Wertstoffrückgewinnung), – Art der Beseitigung des Konzentrats (z. B. Verbrennung, Deponie), – Eigenschaften des Konzentrats (z. B. Viskosität: Neigung zur Bildung von Verkrustungen, chem. Stabilität).

Lit: Abwassertechnische Vereinigung (Hrsg.) (1982–1986) Lehr- und Handbuch der Abwassertechnik, 3. Aufl., Bd. 1–7, Verlag von Wilhelm Ernst und Sohn, Berlin München.

Eindeichung. Ganzes oder teilweises Umgeben eines relativ zu nahen Gewässern niedrigliegenden Geländes mit einem >Deich<. Dieser dient zum Schutz vor Überschwemmung und ihren Folgen. In umgekehrter Weise werden gelegentlich auch Moore zum Schutz gegen Austrocknen eingedeicht.

Eindicker. Bauliche Einrichtung zur Verminderung des Wassergehaltes von Schlamm unter Einwirkung der Schwerkraft mit oder ohne >Krählwerk<, z. B. Standeindicker, Durchlaufeindicker (DIN 4045). Man unterscheidet sogenannte statische Eindicker und solche mit maschineller Räumung. Im ersten Fall handelt es sich um einfache, meistens zylindrische Behälter mit konischem Boden. Sie sind als statische >Absetzbecken< ausgelegt. Die Neigung der Sohle muß stark genug sein (50 bis 70°), damit der Schlamm zum Trichter läuft (s. a. >Dortmundbecken<). Eindicker mit maschineller Räumung sind zylindrische Behälter, deren Bodenneigung im allgemeinen 10 bis 15° beträgt. Sie enthalten eine mechanische, sich drehende Vorrichtung, die einen doppelten Zweck verfolgt: Mittels Kratzern, die direkt über der Sohle angeordnet sind, führen sie den abgesetzten Schlamm in die zentrale Schlammsammelgrube, und die Abtrennung des Porenwassers sowie das Entweichen des im Schlamm eingeschlossenen Gases wird durch ein senkrechtes Räumungsschild erleichtert, das am Drehgestell befestigt ist.

Eindickzeit. Wegen der besonderen Bedeutung der zu wählenden Eindickzeit t_E für die Nachklärbeckenbemessung werden in Abhängigkeit von der Art der Abwasserreinigung in der Tabelle ergänzende Empfehlungen für die Wahl der Eindickzeit gegeben.
Eine Überschreitung des Grenzwertes von $t_E = 2,0$ h setzt eine sehr weitgehende Denitrifikation in der Belebung voraus.

Eindickzeit: Eindickzeit in Abhängigkeit von der Art der Abwasserreinigung

Art der Abwasserreinigung	Eindickzeit t_E in h
Belebungsanlagen ohne Nitrifikation	1,5–2,0 h
Belebungsanlagen mit Nitrifikation	1,0–1,5 h
Belebungsanlagen mit Denitrifikation	2,0–(2,5 h)
Belebungsanlagen mit biol. P-Eliminierung	1,0–1,5 h

Eindicker: Durch Eindickung erreichbare Feststoffkonzentrationen

Schlammart	Durch Eindickung ohne Konditionierung erreichbare Feststoffkonzentration (%)
Vorklärschlamm und schwerer Industrieschlamm	10–30
Vorklärschlamm	
– Glühverlust über 65 %	5–7
– Glühverlust unter 65 %	7–12
Vorklärschlamm und belebter Schlamm	
– mit Index > 100 mg/L	4–6
– mit Index < 100 mg/L	6–11
Schlamm aus Stabilisationsanlagen	3–5
Vorklär- und Tropfkörperschlamm	7–10
Faulschlamm-Vorklärung	8–14
Faulschlamm-Belebungsanlage	6–9
Thermisch konditionierter belebter Schlamm	10–15

Die gewählte Eindickzeit t_E muß durch die Räumeinrichtung sichergestellt werden.

Lit: Abwassertechnische Vereinigung e.V. (Hrsg.) (1985–1997) ATV-Handbuch, 4.Aufl., Band 1–7, Verlag Wilhelm Ernst und Sohn, Berlin München.

Eindringtiefe. >Frosteindringtiefe<.

EINECS. (*E*uropean *In*ventory of *E*xisting *C*hemical *S*ubstances). Endgültiges Verzeichnis von ca. 100.000 >Altstoffen<, die zwischen dem 01.01. 1971 und dem 18.09. 1981 im Bereich der (damaligen) EG in den Verkehr gebracht worden sind. Dieses >„Inventar"< ist am 15.06. 1990 in seiner Endfassung veröffentlicht und am 15.12. 1990 wirksam geworden. Es dient der Abgrenzung von Altstoffen gegenüber >neuen Stoffen< und ist zugleich die stoffliche Basis für die Altstoffüberprüfung im EG-Bereich (s. Altstoffe, >Beratergremien<, >ECOIN<, Inventar).

Lit: EINECS (Europäisches Verzeichnis der auf dem Markt vorhandenen chemischen Stoffe), Anhang zum ABl. C 146 A (15.06. 1990).

K-Einfang. Einfang eines Bahnelektrons aus der K-Schale durch einen >Atomkern<. >Elektroneneinfang<.

Einfehlerkriterium. Nach >Störfall<eintritt (z.B. Ausfall eines Betriebssystems) muß die Funktion der Sicherheitseinrichtungen mit ausreichender Zuverlässigkeit gewährleistet sein, auch wenn gleichzeitig ein vom Störfalleintritt unabhängiges Einzelereignis (Fehler) wirksam wird, das zum Versagen von Komponenten oder Teilen des Sicherheitssystems führen kann.

Einflügler. (Syn. Monopteros). (Griech. mono: eins, pteros: Flügel). >Windenergieanlage<, die nur ein Rotorblatt besitzt. Zum Massenausgleich hat der E. ein Gegengewicht gegenüber dem (nur) einen Rotorblatt. Der E. gehört zu den sog. Schnelläufern. Durch die hohe Drehzahl können der >Generator< und das Getriebe relativ klein und billig ausgeführt werden. Durch Verwendung von nur einem Flügel ist zwar eine geringe Leistungseinbuße hinzunehmen, dafür werden aber die anderen Flügel, die eine sehr teure Komponente darstellen, eingespart. Seit November 1989 sind im Jade-Windpark, Nähe Wilhelmshaven, drei Monopteros 50 mit einem Rotorblattdurchmesser von je 56 m und einer Turmhöhe von 60 m in Betrieb. Sie erreichen eine Leistung von je 640 kW (s. Abb.).

Der Flügel bei diesen neueren Anlagen besteht aus einem Glasfaser- und Kohlefaserverbundwerkstoff, einem relativ leichten Material, mit dem man beim Bau von Flugzeugen und Hubschraubern bereits gute Erfahrungen gesammelt hat. Dieser Werkstoff hat den Vorteil, daß das Gewicht des Flügels nun auf ca. 1/4 des früheren Gewichts verringert werden konnte. Die dynamisch beanspruchten Teile des E. können somit leichter und langlebiger gebaut werden. Der E. besitzt ein aerodynamisch optimiertes Rotorblatt, dessen >Anstellwinkel< zur Windrichtung sich verändern läßt. Damit wird eine effektive Windausnutzung erreicht. Durch ein Gelenk kann der Flügel dem Wind nachgeführt werden oder bei Böen und Winddruck ausweichen und anschließend in seine Zentrallage zurückkehren. Bei extremen Stürmen und sehr hohen Windgeschwindigkeiten wird das Rotorblatt automatisch in „Parkposition" geschaltet und dreht sich dann im Leerlauf mit. Dies wird in der Fachsprache „Pitchen" genannt. Damit wird eine hohe Anlagensicherheit erreicht.

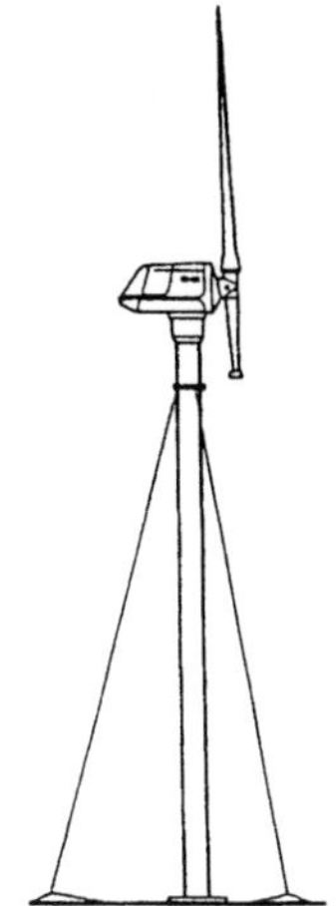

	MONOPTEROS-50
Rotordurchmesser (m)	56
Nennleistung (kW)	640
Rotor	1-Blatt--Schlaggelenk
Generatorsystem	Synchron mit Gleichstromzwischenkreis
Inbetriebnahme	1988
Hersteller	MBB (D)

Einflügler: Darstellung und Daten des Einflüglers Monopteros-50, wie er im Jade-Windpark, Nähe Wilhelmshaven, in Betrieb ist (Nach Heier (1989))

Lit: Heier S (1989) Nutzung der Windenergie, Ein Informationspaket. TÜV Rheinland, Köln – Knapp W (1986) Bild der Wissenschaft extra, Energie aus Sonne und Wind. Deutsche Verlags-Anstalt, Stuttgart, S.45–47 – Hau E (1996) Windkraftanlagen, 2.Aufl., Springer Verlag, Berlin Heidelberg New York Tokyo.

Einführer (ChemG). Der E. ist eine natürliche oder juristische Person oder eine nicht rechtsfähige Personenvereinigung, die einen >Stoff<, eine >Zubereitung< oder ein >Erzeugnis< in den Geltungsbereich des Gesetzes verbringt. Kein E. dagegen ist derjenige, der nur einen Transitverkehr unter zollamtlicher Überwachung durchführt, ohne dabei eine Be- bzw. Verarbeitung der unter die Einfuhr fallenden Wirtschaftsgüter vorzunehmen (§ 3 Nr. 8 ChemG).

Der E. unterliegt den gesetzlichen Vorschriften für die eingeführten Produkte. Soweit es sich dabei um Chemikalien handelt, sind dies in erster Linie das >ChemG< und die >GefStoffV<. Diese beziehen sich auf die Verpflichtungen für >neue Stoffe< (>Prüfung< und >Anmeldung< oder >Mitteilung<) sowie auf die Best. über >gefährliche< Produkte. Letztere betreffen einmal die >Einstufung<, >Verpackung< und >Kennzeichnung< >gefährlicher Stoffe<, >Zubereitungen< und >Erzeugnisse<, zum anderen >Verbote< und >Beschränkungen< best. gefährlicher Stoffe, auch in Zubereitungen oder Erzeugnissen. Bei Anwendung dieser Vorschriften sind die Importwaren den im Inland hergestellten gleichgestellt, d. h. der E. hat sich zu verhalten wie der >Hersteller< der gleichen Produkte. Ihre >Einfuhr< entspr. dem >Inverkehrbringen<. In der EU erfolgt eine Angleichung der Rechts- und Verwaltungsvorschriften über die >Richtlinien< für gefährliche Stoffe und für Zubereitungen. Daher ist zu unterscheiden zwischen der Einfuhr aus anderen Mitgliedsstaaten und aus Drittländern. Bei EU-Importen kann im allg. unterstellt werden, daß sie den deutschen Best. bereits entspr., weil die Harmonisierung beim produktbezogenen Umwelt- und Verbraucherschutz schon weitgehend erfolgt ist. Bei Einfuhren aus Drittländern hat der E. dagegen erst dafür Sorge zu tragen, daß sie den EU-Vorschriften entsprechen. Einen neuen Stoff hat er anzumelden oder mitzuteilen, wenn er ihn direkt einführt. Bei der >Beförderung< eingeführter >Gefahrgüter< kann die Kennzeichnung dagegen beibehalten werden, sofern sie unmittelbar im Fabrikationsgang verwendet werden.

Darüber hinaus hat sich der E. u. U. nach Spezialvorschriften zu richten, z. B. Betäubungsmittel- und Sprengstoffgesetz. Diese finden ihren Niederschlag im Zolltarif (unter der Kurzbezeichnung „VuB", d. h. Verbote und Beschränkungen). Weitere Importrestriktionen gehen aus der „Einfuhrliste" hervor, bei der es sich um eine Anlage zur Außenwirtschaftsverordnung (AWV) handelt. Wie der >Ausführer< hat auch der E. das Außenwirtschaftsgesetz (AWG) zu beachten. Eigene Begriffsbest. s. § 23 Abs. 1 AWV.

Im Zuge der europäischen Harmonisierung sind ferner neuere EU-Verordnungen von Interesse, die sich z. T. auch auf die Einfuhr best. Chemikalien beziehen, (s. Tab. bei >Ausfuhr<). Die in Anhang I aufgeführten Stoffe unterliegen einer Notifizierungspflicht bei der Ausfuhr aus der EU und bei der Einfuhr in die EU. Ferner ist auf EP-Entschließung vom 22.02. 1991 hinzuweisen, die sich mit den Aus- und Einfuhrbestimmungen für gesundheits- und umweltgefährdende Erzeugnisse der EU und in Drittländern befaßt.

Einfuhr (Chemikalien). Dieser Begriff ist im >ChemG< nicht enthalten, im Unterschied zu >Einführer< (§ 3 Nr. 8). Sinngemäß ist E. das Verbringen eines >Stoffes<, einer >Zubereitung< oder eines >Erzeugnisses< in dessen Geltungsbereich. Keine E. liegt dagegen vor bei einem Transitverkehr unter zollamtlicher Überwachung ohne eine Be- oder Verarbeitung der unter die E. fallenden Wirtschaftsgüter.

Bei der E. sind die gesetzlichen Vorschriften des Importlandes zu beachten: zunächst die Best. für die E. selbst (deutsches Zollgesetz, Außenwirtschaftsgesetz u. -verordnung), ferner die Gesetze u. Verordnungen, die auch auf die E. Anwendung finden. Bei den o. g. Produkten sind dies ChemG und >GefStoffV<. Infolge einer Gleichstellung der E. aus Drittländern mit dem >Inverkehrbringen< innerhalb der EU unterliegen >neue Stoffe< der Prüf- und Meldepflicht (beim Direktimport): >Anmeldung< gemäß § 16a ChemG (auch in Zubereitungen). >Altstoffe< sind davon (noch) ausgenommen.

Sofern es sich um >gefährliche< Stoffe, Zubereitungen oder Erzeugnisse handelt, sind diese gemäß GefStoffV einzustufen, zu verpacken und zu kennzeichnen. Als

Grundlage für die >Einstufung< und >Kennzeichnung< neuer Stoffe und Zubereitungen, die solche enthalten, dienen die im Rahmen der Anmeldung/Mitteilung erarbeiteten >Prüfnachweise<. Die Regelungen sind schwerpunktmäßig im ChemG (§§ 13, 14) und in der GefStoffV (2. Abschnitt in Verb. mit Anhang I) zusammengefaßt, ferner in der >Technischen Regel für Gefahrstoffe (TRGS)< 200. Sie gelten auch für Altstoffe, für die keine generelle Prüfpflicht besteht. Bei der E. best. gefährlicher Produkte sind auch die >Verbote< und >Beschränkungen< zu beachten, die sich aus versch. Vorschriften ergeben. Sie sind z. T. (unter der Kurzbezeichnung „VuB") im Zolltarif aufgeführt, z. B. aufgrund des Betäubungsmittel- und des Sprengstoffgesetzes. Auch im Hinblick auf ChemG und GefStoffV ist eine Gleichstellung von Importwaren mit den im Inland hergestellten Produkten zu verzeichnen. Wegen der weitgehenden Harmonisierung in der EU (über die >Richtlinie< 76/769/EWG) ist vor allem auf die E. aus Drittländern zu achten. Dennoch gibt es für best. Stoffe noch keine oder eine nur unvollständige Gemeinschaftsregelung (z. B. für PCP), was zu nationalen „Alleingängen" führt. § 17 ChemG ermächtigt zu Verbotsverordnungen, die neben der GefStoffV (§ 9) stehen. (Beispiele s. Tabelle „Rechtsverordnungen zum ChemG").

Bei der E. von gefährlichen Produkten aus dem EU-Raum ist eine ordnungsgemäße Kennzeichnung der >Verpackung< gemäß EU-Richtlinien zu unterstellen. Spezialfall wie bei Bezügen im Inland: unterschiedliche Kennzeichnung nach >Beförderungsvorschriften< und Gewerberecht (GefStoffV), im wesentlichen hinsichtlich der Symbole (>Kennzeichnung<). Bei unmittelbarer Verwendung im Fabrikationsgang genügt die Transportkennzeichnung der Importware.

Lit: Rehbinder E, Kayser D, Klein H (1985) Chemikaliengesetz, Kommentar und Rechtsvorschriften zum Chemikalienrecht, C. F. Müller, Juristischer Verlag, Heidelberg.

Eingriff in Natur und Landschaft. E. i. N. u. L. sind Veränderungen der Gestalt oder Nutzung von Grundflächen, die die Leistungsfähigkeit des Naturhaushalts oder das Landschaftsbild erheblich oder nachhaltig beeinträchtigen können, s. § 8 Abs. 1 des Bundesnaturschutzgesetzes; dieses Gesetz regelt Unterlassungspflichten betreffend einen Eingriff in Natur und Landschaft und Ausgleichspflichten.

Einheitliche Europäische Akte. Von den Staatsoberhäuptern der 12-EG-Mitgliedsstaaten am 28.02. 1986 verabschiedetes, seit dem 01.07. 1987 in Kraft befindliches Vertragswerk zur Ergänzung des EWG-Vertrags mit dem Ziel eines engeren Zusammenschlusses der EG-Mitgliedsstaaten (Europa 1992). Bringt bestimmte Verbesserungen im Umweltschutz: Art. 100 a, Art. 130 r bis t EWG-Vertrag. Die E. E. A. ist abgedruckt z. B. in BGBl. II S. 1102.

Einlagerungsgestein. >Wirtsgestein<.

Einlaufbauwerk. Bauliche Einrichtung zur Einleitung von >Oberflächenwasser< in einen Kanal oder >Abwasser< in eine >Kläranlage< (DIN 4045). Gelangt Oberflächenwasser aus Gräben in Kanalnetze, werden anstelle von Straßenabläufen Einlaufbauwerke besonderer Konstruktion verwendet. Sie sollen verhindern, daß Kies, Sand, Steine, Äste usw. in das Kanalnetz gespült werden. Um Ablagerungen im Kanal weitgehend zu verhindern, sind ggf. Sand- und Geröllfänge vorzusehen. Sie sind so auszubilden, daß das Oberflächenwasser ohne Überflutung des Geländes aufgenommen und abgeleitet werden kann. Größe und Abmessung der Einlaufbauwerke ergeben sich aus dem Oberflächenwasseranfall. Das Bauwerk soll so geräumig sein, daß in ihm Arbeiten zum Überwachen und Reinigen des abgehenden Kanals durchgeführt werden können.

Einleitung. Die Genehmigung zur Einleitung von >Abwasser< in ein >Gewässer< darf nur erteilt werden, wenn Menge und Schädlichkeit des Abwassers so gering gehalten werden, wie dies bei Anwendung der jeweils in Betracht kommenden Verfahren nach den allg. anerkannten Regeln der Technik (vgl. Paragraph 18b WHG) möglich ist. Die Regierung Deutschlands erläßt mit Zustimmung des Bundesrates allgemeine Verwaltungsvorschriften über Mindestanforderungen an das Einleiten von Abwasser. Beispielsweise wurden solche Anforderungen an das Einleiten von kommunalem Abwasser erlassen.

Lit: Abwassertechnische Vereinigung (Hrsg.) (1982–1986) Lehr- und Handbuch der Abwassertechnik, 3. Aufl., Bd. 1–7, Verlag von Wilhelm Ernst und Sohn, Berlin München.

Einsammlungs- und Beförderungsgenehmigung. Genehmigung zur Sammlung und zum Transport von Abfällen gemäß § 12 des >Abfallgesetzes<. Wurde durch die >Transportgenehmigung< gemäß § 49 des >Kreislaufwirtschafts- und Abfallgesetzes< ersetzt.

Einschmelzen. Asche, Filterstaub und Schlacken können, um die Eluierbarkeit (Auslaugung) von Schadstoffen drastisch zu senken, eingeschmolzen und granuliert werden; s. >Asche- und Schlackeverwertung<.

Einspritzventil. Man unterscheidet Einspritzdüsen für >Otto-< und >Dieselmotoren< in offener und geschlossener Bauweise, wobei die gewählte Bauweise großen Einfluß auf den Öffnungs- und Schließdruck sowie auf den Einspritzstrahl und die Durchflußcharakteristik haben. Die Steuerung erfolgt bevorzugt hydraulisch. Elektronisch angesteuerte Düsen finden in modernen Ottomotoren Verwendung, Mehrlochdüsen bevorzugt in Diesel-Direkteinspritzern.

Einstein. Nach dem Physiker ALBERT EINSTEIN (1879–1955) benannte Einheit der Lichtstrahlung. $1\,E = 1\,Mol$ >Photonen< $= 6.023 \cdot 10^{23}$ >Quanten<. Die Einheit E wird hauptsächlich in der aquatischen Ökologie (Meer, Süßwasser) verwendet zur Quantifizierung der Einstrahlungsenergie über die Oberfläche in das Gewässer: $E \cdot m^{-2} \cdot s^{-1}$ = Quantenfluß, $E \cdot s^{-1}$ = Quantenstrom.

Einstellreaktion. Ausrichtung von Pflanzen und Tieren auf eine Reizquelle hin. Dabei wird unterschieden, ob die E. positiv ist, d.h. zur Reizquelle hin gerichtet, oder negativ, d.h. von der Reizquelle fort. Bei freibeweglichen Tieren und pflanzlichen Einzellern sind E. mit einer Ortsbewegung verbunden und werden als >Taxien< bezeichnet. Bei festsitzenden Tieren und bei Pflanzen werden meist nur Teile, z.B. Blätter, ausgerichtet. Man spricht dann von Tropismen. Als Reiz können u.a. Licht, Schwerkraft, chemische Substanzen wirken. Die Erscheinungen werden dann Photo-, Geo-, Chemotaxis bzw. -tropismus genannt.

Einstrahlung. Die dem System Erde – Atmosphäre von der Sonne zugeführte (kurzwellige) >Strahlung<; die Differenz >Globalstrahlung< G minus reflektierter Globalstrahlung (= Reflexstrahlung R), d.h. G-R, bezeichnet die effektive Einstrahlung (>Sonnenstrahlung<).

Einstufung (Chemikalien). Aus der Zielsetzung des >ChemG< (Schutz vor gefährlichen Stoffen) ergibt sich u. a. die *Verpflichtung* zur E., >Verpackung< und >Kennzeichnung< gefährlicher Stoffe und Zubereitungen (§§ 13, 14). Sie gilt für neue und alte >Stoffe< und geht auf die Richtlinie 67/548/EWG vom 27.06. 1967 zurück. Seinerzeit wurde mit der Angleichung der Rechts- und Verwaltungsvorschriften u.a. für die E. gefährlicher >Stoffe< begonnen. Später kamen entsprechende EG-Vorschriften für >Zubereitungen< hinzu, die (mit Ausnahme der RL 88/379/EWG) in deutsches Recht umgesetzt worden sind.

Ziel der E. als „>gefährlich<" ist die sachgerechte Verpackung und Kennzeichnung entsprechender Produkte. Als Grundlage dafür hat sie *vorher* zu erfolgen, sofern sich die E. nicht aus der Liste gefährlicher Stoffe u. Zubereitungen ergibt (*Listenprinzip*). Anhang VI >GefStoffV< enthält z.Z. ca. 1.500 Stoffe (und Zubereitungen), die bei der EG bereits eingestuft worden sind. Dies ist von den >Herstellern< und >Einführern< beim >Inverkehrbringen< ihrer Produkte zu beachten (*Legaleinstufung*) und der Verpackung und Kennzeichnung ihrer Produkte zugrundezulegen. Anhang I der >EG-RL für gefährliche Stoffe< enthält in der Fassung der 12. Anpassungs-RL der >EG-Kommission< weitere Einstufungen (ABl. 180 A (1991). Bei den (noch) nicht aufgelisteten Stoffen hat eine „Selbsteinstufung" zu erfolgen, sofern entsprechende Daten vorliegen. Für >Altstoffe< gibt es allerdings (noch) keine generelle Prüfpflicht, wohl aber für >neue Stoffe< (nach einem Stufenplan). Die Einstufungspflicht für Stoffe und Zubereitungen geht aus § 13 ChemG hervor. Danach gelten Stoffe als gefährlich aufgrund der Ergebnisse einer >Prüfung< nach § 7 oder §§ 9, 9a ChemG oder nach gesicherten wissenschaftlichen Erkenntnissen.

Unter E. ist die Zuordnung zu einem oder mehreren >Gefährlichkeitsmerkmalen< zu verstehen (§ 3 Nr. 6 ChemG). Sie ist vom Hersteller oder Einführer entsprechend den Definitionen der ChemG-GefMerkV vorzunehmen. Hierbei sind alle physikalisch-chemischen Eigenschaften und toxischen Wirkungen der Stoffe oder Zubereitungen zu berücksichtigen, die bei ihrer bestimmungsgemäßen >Verwendung< eine Gefahr darstellen können. Wegen einer Differenzierung im Hinblick auf die Kennzeichnung (Symbole, R-Sätze) wird auf folgendes verwiesen: *Leitfaden* für die Einstufung und Kennzeichnung gefährlicher Stoffe und Zubereitungen (Anhang I Nr. 1.1 GefStoffV), >Technische Regel für Gefahrstoffe< TRGS 200 und EG-Leitfaden (Anhang VI Abschnitt II D der EG-RL für gefährliche Stoffe), Neufassung im ABl. 180 A (1991).

>Zubereitungen< gelten als gefährlich, wenn sie aufgrund von Prüfergebnissen (wie bei Stoffen) gefährliche Eigenschaften besitzen oder wenn sie mindestens einen gefährlichen Stoff in einer solchen Konzentration enthalten, daß der Zubereitung dadurch gefährliche Eigenschaften zugeschrieben werden können. Die Vorschriften nach Anhang I Nr. 2 der GefStoffV umfassen die E. gefährlicher Zubereitungen, die bestimmte, listenmäßig erfaßte gefährliche Stoffe enthalten. Die E. von Zubereitungen nach der Allg. *Zubereitungs-Richtlinie* 88/379/EWG umfaßt *alle* gefährlichen Inhaltsstoffe, d.h. auch solche, die nach dem Definitionsprinzip eingestuft sind. Das Verfahren zur E. von Zubereitungen aufgrund der Inhaltsstoffe richtet sich nach Grenzwerten für Einzelstoffe (z.B. GefStoffV Anhang I Nr. 2.2), oder es benutzt Additionsverfahren für die

akute toxische Wirkung beim Vorhandensein mehrerer gleichartiger Stoffe (GefStoffV Anhang I Nr. 2.1, 2.3 und die EG-Zubereitungs-RL Art. 3).
Die E. und Kennzeichnung von >gefährlichen Gütern< weicht von derjenigen der Gefahrstoffe z. T. ab, weil für sie andere Kriterien gelten. Anstelle der Gefährlichkeitsmerkmale nach ChemG erfolgt eine Zuordnung zu >Gefahr(en)klasse(n)< und Verpackungsgruppen gemäß >Beförderung<svorschriften. Allerdings gibt es keine umfassende Systematik für die E. von Gefahrgütern. Ihre E. ist überwiegend in der internationalen Stoffliste enthalten, die nach den UN-*Stoffnummern* geordnet ist. Die darin *nicht* aufgeführten „Güter" lassen sich den bereits eingestuften angleichen (Assimilationsprinzip).
Lit: Schauer W, Quellmalz E (1989) Die Kennzeichnung von gefährlichen Stoffen und Zubereitungen nach Chemikaliengesetz und Gefahrstoffverordnung. VCH Verlagsgesellschaft, Weinheim – Kitzinger G, Beekhuizen S, Lorenz G (1991) Gefahrstoffverordnung, Kommentar und Rechtsvorschriften zum Gefahrstoffrecht, Werner-Verlag, Düsseldorf.

Eintritt. Übergang eines Stoffes aus seiner ursprünglichen Anwendung heraus in die Umwelt. Für den Eintritt von Chemikalien in die Umwelt sind deren physikalisch-chemische Eigenschaften, technologische Voraussetzungen (Produktion und Anwendungsmuster) und die Eigenschaften der aufnehmenden Umwelt von Bedeutung. Als Eintrittsmedien kommen in Betracht a) Luft (bodennahe Troposphäre), b) Wasser (Oberflächengewässer, Grundwasser) und c) Boden (Agrar-, Forst-, Siedlungs-, Industrie- und Verkehrsflächen). Die Art des Eintritts kann unterschieden werden in punktuell, flächenhaft, diffus, einmalig und kontinuierlich.

Eintrittspfade. >Eintritt<.

Einwanderung. >Immigration<.

Einwegbehälter. Beutel oder Säcke zur Erfassung und Bereitstellung von Abfällen. Die Form, Maße und Werkstoffe für E. ab 35 l Nennvolumen sind in der DIN 55465 geregelt. Säcke mit einem max. Nennvolumen bis 120 l sind möglich, die aus Papier bzw. PE-Folie gefertigt sein können. Für >Krankenhausabfälle< werden spezielle E. aus Kunststoff verwendet.

Einwegflaschen. Mehrheitlich für die Verpackung von Getränken und Lebensmittel eingesetzte Glasbehälter, die mit ca. 20 % im Hausmüll enthalten sind. Der Anteil der E. bei Getränken steigt kontinuierlich an und nähert sich mit 27,8 % (1995) dem nach der Verpackungsverordnung zulässigen Wert von 28 %. Die E. unterscheiden sich von den Mehrwegflaschen dadurch, daß sie von den Abfüllern nicht zurückgenommen werden und aufgrund ihrer Herstellung meist für eine Rücknahme nicht geeignet sind (z. B. dünne Wände). Teilweise wird der Einsatz von E., wenn sie als Altglas zurückgewonnen werden, umweltfreundlicher bewertet als Mehrwegflaschen, da bei deren Reinigung größere Mengen Waschwasser anfallen.

Einwegspritzen. Injektionsspritzen aus >Kunststoff<, die aus hygienischen Gründen nicht wiederverwertet und damit zu Abfall werden. E. bergen eine ständige Verletzungs- und Infektionsgefahr für das Entsorgungspersonal, da sie in der Regel mit der Injektionsnadel zusammen zumeist in die Hausmülltonne geworfen werden. Es gibt zunehmend Anstrengungen, auch bei Arztpraxen, E. getrennt zu sammeln.

Einwegsystem. 1. Wirtschaftssystem, bei dem die Produkte automatisch nach ihrem Gebrauch zu Abfall werden. Die Produkte kommen in >Einwegverpackungen< in den Handel. Es existiert keine Infrastruktur, um diese Produkte nach dem Gebrauch zum Hersteller zurückzuführen und nach einer Aufbereitung wiederzuverwenden. Es ist daher für Unternehmen kostengünstiger als das >Mehrwegsystem<, weil u. a. auch keine Transportkosten für das gebrauchte Produkt entstehen. Das E. führt jedoch zu einem deutlich höheren Abfallaufkommen.
2. Begriff der Abfallsammlung, wenn >Einwegbehälter< (z. B. Müllsäcke) verwendet werden.

Einwegverpackung. Oberbegriff für Verpackungen aus Pappe, >Kunststoff<, Glas >Weißblech<, Aluminium usw., die nicht direkt wiederverwertet werden können und somit zu Abfall werden. E. können nur durch >Getrenntsammlungen< und anschließende Aufbereitung wiederverwertet werden. Zunehmend werden >Verbundmaterialien< eingesetzt, bei denen der technische Aufwand zur Trennung der Einzelstoffe bei der >Wiederverwertung< hoch ist und diese Stoffe daher z. Zt. vielfach nicht wiederverwertet werden.

Einwendungen. Nach der >Bekanntmachung< eines Vorhabens im Rahmen des förmlichen >Genehmigungsverfahrens< für immissionsschutzrechtlich >genehmigungsbedürftige Anlagen< sind der Antrag und die Unterlagen bei der >Genehmigungsbehörde< und, soweit erforderlich, bei einer geeigneten Stelle in der Nähe des Standorts des Vorhabens zwei Monate zur Einsicht auszulegen. Während dieser Frist können Einwendungen gegen das Vorhaben schriftlich oder zur Niederschrift bei der Behörde erhoben werden. Nach Ablauf der Einwendungsfrist hat die Genehmigungsbehörde die rechtzeitig gegen das Vorhaben erhobenen Einwendungen, soweit dies für die Prüfung der Genehmigungsvoraussetzungen von Bedeutung ist, mit dem Antragsteller und denjenigen, die Einwendungen erhoben haben, auf einem >Erörterungstermin< zu erörtern. Über den Erörterungstermin ist eine Niederschrift zu fertigen. Eine Abschrift dieser Niederschrift ist auf Anforderung auch demjenigen, der rechtzeitig Einwendungen erhoben hat, zu überlassen. Entscheidet die Genehmigungsbehörde, daß die Genehmigungsvoraussetzungen vorliegen, erläßt sie einen Genehmigungsbescheid, der u. a. eine Begründung enthalten muß, aus der die Behandlung der Einwendungen hervorgehen soll. Die Einwendungen und deren Erörterung dienen nicht nur dem Schutz der Einwender, sondern auch der Verbreitung der Informationsbasis für die Entscheidungsfindung der Genehmigungsbehörde.

Einwirkungsbereich. Durch Einwirkungsgrenzen bezeichneter Gebirgskörper oder Teil der Tagesoberfläche, innerhalb dessen durch den >Abbau< ausgelöste Gebirgsbewegungen einen schädigenden Einfluß auf Objekte ausüben. Der E. ist räumlich begrenzt durch den >Einwirkungswinkel< und zeitlich von der Aufnahme der Gewinnung bis zu dem Zeitpunkt, zu dem Bodensenkungen nicht mehr nachweisbar oder nicht mehr zu erwarten sind. >Tagebaueinwirkung<.

Einwirkungswinkel. Maß zur Berechnung des Einwirkungsbereiches. In Abhängigkeit von Bergbauzweig, Bergbaubezirk und Lage der Lagerstätte (Flözeinfallen), veröffentlicht im Bundesanzeiger.

Einwohnergleichwert: Zusammenstellung einiger Einwohnergleichwerte (nach Imhoff, 1993)

Art des Abwassers			Einwohnergleichwerte
Molkerei ohne Käserei	auf	1.000 l Milch	25–70
Molkerei mit Käserei	auf	1.000 l Milch	45–230
Schlachthof	auf	1 Rind = 2,5 Schweine	20–200
	auf	1 t Lebendgewicht	130–400
Kuhstall	auf	1 Kuh	5–10
Schweinestall	auf	1 Schwein	3
Geflügelfarm	auf	1 Henne	0,12–0,25
Futtersilo	auf	1 t Silofüllung	4–11 EG/Tag
		oder insgesamt	200–650
Kartoffeldämpfanlage	auf	1 t Kartoffeln	25–50
Fischzucht	auf	100 kg Forellen	80
Zuckerfabrik	auf	1t Rüben	45–70
Malzfabrik	auf	1 t Getreide	10–100
Brauerei	auf	1.000 l Bier	150–350
Brennerei	auf	1.000 l Getreide	2.000–3.500
Hefefabrik	auf	1 t Hefe	5.000–7.000
Stärkefabrik	auf	1 t Mais oder Weizen	500–900
Winzerei	auf	1.000 l Wein	100–140
Winzerei	auf	1 ha Rebfläche	35–60
Gerberei	auf	1 t Häute	1.000–3.500
Wollwäscherei	auf	1 t Wolle	2.000–4.500
Bleicherei	auf	1 t Ware	1.000–3.500
Färberei mit Schwefelfarben	auf	1 t Ware	2.000–3.000
Flachrösterei	auf	1 t Flachstroh	700–1.000
Sulfit-Zellstoffwerk	auf	1 t Zellstoff	3.500–5.000
Holzschleiferei	auf	1 t Holzschliff	45–70
Papierfabrik	auf	1 t Papier	200–900
Zellwollfabrik	auf	1 t Zellwolle	300–450
Wäscherei	auf	1 t Wäsche	350–900
ausgelaufenes Mineralöl	auf	1 t Öl	11.000
Mülldeponie	auf	1 ha Fläche	45

Einwohnergleichwert (EGW). Um die Abwasserlast eines Betriebes zu der einer Kommune oder eines anderen Industriebetriebes in Beziehung setzen zu können, wird der Begriff „*Einwohnergleichwert*" (EGW) verwendet. Das ist die BSB_5-Fracht des Betriebes auf die mittlere tägliche BSB_5-Fracht eines Einwohners von 60 g BSB_5/d bezogen. Liefert z.B. ein Betrieb 800 m³/d Abwasser mit einer mittleren BSB_5-Konzentration von 700 g/m³ BSB_5, d.h. eine BSB_5-Fracht von $800 \times 700 = 560.000$ g/d BSB_5, so errechnet sich daraus ein Einwohnergleichwert von

$$\frac{560.000}{60} = 9.333 \text{ EGW.}$$

In der Tabelle sind einige Einwohnergleichwerte zusammengestellt, woran die möglichen Schwankungen der Schmutzfrachten bei gleichartigen Betrieben deutlich werden.

Lit: Mudrack K, Kunst S (1994) Biologie der Abwasserreinigung, 4.Aufl, Gustav Fischer Verlag, Stuttgart New York.

Einwohnerwert (EW). Summe aus Einwohnerzahl und Einwohnergleichwert: EW = EZ + EGW; Einheit = E.

Einzelfuttermittel. Einzelfuttermittel sind die einzelnen pflanzlichen und tierischen Erzeugnisse im natürlichen Zustand, frisch oder haltbar gemacht, und die Erzeugnisse ihrer industriellen Verarbeitung sowie die einzelnen organischen und anorganischen Stoffe, mit oder ohne Zusatzstoffe, die im jeweils gegebenen Zustand zur >Tierernährung< durch Fütterung bestimmt sind.

Einzeller. >Protozoen<.

Einzugsgebiet. In der Horizontalprojektion gemessenes Gebiet, aus dem Wasser oder Abwasser einem bestimmten Ort zufließt (s. DIN 4049 Teil 1) (DIN 4045). Das Einzugsgebiet einer Kläranlage wird gewöhnlich aufgrund von kommunalen, verbands- oder landespolitischen Gebietsgrenzen festgelegt. Manchmal erweist sich allerdings aus wirtschaftlichen bzw. wasserwirtschaftlichen Gründen eine Ausweitung des Einzugsgebietes über diese Grenzen hinaus als zweckmäßiger oder sogar notwendig. Zu Beginn einer Vorplanung sollten zunächst die vorhandenen Entwässerungsgebiete betrachtet werden. Nach der Abschätzung von zukünftigen Entwicklungen können sich jedoch für die Festlegung des Einzugsgebietes Erweiterungen des Entwässerungsnetzes oder ein Anschluß zusätzlicher Entwässerungsgebiete ergeben. Oberirdisches Einzugsgebiet (A_{EO}): durch oberirdische Wasserscheiden begrenztes Einzugsgebiet in ha oder km² (DIN 4045).

Eiproduktion. Die Zahl der in einer Fortpflanzungsperiode abgelegten Eier ist bei den Tieren genetisch festgelegt, schwankt allerdings in Abhängigkeit von verschiedenen >biotischen< und >abiotischen Faktoren<. So produzieren z.B. die Weibchen mancher Schmetterlingsarten bis zu 30% mehr Eier, wenn sie zuvor kopuliert haben. Negativ wirken sich dagegen Krankheiten und Parasitierung aus. So kann ein Befall mit Läusen die E. beim Huhn um 15% senken. Zusätzliche Beleuchtung kann bei Vögeln die Zahl der Eier steigern, während eine Temperaturänderung meist keinen deutlichen Effekt hat.

Eisen (Fe). Chem. Element (s. Tabelle) mit einem Anteil an der Erdkruste (oberste 16 km) von 4,7%. Damit ist Fe das vierthäufigste Element und das zweithäufigste Metall. Der Eisengehalt des Erdkerns soll

Eisen (FE): Physikalisch-chemische Daten von Eisen

chemisches Symbol	Fe
natürliche Isotope	54 (5,82 %), 56 (91,6 %), 57 (2,19 %), 58 (0,33 %)
Atomgewicht	55,847 ± 0,003
Ordnungszahl	26
Elektronenkonfiguration	$3d^6\,4s^2$
Wertigkeit in Verbindungen	0, + 2, + 3, + 4, + 6
Smp.	1.535 °C
Sdp.	3.070 °C
Dichte	7,847
Zugfestigkeit	180–320 N/mm²
wichtige Mineralien	Magnetit (= Magneteisenstein, $Fe_3O_4 \triangleq FeO \cdot Fe_2O_3$) Hämatit (= Roteisenstein, Fe_2O_3) Limonit (= Brauneisenstein, $Fe_2O_3 \cdot xH_2O$) Siederit (= Eisenspat, Spateisenstein, $FeCO_3$) Pyrit (Eisenkies, Schwefelkies, FeS_2)

37 % betragen, und der von Meteoriten beträgt bis zu 90 %. Eisenverb. sind die Ursache für die gelbliche bis bräunliche Färbung vieler Gesteine und Böden, wobei in Magma hauptsächlich 2wertiges E. enthalten ist, in den Verwitterungsprodukten dagegen 3wertiges. Wichtige Lagerstätten befinden sich in der ehemaligen UdSSR, in Australien, Brasilien, den USA, China und Kanada. Gediegenes E. kommt sehr selten vor und wird vor allem in Meteoriten gefunden. In dieser Form ist es seit ca. 6.000 Jahren bekannt. Seit ca. 3.000 v. Chr. wird es durch Erhitzen von Eisenerzen mit Kohle gewonnen. Der Name wird von kelt.-illyr. isarno (althochdt.: isarn, altirisch: iarn) abgeleitet, das möglicherweise verwandt ist mit lat. ira = Zorn. Das mittelalterliche Symbol für E. (♂) ist das des Kriegsgottes Mars. Das chem. Symbol stammt von Ferrum, dem lateinischen Namen für E. Reines E. ist ein silberweißes, weiches und dehnbares Schwermetall, das in drei enanthiotropen Modifikationen vorkommt. α-Fe (Ferrit) ist ferromagnetisch, krist. kubisch-raumzentriert und löst nur wenig Kohlenstoff; ab 770 °C wird es paramagnetisch (früher als β-Fe bezeichnet). Von 906 bis 1.401 °C liegt γ-Fe (Austenit) vor, das paramagnetisch ist, in der kubisch-dichtesten Packung krist. und viel Kohlenstoff löst. Oberhalb von 906 °C erhält man das ebenfalls paramagnetische, kubisch-raumzentrierte δ-Fe. Technisches E. enthält Beimengungen, und zwar vor allem Kohlenstoff, dessen Gehalt die Eigenschaften von E. wesentlich mitbest. Roheisen enthält im Durchschnitt 4 % C und ist nicht schmiedbar, während sich Stahl mit einem C-Gehalt von < 1,7 % C schmieden läßt. Kohlenstoffhaltiges E. ist dauerhaft magnetisch. Kompaktes E. ist beständig an trockener Luft, in CO_2- und O_2-freiem Wasser und in konz. Schwefel- und Salpetersäure, da es durch Bildung einer zusammenhängenden Oxidschicht passiviert wird. Dagegen bildet sich in feuchter Luft oder CO_2-haltigem Wasser Eisencarbonat, das dann zu einer lockeren, abblätternden und deshalb nicht passivierenden Schicht von $Fe_2O_3 \cdot H_2O$ (Rost) hydrolysiert. In nicht oxidierenden Säuren reagiert E. unter Wasserstoffentwicklung und in verd. Salpetersäure unter Bildung von NO_2. Feinverteiltes E. ist an der Luft selbstentzündlich, während sich Stahlwolle mit Nichtmetallen erst bei erhöhter

Temp. verbindet. Von den Ox.-Stufen sind die 2wertige (Ferro-Verb.) und die 3wertige (Ferri-Verb.) am beständigsten; beide reagieren vorwiegend basisch und lassen sich sehr leicht ineinander überführen. Die 6wertige Stufe (Ferrate) wirkt stark oxidierend. Eisenverb. dienen als Pigmente, chem. Reagenzien, med. Präparate u.a. Elementares E. ist das wichtigste Gebrauchsmetall, wird aber kaum in chem. reiner Form verwendet, sondern vor allem mit unterschiedlichem C-Gehalt (Gußeisen, Werkzeug- und Baustähle) oder in Form von Legierungen. Mit Ausnahme der Milchsäurebakterien benötigen die meisten Organismen E. als >essentiellen< Nahrungsbestandteil. Erwachsene enthalten ca. 4,2 g Fe; der Bedarf liegt bei 5 bis 9 (männl.) bzw. 14 bis 28 (weibl.) mg Fe/Tag. Über die Nahrung werden tgl. ca. 17 mg aufgenommen, von denen aber nur ca. 0,5 bis 2 mg resorbiert werden. Besonders eisenhaltig sind Schnittlauch (11 mg/100 g), Bierhefe (17,3 mg/ 100 g), Kakao (12,5 mg/100 g), Schweineleber (19 mg/ 100 g) und Kaviar (11,8 mg/100 g). Fe^{3+} ist im Darm nicht resorbierbar; seine Verb. wirken lokal reizend und in höheren Konz. ätzend. Von Tieren wird nur das lösl. Fe^{2+} aufgenommen, das anschl. sofort in einer Speicher- oder Transportform festgelegt wird, da freies Fe^{2+} cytotoxisch wirkt durch die Beschleunigung der Radikalbildung aus Wasser oder O_2:

$$Fe^{2+} + O_2 \rightarrow Fe^{3+} + O_2^-$$
$$Fe^{2+} + H_2O \rightarrow Fe^{3+} + OH^- + \cdot OH$$

Im Blut ist Fe in 3wertiger Form an β_1-Globulin gebunden. Pflanzen und >Mikroorganismen< können auch Fe^{3+} aufnehmen, indem sie spezielle Chelatoren ausscheiden, die leicht lösl. sind und für Fe^{3+} eine hohe Spezifität besitzen. Die wichtigsten Funktionen von Eisenionen in der Zelle bestehen in der Bindung von Sauerstoff im Hämoglobin (Blut) bzw. Myoglobin (Muskel), im Elektronentransport in Cytochromen, Ferredoxinen u.a. (>Atmungskette<, >Photosynthese<) und in der Katalyse von Redoxreaktionen verschiedener Flavoproteine. Eisenmangel führt bei den meisten Tieren zu Anämie und bei Pflanzen zu Chlorosen.

Lit: Merian E (Hrsg.) (1984) Metalle in der Umwelt, Verlag Chemie, Weinheim – Hollemann AF, Wiberg E, Wiberg N (1985) Lehrbuch der anorganischen Chemie, Walter de Gruyter, Berlin New York, S. 1125–1146 – Kaim W, Schwederski B (1991) Bioanorganische Chemie, Teubner, Stuttgart.

Eisenbakterien. Gruppe von Bakterien, die Energie aus der Oxidation von Eisen(II)-ionen gewinnen können. Eisen(III)-hydroxid kann innerhalb oder außerhalb ihrer Zellscheiden abgelagert werden (ISO 6107/ 5).

Eisenerzbergwerk Konrad. >Konrad<.

Eisen(III)-hydroxid, -oxid. (Persischrot, Ocker, Siena, Spanischbrot, Umbra): Kommt natürlich als Ocker (Feldspat), Minetten (Brauneisenstein) und Spanisch- und Persischrot (Roteisenstein) vor und bildet gelbe, orange, rote, braune und schwarze Farbtöne. Der Einsatz erfolgt z.B. zur Oberflächenfärbung von Süßwaren. Nachteilig sind die wechselnden Eigenschaften dieser Pigmente, die Änderungen der Farbe bewirken. Deshalb greift man häufig auf synth. erzeugte Pigmente zurück.

Eisenia fetida (Mistwurm). >Annelida<, >Lumbricidae<, >Kompostsiedler<.

Eisenoxide, Eisenhydroxide: Eigenschaften verschiedener
Eisenoxide bzw. -hydroxide

Name	Struktur	Färbung
Goethit	α-FeOOH	Gelb(braun)
Lepidokrokit	γ-FeOOH	Orange
Hämatit	α-Fe$_2$O$_3$	Rot
Maghemit	γ-Fe$_2$O$_3$	Rotbraun
Ferrihydrit	$5\,Fe_2O_3 \cdot 9\,H_2O$	Braun

Eiweiß: Anteil verschiedener Elemente in Eiweiß

Zusammensetzung der Proteine in %

Kohlenstoff	51 bis 55
Sauerstoff	21,5 bis 23,5
Wasserstoff	6,5 bis 7,3
Stickstoff	15,5 bis 18,0
Schwefel	0,5 bis 2,0
Phosphor	0 bis 1,5

Eisenoxide, Eisenhydroxide. Gruppe der Eisenminerale, die aus Oxiden und Hydroxiden des 3wertigen Eisens bestehen. Fe(II)-oxide werden meist nicht eingeschlossen. Die wichtigsten E. in Böden sind in der Tabelle oben aufgeführt.
E. entstehen in Böden im Lauf der Bodenentwicklung als Verwitterungsprodukte eisenhaltiger Silicate (z.B. in Braunerden) oder durch die oxidative Abscheidung aus Fe(II)-haltigen Lösungen (z.B. im >Gley<). Wegen ihrer intensiven Färbung spiegeln sie damit den Ablauf wichtiger Bodenbildungsprozesse wider. Ihre ökologische Bedeutung liegt einmal in der hohen Sorptionsfähigkeit besonders des Ferrihydrits für Anionen (z.B. Phosphat) und Schwermetalle, zum anderen in ihrer Wirkung als Elektronenakzeptor für den mikrobiellen Stoffwechsel bei Sauerstoffmangel.

Eisenpentacarbonyl. Eisenhaltiges >Antiklopfmittel<, das jedoch nicht die Effektivität von Bleiverb. erreicht.

Eisenphosphat. Unter >aeroben< Bedingungen stabile, kaum wasserlösl. Verb. von dreiwertigem Eisen Fe^{3+} und PO_4^{3-} als Eisen(III)hydroxophosphat $Fe_x(OH)_y$ $(PO_4)_{x-y/3}$. Eisenphosphat spielt im >Eisenphosphatkreislauf< der Gewässer eine Rolle.

Eisenphosphatkreislauf. Beziehung zwischen Eisen und Orthophosphat im Gewässer bei wechselnden Red./Ox.- und/oder pH-Verhältnissen. Unter oxidativen Bedingungen kann Fe^{3+} mit PO_4^{3-} eine nahezu unlösl. Verb. als Fe(III)hydroxophosphat eingehen. In dieser Verb. kann Phosphor im Gewässer sedimentieren bzw. am Gewässergrund akkumulieren. Bei Sauerstoffschwund, z.B. während der >Stagnation< im >eutrophen< See wird Fe^{3+} zu Fe^{2+} reduziert und das Orthophosphat geht wieder in Lsg. und kann teilweise von Organismen wieder genutzt werden, z.B. bei der >Photosynthese< in der >euphotischen Zone< oder im mikrobiellen heterotrophen Stoffumsatz. Diese Prozesse können sich im Zyklus von >Mixis< und Stagnation wiederholen. Der EP-Kreislauf wurde von W. Einsele 1936 im Schleinsee (Bodenseegebiet) entdeckt.

Eisen-Salze. Zur Verhütung von Eisenmangelanämien oder zu deren diätetischer Behandlung wird eine gezielte Anreicherung von Lebensmitteln mit Eisen angestrebt. Zur Anreicherung von Brot, Milchpulver, Kochsalz und Zucker eignet sich Eisen(II)-sulfat $FeSO_4$. Ein Nachteil besteht in geschmacklichen und farblichen Veränderungen. Eisenphosphate haben diesen Nachteil nicht, dafür ist der Wirkungsgrad geringer. Eisen-Natrium-pyrophosphat wird Teig und Kindernahrungsmitteln zugesetzt.

Eispunkt. (Syn. Frostpunkt). Gleichgewichtstemperatur zwischen Eis und luftgesättigtem Wasser beim Normaldruck von 1.013,25 hPa. Dient zur Definition des Punktes 0°C = 273,15 K auf der Temperaturskala.

Eiweiß. Eiweißkörper oder Proteine sind hochmolekulare, aus >Aminosäuren< aufgebaute Verbindungen. Sie kommen als Bestandteil des Protoplasmas in allen Zellen vor. Eine wesentliche Eigenart der Proteine liegt darin, daß sie in ihrem chemischen Aufbau eine strenge Spezifität aufweisen. Die wichtigsten Aufgaben des Eiweißes sind seine katalytische Wirksamkeit (>Enzyme<), die regulativen Aufgaben (Peptid- und Proteohormone), Stütz- und Schutzfunktionen (organische Substanz der Knochen, Bindegewebe, Haut, Haare, Federn, Wolle), kontraktile Funktionen (Muskeln) und Abwehrfunktionen (Immunkörper). Hinsichtlich der Elementarzusammensetzung enthalten Proteine ebenso wie die Kohlenhydrate und Fette Kohlenstoff, Wasserstoff und Sauerstoff, aber darüber hinaus noch Stickstoff und meist auch Schwefel sowie in wenigen Fällen auch Phosphor. Die Proteine haben ungefähr folgende Zusammensetzung, s. Tabelle.

Ejektorbelüftung. Unter dem Begriff Strahldüsenbelüfter werden alle Zweistoffdüsenbelüfter, wie Ejektoren, Injektoren, Strahldüsen und Venturidüsen zusammengefaßt, bei denen mittels eines energiereichen Flüssigkeitsstrahles die über eine Mischdüse zugeführte Luft in feinste Blasen zerteilt wird. Die Luft kann durch Unterdruck angesaugt werden, der an der Einschnürung der Düse infolge Geschwindigkeitserhöhung der Flüssigkeit entsteht, oder durch Überdruck mittels Kompressoren in die Zweistoffdüse eingeblasen werden. Verschiedene Systeme der Strahldüsenbelüfter sind in der Abb. S.362 dargestellt.

Eklektor. >Photoeklektor<.

Eklogit. Grünes >metamorphes Gestein< mit den Hauptmineralen Augit und Granat, entstanden aus Gabbro und anderen basischen Eruptivgesteinen.

Ekman-Schicht. Oberste Schicht, von etwa 100 bis etwa 1.500 m reichend, in der >atmosphärischen Grenzschicht<, s. Abb. dort. In ihr nimmt der Wind mit der Höhe zu, bis er an der Obergrenze der E.-S. die Geschwindigkeit des >geostrophischen Windes< erreicht hat. Gleichzeitig dreht er in der Form der Ekman-Spirale aus der Richtung des Bodenwindes in diejenige des geostrophischen Windes. Der Ablenkungswinkel zwischen dem Bodenwind und dem geostrophischen Wind wächst mit zunehmender >Stabilität der Atmosphäre< und abnehmender geographischer Breite; (s. Abb. S.362).

Ekman-Spirale. >Ekman-Schicht<.

Ektoderm. (Grch. ektos = außerhalb, derma = Haut). (Syn. Ektoblast, Epiplast). Flächenhafter Zellverband, der als äußeres Keimblatt bezeichnet wird und bei Säugern im frühen Stadium der Embryonalentwicklung aus dem Embryonalknoten hervorgeht. Die Differenzierung der verschiedenen Keimblätter (E. und >Endoderm<) erfolgt nach der Phase der Blastulation

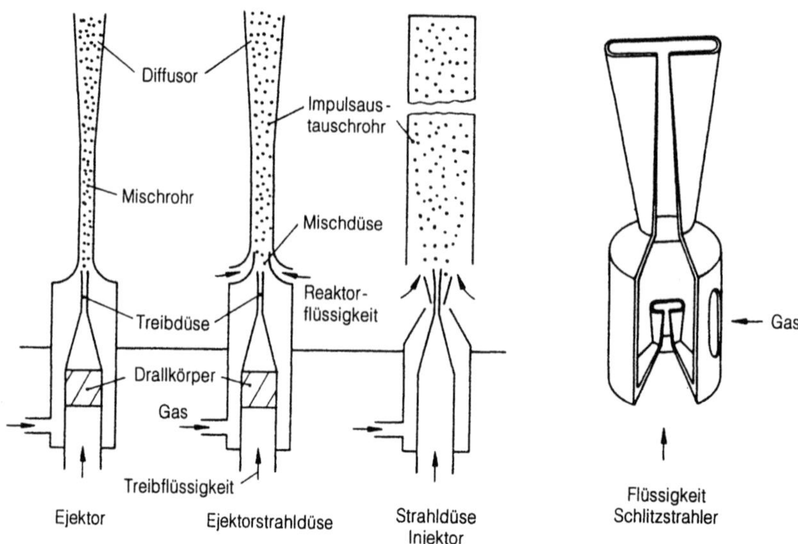

Ejektorbelüftung: Ejektor- und Strahldüsenbelüfter (aus: Abwassertechnische Vereinigung (Hrsg.) (1982–1986) Lehr- und Handbuch der Abwassertechnik, 3. Aufl., Bd. 1–7, Verlag von Wilhelm Ernst und Sohn, Berlin München)

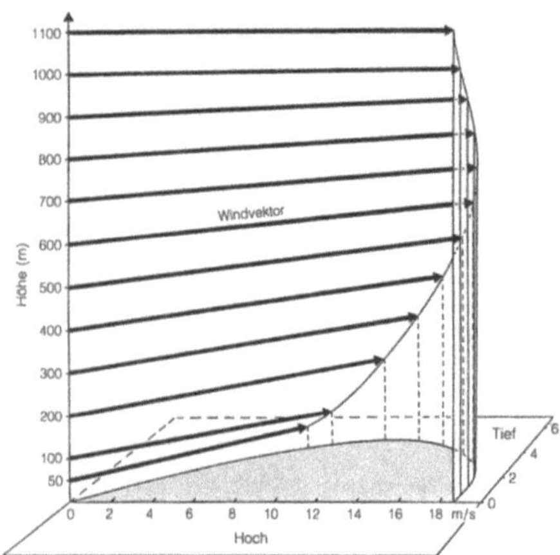

Ekman-Schicht: Windspirale in der Ekman-Schicht. (Aus: Fortak H (1983) Meteorologie, 2. Aufl., C. Habel Verlagsbuchhandlung, Berlin Darmstadt)

(Bildung einer Hohlkugel) durch Einstülpung und Faltung des Keimes und führt zur Bildung der Gastrula, die auch als „Becherkeim" bekannt ist. Später wird ein drittes Keimblatt ausgebildet, das >Mesoderm< genannt wird. Aus dem E. werden später die Haut nebst Anhangsgebilden, das Nervensystem, die Sinnesorgane, Pupillarmuskeln und Muskelzellen der apokrinen Drüsen sowie Mund- und Afterschleimhaut gebildet.

Ektomykorrhiza. (Grch. ektos = außerhalb; mykes = Pilz; rhiza = Wurzel). Eine >Symbiose< zwischen Pflanzenwurzeln und >Pilzen<, bei der die Pilzhyphen einen Pilzmantel um die Seitenwurzeln bilden (s.

Abb. S. 378). Von hier aus strahlen einerseits >Hyphen<, z. T. in Strängen als Rhizomorphen, in den Boden ab und dringen andererseits interzellulär in die äußersten Zellschichten der Wurzel ein, wo sie als >Hartigsches Netz< die Rindenzellen von außen umgeben. Obwohl E. nur bei 3 % aller >Samenpflanzen< auftreten, spielen sie wegen ihrer Vergesellschaftung mit Waldbäumen nördlich-gemäßigter Zonen eine besonders wichtige Rolle. Sie kommen vor allem bei Holzgewächsen aus den Verwandtschaftsgruppen der Pinales, Fagales, Salicales und Rosales vor. Zu den E.-Bildnern zählen viele hundert Pilzarten aus dem Bereich der höheren Pilze (Basidiomyceten und einige Ascomyceten). Darunter finden sich zahlreiche wertvolle Speisepilze wie z. B. der Steinpilz und die Trüffel. Mykorrhizierte Wurzeln besitzen keine >Wurzelhaube< und keine >Wurzelhaare<; die Pilzwurzeln sind kurz und verdickt. Häufig treten vom normalen Wurzelwachstum abweichende Verzweigungen auf. Alle Stoffe, die aus dem Boden absorbiert werden, müssen den Pilzmantel passieren. Der Selektionswert liegt in der temporären Speicherung solcher Verb., die vom >Baum< bzw. vom Pilz dem jeweils anderen Partner zur Verfügung gestellt werden. Dies betrifft Kohlenhydrate, die aus der >Assimilationsleistung< des Baums zur Verfügung stehen und deren Produktionsrate im Sommer am höchsten ist. Die Nutzung für die Fruchtkörperbildung des Pilzes erfolgt jedoch in der Mehrzahl der Fälle im Herbst, wo die günstigsten Bedingungen vorherrschen. Im Pilzmantel werden auch Mineralsalze gespeichert, die vom Pilz dem Baum zur Verfügung gestellt werden. Da die Aufnahmebedingungen im Herbst optimal sind, während der Bedarf der Wirtspflanze jedoch im Sommer am größten ist, bedeutet die E. eine hervorragende Anpassung an den jahreszeitlich bedingten Klimawechsel, besonders in der nördlichen gemäßigten Zone, wo Wirt und Pilz phasenverschoben wachsen und sich fortpflanzen. E. sind außerdem Barrieren gegen

>phytopathogene< Wurzelinfektionen, z. B. durch den Hallimasch und den Erreger der Rotfäule.

Lit: Varma A, Hock B (1998) Mycorrhiza, 2nd ed., Springer Verlag, Berlin Heidelberg New York Tokyo.

Ektoparasit. Parasiten, die auf der Oberfläche ihrer tierischen oder pflanzlichen Wirte leben. Beispiele für E. auf Tieren: Flöhe als stationäre E., d. h. dauernd auf ihrem Wirt lebend; Mücken als temporäre E., d. h. nur zeitweise auf dem Wirt lebend. Auf Pflanzen leben z. B. die Blattläuse als E.; >Parasitismus<. Gegensatz: >Endoparasit<.

Ektosymbiont. >Symbiose<, bei der die beiden Partner, ein Insekt und ein Pilz, nicht in ständigem Kontakt miteinander sind. Beispiele liefern manche Termiten und Ameisen, bei denen die Insekten ein >Substrat< für die Pilze bereiten, auf denen diese wachsen und dann den Tieren als alleinige Nahrung dienen. Gegensatz: >Endosymbiont<.

Ektotoxine. (Grch. ektos = außerhalb; toxikon = Gift). (Syn. Exotoxine). Bakterielle >Toxine<, die vor allem von grampositiven >Bakterien< synthetisiert und in der Regel von der intakten Bakterienzelle ausgeschieden werden. Es handelt sich um Proteine mit Protease-, Phospholipase- oder DNAse-Aktivität, die bereits in geringen Konz. spez. und z. T. extrem >toxische< Wirkungen auf entspr. Wirtsfunktionen ausüben. Wichtige Beispiele sind das Diphtherietoxin sowie die Staphylococcus-Toxine. Das Botulinustoxin und viele weitere Clostridientoxine werden während des logarithmischen Wachstums sowohl innerhalb als auch außerhalb der Bakterienzellen nachgewiesen und zählen daher zu den Ektotoxinen im weiteren Sinn.

Ekzem. (Syn. Ekzema vulgare). Akute, subakute oder chronische Erkrankung der Oberhaut (Epidermis) mit flächenhaften, gegenüber der umgebenden Haut nicht deutlich abgegrenzten Effloreszenzen (z. B. Knötchen, Bläschen, Schuppenbildung). Am Anfang von Hautrötung (Erythem) begleitet, Juckreiz, evtl. mit Verhornung, u. U. mit Beteiligung tieferer Hautschichten. Schubweise auftretend, ohne Narbenbildung abheilend, mit Neigung zu Rückfällen. Es werden unterschieden: nichtallergisches Kontaktekzem, allergisches Kontaktekzem, mikrobielles Ekzem.

Ekzema vulgare. >Ekzem<.

El Niño. Mit El Niño bezeichnet man eine kurz nach dem Weihnachtsfest auftretende großskalige Temperaturänderung der obersten Wassermassen (Deckschicht) des gesamten tropischen Pazifiks. Dabei steigt im Ostpazifik die Oberflächentemperatur des vor der Küste Südamerikas äquatorwärts (nordwärts) setzenden kühlen Humboldt-Stromes von etwa 20 °C um bis zu + 5 °C, während sie gleichzeitig im westlichen Pazifik im Bereich Indonesiens von bisher 30 °C um einen ähnlichen Betrag absinkt. Ursache dafür ist eine Verringerung des horizontalen Gradienten des Bodenluftdrucks. Dies wiederum führt zu einer Abschwächung der Passatwinde und einem reduzierten Auftrieb kalten Wassers im Ostpazifik. Dadurch steigt die Oberflächentemperatur im Ostpazifik weiter an, und die Passatwinde schwächen sich weiter ab. Es ist diese Art der positiven Rückkopplung zwischen Ozean und Atmosphäre, welche die Entstehung von El Niño erst ermöglicht. Das Wort El Niño stammt aus dem Spanischen (El Niño: das Christkind) und wurde von den peruanischen Küstenfischern bereits im letzten Jahrhundert geprägt. Diese beobachteten, daß alljährlich zur Weihnachtszeit das kühlere Wasser, das aus den Tiefen des Ozeans Nährstoffe an die Meeresoberfläche transportierte, durch nährstoffarme Wassermassen aus den weniger tiefen Schichten verdrängt wurde. Dieses jahreszeitliche Signal markierte für die Fischer das Ende der Fangsaison, das sie daraufhin mit dem Wort El Niño belegten. In einigen Jahren allerdings war die Erwärmung so stark, daß die Fische nicht – wie sonst üblich – am Ende des Frühjahres wiederkehrten. Diese besonders starken Erwärmungen dauern typischerweise etwa ein Jahr lang an. Heute werden nur noch diese außergewöhnlichen Erwärmungen mit El Niño bezeichnet, welche in unregelmäßigen Abständen, meist etwa alle 4 Jahre wiederkehren. Mit El Niño gehen auch Veränderungen in der Meeresoberflächentemperatur in anderen Regionen einher, wie z. B. eine Erwärmung des tropischen Indischen Ozeans oder eine Abkühlung des Nordpazifiks. Letztere werden durch eine veränderte atmosphärische Zirkulation in diesen Gebieten als Folge der El Niño-Erwärmung im tropischen Pazifik hervorgerufen. >Telekonnektion<. El Niño besitzt vielfältige klimatische Auswirkungen: Südostasien und Nordaustralien leiden unter starken Dürren, während es auf der anderen Seite des Pazifiks über dem westlichen Südamerika, das zu den trockensten Gebieten der Erde gehört, zu sintflutartigen Regenfällen kommt. Auswirkungen von El Niño findet man auch über Indien, dem östlichen Äquatorialafrika, dem südlichen Afrika und über Nord- und Südamerika. Die Auswirkungen von El Niño auf Europa sind schwach und i. allg. nicht statistisch signifikant. Neben den als El Niño bezeichneten Warmphasen treten ebenso häufig Kaltphasen auf, die mit La Niña benannt werden. Als Jahre mit ausgeprägten El Niño-Ereignissen sind zu nennen: 1972/1973, 1982/1983 und 1997/1998.

Lit: Philander SGH (1990) El Niño, La Niña, and the Southern Oszillation. Academic Press, San Diego.

El Niño-Ereignis. Unregelmäßig im Abstand einiger Jahre auftretendes Phänomen, bei dem das Oberflächenwasser der Meere vor der Küste Perus und entlang des äquatorialen Pazifiks wesentlich wärmer ist als im Jahresdurchschnitt. >Telekonnektion<.

Elaste. In der früheren DDR übliche Bezeichnung für >Elastomere<.

Elastomere. Durch >Vulkanisation< weitmaschig vernetzte, quellbare >Polymere<. Hieraus resultieren, im Gegensatz zu >Duroplasten< mit einem hohen Vernetzungsgrad, gummielastische Eigenschaften. Neben der Vulkanisation als kovalente chem. Verknüpfung sind auch physikalische Phänomene der reversiblen Verhakung hierfür verantwortlich. Letztere sind vornehmlich bei Block- und Pfropf->Copolymerisaten< maßgeblich beteiligt. Natur- und Synthese->Kautschuke< sowie >Silicone< zeigen diese Eigenschaft. Zum Einsatz kommen sie in >Gummi<-Produkten, elastischen Dichtungen und als Fäden und Fasern in elastischen Geweben, z. B. Lycra®.

Elateridae (Drahtwürmer, Schnellkäfer). Allesfresser (Pantophage) mit zahlreichen Arten, als Larve in allen Horizonten des Bodens und des Totholzes. Biomassestärkste Käferpopulation in Landökosystemen. *Athous subfuscus* ist eine wichtige Art in Wäldern. Geschlechtsreif sind die Tiere, wie die meisten Insektenarten, sehr kurzlebig (s. Abb. S. 218). >Bodenfauna<, >Mull-Moder-Modell<.

ELECTRE. >Konkordanzanalyse<.

Elektrodialyse. >Dialyse<.

Elektrofilter. Aggregat zur Verringerung des Gehaltes an festen Partikeln im >Abgas< durch Abscheidung von >Staubpartikeln< in einem elektrischen Feld mit hoher Spannung. Hierzu wird zwischen einer Sprühelektrode mit stark gekrümmter Oberfläche, wie z.B. einem dünnen Draht und einer geerdeten Niederschlagselektrode mit weniger gekrümmter Oberfläche, z.B. Rohrinnenwand oder Platte, eine Spannung zwischen 30.000 und 100.000 Volt angelegt. Meist dient die Sprühelektrode als Kathode, wobei eine negative Korona entsteht. Die an der Kathode ausgelösten Elektronenlawinen bewegen sich mit hoher Geschwindigkeit in Richtung Anode. Beim Zusammenstoß mit Gasmolekülen bilden sich Gasionen. Im Abgas dispergierte Partikel laden sich durch Einfangen negativ geladener Gasionen und freier >Elektronen< elektrisch auf und wandern zur Anode, der Niederschlagselektrode. Durch Stoßvorgänge werden auch ungeladene Gasmoleküle mitgerissen. Der sich auf der Niederschlagselektrode bildende Staubniederschlag ist in zeitlichen Intervallen durch z.B. Klopfen oder Vibrieren abzureinigen. In Elektrofiltern lassen sich generell >Aerosole< abscheiden, d.h. neben Staubpartikeln auch Flüssigkeitströpfchen. Somit können feuchtigkeitsübersättigte Abgase problemlos abgereinigt werden. Die Niederschlagselektroden sind dann am besten durch Abspülen mit Wasser abzureinigen. Je nach Abreinigungsverfahren wird daher zwischen Trocken- und Naßelektroabscheidern unterschieden. Elektrofilter werden je nach Form der Niederschlagselektrode als Röhren-, Waben- oder Plattenelektrofilter bezeichnet, wobei bevorzugt mehrfeldrige horizontale Abscheider Verwendung finden. Elektrofilter weisen zahlreiche Vorteile auf, wie hohe Abscheidegrade, insbesondere bei Naßelektrofiltern auch von >Feinstäuben<, problemlose Auslegung auch für sehr hohe >Abgasvolumenströme<, Beaufschlagung auch mit hohen Staubkonz., Betrieb bei hohen >Abgastemperaturen<, geringe Abgasdruckverluste, geringer mechanischer Verschleiß sowie geringer Energiebedarf. Elektrofilter finden daher in zahlreichen Branchen Verwendung. Mit den extrem guten Abscheideleistungen von filternden >Abscheidern< können Elektrofilter jedoch in vielen Fällen nicht konkurrieren, so daß hier im Zuge der immer höher werdenden Anforderungen Nach- bzw. Umrüstungen erforderlich werden. Auch ist auf das Phänomen der Bildung von >Dioxinen< und >Furanen< in Elektrofiltern hinzuweisen; wegen ihrer Unempfindlichkeit gegenüber heißen Abgasen werden Elektrofilter zur >Staubabscheidung< aus heißen Abgasen eingesetzt, bevor diese zur Abreinigung gasförmig vorliegender >Schadstoffkomponenten< z.B. >Abgaswäschern< zugeführt werden. Insbesondere bei >Abfallverbrennungsanlagen< findet dabei die Staubabscheidung innerhalb eines Temperaturbereiches statt, bei dem sich aus chlorhaltigen org. Molekülen im Abgas offensichtlich unter katalytischer Wirkung von schwermetallhaltigen Staubpartikeln polychlorierte Dibenzo-*p*-dioxine und -furane im Abgas bilden.

Elektrolyse. Verfahren zur Abscheidung von dissoziierten Verbindungen an Elektroden: Kationen an der Kathode, Anionen an der Anode. Durch Elektrolyse kann man aus metallsalzhaltigen Abwässern die Metalle entfernen und zurückgewinnen. Zu diesem Zweck wird das Verfahren z.B. in Kupferbeizereien angewandt, um das Kupfer in der >Abfallbeize< als Elektrolytkupfer zurückzugewinnen. Die Elektrolyse kann ferner bei Abwässern, die emulgiertes Öl enthalten, benutzt werden, um die Ölemulsion zu spalten. Zwischen der elektrolytischen Metallabscheidung in der >Galvanotechnik< oder der >Hydrometallurgie< und der in der >Recyclingtechnik< besteht der Unterschied, daß bei den ersteren die Abscheidung aus konz. Lsg., bei der letzteren z.T. aus sehr verdünnten Lsg. erfolgen muß. >Reaktionsgeschwindigkeit<, >Zellspannung< und damit auch der Energieverbrauch bei der Elektrolyse hängen sehr davon ab, in welcher Konzentration das abzuscheidende Metall in der >Phasengrenzfläche< Kathode – Lsg. vorliegt.

Elektrolyt. Ist eine chem. Verb., die im festen, fl. oder gelösten Zutand aus Ionen (positiv oder negativ geladene Teilchen) aufgebaut ist oder in Ionen zerfällt (dissoziiert). Verb., die in wäßrigen Lsg. nur zu einem kleinen Teil in Ionen zerfallen, werden als schwache, solche, die zu einem großen Anteil zerfallen, als starke Elektrolyte bezeichnet.
Lit: Wedler G (1985) Lehrbuch der Physikalischen Chemie, 2.Aufl., VCH-Verlag, Weinheim.

Elektromagnetische Felder. >Verordnung zur Durchführung des Bundes-Immissionsschutzgesetzes<.

Elektromagnetische Isotopentrennung. Trennung verschiedener >Isotope< durch elektrische und magnetische Felder (s. Abb.).

Elektromagnetische Strahlung. Sammelbegriff für alle sich wellenförmig ausbreitenden elektromagnetischen Felder, in denen ein Transport von elektrischer und magnetischer Energie stattfindet. E.S. tritt immer dann auf, wenn elektrische Strom- und Ladungsdichten sich räumlich oder zeitlich ändern. So entsteht e.S. z.B. beim Fließen elektrischer Wechselströme in Antennen (Abstrahlung hochfrequenter Rundfunk- oder Fernsehwellen), durch Elektronenanregung in der Atomhülle (Emission von sichtbarem Licht, Infrarot-, UV- oder Röntgenstrahlung) oder durch Protonenanregung im Atomkern (Emission von Gammastrahlung). Nach Max Planck beträgt die Energie der elektromagnetischen Strahlung $E = h\nu$, wobei ν die Frequenz der zugehörigen Welle ist und h eine Naturkonstante, das sog. Planck'sche Wirkungsquantum. Da sich elektromagnetische Strahlung im Vakuum und in der Luft mit der Lichtgeschwindigkeit c ausbreitet, gilt folgender Zusammenhang zwischen Frequenz ν und Wellenlänge λ: $c = \lambda\nu = 3 \cdot 10^8$ ms^{-1}. Den gesamten Be-

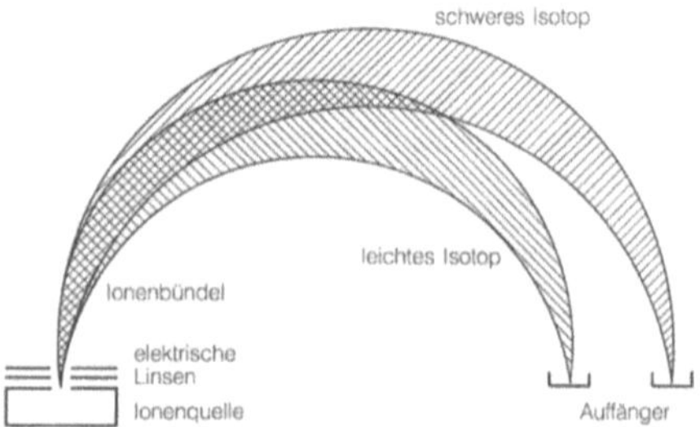

Elektromagnetische Isotopentrennung: Magnetische Isotopentrennung (Magnetfeld senkrecht zur Zeichenebene)

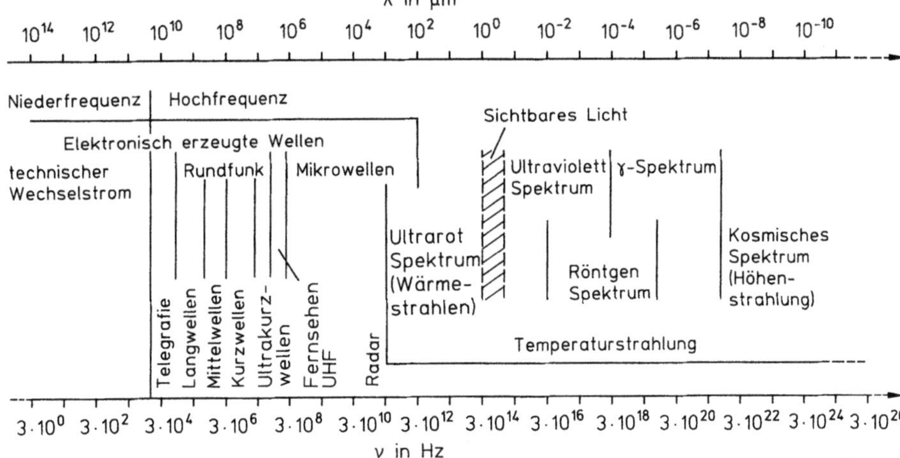

Elektromagnetische Strahlung: Das Spektrum der elektromagnetischen Strahlung reicht von der energiereichen Höhenstrahlung (sehr kurze Wellenlänge und sehr hohe Frequenzen) über den Bereich des sichtbaren Lichts bis zum energiearmen niederfrequenten technischen Wechselstrom (sehr lange Wellenlänge und sehr niedrige Frequenzen).

reich der e. S. kann man im elektromagnetischen Spektrum darstellen. Auf der Achse sind die einzelnen Frequenzen ν in Hertz (Hz), wobei 1 Hz einer Schwingung pro Sekunde entspricht, bzw. die Wellenlänge λ in µm angegeben (s. Abb. oben).

Elektron. Elementarteilchen mit einer negativen elektrischen Elementarladung und einer >Ruhemasse< von $9{,}1094 \cdot 10^{-31}$ kg (entspr. einer Ruheenergie von 511,007 keV). Das ist 1/1836 der >Protonenmasse<. Elektronen umgeben den positiv geladenen >Atomkern< und bestimmen das chem. Verhalten des >Atoms<.

Elektronenbestrahlung. Abwasser bzw. >Klärschlamm< werden zur Keimabtötung durch Elektronen bestrahlt. Elektronenstrahlen aus >Elektronenbeschleuniger-Anlagen< weisen größere Bestrahlungsleistungen als >Gammastrahlenquellen< auf. Dazu kommen an Vorzügen: Abschaltbarkeit, variable Leistungsabgabe, d. h. entsprechende Anpassung an den Durchsatz und hohe >Dosisleistung< (s. Abb. rechts). Da jedoch Elektronen eine verhältnismäßig geringe Eindringtiefe im Wasser aufweisen, sind dünne Flüssigkeitsfilme von etwa 3 bis 5 mm mit hoher Geschwindigkeit am Elektronenstrahl vorbeizuführen. Bei starker turbulenter Strömung des Mediums ist es möglich, auch die Schichten homogen zu bestrahlen, deren Dicke etwas größer ist als die der Eindringtiefe. Elektronenstrahlen und Gammastrahlen kommen im Abwasserbereich in erster Linie zur Behandlung von Schlämmen in Frage, ihr Einsatz bei der Behandlung von Abwässern ist hingegen auf besondere Fälle beschränkt.

Lit: Abwassertechnische Vereinigung (Hrsg.) (1982–1986) Lehr- und Handbuch der Abwassertechnik, 3. Aufl., Bd. 1–7, Verlag von Wilhelm Ernst und Sohn, Berlin München.

Elektroneneinfang. Zerfallsart mancher >Radionuklide<, z. B. Mn-54 → Cr-54. Vom >Atomkern< wird ein >Elektron< der Atomhülle eingefangen, wobei sich im Kern ein >Proton< in ein >Neutron< umwandelt. Das dabei entstehende >Element< hat eine um eine

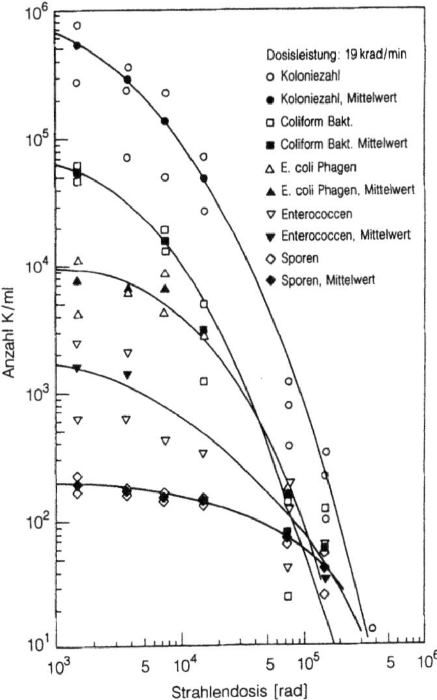

Elektronenbestrahlung: Ergebnisse der Bestrahlung von biologisch gereinigtem Abwasser mit ^{60}Co (aus: Abwassertechnische Vereinigung, 1982–1986)

Einheit kleinere >Ordnungszahl<, die >Massenzahl< bleibt gleich.

Elektronengleichgewicht. Begriff aus der >Dosimetrie<. Elektronengleichgewicht liegt vor, wenn in ein Vol.-Element gleich viel >Elektronen< gleicher Energieverteilung einlaufen wie aus diesem Vol.-Element auslaufen.

Elektronentransport. Umfaßt die stufenweise Übertragung von >Elektronen< als Red.-Äquivalente von einem >Elektronendonator< über mehrere Elektronencarrier auf einen Elekronenakzeptor. Wichtige Beispiele finden sich beim membrangebundenen Elektronentransport der Atmungskette, bei der Elektronen von >NADH< oder >FADH< auf molekularen Sauerstoff übertragen werden, sowie bei den Lichtreaktionen der >Photosynthese<, bei der unter Nutzung von Lichtenergie Elektronen dem H_2O entzogen und zur Red. von $NADP^+$ benutzt werden. In beiden Fällen treibt der Elektronentransport einen Protonenfluß über eine >Membran< hinweg. Die daraus resultierende elektrochem. Potentialdifferenz wird von der Zelle zur >ATP-Synthese< genutzt (vgl. >chemiosmotische Hypothese<).

Elektronenvolt. In der Atom- und Kernphysik gebräuchliche Einheit der Energie. Ein Elektronenvolt ist die von einem >Elektron< oder sonstigen einfach geladenen Teilchen gewonnene kinetische Energie beim Durchlaufen einer Spannungsdifferenz von 1 Volt im Vakuum. Abgeleitete, größere Einheiten:
keV Kiloelektronenvolt = 1.000 eV
MeV Megaelektronenvolt = 1.000.000 eV
GeV Gigaelektronenvolt = 1.000.000.000 eV

Elektronik. Hat zunehmende Bedeutung im Pkw (vielfältiger Einsatz im Antriebsstrang, in der Kommunikation, im Sicherheits- und Komfortbedürfnis). Heutiger Anteil an den Fahrzeugherstellkosten: 16 %.

Elektronikschrott. In Deutschland fällt eine ständig wachsende Menge von Elektro- und Elektronikschrott an. Aktuelle Schätzungen rechnen mit ca. 1,8–2 Mio. Tonnen für das Jahr 1998. Obwohl dieses Aufkommen im Vergleich zu dem anderer Abfallarten relativ gering ist, sind elektrische und elektronische Altgeräte von besonderem Interesse, da sie wie kaum andere Produkte ein Konglomerat der verschiedensten Stoffe auf engstem Raum beinhalten. Eine geordnete Verwertung und Entsorgung dieser Geräte ist somit seit längerem Gegenstand der Forschung. In den Mittelpunkt rückt bei der Verwertung zunehmend die Frage nach der Umweltrelevanz und der Gesundheitsgefährdung der in den Geräten enthaltenen Stoffe und Materialien. Beim Recycling von E. stellt die abfalltechnisch kritisch bestückte Leiterplatte ein besonderes Problem dar, da sie ein Vielstoffgemisch aus polymeren, teilweise glas- und/oder kunstfaserverstärkten >Polymerharzen< (gehärtete >Phenol-< und >Epoxidharze<), Metallen, Metallverbindungen sowie verschiedenen z.T. halogenierten >Additiven< (z.B. >Flammschutzmittel< und >Pigmente<) sind. Wesentlich bei deren Recycling ist es daher, diese vor weiteren Verfahrensschritten zunächst von sämtlichen schadstoffhaltigen Bauteilen zu entfrachten. Das Hauptproblem für diese (Teil-)Entstückung liegt bei der Erfassung aller potentiell toxischer Bauteile, um eine spätere Kontamination der verbleibenden Restfraktionen zu verhindern. Als potentiell toxisch gelten i.d.R. folgende Bauteile:

(a) PCB-haltige Kondensatoren, (b) Akkumulatoren und Batterien (Blei-, Nickel/Cadmium- und Quecksilbergehalt), (c) Quecksilberschalter und -relais, sowie (d) selenhaltige Bauelemente.
Die Aufarbeitung des Platinenschrotts, einschließlich der nicht verwertbaren Komponenten aus der Teilentstückung, läßt sich in drei wesentliche Bereiche gliedern: *(1) mechanische Aufbereitung, (2) >Verhüttung<, und (3) >Pyrolyse<.* Neben diesen Verfahren gibt es noch weitere Ansätze, die in der Praxis jedoch noch keine Bedeutung erlangt haben.
Im Bereich der *mechanischen Aufbereitung* werden erprobte Verfahren aus der Abfallindustrie an die Erfordernisse des E. angepaßt. Das Ziel ist die Anreicherung der Kupfer- und Edelmetallanteile für die anschließende Verhüttung. Diese Massenreduktion bietet zum einen ökonomische Vorteile, zum anderen unterliegen die Kupferhütten einer Mengenbeschränkung zur Verhüttung von E. In der Praxis werden jedoch Leiterplatten auch ohne vorherige mechanische Vorbehandlung verhüttet. Kupfer bildet mit ca. 12–25 Gew.-% den größten Wertmetallanteil im E. In Kupferhütten werden bestückte Leiterplatten oder Metallgranulate aus der mechanischen Vorbehandlung als Zuschlagsschrott vorwiegend im Konverter bei Temperaturen um 1200 °C zu Rohkupfer verarbeitet. Zinn, Blei, Quecksilber und Arsen werden beim sog. Schlakkeblasen verflüchtigt und abgetrennt; im Schrott enthaltenes Zink sammelt sich vorwiegend in der Schlakke an. Bei der *Verhüttung* von Elektronikschrott besteht die Gefahr der >Dioxin<-Bildung. Gleiches gilt für die *Pyrolyse*, wobei die org. Anteile des E. bei Temperaturen von 500–700 °C unter Luftausschluß oder zumindest Sauerstoffmangel thermisch zersetzt werden. Die entstehenden monomeren und polymeren org. Verbindungen fallen in drei Fraktionen als Pyrolysegas, -öl und -koks an, für die es z.Zt. noch keine Verwendung gibt, und die entweder verbrannt (Gas- und Ölfraktion) oder sicher deponiert werden müssen (Koksfraktion).
Aufgrund der geschilderten Umweltgefährdungen, die von E. ausgehen können, und der ungeklärten Entsorgungssituation haben die Gesetzgeber in Deutschland und in den anderen Ländern der EU mit Vorbereitungen zum Erlaß entsprechender Verordnungen (E-Schrott-Verordnung) reagiert. Diese Aktivitäten werden vom EU Joint Research Center in Sevilla, Spanien, durch eine Studie begleitet *(IPTS, WEEE Study, First Draft, 1998; Towards a European solution for the management of Waste from Electric and Electronic Equipment).*

Lit: Angerer G (1993) Verwertung von Elektronikschrott: Stand der Technik. Erich Schmidt Verlag, Berlin – Koellner W, Fichtler W (1996) Recycling von Elektro- und Elektronikschrott. Springer Verlag, Berlin Heidelberg New York Tokyo.

Elektronische Einspritzung. Präzise Regelung von Einspritzmenge, zeitlicher und örtlicher Verteilung für >Otto-< und >Dieselmotoren< (>Motronic<, >Digijet<).

Elektronische Zündung. Kennfeldgesteuerter Zündzeitpunkt bei >Ottomotoren< (z.B. Dignition, Integration in modularen Netzwerken möglich).

Elektrophorese. Analysenmethode, die auf der Wanderung (echt oder kolloid) elektrisch geladener oder polarisierter, (sog. amphoterer) Moleküle unter dem Einfluß eines elektrischen Feldes beruht. Die Vorgänge bei der E. sind im typischen Fall nicht mit der Chromatographie, sondern am ehesten mit der Elektrolyse vergleichbar, nur wird hier die Abscheidung der Moleküle an den Elektroden verhindert. Von analytischem Interesse ist vorwiegend die Zonen-E., bei der die Stoffe am Ende der Trennung als einzelne Zonen detektierbar sind. Die elektrophoretischen Verfahren sind insbesondere in der Biochemie, Molekularbiologie, Molekulargenetik und Lebensmittelchemie verbreitet, da hiermit viele Makromoleküle („Biomoleküle") unter schonenden, nicht zerstörenden Bedingungen getrennt werden können. Durch die Etablierung der >Kapillarelektrophorese< hat diese Technik außerdem Eingang in die pharmazeutische Industrie (Vitamine, Pharmaka), die Umweltanalytik (anorgan. Ionen, organ. Säuren, Pestizide, Tenside) und die chem. Großindustrie (Polymere, Farbstoffe, Waschmittel) gefunden. Eine grobe Unterteilung der E. kann in die trägerfreie E. und Träger-E. erfolgen:

– Trägerfreie Methoden sind u.a. die >Kapillarelektroph.<, die Dichtegradienten-E. und die Isotachophorese in gepufferten Lsg.
– Methoden der Träger-E. werden am meisten angewendet. Trägermaterialien sind Spezialpapiere (z.B. DEAE-Cellulose), Celluloseacetatfolien (z.B. Cellogel), Dünnschichten (z.B. Kieselsäuregele) oder Gele. Die E. in Gelen (Gel-E.) hat eine große Bedeutung bei der Analyse von >Proteinen<, Peptiden, Aminosäuren, >Enzymen<, >Nucleinsäuren<, Oligonucleotiden, oder auch anderen biol. Makromolekülen (>Protein-Sequenzierung<, >DNA-Sequenzierung<). Es kommen vorwiegend >Polyacrylamid-Gele< zum Einsatz; die Methode wird deshalb auch als PAGE (*Polyacrylamid-Gel-Elektrophorese*) bezeichnet. Sie wird für die Trennung von Proteinen häufig unter Zusatz von Natriumdodecylsulfat (SDS), einem anionischen Tensid, durchgeführt und dann auch als SDS-E. oder SDS-PAGE bezeichnet. Andere zur Trennung benutzte Gele bestehen aus Agar, Agarose oder Stärke, z.B. bei der Immuno-E. Bei der Verwendung von Gelen, insbesondere bei der PAGE, erfolgt die Trennung der Stoffe aufgrund ihrer Ladung und außerdem wegen eines „Siebeffekts" nach effektiver Molekülgröße. Eine spezielle Methode der E. ist die Trennung von Ampholyten, wie Proteinen oder Oligonucleotiden, nach ihrem isoelektrischen Punkt. Sie wird auf Trägern mit stabilen pH-Gradienten durchgeführt und als Isoelektrische Fokussierung (IEF) bezeichnet. Sie hat besondere Bedeutung durch ihre Kombinationsmöglichkeit mit der SDS-E. erhalten, die zu sog. 2-D-Gelen führt. Die erste Dimension wird dabei durch die IEF gebildet. In der zweiten Dimension, der SDS-E., werden die Proteine zusätzlich nach ihrer Größe getrennt. Dadurch lassen sich auch komplexe Proteingemische von mehr als 2000 Proteinen trennen. Die Geräte für die 2-D-Gelelektrophoresen wurden vor allem im Hinblick auf die in der >Proteom<forschung erforderlichen Probendurchsätze und Reproduzierbarkeiten verbessert. Proteine in diesen z.T. komplexen Mustern werden vielfach durch Proteinsequenzierung bzw. Massenspektrometrie identifiziert.

Lit: Naumer H, Heller W (Hrsg.) (1986) Untersuchungsmethoden in der Chemie – Einführung in die moderne Analytik, Georg Thieme, Stuttgart New York – Blaich R (1978) Analytische Elektrophoreseverfahren. Georg Thieme, Stuttgart New York – Lewis LA, Opplt JJ (Hrsg.) (1983) CRC Handbook of Electrophoresis, CRC Press, Boca Raton, USA – Westermeier R (1990) Elektrophorese-Praktikum. VCH, Weinheim – Lottspeich F, Zorbas H (1998) Bioanalytik. Spektrum Akademischer Verlag, Heidelberg.

Element. 1. allgemein: Chem. Grundstoff, der sich auf chem. Wege nicht mehr in einfachere Substanzen umwandeln läßt. Beispiele: Sauerstoff, Aluminium, Eisen, Quecksilber, Blei, Uran. Zur Zeit sind 112 verschiedene Elemente bekannt. Einige der Elemente kommen nicht in der Natur vor, sie wurden künstlich erzeugt: Technetium, Promethium und alle Elemente mit einer höheren Ordnungszahl als der des Urans.
2. künstliches: Element, das auf der Erde nicht oder nicht mehr vorkommt, sondern nur durch Kernreaktionen künstlich erzeugt werden kann. Zu den künstlichen Elementen gehören die Elemente Technetium (>Ordnungszahl< $Z = 43$), Promethium ($Z = 61$) und die >Transurane< ($Z > 92$). Als bisher letztes künstliches Element wurde am 9.02.1996 bei der Gesellschaft für Schwerionenforschung in Darmstadt das Element mit der Ordnungszahl 112 und der Masse 277 erzeugt. In den 40er Jahren konnte nachgewiesen werden, daß sehr geringe Spuren von >Plutonium< als Folge natürlicher Kernspaltungen des >Urans< vorkommen (etwa 1 Plutoniumatom auf 10^{12} Uranatome).

Elementarladung. Kleinste elektrische Ladungseinheit ($1,6021 \cdot 10^{-19}$ Coulomb). Die elektrische Ladung tritt nur in ganzzahligen Vielfachen dieser Einheit auf. Ein >Elektron< besitzt eine negative, ein >Proton< eine positive Elementarladung.

Elementarteilchen. Mit Elementarteilchen bezeichnet man heute diejenigen Teilchen, die sich nicht ohne weiteres als zusammengesetzt erkennen lassen – etwa im Gegensatz zu den >Atomkernen<. Es sind dies >Photon<, >Lepton<, >Meson< und >Baryon<. Innerhalb gewisser Grenzen, die durch die Erhaltungssätze gegeben sind, können sich E. umwandeln.

Elicitor. (Lat. elicere=herauslocken). Ein Signalstoff, der beim Befall einer Pflanzenzelle mit einem >Phytopathogen< freigesetzt wird und bei der resistenten Pflanze zur Bildung von Abwehrstoffen (>Phytoalexinen<) führt. Besonders genau wurden bisher E. aus Pilzzellwänden studiert; dabei handelt es sich um Glucane, Proteine oder Glykoproteine. Daneben können aber auch abiotische Faktoren als E. wirken, z.B. >Schwermetalle< wie Cu^{2+} und Hg^{2+}, Atmungshemmer und Entkoppler wie CN^- und 2,4-Dinitrophenol, Inhibitoren der Proteinsynthese wie Cycloheximid, eine Reihe von >Pflanzenschutzmitteln< wie Triazine, aber auch physikalische Faktoren wie UV-Licht, Verwundung oder lokale Frostschäden. Dies läßt auf die zusätzliche Existenz endogener E. im Pflanzengewebe schließen, die konstitutiv vorhanden sind. Hierzu zählen Oligosaccharide, die durch Fragmentierung des >Pektinanteils< von >Zellwänden< entstehen.

Lit: Oßwald W, Elstner EF (1988) Bakterien und Pilze als Parasiten. In: Hock B, Elstner EF (Hrsg.) Schadwirkungen auf Pflanzen. Ein Lehrbuch der Pflanzentoxikologie, 2.Aufl., B.I. Wissenschaftsverlag, Mannheim Wien Zürich, S. 241–282.

Elimination. Entfernung von Natur- und Fremdstoffen aus einem biologischen System (z.B. Organismus, Gewässer). Die Fähigkeit, einen eingedrungenen oder eingetragenen Fremdstoff zu eliminieren, hängt für das befallene System (Organismus, Gewässer etc.) von den äußeren Milieubedingungen und von seiner jeweiligen molekularbiologischen Potenz ab. Grundsätzlich sind alle biologischen Systeme (z.B. Pflanzen, Tiere, Gewässer) in der Lage, gewisse Konzentrationen an eingetragenen Fremdstoffen, seien sie natürlichen oder anthropognen Ursprunges, durch Exkretion (Ausscheidung nach Überführung in wasserlösliche Metaboliten) oder Deposition (z.B. Speicherung von Halogenkohlenwasserstoffen im Fettgewebe bei Tier und Mensch) zu eliminieren. Somit bezeichnet man alle Abbau-, Exkretions- und Depositionsvorgänge als E.; sie finden entweder sukzessiv, seltener synchron statt. Mathematisch läßt sich die Wirkung eines Fremdstoffes als Integral aus der Summe der Stoffkonzentration (K) minus der Summe aller Eliminationsvorgänge (E) über die Zeit (t) definieren:

$$W = \int (K - D) \cdot dt$$

Solange E in der gleichen Größenordnung liegt wie K, findet keine Wirkung statt; die Dosis-Wirkungsbeziehungskurve beginnt daher stets bei Null mit dem toxischen Schwellenwert; unterhalb dessen liegt der „>no observed effect level<". Sodann folgen bei höherer Dosis meßbare biochemische Veränderungen und Verhaltensstörungen.

Der Begriff E. hat auch Anwendung im Bereich des Abwassers gefunden; man versteht darunter sowohl den biologischen Abbau als auch die Entfernung durch physikalische, chemische oder biochemische (z.B. Bayer AG: Turmbiologie) Prozesse.

Lit.:Korte F (Hrsg.) (1987) Lehrbuch der Ökologischen Chemie, 2. Aufl., Thieme, Stuttgart, S. 149.

ELINCS. (*E*uropean *L*ist of *N*otified *C*hemical *Sub*stances<). EG-Verzeichnis der bis zum 30.06. 1990 in den Mitgliedstaaten angemeldeten >neuen Stoffe<. Es wird einmal jährlich (spätestens am 31.12.) durch Bekanntgabe der Stoffe ergänzt, deren >Anmeldung< bis zum 30.06. erfolgt. Auf Beschluß der >EG-Kommission< werden folgende Angaben veröffentlicht: Anmeldenummer, Identität des Stoffes (Handelsname, chemische Bezeichnung nach IUPAC), >Einstufung< als >gefährlicher Stoff< und >EWG-Nummer<. Die chemische Identität der Stoffe kann *vertraulich* bleiben und wird nicht veröffentlicht, sofern der Stoff keine *gefährliche* Eigenschaft besitzt.

Die 1. Liste enthält 439 Neustoffe in 961 Anmeldungen. Davon sind 93 seitens der Behörden als >gefährlich< eingestuft und in Anhang I der >EG-Richtlinie für gefährliche Stoffe< übernommen worden.

Lit: ABI. (EG) C 139 vom 29.05. 1991.

ELISA (Enzyme-linked Immunosorbent Assay). Serologische Analysenmethode, mit der man durch den kombinierten Einsatz von >Antikörpern<, >Enzymen< und photometrischer, fluorimetrischer oder luminometrischer Detektionsverfahren Proteine, >Toxine<, >Pflanzenschutzmittel<, >Hormone< oder Mikroorganismen spezifisch nachweisen und quantifizieren kann. Die ELISA-Methode wird z.B. für den Nachweis pathogener Bakterien, wie Listeria, Salmonella, Klebsiella, Shigella oder *Vibrio cholerae*, sowie mikrobieller Toxine, z.B. Botulinus- (>Botulismus<) oder Saphylococcus-Toxine, angewendet. Der breite Bereich des Einsatzes liegt allg. in der med. Diagnostik, med. Mikrobiologie, Lebensmittelhygiene und mit der Enwicklung neuer Antikörper gegen Umweltschadstoffe (z.B. Antikörper gegen einige Pestizide) auch in der Umweltanalytik. Für die Durchführung werden Antikörper verwendet, die den zu bestimmenden Analyten spezifisch binden. Man unterscheidet direkte und indirekte ELISAs. Beim direkten, oder „Sandwich-ELISA" liegen die Antikörper gebunden an feste Träger, z.B. Mikrotiterplatten aus Kunststoff, vor und werden mit der zu untersuchenden Probelsg. überschichtet. Falls sich die gesuchten >Antigene< in der Lsg. befinden, werden sie von den immobilisierten Antikörpern gebunden und auch nach Abspülen der Probelsg. und Nachwaschen der Träger nicht entfernt. Anschließend werden die Träger mit Antikörper-Enzym-Komplexen behandelt, die sich über die Antikörper an die Antigene heften. Die Konz. des gebundenen Komplexes ist proportional zur Konz. der auf dem Träger gebundenen Antigene und damit auch proportional zur Konz. in der Probelsg. Über die Wahl geeigneter Enzymsubstrate und Detektoren kann die Quantifizierung vorgenommen werden.

Beim indirekten oder „kompetitiven ELISA" findet eine Konkurrenzreaktion zwischen dem Analyten aus der Probe und einem Analyt-Enzym-Konjugat um eine limitierte Anzahl von Antigen- (oder Hapten-)Bindungsstellen der Antikörper statt. Die Menge des gebundenen Komplexes ist der Konzentration des Analyten umgekehrt proportional. Die Quantifizierung erfolgt wie beim direkten ELISA nach Zugabe geeigneter Enzymsubstrate und Erstellen einer Kalibrierkurve. Der indirekte ELISA wird v. a. bei der Bestimmung niedermolekularer Analyte, wie Pflanzenschutzmitteln, Hormonen oder Mykotoxinen, eingesetzt, da diese Moleküle nur einen Antikörper binden können, und nicht, wie für den direkten ELISA erforderlich, zwei. Grundsätzlich ist die untere Nachweisgrenze beim indirekten ELISA zu höheren Konzentrationen verschoben.

Lit: Tijssen P (1985) Practice and Theory of Enzyme Immunoassays. Aus: Laboratory Techniques in Biochemistry and Molecular Biology, Vol. 15, Elsevier Science Publishers, Amsterdam.

Elutionszeit. >Retentionszeit<.

Emanation. Alte chem. Bezeichnung für das >Element< >Radon<; es entsteht durch >Alphazerfall< des >Radionuklids< >Radium<.

EMBL-Datenbank. Die EMBL-Datenbank ist eine EDV-Datenbank mit Informationen über publizierte und teilweise auch nicht publizierte Nucleinsäuresequenzen. Sie wird von der Europäischen Molekularbiologischen Organisation unterhalten, die ihrerseits ihren Sitz beim Europäischen Molekularbiologischen Laboratorium (*E*uropean *m*olecular *b*iology *l*aboratory, EMBL) in Heidelberg hat. Anschrift: EMBL Data library, Graham Cameron, Data Library Manager, Postfach 102209, Meyerhofstr. 1, 69117 Heidelberg. Eine ähnliche Datenbank in den USA ist die >GenBank< (Genetic Sequence Data Bank).

Embryo. (Pl. Embryonen) (Grch. en = darin, bryein = sprossen). 1. *Anthropologie, Zoologie:* Ein E. ist die Frucht von Säugern in der Gebärmutter. Beim Menschen wird die Frucht während der Keimentwicklungsphase bis zur Organentwicklung, also etwa während der ersten vier Monate der Schwangerschaft, E. genannt. Danach wird die Frucht als Fetus bezeichnet. Es gibt jedoch auch E. außerhalb einer Gebärmutter, z.B. in Eiern oder >in vitro< (Embryokultur). 2. *Botanik:* Bei Moosen, Farn- und Samenpflanzen wird als E. die junge Anlage des Sporophyten bezeichnet, die aus teilungsfähigen, zartwandigen Zellen besteht und aus der befruchteten Eizelle hervorgegangen ist.

Embryologie. Die E. ist die Lehre von der Entwicklung des >Embryos< eines Lebewesens.

Emergenz. 1. Das Ausschlüpfen von erwachsenen Insekten (Imagines) aus dem Wasser bzw. dem Boden, wenn sie dort lebende Larven bzw. Puppen besitzen. 2. Auswuchs bei Pflanzen aus der >Epidermis< und tieferliegenden Geweben.

Emigration. Auswanderung von Pflanzen und Tieren aus ihrem normalen >Lebensraum< bzw. >Areal<. Meist liegt der E. eine ungewöhnlich starke Vermehrung zugrunde, die von einer Nahrungsverknappung gefolgt wird. Beispiele dafür sind die unregelmäßig auftretenden Wanderungen der Lemminge und die Wanderheuschreckenplagen. Gegensatz: >Immigration<.

Emission. Man unterscheidet: 1. Ausstoß von Schadstoffen in die Außenluft; >Immission<. 2. Aussenden oder Abstrahlen von Teilchen oder elektromagnetischen Wellen in Form von Strahlung. Zahlenwerte über das Emissionsverhalten verschiedener Materialien s. VDI-Wärmeatlas (1991) 6. Aufl., Kapitel: „Strahlung technischer Oberflächen", Tabelle 2.

Emissionsabgabe. Bei einer E. wird ein bestimmter Schadstoff abgabepflichtig, der bei der Güterproduktion neben dem eigentlichen Hauptprodukt mitentsteht und als Reststoff nach Durchlaufen einer Reinigung an die Umwelt abgegeben wird. Bemessungsgrundlage ist i. allg. die in Gewichtseinheiten gemessene Menge des emittierten Schadstoffes. Die Tarifgestaltung kann sachlich und zeitlich unterschiedlich ausgeformt werden. Es stehen ein proportionaler und ein progressiver Tariftyp zur Auswahl. Auch ein Freibetrag kann vorgesehen werden. Der Abgabensatz kann außerdem so festgelegt werden, daß er im Zeitverlauf konstant bleibt oder sich automatisch erhöht. Unter bestimmten Voraussetzungen, z. B. bei Vorhandensein unterschiedlicher Immissionsvorbelastungen, kann die Tarifgestaltung auch regional differenziert werden. Durch die Erhebung von E. sollen in erster Linie betriebliche Anpassungs- und Umgestaltungsprozesse angestrebt werden. Die Produzenten sollen dazu veranlaßt werden, schädliche Emissionen durch Verbesserung oder Änderung der Produktionsverfahren oder durch Einsatz leistungsfähigerer Reinigungs- und Abscheidetechnologien zu vermeiden, zumindest jedoch deutlich zu vermindern. In Deutschland wird gegenwärtig nur eine einzige E., die Abwasserabgabe, erhoben. Nach dem Abwasserabgabengesetz (AbwAG) vom 13.09. 1976 sind seit dem 01.01. 1981 alle Kommunen und Unternehmen abgabepflichtig, die Abwasser direkt in ein Gewässer einleiten. Als Bemessungsgrundlage werden die Abwassermenge, die Menge der absetzbaren und oxidierbaren Stoffe sowie die Giftigkeit der Inhaltstoffe herangezogen. Diese Faktoren gehen mit unterschiedlicher Gewichtung in die Berechnung der sog. Schadeinheiten ein. Der Abgabensatz war zeitlich gestaffelt und stieg von DM 12,- pro Schadeinheit im Jahre 1981 auf DM 40,- pro Schadeinheit ab 1986. Das seit dem 10.11. 1990 novellierte AbwAG sieht eine geänderte Bemessungsgrundlage vor. Neben dem chemischen Sauerstoffbedarf der Abwasserinhaltstoffe (CSB), den adsorbierbaren Halogenkohlenwasserstoffen (AOX) und der Fischgiftigkeit (G_F) sind 6 Schwermetalle (Quecksilber, Cadmium, Kupfer, Nickel, Blei, Chrom) sowie Stickstoff und Phosphat mit in die Bewertung einbezogen worden. Der Abgabensatz je Schadeinheit steigt ab 1991 auf DM 50,-, ab 1993 auf DM 60,-, ab 1995 auf DM 70,- ab 1997 auf DM 80,- und ab 1999 auf DM 90,-. Einzelheiten zur Schadstoffbewertung und zu den Schwellenwerten s. Tabelle unten.

Lit: Knüppel H (1989) Umweltpolitische Instrumente, Nomos-Verlagsgesellschaft, Baden-Baden.

Emissionsabgabe: Bewertungen der Schadstoffe und Schadstoffgruppen sowie Schwellenwerte

Nr.	bewertete Schadstoffe und Schadstoffgruppen	einer Schadeinheit entsprechen jeweils folgende volle Meßeinheiten	Schwellenwert	
			Konzentration	Jahresmenge
1	Oxidierbare Stoffe in chemischem Sauerstoffbedarf (CSB)	50 kg Sauerstoff	20 mg/L	250 kg
2	Phosphor	3 kg	0,1 mg/L	15 kg
3	Stickstoff	25 kg	5 mg/L	125 kg
4	Organische Halogenverbindungen als adsorbierbare organisch gebundene Halogene (AOX)	2 kg Halogen, berechnet als organisch gebundenes Chlor	100 µg/L	10 kg
5	Metalle und ihre Verbindungen:		und	
5.1	Quecksilber	20 g	1 µg/L	100 g
5.2	Cadmium	100 g	5 µg/L	500 g
5.3	Chrom	500 g	50 µg/L	2,5 kg
5.4	Nickel	500 g	50 µg/L	2,5 kg
5.5	Blei	500 g	50 µg/L	2,5 kg
5.6	Kupfer	1.000 g	100 µg/L	5 kg Jahresmenge
6	Giftigkeit gegenüber Fischen	3.000 m³ Abwasser geteilt durch G_f	$G_F = 2$	

[a] G_F ist der Verdünnungsfaktor, bei dem Abwasser im Fischtest nicht mehr giftig ist.

Emissionsauflage. >Umweltauflage<, die in Form von >Emissionsstandards< (z. B. >Abgasgrenzwerte< bei Pkw), von Reduktionsverpflichtungen um ein bestimmtes Maß und von Produktnormen (Grenzwerte von im Produkt enthaltenen Stoffen, die emittiert werden dürfen) festgesetzt werden kann (>Umwelt- und Ressourcenökonomik<).

Emissionsbegrenzung. Zur Begrenzung der >anthropogen< verursachten >Emissionen< wurden zahlreiche Vorschriften erlassen. Die Begrenzung des Auswurfs von >Schadstoffen< erfolgt durch die Festlegung von >Emissionswerten<, wie >Massenkonzentrationen< im >Abgas<, >Massenströme<, >Emissionsgrade<, >Geruchszahlen< und Schadstoffauswürfe einer Produktionscharge oder eines definierten Vorganges, wie z. B. Begrenzung des Schadstoffauswurfes von Kraftfahrzeugen, bezogen auf einen best. Fahrmodus, der das Fahrverhalten eines Kraftfahrzeuges auf einem Streckenabschnitt vorgibt, aber auch durch die Festlegung zulässiger Massengehalte, wie Begrenzung des >Schwefelgehaltes< im >Heizöl< bzw. >Dieselkraftstoff< oder des >Blei-< und >Benzolgehaltes< im >Benzin< sowie technischer Maßnahmen, wie Kapselung von Anlagen, Einsatz emissionsarmer Aggregate oder Verfahren. Die Höhe der Emissionsbegrenzung richtet sich insgesamt nach der Schädlichkeit eines emittierten Schadstoffes und nach dem >Stand der Technik< der einsetzbaren Minderungsmaßnahmen, wie er in der >TA Luft< sowie einschlägigen >VDI-Richtlinien< und >DIN-Normen< beschrieben ist.

Emissionserklärung. Der Betreiber einer genehmigungsbedürftigen Anlage ist nach § 27 >BImSchG< verpflichtet, der zuständigen Behörde innerhalb einer von ihr zu setzenden Frist oder zu dem in der elften >Verordnung zur Durchführung des Bundes-Immissionsschutzgesetzes< – 11. BImSchV geregelten Zeitpunkt Angaben zu machen über Art, Menge, räumliche und zeitliche Verteilung der Luftverunreinigungen, die von der Anlage in einem bestimmten Zeitraum ausgegangen sind, sowie über die Austrittsbedingungen. Diese E. ist alle 2 Jahre entsprechend dem neuesten Stand zu ergänzen. Anlagen, die wegen der Art und Größe als emissionsrelevant gelten und ebenfalls der Pflicht zur E. unterliegen, sind in § 1 (2) der 11. BImSchV einzeln aufgeführt. Die E. ist bis zum 31. Mai des dem Erklärungszeitraum folgenden Jahres abzugeben. Die Frist kann im Einzelfall bis zum 31. Juli verlängert werden. Für die E. werden einheitliche Formulare verwendet. In einigen Fällen ist auch die E. Abgabe auf Datenträger möglich. Die E. enthält im wesentlichen Angaben über den Betreiber, die Lage und den Betriebszustand der Anlage, die einzelnen Betriebseinheiten, Lage und Abmessungen der emittierenden Quellen sowie über Art und Menge der Emissionen bezogen auf die jeweiligen Betriebszustände. Der Betreiber ist außerdem verpflichtet, die Verfahren zur Emissionsermittlung anzugeben und die hierzu verwendeten Unterlagen der Behörde auf Verlangen zur Verfügung zu stellen. Falls außerbetriebliche Stellen an der Ermittlung der Emissionen beteiligt waren, sind diese namentlich anzugeben.

Lit: Gesetz zum Schutz vor schädlichen Umwelteinwirkungen durch Luftverunreinigungen, Erschütterungen und ähnliche Vorgänge (Bundes-Immissionsschutzgesetz – BImSchG) vom 15. 03. 1974, zuletzt geändert durch Gesetz vom 09. 10. 1996 (BGBl. I S. 1498).

Emissionsfaktoren. E. quantifizieren die >Emissionen< im Verhältnis zu den verursachenden Vorgängen. Sie werden als das Verhältnis der Masse der Emissionen zu geeignet ausgewählten Bezugsgrößen angegeben. Bezugsgrößen können z. B. die Massen der Einsatzstoffe oder Produkte, die Abgasmengen oder die Mengen der zugeführten oder umgewandelten Energie sein. Ebenso wie bei der Darstellung von >Emissionskenngrößen< spielen auch bei der Ermittlung von E. eine Reihe von das Emissionsgeschehen beeinflussenden Randbedingungen eine bedeutsame Rolle. Es sind dies im wesentlichen die gleichen Einflußgrößen: Einsatzstoffe, Produkt- oder Brennstoffarten, apparative Gegebenheiten, verfahrenstechnische Gegebenheiten, Betriebszustände, An- und Abfahrvorgänge u. a. E. ergeben sich aus der Auswertung von Emissionsermittlungen, Messungen und Berechnungen. Sie sind Durchschnittswerte, die ein Kollektiv von Emissionsdaten repräsentieren. Zur Kennzeichnung ihrer Aussagenunsicherheit sind soweit als möglich die oberen und unteren Grenzen sowie die Ermittlungsart anzugeben. Die nachfolgende Tabelle illustriert beispielhaft das Wesen der E. (Rohgasmeßwerte in g bezogen auf 1 kg Brennstoff):

Emissionsfaktoren

Brennstoffarten	Feuerungs- oder Kesselbauart	Staubemission [g/kg]
Steinkohle	Großwasserraumkessel mit Rostfeuerung	1,71
Braunkohle	dto.	0,54
Braunkohlenbrikett	dto.	1,13
Steinkohlenkoks	Mechanischer Rost	1,25
Steinkohle	Wasserrohrkessel mit Rostfeuerung	0,86
Braunkohle	dto.	0,27

E. müssen mit Bedacht gehandhabt werden, da sie jeweils nur zu ganz bestimmten Aussagen berechtigen. Sie erlauben den beurteilenden Vergleich der Emissionen verschiedener Anlagen und gestatten das Übertragen der Emissionsverhältnisse zwischen vergleichbaren Anlagen. E., die grundsätzlich mittlere Verhältnisse beschreiben, sind ein unverzichtbares Instrument zur Emissionsanalyse stets in solchen Fällen, in denen individuelle Messungen oder Berechnungen nicht zur Verfügung stehen.

Lit: Gerold F, Brieda F, Heidenfels F, Treusch P (1980) Emissionsfaktoren für Luftverunreinigungen, Materialien 2/80, Umweltbundesamt, Erich Schmidt Verlag, Berlin.

Emissionsgrad. Emissionsgrad im Sinne der >TA Luft< 1986 ist das Verhältnis der im Abgas emittierten Masse eines luftverunreinigenden Stoffes zu der mit den Brenn- oder Einsatzstoffen zugeführten Masse; er wird angegeben als Vomhundertsatz.

Lit: Erste Allgemeine Verwaltungsvorschrift zum Bundes-Immissionsschutzgesetz (Technische Anleitung zur Reinhaltung der Luft – TA Luft) vom 27. 02. 1986, Nr. 7, S. 95–143.

Emissionsgrenzwerte. Emissionsgrenzwerte dienen der Überwachung und Beurteilung von >Emissionen<; sie ermöglichen den direkten Vergleich mit Ergebnissen von Emissionsmessungen bei der Prüfung auf Überschreitung oder Einhaltung. Die Grenzwerte im Emissionsbereich (Emissionsgrenzwerte) basieren im wesentlichen auf dem Stand der Technik. Die Grenzwerte im Immissionsbereich (>Immissionsgrenzwerte<) und im Arbeitsplatzbereich (*Maximale Arbeitsplatz-Konzentrationen*, >MAK-Werte<) werden auf der Grundlage von Wirkungskriterien aufgestellt. Die E. sind in den Richtlinien des Vereins Deutscher Ingenieure (>Kommission Reinhaltung der Luft<) und in der Technischen Anleitung zur Reinhaltung der Luft (>TA Luft<) enthalten. Aus meß- oder prozeßtechnischen Gründen werden die E. der TA Luft meist als >Massenkonzentration< festgelegt und auf trockenes Abgas bezogen. Dies entspricht den meßtechnischen Gegebenheiten bei diskontinuierlichen Messungen und erleichtert den Vergleich zwischen verschiedenen Emittenten und Emissionsminderungseinrichtungen. Gemäß TA Luft können Emissionsbegrenzungen im >Genehmigungsbescheid< oder in einer >nachträglichen Anordnung< durch Festlegung der zulässigen Massenkonzentration, der zulässigen >Massenverhältnisse<, der zulässigen >Emissionsgrade<, der zulässigen >Massenströme<, der einzuhaltenden Geruchsminderungsgrade oder durch sonstige Anforderungen zur Vorsorge gegen schädliche Umwelteinwirkungen vorgenommen werden. Im Hinblick auf eine einfache und unmittelbare Überwachung der Emissionen sollten jedoch möglichst Massenkonzentrationen festgesetzt werden.

Nach einer Entscheidung des Hess. VGH vom 11.02. 1998 ist der in Nr.3.1.7 und vergleichbaren Vorschriften der TA Luft festgeschriebene Massenstromwert entgegen bisheriger behördlicher Praxis auf das von einer Anlage nach Durchführung einer Abgasreinigung emittierte Reingas zu beziehen.

Lit: Baum F (1988) Luftreinhaltung in der Praxis, R. Oldenbourg Verlag, München Wien.

Emissionskataster. Die für >Untersuchungsgebiete< zuständigen Behörden sind zur Aufstellung eines Emissionskatasters, das Angaben über Art, Menge, räumliche und zeitliche Verteilung der >Emissionen< sowie über die Austrittsbedingungen bestimmter Anlagen und Fahrzeuge enthält, verpflichtet, insbesondere in Fällen, in denen durch Verwaltungsvorschriften bestimmte Meßobjekte festgesetzt worden sind oder die Luftverunreinigungen Gegenstand von >Emissionserklärungen< sind (§ 27 >BImSchG<). Für die Angaben zum E. sind die Messungen aus besonderem Anlaß (§ 26 BImSchG), die erstmaligen und wiederkehrenden Messungen bei genehmigungsbedürftigen Anlagen (§ 28 BImSchG), die kontinuierlichen Messungen (§ 29 BImSchG) und die Ergebnisse der Überwachung (§ 52 BImSchG) zu berücksichtigen. Diese Angaben sind von den zuständigen Behörden in regelmäßigen Zeitabständen zu überprüfen und das E. zu ergänzen. In Nordrhein-Westfalen liegt dieser Zeitabstand bei etwa 5 Jahren. Die Grundsätze, die bei der Aufstellung von E. zu beachten sind, hat der Bundesminister für Umweltschutz, Naturschutz und Reaktorsicherheit mit Zustimmung des Bundesrates in der 5. Allgemeinen Verwaltungsvorschrift zum Bundes-Immissionsschutzgesetz (Emissionskataster in Untersuchungsgebieten – 5. BImSchVwV) vom 30.01. 1979 (Gem. Min.-Bl., Ausgabe A, 30 (1979) Nr.4, S. 42) festgelegt.

Emissionskenngrößen. Je nach Wahl der Einsatzstoffe und der Technologie bzw. Verfahrenstechnik zur Herstellung eines bestimmten Produktes können >Emissionen< unterschiedlicher Art und Menge auftreten. So hat bei Feuerungsanlagen die jeweilige Technologie einen erheblichen Einfluß auf die Emissionen. Das Rohgas aus Staub- oder Wanderrostfeuerungen hat einen Staubgehalt zwischen 2 und 35 g/m^3, Wirbelschichtfeuerungen können Rohgasgehalte bis zu 100 g/m^3 aufweisen. Dagegen wurden bei Sattelrostfeuerungen durchschnittliche Rohgasstaubgehalte von lediglich 190 mg/m^3, beim Rußblasen jedoch bis zu 5 g/m^3 festgestellt. Je nach Bauart, Brennstoff und Betriebszustand der Feuerungen variieren auch die anderen Emissionen, z.B. der Stickstoffoxid-(NO_x)gehalt, in teilweise weiten Bereichen. Hohe Feuerraumtemperaturen, bedingt durch thermisch hoch belastete Feuerräume, sowie hohe Luftvorwärmungen führen ebenso zu hohen NO_x-Emissionen wie der Einsatz hoch stickstoffhaltiger Brennstoffe. Bei Vollast sind die NO_x-Emissionen in der Regel am höchsten, bei Teillast ergeben sich meistens niedrigere Werte; insbesondere bei Rostfeuerungen können die höchsten NO_x-Werte auch bei Teillast auftreten. Typische Bandbreiten für NO_x-Emissionen bei Feuerungsanlagen aus dem Geltungsbereich der >TA Luft< enthält die nachfolgende Tabelle:

Emissionskenngrößen

Brennstoff	NO_x(mg/m^3)
Heizöl EL	150–400
Heizöl S	450–800
Erdgas	150–500
Holz	100–600
Kohle	300–800

Die Abhängigkeit der NO_x-Emissionen von der Art des eingesetzten Brennstoffs und der jeweiligen Technologie gilt als E. Sie gibt Hinweise auf die zu erwartenden Emissionen und auf deren Höhe, jeweils bezogen auf die Art der Einsatzstoffe, der speziellen Technologie und Verfahrenstechnik. Sie stellt in vielen Fällen ein wichtiges Hilfsmittel bei der Planung oder bei der Beurteilung eines Vorhabens durch die zuständigen Behörden dar und ermöglicht außerdem im Hinblick auf die weitere Verminderung emissionsrelevanter Vorgänge die Wahl der jeweils vorteilhaftesten Technologie. In den E. konzentrieren sich alle für die Art und Höhe einer bestimmten Emission verantwortlichen Einflußgrößen.

Lit: Davids P, Lange M (1986) Die TA Luft 86, VDI-Verlag, Düsseldorf.

Emissionskennzahlen. >Emissionsfaktoren<.

Emissionsklasse. In der Klassifizierungsrichtlinie des Ausschusses für einheitliche technische Baubest. (ETB-Ausschuß) des Instituts für Bautechnik Berlin (IfBT) wird die korrelative Beziehung zwischen Raumluftbeladung und >Formaldehyd<konz. von >Spanplatten< beschrieben, woraus die Einführung von drei E. resultiert (s. Tabelle S.372). Nur die ausschließliche Verwendung von E1-Platten in Wohnräumen führt bei einer Luftwechselzahl (>Luftwechsel<) von n = 0,8 bis 1,0 h^{-1} zur Einhaltung des vom >Bundesgesundheitsamt< (BGA) empfohlenen Richtwertes für Innenräume von 0,12 mg Formaldehyd/m^3 Raumluft.

Emissionsklasse: Emissionsklassen und Klassifizierungs-
grundlagen für die Formaldehydabgabe bei Spanplatten
nach IfBT (1981)

Emissions-klasse	Emission* [ppm]	Formaldehydgehalt** [mg/100 g Spanplatte]
E 1	≤0,1	≤10
E 2	>0,1 bis 1,0	>10 bis 30
E 3	>1,0 bis 2,3	>30 bis 60

* ermittelt im Prüfraum nach max. 240 h Prüfdauer
** best. nach >Perforatormethode< DIN EN 120 (Oktober 1984)

Lit: Deppe H-J (1982) In: Aurand K, Seifert B, Wegner J (Hrsg) Luftqualität in Innenräumen. Fischer Verlag, Stuttgart New York, 91–128.

Emissionslizenzen. >Emissionszertifikate<.

Emissionsmeßdaten. Die im Rahmen von >Emissions-messungen< ermittelten Meßdaten werden in Masse an >Luftverunreinigung< pro Kubikmeter >Abgas< angegeben. Die Angabe der Masse erfolgt in Gramm g, Milligramm mg, Mikrogramm µg (1 µg = 0,001 mg) oder Nanogramm ng (1 ng = 0,000001 mg). Zur Beurteilung der Meßdaten sind diese auf die >Bezugsgrößen< umzurechnen, auf die sich der jeweilige >Emissionswert< bezieht. Die in der Vergangenheit z. T. übliche Angabe von Emissionsmeßdaten als Volumenkonz. in ppm, d. h. welches Vol. in Kubikzentimeter die in einem Kubikmeter Abgas enthaltene Luftverunreinigung einnimmt, ist nicht mehr gebräuchlich. Eine derartige ppm-Angabe wäre unter Berücksichtigung der >Abgastemperatur<, des Abgasdruckes und des >Molekulargewichtes< in eine Massenkonzentrationsangabe umzurechnen.

Emissionsmeßverfahren. Zur Durchführung von >Emissionsmessungen< stehen zahlreiche Meßverfahren zur Verfügung. Einige der bedeutsamsten Meßprinzipien sind:
1. Best. der Gesamtstaubkonz. über das Auswiegen beaufschlagter Filter (>Gravimetrie<), Messung der Lichtabsorption des staubbeladenen >Abgases< (>Photometrie<) oder mittels β-Strahlenabsorption an staubbeladenen Filtern.
2. Best. gasförmiger anorg. Komponenten durch chem. Verfahren, wie >Absorption< der >Schadstoffkomponente< in einer Absorptionslsg. mit nachfolgender >Titration< oder >Ausfällung< und gravimetrische Best. chem.physikalischer Verfahren wie Absorption in einer Reaktionslsg. und Best. der >Leitfähigkeit<, potentiometrische Titration mit ggf. >ionensensitiver Elektrode<, photometrische Best., chem. Umsetzung im Abgas mit Best. der >Chemilumineszenz<, physikalische Verfahren, wie nicht-disperse Infrarot-Absorption (NDIR) oder Ultraviolett-Absorption (NDUV).
3. Best. gasförmiger org. Komponenten als >Summenparameter< mittels >Flammenionisationsdedektor< (FID), durch >Adsorption< an >Kieselgel< mit nachfolgender >Desorption<, Verbrennung und analytischer Kohlendioxidbest. oder durch nichtdisperse Infrarot-Absorption (NDIR).
4. Best. gasförmiger org. Einzelkomponenten durch >Gaschromatographie< oder >Infrarotspektralphotometrie< nach speziellen Anreicherungsverfahren mittels Ab- oder Adsorption.
Zur Durchführung einer Emissionsmessung wird dem Abgas ein Abgasteilstrom entnommen, der der Meß-apparatur zugeführt wird. Am Entnahmeort muß das Abgas ausreichend durchmischt sein. Dies ist bei gasförmigen Schadstoffkomponenten eher gewährleistet als bei staubförmigen Substanzen. Bei Staubemissionsmessungen sind daher Netzmessungen, d. h. Teilstromentnahmen an mehreren Meßpunkten im Meßquerschnitt erforderlich. Kontinuierlich registrierende Verfahren arbeiten bevorzugt nach rein physikalischen Prinzipien. Es kommen ggf. aber auch chem.-physikalische Verfahren zum Einsatz, die jedoch den Nachteil besitzen, daß laufend Reaktionsflüssigkeit oder -gas verbraucht wird. Kontinuierlich registrierende Meßgeräte sind einer >Eignungsprüfung< zu unterziehen. Die Kalibrierung, d. h. die Zuordnung der physikalischen Meßgröße zu einem Meßwert, erfolgt mit Prüfgasen. Dies ist vor Ort automatisiert. Bei den in regelmäßigen Abständen durchzuführenden Kalibrierungen durch eine anerkannte >Meßstelle< erfolgt der Abgleich in der Regel über ein anderes (redundantes) Meßverfahren. Für die Durchführung von Einzelmessungen eignen sich die Verfahren, bei denen vor Ort die zu messende Schadstoffkomponente in einem Abscheider ab- oder adsorptiv abgeschieden und im Labor analytisch best. wird.

Emissionsmessung. Best. der >Massenkonzentration< eines luftfremden >Schadstoffes< an der Austrittsstelle. Emissionsmessungen sind einer der bedeutsamsten Faktoren einer erfolgreichen Luftreinhaltepolitik. Die Entwicklung aussagekräftiger >Emissionsmeßverfahren< war Voraussetzung für die Festlegung von >Emissionswerten<. Nur anhand zuverlässiger Verfahren in Verb. mit zuverlässigen >Meßstellen< können bestehende Situationen analysiert und eingeleitete Maßnahmen auf ihre Wirksamkeit hin untersucht werden. Die einschlägigen Vorschriften enthalten daher zahlreiche Vorgaben zum Bereich Emissionsmessung. Empfehlungen für die Einrichtung von Meßplätzen oder >Probenahmestellen<, die Meßplanung sowie geeignete Meß- und Analysenverfahren entspr. dem >Stand der Meßtechnik< sind in >VDI-Richtlinien<, wie der Richtlinie VDI 2066 Blatt 1, sowie in den in Anhang G der >TA Luft< aufgeführten Richtlinien des VDI-Handbuches Reinhaltung der Luft beschrieben. Zu unterscheiden ist zwischen Einzelmessungen und kontinuierlichen Messungen. Z. B. fordert die TA Luft bei Überschreitung best. >Massenströme< die kontinuierliche Ermittlung der Massenkonz. der betr. Stoffe. Voraussetzung für die Durchführung kontinuierlicher Messungen ist, daß geeignete Meßeinrichtungen angeboten werden, die einer >Eignungsprüfung< unterzogen wurden. Geeignete Meßeinrichtungen sowie Richtlinien über die Eignungsprüfung, den Einbau, die Kalibrierung und die Wartung von Meßeinrichtungen veröffentlicht der Bundesminister für Umwelt, Naturschutz und Reaktorsicherheit. Zur Auswertung und Beurteilung der kontinuierlichen Messungen ist es daneben erforderlich, Betriebsparameter, wie z. B. >Abgastemperatur<, >Abgasvolumenstrom<, Feuchtegehalt, Druck oder Sauerstoffgehalt kontinuierlich zu ermitteln. Zur Überprüfung der kontinuierlich ermittelnden Meßeinrichtungen sind diese nach den Vorgaben der TA Luft durch eine von der obersten Landesbehörde für die Durchführung von Kalibrierungen zugelassenen Meßstelle jährlich auf Funktionsfähigkeit zu prüfen und im Abstand von 5 Jahren zu kalibrieren. Bei geringen Massenströmen oder falls kontinuierliche Messungen nicht durchführbar sind, sind in Abständen von 3 Jahren durch eine hierfür zugelassene Meßstelle Einzelmessungen für die im Genehmigungsbescheid festgelegten >Emissionsbegrenzungen< durchzuführen. Dabei sind pro Meßkampagne mindestens drei Einzelmessungen mit einer Dauer von jeweils einer halben Stunde bei ungestörtem Dauerbetrieb mit höchster >Emission< durchzuführen. Bei schwankendem Emissionsverhalten sind Messungen in ausreichender Zahl vorzunehmen. Bezüglich der Auswertung und Beurteilung der Meßergebnisse sind die jeweiligen Vorgaben zu beachten, wie z.B. die TA Luft für immissionsschutzrechtlich >genehmigungsbedürftigen Anlagen<. Danach dürfen bei kontinuierlichen Messungen bei Betrachtung sämtlicher >Halbstundenmittelwerte< eines Kalenderjahres sämtliche Tagesmittelwerte die festgelegte Massenkonz., 97 % aller Halbstundenmittelwerte Sechsfünftel der festgelegten Massenkonz. und sämtliche Halbstundenmittelwerte das 2fache der festgelegten Massenkonz. nicht überschreiten.

Emissionsminderung. Neben der >Abgasreinigung< sind noch zahlreiche weitere Maßnahmen geeignet, >Emissionen< zu mindern (>Emissionsbegrenzung<).

Emissionsminderungstechnik. Neben den Verfahren zur >Abgasreinigung<, wie >Abgasentstaubung<, >-entwicklung<, >-entschwefelung< etc., stehen zahlreiche weitere Techniken zur >Emissionsminderung< zur Verfügung. Techniken, die in den Emissionsentstehungsprozeß so eingreifen, daß >Emissionen< von vornherein vermieden oder minimiert werden, dienen ebenfalls der Emissionsminderung. Zu derartigen Primärmaßnahmen zählen z.B. die Kapselung von Anlagenteilen, die gezielte Erfassung von Abgasströmen, die Anwendung der Umluftführung, die Optimierung des Ausbrandes bei gleichzeitiger Minimierung der Emissionen an >Stickstoffoxiden< durch spezielle Verbrennungsluftführung bei Feuerungsanlagen, die optimierte Ausnutzung von Einsatzstoffen und Energie, der Einsatz emissionsarmer Aggregate.

Emissionsquelle. Ort des Austritts einer >Emission< in die >Atmosphäre< und damit der Beginn der >Ausbreitung< von >Luftverunreinigungen< in der Atmosphäre. Zu unterscheiden sind Punktquellen, z.B. >Schornsteine<, Linienquellen, z.B. Straßen, und Flächenquellen, z.B. Halden, Umschlagplätze für staubende Güter. Diffuse Quellen, wie z.B. die Vielzahl von nicht einzeln darstellbaren Emissionen einer >Raffinerie< über Dichtelemente, Pumpen, Absperrorgane etc., Emissionen, die über Hallentore, Fenster oder Dachauslässe entweichen, oder Emissionen durch Staubaufwirbelungen, >Abrieb< oder Verschleiß werden in der Regel zu Flächenquellen zusammengefaßt. Eine Emissionsquelle läßt sich durch ihre geographische Lage, wie Erdboden, die Austrittsfläche sowie ggf. die Länge, Breite und Höhe beschreiben.

Emissionsstandards. Max. zulässige Größen für >Abgasgrenzwerte< und >Verdampfungsemissionen< bei Pkw und leichten Nutzfahrzeugen sowie >Abgasemissionen< und >Rußwerten< bei Fahrzeugen mit >Dieselmotoren<, >Dreizehn-Stufen-Test<. >Emissionsfaktoren<.
Lit: ECE 15, ECE 83, Richtlinie 70/220 bis 91/441/ewg, Abgas- und Verdampfungsemissionen von Pkw und leichten Nutzfahrzeugen – ECE 24, Richtlinie 72/306/EWG. Rauchemissionen von Dieselfahrzeugen – ECE 49, Richtlinie 88/77 bis 91/542EWG. 13-Stufen-Test – US-Federal Register 49 CFR, Part

86, US-Abgasvorschriften für Pkw und leichte Nutzfahrzeuge – CARB Title 13, Abgasvorschriften für Kalifornien.

Emissionsüberwachung. Die Vorschriften zur Messung und Überwachung der >Emissionen< sind Inhalte der Ziffer 3.2 TA Luft 1986. Die in dieser Ziffer enthaltenen Vorschriften über die Einrichtung von Meßplätzen, Einzel- und kontinuierlichen Messungen, Meßverfahren und -programmen, Auswahl von Meßeinrichtungen, Auswertungen und Beurteilung von Meßergebnissen sowie über die fortlaufende Überwachung der Emissionen besonderer Stoffe gelten für alle Anlagen, womit eine verbindliche und einheitliche Praxis bei der Messung und Überwachung der Emissionen aller >genehmigungsbedürftigen Anlagen< sichergestellt ist. Für die E. sind neben den genannten Vorschriften außerdem die Definitionen der Begriffe „Emissionen", „Emissionsgrad", „Emissionswerte" und „Emissionsbegrenzungen" und „Geruchszahl" sowie die Sonderregelungen für Mitteilungszeiten, An- und Abfahrzeiten, Betriebsvorgänge mit Abschaltungen von Gasreinigungseinrichtungen sowie die Normierungsvorschrift für den Bezug Sauerstoffgehalt von Bedeutung. Die Vorschriften zur E. wurden auf der Basis der TA Luft 1974 und unter Orientierung an der Großfeuerungsanlagen-Verordnung (13. BImSchV) weiterentwickelt.

Emissionsverzicht. Für bestimmte in der Natur auftretende Schäden lassen sich die verursachenden Vorgänge zumeist verhältnismäßig schnell ermitteln. So konnte als Verursacher für das Waldsterben u.a. der hohe Stickoxid-(NO_x)-Ausstoß aus Kraftwerken und Kraftfahrzeugen und für den Abbau der Ozonschicht die Emission von Fluorchlorkohlenwasserstoffen (FCKW) festgestellt werden. Obwohl der immissionsschutzrechtliche Rahmen nicht überschritten wurde, waren es die hohen >Massenströme<, die zu den beobachteten Schäden führten. Da im *Immissionsschutzrecht* keine Möglichkeiten für weitergehende verschärfende Maßnahmen vorhanden waren und Novellierungen zu erheblichen zeitlichen Verzögerungen geführt hätten, konnten schnelle und wirksame Maßnahmen nur von freiwilligen Emissionsverzichtserklärungen erwartet werden. So hat 1984 der Länderausschuß für Immissionsschutz nach Anhörung aller beteiligten Kreise, insbesondere der Anbieter und Hersteller von NO_x-mindernden Technologien, empfohlen, die >Emissionsgrenzwerte< der erst ein Jahr zuvor erlassenen Verordnung über Großfeuerungsanlagen (13. >BImSchV<) um teilweise mehr als die Hälfte zu unterschreiten. Von der Energiewirtschaft sind diese Empfehlungen akzeptiert und zügig realisiert worden. Ähnlich ist die Situation bei den FCKW. Nachdem nunmehr die ozonschädigende Wirkung der FCKW feststeht, hat sich die deutsche chemische Industrie verpflichtet, bis Ende 1995 die Produktion von vollhalogenierten FCKW weltweit einzustellen.

Emissionswerte. Werte im Sinne von >Grenzwerten< als Grundlage für >Emissionsbegrenzungen<. Die >TA Luft<, die für immissionsschutzrechtlich >genehmigungsbedürftige Anlagen< anzuwenden ist, führt Emissionswerte für folgende Schadstoffgruppen auf:
– krebserzeugende Stoffe (Ziffer 2.3),
– staubförmige anorg. Stoffe (Ziffer 3.1.5)
sowie
– org. Stoffe (Ziffer 3.1.7).
Innerhalb der Schadstoffgruppen werden die einzelnen >Schadstoffe< versch. Klassen zugeordnet. Jeder Klas-

se ist dabei eine best. >Massenkonzentration< im >Abgas< zugeordnet, die ab einem jeweils festgelegten best. >Massenstrom< nicht überschritten werden darf. Unter Ziffer 3.3 führt die >TA Luft< für best. Anlagenarten besondere Emissionswerte auf.

Emissionszertifikate. Bei E. wird vom Staat bzw. der obersten regionalen Umweltbehörde festgelegt, welche Menge eines bestimmten Schadstoffes in einer bestimmten Region insgesamt emittiert werden darf. Diese zunächst zulässige Gesamtmenge wird in kleinere Teilmengen aufgeteilt, für die Zertifikate erteilt werden. Ein solches E. beinhaltet somit eine mengenbeschränkte *Emissionserlaubnis* für einen bestimmten Schadstoff. Die E. werden unter den Unternehmen, die derartige Zertifikate für die Produktion benötigen, börsenmäßig gehandelt. Dabei werden die Kaufaufträge so limitiert, daß die Kauflimits jeweils den Grenzvermeidungskosten für die einzelnen Emissionsquellen entsprechen. Der Handel mit den Zertifikaten hat zur Folge, daß jene Unternehmen, deren Grenzvermeidungskosten über dem börsenmäßig ermittelten Zertifikatpreis liegen, alle Zertifikate erhalten, während die Unternehmen mit niedrigeren Grenzvermeidungskosten bei der Versteigerung leer ausgehen und Maßnahmen zur vollständigen Emissionsvermeidung ergreifen müssen. Werden in einem Unternehmen die Schadstoffemissionen reduziert, können die nicht mehr benötigten Zertifikate z. B. über die regionale Umweltbehörde an andere expandierende oder neue ansiedlungswillige Unternehmen verkauft werden. Der Preis ist variabel und richtet sich nur nach Angebot und Nachfrage. Bei der Handhabung der E. existieren Variationsmöglichkeiten, insbesondere im Hinblick auf den Kreis der Lizenzbewerber, auf die Art der erstmaligen Lizenzvergabe sowie auf die Gültigkeitsdauer der Zertifikate. Das Konzept der E. wurde bereits 1968 konzipiert und theoretisch begründet. Im europäischen Raum konnte es bisher in keinem einzigen Fall realisiert und erprobt werden.

Lit: Knüppel H (1989) Umweltpolitische Instrumente, Nomos Verlagsgesellschaft, Baden-Baden.

Emscherbecken. Zweistöckiges Bauwerk, bei dem der obere Teil als >Absetzbecken< und der darunter liegende Teil als >Faulbehälter< (Faulraum) dient (s. Abb.) (DIN 4045). Bei zweistöckigen Absetzbecken, die auch Emscherbecken genannt werden, ist unter dem Absetzraum über die gesamte Beckenbreite ein Schlammsammelraum angeordnet, der in der Regel gleichzeitig als Schlammfaulraum dient. Der Absetzraum ist ein waagerecht durchflossenes Rechteckbecken, dessen Beckensohle mit einer gleichen Neigung wie bei Trichterbecken versehen ist, so daß der abgesetzte Schlamm über einen etwa 0,20 m weiten Spalt direkt in den Schlammraum abrutscht. Da die

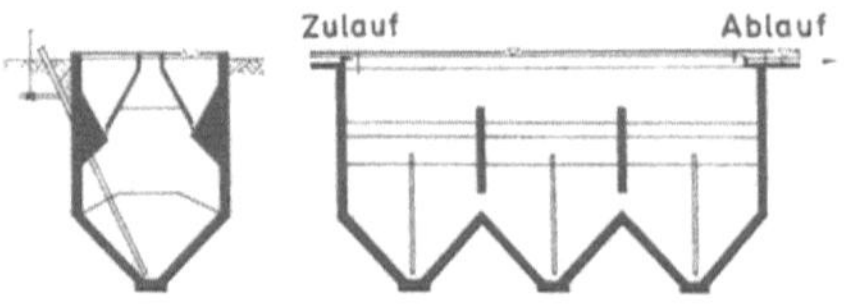

Emscherbecken: Quer- und Längsschnitt durch einen Emscherbrunnen (aus: Imhoff K, Imhoff KR (1985) Taschenbuch der Stadtentwässerung, 26. Aufl., R. Oldenbourg Verlag, München)

Schlammfaulung ohne künstliche Wärmezufuhr im Temperturbereich des Abwassers abläuft, sind sehr lange Faulzeiten erforderlich bzw. muß ein geringerer Stabilisierungsgrad als bei getrennten, beheizten Faulräumen in Kauf genommen werden. Aus diesen Gründen werden zweistöckige Absetzanlagen heute nur noch selten bei kleinen Abwasserreinigungsanlagen angewendet.

Emscherbrunnen. >Emscherbecken<.

Emulgator. 1. allgemein: Substanz zur Herstellung und Stabilisierung von >Emulsionen<. Man unterscheidet zwei Gruppen: 1) >Polymere< und fein zerteilte Feststoffe, die die Koagulation der Tröpfchen einer mechanisch hergestellten Emulsion verhindern. Substanzen dieser Gruppe werden auch als >Stabilisatoren< bezeichnet. 2) E. im engeren Sinne sind >Tenside<, die die Grenzflächenspannung zwischen den nicht ineinander löslichen flüssigen Phasen und dadurch die zur Emulsionsbildung notwendige Grenzflächenarbeit verringern. Beiden Gruppen ist gemeinsam, daß sie >hydrophile< und >hydrophobe Anteile< besitzen und sich daher bevorzugt an bzw. in der Grenzschicht Öl/Wasser aufhalten. Zur Gruppe 1) gehören viele natürliche und synthetische Produkte wie Gelatine, >Agar-Agar<, Harze, Gummi arabicum, Cellulosederivate, Polyvinylalkohol oder >Polyvinylpyrrolidon< sowie anorganische Substanzen wie >Kaolin< oder >Bentonit<. Sie bilden um die Öltröpfchen eine Hülle oder ein dreidimensionales Netzwerk, so daß durch Viskositätserhöhung (>Viskosität<) und/oder sterische Effekte die Koagulation der Tröpfchen verhindert wird. Die Gruppe 2) besteht aus niedermolekularen Verbindungen und läßt sich in nichtionische, anionische und kationische Substanzen einteilen. Sie alle haben die Fähigkeit, als monomolekulare Schicht die Grenzfläche Öl/Wasser zu besetzen. Eine zusätzliche Stabilisierung der Emulsionen dürfte aber bei höheren E.-Konzentrationen durch isotrope Gelphasen erreicht werden, die die Monoschichten verstärken. Als hydrophoben Molekülteil besitzen sie alle Kohlenwasserstoffreste. Der hydrophile Teil besteht bei den nichtionischen E. meist aus einer Polyetherkette, wobei die freien Elektronenpaare der Sauerstoffatome des Ethers Wasserstoffbrücken zu den umgebenden Wassermolekülen ausbilden. Die hydrophilen Gruppen der anionischen E. sind meist Carboxyl- oder Sulfonylgruppen, die nach Dissoziation in Wasser den Emulsionströpfchen negative Ladungen verleihen, so daß eine Stabilisierung durch elektrostatische Abstoßung erreicht wird. Die kationischen E. enthalten i. allg. quaternäre Ammoniumgruppen, die die Tröpfchen positiv aufladen. Am wirkungsvollsten haben sich Grenzflächenfilme erwiesen, die aus mehreren Komponenten aufgebaut sind, die in ihrem polaren/unpolaren Aufbau stark differieren. Solche „Mischemulgatoren" aus anionischen und nichtionischen E. werden ganz überwiegend im Pflanzenschutz z. B. in >emulgierbaren Konzentraten< eingesetzt. Aus Gründen der physikalischen Unverträglichkeit anionischer und kationischer E. beim möglichen Zusammenmischen verschiedener Formulierungen im Spritztank vor der Ausbringung verzichtet man hier weitgehend auf den Einsatz kationischer E. Ein für das letztgenannte Anwendungsgebiet typischer Misch-E. wird durch die Formelbilder der folgenden Abb. beschrieben. Die Brauchbarkeit eines E.-Systems läßt sich aufgrund seines HLB-Wertes abschätzen (HLB = *H*ydrophilic *L*ipophilic *B*alance). Dies ist ein

Zahlenwert für das Verhältnis der hydrophilen zu den hydrophoben Molekülteilen. Den HLB-Wert der zu emulgierenden Flüssigkeit kann man entweder aus den verwendeten Lösungsmitteln abschätzen oder experimentell bestimmen. Aus der Vielzahl der im Handel angebotenen E. kann so eine sinnvolle Vorauswahl getroffen werden.

„Mischemulgator" bestehend aus Nonylphenol-polyglykolether als nichtionischer und Calcium-dodecylbenzolsulfonat als ionischer Komponente

2. biologisch: Biologische E. sind natürlich vorkommende oder synthetisch hergestellte Stoffe, die hydrophile und lipophile Gruppen mit unterschiedlich hoher Affinität besitzen. Bio-E. setzen so die Oberflächen- und Grenzflächenspannung zwischen zwei ineinander unlöslichen flüssigen Phasen herab und ermöglichen dadurch deren gleichmäßige und stabile Vermischung. Die Vollmilch ist beispielsweise eine Emulsion, in der Fettkügelchen umgeben mit einer emulgierenden Hülle aus Proteinen und Lecithinen in der wäßrigen Molkenphase feinst verteilt sind. Gallensäuren sind wichtige E. für die Fettverdauung, Proteine, Phospholipide und Cholesterin für den Transport von Fetten in der Lymphe und im Blut. Auch in Pflanzen kommen viele Stoffe mit emulgierender Wirkung vor, wie z. B. Lecithine und >Saponine<. Als >Futterzusatzstoffe< werden Bio-E. in der Tierernährung vor allem bei der Herstellung von Milchaustauschfuttermitteln und >Ergänzungsfuttermitteln< zur Nährstoffauswertung von Magermilch verwendet. Sie erlauben in der Tränke eine feine und stabile Verteilung der zugemischten Pflanzen- und Schlachttierfette und verbessern dadurch letztlich die Verträglichkeit und Verdaulichkeit der Fettkomponente. E. sind auch zur Stabilisierung und Verbesserung der Verarbeitungsfähigkeit von Vitaminpräparaten mit fettlöslichen >Vitaminen< erforderlich. Übliche Dosierungen an Bio-E. liegen etwa bei 2 bis 3 % in Fettkonzentraten und bei 25 % in Vitaminpräparaten. Zu den futtermittelrechtlich zugelassenen E. zählen einerseits viele natürlich vorkommende Verbindungen wie Lecithine, Mono- und Diglyceride u. a., sowie auch synthetische Produkte, wie Glycerinpolyethylenglykol- Fettsäureester.

Lit: Kleinsorgen RV, List PH (1980) Pharmazie in unserer Zeit 9: 109–113 – McCutcheon's Emulsifiers and detergents (1989) North American und International Edition, The Manufacturing confectioner Publ. Co., Glenn Rock, NJ.

Emulgierbares Konzentrat. (internat. Kurzbezeichnung: EC). Pflanzenschutzmittelformulierung (>Formulierung<) bestehend aus einer homogenen Lösung eines oder mehrerer Wirkstoffe in überwiegend organischen Lösungsmitteln unter Zusatz von >Emulgatoren< und ggf. weiteren >Additiven<. Die Anwendung erfolgt in wäßriger Verdünnung (>Spritzbrühe<). Dabei bildet sich eine >Emulsion<.

Emulsion. Tröpfchenförmige >Dispersion< einer oder mehrerer Flüssigkeiten in einem anderen flüssigen Medium, das mit diesen nicht mischbar ist. Die dispergierte Phase wird auch als innere, das Dispergiermittel oder die geschlossene Phase als äußere Phase bezeichnet. Je nach Beschaffenheit der äußeren Phase unterscheidet man grundsätzlich Wasser-in-Öl- (W/O) oder Öl-in-Wasser-E. (O/W), wobei „Öl" als Sammelbegriff für alle nichtwäßrigen Phasen verwendet wird. Beide Typen unterscheiden sich durch ihr physikalisches Verhalten, v. a. durch gute Mischbarkeit mit der jeweils äußeren Phase oder durch leichte Anfärbbarkeit mit einem in der äußeren Phase löslichen Farbstoff. Die innere Phase kann ihrerseits wiederum eine E. sein. Solche E. bezeichnet man als O/W/O- oder W/O/W-Typen. Im allgemeinen liegt der Tröpfchendurchmesser zwischen 1 und 50 µm; solche E. haben ein milchigweißes Erscheinungsbild. Sie sind begrenzt stabil und weisen nach längerem Stehen >Aufrahm< oder >Bodensatz< auf. Einen Spezialfall stellen >Mikroemulsionen< dar, die sich spontan bilden und transparent erscheinen. Diese Systeme sind häufig innerhalb eines begrenzten Temperaturbereichs thermodynamisch stabil (>Kolloide<). Zur Herstellung einer E. muß die innere Phase in der äußeren fein verteilt werden, d. h. es muß Grenzflächenarbeit geleistet werden, deren Menge von der Höhe der Grenzflächenspannung zwischen den beiden Phasen abhängt. E. lassen sich mechanisch durch starke Scherung herstellen, die durch intensives Rühren, durch Eindüsen der inneren Phase in die äußere, Pressen durch enge Spalte o. ä. erreicht werden kann. Ohne Stabilisierung durch >Emulgatoren<, die durch Verringerung der Grenzflächenspannung auch die Bildung von E. erleichtern können, werden sich die Tröpfchen der inneren Phase, sobald sie sich berühren, wieder zu größeren Tröpfchen vereinigen: Die E. bricht, und zwar um so schneller, je höher die Sedimentationsgeschwindigkeit der Tröpfchen ist. Diese wird durch die Tröpfchendurchmesser, den Dichteunterschied der beiden Phasen und die >Viskosität< der äußeren Phase bestimmt (Stokes-Gesetz). Welcher E.-Typ bei der Herstellung entsteht, hängt vom Verhältnis der beiden Phasen zueinander und den Herstellungsbedingungen sowie wesentlich von der Art des verwendeten Emulgatorsystems ab: Hydrophile Emulgatoren neigen zur Bildung von O/W-, hydrophobe von W/O-Emulsionen. Die Trennung der verschiedenen Phasen unerwünschter E. ist mit Hilfe unterschiedlicher technischer Maßnahmen möglich, die den spezifischen Eigenschaften der jeweiligen E. anzupassen sind (>Emulsionsspaltung<). E. finden in Natur und Technik vielfache Verwendung. Milch ist das bekannteste Beispiel einer O/W-, Sauce Béarnaise das einer W/O-Emulsion. Im Körper emulgieren Gallenbestandteile im Verdauungstrakt Fette. E. werden überall dort eingesetzt, wo nichtmischbare Flüssigkeiten mit großer Grenzfläche miteinander in Kontakt gebracht werden sollen oder wo man eine Flüssigkeit als Verdünnungsmittel für die andere verwenden will. Durch die Verwendung wäßriger E. ist vielfach ein unter Umweltschutzaspekten wünschenswerter vollständiger oder zumindest teilweiser Ersatz organischer Lösungsmittel durch Wasser in vielerlei Zubereitungen möglich, z. B. bei Lacken und Farben oder bei Pflanzenschutzmitteln.

1. Öl in Wasser: (O/W-Emulsion; internat. Kurzbezeichnung: EW). Findet u. a. Anwendung als Pflanzenschutzformulierung (>Formulierung<), wobei ein Wirkstoff oder eine Wirkstofflösung in einer wäßrigen Phase emulgiert ist.

2. Wasser in Öl: (W/O-Emulsion; internat. Kurzbezeichnung: EO). Auch >Invertemulsion< genannt: Die äußere Phase besteht aus einer mit Wasser nicht misch-

baren Flüssigkeit, die innere aus Wasser oder einer wäßrigen Lösung. Findet u. a. Anwendung als Pflanzenschutzformulierung (>Formulierung<), wobei die Anwendung in der Regel nach Verdünnung mit Wasser, gelegentlich mit Mineralöl oder fettem Öl erfolgt.
3. Lebensmittel: Disperse Systeme von zwei nicht miteinander mischbaren Flüssigkeiten. Die disperse (innere) Phase ist dabei in Tröpfchenform in der äußeren Phase, dem Dispersionsmittel, verteilt. I. allg. sind die Durchmesser der Tröpfchen ≥ 1 μm und überschreiten damit die Wellenlänge des Lichts. Deshalb erscheinen Emulsionen milchig trübe. Emulsionen von Öl in Wasser sind z. B. Milch und Mayonnaise. Butter dagegen ist eine Emulsion von Wasser in Öl.

Emulsionsqualität. Spontaneität der Emulsionsbildung beim Eingießen der „inneren Phase" in die „äußere", Stabilität der so gebildeten Emulsion und Fähigkeit zur Reemulgierung einer beim Stehen als >Aufrahm< oder als >Bodensatz< sich abscheidenden zweiten kontinuierlichen Phase machen gemeinsam die E. aus. Die Bestimmung unter standardisierten Bedingungen dient der Qualitätsbeurteilung >emulgierbarer Konzentrate<.
Lit: Ashworth RdeB, Henriet J, Lovett JF, Raw GR (1979) Analysis of technical and formulated pesticides, CIPAC Handbook 1, Heffers Printers, Cambridge, MT 36 S. 910.

Emulsionsspaltung. Trennung der verschiedenen Phasen einer >Emulsion< (Brechen der Emulsion, Demulgierung). Sie kann unterschiedliche Maßnahmen erfordern, die den spezifischen Eigenschaften der jeweiligen Emulsion anzupassen sind. Diese reichen von der Einwirkung höherer Temperaturen oder mechanischer Energie durch Rühren oder mit Hilfe von Ultraschall bis zur Zugabe bestimmter Substanzen wie Elektrolyte (Aussalzen) oder bestimmter >Polymere<. Zentrifugation oder Ultrafiltration sind ebenfalls gängige Verfahren.

EN. Europäische Norm.

Enchytraeidae. (Syn. Enchyträen). Meist wenige mm lange Würmer aus der Verwandtschaft der Regenwürmer, die oft in großer Zahl im Boden leben. Sie spielen als Sekundärzersetzer eine wichtige Rolle.

Encystierung (Einkapselung). Vollständige Einkapselung von Mikroorganismen und Tieren durch Sekrete als Schutz z. B. gegen Austrocknung, Nahrungsmangel, Abschirmung gegen Wirtstiere bei Parasiten. >Parasiten<, >Süßwasserökologie<.

Endböschung. Die in der Endstellung der Bagger- oder Kippenstrossen verbleibende Tagebauböschung. >Böschung<.

Endemismus. Erscheinung, daß einzelne Pflanzen- und Tierarten (>Art<) nur in einem eng begrenzten Gebiet vorkommen, z. B. auf >Inseln< und anderen natürlich begrenzten Bereichen. Diese Arten werden als *Endemiten* bezeichnet, man spricht auch von *endemischen* Arten.

Endemit. >Endemismus<.

Endenergie. Energieform, die dem Anwender nach Umwandlung aus >Primärenergie< – Erdöl, Erdgas, Kernenergie, Kohle, >regenerative Energien< – zur Verfügung steht. Endenergieformen sind z. B. Heizöl, Kraftstoffe, Gas, Strom, Fernwärme.

Endenergieverbrauch. Teilte sich in der Bundesrepublik Deutschland (1987) zu 35 % auf den Kraftbedarf (davon 25 % für den Verkehr), zu 28 % auf die Raumheizung, zu 35 % auf die Prozeßwärme und zu 2 % auf den Lichtbedarf auf. Der dafür in der Bundesrepublik Deutschland (1988) benötigte Primärenergieverbrauch betrug 390 Mio. t Steinkohleeinheiten (SKE), davon 42,1 % Mineralöl, 19,2 % Steinkohle, 16,0 % Erdgas, 12,0 % Kernenergie, 8,1 % Braunkohle und 2,6 % Sonstiges. Weltweit bestehen große Unterschiede (Primärenergieverbrauch pro Kopf 1986: USA 9,5 t SKE, DDR 7,9 t SKE, BRD 5,7 t SKE, Welt 1,9 t SKE, China 0,7 t SKE, Indien 0,3 t SKE.

Endlager. Ablagerung von >Abfällen< ohne zeitliche Begrenzung, i. d. R. in geologisch stabilen Gesteinsformationen, z. B. Minerale in Salzkavernen. Besonders überwachungsbedürftige Abfälle müssen durch Vorbehandlung endlagerfähig gemacht werden.

Endlager-Bergwerk. Bergmännisch erstelltes >untertägiges< Hohlraumsystem mit in der Regel mindestens zwei Zugängen (z. B. >Schächten<). Für Ablagerungszwecke können beispielsweise Strecken, Kammern, Bohrlöcher (>Bohrlochlagerung<) sowie Blindschächte genutzt werden. Dabei kann prinzipiell auch auf bereits existierende Bergwerke zurückgegriffen werden, wenn sie den erforderlichen Sicherheitsanforderungen genügen. Beispiele für Bergwerke, die als >Untertagedeponien< genutzt werden, sind das Kalibergwerk Herfa-Neurode und das Steinsalzbergwerk Heilbronn (s. a. >Endlager-Kaverne<, Eisenerzbergwerk >Konrad<, >Salzstock Gorleben<, >ERAM<).

endlagerfähig. Eigenschaften eines >Abfalls<, der alle standort- und anlagenspez. Anforderungen an die >Ablagerung< erfüllt und keine Merkmale genereller Ausschlußkriterien, wie z. B. unzureichende Festigkeit, Brennbarkeit, Reaktionsfähigkeit aufweist.

Endlager-Kaverne. Möglichkeit der >untertägigen< >Ablagerung< von >Abfällen< in Hohlräumen, die soltechnisch im Salzgestein erstellt werden. Da die Ablagerung ausschließlich über die Zugangsbohrung erfolgen kann, kommen grundsätzlich nur behälterlose Förderverfahren in Betracht. Fl. oder pastöse Abfälle müssen entweder über Tage >konditioniert< werden oder unter Tage verfestigen, so daß die fl. Phase vollständig abgebunden wird (>In-situ-Verfestigung<). Große >Kavernen< mit Vol. bis ca. 250.000 m³ eignen sich besonders für die Ablagerung von Massenabfällen einer Abfallart. In der Bundesrepublik Deutschland wurden in einem FE-Verbundvorhaben unter Federführung der NGS zu Beginn der 1990er Jahre die Voraussetzungen und Möglichkeiten dieses >Entsorgung<sweges näher untersucht. Die >Endlagerung< in einer Kaverne kann prinzipiell auch für schwach- bis mittelradioaktive Abfälle eine technisch einfach zu handhabende und kostengünstige Entsorgungsmethode werden. Bisweilen werden auch bergmännisch erstellte Hohlräume – besonders in nichtsalinaren Gesteinen – als (Fels-) Kavernen bezeichnet. Bezogen auf Belange der Abfallentsorgung weisen derartige untertägige Hohlräume allerdings die Merkmale eines >Endlager-Bergwerkes< auf.

Endlagerung. Für die endgültige Beseitigung >radioaktiver Abfälle< gibt es versch. Optionen wie >Transmutation<, >Meeresversenkung<, Verbringung in den Weltraum, Endlagerung im arktischen Eis und die E.

in tiefen geologischen Formationen. Während für kurzlebige und nicht nennnenswert wärmeentwickelnde radioaktive Abfälle grundsätzlich auch die Möglichkeit des >oberflächennahen Vergrabens< in Betracht kommt, gilt für langlebige und wärmeentwickelnde Abfälle die E. in tiefen geologischen Formationen als technisch machbares und hinreichend sicheres Konzept. Grundlegendes Prinzip ist, daß die Abfälle ohne die Notwendigkeit einer späteren Rückholung, geschützt durch >geologische< und >technische Barrieren< in der >Geosphäre< abgelagert werden. Anders als in der >Biosphäre< unterliegen hier die >Stoffkreisläufe< differenzierteren Mechanismen und wesentlich längeren Zeitskalen, so daß auch >Radionuklid<konz. mit großen >Halbwertszeiten< in ihrer geologischen Umgebung abklingen, ohne in den Biokreislauf freigesetzt zu werden. Für die Auswahl, Erkundung sowie den Bau und Betrieb eines >Endlagers< gelten >Sicherheitskriterien<, mit denen die >Schutzziele< erfüllt werden. Die weltweit verfolgten Endlagerkonzepte unterscheiden sich in Bezug auf >Wirtsgestein<, Abfallart, -inventar und Einlagerungstechnik. Derzeit sind in einer Reihe von Ländern Standorte für ein E. in Untersuchung, Planung oder auch bereits in Betrieb. In Deutschland sind für die E. radioaktiver Stoffe geologische Schichten in großer Tiefe und hohen Alters vorgesehen, die ein sehr hohes Maß langfristiger Sicherheit gewähren. Bei dem bislang untersuchten >Endlager< standort handelt es sich um den >Salzstock Gorleben<, der insbesondere im Hinblick auf die Lagerung hochradioaktiver Abfälle geprüft wird (s. a. >Konrad, Schachtanlage<).

1. direkte: Bei Verzicht auf die >Wiederaufarbeitung< abgebrannter >Brennelemente< müssen diese direkt, d. h. ohne mechanische und chem. Behandlung, in geeigneten Behältern verpackt endgelagert werden. Im Gegensatz zu den kleinvolumigen Abfallgebinden für Wiederaufarbeitungsabfälle kommen für die direkte E. vorzugsweise Großbehälter in Frage, um die Verfahrensschritte bis zur E. möglichst gering zu halten und Sekundärabfälle weitgehend zu vermeiden. In Deutschland ist vorgesehen, abgebrannte, ausgediente Brennelemente, die für eine Wiederaufarbeitung aus technischen oder wirtschaftlichen Gründen weniger in Frage kommen, wie z. B. die kugelförmigen Brennelemente aus >Hochtemperaturreaktoren< (HTR), mehrfach recyclierte Uranbrennelemente, besonders hoch abgebrannte Brennelemente etc. entweder wie beim hochradioaktiven verglasten Abfall in Stahlkokillen oder in sog. Pollux-Großbehälter einzubringen und ggf. in Bohrlöchern oder Strecken untertägig endzulagern. Bei der direkten E. wird in Kauf genommen, daß das in den Brennelementen enthaltene Plutonium und Uran dem nuklearen Brennstoffkreislauf entzogen wird. Zur Entwicklung entspr. Techniken und Demonstration der Verpackung und Handhabung ausgedienter Brennelemente zwecks nachfolgender direkter E. werden am Standort >Gorleben< eine Pilotkonditionierungsanlage errichtet und im >Forschungsbergwerk Asse< Forschungsarbeiten mit Großbehältern zur Endlagertechnik durchgeführt.

2. in kristallinen Gesteinen: Kristalline Gesteine (wie z. B. Granit und Gneis kommen besonders aufgrund ihrer günstigen felsmechanischen Eigenschaften sowie der Häufigkeit ihres Vorkommens für eine E. von >radioaktiven Abfällen< in Betracht. Intakte Kristallin-Massive zeigen eine große Härte und Beständigkeit gegen Erosion und können Mächtigkeiten von mehreren Kilometern erreichen. Die hydrogeologischen Eigenschaften werden durch den Flüssigkeitstransport innerhalb eines von der >Matrix< her nahezu undurchlässigen, aber geklüfteten Mediums best. In manchen Ländern wie z. B. Schweden, Kanada und in der Schweiz werden >Endlager< für hochradioaktive Abfälle in kristallinen Gesteinen geplant. Ein Endlager für mittel- und niedrigaktive Abfälle (SFR) ist in Schweden bereits seit 1989 in Betrieb und liegt etwa 100 km nördlich von Stockholm in einer Tiefe von 50 m unter dem Meeresboden der Ostsee (Forsmark). FE-Arbeiten werden schwerpunktmäßig in Finnland (Olkiluoto), Kanada (Underground Research Laboratory), Frankreich, der Schweiz (Felslabor Grimsel), Schweden (Äspö HRL) und Japan (Kamaishi) durchgeführt. Trotz der Favorisierung von >Salzstöcken< und Sedimentgesteinen (>Konrad<) wird in Deutschland auch die Untersuchung möglicher Alternativ-Konzepte weitergeführt. So werden speziell die im Jahr 1983 mit der Schweiz (Grimsel) und 1995 mit Schweden (Äspö) begonnenen FE-Projekte fortgesetzt, in deren Rahmen die Möglichkeit der E. von radioaktivem Abfall in Granit untersucht wird. Besonders in den USA ist auch die Eignung von feinkristallinem Basalt für Endlagerzwecke getestet worden.

Endlagervorausleistungsverordnung. Die Verordnung über Vorausleistungen für die Errichtung von Anlagen des Bundes zur Sicherstellung und zur >Endlagerung< >radioaktiver Abfälle< regelt die zur Deckung des notwendigen Aufwandes für Planung, Erwerb von Grundstücken und Rechten, anlagenbezogene Forschung und Entwicklung und Errichtung eines >Endlagers< nach § 9a des Atomgesetzes im voraus zu entrichtende Beiträge. Vorausleistungspflichtig ist der Verursacher, d. h. der Inhaber einer >atomrechtlichen Genehmigung<. Auch die Kosten für die Benutzung der Anlagen des Bundes nach § 9a AtG sind von den Ablieferungspflichtigen zu tragen.

Endlaugen. Die Endlaugen sind in Kalifabriken die wichtigsten anfallenden Abwässer. Sie enthalten große Mengen von Magnesiumchlorid und Magnesiumsulfat, geringere Mengen von Kalium- und Natriumchlorid u. a. Gewisse praktische Bedeutung hat ihr Bromgehalt, der jedoch meist unter 0,5 % liegt. In den Kaligerstätten werden die Salze als >Abraumsalze< bergmännisch gewonnen. Hierbei fallen >Schachtwässer< an, die sich von den >Grubenwässern< des Kohlen- und Erzbergbaues durch ihren höheren Salzgehalt wesentlich unterscheiden. Die gewonnenen Rohsalze sind nur z. T. unmittelbar verwertbar; sie müssen von den Begleitmineralien getrennt werden. Letzteres geschieht durch Lösen und Kristallisieren. Es ergeben sich dabei Rückstände, die entweder auf >Halde< gefahren oder als >Versatz< verwendet bzw. zu >Kieserit< verarbeitet werden, sowie Endlaugen und Waschwässer, die unverwertbar sind und daher als Abwässer abgeleitet werden. Die Endlaugen rufen durch ihren Magnesiumchloridgehalt neben der Versalzung auch eine Erhöhung der Wasserhärte der Flüsse hervor.

Lit: Meinck F, Stooff H, Kohlschütter H (1968) Industrie-Abwässer, Gustav Fischer Verlag, Stuttgart.

Endofauna. (Syn. Infauna). Der Begriff wird meist auf Wassertiere beschränkt und umfaßt Tiere, die im >Substrat< leben, unabhängig davon, ob das Substrat hart oder weich ist. Bohrende Formen können mit mechanischen oder chemischen Mechanismen in hartes

Substrat eindringen, z. B. Bohrmuscheln. Andere Tiere fressen sich durch weichen Untergrund oder graben Röhren, z. B. Schlickkrebse. Der Gegensatz dazu ist die >Epifauna<, die auf der Oberfläche lebt. Zusammen gehören E. und Epifauna zum >Benthos<.

Endogäische Bodenorganismen. Leben unter der Streuschicht im oberen Mineralboden. Typische Mineralbodenbewohner sind einige Regenwurmarten, s. >Annelida<. Zu den e. B. gehören auch viele Arten verschiedenster Taxa der >Mikroflora<, >Mikrofauna< und >Mesofauna<. Diese besiedeln die >Drilosphäre< und die umfangreichen Exkrementmengen der Regenwürmer u. a. Tierarten. Eine größere Zahl von Arten lebt direkt im Mineralboden an Wurzeln >phytophag<, >saprophag< oder räuberisch. Bedeutsam sind u. a. Maulwurfsgrillen, Schnellkäfer, Rüsselkäfer, einige Zweiflügler, >Schmetterlinge<.

Endogene Atmung. Aufrechterhaltung des Zellstoffwechsels über intrazelluläre Energiequellen (ISO 6107/8).

Endogener Sauerstoffverbrauch. Sauerstoffverbrauch bei endogener Atmung (DIN 4605), ausgedrückt in kg/h oder kg/d.

Endomykorrhiza. (Grch. endo = innen; mykes = Pilz; rhiza = Wurzel). Eine besonders häufig vorkommende >Symbiose< vorwiegend zwischen Pflanzenwurzeln und >Pilzen<, bei der die Pilzhyphen in die Rindenzellen eindringen, dabei allerdings von einer Matrix und der >Zellwand< der Wirtszelle umgeben sind. Ein Pilzmantel wird nicht ausgebildet. Meist gliedert

sich das mykorrhizierte Gewebe in eine Pilzwirts- und eine Pilzverdauungszone. Wichtige Endomykorrhiza-Typen sind 1. die VAM (= vesikulär-arbuskuläre >Mykorrhiza<), die durch ihre typischen >Hyphen<anschwellungen und -verzweigungen im Wirtsgewebe charakterisiert ist und besonders häufig bei krautigen Pflanzen, z. B. den meisten Kulturpflanzen, vorkommt; mehr als 90 % der Landpflanzen weisen VA-Mykorrhizen auf. Die Pilzpartner stammen aus dem Bereich der Zygomycetes (Glomales). 2. die Orchideenmykorrhiza, die nicht nur bei Orchideenwurzeln, sondern auch bei frühen Keimlingsstadien, den Protokormen, auftritt und dort überhaupt die weitere >Entwicklung< ermöglicht. Die Pilzpartner kommen aus dem Bereich der Basidiomycetes, z. B. *Rhizoctonia Stahlii*. 3. die Mykorrhizen bei den Ericales mit (a) arbutoiden, (b) monotropoiden und (c) ericoiden Mykorrhizen. Die Abb. zeigt einen Überblick über die versch. Mykorrhizatypen.

Lit: Smith E, Read DJ (1997) Mycorrhizal symbiosis, 2nd. ed., Academic Press, San Diego London.

Endoparasit. >Parasiten<, die im Innern von Pflanzen und Tieren leben. Sie sind oft extrem an ihre Wirte angepaßt und haben z. T. sehr komplizierte Wirts- und >Generationswechsel<. Bei Tieren können sie im Gewebe, in einzelnen Zellen oder in der Blutbahn leben. E. können aus verschiedenen Tiergruppen oder aus dem Bereich der Mikroorganismen und Pilze kommen. Beispiele sind Malariaerreger und Leberegel. Gegensatz: >Ektoparasiten<.

endoplasmatisch. Charakterisiert den nichtprotoplasmatischen Raum einer Zelle, der vom protoplasmatischen Kompartiment umgeben wird. Hierzu zählt die >Vakuole<, das >Lumen< des endoplasmatischen Reticulums und der >Thylakoide< sowie der Intermembranraum von >Zellkernen<, Mitochondrien und >Chloroplasten<.

Endosulfan. Wirkt als Breitband->Insektizid<.
Chemische Bezeichnung: 6,7,8,9,10,10-Hexachlor-1,5,5a,6,9,9a-hexahydro-6,9-methano-2,4,3-benzo[e]-dioxathiepin-3-oxid
CAS-Nummer: 115–29–7
Hersteller: früher Hoechst AG
Wirkungstyp: Insektizid mit Fraßgift- und Berührungsgift-Wirkung.
Bevorzugte Anwendung: Gegen beißende und saugende Insekten im Obst-, Gemüse-, Hopfen-, Wein- und Ackerbau. Im Forst gegen Käfer, Raupen, Afterraupen, Laub- und Nadelholzläuse, Lärchenblasenfuß. Bevorzugt gegen Rapsglanzkäfer und Maikäfer.

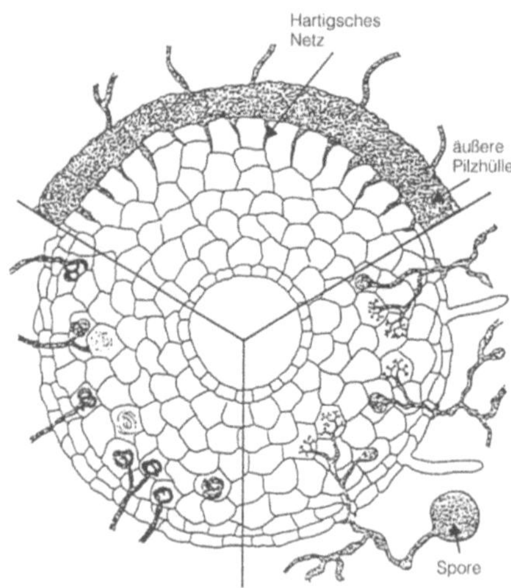

Endomykorrhiza: Die Hauptformen der Mykorrhiza am Beispiel eines Wurzelquerschnitts (schematisch). (Nach: Deacon SW (1984) Introduction to modern mycology, 2. Aufl., Blackwell Scientific Publications, Oxford London Edinburgh Boston Melbourne)

Chemische und physikalische Eigenschaften:
Physikalische Beschaffenheit: Farblose Kristalle (rein), techn. gelb-braun (90 bis 95 %)
Schmelzpunkt: Techn. 70 bis 100 °C, reines α-E. (=etwa 80 % des Isomerengemisches) 108 bis 109 °C, β-E. 206 bis 208 °C (20 %).
Siedepunkt: 106 °C bei 0,9 mbar (teilweise Zersetzung).
Dampfdruck: $< 1 \cdot 10^{-3}$ Pa bei 20 °C.

Verteilungskoeffizient (log $P_{o/w}$): ca. 4,7 bei pH 7 und 25 °C.
Stabilität: Langsame Hydrolyse durch wäßrige Säuren und Basen.
Löslichkeit: Praktisch unlösl. in Wasser.
Abbau und Metabolismus: E. verschwindet aus der Pflanze rel. schnell, vor allem durch Verflüchtigung, aber auch durch Bildung des Metaboliten E.-Sulfat, dessen Toxizität mit derjenigen der Endosulfanisomere vergleichbar ist. Außerdem wird eine Anzahl anderer Stoffe gebildet; u.a. nach Aufbrechen des heterozyklischen Rings E.-Alkohol (Thiodandiol). Daraus entsteht reversibel durch erneuten Ringschluß zu einem 5-Ring ein E.-Ether. Von Ratten wird E. im Urin als α-Hydroxy-E. und Endosulfandiol ausgeschieden. In Insekten (Heuschrecken) wurden als Metaboliten Endosulfansulfat, α-Hydroxy-endosulfan-ether und α-Keto-endosulfan gefunden.
Toxizität: Angaben über akute orale LD_{50} für Ratten zwischen 40 bis 50 und 110 mg/kg. Akute dermale LD_{50} für Ratte 730 und für Kaninchen 360 mg/kg. Inhalation LC_{50} für Ratte 0,01 bis 0,03 mg/L. Haut- und Augenreizwirkung bei Kaninchen. Hunde vertrugen 30 mg/kg in der tgl. Nahrung über 12 Monate, Ratten 30 mg/kg über 2 Jahre.
Bienentoxizität: Nicht bienengefährlich (B 4).
Fischtoxizität: Starkes Fischgift. LC_{100} bei manchen Arten 0,001 mg/L. LC_{50} für Forellensetzlinge 0,01 mg/L, für Spiegelkarpfen 0,011 mg/L (48 Stunden). LC_{50} (96 Stunden) für Regenbogenforelle 1,4 µg/L, Sonnenbarsch 1,2 µg/L und Flohkrebs 5,8 µg/L.

Endosymbiont. >Symbiose<, bei der einer der Partner ständig im Innern des anderen lebt. Meist handelt es sich dabei um Bakterien, Pilze oder Einzeller. Sie können z.B. dem Aufschluß der Nahrung dienen, wie die symbiontischen Einzeller im Darmtrakt vieler Pflanzenfresser, die dann letztlich verdaut werden, oder sie produzieren >essentielle Substanzen<, wie z.B. die Pilze in den sog. Myzetomen spezialisierter pflanzenfressender Insekten. Gegensatz: >Ektosymbionten<.

endotherm. (Grch. endo = innen; thermo = warm) Wärmeaufnehmend, wärmebindend: Bezeichnung aus der Thermochemie und Thermodynamik für chemische und physikalische Prozesse, die unter Verbrauch von Wärmeenergie ablaufen. *Gegensatz:* >exotherm<.

Endotoxine. Endotoxine sind Lipopolysaccharide und überwiegender Bestandteil der äußeren Zellwand gramnegativer >Bakterien<. Bei Infektionen durch gramnegative Keime werden sie freigesetzt und in die Blutbahn eingeschwemmt und bestimmen weitgehend die Ausprägung der resultierenden klinischen Symptomatik. Im Gegensatz zu den meisten gramnegativen Bakterien sind deren Endotoxine in der Umwelt, auch im luftgetragenen Zustand, sehr stabil und vermögen auch noch lange nach dem Absterben ihrer Herkunftsquelle, den gramnegativen Bakterien, biol. Schadwirkungen im Organismus zu entfalten. Durch Endotoxine können fieberhafte Reaktionen, Konjunktivitis, Bronchitis, Diarrhöe, Kopfschmerzen sowie Schock- und influenzaähnliche Symptome hervorgerufen werden, und sie sind damit eine der wichtigsten Ursachen für den >ODTS<-Erkrankungskomplex. Die vorherrschende Nachweismethodik für Endotoxine ist gegenwärtig der Nachweis ihrer biologischen Aktivität im LAL (Limulus amoebocyte lysate-Assay). Ausgehend von der Beobachtung, daß im „Blut" des Pfeilschwanzkrebses (Limulus polyphemus) eine Enzymkaskade enthalten ist, die in Gegenwart bakteriellen Endotoxins, aber auch anderer Substanzen aktiviert wird, entstanden in den folgenden Jahren hochsensitive Nachweismethodiken, die heutzutage von mehreren Vertreibern in Form von fertigen Testkits, ELISA-Readern und die Auswertung vornehmender Software vertrieben werden. Dabei wird die Reaktivität der Enzymkaskade zur Bildung eines Gels oder eines Farbstoffes ausgenutzt, wobei die Geschwindigkeit oder die Intensität der Reaktion (oder beides) der Menge an biol. aktivem Endotoxin entspricht. Diese Nachweistechniken sind mittlerweile weltweit im Bereich der Endotoxindiagnostik von Pharmaka und Infusionslösungen etabliert, und die jeweiligen Produkte müssen, um von den Firmen erfolgreich vermarktet werden zu können, die Zulassung der FDA, der amerikanischen „Food and drug administration" besitzen. Daneben gibt es auch Möglichkeiten des Endotoxinnachweises mit chromatographisch-physikalischen Verfahren wie der Gaschromatographie, der FPLC und der HPLC. Die Angaben zu Korrelationen der Meßresultate dieser Methoden zum entsprechenden LAL-Meßwert sind indes widersprüchlich, und bisher haben sie sich in diesem Bereich nicht als Standardmethodik durchsetzen können, auch wenn sie hinsichtlich Genauigkeit und Reproduzierbarkeit der Meßwerte sowie der Störanfälligkeit der Messungen gegenüber dem LAL-Assay einige Vorteile bieten könnten. Die Sammlung und Bewertung von Bestimmung von Endotoxinen aus der Luft ist gegenüber der Praxis in der pharmazeutischen Industrie schwierig und mit vielen Unsicherheitsfaktoren behaftet. Die Sammlung selbst erfolgt i.d.R. nach dem Prinzip der Luftfiltration, wobei die Abscheidung meist auf Glasfaserfiltern erfolgt, die durch vorherige Erhitzung endotoxinfrei gemacht wurden, oder durch Abscheidung in endotoxinfreier Flüssigkeit mit Impingern oder Zyclon-Sammlern. Da Endotoxine im luftgetragenen Zustand zum großen Teil an größere Partikel gebunden sind, liegt damit auf der Hand, daß der resultierende Meßwert in erheblichem Umfang von verschiedenen Faktoren abhängt, wie z.B. der Abscheideeffizienz der Sammler, der Methodik der Probenaufarbeitung und der Art des Nachweisverfahrens. International sind eine Reihe verschiedener Werte für max. tolerierbare Luft-Endotoxinkonzentrationen am Arbeitsplatz vorgeschlagen worden. Obwohl die grundsätzliche biol. Wirkung von luftgetragenem Endotoxin bekannt und ein mögliches Gefährdungspotential prinzipiell unbestritten ist, konnte in Deutschland bisher kein verbindlicher Grenzwert oder orientierender Richtwert festgelegt werden. Der im Schrifttum am häufigsten genannte Grenzwertvorschlag stammt von R. Rylander und nennt eine Konzentration von 100 ng/m³. Die an Arbeitsplätzen in der Abfallentsorgung und in der Umgebung solcher Anlagen gemessenen Werte liegen in der Regel deutlich unterhalb dieses Wertes, so z.B. in Kompostwerken zwischen > 0,1 und 10 ng/m³ Luft.

Lit: Böhm R, Martens W, Bittighofer PM (1998) Aktuelle Bewertung der Luftkeimbelastung in Abfallbehandlungsanlagen, Abfall-Wirtschaft, Neues aus Forschung und Technik. M.I.C. Baeza-Verlag, Witzenhausen.

Endrin. Chemische Bezeichnung: 1,2,3,4,10,10-Hexachloro-6,7-epoxi-1,4,4a,5,6,7,8,8a-octahydro-1,4-*endo-endo*-5,8-dimethano-naphthalin.
Die Synth. erfolgt durch Epoxidierung des Aldrin-Isomeren >Isodrin<. Isodrin wird in einer Diels-Alder-

Reaktion aus Hexachlornorbonadien und Cyclopentadien gebildet.

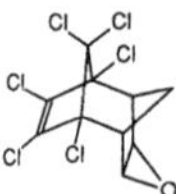

E. ist ein Stereoisomeres des >Dieldrin<. Die phys.-chem. Eigenschaften sind ähnlich, jedoch kann E. bedingt durch seine endo-endo-Struktur unter thermischem und photochem. Einfluß in ein „Halbkäfig-Keton" und den pentacyclischen Aldehyd umgelagert werden. Beide Umlagerungsprodukte wirken nicht insektizid. E. hat eine sehr hohe Warmblütertoxizität. $LD_{50} = 7{,}5$ bis $17{,}5$ mg/kg (Ratte, oral). Die Ausscheidung erfolgt rel. schnell. Die Speicherung im Fettgewebe ist daher nur gering. Im Warmblüter- und Insektenorganismus erfolgt der Abbau zu hydrophilen Metaboliten. Der Einsatz erfolgt als Blattinsektizid gegen Blattläuse, Raupen, saugende Insekten und einige Spinnmilben. Die Wirkung ist stärker als die des Dieldrin. Der Einsatz erfolgt als Rodentizid gegen Feld- und Wühlmäuse. Ein breites Anwendungsgebiet liegt im Baumwollanbau, sowohl als Monosubstanz als auch in Kombination mit anderen Insektiziden, z.B. >DDT<, >Toxaphen< etc. In Deutschland besteht ein Anwendungsverbot. Die Bestimmung erfolgt durch kolorimetrische Bestimmung oder mit Hilfe der GC->ECD<-Methode.

Endwirt. Ein Tier, in dem die letzte Form eines >Parasiten< lebt und geschlechtsreif wird. Voraussetzung ist, daß der Parasit einen Wirtswechsel durchläuft; auch >Parasitismus<.

Energie. Fähigkeit, Arbeit zu verrichten oder Wärme abzugeben. Die Einheit der Energie ist das Joule (J).

Energiebedarf. Berechnungen der Vereinten Nationen haben ergeben, daß die Weltbevölkerung bis zum Jahr 2050 auf etwa 10 Mrd. Menschen ansteigen wird. Parallel zum Bevölkerungswachstum wird sich trotz aller weiteren Anstrengungen zur rationellen Energienutzung der globale Energiebedarf deutlich erhöhen. Bis zum Jahr 2020 wird nach Berechnungen des Weltenergierates (WEC) der weltweite Primärenergieverbrauch von heute rund 12 Mrd. t >SKE< pro Jahr in Abhängigkeit von den wirtschaftlichen, sozialen und politischen Entwicklungen auf ein Niveau zwischen 16 und 24 Mrd. t SKE pro Jahr ansteigen. Dieser Zuwachs wird sich im wesentlichen auf fossile Energieträger stützen, die derzeit knapp 90 % des Bedarfs decken. Wasserkraft und Kernenergie decken derzeit etwa gleichgewichtig die verbleibenden 10 %.

Energiebilanz. Übersicht über Beschaffung, Umwandlung und Verwendung aller Energieformen innerhalb eines best. Wirtschaftsraumes (Gemeinde, Betrieb, Land, Staat) je Zeitraum (z.B. Monat, Jahr).

Energiedosis. Gesamte absorbierte Strahlungsenergie in der Masseneinheit. Die Einheit der Energiedosis ist Joule durch Kilogramm (J/kg). Ein Joule durch Kilogramm ist gleich der Energiedosis, die bei Übertragung der Energie 1 J auf Materie der Masse 1 kg durch >ionisierende Strahlung< räumlich konstanter Energieflußdichte entsteht. Der besondere Einheitenname für die Energiedosis ist >Gray< (Kurzzeichen: Gy).

1 Gy = 1 J/kg. Der früher gebräuchliche Einheitenname war das >Rad< (Kurzzeichen: rd oder rad).
1 Gy = 100 rd;
1 rd = 1/100 J/kg = 1/100 Gy.
>Äquivalentdosis<; >Ionendosis<.

Energiedosisleistung. Quotient aus der >Energiedosis< in einer Zeitspanne und dieser Zeit. Einheit: Gy/h.

Energieeinheiten. Die Maßeinheit der >Energie< ist das Joule, Kurzzeichen: J. Die früher gebräuchliche Einheit Kilokalorie (kcal) wurde bei der Einführung des internationalen Einheitensystems ab 01.01. 1978 durch die Einheit Joule ersetzt. Orientiert am Energieinhalt der Kohle ist in der Energieversorgung auch die >Steinkohleneinheit< (SKE) gebräuchlich: 1 Tonne SKE entspricht 1 Tonne Steinkohle mit einem >Heizwert< von 29,3 Mrd. Joule = 29,3 GJ = 7 Mio. kcal.

Energieeinsparung. Maßnahmen zur Einsparung von >Energie< führen in der Regel gleichzeitig zu einer Verringerung der Belastung der Umwelt durch >Luftverunreinigungen< und durch >Abwärme<. Der rationelle Einsatz von Energie unter Ausnutzung der Abwärme kann den energetischen >Wirkungsgrad< entscheidend verbessern.

Energiefluß im Ökosystem. Ökologisch betrachtet ist die Sonne der Hauptenergielieferant. Maximal 5 % der eingestrahlten Sonnenenergie wird von den Pflanzen im Prozeß der >Photosynthese< genutzt. Die übrige Energie wird reflektiert oder absorbiert. Im Ökosystem wird die in den Pflanzen als >Primärproduzenten< gebundene Energie an die >Konsumenten< weitergegeben, wobei mehrere Stufen hintereinandergeschaltet sein können, z.B. Pflanzenfresser → Räuber I → Räuber II. Dieser Nahrungskette oder besser >Nahrungspyramide< entspricht eine Energiepyramide. Im E. von der grünen Pflanze bis zum letzten Konsumenten nimmt der Energiegehalt von Stufe zu Stufe um jeweils etwa 90 % ab. Energie verbrauchen als Endglieder auch die >Reduzenten<, d.h. die Mikroorganismen bei der Zersetzung der toten organischen Substanz. Unter Berücksichtigung der Stoffwechselvorgänge innerhalb der einzelnen Stufen läßt sich der E. berechnen und in einem E.-Diagramm darstellen.

Energiehaushalt. Qual. od. quant. bilanzmäßige Betrachtung der Beziehungen der energetischen >Flüsse< untereinander, meist für einen Flächen- od. Raumausschnitt, z.B. für einen Ackerstandort od. eine >Zelle<, eine Fabrik, ein Wohnhaus, eine Wirtschaftsregion, ein Verkehrssystem etc. Wesentlich bei allen Energiebilanzen ist die Effizienz der Energieumwandlungen. Generell sind alle biol. Prozesse wegen ihrer enzymatischen Steuerungen mit Wirkungsgraden um und über 50 % hocheffizient; technische Energieumwandlungen sind selten wesentlich effizienter als 30 %.

Energieketten. Dienen u. a. zur Bewertung von Verbrauch und >Abgasemissionen< unterschiedlicher Antriebssysteme im Verkehr. Die Multiplikation aller Einzelwirkungsgrade von Förderung, Umwandlung, Verteilung, Motor und Transport liefert den Gesamtwirkungsgrad, aus dem sich Verbrauch und Abgasemission für die Gesamtkette errechnen läßt. Z.B. sind die >CO_2-Emissionen< der Diesel-Pkw niedriger als die der Benzinfahrzeuge; die aus Erdgas gewonnenen >alternativen Kraftstoffe< niedriger als die aus Kohle gewinnbaren und die Elektro- und Wasserstoff-Fahrzeuge nur dann besser, wenn die Primärenergie aus So-

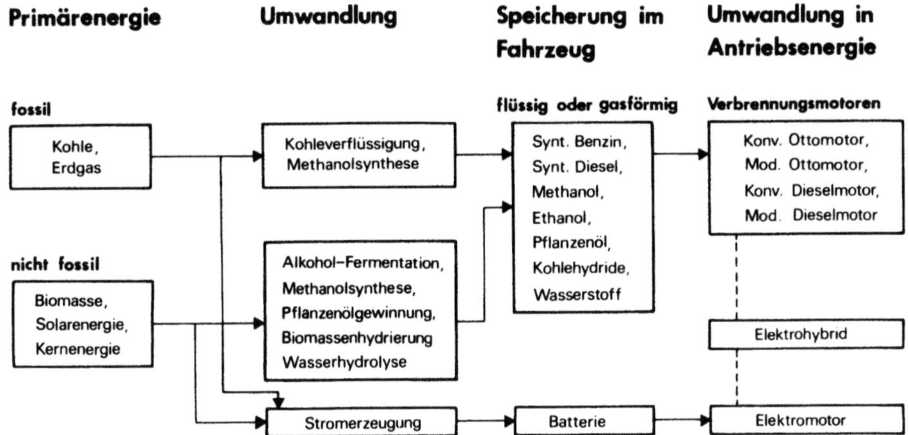

Energieketten: Umwandlungsketten verschiedener vom Erdöl unabhängiger Primärenergiearten in Energieträger, die in Fahrzeugantrieben genutzt werden können

lar- und/oder Kernkraft gewonnen wird (s. Abb. oben).

Energierecht. Gesamtheit der Vorschriften, die die rechtlichen Verhältnisse der Energiewirtschaft (der Zweig der Wirtschaft, der sich mit der Erzeugung und Verteilung von Licht, Kraft und Wärme befaßt) zum Gegenstand haben. Wichtigste Rechtsquelle ist das Gesetz über die Elektrizitäts- und Gasversorgung (Energiewirtschaftsgesetz) 24.4.1998, BGBl. I S.730; noch auf das alte Gesetz vom 13.2.1935, RGBl. I S.1451 ist eine Reihe von Durchführungsverordnungen und Ausführungsbestimmungen gestützt. Wichtigster Grundsatz ist, die Energieversorgung so sicher, preiswert und umweltverträglich zu gestalten (§ 1). Neben dem Energiewirtschaftsgesetz ist von großer umweltpolitischer Relevanz das Gesetz zur Einsparung von Energie in Gebäuden (Energieeinsparungsgesetz) vom 22.7.1976, BGBl. I S.1873 sowie die auf dieses Gesetz gestützte Verordnung über einen energiesparenden Wärmeschutz bei Gebäuden (Wärmeschutzverordnung) vom 16.8.1994, BGBl. I S.2121; ferner existiert das Gesetz über die Einspeisung von Strom aus erneuerbaren Energien in das öffentliche Netz (Stromeinspeisungsgesetz) vom 7.12.1990, BGBl. I S.2633, welches von den Elektrizitätsversorgungsunternehmen stark bekämpft wird, weil sie eine Vergütung an die Erzeuger von Strom aus erneuerbaren Energien zahlen müssen.

Energiereserven. Die gesicherten und wirtschaftlich gewinnbaren Energiereserven an Erdgas, Erdöl, Uran und Kohle betragen weltweit (Stand 1996):

Erdgas	174 Mrd. t SKE
Erdöl	204 Mrd. t SKE
Natururan	291 Mrd. t SKE
Kohle	566 Mrd. t SKE

Energierückgewinnung. In Verkehrskonzepten ein beliebtes Mittel zur Senkung des >Kraftstoffverbrauchs< und der >Emissionen<, z.B. bei der >Turboaufladung<, der >Luft-< und >Kraftstoffvorwärmung<, dem >Gyrobus<, der >Schwungnutzautomatik< (s. Abb. 382) und vielen anderen Konzepten.

Energiesparen. Verminderung des Energieeinsatzes. E. bezieht sich auf eine Energiedienstleistung, z.B. Wärme, Beleuchtung, Transport, die durch eine Kombination der Faktoren Energie, Kapital und technisches Wissen erbracht wird. E. ist auf zweifache Art und Weise möglich: Zum einen kann die gewünschte Energiedienstleistung auf gleichem Niveau mit weniger Energieeinsatz erbracht werden. Dies ist möglich durch geringere Energieverluste bei der Umwandlung von >Primärenergie< in Endenergie und deren Umwandlung in Nutzenergie. So kann durch Verbesserung des >Wirkungsgrads< von >Kraftwerken< einem geringen Verbrauch an Kohle (Primärenergie) die gleiche Nutzenergie oder Energiedienstleistung (Beleuchtung) bereitgestellt werden. Zum anderen kann das Niveau oder die Qualität einer Energiedienstleistung reduziert, außerdem die Menge oder Quantität von in Anspruch genommenen Energiedienstleistungen vermindert werden: Durch Absenken der Raumwärme auf geringere Temperatur (Niveauverminderung) ist z.B. eine Verminderung des Energieeinsatzes möglich. Ein Verzicht auf eine unnötige Fahrt mit dem Auto stellt ebenfalls eine Energieeinsparung dar. Der sparsame Umgang mit Energie ist angesichts des Energieproblems wichtig. Trotzdem ist E. keine Energiequelle, wie vielfach propagiert. Auch reduzierter Energieverbrauch bleibt Verbrauch und ist kein Gewinn.

Energieträger. Öl, Kohle, Gas, Uran, aber auch gestautes oder strömendes Wasser, Wind und hochgespannter Dampf sind Träger von >Energie<. In ihnen ist die Energie in unterschiedlichen Formen gespeichert und kann bei Bedarf in eine nutzbare Energieform umgewandelt werden.

Energieumsatz durch Tiere. Der Energieumsatz durch Fraß der Tiere an der lebenden Pflanze in Wäldern der gemäßigten Klimazone ist gering. 90% der Pflanzen und Tiere wird als Totsubstanz aufgenommen. Wirbeltiere als große Pflanzenfresser spielen nur auf landwirtschaftlichen Flächen eine große Rolle. Im tropischen Biom wird der größte Teil der pflanzlichen Produktion durch Pflanzenfresser umgesetzt. >Energiefluß im Ökosystem<.

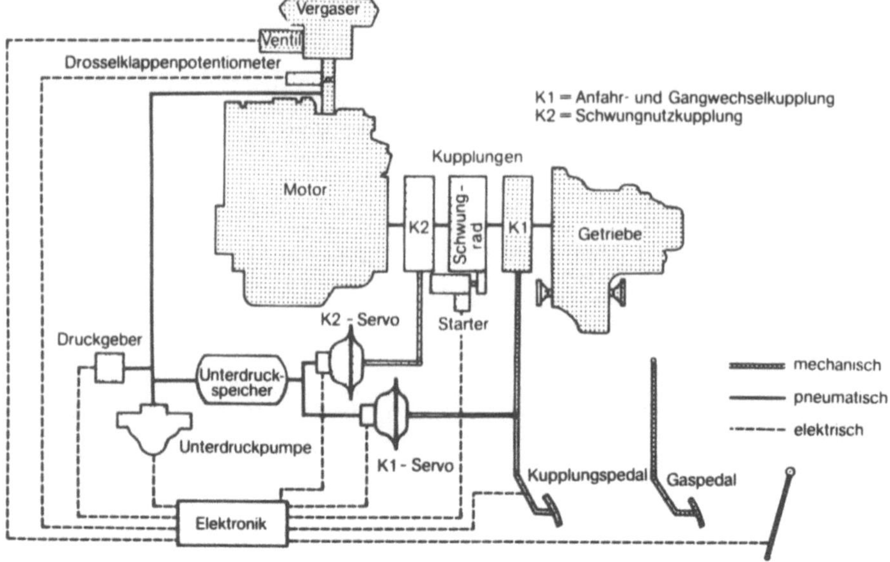

Energierückgewinnung: Schema eines „Schwungnutzsystems" zur Abschaltung des Motors bei Nullgas

Energieumsatz von Bodenorganismen. Die >Zersetzer<, insbesondere die >Pilze< und >Bakterien< haben von allen >heterotrophen< Organismen des Bodens den größten Anteil am Energieumsatz. Pflanzenfresser und Räuber haben nur geringen Anteil am Energieumsatz.

Lit: Ellenberg H, Mayer R, Schauermann J (1986) Ökosystemforschung – Ergebnisse des Solling-Projekts, 1.Aufl., Ulmer, Stuttgart.

Energieumwandlung. Umwandlung einer Energieform in eine andere (z.B. mechanische in elektrische Energie im >Generator<) oder eines >Energieträgers< in einen anderen (z.B. Kohle in Koks und Gas). Die Ausgangsenergie kann nie vollständig in die Zielenergie umgewandelt werden. Die Differenz wird als Umwandlungsverlust bezeichnet und tritt meist als Wärme auf.

Energiewirtschaftsgesetz. Deutsches Gesetz zur Förderung der Energiewirtschaft; es regelt Energieaufsicht und Energieversorgung nach den Interessen des Gemeinwohls.

Energy-Farming. Die Gewinnung nachwachsender Energieträger aus >Biomasse<. Der Ertragsfaktor gibt dabei das Verhältnis der Nutzenergie des Brennstoffs zum Energieaufwand an; z.B. ist er in Industrieländern mit intensiver Landwirtschaft (viel Kunstdünger und künstliche Bewässerung) häufig kleiner als 1, dagegen in Entwicklungsländern, so im Alkohol-Programm in Brasilien, (>Brasilien-Alkoholprogramm<), größer als 1.

Enewetak. Atoll der Marshall-Inseln, Zentralpazifik. S.a. >Kernwaffentestgebiet<.

Engineering-goals. Zielvorgabe für die Entwicklung von >Abgaskontrollsystemen< für Fahrzeuge. Streuung bei der Serienproduktion, >Serienprüfwert< und >Alterung< erfordern einen Sicherheitsabstand von den gesetzlichen Vorgaben, um in der Gesamtzahl der Serienfertigung den Vorschriften zu genügen. Deshalb liegen die E. deutlich unter den >Abgasgrenzwerten<.

Engpaßleistung. Die Engpaßleistung eines Kraftwerkes ist die durch den leistungsschwächsten Anlagenteil begrenzte, höchste ausfahrbare Leistung. Je nach der Zeitspanne, während der sich die Engpaßleistung in Anspruch nehmen läßt, unterscheidet man zwischen der einstündigen Engpaßleistung und der Engpaßdauerleistung, die praktisch 15 h und länger ausgefahren werden kann.

ENS. European Nuclear Society.

Ensifera. Laubheuschrecken und Grillen. Zu dieser Gruppe der geflügelten Insekten ohne Puppenstadium gehört die wurzelfressende Maulwurfsgrille. Die M. ist mit Grabbeinen versehen.

Enterobacteriaceae. (Grch. enteron = Darm, Eingeweide). Familie (Gruppe von Gattungen, s. Tabelle) von >gramnegativen<, fakultativ anaeroben, meist durch peritriche Begeißelung aktiv sich bewegenden, nicht sporenbildenden, stäbchenförmigen Bakterien (Länge: 2 bis 4 µm, Durchmesser: 0,5 bis 1,5 µm). Ihre charakteristische physiologische Eigenschaft ist die „Ameisensäuregärung", die man auch als „gemischte Säuregärung" bezeichnet, da beim anaeroben Stoffwechsel dieser Bakterien als typisches Endprodukt Ameisensäure neben anderen Säuren (Essig-, Milch-, Bernsteinsäure) gebildet wird. Weil ein Großteil der E. zu den typischen Darmbewohnern gehört, hat die Familie diesen Namen erhalten. Die große Bedeutung der E. ergibt sich aus der >pathogenen< Potenz vieler ihrer Angehörigen sowie der damit verbundenen hygienischen Relevanz, z.B. für die Lebensmittelhygiene. Werden in Wasserproben (z.B. Trink-, Brunnen-, Ba-

Enterobacteriaceae: Zur Familie der Enterobacteriaceae gehörende Gattungen

Gattung	Beispiele (Art, Verursacher von)
Obligat pathogene	
Salmonella	*S. typhi*, Typhus
	S. paratyphi, Parathyphus
Shigella	*S. dysenteriae*, Bakterienruhr
Yersinia	*Y. pestis*, Pest
fakultativ pathogene	
Escherichia[1]	>*E. coli*<, Enteritis (Fäkalindikator in der Wasseranalyse)
Klebsiella[1]	*K. pneumoniae*, Lungenentzündung
Proteus	*P. vulgaris*, Eiter- und Entzündungserreger außerhalb des Darms
Enterobacter[1]	*E. cloacae*, Eiter- und Entzündungserreger außerhalb des Darms
Serratia	*S. marcescens*, Eiter- und Entzündungserreger außerhalb des Darms
Citrobacter[1]	*C. freundii*, Diarrhö
Erwinia	*E. carotovora*, phytopathogen, Weichfäule

[1] Wegen der gemeinsamen Eigenschaft, wie *E. coli* Lactose vergären zu können, werden die markierten Gattungen auch als *Coliforme* bezeichnet.

dewasser) best. E., insbesondere die als schnell und gut nachweisbarer „Fäkalindikator" dienende Art >*Escherichia coli*<, gefunden, so muß mit einer fäkalen Verunreinigung des Wassers gerechnet werden. In solchem Wasser können mitunter auch stark pathogene E. oder nicht zu den E. gehörende Bakterienarten wie *Vibrio cholerae* (Choleraerreger) enthalten sein. Diese Bakterien können sich gerade bei mangelnder Hygiene über das Trinkwasser ausbreiten und zu epidemieartig verlaufenden Krankheiten führen.
Lit: Brandis H, Otte HJ (1984) Lehrbuch der medizinischen Mikrobiologie, 5. Aufl., Gustav Fischer Verlag, Stuttgart.

Enterobakterien. (Grch. enteron = Darm, Eingeweide). Dieser mehrdeutige Ausdruck ist mißverständlich und sollte deshalb vermieden werden. Als E. werden erstens mitunter die typischerweise darmbewohnenden Bakterien angesprochen. Darunter nehmen die Vertreter der Familie >Enterobacteriaceae< eine bedeutende Rolle ein. Daneben treten im Darm jedoch noch über 100 andere Bakterien-Arten, wie Enterococcus-, Bacillus-, Pseudomonas-, Lactobacillus-, Clostridium- und Bacteroides-Arten auf. Die zweite Bedeutung ist der synonyme Gebrauch von E. und Enterobacteriaceae. Eine dritte Bedeutung ist die Bezeichnung der Vertreter der Gattung Enterobacter (Familie Enterobacteriaceae).

Enterotoxine. Treten vornehmlich bei Staphylokokenarten auf und sind Ursache von Nahrungsmittelvergiftungen; Wirkung hauptsächlich auf das Darmsystem. Die Toxine werden bei unsachgemäßer Lagerung von gekühlten Lebensmitteln produziert.

Enteroviren. Gruppe von Viren, die sich im menschlichen und tierischen Magen-Darm-Trakt vermehren können (ISO 6107/5).

Entgasung. Unter Entgasung versteht man die thermische Behandlung org. Stoffe unter weitgehendem Luftabschluß bei Temp. von 250 bis 600 °C (>Schwelung<, >Pyrolyse< oder Tieftemperaturverkokung) bzw. 600 bis 900 °C (1.200 °C) (>Verkokung<, Hochtemperaturverkokung). Ziel der Schwelung ist bevorzugt die Gewinnung von Teer und der Verkokung die Erzeugung von Koks. Neben Teer und Koks fallen bei der thermischen Zersetzung noch Gas und Bildungswasser an. Die Zündtemperatur der Schwelgase liegt bei 250 bis 300 °C, die des festen Rückstandes, der hauptsächlich aus Inertstoffen (Asche) und fixem Kohlenstoff besteht, bei 750 bis 850 °C. Temp. zwischen 250 bis 400 °C sollten wegen der Dioxinbildung vermieden werden. Neben der Höhe der Pyrolysetemp. kommen der Aufheizgeschwindigkeit (°C/min), den atmosphärischen Verhältnissen im Verkokungsreaktor sowie der Art und Stückgröße des Rohmaterials vorrangige Bedeutung zu. Die Wärmezufuhr erfolgt über Wärmeträger (aufgeheiztes Gas oder aufgeheizter Koks) oder über Heizflächen (z.B. beheizte Trommel). Neben versch. Pyrolyseversuchsanlagen, die z.T. stillgelegt wurden, gibt es in Deutschland eine kommerziell betriebene Hausmüllpyrolyseanlage in Burgau.

Entgiftung. Bezeichnung für alle Behandlungsverfahren, die darauf abzielen, toxische Produkte des Stoffwechsels oder dem Organismus von außen zugeführte Giftstoffe zur Ausscheidung zu bringen oder in unschädlicher Form zu binden. Außerdem wird als Entgiftung auch das Unschädlichmachen von Giftstoffen verstanden, die in Atmosphäre, Gewässer, Erdboden, Nahrungsmittel usw. gelangen, sowie von chem. Kampfstoffen auf Personen, Geräten und im Gelände durch Entfernung oder Umwandlung in ungiftige Produkte. Im Zuge verstärkter Umweltschutzmaßnahmen kommt der Entgiftung des >Abwassers< und der Abgasentgiftung sowie der auf mechanischem oder elektrischem Wege erfolgenden >Entstaubung< von >Abgasen< ständig steigende Bedeutung zu.

Enthärtung des Trinkwassers. Zur zentralen (im Wasserwerk) bzw. dezentralen (beim Verbraucher) *Enthärtung* des Wassers gibt es mehrere Verfahren. Vor dem Einsatz einer Enthärtung sollte bedacht werden, daß außer den Kosten je nach Enthärtungsverfahren u.U. andere Stoffe (z.B. Natrium) verstärkt in das Wasser eingetragen werden, die gesundheitlich bedenklicher sind als die Erdalkaliionen. Außerdem können die bei der Regenerierung der Enthärtungsanlagen eingesetzten Chemikalien für Abwasser und Gewässer problematisch sein, und zu weiches Wasser kann die Korrosion fördern bzw. eine Nachbehandlung erforderlich machen.
Mittels Ionenaustausch kann Wasser nicht nur enthärtet, sondern auch voll entsalzt werden. Die ständig steigenden Forderungen nach weichem, manchmal salzfreiem Wasser für Heißwassergeräte im Haushalt und in der Industrie, für Kesselspeisewasser, für Lebensmittelbetriebe, Fotobetriebe u.ä. haben den Einsatz der Ionenaustauscher ansteigen lassen. Insbesondere, da diese sich einer etwaigen schwankenden Belastung in gewissen Grenzen automatisch anpassen und verhältnismäßig einfach zu bedienen sind, aber den Nachteil der verhältnismäßig hohen Betriebskosten für das Regenerieren des Austauschmaterials in Abhängigkeit von der Menge der zu entfernenden Härte bzw. Salze und der Ableitung der verursachenden Inhaltsstoffe haben. Zu berücksichtigen ist ferner die

eventl. Aggressivität des so behandelten Wassers, insbesondere bei Druckkesseln, Rohrleitungen und Armaturen. Ein voll entsalztes Wasser ist für Trink- und Kochzwecke nicht geeignet, so daß z.B. durch Teilstromverfahren der gewünschte Härtegrad oder Salzgehalt eingestellt werden muß. Nur in seltenen Fällen werden die Ionenaustauschverfahren bei der zentralen Trinkwasserversorgung eingesetzt.
Lit: Brix J, Heyd H, Gerlach E (1963) Die Wasserversorgung, R. Oldenbourg Verlag, München Wien – Mutschmann J, Stimmelmayr F (1995) Taschenbuch der Wasserversorgung. 11. Aufl., Franckh'sche Verlagshandlung, Stuttgart.

Enthalpie. Thermodynamische Zustandsgröße für den Gesamtwärmegehalt der feuchten Luft; d.h. jene Wärmemenge, die der Luft zugeführt wurde, um sie bei konstantem Druck von einem gewählten Ausgangszustand (z.B. $t = 0\,°C$ und völlige Trockenheit $m = 0$ g/kg) auf den vorgegebenen Endzustand ($t > 0\,°C$ und $m > 0$ g/kg) zu bringen. In der >technischen Klimatologie< benutzt man die E., um z.B. die Energie abzuschätzen, die zur Erreichung bestimmter Temperatur- und Feuchteverhältnisse erforderlich ist.

Entkeimung. Häusliche Abwässer können stets Krankheitskeime enthalten, v.a. die Erreger übertragbarer Darmkrankheiten wie >Typhus<, >Paratyphus<, Enteritis und >Ruhr< sowie Tuberkelbakterien, verschiedene >Virusarten< wie die Erreger der Kinderlähmung und der infektiösen Gelbsucht, Wurmeier u.a.m. Sie sind daher stets ansteckungsgefährlich. Diese Krankheitserreger werden in >Absetzanlagen< sowie >biol. Reinigunganlagen< aus dem Abwasser mehr oder weniger entfernt. Nach Imhoff vermindern sich die Keimzahlen im Abwasser bei mechanischer Klärung um 25 bis 75%, >chem. Fällung< um 40 bis 80%, bei >biol. Reinigung< in schwachbelasteten >Tropfkörpern< um 90 bis 95% und biol. Reinigung in >Belebungsanlagen< um 90 bis 98%.
In der >Abwassertechnik< wird vielfach eine gezielte Desinfektion vorgenommen, wie z.B. bei Abwässern aus Tuberkuloseheilstätten. Während hier der Erfolg der Entkeimung als erreicht gilt, wenn keine lebensfähigen Tuberkelbazillen mehr nachgewiesen werden können, müssen bei der ungezielten Desinfektion alle vorhandenen, nach Art und Widerstandsfähigkeit unbekannten Krankheitserreger, abgetötet werden.
Lit: Abwassertechnische Vereinigung e.V. (Hrsg.) (1985–1997) ATV-Handbuch, 4. Aufl., Band 1–7, Verlag Wilhelm Ernst und Sohn, Berlin München.

Entkeimungsmittel. Das Erhitzen von >Abwasser< (thermische Behandlung) entspricht weitgehend einer >Sterilisation<. Dieses Verfahren bietet den Vorteil, daß jede Infektionsgefahr durch das Abwasser praktisch ausgeschlossen ist und alle, auch in den Feststoffen eingeschlossenen, Keime und gegen chem. >Desinfektionsmittel< widerstandsfähigen Krankheitserreger sicher abgetötet werden. Die chem. Desinfektion hat eine weitgehende Keimverminderung zur Folge, so daß das Abwasser keine Infektion mehr hervorrufen kann. >Chlor< stellt das gebräuchlichste und preiswerteste, in der >Abwassertechnik< praktisch das ausschließlich geeignete chem. Entkeimungsmittel dar. Es dient auch zur Oxidation unerwünschter Inhaltsstoffe im Abwasser. Verwendet werden elementares Chlor oder oxidierend wirkende Chlorverb.
Lit: Abwassertechnische Vereinigung (Hrsg.) (1982–1986) Lehr- und Handbuch der Abwasertechnik, 3. Aufl., Bd. 1–7, Verlag von Wilhelm Ernst und Sohn, Berlin München.

Entlastungskanal. Der Entlastungskanal ist für den größtmöglichen Abfluß aus dem oberhalb liegenden, überstauten Kanalnetz zu bemessen, um bei Überschreitung des Berechnungsregens das Überlaufbauwerk vom Entlastungskanal her rückstaufrei zu halten. Bei einem kleinen Durchmesser des Ablaufkanals ist dabei dessen mögliche Verstopfung zu berücksichtigen. Bei großen Durchmessern kann der Drosselabfluß des Ablaufkanals in Rechnung gestellt werden.
Lit: Abwassertechnische Vereinigung e.V. (Hrsg.) (1985–1997) ATV-Handbuch, 4. Aufl., Band 1–7, Verlag Wilhelm Ernst und Sohn, Berlin München.

Entmistung. Entfernung von >Stallmist<, >Jauche< oder >Gülle< aus einem Stall, in dem landwirtschaftliche Nutztiere gehalten werden. Bei Festmist kann dies mit Hand, durch handgeführtes seil- oder kettengezogenes Gerät mit Elektroantrieb, vollmechanische Schubstangen oder Umlaufketten und mobile, selbstfahrende Entmistungsgeräte wie z.B. Ackerschlepper, Einachsschlepper erfolgen. Der entfernte Stallmist wird in einem >Dungbehälter< gelagert. Unter schwierigen Verhältnissen ist der Dungtransport durch die sog. Maulwurfentmistung zu lösen, wobei der Stallmist ausgehend von einem Sammeltrichter am Stalleingang über ein unterirdisch verlegtes Rohr mit einem hydraulisch betriebenen Rohrkolben zum Dungspeicher gedrückt wird, wo sich der Mist wie ein Maulwurfhaufen aufbaut.
Bei Stallmistgewinnung muß ein gesicherter Ablauf für die Jauche aus dem Stall und aus dem Dungbehälter in eine Jauchegrube vorhanden sein.
Wird Güllewirtschaft betrieben, so erfolgt die Entmistung in der Regel hydraulisch. Kot, Harn und Spritzwasser werden in Kanälen unter Spaltenböden gesammelt. Bei Einzelaufstallung von Rindern wird die anfallende Gülle in mit Gitterrosten abgedeckten Flüssigmistkanälen aufgefangen und in entsprechend tiefer liegende Gruben abgeleitet oder auch in die Dungbehälter gepumpt. Dabei werden drei Verfahren unterschieden: Stauverfahren, Treibmistverfahren, Umspülverfahren. Flüssigmistbehälter für die Speicherung der anfallenden Gülle sind in der Regel vom Stall getrennt.
Lit: Strauch D, Baader W, Tietjen C (1977) Abfälle aus der Tierhaltung, Ulmer, Stuttgart.

Entoderm. (Grch. enteron = Eingeweide, derma = Haut; Syn. Entoblast, Endoblast, Endoderm; grch. endon = innen). Dieser Begriff aus der >Embryologie< bezeichnet einen flächenhaften Zellverband, der als inneres Keimblatt bezeichnet wird und bei Säugern im frühen Stadium der Embryonalentwicklung aus dem Embryonalknoten hervorgeht. Die Differenzierung versch. Keimblätter (E., >Ektoderm<) erfolgt nach der Phase der Blastulation (Bildung einer Hohlkugel) durch Einstülpung und Faltung des Keimes und führt zur Bildung der Gastrula, die auch als „Becherkeim" bezeichnet wird. Später wird ein drittes Keimblatt ausgebildet, das >Mesoderm< genannt wird. Das einschichtige Epithel des E. bildet später die Epithelien des Verdauungstraktes (außer Mundhöhle und After, >Ektoderm<), der Schilddrüsen, der Epithelkörperchen, des Thymus, des Atmungstraktes und der Harnblase nebst Harnröhre aus.

Entomologe. Insektenkundler; Wissenschaftler, der sich mit einem oder mehreren Bereichen der *Entomologie* oder Insektenkunde befaßt.

Entomologie. Insektenkunde. Wissenschaft von den Insekten, Teilgebiet der Zoologie. Die E. befaßt sich mit allen Aspekten der Insekten, die *allgemeine E.* mit Bau und Funktion, Entwicklung und Stammesgeschichte, Systematik und Taxonomie sowie der Ökologie. Darüber besteht eine Verbindung zur *angewandten E.*, die sich mit den Nutzinsekten, besonders aber mit den vielen Schädlingen in Land- und Forstwirtschaft sowie den medizinisch wichtigen Insekten (Krankheitsüberträger) beschäftigt.

entomophag. Insektenfressend. E. sind viele Tiere, besonders verschiedene Insekten und Spinnentiere, aber auch zahlreiche Wirbeltiere. Hier ist besonders die Säugerordnung der Insectivora (Insektenfresser) zu nennen, zu denen bei uns Igel und Spitzmäuse gehören. E. sind aber auch Pflanzen, z. B. Sonnentau, Kannenpflanze, oder auch manche Pilze.

Entphenolung. Man unterscheidet zwei große Gruppen der Reinigungsverfahren. Die erste Gruppe umfaßt Verfahren, die auf eine Rückgewinnung der >Phenole< abzielen. Die gewonnenen Phenole werden vornehmlich als Ausgangsmaterial für die Kunststoffherstellung verwendet (s. Abb. unten). Zur zweiten Gruppe gehören die übrigen Verfahren, bei denen die Phenole auf verschiedene Weise vernichtet werden. Ob ein Rückgewinnungs- oder ein Vernichtungsverfahren sinnvoll ist, wird maßgeblich von praktischen und wirtschaftlichen Gesichtspunkten bestimmt. Die Entphenolung mit dem Ziele der Rückgewinnung der Phenole wurde ursprünglich als Reinigungsverfahren entwickelt, um die unhaltbar gewordene Verunreinigung der Gewässer zu verhindern. Die Entphenolung mit Rückgewinnung der Phenole hat mit fortschreitender technischer Reife zunehmende wirtschaftliche Bedeutung erlangt. Die Frage der Wirtschaftlichkeit steht bei der großen Zahl der verfügbaren Entphenolungsverfahren heute im Vordergrund.

Lit: Meinck F, Stooff H, Kohlschütter H (1968) Industrie-Abwässer, Gustav Fischer Verlag, Stuttgart.

Entropie. (Grch. entropein = Innewendung, Umwandelbarkeit). Eine auf Rudolf Clausius (1868) zurückgehende Bezeichnung für eine von den >intensiven

Zustandsvariablen< wie Druck, Temp., Dichte und Konz., aber auch vom Vol. abhängige >Zustandsgröße<. Sie beschreibt den Grad der Nicht-Umkehrbarkeit oder Irreversibilität von Prozessen auf Grund der sie begleitenden Energieumsätze, genauer anhand der >Dissipation< von „>freier Energie<". So ist z. B. mechanische Energie vollständig in Wärmeenergie umwandelbar, Wärmeenergie jedoch nur unter besonderen Bedingungen und zu einem gewissen Teil in mechanische. Entropie diente zur quant. Fassung des von Clausius und Thomson unabhängig voneinander um 1850 formulierten 2. Hauptsatzes der >Thermodynamik<. Dieser drückt die Erfahrung aus, daß Wärme stets von wärmeren auf kältere Körper übergeht und nie umgekehrt. In der Formulierung der statistischen Theorie der Materie (Boltzmann, 1877) haben diese Übergänge vom geordneteren in den ungeordneteren Zustand außerordentlich hohe Wahrscheinlichkeiten. Im >geschlossenen System< kann E. nur zunehmen. Durch die alle Prozesse begleitende nicht-negative >Entropieproduktion< ist die Richtung der Zeit festgelegt – im Gegensatz zur klassischen Newtonschen Mechanik, die ohne diese Festlegung auskommt. In einem sog. >offenen System< gibt es jedoch die Möglichkeit, daß sich die Entropie im System wegen Entropieexportes aus dem System heraus vermindert. Spielt in der Thermodynamik neben dem Prinzip der Energieerhaltung als Prinzip der Entropievermehrung oder einfach als Entropiesatz die entscheidende, diesen Wissenschaftszweig axiomatisch begründende Rolle. Eine formale Beziehung besteht auch zwischen Thermodynamik und Informationstheorie über die sog. >Boltzmann-Beziehung< der >statistischen Materialtheorie<. Der mögliche universelle Zusammenhang zwischen positiver Entropieproduktion und der Richtung der Zeit hat wissenschaftstheor.-philosophische Bedeutung von großer Tragweite. Ob der Entropiesatz universelle Bedeutung hat, wird allerdings vielfach bestritten. Eine Rezeption des Entropiebegriffs im Bereich der Umweltwissenschaften fehlt praktisch vollständig.

Entropieproduktion. Terminus technicus für die stets positive Änderung der >Entropie< bei allen realen,

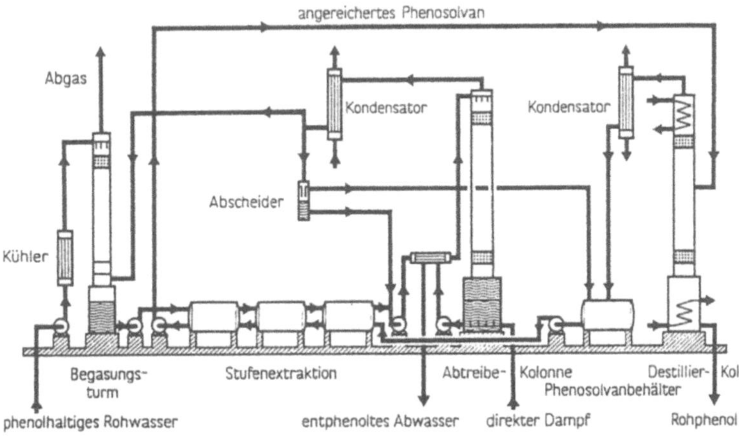

Entphenolung: Schema einer Phenolsovananlage (aus: Meinck F, Stooff H, Kohlschütter H (1968) Industrie-Abwässer, Gustav Fischer Verlag, Stuttgart)

d.h. nicht nur gedachten Vorgängen. Gleichbedeutend mit der Aussage, daß alle realen Vorgänge nicht umkehrbar, irreversibel sind: zur tatsächlichen Wiederherstellung eines früheren Zustandes wird zusätzliche Energie benötigt. E. hat entscheidende Bedeutung für die philosophische Diskussion um den Begriff der Zeit.

Entsalzung. Mit Entsalzung wird das Entfernen aller im Wasser gelösten Salze zur Gänze, oder, je nach Verwendungszweck, bis auf einen tragbaren Rest bezeichnet. Häufig ist die Anwendung des Teilstrom-Verfahrens betrieblich vorteilhaft, d.h. ein Teil des Wassers wird voll entsalzt und dem nicht entsalzten Wasser im gewünschten Mischungsverhältnis zugegeben. Alle Entsalzungsverfahren sind verhältnismäßig teuer und haben einen hohen Bauaufwand. Man rechnet mit etwa 2–4 DM/m^3 Betriebskosten für die Entsalzung von Meerwasser.

Die Entsalzung ist daher auf wenige Verwendungszwecke beschränkt, so auf die Vollentsalzung von Wasser mit üblicher Trinkwasserbeschaffenheit für Kesselspeisewässer und auf die Aufbereitung von Brackwasser, in besonders ungünstigen Fällen muß auch Meerwasser aufbereitet werden. Bei den Entsalzungsverfahren ist die jeweils hohe Aggressivität und das Ableiten der ausgeschiedenen Salze bei der Planung zu berücksichtigen.

Bei *Kesselspeisewasser*, insbesondere von Hochdruckkesseln, darf bei 40 bar Kesseldruck die Gesamthärte höchstens 0,05° dH, bei 40–100 bar Kesseldruck höchstens 0,02° dH betragen. Für die Entsalzung sind Ionenaustauschverfahren üblich. Wegen der aggressiven Wirkung müssen ferner Sauerstoff und Kohlensäure, z.B. durch thermische Entgasung und chem. Bindung, entfernt und der pH-Wert im alkalischen Bereich gehalten werden.

Die Aufbereitung von *Brackwasser und Meerwasser* wird in den küstennahen Gebieten in steigendem Umfang notwendig.

Lit: Mutschmann J, Stimmelmayr F (1995) Taschenbuch der Wasserversorgung. 11. Aufl., Franckh'sche Verlagshandlung, Stuttgart.

Entsalzungsanlage. Das Problem der Wasserentsalzung ist in den letzten Jahren stark in den Vordergrund getreten. Nach dem Stand von Wissenschaft und Technik dürfte für die Entsalzung von Wasser mit einem Salzgehalt von 1 bis 3 % die >Destillation<, von 0,1 bis 1 % die >Elektrodialyse< und mit ≤0,1 % der Einsatz von >Ionenaustauschern< in Frage kommen. Destillationsverfahren werden für Leistungen von nur wenigen Litern bis zu mehreren Tausend m^3/Tag angewendet. Für größere Mengen werden mehrere Aggregate gleichzeitig betrieben. Ionenaustauschverfahren sind in erster Linie für die Kesselspeisewasseraufbereitung entwickelt worden, sie sind auch zur Meerwasserentsalzung trotz dessen wesentlich höheren Salzgehaltes (durchschnittl. ca. 3 bis 4 %) geeignet.

Lit: Brix J, Heyd H, Gerlach E (1963) Die Wasserversorgung, R. Oldenbourg Verlag, München Wien.

Entschäumer. >Additive< zur Verhinderung der Bildung oder zur Zerstörung von Schaum. Substanzen mit niedriger Oberflächen- und Grenzflächenspannung gegenüber der schäumenden Flüssigkeit und begrenzter Löslichkeit in ihr. Die Oberflächen von Schaumlamellen sind beidseitig mit je einer Schicht von Tensidmolekülen belegt (>Tenside<), zwischen denen sich eine mehr oder weniger dicke Flüssigkeitsschicht befindet. E. entfalten ihre Wirkung i.allg. durch Beschleunigung

der Ablaufgeschwindikgeit der interlamellaren Flüssigkeit und Zerstörung des verbleibenden Doppelfilms aus Tensidmolekülen durch Brückenbildung zwischen 2 Gasblasen. Je nach Problemstellung werden chemisch unterschiedliche Substanzen eingesetzt, z.B. >Siliconöl<, >Tributylphosphat<, Methylisobutylcarbinol oder auch Pulver, die vom Schaum benetzt werden.

Entschwefelung. Entfernung von Schwefel und Schwefelverb. aus Kraftstoffen und Erdgas sowie von SO$_2$ bei der >Abgasreinigung<. Eines der bedeutendsten Probleme der Erdöl- und Erdgasverarbeitung ist die Entschwefelung, sowohl im Hinblick auf Schwefelwasserstoff-Emissionen (H$_2$S) in Raffinierien als auch auf Schwefeldioxid-Emissionen (SO$_2$) beim Endverbraucher von Raffinierieprodukten (Heizöl, Kraftstoffe). Die Entschwefelung erfolgt durch das *Claus*-Verfahren (Hydrodesulfurierung), in welchem das H$_2$S teilweise zu SO$_2$ oxidiert und in einer zweiten Stufe zum elementaren Schwefel synproportioniert wird:

$$H_2S + 1{,}5\ O_2 \rightarrow SO_2 + H_2O$$
$$2\ H_2S + SO_2 \rightarrow 3\ S + 2\ H_2O$$

$$3\ H_2S + 1{,}5\ O_2 \rightarrow 3\ S + 3\ H_2O$$

Eine konventionelle *Claus*-Anlage würde mit ca. 10.000 ppm SO$_2$ im Abgas noch zuviel emittieren, weshalb mit Hilfe nachgeschalteter Prozesse (z.B. *Scott*-Prozeß) eine weitere SO$_2$-Verminderung auf ca. 200 ppm erreicht werden muß.

Lit: Coupard M, Hournac R (1985) Environmental management in oil refineries. UNEP Industry and Environment 8 (2): 26–30.

Entseuchung.   >Desinfektion<,   >Hygienisierung<, >Entkeimung<.

Entsorgen. Im >Kreislaufwirtschafts- und Abfallgesetz< wurde der Begriff des E. wie er im >Abfallgesetz< noch geprägt wurde, durch das Beseitigen ersetzt, obwohl Abfälle nicht beseitigt werden können. Sie werden nach dem Ausnutzen aller Wiederverwertungs- und Aufbereitungsmöglichkeiten abschließend immer abgelagert. E. umfaßt den gesamten Bereich vom Einsammeln über Transport, >Abfallvorbehandlung<, Wertstoffgewinnung, Aufbereitung und Ablagerung. *Entsorger* ist kein fest definierter Begriff. Üblicherweise wird darunter ein vom Entsorgungspflichtigen beauftragter Dritter, ein privates, staatliches oder halbstaatliches Unternehmen, oder ein privates Unternehmen, das im Auftrag eines Abfallerzeugers die Abfälle entsorgt, verstanden. Ein solches Privatunternehmen benötigt dazu eine >Transportgenehmigung< bzw. eine abfallrechtlich zugelassene >Abfallbeseitigungsanlage<. Aber auch Abfallverwerter sind den Entsorgern zuzuordnen. *Entsorgungsweg* ist der nach der >Verordnung über Verwertungs- und Beseitigungsnachweise< nachweispflichtige Weg, auf dem Abfälle entsorgt werden. Mit Entsorgungsweg wird aber auch die Abfolge von Einsammlung, Transport, Vorbehandlung und Ablagerung von Abfällen bzw. Einsammlung, Transport, Aufbereitung und Wiederverwertung von Wertstoffen verstanden.

Entsorgung. >Abfallentsorgung<. Die E. beinhaltet auch die Behandlung und Aufbereitung von >Abwasser<, Abgas und >radioaktiven Abfällen<.

Entsorgungskonzept. >Abfallwirtschaftskonzept<. radioaktiv: Die konzeptionelle Umsetzung der >Endlagerung< >radioaktiver Abfälle< erfolgt weder durch das >Atomgesetz< noch durch eine der Verordnungen. Grundlage der Entsorgungspolitik ist vielmehr das Atomgesetz in Verb. mit dem sog. „integrierten Entsorgungskonzept", welches die gesetzlichen Vorgaben konkretisiert. Dieses Konzept hat die Bundesregierung bereits 1974 aufgestellt; es wurde durch den „Beschluß der Regierungschefs von Bund und Ländern zur Entsorgung der Kernkraftwerke" vom 28.09.1979 bestätigt und ist rechtlich verankert in den „Grundsätzen zur Entsorgungsvorsorge für Kernkraftwerke", die vom Bundesminister des Innern (BMI) nach Abstimmung mit den Ländern am 19.03.1980 erlassen worden sind. Das integrierte Entsorgungskonzept der Bundesregierung umfaßt vier wesentliche Schritte: 1. >Zwischenlagerung< der bestrahlten (abgebrannten) >Brennelemente< in den >Kernkraftwerken< und externen Zwischenlagern; 2. >Wiederaufarbeitung< der abgebrannten Brennelemente und Verwertung der hierbei zurückgewonnenen >Kernbrennstoffe< durch deren Wiedereinsatz in Kernkraftwerken; 3. Beseitigung der radioaktiven Abfälle mit den Teilschritten – >Konditionierung<, – Zwischenlagerung in kerntechnischen Einrichtungen, in externen Lagern oder in Landessammelstellen, – Zwischenlagerung der hochradioaktiven, wärmeentwickelnden Abfälle (Glasblöcke) in Zwischenlagern, – Endlagerung; 4. Entwicklung der >direkten Endlagerung< solcher abgebrannten Brennelemente, für die gemäß § 9a AtG eine Wiederaufarbeitung technisch nicht möglich oder wirtschaftlich nicht vertretbar ist; Weiterentwicklung der Technik zur direkten Endlagerung für abgebrannte Brennelemente aus >Leichtwasserreaktoren<. Mit der Änderung des § 9a Abs.1 AtG 1994 steht die direkte Endlagerung abgebrannter Brennelemente gleichrangig neben der Wiederaufarbeitung, womit das Primat der wirtschaftlichen Verwertung (Recyclen) aufgegeben wurde. Darüber hinaus sieht dieses Konzept vor, die radioaktiven Abfälle ausschließlich dadurch zu beseitigen, daß sie in tiefe geologische Formationen des Festlandes verbracht werden, sie vor dieser >Endlagerung< jedoch 20 Jahre und länger zwischenzulagern, so daß die sog. Nachwärme abklingen kann. Hierdurch kann der spätere Platzbedarf im Endlager optimiert werden. Gemäß der Regierungserklärung des neuen Bundeskanzlers Gerhard Schröder vom 10. November 1998 soll allerdings ein nationaler Entsorgungsplan erarbeitet werden, innerhalb dessen die Entsorgung auf die direkte >Endlagerung< beschränkt wird.

Entsorgungsnachweis (ESN). In der >Verordnung über Verwertungs- und Beseitigungsnachweise< von 1996 geregeltes Verfahren zur Überwachung von nach § 42 >Kreislaufwirtschafts- und Abfallgesetz< nachweispflichtigen Abfällen. Der ESN besteht vor Beginn der beabsichtigten Beseitigung aus einer Erklärung des Besitzers, einer Annahmeerklärung des Beseitigers und der Bestätigung durch die zuständige Behörde sowie nach der Durchführung der Beseitigung aus einem Nachweis über den Verbleib des Abfalls. Eine Nachweispflicht besteht für Abfallerzeuger, Abfallbesitzer, Einsammler, Beförderer und Entsorger soweit sie >besonders überwachungsbedürftige Abfälle< verwerten bzw. beseitigen. Bei der Entsorgung von weniger als 2.000 kg/Jahr sämtlicher besonders überwachungsbedürftigen Abfälle erfolgt eine Ausnahme der Nachweispflicht. Sofern keine andere Frist bestimmt ist, sind die Belege zum Zweck des Nachweises 5 Jahre aufzubewahren. Die Verordnung gilt nicht für Erzeu-

ger von Abfällen aus privaten Haushaltungen sowie die Verwertung von Klärschlamm.

Lit: Kaminski R, Konzak O (1997) Das untergesetzliche Regelwerk zum Kreislaufwirtschafts- und Abfallgesetz – Verordnungen und Verwaltungsvorschriften. Abfallwirtschaft in Forschung und Praxis Bd.95, E.Schmidt, Berlin.

Entsorgungsvorsorge. Im Rahmen der Abfallwirtschaftspläne stellen die Länder die zur Sicherung der >Inlandsbeseitigung< erforderlichen Abfallbeseitigungsanlagen dar. Dabei ist auf der Grundlage der Abfallbilanzen und Abfallwirtschaftskonzepte der zukünftige, innerhalb eines zehnjährigen Zeitraumes erforderliche Bedarf zu berücksichtigen.

Entspannungsflotation. Bei der E. wird ein feiner, gleichmäßiger Gasblasenstrom zur Feststoffabtrennung durch plötzliche Entspannung eines zuvor unter höherem Druck mit Luft gesättigten Wasserstromes erzeugt.
Die Löslichkeit von Luft in Wasser in Abhängigkeit vom Druck ist bekannt. Bei der Verminderung des Druckes tritt eine Luftmenge aus der wässrigen Lösung, die der von Henry und Dalton beschriebenen Gesetzmäßigkeit entspricht. Es kann um so mehr Luft in Wasser gelöst werden, je höher der Druck ist. Die bei der Druckminderung theoretisch frei werdende Luftmenge L_{H_2O} ist in der Abb. dargestellt.
Da für die Luftanreicherung im Druckkessel verschiedene Wasserströme gewählt werden können, unterscheidet man nachstehende Verfahren:
Bei dem Hauptstromverfahren wird der gesamte Abwasserstrom (Vollstromverfahren) oder Teile davon (Teilstromverfahren) im Druckkessel mit Luft gesättigt und anschließend entspannt.
Beim Recycleverfahren wird ein Teil des abfließenden Klarwassers aus der Flotation zur Luftübersättigung verwendet.
Beim Fremdwasserverfahren wird zur Luftanreicherung Trink-, Brunnen- oder gereinigtes Abwasser vom Kläranlagenablauf eingesetzt.

Lit: Abwassertechnische Vereinigung (Hrsg.) (1985–1997) Lehr- und Handbuch der Abwassertechnik, 4.Aufl., Bd.1–7, Verlag

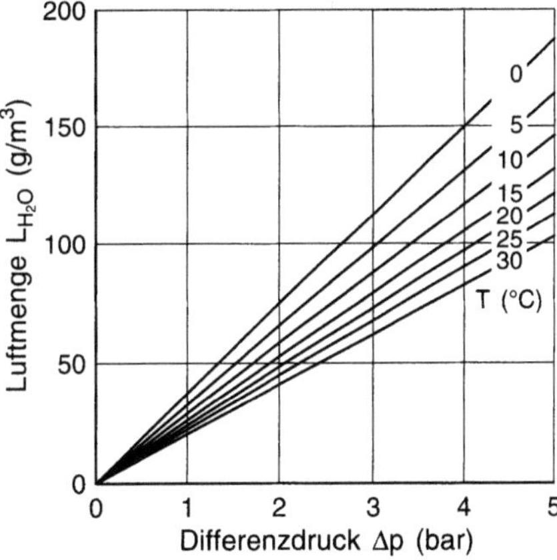

Entspannungsflotation: Rechnerisch freiwerdende Luftmenge in Abhängigkeit von der Temperatur und der Druckdifferenz (aus: ATV-Handbuch, Mechanische Abwasserreinigung, Ernst u. Sohn, Berlin)

von Wilhelm Ernst und Sohn, Berlin München – Meinck F,
Stooff H, Kohlschütter H (1968) Industrie-Abwässer, Gustav Fischer Verlag, Stuttart.

Entstaubung. >Abgasentstaubung<, >Abgasreinigungsanlagen<.

Entstickung. >Abgasentstickung<.

Entwässerung. 1. Bergbau: 1) Entziehen des dem Gebirge auf Klüften und Poren zusitzenden Wassers mit Hilfe von Entwässerungsbohrungen, -brunnen, -strekken und -schächten. In Tagebauen das Entfernen des Grundwassers innerhalb der Abbaufelder. Stufenweise Grundwasserabsenkung je nach Tiefe des Tagebaus. Verhältnis der gehobenen Wassermenge zur Rohbraunkohlenfördermenge im rheinischen Braunkohlenrevier etwa 20:1. Entwässerung von >Kippen< zur Gewährleistung der Standsicherheit von Kippenböschungen. 2) Entfernen des Wassers aus mineralischen Rohstoffen oder aus >Aufbereitungsabgängen< mit Hilfe der Schwer-, Flieh-, Saug- oder Druckkraft.
2. Boden: 1) Entfernung von Wasser aus Proben von Böden und Unterwasserböden zur Trocknung oder Untersuchung des Porenwassers (>Bodenproben<). 2) Ableitung von Wasser aus Moorgebieten (>Maare<), um die >Torfe< landwirtschaftlich oder durch Abbau nutzen zu können. Dabei werden die ökologischen Standortsbedingungen grundlegend geändert, so daß nun völlig andere bodenbiologische Prozesse ablaufen können. So ist eine Folge der E. ein verstärkter Humusabbau (>Humus<) und damit z.B. eine verstärkte Bildung und Auswaschung von Nitrat, aber auch eine drastische Veränderung des >Bodengefüges< (>Vererdung<).
3. Schlamm: Abtrennung des Haft- und Kapillarwassers vom >Schlamm< durch natürlich und künstlich angewandte mechanische Kräfte zur Reduzierung des Wassergehaltes bis zur Erreichung des krümelig-festen oder des stichfesten, breiartigen Zustandes. Es wird i.allg. ein Wassergehalt von 60 bis 75%, in Sonderfällen bis zu 30% erreicht. 1) Natürliche Entwässerung: Wasserentzug bei Lagerung des Schlammes z.B. auf >Trockenbeeten< oder in >Schlammteichen<. Dabei versickert und/oder verdunstet das Wasser. 2) Künstliche Entwässerung: Wasserentzug durch mechanische Kräfte, wie z.B. bei >Zentrifugen<, >Kammerfilterpressen< etc.

Entwässerungsschicht. Waagerechte oder geneigte Schichten aus offenporigem, mechanisch und chem. beständigem Material zur Fassung und Ableitung von >Sickerwasser<, angeordnet auf der >Basisabdichtung<.
Lit: Ramke G (1991) Hydraulische Beurteilung und Dimensionierung der Basisentwässerung von Deponien fester Siedlungsabfälle. Mitteilungen des Leichtweiß-Institutes der TU-Braunschweig, H. 114, ISSN 0343-1223.

Entwicklung. Die Enwicklung eines Organismus, die Ontogenese, umfaßt sämtliche Veränderungen, die im Zeitabschnitt zwischen der Befruchtung einer Eizelle bzw. der Keimung einer Spore und der >Seneszenz< des Organismus auftreten. Formal läßt sich der Entwicklungsprozess in verschiedene Teilaspekte untergliedern: Unter >Wachstum< versteht man die irreversiblen *quantitativen* Veränderungen, die bei der Pflanze auf der Zellebene als Teilungs- und Streckungs- bzw. Flächenwachstum erkennbar sind. Unter den Begriff *Differenzierung* fallen dagegen die *qualitativen* Änderungen, welche die Zellen beim Übergang vom embryonalen zum adulten Zustand erfahren; sie führen damit zur Verschiedenheit der Strukturen und Funktionen. *Morphogenese* umfaßt diejenigen Prozesse, die bei einem vielzelligen System die Integration der Zellen zu einer spez. Organisation veranlassen und zu einer charakteristischen Form und Musterausbildung führen. Der Ablauf der Entwicklung ist durch die genetische Information festgelegt. Bei der extrem umweltabhängigen Pflanze sind Alternativen vorgegeben, die als Modifikationen bezeichnet werden. Innerhalb einer durch die Gene vorbest. Norm können durch unterschiedliche Umwelteinflüsse versch. Entwicklungsrichtungen eingeschlagen werden. Zwischen der pflanzlichen und tierischen Entwicklung bestehen grundlegende Unterschiede. Während die Pflanze über ihre gesamte Lebensdauer hinweg ständig neue Organe in Form von >Sprossen<, >Wurzeln< und auch >Blüten< hervorbringt, kommt beim Tier die Organanlegung bereits im Embryonalstadium zum Abschluß.

Entwicklungsstadien. Umfassen beim Tier folgende vier Abschnitte: die Embryogenese (= Keimes- oder Embryonalentwicklung), die postembryonale >Entwicklung< (= Jugendentwicklung), die adulte Periode und die Periode des >Alterns< (= Seneszenz). Die wesentlichen Stadien der pflanzlichen Entwicklung sind die Keimung, das vegetative Stadium, die >Blüten-< und >Fruchtbildung< (= generative oder reproduktive Phase) sowie die Seneszenz. Bei mehrjährigen Pflanzen kann sich an die Blüten- und Fruchtbildung eine Ruhephase vor der nächsten vegetativen Phase anschließen.

entzündlich. >Gefährlichkeitsmerkmal< nach § 3a Abs. 1 Nr. 5 >ChemG<. Entzündlich sind >Stoffe< und >Zubereitungen<, die in fl. Zustand einen Flammpunkt im Bereich von 21 bis einschl. 55 °C haben (Best. gemäß § 1 ChemGefMerkV). Für entzündliche Stoffe und Zubereitungen gibt es *kein* Gefahrensymbol. Die >Kennzeichnung< erfolgt mit dem >R-Satz< 10 (>GefStoffV< Anhang I, Nr. 1.1.2.4.5).

Environmental Quality Objective (EQO). (engl.) >Umweltqualitätsziel (QZ)<. Die Qualität, die in bezug auf einen bestimmten Umwelt-Aspekt angestrebt wird; z.B. die Wasserqualität eines Flusses, damit gesunde Populationen der darin lebenden Süßwasserfische aufrechterhalten werden können. Im Gegensatz zur Umweltqualitätsnorm (-standard) (>Umweltqualitätsstandard<) wird das Umweltqualitätsziel üblicherweise nicht quantitativ angegeben.

Environmental Quality Standard (EQS). (engl.) >Umweltstandard<. Die Konzentration einer möglicherweise toxischen Substanz, die in einem Umwelt-Kompartiment, normalerweise Luft (Luftqualitätsnorm) oder Wasser, über einen bestimmten Zeitraum zulässig ist.
Lit: Hübler KH, Otto-Zimmermann K (1989) Bewertung der Umweltverträglichkeit: Bewertungsmaßstäbe und Bewertungsverfahren für die Umweltverträglichkeitsprüfung, Eberhard Blottner Verlag, Taunusstein.

Enzym. (Grch. endon = innen, zyme = Sauerteig; Syn. >Fermente<).
1. allgemein: (engl.: enzyme) Proteine, die als biol. Katalysatoren wirken und im Stoffwechsel aller Organismen vorkommen. Die Katalysatorfunktion besteht darin, daß E. die Aktivierungsenergien biochem. Vorgänge senken, diese dadurch beschleunigen und auch in eine gewünsche Richtung ablaufen lassen (Rkt.-Spe-

zifität), ohne dabei selbst verändert zu werden und ohne das thermodynamische Gleichgewicht der Rkt. zu verschieben. Bedingt durch ihre Struktur sind E. befähigt, den Stoff, dessen Umsetzung sie zu steuern vermögen, auch zu erkennen (Substratspezifität). Die Synth. von E. kann dem Bedarf angepaßt werden (Enzyminduktion, -repression; Modell von JACOB und MONOD) und ist organabhängig, da sich jeweils best. Enzymmuster ausbilden. Zur Regelung des Stoffwechsels gibt es zusätzlich bei den vorhandenen E. diverse Hemmungs- und Aktivierungsprinzipien, z.B. kompetitive, nichtkompetitive, Substrat- oder Produkt-Hemmung, allosterische Aktivatoren und Inhibitoren, Phosphorylierungen und Dephosphorylierungen. Manche E. benötigen für ihre Funktion niedermolekulare Stoffe als Cofaktoren (z.B. Metallionen), prosthetische Gruppen oder Coenzyme. Das vollständige E. wird auch als Holo-E. und der Proteingrundkörper als Apo-E. bezeichnet. Weiterhin sind manche E. nur im räumlichen Zusammenhang mit anderen aktiv (Multienzymkomplexe). Im Organismus liegen die E. entweder frei oder entsprechend ihrer Funktion an Strukturen wie Zellmembranen (>Lipidmembran<), >Mitochondrien< oder >Ribosomen< gebunden vor. Die Bez. der E. richtet sich meist nach der von ihnen katalysierten Rkt. oder dem spezifischen Substrat und endet auf „-ase“. Daneben gibt es einige historisch bedingte Namen, wie z.B. Trypsin oder Pepsin. Nach den internationalen Festlegungen der *Enzyme Commission* (EC) gibt es sechs Hauptgruppen an Enzymen: 1. *Oxidoreduktasen:* katalysieren Oxidationen und Reduktionen; 2. *Transferasen:* katalysieren Gruppenübertragungen zwischen Substraten (C-1-, Acyl-, Glycosyl-, N-Gruppen); 3. *Hydrolasen:* katalysieren hydrolytische Spaltungen (Ester-, Glycosid-, Peptid-Spaltung); 4. *Lyasen:* katalysieren Eliminierungs-Rkt. unter Bildung einer Doppelbindung oder Additionen an Doppelbindungen; 5. *Isomerasen:* katalysieren Umlagerungen im Molekül, z.B. Racemisierungen, Epimerisierungen, Aldose/Ketose-Umlagerungen; 6. *Ligasen:* katalysieren Bindungsknüpfungen unter gleichzeitiger ATP-Spaltung.
2. Lebensmittel: E. werden in der Lebensmittelindustrie eingesetzt, um bestimmte Reaktionen in Gang zu setzen. Die Gewinnung von E. erfolgt aus Pflanzen, z.B. amylolytisch wirkendes Malz, aus Tieren, z.B. die Pankreasdrüse (proteolytisch, amylolytisch, lipolytisch), oder mikrobiell, z.B. aus *Aspergillus niger.*
Lit: Lehninger AL, Nelson DL, Cox MM (1994) Prinzipien der Biochemie. 2. Aufl., Spektrum Akad. Verlag, Heidelberg.

Enzymaktivität. Maß für die Leistung der Bodenmikroflora, >Methoden<. Wichtige >Enzyme< im Boden sind Dehydrogenase, >Katalase<, Phosphatase, >Amylase<, >Cellulase<, Xylanase, >Pektinase<, Saccharase, >Protease< und >Urease<.

Enzyme-linked Immunosorbent Assay. >ELISA<.

EOX. >Adsorbierbare Organische Halogenverbindungen<.

EPA. Environmental Protection Agency, Washington, D.C., USA.

Epidemiologie. (Grch. epi demos = auf dem Volke (liegend)). Wissenschaftszweig, der sich mit Verteilung und Ausbreitung von Krankheiten und Gesundheitsstörungen in der Bevölkerung beschäftigt. Als Hauptarbeitsgebiete haben sich die deskriptive und analytische Epidemiologie herausgebildet. Die deskriptive Richtung beschäftigt sich – auf der Basis vorhandener Daten – mit der beschreibenden Auswertung, wie z.B. Sterblichkeitsangaben aus Todesursachenbescheinigungen oder Krankheitsdaten aus Krankenhausdokumentationen. Die analytische Richtung überprüft demgegenüber mit einer experimentellen Vorgehensweise vorher aufgestellte Hypothesen; die Daten werden dabei erst nach der Formulierung der Fragestellung erhoben. Epidemiologische Forschung beschäftigt sich hauptsächlich mit weit verbreiteten Krankheiten, wie z.B. >Herz-Kreislauf<- und >Krebserkrankungen<, aber auch mit der >Unfallhäufigkeit<, >Suchterkrankungen< und >Medikamentenmißbrauch<.
1. Epidemiologische Grundbegriffe: Allgemein anerkannte Definitionen der international gebräuchlichen Begriffe und Standardausdrücke der Epidemiologie (sog. preferred terms) finden sich im „Dictionary of Epidemiology" der International Epidemiological Association (IEA). >Statistische Grundbegriffe<; Studientypen (s.u.).
2. Studientypen: Bei der Untersuchung von Umwelteinflüssen auf die menschliche Gesundheit steht ein breites Spektrum von methodischen Ansätzen zur Verfügung. Allgemein verbreitet sind *Querschnittsstudien,* bei denen im einfachsten Fall zu einem festen Zeitpunkt der Gesundheitszustand der Bevölkerung in einem belasteten Gebiet und in einem nicht oder geringer belasteten Kontrollgebiet miteinander verglichen wird. *Längsschnittstudien* untersuchen demgegenüber die zeitliche Entwicklung von Symptomen und Erkrankungshäufigkeit. Besonders aussagekräftig sind *Kohortenstudien,* bei denen eine feste Personen- oder Patientengruppe über einen längeren Zeitraum hinsichtlich der Zunahme oder Abnahme beispielsweise von Krankheitssymptomen beobachtet wird. Bei *Fall-Kontroll-Studien* wird eine Gruppe von Personen, bei denen eine spezielle Erkrankung bereits aufgetreten ist („Fälle"), einer anderen Gruppe gegenübergestellt, bei der diese Erkrankung nicht vorliegt („Kontrollen"). In Abhängigkeit von der vorliegenden epidemiologischen Fragestellung muß der jeweils am besten geeignete Studientyp ausgewählt werden, wobei häufig eine Modifikation bzw. Kombination der verschiedenen Studientypen erforderlich wird.
Lit: Frentzel-Beyme R (1985) Einführung in die Epidemiologie, Wiss. Buchgesellschaft, Darmstadt – Last JM (1983) A Dictionary of Epidemiology, Oxford University Press, New York Oxford Toronto – Wichmann HE (1988) Umweltepidemiologie, Dtsch Ärztebl 85: B-80–82.

Epidemiologische Hypothese. >neuartige Waldschäden<.

Epidermis. (Grch. epi = darauf; derma = Haut). 1. Bei Pflanzen das prim. Abschlußgewebe. Es umgibt während des prim. >Wachstums< >Sproß< und >Wurzel< als schützende Hülle, vermittelt jedoch gleichzeitig den Stoffaustausch mit der Umwelt. Die Epidermis ist in der Regel einschichtig. Sie besteht beim Sproß aus rel. unspezialisierten Grundzellen sowie den hochspezialisierten Schließzellen, welche die >Stomata< bilden, und den Trichomen. 2. Bei Tieren ist die Epidermis ebenfalls eine abschließende Hautschicht oberhalb der Dermis.

Epidot. Mineral der Formel $Ca_2(Al,Fe)Al_2[O,OH, SiO_4,Si_2O_7](OH)$, das im Kontakt zu Kalksteinen oder bei der hydrothermalen Zersetzung von Hornblenden u.ä. entsteht.

Epifauna. >Endofauna<.

Epigäische Tierarten. Streubewohner. Die meisten Tierarten des Bodens leben in der Streuschicht.

Epilimnion. Obere, warme und vom Wind durchmischbare Schicht eines (sommerlich) thermisch geschichteten Sees bis zur >Sprungschicht< (>Sommerstagnation<). Die Dicke des E. hängt von der Fläche des Sees und seiner größten Länge in Windrichtung ab (s. Abb. unten). „Epilimnion" ist somit ein Begriff aus der Thermik eines Sees und ist nicht identisch mit der >euphotischen< oder der >trophogenen Zone<.

Epiphyten. Auf Pflanzen lebende Organismen, die nicht >Parasiten< sind. Meist wird der Begriff auf aufsitzende Pflanzen beschränkt; vgl. >Aufwuchs<. E. sind besonders im tropischen >Regenwald< verbreitet; bekannte Vertreter sind z. B. die meisten Bromelien. Bei uns leben besonders >Algen<, >Flechten< und >Moose< epiphytisch.

EPIPRE. Abk. für *Epi*demiological *Pre*vision bzw. *Epi*demic *Pre*vention; computergestütztes Beratungsmodell zur Entscheidungsfindung für die schlagspezifische Bekämpfung von verschiedenen Pilzkrankheiten sowie Blattläusen in Getreide, entwickelt in den Niederlanden. Das Prinzip von E. ist die Einbeziehung des Landwirts, der zu bestimmten Zeitpunkten der Vegetationsperiode definierte Angaben über Standort und das Befallsgeschehen an die Rechenzentrale meldet. Mit Hilfe dieser Daten prognostiziert ein Rechenmodell die wahrscheinliche Entwicklung des Schaderregers sowie den damit verbundenen Ertragsverlust, daraus folgt ein Vorschlag zur Bekämpfung. Durch die Konzeption des Modells ist der Landwirt zu einer intensiven Beobachtung des Pflanzenbestandes angehalten, die Ergebnisse von E. zeigen eine Einsparung des Aufwands an Pflanzenschutzmitteln.

Lit: Adner A, Gerowitt B (1990) Beispiele für computergestützte Entscheidungshilfen. In: Diercks R, Heitefuss R (Hrsg.) Integrierter Landbau, BLV Verlagsgesellschaft, München, S. 215–230.

Episit. (Syn. Prädator). >Räuber<.

Episitismus. >Räuber-Beute-System<.

Episom. Ein bei Bakterien vorkommendes, übertragbares >Plasmid<, das sowohl in das große Haupt-DNA-Molekül integriert wie auch im Plasma vorliegen kann. E. kontrollieren genetische Merkmale des Trägers (z. B. R-Faktoren), sind jedoch nicht lebensnotwendig.

Epizoen. Organismen, die auf Tieren siedeln, aber keine >Parasiten< sind. E. sind besonders im Wasser häufig, etwa in Form kleiner >Algen< oder als >Aufwuchs< auf hartschaligen oder festsitzenden Tieren.

Epoxiconazol. Wirkt als >Fungizid< und zählt zur Substanzklasse der Azole.
Chemische Bezeichnung: (2RS, 3SR)-1-[3-(2-Chlorphenyl)-2,3-epoxy-2-(4-fluorphenyl)-propyl]-1H-1,2,4-triazol
CAS-Nummer: 106325–08–0
Hersteller: BASF
Wirkungstyp: Systemisches Fungizid, das einen sehr komplexen Wirkungsmechanismus besitzt. Hemmt die Ergosterolbildung in den Schadpilzen. Die Rezeptoren bestimmter Schadpilze können die Geometrie der Spaltöffnungen der Pflanze nicht mehr erkennen, dadurch wird das für die eigentliche Infektion folgenschwere Appressorium nicht ausgebildet, so daß der Pilz keine Nahrung aufnehmen kann und abstirbt. Es erfolgt weiterhin eine Stimulation der Enyzmaktivitäten von Chitinase und β-1,3-Glucanase in den Pflanzen. Die Haustorien der Schadpilze werden von pflanzeneigenen Substanzen (Callose) eingekapselt. Die Haustorien verlieren damit ihre Funktionsfähigkeit, und die Pathogene sterben ab.
Bevorzugte Anwendung: Bekämpfung von Rostkrankheiten und Septoria-Arten bei Getreide; Getreidemehltau, Blattflecken an Gerste und Roggen; Netzflecken an Gerste und Blattdürre an Weizen. Darüber hinaus gegen Mehltau und Blattfleckenkrankheiten in Zuckerrüben.

Chemische und physikalische Eigenschaften: Farblose Kristalle ohne Geruch mit einem Schmelzpunkt von 136,2–137,5 °C und einem spezifischen Gewicht von 1,384 g/cm³ bei 21 °C.
Dampfdruck: <0,01 mPa bei 20 °C.
Verteilungskoeffizient (log Po/w): 3,44 bei pH 7.
Stabilität: Keine Hydrolyse innerhalb von 12 Tagen bei pH 3 und 7.
Löslichkeit: In Wasser 7,0 mg/L bei 20 °C.
Abbau und Metabolismus: Im Boden wird der Wirkstoff mikrobiell und photolytisch abgebaut. DT$_{50}$ liegt im Freiland zwischen 62 und 109 Tagen. Koc-Wert liegt zwischen 957 und 2647. Im Wasser ist der Wirkstoff unter sterilen Bedingungen hydrolytisch und photolytisch stabil. DT$_{50}$ beträgt im Wasser/Sediment-System 7–

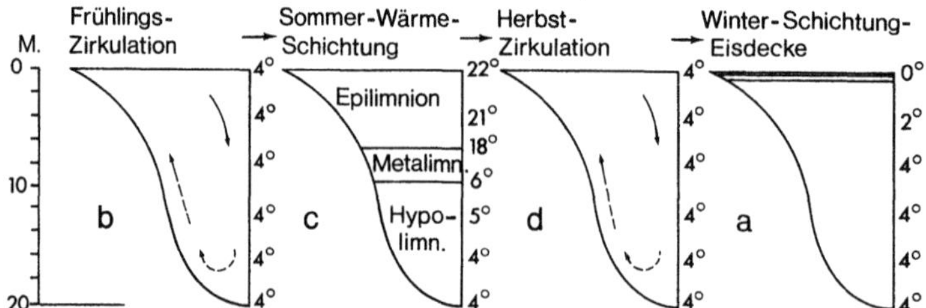

Epilimnion: Verlauf von Zirkulation und Schichtung in einem dimiktischen See

14 Tage. Im Säugerorganismus wird der Wirkstoff rasch absorbiert und wieder ausgeschieden. Die Ausscheidung erfolgt hauptsächlich über die Faeces und nur zum geringen Teil mit dem Urin.

Säugertoxizität: Akute orale LD_{50} für Ratte >5.000 mg/kg. Akute dermale LD_{50} für Ratte >2.000 mg/kg. Akute Inhalation LC_{50} (4 h) für Ratte >5,3 mg/L Luft (Aerosol). Keine Haut- und Augenreizwirkung bei Kaninchen. Keine Hautsensibilisierung bei Meerschweinchen. 3-Monate-Fütterungstest NOEL für Ratte 8 und Hund 2 mg/kg KGW/Tag. 2-Jahre-Fütterungstest NOEL für Maus 0,8 und Ratte 2 mg/kg KGW/Tag.

Bienentoxizität: LD_{50} > 100 µg/Biene.

Fischtoxizität: LC_{50} (96 h) für Regenbogenforelle 2,2–4,6 und Karpfen 10–32 mg/L.

Vogeltoxizität: Akute orale LD_{50} für Stockente und Wachtel >2.000 mg/kg. LC_{50} für Wachtel 5.000 mg/kg.

Wirbellosetoxizität: EC_{50} (96 h) für Daphnia magna 8,69 mg/L. EC_{50} (72 h) für Grünalge 2,3 mg/l. LC_{50} (14 d) für Regenwurm >1.000 mg/kg Boden.

Epoxidharze (EP). Durch >Polyaddition< von >Epichlorhydrin< und mehrwertigen >Phenolen<, wie z.B. Bis-(*p*-oxiphenyl)-2,2-propan (= Bisphenol A) in Anwesenheit von >Alkali< entstehen makromolekulare Ketten mit terminalen Epoxidgruppen als zähflüssige oder schmelzbare Gieß-, Kleb- und Lackharze (Reaktionsharze, s. Formelschema). Nach Formgebung und Verstärkung z.B. mit Füllstoffen und Fasermatten werden sie mit Hilfe von Härtungsmitteln, die mit den Epoxidgruppen reagieren, wie Polyalkohole, -phenole, -carbonsäuren, -isocyanate, mehrwertige Amide, Amine u.a., vernetzt. Es entstehen sehr resistente, mechanisch stabile, >duroplastische Produkte< mit sehr guten elektrischen Isoliereigenschaften.

Eingesetzt werden E. als Klebstoffe in Luft- und Raumfahrt, als Laminate für Bootskörper und Rotorblätter bei Hubschraubern, im Fahrzeugbau und als Gießmassen und Laminate in der Elektrotechnik. Insbesondere für die letzteren Einsatzfelder ist eine feuerhemmende Ausrüstung mit >Flammschutzmitteln< erforderlich, die in Form von meist bromierten >Additiven< zugesetzt werden. Es ist auch möglich, das bromhaltige Flammschutzmittel als eine der Komponenten in das >Polymer<-Gerüst miteinzubauen. So kann z.B. ein Teil des Bisphenol A durch das Tetrabrombisphenol A ersetzt werden. Bei der >Thermolyse< von so ausgerüsteten Laminaten als Leiterplatinen entstehen im letzteren Fall keine bromierten >Dibenzo-*p*-dioxine< bzw. >Dibenzofurane<, die sonst kupferkatalysiert aus monomeren bromhaltigen Additiven, wie z.B. >Decabromdiphenylether< oder das nicht einpo-

lymerisierte Tetrabrombisphenol A, in der polymeren Matrix entstehen würden.

EPPO. >European and Mediterranean Plant Protection Organization<.

EPTC. EPTC wirkt als >Herbizid< und zählt zur Substanzklasse der Carbamate.

Chemische Bezeichnung: *S*-Ethyl-dipropylthiocarbamat

CAS-Nummer: 759–94–4

Hersteller: Zeneca

Wirkungstyp: Selektives Bodenherbizid, translokierend. Wirkt primär auf die Lipidsynth. ein und beeinträchtigt somit u.a. die Duchlässigkeit der Zellmembran. Außerdem können die oxidative Phosphorylierung und verschiedene enzymatische Prozesse gehemmt werden.

Bevorzugte Anwendung: Vor Bepflanzung oder Aussaat (1 Woche) in den Boden einzuarbeiten, wirkt keimhemmend. Gegen ein- und zweikeimblättrige Unkräuter im Mais. Neben allen Arten von Wildhirsen werden auch Problemgräser wie Flughafer, Rispenhirse und Wurzelunkräuter wie die gemeine Quecke bekämpft. Von den breitblättrigen Unkräutern werden alle wichtigen Samenunkräuter, auch triazinresistente Formen und der Ackerschachtelhalm erfaßt. Gegen Gräser unter Ziergehölzen ab 2. Standjahr.

$$H_5C_2S-\overset{\overset{\displaystyle O}{\|}}{C}-N(C_3H_7)_2$$

Chemische und physikalische Eigenschaften:

Physikalische Beschaffenheit: Fl. von aromatischem Geruch.

Siedepunkt: 127 °C bei 2,7 kPa.

Dampfdruck: 0,47 kPa bei 25 °C.

Dichte: d_{30} 0,9546, d_{20} 1,01.

Verteilungskoeffizient (log $P_{o/w}$): 3,2.

Stabilität: Stabil unter Lagerbedingungen, wird in der Wärme durch starke Säuren hydrolysiert.

Löslichkeit: In Wasser 375 mg/L (0,0375 %) bei 25 °C.

Abbau und Metabolismus: Pflanze: Hydrolytische Spaltung des Moleküls unter Abspaltung des Thiolrestes. Durch Transthiolierung erfolgt die Abtrennung des Schwefels vom Mercaptan und Einbau in schwefelhaltige Aminosäuren. Falls der Schwefel am Molekül bleibt, erfolgt Oxidation zum Sulfoxid und Sulfon. Als Metaboliten wurden nachgewiesen: *S*-(*N,N*-Dipropylcarbamoyl)-*O*-malonyl-3-thiomilchsäure (im Mais) und *S*-(*N,N*-Dipropylcarbamoyl)-*N*-malonylcystein.

Boden: Es erfolgt hauptsächlich mikrobiell kontrollierter Abbau zu dem Mercaptanrest, CO_2 und Aminrest.

Polyaddition von Epichlorhydrin und Bisphenol A zu Epoxidharzen

Dadurch erfolgt bei mehrjähriger Anw. ein erhöhter Bioabbau. Nach 22 Wochen Rückstand <2%. Säugerorganismus: EPTC wird rasch absorbiert, metabolisiert und ausgeschieden. Hauptmetaboliten sind *N,N*-Dialkylcarbamoyl-Konjugate.

Toxizität: Akute orale LD_{50} für männliche Ratte 1.590 und weibliche Ratte 1.640 mg/kg, für Maus 3.160 mg/kg. Akute dermale LD_{50} für Kaninchen >4.640 mg/kg. Geringe Reizwirkung auf die Augen. Gaben von 326 mg/kg/Tag an Ratten über 21 sTage verursachten keine Störungen oder Organveränderungen.

Inhalationstoxizität LC_{50} (1 h) für Ratte 31,5 mg/L Luft. 90-Tage-Fütterungsversuch NOEL für Ratte 16 mg/kg/Tag, für Hund 20 mg/kg/Tag.

Bienentoxizität: Nicht bienengefährlich bei zugelassener Anw.

Fischtoxizität: LC_{50} (96 h) für Regenbogenforelle 19, Sonnenbarsch 27, Lachs 17, Flohkrebs 66 mg/L.

Vogeltoxizität: Orale LD_{50} (7-Tage Fütterung) für Japanische Wachtel 20.000 mg/kg.

Bemerkung: EPTC zeigt sterilisierende Eigenschaften bei weiblichen Baumwollraupen.

ERAM. >Endlager< für >radioaktive Abfälle< Morsleben. Das ehemalige Salzbergwerk Bartensleben in der Nähe des Ortes Morsleben im Bundesland Sachsen-Anhalt wurde 1970 von der ehemaligen DDR aus zehn betrachteten Salzbergwerken als Endlager für radioaktive Abfälle ausgewählt und in die Rechtsträgerschaft des ehemaligen Volkseigenen Kombinats „Kernkraftwerke Bruno Leuscher" als unselbständiger Betriebsteil übernommen. Nach Eignungsuntersuchungen wurde 1972 die Standortgenehmigung erteilt; nach der 1974 erfolgten Genehmigung zur Errichtung des Endlagers schloß sich 1978 die Phase der Inbetriebnahme mit einem Versuchsbetrieb an. 1981 wurde die erste Genehmigung zum Dauerbetrieb mit einer Gültigkeit von fünf Jahren erteilt, der sich am 22.04.1986 die zweite Genehmigung zum Dauerbetrieb für die >Entsorgung< schwach- und mittelradioaktiver Abfälle mit überwiegend kurzen >Halbwertszeiten< anschloß. Am 01.07.1990 trat das Umweltrahmengesetz der DDR in Kraft, mit dem auch das Atomgesetz der Bundesrepublik Deutschland Gültigkeit bekam. Das ERAM erhielt den atomrechtlichen Status eines staatlichen Endlagers im Sinne des § 9 a Abs. 3 AtG. Die ursprünglich keiner Befristung unterworfene Genehmigung zum Dauerbetrieb bekam eine Bestandgarantie von zehn Jahren bis zum 30.06. 2000. Betreiber war bis zum Beitritt der DDR zur Bundesrepublik Deutschland am 03.10.1990 das Staatliche Amt für Atomsicherheit und Strahlenschutz (SAAS) der DDR. Mit Herstellung der Deutschen Einheit ist das ERAM in die Zuständigkeit des Bundes gelangt. Nach der Entscheidung des Bundesverwaltungsgerichtes vom 25.06.1992 stehen dem Weiterbetrieb des ERAM keine rechtlichen Hindernisse entgegen. Eine Klage auf Einstellung des Betriebs wurde damit endgültig abgewiesen und anderslautende Enscheidungen des Bezirksgerichtes Magdeburg aus dem Jahr 1991 aufgehoben. Nach Wiederaufnahme des Einlagerungsbetriebes wird das ERAM als Bundesendlager betrieben, d.h. als Endlager für radioaktive Abfälle aus den neuen und den alten Bundesländern, die aus der friedlichen Nutzung der Kernenergie, aus der Medizin und aus der Forschung kommen. Bis zum Ende des Einlagerungsbetriebes sollen rund 40.000 m³ radioaktive Abfälle eingelagert werden. Im Mai 1997 hat das BfS einen im Oktober 1992 gestellten Antrag auf Weiterbetrieb des ERAM auf dessen Stillegung beschränkt.

erbgutverändernd. (mutagen). >Gefährlichkeitsmerkmal< nach § 3 a Abs. 1 Nr. 14 >ChemG<. Erbgutverändernd sind >Stoffe< und >Zubereitungen<, die beim Einatmen, Verschlucken oder Aufnahme über die Haut vererbbare Schäden zur Folge haben oder deren Häufigkeit erhöhen können (Best. gemäß § 1 ChemGefMerkV). Für erbgutverändernde Stoffe gibt es kein eigenes Gefahrensymbol und auch keine Gefahrenbezeichnung. Die spez. >Kennzeichnung< erfolgt mit dem >R-Satz< 46, zusätzlich zu einer Kennzeichnung als >„giftig"< oder >„mindergiftig"< gemäß >GefStoffV< Anhang I Nr. 1.1.3.3. Bei *Verdacht* auf erbgutverändernde Wirkung werden Stoffe bis zu einer endgültigen Einstufung *vorläufig* als „mindergiftig" einge-

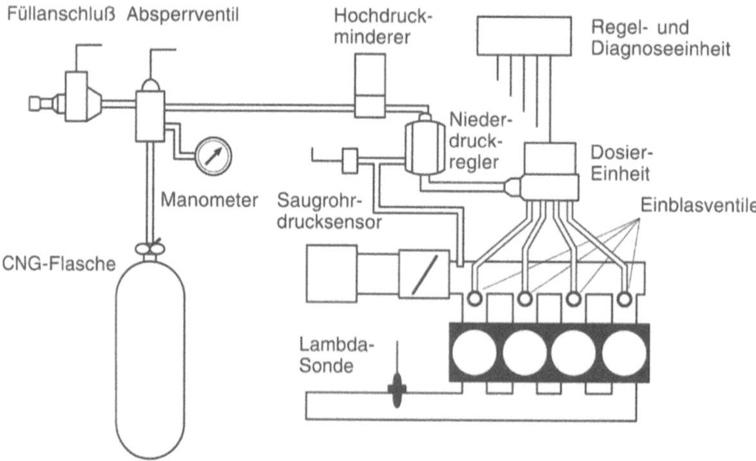

Erdgas als Kraftstoff: Schema eines E.systems für PKW (BMW/Shell)

stuft. Die R-Sätze werden ebenfalls nach den Kriterien gemäß Nr. 1.1.3.4 ausgewählt: R 40.

Erdbebensicherheit. Auslegung aller sicherheitstechnisch wichtigen Anlagenteile einer kerntechnischen Anlage in einer technischen und bautechnischen Art derart, daß die Anlage sicher abgeschaltet, im abgeschalteten Zustand gehalten, die Nachwärme sicher abgeführt und eine unzulässige Freisetzung radioaktiver Stoffe in die Umgebung verhütet werden kann. Als Bemessungserdbeben ist das Erdbeben mit der für den Standort größten Intensität anzunehmen, das nach wissenschaftlichen Erkenntnissen in einer Umgebung bis zu 200 km auftreten kann. Die Festsetzung des Bemessungserdbebens wird mit Angaben über zu erwartende Maximalbeschleunigungen und Dauer der Erschütterungen aufgrund der lokalen seismischen Verhältnisse vorgenommen. Dabei sind alle historisch berichteten Erdbeben, die den Standort betroffen haben könnten, zu berücksichtigen.

Erdbecken. Sie werden auf einfachste und billigste Art, nämlich durch Abschieben von Erdreich und Zusammenschieben desselben zu Umfassungswällen (wasserseitige Neigung 1:1,5) hergestellt: Abräumen des Mutterbodens, Erstellung eines möglichst wasserdichten Beckenbodens, wasserdichte Anbindung und Aufschüttung der Erddämme sowie Gründung der Rohrleitungen, Schächte u. a. Die Sohle ist mit Neigungen von etwa 1:20 zu versehen und das Gefälle zu einem Tiefpunkt mit Schlammtasche, von dem leichter Schlammabzug möglich sein muß, zusammenzuziehen. Eine Verwendung erfolgt als >Absetzbecken<, >Abwasserteich<, >Auflandungsteich<, >Schlammteich<. Nur als Provisorium und allenfalls für kleine >Kläranlagen< geeignet.

Erdbodenthermometer. Spezielles Quecksilber-Thermometer, neuerdings auch zunehmend Platinwiderstandsthermometer, zur Messung der Erdbodentemperatur, üblicherweise in 2, 5, 10, 20, 50 und 100 cm Bodentiefe. Dient zur Bestimmung der >Frosteindringtiefe<, eine im Tiefbau wichtige Kennzahl zur Festlegung der sog. frostsicheren Gründungstiefe von Bauwerken.

Erdgas als Kraftstoff. Das überwiegend aus >Methan< bestehende E. ist ein hervorragender Kraftstoff für >Ottomotoren<, der wesentlich geringere >Abgasemissionen< als handelsüblicher >Ottokraftstoff< ergibt. Schwierig ist allerdings wegen der geringen Dichte das Mitführen des Erdgases im Fahrzeug, das üblicherweise in Druckflaschen erfolgt (s. S. 392).

Erdöl. (Syn. Mineralöl). Umfaßt nach der >MARPOL-Definition< Rohöl, Brennöle, Ölschlamm, Abfallöle und raffinierte Ölprodukte mit Ausnahme von Petrochemikalien. Rohöle enthalten als Hauptbestandteil Alkane, Cycloalkane und aromatische >Kohlenwasserstoffe<, kleine Konzentrationen von Sauerstoff-, Schwefel- und Stickstoffverbindungen sowie eine Reihe von Metallverbindungen in Spuren, vorwiegend Nickel- und Vanadiumverbindungen (>Kohlenwasserstoffe, fossile<). Der Eintrag von Öl in das Meer wird auf ca. 3,1 Mio t/Jahr geschätzt bei einer möglichen Schwankungsbreite von 1,6 bis 8,3 Mio t/Jahr. Neben dem anthropogenen Eintrag existieren natürliche, unterseeische Quellen, sog. „Oil seeps" (s. Abb.). Punktförmige Einträge größerer Rohölmengen unter Bildung größerer Ölflächen (Ölteppiche) treten bei Unfällen auf Bohrinseln (Blow-out) und bei Tankerunfällen auf. Durch das Driften von Ölflecken bei Tanker-

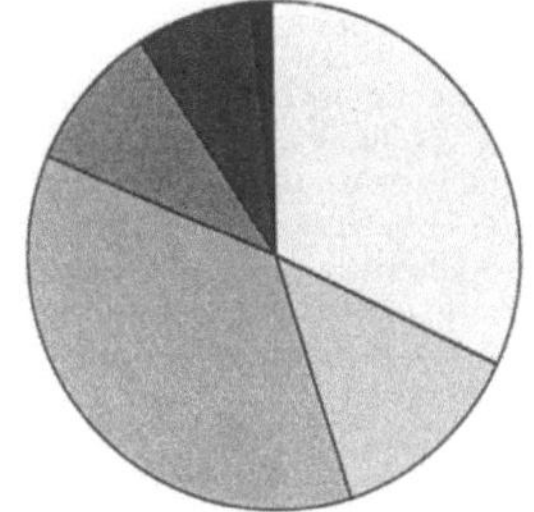

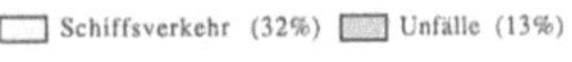

Erdöl: Eintrag von Erdölkohlenwasserstoffen in das Meer. (Nach: National Research Council 1989)

Erdöl: Löslichkeit von Erdölkohlenwasserstoffen in destilliertem Wasser bzw. Meerwasser (*MW*) mit Salzgehalt 35 %. (Aus: Chapman 1985 nach Clark u. MacLeod 1977)

Kohlenwasserstoff	Kohlenstoffatome	Löslichkeit [mg kg^{-1}]
a) Alkane		
n-Pentan	5	39
2-Methylpentan	6	13,8
n-Heptan	7	2,9
n-Octan	8	0,66
n-Decan	10	0,052
n-Dodecan	12	0,0037
		0,0029 (MW)
n-Hexadecan	16	0,0009
		0,0004 (MW)
n-Eicosan	20	0,0019
		0,0008 (MW)
n-Triacontan	30	0,002
b) Cycloalkane		
Cyclopentan	5	156
Cyclohexan	6	55
Cyclooctan	8	7,9
c) Aromaten		
Benzol	6	1.780
Toluol	7	515
o-Xylol	8	175
i-Propylbenzol	9	50
Naphthalin	10	31,3
		22,0 (MW)
1-Methynaphthalin	11	25,8
1,5-Dimethynaphthalin	12	2,74
Biphenyl	12	7,45
		4,76 (MW)
Acenaphthen	13	3,47
Phenanthren	14	1,07
		0,71 (MW)
Anthracen	14	0,075
Chrysen	18	0,002

unfällen in Küstennähe sind besonders Küstenstreifen und die dort lebende Tierwelt bedroht. Nach dem Eintritt von Rohöl in die Meeresoberfläche treten folgende Prozesse ein: Ausbreitung und Filmbildung (Slick), Auflösung von Kohlenwasserstoffen entsprechend ihrer Löslichkeit (s. Tabelle S.393), Verdampfung leichtsiedender Kohlenwasserstoffe in wenigen Tagen, Emulsionsbildung (>Emulsion<), biologischer Abbau, Photooxidation und >Sedimentation<. Nach Ablauf dieser Prozesse verbleiben etwa 10 bis 30% des Rohöls als Rückstände in Form von an der Meeresoberfläche treibenden Teerklümpchen („tar balls") mit einem Durchmesser von meist 1 bis 10 mm; ihre Konzentration beträgt z.B. für das Mittelmeer ca. 0,2 bis 7 mg · m^{-2}. Konzentrationen gelöster Kohlenwasserstoffe am Beispiel der Nordsee: Offene See: 0,4 bis 2,2 µgL^{-1}, Küstenbereich 3 bis 3,4 µgL^{-1}; Flußmündungsgebiete von Elbe und Rhein: 5 bis 25 µgL^{-1}. Die Toxizität von Erdöl richtet sich nach dessen Herkunft. Die größte Toxizität besitzen mehrkernige Aromaten; jedoch wird die toxische Wirkung von Öl auf Kohlenwasserstoffe mit niedrigerem Molekulargewicht zurückgeführt, da diese leichter löslich sind. Ölunfälle auf See können chemisch durch Dispergierungsmittel („oil spill dispersants") und mechanisch, z.B. durch Spezialschiffe wie Klappschiffe, bekämpft werden.

Lit: National Research Council (1989) Using oil spill dispersant in the sea. National Academy Press, Washington DC, S.235 – National Research Council (1985) Oil in the sea. National Academic Press, Washington DC, S.601 – Chapman P (1985) Review of effect of chemical dispersant on oil dispersion in seawater. In: Payne AIL, Boonstra HGvD (Hrsg.) Spec. Rep. SeaFish. Res. Inst. S.Afr. 2 Printed for Government Printer, Pretoria by Galvin and Sales (Pty) Ltd, Cape Town, S.23 – Clark RC, Mac Leod WD (1977) Input, transport mechanisms and observed concentrations of petroleum in the marine environment. In: Malins DC (Hrsg.) Effects of petroleum on arctic and subarctic marine environments and organisms. I.Nature and Fate of Petroleum. Academic Press, New York, S.91–223.

Erdwärme. (Syn. Geothermie). Wärme, die aus dem Erdinnern durch die Erdkruste dringt. Die Hauptursache der E. ist auf den natürlichen Zerfall radioaktiver Isotope im Erdmantel zurückzuführen. Der übrige Wärmeinhalt geht auf die Abwärme von heißem flüssigen Magma zurück. E. ist also „gespeicherte Kernenergie". Besonders begünstigt sind u.a. Gebiete, wo infolge vulkanischer Vertiefungen heiße Schichten nahe an die Erdoberfläche angrenzen und u.U. Dampf freigesetzt wird. Dieser wird in >Wärmekraftwerken<, wie sie z.B. in den USA, Italien und Neuseeland betrieben werden, genutzt. Ihre weltweite Gesamtleistung liegt bei ca. 5.000 MW. Bei zu niedriger Temperatur zur Dampferzeugung bietet sich eine Nutzung für Heizzwecke und Warmwasserbereitung an. Die derzeitige gesamte nichtelektrische Erdwärmenutzung beträgt ca. 10.000 MW. Große Erwartungen setzt man zur Zeit in das „Hot-dry-rock-Verfahren", das auch die Nutzung jener Wärmeenergie erlaubt, die in überdurchschnittlich warmem, wasserundurchlässigen und somit trockenem Tiefengestein gespeichert ist. Wegen der Wasserundurchlässigkeit können keine natürlichen heißen Wasser- und Wasserdampfmengen aus diesen Schichten an die Oberfläche gelangen. Um diesen heißen, trockenen Gesteinen trotzdem Wärme zu entziehen, werden sie in der Tiefe aufgespalten. Dann leitet man durch ein Bohrloch von der Erdoberfläche Wasser ein, das sich erhitzt und als Heißwasser oder Wasserdampf durch ein zweites Bohrloch wieder an die Oberfläche gelangt (s. Abb.). Zusammenfassend bleibt festzustellen, daß die Erdwärme verglichen mit dem Globalenergieverbrauch eine relativ geringe Bedeutung hat, für einige von der Natur begünstigte Länder je

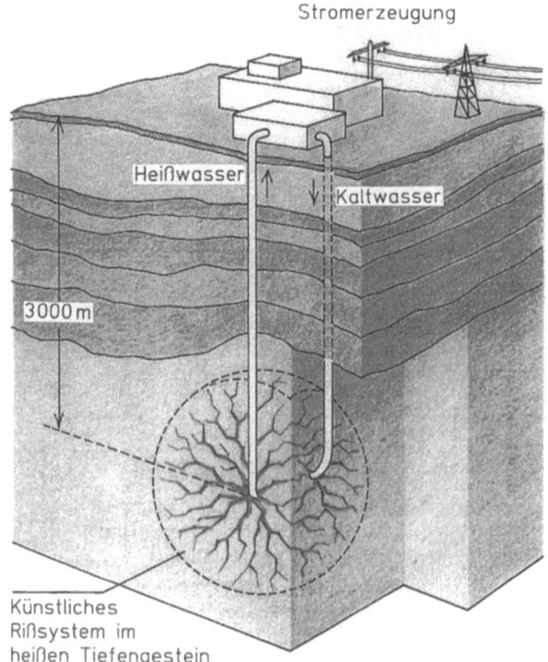

Erdwärme: Mit Erdwärme wird im sog. „Hot-dry-rock-Verfahren" Wasser erwärmt und mittels Dampfturbine zur Stromerzeugung genutzt

doch eine gute Energieversorgungsergänzung darstellt. In Deutschland sind v. a. drei Regionen für die Geothermie von Interesse: Die Norddeutsche Tiefebene, der Oberrheingraben zwischen Vogesen u. Schwarzwald und das süddeutsche Molassebecken. Zwei Projekte entstehen dort in Erding und München.
Lit: Grawe J (1992) Zukunftsenergien, Verlag BONN AKTUELL, München Landsberg – Rummel F, Kappelmeyer O (Hrsg.) (1993) Erdwärme – Energieträger der Zukunft, 2.Aufl., Verlag C.F.Müller, Karlsruhe – Weber R (1986) Erneuerbare Energie, Taschenlexikon, 1.Aufl., Olynthus, Oberbözberg, S.78.

Erfassungsgrenze. Nach DIN 32645 der kleinste Gehalt einer gemessenen Probe, bei dem mit einer bestimmten, vom Anwender vorzugebenden Wahrscheinlichkeit ein Nachweis möglich ist. Die Erfassungsgrenze ist immer größer oder gleich der >Nachweisgrenze< und kleiner als die >Bestimmungsgrenze<. In der internationalen Literatur ist der Begriff kaum anzutreffen.
Lit: DIN 32645 (Ausgabe: 1994-05) Chemische Analytik; Nachweis-, Erfassungs- und Bestimmungsgrenze; Ermittlung unter Wiederholbedingungen; Begriffe, Verfahren, Auswertung.

Erfassungssystem. System für die Sammlung von Abfällen. Besteht im einfachsten Fall, beim >Hausmüll<, aus einem Abfallbehälter. Andere Möglichkeiten sind die Aufstellung von >Depotcontainern< und/oder die Aufstellung eines (z.B. >Biotonne<) oder mehrerer (z.B. >Biotonne< und >Gelber Sack<) Abfallbehälter. Ergänzt werden kann dieses System durch die zusätzliche Sammlung von Schadstoffen (z.B. „Schadstoffmobil"). Beim >Sperrmüll< besteht ein E. z.B. in der regelmäßigen Abfuhr von Sperrmüll aus allen Bereichen eines Gebietes oder in der Abfuhr auf Anforderung durch den Bürger.

Ergänzungsfuttermittel. Ergänzungsfuttermittel sind Mischungen von >Futtermitteln<, die einen hohen Gehalt an bestimmten Stoffen enthalten und die aufgrund ihrer Zusammensetzung nur mit anderen Futtermitteln für die tägliche Ration ausreichen.

Ergebnisunsicherheit. S. >Meßunsicherheit<.

Ergiebigkeitsziffer. Die Ergiebigkeitsziffer nach STINI (1950), ein Maß für die Durchlässigkeit von >Festgesteinen<, gibt die Zuflußmenge in L/s für 100 m Stollenlänge an. Die Ergiebigkeitsziffern liegen in sandigtonigen Gesteinsfolgen meist zwischen 0,5 und 1,0 L/s · 100 m, in Gegenwart von Carbonatgesteinen deutlich höher (bis 200 L/s · 100 m).
Lit: Mattheß G, Ubell K (1983) Allgemeine Hydrogeologie, Grundwassergehalt, Gebr. Borntraeger, Berlin Stuttgart – Stini J (1950) Tunnelbaugeologie, Springer, Wien.

Ergotalkaloide. (Syn. Mutterkorn-Alkaloide). Aus dem Sklerotium des Pilzes *Claviceps purpurea*, der parasitär auf Roggen und Gramineen lebt und dort zur Bildung des Mutterkornes *(Secale cornutum)* führt, lassen sich diese Alkaloide isolieren. Es handelt sich um Amide der (+)-Lysergsäure. Der wichtigste Vertreter der Ergotalkaloide ist Ergotamin, das zu Kontraktio-

nen von Uterus und Gefäßen führt und die α-Rezeptoren blockiert. Bei Genuß von Mutterkorn-haltigen Getreideprodukten treten diese Symptome des Ergotismus auf. Infolge der Saatgutbeizung spielt die Vergiftung durch Ergotalkaloide heute kaum noch eine Rolle.

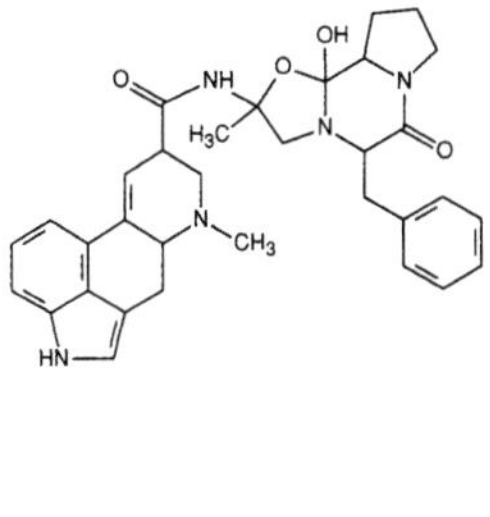

Ergußgesteine. Typ der magmatischen Gesteine, die durch Erstarrung des flüssigen Magmas an der Erdoberfläche gebildet wurden. *Gegensatz:* Tiefengesteine.

Erioglaucina. >Brillantblau FCF<.

Eriophtoxin 2G. >Brillantsäurecarmin 2G<.

Erkennungsgrenze. Auf der Basis statistischer Verfahren festgelegter Kennwert zur Beurteilung der Nachweismöglichkeit bei Kernstrahlungsmessungen. Der Zahlenwert der E. läßt für jede Messung bei vorgegebener Fehlerwahrscheinlichkeit eine Entscheidung darüber zu, ob unter den registrierten Impulsen ein Beitrag der Probe enthalten ist. >Nachweisgrenze<.

Erlaß. Schriftstücke der Ministerien an a) nachgeordnete Behörden und Dienststellen, b) Körperschaften, Anstalten und Stiftungen des öffentlichen Rechts, die der Aufsicht des Landes unterstehen, c) Bedienstete des Landes und der unter b) bezeichneten Körperschaften, Anstalten und Stiftungen, d) Privatpersonen, wenn es sich um einen Hoheitsakt handelt. Außer im Fall d) entwickeln E. keinerlei Rechtswirkung nach außen, sind rechtlich somit unbeachtlich.

Erlaubnis. Oberbegriff für den Rechtsakt, mit dem dem Bürger ein bestimmtes Recht eingeräumt wird (zur Errichtung einer baulichen Anlage, zum Betrieb einer Anlage etc.); rechtseinräumende Akte können heißen Konzession, >Genehmigung<, >Planfeststellungsbeschluß<, Gestattung, aber auch E.
wasserrechtlich: Das widerrufliche, i.d.R. befristet gewährte Recht, ein Gewässer zu einem bestimmten Zweck in einer nach Art und Maß bestimmten Weise zu benutzen (s. § 7 Abs. 1 >Wasserhaushaltsgesetz<).

Erlaubnisvorbehalt. Gesetzliches Verbot eines bestimmten Tuns, verbunden mit der Möglichkeit, eine Ausnahme vom Verbot erteilen zu können. Beispiele: Baugenehmigung, Genehmigung zur Errichtung einer >genehmigungbedürftigen Anlage< nach dem Bundes-Immissionsschutzgesetz.

Ermessen. Durch bestimmte gesetzliche Formulierungen (z.B.: kann, darf) den Behörden eingeräumte gesetzliche Möglichkeit, nach ihrem Dafürhalten überhaupt, und wenn ja, mit Mitteln ihrer Wahl tätig zu werden.

Ermüdungsfestigkeit. Festigkeitsverhalten eines Bauelements gegen Ermüden, d.h. gegen das Versagen durch fortschreitendes Rißwachstum, das durch wiederholte Spannungszyklen verursacht wird. Dynamische Beanspruchungen, besonders bei häufig wechselnden Lastintensitäten, wie sie z.B. bei den Rotorblättern von >Windenergieanlagen< auftreten, beeinflussen die Werkstoffeigenschaften und verändern das Festigkeitsverhalten. Meist beginnt die Ermüdung durch Rißbildung an der Oberfläche eines Werkstücks, wo durch Unregelmäßigkeiten wie Kerben, Kratzer, Anrisse eine Querschnittsreduktion vorliegt. Die Ermüdungsgefahr kann z.B. durch Erzeugung einer hohen Oberflächengüte reduziert werden. Durch Schleifen

und Polieren werden Oberflächenfehler entfernt und somit die Möglichkeit des Rißbeginns reduziert. Der Möglichkeit der Rißbildung an inneren Materialfehlern wie z.B. Einschlüssen kann damit aber nicht begegnet werden. Das Festigkeitsverhalten eines Bauelements hängt von einer Reihe von Parametern ab, die einmal durch den Werkstoff vorgegeben sind (Zusammensetzung und Herstellungsprozeß), zum anderen durch die Beanspruchung festgelegt werden. Das Festigkeitsverhalten gegen Ermüdung wird i.allg. an Prüfkörpern im Labor bestimmt, die so konzipiert sind, daß sich die Einflüsse der folgenden wichtigsten Parameter gezielt untersuchen lassen: Werkstoffeigenschaften, Form des Bauelements, Art des Spannungszustands, Geschwindigkeit des Belastungsvorgangs, Zahl der Lastspiele, Höhe der Einzelbelastungen, Temperatur.
Lit: Müller HM (1973) Meyers Physik Lexikon, Bibliographisches Institut, Mannheim – Schuh F (1981) Encyklopädie Naturwissenschaft und Technik, Zweiburgen, Weinheim.

Ernährung. Aufnahme von Nahrungsstoffen zum Aufbau und Erhalt des Körpers und der Stoffwechselfunktionen. Die Ernährung sollte ausgewogen sein und dem Körper Proteine, Kohlenhydrate, Fette, Spurenelemente, Vitamine und Wasser zuführen. Idealerweise sollten alle Komponenten in einem bestimmten Verhältnis enthalten sein. Bei einseitiger Ernährung oder Unterernährung kommt es zu Störungen im Energie- und Baustoffwechsel des Körpers. Mangelerscheinungen entstehen und können sich zu bestimmten Krankheitsbildern manifestieren.

Ernährungserhebung. Flächenrepräsentative Erhebung des Nährelement- und teilweise auch des Schadstoffgehaltes in den Assimilationsorganen von Waldbäumen. Die Bestimmung der Elementgehalte in Nadeln und Blättern wurde EU-weit auf einem 16 × 16 km-Raster nach weitgehend standardisierten Verfahren bislang einmalig durchgeführt (sog. >Level I-Flächen<). Die Ernährungsboniturnetze der Bundesländer sind i.d.R. dichter (z.B. 4 × 4 km).

Ernährungshypothese. >neuartige Waldschäden<.

Erneuerbare Energien. (Syn. regenerative Energien). >Sonnenenergie<, >Erdwärme< und Gezeitenenergie (>Gezeiten<). Bei der Sonnenenergie unterscheidet man die solare Strahlung als direkte Sonnenenergie und Wasserkraft, Meereswärme, Wind- und Wellenenergie, Biomasse und >Umweltwärme< als indirekte Sonnenenergie. Mit Ausnahme der Gezeitenenergie, die ihren Ursprung in der Rotation und Gravitation der Planeten hat, sind die anderen e.E. alle nuklearen Ursprungs: So beruht die Erdwärme auf radioaktiven Zerfallsvorgängen in der Erdkruste und auf der Restwärme des Erdkerns. Die Sonnenenergie wird aus den nuklearen Fusionsprozessen (>Fusion<) der Sonne gespeist. Damit stehen die regenerativen Energien zwar nicht für unendliche Zeiten als Energieträger zur Verfügung, sind aber zumindest in unseren Zeitmaßstäben als unerschöpfliche Energieströme anzusehen, im Gegensatz zu den >Energierohstoffen< Kohle, Öl, Gas, Uran, Thorium, Deuterium und Lithium. Erneuerbare Energieträger waren 1994 in D mit 2,4% am >Primärenergieverbrauch< beteiligt. Davon entfielen etwa 50% auf die herkömmliche >Wasserkraft<. Nach einer Studie des Prognos-Instituts im Auftrag des Bundesministeriums für Wirtschaft wird erwartet, daß der Anteil der erneuerbaren Energieträger am Pri-

märenergieverbrauch auf 3,6% bis zum Jahr 2020 ansteigt.
Lit: BMWi (Hrsg.) (1995) Referat Öffentlichkeitsarbeit: Die Energiemärkte Deutschlands im zusammenwachsenden Europa – Perspektiven bis zum Jahr 2020. Kurzfassung – Voss A (1990) Energie eine knappe Ressource? Handbuch der Energie, Neske, Pfullingen, S. 34 – Weber R (1986) Erneuerbare Energie, Taschenlexikon, 1. Aufl., Olynthus, Oberbözberg, S. 88.

Erntefaktor. Unter dem Erntefaktor eines Kraftwerkes versteht man die Angabe, wievielmal mehr Energie das Kraftwerk während seiner gesamten Lebensdauer erzeugt als für die Herstellung der Anlage, für Betriebsmittel und Betriebsstoffe, nicht aber für Brennstoff benötigt wird.
Lit: Roth E (1994) Mensch, Umwelt und Energie. 2. Aufl., Energiewirtschaft und Technik Verlagsgesellschaft mbh, Düsseldorf.

Erodierbarkeit. Anfälligkeit eines Bodens gegen Erosion durch Wind oder Regenwasser (>Bodenerosion<).

Eröffnungskontrolle. Die behördliche Überprüfung der gesetzlich notwendigen Unterlagen für ein Vorhaben, welches nicht ohne behördliche Erlaubnis begonnen werden darf; die positive E. gestattet dem Träger des Vorhabens die Realisierung desselben.

Erörterungstermin. Im Rahmen bestimmter Erlaubnis- und Satzunggebungsverfahren gesetzlich angeordneter Termin, in dem über die >Einwendungen< Dritter gegen das zu genehmigende Vorhaben oder gegen die Satzung zu verhandeln ist. Anordnung des Termins und seine Durchführung sind an bestimmte Formalien gebunden. Umweltrechtlich von Interesse z.B. §§ 14 bis 19 der 9. Verordnung zur Durchführung des Bundesimmissionsschutzgesetzes i.d.F. der Bekanntmachung vom 29.5.1992, BGBl.I S.1001 oder § 73 Abs.6 des Verwaltungsverfahrensgesetzes vom 25.05.1976, BGBl.I S.1253.

Erosion. >Bodenerosion<.

Erosionskartierung. 1) Aufstellung einer Karte, in der die in jüngerer Zeit abgelaufene >Bodenerosion< landwirtschaftlich genutzter Flächen dargestellt ist. Dabei ist oft die Feststellung des tatsächlichen Ausmaßes der Erosion ein großes Problem, da verläßliche Indikatoren für den Bodenabtrag fehlen. In manchen Fällen konnte hier die Bilanzierung solcher Stoffe helfen, die in Böden nur wenig verlagert werden, wie z.B. Kupfer (als Fungizid gespritzt) oder Phosphat (als Dünger). In den meisten Fällen ist man auf die Interpretation bodenmorphologischer Merkmale (z.B. der Mächtigkeit von >Kolluvien< am Unterhang) angewiesen; auch die Bestimmung der Verhältnisse von schwer (Kies) zu leicht verlagerbaren Stoffen (>Schluff<, Grobton) liefert manchmal Anhaltspunkte für die erodierten Bodenmengen. Meist setzt die E. jedoch beim Kartierer ein hohes Maß von Erfahrung und Wissen um die typischen Böden einer Landschaft voraus.

2) Aufstellung einer Karte, in der die Anfälligkeit der Böden (bzw. Standorte) gegenüber Bodenerosion dargestellt ist. Zur Erstellung einer solchen Karte ist ein Erosionsmodell notwendig, das Vorhersagen über die mittlere Erosion unter gegebenen Bedingungen macht. Wichtige Parameter sind hier die >Erosivität< der Niederschläge, Hangneigung und -länge, >Bodenart< und >Bodengefüge<. Da die tatsächliche Erosion v.a. auch von der Bodenbewirtschaftung abhängt, kann eine E.

nur für eine bestimmte Bodenbeschaffenheit (z. B. >Schwarzbrache<) ausgeführt werden; der Einfluß der Kulturart muß dann durch entsprechende Korrekturen berücksichtigt werden.

Erosivität. Fähigkeit eines Regenereignisses, unter standardisierten Bedingungen Bodenerosion auszulösen. Hierbei sind Dauer und Intensität des Regens maßgebend, da sie Beginn und Ausmaß des Oberflächenabflusses bestimmen. So werden in mathematischen Modellen zur Erosionsabschätzung Regenfälle nur dann berücksichtigt, wenn sie erosiv sind, d. h. eine bestimmte Regenmenge (mm) bringen oder eine bestimmte Regenintensität (mm/h) aufweisen. Für die gesamte erodierende Wirkung eines Regens hat aber auch die kinetische Energie der Tropfen Bedeutung, da die mechanische Zerstörung der Aggregate die Verschlämmungsneigung und damit den Oberflächenabfluß erhöht (>Bodenerosion<).

ERP-Luftreinhaltungsprogramm. Aus dem Sondervermögen des Europäischen Wiederaufbauprogramms (ERP = European Recovery Program; von C. MARSHALL am 05.06. 1947 verkündeter Hilfsplan Amerikas für den Wiederaufbau Europas) können zinsverbilligte Darlehen für Umweltschutzinvestitionen, wie z. B. die Errichtung und Erweiterung von Anlagen zur >Luftreinhaltung<, gewährt werden. Antragsberechtigt sind vor allem kommunale Wirtschaftsunternehmen und Unternehmen der gewerblichen Wirtschaft, wobei Anträge kleiner und mittlerer Unternehmen bevorzugt berücksichtigt werden. Die ERP-Darlehen stellt die Deutsche Ausgleichsbank, Bonn, nach festgelegten Richtlinien und allg. Bedingungen zur Verfügung.

Ersatzstoffe. § 17 >ChemG< enthält u. a. die Ermächtigung der Bundesregierung, für best. >gefährliche< Stoffe, Zubereitungen und Erzeugnisse >Verbote< oder >Beschränkungen< vorzuschreiben. Die entspr. Maßnahmen – für das >Inverkehrbringen< bzw. für die >Verwendung< – finden in der >GefStoffV< oder in speziellen Rechtsverordnungen ihren Niederschlag (s. >Verbote<). Somit ergibt sich die Notwendigkeit einer Substitution best. >Gefahrstoffe<. Bei den E. handelt es sich um >Stoffe<, >Zubereitungen< oder >Erzeugnisse< mit geringerem gesundheitlichen oder Umweltrisiko.
Bei der Suche nach E. sind best. Kenntnisse erforderlich und eine Reihe von Prüfschritten zu durchlaufen. Hierbei handelt es sich u. a. um (öko)toxikologische Datensätze, arbeitsplatz- und umweltbezogene Expositionsmuster, Verwendungsbereiche/muster sowie um technische und Wirtschaftsfragen: Eignung und Verfügbarkeit eines vergleichbaren Stoffes für denselben Einsatzzweck bei gleichem Sicherheitsniveau. Mit diesen Fragen befaßt sich der Unterausschuß (UA VII)

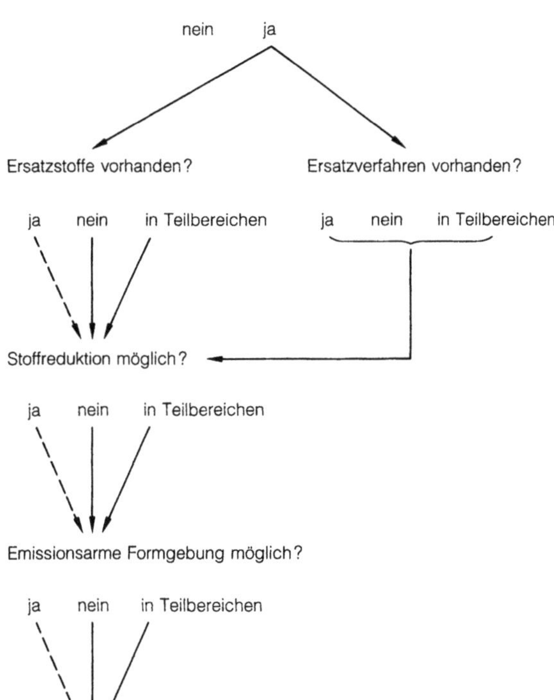

Ersatzstoffe: Ersatzstoffsuche

„Verwendungsbeschränkungen" des >Ausschusses für Gefahrstoffe (AGS)<.
Die Ersatzstoffsuche (s. Abb. S. 397) ist fast immer mit verfahrens- und anlagentechnischen Änderungen gekoppelt. Hierbei ist abzuwägen, ob der geplante Einsatz des aus (öko)toxikologischer Sicht günstigeren Stoffes nicht andere – vorwiegend sicherheitstechnische – Probleme mit sich bringt. Daher ist für den Einsatz von E. vorab nicht nur deren Gefährdungspotential zu ermitteln, sondern die gesamte Belastungssituation zu berücksichtigen (UBA-Substitutionsbericht 1985). Als Maßnahmen zur (vorbeugenden) Gefahrenabwehr finden sich die Regelungen für E. in § 17 ChemG und in § 16 GefStoffV. Die Pflicht zur Substitution von Gefahrstoffen mit gesundheitlichem Risiko für Arbeitnehmer folgt aus der allg. Schutzpflicht der Arbeitgeber. Die Ermittlungspflicht der Ersatzmöglichkeiten durch weniger gefährliche Stoffe und deren Verwendung gehen als „Substitutionsgebot" aus Abs. 2 des letztgenannten Paragraphen hervor. Sie gilt in erster Linie für >krebserzeugende< Stoffe der Gruppe I nach Anhang II Nr. 1.1 GefStoffV.
Auch die Umsetzung der >Beschränkungsrichtlinie< 76/769/EWG in deutsches Recht hat den Einsatz von E. mit sich gebracht, z. B. für Asbestfasern, >PCB/PCT< und neuerdings auch >PCP<. Die Substitution weiterer, auch für den Menschen nicht gefährlicher Stoffe resultiert aus den deutschen Verbotsverordnungen nach § 17 ChemG: (s. Tabelle „Rechtsverordnungen zum >Chemikaliengesetz<"; >Verbote<).

Lit: Meyer G, Unterausschuß „Verwendungsbeschränkungen". In: Gefährliche Arbeitsstoffe, Bundesarbeitsblatt 2/1992, S. 29/ 30. – Kitzinger G, Beekhuizen S, Lorenz G (1991) Gefahrstoffverordnung; Kommentar und Rechtsvorschriften zum Gefahrstoffrecht, Werner Verlag, Düsseldorf – Umweltbundesamt (1985) Substitution umweltgefährdender Stoffe – Möglichkeiten, Probleme, Beispiele. UBA-Texte 12/1985.

Ersatztriebe. (Proventivtriebe). Speziell bei Fichten bilden sich im fortgeschrittenen Stadium des Nadelverlustes an der Hauptachse der Äste kurze, aufrecht stehende Feinzweige. Im Extremfall kann nahezu die gesamte Benadelung aus Sekundärtrieben bestehen. Andere Baumarten wie z. B. die Kiefer besitzen diese Notfallstrategie nicht.

Erstbesiedler. Tier- und Pflanzenarten, die neu entstehende Lebensräume, z. B. Rohböden besiedeln.

Erste Hilfe. Vorläufige Maßnahmen (z. B. Wiederbelebung, Versorgung von Blutungen, Schienung) am Verletzten oder akut Erkrankten (medizinischer Notfall) durch Laien oder medizinisch Geschulte; primäres Ziel ist die Vorbereitung für den Transport.

Erste Reinigungsstufe. Die Abwasserinhaltsstoffe fallen in gelöster, kolloidaler und ungelöster Form an. Bei kommunalem Abwasser beträgt der Anteil der ungelösten Stoffe etwa 30 bis 40 % der Verschmutzung. Dieser Anteil kann in einer ersten Reinigungsstufe durch mechanische Klärverfahren aus dem Abwasser entfernt werden. Die ungelösten Stoffe können je nach ihrer physikalischen Beschaffenheit durch Sieben, Filtern, Aufschwimmen und Absetzen abgetrennt werden. Die dafür gebräuchlichen Systeme sind Grob- und Feinrechen, Siebanlagen, Fett- und Sandfänge sowie Flotationsanlagen und Absetzsysteme. Die Einsatzart, Bemessung und konstruktive Ausbildung dieser Betriebseinheiten werden unter den entsprechenden Stichwörtern erläutert.

Diese mechanischen Verfahren sind in Prozeßketten einzubinden, bei denen verwert- oder deponierbare Endprodukte anfallen.
Eine maximale Eliminationsrate ist nicht das alleinige Ziel. Übergeordnete Aspekte des Umweltschutzes sind zusätzlich zu beachten. Dazu zählen eine hohe Betriebssicherheit, eine weitgehende Reduzierung der Reststoffe und der Einsatz emissionsarmer Verfahren. Nicht zuletzt muß die Wirtschaftlichkeit gewährleistet sein.

Lit: Abwassertechnische Vereinigung (Hrsg.) (1985–1997) ATV-Handbuch, 4. Aufl., Bd. 1–7, Verlag von Wilhelm Ernst und Sohn, Berlin München.

Ertragsniveau. Die auf einer landwirtschaftlich genutzten Fläche sich langfristig einstellende durchschnittliche Ertragshöhe, die im wesentlichen von den Standortfaktoren >Boden< und >Klima< abhängt. Der darüber hinausgehende Ertrag wird durch die >Intensität< der standort- und umweltgerechten Bewirtschaftung bestimmt.

Ertragspotential. Die maximal erreichbare Ertragshöhe der angebauten Kulturpflanzen auf einem Standort bei optimalem Zusammenwirken von Anbaumaßnahmen, Sorte und Witterung. Das exakte E. kann nur eine geschätzte Größe sein, man kann dafür Düngungssteigerung-Versuche auswerten, im Rückblick die Anbau- und Witterungsdaten guter Ertragsjahre analysieren oder über den bekannten Ertragsaufbau einer Sorte und physiologische Gesetzmäßigkeiten das E. modellhaft simulieren.

Ertragssicherheit. Langfristige Beibehaltung des betriebsspezifischen >Ertragsniveau< mit möglichst geringen Abweichungen nach unten. Mittel dazu sind dem Standort angepaßte >Anbauverfahren< unter Nutzung von Pflanzensorten, die widerstandsfähig gegen Krankheiten und Witterungsextreme sind. Letztlich beruht die E. auf der Fähigkeit des Betriebsleiters, die ertragssichernden Maßnahmen wie >Düngung< und >Pflanzenschutz< gezielt einzusetzen. E. ist für die wirtschaftliche Kalkulierbarkeit eines Betriebes wichtig.

Ertragssteigerung. Zu erzielen durch Verbesserung der Bodenfruchtbarkeit in Verbindung mit einer erhöhten Nährstoffzufuhr, dadurch mehr Wasserspeicherung und Nährstoffnachlieferungsvermögen des Bodens; durch den Anbau leistungsfähiger Sorten; durch bedarfsgerechte >Düngung< während des Pflanzenwachstums; durch Vermeidung von Ertragsverlusten mittels Pflanzenschutz. In der Geschichte des >Ackerbaus< gelingt die größte E. durch Einführung der >Mineraldünger<, dabei vor allem durch die >Stickstoffdüngung< (Beginn 19. Jh.). So liegt der durchschnittliche Kornertrag von Winterweizen im Jahr 1900 in Deutschland bei 20 dt/ha (Spitzenerträge bei 30 dt/ ha), 1991 bei 68 dt/ha, wobei Spitzenerträge bis 100 dt/ha erreicht werden. Im Zeitraum von 1850 bis 1950 ist schätzungsweise die Düngung an der E. mit 60 %, die Pflanzenzüchtung mit 15 % beteiligt, der Rest entfällt im wesentlichen auf den Pflanzenschutz. Heute ist bei den optimal eingesetzten Faktoren Düngung und Pflanzenschutz E. vor allem über den Züchtungsfortschritt zu erwarten. In Ländern mit ungenügender Nahrungserzeugung liegt der Schlüssel zur E. nach Beurteilung der >FAO< in der Intensivierung von Düngung und Pflanzenschutz in Verbindung mit verbesserten Sorten, da zusätzliche Anbaufläche in der Regel nicht vorhanden ist.

Erucasäure. (*cis*-13-Docosensäure, $C_{22}H_{42}O_2$). CAS-Nr. 112–86–7. Physikalische Eigenschaften: M_r: 338,6, Fp.: 34 °C, Kp.$_{10}$: 254,5 °C. Einfach ungesättigte Fettsäure, die als Glyceridbestandteil in einigen Samenölen enthalten ist und hier insbesondere in Rüb- und fetten Senfölen. In Fütterungsversuchen bei zahlreichen Tierarten mit Raps (*Brassica campestris*), der bis zu 50 % an E. enthalten kann, wurde eine pathophysiologische Wirkung beobachtet, wie z. B. Fettablagerungen im Herzmuskel, die von einer Abnahme an Glykogen begleitet sind und deren Ursache in einer erschwerten enzymatischen Abbaureaktion der E. gesehen wird. Obwohl gesundheitsbedenkliche Anzeichen beim Menschen nicht beobachtet wurden, werden heute nur noch Rapssorten mit einem niedrigen Gehalt an E. angebaut. Eine spezielle, von der Europäischen Gemeinschaft im Mai 1977 erlassene E.-Verordnung schreibt vor, daß Speiseöle, Speisefette, ihre Mischungen sowie daraus hergestellte Lebensmittel nicht in den Verkehr gebracht werden dürfen, wenn der Gehalt an E., bezogen auf den Gesamtgehalt an Fettsäure in der Fettphase, 5 % übersteigt.

$$COOH\text{-}(CH_2)_{11}\text{-}CH=CH\text{-}(CH_2)_7\text{-}CH_3$$

Lit: Lindner E (1986) Toxikologie der Nahrungsmittel, 3. Aufl., Thieme Verlag, Stuttgart.

Erwärmung. Temperaturzunahme im Verlaufe der Zeit, verursacht durch Strahlungs->Absorption<, >Advektion< wärmerer Luftmassen, Wärmezunahme eines Luftquantums beim >Absteigen< oder Zufuhr von >Sublimations-< oder >Kondensations<wärme. In der Nähe des Erdbodens erfolgt die E. in der Regel durch turbulenten >Austausch<, d. h. Transport sensibler Energie.

Erythrosin BS. (E 127): 2,4,5,7-Tetraiodfluorescein (Dinatriumsalz). Ein roter Farbstoff, der bei der Anfärbung von Lebensmitteln ein blaustichiges Rosa ergibt. Er wird zum Färben von ganzen, halben oder entsteinten Früchten, z. B. Maraschino-Kirschen, sowie von Speiseeis und Fleischprodukten eingesetzt. Der ADI-Wert beträgt bis zu 2,5 mg/kg Körpergewicht.

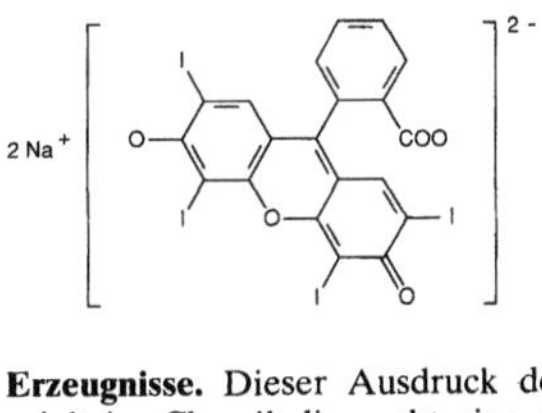

Erzeugnisse. Dieser Ausdruck des täglichen Lebens spielt im Chemikalienrecht eine gewisse, aber gegenüber den beiden anderen Produktarten (>Stoffe<, >Zubereitungen<) untergeordnete Rolle. In § 3 Nr. 5 >ChemG< wird erstmalig der Begriff E. definiert, der bisher auch nicht im EU-Recht erläutert worden ist. Der *Leitfaden* der >EU-Kommission< für Meldungen zum Europäischen >Altstoffinventar< >EINECS< hatte den Begriff „Artikel" definiert, der an Vorbilder anderer Rechtsordnungen, z. B. in den USA anknüpft (Section 8 >TSCA<). E. sind „Stoffe oder Zubereitungen, die bei der Herstellung eine spez. Gestalt, Oberfläche oder Form erhalten haben, die deren Funktion mehr best. als ihre chem. Zus." Entscheidendes Kriterium für das Vorliegen eines E. ist somit, daß ein Stoff oder eine Zubereitung eine best. physikalische Form erhalten hat, die für den Endgebrauch (einschl. der Be-

arbeitung von Halbfertigprodukten) wesentlich ist. Klassische Beispiele sind die aus einem Kunststoff (>Polymer<) hergestellten Folien oder geformten Teile.

Die Abgrenzung/Unterscheidung von Stoffen u. Zubereitungen gegenüber E. ist nicht immer unproblematisch. Sie hat jedoch erhebliche Bedeutung, weil sie letztendlich darüber entscheidet, welche Vorschriften anzuwenden sind. Im Gegensatz zu den beiden anderen Produktarten unterliegen E. weniger Regelungen gemäß ChemG und >GefStoffV<. So besteht *keine* Prüf- und Meldepflicht für >neue Stoffe<, soweit diese in E. vermarktet werden (§§ 4, 16). Dementsprechend haben >Altstoffe< (ausschließlich in E.) bei der sog. Nachmeldung keine Berücksichtigung gefunden. Hinsichtlich der >Kennzeichnungspflicht< und bezüglich der >Beschränkungsmaßnahmen<, jeweils für >gefährliche Stoffe<, bestehen gegenüber Stoffen und Zubereitungen z. T. wesentliche Erleichterungen. Die Gründe dafür liegen auf der Hand: Im Gegensatz zu Zubereitungen, bei denen Problemstoffe frei verfügbar sind und somit leicht zu einer Gefährdung/Schädigung von Mensch und Umwelt führen können, liegen sie bei E. meist in gebundener Form vor. Dennoch ist dafür Sorge zu tragen, daß best. >Gefahrstoffe< nicht in die Umgebung abgegeben werden können oder nur bei Anwendung von Schutzmaßnahmen. Zu den Gefahrstoffen (Sammelbegriff) gehören auch solche Stoffe, Zubereitungen und E., aus denen bei der bestimmungsgemäßen >Verwendung< von Produkten gefährliche Stoffe entstehen u. ggf. freigesetzt werden können. Bei den >Gefahrgütern< und >explosionsgefährlichen< Stoffen (SprengG) gelten die Vorschriften nicht nur für (gefährliche) Stoffe und Zubereitungen, sondern auch für „Gegenstände"!

Nach § 14 ChemG ist die Bundesregierung ermächtigt, durch Rechtsverordnung Stoffe und Zubereitungen als *gefährlich* einzustufen. Sie kann auch vorschreiben, wie (neben gefährlichen Stoffen und Zubereitungen) E., die best. gefährliche Stoffe oder Zubereitungen enthalten bzw. freisetzen können, zu verpacken oder zu kennzeichnen sind, damit Gefahren für Leben und Gesundheit der Menschen und für die Umwelt vermieden werden. Beispiel: Kennzeichnung von >Asbest<artikeln, Anhang I Nr. 2.5 GefStoffV. Bezüglich der Einstufung, Verpackung, Kennzeichnung sowie des Verbots des >Inverkehrbringens< best. E. s. a. GefStoffV Abschnitt 2 (§§ 3, 4, 6 u. 9). Die Bundesregierung ist auch berechtigt, nach Anhörung best. Kreise u. mit Zustimmung des Bundesrates die Herstellung und/oder das Inverkehrbringen von gefährlichen Stoffen, Zubereitungen und E., die einen best. gefährlichen Stoff enthalten oder freisetzen können, durch Rechtsverordnung zu verbieten oder einzuschränken (§ 17 Abs. 1 Nr. 1). – Beispiele s. § 9 GefStoffV (asbesthaltige E., Möbel aus formaldehydhaltigen Holzwerkstoffen).

Aufgrund von § 17 Abs. 1 Nr. 2 können dem >Hersteller<, der gefährliche Stoffe, Zubereitungen u. E. vermarktet oder verwendet, gewisse Pflichten auferlegt werden (Anzeige-, Erlaubnispflicht und Sachkundenachweis). Nach § 17 Ab. 1 Nr. 3 besteht auch die Möglichkeit, das Herstellungs- oder Verwendungs*verfahren* zu verbieten, bei dem best. gefährliche Stoffe, anfallen. Das ChemG gilt hier also nicht nur für Stoffe, Zubereitungen und E., die gefährliche Stoffe *enthalten*, sondern auch für solche Produkte, deren *Umwandlungsprodukte* (gleich wie entstanden) gefährlich sind.

Die Richtlinie 76/769/EWG für Beschränkungen des Inverkehrbringens und der Verwendung gewisser gefährlicher Stoffe und Zubereitungen gilt auch für best. E.: z.B. Kondensatoren und Transformatoren, die >PCB< enthalten; sowie Asbestfasern.

Lit: Rehbinder E, Kayser D, Klein H (1985) Chemikaliengesetz, C. F. Müller, Juristischer Verlag, Heidelberg.

Escarlate GN. >Scharlachrot<.

Eschboden. (Syn. Plaggenesch). Typ der >anthropogenen Böden<, der früher durch >Melioration< von (meist) >Podsolen< und sauren >Braunerden< gebildet wurde. Hierzu wurden flache Stücke von humosen Oberböden (Heide- oder Grasvegetation, „Plaggen") ausgestochen und im Stall als Bodenbelag verwendet. Anschließend wurden diese mit den Nährstoffen aus den tierischen Exkrementen angereicherten Plaggen auf die Böden ausgebreitet, wo sie neben der Nährstoffbereitstellung u.a. günstigere Wasserverhältnisse im Wurzelraum bewirkten.

Escherichia coli. >Gramnegatives<, stäbchenförmiges, durch Geißeln aktiv sich bewegendes, fakultativ aerobes, nicht sporenbildendes Bakterium. Es gehört zur Familie der >*Enterobacteriaceae*< und ist wie die meisten anderen Vertreter der Familie ein Bewohner des menschlichen und tierischen Darms. Da *E. c.* außerhalb des Darms eine Zeitlang, ohne sich jedoch zu stark zu vermehren, lebensfähig bleibt und sich zudem analytisch schnell und leicht nachweisen läßt (Colititer, Colizahl), eignet sich dieses Bakterium als Indikator für den Nachweis fäkaler Verunreinigungen in Trinkwasser, Badewasser oder anderen Umweltproben. In Trinkwasser darf in einer Probe von 100 mL gemäß Paragraph 1.1 der Trinkwasserverordnung *E. c.* nicht nachweisbar sein. Allerdings sind die neben *E. c.* oft vorhandenen Bakterienarten mit fäkalem Ursprung deutlich stärkere >Pathogene<. *E. c.* selbst ist fakultativ >pathogen<. Als typischer Bewohner des Darms ist diese Bakterienart im allg. für gesunde Erwachsene harmlos. Bei geschwächter Resistenz sowie bei Säuglingen oder alten Menschen kann es nach einer Infektion mit virulenten (>Virulenz<) Stämmen zu Erkrankungen kommen. Beispiele sind Harnwegsinfektionen, für die wegen anatomischer Gründe v.a. Frauen anfällig sind. Bauchfellentzündungen, Entzündungen der Gallenwege und Lungenentzündungen. Häufig verursachte Infektionen durch best. enterotoxinbildende (>Toxine<) Stämme von *E. c.* sind Enteritis-Arten (Darmwandentzündungen), die von Diarrhöen begleitet sind. Wegen der in außereuropäischen Ländern häufiger auftretenden fäkalen Verunreinigungen von Trinkwasser oder Gemüse werden solche Infektionen auch als „Reisediarrhö" („travellers diarrhoe") bezeichnet. Manche Arten sind zur Bildung sehr hitze-, säure- und enzymbeständige Enterotoxine mit Proteinstruktur befähigt, z.B. E. coli O 157:47.

Lit: Brandis H, Otte HJ (1984) Lehrbuch der medizinischen Mikrobiologie, 5.Aufl., Gustav Fischer Verlag, Stuttgart – Balows A (1991) Manual of Clinical Microbiology. 5.Aufl., Am. Soc. for Microbiol., Washington.

Esfenvalerate. Wirkt als >Insektizid< und zählt zur Substanzklasse der Pyrethroide.
Chemische Bezeichnung: (S)-α-Cyano-3-phenoxybenzyl-(S)-2-(4-chlorphenyl)-3-methylbutyrat.
Esfenvalerat ist das insektizid-aktivste Isomer, es hat die ca. 4fache Aktivität des racemischen Fenvalerat.
CAS-Nummer: 66230–04–4

Hersteller: Sumitomo, Du Pont
Wirkungstyp: Pyrethroides Insektizid mit Kontakt- und Fraßwirkung.
Bevorzugte Anwendung: Gegen saugende und beißende Insekten im Obst-, Gemüse- und Ackerbau; besonders gegen organochlor-, organophosphor- und carbamatresistente Stämme.

Chemische und physikalische Eigenschaften: Farblose Kristalle mit einem Schmelzpunkt von 59,0–60,2 °C und einer Dichte von 1,163 bei 23 °C.
Dampfdruck: 35 µPa bei 20 °C und 66,5 µPa bei 25 °C.
Verteilungskoeffizient (log Po/w): 6,22 bei 25 °C.
Löslichkeit: In Wasser <0,3 mg/L bei 25 °C.
Abbau und Metabolismus: In der Pflanze erfolgt Esterspaltung und Hydroxylierung in 2- und 4-Position des Phenoxyringes sowie Hydrolyse der Nitrilgruppe zu Amid- und Hydroxylgruppen. Der größte Teil der entstandenen Säuren und Phenole wird in Glukoside umgewandelt. Im Boden findet photolytischer Abbau statt. Im Säugerorganismus erfolgt schnelle Metabolisierung und Ausscheidung innerhalb von 6–14 Tagen, davon 96 % über Faeces.
Säugertoxizität: Akute orale LD_{50} für Ratte 75–88 mg/kg. Akute dermale LD_{50} für Ratte >5.000 und Kaninchen >2.000 mg/kg. Bei Kaninchen leichte Haut- und Augenreizung. 2-Jahre-Fütterungstest NOEL für Ratte >2 mg/kg/Tag. ADI-Wert 0,02 mg/kg KGW.
Bienentoxizität: LD_{50} (Kontakt) 0,017 µg/Biene.
Fischtoxizität: Extrem fischtoxisch; LC_{50} (96 h) für Regenbogenforelle 0,26 µg/L.
Vogeltoxizität: Akute orale LD_{50} für Japanische Wachtel 381 mg/kg. 8-Tage-Fütterungstest LC_{50} Stockente 5.247 mg/kg Futter.
Wirbellosetoxizität: EC_{50} (48 h) für Daphnia 0,24 µg/L.

Essentielle Nahrungsbestandteile. Substanzen, die für die Aufrechterhaltung der Stoffwechselfunktionen des Körpers unabdingbar notwendig sind, aber nicht oder nicht in ausreichender Menge vom Körper selbst produziert werden können, sondern durch die Nahrung von außen zugeführt werden müssen. Dazu gehören die essentiellen >Aminosäuren<, essentielle >Fettsäuren<, >Vitamine<, Mineralien und Spurenelemente.

Essigsäure. (Syn. Ethansäure): Die wichtigste Carbonsäure, die bereits im Altertum als Weinessig bekannt war. Sie entsteht u.a. bei der trockenen Destillation des Holzes als Holzessig, kann aber auch synth. hergestellt werden.

CH_3COOH

In der Lebensmittelherstellung wird Essigsäure zur Erzeugung des sauren Geschmacks eingesetzt oder wegen ihrer konservierenden Wirkung, vor allem gegen Hefen und Bakterien. Der Einsatz erfolgt z.B. bei der Herstellung von Mayonnaise, Sauergemüse und Ketchup entweder als freie Säure oder in Form von Natrium- oder Calciumacetat.

Estavelle. Öffnung in der Karstoberfläche, die bei hohen Grundwasserständen als Quelle, bei niedrigen Wasserständen als >Schwinde< wirkt.

Ester. Umsetzungsprodukte von Säuren mit Alkoholen; spielen in der Natur eine überragende Rolle. Öle und Fette sind E. von Fettsäuren mit Glycerin und werden Triglyceride genannt. Auch die stark wirksamen aber toxischen Organophosphate als Pestizide sind Ester der *ortho*-Phosphorsäure mit verschiedenen Alkoholen und Phenolen; der sog. >Biodiesel< RME ist ein Ester, der technisch durch Umesterung (Ersatz eines Alkohols durch ein anderes, im vorliegenden Fall von Gylcerin durch Methanol) von Rapsöl gewonnen wird.

Esteröle. E. sind technische Öle, die i.d.R. durch Umesterung von nativen Ölen und Fetten synthetisch hergestellt werden. Dabei wird das Gylcerin, das in allen natürlichen Ölen und Fetten die alkoholische Komponente der >Ester< darstellt, durch einwertige Alkohole zumeist höherer Molmassen (z.B. 2-Ethylhexanol) ersetzt. E. sind wichtige Grundöle von nativen >Kühlschmierstoffen< (KSS) und sind zudem biol. abbaubar, weshalb sie z.B. gern als Schmierstoffe und Kettenöle in der Land- und Forstwirtschaft zum Einsatz kommen.

Etagenofen. Der Etagenofen (s. Abb. unten) dient vor allem zur Verbrennung von Schlämmen, kann aber auch Schlämme in Kombination mit anderen Stoffen, wie z.B. zerkleinertem Hausmüll oder Rinde verbrennen. Ein Etagenofen besteht aus einem zylindrischen Stahlmantel, der in der Regel mit feuerfesten Steinen ausgemauert ist. Der Mantel ist innen durch sog. Teller in Etagen unterteilt. Im Zentrum des Zylinders ist eine sich drehende, mit Luft gekühlte Hohlwelle, an der Rührarme angeordnet sind, die das Verbrennungsgut über die Teller bewegen, abwechselnd von innen nach außen und umgekehrt. Die Verbrennungsluft kann den Ofen sowohl abwärts im >Gleichstrom< als auch aufwärts im Gegenstrom durchströmen. Entspr. den Verbrennungsvorgängen unterteilt man den im >Gleichstrom< durchströmten Ofen in die obere Trokkenzone, die mittlere Brennzone und die untere Abkühlzone (Ascheabzug 80 bis 90 °C). Der Abstand der Teller ist aus strömungstechnischen Gründen (hinreichende Verwirbelung) auf max. 60 bis 80 cm begrenzt, daraus ergibt sich die Notwendigkeit der Müllzerkleinerung. Eine Anpassung von Luftzufuhr und Drehzahl an die einzelnen Zonen ist nicht möglich. Bei heizwertarmen Brennstoffen wie z.B. Klärschlamm ist der Einbau von Zusatzbrennern notwendig, die seitlich im Bereich der Brennzone angeordnet sind, also ungefähr auf mittlerer Höhe. Bei Anwendung des >Gegenstromprinzips< (notwendig bei geringem Heizwert zur Aufwärmung) enthält das Rauchgas Schwelgase und übelriechende Bestandteile, die eine Nachverbrennung notwendig machen.

Lit: Lurgi-Prospekt: Abfallverbrennung im Etagenofen, Lurgi GmbH, Frankfurt/M.

Etagentrockner. Ein derartiger Trockner besteht aus mehreren, in geringem Abstand übereinander angeordneten kreisförmigen Flächen, die durch Öffnungen, welche wechselweise innen und außen angebracht sind, unterbrochen werden. Der zu trocknende Schlamm wird auf die oberste Etage aufgegeben, von den an einer senkrechten drehbaren Mittelachse befestigten Abstreifern horizontal bewegt und durch Öffnungen auf die jeweils nächst untere Etage befördert. Die Heißgase können im Gleich- oder im Gegenstrom zum Trocknungsgut geführt werden.

Reine Etagentrockner wendet man zur Schlammtrocknung nur selten an. Ihre Kombination mit Drehetagenöfen ist dagegen sehr gebräuchlich. Die heißen Rauchgase aus den Verbrennungszonen werden dabei sinnvoll zur Schlammtrocknung ausgenutzt.

Lit: Abwassertechnische Vereinigung e.V. (Hrsg.) (1985–1997) ATV-Handbuch, 4. Aufl., Bd. 1–7, Verlag Wilhelm Ernst und Sohn, Berlin München.

Ethan. C_2H_6 ist ein gasförmiger, gesättigter Kohlenwasserstoff mit einem Kondensationspunkt von

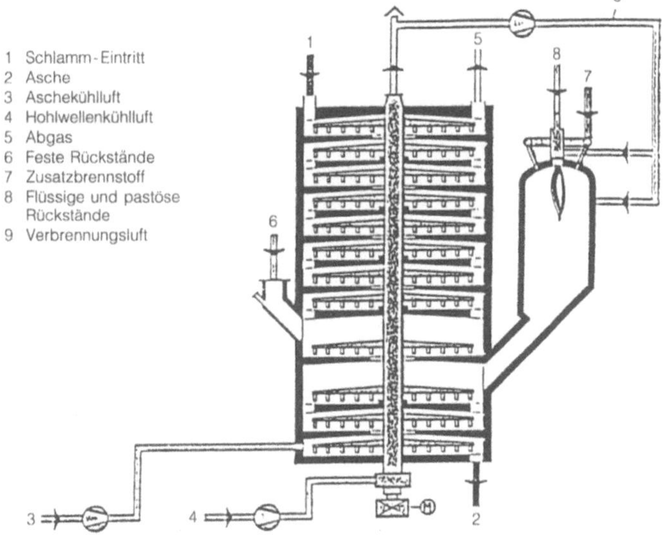

Etagenofen: Gegenstromprinzip (aus: Prospekt der Fa. Lurgi)

–89 °C. Es kommt im >Erdgas< und im >Erdöl< vor, wird aber auch von der Pflanze durch Lipox. aus α-Linolensäure gebildet, z. B. in Gegenwart von $OH^{\cdot}$ und $HSO_3^{\cdot}$-Radikalen sowie NO_2. Ethan und >Ethylen< (= Ethen) entstammen bei der Pflanze trotz ihrer Ähnlichkeit zwei vollkommen verschiedenen Synth.-Wegen. Während Ethylen als >Phytohormon< >Entwicklungsprozesse< steuert, spiegelt eine Ethan-Produktion schwere Schädigungen, Nekrotisierung oder Absterben der direkt betroffenen Zellen sowie eine fortschreitende Desintegration der Nachbarzellen wider. Das Ethan/Ethylenverhältnis kann als Indikator für das Ausmaß von Schädigungen an der Pflanze herangezogen werden.

Ethanal. >Acetaldehyd<.

Ethephon. Ein sehr effektiv wirkender >Wuchsstoff< aus der Substanzklasse der Phosphorsäurederivate.
Chemische Bezeichnung: 2-Chlorethyl-phosphonsäure
CAS-Nummer: 16672–87–0
Hersteller: Rhône-Poulenc
Wirkungstyp: Wirkt durch Freisetzen von Ethylen, das von den Pflanzen resorbiert wird und in Wachstumsprozesse eingreift.
Bevorzugte Anwendung: Halmfestigung bei Wintergerste. Fruchtreifebeeinflussung und Ernteerleichterung bei Äpfeln und Sauerkirschen. Förderung der Blütenbildung bei Bromeliaceen. Im Ausland zur Blütenbildung in Ananas.

Chemische und physikalische Eigenschaften:
Physikalische Beschaffenheit: Farblos, krist., stark hygr.
Schmelzpunkt: 74 bis 75 °C.
Dampfdruck: $< 1 \cdot 10^{-7}$ hPa bei 25 °C.
Verteilungskoeffizient (log $P_{o/w}$): $< -0,22$ bei 20 °C.
Stabilität: Beständig in wäßriger Lsg. bei pH-Werten unter 3,5. Darüber Zers. unter Abspaltung von Ethylen. Empfindlich gegen UV-Bestrahlung. Produkt bis 50 °C mind. 2 Jahre stabil.
Korrosives Verhalten: Die wäßrige Lsg. des Handelsproduktes ist stark sauer eingestellt und korrodiert Metalle.
Löslichkeit: Leicht lösl. in Wasser, MeOH, EtOH, Isopropylalkohol, Aceton, Ether und weiteren polaren org. Lsg.-Mitteln.
Abbau und Metabolismus: In Boden, Pflanzen und Tieren rascher Abbau zu Phosphorsäure, Ethylen und Chloridionen.
Toxizität: Akute orale LD_{50} für Ratte 2.135 mg/kg. Akute dermale LD_{50} für Kaninchen 1.115 mg/kg. Reizwirkung auf Haut und Schleimhäute. Höchste Dosis ohne Wirkung 375 mg/kg/Tag (Ratte, 90 Tage). Inhalationstoxiziät: LC_{50} für Ratte >5 mg/L Luft.
Bienentoxizität: Nicht bienengefährlich (B 4).
Fischtoxizität: LC_{50} für Bluegill und Regenbogenforelle 300 bis 350 mg/L (96 Stunden).

Ether. Als >Antiklopfmittel< eingesetzte sauerstoffhaltige Kraftstoffkomponente. Meist als >Methyl<- oder >Ethyl-*tert*-Butylether< verwendet. E. haben den Vorteil, daß bei ihrer Verwendung die >Kraftstoffflüchtigkeit< nicht wesentlich erhöht wird und sie dadurch den für diesen Zweck ebenfalls häufig eingesetz-

ten Alkoholen überlegen sind. E. werden zunehmend verwendet in Super Plus >Ottokraftstoffen< und in den USA, um gleichzeitig die Kriterien der >Verdampfungsemissionen< zu erfüllen: >Reformulated< Gasoline.

Etherische Öle. Heterogene Stoffgemische flüchtiger, lipophiler Pflanzeninhaltsstoffe mit charakteristischem Geruch. Sie werden in fl. Form in Epidermisdrüsen oder inneren Ölbehältern abgelagert. Sie sind in der Pflanzenwelt weit verbreitet und können in allen Pflanzenteilen vorkommen. Besonders reich an etherischen Ölen sind die Familien der Pinaceae, Rutaceae, Lauraceae, Labiatae und Umbelliferae. Neben ihrer Rolle als Insektenlockstoffe bei >Blüten< wirken sie in vegetativen Teilen dem Fraß durch Weidetiere wie dem Befall von >Phytopathogenen< entgegen. Von wirtschaftlicher Bedeutung sind z. B. die Terpenverb. Eucalyptusöl, Fichtennadelöl, Pfefferminzöl, Bergamotteöl, Rosenöl u. v. a.

Ethiofencarb. Wirkt als >Insektizid< und zählt zu der Substanzklasse der >Carbamate<.
Chemische Bezeichnung: (2-Ethylthiomethyl-phenyl)-N-methyl-carbamat
CAS-Nummer: 29973–13–5
Hersteller: Bayer AG
Wirkungstyp: Systemisch wirkendes Insektizid mit spez. Wirkung gegen Blattläuse. Berührungs- und Fraßgift. Aufnahme durch Blätter und Wurzeln.
Bevorzugte Anwendung: Gegen zahlreiche Blattlausarten im Gemüse-, Obst-, Acker- und Zierpflanzenbau, auch gegen Phosphorester-resistente Stämme. Spritz- und Gießmittel.

Chemische und physikalische Eigenschaften:
Physikalische Beschaffenheit: Gelbliches Öl (techn.)
Schmelzpunkt: 33,4 °C (reiner Wirkstoff).
Geruch: mercaptanartig
Dampfdruck: $< 1 \cdot 10^{-5}$ hPa bei 20 °C.
Verteilungskoeffizient (log $P_{o/w}$): 2,04 bei 20 °C.
Stabilität: In neutralem und saurem Medium weitgehend beständig. In alkal. Lsg. erfolgt Hydrolyse. Halbwertszeit in 2-Propanol/Wasser (1:1) bei pH 2: 330 Tage, pH 7: 450 Stunden, pH 11,4: 5 Minuten (40 bzw. 37 °C).
Löslichkeit: In Wasser 0,19 g/100 g.
Abbau: In Pflanzen werden als Metaboliten das Sulfoxid und Sulfon gefunden, im Urin von Ratten zusätzlich das entspr. Phenol-sulfoxid und Phenol-sulfon.
Toxizität: Akute orale LD_{50} für Ratte ca. 200 mg/kg. Akute dermale LD_{50} Ratte >1.000 mg/kg. Keine Haut- oder Schleimhautschädigung. Inhalationstoxizität: LC_{50} (Ratte) mehr als 240 mg/m³ (4 Stunden). Verfütterung über 3 Monate an Ratten ergab eine Dosis ohne Wirkung von 500 mg/kg.
Bienentoxizität: Flüssigkonzentrate (100 und 500 g/L) bienengefährlich (B 1), Granulat (10 %) nicht bienengefährlich (B 3).
Fischtoxizität: LC_{50} für Goldfisch 20 bis 40 mg/L, Karpfen 10 bis 20 mg/L, Goldorfe 8 bis 10 mg/L, Rotfeder 10 bis 20 mg/L (jeweils 96 Stunden).

Ethion. Ein als Akarizid eingesetzter Phosphorsäure-ester, der auf Obstkulturen zur Bekämpfung von Spinnmilben eingesetzt werden kann.

Ethofumesat. Wirkt als >Herbizid< und zählt zu der Substanzklasse der Benzofuran-Derivate.
Chemische Bezeichnung: ±-2-Ethoxy-2,3-dihydro-3,3-dimethylbenzofuran-5-yl-methan-sulfonat
CAS-Nummer: 26225–79–6
Hersteller: AgrEvo
Wirkungstyp: Selektives Vor- und Nachauflauf-Herbizid. Aufnahme durch Wurzeln und Blätter.
Bevorzugte Anwendung: Gegen einkeimblättrige Unkräuter, Klettenlabkraut und Vogelmiere in Zucker- und Futterrüben.

Chemische und physikalische Eigenschaften:
Physikalische Beschaffenheit: Krist., farblos, geruchlos.
Schmelzpunkt: 70 bis 72 °C.
Dampfdruck: 10^{-8} Pa bei 20 °C.
Verteilungskoeffizient (log $P_{o/w}$): 2,7 bei pH 6,7 und 25 °C.
Stabilität: Stabil in Wasser bei pH 7. Hydrolyse durch Säuren und Alkalien.
Löslichkeit: In Wasser 110 mg/L bei 25 °C.
Abbau: 50 % Abbau in sandigem Lehmboden innerhalb 7,7 Wochen, in Lehmboden 12,6 Wochen. In Pflanzen entstehen als Metaboliten das 2-Hydroxy- und das 2-Oxo-Analoge, Methansulfonsäure und CO_2.
Im Säugerorganismus wird Ethofumesat nach oraler Verabreichung absorbiert und nach Metabolisierung hauptsächlich renal ausgeschieden. Keine Akkumulation im Gewebe.
Toxizität: Akute orale LD_{50} für Ratte >6.400 mg/kg, für Maus >1.600 mg/kg, Kaninchen >1.000 mg/kg. Mit 20 %ig. Emulsionskonzentrat LD_{50} für Hunde >1.000 mg/kg. Akute dermale LD_{50} für Ratte 1.440 mg/kg, Kaninchen >20.050 mg/kg. Höchste Dosis ohne Wirkung bei Verfütterung über 2 Jahre an Ratten >1.000 mg/kg Futter.
Inhalation LC_{50} (6 Stunden) für Ratte >0,5 mg/L. LD_{50} intraperitoneal für Ratte 300 bis 500 mg/kg. Bei Kaninchen keine Haut- und Augenreizwirkung.
Bienentoxizität: EC 200 nicht bienengefährlich (B 4). EC 500 nicht bienengefährlich in vorgeschriebener Anwendung (B 3).
Fischtoxizität: LC_{50} (24 Stunden) für Guppy 15 mg/L.

Ethologie. >Verhaltensforschung<.

Ethoökologie. >Verhaltensökologie<.

Ethoxyquin. 6-Ethoxy-2,2,4-trimethyl-1,2-dihydro-chinidin. Eine fungistatisch wirkende Substanz, die z.B.

bei Äpfeln und Birnen eingesetzt wird. Der ADI-Wert beträgt 0,06 mg/kg Körpergewicht.

Ethylen. (Syn. Ethen). C_2H_4 ist ein gasförmiger Kohlenwasserstoff, der eine >phytohormonelle< Wirkung zeigt und bei Pflanzen vornehmlich als >Seneszenz-< und >Streßhormon< dient. Die Synth. erfolgt aus der >Aminosäure< Methionin. Eine wichtige Zwischenstufe ist Aminocyclopropancarboxylsäure (= ACC), welche in der >Vakuole< gespeichert wird und die Ethylensynth. limitiert; sie wird in der >Wurzel< synthetisiert und über die >Xylem<-Bahnen in den >Sproß< transportiert. Hohe >Auxinkonz.<, auch Ethylen selbst sowie Streßsituationen, stimulieren die ACC-Synth. Hauptsynth.-Orte des E. sind der Sproßvegetationspunkt und Knotenregionen. Bei Blättern, >Blüten< und >Früchten< steigt die Ethylensynth. mit zunehmender Seneszenz. Mechanische Einwirkungen, Verwundung, aber auch Trockenheit und Kälte fördern die Ethylenproduktion. Neben höheren Pflanzen produzieren vor allem >phytopathogene< >Pilze<, >Bakterien< und einige >Algen< Ethylen. Zu den multiplen Wirkungen des Ethylens zählt die Wachstumshemmung, insbesondere bei Dikotylen, zugunsten einer Verdickung von Achsenorganen und bei Keimlingen ein horizontales Wachstum, die Epinastie von Blattstielen, die Wachstumsförderung bei semiaquatischen Pflanzen, z. B. Reis, während der Überflutungsperiode, die Ausbildung eines Trenngewebes und Förderung des >Abszissionsprozesses< bei Blättern, die Blütenseneszenz und bei klimakterischen Früchten, wie z. B. Bananen, Äpfeln, die Förderung der Fruchtreife, die Blütenbildung bei Bromeliaceae und Anacardiaceae. CO_2 ist ein kompetitiver, Ag^+ ein nicht-kompetitiver Inhibitor der Ethylenwirkung, welche die Bindung von E. an einen metallhaltigen E.-rezeptor voraussetzt und über eine Signaltransduktionskette, an der Proteinkinasen beteiligt sind, zur Aktivierung E.-sensitiver Gene führt.

Ethylenglykol. Zweiwertiger Alkohol, $C_2H_4(OH)_2$. Zusatz zum Kühlwasser von Motoren zur Verbesserung der Eigenschaften, wie Frostschutz usw.; muß entspr. den Vorschriften z. B. nach dem Abfallbeseitigungsgesetz entsorgt werden.

Ethylenoxid. (Oxiran): Das einfachste Epoxid, ein farbloses, giftiges Gas, das u. a. als Insektizid eingesetzt wird. Außerdem wirkt es toxisch auf vegetative Zellen und Sporen von Mikroorganismen sowie auf Viren. E. ist ein hochwirksames Alkylierungsmittel. Nahrungsmittelkomponenten, z. B. Riboflavin, Pyridoxin, Folsäure, Histidin etc. reagieren unter Inaktivierung mit E. Da der Einsatz von E. in der Lebensmittelindustrie vorwiegend zur Sterilisation von wasserarmen Lebensmitteln, die für eine Hitzesterilisation nicht geeignet sind, wie z. B. Gewürze, eingesetzt wird, hat die Inaktivierung keine ernährungsphysiologische Bedeutung. Die Lebensmittel werden in Druckkammern mit einer Mischung von E. und Inertgas, z. B. CO_2, begast. Aktives Restgas muß sorgfältig entfernt werden.

EUF. = Kürzel für Elektroultrafiltration, electro-ultrafiltration. Bezeichnung für ein elektrochemisches Trennverfahren, das in den vergangenen Jahrzehnten zur Nährstoffextraktion von Böden angewandt wurde. Heute praktisch bedeutungslos.

Eukaryoten. (Syn. Eukaryonten). (Grch. eu = echt; karyotos = kernhaltig). Organismen, die im Gegensatz zu den >Prokaryoten< einen >Zellkern< mit Chromosomen besitzen, an deren Aufbau neben der >DNA< auch Nucleoproteine beteiligt sind. Charakteristisch für Eukaryoten ist ferner die Unterteilung in zahlreiche Kompartimente durch >Biomembranen<. Eukaryoten traten in der Evolution zum ersten Mal vor ca. 1,5 Milliarden Jahren auf. Sie stammen vermutlich von prokaryotischen Vorfahren aus dem Verwandtschaftskreis der Archaebakterien ab. Im Laufe der weiteren Evolution erfolgte entspr. der Endosymbioten-Theorie eine >Symbiose< mit Purpurbakterien-Verwandten, aus denen schließlich die Mitochondrien hervorgingen, und bei >autotrophen< Eukaryonten außerdem die Symbiose mit >Cyanobakterien<-Verwandten, von denen sich die >Chloroplasten< ableiten.

EU-Kommission. Nach den Verträgen von Rom muß jede Maßnahme von allg. Tragweite oder größerer Bedeutung vom >Ministerrat< beschlossen werden; der Rat kann aber, außer in einigen wenigen Fällen, nur auf Vorschlag der K. entscheiden.
Als gemeinsames Organ besteht die K. seit dem Inkrafttreten des sog. Fusionsvertrages am 01.07. 1967. Seinerzeit wurden die – seit dem 01.01. 1958 bestehenden – Exekutivorgane, u.a. die „Hohe Behörde" der Montanunion, vereinigt. Sie hat ihren Sitz in Brüssel und besteht aus 17 Mitgliedern, seit dem Beitritt von Spanien und Portugal 1986 zur EG. Je zwei Kommissare stammen aus Frankreich, Großbritannien, Italien, Spanien und Deutschland. Die übrigen Mitgliedsstaaten sind jeweils einfach vertreten. Als Staatbürger gehören sie zwar weiterhin den sie entsendenen Ländern an, sie sind jedoch unabhängig von den Weisungen ihrer jeweiligen Regierung.
Der K. steht ein Präsident vor. Dies ist jeweils (für 6 Monate) der Vorsitzer des Ministerrats bzw. des Europäischen Rats). – Wie Minister einer nationalen Regierung verwaltet jeder Kommissar bzw. jede Kommissarin (z.Z. eine) ein best. Ressort. Jedes Mitglied der Kommission wird durch ein Kabinett unter einem Kabinettschef unterstützt. Die K. insgesamt verfügt über einen in Generaldirektionen (GD) gegliederten Verwaltungsapparat.
Die Mitglieder der K. handeln während ihrer Amtszeit (4 Jahre) in voller Unabhängigkeit gegenüber den Regierungen und dem Ministerrat. Sie unterliegen ausschließlich der Kontrolle des >Europäischen Parlaments<. Die Entscheidungen werden im Kollegium gefaßt, aber jedes Kommissionsmitglied ist in seinem Sachbereich federführend.
Der GD XII (Wissenschaft, Forschung und Entwicklung) ist eine Gemeinsame Forschungsstelle (GFS) nachgeordnet, die in Brüssel, Ispra, Geel, Karlsruhe und Petten Institutionen unterhält, u.a. ein *Institut für Umwelt* (Ispra).
In den EG-Verträgen werden der K. umfassende Aufgaben zugewiesen: Sie ist Hüterin der Verträge, das Exekutivorgan der Gemeinschaft, Initiator der Gemeinschaftspolitik, und sie vertritt das Gemeinschaftsinteresse. Gegenüber dem Rat hat sie Vorschlags- und Initiativrechte. Im Entscheidungsprozeß (>Rechtsakte<) nimmt sie eine Schlüsselposition ein.
Die K. gibt eigene >Richtlinien< heraus, die der Anwendung/Durchführung von Rats-RL sowie deren Anpassung an den technischen Fortschritt dienen (Beispiele >EWG-RL für gefährliche Stoffe u. Zubereitun-

gen<). Die *EEA* sieht u.a. vor, daß der Rat der K. die Befugnisse zur Durchführung der von ihm erlassenen Rechtsakte überträgt.
Die Dienststellen der K. befinden sich hauptsächlich in Brüssel, zu einem geringeren Teil auch in Luxemburg u.a. Mitgliedstaaten. Sie umfassen ca. 15.000 Beamte. 20 % des Personals besteht aus Übersetzern und Dolmetschern, da die neun Sprachen der Gemeinschaft *offiziell* gleichgestellt sind.

Eulitoral. >Litoral<.

EU-Ministerrat. Der *Rat der EU* (meist kurz „Rat" genannt) ist das eigentliche Entscheidungs- u. Rechtssetzungsorgan, in dem jedes Land durch ein Regierungsmitglied – in der Regel durch den jeweils zuständigen Fachminister – vertreten ist. Es handelt sich um *Konferenzen* der 12 Mitgliedstaaten auf Ministerebene, nicht zu verwechseln mit den Gipfelkonferenzen der Staats- und Regierungschefs („>Europäischer Rat<"). Bei beiden „*Räten*" wechselt der Vorsitz halbjährlich („Präsidentschaft").
Der M. vereinigt die Regierungsvertreter der 12 Mitgliedstaaten. Die Zus. des Rates ändert sich je nach dem Sachgebiet. Die Außenminister werden als Hauptvertreter ihres Landes im Rat angesehen. Sie koordinieren auch die Tätigkeit ihrer Fachkollegen. Umweltfragen werden in den Tagungen der entspr. Fachminister behandelt („Umweltrat"). Entspr. seiner Konstruktion – Konferenz der Außen- und Fachminister – gibt es einen Ministerrat, einen Agrarrat etc. Wenn die Fachbezeichnung fehlt, d.h. ohne Hinweis auf einen speziellen M., ist der Rat der Außenminister gemeint.
Der M. ist aufgrund der Verträge der EU befugt, Gemeinschaftsvorschriften zu erlassen. Die wichtigsten *Rechtsakte* sind: Verordnungen, Richtlinien und Entscheidungen. *Beschlüsse* können im Rat mit einfacher Mehrheit, qualifizierter Mehrheit oder einstimmig gefaßt werden. Bei einstimmigen oder einfachen Mehrheitsbeschlüssen hat jedes Land *eine Stimme*. Für die Ermittlungen der *qualifizierten* Mehrheit (54 Stimmen von 76) werden die Stimmen der Mitgliedsregierungen „gewichtet", obwohl *jede* Regierung nur 1 Mitglied entsendet. Bei Beschlüssen mit qualifizierter Mehrheit haben die Länder ein unterschiedliches, ihrer Größe entspr. Gewicht. Die vier großen Staaten haben je 10 Stimmen, Spanien 8, Belgien, Griechenland, die Niederlande und Portugal je 5, Dänemark und Irland je 3 und Luxemburg 1 Stimme.
Ursprünglich galt beinahe zu allen Ratsbeschlüssen das Einstimmigkeitsprinzip. Seit dem Inkrafttreten der *EEA* (01.07. 1987) sind Mehrheitsbeschlüsse in vielen Bereichen möglich, z.B. für die meisten der 279 Maßnahmen, die zur Vollendung des Binnenmarktes nötig waren *(Weißbuch)*. Nur Beschlüsse zur Änderung von Steuern müssen einstimmig gefaßt werden.
Der M. hat vor allem die *Aufgabe*, die Leitlinien für die Gemeinschaftspolitik festzulegen. Ferner hat er die Vertragsschließungsbefugnis in Außenbeziehungen und die meist abschließende Entscheidung bei der Rechtssetzung. Außer durch ein Generalsekretariat, dem etwa 2.000 Beamte angehören, wird der M. vom *Ausschuß der ständigen Vertreter* der Mitgliedstaaten (AStV) unterstützt. Dieser setzt sich aus Diplomaten im Rang von Botschaftern zusammen, die ihren Staaten gegenüber *weisungsgebunden* sind.
Durch „Fusionsvertrag" von 1967 ist für die drei – weiterhin nebeneinander existierenden – Gemeinschaften

ein gemeinsamer M. geschaffen worden. Das gleiche gilt auch für die *Kommission*, in der u.a. die „Hohe Behörde" der sog. Montanunion einbezogen wurde. Der M. trifft die grundsätzlichen und gesetzgeberischen Entscheidungen im Zusammenspiel mit der >EU-Kommission< und dem >Europäischen Parlament<. Er tagt üblicherweise in Brüssel und – allerdings seltener – in Luxemburg. Für die Umsetzung der Gemeinschaftspolitik beim Umwelt- und Verbraucherschutz sind EG-RL zur Angleichung der Rechts- und Verwaltungsvorschriften vorgesehen, die (soweit produktbezogen) auf Art. 100 (a) EWGV beruhen.

EU-Norm. In der Europäischen Union verbindliche Vorschrift z.B. für Abgaswerte, Kraftstoffqualität. >ISO<, >DIN<.
Lit: ECE 15, ECE 83, Richtlinie 70/220 bis 91/441/EWG, Abgas- und Verdampfungsemissionen von Pkw und leichten Nutzfahrzeugen.

EU-Organe. Gemäß Art. 4 EWG-Vertrag gibt es vier reguläre O.: >EU-Kommission<, >EU-Ministerrat<, >Europäisches Parlament< (EP) und >Europäischer Gerichtshof< (EuGH) und folgende *Hilfsorgane*: Ausschuß der Ständigen Vertreter (AStV) der Mitgliedstaaten, Beratender Ausschuß der EGKS und Wirtschafts- und Sozialausschuß (WSA), für EWG und EAG gemeinsam. – Durch die Einheitliche Europäische Akte *(EEA)* ist auch der zweimal jährlich tagende >Europäische Rat< (ER) der Staats- und Regierungschefs der EU-Länder zu einer vertraglich verankerten Gemeinschaftsinstitution geworden. Seine Aufgabe

besteht darin, der Gemeinschaft politische Anstöße zu geben u. neue Ziele zu setzen (s. Abb. unten).
Lit: Noel E (1988) Die Organe der Europäischen Gemeinschaft, Luxemburg: Amt für amtliche Veröffentlichungen der Europäischen Gemeinschaft – Internationale Organisationen und Abkommen im Bereich von Währung und Wirtschaft (1986) Sonderdruck Nr. 3 der Deutschen Bundesbank – Institut der deutschen Wirtschaft in Zusammenarbeit mit dem BDI (Hrsg.) (1989) Aus zwölf wird eins, Perspektiven des Europäischen Binnenmarktes, 2. Aufl., Köln.

EU-Test. >ECE-Test<.

euphotische Zone. Oberflächenschicht der Gewässer mit einer Lichtintensität, die eine photosynthetische Primärproduktion ermöglicht. Ihre Tiefenbegrenzung wird durch die photosynthetisch wirksame Strahlung (P.A.R.) bestimmt (>Kompensationsebene<) und liegt bei etwa 1 % der Strahlungsintensität direkt unter der Oberfläche. Die e. Z. hat nichts mit dem >Epilimnion< zu tun.

Euratom-Grundnormen. Richtlinie des Rates der Europäischen Union vom 13. Mai 1996 zur Festlegung der grundlegenden Sicherheitsnormen für den Schutz der Arbeitskräfte und der Bevölkerung gegen die Gefahren durch ionisierende Strahlungen; veröffentlicht im Amtsblatt der EU Nr. L 159 vom 29. Juni 1996. Die Grundnormen vom 13. Mai 1996 orientieren sich an den in der >ICRP-Veröffentlichung 60< enthaltenen neuen wissenschaftlichen Erkenntnissen im Bereich des Strahlenschutzes. Die Mitgliedstaaten der EU sind verpflichtet, bis zum 13. Mai 2000 die erforderlichen innerstaatlichen Rechts- und Verwaltungsvorschriften

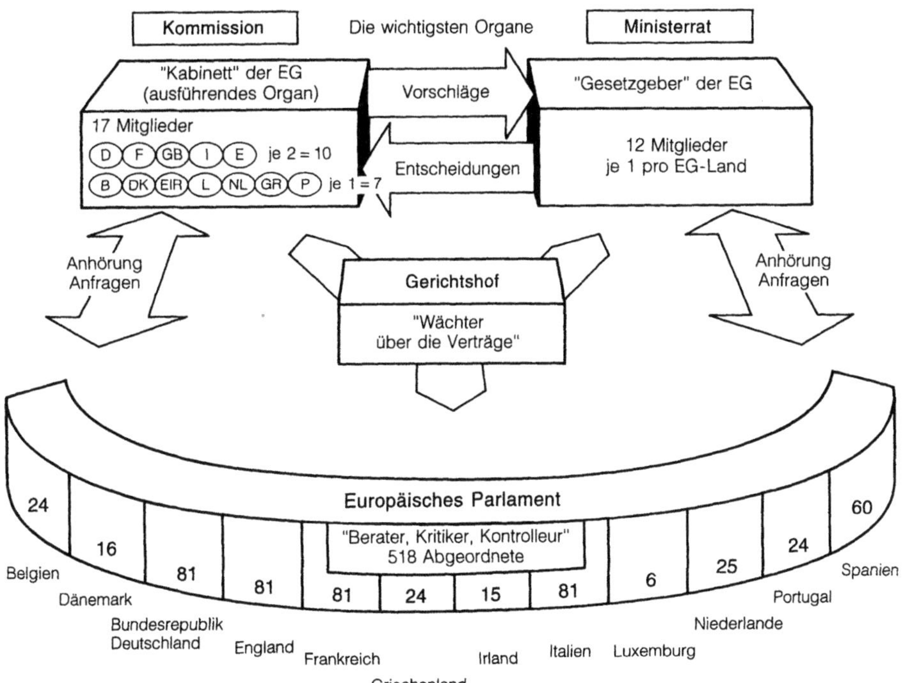

EU-Organe: So funktioniert die EU

zur Umsetzung der Euratom-Grundnormen zu erlassen.

Eurelios. Name eines >Solarkraftwerkes<, das seit 1981 in Adrano (Sizilien) in Betrieb ist. Es wurde nach dem Turmprinzip (>Solarturmanlage<) gebaut und hat eine Leistung von 1.000 kW. 182 Spiegel (>Heliostaten<) konzentrieren das Sonnenlicht auf einen an der Spitze des Solarturms montierten >Absorber<. Das in vielen Röhren durch den Absorber zirkulierende Wasser wird damit verdampft. Der Dampf mit einer Temperatur von ca. 500 °C und einem Druck von 6 MPa treibt eine konventionelle Turbine an. Diese dreht einen >Generator<, der dann elektrischen Strom liefert. Ein Wärmespeicher kann für eine halbe Stunde Wärmeenergie nachliefern, wenn vorübergehend Wolken die Sonne verdunkeln. Der Gesamtwirkungsgrad des Kraftwerks beträgt 16 %. Das Solarkraftwerk Eurelios hat für eine wirtschaftliche Nutzung eine zu kleine Leistung, außerdem sind die Witterungsverhältnisse in Sizilien nicht ideal. Das Sonnenlicht hat einen hohen Anteil diffuser Strahlung, der nicht konzentriert werden kann. Von den rund 8.600 h eines Jahres könnte ein Solarkraftwerk in Süditalien theoretisch 2.400 h Strom produzieren; Eurelios läuft wegen dieses speziellen Klimas in der Gegend um den Ätna nur 1.200 h im Jahr. Die Gesamtkosten des Projekts betrugen etwa 25 Mio. DM. Davon wurde eine Hälfte von der EU-Kommission und die andere Hälfte zu je gleichen Teilen von den drei Mitgliedsländern D, Frankreich und Italien getragen.

Lit: Ahlhaus O, Boldt G, Gonsior B, Klein K, Ziburske H (1981) Taschenlexikon Energie, Pädagogischer Verlag Schwann, Düsseldorf – Grawe J (1981) Möglichkeiten und Grenzen neuer Technologien der Energiegewinnung, 4. Aufl., Fink, Stuttgart.

EU-Richtlinie für gefährliche Stoffe. (Gefahrstoff-Richtlinie). Bereits 1967 hatte der >Ministerrat< der damaligen EWG mit der Angleichung der Rechts- und Verwaltungsvorschriften der Mitgliedstaaten für >gefährliche Stoffe< begonnen. Damals ging es (zunächst) um die >Einstufung<, >Verpackung< und >Kennzeichnung<. Ziel war die Harmonisierung der bis dahin entstandenen einzelstaatlichen Vorschriften und damit der Abbau von Handelshemmnissen, um die Errichtung und das Funktionieren des Gemeinsamen Marktes zu unterstützen, der bereits bis Ende 1969 geschaffen werden sollte.

Gefährliche Stoffe i. S. der sog. „*Grundrichtlinie*" (67/548/EWG) waren nur die im Anhang I namentlich genannten Stoffe und diejenigen Verb., die in den aufgelisteten Stoffklassen enthalten waren. Diese ursprüngliche Stoffliste ging auf die vom *Europarat* herausgegebene „Gelbe Liste" zurück. Dieses *Listenprinzip* wurde bis 1979 angewandt. Im Zuge der 6. Änderungsrichtlinie (79/831/EWG) erfolgte ein Übergang auf das *Definitionsprinzip*. Dadurch ist der Kreis der betroffenen Stoffe wesentlich erweitert worden. Als „>gefährlich<" gelten seither alle Stoffe mit den Eig. der sog. >Gefährlichkeitsmerkmale<. Zu den acht Kategorien der „Grundrichtlinie" hat die sog. 6. Änderung weitere sechs hinzugefügt, in Deutschland finden z. Z. 16 Gefahrenkategorien Anwendung (s. § 3 a >ChemG<).

Der Inhalt der Rats-RL vom 27.06.1967 wurde bisher siebenmal geändert, die letzte Fassung stammt vom 30.04.1992. Die 7. Änderungs-RL befaßt sich u. a. mit folgenden Aspekten: Harmonisierung des Mitteilungsverfahrens, Regelungsänderung für „Zweitanmelder" (Reduzierung von Tierversuchen), >Gefahrensymbol< für „>Umweltgefährlich<". Neben diesen Rats-RL gibt es eine Reihe von Richtlinien (in erster Linie der EU-Kommission, bisher 17), die der „Anpassung an den technischen Fortschritt" dienen. Sie werden von dem gleichnamigen *Ausschuß* nach Art. 20 der o. g. Rats-RL vorbereitet, dem Sachverständige der Mitgliedstaaten angehören. Dabei geht es in erster Linie um die Weiterentwicklung von Kriterien u. die Fortschreibung der Stoffliste.

Insgesamt enthält der Rats-RL (in der Fassung von 1992) 9 Anhänge. Entspr. der ursprünglichen Beschränkung auf die Kennzeichnung und Verpackung bereits eingestufter Stoffe hatte die Grundrichtlinie zunächst nur 4 Anhänge, die folgende Regelungen enthielten: in Anhang I sind die listenmäßigen Einstufungen u. Kennzeichnungen von Stoffen aufgeführt, die nur unter diesen Voraussetzungen auf Gemeinschaftsebene in den Verkehr gebracht werden dürfen. Anhang II enthält die vorgeschriebenen >Gefahrensymbole< u. >Gefahrenbezeichnungen<, die Anhänge III und IV die >R-Sätze< und >S-Sätze<.

Durch die 6. Änderungs-RL sind 5 weitere Anhänge mit folgenden Regelungen dazugekommen: Anhang V enthält Methoden für physikalisch-chemische, toxikologische u. ökotoxikologische >Prüfungen<. Anhang VI: Allg. Kriterien für die Einstufung und Kennzeichnung gefährlicher Stoffe. Die Anhänge VII u. VIII befassen sich mit den bei der >Anmeldung< vorzulegenden >Prüfnachweisen< (>EU-Stufenplan<). In Anhang IX sind Best. über kindergesicherte Verschlüsse und fühlbare Warnhinweise für Blinde aufgenommen.

Gleichzeitig mit der Umstellung auf eine *generelle* Kennzeichnungspflicht für *gefährliche* Stoffe ist die Rats-RL in ihrem Regelungsbereich wesentlich erweitert worden. Nach dem Vorbild von Japan und der USA wurden eine generelle *Prüf- u. Meldepflicht* für sog. >neue Stoffe< eingeführt. Im Gegensatz zu den beiden vorgenannten Staaten bezieht sich die Neuregelung nicht bereits auf die >Herstellung<, sondern erst auf das >Inverkehrbringen< solcher Stoffe, die nach dem 18.09.1981 erstmals in der EU vermarktet worden sind oder aus Drittländern eingeführt werden. Die vor dem o. g. Stichtag bereits auf dem EU-Markt vorhandenen Stoffe gelten als „alt". Zur besseren Abgrenzung von *neuen* sind die >Altstoffe< in einer EU-Liste erfaßt. Das sog. *Inventar* >EINECS< ist Mitte 1990 erschienen und seit dem 15.12.1990 insoweit in Kraft, als alle darin *nicht* enthaltenen Stoffe als *neu* gelten.

Lit: Klein HA, Töpner W (1986/87) Kommentar zur Einstufung, Verpackung und Kennzeichnung gefährlicher Stoffe. In: Töpner W (Hrsg.) Das Chemikaliengesetz und seine Rechtsverordnungen. Das EU-Recht der Einstufung, Verpackung und Kennzeichnung gefährlicher Stoffe, Deutscher Fachschriften-Verlag, Bd. 5 u. 7, Wiesbaden – Welzbacher U (1989) Das System der EU-Regelungen über gefährliche Stoffe, Die Berufsgenossenschaften 7: 454.

EU-Richtlinien für gefährliche Zubereitungen. s. a. Tabelle. Als Ergänzung der >EU-RL< für gefährliche Stoffe< (67/548/EWG), die ihre >Einstufung<, >Verpackung< und >Kennzeichnung< berücksichtigt, wurde Anfang der 70er Jahre damit begonnen, für >Zubereitungen< eine entsprechende Gemeinschaftsregelung einzuführen. Sie bezog sich (zunächst) ausschließlich auf best. Verwendungen: *Lösemittel* (Gemische) Mitte 1973 und „*Oberflächenbehandlungsmittel*" Ende 1977.

EU-Richtlinien für gefährliche Zubereitungen

EU-Richtlinien-Übersicht für gefährliche Produkte

1. Einstufung, Verpackung und Kennzeichnung
- Gefährliche Stoffe (67/548/EWG)
- Lösemittel (Zubereitungen) (73/173/EWG)
- Oberflächenbehandlungsmittel* (78/631/EWG)
- Gefährliche Zubereitungen (allgem.) (88/379/EWG)

2. Beschränkungen des Inverkehrbringens (76/769/EWG) und der Verwendung gewisser gefährlicher Stoffe und Zubereitungen

* Anstrichmittel, Lacke, Druckfarben, Klebestoffe und dergleichen

Mitte 1973 folgte bereits die EU-RL für *Schädlingsbekämpfungsmittel*. Die jeweiligen Grundrichtlinien wurden im >Ministerrat< erlassen – wie die entsprechenden Richtlinien für >Gefahrstoffe< (67/548/EWG) und die sog. >Beschränkungsrichtlinie< (76/769/ EWG). Die vorgenannten Rats-RL für Zubereitungen tragen die offiziellen Nummern: 79/173/EWG, 77/728/ EWG u. 78/631/EWG. Sie sind seither mehrfach geändert (vom *Rat*) und von der >Kommission< „angepaßt" worden. Die „Anpassung an den technischen Fortschritt" wird vom gleichnamigen *Ausschuß* vorbereitet, dem Sachverständige der Mitgliedstaaten angehören.

Um festzustellen, welche Zubereitungen >gefährlich< i.S. der EU-RL für Gefahrstoffe (79/831/EWG sind, ist ihre Einstufung erforderlich. Zur Festlegung der Kennzeichnung wurden in den beiden ältesten Richtlinien zwei (versch.) Berechnungsverfahren eingeführt, für die folgende Prinzipien gelten: Die *Lösemittel*richtlinie verwendet sog. *Kennwerte*, die nach einem Additionsverfahren ermittelt werden, unter Berücksichtigung von Indices für >sehr giftige<, >giftige< und >mindergiftige< Stoffe. Auch Komponenten, die >ätzend<, >reizend< oder >hochentzündlich<, >leichtentzündlich< und >entzündlich< sind, finden zur Ermittlung der Kennzeichnungspflicht Berücksichtigung. Das für *Oberflächenbehandlungsmittel* angewandte Berechnungsverfahren stellt jeweils auf den *Massengehalt* der einzelnen gefährlichen Inhaltsstoffe ab, die in einer Einstufungsliste aufgeführt sind 7. u.a. Schwermetallverb., Säuren, Laugen und andere Stoffe enthalten.

Schädlingsbekämpfungsmittel i.S. des Anhangs I Nr.2.3 (>GefStoffV<) sind Zubereitungen, die 1. Pflanzenschutzmittel i.S. des Pflanzenschutzgesetzes sind oder 2. dazu best. sind, Schädlinge und Schadorganismen – außer Schadorganismen i.S. des Pflanzenschutzgesetzes – oder lästige Organismen unschädlich zu machen, zu vernichten oder ihrer Einwirkung vorzubeugen. Sie finden z.B. im Haushalt oder als Holzschutzmittel Verwendung.

Allgemeine Zubereitungsrichtlinie: Nur ein zahlenmäßig geringer Teil aller Zubereitungen, die auf ca. 1 Mio. geschätzt werden, ist aufgrund der o.g. Richtlinien kennzeichnungspflichtig. Weil demnach eine beträchtliche Lücke ungeregelter oder nur unvollkommen bzw. unterschiedlich (rein national) gekennzeichneter Produkte übrigblieb, sah es die EU-Kommission Anfang der 80er Jahres als ihre vordringliche Aufgabe an, auch hierfür eine Harmonisierung einzuleiten. Auf maßgebliches Betreiben u. unter beträchtlichem Aufwand deutscherseits ist ein systematisches u. grundlegendes *Verfahren* entwickelt worden. Im Hinblick auf die knappen Ressourcen – Kapazitäten in der Toxikologie – u. unter Berücksichtigung des Tierschutzgedankens ist die Einstufung kennzeichnungspflichtiger Zubereitungen auf das Vorhandensein gefährlicher Stoffe in best. *Konz.* abgestimmt worden. Für deren Ermittlung ist zu beachten, daß Anhang I *dieser* RL *allgemeine* Grenzwerte enthält, während *stoffspez.* Grenzwerte in Anhang I der Stoffrichtlinie aufgeführt sind. Deren Neufassung ist am 08.07. 1991 im ABl.180 A veröffentlicht worden, als die 12.Anpassungsrichtlinie vom 01.03. 1991 erschien.

Die *Umsetzung* der Grundrichtlinie (88/379/EWG) des Ministerrats und der beiden inzwischen erlassenen Kommissionsrichtlinien (zur Anpassung an den technischen Fortschritt) wird erst 1993 mit der 4.Änderungsverordnung zur GefStoffV erfolgen. Dann müssen die besonderen Best. für Zubereitungen in Anhang I wesentlich umgestellt werden.

Zur Forderung der Zubereitungsrichtlinie gehört auch die Schaffung eines einheitlichen Systems für ein europäisches >Sicherheitsdatenblatt<. Dies ist inzwischen durch die Richtlinie 91/135/EWG erfolgt, die ebenfalls durch die 4.Novelle der GefStoffV in deutsches Recht umgesetzt werden soll.

Lit: Klein HA, Töpner W (1986/87) Kommentar zur Einstufung, Verpackung und Kennzeichnung gefährlicher Stoffe. In: Töpner W (Hrsg.) Das Chemikaliengesetz und seine Rechtsverordnungen. Das EU-Recht der Einstufung, Verpackung und Kennzeichnung gefährlicher Stoffe, Deutscher Fachschriften-Verlag, Bd.5 u. 7, Wiesbaden – Welzbacher U (1989) Das System der EG-Regelungen über gefährliche Stoffe, Die Berufsgenossenschaften 7: 454.

Euro-3/-4 Abgaswerte. Die beabsichtigte weitere Absenkung der für Fahrzeuge zulässigen Schadstoffemissionen. In manchen Ländern bietet der Gesetzgeber steuerliche Anreize bei der Anschaffung eines Fahrzeugs, das bereits vor dem geforderten Termin die neuen Grenzwerte erfüllt.

Eurochemic. Eurochemic-Anlage bei Mol/Belgien, großtechnische Versuchsanlage, die 1957 von den OECD-Staaten gegründet wurde. Betrieb von 1968 bis 1979 zur >Wiederaufarbeitung< abgebrannter >Brennelemente< von Materialprüfreaktoren.

Euro-3/-4 Abgaswerte: Abgasgrenzwerte für PKW in g/km (Stand Herbst 1999) jeweils Benzin-/Dieselmotoren

	EURO 3	EURO D3	EURO 4	EURO D4
Kohlenmonoxid CO	2,3/0,67	1,5/0,6	1,0/0,5	0,7/0,47
Kohlenwasserstoffe HC	0,2/–	0,17/–	0,1/–	0,08/–
Stickoxide NOx	0,15/0,5	0,14/0,5	0,08/0,25	0,07/0,25
Kohlenwasserstoffe + Stickoxide HC + NOx	–/0,56	–/0,56	–/0,3	–/0,3
Partikel	–/0,05	–/0,05	–/0,025	–/0,025

EURO 3 hat gegenüber dem EURO D3 verschärften Fahrzyklus; die 40 Sekunden Leerlauf nach dem Start ohne Erfassung der Schadstoffe entfallen. EURO 3 für alle Neuwagen ab 2001, EURO 4 ab 2006.

Euronorm (EN). Innerhalb der Europäischen Gemeinschaft verbindliche Abgasschadstoffvorschrift für Kraftfahrzeuge. >ISO<, >DIN<.
Lit: ECE 15, ECE 83, Richtlinie 70/220 bis 91/441/EWG. Abgas- und Verdampfungsemissionen von Pkw und leichten Nutzfahrzeugen – ECE 24, Richtlinie 72/306/EWG. Rauchemissionen von Dieselfahrzeugen – ECE 49. Richtlinie 88/77 bis 91/542/ewg. 13-Stufen-Test.

Europäische Abgasnormen. Europäische Testverfahren zur Ermittlung von Automobilabgasen. Für die EU verbindliche Vorschriften für die Emissionen von Kraftfahrzeugen. Enthält die Testvorschriften für den >Abgasrollentest<, den >ECE-Test< und >Verdampfungsemissionen< – Pkw und leichte Nutzfahrzeuge – sowie für Nutzfahrzeugmotoren – 13 Stufen Test – mit den dazugehörigen zulässigen >Abgasgrenzwerten<.
Lit: ECE 15, ECE 83, Richtlinie 70/220 bis 91/441/EWG, Abgas- und Verdampfungsemissionen von Pkw und leichten Nutzfahrzeugen – ECE 24, Richtlinie 72/306/EWG, Rauchemissionen von Dieselfahrzeugen – ECE 49, Richtlinie 88/77 bis 91/542/EWG, 13-Stufen-Test.

Europäische Union. Zusammenschluß von (mittlerweile) 15 Staaten (seit dem 1.1. 1995) zwecks Vereinheitlichung bestimmter Politikbereiche, ursprünglich auf die Wirtschaft bezogen, heute fast alle Politikbereiche erfassend. Es existieren drei Gemeinschaften: die Europäische Wirtschaftsgemeinschaft (EWG) – seit dem 1.11. 1993: Europäische Gemeinschaft (EG), die Europäische Gemeinschaft für Kohle und Stahl (EGKS), die Europäische Atomgemeinschaft (EURATOM); diese Verträge sind erstmalig grundlegend durch die sog. Einheitliche Europäische Akte am 1.7. 1987 verändert worden; der Vertrag von Maastricht vom 7.2. 1992 hat die Europäische Union (EUV) gebracht, freilich läßt der Vertrag von Maastricht die drei Gründungsverträge unberührt. Das hat dazu geführt, daß die EU ein nur schwer zu erläuterndes und mit Inhalten zu füllendes Gebilde ist; das am weitesten verbreitete Modell, das Neben- und Miteinander der Rechtsgrundlagen zu erklären, bildet die sog. „Drei-Säulen-Theorie". Die erste Säule bildet die Schaffung eines gemeinsamen Marktes gem. Art. 2 EU-Vertrag, die zweite Säule bildet die gemeinsame Außen- und Sicherheitspolitik, die dritte Säule ergibt die geplante Zusammenarbeit in den Bereichen Justiz und Inneres. Mit Blick auf den Umweltschutz ist bedeutungsvoll das Recht der Europäischen Gemeinschaft: sei es

Europäische Union: Beitritt der Mitgliedsstaaten

Beitritt	Mitgliedstaaten:
01.01. 1958	Belgien Bundesrepublik Deutschland Frankreich Italien Luxemburg Niederlande
01.01. 1973	Dänemark Großbritannien Irland
01.01. 1982	Griechenland
01.01. 1986	Portugal Spanien
01.01. 1995	Österreich Schweden Finnland

Art. 130 r–130 t EG-Vertrag, sei es das von der EG selbst erlassene Recht, also Verordnungen und Richtlinien. Der EG-Vertrag erlaubt Umweltrecht der EG, welches entweder in den Mitgliedstaaten unmittelbar gilt (Verordnung) oder von den Mitgliedstaaten zwecks Geltung in nationales Recht zu transformieren ist (Richtlinie). Dadurch Begrenzung der Gestaltungsfreiheit der nationalen Gesetzgeber und deshalb von eminenter umweltpolitischer Bedeutung. Der Vertrag über die Europäische Union und die drei Verträge über die ursprünglichen Gemeinschaften sind durch den seit dem 1.5. 1999 in Kraft befindlichen Vertrag von Amsterdam im wesentlichen formal umgestaltet worden: Neuzählung der Vorschriften infolge Wegfalls der A/B/C-Paragraphen; Umweltschutz jetzt: §§ 174–176 EGV.

Europäischer Abfall-Katalog EAK. Verzeichnis der Abfallarten und ihrer Bezeichnungen innerhalb der Europäischen Union. Dieser Katalog ersetzt ab 1999 in der Bundesrepublik Deutschland den Abfallartenkatalog der >LAGA<.

Europäischer Fahrzyklus. >Fahrzyklus<.

Europäischer Gerichtshof (EuGH). Der „Gerichtshof der Europäischen Union" wird aus 13 Richtern gebildet, die von 6 Generalanwälten unterstützt werden. Sie werden von den Mitgliedstaaten in gegenseitigem Einvernehmen für 6 Jahre ernannt. Ihre Unabhängigkeit ist gewährleistet. Der EuGH ist das Rechtsprechungsorgan der EU. Er hat seinen Sitz in Luxemburg und sichert die Wahrung des Rechts bei der Auslegung u. Anwendung der Verträge. Er wacht über die Einhaltung der Europäischen Verträge und Rechtsakte der EU und hat auch rechtsetzende Funktionen.
Der EuGH entscheidet unmittelbar und verbindlich gegenüber Mitgliedstaaten, Gemeinschaftsorganen, nationalen Gerichten sowie natürlichen und juristischen Personen. Auf diese Weise trägt er mit seinen Urteilen zur Schaffung eines einheitlichen Rechts bei. Seine Entscheidungen sind oft von großer wirtschaftlicher Tragweite. EuGH-Urteile hatten u.a. zur Folge, daß nationales Produktrecht nicht den Import ausländischer Waren behindern darf. Der >Ministerrat< hat 1988 beschlossen, dem EuGH ein Gericht erster Instanz beizuordnen.
Im Verbraucherschutz und im Hinblick auf den Binnenmarkt haben folgende Urteile besondere Bedeutung erlangt: Cassis de Dijons (Rechtssache 120/78), Reinheit(gebot) Bier (Rechtssache 178/84). Ferner ist wiederholt die Umsetzung von EG-RL berücksichtigt worden, die von einzelnen Mitgliedstaaten nicht fristgerecht oder nur unvollständig erfolgte, z.B. Ratti-Urteil/Italien im Zusammenhang mit der >Gefahrstoff-Richtlinie< von 1967, ferner auch gegen die Bundesrepublik in verschiedenen Bereichen des Umweltrechts, z.B. UVPG, 22. BImSchV.

Europäischer Rat (ER). Auf der „Gipfelkonferenz" in Paris (Dezember 1974) haben die Staats-(Frankreich) bzw. Regierungschefs beschlossen, künftig *regelmäßig* zusammentreten, gemeinsam mit dem Präsidenten der >EU-Kommission<. Die erste Ratstagung, an der auch die Außenminister der EG-Mitgliedsstaaten teilnahmen, hat 1975 in Dublin stattgefunden. Den Vorsitz führt der Vertreter des Landes, das auch die Präsidentschaft im >Ministerrat< stellt. Sie wechselt alle 6 Monate. Der ER ist nicht zu verwechseln mit der anderen „Gipfelkonferenz" der Staats- und Regierungschefs von insgesamt sieben Industriestaaten einschließlich Kanada, Japan und der USA („Weltwirtschaftsgipfel"). Der Gruppe der sieben (wichtigsten Industriestaaten) gehören u.a. die vier EU-Mitglieder Frankreich, Großbritannien, Italien und Deutschland an. Da die Gipfeltreffen der (inzwischen 12) europäischen Staaten in den Römischen Verträgen von 1957 nicht vorgesehen waren, ist der ER *kein* EG-Organ. Er wurde als Institution erst durch die Einheitliche Europäische Akte (EEA) verankert. – Seine Aufgabe besteht darin, der Gemeinschaft politische Anstöße zu geben und neue Ziele zu setzen. Der ER hat wesentlich dazu beigetragen, daß der EG-Binnenmarkt Ende 1992 vollendet worden ist und daß darüber hinaus eine Wirtschafts- und Währungsunion (WWU) angesteuert wird. Auch die Verankerung des Umweltschutzes im EWG-Vertrag ab 01.07.1987 ist seiner Einflußnahme maßgeblich zu verdanken. Seit mehreren „Gipfeln" steht im Zentrum der Beratungen die Frage, wann und wie die Politische Union erreicht werden kann. Neuerdings spielen dabei auch Aspekte der Sicherheits- und Verteidigungspolitik eine Rolle. In diesem Zusammenhang wird auch die Westeuropäische Union (WEU) genannt, als euroäisches Bindeglied zur NATO.

Europäisches Gemeinschaftsrecht. Die Rechtsakte zur Gründung der drei >europäischen Gemeinschaften< (primäres Gemeinschaftsrecht) und die von den zuständigen Organen der EU selbst erlassene Rechtsakte (sekundäres Gemeinschaftsrecht). Für den Umweltschutz praktisch wichtig ist heute das Recht der EU: sei es Art.10r bis t EWG-Vertrag, sei es das von der EU selbst erlassene Recht, also Verordnungen und Richtlinien. Der EU-Vertrag erlaubt Umweltrecht der EU, welches entweder in den Mitgliedsstaaten unmittelbar gilt (Verordnung) oder von den Mitgliedsstaaten zwecks Geltung in nationales Recht zu transformieren ist (Richtlinie). Dadurch Begrenzung der Gestaltungsfreiheit der nationalen Gesetzgeber und deshalb von eminenter umweltpolitischer Bedeutung.

Europäisches Parlament (EP). Das EP ist die Vertretung der Völker der EU-Mitgliedstaaten. Es wurde durch die Römischen Verträge als *gemeinsames* Organ der drei Gemeinschaften eingesetzt u. in diesen Gründungsverträgen noch als „Versammlung" bezeichnet (Art. 4 EWG-Vertrag). Damals wurden seine Mitglieder noch von den nationalen Parlamenten delegiert, wie dies heute noch bei anderen Europäischen Institutionen der Fall ist (Europarat, WEU). Seit 1979 wird das EP von den Bürgern der Mitgliedstaaten *direkt* gewählt, für jeweils 5 Jahre. Die letzte Wahl hat 1999 stattgefunden. Von den insgesamt 518 Abgeordneten stammen je 81 aus Deutschland, Frankreich, Großbritannien und Italien. Die mittleren und kleineren Mitgliedstaaten sind entspr. ihren Bevölkerungsanteilen an der Gemeinschaft mit weniger Parlamentssitzen vertreten (aus Spanien kommen 60 und aus Luxemburg nur 6 Abgeordnete). Die Abgeordneten gliedern sich jedoch in politisch orientierte Fraktionen und *nicht* in national aufgeteilte Gruppierungen. Sie repräsentieren ein breites politisches Spektrum von mehr als 60 Parteien und Interessengruppen (einschließlich der sog. Regenbogen-Fraktion). Die Plenarsitzungen finden überwiegend in Straßburg statt, das Generalsekretariat hat seinen Sitz in Luxemburg. Die 18 Parlamentsauschüsse und die Fraktionen treten meistens in Brüssel zusammen (s.u.).

Die Tätigkeit des EP berührt unterschiedliche Bereiche, wobei folgendes zu unterscheiden ist: seine legislativen und Haushaltsbefugnisse, seine Rolle bei politischen Initiativen und seine Kontrollfunktion. Seitdem es direkt gewählt wird, hat das EP wesentlich größeres Gewicht erlangt. Aufgrund der EEA ist es stärker in das Entscheidungsverfahren eingebunden. Dabei geht es weniger um eine Erleichterung, sondern vielmehr um die „Demokratisierung" des Entscheidungsprozesses. Anstelle der bisherigen Anhörung tritt bei einer Reihe von Rechtsakten ein Verfahren der Zusammenarbeit. Von den 18 Ausschüssen, die die Plenarsitzungen vorbereiten und in denen Mitglieder aller Fraktionen vertreten sind, ist einer für „Umweltfragen, Volksgesundheit und Verbraucherschutz" zuständig, ein anderer führt die Bezeichnung „Energie, Forschung und Technologie". Daneben gibt es u.a. einen eigenen Verkehrsausschuß und einen Ausschuß für Regionalpolitik und Raumordnung. Im Rahmen der Vorbereitung einer Politischen Union wird auch eine deutliche Stärkung der Kompetenzen des EP angestrebt (deutscherseits). Die Verhandlungen zur Änderung des EWG-Vertrages sind jedoch auch in dieser Hinsicht kontrovers, weil einige Regierungen im Interesse ihrer nationalen Parlamente zu einem wesentlichen Souveränitätsverzicht (noch) nicht bereit sind.

Europarat. (Frz.: Conseil de l'Europe, engl.: Council of Europe). Die erste nach dem Zweiten Weltkrieg gegründete Europäische Organisation. Die Gründungsidee geht auf WINSTON CHURCHILL (1943) zurück. In Ergänzung der Vereinten Nationen sollten regionale Räte sich mit den Problemen nach dem Zweiten Weltkrieg befassen. Das Gründungsstatut wurde am 05.05.1949 von folgenden 10 Staaten unterzeichnet: Belgien, Dänemark, Frankreich, Irland, Italien, Luxemburg, Niederlande, Norwegen, Schweden und dem Vereinigten Königreich. Ziele des Europarats sind, a) auf eine größere europäische Einheit hinzuarbeiten, b) die Prinzipien der parlamentarischen Demokratie und der Menschenrechte zu wahren, c) die Lebensbedingungen zu verbessern und sich für menschliche Werte einzusetzen. Die Bundesrepublik Deutschland ist seit 1951 Vollmitglied. Strukturell besteht der Europarat aus dem Ministerrat und der Beratenden Versammlung. Der Ministerrat ist das Entscheidungsgremium des Europarats; er besteht aus den 21 Amtsministern. Die Beschlüsse sind nichtbindender Art (Empfehlungen) oder bindender Art (Konventionen, Übereinkünfte). Zur Zeit umfaßt der E. 40 Mitgliedstaaten.

Europa-Test. >Abgastest< für Kraftfahrzeuge entspr. der EU-Vorschriften >Fahrzyklus<.

European and Mediterranean Plant Protection Organization (EPPO). Franz.: L'organisation Europeénne et Méditerranéenne pour la protection des Plantes. Pflanzenschutzorganisation für Europa und den Mittelmeerraum. Regionale Pflanzenschutzorganisation auf der Grundlage des >Internationalen Pflanzenschutzübereinkommens<; gegründet 1952, Sitz Paris. Die EPPO befaßt sich gemäß Konvention praktisch mit allen Aufgaben des staatlichen Pflanzenschutzes, insbesondere mit der Verhütung der Ein- und Verschleppung von Schadorganismen. Die Beschlüsse sind rechtlich nicht bindend. *Organe*: Rat, Exekutivkomitee, Arbeitsgruppen, Panels. Derzeit umfaßt die Mitgliedschaft 41 Staaten.

European Chemical Industry Ecology and Toxicology Centre. (ECETOC). 1978 gegründetes Koordinationszentrum der westeuropäischen chemischen Industrie. Es hat die Aufgabe, wissenschaftliche Informationen und Stellungnahmen zu aktuellen Fragen auf den Gebieten des Gesundheitsschutzes, der Toxikologie und des Umweltschutzes, die Belange der chemischen Industrie betreffen, zu erarbeiten und zu veröffentlichen. Die wissenschaftliche Arbeit wird überwiegend in „Ad-hoc"-Arbeitsgruppen geleistet, in die Mitgliedsfirmen ihre Fachleute entsenden. Dabei soll der wissenschaftliche Dialog zwischen Industrie und internationalen und nationalen Behörden, Hochschulen und Forschungsinstituten zu aktuellen wissenschaftlichen Fragestellungen gefördert werden. Adresse: Av. E. Van Nieuwenhuyse 4, B-1060 Brüssel.

EUROPIA. Zusammenschluß europäischer Mineralölfirmen.

Eurosuper. In Europa nach EN 228 definierter >bleifreier Ottokraftstoff< mit der >Klopffestigkeit< ROZ 95, MOZ 85. Entspricht in seiner Klopffestigkeit in den meisten Ländern nicht dem verbleiten Superkraftstoff.

euryhalin. Eigenschaft von Organismen, in Wasser mit sehr unterschiedlichem Salzgehalt leben zu können; besonders ausgeprägt bei >Brackwasserformen< und Lebewesen des Meeresufers (>Litoral<).

euryök. Bezeichnung für Lebewesen, die in der Lage sind, ein weites Spektrum >abiotischer< Faktoren zu tolerieren, d.h. in sehr verschiedenartigen Lebensräumen und unter sehr unterschiedlichen Bedingungen zu leben. Gegensatz: >stenök<.

euryphag. Bezeichnung für Tiere, die die Fähigkeit haben, sehr unterschiedliche Nahrung zu sich nehmen zu können, die also nicht spezialisiert sind. Gegensatz: >stenophag<.

eurytherm. Eigenschaft von Lebewesen, in einem sehr weiten Temperaturbereich leben zu können. Gegensatz: >stenotherm<.

eurytop. Organismen, die in vielen verschiedenen >Lebensräumen< vorkommen, Gegensatz: >stenotop<.

eutroph. Ein Gewässer mit hoher >Primärproduktion< (>oligotroph<, >mesotroph<). Die Ursache ist meist eine hohe Konz. an Nährstoffen, besonders Phosphat. S.a. >Eutrophierung<.

Eutrophierung. Langfristige stetige Zunahme der >Primärproduktion< in einem Gewässer, s.a. >Trophie<. Die Ursachen der E. sind vielfältig, laufen aber alle auf eine bessere Verfügbarkeit von Nährstoffen hinaus. Natürliche Eutrophierung kann eintreten durch verstärkte Erosion und Eintrag von Phosphat mit Bodenpartikeln in das Gewässer; durch Verlanden eines Sees und damit verstärkte Rückführung des im Sediment gebundenen Phosphats in die >euphotische Zone<; Änderung der Ufervegetation und damit bessere Belichtung des (Klein)Gewässers. Die viel wichtigere anthropogene E. erfolgt durch einen verstärkten Eintrag von Phosphor und Stickstoffverb. als Restbelastung aus >Kläranlagen<, aus der Landwirtschaft und mit Niederschlägen. Die Eutrophierungsanfälligkeit eines Sees hängt von seiner mittleren Tiefe ($\bar{z}$), seinem >Mixis<verhalten und der >Erneuerungszeit des Wassers< (τ_w) ab. Nach VOLLENWEIDER ist die Eutrophierung bewirkende Phosphatzufuhr Lc in mg $\dfrac{P}{m^2 \cdot a}$

$$Lc = 10 \cdot q_s \left(1 + \sqrt{z/q_s}\right)$$

mit $q_s = \bar{z}/\tau_w$. Auch durch Fischbesatz können Gewässer eutrophieren, wenn die Fische das >Zooplankton< wegfressen und so die >Algen< von ihren natürlichen Konsumenten entlasten. Die Folgen der E. sind im Freiwasser eine Zunahme und Änderung der Zus. des >Phytoplanktons<, des Zooplanktons, der Fischerträge und ggf. der Fischfauna. Im >Profundal< eines Sees kommt es zu einer Zunahme von org. Resten, die unter Sauerstoffverbrauch abgebaut werden. Das führt zu Sauerstoffmangel am Grund und Freisetzung von Phosphat sowie zu einer Änderung der tierischen Besiedlung des Sediments. Als Gegenmaßnahmen werden hauptsächlich vorgeschlagen: Entlastung des Sees von Nährstoffen durch Phosphor- und Stickstoffelimination in den Kläranlagen; Erfassen aller >Abwässer< in einer Ringleitung um den See; in kleinen Seen eine Zwangsbelüftung oder Verlängerung der Zirkulation und Ableitung von nährstoffreichem Tiefenwasser. >Seerestaurierung<, >Seesanierung<.

Lit: Vollenweider R, Kerekes J (1980) OECD cooperating programme for monitoring of inland waters (eutrophication control). Synthesis Report, Paris – Bernhardt H (1985) Ökologische und technische Aspekte der Phosphoreliminierung in Süßwassergewässern. Rhein.-Westf. Akad. Wiss., Vorträge Nr. 337: 35–62 – Sas H (Hrsg.) (1989) Lake restoration by reduction of nutrient loading. Expections Experiences Extrapolation. Academia Verlag Richartz, St. Augustin – Klapper H (1992) Eutrophierung und Gewässerschutz, 1. Aufl., Gustav Fischer Verlag, Jena Stuttgart – Sutcliffe DW, Jones JG (1992) Eutrophication: Research and Application to water supply, Freshwat. Biol. Ass. Ambleside.

eV. Kurzzeichen für >Elektronenvolt<.

EVA. 1. radioaktiv: *E*inwirkungen *v*on *a*ußen; im Rahmen des atomrechtlichen Genehmigungsverfahrens für >Kernkraftwerke< und >kerntechnische Anlagen< muß nachgewiesen werden, daß die Anlage spezifizierten Lastfällen wie z.B. Erdbeben, Flugzeugabsturz und Explosionsdruckwellen standhält. 2. Kunststoffe: Kurzbezeichnung für *E*thylen*v*inyl*a*cetat->Copolymerisate<.

Evakuierungspläne. Die >Katastrophenschutzpläne< für die Umgebung von >Kernkraftwerken< und großen >kerntechnischen Anlagen< enthalten entsprechend den Rahmenempfehlungen für den Katastrophenschutz in der Umgebung kerntechnischer Anlagen auch Pläne für die Evakuierung der Bevölkerung für den Fall katastrophaler Unfälle an der Anlage. Dabei sind Maßnahmen zur Evakuierung nur der extreme Grenzfall einer Vielzahl der in den Katastrophenschutzplänen vorgesehenen Schutzmaßnahmen.

Evaporation. >Evapotranspiration<.

Evapotranspiration. Die Summe von Boden-, Interzeptions- und Pflanzen-(Transpirations)-verdunstung (DIN 4049, T.3). Der Beitrag der Evaporation aus kleinen Wasserläufen, größeren und kleineren Wasserflächen und zeitweisen Pfützen ist in der Praxis nicht von der E. zu trennen (>Gebietsverdunstung<).

Lit: Deutscher Normenausschuß (Hrsg.) DIN 4049, T.3: Hydrologie. Begriffe z. quantitativ. Hydrol. Ausg. 1994 – Mattheß G, Ubell K (1983) Allgemeine Hydrogeologie, Gebr. Borntraeger, Berlin Stuttgart.

Evolution. In der Biologie der Prozeß, bei dem es zu quantitativen und qualitativen Veränderungen innerhalb von >Populationen< kommt. Dieser Prozeß kann sich auf ein einzelnes Merkmal oder auf zahlreiche

Merkmale beziehen. Dabei entstehen vererbbare Veränderungen, die zu einer Höherentwicklung führen. Im Zuge der E. kann es ur *Artbildung* (>Art<) kommen. Das Ergebnis der E. ist die Plogenese oder Stammesentwicklung. Ursache für die E. ist das Einwirken sog. E.-Faktoren; nach Darwin >Mutation<, >Rekombination<, >Selektion< aus der im Überschuß vorhandenen Nachkommenschaft, Separation und Zufallswirkung.

EWC. >Europäischer Abfall-Katalog<.

EWG-Nummer. Alle >gefährlichen Stoffe< gemäß Anhang I der gleichnamigen Ratsrichtlinie 67/548/EWG und ihrer Änderungen werden außer mit der >CAS-Nummer< mit einer eigenen Nummer aufgeführt. Sie richtet sich im wesentlichen nach der >Ordnungszahl< des chem. >Elements<, das für die Eig. des eingestuften Stoffes charakteristisch ist. Wegen der Vielfalt org. Kohlenstoffverb. ist für diese Stoffklassen ein besonderes Schema entwickelt worden (s. Tabelle unten).
Nur die in der o. g. Liste aufgeführten *gefährlichen* Stoffe haben eine EWG-Nummer, die rechts über dem Stoffnamen steht. Zur Sicherstellung der Identität ist links noch die jeweilige CAS-Nummer angegeben. Die EWG-Nr. dient der Vereinfachung bei der listenmäßigen Erfassung der kennzeichnungspflichtigen gefährlichen Stoffe. Ebenso ist sie ein *Ordnungsfaktor* zur vereinfachten und zweifelsfreien Identifizierung eines Stoffes in den Listen. Sie wird daher auch in nationalen Listen und Vorschriften verwendet.
In der >GefStoffV< Anhang VI (Liste eingestufter gefährlicher Stoffe u. >Zubereitungen<) ist in Spalte 3 die Nummer des Stoffes nach der Liste der Anlage I der Richtlinie Nr. 76/907/EWG aufgeführt. Sie wird hier jedoch als *EG*-Nummer bezeichnet. Seit dem Sommer 1991 gilt die Fassung der 12. Richtlinie der EG-Kommission zur Anpassung an den technischen Fortschritt. (Neufassung der Stoffliste s. ABl. 180 A vom 08.07. 1991).
Nur gefährliche Stoffe gemäß EG-Liste haben eine eigene Nummer. Wie der >Kennbuchstabe< wird sie *nicht* auf dem Etikett von Gebinden mit gefährlichen Stoffen und Zubereitungen angegeben. Stoffe *ohne* EG-Nr. sind aufgrund *deutscher* Vorschriften aufge-

nommen worden, z. B. best. >krebserzeugende< Stoffe oder best. >giftige< Stoffe aus den ehemaligen Giftverordnungen der Bundesländer. Manche Stoffe mit einer EG-Nr. bezeichnen mehrere konkrete Stoffe unterschiedlicher Natur, z. B. Isomere wie lfd. Nr. 660 Di-*n*-propylether und Di-*iso*-propylether, beide sind durch die jeweilig zugeordneten CAS-Nummer identifiziert.

Exkremente. Ausscheidungen des Organismus als Kot und Harn.

Exogen allergische Alveolitis (EAA). Die EAA gehört zu den Erkrankungen der Atemwege, die durch eine Überempfindlichkeitsreaktion auf komplexe, meist makromolekulare Strukturen wie Proteine, Glycoproteine und Lipoproteine hervorgerufen werden. Es handelt sich dabei um eine IgG-vermittelte allergische Reaktion, bei der infolge einer Immunkomplexbildung allergische T-zellvermittelte Spätreaktionen entstehen. Ihre bekannteste Form ist die Farmerlunge, die relativ häufig in der Landwirtschaft als Berufskrankheit auftritt. Als Folge einer ganzen Reihe von anderen Tätigkeiten ist sie jedoch ebenfalls beschrieben worden, so daß sie mit vielen Namen belegt ist (z. B. Vogel- oder Taubenzüchter, Pilzarbeiter-, Paprikaspalterlunge). Sie ist klinisch gekennzeichnet durch Zeichen der Atemnot 4 bis 12 Stunden nach Exposition, verbunden mit Fieber, Husten, Frösteln und anderen Krankheitszeichen und ähnelt daher dem klinischen Bild des >ODTS<. Histologisch lassen sich die Veränderungen auch nach dem Verschwinden der Symptome noch wochenlang nachweisen. Bei wiederholter Exposition kann es zur Ausbildung einer Fibrose des Bindegewebes der Lunge kommen, die dann irreversibel ist. Als in diesem Zusammenhang wichtige Allergene sind Bakterien (Thermoactinomyces vulgaris, T. sacchari u. a.) und Schimmelpilze (z. B. Aspergillus fumigatus, Penicillium species) nachgewiesen worden. Hohe Antigenkonzentrationen sind erforderlich, um eine Sensibilisierung hervorzurufen. Es wird vermutet, daß dazu Konzentrationen von mindestens 1 Mio. oder 100 Mio. bis 10 Mrd. KBE/m^3 erforderlich sind. Da nach relativ hohen Expositionen nur ein kleiner Teil der Exponierten erkrankt (Inzidenzen von 0,2–0,3 % der Exponierten, Prävalenz von ca. 0,8 %, Krankheitshäufigkeit bis zu 5 %) muß eine gewisse Disposition vorhanden sein. Unklar ist, welche Faktoren zum Krankheitsausbruch führen. Nichtraucher scheinen bevorzugt zu erkranken und haben in der Regel nach Exposition auch höhere IgG-Antikörperkonzentrationen. Da bisweilen eine familiäre Häufung festzustellen ist, spielen genetische Faktoren möglicherweise eine Rolle. Bei Erkrankten konnte eine Häufung von bestimmten Histokompatibilitäts-Antigenen (HLA-B 8, HLA-DRw 6) gefunden werden. Der exogen-allergischen Alveolitis geht oft eine toxische voraus.

Lit: Böhm R, Martens W, Bittighofer PM (1998) Aktuelle Bewertung der Luftkeimbelastung in Abfallbehandlungsanlagen, Abfall-Wirtschaft, Neues aus Forschung und Technik. M.I.C. Baeza-Verlag, Witzenhausen.

Exogene Atmung. Aufrechterhaltung des Zellstoffwechsels über extrazelluläre Energiequellen (ISO 6107/8).

Exon. Bez. für die informationstragenden Bereiche innerhalb eines eukaryontischen >Gens<. In diesen Genen sind die einzelnen, codierenden E.-Regionen häufig durch z. T. sehr lange, nichtcodierende Bereiche un-

EWG-Nummer: Gefährliche Stoffe (EG-Nr.); Spezielle Anordnung für die organischen Stoffe

EWG-Nummer	Stoffklasse
601	Kohlenwasserstoffe
602	Halogen-Kohlenwasserstoffe
603	Alkohole und ihre Derivate
604	Phenole und ihre Derivate
605	Aldehyde und ihre Derivate
606	Ketone und ihre Derivate
607	Organische Säuren und ihre Derivate
608	Nitrile
609	Nitroverbindungen
610	Chlornitroverbindungen
611	Azoxy- und Azoverbindungen
612	Aminoverbindungen
613	Heterocyclische Basen und ihre Derivate
614	Glycoside und Alkaloide
615	Cyanate und ihre Derivate
616	Amide und ihre Derivate
617	Organische Peroxide
650	Verschiedene Stoffe

terbrochen, die >Introns< genannt werden. E.- und Intron-Sequenzen werden zunächst gemeinsam in eine entsprechende >mRNA-Sequenz< transcribiert (>Transcription<), die Intron-Sequenzen werden jedoch aus dem sog. Primärtranscript (>Transcript<) durch Spleißen entfernt. Die „reife", funktionelle mRNA enthält dann nur noch miteinander verknüpfte E. Einige eukaryontische Gene, wie beispielsweise das menschliche α-Interferon-Gen oder die Histon-Gene, enthalten keine Intron-Sequenzen. Bei anderen Genen sind die einzelnen E. von mehr als 50 Introns unterbrochen, z. B. beim α-2-Procollagen-Gen der Ratte.

exotherm. (Grch. exo = außen; thermos = Wärme). Bezeichnung aus der Thermochemie und Thermodynamik für chem. und physikalische Prozesse, die unter Freisetzung von Wärmeenergie ablaufen. *Gegensatz:* >endotherm<.

Experimentierkanal. Öffnung in einer Reaktor->Abschirmung<, durch die Strahlung zu Versuchen außerhalb des >Reaktors< austreten kann.

Explizites numerisches Lösungsverfahren. Im Unterschied zu >impliziten Lösungsverfahren< eine numerische Lösungstechnik für >partielle Differentialgleichung<, bei der jeder neue Wert der Ort-Zeit-Verteilung der gesuchten Variable anhand einer expliziten Gl. ermittelt wird, die außer dem gesuchten Wert nur bereits bekannte Ort-Zeit-Werte der Variablen enthält.

explosionsgefährlich. >Gefährlichkeitsmerkmal< nach § 3a Abs. 1 Nr. 1 >ChemG<. E. sind >Stoffe< und >Zubereitungen<, die durch Flammentzündung zur Explosion gebracht werden können oder gegen Stoß oder Reibung empfindlicher sind als Dinitrobenzol (Best. gemäß § 1 ChemGefMerkV). Stoffe und Zubereitungen werden mit dem >Gefahrensymbol< und der >Gefahrenbezeichnung< „Explosionsgefährlich" gekennzeichnet, wenn die Ergebnisse der Prüfungen den in >GefStoffV< Anhang I Nr. 1.1 genannten Kriterien entsprechen. Die unter Nr. 1.1.2.4.1 aufgeführten >R-Sätze< werden ebenfalls nach diesen Kriterien ausgewählt.
Obwohl auch dieses Gefährlichkeitsmerkmal zum ChemG gehört, unterliegen e. Stoffe und Zubereitungen hinsichtlich ihrer >Verpackung< und >Kennzeichnung< *nicht* diesem Gesetz, sondern dem SprengG (§§ 3 u. 4 GefStoffV).
E. Stoffe gehören zur >Gefahrenklasse 1< der (inter)nationalen Transportvorschriften.

Explosionsgefährliche Stoffe. Sie sind der Anmelde- und Prüfnachweisverordnung zum >Chemikaliengesetz< als solche definiert, wenn sie durch Flammenentzündung zur Explosion gebracht werden können oder gegen Stoß oder Reibung empfindlicher sind als Dinitrobenzol. *Explosion* selbst wird durch die plötzlich hervorgerufene Druckwirkung hochgespannter Gase definiert, die durch chem. Umsetzung entsteht.

Exponentialverteilung. Die statistische Verteilungsfunktion einer kontinuierlich verteilten Größe, wenn sie einer Exponentialfunktion folgt:

$$f(x) = \lambda e^{-\lambda x} \text{ für } \cdot \geq 0$$

Die ersten beiden Momente der verteilten Größe X, Erwartungswert E(X) und Varianz V(X), sind:

$$E(X) = 1/\lambda$$
$$V(X) = 1/\lambda^2.$$

Exponentielles Wachstum. Ein Wachstum, das mittels einer exponentiellen Funktion beschrieben werden kann: die Veränderung der >Biomasse< m mit der Zeit dm/dt ist dann proportional zur bereits vorhandenen Biomasse: dm/dt = k m
Eine solche Wachstumsfunktion gilt nur bei unbehindertem Wachstum, also bei Organismenwachstum od. dem Wachstum von pflanzlichen od. tierischen Populationen während best. Phasen. Normalerweise tritt Hemmung durch externe – Wasser-, Nährstoff- oder Nahrungsmangel – od. durch interne, genetische Bedingungen auf, so daß Wachstum dann z. B. durch eine >logistische Wachstumsfunktion< beschrieben werden kann.

Exposition. Aussetzung eines Organismus oder eines Systems an positive oder negative Umwelteinflüsse. In der >Ökotoxikologie< sind vor allem negative, in der Regel anthropogene Einflüsse, beispielsweise durch Umweltchemikalien, von Bedeutung. Je nach Art und Objekt der Gefährdung unterscheidet man folgende Fälle:
– die direkte Exposition von Menschen (Direct Human Exposure), d. h. die Exposition einzelner durch Direktkontakt im Verlauf von Herstellung, Transport und Anwendung,
– die direkte Exposition der Umwelt (Direct Environmental Exposure), d. h. die lokale Belastung einzelner Umweltbereiche durch punktförmige oder kleinflächige Quellen,
– die indirekte Exposition von Menschen (Indirect Human Exposure), d. h. die allg. Exposition der Gesamtbevölkerung nach der großräumigen Verteilung einer Chemikalie,
– die allg. Exposition der Umwelt (General Environmental Exposure), d. h. die Belastung der gesamten Umwelt nach der großräumigen Verteilung der Chemikalie.

Expositionsanalyse. Prognose der Umweltkonzentration einer Chemikalie, der ein Organismus oder eine Population ausgesetzt ist (Unterschied zur >Bioverfügbarkeit<!). Dies kann anhand gemessener Daten in der Umwelt (Monitoring) geschehen oder durch rechnerische Abschätzungen. Bei punktförmigem Eintrag können lokal auftretende Maximalkonzentrationen anhand des Anwendungsmusters und der Eigenschaften der jeweiligen Chemikalie grob abgeschätzt werden. Das weitere Verhalten der Chemikalie in der Umwelt kann anhand von Rechenmodellen vorhergesagt werden. Je nach Art und Komplexizität dieser Modelle werden Umweltkonzentrationen berechnet, die sich aus Verteilungs- und Transportprozessen ergeben (Ausbreitungsberechnungen) oder zusätzlich Abbau- und Akkumulationsprozesse einbeziehen (Umweltsimulationsmodelle). Die Modelle können kompartimentspezifisch sein oder einen mehr globalen Charakter haben. Die globalen Modelle zeigen primär Umweltverteilungstendenzen auf und sind wegen der Variabiliät der Umweltbedingungen für die Vorhersage von Umweltkonzentrationen nicht geeignet. Prognosen von Umweltkonzentrationen sind daher umso genauer, je ausgeprägter das jeweilige Modell eine spezifische Umweltsituation simuliert und je vollständiger und spezifischer der Datensatz ist, der zur Verfügung steht.

Expositionsdauer. Die Zeit, in der ein Organismus oder eine Population einem Stoff oder sonstigen Einwirkungen ausgesetzt ist. Man unterscheidet je nach

Expositionsdauer zwischen akuter, subakuter, subchronischer und chronischer Exposition.

Expositionspfade. Wege eines Stoffes in der Umwelt, die in eine Exposition münden (z.B. Luft → Pflanze → Nahrungskette → Mensch).

Exposure. (engl.) >Exposition<.

Expression. (Syn. Genexpression). Biosynth. des funktionsfähigen Produkts eines >Gens<. Dieser allg. Begriff faßt mehrere Vorgänge zusammen: 1. Bei Genen, die z.B. rRNA- (>RNA<) oder tRNA-Moleküle codieren, ist die E. lediglich eine >Transcription< der DNA-Sequenz in die komplementäre RNA-Sequenz. 2. Bei Genen, die >Proteine< codieren, ist die E. im ersten Schritt eine Transcription und im zweiten eine >Translation< des RNA-Transcripts in ein Protein.

exprimieren. Verb zum Substantiv >Expression<.

Ex-situ-Verfahren. Verfahren zur Beseitigung von Kontaminationen im Boden und Grundwasser. Dabei erfolgt die >Sanierung< außerhalb der vorhandenen Situation, d.h., Boden wird i.d.R. mittels eines Baggers entnommen und anschließend >On-site< oder >Off-site< behandelt. Vgl. >In-situ-Verfahren<.

Exsudat-Gummi. Pflanzliche Gummistoffe, die von der Rinde von Bäumen oder Sträuchern nach Verletzungen ausgeschieden werden. E.-G. enthalten neutrale Salze uronsäurehaltiger Polysaccharide. Die Anwendung bei der Lebensmittelherstellung erfolgt als Verdickungsmittel. Zu der Gruppe der E.-G. gehören >Gummi arabicum< und >Tragant<.

Exsudation. Lat.: ex-sudo ausschwitzen. Abgabe von gelösten org. Verbindungen (>DOM<) aus der Primärproduktion bei submersen >Makrophyten< und >Algen< im Gewässer, z.B. Glykolate. Die Exsudate sind bedeutsam für die Energieversorgung der Bakterien. >Microbial loop<.

D-ext. Orange 10. >Orange RN<.

Extensive Größe. Eine Zustandgröße, die sich proportional zur Ausdehnung des betr. Systems oder der Phase verändert.

Extensivierung in der Landwirtschaft. Begriff nicht definiert. Allg. versteht man darunter den reduzierten Einsatz von ertragssteigernden Maßnahmen bzw. deren Verzicht wie z.B. Einsatz von >Mineraldüngern< oder >Pflanzenschutzmitteln<. Insofern fallen unter E. alle naturschutzorientierten Maßnahmen wie z.B. >Randstreifen<- oder >Landschaftspflege<programme. Seit der EG-Agrarreform von 1992 werden extensive Produktionsweisen im Ackerbau, in Dauerkulturen und auf Grünland sowie der >ökologische Landbau< verstärkt gefördert. An Programmen der Länder wie Maßnahmen zur Landschaftspflege oder des Biotop- und Naturschutzes sowie umweltbezogene Demonstrations- und Fortbildungsprojekte beteiligt sich die EG ebenfalls. 1995 werden in Deutschland auf ca. 5 Mio. ha Maßnahmen zur E. auf Basis der Verordnung (EWG) Nr.2078/92 durchgeführt. Grundsätzlich bedeutet bei gleicher Ertragshöhe E. ein niedriger Level des Produktionsfaktors Kapital, ausgeglichen durch den Faktor Fläche. Dies ist in vielen Ländern mit nicht ausreichender Nahrungsproduktion der Fall, zusätzliche Anbauflächen sind – besonders in Asien – nicht vorhanden, dort bleibt nur der Weg der Intensivierung (>Intensivierung in der Landwirtschaft<).

Externe Effekte. Wirkungen eines wirtschaftlichen Vorgangs auf unbeteiligte Dritte. Es gibt positive und negative externe Effekte. Man nennt sie auch externe Nutzen und externe Kosten. Ein Beispiel für einen positiven externen Effekt ist die Entstehung eines Naherholungsgebiets um einen Stausee, der zur Stromerzeugung dient. Negative externe Effekte treten besonders in Form von Umweltbelastungen auf. Ihre Konsequenz ist die Entstehung >sozialer Kosten<: Sind die einzelwirtschaftlichen Kosten niedriger als die volkswirtschaftlichen Kosten, so wird die Produktion eines Gutes über das gesamtwirtschaftlich wünschenswerte Maß ausgedehnt (s.a. >Allokation<).
Lit: Cornes R, Sandler T (1986) The Theory of externalities, public goods, and club goods, Cambridge University Press, Cambridge.

Externe Kosten. (Syn. soziale Zusatzkosten). In Geldeinheiten bewertete negative >externe Effekte<, z.B. ökologische Folgekosten. Gegensatz: >Private Kosten<.

Externer Effekt. Auswirkung einer wirtschaftlichen Aktivität auf Dritte, die nicht dem Urheber zugerechnet wird. Zwischen dem Verursacher und dem Betroffenen des externen Effekts besteht keine marktmäßige Beziehung. Gehen von einem Gut ausschließlich externe Effekte aus, so handelt es sich um ein >öffentliches Gut<. Steigt (sinkt) der Nutzen des Betroffenen mit dem Niveau des externen Effekts, so handelt es sich um einen positiven (negativen) externen Effekt. Positive und negative externe Effekte entstehen durch die Diskrepanz zwischen privaten und sozialen Kosten und Erträgen. >Private Kosten< stellen diejenigen Kosten dar, die bei der Produktion und Konsumtion der Unternehmen und Haushalte in die private Wirtschaftsrechnung eingehen. >Soziale Kosten< entstehen der Volkswirtschaft insgesamt. Vielzitiertes Beispiel für einen positiven externen Effekt sind die Investitionen einer Firma in das Humankapital eines Arbeitnehmers, von denen eine andere Firma beim Arbeitsplatzwechsel profitiert. Ein Beispiel für einen negativen externen Effekt sind Staubemissionen einer Firma, die die Lebensqualität der Anwohner beeinträchtigen. Liegen externe Effekte vor, so führt dies bei unkorrigiertem Marktmechanismus zu einer Fehl>allokation< der Ressourcen (>Marktversagen<). Im allgemeinen wird eine Aktivität, die mit negativen (positiven) externen Effekten verbunden ist, aus volkswirtschaftlicher Sicht auf einem zu hohen (niedrigen) Niveau ausgeübt. Im Falle externer Kosten liegt dies daran, daß der Verursacher bei seiner Optimierung nur einen Teil der insgesamt von der Aktivität verursachten Kosten in sein privatwirtschaftliches Entscheidungskalkül einbezieht und mit dem Nutzen der Aktivität vergleicht. Die >Umwelt- und Ressourcenökonomik< bietet Strategien zur >Internalisierung externer Effekte< an.
Lit: Cornes R, Sandler T (1986) The theory of externalities, public goods, and club goods. Cambridge University Press, Cambridge.

Extinktion. (Lat. extinctio = Auslöschung). Ältere Bez. in der Photometrie für den Logarithmus des Verhältnisses von einfallendem zu ausfallendem Licht $(\log \frac{I_0}{I})$ bzw. den Logarithmus der reziproken Transmission $(\log \frac{1}{T})$. Der Begriff wurde ersetzt durch spektrales Absorptionsmaß (DIN) bzw. dekadisches Absorptionsvermögen (IUPAC).

Extinktionskoeffizient. (Syn. Schwächungskoeffizient).
Die >Sonnenstrahlung< wird auf ihrem Weg durch die
>Atmosphäre< bis zur Erdoberfläche durch folgende
physikalische Prozesse geschwächt: ->Absorption< im
infraroten Teil der Strahlung durch den Wasserdampf
der Atmosphäre (σ_a), -Streuung, teils an den Molekülen der Luft, teils an Staubteilchen und anderen in der
Luft schwebenden Partikeln (σ_s). Dazu kommt noch
eine energiemäßig relativ unbedeutende Absorption,
die von anderen Gasen als Wasserdampf verursacht
wird, vor allem durch >Ozon<. Somit gilt:

$$\sigma_e = \sigma_s + \sigma_a.$$

Lit: DIN 1304, Teil 2 (1989) Formelzeichen für Meteorologie und
Geophysik, Tabelle 3.6.

**Extrahierbare   Organische   Halogenverbindungen
(EOX).** >Adsorbierbare Organische Halogenverbin-
dungen<.

Extraktion. Verfahrensprinzip zur Abtrennung der
>Spaltprodukte< von den >Brennstoffen< >Uran<
und >Plutonium< nach dem >PUREX-Prozeß<. Man
bringt die wäßrige Lösung aus Brennstoff und Spaltprodukten in innigen Kontakt mit einem nicht mischbaren org. Lsg.-Mittelgemisch. Bei der ersten Extraktion gelangen noch Spaltproduktreste zusammen mit
Uran und Plutonium in das org. Lsg.-Mittel. Man muß
daher den Extraktionsvorgang wiederholen, indem
man Uran und Plutonium wieder in die wäßrige Phase
überführt (Rückextraktion) und dann nochmals mit
der org. Phase extrahiert. Solche wiederholten Extrak-
tionsvorgänge heißen „Zyklen" und müssen zwei- bis
dreimal ausgeführt werden, damit die erforderliche
Reinheit des Urans und Plutoniums erzielt wird.

Extraktion, biologisch. Methode(n), mit denen Organismen aktiv oder passiv aus den von ihnen bewohnten
Substraten isoliert werden. Aktive Methoden nutzen
z. B. einen abiotischen >Gradienten<. Im MacFadyen-
Extraktor können >Mikroarthropoden< aus >Boden-
proben< extrahiert werden, da sie versuchen, einem
Gradienten aus steigender Temperatur und sinkender
Bodenfeuchte zu entkommen. Es kann aber auch Sauerstoffmangel oder sich ändernde >Salinität< genutzt
werden. Passiv lassen sich z. B. Tiere aus Boden aus-
schwemmen oder aufgrund ihres spezifischen Gewichts
mit konzentrierten Salzlösungen isolieren.

Extraktionsmethoden. >Bodenbiologie, Methoden<.

Extraktor. Extraktionsapparat, z. B. Mischabsetzer,
Pulskolonne; Apparat, in dem mehrstufige >Extrakti-
on< erfolgt. Es sind Apparate, in denen die beiden Phasen im Gegenstrom aufeinander zugeführt, intensiv gemischt und in Absetzkammern wieder getrennt werden.

Extraterrestrische/terrestrische Strahlung. 1) Extraterrestrische S.: Der auf die Erde und ihre Atmosphäre
auftreffende   >Strahlungsbereich<   zwischen   etwa
0,2 µm und 8 µm. Dieser Bereich der >elektromagneti-
schen Strahlung< umfaßt das Spektrum des sichtbaren
Lichts zwischen 0,4 und 0,7 µm, das Spektrum der nahen IR-Strahlung bei Wellenlängen größer als 0,7 µm
und die UV-Strahlung bei Wellenlängen kürzer als
0,4 µm. Die extraterrestrische S. hat ihr Maximum bei
einer Wellenlänge von etwa 0,5 µm. 2) Terrestrische
S.: Von der Sonnenstrahlung, die auf die Erdatmosphäre einfällt, wird ein Teil von der Erdoberfläche absorbiert. Diese absorbierte Sonnenstrahlung wird an der
Erdoberfläche in Wärme umgesetzt. Die Erdoberflä-

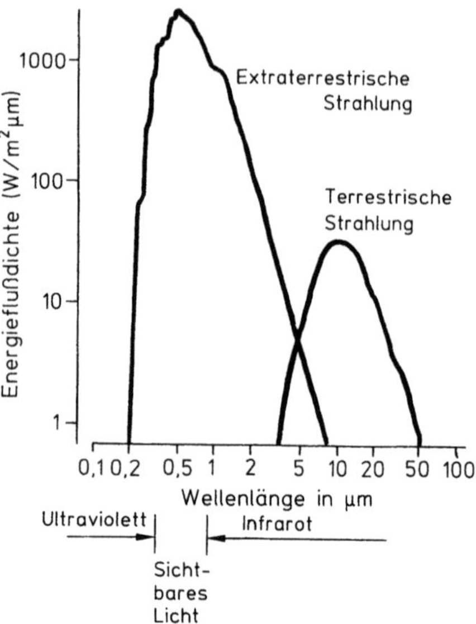

Extraterrestrische/terrestrische Strahlung: Die extraterrestrische Strahlung unterscheidet sich von der terrestrischen Strahlung durch die unterschiedliche Energieflußdichte und die unterschiedliche Wellenlänge

che strahlt deshalb ihrerseits langwellige infrarote
Strahlung in Abhängigkeit von der Temperatur der
Erdoberfläche in den Weltraum zurück. Diese gesamte
von der Erdoberfläche ausgehende infrarote Strahlung
wird als terrestrische S. bezeichnet. Ihr Wellenlängenbereich reicht von 3 µm bis etwa 50 µm mit einem Maximum bei etwa 10 µm.
Die Tatsache, daß sich extraterrestrische S. und terrestrische S. nur im Bereich von 5 µm geringfügig überla-
gern, wird bei >Solaranlagen< durch den Einsatz se-
lektiver >Absorber< genutzt (s. Abb. oben).
Lit: Deutscher Bundestag (Hrsg.) (1989) Schutz der Erdatmosphäre: Eine internationale Herausforderung; Zwischenbericht
der Enquete-Kommission des 11. Deutschen Bundestages,
Bonn – Kleemann M, Meliß M (1993) Regenerative Energiequellen. 2. Auflage. Springer, Berlin Heidelberg New York London Paris Tokyo.

Extruder. Bei der >thermoplastischen Umformung<
von >Kunststoffen< werden diese in Schnecken-E., seltener in Ram-E., aufgeschmolzen und im plastischen
Zustand durch eine Düse endlos ausgetragen. Mit entsprechend geformten Düsen können Rohre, Folien,
Profile, Tafeln, Drahtummantelungen etc. hergestellt
werden. Für die Verarbeitung von Pulvern kommen
im Gegensatz zu Granulaten häufig Doppelschnek-
ken-E. mit Zwangseinzug zum Einsatz. E. werden auch
im *Spritzguß* eingesetzt, wobei der aufgeschmolzene
Kunststoff in eine Spritzform im E.-kopf unter Druck
eingespritzt, und der Formkörper nach Abkühlen ausgeworfen wird. Bei *Co-Extrusion* werden zwei E. mit
unterschiedlichen Kunststoffen gleichzeitig betrieben,
und die geschmolzenen Formmassen verbinden sich
beim Abkühlen zum Verbundwerkstoff. E. spielen im
Kunststoff->Recycling< eine entscheidende Rolle.
Auch bei der Lebensmittelverarbeitung kommen E.

zum Einsatz, und zwar z.B. zur Homogenisierung von Fleisch bei der Wurstherstellung, wobei die Wurst als ein Endlosextrudat an der Düse ausgepreßt wird; auch der Fleischwolf im Haushalt ist im Prinzip ein Einschnecken-E.

Extrusion. Thermische Umformung von >thermoplastischen Kunststoffen< mit Hilfe eines >Extruders< zum Halbzeug oder zu Gebrauchsgütern.

Exzenterschneckenpumpe. Zur Förderung geringer Schlammengen (ab 3 L/s), etwa zur kontinuierlichen >Faulbehälter<beschickung, haben sich Exzenterschneckenpumpen gut bewährt. Sie fördern schonend und bieten sich deswegen auch zur Förderung von >Rücklauf<- und >Überschußschlamm< an. Im Schlammbetrieb ist der Verschleiß an Rotor und Stator erhöht, aber beherrschbar. Die Pumpendrehzahl sollte 300/min nicht übersteigen. Das Betriebsverhalten gleicht dem einer Kolbenpumpe.

Lit: Abwassertechnische Vereinigung (Hrsg.) (1982–1986) Lehr- und Handbuch der Abwassertechnik, 3. Aufl., Bd. 1–7, Verlag von Wilhelm Ernst und Sohn, Berlin München.

F. >Kennbuchstabe< für die >Gefahrenbezeichnung< >„Leichtentzündlich"<.

Fp. >Schmelzpunkt<.

F+. >Kennbuchstabe< für die >Gefahrenbezeichnung< >„Hochentzündlich"<.

Fabrikationsabwasser. F. sind i. allg. stark verschmutzt und ihre Reinigung bereitet oft Schwierigkeiten. Es ist in jedem Falle vorher zu prüfen, ob man die in den einzelnen Betrieben anfallenden verschiedenen Abwasserarten mischen und dann gemeinsam aufarbeiten kann, oder ob man die einzelnen Abwasserarten für sich gesondert behandeln muß. In vielen Fällen wird man auch bei den gewerblichen Abwässern die bei häuslichen Abwässern angewandten Verfahren benutzen können.

Fachkunde. Befähigung einer Person zur Ausübung eines bestimmten Berufes; wann F. vorhanden ist, regeln regelmäßig die Gesetze, Beispiel: § 9 Abs. 2 der Verordnung über Entsorgungsfachbetriebe vom 10. 9. 1996, BGBl. I S. 1421: Die für die Leitung und Beaufsichtigung eines Entsorgungsfachbetriebs verantwortlichen Personen müssen die für ihren Tätigkeitsbereich erforderliche F. besitzen; die F. erfordert 1. den Abschluß eines Studiums auf den Gebieten des Ingenieurwesens, der Chemie, der Biologie oder der Physik an einer Hochschule, eine technische Fachausbildung oder die Qualifikation als Meister auf einem Fachgebiet, dem der Betrieb hinsichtlich seiner Anlagen- und Verfahrenstechnik oder seiner Betriebsvorgänge zuzuordnen ist, 2. während einer zweijährigen praktischen Tätigkeit erworbene Kenntnisse über die abfallwirtschaftliche Tätigkeit, für die eine Leistungs- oder Beaufsichtigungsfunktion beabsichtigt ist, und 3. die Teilnahme an einem oder mehreren von den zuständigen Behörden anerkannten Lehrgängen, in denen Kenntnisse vermittelt worden sind, die für die Aufgaben der eben genannten Personen erforderlich sind.

Fachplanung. Die auf ein konkretes Objekt bezogene Einzelfallplanung, z. B. Straßenbau, Eisenbahnbau, Flughafenbau, Abfallentsorgungsanlage. Gesetzlich notwendig ist häufig die Durchführung eines >Planfeststellungsverfahrens<. Den Gegensatz zur F. bildet die >Gesamtplanung<: Es handelt sich hier um den Versuch der planerischen Festlegung der gesamten erlaubten Nutzungen eines Raums. Oberbegriff für F. und Gesamtplanung ist >Raumplanung<.

Fadenwürmer. >Nematoda<.

Fäkalien. Auch Exkremente. Vom menschlichen oder tierischen Körper nicht weiter verwertbare, durch den Anus ausgeschiedene Stoffe (unverdaute Nahrungsreste, abgestorbene Bakterien, unlösl. Salze, Fette und Gallenpigmente). Indikatorbakterium für eine fäkale Verunreinigung ist z. B. >*Escherichia coli*<.

Fäkalschlämme. I. allg. wird es sich hier um Fäkalien und Abwässer aus geschlossenen Hausklärgruben u. ä., Gemeinschaftsgruben sowie um Schlämme aus mechanischen oder mechanisch-biol. Kleinkläranlagen handeln. Industrieschlämme sowie Abwasser aus mobilen Toiletten (Chemietoiletten) dürfen nur übernommen werden, wenn mit Sicherheit keine Beeinträchtigung der Abwasser- und Schlammbehandlung erfolgt.

Da Fäkalschlämme erfahrungsgemäß Sperrstoffe (Steine, Kerne u. ä.) in nicht unerheblichem Umfang enthalten können, sind diese zuvor durch geeignete Maßnahmen (Rechenkorb, Fäkalienannahmestationen mit Rechen u. ä.) auszusondern. Hierbei ist auf geruchsreduzierende Maßnahmen zu achten (geschlossenes System!).

Fäkalschlämme sind entweder direkt dem Faulbehälter zuzuführen, oder sie können in den Zulauf einer Kläranlage gebracht werden. Hierbei ist unbedingt auf eine gleichmäßig verteilte Zugabe, z. B. in lastschweren Zeiten, zu achten, was i. d. R. die Anordnung eines Ausgleich- oder Speicherbeckens erfordert. Bei einer Verdünnung von ca. 1 : 100 mit häuslichem Abwasser bestehen i. d. R. auch bei kleinen Kläranlagen keine Bedenken gegen die Zugabe von Fäkalabwässern und -schlämmen. Es muß sichergestellt sein, daß keine erheblichen Geruchsbelästigungen auftreten und Verstopfungen an maschinellen Einrichtungen verhindert werden.

Einen Überblick über die Belastungsparameter und die spezifische Anfallmenge gibt die Tabelle.

Lit: Abwassertechnische Vereinigung e. V. (Hrsg.) (1985–1997) ATV-Handbuch, 4. Aufl., Band 1–7, Verlag Wilhelm Ernst und Sohn, Berlin München.

Fäkalschlammbehandlung. Als Möglichkeiten der Fäkalschlammbehandlung und -beseitigung sind v. a. zu nennen: Verwertung im Landbau, direkte Ablagerung, Mitbehandlung in Kläranlagen, Behandlung in getrennten Anlagen.

Fäkalschlämme: Beschaffenheitsdaten von Fäkalschlamm als Grundlage zur Bemessung von Behandlungsanlagen (aus: Abwassertechnische Vereinigung (Hrsg.) (1982–1986) ATV-Handbuch, 3. Aufl., Bd. 1–7, Verlag von W. Ernst und Sohn, Berlin München.) Fäkalschlämme – Abfallmengen

	Mittelwerte		Schwankungsbereiche	
Schlammanfall	1	m³/(E · a)	0,3–	2
Wassergehalt	98,5	%	99,5–	95
organischer Anteil der Trockensubstanz	70	%	60,5–	75
absetzbare Stoffe	250	ml/l	100 –	1.000
BSB$_5$ (roh)	5.000	mg/l	1.000 –	20.000
BSB$_5$ (sed)	2.500	mg/l	500 –	5.000
CSB (roh)	15.000	mg/l	2.000 –	60.000
CSB (sed)	6.000	mg/l	1.000 –	15.000
Gesamtstickstoff (roh)	550	mg/l	200 –	1.200
NH$_4^+$-Stickstoff (gelöst)	300	mg/l	100 –	500
Gesamt-P (roh)	150	mg/l	50 –	400
Organische Säuren	750	mg/l	100 –	2.000
pH	7	mg/L	9 –	6

Die beste Möglichkeit der Fäkalschlammbeseitigung ist die Zuführung zu leistungsfähigen Kläranlagen durch
- Einwurf in die Kanalisation,
- Einschütte in den Kläranlagenzulauf oder
- Beschickung des Schlammbehandlungsteiles.

Durch Zugabe von Fäkalschlamm in eine Kläranlage darf deren Reinigungswirkung nicht beeinträchtigt werden, es dürfen keine Geruchsbelästigungen für die Nachbarschaft entstehen, und es darf nicht zu Betriebsstörungen oder unzumutbaren Erschwernissen für das Klärwerkspersonal kommen. Diese Forderungen können nur erfüllt werden, wenn nachfolgende Voraussetzungen gegeben sind:
- Die Kläranlage sollte für mindestens 10.000 Einwohnerwerte ausgebaut sein.
- In den klärtechnischen Stufen und in der Schlammbehandlung müssen ausreichende Leistungsreserven vorhanden sein.
- Die Fäkalschlammanfuhr muß sich nach dem augenblicklichen Betriebszustand der Kläranlage richten (z.B. keine Zugabe bei Regenwetterzufluß oder während größerer Reparaturarbeiten).
- Die Fäkalschlammzugabe darf nicht stoßweise erfolgen.
- Fäkalschlamm darf nur unter Kontrolle des Klärwerkspersonals zugegeben werden; dabei sind Zeit, Menge, Herkunft und das Abfuhrunternehmen zu registrieren.

Lit: Abwassertechnische Vereinigung e.V. (Hrsg.) (1985–1997) ATV-Handbuch, 4.Aufl., Band 1–7, Verlag Wilhelm Ernst und Sohn, Berlin München.

Fäkalstreptokokken. Verschiedene aerobe und fakultativ anaerobe Streptokokken, die das Lancefield-Gruppe-D-Antigen besitzen. Diese Organismen kommen meist im Dickdarm von Mensch und Tier vor. Ihr Vorkommen im Wasser, auch bei Abwesenheit von >*Escherichia coli*<, ist ein Hinweis auf fäkale Verunreinigung (ISO 6107/7).

Fällung. Unter *Fällung* versteht man, vereinfacht dargestellt, die Überführung im Wasser gelöster, meist ionischer Komponenten in eine ungelöste, partikuläre Form. Es handelt sich dabei also um einen sog. Phasenübergangsprozeß. Als *Flockung* dagegen bezeichnet man die Überführung kleinerer ungelöster Feststoffe in größere Verbände. Die Flockung ist somit kein Phasenübergangsprozeß. In der Abwasserreinigung werden sowohl Flockungs- als auch Fällungsverfahren angewandt. Flockungsverfahren haben z.B. in der Verbesserung der Absetzwirkung eines Vorklärbeckens Bedeutung; Fällungsverfahren u.a. in der Elimination von Phosphor aus dem Abwasser.

Damit ist angedeutet, daß zwar unterschiedliche Ziele mit dem Einsatz von Chemikalien in der konventionellen Abwasserreinigung verfolgt werden können, aber häufig beide Prozesse gleichzeitig stattfinden. Eine klare Trennung der Fällungs- und Flockungsreaktionen im Bereich der konventionellen Abwasserbehandlung ist also nur insoweit sinnvoll, als es um eine grundlegende Darstellung der Teilprozesse geht. Beim praktischen Einsatz hat es sich als sinnvoll erwiesen, beide Gesichtspunkte, den der Optimierung der Fällungsreaktion und auch den der optimalen Flockungsreaktion, gleichermaßen zu berücksichtigen.

Wendet man das *Fällungsverfahren* zur Phasenumwandlung, z.B. gelöster Phosphate in ungelöste Metallphosphatverbindungen an, so treten nach Zugabe der gelösten Metallsalze gleichzeitig ungelöste Metallphosphate und ungelöste Hydroxide (je nach pH-Wert) auf. Durch vermehrtes Wachstum dieser Fällprodukte werden ungelöste Feststoffe in einer Größenordnung produziert, in der sie im Rahmen eines der herkömmlichen Verfahren zur Flüssig/Fest-Trennung (z.B. Sedimentation, Flotation oder Filtration) entfernt werden können. Das Endprodukt ist einerseits gereinigtes Abwasser und andererseits Schlamm (ein Flüssig/Fest-Konzentrat).

Lit: Hahn HH (1987) Wassertechnologie, Fällung – Flockung, Separation, Springer-Verlag, Berlin Heidelberg – Bever J, Stein A, Teichmann H (1994) Weitergehende Abwasserreinigung. 3.Aufl., Oldenbourg Verlag, München Wien.

Fällungsverfahren. Die verschiedenen Einsatzpunkte zur Behandlung >kommunaler Abwässer< und die da-

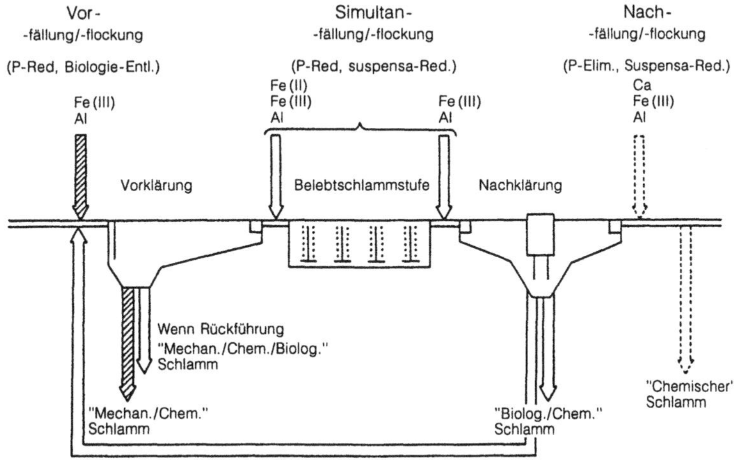

Fällungsverfahren: Einsatzpunkte für Chemikalien in der Wassertechnologie, dargestellt durch die Anwendung von Fällungs- und Flockungschemikalien in der konventionellen Abwasserreinigung (aus: Hahn HH, 1987)

für verwendeten oder definierten Begriffe sind schematisch in der Abb. dargestellt. Neben den Dosierpunkten und der Kennzeichnung der dazugehörenden Flüssig-Fest-Trennung sind auch die Schlammkreisläufe dargestellt. Beim praktischen Einsatz der Verfahren sind nicht nur Gesichtspunkte der verbesserten Klarwasserqualität, sondern auch die dabei entstehenden Schlämme nach Menge, Eigenschaften und vor allem Behandelbarkeit zu berücksichtigen.

Lit: Hahn HH (1987) Wassertechnologie, Fällung-Flockung, Separation, Springer-Verlag, Berlin Heidelberg.

Färberdistel. (Safflor, Safflorcarmin, Safflower, Amerikanischer Safran, Carthamin): Die aus den getrockneten Blütenblättern der Färberdistel *Carthamus tinctorius* L. gewonnene Farbdroge wird auch als Safflor bezeichnet, der entsprechende Sodaextrakt als Safflorcarmin. Hauptkomponenten dieser Farbdroge sind Carthamin und Carthamidin. Der Einsatz erfolgt zur Rotfärbung von Konditoreiwaren, Kaugummi und alkoholischen Getränken.

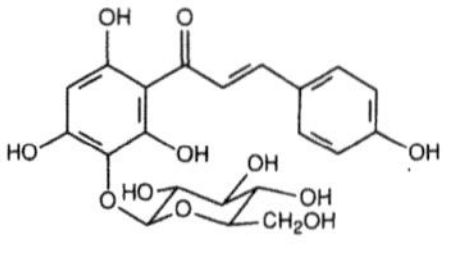

Carthamin

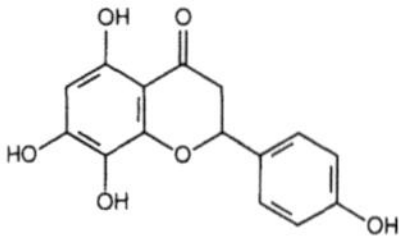

Carthamidin

Fäulnis. Dieser Prozeß bedeutet die >anaerobe<, bakterielle Zersetzung org., vor allem stickstoffhaltiger Verb., besonders des Eiweißes. Die Stoffe werden im Gegensatz zur >Atmung< nur teilweise abgebaut. Es entstehen u.a. >Aminosäuren<, >Amine<, Methan, übelriechende Stoffe und Gase wie >Schwefelwasserstoff<; einige wirken giftig (Leichengift). Bei stärkerem Sauerstoffzutritt erfolgt mehr eine aerobe Zersetzung (Verwesung) mit überwiegender Mineralisation. F. kommt im Darm der Fleischfresser und im Dickdarm des Menschen (Darmfäulnis) vor.

Fahrgassen. Auch Lichtschachtsaat genannt; aufgrund der engen Reihenabstände werden im Getreidebau bei der Saat die Reihen ausgespart, die der Schlepper im Verlauf des Pflanzenaufwuchses für Dünge- und Pflanzenschutzmaßnahmen befährt. Dadurch werden Überlappungen und Fehlstellen beim Ausbringen von >Dünge<- und >Pflanzenschutzmitteln< vermieden. Voraussetzung für F. ist, daß die Arbeitsbreiten der verschiedenen Maschinen ein passendes Verhältnis aufweisen, so z.B. Drillmaschine 3 m, Düngerstreuer 9 bzw. 12 m. Das Befahren von F. bei zu hoher Bodenfeuchte kann zu Bodenverdichtungen führen.

Fahrverhalten. Verhalten des Antriebs bei Fahrzeugen, abhängig von Laufruhe des Antriebsmotors. Störungen im F. weisen in der Regel auf höhere >Abgasemissionen<, insbesondere >HC< durch unvollständige Verbrennung hin. F. ist „gut", wenn ein runder

Motorlauf auch bei schnell wechselnden Betriebszuständen gewährleistet wird (beim >Ottomotor< meist bei warmem Motor und fettem Gemisch).

Fahrzeuglärm. >Geräusch<.

Fahrzeugsicherheit. Maßnahmen am Fahrzeug zur Minderung der Unfallgefahren, wie z.B. sicheres >Fahrverhalten< und Insassenschutz mittels Gurten, Airbag, stabile Fahrgastzellen, Verformungsenergie aufnehmende Bauteile – aktive Sicherheit –. Außerdem entspr. Beiträge durch sinnvolle sichere Verkehrsführung und entspr. Maßnahmen beim Straßenbau wie Leitplanken usw. – passive Sicherheit –.

Fahrzyklus. Während des Abgastests auf dem >Abgas-Rollenprüfstand< je nach Testverfahren vorgeschriebener Fahrverlauf (s. Abb.). Dabei gibt es je nach Land erhebliche Unterschiede. Man unterscheidet den Europäischen, den US-City und US-Highway Driving Cycle (>HDC<) sowie den >Japan-Test<. Der bisherige Europäische F. unterscheidet sich von dem US City-F. durch wesentlich geringere Fahrgeschwindigkeiten, wodurch die Wirksamkeit der >Abgasnachbehandlung< problematischer wird. Der ab Juli 1992 neue Europäische F. ergänzt den bisherigen durch einen Zyklus mit höherer Geschwindigkeit, >MVEG< (Motor Vehicle Emissions Group)-Zyklus.

Lit: ECE 15, ECE 83, Richtlinie 70/220 bis 91/441/EWG, Abgas- und Verdampfungsemissionen von Pkw und leichten Nutzfahrzeugen – ECE 24, Richtlinie 72/306/EWG, Rauchemissionen von Dieselfahrzeugen – ECE 49, Richtlinie 88/77 bis 91/542/EWG, 13-Stufen-Test – US-Federal Register 49 CFR, Part 86, US-Abgasvorschriften für Pkw und leichte Nutzfahrzeuge.

Faktor. 1. abiotischer: >abiotische Faktoren<.
2. biotischer: >biotische Faktoren<.
3. ökologischer: >ökologische Faktoren<.

Fakultativ aerobe Bakterien. Auch <Aerobier< oder Aerobionten. Sie sind in Gegenwart von (Luft-)Sauerstoff wachsende, nicht >phototrophe Organismen<. Sie haben einen >Atmungsstoffwechsel< mit molekularem Sauerstoff als terminalem Wasserstoffacceptor. Viele sog. mikroaerophile Bakterien sind für ihren Energiestoffwechsel zwar auf Sauerstoff angewiesen, tolerieren ihn jedoch nur in geringer Konz. (bei niedrigem Partialdruck). Fakultative Aerobier gewinnen ihre Stoffwechselenergie im Atmungsstoffwechsel mit Sauerstoff, können aber, wenn dieser verbraucht ist, auf >anaerobe Atmung< und/oder >Gärungsstoffwechsel< umschalten.

Lit: Wasser-Kalender, Jahrbuch für das gesamte Wasserfach, mehrere Jahrgänge, Erich Schmidt Verlag, Berlin.

Fakultativ anaerobe Bakterien. Auch fakultative >Anaerobier<. Die sog. aerotoleranten Organismen verfügen über ausreichend Hämine, um die Disproportionierung des zunächst entstandenen Wasserstoffperoxids wirksam katalysieren zu können, so daß es zu keiner Störung kommt und sie auch bei Anwesenheit von Sauerstoff wachsen können. Ihre Stoffwechselprozesse bleiben aber weiterhin derart, wie sie für >Gärungen< typisch sind. Zu den fakultativen Anaerobiern im weiteren Sinne werden auch noch solche Organismen gezählt, die bei Anwesenheit von Sauerstoff org. Substrat veratmen und die bei Fehlen von Sauerstoff auf anaerobe >katabole< Stoffwechselwege umschalten können.

Lit: Wasser-Kalender, Jahrbuch für das gesamte Wasserfach, mehrere Jahrgänge, Erich Schmidt Verlag, Berlin.

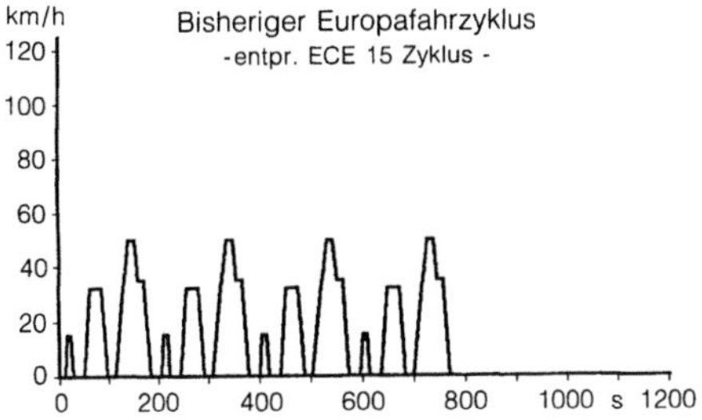

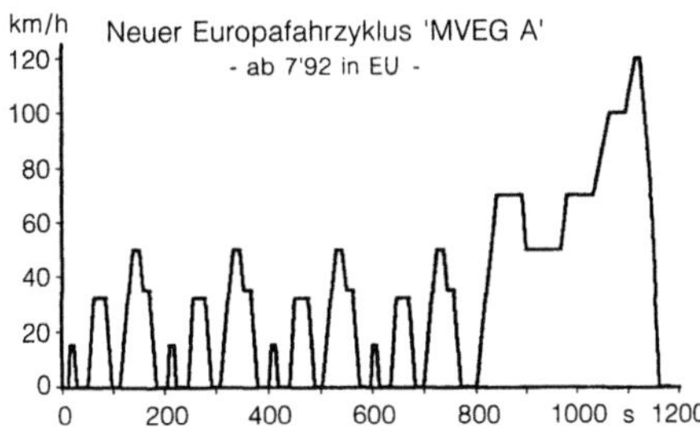

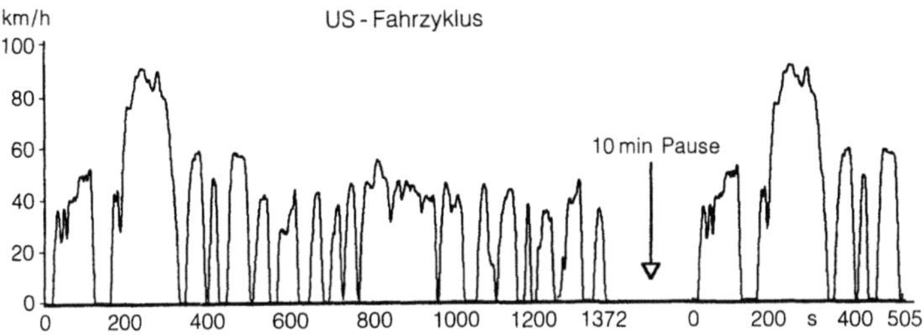

Fahrzyklus: Fahrzyklen bei Abgas-Rollentests, VW

Fallgeschwindigkeit. Geschwindigkeit fallender >Hydrometeore<. Die F. wird durch die Größe und den Luftwiderstand des fallenden Hydrometeors sowie durch den Luftdruck bestimmt. Die F. nimmt mit wachsendem Tropfendurchmesser zu (s. Tabelle). Tropfen mit einem Durchmesser über 7.000 µm platten sich durch den aerodynamischen Widerstand der Luft so sehr ab, daß sie in kleinere Tropfen zerfallen und demzufolge eine geringere F. einnehmen, möglicherweise sogar durch lokale Aufwinde wieder aufwärts transportiert werden. Auf diese Weise entstehen unter den Wolken die sogenannten „Fallstreifen", die die Erdoberfläche nicht erreichen müssen.

Fallgeschwindigkeit: Fallgeschwindigkeit von Tropfen in ruhender Luft (nach Pettersen 1969)

Tropfendurchmesser in µm	Fallgeschwindigkeit in m/s	Übliche Bezeichnung
5.000	8,9	große Regentropfen
1.000	4,0	kleine Regentropfen
500	2,8	feiner Regen, große Nieseltröpfchen
200	1,5	Nieseln
100	0,3	große Wolkentropfen
50	0,076	gewöhnliche Wolkentropfen
10	0,003	kleine Wolkentropfen
2	0,00012	entstehende Tropfen und große Kerne
1	0,00004	entstehende Tropfen und kleine Kerne

Fallout. Ausscheiden fester >Schwebstoffe< aus einem >Aerosol<; dieser Begriff wird üblicherweise für die trockene Abscheidung von Aerosolen aus einer >radioaktiven< Wolke verwendet. Der Fallout kann in den >Rainout< übergehen bei gleichzeitiger Wasserdampfkondensation.

Fallstudie. Im Gegensatz zu >Modellversuchen< im Laboratoriumsmaßstab (>Modellraum<) werden in Fallstudien Belastungssituationen unter realen Umweltbedingungen ermittelt. Einen ersten Eindruck über die auftretenden potentiellen Schadstoffe ergeben >Screening<-Untersuchungen. Eine Überwachung ausgewählter Leitchemikalien erfolgt dann in >Monitoring<-Untersuchungen. Ferner dient diese exp. Erfassung multikausaler Zusammenhänge der Validierung der Ergebnisse aus Modellversuchen.

Falsifizierung. (Lat. falsificare = „das Nicht-Zutreffen – einer Annahme, einer Hypothese, eines Modells, einer Theorie – erweisen"). Jede Annahme od. Theorie enthält, auch wenn die Ergebnisse noch so vieler Beobachtungen und Experimente sie zu stützen scheinen, etwas Vorläufiges, Hypothetisches: Sie läßt sich letztlich nicht beweisen, verifizieren, sondern nur widerlegen, falsifizieren. Die Falsifizierbarkeit wird damit nach POPPER zum Kriterium der Wissenschaftlichkeit schlechthin. Sie schließt damit best. Aussagetypen als Grundlage von Annahmen od. Theorien von vornherein aus. >Verifizierung<.

Fangataufa. Atoll in Französisch-Polynesien, Südpazifik, rund 500 km östlich von Neuseeland. S. a. >Kernwaffentestgebiet<.

Fangbecken, FB. F. speichern den Spülstoß. Sie sind am günstigsten für die Fälle, bei denen ein ausgeprägter Schmutzstoß beim Einsetzen des >Mischabwasserabflusses< auftritt (s. Abb.). Sie kommen in Betracht: 1. Bei nicht vorentlasteten Einzugsgebieten, wenn die Fließzeit zum Becken beim >Berechnungsregen< des Kanalnetzes weniger als 15 min beträgt; 2. bei durch

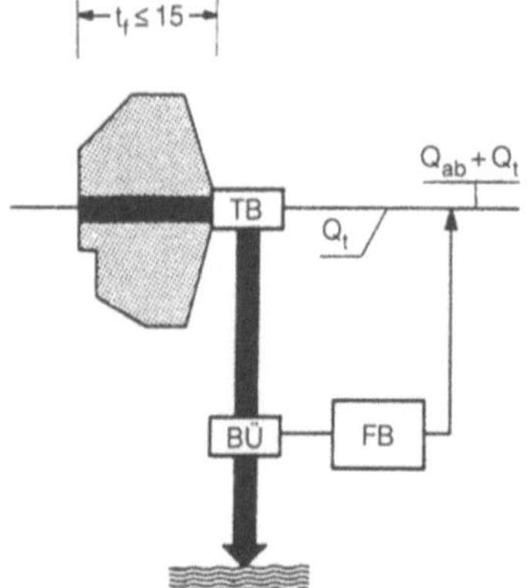

Fangbecken: Fangbecken im Hauptschluß mit Umlauf
(aus: Abwassertechnische Vereinigung, 1982–1986)

Regenüberläufe vorentlasteten Netzen, wenn die
Überläufe erst bei Regenspenden von über 30 L/s · ha
anspringen; 3. bei hintereinander geschalteten >Regenüberlaufbecken<, sofern diese im >qualifizierten
Nebenschluß< angeordnet sind, die Fließzeiten der
Teileinzugsgebiete unter 15 min liegen und der >Abfluß< $Q_{ab} + Q_t$ zur Kläranlage höchstens $2Q_s + Q_f$ beträgt. F. können im >Haupt<- und >Nebenschluß< angeordnet werden.
Lit: Abwassertechnische Vereinigung (Hrsg.) (1982–1986) Lehr-
und Handbuch der Abwassertechnik, 3. Aufl., Bd. 1–7, Verlag
von Wilhelm Ernst und Sohn, Berlin München.

Fangmethoden. >Bodenbiologie<, Methoden.

Fanniidae (Fannia). Stubenfliegenartige Dipteren treten im Sommeraspekt in Landökosystemen mit vielen
Arten zahlreicher Ernährungsweisen auf. *Fannia polychaeta* ist ein Beispiel einer wichtigen saprophagen
Art als Larve an Fallaub (s. Abb. S. 218). >Diptera<,
>Bodenfauna<, >Mull-Moder-Modell<.

Fanning. Form, die eine >Abluft<-Fahne eines Schornsteins bei der Ausbreitung in vertikal stabiler Schichtung einnimmt. Wegen der geringen seitlichen Vermischung der Abluftfahne mit der Umgebungsluft
(>Austauschbedingungen<) kann sie noch bis in
20 km Entfernung von der Quelle identifiziert werden.
>Ausbreitungstypen<.

FAO. >Food and Agriculture Organization<.

Farbzucker. >Caramel<.

Farne. Die F. (Filicatae) gehören zus. mit den Schachtelhalmen und Bärlappgewächsen zur Abteilung Pteridophyta und damit zu den höheren Pflanzen. Die krautigen, nur selten verholzten Pflanzen mit oft gefiederten Wedeln sind über alle Erdteile verbreitet; die größte Formenfülle tritt in den Tropen auf. Die über
10.000 Arten sind nach dem Organisationsprinzip des
Kormus (>Kormophyten<) aufgebaut und gliedern
sich damit in >Sproß< und >Wurzel<. Die anatomischen und physiol. Merkmale ermöglichen bei einzelnen Arten auch das Vordringen in trockenere Gebiete,
obwohl die Mehrzahl der F. feuchte Standorte bevorzugt. Der Entwicklungszyklus umfaßt einen Generationswechsel zwischen der Farnpflanze als dem sporen

produzierenden Sporophyten und dem bis zu daumennagelgroßen Prothallium als dem Gameten produzierenden Gametophyten. Die Verbreitung der F. ist
durch die Abhängigkeit der Befruchtung von tropfbarem Wasser limitiert.

Fasern. F. sind natürlich vorkommende oder künstlich
erzeugte linienförmige Gebilde, die im Verhältnis zu
ihrer Länge einen sehr kleinen Durchmesser haben.
In der Natur kommen F. auf der Basis pflanzlicher
(z. B. Baumwolle, Flachs, Hanf), tierischer (z. B. Wolle,
Seide) oder mineralischer Stoffe (z. B. Asbest) vor.
Künstlich lassen sich F. aus natürlichen Polymeren,
synthetischen org. Polymeren oder anorg. Stoffen herstellen. Da für fast alle anorg. F. in Tierversuchen bei
unmittelbarer Applikation hoher Dosen an den auch
beim Menschen relevanten Wirkungsorten eine kanzerogene Wirkung nachgewiesen wurde, stuft die
>MAK-Liste< (Stand 1999) zunächst alle anorg. F. als
krebsverdächtig ein. Dabei erfolgt die Einstufung nach
Kategorie 3 der krebserzeugenden Arbeitsstoffe soweit nicht weitere Hinweise vorliegen. >Asbest<faserstaub (Chrysotil, Krokydolith, Amosit, Anthophyllit,
Aktinolith, Tremolit) und Erionitfasern sind dabei der
Kategorie 1 der krebserzeugenden (eindeutig als
krebserzeugend ausgewiesene Arbeitsstoffe) Arbeitsstoffe zugeordnet. Hingegen sind z. B. Aluminiumoxid-, Glas-, Keramik-, Siliciumcarbid- und Steinwollefaserstäube aufgrund positiver Inhalationsversuche der
Kategorie 2 (Stoffe, die sich bislang nur im Tierversuch
als krebserzeugend erwiesen haben) zugeordnet. Zur
Abgrenzung zwischen kanzerogenen und nicht kanzerogenen F. wird nach einer international angewendeten
Konvention ein Länge-zu-Durchmesser-Verhältnis von
über 3:1 bei einer Länge von größer als 5 µm und einem Durchmesser von kleiner als 3 µm herangezogen.
Diese Zusammenhänge wurden im Rahmen von Tierversuchen ermittelt. Eine präzise Angabe, ab wann es
tatsächlich zur Induktion eines Tumors kommen kann,
gibt es jedoch nicht. Einen wesentlichen Einfluß auf
die kanzerogene Wirkung von F. hat deren Biobeständigkeit. Ab welcher Biobeständigkeit eine kanzerogene Wirkung zu erwarten ist und in welchem Maße die
Biobeständigkeit die Stärke der kanzerogenen Wirkung bestimmt, ist jedoch noch offen. Über die mögliche kanzerogene Wirkung von org. F. ist noch wenig
bekannt; in der >MAK-Liste< (Stand 1999) ist bislang
nur p-Aramid der Kategorie 3 zugeordnet.

Fassung. >Wasserfassung<.

Fassungsbereich. Ist in >Schutzgebieten< für Grundwasser die unmittelbare Umgebung des >Brunnens<
oder der >Quellfassung<.

Fast Green FCF. >Echtgrün FCF<.

Fast Red E. >Echtrot E<.

Fast Yellow AB. >Echtgelb<.

Faulbehälter. Bauwerk mit Reaktionsraum zur >Faulung< (nach DIN 4045). Es sind nach DIN 4045 zu unterscheiden: 1. Durchflossener Faulbehälter, der gleichzeitig zum Absetzen und Faulen dient (>Emscherbrunnen<); 2. offener >Faulbehälter<, bei dem auf >Faulgas<gewinnung und Beheizung verzichtet wird; 3. geschlossener Faulbehälter mit den Möglichkeiten der
Faulgasgewinnung und Beheizung. Letzteren zeigt
grundsätzliche Zusammenhänge zwischen Betriebsfunktion und Formgebung des Faulbehälters (s. Abb.).

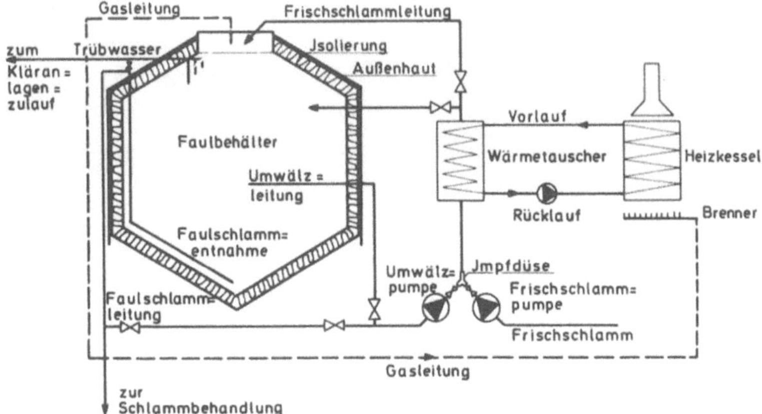

Faulbehälter: Schlammfaulraum mit Heizsystem, Umwälzeinrichtung und den wichtigsten Installationen (aus: Imhoff K, Imhoff KR (1985) Taschenbuch der Stadtentwässerung, 26. Aufl., R. Oldenbourg Verlag, München Wien)

Betriebsfunktion; Formgebung
1. Sammelraum für den ausgefaulten, mineralisierten, spezifisch schweren Faulschlamm – tiefliegend – mit Schlammabzug an der tiefsten Stelle und mit ausreichend steilen Wandungen (nicht unter 1:1).; Unterer Trichterteil mit Eindickraum und Schlammabzugseinrichtung an der Trichterspitze.
2. Ausreichendes Volumen, das genügend lange Faulzeit und gute Kontaktmöglichkeit der Schlammengen durch leichte Umwälzung ermöglicht.; Großer zylindrischer oder ähnlich gestalteter Mittelteil.
3. Gassammel- und Abzugsraum über einer zusammengezogenen kleinen Schlammwasseroberfläche mit leicht zerstörbarer Schwimmdecke.; Oberer Kegelteil mit zylindrischem Halsteil.
Lit: Abwassertechnische Vereinigung (Hrsg.) (1982–1986) Lehr- und Handbuch der Abwassertechnik, 3. Aufl., Bd. 1–7, Verlag von Wilhelm Ernst und Sohn, Berlin München.

Faulgas. Bei der Faulung entstehendes Gasgemisch, das nahezu ausschließlich aus Methan (CH_4) und Kohlendioxid (CO_2) besteht (nach DIN 4045). Bei der Schlammfaulung fällt dieses Faulgas an und steht als zusätzliche Energiequelle zur Verfügung. Faulgas hat einen unteren >Heizwert< von ca. 24.000 KJ/m³. Die Menge an produziertem Faulgas ist abhängig von der eingebrachten faulfähigen Schlammtrockensubstanz. Im praktischen Betrieb der heizbaren >Faulbehälter< werden bei mittleren Belastungsverhältnissen etwa 400 bis 500 L Gas/kg org. Feststoffe erreicht. Für die Verwertung des Faulgases ergeben sich folgende Möglichkeiten: Beheizung des Faulbehälters, Abgabe an Großverbraucher, Eigenstromerzeugung.

Faulschlamm. (Sapropel). Ablagerungen überwiegend org. feinpartikulärer Reste im Gewässer. Durch intensiven mikrobiol. Abbau wird Sauerstoff rascher verbraucht als nachgeliefert, so daß im F. permanent >anaerobe< Bedingungen herrschen mit entspr. mikrobiellen Gärungen und Methan und H_2S-Bildung. Durch Sulfide ist der F. meist schwarz gefärbt. Neben >Bakterien< sind farblose >Flagellaten< und >Ciliaten< die einzigen tierischen Lebewesen im F. Charakteristische Ciliaten sind: *Colpidium campylum, Paramecium trichium, Vorticella purina, Opercularia coarctata, Lionotus fasciola, Aspidsca costata* u. a. Ihr (anaerober) Energiehaushalt ist noch weitgehend unbekannt.

Faulturm. >Faulbehälter<.

Faulung. 1. allgemein: Der Faulprozeß in einem gut funktionierenden >Faulbehälter< einer >Kläranlage< verläuft in drei Stufen, die eng miteinander verzahnt sind (s. Abb. unten). In der 1. Stufe werden die partikulären und hochmolekularen org. Stoffe durch >fakultativ anaerobe Bakterien< zu niederen Fettsäuren, Alkoholen, Wasserstoff und Kohlendioxid abgebaut. In der 2. Stufe werden durch >acetogene Bakterien< Produkte des ersten Abbauschrittes in Essigsäure bzw. Acetate umgewandelt. Diese werden dann in der 3. Stufe von Methanbakterien zu Methan und Kohlendioxid weiterverarbeitet. Der Faulprozeß verläuft nur dann optimal, wenn die Abbaugeschwindigkeiten in allen Stufen gleich groß sind. Würde sich die 1. Abbaustufe verlangsamen, so würde das Nährstoffangebot für die 2. und 3. Abbaustufe durch die Konz. der Zwischenprodukte limitiert werden, d. h. die Methanpro-

Faulung: Schema des zweistufigen anaeroben Abbaus (aus: Mudrack/Kunst, 1991)

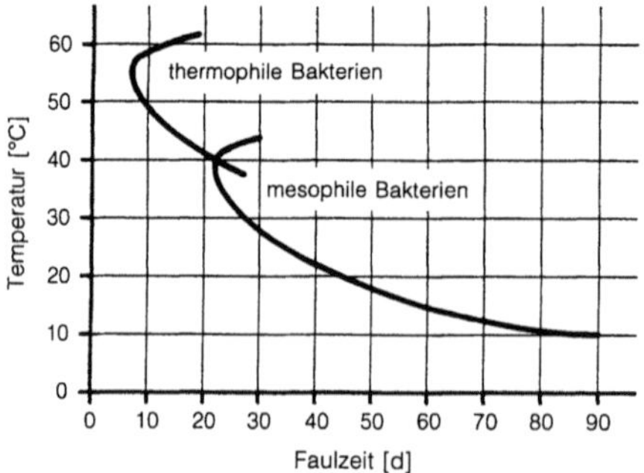

Thermophile Faulung: Abhängigkeit der Faulzeit von der Temperatur (aus: Mudrack/Kunst, 1991)

duktion würde sich ohne Veränderung des Prozeßablaufes verringern. Wenn sich dagegen die 2. und 3. Abbaustufen verlangsamen, reichern sich die Zwischenprodukte aus der 1. Abbaustufe an, d. h. im Faulgas nimmt der CO_2-Anteil zu ($\geq 30\%$), im Schlamm steigt die Säurekonz., und der pH-Wert sinkt unter 7,0 ab, der Faulbehälterinhalt schlägt in die *saure Gärung* um. In der Praxis treten durch Hemmung der Methanbakterien die häufigsten Störungen auf.

2. thermophile: Die Faulschlammkonditionierung findet bei einem Temperaturoptimum um 55 °C statt (der Wachstumsbereich der Mikroorganismen liegt zwischen 40 und 98 °C. Die thermophile Temperaturstufe wurde Jahrzehntelang vermieden, weil großtechnische Versuche ergeben hatten, daß der Zeitgewinn die betrieblichen Nachteile nicht aufwog. Thermophil betriebene >Faulräume< haben etwa den doppelten Wärmebedarf der mesophilen Faulung, und die gewählte Temperatur darf um höchstens 1 °C unterschritten werden. Das erfordert besondere Maßnahmen bei der Zugabe des >Rohschlammes<. Der thermophil >ausgefaulte Schlamm< stinkt und entwässert schlecht, wenn nicht mesophil nachgefault wird. Inzwischen wurde in großtechnischen Versuchen in Los Angeles nachgewiesen, daß der bei 49 °C über 20 Tage ausgefaulte Schlamm bessere Entwässerungseigenschaften besitzt und weniger Keime enthält als der Schlamm der mesophilen Stufe. Die Temperaturabhängigkeit ist in der Abb. dargestellt.

Lit: Mudrack K, Kunst S (1991) Biologie der Abwasserreinigung, 3. Aufl., Gustav Fischer Verlag, Stuttgart New York. – Abwassertechnische Vereinigung (Hrsg.) (1982–1986) Lehr- und Handbuch der Abwassertechnik, 3. Aufl., Bd. 1–7, Verlag von Wilhelm Ernst und Sohn, Berlin München.

Fauna. Die Gesamtheit aller in einem Lebensraum vorkommenden Tierarten.

FBR. Fast breeder reactor; >Schneller Brutreaktor<.

FCKW. >Fluorchlorkohlenwasserstoffe<.

FD & C Blue 1. >Brillantblau FCF<.

FD & C Blue 2. >Indigotin<.

FD & C Green 3. >Echtgrün FCF<.

FD & C Red 2. >Amaranth<.

FD & C Red 3. >Erythrosin BS<.

FD & C Red No. 40. >Allura Rot AC<.

Federal Test Procedure (FTP). In den USA vorgeschriebenes Verfahren zur Best. der >Abgasschadstoffe< von Kraftfahrzeugen. Darin sind der >Fahrzyklus<, die >Probennahme< und die Analyse definiert, >Constant Volume Sampling< sowie die zugehörigen Randbedingungen.

Lit: US-Federal Register 49 CFR, Part 86, US-Abgasvorschriften für Pkw und leichte Nutzfahrzeuge.

Federmehl. Organischer Dünger aus gemahlenen Geflügelfedern. Gehalt an organischer Substanz 75 %, an >Stickstoff< 12 %. Wird v. a. bei der >biologisch-dynamischen Wirtschaftsweise< verwendet.

Fehler. Der Betrag, um den ein unrichtiger Meßwert vom richtigen oder mittleren Wert abweicht. Dabei wird unterschieden zwischen dem absoluten F. (absoluter Betrag des F.) und dem rel. F., bei dem der richtige Wert durch den absoluten F. dividiert wird. Das arithmetische Mittel der absoluten F. mehrerer Messungen der gleichen Meßgröße wird als durchschnittlicher F. bezeichnet, während der mittlere F. bzw. die >Standardabweichung< definiert ist als die Quadratwurzel aus dem arithmetischen Mittel aller Fehlerquadrate. Als statistischen F. bezeichnet man die Abweichung des Ergebnisses eines Experiments von seinem mittleren Wert, wobei der wahre Wert nur durch Näherung in Erfahrung gebracht werden kann. Bei den statistischen F. unterscheidet man zufällige F. und systematische F. Systematische F. werden durch einseitig wirkende Störeinflüsse, wie z. B. instrumentelle Drifts hervorgerufen und führen zu Abweichungen vom wahren Wert. Zufällige F. haben ihre Ursachen in Störungen, die im Laufe eines Meßvorgangs auftreten können. Sie weichen nach dem Zufall genau so oft in positiver wie in negativer Richtung von den wahren Werten ab, so daß die Summe aller Fehler um Null liegt oder Null erreicht, sofern eine Vielzahl von Meßergebnissen vorliegt.

Feinanteil. Masseanteil eines >Kornhaufwerks< unterhalb einer spezifizierten unteren Korngrenze, z. B. in einem >Granulat<.

Feinddruck. (Syn. Fraßdruck). Einfluß, der von Räubern auf ihre Beute, aber auch von Pflanzenfressern auf ihre Nahrungspflanzen ausgeht und zu Verhaltensänderungen oder morphologischen Anpassungen im Zuge der >Evolution< führt. Der F. kann eine >Selektion< von >Schutzmechanismen< bewirken. Tiere weichen einem F. z. B. durch Änderung ihrer >Aktivitätsrhythmen< aus, bei Pflanzen kann die Selektion z. B. zur Ausbildung von fraßhemmenden Bitterstoffen oder Giften führen oder auch von Stacheln und Dornen zum mechanischen Schutz.

Feingranulat. (internat. Kurzbezeichnung: FG). Pflanzenschutzmittelformulierung (>Formulierung<) als >Granulat< im Korngrößenbereich von 0,3 bis 2,5 mm Durchmesser.

Feinporen. Bodenporen mit Durchmessern unter 0,2 µm. Wegen der großen Oberflächenkräfte weist das in F. gebundene Wasser andere physikalische Eigenschaften (tieferer Schmelzpunk, geringerer Dampfdruck) auf als freies Wasser und ist für die Wurzeln der meisten Pflanzen nicht mehr verfügbar („Totwasser"). F. können auch von Bodenmikroorganismen nicht mehr erreicht werden, so daß die im F.-Wasser gelösten Stoffe in der Regel nur durch Diffusion in den Biokreislauf gelangen können. Sandböden haben gegen 5, Schluffböden gegen 15 und Tonböden gegen 40 Vol.-% F., während der F.-Anteil organischer Böden von deren Zersetzungsgrad abhängt.

Feinstaub. Anteil des >Schwebstaubes<, der alveolengängig ist, d.h. über die Atemwege in die Lungenbläschen eindringen kann. Der Anteil des Staubes, der eingeatmet werden kann, ist insgesamt größer, da dieser auch die Partikelgrößen einschließt, die im Tracheo-Bronchialbaum abgeschieden werden. Auch nach >MAK-Liste< (Stand 1997) wird der F. ab 1996 als alveolengängiger Anteil (A) bezeichnet. Dieser Anteil setzt sich aus Staubpartikeln mit aerodynamischen Durchmessern von $< 1\,\mu m$ bis ca. $15\,\mu m$ zusammen. Ein Teil der alveolengängigen Partikel lagert sich in der Lunge ab und wird mit Halbwertzeiten bis in den Bereich von Monaten und Jahren wieder aus der Lunge eliminiert. Zur Vereinheitlichung der Meß- und Probenahmegeräte sowie Beurteilungsmaßstäbe hat das Europäische Komitee für Normung (CEN) im Jahr 1993 die (DIN) EN 481 herausgegeben. Diese DIN enthält u.a. numerische Werte der Trennkurve für die einzelnen Fraktionen des luftgetragenen Staubes im Atembereich. Danach beträgt z.B. der alveolengängige Anteil für >Staub< mit einem aerodynamischen Durchmesser von $15\,\mu m$ 0,1%, von $5\,\mu m$ 30% und von $1\,\mu m$ 97,1%. Wegen ihrer Alveolengängigkeit sind Feinstäube im Hinblick auf ihre Gesundheitsschädigung von besonderer Bedeutung. Mit dem Feinstaub werden auch >toxische< Inhaltsstoffe, wie z.B. >Blei<, >Cadmium<, >Arsen<, >Nickel<, >polycyclische aromatische Kohlenwasserstoffe< (PAK) etc., in die Alveolen transportiert. Nach MAK-Liste werden Feinstäube, die mit Bindegewebsbildung einhergehende Staublungenerkrankungen (>Silikose<) verursachen können, als fibrogene Stäube bezeichnet. Der überwiegende Teil des in der Außenluft vorliegenden Schwebstaubes liegt in der Regel als Feinstaub vor. Während grobe Partikel mit den zur Verfügung stehenden Techniken zur >Abgasentstaubung< gut abgeschieden werden können, ist Feinstaub wesentlich schlechter zurückzuhalten.

Feinwurzeln. Wurzeln höherer Pflanzen mit einem Durchmesser von weniger als etwa 2 mm, die den Hauptteil der Nährstoff- und Wasseraufnahme der Pflanzen besorgen. Eine Schädigung der F. hat daher weitreichende Konsequenzen für das gesamte Pflanzenwachstum. Bei zahlreichen Pflanzenarten sind die F. mit Wurzelhaaren besetzt, die auch in die engen Grobporen des Bodens eindringen können und die Nährstoffaufnahme z.T. erheblich verbessern können.

Feld. In der >Kontinuums-< bzw. >Quasikontinuumstheorie< wichtige Vorstellung, durch ein zusammenhängendes mehrdimensionales Feld von sog. mathematischen >Feldgrößen< ein physikalisches System im Gleichgewicht, im >Fließgleichgewicht< oder in allgemeiner Veränderung zu beschreiben. Z.B. werden die Wirkungen von elektrischen oder Gravitationskräften durch entspr. Kraftfelder beschrieben, oder die Feuchte in einem Acker durch ein Feld der entspr. Zustandsgröße. Die Quasikontinuumstheorie ist als Näherungstheorie, ein Feld als Mittelwertbildung anzusehen: es macht aus einem nichtkontinuierlichen realen System ein kontinuierliches mathematisches Bild.

Feldflur. (Syn. Ackerflur). Die um das Dorf liegende ackerbaulich genutzte Fläche mit ihren teilweise – soweit noch vorhanden – ins Dorf hineinreichenden Kleinstrukturen, wie >Feldgehölze<, Wegraine, Bachsäume.

Feldgehölz. Die im Bereich der landwirtschaftlich genutzten Fläche einzeln, in Gruppen oder im Verband der >Feldhecke< vorkommenden Holzgewächse wie Bäume, Sträucher und Büsche. Wenn in genügender Zahl und Ausprägung sowie entspr. Verteilung vorhanden, sind F. ein wertvolles Element der Landschaftsstruktur und können einen Beitrag zur angestrebten >Biotopvernetzung< leisten. Dazu muß ihre Pflege gesichert sein. Erhaltung bzw. Neuanpflanzung von F. gehören zum Zielkatalog des >integrierten Pflanzenbaus<.

Feldgemüsebau. >Gemüsebau<.

Feldgraswirtschaft. Zählt in der Geschichte des >Ackerbaus< zu den Wechselwirtschaften, da sich hier auf derselben Fläche einjährige Nahrungsfrüchte und mehrjährige Futternutzung abwechseln. Man spart damit Bodenbearbeitungs-, Saat- und Pflegemaßnahmen ein, erreicht über die Wurzelrückstände der Futterkultur eine Verbesserung der >Bodenfruchtbarkeit< und eine Verdrängung der typischen >Unkräuter< des Acker- und Grasanbaus durch die jeweils andere Bewirtschaftung. F. findet heute da statt, wo die >Vegetation< kurz ist (Nordeuropa) oder die >Niederschläge< hoch (>Höhenlagen<) bzw. gleichmäßig über das Jahr verteilt sind (Küstenräume) oder künstlich bewässert werden kann (z.B. Poebene).

Feldgröße. Oder Feldvariable. In der >Kontinuums< bzw. >Quasikontinuumstheorie< Größen, die an jedem Ort existieren und so Felder beschreiben, also alle lokalen Eigenschaften, auch und vor allem >intensive Zustandsgrößen< wie Feldstärke, Dichte, Konz., Temp., Druck.

Feldhecke. Wichtigstes Gliederungselement der >Agrar-< und somit der >Kulturlandschaft<. F. haben aufgrund ihrer Entstehungsgeschichte und der Verschiedenheit der Landschaften unterschiedliche Ausprägung, so sind z.B. die Wallhecken Schleswig-Holsteins, „Knick" genannt, durch die Notwendigkeit des >Windschutzes< und dem vor 300 Jahren vorhandenen Holzmangel entstanden, in anderen Gebieten dienten sie als Feldabgrenzung. Neben ihrer Rolle als Schutz vor Wind- und Wassererosion (>Erosion<) hat die F. große Bedeutung als Lebensraum und Nahrungsreservoir für Keinsäugetiere, Schmetterlinge und Insekten, darunter auch für Nützlinge; als Brutstätte für Vögel; als zeitweiliger Rückzugs- sowie auch Überwinterungsort für Tierarten, die sonst auf den Ackerflächen leben, wie z.B. Käfer. Um diese Funktionen erfüllen zu können, muß die F. Mindestkriterien hinsichtlich Länge, Breite und den Gehölzarten aufweisen. So sind z.B. für Insekten, die Blattläuse vernichten, Schlehe, Weißdorn, Bergahorn und Wildrose als Lebensgrundlage von großer Bedeutung. Im Sinne des >Integrierten Pflanzenbaus< ist die F. ein natürlicher Faktor im >Pflanzenschutz<, wenn auch ihre Rolle bei der Bekämpfung von Schadinsekten bisher nur ansatzweise quantifizierbar ist. Bei genügender Breite (5 bis 8 m) besitzt sie eine Pufferzone gegenüber dem Eintrag von >Dünge<- und >Pflanzenschutzmitteln< von der Ackerfläche in ihren Innenbereich. Mindererträge durch F. treten nur in ihrer unmittelbaren Nähe auf, sie werden durch Mehrerträge in weiterem Abstand zur F. ausgeglichen. In dem Bestreben, die landwirtschaftlichen Maschinen möglichst effektiv einzusetzen, hatte man in der Vergangenheit viele Hecken beseitigt. Heute ist es Ziel des integrierten Pflanzenbaus und der >Flurbereinigung<, F. zu pflegen bzw. neu anzulegen und sie zum Bestandteil eines angestrebten Biotopverbundnetzes zu machen.

Feldkapazität. Menge des Wassers (angegeben in Vol.-%), das ein Boden maximal entgegen der Schwerkraft halten kann. Meist wird hierfür der Wassergehalt bei einem Wasserpotential von -6.3 kPa (pF 1.8) für grundwassernahe Böden bzw. -30 kPa (pF 2.5) für grundwasserferne Böden eingesetzt. Nach Abzug des nicht pflanzenverfügbaren Bodenwassers („Totwasser") ergibt sich die *nutzbare Feldkapazität* („nFK"). Ihr Wert kann aus der pF-Kurve als Differenz der Wassergehalte zwischen -6.3 kPa bzw. -30 kPa und dem >Permanenten Welkepunkt< (-1.6 MPa, pF 4.2) abgelesen werden. Für die Berechnung der gesamten F. wird die F. jedes Horizonts (>Bodenhorizonte<) bestimmt und dann entsprechend der Horizontmächtigkeit gewichtet über den gesamten effektiven Wurzelraum aufsummiert. Die Angabe erfolgt dann zweckmäßigerweise in mm (oder L pro m^2). Bei Sandböden mit einer Mächtigkeit des Wurzelraumes (für Getreide) von 0,5 bis 1 m liegt die nFK häufig zwischen 30 und 150 mm, bei Schluff- und Lehmböden mit einem Wurzelraum von 1 m Mächtigkeit bis über 200 mm. Die F. hängt vom Gleichgewichtszustand des Porenwassers, von der Körnung, dem Gehalt an org. Substanz, dem Gefüge und der Schichtfolge ab. Die F. ist in groben Untergrundmaterialien wesentlich kleiner als in feinen (>Wasserspannung<).

Lit: Scheffer F, Schachtschabel P (1998) Lehrbuch der Bodenkunde, 13. Aufl., Enke, Stuttgart.

Feldspat. Gruppe von Gerüstsilicatmineralen, deren wichtigste Vertreter *Orthoklas* (Kalifeldspat mit der Idealformel $KAlSi_3O_8$, enthält oft etwas Na), *Albit* (Natronfeldspat, $NaAlSi_3O_8$) und *Anorthit* (Kalkfeldspat, $CaAl_2Si_2O_8$) sind. Zwischen Albit und Anorthit besteht die lückenlose Mischungsreihe der >Plagioklase<. Orthoklas ist als mäßig schwer verwitterndes Mineral ein wichtiger Kaliumlieferant.

Femtoplankton. Kleinste organismische Viren- und virenähnliche Partikel von 0,2–0,2 µm im >Plankton< der Meere und Binnengewässer.

Fenarimol. Wirkt als >Fungizid< und zählt zur Substanzklasse der Pyrimidin-Derivate.
Chemische Bezeichnung: α-(2-Chlorphenyl)-α-(4-chlorphenyl)-pyrimidin-5-ylmethanol
CAS-Nummer: 60168–88–9
Hersteller: Dow Agrosciences
Wirkungstyp: Prophylaktisch und kurativ wirkendes Blattfungizid. Hemmstoff der Biosynth. von Ergosterol. Störung des Teilungsablaufs der Sporidien.
Bevorzugte Anwendung: Gegen Echten Mehltau an Äpfeln, Kürbis, Hopfen, Rosen u. a. Kulturen. Gegen Schorf an Äpfeln, Blattflecken an Zuckerrüben.

Chemische und physikalische Eigenschaften:
Physikalische Beschaffenheit: Krist., farblos.
Schmelzpunkt: 117 bis 119 °C

Dampfdruck: $< 1,3 \cdot 10^{-7}$ hPa bei 25 °C.
Verteilungskoeffizient (log $P_{o/w}$): 3,69 bei 20 °C.
Stabilität: Lagerfähigkeit mindestens 2 Jahre. Abbau im Sonnenlicht.
Löslichkeit: In Wasser 13,7 mg/L bei pH 7 und 25 °C.
Abbau: Mikrobiol. Abbau wird durch Licht beschleunigt (Photolyse). Kein merklicher Einfluß auf Bodenbakterien.
Bei Ratten und Kaninchen nach oraler Aufnahme schnelle Metabolisierung zu 30 Metaboliten, die innerhalb von 72 Stunden mit den Faeces ausgeschieden werden.
Toxizität: Akute orale LD_{50} für Ratten 2.500 mg/kg, für Mäuse >4.000 mg/kg. Keine Hautreizung, leichte Augenreizung bei Kaninchen. Bei Verfütterung über 3 Monate an Ratten keine Schadwirkung bei 50 mg/kg, entspr. an Mäusen 365 mg/kg, Hunden 800 mg/kg Futter.
Akute dermale LD_{50} für Kaninchen >2.000 mg/kg. Inhalation LC_{50} für Ratte $>2,04$ mg/L.
Bienentoxizität: Nicht bienengefährlich (B 4).
Fischtoxizität: Fischgiftig. LC_{50} für Regenbogenforelle 1,8 mg/L, für Bluegill Sunfish 0,91 mg/L, jeweils 96 Stunden.

Fenbuconazol. Wirkt als >Fungizid< und zählt zur Substanzklasse der Azole.
Chemische Bezeichnung: 4-(4-Chlorphenyl)-2-phenyl-2-(1H-1,2,4-triazol-1-ylmethyl)-butyronitril
CAS-Nummer: 114369–43–6
Hersteller: Rohm & Haas
Wirkungstyp: Systemisches Fungizid mit protektiven, kurativen und eraditiven Eigenschaften. Hemmt die Steroid-Demethylierung. Transport in der Pflanze erfolgt akropetal.
Bevorzugte Anwendung: Gegen Blatt- und Ährenkrankheiten im Getreide; im Gemüse-, Obst-, Wein- und Zierpflanzenbau gegen eine Vielzahl von pilzlichen Erregern.

Chemische und physikalische Eigenschaften: Farblose Kristalle mit einem Schmelzpunkt von 124–126 °C und einem spezifischen Gewicht von 1,20 g/cm^3.
Dampfdruck: 5 µPa bei 20 °C.
Verteilungskoeffizient (log Po/w): 3,23.
Stabilität: Thermisch stabil bis 300 °C.
Löslichkeit: In Wasser 3,8 mg/L bei 25 °C.
Abbau und Metabolismus: Als Hauptmetaboliten entstehen in der Pflanze zwei Furanon-Verbindungen, die bei den Rückständen mit berücksichtigt werden. Im Boden liegt DT_{50} zwischen 30 und 50 Tage. Koc-Wert liegt bei 2.100 bis 9.000. Im Wasser beträgt bei pH 5 unter Lichtausschluß die HWZ >2.210 Tage, bei pH 7 3.740 Tage, bei pH 9 1.370 Tage.
Säugertoxizität: Akute orale LD_{50} für Ratte >2.000 mg/kg. Akute dermale LD_{50} für Ratte >5.000 mg/kg. Keine Haut- und Augenreizwirkung bei Kaninchen. Akute Inhalation (4 h) für Ratte $>2,1$ mg/L Luft. 3-Monate-Fütterungstest NOEL für Ratte 20, Maus 60 und Hund 100 mg/kg KGW/Tag.
Bienentoxizität: LC_{50} (96 h, Staub) $>0,29$ mg/Biene.

Fischtoxizität: LC$_{50}$ (96 h) für Blaukiemen Sonnenbarsch 0,68 mg/L.
Vogeltoxizität: 8-Tage-Fütterungstest LC$_{50}$ für Japanische Wachtel 4.050 und Stockente 2.110 mg/kg Futter.
Wirbellosetoxizität: LC$_{50}$ (48 h) für *Daphnia magna* 2,2 mg/L. LC$_{50}$ (96 h) für Algen 0,29 mg/L.

Fenbutatin oxid. Wirkt als >Akarizid< und zählt zur Substanzklasse der Organozinn-Verbindungen.
Chemische Bezeichnung: Bis(tris(2-methyl-2-phenylpropyl)zinn)oxid
CAS-Nummer: 13356–08–6
Hersteller: Cyanamid, Du Pont
Wirkungstyp: Nichtsystemisches Akarizid mit Kontakt- und Fraßwirkung.
Bevorzugte Anwendung: Gegen alle beweglichen Stadien der Spinnmilben einschließlich der resistenten Stämme im Obst-, Wein- und Zierpflanzenbau.

Chemische und physikalische Eigenschaften: Farblose Kristalle mit einem Schmelzpunkt von 138–139 °C für das technische Produkt und einem spezifischen Gewicht von 1,29 g/cm^3 bei 20 °C.
Dampfdruck: 0,49 µPa bei 20 °C.
Verteilungskoeffizient (log Po/w): 5,2.
Löslichkeit: In Wasser 5 µg/L bei 23 °C.
Stabilität: Sehr stabil unter Licht-, Wärme- und Sauerstoffeinfluß. Im Wasser erfolgt Umwandlung zu Tris-(2-methyl-2-phenylpropyl)zinnhydroxid, das temperaturabhängig zur Ausgangsverbindung rückgebildet wird.
Abbau und Metabolismus: Im Boden erfolgt Metabolisierung zu Dihydroxy-bis(2-methyl-2-phenylpropyl)-stannat und 2-Methyl-2-phenylpropylstanninsäure. Bei Ratten nach schneller Metabolisierung Ausscheidung über den Urin.
Säugertoxizität: Akute orale LD$_{50}$ für Ratte 2631, Maus 1450 und Hund >1.500 mg/kg. Akute dermale LD$_{50}$ für Kaninchen >2.000 mg/kg. Leichte Haut- und Augenreizwirkung bei Kaninchen. Inhalation LC$_{50}$ (4 h) für Ratte 0,23 mg/L. 2-Jahre-Fütterungstest NOEL für Ratte 100 mg/kg Futter. ADI-Wert 0,03 mg/kg KGW.
Bienentoxizität: Akute orale LD$_{50}$ > 100 µg/Biene.
Fischtoxizität: LC$_{50}$ (48 h) für Regenbogenforelle 0,27 mg/L.
Vogeltoxizität: LC$_{50}$ (8 d) für Japanische Wachtel 5065 mg/kg Futter.
Wirbellosetoxizität: EC$_{50}$ (24 h) für *Daphnia* 0,05–0,08 mg/L.

Fenfuram. Wirkt als >Fungizid< und zählt zur Substanzklasse der Carboxamide.
Chemische Bezeichnung: 2-Methyl-N-phenyl-3-furancarboxamid
CAS-Nummer: 24691–80–3
Hersteller: Rhone-Poulenc
Bevorzugte Anwendung: Dringt in das Getreidekorn nach der Beizung ein und schützt das Saatgut und das auflaufende Getreide vor pilzlichen Infektionen.

Chemische und physikalische Eigenschaften: Der reine Wirkstoff besteht aus farblosen Kristallen. Das technische Produkt besitzt eine cremige Form mit einem Schmelzpunkt von 109–110 °C.
Löslichkeit: In Wasser 0,1 g/L bei 20 °C.
Stabilität: Wird durch starke Säuren und Alkalien hydrolysiert.
Abbau und Metabolismus: Als Metaboliten entstehen überwiegend Hydroxyderivate. Im Boden beträgt die HWZ ca. 42 Tage. Ratten scheiden nach oraler Aufnahme innerhalb von 16 Stunden 83 % Wirkstoff aus, davon >60 % über den Urin.
Säugertoxizität: Akute orale LD$_{50}$ für Ratte 12.900 mg/kg. Akute dermale LD$_{50}$ für Ratte 1.490 mg/kg. Inhalation LC$_{50}$ (4 h) für Ratte >10,3 mg/L Luft. 2-Jahre-Fütterungstest NOEL für Ratte 10 mg/kg KGW/Tag.
Fischtoxizität: LC$_{50}$ (96 h) für Guppy 11,0 mg/L.

Fenoxycarb. Wirkt als >Insektizid< und zählt zur Substanzklasse der Ethylcarbamate.
Chemische Bezeichnung: Ethyl 2-(4-phenoxyphenoxy)ethylcarbamat
CAS-Nummer: 79127–80–3
Hersteller: Novartis
Wirkungstyp: Nicht-neurotoxisches Insektizid mit Kontakt- und Fraßwirkung, das in den Entwicklungszyklus der Insektenlarven eingreift und die Bildung von vermehrungsfähigen Adulten verhindert.
Bevorzugte Anwendung: Gegen die Raupen von verschiedenen beißenden und saugenden Insekten im Obst-, Wein- und Zierpflanzenbau. Das Produkt gilt als nützlingsschonend und ist geeignet für den integrierten Pflanzenschutz.

Chemische und physikalische Eigenschaften: Farblose bis weiße Kristalle mit einem Schmelzpunkt von 53–54 °C und einem spezifischen Gewicht von 1,23 bei 20 °C.
Dampfdruck: 7,8 µPa bei 20 °C.
Verteilungskoeffizient (log Po/w): 4,07 bei 25 °C.
Löslichkeit: In Wasser 6 mg/L bei 25 °C.
Stabilität: Lichtstabil. Hydrolysestabil in wäßriger Lösung bei pH 3,7 und 9 bei 35 ° und 50 °C.
Abbau und Metabolismus: In Pflanzen sind außer den durch Oxidation gebildeten Metaboliten die Hauptumwandlungsprodukte in polarer und gebundener Form vorhanden. Im Boden erfolgt der Abbau über Hydroxylierung; DT$_{50}$ liegt zwischen 28 und 107 Tage. In Ratten wird der Wirkstoff über eine Reihe von sequentiellen Oxidationen rasch in verschiedene Metaboliten umgewandelt, die in freier oder konjugierter Form nach 96 h über den Urin (28 %) und über Faeces (63 %) ausgeschieden werden.
Säugertoxizität: Akute orale LD$_{50}$ für Ratte >10.000 mg/kg. Akute dermale LD$_{50}$ für Ratte >2.000 mg/kg. Bei Kaninchen geringe Augenreizwirkung. Inhalation LC$_{50}$ (4 h) für Ratte >0,48 mg/L Luft. 2-Jahre-Fütterungstest NOEL für Ratte 8 mg/kg KGW/Tag. ADI-Wert 0,04 mg/kg KGW.
Bienentoxizität: Nicht bienentoxisch.
Fischtoxizität: LC$_{50}$ (96 h) für Regenbogenforelle 1,6 und Karpfen 10,3 mg/L.
Vogeltoxizität: Akute orale LD$_{50}$ für Japanische Wachtel >7000 und Stockente >3000 mg/kg.

Wirbellosetoxizität: EC_{50} (48 h) für *Daphnia* 0,4 mg/L. EC_{50} (96 h) für Grünalge 1,1 mg/L.

Fenpropathrin. Wirkt als >Insektizid< und >Akarizid< und zählt zur Substanzklasse der Pyrethroide.
Chemische Bezeichnung: (RS)-α-Cyano-3-phenoxybenzyl-2,2,3,3-tetramethylcyclopropancarboxylat
CAS-Nummer: 64257–84–7 für das Racemat
Hersteller: Cyanamid, Sumitomo
Wirkungstyp: Insektizid und Akarizid mit Kontakt- und Fraßwirkung sowie mit Repellenteffekt.
Bevorzugte Anwendung: Gegen eine Vielzahl von Insekten und Milben im Obst-, Gemüse-, Wein- und Zierpflanzenbau.

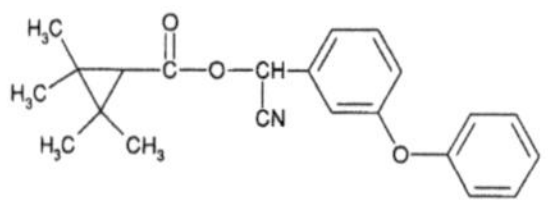

Chemische und physikalische Eigenschaften: Gelbbrauner Feststoff, der in technischer Reinheit einen Schmelzpunkt von 45–50 °C und ein spezifisches Gewicht von 1,15 bei 25 °C besitzt.
Dampfdruck: 730 µPa bei 20 °C.
Verteilungskoeffizient (log Po/w): 6,0 bei 20 °C.
Löslichkeit: In Wasser 14,1 µg/L bei 25 °C.
Stabilität: Bei Einwirkung von Licht und Sauerstoff findet Oxidation und Inaktivierung statt. Zersetzt sich in alkalischer Lösung.
Abbau und Metabolismus: Der Abbau findet prinzipiell über Photolyse statt. Die HWZ beträgt im Wasser 3–6 Wochen und im Boden zwischen 1 und 5 Tagen.
Säugertoxizität: Akute orale LD_{50} für Ratte 67–71 mg/kg. Akute dermale LD_{50} für Ratte 870–1.000 mg/kg. Bei Kaninchen geringe Augenreizwirkung. Inhalation LC_{50} (4 h) für Ratte >96 mg/m^3 Luft. ADI-Wert 0,03 mg/kg KGW.
Fischtoxizität: LC_{50} (48 h) für Blaukiemen Sonnenbarsch 1,95 µg/L.
Vogeltoxizität: Akute orale LD_{50} für Stockente 1.089 mg/kg. LC_{50} (8 d) für Stockente >10.000 mg/kg Futter.

Fentinhydroxid. Wirkt als >Fungizid< und zählt zur Substanzklasse der Organozinnverbindungen.
Chemische Bezeichnung: Triphenylzinn-(IV)-hydroxid
CAS-Nummer: 76–87–9
Hersteller: AgrEvo
Wirkungstyp: Nicht-systemisches Fungizid mit protektiver und kurativer Wirkung. Hemmt den Metabolismus des pilzlichen Organismus, speziell der Respiration.
Bevorzugte Anwendung: Gegen Kraut- und Knollenfäule bei Kartoffeln.

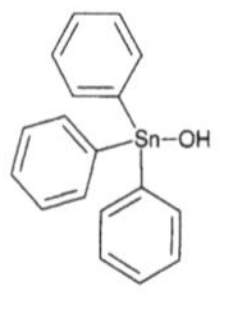

Chemische und physikalische Eigenschaften: Farblose Kristalle mit einer Dichte von 1,54 bei 20 °C und einem Schmelzpunkt von 118–120 °C.
Dampfdruck: 0,047 mPa bei 50 °C.

Verteilungskoeffizient (log Po/w): 3,43.
Löslichkeit: In Wasser 1 mg/L bei 20 °C und pH 7.
Stabilität: Stabil in der Dunkelheit und bei Raumtemperatur. Beim Erwärmen >45 °C tritt Dehydratisierung zu Bis(triphenylzinn)oxid auf, das bis ca. 250 °C stabil ist. Bei Sonnenlicht tritt Zerfall zu anorg. Zinnverbindungen auf.
Abbau und Metabolismus: Im Boden erfolgt Abbau zu anorg. Zinndioxidhydrat über Di- und Monophenylzinnmetaboliten. DT_{50} liegt zwischen 47 und 140 Tagen. Bei Ratten geringe Resorption und Ausscheidung über Faeces in zwei Phasen mit einem Abstand von 48 Stunden. Im Faeces werden neben Spuren von Benzol auch solche von Di- und Monophenylzinnmetaboliten gefunden.
Säugertoxizität: Akute orale LD_{50} für männliche Ratte 171 und weibliche Ratte 110 mg/kg. Akute dermale LD_{50} für Ratte 1.600 mg/kg. Inhalation LC_{50} (4 h) für Ratte 60,3 mg/m^3 Luft. 2-Jahre-Fütterungstest NOEL für Ratte 2 mg/kg Futter.
Bienentoxizität: Nicht bienengefährlich.
Fischtoxizität: LC_{50} (48 h) für Karpfen 0,05 und Goldorfe 0,11 mg/L.
Vogeltoxizität: 8-Tage-Fütterungstest LC_{50} für Japanische Wachtel 38,5 mg/kg Futter.
Wirbellosetoxizität: EC_{50} (48 h) für *Daphnia* 16,5 µg/L.

Fenitrothion. Ein Insektizid aus der Gruppe der >Organophosphorinsektizide<, das auf Kulturen von Obst, Getreide, Gemüse, Rüben, Kartoffeln und Wein ausgebracht wird.

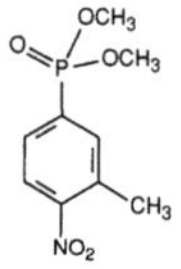

Fenoxaprop (-Ethyl). Wirkt als >Herbizid< und zählt zur Substanzklasse der Aryloxyphenoxycarbonsäure-Derivate.
Chemische Bezeichnung: (±)-2-[4-(6-Chlorbenzoxazol-2-yloxy)-phenoxy]-propionsäure
Für Fenoxaprop-Ethyl: Ethyl-(±)-2-[4(6-chlor-2-benzoxazol-2-yloxy)-phenoxy]-propionat
CAS-Nummer: 73519–55–8. Für Fenoxaprop-Ethyl 66441–23–4
Hersteller: AgrEvo
Wirkungstyp: Selektives Nachauflaufherbizid mit Kontakt- und systemischer Wirkung. Wird über die Blätter absorbiert und akropetal und basipetal zu den Wurzeln oder Rhizomen transportiert. Greift vermutlich in die Lipid-Biosynthese ein.
Bevorzugte Anwendung: Bekämpft im Nachauflauf Gräser (Flughafer, Hirsen) in zweikeimblättrigen Kulturen und in Gemüsekulturen wie Bohnen, Erbsen, Kartoffeln, Kohl, Lauch und Zwiebeln.

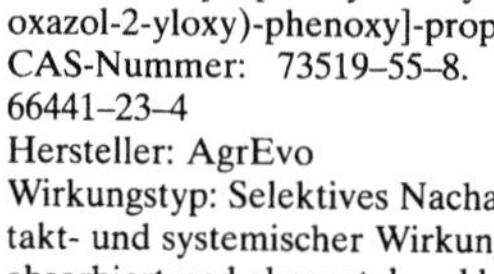

Chemische und physikalische Eigenschaften: Alle Daten beziehen sich auf Fenoxaprop-Ethyl.
Physikalische Beschaffenheit: Farbloser Feststoff.

Schmelzpunkt: 84 bis 87 °C.
Dampfdruck: $< 1 \cdot 10^{-3}$ Pa bei 20 °C.
Verteilungskoeffizient (log $P_{o/w}$): ca. 4,3 bei pH 7 und 22 °C.
Stabilität: Innerhalb von 24 Stunden erfolgt in wäßriger Lsg. Hydrolyse zur entspr. Säure.
Löslichkeit: In Wasser 0,9 mg/L bei 25 °C.
Abbau und Metabolismus: Im Boden schnelle Hydrolyse zur Säure und Metabolisierung zu Phenetol, Phenol und Benzazolon. In Pflanzen entsteht neben der Säure der Metabolit 6-Chlor-2,3-dihydrobenzoxazol-2-on.
Im Säugerorganismus wird Fenoxaprop-Ethyl nach oraler Aufnahme rasch absorbiert und schnell renal in zwei Phasen mit Halbwertszeiten von 7 bis 11 Stunden bzw. 1,5 bis 3 Stunden als freie Säure oder als Mecaptursäurekonjugat des Benzoxazolons zur Hälfte wieder ausgeschieden. Die andere Hälfte findet sich in den Faeces. Es erfolgt keine Anreicherung in Geweben oder Organen.
Toxizität: Akute orale LD_{50} für männliche Maus 4.670, weibliche Maus 5.490, männliche Ratte 2.357 und weibliche Ratte 2.500, jeweils mg/kg. Akute dermale LD_{50} für weibliche Ratte >2.000 und Kaninchen >1.000 mg/kg. Bei Kaninchen leichte Haut- und Augenreizung. Im 90-Tage-Fütterungstest betrug der NOEL für Ratte 80 mg/kg Futter und für Hund 16 mg/kg Futter.
Inhalation LC_{50} für Ratte >0,51 mg/L. LD_{50} intraperitoneal für Ratte 739 bis 864 mg/kg und für Maus ca. 650 bis 1.210 mg/kg.
Fischtoxizität: LC_{50} (96 Stunden) für Forelle 0,48 mg/L und für Sonnenbarsch 0,36 mg/L. LC_{50} (48 Stunden) für *Daphnia magna* 3,18 mg/L.
Vogeltoxizität: Akute orale LD_{50} für Japanische Wachtel >5.000 mg/kg.

Fenpropimorph. Wirkt als >Fungizid< und zählt zur Substanzklasse der Morpholin-Derivate.
Chemische Bezeichnung: *cis*-4-[3-(*p-tert*-Butylphenyl)-2-methylpropyl]-2,6-dimethylmorpholin
CAS-Nummer: 67306–03–0
Hersteller: BASF AG
Wirkungstyp: Synth. Fungizid mit prophylaktischer und eradikativer Wirkung. Aufnahme durch Wurzeln und Blätter.
Bevorzugte Anwendung: Gegen Echten Mehltau an Weizen, Gerste und Roggen; gegen Gelbrost an Weizen; gegen Braunrost an Weizen und Gerste; gegen Rhynchosporium-Blattfleckenkrankheit an Wintergerste.

Chemische und physikalische Eigenschaften:
Physikalische Beschaffenheit: Farblose Flüssigkeit, geruchlos.
Siedepunkt: 120 °C bei 6,7 Pa.
Dampfdruck: $2,4 \cdot 10^{-3}$ Pa bei 20 °C.
Flammpunkt: ca. 179 °C.
Verteilungskoeffizient (log $P_{o/w}$): 4,06 bei pH 7 und 22 °C.
Löslichkeit: Ca. 0,7 mg/100 mL in Wasser bei 20 °C.
Abbau und Metabolismus: Metabolismus in erster Abbaustufe durch Ox. der Tertiärbutyl-Gruppe sowie

durch Ox. und Öffnung des Dimethylmorpholin-Kerns. Mehrere identische Metaboliten finden sich in Pflanze, Boden und Tier wieder. Halbwertszeiten in Getreidepflanzen 3 bis 7 Tage. Halbwertszeiten in Böden: In stark humosem lehmigem Sand 93 Tage, in mäßig humosem lehmigem Sand 15 Tage.
72 Stunden nach einmaliger oraler Gabe an Ratten waren 36 % über den Urin, 19 % über die Faeces und 10 % mit der Atemluft ausgeschieden. In 96 Stunden waren 64 bis 72 % ausgeschieden, was auf eine etwas erhöhte Retention deutet. Der Wirkstoff wird weitgehend metabolisiert. Im Urin ist F. nicht nachweisbar, in den Faeces betrug der Anteil 3,2 %. Biotransformation erfolgte zu carboxylierten Metaboliten. 2,6-Dimethylmorpholin und Metaboliten mit Veränderungen im Morpholinring durch Ringöffnung oder Ox. einer Methylgruppe.
Toxizität: Akute orale LD_{50} 3.515 mg/kg an Ratten und 5.980 mg/kg an Mäusen. Akute dermale LD_{50} für Ratte >4.000 mg/kg. F. zeigt eine Inhalationstoxizität LC_{50} (Ratte) von ca. 2,9 mg/L Luft mit einer mäßigen Reizwirkung auf die Atmungsorgane. Der Wirkstoff besitzt eine mäßige bis starke Hautreizung beim Kaninchen. Die Augenreizung am Kaninchen ist gering. Keine Hautsensibilisierung wurde am Meerschweinchen beobachtet.
Bienentoxizität: Handelsprodukt Corbel: Nicht bienengefährlich, LD_{50} p. o. >100 µg/Biene.
Fischtoxizität: LC_{50} für Forelle ca. 9,5 mg/L Wasser, für Sonnenbarsch 3,9 mg/L Wasser, jeweils 96 Stunden.

Fensterreiniger. F. sollen für eine streifenfreie Glasreinigung vielseitige Reinigungseig. aufweisen und nach der Anwendung rückstandsfrei entfernbar sein. Hauptbestandteile sind deswegen anionische >Tenside< wie Alkyl>sulfate< und Alkylaryl>sulfonate<, die in verd. wäßrigen Lsg. vorliegen. Als >Lösungsmittel< werden >Alkohole< bzw. >Glykolether< eingesetzt und die Lsg. mit >Ammoniak< >alkalisch< eingestellt. Von Ammoniak als stechend riechender Komponente geht bei den üblich verwendeten Konz. keine Gesundheitsgefährdung aus. Alkoholgehalte bis 50 % sind dagegen als kritischer einzustufen.

Fenthion. Wirkt als >Insektizid< und zählt zur Substanzklasse der >Phosphorsäureester<.
Chemische Bezeichnung: O,O-Dimethyl-O-4-methyl-thio-m-tolylthiophosphat
CAS-Nummer: 55–38–9
Hersteller: Bayer AG
Wirkungstyp: Kontaktinsektizid mit systemischer Wirkung. Cholinesterase-Hemmstoff.
Bevorzugte Anwendung: Gegen beißende und saugende Insekten, besonders gegen Kirschfruchtfliege, gegen Stechmücken, Dasselfliegen usw.

Chemische und physikalische Eigenschaften:
Physikalische Beschaffenheit: Gelbbraunes Öl.
Geruch: Mercaptanartig.
Siedepunkt: 87 °C bei 0,014 hPa.
Dampfdruck: $3,7 \cdot 10^{-6}$ hPa bei 20 °C.
Verteilungskoeffizient (log $P_{o/w}$): 4,84 bei 20 °C.
Stabilität: Verhältnismäßig stabil gegen Säuren, mäßig stabil gegen Alkalien.

Löslichkeit: 54 bis 56 mg/L in Wasser bei Raumtemp.

Abbau und Metabolismus: Der Wirkstoff unterliegt den gleichen Abbaumechanismen wie Parathion. Bei der hydrolytischen Spaltung werden hier als Metaboliten hauptsächlich Dialkylthiophosphorsäure und Dialkylphosphorsäure nachgewiesen. Daneben treten Monoalkylphosphorsäure, Monoalkylthiophosphorsäure und anorg. Phosphat auf. Die Phosphorsäure-Verb. zeigen, daß auch eine Ox. der Thio-Verb. (Desulfurierung) in der Pflanze eintritt. Eine O-Desalkylierung scheint nicht am ursprünglichen Produkt zu erfolgen, sondern hauptsächlich an der vorher oxidierten Substanz.

Eine weitere Reaktionsmöglichkeit in Tieren und Pflanzen ist die enzymatische Ox. der Thioetherstruktur zum Sulfoxid, das den Hauptmetaboliten von Fenthion darstellt, und zum Sulfon.

Toxizität: Akute orale LD_{50} für Ratte ca. 25 mg/kg. Akute dermale LD_{50} für Ratte ca. 1.000 mg/kg. Inhalation LC_{50} für Ratte ca. 0,5 mg/L (Aerosol). Bei Kaninchen keine Haut- und Augenreizung.

Bienentoxizität: Bienengefährlich (B 1).

Fischtoxizität: LC_{50} (96 Stunden) für Forelle 0,93 mg/L, für Karpfen 2,5 bis 3,3 mg/L und für Flohkrebs 0,0084 mg/L. EC_{50} (48 Stunden) für *Daphnia pulex* 0,0008 mg/L.

Fentin-acetat. Wirkt als >Fungizid< und zählt zur Substanzklasse der org. Zinnverbindungen.

Chemische Bezeichnung: Triphenylzinnacetat

CAS-Nummer: 900–95–8

Hersteller: AgrEvo

Wirkungstyp: Blattfungizid, nicht systemisch. Algizide und molluskizide Nebenwirkung.

Bevorzugte Anwendung: In Kombination mit Maneb gegen Phytophthora und Cercospora; gegen Septoria, Alternaria, Colletotrichum und andere Pilzerkrankungen an Kartoffeln, Möhren, Bohnen, Sellerie, Zwiebeln, Reben, Hopfen. Gegen Algen in Reis.

Chemische und physikalische Eigenschaften:

Physikalische Beschaffenheit: Krist., farblos.

Schmelzpunkt: 118 bis 125 °C.

Siedepunkt: exotherme Zers. ab 275 °C.

Dampfdruck: $< 1 \cdot 10^{-3}$ pa bei 20 °C.

Verteilungskoeffizient (log $P_{o/w}$): ca. 3,4 bei pH 7 und 22 °C.

Stabilität: Abbau durch Sonnenlicht-Bestrahlung und Luftsauerstoff. Trockene Aufbewahrung erforderlich. Im Handelspräparat ist der Wirkstoff stabilisiert.

Löslichkeit: In Wasser etwa $9 \cdot 10^{-4}$ g/100 mL bei 20 °C.

Abbau und Metabolismus: Über Diphenyl- und Monophenylzinnverb. Abbau zu Zinndioxidhydrat. Nach Verfütterung hoher Dosen Fentinacetats mit Rübenblatt (3,2 mg/kg Blattmaterial) wird von Schafen fast alles, von Kühen 90 % mit den Faeces ausgeschieden. Während der mehrwöchigen Verfütterung wird durchschnittlich nur 0,003 ppm im Blut der Schafe gefunden, 0,004 ppm in Kuhmilch. Nach Ende der Zufuhr des Wirkstoffs werden in Milch, Blut und Urin nur noch Abbauprodukte (Diphenylzinn, Phenylzinn, anorg. Zinn) nachgewiesen. Verfütterung der rückstandshaltigen Milch an Schweine führt dort zu keiner Akkumulation. In Leber oder Niere der Wiederkäuer finden sich zeitweilig höhere Rückstände, die aber zum größten Teil nicht mehr als org. gebundenes Zinn vorliegen.

Toxizität: Akute orale LD_{50} für Ratte 140 bis 298 und für Maus 81 bis 93 mg/kg. Akute dermale LD_{50} für Ratte >2.000 mg/kg. Inhalation LC_{50} für Ratte <0,5 mg/L. Haut- und Augenreizwirkung bei Kaninchen.

Chronische Toxizität: Im 2-Jahres-Fütterungsversuch höchste Dosis ohne Wirkung 5 mg/kg.

Bienentoxizität: Nicht bienengefährlich (B 4).

Fischtoxizität: Toxisch für Fische. LC_{50} (96 h) für Karpfen 0,32 mg/L.

Fenvalerat. Wirkt als >Insektizid< und zählt zur Substanzklasse der synth. Pyrethroide.

Chemische Bezeichnung: (RS)-α-Cyano-3-phenoxybenzyl-(RS)-2-(4-chlorphenyl)-3-methylbutyrat

CAS-Nummer: 51630–58–1

Hersteller: Sumitomo u. a.

Wirkungstyp: Pyrethroides Insektizid und Akarizid mit Fraß- und Kontaktgiftwirkung.

Bevorzugte Anwendung: Im Obstbau gegen beißende und saugende Insekten, gegen Blattminierer, Apfelwickler und Spinnmilben. Gegen Maiszünsler und Fritfliege an Mais, Rübenfliege an Rüben und beißende Insekten an Kartoffeln, im Raps gegen Rapsglanzkäfer, Rapserdfloh und Rapsstengelrüßler. Im Weinbau gegen Traubenwickler und Springwurm.

Chemische und physikalische Eigenschaften:

Physikalische Beschaffenheit: Gelbliche Flüssigkeit von schwachem Geruch.

Schmelzpunkt: Einige Partikel kristallisieren bei Raumtemp.

Siedepunkt: >200 °C.

Dampfdruck: $3,64 \cdot 10^{-5}$ Pa bei 25 °C.

Verteilungskoeffizient (log $P_{o/w}$): 6,41 bei 20 °C.

Stabilität: Licht-, wärme- und feuchtigkeitsstabil. Rasche Hydrolyse über pH 8, rel. stabil im sauren Medium.

Löslichkeit: In Wasser <1 mg/L bei 20 °C.

Abbau und Metabolismus: Wird in der Pflanze durch Esterspaltung in zwei Teile gespalten; außerdem erfolgt eine Hydroxylierung in 2- und 4-Position des Phenoxyringes sowie eine Hydrolyse der Nitril-Gruppe zu Amid- und Carboxyl-Gruppen. Der größte Teil der entstandenen Säuren und Phenole wird in Glucoside umgewandelt.

In wäßrigem Medium erfolgt Hydrolyse der Esterbindung, im Licht Decarboxylierung unter Wiedervereinigung der Spaltstücke. Die Halbwertszeit im Boden beträgt ca. 75 bis 80 Tage. Im Säugerorganismus erfolgt schnelle Metabolisierung und Ausscheidung innerhalb von 6 bis 14 Tagen, davon 96 % über Faeces.

Toxizität: Akute orale LD_{50} für Ratte 451 mg/kg. Akute dermale LD_{50} für Kaninchen 2.500 mg/kg und Ratte >5.000 mg/kg. Leichte Haut- und Augenreizung bei Kaninchen. 2-Jahres-Fütterungstest NOEL für Ratte 250 mg/kg Futter.

Inhalation LC_{50} für Ratte >0,096 mg/L und für Maus 0,043 bis 0,1 mg/L.

Bienentoxizität: Kontakt LD_{50} 0,23 μg/Biene. Produkt ist bienengefährlich (B 1).

Fischtoxizität: LC_{50} (96 Stunden) für Regenbogenforelle 3,6 μg/L.

Vogeltoxizität: Akute orale LD_{50} für Hausgeflügel >1.600 mg/kg.

Ferbam. Ein fungizid wirkendes Dialkyldithiocarbamat wie >Ziram<. Die fungizide Wirkung wird durch das Dialkyldithiocarbamat-Anion ausgeübt. Dieses kann mit metallhaltigen Enzymen, mit SH-Gruppen von Enzymen oder mit bestimmten Inhaltsstoffen der Pflanze reagieren, wobei sogar noch stärker fungizide Substanzen gebildet werden können. Der Einsatz erfolgt auf Kulturen von Kernobst.

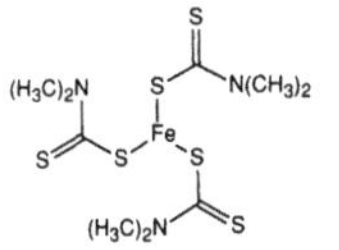

Ferment. (Lat. fermentum = Hefe, Sauerteig). Früher übliche Bez. für >Enzym<. Die Bez. Enzym hat sich im Laufe der Zeit gegenüber F. durchgesetzt, obwohl beide Begriffe von dem Wort Sauerteig abgeleitet sind; „fermentum" ist lat. und „zyme" grch. Ursprungs. Der Bezug zum Sauerteig ist historisch auf die ältesten bekannten „fermentativen" bzw. auch „enzymatischen" Prozesse zurückzuführen. Es sind die alkoholische >Gärung< und die Gärung durch Milchsäurebakterien (Milchsäuregärung) bei der Sauerteigbereitung.

Fermentation. Bezeichnung für die chem. Veränderungen, die bei längerem Warmlagern von Tabak, Tee, Kaffee, Kakao u. a. Produkten unter dem Einfluß von >Enzymen< und >Mikroorganismen< stattfinden und die Aroma, Bekömmlichkeit und Qualität dieser Genußmittel wesentlich steigern. Im weiteren Sinne bezeichnet man als Fermentation (lat.: fermentum = Sauerteig) allgemein die mikrobiellen Vorgänge bei der industriellen Herstellung von >Antibiotica<, >Vitaminen<, >Essigsäure<, >Citronensäure<, von >Eiweiß< aus Erdöl, bei der mikrobiologischen Hydroxylierung u. a. durch >Mikroorganismen< bewirkten chem. Umwandlungen, sofern sie gesteuert ablaufen. Die Fermentation stellt erhebliche technologische Anforderungen hinsichtlich der >Sterilität<, der Zuführung des Sauerstoffs (Fermentationen sind i. allg. aerobe Prozesse), der Abführung der Wärme, der Durchmischung im >Fermenter< und schließlich der Trenntechnik. Die Auswahl zweckmäßiger Organismen, die selektiv zu fermentieren vermögen, ist eine Aufgabe der >Mikrobiologie<. Man bedient sich meist zufällig gefundener oder gezielt gezüchteter >Mutanten<.

Fermenter. Spezielles Reaktorgefäß zur Durchführung intensiver biol. Prozesse bei hoher Raumbelastung mit Einrichtungen zur innigen Durchmischung und Begasung sowie ausgerüstet mit Meß- und Regeleinrichtungen zur Überwachung und Steuerung des Prozeßablaufs. Häufig bei biochem. Produktionsverfahren eingesetzt. Neben dem diskontinuierlich betriebenen Fermenter, der eine breite technische Anwendung hat, z.B. bei der Bierherstellung, bei der technischen Gewinnung von >Antibiotika<, bei der Lebensmittel-

konservierung usw., gibt es jedoch auch den Grundtyp des kontinuierlich beschickten Fermenters, der je nach der Art, wie die Organismen im System gehalten werden, zu äußerst unterschiedlichen technischen Varianten führen kann. Ein Teil dieser Varianten hat nur theoretische Bedeutung, andere sind jedoch technisch realisierbar und auch in der >Abwasserreinigung< im Einsatz.

Lit: Hartmann L (1989) Biologische Abwasserreinigung, 2. Aufl., Springer-Verlag, Berlin Heidelberg.

Fernhantierte Modultechnik (FEMO). Begriff der >Wiederaufarbeitung<stechnik; hochaktive Prozeßapparate und >-behälter<, z.B. im >Head-End< und in der ersten Extraktionsstufe des >PUREX-Prozesses<, werden zur Verringerung von >Strahlenbelastung< des Anlagenpersonals im Instandhaltungsfall in Gestellen (Modulen) so installiert, daß sie als Baugruppe mit Fernhantierungsgeräten gehandhabt bzw. ausgetauscht werden können. Zu diesem Zweck sind die zu tauschenden Module (oder Komponenten) an den Prozeß-, Medien- und Energieversorgungsleitungen mittels fernhantierbarer Rohr- und Kabelkupplungen angeschlossen.

Ferntransport. Der Ferntransport von Wasser und darin gelösten Mineralsalzen aus der >Wurzel< in das >Sproßsystem< erfolgt im >Xylem< vorzugsweise unter Ausnutzung des Transpirationsstroms, unter speziellen Bedingungen jedoch unter Mithilfe des Wurzeldrucks. Die max. Geschwindigkeit des Transpirationsstroms liegt bei 10 bis 60 m pro Stunde. Der Ferntransport der >Assimilate< von den Blättern als Synth. Orten bzw. von exportierenden Speicherorganen zu den Verbrauchsorten wie Wurzeln bzw. zu importierenden Speicherorganen erfolgt durch den Assimilationsstrom in den Siebelementen des >Phloems<. Die max. Geschwindigkeit liegt hier bei etwa 1 m pro Stunde. Der Status als importierendes bzw. exportierendes Organ wird durch >Phytohormone< geregelt. Für den Ferntransport von Gasen dient das System der >Interzellularen<, da die wichtigsten am >Stoffwechsel< beteiligten Gase, CO_2 und O_2, in Luft etwa 10^4 mal so schnell diffundieren wie in Wasser. Deshalb finden sich bei der höheren Pflanze die Zellen mit starkem Gaswechsel in unmittelbarer Nachbarschaft zu den Interzellularen.

Fernwärme. Externe Nutzung der >Abwärme< von >Kraftwerken< mittels >Kraft-Wärme-Kopplung<. Bei gleichem Brennstoffeinsatz vermindert sich etwas die Stromabgabe, da der Dampfkraftprozeß auf einem gegenüber der reinen Stromerzeugung erhöhten Temperaturniveau abgebrochen wird, um Dampf für Fernheizzwecke auf dem gewünschten Temperaturniveau entnehmen zu können. Die Gesamtausnutzung des Brennstoffs erhöht sich jedoch auf über 80 %. Zur Bereitstellung von Fernwärme sind auch >Blockheizkraftwerke< geeignet. Im Vergleich zu den >Emissionen< von Hausfeuerstätten sind die spez. Emissionen eines großen Kohle->Heizkraftwerkes< aufgrund der hohen Anforderungen an die >Abgasreinigung< deutlich geringer. Wegen des hohen >Schornsteins< eines Heizkraftwerkes sind die >Immissionsbelastungen< im Versorgungsgebiet im Vergleich zu Gebieten mit vielen >Haushaltsfeuerungen< niedriger Quellhöhe zusätzlich entlastet. In der Vergangenheit wurde daher der Ausbau der Fernwärme in städtischen Schwerpunktsbereichen durch hohe Zuschüsse z.B. im Rahmen des Investitionsprogramms zur wachstums- und umweltpolitischen Vorsorge (Programm für Zukunftsinvestitionen – ZIP) oder im Rahmen des Dritten Verstromungsgesetzes gefördert. Die Fernwärme versorgt heute ca. 8 % der Wohnungen in den alten Bundesländern.

Ferrocen. Markenbezeichnung für eine Eisenverb. (Dicyclopentadienyleisen(II)-Komplex), die dem >Ottokraftstoff< als >Antiklopfmittel< zugegeben wird und bei >Dieselkraftstoffen< zur Verbesserung des Abbrennverhaltens von >Rußfiltern< eingesetzt wird.

Fertigköder. (internat. Kurzbezeichnung: RB). Mischung aus Wirkstoff(en) und Ködermaterial, die Schädlinge anlockt und von ihnen gefressen werden soll. Das Ködermaterial muß attraktiver sein als das übrige Nahrungsangebot für die Schädlinge. Seine Auswahl muß daher häufig spezifischen Situationen angepaßt werden. Auch die Formgebung kann die Annahme wesentlich beeinflussen. Man unterscheidet Brockenköder (SB), Granulatköder (GB), Körnerköder (AB), Plättchenköder (PB) und Blockköder (BB). F. müssen einen deutlich wahrnehmbaren Warnfarbstoff enthalten, damit sie nicht mit Nahrungs- oder Futtermitteln verwechselt werden können.

Fertilität. Die geschlechtliche Vermehrungsfähigkeit wird als F. bezeichnet. In der Tierproduktion kommt bei der Zuchtauswahl diesem Merkmal neben der Mast- und Schlachtleistung bei Masttieren (tägliche Zunahme, >Futterverwertung< und Schlachtkörperqualität), der Milchleistung bei milchliefernden Tieren, der Legeleistung bei Hühnern und der Gesundheit eine große Bedeutung zu.

Festbettreaktor. Dieses sind >Bioreaktoren<, bei denen die Organismen als biol. Film auf festen Unterlagen sitzen, ihre Nährstoffe aus der vorbeiströmenden Nährlsg. aufnehmen und ihre Stoffwechselendprodukte in diese wieder abgeben. Reaktoren dieser Art sind offene Systeme; die >Biomasse< hält sich auf der festen Unterlage, bis sie aufgrund von Dichtewachstum und anaerober Vorgänge an der Grenzfläche zum festen Substrat ihre Haftfestigkeit verliert und aus dem Reaktor ausgeschwemmt wird. Eine Rückführung von Biomasse in das System ist nicht erforderlich. Eine Übersicht über die vielfältigen technischen Gestaltungsmöglichkeiten enthält die Abb. Die Grobdifferenzierung zeigt >Tropfkörper<, die von oben her mit Abwasser berieselt werden; Tauchkörper, bei denen die Bewuchsflächen ständig gedreht werden, so daß sie im Abwasser Nährstoffe und beim Eintritt in die Atmosphäre wieder Sauerstoff aufnehmen; >Tauchkörper<, bei denen die Bewuchskörper dauernd >submers< sind und ihren Sauerstoff durch künstliche Belüftung erhalten.

Lit: Abwassertechnische Vereinigung (Hrsg.) (1982–1986) Lehr- und Handbuch der Abwassertechnik, 3. Aufl., Bd. 1–7, Verlag von Wilhelm Ernst und Sohn, Berlin München.

Festdachtank. S. >Lagertank<.

Feste. Beim >Tiefbau< stehengelassener Lagerstättenanteil, der die Absenkung des Gebirges und damit >Bergschäden< verhindert. >Abbauverfahren<.

Festenbau. >Abbauverfahren<, bei dem zwischen den Gewinnungshohlräumen >Festen< stehengelassen werden. Sie verhindern eine >Absenkung< des überlagernden Gebirges.

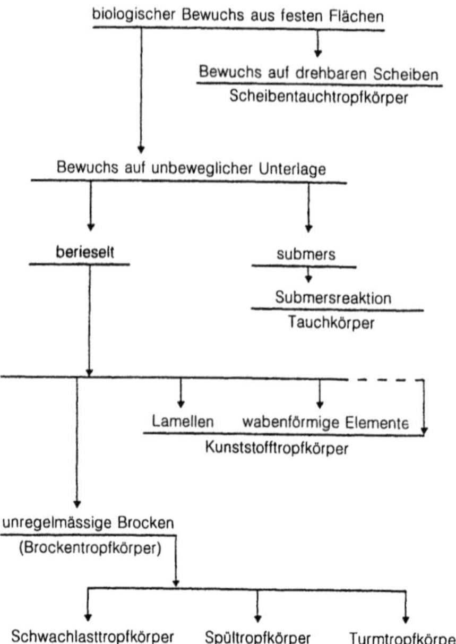

Festbettreaktor: Systematik der Festbettreaktoren (aus: Hartmann L (1989) Biologische Abwasserreinigung, 2. Aufl., Springer Verlag, Berlin Heidelberg)

Festgesteine. Sie umfassen >Sedimentgesteine<, Magmatite (Plutonite, Vulkanite) und Metamorphite.

Festigungsgewebe. Ein mechanisch belastbares pflanzliches Gewebe mit verstärkten >Zellwänden<. Hierzu zählt das Kollenchym, das wegen seiner plastischen Eig. bei wachsenden Pflanzenteilen angelegt wird, sowie das elastische Sklerenchym, das bei ausgewachsenen Pflanzenteilen die Festigungsfunktion übernimmt. Bei biegungsbelasteten Organen wie z. B. Stengeln finden sich die Festigungsgewebe an der Peripherie.

Festmist. Auch als Stallmist bezeichnet, ist das Gemisch aus Kot, Harn und Einstreu. Im Festmist ist der anfallende Kot der Tiere normalerweise zu 100 %, der Harn je nach Einstreu, Tierart und Haltungsverfahren zu unterschiedlichen Anteilen enthalten. Als Einstreu dient in den meisten Fällen Stroh, daneben jedoch auch Torfstreu, Sägespäne oder -mehl sowie früher und heute noch regional Laubstreu, Nadel(baum)streu und Heidekraut. Der Anfall an Frischmist ist abhängig von der Art und Zusammensetzung des Nutztierbestandes, der Fütterung, der Einstreumenge, der Art der Aufstallung sowie dem Betriebstyp, z. B. Grünland-, Ackerbau-Gemischtbetriebe. Der durchschnittliche tägliche Frischmistanfall liegt je Großvieheinheit, entsprechend 500 kg Lebendgewicht bei Rindern, in Abhängigkeit von der Aufstallungsform, zwischen 30 bis 70 kg, bei Pferden um 23 kg, bei Schweinen um 25 kg und bei Legehennen, als Frischkot ohne Einstreu, um 44 kg. Frischmist wird nur selten auf landwirtschaftliche Nutzflächen ausgebracht. Er durchläuft während der Speicherung in einem >Dungbehälter< einen Rotteprozeß, während dem es zu Rotteverlusten in Form von anorganischer Substanz, Stickstoff und auch Kalium kommt. Bei hohem Einstreuanteil findet eine Verstärkung der aeroben Abbauprozesse statt, die mit hohen Rottetemperaturen über 60 °C einhergehen und relativ hohe Rotteverluste bewirken. Diese Stoffverluste variieren von bester bis schlechter Stallmistpflege bei Trockensubstanz von 15 bis 20 %, bei N 20 bis 60 %, bei P_2O_5 bis 20 % und bei K_2O 0 bis 20 %.

Lit: KTBL (1993) Umweltverträgliche Verwertung von Festmist, Arbeitspapier 182, KTBL, Darmstadt.

Festpunkt. a) In Chemikalienkatalogen häufig für >Schmelzpunkt<. b) In der Thermodynamik leicht einstellbare Temperaturpunkte (Schmelz- bzw. Siedepunkte) zur gesetzlichen Festlegung von Temperaturskalen und zur Eichung von Thermometern.

Feststoffabtrennung. Durch Separieren der Feststoffe aus der >Gülle< erhält man eine weitgehend homogene flüssige Phase, die sich problemlos aufrühren, fördern, belüften und verregnen läßt. Von Feststoffen weitgehend befreite Gülle kann beim Ausbringen gleichmäßiger verteilt werden, läuft besser von den Pflanzen ab und verschmutzt deren Assimilationsflächen weniger stark. Die Hauptnährstoffe N, P_2O_5 und K_2O verbleiben zum größten Teil in der flüssigen Phase. Das Volumen vermindert sich in Abhängigkeit von Substrateigenschaften und Trenngerät um 10 bis 20 %. Die abgetrennten Feststoffe können zur Verbesserung der Bodenstruktur eingesetzt oder durch Kompostierung in einen Humusdünger umgewandelt werden, der bei vorhandenem Absatzmarkt als Torfersatz an Gärtnereien und Hobbygärtner zu verkaufen ist. Für die Feststoffabtrennung aus Gülle werden spezielle Geräte, Separatoren, eingesetzt: Siebbandpressen, Siebtrommelpressen, Kreisbogen-Siebpressen, Siebzentrifugen und Dekantierzentrifugen. Aus Kostengründen empfiehlt sich ein Einsatz von Separatoren vorzugsweise überbetrieblich oder bei großen Tierbeständen.

Feststoffe. 1. allgemein: Feste Stoffe, die vom Wasser fortbewegt oder abgelagert werden (nach DIN 4049, Teil 1). Entsprechend der bei der analytischen Bestimmung üblichen Bezeichnung werden die nach der Abtrennung des Wassers durch Trocknung verbleibenden Feststoffe auch Trockenrückstand genannt bzw. beim >biol. Schlamm< auch Trockensubstanz. Wenn keine zusätzlichen Erläuterungen bei den Analysendaten gegeben werden, sind bei allen Schlammgehaltsangaben die im Abwasseranteil des Schlammes (etwa 0,3 bis 2 % des Abwassers bei kommunalen Abwässern) kolloidal oder echt gelösten Inhaltsstoffe mit enthalten. Ganz allgemein spricht man in der Abwassertechnik von den Feststoffen und dem Feststoffgehalt, der meistens in % angegeben wird.

2. absetzbare: Der Anteil der ursprünglich vorhandenen suspendierten Feststoffe, die sich nach einer spezifizierten Absetzzeit unter spezifizierten Bedingungen durch einen Absetzvorgang entfernen lassen (ISO 6107/2).

Lit: Abwassertechnische Vereinigung (Hrsg.) (1982–1986) ATV-Handbuch, 3. Aufl., Bd. 1–7, Verlag von Wilhelm Ernst und Sohn, Berlin München.

Fettabscheiderrückstände. Zur Entlastung des Abwassers, das in das öffentliche Kanalnetz eingeleitet wird, sind in Schlacht- und fleischverarbeitenden Betrieben sowie in Großküchen Einrichtungen zum Abscheiden der Fette in das Abwassersystem eingebaut. Gemäß ATV-Merkblatt 770 sind in solchen Betrieben die Fett-

abscheider Bestandteil von aufeinander abgestimmten Einrichtungen zur Abwasserentlastung. Mit einem Fettabscheider nach der Grobstoffabscheidung und dem Sandfang sollen die tierischen und pflanzlichen Öle und Fette abgeschieden werden. Fettabscheider bestehen – in Fließrichtung – aus Schlammfang, Fettabscheider und – bei anschließender Einleitung in die öffentliche Kanalisation – nachgelagertem Probenahmeschacht. Genaue Bemessungen sowie Planungshinweise bei geringem Abwasseranfall können der DIN 4040 entnommen werden. Den Abscheideanlagen darf nur Schmutzwasser mit Fetten und Ölen org. Ursprungs (z. B. Abwasser aus Kuttelei, Schlachthalle, Wurstverarbeitung) zugeleitet werden. Fäkalienabwasser, Regenwasser und Wasser mit mineralischen Ölen und Fetten müssen ferngehalten werden, um eine Verwertung der abgeschiedenen Fette zu ermöglichen. Es ist allerdings bei Schlachtbetrieben immer davon auszugehen, daß das Sammelgut in dieser Anlage mit Krankheitserregern aus dem Darm geschlachteter Tiere kontaminiert ist. Ferner muß darauf hingewiesen werden, daß oberflächenaktive Reinigungsmittel die Funktion des Fettabscheiders erheblich stören können. Es ist davon auszugehen, daß bei der Schlachtung etwa 1 % des Lebendgewichts an Fett in das Abwasser gelangt. 60 % davon, also ca. 6 g/kg Lebendgewicht, werden bei ordnungsgemäßer Funktion im Fettabscheider zurückgehalten. Der Fettabscheiderrückstand hat folgende Zusammensetzung und Eigenschaften (Schlachthofabwasser):

– Wasser 50 %
– freies Fett ca. 15 %
– Fleischabfälle ca. 15 % (20 % davon ist gebundenes Fett)
– Sand ca. 20 %
– Trockenrückstand (TR): 35–75 %
– org. Anteil am TR: 96 %
– Gehalt org. Säuren: 22 g/kg (TR)
– Ammoniumstickstoff: 0,7 g/kg
– Chem. Sauerstoffbedarf: 600–800 g/kg.

Fettabscheiderrückstände aus Schlacht- und Fleischverarbeitungsbetrieben sind stets als seuchenhygienisch bedenklich zu betrachten, unterliegen aber nicht dem Tierkörperbeseitigungsrecht. Die Weiterverwendung erfolgt nach Maßgabe der Bioabfallverordnung (Abfallrecht), falls dem nicht die Belange der Tierseuchenbekämpfung entgegenstehen (Einzelfallentscheidung der Genehmigungsbehörde).

Fettalkoholsulfonate. Falsche Bezeichnung für die Fettalkoholsulfate oder die >Alkansulfonate<, die beide als >Tenside< Verwendung finden.

Fettes Gemisch. Liegt dann vor, wenn das Luftverhältnis kleiner als 1 ist, also der Motor mit unterstöchiometrischer Mischung läuft. (>Ottomotor<: hohe $>CO_2<$, >CO< und >HC-Werte<, >Dieselmotor<: >Ruß<) >Luftzahl<.

Fettfang. >Leichtstoffabscheider<. Einrichtung in einer >Kläranlage< zum Abscheiden von Fett und Öl aus dem >Abwasser<, z. B. durch >Flotation< (DIN 4045). Die Prozesse der Abscheidung von Leichtstoffen (z. B. Öle, Fette, Benzin usw.) aus Abwässern können der >Verfahrenstechnik< zugeordnet werden. Leichtstoffe sind alle im Abwasser enthaltenen Stoffe, gleichgültig ob fest oder flüssig, mit geringerer spezifischer Dichte als die der Trägerflüssigkeit. Da die Vorgänge der Abscheidung von festen und flüs-

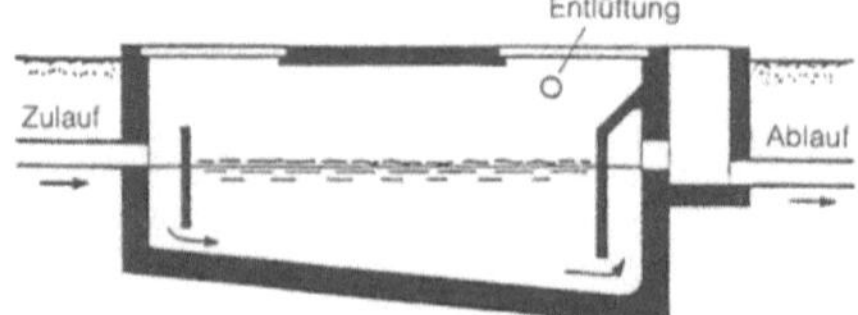

Fettfang: Einkammer-Fettabscheider nach DIN 4040 (aus: Meinck F, Stooff H, Kohlschütter H (1968) Industrieabwässer, Gustav Fischer Verlag, Stuttgart)

sigen Leichtstoffen sich prinzipiell gleichen, wird der Einfachheit halber nur von Leichtflüssigkeiten, die in Tropfenform vorliegen, die Rede sein. Zur Trennung von Flüssigkeiten unterschiedlicher Dichte werden üblicherweise Auftriebskräfte im Schwerefeld genutzt. Das bekannte Prinzip eines Schwerkraftabscheiders für Leichtflüssigkeiten zeigt die Abb. Das Flüssigkeitsgemisch gelangt über einen Einlauf in einen durch Tauchwände begrenzten Abscheideraum, in dem die leichtere Phase nach oben wandert und dort eine Schicht mit der Höhe H_L bildet. Die schwerere Flüssigkeit, meist Wasser, verläßt die Abscheidekammer unter einer Tauchwand hindurch, welche die Leichtflüssigkeit zurückhält.

Fettsäuren. Aliphatische Monocarbonsäuren, die durch Oxidation primärer Alkohole gebildet werden. Höhere Carbonsäuren treten in Fetten auf und werden daher als F. bezeichnet. In der Natur kommen sie vorwiegend als Ester niedriger Alkohole in etherischen Ölen, als Ester höherer einwertiger Alkohole in den Wachsen und als Glyceride in Fetten und Ölen vor. Zu den gesättigten F. gehören Capronsäure (*n*-Hexansäure), Caprylsäure (*n*-Octansäure), Caprinsäure (*n*-Decansäure), Laurinsäure (*n*-Dodecansäure), Palmitinsäure (*n*-Hexadecansäure) und Stearinsäure (*n*-Octadecansäure). Die wichtigsten ungesättigten F. sind Ölsäure (9-Octadecansäure), Linolsäure (9,10-Octadecandiensäure) und Linolensäure (9,12,15-Octadecatriensäure).

Capronsäure:	H_3C-$(CH_2)_4$-$COOH$
Caprylsäure:	H_3C-$(CH_2)_6$-$COOH$
Caprinsäure:	H_3C-$(CH_2)_8$-$COOH$
Laurinsäure:	H_3C-$(CH_2)_{10}$-$COOH$
Palmitinsäure:	H_3C-$(CH_2)_{14}$-$COOH$
Stearinsäure:	H_3C-$(CH_2)_{16}$-$COOH$
Ölsäure:	H_3C-$(CH_2)_7$-$CH{=}CH$-$(CH_2)_7$-$COOH$
Linolsäure:	H_3C-$(CH_2)_4$-$CH{=}CH$-CH_2-$CH{=}CH$-$(CH_2)_7$-$COOH$
Linolensäure:	H_3C-CH_2-$CH{=}CH$-CH_2-$CH{=}CH$-CH_2-$CH{=}CH$-$(CH_2)_7$-$COOH$
Arachidonsäure:	H_3C-$(CH_2)_4$-$CH{=}CH$-CH_2-$CH{=}CH$-CH_2-$CH{=}CH$-CH_2-$CH{=}CH$-$(CH_2)_3$-$COOH$

Die für die Prostaglandinsynthese benötigten höheren mehrfach ungesättigten F. sind für den tierischen Organismus essentiell, da dieser nur zwischen den C-Atomen 1 bis 9 auf biochemischem Wege Doppelbindungen in F.-Moleküle einführen kann. Das Fehlen von Linol-, Linolen- und Arachidonsäure in der Nahrung kann zu Gesundheitsstörungen führen. Außerdem soll die Zufuhr von mehrfach ungesättigten F. den Serum-Cholesterolspiegel senken und somit das Risiko einer Arteriosklerose verringern. Die Bedeutung essentieller F. wird z.B. bei der Herstellung von Margarine Rechnung getragen. Im menschlichen Verdauungstrakt werden aufgenommene Fette durch Gallensäuren emulgiert und durch Lipasen in Glycerin und F. gespalten. Die F. werden nach der Resorption durch β-Oxidation abgebaut.

Feucht- und Weichhaltungsmittel. Eingesetzt werden bestimmte Polyole, z.B. >Mannit<, >Sorbit<, Glycerin und 1,2-Propandiol. Da diese Verbindungen hygroskopisch sind, halten sie Lebensmittel weich und feucht, z.B. Süßwaren. Fügt man bei der Herstellung von Trockenprodukten vor dem Prozeß der Trocknung >Sorbit< oder >Mannit< zu, wird die spätere Rehydratation verbessert.

Feuchtadiabate. Zustandskurve, die von einem mit Wasserdampf gesättigtem Luftteilchen in einem >thermodynamischen Diagramm< eingenommen wird, wenn es sich vertikal ohne Wärmeaustausch mit der Umgebung bewegt. Verbleibt der beim Aufsteigen kondensierte Wasserdampf im Luftteilchen, so liegt ein reversibler Prozeß vor, fällt er dagegen z.B. durch Regen aus, so liegt ein irreversibler Prozeß vor, da eine Komponente das System verläßt. Gegensatz: >Trockenadiabate<.

Feuchtbeize. (internat. Kurzbezeichnung: LS). Pflanzenschutzmittelformulierung (>Formulierung<) zur Saatgutbehandlung in Form einer Lösung, meist auf Basis organischer Lösungsmittel. Die Anwendung erfolgt in der Regel unverdünnt in speziellen Beizgeräten, in denen die F. auf das Saatgut gesprüht wird. Ein in der Formulierung enthaltener Farbstoff ermöglicht die optische Unterscheidung von behandeltem und unbehandeltem Saatgut und erlaubt gleichzeitig eine einfache Kontrolle der Dosierung und der Gleichmäßigkeit der Verteilung. Da organische Lösungsmittel Probleme hinsichtlich der Arbeitshygiene, der Materialverträglichkeit und der Umweltverträglichkeit aufwerfen können, eine Rückgewinnung andererseits bei diesem Verfahren zu aufwendig und teuer wäre, werden zunehmend Saatgutbehandlungsmittel auf Wasserbasis bevorzugt (>Mehrphasenkonzentrat zur Saatgutbehandlung<).

Feuchte. (Syn. Feuchtigkeit).
1. allgemein: Der Gehalt an chemisch nicht gebundenem Wasser in einem bestimmten Volumen eines Stoffes. F. ist ein >abiotischer Faktor<. Von besonderer Bedeutung ist die >Luft-< und die >Bodenfeuchtigkeit<.
2. meteorologisch: Menge von Wasser oder Wasserdampf in der Luft. Man unterscheidet folgende Feuchtemaße:
- ϱ_w = absolute Feuchte: Massenkonzentration des Wasserdampfes in kg pro m³ feuchter Luft, >ausfällbares Wasser<.
- s = spezifische Feuchte: Verhältnis der Masse des Wasserdampfes (ϱ_w) in kg zur Masse der feuchten Luft ($\varrho_w + \varrho_d$) in kg im selben Volumen: $s = \varrho_w/(\varrho_w + \varrho_d)$.
- m = Mischungsverhältnis: Verhältnis der Masse des Wasserdampfes (ϱ_w) in kg zur Masse der trockenen Luft (ϱ_d) in kg im selben Volumen: $m = \varrho_w/\varrho_d$.
- f = relative Feuchte: Verhältnis des Partialdruckes des Wasserdampfes zum Sättigungsdampfdruck des Wasserdampfes über Wasser in Prozent.
Zusammenhang zwischen absoluter und relativer Feuchte s. Abb S.433.

Feuchteorgel. Apparatur zur Ermittlung der Präferenzen von Tieren für eine bestimmte Luftfeuchtigkeit. Verschiedene Feuchtestufen lassen sich mit bestimmten Salzlösungen erzeugen, da sich temperaturabhängig über ihnen ein bestimmter Wasserdampfdruck einstellt. Gefäße mit solchen Salzlösungen, mit Gaze ab-

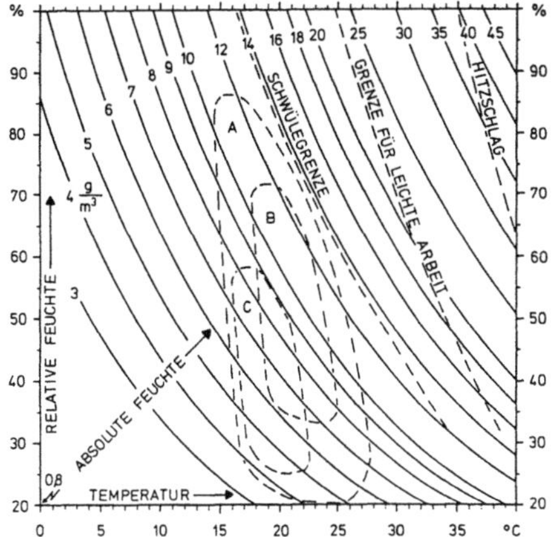

Feuchte: Zusammenhang zwischen relativer Feuchte, absoluter Feuchte und Temperatur. Eingetragen sind die Behaglichkeitsbereiche (A: bei Möglichkeit weitgehender Anpassung, z.B. bei Luftbewegung, B: bei sitzender Beschäftigung in Räumen ohne Luftbewegung, C: bei körperlicher Arbeit in Räumen ohne Luftbewegung) sowie für den Menschen wichtige Grenzkurven. (Aus: Fortak H (1983) Meteorologie, 2. Aufl., C. Habel Verlagsbuchhandlung, Berlin Darmstadt)

gedeckt, lassen sich linear oder kreisförmig anordnen. Die Tiere suchen dann den ihnen zusagenden Bereich auf.

Feuchtigkeit. >Feuchte<.

Feuchttemperatur. Temperatur des feuchten zwangsbelüfteten Thermometers, s. DIN 58660. Mit Hilfe der Messungen der F. und der Temperatur des trockenen Thermometers kann man die >Feuchte< der Atmosphäre berechnen.

Feuer als ökologischer Faktor. F. kann durch Selbstentzündung oder Blitzschlag entstehen und sich großflächig ausbreiten. Dabei kann es zu großen Schäden der Pflanzen- und Tierwelt kommen. In einigen Ökosystemen stellt das F. einen wichtigen >abiotischen Faktor< dar, z.B. in den australischen Eukalyptuswäldern oder bestimmten Savannen. Durch sich rasch ausbreitende Grundfeuer werden dort viele Bäume und Sträucher, sog. Pyrophyten, nicht vernichtet. Manche Samen brauchen die kurzfristig hohen Temperaturen auch zum Keimen. Im Boden lebende Tiere werden kaum betroffen, andere können sich durch Flucht entziehen. Durch das F. werden auch manche Konkurrenten dezimiert und aus der Asche Nährstoffe freigesetzt. F. werden im >Biotopmanagement< eingesetzt, z.B. in Heidelandschaften, wo Heidekraut und Kiefer zu den feuerresistenten Pflanzen zählen, und auch in Australien, wo alte Gewohnheiten der Aborigines nachgeahmt werden.

Feuerbestattung. Anlagen zur F. sind alle technischen Einrichtungen, die der Einäscherung des menschlichen Leichnams dienen. Vorgaben für die Errichtung, die Beschaffenheit und den Betrieb von Anlagen zur F. hat die Bundesregierung in der 27. Verordnung zum >Bundes-Immissionsschutzgesetz< (Verordnung über Anlagen zur F.) vom 19.03.1997 erlassen. Die Verord-

nung legt u.a. eine Verbrennungstemperatur von mindestens 850 °C fest sowie Stundenmittelgrenzwerte für >Kohlenmonoxid< von 50 mg/m³, für Gesamt>staub< von 10 mg/m³ und für org. Stoffe, angegeben als Gesamtkohlenstoff, von 20 mg/m³. Der >Emissionsgrenzwert< für polychlorierte >Dibenzodioxine< und >-furane< wurde gerechnet als internationale >Toxität<säquivalente zu 0,1 ng/m³ festgelegt.

FID. >Flammenionisationsdetektor<.

Filmdosimeter. Meßgerät zur Bestimmung der >Dosis<. Die Schwärzung eines fotografischen Filmes durch Strahleneinwirkung ist das Maß für die empfangene Dosis.

Filter. Anlage zur technischen Durchführung der >Filtration< nach DIN 4046. Die Vielzahl der Verfahren reicht von Überdruckfiltration über Schwerkraftfiltration bis zur Trockenfiltration (ohne Überstau), mit Einschichtfiltern über Zwei- bis zu Dreischichtfiltern, mit Abwärtsfiltern, Aufwärtsfiltern, Flächenfiltern, Aufschwemmfiltern oder Raumfiltern. In der Abb. (s. S. 434) sind alle bekannten, praktisch eingesetzten Filtrationsverfahren schematisch dargestellt. Es hängt von der spezifischen Zuammensetzung und Konz. der suspendierten Feststoffe im zu reinigenden Wasser ab, welches der möglichen Verfahren Aussicht auf einen hohen Wirkungsgrad verspricht. In großen Anlagen wird man die Schnellfiltration mit häufiger Rückspülung gegenüber der Langsamfiltration vorziehen. Desgleichen läßt sich ein höherer Wirkungsgrad bei Mehrschichtfiltern (hauptsächlich als Zweischichtfilter ausgebildet) im Vergleich zu Einschicht-Schnellsandfiltern beobachten.
Lit: Hahn HH (1987) Wassertechnologie, Fällung – Flockung, Separation, Springer-Verlag, Berlin Heidelberg.

E-Filter. >Elektrofilter<.

Filterfunktion. Bezeichnet die Eignung eines Substrates, als >Filter< zu wirken, d.h. zur Trennung von Gemischen versch. Aggregatzustände oder Phasen zu dienen. Umweltrelevant vor allem in der Getränke- und Trinkwasser-Aufbereitung zur Ausscheidung von Schwebstoffen, z.B. Bakterienkeimen, u.a. festen oder kolloidalen Verunreinigungen. Die wichtigsten >Wasserfilter< sind Böden und deren Ausgangsgesteine, v.a. Sedimente. Die Bodenkunde spricht >Böden< u.a. in ihren versch. Wirkungen oder Funktionen an, wobei neben der Funktion als Pflanzenstandort die der Filterung über die Abtrennung fester Partikel hinaus allgemeiner als im o.g. Sinne verstanden wird. Angestrebt wird eine Abtrennung aller im Trinkwasser unerwünschten Komponenten, die ungezielt durch >Immission< oder gezielt zur Verbesserung der Pflanzen-Ertragsleistung auf den Boden gelangen. Filterstrecke ist dabei der durchwurzelte Boden, die nichtdurchwurzelte sog. ungesättigte Sickerzone sowie der Grundwasserleiter od. Aquifer. Dabei spielen in der Wurzelzone hauptsächlich biochem.-metabolische >Abbauprozesse<, z.B. Mineralisierung und >Denitrifizierung<, in der Sickerzone und im Aquifer auch rein chem. Prozesse ohne Beteiligung von >Mikroorganismen< sowie physikalische Austauschprozesse, Ad- und Desorptionsvorgänge sowie Lsg.- und Fällungsreaktionen eine Rolle.
Die Filterleistung hängt sowohl von der >Belastung<, d.h. von der aufgebrachten Menge Schadstoff pro Flächen- und Zeiteinheit ab, als auch von der spez. Filter-

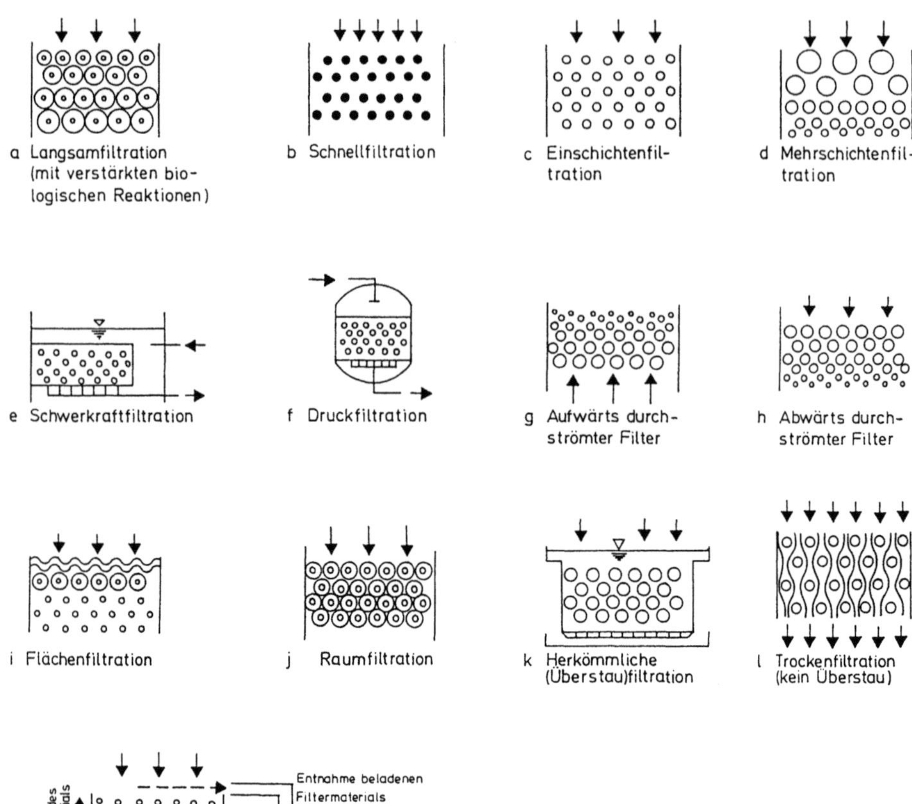

Filter: Verschiedenartige Ausbildung des Filtrationsverfahrens in der praktischen Anwendung (aus: Hahn H H (1987) Wassertechnologie, Springer Verlag, Berlin Heidelberg)

leistung des >Standortes<, in die außer Boden- auch Standorteigenschaften wie Klima, Flächenneigung und Exposition, Hydrologie und Grundwasserstand sowie Bewirtschaftungsmaßnahmen eingehen. Die Belastungsgrenzen für Böden bzw. Standorte sind in der intensiven Landwirtschaft vieler Länder heute häufig überschritten, was sich u.a. im Auftreten von unerwünschten bzw. schädlichen Komponenten wie >Nitrat< oder Pflanzenbehandlungsmittel in >Grund-<, >Oberflächen-< und deshalb auch in >Trinkwässern< äußert. Die Regierungen Deutschlands und anderer westl. Industriestaaten haben deshalb, ähnlich wie für Gewässer und Luft, Schutzmaßnahmen eingeleitet, die in erster Linie die Erhaltung der Filterfunktion der Böden zum Ziel haben. S.a. >Bodenschutzprogramm der Bundesregierung<, >ökolog. Betrachtungsweise<.

Filtergeschwindigkeit. (Darcy-Geschwindigkeit). Wird aus der Darcy-Gleichung (>Durchlässigkeitsbeiwert<) aus dem Filter-Durchgang Q (m³) durch einen gegebenen Querschnitt F (m²) eines porösen Mediums abgeleitet ($v_f = Q/F$). Die F. unterscheidet sich von der tatsächlichen Geschwindigkeit der einzelnen Wasserteilchen im Porenraum zwischen den Gesteinskörnern (Bahngeschwindigkeit) und von der Abstandsgeschwindigkeit, dem Quotienten aus dem horizontalen Abstand zweier Meßpunkte und der Fließzeit des Grundwassers zwischen diesen Meßpunkten.

Lit: Mattheß G, Ubell K (1983) Allgemeine Hydrogeologie – Grundwasserhaushalt, Gebr. Borntraeger, Berlin Stuttgart.

Filterkerzen. Die vielverwendeten Filterkerzen bestehen in ihrer einfachsten Form aus einem porösen Hohlzylinder mit geschlossenem Boden; an die offene Mündung wird eine Pumpe angeschlossen. Taucht man diese Kerze mit dem Boden nach unten z.B. in Moorwasser, so wird durch die Pumpe das schmutzige Wasser von außen in das Zylinderinnere gesaugt und beim Durchgang durch die poröse Tonwand (bzw. einem >Kieselgur<einsatz) gereinigt, so daß es nachher als >Trinkwasser< verwendet werden kann. Filterkerzen werden auch zur feinblasigen Verteilung von Luft in Wasser (Abwasser) angewendet s. >Belüftung<.

Filterkuchen. Der bei der >Schlammentwässerung< mit Filtrationsverfahren anfallende Rückstand mit erhöhtem Feststoffgehalt (nach DIN 4045). Die Wasserabtrennung erfolgt in zwei Phasen: der sog. Filtrationsphase, während der sich der Filterkuchen an dem von der Trübe (>Schlamm<) benetzten Filtermedium unter bereits weitgehender Wasserabtrennung bildet, und der anschließenden >Entwässerung<sphase, während der dem bereits gebildeten Filterkuchen unter dem fortlaufenden Einfluß der wirksamen Druckdifferenz weitere Flüssigkeit (Schlammwasser) entzogen wird. In der Entwässerungsphase ist der Filterkuchen gleichzeitig von der Trübe getrennt. Diese beiden Phasen unterliegen unterschiedlichen physikalischen Bedingungen.

Lit: Abwassertechnische Vereinigung (Hrsg.) (1982–1986) Lehr- und Handbuch der Abwassertechnik, 3.Aufl., Bd.1–7, Verlag von Wilhelm Ernst und Sohn, Berlin München.

Filterstaub. Der bei der Müllverbrennung anfallende F. ist problematisch wegen seiner rel. hohen Schwermetall-Gehalte, auch ist er potentiell dioxinbelastet. Das macht i. allg. die Ablagerung des F. auf Sonderabfalldeponien notwendig; bei Ablagerung auf einer Hausmülldeponie ist damit zu rechnen, daß Schwermetalle wieder mobilisiert werden und somit ins Grundwasser gelangen. Um das zu verhindern und die Ablagerung bzw. Verwertung von F. zu erleichtern bzw. zu ermöglichen, können entweder die Schadstoffe >immobilisiert< oder die Stäube dekontaminiert werden. Eine Zerstörung der org. Schadstoffe, v.a. der Dioxine und Furane, ermöglicht ein von Hagenmaier vorgeschlagenes Verfahren. Dabei wird der Staub unter Luftabschluß durch Rauchgas für 30 min auf ca. 350°C erhitzt, und die Dioxine werden fast vollständig zerstört. Anorg. Schadstoffe lassen sich zwar nicht zerstören, wohl aber auswaschen. Das geschieht beim 3R-Verfahren und beim >MR-Verfahren< >Asche- und Schlakkeverwertung<.

Lit: Vogg H (1988) Von der Schadstoffquelle zur Schadstoffsenke, neue Konzepte der Müllverbrennung, Chemie-Ingenieur-Technik 60, 4:247–255.

Filterwiderstand. Turbulente >Grundwasserströmung< tritt beim Pumpbetrieb in und nahe dem Brunnenfilter auf und führt dort zu einer Gefällsversteilung. Gegenüber der Spiegelabsenkung in seiner unmittelbaren Umgebung ist daher innerhalb des Brunnens eine weitere Absenkung zu beobachten, die ein Maß für die Größe des Energieverlustes beim Durchfließen des Brunnenfilters (Kiesschüttung und Filterrohr) ist.

Lit: Mattheß G, Ubell K (1983) Allgemeine Hydrogeologie – Grundwasserhaushalt, Gebr. Borntraeger, Berlin Stuttgart.

Filterwirkung. Fähigkeit von Böden, aufgebrachte oder mit dem Sickerwasser eingedrungene Grobbestandteile bzw. im weiteren Sinn auch >Schadstoffe< zurückzuhalten und dadurch dem Stoffkreislauf zu entziehen. Dies kann bei gröberen Partikeln durch mechanisches Zurückhalten und bei Schadstoffen entweder durch >Abbau<, durch reversible oder irreversible Bindung an Bodenbestandteile (Tone, >Humus<) oder durch Aufnahme über Wurzeln geschehen. Die Filterleistung von Böden wird angegeben als die Menge an Wasser (Niederschlagswasser, >Uferfiltrat<), die den Boden pro Zeiteinheit passieren kann. Für Partikel hängt sie vom Porendurchmesser der Wasserleitbahnen und deren Kontinuität ab, während für die Rückhaltefähigkeit für Schadstoffe die Austauschkapazität des Bodens und die mikrobielle Aktivität von Bedeutung sind. Sandböden zeigen in der Regel eine hohe Filterleistung für Grobstoffe und eine geringe Rückhaltefähigkeit für gasförmige und gelöste Schadstoffe.

Dagegen besitzen ton- und humusreiche Böden eine geringe Filterleistung für Partikel und eine hohe Rückhaltekapazität für Gase und gelöste Stoffe.

Filtration. Entfernen von Feststoffen aus Flüssigkeiten bei der Passage durch körnige oder poröse Materialien (nach DIN 4046). Es können grundsätzlich vier Systeme unterschieden werden:
- *Raumfiltration,* bei der die abfiltrierbaren Stoffe (AFS) in der gesamten Tiefe des Filterbettes zurückgehalten werden.
- *Flächenfiltration,* bei der die abfiltrierbaren Stoffe nur an der Oberfläche des Filterbettes abgeschieden werden.

Da bei beiden Verfahren körniges Filtermaterial eingesetzt wird, nennt man diese Systeme auch „Kornfilter" oder „Kornhaufenfilter".
- *Tuchfiltration,* bei der ein Tuch oder eine Membran als Filtermedium wirken.
- *Mikrosiebung,* bei der ebenfalls eine Membran in Form eines feinmaschigen Siebes eingesetzt wird.

Alle vier Systeme werden bei der Abwasserbehandlung mit unterschiedlicher Häufigkeit eingesetzt. Von jedem dieser Systeme gibt es Verfahrensvariationen, die sich z.B. im Spülverfahren unterscheiden. Eine Verfahrensdifferenzierung erfolgte häufig auch aus patentrechtlichen Vorgaben.

Lit: Abwassertechnische Vereinigung e.V. (Hrsg.) (1985–1997) ATV-Handbuch, 4.Aufl., Band 1–7, Verlag Wilhelm Ernst und Sohn, Berlin München.

Fingerhut. In der Botanik Bez. für eine best. Pflanzengattung der Rachenblütler (wissenschaftliche Bez.: >Digitalis<). Beispiele sind die wichtigste einheimische Art, der Rote Fingerhut (*Digitalis purpurea*), der Gelbe Fingerhut (*Digitalis lutea*) und der Großblütige Fingerhut (*Digitalis grandiflora*). Wegen des Gehalts der Blätter an herzwirksamen Glykosiden (>Digitalis<) werden Fingerhut-Arten als Heil- und Giftpflanzen angewendet.

Fischgiftigkeit. Abwasserabgabenrelevanter Parameter, der nach dem >Abwasserabgabengesetz< unter Verwendung der >Goldorfe< als Testfisch bestimmt wird. Vergiftung der Fischbestände und der Fischnährtiere ist zwar die am längsten bekannte, aber unter heutigen Verhältnissen kaum mehr die wichtigste Schadwirkung. Sie muß im übrigen nicht als Fischsterben zum Ausdruck kommen. Viele >Gifte< vertreiben bereits in wesentlich geringeren Konz., als sie für >Fischsterben< erforderlich wären, vor allem die empfindlicheren Fisch- und Fischnährtierarten. Da dies zumeist auch die wirtschaftlich wertvollsten sind (z.B. Lachs, Forelle), bewirkt eine solche „schleichende Vergiftung" u.U. nur empfindliche Ertragsminderungen. Umgekehrt kann ein der hydrographischen Region eines Gewässers entsprechender, gesunder Fischbestand als Beweis für die Abwesenheit von Giftstoffen angesehen werden. Für die Ermittlung und Bewertung von Giftstoffen im >Vorfluter< ergeben sich drei Wege: 1. Analytisch-chem. Best. einzelner, als Inhaltsstoff bekannter oder vermuteter Substanzen nach Art und Menge sowie Beurteilung an Hand bekannter toxikologischer Grenzwerte. 2. Biol. Analyse der >Lebensgemeinschaften< im Einflußbereich einer Einleitung auf Verarmungen und Verödungen. 3. Physiologische Prüfung zugeführter Abwässer bei wechselnder Verdünnung mit Wasser des Vorfluters; je nach Versuchsanordnung werden „kritische Grenzkonz." und Giftwirkung in Fischversuchen oder aus der Beeinträchtigung biochem. Reaktionen ermittelt.

Lit: Bischofsberger W, Hegemann W (1990) Lexikon der Abwassertechnik. 4. Aufl., Vulkan Verlag, Essen – Abwassertechnische Vereinigung (Hrsg.) (1982–1986) Lehr- und Handbuch der Abwassertechnik, 3. Aufl., Bd. 1–7, Verlag von Wilhelm Ernst und Sohn, Berlin München.

Fischöle. Aus dem Körperfett von Fischen durch Extraktion oder Auspressen gewonnene Öle. Neben Heringen werden bevorzugt Sardinen- und Anchovisarten zur Fischölgewinnung verwendet. Reine F. bestehen aus einer Mischung von Triacylglyceriden (auch Neutralfette oder Triglyceride genannt), die einen hohen Anteil an mehrfach ungesättigten >Fettsäuren< mit vier bis sechs Doppelbindungen besitzen, der im Herings- und Sardinenöl bis zu 50% betragen kann. Die Kohlenstoffkette der Fettsäuren umfaßt eine Länge von 12 bis 24 C-Atomen, wobei ungesättigte Fettsäuren bereits bei C_{14} beginnen. F. finden Verwendung in der Tierernährung, für technische Zwecke sowie als Nahrungsfette nach vorheriger Härtung. Bedingt durch ihren hohen Anteil an ω-3-Fettsäuren, insbesondere der Eicosapentaensäure ($C_{20}H_{30}O_2$) mit fünf und der Docosahexaensäure ($C_{22}H_{32}O_2$) mit sechs Doppelbindungen, die in F. bis zu 20% betragen können, ist in letzter Zeit die Bedeutung von F. gestiegen. ω-3-Fettsäuren (Zählung der Doppelbindung vom Methylende her) zeigen neben diätetischen Eigenschaften bereits in geringen Mengen günstige Wirkungen gegen Arteriosklerose und Herzinfarkt. In Gegenwart von Wärme, Luftsauerstoff und Licht werden F. schnell ranzig; sie unterliegen dabei der >Autoxidation<. Um diesen Prozeß zu verhindern bzw. zu verzögern, werden F. mit geringen Mengen an Tocopherol (Vitamin E), einem natürlichen Antioxidans, versetzt.

Fischsterben. Plötzliches, oft massenhaftes Auftreten von toten Fischen im Gewässer, so daß auf eine unmittelbare Ursache geschlossen werden kann. Ursachen können sein: Hohe Konz. an NH_3 z. B. im Frühsommer, wenn die Wassertemp. für eine rasche >Nitrifikation< noch zu niedrig sind; oder direkte Einleitung von >Ammoniak< in das Gewässer durch >Gülle<. Toxische Stoffe aus der chem. Industrie, z. B. Sandoz-Katastrophe. Fischkrankheiten und -parasiten, die im Gewässer z. B. als Folge der >Eutrophierung<, besonders aber in Fischzuchtanstalten auftreten: Bauchwassersucht bei Karpfen, Forellenseuche u. a. Ein Fischsterben ist in jedem Fall anzeigepflichtig; die genannten Fischkrankheiten sind meldepflichtig. Durch Nahrungsmangel kommt es in natürlichen Gewässern nicht zu einem Fischsterben; die Fische magern ab und bilden Kümmerformen, so daß es mehr oder weniger rasch zu einer natürlichen Regulation der Populationsgröße kommt.

Fischtests. Toxikologische bzw. ökotoxikologische Testverfahren, bei denen die >Toxizität< von Einzelsubstanzen, Gemischen oder Wasserproben für eine best. Fischart ermittelt wird. Dazu werden die Tiere zuerst mehrere Tage lang an die Haltungsbedingungen während des Versuches gewöhnt. Anschließend werden mit dem gleichen Wasser, das für die Füllung des Testbeckens verwendet wird, mehrere Prüflsg. der Testsubstanz in unterschiedlicher Konz. angesetzt. In jeder Lsg. wird eine Fischgruppe für 48 bis 96 h gehalten. Registriert werden Gleichgewichtsverlust, Veränderung von Schwimmverhalten, Atmung oder Pigmentierung sowie Zahl und Zeitpunkt von Todesfäl-

len. Zuletzt wird die Mortalität oder die Intensität der beobachteten Effekte gegen die Konz. aufgetragen und daraus der LC_{50}- bzw. EC_{50}-Wert best. Mit der gleichen Methode können Bioakkumulation und Biokonz. einer Substanz ermittelt werden. Die so gewonnenen Daten werden auch häufig als Maß für die allg. aquatische Toxizität von Substanzen benutzt. Um einen Vergleich der Toxizitäten bzw. Akkumulationsfaktoren versch. Substanzen zu ermöglichen, sind die Testbedingungen genormt. So muß die Gesamthärte des verwendeten Wassers zwischen 25 und 50 mg/L (bezogen auf $CaCO_3$) liegen und der pH-Wert zwischen 6 und 8,5. Der O_2-Gehalt sollte mehr als 60% der Luftsauerstoffsättigung betragen. Die Fische sollten möglichst aus einer Charge, von etwa gleicher Länge, etwa gleichem Alter und in guter gesundheitlicher Verfassung sein. Die Haltungsbedingungen richten sich nach der verwendeten Art. Als Besatzdichte wird 1 g/L empfohlen. Bei sog. dynamischen Verfahren, in denen Durchflußsysteme benutzt werden, kann die Besatzdichte auch höher sein. Bei den vorgeschriebenen Fischarten (s. Tabelle S. 437) handelt es sich überwiegend um Aquarienfische, die ganzjährig zur Verfügung stehen und sich leicht unter kontrollierten Bedingungen halten und züchten lassen.

Fitneß. Genetische Tauglichkeit eines Individuums, meßbar an der Fähigkeit, sich in seiner Umwelt zu behaupten und seine >Gene< an die nachfolgenden Generationen weiterzugeben. Der eigene Fortpflanzungserfolg wird auch als „inclusive fitness" bezeichnet. Die F. spielt eine wichtige Rolle bei der >Selektion<; >Evolution<.

Fixierung. 1) Kaliumfixierung, Phosphatfixierung usw.: Feste, z. T. irreversible Bindung von Nährstoffen an festen Bodenbestandteilen (z. B. Kalium und Ammonium in Tonmineralen, Phosphat an Fe- und Al-oxiden). In der Regel ist dieser Begriff allerdings methodisch definiert und bezieht sich dann auf eine Bindung mit besonders großer Selektivität gegenüber Konkurrenzionen. 2) Stickstoffixierung: Aufnahme und Reduktion von molekularem Stickstoff (N_2) durch Organismen zum Aufbau von Körpersubstanz. Hierzu sind große Mengen an Energie, z. B. in Form von Kohlenhydraten, erforderlich, die von den Organismen selbst oder (in Symbiosen) durch andere Organismen wie höhere Pflanzen bereitgestellt werden müssen.

Flachkollektoren. >Solarkollektor<.

Flachsandfang. Zur Gruppe der Flachsandfänge zählen alle >Sandfang<typen mit horizontalem Durchfluß, wie der Essener Langsandfang. Der Konstruktion nach sind Flachsandfänge >Absetzrinnen< oder flache >Absetzbecken< mit vorwiegend rechteckigem oder trapezförmigem Querschnitt. Der Klassiereffekt soll bei diesen Sandfangtypen durch Vorgabe einer horizontal gerichteten Fließgeschwindigkeit von zumeist 30 cm/s erreicht werden, bei welcher der abgesetzte Sand auf der Sohle liegen bleibt, während die spezifisch leichteren org. Stoffe von der Strömung in Schwebe gehalten oder abgespült werden sollen. In diesen Sandfängen wirkt sich der von Dobbins und Camp rechnerisch nachgewiesene verzögerte Einfluß der Strömungsturbulenz auf den Absetzvorgang vor allem der Feinsande erheblich aus.

Lit: Abwassertechnische Vereinigung (Hrsg.) (1982–1986) Lehr- und Handbuch der Abwasertechnik, 3. Aufl., Bd. 1–7, Verlag von Wilhelm Ernst und Sohn, Berlin München.

Fischtests: Zur Verwendung von Fischtests empfohlene Fischarten. *B* Bioakkumulation, *EU* Europäische Union, *EPA* Environmental protection agency (USA), *ESB* Environmental Specimen Banking (Umweltprobenbank), *KFA* Kernforschungsanlage Jülich, BMFT-Programm „Methoden zur Ökotoxikologischen Bewertung von Chemikalien", *LTwS* Lagerung und Transport wassergefährdender Stoffe, Beirat beim Bundesminister des Inneren, *MITI* Ministry of International Trade and Industry (Japan), *MITRE* MITRE-Cooperation, UBA Studie „Informations Required for Regulation of Toxic Substances", Vol. II, Survey of Test Methods, 1978, *OECD* Organisation of Economic Cooperation and Development, Chemicals Testing Programs, *UBA* Umweltbundesamt, Bewertungsstelle Chemikaliengesetz, *T* Toxizität)

Art	Familie	Herkunft	Testzweck	Empfehlende Instanz
Brachydanio rerio (Zebrabärbling)	Cyprinidae	Östliches Vorderindien	B	EU, UBA, OECD
Cyprinus carpio (Karpfen)	Cyprinidae	Europa, als Teichfisch weltweit verbreitet, in Süß- und Brackwasser	T/B	EU, ESB, KFA, MITI, OECD
Ictalurus melas (Catfish)	Ictaluridae	Nordamerika, Süßwasser	B	OECD
Jordanella floridae (Floridakärpfling)	Cyprinodontidae	Von Florida bis Mexiko, in stehendem und langsam fließendem Wasser	T	EU, MITRE
Lepomis macrochirus (Blauer Sonnenbarsch)	Centrarchidae	Östliche und zentrale USA, Süßwasser	T/B	EU, EPA, MITRE, OECD
Leuciscus idus melanotus (Goldorfe, Zuchtform des Alands)	Cyprinidae	Urform: von Mitteleuropa bis zum Ural, Süßwasser	T	EU, KFA, LTwS, MITRE, OECD
Oryzias latipes (Japanischer Reisfisch, Japankärpfling)	Peociliidae	Japan, China und Südkorea	T/B	EU, ESB, MITI, OECD
Phoxinus phoxinus (Elritze)	Cyprinidae	Nördliches und gemäßigtes Eurasien, klare, sauerstoffreiche, schnellfließende Gewässer	T	KFA
Pimephales promelas (Amerikanische Elritze)	Cyprinidae	Zentrales Nordamerika, Süßwasser	T/B	EU, EPA, MITRE, OECD
Pleuronectes spec. (Scholle)	Pleuronectidae	Nordatlantik und -pazifik	T/B	EU, EPA, ESB, KFA, MITRE, OECD
Poecilia reticulata (Guppy)	Peociliidae	Von Mittelamerika bis Brasilien, in vielen warmen Zonen zur Mückenbekämpfung ausgesetzt, Süß- und Brackwasser	T/B	EU, OECD
Salmo gairdneri (Regenbogenforelle)	Salmonidae	Nordostamerika, in Europa eingebürgert, im Meer, wandert zum Laichen in die Flüsse, in Bächen auch standorttreue Formen	T/B	EU, EPA, ESB, KFA, MITRE, OECD

Flächenbedarf. Die Fläche, die für Stromerzeugungsanlagen benötigt wird. Der F. gilt in dicht besiedelten Ländern wie z. B. Deutschland aus ökologischen und ökonomischen Gründen als Entscheidungskriterium für die Beurteilung einer Anlage zur Stromerzeugung. Bei der Bewertung des F. ist allerdings zu berücksichtigen, ob ein Flächengebrauch oder -verbrauch vorliegt, d. h. inwieweit die beanspruchten Flächen noch zusätzlich, z. B. für Weidewirtschaft oder Landwirtschaft, genutzt werden können. Spezifischer F. pro MW elektrischer Leistung für verschiedene Kraftwerkstypen: >Solarzellen-< (photovoltaisches) Kraftwerk: ca. 50.000 m^2, >Solarfarmkraftwerk<: ca. 40.000 m^2, >Solarturmkraftwerk<: ca. 30.000 m^2, >Windkraftwerk<: ca. 5.000 m^2, >Pumpspeicherkraftwerk<: ca. 3.000 m^2, >Kohlekraftwerk<: ca. 200 m^2, >Kernkraftwerk<: ca. 70 m^2, Gasturbinenkraftwerk: ca. 50 m^2. Während für konventionelle Anlagen bei zunehmender Leistungsgröße i. allg. Flächendegression auftritt, ist für regenerative Anlagen wegen der gegenseitigen Sonnen- oder Windabschattung bei zunehmender Leistungsgröße eher mit Flächenmehrbedarf zu rechnen. Legt man als Bezugsgröße für den F. nicht die elektrische Leistung, sondern die erzeugte Energie (Strom) zugrunde, dann vergrößern sich die Quadratmeterzahlen bei den solaren Stromerzeugungsanlagen etwa um den Faktor 7, bei Windkraftwerken um den Faktor 3,5 gegenüber konventionellen Anlagen wie Kohle- und Kernkraftwerken. Grund hierfür ist die jährliche Nutzungsdauer, die bei konventionellen Anlagen ca. 7.000 h pro Jahr beträgt, bei Windkraftwerken ca. 2.000 h und bei Sonnenkraftwerken ca. 1.000 h aufgrund der meteorologischen Verhältnisse in Deutschland.

Lit: Künstle K, Reiter K, Riedle K (1990) Möglichkeiten und Grenzen der regenerativen Energien, VGB Kraftwerkstechnik 70 – Kaltschmitt M (Hrsg.) (1995) Erneuerbare Energien. Springer Verlag Berlin Heidelberg New York Tokyo.

Flächenbelastung (B$_A$). Masse an Abwasserinhaltsstoffen, die auf Zeit und Oberfläche bezogen, zugeführt wird; z. B. Feststoffflächenbelastung bei >Absetzbecken< und >Eindickern<, BSB$_5$-Flächenbelastung der >Kunststofffüllstoffe< von >Tropfkörpern< in kg/(m^2 · h), kg/(m^2 · d) (nach DIN 4045). Die Flächenbelastung *TSF* (kg/m^2 · d) eines Eindickers ergibt sich aus der Flächenbeschickung qF (m/h) und dem Feststoffgehalt des Zuflusses TS (kg/m^3) zu:

$$TSF \text{ (kg/m}^2 \cdot \text{d)} = 24 \text{ (h) } qF \text{ (m/h) } \cdot TS \text{ (kg/m}^3).$$

Da bei >belebten Schlämmen< mit zunehmender Konsolidierung der >Durchlässigkeitsbeiwert< schnell abnimmt und das Schlammwasser nicht mehr durch die verdichteten Schlammschichten abfließen kann, sind für solche Schlämme Schlammtiefen über etwa 2,0 m nicht sinnvoll. Bei üblichen Flächenbelastungen von 20 bis 60 kg/(m$^2 \cdot$ d) würde bei größeren Schichttiefen oft durch zu lange Konsolidierungszeit eine Anfaulung des belebten Schlammes eintreten. Flache Eindicker mit kleinen Schlammtrichtern und leichten Räumwerken sind für solche Schlämme zweckmäßig.

Lit: Abwassertechnische Vereinigung (Hrsg.) (1982–1986) Lehr- und Handbuch der Abwassertechnik, 3.Aufl., Bd.1–7, Verlag von Wilhelm Ernst und Sohn, Berlin München.

Flächenbeschickung. Wasser- bzw. Schlammvol., das, auf Zeit und wirksame Oberfläche bezogen, z.B. einem >Eindicker<, >Tropfkörper< oder einem >Nachklärbecken< zugeführt wird in m^3/(m$^2 \cdot$ h), (m/h) (nach DIN 4045). Als Bemessungsgröße für Absetzbecken wird unabhängig von den Strömungsverhältnissen generell die Flächenbeschickung gewählt. Die Flächenbeschickung kann als die Höhe des auf die Oberfläche des Absetzbeckens aufgesetzten Wasserkörpers angesehen werden, der in einer Stunde durch das Absetzbecken fließt. Sie hat die Dimension einer Geschwindigkeit. Ihr zulässiger Wert wird durch die effektive Absetzgeschwindigkeit der Teilchen bestimmt, die sich noch absetzen sollen. Die Flächenbeschickung q_A ist nach folgenden Formeln zu errechnen:

$$q_A = \frac{Q}{A} \text{ oder } q_A = \frac{h}{t} \text{ in m/h}$$

Q Zufluß in m^3/h
A Oberfläche des Absetzbeckens in m^2
h Tiefe des Absetzbeckens in m
t Durchflußzeit im Absetzbecken in h

Lit: Abwassertechnische Vereinigung (Hrsg.) (1985–1997) ATV-Handbuch, 4.Aufl., Bd.1–7, Verlag von Wilhelm Ernst und Sohn, Berlin München – Imhoff K, Imhoff KR (1999) Taschenbuch der Stadtentwässerung, 29.Aufl., R.Oldenbourg Verlag, München Wien.

Flächenertrag. Ertrag je Hektar der landwirtschaftlichen Nutzfläche, er wird im >Ackerbau< mit Dezitonne pro Hektar (dt/ha) angegeben und umfaßt die verwertbaren Teile der Ernte, wie z.B. Körner bei Getreide, Öl- und Hülsenfrüchten, Rübenkörper bei Zucker- und Futterrüben, Knollen bei Kartoffeln oder Stengelanteil bei Faserlein. Im Futterbau gibt man den F. in Dezitonnen Trockenmasse pro Hektar (dt TM/ha) oder in Kilostärkeeinheiten pro Hektar (kStE/ha) an.

Flächenhafte Verkehrsberuhigung. >Geschwindigkeitsbeschränkungen< und andere Verkehrseinschränkungen, z.B. in Wohngebieten, Vorsorge für zügigen Verkehr ohne viele Stops/Gos – ergibt in Städten geringen >Kraftstoffverbrauch< und niedrige Lärm- und >Abgasemissionen<.

Flagellata. >Protozoa<, (s. Abb. S.223).

Flammenionisationsdetektor. (Abk. FID). 1. Häufig verwendeter >Detektor< in der >GC<, der eine rel. hohe Empfindlichkeit besitzt, aber sehr unselektiv auf alle Verb. mit C-H-Bindungen anspricht. Die erzeugten Signale sind dabei proportional der jeweiligen

Menge an Probenkomponenten pro Zeiteinheit. Das Prinzip des Detektorsignals beruht auf der Änderung der elektrischen Leitfähigkeit einer Wasserstoff-Flamme, in die das Trägergas und dessen mitgeführten Probenkomponenten eingespeist werden. In der normalerweise kaum ionisierten Wasserstoff-Flamme werden in Gegenwart von org. Verb. über eine Radikalreaktion

$$CH\cdot + O\cdot \rightarrow CHO^+ + e^-$$

Ladungsträger gebildet, die in einem Spannungsfeld einen Ionenstrom hervorrufen, der gemessen und elektronisch verarbeitet wird. Der FID besitzt eine Nachweisgrenze von 10^{-11} g/s und zeichnet sich durch einen großen linearen Bereich von ca. 7 Zehnerpotenzen aus.
2. Verkehr. Den offiziellen Testvorschriften entspr. Meßgerät zur Best. der Kohlenwasserstoffkomponenten im >Abgas<. Das Meßprinzip besteht darin, daß in einer Wasserstoffflamme aus den Kohlenwasserstoffmolekülen Ionen gebildet werden, die als Ionenstrom meßbar sind, wobei das Signal der C-Zahl proportional ist.

Flammenphotometrie. (Syn. Flammenspektroskopie). Analytisches Verfahren zur Bestimmung von Elementen, die bereits durch eine Flamme angeregt werden können. Sie beruht auf der Intensitätsmessung einer Spektrallinie, die von dem zu untersuchenden Element emittiert wird. Dabei wird die Probe im gelösten Zustand im Brenner eines Spektralphotometers versprüht, wobei die im Grundzustand befindlichen Atome angeregt werden und spontan elementspezifische Spektrallinien emittieren. Die Lichtstrahlung wird mittels eines Monochromators zerlegt und die Spektrallinien der Atome photoelektrisch gemessen. Die F. findet Anwendung zum Nachweis und zur Konzentrationsbestimmung von Elementen insbesondere der ersten und zweiten Hauptgruppe des >Periodensystems<. Die mengenmäßige Bestimmung kann entweder durch Vergleich mit Lösungen bekannten Gehalts oder durch Zugabe eines Standards erfolgen.

Flammenspektroskopie. >Flammenphotometrie<.

Flammpunkt. Niedrigste Temperatur, bezogen auf einen Druck von 101,325 kPa, bei der sich in einem geschlossenen Tiegel aus der zu prüfenden Flüssigkeit unter den in der Prüfmethode festgelegten Bedingungen Dämpfe in einer solchen Menge entwickeln, daß sich im Tiegel ein durch Fremdentzündung entflammbares Dampf-Luft-Gemisch bildet.

Lit: Richtlinie der Kommission vom 25.April1984 zur sechsten Anpassung der Richtlinie 67/548/EWG des Rates zur Angleichung der Rechts- und Verwaltungsvorschriften für die Einstufung, Verpackung und Kennzeichnung gefährlicher Stoffe an den technischen Fortschritt (84/449/EWG). In: Rippen G (Hrsg.) Handbuch Umweltchemikalien, ecomed Verlagsgesellschaft, Landsberg/Lech.

Flammpunkt von Kraftstoffen. Der F.v.K. ist die Grundlage für die sicherheitstechnische Einteilung von Kraftstoffen und für die zugehörigen Vorschriften beim Transport, der Lagerung und Verarbeitung.

Flammschutzmittel. F. sind chem. Substanzen, die die Entzündbarkeit brennbarer Stoffe herabsetzen, eine Flammenbildung verhindern oder einen Brand verzögern. Sie werden deshalb zur Vorsorge in hohen Konzentrationen (bis zu 10%) in Kunststoffen, Textilien und Holzwerkstoffen eingesetzt. Ihrer Wirkung nach kann man F. in (a) *flammenhemmende* (z.B. Metallhydroxide), (b) *feuererstickende, verkohlungsfördernde* (z.B. Ammoniumphosphat), (c) *sperr- und dämmschichtbildende Mittel* (Alkalisilicate und -borate, Ammoniumpolyphosphat, org. Phosphate, Harnstoffderivate und Dicyandiamid) sowie (d) *Radikalfänger* (Chlorparaffine, >polybromierte Biphenyle< (PBB), >polybromierte Diphenylether< (PBDE), >Tetrabrombisphenol-A< (TBBP-A) und weitere polybromierte org. Verb.) einteilen. Bei den Letztgenannten wird zudem Antimontrioxid als Synergist zugesetzt.

Je nach Einbringen in den polymeren Werkstoff unterscheidet man zwischen additiven und reaktiven F. *Additive F.* werden hauptsächlich in >Thermoplasten< während der Verarbeitung z.B. in einem >Extruder< eingearbeitet und unterliegen somit insbesondere bei thermischer Belastung einer größeren Volatilisation in die Umgebung. *Reaktive F.* dagegen werden mittels einer festen chem. Bindung permanent und molekulardispers in der polymeren Matrix fixiert, z.B. TBBP-A als Kondensationspartner im Polymerrückgrat von Epoxidharzen.

Die Wirkung von Metallhydroxiden als F. beruht auf deren endothermer Dehydratisierung bei niedrigen Temperaturen (Aluminium- und Magnesiumhydroxid setzen ca. 30–35 % ihres Gewichts bei 200–350 °C als Wasser frei) und der Flammenhemmung durch Abkühlung des Materials. Die phosphorhaltigen F. reagieren bei Wärmezufuhr aufgrund ihrer Affinität zum Sauerstoff zu Mono- und glasartigen Polyphosphorsäuren unter Dehydratisierung der Polymermatrix und Verkohlung der Oberfläche, die der Verbrennung schwer zugänglich ist. Darüber hinaus bewirken HPO-Fragmente in der Gasphase die Rekombination von Wasserstoffradikalen und terminieren damit die Kettenfortpflanzung. Die heute üblichen bromierten F. schließlich bilden bereits bei niedrigen Temperaturen hohe Konzentrationen an HBr in der Gasphase, die die radikalische Kettenfortpflanzung der Verbrennungsreaktion durch Abfangen von Wasserstoff- und Hydroxyl-Radikale unterbrechen.

Untersuchungen seit den 80er Jahren haben jedoch gezeigt, daß bei der Verbrennung von flammgeschützten Werkstoffen und akzidentiellen Bränden hohe Konzentrationen an chlorierten und bromierten >Dioxinen< und >Furanen< entstehen können. Zwar sind diese akut weniger gefährlich als die in ungleich größeren Konzentrationen gebildeten Kohlenmonoxid und Blausäure, sie stellen jedoch aufgrund ihrer geringen Flüchtigkeit, hoher >Persistenz< und Toxizität in Form von Ablagerungen am Brandort, in den Rauchkondensaten und dem Brandschutt langfristig ein großes Problem dar. Auch verhindern die halogenierten F. ein einfaches Recycling von elektrischen und elektronischen Altgeräten und bilden ggf. bei der Hausmüllverbrennung wiederum toxische Abgase (s.a. >Elektronikschrott<).

Lit: Troitzsch J (1996) Kunststoffe, Brandschutz und Flammschutzmittel, Entwicklungen, Fortschritte, Trends. Süddeutsches Kunststoff-Zentrum, Würzburg.

Flaschentest, geschlossener. Methode zur Best. der biol. >Abbaubarkeit<. Dabei wird eine best. Menge der Prüfsubstanz (ca. 2 mg/L) in einer mineralischen Nährlsg. gelöst, mit einer geringen Anzahl geeigneter Bakterien beimpft und in verschlossenen Flaschen im Dunkeln bei 20 bis 21 °C gehalten. Der Abbau wird 28 Tage lang durch Sauerstoffanalyse verfolgt. Parallel dazu werden Versuche mit Kontrollsubstanzen zur

Überprüfung der Bakterienaktivität und ohne Prüf- und Kontrollsubstanz zur Best. des Sauerstoffblindwertes durchgeführt. Der Abbau wird definiert als das prozentuale Verhältnis zwischen >biochem. Sauerstoffbedarf< (BSB) und theoretischem Sauerstoffbedarf (ThSB) oder auch zwischen BSB und chem. Sauerstoffbedarf (CSB):

$$\% \text{ Abbau} = \left(\frac{\text{mgO}_2/\text{mg Testsubstanz}}{\text{ThSB}}\right) \cdot 100$$

oder

$$\% \text{ Abau} = \left(\frac{\text{mgO}_2/\text{mg Testsubstanz}}{\text{mgCSB}/\text{mg Testsubstanz}}\right) \cdot 100$$

Die beiden Methoden ergeben manchmal versch. Ergebnisse.

Flavone. Pflanzenpigmente, die sich vom Grundgerüst des >Flavons< (s. Formeln unten) ableiten und damit zu den >Flavonoiden< gehören. Besondere Bedeutung haben Flavone als gelbe Blütenfarbstoffe wie z.B. Luteolin und als Kernholzfarbstoffe wie z.B. Morin aus dem Färbermaulbeerbaum *Chlorophora tinctoria*, das als Malerfarbe sowie zum Gelbfärben von Leder und Wolle genutzt wird.

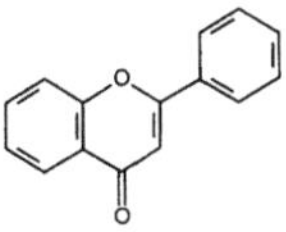

Flavon

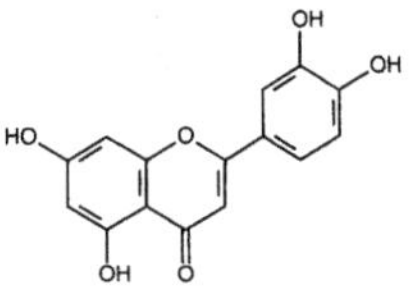

Luteolin

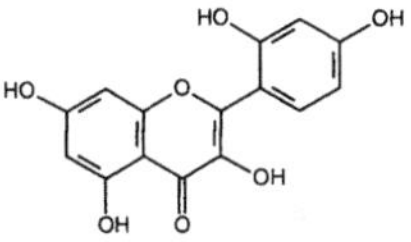

Morin

Flavonoide. (Lat. flavus = gelb). Sie bilden die größte Gruppe sek. phenolischer Pflanzenpigmente. Sie leiten sich vom Flavan (s. Abb. S.440) ab und finden sich häufig in glykosidischer Bindung. Je nach Ox.-Zustand des zentralen Pyranrings unterscheidet man Anthocyanidine, Aurone, Chalkone, Catechine, >Flavone<, Flavonole, Isoflavone, Flavanone, Flavan-3,4-diole (= Leucanthocyanidin). Die Verwandtschaft der versch. F. resultiert aus der gemeinsamen Biosynth. über die Stufe der Chalkone (s. Abb. S.441). Innerhalb der genannten Gruppen ergibt sich durch die Zahl und Anordnung von Hydroxyl- und Alkylsubstituenten sowie durch die Art, Zahl und Position von Zuckerresten eine große Variationsmöglichkeit. F. haben neben ihrer Funktion als Blüten- und Fruchtpigmente auch Abwehrfunktionen. Unter den Isoflavonoiden findet sich eine Reihe von >Phytoalexinen<.

Flavophospholipol. F. wird von einer Gruppe grau-grüner Streptomyceten gebildet. Es ist ein phosphorhaltiges Lipopolysaccharid und wirkt hauptsächlich gegen grampositive Keime. Es wird als >Futterzusatzstoff< in Dosierungen von 5 bis 20 ppm im >Alleinfutter< verwendet und bewirkt leistungsfördernde Effekte (>Leistungsförderer<).

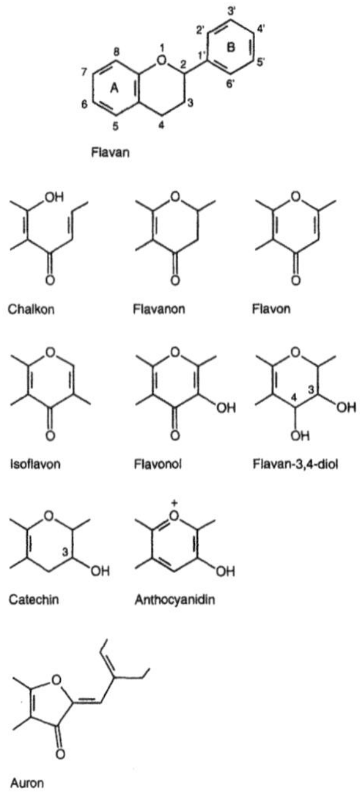

Flavan

Chalkon Flavanon Flavon

Isoflavon Flavonol Flavan-3,4-diol

Catechin Anthocyanidin

Auron

Übersicht über einige Flavanderivate. Oben der Grundkörper Flavan, darunter der mittlere Heterozyklus einiger Gruppen von Flavanderivaten. (Nach Heß D (1988) Pflanzenphysiologie, 8. Aufl., Verlag Eugen Ulmer, Stuttgart, ergänzt)

Flavoxanthin. 5,8-Epoxylutein. Ein gelber Farbstoff aus der Gruppe der >Xanthophylle<, der in Pflanzen zwar häufig, aber nur in geringer Konzentration vorkommt und nie den Hauptfarbstoff bildet. Die Isolierung erfolgt aus den Blüten von Löwenzahn und Hahnenfuß.

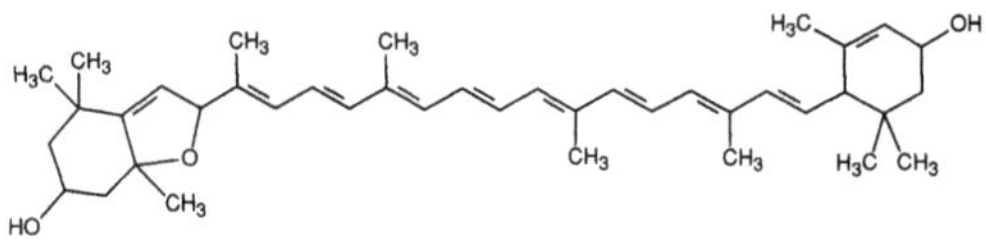

Flechtbinse. *Scirpus lacustris* L., auch *Schoenoplectus lacustris* PALLA. Pflanze des Röhrichtgürtels stehender Gewässer (Phragmitetea, Magnocaricion), oft ausgedehnte, auch dem Röhrichtgürtel vorgelagerte Bestände bildend. Auch im Brackwasser verbreitet und hier teilweise zur Landgewinnung angepflanzt. Die F. wird vielfältig verwendet zum Uferschutz an Gewässern, als Futterpflanze, Flechtmaterial bei vielen Völkern, auch urgeschichtlich. Die F. ist wegen ihrer offenbar hohen Stoffakkumulation für den Einsatz in Pflanzenkläranlagen vorgeschlagen und erprobt worden, jedoch ohne großen Erfolg.

Lit: Seidel K (1955) Die Flechtbinse *Scirpus lacustris* L. Ökologie, Morphologie und Entwicklung, ihre Stellung bei den Völkern und ihre wirtschaftliche Bedeutung. 1. Aufl., Schweizerbart, Stuttgart.

Flechten. Doppelorganismen aus einem >Pilzpartner< (Mykobiont) und einem Algenpartner (Phycobiont) aus der Gruppe der >Grünalgen< oder der >Cyanobakterien< (früher >Blaualgen<). Die >Symbiose< resultiert in einer morphologisch und physiol. selbständigen und selbstreproduzierenden Einheit. Sie wird deshalb in der pflanzlichen Systematik auch als eigener Organisationstyp *Lichenes* geführt. Obwohl beide Symbiosepartner – z. T. allerdings unter erheblichen Schwierigkeiten – unabhängig voneinander wachsen können, wird der charakteristische Thallus, welcher der Gesamtheit das Aussehen einer völlig neuen Pflanze verleiht, niemals von einem Partner allein gebildet. Die überwiegende Mehrzahl der möglichen Pilzpartner stammt aus der Gruppe der >Ascomyceten<. Als Fruchtkörper werden meist Apothezien gebildet. Die vegetative Vermehrung erfolgt durch Fortpflanzungseinheiten, die sowohl den Algen- als auch den Pilzpartner einschließen. Das Flechtenwachstum verläuft relativ langsam. Es bewegt sich im Bereich einiger weniger mm pro Jahr. Wegen der starken Abhängigkeit der Wachstumsbedingungen vom >Mikroklima< der Standorte sind F. wichtige >Bioindikatoren<. Ihre Empfindlichkeit gegenüber best. Schadstoffen in der Luft ist groß und häufig auf wenige Verb. begrenzt. Man kann sie deshalb als „Meßstellen" benutzen.

Lit: Masuch G (1993) Biologie der Flechten. Quelle & Meyer, Heidelberg Wiesbaden.

Fleckentfernungsmittel. >Reinigungsmittel<.

Fleischhygienegesetz. Das Fleischhygienegesetz vom 24. 02. 1987 stellt sicher, daß Stichproben (etwa 2,0 % der gewerblich geschlachteten Kälber, etwa 0,5 % der sonstigen Schlachttiere) bei der Fleischuntersuchung auf >Rückstände< von Stoffen mit pharmakologischer Wirkung und deren Umwandlungsprodukte entnommen und untersucht werden. Darüber hinaus können Verdachtsproben für eine Rückstandsuntersuchung bereits im Herkunftsbestand und auf dem Transport bei lebenden Schlachttieren entnommen und untersucht werden.

Fleischhygiene-Verordnung. Die aufgrund des >Fleischhygienegesetzes< erlassene Fleischhygiene-Verordnung vom 30. 10. 1986 regelt Einzelheiten der Schlachttieruntersuchung, der Fleischuntersuchung und der weiteren Untersuchungen auf >Rückstände<. In einer allgemeinen Verwaltungsvorschrift werden u. a. die Methoden benannt, die für die Rückstandsuntersuchung als geeignet befunden worden sind. Inzwischen wurden in die Fleischhygiene-Verordnung die Vorschriften der EG-Hormonrichtlinien eingearbeitet, nach denen bei Schlachttieren die Zuführung von Stoffen mit östrogener (>Östrogene<) und androgener (>Androgene<) Wirkung verboten ist. Eine EG-Richtlinie verpflichtet darüber hinaus die Mitgliedstaaten, Schlachttiere und Fleisch nach einheitlichen Grundsätzen auf Rückstände zu untersuchen.

Fleisch-Verordnung. Die Verordnung über Fleisch und Fleischerzeugnisse umfaßt nach ihrer jüngsten Änderung vom 06. 02. 1998 keine Bestimmungen mehr über Zusatzstoffe. Sie enthält Sondervorschriften zur Kennzeichnung und Kenntlichmachung von Zutaten zu Fleischerzeugnissen sowie Bedingungen, unter denen sie zu Fleischerzeugnissen verarbeitet werden dürfen. Die Änderung der Fleisch-Verordnung erfolgt durch Artikel 4 der Verordnung zur Neuordnung lebensmit-

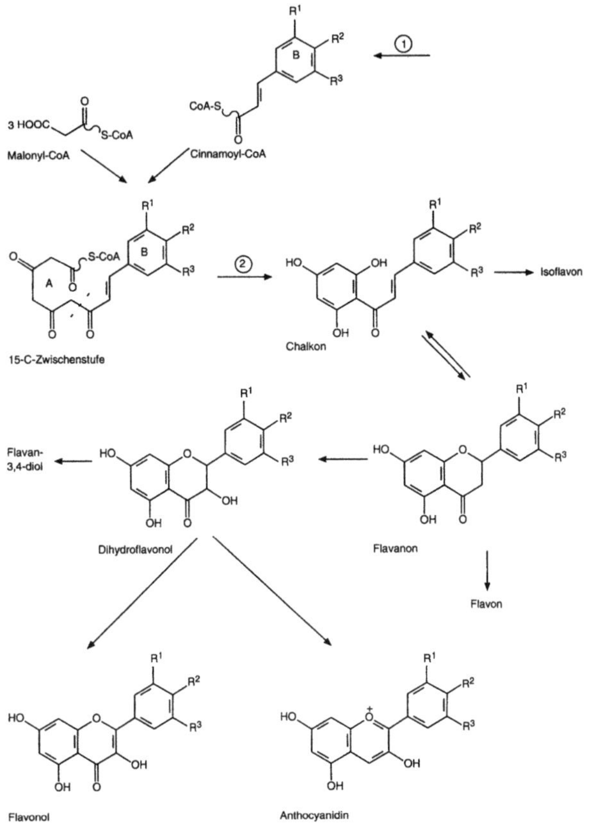

Flavonoide: Schema der Biosynthese der wichtigsten Flavanderivate. In Kreisen: 1 = Cinnamoyl-CoA-Ligasen, welche die Ester zwischen Zimtsäuren und Coenzym A herstellen, 2 = Chalkonsynthasen. (Aus: Heß D (1988) Pflanzenphysiologie, 8. Aufl., Verlag Eugen Ulmer, Stuttgart)

telrechtlicher Vorschriften über Zusatzstoffe (BGBl. I vom 05. 02. 1998, S. 230).

Flexible Fuel Vehicle. >Multi Fuel Concept<.

Fliegen. >Diptera<.

Fliehkraftabscheider. >Massenkraftabscheider< zur >Abgasentstaubung< unter Ausnutzung der in einer Rotationsströmung auf Staubpartikel einwirkenden Fliehkräfte. Hierzu wird das partikelhaltige >Abgas< über einen Gaseintrittskanal so einem sich nach unten verjüngenden rotationssymmetrischen Raum (>Zyklon<) zugeführt, daß sich das Partikel-Gasgemisch als Rotationsströmung nach unten dreht, dort wieder nach oben abgelenkt wird und den Zyklon über ein Tauchrohr verläßt. Die infolge der Fliehkraft nach außen geschleuderten Partikel werden durch die Rotationsströmung und infolge der Schwerkraft nach unten transportiert und dort ausgetragen. Eine Aufteilung des Gasstromes auf viele kleine Zyklone in sog. Multizyklonen führt zur Fliehkrafterhöhung und damit zu einer deutlich verbesserten Staubabscheidung. Die Abscheideleistung ist von der Teilchengröße abhängig. Während sich >Grobstäube< sehr gut abscheiden lassen, ist der Abscheideeffekt für >Feinstäube< vergleichsweise gering und somit hinsichtlich der Vorgaben der >TA Luft< in der Regel nicht ausreichend. Fliehkraftabscheider werden daher bevorzugt zur Pro-duktabscheidung und Vorabscheidung grober Stäube zur Entlastung nachgeschalteter Einheiten zur >Abgasreinigung< eingesetzt.

Fließfähigkeit. Die Fähigkeit von Flüssigkeiten (Rheologie) oder >Kornhaufwerken<, unter definierten Bedingungen frei und gleichmäßig zu fließen. Wichtiges Qualitätsmerkmal für verschiedene Pflanzenschutzmittelformulierungen (>Formulierung<) wie >Granulate<, die in vielen Applikationsgeräten durch Lochscheiben definierter Größe dosiert werden.

Fließgewässer. Gewässer mit einer permanenten, gerichteten, aber zeitlich und örtlich unterschiedlichen Fließgeschwindigkeit, je nach Abflußmenge Q, Durchflußquerschnitt A und Sohlenrauhigkeit. Die mittlere Abflußgeschwindigkeit ist $Vm = Q/A$ $[m \cdot s^{-1}]$. Morphologisch sind zu unterscheiden:
- im Längsschnitt: Gefälle; Abtragungs- und Anlandungszone; Oberlauf, Mittellauf, Unterlauf;
- im Querschnitt: durchflossener Querschnitt A, benetzter Umfang U, hydraulischer Radius A/U; >Pelagial<, >Benthal<, >hyporheisches Interstitial<;
- in der Aufsicht: gestreckter, gewundener, verzweigter Lauf; Lauflänge, Tallänge; Mäander.

Aus unterschiedlicher Sicht lassen sich F. verschieden charakterisieren:

– hydrologisch: Gerinne für den oberirdischen Abfluß,
– geologisch: Gewässer, die durch Erosion und Ablation Erhebungen abtragen und Senken auffüllen und somit geomorphologisch wirksam sind;
– biol.: F. sind Lebensräume mit charakteristischen, durch die Wasserbewegung geprägten Organismen-Gesellschaften;
– ökologisch-limnologisch: F. sind Ökosysteme mit einer an jedem Punkt minimalen Aufenthaltszeit des Wassers. Der biogene Stoffumsatz ist gering im Vergleich zur transportierten org. Stoffmenge;
– nutzungsorientiert: F. sind Gewässer, deren Wasserbewegung, Selbstreinigungspotential und Kontinuität für den Transport festländischer Abfälle zum Meer, für die Energiegewinnung und Schiffahrt genutzt werden kann.

Nach der mitttleren Abflußmenge und ihrem Erscheinungsbild werden Fließgewässer in Quellen, Quellbäche, Bäche, Flüsse und Ströme klassifiziert mit fließenden Übergängen. In der Fließwasserökologie ist das dichotome Ordnungsschema üblich: Quellbäche sind Fließgewässer 1. Ordnung, durch ihren Zusammenfluß entsteht eine F. 2. Ordnung, 2 F. 2. Ordnung bilden einen Bach 3. Ordnung usw. Ein weltweit gültiges Gliederungsschema der F. hat ILLIES (1961) vorgeschlagen, eine regionale Typlogie der F. z. B. BRAUKMANN. Nach Fischzonen werden in Europa von der Quelle zur Mündung unterschieden:

Fließgewässer: Fließgewässer – Fischzonen in Europa

Forellenregion Äschenregion	Salmoniden-Region
Barbenregion Brachsenregion	Cypriniden-Region
Kaulbarsch-Flunder-Region	(Mündungsbereich)

Aus den Nutzungsansprüchen ergeben sich Güteanforderungen (>Gewässergüte<) und Qualitätsziele. Höchstes Qualitätsziel sollte heute die Wiederherstellung oder Erhaltung eines naturnahen Zustandes sein. Kategorien für die Beurteilung des Gewässerzustandes: natürlich, naturnah, bedingt naturnah, naturfern, naturfremd.

Lit: Hynes HBN (1970) The ecology of running waters. 1. Aufl., Univ. Press, Liverpool – Braukmann U (1987) Zoozönologische und saprobiologische Beiträge zu einer allgemeinen regionalen Bachtypologie, Arch Hydrobiol Beih Ergebn Limnol 26:1–355 – Schönborn W (1992) Fließgewässerbiologie, 1. Aufl., Gustav Fischer Verlag, Jena Stuttgart – Allan JD (1995) Stream ecology: structure and function of running waters. 1. Aufl. Chapman & Hall, London New York – Calow P, Petts GE (1994) The Rivers Handbook vol 1 (1992), vol 2, 1. Aufl. Blackwell Science, Oxford – Gunkel G (1996) Renaturierung kleiner Fließgewässer, 1. Aufl. Gustav Fischer, Jena Stuttgart.

Fließgleichgewicht. (Engl. >steady state<, auch >stationärer Zustand<) Im Unterschied zum >thermodynamischen Gleichgewicht< ein Gleichgewicht, bei dem sich trotz ablaufender Transportprozesse die Konz. in Reaktionsgefäßen bzw. die Konz.-Verteilungen in >Reaktoren< mit der Zeit nicht ändern. Fließgleichgewichte sind wichtige Spezialfälle sowohl bei der Simulation komplexer hydrologischer od. ökologischer >Systeme< als auch für allg. theoretische Überlegungen, u. a. wegen minimaler Energiedissipation.

Fließgleichung. Verbindet als Produkt den antreibenden Gradienten X als thermodynamische Kraft und >Leitfähigkeits-< oder >Diffusionsparameter< L_i als >phänomenologischen< Koeffizienten zu einer >linearen< Approximationsgleichung für den >Fluß< J_i der Komponente i:

$$J_i = L_i X$$

Analog wie diese vektoriellen Flüsse der Transportvorgänge lassen sich auch die skalaren „Flüsse" der chem. Umsetzungen in der Reaktionsdynamik formulieren. Weitere Verallgemeinerungen ergeben sich durch nichtlineare Terme sowie durch Überlagerungen versch. Flußterme: Prinzipiell trägt jeder Gradient, multipliziert mit dem entspr. Kopplungs-Koeffizienten L_{ij}, zu dem Transport-Fluß J_i jeder beliebigen materiellen und energetischen Komponente bei. Häufig sind jedoch diese Flußterme wegen der Kleinheit der entspr. L_{ij} vernachlässigbar klein. >Phänomenologische Gleichung<.

Fließversatz. >Versatzverfahren< bei dem der dem Abbauhohlraum mit einem Fördermittel zugeführte Versatz über einen Aufgabetrichter in einen Rohrstrang eingegeben wird. Die Fortbewegung erfolgt mit Hilfe der Schwerkraft.

Flockung. Erzeugen von Flocken aus ungelösten oder kolloidal gelösten Stoffen, ggf. unter Zugabe von >Flockungsmitteln< bzw. Flockungshilfsmitteln (nach DIN 4045). Aufgabe der Flockung ist die Überführung von feindispersen Partikeln und kolloidal gelösten Stoffen, die aus der wäßrigen Phase über Sedimentation, Flotation oder Filtration abtrennbar sind.

Der Flockungsvorgang erfolgt über die Stufen
– Entstabilisierung
– Transport-Kollision
– Separierung der Flocken.

Die Dispersoide im Abwasser sind vorwiegend negativ geladen, wodurch sie sich gegenseitig an einer Aggregation zu größeren Agglomeraten hindern. Bei der Koagulation wird durch Entladungsmechanismen mittels positiver Ladungen wie Fe^{3+} und Al^{3+} die Abstoßung vermindert. Für die Agglomeration, auch als Flokkulation bezeichnet, genügt zum Transport und zur Kollision bereits der mechanische Stoß, der durch Rühren mit spezifischen Geschwindigkeiten (Rührflockung) herbeigeführt wird.

Lit: Abwassertechnische Vereinigung e. V. (Hrsg.) (1985–1997) ATV-Handbuch, 4. Aufl., Bd. 1–7, Verlag Wilhelm Ernst und Sohn, Berlin München.

Flockungsfiltration. Entfernen von Inhaltsstoffen aus dem Wasser; sie ist dadurch gekennzeichnet, daß die Flockung im Überstauraum des Filters und im Filterbett abläuft (DIN 4046).

Die Dosierung und Durchmischung der Flockungschemikalien stellen einen wichtigen Verfahrensschritt bei der *Flockungsfiltration* dar. Flockungsmittel und Flockungshilfsmittel (Polyelektrolyte) werden nacheinander an zwei verschiedenen Stellen dem Abwasser zudosiert. Unmittelbar nach der Flockungsmittelzugabe muß eine (regelbare) *Intensivmischung* installiert werden. Nach der Intensivmischung ist genügend Zeit (unter nicht zu hoher Turbulenz) einzuräumen, um ein Wachstum der Flocken zu ermöglichen. Bei entsprechend hohem Geschwindigkeitsgradienten reicht für die Intensivmischungsphase eine Durchflußzeit von ca. 30 Sekunden aus. Für die Phase geringerer Turbulenz haben sich Geschwindigkeitsgradienten um 50 bis 200 sec^{-1} und Durchflußzeiten von 3 bis 10 min. als optimal erwiesen. Zu hohe Scherkräfte und zu kurze Mischzeiten führen zu stabilen Kolloiden, die im Filter kaum zurückgehalten werden können. Bei der Dosierung von Polyelektrolyten ist zwischen der Dosierstelle des Flockungsmittels und derjenigen des Flockungshilfsmittels ein zeitlicher Abstand von ca. 20 bis 30 Sekunden zu beachten.

Lit: Bever J, Stein A, Teichmann H (1994) Weitergehende Abwasserreinigung, 3.Aufl., Oldenbourg Verlag, München Wien.

Flockungshilfsmittel. Die Flockung wird durch Flockungshilfsmittel unterstützt. Sie vereinigen die suspendierten Feststoffe zu Agglomeraten, verbessern den Trenneffekt und beschleunigen den Trennprozeß. Je nach Trennverfahren bezeichnet man deshalb die Flockungsmittel und Flockungshilfsmittel auch als Sedimentations-, Flotations-, Klär-, Filtrations- und Schleuderhilfsmittel. Als Flockungsmittel werden zum Beispiel Eisen-III- und Aluminium-III-Salze bezeichnet; einige synthetische Polymere als Flockungshilfsmittel. Daneben wirken im kommunalen Abwasser in der Matrix selbst gebildete Flockungs- und Sorptionsmittel. Als Flockungshilfsmittel werden synthetische, im Wasser lösliche, org. Polymere mit sehr hohen Molekülmassen um 10^6g/mol bezeichnet. Die Klassifizierung erfolgt nach
– Polymertyp,
– Molmasse,
– Ladungscharakter,
– Ladungsdichte.

Flockungsmittel. Chemikalien, die im >Abwasser< oder >Schlamm< Flocken bilden (nach DIN 4045). Als Flockungsmittel kommen die vor allem in statu nascendi wirksamen >Hydroxide< des Aluminiums und des Eisens sowie hochmolekulare org. Stoffe in Betracht. Letztere werden insbesondere zur Förderung der Flockenbildung, d.h. als sog. Flockungshilfsmittel benutzt. Für die Erzeugung der Aluminium- oder Eisen(III)hydroxidflocken werden Aluminiumsulfat, Eisen(III)chlorid und in der Hauptsache wegen des geringen Preises Eisen(II)sulfat (Heptahydrat) verwendet. Zur Bildung der Hydroxidflocken wird die Alkalität des Abwassers ausgenützt. Unter Umständen ist aber auch noch ein Zusatz von basischen Verbindungen wie Natronlauge oder Kalkmilch erforderlich.

Lit: Abwassertechnische Vereinigung (Hrsg.) (1982–1986) Lehr- und Handbuch der Abwassertechnik, 3.Aufl., Bd.1–7, Verlag von Wilhelm Ernst und Sohn, Berlin München.

Flocoumafen. Wirkt als >Rodentizid< und zählt zur Substanzklasse der Coumarine.
Chemische Bezeichnung: 4-Hydroxy-3-(1,2,3,4-tetrahydro-3-(4-(4-trifluormethylbenzyloxy)phenyl)-1-naphthyl)coumarin
CAS-Nummer: 90035–08–8
Hersteller: Cyanamid
Wirkungstyp: Blockierung der Prothrombinbildung und Hemmung des Metabolismus von Vitamin K1. Gehört zur zweiten Generation der indirekten Antikoagulantien. Der Wirkstoff zeigt einen strikt additiven toxikologischen Effekt, die Summe der täglichen subakuten oralen LD$_{50}$-Dosis bei Ratten ist äquivalent der akuten oralen LD$_{50}$.
Bevorzugte Anwendung: Im Vorratsschutz gegen Wanderratte und Hausmäuse, wobei auch eine einmalige Aufnahme des Köders ausreicht, um den Exitus herbeizuführen.

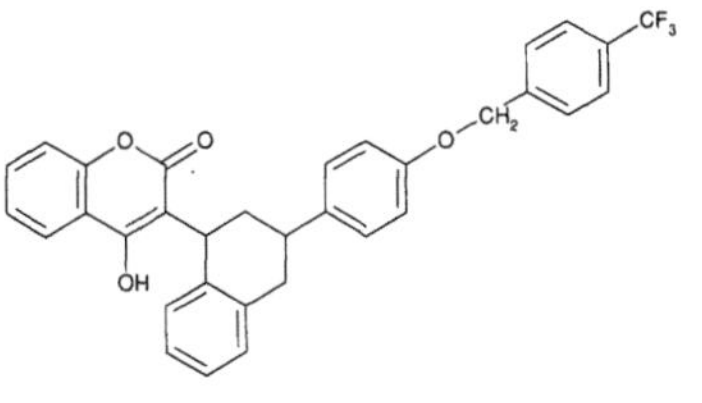

Chemische und physikalische Eigenschaften: Weißes Pulver mit einem Schmelzpunkt von 181–191 °C für das cis-Isomer und 163–166 °C für das trans-Isomer.
Dampfdruck: 133 pPa bei 25 °C.
Verteilungskoeffizient (log Po/w): 4,7 bei 25 °C.
Löslichkeit: In Wasser 1,1 mg/L bei 20 °C.
Stabilität: Unter normalen Bedingungen hydrolytisch stabil.
Abbau und Metabolismus: Im Säugerorganismus entstehen eine Anzahl von Hydroxycoumarinen.
Säugertoxizität: Akute orale LD$_{50}$ für Ratte 0,25, Maus 0,8, Hund 0,075–0,25 und Kaninchen 0,2 mg/kg. Akute dermale LD$_{50}$ <3 mg/kg. Inhalation LC$_{50}$ (4 h) für Ratte 0,16–1,4 mg/L Luft.
Antidot: Gabe von Vitamin K1. Die Prothrombinzeit und die Hämoglobinwerte sind zu überwachen.
Fischtoxizität: LC$_{50}$ (96 h) für Karpfen 0,15 mg/L.
Vogeltoxizität: Akute orale LD$_{50}$ für Huhn und Stockente >100 mg/kg. LC$_{50}$ (5 d) für Stockente 1,7 mg/kg Futter.
Wirbellosetoxizität: LC$_{50}$ (48 h) für *Daphnia* 0,66 mg/L.

Flokkulation. Agglomeration von Teilchen geringer Größe zu größeren Verbänden und Flocken, die die Absetzbarkeit bzw. Filtrierbarkeit verbessert. Eine besondere Bedeutung kommt der F. in der >Kolloidchemie< und der >Abwassertechnik< zu, wo unter Zuhilfenahme von >Polyelektrolyten< und anderen multifunktionellen polymeren Stoffen die >Koagulation< gefördert wird; s.a. >Flockung<.

Flora. (Lat. flora = Blumengöttin). Die Gesamtheit aller in einem Lebensraum vorkommenden Pflanzenarten.

Flotate. In Schlacht- und Fleischverarbeitungsbetrieben wird zur Herabsetzung der Abwasserbelastung auch die Flotation eingesetzt. Es gibt eine Vielzahl von technischen Lösungen zur Abscheidung von Eiweißen und Fetten aus dem Abwasserstrom. Sie werden nach dem Grobstoff- und Sandfang (nur bei Schlachtbetrieben) installiert. Ihre Wirkung kann durch Zugabe von Fällungs- und Flockungshilfsmitteln verstärkt werden. Unter dem Aspekt der weiteren Verwendung und der Umweltentlastung ist es wichtig, zwischen Verfahren zu unterscheiden, die mit und solchen, die ohne Flotationshilfsstoffe arbeiten und, wenn solche Hilfsmittel eingesetzt werden, welche toxikologischen und ökotoxikologischen Eigenschaften sie haben. Bei Anlagen mit Druckluftflotation (Makroblase) kann das gewonnene Material bei tägl. Entsorgung zur Tierkörperbeseitigungsanstalt oder einem Spezialbetrieb weiterverarbeitet werden. Anlagen mit Druckentspannungsflotation zeigen die beste Abscheide- und Reinigungswirkung bei Mikroblasen <50 μm. Beim Einsatz von Fällungs- und Flockungshilfsmitteln können bei der Verwertung des F. Nachteile durch Verunreinigung mit Flockungsmitteln (z.B. bei landwirtschaftlicher Verwertung nach anaero-

ber Behandlung oder Kompostierung o. ä.) entstehen. Der Bodenschutz ist zu beachten. Die Flotatmenge liegt normalerweise im Bereich von 1–2 % der behandelten Abwassermenge. Durch Verwendung von Fällungs- und Flockungshilfsmitteln wird sie i. d. R. verdoppelt. Gemäß ATV Merkblatt 770 fallen bei der Schweineschlachtung 0,5–4,5 l Flotat/Tier an, beim Rind 4,0–24,0 l Flotat/Tier. Bezogen auf das zu entlastende Abwasser bedeutet das, falls keine Flotationshilfsmittel verwendet werden, eine Ausbeute von 10–40 l/m^3 mit Hilfsmitteln von 20 l bis 40 l/m^3. Das Material hat folgende Zusammensetzung und Eigenschaften:
- Eiweißgehalt 4–7 %
- Fettgehalt 5–8 %
- Trockenrückstand (TR) 5–24 %
- Org. Anteil am TR 96 %
- Org. Säuren 20 g/kg (TR)
- Ammoniumstickstoff 0,2 g/kg
- Phosphor 9 g/kg (TR)
- Kalium 0,5 g/kg (TR)
- Calzium 6 g/kg (TR)
- Natrium 2,5 g/kg (TR)
- Magnesium 0,6 g/kg (TR)
- Chem. Sauerstoffbedarf (CSB): 95–400 g/kg

F. aus Schlachtanlagen sind stets als seuchenhygienisch bedenklich zu betrachten, unterliegen aber nicht dem Tierkörperbeseitigungsrecht. Die Weiterverwendung erfolgt nach den Bestimmungen der Bioabfallverordnung (Abfallrecht), falls dem nicht die Belange der Tierseuchenbekämpfung entgegenstehen (Einzelfallentscheidung der Genehmigungsbehörde).

Flotation. Im Gegensatz zur Sedimentation findet bei der Flotation die Feststoffanreicherung und -abtrennung an der Oberfläche der Operationseinheit statt. Das Transportmittel sind mikrofeine Gasblasen, die in Kontakt mit den Feststoffen stehen. Die Flotation ist prinzipiell bei Abwässern möglich, die nicht oder langsam sedimentierende Feststoffe oder geflockte Kolloide, wie z. B. Trüben, Fasern, Eiweiße, Öle und Fette enthalten. Der besondere Vorteil liegt in dem großen Belastungsspielraum, um z. B. auch Spitzenbelastungen auszugleichen, die zu einer Entlastung nachfolgender Behandlungsstufen führen.
Bei der Flotation unterscheidet man zwischen drei technischen Konzeptionen:
- Druckflotation mit Blasengrößen   > 1 mm
- Überdruckflotation mit Blasengrößen < 0,5 mm
- Elektroflotation mit Blasengrößen   < 0,5 mm.

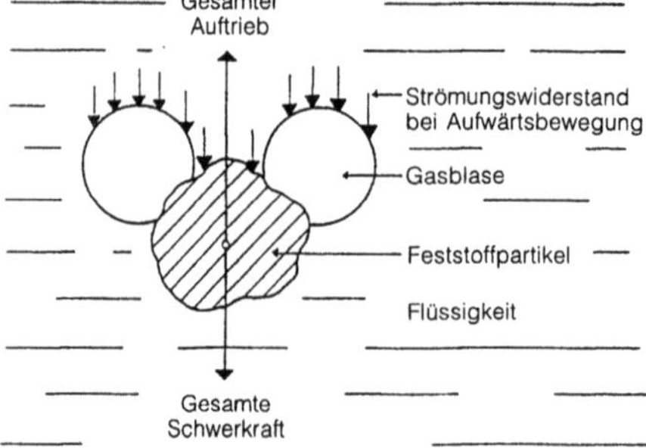

Flotation: Prinzip der Flotation (aus: Hahn HH (1987) Wassertechnologie, Springer Verlag, Berlin Heidelberg)

Gasblasen über 1 mm Durchmesser werden in der klassischen Form der Flotation verwendet. Mit Hilfe von Flotationsölen, die sowohl als Sammler als auch als Schäumer wirken, lagern sich kleine Feststoffe an großen Luftblasen an. Durch die Zusätze findet eine Hydrophobierung der Feststoffteile und eine Sammlung mit aufsteigendem und aufschwimmendem Schaum statt. Die selektiv wirkende Druckflotation findet man in der Erz- und Kohleaufbereitung. Gasblasen unter 0,5 mm Durchmesser werden in statu nascendi durch Entspannung von gelösten Gasen oder durch elektrolytische Zersetzung des Wassers erzeugt. Diese Art der Flotation ist zum Zwecke der Abwasserreinigung geeignet.
Lit: Hahn HH (1987) Wassertechnologie, Fällung – Flockung, Separation, Springer-Verlag, Berlin Heidelberg – Abwassertechnische Vereinigung e. V. (Hrsg.) (1985–1997) ATV-Handbuch, 4. Aufl., Band 1–7, Verlag Wilhelm Ernst und Sohn, Berlin München.

Flottenverbrauch. Durchschnittsverbrauch der zugelassenen Fahrzeuge eines Typs oder Herstellers (wird in den USA gesetzlich vorgeschrieben). >Car Aequivalent Fuel Economy – CAFE<.

Fluazifop-butyl. Wirkt als >Herbizid< und zählt zur Substanzklasse der Phenoxy-Verbindungen.
Chemische Bezeichnung: Butyl-(*RS*)-2-[4-(5-trifluormethyl-2-pyridyloxy)-phenoxy]-propionat
CAS-Nummer: 69806–50–4
Hersteller: Zeneca
Wirkungstyp: Selektives Herbizid zur Bekämpfung von Ungräsern in dikotylen Kulturen. Wird schnell durch die Blattoberfläche absorbiert. Der Transport findet im Xylem und Phloem mit Akkumulation an den Wachstumspunkten statt. Störung der Adenosintriphosphat-(ATP)-Produktion.
Bevorzugte Anwendung: Der Wirkstoff bekämpft Ausfallgetreide und ein- und mehrjährige Ungräser. Beste Wirkung im Nachauflauf, kann aber auch über einen Bereich von Unkraut-Wachstumsstadien angewendet werden. In Winterraps, Kartoffeln, Gemüsekohl, Zucker- und Futterrüben gegen einkeimblättrige Unkräuter, einschl. Ausfallgetreide. Ausgenommen Quecke und einjährige Rispe.

Chemische und physikalische Eigenschaften:
Physikalische Beschaffenheit: Leicht strohfarbene, geruchlose Flüssigkeit.
Siedepunkt: 170 °C bei 0,7 hPa (Schmelzpunkt: ca. 5 °C).
Dampfdruck: $5,5 \cdot 10^{-4}$ Pa bei 120 °C.
Verteilungskoeffizient (log $P_{o/w}$): 4,5 bei 20 °C.
Stabilität: Stabil für mindestens 6 Monate bei 37 °C.
Löslichkeit: In Wasser 2 mg/L bei Raumtemp.
Abbau und Metabolismus: In den meisten Böden erfolgt ein rascher Abbau, die Halbwertszeit beträgt ca. 1 Woche. Das Hauptabbau-Produkt ist Fluazifop, das im Boden eine durchschnittliche Halbwertszeit von weniger als 3 Wochen aufweist. Kalte und trockene Bedingungen verlängern die Bodenpersistenz.
Im Säugerorganismus erfolgt rasche Metabolisierung, wobei ein hoher Prozentsatz über Urin und Faeces ausgeschieden wird. Eine Akkumulation im Gewebe findet nicht statt.

Toxizität: Akute orale LD_{50} für Ratte 3.328, weibliche Maus 1.770, männliche Maus 1.490, männliches Meerschweinchen 2.659 und Kaninchen 621 mg/kg. Akute dermale LD_{50} für Ratte >6.050 und Kaninchen >2.420 mg/kg. Intraperitoneale LD_{50} für Ratte 1.761 mg/kg. NOEL von 25 mg/kg/Tag für Hund und 10 mg/kg/Tag für Ratte im 90-Tage-Test. Geringe Hautreizung bei Kaninchen.

Bienentoxizität: Handelsprodukt nicht bienengefährlich.

Fischtoxizität: LC_{50} (96 Stunden) für Regenbogenforelle 1,37, Spiegelkarpfen 1,31 und Bluegill Sunfish 0,53 mg/L.

Vogeltoxizität: Akute orale LD_{50} für Stockente >17.000 mg/kg. 5-Tage-Fütterungsstudie LC_{50} für Stockente >25.000 mg/kg und für Ring-necked Fasan >18.500 mg/kg.

Bemerkung: Es existiert auch das optische Isomere (Fluazifop-P-butyl, CAS-Nummer 79241–46–6) mit gewissen abweichenden physikalisch-chem. und toxikologischen Daten.

Fluazinam. Wirkt als >Fungizid< und zählt zur Substanzklasse der 2,6-Dinitroaniline.
Chemische Bezeichnung: 3-Chlor-N-(3-chlor-5-trifluormethyl-2-pyridyl)-α,α,α-2,6-dinitro-*p*-toluidin
CAS-Nummer: 79622–59–6
Hersteller: Zeneca
Wirkungstyp: Nicht-systemisches Fungizid mit Kontaktwirkung. Durch die Unterbrechung der oxidativen Phosphorylierung wird die Atmungsaktivität der pilzlichen Krankheitserreger und somit die Sporenkeimung und -entwicklung unterbunden. Durch den antisporulierenden Effekt wird die Freisetzung von Zoosporen verhindert.
Bevorzugte Anwendung: Gegen Kraut- und Knollenfäule an Kartoffeln.

Chemische und physikalische Eigenschaften: Gelbe, geruchlose Kristalle mit einem Schmelzpunkt von 116–117 °C.
Dampfdruck: 1,1 mPa bei 25 °C.
Verteilungskoeffizient (log Po/w): 3,56 bei 25 °C.
Löslichkeit: In Wasser 71 µg/L bei 20 °C.
Stabilität: Hydrolysestabil bei pH 5. Hydrolyse-HWZ bei pH 7 42 Tage und pH 9 4 Tage.
Abbau und Metabolismus: Im Boden beträgt die DT_{50} 33–62 Tage.
Säugertoxizität: Akute orale LD_{50} für Ratte >5.000 mg/kg. Akute dermale LD_{50} für Ratte >2.000 mg/kg. Geringe Augenreizwirkung bei Kaninchen. Inhalation LC_{50} (4 h) für Ratte 0,46 mg/L. 2-Jahre-Fütterungstest NOEL für Ratte 0,5 mg/kg Futter.
Bienentoxizität: Orale LD_{50} >100 µg/Biene und Kontakt LC_{50} >200 µg/Biene.
Fischtoxizität: LC_{50} (96 h) für Regenbogenforelle 0,11 und Karpfen 0,15 mg/L.
Vogeltoxizität: Akute orale LD_{50} Japanische Wachtel 1.782 und Stockente 4.190 mg/kg.
Wirbellosetoxizität: Giftig für Fischnährtiere und Algen. EC_{50} (48 h) für *Daphnia* 0,22 mg/L. EC_{50} (96 h) für Grünalge 0,1–1,0 mg/L. LC_{50} (28 d) für Regenwurm >1.000 mg/kg Boden.

Fludioxonil. Wirkt als >Fungizid< und zählt zur Substanzklasse der Phenylpyrrole.
Chemische Bezeichnung: 4-(2,2-Difluor-benzo(1,3)-dioxol-4-yl)-1H-pyrrol-3-carbonitril
CAS-Nummer: 13141–86–1
Hersteller: Novartis
Wirkungstyp: Nicht-systemisches Fungizid, das den sekundären Metabolit des natürlichen Antibiotikum Pyrrolnitrin darstellt.
Bevorzugte Anwendung: Als Beizmittel zur Kontrolle bodenbürtiger Krankheiten im Getreide. Als Blattfungizid im Wein-, Obst- und Gemüsebau.

Chemische und physikalische Eigenschaften: Farblose Kristalle mit einem Schmelzpunkt von 199,8 °C und einem spezifischen Gewicht von 1,54 g/cm^3 bei 20 °C.
Dampfdruck: 0,7 µPa bei 20 °C.
Verteilungskoeffizient (log $P_{o/w}$): 4,12 bei 25 °C.
Löslichkeit: In Wasser 1,5 mg/L bei 20 °C.
Stabilität: Zwischen pH 5 und pH 9 praktisch keine Hydrolyse.
Abbau und Metabolismus: In Pflanzen schneller Abbau über Oxidation des Pyrrolringes. Im Boden langsamer Abbau durch Bildung gebundener Rückstände. Hohe Bodenimmobilität. Photolytische DT_{50} im Wasser beträgt 9–10 Tage. Im Säugerorganismus Metabolisierung ähnlich der Pflanze und Ausscheidung als Konjugate, überwiegend als Glukuronide über Faeces.
Säugertoxizität: Akute orale LD_{50} für Ratte >2.000 mg/kg. Akute dermale LD_{50} für Ratte >2.000 mg/kg. Inhalation LC_{50} (4 h) für Ratte >2,6 mg/L Luft. 2-Jahre-Fütterungstest NOEL für Ratte 40 und Maus 112 mg/kg KGW/Tag. ADI-Wert 0,033 mg/kg KGW.
Bienentoxizität: Nicht bienentoxisch; Kontakt LC_{50} (48 h) >100 µg/Biene.
Fischtoxizität: LC_{50} (96 h) für Regenbogenforelle 0,77 und Karpfen 1,5 mg/L.
Vogeltoxizität: Akute orale LD_{50} für Wachtel und Ente >2.000 mg/kg. LC_{50} (8 d) für Wachtel und Ente >5.200 mg/kg.
Wirbellosetoxizität: EC_{50} (48 h) für *Daphnia* 1,1 mg/L. EC_{50} (72 h) für Alge Scenedesmus subspicatus. LC_{50} (14 d) für Regenwurm >1.000 mg/kg Boden.

Flüchtigkeit. Die F. (Sättigungskonz.) org. Fluide gibt die Menge des Dampfes in mg an, die bei 20 °C beim Sättigungszustand in 1 L Luft vorhanden ist.

Flüssigdünger. In Salzlösung oder in Suspension vorliegende >Dünger<. In Lösungsform werden >Stickstoff< (N-Lösung), eine Kombination von Stickstoff und >Phosphat< (NP-Lösung) bzw. von Stickstoff/Phosphat/Kalium (NPK-Lösung) verwendet. Der gebräuchlichste N-Dünger als F. ist die >Ammonnitrat-Harnstoff-Lösung<. Als Suspension gibt es ebenfalls mineralische >NPK-Dünger<, die größte Bedeutung haben hier aber organische >Dünger< in Form von >Jauche< und >Gülle<. Ein Sonderfall ist das gasförmige >Ammoniak<, das unter Druck flüssig transportiert und nach Druckentlastung als Gas – ebenso wie das druckfreie Ammoniakwasser – in den Boden eingebracht werden muß, womit Anwendungsprobleme verbunden sind. F. bieten beim Transport arbeitswirtschaftliche Vorteile, Lösungen lassen sich mit den vorhandenen Spritzgeräten ausbringen, man kann so eine hohe Flächenleistung und Genauigkeit erzielen. Auch die >Blattdüngung< erfolgt meist als F.

Flüssiggas. Propan-Butangemisch als >Brennstoff< und >Kraftstoff< für Fahrzeuge. Das F. ist unter mäßigem Druck flüssig und läßt sich deshalb noch rel. günstig im Fahrzeug mitführen. F. ergibt der Verbrennung weniger >Abgasschadstoffe< als >Otto<- oder >Dieselkraftstoffe<. Wegen der beschränkten Verfügbarkeit nur in einigen Ländern, z.B. den Niederlanden eingeführt.

Flüssigkeit für elektrostatische Applikation. (internat. Kurzbezeichnung: ED). Pflanzenschutzmittelformulierung (>Formulierung<) in Form einer Lösung oder einer >Suspension< auf Basis organischer Lösungsmittel zur Ausbringung mit Spezialgeräten. Kommerziell wurden bisher nur tragbare Kleingeräte entwickelt. Bei dem Elektrodyn(R)-Verfahren fließt das Produkt durch einen standardisierten Ringspalt und wird dabei elektrisch aufgeladen. Die Versprühung wird durch elektrostatische Abstoßung erreicht. Zusätzlich zu Gravitation und Windeinflüssen erfahren die einzelnen Tröpfchen auf ihrem Weg vom Applikationsgerät zur Pflanze eine zusätzliche Beschleunigung durch das elektrische Feld. Da sie dabei den elektrischen Feldlinien folgen, wird bei Einzelpflanzen eine gute Abscheidung auch auf den Blattunterseiten erreicht, während die Abscheidung bei geschlossenen Beständen wie z.B. Getreide überwiegend an den Spitzen erfolgt. Ist aus biologischen Gründen eine Tropfenabscheidung an den unteren Pflanzenteilen erforderlich, so kann ein Eindringen des Sprühnebels in den Bestand nur durch einen Trägerluftstrom erreicht werden. Durch die Aufladung sollen Verluste durch Abtrift von Tröpfchen minimiert werden. Bei den Formulierungen sind hinsichtlich des spezifischen elektrischen Widerstandes und bei Geräten ohne Zwangsdosierung auch hinsichtlich der >Viskosität< enge Grenzen einzuhalten.

Flüssigmist. Er wird landläufig auch als >Gülle< bezeichnet und ist nach DIN 4047 ein einstreuarmes oder einstreufreies pumpfähiges Gemisch von Kot, Harn und Wasser, wobei der Wasseranteil stets ein Vielfaches des Kot-Harn-Anteils beträgt. >Gülle<.

Flüssigphasenchemie. Ganz allg. werden darunter chem. Reaktionen von gelösten Komponenten in einem fl. Medium (Lsg.-Mittel) zusammengefaßt. Im besonderen beschränkt sich der Begriff auf chem. Prozesse, die in der atmosphärischen Flüssigphase ablaufen, d.h. in Wolken-, Regen- und Tautropfen. Prozesse, die an den Phasengrenzen fl./fest und fl./gasförmig ablaufen (atmosphärische Mehrphasenchemie, heterogene Atmosphärenchemie), werden dabei nur im Hinblick auf den Massentransport berücksichtigt. Die in der Flüssigphase gelösten Stoffe bzw. suspendierten Partikel können durch heterogene Kondensation von Wasserdampf oder durch Diffusion und Impaktion in die gebildeten Tropfen gelangt sein. Neben Gleichgewichtsreaktionen (z.B. Hydrolyse-, Protolyse- und komplexchem. Reaktionen, s. Tabelle, rechts) im Anschluß an physikalisch-chem. Lsg.-Vorgänge sind Ox.-Red.-Prozesse in der Flüssigphase verantwortlich für den Abbau und die beschleunigte Deposition von Luftschadstoffen. Die wichtigsten Ox.-Mittel sind

Flüssigphasenchemie: Wichtige Reaktionen in der atm. Flüssigphase und Phasenübergänge der Reaktionspartner

Gasphase	Flüssigphase	Feste Phase (Partikel)
	Dissoziation	
$HNO_3 \rightarrow$	$HNO_3 \rightarrow H^+ + NO_3^-$	
	$NaCl \rightarrow Na^+ + Cl^-$	$\leftarrow NaCl$
	Protolyse, Hydrolyse	
$NH_3 \rightarrow$	$NH_3 + H^+ \rightleftharpoons NH_4^+$	
	$Fe(OH)_3 + 2\,H^+ \rightleftharpoons$	$\leftarrow Fe(OH)_3$
	$Fe(OH)^{2+} + 2\,H_2O$	
$N_2O_5 \rightarrow$	$N_2O_5 + H_2O \rightarrow 2\,H^+ +$	
	$2\,NO_3^-$	
$SO_2 \rightarrow$	$SO_2 + H_2O \rightleftharpoons H_2SO_3 \rightleftharpoons$	
	$HSO_3^- + H^+$	
	$HSO_3^- \rightleftharpoons SO_3^- + H^+$	
$CH_2O \rightarrow$	$CH_2O + H_2O \rightleftharpoons CH_2(OH)_2$	
	Oxidations-Reduktions-Reaktionen	
$H_2O_2, O_3, O_2 \rightarrow$	$HSO_3^- + H_2O_2 \rightarrow$	
$SO_2 \rightarrow$	$SO_4^{2-} + H^+ + H_2O$	
$HNO_2 \rightarrow$	$NO_2^- + H_2O_2 \rightarrow NO_3^- + H_2O$	
	Addukt-Bildung	
$SO_2 \rightarrow$	$CH_2(OH)_2 + HSO_3^- \rightleftharpoons$	
$CH_2O \rightarrow$	$CH_2(OH)SO_3^- + H_2O$	
	Komplexbildung	
	$Fe^{3+} + OH^- \rightleftharpoons Fe(OH)^{2+}$	$\leftarrow Fe^{3+}$
$SO_2 \rightarrow$	$Fe^{3+} + SO_3^{2-} \rightleftharpoons [FeSO_3]^+$	
	Photolyse, photoreduktive Radikalbildung	
$H_2O_2 \rightarrow$	$H_2O_2 + h \cdot \nu \rightarrow 2\,OH$	
	$Fe(OH)^{2+} + h \cdot \nu \rightarrow$	$\leftarrow Fe^{3+}$
	$Fe^{2+} + OH$	
	Radikalbildung <Fenton Typ>	
$H_2O_2 \rightarrow$	$Fe^{2+} + H_2O_2 \rightarrow Fe^{3+} +$	$\leftarrow Fe^{3+}$
	$OH^- + OH$	
	radikalische Oxidation	
org. Spezies $\rightarrow$	$RH + OH \rightarrow$ Produkte	$\leftarrow$ org. Spezies
$OH, H_2O_2 \rightarrow$		

>Wasserstoffperoxid<, >Ozon<, org. Hydroperoxide und Luftsauerstoff, letzterer vor allem in Gegenwart katalytisch wirksamer Metallionen wie >Eisen<, >Mangan<, >Kupfer< und Vanadium. Daneben können auch OH- und HO$_2$-Radikale nach Phasentransfer aus der Gasphase oder nach photochem. Bildung in der Flüssigphase zur Ox. gelöster Bestandteile beitragen. Von größter Bedeutung für die ist die Ox. von gelöstem >Schwefeldioxid< durch >Wasserstoffperoxid<. Sie führt einerseits zum schnellen Austrag des Schadgases, leistet aber andererseits mit dem Produkt >Schwefelsäure< einen erheblichen Beitrag zur Säurebelastung der Flüssigphase (>saurer Regen<). Gehemmt wird die homogene Flüssigphasenox. des SO$_2$ durch Bildung der Hydroxymethansulfonsäure in Gegenwart von >Formaldehyd<. Eine wichtige Reaktion ist vermutlich die Hydrolyse von N$_2$O$_5$, das sich während der Nacht bei der Ox. der >Stickoxide< bildet. Der Beitrag, den die beim Abbau und Austrag einer Komponente leistet, hängt in erster Linie von deren Wasserlöslichkeit (s. Tabelle S. 447) ab. Deshalb spielt z.B. die Ox. von NO und NO$_2$ in der keine Rolle. Al-

Flüssigphasenchemie: Abhängigkeit der Gleichgewichtskonzentration (c_l) gasförmiger Komponenten in Wolkenwasser von einem mittleren atmosphärischen Mischungsverhältnis (m_0) bei $2\ mL/m^3$ Flüssigwasser in Regenwolken. Zehnerpotenzen sind in Klammern angegeben. K_H: Henry-Konstante ($T = 283$ K); Zahlen mit *: modifizierte Henrykonstante für Lösungsgleichgewichte bei pH 4,5. (Nach: Warneck, 1988)

Gas	K_H M/atm	m_0 ppmv	C_1 μM
O_2	1,7(–3)	2,1(5)	3,2(2)
CH_4	1,9(–3)	1,5	2,5(–3)
O_3	1,8(–2)	4(–2)	6,4(–4)
NO	2,5(–3)	5(–4)	1,1(–6)
NO_2	6,9(–3)	1(–3)	6,3(–6)
CH_2O	1,4(4)	2(–4)	1,5
H_2O_2	2,4(5)	1(–3)	1,7(1)
SO_2	1,7(3)*	1(–3)	1,4(1)
HNO_2	1,6(3)*	5(–4)	6,8(–1)
NH_3	6,5(6)*	5(–4)	1,9(1)
HNO_3	$\geq$1,4(7)*	5(–4)	9,6

lerdings kann auch bei guter Wasserlöslichkeit der Austrag behindert sein, wenn oberflächenaktive org. Moleküle einen Übergang aus der Gasphase in die Wassertropfen behindern. Das Sammeln von Flüssigwasser erfolgt im Falle von Niederschlag mit „wet-only"-Regenfängern, mit aktiven und passiven Nebelsammlern oder auch mit Wolkenwassersammlern auf speziell ausgerüsteten Flugzeugen. Tau wird auf inerten Rezeptoroberflächen abgeschieden. Aus Analysen der Flüssigphase lassen sich in Verb. mit meteorologischen Größen weitgehende Schlußfolgerungen hinsichtlich atmosphärenchem. Vorgänge ziehen.

Lit: Weschler CJ, Mandich ML, Graedel TE (1986) J Geophys Res 91: 5189–5221 – Graedel TE, Weschler CJ (1981) Rev Geophys space Phys 19: 303–339 – Warneck P (1988) Chemistry of the natural atmosphere, Academic Press, Inc San Diego, S. 374–421 – Nießner R, Kockow D (1985) Atmosphärische Spurenstoffe im Niederschlagswasser: Konzentrationen und chemisches Verhalten. In: Becker KH, Löbel J, Atmosphärische Spurenstoffe und ihr physikalisch-chemisches Verhalten. Springer-Verlag, Berlin Heidelberg New York Tokyo, S. 153–169 – Warneck EDP (1995) Heterogenous and liquid phase processes. Springer-Verlag, Berlin Heidelberg New York Tokyo.

Flüssigschlamm. Pumpfähiger >Klärschlamm<; meist ausgefault, der landwirtschaftlich verwertet wird. Von den technischen Möglichkeiten für die Verwertung im Landbau bietet sich bei nicht zu großer Entfernung besonders die Verteilung von flüssigem Faulschlamm mittels Rohrsystemen über Pumpe und Güllewerfer an. Der Schlammtransport mit Fahrzeugen ist wegen des hohen Wasseranteils (im nichtentwässerten Schlamm) nur auf beschränkte Entfernungen möglich, hat sich aber offenbar bewährt. Stichfester Faulschlamm ist einfacher zu transportieren. Als Nachteil wird seine schmierige, klumpige Beschaffenheit angesehen. Probleme bei der landwirtschaftlichen >Klärschlammverwertung< können sich aufgrund persistenter org. Schadstoffe und durch >Schwermetalle< ergeben.

Flüssigszintillationszähler. >Szintillationszähler<, dessen >Szintillator< eine org. Flüssigkeit ist (z. B. Diphenoloxazol, gelöst in Toluol). Bevorzugtes Nachweis- und Meßgerät für die niederenergetische >Betastrahlung< des >Tritiums< und >Kohlenstoff-14<.

Flüssigwasserstoff. Um größere Energiedichte zu erreichen, auf –253 °C tiefgekühlter Wasserstoff. Wird bei einigen Fahrzeug-Forschungskonzepten mit >Wasserstoffmotor< eingesetzt.

Flugasche. Aus dem >Abgas< von Feuerungen abgeschiedene >Filterstäube<. Der mittlere Aschegehalt, d. h. der Anteil an anorg. Bestandteilen, beträgt bei >Steinkohle<feuerungen ca. 15 %. Hiervon fällt bei Schmelzkammerfeuerungen der überwiegende Teil während des Verbrennungsprozesses als glasiges Granulat an. Mit dem Rauchgasstrom mitgerissene Aschepartikel werden im >Elektrofilter< abgeschieden und zum überwiegenden Teil in die Feuerung zurückgeführt und mit eingeschmolzen. Bei >Trockenfeuerungen< fallen ca. 90 % der Asche als Flugasche im Elektrofilter und ca. 10 % als Grobasche im Kessel an. Steinkohlenflugasche eignet sich insbesondere als Zuschlagstoff zu >Beton< und >Zemente<, da sie sowohl die Verarbeitbarkeit als auch die Festigkeit des Betons verbessert. Auch als Füllstoff in der Kunststoff- und Gummiindustrie wird Steinkohlenflugasche eingesetzt. Die Verwertungsquote der Steinkohlenflugasche erreicht ca. 80 % (1989). Flugaschen aus mit Braunkohle gefeuerten Kraftwerken (Aschenanfall ca. 7 %) können nahezu nicht verwertet werden und dienen vor allem zum Verfüllen von >Tagebauen<. Flugaschen aus der >Abgasreinigung< von >Abfallverbrennungsanlagen< (im allg. als >Filterstäube< bezeichnet) sind vergleichsweise hoch mit >Schwermetallen< und >polychlorierten Dibenzo-p-dioxinen< und >-furanen< belastet und müssen daher gesondert abgelagert werden. Wegen des in der Regel hohen Salzgehaltes unbehandelter Filterstäube sind diese entspr. den Vorgaben der >TA Abfall< >Untertagedeponien< zuzuführen. Zulässig ist jedoch auch der Einsatz unbehandelter Filterstäube zur Grubensicherung und als Versatzstoff im Bergbau. Durch Behandeln mit sauren Waschwässern können lösl. Verb., u. a. auch ein Teil der Schwermetalle, herausgelöst oder durch Verglasung bei hohen Temperaturen die Schadstoffe immobilisiert werden. Auch lassen sich die polychlorierten Dibenzo-p-dioxine und -furane durch Temperaturbehandlung unter Sauerstoffmangel zerstören. Derartige Behandlungsschritte befinden sich jedoch noch im Pilotstadium (1997).

Flugzeitanalysator. Gerät zur Best. der Geschwindigkeitsverteilung von Teilchen in einem Teilchenstrahl. Gemessen wird die unterschiedliche Flugzeit über eine gegebene Wegstrecke. Der Flugzeitanalysator dient zum Beispiel zur Best. von >Neutronen<energien.

Fluglärm. Der von Flugzeugen ausgehende Lärm. Der F. wird reglementiert durch das Gesetz zum Schutz gegen F. vom 30. 3. 1971, BGBl. I S. 282; auf der Grundlage des Gesetzes ist insbesondere ergangen die Schallschutzverordnung vom 5. 4. 1974, BGBl. I S. 903. Die genannten Rechtsvorschriften dienen dem Schutz der Allgemeinheit vor Gefahren, erheblichen Nachteilen und erheblichen Belästigungen durch den F. in der Umgebung von Flugplätzen; sie normieren als Baubeschränkungs- und Entschädigungsrecht für Verkehrsflughäfen und militärische Flugplätze mit Strahlflugzeugbetrieb einen aus zwei Schutzzonen bestehenden sog. Lärmschutzbereich.

Flugzeugabsturzsicherheit. >Kerntechnische Anlagen< wie z. B. >Kernkraftwerke<, müssen entsprechend den gültigen Sicherheitsvorschriften „flugzeugabsturzsicher" errichtet werden. Untersuchungen zum Komplex Flugzeugabsturz haben gezeigt, daß das von schnellfliegenden Militärmaschinen ausgehende >Risiko< best. wird. Um sicherzustellen, daß das Flugzeug Wände und Decken nicht durchdringt, sind Wandstärken von rund 1,5 m Stahlbeton erforderlich. Den Rechnungen liegt dabei der Absturz einer Phantom RF-4E zugrunde. Es wurde überprüft, daß diese Wandstärke auch für abstürzende Großraumflugzeuge – wie z. B. Boeing 747 – ausreicht, ja sogar wegen der geringeren Absturzgeschwindigkeit und der größeren Auftreffflächen geringere Wandstärken genügen. Die Sicherheitsvorkehrungen berücksichtigen auch alle Folgen eines Flugzeugabsturzes wie Treibstoffbrände und -explosionen oder Trümmerwirkungen.

Fluktuation. Längerfristige Schwankungen der Dichte einer >Population< in Abhängigkeit von inneren und äußeren Bedingungen, die im Vergleich von Jahr zu Jahr sichtbar werden. Kurzfristige >Abundanz<änderungen innerhalb eines Jahres werden davon als *Oszillationen* unterschieden.

Fluor (F). 1. allgemein: Chem. Element aus der Gruppe der Halogene. Chem. Symbol: F; Atomgewicht: 18,9984; Fp.: –219,61 °C; Siedepunkt: –187,52 °C; stechend riechendes, schwach grünlich-gelb gefärbtes Gas. Fluorgas bildet zweiatomige Moleküle (F_2) und ist etwa 1,3mal so schwer wie Luft. Fluor ist das reaktionsfähigste Element. Es verbindet sich direkt mit fast allen Elementen. Fluorverb. sind wichtige Nährstoffe und werden sogar zur Zahnkariesprophylaxe durch Fluoridierung des >Trinkwassers< oder durch Tabletteneinnahme eingesetzt. Zu hohe Konz. an Fluor können jedoch zu Fluorosen (Erkrankungen der Gelenke und Knochen) sowie Nieren-, Haut- und Zahnveränderungen führen. Pflanzen reagieren auf Fluor wesentlich empfindlicher als der menschliche Organismus. Fluorgas selbst ist ein starkes Lungengift, da es org. Verb. rasch zersetzt. Das bedeutendste Verfahren zur Herstellung von Fluor ist die >Elektrolyse< geschmolzener Kaliumhydrogenfluoride in Gefäßen aus Materialien, die sich mit einer Fluoridschicht bedecken, die Schutz vor einem weiteren Fluorangriff bietet. Fluor findet in der chem. Industrie insbesondere zur Herstellung fluorhaltiger org. Verb. wie >PTFE< und den als Kühl- und Reinigungsmittel sowie >Treibgas< eingesetzten Fluorchlorkohlenwasserstoffen (>FCKW<) Verwendung. Die >TA-Luft<, die zur Beurteilung immissionsschutzrechtlich >genehmigungsbedürftiger Anlagen< heranzuziehen ist, führt Fluor in der Klasse II der Ziffer 3.1.6 auf. Danach dürfen die Konz. an Fluor und seiner dampf- oder gasförmigen Verb., angegeben als >Fluorwasserstoff<, im >Abgas< bei einem >Massenstrom< von 50 g/h und mehr 5 mg/m³ nicht überschreiten. Durch >Absorption< in >Abgaswäschern< kann Fluor aus Abgasen entfernt werden. Elementares Fluor tritt jedoch nur selten in Abgasen auf. Belastungen durch reines Fluor sind deshalb insgesamt nicht relevant.

2. Boden: F hat die größte Elektronegativität aller Elemente und kommt im Boden nur als einwertiges Anion (F^-) vor. In Böden werden (F^-)-Ionen in Fe- und Al-Oxiden und Tonmineralen sowie in Form schwerlöslicher Verbindungen (z. B. CaF_2) gebunden. F^- bildet mit Al^{3+} und Fe^{3+} stabile lösliche Komplexe und fördert dadurch deren Verlagerung in sauren Böden. Für Tiere ist F ein essentielles Spurenelement, das aber bei zu hohen Konzentrationen toxisch wirken kann.

Konzentrationsüberblick (mg/kg):
Böden – allgemein: 20 bis 400
    – tonreich: bis 4.000
Sickerwasser: 0,04 bis 0,22

Fluoranthen. >Polycyclischer aromatischer Kohlenwasserstoff< aus vier kondensierten Ringen, $M_r = 202$, Smt. = 107 °C, Wasserlöslichkeit = 260 mg/L; der Verteilungskoeffizient *n*-Octanol/Wasser log $P_{o/w} = 5,33$. Kommt mit bis zu 20 g/kg im Steinkohlenteer vor. In Rohöl liegen die Konzentrationen bei 3 bis 5 ppm. Es entsteht ferner bei der Verbrennung bzw. Pyrolyse von org. Material. Die Konzentrationen in der Umwelt sind vergleichsweise hoch; sie liegen um den Faktor 5 bis 10 über den Werten von >Benzo[a]pyren<. Gesicherte Daten zur Ökotoxikologie liegen bisher nicht vor. Mutagenität ist nicht eindeutig nachgewiesen. Untersuchungen zur Kanzerogenität verliefen negativ.

Fluorchloridon. Wirkt als >Herbizid< und zählt zur Substanzklasse der Pyrrolidon-Derivate.
Chemische Bezeichnung: 2-Pyrrolidon-3-chlor-4-chlormethyl-1-(3-trifluormethylphenyl)
CAS-Nummer: 61213–25–0
Hersteller: Zeneca
Wirkungstyp: Vorauflauf-Herbizid. Fördert wahrscheinlich die Synth. von versch. Carotinoiden, die das Chlorophyll vor der Photoox. schützen. Behandelte Pflanzen zeigen Aufhellungen und Nekrosen.
Bevorzugte Anwendung: Gegen Unkräuter in Winterweizen, Kartoffeln, Sonnenblumen, Baumwolle u. a. Kulturen.

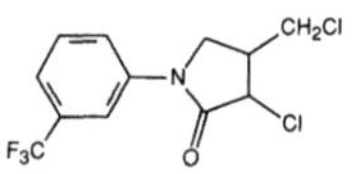

Chemische und physikalische Eigenschaften:
Physikalische Beschaffenheit: Braun-beiger Feststoff.
Schmelzpunkt: 61 bis 73 °C.
Dampfdruck: $7,5 \cdot 10^{-4}$ Pa bei 50 °C.
Verteilungskoeffizient (log $P_{o/w}$): 3,4 bei 20 °C.
Stabilität: Lichtstabil. Im sauren Medium und bei höheren Temp. erfolgt Zers.
Korrosives Verhalten: Korrosiv gegenüber Aluminium und Weißblech.
Löslichkeit: In Wasser 28 mg/L bei 20 °C.
Abbau und Metabolismus: Die Halbwertszeit im Boden beträgt zwischen 20 und 50 Tagen. Der Abbau von F. erfolgt in Ratten durch schnelle, extensive Metabolisierung und Ausscheidung.
Toxizität: Akute orale LD_{50} für weibliche Ratte 3.650 und männliche Ratte 4.000 mg/kg. Akute dermale LD_{50} für Kaninchen >5.000 mg/kg. Inhalation (4 Stunden) LC_{50} für Ratte >0,375 mg/L. Bei Kaninchen keine Haut- und Augenreizung.
Bienentoxizität: Nicht bienengefährlich.
Fischtoxizität: Techn. Wirkstoff: LC_{50} (96 Stunden) Forelle 4 mg/L und Bluegill Sunfish 5 mg/L.
Vogeltoxizität: Techn. Wirkstoff: LD_{50} Japanische Wachtel >2.150 mg/kg; 8-Tage-Tox mit techn. Wirkstoff LC_{50} für Stockente und Japanische Wachtel >5.000 mg/kg. EC_{50} (48 h) für *Daphnia* 5,1 mg/L.

Fluorchlorkohlenwasserstoffe (FCKW). Vielseitige Verwendung als Kältemittel in der gesamten Kältetechnik, als Treibgas in Spraydosen und in der Isolier-

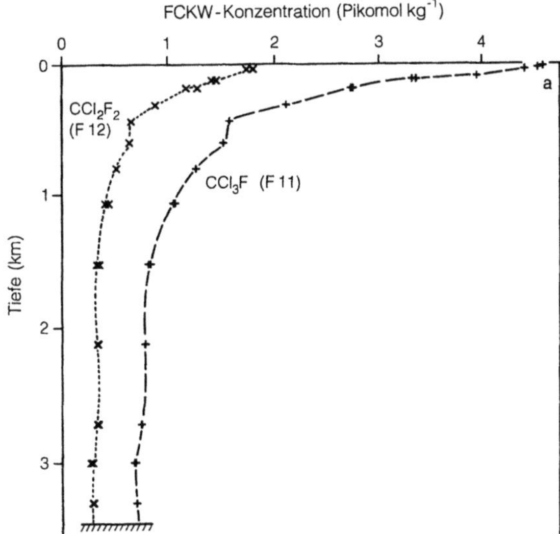

Fluorchlorkohlenwasserstoffe (FCKW):
Konzentrationsprofile der Fluorchlor-
kohlenwasserstoffe F11 und F12 in der
Grönlandsee. (Aus: Bullister u. Weiss 1983)

technik sowie als Lösungs- und Reinigungsmittel vorwiegend in der Elektroindustrie. Hauptvertreter sind „F11" = CCl_3F, „F12" = CCl_2F_2, „F113" = $CClF_2$-CCl_2F, „F114" = $CClF_2$-$CClF_2$ und „F115" = $CClF_2$-CF_3. Wegen der hohen Produktionsziffern und des relativ hohen Ozongefährdungspotentials sollen die o. a. FCKW nach dem Montrealer Protokoll von 1987 stark reduziert werden. Die globale Ausbreitung der FCKW wird auch durch die vertikale Ausbreitung von F11 und F12 in der Grönlandsee belegt (s. Abb. oben).

Lit: Schaefer C (1988) Fluor-Chlor-Kohlenwasserstoffe: wird ein chemischer Segen zum Fluch? Bild Wiss 2: 50–67 – Bullister JL, Weiss RF (1983) Anthropogenic Chlorofluoromethanes in the Greenland and Norwegian Seas. Science 221: 265–268.

Fluoren. Diphenylmethan. Farblose Verbindung mit drei kondensierten Ringen, die im weiteren Sinne zu den >PAH< gezählt wird. M_r = 166, Smt. = 116 °C, Wasserlöslichkeit = 2 mg/L. Liegt mit ca. 2% im >Teer< vor. Es entsteht ferner bei der Verbrennung bzw. Pyrolyse von organ. Material. Die Präsenz von Fluoren in der Umwelt ist vergleichsweise niedrig. Grund hierfür sind u. a. seine biologische Abbaubarkeit zu CO_2 wie auch der Abbau durch Photooxidation. Es liegen keine Hinweise auf Mutagenität und Kanzerogenität vor.

Fluoreszenz. Emission von Licht einer charakteristischen Wellenlänge durch ein chemisch (enzymatisch) oder photochemisch elektronisch angeregtes System.

Eine als F. bezeichnete Erscheinung wurde erstmals an Lösungen org. Stoffe (Extrakte des sog. blauen Sandelholzes, Lignum nephriticum, sowie der Roßkastanienrinde) aufgefunden (MONARDES, 1575; GRIMALDI, 1665). Der Name leitet sich vom Flußspat (Fluorit) her, der in gewissen unreinen Abarten anfangs des 19. Jahrhunderts zum Studium dieser Erscheinung benutzt wurde (BREWSTER, 1833; HERSCHEL, 1845). Von STOKES (1852) stammen die ersten systematischen Untersuchungen zur F. und zur sog. Konzentrationslösung.

Elektronisch angeregte Zustände, wie z.B. >Singulett-< bzw. >Triplett-<Zustände, kehren unter Abgabe der Anregungsenergie (strahlungslos dissipativ in das umgebende Medium oder unter >Emission-<von Licht) in den Grundzustand zurück. Die Grundzustände sowie die verschiedenen erreichbaren, elektronisch angeregten Zustände (Singulett SX, Triplett TX) sind im >Jabloński-Termschema< abzulesen. Triplett-Zustände kehren unter >Phosphoreszenz< und Singulett-Zustände unter F. in den Grundzustand (hier zunächst in ein höheres Schwingungsniveau v' des Grundzustandes) zurück. Wird die absorbierte Energie in gleicher Wellenlänge abgegeben, spricht man von >Resonanz-Fluoreszenz<; durchweg findet jedoch die Emission, der Stokes'schen Regel folgend, bei längerer Wellenlänge statt (Übergang vom Schwingungsniveau $v0$ von S1 in ein höheres Schwingungsniveau vX von S0). Der angeregte Zustand des entsprechenden Moleküls wird durch Einwirkung von sichtbarem (VIS) oder ultraviolettem (UV) Licht (h · v), seltener auch durch Zufuhr von thermischer Energie (chemelektronische Anregung „photochemistry without light") und (vermutlich weitverbreitet) enzymatisch erreicht. Die Lebensdauer des S1-Zustandes liegt – im Gegensatz zur Lebensdauer eines Triplett-Zustandes von 10–3s; sie kann emissionsspektroskopisch (F.-Spektroskopie, Photoflash-Spektroskopie) ermittelt werden. In selteneren Fällen wird die nach Anregung durch Röntgenstrahlung emittierte >Röntgenfluoreszenz< gemessen.

Die F.-Spektroskopie kann wertvolle Informationen über Lebensdauer, Geschwindigkeitskonstanten und Energie der angeregten Singulett-Zustände vermitteln und stellt eine wertvolle analytische Methodik für die Photochemie organischer und anorganischer Moleküle dar, insbesondere bei der Aufklärung des Ablaufes von Photoreaktionen. Gemäß der Stokes'schen Regel ist das F.-Spektrum spiegelbildlich zum Absorptionsspektrum (Intensität der einzelnen Übergänge folgt aus dem Franck-Condon-Prinzip: Übergangswahrscheinlichkeit der möglichen 0–0, 0–1, 0–2 usw. Über-

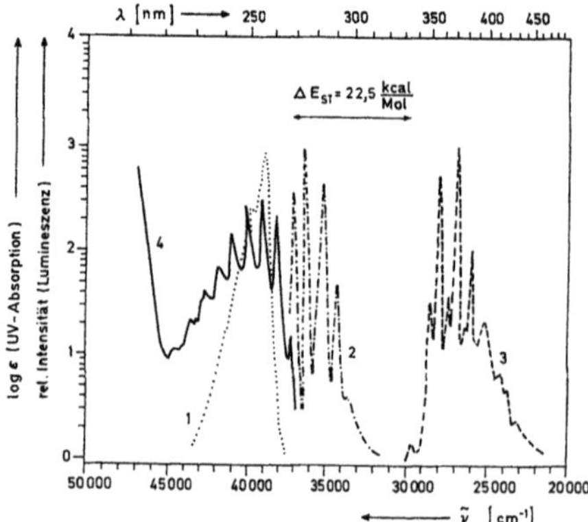

Fluoreszenz: Spektren von Benzol. 1. Fluoreszenz-Anregung, Emission bei 274 nm. 2. Fluoreszenz-Emission, Anregung bei 255 nm. 3. Phosphoreszenz-Emission, Anregung bei 255 nm, Konzentration: $4,2 \times 10^{-3}$ m, Temperatur: 77 °K, Lösungsmittel: Äther/Isopentan 1:1, Photomultiplier: EMI 9781B, Spektrometer: Aminco-Bowman SPF. 4. UV-Absorption, Konzentration: $2,9 \times 10^{-3}$ m, Temperatur: 300 °K, Lösungsmittel: Cyclohexan, Spektrometer: Cary 14 (aus: Houben-Weil (1975), Methoden der Organischen Chemie, 4. Aufl. Band 4, Teil 5 a, S. 17, Thieme, Stuttgart)

gänge zwischen S0 und S1 in Abhängigkeit vom Kernabstand).

Die emittierte F. kann durch Löschung (engl. quenching) ausbleiben. Gründe hierfür sind strahlungslose Übergänge, Konzentrationslöschung oder Übergang der elektronischen Energie auf andere „Löscher" (Quencher), sowie >intersystem crossing< zu Triplett-Zuständen (und deren Phosphoreszenz-Emission).

Die relativ häufig auftretenden F.-Erscheinungen werden bei gewöhnlichem Tageslicht aber auch bei Kunstlicht (UV-Betrachtungslampen, Quarzlampen) nur selten beobachtet. Technische Anwendung findet die F.-Emission in Leuchtstoff- und Gasentladungsröhren. Oft wird das dabei emittierte UV-Licht erst durch die im Inneren der Röhre aufgedampften Fluoreszenzbeläge in sichtbares Licht umgewandelt.

Im Bereich der org. Chemie findet man F. bei aromatischen Verbindungen, insbesondere bei Benzolderivaten (vgl. Abb.). Kondensierte Aromaten und Heteroaromaten weisen häufig eine bis in den sichtbaren Bereich verschobene F. auf.

Moderne Entwicklungen der F. sind die Entwicklung von Lampen, die durch >LASER<-Strahlung angeregt werden (Gaslaser, Festkörperlaser, Farbstofflaser); in der klinischen Chemie benutzt man fluoreszenzfähige Moleküle in der F.-Analyse als >Fluoreszenzsonden< (fluorescent probes) für >Markierungen<, vor allem in der Immunologie. >Fluorogene< (fluorophore) Gruppierungen werden zur Untersuchung von Enzymen und Proteinen eingesetzt. Fluoreszierende Briefmarken erleichtern den Betrieb der heutzutage vollelektronisch gesteuerten Briefsortier- und Briefstempelanlagen der Deutschen Bundespost. Neben der Verbesserung von Solarkollektoren benutzt man in der Waschmittelindustrie fluoreszierende Stoffe als >optische Aufheller< (Weißtöner).

Lit: Förster T (1982) Fluoreszenz Organischer Verbindungen, Vandenhoeck & Ruprecht, Göttingen – Turro NJ (1978) Modern Molecular Photochemistry, Benjamin/Cummings Publishing Co, Menlo Park, USA – Ullmanns Enzyklopädie der techn. Chemie (1980), 4. Aufl., Bd. 5, S. 269, Verlag Chemie, Weinheim – Langhals H (1980) Nachr Chem Tech Lab 28: 716.

Fluoroglycofen-ethyl. Wirkt als >Herbizid< und zählt zur Substanzklasse der Diphenylether.
Chemische Bezeichnung: Ethyl-O-(5-(2-chlor-α,α,α-trifluor-*p*-tolyloxy)-2-nitrobenzoyl)glycolat
CAS-Nummer: 77501–90–7
Hersteller: Rohm & Haas
Wirkungstyp: Selektives Blatt- und Wurzelherbizid; wirkt über die Hemmung der Photosynthese (Hemmstoff der Protoporphyrinogenoxidase).
Bevorzugte Anwendung: Gegen Unkräuter im Getreide im Nachauflauf.

Chemische und physikalische Eigenschaften: Bernsteinfarbener Feststoff mit einem Schmelzpunkt von 65 °C und einem spezifischen Gewicht von 1,01 bei 25 °C.
Dampfdruck: < 133 Pa bei 25 °C.
Verteilungskoeffizient (log Po/w): 3,65 bei 25 °C.
Löslichkeit: In Wasser 0,6 mg/L bei 25 °C.
Stabilität: In wäßrigen Lösungen gegen UV-Licht instabil. Der Wirkstoff ist schwach korrosiv zu Aluminium.
Abbau und Metabolismus: Im Boden und im Wasser erfolgt schnelle Hydrolyse zur Säure mit im Boden anschließenden mikrobiellen Abbau. Die HWZ der Umsetzung zu Acifluorfen im Boden beträgt ca. 11 Stunden. Im Säugerorganismus erfolgt Hydrolyse des Esters und Umsetzung der Nitrogruppe.
Säugertoxizität: Akute orale LD_{50} für Ratte 1.500 mg/kg und dermale LD_{50} für Kaninchen >5.000 mg/kg. Bei Kaninchen leichte Haut- und Augenreizwirkung. Inhalation LC_{50} (4 h) für Ratte >7,5 mg/L Luft (als formuliertes EC-Produkt). 1-Jahr-Fütterungstest NOEL für Hund 320 mg/kg Futter. ADI-Wert 9 μg/kg KGW.
Bienentoxizität: LC_{50} Kontakt >100 μg/Biene.
Fischtoxizität: LC_{50} (96 h) für Forelle 23 mg/L.
Vogeltoxizität: Akute orale LD_{50} für Japanische Wachtel >3.160 mg/kg. LC_{50} (8 d) für Stockente >5.000 mg/kg.
Wirbellosetoxizität: LC_{50} (48 h) für *Daphnia* 30 mg/L.

Fluorwasserstoff. Anorg. Säure; chem. Formel: HF; M_r: 20,01; FP: −83,07 °C; Siedepunkt: 19,54 °C; farblose, an der Luft stark rauchende Flüssigkeit. Fluorwasserstoff-Gas riecht äußerst stechend, reizt die Schleimhäute; bezüglich Gesundheitsgefahren s. >Fluor<. Fluorwasserstoff wird üblicherweise durch Einwirkung konz. Schwefelsäure auf Flußspat (CaF_2) hergestellt. Eine Lsg. von Fluorwasserstoff in Wasser wird Fluorwasserstoffsäure oder Flußsäure genannt. Flußsäure ist eine schwache Säure, greift jedoch Glas an, da dessen Hauptbestandteil, das Siliciumdioxid, mit Fluorwasserstoff zu SiF_6^{2-} reagiert. Fluorwasserstoff wird bei vielen Verarbeitungsprozessen der chem Industrie (Herstellung von Fluorwasserstoff, Fluororg. Verb., >Düngemitteln<, >Phosphorsäure<), Metallindustrie (Kupolöfen, Elektrolichtbogenöfen, Aluminiumhütten, Zinnhütten, Stahlwerke, Erz-Sinteranlagen) und

Industrie der Steine und Erden (Ziegeleien, Glashütten, Glasätzereien, Keramikbetriebe) sowie beim Einsatz fluorhaltiger Kohle freigesetzt. Bezüglich der >Emissionswerte< für Fluorwasserstoff nach >TA Luft< s. Fluor. Durch >Absorption< in >Abgaswäschern< kann Fluorwasserstoff aus >Abgasen< entfernt werden. Der Abscheideeffekt wird durch basisch arbeitende Wäscher verbessert. Insbesondere in der keramischen Industrie kommen basische Festbettadsorber zum Einsatz. Wegen der stark pflanzenschädigenden Wirkung von Fluorwasserstoff sind in der TA Luft zum Schutz vor erheblichen >Nachteilen< oder erheblichen >Belästigungen< für Fluorwasserstoff und anorg. gasförmige Fluorverb., angegeben als Fluor, ein >Immissionswert< IW 1 von 1 μg/m^3 und ein Immissionswert IW 2 von 3,0 μg/m^3 aufgeführt. Die >VDI-Richtlinie< 2310 nennt zum Schutz des Menschen folgende >MIK-Werte<: 1/2-Stunden-MIK: 0,2 mg/m^3; 24-Stunden-MIK: 0,1 mg/m^3; Jahres-MIK: 0,05 mg/m^3. Diese Werte sind wesentlich höher als die Immissionswerte der TA Luft, die die wesentlich empfindlicheren Pflanzen berücksichtigen. So ist der Jahres-MIK-Wert um den Faktor 50 höher als der vergleichbare IW 1.

Zum Schutz der Arbeitnehmer führt die MAK-Liste (Stand 1997) eine max. Arbeitsplatzkonzentration von 2,5 mg/m^3 auf.

Flurbereinigung. Neuordnung des ländlichen Grundbesitzes zum Zwecke der Verbesserung der Produktions- und Arbeitsbedingungen in der Land- und Forstwirtschaft sowie zur Förderung der allg. Landeskultur und Landesentwicklung. Die Neuordnung wird von Fachbehörden in einem bestimmten Verfahren (Flurbereinigungsverfahren) durchgeführt. Wichtigste Rechtsgrundlage ist das Flurbereinigungsgesetz i. d. F. der Bekanntmachung vom 16. 03. 1976, BGBl. I S. 546; hinzu kommen landesrechtliche Normen zur Ausführung des Flurbereinigungsgesetzes, ferner gibt es Rechtsverordnungen, die auf der Basis des Flurbereinigungsgesetzes erlassen worden sind.

Flurenol. Wirkt als >Herbizid< und zählt zur Substanzklasse der Fluorencarbonsäure-Derivate.
Chemische Bezeichnung: 9-Hydroxy-fluorencarbonsäure-(9)-*n*-butylester
CAS-Nummer: 2314–09–2
Hersteller: Cyanamid
Wirkungstyp: Nachauflauf-Herbizid, meistens zus. mit Phenoxycarbonsäuren angewendet. Wirkt bei alleinigem Einsatz als Wachstums-Hemmstoff. Aufnahme durch Blätter und Wurzeln.
Bevorzugte Anwendung: In Kombination mit weiteren Herbiziden (s. o.). Bekämpfung von breitblättrigen Unkräutern einschl. Klettenlabkraut, Vogelmiere, Knöterich, Kamille (Nachauflauf), im Frühjahr in Winter- und Sommergetreide. Auch gegen zweikeimblättrige Unkräuter in Zier- und Sportrasen.

Chemische und physikalische Eigenschaften:
Physikalische Beschaffenheit: Farblos, krist.
Schmelzpunkt: 71 °C.
Dampfdruck: *n*-Butylester: 1,3 · 10^{-4} Pa bei 25 °C.
Verteilungskoeffizient (log P$_{o/w}$): 3,7 bei 20 °C.

Stabilität: Der Ester wird in saurem und alkal. Medium hydrolysiert.
Löslichkeit: In Wasser unter 0,1 % (50 bis 70 °C).
Abbau: Metaboliten bis zum Flurenonderivat wie beim Chlorflurenol beschrieben. In Böden und Pflanzen vollständiger mikrobieller Abbau. Bei Aufwandmengen bis 0,5 kg/ha AS nach 4 bis 6 Wochen keine Aktivsubstanz im Boden mehr nachweisbar.
Bei Ratten wird bei oraler Verabreichung die Substanz (*n*-Butylester) innerhalb von 24 Stunden zu 60 bis 95 % im Urin, der Rest in den Faeces wieder ausgeschieden.
Hauptausscheidungsprodukt im Urin ist die freie Carbonsäure, in den Faeces teilweise auch die unveränderte Substanz.
Toxizität: Akute orale LD$_{50}$ für Ratte >10.000 mg/kg. Akute dermale LD$_{50}$ für Ratte >10.000 mg/kg. Bei Kaninchen keine Haut- und Augenreizung.
Bienentoxizität: Nicht bienengefährlich (B 4).
Fischtoxizität: Nicht fischgiftig. LC$_{50}$ (96 h) für Karpfen ca. 18,2 und Regenbogenforelle ca. 12,5 mg/L.

Fluroxypyr. Wirkt als >Herbizid< und zählt zur Substanzklasse der Pyridin-Derivate.
Chemische Bezeichnung: 4-Amino-3,5-dichlor-6-fluor-2-pyridinyloxyessigsäure
CAS-Nummer: 69377–81–7
Hersteller: Dow Agrosciences
Wirkungstyp: Systemisches, breitblättriges Herbizid vom Auxin-Typ. Wirkt vorwiegend über das Blatt, kann aber auch über die Wurzel absorbiert werden.
Bevorzugte Anwendung: Nachauflauf, gewöhnlich in Kombination mit anderen Herbiziden gegen breitblättrige Unkräuter im Getreide. Weiterhin Einsatz im Mais, Weideland, Obstbau, Weinbau gegen breitblättrige Unkräuter alleine oder in Kombination sowie gegen Probleme breitblättriger Unterhölzer in Koniferen (Fichten und kurznadelige Kiefern).

Chemische und physikalische Eigenschaften:
Physikalische Beschaffenheit: Farblose Kristalle.
Schmelzpunkt: 232 bis 233 °C.
Dampfdruck: 0,126 mPa bei 25 °C und 1,0 mPa bei 35 °C.
Stabilität: Stabil in saurem Medium. Reagiert mit Laugen unter Bildung von Salzen. Halbwertszeit in Wasser bei 20 °C und pH 9 beträgt 185 Tage.
Löslichkeit: In Wasser 0,09 g/L bei 20 °C.
Abbau und Metabolismus: In Ratten wird der Wirkstoff fast komplett und schnell über den Urin ausgeschieden. In Pflanzen findet keine Metabolisierung statt. Mikrobiol. Abbau im Boden mit einer Halbwertszeit von ungefähr 50 Tagen.
Toxizität: Akute orale LD$_{50}$ für Ratte 2.405 mg/kg, dermale LD$_{50}$ für Kaninchen >5.000 mg/kg. Geringe Augenreizwirkung, keine Hautreizwirkung. In 2 jährigen Fütterungsstudien betrug der NOEL für Ratte 80 mg/kg/Tag. Keine mutagenen oder teratogenen Eig. Inhalationstoxizität LC$_{50}$ (4 Stunden) für Ratte >296 mg/m^3.
Bienentoxizität: Nicht toxisch. LD$_{50}$ (48 Stunden) >100 μg/Biene.

Fischtoxizität: LC_{50} (96 Stunden) für Regenbogenforelle >100 mg/L. Für den Methylheptylester LC_{50} (96 Stunden) für Regenbogenforelle >0,7 mg/L.
Vogeltoxizität: Akute orale LD_{50} bei Säure und Ester beträgt für Stockente >2.000 mg/kg.

Flusilazol. Wirkt als >Herbizid< und zählt zur Substanzklasse der Triazol-Derivate.
Chemische Bezeichnung: *Bis*-(4-Fluorphenyl)-methyl-(1*H*-1,2,4-triazol-1-ylmethyl)-silan
CAS-Nummer: 85509-19-9
Hersteller: Du Pont
Wirkungstyp: Systemisches Fungizid mit protektiver und kurativer Wirkung. Hemmt die Ergosterol-Biosynth.
Bevorzugte Anwendung: Gegen Halmbruchkrankheit, Braunfleckigkeit, Mehltau sowie Braun- und Gelbrost an Weizen, gegen Apfelschorf und gegen Mehltau an Weintrauben.

Chemische und physikalische Eigenschaften:
Physikalische Beschaffenheit: Weißer, krist. Feststoff.
Schmelzpunkt: 55 °C.
Dampfdruck: $1,1 \cdot 10^{-4}$ hPa.
Dissoziationskonstante: pKa 2,4 bei 25 °C (konjugierte Säure).
Verteilungskoeffizient (log $P_{o/w}$): $5,6 \cdot 10^3$ bei 20 °C.
Stabilität: Unter normalen Lagerbedingungen mehr als zwei Jahre stabil.
Unverträglich mit Gummi, Neopren und Polyethylen.
Löslichkeit: In Wasser 45 mg/L bei pH 7,8 und 900 mg/L bei pH 1,1, jeweils bei 20 °C.
Abbau und Metabolismus: Bei Ratten nach oraler Gabe schnelle Absorption und Metabolisierung. Rasche Ausscheidung der Radioaktivität über Urin und Faeces. Abnahme der Konz. in allen Organen und Geweben.
Toxizität: Akute orale LD_{50} für männliche Ratte 1.110 mg/kg, für weibliche Ratte 674 mg/kg. Akute dermale LD_{50} für Kaninchen >2.000 mg/kg. Inhalation LD_{50} Ratte >5,0 mg/L Luft. Geringe Haut- und Augenreizung. 90-Tage-Fütterungstest NOEL für Ratte 125 mg/kg Futter, Maus und Hund 25 mg/kg Futter. 1-Jahr-Fütterungstest NOEL für Ratte 10 mg/kg Futter, Hund 5 mg/kg Futter.
Bienentoxizität: Nicht bienengefährlich. LD_{50} >150 µg/Biene.
Fischtoxizität: LC_{50} (96 Stunden) für Regenbogenforelle 1,2 mg/L und Blauer Sonnenbarsch 1,7 mg/L. LC_{50} (48 Stunden) für *Daphnia* 3,4 mg/L.
Vogeltoxizität: Akute orale LD_{50} für Stockente >1.590 mg/kg. Akute orale LC_{50} für Stockente 1.584 mg/kg und Japanische Wachtel >5.620 mg/kg. Reproduktionstest NOEL für Stockente und Japanische Wachtel 25 mg/kg Futter.
Giftklasseneinstufung: Xi (reizend) nach Gefahrstoffverordnung.

Flußbegradigung. Wasserbauliche Maßnahme zur Verkürzung der Lauflänge eines >Fließgewässers< durch Abschneiden der Flußschlingen (Mäander). Diese bleiben als >Altwässer< oder >Altarme< erhalten. Durch diese Laufverkürzung tritt eine Erhöhung des Abflußgefälles als Höhenverlust/km, eine Zunahme der Abflußgeschwindigkeit, als Folge eine verstärkte Abtragung von Sohlenmaterial und Eintiefung des Gewässers in das Gelände ein. Die weitere Folge ist ein entsprechendes Absinken des Grundwasserspiegels. Dadurch vergrößert sich der >Flurabstand< und es kommt zur Veränderung der Vegetation, im Extremfall zur Versteppung. Flußbegradigungen sind somit nur bei zwingenden Güteabwägungen durchzuführen. Bei der Gewässerrenaturierung wird die Rückführung des Flußlaufs von einem begradigten in einen natürlich mäandrierenden Verlauf angestrebt, sofern dies vom Gewässertyp geboten erscheint.

Flußbelüftung. Die Selbstreinigungskraft eines Gewässers hängt von der Wasserführung bzw. von dem Wasservol., von der Sauerstoffzuführung aus der Atmosphäre und von dem Umfang der biol. Vorgänge im Wasser ab. Durch wasserbauliche und wasserwirtschaftliche Maßnahmen kann die >Selbstreinigungskraft< eines Gewässers erheblich gesteigert werden. Sauerstoff kann auch künstlich in ein Gewässer, in einen Fluß oder See, eingebracht werden; entweder durch Einblasen von Luft in das Wasser (z. B. durch >Filterkerzen<) oder Einschlagen von Luft in das Wasser mit Hilfe von Walzen, Paddelrädern u. a. oder durch Verspritzen des Wassers in der Luft. Die Berechnung der künstlichen Belüftung eines Fließgewässers geht vorzugsweise von einer gemeinsamen kritischen >Sauerstofflinie< aus, die durch künstliche Belüftung an einer oder an mehreren Stellen erhöht werden soll. Man berechnet die Sauerstofflinie, die sich nach Inbetriebnahme der Belüftungsanlagen für sonst gleichbleibende Verhältnisse ergibt.
Lit: Abwassertechnische Vereinigung (Hrsg.) (1982–1986) Lehr- und Handbuch der Abwassertechnik, 3. Aufl., Bd. 1–7, Verlag von Wilhelm Ernst und Sohn, Berlin München – Imhoff K, Imhoff KR (1990) Taschenbuch der Stadtentwässerung, 27. Aufl., R. Oldenbourg Verlag, München Wien.

Flußdichte. (Syn. zu Stromdichte oder Stromstärke). In Anlehnung an Begriffe wie Durchflußmenge eines >Fließgewässers< durch einen Fließquerschnitt oder die elektrische Stromstärke: die Menge materieller oder energetischer Komponenten, die pro Zeiteinheit durch die Flächeneinheit der durchflossenen Querschnittsfläche „fließt". Die Dimension der Flußdichte – und damit auch der >Leitfähigkeitsparameter< – ist abhängig davon, ob man Mengen volumetrisch – z. B. bei inkompressiblen Medien wie Wasser – oder durch die Masse angibt: Dimension des Volumenflusses $[q] = cm^3\,cm^{-2}s^{-1} = cm\,s^{-1}$, des Massenflusses $[J] = g\,cm^{-2}s^{-1}$. Voraussetzung für kontinuierliche Flüsse ist, daß die Partikelgrößen gegenüber betrachtetem Flächenquerschnitt klein und Durchtrittshäufigkeiten im Verhältnis zur gewählten Zeiteinheit groß sind. Man spricht auch von Verkehrsflüssen, Materialflüssen, Geldflüssen etc.

Flußkläranlage. >Kläranlage< an der Mündung eines Flusses zur Reinigung des Flußwassers. Beispiel dafür ist das Klärwerk Emschermündung der Emschergenossenschaft, für eine Wasserführung von 30 m^3/s sowie die Emscherflußkläranlage im Norden von Essen, in der das Abwasser von 1,8 Mio. Einwohnern und der im Einzugsgebiet befindlichen Industriebetriebe behandelt wird.

Flußkrebse. Wichtigste Gruppe der zehnfüßigen Krebse (Ordnung Decapoda) im Süßwasser, weltweit verbreitet, größte Art *Astacopsis gouldi* in Australien mit 45 cm Länge und 3 kg Gewicht. Biologie: Der mitteleuropäische Flußkrebs *Astacus astacus* ist, wie die meisten Arten, ein Allesfresser, ältere Tiere konsumieren mehr Tierisches. Paarung im Oktober/November. Das Weibchen produziert 20 bis 350 Eier, die unter dem Hinterleib getragen werden. Im Juni/Juli schlüpfen die Larven und bleiben noch 2 bis 4 Wochen bei der Mutter. Die Jungkrebse häuten sich mehrmals/Jahr, die geschlechtsreifen insgesamt noch ein- oder zweimal. Ein Teil des Schalenkalks wird vorher im Körper gespeichert, die abgestreifte Haut auch verzehrt. Der weitere Kalkbedarf wird aus dem Wasser über die Blutkiemen aufgenommen. Flußkrebse leben in naturnahen Gewässern, die größeren Arten werden wirtschaftlich genutzt, wobei auch Besatzmaßnahmen und Einbürgerungen in geeigneten Gewässern eine Rolle spielen. Krankheiten: Durch den Pilz *Aphanomyces astaci* wurde und wird die Krebspest verursacht, durch die um 1880 der Edelkrebs *Astacus astacus* in Mitteleuropa fast ausgerottet wurde; später wurden in den Gewässern resistente Arten eingesetzt. Auch der Bachkrebs, Dohlenkrebs und der Galizische Sumpfkrebs gehen an der Krankheit zugrunde, nicht aber der Kamberkrebs, der befallen, aber nicht geschädigt wird und als Dauerausscheider der Erreger die Krankheit im Befallsgebiet verbreitet. Durch andere Pilze wird die Brandfleckenkrankheit, durch den Einzeller *Thelohania contejani* die Porzellankrankheit verursacht. In Mitteleuropa sind folgende Arten einheimisch:
Edelkrebs (Flußkrebs) *Astacus astacus* L., durchschnittliche Länge des Weibchens 10 bis 11 cm, des Männchens 12 bis 13 cm; Gewicht 40 bis 50 g bzw. 90 bis 100 g. Die Tiere leben in der Uferzone stehender und fließender Gewässer.
Steinkrebs (Bachkrebs) *Austropotamobius torrentium* (SCHRANK). Länge 6 bis 10 cm, Gewicht 40 g. Der Krebs hat keine wirtschaftliche Bedeutung; er lebt in sommerkalten naturnahen Gebirgsbächen.
Dohlenkrebs *Austropotamobius pallipes* (LEREBOULLET). Größe 7 bis 10 cm. In der Uferzone stehender und fließender sommerwarmer Gewässer im südwestlichen Europa bis in die Schweiz. Ohne wirtschaftliche Bedeutung.
Aus wirtschaftlichen Gründen in Mitteleuropa eingebürgert sind: Galizischer Sumpfkrebs *Astacus leptodactylus* (ESCHSCHOLZ) aus Osteuropa; Kamberkrebs *Oronectes limosus* (RAFFINESQUE) aus Nordamerika; Signalkrebs *Pacifastacus leniusculus* (DANA) aus California/Nevada und Roter Sumpfkrebs *Procambarus clarcii* (GIRARD) aus den USA.
Lit: Hoffmann J (1980) Die Flußkrebse. 2. Aufl., Parey, Hamburg Berlin – Holdich DM, Lowery RS (1988) Freshwater crayfish. Biology, Management, Exploitation. 1. Aufl., Croom Helm, London Sydney Timer Trees Portland Oregon.

Flußperlmuschel. *Margaritifera margaritifera*. Größte mitteleuropäische Süßwassermuschel, Familie Margaritiferidae. Sie lebt in schnell fließenden, nährstoffarmen und kalkarmen Gewässern mit sandig-kiesiger Sohle und gut ausgebildetem >hyporheischen Interstitial<. Entwicklung: Die Muscheln leben in dichten Beständen. Die geschlechtsreifen Männchen stoßen Samenzellen aus, die mit dem strömenden Wasser zu den weiblichen Tieren gelangen und von ihnen eingestrudelt werden. Die besamten Eier entwickeln sich zu Larven, die in Europa mindestens 4 bis 6 Wochen an Bachforellen parasitieren. Anschließend leben sie mehrere Jahre im hyporheischen Interstitial, ehe sie sich als ca. 20 mm große Muscheln auf der Bachsohle festsetzten. Die Muscheln werden erst mit 20 Jahren geschlechtsreif und erreichen ein Alter von 70 Jahren. Die Schalen der älteren Tiere sind besonders dick, obwohl der Kalkgehalt in den Bächen extrem gering ist. Die Perlen bestehen überwiegend aus Calciumcarbonat und entwickeln sich am Mantelrand der Tiere. Die Perlmuscheln waren früher in den Bächen von Vogelsberg und Rhön, Spessart, Odenwald, Bayerischer Wald, Fichtelgebirge, Oberpfälzer Wald und in der Eifel (Monschau: Perlenbach) sehr häufg, heute sind in diesen Gebieten noch überalterte Restpopulationen vorhanden, die gepflegt werden. Ursachen des Rückgangs sind 1. die starke Entnahme von Muscheln für die Perlengewinnung; 2. wasserbauliche Umgestaltung der Bäche, besonders Begradigung und Sohlensicherung, 3. Schadstoffbelastung der Gewässer. In einem Schutzprogramm wird gegenwärtig versucht, die noch existierenden Bestände zu erhalten und zu vermehren. Dazu gehören auch detaillierte Forschungen über die Biologie der Art. Die Gesamtverbreitung der Muschel ist subarktisch-zirkumpolar in Nordamerika, Europa und Asien.
Lit: Riedl G (1928) Die Flußperlmuscheln und ihre Perlen, Jahrb. Oberösterr Musealverein 82: 257–358 – Jungbluth JH, Lehmann G (1976) Untersuchungen zur Verbeitung, Morphologie und Ökologie der Margaritifera-Populationen an den atypischen Standorten des jungtertiären Basalts im Vogelsberg/Oberhessen (Mollusca: Bivalvia), Arch Hydrobiol 78: 165–212 – Bauer G, Eicke L (1986) Pilotprojekt zur Rettung der Flußperlmuschel, Natur u Landschaft 61: 140–143.

Flußsäure. >Fluorwasserstoff<.

Flußsee. Seenartige Erweiterung eines Flusses mit verringerter Strömung, verlängerter Verweilzeit des Wassers und dementspr. feinerem Sediment. Entspr. kann sich eine Uferflora, ein >Plankton< und eine für Seen typische Bodenfauna ausbilden. Ein typischer Flußsee ist z.B. der Baldeneysee der Ruhr und der Müggelsee der Spree. Bodensee, Genfersee, Zürichsee etc. sind keine F., da das Vol. des Seebeckens im Vergleich zur Wasserführung des Hauptzuflusses (Rhein, Rhone, Limmat) viel zu groß ist und entspr. die >Erneuerungszeit< des Wassers mehrere Jahre beträgt.

Flutriafol. Ein systemisch wirkendes >Fungizid< aus der Substanzklasse der Triazol-Derivate.
Chemische Bezeichnung: (RS)-2,4'-Difluor-α-(1H-1,2,4-triazol-1-ylmethyl)-benzhydryl-alkohol
CAS-Nummer: 76674–21–0
Hersteller: Zeneca
Wirkungstyp: Systemisches Fungizid, das innerhalb der Pflanze überwiegend akropetal transportiert wird. Unterstützt wird diese Wirkung über Kontakt und über die Dampfphase. Es besitzt sowohl präventive als auch kurative und eradikative Eigenschaften.
Bevorzugte Anwendung: Gegen Mehltau und Gelbrost an Gerste, Weizen und Roggen, Zwergrost und Blattfleckenkrankheit an Gerste sowie Braunrost an Weizen.

Chemische und physikalische Eigenschaften:
Physikalische Beschaffenheit: Weißer, krist. Feststoff.
Schmelzpunkt: 130 °C.
Dampfdruck: $3 \cdot 10^{-8}$ hPa bei 27 °C.
Verteilungskoeffizient (log $P_{o/w}$): 2,3 bei 20 °C.
Löslichkeit: In Wasser 130 mg/L bei 20 °C und pH 7.
Abbau und Metabolismus: Ein Einfluß auf die mikrobielle Population konnte nicht festgestellt werden.
Im Säugerorganismus erfolgt rasche Metabolisierung, wobei ein hoher Prozentsatz über Urin und Faeces ausgeschieden wird.
Toxizität: Akute orale LD_{50} für männliche Ratte 1.140 und weibliche Ratte 1.480 mg/kg. Akute dermale LD_{50} für Ratte >1.000 mg/kg und für Kaninchen >2.000 mg/kg. Geringe Augenreizung bei Kaninchen. Inhalation LC_{50} für Ratte > 3,519 mg/L.
Bienentoxizität: Akute orale LD_{50} >0,005 mg/Biene.
Fischtoxizität: LC_{50} (96 h) für Regenbogenforelle 61 mg/L. LC_{50} (48 h) für *Daphnia* 78 mg/L.
Vogeltoxizität: Akute orale LD_{50} für weibliche Stockente >5.000 mg/kg.

FMRB. *Forschungs-* und *Meßreaktor Braunschweig* der >Physikalisch-Technischen Bundesanstalt< (PTB); >Schwimmbadreaktor< mit einer thermischen Leistung von 1 MW. Inbetriebnahme am 3. 10. 1967; abgeschaltet, Stillegung beantragt.

Fodente Bodenorganismen. Sind die Bodenwühler der >Makro-< und >Megafauna<, z. B. >Regenwürmer<.

Förderpumpe. Arbeitsmaschine zum Fördern von Flüssigkeiten und Gasen. Durch stetige (Kreiselpumpe) oder periodische (Kolbenpumpe) Vergrößerung des Volumens der Pumpenkammer erfolgt durch Unterdruck ein Ansaugen von Flüssigkeiten oder Gasen über das Saugventil. Die Verkleinerung des Volumens der Pumpenkammer bewirkt über das Druckventil ein Fördern von Flüssigkeiten oder Gasen (s. Abb.).

Lit: Feuerlein R, Näpfel H, Schäflein H (1984) bsv Physik für die Sekundarstufe I, 1. Aufl., Bayerischer Schulbuch-Verlag, München – Wie funktioniert das? Technische Vorgänge, in Wort und Bild erklärt. Bibliographisches Institut (Hrsg.) (1963) Allgemeiner Verlag, Mannheim.

Fogging. Niederschlag auf der inneren Oberfläche von Automobilverglasungen, hervorgerufen von flüchtigen Bestandteilen der Fahrzeuginnenausstattung, z. B. von Polymerwerkstoffen. Mit der zunehmenden Verwendung von Kunststoffen bei der Fahrzeuginnenausrüstung hat sich das F.-Problem vermehrt.

Lit: Behrens W, Lampe T, Schwarzer P (1991) Foggingverhalten von Polymerwerkstoffen der Pkw-Innenausstattung, ATZ Automobiltechnische Zeitschrift 93: 384–389, 688–695.

Fokussieren. >Hochtemperaturkollektoren<.

Folgeäquivalentdosis. >Äquivalentdosis<, die ein Organ oder Gewebe durch >Inkorporation< eines oder mehrerer >Radionuklide< während eines unendlichen Zeitraumes erhält. Für Strahlenschutzzwecke ist die 50-Jahre-Folgedosis oder die 70-Jahre-Folgedosis von Bedeutung.

folgeschadensicher. Ein System wird als f. bezeichnet, wenn es so konstruiert ist, daß im Falle eines Versagens eines Teilsystems das ganze System in einen sicheren Zustand übergeht.

Folien. >Kunststoffolien<.

Folpet. Wirkt als >Fungizid< und zählt zur Substanzklasse der Phthalsäure-Derivate.
Chemische Bezeichnung: *N*-Trichlormethylthiophthalimid
CAS-Nummer: 133–07–3
Hersteller: Makhteshim-Agan
Wirkungstyp: Protektiv wirksames Blattfungizid
Bevorzugte Anwendung: Gegen pilzliche Krankheiten im Wein-, Hopfen-, Obst- und Zierpflanzenbau, gegen Sternrußtau an Rosen, Lagerfäule an Kernobst.

Chemische und physikalische Eigenschaften:
Physikalische Beschaffenheit: In reiner Form weiße Kristalle, technisch (90 bis 95 %) gelbes Pulver.
Schmelzpunkt: 177 bis 180 °C unter Zers.
Geruch: schwach mercaptanartig.
Dampfdruck: $1,3 \cdot 10^{-9}$ hPa bei 20 °C.
Stabilität: In trockenem Zustand stabil. Hydrolysiert langsam in Feuchtigkeit bei Raumtemp., rasch in der Wärme und in alkal. Medium.
Korrosives Verhalten: Nicht korrosiv, jedoch können die Hydrolyseprodukte korrodieren.
Löslichkeit: Praktisch unlösl. in Wasser bei 20 °C.
Abbau: Der Metabolismus dürfte mit dem von >Captan< übereinstimmen, wobei unter dem Einfluß von

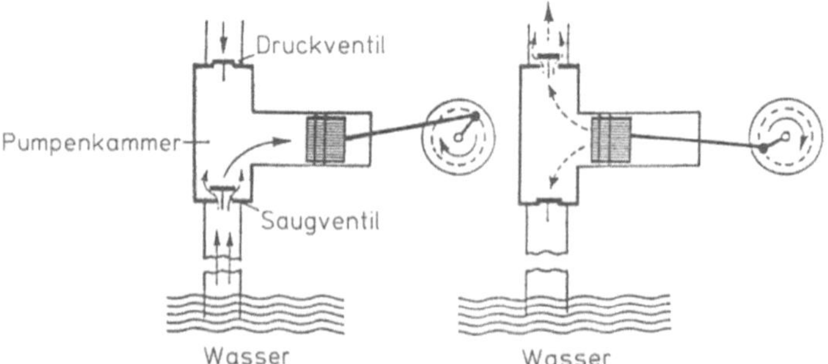

Förderpumpe: Arbeitsweise einer Förderpumpe. (Nach: Bibliographisches Institut 1963)

Thiolverb. des Zellsystems 3 Chloratome unter Entstehung von Trithiocarbonaten, Thiophosgen und Phthalimid freiwerden.

Im Säugerorganismus erfolgt hydrolytische Spaltung in Phthalimid, Chlorid-Ionen und versch. anorg. Schwefelverb. Alle Abbauprodukte sind wasserlösl. Es erfolgt keine Speicherung im tierischen Organismus.
Toxizität: Akute orale LD_{50} für Ratten etwa 10.000 mg/kg. Akute dermale LD_{50} für Kaninchen über 22.600 mg/kg. Reizwirkung auf Augen und Schleimhäute. Fütterungstest mit Ratten über 17 Monate ohne Symptome bei 3.200 mg/kg (Hunde 1.500 mg/kg).
Inhalation LC_{50} (1 Stunde) für Ratte 13,6 mg/L.
Bienentoxizität: Nicht bienengefährlich (B 4).
Fischtoxizität: Giftig für Fische. LC_{50} (96 h) für Regenbogenforelle 73 µg/L.

Food and Agriculture Organization (FAO). Ernährungs- und Landwirtschaftsorganisation der Vereinten Nationen; 1945 gegründet; selbständige Sonderorganisation; *Sitz:* Rom; mehrere Regionalbüros. Die Bundesrepublik Deutschland ist der FAO 1950 beigetreten. *Ziele:* Weltweit den Ernährungs- und Lebensstandard zu heben und zur Befreiung der Menschen vom Hunger beizutragen, die Erzeugung und Verteilung von Agrarprodukten zu verbessern, günstige Lebensbedingungen für die ländliche Bevölkerung zu schaffen, die Expansion der Weltwirtschaft zu fördern. *Maßnahmen:* Sammlung, Auswertung und Verbreitung von Informationen, Förderung internationaler und nationaler Entwicklungsprogramme. *Organe:* FAO-Konferenz, FAO-Rat, Generalsekretariat.

Food Black 2. >Schwarz 7984<.

Food Blue 2. >Brillantblau FCK<.

Food Blue 4. >Indanthrenblau<.

Food Blue 5. >Patentblau 5<.

Food Brown 2. >Schokoladenbraun<.

Food Green 4. >Grün S<.

Food Orange 5. >β-Carotin<.

Food Orange 8. >Canthaxanthin<.

Food Red 10. >Brillantsäurecarmin 2G<.

Food Red 14. >Erythrosin BS<.

Food Yellow 3. >Gelborange S<.

Food Yellow 4. >Tartrazin<.

FORATOM. Europäisches Atomforum, Dachorganisation der Atomforen von 14 westeuropäischen Ländern, gegründet am 12.07.1960.

Forellenregion. Oberste Zone der >Fließgewässer< unmittelbar nach der Quellregion. In Europa mit der Bachforelle *Salmo trutta fario* L. als Charakterfisch, daneben ggf. der Saibling *Salvelinus alpinus* (L.), immer aber die Groppe *Cottus gobio* L. Die Weibchen der Bachforelle schlagen mit dem Körper an einer optisch ausgewählten Stelle eine flache „Laichgrube" in den Grund und legen ihre Eier hinein, die vom Männchen besamt und durch die Strömung in das >hyporheische Interstitial< verfrachtet werden. Hier entwickeln sich die Embryonen und Fischlarven während der „Dottersackperiode"; dann erst verlassen sie aktiv das hyporheische Interstitial. An die F. schließt sich flußabwärts die >Äschenregion< an.

Formaldehyd. Org. Sauerstoffverb.; chem. Formel: HCHO oder CH_2O; M_r: 30,03; Fp.: $-92\,°C$; Siedepunkt: $-21\,°C$; farbloses Gas mit stechendem Geruch, das zu starken Belästigungen durch Kopfschmerzen und Atemweg- sowie Augenreizungen führen kann. Allergische Reaktionen sind bekannt. Formaldehyd ist in der >MAK-Liste< (Stand 1997) unter Abschnitt III B „Stoffe mit begründetem Verdacht auf >krebs<erzeugendes Potential" aufgeführt. Die karzinogene Wirkung ist im Tierexp. bei Ratten und Mäusen nachgewiesen. Bei >Bakterien<, Insekten, best. Pflanzen und menschlichen >Zellkulturen< ließen sich >mutagene< Wirkungen nachweisen. Eine 30 %ige Lsg. von Formaldehyd in Wasser wird Formalin genannt. Formaldehyd wird zur Herstellung von Chemikalien und >Kunstharzen< wie >Phenol-<, >Melamin-< oder >Harnstoff-Formaldehyd-Harz< und als Textilhilfsmittel sowie >Desinfektions-< und >Konservierungsmittel< verwendet. Die o. g. Kunstharze werden u. a. für Kunststoffartikel, >Klebstoffe< und >Schaumstoffe< sowie als Bindemittel für >Lacke<, Parkettsiegel, Reibbeläge, Fasermatten, Papier, Textilien und vor allem >Spanplatten< eingesetzt. >Emissionen< an Formaldehyd können bei der Herstellung, der Weiterverarbeitung zu Produkten und der Verwendung dieser Produkte aber auch im >Abgas< von >Feuerungsanlagen< als Produkt eines unvollständigen Ausbrands auftreten. Während bei Gas- und Ölfeuerungen und größeren Kohlefeuerungsanlagen der Ausbrand des Brennstoffs so hoch ist, daß Formaldehydemissionen nicht relevant sind, können insbesondere bei Holzfeuerstätten beträchtliche Emissionen an Formaldehyd von bis zu einigen Gramm pro Kilogramm an eingesetztem Holz freigesetzt werden. Lufthygienisch bedeutsam ist jedoch vor allem die >Innenraumbelastung< durch Ausdünstung von Formaldehyd aus Schaumstoffen und insbesondere Spanplatten auf der Basis von Harnstoff-Formaldehydharzen, die freies, nicht auskondensiertes Formaldehyd enthalten können. Im Hinblick auf die Vermeidung von Schleimhautreizungen und >Belästigungen< hat das >Bundesgesundheitsamt< im Jahr 1977 zur Begrenzung der max. zulässigen Konz. in Innenräumen einen Wert für Formaldehyd von 0,1 ppm, entsprechend 0,12 mg/m^3, empfohlen. Zur Umsetzung dieser Empfehlung wurden Richtlinien für die Klassifizierung von Spanplatten hinsichtlich ihrer Formaldehydabgabe erarbeitet (E 1, E 2 etc.).

Formell-rechtlich. >Recht<.

Formkörper. (internat. Kurzbezeichnung: BR). Pflanzenschutzmittelformulierung (>Formulierung<) in Form eines festen Blocks zur verzögerten Abgabe des darin enthaltenen Wirkstoffs an das umgebende Medium (>Controlled-release-Formulierungen<).

Formulierhilfsmittel. Alle Bestandteile einer >Formulierung< mit Ausnahme der Wirkstoffe. Je nach Formulierungstyp werden die unterschiedlichsten Produkte entweder als Trägermaterial oder zur Erzielung besonderer Effekte (>Additiv<) eingesetzt. Die Tabelle (s. S.456) gibt einen Überblick über wichtige Stoffe oder Stoffgruppen, die im Pflanzenschutz als F. eingesetzt werden. Nahezu alle Formulierungen, die vor ihrer Anwendung mit Wasser verdünnt werden, enthalten >Tenside< als >Emulgatoren<, >Netz-< oder >Dispergiermittel<. Pulverförmige Formulierungen sowie dispergierbare >Granulate< enthalten üblicherweise Gesteinsmehle, v. a. >Calcit<, Kieselkreiden, Talkum

Formulierhilfsmittel: Wichtige Stoffe oder Stoffgruppen, die im Pflanzenschutz als Formulierhilfsmittel verwendet werden: *DI* Dispersionsmittel, *ES* Entschäumer, *GD* grenzflächenaktive Substanz, überwiegend Dispergiermittel, *GE* grenzflächenaktive Substanz, überwiegend Emulgator, *GN* grenzflächenaktive Substanz, überwiegend Netzmittel, *GT* Granulatträger, *KL* Kleber, Haftmittel, *KS* Köderstoff, *LM* Lösungsmittel, *PH* pH-Regulator, *PO* Polymer, *SB* Staubbinder, *SM* Streckmittel, *SO* sorptiver Trägerstoff, *SP* Spreitöl, *ST* Stabilisator, *VR* Viskositätsregulator, *WA* Wasserenthärter

Stoff oder Stoffgruppe	Verwendung
Aliphatische Kohlenwasserstoffe	LM
Alkohole	LM
Alkyl(C8–C24)benzolsulfonsäuren und Salze	GE
Alkylphenylpolyglycolether	GE
Alkylpolyethylenglycol-polypropylenglycol	GD
Alkylpolyglycolether	GE
Alkylpolyglycolethersulfate	GE, GN
Alkylpolyglycolphosphorsäureester	GE
Alkylsubstituierte Benzole	LM
Alkylsulfate	GE, GN
Amine	PH, ST
Benzophenone, substituiert	LM
Bims	GT
Butyrolacton, gamma-Isomer	LM
Calciumcarbonat	GT, SM
Calciumsilicat	SM
Cellulosederivate	SM, VR
Chlorierte Aliphaten	LM
Chlorierte Aromaten	LM
Diacetonalkohol	LM
Dimethylsulfoxid	LM
Epoxydierte Fette	ST
Ester	LM
Ethylenglycolderivate	LM
Fettalkoholpolyglycolether	GE, GN
Fettaminpolyglycolether	GE, GN
Fettsäure-methyltaurid-alkalisalze	GD
Fettsäure-polyglycolether-ester	GE
Fettsäure-sorbitolpolyglycolether-ester	GD
Fettsäureester	KS, LM, SM
Glycerol	DI, LM, SM
Glycerolmonostearat	GD
Hexamethylendiamin	ST
Kieselsäure, amorph	SO
Latex, synthetisch	KL
Ligninsulfonate	GD
N-Methyl-2-pyrrolidon	LM
Naphthalinsulfonsäure-formaldehydkondens.pr.	GD
Natriumalkylnaphthalinsulfonate	GN
Natriumalkylsulfonat	GE
Natriumcaseinat	KL
Natriumhexametaphosphat	WA
Natriummetasilicat	KL
Natriumtripolyphosphat	WA
Nitrilotriessigsäure	WA
Organische Säuren	PH
Phthalsäureester	LM, KL
Polyacrylsäure und Polyacrylsäureester	KL, PO
Polyesterharze	KL, PO
Polyethylenglycol/propylenglycolphosphat	GD
Polymere	KL, PO
Polypropoxy-polyethoxy-blockpolymere	GD
Propylenglycolderivate	LM, DI
Protein	KL, GD
Quarz	GT, SM
Rizinusölpolyglycolether	GE
Saccharosepolypropylenglycolether	GD
Säureanhydride	PH, ST

Stoff oder Stoffgruppe	Verwendung
Schwache anorganische Säuren	PH, ST
Seifen	ES
Siliconöle	SB, SP, ES
Styrylphenylpolyglycolether	GE
Stärkederivate	KL, SM
Talkum	SM
Tetralin	LM
Tonerdemineralien	SM
Tributylphosphat	ES
Triethylorthoformiat	ST
Vaseline	KL, SB
Weißöle	SB, SP, KL

und verschiedene Aluminiumsilikate wie >Kaolinit< oder >Montmorillonit<. Zur Verbesserung der physikalischen Eigenschaften werden meist amorphe, hochdisperse >Kieselsäuren< zugesetzt, deren hohes Aufnahmevermögen für Flüssigkeiten auch die Herstellung fester Formulierungen aus flüssigen Wirkstoffen ermöglicht. Als Granulatträger eignen sich sorptive Materialien wie >Bims< oder >Sepiolith<, kompakte Mineralien wie Sand oder Calcit, aber auch organische Materialien wie gebrochene und klassierte Maiskolben. Organische Lösungsmittel für emulgierbare oder dispergierbare Konzentrate können den verschiedensten chemischen Stoffklassen angehören. Ihre Auswahl wird bestimmt durch die Löslichkeit des Wirkstoffs, Toxizität und Umweltverhalten, Pflanzenverträglichkeit, chemische Indifferenz gegenüber den übrigen Formulierungsbestandteilen, Entflammbarkeit, Flüchtigkeit, Verfügbarkeit und Preis. Aliphatische Kohlenwasserstoffe besitzen ein schlechtes Lösevermögen für die meisten Wirkstoffe und können daher meist nur für Formulierungen mit niedriger Wirkstoffkonzentration verwendet werden. Unter den aromatischen Kohlenwasserstoffen weisen die Fraktionen mit 8 bis 12 C-Atomen, d.h. von technischen Xylolgemischen (>Xylol<) bis zu substituierten >Naphthalinen<, für die meisten Zwecke die günstigsten Eigenschaften auf. Sehr gute Lösungsmittel für viele Wirkstoffe sind Ketone, Alkohole, Glykole und deren Ether und Ester sowie polare aprotische Substanzen wie *N*-Methylpyrrolidon oder γ-Butyrolacton, die alle eine hohe Wasserlöslichkeit besitzen. Chlorierte Lösungsmittel werden nur in geringem Umfang eingesetzt. Die Lagerstabilität bedarf häufig der Verbesserung durch den Einsatz von >Stabilisatoren<. Dazu gehören Desaktivatoren wie Glykolderivate, die die Adsorption von Wirkstoffen an aktive Zentren von Gesteinsmehlen oder Granulatträgern verhindern, pH-Regulatoren wie organische Säuren oder Basen oder spezifische Substanzen zur Verhinderung ganz bestimmter Abbaureaktionen. >Entschäumer<, meist >Silicone<, können störenden Schaum in Spritzgeräten verhindern. Viskositätsregulatoren (>Viskosität<) für wäßrige Systeme sind z.B. quellfähige Tone wie >Bentonit< oder wasserlösliche >Polymere< wie Polyvinylalkohol, polymere Zucker oder Cellulosederivate. Für organische Systeme eignen sich synthetische >Kieselsäuren<. Unerwünschtes Stauben von Pulvern kann durch die Zumischung von Staubbindern wie Ölen oder Wachsen reduziert werden. Haftmittel können z.B. die Regenfestigkeit eines Spritzbelags oder das Eindringen des Wirkstoffs in die Pflanze, weitere Zusatzstoffe die Mischbarkeit mit anderen Formulierungen im Spritztank oder das Abtriftverhalten beim Spritzvorgang verbessern. Gesetzliche Zulassungen für F. werden in den meisten Ländern nicht für notwendig erachtet, da die Zulassung eines Pflanzenschutzmittels stets als fertige Formulierung erfolgt, deren Toxizität und Umweltverträglichkeit eingehend untersucht werden. In einigen europäischen Ländern, z.B. in der Schweiz oder in Österreich, wurden Listen der bisher verwendeten F. zusammengestellt, die jedoch keinen verbindlichen Charakter haben. Lediglich in den USA gibt es eine gesetzlich verbindliche Liste zugelassener F., die seit 1987 in 4 Klassen entsprechend ihrer toxikologischen Bewertung eingeteilt ist. Produkte der Klasse 1 sollten mit Priorität ersetzt und dürfen für neue Formulierungen nicht mehr verwendet werden. Produkte der Klasse 4 gelten als unbedenklich.

Lit: US Federal Register (1989) EPA notice on revision, modification of lists of inert pesticide ingredients of toxicological concern. Doc. 54 FR 48314, 22.11. 1989.

Formulierung. Zubereitungsform für Pflanzenschutz- und Schädlingsbekämpfungsmittel, bestehend aus einem oder mehreren Wirkstoffen und >Formulierhilfsmitteln<, anwendungsfertig je nach Formulierungstyp mit oder ohne Verdünnung. Einen Überblick über die wichtigsten Typen gibt die Tabelle unten. Definitionen der zur Zeit gebräuchlichen Formulierungstypen und entsprechende Kurzbezeichnungen wurden zum internationalen Gebrauch vorgeschlagen. Die Auswahl eines Formulierungstyps und dessen Herstellungsverfahren richten sich nach folgenden Kriterien: 1) Physikalische und chemische Eigenschaften des oder der Wirkstoffe, insbesondere Aggregatzustand, Löslichkeiten in Wasser und organischen Lösungsmitteln, Dampfdruck, Hydrolysestabilität oder anderen chemischen Reaktionen, die zu Wirkstoffabbau führen können; 2) Ort, an dem die biologische Wirkung zur Entfaltung kommen soll, z.B. auf der Blattoberfläche, im Inneren einer Pflanze oder im Boden, und die Zeitdauer, innerhalb derer eine biologisch wirksame Konzentration aufrecht erhalten werden soll; 3) Abbaurate des Wirkstoffdepots; 4) für eine optimale Verteilung zur Verfügung stehende Geräte und die dadurch bedingten Anforderungen an die physikalischen Eigenschaften einer F., beispielsweise an die Stabilität wäßriger Verdünnungen oder an die Fließfähigkeit von Pulvern oder >Granulaten<; 5) für die Formulierung gewünschte Wirkstoffkonzentration; 6) Lagerstabilität und Verpackung; in der Regel garantieren Hersteller eine mindestens 2jährige Haltbarkeit in der ungeöffneten Originalverpackung; 7) Gesichtspunkte des Anwender- und Umweltschutzes: insbesondere Wirkstoffe mit hoher Toxizität müssen so formuliert und verpackt werden, daß der Anwender bei sachgemäßem Gebrauch nicht gefährdet wird. Außerdem soll ein möglichst großer Anteil der F. an den Wirkungsort und nicht unkontrolliert in die Umwelt gelangen. Organismen, die nicht Ziel der Bekämpfungsaktion sind, sollen bestmöglich geschont werden. Formulierhilfsmittel, die selbst eine Gefahr für Anwender oder Umwelt bedeuten können, sind zu vermeiden oder möglichst weitgehend zu reduzieren. Dies führte in jüngerer Zeit zur Entwicklung neuer Formulierungstypen: >wasserdispergierbare Granulate< anstelle von >wasserdispergierbaren Pulvern< unter den Aspekten der Staubvermeidung und der besseren Entleerbarkeit und Entsorgung von Verpackungen, >Emulsion< oder >Mehrphasenkonzentrate zur Saatgutbehandlung< anstelle >emulgierbarer Konzentrate< oder >Feuchtbeizen< unter dem Aspekt des Ersatzes organischer Lösungsmittel durch Wasser. Durch >Additive< lassen sich wichtige Eigenschaften der F. oder ihrer spritzfertigen Verdünnungen beeinflussen: Haftmittel können die Regenfestigkeit, >Tenside< die Benetzung und das Eindringen in die Pflanze verbessern. Die gleichzeitige Maximierung aller Zielvorstellungen ist häufig nicht möglich, so daß F. in der Regel einen optimalen Kompromiß divergierender Parameter darstellen. Wichtige Qualitätsparameter sind in produktspezifischen Spezifikationen von WHO und FAO (Food and Agriculture Organization, Specifications for plant protection products. Spezifikationen für einzelne Wirkstoffe und deren Formulierungen erscheinen unregelmäßig in Heftform und sind zu beziehen durch FAO, Plant Production and Protection Division, Via delle Terme di Caracalla, Rom) enthalten. Richtlinien zu deren Erstellung wurden ebenfalls veröffentlicht.

Lit: GIFAP (1984) Catalogue of pesticide formulation types and international coding system. Technical Monograph Nr. 2, Brüssel. – Specifications for pesticides used in public health, WHO, Genf. – FAO (1987) Manual on the development and use of FAO specifications for plant protection products. FAO plant production and protection paper 85, Rom.

Formulierung: Übersicht über die wichtigsten Formulierungstypen im Pflanzenschutz

Aggregatzustand	Physikalisches System	Anwendung	
		unverdünnt	in Wasser
Fest	Pulver	Stäubemittel	Wasserdispergierbares Pulver, Wasserlösliches Pulver
		Trockenbeize	Schlämmbeize
	Granulat	Granulat	Wasserdispergierbares Granulat
Flüssig	Lösung	ULV-Produkt	Emulgierbares Konzentrat
		Feuchtbeize	Wasserlösliches Konzentrat
		Heiß- oder Kaltvernebelungsmittel	
	Emulsion Suspension		Emulsion Suspensionskonzentrat

Formulierungen, Mischbarkeit. Pflanzenschutzmittelformulierungen (>Formulierung<) bezeichnet man als mischbar, wenn sie in wäßriger Verdünnung gemeinsam appliziert werden können (>Tankmixverfahren<). Häufig erfordert das gleichzeitige Auftreten mehrerer Schädlinge oder die spezifische Unkrautpopulation die gleichzeitige Anwendung mehrerer Wirkstoffe. Falls keine geeigneten >Kombinationsformulierungen< angeboten werden, zieht der Anwender die Applikation im >Tankmixverfahren< der getrennten Applikation vor. Vor dem Ansetzen einer gemischten Spritzbrühe muß der Anwender sich von der M. überzeugt haben, da sonst eine störungsfreie Applikation nicht sichergestellt ist. Hersteller und amtlicher Pflanzenschutzdienst liefern häufig entsprechende Informationen.

Formulierungshilfsstoff. >Formulierhilfsmittel<.

Formulierungsmittel. >Formulierhilfsmittel<.

Formulierungsspezifikation. Produktspezifische Auflistung von Qualitätsmerkmalen für >Formulierungen<, die zur Qualitätssicherung oder zur Qualitätskontrolle mit Hilfe definierter Methoden im Labor nachprüfbar sind. Sie enthalten Grenzwerte für Wirkstoffgehalte, ggf. für bestimmte Verunreinigungen sowie – je nach >Formulierungstyp< unterschiedlich – für physikalische Kenngrößen, deren Einhaltung sichere Handhabung, einwandfreie Anwendung und biologische Wirkung sicherstellen soll. Ein Kurztest zur Abschätzung der Lagerstabilität kann ebenfalls enthalten sein.

Lit: FAO (1987) Manual on the development and use of FAO specifications for plant protection products. FAO plant production and protection paper 85, Rom.

Formulierungstyp. >Formulierungen< ähnlicher Zusammensetzung und physikalischer Eigenschaften zur Anwendung in prinzipiell gleicher Art und mit den gleichen Qualitätsmerkmalen werden als F. zusammengefaßt. Für die verschiedenen F. sind international einheitliche Kurzbezeichnungen bestehend aus einem 2-Buchstabencode üblich.

Lit: GIFAP (1984) Catalogue of pesticide formulation types and international coding system. Technical Monograph No. 2, Brüssel.

Formylviolett S4BN. >Benzylviolett<.

Forschungsbergwerk Asse. Ehemaliges Salzbergwerk auf dem Asse-Höhenzug, ca. 20 km südöstlich von Braunschweig. Der Schacht Asse 2 wurde von 1906 bis 1908 bis zu einer Tiefe von 765 m abgeteuft und diente zunächst – bis Ende 1925 – dem Kalisalzabbau, ab 1916 auch dem Abbau von Steinsalz. 1964 wurde die Produktion aus wirtschaftlichen Gründen ganz eingestellt und das Bergwerk im Jahre 1965 von der >GSF< im Auftrag des Bundes zur Durchführung von Forschungs- und Entwicklungsarbeiten für die >Endlagerung< >radioaktiver Abfälle< erworben. Im Rahmen dieser FE-Arbeiten wurden im Zeitraum April 1967 bis Dezember 1978 auch insgesamt 125.000 Behälter mit schwachradioaktiven Abfällen und von August 1972 bis Januar 1977 etwa 1.300 Fässer mit mittelradioaktiven Abfällen eingelagert. Seit Auslaufen der Einlagerungsgenehmigungen im Jahre 1978 werden in der Asse ausschließlich Forschungs- und Entwicklungsarbeiten durchgeführt mit dem Ziel der Erprobung und Demonstration von Einlagerungstechniken, der Erkundung von Wechselwirkungen zwischen Abfällen und dem >Wirtsgestein<, der Entwicklung von Verfüll- und Verschlußtechniken sowie der Bereitstellung wissenschaftlich abgesicherter Daten zur Bewertung der Lanzeitsicherheit eines geologischen >Endlagers<. Zur langfristigen Stabilisierung des Grubengebäudes werden seit August 1995 die alten Abbauhohlräume (ca. 2,5 Mio. m^3) mit Haldenmaterial der Salzhalde Ronnenberg (bei Hannover) verfüllt. Nach gegenwärtiger Planung wird diese Maßnahme incl. Überwachung bis zum Jahr 2007 andauern.

Forschungsreaktor. Ein in erster Linie auf die Erzeugung von hohen >Neutronenintensitäten< zu Forschungszwecken ausgelegter >Kernreaktor<. Kann auch zu Schulungszwecken, zur Materialprüfung und Erzeugung von >Radionukliden< dienen. Nach Angaben der >Internationalen Atomenergie-Organisation (IAEO)< hatten Ende 1996 weltweit 269 F. eine Betriebsgenehmigung. Unter Berücksichtigung ergänzender Angaben aus den Ländern des ehemaligen Ost-

blocks erhöht sich diese Zahl auf 329 F. und kritische Anordnungen. In Deutschland waren Anfang 1999 sechs Forschungs- und elf Schulungsreaktoren in Betrieb.

Forschungsschiffe. Schiffe, die für die Meeresforschung als bewegliche >Meßplattformen< eingesetzt werden. Für Aufgaben im Küstenbereich, auf der offenen See und in eisbedeckten Einsatzgebieten der Polarmeere existieren F. verschiedener Ausstattung und Größe. Laborräume können flexibel ausgestattet werden und sind sowohl für die meereskundliche Grundlagenforschung als auch für die marine Umweltforschung und für Überwachungsaufgaben einsetzbar. Für die Entnahme von Wasser- und Bodenproben sowie biologischem Material stehen Hebezeuge wie Heckgalgen, Kräne, Schiebebalken, Drehausleger und verschiedene Winden zur Verfügung.

Forschungszentrum Jülich. Das F. J. GmbH, eines der 16 >Helmholtz-Zentren< in Deutschland, ist eine multidisziplinäre Forschungseinrichtung, die ein breites Spektrum an Forschungsaufgaben von besonderem öffentlichem Interesse bearbeitet. Dabei werden Beiträge sowohl zur Grundlagenforschung und zu Langzeitprogrammen als auch zur Vorsorgeforschung und zu Schlüsseltechnologien geleistet. Im Mittelpunkt des Forschungsprogramms stehen dabei fünf Schwerpunkte:
- Struktur der Materie und Materialforschung
  Kernphysik
  Festkörperforschung
  Grenzflächen- und Vakuumforschung
  hochwarmfeste Werkstoffe und Strukturkeramik
- Informationstechnik
  Grundlagenforschung zur Informationstechnik
  Datenverarbeitung, Mathematik, Elektronik
- Energietechnik
  Energieumwandlungstechniken
  Exploration und Gewinnung fossiler Brennstoffe
  Sicherheitsforschung, Reaktortechnik und nukleare
  Entsorgung
  Kernfusion und Plasmaforschung
- Umweltvorsorgeforschung
  Umweltforschung
  Systemanalysen
- Lebenswissenschaften
  Medizinforschung und -technik
  Radio- und Kernchemie
  Biotechnologie
  biol. Informationverarbeitung

Forschungszentrum Karlsruhe. Das F. K., eines der 16 >Helmholtz-Zentren<, ist eine der größten natur- und ingenieurwissenschaftlichen Forschungseinrichtungen in Deutschland. Sein Programm orientiert sich an den forschungspolitischen Zielsetzungen seiner beiden Gesellschafter, der Bundesrepublik Deutschland und des Landes Baden-Württemberg, und konzentriert sich auf die Schwerpunkte:
- Umwelt
- Energie
- Mikrosystem-/Medizintechnik
- Grundlagenforschung.

Umwelt: Untersuchung geschlossener Stoffströme für mengenmäßig und/oder ökologisch wichtige Einzelstoffe oder Stoffgruppen; Verbesserung thermischer und chem.-physikalischer Verfahren zur Behandlung von Restmüll; Erforschung der Stratosphäre zum Verständnis des Ozonabbaus und der Austauschphänomene zwischen Troposphäre und Stratosphäre.

Energie: Untersuchungen an Werkstoffen und hochbelastbaren Komponenten für Fusionsanlagen; Entwicklung und Test von Supraleitungsmagneten für Spulensysteme des Fusionsexperiments ITER; Arbeiten zur Sicherheit künftiger Kernkraftwerke; Langzeitanalysen für die Endlagerung radioaktiver Abfälle; Materialentwicklungen für Anwendungsbereiche für Supraleiter.

Mikrosystemtechnik: Entwicklung von Mikrosystemen durch die Verbindung von Mikromechanik, Mikroelektronik und Sensorik; Untersuchung neuer Werkstoffe und Erprobung neuartiger Fertigungsverfahren für Mikrosysteme; Operationsinstrumente für die minimalinvasive Chirurgie.

Grundlagenforschung: kernphysikalische Messungen zum Verständnis der Elementumwandlung in Sternen; Aufklärung elementarer Eigenschaften der Neutrinos und Fragen des Sonnenmodells; Anwendung transgener Technologie für die menschliche Gesundheitsforschung; Analyse molekularer Mechanismen der Krebsentstehung.

Forst. Vom Menschen stark beeinflußter und genutzter Wald. Die materielle Leistung der Holzproduktion steht dabei i. d. R. im Vordergrund. Häufig werden mit dem Begriff „Forst" standortsfremde, artenarme aber produktive Baum-Monokulturen verbunden. Allerdings sind viele intensiv bewirtschaftete Wälder Mitteleuropas besonders struktur- und artenreich, so z. B. die bäuerlichen Plenterwälder der Mittelgebirge, in denen aufgrund von Einzelstammnutzungen im Altholz eine kontinuierliche Naturverjüngung stattfindet. Diese Wirtschaftsform führt zu einem Dauerwald, in dem relativ viele Baumarten und Baumaltersstufen auf kleinem Raum vorkommen.

Forstrecht. Gesamtheit der für den Wald und die Forstwirtschaft maßgebenden Rechtsnormen, die die Nutz-, Schutz- und Erholungsfunktion des >Waldes< nachhaltig zu sichern haben. *Hauptgesetz*: Gesetz zur Erhaltung des Waldes und zur Förderung der Forstwirtschaft (Bundeswaldgesetz) vom 02.05. 1975, BGBl. I S. 1037; es regelt die Forstverwaltung und die >Forstwirtschaft<. Daneben weitere Bundesgesetze sowie die Landesforst- bzw. Landeswaldgesetze, die das Rahmengesetz des Bundes ausfüllen bzw. konkretisieren.

Forstschäden. >Waldschäden<.

Forstwirtschaft. Dient der Bearbeitung einer künstlich angelegten Waldfläche (Forst) unter betriebswirtschaftlichen Gesichtspunkten im Einklang mit >ökologischen< Erfordernissen. Besondere Merkmale sind die Langfristigkeit von Planungen und Wirkungen sowie das Prinzip der Nachhaltigkeit.

Fortluft. Ist die gereinigte >Abluft< einer >kerntechnischen Anlage<, die kontrolliert über den Fortluftkamin in die Umgebung abgeleitet wird.

Fortpflanzung. Die Bildung einer Nachkommenschaft zur Erhaltung der Art. Die F. kann geschlechtlich (= sexuell, generativ) und ungeschlechtlich (= vegetativ) erfolgen. Der wesentliche Unterschied kommt auf cytologischer Ebene zum Ausdruck. Der Ablauf der sexuellen F. schließt die Verschmelzung zweier >Zellkerne< (Karyogamie) sowie die >Meiose< (Reifeteilung) ein und ist deshalb stets mit einem Kern-

phasenwechsel verbunden. An der wesentlich einfacheren vegetativen F. sind weder Karyogamie noch Meiose beteiligt; die Bildung der vegetativen Fortpflanzungszellen erfordert ausschließlich mitotische Kernteilungen. Mitotische >Zellteilung< garantiert erbgleiche Nachkommen, die meiotische dagegen aufgrund der Rekombinationsmöglichkeiten während des Teilungsablaufs erbungleiche Nachkommen. Die biol. Bedeutung der sexuellen F. liegt damit in einer Erhöhung der Variabilität innerhalb der Populationen, eine der wesentlichen Voraussetzungen für die Anpassungsfähigkeit der Organismen an sich ändernde Umweltbedingungen sowie für die Evolution schlechthin.

Fortschritt. Anwachsen von Wissen und seiner (technischen) Nutzung. In neuerer Zeit wird F. auch zunehmend in Frage gestellt. Kritisiert wird dabei u. a., daß die Vervollkommnung der Technik neue Gefährdungen mit sich bringt (>Umweltschutz<). Es wird betont, daß die Beschränktheit der Ressourcen dem (quantitativen) F. Grenzen setzte. Die F.-Vorstellung verlagert sich somit zunehmend auf die gesellschaftliche Ebene, wobei sich die Zielsetzungen ändern und heute soziale Sicherheit, Gleichheit und freie Entfaltungsmöglichkeit des Einzelnen eine dominierende Rolle spielen. Ziele des F. sind u. a. kontinuierliches Wirtschaftswachstum und fortschreitende Nutzung der Biosphäre und ihrer Ressourcen. Dies bedingt ein ständig ansteigendes Eingreifen des Menschen in die stofflichen Vorgänge der Erde. Die damit verbundenen beabsichtigten Veränderungen der Umweltqualität haben das Ziel, die Lebensbedingungen des Menschen zu verbessern. Bei der Verfolgung dieses Zieles wurde bis vor wenigen Jahrzehnten in der technologischen Entwicklung die Gefahr unbeabsichtigter Nebenwirkungen für den Menschen und seine Umwelt nicht berücksichtigt. Diese Denkweise hing wahrscheinlich damit zusammen, daß man der Natur unbegrenzte Kapazitäten zuschrieb, Einflüsse des Menschen zu kompensieren, obwohl seit Jahrhunderten irreversible Veränderungen der Umwelt bekannt sind, z. B. durch Rodung von Wäldern mit folgender Zerstörung des Bodens durch Erosion. Heute können unabsehbare Wirkungen auf empfindliche Bereiche der Ökosphäre durch das Ausmaß der Aktivitäten des Menschen nicht mehr ausgeschlossen werden.

Lit: Korte F (1987) Lehrbuch der Ökologischen Chemie, Thieme, Stuttgart New York.

Fosethyl aluminium. Wirkt als >Fungizid< und zählt zur Substanzklasse der Phosphanate.
Chemische Bezeichnung: Aluminium-ethyl-hydrogenphosphonat
CAS-Nummer: 39148–24–8
Hersteller: Rhone-Poulenc
Wirkungstyp: Systemisches Fungizid mit protektiver und kurativer Wirkung, das über Blatt und in geringem Maße auch über die Wurzel aufgenommen wird. Wirkt über die Hemmung der Sporenkeimung oder durch die Blockierung des Mycelwachstums.
Bevorzugte Anwendung: Im Wein-, Hopfen-, Gemüse- und Zierpflanzenbau gegen eine Vielzahl pilzlicher Krankheiten.

$$\left[CH_3CH_2O-\overset{\displaystyle O}{\underset{\displaystyle H}{\overset{\|}{\underset{|}{P}}}}-O \right]_3 Al$$

Chemische und physikalische Eigenschaften: Farbloses Pulver, das sich ab 200 °C zersetzt.
Dampfdruck: <13 µPa bei 25 °C.
Verteilungskoeffizient (log Po/w): –2,7 bei pH 4.
Löslichkeit: In Wasser 122 g/L bei 20 °C.
Stabilität: Hydrolyse in stark alkalischem und saurem Medium; DT_{50} bei pH 3 5 Tage und bei pH 13 13,4 Tage.
Abbau und Metabolismus: In der Pflanze erfolgt hydrolytische Spaltung der Ethylester-Bindung. Als Hauptmetabolit entsteht Phosphorige Säure. Im Boden beträgt die HWZ nur wenige Stunden. Im Säugerorganismus Ausscheidung in unveränderter Form oder als Phosphorige Säure innerhalb von 24 h über den Urin.
Säugertoxizität: Akute orale LD_{50} für Ratte 5.800 und dermale LD_{50} >2.000 mg/kg. Inhalation LC_{50} (4 h) für Ratte >1,73 mg/L Luft. 90-Tage-Fütterungstest NOEL für Ratte 5.000 mg/kg Futter. ADI-Wert 3,0 mg/kg KGW.
Bienentoxizität: Nicht bienentoxisch. Kontakt LC_{50} 0,2 mg/Biene.
Fischtoxizität: LC_{50} (96 h) für Regenbogenforelle 428 mg/L.
Vogeltoxizität: Akute orale LD_{50} für Japanische Wachtel >8.000 mg/kg.
Wirbellosetoxizität: EC_{50} (96 h) für *Daphnia* 189 mg/L. EC_{50} (96 h) für Alge *Scenedesmus panonicus* 21,9 mg/L.

fossil. (Lat. fossil = ausgegraben), Böden, die durch jüngere Sedimente überdeckt wurden und dadurch weitgehend vor Bodenerosion, Weiterentwicklung, aber auch vor Umweltbelastung geschützt sind. F. Böden eignen sich daher oft als Vergleichsproben für die Beurteilung von jüngeren Kontaminationen. In der deutschen Nomenklatur wird den Horizontsymbolen (>Bodenhorizonte<) für f. Böden eine römische II (bzw. III usw.) vorangestellt.

FR 2. Erster Reaktor, der in der Bundesrepublik Deutschland nach eigenem Konzept und in eigener Verantwortung im >Forschungszentrum Karlsruhe< gebaut wurde. Der FR 2 war ein D_2O-moderierter und -gekühlter Forschungsreaktor mit auf 2 % angereichertem UO_2 als Brennstoff und einer Leistung von 44 MW. Der Reaktor wurde am 07.03. 1961 in Betrieb genommen. Nach über 20 jähriger Betriebszeit ohne nennenswerte Störungen wurde der FR 2 am 21.12. 1981 endgültig abgeschaltet. Das Ziel der Stillegungsmaßnahme, der gesicherte Einschluß des Reaktorblocks und die Demontage aller restlichen Anlagen, wurde im November 1996 erreicht.

Fraktionierung. Abtrennung und quantitative Bestimmung eines Teils eines Stoffes in einem Boden. Bei der bodenökologischen Bewertung eines Standorts sind oft nicht die Gesamtgehalte von Nähr- oder Schadstoffen von Bedeutung, sondern die Anteile, die z.B. pflanzenverfügbar, austauschbar, mobil oder leicht verwitterbar sind, so daß mit entsprechend ausgewählten Verfahren der interessierende Anteil näherungsweise erfaßt werden kann (>Bodenuntersuchung<).

Frankia. Symbiontische Bakterien binden Luftstickstoff in Wurzelknöllchen. >Bacteria<, >Actinomyceten<, >Stickstoff-Fixierung<.

Fraßaktivität. Viele Tiere verbringen einen großen Teil ihrer Aktivitätszeit (>Aktivitätsrhythmus<) mit der Nahrungsaufnahme. Die benötigte Zeit dieser F. ist abhängig von der Art der Nahrung. Pflanzenfresser müssen wegen des geringeren Nährwerts ihrer Nahrung eine relativ größere Nahrungsmenge zu sich nehmen als Beutegreifer und brauchen dafür längere Zeit. Die F. ist auch abhängig von >abiotischen Faktoren< wie Temperatur und Feuchtigkeit.

Fraßbilder, Fensterfraß. Charakteristische Spuren des Tierfraßes meist an lebenden und toten Pflanzen, z.B. von Borkenkäfern, Blattkäfern, Springschwänzen oder Milben (s. Abb. S. 770). >Fraßaktivität<, >Mikromorphologie des Bodens<.

Fraßdruck. >Feinddruck<.

Freie Energie. Die f. E. hat als thermodynamische Zustandsfunktion

$$F = U - TS$$

grundlegende Bedeutung; sie bezeichnet den Anteil der Energie eines Systems, der max., d.h. unter idealisierten Bedingungen bei isothermer Führung eines Prozesses, in Arbeit umgewandelt werden kann. Die aufgrund des zweiten Hauptsatzes der Thermodynamik zu gewinnende Formulierung für die Veränderung der inneren Energie dU eines Systems

$$dU = T\,dS + \delta A,$$

in die Identität für die Freie Energie eingesetzt, ergibt unmittelbar

$$dF = S\,dT + \delta A,$$

d.h. bei isothermer Führung (dT = 0) ist dF = δA.

Freier Zugang zu Umweltinformationen. >Umweltinformationsgesetz<.

Freifahrerproblem. Trittbrettfahrerproblem. Als Freifahrer oder „Trittbrettfahrer" bezeichnet man die Nutzer eines Gutes oder einer Dienstleistung, die keine Gegenleistung für die Nutzung erbringen. Solches Verhalten ist insbesondere bei >öffentlichen Gütern< möglich, bei denen niemand von der Nutzung ausgeschlossen werden kann und bei denen nichttrivialisierender Konsum vorliegt. Unter diesen Umständen hat niemand ein Interesse daran, seine wahren Präferenzen für das Gut zu offenbaren, weil er damit rechnen kann, es auch umsonst nutzen zu können. Dies muß notwendigerweise zu Verzerrungen bei der >Allokation< solcher Güter führen. Das F. ist kennzeichnend für den gesamten Umweltschutz. Es ist deshalb eine besonders dringliche Aufgabe, >Bewertungsverfahren< für Umweltschutzgüter zu entwickeln, die die wahren Präferenzen der Nutzer möglichst zutreffend widerspiegeln.

Freilanddeposition. Deposition luftgetragener Stoffe bei Abwesenheit wechselwirkender Oberflächen von Pflanzen. Die F. dient bei der Ermittlung der >Bestandesdeposition< als Referenzgröße.

Freilandgemüsebau. >Gemüsebau<.

Freiraumschutz. Schutz der unbesiedelten Natur vor Zersiedelung; rechtlich möglich durch spezielle planerische Festsetzungen, z.B. nach dem >Bundesnaturschutzgesetz<: >Naturschutzgebiete<, >Nationalparks<, >Landschaftsschutzgebiete<.

Freisetzung in die Umwelt. Die Überführung nicht wanderungs- und nicht reaktionsfähiger Stoffe in eine wanderungs- und reaktionsfähige Form. Das Eintreten eines Stoffes in die Umwelt unter dem zeitlichen Aspekt kann sehr verschieden ablaufen, z. B. konstant, variierend, einmalig, mehrmalig, zyklisch oder zufällig. Da der zeitliche Verlauf für die meisten Freisetzungen bei der Verwendung und für die Emissionen nicht bekannt ist, wird vom realen zeitlichen Verlauf weitgehend abstrahiert. Ausgehend von Jahresverbrauchsmengen oder, da diese meist nicht bekannt sind, von Jahresproduktionsmengen, werden konstante mittlere jährliche Freisetzungsraten in die Umwelt als Vergleichsmaßstab herangezogen. Bei genauer Kenntnis können die dynamischen Modelle allerdings auch zeitlich variable Freisetzungen verarbeiten.

Lit: Rohleder H et al. (1986) Umweltmodelle und rechnergestützte Entscheidungshilfen für die vergleichende Bewertung und Prioritätensetzung bei Umweltchemikalien, Projektgruppe Umweltgefährdungspotentiale von Chemikalien (PUC), GSF-Bericht 41.

Freisetzungskategorien. In der deutschen „Risikostudie Kernkraftwerke", in der die Auswirkungen von >Störfällen< und >Unfällen< in >Druckwasserreaktoren< untersucht werden, wird je nach Art des Störfallablaufs, ob >Kernschmelze< oder nicht, und je nach Art des Versagens des >Sicherheitsbehälters<, die Höhe der Freisetzung >radioaktiver< >Spaltprodukte< in Gruppen zusammengefaßt, den sog. Freisetzungskategorien. Sie sind abgestuft von Freisetzungskategorie 1, Kernschmelze mit Dampfexplosion, bis zu Kategorie 8, beherrschter Kühlmittelverluststörfall.

Fremdberge. Oder Fremdversatz, >Berge< für den >Versatz<, die nicht an Ort und Stelle anfallen, sondern von anderen Stellen (Haldenberge, Berge aus besonderen Gewinnungsbetrieben (Steinbrüche, Sandgruben), Kesselasche, Hüttenschlacke, bestimmte Abfälle zur untertägigen Endlagerung) dem Betriebspunkt zugeführt werden müssen.

Fremdstoffe. 1. Lebensmittel: Stoffe, die als Lebensmittel eingesetzt werden und keinen Gehalt an verdaulichen Kohlenhydraten, verdaulichen Fetten, verdaulichem Eiweiß oder keinen natürlichen Gehalt an Vitaminen, Provitaminen, Geruchs- oder Geschmacksstoffen haben. Fremdstoffe sind grundsätzlich verboten und müssen in Spezialverordnungen ausdrücklich zugelassen werden. Im Lebensmittel- und Bedarfsgegenstände-Gesetz wurde der Begriff des Fremdstoffs durch den Begriff „Zusatzstoff" ersetzt.

Fremdwasser. In die >Kanalisation< eindringendes >Grundwasser< (durch Undichtigkeit), unerlaubt über Fehlanschlüsse eingeleitetes Wasser, z. B. >Dränwasser<, >Regenwasser< sowie einem Schmutzwasserkanal zufließendes Oberflächenwasser (z. B. über Schachtabdeckungen) (nach DIN 4045). Fremdwasser ist ein durchaus unerwünschter Bestandteil des städtischen >Schmutzwassers<. Es nimmt einen Teil der Abflußkapazität der Sammler in Anspruch, verursacht durch Vergrößerung des kritischen Mischwasserabflusses ein frühzeitigeres und häufigeres Anspringen der >Regenentlastungen<, erhöht die Betriebskosten der Pumpwerke und führt vor allem bei den >Kläranlagen< zu einem gesteigerten Energieverbrauch, zu einer verminderten Reinigungsleistung hinsichtlich der Frachten und zu einer Erhöhung der >Abwasserabgabe<.

French Berries. >Kreuzbeerenextrakt<.

Freundlich-Isotherme. >Adsorption, Boden<.

FRG-1. Forschungsreaktor Geesthacht der >GKSS<; >Schwimmbadreaktor< mit einer thermischen Leistung von 5 MW. >Forschungsreaktor<.

FRG-2. Forschungsreaktor Geesthacht der >GKSS<; >Schwimmbadreaktor< mit einer thermischen Leistung von 15 MW. Leistungserhöhung auf 21 MW ist beantragt. >Forschungsreaktor<.

FRH. Forschungsreaktor Hannover vom Typ >TRIGA<-Mark I der Medizinischen Hochschule Hannover mit einer thermischen Leistung von 250 kW. >Forschungsreaktor<.

Frischschlamm. Unbehandelter >Schlamm< nach DIN 4045. Der in Abwasserbehandlungsanlagen aller Art im Verlauf der Reinigungsprozesse aus dem >Abwasser< abgeschiedene, gewichtsmäßig überwiegend aus Abwasser bestehende >Klärschlamm<, auch >Rohschlamm< genannt, setzt sich aus org. und anorg. Feststoffen (ungelöste Stoffe) zusammen. Die absetzbaren Stoffe im Abwasser werden durch mechanische >Kläranlagen< entfernt (>Primärschlamm<, mechanischer Schlamm); die nichtabsetzbaren Stoffe (auch >Schwebstoffe< genannt oder exakter nichtabsetzbare Schwebstoffe) werden zusammen mit kolloidgelösten sowie auch mit einem großen Teil der echt gelösten Stoffe im Zuge der biol. (biol. Schlamm, >Sekundärschlamm<, bei >Belebungsanlagen< auch >Überschußschlamm<) oder >chem.-physikalischen< Reinigung (chem. Schlamm, Fällungsschlamm) entfernt. Die Mischung aus Primär- und Sekundärschlamm wird als Mischschlamm bezeichnet. Sie ist die übliche Form des Klärschlammes, in der dieser bei kommunalen Kläranlagen anfällt.

Lit: Abwassertechnische Vereinigung (Hrsg.) (1982–1986) Lehr- und Handbuch der Abwassertechnik, 3. Aufl., Bd. 1–7, Verlag von Wilhelm Ernst und Sohn, Berlin München.

Frischwasserkühlung. Kühlung des Turbinenkondensators eines >Kraftwerkes< mit nicht im Kreislauf geführtem Flußwasser. Frischwasserkühlung ist hinsichtlich der erforderlichen Investitionen bei in ausreichender Menge vorhandenem Flußwasser die billigste Kühlmethode. Um eine zu hohe thermische Belastung des Flußwassers zu verhindern, werden Maximalwerte für die Einleittemp. des erwärmten Wassers (z. B. 30 °C), für die Aufwärmung des gesamten Flußwassers nach Durchmischung (25 bzw. 28 °C) und die Aufwärmspanne ($\Delta T_{max} = 3$ °C) festgelegt. Infolge der Vorbelastung durch >Schadstoffe< ist eine weitere thermische Belastung der Flüsse in Deutschland ökologisch nicht vertretbar. Daher Übergang zur >Wasserrückkühlung<.

FRJ-2. Forschungsreaktor des >Forschungszentrums Jülich<; schwerwassermoderierter und -gekühlter Tankreaktor mit einer thermischen Leistung von 23 MW. Inbetriebnahme am 14. 11. 1962.

FRM. Forschungsreaktor München; leichtwassermoderierter >Schwimmbadreaktor<, am 31. 10. 1957 als erster >Reaktor< in Deutschland erstmals kritisch. >Forschungsreaktor<.

FRM-II. Die neue Hochfluß-Neutronenquelle FRM-II wird als Reaktor realisiert und soll den seit 1957 betriebenen Forschungsreaktor München >FRM< ablösen. Aufgrund seiner weiterentwickelten technischen Konzeption wird der FRM-II im Vergleich zum FRM bei einer fünfmal so hohen Reaktorleistung (20 MW)

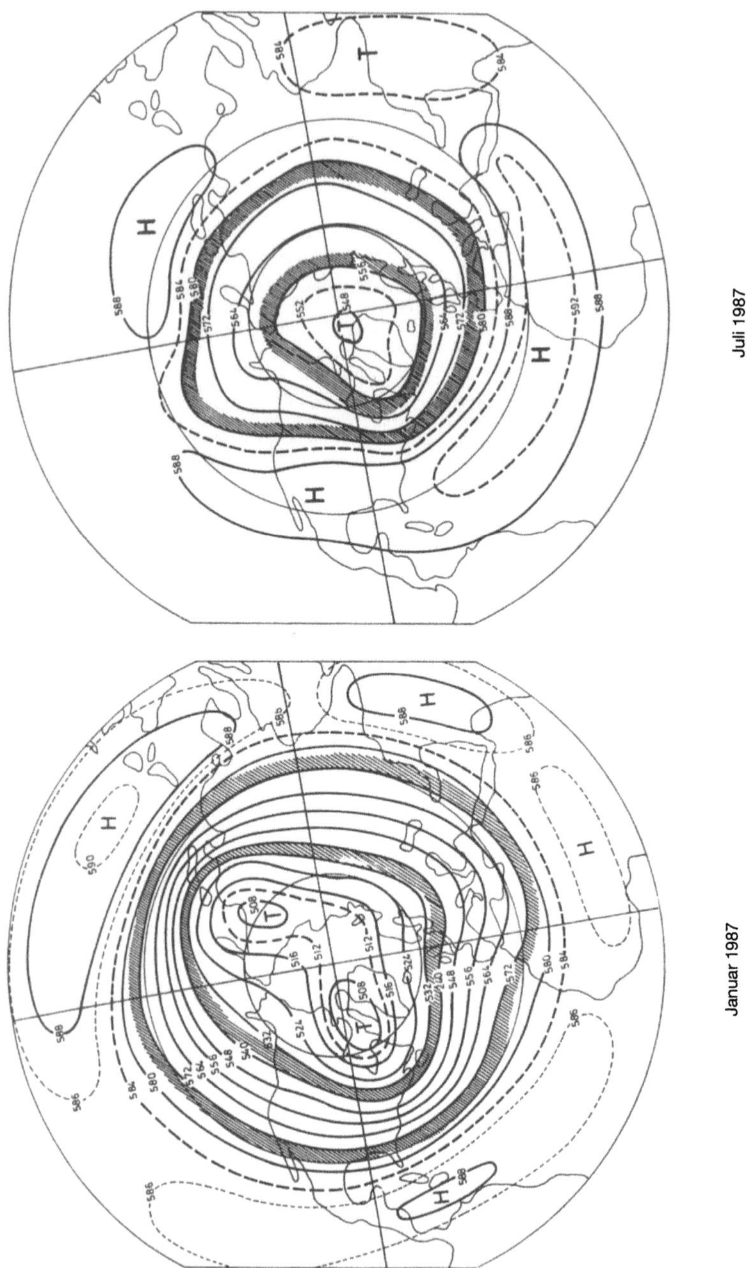

Frontalzone: Mittlere absolute Topographie der 500-hPa-Fläche im Januar (links) und Juli (rechts) in gpdam; schraffiert: mittlere Lage von Polarfront und Subtropikfront. (Aus: Deutscher Wetterdienst (1987) Leitfäden für die Ausbildung im Deutschen Wetterdienst, Nr. 1, Allgemeine Meteorologie, 3. Aufl., Selbstverlag des DWD, Offenbach)

einen 50 mal so hohen nutzbaren Neutronenfluß erzielen. Dabei sorgt ein großdimensionierter Schwerwasser-Moderatortank dafür, daß dieser hohe Fluß in einem wesentlich größeren nutzbaren Volumen und praktisch ausschließlich durch langsame Neutronen, die für die vorgesehene Nutzung besonders gut geeignet sind, aufgebaut wird.

FRMZ. Forschungsreaktor Mainz, >TRIGA<-MARK II-Reaktor des Instituts für Kernchemie der Universität Mainz mit einer thermischen Leistung von 100 kW. >Forschungsreaktor<.

Front. Schnittlinie einer Luftmassengrenze mit der Erdoberfläche, verbunden mit Luftmassenkonvergenz am Boden.
Lit: Scherhag R (1948) Neue Methoden der Wetteranalyse und Prognose, J. Springer, Berlin.

Frontalwelle. Anfangsstadium einer >Frontalzyklone<. An einer sich nur langsam verlagernden >Front< entwickeln sich kleine Deformationen, hervorgerufen durch zufällige Ungleichförmigkeiten im Strömungs- oder Temperaturfeld beiderseits der Front, auch die unterschiedliche Reibung des Untergrundes kann über eine Störung im Windfeld eine F. erzeugen. F. entstehen in der Regel an >Kaltfronten <und können sich, bei entsprechendem Temperatur- und Windgegensatz beiderseits der Front zu einem kräftigen >Tief< entwickeln. Entwicklungsstadien der verschiedenen Hoch- und Tiefdruckgebiete s. Abb. bei >Hochdruckgebiet<. >Wellenstörung<.

Frontalzone. Zone im Bereich einer >Front<, in der bevorzugt Fronten entstehen. R. SCHERHAG bezeichnet den Bereich mit stark gebündelter Höhenströmung als F. Sie entsteht durch den in der Vertikalen stets gleichsinnigen horizontalen Temperaturgradienten beiderseits einer Front. Das auf diese Weise erzeugte Starkwindband wird auch >Strahlstrom< ge-

nannt. Siehe Abb. (S. 462) und Abb. bei >Luftmasse<.
Lit: Scherhag R (1948) Neue Methoden der Wetteranalyse und Prognose, J. Springer, Berlin.

Frontalzyklone. Zyklone, die aus einer >Frontalwelle< hervorgegangen ist. Entwicklungsstadien der verschiedenen >Hoch-< und >Tiefdruckgebiete<; s. Abb. bei >Hochdruckgebiet<.

Frontensymbole. Die zur Kennzeichnung der Frontenart in den >Wetterkarten< verwendeten Symbole. >Wetterkartensymbole<.

Frost. Absinken der Lufttemperatur unter den Gefrierpunkt des Wassers (0 °C). Das Absinken der Lufttemperatur wird besonders in klaren, windschwachen Nächten nach frisch eingeflossener Kaltluft durch >Ausstrahlung< des Erdbodens begünstigt. >Strahlungsfrost<.

Frostböden. >Dauerfrostböden<.

Frosteindringtiefe. Größte Tiefe, bis zu der der >Frost< in den Erdboden eindringt. Die F. wird durch die Bodenbedeckung (Schnee, Gebüsch usw.), vom Wärmetransport aus größeren Tiefen des Erdreiches, der Wärmeleitfähigkeit sowie dem Wassergehalt des Erdbodens bestimmt. In Mitteleuropa erreicht die F. bereits Mitte Dezember Werte von 50 cm und kann zum Ende einer längeren Periode strengeren Frostes bis zu 160 cm erreichen.
Einzelheiten können der Abb. entnommen werden, die den zeitlichen Verlauf der Frosteindringtiefe in den Wintermonaten einiger ausgewählter Jahre mit langanhaltenden Frostperioden zeigt. Die Messungen stammen von der Säkularstation Potsdam-Telegrafenberg des Deutschen Wetterdienstes.
Lit: Schmidt R (1996) Extreme Eindringtiefe des Frostes in den Boden im Februar 1996. In: Deutscher Wetterdienst, Die Witterung in Übersee, Jahrgang 44, Nr. 2.

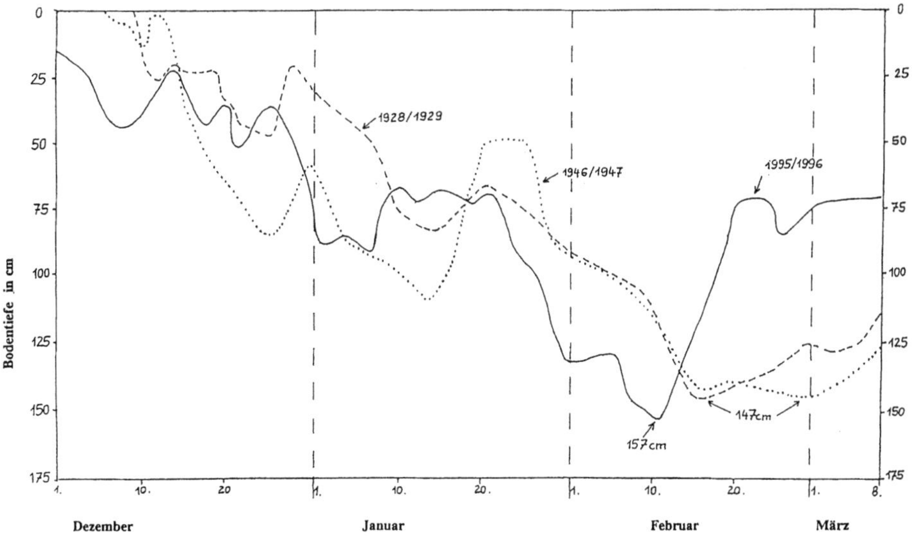

Frosteindringtiefe im Winter 1995/1996 im Vergleich zu den Wintern 1928/1929 und 1946/1947, Säkularstation Potsdam, Telegrafenberg

Frostpunkt. >Eispunkt<.

Frostresistenz. Frostresistenz oder Frosthärte bezeichnet die Fähigkeit von Organismen, Temp. unter 0 °C ohne irreversible Schäden zu überstehen. In Extremfällen können versch. Kiefernarten noch Temp. bis zu −40 °C, alpine Zwergsträucher bis zu −70 °C ohne permanente >Frostschäden< überdauern. Dieser Zustand wird von einer Pflanze erst durch eine Phase der Frosthärtung erreicht. Bei physiologischen Arbeiten benutzt man als Vergleichsgröße die physiologische Frosthärte; hierunter versteht man diejenige Temp. unter 0 °C, bei der nach 90 min Einwirkung 50 % der Versuchspflanzen absterben. Bei der Frostresistenz sind zwei Mechanismen zu unterscheiden: 1. Meidung der Eisbildung bei einer Abkühlung unter 0 °C. Hierzu zählt die Gefrierpunktserniedrigung durch >Akkumulation< von >Frostschutzmitteln<, z. B. bei Insektenlarven durch Glycerolkonz. bis zu 5 molar, und in sehr viel geringerem Umfang auch bei Pflanzen durch Anhäufung von Kohlenhydraten, Zuckeralkoholen, Prolin oder Glycin-Betain. Eine weitere Möglichkeit besteht in der Abwesenheit von freiem H_2O und damit einer max. Wasserstreßtoleranz wie z. B. bei >Samen<, Pollen oder Knospen in der Ruheperiode. Außerdem kann es zur Unterkühlung (supercooling) des Wassers bei Abwesenheit von Eiskeimen (ice nucleating active particles) oder bei Anwesenheit von Anti-Eiskeimbildnern kommen. Diese Möglichkeit wird von Insektenlarven, Markstrahlzellen bei Baumstämmen sowie Blütenknospen von >Bäumen< genutzt. 2. Frosttoleranz, die sich auf eine Toleranz der extrazellulären Eisbildung beschränkt; eine intrazelluläre Eisbildung kann dagegen in keinem Fall überstanden werden. Die Frosttoleranz beruht auf einer Toleranz des Wasserstresses. Hieran sind eine Vielzahl physiologischer Faktoren beteiligt; besonders wichtig ist dabei eine Absenkung des Wasserpotentials des Protoplasten.
Lit: Levitt J (1980) Responses of plant to environmental stresses. Bd. 1: Chilling, freezing and high temperature stresses, Academic Press, New York London.

Frostschäden. Alle unmittelbar oder mittelbar durch Frosteinwirkung eintretende Schäden an Pflanzen. Hierbei sind folgende Typen zu unterscheiden: 1. Prim. F. durch intraprotoplasmatische Eisbildung. Hierdurch werden Membranen verletzt, und die Semipermeabilität geht verloren. Diese i. d. R. fatalen Schadensereignisse sind rel. selten; sie treten v. a. beim raschen Gefrieren auf. Hierzu zählen F. an Apfelblüten sowie an Gerste durch unmittelbar auf Tauperioden folgende scharfe Fröste während des Winters. 2. Sek. F. durch extrazelluläre Eisbildung in den >Interzellularen< und >Zellwänden< von Pflanzen. Diese besonders häufigen Schäden beruhen weniger auf Verletzungen als auf einem Wasserentzug des Protoplasten. Da der >Dampfdruck< über Eis geringer als über einer unterkühlten Lsg. ist, wirkt das auskristl. Eis als „Kühlfalle", die dem angrenzenden Protoplasten solange Feuchtigkeit entzieht, bis eine Kontraktion eintritt. Als Nebeneffekt werden osmotisch wirksame Substanzen wie Salze oder org. >Säuren< stark aufkonz., und es kommt zur Denaturierung von Proteinen. Dies kann schließlich zum Absterben der Zelle führen. Beim Auftauen ist der tote Protoplast frei permeabel; er kann deshalb das Tauwasser nicht mehr osmotisch absorbieren. Die elastische >Zellwand< nimmt jedoch ihre alte Position wieder ein, wenn Wasser zwischen die Wand und den toten, kontrahierten Protoplasten eintritt. Das Ergebnis ist eine >Frostplasmolyse< der toten Zelle. Auf Austrocknung beruhende F. sind besonders häufig bei wasserarmen Geweben oder bei langsamer Abkühlung. Wenn bei Frost Wasser aus dem Pflanzeninneren austritt, bildet sich an der Oberfläche der Pflanzen Kammeis. Auf diese Weise entstehen Frostblasen am Laub. An Stämmen von Obstbäumen kommt es oft bei schroffem Temp.-Wechsel zu Frostrissen oder Frostplatten, d. h. toten Gewebeteilen inmitten von lebendem Gewebe. Schließlich können Fröste auch indirekt durch Strukturveränderungen im Boden und daraus resultierenden Wurzelrissen schädigen.
Lit: Levitt J (1980) Responses of plants to environmental stresses. Bd. 1: Chilling, freezing and high temperature stresses, 2nd ed., Academic Press, New York London.

Frostschutzmittel. Dem >Kühlwasser< von Motoren zugegebene Substanz, um das Einfrieren zu verhindern. Besteht meist aus >Ethylenglykol<. Muß nach dem Abfallbeseitigungsgesetz entsorgt werden.

Frostsprengung. >Physikalische Verwitterung<.

Frosttag. Tag mit einer Tiefsttemperatur unterhalb des Gefrierpunktes. Die mittlere Zahl der F. dient zur Charakterisierung des Klimas einer Region.

Frostwechseltag. Tag mit einer Höchsttemperatur oberhalb und einer Tiefsttemperatur unterhalb von 0 °C; die Temperaturkurve geht also an einem Tag mindestens einmal durch den Gefrierpunkt. In der >technischen Klimatologie< dient die Statistik der F. als Planungsunterlage, um Frostaufbrüche zu vermeiden.

Froude-Zahl. Dimensionslose hydraulische Größe, die das Abflußbild eines >Fließgewässers< charakterisiert:

$$Fr = \frac{V}{\sqrt{g \cdot h}}$$

g = Fallbeschleunigung 9,81 [m · s^{-2}]; h = mittlere Wassertiefe [m]; V = Fließgeschwindigkeit [m · s^{-1}]. Bei Fr < 1 ist der Abfluß strömend und geringer als die Ausbreitungsgeschwindigkeit Cwe von Oberflächenwellen, die z. B. durch einen ins Wasser geworfenen Stein erzeugt werden. Bei Fr > 1 ist der Abfluß schießend und Fr > Cwe.

Fruchtart. Kulturpflanzenart innerhalb einer >Fruchtfolge<.

Fruchtbarkeit. Die Fähigkeit eines >Standortes< oder der Böden eines landwirtschaftlichen Betriebes, langfristig ohne nennenswerte Zufuhr von Nährstoffen von außen sichere und hohe Erträge zu erbringen. Das setzt prinzipiell die praktisch vollständige Rezyklierung der Nährstoffe innerhalb des Standortes bzw. Betriebes voraus, d. h. dessen Hydrologie und Bewirtschaftung ermöglichen ein quasi-geschlossenes Ökosystem.

Fruchtfolge. Die im >Ackerbau< unter ökonomischen und ökologischen Aspekten geplante Aufeinanderfolge von >Kulturpflanzen< – auch Fruchtarten genannt – auf demselben Feldstück, deren Wiederholung man als Rotation bezeichnet. In der Entwicklung des Ackerbaus war die bewußte Gestaltung der F. in erster Linie ein Mittel zur Steigerung der Bodenfruchtbarkeit, wobei der wechselnde Anbau von Blatt- und Halmfrüchten bedeutend war. Die Blattfrüchte (Rüben, Kartoffeln) sah man im Hinblick auf die Bodenfruchtbarkeit als tragende, die Halmfrüchte (Getreide) als abtragende Frucht an. Die Aufeinanderfolge von

Blatt- und Halmfrucht nennt man Fruchtwechsel. Da heute die >Bodenfruchtbarkeit< in unseren Breiten kein Mangelfaktor ist, überwiegt hier jetzt vor allem der natürlicherweise auch früher vorhandene ökologische Effekt der F. Dieser wirkt der Gefahr entgegen, daß der wiederholte Anbau einer Fruchtart auf derselben Fläche zu einer Vermehrung der fruchtspezifischen >Unkräuter< und Schaderreger führt und eine Verschlechterung der Bodenstruktur und einseitige Nährstoffausnutzung bewirken kann, was wiederum einen höheren Aufwand an >Pflanzenschutz< und >Düngung< bedingt. Die Stellung der einzelnen Fruchtart innerhalb der F. ist wesentlich von ihrer Selbstverträglichkeit abhängig. So ist z. B. Roggen relativ unempfindlich gegen Fruchtfolgekrankheiten, bei Zuckerrüben sollte dagegen wegen Nematodenverseuchung (>Nematoden<) der Abstand mindestens 3 Jahre betragen. Wegen der Gefahr der >Pilzinfektion< muß auch das räumliche Nebeneinander der Früchte beachtet werden, wie etwa bei Winter- und Sommergerste. Außerdem spielt für die F. auch die >Vegetationszeit< der Früchte eine Rolle, so kann z. B. nach Zuckerrüben (Ernte Oktober) kein Raps (Saatzeit August) folgen; auch die Möglichkeit des Anbaus von Zwischenfrüchten (>Zwischenfrucht<) und die arbeitswirtschaftliche Durchführbarkeit sind Kriterien. Idealvorstellung ist eine F., die eine möglichst vollkommene Selbstregelung der auftretenden Fruchtfolgekrankheiten und eine Minimierung der notwendigen Fremdregulierung ermöglicht. Abgesehen von der mangelnden exakten Definierbarkeit von Pflanzenschutz-Fruchtfolgewirkungen gibt es eine Begrenzung der Gestaltung der F. durch ökonomische Gründe, da derzeit im Akkerbau EG-weit nur wenige rentable Früchte zur Verfügung stehen und so das ökonomische Optimum einer F. je nach Standort bei 3 bis 5 Früchten liegt. Ein zusätzlicher Aspekt ist, daß mit wachsender Zahl der Fruchtarten das Management einer F. schwieriger wird. So erfordert die optimale Gestaltung der F. ein Abwägen von Ökonomie und Ökologie. Dazu ist die Bewertung der Auswirkung der Einzelfrucht auf den Anbau übrigen Früchte der F. erforderlich.

fruchtschädigend. (teratogen). >Gefährlichkeitsmerkmal< nach § 3a Abs. 1 Nr. 13 >ChemG<. Fruchtschädigend sind >Stoffe< und >Zubereitungen<, die bei Einatmen, Verschlucken oder Aufnahme über die Haut nicht vererbbare Schäden der direkten Nachkommenschaft hervorrufen oder deren Häufigkeit erhöhen können (Best. gemäß § 1 ChemGefMerkV). Für fruchtschädigende Stoffe gibt es *kein* eigenes >Gefahrensymbol< und auch keine >Gefahrenbezeichnung<. Die spez. >Kennzeichnung< erfolgt mit dem >R-Satz< 47, zusätzlich zu einer Kennzeichnung als „>giftig<" oder „>mindergiftig<", nach den Kriterien gemäß Nr. 1.1.3.5 (>GefStoffV< Anhang I). Im Zuge der 7. Änderungsrichtlinie der >EG-RL für gefährliche Stoffe< ist dieses Gefährlichkeitsmerkmal umbenannt und erweitert worden (reproduktionstoxisch bzw. fortpflanzungsgefährdend).

Fruchtzucker. >Fructose<.

Fructose. Fruchtzucker. Eine Ketohexose, die durch Hydrolyse des Polysaccharids Inulin gewonnen wird. In der Natur kommt Fructose in süßen Früchten vor. Sie ist außerdem Bestandteil der Saccharose, in der je ein Molekül >Glucose< und Fructose glykosidisch miteinander verknüpft sind. Fructose schmeckt noch süßer als >Saccharose< und wird auch als >Zuckeraustauschstoff< für Diabetiker verwendet.

D-Fructose. >Saccharose<.

Früchte. Organe der >Angiospermen<, welche die >Samen< bis zu ihrer Reife umschließen und ggf. an ihrer Ausbreitung beteiligt sind. Die Samen werden entweder ausgestreut (Streufrüchte) oder mit den F. von der Pflanze abgetrennt (Schließfrüchte). Die Fruchtentwicklung wird durch ein komplexes Zusammenspiel von >Phytohormonen< reguliert. F. gehen aus dem Fruchtknoten, ganzen >Blüten< bzw. auch aus Zusatzbildungen oder Blütenständen hervor.

Frühjahrszirkulation. In den Seen der gemäßigten Zone kommt es im Winter zu einer Schichtung des Wasserkörpers in Abhängigkeit von der Temperatur. Das Wasser mit einer Temperatur unter 4 °C liegt über dem wärmeren Tiefenwasser, die Oberfläche gefriert. Im Frühjahr sinkt das Oberflächenwasser in die Tiefe, wenn es sich auf 4 °C erwärmt hat und damit seine größte Dichte besitzt. Gleichzeitig steigt das Tiefenwasser an die Oberfläche. Im Sommer erwärmt sich das Oberflächenwasser stark und „schwimmt" auf dem kälteren Tiefenwasser, wodurch wieder eine deutliche Schichtung erreicht wird. Innerhalb der warmen Oberflächenschicht kann es zu einer Zirkulation kommen. Im Herbst kühlt sich das Wasser an der Oberfläche so lange ab, bis es die Temperatur des Tiefenwassers erreicht hat. Dann kommt es bei der Herbstvollzirkulation zu einer erneuten Durchmischung. Diese Prozesse sind für die Sauerstoffversorgung des ganzen Wasserkörpers von größter Wichtigkeit. Die Verhältnisse können in Abhängigkeit von Größe, Tiefe, Lage und Oberfläche des Sees abgeändert sein, besonders auch durch Einwirkung des Windes.

FS. Fachverband für Strahlenschutz e. V., Vereinigung deutscher und schweizerischer >Strahlenschutz<fachleute; Sekretariat des FS im Bundesamt für Strahlenschutz, Köpenicker Allee 120–130, 10318 Berlin.

FTP. >Federal Test Procedure<.

Fuberidazol. Systemisches >Fungizid< aus der Benzimidazol-Reihe.
Chemische Bezeichnung: 2-(2-Furyl)-benzimidazol
Summenformel: $C_{11}H_8N_2O$, M_r 184,2.
Hersteller: Bayer AG 1965
Wirkungstyp: F. wirkt sehr spezifisch und in sehr geringer Konzentration (10 g/100 kg Saatgut) z. B. gegen den Schneeschimmel des Getreides.
Bevorzugte Anwendung: Systemisches Fungizid zur Behandlung von Saatgut (gegen Fusarium spp., ferner Verwendung im Getreideanbau, häufig in Kombination mit anderen Fungiziden.

Chemische und physikalische Eigenschaften:
Smt. 284 bis 288 °C (Zers.).
Toxizität: LD_{50} 1.100 mg/kg (Ratte, oral, akut) WHO;
Handelsname: Voronit®

Fuel Economy. Der reziproke Wert des >Kraftstoffverbrauchs< (z. B. 10 L/100 km entspricht 23,5 mpg, in USA üblich).

Füllhalterdosimeter. Meßgerät in Stabform (Stabdosimeter) zur Bestimmung der >Dosis<. Die Entladung eines aufgeladenen Kondensators ist ein Maß für die vom Träger des >Dosimeters< empfangene Dosis.

Füllkörperkolonne. Apparat, in dem zur Vergrößerung von Kontaktoberflächen bei gleichzeitiger Vol.-Einengung sog. Füllkörper eingebracht sind. Als Füllkörper werden u. a. Rohrstücke, Kugeln, Schnitzel, Sterne etc. aus Metall, Glas, Kunststoff oder Keramik verwendet.

Füllstoffe. F. sind pulverförmige Zusatzstoffe, wie z. B. Ruß, Talcum, Kreide, Holz- und Korkmehl, in >Kunststoffen<, >Gummi< und >Klebstoffen< zur Verbesserung der Materialeigenschaften, wie z. B. Härte, Dichte, Formstabilität u. a., und zur Senkung der Herstellungskosten, da sie weit billiger sind als die >Polymere< selbst. Andere Zuschlagstoffe, wie z. B. >Weichmacher<, Stabilisatoren, Licht- und >Flammschutzmittel< werden nicht als Füllstoffe sondern als Additive bezeichnet.

Fütterungsantibiotika. In der Tierproduktion werden >Antibiotika< in niedriger Dosierung über das Futter zur Leistungsförderung verabreicht. Die Wirkung erfolgt entweder im Darm oder in den Vormägen der Wiederkäuer (>Leistungsförderer, Wirkungen<).

Fütterungsarzneimittel. >Arzneimittel<, >-gesetz<, >-zulassung<, >Futteradditive<, >Futterzusatzstoffe<, >Fütterungsantibiotika<, >Hormone<, >Implantate<, >Kokzidiostatika<, >Leistungsförderer<, >Masthilfsmittel<, >Rückstände<, >Tierarzneimittel<.
Die Frage, ob durch die Anwendung von Fütterungsantibiotika bei Tieren die Resistenz von Krankheitserregern beim Menschen gegen therapeutisch eingesetzte Antibiotika gesteigert wird, ist noch immer in der Diskussion und nicht endgültig geklärt.
Lit: Dt. Vet. med. Ges. (1999) Aktuelle Diskussion, 1. Antibiotikaresistenz, 23. Kongr., Giessen.

Fugazität. Bestreben einer Substanz, eine Phase zu verlassen und sich über das gesamte System zu verteilen. Wenn die Tendenz zur Flucht aus einer Phase heraus von derjenigen zum Verlassen der anderen Phasen genau kompensiert wird, dann stellt sich ein Gleichgewicht ein. Besteht das System aus n Phasen bzw. >Kompartimenten<, dann gilt im Gleichgewicht: $f_1 = f_2 = \ldots = f_n$. Fugazität und Konz. sind einander proportional: $C = Z \cdot f$. Der Proportionalitätsfaktor Z wird als Fugazitätskapazität bezeichnet; er ist substanzspez. für jede Phase bei einer gegebenen Temp. Seine Größe hängt ab von der Eig. der Substanz (Wasserlöslichkeit, Dampfdruck, n-Octanol/Wasser-Verteilungskoeffizient), den Eig. der Phase und den Wechselwirkungen zwischen Phase und Chemikalie. Das Verhältnis zwischen den Z-Werten zweier Phasen a und b entspr. dem zugehörigen Verteilungskoeffizienten K_{ab}:

$$K_{ab} = \frac{C_a}{C_b} = \frac{Z_a \cdot f}{Z_b \cdot f} = \frac{Z_a}{Z_b}$$

Die Gleichungen, mittels derer die Z-Werte wichtiger Umweltkompartimente berechnet werden können, sind in der Tabelle (s. rechts) angegeben.
Lit: Mackay D (1980) Solubility, partition coefficients, volatility, and evaporation rates. In: Hutzinger O (Hrsg.) The Handbook

Fugazität: Definition der Fugazitätskapazität Z für die Kompartimente Luft, Wasser, Boden, Sediment, suspendiertes Sediment und Organismen (Fisch)

Z_1	Luft	$1/R \cdot T$
Z_2	Wasser	C^s/P^s
Z_3	Boden	$Z_2 \, K_{oc} \Phi_3 \varrho_3$
	(Φ = Anteil an organischem Kohlenstoff = 0,02	
	ϱ = Dichte = 1,5 kg/L)	
Z_4	Sediment	$Z_2 K_{oc} \Phi_4 \varrho_4$
	(Φ = Anteil an organischem Kohlenstoff = 0,04	
	ϱ = Dichte = 1,5 kg/L)	
Z_5	Suspendiertes Sediment	$Z_2 K_{oc} \Phi_5 \varrho_5$
	(Φ = Anteil an organischem Kohlenstoff = 0,04	
	ϱ = Dichte = 1,5 kg/L)	
Z_6	Organismen (Fisch)	$Z_2 K_B \varrho_6$
	(ϱ = Dichte = 1 kg/L)	

P^s = Dampfdruck (Pa), C^s = Wasserlöslichkeit (mol/m^3), K_{oc} = Verteilungskoeffizient Boden/Wasser ($K_{oc} = 0,411 \, K_{ow}$), K_B = Biokonzentrationsfaktor ($K_B = 0,048 \, K_{ow}$), K_{ow} = n-Octanol/Wasser-Verteilungskoeffizient, T = 298 K. R = 8,314 J/mol $\cdot$ K.

of Environmental Chemistry, Bd. 2, Teil A, Springer, Berlin Heidelberg New York, S. 31–45 – Paterson S, Mackay D (1985) The fugacity concept in environmental modelling. In: Hutzinger O (Hrsg.) The Handbook of Environmental Chemistry, Bd. 2, Teil C, Springer, Berlin Heidelberg New York, S. 121–140.

Fugazitätsmodelle. Auf dem Prinzip der >Fugazität< beruhende Berechnungs>Modelle<, anhand derer im Rahmen einer >Expositionsanalyse< Transport, Verteilung und Abbau von Umweltchemikalien berechnet werden können. Je nach ihrer Komplexität können die Modelle auf Gleichgewichts- oder Ungleichgewichtsprozesse, auf globale Abläufe oder auf spez. Umweltsituationen angewendet werden. Durch Addition der Gleichungen, mit denen der Transfer zwischen den >Kompartimenten< beschrieben wird, lassen sich aufeinanderfolgende Prozesse zu einer Massenbilanz mit einheitlichem Term zusammenfassen, so daß die versch. aufeinander aufbauenden Modelle bzw. Teilmodelle leicht kombiniert werden können. In der Regel gehen die Modelle von einer Unterteilung der Umwelt in die sechs Kompartimente Luft, Wasser, Boden, Sediment, suspendiertes Sediment und Organismen aus, deren Abmessungen willkürlich festgelegt wurden (>Unit-World<), aber bezüglich der Volumenverhältnisse den realen Zuständen angepaßt sind. Während auf der untersten Modellebene lediglich die Verteilung einer Chemikalie zwischen den Phasen berechnet wird, wobei eine mögliche heterogene Verteilung und evtl. Reaktionen der Substanz vernachlässigt werden, sind auf der zweiten Stufe Umwandlungen der Verb. berücksichtigt. Da sie sich nur auf geschlossene Systeme mit thermodynamischem Gleichgewicht beziehen, sind die Anwendungsmöglichkeiten der beiden ersten Stufen begrenzt. In größerem Umfang praktisch anwendbar ist die dritte Ebene, auf der von einem >Fließgleichgewicht< und unterschiedlichen Fugazitäten in den einzelnen Kompartimenten ausgegangen wird. Dadurch können auch nicht diffusive Transferprozesse, wie nasse und trockene >Deposition<, >Sedimentation< oder Nahrungsaufnahme von Organismen, einbezogen werden. Auf der vierten Stufe wird dann das Verhalten von Substanzen in offenen Systemen im Zustand des Ungleichgewichts beschrieben, so daß zeitabhängige Variationen der Konzentrationsänderung und die Zeit bis zur Gleichgewichtseinstellung kalkuliert werden können. Und auf der fünften Stufe schließlich können auch räumliche und zeitliche Variationen der Konz. innerhalb der Kompartimente erfaßt werden. Zur Anwendung der höheren Ebenen auf reale Umweltsituationen können >Monitoring-Daten< gegen ein bekanntes Gesamtvol. aufgetragen und die Gesamtmenge an Substanz, die mittlere Konz. und die Streuung berechnet werden. Umgekehrt kann man diese Werte auch schätzen und aus ihnen dann auf die zu erwartende Verteilung schließen. Legt man nicht reale Umweltsysteme, sondern Modellsysteme zugrunde, dann eignen sich die Fugazitätsmodelle auch für den Vergleich des Verhaltens von Chemikalien und die Gewinnung allg. Verhaltensmuster.

Lit: Paterson S, Mackay D (1985) The fugacity concept in environmental modelling. In: Hutzinger O (Hrsg.) The Handbook of Environmental Chemistry, Bd.2, Teil C, Springer, Berlin Heidelberg New York, S. 121–140 – Greef de E, Mackay D, Paterson S (1986) Recent developments in fugacity modelling and environmental exposure. In: Environmental Modelling for Priority Setting among Existing Chemicals. Proceedings of the Workshop 11.–13.Nov. 1985, München-Neuherberg, ecomed, München, S.33–77.

Fujiki-Test. Testverfahren zur Best. der rel. Abbaugeschwindigkeit bei der direkten photochem. Zers. von Substanzen in der Gasphase, das 1978 von der >OECD< für Screening-Tests vorgeschlagen wurde. Der Versuchsaufbau besteht aus mehreren zentral angeordneten UV-Lampen vom Typ FL20S-BL (360 nm) und FL20S-E (300 nm), die von vier zylindrischen Reaktionsgefäßen aus Quarz mit einem Durchmesser von 10 cm und einer Höhe von 40 cm umgeben sind (s. Abb.). Die Verbindungsschläuche und Dichtungen bestehen aus Tygon G. Zur Umwälzung der Luft dient eine Schlauchpumpe, die eine konst. Fördermenge von 10 mL/min gewährleistet. Füllung und Probennahme erfolgen mittels einer Gasdosierspritze mit Absperrventil. Die Konz. der zu untersuchenden Substanz sollte bei 10 ppm liegen, kann bei Bedarf aber auch höher oder niedriger sein, je nachdem, wie sich die Substanz in der Gasphase verhält. Nach der Best. der Anfangskonz. in den Reaktionsgefäßen wird die Verb. 24 Stunden lang bestrahlt und dabei jeweils nach 2, 4, 6 und 24 h chromatographisch die noch vorhandene Menge an Ausgangssubstanz ermittelt. Die Temp. während des Versuches beträgt 25 bis 30 °C.

Lit: Mansour M, Hustert K, Korte F (1981) Erfahrungen mit dem Fujiki-Test, Chemosphere 10:1275ff.

Fulvinsäuren. Gelb bis gelb-braune Sz., eng verwandt mit den >Huminsäuren<, jedoch von niedrigerem Molekulargewicht, bleiben in Lsg. nach Abtrennung der Huminsäuren nach Ansäuerung. Enthalten im Durchschnitt 45 % Kohlenstoff (s.a. Huminstoff). Da in Säuren lösl. und durch polyvalente Kationen nicht fällbar, sind die Fulvinsäuren verantwortlich für die gelb-braune Farbe von vielen natürlichen Gewässern.

Fumarsäure. Eine ungesättigte aliphatische Dicarbonsäure, die im Erdrauch *(Fumaria officinalis)*, im Isländischen Moos sowie Pilzen und Flechten vorkommt. Fumarsäure tritt im Citronensäurecyclus bei der Dehydrierung der Bernsteinsäure als Zwischenprodukt auf. Die techn. Synth. erfolgt aus Maleinsäureanhydrid oder mikrobiell. Der Zusatz von Fumarsäure zu Trockenprodukten wie Puddingpulver verbessert die Lagerfähigkeit. In Kombination mit Benzoesäure wird sie verwendet, um den pH-Wert eines Lebensmittels zu erniedrigen.

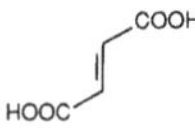

Fungi. Pilze sind >heterotrophe<, meist vielzellige >eukaryotische< Organismen. Die Möglichkeit zur freien Ortsbewegung fehlt in der Regel. Die systematische Abgrenzung zu den >Protozoen< und >Flechten< ist nicht genau geklärt. Pilze spielen beim Abbau der org. Substanz eine große Rolle. Beispiele für wichtige Gattungen sind Armillariella, Phallus, Pholiota, Russula, Penicillium, Trichoderma, Mortierella (s. Abb. S.468).

Lit: Gilman JC (1957) A manual of soil fungi, 2.Aufl., Iowa State Univ. Press, Ames.

Fungizide. Verbindungen zur Bekämpfung von pflanzenschädigenden, phytopathogenen Pilzen, unterteilt in anorganische, metallorganische und organische Fungizide sowie Antibiotika.

Im modernen Pflanzenschutz nehmen die Fungizide einen wichtigen Platz ein; sie rangieren nach den Herbiziden und Insektiziden an dritter Stelle aller Pestizide (ca. 15 % des Pestizidmarktes). Hauptzielrichtung der Fungizide ist die Kontrolle bzw. Vernichtung pflanzenschädigender, d.h. phytopathogener Pilze; der Übergang zu den >Fungistatika< (Hemmstoffe des Pilzwachstums) ist oft nur fließend; daneben existieren zahlreiche Antimykotika im Pharma-Bereich (z.B. Canestan®, Mykospor®).

Beim Pilzbefall wird die Wirtspflanze mit Pilzsporen infiziert, deren rasche Verbreitung durch Wind und Regen erfolgen kann; in Boden, Saat- und Pflanzengut werden Pilze in ihrer jeweiligen Dauerform (u.a. Sclerotien) weiter verbreitet. Einmal befallene Pflanzen werden durch Nährstoffentzug, Blockierung des Saftstromes und eingeschleuste Mykotoxine in zunehmen-

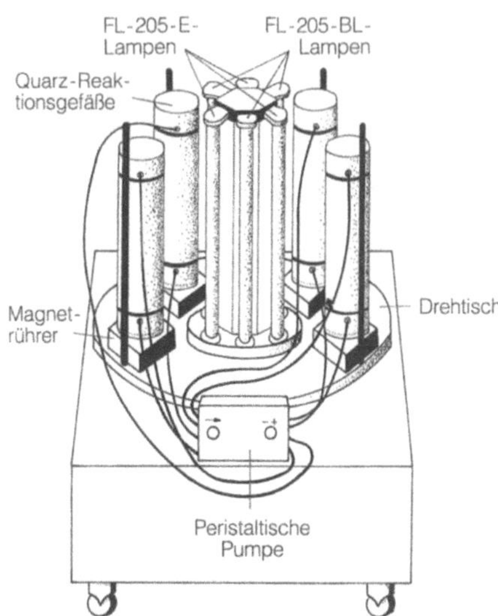

Fujiki-Test: Bestrahlungsapparatur nach M. Fujiki

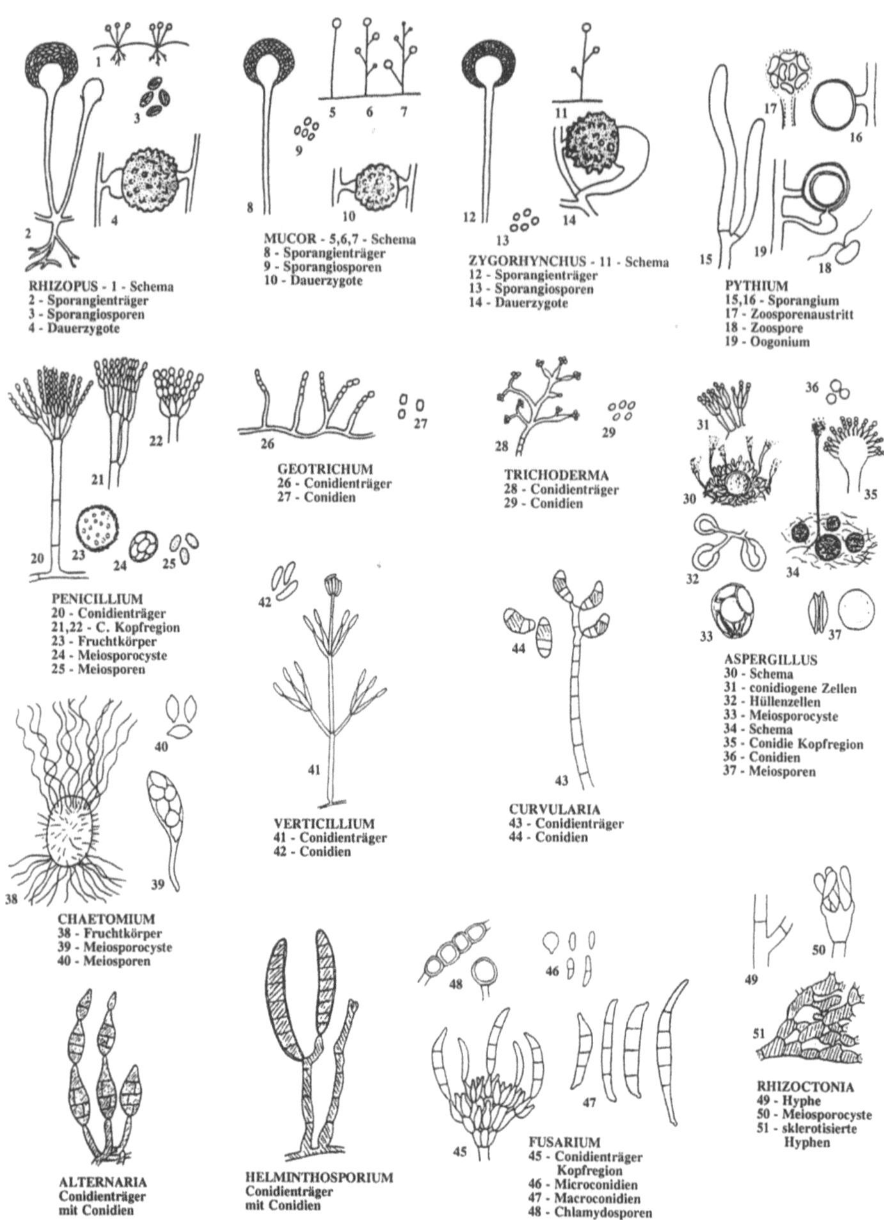

Fungi: Typische Bodenpilze (aus Paul and Clark 1989, nach Gilman 1957)

dem Maße geschädigt; typische Symptome sind Verfärbungen, Blattflecken, Nekrosen (typ. „Rost"), Welkerscheinungen und Fäulnisprozesse. Auch wenn die Pflanze nicht als Ganzes vernichtet wird, so werden doch meist der Ertrag und die Qualität der Früchte stark beeinträchtigt. Nach statistischen Erhebungen betragen die Ernteschäden durch Pilze – trotz aller Bekämpfungsmaßnahmen – je nach Kultur, Witterung und Klima ca. 10 bis 20 % (geschätzte Nahrungsmitteleinbußen mindestens 30 Milliarden $). Zahlreiche Kulturen, wie z.B. Äpfel, der Weinbau, Bananen, Reis und Getreide können im großen Maßstab ohne Verwendung von Fungiziden nicht mehr wirtschaftlich angebaut werden; zudem begünstigen Monokulturen

Auftreten und rasche Verbreitung der Schadorganismen.

Entsprechend dem erkrankten Organ und der Anwendung unterscheidet man zwischen >Blattfungiziden<, >Bodenfungiziden<, >Saatgutbeizung< sowie >konservierender Behandlung< von Früchten nach der Ernte (post harvest treatment; z.B. Citrusfrüchte, Bananen gegen Fruchtfäule); dabei ist die >Blattspritzung< die am häufigsten angewandte Methode der Pilzbekämpfung (effekt. Wirkstoffkonzentration: 0,01 bis 0,5%; in Form von Spritzpulver (wettable powder) und Emulsionskonzentraten). Im Getreidebau, aber auch in Baumwoll-, Futterpflanzen- und Gemüsekulturen wird die >Saatbeizung< zur Bekämpfung samenbürtiger Krankheiten, bei der >Bodenbehandlung< mit >Bodenfungiziden< werden bodenbürtige Pilze bekämpft (z.B. Zwiebelweißfäule mit Folicur®).

Die *Wirkungsweisen* der Fungizide teilt man nach *protektiven, curativen* und *eradikativen* Maßnahmen ein. Fast sämtliche Fungizide bis zur Mitte des vergangenen Jahrzehnts waren *protektiv*, d.h. sie verhinderten die Sporenkeimung sowie das Eindringen des Inoculums in das Pflanzengewebe, was zahlreiche Spritzungen erforderlich machte. In neuerer Zeit wurden jedoch zahlreiche *systemische* >Fungizide< entwickelt, die in der Lage sind, durch die Blattoberfläche oder durch die Wurzeln in das Leitungssystem der Pflanze vorzudringen und mit dem Transspirationsstrom verteilt zu werden. Auf diese Weise lassen sich bereits manifeste Infektionen stoppen; man nennt diese Behandlungsform *curativ* oder *eradikativ*. Die Wirtspflanze wird von innen heraus gegen Neubefall geschützt. Systemische Fungizide greifen erst nach der Sporenkeimung in den Metabolismus des Pilzes ein; ihr Vorteil liegt in den geringeren Aufwandmengen, längeren Intervallen zwischen den Behandlungen und in der Bekämpfung versteckter Pilzinfektionen, die man mit protektiven Wirkstoffen nicht erreichen kann (z.B. Flugbrand, Welkekrankheiten).

Man unterscheidet anorganische, metallorganische und organische Fungizide: In den ersten Jahrzehnten wurden fast ausschließlich anorganische Mittel eingesetzt, die auch heute noch die Hälfte aller Fungizide ausmachen: elementarer Schwefel, Kupferverbindungen (Kupfersulfat; Kupferoxidchlorid, die sog. Bordeaux-Brühe). Quecksilberorganische Verbindungen werden wegen ihres ungünstigen Rückstandsverhaltens und ihrer hohen Toxizität heute durch organische Fungizide ersetzt. Zu den organischen Fungiziden mit *protektiver* Wirkung zählen Dithiocarbamate des Zinks, Natriums und Mangans, das Thiram, Chlor- und Chlorfluoralkylthio-Verbindungen, wie z.B. Captan, Folpet und Captafol; halogenierte Aromaten, wie Hexachlorbenzol, Pentachlornitrobenzol und Chloroneb sowie 5-gliedrige Azole. *Systemische* Fungizide sind z.B. die zur Benzimidazolgruppe zählenden Thiophanate (Topsin®), Carbendazim MBC (Bavistin®, Derosal®), Benomyl (Benlate®, Tersan®), Thiabendazol (Mertect®, Tecto®), Fuberidazol (Voronit®), Pyrimidine (Dimethirimol, Ethirimol), 1,4-Oxathiine (Oxycarboxin, Harvade®) sowie die modernen 1,2,4-Triazole (Clotrimazol, Canesten®; Fluotrimazol, Bayleton®; Triadimefon; Bitertanol, Baycor®; Diclobutrazol, Vigil®; CGA 64250, Tilt®; Fenapronil, Sisthane®; Hexaconazole; Fenpropemorph; Impact, Nustar und Topas®). – Ferner sind noch einige Antibiotika als Fungizide eingesetzt worden: Cycloheximid (ein Streptomycin-Nebenprodukt),

Kasugamycin, Blasticin und Polyoxin B spielen eine wichtige Rolle im japanischen Reisbau.

Lit: Büchel KH (1983) Chemistry of Pesticides, New York, S. 227 – Ullmanns Enzyklopädie der techn. Chemie (1979) Bd. 12, Verlag Chemie, S. 1 ff. – Wegler R (1970), Chemie der Pflanzenschutz- und Schädlingsbekämpfungsmittel, Springer, Berlin.

Funkenkammer. Gerät zum Nachweis von Kernstrahlung. Die F. besteht z.B. aus zahlreichen parallel angeordneten Metallplatten, zwischen denen jeweils eine Spannung von einigen tausend Volt liegt. Die Zwischenräume zwischen den Platten sind gasgefüllt. Die >ionisierende Strahlung< führt zur Funkenbildung zwischen den Platten entlang dem Weg der Strahlung durch die Kammer. Die Funkenspur kann fotografisch oder elektronisch registriert werden.

Funktionelle Gruppe. Atome oder Atomgruppierungen, die anstelle von Wasserstoffatomen in chemische Verbindungen eingebaut sind und dadurch deren Eigenschaften weitgehend bestimmen. So prägt z.B. die Hydroxygruppe (-OH) das Verhalten der Alkohole, die Aminogruppe ($-NH_2$) das der Amine und die Carboxylgruppe (-COOH) das der Carbonsäuren.

Funktionsdiagnostik. Teilgebiet der >Nuklearmedizin<. Aus der zeitlichen Variation des Verteilungsmusters der >Radioaktivität< in best. Organen oder >Geweben< kann nach Applikation eines >Radiopharmakons< auf die Funktion dieser Organe oder Gewebe geschlossen werden. Als Meßsysteme dienen >Gammakamera<, >Scanner<, >Ganzkörperzähler<, Gammaspektrometer u.a.

Furcelleran. Ein pflanzliches Verdickungsmittel, das aus der Rotalge *Furcellaria fastigiata* hergestellt wird. Furcelleran ähnelt in seiner Struktur dem >Carrageenan<, enthält jedoch weniger Sulfat-Reste. Im Gelierverhalten liegt Furcelleran zwischen >Agar-Agar< und Carrageenan.

Fusariotoxin. (Zearalenon): Ein durch den Pilz *Fusarium graminearum* gebildetes Mykotoxin, das in Mais, anderen Getreidearten und in Futtermitteln vorkommen kann. Fusariotoxin wirkt estrogen und hat Unfruchtbarkeit zur Folge. Wichtigste Kontaminationsquelle ist für den Menschen der Verzehr befallener Lebensmittel.

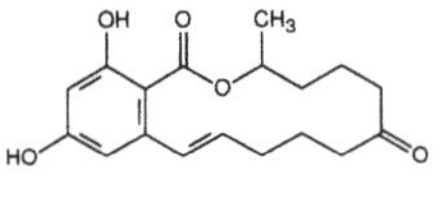

Fusarium. F.-Arten sind Hyphenpilze und eine Form-Gattung der *Fungi imperfecti*, Familie Tuberculariaceae. Sie bilden graue oder anders gefärbte, sehr lokkere, unregelmäßige Luftmyzelien mit ebenfalls gefärbten Sporen (Makro- und Mikrokonidien) und oft viel Substratmyzel, welches gelbe, rote oder violette Farbstoffe bildet und in das Medium abgibt. Manche Arten bilden Geruchsstoffe, manche können Zucker unter Ethanol- und Kohlendioxidbildung vergären, andere bilden Gibberelline (Wuchsstoffe, Pflanzenhormone) oder >Fusarientoxine<. Die Fusarien sind weit verbreitet und als Saprophyten und Pflanzenparasiten von Bedeutung. Sie verursachen aufgrund ihrer pektinolytischen und cellulolytischen Enzyme oft große Schäden an wachsenden Pflanzen, aber auch an Ernteprodukten, z. B. bei Kartoffeln *(Fusarium solani)* oder Getreide *(Fusarium culmorum).*

Fusion. Bildung eines schweren Kernes aus leichteren Kernen; dabei wird Energie, die Bindungsenergie, frei, z. B.: >Deuteron< + Deuteron = Helium-3 + 3,25 MeV (DD-Reaktion) oder Deuteron + >Triton< = Helium-4 + Neutron + 17,6 MeV (DT-Reaktion). Es ist das Hauptziel der Forschung auf dem Gebiet der Plasmaphysik, nach geeigneten Verfahren zu suchen, die einen kontrollierten Ablauf der Fusionsreaktion in Form einer >Kettenreaktion< ermöglichen, um die freiwerdenden Energiemengen nutzen zu können. Beim Umsatz von 1 kg Deuterium (DD-Reaktion) wird eine Energie von rund 24 Mio. kWh frei. Das entspricht der Verbrennungswärme von 3 Mio. t Steinkohle. Mit Hilfe von Magnetfeldanordnungen wird versucht, das >Plasma< bei Temp. von rund 100 Mio. °C für die erforderliche Zeit (Bereich von einigen Sekunden) einzuschließen. Auch bei der >Kernfusion< entstehen durch die >Aktivierung< der Strukturmaterialien und das Brüten von >Tritium< >radioaktive Stoffe< und >radioaktive Abfälle<, die, ähnlich wie bei der >Kernspaltung<, sicher endgelagert werden müssen.

Fusionsprotein. (Syn. Verschmelzungsprotein). Entstehen durch die Ligation von zwei Genen, die unterschiedliche Proteine kodieren. Bei der >Expression< wird das entstehende Hybridgen phasengleich (d. h. ohne Triplett-Raster-Verschiebung) abgelesen. Auf diese Weise stellt der N-terminale Teil des F. das Genprodukt des einen Gens, der C-terminale Teil das des anderen Gens dar. Die Herstellung von Fusionsproteinen wird aus zwei Gründen betrieben: 1. Die Expression eines heterologen Gens soll unter Kontrolle eines starken >Promoters< erfolgen. 2. Zur Untersuchung der Expression eines bestimmten Gens wird sein Produkt durch das F. ersetzt, wobei sich der zusätzliche Proteinteil leicht nachweisen läßt. Häufig verwendet man bei der Herstellung derartiger F. das β-Galactosidase-Gen *(lacZ-Gen)* aus *Escherichia coli,* da die dann entstehenden Proteine eine gut nachweisbare enzymatische β-Galactosidase-Aktivität zeigen. Diese Art der Fusion wird auch als *lacZ*-Fusion bezeichnet.
Seit neuerem werden F. auch mit dem „green fluorescent protein" (GFP) hergestellt, da dessen Expression zur Fluoreszenz der Zellen führt.

Fußbodenreinigungsmittel. Je nach Beschaffenheit der >Bodenbeläge< werden Reinigungsmittel für nichttextile und textile Fußböden (>Teppichreinigungsmittel<) unterschieden. F. für nichttextile Fußböden basieren oft auf Allzweckreinigern. Sog. Lsg.-Mittelreiniger, die oft >aromatische< und >chlorierte Kohlenwasserstoffe< enthalten, sind nur auf lösungsmittel>resistenten< Bodenbelägen einsetzbar. Bei einer großflächigen Anwendung in >Innenräumen< ist zu berücksichtigen, daß ohne ausreichenden >Luftwechsel< sogar >MAK-Werte< für die entspr. Lsg.-Mittel überschritten werden können. Aus der Anwendung fester oder fl. Syndetreiniger mit >Tensiden<, >Alkalien<, >Phosphaten<, >Glykolethern< oder >Alkoholen< und ferner Farb- und Duftstoffen oder Grundreinigern, die zusätzlich noch >Ammoniak< enthalten, wird keine >Innenraumbelastung< abgeleitet.

Futteradditive. Dies sind >Futterzusatzstoffe<, die in der >Tierernährung< auf der Basis des >Futtermittel-< und >Arzneimittelrechts< eingesetzt werden. Im Zusammenhang mit der >Gülle< hat die Frage ihrer Ausscheidung über den Verdauungstrakt und die Harnwege und damit ihrer Konzentration in der Gülle eine Bedeutung. Bei der anaeroben alkalischen Faulung der Gülle zur Gewinnung von >Biogas< kann dieser biologische Prozeß durch solche Futterzusatzstoffe negativ beeinflußt werden, bis hin zum völligen Zusammenbruch der Gasbildung. Auch bei der >aerob-thermophilen Behandlung< von Gülle können u. a. durch >Antibiotika< und Geruchshemmungsmittel negative Auswirkungen auf die erforderliche Temperatursteigerung auftreten. Deshalb sollten vor dem Neubau von Biogas- oder aerob-thermophilen Anlagen entsprechende Versuche mit den betriebsüblichen Futterzusatzstoffen gemacht werden, sofern über deren Verhalten noch keine diesbezüglichen Erkenntnisse aus der Fachliteratur vorliegen.

Futterbaubetrieb. Kennzeichnung des Betriebes nach seiner vorrangigen >Bodennutzung<, die mit Milch- und/oder Rindfleischerzeugung verbunden ist. Dazu baut der F. auf dem >Ackerland< Grünfutter zur Mäh- oder Weidenutzung, für Silage- oder Heugewinnung. Favorisiert sind Pflanzenarten, die einen hohen Nährstoffertrag pro ha Futterfläche garantieren, der in Bezug auf Kosten und Arbeitswirtschaft günstig zu erzeugen und konservieren ist. Das ökonomische Ziel muß sein, die im Betrieb erzeugte Futtermenge zu maximieren und den Anteil des Zukauffutters zu minimieren. Die Eignung des Silomaises für diese Ansprüche hat in den letzten Jahren eine starke Ausweitung seiner Anbaufläche bewirkt. F. liegen in Küstenregionen wegen der hohen Niederschläge und vor allem in Mittelgebirgen und im Voralpenland mit kurzen >Vegetationszeiten<. Der Maisanbau in hängigem Gelände führt aber zu starken Erosionserscheinungen, darauf reagiert man mit reduzierter und angepaßter Bodenbearbeitung, mit >Untersaat< und konservierender >Bodenbearbeitung<.
Lit: Rieder J (1990) Dauergrünland und Viehhaltung als integriertes System. In: Diercks R, Heitefuss R (Hrsg.) Integrierter Landbau, BLV Verlagsgesellschaft, München, S. 365–387.

Futterleguminosen. Zur Gruppe der Leguminosen, die an Tiere verfüttert werden, gehören Luzerne, Rotklee, zahlreiche andere Kleearten sowie Erbsen, Wicken, Ackerbohnen, Süßlupinen, Serradelle, Esparsetten u. a. Wegen ihrer Fähigkeit zur Assimilation elementaren Stickstoffs mit Hilfe der symbiotischen Knöllchenbakterien gehören sie zu den eiweißreichsten Grünfutterpflanzen.

Futtermittel. F. sind pflanzliche oder tierische Erzeugnisse im natürlichen Zustand, frisch oder haltbar gemacht, und die Erzeugnisse ihrer industriellen Verarbeitung sowie organische und anorganische Stoffe, einzeln oder in Mischungen, mit oder ohne Zusatzstoffe, die zur >Tierernährung< durch Fütterung bestimmt sind.
1. mikrobiologischer Verderb: F. sind immer Träger von >Mikroorganismen<. Steigt deren Besatz über ein normales Maß hinaus an oder kommt es zur Kontamination und Anreicherung unerwünschter Keime, so hat dies je nach Stärke des Befalls Qualitätsminderungen bis zum völligen Verderb zur Folge. >Schimmelpilze< können >Mykotoxine< bilden, die in der Regel in das Substrat ausgeschieden werden und nach der Aufnahme mit dem Futter Mykotoxikosen beim Tier hervorrufen; über die Nahrungskette kann dadurch auch eine Gefahr für den Menschen entstehen. Als Folge des Befalls mit einigen Hefen und Schimmelpilzen sind Mykosen möglich, d. h. Krankheiten, die im Unter-

schied zu den Mykotoxikosen an die Vermehrung der Erreger in Geweben und Organen gebunden sind. So rufen z. B. gewisse Hefearten der Gattung Candida mit Durchfall einhergehende Schäden am Verdauungstrakt von Ferkeln und Kälbern hervor. Art und Höhe des Mikroorganismenbesatzes eines F. bzw. seiner Ausgangsprodukte werden von zahlreichen Faktoren beeinflußt. Zu nennen sind u. a. Temperatur, Wasseraktivität (pH-Wert, O_2-Partialdruck, stoffliche Zusammensetzung des F., Vorgänge bei der Herstellung und >Konservierung<, aber auch pflanzenbauliche Maßnahmen und die Beschädigung von Pflanzen vor der Ernte (Vogelfraß, Insektenbefall). Eine Qualitätsbeeinträchtigung bis hin zum mikrobiellen Verderb von Futterpflanzen kann schon vor der Ernte stattfinden. Der erst nach der Ernte beginnende Verderb wird durch „Lagerpilze" hervorgerufen, deren wichtigste Vertreter zu den Gattungen Aspergillus und Penicillium gehören.
Lit: Menke KH, Huss W (1987) Tierernährung und Futtermittelkunde, 3. Aufl., Ulmer, Stuttgart.

Futtermittelgesetz (FMG). Das FMG vom 02.07. 1975 hat u. a. sicherzustellen, daß die von Nutztieren gewonnenen Erzeugnisse den an sie gestellten qualitativen, insbesondere den lebensmittelrechtlichen Anforderungen entsprechen. Von besonderem Interesse sind die im § 2 definierten „Zusatzstoffe". Für Futtermittel, die durch Zusatzstoffe in ihrer gesundheitlichen Unbedenklichkeit beeinträchtigt werden könnten, kann eine >Wartezeit< festgesetzt werden.

Futtermittelverordnung. Aufgrund des >Futtermittelgesetzes (FMG)< wurde die FMV vom 08.04. 1981 erlassen. In den Anlagen 3 und 4 der FMV werden die entsprechend der EG-Richtlinie zugelassenen Zusatzstoffe aufgeführt. In einer Liste der Anlage 5 der FMV findet sich eine Aufzählung von >„Schadstoffen"<, die auch die gesundheitliche Unbedenklichkeit des späteren Lebensmittels beeinträchtigen können. Die Anlage 6 der FMV enthält „verbotene Stoffe", die unter keinen Umständen als Futtermittel in den Verkehr gebracht werden dürfen.

Futterverwertung. In der Tierernährung versteht man unter Futterverwertung bzw. dem Futteraufwand den Aufwand an Futter (kg Trockenmasse) pro kg Körpergewichtszuwachs. Die Futterverwertung ist insbesondere von der Zusammensetzung des Futters sowie der chemischen Zusammensetzung des Körpergewichtszuwachses (vor allem Wasser, Fett und Protein) abhängig.

Futterzusatzstoffe. Futterzusatzstoffe werden nach den futtermittelrechtlichen Vorschriften (z. B. >Futtermittelgesetz<, >Futtermittelverordnung<) zum Einsatz in der Tierernährung nach vorheriger Begutachtung durch das Bundesgesundheitsamt vom dafür zuständigen Bundesminister für Ernährung, Landwirtschaft und Forsten zugelassen. Hierzu zählen Stoffe, die Futtermitteln zur Beeinflussung ihrer Beschaffenheit oder zur Erzielung bestimmter Eigenschaften oder Wirkungen zugesetzt werden. Von Bedeutung sind in diesem Zusammenhang Stoffe mit ernährungsphysiologischer und diätetischer Wirkung, vor allem solche, die die >Futterverwertung< verbessern können wie >Antibiotika< und andere >Leistungsförderer< sowie Stoffe zur Verhütung bestimmter, verbreitet auftretender Krankheiten von Tieren wie die >Coccidiose< bei Geflügel und Kaninchen und die Histomoniasis oder Schwarzkopfkrankheit beim Geflügel. Für diese Stoffe

sieht die Zulassung eine sog. >Wartezeit< vor. Aufgabe der Futtermittel- und Lebensmittelüberwachung ist es, die Einhaltung dieser Wartezeiten sicherzustellen und einen illegalen Einsatz von Futterzusatzstoffen mit gesundheitlich bedenklicher Rückstandsbildung (>Rückstände<) rechtzeitig aufzudecken. Nach der „Richtlinie des Rates der EG über Zusatzstoffe in der Tierernährung" vom November 1970 sind Zusatzstoffe „Stoffe, die geeignet sind, bei Verwendung in >Futtermitteln< deren Beschaffenheit oder die tierische Erzeugung zu beeinflussen". Hierzu gehören Ergänzungsstoffe mit Nährstoffcharakter (z. B. >Aminosäuren<, NPN-Verbindungen, >Mengenelemente<, >Spurenelemente<, >Vitamine<, Energieträger) ebenso wie verschiedene nicht nutritiv wirksame Hilfsstoffe (Preß-, Fließ- und Gerinnungshilfsmittel, >Konservierungsstoffe<, >Antioxidantien<, >Aromastoffe<, >Emulgatoren<, Farb- und Pigmentstoffe, Wachstums- bzw. >Leistungsförderer<) sowie prophylaktisch wirkende Pharmazeutika (u. a. >Coccidiostatika<).

1. Zulassungskriterien: Fachliche Richtschnur für die Erstellung der Zulassungsunterlagen durch den Hersteller und die Prüfung durch nationale Sachverständige und Behörden sowie die zuständigen Ausschüsse der EG sind die Leitlinien für die Beurteilung von Zusatzstoffen in der Tierernährung, bekanntgegeben durch die Richtlinie des Rates 87/153/EWG. In den Leitlinien sind alle vom Hersteller zu erbringenden Angaben aufgelistet. Die geforderten Untersuchungen sind dem international üblichen Spektrum für Untersuchungen von Wirkstoffen aller Art weitgehend angepaßt: - Identität des Zusatzstoffes, - Spezifizierung des Wirkstoffes, - physikalisch-chemische und technologische Eigenschaften des Zusatzstoffes, - Anwendungsbedingungen, - Überwachungsmethoden, - Untersuchungen zur Wirksamkeit (mit detaillierter Angabe der Versuchsbedingungen), - toxikologische Untersuchungen an der Zieltierart, - mikrobiologische Untersuchungen, - Untersuchungen über Stoffwechsel und Rückstände des Wirkstoffes, - Untersuchungen der Rückstände in Urin und Kot und deren Wirkung auf die Umwelt, - toxikologische Untersuchungen an Versuchstieren, - akute Toxizität und carcinogene Wirkung, - mutagene Wirkung, - Reproduktionstoxizität, - Bioverfügbarkeit der Rückstände.

2. Zulassungsverfahren: Durch die EG-Richtlinie des Rates über Zusatzstoffe in der Tierernährung ist die einzelstaatliche Zulassung von Zusatzstoffen bis auf Ausnahmegenehmigungen unter amtlicher Überwachung nur noch nach Eintragung in Anhang I oder II möglich. Das nationale Recht dient nur noch der Ausführung der in den Gremien der Gemeinschaft beschlossenen und durch Änderungen der Anhänge der Richtlinie vollzogenen Zulassung. Das Zulassungsverfahren ist wie folgt: Ein Zusatzstoffhersteller beantragt über das zuständige Ministerium seines Landes, für Deutschland ist dies der Bundesminister für Ernährung, Landwirtschaft und Forsten (BML), die Aufnahme des Stoffes in einen der Anhänge, bei neuen Stoffen regelmäßig zunächst in den Anhang II. Bevor die deutsche Delegation einen Zulassungsantrag in Brüssel stellt, werden die eingereichten Unterlagen vom BML an Sachverständige, an die zuständigen Bundesforschungsanstalten und an das Bundesgesundheitsamt zur Prüfung geleitet. Die gutachtlichen Äußerungen des Bundesgesundheitsamtes sind Bestandteil des nach dem >Futtermittelgesetz< (FMG) erforderlichen Einvernehmens des BMJFFG bei der Zulassung von Zu-

satzstoffen in >Futtermitteln< für Nutztiere. Die deutsche Delegation im Sachverständigenausschuß für Zusatzstoffe in der EG, der Vertreter des Landwirtschaftsministeriums, des Bundesgesundheitsamtes und Sachverständige angehören, berichtet in diesem Ausschuß über die vorgelegten Unterlagen und beantragt die Zulassung des Zusatzstoffes unter den vorgesehenen Anwendungsbedingungen.

Lit: Siewert E (1989) Zusatzstoffe in Futtermitteln. In: Großklaus D (Hrsg.) Rückstände in von Tieren stammenden Lebensmitteln, Paul Parey, Berlin Hamburg, S. 75–78.

Fuzzy. Von engl. flaumig, kraus, unscharf. Ausdruck in der Technologie für das Rechnen und Arbeiten mit unscharfen Größen. F.-Techniken gewinnen an Bedeutung bei der Regelung und Optimierung von einfacheren und komplexeren Arbeits- und Betriebsabläufen, z.B. auch bei Haushaltsgeräten. Eine Theorie der fuzzy-Kontrolle beruht immer auf den Grundlagen der f.-Mengen und f.-Operationen, wobei wenn-dann-Entscheidungen über „Defuzzifizierungen" zu Regelungen führen.

Gärfutter. Da in der hiesigen geographischen Breite der Winter länger dauert, als die Haustiere von ihren Fettreserven leben können, muß während der Vegetationszeit Winterfutter geerntet werden. Dazu bedient man sich der >Konservierung<, bei der man die natürliche Trocknung von Grünfutter als Heu, die künstliche oder Heißlufttrocknung zu Trockengrün und die Einsäuerung zur Gewinnung von >Gärfutter</>Silage< unterscheidet, die heute in vielen Betrieben die Heutrocknung abgelöst hat oder ergänzt. Für die Gärfutterbereitung werden Hoch- oder Flachsilos benutzt, und in neuerer Zeit werden auch Folienfahr-, Schlauch- und -pressballensilos verwendet. Bei der Silierung tritt unter weitgehendem Luftabschluß eine Milchsäuregärung ein, durch die der pH-Wert in kürzester Zeit in einen Bereich von 4,5 bis 3,5 absinkt. Dadurch wird der negative Einfluß von Fäulnisbakterien, Schimmelpilzen, Buttersäure- und Essigsäurebakterien soweit unterdrückt, daß Fehlgärungen unterbunden werden. Um ungünstige Gärbedingungen zu verbessern, werden auch Silierzusätze verwendet, wie z.B. Zucker oder Melasse, um den Milchsäurebakterien bessere Vermehrungsbedingungen zu bieten, oder organische Säuren wie Ameisen- oder Propionsäure, die eine keimhemmende Wirkung auf die Konkurrenzflora der Milchsäurebakterien ausüben, oder Siliersalze, die eine kombinierte Wirkung durch Mischung verschiedener Zusatzstoffe entfalten.

Während des Gärungsprozesses entsteht ablaufender Gärsaft, auch Silagesickersaft, der ein Gemisch von Haftwasser und Zellsaft ist und Nähr- sowie Mineralstoffe in gelöster und suspendierter Form enthält. Die Menge des entstehenden Gärsaftes hängt wesentlich vom Wassergehalt des Ausgangsmaterials ab, so daß man Silagen in verschiedene Klassen einteilt: Naßsilage mit max. 20% Trockenmasse und einem Gärsaftanfall von 30% der Füllmenge, angewelkte Silage mit 20 bis 30% Trockenmasse, bei der kein Saftanfall eintritt. Gärsaft ist infolge seiner Zusammensetzung stark wassergefährdend und darf daher nicht in Vorfluter, Grundwasser oder Kanalisationen eingeleitet werden. Wegen seines Gehaltes an organischen und mineralischen Stoffen ist Gärsaft ein wirtschaftseigener Dünger, der in einmaligen Gaben von 10 m³/ha auf Ackerland, Feldgras und Grünland ausgebracht werden darf. Das Abfliessen von Gärsaft kann zu Schäden führen, wie z.B. Fischsterben und Verödung von Gewässern infolge von Sauerstoffzehrung sowie Verunkrautung und Verschlammung durch seine Düngewirkung. Beeinträchtigung des Grundwassers, Gefährdung des Trinkwassers, auch in Eigenwasserversorgungen, Schäden an Zementrohren von Kanalisationen und negative Auswirkungen auf den biologischen Abwasserreinigungsprozeß in Kläranlagen sind weitere mögliche Folgen. Außerdem können durch Zersetzungsprozesse Geruchsbelästigungen auftreten.

Um Umweltschäden zu vermeiden, muß jedes massive Gärfuttersilo mit Vorrichtungen zum Sammeln des Sickersaftes ausgestattet sein. Für die Anlage von Foliensilos sind die nach DIN 11622 zutreffenden Anforderungen an den Gewässerschutz zu beachten. Bereits bei der Lagerung von Silage und Gärsaft ist gem. § 19 Buchst. g, §§ 26 und 34 WHG darauf zu achten, daß eine nachteilige Veränderung von Gewässereigenschaften nicht zu befürchten ist. In Wasserschutzgebieten gem. § 19 WHG sind Gärfuttermieten u.ä. teilweise ausdrücklich verboten, wobei stets die konkreten, mit der Wasserschutzgebietsfestsetzung verbundenen Be-

schränkungen maßgebend sind. Verstöße dagegen werden gem. § 41 WHG als Ordnungswidrigkeiten mit Bußgeldern bis zu 100.000,– DM geahndet. Der Verursacher von Gewässerschäden kann dem Geschädigten sogar ohne Verschulden aus Gefährdungshaftung nach § 22 WHG zum Schadenersatz verpflichtet sein.

Gärsaft. >Gärfutter<.

Gärung. Der von Mikroorganismen bewirkte enzymatische Abbau von >Kohlenhydraten< oder auch anderen org. Verb. zur Energiegewinnung über eine ATP-Bildung, fast immer unter Ausschluß von molekularem Sauerstoff. Im Gegensatz zur Atmung wird Wasserstoff (z.B. von $NADH_2$) nicht auf Sauerstoff, sondern auf org. Akzeptoren übertragen. Somit werden als Endprodukte der G. nicht nur CO_2 und Wasser, sondern häufig relativ energiereiche org. Stoffe (z.B. Ethanol, Milch-, Butter-, Propion-, Essig-, Ameisensäure) gebildet. Der bei der G. pro mol Substrat erzielte Energiegewinn ist daher auch erheblich geringer als der bei der Atmung. Aber für obligat anaerobe Mikroorganismen (z.B. *Clostridien*) ist die G. die einzige Möglichkeit zur Energiegewinnung. Bei fakultativ anaeroben Organismen kann der Stoffwechsel bei Anwesenheit von Sauerstoff wegen der besseren Energieausbeute auf die Atmung umgestellt werden. Aufgrund der charakteristischen Endprodukte unterscheidet man verschiedene Arten von G., die jeweils auch typisch für best. Mikroorganismengruppen sind. Als Beispiele können die für >Hefen< typische alkoholische G., die für Milchsäurebakterien (z.B. Lactobacillus-Arten) typische Milchsäure-G. oder die für die >Enterobacteriaceae< (z.B. *Escherichia coli*) typische Ameisensäure-G. genannt werden. Manche aerob ablaufenden enzymatischen Ox. von Kohlenhydraten oder anderen org. Verb. mit Sauerstoff werden ebenfalls als G. bezeichnet, so z.B. die Ox. von Ethanol zu Essigsäure (Essigsäure-G.) oder von Zuckern zu Citronensäure (Citronensäure-G.). Der anaerobe Abbau von Proteinen wird oft nicht als G., sondern umgangssprachlich als „Fäulnis" bezeichnet; deren aerober Abbau auch als „Verwesung".

Gärungsalkohol. Im engeren Sinne wird unter G. der durch die alkoholische Vergärung von >Kohlenhydraten< als Hauptprodukt entstehende Ethanol verstanden. Dabei wird die >Gärung< vor allem unter Einsatz von >Hefen< durchgeführt. Im weiteren Sinne können auch die als Nebenprodukte der alkoholischen oder anderer Gärungen entstehenden Alkohole als G. bezeichnet werden. Dies sind z.B. Methanol, Propanolisomere, Butanolisomere und Pentanolisomere (sog. „Amylalkohole") sowie mehrwertige Alkohole wie Propandiole, Butandiole oder Glycerin. Die von Hefen als Nebenprodukte der alkoholischen Gärung und des Proteinabbaus gebildeten G., Aldehyde und Ester werden auch als „Fuselöle" bezeichnet. Als Alkohole treten hier v.a. Propanole, 2-Butanol, 2-Methylpropanol, n-Pentanol (sog. „Amylalkohol"), 3-Methylbutanol (sog. „Isoamylalkohol") und Butandiole auf. Diese Alkohole sind für das Bukett alkoholischer Getränke von wichtiger Bedeutung.

Galaktomannane. Polysaccharide aus einer Mannan-Hauptkette aus β-(1,4)-glykosidisch verknüpften Mannoseresten, an die Galactosereste zu kurzen Verzweigungen gebunden sind. Die Galactose-Seitenketten beeinflussen die Löslichkeit in Wasser und die Stabilität der Lösungen. In vielen Leguminosensamen sind Galaktomannane als Reserveproteine enthalten. Industriell werden in größeren Mengen >Johannisbrotkernmehl< und >Guar-Gummi< hergestellt.

Galläpfel. Lokalisierte Wachstumsanomalien an Pflanzenteilen, die durch >Bakterien<, >Pilze<, Milben, Insekten, aber auch durch >Viren< und Nematoden ausgelöst werden. Der hohe Organisationsgrad kommt durch eine gezielte stoffliche Einwirkung von hoher Spezifität und Präzision zustande. Hierbei spielt die Abgabe von >Phytohormonen< eine wichtige Rolle. Man unterscheidet organoide Gallen, die aus stark veränderten, aber noch deutlich erkennbaren Grundorganen der Wirtspflanze bestehen wie z.B. Hexenbesen und histoide Gallen, die keine organoide Gliederung mehr erkennen lassen, sondern aus Wucherungen aus den versch. Organteilen bestehen wie z.B. die Beutelgallen und Rosenäpfel.

Gallionella. >Bacteria<.

Galliumarsenid. (GaAs). >Halbleiter<werkstoff der III. und V. Hauptgruppe des Periodischen Systems der Elemente. Gallium hat 3 (III. Hauptgruppe) und Arsen 5 Valenzelektronen auf der äußeren Elektronenbahn (V. Hauptgruppe), GaAs wird deshalb auch als III-V-Verbindungshalbleiter bezeichnet. Von Silicium bzw. Germanium, einem Halbleiter der IV. Hauptgruppe (4 Valenzelektronen), unterscheidet sich GaAs durch eine höhere Bandlücke und v.a. durch die Tatsache, daß der Bandübergang vom Valenzband zum Leitungsband ein direkter Übergang ist. Dies bedingt einen hohen >Wirkungsgrad< bei der Lichtemission. GaAs spielt auch in der >Mikrowellen<technik eine Rolle, einerseits wegen der gegenüber Silicium erhöhten Elektronenbeweglichkeit, andererseits wegen bestimmter, mit der Struktur des Leitungsbands zusammenhängender nichtlinearer Effekte. GaAs läßt sich – wie andere Halbleiterstoffe auch – dadurch dotieren, daß im Periodensystem benachbarte Elemente mit unterschiedlicher Wertigkeit eingebaut werden. Bringt man z.B. ein 6-wertiges Atom wie Schwefel (S) in ein GaAs-Kristallgitter, dann werden für die Bindung mit Gallium nur 5 Elektronen gebraucht. Das 6. Elektron tritt durch Wärme- oder Lichtanregung vom Valenzband ins Leitungsband über und wird dort frei beweglich. Schwefel wirkt deshalb im GaAs als Donator, das 2-wertige Zink (Zn) wirkt entsprechend als Akzeptor. Der Ladungstransport erfolgt hier über fehlende Elektronen oder Defektelektronen (Loch).
Lit: Hoffmann V (1996) Photovoltaik – Strom aus Licht. B.G. Teubner Verlagsgesellschaft, Leipzig – Schuh F (1981) Encyklopädie Naturwissenschaft und Technik. Zweiburgen, Weinheim.

Galvanikabwasser. Die Abwässer galvanotechnischer Betriebe enthalten als kennzeichnende Bestandteile die gleichen Substanzen, die zum Ansetzen der Galvanisierbäder benutzt werden. Beim Arbeiten mit alkalischen Zink-, Kupfer-, Messing-, Cadmium- u.a. Bädern sind es demnach die entsprechenden Salze mit Kaliumcyanid oder Natriumcyanid, ferner Soda und in kleineren, für die Zusammensetzung der Abwässer bedeutungslosen Mengen, Reste der Zusätze, die zur Verbesserung der galvanischen Niederschläge oder zur Verhinderung der Zersetzung der Badflüssigkeit verwendet werden, z.B. Farbstoffe, >Detergenzien<, Fluoride, org. >Komplexbildner< usw. Die Reaktion ist in diesem Fall deutlich alkalisch. Das Abwasser einer Hartverchromungsanlage ist demgegenüber durch seinen Gehalt an freier Chromsäure und Dichromaten

gekennzeichnet und hat entweder neutrale oder schwach saure Reaktion. Beim Arbeiten mit sauren Kupfer-, Nickel-, Silber- u.a. Bädern entstehen saure Spülwässer, die Reste der entsprechenden Salze dieser Metalle, der Säuren und der verwendeten Badzusätze enthalten.
Lit: Meinck F, Stooff H, Kohlschütter H (1968) Industrie-Abwässer, Gustav Fischer Verlag, Stuttgart.

Gamet. (Syn. Keimzelle, Gamozyt). Keimzelle bei der geschlechtlichen >Fortpflanzung<, die im Endstadium der Gametogenese (Gametenbildung) auftritt. Bei der geschlechtlichen >Fortpflanzung< fusionieren zwei G., z.B. weibliche Eizelle und männliches Sperium, zu einer Zelle, der >Zygote<. Beim Menschen werden die weiblichen Eizellen als „Makro-G.", die männlichen Spermien als „Mikro-G." bezeichnet. Diese morphologisch unterschiedlichen G. werden Hetero- oder Anisogameten genannt. Unterscheiden sich G. äußerlich nicht, so spricht man von Isogameten. G. sind, für sexuelle Fortpflanzung typisch, >haploid<, die Zygote >diploid<, durch >Meiose< entstehen bei der Gametogenese wieder haploide G. Ausnahmen davon gibt es z.B. bei Unregelmäßigkeiten in der Funktion des Spindelapparats. Bei Algen und niederen Pilzen werden die G. in Gametangien erzeugt. Sie haben entweder keine Eigenbewegung (Aplano-G.) oder sie bewegen sich durch Geißeln (Plano-G.).

Gammakamera. Meßeinrichtung der >Nuklearmedizin< zur Messung der orts- und/oder zeitabhängigen Deposition von >Radioaktivität< in Organen. Ein großflächiger gammaempfindlicher Kristall (25 bis 50 cm Durchmesser) dient als >Detektor<. Die Ortsauflösung wird mittels eines Kollimators erreicht.

Gammaquant. Energiequant kurzwelliger elektromagnetischer Strahlung. >Gammastrahlung<.

Gammastrahlung. Hochenergetische, kurzwellige elektromagnetische Strahlung, die von einem >Atomkern< ausgestrahlt wird. Die Energien von Gammastrahlen liegen gewöhnlich zwischen 0,01 und 10 MeV. Auch >Röntgenstrahlen< treten in diesem Energiebereich auf, sie haben aber ihren Ursprung nicht im Atomkern, sondern sie entstehen durch Elektronenübergänge in der Elektronenhülle oder durch Elektronenbremsung in Materie (>Bremsstrahlung<). Der >Alpha-< und >Betazerfall< von >Radioisotopen< ist im allg. sowie die Kernspaltung immer von Gammastrahlung begleitet. Gammastrahlen sind sehr durchdringend und lassen sich am besten durch Materialien hoher Dichte (Blei) abschwächen.

Ganzkörperdosis. Mittelwert der >Äquivalentdosis< über Kopf, Rumpf, Oberarme und Oberschenkel als Folge einer als homogen angesehenen Bestrahlung des ganzen Körpers. Heute ersetzt durch den Begriff der >effektiven Dosis<, der es gestattet, auch eine inhomogene Bestrahlung einheitlich zu bewerten.

Ganzkörperexposition. Flüchtige >Innenraumchemikalien< werden zum einen über die Raumluft verteilt und können so eine Belastung exponierter Personen nach >Inhalation< und >pulmonaler< Schadstoffaufnahme verursachen (>Innenraumbelastung<). Zum anderen können diese Verb. aber auch auf Oberflächen von Textilien >adsorptiv< angereichert werden. Handelt es sich hierbei um Körpertextilien, ist bei unmittelbarem Hautkontakt eine >dermale< Schadstoffaufnahme möglich. Infolge dieses an spez. Oberflächen aufretenden Anreicherungsphänomens wird für semivolatile >Innenraumchemikalien< der dermalen G. eine größere Bedeutung als der pulmonalen >Intoxikation< beigemessen.

Ganzkörperzähler. Gerät zur Aktivitätsmessung und Identifizierung inkorporierter >Radionuklide< beim Menschen.

Gapon-Gleichung. Meist aus dem >Massenwirkungsgesetz< abgeleitete Möglichkeit, den >Kationenaustausch< von herausgegriffenen >Ionenpaaren< in Lsg.-Austauscher-Systemen quant. zu beschreiben. Damit kann z.B. die Zus. des Kationenbelages am Austauscher aus der Zus. der Gleichgewichtslsg. ermittelt werden. Die G.-Gl. gibt das Verhältnis der Kationenmengen in val am Austauscher [K/Ca] in Abhängigkeit vom sog. reduzierten >Aktivitätenverhältnis< AR in Lsg. an, was für das Kationenpaar K-Ca z.B. so aussieht:

$$[K/Ca] = G_{K\text{-}Ca} \cdot a_K/\sqrt{a_{Ca}} = G_{K\text{-}Ca} \cdot AR_{K\text{-}Ca}$$

wobei $G_{K\text{-}Ca}$ der entspr. Gapon-Koeffizient, $AR_{K\text{-}Ca}$ das reduzierte Aktivitätenverhältnis ist. Die G.-Gl. ist gegenüber anderen Kationenaustausch-Gl. günstiger, weil der Gapon-Koeffizient über einen weiten Sättigungsbereich im Gegensatz zu den entspr. Koeffizienten anderer Austausch-Gl. nahezu konst. ist. Praktische Bedeutung hat die G.-Gl. in humiden Gebieten zur Berechnung von Kationenauswaschungen sowie in Bewässerungsgebieten, wo der Kationenbelag der Bodenaustauscher sich auf die Zus. des Bewässerungswassers einstellt, wodurch die Bodeneig. ungünstiger werden. >Beckett-Isotherme<, >Q-I-Relation<.

Gartenkresse-Test. (Syn. Lepidium-sativum-Test). Ein Verfahren zur Bestimmung der Hemmwirkung von Wasserproben (z.B. Abwasser) auf das Wurzellängenwachstum der Gartenkresse Lepidium sativum L. (Kressetest). Da im >Abwasser< gelöste Stoffe Keimung und Wachstum der Kresse beeinflussen, lassen sich Beginn und Verlauf der Hemmwirkung in Abhängigkeit von der Verdünnung einer Abwasserprobe gegenüber der Kontrolle feststellen. Testkriterium ist das Wurzellängenwachstum. Dieser Vorgang kann innerhalb von 3 Tagen in Hydrokulturen leicht beobachtet werden. Dazu bringt man die Samen in Kontakt mit der zu untersuchenden Abwasserprobe. Die im Samen gespeicherten Reservestoffe reichen unabhängig von der Beschaffenheit des Wassers für die Entwicklung des Keimlings aus. Die Wirkung von Abwasser wird durch stufenweises Verdünnen des Abwassers mit Verdünnungswasser in ganzzahligen Volumenverhältnissen bestimmt und durch die Angabe des Verdünnungsfaktors G_K gekennzeichnet. Den kleinsten Wert von G. des Testwassers, in dem unter den Bedingungen dieses Verfahrens das Wachstum der Wurzeln um mehr als 20 % gegenüber der Kontrolle abweicht, bezeichnet man als Verdünnungsfaktor G_K (den Hemmwert).

Gas (in Druckpackung). (internat. Kurzbezeichnung: GA). Unter Normalbedingungen gasförmiger Wirkstoff, ggf. zusammen mit einem Warngeruchsstoff, druckfest in Ampullen oder Tanks verpackt. Ein Beispiel ist das im Vorratsschutz eingesetzte >Methylbromid<.

Gasbehälter. Anfall und Verbrauch des Klärgases müssen i.d.R. durch einen Gasbehälter ausgeglichen wer-

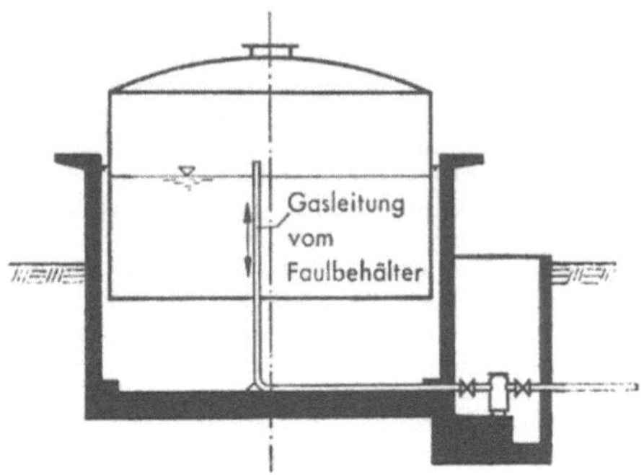

Gasbehälter: Gasbehälter mit Wassertasse (aus: Hartmann L (1989) Biologische Abwasserreinigung, 2.Aufl., Springer Verlag, Berlin Heidelberg)

den. Man bevorzugt auf Kläranlagen nasse Glockenbehälter (Niederdruckspeicher) mit Spiralführung statt des senkrechten Führungsgerüstes, weil erstere etwas billiger sind und sich bei geringerer Füllung besser in das Landschaftsbild einfügen. Das Wasserbecken wird immer häufiger aus Beton statt aus Stahl hergestellt. Dagegen werden die Gasglocken nach wie vor aus Stahl ausgeführt und noch nicht aus Spannbeton, obwohl letzterer korrosionsbeständiger wäre (s. Abb.). Kugelgasbehälter (Mitteldruckspeicher) werden in den USA sehr häufig benutzt, sie wurden aber bisher in Deutschland bei Kläranlagen kaum verwendet, weil hier die Stromkosten für das tgl. zusätzliche Verdichten – im Gegensatz zu den USA – und auch die Revisionskosten zu hoch sind. Diese Mitteldruckspeicher kommen in Ländern mit hohen Stromkosten nur dort in Betracht, wo der Wechsel von Druck und Entspannung nicht tgl., sondern seltener (z.B. nur am Wochenende) vorkommt. Auf mittleren Anlagen werden neuerdings auch Wannengasbehälter mit Membrandichtung verwendet. Die Behälter bestehen aus einem zweiteiligen, zylindrischen Blechgehäuse, wobei die beiden Teile durch Flansche miteinander verbunden sind. Zwischen den Flanschen sind zwei übereinanderliegende Membranen eingespannt.

Lit: Abwassertechnische Vereinigung (Hrsg.) (1982–1986) Lehr- und Handbuch der Abwassertechnik, 3.Aufl., Bd.1–7, Verlag von Wilhelm Ernst und Sohn, Berlin München.

Gasdichte. (Syn. Dampfdichte). Die Dichte eines trockenen Gases ist der Quotient aus seiner Masse und seinem Volumen bei gegebener Temperatur und gegebenem Druck. Die G. wird in kg/m³ gemessen. Die Normdichte eines Gases ist seine Dichte im Normzustand, der durch die Normaltemperatur $T_N = 273{,}15$ K und den Normdruck $p_N = 1{,}01325 \cdot 10^5$ Pa bestimmt ist. Die Normdichte trockener Luft beträgt 1,2928 kg/m³. In der Technik wird oft die relative Dichte, das dimensionslose Dichteverhältnis eines trockenen Gases zur Dichte trockener Luft bei gleichem Druck und gleicher Temperatur unter der Voraussetzung idealen Verhaltens angegeben.

Gasdiffusionsverfahren. >Diffusionstrennverfahren<.

Gasdurchflußzähler. Ein >Proportionalzähler<, dessen Füllgas in einem ständigen Strom durch neues ersetzt wird. Dadurch wird das Eindringen von Luft vermieden bzw. eingedrungene Luft ausgetrieben.

Gase. Zusammen mit leichtflüchtigen Komponenten sind G. an den Austauschvorgängen zwischen Ozean und Atmosphäre als Komponenten globaler Stoffkreisläufe beteiligt. Für diese Stoffe stellt der Ozean sowohl eine Senke als auch eine Quelle dar (s. Tabelle). Kohlendioxid (CO_2) nimmt unter den gasförmigen Stoffen, für die der Ozean eine Senke ist, eine Sonderstellung ein durch seine Reaktion im Meerwasser unter Bildung von Hydrogencarbonationen (HCO_3^-) und Carbonationen (CO_3^-). Die Einbindung in dieses Carbonatsystem hat gegenüber der physikalisch gelösten CO_2-Menge eine 100- bis 200fach höhere CO_2-Aufnahme zur Folge. Die Aufnahmekapazität der Ozeane für CO_2 wird durch biol. Prozesse und durch die ozeanische Wassermassenzirkulation bestimmt. Der Vertikaltransport von CO_2 in größere Tiefen wird durch die sog. „biol. Kohlenstoffpumpe" angetrieben, indem die in der >euphotischen Zone< gebildete Biomasse (>Primärproduktion<) als org. Debris beim Absinken in größere Tiefen oxidativ unter Bildung von CO_2 abgebaut wird. Wegen seiner Eigenschaft als sog. Treibhausgas ist die Aufnahme von CO_2 durch die Ozeane von Bedeutung für das globale Klimageschehen. Der jährliche Eintrag von Kohlenstoff aus industriellen >Emissionen< in die Atmosphäre beträgt 5,3 Gigatonnen als CO_2, wovon ca. 1,6 Gigatonnen Kohlenstoff jährlich vom Ozean aufgenommen werden.

Gase: Stoffflüsse zwischen Ozean und Atmosphäre von im Meer gebildeten gasförmigen Substanzen in Mio t/Jahr. (Nach Liss 1986; Andreae 1986; Deutscher Bundestag 1988)

Substanz	Mio t/Jahr
Methan, CH_4	4
Kohlenmonoxid, CO	40
Methylchlorid, CH_3Cl	3–8
Methylbromid, CH_3Br	0,3
Methyljodid, CH_3J	0,3–0,5
Chloroform, $CHCl_3$	0,4
Bromoform, $CHBr_3$	2
Schwefelwasserstoff, H_2S	<0,3
Carbonylsulfid, COS	0,1
Dimethylsulfid, $(CH_3)_2S$ (DMS)	40–80
Kohlenstoffdisulfid CS_2	0,1

Lit: Liss PS (1986) The air-sea exchange of low molecular weight halocarbon gases. In: Buat-Menard P (Hrsg.) The role of air-sea exchange in geochemical cycling. D. Reidel Publishing Company, Dordrecht Boston Lancaster Tokyo, S. 283–294 – Andreae MO (1986) The ocean as a source of atmospheric sulfur compounds. In: Buat-Menard P (Hrsg.) The role of air-sea exchange in geochemical cycling. D. Reidel Publishing Company, Dordrecht Boston Lancaster Tokyo, S. 331–362 – Andreae MO, Crutzen PJ (1997) Atmospheric Aerosols: Biogeochemical sources and role in atmospheric chemistry. Science 276, S. 1052 – Khalil MAK, Rasmussen RA (1995) The changing composition of the earth's atmosphere, in: Composition, chemistry and climate of the atmosphere. In: Singh HB (Hrsg.), S. 50–87, Van Nostrand Reinhold Publishers, New York.

Gaserzeugendes Produkt. (internat. Kurzbezeichnung: GE). >Formulierung<, die nach der Anwendung einen gasförmigen Wirkstoff, i. allg. zur Schädlingsbekämpfung, durch chemische Reaktion freisetzt. So entsteht z.B. aus Aluminiumphosphid durch Reaktion mit Luftfeuchtigkeit Phosphin, das als Begasungsmittel von Getreide zur Kornkäferbekämpfung eingesetzt wird.

Gasfackel. Anlage zur Verbrennung von überschüssigem >Faulgas<. Bei herkömmlichen >Fackeln< verbrennt das Gas offen und sichtbar. Weil die Flamme am Rande kälter ist, ist dort die Verbrennung unvollständig. Es wird kein vollkommener Ausbrand erreicht; sowohl >Kohlenmonoxid< als auch unverbrannte >Kohlenwasserstoffe< werden emittiert. Aus unverbrannten Kohlenwasserstoffen können bei etwa 300 bis 400 °C >Dioxine< und >Furane< gebildet werden. Fackeln bestehen aus Brennern mit Flammenhaltern, Windschutz, Zündautomatik und Flammenüberwachung. Flammenfilter verhindern den Rückschlag in die Gasleitung. Bei Störung oder Stromausfall fällt automatisch ein Schnellschlußventil. Häufig wird verlangt, daß die Flamme der Fackel durch ein Flammenschutzrohr verdeckt wird. Man benötigt aufwendigere Brenner zur impulsreichen Gas-Luft-Mischung, um zu erreichen, daß die Flamme im Schutzrohr bleibt. Weil auch bei diesen Fackeln nur in der Flamme und im Kernbereich der Rauchgase hohe Temperaturen herrschen, am Rand jedoch eine Abkühlung erfolgt, wird ebenfalls kein vollkommener Ausbrand erreicht.

Gasfackelanlagen. Gasfackeln dienen als Sicherheitseinrichtung zur Verbesserung von überschüssigem Faulgas. Dieses darf nicht unverbrannt in die Atmosphäre abgeblasen werden. Ausgelegt werden Faulgassicherungsfackeln nach Betriebserfahrungen für die mittlere stündliche Faulgasproduktion in der Faulbehälteranlage mit einem Sicherheitsfaktor von 1,5. In der Vergangenheit wurden fast ausschließlich offene Fackeln mit einstufigen Fackelbrennern eingesetzt. Diese ließen den Austritt von relativ großen Mengen nicht- oder teilverbranntem Faulgas an den Randzonen des Fackelbrenners zu.
Je nach Durchsatz kann die Flamme noch ca. 3–4 m frei über dem Fackelbrenner vagabundieren, so daß auf die Einhaltung erforderlicher Sicherheitsabstände zu achten ist. Des weiteren ist eine seitliche Migration der Flamme bei Windeinfall zu berücksichtigen. Vermehrt werden heute Fackelanlagen mit Sichtschutz und Mehrstufeninjektorbrennern eingesetzt.
Bei richtiger Dimension des Mantels werden Berührungstemperaturen von 350 °C nicht überschritten.
I. d. R. sind Faulgasfackelanlagen mit mehreren elektrischen Zündeinrichtungen ausgerüstet, um bei Ausfall einer Zündeinrichtung stets eine sichere Zündung zu überwachen.
Jede Fackel ist mit einer Flammenüberwachungseinrichtung ausgerüstet. Die thermische Überwachung mittels eines Thermoelementes Ni-Cr-Ni 20/1200 °C hat sich hier bewährt. Sobald das Thermoelement seine eingestellte Temperatur erreicht hat, schaltet die Zündeinrichtung ab und die Fackelflamme hält sich so lange, bis die eingestellte Temperatur unterschritten wird. Danach setzt eine erneute Zündung ein.
Lit: Abwassertechnische Vereinigung e.V. (Hrsg.) (1985–1997) ATV-Handbuch, 4. Aufl., Band 1–7, Verlag Wilhelm Ernst und Sohn, Berlin München.

Gasmotor. Gasmotoren können entweder direkt mit den Arbeitsmaschinen gekoppelt werden, oder man verbindet sie mit den Stromgeneratoren. Man verwendet Otto-Gasmaschinen, wenn der Stromanschluß an das >EVU< aus irgendwelchen Gründen beibehalten werden soll, also bei >Klärgas<mangel auf Strom aus dem öffentlichen Netz zurückgegriffen werden kann. Ist dies wegen der hohen *Stromkosten* nicht wirtschaftlich, dann benutzt man Dieselgasmaschinen, die im

Zweistoffverfahren betrieben werden können; also sowohl mit Gas unter Zusatz einer gewissen Menge Zündöl (8 bis 10% der gesamten Brennstoffmenge), als auch mit Dieselöl allein, wenn Klärgasmangel besteht. Bei der Otto-Gasmaschine wird das im Zylinder verdichtete Klärgas-Luft-Gemisch durch den Funken einer Zündkerze entzündet, während bei der Dieselgasmaschine – wenn diese als Gasmaschine fährt – eine kleine Menge von Zündöl in den Zylinder eingespritzt wird, das hochverdichtete Gas-Luft-Gemisch zur Entzündung zu bringen. Wenn die Maschine nur mit Diesel fährt, dann besteht kein Unterschied zu einem normalen Dieselmotor.

Lit: Abwassertechnische Vereinigung (Hrsg.) (1982–1986) Lehr- und Handbuch der Abwassertechnik, 3. Aufl., Bd. 1–7, Verlag von Wilhelm Ernst und Sohn, Berlin München.

Gasohol. In >USA< übliche Bezeichnung für ein Gemisch aus (meist 10%) EtOH in >Ottokraftstoff<. Durch den Sauerstoffgehalt des EtOH ergeben sich i. d. R. ein besserer Ausbrand und geringere >Abgasemissionen<.

Gaspendelung. Rückführung der beim Umfüllen verdrängten Luft aus dem Tank, der befüllt wird, in den Tank, der entleert wird. Diese Maßnahme dient zur Minimierung der >Emissionen< an >Schadstoffen< über die verdrängte Luft und damit zur Minimierung der >Betankungsverluste<. Die Gaspendelung ist insbesondere beim Umschlag leichtflüchtiger org. Flüssigkeiten von Bedeutung, da in Abhängigkeit vom >Dampfdruck< der umzuschlagenden Flüssigkeit erhebliche Schadstoffkonz. in der, bei Umfüllvorgängen verdrängten, Luft auftreten können. Die >TA Luft< nennt daher die Gaspendelung als eine der möglichen Maßnahmen zur >Emissionsminderung< bei Umfüllvorgängen.

Gasrückführungssysteme. >Gaspendelung<.

Gasschwarz. >Kohlenschwarz<.

Gasspürgeräte. Gesundheitsschädliche, erstickende oder brennbare Gase können mit Hilfe von Gasprüfgeräten festgestellt werden. Die Messung der Konz. dieser Gase kann an der Arbeitsstelle oder an bzw. in Gasleitungen oder auch in Schächten oder Gruben durch verschiedene Meßgeräte vorgenommen werden. Es gibt zur Zeit kein universal anzeigendes Meßgerät für den Nachweis gesundheitsschädlicher oder brennbarer Gase. Als Geräte mit ausreichender Meßgenauigkeit stehen zur Beurteilung der Gesundheitsgefahr Gasspürgeräte mit >Prüfröhrchen<, zur Beurteilung der Zündgefahr Gasmeßgeräte nach dem Prinzip der Wärmetönung oder der Wärmeleitfähigkeit zur Verfügung. Wenn elektrische Gasmeßgeräte zur Feststellung brennbarer Gase in explosionsgefährdeten Bereichen benutzt werden, müssen diese Gasmeßgeräte explosionsgeschützt ausgeführt sein.

Lit: Abwassertechnische Vereinigung (Hrsg.) (1982–1986) Lehr- und Handbuch der Abwassertechnik, 3. Aufl., Bd. 1–7, Verlag von Wilhelm Ernst und Sohn, Berlin München.

GAST. Abkürzung für *gasgekühltes Sonnenturmkraftwerk*. Projektstudie einer deutschen Firmengruppe mit dem Ziel, den großtechnischen Einsatz von >Solarturmanlagen< zu untersuchen. Bei dieser speziellen Solarturmanlage mit einer elektrischen Leistung von 20 MW reflektieren etwa 3.000 >Heliostaten< (Sonnenspiegel) mit je 40 m^2 Fläche das einfallende Sonnenlicht auf einen Receiver (Strahlungsempfänger),

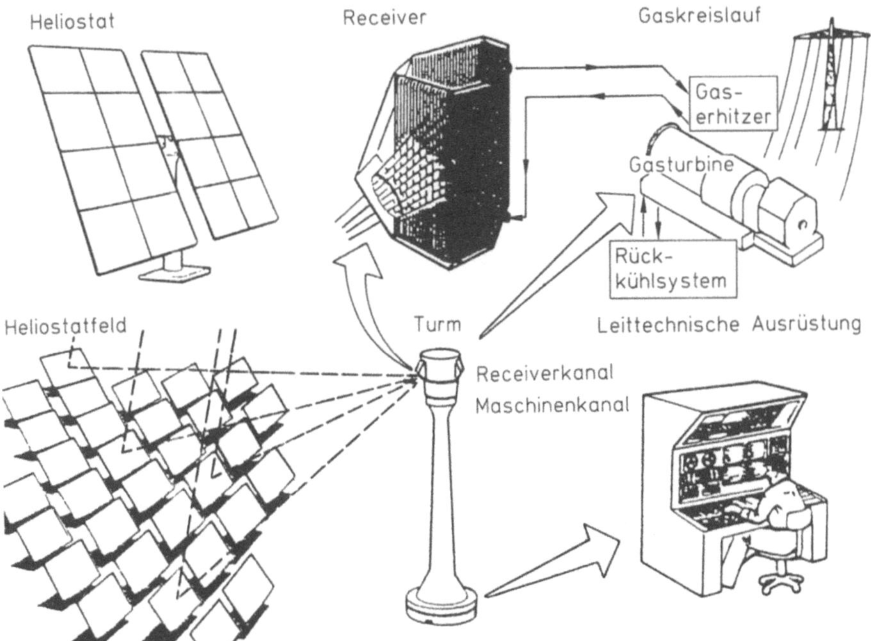

GAST: Prinzip des GAST-Kraftwerkes: Heliostaten reflektieren Sonnenlicht auf einen Receiver, der sich auf einem Turm befindet. Dadurch wird die Luft im Receiver erwärmt und einer Gasturbine zur Stromerzeugung zugeführt

der sich auf der Spitze eines 200 m hohen Turms befindet. Die Sonneneinstrahlung heizt in dem Receiver das Arbeitsmedium Luft auf eine Temperatur von 800 °C auf. Die aufgenommene Energie wird danach einer Gasturbine zur Stromerzeugung zugeführt. Zur >Wirkungsgrad<erhöhung ist auch ein nachgeschalteter Dampfturbinenkreislauf vorgesehen. Um auch bei geringer Sonneneinstrahlung oder nachts einen Betrieb der Anlage zu ermöglichen, wird eine fossile Zusatzfeuerung installiert (s. Abb.).
Das GAST-Projekt erfordert für Entwicklung und Bau einen Aufwand von etwa 500 Mio. DM und stellt damit zweifellos ein sehr anspruchvolles Entwicklungsvorhaben dar. Der Standort für das Kraftwerk soll in Spanien sein.

Gastropoda. Schnecken sind als Lungenschnecken oder Pulmonata in Landböden artenreich vertreten. Neben Schalenschnecken oder Gehäuseschnecken gibt es Nacktschnecken mit reduzierter Kalkschale. Wichtige Nahrung ist die tote org. Substanz. Daneben fressen viele Arten Kräuter, >Algen< sowie >Mycelien< und >Sporen<. In der Streuschicht von >Mullböden< erreichen die kleinen Arten der Gehäuseschnecken Siedlungsdichten von 1.000 Individuen pro m². Gehäuseschnecken sind Anzeiger für die gute Verfügbarkeit von Calcium am Standort. Wichtige Gattungen sind Arion, Limax, Helix, Cepaea, Perforatella, Carychium, Arianta, Vitrea u. a. Auf sauren Böden werden nur wenige Arten der Schnecken in geringer Siedlungsdichte gefunden.

Gasturbine. Als Fahrzeugantrieb wegen Vielstoffähigkeit interessant, aber bislang wegen zu schlechter Teillastverbräuche noch nicht in Serie. Problem: Temp.-Festigkeit der Turbinenschaufeln. Vorteile: günstige >HC-< und >CO-Emissionen< (s. Abb.).

Gasverstärkung. Durch Stoßionisation bewirkte Vermehrung der Zahl der Ladungsträger in einem >Proportional-< und >Geiger-Müller-Zähler<.

Gasverwertung. 1. allgemein: Nutzung von im Zusammenhang mit der Gewinnung und Weiterverarbeitung fossiler >Brennstoffe< anfallenden Gasen zur Wärmeerzeugung.
2. Kläranlagen: Im wesentlichen kann man das >Klärgas< auf folgende Arten verwerten: Beheizung der >Faulbehälter< und Betriebsgebäude, Krafterzeugung, Abgabe an das >Gaswerk<, >Kraftwerk< oder einen sonstigen Betrieb (z.B. Hallenbad, Stadtgärtnerei u. ä.), Treibmethanerzeugung (seit 1967 nicht mehr angewandt) oder Stützfeuerung von >Klärschlamm<-Verbrennungsanlagen. Die Beheizung der Faulbehälter und Betriebsgebäude steht an erster Stelle der Verwertungsarten, wobei rund 40 % des Klärgases verheizt werden. An zweiter Stelle steht die Gaskrafterzeugung mit rund 30 %. Ein wesentlicher Teil, ca. 25 %, bleibt ungenutzt, weil es bei vielen Kläranlagen noch nicht

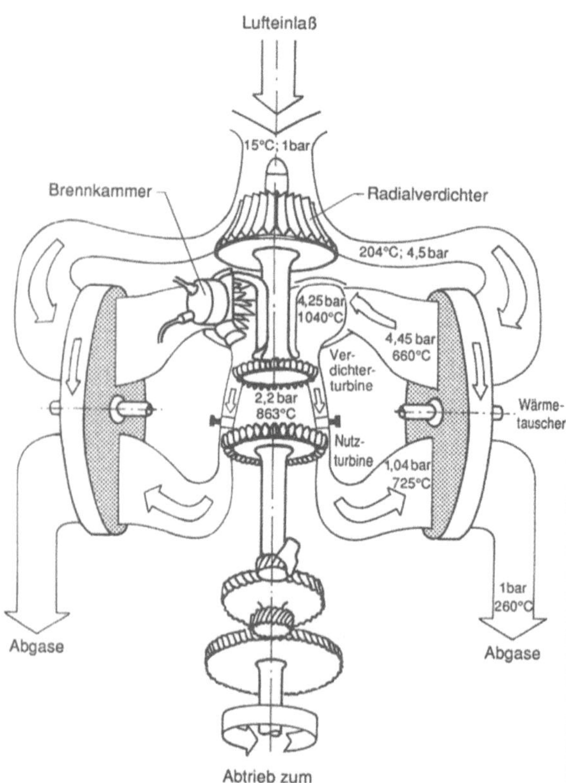

Gasturbine: Schematischer Aufbau einer Fahrzeug-Gasturbine

lohnt, außer der Faulbehälterbeheizung – zu der je nach Größe der Kläranlage nur etwa 35 bis 45 % des Gasanfalls benötigt werden – noch eine weitere wirtschaftliche Verwertung vorzunehmen. Nur ein ganz geringer Teil von 3,5 % wird an das städtische Gaswerk abgegeben.

Gaswechsel. 1. Im Sinn von Gasstoffwechsel die Erfassung von O_2-Aufnahme und >CO_2<-Abgabe bei der Atmung bzw. der O_2-Abgabe und CO_2-Aufnahme bei der >Photosynthese<. Die Ermittlung dieser Parameter einschl. ihrer Kinetik erlaubt wichtige Rückschlüsse auf Verlauf und Intensität der >Dissimilation< bzw. der >Assimilation<; 2. im Sinn von Gasaustausch die Aufnahme bzw. Abgabe von CO_2 und O_2 sowie die Abgabe von Wasserdampf durch die Blattoberflächen über die >Stomata<.

Gaszentrifugenverfahren. Verfahren zur >Isotopentrennung<, bei dem schwere Atome von den leichten durch Zentrifugalkräfte abgetrennt werden. Der Trennfaktor hängt von der Massendifferenz der zu trennenden Isotope ab. Das Verfahren ist zur Trennung der Uranisotope geeignet, der erreichbare >Trennfaktor< beträgt 1,25. Eine Urananreicherungsanlage nach diesem Verfahren ist in Gronau/Westfalen in Betrieb (s. Abb.).

Gattung. Bezeichnet eine taxonomische Rangstufe, die verwandte Arten zusammenfaßt und sich deutlich von anderen Artengruppen abhebt. Als Gattungsnamen werden Substantiva in lateinischer Form, wie z. B. Taraxacum, gebraucht.

GAU. *G*rößter *a*nzunehmender *U*nfall. Begriff aus der >Reaktorsicherheit<, heute ersetzt durch den umfassenderen Begriff des >Auslegungsstörfalls<.

Gauß-Verteilung. >Normalverteilung<.

GBF. Gesellschaft für Biotechnologische Forschung mbH, Braunschweig-Stöckheim. Aufgaben:

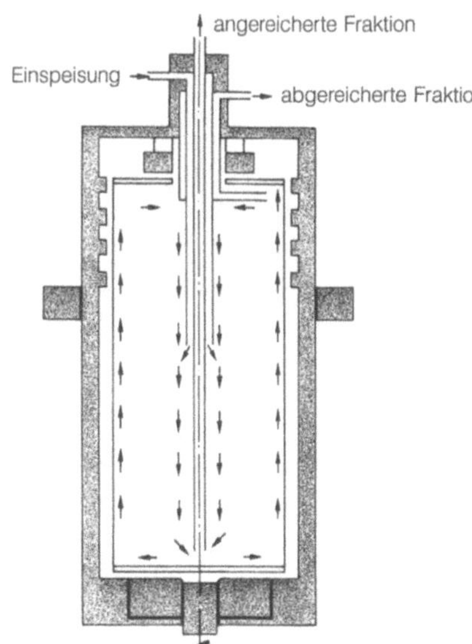

Gaszentrifugenverfahren: Gaszentrifuge

Aufgabe der Gesellschaft ist es, im multidisziplinären Verbund Forschung und Entwicklung auf dem Gebiet der Biotechnologie zu betreiben und die Fortbildung des wissenschaftlichen und technischen Nachwuchses zu fördern. Forschungsschwerpunkte: Ziel der Arbeiten der GBF ist es, das biokatalytische Potential von Mikroorganismen, Zellen und isolierten Enzymsystemen praktisch zu nutzen und die anwendungsorientierte Grundlagenforschung so weit voranzutreiben, daß die Industrie bei der Entwicklung neuer biotechnologischer Verfahren zur Gewinnung von pharmazeutischen und chemischen Produkten sowie Nahrungsgrundstoffen darauf aufbauen kann. Die Forschung erfolgt im multidisziplinären Verbund der Bereiche: Bioverfahrenstechnik, Enzymtechnologie und Naturstoffchemie, Mikrobiologie sowie Zellbiologie und Genetik.

GE. Abk. für >Getreideeinheit<.

Gebietsabfluß. >Abflußhöhe<.

Gebietsmodell. Modell, das best. Zustandsgrößen oder charakteristische Eigenschaften, Strukturen oder Prozesse eines natürlich oder willkürlich abgegrenzten Gebietes, einer Region od. Landschaft enthält bzw. beschreibt. Meist angewandt auf Darstellungen der Wasser- und Stoff-Flüsse, aber auch der Energie-Flüsse und Populationsdynamik. Unterschiedliche Ansätze mit geometrisch ähnlichen bzw. unähnlichen Modellen: z. B. zweidimensionale Grundwasserfluß-Modelle und „null"-dimensionale >Kompartimentmodelle<.

Gebietsniederschlag. Ist das Flächenmittel der >Niederschlagshöhe< oder die über ein bestimmtes Gebiet gemittelte Niederschlagshöhe (DIN 4049, T.3). Seine Berechnung geht von den Meßwerten der Niederschlagsstationen aus, wobei verschiedene Verfahren der Mittelbildung eingesetzt werden (Arithmetischer Mittelwert, Raster-Methode von Meinardus, Thiessen-Verfahren, Polygonmethode, Anpassung der Niederschlagsverteilung durch Linien gleichen Niederschlags (Isohyetenverfahren) und mathematische Anpassung.
Lit: Dracos T (1980) Hydrologie, eine Einführung für Ingenieure, Springer, Wien New York – Wechmann A (1964) Hydrologie, Oldenbourg-Verlag, München Wien – Deutscher Normenausschuß (Hrsg.) (1994) DIN 4049, T.3: Hydrologie, Begriffe z. quantitativ. Hydrol.

Gebietsverdunstung. (Gesamtverdunstung, >Evapotranspiration<, Landverdunstung). G. eines Untersuchungsgebietes ist die mittlere Verdunstungshöhe des betrachteten Gebietes. Sie umfaßt Evaporation und >Transpiration< (>Verdunstung<).

Gebirge. >Bergbau<, Bezeichnung für die Lagerstätte und die sie umgebenden Gesteine.

Gebirgsdurchlässigkeit. >Durchlässigkeit<.

Gebirgsmechanik. Sammelbegriff für best. Vorgänge in einem räumlich begrenzten Gesteinskörper der Erdkruste, in dem durch bergmännische Tätigkeiten mechanische Reaktionen ausgelöst werden. Die Erfassung und Berechnung solcher gebirgsmechanischer Vorgänge ermöglicht, ihre Auswirkungen auf >untertägige< Hohlräume und die Tagesoberfläche auf ein best. Maß einzuengen oder sie weitgehend auszuschalten.

Gebirgsschlag. Plötzliche und schlagartige Entspannungsbewegung des Gebirges als Folge örtlicher Überschreitung der Festigkeit des Gebirges durch bergmännische Tätigkeit. Sie tritt auf als heftige Erschütterung des Grubengebäudes, manchmal mit in den Grubenbau schlagartig hereingeschleuderten (-sprengenden) Gesteins- oder Mineralmassen bis hin zum vollständigen Füllen des Querschnitts eines Grubenbaus.

Gebrauchsanleitung. 1. Anleitung für die Anwender von zugelassenen Pflanzenschutzmitteln, um diese bestimmungsgemäß und sachgerecht anwenden zu können. Bei der Zulassung eines Pflanzenschutzmittels bestimmt die >BBA< auch über die Fassung der Gebrauchsanleitung. Sie enthält die erforderlichen Hinweise über mögliche schädliche Auswirkungen auf die Gesundheit von Mensch, Tier und sonstige schädliche Auswirkungen, wenn das Pflanzenschutzmittel unsachgemäß angewandt wird sowie Hinweise über Vorsichtsmaßnahmen sowie Sofortmaßnahmen bei Unfällen und über die sachgerechte Beseitigung. Die von der >BBA< festgesetzte Fassung der Gebrauchsanleitung ist Teil der Kennzeichnung. 2. Anleitung für den sachgerechten Einsatz von Pflanzenschutzgeräten. Sie ist beim erstmaligen Inverkehrbringen mitzuliefern. Der Inhalt ist durch Anlage 2 der >Pflanzenschutzmittelverordnung< näher bestimmt.

Gebundene Rückstände. Nichtextrahierbare Rückstände (= „gebundene" bzw. „nichtextrahierte" Rückstände) in Pflanze und Boden sind diejenigen Verb. (Ausgangswirkstoff, Metaboliten oder Fragmente), die aus einem praxisgerechten Einsatz der Pflanzenschutzmittel in der Landwirtschaft resultieren und nach der Extraktion mit Methoden (Extraktion mit organ. Lösemitteln, Destillation usw.), die nicht wesentlich die Wirkstoff-Struktur des Pflanzenschutzmittels verändern, in Pflanzen und Boden verbleiben. Auszuschließen von diesen nichtextrahierbaren Rückständen sind Bruchstücke (Fragmente), die auf metabolischen Wegen in natürlich vorkommende Bestandteile des Bodens und der Pflanze zurückgeführt werden.
Lit: Calderbank A (1989) The Occurrence and Significance of Bound Pesticide Residues in Soil. In: Ware GW (Hrsg.) Reviews of Environmental Contamination and Toxicology, Springer, New York Berlin Heidelberg, S. 71–103 – Hock B, Fedtke C, Schmidt RR (1995) Herbizide – Entwicklung, Anwendung, Wirkungen, Nebenwirkungen (Kap. 10, Verbleib in der Umwelt, S. 279–310), Georg Thieme Verlag, Stuttgart New York.

Geburtenrate. Anzahl der neugeborenen Individuen einer >Population< pro Zeiteinheit, oft ein Jahr, im Verhältnis zu einer bestimmten Ausgangs- oder auch Durchschnittszahl. Die G. gibt Hinweise auf die Vermehrungsfähigkeit einer Population. Davon unterschieden wird die individuelle G., die bezogen ist auf ein Individuum und eine bestimmte Zeiteinheit.

Geest. Bezeichnung für einen Landschaftstyp in Norddeutschland, der durch Windsedimente und Schmelzwassersande der letzten Eiszeit geprägt wird. Die hier gebildeten Böden sind oft nährstoffarm, gut durchlässig und leiden im Sommer unter Wassermangel. Für die landwirtschaftliche Nutzung wurde früher die Bodenfruchtbarkeit durch Plaggenwirtschaft erhöht (>Eschboden<).

Gefährdete Tiere. Weltweit ist die Mehrzahl aller Tierarten als zumindest potentiell gefährdet anzusehen, da die negativen Auswirkungen der menschlichen Tätigkeit sich bis in die entferntesten Regionen erstrecken. Man geht davon aus, daß in den letzten Jahrzehnten nicht nur eine große Zahl bekannter Tiere ausgerottet wurde, in Deutschland bisher über 30 Wirbeltierarten, sondern auch eine Vielzahl noch unbekannter Arten,

besonders im tropischen Regenwald. Die Mehrzahl der Tiere (und auch Pflanzen) ist durch Schädigung oder Zerstörung von Lebensräumen gefährdet. Die Hauptfaktoren dafür sind Nutzung von natürlichen und naturnahen Flächen durch Landwirtschaft und Überbauung, Entwässerung, Eutrophierung usw. Der Gefährdungsgrad ist in den Kategorien der sog. >Roten Listen< für viele Tiergruppen erfaßt, >geschützte Tiere<.
Lit: Plachter H (1998) Naturschutz. G. Fischer Verlag, Stuttgart.

Gefährdung. (Engl.: hazard). Beschreibt für einen chemischen Stoff oder für eine physikalische Einwirkung die Möglichkeit des Schadeneintrittes und welche Schadenssymptome auftreten. Die englische Sprache bedient sich – etymologisch richtig abgeleitet – des Ausdrucks >Gefährdungspotential< (s. Abb.); s. a. >Schadstoffpotential< und >Risk Assessment<.
Lit: Henschler D (1990) Das Chaos heutiger Grenzwerte – Notwendigkeit von Ordnungsprinzipien, Vortrag anläßlich der Jahrestagung des Bundes für Lebensmittelrecht und Lebensmittelkunde in Bonn.

Gefährdungshaftung. Besagt, daß derjenige haftet, der einen bestimmten schädigenden Sachverhalt verursacht. Eine Haftung ohne eigenes Verschulden des Halters ist auch dann gegeben, wenn z. B. durch den Betrieb einer Anlage Dritte geschädigt werden. In diesem Fall ist der Tatbestand der Haftung durch das Betreiben einer Anlage erfüllt, von der Gefahren für andere ausgehen können; s. a. >Haftung<.
Lit: Creifelds C (1990) Rechtswörterbuch, Lutz Meyer-Gossner (Hrsg.) Verlag C. H. Beck, München.

gefährlich. G. ist eine best. Eig.-Art von >Stoffen< oder >Zubereitungen< i.S. der Begriffsbest. des sog. Gewerberechts (>ChemG</>GefStoffV<, Verordnungen nach § 24 GewO), der Beförderungsvorschriften sowie einschlägiger Umweltschutzgesetze (AbfG, BImSchG, WHG).
Gemäß der europäischen Chemikaliengesetzgebung gelten als g. solche Stoffe oder Zubereitungen, die mindestens *ein* >Gefährlichkeitsmerkmal< besitzen, das (als Ergebnis der >Einstufung<) bei deren >Kennzeichnung< anzugeben ist. Der bloße Hinweis „gefährlich" genügt nicht. Es ist vielmehr eine Auswahl zu treffen hinsichtlich der *gefährlichen* Eig. Gemäß GefStoffV Anhang I wird unterschieden zwischen physikalisch-chem. und toxischen Eig. (Leitfaden zur Einstufung und Kennzeichnung gefährlicher Stoffe und Zubereitungen). Über die 7. Änderungs-RL für Gefahrstoffe wird das Gefährlichkeitsmerkmal „>umweltgefährlich<" definiert werden.
G. sind Stoffe, die z. B. >ätzend<, >brandfördernd<, (>sehr<) >giftig< oder >krebserzeugend< sind oder sonstige chronisch schädigende Eig. besitzen oder umweltgefährlich sind; ausgenommen sind gefährliche Eig. ionisierender Strahlen (§ 3a (1) ChemG Neufassung). Hier findet das Definitionsprinzip Anwendung.

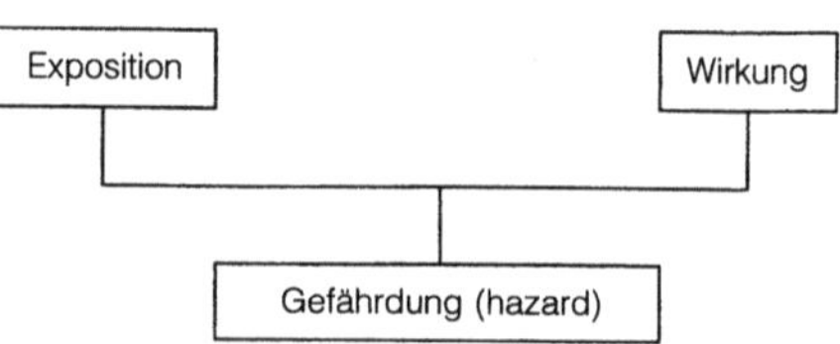

Gefährdung: Parameter zur Bestimmung des Gefährdungspotentials

Gemäß >Beförderungsvorschriften< und best. Umweltschutzgesetzen sind als g. solche Stoffe, Zubereitungen und >Erzeugnisse< („Gegenstände") anzusehen, die in entsprechenden Listen enthalten sind. Beispiele: >Gefahrgüter< gemäß UN-Empfehlungen, gelistet nach >UN-Nummern<; ferner g. Stoffe i.S. von § 19a >Wasserhaushaltsgesetz<. Das Listenprinzip gilt auch für g. Stoffe und Zubereitungen i.S. der EG-Bestimmungen. Soweit sie bereits eingestuft wurden, sind sie in den entspr. Listen enthalten: Anhang I/EG-RL für Gefahrstoffe (67/548/EWG) und Anhang VI/GefStoffV. Diese Anwendung des sog. *Legalprinzips* wird ergänzt durch das *Definitionsprinzip*, wonach vorgegebene und möglichst international vereinbarte Kriterien der Prüfung von Stoffen zugrunde gelegt werden. Das gilt auch für die Einstufung von g. Stoffen nach gesicherten wissenschaftlichen Erkenntnissen.

Zubereitungen gelten als g. als Ergebnis einer direkten >Prüfung<, nach Erfahrungen beim langjährigen Umgang mit ihnen oder aufgrund eines *Berechnungsverfahrens* (GefStoffV/Anhang I Nr.2.1 bis 2.4). Hierbei gilt folgender Grundsatz: Einstufungen aufgrund der Ergebnisse von Prüfungen oder nach gesicherten wissenschaftlichen Erkenntnissen gehen vor Einstufungen aufgrund von Berechnungsverfahren (>gefährliche Zubereitungen<). Das Berechnungsverfahren wird vereinfacht, wenn die *Allg.* Zubereitungsrichtlinie (88/379/EWG) in deutsches Recht umgesetzt wird. Dann ist von allg. Grenzwerten auszugehen (Anlage 1 zu dieser EG-RL), sofern nicht stoffbezogene Grenzwerte vorgegeben sind (Anlage 1 zur *Stoffrichtlinie*).

Lit: Schauer W, Quellmalz E (1989) Die Kennzeichnung von gefährlichen Stoffen und Zubereitungen nach Chemikaliengesetz u. Gefahrstoffverordnung, VCH Verlagsgesellschaft, Weinheim – Klein AA, Töpner W (1987) Das Chemikaliengesetz und seine Rechtsverordnungen (Kommentar zur Einstufung, Verpackung u. Kennzeichnung gefährlicher Stoffe und Zubereitungen), Bd. 5, Deutscher Fachschriften-Verlag, Wiesbaden.

Gefährliche Güter. (Gefahrgüter). Für die >Beförderung< von Gütern ist eine Reihe von Informationen von Bedeutung. Dazu gehört vor allem die Frage, welche Güter >gefährlich< sind. Die Begriffsbestimmung ist in § 2 Abs.1 des >Gefahrgutgesetzes< enthalten. Danach sind g.G. „Stoffe und Gegenstände, von denen aufgrund ihrer Natur, ihrer Eigenschaften oder ihres Zustands im Zusammenhang mit der Beförderung Gefahren für die Öffentliche Sicherheit oder Ordnung, insbesondere für die Allgemeinheit, für wichtige Gemeingüter, für Leben und Gesundheit von Menschen sowie für Tiere u.a. Sachen ausgehen können".

Von ihnen können bei der Beförderung unterschiedliche Gefahren ausgehen, auf die durch >Kennzeichnung< der Versandstücke bzw. Fahrzeuge aufmerksam gemacht werden. Bei bestimmten g.G. erfolgt sie auf orange-gelben >Warntafeln<, u.U. mit bestimmten Ziffernkombinationen zur Gefahr- u. Stoffinformation (*Kemler-Zahl* u. >UN-Nr.<). Die >Gefahrzettel< enthalten außer dem Stoffnamen meist ein >Gefahrensymbol< gemäß den Gefahrgutvorschriften, das von denjenigen der Gefahrstoff-Bestimmungen abweicht. Gleichermaßen ist die >Einstufung< von g.G. meist anders als bei den >Gefahrstoffen<. Während sich letztere nach den (z.Z. 16) >Gefährlichkeitsmerkmalen< richtet, werden die g.G. aufgrund ihrer Eigenschaften in spezielle >Gefahrenklassen< eingeteilt. Gemäß den nationalen Vorschriften und den internationalen Regelungen für die Beförderung von g.G. ergeben sich z.Z. neun verschiedene „Hauptklassen" mit – bei der

>GGV Straße< – insgesamt 15 „Einzelklassen" (s. Tabelle >Gefahrenklassen<). Für jede Gefahrenklasse gibt es eine *Stoffaufzählung*. Außer der Kennzeichnung ist u.a. die Art der >Verpackung< vorgeschrieben. Besonderer Wert wird auf eine gute Umschließung gelegt, die in der Regel geprüft und behördlich zugelassen wird.

Wie die g.G. zu befördern sind, geht im einzelnen aus den >Gefahrgutvorschriften< hervor. Diese sind nach den Verkehrsträgern – Schiene, Straße, Binnengewässer und Seeverkehr – ausgerichtet. Ferner basieren sie weitgehend auf einer internationalen Abstimmung. Abgesehen von Abfällen ist diese Regelung jedoch nicht auf EG-Ebene erfolgt, sondern auf UN-Basis erarbeitet worden (ECOSOC bzw. ECE). Die Vorschriften regeln im wesentlichen, welche g.G. befördert werden dürfen („freie" und „Nur-Klassen„) und wie sie verpackt und gekennzeichnet werden müssen.

Aus den HOMMEL- u. Unfall-Merkblättern gehen die Sicherheitsmaßnahmen für die Fahrzeugbesatzung, Polizei und Rettungskräfte hervor; ferner Schutz- und Einsatzmaßnahmen sowie Hinweise zur Bekämpfung der Unfallfolgen. Auch werden Hinweise für die „Erste Hilfe" und für den Arzt gegeben. Die Beschreibung der (mengenmäßig) wichtigsten Gefahrgüter – Erscheinungsbild, Gesundheitsgefährdung, Symptome, Gewässerverunreinigung – und zum Verhalten bei Freiwerden und Vermischen mit Luft oder Wasser sind außer Technischen Daten und der Gefahrgut/Gefahrstoff-Klassifizierung darin ebenfalls enthalten.

Lit: Dorias H (1984) Gefährliche Güter, Springer, Heidelberg – Hommel G (1987) Handbuch der gefährlichen Güter, Springer, Heidelberg – Kühn R, Birett K (1991) Gefahrgut-Schlüssel, 14. Ausg., ecomed, Landsberg/Lech.

Gefährliche Stoffe. Als >gefährlich< i.S. der europäischen Chemikaliengesetzgebung gelten solche >Stoffe<, die mindestens *eine* Eig. aufweisen, die einem der z.Z. insgesamt 15 >Gefährlichkeitsmerkmale< entspricht. Als Ergebnis der >Einstufung< ist dieses bei der >Kennzeichnung< anzugeben, die nach den Bestimmungen von >ChemG< und >GefStoffV< zu erfolgen hat. Die generelle Bezeichnung „gefährlich" genügt nicht. Es ist zumindest ein Gefährlichkeitsmerkmal auszuwählen. Das gleiche gilt für >Zubereitungen<, die als gefährlich anzusehen sind, jedoch mit einigen Besonderheiten (s. Stichwort).

G.St. können z.B. >ätzend<, >brandfördernd<, (sehr) >giftig< und/oder >krebserzeugend< sein. Als gefährlich gelten auch Stoffe, die sonstige >chronisch schädigende< Eigenschaften besitzen oder >umweltgefährlich< sind; *ausgenommen* sind gefährliche Eigenschaften ionisierender Strahlen (§ 3a Abs.1 ChemG Neufassung). Soweit sie bereits eingestuft wurden, sind die g.St. in den entsprechenden *Listen* enthalten: >EG-RL für Gefahrstoffe< (67/548/EWG) Anhang I und >GefStoffV< Anhang II.

In den >Beförderung<svorschriften heißen g.St. (sowie Zubereitungen und Gegenstände) >gefährliche Güter< bzw. Gefahrgüter. Ihre Einstufung und Kennzeichnung unterliegt *nicht* dem entsprechenden „Leitfaden" gemäß GefStoffV (Anhang I Nr.1). Anstelle der Gefährlichkeitsmerkmale gemäß ChemG erfolgt ihre Zuordnung zu sog. >Gefahr(en)klassen< (s. >gefährliche Güter<).

Auch bestimmte *Schadstoffe*, die in Abfällen, im Abwasser oder in der Abluft enthalten sind, werden als g.St. bezeichnet (s. AbfG, WHG bzw. EG-RL für den Gewässerschutz, BImSchG).

Für g. St. gibt es eine Reihe von *Vorschriften*, die das >Inverkehrbringen< und den Umgang betreffen (>GefStoffV<). Abschnitt 2 bezieht sich in erster Linie auf die >Einstufung<, >Verpackung< und >Kennzeichnung< von g. St. (Zubereitungen und bestimmte >Erzeugnisse<). Sie gehen auf die entsprechenden >EG-Richtlinien< zurück. Die Einstufung ist die Grundlage für die Verpackung und Kennzeichnung von Gefahrstoffen in Abschnitt 3. Diese sollen vor Gefahren schützen, die von chem. Produkten ausgehen können.

Ist dies nicht gewährleistet, so kommt im vierten Abschnitt das Instrument der >Verbote< zum Tragen, für das § 17 ChemG eine Ermächtigung zum Erlaß von Rechtsverordnungen vorsieht. Auf dieser Grundlage ist die Verordnung über Verbote und Beschränkungen des Inverkehrbringens gefährlicher Stoffe, Zubereitungen und Erzeugnisse nach dem Chemikaliengesetz (Chemikalienverbotsverordnung – ChemVerbotsV) in der Fassung der Bekanntmachung vom 19.07.1996 (BGBl. I S.1151, geändert durch Gesetz vom 09.10. 1996, BGBl. I S.1498 sowie durch Verordnung vom 22.12. 1998, BGBl. I S.3956) ergangen.

Der fünfte und sechste Abschnitt der >GefStoffV< beziehen sich auf den *Umgang* mit Gefahrstoffen. Dieser Begriff ist umfassender als derjenige für >gefährliche Stoffe<. – Neben diesen Vorschriften für den Arbeitsschutz enthält die o. g. Verordnung die früher von den einzelnen Bundesländern geregelten giftrechtlichen Bestimmungen nach §§ 11, 12 u. 13 (>Abgabe von Giften<, >Giftgesetz<).

Lit: Merkblätter Gefährliche Arbeitsstoffe, Loseblattsammlung, ecomed, Landsberg/Lech – Kippels K, Töpner W (1965/1982) Gefährliche Stoffe, Loseblattsammlung, Deutscher Fachschriften-Verlag, Wiesbaden.

Gefährliche Zubereitungen. Als >gefährlich< i. S. der europäischen Chemikaliengesetzgebung gelten solche >Zubereitungen<, die entweder aufgrund einer direkten Prüfung mindestens eine Eig. aufweisen, die einem der z. Z. 16 >Gefährlichkeitsmerkmale< entspr. oder die mindestens eine gefährliche Komponente in einer solchen Konz. enthalten, daß die Kriterien der >GefStoffV< Anhang I bis II erfüllt sind. Dabei erfolgt die Einstufung teilweise nach *Berechnungsverfahren*, die mit den EG-RL für Lösemittel und für sog. Oberflächenbehandlungsmittel eingeführt worden sind.

Aufgrund der o. g. >Einstufung< ist eine entsprechende >Kennzeichnung< vorzunehmen. In GefStoffV Anhang I und II sind besondere Best. für folgende Zubereitungen enthalten: Lösemittel; Oberflächenbehandlungsmittel (Anstrichstoffe), Druckfarben, Klebstoffe und ähnliche Zubereitungen; Schädlingsbekämpfungsmittel; sonstige best. Zubereitungen, asbesthaltige Zubereitungen und >Erzeugnisse<, die Formaldehyd freisetzen sowie besondere Kennzeichnungsvorschriften für best. Zubereitungen (z. B. Cd-haltige). Für >asbesthaltige< Zubereitungen und Erzeugnisse ist eine spezielle Kennzeichnung (Buchstabe „a", weiß auf schwarzem Grund) vorgesehen.

Mit der Verordnung zum Schutz von gefährlichen Stoffen (Gefahrstoffverordnung – GefStoffV) vom 26.10. 1993 (BGBl. I S.1782, ber. S.2049, zuletzt geändert durch Verordnung vom 22.12. 1998, BGBl. I S.3956) ist eine große Zahl EG-Richtlinien in deutsches Recht umgesetzt worden, nicht jedoch die (bisherigen) EG-RL für Lösemittel (73/173/EWG) und für Anstrichstoffe, Druckfarben, Klebstoffe und ähnliche Zubereitungen (77/728/EWG) und die EG-RL 78/631 (EWG) über Schädlingsbekämpfungsmittel.

Letztere bleibt weiterhin auf die Einstufung, >Verpackung< und Kennzeichnung (solcher) g. Z. *beschränkt*, wie dies generell auch bei den vorgenanntn EG-RL der Fall ist (s. Tabelle EG-Richtlinien-Übersicht für gefährliche Produkte).

Daneben gibt es eine EG-RL für Beschränkungen des >Inverkehrbringens< und der >Verwendung< gewisser gefährlicher Stoffe und Zubereitungen (76/769/EWG). Mit der *Zulassung* best. Produkte befassen sich ganz andere EG-RL, z. B. >Pflanzenschutzmittel< u. sog. „Biozide", d. h. Schädlingsbekämpfungsmittel im nicht-agrarischen Bereich. Der Kennzeichnungspflicht haben alle gefährlichen Stoffe u. Zubereitungen jedoch gemäß den unter Punkt 1 der Übersicht aufgeführten EG-RL zu entsprechen. Dies gilt auch für best. >Erzeugnisse<. Anhang VI (GefStoffV) sieht für die Kennzeichnung von g. Z. Prozent-Grenzen bzw. eine Klassenangabe vor (Spalte 8). In Spalte 7 wird auf andere Anhänge verwiesen, außer auf den o. a. (I Nr.2) auch auf Anhang II, der besondere Vorschriften für den Umgang mit >krebserzeugenden<, >fruchtschädigenden< und >erbgutverändernden< Gefahrstoffen enthält.

Die in der EG *einheitlich* eingestuften „Listenstoffe" sind in Anhang I der >EG-RL für gefährliche Stoffe< aufgeführt. Deren Neufassung ist am 08.07. 1991 im ABl. 180 A veröffentlicht worden, als die 12. Anpassungsrichtlinie vom 01.03. 1991 erschien. Sie enthält auch stoffspez. Grenzwerte für Berechnungsverfahren, die bei der (künftigen) Anwendung der Allg. Z.-RL zu beachten sind. Für die darin *nicht* aufgeführten Stoffe werden die allg. Grenzwerte gemäß Anhang I der RL 88/379/EWG heranzuziehen sein.

Lit: Schauer W, Quellmalz E (1989) Die Kennzeichnung von gefährlichen Stoffen u. Zubereitungen nach Chemikaliengesetz u. Gefahrstoffverordnung. VCH Verlagsgesellschaft, Weinheim.

Gefährlichkeitsmerkmale. Sammelbezeichnung für z. Z. 15 physikalisch-chem. oder toxische Eig. sowie für die Eig. >umweltgefährlich<, die in § 3a Abs.1 ChemG aufgeführt sind. Sie geben Aufschluß darüber, ob Stoffe oder Zubereitungen als >gefährlich< i. S. von >ChemG< bzw. >GefStoffV< anzusehen sind. Mit Ausnahme von *umweltgefährlich* sind sie in § 1 Chem-GefMerkV näher best.

Die einzelnen G. sind in der Tabelle in offizieller Reihenfolge (ChemG) aufgeführt, in Verknüpfung mit

Gefährlichkeitsmerkmale

Gefährlichkeits-merkmale	Gefahrensymbol		Haupt-R-Sätze
	eigenes	angepaßtes	
explosionsgefährlich	E		1,2,3
brandfördernd	O		7,8,9
hochentzündlich	F⁺		12
leichtentzündlich	F		11
entzündlich	–		10
sehr giftig	T⁺		26,27,28
giftig	T		23,24,25
mindergiftig	Xn		20,21,22
ätzend	C		35,34
reizend	Xi		38,37,36,41
sensibilisierend	–	Xn, Xi	42,43
krebserzeugend	–	T, Xn	45,40
erbgutverändernd	–	T, Xn	47
fruchtschädigend	–	T, Xn	46,40
chronisch schädigend	–	T, Xn	48
umweltgefährlich	N		50,51,52,53

den entspr. Kennbuchstaben und mit den wesentlichen >R-Sätzen<. Dabei ist zu beachten, daß es für z. Z. 10 G. eigene >Gefahrensymbole< bzw. >Gefahrenbezeichnungen< gibt. Bei den übrigen 5 G. wird darauf verwiesen, daß andere >Kennbuchstaben< zu berücksichtigen sind (s. GefStoffV Anhang I).

Lit: Verordnung über die Gefährlichkeitsmerkmale von Stoffen und Zubereitungen nach dem Chemikaliengesetz – ChemGefMerkV (BGBl. I, S. 1422 vom 17. 07. 1990).

Gefahr. Nach dem Begriff der Rechtswissenschaften „die nahe Möglichkeit der Verletzung geschützter Rechtsgüter". Geschützte Rechtsgüter sind Unversehrtheit des Lebens und der Gesundheit des Menschen ebenso wie z. B. auch abstrakt die allgemeine Rechtsordnung, oder auch das Recht auf Eigentum u. a. m. Das Umweltrecht, z. B. das Wasser- bzw. Immissionsschutzrecht, basiert zu einem großen Teil auf dem Recht der Gefahrenabwehr. Eine G. in diesem Sinne ist gegeben, wenn Tatsachen vorliegen, die bei ungehindertem Ablauf des Geschehens mit hinreichender Wahrscheinlichkeit zu einem >Schaden< an einem Schutzgut, z. B. Wald, Gewässer, führen. Zur Feststellung einer G. hat demnach im Zeitpunkt des Einschreitens eine Prognose stattzufinden. Je größer das Ausmaß des potentiellen Schadens ist, desto geringere Anforderungen sind an die Wahrscheinlichkeit, daß dieser Schaden eintritt, zu stellen. Man unterscheidet zwischen konkreter G., abstrakter G. (gedachte Vielzahl jeweils „konkret" gefährlicher Sachverhalte) und akuter G. (Schadenseintritt steht unmittelbar und nahezu gewiß bevor). Ist der Schaden bereits eingetreten, so spricht man von einer Störung. G. im Sinne von DIN 31000/VDE 1000 sind G. aller Art für Leben und Gesundheit, soweit ihre Wirkungen bei bestimmungsgemäßer Verwendung technischer Erzeugnisse ein nach dem jeweiligen Stand der Technik zumutbares Risiko überschreiten, einschließlich der G., die durch Lärm- oder Wasserverunreinigungen, Hitzeentwicklung und durch sonstige Belastungen verursacht werden.

Lit: Rudolph P, Boje R (1986) Ökotoxikologie nach dem Chemikaliengesetz, ecomed-verlagsgesellschaft, Landsberg/Lech.

Gefahrenabwehr. Klassisches polizeirechtliches Prinzip; normiert in den Polizeigesetzen, aber auch in Umweltschutzgesetzen, die fast alle aus den Polizeigesetzen hervorgegangen sind: z. B. das >Bundesimmissionsschutzgesetz< aus der Gewerbeordnung, die ein besonderes Polizeigesetz darstellt; s. z. B. § 1 des Bundesimmissionsschutzgesetzes: Zweck dieses Gesetzes ist es, Menschen (...) vor Gefahren (...) zu schützen (...). Gefahr ist eine Lage, in der bei ungehindertem Ablauf des Geschehens ein Zustand oder ein Verhalten mit hinreichender Wahrscheinlichkeit zu einem Schaden führen wird; Schaden ist eine nicht unerhebliche Beeinträchtigung eines rechtlich geschützten Gutes, z. B. Leben, Gesundheit, Luft, Wasser, Boden. Gefahr ist abzugrenzen vom >Risiko<, Schaden von bloßen Belästigungen oder Nachteilen (vor diesen ist nur dann zu schützen, wenn vor ihnen ausdrücklich gesetzlicher Schutz besteht). G. ist Aufgabe der Polizei – bzw. (im Umweltschutz) der speziell zuständigen Fachbehörden. Sie haben >Ermessen< mit Blick auf das Einschreiten bei Vorliegen einer Gefahr. Maßnahmen zur G. sind gegen den >Störer< (Verantwortlicher der Gefahrentstehung) zu richten.

Gefahrenbezeichnung. Die G. ist meist in Kombination mit dem entspr. >Gefahrensymbol< zu verwenden, die durch einen „>Kennbuchstaben<" charakterisiert wird (s. Tabelle >Gefährlichkeitsmerkmale<). Die G. ist die *verbale* Beschreibung der von einem >Stoff< oder einer >Zubereitung< ausgehenden Gefahr. Zus. mit dem *optischen* Gefahrensymbol stellen sie das Gefährlichkeitsmerkmal dar. Dadurch wird bei der >Kennzeichnung< auf die Hauptgefahr(en) hingewiesen; Ausnahmen: >C, M, T-Stoffe.< Der Liste eingestufter >gefährlicher< >Stoffe< und >Zubereitungen< kann der Kennbuchstabe und damit auch die G. direkt entnommen werden (Spalte 4 von Anhang VI zur

Explosions-gefährlich

Brandfördernd

Hochentzündlich

Leichtentzündlich

Sehr giftig

Giftig

Ätzend

Gesundheitsschädlich

Reizend

Umweltgefährlich

Gefahrenbezeichnung: Gefahrensymbole und Gefahrenbezeichnungen

>GefStoffV<). Bei den (noch) nicht eingestuften gefährlichen Stoffen ist die G. vom >Hersteller< oder >Einführer< beim >Inverkehrbringen< im Rahmen der >Einstufung< u. Kennzeichnung zu ermitteln (§ 13 Abs.1 >ChemG< in Verb. mit Anhang I Nr.1.1 GefStoffV). S. Abb. farbige Gefahrensymbole und Gefahrenbezeichnungen.

Gefahrenhinweise. (R-Sätze). Die sog. >R-Sätze< (E: risk phrases) geben „Hinweise auf die *besonderen* Gefahren", die von >gefährlichen Stoffen< oder >Zubereitungen< ausgehen können. Gemäß >GefStoffV< sind sie entspr. ihrer >Einstufung< auszuwählen (Liste s. Anhang I Nr.1.3) und bei der >Kennzeichnung< zu verwenden. Wie bei der Zuordnung der >Gefahrensymbole< und >Gefahrenbezeichnungen< erfolgt die Auswahl nach den Kriterien des Leitfadens zur Einstufung und Kennzeichnung gefährlicher Stoffe und Zubereitungen (Anhang I Nr.1.1).
In der Liste eingestufter gefährlicher Stoffe und Zubereitungen sind die zugeordneten R-Sätze genannt (Anhang VI, Spalte 5). Es gibt z.Zt. insgesamt 48 R-Sätze und 19 Kombinationen von R-Sätzen, die in Abschnitt 1.3 von Anhang I (GefStoffV) aufgeführt sind. Besondere Bedeutung hat der R-Satz 10, in dem das >Gefährlichkeitsmerkmal< >entzündlich< genannt ist, weil es für diese Kategorie weder ein Gefahrensymbol noch eine -bezeichnung gibt. Bei den sog. >C, M, T-Stoffen< gibt es keine eigenen, sondern angepaßte Gefahrensymbole (s. Tabelle >Gefährlichkeitsmerkmale<).

Gefahr(en)klassen. (Gefahrgut-Klassen, Transportklassen). Im Hinblick auf die bei der >Beförderung< und Lagerung einzuhaltenden Bedingungen werden die >Gefahrgüter< in versch. „Klassen" eingeteilt. Diese Klassifizierung stimmt bei den meisten nationalen und internationalen Vorschriften überein. Sie richtet sich im wesentlichen nach den physikalisch-chem. und/oder toxischen Eigenschaften der >gefährlichen Stoffe<, die als solche oder in >Zubereitungen< bzw. „Gegenständen" befördert werden. Die >Einstufung< von gefährlichen *Gütern* ist zwar ähnlich, aber nicht identisch mit derjenigen bei gefährlichen *Stoffen* und Zubereitungen (nach dem sog. Gewerberecht: >ChemG<, >GefStoffV<). Sie richtet sich nach der jeweiligen Stoffaufzählung, die es bei jeder G. gibt. Demgegenüber richtet sich die Einstufung von >Gefahrstoffen< nach den >Gefährlichkeitsmerkmalen< der Chemikaliengesetzgebung (Definitionsprinzip).
Die nationalen und europäischen >Gefahrgutvorschriften< unterscheiden zwischen „Nur-Klassen" und „freien Klassen". Hierbei handelt es sich um besondere Begriffsbest. bei der Klassifizierung gefährlicher Güter in best. Regelwerken (Landverkehr auf der Straße und Schiene). Gefahrgüter der erstgenannten Klasse dürfen nur dann transportiert werden, wenn sie in diesen Werken namentlich aufgeführt sind und wenn die einschlägigen Best. eingehalten werden. Alle anderen Stoffe sind von der Beförderung ausgeschlossen, auch wenn sie unter die entspr. Gefahrgutklassen fallen würden. Für die freien Klassen gibt es neben der namentlichen Aufführung von gefährlichen Stoffen die Möglichkeit, andere Stoffe mit gleichen oder ähnlichen Eigenschaften. Sammelpositionen zuzuordnen. Aufgrund eines solchen Verfahrens *(Assimilation)* sind außer den in den G. genannten oder unter eine Sammelbezeichnung fallenden Stoffen weitere zur Beförderung zugelassen.

Gefahr(en)klassen

Gefahrenklassen (GGVS)

Klasse 1 a:	Explosive Stoffe und Gegenstände
Klasse 1 b:	Mit explosiven Stoffen geladene Gegenstände
Klasse 1 c:	Zündwaren, Feuerwerkskörper u. a. Güter
Klasse 2:	Verdichtete, verflüssigte oder unter Druck gelöste Gase
Klasse 3:	Entzündbare flüssige Stoffe
Klasse 4.1:	Entzündbare feste Stoffe
Klasse 4.2:	Selbstentzündliche Stoffe
Klasse 4.3:	Stoffe, die in Berührung mit Wasser entzündliche Gase entwickeln
Klasse 5.1:	Entzündend (oxydierend) wirkende Stoffe
Klasse 5.2:	Organische Peroxide
Klasse 6.1:	Giftige Stoffe
Klasse 6.2:	Ekelerregende oder ansteckungsgefährliche Stoffe
Klasse 7:	Radioaktive Stoffe
Klasse 8:	Ätzende Stoffe
Klasse 9:	Sonstige Stoffe: Gefährliche Stoffe und Gegenstände

Wie aus der Tabelle hervorgeht, sind für die Einteilung der Gefahrgüter u. a. folgende „Merkmale" ausschlaggebend: Explosivität, >Radioaktivität<, Ätz- und Giftwirkung, Entzündbarkeit von Stoffen. Es gibt zahlreiche gefährliche Stoffe, von denen jeweils mehrere Gefahren ausgehen können. So kann z.B. ein entzündbarer Stoff auch giftige und/oder ätzende Eigenschaften haben. Man unterscheidet in solchen Fällen zwischen Hauptgefahr (Primärgefahr) und Nebengefahren (Sekundärgefahren). Dem trägt die >Kennzeichnung< der Versandstücke bzw. Fahrzeuge Rechnung, indem sich die Gestaltung der >Gefahrzettel< danach ausrichtet. Außer den >Gefahrensymbolen<, die bei Gefahrgütern von denen der Gefahrstoffe abweichen, können sie zusätzlich eine Aufschrift in Zahlen (oder Buchstaben) tragen, die auf die G. hinweisen. Außer der Kennzeichnung ist auch die >Verpackung<art vorgeschrieben, deren Einteilung nach Verpackungsgruppen erfolgt.
Gemäß nationalen Vorschriften und internationalen Regelungen ergeben sich für gefährliche Güter z.Zt. 9 verschiedene „Hauptklassen" mit insgesamt 15 „Einzelklassen" bei der GGV-Straße (s. Tabelle).
Lit: Göbel W (1988) Gefahrstoff-ABC, ecomed, Landsberg/ Lech – Der Bundesminister für Verkehr (Hrsg.) (1990) Die Beförderung gefährlicher Güter – Kühn R, Birett K (1991) Gefahrgut-Schlüssel, 14. Ausg., ecomed, Landsberg/Lech.

Gefahrensymbole. Als Warnhinweis dienen G. der optischen >Kennzeichnung< >gefährlicher Stoffe< und >Zubereitungen< sowie von >Gefahrgütern<. Durch ein oder mehrere G. (und >Gefahrenbezeichnungen<) wird auf die Hauptgefahr(en) hingewiesen. Das sog. Gewerberecht verwendet andere G. als die >Beförderung<svorschriften. Die Kennzeichnung wird entweder durch die >GefStoffV< geregelt, die den EG-RL für gefährliche Stoffe und für Zubereitungen entspr. oder durch die nationalen bzw. internationalen >Gefahrgut-Vorschriften< best.
Die G. sind ein Bestandteil des >Warnetiketts< bzw. des >Gefahrzettels<, die auf der >Verpackung< (>Ge-

fahrstoff<) oder auf dem Versandstück (>Gefahrgut<) anzubringen sind. Bei best. Gefahrgütern ist eine zusätzliche Kennzeichnung von Fahrzeugen (Eisenbahn, Straße) vorzunehmen.

Bei gefährlichen Stoffen u. Zubereitungen sind die G. auf der Verpackung in schwarzem Aufdruck auf orange/gelbem Untergrund in best. Mindestabmessungen anzubringen. Anhang I Nr.1.2 >GefStoffV< enthält sechs verschiedene G. in Kombination mit insgesamt neun Gefahrenbezeichnungen. Nicht für alle Gefahren gibt es ein eigenes Symbol, z.B. wird bei >C, M, T-Stoffen< das G. für „>giftig<" (Totenkopf) verwendet. Gefahrstoffe mit Verdacht auf >krebserzeugende<, >erbgutverändernde< (oder >fruchtschädigende<) Wirkung werden mit dem G. für „>gesundheitsschädlich<" (Andreaskreuz) gekennzeichnet. Für *Gefahrgüter* sehen die Beförderungsvorschriften eigene G. vor, die die obere Hälfte der auf der Spitze stehenden Quadrate (Gefahrzettel nach GGVS/ADR und GGVE/RID) ausfüllen. Ausnahme: Marine Pollutant. Die meisten G. sind farbig unterlegt (s. Abb. bei >Gefahrenbezeichnungen< und >Gefahrzettel<).

Gefahrerforschungseingriff. Eingriff der Polizei- bzw. der Sonderordnungsbehörden in private Rechte mit dem Ziel, festzustellen, ob eine Gefahr vorliegt, z.B. durch Vornahme von Grabungen und Messungen. Der Eingriff ist zu dulden. Führt die Erforschung zu der Erkenntnis, daß eine Gefahr vorliegt, hat der Verursacher der Gefahr die Kosten zu tragen.

Gefahrgutgesetz. (GefahrgutG). Das *Gesetz über die Beförderung gefährlicher Güter* stammt vom 06.08. 1975 (BGBl.I S.2121). Es wurde zuletzt geändert durch Art.36 Gesetz vom 28.06. 1990 (BGBl.I S.1221, 1243). Als Grundlage des deutschen „Verkehrsrechts" enthält es jedoch keine unmittelbar auf die Abwicklung von Transporten gefährlicher Güter wirkende Regelungen, wohl aber wichtige Begriffsbestimmungen, u.a. „>gefährliche Güter<". Der Begriff „Beförderung" umfaßt nicht nur den Vorgang der Ortsveränderung, sondern auch die Übernahme und die Auslieferung des Gutes sowie zeitweilige Aufenthalte im Verlauf der Beförderung, Vorbereitungs- u. Abschlußhandlungen (>Beförderung<).

Als Kernvorschrift enthält es einen Ermächtigungskatalog zum Erlaß von Rechtsverordnungen und allg. Verwaltungsvorschriften über die Beförderung gefährlicher Güter. Ferner werden die Zuständigkeiten, die Überwachung und die Kontrolle (Ordnungswidrigkeiten) geregelt. Die Einzelheiten des Transports und die Definition der allg. Vorschriften erfolgen in den verkehrsträgerbezogenen Verordnungen. Diese sind danach ausgerichtet, ob es sich um den Straßen-, Schienen-, Seeschiffs- oder Binnenschiffsverkehr handelt: 1. Gefahrgutverordnung Straße (GGVS), 2. Gefahrgutverordnung Eisenbahn (GGVE), 3. Gefahrgutverordnung See (GGVSee), 4. Gefahrgutverordnung Binnenschiffahrt (GGVBinSch) (s. Tabelle).

Für den Luftverkehr gibt es (noch) keine entspr. deutsche Verordnung. Es gelten vielmehr die Vorschriften für die Beförderung gefährlicher Güter im Luftverkehr des internationalen Luftverkehrsverbandes (IATAS), technische Anweisungen für die sichere Beförderung gefährlicher Güter in der Luft der Internationalen Zivilluftfahrt-Organisation (ICAO).

Gefahrgut-Vorschriften. Ein einheitliches Gesetz, das die >Beförderung< >gefährlicher Güter< umfassend

Gefahrgutgesetze

Beförderung gefährlicher Güter

Straßen-verkehr	Gefahrgutverordnung Straße (GGVS) Verordnung über die innerstaatliche und grenzüberschreitende Beförderung gefährlicher Güter auf Straßen vom 22.07. 1985 (BGBl.I S.1550), mit Anlage A und B, einschließlich ADR, zuletzt geändert durch Verordnung vom 18.06. 1990 (BGBl.I S.1326). Europäisches Übereinkommen über die internationale Beförderung gefährlicher Güter auf der Straße (BGBl. 1969 II S.1489).
Schienen-verkehr	Gefahrgutverordnung Eisenbahn (GGVE) Verordnung über die innerstaatliche und grenzüberschreitende Beförderung gefährlicher Güter mit Eisenbahnen vom 22.07. 1985 (BGBl.I S.1560), mit Anlage, einschließlich RID, zuletzt geändert durch Verordnung vom 06.06. 1990 (BGBl.I S.1001). Ordnung für die internationale Eisenbahnbeförderung gefährlicher Güter (RID-Regeln) (BGBl. II S.666), zuletzt geändert durch Verordnung vom 03.05. 1990 (BGBl. II S.461).
See-schiffs-verkehr	Gefahrgutverordnung See (GGVSee) Verordnung über die Beförderung gefährlicher Güter mit Seeschiffen in der Fassung vom 27.06. 1986 (BGBl. I S.953), zuletzt geändert durch Verordnung vom 30.06. 1989 (BGBl.I S.1278) mit IMDG-Code.
Binnen-schiffs-verkehr	Gefahrgutverordnung-Binnenschiffahrt Verordnung über die Beförderung gefährlicher Güter auf dem Rhein (ADNR) (BGBl. 1971 S.1851), mit Anlagen A und B, in der Fassung vom 30.06. 1977 (BGBl.I S.1119), zuletzt geändert durch Verordnung vom 16.03. 1989 (BGBl.I S.489). (Gilt auch auf den übrigen Bundeswasserstraßen mit Ausnahme der Donau).

regelt, gibt es nicht. Es existieren vielmehr mehrere Verordnungen nebeneinander, die jeweils für versch. Verkehrsträger mit teilweise unterschiedlichen Regelungen gelten. In der Regel wird dabei unterschieden zwischen dem innerstaatlichen und dem grenzüberschreitenden Verkehr mit >Gefahrgütern<. Bisher sind Regelungen erlassen worden für den Straßen-, Eisenbahn-, Binnenwasserstraßen-, Seeschiffs- und Lufttransport sowie für die Versendung mit der Post.

Diese Vorschriften werden durch *UN*-Empfehlungen ergänzt, die z.T. bereits in innerstaatliches Verkehrsrecht umgesetzt worden sind. Die für den innerstaatlichen Bereich erlassenen Rechtsverordnungen beruhen auf dem *Gesetz über die Beförderung gefährlicher Güter* vom 06.08. 1975 (BGBl.I S.2121) und basieren überwiegend auf internationalen Übereinkommen bzw. Empfehlungen. Sie gelten für die Beförderung gefährlicher Güter auf öffentlichen Verkehrswegen, nicht jedoch im „innerbetrieblichen" Verkehr (>Beförderung<).

Die deutschen Regelungen für die Beförderung gefährlicher Güter und ihre Verknüpfung mit internationalen Übereinkommen geht aus der Tabelle „Beförderung gefährlicher Güter" (>Gefahrgutgesetz<) hervor. Die umfangreichen G. regeln im wesentlichen: welche gefährlichen Güter befördert werden dürfen; wie die Beförderungsmittel (z.B. Fahrzeuge, Tanks, Container) gebaut und ausgerüstet sein müssen sowie wann und wie sie zu prüfen sind; wie die Beförderungsmittel zu >kennzeichnen< sind; was bei der Be- und Entladung hinsichtlich der Verladeweise und Stauung sowie während der Beförderung zu beachten ist; wie das Personal, das gefährliche Güter befördert, zu schulen ist.

Seit dem 01.09. 1981 dürfen nur noch solche Tankfahrzeugführer zum Transport gefährlicher Güter auf der Straße eingesetzt werden, die an einer von der zuständigen IHK anerkannten Schulung über den Gefahrguttransport erfolgreich teilgenommen haben. Die Schulungspflicht wurde ab Mitte 1991 auch auf Fahrer von Fahrzeugen mit gefährlichen Gütern in Versandstükken oder als Schüttgut (sog. Stückgutfahrer) ausgedehnt.

Trotz Intensivierung der Schulung und strenger Vorschriften werden sich Unfälle mit gefährlichen Gütern wohl nicht ganz vermeiden lassen – es bleibt leider immer ein Restrisiko. Für diese Fälle wurden von den Behörden der für die Schadensbekämpfung zuständigen Bundesländer sowie auch von der chem. Industrie umfangreiche Vorsorgemaßnahmen getroffen. An der Verbesserung aller vorhandenen Systeme wird ständig gearbeitet. So wurde beispielsweise bundesweit eine „Gefahrgut-Schnellauskunft" (GSA) aufgebaut. Die chem. Industrie stellt im Rahmen des TUIS (= >Transport-Unfall-Informations- und Hilfeleistungssystem<) ihr Wissen und ihre technische Ausrüstung auf Anforderung zur Verfügung.

Die Regelungen für die Beförderung gefährlicher Güter gehen aus der Tabelle hervor, die nach folgenden Verkehrsträgern unterteilt ist: Straßen-, Schienen-, See- und Binnenschiffs- sowie Luftverkehr. Dabei wird unterschieden zwischen dem innerstaatlichen und grenzüberschreitenden Verkehr. Für letzteren besteht eine Reihe von europäischen Übereinkommen und UN-Empfehlungen. Die Einhaltung von G. wird von den zuständigen Stellen kontrolliert: durch Polizei und Bundesanstalt für den Güterfernverkehr (Straße), Wasserschutzpolizei, Luftfahrt-Bundesamt sowie besondere Kontrolleure bei der Bundesbahn. In einigen Bundesländern erfolgt außerdem schon in den Betrieben eine Kontrolle durch die Gewerbeaufsicht.

Spätestens ab Oktober 1991 müssen Firmen, die *regelmäßig* mehr als 50 t Gefahrgut verpacken, versenden (absenden) oder befördern, einen sog. *Gefahrgutbeauftragten* bestellen, der innerbetrieblich die Einhaltung der Gefahrgutbeförderung beteiligten Personen zu schulen hat. Gefahrgutbeauftragten-*Verordnung* (GbV): § 1 Zielsetzung für und Bestellung von Gefahrgutbeauftragten. § 2 Anforderungen, Schulungsregelung. § 3 Rechte und Pflichten. § 4 Pflichten der Unternehmer und Inhaber eines Betriebes. § 5 Beauftragte Personen. § 6 Ordnungswidrigkeiten (das Bußgeld kann bis zu DM 100.000 betragen). – Wer gegen die G. verstößt, muß mit empfindlichen Geldbußen rechnen, in besonders schweren Fällen sogar mit Haftstrafen.

Lit: Kühn R, Birett K (1991) Gefahrgut-Schlüssel, 14. Ausg., ecomed, Landsberg/Lech – Raesche-Kessler H, Schendel FA, Schuster P (1990) Umwelt und Betrieb. Umweltrecht für die betriebliche Praxis, Erich Schmidt, Berlin.

Gefahrnummer. Die G. (offizielle Bezeichnung, früher „>Kemler-Zahl<") ist die obere Kennzahl auf den >Warntafeln< von Tankfahrzeugen, aus der die von dem >Gefahrgut< ausgehende Gefahr ersichtlich ist. Die Nummer zur >Kennzeichnung< der Gefahr besteht aus 2 oder 3 Ziffern, die i. allg. auf folgende Ge-

fahren hinweisen *(Hauptgefahr):* 1. entfällt; 2. Entweichen von Gas durch Druck oder durch chem. Reaktion; 3. Entzündbarkeit von fl. Stoffen (Dämpfen) und Gasen; 4. Entzündbarkeit fester Stoffe; 5. Oxidierende (brandfördernde) Wirkung; 6. Giftigkeit; 7. >Radioaktivität<; 8. Ätzwirkung; 9. Gefahr einer spontanen heftigen Reaktion. Sind die beiden Ziffern gleich, so bedeutet das eine *Zunahme* der Hauptgefahr. *Zusätzliche* Gefahr (2. u. 3. Stelle): 1. Explosion; 2. Entweichen von Gas; 3. Entzündbarkeit; 4. Entzündende (oxidierende) Wirkung; 5. entfällt; 6. Giftigkeit; 7. und 8. entfällt; 9. Gefahr einer heftigen Reaktion, die aus der Selbstzersetzung oder der Polymerisation entsteht.

Besonderheiten: 22 tiefgekühltes Gas, 44 entzündbarer fester Stoff, der sich bei erhöhter Temp. in geschmolzenem Zustand befindet, 539 entzündbares org. Peroxid, 90 versch. >gefährliche Stoffe<. X bedeutet, daß der Stoff (z. B. Natrium) in gefährlicher Weise mit Wasser reagiert und daher nicht mit Wasser in Berührung gebracht werden darf (Wasserstoffbildung); s. Abb.: Bedeutung der >Warntafel<-Kennziffern.

Lit: Kühn R, Birett K (1991) Gefahrgut-Schlüssel, 14. Ausg., ecomed, Landsberg/Lech – BM Verkehr (Hrsg.) (1990) Die Beförderung gefährlicher Güter – Göbel W (1988) Gefahrstoff-ABC, ecomed, Landsberg/Lech.

Gefahrstoffe. Sammelbegriff der gleichnamigen VO, der umfassender ist als der Begriff >gefährlicher Stoff/ Zubereitung<. G. sind: 1. gefährliche Stoffe und Zubereitungen nach § 3a >ChemG<, 2. >Stoffe<, >Zubereitungen< und >Erzeugnisse<, die explosionsfähig sind, 3. Stoffe, Zubereitungen und Erzeugnisse, aus denen bei der Herstellung oder Verwendung gefährliche oder explosionsfähige Stoffe oder Zubereitungen entstehen oder freigesetzt werden können, 4. Stoffe, Zubereitungen und Erzeugnisse, die erfahrungsgemäß Krankheitserreger übertragen können (§ 15 >GefStoffV< in Verb. mit § 19 Abs. 2 ChemG).

Auch wenn nur solche Stoffe (und Zubereitungen) gemeint sind, die (selbst) gefährlich sind (im Hinblick auf die >Gefährlichkeitsmerkmale<), so wird häufig

Gefahrstoffe: Übersicht.
Produkte = Stoffe, Zubereitungen und Erzeugnisse

der Ausdruck G. (im engen Sinne) verwendet, z. B. als vereinfachte Bezeichnung für die EG-RL von 1967. Andererseits wird manchmal von G. (im weitesten Sinne) gesprochen, wenn auch Bezug genommen wird auf die Belastung der menschlichen Gesundheit durch >Schadstoffe< in der Luft und im Trinkwasser (z. B. Umwelt '90 s. u.). Wichtig ist also die Verknüpfung mit der jeweiligen Begriffsbest. (G. i. S. von ChemG/ GefStoffV oder der >EG-RL für gefährliche Stoffe<). Die Abb. enthält eine Gesamtübersicht über Gefahrstoffe.

Lit: Vollmer G (1990) Gefahrstoffe. Ein Leitfaden für Pharmazeuten und Naturwissenschaftler, Thieme, Stuttgart – BAU (Hrsg.) (1986) Gefahrstoffe (Arbeitsstoffe) – Umweltbericht 1990 des Bundesministers für Umwelt, Naturschutz und Reaktorsicherheit (Bundesanzeiger vom 07.08.1990).

Gefahrstoffrecht. Gesamtheit der Vorschriften, die sich mit gefährlichen Stoffen befassen. Im wesentlichen: >Chemikaliengesetz< i. d. F. der Bekanntmachung vom 14.03.1990, BGBl. I S.522, und die zu ihm gehörenden Rechtsverordnungen, z. B. die außerordentlich wichtige >Gefahrstoffverordnung< vom 26.08.1986, BGBl. I S.1470; ferner das >Pflanzenschutzgesetz< vom 15.09.1986, BGBl. I S.1505; das >Düngemittelgesetz< vom 15.12.1977, BGBl. I S.2134; das >Futtermittelgesetz< vom 02.07.1975, BGBl. I S.1745; das >Arzneimittelgesetz< vom 24.08. 1976, BGBl. I S.2445/2448.

Gefahrstoffverordnung. Die Verordnung zum Schutz vor gefährlichen Stoffen (Gefahrstoffverordnung – GefStoffV) vom 26.10. 1993 (BGBl. I S.1782, ber. S.2049, zuletzt geändert durch Verordnung vom 22.12. 1998, BGBl. I S.3956) löst die bisherige Verordnung über gefährliche Stoffe aus dem Jahr 1986 ab; sie ist am 01.11. 1993 in Kraft getreten. Die neue Verordnung erstreckt sich im wesentlichen auf den Arbeitsschutz. Ihre Vorschriften über die Einstufung, Verpackung und Kennzeichnung gelten aber umfassend für alle Bereiche und wirken sich daher auch auf den Umweltschutz und den allg. Gesundheitsschutz (Verbraucherschutz) aus. Das hat nunmehr den Vorteil, daß alle Regelungen über die Gefahrenkennzeichnung – u. a. nach Änderung der sprengstoffrechtlichen Kennzeichnungsvorschriften – in einer einzigen Verordnung konzentriert sind. Es werden nunmehr alle Herstellungs- und Verwendungsverbote und -beschränkungen zusammengefaßt, die bisher schon in der Gefahrstoffverordnung oder in mehreren vom BMU erarbeiteten Einzelverordnungen enthalten waren oder nunmehr aufgrund neuer EG-Richtlinien eingeführt werden. Auch die Herstellungs- und Verwendungsverbote und -beschränkungen des bereits 1991 vom Bundeskabinett beschlossenen Entwurfs einer Asbestverbotsverordnung werden in die Gefahrstoffverordnung eingestellt. Darüber hinaus enthält die Verordnung wie bisher umfassende Vorschriften über den Umgang (Herstellen, Verwenden) mit Gefahrstoffen.

Ziele der neuen Gefahrstoffverordnung sind:
– Umsetzung von 18 EG-Richtlinien in deutsches Recht, die vornehmlich die Einstufung, Verpackung und Kennzeichnung von gefährlichen Chemikalien sowie den Umgang mit krebserzeugenden Gefahrstoffen betreffen;
– Umsetzung des Übereinkommens zu Asbest des Internationalen Arbeitsamts (Einführung eines Zulassungsverfahrens für Firmen, die Abbruch- und Sanierungsarbeiten durchführen);

– Überführung der Gefährlichkeitsmerkmaleverordnung in die Gefahrstoffverordnung;
– Übernahme der Kennzeichnungsvorschriften für explosionsgefährliche Stoffe und Zubereitungen (Grundkennzeichnung) aus der ersten Verordnung zum Sprengstoffgesetz in die Gefahrstoffverordnung;
– Übernahme der Herstellungs- und Verwendungsverbote und -beschränkungen für asbesthaltige Stoffe, Zubereitungen und Erzeugnisse aus dem 1991 von der Bundesregierung beschlossenen Entwurf einer Asbestverbotsverordnung;
– Ausdehnung des Geltungsbereichs der Umgangsvorschriften auf den untertägigen Bergbau, soweit die Gesundheitsschutz-Bergverordnung nicht auf die Verhältnisse des Bergbaus abgestimmte gleichwertige Regelungen enthält;
– Neugliederung der Verordnung wegen der zahlreichen Änderungen und Ergänzungen.

Die allg. Vorschriften zum Umgang mit Gefahstoffen finden sich auch in der neuen Verordnung weitgehend unverändert wieder, da aufgrund zu erwartender europarechtlicher Vorgaben für eine neue Arbeitsschutzrichtlinie mit wesentlichen Änderungen der bestehenden Umgangsvorschriften zu rechnen ist.

Schwerpunkte der neuen Gefahrstoffverordnung sind:
1. Ein Leitfaden zur Einstufung und Kennzeichnung gefährlicher Stoffe und Zubereitungen (Anhang I) wird neu gefaßt einschließlich der Einführung eines neuen Gefährlichkeitsmerkmals „umweltgefährlich" und der Ablösung des bisherigen Gefährlichkeitsmerkmals „fruchtschädigend" durch „fortpflanzungsgefährdend". Für das Gefährlichkeitsmerkmal „explosionsfähig" wird eine Definition eingeführt.
2. Kennzeichnungsvorschriften zur Umsetzung neuer EG-Richtlinien für alle gefährlichen Zubereitungen sowie bestimmte wenige Erzeugnisse. Erstmals werden auch Gase einbezogen mit einer Übergangsfrist für Butan, Propan und Flüssiggase.
3. Vorschriften zur Mitlieferung eines Sicherheitsdatenblattes für berufsmäßige Verwender gefährlicher Chemikalien. Dieses wird EG-weit zwingend vorgeschrieben.
4. Kindergesicherte Verschlüsse und Tastmarken für Sehbehinderte werden für bestimmte gefährliche Stoffe und Zubereitungen, die zur Abgabe an den Verbraucher bestimmt sind, eingeführt.

Hinsichtlich des Umgangs ist auf folgendes hinzuweisen:
1. Für den in der Verordnung häufig verwendeten Begriff „Stand der Technik" wird in Anlehnung an eine entsprechende Begriffsbestimmung im >Bundes-Immissionsschutzgesetz< eine Legaldefinition eingeführt (§ 3 Abs. 9).
2. Die Vorschriften für den Umgang mit krebserzeugenden Gefahrstoffen werden entsprechend der EG-Krebsrichtlinie neu gefaßt und erstrecken sich nunmehr auch auf erbgutverändernde Gefahrstoffe.
3. Beim Umgang gelten in Deutschland neben den von der EG bereits als krebserzeugend oder erbgutverändernd eingestuften Stoffen auch diejenigen Stoffe als krebserzeugend oder erbgutverändernd, von denen nach § 52 Abs. 3 vom BMA nach Beratung im Ausschuß für Gefahrstoffe nach gesicherten wissenschaftlichen Erkenntnissen (z. B. der MAK-Kommission) von einer krebserzeugenden oder erbgutverändernden Wirkung für Beschäftigte auszugehen ist. Diese Stoffe sind in der TRGS 500/TRGS 905 aufgeführt; sie sind

nach EG-Recht nicht kennzeichnungspflichtig beim Inverkehrbringen.

4. Die bisher bestehende Einteilung der krebserzeugenden Gefahrstoffe in die Gefährdungsgruppen I bis III zum Zweck der Anwendung differenzierter Schutzvorschriften ist EG-bedingt weggefallen. Stattdessen sind die bisher als krebserzeugende Gefahrstoffe der Gruppe I geltenden besonders gefährlichen 14 Stoffe in § 15a Abs. 1 aufgelistet mit der Maßgabe eines Expositionsverbots. Zubereitungen gelten grundsätzlich als krebserzeugend ab einem Massengehalt eines oder mehrerer krebserzeugender Stoffe von gleich oder größer 0,1 von Hundert. Da in der bisherigen deutschen Liste des Anhangs II für Zubereitungen in vielen Fällen niedrigere Konzentrationen genannt waren, sind diese 34 Gefahrstoffe in § 35 Abs. 3 besonders aufgeführt.

5. Die in § 16 vorgeschriebenen wichtigen Ermittlungspflichten des Arbeitgebers sind in drei Punkten erweitert worden:

– Die Ersatzstoffprüfung erstreckt sich nunmehr auch auf Erzeugnisse sowie auf die angewandten Herstellungs- und Verwendungsverfahren unter Berücksichtigung auch des Gefährlichkeitsmerkmals „umweltgefährlich" (Absatz 2).

– Die Informationspflicht des Herstellers oder Einführers gegenüber dem Arbeitgeber wird im Hinblick auf die für die Festlegung von Arbeitsschutzmaßnahmen notwendigen Kenntnisse des Arbeitgebers erheblich erweitert (z. B. auch Mitteilung gefährlicher Inhaltsstoffe unterhalb der Kennzeichnungsgrenze – Absatz 3).

– Es wird ein betriebliches Gefahrstoffverzeichnis eingeführt (Absatz 3 a).

– § 36 enthält zusätzlich umfassende Ermittlungspflichten und Vorsorgepflichten beim Umgang mit krebserzeugenden und erbgutverändernden Gefahrstoffen.

6. Mit § 25a werden erstmals in der Gefahrstoffverordnung eine Regelung über die Sicherheitstechnik technischer Anlagen und bei der Verwendung technischer Arbeitsmittel sowie auch besondere Maßnahmen bei Betriebsstörungen verlangt.

7. § 19 (Rangfolge der Schutzmaßnahmen) wird durch eine generelle Forderung nach Anpassung eines fortentwickelten und bewährten Verfahrens ergänzt.

8. Der auf 41 Mitglieder erweiterte Ausschuß für Gefahrstoffe (AGS) berät nach § 52 künftig wegen der Herausnahme des allgemeinen Gesundheitsschutzes aus der Verordnung ausschließlich den BMA. Der BMU beabsichtigt zu seiner Beratung einen eigenen Ausschuß zu bilden. Mit Absatz 4 wird der BMA ermächtigt, eine Liste der für die Arbeitsschutzpraxis besonders wichtigen Grenzwerte bekanntzugeben (bisher in der TRGS 900 enthalten).

Die neue Gefahrstoffverordnung gliedert sich in neun Abschnitte mit den inhaltlichen Schwerpunkten Inverkehrbringen und Umgang.

Nach der Beschreibung der Zielsetzung, des Anwendungsbereichs und der Begriffsbestimmung im ersten Abschnitt enthalten der zweite und dritte Abschnitt sowie die Anhänge I bis III Regelungen über das Inverkehrbringen gefährlicher Stoffe und Zubereitungen. Es handelt sich überwiegend um Vorschriften über die Einstufung, Kennzeichnung und Verpackung. Anhang I enthält Einzelheiten der Einstufung und Kennzeichnung.

Die Vorschriften des vierten bis sechsten Abschnitts sowie die Anhänge IV bis VI erstrecken sich auf den Umgang mit Gefahrstoffen (Verbote und Beschränkungen, Ermittlungspflicht, Überwachungs- und Meßverpflichtung, grundsätzliche Vorschriften für alle Gefahrstoffe, ärztliche Überwachung).

Der siebte Abschnitt betrifft behördliche Anordnungen und Entscheidungen.

Der achte Abschnitt enthält Vorschriften über Straftaten und Ordnungswidrigkeiten, der neunte Abschnitt die Schlußvorschriften (Ausschuß für Gefahrstoffe, ISO- und DIN-Normen, Übergangsvorschriften).

Anhang IV enthält Herstellungs- und Verwendungsverbote und -beschränkungen für 18 aufgelistete Gefahrstoffe bzw. Gruppen von Gefahrstoffen.

In Anhang V sind besondere Vorschriften für den Umgang mit bestimmten Gefahrstoffen, darunter sehr giftige, giftige und explosionsfähige Stoffe, enthalten. Im Anhang VI sind die den Gefahrstoffen oder Tätigkeiten zugeordneten arbeitsmedizinischen Vorsorgeuntersuchungen mit den zugehörigen Nachuntersuchungsfristen übersichtlich zusammengefaßt.

Für den gesamten Anwendungsbereich der Verordnung bestimmt § 17 als Generalklausel die grundsätzlichen Anforderungen an Schutzmaßnahmen. Er verweist auf die besonderen Schutzmaßnahmen der Verordnung, die sonstigen einschlägigen Arbeitsschutz- und Unfallverhütungsvorschriften und auf die allgemein anerkannten sicherheitstechnischen, arbeitsmedizinischen und hygienischen Regeln sowie die sonstigen gesicherten arbeitswissenschaftlichen Erkenntnisse.

Diese Regeln und Erkenntnisse sowie Verfahrensregelungen zur Erfüllung der in der Verordnung gestellten Anforderungen werden vom Ausschuß für Gefahrstofe (AGS) entsprechend seiner Aufgabenstellung ermittelt und zusammengestellt. Die Beschlüsse werden vom Bundesministerium für Arbeit und Sozialordnung (BMA) im Bundesarbeitsblatt (Verlag W. Kohlhammer GmbH, Stuttgart) meist als „Technische Regeln für Gefahrstoffe (TRGS)" bekanntgemacht.

Lit: Kühn R, Birett K (1992) Merkblätter Gefährliche Arbeitsstoffe, 10. Aufl., Loseblattsammlung. ecomed-Verlag, Landsberg.

Gefahrsymbole. Nach der >Gefahrstoffverordnung< werden die folgenden G. unterschieden: E = explosionsgefährlich, O = brandfördernd, F⁺ = hochentzündlich, F = leichtentzündlich, T⁺ = sehr giftig, T = giftig, Xn = mindergiftig, C = ätzend, Xi = reizend.

Lit: Kühn R, Birett K (1987) Merkblätter gefährliche Arbeitsstoffe, ecomed Verlagsgesellschaft, Landsberg/Lech.

Gefahrzettel. Die G. dienen der >Kennzeichnung< von >Gefahrgütern< auf Versandstücken und/oder Fahrzeugen. Sie entspr. den >Warnetiketten< für sog. >Gefahrstoffe< und unterscheiden sich von diesen durch die äußere Form und (meist) Farbe sowie aufgrund der >Gefahrensymbole< und des textlichen Inhalts. Die G. haben die Form eines auf die Spitze gestellten Quadrats bzw. bei *Meeresschadstoffen* eines Dreiecks. Den >Gefahr(en)klassen< des Verkehrsrechts entspr. werden überwiegend Gefahrensymbole verwendet. Die G. können zusätzlich eine Aufschrift (in Zahlen oder Buchstaben) tragen, die auf die Gefahrenklasse – oder bei Explosivstoffen auf die sog. Verträglichkeitsgruppe – hinweisen (s. Abb. S. 489).

Fahrzeuge, die Gefahrgüter befördern, sind u. U. zusätzlich zu kennzeichnen: Straßenfahrzeuge mit >Warntafeln< (neutral oder auch mit >Kemler-Zahl< und >UN-Nummer<). Das gleiche gilt für Schienenfahrzeuge (Güter- und Kesselwagen). Flugzeuge mit gefährlichen Gütern sind *nicht* besonders gekennzeich-

TRANSPORT GEFÄHRLICHER GÜTER
Gesetzlich vorgeschriebene Gefahrzettel – Stand: 1993

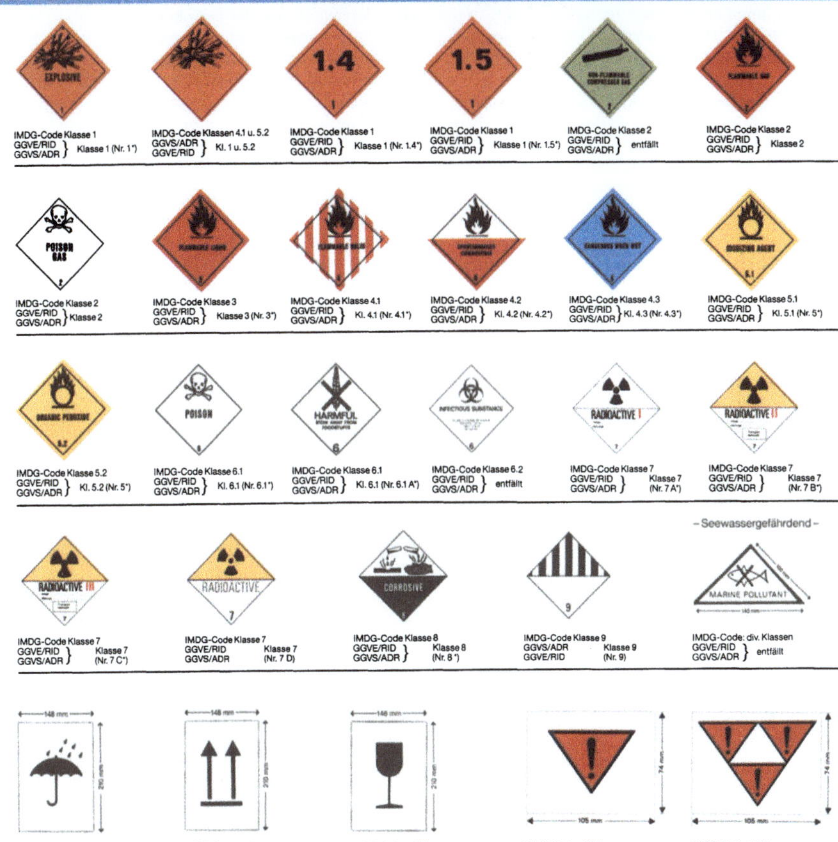

Werden Gefahrzettel zur Kennzeichnung einer Sekundärgefahr verwendet, dürfen diese in der unteren Spitze keine Nummer tragen.
* Die in Klammern gesetzte Numerierung entspricht den Bildtafeln Anhang IX (Rn 1902) GGVE/RID bzw. Anhang A 9 (Rn 3902) GGVS/ADR.

Vorgeschriebene Minimalgrößen:

a) Versandstücke (Kartons, Kisten, Fässer oder Kannen) bei allen Verkehrsträgern : 100 x 100 mm
b) GGVE/RID: Eisenbahnwagen, Kesselwagen, Tankcontainer auf Bahnwagen : 150 x 150 mm
c) IMDG-Code/GGVSee: Tankcontainer, Frachtcontainer : 250 x 250 mm
   GGVS/ADR: Tankfahrzeuge, Silofahrzeuge, Trägerfahrzeuge von Aufsetztanks, Gefäßbatterien oder Tankcontainer

Gesetzliche Verordnungen:

GGVE = Gefahrgutverordnung Eisenbahn.
RID = Internationale Ordnung für die Beförderung gefährlicher Güter mit der Eisenbahn.
(Règlement International concernant le transport des marchandises **d**angereuses par chemins de fer)
GGVS = Gefahrgutverordnung Straße.
ADR = Europäisches Übereinkommen über die internationale Beförderung gefährlicher Güter auf der Straße.
(**A**ccord européen relatif au transport international des marchandises **d**angereuses par **r**oute)
ADNR = Europäisches Übereinkommen über die internationale Beförderung gefährlicher Güter auf Binnenwasser-Straßen.
(**A**ccord européen relatif au transport international des marchandises **d**angereuses par voie de **n**avigation interieure **R**hin)
GGVSee = Gefahrgutverordnung See.
IMDG-Code = Internationaler Code für die Beförderung gefährlicher Güter mit Seeschiffen. (International **M**aritime **D**angerous **G**oods **Code**) = Anlage A der GGVSee

Gefahrzettel: Transport gefährlicher Güter. Gesetzlich vorgeschriebene Gefahrzettel – Stand 1991

net. Binnen- und Seeschiffe werden blau oder rot markiert, wenn sie best. Stoffe bzw. (nicht entgaste) Tankfahrzeuge befördern. Die Kennzeichnung mit G. beschränkt sich bei den drei letztgenannten Fahrzeugarten auf die in ihnen enthaltenen Versandstücke.

Lit: Kühn R, Birett K (1989) Gefahrgut-Schlüssel, ecomed, Landsberg – BMV (Hrsg.) (1990) Die Beförderung gefährlicher Güter.

Gefrierender Regen. Bezeichnung für Regentropfen, die aus einer warmen in eine kältere Schicht fallen und dabei zu Eiskörnern gefrieren (Eisregen) oder als unterkühlter Regen beim Auftreffen auf dem gefrorenen Boden sofort zu Glatteis gefrieren.

Gefrierkerne. In der Luft schwebende feste Teilchen (Kristallisationskeime), die bei Temperaturen unter dem Gefrierpunkt als Ansatzpunkte für die Eiskristallbildung dienen.

Gefügebildung. >Bodengefüge<.

Gefügestabilität. >Bodengefüge<.

Gefühlte Temperatur. Der >Deutsche Wetterdienst< bewertet das Wärmeempfinden im Freien physiologisch gerecht mit der g. T. Sie vergleicht die tatsächlich vorgefundenen Bedingungen mit der Temperatur, die in einer Standardumgebung herrschen müßte, um identisches Wärme-, Behaglichkeits- oder Kältegefühl zu haben. Die Standardumgebung ist ein tiefer Schatten, z.B. ein Wald, bei der die Temperatur der Umgebungsflächen, der Blätter, gleich der Lufttemperatur ist und in dem nur ein leichter Windzug von 0,1 m/s herrscht. Zur Berechnung der g. T. wird das >Klima-Michel<-Modell des Deutschen Wetterdienstes eingesetzt, das den Wärmehaushalt eines Menschen, der sich im Freien aufhält, bewertet. Die g.T. steigt unter warmen, sonnigen und windschwachen sommerlichen Bedingungen viel schneller als die Lufttemperatur an. Sie kann im Extremfall in Mitteleuropa bis zu 15 K über der Lufttemperatur liegen. Bei angenehmen, milden Bedingungen mit schwachem bis mäßigem Wind kann sie aber auch unter die Lufttemperatur absinken, weil ja mit raschem Gehen und einem Anpassen der Bekleidung gerechnet wird. Unter kalter, insbesondere windstarker äußerer Umwelt sinkt die g. T. um bis zu 15 K unter die Lufttemperatur ab. Sonne und Windstille können die g. T. aber auch über die Lufttemperatur steigen lassen.

Die g.T. ist nach der VDI-Richtlinie 3787, Blatt 2, entsprechend der folgenden Tabelle in eine physiologisch gerechte Bewertung des thermischen Empfindens umzusetzen.

Die Lage des Behaglichkeitsbereichs, ausgedrückt mit der g.T., ist gekennzeichnet durch die Annahme eines

flotten Gehens und der Möglichkeit, seine Bekleidung in weiten Bereichen zu variieren, um Komfort zu erreichen. Wärmebelastung und Kältestreß sind bei zunehmender Abweichung vom Komfort eine Belastung für Herz-Kreislauf und die peripheren Gefäße. Z.B. muß unter sehr warmen Bedingungen das Herz eine höhere Leistung erbringen. Es muß viel auf der Haut durch Schweißverdunstung abgekühltes Blut umgewälzt werden, damit der Körperkern bei der für alle Organfunktionen optimalen Temperatur von 37°C gehalten werden kann.

Gegenstromverbrennung. >Müll< und >Abgase< strömen entgegengesetzt; dadurch trocknen die heißen Abgase den Müll, und es gibt keine Zündprobleme auch bei niedrigem >Müllheizwert<. Schwelgase müssen wegen der Schad- und Geruchsstoffzerstörung eine gesonderte Nachverbrennung durchlaufen. Im Gegensatz zur >Gleichstromverbrennung< liegt die Abgastemperatur niedrig.

Geiger-Müller-Zähler. Strahlungsnachweis- und -meßgerät (s. Abb.). Es besteht aus einer gasgefüllten Röhre, in der eine elektrische Entladung abläuft, wenn >ionisierende Strahlung< sie durchdringt. Die Entla-

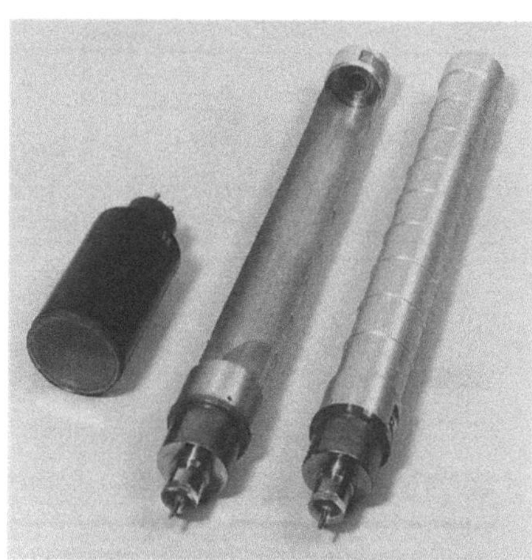

Geiger-Müller-Zähler: Geiger-Müller-Zählrohre, links mit dünner Frontfolie (Endfenster-Zählrohr) zur Messung von *Alpha*- und niederenergetischer *Beta-Strahlung*, rechts Zählrohr mit großer Querschnittsfläche, in der Mitte ein Zählrohr aufgeschnitten zur Darstellung des axial eingespannten Zähldrahtes

Gefühlte Temperatur

gefühlte Temperatur in °C	thermisches Empfinden	Belastungsstufe	Physiologische Wirkung
≤ −30	sehr kalt	extreme Belastung	
−20 bis −30	kalt	starke Belastung	Kältestreß
−5 bis −20	kühl	mäßige Belastung	
+5 bis −5	leicht kühl	schwache Belastung	
+5 bis +17	behaglich	keine Belastung	Komfort
+17 bis +20	leicht warm	schwache Belastung	
+20 bis +26	warm	mäßige Belastung	Wärmebelastung
+26 bis +34	heiß	starke Belastung	
≥ +34	sehr heiß	extreme Belastung	

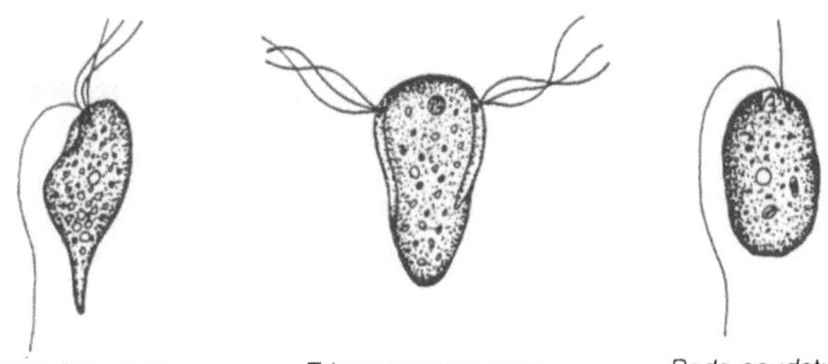

Tetramitus spec.   Trigonomonas spec.   *Bodo caudatus*

Geißeltierchen: Geißeltierchen (Protozoen) (aus: Hartmann L (1989) Biologische Abwasserreinigung, 2. Aufl., Springer-Verlag, Berlin Heidelberg)

dungen werden gezählt und stellen ein Maß für die Strahlungsintensität dar.

Geigerzähler. >Geiger-Müller-Zähler<.

Geißeltierchen. Die Geißeltierchen (Flagellaten) sind eukaryotische Einzeller, die durch eine feste Körperform und den Besitz von einer oder mehreren Geißeln gekennzeichnet sind. Letztere dienen zur Fortbewegung und zum Herbeistrudeln von der Nahrung. Sie ernähren sich von partikulärer org. Substanz (s. Abb. oben). Es gibt jedoch auch Vertreter, die zur >Photosynthese< befähigt sind und daher als pflanzliche Geißeltierchen bezeichnet werden. >Protozoa<.
Lit: Hartmann L (1989) Biologische Abwasserreinigung, 2. Aufl., Springer-Verlag, Heidelberg.

Geländeklima. Besonderheit des Klimas eines räumlich begrenzten bis zu 100 m² großen Gebietes, hervorgerufen durch den Einfluß der Topographie sowie der Eigenschaften der Bodenoberfläche, z. B. Rauhigkeit, >Albedo<. Besonders deutlich ausgeprägt bei windschwachen Wetterlagen.
Lit: Garbrecht D, Matthes U (1980) Entscheidungshilfen für die Freiraumplanung, Schriftenreihe Landes- und Systemforschung des Landes Nordrhein-Westfalen, Bd. 2.026.

Geländeklimakartierung. Bezeichnung für die verschiedenen Verfahren zur Erfassung des >Geländeklimas<. Die Methoden der Datenerfassung sowie der Darstellung der Ergebnisse sind orientiert an der Fragestellung, die Anlaß für die G. war.

Geländeklimatologie. Lehre vom Einfluß der Topographie auf das Klima räumlich begrenzter Gebiete, in der Regel bis zu 100 m² groß.

Gelatine. Ein Geliermittel, das aus >Eiweißen<, nicht aus Polysacchariden, gebildet wird. Gelatine wird durch Hydrolyse des unlöslichen Collagens aus Häuten, Knochen und Knorpel gewonnen. Gelatine ist als Protein aus >Aminosäuren<, vorwiegend Glycin, Prolin, Hydroxyprolin, Glutaminsäure und Alanin, aufgebaut. Durch saure oder alkalische Hydrolyse werden die Eigenschaften etwas variiert. Gelatine ist geschmacksneutral und dient als Geliermittel bei der Herstellung von Fleischprodukten, Milchprodukten, Speiseeis, Puddings, Fruchtgelees etc.

Gelb 2G. (Supralichtgelb GL, Xylene Light Yellow 2G, Yellow 2G): 4-(4-Sulfo-1-phenylazo)-1-(4-sulfo-2,5-dichlorphenyl)-3-methyl-5-hydroxy-pyrazol (Di-Natriumsalz). Ein gelber Lebensmittelfarbstoff, der zwar allgemein anwendbar ist, aber vorwiegend zur Färbung von Limonaden und Zuckerwaren eingesetzt wird.

L-Gelb 1. >Echtgelb<.

L-Gelb 2. >Tartrazin<.

L-Gelb 3. >Brillantgelb<.

L-Gelb 4. >Chrysoin S<.

L-Gelb 6. >Riboflavin<.

L-Gelb 7. >Curcuma<.

T-Gelb. >Kreuzbeeren<.

Gelber Sack. >Erfassungssystem< für die >Getrenntsammlung von Abfällen<, welches vom Dualen System Deutschland betrieben wird. In die Behälter sind Kunststoffe, Metalle und Verbundmaterialien zu sortieren. Zur Trennung dieser >Wertstoffe< für eine weitere Verwertung ist eine Sortierung in >Sortieranlagen< erforderlich.

Gelbildner. Verdickungsmittel, durch deren Zusatz flüssige Systeme in feste elastische Gele überführt werden. I. allg. handelt es sich um Polysaccharide, z. B. >Agar-Agar< oder >Carrageenan<. >Gelatine< dagegen besteht aus Proteinen.

Gelborange S. (Jaune Orange S, Jaune Soleil, Sunset Yellow FCF, E110): 1-(4-Sulfo-1-phenylazo)-2-hydroxy-naphthalin-6-sulfonsäure (Di-Natriumsalz). Ein stark gelbstichig wirkender oranger Farbstoff, der vorwiegend Fruchtsäften und -konserven zur Erzielung

hypothetische Strukturen mariner Huminstoffe:

Bildungsschritte mariner Huminstoffe:

Bildungsweisen und hypothetische Strukturen mariner Huminstoffe. *a–c* verschiedene Reaktionsschritte zur Bildung mariner Huminstoffe: *a* mehrfach ungesättigte Triglyceride, *b* marine Fulvosäure, *c* marine Huminsäure. (Aus: Gagosian u. Stuermer 1977; Harveg et al. 1983)

der Orangenuancen zugesetzt wird. Auch bei Backwaren, Zuckerwaren, Puddings, Marmeladen etc. ist der Einsatz möglich. Der ADI-Wert beträgt bis zu 5,0 mg/kg KG.

Gelbstoffe. Bezeichnung für die im Meer durch Zersetzung und Exsudation von Algen entstehenden gelben Stoffe. Sie stellen wahrscheinlich Mischungen von >Fulvosäuren< und >Huminsäuren< dar. Aufgrund von UV-, IR-, NMR- und ESR-Spektren sowie durch Untersuchung von Abbauprodukten der G. wurden hypothetische Strukturen entwickelt (s. chem. Formeln). G. unterscheiden sich von terrestrischen >Huminstoffen< u.a. durch geringe aromatische Anteile und das Überwiegen aliphatischer Strukturen.

Lit: Gagosion RB, Stuermer DH (1977) The cycling of biogenic compounds and their diagenetically transformed products in sea water, Mar Chem 5:605–632 – Harvey GR, Boran DA, Chesal LA, Tokar JM (1983) The structure of marine fulvic and humic, Mar Chem 12: 119–132.

Gelbwurz. >Curcuma<.

Geleitzelle. Tritt im >Phloem< der >Angiospermen< grundsätzlich im Verbund mit einem >Siebröhrenglied< auf, da beide Zellen durch inäquale >Zellteilung< aus einer Siebröhrenmutterzelle hervorgehen. Die drüsenartigen, über viele >Plasmodesmen< mit den Siebröhrengliedern verbundenen Geleitzellen spielen eine wesentliche Rolle bei der Beladung und Entladung des Phloems. Bei der Beladung sind H^+-AT-Pasen beteiligt, die >Protonen< aus den Zellen pumpen. Der Import erfolgt über einen Cotransport von >Saccharose< sowie >Aminosäuren< mit Protonen. Bei Gymnospermen und Farnpflanzen fehlen Geleitzellen; an ihre Stelle treten dort sog. Eiweiß- oder Strasburger-Zellen.

Gelöste organische Stoffe. (>DOC<: *Dissolved Organic Carbon*) Org. Stoffe sind naturgemäß in allen Wässern gelöst, wenn auch gelegentlich nur in Spuren. Ein hoher Gehalt kann auf Verunreinigungen durch Zersetzungsprodukte oder Abfallstoffe bestimmter Industriezweige (>Zellstoff<-, >Zuckerfabriken<, Brauerein usw.) hinweisen. In der Gewässer- und Abwasserchemie gilt die Menge der org. Substanzen als Maß für die Belastung mit Schmutzstoffen. Da die verschiedenartigen, oft unbekannten Substanzen nicht durch einfache Verfahren identifiziert werden können, hilft man sich mit einer summarischen Bestimmung an Hand der Oxidierbarkeit dieser Stoffe.

Lit: Brix J, Heyd H, Gerlach E (1963) Die Wasserversorgung, R. Oldenbourg Verlag, München Wien.

Gemeinlastprinzip. Ansatz der Lastübernahme bei der Sanierung oder Minderung von Umweltschäden. Gemeinlastprinzip ist das Gegenstück zum >Verursacherprinzip<. Nach dem Gemeinlastprinzip trägt der Staat die Sanierungslasten. Dies ist insbesondere dann unvermeidlich, wenn der Verursacher einer Umweltschädigung nicht ermittelt werden kann. Die Anwendung des Gemeinlastprinzips kann auch dann sinnvoll sein, wenn die Durchsetzung des Verursacherprinzips anderweitige schwerwiegende Nachteile für die Volkswirtschaft hätte, insbesondere bei einzelwirtschaftlicher „Unvertretbarkeit". Die Lastenübernahme durch den Staat kann direkt oder auch indirekt, z.B. durch Vergabe von zweckgebundenen Bürgschaften, zinsgünstigen Darlehen etc., an die Verursacher sein. Elemente des Gemeinlastprinzips enthalten aber auch andere Maßnahmen der Umweltpolitik, z.B. die Gewährung von Übergangsfristen zur Reduzierung der >Schadstoffemission<. Die generelle Anwendung des Gemeinlastprinzips in marktwirtschaftlichen Systemen ist abzulehnen, weil der mangelnde Marktbezug zu nichtoptimaler >Allokation< führt.

Lit: Zimmermann K, Müller FG (1985) Umweltschutz als neue politische Aufgabe. Substitutionseffekte in öffentlichen Budgets, Campus, Frankfurt/M. New York.

Gemischanreicherung. Bei der >Gemischbildung< für Motoren eingesetzte Maßnahme mit Erhöhung des Kraftstoffanteils im Gemisch, um das Betriebsverhalten der Motoren zu verbessern, z.B. bei Beschleunigung und Vollastbetrieb. Dies führt jedoch oft zu einer Erhöhung der Abgasemissionen.

Gemischaufbereitung. >Gemischbildung<.

Gemischbildung. Zuführung des >Kraftstoffs< und der dazugehörigen Verbrennungsluft, um das gewünschte Lauf- und Abgasverhalten zu erreichen. Für >Ottomotoren< mit der heute üblichen externen G. wird dabei der Kraftstoff mit der vom Motor angesaugten Verbrennungsluft im notwendigen Verhältnis gemischt und aufbereitet. Dies wird mittels >Vergasern< oder >Einspritzanlagen< erreicht. Dabei ist eine Einspritzanlage einem Vergaser überlegen, weil mit ihr eine wesentlich genauere Zumessung und Aufbereitung zu erzielen ist und damit auch günstigere Abgasschadstoffemissionen. Für hohe Ansprüche an >Abgasqualität< muß die G. geregelt werden, um den Erfordernissen der Katalysatortechnik zu entsprechen. Bei Ottomotoren mit direkter Einspritzung wird der Kraftstoff direkt in die Zylinder eingespritzt. Diese Technologie ist heute noch im Entwicklungsstadium. Aus verfahrenstechnischen Gründen ist es bei >Dieselmotoren< notwendig, den Kraftstoff in den >Brennraum< einzuspritzen. Hierbei unterscheidet man Kammermotoren mit >Vor<- oder >Wirbelkammer<, die meist bei kleineren Fahrzeugen verwendet werden und günstigere >Abgasemissionswerte< bei höherem Verbrauch mit sich bringen als die Motoren mit direkter Einspritzung. Diese sind wegen ihres geringeren Verbrauchs für größere Motoren in Nutzfahrzeugen üblich, wobei allerdings ungünstigere Abgas- und Geräuschemissionswerte in Kauf genommen werden müssen.

Lit: Bosch (Hrsg.) (1987) Autoelektrik, Autoelektronik, ISBN 3-18-419 106–9, VDI-Verlag, Düsseldorf.

Gemüsebau. Man unterscheidet zwischen Feldgemüsebau, Freilandgemüsebau und Gemüsebau unter Glas. Erfolgreicher G. bedingt Marktnähe, d.h. Frischmarkt, Genossenschaften oder Verarbeitungsindustrie, hohe Flexibilität des Betriebsleiters und durch die in der EU und von der Verarbeitungsindustrie festgelegten Normen hohe Produktqualität. Im Feldgemüsebau werden in Deutschland vor allem Buschbohnen, Frischerbsen, Weiß- und Rotkohl, Gurken, Spinat und Karotten zu großen Anteilen im Vertragsverhältnis für die Konservenindustrie angebaut, zur Direktvermarktung verschiedene Salatarten, Zwiebeln, Spargel und Feingemüse. Im Unterglasanbau bilden Kopf- und Feldsalat, Kohlrabi, Salatgurken, Tomaten, Rettich und Radieschen den Schwerpunkt. Die Nutzungsintensität der Fläche ist am geringsten im Feldgemüsebau; dort erfolgt im Jahr eine Ernte pro Fläche, in der Fruchtfolge wechseln Gemüsekultur und landwirtschaftliche Kulturen ab. Der Freilandgemüsebau wird nach gärtnerischen Regeln durchgeführt. Es werden zwei und mehr Ernten erzielt; dies wird ermöglicht durch Verlängerung der Vegetationszeit mittels Pflanzenanzucht und Anbau unter Folie. Der G. unter Glas als intensivste Form wird gewöhnlich mit dem Freilandanbau kombiniert. Je rascher die Aufeinanderfolge der Kulturen im G., desto notwendiger ist eine Anbauplanung, welche die terminliche Abstimmung der kontinuierlichen Belieferung des Marktes sowie die Maßnahmen für >Düngung< und >Pflanzenschutz< unter Berücksichtigung der Umweltaspekte umfaßt. Dazu hat man Leitlinien für den integrierten Gemüsebau entwickelt, wonach z.B. gegen Krankheiten und Umwelteinflüsse resistente Sorten bevorzugt werden, die >Nährstoffversorgung< mit Bodenuntersuchung zum Schutz vor >Überdüngung< verknüpft ist, bei den Pflanzenschutzmaßnahmen soweit wie möglich mechanische, biotechnische oder biologische Maßnahmen bevorzugt werden. Dies sind z.B.: >Unkrautbekämpfung< durch Maschinen oder Abflämmen, Bodenentseuchung durch Dämpfung des Bodens. Für die biologische >Schädlingsbekämpfung< durch Freisetzung von Nützlingen stehen bisher nur im G. unter Glas praxisreife Methoden zur Verfügung. Die Konzeption beinhaltet auch die Verwendung energiesparender Einrichtungen und das >Recycling< von Produktionshilfsmitteln wie z.B. >Kunststoffolien<. Es gibt in D im G. eine Reihe von Qualitätszeichen, mit denen jeweils die Herkunft und Erzeugungsweise der Ware definiert und ein hoher Qualitätsstandard garantiert ist. Von der ökologischen Anbaurichtung ist im G. das Warenzeichen >ANOG< am meisten verbreitet.

Lit: Fritz D, Stolz W (1989) Gemüsebau, 9. Aufl., Ulmer, Stuttgart.

Gen. (Grch. genesis = Entstehung, Ursache, engl.: gene). (Syn. Cistron, Erbfaktor). DNA-Sequenz (Nucleotid-Sequenz), die die komplette Erbinformation zur Synth. eines Merkmals, d.h. eines >Proteins< oder einer RNA-Sequenz (>RNA<), codiert. Ein G. besitzt neben der Fähigkeit zur Merkmalsauslösung weitere typische Fähigkeiten und zwar die zur identischen Replikation und zur >Mutation<. G. sind bei >Eukaryonten< in den >Chromosomen< enthalten und werden allgemein nach den Mendelschen Gesetzen vererbt. Ein G. ist meistens von nichtcodierenden DNA-Abschnitten vor (Leader) und hinter (Trailer) dem merkmalscodierenden DNA-Abschnitt eingeschlossen. Auch innerhalb eines G. gibt es vor allem bei Eukaryonten nichtcodierende DNA-Bereiche, die als >Intron< bezeichnet werden. Im Gegensatz dazu werden die codierenden Bereiche innerhalb eines G. als >Exon< bezeichnet.

Genanalyse. >Genkartierung<, >Genomanalyse<.

Genauigkeit. Nach DIN 55350-13 qualitative Bezeichnung für das Ausmaß der Annäherung von Ermittlungsergebnissen an den Bezugswert, wobei dieser je nach Festlegung oder Vereinbarung der wahre Wert, der richtige Wert oder der Erwartungswert sein kann. Die Ergebnis- bzw. >Meßunsicherheit< bezieht sich nur dann auf den Erwartungswert, wenn weder ein wahrer noch ein richtiger Wert existiert. Dann ist der Begriff >Richtigkeit< nicht anwendbar. Angaben zur >Präzision< sind dann die Genauigkeitsangaben. Sowohl >Richtigkeit< als auch >Präzision< tragen zur Genauigkeit eines Ergebnisses bei, wie die Abb. (S. 494) zeigt.

Lit: DIN 55350-13 (Ausgabe: 1987-07) Begriffe der Qualitätssicherung und Statistik; Begriffe zur Genauigkeit von Ermittlungsverfahren und Ermittlungsergebnissen.

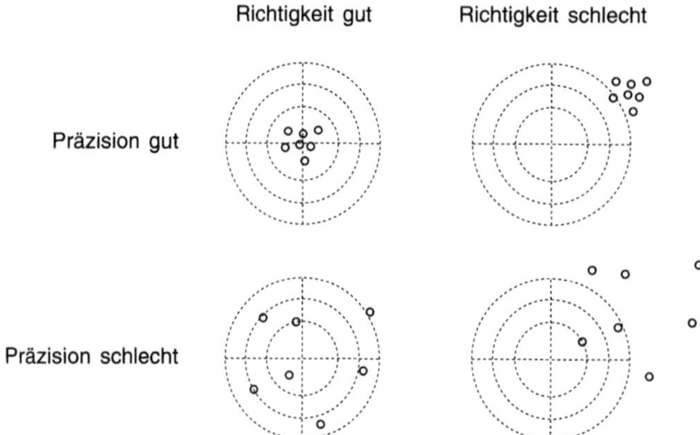

Genauigkeit: Richtigkeit und Präzision als Genauigkeitsmaße

Gen-Austausch. >Gentransfer<.

Genbank. (Syn. Genbibliothek). Sammlung klonierter (>Klonieren<) DNA-Fragmente, die alle dem Genom desselben Organismus entstammen. Ziel ist es, möglichst jede DNA-Sequenz des Genoms zu klonieren und als vollständige Sammlung in G. aufzubewahren. Somit kann für gentechnische Versuche, insbesondere für gezielte >genetische Manipulationen< im Hinblick auf gewünschte Eigenschaften von Nutzpflanzen oder -tieren, auf ein Reservoir best. DNA-Sequenzen mit bekannten Eigenschaften zurückgegriffen werden.

GenBank (Genetic Sequence Data Bank). Eine von der US-Regierung über die Nationale Gesundheitsbehörde der Vereinigten Staaten (NIH) unterhaltene Datenbank, in der Informationen über publizierte und auch nicht publizierte Nucleinsäure-Sequenzen per elektronischer Datenverarbeitung erfaßt sind. *Anschrift:* GenBank, Computer & Information Science Div., BBN Laboratories, Inc., 10, Moulton Street, Cambridge, MA 02238, USA. Eine ähnliche Datenbank in Deutschland ist die >EMBL-Datenbank<.

Genbibliothek. >Genbank<.

Gendiagnose. >Genkartierung<, >Genomanalyse<.

Genehmigung. Andere Bezeichnung für Erlaubnis, also Erteilung eines Rechts, z.B. zum Bauen (Baugenehmigung) oder zum Betrieb einer >Anlage< (Anlagengenehmigung).

Genehmigungsantrag. 1. Allgemein: Jeglicher Antrag, um eine öffentlich-rechtliche Genehmigung zu erlangen.
2. Immissionsschutzrecht: Die Errichtung und der Betrieb von Anlagen, die aufgrund ihrer Beschaffenheit oder ihres Betriebes in besonderem Maße geeignet sind, schädliche Umwelteinwirkungen hervorzurufen oder in anderer Weise die Allgemeinheit oder die Nachbarschaft zu gefährden, erheblich zu benachteiligen oder erheblich zu belästigen, bedürfen einer Genehmigung (>genehmigungsbedürftige Anlagen<, 4. >BImSchV<). Zur Erteilung der Genehmigung ist das Einreichen eines G. bei der zuständigen *Genehmigungsbehörde* erforderlich. Der Eingang des G. ist dem Antragsteller von der Genehmigungsbehörde unverzüglich schriftlich zu

bestätigen. Der Antrag muß folgende Angaben enthalten: 1. die Angabe des Namens und des Wohnsitzes oder des Sitzes des Antragstellers, 2. die Angabe, ob eine Genehmigung, eine Änderungsgenehmigung, eine Teilgenehmigung oder ein Vorbescheid beantragt wird, 3. die Angabe des Standortes der Anlage, bei ortsveränderlicher Anlage die Angabe der vorgesehenen Standorte, 4. Angaben über Art und Umfang der Anlage, 5. die Angabe, zu welchem Zeitpunkt die Anlage in Betrieb genommen werden soll (§ 3 der 9. Verordnung zu Durchführung des Bundes-Immissionsschutzgesetzes – 9. BImSchV). Dem Antrag sind die Unterlagen beizufügen, die zur Prüfung der Genehmigungsvoraussetzungen erforderlich sind. Dabei ist zu berücksichtigen, ob die Anlage Teil eines Standorts ist, für den Angaben in einer der Genehmigungsbehörde vorliegenden >Umwelterklärung< enthalten sind. Im Fall naturschutzrechtlich relevanter Vorhaben sind die hierfür erforderlichen Unterlagen beizufügen. Diese müssen Angaben über Maßnahmen zur Vermeidung, Verminderung oder zum Ausgleich erheblicher Beeinträchtigungen von Natur und Landschaft sowie über Ersatzmaßnahmen bei nicht ausgleichbaren, aber vorrangigen Eingriffen in diese Schutzgüter enthalten. Darüber hinaus sind eine Kurzbeschreibung vorzulegen sowie Angaben über etwaige Geschäfts- oder Betriebsgeheimnisse zu machen (§ 4 der 9. BImSchV). Die >Antragsunterlagen< müssen Angaben enthalten über
1. die Anlagenteile, Verfahrensschritte und Nebeneinrichtungen, auf die sich das Genehmigungserfordernis gemäß § 1 Abs. 2 der Verordnung über genehmigungsbedürftige Anlagen erstreckt,
2. den Bedarf an Grund und Boden,
3. das vorgesehene Verfahren einschließlich der erforderlichen Daten zur Kennzeichnung des Verfahrens, wie Angaben zu Art, Menge und Beschaffenheit,
   a) der Einsatzstoffe,
   b) der Zwischen-, Neben- und Endprodukte,
   c) der anfallenden Reststoffe
   und darüber hinaus, soweit ein Stoff für Zwecke der Forschung und Entwicklung hergestellt werden soll, der gemäß § 16b Abs. 1 Satz 3 des Chemikaliengesetzes von der Mitteilungspflicht ausgenommen ist,
   d) Angaben zur Identität des Stoffes, soweit vorhanden,

e) dem Antragsteller vorliegende Prüfnachweise über physikalische, chemische und physikalisch-chemische sowie toxische und ökotoxische Eigenschaften des Stoffes einschließlich des Abbauverhaltens,

4. entstehende Wärme, sofern die Anlage in einer Rechtsverordnung nach § 5 Abs.2 des Bundes-Immissionsschutzgesetzes genannt ist,

5. mögliche Freisetzungen oder Reaktionen von Stoffen bei Störungen im Verfahrensablauf und

6. Art und Ausmaß der Emissionen, die voraussichtlich von der Anlage ausgehen werden, wobei sich diese Angaben, soweit es sich um Luftverunreinigungen handelt, auch auf das Rohgas vor einer Vermischung oder Verdünnung beziehen müssen, die Art, Lage und Abmessungen der Emissionsquellen, die räumliche und zeitliche Verteilung der >Emissionen< sowie über die Austrittsbedingungen.

Die Unterlagen müssen die für die Entscheidung nach § 20 oder § 21 BImSchG erforderlichen Angaben enthalten über

1. die vorgesehenen Maßnahmen zum Schutz vor und zur >Vorsorge< gegen schädliche Umwelteinwirkungen, insbesondere zur Verminderung der Emissionen, sowie zur Messung von Emissionen und >Immissionen<,

2. die vorgesehenen Maßnahmen zum Schutz der Allgemeinheit und der Nachbarschaft vor sonstigen Gefahren, erheblichen Nachteilen und erheblichen Belästigungen, wie Angaben über die vorgesehenen technischen und organisatorischen Vorkehrungen

   a) zur Verhinderung von Störungen des bestimmungsgemäßen Betriebs und

   b) zur Begrenzung der Auswirkungen, die sich aus Störungen des bestimmungsgemäßen Betriebs ergeben können,

3. die vorgesehenen Maßnahmen zum Arbeitsschutz und

4. die vorgesehenen Maßnahmen zum Schutz vor schädlichen Umwelteinwirkungen und sonstigen Gefahren, erheblichen Nachteilen und erheblichen Belästigungen für die Allgemeinheit und die Nachbarschaft im Falle der Betriebseinstellung.

Bei Anlagen, für die nach der >Störfall-Verordnung< eine >Sicherheitsanalyse< anzufertigen ist, muß diese unter bestimmten Voraussetzungen dem Antrag beigefügt werden.

Die Unterlagen müssen die für die Entscheidung nach § 20 oder § 21 BImSchG erforderlichen Angaben enthalten über die Maßnahmen zur Vermeidung oder Verwertung von >Abfällen<; hierzu sind insbesondere Angaben zu machen zu

1. den vorgesehenen Maßnahmen zur Vermeidung von Abfällen,

2. den vorgesehenen Maßnahmen zur ordnungsgemäßen und schadlosen stofflichen oder thermischen Verwertung der anfallenden Abfälle,

3. den Gründen, warum eine weitergehende Vermeidung oder Verwertung von Abfällen technisch nicht möglich oder unzumutbar ist,

4. den vorgesehenen Maßnahmen zur Beseitigung nicht zu vermeidender oder zu verwertender Abfälle einschließlich der rechtlichen und tatsächlichen Durchführbarkeit dieser Maßnahmen und der vorgesehenen Entsorgungswege,

5. den vorgesehenen Maßnahmen zur Verwertung oder Beseitigung von Abfällen, die bei einer Störung des bestimmungsgemäßen Betriebs entstehen können, sowie

6. den vorgesehenen Maßnahmen zur Behandlung der bei einer Betriebseinstellung vorhandenen Abfälle.

Bei UVP-pflichtigen Vorhaben ist den Unterlagen eine Beschreibung der Umwelt und ihrer Bestandteile sowie der zu erwartenden erheblichen Auswirkungen des Vorhabens auf die in § 1a der 9.BImSchV genannten Schutzgüter mit Aussagen über die dort erwähnten Wechselwirkungen beizufügen, soweit diese Beschreibung für die Entscheidung über die Zulassung des Vorhabens erforderlich ist.

In einigen Bundesländern, so in Hessen und Nordrhein-Westfalen sind für derartige Genehmigungsanträge Vordrucke entwickelt worden, die bei den zuständigen >Genehmigungsbehörden< zu erhalten sind.

Lit: 9. Verordnung zur Durchführung des Bundes-Immissionsschutzgesetzes (Grundsätze des Genehmigungsverfahrens) – 9.BImSchV, zuletzt geändert durch Gesetz vom 09.10. 1996 (BGBl.I S.1498).

Genehmigungsbedürftige Anlage. Die Errichtung und der Betrieb von Anlagen, die aufgrund ihrer Beschaffenheit oder ihres Betriebs im besonderen Maße geeignet sind, schädliche Umwelteinwirkungen hervorzurufen oder in anderer Weise die Allgemeinheit oder die Nachbarschaft zu gefährden, erheblich zu benachteiligen oder erheblich zu belästigen, bedürfen einer Genehmigung (§ 4 >BImSchG<). Welche Anlagen einer Genehmigung bedürfen, ist von der Bundesregierung nach Anhörung der beteiligten Kreise (§ 51 BImSchG) im Anhang der 4.>BImSchV< festgelegt. Das Genehmigungserfordernis erstreckt sich auf alle vorgesehenen Anlagenteile und Verfahrensschritte, die zum Betrieb notwendig sind, und auf alle Nebeneinrichtungen, die mit den Anlagenteilen und Verfahrensschritten in einem räumlichen und betriebstechnischen Zusammenhang stehen und die für das Entstehen schädlicher Umwelteinwirkungen, die >Vorsorge< gegen schädliche Umwelteinwirkungen oder das Entstehen sonstiger Gefahren, erheblicher Nachteile oder erheblicher Belästigungen von Bedeutung sein können. (Zu den Nebeneinrichtungen zählen regelmäßig auch z.B. Fahrzeuge – inner- und außerbetrieblich –, soweit sie der Anlage zuzuordnen sind, nicht jedoch Kantine, Forschungslabor, Autowaage, Pförtnergebäude u.ä.). Die im Sinne des § 4 BImSchG im Anhang zur 4.>BImSchV< aufgelisteten Anlagen sind folgenden Bereichen zugeordnet: 1. Wärmeerzeugung, Bergbau, Energie, 2. Steine und Erden, Glas, Keramik, Baustoffe, 3. Stahl, Eisen und sonstige Metalle einschließlich Verarbeitung, 4. Chemische Erzeugnisse, Arzneimittel, Mineralölraffination und Weiterverarbeitung, 5. Oberflächenbehandlung mit organischen Stoffen, Herstellung von bahnenförmigen Materialien aus Kunststoffen, sonstige Verarbeitung von Harzen und Kunststoffen, 6. Holz, Zellstoff, 7. Nahrungs-, Genuß- und Futtermittel, landwirtschaftliche Erzeugnisse, 8. Verwertung und Beseitigung von Abfällen und sonstigen Stoffen, 9. Lagerung, Be- und Entladen von Stoffen, 10. Sonstiges.

Vorläufer des BImSchG war § 16 Gewerbeordnung. Auch dazu existierte bereits eine Verordnung über genehmigungsbedürftige Anlagen.

Lit: 4. Verordnung zur Durchführung des Bundes-Immissionsschutzgesetzes (Verordnung über genehmigungsbedürftige Anlagen – 4.BImSchV) in der Fassung der Bekanntmachung vom 14.03. 1997 (BGBl.I S.504).

Genehmigungsbehörde. Allgemein: Die durch eine >Rechtsverordnung< für zuständig erklärte Bundes-, Landes- oder Kommunalbehörde zur Erteilung einer verwaltungsrechtlichen Entscheidung (Genehmigung oder Ablehnung) auf dem Gebiet des öffentlichen Rechts (>Verwaltungsakt<) sowie zur Durchführung des vorangehenden >Verwaltungsverfahrens<. Besondere Bedeutung haben >Genehmigungsverfahren< und Genehmigungsbehörde im >Immissionsschutzrecht< erlangt. Der Träger eines Verfahrens, das einer immissionsrechtlichen Genehmigung bedarf (§ 4 >BImSchG<, 4.>BImSchV<), hat bei der zuständigen Genehmigungsbehörde einen entsprechenden >Genehmigungsantrag< zu stellen. Die Regelung der behördlichen Zuständigkeiten zur Durchführung des >Genehmigungsverfahrens< (§§ 4, 5, 6, 10, 15, 16, 19 >BImSchG< sowie 9.>BImSchV<) obliegt den Bundesländern. Diese regeln dies durch >Rechtsverordnungen< (Zuständigkeitsverordnungen). Im Ergebnis hat dies in den einzelnen Bundesländern zu sehr unterschiedlichen Regelungen geführt: Überwiegend sind die Regierungspräsidien bzw. Bezirksregierungen, aber auch die Landkreise, Gewerbeaufsichtsämter, für wenige Anlagen auch die (Ober-)Bergämter als zuständige Genehmigungsbehörde festgelegt worden. Darüber hinaus ist gerade in jüngster Zeit die Zuständigkeit in einzelnen Ländern einem häufigen Wechsel unterworfen, da aufgrund von Verwaltungsreformen zahlreiche Behörden aufgelöst und in andere Behörden integriert worden bzw. neue Behörden entstanden sind. Die Genehmigungsbehörde führt das gesetzlich vorgeschriebene >Genehmigungsverfahren< durch bis zur abschließenden Entscheidung. Sie beteiligt dabei andere Behörden, die in ihrer sachlichen Zuständigkeit von dem Vorhaben berührt sind (>Anhörung<).

Genehmigungsbescheid. Betreiber >genehmigungsbedürftiger Anlagen< bedürfen für die Errichtung und den Betrieb dieser Anlagen einer behördlichen Genehmigung (§ 4 >BImSchG<). Nach Einreichung eines >Genehmigungsantrags< und nach Ermittlung aller Umstände im Rahmen eines >Genehmigungsverfahrens<, die für die Beurteilung eines Antrags von Bedeutung sind, hat die >Genehmigungsbehörde< unverzüglich über den Antrag zu entscheiden. Der G. muß folgendes enthalten: 1. Die Angabe des Namens und des Wohnsitzes oder des Sitzes des Antragsstellers, 2. die Angabe, daß eine Genehmigung, eine Teilgenehmigung oder eine Änderungsgenehmigung erteilt wird, und die Angabe der Rechtsgrundlage, 3. die genaue Bezeichnung des Gegenstandes der Genehmigung einschließlich des Standortes der Anlage, 4. die Nebenbestimmungen zur Genehmigung und 5. die Begründung, aus der die wesentlichen tatsächlichen und rechtlichen Gründe, die die Behörde zu ihrer Entscheidung bewogen haben, und die Behandlung der Einwendungen hervorgehen sollen.
Der Genehmigungsbescheid soll ferner enthalten: 1. den Hinweis, daß der Genehmigungsbescheid unbeschadet der behördlichen Entscheidungen ergeht, die nach § 13 BImSchG nicht von der Genehmigung eingeschlossen sind, und 2. die Rechtsbehelfsbelehrung. Im Fall umweltrechtlicher G. sind regelmäßig auch die vorgelegten (textlichen und zeichnerischen) >Antragsunterlagen< (ganz oder teilweise) Bestandteil des G. Als Ausfluß des >Bestimmtheitgebotes< sind sie insoweit auch rechtsverbindliche Festsetzungen der Pflichten i.S. des § 5 >BImSchG< für den Betreiber,

der von dem G. Gebrauch macht. Das verwaltungsrechtliche Rechtsmittel gegen den G. ist der Widerspruch sowie die verwaltungsgerichtliche Klage, beides geregelt in der Verwaltungsgerichtsordnung.
Lit: 9. Verordnung zur Durchführung des Bundes-Immissionsschutzgesetzes (Grundsätze des Genehmigungsverfahrens) – 9. BImSchV – zuletzt geändert durch Gesetz vom 09.10. 1996 (BGBl. I S.1498).

Genehmigungspflicht. Die Errichtung und der Betrieb von Anlagen, die auf Grund ihrer Beschaffenheit oder ihres Betriebs in besonderem Maße geeignet sind, schädliche Umwelteinwirkungen hervorzurufen oder in anderer Weise die Allgemeinheit oder die Nachbarschaft zu gefährden, erheblich zu benachteiligen oder erheblich zu belästigen, bedürfen einer >Genehmigung<. Neben dieser formalen Voraussetzung obliegen den Betreibern >genehmigungsbedürftiger Anlagen< im Sinne des >BImSchG< zur Errichtung und zum Betrieb dieser Anlagen besondere gesetzliche Pflichten. Derartige Anlagen sind gemäß § 5 >BImSchG< so zu errichten und zu betreiben, daß 1. schädliche Umwelteinwirkungen und sonstige Gefahren, erhebliche Nachteile und erhebliche Belästigungen für die Allgemeinheit und die Nachbarschaft nicht hervorgerufen werden können, 2. Vorsorge gegen schädliche Umwelteinwirkungen getroffen wird, insbesondere durch die dem Stand der Technik entsprechenden Maßnahmen zur >Emissionsbegrenzung<, 3. >Abfälle< vermieden werden, es sei denn, sie werden ordnungsgemäß und schadlos verwertet oder, soweit Vermeidung und Verwertung technisch nicht möglich oder unzumutbar sind, als Abfälle ohne Beeinträchtigung des Wohls der Allgemeinheit beseitigt, und 4. entstehende Wärme für Anlagen des Betreibers benutzt oder an Dritte, die sich zur Abnahme bereiterklärt haben, abgegeben wird, soweit dies nach Art und Standort der Anlagen technisch möglich und zumutbar ist.
Der Betreiber hat außerdem sicherzustellen, daß auch nach einer Betriebseinstellung 1. von der Anlage oder dem Anlagengrundstück keine schädlichen Umwelteinwirkungen und sonstige Gefahren, erhebliche Nachteile und erhebliche Belästigungen für die Allgemeinheit und die Nachbarschaft hervorgerufen werden können und 2. vorhandene Abfälle ordnungsgemäß und schadlos verwertet oder als Abfälle ohne Beeinträchtigung des Wohls der Allgemeinheit beseitigt werden.
Lit: Gesetz zum Schutz vor schädlichen Umwelteinwirkungen durch Luftverunreinigungen, Geräusche, Erschütterungen und ähnliche Vorgänge (Bundes-Immissionsschutzgesetz – BImSchG) vom 15.03. 1974 in der Fassung der Bekanntmachung vom 14.05. 1990, BGBl. I S.881, zuletzt geändert durch Gesetz vom 18.04. 1997 (BGBl. I S.805).

Genehmigungsverfahren. 1. Allgemein: Jegliches Verwaltungsverfahren zur Vorbereitung einer Entscheidung der zuständigen Behörde über einen Antrag auf Erlangung einer Genehmigung auf dem Gebiet des öffentlichen Rechts (Baugenehmigung; abfallrechtliche, immissionsrechtliche, atomrechtliche Genehmigung u.a.). Besondere Bedeutung haben Genehmigungsverfahren im >Immissionsschutzrecht< des Bundes erlangt.
2. Immissionsschutzrecht: Die Errichtung und der Betrieb von Anlagen, die auf Grund ihrer Beschaffenheit oder ihres Betriebs in besonderem Maße geeignet sind, schädliche Umwelteinwirkungen hervorzurufen oder in anderer Weise die Allgemeinheit oder die Nachbarschaft zu gefährden, erheblich zu benachteiligen oder

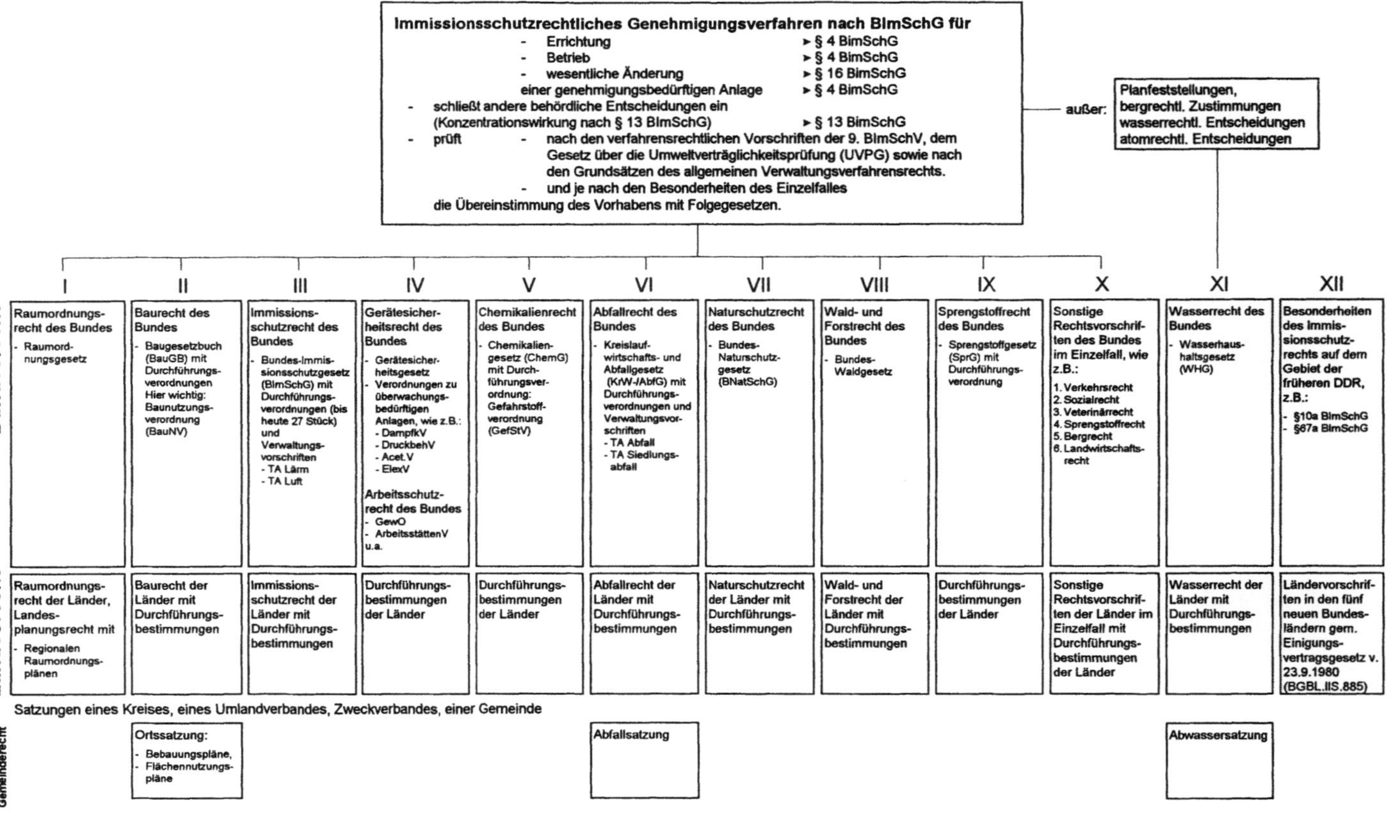

Schematische Darstellung (vereinfacht) eines immissionsschutzrechtlichen Genehmigungsverfahrens zur Anlagengenehmigung
(aus: „Genehmigungsverfahren für Industrieanlagen nach dem Bundes-Immissionsschutzgesetz - ein Leitfaden für Antragsteller", Arb.gem. hess. IHK sowie Betreuungsgesellschaft für Umweltfragen Dr. Poppe m.b.H., Kassel)

erheblich zu belästigen, sowie von ortsfesten Abfallentsorgungsanlagen zur Lagerung oder Behandlung von Abfällen bedürfen nach § 4 >BImSchG< einer Genehmigung. Mit Ausnahme von Abfallentsorgungsanlagen bedürfen Anlagen, die nicht gewerblichen Zwecken dienen und nicht im Rahmen wirtschaftlicher Unternehmungen Verwendung finden, der Genehmigung nur, wenn sie in besonderem Maße geeignet sind, schädliche Umwelteinwirkungen durch Luftverunreinigungen oder Geräusche hervorzurufen.

§ 4 Abs. 1 >BImSchG< enthält die Ermächtigung an die Bundesregierung, durch Rechtsverordnung die Anlagen, die einer Genehmigung bedürfen (>genehmigungsbedürftige Anlagen<), zu bestimmen. Die Bundesregierung hat von dieser Ermächtigung Gebrauch gemacht durch Erlaß der (zwischenzeitlich mehrfach und vielfältig geänderten) 4.>Verordnung zur Durchführung des Bundes-Immissionsschutzgesetzes< (Verordnung über genehmigungsbedürftige Anlagen – 4.>BImSchV<. Deren derzeit letzte Fassung stammt vom 14.03. 1997 (BGBl. I S.504). Gemäß § 2 Abs.1 der 4.BImSchV wird das Genehmigungsverfahren durchgeführt nach § 10 >BImSchG< für a) Anlagen, die in Spalte 1 des Anhangs zur 4.>BImSchV< genannt sind, b) Anlagen, die sich aus in Spalte 1 und Spalte 2 des Anhangs zur 4.>BImSchV< genannten Anlagen zusammensetzen (sog. „förmliches Verfahren"), nach § 19 >BImSchG< im vereinfachten Verfahren für in Spalte 2 des Anhangs zur 4.>BImSchV< genannte Anlagen. Für >Versuchsanlagen<, für welche die Genehmigung für einen Zeitraum von höchstens drei Jahren nach Inbetriebnahme der Anlage erteilt werden soll (kann bis zu einem weiteren Jahr verlängert werden), ist das vereinfachte Verfahren vorgesehen (§ 2 Abs.2 der 4.>BImSchV<).

Hauptmerkmal des förmlichen Verfahrens nach § 10 >BImSchG< ist die Einbeziehung der Öffentlichkeit in dieses Genehmigungsverfahren. Pflichten und Rechte aller am Genehmigungsverfahren Beteiligten (Behörden, Öffentlichkeit, Sonstige) bilden den Kern der Regelungen des § 10 >BImSchG< sowie der 9.>BImSchV< über die Form des Ablaufs derartiger Genehmigungsverfahren. Das Genehmigungsverfahren setzt einen schriftlichen Antrag voraus (>Genehmigungsantrag<). Diesem sind die erforderlichen >Antragsunterlagen< beizufügen. Sind die Unterlagen vollständig, so hat die zuständige Behörde das Vorhaben in ihrem amtlichen Veröffentlichungsblatt und außerdem in örtlichen Tageszeitungen, die im Bereich des Standortes der Anlage verbreitet sind, öffentlich bekanntzumachen. Der Antrag und die Unterlagen sind, mit Ausnahme der Unterlagen nach § 10 Absatz 2 Satz 1 BImSchG, nach der Bekanntmachung einen Monat zur Einsicht auszulegen; bis zwei Wochen nach Ablauf der Auslegungsfrist können >Einwendungen< gegen das Vorhaben schriftlich erhoben werden. Mit Ablauf der Einwendungsfrist sind alle Einwendungen ausgeschlossen, die nicht auf besonderen privatrechtlichen Titeln beruhen.

In der Bekanntmachung ist

1. darauf hinzuweisen, wo und wann der Antrag auf Erteilung der Genehmigung und die Unterlagen zur Einsicht ausgelegt sind;
2. dazu aufzufordern, etwaige Einwendungen bei einer in der Bekanntmachung zu bezeichnenden Stelle innerhalb der Einwendungsfrist vorzubringen; dabei ist auf die Rechtsfolgen nach Absatz 3 Satz 3 hinzuweisen;
3. ein Erörterungstermin zu bestimmen und darauf hinzuweisen, daß die formgerecht erhobenen Einwendungen auch bei Ausbleiben des Antragstellers oder von Personen, die Einwendungen erhoben haben, erörtert werden;
4. darauf hinzuweisen, daß die Zustellung der Entscheidung über die Einwendungen durch öffentliche Bekanntmachung ersetzt werden kann.

Die für die Erteilung der Genehmigung zuständige Behörde (Genehmigungsbehörde) holt die Stellungnahmen der Behörden ein, deren Aufgabenbereich durch das Vorhaben berührt wird (>Anhörung<).

Nach Ablauf der Einwendungsfrist hat die Genehmigungsbehörde die rechtzeitig gegen das Vorhaben erhobenen Einwendungen mit dem Antragsteller und denjenigen, die Einwendungen erhoben haben, zu erörtern. Einwendungen, die auf besonderen privatrechtlichen Titeln beruhen, sind auf den Rechtsweg vor den ordentlichen Gerichten zu verweisen.

Über den >Genehmigungsantrag< ist nach Eingang des Antrags und der nach Absatz 1 Satz 2 einzureichenden Unterlagen innerhalb einer Frist von sieben Monaten, in vereinfachten Verfahren innerhalb einer Frist von drei Monaten, zu entscheiden. Die zuständige Behörde kann die Frist um jeweils drei Monate verlängern, wenn dies wegen der Schwierigkeiten der Prüfung oder aus Gründen, die dem Antragsteller zuzurechnen sind, erforderlich ist. Die Fristverlängerung soll gegenüber dem Antragsteller begründet werden.

Der >Genehmigungsbescheid< ist schriftlich zu erlassen, schriftlich zu begründen und dem Antragsteller und den Personen, die Einwendungen erhoben haben, zuzustellen.

Die Zustellung des Genehmigungsbescheids an die Personen, die Einwendungen erhoben haben, kann durch öffentliche Bekanntmachung ersetzt werden. Die öffentliche Bekanntmachung wird dadurch bewirkt, daß der verfügende Teil des Bescheids und die Rechtsbehelfsbelehrung in entsprechender Anwendung des § 10 Abs.3 S 1 BImSchG bekanntgemacht werden; auf Auflagen ist hinzuweisen. In diesem Fall ist eine Ausfertigung des gesamten Bescheides vom Tage nach der Bekanntmachung an zwei Wochen zur Einsicht auszulegen. In der öffentlichen Bekanntmachung ist anzugeben, wo und wann der Bescheid und seine Begründung eingesehen und nach Satz 6 angefordert werden können. Mit dem Ende der Auslegungsfrist gilt der Bescheid auch gegenüber Dritten, die keine Einwendung erhoben haben, als zugestellt; darauf ist in der Bekanntmachung hinzuweisen. Nach der öffentlichen Bekanntmachung können der Bescheid und seine Begründung bis zum Ablauf der Widerspruchsfrist von den Personen, die Einwendungen erhoben haben, schriftlich angefordert werden.

Weitere Einzelheiten zum Ablauf des immissionsschutzrechtlichen Genehmigungsverfahrens sind in der 9. Verordnung zur Durchführung des Bundes-Immissionsschutzgesetzes (Grundsätze des Genehmigungsverfahrens) – 9. BImSchV, zuletzt geändert durch Verordnung vom 23.02. 1999 (BGBl. I S.186), geregelt. Eine schematische Übersicht über das immissionsschutzrechtliche Genehmigungsverfahren gibt das Organigramm auf S.497.

Generalist. Tiere oder Pflanzen, die an ihre Umwelt keine sehr spezifischen Ansprüche stellen und in sehr unterschiedlichen Lebensräumen siedeln können. Gegensatz: >Spezialist<.

Generationswechsel. Wechsel unterschiedlicher Fortpflanzungsverhältnisse innerhalb einer Art mit Ausprägung oft unterschiedlich gestalteter Generationen. Man unterscheidet einen G. mit Ausbildung einer zweigeschlechtlichen und einer eingeschlechtlichen (parthenogenetischen) Generation, eine sog. *Heterogonie*, von einem Wechsel zwischen geschlechtlicher und ungeschlechtlicher Generation, einer sog. *Metagenese*. Die sich parthenogenetisch fortpflanzende Generation ist oft in der Lage, sehr rasch sehr zahlreiche Nachkommen zu produzieren. Dies ist von besonderer Bedeutung bei >Parasiten< oder in sich rasch verändernden Lebensräumen. Beispiele dafür sind die Leberegel, die Blattläuse und die Cladoceren. Metagenese tritt insbesondere bei Nesseltieren auf. G. erfolgen streng alternierend oder in Abhängigkeit von externen Faktoren.

Generationszeit. Die Zeitspanne, in der durch Zellteilung bzw. Knospung eine Verdopplung der Zellzahl, bei einzelligen Organismen auch eine Verdopplung der Individuenzahl erreicht werden kann. Unter optimalen Kulturbedingungen beträgt die G. für Bakterien (>Prokaryonten<) etwa 20 bis 60 min und für Hefen (>Eukaryonten<) etwa 90 bis 120 min.

Generator. Unter Generator versteht man eine elektrische Maschine, die mechanische Energie (Bewegungsenergie) in elektrische Energie umwandelt. In nahezu allen Leistungsbereichen werden heute bevorzugt Drehstromgeneratoren eingesetzt. Drehstromgeneratoren benötigen im Gegensatz zu Gleichstromgeneratoren ein rotierendes Magnetfeld (Drehfeld). Dies kann z. B. durch Drehung von Permanent- oder von Elektromagneten, deren Spulen über Bürsten und Schleifringe mit Strom versorgt werden, erfolgen. Derartige Drehfelder erzeugen in feststehenden Statorwicklungen elektrische Spannungen mit einer der Drehfelddrehzahl synchronen Frequenz. Bei solchen Synchrongeneratoren werden drei um 120° versetzte elektrische Spulen angeordnet (s. Abb.). In ihnen werden somit auch drei um 120° elektrisch verschobene Spannungen, sog. Dreiphasendrehspannungen, erzeugt. Deren Höhe ist von der Konstruktion des Generators, der Drehfelddrehzahl, der elektrischen Erregung und von den Lastverhältnissen abhängig und

läßt sich im Alleinbetrieb durch Erregungsänderungen regeln. Bei einem Betrieb am starren Netz werden Spannung und Drehzahl entsprechend der Frequenz vom Netz fest vorgegeben. Synchrongeneratoren werden hauptsächlich in Stromerzeugungsanlagen (Kraftwerke, Dieselstationen, Notstromaggregate) eingesetzt und mit Fremd- oder Selbsterregung ausgeführt.

Generatorleistung. Quotient aus der vom >Generator< erzeugten elektrischen Energie und der dazu benötigten Zeit. Bei einer Stromerzeugungsanlage kommt es nicht nur darauf an, daß elektrische Energie erzeugt wird, sondern es ist auch von Bedeutung, in welcher Zeit eine gewisse Energiemenge zur Verfügung gestellt werden kann. Leistung wird in der nach dem englischen Ingenieur J. WATT benannten Einheit 1 Watt (W) und der daraus abgeleiteten größeren Einheit 1 Kilowatt (kW) gemessen. Zwischen der früher benutzten Leistungseinheit 1 PS und der heute verwendeten Einheit 1 kW besteht der Zusammenhang: 1 kW entspricht etwa 1,36 PS oder 1 PS entspricht etwa 0,735 kW. Die Dauerleistung des Menschen bei mehrstündiger Arbeit beträgt 75 bis 100 W. Ein Personenauto mittlerer Größe hat eine Leistung von etwa 50 kW. Die Leistung verschiedener Generatoren reicht von wenigen kW bis zu über 1 MW. Bei Windkraftwerken schwankt die Generatorleistung je nach Anlagentyp und Anlagengröße zwischen 10 und 4.000 kW, bei Sonnenkraftwerken zwischen 10 und 100.000 kW. Die Generatorleistung bei großen Kohlekraftwerken beträgt etwa 650.000 kW und bei großen Kernkraftwerken 1.300.000 kW.

Lit: Künstle K, Reiter K, Riedle K (1990) Möglichkeiten und Grenzen der regenerativen Energien, VGB Kraftwerkstechnik 70, Heft 2 – Schuh F (1981) Enzyklopädie Naturwissenschaft und Technik, Zweiburgen, Weinheim.

Genetik. (Grch. genesis = Entstehung). (Syn. Vererbungslehre, Erbkunde, Erbbiologie). Ein zur Biologie gehörender Wissenschaftszweig, der sich mit der Vererbungslehre beschäftigt. Die G. wird heute üblicherweise in drei Teilgebiete gegliedert. Als ursprünglichstes Teilgebiet gilt die „Klassische Genetik" (Allgemeine Genetik), die sich vorwiegend mit den formalen Gesetzmäßigkeiten (Mendelsche Gesetze) der Merkmalsvererbung, insbesondere bei höheren Organismen, befaßt. Die „Angewandte Genetik", zu der vor allem die >genetische Beratung<, die Abstammungsforschung, sowie die Pflanzen- und Tier>züchtung< gehören, ist der zweite Bereich. Schließlich ist die Molekulargenetik (>molekulare Genetik<) als moderner und im Hinblick auf die Möglichkeiten der Gentechnik forcierter Teilbereich zu nennen. Er beschäftigt sich mit den grundlegenden Phänomenen der Vererbung auf der Ebene molekularer Strukturen.

Genetic Engineering. >Genetische Manipulation<.

Genetisch signifikante Dosis. Die genetisch signifikante Dosis ist definiert als die Summe der mit dem sog. genetischen Wichtungsfaktor multiplizierten Werte der Keimdrüsendosen aller Angehörigen einer Bevölkerungsgruppe, dividiert durch deren Anzahl. Dabei ist im genetischen Wichtungsfaktor die mittlere Kindererwartung der strahlenexponierten Personen in Abhängigkeit vom Alter berücksichtigt.

Genetische Beratung. Als Disziplin der Humangenetik Bestandteil einer allg. Eheberatung. Sie besteht zum

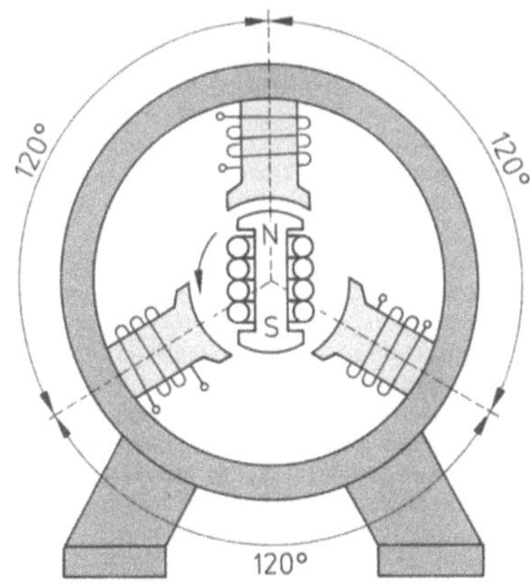

Generator: Prinzip eines Drehstromgenerators

einen aus einer Untersuchung der Erbanlagen, z. B. der Chromosomenzahl und -form, ggf. auch aus molekularen Untersuchungen der Nucleinsäuren auf das mögliche Vorliegen von >Mutationen<. Zum anderen wird anhand der Untersuchungsergebnisse eine statistische Wahrscheinlichkeit berechnet, daß Kinder mit genetischen Anomalien (Erbkrankheiten) zur Welt kommen könnten; es wird eine Erbdiagnose erstellt. Beispiele für Erbkrankheiten sind das durch Trisomie A21 verursachte Down-Syndrom (auch als „Mongolismus" bezeichnet), die Sichelzellenanämie oder die Phenylketonurie, eine Stoffwechselkrankheit.

Genetische Manipulation. (Syn. Genmanipulation, „genetic engineering"). Alle genetisch-molekularbiol. Verfahren, bei denen es sich um gezielte, künstliche Eingriffe in das >Genom< von Organismen handelt. Insbesondere werden damit heute die Verfahren der Gentechnik („genetic engineering") gemeint, z. B. Methoden des >Gentransfers< zum Austausch, zur Einbringung, sowie Ausprägung (>Expression<) neuer Merkmale in Organismen und als Klonierungstechnik zur Massenvermehrung von Erbinformationen zumeist in Mikroorganismen. Das Ziel der g. M. ist häufig die Erzeugung >transgener Pflanzen< oder Tiere oder die Gewinnung definierter DNA-Sequenzen bzw. >Proteine< in großer Menge und Homogenität zur Weiterverwendung für viele Zwecke in der Forschung und Anwendung in der Industrie, Medizin und Landwirtschaft. Von der g. M. wird begrifflich die >Züchtung< unterschieden, wobei jedoch auch dort u. a. gezielte Eingriffe am Erbmaterial von Organismen vorgenommen werden.

Genetische Variabilität. Die ständige dynamische Veränderlichkeit der genetischen Erbinformation von Organismen durch das Zusammenspiel von >Mutation<, >Selektion<, >Züchtung< und Migration. Durch diese Prozesse wird die Evolution „vorangetrieben". Es bilden sich durch laufende Anpassungen an die Umweltbedingungen charakteristische Strukturen der g. V. innerhalb von Populationen oder Einzelorganismen heraus, wobei hohe Variabilitäten insbesondere für Zuchtmaßnahmen von Interesse sind.

Genetischer Code. Der g. C. enthält u. a. die für die Biosynth. der >Proteine< aus den 20 physiologischen Aminosäuren notwendigen genetischen Informationen und ist in Form von >Codons<, das sind DNA- oder auch RNA-Basentripletts, in der >DNA< bzw. >RNA< gespeichert. Aus den Aminosäuren werden die für den Bau- und Energiestoffwechsel erforderlichen Enzyme und die Strukturproteine aufgebaut. Die Angabe des g. C. erfolgt in der Literatur typischerweise durch Dreierblocks aus den Anfangsbuchstaben der Bezeichnungen für die Purin- und Pyrimidinbasen (A, C, G und T bzw. U). S. a. >Codon<.

Lit: Lewin B (1991) Gene – Lehrbuch der molekularen Genetik, 2. Aufl., VCH Verlagsgesellschaft, Weinheim.

Genfamilie. Gruppe von >Genen<, deren >Exons<, bzw. die daraus entstehenden Proteine oder >RNA<, eine verwandtschaftliche Ähnlichkeit zeigen. Die Mitglieder einer solchen „Familie" sind durch Verdopplungen und Veränderungen, z. B. durch Mutationen, aus einem gemeinsamen Vorläufer entstanden.

Genfer Luftreinhaltekonvention. Übereinkommen europäischer Staaten aus dem Jahr 1979 über weiträumige, grenzüberschreitende >Luftverunreinigungen<,

wie >Schwefeldioxid<, >Stickstoffoxide< oder org. Verb. G. L. enthält die Verpflichtung zur jährlichen Übermittlung von Angaben zur nationalen Schwefeldioxid->Emission< an das Sekretariat der >ECE< in Genf. Zur Konkretisierung der Genfer Konvention wurden in den Folgejahren mehrere Protokolle verabschiedet. Mit dem Helsinki-Protokoll zur SO_2-Reduzierung aus dem Jahre 1985 übernahmen 21 Staaten die völkerrechtliche Verpflichtung, ihre jährlichen nationalen Schwefelemissionen bis spätestens 1993 um 30 % gegenüber dem Niveau von 1980 zu reduzieren. Für die Bundesrepublik Deutschland (alte Bundesländer) war vor allem durch die Vorgabe der >Großfeuerungsanlagen-Verordnung< und der >TA Luft< bis 1993 eine Reduzierung um mindestens 60 % zu erreichen. Das Sofia-Protokoll aus dem Jahr 1988 beinhaltet die völkerrechtliche Verpflichtung, die gesamten nationalen Stickstoffemissionen bis 1994 auf dem Stand von 1987 einzufrieren. Die Anhänge dieses Protokolls führen die dem >Stand der Technik< entspr. Maßnahmen auf, die die einzelnen Staaten in nationales Recht umsetzen sollen. Vor Unterzeichnung des Sofia-Protokolls hatten jedoch schon 12 westliche Staaten eine „Deklaration zur Luftreinhaltung" unterzeichnet, die die Verpflichtung enthält, die gesamten Stickstoffoxid-Emissionen so schnell wie möglich und spätestens bis 1998 um mindestens 30 % zu reduzieren. Bezugsjahr ist ein Jahr zwischen 1980 und 1985. Weiterhin wurde im Jahr 1991 im Rahmen der Genfer Konvention zur Erarbeitung von technischen und wissenschaftlichen Grundlagen für die Verminderung der Emissionen flüchtiger org. Verb. (volatile organic compounds) eine VOC-Task-Force eingesetzt.
Darüber hinaus wurde im Jahr 1996 mit der Vorbereitung neuer vertragsrechtlicher Protokolltexte begonnen. Diese betreffen die kombinierte Verminderung von Stickstoff- und VOC-Emissionen sowie der >Emissionen< von persistenten org. Verbindungen (POP) und >Schwermetallen<.

Genfluß. Genaustausch zwischen verschiedenen >Populationen<, z. B. im Zuge von Wanderungen (>Migrationen<).

Geniphen. Handelsname für ein Insektizid-wirksames Polychlorterpengemisch (>Toxaphen<).

Genkartierung. (Syn. mapping). Bei einer G. werden in einer schematischen Abbildung rel. Genpositionen oder best. Restriktionsstellen auf der >DNA< sowie die Abstände dazwischen dargestellt. Die Ermittlung der Positionen kann genetisch mit Hilfe von Kreuzungsexperimenten oder direkt durch molekularbiol. Verfahren erfolgen. Durch Kreuzungsversuche lassen sich Kopplungsbeziehungen und Rekombinationshäufigkeiten zwischen >Genen< und damit rel. Abstände feststellen. Bei den molekularbiol., direkten Verfahren zur G. verwendet man Restriktionsenzyme. Diese Enzyme sind Endonucleasen, die auf der DNA spezielle Basensequenzen erkennen und dort die Ketten durch Hydrolyse der Phosphorester-Bindungen spalten. Es werden eine Reihe von Einfach- und Doppelspaltungen des DNA-Moleküls mit verschiedenen Enzymen durchgeführt, die zu charakteristischen Fragmenten führen. Nach Analyse der Fragmente kann durch logisch richtige Kombination die ursprüngliche Sequenz der untersuchten DNA in einer Genkarte (s. Abb. S. 501) aufgetragen werden (>DNA-Sequenzierung<).

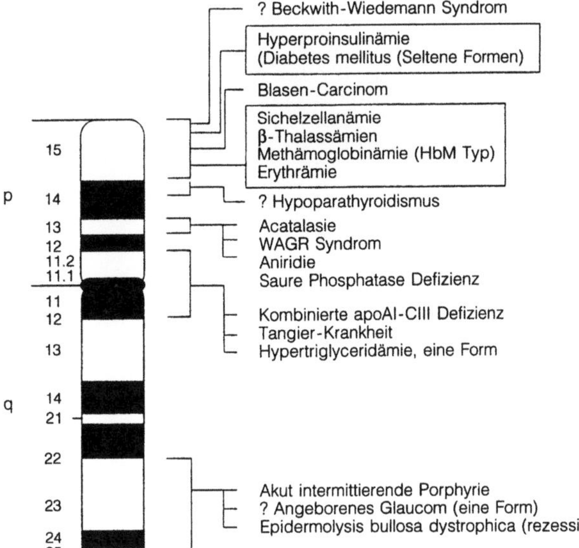

Genkartierung: Genkarte vom Chromosom 11 des Menschen (eingezeichnet sind die bisher lokalisierten Genorte für eine Reihe von genetisch bedingten Erkrankungen). (aus: Ibelgaufts H (1990) Gentechnologie von A bis Z. VCH, Weinheim)

Genklonierung. Gie G. ist im Sinne der Definition des >Klonierens< die identische Reduplikation von >Genen< bzw. DNA-Sequenzen. In der Gentechnik wird damit oft die Vermehrung von Sequenzen nach einem >Gentransfer< in „Fremd-Organismen", meist Prokaryonten, bezeichnet. Als Verfahren für den Gentransfer kommen z.B. die >Transformation< bzw. >Transfektion< in Frage.

Genom. (Grch. genos = Geschlecht, Gattung, Nachkommenschaft). Die Summe der genetischen Informationen eines Organismus wird als G. bezeichnet. Die Informationen sind in der >DNA< als Basensequenzen gespeichert (>genetischer Code<).

Genomanalyse. Faßt Methoden der >Molekularbiologie< zusammen, die eine Analyse von Genstrukturen, >Genkartierungen< und genetischen Polymorphismen zum Inhalt haben. Dabei umfaßt die Genstruktur-Analytik die Aufklärung des Feinaufbaus der >Gene< mit Regulator- und Struktursegmenten bis hin zur Aufklärung von Nucleotidabfolgen (>DNA-Sequenzierung<). Die Genkartierung hat im wesentlichen die Aufklärung der Anordnung der Gene in den Chromosomen zum Ziel. Die Erfassung polymorpher Genorte, an denen zwei oder auch mehr >Allele< in den Populationen vorkommen, kann durch molekulargenetische Methoden deutlich verbessert werden. Solche Genorte sind als „Markergene" anzusehen und bei der Tierzüchtung von Interesse.

Genomgröße. Die Gesamtzahl an >Basenpaaren< in der >DNA<, welche die genetische Information eines Organismus codieren. Die G. von Individuen ist in weiten Bereichen variabel (s. Tabelle).

Genotyp. Der G. umfaßt die genetische Konstitution, d.h. die Gesamtheit der genetischen Potenz eines Organismus. Der Begriff steht im Gegensatz zum >Phänotyp<, dem Erscheinungsbild des Individuums, in dem nur ein Teil des G. exprimiert (>Expression<) ist.

Gen-Pool. Als G. bezeichnet man die Gesamtheit der >Gene<, also den Genbestand einer best. Population. Eine Population ist in diesem Sinne eine Fortpflanzungsgemeinschaft innerhalb eines gemeinsamen Areals.

Genpotential. Gesamtheit der potentiell exprimierbaren (>Expression<) >Gene< einer Zelle bzw. eines Organismus. Durch die Regulationsmechanismen der >zellspezifischen Genexpression< kommt es aber jeweils nur zur Ausprägung einiger, für die Aufgaben des jeweiligen Zelltyps spezifischer Gene.

Genprodukt. Jedes Produkt, das in der Zelle auf Basis der genetischen Information synthetisiert worden ist. Es sind vor allem die durch „Strukturgene" codierten und in der >Proteinbiosynthese< erzeugten Proteine bzw. >Enzyme< sowie die durch „Regulatorgene" codierten Repressoren. Als primäres G. kann die an der >DNA< gebildete >RNA< bezeichnet werden.

Gensonde. >Nucleinsäure<-Sequenz, mit deren Hilfe man ein gesuchtes >Gen< oder eine bestimmte DNA-Sequenz im >Genom< eines Organismus nachweisen kann. Die Sonden, die zum Nachweis eines Gens eingesetzt werden, sind in ihrer Basensequenz komplementär zu dem gesuchten Gen oder Teilen davon, oder komplementär zu DNA-Bereichen, die auf dem Nucleinsäurestrang in der Nähe des gesuchten Gens lie-

Genomgröße

Genetische Einheit	Basenpaare (bp)
Spindelknollen-Viroid (>Viroid<)	$1,8 \cdot 10^2$
Simianvirus SV40 (>Virus<)	$5,2 \cdot 10^3$
Escherichia coli (Bakterium)	$4,0 \cdot 10^6$
Saccharomyces cerevisiae (>Hefe<)	$17,0 \cdot 10^6$
Aspergillus niger (Hyphenpilz)	$40,0 \cdot 10^6$
Mensch	$2,9 \cdot 10^9$
Mais (*Zea mays*, Pflanze)	$7,0 \cdot 10^9$

gen. Als Sonden werden >klonierte< Gene, Genfragmente, chem. synthetisierte Oligonucleotide (>DNA-Synthese<) und auch >RNA-Sequenzen< verwendet. Die Nucleotidsequenzen der G. tragen zur Nachweisbarkeit zumeist eine radioaktive oder eine fluoreszierende Gruppe oder Biotin als Marker. Der Einsatz von G. beruht auf dem Prinzip der >Hybridisierung<, d.h. auf der spezifischen Ausbildung von DNA/DNA- oder DNA/RNA-Doppelsträngen aus komplementären, einzelsträngigen Nucleinsäure.

Gentechnik. >Genetische Manipulation<.

Gentechnikrecht. Völlig neues Rechtsgebiet, entstanden durch das Gesetz zur Regelung von Fragen der Gentechnik vom 20.06. 1990, BGBl. I S. 1080, und eine Reihe von Verordnungen, die aufgrund dieses Gesetzes ergangen sind; z.B. die Verordnung über die Sicherheitsstufen und die Sicherheitsmaßnahmen bei gentechnischen Arbeiten in gentechnischen Anlagen und die Verordnung über Antrags- und Anmeldeunterlagen nach dem Gentechnikgesetz (Gentechnik-Verfahrensordnung). Allgemeines Ziel des Gesetzes ist es, einen verbindlichen gesetzlichen Rahmen für die Nutzung der Gentechnik zu schaffen und deren umfassende und durchsetzbare Kontrolle zum Schutz von Leben und Gesundheit der Menschen und zum Schutz der Umwelt zu gewährleisten. Gleichzeitig will das Gesetz durch klare Regelungen die Rechtssicherheit für die Anwendung der Gentechnik verstärken. Mit dem Gesetz sollen die bisher für die Gentechnik maßgeblichen, vom Bundesministerium für Forschung und Technologie erlassenen Richtlinien zum Schutz vor Gefahren durch in vitro neu kombinierte >Nucleinsäuren< abgelöst werden. Der Schutz von Mensch, Tier, sonstiger Umwelt und von Sachgütern vor den Risiken der Gentechnik soll vorwiegend durch folgende Maßnahmen sichergestellt werden: Verpflichtung des Betreibers gentechnischer Anlagen zur eigenverantwortlichen >Gefahrenabwehr< und Risikovorsorge; staatliche Kontrollmaßnahmen vor der Inbetriebnahme gentechnischer Anlagen und der Aufnahme gentechnischer Arbeiten; nachgehende Überwachung; Haftungsregelungen und Vorschriften über eine obligatorische Deckungsvorsorge sowie generalpräventive Straf- und Bußgeldsanktionen. Die Sicherheitsverordnung ist die wichtigste der Begleitverordnungen zum Gentechnikgesetz. Die Verordnung enthält Bestimmungen zur Regelung der Fragen, ob und welche Sicherheitsrisiken bei der Herstellung und im Umgang mit gentechnisch veränderten Organismen entstehen, wie solche Risiken zu bewerten sind und wie ihrer Verwirklichung vorgebeugt werden kann. Außerhalb des Anwendungsbereichs der Verordnung sind sicherheitsrelevante Fragen von vorbereitenden Tätigkeiten, etwa die Anzucht von Spenderorganismen, die sodann im Rahmen der geplanten gentechnischen Arbeiten verwendet werden sollen; auf letztere können andere Sicherheitsbestimmungen – etwa das Bundesseuchengesetz oder die einschlägigen Unfallverhütungsvorschriften – anwendbar sein. Die Verordnung knüpft grundsätzlich daran an, daß nach § 7 des Gentechnikgesetzes gentechnische Arbeiten in vier Sicherheitsstufen einzustufen sind. Die wichtigsten Regelungen der Gentechniksicherheitsverordnung sind die Bestimmungen darüber, wie die Einstufung gentechnischer Arbeiten in die genannten Sicherheitsstufen im Einzelfall vorzunehmen ist; diese Einstufung legt nämlich fest, unter welchem Sicherheitsstandard in der Bundesrepublik nach dem In-

krafttreten des Gentechnikgesetzes gentechnische Arbeiten in gentechnischen Anlagen durchzuführen sind. Einen zweiten Schwerpunkt der Sicherheitsvorkehrungen enthalten die Regelungen des 3. Abschnitts der Verordnung über die Zuordnung von Sicherheitsmaßnahmen zu den zuvor ermittelten Sicherheitsstufen gentechnischer Arbeiten. Diese Maßnahmen wollen durch ihre je nach Sicherheitsstufe unterschiedlich strengen Anforderungen ein gefahrloses gentechnisches Arbeiten sicherstellen.

Gentechnologie. Wissenschaft von der Anwendung diverser biol., chem. und physikalischer Methoden im Hinblick auf die Veränderung (>genetische Manipulation<) und Neukonstruktion von >Genomen< mit dem Ziel der Erzeugung ökonomisch interessanter Erzeugnisse oder positiver, z.B. therapeutischer Wirkung auf den Menschen.
Lit: Gassen HG, Martin A, Bertram S (Hrsg.) (1987) Gentechnik, 2. Aufl., Gustav Fischer, Stuttgart.

Gentherapie. (Syn. Genchirurgie). Neuer Zweig der Genetik mit medizinischer Orientierung; sie beschäftigt sich auf molekularer Ebene mit dem Beheben von Erbkrankheiten, indem defekte >Gene< durch funktionsfähige oder funktionsfähig gemachte Gene ausgetauscht werden. Bisher sind Experimente zur G. beim Menschen wegen ethischer Bedenken aber auch wegen technischer Schwierigkeiten nicht bzw. nur in sehr geringem Umfang ausgeführt worden. Gute Erfolgsaussichten für eine G. bestehen theoretisch für die Heilung erblicher Bluterkrankungen, wie z.B. der Sichelzellenanämie und der Thallasämie. Hier bestünde die Möglichkeit, die mutierten Stammzellen aus dem blutbildenden Knochenmark zu isolieren, sie >in vitro< zu kultivieren (>Zellkultur<) und schließlich mit dem nicht mutierten Gen eines gesunden Patienten zu transformieren (>Transformation<). Die auf diese Weise „reparierten" Knochenmarkzellen könnten dann dem Patienten reimplantiert werden, ohne daß mit Unverträglichkeitsreaktionen zu rechnen ist.

Gentoxizität. Zusammenfassende Bez. für die Eigenschaften eines Agens, auf das >Genom< schädigende Wirkungen auszuüben. Mit einer erbgutschädigenden (>mutagenen<) Wirkung können auch karzinogene oder fruchtschädigende (teratogene) Wirkungen verbunden sein. Die Schädigung des Genoms muß nicht immer zu einem Effekt führen, der nach außen hin sichtbare Konsequenzen zeigt.

Gentransfer. Die natürliche oder durch >genetische Manipulation< induzierte Übertragung von DNA-Teilen (>Genen<) zwischen verschiedenen Organismen. Die Übertragungen können durch >Konjugation<, >Transformation<, >Transfektion< bzw. >Transduktion< erfolgen.

Gen-Übertragung. >Gentransfer<.

Genußmittel. Lebensmittel, die nicht wegen ihres >Nährwerts<, sondern wegen ihrer anregenden Wirkung v.a. auf das Nervensytem verzehrt werden, z.B. alkaloidhaltige (Kaffee, Tee, Kakao) oder alkoholische Getränke. Das Lebensmittelrecht unterscheidet nicht zwischen Nahrungsmitteln, die durch ihren >Nährwert< zum Ersatz verbrauchter Energien dienen, und den G., da keine eindeutige Abgrenzung möglich ist.

Genußmittelrecht. Kein spezielles Rechtsgebiet; Genußmittel fallen unter den Begriff >Lebensmittel<, es sei denn, daß sie überwiegend zu anderen Zwecken als zur Ernährung oder zum (reinen) Genuß verzehrt werden: z. B. die sog. >Rauschgifte<.

Genußwert, tierische Produkte. Der Genußwert eines Produktes tierischer Herkunft wird von dessen Qualität bestimmt; diese ist die Summe aller sensorischen, ernährungsphysiologischen, hygienischen, toxikologischen und verarbeitungstechnologischen Eigenschaften.

Geoakkumulation. Prozeß der Anreicherung von Stoffen wie beispielsweise Schwermetallen in abiotischen Bereichen oder an den Grenzflächen der abiotischen Systeme Luft/Boden oder Wasser/Sediment.
Lit: DFG Forschungsbericht (1987) VCH Verlagsgsellschaft, Weinheim.

Geobotanik. Befaßt sich mit der Verbreitung von Pflanzensippen und -gesellschaften, ihren Abhängigkeiten untereinander und deren Ursachen.

Geochemischer Hintergrund. Bezeichnung, die im Hinblick auf Spurenelemente oft für die Konzentration verwendet wird, die durch die Elementgehalte der bodenbildenden Gesteine bedingt wird. Hierbei werden Konzentrationsänderungen durch Bodenbildungsprozesse, nicht aber durch menschliche Tätigkeiten akzeptiert. Die Beurteilung >anthropogener Belastungen< setzt die Ermittlung des g. H. voraus, was oftmals ein schwieriges analytisches Problem darstellt. Vor allem aber findet man nur selten noch unbelastete Böden, so daß man bei der Ermittlung des g. H. oft auf Analogieschlüsse und statistische Extrapolationsmethoden angewiesen ist. So kann in bestimmten Fällen aus den Gehalten fossiler Böden auf den g. H. rezenter Böden geschlossen werden.

geogen. Bezeichnung für Bodeninhaltsstoffe, die aus dem Gestein oder aus einem früher gebildeten Boden stammen, im Gegensatz zu >anthropogen<, >atmogen< oder >biogen<.

Geohydrologie. >*Hydrogeologie*< ist die Wissenschaft von den Erscheinungen des Wassers in der Erdrinde je nach dem Schwerpunkt der Betrachtungsweise.
Lit: Deutscher Normenausschuß (Hrsg.) (1994) DIN 4049₁, T. 3: Hydrologie. Begriffe, quantitativ.

Geologische Barrieren. Geologische Gegebenheiten zur Verzögerung oder Verhinderung einer unzulässigen Schadstofffreisetzung und -ausbreitung aus >Abfällen<. Als g. B. können sowohl das >Wirtsgestein< selbst als auch das Nebengestein bzw. das >Deckgebirge< wirken. Barrierewirksame Eig. der Gesteinsformationen sind physikalisch-chem. Natur, wie z. B. hydrogeologische Eig., die ein Exponieren der >Schadstoffe< in bewegtes >Grundwasser< minimieren, sowie geochem. und mineralogische Eig., die eine Retardierung bzw. Immobilisierung migrierender Schadstoffe bewirken (s. a. >Radionuklidrückhaltung<).

Geoökologie. G. ist ein seit etwa 20 Jahren in der BRD eingeführter Studiengang, der an den Hochschulen zunehmend die klassische physische Geographie ersetzt. Seine Begründung erfährt G. als umweltorientierte Naturwissenschaft einerseits schwerpunktmäßig durch den Landschaftsbezug (Landschaftsökologie: Landschaften als homogene Ausschnitte erdoberflächengebundener Systeme in ihrer Bedeutung hinsichtlich der Allokation der Speicherung und Leitung von Energie und Stoffen der großen biol. und geologischen Energie- und Stoffkreisläufe sowie anthropogener Aktivitäten, mit Anthropogeographie und Geomorphologie), andererseits durch die durch menschliche Aktivitäten zunehmenden Veränderungen der regionalen und globalen Energie- und Stoffkreisläufe. Anwendungen erfahren hier auch die im innerbetrieblichen Umweltschutz entwickelten >Stoffstrom-Management<-Methoden.

Geordnete Deponie. >Deponie, geordnete<.

Geostatistik. Hauptsächlich in der Prospektions-Geologie entwickeltes Teilgebiet der Statistik, das sich mit den räumlichen Abhängigkeiten der Zustandsgrößen und ihrer Varianzen befaßt. Ihre Konsequenzen, z. B. für das landwirtschaftliche Versuchswesen, werden bislang mangels richtiger Einschätzung des Wertes ihrer Aussagen weitgehend vernachlässigt.

Geostrophischer Wind. Gleichgewichtswind, der sich bei geradliniger Bewegung und unter Vernachlässigung der Reibung aus der Balance zwischen der >Coriolis-Kraft< und der >Druckgradientkraft< einstellt, in Äquatornähe nahezu Null. G. W. weht derart isobarenparallel, daß auf der Nordhalbkugel (Südhalbkugel) der niedrigere Druck zu seiner Linken (Rechten), der höhere Druck zu seiner Rechten (Linken) ist. G. W. stellt eine gute Approximation für großräumige atmosphärische Bewegungen dar. >Gradientwind<.

Geotaxis. Gerichtete Bewegung bei Tieren, wobei die Schwerkraft zur Orientierung dient; >Einstellreaktion<. Die G. kann positiv sein, d. h. zur Erdoberfläche hin führen, oder negativ, d. h. von der Erdoberfläche fort, z. B. in die Vegetation hinauf.

Geotechnische Barrieren. Zusammenwirken technischer Maßnahmen in einer >Untertagedeponie< bzw. einem >Endlager< mit dem umgebenden Gebirge zur Erzielung oder Verbesserung einer gewünschten Barrierewirkung, z. B. Injektionen, Dichtwände, mineralische oder bituminöse Abdichtungen. Im Rahmen des >Multibarrierensystems< übernehmen die g. B. v. a. dann ihre Funktion, wenn die >technischen Barrieren< versagen.

Geothermie. s. >Erdwärme<.

Geothermische Tiefenstufe. Tiefe, um die man in die Erde eindringen muß, um die Temperatur um 1 °C zu erhöhen. Die g. T. beträgt im Mittel 30 bis 40 m, in Extremfällen auch über 100 oder gegen 10 m.

Geotrichum. >Fungi<.

Gerätesicherheitsgesetz. Bekanntmachung der Neufassung des Gesetzes über technische Arbeitsmittel (Gerätesicherheitsgesetz) vom 23. 10. 1992 (BGBl. I S. 1792). Dem >Gerätesicherheitsrecht< kommt besondere Bedeutung für den Umweltschutz zu hinsichtlich seiner Regelungen über die >überwachungsbedürftigen Anlagen<, die sich im einzelnen in jeweils dazu ergangenen Rechtsverordnungen sowie einer Vielzahl von Technischen Regeln finden. In diesen Teilen hatte das G. seinen Vorläufer in § 24 der Gewerbeordnung.

Gerätesicherheitsrecht. Vorläufer des G. waren § 24 der Gewerbeordnung sowie die dazu ergangenen Rechtsverordnungen und Technischen Regeln, die in ihrer Gesamtheit sicherheitstechnische Standards für die sog. überwachungsbedürftigen Anlagen einführten. 1992 ist die gesetzliche Ermächtigung in das >Gerätesicherheitsgesetz< übergegangen. Überwachungsbedürftige Anlagen im Sinne dieses Gesetzes sind 1. Dampfkesselanlagen, 2. Druckbehälter außer Dampfkessel, 3. Anlagen zur Abfüllung von verdichteten, verflüssigten oder unter Druck gelösten Gasen, 4. Leitungen unter innerem Überdruck für brennbare, ätzende oder giftige Gase, Dämpfe oder Flüssigkeiten, 5. Aufzugsanlagen, 6. elektrische Anlagen in besonders gefährdeten Räumen, 7. Getränkeschankanlagen und Anlagen zur Herstellung kohlensaurer Getränke, 8. Acetylenanlagen und Calciumcarbidlager, 9. Anlagen zur Lagerung, Abfüllung und Beförderung von brennbaren Flüssigkeiten, 10. medizinisch-technische Geräte. Viele der genannten Anlagen sind ganz oder zu Teilen ebenfalls >genehmigungsbedürftige Anlagen< nach >BImSchG<, die damit dem immissionsschutzrechtlichen Vorsorgegebot unterliegen (Dampfkesselanlagen, Druckbehälter, Abfüllanlagen, Acetylenanlagen usw.). Nach § 3 >Gerätesicherheitsgesetz< dürfen technische Arbeitsmittel nur in den Verkehr gebracht werden, wenn sie den in den Rechtsverordnungen nach diesem Gesetz enthaltenen sicherheitstechnischen Anforderungen und sonstigen Voraussetzungen für ihr Inverkehrbringen entsprechen oder sonstige in den Rechtsverordnungen aufgeführte Rechtsgüter der Benutzer oder Dritter bei bestimmungsgemäßer Verwendung nicht gefährdet werden. Errichtung, Betrieb und die Vornahme von Änderungen an bestehenden Anlagen bedürfen der Erlaubnis. Darüber hinaus unterliegen sie einer Prüfung vor Inbetriebnahme, regelmäßig wiederkehrenden Prüfungen und Prüfungen aufgrund behördlicher Anordnungen (§ 11 Gerätesicherheitsgesetz). Näheres regeln die dazu ergangenen Rechtsverordnungen und Technischen Regeln, letztere u.a. hinsichtlich Bauart, Werkstoffen, Ausrüstungen und Unterhaltung als den >Stand der Technik< nach diesem Gesetz.

Geräusch. 1. Verkehr: Das Geräusch von Fahrzeugen hat zahlreiche Quellen, wobei die wesentlichsten von Antrieb, Auspuff, den Reifen und der Luftumströmung kommen. Der Gesetzgeber legt zulässige Geräuschwerte fest, die nach einem best. Verfahren gemessen werden. >Geräuschmessung<. Da sich die Schallwahrnehmung nach logarithmischen Gesetzen richtet, hat stets die stärkste Schallquelle den überwiegenden Einfluß auf das Gesamtergebnis. Während bei den einzelnen Quellen je nach technischem Aufwand, >Geräuschkapselung<, noch weitere Absenkungen möglich erscheinen, sind bei den Reifen Werte um etwa 70 dbA kaum zu unterbieten, wobei der Straßenbelag ebenfalls erheblichen Einfluß hat. Bei Nutzfahrzeugen teilweise noch erhebliche zusätzliche Geräusche durch Aufbauten bzw. Ladung.
2. Tierhaltung: Geräusche entstehen u.a. bei der Haltung, dem Transport, der Schlachtung und Verarbeitung von Tieren, durch diese selbst bzw. durch die verwendeten Geräte und Maschinen. Zur Beurteilung der Lärmemission ist eine exakte Messung des Schalls Voraussetzung. Neben physikalischen Schallgrößen spielen auch subjektive Parameter eine Rolle. Der Schalldruck wird in Dezibel (dB) gemessen, üblicherweise wird der Schallpegel heute nach der Bewertungskurve A in dB (A) angegeben. Geräusche entstehen in Tierproduktionsanlagen selbst, einmal durch die Tiere und zum anderen durch Ventilatoren- und Strömungsgeräusche. Folgende „Ruhepegel" werden für die einzelnen Tierarten angegeben: Abferkelställe 45 bis

60 dB(A), Schweinemastställe ca. 65 dB(A), Broilerställe (Bodenhaltung) ca. 65 dB(A), Legehennenställe (Käfighaltung) 70 bis 75 dB(A). In Rindviehställen entstehen in der Regel keine starken Tiergeräusche. Allerdings können zu den Fütterungszeiten, speziell in Mastschweineställen oder bei Störungen des normalen Tagesablaufs, höhere Intensitäten gemessen werden. In Extremfällen können in Schweinemastställen kurzzeitig bis zu 130 dB(A) registriert werden. Allgemein wird davon ausgegangen, daß Geräusche über 90 dB(A) Mensch und Tier schädigen können. Als Maßnahmen zur Verringerung der Geräuschemissionen können die Auswahl geeigneter Einrichtungen und Ventilatoren für den Stall, die Verwendung geräuscharmer bzw. schallgedämpfter Maschinen bei Schlachtung und Verarbeitung sowie eine schonende Behandlung der Tiere beim Transport (Be- und Entladen) und im Stall genannt werden.
Lit: Eikelberg W, Schlienz G (1991) Akustik am Volkswagen Transporter der 4. Generation, ATZ Automobiltechnische Zeitschrift 93 Heft 2.

Geräuschkapselung. Im Fahrzeugbau übliche und in vielen Fällen auch notwendige Maßnahme der Kapselung des Antriebs mit dem Ziel der Erhöhung des Komforts, d.h. Senkung des Innengeräuschs, und zur Verminderung des Außengeräuschs. Hierzu werden in der Regel geeignete Faser- und Schaumstoffe auf entspr. Abdeckblechen eingesetzt. Zusätzliche G. ist in vielen Fällen zur Dämpfung des Ansauggeräuschs von Motoren und Turbinen erforderlich.

Geräuschmessung. Die offizielle Messung des Außengeräuschs vorbeifahrender Fahrzeuge erfolgt nach ISO R 362. Dabei wird der Schallpegel bei beschleunigender Vorbeifahrt aus rel. niedrigen Geschwindigkeiten ermittelt, >Geräuschvorschriften< (s. Abb. S.505).
Lit: Eikelberg W, Schlienz G (1991) Akustik am Volkswagen Transporter der 4. Generation, ATZ-Automobiltechnische Zeitschrift 93, Heft 2.

Geräuschvorschriften. Vom Gesetzgeber erlassene Vorschriften zur Ermittlung des Geräuschverhaltens von Fahrzeugen mit entspr. zulässigen Grenzwerten. Das Erfüllen der G. ist Bedingung der >Allgemeinen Betriebserlaubnis<.

Geregelte Gemischbildung. >Gemischbildung<.

Geregelter Katalysator. Unrichtige Bezeichnung der >geregelten Gemischbildung< mit >Dreiwegekatalysator<.

Geregelter Vergaser (G-Kat). >Gemischbildung<.

Geruchsbekämpfung. Eine Geruchsbekämpfung der >Abluft< von >Kläranlagen< kann u.a. durch Behandlung mit >Ozon< oder naszierendem Sauerstoff erfolgen; besser ist der Einsatz von >Adsorptionsmitteln<, wie z.B. >Aktivkohle<, >Kieselgel<, >Schlacken<, Koks etc. Bewährt haben sich Filter mit Aktivkohle (Vorsicht bei Wasserdampf, es treten Verklebungen auf!). Die >Biofilter< (z.B. >Kompost<filter) haben den Vorteil, daß die adsorptive Wirkung durch den >biologischen Abbau< innerhalb des Filters ergänzt wird. Da in der Abluft nicht alle für einen mikrobiellen Prozeß erforderlichen Substanzen vorhanden sind, ist biol. aktives Boden- und Kompostmaterial dafür am besten geeignet. Voraussetzung für das Auswaschen von Gerüchen aus Abluft ist, daß die Verursacher-Substanzen hydrophil sind und sich in Wasser lösen. Die Wäsche kann mit reinem Wasser erfolgen, das dabei

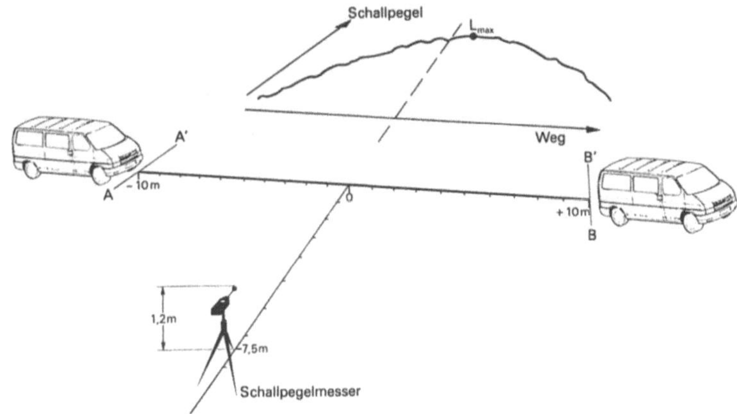

Geräuschmessung: Prinzip der Geräuschmessung nach ISO R 362 eines vorbeifahrenden Fahrzeugs

mit den Geruchsstoffen belastet wird. Es muß deshalb nachfolgend in einer >Belebungsanlage< biol. behandelt werden. Als Waschflüssigkeit können ebenso Säuren und Laugen verwendet werden. Damit wird eine bessere Löslichkeit der >Osmogene<, so z.B. >Schwefelwasserstoff< bzw. >Mercaptane< (bei höheren pH-Werten) oder >Ammoniak< und >Amine< (bei niedrigen pH-Werten) erreicht. Schließlich kann die oxidative Wirkung verschiedener Chemikalien durch Anreicherung des Waschwassers mit >Kaliumpermanganat<, >Chlor<, >Wasserstoffperoxid< oder Ozon u.a. genutzt werden. Eine brauchbare Lsg. ist die Verbrennung in einem Ofen und die damit verbundene Oxidation der Gasbestandteile. Voraussetzung dafür ist allerdings, daß die Verbrennungstemperatur mindestens 800°C beträgt, die geruchsintensiven Substanzen mit Sauerstoff zu verbinden sind und genügend Sauerstoff vorhanden ist.

Lit: Abwassertechnische Vereinigung (Hrsg.) (1982–1986) Lehr- und Handbuch der Abwassertechnik, 3.Aufl., Bd.1–7, Verlag von Wilhelm Ernst und Sohn, Berlin München.

Geruchsbelästigung. Beeinträchtigung des menschlichen Wohlbefindens über einen bestimmten Zeitraum bzw. in regelmäßigen oder unregelmäßigen Abständen durch >geruchsintensive Stoffe<. Diese können schon in geringer Konzentration zu starken Belästigungen führen, ohne daß sie bereits die Gesundheit beeinträchtigen müssen. Das Auftreten von Gerüchen ist eine der Hauptursachen für Beschwerden aus der Bevölkerung über >Luftverunreinigungen<. Das Ausmaß einer Belästigung ist u.a. abhängig von der Art, der Intensität und der Einwirkungsdauer. Verschiedene Menschen empfinden unter den jeweiligen Bedingungen Gerüche in unterschiedlicher Art. Die Wahrnehmung hängt auch von weiteren Faktoren wie z.B. Luftfeuchte und Schwebstoffgehalt ab. Die Messung von Gerüchen ist schwierig, eine objektive Beurteilung problematisch. Ein Verfahren zur meßtechnischen Erfassung von Gerüchen ist die >Olfaktometrie<, bei der Versuchspersonen verunreinigte Luft mit Reinluft subjektiv vergleichen. Sie liefert Werte für die >Geruchsschwelle< bzw. die >Geruchszahl<. Besonders geruchsintensiv sind >Schwefelwasserstoff<, >Mercaptane< und einige Amine. Bei industriellen Prozessen entste-

hen jedoch oft undefinierbare Mischungen mehrerer geruchsintensiver Verbindungen.

Lit: VDI-Kommission Reinhaltung der Luft (1986) Geruchsstoffe, VDI-Berichte 561, VDI-Verlag GmbH, Düsseldorf.

Geruchsemissionen. In der Landwirtschaft selbst als auch bei der Be- und Verarbeitung tierischer Produkte entstehen Geruchsbelastungen der Umwelt. Während in der Tierhaltung die fäkalen Ausscheidungen die wichtigsten Geruchsquellen darstellen, sind es in den Be- und Verarbeitungsbetrieben die leicht verderblichen Rest- und Abfallstoffe. In der Tierhaltung werden die Stallfortluft, das Flüssigmistlager und die Flüssigmistausbringung in diesem Zusammenhang als Ursache der Geruchsbelastung der Umwelt genannt (s. Abb. S.506). Die Geruchsstoffe sind neben den Schadgasen Schwefelwasserstoff und Ammoniak, Amine, Mercaptane, Alkane, Carbonylverbindungen, Alkohole, Indol und Skatol. Maßnahmen zur Vermeidung von Geruchsemissionen s.a. >VDI-Richtlinien Hühner/Schweine<. Bei der Be- und Verarbeitung tierischer Produkte ist der mikrobielle Verderb die Hauptursache der störenden Geruchsbelastungen der Umwelt. Sofortige Kühlung, geschlossene Lagerung, schnelle Verarbeitung und saubere Gewinnung der weiterzuverarbeitenden Reststoffe bzw. der Abfälle sind die wichtigsten Wege, die Umweltbelastung herabzusetzen. Bei der Nahrungsmittelherstellung selbst kann es durch bei der Bearbeitung entstehende hohe Konzentrationen an Aromastoffen ebenfalls zu Geruchsemissionen kommen (z.B. Räuchern). Eine entsprechende Abluftreinigung ist dann notwendig.

Geruchsintensive Stoffe. Zu den besonders geruchsintensiven Stoffen, d.h. Stoffen mit niedrigen Geruchsschwellen, zählen best. Schwefelverb. wie >Schwefelwasserstoff< und >Mercaptane<, viele >Amine<, org. Sauerstoffverb. etc. Bei vielen Prozessen entstehen jedoch nicht definierbare Mischungen von zahlreichen geruchsintensiven Verb. Insbesondere bei der Verarbeitung von pflanzlichen oder tierischen Produkten stehen die >Emissionen< komplexer Gemische geruchsintensiver Produkte im Vordergrund. Durch das Einhausen von Anlagen, Kapseln von Anlageteilen, Erzeugen eines Unterdrucks im gekapselten Raum, ge-

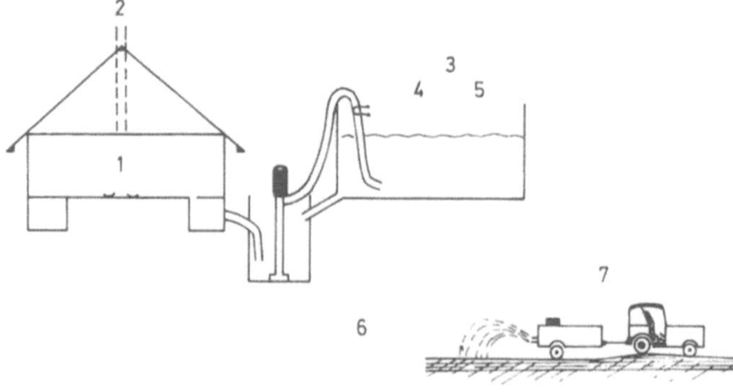

Emissionsquelle	Häufigkeit	Geruchsintensität
1 Stall	x x x	+ +
2 Abluft	x x x	+ +
3 Lagern	x x x	+
4 Umpumpen	x x	+ - + +
5 Ausfuhr, mischen	x	+ +
6 Ausfuhr, transportieren	x	o - +
7 Ausfuhr, verteilen	x	+ + +

Zeichenerklärung:	x	periodisch, mehrere Tage	o	kein
	x x	täglich/wöchentlich, kurzfristig	+	gering
			+ +	mittel
	x x x	ständig	+ + +	stark

Geruchsemissionen: Geruchsemissionen aus Tierhaltungsbetrieben

zielter Absaugung und mittels spez., auf die Geruchskomponenten ausgerichteter >Abgasreinigung< lassen sich Geruchsemissionen reduzieren. Im Einsatz sind Verfahren zur >Kondensation<, >Adsorption< und >Absorption<. Für viele Bereiche erweisen sich insbesondere >Biofilter< und >Biowäscher< als die kostengünstigsten Verfahren zur Geruchsminimierung.

Geruchsschwelle. Die G. ist die Konz. einer geruchsintensiven Verb. in der Luft, die eine eben merkliche Geruchsempfindung auslöst. Nach der in der >VDI-Richtlinie< 2230 aufgeführten Konvention ist dies diejenige Konz., bei der ein Riecher in 50 % aller Darbietungen bzw. 50 % einer Riecher-Stichprobe bei je einmaliger Darbietung eine Geruchsempfindung angibt. Auch bei standardisierten Untersuchungen mittels >Olfaktometrie< können Geruchsschwellen desselben Stoffes bei versch. Untersuchungen bis um den Faktor Zehn abweichen. Dies sogar, wenn die gleichen Riecher eingesetzt wurden. Die in der Literatur aufgeführten Geruchsschwellenwerte weisen zum Teil erheblich höhere Streuungen von bis zu einigen Zehnerpotenzen auf. Geruchsschwellen können auch als Erkennungsschwellen definiert werden. Die hierfür ermittelten Werte liegen im allg. um den Faktor 2 bis 10 über den Empfindungsschwellen.

Geruchszahl. Vielfaches der >Geruchsschwelle<. Best. wird die Geruchszahl mittels >Olfaktometrie< durch Verdünnung einer >Abgas<- oder Luftprobe bis zur Geruchsschwelle. Die Geruchszahl ergibt sich somit durch das Verhältnis des Luftvol. bei Erreichen der Geruchsschwelle zum Luftvol. im unverdünnten Zu-

stand. Geruchszahlen können im Sinne von >Emissionswerten< zur >Emissionsbegrenzung< >geruchsintensiver Stoffe< eingesetzt werden, falls eine Emissionsbegrenzung auf der Basis von >Massenkonzentrationen< für einzelne Stoffe oder Stoffgruppen nicht ausreicht, >Geruchsbelästigungen< zu vermeiden. Die >TA Luft< weist in Ziffer 3.1.9 darauf hin, daß bei Geruchszahlen von mehr als 100.000 mit Abgasreinigungseinrichtungen Geruchsminderungsgrade von mehr als 99 % eingehalten werden können.

Geruchverschluß. G. müssen das Austreten von Abwassergasen verhindern.
Der Durchflußquerschnitt muß mit den freien Querschnittsflächen der Ventile und Anschlußleitung so abgestimmt werden, daß bei den geforderten Abflußleistungen ein geräuscharmer Abfluß gewährleistet ist.
G. und Zubehörteile sind nach DIN 19541 herzustellen und einzubauen. Jede Ablaufstelle soll einen G. haben, der nahe an dieser anzubringen ist.
Mehrere unmittelbar aneinanderliegende Ablaufstellen können einen gemeinsamen G. erhalten.
Außerhalb von Gebäuden eingebaute G. müssen in frostfreier Tiefe liegen.
Lit: Abwassertechnische Vereinigung e. V. (Hrsg.) (1985–1997) ATV-Handbuch, 4. Aufl., Band 1–7, Verlag Wihelm Ernst und Sohn, Berlin München.

Gerüststoffe. >Polymere< der >Zellwand< von >Pflanzen< und >Pilzen<, die als fibrilläres Gerüst der Festigung dienen. Hierzu zählen >Cellulose< und >Chitin<, die in eine amorphe Zellwand-Matrix eingebettet sind.

Gesamtbelastung. Nach >TA Luft< ist im Rahmen eines immissionsschutzrechtlichen >Genehmigungsverfahrens< für die >Beurteilungsflächen< eines >Beurteilungsgebietes< die >Gesamtbelastung< als Summe aus der >Vorbelastung< und der >Zusatzbelastung< zu bestimmen. Die Gesamtbelastung wird dabei in Form der >Immissionskenngrößen< I1G und I2G angegeben. Der Schutz vor Gesundheitsgefahren durch >Schadstoffe<, für die entspr. >Immissionswerte< festgelegt sind, ist sichergestellt, wenn die Kenngrößen für die Gesamtbelastung die Immissionswerte auf keiner Beurteilungsfläche überschreiten. Ebenso ist der Schutz vor erheblichen >Nachteilen< und erheblichen >Belästigungen< bei Unterschreitung der diesbezüglichen Immissionswerte sichergestellt. Für besonders empfindliche Tiere, Pflanzen und Sachgüter gelten jedoch bei >Schwefeldioxid<, >Fluorwasserstoff< und anorg. gasförmigen Fluorverb. Sonderregelungen.

Gesamtkeimzahl. >Koloniezahl<.

Gesamtplanung. Versuch, alle einen bestimmten Raum betreffenden Planungsvorhaben zusammenzufassen. G. gibt es als Bundesraumordnung, Landesplanung, Regionalplanung und Bauleitplanung, also auf jeder denkbaren Stufe im hierarchischen Aufbau der Bundesrepublik.

Gesamtrückstände. Unter Gesamtrückständen versteht man die Gesamtheit verschiedener Rückstandsformen, die von einem Wirkstoff in einem Kompartiment vorhanden sind. Der Gesamtrückstand setzt sich zusammen aus dem pflanzen- oder bioverfügbaren Anteil und reversibel (>Adsorption<) bzw. irreversibel (>gebundene Rückstände<), wie sie in der Abb. am Beispiel von Herbiziden im Boden dargestellt sind. Im phytotoxischen Bereich werden Unkräuter in Kulturpflanzenbeständen aufgrund der >selektiven Wirkung< bekämpft. Je nach Empfindlichkeit einer Pflanze gegenüber einem best. >Wirkstoff< kann es zu Schäden an den Kulturpflanzen kommen. Der unterste Bereich wird mit der Erfassungsgrenze sehr empfindlicher >Bioassays< (Biotests) gleichgesetzt. Im subphytotoxischen Bereich kommt es zwar auch zu einer Auf-

nahme von >Wirkstoff(en)< durch die Kulturpflanze; es treten unterschiedlich hohe >Rückstände< auf, jedoch ohne phytotoxische Erscheinungen. Der untere Schwellenwert für die Rückstandsbildung in Pflanzen ist dem >pflanzenverfügbaren Anteil< des Gesamtrückstandes gleichzusetzen. Nicht extrahierbare Rückstände sind als sog. >gebundene Rückstände< definiert und ergeben die Erfassungsgrenze für chem.-physikalische Nachweismöglichkeiten.

Lit: Thier HP, Frehse H (1986) Rückstandanalytik von Pflanzenschutzmitteln. In: Hulpke H, Hartkamp H, Tölg G (Hrsg.) Analytische Chemie für die Praxis, S. 1–325.

Gesatop. (Simazin). Ein herbizid-wirkendes Triazinderivat wie >Atrazin<, das u. a. auf Kulturen von Obst, Wein und Hülsenfrüchten angewendet wird. Der Schwerpunkt liegt im Mais- und Getreideanbau. G. hat eine geringe Selektivität gegenüber Getreide und wird zunehmend durch Kombinationspräparate ersetzt. Da Triazinderivate im Boden einige Monate beständig sein können, ist die Fruchtfolge sorgfältig auszuwählen.

Geschiebe. Am Grund eines >Fließgewässers< schiebend oder rollend bewegtes Sohlenmaterial, im Gegensatz zu den ohne Bodenkontakt transportierten >Schwebstoffen<. Die bewegenden Kräfte sind Staudruckkräfte des bewegten Wassers: $S = V^2F\ 0{,}5\ Dw$, die beharrenden Kräfte sind Gravitationskräfte $G = (Dm-Dw)g$ mit V = Wasserbewegung $[m \cdot s^{-1}]$, F = Staudruckfläche $[m^2]$, $g = 9{,}81\ [m \cdot s^{-2}]$, Dm = Dichte des Materials $[kg \cdot m^{-3}]$, Dw = Dichte des Wassers. Wenn $S > G$ gerät ein Stein etc. auf der Sohle in Bewegung. Da $S = f(V)$, nimmt mit steigender Fließgeschwindigkeit 1. die Geschiebemenge und 2. die Größe der gerade noch bewegten Körner zu. Bei der Bewegung wird ein Korn gerundet und verkleinert. Kalkstein ist nach ca. 5 km, Granit nach ca. 20 km gerundet

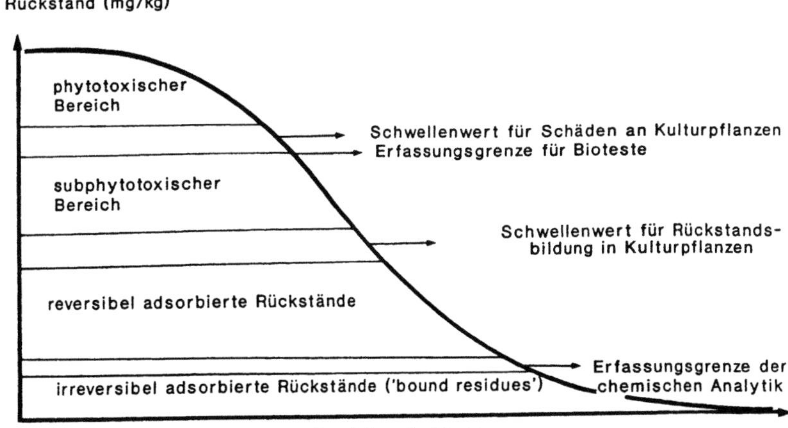

Gesamtrückstände: Abbau- und Sorptionsprozesse im Boden und ihr Einfluß auf die Aktivität von Herbiziden

bzw. nach 50 bzw. 300 km auf das halbe Vol. verkleinert. Nach dem Rundungsgrad werden 4 Klassen unterschieden: kantig, kantengerundet, gerundet, stark gerundet. Aus der Rundungsanalyse von Geröllen kann auf den Transportweg geschlossen werden, was für die Geologie (Flußgeschichte) und >Paläolimnologie< von Bedeutung ist. Der Geschiebetransport ist für die Besiedlung der Fließgewässer von größter Bedeutung; das tiefere >hyporheische Interstitial< nimmt, von Katastrophen abgesehen, nicht am Geschiebetransport teil und ist somit ein Stabilitätsrefugium für Organismen.

Geschlechtschromosom. S. >Heterosom<.

Geschlossene Lösung. (S. a. >analytische Lsg.< einer >Differentialgleichung<). Im Unterschied zu einer numerisch-approximativen Lsg. läßt sich eine Funktion der unabhängigen Variablen finden, die, für die abhängige Variable in die Differentialgl. eingesetzt, diese identisch in den unabhängigen Variablen erfüllt.

Geschlossene Systeme. Thermodyn. Systeme, die keinen materiellen Austausch mit ihrer Umgebung aufweisen – und, nach geläufiger Einschränkung in der Thermodynamik, auch keinen Energieaustausch außer über Wärmeleitung. Ihre Entropie kann daher nur zunehmen. Bei unveränderter äußerer Temperatur der Umgebung nehmen sie diese mit der Zeit an. G. lassen sich z.B. charakterisieren anhand der faktisch isolierenden Wirkung eines frische Lebensmittel enthaltenden, aber gasundurchlässigen Plastikbeutels in der Dunkelheit, der nach geraumer Zeit ein gashaltiges Gemisch aus teilweise reduzierten Stoffen enthält.

Geschmacksverstärker. Verbindungen, die keinen oder nur geringen Eigengeschmack und -geruch besitzen, bei geringem Zusatz zu anderen Lebensmitteln aber deren Eigengeschmack vielfach verstärken, z.B. > 5'-Nucleotide<, >Mononatriumglutamat<.

Geschmackswandler. Stoffe, die den Geschmack eines Lebensmittels beeinflussen. Sie lassen sich in süße, saure, bittere und salzige Verbindungen einteilen.

Geschützte Tiere. Da die Zahl >gefährdeter Tiere< ständig wächst, sind Maßnahmen zu ihrem Schutz nicht nur aus ethischen Gründen unbedingt erforderlich. Während der *Tierschutz* im engeren Sinn den Schutz einzelner Individuen in den Vordergrund stellt, ist ein dauerhafter Schutz von >Populationen< und >Arten< von größerer Bedeutung. Dieser läßt sich in ausreichendem Maße nur durch einen Biotopschutz und letztlich einen optimierten >Umweltschutz< erreichen. Gesetzliche Grundlage dafür bieten u.a. das >Tierschutz-< und das >Naturschutzgesetz<.

Geschützte und gefährdete Pflanzen. Der Schutz wildlebender Pflanzenarten (Artenschutz) ist aus ethischen Gründen geboten; er erfordert zugleich erhebliche Anstrengungen, um dem voranschreitenden Artenschwund Einhalt zu gebieten. Nach dem Bundesnaturschutzgesetz (§ 20) ist es verboten, wildlebende Pflanzen der besonders geschützten Arten oder ihre Teile oder Entwicklungsformen abzuschneiden, abzupflücken, aus- oder abzureißen, auszugraben, zu beschädigen oder zu vernichten, Standorte wildlebender Pflanzen der vom Aussterben bedrohten Arten durch Aufsuchen, Fotografieren oder Filmen der Pflanzen oder ähnliche Handlungen zu beeinträchtigen oder zu zerstören. Eine Liste der besonders gefährdeten Arten findet sich als Anhang zur Bundesartenschutzverordnung (vom Aussterben bedrohte Arten sind durch Fettdruck hervorgehoben). Sog. >Rote Listen< gefährdeter Arten werden u.a. von den Landesämtern für Umweltschutz veröffentlicht, z.B. Rote Liste der gefährdeten Farn- und Blütenpflanzen Bayerns (Bayer. Landesamt für Umweltschutz, München, 1997).

Lit: Korneck D, Sukopp H (1988) Rote Liste der in der Bundesrepublik Deutschland ausgestorbenen, verschollenen und gefährdeten Farn- und Blütenpflanzen und ihre Auswertung für den Arten- und Biotopschutz. Bundesforschungsanstalt für Naturschutz und Landschaftsökologie, Schriftenreihe für Vegetationskunde, Heft 19, Bonn-Bad Godesberg.

Geschwindigkeit. Die Menge an >Kraftstoffverbrauch< und teilweise auch >Abgasemissionen< ist stark von der G. der Fahrzeuge abhängig. Um diesen Effekt bei Abgasemissionen zu vermeiden, sollten alle Maßnahmen zur Abgasreinigung im gesamten Betriebsbereich der Fahrzeuge voll wirksam sein, und nicht nur in den vorgegebenen Testbereichen, >Fahrzyklus< (s. Abb.).

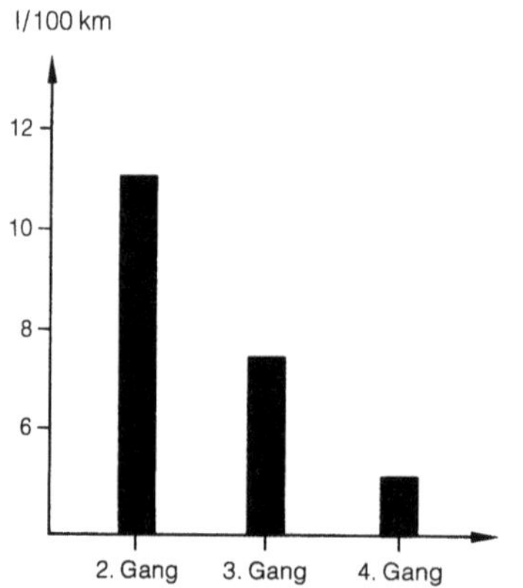

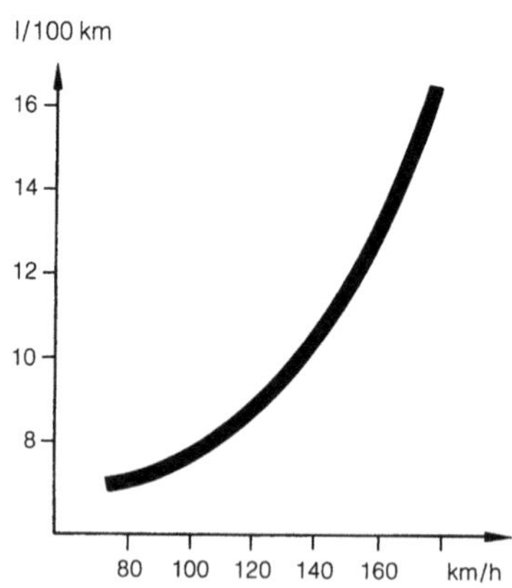

Geschwindigkeit: Kraftstoffverbrauch eines Mittelklasse-Pkw bei konstant 50 km/h in Abhängigkeit vom Getriebegang (links) und über der Fahrgeschwindigkeit im 5. Gang (rechts), VW-Bild

Geschwindigkeitsbeschränkung. Wegen Fahrzeugsicherheit, >NO_x< und >CO_2-Emissionen< zunehmend auch in Deutschland gefordert (z.B. 130 km/h auf Autobahnen wie auch in anderen europäischen Ländern). >Abgasgroßversuch<.

Gesellschaft für Anlagen- und Reaktorsicherheit (GRS) mbH. Die GRS ist eine wissenschaftliche, weitgehend von der öffentlichen Hand getragene, gemeinnützige Gesellschaft mit Hauptsitz in Köln, Betriebsteilen in Garching, Braunschweig und Berlin sowie Büros in Moskau und Kiew. Sie ist (1997) mit rd. 560 Mitarbeitern (davon mehr als 400 Wissenschaftler unterschiedlicher Fachrichtungen) in Forschung und Entwicklung auf den Gebieten der nuklearen Sicherheit, der Entsorgung von radioaktiven sowie chem. toxischen Abfällen, des Brennstoffkreislaufs sowie der Anlagensicherheit und der Umwelt tätig.

Gesetz über die Umweltverträglichkeitsprüfung (UVPG). Das UVP-Gesetz ist Bestandteil des Gesetzes zur Umsetzung der Richtlinie des Rates vom 27.06.1985 über die Umweltverträglichkeitsprüfung bei bestimmten öffentlichen und privaten Projekten (85/337/EWG). Die *EG-UVP-Richtlinie* wurde am 27.06.1985 verabschiedet mit der Maßgabe, sie bis zum 03.07.1988 von den Mitgliedsstaaten in nationales Recht umzusetzen. Ausgangspunkt für das bundesdeutsche Gesetzgebungsverfahren war der Referentenentwurf vom 28.03.1988, der die Konzeption einer stufenweisen Umsetzung der UVP-Richtlinie in deutsches Recht festlegte. Nach Anhörung der Wirtschafts-, Kommunal- und Umweltverbände sowie der Gewerkschaften wurde der Referentenentwurf überarbeitet und am 29.06.1988 von der Bundesregierung als Gesetzentwurf beschlossen. Nach weiteren Änderungen durch den Bundesrat und durch den Ausschuß für Umwelt, Naturschutz und Reaktorsicherheit wurde das Gesetz schließlich am 16.11.1989 vom Bundestag beschlossen und am 12.02.1990 verkündet. Es trat am 01.08.1990 in Kraft. Zweck des Gesetzes ist es sicherzustellen, daß bei bestimmten Vorhaben, die in der Anlage zu diesem Gesetz aufgeführt sind (z.B. genehmigungsbedürftige Vorhaben nach § 4 >BImSchG< unter Einbeziehung der Öffentlichkeit; kerntechnische, Abfallentsorgungs- und Abwasserbehandlungsanlagen; Bau und Änderung von Bundesfernstraßen, Anlagen der Deutschen Bundesbahn, von Straßenbahnen, Flugplätzen, Bundeswasserstraßen u.a.), zur wirksamen Umweltvorsorge nach einheitlichen Grundsätzen die möglichen Auswirkungen auf die Umwelt frühzeitig und umfassend ermittelt, beschrieben und bewertet werden sowie das Ergebnis der UVP so früh wie möglich bei allen behördlichen Entscheidungen über die Zulässigkeit berücksichtigt wird.
Nach § 2 UVPG ist die Umweltverträglichkeitsprüfung jedoch stets nur unselbständiger Teil verwaltungsbehördlicher Verfahren, die der Entscheidung über die Zulässigkeit von Vorhaben dienen. Das Gesetz enthält keine eigenen >materiell-rechtlichen< Standards über die Zulässigkeit von Vorhaben, so daß sich deren >materiell-rechtliche< Zulässigkeit allein aus den fachgesetzlichen Festsetzungen ergibt (z.B. Atomgesetz, KrW-/AbfG, BImSchG etc.). Das UVPG enthält aber vielfältige >formal-rechtliche< Vorschriften, die von den für die Durchführung derartiger Verfahren zuständigen Behörden zu beachten sind. Dazu zählen z.B. Festlegung und Unterrichtung über den voraussichtlichen Untersuchungsrahmen, die dafür zu erarbeiten-

den und der Behörde vorzulegenden Unterlagen (§ 5 UVPG) sowie die Beteiligung der Öffentlichkeit (§ 9 UVPG). Auch die Verletzung lediglich >formal-rechtlicher< Vorschriften, wie die hier genannten, kann jedoch zur Anfechtbarkeit einer behördlichen Entscheidung führen. Ergänzend zum UVPG ist die Allgemeine Verwaltungsvorschrift zur Ausführung des Gesetzes über die Umweltverträglichkeitsprüfung (UVPVwV) vom 18.09.1995 (GMBl. 1995 S.670) von allen Behörden zu beachten.

Gesetz zum Schutz vor schädlichen Umwelteinwirkungen durch Luftverunreinigungen, Geräusche, Erschütterungen und ähnliche Vorgänge. >Bundes-Immissionsschutzgesetz< (BImSchG).

Gesetzgebung im Umweltrecht. Stellt sich als außerordentlich differenziert dar, weil alle potentiellen Gesetzgeber (Bund, Länder, Gemeinden, aber auch die Verwaltungsspitze als Verordnunggeber) daran beteiligt sind. Wesentliche Gesetzgebungskompetenzen liegen beim Bund: Art.74 Nr.11a, 20 und 24, Art.75 Nr.3, 4 des Grundgesetzes; Länder müssen häufig Ausführungsgesetze erlassen; den Kommunen bleibt das lokale Recht, z.B. das Recht, >Abfallsatzungen< zu erlassen. Daneben eine Unzahl von Rechtsverordnungen, die u.a. technische Details regeln. Fundamentale Rechtsvereinheitlichung ist zu erwarten durch ein zusammenfassendes Umweltgesetzbuch.

Gesetzlich limitierte Schadstoffe. Durch gesetzliche Vorschriften definierte und begrenzte >Abgasschadstoffe<. In der Regel sind dies: >Kohlenmonoxid< (CO), >Kohlenwasserstoffe< (HC), >Stickoxide< (NO_x) und >Feststoffe< (Partikel).

Gesetzliche Bestimmungen. >Gesetze<.

Gestaltungswirkung. Kommt dem >Planfeststellungsbeschluß< zu, der ein >Planfeststellungsverfahren< abschließt; es werden die Rechtsbeziehungen zwischen dem Träger des Vorhabens und den durch den Plan in ihren Rechten betroffenen Dritten endgültig und abschließend durch den Planfeststellungsbeschluß geregelt.

Gestattungswirkung. Das Recht, von einer Erlaubnis (>Genehmigung<) tatsächlich Gebrauch zu machen.

Gesteinsdurchlässigkeit. >Durchlässigkeit<.

Gesteinsmehle. Gemahlene Kalifeldspate, Kalkfeldspate oder Magnesiumsilikate mit sehr geringer Düngerwirkung. Sie werden im >ökologischen Landbau< eingesetzt. Dort sollen die >Silikate< die Widerstandskraft der Pflanze gegen Schaderreger erhöhen.

Gesundheit. Nach der Satzung der Weltgesundheitsorganisation (WHO) ist Gesundheit allgemein der Zustand völligen körperlichen, seelischen und sozialen Wohlbefindens und das für jeden Menschen erreichbare Höchstmaß an Gesundheit eines seiner Grundrechte. Eine andere Definition für Gesundheit wurde von der European Communities Biologists Association (ECBA) vorgeschlagen, die auch die Definition des Begriffes Gesundheit der WHO enthält. Demnach kann unter Gesundheit folgendes verstanden werden:
– Gesundheit bedeutet die volle Entwicklung von Leben.
– Gesundheit ist das völlige physische, geistige und soziale Wohlsein des Menschen (WHO).

– Gesundheit ist die Erfüllung aller primären Lebensbedürfnisse eines Individuums.
– Gesundheit ist die Fähigkeit, trotz physischer oder emotionaler Behinderungen arbeiten und genießen zu können.
– Gesundheit ist das Gleichgewicht aller vitalen Prozesse innerhalb eines Individuums und zwischen dem Individuum und seiner sozialen und natürlichen Umwelt.
– Gesundheit ist die annähernde Übereinstimmung bestimmter Eigenschaften lebender Systeme mit vorgegebenen Sollwerten.

Lit: Rudolph P, Boje R (1986) Ökotoxikologie nach dem Chemikaliengesetz, ecomed-verlagsgesellschaft, Landsberg/Lech.

Gesundheitsrecht. Dasjenige Recht, das die Voraussetzungen für die Erhaltung der menschlichen Gesundheit schafft, also (soweit hier bedeutsam) einerseits das gesamte >Umweltrecht<, soweit es auf den Menschen hin orientiert ist, aber auch das >Arzneimittelrecht<; zum G. zählt andererseits auch das Krankenversicherungsrecht, das im Sozialgesetzbuch geregelt ist.

Gesundheitsrisiken. Man unterscheidet zwischen individuellen G., die durch persönliche Verhaltensweisen bedingt sind und von außen vorgegebenen G., denen sich der Einzelne nicht entziehen kann. Zu den wichtigsten individuellen G. gehören das Rauchen und der Alkoholmißbrauch, auf die annähernd ein Viertel der vorzeitigen Todesfälle zurückzuführen ist. Durch das Rauchen werden ein großer Teil der Herzinfarkte und anderer Herz-Kreislauf-Krankheiten sowie etwa 30% aller Krebserkrankungen verursacht, durch Alkoholmißbrauch der überwiegende Teil der Leberzirrhosen. Des weiteren sind einseitige Ernährung und Überernährung, mangelnde körperliche Aktivität, einseitige physische und psychische Belastungen G. für Herz-Kreislauf-Krankheiten, einige Krebsformen, Diabetes mellitus und Krankheiten des Stütz- und Bewegungsapparates. Zu den von außen vorgegebenen G. sind vor allem Risiken am Arbeitsplatz und Risiken durch Umweltbelastungen zu zählen. Zu ihrer Verminderung oder Vermeidung gibt es eine Vielzahl von Regelwerken, welche dem Ziel dienen, nachteilige Wirkungen auf die menschliche Gesundheit möglichst auszuschließen.

Gesundheitswesen. Umfassender Begriff für die gesundheitliche Versorgung aller Menschen in einem Staatsgebiet. Dazu zählen das Öffentliche Gesundheitswesen sowie die ambulante und die stationäre Versorgung. Der inhaltliche Rahmen dessen, was dem Gesundheitswesen zugeordnet werden kann, ist weit gespannt. Zum Gesundheitswesen gehören alle therapeutischen und behandelnden Maßnahmen sowie Bemühungen, die auf die Gesundheit des einzelnen Menschen, Gruppen von Personen oder der Bevölkerung eines Staates abzielen. Entwicklung und Ausgestaltung des Öffentlichen Gesundheitswesens richten sich dabei einerseits nach dem jeweiligen Stand der medizinischen Erkenntnisse, zum anderen nach der Verfassung und allgemeinen politischen Zielsetzung des Staates. Das Gesundheitswesen umfaßt aber auch die auf dem Gebiet der Gesundheit tätigen freien Verbände mit ihren auf bestimmte Bevölkerungsgruppen ausgerichteten Leistungen, besonders im Bereich der Gesundheitsförderung, des Gesundheitsschutzes, der Gesundheitshilfe und der präventiven Medizin. Öffentliches

Gesundheitswesen umfaßt das planmäßige Handeln des Staates (des Bundes und der Länder), der Körperschaften, Anstalten und Stiftungen des öffentlichen Rechts sowie sonstiger Einrichtungen mit dem Ziel, die menschliche Gesundheit zu schützen und zu fördern. Auf dieses Ziel ausgerichtete Vorschriften finden sich sowohl in zusammenhängenden Gesundheitsgesetzen (z. B. Bundesseuchengesetz) als auch in einzelnen Vorschriften anderer Gesetze (z. B. Arzneimittelrecht, Lebensmittelrecht, Wasserrecht, Sozialversicherungsrecht, Sozialhilferecht, Recht der Berufe des Gesundheitswesens, StGB, BGB).

Lit: Femmer J, Erdmann W, Segerling M, Pennekamp P, Osterland KH, Kröger E (Hrsg.) (1985) Grundriß des Öffentlichen Gesundheitswesens, Bertelsmann, Bielefeld.

Getreideeinheit. (GE). 1 dt GE = 1 dt Gerste. Über die GE wird die Bewertung pflanzlicher und tierischer Erzeugung vorgenommen, als Basis dient das Energielieferungsvermögen von Futtergerste. Die übrigen pflanzlichen Produkte werden dazu ins Verhältnis gesetzt, die tierischen Erzeugnisse werden nach dem Nettoenergiegehalt des >Futters<, – das ist die Futterenergie, die in den Tierprodukten wie Milch, Fleisch oder der tierischen Arbeitsleistung anteilig enthalten ist – bewertet. Beispiele: 1 dt Kartoffel= 0,22 GE, 1 ha Blumen = 135 GE, 1 dt Schwein = 3,5 GE. Die GE bietet die Möglichkeit, die Vielfalt der landwirtschaftlichen Produktion, unabhängig vom jeweiligen Marktpreis, mittels eines Naturalmaßstabes zu erfassen. Von Interesse sind dabei: Die Bruttobodenleistung, d. h. die Bodenleistung aller landwirtschaftlich genutzter Flächen; die Nahrungsmittelproduktion, die alle landwirtschaftlich erzeugten Mengen umfaßt, die als Nahrungsmittel direkt oder als Rohprodukte für deren Herstellung verwendet werden; sowie die Netto-Nahrungsmittelproduktion, die nach Abzug der Futtermittelimporte die heimische Bodenleistung kennzeichnet. Der Berechnungsschlüssel der GE wurde 1988 neuen Erkenntnissen angepaßt.

Lit: Statistisches Jahrbuch über Ernährung, Landwirtschaft und Forsten (1997) Landwirtschaftsverlag, Münster-Hiltrup, S. 147–150.

Getreidefruchtfolge. Die >Fruchtfolge< besteht nur aus Getreidefruchtarten, wozu auch Mais zählt. Die G. wird in der Praxis durch Zwischenfrüchte aufgelockert und so dem sonst bei enger Getreidefolge häufig auftretenden Ertragsabfall begegnet, der im wesentlichen durch auf Getreide spezialisierte Schaderreger verursacht wird. Die G. hat den arbeitswirtschaftlichen Vorteil der vollen Mechanisierung, deshalb wird sie auch als „Mähdruschfruchtfolge" bezeichnet.

Getrennte Stabilisierung. Die von der >Abwasserreinigung< nach dem >Belebungsverfahren< her bekannten biol. und biochem. Reaktionen gelten ebenfalls für die >Stabilisierung< von Schlamm im aeroben Milieu. >Mikroorganismen< bilden durch >Baustoffwechsel< neue >Zellsubstanz<. Bei der >biol. Abwasserreinigung< wird in Abhängigkeit vom Substratangebot >Überschußschlamm< produziert. Grundlage der getrennten aeroben Stabilisierung ist im prinzipiellen Gegensatz dazu, durch Nährstoffmangel über den >Betriebsstoffwechsel< eine Umwandlung der org. Stoffe in anorg. Substanzen und inertes Zellmaterial zu erreichen (s. Abb. S. 511). Der Schlamm kann mit Unterbrechungen, etwa einmal am Tag, zugegeben werden. Die Feststoffmenge bzw. der in ihr enthaltene

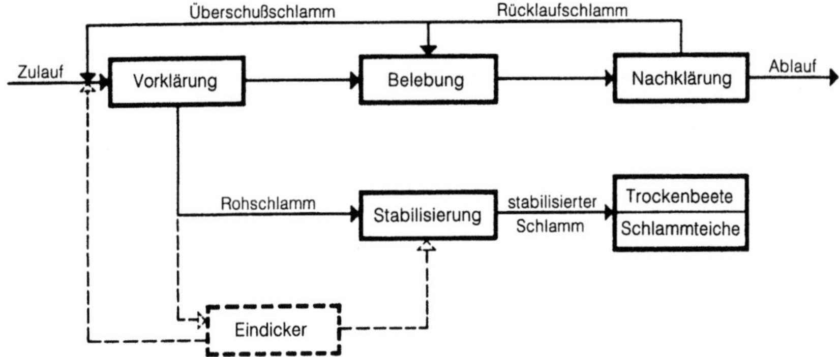

Getrennte Stabilisierung: Verfahrensschema einer biologischen Kläranlage mit getrennter aerober Stabilisierung des Rohschlammes (aus: Abwassertechnische Vereinigung, 1982–1986)

org. Anteil wird beim Stabilisierungsprozeß vermindert.

Lit: Abwassertechnische Vereinigung (Hrsg.) (1982–1986) Lehr- und Handbuch der Abwassertechnik, 3. Aufl., Bd. 1–7, Verlag von Wilhelm Ernst und Sohn, Berlin München.

Getrenntsammlung von Abfällen. >Erfassungssystem< für Abfälle, bei dem mindestens zwei Abfallbehälter für die getrennte Erfassung von >Wertstoffen< (z. B. >Gelber Sack<, >Grüne Tonne< oder >Biotonne<) und >Restmüll< den Haushalten zur Verfügung gestellt werden (s. Abb.).

Getriebe. Die Auslegung der Schaltgetriebe für Fahrzeuge ist mitbestimmend für die Umweltbelastung durch >Abgas-Schadstoffe< und CO_2. In der Regel sind die Schaltgetriebe für Pkw nach Fahrleistungs- und Komfortgesichtspunkten ausgelegt, so daß noch ein Verbesserungspotential zugunsten der Umweltparameter besteht.

Getriebe-Management. Steuerung des Getriebes durch meist mikroprozessorgesteuertes System – vor allem beim >Ottomotor< eine Möglichkeit zur Kraftstoffeinsparung (Spargang: Fahren im optimalen Kennfeldpunkt; >Schwungnutzautomatik< erlaubt Energierückgewinnung).

Gewächshauseffekt. = Glas- od. Treibhauseffekt. Durch künstliche Anreicherung verschiedener natürlicher oder synthetischer Gase wie Kohlendioxid, Methan, Lachgas und Fluor(chlor)kohlenwasserstoffe in der Atmosphäre aufgrund von z. B. (unvollständigen) Verbrennungsprozessen bedingte verstärkte Wärmeabsorption mit erwarteten Langzeitfolgen für das Klima; s. a. >Klimaveränderung<, >Aufwärmung der Atmosphäre<.

Gewässer. Mindestens für einige Wochen beständige Wasseransammlungen auf oder unter der Erdoberfläche, s. a. >Gewässertypen<:

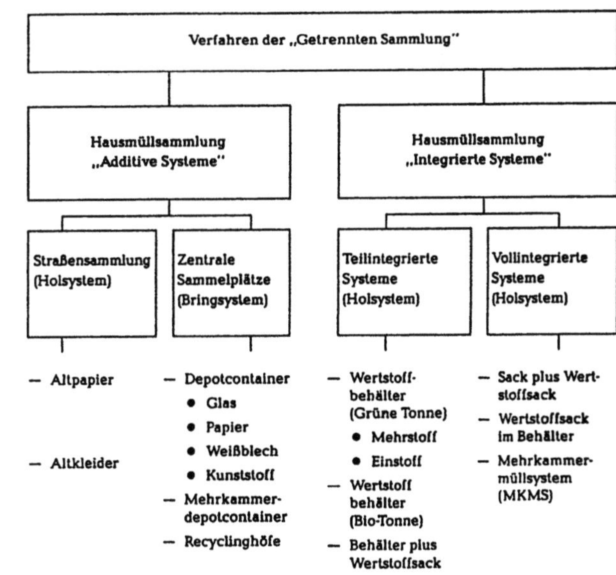

Getrenntsammlung von Abfällen:
Verfahren der getrennten Sammlung
von Hausmüll

a) Oberirdische Gewässer
- marine Gewässer, Salzgehalt normal ca. 35 %
- kontinentale Gewässer, Salzgehalt < 1 bis 300 %
- stehende Gewässer: Süßwasserseen, Weiher, Teiche (künstl.), Salzseen (bis 300 %), >Phytothelmen<, >Lithothelmen<
- fließende Gewässer: Quellen, Bäche, Flüsse, Ströme.
b) Unterirdische Gewässer
- Grundwasser im Porenraum der Gesteine
- Wasseransammlungen in Spalten, Klüften und größeren Hohlräumen des festen Gesteins: Höhlenseen, Höhlenflüsse.
1. Ausbau: Die Herstellung, Beseitigung oder wesentliche Umgestaltung eines Gewässers oder seiner Ufer, s. § 31 Abs. 1 des >Wasserhaushaltsgesetzes<. Notwendig ist i. d. R. die Durchführung eines >Planfeststellungsverfahrens<.
2. Begriff: Notwendig zur Klärung des Anwendungsbereichs des Wasserrechts, geschehen durch § 1 des Wasserhaushaltsgesetzes. Dem G. unterfallen drei „Typen" von Gewässern: oberirdisches Gewässer (das ist das ständig oder zeitweilig in Becken fließende oder stehende oder aus Quellen wild abfließende Wasser), Küstengewässer (das Meer zwischen der Küstenlinie bei mittlerem Hochwasser oder der seewärtigen Begrenzung der oberirdischen Gewässer und der seewärtigen Begrenzung des Küstenmeeres) und Grundwasser (das Wasser, das Hohlräume der Erde zusammenhängend ausfüllt und nur der Schwere unterliegt).
3. Benutzungen: Geregelt in § 3 Abs. 1 und 2 des >Wasserhaushaltsgesetzes<. G. sind: Entnehmen und Ableiten von Wasser aus oberirdischen Gewässern; Aufstauen und Absenken von oberirdischen Gewässern; Entnehmen fester Stoffe aus oberirdischen Gewässern, soweit dies auf den Zustand des Gewässers oder auf den Wasserabfluß einwirkt; Einbringen und Einleiten von Stoffen in Küstengewässer, wenn diese Stoffe von Land aus oder aus Anlagen, die in Küstengewässern nicht nur vorübergehend errichtet oder festgemacht worden sind, eingebracht oder eingeleitet werden oder in Küstengewässer verbracht worden sind, um sich ihrer dort zu entledigen; Einleiten von Stoffen in das Grundwasser; Entnehmen, Zutagefördern, Zutageleiten und Ableiten von Grundwasser; Aufstauen, Absenken und Umleiten von Grundwasser durch Anlagen, die hierzu bestimmt oder hierfür geeignet sind; Maßnahmen, die geeignet sind, dauernd oder in einem nicht nur unerheblichen Ausmaß schädliche Veränderungen der physikalischen, chemischen oder biologischen Beschaffenheit des Wassers herbeizuführen.

Gewässerbelastung. Anthropogen bedingte Erhöhung der Konz. natürlicher und künstlicher, gelöster oder ungelöster Stoffe in Gewässern und ihre Folgen. Nach der Herkunft der Stoffe handelt es sich um Abwasserinhaltsstoffe wie Phosphor, Stickstoffverb., Schwermetalle; um Luftschadstoffe wie Schwermetalle, Sulfat und NO_x; Stoffe aus Land- und Forstwirtschaft: >Pestizide<, Phosphor, Stickstoffverb.; Stoffe aus der chem. Industrie und dem Bergbau wie Pestizide und andere Gebrauchschemikalien, Salze, Kohlepartikel u. a. Nach ihrer Wirkung handelt es sich um >eutrophierende< Stoffe, wie P und N, tox. oder anders wirksame Substanzen sowie >Schwebstoffe<, die die Licht- und Sedimentverhältnisse beeinflussen und/oder >Schadstoffe<, z. B. Schwermetalle, an ihren Oberflächen adsorbieren. Die G. kann durch wasserbauliche Veränderungen eines naturnahen Gewässers verschärft werden, obwohl diese Maßnahmen selbst nicht zur G. gerechnet werden. Die G. kann chem. oder biol., am besten integriert beurteilt werden, s. >Eutrophierung<, >Gewässergüte<. Bei der >Selbstreinigung< reagiert die Lebensgemeinschaft eines Gewässers auf die G. und vermindert die Konz. der eingetragenen Substanzen, sofern diese biol. abbaubar sind. Eine bloße Verlagerung von Stoffen aus dem Wasser in Organismen durch >Bioakkumulation< oder in das Sediment durch Adsorption ist keine Selbstreinigung.
Lit: Koch R (1989) Umweltchemikalien. Physikalisch-chemische Daten, Toxizitäten, Grenz- und Richtwerte, Umweltverhalten. 1. Aufl., VCH, Weinheim.

Gewässerbett. Die von strömendem Wasser bei Mittelwasserführung (MQ) benetzte Ufer- und Sohlenfläche eines >Fließgewässers<. In jedem Querschnitt kann das G. durch den benetzen Umfang $U_B = 2a + b$ angegeben werden, a = benetzte Ufer, b = benetzte Sohle. Die tatsächliche benetzte Fläche ist wegen der Rauhigkeiten schwierig festzustellen, für die grundnahen Strömungsverhältnisse und die Sorptionseig. der besiedelten Substrate aber von größter Bedeutung. Im weiteren und naiven Sinn ist G. die vom Gewässer durchflossene Rinne.

Gewässererwärmung. Die G. ist ein Teilaspekt des natürlichen Wärmehaushalts eines Gewässers, der im Jahres- und Tagesrhythmus Phasen der Erwärmung und Abkühlung umfaßt. Im eingeschränkten Sinn wird unter G. die künstliche Wärmezufuhr in ein Gewässer, meist >Fließgewässer<, verstanden. In erster Linie erfolgt diese durch Abwärme aus Kühlanlagen von >(Kern-)Kraftwerken<. Für diese G. bestehen folgende Auflagen und Vorschriften (s. Tabelle).

Gewässererwärmung

Grenztemp. im Gewässer:	sommerwarme Gew.	T_{max} 28 °C
	sommerkühle Gew.	T_{max} 25 °C
	Salmonidengew.	T_{max} 18 °C
Aufwärmspannen (ΔT_G) (K = Kelvin):	sommerwarme Gew.	ΔT_G 5 K
	sommerkühle Gew.	ΔT_G 3 K
Grenztemp. für Kühlwassereinleitungen (T_{Emax}) und ihre Temperaturspanne gegenüber der aktuellen Gewässertemp. (T_{Emax}):	Frischwasserkühlung	T_{Emax} 30 °C
		T_{Emax} 10 K
	Ablaufkühlung	T_{Emax} 33 °C
		T_{Emax} 10 K
	Kreislaufkühlung	T_{Emax} 35 °C

Die zugeführte Abwärme verteilt sich erst nach einer mehr oder weniger langen Fließstrecke im Gewässer. Mögliche biol. Auswirkungen im Gewässer sind: Störung des Entwicklungszyklus von Fließwasserinsekten; erhöhte mikrobielle Aktivität, dadurch stärkerer Sauerstoffverbrauch, aber auch intensivere >Selbstreinigung<; Belastung der Fische, die bei (zu) hoher Temp. 1. mehr O_2 benötigen, 2. weniger O_2 im Wasser haben, 3. in ihrem Blut O_2 schlechter transportieren können. Statt von G. wird fälschlicherweise oft von „Gewässeraufheizung" gesprochen.

Gewässereutrophierung. >Eutrophierung<.

Gewässergüte. Auf ein Qualitätsziel oder Nutzungsziel (Güte wofür?) bezogene Beurteilung des Zustandes eines Gewässers. Grundsätzlich ergibt sich die G. aus der >Wassergüte< und der Güte des Lebensraums. Entspr. ist bei der Beurteilung der G. der Zustand des Wassers (Wasserinhaltsstoffe, Wärmebelastung) und der des Lebensraums (wasserbauliche Veränderungen wie Begradigung, Sohlenverdichtung, Uferbefestigung, Ufervegetation) erforderlich. Das Grund-Qualitätsziel, auf das die G. zu beziehen ist, muß der naturnahe Zustand des Gewässers sein, den es aus ökologichen Erwägungen zu erhalten gilt, sowie die geochem. Grundfracht der Gewässer. Schiffartsstraßen und -kanäle haben ein anderes Qualitätsziel: die Erhaltung der Funktion als Verkehrsweg. Die Gewässerrenaturierung verfolgt das Ziel einer Verbesserung der G. in Richtung zum naturnahen Zustand, was durch wasserbauliche und abwassertechnische Verbesserungen zu erreichen ist. Bei der Beurteilung der G. können versch. >Gewässergüteklassen< berücksichtigt werden.

Gewässergüteklassen. Bewertung der >Gewässergüte< nach unterschiedlichen Kategorien. Die am meisten verwendete Klassifzierung ist das >Saprobiensystem< zur Ermittlung der Gewässergüte von >Fließgewässern< auf biol. Grundlage mit sieben Güteklassen von „nicht" bis „sehr stark" mit org. abbaubaren Stoffen belastet. Zur Beurteilung der wasserbaulichen Veränderungen eines Fließgewässers hat KONOLD das Hemerobie-System entworfen, das die Abweichungen vom naturnahen Zustand klassifiziert und somit im Hinblick auf die Renaturierung der Fließgewässer heute besonders aktuell ist. Die Hauptstufen sind: Ahemerobie – ohne Kultureinfluß (naturnah), Oligohemerobie – schwacher Einfluß, Mesohemerobie – mäßig beeinflußt, Euhemerobie – stark bis sehr stark beeinflußt. Die Belastung der Gewässer mit Schwermetallen wird in einer an den geochem. Grundwerten geeichten Klassifizierung vorgenommen. Die Klassifizierung der >Trophie<zustände der >Seen< betrifft ebenfalls die Gewässergüte. Auch nach chem. und mikrobiol. Kategorien wird die Gewässergüte klassifiziert.
Lit: Landesamt für Wasser und Abfall Nordrhein-Westfalen (Hrsg.) (1982) Wasserwirtschaft Nordrhein-Westfalen, Fließgewässer. Richtlinien für die Ermittlung der Gewässergüteklasse, Düsseldorf – Landesanstalt für Ökologie, Landschaftsentwicklung und Forstplanung NW (Hrsg.) (1985) Bewertung des ökologischen Zustandes von Fließgewässern, Recklinghausen – Konold W (1984) Zur Ökologie kleiner Fließgewässer, 1.Aufl., Ulmer, Stuttgart.

Gewässergütezustand. Aktuelle Situation der >Gewässergüte<, dargestellt z.B. in den Gewässergütekarten des Bundes und der Länder.

Gewässerkunde. (Syn. Hydrologie). Die G. befaßt sich mit dem Wasserhaushalt der Erde und einzelner Gebiete sowie mit den Erscheinungsformen des Wassers auf dem Festland. Sie hat somit enge Beziehungen zur >Limnologie<, zur Klimatologie, Geologie, Geographie und auch Ozeanographie. Teilgebiete der G. sind demnach: *Hydrogeographie:* Verteilung des Wassers und der Gewässer auf der Erde; *Hydrogeologie:* Verteilung und Eig. des Wassers und der Gewässer unter der Erdoberfläche; *Hydroklimatologie:* Globaler Wasserkeislauf; quant. und qualt.; *Hydraulik:* Bewegungs- und Fließvorgänge im Gewässer; *Wasserbau:* Historische und gegenwärtige anthropogene Veränderungen von Gewässern für Wasserversorgung und Hochwasserschutz; *Hydrochemie:* Chem. Eig. des Wassers und der Komponenten des Abflusses. Die G. hat bedeutende angewande Aspekte: Gewinnung und Nutzung von Grundwasser und Oberflächenwasser für die >Wasser-

mengenwirtschaft<; >Hochwasserprognose< und -schutz; Wassererschließung für die Landbewässerung (Irrigation) in semiariden und ariden Gebieten.
Lit: Keller R (1961) Gewässer und Wasserhaushalt des Festlandes, 1.Aufl., Haude & Spencer, Berlin – Herrmann R (1977) Einführung in die Hydrologie, 1.Aufl., Teubner, Stuttgart – Wilhelm F (1987) Hydrogeographie, 1.Aufl., Höller u. Zwick, Braunschweig – Dyk S, Peschke G (1983) Grundlagen der Hydrologie, 1.Aufl., Ernst u. Sohn, Berlin – Zötl JG (1979) Karsthydrogeologie, 1.Aufl., Springer, Wien New York – Matthes G, Ubell K (1973ff) Lehrbuch der Hydrogeologie, Bd.1, 1983, Bd.2 1973, Schweizerbart, Stuttgart – Barner J (1987) Hydrologie. Eine Einführung für Naturwissenschaftler und Ingenieure. 1.Aufl., Quelle & Meyer, Heidelberg Wiesbaden – Langguth HR, Voigt R (1980) Hydrogeologische Methoden, 1.Aufl., Springer, Berlin Heidelberg New York – Vischer D, Huber A (1978) Wasserbau, 1.Aufl., Springer, Berlin Heidelberg New York – Baumgartner A, Liebscher HJ (1996) Allgemeine Hydrologie. Quantitative Hydrologie, 2.Aufl., Borntraeger, Berlin Stuttgart – Kern R (1994) Grundlagen naturnaher Gewässergestaltung, 1.Aufl., Springer, Berlin Heidelberg New York – Frimmel F (1999) Wasser und Gewässer, 1.Aufl., Spektrum, Heidelberg Berlin – Hütte M (1999) Ökologie und Wasserbau, 1.Aufl., Parey Buchverlag, Berlin.

Gewässerpflege. Maßnahmen zur Erhaltung und zum Schutz der naturnahen Struktur der Gewässer. Dazu gehören die Erhaltung und Pflege der Wasserpflanzen, Röhrichte und Ufergehölze, die Gewährleistung der gewässertypischen Sohlenstruktur einschl. des >hyporheischen Interstitials< in >Fließgewässern<, die Pflege von >Altarmen< und Überflutungsgebieten, sofern nicht übergeordnete Schutzziele dem entgegenstehen. Die G. ist aus der gesetzlich vorgeschriebenen Gewässerunterhaltung hervorgegangen, die durch geeignete Maßnahmen den ordnungsgemäßen Wasserabfluß gewährleisten muß. Da diese Maßnahmen teilweise massive Eingriffe in das Gewässer darstellen, obliegt es der Gewässerpflege, dabei ökologische Belange zu berücksichtigen und den naturnahen Zustand möglichst zu erhalten.
Lit: Lange G, Lecher K (1993) Gewässerregelung, Gewässerpflege, 3.Aufl., Parey, Hamburg Berlin – Hütte M (1999) Ökologie und Wasserbau, 1.Aufl., Parey Buchverlag, Berlin.

Gewässerrandstreifen. Zur Vermeidung der >Nährstoffbelastung< von Gewässern mit >Stickstoff< und >Phosphat< wird auf den benachbarten Ackerflächen ein 5 bis 10 m breiter Randstreifen nicht oder nur extensiv gedüngt. Dazu laufen in den Bundesländern verschiedene Programme, die eine Ausgleichzahlung für die betroffenen Landwirte einschließen. >Randstreifenprogramme<.

Gewässerregulierung. Wasserbauliche Eingriffe in ein >Fließgewässer< mit dem Ziel eines kontrollierten Abflusses zur Vermeidung von Hochwasserkatastrophen, zur Bewässerung u.a. Maßnahmen zur Gewässerregulierung sind Sohlensicherung, Uferbefestigung, Laufverkürzung, Flußdeiche und Hochwasserrückhaltebecken. Auch die >Wildbachverbauung< gehört zur Gewässerregelung. Bei der G. werden heute in verstärktem Maße ökologische Belange berücksichtigt, z.B. Schutz des >hyporheischen Interstitials< bei der Sohlensicherung, differenzierte Ufergestaltung mit Steinschüttung und Bepflanzung, Vegetationsgürtel am Ufer.
Lit: Lange G, Lecher K (1993) Gewässerregulierung, Gewässerpflege, 3.Aufl., Parey, Hamburg Berlin – Hütte M (1999) Ökologie und Wasserbau, 1.Aufl., Parey Buchverlag, Berlin.

Gewässersanierung. Umfassende Maßnahmen zur Rückführung eines >eutrophierten< Sees in einen den natürlichen Gegebenheiten entspr. >Trophie<-Zustand. Die G. versucht, die Ursachen der Eutrophierung zu erkennen und zu eliminieren, d. h. die Nährstoffbelastung aus dem Einzugsgebiet zu verringern. Das geschieht in erster Linie durch Elimination von Phosphor und Stickstoff aus dem >Abwasser< in >Kläranlagen<; Vermeidung diffuser Nährstoffeinträge in das Gewässer; Verminderung der Phosphatmengen in >Wasch-< und >Reinigungsmitteln< (Phosphathöchstmengenverordnung) und eine restriktive Besiedlungspolitik im ufernahen Bereich des Sees. Die G. kann durch Restaurierungsmaßnahmen im See gestützt werden.

Lit: Hamm A (Hrsg.) Auswirkungen der Phosphathöchstmengenverordnung für Waschmittel auf Kläranlagen in Gewässern, 1. Aufl., Academia Verlag Richartz, St. Augustin.

Gewässerschutz. Alle Maßnahmen zur Erhaltung eines naturnahen Zustandes eines Gewässers. Der naturnahe Zustand ist nach Landschaftstyp, der geochem. Situation sowie den ökologischen Gegebenheiten als Qualitätsziel zu beurteilen, festzulegen und zu bewahren. Die meisten Gewässerschutzmaßnahmen sind jedoch konsekutiv: >Seenrestaurierung< und >-sanierung<, >Renaturierung< von Wasserläufen. Viel besser und weniger kostspielig ist der vorbeugende, prospektive, G. – er sollte in Zukunft das erklärte Ziel sein.

Gewässerschutzrecht. Das gesamte Recht, das dazu dient, die biol., chem. und physikalischen Eigenschaften der Gewässer zu erhalten bzw. zu verbessern; zum G. zählt nicht nur das >Wasserrecht<, sondern auch solches Recht, welches z. B. das Grundwasser mittelbar schützt, also z. B. das >Bodenschutzrecht< und das Bundesimmissionsschutzgesetz, das bestimmte >Emissionen< verbietet.

Gewässertypen. Entsprechend der großen Vielfalt der Gewässer gibt es viele G., geochem., morphologische, hydrologisch-klimatologische, >limnologische<, wirtschaftliche etc.
1. Morphologisch-hydrologische G.:
– Oberflächengewässer: Seen, Weiher, Teiche (stehende Gew.); Quellen, Bäche, Flüsse (fließende Gew.).
– Unterirdische Gewässer: Höhlenseen, Höhlenbäche; Porengrundwasser.
2. Hydrologische G.: Permanente, episodische, periodische Gewässer.
3. Hydrologisch-klimatologische G.: >Kryal-<, Nival-, Nival/Pluvial-, Pluvialgewässer – je nachdem, ob der Abfluß überwiegend durch Eis, Schnee oder Regen beeinflußt ist.
4. Geochemische G.: Silikatgewässer, Carbonatgewässer, Sulfatgewässer, Chloridgewässer, abhängig von der geologischen Situation.
5. Limnologische G.: Oligotrophe – eutrophe Gewässer, hypertrophe Gewässer; dystrophe Gewässer.
6. Paläolimnologische G.: Glacial entstandene Gewässer, z. B. Karseen, Toteisseen, Moränendammseen; tektonisch entstandene Gewässer, z. B. Grabenseen; vulkanisch entstandene Gewässer, z. B. Kraterseen, vulkanische Dammseen, Maare.
7. Nutzungstypen: Stauseen und Talsperren; Schiffahrtsstraßen; Fischteiche.

Gewässerüberwachung. Maßnahmen zur Kontrolle des Gewässerzustandes und der Einhaltung von >Gewässerschutz<bestimmungen. Dazu gehören 1. regelmäßige Kontrolle der Nährstoffkonz., besonders Phosphat, Ammonium und Nitrat; 2. regelmäßige Kontrolle der Konz. an Schwermetallen, >Pestiziden< und sonstigen chem. >Schadstoffen< im Wasser und Sediment; 3. regelmäßige hygienische Kontrolle, z. B. Best. des >Colititers< in Badeseen; 4. Überwachung der Fischerei- und Schiffahrtsbestimmungen. Große internationale Gewässer haben oft eigene Gremien zur G., z. B. die Rheinschutzkommission und die Kommission für die Reinhaltung des >Bodensees<.

Gewässerunterhaltung. Umfaßt die Erhaltung eines ordnungsgemäßen Zustands für den Wasserabfluß und bei schiffbaren Gewässern auch die Erhaltung der Schiffbarkeit. Bei der Unterhaltung ist den Belangen des Naturhaushalts Rechnung zu tragen, Bild und Erholungswert der Gewässerlandschaft sind zu berücksichtigen; s. § 28 Abs. 1 Satz 1 und 2 des >Wasserhaushaltsgesetzes<. Die Unterhaltungslast ist gem. § 29 Abs. 1 des Wasserhaushaltsgesetzes auf verschiedene Institutionen bis hin zu Privatleuten verteilt.

Gewässerverschmutzung, Gewässerbelastung. Zur Belastung von Grund- oder Oberflächenwasser kann es sowohl direkt infolge der Tierhaltung oder indirekt bei der Be- und Verarbeitung tierischer Produkte kommen. Eine direkte Gefährdung des Grundwassers kann durch Bodennutzungs- und Bodenbehandlungsmaßnahmen wie z. B. Düngung, Pflanzenschutz, Grünlandumbruch und Monokulturen erfolgen. Zu den besonders wassergefährdenden Stoffen aus der Tierproduktion zählen >Jauche<, >Gülle< und >Silagesickersaft<. Anlagen zum Lagern und Abfüllen dieser Stoffe müssen so beschaffen sein und so eingebaut, aufgestellt, unterhalten und betrieben werden, daß der bestmögliche Schutz der Gewässer vor Verunreinigung oder sonstiger nachteiliger Veränderung ihrer Eigenschaften, z. B. Ansteigen des Nitratgehaltes, erreicht wird, – s. a. >Schutzgebiets- und Ausgleichsverordnung<. Die genannten Stoffe dürfen auch auf keinen Fall in das Oberflächengewässer gelangen. Bei der Verarbeitung der >landwirtschaftliche Nutztiere< bzw. bei der Bearbeitung der von ihnen stammenden Rohstoffe kommt es in unterschiedlichem Maße zur Abwasser- und damit auch zur Gewässerbelastung. Neben der hohen org. Abwasserlast ist speziell aus den >Schlachthöfen< mit einer mikrobiellen Belastung zu rechnen. Ursache dafür sind die hohen Anteile von Darminhalt, der häufig >Krankheitserreger< enthält, die ins Abwasser gelangen und ohne nennenswerte Reduzierung ihrer Anzahl die Kläranlagen passieren. Die landwirtschaftliche Produktion im weitesten Sinne wird in zunehmendem Maße in die Bestimmungen des Wasserrechts eingebunden. Die Tabelle gibt einen Überblick über entsprechende Rechtsgrundlagen und Handlungsmittel.

Gewässerverschmutzung, Gewässerbelastung: Rechtsgrundlagen und Handlungsmittel im Wasserrecht

Wasserhaushaltsgesetz	Bundesrecht
Abwasserabgabegesetz	
Rechtsverordnungen	
Landeswassergesetze	Landesrecht
Rechtsverordnungen	
Gewässerbezogene Planungen	Maßnahmen der zuständigen Stellen
Ausweisung von Wasserschutzgebieten	
Einzelverfügungen	

Gewebe. Verbände gleichartiger >Zellen< innerhalb eines vielzelligen Organismus, die eine gemeinsame Funktion und einen gemeinsamen Ursprung haben. Einfache Gewebe bestehen aus einem Zelltyp wie z.B. pflanzliche >Parenchyme<, komplexe Gewebe aus verschiedenen Zelltypen wie z.B. die >Leitgewebe<.

Gewebefilter. G. verwenden Schläuche aus Filtergewebe zur Filtration von Feinstäuben aus einem Gasstrom. Das staubbeladene Abgas, z.B. >Rauchgase< aus >MVA<, strömt durch die Filterschläuche. Dabei baut sich an der Schlauchwand ein Filterkuchen auf, der ein hohes Rückhaltevermögen für Feinstäube aufweist. Von Zeit zu Zeit wird der Filterkuchen durch Klopfen oder Druckstöße, um den Druckverlust über den Filter in bestimmten Grenzen zu halten, entfernt. Mit G. lassen sich sehr niedrige Reingasstaubgehalte (<10 mg/Nm^3 Rauchgas) erzielen. >Abgasreinigung<, >Abgasentstaubung<.

Gewebekultur. Spezialfall in vitro gezüchteter >Zellkulturen<, da es sich hier um die Kultivierung pflanzlicher oder tierischer Zellen in Form zusammenhängender Gewebestücke handelt. Die Methoden zur Durchführung sind vielfältig und teilweise seit langem bekannt. Schon H.T.BURROWS (1912) faßte die Lebenserhaltung und Vermehrung von Geweben und Zellen in vitro unter dem Begriff G. zusammen. Zur prinzipiellen Technik s. >Zellkulturen<. Weiterhin sei auf die hier angegebene Literatur verwiesen. Insbesondere bei pflanzlichen Zellkulturen besteht die Möglichkeit der reversiblen Überführung von Kulturen einzelner Zellen (somatischer Zellen) in Gewebekulturen (Kalluskulturen) und schließlich in regenerierte, komplette,

fertile Pflanzen. Diese Fähigkeit von Pflanzenzellen, wieder Abkömmlinge in allen verschiedenen Differenzierungen und Funktionen, die in vollständigen Pflanzen vorkommen, zu erzeugen, wird als Totipotenz bezeichnet (s. Abb.).

Lit: Kruse PF jr, Pattersen MK jr (1973) Tissue culture, methods and applications, Academic Press, New York – Paul J (1980) Zell- und Gewebekultur, Walter de Gruyter, Berlin New York – Seitz HU, Seitz U, Alfermann W (1985) Pflanzliche Gewebekultur. Gustav Fischer, Stuttgart – Lindl T, Bauer J (1994) Zell- und Gewebekultur. 3. Aufl., Gustav Fischer Verlag, Stuttgart – Morgan SJ, Darling DC (1994) Kultur tierischer Zellen. Spektrum Akad. Verlag, Heidelberg.

Gewebe-Wichtungsfaktor. Für die verschiedenen Organe und Gewebe bestehen unterschiedliche Wahrscheinlichkeiten für das Auftreten >stochastischer Strahlenwirkungen<. Diese unterschiedliche Empfindlichkeit für stochastische Strahlenschäden wird in der >ICRP<-Veröffentlichung 60 und in den >Euratom<-Grundnormen für den Strahlenschutz vom Mai 1996 durch den G.-W. bei der Berechnung der >effektiven Dosis< berücksichtigt. In der deutschen Strahlenschutzverordnung von 1989 wird dieser Faktor mit z.T. etwas anderen Zahlenwerten als >Wichtungsfaktor< bezeichnet.

Gewebe-Wichtungsfaktoren

Gewebe oder Organ	Gewebe-Wichtungsfaktor W_T
Keimdrüsen	0,20
Knochenmark (rot)	0,12
Dickdarm	0,12
Lunge	0,12
Magen	0,12
Blase	0,05
Brust	0,05
Leber	0,05
Speiseröhre	0,05
Schilddrüse	0,05
Haut	0,01
Knochenoberfläche	0,01
übrige Organe und Gewebe	0,05

Gewerbeabfall. Abfälle aus dem Produzierenden Gewerbe. Die Abgrenzung zu >Hausmüll< bzw. >hausmüllähnlichen Gewerbeabfällen< ist nicht immer eindeutig, da diese Abfälle ebenfalls als Gewerbeabfall miterfaßt werden. Die Entsorgung dieser Abfälle erfolgt fast ausschließlich durch den Erzeuger selbst oder durch beauftragte Fachfirmen. Eine Verwertung des G. ist häufig eher gegeben als beim Hausmüll, da der G. vielfach sortenrein vorliegt. Das Abfallaufkommen des Produzierenden Gewerbes betrug 1993 ca. 290 Mio. t, wovon ca. 25 % verwertet und ca. 75 % beseitigt wurden. Den größten Anteil macht dabei der >Bauabfall< mit ca. 47 % aus. Die Menge an >besonders überwachungsbedürftigen Abfällen< betrug in 1993 ca. 9,1 Mio. t, wovon ca. ein Drittel einer weiteren Verwertung zugeführt werden konnte.

Lit: Umweltbundesamt (1997) Daten zur Umwelt Ausgabe 1997. E. Schmidt, Berlin.

Gewerbeabfallkataster. Katasterartige, möglichst genaue und detaillierte Erfassung des >Abfallaufkommens< jedes Gewerbebetriebes oder einer Gruppe von Gewerbebetrieben, meist einer Stadt oder eines Kreises. Dient der Planung von >Abfallwirtschaftskon-

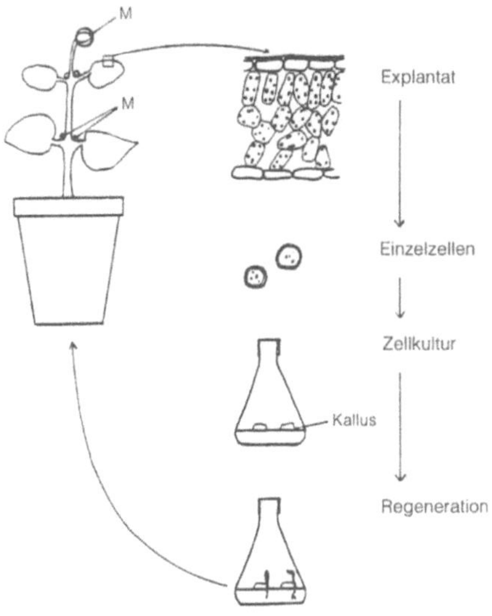

Gewebekultur: Schematische Darstellung der Totipotenz der Pflanzenzellen. (aus: Hemleben V (1990) Molekularbiologie der Pflanzen. Gustav Fischer, Stuttgart)

zepten< sowie der gezielten Beratung der Gewerbebetriebe v.a. hinsichtlich der >Wiederverwertung< bestimmter Abfälle (z.B. Pappe, Styropor; >Abfallberater<).

Gewerbeaufsicht. Alle am wirtschaftlichen Leben teilnehmenden Subjekte unterliegen der Überwachung durch die Wirtschaftsverwaltung. Aufgabe der zuständigen Behörden ist die Abwehr von >Gefahren<, die die Wirtschaftssubjekte für Dritte (z.B. Konsumenten, Mitarbeiter) auslösen können. Diese >Gefahrenabwehr< nennt man Gewerbeaufsicht. Organisatorisch ist die Gewerbeaufsicht aufgeteilt zwischen den >Gewerbeaufsichtsämtern<, die gem. § 139 b der Gewerbeordnung eingerichtet sind, und den allgemeinen Behörden der Gefahrenabwehr.

Gewerbeaufsichtsämter. Die Staatliche Gewerbeaufsicht (S.G.) wurde bereits 1891 institutionalisiert. Bis dahin oblag die Fabrikinspektion überwiegend örtlichen Polizeibehörden und, als Folge der voranschreitenden Sozialgesetzgebung, technischen Aufsichtbeamten von >Berufsgenossenschaften<. Der Erlaß weiterer Bestimmungen im technischen Arbeitsschutz führte dazu, daß der Geltungsbereich dieser Bestimmungen von den Fabriken auf das gesamte Gewerbe aufgedehnt und die Fabrikinspektion in die *Gewerbeinspektion* bzw. *Gewerbeaufsicht* umgewandelt wurde. Diese Ausweitung des Aufgabenbereichs führte zu einer Neugliederung der Behördenorganisation und zur Schaffung der S.G. Zum Aufgabenbereich der S.G. zählen im wesentlichen der *Arbeitsschutz*, der *technische Öffentlichkeitsschutz* und der *Umweltschutz*. Diese Aufgaben werden in nahezu allen Betrieben und Verwaltungen wahrgenommen. Grundsätzlich ausgenommen ist lediglich der Bergbau, für den die *Bergaufsicht* zuständig ist. Zum Arbeitsschutz gehören der technische (Unfallschutz, Arbeitshygiene) und sozialpolitische Arbeitsschutz (Schutz der erwachsenen weiblichen und männlichen Arbeitskräfte sowie der jugendlichen Arbeitnehmer). Dem technischen Öffentlichkeitsschutz werden die Überprüfung und Überwachung von technischen Einrichtungen und Geräten (Haushalts-, Spiel- und Sportgeräte), die Sicherheitstechnik und Unfallforschung zugeordnet. In den Bereich Umweltschutz fallen die Überwachung genehmigungsbedürftiger und nichtgenehmigungsbedürftiger Anlagen, der Immissionsschutz und der Strahlenschutz. Darüber hinaus erfüllen die S.G. weitere, teilweise länderspezifische Aufgaben, wie z.B. die Überwachung von Luftreinhalteplänen, die Beurteilung von Bauleitplanungen u.a. Die Aufgabenverteilung ist in den einzelnen Bundesländern unterschiedlich geregelt, ein Teil der Aufgaben kann auch anderen staatlichen Stellen oder Behörden zugeteilt werden.

Gewerbemüll. >Gewerbeabfall<.

Gewerbeordnung (GewO). In der Verfassung des Norddeutschen Bundes vom 26.07. 1867 (BGBl. S.1) waren in den Artikeln 3 und 4 die Grundsätze der gewerblichen Freizügigkeit und der Zuständigkeit des Bundes in Gewerbeangelegenheiten verkündet worden. Auf dieser Grundlage wurde 1868 dem Reichstag ein vom Bundesrat beschlossener Entwurf einer G. zugeleitet, der nach zahlreichen Beratungen und Änderungen am 21.06. 1869 als „Gewerbeordnung für den Norddeutschen Bund" verabschiedet und am 01.07. 1869 im Bundesgesetzblatt S.245 veröffentlicht worden ist. Sie wurde 1900 für das Deutsche Reich übernom-

men. Seitdem ist die G. vielfach geändert, erweitert und durch Nebengesetze (z.B. Handwerksrecht) ergänzt worden. Sie ist heute *Bundesrecht*.
Die G. in der Fassung der Bekanntmachung vom 01.01. 1987 regelt die Belange für folgende Bereiche: 1. Allgemeine Bestimmungen, 2. Stehendes Gewerbe, 3. Reisegewerbe, 4. Messen, Ausstellungen, Märkte, 5. Gewerbliche Arbeitnehmer (Gesellen, Gehilfen, Lehrlinge, Betriebsbeamte, Werkmeister, Techniker, Fabrikarbeiter), 6. Gewerbliche Hilfskassen, 7. Statuarische Bestimmungen, 8. Straf- und Bußgeldvorschriften, 9. Gewerbezentralregister und 10. Schlußbestimmungen.
Die §§ 16ff. GewO waren Vorläufer des heute an deren Stelle getretenen >Bundes-Immissionsschutzgesetzes – BImSchG<. Auch auf der Basis des § 16 GewO bestand bereits eine Verordnung über genehmigungsbedürftige Anlagen, deren heutige Nachfolgerin die 4.>BImSchV< ist. Auch die §§ 24ff. GewO sind zwischenzeitlich weggefallen. An deren Stelle ist das >Gerätesicherheitsgesetz< getreten. Diesen nachgeordnet sind eine Reihe von Rechtsverordnungen mit zugehörigen Technischen Regeln für Anlagen, die auch im Sinne des Umweltschutzes von erheblicher Bedeutung sein können, z.B. Dampfkessel (u.a. bei Kraftwerken und sonstigen Feuerungsanlagen), Druckbehälter (u.a. bei Gaslagern), Acetylen-Anlagen, explosionsgefährdete Räume (u.a. bei Lackieranlagen, Kohle-, Getreide- und anderen Staubbunkern), Lagerung, Abfüllung und Beförderung brennbarer Flüssigkeiten.

Gewerberecht. Summe derjenigen Rechtsnormen, welche die gewerbliche Tätigkeit zum Gegenstand haben. Gewerbe ist jede nicht sozial unwertige, auf Gewinnerzielung gerichtete und auf Dauer angelegte selbständige Tätigkeit, ausgenommen Urproduktion, freie Berufe und bloße Verwaltung eigenen Vermögens. Hauptgesetz ist die >Gewerbeordnung< von 1869, die in der Zwischenzeit vielfach novelliert wurde; sie gilt jetzt i.d.F. der Bekanntmachung vom 01.01. 1987, BGBl. I S.425; aus der Gewerbeordnung ist eine Reihe bedeutender Spezialgesetze hervorgegangen, z.B. die Handwerksordnung, das Gaststättengesetz, das >Bundesimmissionsschutzgesetz<.

Geysir. (Springquelle). Quellen, die ständig oder in ziemlich regelmäßigen Intervallen durch überhitzten Wasserdampf erumpieren, benannt nach dem Großen Geysir auf Nordwest-Island. G. sind in Island (ca. 30 aktive Geysire), im Yellowstone National Park, Wyoming, USA (mindestens 200 Geysire), in Tibet, Zentralasien, in Neuseeland und auf Kamchatka (ca. 100 Geysire), ferner auf Umnak Island, Alaska, in Japan, auf den Azoren und in anderen Gebieten mit aktivem Vulkanismus bekannt. Die Wärme entstammt dem irdischen Wärmestrom (s. Abb.). Das geförderte Wasser ist in seiner Hauptmasse >Kreislaufwasser< (vadoses Wasser), jedoch können kleinere Anteile auch aus der Primärentgasung des Magmas stammen (>juveniles Wasser<, Wasserkreislauf, geologischer). Der größte bekannte G. ist der heute erloschene Waimangu G. Neuseeland, der von Januar 1900 bis November 1904 je Eruption ca. 800.000 kg schlammiges Wasser vermischt mit Steinen und größeren Felsbrocken bis 460 m hoch warf. Die >Quellschüttung< der G. reicht von fast 0 bis ca. 50 L/s (als Mittelwert einschl. der Ruhephasen). Die Förderhöhen der G. reichen von wenigen cm bis auf 460 m (heutige Geysire bis 65 m; Beehive-Geysir 65 m). Die Zeitintervalle sind unterschied-

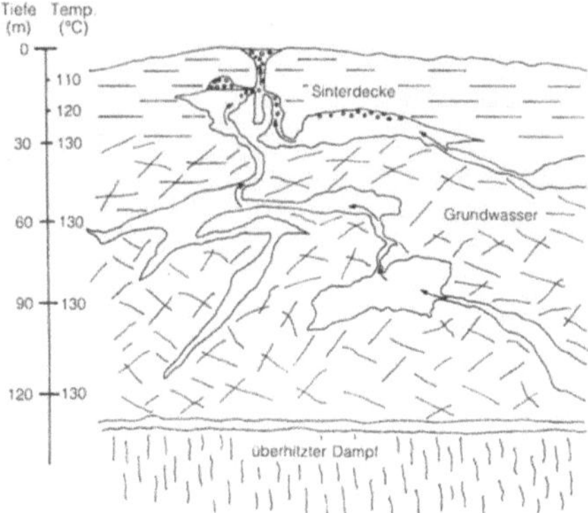

Geysir: Schematischer Schnitt durch den Großen Geysir, Island (nach: Barth TFW, 1950)

lich und oft unregelmäßig. Nur wenige G. haben rhythmische oder halbperiodische Aktivität. G.-Systeme werden durch aufsteigendes heißes Wasser gespeist. Bei den entspr. Temperaturen kommt es zu einem sanften Aufsieden nahe der Erdoberfläche. Hierbei wird die Entstehung von mit Wasserdampf gesättigten Gasblasen durch anwesende Quellgase (CO_2, N_2), oder durch Zusatz oberflächenaktiver Stoffe (Seife, Torfstücke) begünstigt, die die Oberflächenspannung des Wassers herabsetzen. Das Aufsieden verstärkt sich und breitet sich schnell nach unten aus, wenn weiteres mit Gasen beladenes heißes Wasser von unten zutritt. Unter heftigem Aufsieden werden große Mengen von Gas und Wasser gefördert. Die Analogie ist das Öffnen einer ungekühlten Mineralwasserflasche, bei der Gasblasen in der Flasche entstehen und der Inhalt herausgeschleudert wird. Die Eruption kommt zum Still-

stand, wenn weder Wasser noch Energie übrigbleiben, um die Eruption aufrecht zu erhalten. Das abgekühlte Wasser zieht sich dann tief in die Röhre zurück und die Quelle füllt sich langsam wieder.

Lit: Barth TFW (1950) Volcanic geology, hot springs and geysers of Iceland, Carnegie Inst Washington Publ, 587 Washington DC – Rinehart JS (1980) Geysers and geothermal energy, Springer, New York Heidelberg Berlin.

Gezeitenkraftwerk. Wasserkraftwerk, das die unterschiedliche Wasserhöhe zwischen Hochwasser und Niedrigwasser (>Tidenhub<) zur Erzeugung von elektrischer Energie nutzt. Zwei Voraussetzungen müssen für den Bau eines G. erfüllt sein: ein möglichst großer Tidenhub von mindestens 3 m und ein Küstenvorlauf, der gestattet, mit Hilfe eines künstlichen Dammes eine Bucht vom offenen Meer abzuschneiden. Bei Flut fließt das Wasser durch röhrenförmige Durchlässe im künstlichen Damm in die Bucht und treibt dabei die in dem Damm eingebauten Turbinen an. Bei Ebbe sinkt der Wasserstand auf der zum Meer hin gelegenen Seite des Damms. Das Wasser fließt nun in die entgegengesetzte Richtung ab und treibt wieder die Turbinen an. Diese sind so konstruiert, daß die Wasserströmung in beiden Richtungen benutzt werden kann (s. Abb.). An der Mündung der Rance bei St. Malo in Frankreich wurde 1966 ein G. errichtet. Ein 720 m langer Damm schließt eine Bucht vom offenen Meer ab. Im Mittelteil dieses Dammes strömt das Wasser durch 24 Rohrturbinen mit je 10 MW Leistung je nach Gezeiten von außen nach innen oder umgekehrt. Der Tidenhub in der Rancemündung kann bis zu 13 m Wasserhöhe betragen. Im Mittel beträgt er etwa 8 m. Darüberhinaus sind heute G. in Kanada und China in Betrieb. Weltweit kommen aufgrund des notwendigen Tidenhubs nur etwa 30 Standorte in Betracht. Für D läßt der Küstenverlauf kein größeres G. zu.

Weitere Probleme der G. sind die relativ hohen Kosten, die durch den Dammbau entstehen, sowie Umweltbeeinflussungen durch die Veränderung der Meeresströmung mit Auswirkungen auf die Tier- und

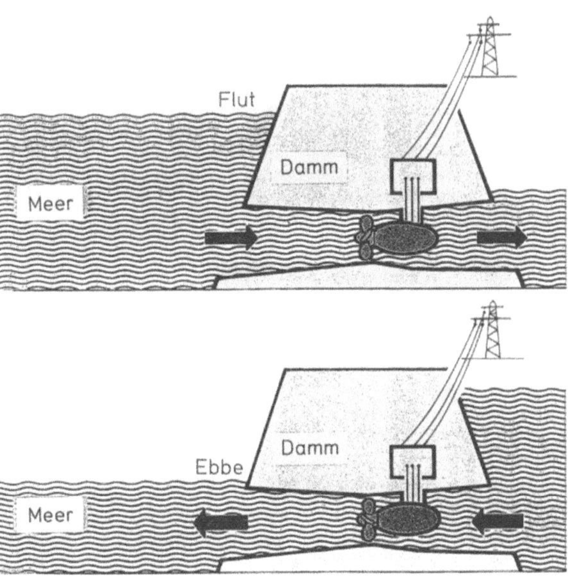

Gezeitenkraftwerk: Beim Gezeitenkraftwerk wird die unterschiedliche Wasserhöhe bei Ebbe und Flut zur Stromerzeugung genutzt

Pflanzenwelt; ebenso die Verlandung in und vor der künstlichen Bucht. Außerdem ändert sich täglich Beginn und Ende von Ebbe und Flut und somit auch die Stillstandsphasen des Kraftwerks zwischen Ebbe und Flut. Dies bedeutet, daß ein Gezeitenkraftwerk elektrischen Strom nicht nach dem jeweiligen Bedarf liefern kann, sondern entsprechend den wechselnden natürlichen Gegebenheiten (>Grundlastkraftwerk<).

Lit: Kleemann M, Meliß M (1993) Regenerative Energiequellen. 2.Aufl., Springer Verlag, Berlin Heidelberg New York Tokyo – Sperlich G (1982) Additive oder alternative Energiequellen, In: HEA, Energie Verlag, Heidelberg, S.21–23.

Gezeitenzone. Der Uferbereich (>Litoral<) des Meeres, in dem sich die Gezeiten auswirken. Der rhythmische Wechsel von Wasserbedeckung und Trockenfallen bringt schwierige ökophysiologische Bedingungen mit sich. Tiere und Pflanzen müssen wenigstens für einige Stunden Trockenheit, stark erhöhte Temperaturen, Aussüßung bei Regen, Windeinwirkung, starke Wasserbewegung, hohen Wellenschlag, hohe Salzkonzentrationen in Tümpeln etc. ertragen können. Die G. ist entsprechend der Küstenmorphologie sehr unterschiedlich ausgebildet. Häufig sind flache Sandstrände und Felsküsten. Die Watten der deutschen Nordseeküste stellen in Ausdehnung und Aufbau einen Sonderfall dar.

GFK. Abkürzung für glasfaserverstärkte Kunststoffe; >faserverstärkte Kunststoffe<.

Gibberelline. >Phytohormone<, die sich als tetrazyklische Diterpenoidsäuren vom *ent*-Gibberellan-Ringsystem (Gibban-Skelett, s. Abb.), einem Diterpen, ableiten und das >Zellteilungs-< und >Streckungswachstum< fördern. Die Biosynth. erfolgt über den Acetat-Mevalonat-Weg, bei grünen Pflanzen bis einschließlich der Kaurensynthese in Plastiden, die weiteren Schritte am endoplasmatischen Reticulum. Z.Zt. sind ca. 90 versch. G. (GA) bekannt. Besonders hohe Konz. finden sich in unreifen und keimenden >Samen< sowie jungen >Früchten<, aber auch in jungen Blättern der apikalen Knospe. Als Transport- und Speicherformen dienen v.a. GA-Glucoside und -Glucosylester, die weniger aktiv als die freien GA sind. GA treten ubiquitär, d.h. auch bei >Bakterien<, >Algen< und >Pilzen< auf. Große Mengen an GA werden industriell aus dem >phytopathogenen< Pilz *Gibberellea fujikuroi* gewonnen, der in Japan eine Reiskrankheit (bakanae) verursacht. Durch GA läßt sich neben dem >Wachstum< in einigen Fällen auch die >Blütenbildung< fördern und die Samen- und Knospenruhe brechen. GA-Behandlung fördert den Fruchtansatz ohne Befruchtung (Parthenokarpie), was z.B. zur Gewinnung samenloser Trauben dient, und beeinflußt die Geschlechtsausprägung (Induktion männlicher Blüten). Von kommerzieller Bedeutung ist außerdem die Keimungsbeschleunigung bei der Gerste, u.a. durch Induktion der α-Amylase, was in einigen Ländern bei der Malzzubereitung zur Bierherstellung genutzt wird, sowie die Erhöhung der Schalenfestigkeit bei Orangen und Grapefruits. Eine Reihe von Wachstumsretardantien wie z.B. CCC, Amo 1618 oder Ancymidol wirkt über die Hemmung der GA-Synthese.

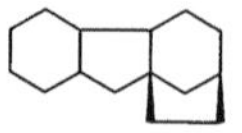

Gießereiabgase. Eisen-, Temper- und Stahlgießereien sind immissionsschutzrechtlich genehmigungsbedürftig. Neben den allg. Vorgaben der >TA Luft< sind unter Ziffer 3.3.3.1 besondere Regelungen aufgeführt. Zu berücksichtigen sind sowohl >Emissionen< an

Gibban

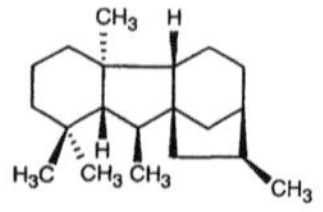

ent-Gibberellan

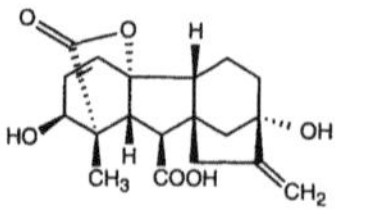

Gibberellin A_3

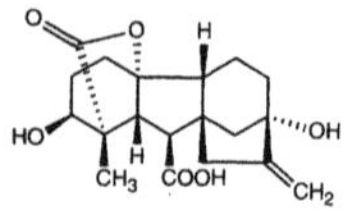

Gibberellin A_1

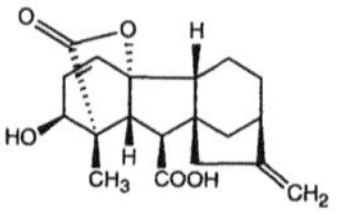

Gibberellin A_7

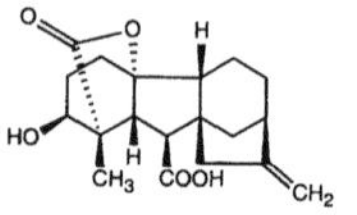

Gibberellin A_4

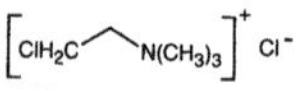

CCC

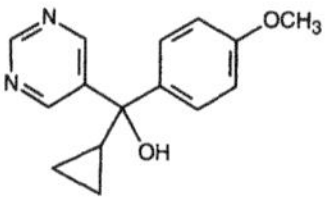

Ancymidol

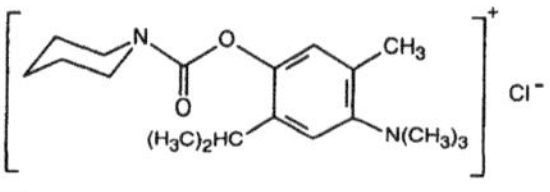

AMO-1618

>Staub<, gasförmigen anorg. Stoffen, wie >Schwefeloxide<, >Stickstoffoxide<, >Kohlenmonoxid< und >Fluorverb.<, als auch an gasförmigen org. Stoffen, wie >Benzol<, >Phenole<, >Amine< und >Formaldehyd<. Schmelzanlagen, wie z.B. Kupolöfen, Drehöfen und Elektroöfen, emittieren Staub und gasförmige anorg. Stoffe, aber auch org. Verbindungen bis hin zu polychlorierten Dibenzodioxinen (>PCDD<) und polychlorierten Dibenzofuranen (>PCDF<) als Zersetzungsprodukte von org. Verunreinigungen im eingesetzten Material. Die Sandaufbereitung, Formerei und Putzerei führen zu Staubemissionen. In der Kernmacherei sowie den Gieß-, Kühl- und Ausleerbereichen werden neben Staub auch gasförmige org. Stoffe freigesetzt. Bei Kupolöfen ist zwischen Heiß- und Kaltwindkupolöfen sowie Untergicht- und Obergichtabsaugung zu unterscheiden. Bei Untergichtabsaugung sind die kohlenmonoxidhaltigen >Abgase< energetisch nutzbar, wie z.B. im sog. Rekuperator zur Heißwinderzeugung. Heißwindkupolöfen werden daher meist mit Untergichtabsaugung betrieben. Zur >Abgasreinigung< kommen hier vor allem >Naßabscheider< mit Reingasstaubgehalten von < 50 mg/m³ zum Einsatz. Obergichtabgesaugte Kupolöfen sind hingegen mit >Staubfiltern< mit Reingasstaubgehalten von < 20 mg/m³ bei allerdings größeren Abgasmengen ausgerüstet. Im Hinblick auf eine optimale Staubreduzierung sind

insbesondere Kaltwindkupolöfen mit Untergichtabsaugung, Entstaubung durch Abgasfilter und externer Kohlenmonoxidnutzung von Vorteil. Die staubhaltigen Abgase der anderen Gießereibereiche werden weitestgehend erfaßt und über Staubfilter abgereinigt. Die >Emissionen< an gasförmigen org. Stoffen aus den Bereichen der Kernmacherei sowie der Gieß-, Kühl- und Ausleerbereiche sind auf den Einsatz org. Bindemittel zurückzuführen, die zum einen beim Aushärten und zum anderen bei der Zers. der org. Bindemittel während des Gießvorganges freigesetzt werden. Zur Abscheidung der org. Verb. sind für die thermische oder katalytische Nachverbrennung >Abscheider< auf der Basis der >Adsorption< oder der >Absorption< aber ggf. auch >Biofilter< geeignet.

Gifte. Stoffe, die durch ihre physikalischen oder chem. Eigenschaften im Körper schädliche Wirkungen, unter Umständen Tod herbeiführen. Die Relativität des Giftbegriffes erkannte bereits PARACELSUS im 16. Jahrhundert: „Alle Stoffe sind giftig. Es gibt keine ungiftigen Stoffe. Nur die Dosis entscheidet, ob ein Stoff Gift oder Medikament ist".
Darauf beruht auch die Schwierigkeit, zwischen Genußmitteln und Genußgiften scharf zu unterscheiden, da es sich hier um Substanzen handelt, die vorwiegend wegen ihres Wohlgeschmacks/Wohlgeruchs verzehrt werden können.
Als G. im rechtlichen Sinne – (frühere) >Giftgesetzgebung<, >ChemG< – lassen sich alle >Stoffe< und >Zubereitungen< aus ihnen bezeichnen, die einem der drei >Gefährlichkeitsmerkmale< >sehr giftig<, >giftig<, >mindergiftig< entspr.
Neben chem. definierten Giften kennt man *Toxine*, d. h. wasserlös. Giftstoffe von Mikroben, Pflanzen oder Tieren mit best. Inkubationszeit und spez. Wirkung. Häufig ist die chem. Struktur unbekannt.
Lit: Pschyrembel W (1977) Klinisches Wörterbuch, de Gruyter, Berlin New York – Strubelt O (1989) Gifte in unserer Umwelt, Deutsche Verlags-Anstalt, Stuttgart.

Giftgesetz. Bis zum Inkrafttreten der >GefStoffV< (01.10. 1986) gab es in der (damaligen) BRD eine grundsätzlich *länderbezogene Giftgesetzgebung*. Die einzelnen Bundesländer hatten teilweise voneinander abweichende Landesgesetze bzw. Polizeiverordnungen über den Handel mit >Giften< erlassen. Diese regelten u. a. die Aufbewahrung und die >Abgabe< von Giften im Einzelhandel sowie deren >Kennzeichnung<. Das Giftrecht der Bundesländer bezog sich ursprünglich nur auf solche Stoffe, die im jeweiligen Anhang namentlich genannt waren (*Listenprinzip*).
Nach Umsetzung der >EG-RL für gefährliche Stoffe< und für best. >gefährliche Zubereitungen< (*Lösemittel*) wurde in einigen Bundesländern die Gifthandelsverordnung neu gefaßt. Dadurch sind sie hinsichtlich der Kennzeichnung u. der Giftliste der EG-Vorschriften für die >Einstufung<, >Verpackung< und Kennzeichnung weitgehend angepaßt worden.
Auch nach Inkrafttreten des deutschen >ChemG< existierten die Vorschriften der Bundesländer über den „Verkehr" mit Giften zunächst weiter (das gleiche galt für die „Verordnung über gefährliche Arbeitsstoffe", Arbeitsstoffverordnung-*ArbstoffV*). Durch § 17 ChemG ist die Bundesregierung ermächtigt worden, bundeseinheitliche Giftregelungen zu erlassen. Eine Harmonisierung des Giftrechts ist insofern erfolgt, als Niedersachsen eine sog. Musterverordnung einführte, der sich andere Bundesländer anschlossen. Eine erste Bereinigung der *Giftliste* wurde mit Übernahme in den Geltungsbereich des ChemG vorgenommen. Das sog. *Definitionsprinzip* auf der Grundlage der 6. Änderung der EG-RL für gefährliche Stoffe von 1979 ist für Gifte nicht mehr erfolgt. Jedoch hat die alte Giftbezeichnung „>mindergiftig<" Einzug gehalten in die Begriffsbest., als das >Gefährlichkeitsmerkmal< „gesundheitsschädlich" durch das erstgenannte ersetzt wurde. – Im Zuge der 3. VO zur Änderung der GefStoffV ist deren Anhang VI insoweit geändert worden, als diejenigen Stoffe, die noch ohne Gemeinschaftseinstufung sind, gestrichen wurden.
Lit: Roth L, Daunderer M (Hrsg.) (1982) Giftliste, Bd. 1, ecomed, Landsberg/Lech – Stephan U, Elstner P, Müller RK (Hrsg.) (1985) BI-Lexikon Toxikologie, VEB Bibliographisches Institut, Leipzig.

giftig. (toxisch). >Gefährlichkeitsmerkmal< nach § 3a Abs. 1 Nr. 7 >ChemG<. Giftig sind >Stoffe< und >Zubereitungen<, die in geringer Menge bei Einatmen, Verschlucken oder Aufnahme über die Haut zum Tode führen oder akute oder chronische Gesundheitsschäden verursachen können (Best. gemäß § 1 ChemGefMerkV). – Stoffe und Zubereitungen werden mit dem >Gefahrensymbol< und der >Gefahrenbezeichnung< „Giftig" gekennzeichnet, wenn die Ergebnisse der Prüfungen den in >GefStoffV< Anhang I Nr. 1.1 genannten Kriterien entspr. Die unter Nr. 1.1. 2.4.7 aufgeführten >R-Sätze< werden ebenfalls nach diesen Kriterien ausgewählt.
Nach dem Transportrecht gehören „giftige" Stoffe (und Zubereitungen) der >Gefahrenklasse< 6.1 an.

Giftmüll. >Sonderabfall<.

Giftpflanzen. Pflanzen, die nach Berührung oder Aufnahme in den Körper wegen ihrer Giftstoffe >Vergiftungen< oder andere Gesundheitsschäden hervorrufen. Zu den toxikologisch bedeutsamen Pflanzeninhaltsstoffen zählt insbesondere eine Reihe von >Alkaloiden< (s. Abb. S. 520) wie z. B. das Coniin des Gefleckten Schierlings *Conium maculatum* („Tod des Sokrates"), das Strychnin des Brechnußbaums (*Strychnos nux vomica*), die Tropan-Alkaloide (z. B. Hyoscyamin) von Tollkirsche (*Atropa belladonna*), Bilsenkraut (*Hyoscyamus niger*) und Stechapfel (*Datura stramonium*), das Chinolizidin-Alkaloid Cytisin des Goldregens (*Laburnum anagyroides*) sowie das besonders >toxische< >Nikotin< des Tabaks (*Nicotiana tabacum*). Zu den Alkaloiden gehören auch das Colchicin der Herbstzeitlose (*Colchicum autumnale*) sowie eine Reihe von Terpen-Alkaloiden, z. B. das Nor-Diterpen Aconitin im Blauen Eisenhut (*Aconitum napellus*), der giftigsten Pflanze Europas, und verwandte Verb. beim Rittersporn (*Delphinium*). Versch. cyanogene Glycoside setzen Blausäure (HCN) frei. Bekannte Beispiele sind das Amygdalin im Samen >bitterer Mandeln< (*Prunus dulcis*, var. *amara*) sowie Prunasin in „Fruchtfleisch" und vegetativen Organen vieler Zwergmispelarten (Cotoneaster), der Lorbeerkirsche (*Prunus cerasus*) und der Samen der Traubenkirsche (*Prunus padus*). >Digitaloide< (z. B. Digitoxin), wegen ihrer pharmakologischen Wirkung auch als Herzglykoside bezeichnet, finden sich u. a. im Fingerhut (Digitalis), im Pfaffenhütchen (*Euonymus europaeus*) und im Maiglöckchen (*Convallaria majalis*).
Die Eibe (*Taxus baccata*), bereits im Altertum als Todesbaum bekannt, enthält im roten Samenmantel, aber auch in den Nadeln Taxinine (Pseudoalkaloide, die

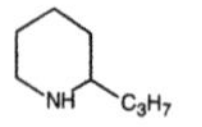

Coniin

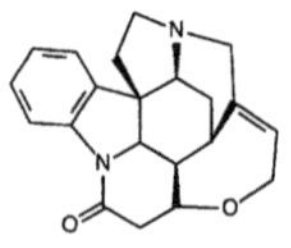

Strychnin

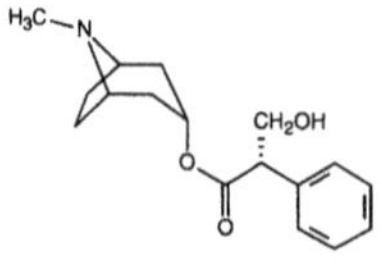

Hyoscyamin

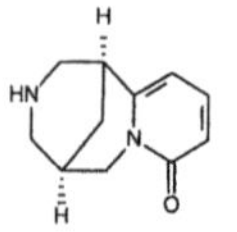

Cytisin

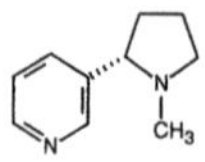

Nicotin

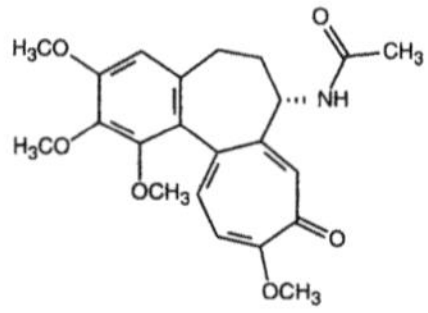

Colchicin

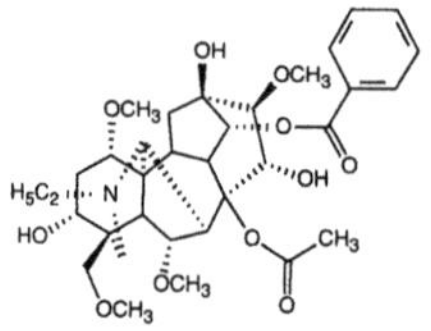

Aconitin

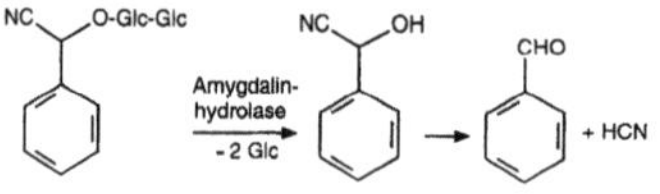

Amygdalin-
hydrolase
− 2 Glc

Amygdalin   D-Mandelonitril   Benzaldehyd   + HCN

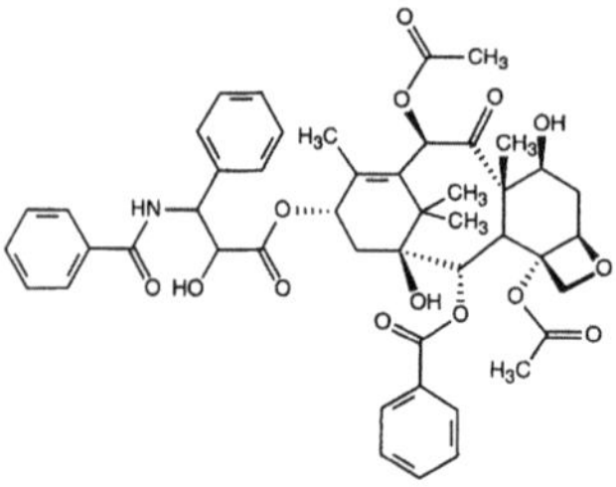

Taxol

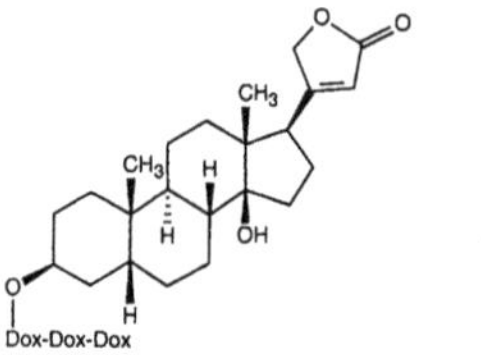

Digitoxin

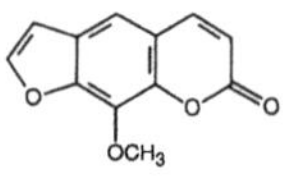

Methoxypsoralen

Pflanzengifte, Toxine von Giftpflanzen

sich von Polyhydroxyterpenen ableiten, z. B. Taxol). Als photosensibilisierende Substanzen wirken Furanocumarine (z. B. Methoxypsoralen); nach Hautkontakt, insbesondere bei der Herkulesstaude *(Heracleum mantegazzianum)*, aber auch beim Wiesen-Bärenklau *(Heracleum spondylium)*, und Lichteinwirkung kommt es zur Rötung und Blasenbildung („Wiesendermatitis"). Zu den extrem toxischen Proteinen zählt das Ricin von *Ricinus communis*-Samen (vom „Regenschirmmörder" eingesetzt, der 1978 den bulgarischen Schriftsteller G. MARKOW mit einer vergifteten Regenschirmspitze ermordete) und das Abrin aus Samen der Paternostererbse *(Abrus precatorius)*, beide hochwirksame Hemmstoffe der Proteinsynthese.

Lit: Frohne D, Pfänder HJ (1982) Giftpflanzen. Ein Handbuch für Apotheker, Ärzte, Toxikologen und Biologen, Wissenschaftliche Verlagsgesellschaft, Stuttgart – Roth L, Daunderer M, Kormann K (1984) Giftpflanzen. Pflanzengifte. Vorkommen, Wirkung, Therapie, ecomed Verlagsgesellschaft, Landsberg München.

Giftpilze. Sie enthalten in ihren Fruchtkörpern Pilzgifte, die nach dem Verzehr zu >Vergiftungen< führen. Pilzgifte sind nicht zu verwechseln mit >Mykotoxinen<, >Stoffwechselprodukten<, die von den >Hyphen< v. a. von Schimmelpilzen abgegeben werden und z. B. in Lebensmitteln, >Samen< und >Früchten< auftreten. Zu den wichtigsten Pilzgiften (s. Abb. S. 521) zählen die Amatoxine und Phallotoxine des Grünen Knollenblätterpilzes *Amanita phalloides*, beides zyklische >Peptide<, die häufig zu tödlichen Leber- und Nierenschädigungen führen, sowie Muscarin, ein >Alkaloid< von Rißpilzen (Inocybe) und Weißen Ritterlingen der Gattung Clitocybe, das sich wegen seiner Ähnlichkeit zum >Acetylcholin< an Acetylcholin-Rezeptoren anlagert und zu einer Dauererregung führt.

Vergiftungen durch den Fliegenpilz *(Amanita muscaria)* sind auf Ibotensäure und ihre Sek.-Produkte Muscimol und Muscazon (s. chem. Formel) zurückzuführen, die u. a. rauschähnliche Symptome verursachen. Die Wirkung beruht auf der Blockade von γ-Aminobuttersäure(GABA)-Rezeptoren des zentralen Nervensystems; Muscimol weist eine starke >insektizide< Wirkung auf.

Von Bedeutung ist außerdem das Coprin des Faltentintlings *(Coprinus atramentarius)*, eine Cyclopropanverb., die erst nach Alkoholgenuß (bis zu drei Tagen nach der Pilzmahlzeit) zur Wirkung (Atemnot, Herzrhythmusstörungen, Kollaps) führt. Dies beruht auf einer Hemmung der Acetaldehyddehydrogenase in der Leber durch 1-Aminocyclopropanol, einem >Metaboliten< des Coprins, und damit auf einer Anreicherung des beim Alkoholabbau entstehenden Zwischenprodukts Acetaldehyd.

Lit: Bresinsky A, Besl H (1985) Giftpilze. Wissenschaftl. Verlagsges. mbH, Stuttgart.

Giftrecht. Früheres Landesrecht, das den Umgang mit giftigen Stoffen regelte. Heute weitgehend abgelöst durch das >Chemikaliengesetz< und die >Gefahrstoffverordnung<.

Giga (G). Vorsatz vor Maßeinheiten, die um das 10^9fache vergrößert sind.

Gips. Mineral der Formel $CaSO_4 \cdot 2H_2O$, das in kleinen Mengen in vielen >Sedimenten< vorkommt, in den Gipsgesteinen aber den Hauptanteil stellt. G. ist relativ leicht löslich; er ist in Böden daher nur bei mäßig hohen Niederschlägen stabil. Bei der >Meliorati-

Amatoxine
α-Amanitin:
R^1 = CH$_2$OH, R^2 = OH, R^3 = NH$_2$, R^4 = OH, R^5 = OH

Phallotoxine
Phalloidin:
R^1 = OH, R^2 = H, R^3 = CH$_3$, R^4 = CH$_3$, R^5 = OH

Coprin

Acetylcholin

1-Amino-cyclo-propanol

Ibotensäure

Muscimol

γ-Aminobuttersäure

Muscarin

Muscazon

Pilzgifte

on< von Natriumsalzböden (>Salzböden<) wird G. oft zur Strukturstabilisierung verwendet, da er eine langsam fließende Quelle für Calciumionen darstellt, wodurch verschlämmungsfördernde Na-Ionen vom Austauscherkomplex verdrängt werden können. Endprodukt der meisten Abgasentschwefelungsverfahren. Dieser >REA<-Gips ersetzt heute weitgehend den „Naturgips" aus Gipssteinbrüchen in der Baustoffindustrie.

Gipsgestein. >Karstgrundwasserleiter<.

G-Kat-Plakette. Ein Verkehrsverbot, das aufgrund erhöhter >Ozon<konzentrationen ausgesprochen wurde, gilt nach § 40c des >Bundes-Immissionsschutzgsetzes< nicht für Fahrzeuge mit geringem >Schadstoff<ausstoß, die mit einer amtlichen Plakette gekennzeichnet sind. Einzelheiten hierzu regelt das Landesrecht. In den Empfehlungen des Bundesministeriums für Verkehr vom 09.12. 1996 zum Vollzug der >Ozon<regelung in §§ 40a ff. des >Bundes-Immissionsschutzgesetzes< wird diese amtliche Plakette als G-Kat-Plakette bezeichnet. Die Plaketten werden auf Antrag i.d.R. von den Zulassungsstellen ausgegeben. Daneben ist im Einzelfall bei Vorliegen besonderer Kriterien von öffentlichem (z.B. im Gesundheitswesen) oder überwiegend privatem (z.B. Existenzerhaltung) Interesse auch für Fahrzeuge, die keinen geringen >Schadstoff<ausstoß aufweisen, eine Plakette erhältlich.

GKN-1. Gemeinschaftskernkraftwerk in Neckarwestheim/Neckar, Block 1, >Druckwasserreaktor< mit einer elektrischen Bruttoleistung von 855 MW (davon 157 MW für Bahnstrom), nukleare Inbetriebnahme am 23.05. 1976.

GKN-2. Gemeinschaftskernkraftwerk in Neckarwestheim/Neckar, Block 2, >Druckwasserreaktor< mit einer elektrischen Bruttoleistung von 1.365 MW, nukleare Inbetriebnahme am 29.12. 1988.

GKSS-Forschungszentrum Geesthacht. Materialforschung, Trenn- und Umwelttechnik sowie Umweltforschung sind die drei Forschungsschwerpunkte des GKSS-F. G. GmbH. In der Materialforschung konzentriert sich das GKSS-Forschungszentrum u.a. auf neue Hochtemperaturwerkstoffe auf der Basis intermetallischer Verbindungen sowie auf Werkstoffe und Bauteile der Meerestechnik. Wichtiges Hilfsmitel zur Analyse ist dabei der Forschungsreaktor Geesthacht (>FRG 1<). Bei den Trenn- und Umwelttechniken handelt es sich um Verfahren zur Abtrennung von Schad- oder Wertstoffen aus flüssigen oder gasförmigen Gemischen mittels Membranen. Die Arbeiten auf dem Gebiet der Membrantechnologie erstrecken sich von der Modellierung und Entwicklung neuer polymerer Werkstoffe über Fertigung und Test der Membranfolien, der Herstellung von Membranmodulen, bis hin zum Bau von Pilotanlagen in Zusammenarbeit mit der Industrie. Von besonderem Interesse ist der Bereich Umweltforschung. Er dient der Erforschung ökologischer und klimatischer Entwicklungen und leistet somit seinen Beitrag zur Festlegung gezielter Vorsorgemaßnahmen. Die räumlichen Schwerpunkte liegen hier auf der norddeutschen Küstenregion, den Ästuaren, dem Wattenmeer, der Boddenküste und der Ostsee sowie den deutschen Einzugsgebieten von Elbe und Weser.

Glasdosimeter. >Phosphatglasdosimeter<.

Glasfasern. Künstlich hergestellte Fasern aus anorg. Materialien. Bei Einsatz ausschließlich silikatischer Gesteine oder >Schlacken< wird auch von Mineral- bzw. Schlackenfasern gesprochen. Zu unterscheiden ist zwischen textilen Glasfasern (elektrische Isolierung, Hitzeschutz, Dichtungen) und nichttextilen Glasfasern (Wärmeisolierung). Aus dem geschmolzenen Material werden die Fasern nach dem Schleuderverfahren, Düsenblas- oder Düsenziehverfahren gewonnen. Zur Herstellung von Dämmstoffen in Form von Platten, Vliesen, Bahnen, Matten oder Filzen werden die noch heißen Spinnfäden mit einem Bindemittel wie z.B. einem >Kunstharz< auf >Phenol-Formaldehyd<basis beschichtet, das nach Trocknung und Härtung z.B. in einem Durchlaufhärteofen die einzelnen Fasern untereinander verbindet. Bei geometrischen Faserdurchmessern von <3 µm können eingeatmete Glasfasern mit Längen von bis zu 100 µm bis in den Alveolarbereich der Lunge gelangen. Mineralfasern enthalten ggf. geringe Anteile sehr dünner Fasern mit Durchmessern von < 1 µm, für die ein >krebs<erzeugendes Potential vermutet wird (>Fasern<).

Glasfaserverstärkte Kunststoffe. >Faserverstärkte Kunststoffe<.

Glashütten. Zur Herstellung von Glas werden die Rohstoffe Sand (SiO_2), Kalkstein ($CaCO_3$), Feldspat ($K[AlSi_3O_8]$), Soda (Na_2CO_3) und weitere Zusätze je nach produziertem Glaserzeugnis in kontinuierlich arbeitenden Glasschmelzwannen oder periodisch betriebenen Hafenöfen bei Temp. zwischen 1.450°C und 1.650°C erschmolzen. In der Schmelze noch vorhandene Gaseinschlüsse und Inhomogenitäten werden durch die Zugabe spezieller Läutermittel entfernt. Beim Schmelzprozeß kommt es zur Freisetzung von >Staub< mit z. T. >toxischen< Inhaltsstoffen, von gasförmigen >Chlor-< und >Fluor<verb. sowie zu brennstoffspez. >Emissionen<. Die hohen Schmelztemp. können zur teilweisen Verdampfung eingesetzter Stoffe führen. Besonders zu erwähnen sind dabei >Arsen-< und >Antimon<emissionen aus dem Einsatz arsen- und antimonhaltiger Läuterungsmittel. >Blei<emissionen bei der Herstellung der schweren Bleikristallgläser und z.B. >Nickel-<, >Chrom-<, >Cadmium-< und >Selen<emissionen bei der Verwendung entspr. Färbemittel. Durch den Einsatz von >Gewebefiltern< zur Staubabscheidung, von >Absorptions<verfahren zur Abscheidung gasförmiger anorg. Stoffe, wie z.B. von Fluor- und Chlorverb., sowie durch den Einsatz elektrisch beheizter Schmelzöfen konnten die Emissionen drastisch reduziert werden. Bei der Herstellung von Tafelgläsern ist in vielen Fällen das Säurepolieren in einem Gemisch aus >Flußsäure< und >Schwefelsäure< oder das Mattätzen in einem Gemisch aus Flußsäure und Fluoriden der letzte Bearbeitungsschritt. Durch Absorption in einem Wäscher lassen sich Emissionen an Fluorverb. deutlich reduzieren. Sowohl die Schmelzanlagen als auch die Anlagen zum Säurepolieren oder Mattätzen unter Verwendung von Flußsäure unterliegen der immissionsschutzrechtlichen >Genehmigungspflicht<.

Glazialrelikte. Pflanzen- und Tierarten, die aufgrund eiszeitlicher Ereignisse in einem Gebiet vorkommen oder dorthin gelangt sind. Das Gebiet kann auf einzelne Standorte begrenzt sein. Auch Meerestiere sind so als marine G. (glaciomarine relicts) in Binnengewässer gelangt.

Gleichgewicht. 1. allgemein: Ein allgemein, vor allem in Physik und Chemie, aber auch in der Ökologie verwendeter Begriff zur Kennzeichnung eines >makroskopischen< Ruhezustandes. Die Unveränderlichkeit im betrachteten >System< kommt in der Mechanik durch ein Sich-Aufheben aller am System angreifenden Kräfte und Momente zustande. In der >Thermodynamik<, der Chemie und der Ökologie spricht man von Gleichgewicht, wenn sich alle >Flüsse< in das System hinein und aus ihm heraus (Importe und Exporte

sowie Produktion und Konsumption oder Zersetzung von energetischen und materiellen Komponenten oder Individuen – in der Populationsdynamik Sterbe- und Geburtenrate) die Waage halten. Man spricht dabei, solange Transporte bzw. Im- und Exporte für das Gleichgewicht notwendig sind, auch von einem >Fließgleichgewicht<. Im Unterschied dazu kommt ein >chem. Gleichgewicht< dadurch zustande, daß sich Hin- und Rückreaktionen in ihrer Wirkung aufheben. Die Zus. eines Systems bei erreichtem Gleichgewicht hängt von den Bedingungen ab, bei chem. Gleichgewichten z.B. von Temp. und Druck. – Ein besonderes Kennzeichen von stabilen Gleichgewichten ist, daß sie sich nach kleinen Störungen von selbst wieder einstellen. Die Größe der zulässigen Störung und das zeitl. Verhalten sind dabei Maße für die >Stabilität<. Labil heißt demgegenüber ein Gleichgewicht, bei dem sich das System bei einer Störung von der Ruhelage entfernt, und indifferent, wenn jeder neue Zustand wieder ein Gleichgewicht darstellt. Bei chem. Gleichgewichten erreicht die >Entropie< ein Maximum, bei Fließgleichgewichten die >Energiedissipation< und die >Entropieproduktion< ein Minimum. Als ökologisches Gleichgewicht im engeren Sinne wird z.B. ein konst. >Räuber-Beute-Verhältnis< in abgeschlossenen Gebieten betrachtet, im weiteren Sinne mit entspr. Übertragung auf größere Regionen. S. a. >Statik<, >Gleichgewichts-Thermodynamik<, >chemische Gleichgewichtslehre<, >Massenwirkungsgesetz<, >lokales Gleichgewicht<, >Phasenregel<, >ökologisches Fließgleichgewicht<.

2. biologisches: Die Erscheinung, daß alle Organismenarten eines bestimmten Lebensraumes durch Fortpflanzung und Tod (Fressen und Gefressenwerden, Konkurrenz) in ihren Individuenzahlen ein annähernd konstantes Verhältnis bilden, durch das die Lebensgemeinschaft unter Ausbildung von Nahrungsketten (z.B. Fichten im Fichtenwald-Fichtenspinner-Schlupfwespen-Rotkehlchen-Bussard) am Leben erhalten wird. Eine andere Definition beschreibt biologisches Gleichgewicht als innerhalb einer bestimmten Zeitspanne konstanter Zustand des Ausgleichs zwischen den verschiedenen Lebensvorgängen in einem biologischen System (Wechselbeziehung zwischen Systembestandteilen; Energie-, Stoff- und Informationsflüsse).

3. ökologisches: Es wird beschrieben als ein innerhalb einer bestimmten Zeitspanne konstanter Zustand des Ausgleichs zwischen den verschiedenen physikalischen, chemischen und biologischen Wechselbeziehungen sowie Energie-, Stoff- und Informationsflüssen in einem Ökosystem oder einer Landschaft, wobei Landschaft ein nach Struktur und Funktion als Einheit aufzufassender Teil der Erdoberfläche ist, der aus einem Ökosystemgefüge besteht. Ökologisches Gleichgewicht kann auch auf die ganze Biosphäre, also die Summe aller Ökosysteme auf der Erde, bezogen werden. Das ökologische Gleichgewicht umschließt erstens das biozönotische Gleichgewicht. Dieses ist ein bewegliches Gleichgewicht, bei dem trotz der von Jahr zu Jahr erheblichen Schwankungen im Bestand einzelner Organismenarten die Biozönose in ihrem ganzheitlichen Abhängigkeits- und Wirkungsgefüge erhalten bleibt. Zweitens gehören dazu Fließgleichgewichte, bei denen beispielsweise Export und Import von Nährstoffen, Wasser oder Sauerstoff sich die Waage halten. Das ökologische Gleichgewicht des Ökosystems umfaßt also das biozönotische Gleichgewicht mit allen Art-zu-Art-Gleichgewichten und die verschiedensten

Fließgleichgewichte. Dieses Gesamtgleichgewicht wird oft als dynamisches Gleichgewicht bezeichnet, da die Erhaltung des Systems mit einem ständigen Wechsel im Aufbau der Biozönose, im Stoffbestand und -umsatz sowie im Energieumsatz einhergeht. Treten in einem nicht stabilen System über längere Zeit einseitig gerichtete Vorgänge auf, so weicht das ökologische Gleichgewicht einer Sukzession. Auch bei von Natur aus stabilen Systemen kann durch ausdauernde künstliche Eingriffe (besonders durch unbedachte menschliche Nutzung) das ökologische Gleichgewicht stark und gelegentlich irreversibel gestört werden.
4. radioaktives: Als radioaktives Gleichgewicht bezeichnet man den Zustand, der sich bei einer radioaktiven >Zerfallsreihe<, für welche die >Halbwertszeit< des Ausgangs->Nuklides< größer ist als die Halbwertszeiten der Folgeprodukte, dann einstellt, wenn eine Zeit vergangen ist, die groß ist gegenüber der größten Halbwertszeit der Folgeprodukte. Die Aktivitätsverhältnisse der Glieder sind dann zeitlich konstant.

Gleichrichter. Elektronische Schaltungen oder Geräte zum Umformen von Wechselstrom in Gleichstrom. Wichtigstes Bauelement ist das Ventil, das dem Strom in Durchlaßrichtung einen geringen, in Sperrichtung einen hohen Widerstand entgegensetzt. Ein G. kann aus einer Vielzahl von Einzelelementen bestehen. Ihre Zusammenschaltung wird als G.-Schaltung bezeichnet. Bei der *Einwegschaltung* wird nur eine Halbwelle (unterbrochener Gleichstrom) ausgenutzt. Durch Phasenverschiebung und Überlagerung von Wechselströmen kommt man zu einem nur noch leicht welligen oder glatten Gleichstromverlauf.
Heute werden überwiegend Halbleitergleichrichterdioden (>Halbleiter<) benutzt. Diese bestehen aus einer dünnen Halbleiter-Einkristallschicht, die auf der einen Seite eine hohe n-Dotierung, auf der anderen Seite eine hohe p-Dotierung enthält. Legt man eine Spannung in Flußrichtung an die Elektroden (p-Seite positiv und n-Seite negativ), so werden Leitungselektronen vom n-Gebiet ins p-Gebiet und umgekehrt Löcher vom p-Gebiet ins n-Gebiet transportiert. Dort können sie mit den von den Elektroden gelieferten Ladungsträgern rekombinieren. Dadurch ist ein hoher kontinuierlicher Stromfluß bei nur geringer Potentialdifferenz möglich. Ändert man die Polarität der Spannung (n-Seite positiv, p-Seite negativ), so wird auch die Bewegungsrichtung der Ladungsträger umgekehrt. Elektronen und Defektelektronen (Löcher) werden von der Zwischenschicht in die hochdotierten Bereiche zurückgezogen und erzeugen damit eine von beweglichen Ladungsträgern freie Zone (Grenzschicht). Es fließt nur noch ein sehr geringer Rückwärtsstrom (Sperrichtung).
Lit: Schuh F (1981) Enzyklopädie Naturwissenschaft und Technik, Zweiburgen, Weinheim – Müller HH (1973) Meyers Physik-Lexikon. Bibliographisches Institut, Mannheim Wien Zürich.

Gleichstromverbrennung. >Müll<, und >Abgase< strömen in gleicher Richtung; führt zu Zündproblemen bei Müll mit niedrigem >Heizwert<. Vorteilhaft ist, daß die Schwelgase zwangsläufig durch die heißeste Zone strömen und >Schadstoffe< und Geruchsstoffe zerstört werden. Die Austrittstemp. liegen hoch im Gegensatz zur >Gegenstromverbrennung<.

Gleitmittel. 1. G. in >Kunststoffen< sind Hilfsstoffe, die die Verarbeitung von >Thermoplasten< in >Extrudern< durch Herabsetzung der Klebrigkeit und Zähigkeit und der damit verbundenen Wandhaftung sowie durch Verbesserung der Fließeigenschaften erleichtern. Sie sind mit diesen >Kunststoffen< häufig nicht verträglich und diffundieren nach außen, womit eine Trennwirkung gegenüber Formwänden und der Kunststoffflächen untereinander, z. B. bei Folien, verbunden ist. Als G. werden neben anderen Substanzen vornehmlich höhermolekulare Wachse und Metallseifen höherer >Fettsäuren< wie Erdalkalistearate in 1 bis 2% Konzentration eingesetzt. Die Letzteren haben bei der >PVC<-Verarbeitung, die ohne G. nicht möglich ist, den zusätzlichen Effekt der Verhinderung der HCl-Abspaltung infolge thermischer Schädigung sowie des Abfangens der gebildeten Salzsäure. 2. G. im Maschinenbau haben die Aufgabe der Trockenschmierung beweglicher Teile. Dies wird durch Substanzen mit Schichtenstruktur, wie z. B. >Graphit< und Molybdändisulfid (MoS_2), erreicht.

Gley. Nach der deutschen Systematik ein Bodentyp, der durch einen permanent hohen Grundwasserstand geprägt ist. Dadurch herrschen im unteren Teil des Profils (Gr-Horizont >Bodenhorizonte<) ständig reduzierende (anaerobe) Bedingungen, während der obere Teil (Go-Horizont) durch den Kontakt mit Luftsauerstoff weitgehend oder vollständig aerob (oxidiert) ist. Durch diesen Gradienten des Redoxpotentials kann 2wertiges Eisen in gelöster Form nach oben wandern und im luftbeeinflußten Teil des Profils als Eisen(III)-oxid ausgeschieden werden. Auch mit dem Grundwasser über größere Strecken antransportiertes Eisen kann so im Profil akkumuliert werden. Diese Eisenoxidabscheidung kann auch an den Wänden luftführender großer Poren im sonst (durch Kapillarhub wassergesättigten) reduzierten Bereich geschehen, so daß im oberen Teil des Gr-Horizonts die Wände von Wurzelröhren und Wurmgängen oft braune Eisenoxidbeläge haben („verrostet" sind). Besondere Eigenschaften der G. werden durch Zusätze bezeichnet. So heißen Böden mit einem Grundwasserstand nahe der Oberfläche, also praktisch ohne Go-Horizont, auch *Naßgleye*. *Auengleye* sind G., die periodisch überflutet werden und so immer wieder neue >Sedimente< erhalten. Bei hohen bzw. extrem hohen Gehalten an organischer Substanz werden die Böden als >Anmoor-< bzw. >Torfgleye< bezeichnet. Wegen des hohen Grundwasserstandes können sich Bodenbelastungen leicht und rasch auf die Beschaffenheit des Grundwassers auswirken. In G.-Landschaften müssen daher Umwelteinflüsse durch menschliche Aktivitäten, wie z. B. durch Pestizidanwendung, besonders sorgfältig bedacht und bei Planungen berücksichtigt werden, zumal in vielen solcher Gebiete heute Trinkwasser gewonnen wird. Bei einer Absenkung des Grundwasserstandes, z. B. durch wasserbautechnische Maßnahmen, setzt der bei der Trockenlegung hydromorpher Böden allgemein auftretende >aerobe Abbau< der organischen Bodensubstanz mit einer Erhöhung der Nitratkonzentration im Grundwasser ein. Die anderen im Lauf der Bodenentwicklung entstandenen Horizonteigenschaften werden dagegen meist konserviert, so daß aus dem Profilbild eines G.-Bodens nichts über die augenblicklichen hydrologischen Verhältnisse dieses Standorts gesagt werden kann.

Gliederfüßer. (Syn. Arthropoda). Dazu gehören die großen Gruppen der Insecta, >Myriopoda<, >Arachnida< und >Crustacea<.

Glimmer. Gruppe von Schichtsilicatmineralen mit den wichtigsten Vertretern >Muskovit< und >Biotit<. G.

gehören zu den Dreischichtmineralen und weisen ähnliche Strukturen wie die wichtigen Tonminerale >Vermiculit<, >Smectit< und >Illit< auf. In Böden verwittern G. meist relativ leicht; sie sind als Ausgangsminerale für die Tonmineralbildung, als Nährstofflieferanten (Mg, K) sowie als Säurepuffer von großer Bedeutung.

Globale Umweltprobleme. Seit Ende der achtziger Jahre tritt die Analyse internationaler, insbesondere g.U. in den Vordergrund der umweltökonomischen Diskussion. Die wichtigsten Probleme sind die Zerstörung der >Ozon<schicht, der >Treibhauseffekt<, die Abholzung des >Tropenwaldes< und die Verschmutzung und Ausbeutung der Weltmeere. Als wichtigstes Hemmnis für das Zustandekommen einer wirksamen internationalen Umweltpolitik erweist sich die unterschiedliche Interessenlage der einzelnen Staaten. Gegenstand der umweltökonomischen Forschung ist deshalb die Konstruktion von anreizkompatiblen Mechanismen (Design internationaler Umweltschutzverträge). Damit sollen Staaten veranlaßt werden, trotz zunächst unterschiedlicher Interessen Anstrengungen im Dienste des gemeinsamen Anliegens der Reduktion grenzüberschreitender (globaler) Schadstoffemissionen zu unternehmen.

Lit: Heister J (1997) Der internationale CO_2-Vertrag. Strategien zur Stabilisierung multilateraler Kooperation zwischen souveränen Staaten, J.C.B.Mohr, Tübingen – Cansier D (1996) Umweltökonomie, 2.Aufl., Lucius & Lucius, Stuttgart.

Globalstrahlung. Summe aus der aus dem oberen Halbraum einfallenden >direkten Sonnenstrahlung< I und der >diffusen Sonnenstrahlung< D:

$$G = I \sin \gamma + D,$$

worin γ den Höhenwinkel der Sonne, d.h. den Winkel zwischen der Horizontalen und dem Sonnenmittelpunkt, bedeutet. G und D sind bezogen auf die horizontale, I dagegen auf die zum Strahlengang normale Empfangsebene. Bei der Diskussion des solaren Strahlungsangebotes hat es sich eingebürgert, stets von der Bestrahlung [Energie pro Fläche], ausgedrückt in Wh/m^2, nicht aber von der Bestrahlungsstärke [Leistung pro Fläche], ausgedrückt in W/m^2, zu sprechen. Verwendet man die Bestrahlungsstärke, so wird darunter entweder der Momentanwert selbst oder sein Tagesmittel verstanden. Beides ist nicht sehr aussagekräftig. Insbesondere bei dem Tages- wie auch bei dem Jahresmittel ist stets zu fragen, worüber gemittelt wurde: nur über den lichten Tag oder gar über alle 24 Stunden eines Tages. Wählt man letzteres Mittelungsverfahren, so würde ein strahlungsreicher Tag in den Polarregionen im Frühling nur deshalb einen geringen Wert abliefern, da bei der Mittelbildung viele Stunden der Dunkelheit die hohen Strahlungswerte der lichten Stunden reduzieren würden. Im Polarsommer würde man bei diesem Mittelungsverfahren dagegen unrealistisch hohe Werte der Bestrahlungsstärke erhalten. >Sonneneinstrahlung<.

Glockenkonzept („bubble policy"). Das ebenso wie das >Ausgleichskonzept< in den USA entwickelte G. ist ein umweltpolitisches Instrument, das u.a. auf die Einsparung von Kosten, die zur Erfüllung von emissionsbezogenen Auflagen aufgebracht werden müssen, abzielt. Bei diesem Konzept werden mindestens zwei, in der Regel jedoch mehrere benachbarte Emissionsquellen unter einer fiktiven Glocke („bubble") zusammengefaßt und die Gesamtemission errechnet. An die Stelle der Einzelgenehmigungen für die verschiedenen Emissionsquellen tritt die Gesamtgenehmigung für die Glocke. Die unter der Glocke angesiedelten Unternehmen erhalten somit die Möglichkeit, ihre Emissionsgenehmigungen und die damit verbundenen Emissionsrechte untereinander auszutauschen. Die Unternehmen sind an einem solchen Austausch, Kauf oder Verkauf von Emissionsrechten sehr interessiert, da die Vermeidungskosten für die einzelnen Anlagen i.allg. große Unterschiede aufweisen und zwar insbesondere dann, wenn sich große und kleinere Anlagen sowie Neu- und Altanlagen unter der Glocke befinden. Der Austausch der Emissionsrechte verleiht Anreize, die Emissionen dort über das bisher zulässige Maß hinaus zu reduzieren, wo dies technisch einfach und mit geringen Kosten möglich ist. Dadurch werden Kompensationsmöglichkeiten geschaffen, z.B. bei Kapazitätserhöhungen und hiermit verbundenen Emissionserhöhungen, ohne daß die Gesamtemissionen überschritten werden. Die zuständigen Behörden haben außerdem die Möglichkeit, z.B. im Rahmen eines >Luftreinhalteplanes< die schrittweise Absenkung der Gesamtemissionen einer Glocke in bestimmten längeren Zeitabständen zu veranlassen. Das in den USA erstmals 1977 in die offizielle Umweltpolitik eingeführte G. konnte dort in den darauffolgenden Jahren mit Erfolg in der Praxis erprobt werden. In Europa sind bislang keine Beispiele bekannt geworden.

Lit: Knüppel H (1989) Umweltpolitische Instrumente, Nomos Verlagsgesellschaft, Baden-Baden.

Glockenpolitik. (Engl.: bubble policy). Marktorientiertes Instrument der >Umweltpolitik<, das zur Klasse der Kompensationslösung gehört. Im Rahmen der Glockenpolitik wird jeder Betrieb so behandelt, als befänden sich seine Emissionsquellen sämtlich unter einer imaginären Glocke. Falls z.B. durch einen Luftreinhalteplan (s.a. >TA Luft<) die Reduzierung des >Schadstoffausstoßes< des Betriebes gefordert wird, so wird bei Anwendung der Glockenpolitik nicht vorgeschrieben, daß die >Emission< jeder Quelle um n% zu senken sei. Die Auflage lautet vielmehr, den Ausstoß aus der „Glocke" um x Jahrestonnen zu vermindern. Dies ermöglicht es dem Betrieb, die kosteneffizienteste Reduzierungsmaßnahme zu wählen. Die Glockenpolitik wird in den USA erfolgreich angewandt. Auch die TA Luft sieht eine Ausgleichsmöglichkeit im Sinne der Glockenpolitik vor, allerdings mit so starken Einschränkungen, daß von einem generellen Einsatz dieses umweltpolitischen Instruments in Deutschland nicht gesprochen werden kann.

Lit: Bonus H (1984) Marktwirtschaftliche Konzepte im Umweltschutz, Ulmer, Stuttgart.

Glove Box. >Handschuhkasten<.

Glucocorticoide. In der Nebennierenrinde gebildete Corticosteroide. Als Hormone üben Corticosteroide vielfältige physiologische Wirkungen aus. Cortison wird bei der Tierhaltung bei Streßzuständen eingesetzt. Wegen der vielfältigen Wirkungen sollten diese Stoffe keineswegs über Lebensmittel aufgenommen werden.

Glucono-δ-lacton. δ-Lacton der >Gluconsäure<, das durch Eindampfen einer Gluconsäurelösung hergestellt wird. Der Einsatz erfolgt als Säuerungsmittel. Durch wäßrige Hydrolyse wird D-Gluconsäure gebildet. Somit tritt die saure Reaktion nur langsam ein,

z. B. bei der Herstellung von Back- und Puddingpulver, bei der Rohwurstreifung oder bei der Herstellung von Sauermilchprodukten.

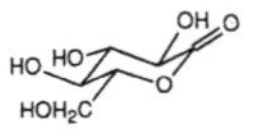

Gluconsäure. Wird durch metallkatalytische oder enzymatische Oxidation von >Glucose< gewonnen. Der Zusatz erfolgt zu Getränken und Süßwaren sowie bei der Herstellung von >Invertzucker<.

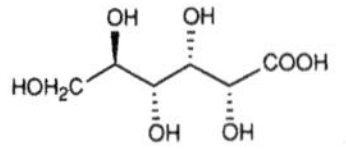

Glucose. (Traubenzucker, Dextrose): Ein Monosaccharid, eine Aldohexose, die sich in süßen Früchten, z.B. Weintrauben findet und neben der Fructose den Hauptbestandteil des Honigs bildet. G. hat sowohl im Pflanzen- als auch im Tierreich eine bedeutende stoffwechselphysiologische Funktion. Im Organismus findet sich G. im Blut (Blutzuckerspiegel eines Gesunden 0,1 %) und bei Zuckerkranken auch im Harn. Technisch kann G. durch Hydrolyse von Kartoffel- oder Maisstärke erzeugt werden. G. wird vom Körper relativ schnell resorbiert und wird deshalb als Kräftigungsmittel, in Nährpräparaten und Arzneimitteln verwendet. Außerdem erfolgt der Zusatz bei der Herstellung von Backwaren, Süßwaren, Marinaden etc. Auch bei der Umrötung von Fleisch und Wurstbrät wird G. eingesetzt.

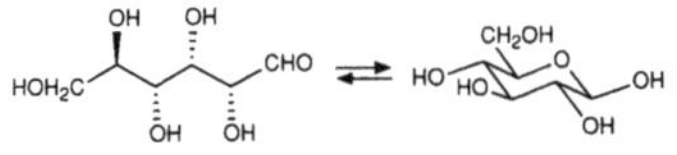

D-Glucose. >Saccharose<.

Glucoseisomerase. Ein Enzym, das >Glucose< zu >Fructose< umbaut. Der Einsatz erfolgt bei der Herstellung von Stärkesirup mit erhöhter Süßigkeit.

Glucoseoxidasen. Enzyme, die die Oxidation von Glucose in Gegenwart von Sauerstoff katalysieren. Der Einsatz erfolgt zur Entfernung von Glucose aus Lebensmitteln, z.B. zur Stabilisierung von Trockenei.

Glucosinolate. Von großer Bedeutung für die Einsatzmöglichkeiten von Rapssaatrückständen und anderen >Futtermitteln< aus der Familie der Cruciferae sind deren Gehalte an Glucosinolaten (oder Thioglucosiden) bzw. den daraus entstehenden Derivaten. Eine Reihe von Glucosinolaten liefert stechend riechende, mit Wasserdampf flüchtige Isothiocyanate. Sie dienen als Senföle seit langem zur Herstellung von Gewürzen, beeinträchtigen jedoch als Bestandteil von Futtermitteln durch ihren scharfen Geruch und Geschmack die Futteraufnahme und besitzen z.T. sogar akute Toxizität. Mit den Gehalten an flüchtigen Senfölen sind die stoffwechselhemmenden Wirkungen glucosinolathaltiger Futtermittel keineswegs völlig erfaßt. Bei länger dauernder Verabreichung solcher Futtermittel kommt es außerdem zu Störungen des Proteinstoffwechsels und zu einer Hemmung der Schilddrüsenfunktion und damit zu einer vielseitigen Störung des Stoffwechsels. Einen Fortschritt stellt die Züchtung sogenannter OO-Rapssorten dar, deren Samen sowohl einen niedrigen Gehalt an Erucasäure als auch an Glucosinolaten aufweisen.

Lit: Menke KH, Huss W (1987) Tierernährung und Futtermittelkunde, 3.Aufl., Ulmer, Stuttgart.

Glucuronide. Kopplungsprodukte (>Konjugate<) von körperfremden oder körpereigenen Stoffen mit Glucuronsäure, dem Oxidationsprodukt der Glucose. G. weisen in der Regel eine größere Wasserlöslichkeit als die Ausgangsstoffe auf und können somit leichter aus dem Organismus durch die Niere und Leber ausgeschieden werden (wichtige Entgiftungsreaktion).

Glühstrumpf. Geflecht aus Baumwollfasern, welche mit >Thorium<nitrat und >Cernitrat< getränkt sind. In der Hitze der Gasflamme verkohlt die Baumwolle und die Nitrate werden in Oxide umgewandelt. Es entsteht ein spröder Glühkörper, der in der Hitze der Flamme weiß leuchtet: „Camping-Licht", „Gaslampe". Wegen des Thoriumgehaltes sind G. radioaktiv.

Glühverlust. Summenparameter zur Kennzeichnung der org. Anteile in einem Abfall oder Boden. Der G. gibt an, welcher Massenanteil beim Glühen des trokkenen Materials bei 550 °C als Gas entweicht (DIN 38414 S 3). Bezogen wird der G. auf die Trockenmasse und in Gew.-% angegeben. Der G. ist bei den Anforderungen der >TA Siedlungsabfall< an die Ablagerungsfähigkeit von Abfällen ein wichtiger Parameter zur Kennzeichnung der Reaktionsfähigkeit der Abfälle nach der Ablagerung in Deponien. Durch die Bestimmungsmethode des G. werden aber auch org. Substanzen erfaßt (z.B. Kunststoffe), die unter den Bedingungen der Deponie nicht abgebaut werden können. Ersatzparameter, mit deren Hilfe die Reaktionsfähigkeit der Abfälle besser beschrieben werden können, sind z. Zt. in der Diskussion.

Glufosinat. Wirkt als >Herbizid< und zählt zur Substanzklasse der Phosphinicoaminosäure-Derivate.
Chemische Bezeichnung: DL-Homoalanin-4-yl-(methyl)-phosphinsäure
Für das Ammoniumsalz: Ammonium-DL-homoalanin-4-yl-(methyl)-phosphinat
CAS-Nummer: 53369–07–6 (Säure), 77182–82–2 (Ammoniumsalz)
Hersteller: AgrEvo
Wirkungstyp: Teilsystemisches Kontaktherbizid. Stört den Ammoniumstoffwechsel der Pflanze mit gleichzeitiger Hemmung der Photosynthese. Wahrscheinlich als Folge des gestörten Ammoniakstoffwechsels kommt es zu einer Akkumulation von NH_4, einem starken Zellgift. Wird hauptsächlich von der Blattbasis zur Blattspitze transportiert.

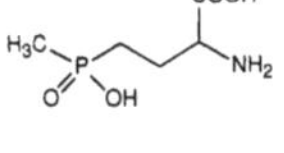

Chemische und physikalische Eigenschaften: Für das Ammoniumsalz:
Physikalische Beschaffenheit: Krist. Pulver. Der technische Wirkstoff besitzt einen essigsauren Geruch und eine gelblich-weiße Farbe.
Schmelzpunkt: 488 °C (Zers.).
Verteilungskoeffizient (log $P_{o/w}$): <1 bei pH 7 und 22 °C.
Dampfdruck: $>1 \cdot 10^{-3}$ Pa bei 20 °C.

Stabilität: Lichtstabil. Über einen weiten pH-Bereich gegen chem. Einflüsse stabil. Bei 50 °C über 3 Monate stabil.

Löslichkeit: In Wasser ca. 137 bei pH 5 bei 20 °C.

Abbau und Mechanismus: Die Halbwertszeit in versch. Böden liegt zwischen 30 und 40 Tagen (freie Säure 4 bis 11 Tage). In der Pflanze erfolgt Desaminierung, Decarboxylierung, Ox. und schließlich β-Ox. zu CO_2.

Ratten oral verabreichter Wirkstoff wird schnell und weitgehend unverändert mit den Faeces und nur zu einem geringen Teil renal ausgeschieden. Als polare Verb. wird G. nur in sehr geringer Menge resorbiert. Eine Woche nach Verabreichung werden in Geweben und Organen nur noch sehr geringe Mengen Wirkstoff gefunden. Der Abbau erfolgt über oxidative Desaminierung und Decarboxylierung mit nachfolgender Dehydrierung zu einem Propionsäurederivat.

Toxizität: Akute orale LD_{50} für männliche Ratte 2.000, weiblich Ratte 1.620 mg/kg, männliche Maus 431, weibliche Maus 416 mg/kg, für Hund 200 bis 400 mg/kg. Akute dermale LD_{50} für Ratte 4.000 mg/kg. Inhalation LC_{50} für Ratte 1,26 bis 2,60 mg/L. LD_{50} intraperitoneal für Ratte 83 bis 96 mg/kg und Maus 82 bis 103 mg/kg. Bei Kaninchen keine Haut- und Augenreizung.

Bienentoxizität: Das Produkt gilt als nicht bienengefährlich. LD_{50} >100 µg/Biene.

Fischtoxizität: LC_{50} (96 Stunden) für Regenbogenforelle 580 mg/L.

Vogeltoxizität: LC_{50} (5-Tage-Fütterung) für Japanische Wachtel > 5.000 mg/kg.

Giftklasseneinstufung: Deutschland: Gefahrensymbol des Produktes Xn.

Glufosinate-Ammonium. Nicht selektives Blattherbizid aus der Gruppe der Aminosäuren mit Phosphinsäurerest.

Syn. L-Phosphinothricin.

Chemische Bezeichnung: Ammonium-(3-Amino-3-carboxypropyl)-methylphosphinat, 2-Amino-4-(hydroxy-methyl-phosphinyl)-butansäure, Ammoniumsalz, CAS-Nummer: 51276–47–2, Phosphinothricin, $C_5H_{12}NO_4P$ als NH_4-Salz.

Aus Kulturfiltraten eines Streptomyceten-Stammes als Teilbaustein eines Tripeptides isoliert. Neben zwei Alaninresten enthält dieser Naturstoff eine neuartige, phosphorhaltige Aminosäure, das L-Phosphinothricin, den eigentlichen Wirkstoff (Bayer H, Lährer L, 1972; Meji Seika Kaisha, 1972).

Synthese: Hoechst AG, 1975.

L-Phosphinothricin besitzt eine geringe Toxizität gegenüber Warmblütlern, jedoch stark herbizide Eigenschaften als typisches, nicht selektives Blattherbizid zur Bekämpfung unerwünschter mono- und dikotyler Pflanzenarten im Obst- und Weinbau.

Die biologische Wirkung beruht auf einer Hemmung der Glutaminsäure (>Glutaminproduktion<) in der Pflanze (Glutamin-Synthetase; Folge: NH_3-Akkumulierung, Glutamin-Mangel, Nucleinsäure- und Proteinbiosynthese-Hemmung). Handelsname: Basta®.

Glufosinat-Ammonium besitzt eine geringe Persistenz und wird mit kurzer Halbwertzeit in CO_2, NH_3, CH_4 und Phosphat abgebaut. Anwendung: typ. Blattherbizid (keine Wurzelaufnahme) z.B. im Weinbau (Unkrautbeseitigung ohne Schädigung der Rebstöcke), ferner Ermöglichung einer „minimalen Bodenbearbeitung" (z.B. nach Getreideernte Bekämpfung der Un-

kräuter im Stoppelfeld und Neusaat (Mais, Soja) mit Spezialmaschinen ohne Pflügen) (>Direktsaat-Verfahren<, >schützende Bodenbedeckung<).

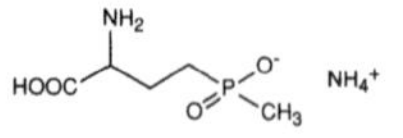

Glutathion. Ein in fast allen lebenden Zellen vorkommendes Tripeptid, das nach der für Peptide üblichen Nomenklatur als ω-L-Glutamyl-L-cysteinylglycin zu bezeichnen ist. Es wirkt durch die leichte Oxidierbarkeit seiner Sulfhydrylgruppe als Oxidationsschutz, wobei unter Abgabe von Wasserstoff die dimere Disulfid-Form entsteht. Beispielsweise kann das tox. H_2O_2 wirksam unter Beteiligung von G.-Peroxidase durch Bildung von Glutathiondisulfid abgefangen werden. Im Organismus gibt es zur Aufrechterhaltung des G.-Gehalts ein regenerierendes Enzym, die G.-Reduktase. G. wird bei Wirbeltieren in der Leber synthetisiert, kommt v.a. in Erythrocyten vor und dient auch dort als Oxidationsschutz.

Glyceride. Fettsäureester des Glycerins. Der dreiwertige Alkohol Glycerin kann mit ein, zwei oder drei Fettsäuremolekülen verestert sein. Dementsprechend unterscheidet man zwischen Mono-, Di- und Triglyceriden. Glyceride werden bei der Produktion von Lebensmitteln als >Emulgatoren< eingesetzt.

Glycol. >Ethylenglykol<.

Glycyrrhetinsäure. Das Aglykon von >Glycyrrhizin< kommt natürlich im >Süßholz< vor.

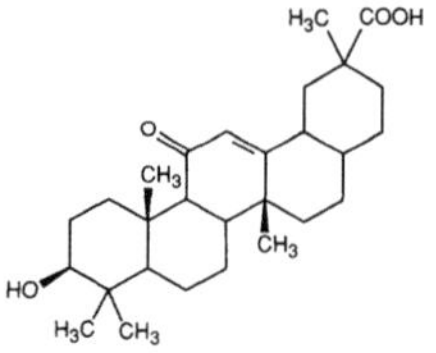

Glycyrrhizin. β,β'-Glucuronido-glucuronid der >Glycyrrhetinsäure<. Ein Süßungsmittel, das aus den Wurzeln von >Süßholz< *Glycyrrhiza glabra* gewonnen wird. Die Süßkraft ist ca. 50 mal stärker als die der >Saccharose<, es hat aber einen Beigeschmack. Die synergistische Wirkung in Kombination mit >Saccharose< und >Saccharin< ermöglicht den Einsatz in geringen Mengen, in denen der Beigeschmack nicht zum Tragen kommt.

Glykolipide. Verbindungen, die einen Lipid- und einen Kohlenhydratanteil enthalten und somit als grenzflächenaktive Stoffe im wäßrigen Medium Micellen ausbilden können. Zusammen mit Phospholipiden und Proteinen sind Glykolipide am Aufbau biologischer Membranen beteiligt und kommen deshalb in allen tierischen und pflanzlichen Lebensmitteln vor.

Glyphosat. Wirkt als >Herbizid< und zählt zur Substanzklasse der Aminophosphorsäure-Derivate.

Chemische Bezeichnung: *N*-(Phosphonomethyl)-glycin

CAS-Nummer: 1071–83–6

Hersteller: Monsanto

Wirkungstyp: Systemisches, nichtselektives Blattherbizid, das über die grünen Pflanzenteile aufgenommen

wird. Greift durch Beeinflussung versch. Enzyme in den Phenol-Stoffwechsel ein, was zu einer Hemmung der Phenylalanin-Bildung führt.
Bevorzugte Anwendung: Gegen monokotyle und dikotyle Unkräuter, besonders Quecke; auf allen Ackerbaukulturen, Wiesen und Weiden, Weinbau, Kernobst, Zier- und Sportrasen, Zierpflanzen und Forst.

$$HOOC{-}NH{-}PO_3H_2$$

Chemische und physikalische Eigenschaften:
Physikalische Beschaffenheit: Farblos, krist.
Schmelzpunkt: 200 °C.
Verteilungskoeffizient (log $P_{o/w}$): 0,0006 bei 20 °C.
Dampfdruck: $2,45 \cdot 10^{-5}$ Pa bei 45 °C.
Stabilität: Das Handelsprodukt zeigte 5 % Verlust nach 2 Jahren Lagerung bei 60 °C.
Korrosives Verhalten: Berührung der Salzlsg. mit galvanisiertem Metall verursacht Inaktivierung. Aufbewahrung in Kunststoffbehältern.
Löslichkeit: 1,0 % der Säure lösen sich bei 25 °C in Wasser. Die Alkali- und Aminsalze sind in Wasser leicht lösl. Die Säure ist schwer lösl. in den gebräuchlichen org. Lsg.-Mitteln.
Abbau und Metabolismus: Im Boden erfolgt rasche Sorption, wodurch der Wirkstoff praktisch immobil wird. Der Abbau erfolgt hauptsächlich mikrobiell, Hauptmetabolit ist die Aminomethylphosphonsäure. Die Halbwertszeit beträgt ca. 60 Tage. In Pflanzen sehr geringe Metabolisierung.
Aus dem tierischen Organismus wird der Wirkstoff unverändert und sehr rasch ausgeschieden.
Toxizität: Akute orale LD_{50} für Ratte 5.600 mg/kg (4.050 mg Monoisopropylammoniumsalz/kg). Akute dermale LD_{50} für Kaninchen >5.000 mg/kg. Bei Kaninchen milde Augenreizung, keine Hautreizung. Akute Inhalation (4 Stunden) LC_{50} für Ratte >12,2 mg/L Luft. 2-Jahres-Fütterungsversuch NOEL für Ratte und Hund >300 mg/kg Futter (höchst getestete Dosis).
Bienentoxizität: Nicht bienengefährlich (B 4).
Fischtoxizität: LC_{50} (96 Stunden) für Forelle 86 mg/L und Sonnenbarsch 120 mg/L. LC_{50} (48 Stunden) für *Daphnia magna* 962 mg/L.
Vogeltoxizität: Akute orale LD_{50} für Japanische Wachtel >3.850 mg/kg. 8-Tage-Fütterungstest LC_{50} für Wachtel und Stockente >4.640 mg/kg Futter.
Giftklasseneinstufung: Deutschland: Nach Gefahrstoffverordnung Xn.

Gneis. Metamorphes, meist schiefriges oder faseriges Gestein, das aus >Quarz<, >Feldspat<, >Glimmer< und weiteren Mineralen besteht.

Goethit. Häufigstes Eisenoxid in Böden des gemäßigt-humiden Klimabereichs mit der Formel α-FeOOH, das vielen Böden die charakteristische gelbbraune Färbung verleiht. Während die G.-Gehalte in den meisten Böden nur wenige Prozent betragen, entsteht er unter bestimmten Bedingungen in Niedermoorgleyen (>Gley<) auch in wesentlich höheren Konzentrationen und wird dann oft als >Ocker< bezeichnet; bei Ackernutzung solcher Standorte tritt häufig Phosphatmangel infolge von >Fixierung< auf.

Gold Yellow. >Chrysoin S<.

Goldbeeren. >Kreuzbeeren<.

Goldorfe. (Syn. *Leuciscus idus*) >Fischtest<.

Golgi-Apparat. Der G.-A. oder Golgi-Komplex umfaßt eine Ansammlung von kleinen Stapeln aus glatten, flachen Zisternen mit einem Durchmesser von ca. 1 µm. Diese Golgi-Stapel finden sich bei der Tierzelle gewöhnlich in der Nähe des Zellkerns; bei Pflanzenzellen sind sie dispers als sog. Dictyosomen über das gesamte Cytoplasma verstreut. Der Organellenkomplex wurde von dem italienischen Histologen CAMILLO GOLGI (Nobelpreis für Medizin 1906) entdeckt. Funktionell handelt es sich um ein Drüsenorganell, in dem unter anderem Sekrete (bei der Pflanzenzelle z.B. versch. Zellwandpolysaccharide) synthetisiert oder glykosyliert werden (z.B. zur Umwandlung von Proteinen in Glykoproteine). Der Transport erfolgt über Golgi-Vesikel, die an den Rändern abgeschnürt werden und zur Plasmamembran wandern. Während der Inhalt nach außen abgegeben wird, verschmilzt die Golgi-Membran mit der Plasmamembran. Der Membranfluß aus dem Golgi-Apparat wird durch Nachlieferung von Membranmaterial aus dem >endoplasmatischen Reticulum< in Gang gehalten.

Gonadendosis. >Strahlendosis< an den Keimdrüsen (Hoden und Eierstöcke).

Gonyautoxine. Hochgiftige Neurotoxine (>Toxine<), die in verschiedenen Muschelarten durch Aufnahme des diese Toxine produzierenden Dinoflagellaten *Gonyaulax tamarensis* vorkommen (>Mollusken<). Von ähnlichem Aufbau und analoger Wirkung ist das >Saxitoxin<; s.a. >Muschelvergiftungen<

Gonyautoxin

Lit: Habermehl G (1987) Gift-Tiere und ihre Waffen, 4.Aufl., Springer-Verlag, Berlin Heidelberg. – Teuscher E, Lindequist U (1988) Biogene Gifte, 1.Aufl., Akademie, Berlin. – Habermehl G, Krebs HC (1986) Naturwissenschaften 73: 459–470.

Good Agricultural Practice. >Gute fachliche Praxis<.

Gorleben. >Salzstock Gorleben<.

Gossypol. Die Samen der zur Fasergewinnung angebauten Arten der Baumwolle (Gossypium sp.) enthalten eine sehr reaktionsfähige Polyphenolverbindung, das Gossypol. Dieses kumulativ wirkende Gift ruft bei jungen Kälbern, Schweinen und Geflügel eine Reihe von Krankheitssymptomen hervor und führt zu verminderter Futteraufnahme, Wachstumsdepressionen und erhöhter Sterblichkeit. Nach der Verfütterung von Baumwollsaatrückständen an Legehühner bewirkt eine Reaktion zwischen Eisenionen des Eidotters mit G. eine dunkelolivgrüne Verfärbung und ein Fleckigwerden der Dotter. Bei einer richtigen Führung des Ölgewinnungsprozesses wird das im nicht entfetteten Samen vorhandene freie G. weitgehend abgebunden. Gebundenes G. ist wesentlich weniger toxisch. Auch im Pansen der Wiederkäuer führt die Bindung an Nahrungsbestandteile zur Herabsetzung der Toxizität. Kuchen oder Extraktionsschrote von Baumwollsaat dürfen nach der >Futtermittelverordnung< max. 1.200 mg, andere

>Einzelfuttermittel< max. 20 mg freies G. je kg enthalten; bei >Alleinfuttermitteln< sind je nach Tierart und Nutzungsrichtung zwischen max. 500 mg (Wiederkäuer) und max. 20 mg/kg (Legegeflügel, Ferkel) zulässig.

Grabenaufschluß. Grabenförmiger Einschnitt von der Tagesoberfläche bis zur ersten Betriebssohle eines Tagebaubetriebes, um den Betrieb einleiten zu können; >Aufschlußfigur<.

Grabenerosion. Form der >Bodenerosion<, bei der durch zusammenlaufendes Wasser an einzelnen Stellen besonders intensiver Abtrag auftritt. Hierbei können Gräben entstehen, die bis zu mehreren Metern tief sind und sich durch rückschreitende Erosion in die höhere Fläche einschneiden. Besonders gefährdet für G. sind z.B. >Löß- oder Lößlehmflächen<, die an eine tiefere Geländestufe grenzen.

Gradation. Massenvermehrung einer >Population<, meist auf Schädlinge bezogen, >Regulation<.

Gradient. Allmähliche Veränderung eines >Umweltfaktors< innerhalb eines >Ökosystems< oder eines >Biochors<. Ein G. kann im Labor für Experimente künstlich erzeugt werden, z.B. in einer >Feuchtorgel<.

Gradientwind. Gleichgewichtswind, der sich aus der Balance zwischen >Coriolis-< und >Zentrifugalkraft< einerseits und >Druckgradientkraft< andererseits einstellt. Im Gegensatz zum >geostrophischen Wind< verlaufen hier die Isobaren nicht gradlinig.

Gramfärbung. Eine von GRAM (1884) eingeführte, differenzierende Färbemethode für Bakterien, wobei das positive (>grampositiv<) oder negative (>gramnegativ<) Ergebnis der Färbung heute als wichtiges taxonomisches Merkmal bei der Bakterientaxonomie und -identifizierung verwendet wird. Das Prinzip der G. beruht darauf, daß Bakterien mit Lsg. von Triarylmethan-Farbstoffen (Kristallviolett, Gentianaviolett u.a.) blauviolett angefärbt werden. Dann erfolgt durch Behandlung mit einer Iodlsg. (Lugolsche Lsg.) die Umwandlung des Farbstoffs in einen Farblack. Dieser Farblack kann bei den meisten Bakterien durch Behandlung mit polaren org. Lsg.-Mitteln, z.B. mit Ethanol oder Aceton extrahiert werden; solche Bakterien werden gramnegativ genannt. Eine taxonomische Gruppe von Bakterienarten gibt den Farblack nicht wieder ab; sie wird grampositiv genannt. Zur besseren Kontrastierung der gramnegativen Bakterien im lichtmikroskopischen Bild schließt sich nach der eigentlichen G. zumeist eine Gegenfärbung mit Fuchsin an, wobei gramnegative Bakterien eine rote Farbe annehmen. Das jeweilige Färbeverhalten ist durch den unterschiedlichen Aufbau der Bakterien-Zellwände bedingt (>gramnegativ<, >grampositiv<).

gramnegativ. Bakterien werden als g. (gram –) bezeichnet, wenn sie bei der differenzierenden >Gramfärbung< nicht blauviolett, sondern bei Verwendung von Fuchsin zur Gegenfärbung rot angefärbt werden. Diese als taxonomisches Merkmal dienende Eigenschaft

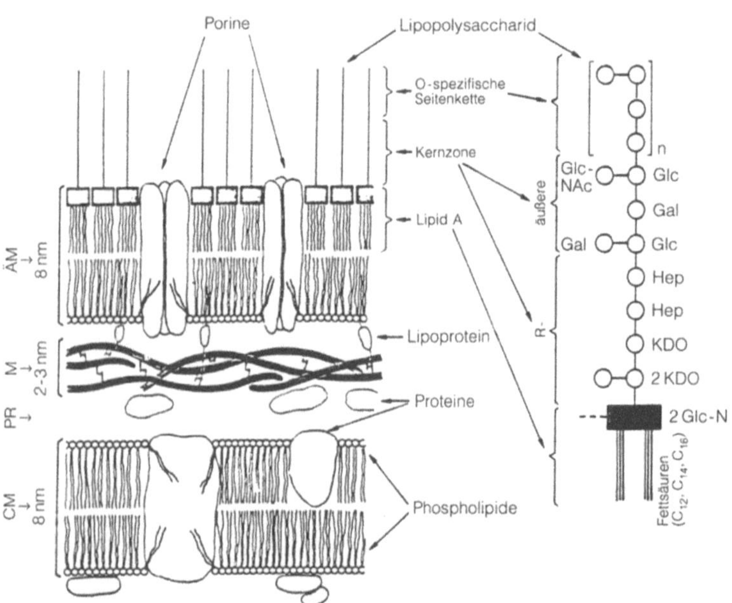

gramnegativ: Modell des Zellwandaufbaus Gram-negativer Bakterien. Unmittelbar an die Cytoplasmamembran grenzt die Mureinschicht. Mit ihr sind die hydrophilen Enden der Lipoproteine kovalent verknüpft. Diese tauchen mit ihren lipophilen Enden in eine Lipid-Doppelschicht ein, die Phospholipide und die Lipid A-Zonen der Lipopolysaccharide enthält. Die hydrophilen, O-spezifischen Heteropolysaccharidseitenketten der Lipopolysaccharide weisen nach außen (oben). Die rechte Seite gibt ein Lipopolysaccharid-Molekül wieder. Symbole: Glc = Glucose, Glc-N = Glucosamin, Glc-NAc = N-Acetylglucosamin, Gal = Galactose, Hep = Heptose, KDO = 2-Keto-3-desoxyoctonsäure, CM = Cytoplasmamembran, M = Murein, ÄM = äußere Membran, PR = periplasmatischer Raum. (aus: Schlegel HG (1985) Allgemeine Mikrobiologie, 5. Aufl., Georg Thieme, Stuttgart New York)

weisen die meisten Bakteriengruppen auf, unter anderem Bakterien der Gattungen Salmonella, Escherichia, Enterobacter, Shigella, Agrobacterium, Legionella und Pseudomonas. Die Zellwände g. Bakterien haben im Gegensatz zu denen >grampositiver< Bakterien nur eine ein- bis zweilagige Mureinschicht, eine äußere Lipidmembran mit Kohlenhydraten, Proteinen und Lipiden, eine größere Vielfalt an Aminosäuren und enthalten keine Teichonsäuren (s. Abb.).

grampositiv. Bakterien werden als g. (gram+) bezeichnet, wenn sie bei der differenzierenden >Gramfärbung< blauviolett angefärbt werden. Diese als taxonomisches Merkmal dienende Eigenschaft weist eine Gruppe systematisch zusammengehörender Bakterien auf, z. B. Bakterien der Gattungen Bacillus, Lactobacillus, Clostridium, Micrococcus, Staphylococcus und Corynebacterium. Die Zellwände g. Bakterien haben im Vergleich zu denen >gramnegativer< Bakterien eine dichtere Mureinschicht, die bis zu vierzig Lagen stark ist.

Grandlur. Aggregationspheromon (Aggregation, Pheromon), das im Baumwollanbau zur Bekämpfung des Baumwollkapselkäfers *Anthonomus grandis* verwendet wird. Das aus vier Komponenten bestehende Aggregationspheromon, das gleichzeitig als Sexuallockstoff (>Lockstoffe<) dient, wird unter der Bezeichnung Grandlur synthetisch hergestellt und hat den Handelsnamen Grandamone. Es ist ein Gemisch verschiedener ungesättigter >Alkohole< und >Aldehyde<.

4 Komponenten von Grandlur

Lit: Sirrenberg W (1977) Weitere Bekämpfungsmethoden. In: Büchel KH (Hrsg.) Chemie der Pflanzenschutz- und Schädlingsbekämpfungsmittel. 1. Aufl., Bd. 1, Springer, Berlin Heidelberg New York, S. 497–522.

Granit. Häufigstes Tiefengestein, das aus >Quarz<, >Feldspat<, >Glimmer< und evtl. weiteren Mineralen (z. B. >Hornblende<) besteht.

Granulat. 1. Allgemein: In Form unregelmäßiger Körnchen vorliegende Substanz.
2. Pflanzenschutzmittelformulierung (>Formulierung<; internat. Kurzbezeichnung: GR): Freifließendes, körniges Produkt mit definiertem Korngrößenbereich zur unverdünnten Anwendung mit Hilfe von Spezialgeräten, häufig in die Saatfurche bei der Aussaat von Kulturpflanzen als Punkt- oder Bandapplikation, selten breitflächig oder auf bestehende Pflanzkulturen. Je nach Herstellung lassen sich folgende Typen unterscheiden: a) durch Granulieren einer pulverförmigen Mischung aus Wirkstoff(en), inertem >Trägerstoff< (z. B. Gesteinsmehlen) und >Kleber<; b) durch Imprägnieren eines vorgefertigten sorptiven Granulatträgers (z. B. >Bims<) mit einem flüssigen Wirkstoff oder einer Wirkstofflösung; c) durch Aufkleben einer pulverförmigen Wirkstoffmischung auf einen kompakten Granulatträger (z. B. Quarzsand). Durch den Zusatz von >Additiven< lassen sich die Geschwindigkeit der Wirkstofffreisetzung aber auch technische Eigenschaften (z. B. Abriebverhalten bei Transport und Applika-

tion) beeinflussen. Eine Oberflächenbeschichtung mit Hilfe von >Polymeren< führt zu >Kapselgranulaten< mit häufig verzögerter Wirkstofffreisetzung (>Controlled-release-Formulierungen<). Um eine einwandfreie Applikation und eine gute Verteilung auf der behandelten Fläche zu gewährleisten, darf das Kornspektrum nicht zu breit sein: Der Quotient von oberer zu unterer Korngrenze sollte generell maximal 4 betragen. Je nach Korngrößenbereich unterscheidet man >Mikrogranulat<, >Feingranulat< und >Makrogranulat<.

Granulatköder. (internat. Kurzbezeichnung: GB) >Fertigköder< in Granulatform.

Granulosevirus. Zu den >Baculoviren< gehörendes stäbchenförmiges insektenpathogenes Virus mit doppelstrangiger DNA, befällt spezifisch Schmetterlingsraupen. Die Vermehrung findet im Kern und/oder Zytoplasma von Wirtszellen statt, dort einzelner Einschluß in Proteinkapseln (Granula). Entwicklung als Pflanzenschutzmittel seit 1970. Die Anwendung von Granuloviren ist Teil des biologischen Pflanzenschutzes.

Graskarpfen. (Amurkarpfen, Grasfisch). *Ctenopharyngodon idella* (VAL., 1844), pflanzenfressender Weißfisch der Familie >Cyprinidae< aus Ostasien, der in Mitteleuropa zur biol. Bekämpfung von Wasserpflanzen eingesetzt und oft zus. mit Karpfen in Teichen gehalten wird. Eine natürliche Fortpflanzung ist hier aus klimatischen Gründen nicht möglich.

GRAS-Liste (Generally Recognized as Safe). Eine von Experten für die amerikanische Food & Drug Administration (FDA) erteilte Unbedenklichkeitserklärung für etwa 1.000 Lebensmittelinhalts- und Zusatzstoffe wie Kochsalz, Natriumglutamat, Farbstoffe, Aromen, Würzstoffe etc.
Lit: Neumüller OA (1979) Römpps Chemie-Lexikon, Frankh'sche Verlagsbuchhandlung, Stuttgart New York.

Graupel. Aus den Wolken fallender fester Niederschlag in Form von halbdurchsichtigen oder undurchsichtigen runden oder kegelförmigen Körnern, die durch Zusammenpressen von Schneekristallen oder aus gefrorenen Regentropfen entstanden sind. Ihr Durchmesser beträgt etwa 2 bis 5 mm.

Gravitationsfilter. Beim G. handelt es sich um die im Trinkwasserbereich üblichen rechteckigen Betonkonstruktionen mit offenen Filterbecken und Düsenböden zur kombinierten Luft/Wasser-Spülung. In Stahl ausgeführt sind es Druckfiltereinheiten, die im wesentlichen nach dem gleichen Prinzip wie die G. funktionieren. Aus der höheren nutzbaren Druckhöhe ergeben sich Vorteile, wenn der Ablauf der Nachklärung relativ stark mit Feststoffen belastet ist sowie bei Regenwetterbetrieb.
Lit: Bever J, Stein A, Teichmann H (1994) Weitergehende Abwasserreinigung, 3. Aufl., Oldenbourg Verlag, München Wien.

Gravitationspotential. Das G. ist eine auf dem Gravitationsfeld der Erde beruhende Energiegröße, die im Wasser-ungesättigten und im Grundwasserbereich grundsätzlich gleich behandelt wird, jedoch für den Grundwasserbereich aus praktischen Gründen in der modifizierten Form des Höhenpotentials verwendet wird. 1. Wasser-ungesättigter Bereich: Das G. Ψ_z entspricht der Arbeit, die beim Anheben einer Massen-, Volumen- oder Gewichtseinheit Wasser von einem Bezugsniveau auf eine bestimmte Höhe zu leisten ist. Bei Verwendung des Gewichts als Bezugseinheit ergibt sich das G. als Ortshöhe (z) (geodätisches Potential). Die Bezugshöhe wird so gewählt, daß das G. stets ein positives Vorzeichen erhält. Dimension cm WS = cm Wassersäule. 2. Wasser-gesättigter (Grundwasser-) Bereich: Der Energieinhalt (Potential) Φ eines Einheitsvolumens Wasser in der Höhe h ergibt sich aus der Erdbeschleunigung g und der hydraulischen (piezometrischen) Höhe h: $\Phi = g \cdot h$. Bei örtlicher Betrachtung kann die Erdbeschleunigung als überall gleich angenommen werden, so daß die Größe h als ebenso brauchbare Maßzahl für das Potential wie Φ dienen kann (sog. Höhenpotential). Damit können es, wie bei der Beschreibung der >Grundwasserströmung< üblich, >Grundwassergleichen< als Äquipotentiallinien behandelt werden.

Lit: Mattheß G, Ubell K (1983) Allgemeine Hydrogeologie – Grundwasserhaushalt, Gebr. Borntraeger, Berlin Stuttgart – Scheffer F, Schachtschabel P (1992) Lehrbuch der Bodenkunde, 13. Aufl., Enke, Stuttgart.

Gray. Einheitenname für die Einheit der Energiedosis, Kurzzeichen: Gy. 1 Gy = 1 Joule per Kilogramm. Der Einheitenname „Gray" wurde in Erinnerung an LOUIS HAROLD GRAY (1905–1965) gewählt, der mit zu den fundamentalen Erkenntnissen in der Strahlen->Dosimetrie< beigetragen hat.

Grazing. Abweiden bzw. Abfressen von dichten Pflanzenbeständen, von >Mikroorganismen<, z. B. >Bakterienrasen< und auch von pflanzlichem >Plankton< durch Tiere.

Green BS. >Grün S<.

Greenwich mean time. Mittlere Greenwichzeit, Abkürzung: GMT. In Deutschland nicht mehr gebräuchlich. Durch das „Gesetz über die Zeitbestimmung" vom 25.07. 1978 wurde anstelle der GMT die >UT1< eingeführt. >Weltzeit<.

Greiferrechen. Die Rechenmaschine ist in einem Winkel von ca. 70° zur Fließrichtung des Abwassers angeordnet. Der im >Gerinne< fest eingebaute Rost geht oberhalb des maximal zulässigen Wasserspiegels in eine Schürze über, auf der das >Rechengut< bis zum Abwurf hochgezogen wird. Ein am Rechengerüst angeordneter beweglicher Abstreifer wirft das Rechengut ab. Der Räumwagen ist an jeweils gegenüberliegenden Gliedern befestigt. Die unteren Räder des Räumwagens laufen mit der Kette um. Im Gegensatz dazu werden die oberen Räder in einer Führung lediglich auf und ab bewegt. Durch diese Konstruktion erreicht man, daß die am Räumwagen befestigte Rechenharke (s. Abb. unten) kurz über der Sohle in den Rost hineingeführt bzw. nach Abwurf des gesammelten Materials wieder herausgeschwenkt wird.

Lit: Abwassertechnische Vereinigung (Hrsg.) (1982–1986) Lehr- und Handbuch der Abwassertechnik, 3. Aufl., Bd. 1–7, Verlag von Wilhelm Ernst und Sohn, Berlin München.

Grenzflächenaktive Stoffe. Sie werden heute vorwiegend als >Tenside< bezeichnet. Sie reichern sich bevorzugt an Grenzflächen an und setzen die Grenzflächenspannung zwischen zwei verschiedenen Phasen herab. Strukturelle Merkmale von g. S. sind eine Kohlenwasserstoffkette als ein lipophiler Molekülteil sowie ein hydrophiler Anteil. Letzterer weist ausgeprägte Dipoleigenschaften oder eine ionische Struktur auf. Nach der Art des hydrophilen Teils werden die g. S. als anionische, kationische, zwitterionische und nichtionische Tenside eingeteilt.

Durch eine entspr. Orientierung der Moleküle an der Grenzfläche, z. B. Wasser/Öl, lösen sich die hydrophilen Teile im Wasser und die lipophilen Teile im Öl. G. S. sind aus diesem Grund in der Lage, nichtmischbare Phasen zu dispergieren, worauf auch ihre Eignung als waschaktive Stoffe beruht.

Grenznutzen. Begriff der mikroökonomischen Haushaltstheorie. Bezeichnet den Nutzenzuwachs, der einem Haushalt aus dem Konsum einer zusätzlichen Einheit eines Gutes, hier einer natürlichen Ressource, erwächst.

Grenzschaden. Begriff der >Umweltökonomik<. Bezeichnet den monetär bewerteten Schadenszuwachs, der aus der Emission einer zusätzlichen Schadstoffeinheit entsteht. Bestimmt zusammen mit den >Grenzvermeidungskosten< das optimale Niveau an (verbleibenden) Umweltschäden bzw. das optimale Niveau der Schadstoffvermeidung. >Pareto-Optimalität<.

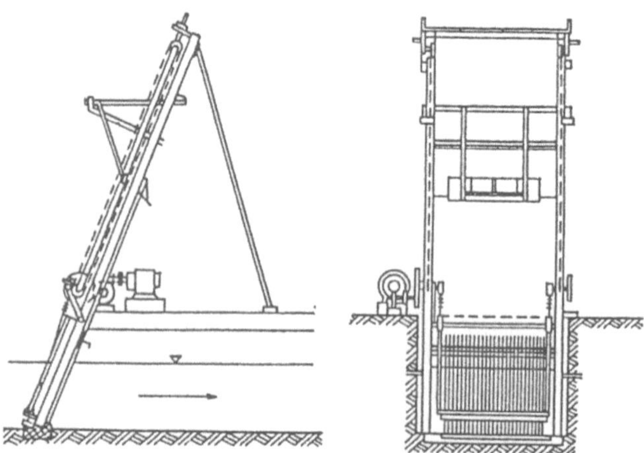

Greiferrechen (aus: Randolf R (1975) Kanalisation und Abwasserbehandlung, 4. Aufl., VEB Verlag für Bauwesen, Berlin)

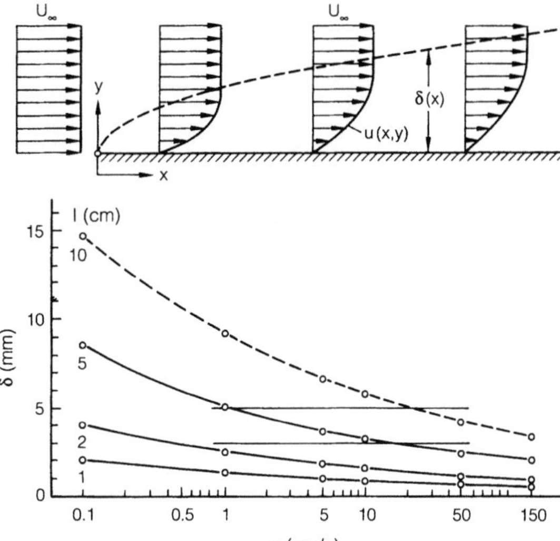

Grenzschicht: oben: Bewegungsgefälle δ(x,y) und Anwachsen der Grenzschicht v(x) in Abhängigkeit von der Ausgangsgeschwindigkeit V∞, der Länge der angeströmten Platte (x) und dem Plattenabstand (y); unten: Grenzschichtdicken in Abhängigkeit von der Ausgangsgeschwindigkeit und der Länge der glatten beströmten Platte (cm)

Grenzschicht. 1. Hydrologie: Flächenhafte Übergangsbereiche zwischen zwei unterschiedlichen Medien, im Gewässer besonders zwischen Sediment/Wasser und Wasser/ Atmosphäre, aber auch zwischen Wasserschichten unterschiedlicher Temp. und Dichte. In der Hydraulik ist die G. der substratnahe Bereich einer überströmten Fläche, d.h. der Übergang zwischen dem festen und fl. bewegten Medium. Hier tritt durch Haftung einer ruhenden Adhäsionsschicht von Wasser am Substrat und innerer Reibung von darüber bewegten Wasserschichten eine starke Verzögerung der Wasserbewegung ein, die Fließgeschwindigkeit geht mit Annäherung an das Substrat gegen Null. Als G. wird der Bereich angesehen, in dem eine substratbedingte Verringerung der Gließgeschwindigkeit nachweisbar ist (s. Abb.). Auf glatten Substraten haben G. eine >laminare< Unterschicht und eine >turbulente< Oberschicht. Sie werden mit zunehmender Lauflänge dikker, weil die >Reynoldszahl< zunimmt, instabiler und lösen sich von der überströmten Oberfläche ab. G. sind daher stationäre Phänomene, die sich auflösen und ständig neu gebildet werden. G. sind ökologisch von großer Bedeutung, da sie 1. den Stoffaustausch Sediment/Wasser und Wasser/Atmosphäre beeinflussen und 2. auf der Sohle von >Fließgewässern< ein Mikroklima unterschiedlicher Strömungsphänomene mit Druck- und Zähigkeitskräften ergeben, die für die Verteilung und Bewegung von Organismen entscheidend sind.

2. Meteorologie: >atmosphärische Grenzschicht<.

Grenzvermeidungskosten. Begriff der >Umweltökonomik<. Bezeichnet die >Opportunitätskosten<, die mit der Vermeidung einer zusätzlichen Schadstoffeinheit verbunden sind. Bestimmt zusammen mit dem >Grenzschaden< das optimale Niveau der Schadstoffvermeidung bzw. das optimale Niveau an (verbleibenden) Umweltschäden. >Pareto-Optimalität<.

Grenzwerte. Sie dienen der Vermeidung und Verminderung von Schadwirkungen auf den Menschen und seine Umwelt. Grenzwerte werden für die verschiedensten Bereiche festgelegt, in denen der Mensch gegenüber Chemikalien exponiert sein kann. Die Kriterien für ihre Festlegung sind unterschiedlich. Es lassen sich folgende Gruppen von Grenzwerten definieren:
– toxikologisch begründete Grenzwerte,
– Richtwerte,
– vorsorgliche Minimalwerte.
Die toxikologisch begründeten Grenzwerte werden vom >No Observed Effect Level< an Tierversuchen und Erfahrungen bei exponierten Personen abgeleitet und gegebenenfalls unter Berücksichtigung eines Sicherheitsfaktors festgelegt. Richtwerte und vorsorgliche Minimalwerte orientieren sich an der Nachweisgrenze des einzelnen Stoffes in der Umwelt (Richtwerte für Stoffe in Nahrungsmitteln oder in Böden; vorsorgliche Minimalwerte für Bereiche wie das Trinkwasser). Für gentoxische und krebserzeugende Stoffe lassen sich keine unwirksamen Konzentrationen angeben. Daher können die entsprechenden Grenzwerte das gesundheitliche Risiko einer Exposition nur minimieren, jedoch nicht ausschließen. Grenzwerte sind ein geeignetes, bewährtes und zur Zeit auch unverzichtbares Instrument des Gesundheits- und Umweltschutzes. Aufkommende Kritik, die sich auf die Befürchtung der Kumulation einer Vielzahl von Stoffen auch bei Einhaltung der Einzelwerte konzentriert, entbehrt sowohl der wissenschaftlichen Substanz als auch konkreter Beobachtungen. Bedeutsamer ist die Tatsache, daß viele Grenzwerte, vor allem >ADI-Werte<, im Laufe der letzten 20 Jahre revidiert werden mußten. Anlaß war häufig die Feststellung mutagener oder kanzerogener Eigenschaften. Daraus ist zu schließen: Grenzwerte bedürfen ständiger Überprüfung und ggf. der Neufestsetzung. Als Grundlage für wissenschaftliche Diskussionen werden von einigen Fachgremien Definitionen vorgeschlagen, die einen möglichen Weg zur Festlegung von Grenzwerten aufzeigen (s. Abb.). Dabei werden folgende Definitionen vorgeschlagen: Diskussionswert: ist die Grundlage für eine erste Ergründungsphase. Orientierungswert: unverbindlicher Wert, der jedoch sinnvoll zur Entscheidungsfindung

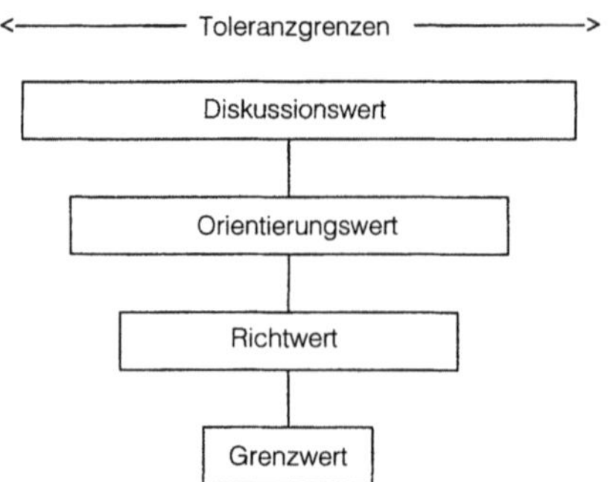

Grenzwerte: Vorschläge zur Definition und Festlegung von Umweltstandards

herangezogen werden kann. Richtwert: er definiert nach Erkenntnissen von fachkundigen Institutionen oder zuständigen Gremien den Wert, nach dem man sich, gemäß einer dahinter stehenden Konzeption, zu richten hat. Grenzwert: ist der eigentliche Wert, der die verbindliche Grundlage für Handlungen bildet.

Lit: Greim H (1990) Toxikologische Voraussetzungen für die Festlegung von Grenzwerten, Umwelt Magazin Special Grenzwerte, Seminar für Umwelt- und Gesundheitspolitiker zur Grenzwertproblematik in Deidesheim, S.24–27 – Henschler D (1990) Das Chaos heutiger Grenzwerte – Notwendigkeit von Ordnungsprinzipien, Vortrag anläßlich der Jahrestagung des Bundes für Lebensmittelrecht und Lebensmittelkunde in Bonn – Hulpke H (1990) Grundlagen des stoffbezogenen Bodenschutzes, Nachr Chem Tech Lab 1: 110–112.

Griesel. Aus weißen, undurchsichtigen Körnern bestehender Niederschlag von schneeähnlicher Struktur, mehr oder weniger abgeplattet oder länglich und meistens weniger als 1 mm im Durchmesser. G. fällt nur in kleinen Mengen aus stratusförmiger Bewölkung oder Nebel.

Grobblasige Belüftung. Die Belüfter zum Sauerstoffeintrag in Abwässern bestehen aus gelochten Rohren oder Platten mit Lochweiten über 5 mm oder offenen Rohren, z.B. mit Öffnungen von 25 mm Durchmesser. Durch zusätzliche Anordnung von Verteilertafeln über den Öffnungen oder auch durch den Einsatz statischer Mischer lassen sich die großen Luftblasen in kleinere aufteilen. Eine ähnliche Zerkleinerung der Blasen soll durch hydraulische Scherwirkung erreichbar sein. Hierzu endet das Rohr in einem kleinen Kasten, in den von oben Wasser und von unten Luft einströmt und sich intensiv mischen. Von allen Druckluftsystemen besteht für die grobblasige Belüftung die geringste Verstopfungsgefahr. Sie ist bei offenen Rohren praktisch ausgeschlossen. Damit hat dieses System unabhängig von der Abwasserbeschaffenheit die größte Betriebssicherheit.

Lit: Abwassertechnische Vereinigung (Hrsg.) (1982–1986) Lehr- und Handbuch der Abwassertechnik, 3.Aufl., Bd. 1–7, Verlag von Wilhelm Ernst und Sohn, Berlin München.

Grobmüll. Bezeichnung für die >Müll-Fraktion< mit 40 bis 120 mm Partikelgröße.

Grobporen. Poren des Bodens mit Durchmessern über 10 μm. Oft werden die G. noch in enge (10 bis 50 μm Durchmesser) und weite G. (>50 μm) unterteilt. Während Fein- und Mittelporen für die Wasserspeicherung von Bedeutung sind, können G. freies Wasser kaum gegen die Schwerkraft festhalten. Statt dessen haben sie eine sehr große Leitfähigkeit für Wasser und Luft und sind daher für die rasche Versickerung von Regenwasser und für die Belüftung des Bodens gleichermaßen wichtig. Trotzdem sind sie für den Nährstofftransport von Bedeutung, da sie außer von Mikroorganismen und Pilzhyphen auch von Wurzelhaaren höherer Pflanzen (Durchmesser >10 μm) erreicht werden können. Sandböden haben gegen 30, Schluffböden gegen 15 und Tonböden knapp 10 Vol.-% Grobporen; bei organischen Böden hängt die Porengrößenverteilung vom Zersetzungsgrad der organischen Substanz ab.

Großfeuerungsanlagen. Feuerungsanlagen mit einer Feuerungswärmeleistung von 50 Megawatt und mehr. Auf sie findet Anwendung die 13. Verordnung zur Durchführung des >Bundesimmissionsschutzgesetzes< – Verordnung über Großfeuerungsanlagen – vom 22.06. 1983, BGBl. I S.719.

Großfeuerungsanlagen-Verordnung. Die 13. Verordnung zur Durchführung des >Bundes-Immissionsschutzgesetzes< (Verordnung über Großfeuerungsanlagen – 13.>BImSchV<) vom 22.06. 1983, (BGBl. I S.719), findet Anwendung auf Feuerungsanlagen für feste, flüssige und gasförmige Brennstoffe ab einer bestimmten *Feuerungswärmeleistung*. Die untere Erfassungsgrenze bei Feuerungsanlagen für feste und flüssige Brennstoffe liegt bei 50 Megawatt, bei Feuerungsanlagen für ausschließlich gasförmige Brennstoffe bei 100 Megawatt. Alle Feuerungsanlagen, auf die die Verordnung Anwendung findet, sind genehmigungsbedürftige, in einem förmlichen Genehmigungsverfahren zu genehmigende Anlagen im Sinne von § 4 >BImSchG<. Von der Verordnung werden jene Feuerungsanlagen für feste und flüssige Brennstoffe nicht erfaßt, deren Feuerungswärmeleistung 1 bis einschl. 10 Megawatt (vereinfachtes Verfahren, >Genehmigungsverfahren<) bzw. über 10 bis <50 Megawatt (förmliches Genehmigungsverfahren) beträgt. Für diese Feuerungsanlagen ergeben sich die materiellen Anforderungen der Luftreinhaltung aus Nr.3.1 >TA Luft< 1986. Für nicht genehmigungsbedürftige Feuerungsanlagen gilt die 1. Verordnung zur Durchführung des Bundes-Immissionsschutzgesetzes (Verordnung über Kleinfeuerungsanlagen – 1.BImSchV) vom 15.07. 1988, (BGBl. I S.1059). Für den Anwendungsbereich der Verordnung ist unerheblich, zu welchem Zweck die Feuerungsanlage betrieben wird (Stromerzeugung, Fernwärmeversorgung, Prozeßdampf für industrielle Zwecke etc.).
Die Verordnung gliedert sich in 6 Teile. Nach Darlegung des Anwendungsbereichs und der Begriffsbestimmungen im 1. Teil enthält der 2. Teil in 3 Abschnitten >Emissionsgrenzwerte< für staubförmige Emissionen, Kohlenmonoxid, Stickstoffoxide, Schwefeloxide und Halogenverbindungen, jeweils bezogen auf Feuerungsanlagen für feste, flüssige und gasförmige Brennstoffe. Im 3. Teil werden die Anforderungen an Altanlagen in Form von Emissionsgrenzwerten für staubförmige Emissionen, Kohlenmonoxid, Stickstoffoxide, Schwefeloxide in Abhängigkeit von der Restnutzungsdauer definiert. Die Messung und Überwachung der Emissionen ist Gegenstand des 4. Teils. Der 5. Teil enthält die gemeinsamen Vorschriften, der 6. Teil die Schlußvorschriften. Die im 3. Teil der Verordnung festgelegten Emissionsgrenzwerte für Stickstoffoxide galten zunächst sowohl für Neu- als auch für Altanlagen unab-

hängig von der Anlagengröße und der Restnutzungsdauer. Die Verordnung enthielt jedoch die >*Dynamisierungsklausel*<, daß alle Möglichkeiten, die Stickstoffoxidemissionen durch feuerungstechnische oder andere dem >Stand der Technik< entsprechende Maßnahmen zu vermindern, auszuschöpfen sind. Hiermit wurde bewußt die Möglichkeit zur weiteren Absenkung der Stickstoffoxidwerte ohne langwierige Novellierungsprozedur der Großfeuerungsanlagenverordnung und zur schnellstmöglichen Einführung des fortgeschrittenen Standes der Technik in die Großfeuerungsanlagentechnologie geschaffen. Auf dieser Basis und angesichts des Waldschadensberichtes des Sachverständigenrates für Umweltfragen wurde 1984 von der >Umweltministerkonferenz< aufgrund von Empfehlungen des Länderausschusses für Immissionsschutz (LA), von Vorschlägen des Sachverständigenrates und Berichten über einschlägige japanische Erfahrungen verschärfte Emissionsgrenzwerte für Stickoxide beschlossen. Demzufolge müssen alle Neuanlagen mit einer Feuerungswärmeleistung von mehr als 300 Megawatt einen Emissionsgrenzwert von 200 mg/m^3 NO$_2$ für feste Brennstoffe, von 150 mg/m^3 NO$_2$ für flüssige Brennstoffe und von 100 mg/m^3 NO$_2$ für gasförmige Brennstoffe einhalten. Für Altanlagen mit unbegrenzter Restnutzungsdauer gelten die gleichen Werte. Die genannten Werte sind keine Emissionsgrenzwerte mit Rechtsnormcharakter, sondern stellen eine Interpretationshilfe für die Dynamisierungsklausel dar. Grundsätzlich ist jedoch davon auszugehen, daß sowohl bei Neu- als auch bei unbegrenzt weiter zu betreibenden Altanlagen über die primären feuerungstechnischen Maßnahmen hinaus sekundäre Maßnahmen zur Stickoxidreduzierung vorzusehen sind.

Großforschungseinrichtungen. >Hermann von Helmholtz-Gemeinschaft Deutscher Forschungszentren< (HGF).

Großvieheinheit. (GV). Für bestimmte Zwecke wie z. B. die Einführung von Maßnahmen zur Emissionsminderung in der landwirtschaftlichen Nutztierhaltung, werden die Tierzahlen auf GV umgerechnet, da u. a. die Geruchsentwicklung von Tieren und abgesetztem Kot oder Kot-Harngemischen dem Alter und Lebendgewicht dieser Tiere proportional ist. Hierbei entspricht 1 GV einem Lebendgewicht von 500 kg: z. B. 1 Zuchtsau = 0,3 GV oder 1 Mastschwein = 0,12 GV. Bei Legehennen entfallen 310 und bei Masthähnchen 420 Tiere auf 1 GV.

Großwetterlage. Luftdruckverteilung im Meeresniveau sowie in der mittleren Atmosphäre, die während eines Zeitraumes von mehreren Tagen innerhalb eines Gebietes von z. B. der Größe Europas und des angrenzenden Ostatlantiks nahezu unverändert bleibt. Wandernde >Tiefdruckgebiete< folgen in dieser Zeit weitestgehend der Bahn vorangegangener Tiefs. Das Wetter kann sich an einzelnen Punkten des Gebietes ändern, der Charakter der Witterung bleibt davon unberührt. Der >DWD< bearbeitet eine Wetterlagenstatistik der Einzeltage ab 1881.
Lit: Heß P, Brezowski H (1969) Katalog der Großwetterlagen Europas, Ber Deutsch Wetterd 113 – Cappel A (1973) Die Häufigkeit der Großwetterlagen in der Normalperiode 1931 bis 1960, Selbstverlag des Deutschen Wetterdienstes, Offenbach/Main.

Growian. Abkürzung für *gro*ße *W*ind*e*nergie*an*lage. Mit dem Forschungsprojekt G. (s. Abb.) sollte die

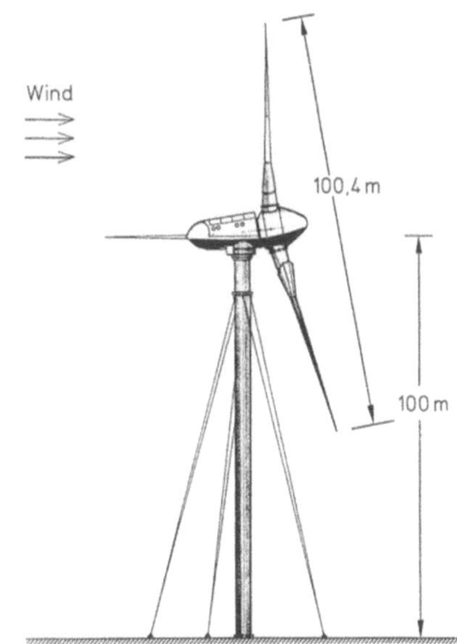

Growian: Mit Growian wurden wesentliche wissenschaftliche Erkenntnisse bei der Windenergienutzung gewonnen. (Nach Sperlich u. Vogt 1982)

großtechnische Nutzung des >geostrophischen Windes< (energiereiche Luftschicht in größerer Höhe und damit weitgehend unabhängig von der Bodenrauhigkeit) in D untersucht werden. G. ging 1983 im Kaiser-Wilhelm-Koog in Betrieb. G. war eines der größten >Windkraftwerke< der Welt. Der 100 m hohe Stahlturm wog etwa 200 t und wurde von 3 Seilpaaren gehalten. Das 300 t schwere Maschinenhaus befand sich auf der Turmspitze und wurde der Windrichtung nachgeführt. Der Zweiblattrotor hatte einen Durchmesser von 100,4 m. G. arbeitete mit einer Betriebsdrehzahl von rund 18,5 Umdrehungen pro min und konnte ab einer Windgeschwindigkeit von 6 m/s (Windstärke 4) Strom erzeugen. Die maximale Leistung von 3.000 kW erreichte G. ab etwa 12 m/s (Windstärke 6). Er wurde bei einer Windgeschwindigkeit von 24 m/s (Windstärke 9) aus Sicherheitsgründen automatisch abgeschaltet.
Für einen längeren Betrieb erwies sich die Anlage als nicht betriebstüchtig, da die auf die Propellernabe wirkenden Kräfte größer als erwartet waren. G. wurde nach 500 Betriebsstunden 1987 stillgelegt.
Lit: Heymann M (1995) Die Geschichte der Windenergienutzung, Campus Verlag Frankfurt/M. New York – Plettner B (1987) Nutzung der Wind- und Sonnenenergie. Siemens AG, S. 16.

GRS. Gesellschaft für Anlagen- und Reaktorsicherheit mbH, Köln und München.

Grubenbau. Sammelbegriff für bergmännisch erstellte >untertägige< Hohlräume.

Grubenfeld. Raum unterhalb der Erdoberfläche, in dem der Bergbaubetreibende mineralische Rohstoffe gewinnen darf. Feld einer Erlaubnis, Bewilligung oder eines Bergwerkeigentums ist ein Ausschnitt aus dem Erdkörper, der von geraden Linien an der Erdoberfläche und von lotrechten Ebenen in der Tiefe begrenzt ist.

Grubengas. Hauptsächlich im Steinkohlengebirge auftretende brennbare Gase, überwiegend aus >Methan< (CH_4). G. tritt auf, wo eine org. Substanz eine geochem. Umsetzung erfährt (Inkohlung fester Brennstoffe, Verrotten von Holz).

Grubenwasser. Das in den >untertägigen< Betriebsräumen eines Bergwerkes zufließende Wasser unterschiedlicher Herkunft. Ein Teil ist Niederschlagswasser, das über Störungen und Zerklüftungen durch das >Deckgebirge< in die Grubenbaue eindringt. Ein anderer Teil ist geologisches Formationswasser, das einen anderen Chemismus aufweist.

C-Grün 4. >Grün S<.

L-Grün 1. >Chlorophyll<.

L-Grün 2. >Chlorophyll-Kupfer-Komplex<.

Grün S. (Food Green S, Green BS, Säurebrillantgrün BS, Lissamin Grün B, Wool Green BS, E142): 2-Hydroxy-3,6-disulfo-4',4''-*bis*-[dimethyl-amino-naphthofuchsonimonium (Natriumsalz). Der grünblaue Lebensmittelfarbstoff wird zur Färbung von Erbsen und Bohnen eingesetzt und zur Abstumpfung von braunen Farbtönen verwendet.

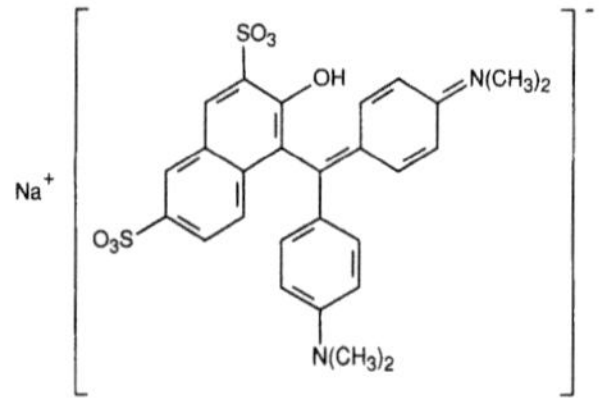

T-Grün 1. >Kreuzbeeren<.

Grünalgen. (Syn. Chlorophyta). Sie bilden eine natürliche Verwandtschaftsgruppe >eukaryotischer< >Algen< mit ca. 7.000 Arten, die zu 90 % im Süßwasser vorkommen. Versch. Arten treten auch im Meer, v. a. in Küstennähe auf. Einige Grünalgen leben außerhalb des Wassers; dazu zählen insbesondere auch symbiotische Vertreter, die zus. mit >Pilzen< die >Flechten< bilden. Der bemerkenswerte Formenreichtum umfaßt mikroskopisch kleine Einzeller (z.B. Chlamydomonas, Chlorella), vielzellige Fadenalgen (z.B. Ulothrix) sowie komplexere blattartige Thalli (z.B. Ulva). Bei den rein grünen Chlorophyten dominieren die >Assimilationspigmente< >Chlorophyll< a und b, welche die vorhandenen >Carotinoide< und >Xanthophylle< überdecken. Als Reservepolysaccharid wird >Stärke< gebildet. Wenn Geißeln auftreten, z.B. bei Gameten, handelt es sich um glatte Peitschengeißeln. Die Evolution der Landpflanzen ging von den Grünalgen aus. – Eine Reihe von Grünalgen wird als Schadstoffindikatoren und als >Monitororganismen< zur Erfassung von Schadstoffbelastungen genutzt.

Gründüngung. Die Einarbeitung ganzer grüner Pflanzen, bzw. der Stoppel- oder Wurzelrückstände im Falle ihrer Futternutzung in den Boden. Dort führt G. zur Erhöhung der organischen Substanz und damit langfristig zur Steigerung der >Bodenfruchtbarkeit< und der Aktivität des Bodenlebens; durch die Durchwurzelung wirkt sie positiv auf die Bodenstruktur. Als >Zwischenfrucht< verlängert G. die Zeit der Bodenbedeckung, schützt so vor Nährstoffauswaschung, vor Austrocknung des Bodens, in hängigem Gelände vor >Erosion<. Zur G. benötigt man Pflanzenarten mit schnellem Aufwuchs, guter Wurzelausbildung und genügend Blattmasse, wie z.B. Raps, Senf, Ölrettich oder >Leguminosen<. G. darf keine Wirtspflanze für >Pflanzenkrankheiten< sein, auf trockenen Standorten ist die Möglichkeit zur G. begrenzt.

Grüne Revolution. Die mit Ende der 40er Jahre in Mexiko beginnende und in den 60er Jahren auf breiter Front in vielen Entwicklungsländern durch modernes Saatgut, >Düngemittel<, >Pflanzenschutz< und selektive Mechanisierung erzielte erhebliche Steigerung der landwirtschaftlichen Produktion. Die Einführung neuer, leistungsfähiger Sorten bei den wichtigsten Kulturarten Reis, Mais und Weizen ist Voraussetzung, bessere Düngung in Verbindung mit >Pflanzenschutz< in Ertrag umsetzen zu können. Wesentlichen Anteil daran haben die von der >FAO< geförderten Pflanzenschutzzentren IRRI (International Rice Research Institute) auf den Philippinen und CYMMIT (Centro Internacional de Mejoramiente de Maiz y Trigo) in Mexiko. Borlaug erhält 1970 für die Züchtung hochertragsreicher, zwergwüchsiger Weizensorten in Mexiko den Friedensnobelpreis. Damit kann Indien seine Weizenproduktion im Zeitraum von 1966 bis 1977 von 10,4 Mio t auf 28,3 Mio t und die Durchschnittserträge von 940 kg/ha auf 1.410 kg/ha steigern. Durch die G.R. ist Indien heute Selbstversorger bei Nahrungsgetreide. Zunächst begünstigt die G.R. die größeren Landwirte auf fruchtbaren Böden und dem besseren Zugang zu den neuen Produktionsmitteln, mit einer Verzögerung von 3 bis 5 Jahren kommt die G.R. in den meisten Fällen auch Kleinbauern zugute. Die Steigerung der Erträge ist in den Entwicklungsländern oft von der Möglichkeit der >Bewässerung< abhängig. Zur Sicherung der Erträge ist Vorratsschutz notwendig. Nach Schätzungen werden ca. 30 % der Ernte in der Dritten Welt durch Insekten, Ratten, Mäuse, Vögel oder Pilze vernichtet. Zunehmend wird die Biotechnologie – unterstützt von der >FAO<-Bedeutung beim Kampf gegen den Hunger gewinnen, Stichworte sind: Erhöhte Widerstandsfähigkeit von Nutzpflanzen gegenüber Schädlingen oder Krankheiten, Toleranz gegenüber ungünstigen Witterungsbedingungen, Erhöhung des Nährwertes von Nahrungsmitteln, bessere Haltbarkeit von Ernteprodukten.

Lit: Schug W, Léon J, Gravert HO (1996) Welternährung. Herausforderung an Pflanzenbau und Tierhaltung. Wissenschaftliche Buchgesellschaft, Darmstadt.

Grüner Punkt. Nach der Verpackungsverordnung müssen Hersteller und Vertreiber best. Verpackungen zurücknehmen; von dieser Verpflichtung sind sie befreit, wenn sie sich an einem System beteiligen, das flächendeckend im Einzugsgebiet des Vertreibers eine regelmäßige Abholung gebrauchter Verkaufsverpackungen beim Endverbraucher oder in der Nähe des Endverbrauchers in ausreichender Weise gewährleistet; Betreiber dieses Systems ist das „Duale System Deutschland GmbH"; die Beteiligung an diesem System kommt dadurch zum Ausdruck, daß der Hersteller oder Vertreiber seine Verpackung mit dem allgemein bekannten „Grünen Punkt" kennzeichnet.

Grüne Tonne. Zusätzlich den Haushalten zur Verfügung gestellter Abfallbehälter für die getrennte Sammlung von Abfällen. Sie dient der Erfassung eines (>Monotonne<) oder mehrerer >Wertstoffe<. Wegen der üblicherweise grünen Farbe des Abfallbehälters als „Grüne Tonne" bezeichnet.

Grünland. Landwirtschaftliche Fläche, die dauernd mit Gras bewachsen ist. Die landwirtschaftliche Nutzung erfolgt dann entweder als >Weide<, als (z. T. mehrschürige) >Wiese< zur Gewinnung von Futter oder als >Streuwiese<. Bei den ersten beiden Nutzungsformen werden zur Steigerung der >Biomasseproduktion< häufig Dünger (Handelsdünger oder Gülle) eingesetzt. Die Streuwiese ist statt dessen eine extensive Nutzungsform, bei der nur ein- oder zweimal im Jahr gemäht wird. Durch die ständige Abfuhr von Nährstoffen bilden sich nährstoffarme Standorte mit speziellen, artenreichen Vegetationstypen aus. Böden unter G. haben wegen der höheren Biomassezufuhr (auch durch Pflanzenwurzeln) und einer verringerten Sauerstoffzufuhr durch die Grasnarbe meist höhere Humusgehalte als Ackerböden an gleichen Standorten. Bei einem G.-Umbruch werden daher große Teile dieses >Humus< mineralisiert und liefern damit auch große Mengen an Stickstoff in Nitratform in das Sicker- oder Grundwasser. G.-Standorte haben i. allg. eine hohe biologische Aktivität. Sie können daher auch zur Ausbringung („Entsorgung") von >Gülle< genutzt werden. In Gegenden mit intensiver Großviehhaltung ist allerdings die pro Flächeneinheit anfallende Güllemenge häufig so groß, daß auch unter Gründland Nähr- und Schadstoffe bei durchlässigen Böden bis ins Grundwasser gelangen und dort ökologische Veränderungen auslösen können. Dazu kommt, daß sich große G.-Flächen häufig dort finden, wo aus klimatischen oder hydrologischen Gründen Ackernutzung nur eingeschränkt möglich ist, die biologische Aktivität und damit die Filterwirkung der Böden also entsprechend verringert ist.
Lit: Rieder J (1990) Dauergrünland und Viehhaltung als integriertes System. In: Diercks R, Heitefuss R (Hrsg.) Integrierter Landbau, BLV Verlagsgesellschaft, München, S. 365–387.

Grünlandnutzung. >Grünland<.

Grünlandumbruch. 1. Zur Verbesserung des >Grünlands<, entweder durch Wenden des Bodens, damit verbunden Humusverlust und Verschlechterung des Bodengefüges oder durch Abtöten des Aufwuchses durch umweltverträgliche >Herbizide<, dabei wird die günstige Bodenstruktur belassen. 2. Umwandlung von Grünlandflächen zu >Ackerland<, wegen des hohen Humusgehaltes von Grünland ist damit eine hohe Freisetzung von Nitrat und die Gefahr der >Auswaschung< verbunden. Aus Naturschutzgründen sollten keine Grünlandflächen umgebrochen werden, die natürlicherweise >Dauergrünland< sind, wie etwa Flußauen, da sie bei ihrem Wegfall als Pufferzonen zwischen Ackerland und Gewässer gegen den Eintrag von Nährstoffen und als Wasserrückhalteflächen bei Hochwasser fehlen. In der Gesetzgebung wird dies berücksichtigt.

Grünmasse. Auch als Frischmasse bezeichnet; Pflanzenmaterial mit seinem natürlichen Wassergehalt, im Gegensatz zur Trockenmasse.

Grünsalz. Technische Bezeichnung für Eisen(II)sulfat. Entsteht beim Lösen von Eisenabfällen in Schwefelsäure und kristallisiert als hellgrünes, an der Luft unbeständiges Eisenvitriol ($FeSO_4 \cdot 7 H_2O$) z. B. beim Eindicken der >Dünnsäure< aus der TiO_2-Produktion

aus. Es ist das wichtigste Eisensalz und wird zahlreich angewendet, z. B. für Tinten, bei der Gerberei, im Pflanzenschutz und für die Holzkonservierung. In der >Abwassertechnik< wird es als Phosphatfällungsmittel verwendet.

Grunddüngung. Versorgung der landwirtschaftlichen Nutzfläche mit den >Nährstoffen< >Kalium< und >Phosphat<, sie kann über >Mineral<- und/oder Wirtschaftsdünger – vor allem >Gülle< – erfolgen. Entsprechend der zu erwartenden >Auswaschung< sollte Zufuhr und Entzug von Kalium innerhalb eines Jahres ausgeglichen sein, bei Phosphat kann man über eine Düngergabe mehr als eine Frucht versorgen. Die Höhe der G. richtet sich nach den Ergebnissen der regelmäßigen >Bodenuntersuchung<.
Lit: Bachthaler G, Dörfler J (1987) Pflanzliche Erzeugung, Bd. 1., 9. Aufl., Verband der Landwirtschaftsberater in Bayern (Hrsg.), BLV Verlagsgesellschaft, München, S. 94–110.

Grundlastkraftwerke. Kraftwerke der Elektrizitätsversorgung, die aufgrund ihrer betriebstechnischen und wirtschaftlichen Eigenschaften zur Deckung der Grundlast eingesetzt werden und mit möglichst hoher >Ausnutzungsdauer< gefahren werden. Grundlastkraftwerke sind Laufwasser-, Braunkohle- und Kernkraftwerke. >Lastbereiche<.

Grundluft. Luft in den Hohlräumen (Poren, >Trennfugen<) der Wasser-ungesättigten Zone.

Grundrecht auf Umweltschutz. Wird von best. politischen Gruppen in Ergänzung des Grundgesetzes gefordert. Mehrheit der Juristen lehnt ein solches Grundrecht ab, weil es in die Struktur des Grundgesetzes nicht paßt. Grundrechte sind i. d. R. keine Leistungsrechte, die Ansprüche des Bürgers gegen den Staat verbürgen, sondern Rechte zur Sicherung bürgerlicher Freiheit durch Abwehr staatlicher Eingriffe.

Grundschicht. Unterster Bereich der >Troposphäre<, erreicht Höhen von 1,5 bis 2 km, nach oben hin meist begrenzt durch die Untergrenze der >Dunstschicht< oder einer markanten Schichtwolkendecke. >Peplopause<.

Grundschleppnetzfischerei. Die G. ist eine der wichtigsten Fischereimethoden der (deutschen) Seefischerei zum Fang von Bodenfischen, allen Plattfischen, Dorsch, Hering u. a. Die Grundschleppnetze werden von einem Fischereifahrzeug über Grund gezogen, ihre Fängigkeit hängt von der Weite der Netzöffnung ab. Diese wird beim Fang durch seitlich an den Zugleinen angebrachte Scherbretter, die durch den Wasserdruck nach außen gedrückt werden, möglichst weit geöffnet. Die Öffnungshöhe wird durch Aufsetzen eines Höhenscherbretts direkt auf die Netzöffnung erreicht, was besonders für die Heringsfischerei von Bedeutung ist. Die Grundschleppnetze werden ständig durch Versuch und Irrtum technisch weiterentwickelt. Die kleinen Netze der Küstenfischerei werden noch von einem Holzbalken (Baumkurre) offen gehalten. Später als das Grundschleppnetz ist das pelagische Schleppnetz (Schwimmschleppnetz) entwickelt und erstmals 1948 eingesetzt worden. Es wird im Gegensatz zum Grundschleppnetz meist von 2 Booten gezogen.
Lit: Sainsbury JC (1996) Commercial Fishing Methods. 3. Aufl., Blackwell Wissenschafts-Verlag GmbH, Berlin.

Grundstücksentwässerung. Die Grundstücksentwässerung muß in der Anlage und im Betrieb auf das Entwässerungsverfahren und die jeweilige >Ortssatzung< abgestimmt sein. Deshalb ist es notwendig, daß die Planunterlagen für die Grundstücksentwässerung vor der Ausführung geprüft werden und die ordnungsgemäße Ausführung vor Inbetriebnahme durch die zuständige Bauverwaltung abgenommen wird. Zweckmäßig ist es, wenn Anschlußkanäle für Grundstücke vom öffentlichen Kanal bis zur Grundstücksgrenze bzw. bis zum Kontrollschacht vom öffentlichen Träger der Kanalisation ausgeführt werden. Beim >Trennverfahren< sind in der Grundstücksentwässerung das >Regenwasser< und das >Schmutzwasser< streng in zwei voneinander unabhängigen Kanälen getrennt und über getrennte Kontrollschächte bzw. Kontrollrohre abzuleiten.

Lit: Abwassertechnische Vereinigung (Hrsg.) (1982–1986) Lehr- und Handbuch der Abwassertechnik, 3. Aufl., Bd. 1–7, Verlag von Wilhelm Ernst und Sohn, Berlin München.

Grundwasser. 1. allgemein: Ist das >unterirdische Wasser<, das zusammenhängend die Hohlräume in der Erdrinde ausfüllt und dessen Bewegung ausschließlich oder nahezu ausschließlich von der Schwerkraft und den Reibungskräften bestimmt wird. Es ist vom >Kapillarsaum< durch die Grundwasseroberfläche getrennt. Diese ist bei freiem G. (s. u.) die Fläche, entlang der der hydrostatische Druck gleich dem Luftdruck ist. Sie ergibt sich annähernd aus der Höhenlage von Wasserspiegeln in Brunnen („Grundwasserspiegel"), die nur wenig in das Grundwasser eintauchen. Oberflächennahe, nur zu feuchten Jahreszeiten ausgebildete Grundwasservorkommen werden in der Bodenkunde als Stauwasser bezeichnet. Die Untergrenze der Grundwasserzone ist durch das Verschwinden zusammenhängender Kluft- und Porensysteme gegeben: in Plutoniten und Metamorphiten meist in Tiefen unter 3.000 m, in tiefen Sedimentbecken in Tiefen bis zu 17.000 m.

2. freies: G., dessen Grundwasseroberfläche oben an eine wasserungesättigte Zone (>Wasser, unterirdisches<) grenzt, wird als freies Grundwasser bezeichnet.

3. gespanntes: Wird das Grundwasservorkommen durch schlecht- bzw. undurchlässiges Gestein nach oben abgeschlossen und liegt die gedachte oder im Beobachtungsbrunnen ermittelte Grundwasseroberfläche oberhalb dieser Grenzfläche, so ist das Grundwasser gespannt. In diesem Falle wird die Grundwasseroberfläche als Grundwasserdruckfläche bezeichnet. Zwischen gespanntem und >freiem Grundwasser< bestehen alle Übergänge. In vielen Gebieten findet sich das oberste freie G. oberhalb der allg. G.-erfülten Zone als mehr oder weniger isolierter Grundwasserkörper, dessen Position durch die tektonische Struktur oder den Schichtenaufbau bestimmt wird. Derartige Vorkommen werden als schwebende Grundwasserstockwerke bezeichnet. Artesisches Grundwasser ist gespanntes G., dessen Druck frei ausfließende Brunnen hervorruft. Im internationalen Schrifttum wird „artesisch" als synonym für „gespannt" verwendet (s. Abb.).

4. Bilanzgleichung: Das G. wird aus einsickernden Niederschlägen und – bei landwärtigem Gefälle – durch Zusickerung aus Oberflächengewässern erneuert (>Grundwasserneubildung< G). Das G. trägt über Quellen oder direkt durch Übertritt in Wasserläufe oder Seen als unterirdischer >Abfluß< R_u und als direkter >Grundwasserabstrom< R_{G-} ins Meer zum Gesamtabfluß (>Abfluß<) bei, ebenso in Gebieten mit geringem Flurabstand der Grundwasseroberfläche zur >Verdunstung<, besonders wenn die Pflanzenwurzeln die Zone des offenen oder geschlossenen Kapillarwassers erreichen. Für ein unterirdisches >Einzugsgebiet< und für ein bestimmtes Zeitintervall gilt die Bilanzgleichung

$$G = R_U + R_{G-} + ET_G + S_{G\pm}$$

mit der Grundwasserneubildung G im Bilanzgebiet, dem Grundwasserabfluß R_U, der Verdunstung von G. ET_G und der Vorratsänderung im Grundwasser $S_{G\pm}$ ($S_{G+} - S_{G-}$).

Lit: Mattheß G, Ubell K (1983) Allgemeine Hydrogeologie, Gebr. Borntraeger, Berlin Stuttgart.

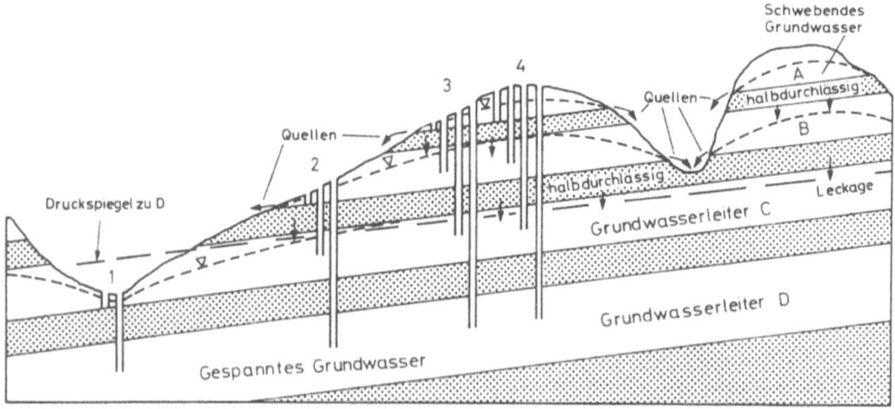

Grundwasser, gespanntes: Schematische Darstellung von schwebenden, gespannten und ungespannten Grundwasservorkommen. Brunnennest 1 trifft im Grundwasserleiter C freies und im Grundwasserleiter D gespanntes Grundwasser, Brunnennest 2 im Grundwasserleiter B schwebendes, im Grundwasserleiter C freies und im Grundwasserleiter D gespanntes G., Brunnennest 3 im Grundwasserleiter A schwebendes, im Grundwasserleiter B freies und in den Grundwasserleitern C und D gespanntes G., schließlich Brunnennest 4 mit Ausnahme von A in allen Grundwasserleitern gespanntes G.

Grundwasserabfluß. („Grundwasserbürtiger Abfluß") ist der Teil des >Abflusses<, der dem Vorfluter mit großer Verzögerung aus dem Grundwasser zufließt.
Lit: Deutscher Normenausschuß (Hrsg.) (1994) DIN 4049, T.3: Hydrologie. Begriffe, quantitativ.

Grundwasserabsenkung. Absenkung einer Grundwasserdruckfläche als Folge technischer Maßnahmen. Die Grundwasserdruckfläche ergibt sich als geometrischer Ort aller Standrohrspiegelhöhen der Grundwasseroberfläche, die den betrachteten Grundwasserkörper nach oben begrenzt.
Lit: Deutscher Normenausschuß (Hrsg.) (1994) DIN 4049, T.3: Hydrologie, Begriffe z. quantitativ. Hydrol.

Grundwasserabstrom. Grundwasserabstrom HQ_{G-} ist der Teil des gesamten >Abflusses<, der bei Abweichungen des unterirdischen vom oberirdischen Einzugsgebiet unterirdisch aus dem Einzugsgebiet abströmt. Der G. kann innerhalb des >Grundwasserbilanzgleichung< erhebliche Bedeutung haben, besonders in Gebieten ohne ständigen Oberflächenabfluß, z. B. im Karst oder in vorflutarmen Lockergesteinsgebieten. Der G. in das Meer beträgt nach ZEKTSER und DZHAMALOV (1981) weltweit $2.460 \, km^3/a = 78.000 \, m^3/s$ und macht in der >Wasserbilanz< der Erde 6,2 % des Gesamtabflusses ($39.700 \, km^3/a$) vom Festland aus.
Lit: Zektser IS, Dzhamalov RG (1981) Groundwater discharge to the world's oceans. UNESCO Nature and Resources, Paris, 27: 18–20.

Grundwasseranreicherung. Bei der G. wird zur Erhöhung des Grundwasserdargebotes Wasser aus Flüssen oder Seen entnommen und in Versickerungsbecken, -gräben oder -brunnen in den Untergrund verbracht, wo es sich nach entsprechend langer Fließstrecke und Verweilzeit an die Eigenschaften natürlicher Grundwässer angleicht.
Lit: Bundesminister des Innern (1985) Künstliche Grundwasseranreicherung, Schmidt, Berlin.

Grundwasserbeschaffenheit. 1. Gemessene Parameter und Beurteilung: Für Wasserwerke der öffentlichen Wasserversorgung und für Lebensmittelbetriebe sind die Meßparameter und die Häufigkeit der Beprobung durch die Trinkwasserverordnung (TVO) vom 22.05. 1986 (BGBl. I, S. 760) festgelegt. Die Wahl der Parameter bei örtlichen und regionalen Langzeit-Überwachungsprogrammen hängt von der vermuteten Verunreinigungsgefahr ab. Neben den in der Trinkwasserverordnung genannten Parametern ist eine gelegentliche Prüfung auf umweltrelevante oder als gesundheitsschädlich identifizierte Stoffe zu empfehlen. Der zeitliche Rhythmus der Beprobung und der Analysenumfang sollten in Anbetracht der Kosten nach einer Anfangsphase häufiger Probennahmen mit dem Ziel der Vereinfachung und der Kostenminimierung festgelegt werden. Bei der Auswertung von Grundwassermeßdaten ist zu berücksichtigen, ob gefilterte oder ungefilterte Proben untersucht wurden. Meist werden die Wasserproben vor der Analyse durch $0,45 \, \mu m$-Filter gefiltert und die gemessenen Stoffe als echt gelöst angenommen. Bei diesem Vorgehen können jedoch signifikante Kolloid-Mengen mit erfaßt werden. Andererseits können auch Ionen an suspendierten Substanzen sorbiert sein und so abgefiltert werden. Werden bei den Brunnenbohrungen Spülungszusätze (org. Polymere, Bentonit u. ä.) verwendet, so sollten etwaige Veränderungen der Grundwasserbeschaffenheit durch Zusatz spezifischer Markierungsstoffe, wie Tritium oder Uranin, abgeschätzt werden.

2. Probenahme-Methoden: Die Überwachung der Porenwässer der ungesättigten Zone, vor allem in Neubildungsgebieten genutzter Grundwasservorkommen, erlaubt die frühe Erkennung von Schadstoffeinträgen in den tieferen Untergrund. Hierzu müssen Porenwässer aus versch. Tiefen der ungesättigten Zone gewonnen und chem. untersucht werden. Aus einzelnen Horizonten können >Sickerwässer< durch verschieden lange >Lysimeter< verschiedenster Bauart oder durch Saugkerzen erhalten werden. Weiterhin können horizontierte frische Materialproben aus der ungesättigten Zone zentrifugiert oder – nach Ermittlung des natürlichen Wassergehaltes – mit deionisiertem Wasser in einem vorgegebenen Verhältnis versetzt werden. Nach 24 h werden diese „Gleichgewichtsbodenlsg." abgezogen und analysiert. Störungen der Gas-Gleichgewichte durch Erwärmung des Probenmaterials beim Zentrifugieren können durch Einsatz einer Kühlzentrifuge vermieden werden. Die pH-, E_H- und Temperaturwerte werden meist durch Einstechen von Sonden in das feldfrische Material bestimmt. Bei der Entnahme von Wasserproben aus >Brunnen< und Bohrungen sind die hydraulischen Verhältnisse im >Grundwasserleiter< und die Art und Konz. anorg. und org. Verunreinigungen zu berücksichtigen. Nicht mit Wasser mischbare, spezifisch leichtere oder schwerere org. Flüssigkeiten (z. B. Mineralöle und Halogenkohlenwasserstoffe) oder auch schwere Salzlsg. wandern im Grundwasserleiter nach den Gesetzmäßigkeiten der Mehrphasenströmung in Gegenwart von fl. Kohlenwasserstoffen, was bei der Überwachungsstrategie berücksichtigt werden muß. Vergleichsweise niedrig konz. Schadstoffe (z. B. Nitrat, pathogene Keime, org. Mikroverunreinigungen) folgen dem Fließweg des Grundwassers. Bei der Beurteilung physikalischer, chem., mikrobiol. und geologischer Daten von Wasserproben aus Förderbrunnen sind Veränderungen der Wasserbeschaffenheit in Betracht zu ziehen, die als Folge des Brunnenbetriebes auftreten – Belüftung des Grundwassers im Absenkungsbereich, Entgasung und Fällungen am Brunnen oder in Brunnennähe – oder die durch den Brunnen selbst und die Fördereinrichtung verursacht sind.
Lit: Mattheß G (1990) Die Beschaffenheit des Grundwassers. 2.Aufl., Gebr. Borntraeger, Berlin Stuttgart, S.498.

Grundwasserdargebot. Das G. entspricht der langjährigen mittleren Grundwasserneubildung abzüglich der >Verdunstung< aus dem >Grundwasser<. Das gewinnbare G. ist der Anteil des jeweiligen G., der bei der gegebenen räumlichen Verteilung von >Grundwasserleitern< und >-nichtleitern< mit wirtschaftlichen Mitteln gewinnbar ist. Das nutzbare G. ist der Anteil des gewinnbaren G., der bei Berücksichtigung wasserwirtschaftlicher (z. B. zur Erhaltung eines Mindestabflusses in den Vorflutern), hygienischer (z. B. Verschmutzungsempfindlichkeit der Grundwasservorkommen) oder ökologischer Gesichtspunkte (z. B. zur Erhaltung von Feuchtgebieten) zur Verfügung steht.
Lit: Mattheß G, Ubell K (1983) Allgemeine Hydrogeologie, Grundwasserhaushalt, Gebr. Borntraeger, Berlin Stuttgart.

Grundwassererwärmung. Erwärmung des Grundwassers durch technische Maßnahmen, wie Einleitung von erwärmten Kühl- und Abwässern oder Wärmeabstrahlung von Gebäuden.
Lit: Mattheß G (1994) Die Beschaffenheit des Grundwassers, 3.Aufl., Gebr. Borntraeger, Berlin Stuttgart.

Grundwasserganglinie. Klimatische Wasserbilanz: Die von Wasserstandsänderungen der oberirdischen Gewässer unabhängigen Ganglinien des freien >Grundwassers< sind das Ergebnis der vom Klimagang gesteuerten Vorratsänderungen des Grundwassers, wie die Gegenüberstellung der Über- und Unterschreitungen der Mittelwerte auf der G., der Monatsmittel und der zwölfjährigen Mittelwerte mit der Summenlinie und der mittleren Jahresganglinie der klimatischen Wasserbilanz zeigt.

Grundwassergleiche. (Grundwasserhöhenlinie, Grundwasserisohypse). Ist die Linie gleicher Standrohrspiegelhöhen einer Grundwasserdruckfläche.
Lit: Deutscher Normenausschuß (Hrsg.) (1994) DIN 4049, T.3: Hydrologie, Begriffe z. quantitativ. Hydrol.

Grundwasserhemmer. >Aquitarde<.

Grundwasserleiter. (Aquiferen). Sind durchlässige Locker- oder Festgesteinskörper, die Brunnen und Quellen speisen können. Diese Gesteine enthalten >Grundwasser< und sind geeignet, es weiterzuleiten und in wirtschaftlich bedeutsamen Mengen zu liefern. Hydrogeologisch sind Poren-, Kluft- und Karstgrundwasserleiter zu unterscheiden. In >Porengrundwasserleitern< zirkuliert das Wasser in Poren (Porengrundwasser), die ein mehr oder weniger engmaschiges Hohlraumsystem bilden. In >Kluftgrundwasserleitern< bewegt sich das Grundwasser (Kluftgrundwasser) auf >Trennfugen<, die als Klüfte oder Spalten durch mechanische Beanspruchung der Gesteine oder als Fugen in magmatischen Gesteinen durch die Kontraktion bei der Abkühlung der glutflüssigen Magmen entstanden sind. In den >Karstgrundwasserleitern< erweitert das Grundwasser (Karstgrundwasser) durch Lösung die im Gestein vorhandenen Klüfte und Spalten, so daß zusammenhängende Hohlräume entstehen. Zu den Karstgrundwasserleitern gehören Kalk- und Dolomitgesteine sowie Gips- und Anhydritgesteine.
Lit: Davis SN, de Wiest RJM (1967) Hydrogeology. 2. Aufl., Wiley-Verlag, New York London Sydney – Deutscher Normenausschuß (Hrsg.) (1994) Hydrologie, Begriffe z. quantitativ. Hydrol. – Mattheß G, Ubell K (1983) Allgemeine Hydrogeologie. Borntraeger-Verlag, Berlin Stuttgart – Todd DK (1960) Ground water hydrology. 2. Aufl., Wiley-Verlag, New York London.

Grundwassermeßstelle. Anlage zur Ermittlung hydrologischer Werte des Grundwassers, z. B. >Grundwasserstand< oder >Grundwasserbeschaffenheit<.
Lit: Deutscher Normenausschuß (Hrsg.) (1994) DIN 4049, T.3: Hydrologie, Begriffe z. quantitativ. Hydrol.

Grundwassermodelle. Analoge und mathematische G. werden für die Bewirtschaftung des Grundwassers, für Prognosen über die Reaktion des Grundwasserhaushaltes auf wasserwirtschaftliche Maßnahmen oder Baumaßnahmen oder für Optimierungsrechnungen benutzt (s. Tabelle).
Lit: Kinzelbach W (1986) Groundwater modelling, Elsevier, Amsterdam – Lühr HP, Zipfel K (1975) Grundwassermodelle und ihr praktischer Einsatz, DVGW-SchrR 9, ZfGW-Verlag, Frankfurt/Main.

Grundwasserneubildung. Bezeichnet den Zugang von infiltriertem Wasser zum Grundwasser. Neben der natürlichen G. durch >Infiltration< von Niederschlagswasser und – bei entspr. landwärtigem Gefälle – auch von oberirdischem Wasser aus Flüssen und Seen kann eine künstliche G. durch anthropogene Maßnahmen (z. B. >Grundwasseranreicherung<, Erzeugung von landwärtigem Gefälle an Flußufern (>Uferfiltration<,

Grundwassermodelle: Klassifizierung der Grundwassermodelle

Physikalische Modelle	Analogmodelle	Mathematische Modelle
Sandmodell (hydraulische Modelle) Kugelmodell	Kontinuumsmodelle: Hele-Shaw-Modell (Spaltmodelle) Elektrisches Widerstandpapier (elektrisch leitende Papiermodelle)	Analytische Lösungen
Kluftgesteinsmodell	Elektrolytischer Trog (Elektrolytmodelle) Ionen-Analog-Modell Membran-Analogie-Modell Diskrete Modelle:	
Hydraulische Netzwerke	Elektroanalogmodelle Elektrisches Widerstandsnetzwerk Elektrisches Widerstandkapazitätsnetzwerk (RZ-Netzwerk) Hybride Modelle	Digitale Modelle: Differenzverfahren Methode endlicher Elemente

Beregnung und Überstau) bewirkt werden. Die G. wird meistens als Grundwasserneubildungsrate (in mm/a oder in L/s · km²) angegeben. Die G. durch versickertes Niederschlagswasser setzt in Mitteleuropa in den Herbstmonaten zwischen Oktober und Dezember allmählich ein und dauert bis März/April an. Während der Vegetationszeit kommt es nur in sehr niederschlagsreichen Jahren zu einer nennenswerten G. Die G. aus Niederschlägen wird außer von den klimatischen Größen (Niederschlag, Verdunstung) von der Art der Bodennutzung (Wald, Acker und Grünland) bestimmt. Die Versickerung nimmt von Wald- zu Grünland- zu Ackerbeständen zu. Innerhalb von

Grundwasserneubildung: Grundwasserneubildung – Neubildungsraten in verschiedenen Mittelmeerländern (Brown et al. 1975)

Gebiet	P mm/a	G mm/a	$\frac{G}{P} \cdot 100$
Tunesien (langjährig)			
Djebel Chemnate	633	264	42
Ben Saidane	472	108	23
Zaghouan	463	166	36
Griechenland			
Lilaia-Quellengruppe	1.400	723	51,6
Parnassos-Ghiona-Gebiet	1.150	583	50,7
Israel			
West-Galilea	750	229	30,5
Yargon Becken	750	335	44,7
Na'man Quelle	600	318	53,0
Tunesien (jährliche Variation) Le Kef			
– 1927	463,5	154	33,2
– 1928	643,0	356	55,4
– 1929	616,0	554	90,0
– 1930	633,6	444	70,1
– 1931	513,7	415	80,8
– 1932	676,0	537	79,5
– 1933	348,2	266	76,4
– 1934	606,0	445	73,6

Waldflächen wird die Grundwasserneubildung bei sonst gleichen Bedingungen durch die Art und das Alter der Waldbäume bestimmt. Die Grundwasserneubildungsraten und die Grundwasserneubildungsindices $(G/P) \cdot 100$ variieren in den einzelnen Klimabereichen und bei verschiedenen Untergrundverhältnissen stark (s. Tabelle).

Die Grundwasserneubildungsrate ist nur mit Hilfe indirekter Verfahren bestimmbar. Eingesetzt werden hierzu die Bestimmung der Wasserbewegung durch die wasserungesättigte Zone durch Messung der Saugspannungs- oder Wassergehaltsgradienten ggf. unter Anwendung von Tritium-Markierungen; die Abtrennung des Grundwasserabflusses vom Gesamtabfluß (>Abfluß<) mit graphischen, statistischen und isotopen-geochem. Mitteln (>Abflußganglinie, Analyse<) unter Berücksichtigung der >Verdunstung< aus dem Grundwasser und des >Grundwasserab- und -zustromes<; aus der Wasserhaushaltsgleichung und der klimatischen >Wasserbilanz< des Bodens als Versickerungsanteil der örtlichen Niederschläge unter Berücksichtigung der Bodenart; aus den Fördermengen von Wasserwerken mit bekannten Einzugsgebieten; durch Vergleich der Chloridgehalte in den Niederschlägen und im Grundwasser; mit Hilfe von >Grundwassermodellen< und aus Analysen von >Grundwasserganglinien<. Vielfach werden verschiedene Bestimmungsverfahren kombiniert.

Lit: Renger M, Strebel O (1980) Jährliche Grundwasserneubildung in Abhängigkeit von Bodennutzung und Bodeneigenschaften. Wasser u. Boden 32: 362–366 – Brown RH, Konoplyantsev AA, Ineson J, Kovalevsky VS (1975) Ground-water studies. Studies a. reports in hydrology 7, UNESCO, Paris – Mattheß G, Ubell K (1983) Allgemeine Hydrogeologie, Grundwasserhaushalt, Gebr. Borntraeger, Berlin Stuttgart – Renger M, Strebel O (1980) Jährliche Grundwasserneubildung in Abhängigkeit von Bodennutzung und Bodeneigenschaften, Wasser u. Boden 32: 362–366 – Moser H, Rauert W (1980) Isotopenmethoden in der Hydrologie, Gebr. Borntraeger, Berlin Stuttgart.

Grundwassernichtleiter. Früher Grundwassersperrer, sind praktisch undurchlässige Gestein. Sie umfassen >Aquifugen< und >Aquicluden<.

Grundwasserpegel. >Grundwassermeßstelle< zur Ermittlung des >Grundwasserstandes<.

Grundwasserraum. Ist ein Gesteinskörper, der zum Betrachtungszeitpunkt mit >Grundwasser< angefüllt ist.

Lit: Deutscher Normenausschuß (Hrsg.) (1994) DIN 4049, T.3: Hydrologie, Begriffe z. quantitativ. Hydrol.

Grundwasserschutz. Der G. geht von den Einwirkungen des Menschen aus, die die Nutzbarkeit des Grundwassers als Trinkwasser durch Zufuhr wassergefährdender Stoffe oder durch sonstige Einwirkungen, die eine nachteilige Veränderung des Wassers hervorrufen, beeinträchtigen können. Nachteilige Veränderungen des Grundwassers ergeben sich vor allem durch pathogene Viren und Bakterien sowie durch org. und anorg. Stoffe, z.B. Halogenkohlenwasserstoffe, Mineralölprodukte (u.a. Heizöle und Treibstoffe), Detergentien (Tenside), Trübungs- und Farbstoffe, Geruchs- und Geschmacksstoffe, giftige Schwermetalle wie Blei und Cadmium und Cyan-Verb. sowie radioaktive Stoffe. Neben diesen häufig unmittelbar gefährlichen Einwirkungen sind physikalische Veränderungen der Temp. und der >Oberflächenspannung<, des Gesamtsalzgehaltes mit erhöhten Cl^-, SO_4^{2-}, Ca^{2+} und Mg^{2+}-Werten

und die Ausbildung reduzierender Bedingungen mit charakteristischen Gehalten an Fe^{2+}, Mn^{2+}, H_2S, NO_2^- und NH_4^+ zu nennen. Die auffälligsten nachteiligen Veränderungen gehen von typischen Gefahrenherden aus, wie Industrie- und Gewerbebetriebe, menschliche Ansiedlungen, Abfallbeseitigungsanlagen, Erdaufschlüsse und Bergbau. Von hier gelangen die Verunreinigungen durch Versickern, Versinken, Auslaugen, Einspülen oder Aufsteigen aus tieferen Schichten in das Grundwasser. Neben diesen Punkt- und Linienquellen machen sich seit einigen Jahren flächenhafte, regionale Verunreinigungen bemerkbar, die durch das Ausbringen von Düngemitteln und Pflanzenschutzmitteln in der Land- und Forstwirtschaft, aber auch durch Ausbildung reduzierenden Grundwassers durch die zunehmende Versiegelung bestimmter Landesteile bei der Urbanisierung und Industrialisierung eine nachteilige Veränderung der Wasserbeschaffenheit bewirken. Nach § 34 WHG darf eine Erlaubnis zum Einleiten von Stoffen in das Grundwasser nur erteilt werden, wenn eine schädliche Verunreinigung des Grundwassers oder sonstige nachteilige Veränderungen seiner Eig. nicht zu besorgen sind. Die gleiche Anforderung wird an die Lagerung oder Ablagerung von Stoffen, sowie die Beförderung von Flüssigkeiten und Gasen in Rohrleitungen gestellt. Nach § 19 WHG können zum Wohl der Allgemeinheit >Wasserschutzgebiete< eingerichtet werden, um Gewässer im Interesse derzeit bestehender oder künftiger öffentlicher Wasserversorgung vor nachteiligen Einwirkungen zu schützen, Grundwasser anzureichern oder das schädliche Abfließen von Niederschlagswasser sowie das Abschwemmen und den Eintrag von Bodenbestandteilen, Dünge- oder Pflanzenschutzmitteln zu verhüten. In den Wasserschutzgebieten können bestimmte Handlungen verboten oder für nur beschränkt zulässig erklärt werden. Für die Nutzungsbeschränkungen ist ein angemessener Ausgleich zu gewähren.

Lit: Mattheß G (1994) Die Beschaffenheit des Grundwassers, 3. Aufl., Gebr. Borntraeger, Berlin Stuttgart – Wasserhaushaltsgesetz (WHG) vom 23.09. 1986, BGBl. I, S. 1529, 1654.

Grundwasserspiegel. Ausgeglichene Grenzfläche des Grundwassers gegen die Atmosphäre, die in Brunnen, Grundwassermeßstellen und Höhlen beobachtet werden kann.

Lit: Deutscher Normenausschuß (Hrsg.) (1994) DIN 4049, T.3: Hydrologie, Begriffe z. quantitativ. Hydrol.

Grundwasserspiegelschwankungen. Die meisten G. beruhen auf Vorratsänderungen des Grundwassers, Änderungen des atmosphärischen Druckes, auf Deformation des Grundwasserleiters durch Belastung oder tektonische Beanspruchung (Erdbeben) und auf Störungen innerhalb des Brunnens. Kleinere Schwankungen können durch chem. oder thermische Veränderungen in der Umgebung der Beobachtungsbrunnen verursacht werden. Die Grundwasserspiegelhöhen werden auch durch die Wasserstände in benachbarten oberirdischen Gewässern gesteuert. Speist das Grundwasser in die oberirdischen Gewässer ein, so werden diese als effluent, geben diese Wasser an das Grundwasser ab, so werden sie als influent bezeichnet. Effluente und influente Bedingungen wechseln dabei je nach Wasserstand einander ab. (>Uferspeicherung<, >Abfluß<).

Lit: Mattheß G, Ubell K (1983) Allgemeine Hydrogeologie – Grundwasserhaushalt. Gebr. Borntraeger-Verlag, Berlin Stuttgart.

Grundwasserstand. Höhe des Grundwasserspiegels über oder unter einer waagrechten Bezugsebene, in der Regel Normal-Null (in Deutschland mit dem mittleren Meeresspiegel der Nordsee zusammenfallende Niveaufläche).

Lit: Deutscher Normenausschuß (Hrsg.) (1994) DIN 4049, T.3: Hydrologie, Begriffe z. quantitativ. Hydrol.

Grundwasserströmung. 1. allgemein: Bewegen sich die Wasserteilchen in weitgehend äquidistanten Bahnen, so handelt es sich um laminare Strömung (Bandströmung), folgen die Wasserteilchen ineinander verflochtenen Bahnen, dagegen um turbulente Strömung (Flechtströmung). Die Grenze zwischen beiden Strömungsarten wird allgemein durch die kritische Reynolds-Zahl R_e angegeben. Im Grundwasser ist bei R_e-Werten < 1 bis 10 mit laminarer Strömung zu rechnen. In allg. Form wird die G. durch die Darcy-Gleichung beschrieben: $v_f = -k_f \cdot \text{grad } \Phi$ mit der >Filtergeschwindigkeit< v_f, dem >Durchlässigkeitsbeiwert< k_f und dem Potentialgradienten grad Φ. Eine Wasserbewegung entsteht, wenn die Energie des Wassers in den verschiedenen Punkten des Grundwasserleiters verschieden ist. Das Energiepotential Φ an einem gegebenen Punkt im Grundwasserleiter ist das Produkt aus Erdbeschleunigung g und hydraulischer (piezometrischer) Höhe h ($\Phi = gh$). Die Grundwasserhöhengleichen sind somit Linien gleichen Potentials (Äquipotentiallinien). Sie setzten sich als Potentialflächen in den Untergrund fort. Das Grundwasser strömt von der Linie (Fläche) größeren Potentials zu der kleineren Potentials. In einem homogenen und isotropen Medium mit konstantem Durchlässigkeitsbeiwert k_f und Wasser als flüssigem Medium stehen die Stromlinien senkrecht auf den Potentialflächen oder -linien (s. Abb.).

Lit: Busch KF, Luckner L (1974) Geohydraulik, 2. Aufl., Enke, Stuttgart – De Wiest RJM (1965) Geohydrology, Wiley, New York.

2. Messung: Die Grundwasserbewegung kann mit Hilfe von >Markierungsversuchen<, von >Einbohrlochmethoden< und speziell angepaßten Meßflügeln (>Abfluß<) und durch Messung der Quellschüttung, ferner durch Messungen der Grudwasserspiegel- und Grundwasserdruckschwankungen an Grundwasserbeobachtungsbrunnen erfaßt werden. Die Höhenlage des Grundwasserspiegels wird mit Hilfe akustischer (Brunnenpfeife, Brunnenklatsche), optischer (Lichtlot) oder elektrischer Signale bestimmt und auf NN bezogen. Kontinuierliche Meßreihen erhält man durch mechanische oder elektrische Schreiber. Moderne selbstschreibende Geräte übertragen die Meßwerte direkt auf elektronische Datenträger.

Grundwasserzustrom. >Grundwasser<.

Gruppenkläranlage. >Kläranlage zur Reinigung der >Abwässer< einer Gruppe von Siedlungsgebieten oder Gemeinden. Eine Kostenermittlung sollte über den Bau einer Gruppenkläranlage oder von Einzelabwasserreinigungsanlagen entscheiden.

Gryllotalpa gryllotalpa **(Maulwurfsgrille).** >Insecta<, >Ensifera<, >Bodenfauna<, >Wurzelfresser<. Maulwurfsgrillen sind häufig in sandigen Böden als Wurzelfresser (auch in Kulturen) bedeutsam.

GSF-Forschungszentrum für Umwelt und Gesundheit GmbH. Eine der 16 Großforschungseinrichtungen in der Bundesrepublik Deutschland mit Hauptsitz in Neuherberg bei München und (1997) etwa 1.600 Mitarbeitern. Gesellschafter sind die Bundesrepublik Deutschland, vertreten durch den Bundesminister für Bildung und Forschung (90 %) sowie der Freistaat Bayern, vertreten durch den bayerischen Staatsminister der Finanzen (10 %). Zur Lsg. fachlich komplexer und multidisziplinärer Aufgaben verfügt die GSF über folgende Fachrichtungen: Physik, Geologie, Hydrologie, ökologische Chemie, Biochemie, Toxikologie, Biologie, exp. und klinische Medizin sowie Informatik. Schwerpunktmäßig befaßt sich die GSF mit Fragen der Umwelt- und Gesundheitsvorsorge. Als Außenstelle unterhält die GSF in Remlingen (ca. 20 km SO Braunschweig) das heutige >Forschungsbergwerk Asse<.

GSI. Gesellschaft für Schwerionenforschung mbH, Darmstadt. Aufgaben: Betrieb und Ausbau von Schwerionenbeschleunigern sowie Forschungsarbeiten mit schweren Ionen auf den Gebieten Kernphysik, Kernchemie, Atomphysik, Festkörperforschung, Strahlenbiologie und anderen Gebieten, für welche die Erforschung der Wirkung schwerer Ionen auf unbelebte und belebte Materie von Bedeutung ist. Forschungsschwerpunkte: Nukleare Schwerionenforschung, atomare Schwerionenforschung, anwendungsnahe Schwerionenforschung, Beschleunigerentwicklung und neue Technologien.

Guanin. G. ist wie >Adenin< eine Purin-Base und gehört neben anderen Purin- und Pyrimidinbasen, den Zuckern >Ribose< und >Desoxyribose< sowie Phos-

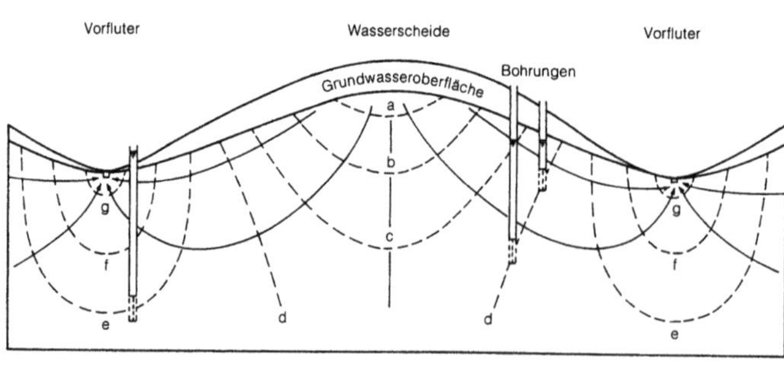

Grundwasserströmung: Potentialflächen und Stromlinien in einem homogenen Grundwasserleiter

phorsäure zu den typischen Komponenten der >Nucleinsäuren< (>RNA< und >DNA<). Darüberhinaus gibt es mit GTP ein >ATP<-analoges energieübertragendes und -konservierendes System mit G. als Nucleinbase; es steht mit ATP im Gleichgewicht. Außerdem sind GTP und GDP durch ihre Bindung an sog. G-Proteine an vielen Signaltransduktionsprozessen beteiligt. Frei vorliegendes G. wird im Organismus z.T. zu Harnsäure metabolisiert.

Guano. >Dünger<, entstanden durch Ablagerung des Kots von Seevögeln besonders auf regenarmen Inseln vor der Pazifikküste Perus und Chiles. Die Lager erreichen bis zu 60 m Höhe, während der Lagerung wird das ursprünglich organische Material in vorwiegend anorganisches umgewandelt. Der in Deutschland vorwiegende Peru-G. enthält als Handelsdünger 6% N, 12% P_2O_5 und 2% K_2O. G. steht am Anfang der >Mineraldüngung<. Schon v. HUMBOLDT hatte 1804 auf die Düngewirkung von G. hingewiesen, 1840 kam der erste G. aus Peru nach England.

5'-Guanosinmonophosphat. (GMP): Ein > 5'-Nucleotid<, das Guanin als Base enthält. Das Dinatrium- oder Dikaliumsalz, ein weißes, geruchloses Kristallpulver mit charakteristischem Geschmack, wird als >Aromaverstärker< vorwiegend in Suppen, Soßen, Fleischkonserven und Tomatensaft eingesetzt. Die Wirkung (75 bis 500 ppm) ist zehn- bis zwanzigfach stärker als die von >Mononatriumglutamat<. Bei flüssigen und halbflüssigen Lebensmitteln wird der Eindruck einer höheren Viskosität vermittelt. Der Eindruck von Frische wird verstärkt. Bei Suppen auf Rindfleisch- und Geflügelbasis werden die fleischähnlichen Geschmacksnoten intensiviert. Bei gemeinsamer Anwendung mit > 5'-Inosinmonophosphat< und Mononatriumglutamat tritt eine synergistische Wirkung ein. GMP kommt vorwiegend in Pilzen vor.

Guargummi. (Guarkernmehl, E 412): Wird durch Mahlen des Endosperms von Samen der Guarpflanze *Cyamopsis tetragonolobus* gewonnen. Ein >Galaktomannan< aus Galaktopyranose- und Mannopyranose-Einheiten.

Guazatin. Wirkt als >Herbizid< und zählt zur Substanzklasse der Guanidin-Derivate.
Chemische Bezeichnung: Bis-(8-guanidin-octyl)-amin-triacetat
CAS-Nummer: 39202–40–9
Hersteller: KenoGard AB
Wirkungstyp: Saatgutbeize mit Schutz vor Vogelfraß.
Bevorzugte Anwendung (des Kombinationsproduktes): Schutz von Getreidesaatgut gegen Weizenstein-

brand, Streifenkrankheit der Gerste, Schneeschimmel an Roggen, Flugbrand an Hafer und Weizen.

Chemische und physikalische Eigenschaften:
Physikalische Beschaffenheit: Krist., farblos.
Schmelzpunkt: Kein scharfer Schmelzpunkt. Erweichung ab 95 °C.
Verteilungskoeffizient (log $P_{o/w}$): −1,2 bei pH 3, −0,9 bei pH 10.
Dampfdruck: $4,36 \cdot 10^{-11}$ Pa bei 20 °C.
Stabilität: Stabil in neutralem und saurem wäßrigem Medium. Lagerfähigkeit bei Normaltemp. mindestens 2 Jahre.
Löslichkeit des Triacetats: In Wasser >3.000 g/L.
Abbau: Nach Verabreichung an Ratten rascher und vollständiger Abbau und Ausscheidung innerhalb von 2 bis 3 Tagen über Urin und Faeces.
Toxizität: Akute orale LD_{50} für Ratte 227 bis 667 mg/kg, Maus 300 mg/kg. Akute dermale LD_{50} für Ratten >1.000 mg/kg. NOEL bei Verfütterung an Albinoratten über 90 Tage >10 mg/kg/Tag (200 mg/kg Futter). Keine toxikologisch signifikanten Effekte bei Verfütterung bis 300 mg/kg über 52 Wochen an Hunde.
Inhalation LC_{50} für Ratte 0,225 mg/kg. Bei Kaninchen Haut- und Augenreizung.
Bienentoxizität: Kombinationsprodukte nicht bienengefährlich bei zugelassener Anwendung (B 3).
Bemerkungen: Gebeiztes Saatgut darf nicht für die menschliche Ernährung oder als Tierfutter verwendet werden.

Gülle. Wird auch als >Flüssigmist< bezeichnet und ist ein Gemisch aus Kot, Harn, Spritzwasser, Futterresten und Einstreu. Die Zusammensetzung und Art der G. kann sehr verschieden sein. Je nach Wasserzusatz wird unterschieden zwischen Dick- und Dünngüllen, nach der Gärzeit zwischen Roh- und Gärgüllen. Praktischer ist die Unterscheidung der Güllen nach Tierart und Trockensubstanzgehalt. Die >Güllenährstoffe< sind u.a. abhängig vom Trockensubstanzgehalt und unterliegen großen Schwankungen (s. S. 543).
Die zunehmende Gülle- oder Flüssigmistwirtschaft hat zu Umweltproblemen geführt, weil durch die intensivierte Fütterung von z.B. Hochleistungskühen deren tägliche Ausscheidungen an Kot und Harn in den letzten 30 Jahren um 55% zugenommen haben. Dadurch sind Gülleüberschüsse in manchen Tierhaltungsbetrieben entstanden, die oft nicht mehr im eigenen Betrieb verwertet werden können. Diese Überschüsse verursachen größere Probleme v. a. dann, wenn sie nicht nur in einzelnen Betrieben, sondern in einer ganzen Region anfallen. Diese Problembereiche sind in der Tabelle (s. S. 542) dargestellt. Um eine umweltgerechte Anwendung von Flüssigmist zu erreichen, richten sich die Ziele und Maßnahmen nach dem Tierbesatz und der Flächenausstattung der Betriebe, den umweltbezogenen Vorschriften und den hygienischen Erfordernissen. Die Rechtsgrundlagen für umweltgerechte Flüssigmistverfahren ergeben sich aus: Baurecht, Immissionsschutzrecht, Wasser- und Abfallrecht, Zivilrecht, Arbeitsschutz- und Unfallverhütungsvorschriften sowie dem Tierseuchenrecht. Bei unsachgemäßer Anwendung kann die Gülleverwertung in der Landwirtschaft zu folgenden Problemen führen: Gefährdung von Mensch und Tier durch Krankheitserreger und Schad-

Gülle: Problembereiche der Umweltgefährdung durch landwirtschaftliche Produktionsverfahren (nach: Eisenkrämer K (1989) Landtechnik 44: 504–506)

Gefährdungsbereiche			
Boden	Wasser	Luft	Mensch, Tier, Pflanze, Nahrung
Problembereiche			
– Verdichtung	Belastung mit	– Aerosole von	– Gefährdung durch bzw.
– Erosion	= Nitrat und Phosphat	= Pflanzenschutzmitteln	Kontamination mit
– Schadstoffanreicherung	(Überdüngung)	= Gülle und evtl. Flüssig-	= pathogenen Bakterien, Viren,
= Insektizide	= Silagesickersaft	dünger	Parasiten, Pilzen
= Fungizide	= Pflanzenschutzmitteln	– Stäube	= Pflanzenschutzmitteln
= Herbizide	= Desinfektionsmitteln	– Schadgase	= Desinfektionsmitteln
= Pflanzennährstoffe		– Geruch	– Lärm
			= Maschinen
			= Tierhaltung

gase, Belästigung von Nachbarn durch Geruchsemissionen, Beeinträchtigung von Boden sowie Oberflächen- und Grundwasser durch unsachgemäße Nährstoffzufuhr, bes. Nitrat und Phosphat. Um solche Umweltbelastungen zu vermeiden, sind Vorkehrungen bei der >Güllespeicherung<, >Güllebehandlung<, >Gülleausbringung<, >Gülledüngung< zu treffen. Weitere Schutzmaßnahmen sind der Erlaß von >Gülleverordnungen< bzw. einer Schutzgebiets- und Ausgleichs-VO durch einige Bundesländer und die Einrichtung von >Güllebanken<.

Gülleausbringung. Die Gülle darf für die Düngung der landwirtschaftlichen Nutzflächen nur in umweltverträglichen Mengen ausgebracht werden. Wegen der Bildung von Sink- und Schwimmschichten im >Güllebehälter< muß dessen Inhalt vor der Ausbringung vollständig durchmischt und homogenisiert werden, damit jede Tankwagenfüllung möglichst die gleiche Nährstoffkonzentration aufweist. Zum Homogenisieren der Gülle in Außenbehältern werden mechanische, hydraulische oder pneumatische Rührsysteme eingesetzt. Transport und Ausbringung erfolgen mit Fahrzeugen, die als Pumpen-, Kompressor- oder Vakuum- und als Druckpumpentankwagen angeboten werden. Als Verteileinrichtungen an den Tankwagen dienen Prallteller, Pendeldüsen, Schleppschläuche, Düsenbalken und Eindrillgeräte mit Injektoren. Für größere Landflächen werden auch Beregnungsmaschinen bzw. -anlagen verwendet. Das Ziel beim Ausbringen von Gülle sollte neben gleichmäßiger und pflanzenbedarfsgerechter Verteilung der Nährstoffe die Vermeidung von Aerosolbildung und Geruchsemissionen sein, was mit einem Teil der verfügbaren Verteileinrichtungen erreicht werden kann.

Güllebank. Bei nutzflächenunabhängiger Tierhaltung oder Überbesatz vorhandener landwirtschaftlicher Nutzfläche muß zur Vermeidung von Umweltschäden ein überbetrieblicher Flüssigmistausgleich mit unterversorgten Nachbarbetrieben auf der Grundlage von Abnahmeverträgen angestrebt werden. In viehstarken Regionen ist dies nicht immer möglich. Deshalb geht man immer häufiger dazu über, das holländische System der >Mistbank< zu übernehmen. Hierbei werden über eine Vermittlungsstelle, die Güllebank oder -börse, Gülleüberschüsse in Betriebe mit Güllebedarf vermittelt. Es werden Ausgleichszahlungen in regional und örtlich unterschiedlicher Höhe geleistet. Da viele Landwirte aus wirtschaftlichen Gründen ihre Tierbestände aufstocken müssen, bekommen sie Probleme bei der Lagerung zunehmender Güllemengen im eige-

nen Hof. Hier bieten sich als Lösung Güllegemeinschaftsanlagen in der Feldmark an, die sich bereits regional gut bewährt haben.

Lit: KTBL-Schrift 347, Güllegemeinschaftsanlagen (1991) KTBL, Darmstadt.

Güllebehandlung. Betriebliche Bedingungen und steigende Anforderungen seitens des Umweltschutzes können im Einzelfall eine über das Homogenisieren hinausgehende Flüssigmistbehandlung erforderlich machen. Dazu sind verschiedene, z.T. aus der kommunalen Abwassertechnik entwickelte Verfahren in die Praxis eingeführt: >Feststoffabtrennung<, aerobe Behandlung in Belüftungsanlagen, anaerobe Behandlung in >Biogasanlagen<, chem. und biol.-enzymatische Behandlung.

Zur Lösung der mit der Güllewirtschaft einhergehenden Umweltprobleme wurden zudem in Westeuropa und anderen Industrienationen große Anstrengungen unternommen. Ziel waren Entwicklungen für eine umweltverträgliche Gülleverwertung mittels Lagerung und Ausbringung, die Verminderung des Nährstoffanfalls durch angepaßte Fütterung, organisatorische Maßnahmen wie >Güllebanken< und -börsen sowie die Weiterentwicklung der Technik zur Aufbereitung von Flüssigmist.

Das umfangreichste Forschungs- und Demonstrationsprogramm in diesem Zusammenhang war der mit einem Forschungs- und Investitionsaufwand von 67 Mio. DM durchgeführte und mit einem Förderbetrag von 40 Mio. DM unterstützte deutsche BMBF-Förderschwerpunkt „Umweltverträgliche Gülleaufbereitung und -verwertung". Sein primäres Ziel war es, die technologischen Handlungsmöglichkeiten zum Schutz des als Trinkwasserressource dienenden Grundwassers vor dem Eintrag von Nitrat zu verbessern. Durch diese Forschungs- und Entwicklungsarbeiten haben sich Wissenschaft und Technik in diesen Technologiesegmenten beträchtlich weiterentwickelt, wenngleich ökonomische Anforderungen eine hohe Hürde für den Transfer neuer Techniken in die Praxis darstellen.

Lit: KTBL (1997) Umweltverträgliche Gülleaufbereitung und -verwertung, Arbeitspapier 242, KTBL, Darmstadt.

Gülledüngung. Anwendung von Gülle für die Pflanzenernährung entsprechend dem Nährstoffgehalt der Gülle und dem Nährstoffbedarf der Pflanzen. Gülle ist ein wertvoller >Wirtschaftsdünger<. Sie enthält neben organischer Masse auch erhebliche, aber in Abhängigkeit von Tierart und Haltungsverfahren stark schwankende Nährstoffmengen. Bei sachgerechter An-

wendung lassen sich diese Nährstoffe annähernd wie Mineraldünger in die Düngerbilanz eines Betriebes einbeziehen. Dies gilt insbesondere für Stickstoff, da 50 bis 70 % des Gesamtstickstoffs als Ammoniumstickstoff vorliegen und damit sofort pflanzenverfügbar sind. Es können auch Düngungsfehler wie z. B. Ausbringung zu ungünstigen Zeiten und zu hohe Ausbringungsmengen zu erheblichen Umweltbelastungen und pflanzenbaulichen Schäden führen: Nitratauswaschung in das Grundwasser, Nährstoffabschwemmung in Oberflächengewässer, Bodenverdichtungen durch Fahrspuren, Pflanzenschäden durch Ätzwirkung, Ertragseinbußen und Qualitätsbeeinträchtigungen, Narbenauflockerung, Bestandsumschichtung und Verunkrautung des Grünlandes.
Lit: Vetter H, Steffens G (1986) Wirtschaftseigene Düngung, DLG, Frankfurt/M.

Gülleerlaß. In Niedersachen am 13.04. 1983 verfügt, um Maßnahmen gegen die Überdüngung mit Gülle und Geflügelkot einzuführen. Er wurde durch die >Gülleverordnung< vom 01.02. 1990 ersetzt.

Güllegaben. Aufbringung einer bestimmten Güllemenge in Abhängigkeit von ihrem Nährstoffgehalt und dem -bedarf der damit gedüngten Kulturen. In der jeweiligen >Gülleverordnung< von 4 Bundesländern ist die Höchstmenge von Gülle je ha und Jahr auf eine Güllemenge festgesetzt, die 3 bis 2 >Dungeinheiten< entspricht.

Gülle-Homogenisierung. >Gülleausbringung<.

Güllenährstoffe. Die Nährstoffgehalte unterliegen großen Schwankungen. Neben Tierart und -alter hat auch die Fütterung darauf großen Einfluß, ebenso der Trockensubstanzgehalt. Die Tabelle enthält Anhaltswerte für Gülle verschiedener Tierarten.

Gülleprobe. Für eine chemische oder mikrobiologische Untersuchung entnommene bestimmte Güllemenge. Dazu muß der Inhalt des Güllebehälters vorher völlig homogenisiert werden, um eine möglichst einheitliche und repräsentative Probe zu erhalten. Es wird auch die Entnahme von Proben an verschiedenen Stellen, Herstellung einer Mischprobe und davon Einsendung der Untersuchungsprobe empfohlen. Für den Versand von Gülleproben sind die Bestimmungen der Deutschen Bundespost bzw. Bundesbahn betreffend Inhalt und Verpackung zu beachten.

Güllespeicher. >Dungbehälter<.

Güterstraßenverkehr. Betrug 1990 in Deutschland 56,3 % vom Gesamtgüterverkehr (304 Mrd. Tonnenkilometer) mit steigender Tendenz. Er wird überwiegend von >Lkw< (Lastkraftfahrzeugen) bestritten.

Gütestandard. Grenzkonzentrationen von Fremdstoffen zur Verhinderung bzw. Bekämpfung der Umweltverschmutzung. Derzeit sind Gütestandards nur für den Umweltbereich Wasser bekannt. Nach der Definition der Federal Water Pollution Control Administration (USA) sind Standards Grenzkonzentrationen zur Verhinderung bzw. Bekämpfung der Gewässerverschmutzung; Kriterien geben demgegenüber die Erfordernisse an die Wasserqualität für eine spezifische Nutzung an. s. a. >Environmental quality standard (EOS)<.
Lit: Korte F (1987) Lehrbuch der Ökologischen Chemie, Thieme, Stuttgart New York.

Gum-Bildung. Ablagerungen von Kraftstoffbestandteilen in Motoren, meist in der >Gemischbildung< an >Einspritzventilen< und an Einlaßventilen. Die G. wird durch best. Kraftstoffbestandteile, vorzugsweise Olefine verursacht und kann durch entspr. >Additive< vermieden werden. Sie ist außerdem abhängig von der Konstruktion des Motors. Durch die G. werden das Laufverhalten und damit auch das Abgasverhalten der Motoren gestört.

Gummi. Bezeichnung für natürlichen (Latex) oder synthetischen, vulkanisierten >Kautschuk<. Je nach Schwefelanteil, der bei der >Vulkanisation< verwendet wurde, entstehen Weich- (5 bis 10 % S) oder Hartgummi (30 bis 50 % S), da hiervon der Vernetzungsgrad im polymeren Gerüst abhängt; s. a. >Elastomere<.

Gummi arabicum. (Akaziengummi, E 414): Getrocknete Gummiabsonderung von Akazienarten. Es handelt sich um ein schwach saures, stark verzweigtes Polysaccharid, bei dessen Hydrolyse Arabinose, Galactose, Rhamnose und >Glucuronsäure< entstehen. G. a. bildet in Wasser schnell und leicht niederviskose Lösungen. Es wird häufig für die Herstellung sprühgetrockneter Aromakonzentrate verwendet.

Gusathion. >Azinphos-methyl<.

Gusathion H. >Azinphos-ethyl<.

Gute fachliche Praxis. Produktionstechnik nach den Grundsätzen des >integrierten Pflanzenbaus<. Hierzu zählt auch die Anwendung von >PSM< unter Berücksichtigung wirtschaftlicher und ökologischer Gesichts-

---

Güllenährstoffe: Nährstoffgehalte verschiedener Güllen in Abhängigkeit vom TS-Gehalt (aus: Hoffmann H, Hege U (1991) Gülle – ein wertvoller Wirtschaftsdünger, AID, Bonn, S. 5)

Tierart	TS-Gehalt %	Nährstoffgehalt kg/m³					
		N gesamt	davon NH$_4$	P$_2$O$_5$	K$_2$O	MgO	CaO
Milchvieh*	10	5,3	2,7	2,0	8,0	1,1	2,7
(grasbetonte Fütterung***)	7,5	4,0	2,0	1,5	6,0	0,8	2,0
	5	2,7	1,3	1,0	4,0	0,5	1,3
Mastbullen*	10	6,0	3,0	2,0	4,7	1,1	1,7
	7,5	4,5	2,3	1,5	3,5	0,8	1,3
	5	3,0	1,5	1,0	2,3	0,5	0,9
Mastschwein**	10	8,0	5,3	4,0	4,0	1,3	4,0
	7,5	6,0	4,0	3,0	3,0	1,0	3,0
	5	4,0	2,7	2,0	2,0	0,7	2,0
Legehennen**	10	6,5	4,6	5,0	3,0	1,0	11,0

* ca. 50 % NH$_4$-N; ** ca. 70 % NH$_4$-N in Frischgülle; *** bei maisbetonter Fütterung ist bei 7,5 % TS mit 3,0 kg N, 1,3 kg P$_2$O$_5$, 4,0 kg K$_2$O zu rechnen

punkte, die nach dem Gesetz zum Schutz von Kulturpflanzen (Neufassung des Pflanzenschutzgesetzes vom 29. Mai 1998), auch kurz >Pflanzenschutzgesetz< genannt, in Deutschland nur nach „guter fachlicher Praxis" – bestimmungsgemäß und sachgerecht – unter Berücksichtigung des >integrierten Pflanzenschutzes< angewendet werden dürfen.

Die g.f.P. dient insbesondere

1. der Gesunderhaltung und Qualitätssicherung von Pflanzen- und Pflanzenerzeugnissen durch
   a) vorbeugende Maßnahmen,
   b) Verhütung der Einschleppung oder Verschleppung von Schadorganismen,
   c) Abwehr oder Bekämpfung von Schadorganismen, und
2. der Abwehr von Gefahren, die durch die Anwendung, das Lagern und den sonstigen Umgang mit Pflanzenschutzmitteln oder durch andere Maßnahmen des Pflanzenschutzes, insbesondere für die Gesundheit von Mensch und Tier und für den Naturhaushalt, entstehen können.

(2) Das >Bundesministerium für Ernährung, Landwirtschaft und Forsten< erstellt unter Beteiligung der Länder und unter Berücksichtigung des Standes wissenschaftlicher Erkenntnisse sowie den Erfahrungen der Pflanzenschutzdienste und des Personenkreises, der Pflanzenschutzmaßnahmen durchführt, die Grundsätze für die Durchführung der g.f.P. im Pflanzenschutz. Das >Bundesministerium für Ernährung, Landwirtschaft und Forsten< gibt diese Grundsätze im Einvernehmen mit den Bundesministerien für Gesundheit und für Umwelt, Naturschutz und Reaktorsicherheit im Bundesanzeiger bekannt.

Nur bei bestimmungsgemäßer und sachgerechter Anwendung sind >PSM< hinreichend wirksam und es werden schädliche Auswirkungen auf die Gesundheit von Mensch und Tier sowie den >Naturhaushalt< vermieden. Dazu zählen:

- Einsatz von >PSM< nur, wenn es notwendig erscheint;
- Termingerechte Behandlung;
- Wahl des geeigneten Mittels;
- Richtige Applikationstechnik;
- Einhaltung der geprüften Aufwandmenge;
- Berücksichtigung der Wartezeiten;
- Beachtung der Vorsichtsmaßnahmen sowie der Bienenschutz-Verordnung und weiterer Auflagen und Vorschriften.

Für den schonenden Umgang mit dem >Naturhaushalt< wird empfohlen, >PSM< mit demselben Wirkstoff nicht mehrere Jahre auf derselben Fläche (Gefahr >Akkumulation<) anzuwenden, sondern den Wirkstoff zu wechseln. Damit kann unerwünschten Auswirkungen z.B. hinsichtlich >Selektion< oder >Resistenz< von Schaderregern, auf Flora und Fauna oder im Zusammenhang mit dem Nachbau von anderen Kulturpflanzen vorgebeugt werden.

Gute fachliche Praxis in der Landwirtschaft. Begriff für alle Maßnahmen einer umweltverträglichen, >ordnungsgemäßen Landbewirtschaftung<, besonders bei >Düngung< und >Pflanzenschutz<, ist in den entsprechenden Gesetzen enthalten. G.f.P. ist ein Handlungsrahmen, der neue Erkenntnisse einbezieht und kann somit kein feststehender Begriff sein. Die Regeln der g.f.P. müssen v.a. in der Wissenschaft als gesichert gelten und aufgrund der praktischen Erfahrungen umsetzbar sein.

Gute Laborpraxis (GLP). GLP befaßt sich mit dem organisatorischen Ablauf und den Bedingungen, unter denen *nichtklinische* exp. >Prüfungen< geplant, durchgeführt und überwacht werden sowie mit der Aufzeichnung und Berichterstattung der Prüfung.

Ausgehend von den ersten gesetzlichen Richtlinien zur GLP, die von der amerikanischen FDA 1978 für nichtklinische Arzneimittelprüfungen eingeführt worden waren, wurden *Grundsätze* der GLP im Rahmen der >OECD< Chemicals Testing Programme weiterentwickelt mit dem Ziel, die internationale Anerkennung von Prüfdaten bei der >Bewertung< von chem. >Stoffen< zu erreichen. Die 1981 vom Rat der OECD angenommenen Grundsätze der GLP fanden Eingang in >EG-Richtlinien< und wurden in der Bundesrepublik Deutschland in das >ChemG< aufgenommen (§ 19a).

Die Grundsätze der GLP finden Anwendung auf die Prüfung von Stoffen, deren Ergebnis eine Bewertung ihrer möglichen Gefahren für Mensch und Umwelt im Rahmen von behördlichen Zulassungs-, Registrierungs- oder Anmeldeverfahren ermöglichen soll.

Ziel der GLP ist die Sicherung von Qualität und Zuverlässigkeit der Prüfdaten sowie die Verbesserung der Durchschaubarkeit von Versuchsabläufen. Dazu enthalten die GLP-Grundsätze detaillierte Richtlinien über Organisation, Personal und Räumlichkeiten einer Prüfeinrichtung, Geräte und Reagenzien, Prüf- und Referenzsubstanzen, Prüfsysteme und Prüfungsablauf, Berichterstattung über die Prüfergebnisse, die Archivierung und Aufbewahrung von Aufzeichnungen und Materialien sowie über eine unabhängige Überwachung (Qualitätssicherungsprogramm).

Lit: OECD: Decision of the Council Concerning the Mutual Acceptance of Data in the Assessment of Chemicals (12.05. 1981) C (81) 30 (Final) – Bekanntmachung der OECD-Grundsätze der Guten Laborpraxis (GLP) vom 04.02. 1983, Bundesanzeiger Nr. 42a vom 02.03. 1983 – Bekanntmachung der Neufassung des Chemikaliengesetzes vom 14.03. 1990, BGBl. I vom 22.03. 1990, S. 521 f.

GeV. >Giga<elektronenvolt; 1 GeV = 1 Mrd. eV; >Elektronenvolt<.

GVO. GVO steht für gentechnisch veränderter Organismus. Gemäß >Gentechnikrecht< ist damit ein Organismus gemeint, dessen genetisches Material in einer Weise verändert worden ist, wie sie unter natürlichen Bedingungen durch Kreuzen oder natürliche Rekombination nicht vorkommt. Verfahren der Veränderung genetischen Materials in diesem Sinne sind insbesondere:

- DNA-Rekombinationstechniken, bei denen Vektorsysteme eingesetzt werden,
- Verfahren, bei denen in einen Organismus direkt Erbgut eingeführt wird, welches außerhalb des Organismus zubereitet wurde, einschließlich Mikroinjektion, Makroinjektion und Mikroverkapselung,
- Zellfusionen oder Hybridisierungsverfahren, bei denen lebende Zellen mit einer neuen Kombination von genetischem Material anhand von Methoden gebildet werden, die unter natürlichen Bedingungen nicht auftreten.

Arbeiten mit GVO müssen einer Sicherheitseinstufung in die Klasse 1–4 unterzogen werden. In die Bewertung gehen die Eigenschaften der Spenderorganismen, der Vektoren und der Empfängerorganismen sowie letztendlich auch die der erzeugten gentechnisch veränderten Organismen ein. >Freisetzung in die Umwelt<.

GW. >Giga<watt, das milliardenfache der Leistungseinheit Watt; 1 GW = 1.000 MW = 1 000 000 kW = 1 000 000 000 W.

GWe. >Giga<watt elektrisch; 1 GWe = 1.000 MWe. >MWe<.

Gy. Einheitenkurzzeichen für die Einheit der Energiedosis >Gray<.

Gymnospermen. (Grch. gymnos = nackt; sperma = Samen). Nacktsamer umfassen die beiden Unterabteilungen *Coniferophytina* (Gabel- und Nadelblättrige Nacktsamer, z. B. Ginkgo und Fichte) und der *Cycadophytina* (Fiederblättrige Nacktsamer, z. B. *Cycas, Ephedra*) mit insgesamt etwa 800 Arten. Die Gymnospermen bilden zus. mit den >Angiospermen< die Abteilung *Spermatophyta* (= Samenpflanzen). Im Gegensatz zu den Angiospermen sind die Samenanlagen der Gymnospermen frei zugänglich. Bei der Kiefer z. B. finden sie sich an den weiblichen Zapfen jeweils zu zweit an der Oberseite einer Samenschuppe. Bei den Angiospermen dagegen sind die Samenanlagen in einem geschlossenen Fruchtknoten verborgen.

Gyrobus. Schwungrad an den Haltestellen durch Elektromotor auf Drehzahl gebracht – ein in der Schweiz erprobtes Nahverkehrssystem, wo in einem Schwungrad bei Bremsen und Bergabfahrt kinetische Energie in Rotationsenergie umgewandelt wird, die für die anschließende Beschleunigung und Bergfahrt dem Bus wieder zur Verfügung steht.

Gyttja. Überwiegend im >See< aus org. Resten von >Plankton< und mineralischen Sinkstoffen entstandenes Sediment. Die Konsistenz des Sediments ist feinkrönig, die Farbe braun bis grau, je nach dem org. Anteil, der mit zunehmender Seetiefe abnimmt. G. ist das typische Sediment großer und tiefer, >oligo-< bis >eutropher< Seen.

Haarfärbemittel. H. werden zur Veränderung oder zur Wiedererlangung der natürlichen Haarfarbe eingesetzt. Temporäre H. sollen nur vorübergehend eine Farbänderung bewirken. Verwendete Direktfarben enthalten höhermolukulare Azo-, Triphenylmethan-, Anthrachinon- sowie Indamin->Farbstoffe<, die in wäßrig-alkoholischen Lotionen mit Zusätzen von Filmbildnern wie Vinylacetat/Crotonsäure-Copolymeren u. a. angewendet werden. Trotz hoher Lichtbeständigkeit und Abriebfestigkeit lassen sich diese Farbstoffe mit herkömmlichen Shampoos auswaschen, da diese nur eine geringe Affinität zum Haar-Keratin zeigen. Bei der Verwendung dieser H. ist eine Schädigung des Haares auszuschließen. Allerdings ist das meist enthaltene >Anilin< gesundheitlich als kritisch zu bewerten. Permanente H. beinhalten Ox.-Farbstoffe, die durch chem. Reaktionen von Vorprodukten erst auf dem Haar gebildet werden. Zu diesen Vorprodukten gehören Ox.-Basen mit >aromatischen< oder >heterocyclischen< Ringsystemen als Entwickler und Modifier mit leicht oxidierbaren Seitenketten als Kuppler. Da das Haar hierzu mit >Alkalien< vorbehandelt werden muß, wird die Haarsubstanz angegriffen. Semipermanente H. nehmen eine Mittelstellung ein. Außerdem können Haarbleichmittel, die >Wasserstoffperoxid< als Ox.-Mittel enthalten, als H. eingesetzt werden.

Haarmücken (Bibionidae). >Diptera<, >Bodenfauna<. Als Larven sehr wichtige Zersetzer toter organischer Substanz in feuchten Böden (s. Abb. S. 218).

Habitat. Ursprünglich Standort bzw. engerer Lebensraum einer >Art<. Heute wird der Begriff meist umfassender gebraucht und synonym zu >Biotop< benutzt.

Hackfrucht. Bezeichnung für landwirtschaftliche Kulturarten, die in Reihen angebaut werden und die vor Erfindung der >Herbizide< zur >Unkrautbekämpfung< zwischen den Reihen mit der Maschine und in der Reihe von Hand gehackt werden mußten, dies sind in Mitteleuropa vor allem Zuckerrüben, Kartoffeln und Mais. Bei den Zuckerrüben mußte früher zudem noch mit der Hacke vereinzelt werden. Der hohe Arbeitsaufwand und der mit dem Hacken verbundene Humusverlust führte zur chemischen Unkrautbekämpfung, heute wird oft die mechanische und chemische Bekämpfung kombiniert.

Häcksler. Im Umweltbereich Bezeichnung für ein Zerkleinerungsgerät von Ästen und Sträuchern, oft in Privathaushalten verwendet zur Erleichterung der Kompostierung. Größere H. werden von Kommunen oder Gartenbaubetrieben eingesetzt.

Hämatit. Eines der häufigsten Eisen(III)-oxide mit der Formel Fe_2O_3, das v. a. in Böden wärmerer Klimazonen vorkommt und für deren rote Färbung verantwortlich ist.

Hämoglobin. Kurzbezeichnung Hb, roter Blutfarbstoff der Wirbeltiere. In den Erythrocyten (roten Blutkörperchen) enthaltenes Chromoprotein mit einer M_r von 64.458. H. ist ein tetrameres Eisenproteid, dessen Monomere aus je einer Globin-Kette mit einem Häm als prosthetische Gruppe bestehen. Die Synthese (sog. Erythro- bzw. Hämatopoese) erfolgt in den Blutbildungszentren des Körpers (beim Erwachsenen im Knochenmark). Die Gesamt-H.-Menge im Organismus des Erwachsenen beträgt ca. 700 bis 900 g, in Abhängigkeit von Körpergröße, Blutmenge, Geschlecht

u. a. Die Funktion des H. besteht 1. in der Aufnahme und Bindung des eingeatmeten Sauerstoffs unter Bildung von Oxi-Hb in der Lunge und dessen Transport zu den Muskeln und dem atmenden Gewebe, die Abgabe erfolgt in den Kapillaren der Gewebe durch Dissoziation. Das in den Geweben freiwerdende CO_2 wird ebenfalls durch H. gebunden und transportiert. 2. H. beteiligt sich an der pH-Regulation des Blutplasmas, wobei Oxi-Hb ein größeres Basenbindungsvermögen besitzt als reduziertes H. Neben Sauerstoff und CO_2 können auch andere Moleküle angelagert werden, z. B. CO, dessen Affinität zum H. 325 mal größer ist als die von O_2. Nitrit bewirkt Oxidation zu >Methämoglobin<.

Hämolyse. (1) Physiologische Hämolyse: Abbau der roten Blutkörperchen (Erythrocyten) nach ca. 120 Tagen beim gesunden Menschen. Die gealterten Erythrocyten werden durch das ständige Zirkulieren in den Blutgefäßen mechanisch stark beansprucht und allmählich zerstört. Das freiwerdende >Hämoglobin< wird zur Leber transportiert und dort abgebaut. (2) gesteigerte Hämolyse: Verkürzung der Lebensdauer der roten Blutkörperchen (u. U. bis auf wenige Tage) durch erhöhte mechanische Belastung (z. B. Herzklappenfehler oder – prothesen) oder aufgrund osmotischer, enzymatischer, >toxischer<, immunologischer Schädigung sowie angeborener Minderwertigkeit der Erythrocyten.

Hämophilie. (Syn. Bluterkrankheit). Geschlechtsspezifische Erbkrankheit, die sich im wesentlichen in der mangelnden Gerinnungsfähigkeit des Blutes, verursacht durch eine Minderaktivität der Gerinnungsfaktoren XIII bzw. IX, äußert. Die H. wird heterosomal (>Heterosomen<), in diesem Fall X-chromosomal gebunden, rezessiv vererbt. Das bedeutet, daß das Merkmal von nicht an H. erkrankenden Frauen vererbt wird, was bei ihren männlichen Nachkommen zur Erkrankung führt. An H. erkrankte Personen werden als „Bluter" bezeichnet. Sie erleiden schon nach leichten Verletzungen, durch Druck oder Stoß verursacht, flächenhafte Blutungen an Haut bzw. Schleimhäuten oder Blutungen in den Gelenken. Es treten mitunter auch Blutharn oder nur schwer stillbare Magen- und Darmblutungen auf. In Einzelfällen manifestiert sich die H. auch ohne erkennbaren erblichen Familienzusammenhang.

Härte des Wassers. Permanent/temporär. Die Bindung von Seife durch Calcium und Magnesium, ferner durch Eisen, Mangan, Kupfer, Barium und Zink wird weltweit in der Praxis durch die Härte beschrieben. Diese schließt die auf Calcium- und Sulfat-Ionen beruhende permanente Härte und die auf Calcium- und Hydrogencarbonat-Ionen beruhende temporäre Härte (Carbonathärte) ein.

Härtegrad. Als Maß für die >Härte< dienen der deutsche Härtegrad ($1 °dH = 10$ mg $CaO/L = meq/L$ $(Ca^{2+} + Mg^{2+})/2,8$, die französische und die englische Härte ($1 °$ franz. Härte $= 10$ mg $CaCO_3/L$; $1 °$ engl. Härte $= 10$ mg $CaCO_3/0,7$ L $= 14,3$ mg $CaCO_3/L$).

Häusliche Abwässer. Sie bestehen aus dem gebrauchten Versorgungswasser der Städte und Gemeinden, vorwiegend aus den Abflüssen der Haushaltungen, öffentlichen Gebäude, Geschäftshäuser und sonstigen Anstalten von Kommunen, aber auch aus Schmutzwasserabflüssen des mit den Wohngebieten verbundenen

Kleingewerbes, wie Handwerksbetriebe, Gaststätten, Waschanstalten u. a. In Deutschland beträgt die Menge an häuslichen Abwässern je nach der Größe der Gemeinde etwa 150 bis 300 L (im Mittel 200 L) je Einwohner und Tag. Der Gehalt der häuslichen Abwässer an Schmutzstoffen hängt von den Lebensgewohnheiten und dem Wohlstand der Bevölkerung ab und ist deshalb in den einzelnen Ländern verschieden.

Lit: Abwassertechnische Vereinigung (Hrsg.) (1982–1986) Lehr- und Handbuch der Abwassertechnik, 3. Aufl., Bd. 1–7, Verlag von Wilhelm Ernst und Sohn, Berlin München.

Hafenschlick. Feinkörniges Sediment (Schlick = niederdeutsch Schlamm) im Gezeitenbereich des Meeres, z. B. in Flußmündungen, den >Aestuaren< und in Häfen. Schlick bildet im Küstenbereich auch fruchtbares Ackerland, die Marsch. Generell werden als Schlick auch die marinen Ablagerungen zwischen 800 und 2.500 m Tiefe bezeichnet: Blauschlick, Rotschlick, Grünschlick, Kalkschlick.

Hafnium (Hf). Chem. Element. Metall; Neutronenabsorber, der vornehmlich im thermischen und epithermischen >Neutronen<-Energiebereich wirksam ist. Hafnium wird bevorzugt als heterogenes Neutronengift zur Vermeidung von Kritikalitäts->Störfällen< eingesetzt; hohe Strahlen- und Korrosionsbeständigkeit.

Haftfestigkeit. Bei Anstrichmitteln nach DIN 55945 ein Maß für den Widerstand, den ein Anstrich einer mechanischen Trennung vom Untergrund entgegensetzt. Im Pflanzenschutz wird als H. eines >Saatgutpuders< (Trockenbeize) die Produktmenge angegeben, die nach Anwendung eines standardisierten Mischverfahrens (>Haftfähigkeit<) und anschließender mechanischer Beanspruchung, z. B. durch Aufprall, auf eine feste Unterlage nach freiem Fall aus definierter Höhe auf 100 g Saatgut haftet. Gute H. ist ein sehr wichtiges Qualitätskriterium, da Wirkstoffverluste bei der Handhabung des Getreides und bei dessen Ausbringung mit pneumatischen Sämaschinen aus Gründen der Wirkungssicherheit, der Arbeitshygiene und des Umweltschutzes so gering wie möglich zu halten sind.

Lit: Biologische Bundesanstalt für Land- und Forstwirtschaft, Merkblatt Nr. 49, Braunschweig.

Haftmittel. >Additiv< zur Verbesserung der >Haftfestigkeit< in verschiedenen Bereichen der Technik, z. B. von Anstrichmitteln, Klebstoffen, in der Bau- und Textilindustrie. Im Pflanzenschutz dienen H. zur Verbesserung der Haftung eines Spritzbelages auf Pflanzenoberflächen, zur Verringerung von Wirkstoffverlusten durch Abregnen oder durch Wind oder zur Verbesserung der >Haftfestigkeit< eines >Saatgutpuders<. Die hier verwendeten Produkte können unterschiedlichen chemischen Stoffklassen angehören. Paraffin-, Silicon- oder fette Öle werden ebenso eingesetzt wie natürliche oder synthetische >Polymere< in Form von Lösungen oder Latices: Cellulosederivate, Casein, Polyvinylalkohol, Polyvinylacetat etc.

Haftung. Ist die Verantwortlichkeit für den Schaden eines Anderen aufzukommen, mit der Folge, daß dem Geschädigten Ersatz zu leisten ist. Eine solche Verantwortlichkeit kann sich ergeben aus einem von der Rechtsordnung mißbilligten, schuldhaften Verhalten. Die Umwelthaftung nimmt die Verursacher von Umweltschäden in die Verantwortung, mit dem Ziel, eine Minderung der Umweltbelastungen zu erreichen – auch über das im Ordnungsrecht Gebotene hinaus.

Die Umwelthaftung beruht mangels festgeschriebenen Umweltrechts auf einer Vielzahl von Rechtsgrundsätzen.

Lit: Meyers Enzyklopädisches Lexikon (1977) Bibliographisches Institut, Lexikonverlag – Bundesministerium für Umwelt, Naturschutz und Reaktorsicherheit, Umweltpolitik Ziele und Lösungen (1990) Umwelt '90, S. 83.

Haftung, kerntechnische Anlagen. Nach dem >Atomgesetz< müssen Inhaber kerntechnischer Anlagen für Personen- und Sachschäden summenmäßig unbegrenzt haften; dabei ist es gleichgültig, ob der Schaden schuldhaft herbeigeführt wurde oder nicht. Die Vorsorge für die Erfüllung seiner gesetzlichen Schadenersatzverpflichtung (>Deckungsvorsorge<) muß der Inhaber der Anlage nachweisen. Bei Kernkraftwerken beträgt die Deckungsvorsorge 500 Mio. DM pro Schadensfall. Sie ist durch Haftpflichtversicherungen nachzuweisen. Für etwaige darüber hinausgehende Schäden bis zu einer Milliarde DM übernehmen der Bund und das Sitzland gemeinsam die Freistellung des Anlageninhabers.

Haftungskonvention. >Atomhaftungs-Übereinkommen<.

Haftungsregelungen. In Umweltgesetzen vorhandene Normen zur Regelung des Schadenausgleichs, z. B. § 22 des >Wasserhaushaltsgesetzes< und im Umwelthaftungsgesetz.

Hagel. Hagelkörner sind mehr oder weniger harte, nicht spröde, rundliche Gebilde. Sie sind entweder ganz durchsichtig oder abwechselnd aus klaren und undurchsichtigen, schneeähnlichen Schichten zusammengesetzt. Ihr Durchmesser schwankt im allgemeinen zwischen 5 und 50 mm; sie können auch wesentlich größere Ausmaße erreichen. H. fällt meist bei Gewittern.

Hahn-Meitner-Institut. Das Hahn-Meitner-Institut (HMI) GmbH in Berlin hat als wissenschaftliche Schwerpunkte die Struktur und Dynamik kondensierter Materie und die Solarenergieforschung. Für die Strukturforschung betreibt das HMI den Forschungsreaktor >BER II< (Berliner Experimentier-Reaktor II). Die Experimentiereinrichtungen werden zu rund zwei Dritteln von Gastgruppen genutzt. Themen sind atomare und magnetische Strukturen fester Körper, innere Dynamik und Phasenumwandlung in kondensierter Materie sowie thermomechanische Beanspruchung von Werkstoffen. Methoden der Neutronenaktivierung, die für Fragen der Spurenelementanalyse eingesetzt werden, ergänzen die Arbeiten am Forschungsreaktor. In der Solarenergieforschung steht die Entwicklung von Mustersolarzellen mit neuen photovoltaischen Materialien im Vordergrund. Zu den Forschungsthemen gehören die grundlegenden atomarstrukturellen und elektronischen Eigenschaften photovoltaischer Materialien, spezielle Dünnschichtsysteme und kleinste Clusterteilchen. Ziel ist die Entwicklung von effizienten, preiswerten, stabilen und ökologisch unbedenklichen Solarzellen. Weitere Arbeiten der Solarenergieforschung gelten der chemischen Energieumwandlung durch Licht.

Halbleiterzähler. Nachweisgerät für >ionisierende Strahlung<. Es wird der Effekt ausgenutzt, daß in Halbleitermaterial (Germanium, Silizium) bei Bestrahlung freie Ladungsträger entstehen. Halbleiterzähler sind wegen ihres hohen Energieauflösungsvermögens besonders zur >Spektroskopie< von >Gammastrahlung< geeignet.

Halbwertsdicke. Schichtdicke eines Materials, die die Intensität einer >Strahlung< durch >Absorption< und >Streuung< um die Hälfte herabsetzt.

Halbwertszeit. 1. physikalische H.: Die Zeit, in der die Hälfte der Kerne in einer Menge von >Radionukliden< zerfällt. Die Halbwertszeiten bei den verschiedenen Radionukliden sind sehr unterschiedlich, z. B. von $7,2 \cdot 10^{24}$ Jahren bei Tellur-128 bis herab zu $2 \cdot 10^{-16}$ Sekunden bei Beryllium-8. Zwischen der Halbwertszeit T, der >Zerfallskonstanten< λ und der mittleren >Lebensdauer< τ bestehen folgende Beziehungen:

$$T = \ln 2/\lambda \simeq 0{,}693/\lambda$$
$$\lambda = \ln 2/T \simeq 0{,}693/T$$
$$\tau = 1/\lambda \simeq 0{,}44 \cdot T.$$

2. biologische H.: Die Zeit, in der ein biol. System, beispielsweise ein Mensch oder Tier, auf natürlichem Wege die Hälfte der aufgenommenen Menge eines best. Stoffes aus dem Körper oder einem speziellen Organ wieder ausscheidet. Für den Erwachsenen gelten folgende biol. Halbwertszeiten:
Tritium (Ganzkörper): 10 Tage
Cäsium (Ganzkörper): 110 Tage
Iod (Schilddrüse): 80 Tage
Plutonium (Leber): 20 Jahre, (Skelett): 50 Jahre.
3. effektive H.: Die Zeit, in der in einem biol. System die Menge eines Radionuklides auf die Hälfte abnimmt, und zwar im Zusammenwirken von >radioaktivem Zerfall< und >Ausscheidung< infolge biol. Prozesse.
Für einige Radionuklide sind in der Tabelle die physikalische, biol. und die daraus ermittelte effektive Halbwertszeit für erwachsene Personen angegeben (s. Tabelle).
T_{phys}: physikalische Halbwertszeit
T_{biol}: biol. Halbwertszeit

$$T_{eff} = \frac{T_{phys} \cdot T_{biol}}{T_{phys} + T_{biol}}$$

Halbwertszeit: Beispiele für physikalische, biologische und effektive Halbwertszeit

Nuklid	physikalische Halbwertszeit	biologische Halbwertszeit	effektive Halbwertszeit
Tritium	12,3 a	10 d	10 d
Iod-131	8 d	80 d	7,2 d
Cäsium-134	2,1 a	110 d	96 d
Cäsium-137	30,2 a	110 d	109 d
Plutonium-239	24.100 a	50 a	49,9 a

Halde. Aufschüttung von nicht verkaufsfähigen Produkten (>Berge<, >Abraum<, Rückstände), die beim >Aufschluß< der Lagerstätte oder bei der Aufbereitung anfallen. Bei Absatzschwankungen oder um gleichbleibende Qualität zu gewährleisten, auch Aufhaldung von Kohle, Koks, Erz und anderen mineralischen Rohstoffen.

Haldenbegrünung. Maßnahme zur >Rekultivierung< von Halden.

Halogenzähler. >Geiger-Müller-Zähler<, dessen Argon- oder Neonzählgas einige Prozent eines Halogens, Chlor oder Brom, zugesetzt sind, um Selbstlöschung der Gasentladung zu erreichen.

Halokinese. Zusammenfassender Begriff für diejenigen geologischen Vorgänge, welche in erster Linie auf die Dichteunterschiede zwischen Evaporiten einerseits sowie dem >Deckgebirge< und Nebengestein andererseits zurückzuführen sind. Bei Vorliegen von Differenzspannungen, wie sie z. B. durch Mächtigkeitsunterschiede in den Deckgebirgsschichten hervorgerufen werden, können dabei Strukturen entstehen, die ganz oder zum überwiegenden Teil von autonomen Salzwanderungsvorgängen in der Tiefe ohne wesentliche Beteiligung gebirgsbildender oder tektonischer Vorgänge verursacht sind (Salzkissen, >Salzstock<, Salzmauer). Die Entwicklung derartiger Salzstrukturen in Norddeutschland begann vor etwa 200 Mio. Jahren und hält bis zur geologischen Gegenwart an.

halophil. Bezeichnung für Lebewesen, die sich bevorzugt in Lebensräumen aufhalten, an denen erhöhte Salzkonzentrationen auftreten, besonders auf bzw. in salzhaltigen Böden.

Halophyten. Pflanzen, die auf salzhaltigen Böden bzw. im Salzwasser wachsen. Sie kommen im Binnenland an Orten vor, an denen Salzwasser austritt, in Wüstengebieten, in denen aufgrund hoher Verdunstung Salz im Boden angereichert wird – ein wesentliches Problem bei künstlicher Bewässerung in den Subtropen – und in Küstenbereichen, hier besonders in Verlandungszonen, in denen die Gezeiten wirksam sind, und in der Mangrove. H. besitzen spezielle Mechanismen, um die Salzaufnahme zu reduzieren, mit höheren Salzkonzentrationen in den Zellen zu leben oder das Salz auszuscheiden, z. B. durch Salzdrüsen.

Haloxyfop. Wirkt als >Herbizid< und zählt zur Substanzklasse der veresterten Pyridyloxyphenoxy-Derivate.
Chemische Bezeichnung: (RS)-2-[4-(3-Chlor-5-trifluormethyl-2-pyridyloxy)-phenoxy]-propionsäure.
Für Haloxyfop-ethoxyethyl: 2-Ethoxyethyl-(RS)-2-[4-(3-chlor-5-trifluormethyl-2-pyridyl-oxy)-phenoxy]-propionat.
CAS-Nummer: 69806–34–4; für Haloxyfopethoxyethyl 87237–48–7
Hersteller: Dow Agrosciences
Wirkungstyp: Haloxyfop-ethoxyethyl ist ein Nachauflaufherbizid zur selektiven Bekämpfung ein- und mehrjähriger Ungräser in breitblättrigen Kulturen. Wirkt über die Blätter bereits aufgelaufener Ungräser. Hauptangriffspunkt ist das meristematische Gewebe. Ebenso Absorption durch die Wurzeln.
Bevorzugte Anwendung: Selektive Kontrolle von ein- und mehrjährigen Ungräsern in Zucker- und Futterrüben, Raps, Kartoffeln, Erdbeeren, Obst, Wein, Blattgemüse und Zwiebeln.

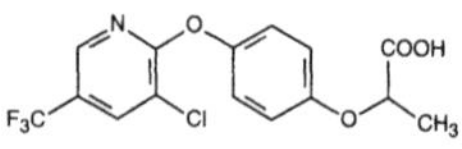

Chemische und physikalische Eigenschaften: Alle Daten beziehen sich auf Haloxyfop-ethoxyethyl.
Physikalische Beschaffenheit: Weißer, wachsartiger bis krist. Feststoff.
Schmelzpunkt: 58 bis 61 °C.
Verteilungskoeffizient (log $P_{o/w}$): 4,47 bei 20 °C.
Dampfdruck: $> \cdot 10^{-8}$ Pa bei 25 °C.
Stabilität: Hydrolysiert unter sauren und basischen Bedingungen zu Haloxyfop. In Wasser Hydrolyse mit ei-

ner Halbwertszeit von 33 Tagen bei pH 5, 5 Tagen bei pH 7 und >0,1 Tag bei pH 9, jeweils bei 25 °C; bei Temp.-Anstieg höhere Abbaurate.

Abbau und Metabolismus: Im Boden wird Haloxyfop-ethoxyethyl zu Haloxyfop-Säure abgebaut. Die Halbwertszeit der Säure liegt im Durchschnitt bei 55 Tagen (27 bis 100, je nach Bodenart). In Ratten erfolgt Metabolisierung des Esters zu Haloxyfop-Säure.

Toxizität: (Alle Toxizitätsangaben beziehen sich auf Haloxyfop-ethoxyethyl.) Akute orale LD_{50} für männliche Ratte 531, weibliche Ratte 518 mg/kg. Akute dermale LD_{50} für Kaninchen >5.000 mg/kg. Bei Kaninchen leicht augen-, nicht hautreizend.

Bienentoxizität: Orale LD_{50} (48 Stunden) und Kontakt-LD_{50} 100 µg/Biene. Nicht toxisch.

Fischtoxizität: LC_{50} (96 Stunden) für Regenbogenforelle 1,18, Elritze 0,54 und Barsch 0,28 mg/L. LC_{50} (48 Stunden) für *Daphnia magna* 4,64 mg/L. Haloxyfop-Säure ist nicht fischtoxisch.

Vogeltoxizität: Akute orale LD_{50} für Stockente >2.150 mg/kg. 8-Tage-Fütterungstest LC_{50} für Stockente und Wachtel >5.620 mg/kg.

Handelsdünger. (Syn. „Kunstdünger"). Sammelbezeichnung für Düngestoffe, die über den landwirtschaftlichen Fachhandel vertrieben werden. *Gegensatz:* Wirtschaftseigene Dünger. Zu den H. gehören fast alle mineralischen Dünger, aber auch synthetische org. Stoffe wie >Harnstoff<.

Handelsname. Bezeichnet den Namen, unter dem ein Pflanzenschutzmittel vom Hersteller gekennzeichnet und zur Zulassung gebracht worden ist und schließlich vertrieben wird.

Handlung. Jedes tätige Verhalten, das auf die Gestaltung der Wirklichkeit gerichtet ist. Die Handlungsmöglichkeiten innerhalb der „reinen" Umweltpolitik sind in manchen Fällen begrenzt. Die Durchsetzung des Umweltschutzes erfordert zunehmend eine ökologische Orientierung anderer umweltrelevanter Handlungs- und Politikbereiche. Es kommt mithin darauf an, die Erfordernisse des Umweltschutzes verstärkt in andere Politikbereiche zu integrieren, so in die Agrar-, Energie-, Verkehrs-, Raumordnungs- und Städtebaupolitik. Mit einer Reihe von Einzelmaßnahmen, wie etwa mit dem Baugesetzbuch, mit dem Gesetz über die Umweltverträglichkeitsprüfung, ist dieser Prozeß bereits eingeleitet. Er ist künftig fortzuführen und zu verstärken.

Lit: Bundesministerium für Umwelt, Naturschutz und Reaktorsicherheit, Umweltpolitik Ziele und Lösungen (1990) Umwelt '90, S. 190–194

Handschuhkasten (glove box). Gasdichter, meist aus durchsichtigem Kunststoff gefertigter Kasten, in dem mit Hilfe in den Kasten hineinreichender Handschuhe bestimmte >radioaktive Stoffe<, z. B. >Plutonium<, bearbeitet werden können (s. Abb.). Solche Handschuhkästen werden auch bei chem. Experimenten in Schutzgasatmosphäre (Argon, Stickstoff) eingesetzt.

Hanf. >*Cannabis sativa*<, Cannabaceae.

Hangklima. Das sich an Hängen lokal ausbildende Klima, maßgeblich bestimmt durch die dem Hang zugeführte >Strahlung< sowie >Exposition< und Neigung des Hanges. >Berg- und Talwindzirkulation<.

Hangmoor. Bezeichnung für moorähnliche Torfbildungen im Bereich vernäßter Hänge bei hohen Niederschlägen und kühlem Klima. H. treten daher oft im Gebirge auf; sie sind meist einige Dezimeter mächtig. Ein Anschnitt solcher H., z. B. durch Gräben oder Wege, kann leicht zu einem Abfließen des gespeicherten Wassers und damit zur Austrocknung und zur Zerstörung dieser Standorte führen.

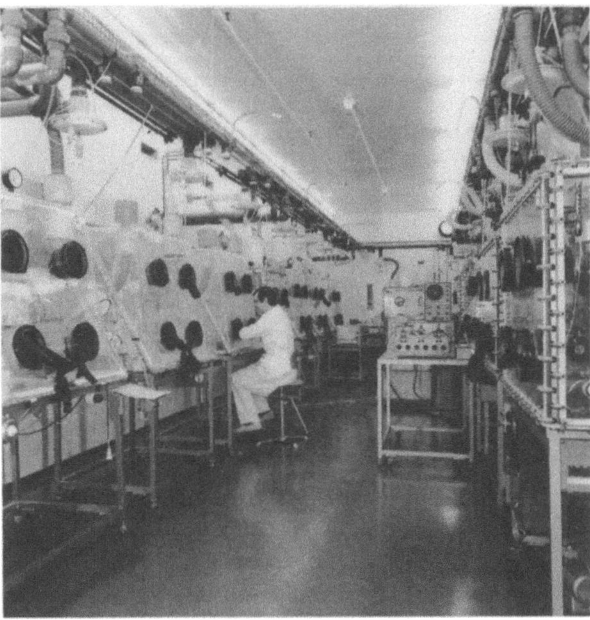

Handschuhkasten:
Plutoniumlabor mit einer Reihe
von Handschuhkästen

Hangnebel. Nebel bzw. Wolken, entstanden durch hangaufwärtigen Transport von feuchter und wärmerer Luft aus dem Tal >Aufwind<. Die dabei transportierten Luftteilchen werden unter Abkühlung entlang einer >Feuchtadiabaten< bewegt, bis nach Erreichen der Sättigung mit Wasserdampf (Kondensationsniveau) Wolkenbildung einsetzt. Für jeden Hang gibt es eine für ihn jeweils typische Höhe der Wolkenuntergrenze, die im wesentlichen von seiner >Exposition< und Neigung bestimmt wird. Da von den hangaufwärtigen Winden zusammen mit der Feuchtigkeit auch Schadstoffe aus dem Tal aufwärts transportiert werden, läßt sich die für den Hang typische Höhe der Wolkenuntergrenze auch an den Schädigungen des Bewuchses des Hanges erkennen.

Hangzone, warme. Warmer Geländebereich an Hängen, gelegen zwischen der kalten Talsole und der ebenfalls kalten Hochfläche. Entstehung: bei Sonnenuntergang fließt die sich durch >Ausstrahlung< bildende Kaltluft talab, sobald sie genügend mächtig ist >Absinken<. Dabei können Geschwindigkeiten von 2 bis 3 m/s erreicht werden. Voraussetzung für den ungehinderten Abfluß ist, daß die Hänge nicht durch Mauern, Dämme, Waldstreifen o. ä. verbaut sind. >Berg- und Talwindzirkulation<. In 100 bis 300 m oberhalb des Talbodens, d. h. an der Obergrenze des sich in den Tälern bildenden Kaltluftsees, bildet sich die w. H. aus, die durch Nebelarmut und geringe Frostgefahr gekennzeichnet ist. Die w. H. ist an Nordhängen genauso vorhanden wie an Südhängen. Oberhalb der w. H. beginnt die normale Temperaturabnahme mit der Höhe.

haploid. (Grch. haploos = einfach, eides = gestaltet, ähnlich). Genetische Einheit (Organismus, Zelle) mit einem einfachen Chromosomensatz. Niedere Eukaryonten, sowie >Gameten< sind haploid. Dagegen sind die normalen Körperzellen von Tieren, Menschen und einigen Pflanzen >diploid<, viele Kulturpflanzen (z. B. Pflaume, Raps, Tabak, Weizen etc.), Zierpflanzen und Unkräuter sind sogar polyploid. >Diploide< bzw. polyploide Organismen sind oft anpassungsfähiger an sich verändernde Umweltbedingungen und haben sich vielfach gegenüber den h. durchgesetzt.

Hapten. Verbindung, die ein so geringes Molekulargewicht besitzt, daß sie nicht als >Antigene< wirken kann, also in Wirbeltieren keine Immunantwort auslöst. Beispiele sind >Herbizide<, Mykotoxine, >Antibiotika<, >Hormone< und Peptide. >Antikörper< werden gegen H. nur gebildet, wenn sie an hochmolekulare Carrier gebunden sind (Immunkonjugate). Geeignete Carrier sind Proteine wie Rinderserumalbumin oder Ovalbumin. Die H. stellen Epitope dieser Immunkonjugate dar, gegen die die immunisierten Tiere Antikörper bilden können. Die gegen das H. gerichteten spezifischen Antikörper müssen häufig aus der Mischung der verschiedenen gegen das Immunkonjugat gebildeten Antikörper (polyklonales Antiserum, enthält auch Antikörper gegen den Carrier oder die Bindungsregion zwischen Carrier und H.) aufgereinigt oder zumindest angereichert werden. Auch die Herstellung >monoklonaler Antikörper< gegen H. ist möglich. Dadurch sind für eine ganze Reihe von H. >ELISA<-Methoden zum sensitiven, spezifischen Nachweis entwickelt worden, die in der Umwelt- und Lebensmittelanalytik v. a. als Screeningmethoden eingesetzt werden.

Harkenrechen. >Greiferrechen<.

Harm. Engl. Ausdruck für Schaden: a) die Beeinträchtigung einer gesamten Spezies oder eines einzelnen Organismus als Folge eines Schadens; b) eine Funktion der Konzentration eines Stoffes, der ein Organismus ausgesetzt ist, sowie der Expositionszeit.
Lit: Richardson ML (1988) Risk assessment of chemicals in the environment, The Royal Society of Chemistry.

Harn. Auch Urin, in der Landwirtschaft nach Sammlung in einem Behälter auch als >Jauche< bezeichnete, bei Mensch und Säugetier von den Nieren abgesonderte Flüssigkeit, über die harnpflichtige Substanzen ausgeschieden werden. Harn spielt bei der Regulation des Flüssigkeits- und Elektrolythaushaltes und des Säure-Basen-Gleichgewichts eine wichtige Rolle. Die Jauche gehört zu den >Wirtschaftsdüngern< und besitzt einen mittleren Nährstoffgehalt in kg/m^3 von N = 2 bis 4, P_2O_5 = 0,1 bis 0,2, K_2O = 6 bis 8 sowie an Spurenelementen in g/m^3 von Mn = 0,8, Cu = 0,4 und B = 2,4. Der Bedarf an Jauchegrubenraum je GV und Jahr liegt bei 2 bis 3 m^3 bei zweimaligem Ausfahren.

Harnstoff. $CO(NH_2)_2$. Diamid der Kohlensäure, deshalb besser Carbamid genannt, international Urea. Natürlicherweise liegt H. als Endprodukt des Eiweißstoffwechsels von Mensch und Wirbeltier vor, großtechnisch wird er in der Industrie aus >Kohlendioxid< und >Ammoniak< hergestellt. Es ist eine weiße, leicht lösliche Verbindung. H. hat einen N-Gehalt von 46 % und wird daher als >Düngemittel< in der Landwirtschaft eingesetzt. Er wird als feinkörniges Granulat oder in Wasser gelöst ausgebracht. Als >Blattdünger< ist H. sofort, im Boden erst nach Umsetzung pflanzenverfügbar. Es gibt versch. N-Lösungen, in denen H. zusammen mit anderen N-Komponenten im Handel angeboten wird, die gebräuchlichste ist die Ammonium-Nitrat-Harnstoff-Lösung, AHL. Neben der Düngung hat H. auch Bedeutung als Proteinersatz in der Fütterung der Wiederkäuer. H. enthält einen geringen Gehalt an >toxisch< wirkendem Biuret, der gesetzlich begrenzt ist.
Lit: Abwassertechnische Vereinigung (Hrsg.) (1982–1986) Lehr- und Handbuch der Abwassertechnik, 3. Aufl., Bd. 1–7, Verlag von Wilhelm Ernst und Sohn, Berlin München.

Harrisburg. Am 28.03. 1979 ereignete sich im Block 2 des Kernkraftwerkes Three-Mile-Island (TMI 2) in der Nähe von Harrisburg (USA) ein Unfall. Infolge eines Druckanstiegs im Reaktorkreislauf öffnete zwar auslegungsgemäß das Abblaseventil und der Reaktor schaltete sich ab, aber das Schließen des Abblaseventils nach der Druckabsenkung versagte. Dies führte zu einem anhaltenden Kühlmittelverlust im Reaktorkreislauf. Durch irreführende Anzeigen der Kraftwerksinstrumentierung und menschliches Fehlverhalten – u. a. Abschalten der Hochdrucknotkühlung – war der Reaktorkern zeitweise ungenügend gekühlt. Die Brennstabhüllrohre erreichten Temperaturen, bei der Metall-Wasser-Reaktionen mit Bildung von Wasserstoff und eine partielle Kernschmelze einsetzen. Rund 11 Stunden nach Unfallbeginn konnte wieder eine ausreichende Kühlung des Reaktorkerns sichergestellt werden. Der größte Teil der >Spaltprodukte< wurde im >Reaktordruckbehälter< und >Sicherheitsbehälter< zurückgehalten. Ein Anteil von rund 400 PBq Xenon-133 und 0,0001 PBq Iod-131 wurden in die Atmosphäre freigesetzt (zum Vergleich: Tschernobyl: 1.700 PBq radioaktive Edelgase, 260 PBq Iod-131).

Die rechnerisch höchste Individualdosis in der Umgebung wurde zu 0,85 mSv ermittelt, das liegt im Bereich der Schwankungsbreite der natürlichen Strahlenexposition. Dies bedeutet keine Gefährdung für Mensch und Umwelt.

Hartigsches Netz. Bezeichnet bei der >Ektomykorrhiza< ein interzelluläres >Hyphengeflecht< in der Cortex von >Wurzeln< der Wirtspflanze. Es wurde Mitte des 19. Jahrhunderts von dem Forstbotaniker T. Hartig entdeckt.

Hartridge. Meßverfahren zur Best. der Abgastrübung bei >Dieselmotoren<. Meßwert in H.-Einheiten, >Schwärzungszahl<.

Harze. Man unterscheidet zwischen Naturharzen, die überwiegend >makromolekulare Sekrete< von Bäumen sind, wie z. B. >Latex<, Baumharze und fossile Harze (Bernstein), und Kunstharzen, wie z. B. >Melaminharz<, >Epoxidharze<. Die festen bis weichen, in der Wärme klebenden H. dienen als >Klebstoffe< und >Lack<-Rohstoffe sowie als Vorpolymerisate zur Herstellung von >Duroplasten< und >Elastomeren<.

Haschisch (Marihuana). Haschisch ist das unter dem Einfluß von Wärme, Licht und Luft verharzte Ausscheidungsprodukt von Drüsenzellen in den Oberflächen der Fruchtstände weiblicher Hanfpflanzen (*Cannabis sativa* L.). Die klebrige Masse wird gesammelt und durch Zusatzmittel, vorzugsweise Sand, in handhabbare, häufig plattenförmige Formate (soles) gebracht (Haschisch), oder die harzhaltigen Pflanzenteile werden getrocknet und zerkleinert (Marihuana). Die Unterscheidung in einen Drogen- und einen Faserhanf läßt sich von den cannabinoiden Inhaltsstoffen der Pflanze her nicht rechtfertigen. Die heilende und physiologische Wirkung der Pflanze ist seit ältesten Zeiten bekannt. Sie wurde in der Medizin u. a. als Sedativum, Neuralgikum und Appetitanreger eingesetzt; am bekanntesten aber ist die psychotomimetische Wirkung. Haschisch wird als „Rauschgift" angesehen, und seit 1961 sind Anbau, Handel und Konsum nahezu weltweit verboten (Single Convention on Narcotic Drugs; UNO). Dennoch ist H. die kulturspezifische Droge der Völker zwischen Hinterindien und der Sahara. H. ist – wenn überhaupt – viel weniger suchtgefährdend als Alkohol und in heißen Klimaten auch weniger kreislaufbelastend als die alkoholischen Getränke. H. wird nicht seiner in niedrigen Dosen nur wenig ausgeprägten narkotischen Wirkung, sondern seiner Fähigkeit wegen gebraucht, ohne nachhaltige Störungen des autonomen Nervensystems Gedanken, Wahrnehmungen und Stimmungen verändern zu können. In diesem Sinne ist die Verwandschaft zum Alkohol also viel näher als zu den Opiaten. Die Inhaltsstoffe des H. sind Phenole, die unter der Bezeichnung „Cannabinoide" zusammengefaßt werden. Sie sind formal durch Terpenreste modifiziertes Olivetol (s. Formel rechts) und, sehr viel seltener, Derivate seines *n*-Propyl-Homologen. Der eigentliche Wirkstoff ist das $(-)\Delta^{9,10}$-Tetrahydrocannabinol (THC) (s. Formel rechts), ein Stoff mit bemerkenswert niedriger Toxizität bei Warmblütern und Menschen. Alle anderen bisher geprüften Inhaltsstoffe sind beim Menschen ohne nennenswerte psychotomimetische Wirkung. Es ist wahrscheinlich, daß die Wirkung des THC durch pflanzliche Begleitstoffe verstärkt oder stabilisiert wird, weil die reine, isolierte Verb. nicht die gleiche Wirkung hatte wie die gleiche Wst.-Menge im Naturprodukt. Für die Wirkung ist die Stellung der Doppelbindung zur freien OH-Gruppe wesentlich, was den Terpenring zwingend erforderlich macht. Diese Konfiguration liefert als einzige sehr leicht haltbare org. Komplexe, z. B. mit Amiden. Von der allg. chem. Struktur ist hervorzuheben, daß Alkohol und THC keinen Stickstoff im Molekül enthalten, wodurch sie grundsätzlich von den Opiaten, Weckaminen u. a. unterschieden sind. $(-)\Delta^{9,10}$-Tetrahydrocannabinol wird in der Chemotherapie von Krebserkr. als Antiemetikum eingesetzt. Der Gehalt an Cannabinoiden im Harz liegt im allg. unter 5 %. Unreife Proben enthalten größere Mengen leicht extrahierbarer Cannabidiolcarbonsäure CBD[3] und ihr Decarboxylierungsprodukt, das Cannabidiol CBD[4]; lange gelagerte kennzeichnet ein hoher Cannabinol-Anteil CBN[5], ebenfalls eine leicht krist. erhältliche Sz. Der Wst. THC ist in reinem Zustand ein klares, zähes Öl, das sich an der Luft und in der Wärme schnell bräunt. Das erste in der Pflanze faßbare Produkt ist die empfindliche CBDS[3]. Sie ist als der eigentliche Inhaltsstoff der Hanf-Pflanze anzusehen. Bei vergleichenden Anbauversuchen findet man keinen Unterschied zwischen den Inhaltsstoffen der Varietäten % >non indica% < (Faserhanf) und % >indica% < (Drogenhanf), deren Phänotypus aber deutlich unterschieden ist. Im reifen Zustand tritt der Inhalt der Drüsenzellen auf die Pflanzenoberfläche aus und unterliegt hier einem vom Klima best. Umwandlungsprozeß, der nur in heißen Klimaten schließlich das bekannte Harz mit einem nennenswerten Gehalt an THC liefert. Die wesentlichen, in ihrer Abfolge unbekannten aber vermutlich simultan verlaufenden Schritte sind: Aus der CBDS entsteht beim Stehen an der Luft Cannabidiol, das sich sehr leicht, z. B. in Gegenwart von Säuren, zum THC cyclisiert. Da auch die THC-Säure im Haschisch gefunden worden ist, scheint auch die Umkehrung der Reihenfolge beider Schritte möglich. Die Doppelbindung im THC ist thermisch und chem. labil und weicht leicht unter Verm. der psychotomimetischen Wirkung in die 8,9-Stellung aus, wobei sich die räumliche Gestalt des Moleküls erheblich ändert. Diese Vielzahl reaktiver Möglichkeiten bewirkt, daß die Cannabinoide je nach Herkunft und Vorgeschichte des H. ein individuelles Sz-Spektrum darstellen. Das Endprodukt der Umwandlung ist das wirkungslose, aber stabile CBN[5]. Beim Schwelbrand des Rauchens wird das THC größtenteils unverändert in das Rauchkondensat überführt, in dem sich dann auch die doppelbindungsisomeren THC nachweisen lassen. Durch synt. Variation des THC-Gerüsts sind Analgetika mit antiemetischer Wirkung entwickelt worden.

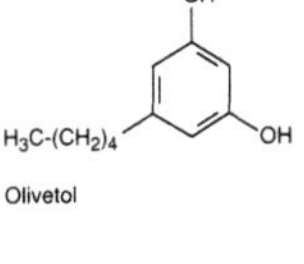

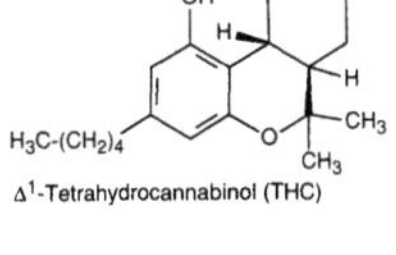

Hauptsammler. Größerer Leitungsstrang (Kanalrohrleitung) eines Entwässerungsnetzes, der die Zuflußmengen aus den kleineren Nebensammlern aufnimmt und zur >Kläranlage< ableitet.

Hausanschlüsse. Im Abwasserleitungsbau sind unter den H. Anschlußkanäle und/oder Grundleitungen zu verstehen. Sie dienen zur Ableitung der Abwässer von Häusern und Grundstücken zum Straßenkanal.

Die Begriffe sind in DIN 4045 bzw. DIN 1986 Teil I definiert.

Anschlußkanal: Kanal zwischen dem öffentlichen Abwasserkanal und der Grundstücksgrenze bzw. der ersten Reinigungsöffnung (z.B. Übergabeschacht) auf dem Grundstück.

Grundleitung: Unzugänglich auf einem Grundstück im Erdreich oder im Baukörper verlegte Leitung, die das Abwasser i.d.R. dem Anschlußkanal zuführt. Für die Herstellung von Grundleitungen bzw. Anschlußkanälen gilt DIN 1986 Teil I. Danach sollen sie möglichst auf direktem Wege zum Straßenkanal geführt werden.
Lit: Abwassertechnische Vereinigung e.V. (Hrsg.) (1985–1997) ATV-Handbuch, 4.Aufl., Band 1–7, Verlag Wilhelm Ernst und Sohn, Berlin München.

Hausbrand. >Haushaltsfeuerungen< zur Gebäudeheizung und Warmwasseraufbereitung, soweit es sich nicht um immissionsschutzrechtlich >genehmigungsbedürftige Anlagen< im Sinne des >Bundes-Immissionsschutzgesetzes< handelt. Im weitesten Sinne ggf. Sammelbegriff für sämtliche nicht genehmigungsbedürftigen Feuerungsanlagen.

Haushaltsabwasser. >Häusliche Abwässer<.

Haushaltschemikalien. H. werden im >Innenraumbereich< zu Reinigungs-, Pflegezwecken u.a. eingesetzt. Von Bedeutung sind neben Allzweckreinigern u.a. >Bohnerwachse<, >Fensterreiniger<, >Fußbodenreinigungsmittel< und >Teppichreinigungsmittel<. Durch die Freisetzung flüchtiger Komponenten tragen diese zur >Innenraumbelastung< bei. Unsachgemäßer Einsatz kann auch zur >akuten< Gesundheitsgefährdung für den Anwender führen. Unter der Vielzahl der jährlich registrierten >Intoxikationen< sind besonders >Verätzungen< und >Lsg.-Mittelvergiftungen< zu berücksichtigen. Bei wachsenden Ansprüchen an >Hygiene< und Sauberkeit nimmt auch der Verbrauch an H.zu. Dabei gibt es für einzelne Einsatzbereiche eine für den Verbraucher unübersehbare Anzahl von unterschiedlich zusammengesetzten Produkten. Für Allzweckreiniger und Fußbodenreiniger sind so beim >Umweltbundesamt< (UBA) über 1.000 Rahmenrezepturen registriert. Enscheidenden Einfluß auf die >Innenraumbelastung< hat die Applikationsform. >Sprays< setzen die enthaltenen Wirkstoffe kurzfristig und in hoher Konz. frei. Als besonders kritisch sind vor allem >Treibgase< auf >Fluorchlorkohlenwasserstoff<basis zu beurteilen. Die Freisetzung von Dämpfen bzw. Stäuben aus Flüssigkeiten und Feststoffen sind als langsamere >Emission<svorgänge einzustufen. Beeinflussende Faktoren für die Schadstoffkonz. in >Innenräumen< sind das >Raumklima< und physikalisch-chem. Substanzeig. Neben der Innenraumbelastung ist auch der Beitrag von >Waschmitteln<, >Weichspülern<, Geschirrspülern und Sanitärreinigern zur >Abwasserbelastung< infolge großer Verbrauchsmengen zu berücsichtigen.

Haushaltsfeuerungen. Nach den Abschätzungen des >UBA< für das Jahr 1994 betrug der Anteil der Haushaltsfeuerungen an den Gesamtemissionen bei >Schwefeldioxid< 6,6 %, >Stickstoffoxiden< 4,7 %, >Kohlenmonoxid< 15,3 %, flüchtigen org. Verb. 2,4 % und >Staub< 7,3 % (alte Bundesländer). In Abhängigkeit von der >Emittentenstruktur< eines best. Gebietes können jedoch gebietsbezogen weitaus höhere >Emission<sbeiträge vorliegen. Aufgrund der niedrigen >Schornsteine< und Konz. der Betriebszeiten auf die Heizperiode kann der >Immission<sbeitrag von Hausfeuerstätten den >Emission<sbeitrag noch deutlich übertreffen. Deren Anteil an der >Immissionsbelastung< z.B. durch Schwefeldioxid oder Staub kann dabei auf über 50 % ansteigen. Während der Einsatz von leichtem >Heizöl< und insbesondere >Erdgas< mit vergleichsweise niedrigen Emissionen verbunden ist, tragen die Festbrennstoffe >Kohle< und vor allem Holz im Vergleich zum Wärmeaufkommen weit überproportional zu den Emissionen an gasförmigen org. Verb., Stäuben und >toxischen< Staubinhaltsstoffen wie >PAK< (Holz und Kohle) und >Schwermetallen< (Kohle) bei. Bei Einsatz von Kohle werden darüber hinaus >Chlorwasserstoff< und >Fluorwasserstoff< freigesetzt. Die Emissionen bei Einsatz von Holz sind insbesondere auf einen unvollständigen Ausbrand zurückzuführen. Holz ist ein komplex aufgebautes Material, das sich im wesentlichen aus unterschiedlichen polymeren chem. Verb. zusammensetzt. Der Verbrennungsablauf ist dabei äußerst komplex und verläuft über eine Vielzahl org. Zwischenprodukte in mehreren Stufen ab. Nach der Trocknungsphase bis ca. 105 °C erfolgt ab ca. 150 °C unter Freisetzung flüchtiger Holzbestandteile die pyrolytische Zers., die ab ca. 220 °C in eine stürmische Verbrennung übergeht. Ab ca. 300 bis ca. 800 °C brennt die verbleibende Holzkohle unter Glutbildung aus (die angegebenen Temp. beziehen sich auf die Holztemp., in den Flammen selbst werden wesentlich höhere Temp. erreicht). Eine gut funktionierende Holzverbrennungsanlage muß daher sowohl für die Gasverbrennung während der Entgasungsphase als auch für die Festbrennstoffverbrennung während des Ausbrandes der Holzkohle geeignet sein. Die während der Entgasungsphase auftretenden >exothermen< Zersetzungsreaktionen bei stark wechselnden Bedingungen erschweren zusätzlich den Verbrennungsblauf. Im >Abgas< einer Holzfeuerstätte sind daher die unterschiedlichsten org. Verb. anzutreffen, von denen etliche, wie best. polykondensierte aromatische Kohlenwasserstoffe (>PAK<) oder >Benzol<, krebserregende Eig. aufweisen. Besonders emissionsträchtig sind Anlagen, die mit einem Rost ausgerüstet sind, da über diesen zuviel Luft zur Anfachung des Verbrennungsprozesses herangeführt wird, der Entgasungsvorgang aber zu schnell abläuft, ohne daß ausreichend Frischluft zur Nachverbrennung der Gase zur Verfügung steht. Extrem ungünstig sind umgebaute Kohleöfen mit wassergekühlten Rosten und Brennkammern, da sich hierbei die ausgetriebenen Gase zu rasch abkühlen, um ausbrennen zu können. Weiterhin sind der Einsatz nicht ausreichend getrockneten Holzes (Trocknungsdauer bei Fichte ca. 2 Jahre) und die Drosselung der Luftzufuhr zur Verlängerung des Verbrennungsvorganges nachteilig. Eine einzelne Holzfeuerstätte kann dabei durchaus mehr PAK freisetzen als ein >Müllheizkraftwerk<, das mit dem >Stand der Technik< entspr. >Abgasreinigungseinrichtungen< ausgerüstet ist. Ein günstigeres Emissionsverhalten weisen rostlose >Kleinfeuerungsanlagen< mit ausreichend bemessenen heißen Brennkammern und ggf. Zufuhr von vorgewärmter >Sekundärluft< zum Gasausbrand auf. Der seit Jahrhunderten gebaute rostlose Grundofen verwirklicht das Ziel einer vergleichsweise emissionsarmen und damit ökonomischen Verbrennung in weitaus höherem Maße als die bis ca. Mitte der 80er Jahre verkauften Holzkleinfeuerungsanlgen. Mit der Wiederentdeckung des Brennstoffes Holz im Zuge der Ölkrisen und als eine der Auswirkungen der Nostalgiewelle zeigten sich die verbrennungstechnischen Nachteile des überwiegenden Anteils der Holzfeuerstätten überdeutlich an den im Hinblick auf ein geschärftes Umweltbewußtsein drastisch angestiegenen Beschwerden. Die am 01.10.1988 in Kraft getretene >Kleinfeuerungsanlagen-Verordnung< verschäfte daher insbesondere die Anforderungen an Kleinfeuerungsanlagen für feste Brennstoffe mit dem Erfolg, daß eine nahezu stürmische Entwicklung emissionsoptimierter Kleinfeuerungsanlagen entfacht wurde.

Hausmüll. Abfall, der in Privathaushalten anfällt und über die aufgestellten Abfallbehälter (>Mülltonnen<, >Müllgroßbehälter< oder >Container<) entsorgt werden kann. Im Gegensatz hierzu der >Sperrmüll<, der auch in Privathaushalten anfallen kann, wegen seiner Größe jedoch gesondert erfaßt werden muß. Zusammensetzung des Hausmülls: >Hausmüllzusammensetzung<.

Hausmüllähnlicher Gewerbeabfall. Bezeichnung für Gewerbeabfälle, die mit der regulären Müllabfuhr oder über die getrennte Abfuhr von Containern erfaßt werden. Teilweise werden sie von den Abfallerzeugern selbst oder privaten Entsorgungsfirmen direkt an Entsorgungsanlagen angeliefert. Die Zusammensetzung ist ähnlich wie die >Hausmüllzusammensetzung<, es sind jedoch mehr Kunststoffe sowie zusätzliche Abfallarten (z.B. Werkstattabfälle, Renovierungsabfälle) enthalten.
Lit: Umweltbundesamt (1997) Daten zur Umwelt, Ausgabe 1997. E. Schmidt, Berlin.

Hausmüllanalyse. >Hausmüllzusammensetzung<.

Hausmüllzusammensetzung. Die Bestandteile des Hausmülls wurden bundesweit zuletzt 1985 untersucht. Auf regionaler Ebene erfolgte wiederholt eine Analyse der H., v.a. im Rahmen der Einführung der >Getrenntsammlung von Abfällen<. Die H. beschreibt die Zusammensetzung der Abfälle in den >Mülltonnen< usw., sie stellt jedoch nicht das gesamte Abfallaufkommen in den Haushalten dar. Nach der H. sind wichtige Bestandteile des Hausmülls im Bundesdurchschnitt Papier und Pappe mit zusammen 16 Gew.-% und Glas mit 9,2 Gew.-%, von denen große Anteile bereits wiederverwertet werden können. Größte Einzelanteile sind die Vegetabilien mit 29,9 Gew.%, die einer >Kompostierung< zugeführt werden können und der sog. *Mittelmüll* (8 bis 40 mm Korngröße) mit 16,0 Gew.-%. Der Mittelmüll enthält auch noch erhebliche org. Anteile, so daß etwa 1/3 der Gesamtmasse kompostierbare Abfälle sind. Der *Feinmüll* (<8 mm Korngröße, 10,1 Gew.-%) enthält vorwiegend Sande, Stäube und Aschen, die z.T. schwermetallbelastet sind, v.a. wenn sie aus Kehricht stammen. Bei den bundesweiten und regionalen Hausmüllanalysen wird ein ständig steigender Anteil an >Verbundmaterialien< (Materialverbund 1,1 Gew.-%, Verpackungsverbund 1,9 Gew.-%, Wegwerfwindeln 2,8 Gew.-%) festgestellt, die bei der >Entsorgung< problematisch sind. Bei Wegwerfwindeln ist zu beachten, daß vielfach zusätzlich eine Belastung mit >Zink< aus zinkhaltigen Salben hinzukommt. >Kunststoffe< (5,4 Gew.%), vorwiegend Plastiktüten, Joghurtbecher usw., sind infolge der Vielzahl der verwendeten Kunststoffe in der Verwertung eingeschränkt. Die Gruppe der Eisenmetalle (2,8 Gew.%) wird v.a. durch Konservendosen gebildet, die insbesondere durch Verunreinigung und Kunststoffbeschichtung eine Wiederverwertung erschweren.

Nichteisenmetalle (0,4 Gew.%) sind v.a. Aluminiumverpackungen. Problemabfälle (0,4 Gew.%) sind v.a. Batterien, Medikamente, die eigentlich getrennt erfaßt werden müßten (>Schadstoffmobil<). Textilien (2 Gew.%) bestehen hauptsächlich aus Kleidung, die jedoch verstärkt getrennt erfaßt werden. Bei den Mineralien (2 Gew.%) handelt es sich um Keramikreste und Steine. Die H. schwankt je nach Siedlungs- und Sozialstruktur, d.h. in Gebieten mit Gärten werden höhere Anteile an org. Abfällen gefunden, während z.B. in Gebieten mit hoher Einwohnerdichte und geringem Familieneinkommen der Anteil an Einwegflaschen und Konservendosen höher ist. Auf der Basis von regionalen Hausmüllanalysen ist erkennbar, daß sich die Zusammensetzung des >Restabfalls< nach einer >getrennten Sammlung der Abfälle< nicht wesentlich verändert, da fast alle >Abfallfraktionen< gleichmäßig reduziert werden (s. Abb. S. 554). Die scheinbar deutliche Zunahme bei z.B. Wegwerfwindeln ist nicht auf eine mengenmäßige Zunahme zurückzuführen, sondern es wurde nur der Gewichtsanteil durch die verringerte Resthausmüllmenge gesteigert.
Lit: Umweltbundesamt (Hrsg.) (1989, 1990, 1993, 1997) Daten zur Umwelt, Ausgabe 1986/87, 1988/89, 1992/93 und 1997. E. Schmidt, Berlin – Heerenklage J, Heyer K-U, Leikam K, Stegmann R (1994) Restmüllbehandlung. Mechanisch-biologische Vorbehandlung. Hamburger Berichte Bd. 8, Economica Verlag.

Hausstaub. In der Luft befindliche schwebfähige, feste Partikel werden als Staub bezeichnet und nach Korngröße in Grobstaub (0,5 mm), Feinstaub (0,0005 mm) und >Aerosole< (<0,0005 mm) differenziert. Durch Wechselwirkungen mit der Außenluft wird Staub über trockene >Deposition< in >Innenräume< eingetragen, aber auch unmittelbar als H. in Innenräumen durch Abrieb von >Baumaterialien< und >Bodenbelägen< sowie durch menschliche Aktivitäten freigesetzt. Insbesondere Feinstäube und Aerosole gelten nach >Inhalation< als gesundheitsgefährdend, da diese feinsten Partikel (>Asbest<) in die Lungenbläschen eindringen und dort zu Schädigungen (>Inhalationstoxikologie<) führen. Darüber hinaus werden insbesondere org. >Innenraumchemikalien< >adsorptiv< an die Oberfläche der Staubmatrix gebunden. So sind im H. nach Verwendung von >Pentachlorphenol< als >Holzschutzmittel< durchschnittlich 20 µg >PCP</g H. nachweisbar. Für exponierte Personen stellt die Belastung des H. damit neben kontaminierten Körpertextilien (>Ganzkörperexposition<) und kontaminierter Raumluft einen wichtigen Kontaminationspfad dar.
Lit: Berger-Preiß E, Preiß A, Levsen K (1994) VDI Berichte 1122, 371–385 – Butte W, Walker G (1994) VDI Berichte 1122, 535–546.

Haustiere. Allgemein werden Tiere, die unter den besonderen ökologischen Bedingungen des menschlichen Hausstands leben und die der Mensch primär zur Befriedigung seiner Bedürfnisse in seine Obhut genommen hat, als Haustiere bezeichnet. Sie haben eine mehr oder weniger lange Zeit der Domestizierung (Haustierwerdung) hinter sich. Als klassische Haustiere gelten z.B. Hausschaf, Hausziege, Haushund, Hausschwein und Hausrind. Hausente und Hausgans wurden erst relativ spät domestiziert. Im Sinne des Tierseuchengesetzes sind Haustiere vom Menschen gehaltene Tiere einschließlich der Bienen, jedoch ausschließlich der Fische. Die Haustierhaltung kann abhängig von der Art und Menge der gehaltenen Tiere

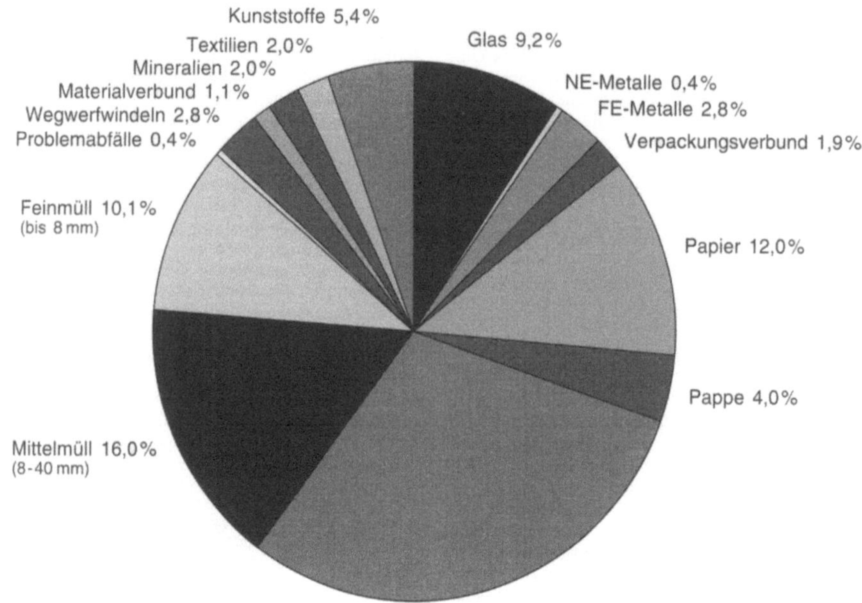

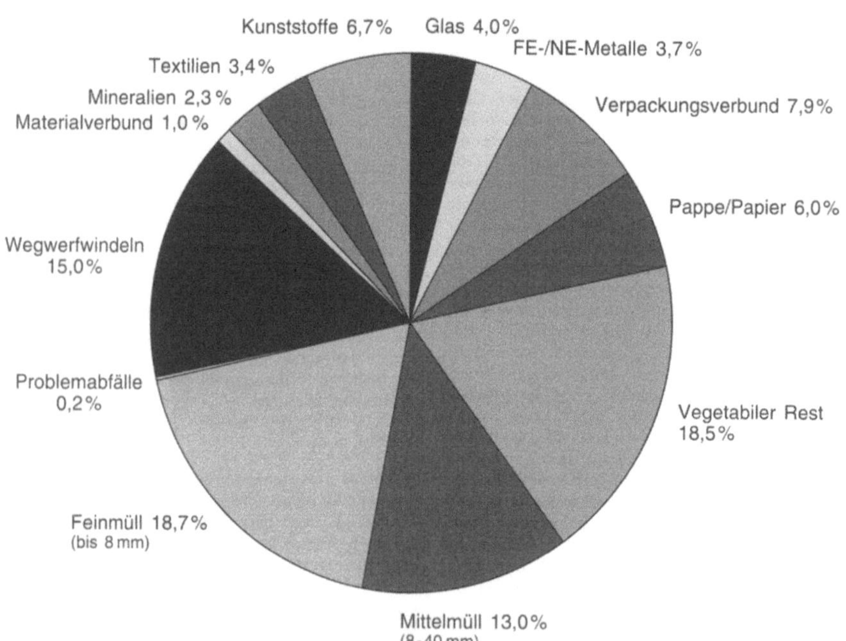

Hausmüllzusammensetzung: Hausmüllzusammensetzung in Deutschland im Jahr 1985 und im Landkreis Rendsburg-Eckernförde im Jahre 1993 nach Einführung der Getrenntsammlung von Abfällen zu Belastungen der Umwelt durch >Exkremente<, >Staub<, >Gerüche<, >Geräusche<, >Schadgase< und >Mikroorganismen< führen.

Hautcarcinom. >Hautkrebs<.

Hautflügler. >Hymenoptera<.

Hautkrebs. (Syn. Hautcarcinom). Im Bereich der Haut lokalisiertes >Carcinom<. Histologisch (geweblich) werden zwei Hauptformen – Basaliome und Spinaliome – unterschieden. H. kann u. a. auch durch chronische Einwirkung oder Reizung von >Arsen<, >Teer< oder >Röntgenstrahlung< sowie durch kurzwellige UV-Strahlung (UV-B und UV-C) verursacht werden.

Hautreizung. Auslösung reversibler Entzündungserscheinungen nach Verabreichung einer Prüfsubstanz.
Lit: Richtlinie der Kommission vom 25. April 1984 zur sechsten Anpassung der Richtlinie 67/548/EWG des Rates zur Angleichung der Rechts- und Verwaltungsvorschriften für die Einstufung, Verpackung und Kennzeichnung gefährlicher Stoffe an den technischen Fortschritt (84/449/EWG). In: Rippen G (Hrsg.) Handbuch Umweltchemikalien, ecomed Verlagsgesellschaft, Landsberg/Lech.

Hautsensibilisierung. (Syn. allergische Kontaktdermatitis). Hautreaktion, die durch eine Prüfsubstanz bedingt wird.
Lit: Richtlinie der Kommission vom 25. April 1984 zur sechsten Anpassung der Richtlinie 67/548/EWG des Rates zur Angleichung der Rechts- und Verwaltungsvorschriften für die Einstufung, Verpackung und Kennzeichnung gefährlicher Stoffe an den technischen Fortschritt (84/449/EWG). In: Rippen G (Hrsg.) Handbuch Umweltchemikalien, ecomed Verlagsgesellschaft, Landsberg/Lech.

Hazard. Engl. Ausdruck für Gefahrenpotential. Es handelt sich um einen qualitativen Begriff, der die Möglichkeit beinhaltet, daß eine Chemikalie unter Expositionsbedingungen die Gesundheit schädigen kann. Der Begriff „hazard" beinhaltet neben der >Expositionsanalyse< auch die Gefahrenerkennung >hazard identification<, die der Gefahrenabschätzung >hazard assessment< dienen (s. Abb.).
1. Hazard identification: hat in der ersten Phase die Identifizierung einer Substanz als Schadstoff zum Ziel. Bei der Gefahrenerkennung werden die gefährlichen Eigenschaften einer Verbindung mit berücksichtigt.
2. Hazard assessment: bedeutet die Beurteilung des Potentials einer Substanz, Nebenwirkungen auf die Umwelt, d. h. Pflanzen, Tiere und/oder Menschen, zu verursachen. Daher sind zur Gefahrenbeurteilung Informationen über die Exposition der Umwelt (betroffene Umweltkompartimente, Expositionsmengen) und Wirkungsdaten (in bezug auf das betroffene Umweltkompartiment) erforderlich. Die Gefahr wird normalerweise durch einen Vergleich der (vorausgesagten)

Umweltkonzentration mit der (laut Voraussage) für die betroffenen Spezies oder Ökosysteme unschädlichen Konzentration angegeben.
Lit: Richardson ML (1988) Risk assessment of chemicals in the environment, The Royal Society of Chemistry.

Hazard assessment. >Hazard<.

Hazard identification. >Hazard<.

HC. >Kohlenwasserstoffemissionen<.

HCB. >Hexachlorbenzol<.

HC-Messung. >Abgasanalyse<.

HDC. Highway Driving Cycle. >Fahrzyklus<.

HDPE (Niederdruckpolyethylen). >Polyethylen<.

HDR. Heißdampfreaktor Großwelzheim/Main, >Siedewasserreaktor< mit integrierter nuklearer Überhitzung mit einer elektrischen Bruttoleistung von 25 MW, nukleare Inbetriebnahme am 14. 10. 1969. Seit April 1971 abgeschaltet. Die Anlage wurde nach der Abschaltung über viele Jahre im Rahmen von Forschungsvorhaben zur Reaktorsicherheit genutzt. Die im Jahr 1995 begonnenen Demontagearbeiten für die Beseitigung der Anlage wurden Mitte 1998 mit dem Zustand „grüne Wiese" abgeschlossen.

Head-End. Begriff aus der Wiederaufarbeitungstechnik; erster Verfahrensschritt der >Wiederaufarbeitung<. Das H.-E. umfaßt alle Verfahrensschritte von der mechanischen Zerlegung der >Brennelemente< bis zur chem. Auflösung des abgebrannten >Brennstoffes< zur Vorbereitung der >Extraktion<. Es sind dies im einzelnen folgende Verfahrensschritte: Die Brennelemente werden einer Zerlegemaschine zugeführt, die die Brennstabbündel oder nach einer Vereinzelung die einzelnen >Brennstäbe< in ca. 5 cm lange Stücke zerschneidet. Zur Auflösung des bestrahlten Brennstoffes fallen die Brennstabstücke in einen >Auflöser<, wo >Uran<, >Plutonium< und >Spaltprodukte< durch konz. Salpetersäure gelöst werden. Nach Beendigung des Lösevorganges wird die Brennstofflsg. durch Filtration oder Zentrifugation von Feststoffpartikeln gereinigt und zur Bilanzierung des Gehaltes an Uran und Plutonium in einen Pufferbehälter übergeführt. Übrig bleibt im Auflöser das gegenüber Salpetersäure beständige Hüllmaterial der Brennstäbe aus Zirkaloy. >Tail-End<.

Heckenökologie. >Ökologie der Hecke<.

Hedonischer Preisansatz. (Syn. Immobilienwertmethode). Methode der ökonomischen Bewertung von Umweltressourcen, bei der aus Preisunterschieden (insbesondere von Immobilien) auf den impliziten Preis von

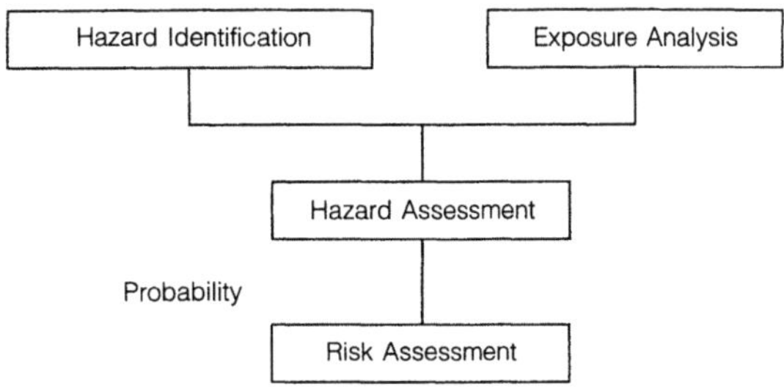

Hazard: OECD/EG-Schema zum Risk Assessment

Umweltqualitätsunterschieden geschlossen wird (>Bewertungsverfahren<). Dabei werden beobachtete Marktpreise von Immobilien mit statistischen Methoden in separate, einzelnen Preisdeterminanten zugeordnete Bestandteile zerlegt. Insbesondere in den USA wurden eine Vielzahl von empirischen Studien mit dem hedonischen Bewertungsansatz durchgeführt, bei denen die ökonomische Bedeutung lokaler Umweltverschmutzungen untersucht wurde. Wegen des geringeren Ausmaßes staatlicher Regulierungen auf dem Immobilienmarkt bieten die Verhältnisse in den USA bessere Anwendungsbedingungen für diesen Ansatz als die in Deutschland. Zugänglich für die Bewertung sind allerdings nur lokale Umweltbelastungen wie Straßen- und Fluglärm, Luftverschmutzung durch nahegelegene Industrieansiedlungen und Verunreinigungen örtlicher Gewässer, denen die Haushalte durch Wohnungswechsel ausweichen können. Globale Umweltveränderungen können mit dem h.P. nicht erfaßt werden.

Lit: Cansier D (1996) Umweltökonomie. 2.Aufl., Lucius & Lucius, Stuttgart.

Hefe. (Syn. Hefepilze). Sehr heterogene Gruppe von Pilzen, für die eine Definition aufgrund vieler Ausnahmen recht schwierig und nicht ganz eindeutig abzufassen ist. I.d.R. sind H. einzellige Pilze, die sich meistens durch Sprossung vermehren und unter anaeroben Bedingungen aus >Kohlenhydraten< durch alkoholische >Gärung< Ethanol und Kohlendioxid bilden können. Ausnahmen zu dieser Definition sind z.B. H. der Gattung Schizosaccharomyces (Spalthefen), die sich nicht durch Sprossung, sondern durch Teilung (Spaltung) vermehren. Andere Gattungen bilden Sproßverbände mit langen Zellen (Pseudohyphen); wieder andere zeigen Hyphenwachstum mit septierten oder unseptierten Hyphen. Das charakteristische Merkmal der alkoholischen Gärung fehlt bei manchen Arten. H. sind in der Natur sehr weit verbreitet und kommen v.a. auf zukkerhaltigen Substraten, darunter sehr oft auf Lebensmitteln, vor. Von den wilden H. sind die Kulturhefen mit definierten, z.T. genetisch variierten physiol. Eigenschaften zu unterscheiden. Beispiele für Kulturhefen sind Wein-, Brot- und Backhefen (Stämme der Art >*Saccharomyces cerevisiae*<) sowie Bierhefen (*S. cerevisiae* und *S. carlsbergensis*). Unter den H. gibt es auch pathogene Arten wie *Candida albicans*. Diese kann insbesondere bei Menschen mit geschwächter Immunabwehr Haut- und Schleimhauterkrankungen, z.B. Infektionen der Vaginalschleimhaut, hervorrufen.

Heilpflanzen. (Syn. Arzneipflanzen, Drogenpflanzen). Sie werden wegen ihrer pharmakologisch wirksamen Inhaltsstoffe in der Medizin zur Phytotherapie verwendet. Sie dienen darüber hinaus als Ausgangsstoffe zur Herstellung von ca. 55% aller >Arzneimittel<. Z.Zt. gelten etwa 50 Arten als offizielle Heilpflanzen, darunter eine Reihe gefährlicher >Giftpflanzen<, wie z.B. Fingerhut, Tollkirsche, Stechapfel (dosis facit venenum; frei übersetzt: die Dosis entscheidet über die Giftwirkung). Zu den Heilpflanzen zählen aber auch viele in der >Naturheilkunde< verwendeten Pflanzen wie z.B. die Ringelblume *Calendula officinalis*, deren Blüten u.a. bei Entzündungen als Wundheilmittel eingesetzt werden.

Heilquellenschutzgebiete. Heilquellen sind räumlich und quantitativ begrenzte Wasservorkommen mit spezifischer chem. Zusammensetzung, die je nach den geologischen und tektonischen Verhältnissen eigene Bildungsherde, eigene Quellwege und Bewegungsursachen (Quellmechanismus) besitzen. Heilquellen müssen demnach nicht nur qualitativ, sondern auch quantitativ geschützt werden. Gegen qualitative Veränderungen dienen die vier Schutzzonen I bis IV, die den >Wasserschutzzonen< I bis III B entsprechen. Quantitative Gefahren gehen von allen Maßnahmen aus, die die hydraulischen Verhältnisse verändern oder verändern können, z.B. Grundwasserentnahme, Bergbau oder Gasentnahme. Gegen diese Gefahren sollen die Schutzzonen A bis D schützen. In Zone A der unmittelbaren Umgebung der Fassungsanlage kann jeder Eingriff in den Untergrund über 30 cm Tiefe oder in den Wasserhaushalt und jede Änderung der Bodennutzung unmittelbar oder mittelbar die Heilquellen beeinträchtigen (Änderung der hydraulischen Verhältnisse oder der Druckverhältnisse). In Zone B sind 3 bis 5 m tiefe Eingriffe, in Zone C 10 bis 20 m tiefe und in Zone D 100 m tiefe Eingriffe unbedenklich.

Lit: Richtlinien für Heilquellenschutzgebiete der Länderarbeitsgemeinschaft Wasser (LAWA), 2. überarbeitete Ausgabe vom Februar 1978.

Heimtiere. Allgemein werden Tiere, die unter den besonderen ökologischen Bedingungen des menschlichen Hausstands leben und die der Mensch hauptsächlich zur Befriedigung seiner ideellen und ästhetischen Bedürfnisse in seine Obhut genommen hat, als Heimtiere bezeichnet. Sie haben teilweise keine Zeit der Domestizierung hinter sich. In der Regel handelt es sich um kleine Säugetiere, wie Hamster, Meerschweinchen, Kaninchen, Chinchilla usw., ferner um Vögel, Amphibien, Reptilien, Fische oder Insekten. In diesem Zusammenhang müssen das Washingtoner Artenschutzabkommen sowie die tierschutzrechtlichen Bestimmungen (Tierschutzgesetz, BGBl 1986 I S.1309) beachtet werden. Durch die Heimtierhaltung kann sich der Mensch der Gefahr einer Infektion mit Zoonoseerregern aussetzen, wie z.B. der Psittakose oder Salmonellose. (Unter Umständen kann durch entlaufene bzw. freigesetzte, gefährliche oder schädliche Tiere eine Gefährdung des Menschen und der Umwelt erfolgen.)

heiß. Ein Ausdruck, der in der >Kerntechnik< im Sinne von „hochaktiv" verwendet wird.

Heiße Zelle. Stark abgeschirmtes, dichtes Gehäuse, in dem >radioaktive Stoffe< hoher >Aktivität< mit Hilfe von >Manipulatoren< fernbedient gehandhabt und dabei die Arbeitsvorgänge durch Bleiglasfenster beobachtet werden können, so daß für das Personal keine Gefahr besteht (s. Abb. S.557).

Heißes Laboratorium. Für den sicheren Umgang mit >radioaktiven Stoffen< hoher >Aktivität< ausgelegtes Laboratorium. Enthält im allg. mehrere >Heiße Zellen<. >Isotopenlaboratorium<.

heißwasserlöslich. Bezeichnung für Kohlenstoff- oder Stickstofffraktionen (auch Fraktionen anderer Elemente), die sich durch z.T. mehrstündiges Kochen in Wasser lösen. Diese Anteile werden meist mit besonders leicht mineralisierbaren bzw. verfügbaren organischen Stoffen gleichgesetzt und daher zur ökologischen Bewertung von Böden als Pflanzenstandorte herangezogen.

Heizkraftwerk. Mit >fossil<en Brennstoffen betriebenes >Kraftwerk< mit >Kraft-Wärme-Kopplung< zur

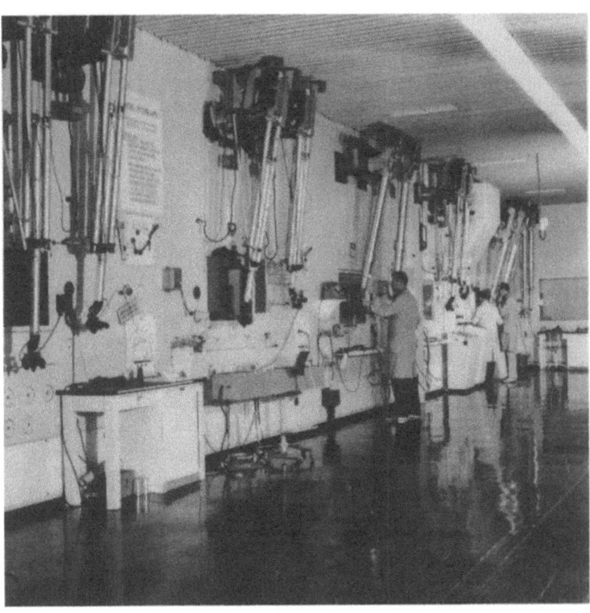

Heiße Zelle: Bedienungsseite mit
Manipulatoren für fernbedientes
Arbeiten

Nutzung der >Abwärme<. Im Gegensatz zum >Blockheizkraftwerk< ist die Auskopplung von Nutzwärme mit einem erhöhten Brennstoffaufwand gegenüber der reinen Stromerzeugung verbunden, da der Dampfkraftprozeß auf einem gegenüber der reinen Stromerzeugung erhöhten Temperaturniveau abzubrechen ist. Die Gesamtausnutzung des Brennstoffes erhöht sich jedoch je nach Anlage auf über 80 %. Im Vergleich zur reinen Stromerzeugung und dezentraler Wärmeerzeugung ist bei Kraft-Wärme-Kopplung der Energieaufwand um so geringer, je größer das Heizkraftwerk ist. Bei großen Heizkraftwerken ist die >Emissionsbilanz< insgesamt positiv. Bei kleineren kann in Abhängigkeit der Anforderungen an die >Abgasreinigung< eine negative Emissionsbilanz auftreten.

Heizöl. >Verordnungen zur Durchführung des Bundes-Immissionsschutzgesetzes<.

Helenien. Luteindipalmitat. Eine in gelben und roten Blättern von *Tagetes erecta* und in Orangenschalen vorkommende Komponente des >Luteins<.

Heliostaten. Bewegliche Flachspiegel, die die einfallende >Sonnenstrahlung< auf eine andere Fläche reflektieren können. H. werden hauptsächlich für >Solarturmanlagen< verwendet, die thermische Leistungen bis zu 100 000 kW erbringen sollen. Die H. sind auf einem relativ großen Areal um den Solarturm angeordnet und werden dem Lauf der Sonne automatisch nachgeführt. Sie reflektieren die Sonnenstrahlung auf die Spitze des Solarturms. Dort ist ein Empfänger (>Absorber<) angebracht, in dem aus Wasser Dampf mit entsprechend hoher Temperatur und großem Druck erzeugt wird; am Fußende des Solarturms befindet sich eine Turbine, die mit dem erzeugten Dampf gespeist wird. Die H. müssen dreidimensional verstellbar sein. Dies kann in der Praxis durch Drehachsen bewerkstelligt werden. Die Konstruktion kann so erfolgen, daß im Falle eines schweren Unwetters (z.B. Hagel oder Sturm) die Spiegelseite entweder senkrecht gestellt oder nach unten gedreht wird. Die Bodenfläche kann nicht zur Gänze mit H. bestückt werden. Je weiter vom Solarturm entfernt, desto weiter voneinander entfernt müssen die einzelnen H. stehen, damit sie sich nicht gegenseitig abschatten. Berechnungen haben ergeben, daß sich die optimale Ausnützung dann ergibt, wenn die Spiegel 38 % der Bodenfläche bedecken.

Lit: Khartchenko N (1995) Thermische Solaranlagen. Springer Verlag, Berlin Heidelberg.

***Helix pomatia* (Weinbergschnecke).** >Gastropoda<, >Mollusca<.

Helmholtz-Zentren. >Hermann von Helmholtz-Gemeinschaft Deutscher Forschungszentren<.

Helminthosporium. >Fungi< (s. Abb. S.469).

Helokrene. Grundwasseraustritt auf fast ebenem Gelände. Das Wasser breitet sich in mehr oder weniger

Helenien

dünner Schicht flächig auf dem durchfeuchteten Untergrund aus, ehe es abfließt. Dementspr. können in H. für Quellen ungewöhnlich hohe Sommertemp. auftreten. In der Vegetation sind Quellfluren des *Montion rivulare* typisch. Die Tierwelt setzt sich überwiegend aus temperaturtoleranten Sedimentbewohnern zusammen.

Hemicellulasen. Enzyme, die Hemicellulosen hydrolysieren. Sie werden wie die >Cellulasen< bei der Gewinnung von Weizenstärke eingesetzt.

Hemicellulose. (Grch. hemi = halbe). Kommt als wasserunlösl. >Polysaccharid< in der Matrix der pflanzlichen >Zellwand< vor und besteht vornehmlich aus Xyloglucanen oder aus Glucuronoarabinoxylanen (Gräser). Der Hemicelluloseanteil bestimmt die Festigkeit der Zellwand und macht ca. 30 % der Trockenmasse aus. Durch die maschenartig angeordneten Hemicellulosemoleküle werden die >Zellulose<-Mikrofibrillen miteinander vernetzt.

Hemmhof. Hofartige, meist klare Zone, die sich auf einer gleichmäßig mit Bakterien oder anderen Mikroorganismen beimpften Nährbodenplatte (Agarplatte; >Nährmedium<) befindet. Beispielsweise können Pilze oder Streptomyceten als Kolonie auf einem Nährmedium wachsen und Antibiotika ausscheiden, die sich durch Diffusion mit einem Konz.-Gefälle im Medium verteilen. Die Antibiotika wirken in einem bestimmten Radius um die Kolonie hemmend auf die Vermehrung der im Medium befindlichen anderen Mikroorganismen und führen so zur Bildung von H. (s. Abb.). Zum Hemmstoffnachweis können hemmstoffhaltige Proben auf diverse Arten auf die Agarplatten aufgebracht werden, z.B. durch direktes Einpipettieren von Lsg. in Glaszylinder, die auf die Agarplatte aufgebracht worden sind, oder in ausgestanzte Löcher sowie mittels getränkter Filterpapiere oder sog. Forschner-Sterne. Festproben können direkt auf die Agarplatte aufgebracht werden. Die Größe eines H. ist i.allg. proportional zur Hemmstoff-Konz. und zur Empfindlichkeit des verwendeten Mikroorganismen-Stamms gegenüber dem zu testenden Hemmstoff. Mit geeigneten Testsystemen wird die H.-Bildung zur qualitativen und quantitativen Best. von Hemmstoffen, meist Antibiotika, ausgenutzt, z.B. beim „Agarplatten-Diffusionstest".

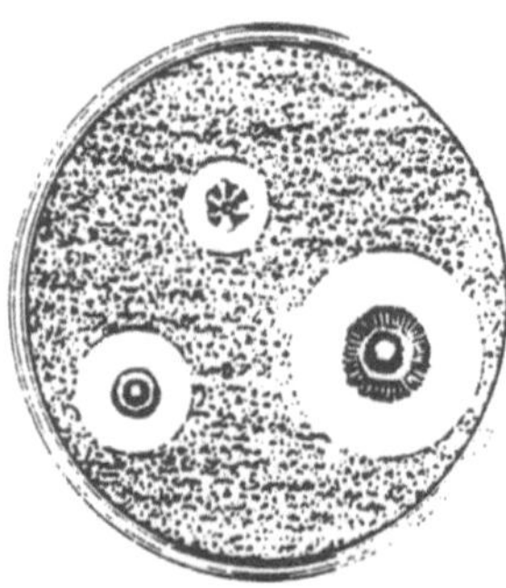

Hemmhof: Hemmhofbildung auf einer mit *Staphylococcus aureus* gleichmäßig beimpften Nähragarplatte durch die Ausscheidung von Antibiotika durch Bakterien und Pilze. (Aus: Schlegel HG (1985) Allgemeine Mikrobiologie, 5.Aufl., Georg Thieme, Stuttgart New York)

Hemmstoffe. In kommunalen, vorzugsweise aber gewerblichen und industriellen Abwässern können anorg. und org. Stoffe enthalten sein, die in Abhängigkeit von ihrer Konz. auf >belebten Schlamm< eine Hemm- und Giftwirkung ausüben und damit die Reinigungsleistung einer >Belebungsanlage< herabsetzen bzw. vollständig zum Erliegen bringen (z.B. Antibiotika, Ammoniumverbindungen), Betriebserschwernisse verursachen und den Energieverbrauch erhöhen, durch Anreicherung im belebten Schlamm, ohne diesen dabei unmittelbar zu schädigen, seine weitere Behandlung und Verwertung z.B. in der Landwirtschaft einschränken oder verhindern (Verordnung über das Aufbringen von Klärschlämmen nach Paragraph 15 des Abfallbeseitigungsgesetzes). Die Konz., ab der eine bestimmte chem. Substanz auf die Mikroorganismen des belebten Schlammes giftig oder hemmend wirkt, ist von einer Reihe von Faktoren abhängig, wobei der Adaptationszustand des Schlammes, der Schlammgehalt und die Schlammbelastung sowie die Art der Zuführung des Giftstoffes (z.B. Stoßbelastung oder gleichmäßige Zuführung) eine Rolle spielen.
Lit: Abwassertechnische Vereinigung (Hrsg.) (1982–1986) Lehr- und Handbuch der Abwassertechnik, 3.Aufl., Bd. 1–7, Verlag von Wilhelm Ernst und Sohn, Berlin München.

Hemmstoffkonzentration, minimale (MHK). Unter der MHK versteht man die kleinste Konzentration eines antimikrobiellen Wirkstoffes, der die Keimvermehrung im Kulturansatz noch verhindert.

Hemmstofftest. Eine zentrale Rolle beim Rückstandsnachweis (>Rückstände<) im Fleisch der Schlachttiere kommt dem mikrobiologischen Hemmstofftest zu. Obwohl nur als sog. Screeningtest verwendbar und gegenüber bestimmten Hemmstoffen weniger (Sulfonamide) oder nicht empfindlich (Chloramphenicol), erfüllt er noch heute seine Aufgabe, >Antibiotika< und andere Hemmstoffe auf relativ einfache Weise in Muskulatur und Niere nachzuweisen. Andere Hemmstofftests für Milch und andere Substrate ergänzen inzwischen diese biologische Nachweismöglichkeit.

Henry-Gesetz. (Syn. Henry-Verteilungssatz). Bezeichnet die Tatsache, daß die Löslichkeit eines reinen, einfachen Gases in einer Flüssigkeit bei gleichbleibender Temperatur direkt proportional dem Druck dieses über der Flüssigkeit befindlichen Gases ist und daß durch die gleichzeitige Anwesenheit anderer Gase die Löslichkeitsverhältnisse nicht beeinflußt werden. Gelöste Gase verteilen sich also ungestört in der Flüssigkeit. Das H.-G. gilt nur für niedrige Konzentrationen und spielt für die Verteilung von Stoffen auf Wasser und Luft in der Umwelt eine entscheidende Rolle.

Henry-Koeffizient. (Syn. Henry-Konstante). Proportionalitätsfaktor zwischen dem Gasdruck (Partialdampfdruck) und der Konzentration eines gelösten Stoffes. *Einheit:* Pa · m^3/mol.

Henry-Konstante. >Henry-Koeffizient<.

Henry-Verteilungssatz. >Henry-Gesetz<.

Hepatitis B (HB). Von Viren, sog. HBV (Hepatitis-B-Viren) hervorgerufene Leberentzündung, die sich als eine herdförmige bis ausgedehnte Entzündung des Gefäß-Bindegewebsapparats der Leber mit sek. Schädigung der Leberzellen äußert. Die HB führt, wie auch andere Hepatitis-Formen, zu Appetitverlust, Störungen des Allgemeinbefindens, Fieber, Lebervergrößerung und, v. a. bei Vorliegen einer akuten Hepatitis, zur Gelbsucht (Icterus). Das verursachende >Virus< ist ein allg. verbreitetes, sehr kleines und hitzebeständiges DNA-Virus, das auch als DANE-Partikel bezeichnet wird. Es wird v. a. über die Haut oder Schleimhäute aufgenommen, wenn Kontakt mit infiziertem Blut, Blutprodukten oder anderen Körperflüssigkeiten bestand. Die Zuordnung des Virus zu taxonomischen Viren-Familien war bisher schwierig. Neuerdings werden sie jedoch zu einer neu geschaffenen Familie mit der Bezeichnung Hepadna (*Hep*atitis-*a*ssoziierte-*DNA*-Viren) gezählt. Gegen die HB gibt es Möglichkeiten der passiven und der aktiven Immunisierung (>Impfung<). Bei der passiven Methode werden Impfseren verwendet, die die spezifischen >Immunglobuline< HBIG (*HB-I*mmunglobuline) enthalten. Auf der Basis von Impfseren mit Blutplasma chronisch HBV-infizierter Personen beruht die Methode der aktiven Immunisierung.

Lit: Brandis H, Otte HJ (1984) Lehrbuch der medizinischen Mikrobiologie, 5. Aufl., Gustav Fischer Verlag, Stuttgart – Manual of Clin. Microbiology (1991) 5. Aufl., Am. Soc. of Microbiol., Washington.

Heptachlor. 1,4,5,6,7,8,8-Heptachlor-3a,4,7,7a-tetrahydro-4,7-methano-inden. Die technische Synthese erfolgt durch Chlorierung von >Chlorden< unter Lichtabschluß in benzolischer Lösung unter Zusatz von Fuller-Erde oder durch Chlorierung von Chlorden mit Sulfurylchlorid in Gegenwart von Benzoylperoxid. Das technische Produkt enthält ca. 72 % H., außerdem α-Chlorden. H. ist rel. beständig gegen Licht, Luft, Säuren und Basen. H. wirkt rel. toxisch auf Warmblüter. LD_{50} = 90 bis 135 mg/kg (Ratte, oral). H. wird im Körperfett gespeichert und in der Kuhmilch als Epoxid ausgeschieden. Die subchronische orale Aufnahme in subletalen Dosen wirkt sehr toxisch. Wahrscheinlich wird dabei das Epoxid angereichert. Dieses besitzt eine höhere insektizide Wirkung als H. selbst. H. wirkt als Fraß- und Kontaktgift gegen Fliegen, Schaben, Baumwollschädlinge, Kohlfliegen, Heuschrecken, Grillen, Drahtwürmer, Engerlinge, Ameisen etc. Die Wirksamkeit ist der des Chlordan in den meisten Fällen überlegen. H. kann darüber hinaus auch als Saatgutpuder oder -beizmittel verwendet werden. Der Einsatz ist in Deutschland verboten. Der Nachweis kann gaschromatographisch erfolgen.

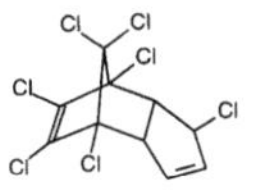

Heptachlorbornane. Stellen gemeinsam mit >Oktachlorbornanen< den Hauptanteil des technischen >Toxaphens< dar. Aus dem technischen Gemisch konnte u. a. ein 2,3,5-*endo*,6-*exo*,8,9,10-Heptachlorbornan isoliert werden, welches als >Toxikant B< bezeichnet wird.

Lit: Khalifa S, Mon TR, Engel JL, Casida JE (1974) J Agric Food Chem 22: 653.

Heptachlorepoxid. Die Synth. erfolgt aus >Heptachlor< mit *tert*-Butylhypochlorid in Essigsäure zum Chlorhydrinacetat. Dieses wird durch Alkoholyse in Chlorhydrin überführt, welches mit Natriumhydroxid in wäßrigem Dioxan zum Heptachlorepoxid (1), Smt. 83 bis 85 °C, umgesetzt wird. Die Ox. von Heptachlor mit Natriumdichromat führt zum Heptachlorep-

oxid (2), Smt. 159 bis 160 °C. Das Epoxid (2) wird außerdem beim biologischen Abbau von Heptachlor in Ratten und Hunden gebildet. Es ist im Körperfett speicherbar und wirkt wesentlich stärker toxisch gegen Warmblüter als Heptachlor und das Heptachlorepoxid (1). In (1) befindet sich die Epoxy-Gruppe in Endo-Stellung, in (2) nimmt sie die Exo-Stellung ein.

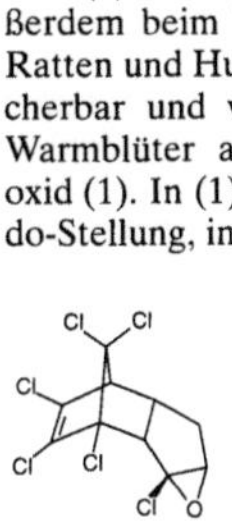

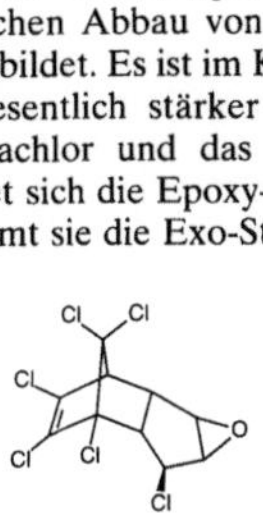

herbivor. (Syn. phytophag). Bezeichnung für Tiere, die sich von Pflanzen ernähren.

Herbizide. Synthetische Wirkstoffe zur chemischen Bekämpfung von Unkräutern und Ungräsern. Bei der Bekämpfung aller Pflanzen (Unkräuter, Ungräser, Gehölze) auf unkultivierten Flächen spricht man von >Totalunkrautbekämpfung< (>Totalherbizide<). >Selektive Unkrautbekämpfung< ist die Schonung von Kultur- und Nutzpflanzen und die Beseitigung (konkurrierender) Unkräuter und Schadpflanzen. Die H. lassen sich in anorganische H., Organophosphorverbindungen, Alkohole, Aldehyde, Aromaten, (Thio)-Carbamate, Harnstoffe und Heterocyclen (Triazine u. a. 1,4-Dipyridyle) aufteilen.
H. sind im weitesten Sinne diejenigen Verbindungen, die in der Lage sind, Pflanzen oder Pflanzenteile zu zerstören und damit (unerwünschte) Pflanzen am Wachstum nachhaltig zu hindern bzw. bestimmte Pflanzenanteile gezielt zu schädigen. Von allen Pflanzenschutzmitteln erzielen H. seit ca. 25 Jahren den größten Umsatz.
Nach dem Wirkungsort unterscheidet man a) >Blattherbizide< und b) >Wurzel-< oder >Bodenherbizide<. Für die Anwendung ist der Zeitpunkt von großer Bedeutung; man unterscheidet a) Anwendungen bei der Vorsaat (pre-sowing) als Bodenherbizid (nach Auflaufen: Blatt-/Bodenherbizid), b) vor Auflaufen (pre-emergence: gesät aber noch nicht aufgelaufen; Boden-/Blattherbizid) oder c) nach Auflaufen (post-emergence; Boden-/Blattherbizid). >Totalherbizide< sind natürlich an keinen Zeitrahmen gebunden.
Die Wirkungsweise der H. wird heute wie folgt eingeteilt: 1. Photosynthesehemmer (Hemmung des Kohlenhydrataufbaus); 2. Atmungshemmer (Unterbindung der Kohlenhydrat-Oxidation); 3. Wuchsstoffe (Erzeugung von Auxin-ähnlichen Wachstumsstörungen); 4. Mitosehemmer (Störung der Zellteilung); 5. Keimhemmer (Verhinderung der Keimung des Samens).
Für die >Selektivität< bei der herbiziden Wirkung gibt es eine Fülle zumeist komplexer Gründe, die noch wenig erforscht sind. Nach dem heutigen Stand der Wissenschaft diskutiert man: a) die Kulturpflanze metabolisiert das H., die Unkräuter nicht; b) physikalische Unterschiede in den Stellungen der Blätter bzw. deren unterschiedliche Oberfläche; c) unterschiedliche Empfindlichkeiten der einzelnen Entwicklungsstadien der Pflanzen; d) bei Bodenherbiziden: unterschiedliche Bodentiefe der Keimung von Kulturpflanzen und Unkräutern (flach-, tiefkeimende P.).
Auch der Inaktivierungszeitraum eines Wirkstoffes ist z. B. für die Dauer und Menge der Anwendung sehr

wichtig. Bei Bodenherbiziden sind Struktur, Wanderungsgeschwindigkeit, Eindringtiefe und Niederschlagsmengen wichtige Parameter.

Die herbiziden Wirkstoffe finden sich in zahlreichen Klassen der anorganischen Chemie, der Organophosphorverbindungen sowie der organischen und heterocyclischen Chemie. 1. Anorganische Verbindungen: Natriumchlorat, Calciumcyanamid (zugleich N-Dünger), Borax und Ammoniumsulfamat; 2. Organophosphorverbindungen: Bensulide (Bentasan®), Glyphosat (Roundup®), Ethylcarbamoylphosphonsäure, Ammoniumsalz (Krenite®), neuerdings >Glufosinate-Ammonium< (Basta®) für das Direktsaat-Verfahren. 3. Organische (heterocyclische) Verbindungen: Alkohole, Aldehyde, Ketone, Chinone bilden zahlreiche einfache Wirkstoffe, wie z.B. Allylalkohol, Acrolein, Chloralhydrat, Hexafluoraceton, Dichlone (Phygon®), Alginen®, Nosprasit®; ferner zahlreiche aromat. und hydroaromat. Alkancarbonsäuren, Phenole, Diphenylether und Dinitroaniline. Ein weiterer wichtiger Wirkstofftyp ist die Gruppe der Carbamate (Propham, Carbetamide, Chlorpropham, Chlorbufam, Asulam) sowie die Thiocarbamate (Cycloate, Butylate, Sulfallate, Diallate, Triallate). – Eine besonders intensiv bearbeitete Wirkstoffklasse sind die >Harnstoffe< (erstes H.: N'(4-chlorphenyl)-N,N-dimethylharnstoff, Monuron), von denen zahllose Produkte für unterschiedlichste Anwendungen entwickelt worden sind; Substitution am Harnstoffgerüst mit aliphatischen, aromatischen oder heterocyclischen Resten.

Bei den Phenoxyessigsäuren wurde inzwischen die Herstellung des erfolgreichen H. >2,4,5-T< (2,4,5-Trichlorphenoxy-essigsäure) weitgehend eingestellt, da bei der Produktion (auch Seveso-Unfall!) sowie im techn. Produkt geringe Mengen des hochaktiven, toxischen und teratogenen Stoffs 2,3,7,8-Tetrachlorobenzo-1,4-dioxin („TCCD") als unvermeidliche Verunreinigung nicht auszuschließen sind.

Ferner haben sich zahlreiche geeignet substituierte *Heterocyclen* als herbizid wirksam erwiesen; auf einige repräsentative Stoffklassen sei kurz verwiesen: 1. 1,2,4-Triazole (Amitrole, Weedazol®); 2. 1,3,4-Oxadiazole (Oxadiazon, Ronstar®; Methazole, Probe®); 3. eine besondere Klasse bilden die Pyridiniumsalze des 4,4-Dipyridyls (Diquat, Reglone®; Paraquat, Gramoxone®), Pyridine (Pyrichlor, Daxtron®); 4. Pyridazine (Pyrazon, Pyramin®; Norflurazon, Zorial®); 5. Pyrimidine (Lenacil, Venzar®; Bromacil, Hyvar X®; Isocil, Hyvar®; Terbacil, Sinbar®; Bentazon, Basagran®); 6. Zahlreiche Triazine (1,2,4-T; 1,3,5-T) bilden die wichtige Gruppe potenter H.: 6a. 1,3,5-Triazine (z.B. Atrazin, Gesaprim®; Simazin, Gesatop®; Terbuthylamine, Gardoprim®; Simeton, Gesadural®; Atraton, Gesatamin®; Terbumeton, Caragard®; Desmetryn, Semeron®; Ametryn, Gesapax®; Terbutryn, Igran®); 6b. 1,2,4-Triazine (Aglypt®; Metribuzin, Sencor®, Lexone®; Isomethiozin, Tantizon®; Metamitron, Goltix®).

Lit: Büchel KH (1983) Chemistry of Pesticides, Wiley, New York, S.322 – Ullmanns Enzyklopädie der techn. Chemie (1979), Bd.12, Verlag Chemie, Weinheim, S.597ff. – Wegler R (1970) Chemie der Pflanzenschutz- und Schädlingsbekämpfungsmittel, Bd.2, Springer, Berlin – Martin H, Worthing CR (1974) Pesticide Manual, 4.Aufl., British Crop Protection Council.

Herbizidresistenz. Unempfindlichkeit von Pflanzen gegenüber >Herbiziden<. Sie ist bei nicht zu Kulturzwecken verwendeten Pflanzen, sog. „Unkräutern" relevant, da gegen sie Herbizide eingesetzt werden, und eine Resistenzbildung besonders unerwünscht ist. Auch hier kann sie auf statistisch zufällige >Mutationen< zurückgehen (>Antibiotikaresistenz<) und wird durch eine breite Herbizidanwendung noch begünstigt, da so der >Selektionsdruck< erhöht und durch die >Selektion< der Anteil resistenter Pflanzen an der Population steigen kann. Die zur Resistenz gegenüber manchen Wirkstoffen führenden Prozesse können z.B. Veränderungen in den Strukturen oder Durchlässigkeiten von Membranen sein, wie bei der Resistenzbildung gegen Dipyridylium-Herbizide. Es kann sich ebenso um Veränderungen des Phytohormonsystems handeln, wie bei der Resistenzbildung gegen Phenoxysäure-Derivaten (z.B. 2,4-D, 2,4,5-T). Als Folge solcher Resistenzbildungen müssen entweder die ausgebrachten Konz. an Herbiziden erhöht werden, was die Umwelt natürlich in noch stärkerem Maße belastet, oder neuartige Wirkstoffe entwickelt und eingesetzt werden. Für die erfolgreiche Anwendung von Herbiziden gegen „Unkräuter" auf Agrarflächen ist der „richtige" Zeitpunkt der Anwendung bzw. die Resistenz der dort angebauten Kulturpflanzen gegenüber den aufgebrachten Wirkstoffen eine wichtige Voraussetzung. Letzteres wurde u.a. durch gezielte genetische Veränderungen von Kulturpflanzen, wie Mais und Soja, erreicht (>transgene Pflanze<).

Hermann von Helmholtz-Gemeinschaft Deutscher Forschungszentren. Sechzehn deutsche Großforschungseinrichtungen haben sich in der Hermann von Helmholtz-Gemeinschaft Deutscher Forschungszentren (HGF) zusammengeschlossen. Als Wissenschaftsorganisation fördert die HGF den Erfahrungs- und Informationsaustausch ihrer Mitglieder sowie die Koordinierung der Forschungs- und Entwicklungsarbeiten, nimmt Aufgaben im gemeinsamen Interesse wahr und vertritt die Belange der Helmholtz-Gemeinschaft nach außen. Die Helmholtz-Zentren betreiben naturwissenschaftlich-technische sowie biol.-medizinische Forschung und Entwicklung. Sie leisten wesentliche Beiträge zu den staatlich geförderten Programmen im Bereich der Energieforschung und Energietechnik, der physikalischen Grundlagenforschung, der Transport- und Verkehrssysteme, der Luft- und Raumfahrtforschung, der Informationstechnologie, der Meerestechnik und der Geowissenschaften, des Umweltschutzes und der Gesundheit, der Biologie und Medizin sowie der Polarforschung. Ihre Grundfinanzierung erhalten die Helmholtz-Zentren zu 90 Prozent vom Bund und zu 10 Prozent von den jeweiligen Sitzländern. Die Helmholtz-Zentren verfügen über ein jährliches Gesamtbudget von etwa 3,6 Mrd. Mark. Rund 23.000 Personen sind dort beschäftigt. Zur Helmholtz-Gemeinschaft gehören:

AWI, Alfred-Wegener-Institut für Polar- und Meeresforschung, Bremerhaven

DESY, Deutsches Elektronen-Synchrotron, Hamburg

DKFZ, Deutsches Krebsforschungszentrum, Heidelberg

DLR, Deutsches Zentrum für Luft- und Raumfahrt, Köln

FZJ, Forschungszentrum Jülich

FZK, Forschungszentrum Karlsruhe

GBF, Gesellschaft für Biotechnologische Forschung, Braunschweig

GFZ, GeoForschungsZentrum Potsdam

GKSS-Forschungszentrum Geesthacht

GMD, Forschungszentrum Informationstechnik, Bonn

GSF-Forschungszentrum für Umwelt und Gesundheit, Neuherberg
GSI, Gesellschaft für Schwerionenforschung, Darmstadt
HMI, Hahn-Meitner-Institut, Berlin
IPP, Max-Planck-Institut für Plasmaphysik, Garching
MDC, Max-Delbrück-Centrum für Molekulare Medizin, Berlin
UFZ, Umweltforschungszentrum Leipzig-Halle

Hersteller (Chemikalien). Wer chem. Produkte herstellt, hat eine Reihe von Rechtsvorschriften zu beachten. H. im Sinne des >ChemG< ist eine natürliche oder juristische Person oder eine nicht rechtsfähige Personenvereinigung, die einen >Stoff<, eine >Zubereitung< oder ein >Erzeugnis< herstellt oder gewinnt. (§ 3 Nr. 7).
Die Pflichten des H. von Chemikalien sind außer im o. g. Rahmengesetz in der >GefStoffV< geregelt. Das trifft auch für spezielle Produkte zu, für deren Inverkehrbringen und Verwenden eigene Rechtsvorschriften gelten, z. B. >Arzneimittel<, >Pflanzenschutz-< und >Düngemittel<, >Lebensmittelzusatzstoffe< (Ausnahmen gemäß § 2 ChemG). Das ist darin begründet, daß die Vorschriften für den Schutz am Arbeitsplatz (Umgang) in ChemG und GefStoffV zusammengefaßt sind, während der Verbraucherschutz auf das überwiegend anwendungsbezogene Regelwerk verteilt ist (s. Abb. bei >Verwenden<).
Folgende Pflichten hat der H. zu beachten: Zusätzliche Prüf- und Meldepflicht für >neue Stoffe< aufgrund der Novelle ChemG (§ 16b). Seit dem 01.08. 1990 müssen auch interne Zwischenprodukte und Exportstoffe (ab 1 jato) mitgeteilt werden (s. >Mitteilungen<). Beim ursprünglichen ChemG waren neue Stoffe erst bei >Inverkehrbringen< meldepflichtig, entspr. der >EG-RL für gefährliche Stoffe< (premarketing statt pre-manufacturing wie z. B. in Japan und den USA sowie in den Niederlanden).
Falls es sich um einen >Altstoff< handelt, besteht zwar keine Prüf- und Meldepflicht, wohl aber die Pflichten für den H. (oder >Einführer<), hinsichtlich >gefährlicher< Stoffe, Zubereitungen oder Erzeugnisse. In Eigenverantwortung ist – aufgrund vorliegender Prüfergebnisse oder nach anderen gesicherten *wiss.* Erkenntnissen – eine sachgerechte >Einstufung<, >Verpakkung< und >Kennzeichnung< vorzunehmen (§§ 13 u. 14 ChemG). Außerdem ist festzustellen, ob best. Stoffe einem >Verbot< oder >Beschränkungen< im Hinblick auf die Herstellung unterliegen. Gemäß § 17 ChemG kann die Bundesregierung u. a. vorschreiben, daß best. gefährliche Stoffe, Zubereitungen oder Erzeugnisse nur in best. Beschaffenheit oder nur für best. Zwecke hergestellt werden (§ 17 Abs. 1 Nr. 1). Ferner können best. Herstellungs- (oder Verwendungs-)Verfahren verboten werden (§ 17 Abs. 1 Nr. 3).
Ferner unterliegt der H. von Chemikalien den Arbeitgeberpflichten gemäß 3. Abschnitt der GefStoffV, der den >Umgang< mit Gefahrstoffen regelt (Umgang ist das Herstellen oder Verwenden i. S. von § 3 ChemG). Außer der allg. Schutzpflicht nach § 17 unterliegt der Unternehmer, der Arbeitnehmer geschäftigt, folgenden Grundpflichten: Ermittlungspflicht nach § 16: >Gefahrstoffe?<, >Ersatzstoffe?<, Überwachungs- und Meßpflicht (§ 18): >MAK<, >TRK<, >BAT und >ALS< (§ 20). >Betriebsanweisung< und Beteiligung der Arbeitnehmer oder des Betriebsrats gemäß § 21. Ferner hat der H. folgende Arbeitsschutzvorschriften

zu beachten: Schutzmaßnahmen (in best. Reihenfolge), Beschäftigungsbeschränkungen und -verbote (§ 26), die gesundheitliche Überwachung der Arbeitnehmer gemäß §§ 28 bis 36 GefStoffV.
Lit: Rehbinder E, Kayser D, Klein H (1985) Chemikaliengesetz, Kommentar und Rechtsvorschriften zum Chemikalienrecht, C. F. Müller Juristischer Verlag, Heidelberg – Kitzinger G, Beekhuizen S, Lorenz G (1991) Gefahrstoffverordnung, Kommentar und Rechtsvorschriften zum Gefahrstoffrecht, Werner-Verlag, Düsseldorf.

Herzglykoside. Stark herzwirksame Drogen aus Digitalis-Arten (>Digitalis<) und die strukturell und im Wirkprinzip ähnlichen >Digitaloide< aus anderen Pflanzenarten, z. B. aus Maiglöckchen und Meerzwiebeln. Es handelt sich strukturell um Bufadienolid- und Cardenolidglykoside. Für die Wirkung der H. ist die Steigerung der Kontraktionskraft des Herzmuskels ohne Erhöhung des Sauerstoffbedarfs und der Frequenz typisch, wobei in der Dosis die Wirkung als Pharmazeutikum oder als letales Phytotoxin (>Toxin<) begründet liegt.

Herz-Kreislauf-Erkrankungen. Mit fast 50 % aller Todesfälle nehmen die Herz-Kreislauf-Erkrankungen in vielen Ländern, so auch in Deutschland, den ersten Rang in der Todesursachen-Statistik ein. Die hohe Frühsterblichkeit und Invalidität (Frühberentung) machen diese Krankheitsform zu einem drängenden medizinischen und gesellschaftlichen Problem. Die Untersuchung der >Risikofaktoren< für das Entstehen der Herz-Kreislauf-Krankheiten war deshalb in den letzten Jahrzehnten ein Schwerpunkt >epidemiologischer< Forschung. In umfangreichen >Studien< konnte ein Zusammenhang mit Zigarettenrauchen, Bluthochdruck und hohem >Cholesterin-Spiegel< im Blut qual. und quant. nachgewiesen werden. Durch Früherkennungsprogramme und gezielte Aufklärung (z. B. Erkennung und Bekämpfung des hohen Blutdrucks) konnte inzwischen im Rahmen entsprechender Programme die Gesamtsterblichkeit und Krankheitshäufigkeit deutlich gesenkt werden.
Lit: Frentzel-Beyme R (1985) Einführung in die Epidemiologie, Wiss. Buchgesellschaft, Darmstadt. – Michaelis J (1990) Dtsch Ärztebl 87: B-2048–2054.

Heteroauxin. (Grch. heteros = verschieden; auxanein = wachsen). Eine veraltete Bezeichnung für >Indol-3-essigsäure<, deren Wirksamkeit als pflanzlicher Wuchsstoff 1932 von F. Kögl, A. Haagen-Smit und H. Erxleben entdeckt wurde. Aufgrund einer Fehlinterpretation wurden damals zwei andere Verb., Auxin-a und Auxin-b, als natürliche >Auxine< betrachtet. Erst 1946 wurde das sog. Heteroauxin vor allem durch Arbeiten von A. Haagen-Smit als das natürliche Auxin in >Pflanzen< identifiziert.
Lit: Karlson P (1982) Ectohormones and phytohormones, TIBS 7: 382–383.

Heterocyclen. Verbindungsklasse von Ringsystemen, die außer Kohlenstoff noch Fremdatome (Heteroatome), wie N, O, S, P oder As, als Ringglieder enthalten. Die größte Stabilität besitzen die 5er- und 6er-Ringe, wobei vielen von ihnen eine besondere Bedeutung zukommt, wie z. B. Furan, Pyridin, Thiophen, Dioxan und Pyrimidin. Zu den H. zählen weiterhin Ringsysteme, in denen die heterocyclischen Ringe mit Benzolkernen kondensiert sind. Viele Naturstoffe enthalten heterocyclische Ringsysteme, wie z. B. Chlorophyll, Hämoglobin, >Alkaloide< und Nucleinsäuren. Die Klassifizierung der H. erfolgt auf der Basis ihrer Struktur und ihrer Eigenschaften in drei Gruppen: in Heteroalkane, Heteroaromaten und Heteroalkene (s. Formeln).

1. Heteroalkane sind gesättigte, heterocyclische Verb., die sich von ihren offenkettigen Analoga in der Regel nur geringfügig unterscheiden.

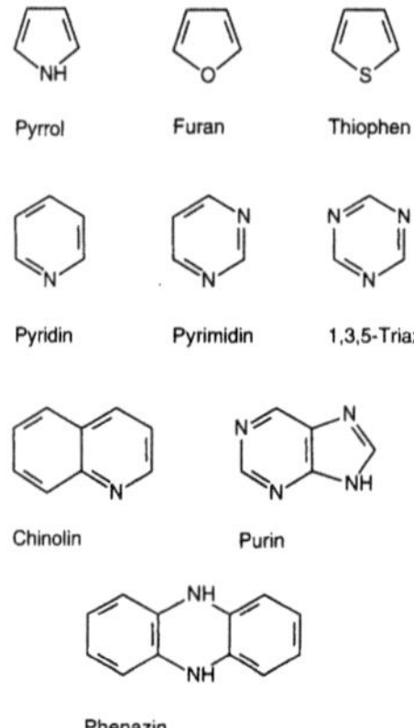

Tetrahydro-   1,4-Dioxan   Tetrahydro-   Piperidin
furan   pyrrol
(Oxolan)

Heteroalkane

2. Heteroaromaten bestehen aus ungesättigten 5er- und 6er-Ringe, die ein π-Elektronensextett enthalten. Sie bilden die wichtigste Gruppe der Heterocyclen und können zudem mit anderen Ringsystemen kondensiert sein.

Pyrrol   Furan   Thiophen

Pyridin   Pyrimidin   1,3,5-Triazin

Chinolin   Purin

Phenazin

Heteroaromaten

3. Heteroalkene stehen zwischen den Heteroalkanen und Heteroaromaten.

γ-Pyran   Diazirin   2,5-Dihydro-
                       Pyrrrol

Heteroalkene

Lit: Beyer W (1988) Lehrbuch der Organischen Chemie, 21. Aufl., S. Hirzel Verlag, Stuttgart.

Heterogener Reaktor. >Kernreaktor<, in dem der >Brennstoff< vom >Moderator< getrennt vorliegt. Gegenteil: >homogener Reaktor<. Die meisten >Reaktoren< sind heterogen.

Heterogene Systeme. H.S. bezeichnen im Gegensatz zu >homogenen Systemen< alle natürlichen Systeme wie Organismen oder Ökosysteme, in denen viele unterschiedliche Phasen nebeneinander vorkommen. Ein einfaches h.S. ist z.B. eine wässrige Lösung mit einer festen Phase, bei der gelöste (sorptionsfähige) Stoffe an der Oberfläche der Festphase (am Sorbenten) teil-

weise sorbiert sind. Die Sorption in diesem h.S. aus zwei Phasen unterliegt bei konstanten Umgebungsbedingungen einem Sorptionsgleichgewicht, das nach endlicher Zeit erreicht wird, und das sich korrekt nur mit Hilfe der >Aktivitäten< in beiden Phasen beschreiben läßt.

Heterosis. (Syn. Luxuration von Bastarden). In der >Genetik< die allg. oder Einzeleigenschaften (z.B. Größe, Üppigkeit, Kornzahl bei Getreiden) betreffende Überlegenheit der >heterozygoten< Individuen, d.h. bezüglich alleler (>Allele<) >Gene< mischerbigen Individuen, gegenüber den entsprechenden >homozygoten< Individuen. Die Bedeutung der H. liegt besonders bei der >Züchtung< ertragreicher Pflanzen (>Hybridmais<).

Heterosom. (Syn. Geschlechts-Chromosom). Geschlechtsbestimmendes Chromosom. Die Gesamtheit der >Chromosomen< eines Satzes teilt sich in die geschlechtsbestimmenden, H. genannten, und die normalen Chromosomen auf, die als Autosomen bezeichnet werden. Die Autosomen sind in allen Zellen männlicher und weiblicher Organismen gleich, die Heterosomen unterschiedlich. Sie sind beim Menschen das X- bzw. das Y-Chromosom. Die menschlichen Zellen enthalten, mit Ausnahme der Keimzellen, 23 Chromosomenpaare, von denen 22 in allen Zellen bei Männern und Frauen gleich sind (Autosomenpaare). Das Heterosomenpaar ist bei Frauen die Kombination aus 2 X-Chromosomen (XX), bei Männern die aus einem X- und einem Y-Chromosom (XY). Da die Keimzellen nur einen einfachen Chromosomensatz enthalten (>haploid<), bestimmen die männlichen Samenzellen über ihr H. (entweder das X- oder das Y-Chromosom) das Geschlecht des neuen Lebewesens.

Heterosphäre. Oberer Teil der >Atmosphäre<, etwa in 120 km beginnend, in dem eine Entmischung der atmosphärischen Gase entsprechend ihrem Atomgewicht stattfindet. Dadurch ist die prozentuale Zusammensetzung der Atmosphäre je nach der Höhe verschieden. Oberhalb von 1.000 km ist überwiegend Wasserstoff als leichtestes Gas vorhanden. S. Abb. bei >Atmosphäre<. Gegensatz: >Homosphäre<.

heterotroph. (Grch. heteros = verschieden; trophein = ernähren). Beschreibt die Ernährungsweise von Organismen, die als Energie- und Kohlenstoffquelle org. Substrate benötigen. Hierzu zählen alle Tiere, alle >Pilze< und die meisten >Bakterien<, jedoch nur wenige >Algen< und höhere >Pflanzen<. Heterotrophe Organismen sind entweder >Parasiten<, die lebende Organismen oder >Zellen< ausbeuten, oder >Saprophyten<, die ihre org. Nahrung toten Substraten entnehmen.

Heterotrophe Bakterien. (= C-heterotroph). Sie benötigen als Kohlenstoffquelle org. Verb. Zur genaueren Charakterisierung der Ernährungsweise sind neben der Angabe der C-Quelle noch Informationen zur Energiegewinnung und zum Wasserstoffdonator erforderlich. Bei heterogenen Organismen erfolgt die Energiegewinnung *chemotroph* (chemosynthetisch), d.h. durch Redoxreaktionen an den als Nährstoffen dienenden Substraten, entweder über Atmung oder Gärung (im Gegensatz zur phototrophen Energiegewinnung, bei der Licht als Energiequelle dient). Werden org. Verbindungen als Wasserstoff-Donatoren verwendet, spricht man von *organotrophen Organismen*, im Fall von anorg. Wasserstoff- bzw. Elektronen-Donatoren (z. B. H_2, NH_3, H_2O, CO, Fe^{2+}) von *lithotrophen Organismen.*

Heterotrophie. Bezeichnet die >heterotrophe< Lebensweise.

heterozygot. (Syn. mischerbig, erbungleich). Diploide oder polyploide Organismen, bei denen die >Allele< eines best. >Gens< oder Chromosomenabschnitts verschieden sind. S. a. >homozygot<. Die Merkmalausprägung hängt davon ab, ob das dominante Allel das rezessive überdeckt (Dominanz) oder ob beide Allele wirksam werden (intermediäre Vererbung).

Hexachlorbenzol (HCB). C_6Cl_6. Ein Feststoff, der durch die direkte aromatische Substitution von Chlor an Benzol synthetisiert wird. Außerdem fällt HCB als Nebenprodukt bei der Synth. anderer aromatischer chlorierter Kohlenwasserstoffe an. HCB kommt nicht natürlich in der Umwelt vor, sondern durch Fremdeintrag. Der Einsatz erfolgt als Fungizid zur Saatgutbehandlung, als Holzschutzmittel, als Zusatzstoff für pyrotechnische Produkte sowie bei der Herstellung von Isoliermaterial, Gummi etc. Die Persistenz des HCB ist hoch. HCB ist biologisch schwer abbaubar. Die Konzentration in der Umwelt steigt nicht nur in Folge der wachsenden Produktionsmenge, sondern auch z. B. durch die Verbrennung behandelten Holzes. Einige Mikroorganismen können >Lindan< zu HCB umwandeln. HCB wird in der Nahrungskette angereichert und auch im menschlichen Fettgewebe gespeichert. In Muttermilch wurden z. T. bedenkliche Konzentrationen an HCB gefunden. HCB wirkt teratogen und cancerogen. $LD_{50} = 1{,}7$ bis 10 g/kg (Ratte, oral). Die toxischen Wirkungen führen bis zu Störungen des Porphyrinstoffwechsels.

Hexachlorbutadien (HCBD). 1,1,2,3,4,4-Hexachlor-1,3-butadien. Ein Dien, das als Lösungsmittel für Polymere, als Räucher-Pestizid und als Hydraulikflüssigkeit eingesetzt wird. Außerdem tritt es als Zwischenprodukt bei der Synth. von Gummi auf. Die Resorption erfolgt nicht nur oral, sondern auch über die Haut. $LD_{50} = 65$ bis 80 mg/kg (Ratte, p.o.). HCBD wirkt mutagen, evtl. auch carcinogen und teratogen.

Hexachlorcyclohexan (HCH). $C_6H_6Cl_6$. 1,2,3,4,5,6-Hexachlorcyclohexan, das in fünf isomeren Formen vorliegt (α-, β-, γ-, δ-, ε-HCH). Alle Isomeren sind Feststoffe. Die Synth. des cyclischen >Chlorkohlenwasserstoffs< erfolgt durch die Addition von Chlor an Benzol in einer Radikalkettenreaktion im UV-Licht. Die Synth. erfolgte erstmals 1825 durch Faraday. α- und δ-HCH besitzten eine relativ geringe Warmblütertoxizität. γ-HCH hat eine relativ hohe Toxizität und wird als >Lindan< (Fraß- und Kontaktgift, wegen des hohen Dampfdruckes auch als Atemgift) im Getreide-, Gemü-

se- und Obstanbau zur Insektenbekämpfung eingesetzt. Der Einsatz gegen Vorratsschädlinge, z. B. Kornkäfer in eingelagertem Mehl oder Getreide ist nicht erlaubt. β-HCH hat eine niedrige akute, jedoch eine hohe chronische und kumulative Toxizität. α- und γ-HCH haben eine carcinogene und mutagene Wirkung. In Deutschland besteht für das technische HCH, das alle Isomeren enthält, ein Anwendungsverbot. Zum Pflanzenschutz darf nur das reine γ-HCH eingesetzt werden.

Hexacyanoferrat(III). Als Natrium-, Kalium- und Calciumsalz wird es als Antiklumpmittel oder Rieselhilfsmittel eingesetzt, z. B. bei Kochsalz.

$[Fe(CN)_6]^{3-}$

Hexacyanoferrat(III)-anion

2,4-Hexadiensäure. >Sorbinsäure<.

Hexalur. *cis*-7-Hexadecen-1-ol-acetat, $C_{18}H_{24}O_2$. Synthetischer Sexuallockstoff (>Lockstoffe<) zum Anlokken des roten Kapselwurms *Pectinophora gossypiella* („pink bollworm"), der ein wichtiges Schadinsekt der Baumwolle ist. In der Schädlingsbekämpfung wird H. unter dem Handelsnamen Hexamone vertrieben.

Lit: Boness M (1973) Naturw. Rdsch. 26: 515–522 – Sirrenberg W (1977) Weitere Bekämpfungsmethoden. In: Büchel KH (Hrsg.) Pflanzenschutz und Schädlingsbekämpfung, 1.Aufl., Georg Thieme, Stuttgart, S.101 – Eiter K (1970) Insekten-Sexuallockstoffe. In: Wegler R (Hrsg.) Chemie der Pflanzenschutz- und Schädlingsbekämpfungsmittel, 1.Aufl., Bd.1, Springer, Berlin Heidelberg New York, S.497–522.

Hexametaphosphorsäure. Die Natrium- und Calcium-Salze werden als Komplexbildner eingesetzt. Sie binden Metallionen und verhindern dadurch Reaktionen, die Farbe und Aroma eines Lebensmittels beeinträchtigen könnten.

n-**Hexan.** CAS-Nr. 110–54–3. Unverzweigter Vertreter aus der Gruppe der >Alkane< mit der Summenformel C_6H_{14} und einem Molekulargewicht von 86,2. Es ist eine farblose Flüssigkeit von petroleumartigem Geruch; Siedepunkt 68 °C, Dampfdruck (20 °C) 160 mbar, Dichte 0,665, Wasserlöslichkeit (20 °C) 12,32 mg/L, *n*-Octanol/Wasser-Verteilungskoeffizient log $P_{o/w} = 4{,}11$, Flammpunkt −20 °C, Zündtemperatur 240 °C. H. ist gut lösl. in org. Lösungsmitteln wie >Ether< und >Alkohol<, aber praktisch unlösl. in Wasser. Es kommt natürlicherweise in >Erdöl< vor und ist wesentlicher Bestandteil von Leichtbenzin. H. findet Verwendung als Extraktionsmittel insbesondere in der Rückstandsanalytik. Seine Dämpfe zeigen schwach narkotische Wirkung, die in höheren Konz. zu Schwindel und Übelkeit führen können (MAK: 180 mg/m³).

HFR. Hochflußreaktor; >Forschungsreaktor< im >ILL< in Grenoble. Maximale >Neutronenflußdichte<: $1{,}5 \cdot 10^{15}$ Neutronen/cm² · s, Leistung: 57 MW.

HGF. >Hermann von Helmholtz-Gemeinschaft Deutscher Forschungszentren<.

Hibernation (Überwinterung). Organismen sind in der Kältephase artspezifisch aktiv oder inaktiv mit speziellen Entwicklungsstadien wie Samen, Ei oder Puppe. Viele Arten haben Anpassungsstrategien durch Gefrier- und Kälteresistenz oder Winterschlaf entwickelt.

Highway Driving Cycle. >Fahrzyklus<.

Hilfsstoffe. Als H. werden >Stoffe< bezeichnet, die für die Vermarktung eines anderen Stoffes unbedingt erforderlich sind, wie z. B. Stabilisatoren bei polymerisationsempfindlichen Stoffen oder Antioxidantien bei oxidationsempfindlichen Stoffen. Bei der >Anmeldung< >neuer Stoffe< müssen für die Vermarktung erforderliche Hilfsstoffe in die >Prüfung< einbezogen werden (>ChemG< § 3.1).

Hill-Reaktion. Sie ist nach dem englischen Chemiker ROBERT HILL benannt, der 1939 entdeckte, daß in isolierten >Chloroplasten< in Gegenwart von Licht und einem künstlichen Elektronenakzeptor wie z. B. Ferricyanid („Hill-Reagenz") freier Sauerstoff entsteht. Damit wurde gezeigt, daß bei der Photosynth. >Elektronen< von einem Elektronendonor gegen ein chem. Gefälle auf einen Elektronenakzeptor übertragen werden; die >Energie< liefert das Licht. Hierbei wird der prim. Elekronendonor H_2O in $2H^+ + 2e^- + 1/2O_2$ gespalten, d. h. es wird molekularer Sauerstoff freigesetzt.

Himmelsstrahlung. Veraltete Bezeichnung für >diffuse Sonnenstrahlung<.

Hintergrundstrahlung. >Strahlenbelastung, natürliche<, >Terrestrische Strahlung<, >Umweltradioaktivität<.

Hirschhornsalz. Ein früher aus Hirschgeweihen gewonnenes Gemisch aus Ammoniumsalzen der Kohlensäure und der Carbaminsäure. Die Hauptkomponenten sind Ammoniumhydrogencarbonat NH_4HCO_3, Ammoniumcarbonat $(NH_4)_2CO_3$ und Ammoniumcarbaminat $NH_4CO_2NH_2$. Beim Liegen an der Luft geht das Carbonat durch Abspalten von NH_3 in das Hydrogencarbonat über, welches bei Temperaturen über 60 °C zu Ammoniak, Kohlendioxid und Wasser zerfällt.

$$(NH_4)_2CO_3 \xrightarrow{-NH_3} NH_4HCO_3 \xrightarrow{60°C} NH_3 + CO_2 + H_2O$$

Diesen Prozeß macht man sich in der Bäckerei zunutze. Bei der Herstellung von sog. „feinen Backwaren", z. B. Lebkuchen, setzt man Hirschhornsalz meist in Kombination mit Pottasche als >Backtriebmittel< ein. Dieses Gebäck weist, wenn es frisch ist, beim Durchbrechen einen merklichen Ammoniakgeruch auf.

Histon. >DNA-bindende Proteine<.

HKW-Abbau. >Biologischer Abbau von halogenierten Kohlenwasserstoffen (HKW)<.

HLB-Wert. Zum Aufbau einer >Emulsion< (bzw. >Suspension<) aus kleinen stabilen Tröpfchen (bzw. Teilchen) im Wasser müssen die >Tenside< als grenzflächenaktive Verbindungen ein optimales Verhältnis aus hydrophilen und lipophilen Molekülteilen aufweisen, welches als HLB-Wert bezeichnet wird (engl.: *h*ydrophile-*l*ipophile-*b*alance). Der HLB-Wert ist ein dimensionsloser Zahlenwert, der sich aus dem stöchiometrischen Verhältnis des lipophilen und hydrophilen

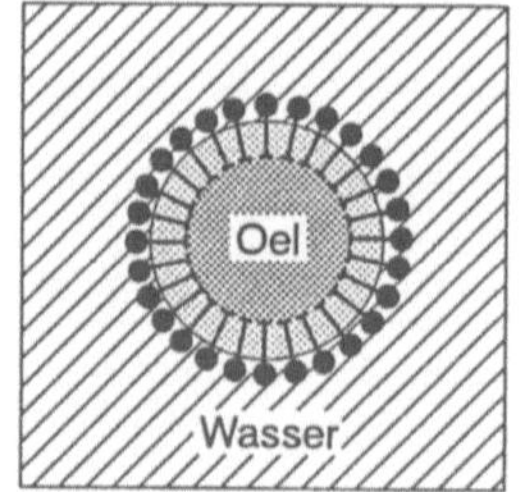

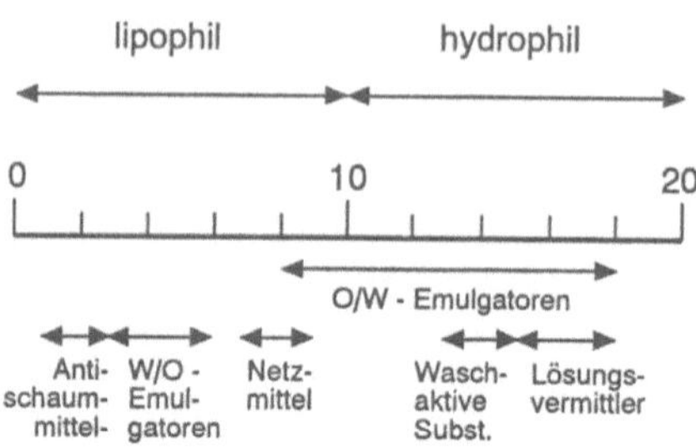

HLB-Wert: Das HLB-System und die Wirkungsweise eines O/W-Emulgators (z. B. Natriumcetylsulfonat: $CH_3(CH_2)_{14}CH_2\text{-}SO_3Na$)

Anteils eines Tensids errechnen läßt, und dazu Größe und Stärke dieser Molekülteile bzw. funktionelle Gruppen in die Berechnung einbezieht. Die Zahlenskala reicht von 1 bis 20 und steigt mit dem hydrophilen Charakter des betrachteten Tensids (s. Abb.). Durch eine geeignete Auswahl von Substanzen mit bestimmten HLB-Werten können verschieden geartete Emulsionen hergestellt werden (Öl in Wasser: O/W bzw. Wasser in Öl: W/O). Im Privatbereich spielen diese Zusammenhänge bei der Herstellung und Anwendung von >Waschmitteln< und in der Technik von z. B. >Bohr-< und >Schneidölen< eine wichtige Rolle.

HMI. >Hahn-Meitner-Institut, Berlin<.

Hoch. >Hochdruckgebiet<, Antizyklone.

Hochdruckbrücke. Hochdruckzone, die zwei >Hochdruckgebiete< miteinander verbindet. Tritt in Mitteleuropa vielfach als Verbindung zwischen dem >Azorenhoch< und dem über dem Baltikum/Nordosteuropa lagernden Hoch auf. Die sich aus dem Atlantischen Raum Europa nähernden >Tiefdruckgebiete< werden bei dieser >Wetterlage< durch die H. nordostwärts abgelenkt, so daß in Mitteleuropa meist heiteres und trockenes Wetter vorherrscht. Die Temperaturen liegen im Sommer vielfach über, im Winter, wegen des häufigen Auftretens von >Strahlungsfrösten<, vielfach unter dem Durchschnitt. Im Spätsommer/Frühherbst, der Zeit des häufigsten Auftretens der H. in Mitteleuropa, wird das Wetter in ihrem Einflußbereich durch längeres Auftreten von >Nebel< und Hochnebel bestimmt. Entwicklungsstadien der verschiedenen >Hoch-< und >Tiefdruckgebiete< s. Abb. S.565.

Hochdruckgebiet. (Syn. Hoch, Antizyklone). Gebiet, bezogen auf die Umgebung, mit relativ hohem Luftdruck, wobei das Zentrum des H., der Hochdruckkern,

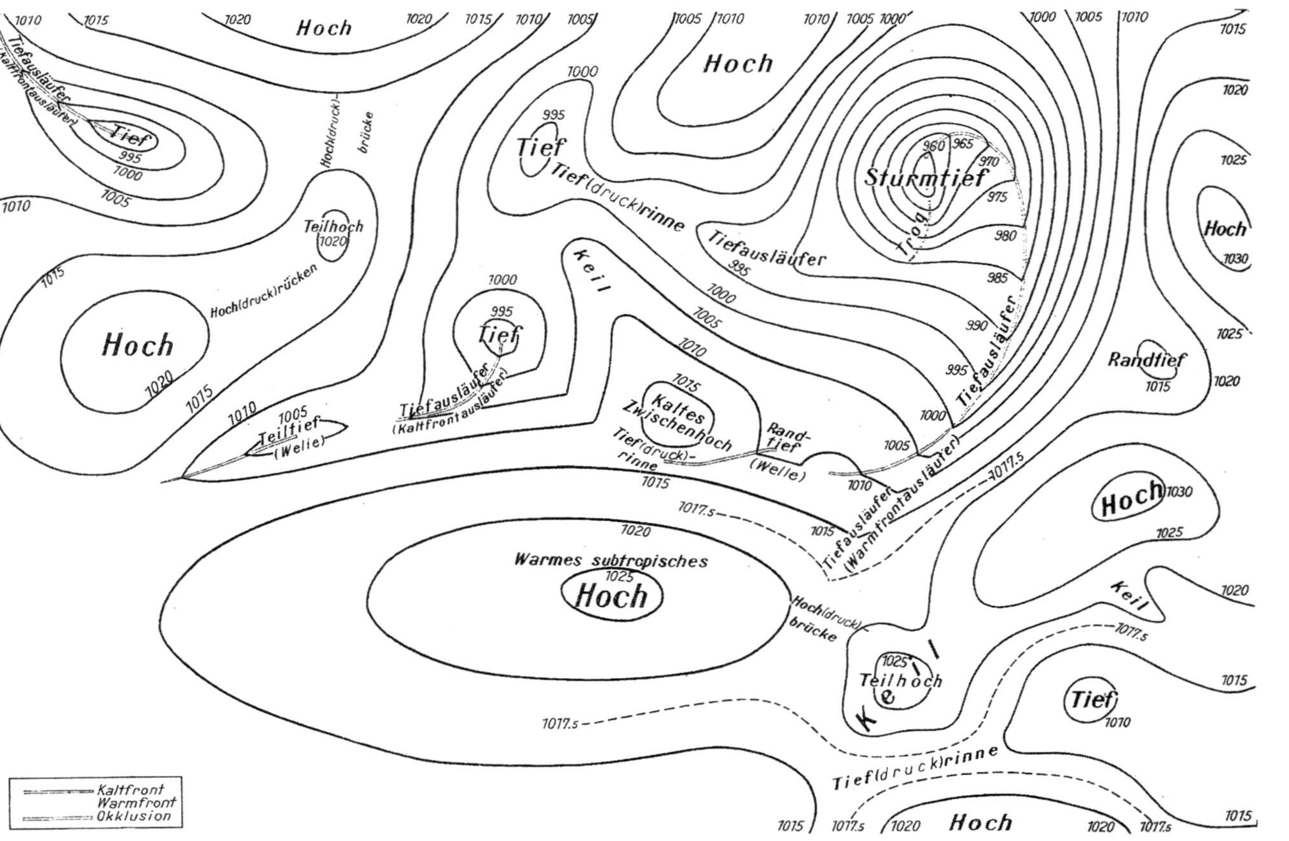

Hochdruckgebiet: Entwicklungsstadien der verschiedenen Hoch- und Tiefdruckgebiete. Aus: Deutsches Hydrographisches Institut Hamburg, DHI (1982) Verwendung der Wetterfunksprüche an Bord, Wetter- und Eisschlüssel, Meteorologische Ausdrücke, Nr. 2157, Loseblattsammlung. Nachdruck mit freundlicher Genehmigung des Bundesamtes für Seeschiffahrt und Hydrographie, Hamburg Rostock – 8095-2/99 N34

den höchsten Luftdruck besitzt. Das H. umfaßt nahezu die gesamte >Troposphäre< und wird in der Bodenwetterkarte von einer oder mehreren >Isobaren<, in den Höhenwetterkarten von einer oder mehreren >Isohypsen< umschlossen. Im H. herrscht absinkende Luftbewegung, die – verbunden mit >adiabatischer Erwärmung< – zur Austrocknung der Atmosphäre und damit zur Wolkenauflösung führt. Da das >Absinken< in der Regel an der >atmosphärischen Grenzschicht< endet, bildet sich an ihr eine >Absinkinversion<, unter der sich Staub und Verunreinigungen sammeln, >Dunst<. In den unteren Schichten des H. strömt die Luft vom höheren zum tieferen Luftdruck (Ausströmen), dabei wird sie von der >Coriolis-Kraft< auf der Nordhalbkugel (Südhalbkugel) nach rechts (links) abgelenkt, so daß sie auf einer im (entgegengesetzt zum) Uhrzeigersinn gekrümmten Bahn das H. verläßt. Diese >Divergenz< in den unteren Schichten wird in der Höhe durch einen Massenzufluß (Konvergenz) kompensiert, bei der Bildung eines H. anfangs sogar überkompensiert, s. Abb. bei >Tiefdruckgebiet<. Nach ihrem thermischen Aufbau lassen sich zwei verschiedene H. unterscheiden:

– Das warme oder dynamische H. weist bis in große Höhen höhere Temperaturen als seine Umgebung auf. Es ist entstanden aus einem nach Norden gerichteten Warmluftstrom an seiner Westflanke und einem nach Süden gerichteten Kaltluftstrom auf seiner Ostflanke. Derartige hochreichende H. sind nahezu stationär und bestimmen dadurch oft für eine Woche oder noch länger die Witterung größerer Gebiete.

– Das kalte oder >Zwischenhoch< besteht aus kalten Luftmassen von nur geringer vertikaler Mächtigkeit. In der oberen >Troposphäre< wird es von einem >Höhentief< oder von einer zyklonal gekrümmten >Höhenströmung< überlagert. Seine Bildung wird durch strahlungsbedingte Abkühlung der unteren Luftschichten unterstützt. Kalte H. bilden sich im Winter über den arktischen Gebieten Kanadas, Skandinaviens und Sibiriens, ihr Kerndruck kann bis zu 1.080 hPa betragen. Daneben bilden sich in den mittleren Breiten in der kalten Rückseitenluft von >Tiefdruckgebieten< H. oder >Hochdruckkeile<, denen meist rasch ein neues Tiefdruckgebiet folgt. Typischer Wetterablauf in einem H.:

– Warme Jahreszeit: große Temperaturschwankungen zwischen Tag und Nacht, oft mehrere Tage hintereinander wolkenloses Wetter. Die sich zeitweilig tagsüber bildenden flachen Quellwolken, sog. Schönwettercumuli, lösen sich meist gegen Abend wieder auf. An derjenigen Seite des H., die den sich vom Atlantik nähernden Tiefdruckgebieten zugewandt ist, treten die größten Windgeschwindigkeiten auf. Langsamer Luftdruckfall deutet auf Anhalten der Hochdruckwetterlage, starker auf Abbau des H. und damit Umstellung der Wetterlage hin.

– Kalte Jahreszeit: In Höhe der >Absinkinversion< entsteht durch nächtliche Ausstrahlung verbreitet Stratusbewölkung (s. Tabelle bei >Wolken<) oder Hochnebel, die sich wegen des geringeren Strahlungsangebotes aufgrund der kürzeren Zeit des lichten Tages nur zögernd auflösen können. Die Folge davon ist, daß in den Niederungen mehrere Tage lang >austauscharmes Wetter<, oberhalb der Inversion in den Kammlagen der Mittelgebirge dagegen bei wolkenlosem Himmel mildes Wetter mit sehr guter Fernsicht vorherrschen. Entwicklungsstadien der verschiedenen Hoch- und Tiefdruckgebiete (s. Abb. S. 565).

Hochdruckkeil. (Syn. Keil, Hochdruckrücken). Von einem >Hochdruckgebiet <ausgehende Zone hohen Luftdrucks, die Linie höchsten Luftdrucks wird als Keillinie oder -achse bezeichnet. Verbindet die Keillinie zwei Hochdruckgebiete, so spricht man von einer >Hochdruckbrücke<. Entwicklungsstadien der verschiedenen Hoch- und Tiefdruckgebiete s. Abb. S. 565.

Hochdruckpolyethylen. (LDPE) >Polyethylen<.

Hochdruckrücken. >Hochdruckkeil<.

Hochdruckspülgeräte. Die Reinigung der >Kanäle< von Ablagerungen und Sperrstoffen mit H. ist das z. Zt. wirtschaftlichste und technisch vollkommenste Verfahren. Mit den H. wird ein Mehrfaches der Leistung gegenüber den herkömmlichen Reinigungsverfahren erreicht. Hinzu kommt, daß der Hochdruckschlauch über eine Umlenkrolle vom Straßenniveau aus in die zu säubernde Kanalleitung eingeführt und wieder herausgezogen werden kann. Die Aufenthaltszeit der Arbeiter in den Schächten wird damit wesentlich reduziert. Sie beschränkt sich praktisch bei diesem Verfahren auf das gelegentlich erforderlich werdende Einbringen und Entfernen von Absperrorganen und das Herausholen der angespülten Ablagerungen. Bewährt haben sich H. mit bis zu 12 m^3 fassenden Wasserbehältern und Pumpenleistungen je Pumpe von 340 L/min bei einem Betriebsdruck von mindestens 100 · 10^5 Pa.
Lit: Abwassertechnische Vereinigung (Hrsg.) (1985–1997) ATV-Handbuch, 4. Aufl., Bd. 1–7, Verlag von Wilhelm Ernst und Sohn, Berlin München.

hochentzündlich. >Gefährlichkeitsmerkmal< nach § 3 a Abs. 1 Nr. 3 >ChemG<. Hochentzündlich sind >Stoffe< und >Zubereitungen<, die als Flüssigkeiten einen Flammpunkt unter 0 °C und einen Siedepunkt oder (bei einem Siedebereich) einen Siedebeginn von höchstens 35 °C haben (Best. gemäß § 1 ChemGefMerkV). Stoffe und Zubereitungen werden mit dem >Gefahrensymbol< und der >Gefahrenbezeichnung< „Hochentzündlich" gekennzeichnet, wenn die Ergebnisse der Prüfungen den in >GefStoffV< Anhang I Nr. 1.1 genannten Kriterien entspr. Die unter Nr. 1.1. 2.4.3 aufgeführten >R-Sätze< werden ebenfalls nach diesen Kriterien ausgewählt.

Hochmoor. Typ des >Moores<, dessen Wasser aus Niederschlägen stammt und das daher sauer und sehr nährstoffarm ist. Die aus den absterbenden Pflanzen freigesetzten Nährstoffe werden sofort wieder von der darüber lebenden Vegetation aufgenommen, so daß der Torfkörper im Lauf der Zeit mächtiger wird und eine flach gewölbte Kuppe bildet. H. enthalten sehr reine, aschearme >Torfe<, so daß sie oft schon sehr früh abgetorft und damit zerstört wurden. Da im H. die Mineralisierung der abgestorbenen >Biomasse< in erster Linie durch den Nährstoffmangel und den niedrigen pH-Wert gehemmt ist, verstärkt die verbreitete >Eutrophierung< weiter Landschaftsteile den mikrobiellen Abbau der Torfe und verändert solche Standorte daher oft irreversibel, wodurch auch der Lebensraum seltener Tier- und Pflanzenarten zerstört wird.

Hochtemperaturkollektoren. Kollektoren, die die >Sonnenstrahlung< wie ein Brennglas >fokussieren<

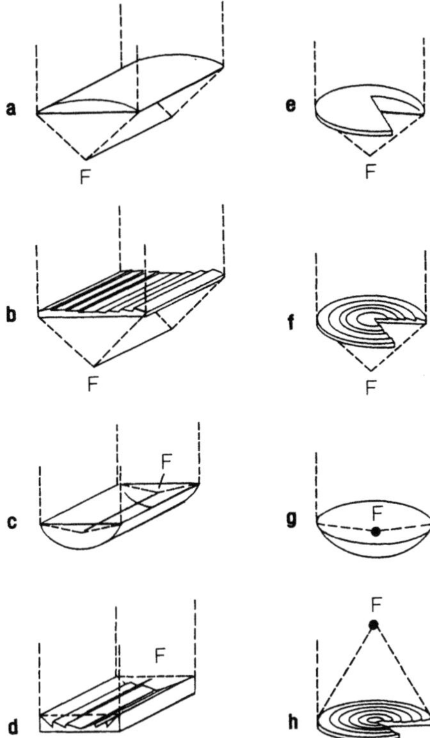

Hochtemperaturkollektoren: Eindimensionale Konzentration *(a–d)* und zweidimensionale Konzentration *(e–h)*. *a* Zylinderlinse; *b* zylindrischer Fresnel-Linse; *c* zylindrischer Prabolspiegel; *d* zylindrischer Fresnel-Spiegel; *e* sphärische Linse; *f* Fresnel-Linse; *g* Parabolspiegel; *h* Fresnel-Spiegel; *F* Brennlinie oder Brennpunkt. (Aus: Ullmanns Encyklopädie der Technischen Chemie, 4. Aufl. 1982)

und somit Temperaturen über 200 °C erzeugen. H. konzentrieren durch geometrisch-optische Methoden (mit Linsen und/oder Spiegeln) die Solarstrahlung. Dadurch werden die >Leistungsdichte< und die Temperatur erhöht, außerdem der Wirkungsgrad verbessert. Bei H. unterscheidet man i. allg. zwischen ein- und zweidimensionaler Konzentration (s. Abb.). Während bei der zweidimensionalen Konzentration die Solarstrahlung im Brennpunkt von rotationssymmetrischen Linsen und/oder Spiegeln fokussiert wird, wird bei der eindimensionalen Konzentration die Solarstrahlung mit zylindrischen Spiegeln und/oder Linsen in deren Brennlinie gesammelt. H. mit zweidimensionaler Konzentration sind demnach *punktfossierende* Kollektoren (z. B. >Parabolspiegel<), die die Solarstrahlung auf ihren geometrischen Mittelpunkt konzentrieren, in dem sich der Wärmeträger befindet. H. mit eindimensionaler Konzentration sind *linienfokussierende* Kollektoren (Rinnen), die die Solarstrahlung auf ein in ihrer Längsachse (Brennlinie) verlaufendes Rohr konzentrieren, durch das das Wärmeträgermedium strömt. H. nutzen nur die Direktstrahlung, da diffuse Sonnenstrahlung nicht konzentrierbar ist, und müssen deshalb der Son-

ne nachgeführt werden. Sie dienen zur Umwandlung von >Solarenergie< in Prozeßwärme mit hoher Temperatur und können somit zur konventionellen Stromerzeugung mittels >Turbine< und >Generator< eingesetzt werden. Ihre häufigste Verwendung finden H. bei >Solarturmkraftwerken<, >Solarfarmen< und >Sonnenöfen<.
Lit: Kleemann M, Meliß M (1993) Regenerative Energiequellen. 2. Aufl., Springer Verlag, Berlin Heidelberg New York Tokyo – Grawe J (1992) Zukunftsenergien. Verlag BONN AKTUELL, München Landsberg.

Hochtemperaturreaktor. Der Hochtemperaturreaktor (HTR) wurde in der Bundesrepublik Deutschland als >Kugelhaufenreaktor< entwickelt. Der Reaktorkern (s. Abb. S. 568) besteht aus einer Schüttung von kugelförmigen >Brennelementen<, die von einem zylindrischen Graphitaufbau als Neutronenreflektor umschlossen wird. Die Brennelemente von 60 mm Durchmesser bestehen aus Graphit, in den der >Brennstoff< in Form vieler kleiner beschichteter Teilchen eingebettet ist. Die Beschichtung der Brennstoffteilchen mit Pyrokohlenstoff und Siliciumkarbid dient zur Rückhaltung der >Spaltprodukte<. Die Brennelementbeschickung erfolgt kontinuierlich während des Leistungsbetriebes. Zur Kühlung des Reaktorkerns dient das Edelgas Helium, das beim Durchströmen der Kugelschüttung je nach Anwendungszweck auf 700 bis 950 °C erhitzt wird. Alle Komponenten des prim. Helium-Kreislaufes sind in einem >Reaktordruckbehälter< eingeschlossen, der bei einer .Leistungsgröße von über 200 MW als Spannbetonbehälter ausgeführt wird. Der Hochtemperaturreaktor ist eine universell einsetzbare Engergiequelle, die Wärme bei hoher Temp. bis 950 °C für den Strom- und gesamten Wärmemarkt bereitstellt. Weiteres Ziel der HTR-Entwicklung ist die direkte Nutzung der nuklear erzeugten Wärme bei hoher Temp. für chem. Prozesse, insbesondere zur Kohlevergasung. Als erster deutscher HTR war das AVR-Versuchskraftwerk in Jülich von 1966 bis 1988 in Betrieb. Es hat die Technik des >Kugelhaufenreaktors< und seine Eignung für den Kraftwerksbetrieb bestätigt. Durch langjährigen Betrieb bei 950 °C Heliumtemp. wurde die Eignung des HTR als Prozeßwärmereaktor demonstriert. Als zweites deutsches Projekt war das THTR-300-Prototypkernkraftwerk in Hamm-Uentrop von 1983 bis 1989 in Betrieb.

Hochtemperaturverkokung. >Entgasung<.

Hochwasser. Über den mittleren Wasserstand (MW) bzw. Abfluß (MQ) hinausgehende, meist kurzfristige Erhöhung des Wasserstandes bzw. in >Fließgewässern< der Abflußmenge. H. entsteht mehr oder weniger rasch durch Oberflächenabfluß von Niederschlag (surface runoff) in Fließgewässern und entsprechend erhöhtem Zufluß in Seen. In Fließgewässern steigt das H. rasch an und fällt wegen des verzögerten Zwischen- und Basisabflusses langsamer ab, wie aus der Hochwasserganglinie hervorgeht (>Basisabfluß<).

Hochwasserschutz. Maßnahmen zur Begrenzung von Hochwasserschäden in Sohlen- und Uferbereichen von >Fließgewässern<, seltener von >Seen<. Dazu gehören die Sohlensicherung gegen Erosion, Dämme entlang der Ufer sowie Rückhaltebecken zur Aufnahme des >Hochwassers<. H. erfordert die Festlegung eines Schutzzieles, z. B. Güter- und Personenschutz in Überflutungsgebieten. Die Fernhaltung von Überflutungen in natürlichen Auengebieten (Flußauen) ist

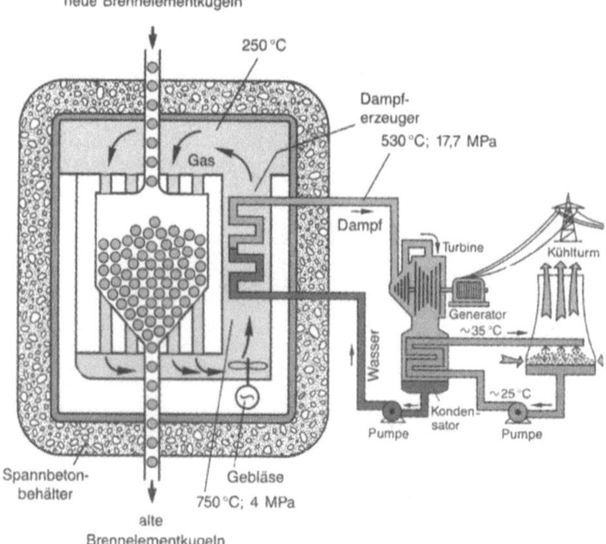

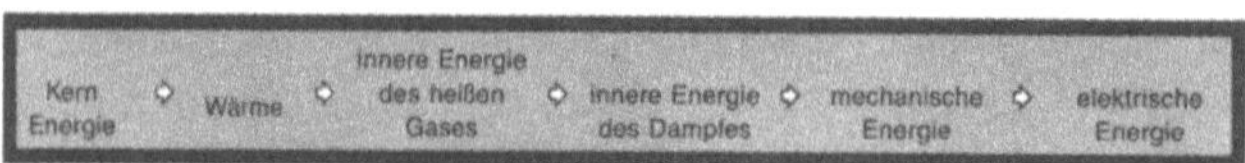

Hochtemperaturreaktor: Kernkraftwerk mit Hochtemperaturreaktor (Kreisläufe)

ökologisch nicht mit einem Schutzziel zu rechtfertigen, da Überflutungen von Ufergbieten zu den Systemeigenschaften von Fließgewässern gehören.

Hodogramm. Graphische Darstellung der vektoriellen Addition der in bestimmten Zeitintervallen ermittelten Geschwindigkeitsvektoren eines Bewegungsvorganges, aufgezeichnet ausgehend vom Startpunkt der Bewegung.

Höchstmenge (MRL). Höchstmengen an Rückständen von Pflanzenschutzmitteln sind staatlich festgelegte Werte zum Schutz der menschlichen Gesundheit (>Rückstands-Höchstmengenverordnung<); MRL (Maximum Residue Limit) ist die maximale Konzentration eines Pflanzenschutzmittelrückstands (ausgedrückt in mg/kg). MRL's basieren auf Daten der guten landwirtschaftlichen Praxis, die toxikologisch unbedenklich sind. Die Codex Alimentarius Commission spricht Empfehlungen aus, welche Mengen, die in Lebens- und Futtermitteln toleriert werden können. Codex MRL, die in erster Linie dazu dienen, im internationalen Handel Anwendung zu finden, werden aus Abschätzungen durch das Joint WHO/FAO Meeting on Pesticide Residues nach einem bestimmten Verfahren (toxikologische Abschätzung und überwachte Rückstandsversuche) gewonnen.

Höchstmengen. Festsetzung: Für Lebensmittel, bei denen aus technologischen Gründen Zusatzstoffe zugesetzt wurden oder bei denen unvermeidbar mit >Rückständen< von Pflanzenbehandlungsmitteln oder Um-weltkontaminanten zu rechnen ist, werden nach eingehender toxikologischer Prüfung Höchstmengen festgesetzt. Unabhängig von der Festsetzung von Höchstmengen erfolgt damit zugleich die Ermittlung der maximalen duldbaren Tagesdosis (>ADI-Wert<) zur Risikoabschätzung von zur Zulassung anstehenden >Tierarzneimitteln<, >Futterzusatzstoffen<, Pflanzenbehandlungsmitteln und Chemikalien. Bei den Tierarzneimitteln und Futterzusatzstoffen dient die toxikologische Prüfung zugleich der Festsetzung von >Wartezeiten< (Absetzfristen).

Höchstmengenverordnung.   S. >Rückstands-Höchstmengenverordnung<.

Höhenpotential. >Gravitationspotential<.

Höhenstrahlung. >Strahlenexposition<.

Höhenströmung. Strömung der Luft in der freien >Atmosphäre<, in der Regel von West nach Ost gerichtet. Ihre Geschwindigkeit wird im wesentlichen durch den >meridionalen< Temperaturgradienten bestimmt. In den mittleren Breiten hat die H. einen wellenförmigen Verlauf (mäandrieren), in dem sich in ihr >Höhenrücken< und >Höhentröge< bilden; dabei schwankt die H. meist zwischen SW und NW. Form und Größe der Mäander werden von der Verteilung der Warm- und Kaltluftmassen beiderseits der H. sowie von der Topographie des Untergrundes bestimmt. So bilden sich auf der leewärtigen Seite von angeströmten Gebirgen Mäander aus. Die H. hat in den mittleren Breiten ihr Maximum im >Strahlstrom<.

Höhentrog. Zyklonale Ausbuchtung in der >Höhenströmung<, die zusammen mit den vorgelagerten oder nachfolgenden Höhenhochkeilen (Höhenrücken) als Welle in der Regel von West nach Ost wandert. Da der H. und der Höhenrücken unterschiedliche Wanderungsgeschwindigkeiten haben, verformt sich das Muster der >Höhenströmung< im Laufe der Zeit. Auf der Vorderseite des H., an der sich die >Tiefdruckgebiete< entwickeln, wird mit südwestlicher Strömung warme Luft nach Norden transportiert. Auf der Rückseite des H. wird zum Ausgleich Kaltluft nach Süden transportiert.

Hohe-See-Einbringungsverordnung. Verordnung zur Durchführung des Gesetzes zu den Übereinkommen vom 15.02.1972 und 29.12.1972 zur Verhütung der >Meeresverschmutzung< durch das Einbringen von >Abfällen< durch Schiffe und Luftfahrzeuge. Die Verordnung bezieht sich auf den Artikel 7 Abs.2 Nr.1 Buchstabe e und Nr.2 des Gesetzes vom 11.02.1977, welches auf den beiden oben genannten Übereinkommen beruht (BGBL. 1977 II, S.165). Die Hohe-See-Einbringsverordnung verlangt, daß gegenüber dem Deutschen Hydrographischen Institut (DHI) – seit 01.07.1990 Bundesanstalt für Seeschiffahrt und Hydrographie (BSH) – nach § 1 der Verordnung folgende Nachweise zu führen sind: 1) Bestätigung eines unabhängigen Sachverständigen, daß die auf das Schiff, das Luftfahrzeug oder die Anlage geladenen Stoffe der Abfallbeschreibung der Erlaubnis entsprechen, 2) Bestimmung des Standortes des Schiffes, des Luftfahrzeuges oder der Anlage durch Funkpeilung oder andere Ortungsverfahren während des Einbringens, Einleitens oder Verbrennens (Beseitigung) von Stoffen, 3) Bericht des Führers des Schiffes, Luftfahrzeuges oder der für die Sicherheit der Anlage verantwortlichen Person über die durchgeführte Beseitigung, 4) Entnahme und Untersuchung von Wasserproben durch einen unabhängigen Sachverständigen nach der Beseitigung. Im Einzelfall konnte das DHI bzw. kann die BSH von der Pflicht zur Führung dieser Nachweise befreien, wenn anderweitig die ordnungsgemäße Durchführung des Einbringungsverfahrens sichergestellt ist. § 2 der Verordnung regelt die Höhe der Gebühren, welche die BSH (vor dem 01.07.1990 das DHI) für die entsprechenden Amtshandlungen erheben kann: 1) Für die Entscheidung über die Erteilung einer Erlaubnis zur Beseitigung von Stoffen: DM 1.000 bis DM 20.000; 2) für die Probennahme von Stoffen: DM 500 bis DM 1.000; 3) für die Überwachung bei a) Einbringung oder Einleitung (1 Tag): DM 900, b) Verbrennung (2 Tage): DM 2.000; Zuschlag für jeden weiteren Tag: DM 400; 4) für die Überwachung des Verhaltens der Stoffe im Zusammenhang mit einer Beseitigung: DM 1.000 bis DM 20.000. Bei der Festsetzung der Gebühren zu 1) und 4) ist zu berücksichtigen, in welchem Umfang das DHI (seit 01.07.1990 die BSH) entsprechende eigene Untersuchungen vornehmen muß. Auslagen mit Ausnahme von Fernschreib- und Fernsprechgebühren werden gesondert erhoben. Aus Gründen der Billigkeit oder des öffentlichen Interesses können Gebühren nach 1) und 4) ermäßigt oder von ihnen befreit werden. § 3 der Verordnung bestimmt, daß ordnungswidrig im Sinne des Artikels 10 Abs.1 Nr.3 des o.a. Gesetzes vom 11.02.1977 handelt, wer vorsätzlich oder fahrlässig einer Vorschrift nach § 1 über das Führen von Nachweisen zuwiderhandelt. Die Zuständigkeit für die Verfolgung und Ahndung derar-

tiger Ordnungswidrigkeiten wird dem DHI (seit 01.07.1990 der BSH) übertragen. Nach § 4 gilt die Verordnung auch für das Land Berlin. Die Verordnung ist am 07.12.1977 in Kraft getreten.
Lit: Bundesgesetzblatt (1977) Teil I, S.2478–2479.

Hohl- und Parabolspiegel. Einen Hohlspiegel, also einen gewölbten Spiegel, kann man sich als Teil einer Kugelschale vorstellen, die an der inneren Seite verspiegelt ist. Parallele Strahlen, die „sehr benachbart" zur optischen Achse einfallen, werden vom Hohlspiegel (s. Abb.) reflektiert und schneiden sich im Brennpunkt (F). Der Abstand des Brennpunkts vom Scheitel (S) des Spiegels heißt Brennweite (f) und ist für einen Hohlspiegel gleich dem halben Kugelradius (r) (f = 1/2 r). Parallele Strahlen, die mit größerem Abstand zur optischen Achse einfallen, schneiden sich nicht mehr im Brennpunkt, sondern näher am Scheitelpunkt des Spiegels. Man nennt diese Abweichung die sphärische Aberration. Die sphärische Aberration verhindert die Benutzung weit geöffneter Hohlspiegel, wenn es auf exakte Konzentrierung der Strahlung ankommt. Für diese Zwecke ist ein Parabolspiegel (s. Abb.) vorzuziehen, dessen Fläche als durch Rotation einer Parabel um ihre Achse entstanden gedacht werden kann. Da bei einer Parabel die Normale (Senkrechte zur Parabel) den Winkel zwischen einem beliebigen achsenparallelen Strahl und dem zugehörigen Reflexionsstrahl halbiert, geht jeder parallel einfallende Strahl durch den Brennpunkt. Damit gibt es keine sphärische Aberration. Wegen der Umkehrbarkeit des Strahlengangs gilt auch: Bringt man eine möglichst punktförmige Lichtquelle in den Brennpunkt eines Parabolspiegels, so verlassen die von der Lichtquelle aus-

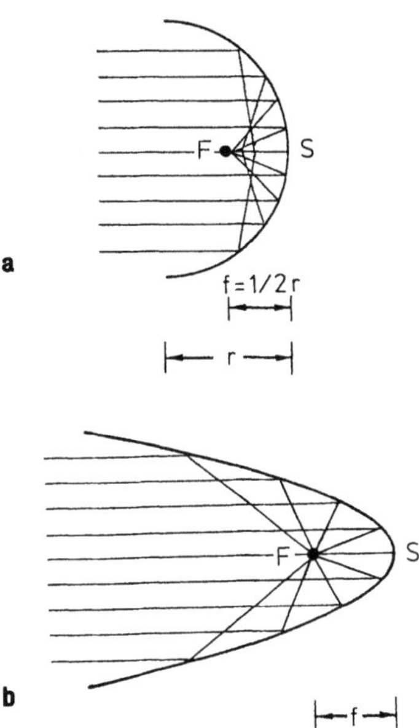

Hohl- und Parabolspiegel: Darstellung eines Hohl- und eines Parabolspiegels: Im Gegensatz zum Hohlspiegel (a) werden beim Parabolspiegel (b) alle einfallenden Strahlen im Brennpunkt gebündelt (F Brennpunkt, S Scheitelpunkt, f Brennweite, r Radius)

gehenden Strahlen den Parabolspiegel als achsenparalleles Strahlenbündel. Wenn es also auf eine hohe Konzentrierung der Strahlen ankommt, wie es z.B. bei Scheinwerfern oder speziellen >Sonnenkollektoren<, verwendet man Parabolspiegel, andernfalls können auch Hohlspiegel benutzt werden.

Hohlraumanteil. (Porosität, Kluftvolumen). Gestein und Boden bilden das poröse Medium, in dem das Wasser und andere Fluide unter dem Einfluß von verschiedenen Kräften fließen. Dieses poröse Medium besteht aus der festen Matrix (Skelett), einer Mischung von festen Mineralkörpern, getrennt und umgeben von Lücken, Poren und Hohlräumen, die mit Wasser, Gasen oder org. Substanz gefüllt sein können. Bei >Festgesteinen< sind die Hohlräume vor allem als Klüfte und Lösungshohlräume ausgebildet (>Trennfugen<). Die Bez. „Porosität" wird üblicherweise bei >Lockergesteinen< angewendet, die Bez. „Kluftvolumen" bei Festgesteinen. Durch Adsorption ist der für die Grundwasserbewegung verfügbare Hohlraumanteil eingeschränkt. Der Teil des Hohlraumanteils n, der für die >Grundwasserströmung< nach Abzug des Volumens n_g an >Adsorptionswasser< und >Kapillarwasser< verbleibt, wird als effektiver, nutzbarer oder durchflußwirksamer Hohlraumanteil n_e (= n − n_g) bezeichnet. Von diesem wird der speichernutzbare Hohlraumanteil n_{sp} unterschieden, bei dem nur die bei Höhenänderungen der Grundwasseroberfläche gegen Adsorptions- und Kapillarkräfte entleerbaren Hohlräume berücksichtigt sind. Als Maß für den Anteil des gravitativ bewegbaren Wasservolumens im wassergesättigten Gebirge dient die spezifische Ergiebigkeit, während die spezifische Retention den Anteil des durch Oberflächenkräfte gegen die Schwerkraft gehaltenen Wassers angibt.

Lit: Deutscher Normenausschuß (Hrsg.) (1994) Hydrologie, Begriffe z. quantitativ. Hydrol. – Mattheß G, Ubell K (1983) Allgemeine Hydrogeologie. Borntraeger-Verlag, Berlin Stuttgart.

Hohlraumverfüllung. Die Verfüllung von Resthohlräumen (in Einlagerungskammern, Strecken und Schächten) eines >Endlager-Bergwerkes< bzw. einer >Unter-

tagedeponie< mit >Versatz< dient dem sicheren Einschluß der Abfälle innerhalb des >Wirtsgesteins< und stellt damit eine wichtige Komponente des >Multibarrierensystems< dar. Hauptaufgaben der Hohlraumverfüllung sind a) Stützwirkung, b) Verringerung des Porenvolumens und c) Lastabtragung von Stapelkräften (bei der >Bohrlochlagerung<).

Holomixis. Vollzirkulation. Durchmischungszustand eines >Sees<, der die gesamte Wassermasse erfaßt und zu einer gleichmäßigen Stoffverteilung im Gewässer führt. Ein See, in dem dies regelmäßig oder gelegentlich eintritt, heißt holomiktisch. >Fließgewässer< sind wegen der >turbulenten< Wasserbewegung immer im Zustand der H. S.a. >Mixis<.

Holozän. Bezeichnung für die Nacheiszeit, die etwa die letzten 10.500 Jahre umfaßt und in Präboreal, Boreal, Atlantikum, Subboreal und Subatlantikum gegliedert ist.

Holsystem. Entsorgungssystem, bei dem auch >Wertstoffe< mit einer zweiten Tonne direkt beim Abfallerzeuger von der Müllabfuhr abgeholt werden. Das Gegenteil ist das >Bringsystem<. Mit dem H. können größere Massen an Wertstoffen erfaßt werden, da das System für die Benutzer bequemer ist und auch jedem Bewohner einer Siedlung zur Verfügung steht. Häufig sind die Wertstoffe beim H. jedoch stärker verunreinigt als beim Bringsystem, insbesondere dann, wenn unterschiedliche Wertstoffe in einer gemeinsamen Tonne gesammelt werden (z.B. Glas und Papier). Zudem sind die Investitionskosten für die Behälter größer.

Holz. 1. Holz oder sek. >Xylem< ist die topographische Bezeichnung für ein pflanzliches Dauergewebe von beachtlicher Druckfestigkeit, Elastizität und Persistenz, das bei >Gymnospermen< und >Dikotylen< vom >Kambium< der >Sproßachse< und der >Wurzel< während des sek. Dickenwachstums i.allg. in Form von Jahresringen nach innen abgegeben wird. Den Hauptanteil machen die mehr oder weniger stark verholzten >Tracheiden< und (nur bei Dikotylen) >Tracheen< aus, die dem Wasser- und Mineralsalz-

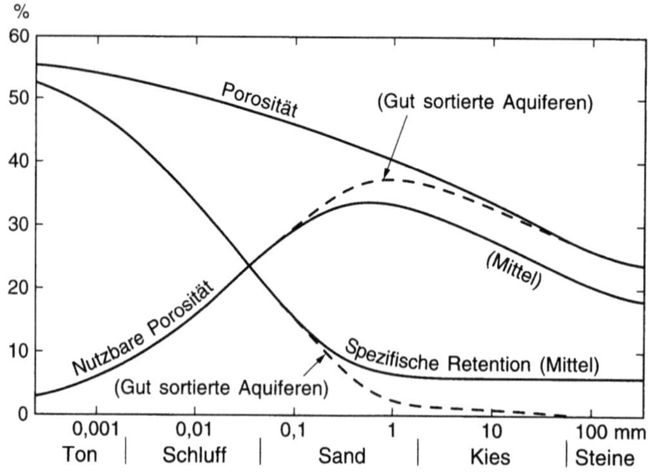

Hohlraumanteil: Beziehungen zwischen Gesamtporen-, Nutzporen- und Adsorptionswasserraum in Abhängigkeit von der Korngröße

transport sowie der Festigung dienen. Hinzu kommen (nur bei Dikotylen) die Holzfasern mit Festigungsfunktion und bei allen H. Holzparenchym, lebende Zellen zur Speicherung von Reservestoffen. Die Bezeichnung H. ist unabhängig vom Verholzungsgrad; der Anteil des >Lignins< liegt bei 20 bis 30%.
2. Holz als Rohstoff liefert neben Bau- und Möbelholz etc. sowie Brennmaterial auch den Grundstoff für die Papierherstellung. Bei der weiteren chem. Verarbeitung gewinnt man >Cellulose<, Kunstseide und >Glucose< (Holzverzuckerung). Bei der trockenen Destillation entsteht u. a. >Methan< und >Methanol<, die z. B. zum Motorantrieb genutzt werden können, sowie Holzkohle und -teer. Von wirtschaftlicher Bedeutung sind außerdem Harze, Balsame und Räuchermittel sowie >Farbstoffe< aus Hölzern.

Holzschutzmittel. Die Verwendung von Holz als Werkstoff (>Baumaterialien<) erfordert Maßnahmen zum konstruktiven und chem. Holzschutz gegen schädliche Insekten und >Pilze<. So müssen im Haus- und Wohnungsbau gemäß DIN 68800 tragende und aussteifende Holzbauteile durch >insektizide< und >fungizide< Holzschutzmittel>wirkstoffe< chem. geschützt werden. Zu unterscheiden sind wasserlösliche, ölige und lösemittelhaltige H. Wasserlösliche Produkte bestehen aus Mischungen versch. Salze. Zu diesen anorg. Einzelkomponenten gehören >Fluor<-, >Bor<-, >Phosphor<-, >Arsen<-, >Chrom<-, >Kupfer<-, >Quecksilber<- und >Zink<-Verb. So ist als älteste chem. Holzbehandlung aus dem 19. Jahrhundert der Oberflächenschutzanstrich mit einer Quecksilberchloridlsg. als „Kyanisieren" bekannt. Seit 1921 sind ölige Präparate mit chlorierten Naphthalinen als „Xylamone" auf dem Markt. Es handelt sich um spezielle Steinkohlenteer-Destillate mit >aromatischen< >Kohlenwasserstoffen< und >Phenolen< als Hauptbestandteile. Spezielle, niedrig-viskose Teeröl-Destillate werden als Carbolineen bezeichnet. Am meisten eingesetzt werden H. auf Lsg.-Mittelbasis (>Lösungsmitteldämpfe<), die oft als Mischpräparationen org. Insektizide und Fungizide enthalten. Als Zusatzstoffe fungieren Netzmittel, Penetrationshilfsmittel, Fixierungsmittel, Korrosionsinhibitoren, >Farbstoffe<, >Pigmente< oder Bindemittel. Zu den insektiziden Holzschutzmittelwirkstoffen gehören Chlorkohlenwasserstoffe (>Lindan<), >Phosphorsäureester<, >Carbamate< und >Pyrethroide<. Neben zinnorg. Verb. und chlorierten Naphthalinen ist >Pentachlorphenol< (PCP) als bekanntester fungizider Holzschutzmittelwirkstoff zu nennen. Nach dem generellen Anwendungsverbot von PCP in der Bundesrepublik Deutschland im Jahr 1987 werden weniger tox. Substanzen aus den Stoffklassen der Nitrile (Chlorthalonil), Phthalimide (Dichlofluanid, Tolylfluanid), Triazole (Propiconazol, Tebuconazol) sowie metallorganische Verbindungen (Aluminium HDO) u. a. im Holzschutz eingesetzt. Trotz einer Vielzahl von Untersuchungen in >Fallstudien< und >Modellversuchen< ist das Verhalten dieser Verb. in >Innenräumen< noch nicht endgültig zu beurteilen. Es zeigt sich aber analog zu >PCP<, daß diese Substitutionsprodukte infolge >Volatilisation< aus dem Holzschutzanstrich freigesetzt werden und zur >Innenraumbelastung< beitragen. Dabei kann auf eine Anwendung von Fungiziden in Innenräumen verzichtet werden, da hier eine für den Befall mit Bläuepilzen erforderliche Holzfeuchte von 20% nur selten auftritt. Außerdem bewirken Holzveredelungsmittel (>Lak-

ke<, >Lasuren<, Firnisse) ohne eigentliche Holzschutzmittelwirkstoffe schon durch eine porenfüllende Oberflächenversiegelung einen gewissen Holzschutz.
Lit: Metzner W, Bellmann H (1976) Holzschutz. In: Bartholomé E, Biekert E, Hellmann H, Ley H, Weigert WM (Hrsg.) Ullmanns Enzyklopädie der technischen Chemie. Verlag Chemie, Weinheim New York, 685–702.

Holzstaub. >Verordnungen zur Durchführung des Bundes-Immissionsschutzgesetzes<.

Holzstaub-Verordnung. Die Siebente Verordnung zur Durchführung des >Bundes-Immissionsschutzgesetzes< (Verordnung zur Auswurfbegrenzung von Holzstaub – 7. BImSchV) vom 18. Dezember 1975 gilt für die Errichtung, die Beschaffenheit und den Betrieb staub- oder späneemittierender Anlagen zur Bearbeitung oder Verarbeitung von Holz oder Holzwerkstoffen einschl. der zugehörigen Förder- und Lagereinrichtungen für Späne und >Stäube<. Zum Schutz der Nachbarschaft vor >Belästigungen< macht die Verordnung Vorgaben für eine staubarme Lagerung und einen emissionsarmen Umschlag und führt >Emissionswerte< zur Begrenzung der >Massenkonzentrationen< an Staub und Spänen in der >Abluft< auf, für Schleifstaub 50 bzw. 20 mg/m³, bei Neuanlagen und für anderen Staub und Späne 50 bis 150 mg/m³ in Abhängigkeit vom >Abgasvolumenstrom<.

Homöopathie. Durch SAMUEL HAHNEMANN (1755–1843) begründete, von der >Allopathie< abweichende Heilmethode. Zwei wesentliche Prinzipien: *Simileprinzip*: Zufuhr von Substanzen in niedriger Dosierung, die in hoher Dosis den Krankheitserscheinungen ähnliche Symptome hervorrufen (z. B. Gabe von >Thallium< in niedriger Dosis zur Behandlung von Haarausfall; typisches Symptom einer Thallium-Intoxikation ist der Haarausfall). *Dosierung* in abgestimmten Verdünnungen (Potenzen): z. T. extrem niedrige Dosierung, wobei der Ausgangsstoff meist in Dezimalpotenzen verdünnt wird und der Dezimalexponent die Verdünnungsstufe charakterisiert (D1 = 1:10, D2 = 1:100 usw.).

Homogener Reaktor. >Reaktor<, in dem der >Brennstoff< als Gemisch mit >Moderator< oder Kühlmittel vorliegt. Flüssig-homogener Reaktor: z. B. Uranylsulfat in Wasser; fest-homogener Reaktor: z. B. Mischung von >Uran< (UO_2) in >Polyethylen<.

Homogene Systeme. Im Gegensatz zu >heterogenen< (natürlichen) Systemen< erdachte oder Laborsysteme, mit denen sich die prinzipiellen phys.-chem. Sachverhalte untersuchen lassen, wie z. B. die sog. Zustandsgleichungen für (ideale) Gase in einem mit einem beweglichen Stempel abgeschlossenen Raum, der das (ideale) Gas enthält.

Homogenisierung von Abfällen. Vorbehandlungsart von Abfällen in einer >Abfallentsorgungsanlage<. Wird v. a. bei der >Rotte< angewendet. Das Verfahren wird zumeist in einer Mischtrommel durchgeführt. Die H. dient dazu, die in ihrer Zusammensetzung und Stückgröße sehr unterschiedlichen Abfälle zu vermischen und so gleichmäßigere Bedingungen für den biol. Abbauprozeß in der Rotte zu erhalten. Zusätzlich können in der Mischtrommel Klärschlamm und/oder Sickerwasser hinzugefügt werden, um optimale Bedingungen für die Rotte einzustellen.

homoiotherm. Bezeichnung für Organismen, die ihre Körpertemperatur trotz wechselnder Umgebungstemperatur konstanthalten können. Dazu gehören Warmblütler wie Säugetiere und Vögel. Gegensatz: >poikilotherm<, s.a. >Thermoregulation<.

Homosphäre. Unterer Teil der >Atmosphäre<, in dem die Zusammensetzung der atmosphärischen Gase, ohne Berücksichtigung der Feuchte, etwa einheitlich ist, s. Tabelle bei >Atmosphäre<. Die H. reicht bis in etwa 120 km Höhe. H. und >Heterosphäre< beziehen sich auf die Zweiteilung der Atmosphäre unter alleiniger Berücksichtigung ihrer chemischen Zusammensetzung.

homozygot. (Substantiv Homozygotie). Diploider oder polyploider Organismus, der zwei gleiche >Allele< eines >Gens< in seinem >Genom< aufweist. Im Gegensatz dazu steht die >heterozygote< Zelle.

Horizontalsicht. Größte horizontale Entfernung, in der dunkle, in Erdbodennähe befindliche Objekte mit einer scheinbaren Größe (Sichtwinkel) von 0,5° bis 5°, noch vor dem Hintergrund erkannt werden können.

Horizonte. >Bodenhorizonte<.

Hormoncocktail. In der Tierproduktion gibt es wiederholt Fälle eines verbotenen Einsatzes von leistungsfördernden Substanzen wie verschiedene >Anabolika<. Bei Hormoncocktails handelt es sich um Mischungen verschiedener Anabolika, die zur Förderung des Muskelwachstums an Tiere verabreicht werden.

Hormone. (Grch. hormao = antreiben).
1. Allgemein: chem. Botenstoffe, die neben den Neurotransmittern zur Kommunikation zwischen Zellen in einem Lebewesen dienen. Sie werden in spezialisierten Zellen, die häufig zu endokrinen Drüsen zusammengefaßt werden, gebildet, an die Blutbahn abgegeben und zu den Zielzellen transportiert. Je nach Entfernung, über die sie wirken, teilt man H. in verschiedene Gruppen ein:
a. Autokrine H. wirken auf dieselbe Zelle, die sie auch freisetzt. Beispiel: Interleukin-2, ein Produkt der T-Zellen, mit dem diese sich selbst stimulieren. >Immunsystem<.
b. Parakrine H. wirken nur auf Zellen ein, die der hormonproduzierenden Zelle unmittelbar benachbart sind. Sie werden auch als Gewebshormone bezeichnet. Der Transport zu den Zielzellen erfolgt nicht notwendigerweise über die Blutbahn, sondern auch durch direkte Diffusion über den Extrazellulärraum. Beispiele: Wachstumsfaktoren, Prostaglandine. Letztere werden auch als Mediatoren bezeichnet, da sie nicht aus spezialisierten Drüsenzellen stammen, sondern von vielen Zelltypen gebildet werden.
c. Endokrine H. wirken auf Zellen, die vom Ort der Hormonfreisetzung weit entfernt sind. Beispiele: Insulin, Adrenalin, Steroidhormone.
Im Menschen gibt es etwa 100 verschiedene H., die in Konzentrationen zwischen 10^{-7} und 10^{-12} mol/l im Blut vorkommen. Diese Konzentrationen zeigen erhebliche Schwankungen und ändern sich oft periodisch in Zyklen, die von der Tages-, Monats- oder Jahreszeit o.ä. abhängen können. In einigen Fällen ist die Ausschüttung von H. ereignisgesteuert, so z.B. von Adrenalin oder Insulin. Die Inaktivierung von H. erfolgt durch Proteolyse oder Reduktionsvorgänge v.a. in der Leber.
H. üben ihre Wirkung auf die Zielzelle durch >Rezeptoren< aus. Lipophile H. wie die Steroidhormone (Progesteron, Estradiol, Testosteron etc.) und das Schilddrüsen-H. Thyroxin durchdringen die Zellmembran

und binden im Innern der Zelle an ihren spezifischen Rezeptor. Dieser Komplex bindet an die >DNA< (>DNA-bindende Proteine<) und beeinflußt die >Transcription< bestimmter Gene. Hydrophile H., das sind v.a. H., die sich von Aminosäuren ableiten oder Peptide oder Proteine, binden an der Außenseite der Zielzelle an spezifische Rezeptoren, die in die Zellmembran (>Biomembran<, >Lipidmembran<) eingebettet sind. Die Wirkung dieser H. ist sehr unterschiedlich, da zu dieser Gruppe z.B. Insulin und Glukagon, Adrenalin, Wachstumshormon (auch Somatotropin genannt), Wachstumsfaktoren und Parathormon gehören. Durch die Bindung des H. an seinen Rezeptor im extrazellulären Raum ändert der Rezeptor seine Konformation, so daß es zu Folgereaktionen, die kaskadenartig verlaufen, kommt. Die erste intrazelluläre Reaktion kann z.B. eine Autophosphorylierung des Rezeptorproteins an Tyrosinresten sein, oder aber die Wechselwirkung des Rezeptorproteins mit einem sog. G-Protein, das dann Enzyme aktiviert, so daß sekundäre Botenstoffe wie cyclo-AMP und Ca^{2+} gebildet bzw. freigesetzt werden.
Störungen des H.-Systems im Organismus sind für eine Reihe von Krankheiten verantwortlich. Im Sport werden sie beim Doping und in der Landwirtschaft bei illegalen Methoden in der Tiermast (s.u.) gezielt ausgelöst.
2. Tierernährung: Im intakten Organismus sorgt ein ausgewogenes System von H. verschiedener Wirkungsrichtungen für den ungestörten Ablauf der vielen Stoffwechsel- und Entwicklungsvorgänge. Überschuß oder Mangel an einem bestimmten H. vermag Ausmaß oder Richtung der von diesem H. gesteuerten Funktion zu verändern. In der Tierernährung interessieren v.a. solche Fälle, in denen sich durch ihren Einsatz Entwicklung und Leistung verbessern lassen. Solche Möglichkeiten sind besonders durch orale Gaben von Hormonen der Schilddrüse und von Geschlechtshormonen (>Androgene<, >Östrogene<) oder analog wirkenden Substanzen wie z.B. Thyreostatika (Hemmung der Schilddrüsenfunktion) und Stilbenderivaten (Östrogenwirkung) bekannt. Dabei werden solche Verbindungen, die neben anabolen auch hormonelle Wirkung entfalten (entsprechend den Sexualhormonen), auch als Anabolika bezeichnet. >Anabolika< zeigen bei gezielter Anwendung Verbesserungen in der >Futterverwertung< und echtem Wachstum (Eiweißeinsatz), während der Gewichtszuwachs bei Thyreostatikagaben durch vermehrte Füllung des Magen-Darm-Traktes und Wasseranreicherung im Körper zustande kommt. Alle diese Substanzen mit Hormonwirkung sind aber in Deutschland für eine nutritive Anwendung nicht zugelassen, da die Verwendung solcher Präparate in der praktischen Tierernährung voraussetzt, daß weder schädliche Nebenwirkungen am Tier noch >Rückstände< in den Nahrungsmitteln auftreten.

Lit: Hennig A (1982) Anabolika. In: Hennig A (Hrsg.) Ergotropika, Eine wissenschaftlich-monografische Zusammenstellung über stoffwechsel- und verzehrsregulierende Substanzen für landwirtschaftliche Nutztiere, VEB Deutscher Landwirtschaftsverlag, Berlin, S.132 – Koolman J, Röhm K-H (1994) Taschenatlas der Biochemie. Georg Thieme Verlag, Stuttgart New York – Voet D, Voet JG (1992) Biochemie. VCH, Weinheim.

Hornblende. Mineral der Amphibolgruppe mit der Formel $Ca_2(Mg,Fe,Al)_5(Si,Al)_8O_{22}(OH)_2$, dunkel gefärbt. H. verwittern in Böden relativ leicht und sind daher wirksame Säurepuffer.

Hornkiesel. „Präparat 501" der biologisch-dynamischen Wirtschaftsweise, besteht aus gemahlenem Quarz, bevorzugt empfohlen wird Bergkristall oder Gangquarz.

Hornmehl. Organisches Düngemittel, gewonnen durch Zermahlen von Hornmaterial, enthält bis zu 14% Stickstoff, aufgrund seiner Umsetzungsgeschwindigkeit langsam wirkend.

Hornmilben (Oribatida). >Arachnida<, >Bodenfauna<, >Mull-Moder-Modell<, (s. Abb. S.223).

Hornmist. „Präparat 500" der >biologisch-dynamischen Wirtschaftsweise<, besteht aus Rinderdung, der am besten während des Weideganges der Tiere gesammelt werden soll.

Hospitalismus. 1. Medizin: infektiöser H., Sammelbezeichnung für >Infektionskrankheiten<, die in Kliniken, Pflegeheimen u.a. teilweise durch >Antibiotika<->resistente Erreger< hervorgerufen werden, die durch Luft (z.B. über Klimaanlagen), Staub, Gebrauchsgegenstände, Essen oder das Krankenhauspersonal übertragen werden. Zu diesen Hospitalkeimen gehören v.a. Staphylokokken, grammegative >Enterobakterien<, >Pseudomonas<, >Salmonellen<, Klebsiellen, *Candida albicans.* Gefährdet sind bes. Patienten mit schweren Allgemeinerkrankungen und auf Intensivstationen, Immunschwache und frisch Operierte. Wichtigste vorbeugende Maßnahme ist die strenge Einhaltung der >Hygiene<vorschriften sowie die Vermeidung der Entstehung therapieresistenter Erreger durch gezielte und eingegrenzte Anwendung von Antibiotika.
2. Psychologie: Sammelbezeichnung für psych. und psychosomatische Schäden, die bei Kindern nach längerem Aufenthalt in Heimen, Pflegestätten, Kliniken, Anstalten, Lagern u.a. entstehen können und die hauptsächlich auf den Mangel an emotionaler Zuwendung und kognitiver Anregung zurückzuführen sind. Als Reaktion (vor allem auf die mangelnde Gelegenheit des Gefühlsaustausches mit Bezugspersonen) werden bei diesen Kindern Kontaktarmut, Teilnahms- und Ausdruckslosigkeit, depressive Verstimmung, Weinerlichkeit, Bewegungsunruhe, Aggressivität und auch verzögerte Entwicklung (etwa beim Laufen- oder Sprechenlernen oder in der Intelligenzentwicklung) beobachtet. Zusätzlich können Ernährungsstörungen und erhöhte Anfälligkeit für Infektionskrankheiten auftreten. Die Sterblichkeitsquote hospitalisierter Kinder ist gegenüber dem Durchschnitt erheblich erhöht. Eine Hospitalisierung kann auch bei Erwachsenen nachhaltig negative Wirkungen haben. Dem H. entgegenzuwirken, setzt in den betreffenden Einrichtungen eine Organisation voraus, die es in jedem Fall gestattet, daß sowohl zwischen den dort untergebrachten Menschen als auch zwischen ihnen und ihren Betreuern emotionale Beziehungen entwickelt werden können. Dem bei Kindern auftretenden H. ähnelnde Symptome wurden auch bei isoliert aufgezogenen Jungen von >Primaten< festgestellt; der Symptomenkomplex wird hier unter dem Begriff Deprivationssyndrom zusammengefaßt.

„hot spot". 1. Genetik: Der Begriff „hot spot" wird in der Molekulargenetik so verwendet, daß damit einzelne Nucleotide oder kurze Sequenzen innerhalb der DNA bezeichnet werden, die über das normale Maß hinaus besonders häufig von Mutationen betroffen sind. Die statistische Wahrscheinlichkeit, mit der eine

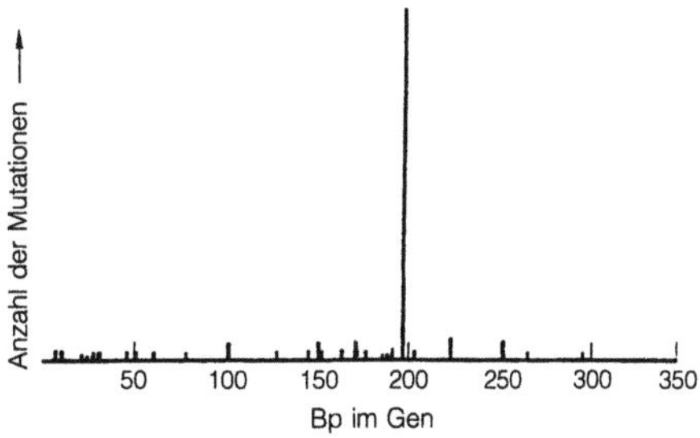

„hot spot": Häufigkeitsverteilung von Mutationen im *lacI*-Gen von *E. coli.* Der „hotspot" fällt durch ein gehäuftes Auftreten von Mutationen auf. (aus: Lewin B (1991) Gene – Lehrbuch der molekularen Genetik, 2.Aufl., VCH Verlagsgesellschaft, Weinheim)

Mutation an einer Stelle der DNA auftritt, ist an sich an allen Stellen gleich. Einige Stellen sind jedoch mit einer vielfach höheren Wahrscheinlichkeit von Mutationen betroffen. Solche „hot spots" treten besondes häufig auf, wenn ungewöhnliche Nucleinbasen im Molekül enthalten sind. Bei *Escherichia coli* werden „hot spots" besonders an Stellen angetroffen (s. Abb.), wo Cytosin durch den Einfluß von Methylasen als 5-Methylcytosin vorliegt. Diese Nucleinbase wird mit signifikant erhöhter Häufigkeit spontan desaminiert und dadurch zu Thymin. Diese Basen-Umwandlung hat eine falsche G-T-Paarung zur Folge und stellt eine >Punktmutation< dar.
2. Umwelt: Als „hot spot" werden auch besonders hoch kontaminierte, räumlich eng begrenzte Böden etc. bezeichnet (>Altlast<).

HTGR. High-temperature Gas-cooled Reactor; gasgekühlter >Hochtemperatur-Reaktor<.

HTR. >Hochtemperatur-Reaktor<.

Hüttenindustrie. Bei der Herstellung von Eisen und Stahl sowie sonstiger Metalle und Legierungen u.a. unter Einsatz von Röst-, Sinter- Schmelz-, Reduktions- und Raffinationsanlagen sowie der zahlreichen Nebenanlagen werden in großem Ausmaß >Staub< mit ggf. >toxischen< Inhaltsstoffen wie >Schwermetalle<, gasförmige >Luftschadstoffe< wie >Kohlenmonoxid<, >Schwefeloxide<, >Stickstoffoxide< und >Halogen<-verb. freigesetzt. Vor allem im Hinblick auf die damit verbundenen, z.T. gravierenden Umweltbelastungen war es vorrangiges Ziel der letzten Jahrzehnte, die Emissionssituation im Bereich der Hüttenindustrie durch Verfahrensumstellungen sowie >Abgas<erfassungs- und >-reinigunseinrichtungen< deutlich zu verbessern. Nach Abschätzungen des >UBA< konnten die >Staubemissionen< bei Rohstahlerzeugung von ca. 75.000 Tonnen im Jahr 1970 auf ca. 10.000 Tonnen im Jahr 1986 gesenkt werden, obwohl die Rohstahlerzeugung in diesem Zeitraum nur um ca. 20% zurückging. Weitere >Emissionsminderungen< lassen sich durch die weitestgehende Erfassung diffuser >Emissionen<, die Verbesserung der Abscheideleistungen und insbesondere durch den Einsatz völlig neurartiger Verfahren realisieren. Als Beispiel sei hierbei die Vermeidung des „Braunen Rauchs" beim Hochofenabstich durch Inertisierung des Hochofenabstichbereiches, der Gießrinne und der Roheisenübergabestationen mit einer Stickstoffatmosphäre genannt. Die Reaktionen des Luftsauerstoffs mit dem flüssigen Eisen, die für die Entstehung des braunen Rauches verantwortlich sind, werden somit vermieden. Die Erfassung und Reinigung einiger 100.000 m³ Abgas pro Hochofen erübrigen sich bei diesem System, das auch insgesamt niedrigere Betriebskosten erfordert.

Hüttenkalk. >Kalkdünger<, fällt bei der Produktion von Eisenerz an, wo mit Kalkstein unerwünschte Silicate zu Calciumsilicat gebunden werden. H. ist also gemahlene Hochofenschlacke mit 44 bis 49 % basisch wirksamen Anteilen, wobei 7 bis 10 % in Magnesium-Verbindung vorliegen. H. wirkt langsam und hat günstige Nebenwirkungen wegen seiner >Spurenelemente<, vor allem >Mangan< (0,5 bis 2 %).

Humanökologie. Wissenschaft von der Struktur und Funktion der vom Menschen in zunehmenden Maße veränderten Natur. Sie untersucht die Systemeigenschaften (z. B. Strahlung wie Wärme und Licht, Stoffe wie H_2O und CO_2, Medien wie Wasser und Luft) der >Ökosphäre<, die Wechselwirkungen und Veränderungen der Systemelemente (z. B. die Entwicklung der >Kulturlandschaft<) sowie das Ausmaß der Abhängigkeit des Menschen von seiner natürlichen Umwelt.

Lit: Freye HA (1986) Einführung in die Humanökologie für Mediziner und Biologen, Quelle & Meyer, Heidelberg Wiesbaden.

Humides Klima. Klima von Gebieten, in denen die jährliche Niederschlagshöhe größer ist als die mögliche jährliche Verdunstungshöhe. Man unterscheidet: - vollhumides Klima: in allen Monaten übertrifft die Niederschlagshöhe die mögliche Verdunstungshöhe; - semihumides Klima: in bis zu 6 Monaten übertrifft die mögliche Verdunstungshöhe die Niederschlagshöhe. Gegensatz: >Arides Klima<.

Humifizierung. Noch nicht völlig geklärter Prozeß der Bildung von >Huminstoffen< im Boden. Man nimmt an, daß die Humifizierung (s. Abb.) in drei Teilschritten erfolgt a) hydrolytische Zers. von Pflanzenrückständen und Bildung von einfachen aromatischen Verb., b) enzymatische Ox. dieser Verb. und Bildung von >Hydroxychinonen< und c) Kondensation der Chinone zu dunkelfarbigen Produkten (>Huminstoffen<)

Humine. Polymere von sehr hohem Molekulargewicht (>300.000), oft assoziiert mit Silikaten. Humine gelten als die Endprodukte des Humifizierungsprozesses, sie sind reaktionsträge (s. a. >Huminstoffe<).

Huminsäurefraktionierung. >Huminsäuren< und >Fulvinsäuren< sind keine „einzelnen" Moleküle. Vielmehr stellen sie molekulare Assoziationen von aromatischen und aliphatischen Hydroxy- und Carboxylverb. („building block's") dar. Der Zusammenhalt der einzelnen Bauelemente erfolgt meistens durch schwache Wasserstoffbrückenbindungen. Durch Ultrafiltration können z. B. Huminsäuren in verschiedene Molekulargewichtfraktionen (s. Abb. S.575) weiter aufgetrennt werden. Man unterscheidet Fraktionen mit Molekulargewichten von < 1.000, $10^4 > MG > 10^3$, 10^4 bis $>10^5$, 10^5 bis $>3x10^5$ und $>3x10^5$. Die einzelnen Fraktionen weisen andere physikalische und chem. Eigenschaften als das ursprüngliche Huminsäure-Gemisch (>Huminstoffreaktivität<) auf.

Huminsäureisolierung. Die Isolierung der >Huminsäuren< aus dem Boden oder Sedimenten erfolgt meistens mit Hilfe verschiedener Extraktionsmethoden. Hierzu verwendet man häufig als Reagenzien 0,5 N NaOH oder 0,15 M $Na_2P_2O_7$. Nach Extraktion des Bodenmaterials z.B. mit Alkalilaugen erhält man primär die HA und FA in Lsg., wobei die in Alkalilaugen unl. >Humine< zurückbleiben. Ansäuerung des Extrakts

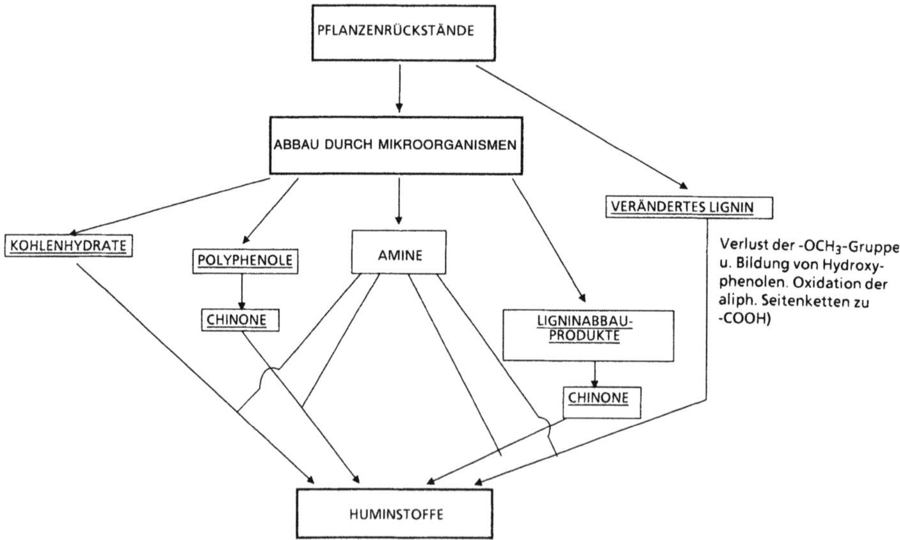

Humifizierung: Bildungsmechanismus der Bodenhuminstoffe (Humifizierung). Von Mikroorganismen synthetisierte Amine reagieren auf unterschiedliche Weise mit Lignin, Chinonen und Kohlenhydraten und bilden dunkelgefärbte Polymere (Huminstoffe); (nach: Stevenson FJ (1982) Humus Chemistry, Genesis Composition Reactions, John Wiley and Sons, New York Chichester Brisbane Toronto Singapore)

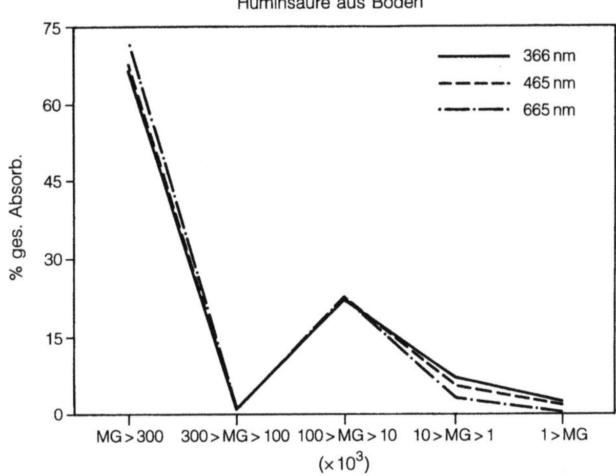

Huminsäurefraktionierung: Auftrennung von Bodenhuminsäuren in einzelne Molekulargewichtsfraktionen durch Ultrafiltration. Absorption bei 366, 465 und 665 nm als Funktion des Molekulargewichts (Zsolnay A, Kotzias D, unpublizierte Ergebnisse)

mit HCl führt zur Fällung der Huminsäuren, die somit von der in saurer Lsg. gut löslichen Fulvinsäure getrennt werden (s. Abb. unten). Die auf diese Weise isolierten Huminsäuren enthalten erhebliche Mengen von anorg. (Salze, Asche) sowie org. (Proteine, Kohlenhydrate) Begleitmaterial. Die Trennung der Huminsäuren von den anorg. und org. Begleitstoffen gelingt durch zusätzliche Behandlung des abgetrennten Rohmaterials mit verd. Lsg. von HCl/HF und org. LM (Ethanol/Benzol) zur Entfernung z.B. von Fetten und Wachsen. Als weitere Methode zur Reinigung von Huminsäuren empfiehlt sich der Entfernung von den Begleitsz. einige Probleme, da oft mit drastischen Veränderungen im Molekül der Huminsäure oder Fulvinsäure zu rechnen ist. Huminsäure und Fulvinsäure aus natürlichen Gewässern werden fast ausschließlich mit Hilfe von Ionenaustauschern isoliert.

Huminsäuren. Die Fraktion der >Huminstoffe<, die in Lauge löslich, mit Säure aber fällbar ist. H. sind dunkelbraun, haben je nach Ausgangsmaterial und Isolierungsverfahren Molekulargewichte zwischen etwa 3.000 und 15.000 und C/N-Verhältnisse um 20 bis 30. Sie sind schwache bis sehr schwache Säuren und enthalten meist Bruchstücke von >Lignin< und anderen Ausgangsstoffen. Verschiedentlich wurden die H. nach ihrer Löslichkeit in organischen Lösungsmitteln oder starken Salzlösungen noch weiter unterteilt (z.B. Grau-, Braunhuminsäuren, Hymatomelansäuren), ohne daß diese Fraktionierungen größere praktische Bedeutung erlangt hätten. H. tragen besonders zu der variablen (pH-abhängigen) Ladung der Bodenbestandteile bei. Sie besitzen neben der Säurefunktion noch andere funktionelle Gruppen und können daher z.B. Schwermetalle komplex binden. Besonders hoch ist auch ihr Bindungsvermö-

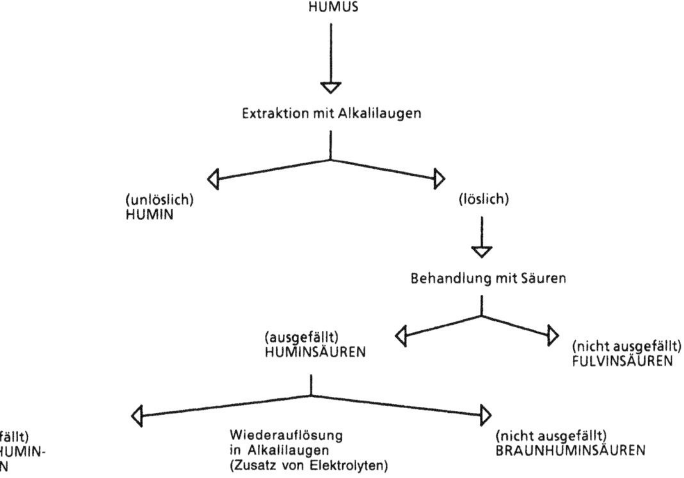

Huminsäureisolierung: Isolierung von Huminsäuren und Fulvinsäuren aus Bodenhumus durch Extraktion mit Alkalilaugen

gen für organische Fremdstoffe wie z. B. Pestizide, die z. T. in irreversibler Form in die H. eingebaut werden.

Huminstoffalterung. Optische Eigenschaften und Photoreaktivität der Huminstoffe ändern sich deutlich nach längerer Bestrahlung mit UV-Licht (>290 nm). Neben der Abnahme der Absorption im UV- und sichtbaren Bereich führt die Einwirkung von energiereicher UV-Strahlung zu einer Verm. der Bildung von reaktiven Spezies. Dieser Effekt, als photochem. Alterung bekannt, wurde bisher nur in wäßrigen Huminstofflösungen beobachtet. Als Gründe für die photochem. Alterung werden sowohl Umverteilung der einzelnen Molekulargewichtfraktionen innerhalb des Huminstoff-Moleküls wie auch das Verschwinden photoaktiver funktioneller Gruppen angenommen.

Huminstoffe. Huminstoffe sind in der Geosphäre und Hydrosphäre weit verbreitete Polymere. Sie entstehen vorwiegend bei der Verrottung von Pflanzenmaterial (>Humifizierung<). Man schätzt, daß etwa $6 \cdot 10^{11}$ t org. gebundener Kohlenstoff als Huminstoffe vorliegen. Die Bildung der Huminstoffe verläuft wahrscheinlich über die Veränderung und Zersetzung von Lignin im Boden. Dabei bilden sich intermediär Hydroxyphenole und Verb. mit chinoider Struktur, welche bis zu den hochmolekularen Huminstoffen weiterreagieren. Nach ihrer Löslichkeit unterteilt man die Huminstoffe in drei Hauptfraktionen, in >Huminsäuren< (oder >Humussäuren<), löslich in verd. Alkalilaugen unter Salzbildung (>Humate<), jedoch unlöslich in Säuren, in >Fulvinsäuren< (oder >Fulvosäuren<), löslich in verd. Alkalilaugen und Säuren, und in >Humine<, unlösl. in verd. Alkalilaugen und Säuren. Das Molekulargewicht der Huminstoffe variiert von einigen 100 bis über 300.000. Kohlenstoff- und Sauerstoffgehalt, Acidität und Polymerisationsgrad variieren systematisch mit Erhöhung des Molekulargewichts. Fulvinsäuren mit niedrigem Molekulargewicht haben einen höheren Sauerstoffgehalt, aber einen niedrigeren Kohlenstoff-

gehalt als die höhermolekularen Huminsäuren. Die Acidität der Fulvinsäuren (gewöhnlich zwischen 900 und 1.400 mval/100 g) ist wesentlich höher als die der Huminsäuren (500 bis 800 mval/100 g) (s. Abb.).
Die am meisten vorkommenden Elemente in Humin- und Fulvinsäuren sind Kohlenstoff und Sauerstoff. Der Gehalt an Kohlenstoff variiert bei den Huminsäuren zwischen 50 und 60%; der Sauerstoffgehalt zwischen 30 und 35%. Fulvinsäuren enthalten zwischen 40 und 50% Kohlenstoff, der Sauerstoffgehalt liegt jedoch höher als bei den Huminsäuren (45 bis 50%). Sowohl bei den Huminsäuren als auch bei den Fulvinsäuren variieren entsprechend die Prozentgehalte an Wasserstoff, Stickstoff und Schwefel zwischen 4 und 6, 2 und 6 sowie 0 und 6%. Die Elementzus. der hochmolekularen Humine ist der der Huminsäuren ähnlich. Huminstoffe enthalten eine große Anzahl von reaktiven funktionellen Gruppen wie -COOH, phenolische OH-Gruppen, Chinone und Hydroxychinone, Ether, alkoholische OH- und Carbonylgruppen. Die Acidität der Humin- und Fulvinsäuren ist auf das Vorhandensein von phenolischen und alkoholischen OH- sowie aromatischen und aliphatischen COOH-Gruppen zurückzuführen. Durch Auswaschung gelangen Bodenhuminstoffe in Flüsse, Seen und Ozeane. Dort können sie unter der Einwirkung der Sonnenstrahlung photoinduzierte Rkt. eingehen (Erzeugung von Radikalen, z. B. RO_2, OH, RO·), welche entscheidend das chem. Potential der natürlichen Gewässer beeinflussen. Eine weitere Möglichkeit zur Bildung von Polymeren mit Huminstoffstrukturen und -eigenschaften in natürlichen Gewässern ergibt sich durch den oxidativen Zusammenschluß von in Gewässern vorhandenen, ungesättigten Fettsäuren, Glyceriden und Phospholipiden. Die auf diese Art entstandenen Polymere haben Molekulargewichte zwischen 500 und 1.000, enthalten wenige phenolische OH- und Carbonylgruppen und weisen eine geringere Lichtabsorption als die entspr. Bodenhuminstoffe auf (s. a. 8. Struktur der Huminstoffe).

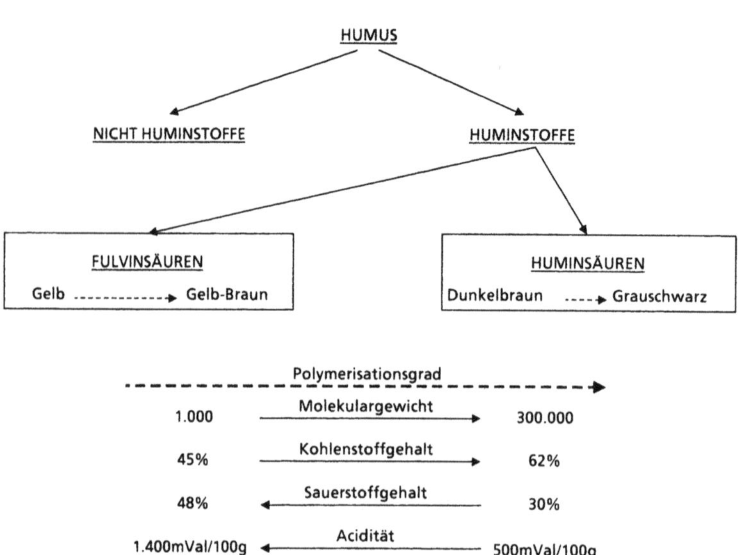

Huminstoffe: Klassifizierung und Eigenschaften verschiedener Huminstofffraktionen (aus: Stevenson FJ, 1982)

1. aquatische: Hochmolekulare, org. Verb. von gelblicher bis dunkelbrauner Farbe, die sich durch den Abbau von Pflanzenresten im Gewässer, besonders aber im Boden bilden und mit dem >Lateralabfluß< in die Gewässer gelangen. In >dystrophen Seen< und Moorgewässern stellen die H. den größten Anteil der gel. org. Substanz, da sie gegen den mikrobiellen Abbau sehr widerstandsfähig sind. Die Hauptgruppen der H. sind 1. die gelb bis gelbbraunen Fulvinsäuren mit einem Mol.-Gew. von 2.000 bis 9.000, wasserlösl. und mit komplexierenden Eigenschaften; 2. >Huminsäuren<, dreidimensional vernetzte Sphärokolloide mit einem Durchmesser von etwa 20 bis 40 nm und einem Mol.-Gew. von 10^4 bis 10^5 sowie der Fähigkeit zum Kationenaustausch; 3. >Humine<, eine fast schwarz gefärbte, heterogene Fraktion org. Verb. mit stark unterschiedlichen Mol.-Gew., in kalter Natronlauge nicht lösl., im Gegensatz zu 1 und 2. H. spielen im Gewässer und im Bodenwasser eine große Rolle als Komplexbildner und Kationenaustauscher sowie in Schwarzwasserflüssen und dystrophen Seen durch die Beeinträchtigung der Transmission des Lichts und damit der >Primärproduktion<.

2. Bestimmung der reaktiven funktionellen Gruppen: Das chem. Verhalten der >Huminstoffe< wird weitgehend von der Natur und Anzahl der vorhandenen reaktiven Gruppen – z.B. -COOH, -OH, C=O – im Huminstoff-Molekül bestimmt. Die Identifizierung von alkoholischen, phenolischen oder Carboxylgruppen sowie die Best. wichtiger Kenngrößen wie z.B. Acidität erfolgt mittels einfacher chem. Rkt., welche zu definierten Derivaten führen. Die Umsetzung mit Acetanhydrid führt zu der Acetylierung von Hydroxygruppen und mit Diazomethan zur Methylierung von phenolischen Hydroxygruppen sowie zur Esterbildung. Carboxylgruppen werden durch Rkt. mit Hydroxylamin-Bildung von Oximen- oder mit Phenylhydrazin-Bildung von Phenylhydrazonen nachgewiesen. Für die Best. der Gesamtacidität von Huminstoffen gibt es mehrere Methoden, wobei die Rkt. mit Barytwasser ($Ba(OH)_2$) wegen der einfachen Durchführung besonders zu erwähnen ist.

3. Chemische Veränderung: Die Modifikation der Huminstoffstruktur durch Hydrierung von C=O-Gruppen (mit Natriumborhydrid, $NaBH_4$) oder C=C-Doppelbindungen (mit H_2 an Pd-Katalysatoren) führt zu einer Abnahme der Gesamtabsorption im UV-VIS-Bereich und zu einer Verm. der >Photoreaktivität<.

4. Umweltsignifikanz: Huminstoffe gehören zu den am meisten verteilten org. Stoffen auf der Erde. Sie kommen nicht nur im Boden und in den natürlichen Gewässern vor, sondern sind auch in Sedimenten, in der Braunkohle und im Lignit vorhanden. Man nimmt an, daß Huminstoffe physiologisch nicht schädlich sind. Durch ihre Fähigkeit, Metalle zu komplexieren und org. Verb., u.a. Pestizide, zu binden, können Huminstoffe eine große Rolle für die chem. und geochem. Prozesse im Boden spielen. Als photoaktive Polymere können Huminstoffe den abiotischen Abbau von vielen Umweltchemikalien induzieren, wodurch Stoffe mit unbekannten Eig. entstehen können. Der Verbleib oder Transport von vielen Pflanzenschutzmitteln wird erheblich durch die Präsenz der Huminstoffe beeinflußt. Die Eig. des Bodens, als „Senke" für Schwefel- und Stickstoffoxide zu wirken, ist z.T. auf die Huminstoffe zurückzuführen.

5. Bindung von organischen Substanzen: Org. Verb. im Boden werden meistens adsorptiv an Huminstoffe gebunden. Die Adsorption an >Huminsäuren< und >Fulvinsäuren< hängt stark von der Natur der org. Verb. ab und ist besonders ausgeprägt bei solchen Sz welche über Amino-, Carboxyl-, Estergruppen verfügen. Typische Vertreter dieser Klassen von Verb. z.B. aus der Reihe der Pestizide sind: Triazine, Phenylharnstoffe, substituierte Carbonsäuren und quaternäre Ammoniumsalze. Ionenaustausch, Wasserstoffbrückenbindung und van-der-Waals'sche-Kräfte sind die wichtigsten Mechanismen für die Bindung von org. Verb. an Huminstoffen.

6. Komplexe: Huminstoffe vermögen polyvalente Metallionen (Cu^{2+}, Mn^{2+}) zu komplexieren. Die Kapazität der Huminsäuren und Fulvinsäuren, Metallionen zu binden, hängt im wesentlichen mit dem Gehalt an aciden COOH-Gruppen zusammen. Es wird generell angenommen, daß die max. aufgenommene Menge eines Metallions gleich dem Gehalt der aciden funktionellen Gruppen ist, gemessen durch Titr. Man errechnet, daß z.B. ein Kupferatom pro 20 bis 60 Kohlenstoffatome des Huminstoff-Moleküls gebunden wird. Metallionen mit großer Tendenz zur Bildung klassischer Koordinationskomplexe (Mn^{2+}) werden stärker gebunden als z.B. Ca^{2+} oder Mg^{2+} mit einer schwächeren Neigung zur Koordination. Trivalente Metallionen werden stärker gebunden als divalente. Metallionen beeinflussen die Löslichkeit von Huminstoffen in Wasser in unterschiedlicher Weise. Zum einen erfolgt durch Salzbildung eine Erniedrigung der Anzahl der Ladungsträger im dissoziierten Huminstoff-Molekül, wodurch auch seine Löslichkeit herabgesetzt wird. Zum anderen kann die Zugabe von polyvalenten Metallionen in die wässrige Lösung von Huminstoffen zum Zusammenschluß von kleinen Molekülen zu kettenähnlichen Strukturen und zur Abnahme der Löslichkeit führen. Als Maß für die Stabilität der Metallion-Huminstoffkomplexe dient die Bindungskonstante, deren Wert die Stärke der Bindung des Metallions zum Huminstoff bzw. zu den funktionellen Gruppen im Huminstoff-Molekül angibt. Die Stabilität der Metall-HS-Komplexe wird durch mehrere Faktoren beeinflußt. U.a. scheinen die Natur und die Menge der Metallionen sowie der pH-Wert und die Anzahl der Ringstrukturen, die sich durch Chelatisierung bilden, für die Stabilität bestimmend zu sein. Die Affinität der funktionellen Fruppen zu Metallionen nimmt in der Reihenfolge

$$-O > -NH_2 > -N=N- > -COO^- > -O- > C=O$$

ab. Für die Metallionen gilt hingegen:

$$Cu^{2+} > Ni^{2+} > Co^{2+} > Zn^{2+} > Fe^{2+} > Mg^{2+}.$$

Der Wert der Bindungskonstante nimmt mit steigendem pH-Wert zu. Sie hat z.B. für Cu^{2+}-Komplexe mit Fulvinsäure bei pH 3,0 einen Wert von $\log K = 3,30$ und bei pH 7,7 einen Wert von $\log K = 7,82$. Für Huminsäuren wurde entsprechend bei pH 4,0 ein Wert von $\log K = 2,78$ und bei pH 5,0 ein Wert von $\log K = 8,1$ bis $9,1$ gemessen.

7. Reaktivität: Die Einwirkung von UV-Strahlung auf >Huminstoffe< führt zur Erzeugung von reaktiven, meistens sauerstoffhaltigen Spezies, wie z.B. Wasserstoffperoxid (H_2O_2), org. Peroxiradikale ($ROO\cdot$), Singulett-Sauerstoff ($^1O_2$), solvatisierten Elektronen (e_{aq}^-) und das Superoxidanion (O_2^-). Dies wurde bisher in wäßrigen Huminstofflsg. und natürlichen Gewässern eindeutig beobachtet. Da diese reaktiven Spezies eine sehr kurze Lebensdauer haben, kann ihre Konz. nur

mittels spez. Abfangreagenzien, z.B. Cumol, Furfuryl-
alkohol oder Dimethylphenol, best. werden. So können Huminstoffe durch ihre Photoreakt. charakterisiert werden, nämlich durch ihre Fähigkeit, unter definierten Bedingungen best. reaktive Spezies in best.
Ausmaß zu bilden. Es zeigt sich, daß Huminsäuren
und Fulvinsäuren verschiedenen Ursprungs auch unterschiedliche Photoreakt. haben. Die nach Einwirkung der UV-Strahlung erzeugten reaktiven Spezies
können mit org. Chemikalien weiterreagieren und sie
abbauen. Dieser als indirekte Photolyse bekannter
Prozeß spielt für das Schicksal org. Umweltchemikalien in natürlichen Gewässern eine nicht unerhebliche
Rolle. Zusatz von lichtabsorbierenden wasserl. Salzen
wie z.B. Nitrate in eine wäßrige Huminstoff-Lösung
führt zu einer Steigerung der Huminstoff-Photoreakti-
vität.

8. Struktur: Aus den bisherigen Untersuchungen läßt
sich erkennen, daß Huminstoffe (Huminsäuren und
Fulvinsäuren) sehr komplexe Molekülstrukturen aufweisen. Trotz vieler Versuche ist es nicht gelungen,
den Huminsäuren oder Fulvinsäuren eine definierte
repräsentative Struktur zuzuweisen. Huminsäuren und
Fulvinsäuren sind als Gemische von Molekülen unterschiedlicher Größe zu betrachten, wobei einige davon
ähnliche Struktur bzw. Verteilung/Anordnung der
funktionellen Gruppen (>Huminsäurefraktionierung<)
haben. Im Gegensatz zu den hochmolekularen Huminsäuren haben die niedrigmolekularen Fulvinsäuren einen höheren Sauerstoff-, aber niedrigeren Kohlenstoffgehalt. Fulvinsäuren enthalten mehr acide Gruppen,
wahrscheinlich als -COOH oder -OH. Der größere Teil
des vorhandenen Sauerstoffs ist bei den Huminsäuren
Ether- oder Estergruppen zuzuordnen. Unter extrem
verschiedenen klimatischen Bedingungen gebildete
Huminstoffe scheinen ähnliche chem. Strukturen zu
haben (s. Formelschema unten).

9. Strukturaufklärung: Die Aufklärung der Huminstoffstruktur gelingt teilweise mit Hilfe einfacher Abbaumethoden. Man unterscheidet je nach Methode
zwischen oxidativem ($KMnO_4$, Peressigsäure), redukti-
vem (Zn-Pulver-Destillation, Na-Amalgam-Reaktion),
hydrolytischem (Säure oder Base) und mikrobiellem
(*Penicillium frequentans, Poria subacida*) Abbau. Ziel
ist es dabei, die Huminstoffe zu einfachen, wohl definierten Verb. abzubauen, um somit einen Hinweis auf
das intakte Huminstoffmolekül zu erhalten. Als Abbauprodukte findet man neben polycyclischen aromatischen Kohlenwasserstoffen (Zn-Pulver-Destillation)

eine Reihe von substituierten Benzolen sowie substituierte Benzaldehyde und Benzoesäuren ($KMnO_4$-Oxi-
dation). Neben den chem. Abbaumethoden werden
immer häufiger spektroskpische Methoden (UV-, IR-,
ESR-, NMR-Spektroskopie sowie Pyrolyse-Massenspektrometrie) zur Strukturaufklärung der Huminstoffe herangezogen. Man erhält wichtige Informationen
über die Natur der Huminstoffe, in den meisten Fällen
jedoch ohne das Huminstoff-Molekül drastisch zu verändern. Die Spektren der Huminstoffe im sichtbaren
(400 bis 800 nm) und ultravioletten (200 bis 400 nm)
Bereich sind uncharakteristisch. Sowohl alkal. wie
auch neutrale Lsg. von >Huminsäuren< oder >Fulvin-
säuren< zeigen unstrukturierte Absorptionsspektren
ohne erkennbare Maxima oder Minima. Die optische
Dichte oder Absorption wird generell mit größerer
Wellenlänge kleiner. Die Gesamtabsorption z.B. von
>Huminsäuren< im UV-VIS-Bereich wird größer
durch a) Erhöhung des Kondensationgrades von aromatischen Ringen im Molekül, b) Erhöhung des Koh-
lenstoffverhältnisses $C_{arom.}/C_{aliph.}$, c) Erhöhung des gesamten Kohlenstoffgehalts und d) Erhöhung des Molekulargewichts. Für die Charakterisierung der Huminstoffe verwendet man häufig das Verhältnis E_4/E_6 oder
Q_4/Q_6 (Verhältnis der Absorption bei 465 und 665 nm).
Die Größe von E_4/E_6 stellt ein Maß für das Vorliegen
kondensierter, aromatische Kerne („Aromatizität")
im Huminstoffmolekül dar. Da der Wert E_4/E_6 pH-abhängig ist, empfiehlt sich, die Spektren bei einem pH-
Wert zwischen 7 und 8 aufzunehmen. Die IR-Spektren
zeigen im Gegensatz zu den UV-VIS-Spektren eine
Reihe von Banden, welche diagnostischen Wert für
die Strukturaufklärung haben. Insbesondere das Vorhandensein von sauerstoffhaltigen funktionellen Gruppen sowie das Vorliegen von anorg. Spurenstoffen in
isolierten Huminstoff-Fraktionen und Wechselwirkungen zwischen Huminstoffmolekülen mit anderen org.
Verb., z.B. Pestiziden, lassen sich sehr gut mittels IR-
Spektroskopie erkennen. Huminsäuren und Fulvinsäuren liefern ähnliche IR-Spektren. Bei Fulvinsäuren beobachtet man öfters eine Absorptionsbande bei
1.720 cm^{-1}. Die Aufnahme der IR-Spektren von Huminstoffen erfolgt meistens in der festen Phase (KBr-
Pille). Zusammenpressen von ca. 1 mg Huminstoff mit
ca. 100 bis 200 mg KBr führt zur Bildung einer schma-
len Scheibe von ca. 10 mm Durchmesser und einer
Dicke von 1 bis 2 mm. Da KBr im IR-Bereich (2,5 bis
25 µm) nicht absorbiert, erhält man von dem zu untersuchenden Huminstoff ein komplettes IR-Spektrum.

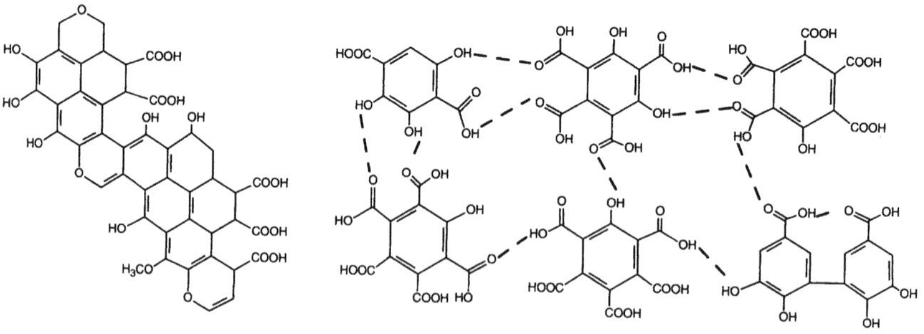

Strukturvorschlag für eine Bodenhuminsäure (A) (nach: Fuchs W) und eine Bodenfulvinsäure (B) (nach: Schnitzer und
Khan, aus: Stevenson FJ (1982) Humus Chemistry, Genesis Composition Reactions, John Wiley and Sons, New York
Chichester Brisbane Toronto Singapore)

Eine andere Möglichkeit zur Aufnahme von IR-Spektren besteht darin, daß man die Huminstoffe mit Nujol – eine Mischung von hochmolekularen Paraffinen – zusammenmischt, wobei sich eine feine Dispersion bildet. Diese Mischung wird zwischen zwei NaCl-Plättchen aufgebracht und das IR-Spektrum aufgenommen. Letztere Methode hat den Nachteil, daß in der IR-Region zwischen 3.030 und 2.860 cm^{-1} Absorptionsbanden von Nujol auftreten, welche somit das IR-Spektrum des Huminstoffes in diesem Bereich verfälschen können. Huminstoffe enthalten rel. hohe Mengen an stabilen freien Radikalen, welche einen signifikanten Einfluß auf die Reaktionen haben, in denen Huminstoffe involviert sind, wie z. B. Komplexierung von Metallionen, Adsorption und chem. Veränderungen von org. Verb. Mit Hilfe der Elektronenspinresonanz (ESR) ist es möglich, den Gehalt an freien, stabilen Radikalen in Huminstoffen zu bestimmen. Aufgrund der komplexen Molekülstrukturen der Huminstoffe ist es jedoch nicht möglich, die Natur der vorhandenen Radikale eindeutig zu identifizieren. Als Hauptquelle von stabilen Radikalen im Huminstoff-Molekül werden chinoide Strukturelemente angenommen. ^{1}H-NMR- und ^{13}C-NMR-Spektroskopie werden häufig zur Strukturaufklärung der Huminstoffe herangezogen. Hier wie auch bei der ESR-Spektroskopie erschwert die komplexe Molekülstruktur der Huminstoffe eine für die Strukturaufklärung unentbehrliche gute Signalauflösung. ^{13}C-NMR Untersuchungen von Huminstoffen mit hochauflösenden Geräten deuten, im Gegensatz zu den bisherigen Annahmen, auf einen hohen Anteil an aliphatischen Strukturen hin. Zur Charakterisierung der Huminstoffe wird auch die Pyrolyse-Massenspektrometrie eingesetzt. Die Pyrolyse der Huminstoffe bei ca. 600 °C führt zu einer Reihe von Spaltprodukten, welche mittels Massenspektrometrie identifiziert und in Beziehung zum intakten Huminstoff-Molekül gebracht werden können. Diese Technik ist mit hohem apparativem Aufwand verbunden, die erhaltene Information ist jedoch wegen der oft uncharakteristischen Pyrolyseprodukte ohne größeren Wert. Die Pyrolyse der Huminstoffe mit anschließender gaschromatographischer Trennung der Pyrolyseprodukte und nachfolgender Identifizierung mit Hilfe der Massenspektrometrie kann in der Zukunft zur Erfassung einzelner Huminstoff-Struktureinheiten an Bedeutung gewinnen.

Lit: Stevenson FJ (1982) Humus Chemistry, Genesis Composition Reactions, John Wiley and Sons, New York Chichester Brisbane Toronto Singapore – Ziechmann W (1980) Huminstoffe: Probleme, Methoden, Ergebnisse, Verlag Chemie, Weinheim Deerfield Beach (Florida) Basel – Kotzias D, Herrmann M, Zsolnay A, Russi H, Korte F (1986) Naturwissenschaften 73: 35–36.

Humus. Die abgestorbene org. Substanz der Böden, die durch Prozesse der >Humifizierung< umgewandelt wurde. Für die ökologischen Eigenschaften eines Bodens ist H. von großer Bedeutung: H. ist wichtiger Energielieferant (Kohlenstoffquelle) für viele Bodentiere (s. Abb. unten) und heterotrophe Bodenmikroorganismen. Er enthält wichtige Pflanzennährstoffe (v. a. Stickstoff) in gebundener Form, die beim Humusabbau langsam freigesetzt und den Pflanzen zur Verfügung gestellt werden. H. enthält etwa 2 bis 5 mol/kg saure Gruppen, die nach der Dissoziation Kationen aus der Bödenlösung in austauschbarer Form binden können. Diese Kationen sind gegen Auswaschung geschützt, stehen aber Pflanzen zur Verfügung. Durch die gleichen Bindungspositionen und zusätzliche Nebenvalenzen können Schwermetalle und Aluminium als Komplex gebunden und so im Humushorizont (>Bodenhorizonte<) des Bodens gespeichert werden. Tonmineralteilchen können, u. U. über Brückenatome (Ca, Al, Fe), durch H. verbunden werden, wodurch

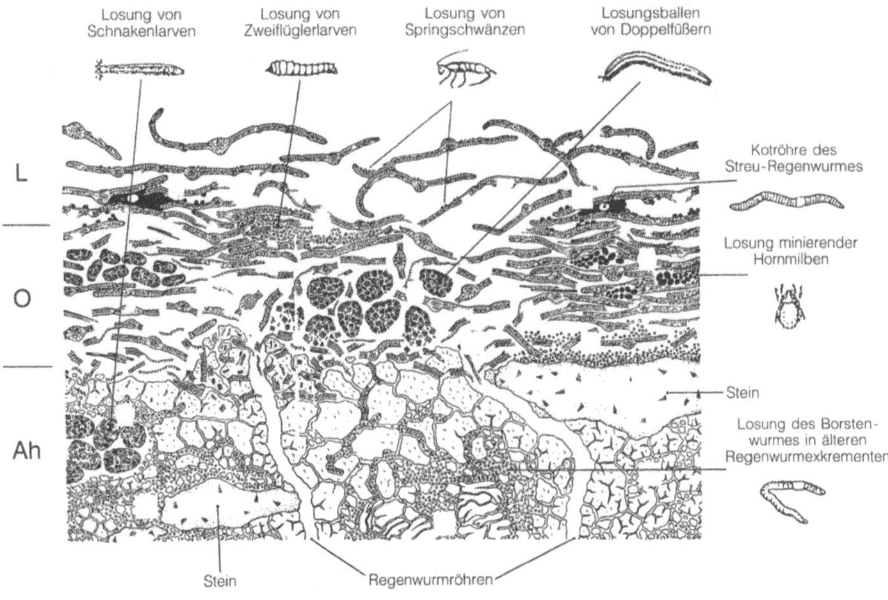

Humus

die >Dispergierung< verhindert und das Gefüge stabilisiert wird; bei hohen >Humusgehalten< steigt wegen dessen dunkler Färbung die Lichtabsorption und damit die Erwärmung des Bodens. Der sich in einem Boden einstellende H.-Gehalt setzt sich zusammen aus Biomassenachlieferung und -abbau, so daß hohe H.-Gehalte nicht bei Standorten hoher Produktivität, sondern bei solchen mit gehemmtem H.-Abbau beobachtet werden. Durch landwirtschaftliche Maßnahmen ist eine Erhöhung des H.-Gehalts nur schwer möglich, da die Zufuhr von Biomasse in der Regel auch die bodenbiol. Aktivität und dadurch den H.-Abbau fördert. Die ökologische Qualität des H. richtet sich hauptsächlich nach dessen pH-Wert und dem Gehalt an Nährstoffen. Als Kennzeichnung wird häufig das C/N-Verhältnis verwendet, das zwischen etwa 10 bis 20 (für hochwertige Humusformen wie >Mull<) und etwa 30 bis 40 (für Rohhumus) variiert.

1. Abbau: Mineralisierung (Oxidation zu anorg. Stoffen wie H_2O, CO_2 etc.) von H. durch Bodenorganismen. Dabei werden die im H. enthaltenen Nährstoffe ebenfalls in den Stoffkreislauf zurückgeführt, also freigesetzt oder in die Organismen aufgenommen. Dies gilt auch für Schadstoffe, so daß im H. sehr fest gebundene Stoffe (z.B. Schwermetalle, Pestizidrückstände) auf diese Weise für Organismen verfügbar werden. In Böden ist der Humusabbau bei tiefen pH-Werten, Sauerstoff- oder Nährstoffmangel gehemmt, kann also entsprechend durch Kalkung, Belüftung oder Nährstoffzufuhr gefördert werden. Besonders ausgeprägt ist dies bei der Kultivierung von Moorflächen oder der Kalkung saurer Waldböden, wo der Humusabbau entsprechend hohe Nitratkonzentrationen im Sickerwasser verursacht.

2. Bildung: Die Bildung von H. aus abgestorbener >Biomasse< (>Humifizierung<). Oft wird der Begriff Humusbildung für die Bildung eines Humusprofils verwendet, während „Humifizierung" dann eher die Umsetzungen der einzelnen Stoffgruppen beschreibt.

3. Form: Schema zur Beschreibung der unterschiedlichen Ausprägungen des >Humusprofils<. Dabei unterscheidet man folgende Hauptformen: >*Mull*< mit der Horizontfolge (L)-AH (>Bodenhorizonte<). Streu auf dem Boden (L-Horizont) tritt nur zeitweise auf; wegen der hohen biol. Aktivität sind im Ah-Horizont Mineralteilchen und >Huminstoffe< vollständig miteinander vermischt. >*Moder*< als Zwischenform mit der Horizontfolge L-Of-Oh-Ah. >*Rohhumus*< mit der Horizontfolge L-Of-Oh-Ah, bei dem bei geringer bodenbiol. Aktivität und wegen des Fehlens wühlender und mischender Tiere alle Horizonte klar ausgeprägt und scharf voneinander getrennt sind. Beim typischen Rohhumus hat der Oh-Horizont eine eher plattige Struktur und läßt sich leicht vom Mineralboden abheben.

4. Gehalt: Gehalt eines Bodens an abgestorbener org. Substanz, eine der ökologisch wichtigsten Bodenkenngrößen. Für die analytische Bestimmung des Humusgehaltes gibt es unterschiedliche Möglichkeiten: 1) Bestimmung des org. gebundenen Kohlenstoffs. Dieser Kohlenstoff hat formal eine geringere Oxidationsstufe als 4 (meist etwa 0), kann also oxidiert werden. Zu diesem Zweck wird die org. Bodensubstanz durch Chromat(VI)-Ionen (Dichromat) in schwefelsaurer Lösung oxidiert und die Konzentration des dabei gebildeten Cr(III) photometrisch gemessen. 2) Bestimmung des gesamten in einer Probe enthaltenen Kohlenstoffs. Hierzu wird die Bodenprobe bei etwa 1.000 °C im Sauerstoffstrom verbrannt und das gebildete CO_2 bestimmt. Bei diesem Verfahren werden auch die meisten Carbonate thermisch zersetzt, so daß in carbonathaltigen Böden entweder das carbonatbürtige CO_2 auf anderem Wege bestimmt und abgezogen oder aber die Dichromatoxidation angewendet werden muß. 3) Bestimmung des Glühverlusts (Gewichtsdifferenz zwischen getrockneter (105 °C) und bei ca. 400 bis 450 °C über Nacht geglühter Probe. In Böden mit mäßigen Tongehalten entspricht dies gut den vorhandenen >Huminstoffen<, während bei tonreichen Böden zu hohe Werte bestimmt werden. 4) Für die rasche Abschätzung im Gelände gibt es empirische Nomogramme, nach denen der Humusgehalt aus dem Grauwert der Munsell-Farbnotierung abgelesen werden kann. Diese Nomogramme gelten i. allg. nur für humose Oberböden und liefern bei humusarmen Unterböden meist zu hohe Werte. Das Ergebnis liegt je nach der angewendeten Methode und Kalibrierung entweder in Gewichtsanteilen an H. oder an organisch gebundenem Kohlenstoff vor. Zur Umrechnung der Werte ineinander muß der C-Gehalt der Huminstoffe bekannt sein. Vielfach wird für den Quotienten aus Gewichtsanteil H. und Gewichtsanteil organischer C ein Wert von 1,72 eingesetzt, der aus dem Mittelwert isolierter >Huminsäuren< stammt. Für Böden kann dieser Wert jedoch keinesfalls mit der angegebenen Genauigkeit festgelegt werden; in vielen Fällen (besonders in Anmoor- und Moorböden) dürfte ein Quotient von 2 den wahren Sachverhalt besser wiedergeben. Der Humusgehalt im Oberboden (Ap-Horizont) typischer Ackerböden aus Löß oder Geschiebemergel liegt im Bereich von etwa 2 bis 4 %. Höhere Humusgehalte im Ah-Horizont findet man bei anhaltender Biomassenproduktion und gehemmtem Abbau, so z.B. bei zu großer Feuchtigkeit oder Sommertrockenheit. Bei Humusgehalten zwischen 15 und 30 % unter feuchten Bedingungen spricht man von >Anmoor<, bei Humusgehalten über 30 % von >Moor<.

5. Profil: Die Horizontabfolge im Auflagehumus, wobei manchmal der humose Oberbodenhorizont (Ah) einbezogen wird (>Bodenhorizonte<, Humusform).

Lit: Holy M (1980) Erosion and Environment, Pergamon Press, Oxford.

Humusdisintegration. (>Humusvorratsabbau<). Postulierter Abbau von Mineralbodenhumus bei Bodenversauerung. Der Humusabbau wird darauf zurückgeführt, daß die für die Bildung stabiler Ton-Humus-Komplexe notwendige vertikale Durchmischung durch die Bodenfauna, insbesondere durch Regenwürmer, zurückgeht. Die nachlassende Zufuhr von org. Substanz in den Mineralboden verschiebt das Fließgleichgewicht des Humusgehaltes auf ein niedrigeres Niveau.

Humusvorratsabbau. >Humusdisintegration<.

Humuswirtschaft. Sammelbezeichnung für landwirtschaftliche Maßnahmen, durch die der Humusgehalt (s. o.) oder die Humusqualität eines Bodens erhöht werden soll. Hierzu gehören in erster Linie die Verwendung von wirtschaftseigenen Düngern (z.B. Stallmist) oder Gründüngung sowie die Rückführung von Ernterückständen bzw. deren Belassung auf dem Feld. Wegen des günstigen Einflusses auf die bodenbiologische Aktivität unterstützt eine gute Humuswirtschaft auch die Erosionsstabilität eines ackerbaulich genutzten Bodens.

Hundertfüßer. Chilopoda, >Myriopoda<.

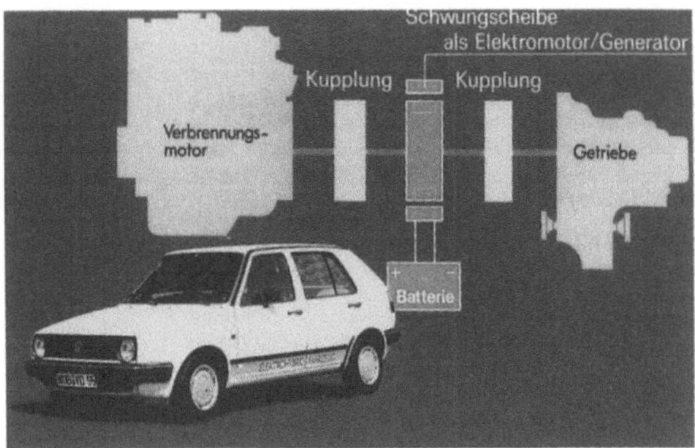

Hybrid: Struktur des Diesel-Elektro-
Hybrid-Antriebs

Hybrid. Fahrzeugkonzept mit mindestens zwei versch. Antrieben zur wahlweisen Benutzung; z. B. >Elektro-Hybrid-Antrieb< von VW (s. Abb.).

Hybridisierung. (Lat. hybrida = Mischling).
1. Klassische Genetik: Als H. ist jede Kreuzung von Individuen bezüglich zahlreicher aus verschiedenen Populationen stammender >Gene< zu verstehen, die zu einer heterozygoten F_1-Generation (erste Folgegeneration) und damit zu genetisch unterschiedlichen Nachkommen führt. Im weiteren Sinne ist die H. auch die sexuelle Kreuzung zwischen genetisch verschiedenen Individuen, die zur Bildung eines neuen diploiden Organismus führt. Die H. kann bei Pflanzen auch durch Protoplastenfusion erfolgen.
2. Gentechnik, Molekularbiologie: Als H. wird hier die Ausbildung von stabilen Doppelsträngen durch Basenpaarungen (>Basenpaar<) zwischen komplementären Nucleotid-Sequenzen bezeichnet. Durch die H. von Nucleinsäure-Sequenzen kann z. B. auf den Grad ihrer Homologie geprüft werden. Es werden dazu DNA/DNA-, DNA/RNA- und weniger häufig RNA/RNA-Hybride gebildet.

Hybridmais. Die >Züchtung< von Kulturmais beruht auf der >Hybridisierung< von Sorten, die in der F_1-Generation (erste Folgegeneration) starke Heterozygotie (>heterozygot<) zeigen, da diese Pflanzen aufgrund des Phänomens der >Heterosis< bezüglich Größe, Üppigkeit, Länge und Kornzahl der Maiskolben gegenüber >homozygotem< Mais Vorteile aufweisen und im Anbau einen wesentlich höheren Ertrag liefern. Man gewinnt zur Züchtung von Kulturmais zunächst aus einer natürlichen heterozygoten Population eine Anzahl an homozygoten Stämmen und kreuzt diese dann empirisch zu ertragsreichem H., der dann als Saatgut angeboten wird. Das Saatgut muß jedes Jahr wieder aus reinen, homozygoten Linien gekreuzt werden, da die Mehrzahl der Pflanzen bereits in der F_2-Generation nicht mehr die optimale Zus. der >Allele< aufweist.

Hybridom. (Lat. hybrida = Mischling, -om = in der Medizin allg. Endung für die Bez. von Tumoren). Zelllinie, die durch Fusion einer Tumorzelle mit einem Lymphozyten entsteht. Sie kann z. B. in >Zellkulturen< unbegrenzt wachsen und produziert die Immunglobuline des Lymphozyten (>monoklonale Antikörper<). Dieses Verfahren wurde in den siebziger Jahren von C. Milstein und G. Köhler entwickelt. Die Lymphozyten werden nach >Immunisierung< eines Tiers, z. B. einer Maus, mit dem Antigen aus der Milz des Tieres gewonnen.
Lit: Primrose SB (1990) Biotechnologie: Grundlagen, Anwendungen, Perspektiven. Spektrum der Wissenschaft Verlagsgesellschaft mbH, Heidelberg.

Hybridzelle. Konzentrierende >Solarzelle<, die sowohl Strom erzeugt als auch Wasser erwärmt. Wegen der hohen Produktionskosten versucht man, Solarzellen so effizient wie möglich zu betreiben. Eine Möglichkeit besteht darin, durch Verwendung von Spiegel- oder Linsensystemen – ähnlich wie bei konzentrierenden Kollektoren – die Lichtintensität der Solarstrahlung zu erhöhen. Alternativ können die Solarzellen der Sonne in Ost-West-Richtung (einachsig) oder zusätzlich noch in Nord-Süd-Richtung (zweiachsig) nachgeführt werden. Durch die Konzentration der Solarstrahlung erwärmt sich die Solarzelle, deren Wirkungsgrad damit stark abnimmt. So nimmt der Wirkungsgrad von Silicium bei einer Temperaturerhöhung von 75 ° C um mehr als 30 % ab. Abhilfe schafft hier die H. Hierbei wird die Solarzelle mit Hilfe einer Flüssigkeit ähnlich wie ein >Absorber< gekühlt. Das Kühlmittel kann zur Warmwasserbereitung oder zu anderen Niedertemperaturanwendungen genutzt werden. Die Temperatur der Solarzelle kann damit niedrig und der Wirkungsgrad hochgehalten werden.
Lit: Kleemann M, Meliß M (1993) Regenerative Energiequellen. 2. Aufl., Springer, Berlin Heidelberg New York London Paris Tokyo.

Hydraulic Fracturing. Erzeugung künstlicher Klüfte in einer geologischen Formation durch Einpressen von Flüssigkeiten und ggf. Sand über eine Bohrung unter hohem Druck zur Erhöhung der Gebirgsdurchlässigkeit. Der hydraulisch aufgebrachte Druck bewirkt eine Aufweitung von Klüften, Rissen und Schichtflächen im Gestein, welche durch die Injektion von Sand auch nach Druckentlastung aufrechterhalten wird. Genutzt wird dieses Verfahren u. a. zur besseren Ausbeutung von Öl- und Gaslagerstätten sowie zur Erhöhung der Speicherfähigkeit des Gesteins für die >Aquiferspeicherung<.

Hydrauliköl. In Fahrzeugen verwendete Öle zur Übertragung von Kräften, z. B. bei der Lenkhilfe und bei Bau- und Nutzfahrzeugen. H. gilt als toxisch und muß sorgfältig entspr. den Vorschriften entsorgt werden. Mit Rücksicht auf die unterschiedlichen >Additive< sollte H. getrennt von Motoren- und Getriebeöl entsorgt werden.

Hydraulische Fließgleichung. Bezeichnet eine Fließgleichung für Medien wie Wasser oder wässrige Lösungen in bzw. durch hydraulische Systeme. Sie stellt – wie alle >Fließgleichungen< – den Wasserfluß in erster Näherung dar als ein Produkt aus dem Gradienten des >hydraulischen Potentials< und der das hydraulische System partiell oder ganz charakterisierenden hydraulischen Leitfähigkeit.

Hydraulisches Potential. In der Hydrologie in Analogie zum >chemischen Potential< die Triebkraft für makroskopische Wasserbewegungen od. -flüsse; s. a. >Potential<. Bezeichnet die „Konzentration" hydraulischer Energie oder des Arbeitsvermögens pro Massen- oder Volumeneinheit Wasser. Dimension also J/g, J/Mol oder J/cm^3. Potentiale sind wie die Energie Erhaltungsgrößen, Teilpotentiale können also summiert werden. So trägt zum totalen hydraulischen Potential u. a. der Salzgehalt der wäßrigen Bodenlösung über das osmotische P., die Lage im Schwerefeld als >Gravitationspotential<, die Bindung an ein poröses Medium aufgrund der Adhäsionskräfte als >Matrixpotential< bei. In der Bodenhydrologie wird der Terminus hydraulisches Potential gewöhnlich nur auf die Summe aus Matrix- und Gravitationspotential bezogen.

Hydrazingelb O. >Tartrazin<.

Hydrid. Bezeichnung für Wasserstoffverb. v. a. von Metallen, in denen der Wasserstoff in der formalen Ox.-stufe –1 vorliegt, wie z.B. LiAlH$_4$. Einige Metallhydride geben den Wasserstoff unter Wärmezufuhr reversibel ab und bilden somit Energiespeichersysteme z.B. zum Speichern von >Wasserstoff<, der durch Adhäsionskräfte an ein Metall-Gitter (FeTiH$_2$) gebunden wird. Zum Austreiben des Wasserstoffs wird im allg. Energie benötigt, die z.B. dem heißen Abgas entnommen werden kann (s. Abb.).

Hydrobiologie. Wissenschaft von den Lebewesen im Wasser, sowohl im Süßwasser wie im Meer und somit ein Teilgebiet der >Limnologie< und der >Ozeanographie<. Die H. befaßt sich hauptsächlich mit der Atmung, Bewegung, Fortpflanzung, dem Salzhaushalt, den chem. Interaktionen u.a. der Pflanzen, Tiere, >Bakterien< und >Pilze< im Gewässer. Nach den Organismen kann die H. in Allgemeine H., Hydrozoologie, Hydrobotanik und Hydromikrobiologie gegliedert werden.

Lit: Sernov SA (1958) Allgemeine Hydrobiologie, 1. Aufl., Deutscher Verlag der Wissenschaften, Berlin – Uhlmann D (1988) Hydrobiologie. Ein Grundriß für Ingenieure und Naturwissenschaftler, 3. Aufl., Fischer, Stuttgart – Wesenberg-Lund C (1939) Biologie der Süßwassertiere. Wirbellose Tiere. 1. Aufl., Springer, Wien – Wesenberg-Lund C (1943) Biologie der Süßwasserinsekten. 1. Aufl., Springer, Berlin Wien – Gessner F (1955, 1959) Hydrobotanik, Bd. 1, 2, 1. Aufl., Deuscher Verlag der Wissenschaften, Berlin – Rheinheimer G (1991) Mikrobiologie der Gewässer, 5. Aufl., Fischer, Stuttgart.

Hydrodynamische Bewegungsgleichungen. Grundgleichungen für die Bewegungen der Luftmassen in der Atmosphäre. Folgende Kräfte steuern die Bewegungen eines Luftteilchens: >Coriolis-Kraft<, >Luftdruckgradient<-Kraft, >Zentrifugalkraft<, Schwerkraft sowie verschiedene Formen der >Reibung<skräfte. Da bei großräumigen Bewegungen die Beschleunigungen in der Vertikalen im allgemeinen nur klein sind (Ausnahme: z.B. Gewitter), wird die Bewegungsgleichung für die Vertikalkomponente durch die >statische Grundgleichung< ersetzt.

Hydrogeologie. Behandelt das unterirdische Wasser im Wasserkreislauf, seine Wechselbeziehungen zu den Gesteinen, seine chem. und physikalischen Eig., seine Bewegung, die Grundwasserleiter und die Grundwassererschließung. Die Abgrenzung zur >Geohydrologie< als Teilbereich der Hydrologie ist praktisch nicht durchführbar. Daher wurde in DIN 4049 T. 1 auf Abgrenzung verzichtet (Hydrogeologie, Geohydrologie = Lehre von den Erscheinungen des Wassers in der Erdkruste, je nach dem Schwerpunkt der Betrachtungsweise).

Lit: Deutscher Normenausschuß (Hrsg.) (1992) DIN 4049,, T. 1: Hydrologie, Grundbegriffe.

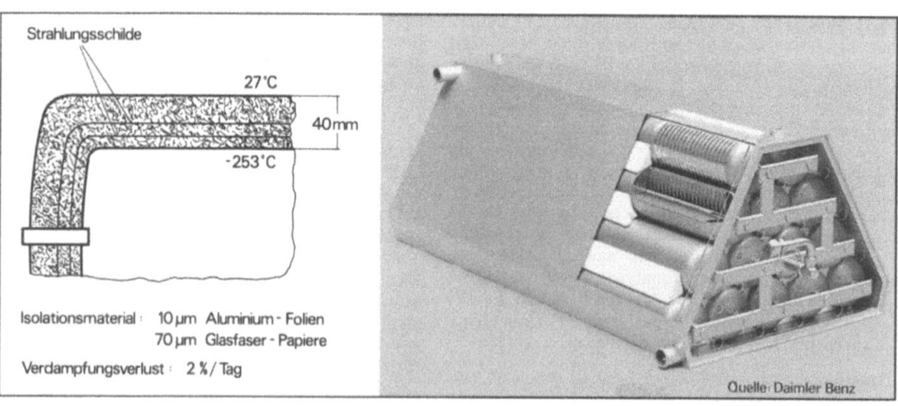

Hydrid: Möglichkeiten der Wasserstoffspeicherung im Auto. Links: Aufbau eines Kryogentanks mit einer Superisolierung, in dem Wasserstoff bei –253 °C flüssig gespeichert werden kann. Rechts: Aufbau eines Metallhydridtanks, in dem Wasserstoffgas bei Drücken bis zu 50 bar gespeichert werden kann. Jeder zylindrische Behälter enthält pulverförmiges Metallhydrid. Wasserstoff wird durch das mittige poröse Gasführungsrohr zu- und abgeführt. Scheibenförmige Lamellen verbessern den Wärmeübergang zwischen Speichermasse und Heiz- bzw. Kühlmedium. Vorn: Rohranschlüsse für Heizung bzw. Kühlung. Photo: W. Frankenhauser, Düsseldorf

Hydrologie. (Gewässerkunde). Ist die Wissenschaft vom Wasser, seinen Eigenschaften und seinen Erscheinungsformen auf und unter der Landoberfläche.
Lit: Deutscher Normenausschuß (Hrsg.) (1992) DIN 4049, T.1: Hydrologie, Grundbegriffe.

Hydrolyse. (Grch. hýdor, hýdatos = Wasser; lysis = Auflösung, Zerfall). Chem. Reaktion, bei der Wasser in ein Molekül eingeführt und dabei eine kovalente Bindung R-X gespalten wird:

$$R\text{-}X + H_2O \rightleftharpoons R\text{-}OH + HX$$

Katalysiert wird sie durch Säuren, Basen und durch manche Metallkationen. Bei den meisten Reaktionen verläuft die H. bimolekular; da aber das Wasser in der Regel im Überschuß vorliegt, erhält man meistens eine Kinetik pseudoerster Ordnung, bei der die Halbwertszeit der Substanz R-X unabhängig von ihrer Konz. ist. Wichtige H. sind die Spaltung von Fetten, Kohlenhydraten und Eiweißen (Verdauungsreaktionen), die Überführung von Alkylhalogeniden in Alkohole, die Reaktion von Epoxiden zu Diolen und die Verseifung von Estern. Dabei werden oft alle Reaktionen als Verseifungen bezeichnet, bei denen ein Säurerest abgespalten wird.

Hydrolysierbarer Stickstoff. Fraktion des org. gebundenen Stickstoffs in Böden, die sich durch Kochen in starker Salzsäure in Ammonium überführen läßt. Ziel dieser Behandlung ist es, eine relativ leicht mineralisierbare und damit rasch pflanzenverwertbare N-Form quantitativ zu bestimmen.

Hydrometeore. Gesamtheit der Ausscheidungen atmosphärischen Wasserdampfes in flüssiger oder fester Form. Man unterscheidet:
– schwebende H.: Dunst, Nebel oder Wolken;
– fallende H.: flüssige (Regen, Nieseln) oder feste (Graupel, Hagel oder Schnee);
– hochgewirbelte H.: Schneetreiben.

hydrophil. Wasserliebend, wasseranziehend, von Wasser gut benetzbar. Bezeichnung für Stoffe, die sich in Wasser lösen oder dieses binden können. Es sind in der Regel ionische Verb. oder solche, die einen polaren Charakter aufweisen und die in wäßriger Lösung oder auf Oberflächen Wasserstoffbrückenbindungen ausbilden können. Zu den h. Stoffen zählen z.B. Salze, Zucker, Alkohole und Säuren.

hydrophob. Wasserabweisend, wasserabstoßend. Bezeichnung für Stoffe, die sich weder in Wasser lösen noch dieses binden können. Sie tragen keine elektrischen Ladungen oder >funktionelle Gruppen<, die für die Wasserlöslichkeit Voraussetzung sind. Zu diesen Stoffen gehören u.a. Fette, Öle und Schmierstoffe.

Hydrosphäre. Gesamtheit des festen, fl. und gasförmigen Wassers über, auf und in der Erde.

Hydrostatisches Gleichgewicht. Gleichgewicht zwischen dem nach unten gerichteten hydrostatischen Druck (Schwerkraft) und der nach oben gerichteten Gradientkraft des vertikalen Luftdruckgradienten (Druckkraft) an einer Bezugsfläche in der freien Atmosphäre. Für großräumige Bewegungsvorgänge ist das h.G. erfüllt, bei kleinräumigen, insbesondere bei kräftigen Vertikalbewegungen im Verlauf von Gewittern dagegen nicht. Die >statische Grundgleichung< beschreibt das h.G.

Hydroxidschlamm. Die Abwässerschlämme aus der Metallverarbeitung und -veredelung bestehen im wesentlichen aus Metallhydroxiden, schwerlösl. Calciumverb. und Wasser. Sie enthalten aber weitere Stoffe, denen man zunächst weniger Beachtung schenkt. Die Vielfalt der Verfahren zur Oberflächenbehandlung spiegelt sich in der Mannigfaltigkeit der Schlammzusammensetzung wider. Verschiedentlich fallen schadstoffhaltige Schlämme auch schon während der Fertigung an. Je nachdem, ob nur der Wasseranteil oder auch der Feststoffanteil toxische Bestandteile enthält, müssen sie ausgewaschen oder >entgiftet< und neutralisiert werden. Die in der metallverarbeitenden Industrie anfallenden Abwässerschlämme haben, mit Ausnahme der bei der >Emulsionsspaltung< und zum Teil der in Klischeeanstalten anfallenden, nahezu rein anorg. Charakter. Das unterscheidet sie im wesentlichen von den Schlämmen anderer Industriezweige und vor allem von denen aus kommunalen Anlagen.

***p*-Hydroxybenzoesäureester.** (PHB-Ester). Ester der *p*-Hydroxybenzoesäure. Die Verbindungen sind rel. stabil. Die Wasserlöslichkeit nimmt mit steigender Länge der Alkylreste ab. Deshalb arbeitet man meist mit Lösungen in 5%iger Natronlauge. Die Verbindungen wirken antimykotisch und antibakteriell. Die Ausscheidung erfolgt entweder unmetabolisiert oder nach Hydrolyse als *p*-Hydroxybenzoesäure oder als Glycin- oder Glucuronsäureverbindung mit dem Harn.

E 214: R = C_2H_5
E 216: R = C_3H_7
E 218: R = CH_3

Obwohl mit steigender Länge der Alkylreste die Wirksamkeit zunimmt, setzt man i. allg. wegen der besseren Löslichkeit die kurzkettigen Verbindungen ein.

Hygiene. Medizinisches Fach, welches ausschließlich die primäre Prävention zur Aufgabe hat. Sie hat das Ziel – auf der Grundlage wissenschaftlich begründeter Konzeptionen – gesundheitsgefährdende Risiken zu vermeiden. Dies gilt für alle exogenen Risikofaktoren, die sich aus den biologischen, chemischen, physikalischen und sozialen Umwelteinflüssen ergeben, aber auch aus endogenen Risikofaktoren, die teils erworben teils genetisch bedingt sind. Aufgaben der Hygiene sind: Erforschung der Wechselwirkung zwischen Mensch und Umwelt und deren Einfluß auf die Gesundheit sowie die Verhütung und Bekämpfung von Krankheiten; Verbesserung der Lebensbedingungen zur Krankheitsverhütung und Gesundheitsförderung; Erkennen und Nutzen positiver Umwelteinflüsse; Erkennen und Ausschalten von Risikofaktoren; Förderung von Gesundheitsaufklärung und -erziehung; Erarbeitung wissenschaftlicher Kriterien und Richtlinien.
Lit: Beck G, Schmidt P (1988) Hygiene – Präventivmedizin, Enke, Stuttgart.

Hygienisierung. Im technischen Umweltschutzbereich mißbräuchlich verwendeter Begriff für >Desinfektionsmaßnahmen<. Der Begriff ist deshalb abzulehnen, weil sich die Aufgaben der Hygiene in Human- und

Veterinärmedizin auf viel weitergehende Bereiche erstrecken als nur auf die Verhütung und Bekämpfung von Infektionskrankheiten. Sie umfassen u. a. Lebensmittelüberwachung zur Verhinderung ernährungsbedingter Infektionen und Intoxikationen, produktionsbezogenen Umweltschutz zur Bekämpfung gesundheitsschädlicher Emissionen und Immissionen, Lärmverhütung, epidemiologische Untersuchungen zur Frage der Beziehungen zwischen Umweltverschmutzung und Gesundheitszustand bei Menschen und Tieren, experimentelle Untersuchungen an biologischen Modellen zur Erfassung toxischer, mutagener und kanzerogener Wirkungen von Umweltschadstoffen und ihrer kausalen Zusammenhänge. Dies wird auch schon durch die Teilgebiete der Hygiene dokumentiert: allg. Hygiene, Tropen-, Touristik-, Ernährungs-, Lebensmittel-, Umwelt-(Luft, Boden, Wasser), Krankenhaus-, Wohnungs-, Siedlungs-, Städte-, Schul-, Arbeits-, Sozial-, Tier-, Zucht-, Fortpflanzungs-, Haltungs-, Fütterungs-, Veterinärhygiene. >Desinfektion<, >Entseuchung<.

Hygrometer. Instrument zur Messung der >Feuchte< der Luft. Je nach den physikalischen Grundlagen der Feuchtemessung unterscheidet man: Absorptionshygrometer, Haarhygrometer, Kapazitätsfeuchtefühler, Kondensationshygrometer, Lithiumchloridhygrometer und Psychrometer. Am weitesten verbreitet ist z. Zt. noch das Haarhygrometer, bei dem die Eigenschaft des menschlichen Haares benutzt wird, sich mit zunehmender Luftfeuchtigkeit zu verlängern. Da alle Meßgeräte eine Drift aufweisen, hängt die Güte der Messung maßgeblich von der in möglichst kurzen Abständen regelmäßig durchzuführenden Kalibrierungen ab.
Lit: WMO (1996) Guide to Meteorological Instruments and Methods of Observation, WMO-Nr. 8. 6. Aufl., Genf, Loseblattsammlung.

hygrophil. Feuchtigkeitsliebend. Bezeichnung für Pflanzen und Tiere, die bevorzugt an feuchten oder nassen Orten leben. Gegensatz: >hygrophob< bzw. >xerophil<.

Hygrophile Bodenorganismen. Sie sind in der Lebensweise an feuchte und nasse Bereiche angepaßt. Dazu gehört ein großer Teil aller Arten im Boden, z. B. die >Enchytraeidae<, die >Asseln<, die >Tausendfüßer< und die >Mücken-< und >Fliegenlarven<.

hygrophob. >hygrophil<.

Hymenoptera. Hautflügler sind Insekten mit zwei Paar häutiger Flügel und einem Puppenstadium. Mehr als 100.000 Arten sind weltweit beschrieben worden. Im Boden leben zahlreiche Arten aus verschiedensten Taxa mit z. T. hochspezialisierter Anpassung als Pflanzenfresser, Räuber und Parasiten. Als Beispiele zu nennen sind >Ameisen<, Schlupfwespen, Grabwespen, Wegwespen, viele Bienen- und Hummelarten. U. a. sind Ameisen Räuber. Viele Insektenarten des Bodens werden von Hautflüglern parasitiert. In einem Kalkbuchenwald wurden insgesamt mehr als 1.000 Arten parasitischer Hymenopteren gefunden.

Hyperonen. Gruppe kurzlebiger >Elementarteilchen<, deren Masse größer als die des >Neutrons< ist.

Hyperparasit. >Parasiten< in Parasiten. Im Tierreich treten H. insbesondere bei parasitischen Hautflüglern (>Hymenopteren<) auf. Dort können z. B. Schmetterlinge von Brackwespen befallen sein, die ihrerseits

von anderen Brackwespen parasitiert werden. Es gibt aber auch komplizierte Systeme, z. B. Pflanzen, die von Pilzen befallen werden, in denen >Bakterien< leben, die von >bakteriophagen< Viren vernichtet werden.

Hyperphos. Phosphathandelsdünger; gemahlenes weicherdiges Rohphosphat aus Lagerstätten bei Gafsa in Tunesien. Graues Pulver, der Gesamtgehalt an Phosphor beträgt 13 %, der Anteil an Calciumoxid ist unterschiedlich. Die feine Vermahlung ermöglicht eine ausreichende Pflanzenverfügbarkeit von H.

Hypersensitivität. (Grch. hyper = über; lat. sentire = fühlen, empfinden). Eine spez. Reaktion von Wirtspflanzen gegenüber >Parasiten< (z. B. >Pilzen<), die zur Resistenz führt. Bei der Infektion sterben um die Eindringstelle einige Wirtszellen samt dem Pathogen ab. Das typische Erscheinungsbild sind >Nekrosen< um die Penetrationsstellen des befallenen Gewebes. Beim Abwehrmechanismus spielt die Synth. antimikrobiell wirksamer Verb., sog. >Phytoalexine<, eine wesentliche Rolle; diese akkumulieren innerhalb der Wirtszellen, nachdem der Wirt mit >Mikroorganismen< in Kontakt gekommen ist. Die Phytoalexinsynth. wird durch Elicitoren induziert; hierbei handelt es sich meist um >Zellwandbestandteile< des Pathogens oder aber des Wirts, die bei der Infektion freigesetzt werden.
Lit: Elstner EF, Oßwald W, Schneider I (1996) Phytopathologie. Spektrum Akademischer Verlag, Heidelberg Berlin Oxford.

hypertonisch. Lösungen, z. B. Zellflüssigkeit oder Blut, die einen höheren >osmotischen Druck< aufweisen als das umgebende Medium. Dies trifft etwa für Körperflüssigkeit gegenüber Süßwasser zu. Gegensatz: >hypotonisch<.

hypertroph. Gewässer mit einer extrem hohen >Primärproduktion<, bedingt durch übermäßig hohe Nährstoffkonz., die in aller Regel anthropogen bedingt sind. In hypertrophen Seen tritt am Grund während der >Stagnation< regelmäßig ein völliger Sauerstoffschwund auf.

Hypertrophierung. Erhöhung des >Trophie<zustandes eines Gewässers über den Bereich der >Eutrophie< hinaus. Ursache ist die übermäßige Zufuhr von Nährstoffen mit mangelhaft gereinigten >Abwässern<, seltener aus diffusen Quellen.

Hyphe. (Grch. hyphe = Gewebe). Ein fädiges Vegetationsorgan von >Pilzen<, das sich durch Verzweigung zum Myzel (s. Abb. S. 585) weiterentwickelt und auch die Grundstruktur der Fruchtkörper bildet. Bei der Organisationsstufe der niederen Pilze (>Oomyceten<, >Zygomyceten<) sind die Hyphen nicht durch Septen unterteilt: in den querwandlosen Schläuchen liegen viele Kerne in einem gemeinsamen Cytoplasma. Bei den höher organisierten Pilzen (>Ascomyceten< und >Basidiomyceten<) unterteilen Septen, d. h. Querwände mit jeweils einem zentralen Porus, die Hyphe. Die Hyphenstruktur ermöglicht die Ausbildung einer riesigen Oberfläche, die sich als optimal für die Aufnahme von Wasser und Nährstoffen erweist. Unter den >Bakterien< treten bei den Actinomyceten (z. B. Frankia) Hyphenstrukturen auf; die Zellorganisation entspricht dort jedoch dem prokaryotischen Typ.

Hypolimnion. Tiefenwasser eines thermisch geschichteten Sees unterhalb der >Sprungschicht<. Die Temp.

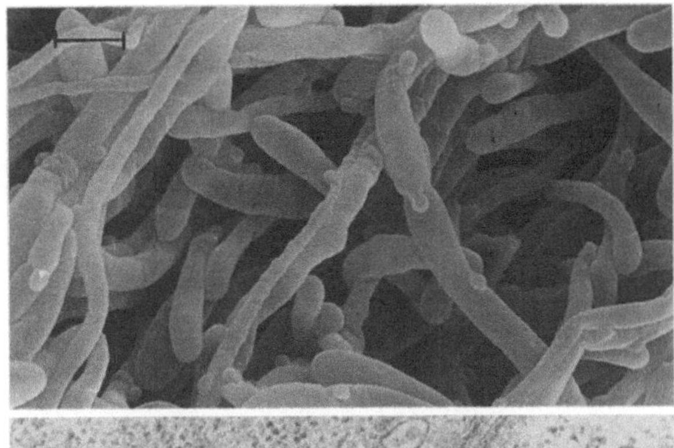

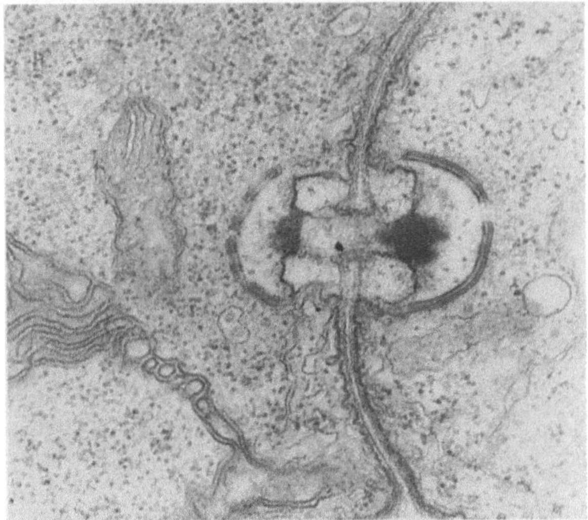

Hyphe: Hyphen von *Flammulina velutipes*. Aufnahmen von V. Kern. Oben: Rasterelektronenmikroskopische Aufnahmen des Myzels; Meßstrich: 10 µm. Unten: TEM-Aufnahme eines Septums mit Doliporus

des H. ist ganzjährig weitgehend konstant, ihre Höhe aber vom Klimagebiet bzw. von der geographischen Breite und Höhenlage bestimmt: in den gemäßigten Breiten beträgt sie etwa 4 °C, in den Tropen >20 °C, dazwischen alle Übergänge.

Hyporheal, Hyporheon. Hyporheal ist der wassergefüllte Lückenraum zwischen den Sanden, Kiesen und Steinen unter und neben der Sohle eines >Fließgewässers<. Hyporheon ist die Gesamtheit der Organismen in diesem Lebensraum, der gewöhnlich als >hyporheisches Interstitial< bezeichnet wird.

Hyporheisches Interstitial. Lückensysem zwischen den fluvialen Sedimentablagerungen (Steine, Sande, Kiese) unter der Gewässersohle und im Uferbereich eines Fließgewässers. Das H. I. bildet somit einen Porenraum unterschiedlicher Gangweiten, der nach oben mit dem fließenden Oberflächenwasser, nach unten mit dem Grundwasser in Verb. steht. Dementsprechend sind Temp. und chem. Gradienten ausgebildet. Die Gangweite der Lückenräume (G) ist mit dem Korndurchmeser (D) korreliert: für Kugeln gilt G = 1/6D. Das H. I. ist ein wichtiger Lebensraum für die Entwicklungsstadien der Bachforellen (Eier, Dottersack-

stadium) sowie für Fließwasserinsekten und andere Organismen, die wegen ihrer geringen Größe das Lückensystem besiedeln können. Für alle Organismen ist das H. I. 1. ein Temp.-Refugium, da die Temp. wegen der Nähe des Grundwassers im Tages- und Jahresverlauf ausgeglichener als an der Oberfläche ist; 2. ein Strömungsrefugium wegen der stark verlangsamten Wasserbewegung im Lückensystem und 3. ein Stabilitätsrefugium, das auch bei Hochwasser seine stabile Lagerung behält; 4. ist das H. I. ein typischer Grenzbiotop, in dem oberirdische und Grundwasserorganismen nebeneinander leben. Prim. Nahrung für alle Tiere sind eingespülter >Detritus< sowie >Bakterien<. Für den Stoffhaushalt kleiner >Fließgewässer< ist das H. I. wegen seiner großen inneren Oberfläche von Bedeutung, die von einer Schicht (Biolayer) heterotropher Mikroorganismen besiedelt ist.

Lit: Breschko G, Klemens WE (1986) Stygologia 2: 297–316 – Brunke M, Gonser T (1997) The ecological significance of exchange processes between rivers and groundwater (Special Review). Freshwater Biology 37, 1–33.

hypotonisch. Lösung, z. B. Körperflüssigkeit, die einen niedrigeren >osmotischen Druck< aufweisen als das umgebende Medium. Gegensatz: >hypertonisch<.

Hysterese. (Grch. hysteresis = Zurückbleiben). Beim Magnetismus die Erscheinung, daß Magnetisierung nicht eindeutig von der magnetischen Feldstärke, sondern zusätzlich von der Art der Erzeugung abhängt, von der etwas (Erinnerung) „zurückbleibt". Umweltrelevant in der Hydrologie, wo die Beziehung zwischen Bodenfeuchte und >Matrixpotential< als Ausdruck für die Bindungsintensität der Feuchte an die Bodenmatrix davon abhängt, wie der zu beschreibende Zustand erreicht wurde, z.B. auf dem Wege der Trocknung oder der Befeuchtung, und wie trocken bzw. feucht der Boden zu Beginn der Trocknung bzw. Befeuchtung war. Ähnliche Erscheinungen gibt es bei allen Beziehungen zwischen stofflichen Gehalten und Potentialen in einem heterogenen System, sofern sie eine komplexe >Matrix<, d.h. einen Körper mit komplizierter Oberfläche, charakterisieren; so auch bei der Beziehung zwischen dem K- und Ca-Gehalt einer Lsg. eines heterogenen Systems und dessen K-Ca-Austausch-Potential. Dieses ist auch von Interesse im Hinblick darauf, ob bzw. inwieweit Hysterese bei einer Abfolge von echten Gleichgewichten möglich ist.

IAEA. International Atomic Energy Agency, Wien.

IAEO. Internationale Atomenergie-Organisation (amtliche deutsche Übersetzung für IAEA). Die internationale Atomenergie-Organisation ist eine besondere Einrichtung innerhalb der Vereinten Nationen. Sie ist ein Forum für die wissenschaftliche und technische Kooperation auf dem Gebiet der Kernenergie, der Anwendung radioaktiver Stoffe und ionisierender Strahlen. Die IAEO ist die internationale Kontrollinstanz für den Nichtverbreitungsvertrag und führt die erforderlichen Überwachungen des Kernbrennstoffes in zivilen Nuklearanlagen durch. Sie wurde 1957 gegründet, ihr gehören 128 Mitgliedsstaaten an.

ICAO-Standardatmosphäre. ICAO, Abkürzung für: International Civil Aviation Organization (dt.: Internationale Zivilluftfahrtgesellschaft), Zusammenschluß von rund 150 Staaten zur Regelung aller den Luftverkehr betreffenden Fragen, Sitz der Organisation: Montreal, Kanada. Die ICAO hat u.a. die Normwerte von Temperatur, Luftdruck und Luftdichte für die >Standardatmosphäre< festgelegt.

ICRP. International Commission on Radiological Protection; >Internationale Strahlenschutzkommission<.

ICRP-Publikation 60. Grundlegende Empfehlungen der >Internationalen Strahlenschutzkommission< zur Verminderung des Strahlenrisikos, auf denen Strahlenschutzmaßnahmen aufgrund nationalstaatlicher und betrieblicher Regelungen aufbauen.
Lit: ICRP-Publication 60 (1991) Recommendations of the International Commission on Radiological Protection 1990, Annals of the ICRP, Bd. 21, Nr. 1–3.

Identifikationsmerkmale. Zu den I. eines Stoffes gehören u. a. Bezeichnung, Synonym, Handelsname, >CAS-Nummer<, >EG-Nummer<, >RTECS-Nummer<, >Beilstein-Nummer<, Summenformel, Strukturformel, Spektraldaten etc.

Idiosynkrasie. Überempfindlichkeit bzw. >Allergie< gegenüber bestimmten Stoffen, ohne nachweisbare vorausgegangene >Sensibilisierung<, i. allg. durch Enzymmangel hervorgerufen.

ILL. Institut Max von Laue – Paul Langevin, Grenoble.

Illit. Tonmineral, das zu der Gruppe der Dreischichtsilicate gehört und strukturell eng mit den >Glimmern< >Biotit< und >Muskowit< verwandt ist. Die permanente negative Ladung entsteht hauptsächlich durch isomorphen Si-Al-Ersatz in den Tetraedern, der weitgehend durch K-Ionen abgesättigt ist. Da ein nahezu lückenloser Übergang von den Glimmern zu den I. einerseits und von den I. zu Wechsellagerungsmineralen (z. B. I., Vermiculit) andererseits besteht, gehören die I. eigentlich nicht zu den definierten Mineralen. I. entstehen entweder durch Verwitterungsreaktionen aus Glimmern oder aber durch Kaliumeinlagerung aus anderen >Dreischichttonmineralen< wie >Vermiculit< oder >Smectit<.

Imazalil. Wirkt als >Fungizid< und zählt zur Substanzklasse der Imidazol-Derivate.
Chemische Bezeichnung: 2-(2,4-Dichlorphenyl)-2-(2-propenyloxyethyl-1*H*-imidazol)
CAS-Nummer: 35554–44–0
Hersteller: Janssen Pharmazeutica

Wirkungstyp: Systemisches Fungizid, Hemmstoff der Ergosterol-Biosynthese.
Bevorzugte Anwendung: Gegen Echten Mehltau an Rosen im Freiland. In Kombination mit anderen Fungiziden zum Schutz von Getreidesaatgut: Gegen Weizensteinbrand, Streifenkrankheit der Gerste, Schneeschimmel an Roggen, Flugbrand an Hafer und Weizen.

Chemische und physikalische Eigenschaften:
Physikalische Beschaffenheit: Dunkelbraune, ölige Flüssigkeit.
Siedepunkt: 347 °C bei 10^5 Pa.
Dampfdruck: $9 \cdot 10^{-6}$ Pa bei 20 °C.
Stabilität: Bei Raumtemp. weitgehend hydrolysestabil in verd. Säuren und Laugen.
Löslichkeit: In Wasser 1,4 g/L bei 20 °C.
Abbau und Metabolismus: Die Halbwertszeit im Boden beträgt ca. 170 Tage. Infolge O-Dealkylierung entstehen polare Produkte. Bei Ratten wird I. nach oraler Aufnahme schnell und vollständig abgebaut und innerhalb von 4 Tagen zu 90 % ausgeschieden (am ersten Tag zu 55,8 %, davon zu 36,9 % im Urin).
Toxizität: Akute orale LD_{50} für männliche Ratte 320 mg/kg, Hund >640 mg/kg. Akute dermale LD_{50} für Ratten 4.200 bis 4.880 mg/kg. Inhalationstoxizität: LD_{50} mehr als 16 g/m^3 (Ratte). NOEL bei Verfütterung über 2 Jahre an Ratten 80 mg/kg, Hunde 20 mg/kg. Hautreizwirkung bei Kaninchen.
Bienentoxizität: Orale LD_{50} 40 µg/Biene. LC_{50} (96 h) für Regenbogenforelle 1,5 mg/L.
Vogeltoxizität: Orale LD_{50} für Ringeltaube 2000 mg/kg.
Wirbellosetoxizität: EC_{50} (48 h) für *Daphnia* 3,5 mg/L.

Imhoff-Trichter. Die absetzbaren Stoffe des >Abwassers< bestimmt man gewöhnlich in Standgläsern – Imhoff-Trichter – von 40 cm Höhe und 1 L Inhalt nach 2 h. Die Gläser können trichterförmig und unten in mL geteilt sein. 15 min vor dem Ablesen dreht man das Glas hin und her, damit die am Glas haftenden Stoffe sinken. Aus den Ablesungen zu versch. Zeiten kann man die Absetzkurve erhalten. Dabei ist die Sackung des bereits abgesetzten Schlammes zu beachten.
Lit: Imhoff K, Imhoff KR (1990) Taschenbuch der Stadtentwässerung, 27. Aufl., R. Oldenbourg Verlag, München Wien.

Imidacloprid. Wirkt als >Insektizid< und zählt zur Substanzklasse der Imidazolidin-Derivate.
Chemische Bezeichnung: 1-(6-Chlor-3-pyridinylmethyl)-*N*-nitroimidazolidin-2-ylidenamin.
CAS-Nummer: 105827–78–9.
Hersteller: Bayer.
Wirkungstyp: Systemisches Insektizid mit Kontakt- und Fraßwirkung. I. ist ein Effektor des nikotinergen Acetylcholinrezeptors im Insektennervensystem, wobei die chemische Signalübertragung gestört wird. Nach Blattapplikation erfolgt eine gute translaminare und akropetale Verteilung.
Die gute Kontaktwirkung und hohe Wurzelsystemizität erlauben die Boden- und Saatgutbehandlung.
Bevorzugte Anwendung: Gegen saugende und beißende Insekten in Getreide, Mais, Zuckerrüben, Kartoffeln, Gemüse, Kern- und Steinobst.

Chemische und physikalische Eigenschaften:
Physikalische Beschaffenheit: Farblose Kristalle.
Schmelzpunkt: 136,4 bis 143,8 °C.
Dampfdruck: 0,2 μ Pa bei 20 °C.
Verteilungskoeffizient (log $P_{o/w}$): 0,57.
Stabilität: Geringfügiger Einfluß durch UV-Licht.
Löslichkeit: In Wasser 0,51 g/L bei 20 °C.
Toxizität: Akute orale LD_{50} für männliche Ratte 424 mg/kg und männliche Maus 131 mg/kg. Akute dermale LD_{50} (24 Stunden) für Ratte >5.000mg/kg. Inhalationstoxizität (4 Stunden) für Ratte >69 mg/m^3 (Aerosol) und >5.323 mg/m^3 (Staub). Bei Kaninchen keine Haut- und Augenreizwirkung.
Subakute LC_{50} für Ratte >2.400 mg/kg.
Bienentoxizität: Bienengefährlich.
Fischtoxizität: LC_{50} (96 Stunden) für Regenbogenforelle 211 mg/L, Goldorfe 237 mg/L und Karpfen 280 mg/L.
Vogeltoxizität: Akute orale LD_{50} für Kanarienvogel und Taube 25 bis 50 mg/kg, Japanische Wachtel 31, Virginiawachtel 152 mg/kg. 5-Tage-Fütterungstest LC_{50} für Stockente >5.000 mg/kg Futter.
Wirbellose-Toxizität: LC_{50} (14 Tage) für Regenwurm 10,7 mg/kg. EC_{50} (48 Stunden) für *Daphnia* 85 mg/L. Algenwachstum (96 Stunden) EC_{50} >10 mg/L.

Immigration. >Einwanderung< von Pflanzen und Tieren in einen >Lebensraum<. Gegensatz: >Emigration<.

Immission. Auf Menschen sowie Tiere, Pflanzen oder andere Sachen einwirkende >Luftverunreinigung<, Geräusche, Erschütterungen, Licht, Wärme, Strahlung und ähnliche Umwelteinwirkungen. I. sind eine Folge von >Emissionen<.

Immissionsbelastung. Das Ausmaß der wirkungsbezogenen >Belastung< durch eine oder mehrere schädliche >Immissionen< ist durch eine kennzeichnende Größe anzugeben, wie z. B. durch die >Massenkonzentration< eines >Schadstoffes< in einem best. Luftvol., durch die Masse eines Schadstoffes, die sich auf einer best. Fläche innerhalb eines best. Zeitraumes niederschlägt, aber auch durch die Massenkonz. eines Schadstoffes, der sich in einem best. Medium innerhalb eines best. Zeitraumes anreichert oder indirekt durch das Ausmaß einer best. Wirkung auf Lebewesen, Pflanzen oder Materialien.

Immissionschutzrecht. Diejenigen Normen, die den Schutz vor >Immissionen< zum Gegenstand haben; auf Bundesebene: das >Bundesimmissionsschutzgesetz< vom 15.03. 1974, BGBl. I S.721, in der Fassung vom 18.04. 1997, sowie bislang 27 darauf gestützte Rechtsverordnungen; auf Landesebene: in einigen Bundesländern gibt es Landesimmissionsschutzgesetze, die von Personen ausgehende Immissionen regeln (eher am Rande wichtig).

Immissionsdosis. Aus der Außenluft stammende, feststellbare Aufnahme eines >Luftschadstoffes<, bezogen auf eine best. Masse oder Oberfläche des aufnehmenden Materials.

Immissionsgrenzwerte. >Immissionswerte<.

Immissionskataster. Die Bundesländer haben nach § 44 >BImSchG< in >Untersuchungsgebieten< Art und Umfang bestimmter Luftverunreinigungen in der Atmosphäre, die schädliche Umwelteinwirkungen hervorrufen können, fortlaufend festzustellen sowie die für ihre Entstehung und Ausbreitung bedeutsamen Umstände zu untersuchen. Die Ergebnisse der Immissionsmessungen werden in einem I. zusammengefaßt. Wegen des hohen Aufwands, der für Immissionsmessungen erforderlich ist, werden hauptsächlich die relevanten Luftkomponenten untersucht. Dies sind insbesondere Staub, Schwefeldioxid, Kohlenmonoxid und gasförmige organische Verbindungen. Je nach regionalen Gegebenheiten kann diese Reihe durch andere Stoffe erweitert werden. Von Fall zu Fall kann die Immissionsmessung durch Daten ergänzt werden, die aus dem >Emissionskataster< unter Berücksichtigung stoffspezifischer Emissionsfaktoren erhalten werden. Die regelmäßig bei der Immissionsüberwachung durch Pegelmeßprogramme, teil- oder vollautomatisierte Meßstationen, mobile Meßstationen und Sondermessungen erfaßten Komponenten und Meßwerte werden in Tabellen zusammengefaßt und nach unterschiedlichen Gesichtspunkten in Diagrammen oder als Raster kartographisch dargestellt. Durch die Pegelmessungen werden die räumlichen Immissionsstrukturen flächendeckend in hoher räumlicher Auflösung ermittelt. Demgegenüber wird die Immissionsbelastung durch die automatischen Meßstationen in hoher zeitlicher Auflösung ermittelt. Diese Kombination erlaubt es, sowohl den Anforderungen nach einer räumlich differenzierten Immissionsbeurteilung im Genehmigungsverfahren, im Planungsfall und bei Sanierungen als auch nach einer ständigen Immissionsüberwachung u. a. zum Zwecke der Smogwarnung Rechnung zu tragen.

Lit: Ministerium für Arbeit, Gesundheit und Soziales des Landes Nordrhein-Westfalen (1983) Luftreinhalteplan Rheinschiene Süd, 1. Fortschreibung, 1982 bis 1986.

Immissionskenngrößen. Kenngrößen für die *Vorbelastung* (Meßwerte aus diskontinuierlichen Messungen aller Meßstellen und kontinuierlichen Messungen aller Meßstationen), für die *Zusatzbelastung* (arithmetischer Mittelwert der für alle Aufpunkte einer Beurteilungsfläche berechneten Immissionsbeiträge bzw. der 98-%-Wert der Summenhäufigkeitsverteilung) und für die Gesamtbelastung (Summe aus Vor- und Zusatzbelastung), die für jede Beurteilungsfläche in dem für die Einwirkungen maßgeblichen Gebiet (Beurteilungsgebiet) ermittelt werden. Die Vorbelastung ist die vorhandene Belastung durch einen Schadstoff in dem Beurteilungsgebiet. Die Zusatzbelastung ist der durch das beantragte Vorhaben verursachte Immissionsbeitrag. Die Gesamtbelastung setzt sich aus den Kenngrößen der Vor- und Zusatzbelastung zusammen.

Immissionsmeßnetz. Das >Bundes-Immissionsschutzgesetz< verpflichtet die Bundesländer, in besonders belasteten Gebieten die wichtigsten >Luftschadstoffe< kontinuierlich festzustellen. Hierzu haben die Bundesländer jeweils zu einem Meßnetz zusammengefaßte automatisch arbeitende >Meßstationen< errichtet. Die an den Meßstationen erfaßten Daten werden dabei automatisch mit Datenfernübertragung an die jeweilige Zentrale übermittelt. Ein über das gesamte Bundesgebiet ausgedehntes Meßnetz mit 5 Meßstationen und 10 Probenahmestellen in weniger belasteten Gebieten betreibt das >UBA<. Dieses Meßnetz dient vor allem der Feststellung grenzüberschreitender Transporte von Luftschadstoffen und der Ursachen von >Waldschäden<.

Immissionsmessung. Best. der durch einen >Schadstoff< hervorgerufenen >Immissionsbelastung< (>Massenkonzentration< in der >Atmosphäre<, Massenniederschlag, >Immissionsrate< und >Immissionsdosis<) z. B. für folgende Meßaufgaben: Ermittlung von >Immissionskenngrößen< gemäß >TA Luft< in >Genehmigungsverfahren<, Ermittlung von >Immissionen< gemäß den >EG-Richtlinien< für >SO$_2$<, >Blei< und >NO$_2$<, Ermittlung von Immissionen in >Belastunsgebieten< und Ermittlung von Immissionen gemäß >Smogverordnung<. Immissionsmessungen werden nur anerkannt, wenn sie von >Meßstellen< ausgeführt werden, die in dem jeweiligen Bundesland von der für den Immissionsschutz obersten Landesbehörde als Stelle nach § 26 Bundes-Immissionsschutzgesetz bekanntgegeben wurden. Einheitliche Kriterien für das Bekanntgabeverfahren hat der >LAI< erarbeitet. Im Hinblick auf die ggf. erheblichen Auswirkungen der Ergebnisse von Immissionsmessungen auf Genehmigungsverfahren und >nachträgliche Anordnungen< sowie die große Bedeutung von Immissionsmessungen für nationale und internationale Vergleiche und Programme zur Beurteilung der Luftqualität hat der Bundesminister des Innern 1981 Richtlinien für die Bauausführung und Eignungsprüfung von Meßeinrichtungen zur kontinuierlichen Überwachung der Immissionen herausgegeben. Eignungsgeprüfte Meßeinrichtungen werden nach Prüfung durch eine staatliche Stelle oder einen >Technischen Überwachungsverein< und Zustimmung des LAI jeweils im Gemeinsamen Ministerialblatt der Bundesministerien bekanntgegeben. Zur Qualitätssicherung und Erhöhung der Vergleichbarkeit hat der Bundesminister für Umwelt, Naturschutz und Reaktorsicherheit 1988 Richtlinien über die Festlegung von Referenzverfahren, die Auswahl von Äquivalenzmeßverfahren und die Anwendung von Kalibrierverfahren veröffentlicht. Weitere Vorgaben zur Durchführung von Immissionsmessungen sind in >VDI-Richtlinien<, >DIN-Normen< etc. aufgeführt. Die Immissionsmeßverfahren sind in vielen Fällen identisch mit den >Emissionsmeßverfahren<. Die zu messenden Immissionskonz. sind allerdings wesentlich niedriger (Faktor 1.000 und mehr). Zu unterscheiden ist zwischen den kontinuierlichen Messungen über automatische >Meßstationen< in >Immissionsmeßnetzen< und flächendeckenden Messungen an den Meßpunkten z. B. eines 1 km mal 1 km-Meßrasters im Genehmigungsverfahren. Mit Hilfe von kontinuierlichen Messungen läßt sich die zeitliche Entwicklung der Immissionsbelastung am Standort der Meßstation beurteilen. Über Rastermessungen ist die räumliche Struktur der Immissionsbelastung zu erkennen. Bei Rastermessungen sind in einem Meßfahrzeug die gleichen Meßverfahren und Meßgeräte im Einsatz wie in automatischen Meßstationen; Meßhäufigkeit und Meßdauer pro Meßpunkt richten sich dabei nach der Definition der entspr. >Immissionskenngröße<.

Immissionsminderung. Die Minderung von Immissionen kann durch verschiedene technische Verfahren zur Luftreinhaltung an stationären und nicht-stationären Quellen (z. B. Reinigung von Kfz-Abgasen durch Katalysatoren) erreicht werden, aber auch u. a. durch die Verwendung schadstoffarmer oder -freier Materialien (z. B. Verordnung über Schwefelgehalt von leichtem Heizöl und Dieselkraftstoff, Benzinqualitätsverordnung) oder andere Maßnahmen (z. B. Fahrverbote für den Kfz-Verkehr). Die Wahl eines Abgasreinigungsverfahrens (zur Minderung der Emissionen) wird beeinflußt v. a. durch das Abgasvolumen, die Konzentration der Fremdstoffe im Abgas, die Art der gas-

und staubförmigen Fremdstoffe (u. a. chem. Zusammensetzung, Korngröße der Stäube, Wasserdampfgehalt), die Temperatur von Roh- und Reingas, die Verwertbarkeit der abgeschiedenen Stoffe bzw. die Möglichkeit zu deren Beseitigung, die Sicherheit der Anlage und Wirtschaftlichkeit des Verfahrens.

Immissionsprognose. Bei Überschreitung von in der >TA Luft< vorgegebenen >Emissionsmassenströmen< ist im Rahmen eines immissionsschutzrechtlichen >Genehmigungsverfahrens< die >Zusatzbelastung< für die >Beurteilungsflächen< eines >Beurteilungsgebietes< zu ermitteln. Hierzu werden mittels einer in der TA Luft vorgegebenen >Ausbreitungsrechnung< unter Zugrundelegung der Daten für die neu zu genehmigende Anlage, wie >Schornsteinhöhe<, Emissionsmassenstrom, >Abgasvolumenstrom<, >Abgastemperatur< etc., für die Eckpunkte der Beurteilungsflächen die >Massenkonzentrationen< für alle >Luftschadstoffe< und für alle Ausbreitungssituationen entspr. den örtlichen Verhältnissen berechnet. Das arithmetische Mittel aus den Ergebnissen für die vier Eckpunkte einer Beurteilungsfläche ist die >Kenngröße< für die Zusatzbelastungen I 1 Z und I 2 Z.

Immissionsrate. Aus der Außenluft stammende, feststellbare Aufnahme eines >Luftschadstoffes< innerhalb eines best. Zeitraumes, bezogen auf eine best. Masse oder Oberfläche des aufnehmenden Materials.

Immissionsrichtwerte. >TA Lärm<.

Immissionsschäden. Sie entstehen durch Eintrag von >Schadstoffen< wie z. B. >Schwefeldioxid<, >Stickoxide<, >Ozon<, org. >Peroxide<, >Kohlenwasserstoffe< und >Kohlenmonoxid<. Sie setzen somit >Emissionen< voraus, d. h. alle von einem Emittenten (Industrie, Verkehr, Hausbrand) an die >Atmosphäre< abgegebenen Schadstoffe.

Immissionsschutzbericht. >Bericht des Immissionsschutzbeauftragten<.

Immissionsüberwachung. Die I. dient der Erkenntnis über die Situation der Luftverunreinigungen in D und ermöglicht das Einleiten von Abhilfe- und Vorsorgemaßnahmen. Insbesondere in Gebieten, in denen Luftverunreinigungen auftreten oder zu erwarten sind, die wegen der Häufigkeit oder der Gefahr des Zusammenwirkens verschiedener Luftverunreinigungen in besonderem Maße schädliche Umwelteinwirkungen hervorrufen können (>Untersuchungsgebiete<), haben die zuständigen Landesbehörden nach § 44 >BImSchG< bestimmte Luftverunreinigungen fortlaufend festzustellen und die für ihre Entstehung und Ausbreitung bedeutsamen Umstände zu untersuchen. Um die Einheitlichkeit der Beurteilung von Stand und Entwicklung der Luftverunreinigung sicherzustellen, sind vom Bundesminister für Umwelt, Naturschutz und Reaktorsicherheit mit Zustimmung des Bundesrates allgemeine Verwaltungsvorschriften über die zu messenden Objekte, die Meßverfahren und Meßgeräte, über die für die Bestimmung der Zahl und Lage der Meßstellen zu beachtenden Grundsätze und über die Auswertung der Meßergebnisse erlassen worden. Die Immissionsmessungen werden teilweise von fest installierten Meßstellen (Nordrhein-Westfalen: TEMES-Stationen), größtenteils von mobilen Meßstationen aus durchgeführt, wobei an jedem Meßpunkt zeitlich geschichtet je Komponente mehrere Einzelmessungen pro Jahr vorgenommen werden. Wegen des erheblichen Aufwandes werden nur die rele-

vanten Komponenten gemessen. Dazu gehören in der Regel Staub, Schwefeldioxid, Stickstoffoxide, Kohlenmonoxid sowie gasförmige organische Verbindungen. Die Immissionsmessung wird von Fall zu Fall ergänzt durch Immissionsdaten, die durch Transformation aus dem >Emissionskataster< mit Hilfe der Ausbreitungsberechnung gewonnen werden. Die in der regelmäßigen Immissionsüberwachung erfaßten Komponenten und die Meßergebnisse schlagen sich nieder in einem >Immissionskataster<, das in einer kartographischen Darstellung und in Form von Diagrammen die Immissionsbelastung wiedergibt und in bestimmten zeitlichen Abständen aktualisiert und veröffentlicht wird.
Lit: Ministerium für Arbeit, Gesundheit und Soziales des Landes Nordrhein-Westfalen (1984) Luftreinhalteplan Rheinschiene Süd, 1. Fortschreibung, 1982–1986.

Immissionswerte. Immissionen sind auf Menschen, Tiere, Pflanzen oder andere Sachen einwirkende Luftverunreinigungen, die bei gasförmigen Luftverunreinigungen als >Massenkonzentration< (Masse der luftverunreinigenden Stoffe bezogen auf das Volumen der verunreinigten Luft) in g/m^3, mg/m^3 oder $\mu g/m^3$ oder bei staubförmigen Luftverunreinigungen als zeitbezogene Massenbedeckung in $g/(m^2d)$ oder $mg/(m^2d)$ angegebenen werden. Die I. gelten nur in Verbindung mit einem in der Ziffer 2.6 der technischen Anleitung zur Reinhaltung der Luft in der Fassung vom 28.02. 1986 (>TA Luft< 1986) festgelegten Verfahren zur Ermittlung der >Immissionskenngrößen<. Bei der Festlegung der I. ist ein Unsicherheitsbereich bei der Ermittlung der >Immissionskenngrößen< berücksichtigt worden. Die Immissionswerte gelten auch bei gleichzeitigem Auftreten mehrerer Schadstoffe sowie bei deren chemischer oder physikalischer Umwandlung. Die TA Luft 1986 enthält sowohl I. zum Schutz vor Gesundheitsgefahren (Ziffer 2.5.1) als auch I. zum Schutz vor erheblichen Nachteilen und Belästigungen (Ziffer 2.5.2). Zum Schutz vor Gesundheitsgefahren wurden folgende I. festgelegt:

Immissionswerte: Immissionswerte zum Schutz vor Gesundheitsgefahren

Schadstoff	IW1[a]	IW2[b]	
Schwebstaub (ohne Berücksichtigung der Staubinhaltsstoffe)	0,15	0,30	mg/m^3
Blei und anorganische Bleiverbindungen als Bestandteile des Schwebstaubs (angegeben als Pb)	2,0	–	$\mu g/m^3$
Cadmium und anorganische Cadmiumverbindungen als Bestandteile des Schwebstaubs (angegeben als Cd)	0,04	–	μ/m^3
Chlor	0,10	0,30	mg/m^3
Chlorwasserstoff (angegeben als Cl)	0,10	0,20[c]	mg/m^3
Kohlenmonoxid	10	30	mg/m^3
Schwefeldioxid	0,14	0,40	mg/m^3
Stickstoffoxid	0,08	0,20	mg/m^3

[a] Langzeitimmissionswert (arithmetischer Mittelwert aller Meßwerte).
[b] Kurzzeitimmissionswert (98 %-Wert, Maß für die Spitzenwerte, die in 2 % der Fälle über diesem Wert liegen).
[c] Solange Chlorwasserstoff nicht einwandfrei getrennt von Chloriden gemessen werden kann, gilt für IW2 0,30 mg/m^3.

Zum Schutz vor erheblichen Nachteilen oder Belästigungen wurden folgende I. festgelegt:

Immissionswerte: Immissionswerte zum Schutz vor erheblichen Nachteilen oder Belästigungen

Schadstoff	IW1	IW2	
Staubniederschlag (nicht gefährdende Stäube)	0,35	0,65	$g/(m^2d)$
Blei und anorganische Bleiverbindungen als Bestandteile des Staubniederschlags (angegeben als Pb)	0,25	–	$mg/(m^2d)$
Cadmium und anorganische Cadmiumverbindungen als Bestandteile des Staubniederschlags (angegeben als Cd)	5	–	$\mu g/(m^2d)$
Thallium und anorganische Thalliumverbindungen als Bestandteile des Staubniederschlags (angegeben als Tl)	10	–	$\mu g/(m^2d)$
Fluorwasserstoff und anorganische gasförmige Fluorverbindungen (angegeben als F)	1,0	3,0	$\mu g/m^3$

Immobilisiertes Enzym. >Enzym<, das nicht in gelöster Form eingesetzt wird, sondern in einem Reaktionsraum eingeschlossen oder an einen Träger gekoppelt. Enzyme können hinter Membranen, in Mikrokapseln oder Fasern, oder in polymeren Netzwerken bzw. Gelen eingeschlossen oder durch physikal. oder chem. Bindungen an Trägermaterialien gekoppelt werden. Als physikal. Kräfte sind z.B. van der Waals-Wechselwirkungen (Adsorption), hydrophobe oder ionische Interaktionen (Coulomb-Kräfte) wirksam. Bei den chem. Bindungen handelt es sich um kovalente Bindungen zwischen geeigneten funktionellen Gruppen des Trägermaterials und Seitengruppen der Proteinstruktur, z.B. Aminogruppen des Lysins, SH-Gruppen des Cysteins oder COOH-Gruppen der sauren Aminosäuren. Häufig ist auch eine Kombination von Kopplungsmethoden aktiv. So können Enzyme zunächst an einem Träger adsorbiert und dann zusätzlich durch eine geeignete Membran geschützt werden. Geeignete Trägermaterialien sind Ionenaustauscher, natürliche und künstliche Polymere, gegebenenfalls mit aktiven funktionellen Gruppen (>Stärke<, >Alginate<, Gelatine, Dextran, >Cellulose<, >Polyacrylamid<), Glas, Graphit oder Metalle. Häufig müssen sie aktiviert werden, um funktionelle Gruppen in ausreichender Dichte auf ihrer Oberfläche zu erzeugen, bevor eine Kopplung mit dem Enzym erfolgen kann. Aktivierungsmethoden sind z.B. Silanisierungen, über die die Trägeroberfläche mit Aminogruppen (Aminopropyltriethoxysilan) oder Epoxygruppen (Glycidoxypropyltriethoxysilan) modifiziert werden kann, oder Oxidationen, über die z.B. bei Graphit auf der Oberfläche COOH-Gruppen erzeugt werden. Die optimale Immobilisierungsmethode muß für jedes Enzym empirisch ermittelt werden und hängt von Struktur, Molekulargewicht, Ladung und Löslichkeit des Enzyms ab. Durch die Immobilisierung kann das Enzym leicht vom Reaktionsgemisch abgetrennt und dadurch mehrfach verwendet werden. Außerdem wird häufig eine größere Stabilität des immobilisierten Enzyms im Vergleich zum gelösten Enzym beobachtet. Dies wird darauf zurückgeführt, daß die Proteinstruktur in ihrer Beweglichkeit eingeschränkt und dadurch die Denaturierung des Enzyms verzögert wird. Auch pH- und Temperaturoptimum, sowie die Michaelis-Menten-Konstante zur Beschreibung der Affinität des Enzyms für sein Substrat und die Umsatzgeschwindigkeit des Substrates können sich durch die Immobilisierung ändern. Letzteres wird u.a. dadurch hervorgerufen, daß die Transportreaktionen der Enzymsubstrate zum aktiven Zentrum des Enzyms, bzw. der Reaktionsprodukte aus der Immobilisierungsmatrix die Gesamtreaktionsgeschwindigkeit bestimmen können, da bei der Umsetzung durch i.E. die Umsatzreaktion den Gesetzmäßigkeiten der heterogenen Katalyse gehorcht. I.E. finden Anwendung zur Produktion von Lebensmitteln und Pharmazeutika sowie in der biochem. Analytik (>Biosensoren<). Wirtschaftlich bedeutende Prozesse sind die Isomerisierung von Glucose zu Fructose durch Glucose-Isomerase und die Spaltung von Penicillin durch Penicillin-Acylase.

Lit: Hartmeier W (1986) Immobilisierte Biokatalysatoren. Springer-Verlag, Berlin – Hermanson GT, Mallia AK, Smith PK (1992) Immobilized affinity ligand techniques. Academic Press Inc., San Diego – Bilitewski U (1998) Prinzipien und Einsatzmöglichkeiten von Enzymelektroden. In: Analytiker-Taschenbuch. Bd. 17, Springer-Verlag, Berlin Heidelberg New York.

Immobilisierung. Oder >Festlegung<. 1. Einschluß von >Proteinen< oder Mikroorganismen oder Kopplung von Proteinen an Träger, s. >immobilisiertes Enzym<; 2. Umkehrung der >Mobilisierung< oder >Mineralisierung<.

a. Boden: Verringerung der Beweglichkeit eines Stoffes im Boden bzw. seiner Pflanzenverfügbarkeit. Meist wird dabei die Gleichgewichtskonzentration des Stoffes in der Bodenlösung erniedrigt, so daß z.B. die mit dem Sickerwasser pro Zeiteinheit transportierte Menge abnimmt. Die I. führt einerseits zu verringerter Auswaschung, andererseits zu verringerter Aufnahme in Bodenorganismen und Pflanzen, wirkt sich also je nach dem betrachteten System (Schadstoff oder Nährstoff) günstig oder ungünstig aus. Wichtige Reaktionen, die zu einer I. von Stoffen im Boden führen, sind

Sorptionsprozesse (z.B. für Phosphat, Kalium, Ammonium), Ausfällungen (z.B. Schwermetallsulfide und -carbonate), Komplexbildungen (z.B. Schwermetalle mit unlöslichen >Huminstoffen<) und Festlegung in Form org. Stoffe (z.B. Stickstoff in Huminstoffen). Gelegentlich wird auch die Bindung in der >Biomasse< der Bodenorganismen als I. bezeichnet, obwohl dieser Anteil nach dem Absterben der Organismen wieder in den Biokreislauf zurückgeführt wird.

b. Schwermetalle, Mikroorganismen: Mikroorganismen können sowohl an der Mobilisierung (>Mobilisierung von Schwermetallen durch Mikroorganismen<) wie auch an der Immobilisierung und damit mitunter an der Detoxifikation von umweltschädlichen Schwermetallen beteiligt sein. Die zugrundeliegenden Vorgänge können als „Biopräzipitation", „Bioakkumulation" und als „Biosorption" bez. werden (s. Tabelle).

α) „*Biopräzipitation*": Darunter versteht man die biol. bedingte Bildung von schwerlösl. Niederschlägen. Als wichtiges Beispiel soll hier die Sulfidfällung von Schwermetallen durch bakteriell gebildeten Schwefelwasserstoff (H_2S) genannt werden. Anaerobe, sulfatreduzierende Bakterien, z.B. *Desulfovibrio desulfuricans*, *Desulfotomaculum-*, *Desulfobacter-*, *Desulfosarcina-* und *Desulfonema*-Arten, benutzen Sulfat als terminalen Elektronenakzeptor ihres Energiestoffwechsels, in den org. Stoffe oder Wasserstoff als Edukte einfließen, und bilden dabei H_2S. Durch eine gezielte Herbeiführung dieser Desulfurikation, z.B. durch Zugabe von org. Stoffen oder durch Herbeiführen anaerober Verhältnisse, können die sog. >„sauren Grubenwässer"< entgiftet werden.

β) „*Bioakkumulation*": Dabei handelt es sich um eine Anreicherung von Schadstoffen in Organismen; hier für Schwermetalle und Mikroorganismen dargestellt. Die Metallionen werden dadurch dem umgebenden Ökosystem ggf. nur vorübergehend entzogen, und durch I. tritt eine Detoxifikation für die Mikroorganismen selbst und andere, im gleichen Ökosystem lebenden Organismen, ein. Ein Beispiel dafür ist die mikrobielle Reduktion von Quecksilberionen (Hg^{2+}) durch $NADH_2$ zu metallischem Quecksilber (Hg^0) und dessen Ablagerung in den Zellen. Hier ist das Quecksilber

Immobilisierung: Mobilisierung und Immobilisierung von Schwermetallen durch Mikroorganismen (Näveke, 1992)

Umsetzungen	Mobilisierung (Beispiele)	Immobilisierung (Beispiele)
Direkte enzymatische Umsetzung im Energiestoffwechsel (zur Energiegewinnung)	*Oxidation von Metall-Sulfiden zu wasserlösl. Sulfaten, *Reduktion $Fe^{3+} \rightarrow Fe^{2+}$ („Eisenatmung" statt Sauerstoffatmung)	„Biopräzipitation" *Oxidation $Fe^{2+} \rightarrow Fe^{3+}$ dadurch Fällung von Fe(III)-Verbindungen
Umsetzung mit Produkten des Stoffwechsels (extracellulär)	*Oxidation von Sulfiden durch Fe^{3+}, das durch bakterielle Oxidation von Fe^{2+} gebildet wurde, *Bildung von wasserlösl. Metall-Komplexen mit mikrobiell gebildeten org. Komplexbildnern	„Biopräzipitation" *Fällung als Sulfide durch H_2S, das durch sulfatreduzierende Bakterien gebildet wurde
Akkumulation in Mikroorganismen durch Stoffwechselprozesse (zur Entgiftung oder zum Aufbau von Zellbestandteilen)		„Bioakkumulation" *Reduktion von $Hg^{2+} \rightarrow Hg^0$ und Ablagerung in den Zellen *Fe-Akkumulation durch Bildung von intracellulären Magnetosomen mit Magnetitkristallen (Fe_2O_3 (magnetotaktische Bakterien))
Sorption an Bestandteilen von Mikroorganismen		„Biosorption" *Sorption an extrazellulären Biopolymeren oder Zellwandbestandteilen.

allerdings aufgrund seines hohen Dampfdrucks nicht unbedingt „sicher" abgelagert.

γ) „*Biosorption*": Schwermetallionen können auch durch biol. bedingte Sorptionsvorgänge immobilisiert und dadurch ggf. entgiftet werden. Zur Sorption sind auch mikrobiell gebildete, extrazelluläre Biopolymere (z. B. Polysaccharide) oder die Zellwände von Mikroorganismen befähigt. Auf diese Weise können beispielsweise in Wässern durch die Kultivierung von Pilzen und der damit erreichbaren Erzeugung großvol. Mycele, größere Schwermetallmengen immobilisiert und durch Entfernen der Mycele aus dem Wasser entfernt werden.

c. Schadstoffe und Deponie: Eine I. der Schadstoffe läßt sich durch Zugabe von Zement erreichen, wobei allerdings die in der Asche enthaltenen Chloride einen Zementanteil von 50 % erforderlich machen. Außer hohen Kosten bedeutet das eine Verdoppelung der zu entsorgenden Menge. Wenn die Asche zuvor gewaschen wird, geht das Chlorid in Lsg. Damit vermindert sich die Menge, und es müssen nur noch 15 bis 20 % Zement zugesetzt werden. Das Waschwasser kann zus. mit dem Abwasser der Rauchgaswäsche behandelt werden. Eine Möglichkeit, Filterstaub gemeinsam mit Rückständen aus der Rauchgasreinigung zu verfestigen, bietet das „Bamberger Modell". Dabei werden die Filterstäube mit Hydroxid-/TMT-15-Schlämmen und Gipsschlämmen vermischt. Es entsteht ein Endprodukt, das in kürzester Zeit aushärtet und nach anschließender Verdichtung eine dichte Abdichtung für Deponien ergibt. Durch die Verfestigung nach diesem Modell wird die Regenwasseraufnahme auf <5 % reduziert und die Auslagerung verzögert. Durch Zugabe von Schlacke, Zement, Kalk, Gips etc. wird eine weitere Verfestigung erreicht. Andere Möglichkeiten sind Einschmelzen, >Verglasung< etc. Siehe auch Asche- und Schlackeverwertung.

Lit: Tobler HP (1988) Behandlung und Verfestigung von Rückständen aus Müllverbrennungsanlagen, Technische Mitteilungen 81, Heft 6 – Alloway BJ, Ayres DC (1996) Schadstoffe in der Umwelt, Spektrum Akademischer Verlag, Heidelberg.

Immunglobulin (Ig). Als Syn. für >Antikörper< gebräuchliche Bez. I. sind >Proteine< des spezifischen körpereigenen >Immunsystems< und bilden den Hauptteil der sog. γ-Globulin-Fraktion des Blutplasmas. Dies ist eine wegen der geringen Wanderungsgeschwindigkeit bei der >Elektrophorese< früher für einheitlich gehaltene Fraktion best. Proteine. I. werden heute in fünf versch. Haupt-Klassen eingeteilt: IgG, IgM, IgA, IgD und IgE.

Immunität. Widerstandsfähigkeit gegen Erreger ansteckender Krankheiten oder Giftstoffe. Sie wird durch die Bildung von >Antikörpern< (humorale I.) und spezifischen cytotoxischen T-Zellen (zelluläre I.) gegen die Fremdstoffe (>Antigene<) durch das Immunsystem erworben. Die Antikörper komplexieren die eingedrungenen Antigene und markieren sie so für die Aufnahme durch spezielle Zellen, die Phagozyten (Phagozytose) (humorale I.). Bei der zellulären I., die sich v.a. gegen virusinfizierte Zellen, Pilze und fremdes Gewebe richtet, schließen Makrophagen (Zellen des >Immunsystems<) die Antigene ein, bauen sie ab und präsentieren die Bruchstücke auf der Zelloberfläche. Sie werden dann von Killer-T-Zellen (cytotoxischen T-Zellen) über entsprechende spezifische Rezeptoren komplexiert und anschließend lysiert. Die I. kommt durch Überstehen einer Infektionskrankheit, die nicht notwendigerweise ausgebrochen sein muß, oder durch >Impfung< zustande.

Immunoassay. (Engl. assay = Probe, Prüfung; Syn. Immunassay). Identifizierung und Quantifizierung von Stoffen durch serologische Methoden (Antigen-Antikörper-Reaktionen). Dabei wird durch die Anwendung markierter Substrate oder Antikörper neben einer hohen Selektivität auch eine hohe Empfindlichkeit erreicht. Die Markierung kann durch fluoreszierende Stoffe, sog. Fluorochrome (Fluoreszenz-I.), Enzyme (>ELISA<) oder radioaktive Isotope (Radio-I., RIA) erreicht werden, wobei als Markierung das chem. Binden des Markers über geeignete Kopplungsgruppen an die Antikörper bzw. Substrate zu verstehen ist. Daneben gibt es Methoden der Immuno-Elektrophorese (>Elektrophorese<) und der Immundiffusion. Zunehmend können auch >Haptene<, wie Xenobiotika (z. B. einige Pestizide), mit I. nachgewiesen und quantifiziert werden.

Lit: Knoll E (1989) Radioimmunoassay. In: Borsdorf R, Fresenius W, Günzler H, Huber W, Kelker H, Luderwald I, Tölg G, Wisser H (Hrsg.) Analytiker-Taschenbuch, Bd. 8, Springer-Verlag, Berlin Heidelberg, S. 93–125 – Linke R, Küppers R (1989) Nicht-isotopische Immunoassays – Ein Überblick. In: Borsdorf R, Fresenius W, Günzler H, Huber W, Kelker H, Luderwald I, Tölg G, Wisser H (Hrsg.) Analytiker-Taschenbuch, Bd. 8, Springer-Verlag, Berlin Heidelberg, S. 128–173 – Märtlbauer E (1998) Immunoassays in der Lebensmittelanalytik. In: Analytiker-Taschenbuch. Bd. 18, Springer-Verlag Berlin Heidelberg New York Tokyo – Obst U, Bilitewski U, Hock B (1998) Anwendung immunchemischer Methoden in der Wasseranalytik. In: Analytiker-Taschenbuch. Bd. 18, Springer-Verlag Berlin Heidelberg New York Tokyo – Campbell AM (1991) Monoclonal Antibody and Immunosensor Technology. In: Laboratory Techniques in Biochemistry and Molecular Biology. Bd. 23, Elsevier, Amsterdam.

Immunofloureszenz. (Syn. Immunfluoreszenz). Serologische Methode zum Nachweis von Antigenen (AG) auf Zellen und Geweben. Zellen oder Gewebe werden dazu mit Antikörpern gegen ein gesuchtes Oberflächenantigen inkubiert, so daß die Antikörper an dieses binden können. Die Antikörper werden vorher mit Fluoreszenzfarbstoffen gekoppelt, so daß ihre Bindung an die Zellen mit einem Fluoreszenz-Mikroskop einfach nachweisbar ist. Bei Verwendung mehrerer Antikörper, die jeweils mit einem anderen Farbstoff gekoppelt sind, lassen sich mehrere Antigene gleichzeitig nachweisen.

Immunologie. Lehre von den Erkennungs- und Abwehrmechanismen (Immunität) des Organismus auf (körperfremde und u.U. körpereigene) Substanzen und Gewebe in ihren verschiedenen Erscheinungsformen; wichtige Teilgebiete sind die Immunpharmakologie (z. B. Anwendung von Impfstoffen und Immunsuppressiva), Immunpathologie und Allergologie.

Immunsystem. Bei Wirbeltieren das wichtigste Selbstschutzsystem des Körpers. Seine Aufgaben bestehen in der Erkennung und Erhaltung der biol. Individualität und Integrität des Organismus, was v. a. durch die Erkennung und Beseitigung hochmolekularer, organismusfremder Stoffe, insbes. auch pathogener Organismen erreicht wird. Es löst die Immunantwort des Organismus aus, in deren Verlauf spezifische >Antikörper< sowie cytotoxische T-Gedächtniszellen (gegen das eingedrungene >Antigen<) gebildet werden. Diese sind für die spätere >Immunität< des Organismus gegen dieses Antigen verantwortlich. Das I. ist selbst-tolerant, d. h. Antigene, die vor der Geburt im Embryo vorhanden sind, lösen keine Immunantwort aus. Damit wird die Selbstzerstörung eines Organismus verhindert. Geht die Immuntoleranz verloren, kommt es zu Autoimmunerkrankungen.

Für die Durchführung des Schutzes vor Fremdstoffen hat das I. im Körper drei Funktionszentren:
– Das Knochenmark als Nachschubbasis für Immunzellen.
– Den Thymus und darmnahe Lymphorgane als zentrale oder primäre Immunorgane.
– Die Milz, Lymphknoten, Tonsillen, der Appendix und sog. Peyer-Plaques als periphere oder sekundäre Immunorgane. Sie stellen die „Stätten der Immunabwehr" dar.

Neben der spezifischen Abwehr durch T- und B-Lymphozyten stehen dem Körper auch Antigen-unspezifische Makrophagen, Granulozyten, das sog. Komplementsystem und Properdin zur Immunabwehr zur Verfügung.

Impfung. (Syn. Vakzination). Bei einer I. werden Impfstoffe bzw. Immunseren mit dem Ziel in den Körper eingebracht, eine Immunisierung des Organismus gegen Infektionen mit best. >Pathogenen< zu erreichen. Bei einer aktiven I. werden Impfstoffe verwendet, die isolierte >Antigene< oder Suspensionen aus lebenden – meist geschädigten – oder toten infektiösen Mikroorganismen enthalten und das körpereigene >Immunsystem< aktivieren, z.B. die Bildung von >Immunglobulinen< induzieren. Die aktive I. wird als Schluck-I. oder häufiger als intradermale I. mit Nadel, Lanzett oder Pistole, subcutane I. oder intramuskuläre I. durchgeführt. Bei der passiven I. werden Immunseren verwendet, die bereits >Antikörper< in hoher Konz. gegen die Erreger der zu verhindernden Infektion enthalten. Neue Ansätze bei der Impfstoff-Entwicklung sind die genetische oder DNA-Impfung. Dabei werden Expressionskassetten für >Nucleinsäuren< direkt in den lebenden Wirtsorganismus injiziert, so daß eine begrenzte Zahl an Zellen die entsprechenden Genprodukte produziert. Da es sich um körperfremde Produkte handelt, wird eine Immunantwort gegen diese geninduzierten Antigene ausgelöst. In Modellen ist die Funktionalität dieses Ansatzes zur Abwehr von Infektionskrankheiten und Krebs bereits gezeigt.

Lit: Koprowski H, Weiner DB (1998) DNA Vaccination/Genetic Vaccination. Springer-Verlag, Berlin Heidelberg New York Tokyo.

Implantate. Zusammenfassende Bezeichnung für Stoffe und Teile, die zur Erfüllung bestimmter Ersatzfunktionen für einen begrenzten Zeitraum oder auf Lebenszeit in den menschlichen Körper eingebracht werden. In der Tiermast erfolgt in einigen Ländern die Verabreichung von >Anabolika< in Form von Implantaten.

Implizites Lösungsverfahren. Ein numerisches Verfahren für die Behandlung >partieller Differentialgleichungen<, das mit impliziten Lösungen arbeitet. – Gegensatz: >explizites numerisches Lösungsverfahren<.

Impulshöhenanalyse. Verfahren zur Gewinnung des Energiespektrums einer >Strahlung<. Die Impulse eines >Detektors<, der energieproportionale Ausgangsimpulse liefert, werden entsprechend ihrer Amplitude sortiert und gezählt. Aus der so gewonnenen Impulshöhenverteilung läßt sich das Energiespektrum gewinnen.

Inaktivierung. Verlust der Wirkung eines >PSM<, z.B. durch starke Bindung an Sorbentien. Keine Veränderung des Wirkstoffmoleküls; nicht identisch mit >Abbau<.

Indanthrenblau. (Alizarinblau, Bleu Solanthrène RS, Caledon Blue, Ponsol Blue). *N,N'*-Dihydro-1,2,1',2'-anthrachinonazin. Ein in Wasser unlöslicher, blauer Lebensmittelfarbstoff, der in der EU seit 1977 verboten ist.

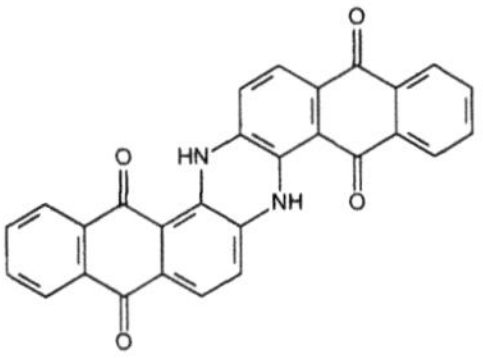

Indeno[1,2,3-cd]pyren. Zur Substanzklasse der >PAH< gehörende Verbindung aus sechs kondensierten Ringen M_r = 276, Smt. = 278 °C. Die Wasserlöslichkeit ist mit 0,2 µg/L sehr niedrig. Entsprechend hoch ist der Verteilungskoeffizient *n*-Octanol/Wasser log $P_{o/w}$ = 7,66. Hauptquelle ist die Verbrennung bzw. Pyrolyse von org. Material.

Zum Vorkommen in der Umwelt liegen relativ wenig Daten vor. Aufgrund der physikal.-chem. Parameter und einem Vergleich mit anderen PAH ist anzunehmen, daß I. in der Atmosphäre an Aerosole gebunden vorliegt. Der hohe $P_{o/w}$-Wert läßt Akkumulationstendenzen vermuten. Mutagenese und kanzerogenes Potential wurden nachgewiesen. Nach der >Trinkwasserverordnung< gehört es zu den sechs PAH, deren Summen-Grenzwert mit 0,2 µg/L festgelegt ist.

Indigocarmin. >Indigotin<.

Indigotin. (Indigocarmin, E 132). Di-Natriumsalz der Indigo-disulfonsäure. Der rotstichig blaue Farbstoff wird in Kombination mit gelben Farbstoffen eingesetzt, um grüne Farbtöne bei Lebensmitteln zu erzeugen, z.B. bei der Herstellung von Getränken, Glasuren oder Zuckerwaren. Der ADI-Wert beträgt bis zu 5 mg/kg Körpergewicht.

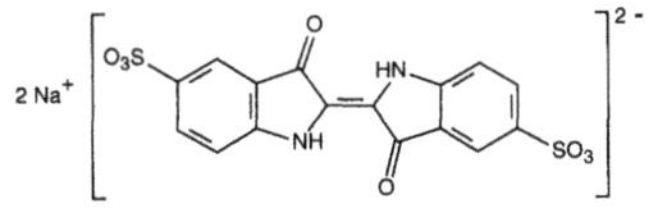

Indikatororganismen. Lebewesen oder eine Vergesellschaftung von Lebewesen, die eine best. ökologische Situation eindeutig anzeigen. Dies kann durch ihr Vorkommen und/oder ihr Verhalten der Fall sein. Die Indikation kann unter künstlichen oder natürlichen Bedingungen erfolgen. Unter Laborbedingungen werden I. in >Biotests< verwendet, meist mit dem Ziel, eine tox. Situation anzuzeigen, z.B. im Goldorfen-, Daphnien-, Scenedesmus-, Leuchtbakterien- und Pseudomonas-Test. Unter natürlichen Bedingungen können Organismen durch ihr zahlenmäßiges Vorkommen oder ihr unerwartetes Fehlen z.B. die Belastung eines >Fließgewässers< mit abbaubaren org., nicht tox. Stoffen anzeigen. Im >Saprobiensystem< sind solche Organismen den Belastungsstufen zugeordnet. Indikatororganismen, die verwendet werden, um unter natürlichen

Bedingungen das Vorhandensein best. Stoffe, z. B. Schwermetalle, durch ihre >Bioakkumulation< anzuzeigen, sind Monitororganismen. Passive, wenn sie natürlicherweise hier vorkommen, aktive, wenn sie zu diesem Zweck eingesetzt werden. Die Verwendung von I. geht weit über den angewandten Bereich hinaus: die Geobotanik kennt kalk- und silikatanzeigende Pflanzen usw., die Tierökologie entspr. Tierarten. Jedes Lebewesen mit spez. Ansprüchen ist ein Indikatororganismus für den Ökologen.

Lit: Arndt U, Nobel W, Schweizer B (1987) Bioindikatoren. Möglichkeiten, Grenzen und neue Erkenntnisse, 1. Aufl., Ulmer, Stuttgart – Nagel P (1988) Bildbestimmungsschlüssel der Saprobien. Makrozoobenthon, 1. Aufl., Fischer, Stuttgart – Gunkel G (Hrsg.) (1994) Bioindikation in aquatischen Ökosystemen. 1. Aufl., Gustav Fischer Verlag, Jena Stuttgart.

Indikatorpflanzen. (Lat. indicator = Anzeiger). Sie reagieren auf einen äußeren Reiz, z. B. auf >Schadstoffbelastungen< etc., mit einer >Stoffwechselveränderung< und lassen sich daher auch als Schadstoffindikatoren nutzen. Hierbei unterscheidet man folgende Typen: (1) >Zeigerorganismen<, die auf Grund ihrer speziellen Lebensansprüche als Anzeiger für best. ökologische Bedingungen im Freiland dienen. Einzelne Arten reagieren auf Veränderungen ihres Lebensmilieus, z. B. auf Schadstoffeinwirkung, mit Verschwinden oder Vermehrung, was zu einer Verschiebung der Artenzusammensetzung führt. Zeigerorganismen sind vor allem für die Aufdeckung subletaler oder >chronischer< Belastungen von Bedeutung. (2) Testorganismen werden überwiegend in toxikologischen Labortests eingesetzt. Sie sind dadurch ausgezeichnet, daß sie in spez. Weise bereits auf geringe Schadstoffmengen reagieren. Sehr häufig besteht die Reaktion in einer Veränderung best. Stoffwechselleistungen wie z. B. >Enzymaktivität<. (3) >Monitororganismen< ermöglichen eine qual. *und* quant. Erfassung von Schadstoffen in Biotopen und sind damit zur >Immissionsüberwachung< und Kennzeichnung von Belastungsräumen geeignet. Man unterscheidet grundsätzlich zwischen >Akkumulations-< und Wirkungsindikatoren (vgl. >Monitororganismen<).

Lit: Huber A, Huber W (1995) Pflanzen als Schadstoffindikatoren. Verhütung von Schäden. In: Hock B, Elstner EF (Hrsg.) Schadwirkungen auf Pflanzen. Ein Lehrbuch der Pflanzentoxikologie. 3. Aufl., Spektrum Akademischer Verlag, Heidelberg Berlin Oxford, S. 65–78.

Indirekteinleiter. I. sind Industrie- und Gewerbebetriebe, die unter Benutzung der öffentlichen Kanalisation ihre Abwässer einer Kläranlage zuführen und damit indirekt in den Vorfluter einleiten.

Auf Grund der Betreiberpflichten nach § 18 b des Wasserhaushaltsgesetzes (WHG) ist der Betreiber der öffentlichen Abwasseranlagen verpflichtet, I. für die Einleitung in die öffentliche Kanalisation Auflagen zur Erhaltung des Bestandes und der Betriebssicherheit des Kanalnetzes und der Kläranlage, sowie zur Sicherheit des Betriebspersonals aufzuerlegen.

Die Überwachung dieser Auflagen obliegt dem Betreiber der öffentlichen Entwässerungseinrichtung, die rechtlichen Voraussetzungen sind in der Ortsentwässerungssatzung festgelegt.

Lit: Abwassertechnische Vereinigung e. V. (Hrsg.) (1985–1997) ATV-Handbuch, 4. Aufl., Band 1–7, Verlag Wilhelm Ernst und Sohn, Berlin München.

Indirekteinleitung. Einleitung von >Abwässern< in >Kläranlagen<. Unterliegt dem kommunalen Anstalts-

benutzungsrecht (Abwassersatzung) und nicht dem >Abwasserrecht<. Eine einzige Ausnahme: Nach § 7a Abs. 3 des >Wasserhaushaltsgesetzes< stellen die Länder sicher, daß vor dem Einleiten von Abwasser in eine öffentliche >Abwasseranlage< die erforderlichen Maßnahmen durchgeführt werden.

Individualhygiene. Auf die einzelne Person bezogene Maßnahmen und Verhaltensformen zur Vermeidung gesundheitsbeeinträchtigender Risiken; Ziel ist darüberhinaus das Erreichen von physischem und psychischem Wohlbefinden (z. B. durch Anwendung individueller Hygieneregeln) und damit verbunden auch soziale Akzeptanz. Wichtige Bereiche sind dabei Körperreinigung und -pflege, Bekleidung, aber auch Freizeitgestaltung (s. u.).

1. Bekleidung: Dient neben dem Schutz u. a. gegen Wind, Wetter, Nässe, Stäube, Stoß und Schlag vor allem der Erhaltung der relativen Konstanz der Körpertemperatur. Die im Fasergeflecht der Kleidung enthaltene Luft verhindert aufgrund ihres geringen Wärmeleitvermögens weitgehend die Abgabe der Wärme von der Körperoberfläche. Physiologische Voraussetzungen zur Erhaltung eines Behaglichkeitsgefühls ist ein möglichst gleichmäßiges Wärme- und Feuchtigkeitsgefälle von der Haut zur äußersten Bekleidungsoberfläche; durch geeigneten Schnitt und Paßform sollte die Kleidung nicht drücken, beengen, einschnüren usw.; neben dem mechanischen Schutz gegen Umwelteinflüsse verschiedenster Art soll sie ästhetisch wirken und darüber hinaus auch noch haltbar und preiswert sein. Zur Erfüllung dieser Anforderungen sind die Auswahl der Textilgrundstoffe (Wolle, Baumwolle, Seide und synthetische Fasern) und die Eigenschaften der Textilgewebe von besonderer Bedeutung.

2. Freizeitgestaltung: Im Vergleich zu früheren Jahrzehnten steht der in erster Linie arbeitsbedingten physischen Ermüdung heute die eher psychisch bedingte Erschöpfung gegenüber. Bei allmählicher Kumulierung von Ermüdungsresten kann es u. U. zu einer chronischen geistig-seelischen Dauerbelastung und psychischen Erschöpfung kommen, die oft größere Probleme mit sich bringen als die rein körperliche Erschöpfung. Zum Ausgleich und zur Vorbeugung ist deshalb eine bewußte Freizeitgestaltung besonders wichtig. Die Freizeitgestaltung sollte in Abhängigkeit von der beruflichen Tätigkeit einen erholsamen Ausgleich schaffen und eine körperlich-geistige Erholung fördern; hierzu gehört vor allem das regelmäßige Betreiben von sportlichen Aktivitäten, die Einhaltung einer ausreichenden Schlafzeit und die Schaffung von geistig-seelischen Lebensinhalten, die beim Übergang vom Berufsleben in das Rentnerdasein besonders wichtig sind.

3. Körperreinigung, Körperpflege: Die physiologischen Vorgänge an der Haut, wie die Abgabe von Speichel, Stuhl, Urin und von Hornplättchen (Epithelien), aber auch die Bildung von Schweiß führen zu einer Verunreinigung der Haut mit teilweise erheblicher Geruchsbildung (bei Zersetzung der Ausscheidungsprodukte). Außerdem bleiben im täglichen Leben und besonders bei bestimmten Berufstätigkeiten Schmutzstoffe an der Haut haften, die u. U. eine Reizwirkung auf die Haut bewirken können. Aufgabe der regelmäßigen Körperreinigung muß also sein, die Haut von den körpereigenen Ausscheidungsstoffen und deren Zersetzungsprodukten sowie von der äußeren Verschmutzung zu befreien. Bei zu häufiger Anwendung insbe-

sondere von stark alkalischen oder ungeeigneten Reinigungsmitteln kann es zur Minderung des Hautschutzes mit nachfolgender größerer Infektionsbereitschaft der Haut kommen. Die angemessene Pflege der Haut (z.B. mit Cremes, Lotionen) ist – zum Ausgleich von Wasser und Fettverlust – als wichtige präventivmedizinische Maßnahme einzustufen, vor allem zur Förderung der physiologischen Hornschichtregeneration.

4. Reinigungs- und Pflegemittel: Sie sollen die Haut gründlich und schonend unter Berücksichtigung der Art der Verschmutzung reinigen. Bei grober Verschmutzung (z.B. Arbeitsplatz, Freizeittätigkeiten) sollte eine Vorreinigung mit speziellen Handwaschgelen oder holzmehlhaltigen Reinigungsmitteln erfolgen, um die Hornschicht nicht auszutrocknen oder zu schädigen. Zur üblicherweise durchgeführten Hautreinigung werden überwiegend Seifen, in verstärktem Maße aber auch Syndets (synthetische >Detergentien<) verwendet. Syndets verändern – im Unterschied zu den Seifen – den pH-Wert der Haut nicht, wirken aber vergleichsweise stärker austrocknend. Zur Erhaltung der Funktionsfähigkeit und zur Pflege der Haut werden Hautcremes und Hautöle verwendet; sie schützen vor Austrocknung, verbessern das Aussehen und wirken in vielen Fällen auch >desinfizierend<.

5. Reinigung von Wäsche und Kleidung: Sinn der Reinigungsmaßnahmen für Wäsche und Kleidung ist es, die Verschmutzung u.a. durch Staub, Gerüche, Hautausscheidung verschiedenster Art und auch Mikroorganismen zu beseitigen. Bei häufiger Verschmutzung oder Verunreinigung ohne ausreichende Reinigungsmaßnahmen kann es u.U. zur Verbreitung von Infektionskrankheiten (z.B. Salmonellose, Milzbrand) oder zum häufigeren Auftreten von Hautkrankheiten (z.B. Furunkel, Krätze) kommen. Daneben ist die Erhaltung des Gebrauchswertes der Kleidung eine wichtige Forderung.

Lit: Steuer W (1982) Sozialhygiene, Thieme, Stuttgart New York.

Indizes, ökologische. Bei ökologischen Untersuchungen wird vielfach die Zahl der >Arten< und der Individuen ermittelt. Diese Zahlen allein sind vielfach zum direkten Vergleich nicht geeignet. Daher werden aus ihnen bestimmte ö.I. errechnet, die sich auf die Vielfältigkeit der Arten, die >Diversität<, und die relative zahlenmäßige Größe einer Art, die >Dominanz< beziehen. In den *Diversitätsindex* gehen die Zahlen der Arten und deren >Abundanzen< ein. Der Index erreicht seinen höchsten Wert, wenn die Individuenzahlen für alle Arten gleich groß sind. Der *Dominanzindex* berechnet sich aus der Individuenzahl der häufigsten Art und der Gesamtindividuenzahl. Neben diesen ö.I. gibt es weitere, z.B. die *Evenness.*

Industrie-Abwasser. Schmutzwasser aus der Industrie (nach DIN 4045). Industrielle oder gewerbliche Abwässer sind die flüssigen Abgänge, die bei der Gewinnung und Verarbeitung von Rohstoffen zu industriellen Erzeugnissen sowie bei deren Verwendung zur Herstellung von Verbrauchsgütern anfallen. Sie entstehen vor allem durch Wasserverbrauch bei zahlreichen nassen Arbeitsvorgängen, z.B. beim Niederschlagen, Waschen und Abkühlen oder Abschrecken von Gasen, Flüssigkeiten und festen Körpern, ferner bei der Wärme- und Krafterzeugung, beim Transport, Einweichen und Quellen von nicht oder schwer in Wasser lösl. Material, bei Destillationen, Filtrationen, chem. Umsetzungen sowie bei der Reinigung der hierzu benutzten

Apparate, Räume usw. Im Bergbau werden sie als Grubenwässer (teils als Grund-, teils als Niederschlagswässer, oft als Gemisch von beiden, vermischt mit Spülversatztrüben und Reinigungswässern) zutage gefördert. Von Schutt- und Aschenhalden fließen sie auch oberirdisch als >Sickerwässer< ab.

Lit: Meinck F, Stooff H, Kohlschütter H (1968) Industrie-Abwässer, Gustav Fischer Verlag, Stuttgart.

Industriemelanismus. (Grch. melanizein = schwarz werden). Bezeichnung für Verschiebungen innerhalb von Populationen, bei denen als Folge der Industrialisierung normalerweise seltene, durch einen hohen Melaningehalt dunkelgefärbte Varianten häufiger werden als die normalerweise dominierenden melaninarmen, hellen Varianten. Das bestuntersuchte Beispiel ist der Birkenspanner *(Biston betularis)*, der sich tagsüber auf Baumstämmen aufhält. Er kommt in mehreren unterschiedlich stark gefleckten und dadurch unterschiedlich hellen bzw. dunklen Farbvarianten vor, wobei die Dunkelfärbung (Merkmal carbonaria) dominant vererbt wird und die Hellfärbung (Merkmal typica) rezessiv. Unter natürlichen Bedingungen wird die Baumrinde häufig von hellen Flechten besiedelt. Auf diesem Untergrund sind die hellen Formen des Insektes gut getarnt, während die dunklen Formen von Vögeln viel leichter gesehen und erbeutet werden können. Entspr. sind normalerweise die hellen Formen häufiger als die dunklen. In Gebieten hoher Luftbelastung sind diese Flechten nicht mehr lebensfähig bzw. die Bäume werden durch Schmutzablagerungen dunkel gefärbt. Auf der dunklen Rinde sind jedoch die hellen Birkenspanner auffälliger. Dadurch verschiebt sich das Zahlenverhältnis zwischen den Formen zugunsten der dunklen.

Lit: Leer DR (1981) Industrial melanism: genetic adaptions of animals to air pollution. In: Bishop JA, Cook LM (Hrsg.) Genetic consequences of man made change, Academic Press, London, S. 129–176.

Industriemüll. >Sonderabfall<.

Industrieschneefall. Durch die >Emissionen< von Luftbeimengungen und/oder >Abwärme< in Industriegebieten ausgelöste, örtlich begrenzte Schneefälle; meist von 1 bis 2 Stunden Dauer. Voraussetzungen für die Ausbildung von I. sind:
– eine bis zu 1.000 m mächtige Nebelschicht, oben begrenzt durch eine markante >Inversion<,
– Temperaturen am Erdboden unter dem Gefrierpunkt,
– schwache Luftbewegung.

Induzierte Radioaktivität. >Radioaktivität<, die durch Beschuß einer Substanz mit >Neutronen< in einem >Kernreaktor< oder mit geladenen Teilchen in >Teilchenbeschleunigern< entsteht.

inert. Träge, untätig, unbeteiligt. Bezeichnung für Stoffe, die sich unter normalen Bedingungen an chem. Prozessen nicht beteiligen. Sie werden weder von Chemikalien angegriffen, noch greifen sie selbst andere Stoffe an. Zu den i.Stoffen zählen z.B. Glas, Porzellan, Kunstharze, Edelmetalle, V2A-Stahl, Graphit, Edelgase und Stickstoff.

Inertgas. Nichtbrennbares bzw. nichtreaktives Gas, z.B. Stickstoff, Edelgase. Einsatz von Inertgas erfolgt in Fabrikationsanlagen mit brennbaren Stoffen zur Inertisierung von Prozeßräumen ohne Personalaufenthalt als aktive und passive Maßnahme des Brandschutzes. Sie werden auch in chem. Reaktionen, die oxidationsempfindlich sind, zum Ausschluß von O_2 verwendet.

INES. *I*nternational *N*uclear *E*vent *S*cale; von der >IAEO< vorgeschlagene siebenstufige Skala, um Ereignisse in kerntechnischen Anlagen insbesondere unter dem Aspekt einer Gefährdung der Bevölkerung nach international einheitlichen Kriterien zu bewerten. Die Bewertung hat sieben Stufen. Die Stufe 7 entspricht einem katastrophalen Unfall, bei dem in einem weiten Gebiet Schäden für die Gesundheit und die Umwelt zu erwarten sind. Die Stufe 3 entspricht einer Radioaktivitätsabgabe, welche bei den am stärksten betroffenen Personen außerhalb der Anlage zu einer Strahlenexposition von etwa einem Zehntel der natürlichen Strahlendosis führt. Meldepflichtige Ereignisse ohne sicherheitstechnische oder radiologische Bedeutung werden als „unterhalb der Skala" bzw. „Stufe 0" bezeichnet. Neben dieser Stufenbewertung werden die Ereignisse nach drei übergeordneten Aspekten bewertet. Der erste Aspekt umfaßt Ereignisse, die zur Freisetzung radioaktiver Stoffe in die Umgebung der Anlage führen. Der zweite Aspekt betrifft nur Ereignisse mit radiologischen Auswirkungen innerhalb der Anlage, von Schäden am Reaktorkern bis zu größeren Kontaminationen innerhalb der Anlage und unzulässig hohe Strahlenexpositionen des Personals. Der dritte Aspekt umfaßt die Ereignisse, bei denen Sicherheitsvorkehrungen beeinträchtigt worden sind, die die Freisetzung radioaktiver Stoffe verhindern sollen.

Infauna. >Endofauna<.

Internationale Bewertungsskala für bedeutsame Ereignisse in kerntechnischen Anlagen

Stufe	Kurzbezeichnung	Kriterien
7	Katastrophaler Unfall	Freisetzung großer Teile der im Reaktorkern enthaltenen radioaktiven Stoffe in die Umgebung. Akute Gesundheitsschäden möglich. Gesundheitliche Spätschäden über große Gebiete, ggf. in mehr als einem Land. Langfristige Umweltschäden. (Tschernobyl, Ukraine, 1986)
6	Schwerer Unfall	Freisetzung radioaktiver Stoffe in die Umgebung. Katastrophenschutzmaßnahmen in vollem Umfang erforderlich, um Gesundheitsschäden in Grenzen zu halten. (Kyshtym, Rußland, 1957)
5	Ernster Unfall	Freisetzung radioaktiver Stoffe in die Umgebung. Einsatz einzelner Katastrophenschutzmaßnahmen erforderlich, um die Wahrscheinlichkeit von Gesundheitsschäden zu verringern. (Windscale, UK, 1957) Schwere Beschädigung eines großen Teils des Reaktorkerns oder radiologischer Barrieren. (Three Mile Island, USA, 1979)
4	Unfall	Freisetzung radioaktiver Stoffe in die Umgebung, welche bei den am stärksten betroffenen Personen außerhalb der Anlage zu einer Strahlenexposition von einigen Millisievert führt. Im allgemeinen keine Notwendigkeit von Katastrophenschutzmaßnahmen außerhalb der Anlage. Möglicherweise lokale Verkehrsbeschränkungen. (Windscale, UK, 1973) Begrenzte Schäden am Reaktorkern oder an radiologischen Barrieren. (Saint Laurent, Frankreich, 1980) Strahlenexposition des Personals, die zu schwerwiegenden Gesundheitsschäden führen kann (Größenordnung 1 Sievert). (Buenos Aires, Argentinien, 1983)
3	Ernster Störfall	Freisetzung radioaktiver Stoffe in die Umgebung, welche bei den am stärksten betroffenen Personen außerhalb der Anlage zu einer Strahlenexposition von einigen Zehntel Millisievert führt. Schutzmaßnahmen außerhalb der Anlage nicht erforderlich. Technische Ausfälle oder Bedienungsfehler mit der Folge hoher Strahlenpegel oder hoher Kontamination in der Anlage. Akute Gesundheitsschäden von Betriebsangehörigen (Individualdosen oberhalb von 50 Millisievert). (Sellafield, UK, 1992) Störfälle, bei denen ein zusätzlicher Ausfall von Sicherheitseinrichtungen zum Eintritt eines Unfalls führen könnte. Anlagenzustände, bei denen die Sicherheitseinrichtungen im Falle des Eintritts bestimmter Störfälle eine Ausweitung in einen Unfall nicht verhindern könnten. (Vandellos, Spanien, 1989)
2	Störfall	Begrenzter Verlust von Sicherheitsvorkehrungen. Dies sind insbesondere technische Zwischenfälle, die zwar die Sicherheit der Anlage nicht unmittelbar gefährden, aber Anlaß für eine Überprüfung von Sicherheitsvorkehrungen sind. Größere Kontamination in der Anlage. Unzulässig hohe Strahlenexposition des Personals.
1	Störung	Technische oder betriebliche Störungen, die zwar die Sicherheit insgesamt nicht beeinträchtigen, aber auf Mängel bei den Sicherheitsvorkehrungen hinweisen. Die Ursachen hierfür können in technischen Ausfällen, Bedienungsfehlern oder in unzureichenden Betriebsvorschriften liegen.
0/unterhalb Skala	Keine sicherheitstechnische Bedeutung	Störungen, bei denen keine Abweichungen vom zulässigen Anlagenbetrieb auftreten und die in Übereinstimmung mit den Betriebsvorschriften behoben werden.

Infektion. (Syn. Ansteckung). Übertragung, Haftenbleiben und Eindringen von >Mikroorganismen< (z.B. Bakterien, Pilzen, Viren, Parasiten) in einen Makroorganismus (z.B. Mensch, Tier, Pflanze) mit anschließender Vermehrung. Die Infektion ist die Voraussetzung zur Entstehung einer Infektionskrankheit, in Anhängigkeit im wesentlichen von den Eigenschaften des Mikroorganismus (Eindringungs- und Vermehrungsvermögen, seiner >Pathogenität< und Vitalität u.a.) und von der Abwehr- und Überwindungskraft (Immunität) des Makroorganismus.

Infektionsschutzgesetz (IfSG). >Bundesseuchengesetz<.

Infiltration. Bewegung des Sickerwassers in Folge von Niederschlägen, Beregnung oder Überstauung von oben her in den Boden, wenn das Gesamtpotential größer 0 ist (>Strömung< im Wasser-ungesättigten Bereich). Der Verlauf der I. wird durch die aktuelle Infiltrationsrate gekennzeichnet, also die Wassermenge, die je Zeiteinheit versickert. Manchmal wird auch die innerhalb einer bestimmten Zeit insgesamt versickerte Wassermenge angegeben (= kumulative I., i). Die aktuelle Infiltrationsrate weicht von der Infiltrationskapazität, der maximal möglichen Infiltrationsrate, ab, da während des Sickervorganges biol. Vorgänge, Quellvorgänge der Bodenkolloide und die Lösung eingeschlossener Luft die Durchlässigkeit des Bodens für das Sickerwasser ständig verändern. Die Infiltrationskapazität eines Bodens ist eine variable Größe, die von den physikalischen Bodeneig., insbesondere von seinem Wasserhaltevermögen, sowie vom aktuellen Feuchtigkeitsgehalt, vom makro- und mikroskopischen Bodenleben, von der Pflanzendecke, der Bodenneigung und -art sowie von der Verteilung der >Niederschläge< beeinflußt wird. Über Schichten mit geringerem >Durchlässigkeitsbeiwert< kann es zu einem Wasserstau kommen. Böden mit niedrigem Feuchtigkeitsgehalt können beim Gefrieren körnig und durchlässiger werden, wohingegen Böden mit hohem Feuchtigkeitsgehalt annähernd undurchlässig werden können. Unter einer Schneedecke bleibt oft die Bodenstruktur erhalten, da eine mächtige Schneedecke das Gefrieren des Bodens verhindern kann. Bei starker Verschlämmung oder Oberflächenverdichtung kann die Infiltrationsrate auf sehr geringe Werte sinken; entsprechend groß ist dann der erosive Oberflächenabfluß. Bei Böden mit geringer Gefügestabilität (>Bodengefüge<) kann daher die Infiltrationsrate im Verlauf eines starken Regens durch Oberflächenverschlämmung erheblich absinken.

Informationssysteme. Gesetzlich eingerichtete Institution zur Sammlung von Daten über bestimmte Umweltbereiche; nach § 21 Abs. 4 des Bundesbodenschutzgesetzes können die Länder bestimmen, daß für das Gebiet ihres Landes oder für bestimmte Teile des Gebiets Bodeninformationssysteme eingerichtet und geführt werden; hierbei können insbesondere Daten von Dauerbeobachtungsflächen und Bodenzustandsuntersuchungen über die physikalische, chem. und biol. Beschaffenheit und über die Bodennutzung erfaßt werden.

Informelles Verwaltungshandeln. Kooperation zwischen Staat und Bürger ohne Rücksichtnahme auf die der Verwaltung zur Verfügung stehenden Handlungsmittel (>Verwaltungsakt<, öffentlich-rechtlicher Vertrag, Rechtsverordnung, Satzung) und meist ohne rechtliche Bindung der Bürger. In der Praxis außerordentlich häufig, weil es der Verwaltungsvereinfachung dient.

Infrarotfenster. Spektralbereiche, in denen die Atmosphäre für die langwellige Wärme >strahlung< durchlässig ist. >Atmosphärisches Fenster<.

Infrarotstrahlung. Man unterscheidet folgende Wellenlängenbereiche:
– IR-A (kurzwelliges Infrarot) 0,73 bis 1,4 µm,
– IR-B (mittelwelliges Infrarot) 1,4 bis 4,0 µm,
– IR-C (langwelliges Infrarot) 4,0 bis 1.000 µm.
Die Wellenlängenbereiche IR-A und IR-B sind Anteile des Strahlungsspektrums der Sonne und grenzen an den sichtbaren Bereich an; der Wellenlängenbereich IR-C rührt von der Strahlung des Untergrundes oder Atmosphäre her und weist bei etwa 10 µm ein Maximum auf. Bei 1,4 µm endet die optische Durchlässigkeit des Wassers, bei 3 µm die des Quarzes, dadurch kann man die Bereiche meßtechnisch leicht trennen. S. Tabelle bei >Sonnenstrahlung<.

INFUCHS. Stoffdatenbank innerhalb des Informationssystems >UMPLIS< des >UBA< als ein Informationssystem für Umweltchemikalien, Chemieanlagen und >Störfälle< zur Bewertung der Umweltgefährlichkeit von Stoffen, der Abwehr von Gefahren bei Unfällen mit >Chemikalien< und der Vermeidung von Störfällen in Chemieanlagen. Die stoffbezogenen Daten beinhalten physikal.-chem. Eigenschaften, >Toxizität<, >Ökotoxizität<, Abwehr- und Schutzmaßnahmen, Einsatzgebiete etc.

Ingenieurbiologie. Fachdisziplin über biol. Auswirkungen durch bauliche Eingriffe in das Landschaftsgefüge und die Behebung von Landschaftsschäden mit biol. Mitteln (z.B. Bepflanzung bei Erosionsschäden).

Ingestion. Aufnahme von >Schadstoffen< durch Nahrungsmittel und Trinkwasser.

inhärent sicher. Ein technisches System wird als i.s. bezeichnet, wenn es aus sich selbst heraus, also ohne Hilfsmedien, Hilfsenergie und aktive Komponenten sicher arbeitet. Beispielsweise kühlt ein Kühlwassersystem inhärent sicher, wenn die Wärmeabfuhr über ausreichend große Wärmetauscher bei Schwerkraftumwälzung (Thermosyphonprinzip, Naturkonvektion) des Kühlwassers erfolgt, da die Schwerkraft immer zur Verfügung steht.

Inhalation. I. bezeichnet die Aufnahme von Substanzen über die Lunge mit der Atemluft sowie den Übergang dieser Substanzen aus der Lunge in den Körper. In der med. Therapie werden Heilmittel zur Behandlung erkrankter Atemwege inhaliert. Außerdem spielt die >pulmonale< Schadstoffaufnahme am Arbeitsplatz und in kontaminierten >Innenräumen< eine bedeutende Rolle.

Inhalationsgift. Substanzen, die nach >pulmonaler< Aufnahme toxische Wirkungen auslösen, werden als I. bezeichnet. >Intoxikationen< können unmittelbar durch die >Inhalation< von Gasen oder gasförmigen Verb., die einen hohen >Dampfdruck< (>Volatilität<) aufweisen, ausgelöst werden. Auch lungengängige Feinstäube (>Mineralfasern<) und >Aerosole< (>Hausstaub<) können als I. wirken. Ferner fungiert Hausstaub nicht nur als Trägersubstanz von >Innenraumchemikalien<, sondern auch von pflanzlichen und tierischen >Mikroorganismen<, die bei exponierten Personen mit geschwächtem Immunsystem >Allergien< auslösen können.

Inhalationstoxikologie. Lehre von toxischen Effekten nach >pulmonaler< Schadstoffaufnahme.

Inherent biodegradability. Prinzipielle biologische Abbaubarkeit. Wird z.B. durch den >Zahn-Wellens-Test< oder den >SCAS-Test< angezeigt, d.h. biologischer Abbau ist prinzipiell möglich (ISO 9887 und 9888).

Inhibitor. (Lat. inhibitor = Hemmstoff). Ein >Hemmstoff<, der durch Eingriff in biochem. oder physiologische Reaktionen best. Prozesse unterbindet und ggf. dadurch entspr. Zielorganismen ausschaltet. Inhibitorfunktion haben u.a. >Antibiotika< und >Pestizide<, die als Zellgifte durch Eingriff in spez. >Stoffwechselreaktionen< wie >Enzymreaktionen< und >Elekronentransport<, aber auch >Rezeptorbindung< und Ionenkanäle, wirksam werden. Als Beispiel sei das >Herbizid< >Atrazin< genannt, das als >Photosynthese<-Hemmer durch Bindung an das Q_B-Protein der >Chloroplasten< den Elektronentransport ausschaltet und damit für die Abtötung von >Unkräutern< genutzt wird, während z.B. Maispflanzen das Herbizid entgiften können. Die wichtigsten Keimungshemmer, die α-Chloracetamide (z.B. >Alachlor<, Metolachlor), hemmen die Protein- und Lipidsynthese.

INIS. International Nuclear Information System der >IAEA<.

Injektionsbrunnen. Brunnen sind als gefaßte Grundwasser-Quellen anzusehen. Die Umkehrung sind Schluck- oder I., die überschüssiges Niederschlagswasser dem Grundwasser wieder zuführen sollen. I. erhalten bei zunehmender und diversifizierter Nutzung des Grundwassers und sinkenden Grundwasserständen v.a. in den Tropen zunehmende Bedeutung.

Inkorporation. Aufnahme von >Schadstoffen< in das Körperinnere; >Ingestion<, >Inhalation<, >dermale Resorption<.

Inlandsbeseitigung. Nach dem § 10 des >Kreislaufwirtschafts- und Abfallgesetzes< sind Abfälle im Inland zu beseitigen. Dieser Grundsatz steht im Einklang mit den Vorgaben der EU, welche eine Entsorgungsautarkie der einzelnen Mitgliedsstaaten anstrebt.

Innenkippe. >Kippe<.

Innenraum. Zu Innenräumen zählen private Wohnräume und öffentliche Büro- sowie Aufenthaltsräume. Im weiteren Sinne werden auch Fahrgastzellen von Automobilen, Bussen und Bahnen hinzugerechnet.

Innenraumbelastung. Die Raumluft wird durch >Immissionen< von außen, durch menschliche Aktivitäten und durch chem. Substanzen aus >Baumaterialien<, >Haushaltschemikalien<, >Holzschutzmitteln< sowie der >Inneneinrichtung< u.a. beeinflußt. In Abhängigkeit von der >Luftwechsel<zahl können in >Innenräumen< org.-chem. Verunreinigungen (>Holzschutzmittel<, >Lösungsmitteldämpfe<) gegenüber der Außenluft in 10fach höheren Konz. auftreten und damit für die Bewohner von der Geruchsbelästigung bis hin zur gesundheitlichen Beeinträchtigung führen. Belastungen exponierter Personen spiegeln sich in erhöhten Schadstoffkonz. in Körperflüssigkeiten wie Blut, Urin, >Muttermilch< wider, die nicht unmittelbar mit erhöhten Konz.-Werten in der Raumluft korrelieren, sondern mit einer erhöhten Anreicherung auf Textiloberflächen und >Hausstaub< einhergehen. Vergleichende Untersuchungen ergeben für aktive und passive >Luftprobennahmetechniken< bei ermittelten Konz.-Werten von µg Luftverunreinigung/m³ Raumluft gegenüber mg Luftverunreinigung/kg Textil deutliche Unterschiede in der Belastungshöhe. Hieraus wird für die >dermale< >Ganzkörperexposition< eine größere Bedeutung als für die >pulmonale< Schadstoffaufnahme (>Intoxikation<) abgeleitet. Zur Belastung von Innenräumen tragen auch anorg.-chem. Verb. wie Kohlendioxid (CO_2) und >Schwermetalle< wie >Cadmium<, >Blei<, >Zink< u.a. bei. Ferner kann eine >Strahlenbelastung< aus der Freisetzung des natürlichen >radioaktiven< >Edelgases< >Radon< aus dem überbauten Baugrund und aus >Baumaterialien< resultieren. Auch Pilzsporen aus diversen Quellen sind in der Raumluft als potentielle Belastungsquelle anzusehen. Obwohl sich die Bevölkerung in Industriegesellschaften zwischen 60 und 90 % eines Tages in geschlossenen Räumen aufhält, und die gesundheitliche Beeinträchtigung durch >Innenraumchemikalien< bereits seit 1983 von der >WHO< als „Sick Building Syndrom" bezeichnet wird, existieren für die >Luftqualität< in Innenräumen keine verbindlichen Grenzwerte der I. Als Beurteilungskriterien für Belastungssituationen werden oft MAK- und MIK-Werte herangezogen. >MAK-Werte< beziehen sich ausschließlich auf einen Arbeitsstoff und auf eine zeitliche begrenzte berufliche Exposition. >MIK-Werte< berücksichtigen zwar Risikogruppen, sind aber zur Beschreibung der I. zu unvollständig und kaum kontrollierbar.

Innenraumchemikalien. Chemikalien, die über den >Luftwechsel<, den Einsatz von >Baumaterialien<, die Anwendung von >Haushaltschemikalien< oder >Holzschutzmitteln< u.a. in >Innenräume< eingetragen werden und damit zur >Innenraumbelastung< beitragen. Als besonders kritisch sind flüchtige Verb. (>Volatilität<) infolge ihrer Ausbreitungstendenz anzusehen.
Lit: Salthammer T (1994) Chemie in unserer Zeit, 28 (6), 280–290.

Innenraumgrenzwerte. Da für >Innenräume< bisher keine allg. verbindlichen I. vorliegen, werden zur Beurteilung der Luftqualität >Maximale Arbeitsplatz-Konzentrationen (MAK)< und >Maximale Immissionskonzentrationen (MIK)< herangezogen. Unter Einbeziehung von Sicherheitsfaktoren leiten sich aus diesen toxikologisch begründeten Grenzwerten die Maximalen Raumluftkonzentrationen (MRK) ab, die das >Raumklima< und die gegenüber Arbeitsplätzen längeren Aufenthaltszeiten exponierter Personen berücksichtigt. Da nur für wenige Substanzen eine MRK verfügbar ist und beim Vorliegen verschiedener >Innenraumchemikalien< synergistische Wirkungen nicht ausgeschlossen werden können (>Sick Building Syndrom<, >Multiple Chemical Sensitivity<), sind Regelungen für Innenräume wesentlich schwerer umzusetzen als für den Arbeitsplatz oder die Außenluft. Neben den MRK existiert der bereits 1977 vom ehemaligen Bundesgesundheitsamt (BGA) empfohlene Orientierungswert für >Formaldehyd< von 120 µg/m³ Innenraumluft. Durch die Einhaltung dieses Wertes sollen auch empfindliche Personen vor Reizwirkungen geschützt werden, die zu morphologischen Veränderungen an den Schleimhäuten führen würden.
Lit: BGA (1992) Bundesgesundhbl., 9, 482–483 – Englert N (1994) Staub – Reinhaltung der Luft, 54, 129–136.

Innere Uhr. (Syn. physiologische oder biologische Uhr). Viele Lebewesen haben die Möglichkeit, mit Hilfe eines angeborenen physiologischen Mechanismus (endogener Oszillator) die Zeit zu messen. Meist liegt dem ein etwa 24stündiger Rhythmus zugrunde. Es wird durch äußere Faktoren, z.B. Licht, mit dem Tag-Nacht-Zyklus synchronisiert; >Rhythmik<.

Innere Umwandlung. >Internal conversion<.

5'-Inosinmonophosphat. (IMP). Das Dinatrium- oder Dikaliumsalz, ein weißes kristallines Pulver von schwachem charakteristischem Geschmack, gehört zur Gruppe der > 5'-Nucleotide< und wird wie >GMP< verwendet. IMP kommt in Fleisch und Fisch vor. Adenosintriphosphat (ATP) wird während der Reifung durch Abspaltung von Phosphatresten über Adenosindiphosphat (>ADP<) zu Adenosinmonophosphat (>AMP<, Muskel-Adenylsäure) abgebaut. Das während des Rigor mortis aus Actin und Myosin gebildete Muskeleiweiß Actomosin dient dabei als ATPase. Durch Substitution der Aminogruppe in 6-Stellung des >Adenins< durch eine Hydroxylgruppe wird die Purinbase Adenin durch Hypoxanthin ersetzt. Als Nucleotid liegt die Inosin-5'-monophosphorsäure vor.

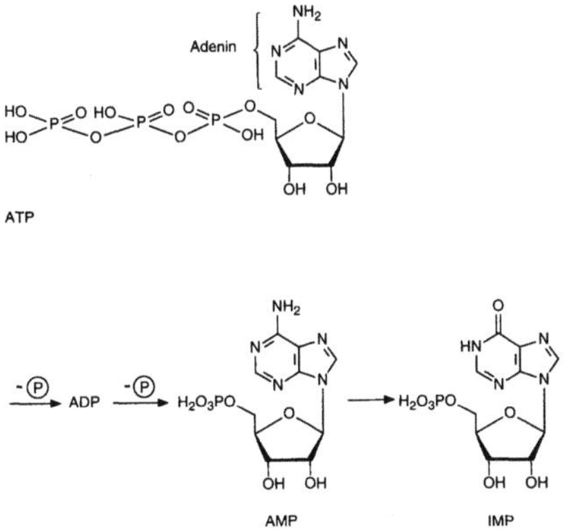

in-pile. Ausdruck zur Kennzeichnung von Experimenten oder Geräten innerhalb eines >Reaktors<.

Input-Output-Analyse (I-O-A). Die I-O-A beschreibt und untersucht die Lieferbeziehungen zwischen den einzelnen Wirtschaftsbereichen. Ihre Datenbasis ist die Input-Output-Tabelle. Deren Zeilen enthalten die Outputs der liefernden Sektoren und deren Aufteilung auf die empfangenden Sektoren und die versch. Zwecke der Endnachfrage (privater und staatlicher Konsum, Investitionen, Lagerbestandsveränderungen und Exporte); die Spalten enthalten die Inputs der empfangenden Sektoren und die Höhe der sektoralen Wertschöpfung, Abschreibungen, indirekte Steuern (minus Subventionen) und Importe. Unter der üblichen Annahme konstanter Inputkoeffizienten lassen sich dann die Produktionswerte abschätzen, die direkt und indirekt notwendig sind, um die Endnachfrage zu befriedigen, wobei die über die Vorleistungsverflechtung induzierten indirekten Wirkungen mitberücksichtigt werden. Für die Analyse umweltökonomischer Probleme ergeben sich mehrere Erweiterungsmöglichkeiten. Zum einen kann man einen eigenen Sektor für Entsorgungsleistungen in der Input-Output-Tabelle abgren-

zen, der die Umweltleistungen des Staates und der Entsorgungsunternehmen zusammenfaßt. In diesem Fall lassen sich dann die Produktionswerte bestimmen, die direkt und indirekt dem Umweltschutz zuzurechnen sind: Wird z.B. ein Investitionsgut für den Umweltschutz gefertigt, so gehören auch die dazu erforderlichen Vorleistungen aus allen Wirtschaftsbereichen, die bei diesem Produkt indirekt verwendet werden, den Umweltschutzgütern an. Zum anderen kann man in einer erweiterten Input-Output-Tabelle neben ökonomischen auch ökologische >Materialbilanzen< berücksichtigen. Die Produktion und die Konsumtion werden dabei als „Durchfluß" angesehen, die ökologische Güter (Rohstoffe) aus der Umwelt aufnehmen und ökologische Güter (Schadstoffe) wieder an die Umwelt abgeben. Bei Ausdehnung der Strukturkonstanzannahme auf die ökologischen Input- und Outputkoeffizienten lassen sich dann bei Vorgabe der Endnachfrage die für die gesamte Produktion und den Verbrauch benötigten Rohstoffe ebenso wie die an die Umwelt abgegebenen Schadstoffe bestimmen. Derart erweiterte Input-Output-Modelle sind inzwischen für verschiedene Zwecke, insbesondere zur Abschätzung von Umweltschutzausgaben, für die Analyse regionaler Umweltprobleme sowie zur Ermittlung der Schadstoffintensität einzelner Endnachfragekomponenten praktisch angewandt worden. Ihre spezifische Leistung besteht darin, daß nicht nur die durch eine Veränderung der Endnachfrage ausgelösten direkten, sondern auch die über die Vorleistungsverflechtung der Produktion induzierten indirekten Produktions- und Umwelteffekte berücksichtigt werden. Darüber hinaus kommt der Weiterentwicklung dieser Methode auch im Hinblick auf die weitere Umweltberichterstattung der Volkswirtschaftlichen Gesamtrechnung große Bedeutung zu. Erst die genauere Untersuchung der Input-Output-Beziehungen wird es erlauben die >Defensivausgaben< im einzelnen zuzurechnen und damit die tatsächlichen Beiträge der einzelnen Sektoren zur Wohlfahrtssteigerung abzuschätzen. Derart erweiterte Input-Output-Modelle sind jedoch in mehrfacher Hinsicht kritisch zu beurteilen: Erstens ist die mit den fixen Koeffizienten implizierte Linearisierung der ökonomischen und ökologischen Beziehungen äußerst fragwürdig. Solange das Modell nur für rein statische Analysen der zu einem Zeitpunkt bestehenden Produktionsverflechtung wirtschaftlicher Aktivitäten und des daraus resultierenden Rohstoffverbrauchs und Schadstoffausstoßes verwendet wird, ist diese Voraussetzung erfüllt. Will man jedoch Vorgänge analysieren, die Veränderungen der Wirtschaftsstruktur und des Umweltverbrauchs zur Folge haben oder bewirken, so werden dadurch natürlich die Annahmen des Modells in Frage gestellt und hier insbesondere der Ausschluß jeder Substitutionsmöglichkeit. Zweitens wird – zumindest im statischen offenen – Input-Output-Modell die Endnachfrage als exogene Größe betrachtet. Veränderungen dieser Größe induzieren dann Umwelteffekte lediglich in Zusammenhang mit der inländischen Güterproduktion und der exogenen Endnachfrage. Dagegen bleiben Rückwirkungen, die aus nunmehr veränderten verfügbaren Einkommen resultieren (Einkommenseffekte), unberücksichtigt. Schließlich sind Input-Output-Modelle vollkommen nachfragebestimmt und vernachlässigen Probleme der Ressourcen>allokation< und von Produktivitätsfortschritten. Mit der Annahme fixer Input- und Outputkoeffizienten werden preisinduzierte Substitutionsprozesse in der Produktion, der Konsumtion und im Außenhandel ausgeschlossen. Dann lassen sich aber auch keine verläßlichen Aussagen über die sich letztlich einstellenden Umwelteffekte machen. Darüber hinaus bilden diese Modelle nicht das Verhalten von Wirtschaftssubjekten ab, die auf Märkten agieren und auf relative Preise reagieren, welche wiederum den wichtigsten Ansatzpunkt staatlicher Interventionen darstellen. Sie eignen sich daher nur für Strukturanalysen, nicht jedoch für Wirkungsanalysen. Um die gesamten Auswirkungen bestimmter wirtschafts- und umweltpolitischer Maßnahmen zu analysieren, bedarf es vielmehr (preisendogener) berechenbarer allgemeiner Gleichgewichtsmodelle, wie sie in der >allgemeinen Gleichgewichtsanalyse< zum Einsatz kommen.

Lit: Schumann J (1968) Input-Output-Analyse, Springer, Berlin Heidelberg New York – Schäfer D, Stahmer C (1989) Z Umweltpolitik Umweltrecht 2: 127–159.

Insecta (Insekten). I. sind die artenreichste, erfolgreichste Tiergruppe. Mehr als 1 Mio. Arten der 1,5 Mio. bekannten Tierarten sind Insekten. Nach dem Artenreichtum der Insekten der tropischen Regenwälder beurteilt, existieren ca. 10 Mio. Tierarten. Marine Lebensräume sind nur von Einzelarten besiedelt. Pro m^2 siedeln in den gemäßigten Breiten bis zu 300.000 I. Die häufigsten Arten ernähren sich von Totsubstanz oder Mikroflora. Die höchsten Artenzahlen finden wir bei den parasitischen Hautflüglern an Insekten.

Insektenlockstoffe. >Lockstoffe<.

Insektizide. Natürliche, halbsynthetische und synthetische Wirkstoffe zur Kontrolle und Bekämpfung von Insekten und „animal pests".

Insekten bilden mit etwa 650.000 beschriebenen Arten den artenreichsten und diversifiziertesten Teil des ganzen Tierreiches. Mensch und Tier, aber auch die Landwirtschaft kommen nur mit verhältnismäßig wenigen Insektenarten (einige 1.000) in direkten Kontakt: hier bilden besondere Eigenschaften, wie starke Giftwirkung bei Biß oder Stich, Übertragung von Krankheiten (Vektoren), rasante Vermehrung unter günstigen Lebensbedingungen sowie Belästigungen aller Art, eine Herausforderung und z.T. Gefährdung für Mensch, Tier und Nutzpflanzen. Von *historischer* Bedeutung sind die Erkenntnisse vom Zusammenhang zwischen Insekten und Krankheiten; die Wirkung von einigen Naturstoffen gegen einige Insekten; die Entdeckung der kontaktinsektiziden Wirkung von Chlorkohlenwasserstoffen (P. Müller, Geigy AG; Nobelpreis 1948) sowie von Phosphorsäureestern (G. Schrader, Farbenfabriken Bayer).

Wichtigste Anwendungsbereiche für Insektizide bilden die Human- und Veterinärhygiene, der Pflanzenschutz in Land- und Forstwirtschaft sowie der Vorratsschutz geernteter Güter: In der *Hygiene* verwendet man Insektizide gegen sog. Lästlinge, vornehmlich aber gegen aktive oder passive Überträger und Zwischenwirte von Krankheiten und Seuchen bei Mensch und Tier (sog. >Vektoren<, wie z.B. Malaria, Gelbfieber, Flecktyphus, Schlafkrankheit). Der Einsatz der Kontaktinsektizide, wie z.B. >DDT< und >Phosphorsäureester<, hat diese in den Tropen und Subtropen grassierenden Seuchen erfolgreich bekämpft und z.T. ausgerottet. Andererseits führte das zeitweilige Aussetzen dieser Insektizide (Produktionsstop des DDT; R. Carsson, The Silent Spring) zum sofortigen und signifikanten erneuten Anstieg dieser Seuchen in den Ländern der dritten Welt. – Am Beispiel des wohl erfolgreichsten

und in asiatischen Entwicklungsländern (Indien, Sri Lanka) immer noch produzierten Antimalariamittels DDT muß in ethischer Hinsicht eine Güterabwägung vorgenommen werden: hier die Rettung von unzähligen Menschenleben, dort die Veränderung der Umwelt und Störungen des biologischen Gleichgewichtes.

Der *Pflanzenbau* wird seit altersher von einer großen Zahl fressender und saugender Insekten heimgesucht, was regelmäßig zu großen Produktionsverlusten beim Anbau von Baumwolle, Reis, Getreide, Kartoffeln, Obst, Gemüse und Wein führt (insbesondere wird dies durch Monokulturen gefördert). Beim *Vorratsschutz* geht es um die Sicherung der geernteten Güter (Getreide, Obst, einschl. Folgeprodukte wie Leder, Wolle, Pelze, Textilien und Holz) gegenüber zerstörenden Insektenarten.

Die Bekämpfungsmaßnahmen gegen Schadinsekten werden in *indirekte* oder *präventive* sowie in *direkte* und *curative* Methoden eingeteilt. Hierbei bilden die präventiven Maßnahmen ein breites Feld von Möglichkeiten. Die direkten und curativen Methoden setzen durchweg nach einem bereits massiven Auftreten der Schädlinge (z.B. nach Warnung durch die regionalen Pflanzenschutzämter) ein. Hier helfen die nichtchemischen und physikalischen Maßnahmen zumeist nur wenig im Vergleich zu den enormen Erfolgen der chemischen Bekämpfung: Katastrophale Mißernten bei den Grundnahrungsmitteln (Kartoffeln, Mais, Reis, Getreide) und im Baumwollanbau gehören praktisch der Vergangenheit an. Diese unbestreitbaren Erfolge können allerdings nicht zum sog. >Nullrisiko< erzielt werden: Häufig sind Störungen des biologischen Gleichgewichtes unvermeidbar. Viele Insektizide der 1. Generation (z.B. halogenierte Kohlenwasserstoffe) weisen einen zu langsamen Abbau auf und gelangen auf diese Weise unter Überschreitung der Toleranzwerte in die Nahrungsketten bis hin zum Menschen selbst. Persistente Insektizide führen zudem zu einer schnellen Ausbildung der >Resistenz< der Schädlinge. Auch Spritzmittelrückstände in Nahrungsmitteln, Obst und Gemüse können zu einer Gesundheitsgefährdung der Verbraucher führen.

Viele dieser negativen Auswirkungen werden vermieden in der >integrierten Schädlingsbekämpfung<. Hier werden alle Bereiche der Schädlingsbekämpfung zusammengefaßt und eine maßvolle und gezielte Anwendung von spezifischen, rasch abbaubaren Wirkstoffsystemen gefördert; dies geschieht in Kombination mit präventiven agrikulturtechnischen und biologischen Maßnahmen, wie z.B. der Einsatz von >Pheromonen< (in Kombination mit physikalischen oder chemischen Methoden), hierdurch aber auch die Feststellung des exakten Spritzzeitpunktes sowie ein sehr gezielter Einsatz von Insektiziden unter deutlicher Verringerung der Spritzfrequenz.

Nach dem Wegfall der nicht mehr im Gebrauch befindlichen anorganischen und älteren organischen Insektizide (hohe Toxizität, Schädigung der Umwelt) lassen sich die in neuerer Zeit verwendeten Insektizide in folgende Gruppen einteilen: a) *natürliche Insektizide* sowie deren synthetische Analoga: natürliche Pyrethrine, Pyrethrum-Konzentrat; halbsynthetische Pyrethroide: Alletrin, Pynamin®; Phthaltrin, Neon-Pynamin®; Resmethrin, Bioresmethrin, Cypermethrin, Fastac®; Permethrin, Benfluthrin, Cyhalothrin (Karate®); sodann pflanzliche Insektizide, wie die Rotenoide, Nicotin, Sabadilla, Quassia, Ryania, die Azadirachtin-Wirkstoffe (Neem-Baum), Annonin I; Neurotoxine (z.B. Poneratoxin aus Ameisen, Philantoxin 433 aus Wespen), oft schon im Fentogramm-Bereich (10^{-15} g) aktiv, ferner pflanzliche >Antifeedants< (Freßhemmsoffe für die Insekten).

b) *Chlorkohlenwasserstoffe:* DDT; Methoxychlor, Marlate[®]; HCH, Hexachlorcyclohexan, Lindan; Toxaphen; Hexachlorcyclopentadien, HCCP und seine Dimerisate; die Cyclodien.Insektizide: Chlordan, Heptachlor, Endosulfan, Aldrin, Dieldrin, Endrin.

c) *Phosphor- und Thiophosphorester:* z. .B. Systox[®]; Metasystox[®]; Phorate, Malathion, Dimethoate, Dichlorvos, DDVP; Mevinphos, Phosdrin[®]; Phosphamidon; Chlorfenvinphos; Parathion, E 605[®]; Methylparathion; Fenthion, Temephos; ferner heterocyclische Enolester, wie z. B. Pirimiphos-Ethyl; Quintiofos; Chlorpyrifos, Dursban[®]; Azinphos-Methyl und -Ethyl, Gusathion (A)[®]; Azamethiphos; Benoxafos; Methamidophos, Tamaron[®]; Phoxim; Potasan[®]; Zinofos; Pyrazothion[®]; Triazophos.

d) *Carbamate:* 1. Arylcarbamate, z. B. Aminocarb, Metacil[®]; Bendiocarb, Ficam[®]; Bufencarb, Bux[®]; Carbaryl, Sevin[®]; Carbofuran, Curaterr[®]; Dioxacarb; Ethiofencarb; Mercaptodimethur, Mesurol[®]; Promecarb, Carbamult[®]; Propoxur, Baygon[®], Blattanex[®]; 2. Oximcarbamate, z. B. Aldicarb; Methomyl; Oxamyl; sowie Cartap; Pirimicarb, Primor[®]; Isolan, Primin[®].

Phosphorsäure(thio)ester und Carbamate besitzen günstige Zerfallseigenschaften. Beide Stoffklassen blockieren beim Insekt primär das für die Nervenreizleitung wichtige Enzym Acetylcholinesterase (AChE). Bei den Carbamaten wird zudem der *N*-Methylcarbamoylrest auf das Enzym übertragen. Warmblütler besitzen unterschiedliche Rezeptoren, d. h. die AChE wird weit weniger gehemmt. Strukturelle Veränderungen verstärken die Affinität der Wirkstoffe gegenüber der Insekten-AChE, verringern jedoch die Affinität gegenüber der Warmblütler-AChE.

e) *Repellentien:* Chemische Substanzen, die auf Insekten abstoßen wirken; sie sind von großer praktischer Bedeutung in der Human- und Veterinärhygiene; Beispiele: Phthalsäure-dimethylester, 2. Ethylhexan-1,3-diol; Butopyronoxyl, Deet: *N,N*-Diethyl-3-methylbenzoesäure-amid, Autan[®].

f) *Mikrobielle Insektizide:* Verwendung von entomopathogenen Mikroorganismen (Viren, Bakterien, Pilze, Rikettsien, Protozoen), z. B. *Bacillus thuringiensis*, bzw. δ-Endotoxin, β-Endotoxin; Heliothis Zea-Kernpoleder-Virus.

g) *Insektenhormone:* Störung der (Larval-)Häutung von Insekten, z. B. durch Juvenilhormone und deren Analoga Methoprene, Kinoprene, Difluron.

h) *Insektenpheromone:* Lock- und Botenstoffe mit Spurenfolge-, Aggregations- und Alarmwirkung; ferner als Sexualhormon. Bau von Pheromonfallen zur Feststellung der Population oder zur Vernichtung der Schadinsekten, z. B. Stubenfliege, Getreidemotte, Baumwollkapselkäfer und -motte, Borkenkäfer, Schwammspinner oder Apfelwickler.

i) *Chemosterilantien:* Wirkstoffe, welche die Fortpflanzung von Insekten be- oder verhindern; enger Zusammenhang mit den Carcinostatika und Carcinogenen; daher sind der praktischen Anwendung enge Grenzen gesetzt; Präparate: z. B. TEPA, Tretamin, TEM, Apholate.

k) *Lebensmittelhygiene, Vorratsschutz:* Nach Schätzungen der FAO gehen heutzutage ca. 10 bis 20 % der Welterzeugung von Nahrungsmitteln bei Lagerung und Transport verloren. Hier verwendet man zum Schutz Fraß- und Kontaktinsektizide für geschlossene

Räume (Silos, Speicher); Begasungsmittel: Acrylnitril; 10 % Ethylenoxid, 90 % CO_2; DDVP, Dichlorvos; Methylbromid; Phosphorwasserstoff aus Aluminiumphosphid. Die Kombinadien von Pheromonen, Insektenhormonen mit Insektiziden wird als zukünftiges integriertes Vorratsschutzprogramm diskutiert.

1. Alkaloide: Die große Klasse der A. liefert nur wenige insektizide Verb. (-)-Nicotin (1) ist im allg. Hauptbase der alkaloidreichen Nicotiana-Arten (Solanaceae). Früher spielte das Nicotin aufgrund seiner Flüchtigkeit eine gewisse Rolle bei der Entwesung von Glashäusern im Gartenbau. Heute ist sein Gebrauch weitgehend durch die Wirkstoffe auf der Basis der Phosphorsäureester ersetzt. Nicotin wird entweder als freie Base oder als Sulfat eingesetzt. Es wird aber kaum noch hergestellt, ein Lieferland ist Indien. Nicotin ist ein Nervengift mit hoher Warmblütertoxizität (LD_{50} Ratte 50 bis 91 mg/kg). Versuche, die Substanz synth. in technischem Maßstab zugänglich zu machen, sind erfolglos geblieben. Ein verwandtes Wirkungsspektrum haben nor-Nicotin (2) und Anabasin ((3) aus *Anabasis aphylla*). Ein nur in frischem Zustand wirksames Hausmittel gegen Läuse sind Extrakte aus den Samen von *Veratrum sabadilla* (Liliaceae). Die Inhaltsstoffe sind Veratrumalkaloide. Es wird wie das früher vorwiegend in Amerika gebrauchte Ryanodin aus *Ryania speciosa* (Flacourtiaceae) kaum noch verwendet.

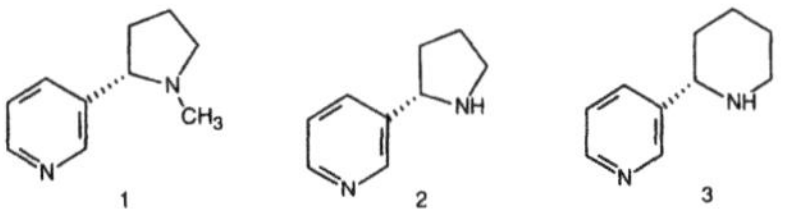

2. Proteine: *Bacillus thuringiensis* bildet verschiedene Toxine. Bei der Entwicklung von Endosporen bildet sich das kristalline δ-Endotoxin, ein Protein unbekannter Struktur. Strukturbekannt ist das β-Exotoxin (Exotoxin, Fliegenfaktor) (1) mit breitem Wirkungsspektrum, während das α-Toxin noch wenig untersucht ist. Gegenwärtig sind vom B. t. > 20 Subspecies bekannt; von Bedeutung sind *B. t.* var. *kurstaki*, var. *aizawai* und var. *berliner*, mit einer spez. Wirkung gegen Lepidopteren. Eine bedeutende Erweiterung des Wirkungspektrums liefert *B. t.* var. *israelensis*, das auch gegen Mückenlarven aktiv ist. Die B.t.-Präparate sind Fraßgifte. Ihre Wirkung beginnt mit der Freisetzung des darmparalysierenden Toxins aus dem δ-Endotoxin im alkal. Milieu des Insektendarms. In dem gelähmten Tier führen keimende Sporen zum Bakterienbefall und tödlicher Sepsis. Die Wirkung wird durch Exoenzyme (Lecithinasen, Chitinasen) gesteigert. B.t.- Zubereitungen sind infolge ihrer Wirkungsspezifität außerordentlich anwendungssicher und umweltschonend.

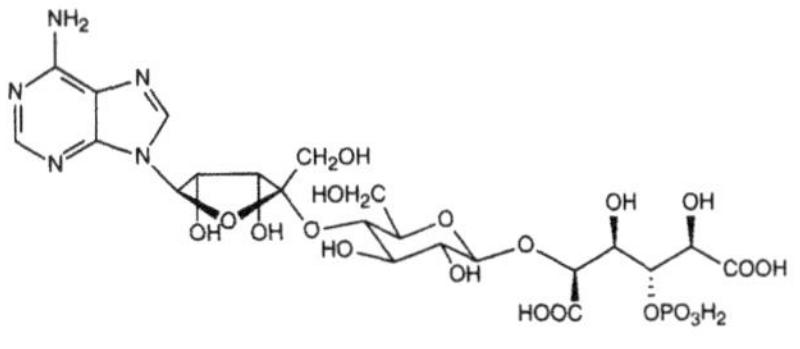

β-Exotoxin

Lit: Ullmanns Enzyklopädie der techn. Chemie (1979), Band 13, Verlag Chemie, Weinheim, S. 211 ff. – Büchel KH (1983) Chemistry of Pesticides, Wiley, New York – Wegler R (1970–1982)

Chemie der Pflanzenschutz- und Schädlingsbekämpfungsmittel (8 Bd.), Springer, Berlin – Martin H, Worthing CR (1974) Pesticide Manual, British Corp Protection – (1987) Ryanodin. Pesticide science and biotechnology, Blackwell Scientific, London, S. 177–182.

Inseln. Entstehen entweder im Schelfbereich der Kontinente oder im ozeanischen Bereich ohne eine Verbindung zu den Kontinenten. Dies führt zu Konsequenzen bei der Besiedlung. Die ozeanischen I. werden nur sehr zufällig von wenigen Tieren und Pflanzen besiedelt, die dort eine offensichtlich rasche >Evolution< durchlaufen können, z.B. die Darwin-Finken auf den Galapagos-Inseln. Die kontinentalen I. dagegen können entweder Flora- und Faunareste bei ihrer Abtrennung behalten oder wiederholt in kürzeren Zeiträumen besiedelt werden. I. weisen häufig in Abhängigkeit von ihrer Entstehungszeit endemische >Arten< auf, d.h. Arten, die nur auf ihnen leben; >Isolation<, >Evolution<.

Insertion. (Lat. insertio = Einfügung, Einpfropfung). (Syn. Integration). Einfügen fremder Nucleotidsequenzen in die chromosomale DNA eines Wirts-Organismus. Dabei spielt für gentechnische Experimente die I. von DNA, die mittels >Vektoren<, z.B. >Prophagen<, in bakterielle DNA übertragen wird, eine bedeutende Rolle, etwa für den Transfer des Human-Insulin-Gens in *Escherichia coli*. Die durch Vektoren übertragene DNA wird mit Hilfe des Enzyms Lambda-Integrase in die Wirts-DNA eingefügt. Dieses Enzym erkennt zwei verschiedene, nicht-homologe DNA-Sequenzen, eine auf der chromosomalen Wirts-DNA, eine auf der Vektor-DNA. Es bringt dann die beiden Doppelstränge dicht aneinander, „bricht" sie auf und verbindet sie kreuzweise im Sinne einer ortsspezifischen Rekombination wieder miteinander. Die inserierte DNA-Sequenz wird nun zus. mit der Wirts-DNA repliziert und ggf. werden die neuen Merkmale, z.B. Human-Insulin, durch Transcription und Translation exprimiert (>Expression<).

In-site-Verfahren. (Syn. In-situ-Verfahren). Verfahren zur Beseitigung von Boden- und Grundwasserbelastungen, z.B. von Chemikalien, die am Ort der Kontamination ohne Bewegung des Bodens durchgeführt werden.

In-situ-Verfahren. Verfahren zur Gewinnung festen Lagerstätteninhalts durch Tiefbohrungen. Der Lagerstätteninhalt wird dabei durch chem. (>Laugung<, >Aussohlverfahren<) oder thermische Verfahren (Verflüssigung, Vergasung) in fl. oder gasförmigen Zustand überführt und anschließend zur Tagesoberfläche gefördert.

In-situ-Verfestigung. Verfahren zur behälterlosen Einbringung von Abfällen in eine >Untertagedeponie< zum Zwecke der >Ablagerung<. Dabei wird der >Abfall< in Form einer >Suspension< über eine vertikale Rohrtour in den untertägigen Hohlraum, z.B. eine >Endlager-Kaverne< gefördert und härtet dort („in-situ") zu einem quasimonolithischen Block aus. Entwickelt wurde diese Einlagerungstechnik in den 80er Jahren zunächst für fl., schwach- oder mittelradioaktive Abfälle, denen nach Vorkonditionierung (Granulierung) ein Zementleim als Bindemittel zugeführt worden ist. Nach Inkrafttreten der >TA Abfall< gewinnt dieses Verfahren aber auch für die untertägige Ablagerung von chem.-toxischen Abfällen an Bedeutung, wobei aus wirtschaftlichen Gründen das Bindemittel

selbst Abfall sein sollte. Hauptzielsetzung der In-situ-Verfestigung ist ein frühes Erreichen des dem ursprünglichen geomechanischen Ausgangszustandes nahekommenden Gebirgsverhaltens und somit ein sicherer Einschluß des Abfalls im Gebirge.

Instandhaltung. Maßnahmen zur Wartung, Reparatur und Instandsetzung von Apparaten, Maschinen und Anlagenteilen. Instandhaltung kann vorbeugend als Routinemaßnahme oder erst nach Eintreten eines technischen Versagens einer Anlagenkomponente erfolgen.

Instationärer Motorbetrieb. Gekennzeichnet durch schnelle Temp.-, Last- und Drehzahländerungen, wie z.B. beim Starten, Beschleunigen, Bremsen, Abschalten usw. Gegensatz: stationärer Motorbetrieb, wo der Motor mit konstanter Last und Drehzahl betrieben wird und sich im thermischen und dynamischen Gleichgewicht befindet, wie z.B. bei Konstantfahrt, Prüfstandsläufen zur Kennfeldaufnahme. Instationärer Motorbetrieb führt zu Mehrverbrauch und höheren Lärm- und Abgasemissionen sowie höherem Verschleiß. >Fahrzyklus<.

Intake. >Aktivitätszufuhr<.

Integrierte Umweltplanung. Hoffnung der Umweltschützer; bislang fehlt ein Rechtsinstrument zur Realisierung einer Planung, die alle umweltrelevanten Daten aufnimmt und aufeinander abstimmt. Mögliches Gesetz zur Aufnahme dieser anspruchsvollen Planung könnte das Bundesraumordnungsgesetz sein.

Integrierter Landbau, integrierte Pflanzenproduktion. Standort- und umweltgerechte Systeme der Pflanzenproduktion, in denen unter Beachtung ökonomischer und ökologischer Anforderungen alle geeigneten und vertretbaren Verfahren des Acker- und Pflanzenbaus, der Pflanzenernährung und des Pflanzenschutzes in möglichst guter Abstimmung aufeinander und unter Nutzung sowohl des biologisch-technischen Fortschritts als auch natürlicher Begrenzungsfaktoren von Schadorganismen eingesetzt werden, um langfristig sichere Erträge und betriebswirtschaftlichen Erfolg zu gewährleisten. (Nach DPG-Glossar).

Integrierter Pflanzenschutz. Pflanzenschutzsystem, das alle wirtschaftlich, ökologisch und toxikologisch vertretbaren Methoden in ihrer Gesamtheit nutzt, um Schadorganismen unter der wirtschaftlichen Schadensschwelle zu halten, wobei die bewußte Ausnutzung natürlicher Begrenzungsfaktoren im Vordergrund steht. Legaldefinition [§ 2 (2) des Pflanzenschutzgesetzes (PflSchG) vom 29.5.1998]: Eine Kombination von Verfahren, bei denen unter vorrangiger Berücksichtigung biolog. biotechnischer, pflanzenzüchterischer sowie anbau- und kulturtechnischer Maßnahmen die Anwendung chem. >PSM< auf das notwendige Maß beschränkt wird (nach DPG-Glossar). Zu den Methoden, die im i.P. mit Anbau- und physikalisch-mechanischen Verfahren kombiniert werden, gehören: Förderung natürlicher Feinde der Schädlinge; Aussetzen genetisch geschädigter oder unfruchtbarer Schädlinge; Aussenden von Hochfrequenztönen zur Abwehr von Schadvögeln; Aufstellen von Pheromon- oder Duftstoff-Fallen, die mit Hilfe von Sexualduftstoffen Schädlinge fangen; Verwendung mechanischer Hindernisse wie Zäune, Netze oder Fallen; Anbau klima- und standortgerechter Nutzpflanzenarten; Anwendung von >PSM<. In der Tabelle (S.603) werden verschiedene

Integrierter Pflanzenschutz: Kombinierte Verfahren des integrierten Pflanzenschutzes

Kombinierte Verfahren des integrierten Pflanzenschutzes			
Kulturverfahren	Biologische Verfahren	Prognoseverfahren	Chemische Verfahren
Sortenwahl	Nützlinge	Warndienst	nach ökonomischen Schadensschwellen
Fruchtfolge	Mikroorganismen	Schadensprognose	
Düngung	Repellents	Negativprognose	mit selektiven Präparaten
Standortwahl	Pheromone		
Saattermin	Hormone		durch gezielten Einsatz

Verfahren, die im i. P. kombiniert zur Anwendung kommen können, gegenübergestellt.

Lit: Integrierter Pflanzenschutz. (Kolloquium anläßlich des 70. Geburtstages von Prof. Dr. Juergen Kranz) (1995) Mitt. aus der Biologischen Bundesanstalt für Land- und Forstwirtschaft, H. 311.

Intensität. (Lat. intensio = Anspannung, allg. für Stärke, Kraft). In der physikal. Chemie insbesondere ein Begriff für hohe Energiedichte einer Strahlung, einer chem. Bindung etc. Im Zusammenhang mit der sog. >Quantitäts-Intensitäts-Relation< ist die Intensitätsgröße eine Größe, die nicht von der Ausdehnung der Phase abhängt. S. a. >Zustandsgröße, intensive<.

Intensität in der Landwirtschaft. Bezeichnet betriebswirtschaftlich die eingesetzte Menge der einzelnen Produktionsfaktoren Boden, Arbeit und Kapital bzw. deren Kombination, wobei Bezugsbasis einer dieser Faktoren ist. Dabei wird allgemein hohen Mengen der Begriff „intensiv", niedrigen der Begriff „extensiv" zugeordnet. Für eine exakte Definition ist eine Betrachtung der Betriebszweige (z. B. >Ackerbau< oder >Viehhaltung<) und der dort durchgeführten Produktionsverfahren (z. B. Zuckerrübenanbau oder Schweinemast) notwendig. So versteht man oft unter „intensiv" eine hohe Arbeitsintensität, z. B. ist der Anbau von Getreide arbeitsextensiver als die Schweinemast. Die Verringerung des Arbeitskraft-Besatzes eines Betriebes ist oft nur über die Steigerung der Kapitalintensität (z. B. leistungsfähigere Maschinen im Ackerbau oder Automaten der Fütterung in der Schweinemast) erreichbar. Über die Bewertung der einzelnen Betriebszweige kommt man zur Einstufung der Betriebsintensität. Die „spezielle Intensität" gibt Auskunft über die eingesetzte Menge an ertragssteigernden oder -sichernden Produktionsmitteln (z. B. >Dünger< oder Kraftfutter) je Hektar bzw. Tier. Die „Anbauintensität" beschreibt die Verhältnisse im >Pflanzenbau<. Die höchste I. findet man bei den >Sonderkulturen< (z. B. Wein-, Obstbau), da dort ein hoher Arbeitsaufwand notwendig ist, hohe Anforderungen an die Erntemenge und -qualität gestellt werden (die Betriebsfläche ist gewöhnlich im Vergleich zu anderen Kulturen gering) und deshalb das Betriebseinkommen stark von den ertragssteigernden und -sichernden Maßnahmen (z. B. Düngung, >Pflanzenschutz<, Frostberegnung) abhängig ist. Ein weiteres Kennzeichen für die I. ist die Enge der Fruchtfolge (Sonderkulturen z. B. sind oft Dauerkulturen). Die optimale I. ist die Anpassung der Produktionsfaktoren an den Standort, wobei die Ertragshöhe vom Ziel der Minimierung der >Umweltbelastung< begrenzt ist. Ein zu hoher Einsatz von Produktionsfaktoren senkt den Ertrag und belastet die Umwelt.

Intensitätsmaß. Ältere Bezeichnung für die wirksame Konzentration bzw. die Gleichgewichtskonzentration eines Pflanzennährstoffes in der Bodenlösung, im Ge-

gensatz zum Quantitätsmaß, das etwa dem leicht verfügbaren Vorrat entspricht.

Intensive Größe. Kurzform für intensive Zustandsgröße.

Intensivkultur. >Sonderkultur<.

Interaktionen zwischen Organismen. >Ökosystem<. Intra- und interspezifische Beziehungen (z. B. Konkurrenz, Freßbeziehungen) bei Pflanzen und Tieren bedingen den lebensorteigenen (ökosystemaren) Charakter der Ausprägung von Populationen koexistierender Arten.

Interkombination. >Intersystem crossing<.

Intermediärstoffwechsel. (Syn. Zwischenstoffwechsel). Teil des >Stoffwechsels<, der in Zellen und Geweben stattfindet (Zell-, Gewebsstoffwechsel). Er umfaßt alle chem. Reaktionen, die am intrazellulären Abbau derjenigen Stoffe beteiligt sind, die durch die extrazelluläre Verdauung geliefert werden. Die Reaktionen dienen teils der Energielieferung und teils der Bereitstellung von Zwischenprodukten für den Aufbau körpereigener Substanzen.

Internal conversion. (Syn. innere Umwandlung). Photophysikalischer Prozeß, bei dem elektronische Anregung strahlungslos in Schwingungsanregung umgewandelt wird. Das angeregte Molekül geht dadurch aus dem untersten Schwingungsniveau eines elektronisch angeregten Zustandes in ein höheres Schwingungsniveau eines niedrigeren elektronisch angeregten Zustandes des gleichen Spinsystems über (s. Abb. S. 604). Die Energieumwandlung wird dadurch ermöglicht, daß sich die elektronischen Anregungszustände meistens überschneiden. Erfolgt der Übergang zwischen Zuständen versch. Spinsysteme, dann spricht man von >Intersystem crossing<.

Internalisierung. Der Marktmechanismus versagt bei der Lösung von Umweltproblemen besonders deshalb, weil viele Umweltbelastungen als >externe Effekte< die Wirtschaftätigkeit begleiten. I. bedeutet die Beseitigung solcher externen Effekte: Die Kosten der Umweltbelastung sollen durch die I. in der Kostenrechnung des Verursachers und/oder in der Nutzenrechnung des Käufers umweltbelastend hergestellter Wirtschaftsgüter in Erscheinung treten (s. a. >Coase-Theorem<). I. ist möglich durch Besteuerung umweltbelastender Aktivitäten oder Güter, durch Gestaltung von >Umweltabgaben< oder durch die Ausgestaltung von Eigentumsrechten an den Umweltgütern.

Internalisierung externer Effekte. Ökonomischer Ansatz, mit dem die Fähigkeit des Marktsystems, volkswirtschaftlich optimale Gleichgewichte zu erzeugen, dadurch wiederhergestellt werden soll, daß die >externen Effekte< bewertet und den Verursachern angelastet werden (>Verursacherprinzip<). Die Umweltöko-

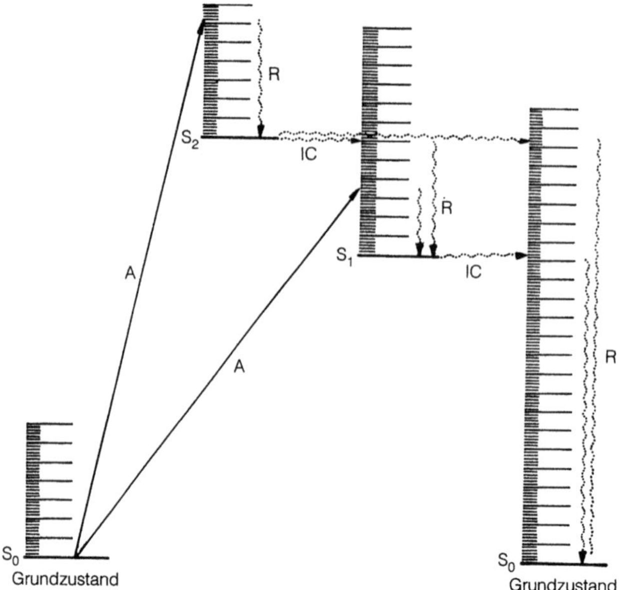

Internal conversion: Schematische Darstellung der inneren Umwandlung, hier innerhalb des Singulettsystems. Nach der Absorption *(A)* von Strahlung gibt das Molekül zuerst einen Teil der Energie als Wärme an die Umgebung ab, so daß der jeweilige Schwingungsgrundzustand des angeregten Zustandes erreicht wird (Relaxation, *R*). Von dort aus kann durch „internal conversion" *(IC)* ein Übergang in schwingungsangeregte Zustände der niedrigeren elektronisch angeregten Zustände erfolgen. Zur Vereinfachung sind Schwingungs- und Rotationsniveaus mit gleichem Abstand gezeichnet. Aus dem gleichen Grund wurden die höheren elektronischen Anregungszustände nicht berücksichtigt

nomik bietet versch. Strategien zur Internalisierung externer Effekte an (>Umwelt- und Ressourcenökonomik<).

International Organisation for Standardization (ISO). Internationale Vereinigung von nationalen Normenausschüssen und Standardisierungsorganen mit dem Ziel, die Entwicklung und Angleichung von Normen zu erreichen. Dadurch soll der internationale Austausch von Gütern und Dienstleistungen und die Zusammenarbeit auf wissenschaftlichem, technischem und wirtschaftlichem Gebiet erleichtert werden. Sitz: Genf, Schweiz. Deutschland ist durch das Deutsche Institut für Normung (DIN) in der ISO vertreten.

Internationale Organisation für Biologische Bekämpfung schädlicher Tiere und Pflanzen (IOBC). Zusammenschluß staatlicher oder anderer amtlicher Institutionen, unterteilt in regionale Sektionen (West Palaeartic, East Palaeartic, Neartic und South-East Asia Regional Section). Ziele: Förderung und Koordination biologischer und integrierter Bekämpfungsmethoden. Die Organisation ist Teil der Internationalen Union der Biologischen Wissenschaften und hat einen Status der Zusammenarbeit mit der >FAO<. Sitz der Organisation ist Zürich. Die Westpaläarktische Sektion (WPRS) wurde 1956 gegründet und besteht derzeit aus 38 Mitgliedern aus 22 Ländern Europas und des Mittelmeerraumes. Die Hauptaktivitäten werden in rund 20 speziellen Arbeitsgruppen geleistet.

Internationale Strahlenschutzkommission. Die Internationale Strahlenschutzkommission (ICRP) besteht aus einem Vorsitzenden und höchstens zwölf weiteren Mitgliedern. Die Wahl der Mitglieder erfolgt durch die ICRP aus Nominierungen, die ihr von den nationalen Delegationen des Internationalen Kongresses für Radiologie und aus den eigenen Reihen vorgelegt werden. Die Mitglieder der ICRP werden aufgrund ihrer anerkannten Leistungen auf den Gebieten medizinische >Radiologie<, >Strahlenschutz<, >Physik<, medizinische Physik, >Biologie<, >Genetik<, >Biochemie< und >Biophysik< ausgewählt, wobei der Schwerpunkt mehr auf einer ausgewogenen Sachkenntnis als auf der Staatszugehörigkeit liegt.

Internationales Biologisches Programm. Multinationales Programm zur Erforschung der Lebensgrundlagen des Menschen. Das IBP entstand im Jahre 1962, als erste Planungen begannen. 1967 wurde das erste Operationsprogramm gestartet, zunächst mit einer 5jährigen Laufzeit. Dieses Programm war in verschiedene Sektionen unterteilt, die besonders die Folgen der Bevölkerungszunahme erfassen und Möglichkeiten einer Steigerung der Nahrungsmittelproduktion entwickeln sollten. Im Zentrum standen Fragen der primären und sekundären Produktion, der >Photosynthese< und der Stickstoffixierung, aber auch der Struktur und Anpassungsfähigkeit von Lebensgemeinschaften und der Erfordernisse des Naturschutzes.

Internationales Pflanzenschutzübereinkommen. Zentrale Grundlage der internationalen Regelungen des Pflanzenschutzes. Das Übereinkommen (International Plant Protection Convention) der >FAO< stammt aus 1951 und wurde zuletzt 1997 neugefaßt. Die Bundesrepublik Deutschland hat dem Übereinkommen mit Gesetz vom 06.11.1956, der Neufassung in 1978 mit Gesetz vom 12.08.1985 zugestimmt. Mit dem Beitritt zu dem Übereinkommen verpflichten sich die Mitgliedsstaaten a) zur Einrichtung einer amtlichen Pflanzenschutzorganisation, b) zur Weitergabe von Informationen über Schadorganismen, c) zur Forschung auf dem Gebiet des Pflanzenschutzes, d) bei der Pflanzenquarantäne bestimmte Bedingungen zu beachten, e) zur Zusammenarbeit mit der FAO, den anderen Mitgliedsstaaten und regionalen Pflanzenschutzorganisationen.

Interspezifische Konkurrenz. >Konkurrenz<, >Raumkonkurrenz<.

Intersystem crossing. (Syn. Interkombination). Photophysikalischer Prozeß, der zur Spinumkehr eines Elektrons führt. Bei den Energiezuständen der Elektronen eines Moleküls unterscheidet man versch. Spinsysteme, von denen v.a. Singulettniveaus (diamagnetisch bezüglich des Gesamtspins) und Triplettniveaus (paramagnetisch bezüglich des Gesamtspins) von Bedeutung sind. Der Grundzustand ist bei organischen Molekülen in der Regel ein Singulett. Ein Wechsel des Spinsystems durch direkte Anregung ist sehr selten zu beobachten, wird aber bei Anwesenheit schwerer Atome im Molekül, wie Chlor oder Brom, erleichtert. Häufiger zu beobachten sind strahlungslose Übergänge zwischen angeregten Singulett- bzw. Triplettzuständen (s. Abb. unten). Dabei wird ein Teil der elektronischen Anregungsenergie in Schwingungsenergie des gleichen Betrages umgewandelt, so daß das Elektron unter Spinumkehr in den schwingungsangeregten Zustand eines niedrigeren elektronisch angeregten Niveaus übergeht. Für die Rückkehr in den Grundzustand muß dann ein erneuter Spinsystemwechsel erfolgen. Dies kann wie oben beschrieben strahlungslos geschehen. Wenn das nicht möglich ist, dann kann die Anregungsenergie auch direkt als Strahlung abgegeben werden. Emission von Licht, bei der ein Spinsystemwechsel auftritt, bezeichnet man als Phosphoreszenz.

Intervention. Eingriff zur Ausführung von Instandhaltungsmaßnahmen in Anlagenbereichen mit erhöhter >Strahlung<. Intervention wird unter Hinzuziehung von >Strahlenschutz<personal vorbereitet und während des Ablaufes überwacht.

Interventionsschwelle. Wert der >Äquivalentdosis<, der >Aktivitäts<zufuhr, der >Kontamination< oder anderer aktivitäts- oder dosisbezogener Werte, bei dessen Überschreitung ein Eingreifen in den normalen Betriebs- bzw. Bestrahlungsablauf für erforderlich gehalten wird.

Interzellularen. (Lat. inter cellula = zwischen den Zellen). Es sind meist luftgefüllte Hohlräume pflanzlicher Dauergewebe, die dem >Gasaustausch< auch tiefer gelegener Gewebe dienen und durch Auseinanderweichen von Mittellamellen oder Zerreißen bzw. Auflösung ganzer >Zellen< entstehen.

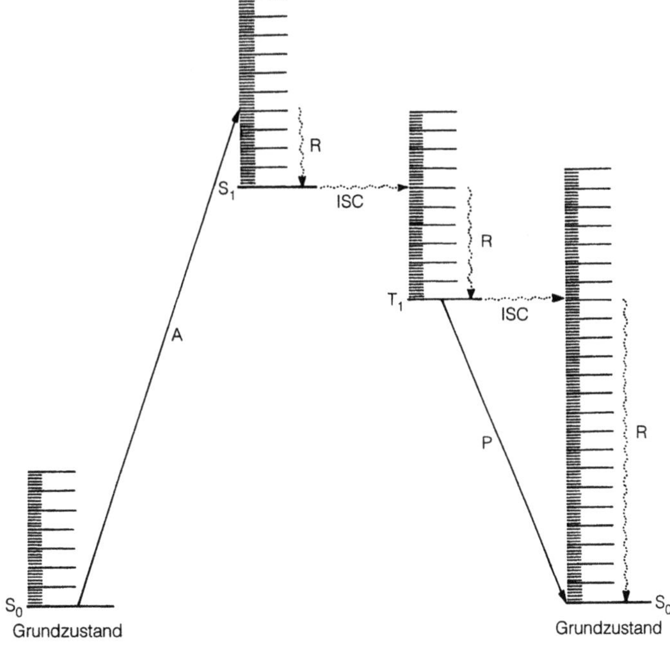

Intersystem crossing: Schematische Darstellung der Interkombination. Nach der Absorption von Strahlung *(A)* gibt das Molekül zuerst einen Teil der Energie als Wärme an die Umgebung ab, so daß der Schwingungsgrundzustand des elektronisch angeregten Zustandes erreicht wird (Relaxation, *R*). Von dort aus kann unter Spinumkehr *(ISC)* ein Übergang in schwingungsangeregte Zustände der niedrigeren elektronisch angeregten Zustände eines anderen Spinsystems (hier Singulett zu Triplett) erfolgen. Nach erneuter Relaxation kann dann entweder ein weiterer strahlenloser Übergang erfolgen oder, ebenfalls unter Spinumkehr, Phosphoreszenzstrahlung *(P)* abgegeben werden

Interzeption. Rückhaltung von Niederschlägen durch Blätter und Zweige insbesondere im Kronenbereich von Wäldern. In dichten Wäldern können bis zu 50 % des Niederschlags dem Boden durch I. verloren gehen. Wegen der im Niederschlag gelösten Spurenstoffe werden diese direkt auf das Blatt aufgebracht und tragen auf diesem Wege zu den >neuartigen Waldschäden< mit bei.
Lit: Schöpfer W, Hradetzky J (1984) Der Indizienbeweis: Luftverschmutzung als maßgebliche Ursache der Walderkrankung, Forstw Cbl 103: 231–248.

Interzeptionsdeposition. Auskämmung partikulärer, gelöster und aerosolförmiger Stoffe durch die Oberflächen pflanzlicher Biomasse.

Interzeptionswasser. Teil des Niederschlagwassers, der in der Pflanzendecke festgehalten wird und verdunstet oder von den Pflanzen aufgenommen wird, also nicht den Boden erreicht.

Intoxikation. Vergiftung durch chem. Substanzen bzw. pflanzliche oder tierische Toxine. Die Aufnahme der Gifte kann durch >Inhalation< über die Atemwege oder durch >Ingestion< und >Inkorporation< über den Verdauungstrakt erfolgen. Eine lokale Wirkung entsteht an der unmittelbaren Kontaktstelle mit der >toxischen< Substanz, wie z. B. von >Verätzungsverletzungen< mit konz. >Säuren< oder >Laugen<. >Systemische Wirkungen< werden im Körper erst nach Verlagerung ausgelöst. So werden auch org. >Lösungsmittel< über die Haut aufgenommen, die eigentliche toxische Wirkung erfolgt aber im zentralen Nervensystem. Ferner sind in Abhängigkeit von >Wirkstoff< und >Dosis< >akute< und >chronische< >Vergiftung<serscheinungen zu unterscheiden.

Intraspezifische Konkurrenz. >Konkurrenz<, >Raumkonkurrenz<.

Intron. (Engl. *intervening sequence*, Abk. IVS). Bez. für Bereiche (DNA-Sequenzen) innerhalb eines eukaryontischen oder prokaryontischen >Gens<, die keine genetische Information tragen. Sie unterbrechen die informationstragenden Bereiche des Gens, die >Exons<.

Inventar (Altstoffe). Bezogen auf die Chemikaliengesetzgebung versteht man unter I. die Erfassung und Auflistung von Altstoffen in einer best. Region, z. B. Japan, USA, EU. Zweck einer solchen Bestandsaufnahme ist die Schaffung einer Stoffliste, um eine Möglichkeit für die Abgrenzung gegenüber >neuen Stoffen< zu erhalten. Ferner dient ein solches Verzeichnis als Grundlage für eine systematische Bearbeitung von Altstoffen im Hinblick auf ihre >Bewertung< (Überprüfung einer möglichen Gefährdung von Mensch und/oder Umwelt). >Altstoffe<, >Beratergremien<.
Das europäische I. enthält ca. 100.000 Bezeichnungen von Stoffen und Stoffgemischen, die im EU-Raum als Altstoffe gelten. >EINECS< ist aufgrund einer Entscheidung der >EG-Kommission< vom 11.05. 1981 (81/437/EWG, ABl. L 167) zustande gekommen, die ein Verfahren in vier Phasen vorgesehen hat: 1. >ECOIN< (Grund- oder Kerninventar), 2. >Nachmeldung< (31.03. bis 31.12. 1982), 3. Einarbeitung der nachgemeldeten Stoffe, 4. Erstellung des endgültigen I., das am 15.06. 1990 veröffentlicht worden (ABl. C 164 A) und seit dem 15.12. 1990 der definitiven Abgrenzung von neuen und Altstoffen dient. Wegen der Bedingungen bzw. Voraussetzungen für die Nachmel-

Inventar (Altstoffe): Altstoff-Erfassung und Meldung

Zeit	Maßnahmen
1981	Erfassung der Altstoffe in Produkten
18.09. 1981	Stichtag für „alte Stoffe"
Herbst 1981	Veröffentlichung des Kerninventars (EG-Liste ECOIN, Rechtsverordnung nach § 28 Abs. 2 ChemG alte Fassung) – Ermittlung der nachzumeldenden Stoffe (Geschäftsbereiche)
31.03. 1982 bis 31.12. 1982	offizielle Nachmeldefrist an das Umweltbundesamt
15.06. 1990	Endgültiges Inventar EINECS

EINECS = European Inventory of existing chemicals substances, ECOIN = European core inventory

dung von >Altstoffen<. Das Verfahren für die Aufstellung des I. (EINECS) ist in der Tabelle (s. oben) dargestellt. Gesetzliche Grundlage waren: Art. 13 Abs. 1 der >EG-RL für gefährliche Stoffe< (Fassung 79/831/ EWG) und § 28 Abs. 1 Satz 2 in Verbindung mit § 4 Abs. 5 >ChemG< (vom 16.09. 1980).
Lit: Rehbinder E, Kayser D, Klein H (1985) Chemikaliengesetz, Kommentar und Rechtsvorschriften zum Chemikalienrecht, C. F. Müller-Verlag, Weinheim.

Inverkehrbringen. (Vermarkten). I. im Sinne des >ChemG< ist die Abgabe einer Ware an andere oder ihre Bereitstellung für „Dritte". Auch gilt das Verbringen in den Geltungsbereich des ChemG als I., wenn es sich dabei *nicht* um einen Transitverkehr (unter zollamtlicher Überwachung) handelt, bei dem *keine* Be- oder Verarbeitung stattfindet (§ 3 Nr. 9, s. a. >Einfuhr<, >Einführer<). Das I. beginnt, wenn das (chemische) Produkt die Anlage der Herstellung verlassen hat und vorschriftsmäßig verpackt, gekennzeichnet und zum Versand bereitgestellt worden ist. Das gleiche gilt für Importwaren, die die Zollabfertigung verlassen haben (>Einfuhr<). Auch die Abgabe an andere (rechtlich selbständige) Firmen in einem Konzernverbund (Tochtergesellschaften) gilt als I., selbst wenn diese – zusammen mit der „Muttergesellschaft" – auf einem geschlossenen Werkkomplex liegen. Demgegenüber ist der „Werk zu Werk"-Verkehr innerhalb eines Unternehmens, davon ausgenommen.
Das I. von >Stoffen< und >Zubereitungen< sowie bestimmter >Erzeugnisse< unterliegt gesetzlichen Regelungen. Dabei ist zu unterscheiden zwischen neuen Stoffen, Altstoffen und >gefährlichen< Stoffen und Zubereitungen. Grundsätzlich muß jeder >neue Stoff< oder jede Zubereitung, die einen solchen enthält, vor dem erstmaligen I. in einem EG-Mitgliedsstaat angemeldet oder zumindest mitgeteilt werden, sofern die Stoffmenge eine bestimmte Grenze überschreitet (>Anmeldung<, >Mitteilung<). Voraussetzung dafür sind >Prüfungen<, die entsprechend der Menge des in Verkehr zu bringenden Neustoffs durchzuführen sind (Stufenplan). Die Ergebnisse der Prüfungen („Prüfnachweise") sind bei der >Anmeldestelle< einzureichen. Diese Bestimmungen des deutschen ChemG gehen auf die >EG-RL für gefährliche Stoffe< – in der Fassung der 6. Änderungsrichtlinie von 1979 – zurück.
Deren ursprüngliche Vorschriften und diejenigen für >gefährliche Zubereitungen< (s. entsprechende Richtlinien) befassen sich mit der gemeinschaftlichen >Einstufung<, >Verpackung< und >Kennzeichnung<. Sie

gelten auch für >Altstoffe<, sofern diese gefährlich i. S. von § 3 a Abs. 1 ChemG sind (>Gefährlichkeitsmerkmale<). Die entsprechenden deutschen Vorschriften sind im ChemG (§§ 13, 14) und im 2. Abschnitt der >GefStoffV< zusammengefaßt. Sowohl die Einstufung als auch die >Kennzeichnung< haben nach dem *Listen*- oder nach dem *Definitionsprinzip* zu erfolgen. Die >Beförderung< von Gütern ist *nicht* als I. anzusehen, obwohl die dafür geltenden Bestimmungen als „Verkehrsvorschriften" bezeichnet werden.

Die Regelungen über das I. von >Gefahrstoffen< enthalten auch eine Ermächtigung für Rechtsvorschriften über >Verbote< und >Beschränkungen< bestimmter gefährlicher Stoffe (§ 17 ChemG in Verbindung mit der EG-Beschränkungsrichtlinie).

Ferner ist auf giftrechtliche Bestimmungen hinzuweisen (>Giftgesetz<), die für die >Abgabe von Giften< eine Erlaubnis- oder Anzeigepflicht (Einzelhandel bzw. Industrie) und die >Sachkenntnis< vorschreiben (§§ 11, 12 u. 13 GefStoffV).

Lit: Rehbinder E, Kayser D, Klein H (1985) Chemikaliengesetz. Kommentar u. Rechtsvorschriften zum Chemikaliengesetz. C. F. Müller Juristischer Verlag, Heidelberg – Kitzinger G, Beekhuizen S, Lorenz G (1991) Gefahrstoffverordnung; Kommentar und Rechtsvorschriften zum Gefahrstoffrecht, Werner-Verlag, Düsseldorf.

Inversion. Umkehr des normalen Temperaturverlaufes in der >Atmosphäre<. Normalerweise nimmt die Temp. mit der Höhe ab (trockene Luft im >adiabatischen< Zustand um 1 K pro 100 m). Unter best. meteorologischen Bedingungen kann sich der Temperaturverlauf in best. Höhenbereichen umkehren. Hierdurch bilden sich Inversionsschichten, d. h. atmosphärische Sperrschichten aus, die einen Luftaustausch zwischen den einzelnen Schichten einschränken bzw. weitgehend behindern. >Luftverunreinigungen< können dann nicht mehr in höhere Luftschichten entweichen und reichern sich in den unteren Luftschichten ggf. unter Ausbildung von >Smog< an. Zu unterscheiden sind Boden- und Höheninversionen. Bodeninversionen bilden sich z. B. in den Abend- und Nachtstunden aus, wenn sich die bodennahen Luftschichten abkühlen. Höheninversionen bilden sich bevorzugt z. B. bei Hochdruckwetterlagen aus. Ggf. kann sich der Temperaturverlauf mit der Höhe mehrfach umkehren, so daß sich mehrere Inversionsschichten ausbilden. Innerhalb einer Inversionsschicht können Luftverunreinigungen in vergleichsweise hohen Konz. über große Entfernungen transportiert werden. Beim Auflösen von Inversionsschichten können kurzfristig deutlich höhere >Schadstoffkonz.< am Boden auftreten, wenn schadstoffbeladene Luft aus höheren Luftschichten nach unten transportiert wird. Derartige Situationen sind insbesondere am Vormittag bei beginnender >Turbulenz< aufgrund der Sonneneinstrahlung festzustellen.

Lit: Gutsche A, Lefebvre C (1981) Statistik der maximalen Mischungsschichthöhe nach Radiosondenmessungen an den aerologischen Stationen des Deutschen Wetterdienstes im Zeitraum 1957 bis 1973, Ber Deutsch Wetterdienst 154.

Inversionsnebel. Hochnebel, der durch Wärmeabstrahlung an einer >Inversion< entsteht. >Nebelklassifikationen<.

Inversionswetterlage. Wetterlage, die in den untersten Schichten eine markante >Inversion< aufweist. I. entstehen meist bei einer Hochdruckwetterlage oder in Gebieten geringen Luftdruckgegensatzes am Rande eines >Hochdruckgebietes<. Wegen der stabilen >ther-

mischen Schichtung der Atmosphäre< und der geringen Luftbewegung bildet sich vielfach eine >austauscharme Wetterlage< aus. Während unterhalb der >Inversion< nur geringe horizontale Sichtweiten vorherrschen, ist die Fernsicht oberhalb der >Inversion< beachtlich.

Invertseifen. Bei gewöhnlichen Seifen kommt dem Fettsäureanion ($C_{17}H_{35}COO^-$) die grenzflächenaktive Wirkung zu. Bei den Invertseifen ist es ein org. Kation, in dem meist ein Stickstoffatom die positive Ladung trägt. Sie werden heute i. allg. als kationische >Tenside< bezeichnet. Als Tenside spielen sie kaum eine Rolle, wohl aber als kationaktive Textilhilfsmittel, z. B. als >Wäscheweichspülmittel<.

Invertzucker. Ein Gemisch aus gleichen Teilen >Glucose< und >Fructose<, das bei der Hydrolyse von >Saccharose< durch Säuren oder Invertasen gebildet wird. Die bei der Hydrolyse gebildete Fructose ist stärker linksdrehend als die Glucose rechtsdrehend ist. Somit geht aus der rechtsdrehenden Saccharose ein linksdrehendes Zuckergemisch hervor. Invertzucker ist Hauptbestandteil des Bienenhonigs. Kunsthonig wird durch die Inversion des Rohrzuckers hergestellt.

$$\text{Saccharose} \xrightarrow{\text{Hydrolyse}} \text{D-Glucose} + \text{D-Fructose}$$

$$C_{12}H_{22}O_{11} \qquad C_6H_{12}O_6 \qquad C_6H_{12}O_6$$

$$[\alpha]_D = +66{,}5° \qquad [\alpha]_D = +52{,}5° \quad [\alpha]_D = -92{,}0°$$

$$[\alpha]_D = -20{,}0°$$

In-vitro-Fertilisation. (Lat. vitrum = Glas; fertilis = fruchtbar). Künstliche Vereinigung (Fusion) von Keimzellen (>Gamet<) außerhalb des Organismus, sinnbildlich im „Reagenzglas" (in vitro).

IOBC. >Internationale Organisation für Biologische Bekämpfung schädlicher Tiere und Pflanzen<.

Iod-131. Das >Radioisotop< I-131 ist eines der >Leitisotope< bei radioaktivem >Fallout<. Es entsteht in großen Mengen bei der >Uranspaltung< sowohl in >Kernreaktoren< als auch bei >Kernwaffen<explosionen. >Halbwertszeit<: 8 Tage. Es ist ein >Beta<->Gamma<-Kombinations>strahler< mit sehr unterschiedlichen Beta- und Gamma-Energien. Es wird im menschlichen Körper bevorzugt in der >Schilddrüse< abgelagert und kann hier durch die Betastrahlung zu hohen >Organdosen< führen. Gegenmaßnahme: Verabreichen von Iodtabletten (Kalium Iodatum) rechtzeitig vor dem Anfluten des radioaktiven Iods zur Sättigung der Schilddrüsenaufnahme.

Iodfilter. Iodhaltiges Abgas aus >kerntechnischen Anlagen< passiert nach einer Vorreinigung durch >Gaswäsche< und/oder Naßaerosolabscheider Absorber (silbernitratimprägnierte Silicagelträger oder Molekularsiebzeolithen), die das Iod durch Chemisorption in am Trägermaterial haftendes Silberiodid überführen und damit Iod aus dem Abgas filtern.

Ionen. Nach außen elektrisch positiv oder negativ geladene Atome oder Moleküle. Positiv geladene Ionen bezeichnet man als >Kationen< und negativ geladene als >Anionen<. Die Ladungszahl wird dabei rechts oben an das chemische Symbol geschrieben, so z. B. Na^+, Ca^{2+}, Al^{3+}, C^-, CO_3^{2-}. Die Bildung von >Kationen< erfolgt durch Abgabe von Elektronen (Oxidation), während >Anionen< durch Aufnahme von Elektronen (Reduktion) entstehen.

Ionenaufnahme. (Grch. ion = gehend). Die I. in die >Zelle< erfolgt durch >aktiven< oder >passiven< Transport durch die Plasmamembran. Bei >Pflanzen< (s. Abb.) gelangen die >Ionen< zunächst passiv durch >Diffusion< aus der Bodenlsg. in die >Zellwände< der >Wurzelhaare< und der Wurzelrindenzellen. Der Eintritt in den >Symplasten< erfolgt spätestens in der Endodermis, einem inneren Abschlußgewebe der >Wurzel<. Der weitere Weg schließt einen Übertritt in die >Vakuolen< zur Speicherung sowie einen Transport in den >Zentralzylinder< ein. Von hier aus gelangen die Ionen vermutlich über aktive Transportvorgänge in die >Wasserleitungsbahnen<, wo sie mit Hilfe des Transpirationsstroms innerhalb der Pflanze verteilt werden.

Ionenaustausch. Boden: Prozeß der reversiblen Bindung von Ionen an Ladungen, die an der festen Bodensubstanz lokalisiert sind. Positive Ladungen, die Anionen sorbieren können, finden sich meist an der Oberfläche von Aluminium- und Eisenoxiden sowie an den Stirnflächen von Schichtsilicaten (Tonmineralen). Negative Ladungen zur Bindung von Kationen kommen hauptsächlich durch den isomorphen Ersatz in den Schichtsilicaten („permanente Ladung", pH-unabhängig) sowie durch Dissoziation saurer Gruppen in der organischen Bodensubstanz („variable Ladung", sinkt mit sinkendem pH) zustande. Bei höherem pH können sie auch an der Oberfläche von Oxidmineralen durch Protonenabspaltung entstehen. Der I. ist ein rascher Prozeß, der meist in wenigen Minuten bis Stunden zu einer Gleichgewichtseinstellung führt. Die Lage dieses Gleichgewichts hängt von den Selektivitätsverhältnissen der beteiligten Ionen ab. So werden z. B. 2wertige Kationen meist erheblich stärker gebunden als einwertige und können diese daher leicht vom Austauscher verdrängen. Eine Sonderstellung nimmt das Kalium (z. T. auch Cäsium und Ammonium) ein, das wegen seines günstigen Ionendurchmessers in einigen Schichtsilicaten besonders fest gebunden wird (>Kaliumfixierung<). In Böden reagieren die austauschbar gebundenen Ionen in manchen Fällen langsam zu festeren Bindungsformen weiter, so daß die Bindungen dann nur mit größerem Energieaufwand gelöst werden können. (*Beispiel:* >Phosphatfixierung<). Die ökologische Bedeutung des I. in Böden liegt v. a. in der reversiblen Speicherung von ionischen Nähr- und Schadstoffen,

wodurch die entsprechenden Konzentrationen in der Bodenlösung gegen rasche Veränderungen stabilisiert werden. Weiterhin können Neutralkationen (z.B. Ca^{2+}, Mg^{2+}) an der variablen Ladung bei der >Bodenversauerung< durch Wasserstoffionen verdrängt werden, wodurch diese Stoffe wirksame Säurepuffer darstellen.

Ionenaustauscher. Sammelbezeichnung für Elektrolyte, die eine Ionenart leicht austauschen. I. enthalten in der Regel eine feste Phase in Form von Pulver, Körnern oder Membranen. Diese besteht aus einem hochmolekularen, dreidimensionalen org. Gerüst (Matrix), das zahlreiche ionische Gruppen (Ankergruppen) enthält. Die nur locker daran gebundenen Gegenionen sind reversibel austauschbar gegen alle gleichsinnig geladenen Ionen, die sich in der umgebenden Flüssigkeit befinden. Sind alle gebundenen Gruppen kationisch, dann spricht man von einem Anionenaustauscher. Entsprechend gibt es auch reine Kationenaustauscher. Die vollständige Entionisierung von Lsg. erfolgt durch Mischbettaustauscher, bei denen Anionen- und Kationenaustauscher in gleichem Verhältnis miteinander gemischt sind. Die Anzahl der Grammäquivalente eines Ions, die von 1 kg trockener Austauschersubstanz max. aufgenommen werden kann, wird als Belegungskapazität des I. oder als „nutzbare Vol.-Kapazität" bezeichnet. Sie liegt normalerweise im Bereich von 1 Val/kg. Sind sämtliche Ankergruppen belegt, dann kann der Austauscher mit Säure (H_3O^+, Lauge (OH^-) bzw. Salzlsg. des ursprünglichen Gegenions regeneriert werden. Für die Abtrennung best. Ionen aus gemischten Lsg. (Ionenaustauschchromatographie) ist auch die Fähigkeit von Austauschern, die verschiedenen Ionenarten unterschiedlich stark zu binden (Selektivität), von Bedeutung. Die Bindungsstärke hängt beispielsweise von der Ladungszahl, dem Ionenradius und dem Ionengewicht ab. Künstliche I. bestehen aus Cellulose, Stärke, Dextran oder Kunstharz (Permutit, Lewatit, Amberlite, Dowex etc.). Die Kunstharze wurden ursprünglich durch Polymerisation von Phenol, Formaldehyd und Natriumsulfit bzw. Polyaminen hergestellt. Inzwischen werden meist Copolymere aus Styrol-Divinylbenzol oder Styrol-Acrylsäure sowie Polymere von Polyacrylsäurederivaten oder Vinylbenzyl-Trimethylammonium benutzt.

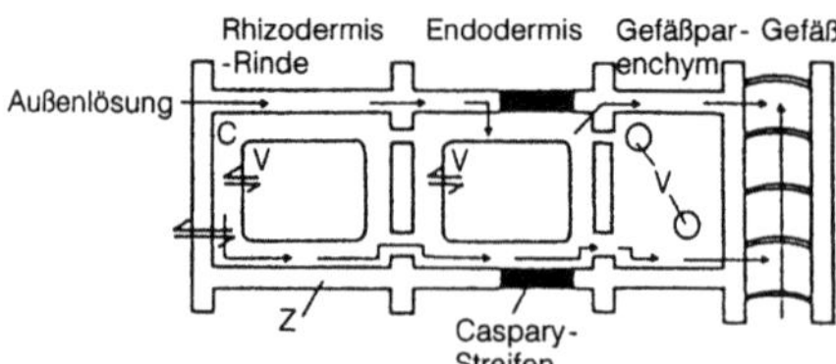

Schematischer Ausschnitt aus der chem. Struktur von Ionenaustauschern. *a* Kationenaustauscher, *b* Anionenaustauscher

Ionenaufnahme: Schema eines Wurzelquerschnitts zur Darstellung von Transportprozessen (Pfeile). [Aus: Ziegler H (1995) Weg der Schadstoffe in der Pflanze. In: Hock B, Elstner EF (Hrsg.) Schadwirkungen auf Pflanzen. Ein Lehrbuch der Pflanzentoxikologie, 3. Aufl., Spektrum Akademischer Verlag, Heidelberg Berlin Oxford, S. 53–64]. Z = Zellwand, V = Vakuole

Ionenhaushalt. (Grch. ion = gehend). Der I. der >Pflanze< erfordert die Existenz aller wichtiger >Ionen< in ausreichender Menge und in einem ausgewo-

genen Verhältnis, denn die Versorgung der Pflanze mit Nährstoffen begrenzt das Pflanzenwachstum. Ein ausgeglichener I. ist speziell für die Aufrechterhaltung des osmotischen Potentials der >Zellen< und für die Gewährleistung der Elektroneutralität erforderlich.
Lit: Marschner H (1995) Mineral nutrition of higher plants, 2nd ed., Academic Press, London Orlando (Florida).

Ionisation. (Syn. Ionisierung). Unter der I. eines Atoms oder Moleküls versteht man die Entfernung eines Elektrons durch Zuführen von Energie, das sind in der Regel: hohe Temperaturen, Elektronenstoß, Stoß bewegter Ionen und Wellenstrahlung (>Ultraviolettstrahlung). Es entsteht ein positives Ion. Andererseits versteht man auch unter der I. eines Gases (evtl. auch einer Flüssigkeit oder eines festen Stoffes) die Erzeugung von Ionenpaaren, vor allem durch eine Strahlung irgendwelcher Art (>Ultraviolettstrahlung<), wobei ebenfalls zunächst positive Ionen gebildet werden, die losgerissenen Elektronen sich aber an neutrale Moleküle anlagern, wodurch zu jedem positiven Ion auch ein negatives entsteht.
Lit: Finkelnburg W (1967) Einführung in die Atomphysik, 11./ 12.Aufl., Korr. Nachdruck 1976, Springer, Berlin Göttingen Heidelberg.

Ionisationskammer. Gerät zum Nachweis >ionisierender Strahlung< durch Messung des elektrischen Stromes, der entsteht, wenn Strahlung das Gas in der Kammer ionisiert und damit elektrisch leitend macht.

Ionisierende Strahlung. Jede >Strahlung<, die direkt oder indirekt ionisiert, z.B. >Alpha-<, >Beta-<, >Gamma-<, >Neutronenstrahlung<. Die Bedeutung der ionisierenden Strahlen in biologisch/medizinischer Hinsicht besteht darin, daß als Folge des physikalischen Primäreffektes der ionisierenden Strahlen über dadurch ausgelöste sekundäre chemische und biochemische Reaktionen Veränderungen an oder in einer Zelle oder eines Zellkomplexes oder deren Funktionen auftreten können.

Ionosphäre. Teil der hohen >Atmosphäre< (140 bis 180 km), in dem die >Ionisation<der Luft so stark, d.h. die Zahl der Ionen und freien Elektronen so groß ist, daß die Ausbreitung von Radiowellen merkbar beeinflußt wird. Die Ionisation wird hauptsächlich von der solaren >Ultraviolett-< und Röntgen>strahlung< hervorgerufen. S. Abb. >Atmosphäre<.

Ionstoxizitätstests. >*Daphnia magna*<.

Ioxynil. Wirkt als >Herbizid< und zählt zur Substanzklasse der Hydroxybenzonitril-Derivate.
Chemische Bezeichnung: 3,5-Diiod-4-hydroxy-benzonitril
CAS-Nummer: 1689–83–4
Hersteller: Rhône-Poulenc
Wirkungstyp: Kontaktherbizid. Bei manchen Pflanzen translozierend. Wirkungsabhängig von der Lichteinstrahlung. Verursacht Chlorose. Hemmt Atmung und Photosynthese. Molluskizide Nebenwirkung.
Bevorzugte Anwendung: Gegen zweikeimblättrige Samenunkräuter im Sommer- und Wintergetreide, besonders Kamille, und im Grassamenbau.

Chemische und physikalische Eigenschaften:
Physikalische Beschaffenheit: Farblose Kristalle.
Schmelzpunkt: 212 bis 213 °C (207 bis 208 °C).
Siedepunkt: 140,2 °C
Verteilungskoeffizient (log $P_{o/w}$): 3,5 (als Phenol), 6,5 (als Octanoatester).
Dampfdruck: $< 10^{-5}$ hPa bei 25 °C.
Stabilität: Gegen Säuren und Laugen weitgehend stabil, zersetzlich im Sonnenlicht und UV-Licht (beachten bei Dünnschicht-Chromatographie!).
Löslichkeit: In Wasser 1,8 mg/L (= freies Phenol). 14 % des Natriumsalzes, 22 % des Lithiumsalzes und 10,7 % des Kaliumsalzes lösen sich in Wasser.
Abbau und Metabolismus: Es erfolgt eine Abspaltung von Iod. Die Nitril-Gruppe wird langsam zu den entspr. Benzamiden und Benzoesäure-Derivaten abgebaut. Weiter kann eine Decarboxylierung und Konjugate-Bildung an der Benzoylbindung des aromatischen Ringes erfolgen. Diese Reaktionen laufen gewöhnlich rascher ab als die hydrolytische Spaltung. Der Abbau im Boden erfolgt rel. rasch durch Mikroorganismen zu entspr. Benzamiden und Benzoesäure-Derivaten. Im Tier entstehen nach Verabreichung von I. unbekannte Metaboliten. Im Urin war nur das Konjugat des deiodierten 3-Iod-4-hydroxybenzonitrils zu identifizieren.
Toxizität: Akute orale LD_{50} für Ratte 110 mg/kg. Akute dermale LD_{50} für Ratte 1.050 mg/kg. Inhalation LC_{50} für Ratte 0,38 mg/L. Bei Kaninchen keine Haut- und Augenreizung.
Bienentoxizität: Nicht bienengefährlich (B 4).
Fischtoxizität: LC_{50} für Harlequin-Fisch 3 bis 4 mg/L in weichem Wasser und 74 mg/L in hartem Wasser.

IPP. Max-Planck-Institut für Plasmaphysik, Garching bei München. Aufgaben: Das Institut führt Forschungen auf dem Gebiet der Plasmaphysik und den angrenzenden Gebieten sowie die Entwicklung der für die einschlägigen Forschungen erforderlichen Methoden und Hilfsmittel durch. Das im Vordergrund der Plasmaphysik stehende Gebiet, auf das derzeit auch sämtliche Arbeiten des Instituts für Plasmaphysik ausgerichtet sind, ist die Kernfusion mit dem Ziel der Energiegewinnung in einem Fusionsreaktor. Aufgabe des gegenwärtigen und auch des zukünftigen Programms ist die Weiterentwicklung der Tokamak- und der Stellaratorlinie. Forschungsschwerpunkte: Experimentelle Plasmaphysik im Hinblick auf den Fusionsreaktor; Erzeugung, Aufheizung und Einschluß von Plasmen, Oberflächenphysik, Plasmatheorie, Magnetfeldtechnik und -berechnung, Systemstudien, Datenverarbeitung.

Iprodion. Wirkt als >Fungizid< und zählt zur Substanzklasse der Imidazolidin-Derivate.
Chemische Bezeichnung: 3-(3,5-Dichlorphenyl)-*N*-isopropyl-2,4-dioxoimidazolidin-1-carboxamid
CAS-Nummer: 36734–19–7
Hersteller: Rhône-Poulenc
Wirkungstyp: Vorbeugend angewandtes Kontaktfungizid mit Tiefenwirkung. Verhindert Keimung der Sporen und Wachstum des Pilzmycels.
Bevorzugte Anwendung: Gegen Botrytis (Graumschimmel) im Weinbau, an Kopfsalat, an Zierpflanzen

im Freiland und unter Glas. Gegen Monilia, Sclerotinia, Alternaria, Helmintosporium und Rhizoctonia.
Chemische und physikalische Eigenschaften:
Physikalische Beschaffenheit: Farblose, geruchlose, nicht-hygr. Kristalle.
Schmelzpunkt: Etwa 136 °C.
Verteilungskoeffizient (log $P_{o/w}$): 3,1 bei 20 °C.
Dampfdruck: $<3 \cdot 10^{-7}$ hPa bei 20 °C.
Stabilität: Hersteller empfiehlt kühle, trockene Lagerung. Weitgehend beständig gegen Säuren. Zersetzlich in alkal. Medium.
Löslichkeit: In Wasser 13 mg/L.
Abbau: Im Boden keine Akkumulation von Metaboliten, Zerfall bis zum Kohlendioxid. Bei Ratten schnelle und fast vollständige Ausscheidung 4 Tage nach Verfütterung von 100 mg/kg Iprodion. Die Ausscheidung erfolgt renal und über die Faeces in Form von I. und seiner Metaboliten.
Toxizität: Akute orale LD_{50} für Ratten etwa 3.500 mg/kg, für Mäuse 4.000 mg/kg. Dermale Toxizität: Keine Symptome bei 2.500 mg/kg (Ratte) und 1.000 mg/kg (Kaninchen). Keine Reizwirkung auf Haut und Schleimhäute.
Bienentoxizität: Nicht bienengefährlich (B 4).
Fischtoxizität: LC_{50} (96 h) für Regenbogenforelle 6,7 mg/L.

Ipsdienol. Chemische Bezeichnung: 2-Methyl-6-methylen-2,7-octadien-4-ol ($C_{10}H_{16}O$). Wesentlicher terpenoider Bestandteil der Aggregationspheromone (>Pheromone<) verschiedener Borkenkäfer, u. a. bei dem Forstschädling „Buchdrucker" *(Ips typographus)*. (>Lockstoffe<, >Ipsenol<).

Lit: Vite JP, Francke W (1985) Chemie in unserer Zeit 19: 11–21.

Ipsenol. (2-Methyl-6-methylen-7-octen-4-ol, $C_{10}H_{18}O$). Terpenoider Bestandteil der Aggregationspheromone einiger Borkenkäfer (>Lockstoffe<, >Ipsdienol<).

Lit: Vite JP, Francke W (1985) Chemie in unserer Zeit 19: 11–21.

Irish Moos Extrakt. >Carrageenan<.

IRMA. Immissionsratenmeßapparatur; Vorrichtung zur Best. der >Immissionsraten< sauer reagierender >Luftverunreinigungen< durch >Absorption< an der Oberfläche einer mit einer >alkalischen< Reaktionslsg. getränkten Hülse. Die Absorptionslsg. bildet auf der Hülse einen zusammenhängenden Film, der die Meßoberfläche darstellt. Absorptionslsg., die von der Hülse abtropft, wird in einem Vorratsgefäß aufgefangen und wieder über eine Pumpe der Hülse zugeführt. Nach einer >Exposition<szeit z. B. von 14 Tagen wird die Absorptionslsg. analysiert. Verb. des >Schwefels< werden dabei als >SO_2<, des >Stickstoffs< als >NO_2<, des >Fluors< als Fluorid und des >Chlors< als >Chlorid< angegeben.

Ironoxide. >Eisen(III)-oxid<.

IRPA. International Radiation Protection Association; Zusammenschluß nationaler und regionaler >Strahlenschutz<gesellschaften. Gegründet 1966 zur Förderung internationaler Kontakte und Zusammenarbeit und zur Diskussion wissenschaftlicher und praktischer Aspekte auf den Gebieten des Schutzes von Menschen und Umwelt vor >ionisierender Strahlung<. Die IRPA hat über 16.000 Mitglieder aus 42 Staaten. Die deutschen Fachleute sind durch den deutsch-schweizerischen Fachverband für Strahlenschutz vertreten.

Irreversibel. So nennt man – im Gegensatz zu >reversibel< – alle natürlichen Prozesse, die nicht ohne weiteres und ohne zusätzliche Energiezufuhr umkehrbar sind. In vielen v. a. angewandten Wissenschaften wird der Begriff ohne thermodynamischen Bezug oft synonym mit „nicht umkehrbar" verwendet.

Isentrope. >Adiabate<.

isentropisch. >adiabatisch<.

ISO. Internationale Organisation für Standardisierung. In nach Sachgebieten getrennten Technischen Komitees werden Produkte und Verfahren international genormt. Mit Verfahren zur Umweltüberwachung befassen sich z. B. das TC 146 (air quality), TC 147 (water quality) und TC 190 (soil quality). Mit Umweltuntersuchungen im weiteren Sinne befaßt sich das TC 207 (environmental management). Im Technischen Komitee 147 „Wasserbeschaffenheit" werden Begriffe definiert, deren Festlegung im Zusammenhang mit analytischen Fragestellungen im Wasserfach notwendig erscheint. Inzwischen enthalten 8 Teile der ISO Norm 6107 etwa 900 Begriffe, weitere Teile dieser Norm sind in Vorbereitung. Die einzelnen Teile der ISO Norm werden jeweils nach 5 Jahren überprüft und, falls notwendig, Änderungen vorgenommen.

ISO 9000 ff. Die 1986 eingeführte Normenreihe ISO 9000–9004 ist heute der internationale Industriestandard im >Qualitätsmanagement<. Branchenübergreifend dient die >Zertifizierung< des QM-Systems eines Lieferanten nach dieser Normenreihe als Nachweis für seine Qualitätsfähigkeit. Unter den Nachweisnormen DIN EN ISO 9001–9003 besitzt die 9001 die größte Bedeutung, da sie ein umfassendes Qualitätsmanagementsystem für alle Unternehmensbereiche fordert. Der Nachweis der Erfüllung wird über unabhängige Zertifizierungsgesellschaften erbracht, deren Auditoren das QM-System im Unternehmen prüfen. Dabei steht die nachweisbare Erfüllung der Normforderungen im Vordergrund. Die Realität im auditierten Bereich wird dabei mit den Angaben in der Dokumentation (z. B. QM-Handbuch oder >SOPs<) abgeglichen. Nachdem zunächst Produktionsbereiche der Industrie eine Zertifizierung nach ISO 9001 ff. angestrebt haben, ist in den letzten Jahren ein Trend zu Dienstleistungsbereichen zu erkennen. Auch im (umwelt-)analytischen Bereich haben die Inhalte dieser Normen durch Berücksichtigung in der Revision der Akkreditierungsnorm EN 45001 bzw. ISO 17025 Einzug gehalten. Die Orientierung der Struktur der QM-Systeme an den bisherigen 20 Elementen der ISO 9001 tritt immer stärker in den Hintergrund gegenüber einer ablauf- und prozeßorientierten Vorgehensweise. In jüngster Zeit gewinnen integrierte Managementsysteme, in denen

Verantwortung der Leitung
Schulung
Qualitätsmanagementsystem
Statistische Methoden
Lenkung der Dokumente und Daten
Kennzeichnung und Rückverfolgbarkeit von Produkten
Prüfungen
Prüfmittelüberwachung
Prüfstatus
Lenkung fehlerhafter Produkte
Handhabung, Lagerung, Verpackung, Konservierung und Versand
Lenkung von Qualitätsaufzeichnungen

DIN EN ISO 9003

Vertragsprüfung
Beschaffung
Lenkung der vom Kunden beigestellten Produkte
Prozeßlenkung
Korrektur und Vorbeugungsmaßnahmen
Interne Qualitätsaudits
Wartung

DIN EN ISO 9002

Designlenkung

DIN EN ISO 9001

Wirtschaftlichkeitsbetrachtungen
Produkthaftung und Produktsicherheit

DIN EN ISO 9004.1

ISO 9000 ff.

Qualität, Umwelt und >Arbeitsschutz< gleichzeitig berücksichtigt werden, zunehmend an Bedeutung.
Die Abb. zeigt die Qualitätselemente der Normen ISO 9001, 9002 und 9003.
Lit: DIN EN ISO 9001 (Ausgabe: 1994-08) Qualitätsmanagementsysteme – Modell zur Qualitätssicherung/QM-Darlegung in Design/Entwicklung, Produktion, Montage und Wartung (ISO 9001: 1994) – Masing W (Hrsg.) (1994) Handbuch Qualitätsmanagement. Carl Hanser Verlag, München.

Isobaren. 1. Kernphysik: In der Kernphysik Kerne mit gleicher >Nukleonenzahl<, dagegen verschiedener >Ordnungszahl<. Beispiel: N-17, O-17, F-17; alle drei Kerne haben 17 Nukleonen, der Stickstoffkern (N) jedoch 7, der Sauerstoffkern (O) 8 und der Fluorkern (F) 9 >Protonen<.
2. Meteorologie: Linie gleichen Luftdrucks, >Isolinien<.

Isobare Fläche. >Druckfläche<, >Isolinien< (s. a. Tabelle dort).

Isobutylalkohol. Teilweise als Zusatz zu >Ottokraftstoffen< als Lösungsvermittler von MeOH und EtOH und als >Antiklopfmittel< verwendet.

***N*-Isobutylamid.** Die besonders in den Familien Compositae und Rutaceae gefundenen *N*-Isobutylamide ungesättigter C_{10}-C_{18}-Carbonsäuren sind Inhaltsstoffe von Pflanzen mit insektizider Wirkung, die auf sehr ähnlichen physiologischen Effekten wie bei Pyrethrum beruht: so das lange bekannte Pellitorin (1) aus den Wurzeln von *Anacyclus pyrethrum* DC. (Compositae) oder Pipericid (2) aus *Piper nigrum* (Piperaceae) (s. chem. Formeln). Die Verb. sind ihrer geringen Stabilität wegen ohne wirtschaftliche Bedeutung. Die Versuche, durch Abwandlung der Struktur leistungsfähigere Verb. zu erhalten, waren bisher wenig erfolgreich.

1

2

Isocil. >Totalherbizid< auf Nichtkulturland aus der Uracilgruppe.
Synthese: Du Pont 1962.
Handelsname: Hyvar®.
Chemische Bezeichnung: 5-Brom-3-isopropyl-6-methyluracil ($C_8H_{11}BrN_2O_2$; M_r 247,1), Smt. 158–159 °C; LD_{50}: 3.400 mg/kg (Ratte, oral, akut). Ähnlich dem >Bromacil< Verwendung als Total- und Semitotalherbizid, allerdings von geringem kommerziellem Interesse.

Lit: Büchel KH (1983) Chemistry of Pesticides, Wiley, New York, S. 379.

Isocyanate. Salze bzw. Ester der Isocyansäure, die im freien Zustand im tautomeren Gleichgewicht mit der Cyansäure vorliegt. Von Bedeutung ist die Gruppe von Derivaten der Isocyansäure, die durch die allg. Strukturformel R-N=C=O charakterisiert wird, wobei R- ein aliphatischer-, acyclischer-, aromatischer-, heterocyclischer oder auch ein Acylrest sein kann. Aliphatische und aromatische I. sind Ausgangsstoffe für die Herstellung von >Harnstoffderivaten< und >Carbamaten<, die als >Herbizide< und >Insektizide< Anwendung finden. Viele I. sind sehr giftig (>MAK-Wert< 0,01 ppm). Sie wirken stark reizend auf die Haut sowie die Schleimhäute der Atemwege, was zu >Asthma< führen kann. Der stark ausgeprägte ungesättigte Charakter ist verantwortlich für die große Reaktionsfreudigkeit der I., die mit allen chem. Verb. reagieren, die „aktiven" Wasserstoff besitzen, so z. B. mit Alkoholen zu Urethanen und mit Aminen zu Harnstoffderivaten. Mit sich selbst können I. untereinander polymerisieren. Die Entdeckung des Diisocyanat-Polyadditionsverfahrens von O. Bayer, zur Herstellung von Polyurethanen (PUR), ist heute zur Grundlage einer bedeutenden Kunststoffindustrie geworden. Zu den Polyurethanen gehören u. a. >Kunststoffe<, Lacke, Klebstoffe und Beschichtungsmaterialien.

Phenylisocyanat   Cyclohexylcyanat

Isodosenkurve. Geometrischer Ort für alle Punkte, an denen eine >Dosis<größe den gleichen Wert hat.

Isodrin. 1,2,3,4,10,10-Hexachlor-1,4,4a,5,8,8a-hexahydro-1,4-*endo-endo*-5,8-dimethylen-naphthalin. Isodrin wird in einer Diels-Alder-Reaktion von Hexachlornorbornadien und Cyclopentadien gebildet.

Hexachlor-   Isodrin
norbornadien

Aus Isodrin wird durch Epoxidierung >Endrin< hergestellt. Diese Epoxidierung läuft auch im Warmblüterorganismus ab. In-vitro-Untersuchungen zeigten, daß mit Lebermikrosomen in Anwesenheit von NADPH und Sauerstoff Isodrin zu Endrin epoxidiert wird.

Isodynamische Enzyme. >Isoenzyme<.

Isoelektrischer Punkt. Bez. für den pH-Wert einer wässrigen Lsg., bei dem gelöste, amphotere Elektrolyte nach außen neutral erscheinen. Bei unendlicher Verdünnung und Abwesenheit anderer Elektrolyte stimmt der i.P. mit dem Ladungsnullpunkt überein, bei dem die Summe der tatsächlichen Ladungen null ist. Bei Zwitterionen, wie Aminosäuren, sind i.P. und Ladungsnullpunkt identisch, während sie bei makromolekularen Ampholyten voneinander abweichen können.

Isoenzyme. (Syn. Isozyme, isodynamische Enzyme). Enzyme mit unterschiedlicher Struktur und unterschiedlichen Eigenschaften, die die gleiche biol. Umwandlung katalysieren. Nach einer anderen Definition handelt es sich um Enzyme, die die gleiche Reaktion katalysieren, aber von versch. Genen kodiert werden. Eingeteilt werden sie in drei Gruppen: 1) Produkte versch. Genorte (z.B. Malatdehydrogenase aus den Mitochondrien bzw. dem Cytosol). 2) Heteropolymere aus versch. Peptiduntereinheiten, von denen mehrere Hybridformen existieren. So besteht Laktathydrogenase aus vier Untereinheiten, von denen es zwei gibt: A und B. Entspr. gibt es fünf I.: A_4, A_3B, A_2B_2, AB_3 und B_4. 3) Produkte unterschiedlicher Mutationszustände eines Gens (Alleloenzyme). Die rel. Mengen der I. unterscheiden sich in den einzelnen Organen. Ihre biol. Bedeutung liegt möglicherweise in der Beteiligung an der Stoffwechselregulation.

Isofenphos. Wirkt als >Insektizid< und zählt zur Substanzklasse der >Phosphorsäureester<.
Chemische Bezeichnung: Isopropyl-*O*-[ethoxy-(isopropylamino)-thiophosphoryl]-salicylat
CAS-Nummer: 25311–71–1
Hersteller: Bayer AG
Wirkungstyp: Insektizides Berührungs- und Fraßgift mit wurzelsystemischen Eigenschaften.
Bevorzugte Anwendung: Als Bodeninsektizid gegen Diabrotica, Drahtwürmer, Engerlinge und Gemüsefliegen sowie als Blattinsektizid z.B. gegen Psylla, Thripse und Kartoffelkäfer. Zur Saatgutbehandlung bei Raps.

Chemische und physikalische Eigenschaften:
Physikalische Beschaffenheit: Farbloses Öl.
Verteilungskoeffizient (log $P_{o/w}$): 4,04 bei 20 °C.
Dampfdruck: $2,2 \cdot 10^{-6}$ hPa bei 20 °C.
Stabilität: Alkalische Hydrolyse: pH 11,5 bei 37 °C, DT_{50} = 52 Stunden.
Neutrale Hydrolyse: DT_{50} = 525 Tage.
Löslichkeit: In Wasser 0,002 g/100 g. 20 mg/L bei 20 °C.
Abbau: Kein spez. Abbau bekannt. Vermutlich wie bei vergleichbaren Thiophosphaten Ox. zum Oxon (Phosphat). Desalkylierung und Hydrolyse.

Bei Ratten sehr rasche Resorption aus dem Magen-Darm-Trakt. Ausscheidung im wesentlichen über den Urin (mehr als 80% nach 72 Stunden), in geringen Mengen über Faeces und Atemluft.
Metabolisierung oxidativ, hydrolytisch und durch Konjugation. Mengenmäßige Hauptmetaboliten im Urin waren Isopropylsalicylat (frei oder als Glucuronsäure- bzw. Schwefelsäurekonjugat) und O-Ethylaminophosphorsäure.
Toxizität: Akute orale LD_{50} für Ratte ca. 20 mg/kg. Akute dermale LD_{50} für Ratte ca. 700 und für Kaninchen ca. 200 mg/kg.
Inhalation LC_{50} für Ratte ca. 0,2 mg/L (Aerosol). Bei Kaninchen keine Haut- und Augenreizung.
Bienentoxizität: Kombinationsprodukt nicht bienengefährlich bei zugelassener Anwendung (B 3).
Fischtoxizität: Kombinationsprodukt fischgiftig. Isofenphos: LC_{50} für Goldfisch etwa 2 mg/L, Karpfen 2 bis 4 mg/L, Goldorfe 1 bis 2 mg/L, Rotfeder 1 mg/L (jeweils 96 Stunden).

Isohelien. >Isolinien< (s. Tabelle dort).

Isohyeten. >Isolinien< (s. Tabelle dort).

Isohypsen. >Isolinien< (s. Tabelle dort).

Isolation, ökologische. Nahe verwandte Arten können nur nebeneinander existieren, wenn sie durch Isolationsmechanismen getrennt sind und unterschiedliche >ökologische Nischen< besetzen. Dies ist nicht nur räumlich zu verstehen, sondern kann auch durch unterschiedliche *Aktivitätszeiten* erreicht werden. Die ö. I. ist für die >Evolution< wichtig.

Isolierte Systeme. Dies sind, im thermodynamischen Sinn, idealisierte Systeme, die weder materiellen noch Wärme-Austausch mit der Umgebung haben. Wie in geschlossenen Systemen kann bei ihnen die Entropie nur zunehmen. Wegen der thermischen Isolierung ändert sich ihr Wärmezustand nur in Abhängigkeit von den im Innern des Systems ablaufenden Prozessen.

Isolinien. S. nachfolgende Tabelle.

Isolinien: Übersicht über die verschiedenen Isolinien

Name	Bedeutung
Isobaren	Linien gleichen Luftdrucks. Sie verbinden in Wetter- und Klimakarten Punkte mit gleichem, auf Meeresniveau reduziertem Luftdruck.
Isohelien	Linien gleicher mittlerer Sonnenscheindauer.
Isohyeten	Linien gleicher Niederschlagshöhe. Sie lassen in Klimakarten die Abhängigkeit des Niederschlags vom Gelände (Zunahme mit der Höhe) und von der Richtung der niederschlagsbringenden Winde (>Luv<-/>Lee<-Effekt) erkennen.
Isohypsen	Linien gleicher Höhe, berechnet nach der >hydrostatischen Grundgleichung<, in einer Fläche gleichen Luftdrucks, verwendet in den Höhen>wetterkarten<.
Isopyren	Linien gleicher mittlerer Bestrahlung.
Isotachen	Linien gleicher Windgeschwindigkeit.
Isothermen	Linien gleicher Temperatur: 1. Sie verbinden in Wetter- und Klimakarten Punkte mit gleicher, auf Meeresniveau reduzierter Temperatur, 2. Kurven in einem >thermodynamischen Diagramm<.

Isomeren. 1. radioaktiv: >Nuklide< derselben >Neutronen-< und >Protonen<zahl, jedoch unterschiedlicher energetischer Zustände; z.B. Ba-137 und Ba-137m.
2. chemisch: Verbindungen mit gleicher Bruttoformel, jedoch verschiedenen Strukturformeln. Beispiel: C_2H_6O Bruttoformel, C_2H_5-OH Ethanol, H_3C-O-CH_3 Dimethylether.

Isoosmotische Lösungen. >Isotonische Lösungen<.

Isopoda (Asseln). >Bodentiere<, >Crustacea< (s. Abb. S. 223).

Isopren. Chemische Bezeichnung: 2-Mehtyl-1,3-butadien, H_2C=C(CH_3)-CH=CH_2 unbeständige, leicht oxidierbare Flüssigkeit, Sdp 34°C, Grundbaustein (>Monomer<) isoprenoider Naturstoffe (>Terpene<, >Steroide<, >Kautschuk<). Technische Synthese durch katalytische Dehydierung von C_5-Olefinen. Ausgangssubstanz zur Polymerisation zu cis->Polyisopren< (I.->Kautschuk<) und zur Copolymerisation mit Isobuten (Butyl->Kautschuk<) und mit >Acrylnitril<.

Isopropylalkohol. Teilweise als Zusatz zu >Ottokraftstoffen< als Lösungsvermittler von EtOH und MeOH und als >Antiklopfmittel< verwendet.

Isoproturon. Wirkt als >Herbizid< und zählt zur Substanzklasse der Harnstoff-Derivate.
Chemische Bezeichnung: N-(4-Isopropylphenyl)-N',N'-dimethylharnstoff
CAS-Nummer: 34123–59–6
Hersteller: AgrEvo u. a.
Wirkungstyp: Selektives Vor- und Nachauflauf-Herbizid. Aufnahme durch Wurzel und Blatt.
Bevorzugte Anwendung: Gegen Ungräser (*Alopecurus myosuroides*, *Apera spicaventi*, *Poa spp.*, *Avena fatua*) und einjährige Unkräuter in Winterweizen, Wintergerste, Roggen und Sommerweizen.

Chemische und physikalische Eigenschaften:
Physikalische Beschaffenheit: Farblos, krist.
Schmelzpunkt: 155 bis 156°C.
Verteilungskoeffizient (log $P_{o/w}$): ca. 2,5 bei pH 7 und 22°C.
Dampfdruck: 1 mPa bei 20°C.
Stabilität: Gegen Licht und Säuren weitgehend stabil. Hydrolytische Spaltung durch starke Alkalien beim Erwärmen.
Löslichkeit: In Wasser 170 mg/L bei 25°C.
Abbau und Metabolismus: Isoproturon ist an den Alkyl- und Alkoxyl-Substitutionsstellen metabolisierbar. Bei der Desalkylierung entstehen als instabile Zwischenprodukte N-Hydroxymethyl-Derivate, die leicht konjugiert werden.
Im tierischen Organismus lassen sich nach Verabreichung von Phenylharnstoffen ringhydroxylierte Verb. finden. Sie werden z.T. als Glucuronide und Sulfatester ausgeschieden.
Nach oraler Aufnahme rasche und weitgehend vollständige Absorption und schnell einsetzende, überwiegend renale Ausscheidung in Form von Konjugaten mit noch intakter Harnstoffstruktur am Ring.
Toxizität: Akute orale LD_{50} für Ratte (weiblich) 2.417 mg/kg, Ratte (männlich) 1.826 mg/kg. Dermale LD_{50} für Ratten >2.000 mg/kg. Dosis ohne Wirkung

(NEL) bei Verfütterung an Ratten über 90 Tage: 400 mg/kg. Inhalationstoxizität: LC_{50} für Ratte (4 Stunden) 1,95 mg/L. LD_{50} intraperitoneal für Ratte 1.043 bis 1.047 und Maus 1.920 bis 2.641 mg/kg. Bei Kaninchen keine Haut- und Augenreizung.
Bienentoxizität: Nicht bienengefährlich (B 4).
Fischtoxizität: LC_{50} (96 Stunden), für Regenbogenforelle 37 mg/L und Karpfen 193 mg/L.
Vogeltoxizität: Akute orale LD_{50} für Japanische Wachtel 3042–7926 mg/kg.
Wirbellosetoxizität: LC_{50} (48 h) für *Daphnia* 507 mg/L. EC_{50} (72 h) für Alge 0,03 mg/L. LC_{50} (14 d) für Regenwurm >1.000 mg/kg Boden.

Isoptera (Termiten). >Insecta<.

Isopyren. >Isolinien< (s. Tabelle dort).

Isotachen. >Isolinien< (s. Tabelle dort).

Isothermen. 1. Physik: Sie beschreiben die energetischen Wechselwirkungen chem. Spec. (Elemente, Ionen, Radikale, diskrete Spec.) in >heterogenen Systemen< im Gleichgewicht, z.B. in einem Lösungs-Festphasen-System zwischen gelösten und festen Bindungsformen bei konstanter Temperatur. Austausch-I. beschreiben den Austausch verschiedener ionarer Spec. (An- und Kationen) an einem >Ionenaustauscher< zwischen gelösten und an der Festphasen-Oberfläche vorhandenen Sorptionsplätzen (z.B. mit sog. Kompetitions-Ansätzen), Sorptionsisothermen die Verteilung zwischen gelöster und fester Phase in Abhängigkeit von der Gesamtkonzentration der sorbierenden Spec. I. sind abhängig von der gewählten Temperatur, den Phasenmischungsverhältnissen, der Spec.-Zusammensetzung und -Konzentration, Druck und nicht zuletzt von der gewählten Darstellungsform. Prinzipiell sollte bei der punktweisen Messung von I. jeweils Gleichgewicht erreicht sein, was häufig außer Acht gelassen wird. Anstelle der Gleichgewichtsbeziehungen mißt man dann je nach Labor-Vorschrift konventionelle, mehr oder weniger gleichgewichtsnahe Beziehungen. Deshalb zeigen die meisten sog. I. >Hysterese-<Erscheinungen. Sorption ist häufig ein langfristiger Prozeß, Desorption beansprucht meist noch längere Zeiten.
2. Meteorologie: >Isolinien<.

Isotone. >Atomkerne< mit gleicher >Neutronenzahl<. Beispiel: S-36, Cl-37, Ar-38, K-39, Ca-40; diese Kerne enthalten jeweils 20 >Neutronen<, aber eine unterschiedliche Anzahl von >Protonen<: Schwefel 16, Chlor 17, Argon 18, Kalium 19 und Calcium 20 Protonen.

Isotonische Lösungen. (Grch. isos = gleich; tonos = Spannung). (Syn. isoosmotische Lösungen). Lösungen, die den gleichen osmotischen Druck (>Osmose<) besitzen. In der Physiologie bezeichnet man als isotonisch v.a. solche Lsg., die den gleichen osmotischen Druck besitzen wie normales Blut (7,55 bar), wie z.B. die sog. Ringer-Lsg., eine wäßrige Lsg. von 0,8% NaCl, 0,02% KCl, 0,02% $CaCl_2$ und 0,1% $NaHCO_3$. Verwendet werden i.L. für i.v.-Injektionen und zur Aufbewahrung lebender Zell- bzw. Gewebepräparate. Dagegen wurden sie als Blutersatz durch kolloidale Lsg. von Polysacchariden bzw. Proteinen ersetzt.

Isotope. >Atome< derselben >Kernladungszahl< (d.h. desselben chem. >Elementes<), jedoch unterschiedlicher >Nukleonenzahl<, z.B. Ne-20 und Ne-22. Beide >Atomkerne< gehören zum selben chem. Element, dem Neon (Kurzzeichen: Ne) und haben daher beide jeweils 10 >Protonen<. Die Nukleonenzahl ist allerdings verschieden, da Ne-20 10 >Neutronen< und Ne-22 12 Neutronen enthält.

Isotopenanreicherung. Prozeß, durch den die relative Häufigkeit eines >Isotopes< in einem >Element< vergrößert wird. Beispiel: >Anreicherung< von Uran an dem Isotop Uran-235; >angereichertes Uran<.

Isotopenaustausch. Vorgänge, die zur Veränderung der Isotopenzusammensetzung einer Substanz führen, z.B.: $H_2S + HDO \rightarrow HDS + H_2O$ (D = Deuterium). Das Gleichgewicht wird durch die unterschiedlichen rel. Atommassen beeinflußt.

Isotopenhäufigkeit. Quotient aus der Anzahl der >Atome< eines bestimmten >Isotopes< in einem Isotopengemisch eines >Elementes< und der Anzahl aller Atome dieses Elementes. In der Natur kommen jene Elemente, von denen es mehrere Isotope gibt, in einem Isotopengemisch vor, das – von wenigen besonders begründeten Ausnahmen abgesehen – überall auf der Erde gleich ist. Es können mehrere Isotope in etwa gleichem Verhältnis auftreten (z.B. Cu-63 mit 69% und Cu-65 mit 31% im Falle des Kupfers), häufig überwiegt allerdings ein Isotop, die anderen sind nur in Spuren vorhanden (z.B. beim Sauerstoff: 99,759% O-16; 0,0374% O-17; 0,2039% O-18).

Isotopenlaboratorium. Arbeitsräume, in denen durch räumliche und instrumentelle Ausstattung ein sicherer Umgang mit >radioaktiven Stoffen< möglich ist. In Anlehnung an Empfehlungen der IAEA werden Isotopenlaboratorien nach der Aktivität, mit der in ihnen umgegangen werden darf, in die drei Labortypen A, B und C eingeteilt. Dabei wird als Maß für die Aktivität das Vielfache der Freigrenze nach der Strahlenschutzverordnung gewählt. Der Labortyp C entspricht dabei einer Umgangsmenge bis zum 10^2fachen, der Labortyp B bis zum 10^5fachen und der Labortyp A oberhalb des 10^5fachen der Freigrenze. Im Typ-C-Laboratorium sind Abzüge zu installieren, wenn die Gefahr einer unzulässigen Kontamination der Raumluft besteht. Eine Abluftfilterung ist i.allg. nicht erforderlich. In Typ-B- und -A-Laboratorien sind neben Abzügen in vielen Fällen Handschuhkästen oder sonstige Arbeitszellen für den Umgang mit offenen radioaktiven Stoffen vorzusehen. Eine Abluftfilterung ist erforderlich. Genaue Details sind in DIN 25425 enthalten.

Isotopentrennung. Verfahren zur Abtrennung einzelner >Isotope< aus Isotopengemischen; >elektromagnetische Isotopentrennung<, >Diffusionstrennverfahren<, >Trenndüsenverfahren<, >Gaszentrifugenverfahren<, >Isotopenaustausch<.

Isotopenverdünnungsanalyse. Methode zur quant. Best. eines Stoffes in einem Gemisch durch Zugabe des gleichen, jedoch >radioaktiven< Stoffes. Aus der Änderung der >spezifischen Aktivität< des zugegebenen radioaktiven Stoffes läßt sich die Menge der gesuchten Substanz errechnen.

Isotropie. (Grch. isos = gleich; tropos = Drehung, Richtung). Unabhängigkeit der physikalischen und chem. Eigenschaften wie Spaltbarkeit, Leitfähigkeit, Wachstumsgeschwindigkeit usw. von der Richtung. Isotrop sind feste, amorphe Stoffe (Gläser, Harze), Gase und die meisten Flüssigkeiten. >Anisotropie<.

Isoxaben. Wirkt als >Herbizid< und zählt zur Substanzklasse der Amide.
Chemische Bezeichnung: N-[3-(1-Ethyl-1-methylpropyl)isoxazol-5-yl)-2,6-dimethoxybenzamid
CAS-Nummer: 82558–50–7
Hersteller: Dow Agrosciences
Wirkungstyp: Wird über die Wurzeln aufgenommen und akropetal transportiert. Hemmt die Zellulose-Synthese, was zu einer Unterdrückung der Zellwandbildung führt.
Bevorzugte Anwendung: Bodenherbizid zur Bekämpfung dikotyler Unkräuter im Getreide. Vorauflaufherbizid in Baumschulen und Forst gegen aus Samen auflaufende zweikeimblättrige Unkräuter.

Chemische und physikalische Eigenschaften: Weißer, kristalliner Feststoff mit einem Schmelzpunkt von 176–179 °C und einer Dichte von 0,58 bei 22 °C (für den techn. Wirkstoff).
Dampfdruck: 0,053 mPa bei 25 °C.
Verteilungskoeffizient (log Po/w): 3,94 bei pH 5,1 und 20 °C.
Stabilität: Hydrolysestabil bei pH 5–9. Photolyseempfindlich in wäßriger Lösung.
Löslichkeit: In Wasser 1,4 mg/L bei pH 7 und 20 °C.
Abbau und Metabolismus: Im Boden relativ geringe Mobilität mit mittlerer Persistenz. DT_{50} im Freilandboden 2,9 Monate. Hauptmetaboliten sind Demethoxyisoxaben und 5-Isoxazolon. Im Wasser schneller photolytischer Abbau zu den Metaboliten Azirin und Oxazol. Bei Ratten werden nach oraler Aufnahme innerhalb 48 Stunden 90 % über Faeces ausgeschieden; ungefähr 10 % der absorbierten Dosis werden in 15–20 Metaboliten umgewandelt, die über den Urin ausgeschieden werden. Eine Akkumulation des Wirkstoffs bzw. der Metaboliten findet im Zellgewebe nicht statt.
Säugertoxizität (technisches Produkt): Akute orale LD_{50} für Ratte und Maus >10.000 mg/kg, Hund >5.000 mg/kg. Akute dermale LD_{50} für Kaninchen >200 mg/kg. Akute Inhalation LC_{50} für Ratte >1,99 mg/L Luft. Leicht augenreizend, nicht hautreizend (Kaninchen). 2-Jahre-Fütterungstest NOEL für Ratte 5,6 mg/kg KGW/Tag. ADI-Wert 0,056 mg/kg KGW.
Bienentoxizität: Orale LD_{50} >100 µg/Biene. Produkt nicht bienengefährlich.
Fischtoxizität: LC_{50} (96 Stunden) für Blaukiemen Sonnenbarsch und Regenbogenforelle >1,1 mg/L.
Vogeltoxizität: Akute orale LD_{50} für Japanische Wachtel >2.000 mg/kg. 5-Tage-Fütterungstest LC_{50} für Stockente und Japanische Wachtel >5.000 mg/kg Futter.
Wirbellosetoxizität: LC_{50} (48 Stunden) für *Daphnia magna* >1,3 mg/L. EC_{50} (14 Tage) für Alge Selenastrum capricornutum >1,4 mg/L. LC_{50} (14 Tage) für Regenwurm >100 mg/kg Boden.

Isozyme. >Isoenzyme<.

Itai-Itai-Krankheit. Chronische >Cadmium<-Vergiftung verbunden vermutlich mit Nährstoffmangel; beobachtet in Japan nach massiver Kontamination von Getreide-, Reis- und Gemüsefeldern durch cadmium-

haltige Bergwerksabwässer. Symptomatisch treten heftige Schmerzen im Rücken- und Schenkelbereich auf; es kommt zu spontanen Mineralstoffen in das Eiweißknochengrundgerüst); oft tödlich. Labordiagnostisch wird eine erhöhte Ausscheidung von Proteinen und Glucose im Urin sowie ein Abfall der Serumphosphatkonzentration beobachtet. Der Begriff „Itai-Itai" leitete sich vom japanischen Schmerzausruf ab („Aua-Aua"). Aufgrund der Instabilität der Knochenstruktur kam es bei den Betroffenen zu einer Vielzahl von Mikrobrüchen im Knochen, die mit einer sehr schmerzhaften Ablösung der Knochenhaut einherging. Die von dieser Krankheit hauptsächlich betroffenen alten Frauen schrumpften daher bis auf etwa $^2/_3$ ihrer ursprünglichen Körpergröße.

ITER. Mit dem Projekt ITER arbeiten die vier großen Fusionsprogramme der Welt – Europas, Japans, der russischen Föderation und der Vereinigten Staaten von Amerika – gemeinsam daran, einen *I*nternationalen *T*hermonuklearen *E*xperimental*r*eaktor (ITER) zu planen. ITER soll zeigen, daß es physikalisch und technisch möglich ist, die Energieerzeugung der Sonne auf der Erde nachzuvollziehen und durch Fusion Energie zu gewinnen. Aufgabe von ITER ist es, zum ersten Mal ein gezündetes und für längere Zeit energielieferndes Plasma zu erzeugen. Außerdem sollen wesentliche technische Funktionen eines Fusionsreaktors entwickelt und getestet werden. Hierzu gehören supraleitende Magnetspulen, die Tritium-Technologie, das Abführen der erzeugten Wärme sowie die Entwicklung fernbedient auswechselbarer Komponenten. Ebenso wichtig ist die Erforschung der Sicherheits- und Umweltfragen der Fusion. Mit der im Juli 1992 begonnenen Detailplanung sind rund 240 ITER-Mitarbeiter aus aller Welt beschäftigt. Während der sechsjährigen detaillierten Planungsphase arbeitete ein gemeinsames, international besetztes Team an drei Fusionszentren: in San Diego/USA, am japanischen Fusionslabor in Naka und am Max-Planck-Institut für Plasmaphysik in Garching. 1998 hat der ITER-Rat den vom Direktor des ITER-Projektes präsentierten Abschlußbericht entgegengenommen, der die von allen Beteiligten getragene technische Lösung zusammenfaßt. Der Bericht wurde für abschließende Kommentare an die vier ITER-Partner weitergeleitet. Nach der endgültigen Genehmigung des Berichts wäre damit aus wissenschaftlich-technischer Sicht aller Beteiligten eine ausreichende Planungsgrundlage vorhanden, um den Bau der Anlage zu beschließen. Für standortspezifische Analysen und weitere Arbeiten schlägt der ITER-Rat den Partnern vor, ihre weltweit einmalige internationale Zusammenarbeit für weitere drei Jahre fortzusetzen und so eine Entscheidung über den Bau von ITER vorzubereiten. Mögliche Standorte der Anlage liegen in Japan, Italien oder Kanada.
Angesichts der wachsenden Finanzschwierigkeiten in den Partnerländern entschied der ITER-Rat, vorsorglich zu untersuchen, ob der jetzt vorliegende ITER-Entwurf kostensparend modifiziert werden kann. Dazu soll eine spezielle Arbeitsgruppe prüfen, ob technische Ziele der Anlage abgeschwächt werden können, ohne dabei die programmatischen Ziele des Projektes zu verletzen. Die Vorschläge der Arbeitsgruppe sollen dann von dem ITER-Team in Kostenschätzungen und technische Daten umgesetzt werden. ITER wird als Fusionsanlage vom Typ >Tokamak< geplant; seine Daten:

Gesamtradius:	15 Meter
Höhe (über alles):	30 Meter
Plasmaradius:	8,14 Meter
Plasmahöhe:	8,9 Meter
Plasmabreite:	5,6 Meter
Magnetfeld:	5,7 Tesla
maximaler Plasmastrom:	21 Megaampere
Heizleistung und Stromtrieb:	100 Megawatt
Fusionsleistung:	1.500 Megawatt
Brenndauer:	>1.000 Sekunden

IUPAC. Abk. von International Union of Pure and Applied Chemistry (Internationale Union für Reine und Angewandte Chemie), eine 1919 gegründete Organisation, die sich folgende Ziele gesetzt hat: Gewährleistung der ständigen Zusammenarbeit zwischen den versch. nationalen Chemischen Gesellschaften und Akademien, Koordination aller wissenschaftlichen und technischen Kräfte und Hilfsmittel, Förderung der reinen und angewandten Chemie auf allen Gebieten, sowie die Erarbeitung einer international gültigen Nomenklatur für chemische Verbindungen.

IVU-Richtlinie. Gebräuchliche Kurzform für die amtliche Bezeichnung „Richtlinie 96/61/EG des Rates vom 24.09. 1996 über die integrierte Vermeidung und Verminderung der Umweltverschmutzung" (ABl. EG Nr. L 257/26). In Kraft getreten am 30.10. 1996 mit der Aufforderung an die Mitgliedsstaaten, die erforderlichen Rechts- und Verwaltungsvorschriften zu erlassen, um dieser Richtlinie bis spätestens drei Jahre nach ihrem Inkrafttreten nachzukommen (Artikel 21 der Richtlinie). Die Richtlinie bezweckt die integrierte Vermeidung und Verminderung der Umweltverschmutzung infolge der in ihrem Anhang I genannten Tätigkeiten. Sie sieht Maßnahmen zur Vermeidung und, sofern dies nicht möglich ist, zur Verminderung von Emissionen aus den genannten Tätigkeiten in Luft, Wasser und Boden – darunter auch den >Abfall< betreffende Maßnahmen – vor, um ein hohes Schutzniveau für die Umwelt insgesamt zu erreichen (Artikel 1 der Richtlinie). Die Umsetzung dieser Richtlinie in nationales deutsches Recht macht eine Anpassung insbesondere des bestehenden >Bundes-Immissionsschutzgesetzes< sowie der dazu ergangenen Rechtsverordnungen und Verwaltungsvorschriften erforderlich. Einzubeziehen sind aber auch das Abfall- und das Wasserrecht. Ob sich in diesem Zusammenhang das seit langem bestehende Bemühen um ein umfassendes >Umweltgesetzbuch< durchsetzen wird, ist fraglich.

Jacutin. >Lindan<.

Jahresaktivitätszufuhr. Grenzwert: Diejenige >Aktivität< eines best. >Radionuklides< oder eines Nuklidgemisches, die nach Zufuhr in den Körper für ein Organ oder Gewebe oder den Ganzkörper eine >Folgeäquivalentdosis< bewirkt, welche dem Grenzwert der Jahresdosis für das betreffende Organ oder Gewebe oder den Ganzkörper entspricht. Z. B. beträgt nach >Strahlenschutzverordnung< der Grenzwert der Jahresaktivitätszufuhr für >beruflich strahlenexponierte Personen< für >Cäsium-137< $4 \cdot 10^6$ Bq (bei >Ingestion<) und $6 \cdot 10^6$ Bq (bei >Inhalation<).

Jahresrhythmus. Viele Organismen zeigen im Jahresablauf sich wiederholende Erscheinungen, z.B. Gonadenreifung, Aktivitätszeiten etc. Diese können endogen oder exogen gesteuert sein; >Rhythmik<.

Jahresring. (Syn. Jahrring). Umfaßt den schubförmigen jährlichen Zuwachs im >Holz< (sek. >Xylem<) der Holzgewächse, wie er für gemäßigte Zonen mit einem Jahreszeitenwechsel typisch ist. Die Jahresringgrenzen sind mit dem bloßen Auge erkennbar, da durch die jahresperiodische Tätigkeit des >Kambiums< auf das Spätholz mit englumigen, dickwandigen Zellen nach der Winterpause plötzlich weitlumiges, dünnwandiges Frühholz im nächsten Frühjahr folgt. Der Übergang vom Früh- zum Spätholz vollzieht sich dagegen gleitend. Mit Hilfe der J. läßt sich das Alter von Holzgewächsen ermitteln. Schwächere oder gar ausfallende J. sind sichere Indizien für Streßbedingungen, die z.B. bei den „neuartigen" Baumerkrankungen (>Waldsterben<) bereits seit Anfang der siebziger Jahre existiert haben müssen. Spurenanalysen von J. ermöglichen die zeitliche Zuordnung von >Immissionsbelastungen<.

Jahrhundertvertrag. Abkommen aus dem Jahre 1977 (Verlängerung und Aufstockung 1980) zwischen der Elektrizitätswirtschaft und dem Gesamtverband des deutschen Steinkohlebergbaus über die Verstromung von Steinkohle. Vorgesehen ist eine Laufzeit bis zum Jahre 1995. Die Abnahmemengen der öffentlichen Elektrizitätsversorgung steigen kontinuierlich an und liegen 1995 bei 38,5 Mio. t SKE.

Japan-Test. Abgas-Testverfahren nach den in Japan gültigen Vorschriften. Besteht aus einem eigenen >Fahrzyklus< und einer Probennahme mit Analyse, die der >Federal Test Procedure< angeglichen ist. >Abgastest<, >Constant Volume Sampling<, >Fahrzyklus<.

Jauche. Gemisch aus in der Jauchegrube mikrobiell umgesetztem >Harn< aus der landwirtschaftlichen Nutztierhaltung, Stallmist-Sickerbrühe, Regenwasser und geringem Kotanteil. Der Harngehalt beträgt ca. 50%, der größte Teil der 1 bis 3% betragenden Trockensubstanz besteht nach der Umwandlung von Harnstoff aus Ammoniumsalzen. Die Nährstoffgehalte schwanken abhängig von der Tierart sehr, im Mittel rechnet man mit 0,3% N, 0,01% P, 0,5% K. J. ist ein schnell wirkender NK-Wirtschaftsdünger, der v. a. auf >Grünland< ausgebracht wird. Es kann dabei zu >Ammoniak-Emissionen< kommen, die durch Verdünnen mit Wasser reduziert werden können.

Lit: Finck A (1989) Dünger und Düngung, 1. korrigierter Nachdr. d. 1.Aufl., VCH, Weinheim, S.156 – Aigner H (1988) Organische Düngung. In: Faustzahlen für Landwirtschaft und Gartenbau. Ruhr-Stickstoff AG (Hrsg.) Bochum, S.208–211.

Jaune Orange S. >Gelborange S<.

Jaune Soleil. >Gelborange S<.

Jaune solide AB. >Echtgelb<.

JAZ-Werte. >Jahresaktivitätszufuhr<-Werte. Die >Strahlenschutzverordnung< enthält für >radioaktive Stoffe< >Grenzwerte< der Jahresaktivitätszufuhr durch >Inhalation< und >Ingestion<, bei deren Einhaltung die >Dosisgrenzwerte< nicht überschritten werden.

JET. Joint European Torus; Großexperiment zur kontrollierten >Kernfusion<; europäische Gemeinschaftseinrichtung in Culham, England.

Jet stream. >Strahlstrom<.

Jetronic. Markenbezeichnung (Bosch) für elektronisch gesteuerte bzw. geregelte Benzineinspritzanlage für >Ottomotoren<, >Gemischbildung<.

Johannisbrotkernmehl. Wird aus den Samen des Johannisbrotbaumes gewonnen. Es gehört zu den >Galaktomannanen< und wird als Verdickungsmittel eingesetzt. An das Grundgerüst der Mannankette aus β-(1,4)-glykosidisch verknüpften Mannoseresten ist an jede vierte Mannose-Einheit ein Galactoserest α-(1,4)-glykosidisch gebunden. Johannisbrotkernmehl geht erst nach Erhitzen auf 80 bis 90 °C in Lösung und bildet hochviskose Lösungen. Es geliert selber nicht, verbessert aber die Geliereigenschaften von >Agar-Agar< und >Carrageenan<. Der Einsatz erfolgt bei der Herstellung von Suppen, Soßen, Käse etc.

Joule. Einheitenzeichen J, abgeleitete SI-Basiseinheit der Energie und Arbeit; $1\,J = 1\,N \cdot m = 1\,kg \cdot m^2/s^2 = 1\,W \cdot s$. Das J. ist auf jede Art von Energie oder Arbeit anzuwenden, sei sie thermischer, elektrischer, magnetischer oder mechanischer Natur. Seit 01.01. 1978 ist

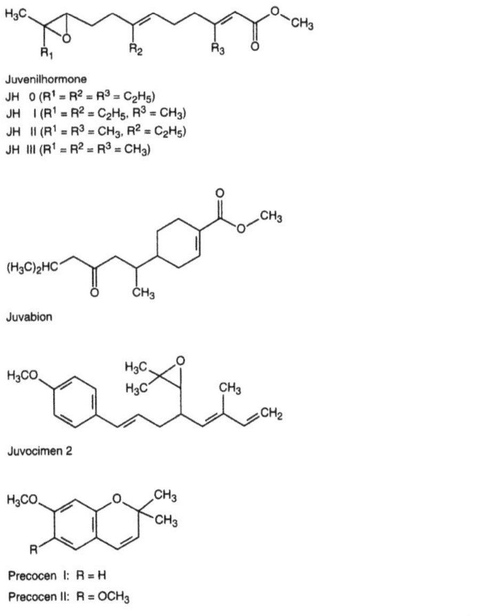

Juvenilhormone
JH   0 ($R^1 = R^2 = R^3 = C_2H_5$)
JH   I ($R^1 = R^2 = C_2H_5$, $R^3 = CH_3$)
JH II ($R^1 = R^3 = CH_3$, $R^2 = C_2H_5$)
JH III ($R^1 = R^2 = R^3 = CH_3$)

Juvabion

Juvocimen 2

Precocen I: R = H
Precocen II: R = OCH_3

Juvenilhormone (JH), Analoga und Anti-Juvenilhormon-Substanzen auch die >Kalorie< als Einheit der Wärmemenge durch das J. ersetzt worden; 1 cal = 4,1868 J.

Jute. (Syn. Kalkuttahanf; *Chorchorus capsularis* und *C. olitorius*, Tiliaceae). Eine besonders in Indien seit alters genutzte Faserpflanze, deren Stengel verspinnbares Fasermaterial zur Herstellung von Säcken, Seilerwaren, Teppichen etc. liefert. Der Anbau erfolgt heute in versch. subtropischen und tropischen Ländern; die Faserbündel lassen sich maschinell gewinnen.

Juveniles Wasser. >Wasser, juveniles<.

Juvenilhormon. (Lat. juvenilis = jung; grch. hormé = Anstoß, Antrieb; Syn. Neotenin). Ein Isoprenoidhormon (s. Abb. S. 617) der *Corpora allata* von Insekten. Es steuert im Wechselspiel mit >Ecdyson< die Häutung und reguliert beim adulten Tier die Fortpflanzung. Strukturanaloga des Juvenilhormons, z. B. Juvabion aus *Abies balsamea*, dienen der Aphidenabwehr (Phyrrhocoridae), indem sie die Metamorphose hemmen. Ein weiteres hochpotentes Analog ist Juvocimen 2 aus *Ocimum basilicum*. Andere Substanzen besitzen Anti- Juvenilhormon-Aktivität, d. h. sie lösen eine vorzeitige Häutung aus; bei adulten Insekten tritt gewöhnlich weibliche Sterilität auf. Wichtige Beispiele sind die beiden Chromoneme Precocen I und II aus dem Korbblütler *Ageratum houstoniatum*.

Käfer. >Coleoptera<.

Käfigwalze. Käfigwalzen zählen wie Bürstenbelüfter, Stabwalzen und >Mammutrotoren<, zu den Walzenbelüftern, bei denen auf einer Achse befestigte Bürsten oder Stahlstäbe beim Rotieren in das Wasser einschlagen, wodurch v.a. durch Saugwirbel hinter den Belüfterelementen ein stark turbulent bewegtes Luftblasen-Wasser-Gemisch entsteht. Gleichzeitig wird das Wasser umgewälzt. Es gibt verschiedene Ausführungen der Walzenbestückung. Anstelle der ursprünglich von Kessener benutzten Piassava-Bürsten (deshalb frühere Bezeichnung „Bürstenbelüftung") werden heute kammartige Stahlprofile (Flachstäbe, Winkelprofile usw.) in radialer Anordnung („Stabwalzen") oder achsparallel („Käfigwalzen") benutzt. Das Aufreißen der Wasseroberfläche durch die schnell rotierenden Stäbe bewirkt eine außerordentlich intensive Sauerstoffzufuhr. S.a. >Mammutrotor<.
Lit: Abwassertechnische Vereinigung (Hrsg.) (1985–1997) ATV-Handbuch, 4.Aufl., Bd.1–7, Verlag von Wilhelm Ernst und Sohn, Berlin München.

Kältehoch. Entstanden durch Auskühlung der bodennahen Luftmassen bzw. auf der Rückseite eines >Tiefdruckgebietes<. >Hochdruckgebiet<.

Kälteresistenz. >Hibernation<.

Kältestabilität. Untere Temperaturgrenze, bis zu der ein Produkt keine signifikanten Änderungen seines Zustands erfährt, die seinen Gebrauch beeinflussen. Kälteeinwirkungen können reversibel oder irreversibel sein, aber auch bei reversiblen Änderungen kann die Rückkehr zum ursprünglichen Zustand äußerst langsam verlaufen. Daher müssen Produkte, die unterhalb dieser Grenze gelagert wurden, vor der Anwendung auf Homogenität und einwandfreie Verwendbarkeit geprüft werden.

Kalidünger. Werden von natürlich vorkommenden Kalirohsalzen durch direktes Vermahlen, Löse-, Flotations- und elektrostatische Trennverfahren gewonnen. Die angebotenen K. unterscheiden sich nach Konzentration, Kaliform (Chlorid oder Sulfat), Korngröße und Nebenbestandteilen. Eine Auswahl: 40er, 50er, 60er Kalisalz (die Zahlen geben den Anteil von K_2O an); Korn-Kali mit MgO, auch „Patentkali" genannt) und Magnesia-Kainit (12% K_2O, 6% MgO). Die Lagerstätten der Kalirohsalze gehen auf die Eintrocknung von Meerwasser vor allem in der Zechsteinzeit zurück. Die Vorräte sind groß, es wird im Untertagebau abgebaut. In Deutschland sind die wichtigsten Vorkommen im hessisch-thüringischen Raum, bei Hannover und in der Gegend von Magdeburg und Halle.

Kaliendlauge. Bei der Verarbeitung von Carnallit ($KCl \cdot MgCl_2 \cdot 6H_2O$) u.a. Mineralien zu Düngemitteln und versch. Nebenprodukten (Magnesiumchlorid, Brom u.a.) anfallendes >Abwasser<, das hauptsächlich anorg. Salze enthält. Je nach deren Konz. im *Vorfluter* sind Schwierigkeiten bei der >Trink<- und >Brauchwasseraufbereitung<, Störung in der *Selbstreinigung* und Schädigung der Fische zu erwarten.
Lit: Meinck F, Stooff H, Kohlschütter H (1968) Industrie-Abwässer, Gustav Fischer Verlag, Stuttgart.

Kalifeldspat. (Syn. Orthoklas). Wichtiger Vertreter der Feldspatminerale (>Feldspat<) mit der Formel $KAlSi_3O_8$, der in Gesteinen allerdings meist noch et-

was Natrium enthält. Wegen seines häufigen Vorkommens ist K. ein wichtiger Kaliumlieferant in Böden.

Kalimagnesia. >Kalidünger<.

Kalisalz. >Kalidünger<.

Kalium (K). Chem. Element aus der Gruppe der Alkalimetalle (s. Tabelle unten). Es ist ein sehr weiches, unedles Metall, das sich leicht mit dem Messer schneiden läßt. K. wird in Petrolether aufbewahrt, da es in Gegenwart von Luft sofort oxidiert wird und nacheinander in Kaliumoxid KO, Kaliumhydroxid KOH und Kaliumcarbonat K_2CO_3 übergeht. Es existieren drei natürliche Isotope, wovon die beiden ^{39}K und ^{41}K stabil sind, während das Kalium-Isotop 40 metastabil und radioaktiv ist und eine bedeutende natürliche Strahlungsquelle in Organismen und Gesteinen mit einer Halbwertszeit von 1,3 Mrd. Jahren darstellt. Beim Zerfall werden u.a. das Argon-Isotop 40 unter β^+-Emission und das Calcium-Isotop 40 unter β^--Emission gebildet. Daneben sind noch 12 weitere radioaktive künstliche Isotope bekannt mit Halbwertszeiten zwischen 0,3 s für ^{36}K und 22,3 h für ^{43}K. K. ist am Aufbau der oberen Erdkruste mit 2,59% beteiligt und steht damit in der Häufigkeitsliste der chem. Elemente hinter Natrium an 8. Stelle. In der Natur kommt es aufgrund seines unedlen Charakters und der damit verbundenen großen Reaktionsfähigkeit nur gebunden vor und besitzt hier stets die Oxidationszahl + 1. Im Meerwasser beträgt der Kalium-Gehalt 1/40 des Natriumchloridgehaltes. Riesige Lagerstätten an Kalium- und Natriumsalzen entstanden bei der Verdampfung prähistorischer Seen wie z.B. am Great Salt Lake in Utah und am Toten Meer. In der Natur tritt K. vorwiegend in Form seines einfachen Chlorids (Sylvin), als Doppelchlorid im Carnallit $KCl \cdot MgCl_2 \cdot 6H_2O$ sowie als wasserfreies Sulfat, dem Langbeinit $K_2Mg_2(SO_4)_3$ auf. Einige Kaliumverb. sind wichtige gesteinsbildende Minerale. Zu ihnen zählen u.a. der Feldspat ($K[AlSi_3O_8]$ Orthoklas), Glimmer ($KAl_2[(OH,F)_2/AlSi_3O_{10}]$ Muskovit) und der Leucit $K[AlSi_2O_6]$. Im Boden werden K^+-Ionen hauptsächlich durch Verwitterung von Feldspäten freigesetzt und so in eine pflanzenverfügbare Form überführt. Gelöste K^+-Ionen bilden mit an Bodenminerale adsorbierten und in Zwischenschichten eingelagerten K^+-Ionen ein Puffersystem. Sie werden mit hoher Rate von den Pflanzen aufgenommen, wobei die Aufnahme passiver Natur ist. Kalisalze wirken in konzentrierter Form stark osmotisch und können die Pflanzenzellen durch „Verätzungen" abtöten. Der Kaliumanteil in

Kalium (K): Physikalisch-chemische Daten von Kalium

chem. Symbol:	K
natürliche Isotope:	39 (93,2581 %), 40 (0,0117 %), 41 (6,7302 %)
Atomgewicht:	39,0983
Ordnungszahl:	19
Wertigkeit in Verb.:	+ 1
Smp.:	63,5 °C
Sdp.:	774 °C
Dichte:	0,86
wichtige Mineralien:	Kalifeldspäte: Mikrolin, Orthoklas und Sanidin $KAlSi_3O_8$ Glimmer: Muskovit $KAl_2(AlSi_3O_8)$ $(OH,F)_2$ Biotit $K(Mg,Fe)_3(Al,FeSi_3O_{10})(OH)_2$ Sylvin KCl, Carnallit $KMgCl_3 \cdot 6H_2O$

Pflanzen beträgt durchschnittlich etwa 2% (bezogen auf die Trockenmasse), wobei die Spannweite von 0,1 bis 6,8% reicht. In Form einwertiger Salze ist K. ein essentielles Element für alle Organismen. K^+-Ionen spielen eine bedeutende Rolle im Wasserhaushalt und im Stofftransport in der Pflanze. Sie fördern den Langstreckentransport und hier besonders den im Phloem. K^+-Ionen aktivieren die photosynthetische ATP- und NADPH-Bildung und sind damit notwendig für die Synthese von Cellulose, Stärke und Proteinen. Kaliummangel zeigt sich bei allen Pflanzen in einem Abfall des Turgors und Welkung des Blattlaubes. Im menschlichen und tierischen Organismus ist K. an der Aufrechterhaltung des osmotischen Druckes beteiligt und ist essentiell für die Erregungsabläufe und das Ruhepotential an Zellmembranen, indem es die Membranpermeabilität und den Ablauf enzymatischer Reaktionen beeinflußt. Der tägliche Kaliumbedarf wird mit 3 bis 4 g angegeben. Besonders reich an K. sind Kakao, Soja, Getreide und getrocknete Früchte.

Lit: Greenwood NN, Earnshaw A (1990) Chemie der Elemente. VCH, Weinheim – Mengel K (1991) Ernährung und Stoffwechsel der Pflanze. Gustav Fischer Verlag, Jena – Scholz H (1990) Mineralstoffe und Spurenelemente. Hippokates Verlag, Stuttgart.

Kalium-40. >Radioaktives Isotop< des chem. >Elements< >Kalium<, das im natürlichen Isotopengemisch des Kaliums zu 0,01% vorkommt. Seit Anbeginn der Welt auf unserer Erde vorhanden, >Halbwertszeit< 1,28 Milliarden Jahre. >Beta<->Gamma<-Kombinations>strahler<, Beta-Maximalenergie: 1,3 MeV; Gamma-Energie: 1,4 MeV; >Aktivität< im menschlichen Körper ca. 5.000 Bq; Konz. in Kuhmilch ca. 60 Bq/L.

Kaliumfixierung. Bindung von Kalium in Böden in nicht austauschbarer Form. Das so gebundene Kalium steht den landwirtschaftlichen Kulturpflanzen nicht mehr kurzfristig zur Verfügung, so daß evtl. K-Mangel auftritt, der im Bedarfsfall mit höheren Düngergaben ausgeglichen werden muß. Besonders hohe K. zeigen Dreischichttonminerale mit hoher Ladungsdichte aus jungen Flußsedimenten, während Tonminerale der Lagerstättenbentonite wesentlich weniger Kalium fixieren. Die Höhe der K. wird analytisch durch das nach einer hohen K-Zugabe nicht mehr rücktauschbare Kalium bestimmt.

Kaliummangel. Im Zusammenhang mit den >neuartigen Waldschäden< treten u.a. in Südwestdeutschland großflächige Kalium-Mangelareale auf, die bei Trokkenheit in der Vegetationsperiode deutlich ausgeprägt sind. Die unzureichende Kaliumernährung steht in keinem Zusammenhang zur Menge an austauschbarem Kalium im durchwurzelten Raum, sie ist jedoch begleitet von einer starken selektiven Verarmung wasserlöslichen und austauschbaren Kaliums an direkt wurzelerreichbaren Aggregatoberflächen, vgl. >Ernährungshypothese<. Die primäre Ursache des K. kann daher in einer zu geringen Aggregatneubildungsrate im Boden unter oft standortwidriger Bestockung angesehen werden, vgl. >Strukturverlust<.

Kaliumpermanganatverbrauch. ($KMnO_4$-Verbrauch, s.a. >CSB<). Die Bestimmung des Kaliumpermanganatverbrauches ist die älteste chem. Methode bei der Abwasseranalytik. Dabei werden die org. Stoffe im Abwasser mit $KMnO_4$ im sauren Milieu bei Siedehitze oxidiert. Die Menge an verbrauchtem $KMnO_4$ (mg/L Abwasser) wird dabei als Maß für den Gehalt an Schmutzstoffen verwendet, nicht die daraus errechenbare O_2-Menge. Zu beachten ist, daß bestimmte biol. abbaubare Stoffe nicht erfaßt werden (z.B. org. Säuren), andererseits aber auch biol. nicht abbaubare Stoffe (z.B. Huminsäuren) einen hohen $KMnO_4$-Verbrauch ergeben.

Lit: Mudrack K, Kunst S (1991) Biologie der Abwasserreinigung, 2.Aufl., Gustav Fischer Verlag, Stuttgart New York.

Kaliumsulfat. >Kalidünger<.

Kalk. Sauerstoffverb. des Calciums. Calciumoxid (CaO, Ätzkalk, gebrannter Kalk) wird durch Erhitzen (Kalkbrennen) des in der Natur vorkommenden Calciumcarbonats ($CaCO_3$, Kalkstein) auf 900 bis 1.000°C dargestellt. Gebrannter Kalk reagiert mit Wasser unter starker Wärmeentwicklung zu Calciumhydroxid ($Ca(OH)_2$, gelöschter Kalk). Enthält $CaCO_3$ Verunreinigungen mit vergleichsweise niedrigen Schmelzpunkten, können beim Kalkbrennen Sinterprozesse ablaufen. Es entsteht „totgebrannter Kalk", der kaum noch mit Wasser reagiert. $Ca(OH)_2$ ist in Wasser mäßig löslich. Bei 20°C lösen sich in einem Liter Wasser nur 1,26 g. Die Lsg. (Kalkwasser) reagiert stark basisch. Kalkmilch ist eine >Suspension< von $Ca(OH)_2$ in Kalkwasser. Kalkmilch und ggf. Kalkstein finden weite Verwendung in >Abgaswäschern< zur Abscheidung (>Absorption<) sauer reagierender >Luftverunreinigungen< wie z.B. zur >Abgasentschwefelung<. Der bei der Abgasentschwefelung erzeugte >Gips< ($CaSO_4$) ist verwertbar und ersetzt Gips aus natürlichen Vorkommen. Nach Abschätzungen des >UBA< sollen bis 1993 3,3 Mio. Tonnen Gips pro Jahr (alte Bundesländer) aus Kraftwerken anfallen.

Kalkammonsalpeter. >Stickstoffdünger<.

Kalkbedarf. Menge an Kalk (in t/ha), die erforderlich ist, um den pH-Wert saurer Böden auf einen optimalen Wert anzuheben, der für Mineralböden meist bei >6, für organische Böden (Moorböden) bis >5 liegt. Der K. eines Bodens hängt neben der Mächtigkeit der betreffenden (>Bodenhorizonte<) Horizonte v.a. von der Basenneutralisationskapazität des Bodens und dessen pH-Wert ab. Da die Titrationskurven der meisten Böden zwischen pH 4 und pH 7 annähernd geradlinig verlaufen, kann der K. für ein bestimmtes pH in guter Näherung aus dem aktuellen pH des Bodens und dem experimentell ermittelten Basenverbrauch bis pH 7 geschätzt werden.

Kalkbehandlung. Einsatz von umweltfreundlichen Kalkzubereitungen wie CaO und $Ca(OH)_2$ für die Desinfektion von Stallmist, Gülle, Jauche, Abwasser, Klärschlamm und als Anstrichmittel zur Flächendesinfektion in Tierstallungen. Die desinfizierende Wirkung von Kalk beruht auf der pH-Wertverschiebung in den alkalischen Bereich über 12, einhergehend mit einer Proteindenaturierung. In der Abwassertechnik wird Kalk als Flockungshilfsmittel bei der chemischen Fällung und zur Konditionierung von Klärschlamm nach DIN 4045 eingesetzt. Er wird auch als Kalkmilch in den Schlammfaulraum eingeführt, um die Einarbeitungszeit abzukürzen, den Faulrauminhalt zu desinfizieren oder als Behelfsmaßnahme beim unerwünschten Auftreten saurer Gärung.

Kalkdünger. Ausgangsmaterial sind natürliche Kalkvorkommen (Kalkgestein, Mergel, Meeresalgen), die entweder direkt vermahlen oder durch >chemische

Prozesse< umgewandelt werden – gezielt bzw. bei ihrem Einsatz in der >Hüttenindustrie<. K. bestehen im wesentlichen aus >Calcium<, daneben aus >Magnesium< und Nebenbestandteilen, entscheidend ist ihr Anteil an basisch wirksamen Stoffen, da K. in erster Linie zur Bodenverbesserung eingesetzt werden. Calcium ist in den Böden in der Regel genügend vorhanden. Eine Auswahl der gebräuchlichsten K.: Kohlensaurer Kalk (gemahlenes Kalkgestein), >Branntkalk<, >Löschkalk< (chemische Umwandlung), >Hüttenkalk<, >Thomaskalk<, (Industriekalke). Der CaO-Gehalt bewegt sich zwischen 40 und 90%, der Magnesium-Anteil zwischen 5 bzw. 40%, wie beim Magnesiumkalk. K. ersetzen die >Auswaschungsverluste< und wirken somit der Bodenversauerung entgegen. Die Aufrechterhaltung eines günstigen pH-Bereiches wirkt für den Boden strukturverbessernd und positiv für das Bodenleben und die Düngerverfügbarkeit. Die Landwirtschaft gleicht durch Kalkung ihrer Böden auch die pH-Absenkung durch sauren Regen aus.

Kalkgesteine. >Karstgrundwasserleiter<.

Kalk-Kohlensäure-Gleichgewicht. Für die Löslichkeit von Calciumcarbonat $CaCO_3$ im Wasser entscheidendes Gleichgewicht von $CaCO_3$, CO_2 und H_2O. Bei Anwesenheit von gelöstem CO_2 im Wasser nimmt die Löslichkeit des $CaCO_3$ zu, da das viel leichtere lösl. Calciumhydrogencarbonat $Ca(HCO_3)_2$ gebildet wird. Die Gleichgewichtsbeziehung für reines Wasser wird durch das Tillmannssche Gesetz beschrieben:

$$C_{CO_2} = K \cdot (C_{HCO_3^-})^2 \cdot C_{Ca}^{2+}$$

C_{CO_2} = Konz. der im Wasser gelösten freien Kohlensäure in mval CO_2/L; $C_{HCO_3^-}$ = Konz. der Hydrogencarbonationen („gebundene Kohlensäure") in mval/L; C_{Ca}^{2+} = Konz. der Calciumionen in mval/L; K = temp.-abhängige Tillmanns-Konstante. Eine Änderung des Gleichgewichts durch Entzug von CO_2 führt zum Zerfall von $Ca(HCO_3)_2$ und Lieferung von CO_2 bis zum neuen Gleichgewicht:

$$Ca(HCO_3)_2 \rightarrow CaCO_3 + CO_2 + H_2O$$

Es kommt dabei zur >chem.< und/oder >biol. Entkalkung<.
Lit: Frevert T (1983) Hydrochemisches Grundpraktikum, 1. Aufl., Birkhäuser, Basel Boston Stuttgart.

Kalksalpeter. >Stickstoffdünger<.

Kalkspat. >Calcit<.

Kalkstickstoff. Mineralischer N-Dünger mit unkraut- und pilzbekämpfender Wirkung. Er besteht in der Hauptsache aus Calciumcyanamid ($CaCN_2$), enthält ca. 20% N und 55 bis 60% Kalk, ist grau-schwarz und kommt gemahlen oder granuliert in den Handel. Der Stickstoff wird erst nach der Umsetzung über Cyanamid, Carbamid und dessen mikrobiellen Abbau pflanzenverfügbar. Der Umsetzungsprozeß dauert in Abhängigkeit von Boden und Witterung 8 bis 14 Tage. K. ist deshalb langsam wirkend. Unkrautbekämpfend wirkt K. in seiner für Pflanzen >toxischen Cyanamidphase< über Wurzel und Blatt. Verschiedene Pilzerkrankungen kann er zumindest eindämmen, wie dies z.B. bei Getreide und Rüben nachgewiesen ist. Durch die Entwicklung spezifischer >Herbizide< und >Fungizide< ist diese Eigenschaft des K. heute wenig bedeutend. K. wirkt ätzend und schwellend auf die menschliche Haut und ist besonders in Verbindung mit Alkohol nach Einatmung gesundheitsschädlich. K. mit Ölzusatz ist deshalb anwenderfreundlicher.

Kalkulierbarkeit. Erfaßbare Abschätzung einer Situation oder eines >Risikos<.

Kalkung. Düngungsmaßnahmen, bei der zur Erhöhung des pH-Werts saurer Böden gemahlener Kalkstein ($CaCO_3$), Dolomit ($CaMg(CO_3)_2$) oder Branntkalk (CaO) ausgestreut oder eingearbeitet werden. Früher wurden oft auch kalkhaltige Lockergesteine verwendet, so z.B. unverwitterter >Löß< oder Mergel („Mergeln", >„Primärlößmelioration"<). Die positive Wirkung einer K. beruht v.a. auf der Ausfällung toxischer Al^{3+}-Ionen als Aluminiumhydroxid und der Neutralisation weiterer starker Säuren (z.B. >Fulvosäuren<). Weiterhin kann auch durch die zugeführten Ca^{2+}- und Mg^{2+}-Ionen die Flockung der Tonteilchen begünstigt und damit u.U. die Aggregatstabilität des Bodens erhöht werden. Sekundärer Effekt einer K. ist die Verbesserung der biologischen Bodenaktivität, v.a. der Bodentiere, wodurch Biomasse- und Nährstoffumsatz beschleunigt werden können.

Kalkwerk. Der aus Steinbrüchen gewonnene >Kalk<stein wird entweder über Brech-, Mahl- und Klassieranlagen zu ungebrannten Erzeugnissen aufbereitet oder einer Kalkbrennanlage zugeführt. Als Brennstoffe kommen versch. >Kohlesorten<, >Heizöl<, Gas und ggf. Ersatzbrennstoffe wie >Altöl< und Altreifen zum Einsatz. Während Brenngut und Kohle in einem Schachtofen im Gleichstrom von oben nach unten geführt werden, wird in einem >Drehrohrofen< Brennstoff im Gegenstrom eingegeben. Der gebrannte Kalk wird gebrochen und ggf. zu gelöschtem Kalk umgesetzt. Sämtliche Arbeitsvorgänge sind mit z.T. erheblichen Staubentwicklungen verbunden, die durch Einhausungen, Absaugungen und Reinigung über filternde >Abscheider< minimiert werden können. Die >Abgase< der Brennanlagen werden über >Elektrofilter<, filternde Abscheider, wie >Gewebefilter<, Schüttschichtfilter, oder naßarbeitende Abscheider entstaubt. Die beim Kalklöschen entstehenden staubhaltigen >Brüden< können über Abgaswäscher abgereinigt werden. Die Brennanlagen sind immissionsschutzrechtlich >genehmigungsbedürftig<. Die >emissionsmindernden< Anforderungen richten sich nach den Vorgaben der >TA Luft<.

Kallus. (Lat. callum = dicke Haut, Schwiele). 1. Bei Pflanzen ein Wund- und Vernarbungsgewebe, das nach einer Verletzung von den Wundrändern her durch Zellwucherungen bzw. -teilungen gebildet wird und die Wunde überwallt und wieder verschließt. 2. Bez. für einen undifferenzierten Zellhaufen, der sich in einer >Zellkultur<, einer sog. „Kallus-Kultur" auf einem Nährmedium durch die Vermehrung von Pflanzenzellen ausbilden kann.

Kalorie. Einheitenzeichen cal, seit 01.01. 1978 nicht mehr gesetzlich zulässige Maßeinheit der Energie. Sie ist definiert als die Wärmemenge, die erforderlich ist, um die Temp. von 1 g reinem Wasser bei normalem Atmosphärendruck von 14,5 °C auf 15,5 °C zu erhöhen. Mit dem >Joule (J)<, der SI-Basiseinheit der Energie und Arbeit hängt die Kalorie wie folgt zusammen: 1 cal = 4,1868 J.

Kaltfront. >Front<, nach deren Durchzug Abkühlung folgt. Das Vordringen der Kaltluft kann in sehr unterschiedlicher Weise erfolgen:

– Aktive Kaltfront: Da die frontsenkrechte Windkomponente mit der Höhe zunimmt, eilt die Kaltluft in der Höhe der Warmluft voraus. Es kommt zur >Labilisierung<, verbunden mit vertikalen Umlagerungen, die bis zu hochaufreichenden Quellbewölkungen führen können, begleitet von Gewittern oder Schauern. Derjenige Teil der K., der in der Nähe des Kerns des >Tiefdruckgebietes< anzutreffen ist, hat den Charakter einer a. K.

– Passive Kaltfront: Da die frontsenkrechte Windkomponente mit der Höhe abnimmt, schiebt sich die Kaltluft keilförmig unter die abziehende Warmluft, die ihrerseits zum Aufgleiten gezwungen wird. Es bildet sich Schichtbewölkung, aus der verbreitet Niederschlag fällt. Derjenige Teil der K., der in größerer Entfernung vom Kern des Tiefdruckgebietes anzutreffen ist, hat den Charakter einer p. K.

Der Durchgang einer K. ist neben den Bewölkungs- und Niederschlagsverhältnissen vor allem charakterisiert durch eine markante Winddrehung, >Rechtdrehen< des Windes, meist aus dem Richtungssektor SW über W nach NW, vorübergehend auftretende Wind->böen<, plötzlich einsetzenden Luftdruckanstieg, Rückgang der Lufttemperaturen und deutliche Sichtbesserung, >Rückseitenwetter<. S. Abb. bei >Tiefdruckgebiet<. In den Wetterkarten wird die K. durch das „Zacken"-Symbol bzw. durch eine blaue Linie gekennzeichnet, s. Abb. bei >Wetterkartensymbol<. Jede K. kann in eine >Warmfront< übergehen. Der Übergang erfolgt an der Achse eines – wenn auch nur schwachen – >Hochdruckkeiles<.

Lit: Liljequist GH, Cehak K (1984) Allgemeine Meteorologie, 3. Aufl., F. Vieweg & Sohn, Braunschweig Wiesbaden.

Kaltluftbildung. Bei windschwachen Strahlungswetterlagen entsteht durch nächtliche >Ausstrahlung< örtlich Kaltluft, die zur Ausbildung einer >Bodeninversion< führt. Beim Abfluß der Kaltluft aus ihrem Entstehungsgebiet erfolgt ein Luftmassenaustausch mit der Umgebung. Daher sollten bei der Standort- oder Regionalplanung derartige Abflußwege nicht verbaut werden. In Tälern bildet sich bei ungestörten Bedingungen nachts ein Kaltluftsee aus (s. Abb.), der zur Schädigung der dortigen Vegetation führen kann; >Berg- und Talwindzirkulation<.

Kaltlufthaut. Kalte, nur wenige Dekameter mächtige Luftmasse, die sich im Winter über dem abgekühlten Festland gebildet hat; auch Rest von abfließender Kaltluft, der in der Höhe bereits durch Warmluft ersetzt wurde.

Kaltstart. Motorstart aus betriebskaltem Zustand, führt zu erhöhtem Verbrauch und >Abgasemissionen< und höherem Verschleiß.

Kambium. (Lat. cambio = Wechsel). Ein hohlzylindrisches, einschichtiges Gewebe, das bei >Sproßachse< und >Wurzel< von Holzgewächsen aus der Gruppe der >Gymnospermen< und >Dikotylen< das sek. Dickenwachstum ermöglicht. Das meristematische Gewebe bildet in jahresrhythmischer Aktivität nach innen das >Holz< (sek. >Xylem<) und nach außen mit erheblicher schwächerer Aktivität den >Bast< (= sek. >Phloem<). Wegen des sek. Dickenwachstums muß sich der Umfang des K. mit Hilfe eines Dilatationswachstums erweitern. Bei den meisten >Bäumen< und >Sträuchern< ist das K. bereits in der prim. Sproßachse als geschlossener Zylinder zwischen prim. Phloem (Siebteil) und prim. Xylem (Holzteil) angelegt. Es reagiert besonders empfindlich auf Streßbedingungen.

Kammerfilterpresse. >Druckfilter<.

Kampfstoffe. >Nervengase<.

Kanalbauwerke. Dazu gehören >Regenklärbecken<, >Regenrückhaltebecken<, >Regenüberlaufbecken<, >Regenüberläufe<; sie sind Teile der >Kanalisation< und werden nach den >ATV<-Arbeitsblättern A 117 bzw. 128 bemessen. Für Pump- und Schneckenhebewerke gibt das Arbeitsblatt A 134 Berechnungs- und Bemessungshinweise. Weiter sind zahlreiche Klein- und Sonderbauwerke beim Ausbau eines Kanalnetzes notwendig: Einsteigschächte, Straßenabläufe, >Einlaufbauwerke<, Verbindungsbauwerke, Kurvenbauwerke, Absturzschächte, Spülschächte, Schnee-Einwurfschächte, Kreuzungsbauwerke, Ausmündungsbauwerke, Meßschächte, >Düker< und Rohrbrücken.

Lit: Abwassertechnische Vereinigung (Hrsg.) (1982–1986) Lehr- und Handbuch der Abwassetechnik, 3. Aufl., Bd. 1–7, Verlag von Wilhelm Ernst und Sohn, Berlin München.

Kanalfernauge. Die Fernsehtechnik gibt mit diesem Gerät, das wohl als das z. Zt. vollkommenste Kanal-Kontrollgerät anzusehen ist, die Möglichkeit, nicht begehbare Kanäle eindeutig auf ihren baulichen Zustand

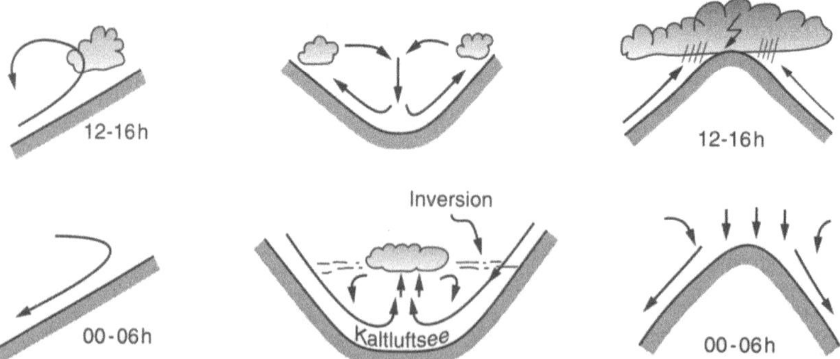

Kaltluftbildung: Schema der thermischen Zirkulationen am Hang, im Tal und am Berg, nachmittags *(oben)* und nachts *(unten)*

hin zu untersuchen. Das Kanalfernauge besteht aus einer Fernsehkamera, die auf einem selbstfahrenden Schlitten montiert ist. Der Bewegungsablauf der Kamera wird von einem im Aufnahmewagen befindlichen Steuerpult aus geregelt. Die Übertragung der Aufnahmen erfolgt über ein mit der Kamera verbundenes Kernsehkabel unmittelbar auf den im Fahrzeug befindlichen Bildschirm. Gleichzeitig wird die jeweilige Entfernung der Kamera vom Schacht mit Hilfe eines Zählwerkes fetgehalten und elektronisch zum Steuerpult übertragen. Mit dem Kanalfernauge können sämtliche Schäden, selbst Haarrisse, eindeutig erkannt und lagemäßig genau bestimmt werden. Der entscheidende Vorteil des Kanalfernauges liegt darin, daß es Bewegungen unmittelbar wiedergibt und verdächtige Stellen länger und aus verschiedenen Aufnahmewinkeln betrachtet werden können.
Lit: Abwassertechnische Vereinigung (Hrsg.) (1982–1986) Lehr- und Handbuch der Abwassertechnik, 3.Aufl., Bd.1–7, Verlag von Wilhelm Ernst und Sohn, Berlin München.

Kanalisation. Anlage zur Sammlung und Ableitung von >Abwasser< (nach DIN 4045). Als Kanalistion bezeichnet man das öffentliche Entwässserungsnetz, das die Abwässer aus den Haushaltungen, Gewerbebetrieben und der Industrie sowie das Niederschlagswasser von Dächern, Straßen und Plätzen aufnimmt. Da die Bauwerke für die Abwasserableitung im Rahmen der Entsorgung eines Siedlungsgebietes erhebliche Investitionen erfordern, ist eine gewissenhafte Planung und Entwurfsbearbeitung für eine abwassertechnisch einwandfreie sowie bau- und betriebskostenmäßig wirtschaftliche Anlage notwendig; >Baurecht<. Der Bau und die Erweiterung von Entwässerungsanlagen bedürfen der Genehmigung der Wasseraufsichtsbehörde. Das Wasserklosett hatte das Abwasserproblem sozusagen vom Haus auf die Straße verlegt; die Kanalisationsbauten verlegen es in den Vorfluter. Der entscheidende Impuls ging von England aus: nach der Choleraepidemie begann man 1830 mit dem Kanalisationsbau in London, es folgten in Deutschland Hamburg 1842, Berlin 1852, Chemnitz und Leipzig 1860, Frankfurt 1867 und München 1881.

Kanalisierung. Wasserbauliche Veränderung eines >Fließgewässers<, meist Laufbegradigung und Uferbefestigung, mit dem Ziel der Schiffbarkeit, des >Hochwasserschutzes< oder der Energiegewinnung. Die Schiffahrtskanäle sind künstliche Verb. zwischen getrennten Stromsystemen, z.B. Rhein-Main-Donau-Kanal.

Kanalstauraum. K. oder Stauraumkanäle (SK) stellen eine Sonderform der Regenüberlaufbecken dar. Mit Hilfe einer Drosseleinrichtung wird das verfügbare oder für den rechnerischen Abfluß gezielt überdimensionierte Kanalvolumen zur Speicherung genutzt. Letztlich handelt es sich um einen gedrosselten Regenüberlauf mit hochgezogenem Wehr, bei dem das Volumen des Zulaufkanals als Speicher verwendet wird. Stauraumkanäle (SK) unterscheiden sich in ihrer Wirkung durch die Lage der Entlastung. Stauraumkanäle mit oben liegender Entlastung (SKO) wirken wie Fangbecken im Hauptschluß. Stauraumkanäle mit unten liegender Entlastung (SKU) wirken wie Durchlaufbecken im Hauptschluß ohne Beckenüberlauf. Bei Bemessung nach dem ATV-Arbeitsblatt A 128 sind sie grundsätzlich den Fang- und Durchlaufbecken gleichwertig. Eine unten liegende Entlastung darf jedoch

nicht so häufig anspringen wie eine oben liegende Entlastung.
Lit: Abwassertechnische Vereinigung e.V. (Hrsg.) (1985–1997) ATV-Handbuch, 4.Aufl., Band 1–7, Verlag Wilhelm Ernst und Sohn, Berlin München.

kanzerogen. >cancerogen<.

Kanzerogenese. >Cancerogenese<.

Kaolinit. Zweischichttonmineral mit der (idealisierten) Formel $Al_2Si_2O_5(OH)_4$. Der isomorphe Ersatz ist nur sehr gering, so daß die Kationenaustauschkapazität des K. meist unter 100 mmol(+)/kg liegt. K. entsteht bei fortgeschrittener Verwitterung und Auswaschung von Alkali- und Erdalkaliionen, so daß er in tropischen Böden weit verbreitet ist.

Kapazität, biologische. Die Ausstattung eines >Lebensraumes< mit unterschiedlichen Ressourcen bietet den verschiedenen Bewohnern begrenzte Lebensmöglichkeiten. Die dadurch gegebene Grenze für das >Populationswachstum< wird auch als K. oder *Tragfähigkeit* bezeichnet.

Kapazität, spezifische. (Lat. capacitas = Aufnahmefähigkeit oder Fassungsvermögen). Symbol meistens C. Die pro Einheit Potentialdifferenz gespeicherte Menge wird ausgedrückt durch die entspr. Konzentrationsdifferenz; in der Elektrizitätslehre bezogen auf die elektr. Ladung eines Kondensators, in der Wärmelehre auf die Wärmeenergie in einem Körper, in der Hydrologie auf das Wasser in einer Schicht, in der Betriebs- und Volkswirtschaftslehre sinngemäß auf das Umsatzvermögen eines Unternehmens oder Wirtschaftszweiges pro eingesetzte Arbeits- od. Energie-Einheit. In der Populationsdynamik wird als Aufnahmekapazität (engl. carrying capacity) einer Region die meist auf Grund von Modellannahmen errechnete Individuenzahl im >Fließgleichgewicht< angesprochen. Im Kreislauf- und Speicher-Denken der modernen Ökologie wird spez. Kapazität im o.a. Sinne als spez. Speicher- oder Pufferkapazität verwendet. >Böden< als die wichtigsten ökologischen und hydrologischen Speicher haben dabei nicht nur eine best. spez. Wasserspeicher-Kapazität, sondern auch eine für >Nähr-< und >Schadstoffe< sowie für Wärme und chem. Energie.

Kapazitätsmaß. Ältere Bezeichnung für den leicht verfügbaren, austauschbaren Vorrat an einem Pflanzennährstoff im Boden, im Gegensatz zum >Intensitätsmaß<, das etwa der Gleichgewichtskonzentration des Stoffes entspricht.

Kapazitätsmodelle. Modelle, die in erster Linie die Speicherung von Energie und Stoffen darstellen helfen, bei denen z.B. die zeitbeanspruchende Verteilung der Speichergrößen im geometrisch ausgedehnten Speicher vernachlässigt oder zumindest nicht in den Vordergrund gestellt wird. Im Vordergrund steht vielmehr die Beschreibung des von Energieänderungen begleiteten zeitabhängigen Verhaltens der Speicherung. K. haben Ähnlichkeit mit den >Kaskadenmodellen< insofern, als es nicht auf geometrische Ähnlichkeiten ankommt.

Kapillarelektrophorese. Durchführung elektrophoretischer Trennmethoden (>Elektrophorese<) in Kapillaren, heute überwiegend Quarzkapillaren, die einen Innendurchmesser <100 µm haben. Als Trennmedien werden überwiegend wäßrige Puffersysteme eingesetzt, d.h. es handelt sich im wesentlichen um trägerfreie >Elektrophoresen<. Durch Additive wie Micellenbildner, Siebmatrices und Ampholyte zum Puffer können unterschiedliche Trennprinzipien realisiert werden, wie Micellarelektrokinetische Chromatographie (MEKC), Kapillargelelektrophorese (CGE), Isoelektrische Fokussierung (CIEF). Aber auch in der klassischen Kapillarzonenelektrophorese (CZE) kann die Selektivität der Trennung beeinflußt werden. So treten Wechselwirkungen mit den überwiegend negativ geladenen Silanolgruppen der Kapillare auf, die zum elektroosmotischen Fluß (EOF), aber auch zur Adsorption von Probenbestandteilen führen können. Durch Modifikation der Beschichtung der Kapillare kann dies verändert werden. Spezifische Zusätze, wie chem. oder biochem. Komplexbildner, können darüberhinaus die Mobilität einzelner Substanzen oder Substanzgruppen verändern und damit die Trennleistung verbessern [Kapillaraffinitätselektrophorese (CAE)]. Bei geeigneter Durchführung lassen sich außerdem Stöchiometrie und Bindungskonstanten bestimmen.

In der K. finden Trennungen bei einer elektrischen Feldstärke von mehreren 100 V/cm statt, der Strom ist jedoch nur gering ($\sim$ 100 µA). Wichtig für eine gute Trennleistung ist eine gute Wärmeabfuhr, weshalb der Kapillarinnendurchmesser von 100 µm nicht überschritten werden sollte. Da das Gesamtvolumen der Kapillare nur einige µl beträgt, sollte das injizierte Probenvolumen nur einige nl betragen. Die Injektion erfolgt entweder hydrodynamisch oder elektrokinetisch. Zur Detektion werden üblicherweise verschiedene UV-Detektoren eingesetzt; mittlerweile sind auch Fluoreszenzdetektoren kommerziell verfügbar, die einen deutlichen Sensitivitätsgewinn ermöglichen. Auch elektrochemische und massenspektrometrische Detektoren sind beschrieben.

Anwendung findet die K. nicht nur in der biochem. Analytik, sondern zunehmend für niedermolekulare Substanzen in der Umwelt- und Lebensmittelanalytik und für Polymere, Farbstoffe, Tenside, etc. in der chem. Großindustrie.

Lit: Landers JP (Hrsg.) (1997) Handbook of Capillary Electrophoresis. 2. Aufl., CRC Press, Boca Raton – Lottspeich F, Zorbas H (1998) Bioanalytik. Spektrum Akademischer Verlag, Heidelberg – Wehr T, Rodriguez-Diaz R, Zhu M (1999) Capillary Electrophoresis of Proteins. Marcel Dekker Inc., New York – Heller C (1997) Analysis of Nucleic Acids by Capillary Electrophoresis. Friedr. Vieweg & Sohn Verlag, Braunschweig.

Kapillarer Aufstieg. Durch >Evapotranspiration< an der Bodenoberfläche steigt in der wasserungesättigten Zone Wasser kapillar aus dem Grund- oder Stauwasser auf, wenn das Gesamtpotential kleiner 0 ist (>Sickerwasserbewegung< im wasserungesättigten Bereich). Die Wassernachlieferung wird durch den Durchlässigkeitsbeiwert bei dem betreffenden Sättigungszustand und durch den Potentialgradienten bestimmt.

Lit: Scheffer F, Schachtschabel P (1989) Lehrbuch der Bodenkunde, 12. Aufl., Enke, Stuttgart.

Kapillarpotential. >Matrixpotential<.

Kapillarsaum. Der Kapillarwasser-haltige Gesteinskörper über der >Grundwasseroberfläche<. Seine Dicke hängt von der kapillaren >Steighöhe< ab. Die Oberfläche des Kapillarsaumes ist in feinkörnigen Sedimenten unregelmäßig (s. Abb.), in grobkörnigen Sedimenten ziemlich scharf ausgebildet. In Kluft- und Karstgesteinen kann der K. in den offenen Gesteinsfugen völlig fehlen. Der obere Teil des K. enthält zahlreiche Luftbläschen, sein unterer Teil ist völlig Wasser-gesättigt. Das Wasser im K. nimmt am Grundwasserabfluß teil.

Kapillarwasser. (Früher Haftwasser). Legt sich über die Schichten des >Adsorptionswassers< und bildet an den Berührungsstellen mit den festen Teilchen stark gekrümmte Menisken aus, die die Grenzfläche zwischen Wasser und Luft verkleinern. Dabei wirken Adhäsionskräfte zwischen der festen Oberfläche und den Wassermolekülen mit Kohäsionskräften zwischen den Wassermolekülen unter Bildung von H-Brücken zusammen. Die Bindungsenergie ist um so höher, je kleiner der Durchmesser der kapillaren Hohlräume ist. Daher steigt das Wasser in engeren Poren höher als in weiten, in Poren mit unregelmäßiger Form höher als in ideal kreisförmigen (>Steighöhe, kapillare<). K. unterscheidet sich von Adsorptionswasser durch fehlende Verdichtung, von >Sickerwasser< durch das Fehlen einer merkbaren vertikalen oder schrägen Abwärtsbewegung. Es bleibt im Porenraum haften, ohne völlig jegliche Bewegung einzubüßen.

Lit: Mattheß G, Ubell K (1983) Allgemeine Hydrogeologie, Gebr. Borntraeger, Berlin Stuttgart – Scheffer F, Schachtschabel P (1989) Lehrbuch der Bodenkunde, 12. Aufl., Enke, Stuttgart.

Kapselgranulat. (internat. Kurzbezeichnung: CG). Pflanzenschutzmittelformulierung (>Formulierung<) als >Granulat<, dessen Oberfläche mit einem schüt-

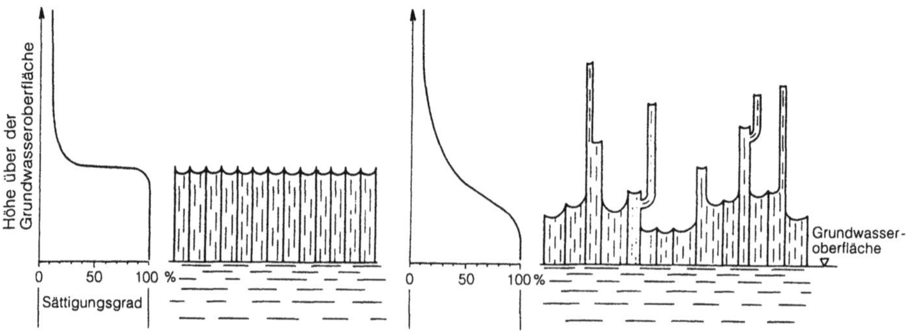

Kapillarsaum: Schematische Darstellung des K. bei Kapillarröhren mit gleichen und unterschiedlichen Durchmessern. Die unterschiedlichen Durchmesser simulieren die unterschiedlichen Porenweiten in den inhomogenen natürlichen Körpern (Schwille 1966)

zenden oder die Wirkstofffreisetzung regulierenden Überzug versehen ist (>Controlled-release-Formulierungen<).

Kapselsuspension. (Internat. Kurzbezeichnung: CS). Pflanzenschutzmittelformulierung (>Formulierung<) in Form einer stabilen >Suspension< von Mikrokapseln in einer Flüssigkeit, meist geeignet zur Verdünnung mit Wassr vor der Applikation. K. können einen oder mehrere Wirkstoffe gemeinsam oder getrennt in Mikrokapseln enthalten. Die Mikrokapseln, in der Regel mit Durchmessern zwischen 5 und 50 µm, können auch in einer Lösung, Suspension oder >Emulsion< anderer Wirkstoffe suspendiert sein. Durch die >Mikroverkapselung< können folgende Effekte erreicht werden, die durch Auswahl von Art und Menge der Kapselmaterialien und der Herstellungsverfahren beeinflußt werden können: 1) Verzögerte Wirkstoffabgabe (>Controlled-release-Formulierungen<) mit dem Ziel einer Verlängerung der Wirkungsdauer, einer Verringerung der Wirkstoff-Aufwandmenge und/oder Verbesserung der Pflanzenverträglichkeit, 2) Verringerung der akuten Toxizität und damit Verbesserung der Handhabungssicherheit, 3) Schonung von Nützlingen, 4) Verbesserung der Lagerstabilität durch Verhinderung oder Verzögerung unerwünschter chemischer Reaktionen eines Wirkstoffes mit anderen Formulierungsbestandteilen. Die Freisetzung des eingekapselten Wirkstoffs kann durch Diffusion durch das Kapselmaterial, durch Austritt durch Poren, durch Zersetzung des Kapselmaterials oder durch mechanische Zerstörung der Kapseln erfolgen. Die Qualitätsanforderungen an die physikalischen Eigenschaften sind ähnlich wie bei >Suspensionskonzentraten<. Außerdem muß in der Regel das Verhältnis von freiem zu verkapseltem Wirkstoff bestimmt werden. Neben den Vorteilen wurden auch unerwartete Nachteile beobachtet: Methylparation CS hat sich als bienengefährlich erwiesen, da die Mikrokapseln von Bienen gesammelt und in die Stöcke eingetragen wurden. Deshalb sind sorgfältige Untersuchungen über den Verbleib der Mikrokapseln mit eventuellen Restmengen an Wirkstoff in der Umwelt Voraussetzung für einen ökologisch sinnvollen Einsatz dieses Formuliertyps.
Lit: FAO (1987) Manual on the development and use of FAO specifications for plant protection products. FAO plant production and protection paper 85, Rom, S. 65–71.

Kapselung. >Geräuschkapselung<.

Karamel. >Caramel<.

Karbonatgesteine. >Karstgrundwasserleiter<.

Karenzzeit. Wartezeit, die zwischen der letzten Anwendung eines >PSM< bei Kulturpflanzen und deren Ernte einzuhalten ist, damit das verwendete >PSM< soweit abgebaut ist, daß durch eventuell verbliebene >Rückstände< die lebensmittelrechtlich festgelegte Höchstmenge nicht überschritten wird.

Karmin. >Cochenille<.

Karsee. Durch die ausräumende Wirkung eines Gletschers entstandene wassergefüllte Vertiefung in einer Bergflanke mit einem stauenden Felsriegel oder einer Moräne. Beispiel Feldsee im Südschwarzwald.

Karst. 1) Bildung von Höhlen durch Massenverlust bei der Auswaschung von Kalkstein. Durch eindringendes Sickerwasser kann aus dem Inneren von Kalkgesteinen Ca-Hydrogencarbonat wegtransportiert werden, wo-

durch sich entsprechende Hohlräume bilden. Durch diese kann eine so rasche Wasserbewegung erfolgen, daß Sorptions- und Filterprozesse nur eine untergeordnete Rolle spielen. Auf diese Weise können Wasser und die in ihm gelösten Stoffe rasch in große Tiefen und über große Entfernungen transportiert werden. 2) Landschaft, in der K.-Prozesse eine wichtige Rolle spielen. Typische Bereiche sind z. B. in Süddeutschland die Höhen der Alb (Schwäbische Alb bis Frankenalb). Die in solchen Landschaften gebildeten Böden (bis auf die kolluvial entstandenen Böden in Tälern) sind oft flachgründig, Nähr- und Schadstoffe können nach relativ kurzer Filterstrecke in das fließende Wasser der Karsthöhlen oder ins Grundwasser gelangen. K.-Landschaften sind daher im Hinblick auf eine Grundwasserbelastung besonders empfindliche Gebiete.

Karstgrundwasserleiter. V. a. durch die sekundäre Hohlraumbildung bei der >Verkarstung< ist bei den Karbonatgesteinen die >Gebirgsdurchlässigkeit< meist erheblich höher als die Gesteinsdurchlässigkeit. Die Durchlässigkeit von Karstgesteinen ist gewöhnlich anisotrop, wobei die Durchlässigkeit in Richtung der Grundwasserbewegung meist höher ist als quer dazu, weil das fließende Grundwasser durch Auflösung des Gesteins die Karsthohlräume vergrößert. Die Grundwasserbewegung in verkarstungsfähigen Gesteinen hängt von Dichte, Weite und Vernetzung der Hohlraumsysteme ab. Die große Wasserwegsamkeit verkarsteter Karbonatgesteine erklärt das Vorkommen sehr wasserreicher >Quellen< und hoher Abstandsgeschwindigkeiten (>Filtergeschwindigkeit<). Diese liegen in oberflächennahen Karstgrundwasservorkommen meist zwischen 3×10^{-3} und 3×10^{-1} m/s.
Lit: Burger A, Dubertret L (1984) Hydrogeology of karstic terrains. Case History. Int Contribut Hydrogeol, Bd. 1, Heise-Verlag, Hannover – Mattheß G, Ubell K (1983) Allgemeine Hydrogeologie. Borntraeger-Verlag, Berlin Stuttgart – Zötl JG (1974) Karsthydrogeologie. Springer-Verlag, Wien New York.

Karstwasser. Grundwasser im zerklüfteten Kalkgebirge (Karst), meist in Klüften und Spalten, oft in großen Höhlen. Oberirdisch fließendes Wasser kann im klüftigen Karst versinken und zu Karstwasser werden, das überwiegend aus rasch versinkendem Niederschlagswasser besteht. In Karstquellen tritt das K. meist mit großer Schüttung ständig oder zeitweise zutage. Wasserwirtschaftlich sind Karstquellen zwar ergiebig, aber wegen des raschen Absinkens ohne Filterung durch Boden und Lockergesteine hygienisch prinzipiell bedenklich. Berühmte Karstquellen sind der Blautopf bei Blaubeuren und die Aachquelle bei Aach im Hegau.

Karyogamie. (Grch. karyon = Kern; gamein = heiraten). Bezeichnet die Verschmelzung von zwei Zellkernen zum Zygotenkern. Dieser Vorgang findet z. B. nach der Fusion einer männlichen und weiblichen Keimzelle statt. Bei der Karyogamie handelt es sich um einen wichtigen Abschnitt der sexuellen Fortpflanzung, da Karyogamie die Voraussetzung für die nachfolgende >Meisoe< schafft, bei der eine Rekombination der Erbanlagen erfolgt und somit erbungleiche Zellen entstehen.

Karzinogenese. Von großer Bedeutung ist die Beurteilung von chemischen Substanzen mit karzinogenem (krebserzeugendem), mutagenem (erbgutveränderndem) oder teratogenem (fruchtschädigendem) Potential. Um derartige Eigenschaften festzustellen, sind Spezialuntersuchungen erforderlich. Die Krebsentstehung durch chemische Substanzen ist in der Regel ein langsamer Prozeß. Beim Versuchstier muß mit mehreren Monaten, beim Menschen mit einer Latenzzeit von Jahren oder Jahrzehnten gerechnet werden. Somit ist anzunehmen, daß auch ein chemischer >Rückstand<, bei dem es sich um ein potentielles Karzinogen handelt und der dem Organismus über ein Lebensmittel zugeführt wird, das Auftreten manifester Tumore erst nach langer Zeit herbeiführen kann.

Karzinom. >Carcinom<.

Kaskade (biologische). Hintereinanderschaltung gleicher oder verschiedenartiger biol. Reaktoren mit gemeinsamem >Schlammkreislauf< (nach DIN 4045). Werden zwei oder mehrere Becken hintereinander durchflossen, spricht man von einer Beckenkaskade. Gegenüber einem einzelnen vollständigen >Mischbecken< wird die >Kurzschlußgefahr< vermindert. Eine größere Anzahl von hintereinander durchflossenen Mischbecken wirkt ähnlich wie ein Langbecken, in dem das zu reinigende Abwasser und der >Rücklaufschlamm< gemeinsam am Beckenanfang zugegeben werden. Eine Beckenkaskade wird vorteilhaft bei >Denitrifikation<, Phosphatentfernung ohne Fällmittelzugabe und zur Vermeidung von Blähschlamm eingesetzt.
Lit: Abwassertechnische Vereinigung (Hrsg.) (1982–1986) Lehr- und Handbuch der Abwassertechnik, 3. Aufl., Bd. 1–7, Verlag von Wilhelm Ernst und Sohn, Berlin München.

Kaskadenmodelle. Ähnlich den Kapazitäts- oder >Kompartimentmodellen< Modelle, die von „lumped" (nichtverteilten) und häufig geometrisch unähnlichen Modellen bzw. Parametern (in Kaskaden) ausgehen, bei denen z.B. das Fließverhalten in Gebieten durch einfache Kaskaden dargestellt wird.

G-Kat. >Geregelter Katalysator<.

U-Kat. Ungeregelter Katalysator. >Geregelter Katalysator<.

katabolisch. (Grch. cataballo = zerstören). Den metabolischen Abbau chem. Substanzen betreffend, syn. mit >dissimilatorisch<; im übertragenen Sinne auch für den Abbau nach dem >Klimax< verwendet; Gegensatz: >anabolisch<, >Assimilation<.

Katabolische Stoffwechselwege. Diejenigen >Stoffwechselvorgänge< (>Metabolismen<), in deren Verlauf höhermolekulare Stoffe durch >Katabolismus< biochemisch oder enzymatisch in niedermolekulare Grundstoffe zerlegt bzw. abgebaut werden (z.B. Verdauung, Glykolyse, Fettsäureabbau, Aminosäureabbau).

Katabolismus. Der Begriff ist der griechischen Sprache entlehnt (kata = herab; bolos = der Wurf; allg. niederschlagen „kleinschlagen", zerschlagen) und bezeichnet alle diejenigen >Stoffwechselvorgänge<, bei denen höher- und hochmolekulare Verbindungen biochemisch in niedermolekulare Grundverbindungen, stets unter Energiegewinn, umgewandelt werden (>katabolische Stoffwechselwege<). Beispiele hierfür sind die >Verdauung<, der >Citronensäurecyclus<, die >Glykolyse<, der >Fettsäureabbau<, diverse Abbauwege der >Aminosäuren< sowie die >Atmungskette<. Die auf diese Weise freigesetzten zentralen Grundstoffe (z.B. >Acetyl-CoA<) sind zugleich die Bausteine für einen aufbauenden Stoffwechsel, auch >Anabolismus< ge-

nannt. Reaktionen, die ein gemeinsames Kennzeichen für Katabolismus und Anabolismus darstellen, nennt man >amphibolisch< (Beispiel: Citratcyclus). In der Pflanzenphysiologie verwendet man im ähnlichen Sinne wie das Begriffspaar Kata-/Anabolismus die Ausdrücke Dissimilation (Abbau zu anorganischen Stoffen)/Assimilation (aufbauender Stoffwechsel aus anorg. Vorstufen).
Auf Glucose gewachsenes *E. coli* besitzt nur sehr geringe Mengen katabolischer Enzyme, wie z.B. β-Galactosidase, Galactokinase, Arabinose-Isomerase und Tryptophanase; die Synthese dieser Enzyme wäre eine Verschwendung, so lange wie Glucose in reichlichem Maße vorhanden ist. Die molekulare Basis dieses Hemmeffektes der Glucose ist aufgeklärt (>Katabolit-Repression<). Dabei wird die Konzentration an cyclischer AMP in *E. coli* durch die anwesende Glucose stark vermindert.

Katalase. Enzym, das Wasserstoffperoxid (H_2O_2) spaltet. Durch die Spaltung entstehen Wasser und molekularer Sauerstoff. Das Enzym besteht aus einem tetrameren Proteid und kommt in mikrobiellen, pflanzlichen und tierischen Geweben, besonders in der Leber, vor. Die Bildung von K. in Bakterien ist als Schutzmechanismus gegenüber den tox. Wirkungen des Sauerstoffs zu sehen, wobei die Toxizität insbes. durch sekundär gebildetes H_2O_2 hervorgerufen wird. Der Nachweis von K. wird als taxonomisches Merkmal zur Identifizierung von Bakterien mit herangezogen. In der Lebensmittelindustrie erfolgt der Einsatz meist in Kombination mit >Glucoseoxidase<, um Peroxide und Sauerstoff aus Bier oder Wein zu entfernen.

Katalysator. 1. allgemein: Stoff, der die Geschwindigkeit einer Reaktion erhöht, ohne dabei verbraucht oder verändert zu werden (>Katalyse<). Feste K. in der heterogenen Katalyse werden auch als Kontakte bezeichnet. Katalysatoren sind sowohl in der Technik als auch in Organismen von großer Bedeutung. Während *Biokatalysatoren* (>Enzyme<) oft bezüglich der Umsetzung bzw. der umzusetzenden Stoffe eine hohe Spezifität besitzen, sind *technische Katalysatoren* häufig sehr vielseitig. Bei letzteren handelt es sich in der Regel um Misch- bzw. Mehrstoffkatalysatoren, bei denen die Aktivität bzw. Selektivität durch Zusatzstoffe verstärkt wird. Beispielsweise kann die Oberfläche durch Aufbringen des Katalysators auf einen Träger vergrößert werden (strukturelle Verstärker). Die katalytische Aktivität wird in Katal (Abk. kat) angegeben. Ein kat ist die katalytisch wirkende Menge eines Katalysators oder Enzyms, die unter definierten Bedingungen pro Sekunde 1 Mol Substrat umwandelt. Die früher für Enzyme verwendete Einheit U entspricht $1{,}667 \cdot 10^{-8}$ kat (= 16,67 nkat) bzw. 1 kat = $6 \cdot 10^7$ U.
2. Auto: Zur Abgasreinigung bei >Verbrennungsmotoren eingesetzt. Dabei wird sowohl die oxidierende Wirkung auf >CO< und >HC< ausgenutzt (>Ox.-Katalysator<) als auch die reduzierende auf >NO_x< (>Red.-Katalysator<). Ein gleichzeitig oxidierend auf CO und HC und reduzierend auf NO_x wirkender K. wird als Dreiwegekatalysator bezeichnet. Diese Funktion ist jedoch nur in einem sehr engen Bereich des Kraftstoff-Luftverhältnisses (>Lambdafenster<) möglich, bei der noch genügend CO zur Reduktion von NO_x vorhanden ist. Dies ist nur mit >geregelter Gemischbildung< möglich. Die im allg. Sprachgebrauch eingebürgerte Be-

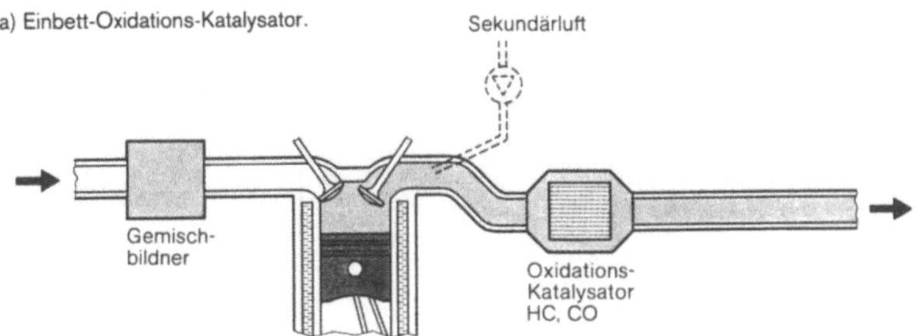

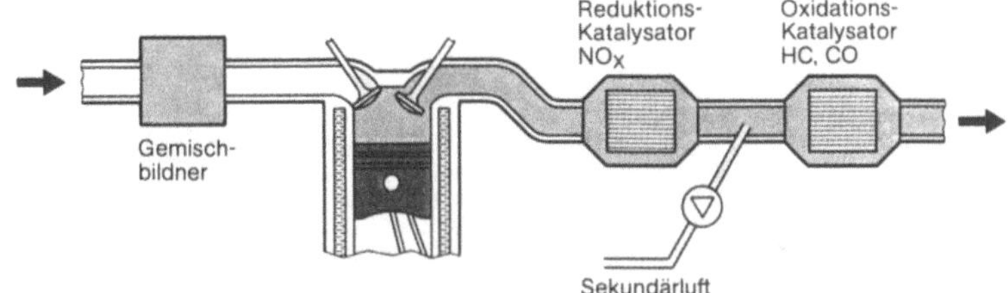

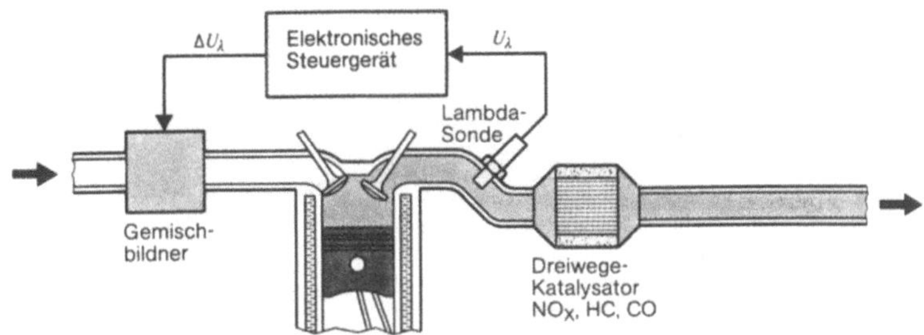

Katalysator: Katalysatorsysteme. (aus: Bosch (Hrsg.) (1987) Autoelektrik, Autoelektronik, ISBN 3-18-419 106–0, VDI-Verlag, Düsseldorf)

zeichnung „geregelter K." soll dies zum Ausdruck bringen, obwohl sie sachlich falsch ist, da nicht der K., sondern die Gemischbildung geregelt ist (s. Abb. oben). Der K. benötigt eine bestimmte Mindesttemp., >Anspringtemperatur<, um genügende Umsatzraten zu erreichen. Um diese Temp. möglichst schnell zu erreichen, werden u. U. eine zusätzliche Heizung des K. und entsprechende Maßnahmen des >Motormanagements<, wie z. B. Rücknahme des Zündzeitpunkts, vorgesehen. Für die Funktion ist außerdem eine möglichst große Toleranzbreite in der Zus. des Abgases, >Lambdafenster< sowie eine gewisse kurzzeitige Speicherfähigkeit von Abgasbestandteilen wie HC, NO_X und O_2 erwünscht. Hohe Betriebstemperaturen und schädliche Bestandteile im Abgas, d. h. K.-Gifte, wie z. B. Blei und Schwefel, setzen im Verlauf der Betriebszeit die

Funktionsfähigkeit des K. herab, >Alterung<, >K.-Schäden<. Alle Versuche, die hohen Anforderungen an die Abgasqualität mit Nicht-Edelmetall-K. zu erreichen, sind erfolglos geblieben.

Lit: Otto E, Held W, Donnerstag A, Küper P (1995) Die Systementwicklung des elektrisch heizbaren Katalysators für die LEV/ULEV- und EU-III-Gesetzgebung. MTZ 56, 9, S. 488–498 – Graf U, Staudt U-D (1996) Einfluß von Oxidationskatalysatoren auf die Partikelemission und -zusammensetzung. MTZ 57, 3, S. 162–171 – Bovensiepen B, Maus W, Liebl J (1996) Elektrisch heizbarer Katalysator (E-Kat.) im BMW Alpina B 12. MTZ 57, S. 378–384.

Katalysator-Diesel. >Dieselmotor< mit oxidierend wirkendem Katalysator, wodurch >CO-< und insbesondere >HC-Emissionen< verringert werden. Vorteilhaft ist dabei insbesondere die Verminderung best. HC-Bestandteile, die als gesundheitlich bedenklich gelten und die geruchsintensiv sind.

Lit: Müller E, Mutke H, Neyer D, (1991) Der 1,9-l Dieselmotor mit Oxidationskatalysator für den VW-Passat, MTZ Motortechnische Zeitschrift 52: 494–499 – König A, Held W, Richter T, Puppe L (1988) Katalytische Stickoxidverminderung bei Dieselmotoren, VDI Berichte 714, VDI-Verlag, Düsseldorf.

Katalysatorschäden. Schädigung des Katalysators, meist durch Überhitzung infolge Störungen von Zündung oder Gemischbildung im Motor, was bis zum Schmelzen keramischer Katalysatorträger führen kann. Andere Ursachen können Vergiftung durch ungeeignete z. B. verbleite Kraftstoffe sein, >Katalysator<.

Katalysatorträger. Die in der Fahrzeugtechnik notwendige hohe Reaktionsgeschwindigkeit ist nur mit Edelmetallbeschichtung des K. wie z. B. >Platin<, Rhodium etc. möglich. Dieses ist auf einem sog. >Washcoat<, das die wirksame Oberfläche erhöht, aufgetragen, das wiederum auf dem K.-Träger sitzt. Als K.-Träger unterscheidet man keramische Monolithen = einteilige Träger, keramisches Schüttgut (Pellets, s. Abb. a unten) oder metallische Träger aus dünnen Metallfolien (s. Abb. b unten).

Lit: Held W, Richter T, Puppe L (1988) Katalytische Stickoxidminderung bei Dieselmotoren, VDI Berichte Nr. 714, VDI-Verlag, Düsseldorf – Esser K, Zink U (1995) Katalysator-Trägersysteme zur Verminderung von Kaltstartemissionen. MTZ 56, 4, S. 228–232.

Katalysatorvergiftung. >Katalysatorschäden<.

Katalyse. (Grch. katálysis = Auflösung). Beschleunigung der Geschwindigkeit einer Reaktion durch die Anwesenheit eines Stoffes (>Katalysator<), der durch die Reaktion weder verändert noch verbraucht wird und deshalb nicht in die Bruttogleichung eingeht. Ein Katalysator kann weder eine Reaktion auslösen, die thermodynamisch nicht möglich ist, noch die Gleichgewichtslage der Reaktion beeinflussen. Er erhöht nur die Geschwindigkeit der Gleichgewichtseinstellung, indem er sowohl für die Hin- als auch für die Rückreaktion die Aktivierungsenergie erniedrigt. Manche Katalysatoren können in sehr unterschiedliche Reaktionen eingreifen, während andere sehr spezifisch wirken, so daß man oft mit unterschiedlichen Katalysatoren aus dem gleichen Eduktgemisch versch. Produkte erhalten

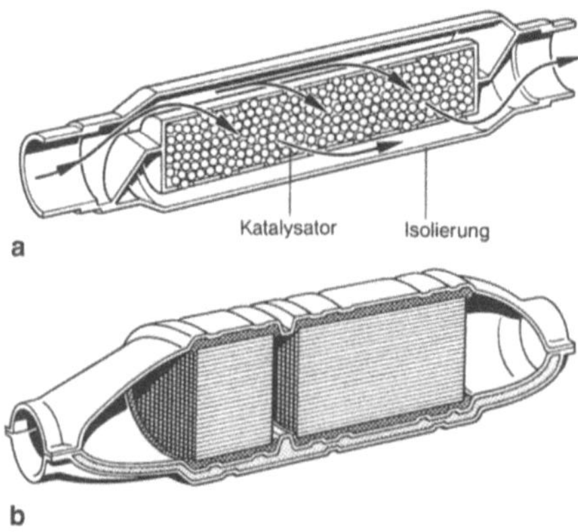

Katalysatorträger

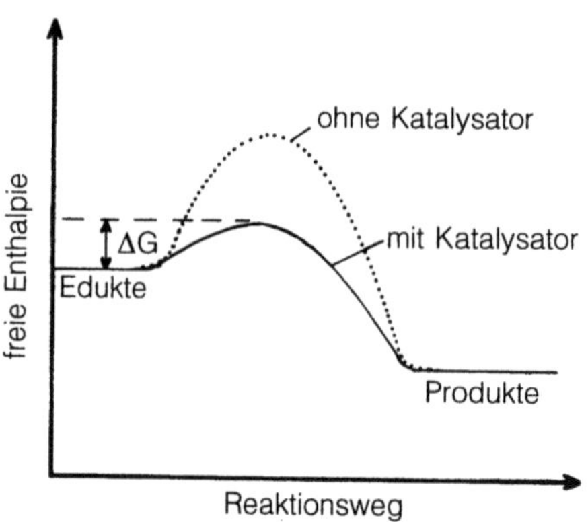

Katalyse: Enthalpiediagramm einer nichtkatalysierten und einer katalysierten exergonischen Reaktion

kann. Da der Katalysator nicht verbraucht wird, genügen für die K. in der Regel sehr kleine Mengen. Bei der sog. *homogenen* K. liegen Katalysator und Reaktionssystem in der gleichen Phase vor. Im allg. reagiert hier der Katalysator K mit dem Edukt A zu einem labilen Zwischenprodukt KA, das dann mit dem Partner B zu K + AB weiterreagiert (Zwischenreaktionskatalyse). Aufgrund der niedrigeren Aktivierungsenergie für die Bildung von KA verlaufen die beiden Teilreaktionen zusammen schneller als die unkatalysierte Reaktion A + B → AB (s. Abb.). In der technischen Anwendung besteht bei der homogenen K. das Problem, den Katalysator nach der Reaktion aus dem Produktgemisch zu entfernen. Zur Erleichterung der Abtrennung wird der Katalysator oft kovalent an ein Polymer gebunden (Immobilisierung), wodurch allerdings die Aktivität verringert werden kann. Bei der *heterogenen* K. gehören Katalysator und Reaktionssystem versch. Phasen an, die in Kontakt miteinander stehen. Dabei werden die reagierenden Stoffe an die Oberfläche des festen Katalysators adsorbiert, wodurch eine Anreicherung der Reaktionspartner erreicht und die Wahrscheinlichkeit eines Zusammenstoßes erhöht wird. Meist kommt es zusätzlich zu Elektronenflüssen zwischen Katalystor und adsorbiertem Stoff, durch die vorhandene Bindungen gelockert und die adsorbierten Stoffe aktiviert werden. Eine Voraussetzung dafür ist das Vorhandensein von genügend aktiven Zentren am Katalysator in Form freier Valenzen oder Elektronendefekten bzw. -überschüssen.

Kataster. Ursprünglich von Capitum registrum (Kopfsteuer) abgeleitet, wird heute i. allg. mit K. ein amtliches Verzeichnis der tatsächlichen Verhältnisse aller Grundstücke bezeichnet. Weiterhin wird unter >Emissions-< und >Immissionskataster< eine kartographische oder tabellarische Darstellungsform für sämtliche >Emissionen< aus Kraftwerken, Verkehr, Industrie, Gewerbe und Haushaltungen in bestimmten Gebieten, z. B. >Untersuchungsgebieten<, bzw. die entsprechende Darstellung der in solchen Gebieten gemessenen >Immissionen< verstanden. Derartige K. sind von Bedeutung für die Planung von Industrie- oder Wohnsiedlungen und für die Luftreinhaltepolitik der Bundesregierung. Gebräuchlich sind außerdem *Abwasser-* und *Geruchskataster.*

Katastrophenschutzpläne. Die Behörden sind verpflichtet, für ein >Kernkraftwerk< wie für jede andere großtechnische Anlage – chem. Fabrik, >Raffinerie<, Tanklager – oder wie auch für Naturkatastrophen eine Gefahrenabwehrplanung durchzuführen und einen Katastrophenschutzplan aufzustellen. Je nach den örtlichen Gegebenheiten kann ein solcher Plan Evakuierungsmaßnahmen für die in unmittelbarer Nähe wohnende Bevölkerung vorsehen. Die Innenministerkonferenz hat hierzu gemeinsam mit dem Länderausschuß für Atomkernenergie entsprechend einem Vorschlag der >Strahlenschutzkommission< 1988 „Rahmenempfehlungen für den Katastrophenschutz in der Umgebung >kerntechnischer Anlagen<" beschlossen.

Kationen. Bezeichnung für nach außen elektrisch positiv geladene >Ionen< mit einfacher oder mehrfacher Ladung. Zu den anorg. K. gehören z.B. die freien Metall- und die Ammonium-Ionen, wie z.B. Na^+, Mg^{2+}, Al^{3+} und $(NH_4)^+$. In der org. Chemie werden positiv geladene Verb. als K. bezeichnet, wie z.B. Pyridinium-, Oxonium-, Sulfonium- und Diazonium-Ionen. Im elektrischen Feld wandern K. zur negativen Elektrode (Anode). K. entstehen aus elektrisch neutralen Stoffen durch Abgabe von Elektronen (Oxidation) oder durch elektrolytische Dissoziation.

Kationenaustausch. Prozeß in Böden, bei dem locker („austauschbar") gebundene Kationen reversibel durch andere ersetzt werden. Hierfür geeignete Bindungspositionen (negative Ladungen) stehen als permanente Ladung in den Zwischenschichten der Tonminerale und als pH-abhängige („variable") Ladung an >Huminstoffen<, Oxiden und an den Rändern der Tonminerale zur Verfügung. Die Bindungsfestigkeit der Kationen steigt in der Regel mit deren Ladung; sie ist beim Natrium wegen dessen fest gebundener Hydrathülle besonders gering und beim Aluminiumion entsprechend hoch. Eine Sonderstellung nimmt das Kalium (auch Ammonium und Cäsium) ein, das in vielen Tonmineralen aus geometrischen Gründen besonders fest gebunden wird („Kaliumfixierung"). Die Gesamtmenge der in einem Boden austauschbar gebundenen Kationen (Kationenaustauschkapazität, KAK) wird meist durch Verdrängung aller austauschbaren Kationen durch ein Fremdion (z.B. Ba^{2+}) und Bestimmung ihrer Gesamtmenge oder durch Belegung aller Austauschplätze mit einer Ionensorte und deren analytische Bestimmung ermittelt. Die Höhe der KAK ist vom pH-Wert des Bodens und auch von der betrachteten Ionensorte abhängig; sie liegt für aufweitbare >Tonminerale< (>Smectite<, >Vermiculite<) größenordnungsmäßig bei 0,6 bis 1 mol(+)/kg, für Humus (pH 7) bei etwa 2 mol(+)/kg. Die gesamte K.-Kapazität eines Bodens ergibt sich anteilmäßig aus den Kapazitäten der einzelnen Komponenten. Bei der Funktion eines Bodens als Puffersystem spielt der K. eine große Rolle, da die entsprechenden Reaktionen rasch ablaufen und in einigen Minuten bis Stunden zur Gleichgewichtseinstellung führen. Dies gilt hauptsächlich für die Pufferung von Säuren, wo deren Protonen zunächst an den Positionen der variablen Ladungen festgehalten werden.

Kaulbarsch-Flunder-Region. Unterste Region einschl. des Mündungsbereichs eines Flusses in die Nordsee. Durch die Gezeiten ist eine ausgedehnte Brackwasserzone ausgebildet mit dem Kaulbarsch (*Gymnocephalus cernua*) als charakteristischem Süßwasserfisch und der Flunder (*Platichthys flesus*) als Meeresfisch. Auch andere Meeresfische wie Maifisch (*Alosa alosa*), Stint (*Osmerus eperlanus*) und Stör (*Acipenser sturio*) wandern in diese Zone ein. In der nahezu gezeitenlosen Ostsee ist eine K.-F.-R. nicht ausgebildet.

Kausalität. Das Vorliegen eines Wirkungszusammenhangs zwischen Ereignissen bzw. Erscheinungen in der Weise, daß ein Ereignis A unter bestimmten Bedingungen ein bestimmtes Ereignis B hervorbringt, wobei die Ursache A der Wirkung B zeitlich vorausgeht und außerdem B niemals eintritt, ohne daß A vorher eingetreten ist. Dabei ist das zeitliche Nacheinander eine notwendige, aber keine hinreichende Bedingung für derartige Kausalzusammenhänge.

Kautschuk. Beim Anritzen der Rinde des Gummibaumes abfließende Latex ist eine kolloide Lösung aus >Polyisopren<, >Harzen<, Zucker und Eiweiß, aus welchem der *Wildkautschuk* (Brasilien) durch >phenol-< und >kresolhaltige Verbrennungsgase< einiger Palmenarten und der *Plantagenkautschuk* (Asien/Afrika) durch Essig- und Ameisensäure koaguliert gefällt und schließlich getrocknet werden. *Naturkautschuk* ist mit Schwefel zu Weich- und Hart->Gummi< vulkanisierbar, besitzt gummielastische Eigenschaften und läßt sich mit >Additiven< und >Füllstoffen< zu unterschiedlichen Produkten verarbeiten. Ruß in größeren Mengen (bis zu 15 Gew.-%) verbessert die Lichtbeständigkeit und die Abriebfestigkeit, weshalb Autoreifen schwarz sind. Die *Synthesekautschuke* sind >elastomere Copolymerisate< verschiedener >Monomerer< und enthalten als Präfix einen Verweis auf diese, wie z.B. Nitril-K., Butyl-K., SBR (engl.: styrene butadiene rubber).

Kaverne. Natürlicher oder künstlicher Hohlraum im >Gebirge<, der zur Speicherung oder Deponierung von Flüssigkeiten, Gasen oder Feststoffen dienen kann. Gebräuchlich sind durch >Aussolverfahren< hergestellte Kavernen im Salzgestein zur Speicherung von >Erdöl< und >Erdgas< sowie zur Deponierung von >Abfällen<, >Endlager-Kaverne<.

Kavernenlagerung. >Endlager-Kaverne<.

KBR. Kernkraftwerk Brokdorf/Elbe, >Druckwasserreaktor< mit einer elektrischen Bruttoleistung von 1.440 MW, nukleare Inbetriebnahme am 07.10.1986.

Kegelpenetration. S.a. >Nadelpenetration<. Unter Penetration wird das Eindringen eines vorgeschriebenen Prüfkörpers unter festgelegten Bedingungen in den zu prüfenden Stoff verstanden. Die Maßeinheit für Penetrationswerte wird in Zehntel-Millimeter (0,1 mm) ausgedrückt. Der Prüfkörper, die Prüflast, die Prüftemperatur und die Eindringzeit sind in den verschiedenen Prüfmethoden vorgeschrieben. Der aus Schweden stammende Fallkegel („schwedische Kegelprobe") hat in seiner Standardausführung ein Gewicht von 60 g und einen Spitzenwinkel von 60°. Daneben werden noch Kegel mit 100 g und 30° sowie mit 10 g und 60° benutzt. Die letzteren werden gebraucht, wenn die Eindringung des Standardkegels unter 3 bis 5 mm bleibt oder über 16 bis 20 mm hinausgeht, weil die Ergebnisse dann ungenauer werden. Eine Anwendung erfolgt in der Bodenmechanik zur Feststellung der Konsistenz bindiger Böden bzw. auch von Klärschlämmen (eingeschränkt).

Keil. Kurzbezeichnung für >Hochdruckkeil<.

Keimaerosol. Mit Keimen, deren Bestandteilen oder Stoffwechselprodukten belastetes >Aerosol<.

Keime, pathogene. Krankheitserregende Keime, wie Cholera- und Typhusbazillen. Für eine vom >Abwasser< ausgehende Gefährdung des Menschen sind Art und Anzahl der pathogenen >Mikroorganismen< und >Viren< sowie die individuelle Empfänglichkeit von Bedeutung. Gefährliche Keimkonz. sind im Abwasser vor allem dort zu erwarten, wo sich >Fäkalien< von kranken Menschen oder Tieren ansammeln können oder Tierprodukte ohne ausreichende Vorsichtsmaßnahmen verarbeitet werden. Eine Gefahr stellen auch Keimausscheider aus der Bevölkerung dar, deren Erfassung nur unvollständig gelingt. Selbst wenn >Abwässer aus Krankenanstalten<, >Schlachthöfen< u. a. umfassend desinfiziert sind, ist der Gesamtabfluß einer Stadt noch durch unerkannte in der Bevölkerung lebende, mikrobiell infizierte Personen kontaminiert.
Lit: Abwassertechnische Vereinigung (Hrsg.) (1982–1986) Lehr- und Handbuch der Abwassertechnik, 3. Aufl., Bd. 1–7, Verlag von Wilhelm Ernst und Sohn, Berlin München.

Keimfreiheit. (Syn. Asepsis). Dieser Zustand wird durch die Aseptik angestrebt, z. B. bei Wundbehandlung, Operation, Pflege von Frühgeborenen. Die Entwicklung der Aseptik ist mit den Namen SEMMELWEIS, LISTER, PASTEUR, V. BERGMANN u. a. eng verbunden. Das Verlangen, daß das Trinkwasser keimarm, d. h. möglichst auch von >nichtpathogenen Keimen< (>Saprophyten<) frei sein soll, ist damit begründet, daß echte Grundwässer und Tiefenwässer reiner Seen nur äußest geringe >Keimzahlen< aufweisen und insbesondere frei von >thermophilen< Keimen sind.
Lit: Brix J, Heyd H, Gerlach E (1963) Die Wasserversorgung, R. Oldenbourg Verlag, München Wien.

Keimgehalt. Ein Grenzwert für den Keimgehalt, der für >Abwässer< noch als zulässig anzusehen ist, kann nicht angegeben werden. Doch sind die Höhe der >Keimzahl< und besonders größere und häufigere Keimzahlschwankungen ein gewisser Anhalt für die Wahrscheinlichkeit einer >Seuchengefahr<. Echtes Grundwasser ist gewöhnlich, Quellwasser manchmal nahezu keimfrei. Hat eines dieser Wässer eine größere Keimzahl (20 Keime/mL), so genügt entweder die Filterwirkung des Bodens nicht, oder es sind keimhaltige Verunreinigungen von außen her in das Wasser gelangt. Reichhaltiges Vorhandensein der für fäkale Verunreinigungen typischen Coli-Keime *(Escherichia coli)* im Wasser ist ein Anzeichen für eine Wasserverunreinigung vom hygienischen Standpunkt aus, es muß dann auch mit >infektiösen Keimen< gerechnet werden.
Lit: Dahlhaus C, Damrath H (1987) Wasserversorgung, 9. Aufl., B. G. Teubner, Stuttgart.

Keimschlauch. (Syn. Keimhyphe). Das erste morphologische Kennzeichen der Sporenkeimung von >Pilzen<, wenn nach Wasseraufnahme eine >Hyphen<ausstülpung an einer Keimpore oder -spalte sichtbar wird. Voraussetzung hierfür ist die lokale Auflösung der Sporenwand. Bei vielen >phytopathogenen< Pilzen bildet sich am Ende des Keimschlauchs ein Appressorium, von dessen Spitze aus eine stiftförmige Hyphe in die Wirtszelle eindringt.

Keimverschleppung. Grundlage ist die Ausscheidung von Krankheitserregern aus klinisch inapparent infizierten oder erkrankten Organismen auf direktem Weg über Nasen- und Rachensekret, Kot, Urin, Tränenflüssigkeit, Milch, Scheidensekret, Nachgeburt und Lochialsekret, Sperma, Haut- und Schleimhautveränderungen oder indirekt über Blut im Stadium der Bakteriämie, Sepsis, Virämie, an dem Insekten saugen und dabei den Erreger aufnehmen, über ganze Tiere oder Teile davon, wenn sie als Beute gefressen werden oder als Lebensmittel in den Handel kommen. Die Erregerverschleppung bzw. -übertragung auf einen neuen Wirt kann direkt oder indirekt erfolgen. Die direkte Übertragung erfolgt über Kontakt-, Schmier-, Tröpfcheninfektion, Verletzungen, Geschlechtsakt, diaplazentare oder intrauterine Wege, germinativ, transovariell oder auch über den Saugakt beim Säugling. Einen immer größeren Raum in der Epidemiologie nimmt die indirekte Übertragung ein. Der Überträger wird dabei als Vektor bezeichnet, der belebt oder unbelebt sein kann. Unbelebte Vektoren sind z. B. Lebensmittel und Futter, Wasser, Luft und Boden, Gebrauchsgegenstände wie Bekleidung, Küchengeräte, Stallgerätschaften, Fäkalien. Belebte Vektoren sind z. B. Menschen, Tiere, Ektoparasiten wie Stechmücken, Flöhe, Wanzen, Zekken, Läuse, Milben und Endoparasiten wie Lungen-, Magen-, Darmwürmer, Finnen, Trichinen. Die Übertragung von Krankheiten erfolgt mittels sog. Infektketten, die direkt von Individuum zu Individuum oder indirekt über lebende oder unbelebte Vektoren die K. ermöglichen.

Keimzahl. Anzahl der aus 1 mL bzw. 1 g einer bakterienhaltigen Flüssigkeit oder Substanz durch Vermischen mit einem verflüssigten und danach wieder erstarrten Nährboden bei einer bestimmten Temperatur in 48 h gewachsenen, bei Lupenvergrößerung sichtbaren und zählbaren Keim>kolonien<, n/mL, n/mg (nach DIN 4049, Blatt 2). Die laufende Bestimmung der Keimzahl kann bei der Feststellung starker Schwankungen einen wertvollen Hinweis auf das Eindringen von Verunreinigungen, besonders im Bereich von >Wasserversorgungsanlagen<, geben.
Lit: Brix J, Heyd H, Gerlach E (1963) Die Wasserversorgung, R. Oldenbourg Verlag, München Wien.

Keimzahlbestimmung. Aus der Wasserprobe wird unter >sterilen< Bedingungen eine bestimmte Wassermenge (1 mL oder Teilmengen) mittels Pipette in eine Doppelglasschale (Petrischale) eingeführt und mit der 10fachen Menge einer durch schwache Erwärmung (etwa 35 °C) flüssig gemachter, nach genauer Vorschrift hergestellten Nährgelatine gut vermischt. Nach Erstarren der Gelatine auf waagerechter Kühlplatte wird die beimpfte Platte in einem Brutschrank bei 22 °C 48 h „bebrütet". Danach erfolgt Auszählen der Keime mittels einer 6fachen vergrößernden Lupe. Als Hilfsmittel wird – besonders bei hoher >Kolonienzahl< – ein unterlegtes Liniennetz benutzt.
Lit: Brix J, Hey H, Gerlach E (1963) Die Wasserversorgung, R. Oldenbourg Verlag, München Wien.

Keimzelle. >Gamet<.

Kelevan. Eine insektizid-wirkende Substanz, die auch als Vorstufe zur Synth. von Despirol eingesetzt wird. Dazu wird Laevulinsäureethylester an dehydriertes K. addiert. Despirol wirkt als Fraßgift, das vorwiegend gegen Kartoffelkäfer eingesetzt wird. Im sauren und alkalischen Milieu erfolgt leicht die Hydrolyse. Die Substanz ist bienengefährlich. $LD_{50} = 240$ bis 290 mg/kg (Ratte, p.o.).

Kellerassel *(Porcellio scaber)*. Wichtige, tote Pflanzensubstanz umsetzende Asselart, die im Lückensystem der Böden offener Wald- und Wiesenökosysteme sowie in Gebäuden lebt. >Crustacea<.

Kellerentwässerung. Anschluß der im Keller eines Gebäudes liegenden Wasserabläufe an die Grundleitung. Sofern die Tiefpunkte der Kellerabflüsse unter den Entwässerungsleitungen liegen und dadurch ein Anschluß im freien Gefälle nicht möglich ist, muß das Wasser mit einer Fördereinrichtung gehoben werden. Hierzu verwendet man Kellerentwässerungspumpen, die das Abwasser aus einem Sammelbehälter mit automatischer Schwimmerschaltung in das höherliegende Entwässerungsnetz pumpen.

Kelthane. (Dicofol). Ein Akarizid, das von der Struktur des DDT abgeleitet ist, jedoch völlig andere toxikologische Eigenschaften besitzt und keine insektizide Wirkung mehr hat. Die Wirkung tritt sofort ein, gegenüber adulten Spinnmilben besteht eine längere Wirkungsdauer. Der Einsatz dieses nicht bienengefährlichen Akarizids erfolgt im Obst-, Hopfen-, Wein- und Gemüseanbau.

Kelvin. Einheitenzeichen K, SI-Basiseinheit der thermodynamischen Temp. Die Einteilung der Kelvin-Skala ist gleich der Celsius-Skala, wobei der Skalennullpunkt dem absoluten Nullpunkt der Temperatur entspricht. Die thermodynamische Temp. des Eispunktes (Schmelzpunkt des Eises) beträgt $T_0 = 273,15$ K ($= 0\,°C$) und die des Tripelpunktes (Temp., bei der flüssiges Wasser, Eis und Wasserdampf in einem Gleichgewicht stehen) von Wasser $T_{tr} = 273,16$ K bei 4,58 Torr ($= 6,105$ mbar).

Kennbuchstaben. Gemäß >GefStoffV< Anhang I Nr. 1.2 werden >Gefahrensymbole< und >Gefahrenbezeichnungen<, die eine Einheit bilden, miteinander durch best. K. verknüpft. Sie gelten gemeinsam für diese und sind immer nur zus. anzuwenden. Die K. sind offizieller Bestandteil der Kennzeichnung und dienen der vereinfachten Darstellung der Gefahrenkategorie in den Vorschriften und Listen. Sie brauchen jedoch in den EU-Staaten nicht mit angegeben zu werden auf dem >Warnetikett<. die K. charakterisieren die >Gefährlichkeitsmerkmale<, denen sie zuzuordnen sind (s. Tabelle bei >Gefährlichkeitsmerkmale<).

Z. Zt. gibt es insgesamt neun Kategorien >gefährlicher Stoffe< und >Zubereitungen<, die mit Gefahrensymbolen und -bezeichnungen (immer kombiniert) zu kennzeichnen sind. Bei den übrigen sieben Gefährlichkeitsmerkmalen ist überhaupt keine (bei „entzündlich") oder keine direkte Zuordnung zu einem (eigenen) Gefahrensymbol vorzunehmen. >Sensibilisierende<, >chronisch wirkende< und >C, M, T-Stoffe< sind mit anderen, abgeleiteten Gefahrensymbolen (Xn, Xi oder T) zu kennzeichnen (s. Abb. „Gefahrensymbole und >Gefahrenbezeichnungen<").

Kennfeldsteuerung. Teil von >Gemischbildungs<- und Zündungssteuerung von >Verbrennungsmotoren<. In Abhängigkeit von den Betriebsdaten des Motors, z.B. Drehzahl und Drehmoment, werden dadurch Parameter der Motorabstimmung festgelegt, wie z.B. Zündzeitpunkt, Kraftstoffzumessung, Abgasrückführung, Ventilsteuerung. Die K. ist in den meisten Fällen tragender Bestandteil von Mikroprozessor-gesteuerten und geregelten Einrichtungen zur Abstimmung von Motoren.

Kenngrößen. Im allg. Daten zur Beschreibung eines best. Systems. Die >TA Luft< definiert >Immission<skenngrößen für die >Vorbelastung<, die >Zusatzbelastung< und die >Gesamtbelastung<. Diese sind im Rahmen eines immissionsschutzrechtlichen >Genehmigungsverfahrens< zu ermitteln, falls die >Emissionen< einer neu zu errichtenden Anlage best. in der TA Luft aufgeführte >Massenströme< überschreiten werden. Die Kenngrößen sind für die >Beurteilungsflächen< des >Beurteilunsgebietes< zu ermitteln. >Meßstellen< sind hierbei die Eckpunkte der Beurteilungsflächen. Meßplan und Auswertungsverfahren der Kenngrößen für die Vorbelastung sowie die Ermittlungsverfahren der Kenngrößen für die Zusatz- und Gesamtbelastung sind in der TA Luft vorgegeben. Die Kenngrößen I1 V, I1 Z bzw. I1 G kennzeichnen dabei Durchschnittsbelastungswerte in Form des arithmetischen Mittels aller auf eine best. Fläche bezogenen Einzelwerte. Die Kenngrößen I2 V, I2 Z bzw. I2 G beschreiben Kurzzeitbelastungswerte in Form der 98 %-Werte der Summenhäufigkeit. Dies ist die Konz., die von 98 % der Einzelwerte noch unterschritten wird; 2 % der Einzelwerte liegen demnach über diesem Wert.

Kennzeichnung (Chemikalien). Aus der Zielsetzung des >ChemG< (Schutz vor gefährlichen Stoffen) ergibt sich u. a. die *Verpflichtung* zur >Einstufung<, >Verpackung< und K. gefährlicher Stoffe und Zubereitungen (§§ 13, 14). Sie gilt für neue u. alte >Stoffe< und geht auf die Richtlinie 67/548/EWG vom 27. 06. 1967 zurück. Seinerzeit wurde mit der Angleichung der Rechts- und Verwaltungsvorschriften u. a. für die K. gefährlicher Stoffe begonnen. Später kamen entsprechende Vorschriften für >Zubereitungen< hinzu, die (mit Ausnahme der Richtlinie 88/379/EWG) in deutsches Recht umgesetzt worden sind.

Zweck der K. von >gefährlichen Stoffen< und >Zubereitungen< (insbesondere nach den Vorschriften der >GefStoffV<) ist es, der breiten Öffentlichkeit und vor allem den Personen, die mit >Gefahrstoffen< umgehen, wesentliche Informationen über deren gefährliche Eigenschaften und Möglichkeiten zur Vermeidung von Gefahren zu vermitteln. Unter K. ist die Markierung eines Behälters oder eines Fahrzeugs (>Gefahrgut<) mit Warnhinweisen zu verstehen. Sie erfolgt durch Aufbringen eines entsprechenden Schildes auf das Gebinde (>Gefahrzettel<, >Warnetikett<) oder auf das Fahrzeug (>Warntafel<).

Die K. wird auf der Grundlage der >Einstufung< der Produkte als >„gefährlich"< vorgenommen, die der sachgerechten Verpackung und K. daher voranzugehen hat. Entsprechend den beiden Verfahren zur Einstufung (Legal- oder Selbsteinstufung) ist zu entscheiden, ob die K. nach dem Listen- oder nach dem Definitionsprinzip zu erfolgen hat (§ 4 GefStoffV). Im erstgenannten Falle sind alle Angaben für das Etikett dem Anhang VI zu entnehmen. Bei *Stoffen*, die in der Liste *nicht* enthalten sind, ist vom >Hersteller< oder >Einführer< der „Leitfaden für die Einstufung und K. gefährlicher Stoffe und Zubereitungen" heranzuziehen (Anhang I Nr.1.1).

Die Art und Weise der K. ist näher in den §§ 4 bis 8 der GefStoffV vorgeschrieben, ferner in der >Technischen Regel für Gefahrstoffe< TRGS 200 sowie im Anhang VI Abschnitt II D der Richtlinie 67/548/EWG (Neufassung des EG-Leitfadens in der 12. Anpassungs-RL der >EG-Kommission<: ABl. 180 A 1991 (s. >Warnetikett<).

>Krebserzeugende< Stoffe müssen *zusätzlich* gekennzeichnet werden. Das gilt auch für Zubereitungen, die solche Stoffe in einer gewissen Menge enthalten. Nach § 5 GefStoffV sind die Gebinde dieser Produkte mit der Aufschrift „Gefahrstoffverordnung" und „Kann Krebs erzeugen" (R 45) sowie mit der Angabe des Gefährdungspotentials zu versehen. Letzteres ist Anhang II Nr.1.1 zu entnehmen, wo eine entsprechende Einstufung in die Gruppen I, II oder III aufgeführt ist. Die im o. g. Anhang zur GefStoffV (noch) nicht aufgeführten krebserzeugenden Stoffe von Abschnitt III A 1 u. A2 der sog. MAK-Werte-Liste sind gemäß Anhang I Nr.1.1.3.1 der GefStoffV mit den Aufschriften „Gefahrstoffverordnung   Gruppe III"   und   „Kann Krebs erzeugen" zu kennzeichnen (TRGS 900).

Bis zur Umsetzung der Richtlinie 88/379/EWG in deutsches Recht – voraussichtlich über die 4. Änderung der GefStoffV – ist nur ein Teil der gefährlichen >Zubereitungen< kennzeichnungspflichtig (§ 4). Bei bestimmten Produkten legt Anhang VI (Stoffliste) auch die K. von Zubereitungen fest (Spalten 7 u. 8).

Eine besondere K. ist bei folgenden Zubereitungen *und* >Erzeugnissen< vorgeschrieben: die Asbest enthalten (Nr. 2.5) und die Formaldehyd freisetzen (Nr. 2.6) sowie Aerosoldosen und Aerosolverpackungen. § 6 GefStoffV in Verbindung mit Anhang I.

Die Hersteller und Einführer von Chemikalien sind nicht nur bei deren >Inverkehrbringen< zu einer sachgerechten Einstufung, Verpackung und K. verpflichtet. Das gilt auch für die „innerbetriebliche" Verwendung von Gefahrstoffen. § 23 GefStoffV sieht allerdings einige Ausnahmen oder Erleichterungen vor: Für Zwischenprodukte „im Produktionsgang" genügt die Produktbezeichnung; für Laborstandflaschen und ortsfeste Behälter reicht eine *vereinfachte K.* (Stoffname, Gefahrensymbol und -bezeichnung) aus; Anlagenteile und Rohrleitungen sind kennzeichnungs*frei*.

Auf der Verpackung sind folgende Angaben unzulässig: *nicht* giftig/gesundheitsschädlich/umweltgefährlich/kennzeichnungspflichtig/schädlich bei bestimmungsgemäßem Gebrauch etc. Demgegenüber enthält die Neufassung des ChemG (01.08.1990) eine Ermächtigung zum Erlaß von Vorschriften über die s. g. *Negativkennzeichnung*, v. B. „FCKW-frei" (§ 14 Abs. 1 Nr. 3 Buchstabe d).

Lit: Schauer W, Quellmalz E (1989) Die Kennzeichnung von gefährlichen Stoffen und Zubereitungen nach Chemikaliengesetz und Gefahrstoffverordnung (Anleitung für die Praxis), VCH-Verlagsgesellschaft, Weinheim – Kitzinger G, Beekhuizen S, Lorenz G (1991) Gefahrstoffverordnung, Kommentar und Rechtsvorschriften zum Gefahrstoffrecht, Werner-Verlag, Düsseldorf.

Kennzeichnungspflicht. Nach dem >Chemikaliengesetz< sind die Verpackungen und Zubereitungen gefährlicher Stoffe zu kennzeichnen, entsprechend einem gesetzlich genau vorgeschriebenen Katalog. Krebserzeugende Stoffe und Zubereitungen sind besonders zu kennzeichnen; Einzelheiten s. §§ 4 bis 8 des Chemikaliengesetzes.

Keramische Motorteile. Vermeidung von Verschleiß, z.B. Kolbenboden, Wirbelkammern, Portliner, in Erprobung zur Realisierung des wärmedichten Motors. Bei dieselmotorischer Ausbildung erreicht man Vielstofffähigkeit.

Keramischer Katalysator. Katalysator auf keramischem monolithischen oder Schüttgut-Träger, >Katalysator<.

Kern. >Atomkern<, >Spaltzone<.

Kernanlage. Für die Anwendung der Vorschriften über die Haftung definiert das >Atomgesetz< als Kernanlage: >Reaktoren<, ausgenommen solche, die Teil eines Beförderungsmittels sind; Fabriken für die Erzeugung oder Bearbeitung von >Kernmaterialien<, Fabriken zur Trennung der >Isotope< von >Kernbrennstoffen<, Fabriken für die >Aufarbeitung< bestrahlter Kernbrennstoffe; Einrichtungen für die Lagerung von Kernmaterialien, ausgenommen die Lagerung solcher Materialien während der Beförderung; eine Kernanlage kann auch bestehen aus zwei oder mehr Kernanlagen eines einzigen Inhabers, die sich auf demselben Gelände befinden, zusammen mit anderen Anlagen auf diesem Gelände, in denen sich radioaktive Materialien befinden.

Kernbrennstoff. Nach der Definition des >Atomgesetzes< sind >Kernbrennstoffe< besondere spaltbare Stoffe in Form von
– >Plutonium<-239 und Plutonium-241,
– >Uran<-233
– mit den >Isotopen< 235 oder 233 angereichertes Uran,
– jeder Stoff, der einen oder mehrere der vorerwähnten Stoffe enthält.
– Uran und uranhaltige Stoffe der natürlichen Isotopenmischung, die so rein sind, daß durch sie in einer geeigneten Anlage (>Reaktor<) eine sich selbst tragende >Kettenreaktion< aufrechterhalten werden kann.

Kernbrennstoffkreislauf. Eine Reihe von Verfahrensstufen (s. Abb.) bei der Versorgung und Entsorgung von Kernreaktoren mit >Kernbrennstoff<. 1. Versorgungsteil: Ausgangspunkt der Kernenergienutzung ist die Versorgung der >Kernreaktoren< mit Uran. Der Urangehalt der abgebauten Erze beträgt typischerweise 0,2 %. In einem Aufbereitungsverfahren wird das Uran aufkonzentriert. Es entsteht das Handelsprodukt „Yellow Cake", das etwa 70 bis 75 % Uran enthält. Das im Yellow Cake enthaltene Uran weist die natürliche Isotopenzusammensetzung von 0,7 % U-235 und 99,3 % U-238 auf. >Kernkraftwerke< benötigen Uran mit einem Anteil von rund 3 bis 4 % des spaltbaren Isotops U-235. Daher muß das Uran an U-235 „angereichert" werden. Dazu wird das Uran in die chem. Verbindung UF_6 umgewandelt, die leicht in die Gasphase überführt werden kann, da nur in der Gasphase eine Anreicherung einfach möglich ist. Anreicherungsverfahren – Gas-Ultrazentrifuge oder >Diffusionstrennverfahren< – nutzen den geringen Massenunterschied der U-235- und U-238-Moleküle, um diese beiden Komponenten zu trennen. Das Produkt der Anreicherungsanlage ist UF_6, dessen U-235-Anteil ca. 3 bis 4 % beträgt. In der Brennelementfabrik wird das UF_6 in UO_2 umgewandelt. Aus UO_2-Pulver werden Tabletten gepreßt, die bei Temperaturen über 1.700 °C gesintert und dann in nahtlos gezogene Hüllrohre aus einer

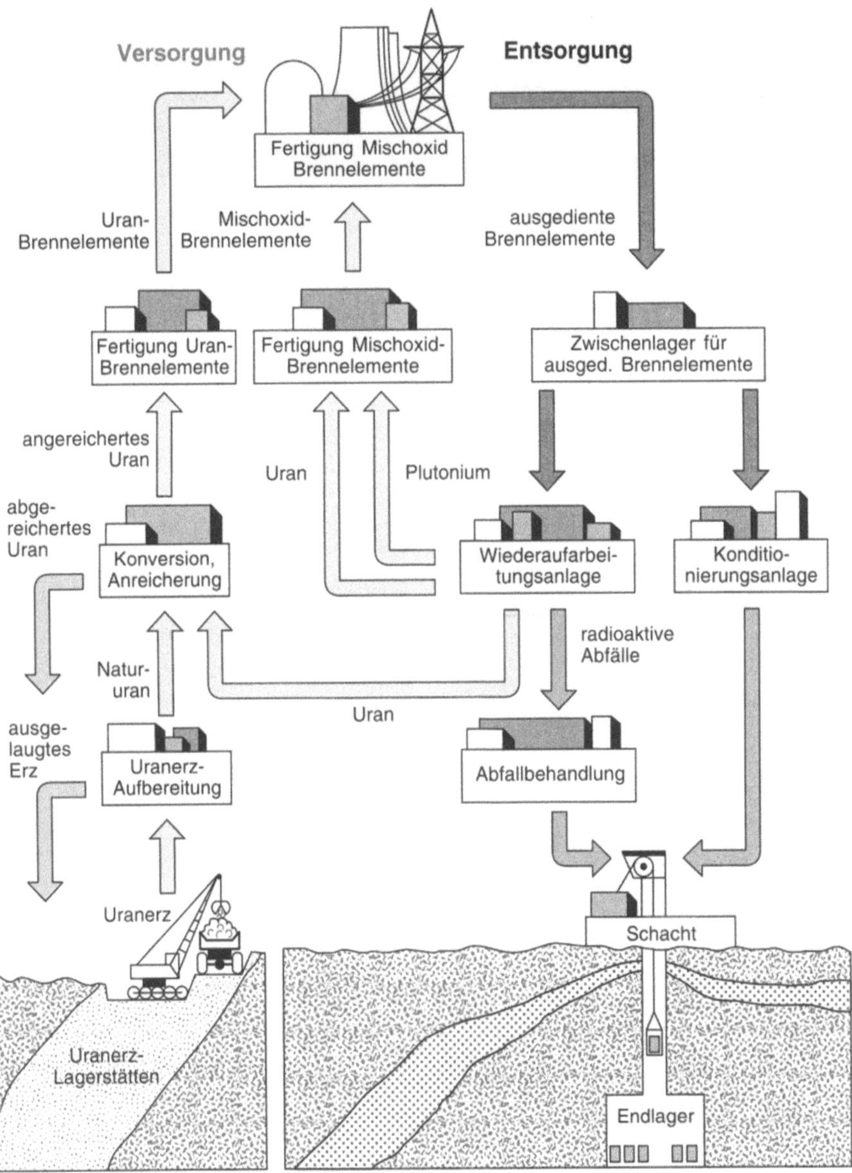

Kernbrennstoffkreislauf

Zirkonlegierung gefüllt und gasdicht verschlossen werden. Man erhält so einzelne >Brennstäbe<, die zu >Brennelementen< zusammengesetzt werden. Brennelemente eines >Druckwasserreaktors< enthalten rund 340 kg Uran, die eines >Siedewasserreaktors< rund 190 kg Uran. 2. Entsorgungsteil: Die Einsatzzeit der Brennelemente im Reaktor beträgt drei bis vier Jahre. Durch Kernspaltung wird Kernenergie in elektrischen Strom umgewandelt. Dabei nimmt der Anteil des spaltbaren U-235 ab, und es entstehen die z.T. radioaktiven >Spaltprodukte< sowie nennenswerte Mengen des neuen, spaltbaren Kernbrennstoffs >Plutonium<. Alle Tätigkeiten zur Behandlung, Aufarbeitung und Beseitigung der ausgedienten Brennelemente werden zusammenfassend als Entsorgung bezeichnet. Zwei Arten der Entsorgung sind möglich: >Wiederaufarbeitung< mit Rückgewinnung und Wiederverwendung der nutzbaren Anteile Plutonium und Uran oder >direkte Endlagerung<, bei der die ausgedienten Brennelemente insgesamt als Abfälle deponiert werden. Die ausgedienten Brennelemente kommen zunächst in ein Zwischenlager, in dem ihre Aktivität abklingt. Bei der dann folgenden Wiederaufarbeitung werden wiederverwertbares Uran und Plutonium von den radioaktiven Spaltprodukten getrennt. Für die Wiederverwendung im Kernkraftwerk müssen Plutonium und Uran – dieses u. U. nach erneuter Anreicherung – wieder zu Brennelementen verarbeitet werden. Mit ihrem Einsatz im Kernkraftwerk schließt sich der Brennstoffkreislauf.

Kernchemie. Teilgebiet der Chemie, das sich mit dem Studium von >Atomkernen< und >Kernreaktionen< unter Verwendung chem. Methoden befaßt. >Radiochemie<.

Kernenergie. Quelle der K. ist die innere Bindungsenergie der Atomkerne. Die Kernbausteine sind von einer Atomsorte zur anderen verschieden stark aneinander gebunden. Das Maximum der Bindungsenergie je Kernbaustein liegt im Bereich der Massenzahl 60. Durch Kernumwandlungen kann deshalb Energie entweder durch Spaltung (Fission) schwerer Kerne wie Uran oder durch Verschmelzung (Fusion) leichter Kerne wie Wasserstoff gewonnen werden. Bei der Fusion von Deuterium und Tritium (DT-Reaktion) zu 1 kg Helium wird eine Energie von rund 120 Mio. kWh frei, die Spaltung von 1 kg U-235 liefert rund 23 Mio. kWh gegenüber etwa 10 kWh bei der Verbrennung von 1 kg Steinkohle. >Fusion<, >Kernspaltung<.

Kernforschungszentrum Karlsruhe. Jetzt: >Forschungszentrum Karlsruhe<.

Kernfusion. >Fusion<.

Kernkraftwerk. Wärmekraftwerk, überwiegend zur Stromversorgung, bei dem die bei der >Kernspaltung< in einem >Reaktor< freigesetzte Kernbindungsenergie in Wärme und über einen Wasser-Dampf-Kreislauf mittels Turbine und Generator in elektrische Energie umgesetzt wird. 1956 lieferte als erstes kommerzielles Kernkraftwerk die Anlage Calder Hall, England, Strom in das öffentliche Netz. Im Februar 1998 waren weltweit 435 Kernkraftwerksblöcke mit einer installierten elektrischen Bruttoleistung von 369 GW in Betrieb und 44 Anlagen mit einer elektrischen Bruttoleistung von 38 GW in Bau. In den Kernkraftwerken werden überwiegend Druckwasserreaktoren eingesetzt – 58% nach Anzahl, 64% nach Leistung –, gefolgt von Siedewasserreaktoren – 21% nach Anzahl, 22% nach Leistung. Die Reaktortypen >AGR<, CANDU und >RBMK< teilen sich den restlichen Anteil etwa gleichwertig. Die kumulierte Betriebserfahrung bis Ende 1998 betrug 9.012 Jahre.

Kernkraftwerke in Deutschland. In Deutschland sind (Stand 3/98) 19 Kernkraftwerke mit einer elektrischen Bruttoleistung von 22.194 MW in Betrieb (s. Tabelle). Im Jahr 1997 erzeugten sie 170,7 Mrd. kWh elektrischen Strom, das entspricht einem Anteil von 34% an der öffentlichen Stromversorgung in Deutschland. 16 Kernkraftwerke – insbesondere in den 60er und 70er Jahren errichtete Versuchs-, Prototyp- und Demonstrationsanlagen – wurden bisher außer Betrieb genommen, darunter auch aus allg. Sicherheitsgründen die fünf Blöcke des Kernkraftwerks Greifswald in Mecklenburg-Vorpommern.

Kernkraftwerk: Weltweit, in Betrieb und in Bau, Stand 02/98

Land	in Betrieb		in Bau	
	Anzahl	elektr. Brutto-Leistung MW	Anzahl	elektr. Brutto-Leistung MW
Argentinien	2	1.015	1	745
Armenien	2	880	–	–
Belgien	7	5.807	–	–
Brasilien	1	657	1	1.309
Bulgarien	6	3.760	2	2.000
China	3	2.200	4	3.210
Deutschland	19	22.194	–	–
Finnland	4	2.550	–	–
Frankreich	57	64.186	1	1.516
Großbritannien	35	15.020	–	–
Indien	10	2.270	4	940
Iran	–	–	2	2.600
Japan	53	45.248	2	1.105
Kanada	20	14.901	–	–
Kasachstan	1	150	–	–
Korea, Republik	13	11.315	7	6.400
Litauen	2	3.000	–	–
Mexiko	2	1.350	–	–
Niederlande	1	480	–	–
Pakistan	1	137	1	300
Rumänien	1	700	1	700
Rußland	29	21.242	6	5.600
Schweden	12	10.452	–	–
Schweiz	5	3.229	–	–
Slowakische Republik	4	1.760	2	880
Slowenien	1	664	–	–
Spanien	9	7.581	–	–
Südafrika	2	1.930	–	–
Taiwan	6	5.144	–	–
Tschechische Republik	4	1.782	2	1.962
Ukraine	14	12.818	5	5.000
Ungarn	4	1.840	–	–
USA	105	102.247	3	3.906

Kernkraftwerke in Deutschland: Stand 3/98, und deren Stromerzeugung im Jahr 1997

Kernkraftwerk	Typ	Nennleistung (brutto) MW	Stromerzeugung (brutto) GWh
GKN-1 Neckar	DWR	840	6.724
GKN-2 Neckar	DWR	1.365	10.806
KBR Brokdorf	DWR	1.440	11.837
KKB Brunsbüttel	SWR	806	5.333
KKE Emsland	DWR	1.363	11.235
KKG Grafenrheinfeld	DWR	1.345	10.691
KKI-1 Isar	SWR	907	6.272
KKI-2 Isar	DWR	1.440	11.539
KKK Krümmel	SWR	1.316	9.671
KKP-1 Philippsburg	SWR	926	6.704
KKP-2 Philippsburg	DWR	1.424	11.707
KKS Stade	DWR	672	5.219
KKU Unterweser	DWR	1.350	10.466
KRB B Gundremmingen	SWR	1.344	9.710
KRB C Gundremmingen	SWR	1.344	9.472
KWB A Biblis	DWR	1.225	8.518
KWB B Biblis	DWR	1.300	9.044
KWG Grohnde	DWR	1.430	12.529
KWO Obrigheim	DWR	357	2.916

Kernladungszahl. >Ordnungszahl<.

Kernmaterial. >Kernbrennstoffe< (ausgenommen natürliches und >abgereichertes Uran<) sowie radioaktive Erzeugnisse und >Abfälle< (Definition nach >Atomgesetz<).

Kernmaterialüberwachung. Organisatorische und physikalische Prüfmethoden, die eine Überwachung des spaltbaren Materials ermöglichen und die unerlaubte Entnahme entdecken. In der Bundesrepublik Deutschland wird die Kernmaterialüberwachung von >EURATOM< und >IAEO< durchgeführt.

Kernreaktor. >Reaktor<.

Kernreaktor-Fernüberwachungssystem. Meßsystem zur Erfassung von >Emissions-< und >Strahlendosis<-werten sowie Betriebsparametern von >Kernkraftwerken< und Fernübertragung zur zentralen Datenverarbeitung und Auswertung bei der Überwachungsbehörde.

Kernschmelzen. Fällt die Kühlung des Reaktorkerns aus – z. B. bei einem großen Leck im Reaktorkühlkreislauf und gleichzeitigem Versagen der Notkühlung –, so heizt die im >Brennstoff< durch den radioaktiven Zerfall der >Spaltprodukte< entstehende Nachwärme den Reaktorkern auf. Dabei kann der Brennstoff bis auf Schmelztemp. erhitzt werden. Beim Schmelzen des Brennstoffs versagen auch die Kerntragestrukturen. Die gesamte Schmelzmasse stürzt in den unteren halbkugelförmigen Bereich des >Reaktordruckbehälters<. Es ist davon auszugehen, daß die in der Schmelze freigesetzte Wärme den Boden des Reaktordruckbehälters durchschmilzt. Für das Ausmaß der Freisetzung >radioaktiver< Stoffe in die Umgebung bei einem solchen Kernschmelzunfall ist die Dichtheit des Sicherheitsbehälters von Bedeutung. Für neue Kernkraftwerke in Deutschland muß nachgewiesen werden, daß auch solche Unfälle zu keinen Auswirkungen außerhalb der Anlage führen, die eine Evakuierung der Bevölkerung erfordern.

Kernspaltung. Spaltung eines >Atomkernes< in zwei Teile etwa derselben Größe durch den Stoß eines Teilchens, z. B.:

$$U\text{-}235 + n = Ba\text{-}144 + Kr\text{-}90 + 2n + ca.\ 200\ MeV$$

Die Kernspaltung kann bei sehr schweren Kernen auch spontan auftreten; >Spaltung, spontane<.

Kernspindel. (Syn. Spindelapparat). Ermöglicht bei der mitotischen und meiotischen Kernteilung die Chromosomenbewegungen; sie dient somit als Verteilerapparat für die Chromosomen. Die K. besteht aus Büscheln von >Mikrotubuli<, die bei jeder Kernteilung von den beiden gegenüberliegenden Spindelpolen (bei Pflanzen Polkappen, bei Tieren Centriolen) aus Tubulin-Untereinheiten neu aufgebaut und nach ihrem Abschluß wieder abgebaut werden. Man unterscheidet Kinetochor-Mikrotubuli (früher Chromosomenfasern), die zu den Centromeren der Chromosomen laufen, und Pol-Mikrotubuli (früher Polfasern), die gegen den Spindeläquator gerichtet sind und dort eine Überlappungszone bilden. Für die Bewegung der Mikrotubuli durch Aneinandervorbeigleiten sind ATP-abhängige Motorproteine zuständig. Spindelgifte wie Colchicin (s. Abb. bei Giftpflanzen) sowie Vinca-Alkaloide (z. B. Vinblastin) stören die Polymerisationsreaktionen der Mikrotubuli und damit den Spindelzyklus, greifen jedoch nicht in den Chromosomenzyklus ein. Colchicin-Mitosen werden zur Verdopplung des Chromosomensatzes genützt.

Kerntechnische Anlage. Ortsfeste Anlage zur Erzeugung oder zur Bearbeitung oder Verarbeitung oder zur Spaltung von >Kernbrennstoffen< oder zur Aufarbeitung bestrahlter Kernbrennstoffe; s. § 7 Abs. 1 des >Atomgesetzes<; genehmigungsbedürftig ist die Errichtung, der Betrieb oder das sonstige Innehaben einer k. A.

Kerntechnische Hilfsdienst GmbH. Die Kerntechnische Hilfsdienst GmbH in Eggenstein-Leopoldshafen ist eine von Betreibern >kerntechnischer Anlagen< gegründete Gesellschaft zur Gewährleistung der Schadensbekämpfung bei >Unfällen< oder >Störfällen< in kerntechnischen Anlagen und beim Transport >radioaktiver< Stoffe. Zur Eindämmung und Beseitigung der durch Unfälle oder Störfälle entstandenen Gefahren werden die erforderlichen speziellen Hilfsmittel und entsprechend ausgebildetes Personal vorgehalten.

Kernwaffenstaat. Zu den Atommächten werden die Staaten gezählt, die Kernwaffen gezündet haben. Dazu gehören (Stand Juni 1998) USA, Rußland, Großbritannien, Frankreich, China, Indien, Pakistan. Eine Auflistung mit Angaben über Ort, Zeit, Sprengkraft der bisher gezündeten Kernwaffen findet sich im Internet unter gopher://wealaka.okgeosurvey1.gov:70/00/nuke.cat/nuke.cat.under.construction

Kernwaffentestgebiete. Über 2.050 Kernwaffentests wurden seit den Atombombenabwürfen auf Hiroshima und Nagasaki weltweit durchgeführt. Etwa 20 % dieser Tests wurden bis zum Inkrafttreten des Teststoppabkommens (1963) in der Atmosphäre durchgeführt, seitdem unterirdisch. Testgebiete waren überwiegend Nevada, die Atolle Bikini und Enewetak der Marshall-Inseln, die Atolle Mururoa und Fangataufa in Französisch-Polynesien, Nowaja Semlja, Semipalatinsk und Lop Nor. Die Internationale Atomenergie-Organisation hat in der Mitte der 90er Jahre auf Bitten von Kasachstan, der Republik der Marshall-Inseln und von Frankreich Untersuchungen der radiologischen Situation in Semipalatinsk, dem Bikini-Atoll und den Atollen Mururoa und Fangataufa durchgeführt. Die Tabelle gibt Werte der max. jährlichen Strahlendosis an, die für den Fall der Wiederbesiedlung dieser Gebiete bei Einzelpersonen auftreten kann.

Kernwaffentestgebiete: Maximale jährliche Strahlenexposition in Kernwaffentestgebieten für den Fall einer Wiederbesiedlung

Testgebiet	jährliche Strahlendosis in mSv
Semipalatinsk	140
Bikini	15
Mururoa und Fangataufa	
Kilo-Empereur	0,25
M + F-Durchschnitt	0,01

Kernzähler. Meßinstrument, entwickelt von JOHN AITKEN, ursprünglich um den Staub-Gehalt der Atmosphäre zu bestimmen, später vor allem zur Zählung der in einem Luftvolumen enthaltenen Kondensationskerne eingesetzt. Meßprinzip: Eine Luftprobe wird in einer Expansionskammer mit einer größeren Menge staubfreier, wasserdampfhaltiger Luft gemischt. Bei plötzlicher Expansion kühlt sie sich >adiabatisch< unterhalb ihres >Taupunktes< ab, so daß sich an den Kondensationskernen Tröpfchen bilden, die sich ihrerseits auf einer Glasplatte mit eingraviertem Zählgitter niederschlagen. Dort werden sie mit Hilfe eines Mikroskops ausgezählt. >Aitken-Kerne<.

Kerosin. Gemisch aus verschiedenen Kohlenwasserstoff-Verb., Hauptanteil ist Dodekan; wird 1. als Treibstoff für Flugzeuge, 2. zur >Verdünnung< von Tributylphosphat im >PUREX-Prozeß< zur >Wiederaufarbeitung< von >Kernbrennstoffen< eingesetzt.

Kesselstäube. K. fallen bei Verbrennungsprozessen zur Erzeugung von Dampf im Bereich des Dampferzeugers (Abhitzekessel) durch Staubablagerungen auf den Wärmetauscherflächen an. I.d.R. ist der Anfall von K. im Vergleich zum Anfall von >Schlacke/Asche<, >Flugasche<, >Filterstaub< etc. gering. Nach den Vorgaben des Kreislaufwirtschafts- und Abfallgesetzes sind K. zu vermeiden oder ordnungsgemäß und schadlos zu verwerten und, falls dies nicht möglich ist, ohne Beeinträchtigung des Wohls der Allgemeinheit zu beseitigen. Durch geeignete Abgasführung läßt sich der Anfall an K. verringern. Die Zusammensetzung der K. hängt dabei vom eingesetzten Brennstoff ab. So sind K. aus >Müllverbrennungsanlagen< hoch mit >Schadstoffen< belastet und daher ohne aufwendige Behandlung nicht zu verwerten.

Kessenerbürste. >Käfigwalze<.

Kettenräumer. Für die Räumung von >Absetzbecken< wurden bisher, vor allem in den USA, bevorzugt Ketten- oder >Bandräumer< eingesetzt. Ihr Antrieb erfolgt durch einen ortsfesten Elektromotor. Alle elektrischen Installationen, wie Schaltschütze, Endschalter, Kabeltrommeln und Schleifringe mit ihrem aufwendigen Explosionsschutz – wie er bei Längsräumern erforderlich ist – entfallen und gefährden damit nicht die Sicherheit der Anlage. Durch die an zwei Ketten über vier Kettenradwellen geführten Räumbalken aus imprägniertem Holz werden der Bodenschlamm in die >Schlammtrichter< auf der Beckeneinlaufseite und die >Leichtstoffe< in Fließrichtung zur Auslaufseite geräumt und in drehbaren Rinnen abgezogen. Während der Stillstandzeiten des Bandräumers dienen die etwa 2/3 in die Wasseroberfläche eintauchenden Räumbalken als Tauchwände zur stufenweisen Rückhaltung der Leichtstoffe.
Lit: Abwassertechnische Vereinigung (Hrsg.) (1985–1997) ATV-Handbuch, 4.Aufl., Bd.1–7, Verlag von Wilhelm Ernst und Sohn, Berlin München.

Kettenreaktion. Reaktion, die sich von selbst fortsetzt. In einer Spaltungskettenreaktion absorbiert ein spaltbarer Kern ein >Neutron<, spaltet sich und setzt dabei mehrere Neutronen frei (bei U-235 im Mittel 2,46). Diese Neutronen können ihrerseits wieder durch andere spaltbare Kerne absorbiert werden, Spaltungen auslösen und weitere Neutronen freisetzen.

Keuper. Jüngstes geologisches Zeitalter der Trias, vor etwa 205 bis 195 Mio. Jahren. In Mitteleuropa bestehen die K.-Sedimente aus bunten Mergeln, Sandsteinen, gipshaltigen Schichten und Letten (tonreiche >Sedimente<).

keV. Kiloelektronenvolt, 1 keV = 1.000 eV; >Elektronenvolt<.

KFA Jülich. Neuer Name >Forschungszentrum Jülich<.

KfK. Neuer Name >Forschungszentrum Karlsruhe<.

KFÜ. >Kernreaktor-Fernüberwachungssystem<.

KGR. Am Standort des Kernkraftwerks Greifswald bei Lubnin in Mecklenburg-Vorpommern waren von 1973 bis Mitte 1990 fünf >Druckwasserreaktoren< sowjetischer Bauart mit einer elektrischen Leistung von je 440 MW in Betrieb. 1990 waren noch drei weitere Blöcke gleicher Leistungsgröße im Bau. Aufgrund des gegenüber westlichen Standards festgestellten Sicherheitsdefizits wurden 1990 die Reaktoren 1 bis 5 außer Betrieb genommen und der Weiterbau der Blöcke 6 bis 8 eingestellt. Die Stillegungsarbeiten für die Anlage haben begonnen und sollen bis zum Jahr 2012 abgeschlossen sein.

KHG. >Kerntechnische Hilfsdienst GmbH<.

Kieselalgen. (Diatomeae). Gruppe von Meeres- und Süßwasseralgen mit einer charakteristischen, aus zwei Teilen bestehenden Schale aus Siliciumoxid (SiO_2). Ihre Fortpflanzung ist vegetativ durch Zweiteilung und geschlechtlich durch Konjugation und Auxosporenbildung. K. kommen im Meer fast nur im >Plankton<, im Süßwasser planktisch und als Aufwuchs auf Flächen in stehenden und fließenden Gewässern vor. 2 Gruppen: *pennate* D. mit mehr oder weniger gestreckter, oft schiffchenförmiger Schale mit Mittelrinne und seitlich abgehenden Punktreihen; *zentrale* D. mit nahezu kreisrunder Schale und radiärer Musterung. D. sind entweder einzellig, fädige oder sternförmige Kolonien. Im Meer bilden K. die Diatomeenschlämme in einem riesigen Gebiet nördlich und südlich der tropischen und subtropischen Zone. Im Süßwasser sind D.-Schalen in großen Mengen im Seesediment enthalten und wichtige „Leitfossilien" für die >Paläolimnologie<, die die Geschichte der Seen rekonstruiert. Viele D. im Süßwasser reagieren durch Verschwinden oder rasche Vermehrung auf Änderungen des pH-Wertes, z.B. bei der Gewässerversauerung; sie sind daher auch wichtige ökologische Indikatoren.
Lit: Krammer K, Lange-Bertalot H (1986, 1988, 1991) Bacillariophyceae. 1.Teil Naviculaceae; 2.Teil Bacillariaceae, Epithemiaceae, Surirellaceae; 3.Teil Centrales, Fragilariaceae, Eunotiaceae; 4.Teil Achanthaceae, krit. Erg. zu Navicula (Lineolatae) und Gomphonema, Gesamtliteratur-Verzeichnis Teil 1–4. In: Ettl H, Gerloff J, Heynig H, Mollenhauer D (Hrsg.) Süßwasserflora von Mitteleuropa, Fischer, Stuttgart New York – Krammer K (1986) Kieselalgen. Biologie, Baupläne der Zellwand, Untersuchungsmethoden, Franckh'sche Verlagshandlung, Stuttgart – Smol JP, Battarbee RW, Davis RB, Meriläinen J (1986) Diatoms and lake acidity, Junk, Dordrecht Boston Lancaster.

Kieselgur. Lockeres Süßwassersediment aus den >Kieselsäure<panzern (Opal) von >Kieselalgen< (Diatomeen), das in Seebecken des Tertiär oder Pleistozän gefunden wird. Aufgrund seiner porösen Struktur eignet es sich besonders gut zu Isolierzwecken, zum Aufsaugen flüssiger Stoffe (z.B. nach Chemieunfällen) und als Filtermaterial.

Kieselsäuren. Gruppe von Sauerstoffsäuren des Siliciums mit dem einfachsten Vertreter H_4SiO_4, deren Anionen (Silicate) die wichtigsten Bausteine vieler Bodenminerale sind. Da alle K. sehr schwache Säuren sind, ist die Protonierung der Silicate eine wichtige Puffer- und Verwitterungsreaktion in den meisten Böden, bei der auch die in den Mineralen enthaltenen Nährstoffe freigesetzt werden.

Kieserit. In Wasser leicht lösliches Mineral der Formel $MgSO_4 \cdot H_2O$, das in den norddeutschen Salzlagerstätten häufig vorkommt.

Kilo. (k). Vorsatz vor Maßeinheiten, die um das 1.000fache vergrößert sind.

Kilogramm. (kg). SI-Basiseinheit der Masse, die definiert ist durch den Internationalen Kilogrammprototyp aus Platin-Iridium, der im Internationalen Büro für Maße und Gewichte in Sévres bei Paris aufbewahrt wird; 1 kg = 1.000 g.

Kilokalorie. >Kalorie<.

Kilopond. Seit 01.01. 1978 nicht mehr gesetzlich zulässige Maßeinheit der Kraft. Das K. ist definiert als diejenige Kraft, die erforderlich ist, um einem Körper der Masse 1 kg die Normfallbeschleunigung von $9,80665$ m/s^2 zu erteilen. Mit dem >Newton (N)<, der SI-Einheit der Kraft, hängt das K. wie folgt zusammen: 1 kp = 9,80665 N.

Kinematische Zähigkeit. Verhältnis von >Viskosität< (V) zu Dichte (D) einer Flüssigkeit oder eines Gases:

$$Z = \frac{V}{D} \, [m^2 \cdot s^{-1}]$$

Die K. ist für alle Flüssigkeitsbewegungen, auch um und in Organismen, eine hydraulisch wichtige Größe, die auch in der >Reynolds-Zahl< enthalten ist. Sie ändert sich stark mit der Temp., da besonders V = f(T). Im Süßwasser beträgt die K. bei 20°C $1 \cdot 10^{-6}$ m$^2 \cdot$ s^{-1}. Eine alte Einheit ist Stokes = 10^{-4} m$^2 \cdot$ s^{-1}.

Kinetik. (Grch. kinein = bewegen). Im allg. Sinne die Lehre von den Bewegungen und Veränderungen und ihrer mathematischen Beschreibung; die Reaktionskinetik beschäftigt sich mit der Geschwindigkeit chem. Reaktionen; dabei werden, ähnlich wie bei den >Fließgleichungen<, zunächst meist lineare Ansätze in den Konz. als den die Umsetzung antreibenden Kräften verwendet. Sollte daher eher Reaktions->Dynamik< heißen.

Kin-Selektion. >Selektion< zwischen nahe verwandten Individuen. Sie bietet theoretisch eine Erklärungsmöglichkeit zur Entstehung von Insektenstaaten, weil nicht nur der individuelle Fortpflanzungserfolg die eigenen >Gene< vererbt, sondern diese weitgehend auch erhalten bleiben, wenn sehr nahe Verwandte sich fortpflanzen können; >Fitness<.

Kippe. Auch Abraumkippe, dient beim >Tagebau< zur Aufnahme des bei der Freilegung der Lagerstätte anfallenden >Abraums<. Beim >Aufschluß< des Tagebaus wird der Abraum zunächst außerhalb des Tagebauraums auf der sog. Außenkippe aufgeschüttet. Ist im Tagebau mit Fortschreiten des Abbaus ausreichend Raum geschaffen worden, kann der Abraum im Tagebau selbst auf der sog. Innenkippe verstürzt werden.

KKB. Kernkraftwerk Brunsbüttel/Elbe, >Siedewasserreaktor< mit einer elektrischen Bruttoleistung von 806 MW, nukleare Inbetriebnahme am 23.06. 1976.

KKE. Kernkraftwerk Emsland in Lingen/Ems, >Druckwasserreaktor< mit einer elektrischen Bruttoleistung von 1.363 MW, nukleare Inbetriebnahme am 14.04. 1988.

KKG. Kernkraftwerk Grafenrheinfeld/Main, >Druckwasserreaktor< mit einer elektrischen Bruttoleistung

von 1.345 MW, nukleare Inbetriebnahme am 09.12. 1981.

KKI-1. Kernkraftwerk Isar in Essenbach/Isar, Block 1, >Siedewasserreaktor< mit einer elektrischen Bruttoleistung von 907 MW, nukleare Inbetriebnahme am 20.11. 1977.

KKI-2. Kernkraftwerk Isar-2 in Essenbach/Isar, Block 2, >Druckwasserreaktor< mit einer elektrischen Bruttoleistung von 1.455 MW, nukleare Inbetriebnahme am 15.01. 1988.

KKK. Kernkraftwerk Krümmel/Elbe, >Siedewasserreaktor< mit einer elektrischen Bruttoleistung von 1.316 MW, nukleare Inbetriebnahme am 14.09. 1983.

KKN. Kernkraftwerk Niederaichbach/Isar, CO_2-gekühlter, D_2O-moderierter >Druckröhrenreaktor< mit einer elektrischen Bruttoleistung von 106 MW, nukleare Inbetriebnahme am 17.12. 1972. Die Anlage wurde kurze Zeit danach aus wirtschaftlichen Gründen wegen der schnellen und erfolgreichen Entwicklung und Einführung der Baulinien der Druck- und Siedewasserreaktoren stillgelegt. Die Anlage wurde zunächst in den gesicherten Einschluß überführt. Am 06.06. 1986 wurde die Genehmigung zur totalen Beseitigung der Anlage erteilt. Am 17.08. 1995 waren alle Abbauarbeiten abgeschlossen und damit für das erste Kernkraftwerk in Deutschland der Zustand der „grünen Wiese" wieder hergestellt.

KKP-1. Kernkraftwerk Philippsburg/Rhein, Block 1, >Siedewasserreaktor< mit einer elektrischen Bruttoleistung von 926 MW, nukleare Inbetriebnahme am 09.03. 1979.

KKP-2. Kernkraftwerk Philippsburg/Rhein, Block 2, >Druckwasserreaktor mit einer elektrischen Bruttoleistung von 1.424 MW, nukleare Inbetriebnahme am 13.12. 1984.

KKR. Kernkraftwerk Rheinsberg, >Druckwasserreaktor< mit einer elektrischen Bruttoleistung von 70 MW, als erstes Kernkraftwerk der ehemaligen DDR am 06.05. 1966 in Betrieb genommen und am 01.06. 1990 endgültig abgeschaltet. Die Gesamtbruttoarbeit betrug 9 TWh. Die Demontagearbeiten haben begonnen und sollen im Jahr 2009 mit dem Zustand „grüne Wiese" abgeschlossen sein.

KKS. Kernkraftwerk Stade/Elbe, >Druckwasserreaktor< mit einer elektrischen Bruttoleistung von 672 MW, nukleare Inbetriebnahme am 08.01. 1972.

KKU. Kernkraftwerk Unterweser in Rodenkirchen-Stadland/Weser, >Druckwasserreaktor< mit einer elektrischen Bruttoleistung von 1.350 MW, nukleare Inbetriebnahme am 16.09. 1978.

KKW. >Kernkraftwerk<.

KKW-Nord. >KGR<.

Kläranlage. S.a. >Abwasserbehandlung<. Anlage zur Reinigung von >kommunalen<, gewerblichen oder industriellen Abwässern, die nach mechanischen, >biologischen< und >chemisch-physikalischen Verfahren< arbeitet. Bei größeren Anschlußwerten und bei Gruppenkläranlagen spricht man häufig auch von einem >Klärwerk< (KW).

Klären. Beseitigung suspendierter Feststoffteilchen aus trüben Flüssigkeiten durch >Filtration<, >Sedimentation< und >Zentrifugation<. Zur Beschleunigung des Klärens dienen sog. >Klärhilfsmittel< (>Flockungsmittel<), die die suspendierten Teilchen entweder einhüllen und niederschlagen, mit ihnen unlösl., leicht absetzbare Verb. bilden oder sie adsorbieren. Für die Beurteilung von Verfahren zum Klären ist die >Trübungsmessung< wichtig. Von besonderer Bedeutung sind die Klärverfahren bei der >Wasseraufbereitung< und Reinigung gewerblichen, industriellen und häuslichen Abwassers. Dies erfolgt in >Kläranlagen<, die in ihrer technischen Einrichtung auf die Zusammensetzung des aufzubereitenden Abwassers eingestellt sein müssen und die bei modernen Anlagen mechanische, biol. und chem. Stufen aufweisen. S. a. >Abwasserreinigung<.

Klärgas. >Faulgas<.

Klärgasverwertung. >Gasverwertung<.

Klärhilfsmittel. S. a. >Flockungshilfsmittel< (Polyelektrolyte). Zur Gruppe der org. Flockungsmittel (Flokkulationsmittel) gehören niedermolekulare Substanzen (meist entgegengesetzter Ladung), hochmolekulare, stark adsorbierende und entweder negativ oder positiv geladene >Polymere< und schließlich auch ungeladene oder nichtionogene Polymere. Alle diese Substanzen werden häufig auch als Flockungshilfsmittel bezeichnet. Diese Benennung basiert auf der Vorstellung, daß im Gesamtprozeß der >Flockung< zunächst anorganische Flockungsmittel (genauer: >Koagulation<smittel) zugegeben werden, die die feinstverteilten Partikel in Mikroflocken umwandeln. Daraufhin werden organische, die Polymerbrückenbildung bewirkenden Flokkungsmittel (nur als Flokkulationsmittel zu bezeichnen) zugegeben, um aus den Mikroflocken große und auch stabile Makroflocken zu formen. In der Praxis wird zunächst das anorganische Flockungsmittel sequentiell bis zur Koagulation zudosiert. Danach erfolgt die Zugabe des organischen Flockungshilfsmittels zur Flokkulation. >Polyvinylpyrrolidon<.
Lit: Hahn HH (1987) Wassertechnologie, Fällung – Flockung, Separation, Springer-Verlag, Berlin Heidelberg.

Klärschlamm. 1. kommunaler: Aus dem Abwasser abtrennbare, wasserhaltige Stoffe, ausgenommen >Rechengut<, >Siebgut< und >Sandfang< (nach DIN 4045). Bei der >Klärung< des Abwassers bleiben die suspendierten Stoffe als >Schlamm< zurück. Schlamm ist daher ein Produkt aller Absetzanlagen. Seine Behandlung bis zu einem Endprodukt ist Bestandteil der Verfahrenstechnik einer Kläranlage. Neben den physikalisch-chem. Untersuchungen kann der Schlamm biol. oder bakteriologisch untersucht werden. Je nach der Behandlungsart sind einige Eigenschaften des Schlammes von besonderer Bedeutung: Wassergehalt, Schlammvolumen und Dichte zur Dimensionierung von >Speicher-<, >Eindick-<, >Faulbehältern<, >Trockenbeeten< u. a.; Fließeigenschaften zur Berechnung von Schlammleitungen; Faulfähigkeit zur Dimensionierung von Faulbehältern, >Gasverwertung<sanlagen usw.; Entwässerbarkeit zur Bemessung von Schlammtrockenplätzen, Vakuumfiltern u. ä.; >Heizwert< zur Berechnung von Schlammverbrennungsanlagen; Düngewert für >Schlammverwertung< in der Land- und Gartenwirtschaft.
2. industrieller: Sowohl bei der Verarbeitung von industriellen Rohstoffen als auch bei der Behandlung >industrieller Abwässer< fallen Schlamm und schlammartige Rückstände an, die beseitigt werden müsssen. Sie sind je nach ihrer Herkunft verschieden zusammengesetzt, haben unterschiedliche Eigenschaften und erfordern meistens eine spezielle Behandlung. Aus Betrieben mit vorwiegend anorg. verunreinigten Abwässern stammen mineralische, der Zersetzung nicht zugängliche Schlammarten. Z. T. handelt es sich dabei um sehr beträchtliche, nicht immer leicht unterzubringende Mengen, z. B. bei der Erzaufbereitung die Flotationstrüben mit taubem Gesteinspulver, bei der Sodaproduktion nach dem Solvay-Verfahren die sog. Endschlämme (vorwiegend Calciumcarbonat, beim alkalischen Bauxitaufschluß der Tonschlamm usw.). In Betrieben mit org. verunreinigten Abwässern kommen je nach Arbeitsvorgängen und Abwasserreinigungsverfahren Schlammarten vor, bei denen sowohl org. als auch anorg. (mineralische) Stoffe überwiegen können. Aus ihrer äußeren Beschaffenheit und den sonstigen Merkmalen kann man häufig bereits gewisse Schlüsse auf ihre Zusammensetzung, ihre Zersetzlichkeit und andere Eigenschaften ableiten.
3. Boden: Die Rückstände der mechanischen oder biol. Abwasserreinigung enthalten neben org. Substanz noch erhebliche Anteile an Pflanzennährstoffen (v. a. Stickstoff und Phosphor). K. aus städtischem, mit industriellen Abfällen belastetem Abwasser enthalten darüber hinaus oft erhebliche Konzentrationen an toxischen Schwermetallen und org. Schadstoffen und müsssen dann nach der Trocknung deponiert oder z. B. verbrannt werden. In ländlichen Einzugsgebieten sind i. d. R. die Schadstoffkonzentrationen erheblich geringer, so daß K. bei entsprechender analytischer Überwachung hier als wertvolles Bodenverbesserungsmittel bzw. Dünger eingesetzt werden kann. Die landwirtschaftliche Ausbringung erfolgt oft in Form wasserreicher, fließfähiger Schlämme auf den unbewachsenen Boden mit anschließender Einarbeitung. Häufig werden K. auch vorgetrocknet und kompostiert und so als K.-Kompost auf landwirtschaftlichen Flächen verteilt. Die landwirtschaftliche Verwendung von Mischkomposten mit Hausmüll (Müll-Klärschlamm-Kompost) scheitert oft an den zu hohen Schwermetallgehalten im Müll.
4. juristisch: Neben gereinigtem Wasser Endprodukt der Abwasserreinigung; es handelt sich um Abfall i. S. des objektiven Abfallbegriffs. Klärschlamm darf auf bestimmte Grundstücke aufgebracht werden, wenn er bestimmten Anforderungen genügt; diese Anforderungen regelt die Klärschlammverordnung vom 15.4. 1992, BGBl. I S. 912.
Lit: Meinck F, Stooff H, Kohlschütter H (1968) Industrie-Abwässer, Gustav Fischer Verlag, Stuttgart – Randolf R (1975) Kanalisation und Abwasserbehandlung, 4. Aufl., VEB Verlag für Bauwesen, Berlin.

Klärschlammentseuchung. >Klärschlamm< aus kommunalen >Abwasserreinigungsanlagen< enthält virulente >pathogene Keime<, >Parasiten< und >Viren<. Als seuchenhygienisch gefährlich gelten besonders Wurmeier, >Salmonellen< und Milzbrandsporen. Um keine Gefahr für die menschliche Gesundheit durch Krankheitserreger entstehen zu lassen, werden entsprechende Behandlungsmethoden gefordert. Dabei sei erwähnt, daß die Auffassungen über die Gefahren bei der Verwertung nicht oder nicht ausreichend entseuchter kommunaler Abwasserschlämme weit auseinandergehen. Man unterscheidet zwischen: Schlammpasteurisierung, Klärschlamm>kompostierung< und Entseuchung durch >Elektronen-< bzw. >Gammastrahlen<.

Klärschlammverordnung 1992

Schadstoff	Schlamm		Boden (B.)	
	sonst. (B.)	leichte	sonst. (B.)	leichte
Blei	900	900	100	100
Cadmium	10	5	1,5	1
Chrom	900	900	100	100
Kupfer	800	800	60	60
Nickel	200	200	50	50
Quecksilber	8	8	1	1
Zink	2.500	2.000	200	150
AOX	500	–		
PCB	0,2	–		
PCDD/PCDF	100 ng TEQ/kg	–		
Max. 5 t Trockenmasse in 3 Jahren				

Klärschlammverordnung. Die K. – AbfKlärV – aus dem Jahr 1982 enthielt die Rahmenbedingungen, die aus Gründen des Allgemeinwohls und der Umweltvorsorge bei der landwirtschaftlichen Klärschlammverwertung unabdingbar sind. In den Auflagen und Verboten zum Schutz des Bodens und der Nahrungskette war neben der Begrenzung von Schadstoffen auch die Anforderung enthalten, daß bei einer Aufbringung auf Grünland oder Feldfutteranbauflächen nur seuchenhygienisch unbedenklicher Klärschlamm verwertet werden darf, § 4, Abs. 3 AbfKlärV 1982. Durch dieses Gebot sollte die Möglichkeit ausgeschlossen werden, daß infolge bestehender Zyklen „Mensch – Abwasser – Klärschlamm – Boden – Pflanze – Tier" Gesundheitsrisiken entstehen können. Ziel einer Klärschlammentseuchung ist es, potentielle Infektionsketten infolge von Krankheitserregern durch die Abtötung von Bakterien und die Schädigung von Parasiten zu unterbrechen. Durch die Neufassung der K. (AbfKlärV) vom 15. April 1992 wird die geordnete landwirtschaftliche Klärschlammverwertung hinsichtlich der nutzbaren Flächen durch Verbote weiter eingeschränkt (§ 4 Absätze 3 und 4). Dem Erfordernis der seuchenhygienischen Unbedenklichkeit wird dabei nur indirekt durch Karenzzeiten bzw. Aufbringungsverbote Rechnung getragen. Folglich enthält die Verordnung auch keine Aussagen über Definitionen mehr, durch welche technischen/chem. Verfahrenstechniken ein seuchenhygienisch unbedenklicher Klärschlamm gewährleistet werden kann. Allerdings stellt die Entseuchung ein alternatives Behandlungsverfahren für Rohschlamm dar.
Lit: Abwassertechnische Vereinigung e.V. (Hrsg.) (1985–1997) Lehr- und Handbuch der Abwassertechnik. 4.Aufl., Band 1–7, Verlag Wilhelm Ernst und Sohn, Berlin München – Imhoff K, Imhoff KR (1998) Taschenbuch der Stadtentwässerung. 29. Aufl., R. Oldenbourg Verlag, München Wien.

Klärschlammverwertung. Klärschlamm ist ein Produkt, das als Detritus moderner menschlicher Aktivitäten i. allg. und als Restprodukt der Abwasserreinigung im besonderen verstanden werden muß. Die landwirtschaftliche Verwertung dieses Produktes ist eine Möglichkeit, es als Rohstoff erneut in den Stoffkreislauf der menschlichen Biosphäre einzubringen. Da dieses Produkt aber nicht immer gleichartig und zum Teil mit unterschiedlichen Schadstoffkomponenten behaftet ist, muß es langfristig darum gehen, den Schadstoffgehalt zu verringern, so daß vermeintliche Nachteile gegenüber daraus erwachsenden Vorteilen vernachlässigbar gering sind. Eine Bewertung muß bei den in Betracht zu ziehenden Vorteilen (oder Nachteilen) auch

solche gegenüber anderen Entsorgungsmöglichkeiten umfassen. Aus solchen Überlegungen ergibt sich, daß es die absolut sichere, umweltfreundliche und gleichzeitig kostengünstige Entsorgungsmethode nicht gibt, sondern daß es immer darum geht, aus verschiedenen Varianten die optimalste herauszufinden, diese zu favorisieren und für sich ändernde Voraussetzungen Alternativen bereitzuhalten. Dies zu erkennen und zu vermitteln, ist eine erste Maßnahme der Zukunftssicherung einer landwirtschaftlichen K.
Lit: Abwassertechnische Vereinigung e.V. (Hrsg.) (1985–1997) ATV-Handbuch, 4.Aufl., Band 1–7, Verlag Wilhelm Ernst und Sohn, Berlin München.

Klärung. >Klären<.

Klärwerk. >Kläranlage<.

Klagebefugnis. Gegen >Verwaltungsakte< kann nur derjenige potentiell erfolgreich klagen, der klagebefugt ist; das ist derjenige, der geltend machen kann, durch den Erlaß oder Nichterlaß eines Verwaltungsaktes in seinen Rechten verletzt zu sein; i.d.R. ist klagebefugt der Adressat des Verwaltungsakts oder ein sog. Drittbetroffener, z.B. der Nachbar; s. § 42 Abs.2 der Verwaltungsgerichtsordnung.

Klareis. Glatter, kompakter, i.allg. durchsichtiger >Rauhreif< von unbestimmter Form und Oberfläche; kann zu schweren Eislasten anwachsen, sehr fest anhaftend. Entsteht durch langsames Anwachsen unterkühlter Nebeltröpfchen im Temperaturbereich von 0 bis – 3 °C. Bildung durch stärkere Winde begünstigt.

Klarwasserstadium. Zeitlich begrenzte Periode im temperierten See mit einer hohen Lichtdurchlässigkeit der oberen Wasserschicht. Das K. tritt zu Beginn der >Sommerstagnation< für die Dauer von wenigen Tagen oder Wochen auf. Es wird besonders durch Daphnien und andere Blattfußkrebse verursacht, die zu dieser Zeit durch rasche Vermehrung eine hohe Populationsdichte im See entwickeln und die noch kleinen Algen aus dem Wasser abfiltrieren. Später treten im >Phytoplankton< Algen auf, die wegen ihrer Zellgröße nicht mehr so gut gefressen werden können.

Klassifikation, radioaktive Stoffe. Seitens der Internationalen Atomenergie-Behörde IAEO wird eine qual. Klassifizierung >radioaktiver Abfälle< vorgeschlagen, welche die radioaktiven Abfälle in HAW, MAW und LAW (High, Medium and Low Active Waste) unterteilt und den LAW und MAW in kurz- bzw. langlebigen Abfall nochmals unterscheidet. Diese qual. Aufteilung hat international bisher zu keiner vergleichbaren verbindlichen quant. Klasseneinteilung in den einzelnen Abfallerzeugerländern geführt. Die grobe Klassifizierung der radioaktiven Abfälle in LAW, MAW und HAW beinhaltet auch keine ausreichende Information über Abfalleig., was eine Voraussetzung für den Betrieb einer >kerntechnischen Anlage< und damit auch für die Betriebs- und Nachbetriebsphase eines >Endlager-Bergwerkes< ist. In der Bundesrepublik Deutschland wird deshalb für endlagerfähigen, also konditionierten radioaktiven Abfall eine Einteilung über die Wärmeleistung vorgenommen. Darüber hinaus sind >Grenzwerte< für die Oberflächendosis zu beachten. Unter Endlagergesichtspunkten wird derzeit prinzipiell unterschieden zwischen Gebinden mit vernachlässigbar wärmeentwickelnden Abfällen und Gebinden mit wärmeentwickelnden Abfällen (s.a. >Konrad<, >Salzstock Gorleben<). Die >Strahlenschutzverordnung< unterscheidet zwischen >radioaktiven Stoffen< mit einer >Halbwertszeit< bis zu 100 Tagen und von mehr als 100 Tagen sowie zwischen offenen und umschlossenen radioaktiven Stoffen.

Kleber. 1) Leim. 2) Gluten, Hauptbestandteil des Getreideeiweißes. 3) Im Pflanzenschutz >Formulierhilfsmittel< zur Herstellung von >Granulaten< aus Pulvern oder zum Aufkleben einer pulverförmigen Wirkstoffmischung auf der Oberfläche eines inerten Granulatträgers.

Klebstoffe. Klebstoffe sind nichtmetallische Werkstoffe zum Verbinden von Körpern durch Oberflächenhaftung (>Adhäsion<, >Kohäsion<). Klebstoffe sind in der Regel gelöste >Polymere< oder reaktive >Monomere<, die beim Abbinden auspolymerisieren (Reaktionsklebstoffe). Auch können feste Polymere (>EVA<) in der Schmelze als Schmelzkleber verwendet werden. Weltweit wurden 1989 etwa 6 Mio. Tonnen Kleb- und Dichtstoffe produziert. Wegen der universellen Einsatzmöglichkeiten zum Verbinden der unterschiedlichsten Werkstoffe ohne aufwendige Arbeitsschritte hat sich die Klebstofftechnik zu einer Schlüsseltechnologie entwickelt. Klebstoffe enthalten jedoch in vielen Fällen org. Lösungsmittel, die bei der Anwendung freigesetzt werden. Die damit verbundenen jährlichen >Emissionen< an Lösungsmitteln für das Gebiet der Bundesrepublik Deutschland (alte Bundesländer) schätzt das >UBA< zu 50.000 Tonnen ab (veröffentlicht 1983). Vordringliches Entwicklungsziel ist daher der Ersatz dieser Lösungsmittel durch Wasser. Bei zahlreichen Produkten konnte dies schon erreicht werden.

Kleineinleitungen. Nach dem >Abwasserabgabengesetz< ist im Falle des Einleitens von kleinen Abwassermengen lediglich eine Pauschale zu bezahlen; s. § 8 des Abwasserabgabengesetzes.

Kleinkläranlage. Anlage zur Behandlung häuslichen Schmutzwassers mit begrenztem Anschlußwert nach DIN 4045 (s. a. DIN 4261, Teil 1). Bei den Kleinkläranlagen kann man grundsätzlich zwischen zwei Arten unterscheiden, von denen die Anlagen ohne Abwasserbelüftung i. allg. nur einer *mechanischen Reinigung* bzw. einer biol. Teilreinigung dienen, während die Anlagen mit Abwasserbelüftung eine *vollbiol. Reinigung* erzielen sollen (s. Abb. unten). Für die mechanische Reinigung des Abwassers (Entschlammung) sind *Mehrkammergruben* geeignet, die zur mechanischen Reinigung des Wassers biol. Reinigungsanlagen vorgeschaltet werden. Für die biol. Teilreinigung verwendet man Mehrkammer-Ausfaulgruben, die heute am häufigsten als Kleinkläranlagen verbreitet sind. Durch Nachschalten einer Untergrundverrieselung, eines Sandfiltergrabens, eines Sickerschachtes oder eines Tropfkörpers

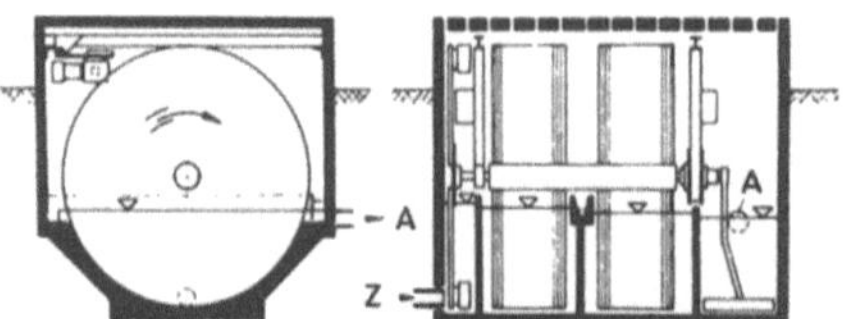

Kleinkläranlage: Kleinkläranlage nach dem Scheibentauchkörperverfahren (aus: Bretschneider H, Lecher K, Schmidt M (Hrsg.) (1982) Taschenbuch der Wasserwirtschaft, 6. Aufl., Verlag Paul Parey, Hamburg Berlin)

läßt sich schließlich eine biol. Nachreinigung des Abwassers bis zur Fäulnisunfähigkeit erzielen.

Kleinklima. Auch Mikroklima, ist das Klima kleiner Räume wie an der Süd- oder Nordseite eines Hauses, in der unmittelbaren Umgebung einer Industrieanlage, in einem Weinberg oder in einem Pflanzenbestand. Die Erforschung des K. von landwirtschaftlichen Flächen ist ein Gebiet der >Agrarmeteorologie<. Dies ist wichtig, weil die meteorologischen Größen dort wesentlich von dem umgebenden Geländeklima abweichen können, >Prognosemodelle<, z. B. für die gezielte Bekämpfung von Schaderregern, aber auf möglichst exakte Daten angewiesen sind.

Kletterrechen. Der K. gehört zur Gruppe der häufig eingesetzten Steilrechen. Die Konstruktion ist durch die an den Gerinnewänden oberhalb des Wasserspiegels angeordneten, feststehenden Zahnstangen gekennzeichnet. In diese Zahnstangen greifen beiderseits Zahnritzel ein, die von einem auf dem Rechenwagen montierten Getriebemotor synchron angetrieben werden. Durch ovale, die Triebstockzahnstangen umschließende Führungen werden die Ritzel, die gleichbleibenden Drehsinn haben, in einer Weise bewegt, daß sie auf der Rückseite der Zahnstangen empor- und auf der Vorderseite herabklettern. Durch die Querbewegung an den Umkehrpunkten wird die Rechenharke ein- und ausgeschwenkt.
Lit: Abwassertechnische Vereinigung (Hrsg.) (1982–1986) Lehr- und Handbuch der Abwassertechnik, 3. Aufl., Bd. 1–7, Verlag von Wilhelm Ernst und Sohn, Berlin München.

Klewian. Sammelbegriff für *kleine Windanlagen.* In der Anfangsphase der Windenergienutzung wurde folgende Zweiteilung vorgenommen: *Große Windenergieanlagen* faßte man unter dem Begriff >Growian< zusammen, kleine Windenergieanlagen unter Klewian. Während die Bezeichnung Growian für ein 1983 im Kaiser-Wilhelm-Koog erbautes großes Windkraftwerk übernommen wurde, gibt es kein konkretes Projekt mit dem Namen Klewian.

Klima. 1. allgemein: Unter K. wird i. allg. die Gesamtheit der über einen längeren Zeitraum zusammengefaßten Zustände der Atmosphäre an einem Ort, d. s. Mikroklima, >Stadtklima<, Lokalklima oder in einem definierten Gebiet >Regionalklima< verstanden. Das K. wird als System mit vielen Untersystemen verstanden, d. s. >Atmosphäre<, >Hydrosphäre<, >Kryosphäre<, >Lithosphäre< und >Biosphäre<. Da in den einzelnen Untersystemen die Prozesse in unterschiedlichen Zeitskalen ablaufen, >Scale<, nämlich von beispielsweise wenigen Sekunden in der Atmosphäre bis zu mehreren Millionen Jahren in der Lithosphäre, sind die Wechselwirkungen der einzelnen Systeme aufeinander verschieden stark. Man spricht in diesem Zusammenhang von der Puffer- oder Trägheitswirkung des Ozeans gegenüber Variationen der Atmosphäre. Als externe Wechselwirkungen sind zu nennen: der Vulkanismus sowie die anthropogenen Aktivitäten; >Klimaänderungen, anthropogene<. Die Elemente, die beim K. betrachtet werden, sind dieselben wie beim Wetter >Klimaelemente<. Der Zeitraum, der zur Darstellung des K. verwendet wird, sollte ausreichend lang sein, um statistisch gesicherte Maßzahlen wie Mittelwert, Häufigkeit, Extreme usw. zu geben. >Normalperiode<. Alle Klimadaten beruhen auf Messungen und Beobachtungen, die in einem dafür ausgewählten Meß- und Beobachtungsnetz gewonnen wur-

den; beim >DWD< fungiert das meteorologische Meßnetz zugleich als Klimanetz. Die im Verlaufe vieler
Jahre gesammelten meteorologischen Rohdaten werden aber erst nach entsprechender statistischer Aufbereitung und Darstellung zu Klimadaten, >Klimaele-
mente<. Man faßt die Basisdaten zu Mittel- und Ex-
tremwerten, Andauer-, Überschreitungs- und Häufig-
keitsstatistiken, in Form von Tabellen und graphischen
Darstellungen zusammen, um einen anschaulichen
Überblick über die örtlichen klimatischen Verhältnisse
zu erhalten, >Klimadiagramme<.
Bei der Beschreibung des K. muß man zwischen verschiedenen atmosphärischen Größenordnungen, sog.
Skalen, unterscheiden:
- Im Bereich der Makroskala, deren charakteristische
  Größenordnung bei 10^5 bis 10^8 m liegt, spielt sich
  das Wetter ab. Sie umfaßt >Hoch-< und >Tiefdruck-
  gebiete< sowie >Fronten< und ggf. tropische Wir-
  belstürme. Die langfristige Abfolge der verschiedenen Wetterlagen einer Region ist der Faktor, der
  das Klima eines Ortes hauptsächlich prägt.
- Im mesoskaligen Bereich mit einer Ausdehnung von
  10^4 bis $2 \cdot 10^5$ m beeinflussen die Topographie, die
  >Rauhigkeit< und die >Albedo< der Erdoberfläche,
  die >Evapotranspiration< sowie die Wärmekapazität des Bodens das K. In diesem Bereich lassen sich
  die Unterschiede zwischen dem K. einer Stadt und
  ihrer Umgebung darstellen. >Wärmeinsel<.
- Im lokalen Bereich mit einer Ausdehnung von 10^2
  bis $5 \cdot 10^4$ m lassen sich die klimatischen Besonderheiten z. B. einzelner Stadtteile, die Immisions-Situa-
  tion in der Nähe lokaler Emittenten oder auch die
  Wind- und Abschattungsverhältnisse in der Umgebung einzelner Baukörper darstellen.
2. kontinentales: Das K. eines Ortes unterliegt weitgehend den Einflüssen der umgebenden Landmassen.
Herausragendes Kennzeichen ist, daß die Temperatur
des Ortes einen ausgeprägten Tages- und Jahresgang
aufweist. Gegensatz: maritimes K. (s. u.).
3. maritimes: Das K. eines Ortes unterliegt weitgehend
den Einflüssen des angrenzenden Meeresgebietes.
Kennzeichen des m. K. ist, daß die Temperatur des Ortes keinen ausgeprägten Tages- und Jahresgang aufweist. Andere Einflüsse des Meeres können sein: Ne-
bel- und Sturmhäufigkeit, Eintrag von Seesalz durch
den Wind. Gegensatz: kontinentales K. (s. o.).
Lit: Brauch HG (1996) Klimapolitik. Springer-Verlag, Berlin Heidelberg New York Tokyo. Darin u. a.: – Schönwiese CD, Naturwissenschaftliche Grundlagen, Klima und Treibhauseffekt,
– Schönwiese CD, Klimamodelle, Vorhersagen und Konsequenzen.

Klimaanlage. Die Fahrzeug-Komfortausstattung mit
K. erhöht den >Kraftstoffverbrauch< und entspr. auch

die >Abgasemissionen<, für Pkw etwa im Bereich von
5 bis 10 %. Die als Übertragungsmedium eingesetzten
>FCKW< werden erst allmählich durch harmlose Stof-
fe ersetzt (1992).

Klimabeeinflussung, anthropogene. Beeinflussung
oder Veränderung des Klimas durch menschliche Aktivitäten bei der Produktion von Industriegütern und
Nahrungsmitteln sowie bei der Energiegewinnung und
-umsetzung. Durch die dabei erfolgende >Emission<
von Spurenstoffen – Gasen und >Aerosolen< – in die
Atmosphäre wird deren Konzentration dort nachhaltig
geändert. Aufgrund der chem. Trägheit und der unterschiedlich langen Lebensdauer der am >Treibhausef-
fekt< beteiligten Gase (s. Tabelle) sowie der >Zirkula-
tion der Atmosphäre< sind die Auswirkungen dieser
Spurengaszunahme nicht nur auf den Entstehungsort
beschränkt, sondern haben über das lokale und regionale Problem hinaus globale Bedeutung erlangt. Bekannteste, in der wissenschaftlichen Diskussion noch
befindliche Effekte sind: 1. global: Abnahme der stratosphärischen >Ozonschicht<, Klimaveränderung durch
den >Treibhauseffekt<, 2. regional: >neuartige Wald-
schäden< durch den sog. >sauren Regen<, Nutzungsänderung des Bodens: – Urbanisierung, – Aufforsten,
Abholzen, Brandrodung, – Bewässern von Trockenge-
bieten, – Trockenlegen von Feuchtgebieten (Mooren).
Lit: Becker KH, Löbel J (Hrsg.) (1985) Atmosphärische Spurenstoffe und ihr physikalisch-chemisches Verhalten. Springer
Verlag, Berlin Heidelberg New York Tokyo – Bolin B, Döös BR,
Jäger J, Warrik RA (1986) The Greenhouse Effect, Climatic
Change and Ecosystems, SCOPE-Report No 29. John Wiley
and Sons, Chichester, England – Graßl H (1988) What are the
radiative and climative consequences of the changing concentration of atmospheric aerosols particles? In: Rowland, Isaksen
(Hrsg.) The changing Atmosphere, S. 187–199. Weiley, London
– Climate Change (1994) Radiative Forcing of Climate Change
and An Evaluation of the IPCC IS92 Emission Scenarios. Inter-
governmental Panel of Climate Change (IPCC).

Klimadiagramm. Darstellung der Ergebnisse von Untersuchungen klimatologischen Verhaltens meteorologischer Elemente in verschiedenen Formen von Diagrammen. Beispielsweise werden der mittlere tägliche
oder jährliche Gang einer meteorologischen Größe, ihre statistischen Kennzahlen, wie z. B. Überschreitungs-
oder Andauerhäufigkeiten, sowie die Beziehungen
zweier meteorologischer Größen zueinander dargestellt. Ergebnisse werden u. a. in Form von Kurven im
rechtwinkligen Koordinatensystem, Säulendiagram-
men und Klimawindrosen abgebildet. >Klimakarten<,
>Klimatabellen<.
Lit: Müller-Westermeier G (1996) Klimadaten der Bundesrepublik Deutschland, Zeitraum 1961–1990, Lufttemperatur, Luftfeuchte, Niederschlag, Sonnenschein, Bewölkung. 331 Seiten,
Deutscher Wetterdienst, Offenbach am Main.

Klimabeeinflussung, anthropogene: Übersicht über einige chemische Charakteristika der wichtigsten Treibhausgase, deren Konzentration bedingt durch anthropogene längerfristige Prozesse ansteigt

Gas		anthropogene Emission	Konzentration in ppm		mittlere Verweilzeit in Jahren
Name	Formel	t im Jahr	derzeitige (1991)	vorindustriell (1800)	
Kohlendioxid	CO_2	$29 \cdot 10^9$	355	280	5–10
Methan	CH_4	$400 \cdot 10^6$	1,7	0,8	10
FCKW-11	$CFCl_3$	$1 \cdot 10^6$	0,25	0	55
FCKW-12	CF_2Cl_2		0,45	0	115
Distickstoffoxid	N_2O	$10 \cdot 10^6$ (?)	0,31	0,29	130
Ozon	O_3	$0,5 \cdot 10^9$ (?)	0,015–0,030	(?)	0,1–0,25

Aus: Schönwiese CD (1994) Klima, Grundlagen, Änderungen, menschliche Eingriffe, B. I. Taschenbuch-Berlag, Mannheim Leipzig

Klimaelemente. Alle meß- und beobachtbaren Elemente des Wetters, die zu einer klimatologischen Bearbeitung herangezogen werden können, d. h. sich zu einer statistischen Bearbeitung eignen. In der Regel sind dies: Lufttemperatur, Luftfeuchte, Niederschlag, Bewölkung (Art und Menge), Sicht (atmosphärische Trübung), Wind, Sonnenscheindauer sowie solare und terrestrische Strahlung.

Klimafaktoren. Faktoren des Raumes, die die Klimaelemente und damit letztendlich das Klima beeinflussen. Man unterscheidet:
- natürliche K.: geographische Breite, die ihrerseits Tageslänge, Sonnenhöhe und Strahlungsintensität bestimmt; Art des Untergrundes sowie seine Beschaffenheit, wie z.B. Wüste, Gebirge, Marsch, Meer; Höhenlage, wie z.B. Hangneigung, >Exposition<; Entfernung vom Meer (>kontinental</>maritim<);
- anthropogene K.: Bebauung, Grad der Industrialisierung, Nutzungsänderung, >Klimabeeinflussung, anthropogene<.

Klimaformel. Die Klimaklassifikation nach W. KÖPPEN bedient sich der K. zur Kennzeichnung verschiedener Klimagebiete. Der erste Buchstabe kennzeichnet die Klimazone: C = warmgemäßigtes Klima, der zweite den Klimatyp: Cf = feuchttemperiertes Klima, der dritte den Klimauntertyp: Cfb = mit warmen Sommern, d.h. Mitteltemperatur des wärmsten Monats weniger als 22 °C, mindestens 4 Monate mit Mitteltemperaturen von mindestens 10 °C.

Klimaforschungsprogramm. Bereits in den 70er Jahren haben Wissenschaftler auf die Gefahr einer Klimaänderung durch zunehmende Konzentration von >Spurengasen< in der >Atmosphäre< hingewiesen. Um den internationalen Wissensstand zusammenzutragen und eine Strategie für das weitere Vorgehen abzustimmen, haben die >Weltorganisation für Meteorologie< und der *International Council of Scientific Unions* (ICSU) 1979 die erste Weltklima-Konferenz veranstaltet. Das Ergebnis war die Definition eines >Weltklimaprogramms<, das in einem Unterprogramm (WCRP – World Climate Research Programme) die notwendigen Forschungsaspekte aufgreift. Als deutscher Beitrag wurde das K. konzipiert, das 1982 von der Bundesregierung verabschiedet wurde. Den Empfehlungen der Wissenschaft folgend, konzentrierte es sich bisher mit seiner Themenstellung vor allem auf Fragen der Grundlagenforschung zu den Themenkreisen:
- globale Klimamodelle und Klimadiagnostik unter Berücksichtigung der Koppelung von Atmosphäre, Ozean und >Kryosphäre<,
- Kohlenstoffkreislauf und Biosphäre,
- Simulation des >Mesoklimas< mit numerischen Modellen, d.h. Studium der Auswirkungen einer veränderten allgemeinen Zirkulation der Atmosphäre auf die lokalen Verhältnisse,
- Strahlung und Wolken in Klima- und Zirkulationsmodellen,
- Landoberflächenklimatologie,
- Auswirkung der Kryosphäre auf das Klima der Erde,
- terrestrische und marine Paläoklimatologie,
- Chemie der Atmosphäre.

Lit: Deutscher Bundestag, Enquete-Kommission „Vorsorge zum Schutz der Erdatmosphäre" (1990) Schutz der Erdatmosphäre, eine internationale Herausforderung, 3. Aufl., Bonn Karlsruhe – Deutscher Bundestag, Enquete-Kommission „Vorsorge zum Schutz der Erdatmosphäre" (1990) Schutz der Tropenwälder, eine internationale Schwerpunktaufgabe, Bonn Karlsruhe – Deutscher Bundestag, Enquete-Kommission „Vorsorge zum Schutz der Erdatmosphäre" (1991) Schutz der Erde, eine Bestandsaufnahme mit Vorschlägen zu einer neuen Energiepolitik, 2 Bd., Bonn Karlsruhe.

Klimakarten. Kartographische Darstellungen der regionalen Verteilungen von >Klimaelementen< und Witterungsabläufen, z.B. mit Hilfe von >Isolinien<.

Lit: Deutscher Wetterdienst: Klimaatlanten der Länder Bundesrepublik Deutschland, 1. Aufl. 1949/1950, z. Zt. letzte Aufl. 1989, wird laufend aktualisiert, Selbstverlag des Deutschen Wetterdienstes, Offenbach/Main.

Klimaklassifikation. Typisierende Einteilung der Klimate nach bestimmten Kriterien. Man unterscheidet zwischen ursachenbezogenen und wirkungsbezogenen Einteilungsverfahren. Am verbreitetsten ist die K. nach W. KÖPPEN.

Klima-Michel. Um die Wärmebilanz eines Menschen mit seiner Umgebung objektiv beschreiben zu können, hat man folgenden „Norm-Menschen" definiert: männlich, Gewicht 75 kg, Größe 1,75 m. Es soll eine Aktivität entfalten, die einem Gehen mit einer Geschwindigkeit von etwa 5 km/h in der Ebene entspricht. Seine Bekleidung variiert entsprechend den äußeren Bedingungen zwischen sommerlich und winterlich. Auf diesen Norm-Menschen, dem K.-M., wird einerseits ein Wärmebilanzmodell auf der Grundlage der Behaglichkeitsgleichung von P.O.Fanger angewandt. Es bewertet den Wärmeverlust durch Konvektion an der Hautoberfläche, durch Atmung, durch Strahlung, durch die Schweißverdunstung in Abhängigkeit von der meteorologischen Umwelt sowie dem Isolationswert der getragenen Bekleidung und dem Energieumsatz. Auf der anderen Seite gehen in das Modell als meteorologische Größen die Lufttemperatur, Feuchte, Windgeschwindigkeit (in 1 m Höhe) sowie kurz- und langwellige Strahlung ein. Letztere wiederum werden beeinflußt von der Umgebung, das sind Raumwinkelanteile der umschließenden Flächen (Himmel, Boden, Hauswände) einschließlich ihres >Reflexionsgrades< und ihres Emissionskoeffizienten. Ziel dieser Standardisierung ist die räumliche und zeitliche Vergleichbarkeit von menschlichen Aktivitäten unter den unterschiedlichsten klimatischen Bedingungen.

Klimaschutzrecht. In der Bundesrepublik lediglich in Ansätzen vorhanden; es fehlt insbesondere ein Gesetz, welches die potentiellen Maßnahmen zum Schutze des Klimas bündelt. Es gibt einzelne Verordnungen, die dem Klimaschutz dienen, z.B. die Verordnung zum Verbot von bestimmten, die Ozonschicht abbauenden Halogen-Kohlenwasserstoffen (FCKW-Halon-Verbotsverordnung) vom 6.5.1991, BGBl. I S. 1090. Gesetzliche Gebote, die dazu dienen, die Kohlendioxid-Entstehung einzudämmen, fehlen.

Klimaschwankung. Fluktuation des Klimas; die klimatische Veränderlichkeit verharrt dabei zwischen zwei mittleren Werten und reagiert sprunghaft in einem Zeitraum von wenigen Jahrzehnten auf externe Einflüsse. Dabei zeigt es sich, daß der derzeitige Zustand einer partiellen Vereisung der Erdoberfläche als besonders sensibel gegenüber Änderungen der Einflußgrößen angesehen werden kann. Dieser quasistabile Zustand ist u.a. durch starke Schwankungen um einen mittleren Zustand gekennzeichnet. Bekannte zyklische Variationen der natürlichen Einflußgrößen sind z. B. der elfjährige Zyklus der Sonnenaktivität oder die Schwankung der Erdbahnparameter mit einer Periode von etwa 21.000 Jahren, die sich teilweise in den langjährigen Zeitreihen der >Klimaelemente< wiederfinden. Da die zunehmende menschliche Aktivität insbesondere auf der Nordhalbkugel einen nur schwer bestimmbaren Einfluß auf die K. ausübt, wurden auf Initiative der >WMO< Klimastationen in Reinluftgebieten eingerichtet, um ausschließlich die natürliche K. zu erfassen; >BAPMoN<.

Lit: Schönwiese CD (1979) Klimaschwankungen. In: Verständliche Wissenschaft, Bd. 115, Springer, Berlin Heidelberg New York.

Klimasystem. Geophysikalisches System, bestehend aus den Komponenten (Subsystemen) >Atmosphäre<, >Hydrosphäre<, >Kryosphäre<, Landoberflächen und Biosphäre. Da in den einzelnen Subsystemen die meteorologischen, ozeanographischen, chemischen, physikalischen und biologischen Prozesse in den unterschiedlichsten Zeitskalen ablaufen, sind die einzelnen Subsysteme durch vielfältige nichtlineare Wechselwirkungen miteinander verbunden. Die Veränderung nur eines Subsystems bedingt naturgemäß nicht sofort eine Änderung in anderen Subsystemen. Als Beispiel sei nur genannt, daß eine Veränderung im Transport von sensibler Energie durch die >allgemeine Zirkulation der Atmosphäre< von Nordamerika nach Europa, die in Zeitskalen von nur wenigen Tagen erfolgt, nicht unmittelbar auf den Energietransport mit Hilfe der Meeresströmungen wirkt, da dieser in Zeitskalen von mehreren Wochen erfolgt.

Klimatabelle. Tabelle mit den an einer Station gewonnenen klimatologischen Meßgrößen (>Klimaelemente<). Mittelungszeitraum ist entweder 1 Monat des laufenden Jahres oder die >Normalperiode<.

Lit: Kalb M, Noll H (1980) Nord-, West- und Mitteleuropa. In: Deutscher Wetterdienst: Klimadaten von Europa, Teil I, Selbstverlag des Deutschen Wetterdienstes, Offenbach/Main.

Klimatologie. Teildisziplin der Meteorologie, die sich mit der Erforschung des >Klimas< und seinen räumlichen und zeitlichen Veränderungen befaßt. Dazu gehören Untersuchungen der klimabildenden Vorgänge, >Klimafaktoren< sowie die kartenmäßige Darstellung der geographischen Verteilungen der Klimate und ihrer statistischen Kennzahlen.

Klimax. Endstadium bzw. -zustand der Vegetation in einem bestimmten Gebiet in Abhängigkeit vom Klima; >Biome<.

Klimaxgesellschaft. >Klimax<.

Klinikabfall. >Krankenhausabfälle<.

Klon. (Grch. klon = Zweig, Schößling). Die erbgleiche, genetisch identische Nachkommenschaft eines pflanzlichen oder tierischen Individuums. Der K. entsteht durch ungeschlechtliche Vermehrung von Zellen. Bei einzelligen Organismen, z. B. Bakterien, entsteht er durch die „normale" Zellteilung. Weiterhin kann ein K. durch Abgliederung vegetativer Keime, bei Pflanzen durch Stecklinge und durch Anlegen von >Zellkulturen< erzeugt werden. 1996 wurde erstmals von einem geklonten Schaf berichtet. Zum Klonen von Säugetieren werden zwei unterschiedliche Wege beschritten, die eineiige Mehrlingsbildung und der Kerntransfer in entkernte Eier. Die nach der Manipulation gebil-deten Embryonen werden in eine scheinträchtige Wirtsmutter übertragen, die sie bis zur Geburt austrägt.

Lit: Campbell KHS, McWhir J, Ritchie WA, Wilmut I (1996) Sheep clones by nuclear transfer from a cultured cell line. Nature 380, 64–66 – Petzold U (1998) Sag' niemals nie: Neues zum Klonen von Säugetieren. Biologie in unserer Zeit, 28, 194–200 (VCH, Weinheim).

Klonieren. Das K. bezeichnet den Vorgang der Erzeugung vieler erbgleicher Individuen bzw. Zellen aus tierischen oder pflanzlichen Organismen durch ungeschlechtliche Vermehrung (>Klon<).

Klopfbremse. >Antiklopfmittel<.

Klopfen. Verbrennungsstörung bei >Ottomotoren< durch vorzeitiges Entflammen des noch nicht verbrannten Gemisches. Durch K. entstehen hohe Verbrennungsdrücke mit möglichen Motorschäden und erhöhten Geräuschemissionen, >Klopffestigkeit<.

Klopffestigkeit. Stabilität von >Ottokraftstoffen< gegen unerwünschte thermische oder druckabhängige Selbstentzündung des Kraftstoff-Luftgemischs im Motor. Die K. ist durch die >Octanzahl< definiert. Hohe K. ermöglicht Ottomotoren mit hoher Verdichtung und damit hohem thermischen Wirkungsgrad, d. h. geringem >Kraftstoffverbrauch< und damit auch weniger >CO_2-Emissionen<.

Kluftgrundwasserleiter. >Festgesteine< (>Sedimentgesteine<, Magmatite, Plutonite, Vulkanite) und Metamorphite), deren >Durchlässigkeit< vor allem auf den anisotrop und inhomogen im Gebirge verteilten >Trennfugen< beruht, die durch tektonische Beanspruchung oder Lösungsvorgänge gebildet werden. Die Gesteinsdurchlässigkeit trägt nur bei bindemittelarmen, porösen Sandsteinen und bei verwitterten Magmatiten und Metamorphiten nennenswert zur Durchlässigkeit bei.
1. Metamorphite: Weisen Schieferungsfugen und Klüfte auf, die durch >Verwitterung< in Erdoberflächennähe und in tektonischen Störungszonen vergrößert sind. Offene, Grundwasser-führende Klüfte reichen von der oberflächennahen >Auflockerungszone< mit abnehmender Klaffweite bis in mehr als 100 m Tiefe.
2. Plutonite: Sind durch Klüfte und andere >Trennfugen< in unterschiedlich große Blöcke zerlegt. Der Abstand der Klüfte nimmt von der oberflächennahen >Auflockerungszone< zur Tiefe hin zu, die Klaffweite der Klüfte ab. Grundwasser-führende Klüfte sind tiefer als 100 m selten. Dennoch wurden offene, Grundwasser-führende Klüfte auch in mehr als 1.000 m Tiefe nachgewiesen. Das frische Gestein weist Porositäten (>Hohlraumanteil<) unter 3 %, meist unter 1 % auf.
3. Sandsteine: (Psephite, Psammite). Umfassen aus hydrogeologischer Sicht Sandsteine, Quarzite, Konglomerate und Grauwacken, die Porositäten (>Hohlraumanteile<) zwischen 0,4 und 35 %, gelegentlich bis zu 49,7 %, aufweisen.
4. Vulkanite: Umfassen Effusiva und Tuffgesteine (Pyroklastite). In den Vulkaniten treten Porositäten (>Hohlraumanteil<) zwischen 0,1 und 50 % auf.

Lit: Karrenberg H (1981) Hydrogeologie der nichtverkarstungsfähigen Festgesteine, Springer, Wien New York – Mattheß G, Ubell K (1983) Allgemeine Hydrogeologie, Grundwasserhaushalt, Gebr. Borntraeger, Berlin Stuttgart.

Kluftvolumen. >Hohlraumanteil<.

KMK. Kernkraftwerk Mühlheim-Kärlich/Rhein, >Druckwasserreaktor< mit einer elektrischen Bruttoleistung von 1.308 MW, nukleare Inbetriebnahme am 01.03. 1986. Durch Gerichtsurteil seit Sept. 1988 nicht in Betrieb.

Knick. >Feldhecke<.

KNK II. Kompakte natriumgekühlte Kernreaktoranlage im >Kernforschungszentrum Karlsruhe<, schneller natriumgekühlter >Reaktor< mit einer elektrischen Bruttoleistung von 21 MW. Der Reaktor wurde als thermischer Reaktor unter der Bezeichnung KNK I in Betrieb genommen. Nach Umbau als schneller Reaktor unter der Bezeichnung KNK II seit dem 10.10. 1977 in Betrieb. Am 23.08. 1991 endgültig abgeschaltet.

Knochenmehl. >Dünger<.

Knochensucher. Ein Stoff, der im menschlichen und tierischen Körper bevorzugt in Knochen abgelagert wird. Bei >radioaktiven Stoffen< z. B. Sr-90 oder Ra.

Knöllchenbakterien. Sie gehen eine Bakterien-Wurzel->Symbiose< ein. Auf diese Weise wird atmosphärischer >Stickstoff< gebunden. Nur >Prokaryonten< können auf den Stickstoff der >Atmosphäre< zurückgreifen. Aufgenommener Stickstoff wird von den Bakterien in Form synthetisierter Verb. an die Pflanzen abgegeben. Bakterien gewinnen aus der Symbiose Kohlenhydrate, Mineralsalze u.a. Die Bakterien der Gattung Rhizobium verursachen die Knöllchen bei den >Leguminosen<. Auch >Actinomyceten< der Gattung Franckia gehen mit Rutenstrauch, Erle, Sanddorn u.a. derartige Symbiosen ein.

Koagulation. >Ausflockung<. Der Koagulationsprozeß ist das Ergebnis zweier verschiedener und unabhängiger Reaktionen: 1. Der Entstabilisierungsvorgang verwandelt die stabile Dispersion in eine instabile, koagulationsfähige. Dieses geschieht meist durch Zugabe von Chemikalien (starke >Elektrolyte<), die entweder die sich gegenseitig abstoßenden elektrostatischen Kräfte der Teilchen verringern und auf diese Weise permanenten Kontakt aufgrund van-der-Waals'scher Kräfte verursachen oder andererseits Molekularbrücken zwischen den >Kolloiden< schaffen. 2. Der Transportvorgang bringt die kolloidalen Teilchen in gegenseitigen Kontakt und leitet im Falle instabiler >Suspensionen< die >Agglomeration< ein. Die Kolloide kommen aufgrund von Diffusion oder Geschwindigkeitsgradienten im Medium zusammen. Der Transportschritt ist i. allg. geschwindigkeitsbestimmend.
Lit: Hahn HH (1987) Wassertechnologie, Fällung – Flockung, Separation, Springer Verlag, Berlin Heidelberg.

Koaleszenz. Zusammenfließen von zwei Wassertröpfchen zu einem größeren Regentropfen bei Berührung. Erfolgt in Wolken mit Temperaturen von mehr als 0 °C, da in ihnen die Niederschlagsbildung nicht über die Eiskristallphase erfolgt. Die K. wird von der Tröpfchengröße, von der elektrischen Ladung der Wassertröpfchen, vom äußeren luftelektrischen Feld sowie von der Vertikalbewegung in der Wolke beeinflußt.

Kochsalz. >Natriumchlorid<.

Kodifikation des Umweltrechts. Vorhanden sind in der Bundesrepublik Einzelgesetze (Einzelkodifikationen), es fehlt eine Gesamtkodifikation; eine Gesamtkodifikation des in der Bundesrepublik geltenden Rechts ist geplant.

Koevolution. Gemeinsame >Evolution< von verschiedenen Organismen, die miteinander in einer engen Beziehung stehen, am deutlichsten bei >Wirt-Parasit-Verhältnissen< und von Pflanze-Pflanzenfresser-Beziehungen mit der wechselseitigen Entwicklung von Schutzmechanismen und deren Überwindung sowie bei >Symbiosen< zwischen Blütenpflanzen und Bestäubern.

Köcherfliegen. >Trichoptera<.

Köderkonzentrat. (Internat. Kurzbezeichnung: CB). Wirkstoff- und farbstoffhaltige Flüssigkeit oder Pulvermischung zur Herstellung von Ködern zur Schädlingsbekämpfung durch Mischen mit geeignetem Ködermaterial (>Fertigköder<).

Köderstreifen-Test. Methode, mit deren Hilfe die sog. Fraßaktivität oder allg. die biol. Aktivität in Böden ermittelt werden kann. Die Methode wurde 1990 durch von Törne eingeführt. Ein Köderstreifen besteht aus einem Plastikstreifen von 1–1,5 mm Dicke, 5 mm Breite und ca. 150 mm Länge. Er ist auf einer Seite zugespitzt und besitzt an diesem Ende im Abstand von 5 mm 16 Löcher von 1,5 mm Ø mit beidseitig konischen Rändern. Die Löcher werden mit einer Ködersubstanz gefüllt und die Stäbe senkrecht so in den Boden gestochen, daß der letzte Köder gerade unter der Oberfläche verschwindet. 16 Stäbe werden als Einheit behandelt. Nach einigen Tagen, abhängig von Temperatur und Bodenfeuchte, werden die K. herausgezogen und überprüft, welche Öffnungen durchgefressen sind. Daraus erstellt man eine Matrix mit 16 × 16 +/− Positionen, die statistisch ausgewertet werden. Bei der Prüfung verschiedener behandelter Flächen können so Unterschiede ermittelt werden. Durch die vertikale Anordnung der Stäbe lassen sich pro Einheit auch sog. Fraßprofile erstellen, die bei der Auflösung von 5 mm eine gute Übersicht über besonders aktive Bodenschichten erlauben.
Lit: von Törne E (1990) Assessing feeding activities of soil living animals. I. Bait-lamina-test. Pedobiologia 34, 89–101.

Körnerköder. (Internat. Kurzbezeichnung: AB). >Fertigköder< in Körnerform.

Körperbelastung. Die Körperbelastung ist die >Aktivität< eines bestimmten >Radionuklides< in einem menschlichen oder tierischen Körper.

Körperdosis. Sammelbegriff für >effektive Dosis< und >Teilkörperdosis<. Die Körperdosis für einen Bezugszeitraum, z.B. Kalenderjahr, drei aufeinanderfolgende Monate, ein Monat, ist die Summe aus der durch äußere Strahlenexposition während dieses Zeitraums erhaltenen Körperdosis und der Folgedosis, die durch Aktivitätszufuhr während dieses Zeitraums bedingt ist.

Kofermentation. Kofermentation im weitesten Sinne ist die gemeinsame anaerobe Behandlung (Vergärung) von flüssigen Substanzen (z.B. Klärschlamm oder Gülle) mit festen biol. Abfallstoffen (z.B. Biomüll oder Panseninhalt) (s. Abb.). I. e. S. bedeutet Kofermentation die Vergärung von Gülle und Bioabfällen in landwirtschaftlichen Biogasanlagen, diese hat auch die größte praktische Bedeutung, der Begriff wird deshalb häufig nur auf solche Anlagen angewandt. Die Kofermentation hat zum Ziel, die magere Gasausbeute bei den verwendeten Grundsubstraten durch Zugabe nährstoffreicher Kosubstrate zu erhöhen. Die durch Grund- und Kosubstrate zu erzielenden Gasausbeuten sind in der Tabelle zusammengestellt.

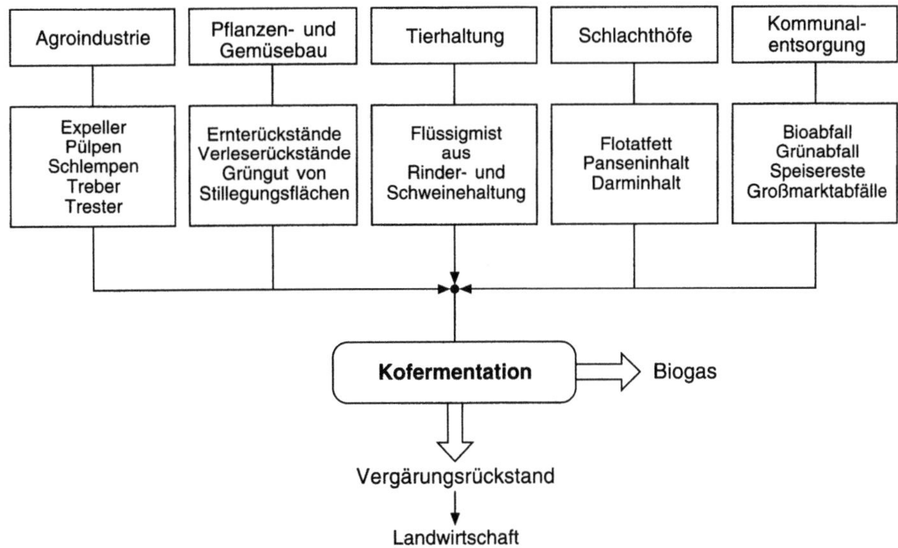

Kofermentation: Typische Branchen und deren Abfallstoffe, die für eine Kovergärung geeignet sind

Kofermentation: Biogaserträge bei Grund- und ausgewählten Kosubstraten zur Kofermentation (Weiland, 1998)

Grund-substrat	Biogas-ertrag in m³/t (mg)	Kosubstrat	Biogas-ertrag in m³/t (mg)
Rindergülle	25	Altfett	800
Schweine-gülle	36	Fettabscheider-rückstand	400
Klärschlamm	13	Speiseabfälle	240
		Bioabfall	120
		Biertreber	75

Das Verfahrensschema einer Kovergärungsanlage ist in der Abb. dargestellt. Bei Kosubstraten, die unter das Tierkörperbeseitigungsrecht fallen wie Speiseabfälle aus Großküchen, ist eine Vorerhitzung zwingend vorgeschrieben und zusätzliche Anforderungen aus der Sicht der Seuchenhygiene, wie z. B. die Trennung in eine „reine" und eine „unreine" Seite, müssen gemäß Genehmigungsbescheid eingehalten werden. Für alle anderen Substrate gelten die Bestimmungen des Anhangs II zur Bioabfallverordnung für mesophile und thermophile Anaerobanlagen. >Bioabfallverordnung<. Für Kofermentationsanlagen, die gleichzeitig Güllegemeinschaftsanlagen sind, müssen zum Schutz vor Weiterverbreitung von Tierseuchen eine Reihe von weiteren Vorbeugemaßnahmen getroffen werden, diese sind:

Von seiten des Betriebes:
1. Aufzeichnungen: tägl. Aufzeichnungspflicht über Menge, Transportdatum, Transportfahrzeug, Herkunft, Verbleib der Gülle usw.
2. Infektionshygienische Beratung: Benennung und Beauftragung eines Tierarztes als Berater für die Fragen des Schutzes vor übertragbaren Krankheiten.
3. Alarmpläne: Erstellung von Alarmplänen und Handlungsanweisungen für Störfälle, im besonderen für das Auftreten von anzeigepflichtigen Tierseuchen.
4. Einzugsbereich: Der Einzugsbereich der Anlage ist möglichst auf eine Ortschaft/Gemeinde zu beschränken. Die Kreisgrenzen überschreitende Einzugsbereiche bedürfen der Zustimmung des Amtstierarztes.
5. Reinigung: Es ist für ausreichende Einrichtungen zur Reinigung und Desinfektion, im besonderen für die Transportfahrzeuge, Sorge zu tragen.
6. Entsorgung: Die hygienisch sichere Entsorgung von Reinigungs- und Oberflächenwasser ist zu gewährleisten.

Im Hinblick auf die Abnehmer:
1. Die abnehmenden Betriebe sollten möglichst in der gleichen Gemeinde, zumindest im gleichen Kreis liegen wie die Anlieferer. Eine Abgabe über die Kreisgrenze erfordert die Zustimmung des Amtstierarztes des abgebenden und des aufnehmenden Kreises.
2. Verbot der Weitergabe des angenommenen unbehandelten Materials an Dritte.
3. Verpflichtungen zur Aufzeichnung über die angenommene Flüssigkeitsmenge, Tag der Ausbringung, begüllte Fläche (Flurstück) mit Vegetationsstand.

Im Hinblick auf die Anlieferer:
1. Meldepflicht: Pflicht zur sofortigen Meldung an den Leiter bzw. Betreiber der Anlage bei Verdacht oder bei Feststellung einer anzeigepflichtigen Seuche und bei einer meldepflichtigen Tierkrankheit.
2. Führung eines Tiergesundheitsbuches für die im Betrieb gehaltenen Nutztiere. Inhaltlich in Anlehnung an § 13 der Tierseuchen-Schweinehaltungs-VO.
3. Falls vermehrt Erkrankungen und/oder Todesfälle in einem Anlieferbestand auftreten, ist unverzüglich eine tierärztliche Untersuchung zur Feststellung der Krankheitsursache zu veranlassen.

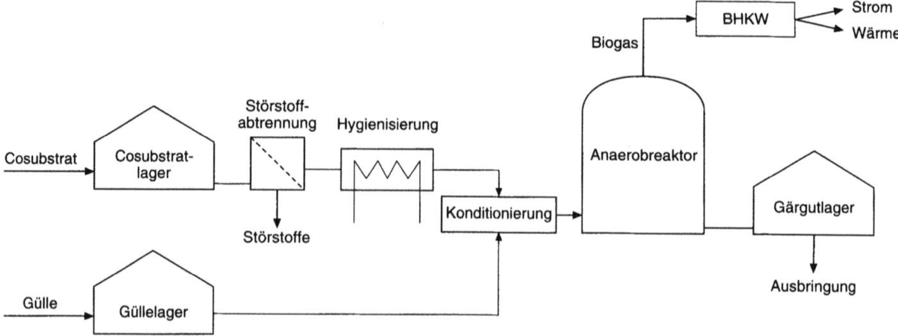

Kofermentation: Grundkomponenten einer Konvergärungsanlage nach Weiland, 1998

4. Zugangsrecht: Gewährung des Zugangs zu den Ställen und zum Güllelager für einen vom Leiter der Anlage beauftragten Tierarzt. Der Betreiber ist diesem Tierarzt gegenüber auskunftspflichtig und hat Einsicht in das Tiergesundheitsbuch zu gewähren.

Lit: Weiland P (1998) Abfallverwertung durch Kofermentation – Anforderungen, Einsatzmöglichkeiten und Anwendungsgrenzen. In: Dechema (Hrsg.) Technik anaerober Prozesse. Beiträge einer Veranstaltung des Sonderforschungsbereiches 238 der DFG in Zusammenarbeit mit dem Dechema-Forschungsausschuß Biotechnologie vom 7. bis 9. Oktober 1998 an der Technischen Universität Hamburg-Harburg – KTBL Arbeitspapier Nr. 249 (1998) Kofermentation. KTBL, Darmstadt.

Kohäsion. Zur Bedeutung in der Gentechnik: >kohäsives Ende<.

Kohäsive Enden. (Syn. klebriges Ende, sticky end). Begriff aus der Gentechnik; einzelsträngige DNA-Enden (5'-bzw. 3'-Enden), die nach dem Einsatz best. Restriktionsenzyme, v. a. Endonucleasen des Typs II, an der sonst doppelsträngigen DNA entstehen. Bei >Genklonierung<s-Experimenten können kohäsive Enden zur >Hybridisierung< mit komplementären Enden anderer Fragmente benutzt werden.

Kohle. Festes, brennbares, fossiles Sedimentgestein, das durch Umwandlung vorwiegend pflanzlichen Ausgangsmaterials unter Luftabschluß entstanden ist. Bei diesem Umwandlungsprozeß (Inkohlung) reichert sich Kohlenstoff an.

Kohlebehälter. >Kraftstoffdampf-Rückhaltesystem<.

Kohlekraftwerk. Anlage zur Erzeugung elektrischer Energie und/oder Wärmeenergie durch Verbrennung von Kohle. Der Wirkungsgrad von Kohlekraftwerken, d. h. das Verhältnis von Nutzenergie zu eingesetzter Energie, liegt bei ca. 30 bis 50 %. Die restliche in der Kohle enthaltene Energie wird ohne Nutzen an die >Atmosphäre< oder Gewässer abgegeben. Bei der Verbrennung entstehen feste und gasförmige >Schadstoffe< wie Staub, Kohlendioxid, Stickoxide und Schwefeldioxid, die teilweise durch besondere Verfahren (>Elektrofilter<, >Entschwefelung<, Entstickung) aus den >Abgasen< entfernt werden können.

Kohlendioxid. Ein farbloses, ungiftiges Gas mit einem gegenwärtigen Anteil von ca. 0,035 Vol.-% in der Luft. Eine weitere Erhöhung läßt eine signifikante Zunahme der Temperatur („global warming") erwarten. Konz. von 4 bis 5 % wirken jedoch betäubend und führen ab 8 % zum Erstickungstod. CO_2 ist das Endprodukt der biol. Ox. Es entsteht durch Decarboxylierung aus Ketosäuren bei der Glykolyse und dem Zitronensäurezyklus. Bei der CO_2->Assimilation< in der Pflanze (>Photosynthese<) findet im >Calvin-Zyklus< die Umwandlung in >Kohlenhydrate< statt.

Kohlenhydrate. Weitverbreitete Gruppe von Naturstoffen mit der allg. Summenformel $(CH_2O)_n$, weshalb sie früher fälschlicherweise als Hydrate des Kohlenstoffs aufgefaßt wurden. Es handelt sich jedoch um Polyhydroxyaldehyde (Aldosen) und Polyhydroxyketone (Ketosen). Daneben sind inzwischen noch eine Vielzahl von Verb. bekannt, die nicht der oben angegebenen Bruttoformel entspr., aber aufgrund ihrer Rkt. ebenfalls zu den K. gerechnet werden, darunter fallen z. B. Desoxyzucker und Aminozucker. K. sind von allen org. Stoffen auf der Erde am weitesten verbreitet und kommen in der größten Menge vor, da die in der Natur produzierte Biotrockenmasse zu ca. 95 % aus K. aufgebaut ist. Sie werden vorwiegend durch Photosynth. von Pflanzen aus Kohlendioxid und Wasser synthetisiert und nehmen im Stoffwechsel von Mikroorganismen, Tieren und Pflanzen eine zentrale Stellung ein. Die Einteilung erfolgt in Monosaccharide, die aus einem Polyhydroxyaldehyd oder -keton bestehen (z. B. Glucose, Fructose, Galactose), und Oligo- und Polysaccharide, die formal aus Monosacchariden unter Wasserabspaltung aufgebaut werden. Oligosaccharide bestehen aus mindestens 2 Monosaccharid-Einheiten und werden wegen ihres süßen Geschmacks zus. mit den Monosacchariden auch als >Zucker< bezeichnet. Beispiele für Oligosacccharide sind die Disaccharide Saccharose, Maltose und Lactose, das Trisaccharid Raffinose und das Tetrasaccharid Stachyose. Zu den hochmolekularen Kohlenhydraten gehören z. B. Stärke, Cellulose, Chitin (Polymer aus acetylierten Aminozuckern), Pektin und Glykogen. K. sind neben Fetten und Eiweißen eine der drei für den Menschen wichtigsten Nahrungsmittelgruppen. Neben ihrer Funktion als Energielieferanten (Mono-, Oligo- und einige Polysaccharide) erfüllen sie mitunter Aufgaben als Stützsubstanzen, z. B. als Cellulose in Holz und als Chitin in Tieren und >Pilzen<, und kommen als Reservestoffe, z. B. in Form von Stärke und Glykogen, vor.

Kohlenmonoxid. Oxid des Kohlenstoffs; Chem. Formel: CO; M_r: 28,01; Fp.: −205 °C; Sdp.: −191,5 °C; farb-, reiz- und geruchloses, giftiges sowie brennbares

Gas, das entspr. seinem >Molekulargewicht< etwa so schwer wie Luft ist. Eingeatmetes CO blockiert die Sauerstoffaufnahme in das Blut und führt damit je nach Konz. zu Übelkeit, Schwindel bis hin zur Bewußtlosigkeit und zum Tod. Hohe, insbesondere verkehrsbedingte Konz. bei >Inversionswetterlagen< gefährden insbesondere Herz-/Keislaufkranke. CO entsteht vor allem bei der unvollständigen Verbrennung org. Verb. in Motoren und >Haushaltsfeuerstätten< für feste Brennstoffe. Emissionsrelevant sind daneben best. Prozesse in den Bereichen >Hüttenindustrie< sowie Steine- und Erdenindustrie. Die >Emissionen< sind trotz Zunahme des Energieverbrauchs stark rückläufig. Nach Abschätzungen des >UBA< gingen die Gesamtemissionen von 12,4 Mio Tonnen im Jahr 1966 auf 8,9 Mio Tonnen im Jahr 1986 (alte Bundesländer) zurück. Die Gründe für diese Entwicklung sind u. a. die Optimierung motorischer Verbrennungsabläufe und die Umstellung bei Haushaltsfeuerungen von festen Brennstoffen auf >Heizöl< und >Erdas< mit wesentlich günstigerem Emissionsverhalten. Ein weiterer deutlicher Rückgang ist entspr. der Zunahme des Anteils von >Katalysatorfahrzeugen< zu erwarten. Zum Schutz vor Gesundheitsgefahren sind in der >TA Luft< für CO ein >Immissionswert< IW 1 von 10 mg/m^3 und ein Immissionswert IW 2 von 30 mg/m^3 aufgeführt. Die >VDI-Richtlinie< 2310 nennt zum Schutz des Menschen folgende >MIK-Werte<: 1/2-h-MIK: 50 mg/m^3; 24-h-MIK: 10 mg/m^3; Jahres-MIK: 10 mg/m^3. Auch bei hohen Verkehrsbelastungen werden die Immissionswerte der TA Luft nicht überschritten. Im Hinblick auf den Rückgang der CO-Belastung sind derzeit auch Überschreitungen der 1/2-h- und 24-h-MIK-Werte, die noch vor einigen Jahren an verkehrsreichen Plätzen vergleichsweise häufig auftraten, nahezu kaum noch zu erwarten.

Kohlenschwarz. (Acetylenschwarz, Benzolschwarz, Carbo medicinalis, Carbon black, Charcoal, Gasschwarz, E 153). Durch Verkohlung organischer Substanzen wie Knochen oder Pflanzenabfälle oder durch unvollständige Verbrennung von Kohlenwasserstoffen gewonnener Farbruß, dessen Färbung von bräunlich, bläulich, grau zu tiefschwarz variiert. Die Anwendung in der Lebensmittelindustrie erfolgt zur Herstellung schwarzer Wachsüberzüge.

Kohlenstoff. 1. gesamter: („total carbon", >TC<). Summe des organisch und anorganisch gebundenen Kohlenstoffs in gelösten und ungelösten Stoffen.
2. gesamter organisch gebundener: *(TOC)*. Der gesamte Kohlenstoff, der in Wasser gelösten und suspendierten organischen Stoffen enthalten ist (ISO 6107/2).
3. gelöster organischer: („dissolved organic carbon"), (>DOC<). Der Anteil an organischem Kohlenstoff in Wasser, der durch einen spezifizierten Filtrationsschritt nicht entfernt werden kann (ISO 6107/5). Es handelt sich, im Gegensatz zum TOC (s. o.), nur um den gelösten organischen Anteil des Kohlenstoffs. Es ist ein Summenparameter, der häufig z. B. bei biologischen Abbauversuchen als Analysemethode eingesetzt wird.

Kohlenstoff-14. Natürlicher Kohlenstoff-14 (C-14) entsteht durch eine (n,p)-Reaktion langsamer >Neutronen< der kosmischen Strahlung mit Stickstoff-14 in der oberen Atmosphäre. Messungen an Holz von Bäumen aus dem 19. Jahrhundert ergaben rund 230 Becquerel C-14 pro Kilogramm Kohlenstoff. Dieses natürliche Verhältnis zwischen dem radioaktiven Kohlenstoff-14 und dem stabilen Kohlenstoff-12 in der Atmosphäre ist heutzutage durch zwei gegenläufge Effekte beeinflußt:
- Die massive Erzeugung von CO_2 durch das Verbrennen fossiler, C-14-armer Energieträger führt zu einer Vergrößerung des C-12-Anteils. Damit kommt es zu einer Verringerung des natürlichen Verhältnisses von C-14 zu C-12. Mitte der 50er Jahre ergab sich durch diesen sog. Suess-Effekt bereits eine Red. der C-14-Aktivität pro kg Kohlenstoff in der Atmosphäre um fünf Prozent.
- Kernwaffentest in der Atmosphäre und >Ableitungen< aus >kerntechnischen Anlagen< bedingen eine Erhöhung des C-14-Anteils in der Atmosphäre.
Die natürliche Konz. an C-14 führt im menschlichen Körper zu einer C-14-Aktivität von rund 3 kBq. Die resultierende >effektive Äquivalentdosis< beträgt 12 µSv/Jahr.

Kohlenstoff-Stickstoff-Verhältnis (C/N-Verh.). Das C/N-Verh. kennzeichnet die Nutzung des Kohlenstoffs zur Atmung und Aufbau von stickstoffhaltigen Eiweißverbindungen durch Bodenorganismen beim Abbau der toten org. Substanzen.

Kohlenwaschwässer. Die Waschwässer von der Naßaufbereitung der Steinkohle sehen trübe, fast schwarz aus und enthalten je nach Beschaffenheit der Rohkohle und der Art der Durchführung der Wäsche wechselnde Mengen von ungelösten Kohle- und Lettenteilchen in feinkörniger bis pulveriger Verteilung, ferner von gelösten Salzen und – mehr zurücktretend – nicht fäulnisfähigen org. Stoffen. Die Abwässer der Braunkohlen-Brikettfabriken sind, falls sie von der Schlotentstaubung stammen, 40 bis 60 °C heiß, im übrigen stark getrübt und dunkelbraun gefärbt. Die niedergeschlagenen Staubteilchen sind sehr leicht (spez. Gewicht unter oder wenig über 1), fühlen sich wegen ihres >Bitumen<gehaltes fettig an und mischen sich infolgedessen nur sehr schwer mit Wasser. Sie neigen zunächst zur Schwimmschichtbildung und sinken erst nach Wochen und Monaten unter, wenn sie genügend Wasser aufgenommen haben. Die Abwässer der Kohlenwäschen und der Brikettfabriken (Braunkohle) können vor allem durch ihre Schweb- und Sinkstoffe in den Vorflutern, die häufig leistungssschwach sind, große Schäden hervorrufen. Die namentlich an den Ufern sich bildenden Ablagerungen hindern den Abflußvorgang, stören das Pflanzen- und Tierleben und beeinträchtigen den Gemeingebrauch des Wassers.
Lit: Meinck F, Stooff H, Kohlschütter H (1968) Industrie-Abwässer, Gustav Fischer Verlag, Stuttgart.

Kohlenwasserstoffe. 1. rezent biogene: Werden von Algen und höheren Pflanzen im Meer gebildet. Die im Ozean produzierte Kohlenwasserstoffmenge wird auf bis zu $49 \cdot 10^6$ t/Jahr geschätzt. Die biogenen K. mariner Algen sind C_{15}-, C_{17}- oder C_{21}-n-Alkane; ungesättigte Kohlenwasserstoffe, wie 2,6,10,14-Tetramethylpentadecane (Pristan), *cis*-3,6,9,12,15,18-Heneicosahexaene, Squalene, etc.
Häufig bilden ein oder zwei Komponenten den Hauptanteil der Kohlenwasserstoffe in den Organismen. Im Gegensatz hierzu zeigen Erdölkohlenwasserstoffe ein sehr komplexes Muster aliphatischer Komponenten mit Kettenlängen bis >C_{40}< ohne Bevorzugung ungeradzahliger C-Ketten sowie hohe Anteile an aromatischen Kohlenwasserstoffen (>Erdöl<).
2. chlorierte: >Chlorkohlenwasserstoffe CKW<.

3. polycyclische: >PAH<, >polycyclische aromatische Kohlenwasserstoffe<.

Kohlenwasserstoffemissionen. In der >Abgasanalyse< von Fahrzeugen und Motoren mit dem >Flammenionisationsdetektor< als Summenwert gemessen ohne Rücksicht auf die Zusammensetzung. Die K. bestehen aus mehreren hundert versch. Verb., nicht limitierte Abgaskomponeneten. Einige der K. finden jedoch besonders Interesse, wie z.B. polycyclische Aromaten, Benzol, Formaldehyd. In der Abgasgesetzgebung der USA werden bei den K. unterschieden
- >Kohlenwasserstoffe<, Hydrocarbons (HC): Die Summe aller nicht oxidierten Kohlenwasserstoffe.
- Nicht-Methan-HC, Non-methane hydrocarbons (NMHC): Summe aller HC außer >Methan<.
- Org. Materialäquivalent, Organic material hydrocarbon equivalent (OMHC): Die Summe der Kohlenstoff-Massenanteile nicht oxidierter Kohlenwasserstoffe, MeOH und >Formaldehyd< einer Gasprobe, ausgedrückt als Gemisch entspr. Kohlenwasserstoffe.
- Nicht methanhaltiges org. Gas, Non-methane organic gas (NMOG): Die Summe oxidierter und nicht oxidierter Kohlenwasserstoffe einer Gasprobe, einschl. >Formaldehyd<, Acetaldehyd, >Acrolein<, >Aceton<, >MeOH<, >EtOH< und Aromaten mit 12 oder weniger C-Atomen.

Kohlenwasserstoff-Index (KW-IR). Aliphatische und aromatische >Kohlenwasserstoffe< (KW) sind die Hauptbestandteile von Benzin, Diesel und Heizöl. Verunreinigungen treten überwiegend beim Transport und bei der Lagerung der KW auf und können sowohl Böden als auch Grund- und Oberflächengewässer betreffen. Aufgrund der komplexen Zusammensetzung der KW-Gemische ist deren vollständige Charakterisierung nur durch GC-Analytik möglich (GC/FID bzw. GC/MS). Für die Beurteilung der Umweltgefährdung nach Ölunfällen ist es aber oft nicht erforderlich, die KW-Gemische aufzutrennen und die einzelnen Isomeren und Homologen zu bestimmen. Es genügt oft, den Nachweis der Verunreinigung als Summenparameter zu erbringen: Die Bestimmung der charakteristischen CH_3-, CH_2 und CH-Valenzschwingungen der KW, die IR-spektrometrisch bestimmt werden (DIN 38409-T18). Boden- oder Wasserproben werden mit einem CH-freien org. >Lösungsmittel< extrahiert, wie z.B. 1,1,2-Trichlortrifluorethan, d_6-Benzol o.ä., anschließend die mitextrahierten polaren Verbindungen durch eine Al_2O_3-Säule adsorptionschromatographisch abgetrennt, und die CH_3- ($\nu = 2958 \, cm^{-1}$), CH_2- ($\nu = 2924 \, cm^{-1}$) und CH-Banden ($\nu = 3030 \, cm^{-1}$) IR-spektrometrisch gemessen. Die Extinktion dieser Banden wird mit Hilfe einer Standardmischung mit genauen Konzentrationen an kurzkettigen KW (hoher Anteil an terminalen CH_3-Gruppen, wie in Ottokraftstoffen), langkettigen KW (wenige terminale CH_3-, dafür aber viele CH_2-Gruppen in der längeren Alkylkette, wie in Mitteldestillaten) und schließlich aromatischen KW (überwiegend CH-Banden, wie in Teerölen und Aromatenextrakten) zugeordnet. Falls die IR-Spektrometrie aufgrund schlechter chromatographischer Aufreinigung des Extraktes nicht möglich ist, kann alternativ zu KW-IR auch die Summe der extrahierbaren, lipophilen, schwerflüchtigen Stoffe in Anlehnung an DIN 38409-T17 durch Eindampfen des Extraktes und Wägung des Rückstandes ermittelt werden.

Kohleveredlung. Sammelbegriff für Verfahren, die Kohle in eine besser nutzbare Form überführen sollen, etwa durch >Kohleverflüssigung<, >Kohlevergasung< oder Verkokung (>Kokerei<).

Kohleverflüssigung. Thermisches Verfahren zur Herstellung von fl. >Brennstoff< aus Kohlen.

Kohlevergasung. Thermisches Verfahren zur teilweisen Überführung fester Kohlensubstanz in den gasförmigen Aggregatzustand. Die Vergasung kann im Anschluß an die Kohlengewinnung erfolgen oder auch in der Lagerstätte selbst. >In-situ-Verfahren<.

Koinzidenz. Zeitlicher Zusammenfall zweier Ereignisse. Koinzidenz bedeutet nicht, daß zwei Ereignisse absolut gleichzeitig eintreten, sondern nur, daß beide Ereignisse innerhalb einer Zeit auftreten, die durch das zeitliche Auflösungsvermögen des Nachweisgerätes gegeben ist.

Koinzidenzschaltung. Elektronische Schaltung, die nur dann einen Ausgangsimpuls liefert, wenn an jedem der Schaltungseingänge innerhalb einer vorgegebenen Zeit, der Koinzidenzauflösungszeit, ein Eingangsimpuls ankommt.

Kokain. Ein in den Blättern des südamerikanischen Kokastrauches *(Erythroxylon coca)* enthaltener Pflanzenstoff (Coca-Alkaloid). Bereits nach dem ersten Gebrauch der Droge kann es zu einer starken psychischen Abhängigkeit kommen. Das >Suchtmittel< wird überwiegend geschnupft und führt sofort nach der Einnahme zu lebhafter Euphorie mit Rededrang, bei höheren Dosen zum „Kokain-Schwips" und nachfolgend zur Apathie. Bei chronischer Zufuhr kann es zu Abmagerung, Wahrnehmungsstörungen, Verfolgungswahn kommen, auch schwere Depressionen können auftreten und Selbstmorde sind relativ häufig. Das Schnupfen führt bei chronischer Anwendung zu Defekten der Nasenschleimhaut bis hin zur Durchlöcherung der Nasenscheidewand. Die Kokainsucht zeigt in den letzten Jahren eine starke Zunahme in Deutschland (häufig kombinierte Abhängigkeit mit Heroin).
Lit: Zankl H, Zieger G (1987) Gesundheitslehre, VCH, Weinheim.

Kokerei. Anlage zur Umsetzung von >Steinkohle< in Koks und Koksofengas durch Trockendestillation. Als Nebenprodukte entstehen Rohteer, Rohbenzol, >Schwefelwasserstoff< und >Ammoniak<. Zur Unterfeuerung kommen u.a. teilentschwefeltes Koksofengas oder im Verbund mit einem >Hüttenwerk< Gichtgas zum Einsatz. Beim Füllen der Koksöfen, beim eigentlichen Verkokungsvorgang, beim Drücken des glühenden Kokses aus der Ofenkammer, bei der Kokskühlung und der nachfolgenden Aufarbeitung der Kohlewertstoffe treten >Emissionen< an >Staub< und gasförmigen >Luftverunreinigungen< auf. Problematisch sind insbesondere die Emissionen an org. Verb. wie z.B. >Benzol< und >polykondensierte aromatische Kohlenwasserstoffe< (PAK), die vor allem beim Verkokungsvorgang als diffuse Emissionen aus Leckagen an einer Vielzahl von Öffnungen austreten. Deutliche >Emissionsminderungen< lassen sich insgesamt nur durch Neubauten mit ausreichend abdichtbaren Öffnungen sowie Abgaserfassungs- und >Abgasreinigung<smaßnahmen erreichen. Umfangreiche Anforderungen an die Minderung der Emissionen aus Kokereien sind in der >TA Luft< aufgeführt.

Kokille. In der Kerntechnik Bezeichnung für den Glasblock – einschließlich seiner gasdicht verschweißten Metallumhüllung aus korrosionsbeständigem Stahl – des verglasten >hochaktiven Abfalls<.

Kokon. Schutzgespinst vieler Insektenarten während der Puppenruhe, teilweise unter Einschluß von Fremdkörpern. Bei vielen Articulaten Schutzgewebe oder -sekret für die Eigelege. >Lumbricidae<, >Araneida<, >Insecta<.

Kollektiv-Äquivalentdosis. Produkt aus der Anzahl der Personen der exponierten Bevölkerungsruppe und der mittleren Pro-Kopf->Äquivalentdosis<. Die Einheit der K.-Ä. ist das Personen-Sievert.

Kollektor. Vorrichtung zur Umwandlung von Sonnenstrahlung in Wärme. >Kollektorsystem<.

Kollektorsystem. Anlage zur Warmwasserbereitung mit Hilfe von >Solarkollektoren< bzw. >Absorbern< (s. Abb.). Ein K. besteht aus mehreren zusammengeschalteten Kollektoren mit Zu- und Abfluß für das Wärmeträgermedium, einer Umwälzpumpe und einem >Speicher<. Man unterscheidet zwei Arten von K.: K. mit Naturumlauf (>Thermosiphonanlage<), bei denen der Speicher sich oberhalb der Kollektoren befindet und K. mit Zwangsumlauf. Während beim Kollektor mit Naturumlauf das solar erwärmte Wasser aufgrund der geringeren Dichte von selbst in den Speicher steigt und kaltes Wasser automatisch nachfließt, wird beim erzwungenen Wärmeumlauf das im Kollektor erwärmte Wärmeträgermedium, das nicht notwendigerweise Wasser sein muß, mit Hilfe einer Umwälzpumpe über den Wärmetauscher in den Kollektorkreislauf zurückgepumpt. Im Wärmetauscher wird Brauchwasser erwärmt und steht zum Duschen, Baden usw. zur Verfügung bzw. wird in einem wärmeisolierten Speicher zwischengespeichert. Da in unseren Breiten die >Sonnenstrahlung< nicht ausreicht, das ganze Jahr über das Brauchwasser genügend zu erwärmen, ist eine Zusatzheizung erforderlich.

Lit: informedia Köln (Hrsg.) (1985) Mini-Lex der Energie. Erneuerbare und neue Energiequellen.

Kolloide. Stoffe, die sich in einem besonders fein verteilten Zustand befinden. Es sind >Dispersionen<, die

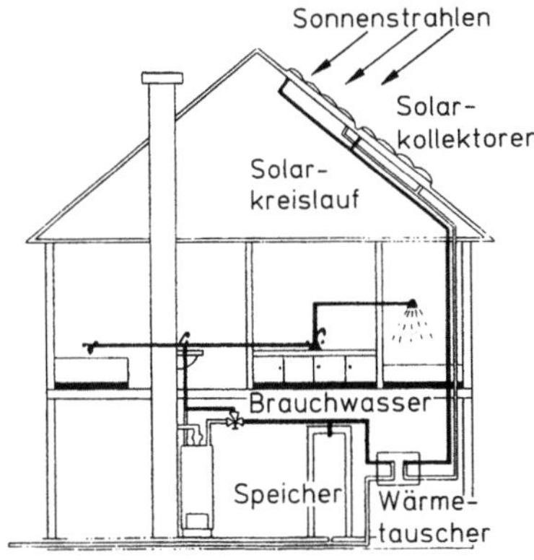

Kollektorsystem: Mit Hilfe von Solarkollektoren wird Brauchwasser z. B. für ein Einzelhaus erwärmt. (Nach: Mini-Lex der Energie 1985)

mit Teilchengrößen zwischen 0,001 und 0,1 µm einen Zwischenzustand zwischen molekulardispersen (echten Lösungen) und sich absetzenden grobdispersen Systemen darstellen. Sie spielen bei vielen biologischen und technischen Prozessen eine große Rolle. Kolloidal dispergierte Teilchen bestehen typischerweise aus 10^3 bis 10^9 Atomen. Da ihre Teilchendurchmesser deutlich unter der Wellenlänge des sichtbaren Lichtes und damit der mikroskopischen Sichtbarkeitsgrenze liegen, erscheinen sie im Durchlicht optisch klar, zeigen jedoch senkrecht zum einfallenden Lichtstrahl eine durch Lichtstreuung hervorgerufene Opaleszenz (Tyndall-Effekt). Dabei bleibt die Wellenlänge des Streulichts unverändert. Seine Intensität ist von der Differenz der Brechungsindizes von dispergierter Phase und Dispersionsmittel abhängig. Sie ist der Konzentration direkt und der 4. Potenz der Wellenlänge des Lichts umgekehrt proportional (Rayleigh-Gesetz). Mit Ultramikroskop oder Elektronenmikroskop können kolloidale Teilchen sichtbar gemacht werden. Sind die dispergierten Teilchen frei beweglich, so spricht man von Solen; hängen sie aufgrund von Kohäsionskräften zusammen, bezeichnet man sie als Gele. Man unterscheidet: a) *Dispersionskolloide*, die durch Zerteilung von Materie z. B. mit Hilfe von Kolloidmühlen oder Ultraschall oder durch Kondensierung aus molekular gelöstem Zustand in einem Dispersionsmittel entstehen, in dem sie praktisch unlöslich sind. Sie sind thermodynamisch nicht im Gleichgewicht und neigen dazu, sich entweder aufzulösen oder sich zu vergrößern, bis eine makroskopische Phase entstanden ist. Sie werden stabilisiert durch gleichsinnige elektrische Ladungen der Teilchenoberflächen, Solvatation oder festhaftende Filme. *Beispiele:* Rubinglas (kolloidales Gold), Palladium als Katalysator, Halogensilber in der Fotografie, Kaolin als Füllstoff in Salben oder >Suspensionskonzentraten<. b) *Assoziations-* oder *Micellkolloide*, die spontan aus molekulardispersen Systemen von Molekülen gebildet werden, die einen >lyophoben< und einen >lyophilen Molekülteil< besitzen, sofern eine bestimmte Konzentration (kritische Micellbildungskonzentration) überschritten wird. *Beispiel* für diese thermodynamisch stabilen Systeme: >Seifen< oder >Tenside< in Wasser sowie >Mikroemulsionen<. c) *Molekülkolloide*, die Makromoleküle mit kolloidalen Dimensionen sind. Sie befinden sich eigentlich im molekulardispersen Zustand, zeigen aber aufgrund ihrer Molekülgröße die typischen Kolloideigenschaften. *Beispiel:* Lösungen von Eiweiß, Stärke, synthetischen >Polymeren< und Kautschuk. d) *Makromolekulare Assoziationen*, die entstehen, wenn mehrere Makromoleküle sich durch Nebenvalenzen zu größeren Gebilden zusammenschließen. Unter bestimmten Bedingungen (pH, Elektrolytkonzentration) lassen sich diese Systeme in zwei Schichten trennen, von denen eine an der kolloidalen Substanz angereichert ist (Koazervat). Dieses Phänomen spielt in der Biologie ebenso eine Rolle wie bei der >Mikroverkapselung<. Andere Einteilungsmöglichkeiten der K. sind gegeben durch 1) Teilchenform: Globulär- oder Sphärokolloide mit kugelähnlicher Gestalt (Glykogen, Hämoglobin) bzw. fadenartige Fibrillär- oder Linearkolloide (Kautschuk, Cellulose); 2) chemische Zusammensetzung: anorganische (Metalle, Kaolin) bzw. organische K. (Gelatine, Polyvinylacetat); 3) Verhalten gegenüber dem Dispersionsmittel: lyophile K. bilden sich durch direktes Lösen (Seifen); lyophobe K. sind in Dispersionsmitteln herstellbar, in denen der dispergierte Stoff unlöslich ist

(Polystyrol in Wasser). Kolloidale Dispersionen lassen sich mit Hilfe von Membranfiltern und Ultrazentrifugen sowie durch Koagulation (>Flockung<), die durch den Zusatz von Elektrolytlösungen erreicht werden kann, trennen.
Boden: Feindisperse Stoffe, die in wäßriger Suspension (kolloide Lösung, Sol) in der Durchsicht klar erscheinen, aber Licht streuen können (Tyndall-Kegel). In der Bodenkunde rechnet man zu den Bodenkolloiden die feindispersen >Huminstoffe< und die Tonminerale, deren große spezifische Oberflächen eine entsprechend große Reaktivität bedingen.

Kolluvium. Meist feinkörniges Material, das durch Erosion (>Bodenerosion<) an anderer Stelle weggeführt wurde und sich in Akkumulationslagen (Hangfuß, Mulden, Gräben) sammelt. Da hier in der Regel Oberbodenmaterial zusammengetragen wurde, enthält ein K. meist >Humus< und, bei der Erosion landwirtschaftlicher Flächen, erhebliche Konzentrationen an Nährstoffen, gelegentlich auch an Schadstoffen. Der ökologische Wert eines K. als Pflanzenstandort ergibt sich einmal aus dessen Nährstoffreichtum zum anderen aus der Tatsache, daß K. durch die Einschlämmung sehr dicht sind und leicht Luftmangel auftritt.

Koloniezahl. Anzahl lebensfähiger Mikroorganismen (einschließlich Bakterien, Hefen oder Schimmelpilze) in einem gegebenen Wasservolumen, ermittelt aus der Anzahl von Kolonien, die unter definierten Bedingungen in oder auf einem bestimmten Medium gebildet werden (ISO 6107/5) >Gesamtkeimzahl<. Die K. spielt z.B. bei der Trinkwasserverordnung eine Rolle, in der Milchwirtschaft und bei vielen anderen Nahrungsmitteluntersuchungen. Sie wird auf festen Nährmedien, z.B. auf >Agar-Agar-Nährböden< mit den unterschiedlichsten >Nährsalzzugaben< bestimmt.

Kolonne. Auch >Austauschsäule< genannter chem. Apparat zum Stoffaustausch zwischen nicht mischbaren Flüssigkeiten oder Flüssigkeiten und Gasen; meist zylinderförmiges, langes, vertikal stehendes Rohr mit Einbauten. Zu unterscheiden sind nach Aufgaben: Wasch-, Rektifizier- und Extraktionskolonnen und nach Einbauten: Sieb-, Gitter-, Glocken-, Ventilboden- und Füllkörperkolonnen.

Koma. Tiefe Bewußtlosigkeit; Fehlen jeglicher Reaktionen auf äußere Reize. Zustand bei Schädigung bzw. organischer Erkrankung des Gehirns durch u.a. >Intoxikationen< (z.B. Alkoholvergiftung), Stoffwechselentgleisungen (z.B. bei Diabetes) sowie Hirnverletzungen.

Kombinationsabdichtungen. Kombination von >Kunststoffdichtungsbahn< und mineralischer Dichtung in >Basisabdichtung< und >Deponieabdeckung< durch Anordnung einer Sperrbahn aus hochdichtem Polyethylen (>HDPE<) im Preßverbund mit einer mineralischen Abdichtung mit dem Ziel, die Folgen einer Fehlstelle in der Dichtungsbahn auf geringe Tropfwasserverluste zu beschränken und die Diffusion unpolarer Stoffe wie chlorierter Kohlenwasserstoffe durch die unpolare Dichtungsbahn durch Senkung des Konzentrationsgefälles zwischen Ober- und Unterseite der Sperrbahn auf unbedeutende Spuren zu senken. Letzteres wird dadurch erreicht, daß der unvermeidbaren Anreicherung unpolarer Stoffe auf der Oberseite der unpolaren Sperrbahn eine zweite Anreicherung auf der Unterseite der Sperrbahn durch die polare Sperre aus Wasser und Ton entgegengesetzt wird.
Lit: Fehlau KP, Stief K (Hrsg.) (1991) Fortschritte der Deponietechnik 1990. Neue Anforderungen an die Ablagerung. Abfallwirtschaft in Forschung und Praxis, Bd. 36, E. Schmidt, Berlin – Probst K (1995) Deponieabdichtung. Fraunhofer IRB Verlag, Berlin – Brune M, Holzlöhner U, Meggyes T, August H (1994) Deponieabdichtungssysteme. Statusbericht. Verlag neue Wissenschaft, Berlin – Holzlöhner U, Meggyes T, August H (1998) Optimierung von Deponieabdichtungssystemen. Springer-Verlag, Berlin – Technische Anleitung Siedlungsabfall. In: Müll-Handbuch, Kennzahl 0675; Technische Anleitung Abfall. In: Müll-Handbuch, Kennzahl 0670. E. Schmidt Verlag, Berlin 1964.

Kombinationsfällung. Die Verfahren der chem. Fällung unterscheiden sich im Prinzip durch den Standort der Fällmitteldosierstelle. Gebräuchliche Verfahren sind die Vor- und Simultanfällung sowie die Nachfällung oder Flockungsfiltration als Verfahren nach der biol. Stufe. Grundsätzlich können diese Verfahren auch kombiniert werden, z.B. Vorfällung mittels Kalk und Simultanfällung mit Eisen bzw. Simultan- und Nachfällung als Zweipunktfällung. In jedem Fall ist auf eine ausreichende Durchmischung und Flockung zu achten. Wenn keine Stelle ausreichender Turbulenz vorhanden ist (Wechselsprung, Absturz), kann der Wirkungsgrad durch turbulentes Einmischen erheblich erhöht werden.
Lit: Bever J, Stein A, Teichmann H (1994) Weitergehende Abwasserreinigung. 3. Aufl., Oldenbourg Verlag, München Wien.

Kombinationsformulierung. >Formulierung<, die mehrere Wirkstoffe enthält.

Kombinationswirkung. Wirkungen, die sich beim Einwirken mehrerer >Schadstoffe< bzw. Umweltfaktoren auf einen >Organismus< oder ein Material ergeben. Zu unterscheiden sind additive Wirkungen, bei denen sich die Einzelwirkungen addieren, >synergistische Wirkungen<, bei denen sich die Einzelwirkungen verstärken und >antagonistische Wirkungen<, bei denen sich die Einzelwirkungen gegenseitig aufheben oder zumindest abschwächen. Untersuchungen zu Kombinationswirkungen liegen nur vereinzelt vor, da die hierzu erforderlichen exp. und >epidemiologischen< Untersuchungsansätze und auch die >molekularbiol.< Kenntnisse in der Vergangenheit weitgehend nicht vorlagen. Erkannt sind bis jetzt beim Menschen z.B. sich gegenseitig verstärkende Wirkungen für >SO_2< und >Staub< oder >Asbest< und >Tabakrauch<. Drastische synergistische Wirkungen mehrerer >Schadstoffkomponenten< bei langfristiger >Exposition< können vor allem bei Pflanzen auftreten.

Kommensalismus. Das Zusammenleben zweier Partner, bei dem ein Partner Nutzen daraus zieht, ohne dem anderen zu schaden.

Kommission Reinhaltung der Luft (KRdL) im VDI und DIN. Die „Kommission Reinhaltung der Luft" (KRdL) im >VDI< und >DIN< wurde im März 1990 durch Zusammenschluß der VDI-Kommission Reinhaltung der Luft (VDI-KRdL) mit dem Normenausschuß (NLuft) des DIN geschaffen. Sitz der Kommission ist Düsseldorf (VDI-Haus). Notwendig wurde der Zusammenschluß im Hinblick auf den Binnenmarkt 1993 und wegen der begrenzten personellen und finanziellen Möglichkeiten in D und in Europa. Zur Schaffung einheitlicher, harmonisierter Regelwerke müssen ein national und international abgestimmter Kooperations- und Ordnungsrahmen festgelegt und alle Aktivi-

Organisationsplan

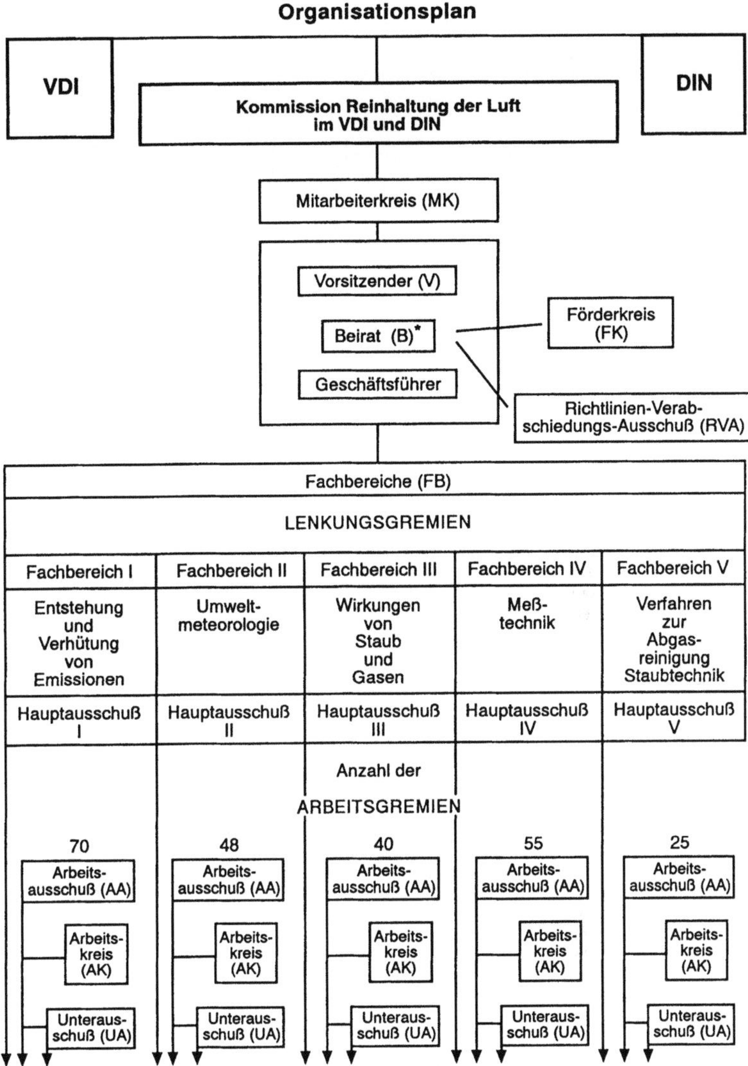

Kommission Reinhaltung der Luft: Organisation der Kommission Reinhaltung der Luft im VDI und DIN

täten der weltweit vorhandenen ca. 160 privaten Regelsetzer wirkungsvoll gebündelt werden. Aufgabe der Kommission ist u. a. die Erstellung von VDI-Richtlinien, DIN-Normen, DIN-EN-Normen und DIN-ISO-Normen. In der Kommission sind mehr als 200 Arbeitsgruppen mit zusammen ca. 1.700 Fachleuten aus Wirtschaft, Wissenschaft und Verwaltung an der Erstellung der Richtlinien und Normen in ehrenamtlicher Gemeinschaftsarbeit tätig (Organisation s. Abb. oben). Ein Spiegelbild für den Umfang dieser technisch-wissenschaftlichen Gemeinschaftsarbeit ist die Zahl von durchschnittlich 30 jährlich erarbeiteten Richtlinien sowie zahlreicher DIN-Normen. Die VDI-Richtlinien sind in 11 Bänden des VDI-Handbuches Reinhaltung

der Luft zusammengefaßt. Die Arbeit der Kommission wird vom Staat gefördert.

Kommunale Abfallentsorgung. Gesamtheit der Abfallentsorgung innerhalb einer Kommune. Die k. A. besteht aus >Müllabfuhr<, >Sperrmüll<- und kommunale Gewerbeabfallabfuhr, ggf. >Getrenntsammlungssystemen< und >Entsorgungsanlagen<. Grundlage für die k. A. ist das örtliche >Abfallwirtschaftskonzept<.

Kommunales Abwasser. >Schmutzwasser, kommunales<.

Kompaktanlage. Nach dem >Belebungsverfahren< mit >Schlammstabilisierung< arbeitende Kläranlagen sind

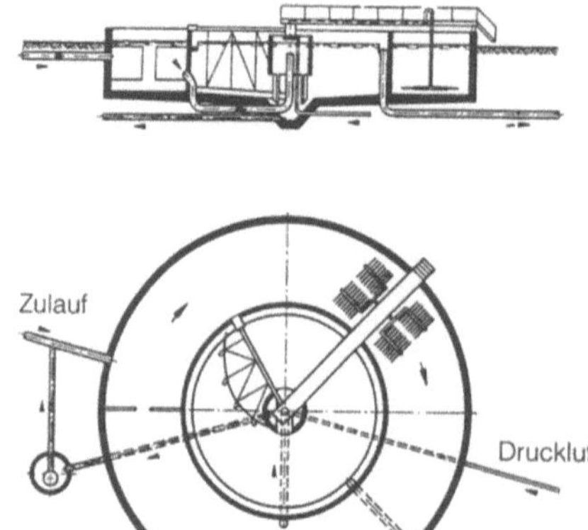

Kompaktanlage: Kombinationsbauweise mit Rundbecken und Gegenstrombelüftung (aus: Abwassertechnische Vereinigung (Hrsg.) (1982–1986) Lehr- und Handbuch der Abwassertechnik, 3. Aufl., Bd. 1–7, Verlag von Wilhelm Ernst u. Sohn, Berlin München)

für Anschlußgrößen bis zu 15.000 E meist typisiert. >Kleinkläranlagen< für 200 bis 300 E werden im Werk aus Stahl, in neuester Zeit auch aus Kunststoff hergestellt und brauchen am Ort nur auf die Fundamente gesetzt zu werden. Für größere Typen werden vorgefertigte Teile geliefert. Die Anlagen sind so gestaltet, daß das gewählte Belüftungssystem mit möglichst guter Wirkung arbeiten kann. Da sie – unter Verzicht auf die Vorklärung und besondere Einrichtungen zur >Schlammausfaulung< einfach aufgebaut sind, wenig Platz benötigen und rationell hergestellt werden können, sind ihre Anschaffungskosten niedrig (s. Abb. oben).

Lit: Abwassertechnische Vereinigung (Hrsg.) (1982–1986) Lehr- und Handbuch der Abwassertechnick, 3. Aufl., Bd. 1–7, Verlag von Wilhelm Ernst und Sohn, Berlin München.

Kompaktlager. Einrichtung zur Lagerung >bestrahlter Brennelemente< im Reaktorgebäude unter – verglichen mit der Normallagerung – dichterer Belegung der Lagerbecken und Verwendung technischer Maßnahmen zur Wahrung der >Kritikalitäts<sicherheit.

Kompaktor. Gerät ähnlich einem Radlader, um Abfälle auf einer Deponie in dünnen Schichten auszubreiten und mit hoher Lagerungsdichte einzubauen. Der K. zeichnet sich durch ein hohes Gewicht (ca. 20 bis 30 t) aus. Er hat anstelle von 4 Reifen 4 walzenförmige Stahlräder, die mit Schneiden oder Stempeln (Schaffußwalzen) besetzt sind. Diese haben die Aufgabe, Abfälle zu zerkleinern und durch ihre geringe Auflagerfläche und den damit verbundenen hohen Spitzendruck bewirken sie die Verdichtung der Abfälle. Der K. ist vorn meistens mit einem Planierschild zur Abfallverteilung, seltener mit einer Schaufel ausgerüstet.

Kompartimentierung. Vorgang, bei dem in der Umwelt vorhandene Substanzen in verschiedene Umweltberei-

che wie z. B. Wasser Luft, Lebewesen, Boden, Sediment usw. wandern. >Bioakkumulation< (ISO 6107/6).

Kompart(i)ment. (Engl. compartment = Abteilung). Bezeichnet meist eine räumlich abgrenzbare Bilanzierungseinheit, ein in der Ökologie der Element- und Energie->Kreisläufe< wichtiger Begriff für die Speicher (engl. pools), auf die sich Messungen und Modellierungen beziehen. Darstellung meist durch Kästchen, wobei >Flüsse< durch Pfeile symbolisiert werden. Beispiele s. Abb. S. 653.

Kompartimentmodelle. Dies sind Modelle, bei denen die Geometrien auf „Kästchen" (Kompartimente oder Boxen) zurückgeführt werden, wie z. B. bei den sog. black-box-Modellen. Die Flüsse zwischen den Kompartimenten werden z. B. über Produkte aus den Gehalten oder Konzentrationen der fraglichen Komponenten in den jeweiligen Kompartimenten und den als Leitfähigkeiten fungierenden Transferkoeffizienten gebildet. Bsp.: Trophische Modelle, s. a. Abb. S. 573.

Kompensationsebene. Gedachte Ebene in einem Gewässer, oberhalb der die Strahlung für eine Netto->Primärproduktion< ausreicht, darunter dagegen nicht mehr. Im allg. liegt diese „Ebene" bei 1 % der direkt unter der Oberfläche gemessenen Strahlungsintensität. Tatsächlich haben Pflanzen unterschiedliche Lichtoptima und sind auch unterschiedlich fähig, sich an Schwachlichtbedingungen zu adaptieren. Jede Alge hat ihren spez. Kompensationspunkt, und diese Punkte liegen nicht in einer Ebene. Dennoch ist der Begriff der K. von großer Bedeutung, da die K. grob die >tropholytische< von der >trophogenen Zone< im Gewässer trennt.

Kompensationsprinzip. In der >TA Luft< und im >Bundesimmissionsschutzgesetz< vorhandene umweltökonomisch fundierte Regel, wonach im Interesse einer effizienten Altanlagensanierung auch solche Anlagen genehmigt werden können, deren Inbetriebnahme zu einer Überschreitung der Immissionswerte in ihrem Umkreis führt, wenn zugleich sichergestellt ist, daß durch Sanierungsmaßnahmen an bestehenden Anlagen des Antragstellers oder Dritter die Immissionen trotz der Zusatzbelastung insgesamt vermindert werden.

Kompensationszone. Zum Schutz des >Biotops< von Feldhecken sind mindestens 2 m, optimal 5 bis 8 m Abstand mit einem Kraut/Grasbewuchs zwischen Ackerfläche und Feldhecke notwendig, um einen Eintrag von Nährstoffen und >Pflanzenschutzmitteln< in die Hecke zu verhindern. Gleichzeitig wird dadurch auf gefährdeten Flächen die >Erosion< gemindert. K. gehört zu den Elementen des >integrierten Pflanzenbaus<.

Kompetitionsansatz. Bezeichnung für modellmäßigen Ansatz zur Beschreibung der Konkurrenz mindestens zweier individueller Organismen oder ganzer Populationen um dieselben Ressourcen oder denselben Nährstoffspeicher; wird auch verwendet zur quant. Beschreibung der Konkurrenz mindestens zweier Ionenarten um dieselben Plätze eines >Ionenaustauschers<. Ein solcher Kompetitionsansatz als Gleichgewichtsformulierung ist z. B. die sog. >Gapon-Gleichung<.

Komplexbildner. Stoffe, die Metallionen abfangen und als Chelate binden. Schwermetalle in Lebensmitteln katalysieren die Fettoxidation. Durch den Zusatz von Komplexbildnern zum Abfangen der Metallionen wird

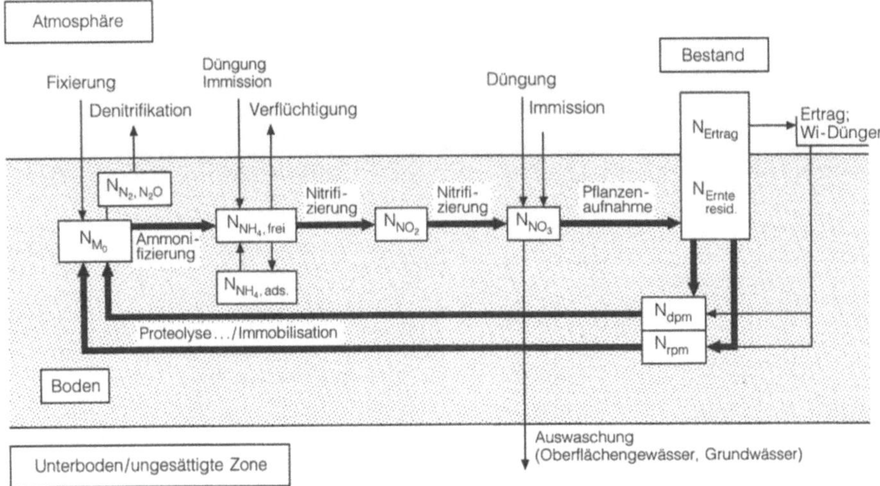

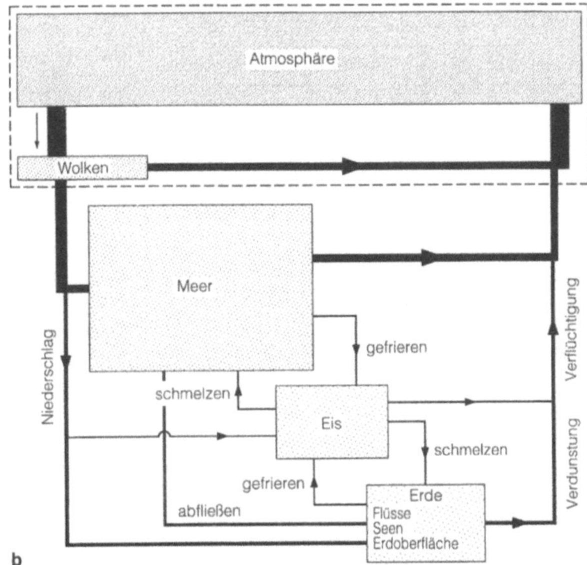

Kompart(i)ment:
Kompartimentmodelle a) für den Stickstoffhaushalt in einem Boden b) für den globalen Wasserhaushalt

die Wirkung der >Antioxidantien< unterstützt. Als Komplexbildner werden häufig >Weinsäure<, >Citronensäure< und Ethylendiamintetraessigsäure (>EDTA<) eingesetzt.

Komplexdünger. >Mehrnährstoffdünger<, die durch flüssige Aufschlußverfahren der einzelnen Nährstoffe gebildet werden.

Komplexe. Bildung von stabilen Verbindungen mit Ionen, so daß deren chemische Eigenschaften vollständig verändert werden. In Böden spielen v. a. K. von Schwermetallen mit löslichen oder unlöslichen >Huminstoffen< eine große Rolle, da sie das Sorptions- und Transportverhalten der Schwermetalle bestimmen. Auch zwischen organischen Fremdstoffen (z. B. Pestiziden) und Huminstoffen können K. gebildet werden, so z. B. Ladungsübertragungs-K. (Charge-transfer-K.), die vermutlich, neben der Bildung kovalenter Bindungen, für die feste Bindung solcher Stoffe in den Humushorizonten (>Bodenhorizonte<) mit verantwortlich sind.

Kompost. Aus tierischen und hauptsächlich aus pflanzlichen Abfällen durch aerobe biol. Umsetzungen erzeugte Rotteprodukte. Die Verwendung des K. wird durch die >LAGA<, die Bundesgütegemeinschaft Kompost bzw. die Bioabfallverordnung geregelt.
Lit: Oberholz A (1996) Kompost. Friedhelm Merz Verlag, Bonn.

Kompostbewohner. Neben Mikroorganismen siedeln auch Regenwürmer wie >*Eisenia fetida*<, Insekten und Wirbeltiere im Kompost. >Kompostierung<.

Kompostierung. >Abfallvorbehandlung, aerobe< im Gegensatz zur >Vergärung<. Biol. Verfahren zur Umwandlung org. Abfälle in ein Bodenverbesserungsmittel in Anwesenheit von Sauerstoff. Es werden, um die Schadstoffbelastung im fertigen Produkt gering zu halten, nur Grünabfälle und Abfälle der >Biotonne< kompostiert. Im Unterschied zur >Rotte< soll bei der K. ein Qualitätsprodukt erzeugt werden, dessen Qualität durch das „Gütezeichen Kompost", vergeben durch das Deutsche Institut für Gütesicherung und Kennzeichnung (RAL), garantiert wird. Durch sachgerechte K. werden Unkrautsamen und schädliche Mikroorganismen abgetötet sowie einige Chemikalien abgebaut. An der K. sind >Mikroorganismen< (>Bakterien<, >Pilze<, >Algen< und >Protozonen<) beteiligt, die im Ausgangsmaterial enthalten sind. Die Mikroorganismen benötigen ca. 20 % des org. Kohlenstoffes für ihren Baustoffwechsel und ca. 80 % für den Energiestoffwechsel (chem. Energiegewinnung). Die Energie wird als Wärme freigesetzt und erhitzt den Kompost. Der Wärmeüberschuß beträgt ca. 33 bis 41 kJ/g Kohlenstoff. Bei der K. werden drei Phasen unterschieden: 1. Anlaufphase von 12 bis 24 h mit einer Temperaturerhöhung auf ca. 45 °C durch sog. mesophile Bakterien. 2. Anschließende starke Vermehrung von sog. thermophilen Bakterien mit einer Erhitzung auf bis zu 75 °C. Oberhalb von 75 °C finden keine mikrobiellen Umsetzungen mehr statt, die Keimzahl nimmt stark ab (Hygienisierung). Höhere Temperaturen sind v. a. auf rein chem. Prozesse zurückzuführen. Die Dauer dieser Phase ist vom >Kompostierungsverfahren< abhängig. Abschließend erfolgt die 3. Phase der Abkühlung mit einer Zunahme der mesophilen Bakterien und v. a. von Strahlenpilzen, die die Kompostreife anzeigen. Die freiwerdende Energie wird für die K. benötigt, sie kann nicht für Heizzwecke abgeführt werden.

Kompostierungsanlage. Anlage zur Durchführung einer >Kompostierung<. Die Art der Anlage hängt vom >Kompostierungsverfahren< ab. Sehr einfache Anlagen bestehen nur aus einer befestigten Fläche, auf der die Abfälle in Mieten kompostiert werden. Aufwendigere K. sind komplett in einer Halle eingebaut. Sie bieten damit den Vorteil, daß alle bei der Kompostierung entstehenden gasförmigen >Emissionen< gefaßt werden können und damit die Geruchsbelästigung redu-

ziert werden kann. Allen Anlagen gemein ist eine Fahrzeugwaage mit Anlieferungskontrolle, eine Vorabsiebung mit einer Aussortierung von Störstoffen, eine Zerkleinerungsanlage für große Holzstücke, Maschinen zum Umlagern des Kompostes sowie eine Anlage, um den abgesiebten, fertigen Kompost für die Vermarktung abzufüllen. Alle K. sind mit Anlagen zur Aufbereitung des >Sickerwassers< ausgestattet bzw. an solche angeschlossen.
Lit: Bilitewski B, Härdtle G, Marek K (1990) Abfallwirtschaft, Springer, Berlin Heidelberg New York.

Kompostierungsverfahren. Techniken zur optimalen Umsetzung der >Kompostierung< im großtechnischen Maßstab. Bei den K. werden statische und dynamische Verfahren unterschieden. Bei den statischen Verfahren ist das Material in Ruhe, und die Belüftung erfolgt natürlich durch Diffusionsprozesse oder künstlich (Umsetzung oder Bodenbelüftung). Die wichtigsten statischen K. sind die Mietenkompostierung, Brikollareverfahren und die Kompostierung in Rottezellen oder -boxen. Die Behandlungsdauer beträgt bei Umsetzung der Mieten 9–12 Wochen. Bei den dynamischen K. erfolgt eine kontinuierliche Bewegung und Belüftung des Materials. Die wesentlichen K. sind dabei Rottetrommeln oder Rottetürme. Hauptvorteil der dynamischen K. ist, daß die für die Kompostierung notwendigen Randbedingungen (z.B. Temperatur, Wassergehalt) besser eingestellt und die Emissionen besser gefaßt werden können. Verglichen mit statischen K. sind die dynamischen Vorrottesysteme zwar erheblich zeitsparender, aber bezogen auf die Gesamtbehandlungsdauer ergibt sich keine wesentliche Zeitersparnis. Kompostwerke mit dynamischen Verfahren benötigen immer eine zweite Rottestufe, meist in Form einer Mietenkompostierung. In Deutschland gab es 1995 386 Kompostwerke mit einer Gesamtkapazität von 4,1 Mio. t.

Kompostfilter. >Biofilter<, die als Trägermaterial für die >Mikroorganismen< Kompost enthalten.

Kompostpräparat. Substanzen zur Beschleunigung von >Rotte<vorgängen, die entweder >Mikroorganismen< oder Regenwürmer enthalten. Sie werden v. a. bei Privathaushaltungen eingesetzt. I. d. R. sind die K. überflüssig, da der Abfall der >Biotonne< ausreichend Keime enthält.

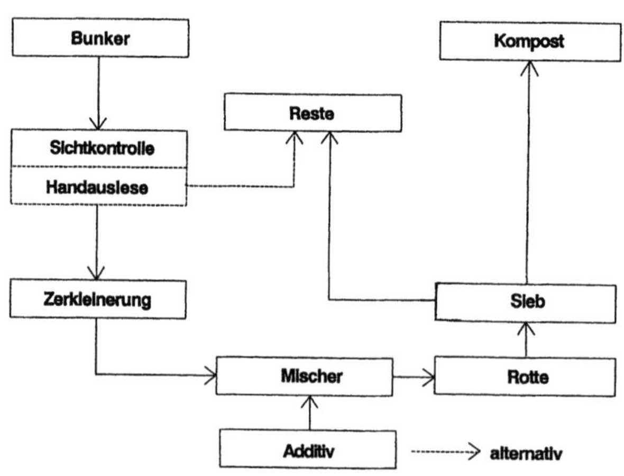

Kompostierungsanlage: Grundeinheiten einer Kompostierungsanlage aus unumstrittenen Verfahrensschritten

Komposttonne. >Biotonne<.

Kompressionswärmepumpe. Maschine, die die >Umweltwärme< von Luft, Wasser und Boden oder die Wärme von >Sonnenkollektoren< aufnimmt und auf ein höheres Temperaturniveau bringt. Die Arbeitsweise einer Wärmepumpe ist ähnlich der eines Kühlschranks, aber anstatt der Kälte wird die freiwerdende Wärme genutzt (s. Abb. unten). Ein Arbeitsmittel zirkuliert in der Wärmepumpe. Dieses muß einen niedrigen Siedepunkt haben, d.h. bei niedriger Temperatur bereits verdampfen, wie z.B. Ammoniak oder Freon®. Bei der Verdampfung des Arbeitsmittels kann so bei niedriger Temperatur einer Wärmequelle (Wasser, Luft, Boden) Wärme entzogen werden. Ein Kompressor verdichtet anschließend den Dampf, der sich dabei verflüssigt und die freiwerdende Kondensationswärme auf das zu heizende Medium überträgt. Damit wird ein Mehrfaches an Energie gegenüber der für den Antrieb des Kompressors notwendigen Energie gewonnen. Das Verhältnis der abgegebenen Wärmeenergie Q zur zugeführten Energie (ΔQ) definiert die Leistungszahl ε. $\varepsilon = (Q + \Delta Q)/\Delta Q$.

Wärmepumpen arbeiten v.a. dort wirtschaftlich, wo geringe Temperaturunterschiede zu überwinden sind, also in Verbindung mit Niedertemperaturheizungen (z.B. Fußbodenheizung). Die Investitionskosten für eine Wärmepumpenheizung sind meist höher als für eine konventionelle Heizung, die Energiekosten sind jedoch wesentlich geringer. Wärmepumpen können also mithelfen, >Primärenergie< zu sparen und somit die Schadstoffbelastung der Luft zu verringern.

Lit: Lukner C (1985) Erneuerbare und neue Energiequellen. Mini-Lex der Energie, informedia, Köln – Weber R (1986) Erneuerbare Energie. Taschenlexikon, 1.Aufl. Olynthus, Oberbözberg – BMWi Referat Öffentlichkeitsarbeit (1994) Erneuerbare Energien verstärkt nutzen, 2.Aufl.

Kompressionszone. Verfahrenstechnischer Begriff für den unteren Bereich im >Absetzbecken< und >Eindikker<, in dem ein Absetzen des sedimentierten Schlam-

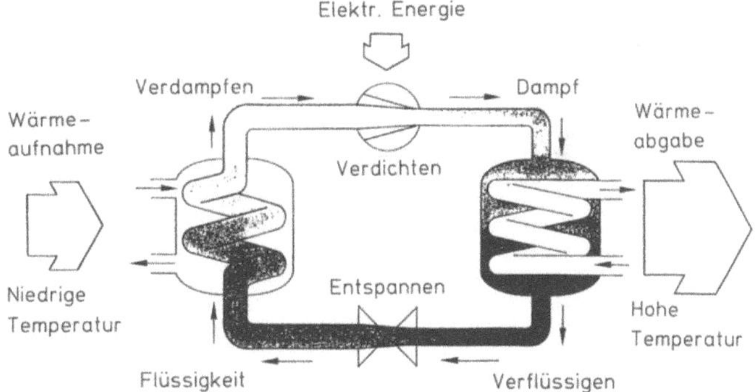

Kompressionswärmepumpe: Prinzip einer Kompressionswärmepumpe: Wärmeaufnahme bei niedriger Temperatur und Wärmeabgabe bei hoher Temperatur

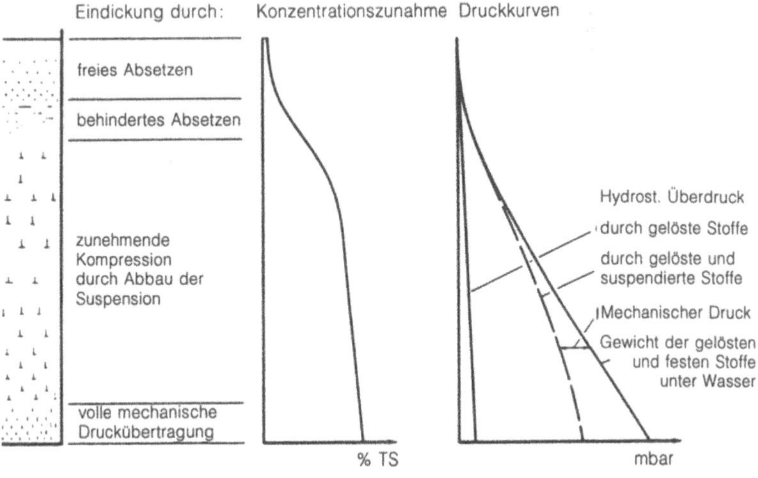

Kompressionszone: Zonen der statischen Eindickung (aus: Abwassertechnische Vereinigung (Hrsg.) (1985–1997) ATV-Handbuch, 4.Aufl., Bd.1–7, Verlag von Wilhelm Ernst u. Sohn, Berlin München)

mes durch gegenseitige Pressung der Feststoffteilchen erfolgt. Der in einer bestimmten Schlammschichttiefe wirksam werdende Kompressionsdruck entspricht der Differenz aus dem Gewicht der bis zu dieser Schlammschichttiefe unter Auftrieb sich befindenden Feststoffe, vermindert um den zugehörigen hydrostatischen Überdruck der gelösten und suspendierten Stoffe des Schlammwassers. Die bei der >Schlammeindickung< auftretenden Kompressionsdrücke sind gering und liegen in der Größenordnung von etwa 0,5 bis 2,0 hPa (s. Abb. S.655). In dieser Zone steigt der Feststoffgehalt TS zur Bodensohle an. Für die übereinander eingelagerten einzelnen Schlammschichten der Eindickzone gilt näherungsweise jeweils

$$\frac{TS \cdot ISV}{1.000} = \sqrt[3]{t_E}$$

bzw. der Konzentrationswert C_n dieser Schlammschichten

$$C_n = 1.000 \sqrt[3]{t_E}$$

wobei ISV (1/kg, mL/g)-Schlammindex und t_E (h) erforderliche Eindickzeit für TS_{BS} ist (aus: ATV-Arbeitsblatt 131).

Lit: Abwassertechnische Vereinigung (Hrsg.) (1985–1997) ATV-Handbuch, 4.Aufl., Bd.1–7, Verlag von Wilhelm Ernst und Sohn, Berlin München.

Kondensation. Verflüssigung bzw. Verfestigung gasförmig vorliegender Stoffe. Eine Kondensation kann durch indirektes Kühlen des >Abgases< an Kühlflächen, direktes Kühlen durch Eindüsen eines >Kühlmittels<, z.B. Wasser, in den Abgasstrom, Erhöhung des Druckes durch Komprimierung des >Abgases< sowie Expansion des Abgases zur Temperaturerniedrigung erreicht werden. Durch Kondensationsverfahren lassen sich insbesondere org. Verb. abscheiden. Das Kondensat fällt so lange an, bis die jeweilige Sättigungskonz. des abzuscheidenden Stoffes erreicht ist. Die >Massenkonzentrationen< im Abgas sind jedoch dann meistens noch zu hoch, so daß eine Nachreinigung z.B. durch >Adsorption< an >Aktivkohle< erforderlich wird, falls das Abgas nicht in den Prozeß zurückgeführt wird. Die Kondensation eignet sich daher vor allem zur Vorabscheidung (s. >Chemische Reinigung<). Aus sicherheitstechnischen Gründen ist jedoch die Kondensation org. brennbarer Verb. aus sauerstoffhaltigem Abgas problematisch und wird daher vor allem für nicht brennbare Lösungsmittel oder bei >inerten< Trägergasen eingesetzt.

Kondensationsbecken. Wasservorlage innerhalb des >Sicherheitsbehälters< eines >Siedewasserreaktors< zur Kondensation des beim Bruch einer Frischdampfleitung ausströmenden Dampfes. Durch die Kondensation des Dampfes wird ein hoher Druck innerhalb des Sicherheitsbehälters abgebaut.

Kondensationskerne. In der Atmosphäre schwebende mikroskopisch kleine Teilchen, an denen bei Sättigung der Luft mit Wasserdampf die Kondensation beginnt. Die K. können sein:
- natürlichen Ursprungs: Salzpartikel, die durch die Gischt vom Meer in die Luft gelangt sind; von der Erde aufgewirbelter Sand oder Staub; Vulkanasche; durch Waldbrände aufgewirbelte Teilchen;
- anthropogenen Ursprungs: Aerosol-Teilchen, die durch chemische Reaktionen aus Verbrennungsvorgängen entstanden sind.

Die Anzahl der K. beträgt in reiner Luft bis zu 1.000/cm³, in verschmutzter Großstadtatmosphäre dagegen bis über 100.000/cm³.

Kondenswasser. Das in Kondensatoren aus Abwasserdampf niedergeschlagene Wasser. Es tritt vornehmlich im industriellen Bereich auf, z.B. bei der Marmeladenherstellung. Das Kondenswasser bei der Herstellung von Apfel-Marmelade ist leicht getrübt, dunkelgelblich gefärbt und riecht schwach nach Äpfeln. Bei schwach saurer Reaktion (pH 6,9), mäßigem Gehalt an ungelösten Stoffen (72 mg/L, davon 52 mg/L Glühverlust), einem >Kaliumpermangatverbrauch< von 129 mg/L und einem >biochem. Sauerstoffbedarf< von 64 mg/L BSB_5 erweist es sich als fäulnisunfähig. In Pektinfabriken: Kondensate (Kühlwässer), die durch die Brüden aus den Verdampfern, insbesondere durch darin enthaltene flüchtige Bestandteile, wie Aromastoffe, flüchtige Säuren usw., eine leichte Beeinflussung der chem. Zusammensetzung erfahren haben. Sie können gewöhnlich nicht ohne besondere Reinigung abgeleitet werden.

Lit: Meinck F, Stooff H, Kohlschütter H (1968) Industrie-Abwässer, Gustav Fischer Verlag, Stuttgart.

Konditionierung. 1. Kernkraft: Herstellung von Abfallgebinden durch Verarbeitung und/oder Verpackung von >radioaktivem Abfall< und/oder chem.-toxischen Abfällen.
2. Verkehr: Vor dem >Abgas-Rollentest< für Fahrzeuge wird durch die vorgeschriebene K. ein definierter Zustand für den Testbeginn sichergestellt. Während der K. muß das Fahrzeug nach den jeweiligen >Abgasrichtlinien< mindestens 6 bis 8 Stunden bei definierter Temp. stehen.

Konditionierungsmittel. >Additiv<, das einem Produkt die gewünschte Beschaffenheit verleiht.

Konfiskate. Der Begriff kommt aus dem Lateinischen und bezeichnet Dinge, die für den Fiskus eingezogen, also entschädigungslos enteignet werden. Im Zusammenhang mit der Tierproduktion fallen Konfiskate bei der Schlachtung aufgrund der Bestimmungen des Fleischhygienerechts an; s.a. >Schlachtabfälle<. Der Begriff selbst wird in den entsprechenden Rechtsvorschriften nicht mehr verwendet. Inhaltlich läßt sich eine Einteilung in obligatorische und fakultative Konfiskate vornehmen. Die obligatorischen Konfiskate umfassen Teile gesunder Tiere, die als ekelerregend gelten. Die sind z.B. Geschlechtsorgane, Feten, Eihäute, Augen, Ohrenausschnitte, Mandeln, Dickdärme von Einhufern, nicht enthäutete Euter von Rindern, verunreinigtes Blut usw. Sie werden beschlagnahmt und nach den Vorschriften des >Tierkörperbeseitigungsgesetzes< verwertet. Bei fakultativen Konfiskaten handelt es sich um ganze Schlachtkörper, Organe oder Teile von Organen, die aufgrund der Fleischbeschau als untauglich für den menschlichen Genuß gelten. Auch sie werden in den Tierkörperbeseitigungsanstalten verarbeitet.

Konidie. (Grch. konis = Staub; Syn. Konidiospore). Eine unbegeißelte asexuelle Pilzspore, die exogen, d.h. an der Spitze oder Seite einer sporogenen >Hyphe<, abgeschnürt wird und somit nicht in einem Sporangium entsteht. Trotz der außerordentlichen Vielfalt lassen sich zwei Grundtypen erkennen: 1. Bei den *thallischen* Konidien (= Arthrokonidien) werden vorhandene Hyphen zunächst septiert, erst dann erfolgen

Wachstum und Differenzierung zur Konidienzelle. 2. Bei den *blastischen* Konidien erfolgt die Entstehung durch Zellsprossung. Erst nach dem Ausknospen der Mutterzelle kommt es zur beträchtlichen Vergrößerung und dann zur Abschnürung der künftigen Konidienzelle.

Konjugate. Biochemie: Verbindungen von körpereigenen mit körperfremden Stoffen. Schadstoffe können durch Konjugatbildung entgiftet und vom Organismus ausgeschieden werden. Vor der Bildung von K. findet häufig ein Teilabbau der Fremdstoffe, z.B. durch Oxidation, statt (s. Formelschema) >Biotransformation<, >Metabolismus<.

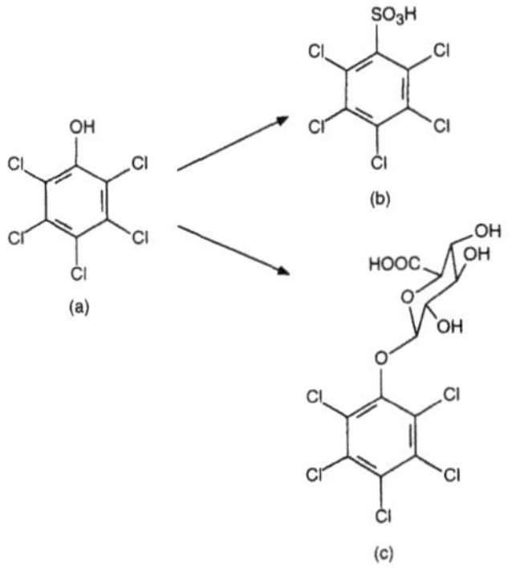

Konjugation von Pentachlorphenol *(a)* mit Schwefelsäure in Miesmuscheln *(b)* und mit Glucuronsäure im Fisch *(c)*

Konjugation. (Syn. „Jochbildung"). Biologie: Der direkte Kontakt von Zelle zu Zelle mit Übertragung von genetischen Informationen (DNA). Sie kommt bei best. >Algen< (Conjugaten), Protozoen (Ciliaten) und Bakterien vor. Für Bakterien wurde sie 1946 erstmals von Lederberg und Tatum bei Mutanten von >*Escherichia coli*< nachgewiesen. Die K. ist jedoch allg. bei >Enterobacteriaceae< verbreitet. Die Übertragung von Erbmaterial erfolgt bei Bakterien durch Übertragung von >Plasmiden< – nur in seltenen Fällen kann chromosomale DNA übertragen werden – und wird bei einigen Bakterienarten durch die Ausbildung von F-Pili (>Pili<) zwischen zwei Bakterienzellen ermöglicht. Die Spenderzelle muß dabei einen Geschlechtsfaktor (F- bzw. Fertilitäts-Faktor) aufweisen, bei dem es sich ebenfalls um ein Plasmid handelt, welches bei der Genübertragung auf die Empfängerzelle übertragen wird.

Konkordanz-Analyse. (= ELECTRE = Elimination et Choix Traduisant la Réalité). Verfahren zur Bewertung des >Gefahrenpotentials< von Chemikalien unter Berücksichtigung politischer, sozialer, ökonomischer und ethischer Faktoren. Dabei wird ein Konzept angewendet, das in Frankreich für ähnliche Probleme in der Ökonomie entwickelt wurde. Das Prinzip besteht darin, mathematische Operationen zu benutzen, um nicht direkt vergleichbare Parameter systematisch miteinander zu verknüpfen. Dazu wird aus allen zu prüfenden Substanzen e_i (i = 1,2,3...n) und den durchzuführenden Tests p_j (j = 1,2,3...m) eine >Matrix< erstellt, deren Zeilen die Testdaten einer Substanz und deren Spalten die versch. Substanzen enthält. In diese Matrix

wird eine fiktive Substanz $e_i\cdot$ eingeordnet, deren Werte willkürlich festzulegenden Normergebnissen entspr. Wegen der unterschiedlichen Dimensionen der Testergebnisse werden außerdem sämtliche Skalen in dimensionslose, lineare Skalen von 0 bis 1 überführt, bei denen 0 der besten und 1 der schlechtesten Bewertung entspr. Des weiteren erhalten die einzelnen Testkriterien Wichtungsfaktoren w_j. Anschl. wird jede einzelne Substanz e_i mit $e_i{}^*$ verglichen, und ihre transformierten Daten werden zwei Gruppen zugeordnet. Das Konkordanz-Set umfaßt diejenigen Werte, bezüglich derer e_i als positiver zu betrachten ist als $e_i{}^*$, während sich das Diskordanz-Set aus denjenigen Werten zusammensetzt, bezüglich derer e_i als weniger akzeptabel gilt als $e_i{}^*$. Ein sehr umfangreiches Konkordanz-Set bedeutet, daß die geprüfte Substanz e_i hinsichtlich vieler Testkriterien nicht schlechter oder sogar besser ist als die Norm. Da es bei der Zuordnung zum Diskordanz-Set nicht nur interessiert, wie groß der Anteil der Parameter ist, deren Werte negativer sind als die Norm, sondern auch, um welchen Betrag sie jeweils negativer sind, wurde zusätzlich ein Diskordanz-Indikator d eingeführt, in den sowohl die Differenzen der transformierten Werte von e_i und $e_i{}^*$ als auch die Wichtungsfaktoren der zugehörigen Parameter eingehen. Analog wird ein Konkordanz-Indikator c benutzt, um die rel. Annehmbarkeit der Substanz e_i für eine best. Wichtungsgruppe auszudrücken. Beide Indikatoren werden durch Schwellenwerte p (für den Konkordanz-Indikator) bzw. q (für den Diskordanz-Indikator) begrenzt. Der Schwellenwert q dient dazu, solche Verb. auszuschließen, die ein derartig negatives Ergebnis bei einem einzelnen Test aufweisen, daß bereits dadurch ihre Eliminierung gerechtfertigt wird. Solche Einzelmerkmale können beispielsweise Karzinogenität oder eine hohe Persistenz sein. Dagegen liegt der Sinn von p darin, die Produktion von Chemikalien in best. Mengen dann freizugeben, wenn die Gesamtbewertung der Substanz e_i besser ist als die von $e_i\cdot$. Die Festlegung von p und q erfolgt nach politischen und ethischen Prioritäten.

Lit: Opperhuizen A, Hutzinger O (1982) Multi-criteria analysis and risk assessment, Chemosphere 11: 675–678.

Konkretionen. Lokale, verhärtete Anreicherungen verschiedener Stoffe durch Bodenbildungsprozesse. Zu den konkretionsbildenden Stoffen gehören Eisen(III)- und Mangan(IV)-oxide, Eisensulfide oder Calciumcarbonat. Voraussetzung für die Bildung von K. ist, daß die Mobilisierung der Stoffe in bestimmten, ausgedehnten Bodenzonen erfolgt, ihre Abscheidung jedoch nur an wenigen Stellen im Boden geschieht. Beim Wachstum von K. im Boden werden Stoffe, die an deren Oberfläche sorbiert sind (z.B. Schwermetalle, Phosphat), durch weitere Schichten überdeckt und damit eingeschlossen. Böden, in denen K. häufig vorkommen, sind z.B. Pseudogleye (Mn- und Fe-Konkretionen durch Auflösung unter reduzierenden und Abscheidung unter oxidierenden Bedingungen) und Böden aus kalkhaltigem >Löß< (Kalkkonkretionen durch Kalkauflösung im Oberboden und Abscheidung im Unterboden, „Lößkindel").

Konkurrenz. Wettbewerb oder Rivalität von zwei oder mehr Organismen mit ähnlichen Lebensansprüchen um Nahrung, Raum, Geschlechtspartner und andere notwendige Bedürfnisse, die nicht in ausreichendem Maße vorhanden sind. Man unterscheidet die *intraspezifische K.* zwischen Individuen einer Art von der *in-*

terspezifischen K. zwischen Individuen verschiedener Arten.

Konkurrenzmodell. Beschreibt die Konkurrenz mindestens zweier Populationen um den gleichen Nährstoff oder allg. aller anderen denkbaren Wettbewerbssituationen; s. >Kompetitionsansatz<.

Konnex. 1. allgemein: Beziehungen der Lebewesen untereinander.
2. biozönotischer: Beziehungen zwischen verschiedenen Lebewesen aufgrund einer Nahrungsabhängigkeit innerhalb einer >Biozönose<.

Konrad, Schachtanlage. Jüngstes der ehemaligen Eisenerzbergwerke im Raum Salzgitter und geplantes >Endlager< für >radioaktive Abfälle<, das sich wegen der großen Tiefenlage des Grubengebäudes wesentlich von den anderen ehemaligen Eisenerzbergwerken unterscheidet. Die weiträumige >Lagerstätte< wurde vor etwa 150 Mio. Jahren abgelagert; das Erzvorkommen erreicht an keiner Stelle die Erdoberfläche und ist in der Schachtanlage Konrad zwischen etwa 800 m und 1.300 m Tiefe aufgeschlossen. Die Schächte Konrad 1 und 2 wurden in der Zeit von 1957 bis 1962 niedergebracht. 1976 wurde der Erzabbau wegen mangelnder Rentabilität eingestellt. Nach Voruntersuchungen im Jahre 1975 hat das heutige >GSF-Forschungszentrum für Umwelt und Gesundheit< in der Zeit von 1976 bis 1982 insbesondere die geologischen und bergtechnischen Gegebenheiten untersucht. Nach deren positivem Abschluß stellte die zum damaligen Zeitpunkt zuständige Physikalisch-Technische Bundesanstalt PTB am 31. 8. 1982 einen Antrag auf Einleitung eines >Planfeststellungsverfahrens< und begann ein Standorterkundungsprogramm auf der Grundlage der >Sicherheitskriterien< für die Endlagerung radioaktiver Abfälle in einem Bergwerk. Die Zuständigkeit ging am 1. 11. 1989 auf das neugegründete >Bundesamt für Strahlenschutz< BfS über. Nach einem positiven Planfeststellungsbeschluß kann mit der Errichtung des >Endlagers< begonnen werden, welches nur für feste und verfestigte radioaktive Abfälle mit vernachlässigbarer >Wärmeentwicklung< vorgesehen ist, die bei der friedlichen Nutzung der >Kernenergie< und bei der Anwendung radioaktiver Stoffe in Forschung, Industrie und Medizin in der Bundesrepublik Deutschland entstehen. Vorgesehen ist eine 40jährige Betriebsdauer bei einem Fassungsvermögen von bis zu 650.000 m³. Im Dezember 1997 hat das Niedersächsische Ministerium für Umwelt dem BMU den Entwurf eines Planfeststellungsbeschlusses vorgelegt.

Konsens. Die Übereinstimmung gleicher oder nur unbedeutend voneinander abweichender Ansichten, Werteinschätzungen und Beurteilungen einer sozial relevanten Quantität von Personen, Institutionen oder Organisationen einer Gesellschaft zu gemeinsam berührenden Problemen und Angelegenheiten. Die Wirksamkeit eines Konsens hängt davon ab, daß alle ihn teilen, d. h. daß er vollständig und fortlaufend gilt. Die soziologisch immer wieder geführte Diskussion um Reichweite und Stabilität eines sog. „Minimal-Consensus" schließt das Vorhandensein von Oppositionen und abweichendem Verhalten sowie die Notwendigkeit fortwährender Legitimierung eines bestehenden, tradierten Consensus mit ein (sozialer Wandel). Im Bereich der Umwelt spielt der Konsens insbesondere bei der >Risikoakzeptanz<, z.B. Atomenergie, eine wichtige Rolle.

Konsequenzenanalyse. Abschätzung (Evaluation) der Konsequenzen für Mensch und Umwelt, die durch eine Radionuklidmigration aus einem Endlager durch die Geosphäre und die Biosphäre auf der Basis hypothetischer Freisetzungs- und Ausbreitungsszenarien hervorgerufen werden können.

Konsequenzminderung. Bei >Störfällen< in der chem. Industrie ist eine weitverbreitete Möglichkeit, das Störfallrisiko zu mindern. >Risiko< (definiert als stochastisches Produkt aus Schaden und Eintrittswahrscheinlichkeit) wird vermindert durch Erniedrigung der Eintrittswahrscheinlichkeit (= präventive Maßnahmen) oder durch Konsequenzminderung (= aktuelle Maßnahmen). Bei letzteren werden technische Einrichtungen durch den >Störfall< aktiviert. Dazu gehören Wasser-, Dampf-, Luftvorhänge, Pilotflammen, Schaumabdeckung von Lachen, physikalisch-chem. Umsetzungen.

Konservierung. Haltbarmachen von zersetzbaren organischen Stoffen durch Keimhemmung oder Keimvernichtung. Die Konservierung ist möglich durch Hitze, Kälte, Trocknung, Räuchern, Salzen, Zuckern und Zugabe von Konservierungsmitteln wie Borsäure, Benzoesäure, Sorbinsäure und Propionsäure.

Konservierungsstoffe. Stoffe zur Haltbarmachung u.a. von Lebensmitteln. Die Wirkung beruht auf der Abtötung oder der Hemmung von Mikroorganismen. Konservierungsstoffe dürfen in der Bundesrepublik Deutschland nur dann eingesetzt werden, wenn andere Maßnahmen zur Konservierung, z.B. Einwirkung von Hitze, Zusatz von Kochsalz oder Essig, keinen ausreichenden Schutz vor dem Verderb durch Schimmelpilze, Gärungs- und Fäulniserreger bieten. Die Wirkung steigt mit der Konzentration. Häufig eingesetzt werden >Benzoesäure<, >Propionsäure<, >Sorbinsäure<, >Biphenyl<, >Thiabendazol<, SO_2, Sulfite, >Nitrat<, und Nitrit sowie >Antibiotika<.

Konsortium. >Biochorion<.

Konsument. 1. Lebensmittel: Verbraucher. Das Verhalten des Verbrauchers wird beim Kauf von Lebensmitteln nicht nur von ernährungsphysiologischen Aspekten beeinflußt, sondern in starkem Ausmaß von Sinneseindrücken wie Aussehen, Aromaeindruck, Konsistenz etc.
2. biologisch: Gesamtheit der Organismen, die aus lebender oder toter org. Substanz Energie freisetzen, Nährstoffe gewinnen und durch Wachstum und Vermehrung körpereigene >Biomasse< herstellen. Zu den K. gehören somit alle >heterotrophen< Organismen, Tiere, >Pilze< und nicht-phototrophe >Bakterien<. Im Gegensatz dazu gewinnen die >Produzenten< die Energie für ihre Biosynthese aus dem Sonnenlicht („>Photosynthese<"), die chemoautotrophen Organismen aus anorg. Verb. Freilebende Pilze und Bakterien werden speziell als >Destruenten< bezeichnet, weil sie nur tote org. Substanz verwerten („abbauen", „zersetzen").

Konsumption. (Lat. consumare = aufzehren). Bezeichnet im Unterschied zur Produktion den „Verbrauch" einer Verb., einer Energieform, eines Wirtschaftsgutes etc.; analog der Verwendung der Begriffe >Quelle< für die Bildung und >Senke< für das Verschwinden einer Verb., einer Energieform.

Konsumption, biologisch. Aufnahme von Nahrung durch Tiere, gemessen als Trockenmasse oder Energie pro Zeiteinheit. Dieser Betrag spielt für die >Energiebilanz< im Ökosystem eine wichtige Rolle.

Konsumptionsterm. Auch Senkenterm. Bezeichnet in einer >Differentialgleichung<, die das Verhalten einer materiellen oder energetischen Komponente in einem >Kompartiment<, in einem Reaktionsgefäß, in einem homogenen porösen >System< etc. beschreibt, die >Konsumption<, den Verbrauch, das Verschwinden der entspr. Komponente.

Kontaktherbizid. >Herbizide< werden aufgrund ihrer jeweiligen Absorption und Wirkart grob eingeteilt in >Wurzelherbizide< (Aufnahme des Wirkstoffes über den Wurzelbereich) und >Blattherbizide< (Eintritt des Wirkstoffes über die grünen, oberirdischen Pflanzenteile). Blattherbizide, die bei Kontakt direkt auf die Pflanze wirken, werden entsprechend als Kontaktherbizide bezeichnet. Sie werden in der Landwirtschaft post-emergence (d. h. nach dem Auflaufen der jeweiligen Pflanze) angewandt. Hierzu gehören zahlreiche Wirkstoffgruppen; bei vielen spielt dieser Begriff allerdings nur eine untergeordnete Rolle, da die Wirkrichtung sehr viel weiträumiger (z. B. >Totalherbizid<) angelegt ist.

Zu den Kontaktherbiziden zählen z. B.: Ammoniumsulfamat (AMS), 2,4-Dinitro-6-alkylphenole (Desiccantien, z. B. Dinoterb). Halogenphenole (Bromofenoxim, Faneron), Dicarbamate (Phenmedipham, Desmedipham), Anilide (Propamin, Surcopur), aliphatische Carbonsäuren (Chlorofenprop-methyl, Bisidin),4,4-Dipyridylium-Salze (Diquat, Reglone; Paraquat, Gramoxone), 2,1,3-Benzothiadiazin (Bentazone, Basagran).

Lit: Büchel KH (1983), Chemistry of Pesticides, Wiley, New York – Wegler R (1970, 1977, 1982) Chemie der Pflanzenschutz- und Schädlingsbekämpfungsmittel, Springer, Berlin – Martin H, Worthing CR (1974), Pesticide Manual, 4. Aufl., British Crop Protection Council, Worcester.

Kontaktstabilisation. Die vom Abwasser getrennte Regenerierung des Schlammes ist einer der ersten Versuche, die Belüftungszeit zu verringern und auch eine teilweise biol. Reinigung mit dem >Belebungsverfahren< zu erreichen. Bei den heutigen Betriebsweisen der „Kontaktstabilisation" wird die optimale Reinigungswirkung mit einer Regenerierungszeit von 2 bis 4 h und einer Kontaktzeit im >Belebungsbecken< von etwa 1 h erreicht. Es ist dabei vorteilhaft, daß durch die Regenerierung der >belebte Schlamm< nach dem Aufenthalt im >Nachklärbecken< gut belüftet mit dem Abwasser zusammenkommt.

Lit: Abwassertechnische Vereinigung (Hsg.) (1982–1986) Lehr- und Handbuch der Abwassertechnik, 3. Aufl., Bd. 1–7, Verlag von Wilhelm Ernst und Sohn, Berlin München.

Kontaminanten, organische. >Meeresverschmutzung<.

Kontamination. 1. allgemein: Für den Boden existiert folgender, auch auf andere Umweltkompartimente übertragbarer, Definitionsvorschlag: „Unter Bodenkontaminationen (Bodenverunreinigungen und Altlasten) versteht man die durch anthropogene Einflüsse hervorgerufenen, über das natürliche Verteilungsmaß hinausgehenden, im oder auf dem Boden angereicherten lokalen Stoffansammlungen, die infolge physikalischer, chemischer oder biologischer Prozesse mobilisiert werden und dadurch zu einer Belastung und/oder Gefährdung natürlicher Lebensabläufe werden".

2. radioaktive: Verunreinigung von Oberflächen oder Volumina durch >radioaktive< Substanzen. Die Kontamination wird gemessen bzw. angegeben in Bq/cm^2, Bq/m^3, Bq/L oder Bq/kg.

Lit: Bachhausen P (1990) Bodenverunreinigungen und Altlasten – Notwendigkeit und Sinn von Grenzwerten, UWSF-Z Umweltchem Ökotox 2: 23–25.

Kontaminationsprüfung. In der Praxis des >Strahlenschutzes< versteht man hierunter die Prüfung auf Oberflächenkontamination. Sie wird gemäß DIN 25415 Teil 2 bzw. DIN ISO 7503 Teil 1 durch Direktmessung oder durch indirekte Messung mittels Wischprüfung durchgeführt. Bei Direktmessung werden Kontaminationsmonitore, üblicherweise Meßgeräte auf der Basis von Großflächen>proportionalzählrohren< oder >Szintillationszählern< verwendet. Die indirekte Messung mittels Wischprüfung wird meistens zur Kontaminationsprüfung von Oberflächen verwendet, die direkte Messungen nicht zulassen oder die sich in störenden Strahlenfeldern befinden und zur Messung von >Radionukliden<, die nicht direkt in Meßgeräten nachgewiesen werden können bzw. aufgrund ihrer niedrigen Strahlenenergie fensterlose Meßgeräte erfordern.

Kontaminiertes Erdreich. Mit >Schadstoffen< (z. B. Öl) behaftetes Erdreich. K. E. gilt nach dem Ausbaggern als >besonders überwachungsbedürftiger Abfall< im Sinne des >Kreislaufwirtschafts- und Abfallgesetzes<. Vor dem Ausbaggern ist es entweder eine >Altlast< oder ein Schadensfall. Da von k. E. eine erhebliche gesundheitliche Gefährdung ausgehen kann, sind schnelle >Sicherungsmaßnahmen< oder >Sanierungsmaßnahmen< vielfach unumgänglich.

Kontingenter Bewertungsansatz. Methode der ökonomischen Bewertung von Umweltressourcen (>Umwelt- und Ressourcenökonomik<). Dabei wird die Zahlungsbereitschaft oder Entschädigungsforderung für Umweltqualitätsveränderungen der Bevölkerung mit Hilfe von Befragungen ermittelt. Diese Bewertungsmethode leidet darunter, daß die Befragten keinen ökonomischen Anreiz haben, über ihre Zahlungsbereitschaft nachzudenken. Überdies ist eine Beantwortung für die Befragten schwierig, weil sie selten auf Erfahrungen mit Märkten für Umweltqualität zurückgreifen können. Ferner ist es denkbar, daß die Befragten ihre Präferenzen absichtlich verzerrt wiedergeben (Problem des strategischen Verhaltens; >Freifahrerproblem<). Die kontingente Bewertung versucht, diesen Problemen durch Ausgestaltung von Fragebögen entgegenzuwirken.

Lit: Cansier D (1996) Umweltökonomie. 2. Aufl., Lucius & Lucius, Stuttgart.

Kontinuität. (Lat. continuatio = Fortdauer, beständiger Zusammenhang). Die Mechanik der Kontinua ist eine Quasikontinuumstheorie, d. h. eine Erweiterung der Mechanik der Massenpunkte auf Vielpunktprobleme. Die sog. >Kontinuitätsgl.<

$$\partial p / \partial t + \operatorname{div}(pv) = 0,$$

in der p die Massendichte und v den Vektor der Strömungsgeschwindigkeit darstellt, ist ein anderer Ausdruck für die >lokale Bilanzgl.< und wird in analoger Form auch in der Elektrodynamik sowie in der Quanten- und statistischen Mechanik verwendet.

Kontinuitätsgleichung. Hauptsächlich in der Hydrologie verwendete Bezeichnung für die (lokale) Massen- oder Energie->Bilanz< vorwiegend nicht-kompressiver

Flüssigkeiten wie Wasser in räumlich ausgedehnten Systemen, meist formuliert als differentieller Ausdruck für die Elementareinheit.

Kontrollbereich. Strahlenschutzbereiche, in denen Personen infolge des Umgangs mit radioaktiven Stoffen oder des Betriebs von Anlagen zur Erzeugung ionisierender Strahlen durch äußere oder innere Strahlenexposition im Kalenderjahr höhere Körperdosen als die folgenden Grenzwerte bei einem Aufenthalt von 40 Stunden je Woche und 50 Wochen im Kalenderjahr erhalten können:
- effektive Dosis 15 mSv;
- Keimdrüsen, Gebärmutter, rotes Knochenmark 15 mSv;
- Schilddrüse, Knochenoberfläche, Haut 90 mSv;
- Hände, Unterarme, Füße, Unterschenkel, Knöchel, einschl. der dazugehörigen Haut 150 mSv;
- alle anderen Organe und Gewebe 45 mSv.
K. sind abzugrenzen und zu kennzeichnen. Der Zutritt ist nur unter Beachtung besonderer Strahlenschutzvorschriften zulässig. Wegen der bis zum Mai 2000 erforderlichen Angleichung an die Euratom-Grundnormen zum Strahlenschutz werden sich diese Werte ändern.

Kontrolle. Überwachung der Einhaltung von Rechtsnormen; als Fremdüberwachung durch staatliche Behörden oder als Eigenüberwachung, z.B. durch >Betriebsbeauftragte<; rechtlich existent, was den Anlagenbetrieb anbelangt. Alle Genehmigungen (Erlaubnisse) sind zugleich Kontrollakte.

Kontrollierte Wirkstofffreisetzung. >Controlled-release-Formulierung<.

Kontrollkarte. S. >Qualitätsregelkarte<.

Konturpflügen. In gemäßigten Klimazonen sehr wirksame Maßnahme zur Erosionsverminderung bei Akkerflächen, bei der an einem Hang parallel zu den Höhenlinien gepflügt wird. Dadurch kann sich das Regenwasser nicht in hangabwärts gerichteten Furchen sammeln und bergab laufen. Vielmehr wirken die einzelnen Furchen als Speicher, so daß die Erosionskraft des Oberflächenwassers vermindert und die Zeit zur Versickerung erhöht wird. Bei sehr starken Regenfällen (z.B. in den Tropen) wirkt sich das K. dagegen oft ungünstig aus, da sich mehr Wasser sammeln kann und beim Durchbrechen der Dämme zwischen den Furchen die Erosion erheblich verstärken kann.

Konvektion. Vertikaler Transport von Luftmassen. Die K. bewirkt eine vertikale Durchmischung der Luft. Sie kann folgende Ursachen haben: – Durch äußere Energiezufuhr, z.B. durch Sonneneinstrahlung, werden das Medium (z.B. Atmosphäre) selbst, die Erdoberfläche (feste Erde, Meere, Eis usw.) sowie die bodennahen Schichten erwärmt. Dies bewirkt, daß sich hier in unregelmäßiger Folge verschieden große Luftpakete ablösen. Sie steigen aufgrund ihrer geringeren Dichte auf und kühlen sich dabei unter Ausdehnung ab. Sobald das Kondensationsniveau und damit 100% relative Feuchte erreicht wird, setzt Wolkenbildung ein. Außerhalb der Zone mit Aufstiegsbewegung erfolgt eine Massenkompensation durch Abwärtsbewegung. Bei technischen Prozessen versucht man die durch K. verursachten Energieverluste durch Isolierung des Absorbers, z.B. durch eine Glasabdeckung zu verringern. Durch Umhüllen des Absorbers mit praktisch luftfreien Glasröhrchen (>Vakuumkollektoren<) können die Verluste durch Konvektion, >Konvektionsverluste<,

sehr gering gehalten werden. – Sobald Kaltluft über einen erwärmten Untergrund strömt, erfolgt K. Dies geschieht vielfach auf der Rückseite eines Tiefdruckgebietes (>Rückseitenwetter<) sowie bei Überströmen von wärmeren Meeresgebieten. (Gegensatz: >Advektion<). >Thermik<, >thermische Turbulenz<.

Konvektionsverlust. Abnahme einer physikalischen Größe (z.B. Wärme) infolge der Bewegung des Trägers dieser physikalischen Größe (z.B. Gas oder Flüssigkeit).
Lit: Kleemann M, Meliß M (1988) Regenerative Energiequellen, Springer, Berlin Heidelberg New York London Paris Tokyo.

konventionelle Antriebe. Sind im Straßenverkehr für den Pkw der >Ottomotor< (mehr als 80%) und für den Lkw der >Dieselmotor< (mehr als 90%).

Konvergenz. 1. Biologie: Übereinstimmung im äußeren Bau oder in der Struktur und Funktion von Organen bei Pflanzen und Tieren, die nicht näher miteinander verwandt sind, aber in gleichartigen Lebensräumen oder unter ähnlichen Bedingungen leben. Konvergent entstanden sind z.B. die stromlinienförmigen Körper verschiedener Wassertiere oder die Sukkulenz bei Pflanzen (Kakteen, Wolfsmilchgewächse); s.a. >Lebensformen<.
2. Meteorologie: Beschreibt die räumliche Veränderung der Vektorkomponenten eines dreidimensionalen Strömungsfeldes. Die K. wird als positiv definiert, sofern mehr in ein Volumenelement hinein- als aus ihm herausströmt. Da in der >Meteorologie< die Vertikalkomponente des Windes in der Regel um 2 Zehnerpotenzen kleiner ist als diejenigen des Horizontalwindes, wird sie meist vernachlässigt. Gegensatz: >Divergenz<.

Konversion. In der >Reaktortechnik< die Umwandlung eines Stoffes in eine spaltbare Substanz, z.B. U-238 → Pu-239 oder Th-232 → U-233. >Brutstoff<.

Konversionselektron. >Elektron<, das aus der >Atomhülle< losgelöst wurde, indem die Energie eines vom selben Kern emittierten >Gammaquants< auf dieses Elektron übertragen wurde. Die kinetische Energie des Konversionselektrons ist gleich der Energie des Gammaquants, vermindert um die Bindungsenergie des Elektrons. Die Wahrscheinlichkeit für das Auftreten von Konversionselektronen für ein bestimmtes >Nuklid< wird durch den >inneren Konversionskoeffizienten< e/γ angegeben.

Konversionskoeffizient, innerer. Quotient aus der Zahl der emittierten >Konversionselektronen< und der Zahl der emittierten, nicht konvertierten >Gammaquanten<. Er wird bezeichnet mit e/γ.

Konverterreaktor. >Kernreaktor<, der spaltbares Material erzeugt, jedoch weniger als er verbraucht. Der Begriff wird auch auf einen >Reaktor< angewandt, der ein spaltbares Material erzeugt, das sich von dem verbrannten >Brennstoff< unterscheidet. In beiden Bedeutungen heißt der Vorgang >Konversion<. >Brutreaktor<.

Konvertierung. Stoffumwandlung mit technischen Verfahren, z.B. Überführen von >Klärschlamm< in Braunkohle und Pyrolyseöle.

Konzentration. Anteil einer Komponente an der Masse, Stoffmenge oder Volumen eines Gemisches. Die Angabe der K. kann dabei auf verschiedene Weise angegeben werden. *Volumenprozent* (Vol.-%): Kubikzentimeter gelöster Stoff in 100 cm³ Lösung, bzw. bei Gasen cm³ je 100 cm³ Mischung. *Masseprozent* (Masse-%); g gelöster Stoff in 100 g Lösung, bzw. bei Gasen g je 100 g Mischung. *Molarität* (mol/L oder M): mol gelöster Stoff in einem L Lösung. Sie gibt an, wieviel mol eines gelösten Stoffes in einem Liter Lösung enthalten sind. *Molalität* (mol/kg): mol gelöster Stoff in einem kg Lösungsmittel. Sie gibt an, wieviel mol eines gelösten Stoffes in einem kg Lösungsmittel enthalten sind, wobei die Angabe temp.-abhängig ist. Weitere häufig verwendete Konz.-Angaben sind >ppm<, >ppb< und >ppt<.

Konzentrationsprofil. Ein Ausdruck für die meß- bzw. berechenbare Tiefenverteilung der Konz. einer materiellen Komponente an einer Stelle oder ihres Mittelwertes für eine Fläche; am häufigsten auf >Böden< angewendet (s. Abb.). Ändert sich bei lösl. Komponenten wie z.B. >Nitrat< rel. schnell mit der Zeit.

Konzentrationswirkung. Spezielle Wirkung des >Planfeststellungsbeschlusses<. Neben dem Planfeststellungsbeschluß sind andere behördliche Entscheidungen, insbesondere öffentlich-rechtliche >Genehmigungen<, Verleihungen, >Erlaubnisse<, Bewilligungen, Zustimmungen und andere Planfeststellungen nicht erforderlich.

Konzentrations-Wirkungs-Beziehung. (Syn. Dosis-Wirkungs-Beziehung). Definierte Konzentrationen oder Dosen eines Stoffes verursachen nach bestimmter Zeitdauer z.B. bei Fischen nach 24, 48, 72 und 96 h bestimmte Anteile toter Fische. LC_0- und LC_{100}-Werte werden direkt bestimmt, die LC_{50} ergibt sich graphisch oder rechnerisch je nach Verfahren (ISO 5667-16).

Kooperationsprinzip. Inhaltlich nicht hinreichend geklärtes Prinzip im >Umweltrecht<. Es bringt grundsätzlich zum Ausdruck, daß Umweltschutz nicht alleinige Aufgabe des Staates ist und von diesem auch nicht durchgängig einseitig gegen Wirtschaft und Gesellschaft durchgesetzt werden kann/soll, sondern die Zusammenarbeit aller betroffenen Kräfte erfordert. Ob und in welcher konkreten Ausprägung im Einzelfall dieses Prinzip gilt, ist eine Frage der gesetzlichen Anordnung. Ein Beispiel für eine mögliche Legaldefinition: „Der Schutz der Umwelt ist Bürgern und Staat anvertraut. Den Behörden obliegen die ihnen durch Verfassung, durch Gesetz und aufgrund eines Gesetzes zugewiesenen Aufgaben. Sie sollen nur tätig werden, soweit ein hinreichender Schutz der Umwelt nicht durch die Bürger erfolgen kann oder erfolgt. Dabei ist insbesondere die Möglichkeit von Vereinbarungen zum Schutze der Umwelt zu berücksichtigen."

Kopplungskoeffizient. In Gleichungen für den gekoppelten >Transport< zweier oder mehrerer, materieller oder energetischer Komponenten die Koeffizienten, die dem Gradienten der Temperatur oder des chem. Potentials einer Komponente den durch ihn bewirkten Fluß einer anderen zuordnet. Sie spielen bei den >Onsagerschen Reziprozitätsbeziehungen< eine wichtige Rolle.

Koprophagie. Das Fressen von Kot. Insbesondere der Kot von Pflanzenfressern enthält eine Menge nur teilweise verdauter oder unverdauter Nahrungsreste, die spezialisierten Tieren als Nahrung dienen können. Hierzu gehören u.a. die verschiedenen Mist- und Dungkäfer, deren natürliches Fehlen in Australien zu Problemen führte, als Rinder und andere Pflanzenfresser eingeführt wurden. Deren Kot blieb oberflächlich liegen, wodurch es zu einer Verringerung des Graswuchses kam, und er benötigte mehrere Jahre, bis er mikrobiell abgebaut war. Die Einführung von Dungkäfern aus Südafrika behob diesen Schaden weitgehend, weil die Käfer den Kot vergruben und sie und ihre Larven ihn auffraßen. K. spielt auch bei der Streuzersetzung eine wichtige Rolle, wenn mehrere Tiergruppen nacheinander erst das alte Laub und dann den Kot fressen. Viele Tiere sind auch gezwungen, von ihrem eigenen Kot zu fressen, um sich so erneut mit >Symbionten< zu versorgen, die sie z.B. für den Abbau von Cellulose benötigen.

Korallenriff. K. sind ausgedehnte, bis zur Wasseroberfläche reichende, biogene Bänke auf marinen Hart- oder Sedimentböden. Die riffbildenden Korallen sind bestandsbildende Steinkorallen (Madreporaria), die ein Außenskelett aus Kalk ($CaCO_3$) abscheiden und so, zusammen mit anderen kalkabscheidenden Organismen, das Riff aufbauen. Die Korallen benötigen Licht für >endosymbiontische< Algen, welche die Kalkabscheidung unterstützen und org. Nährstoffe liefern. Weitere Lebensbedingungen für Riffkorallen sind unverdünntes Meerwasser, Wassertemperaturen über 20°C und Wasserbewegungen, die feinpartikuläre Nahrung, >Plankton<, heranbringen. K.e sind dementsprechend nur in Flachwasserbereichen der Tropen und Subtropen ausgebildet. Nach ihrer Lage zum Festland werden hauptsächlich 3 Rifftypen unterschieden.

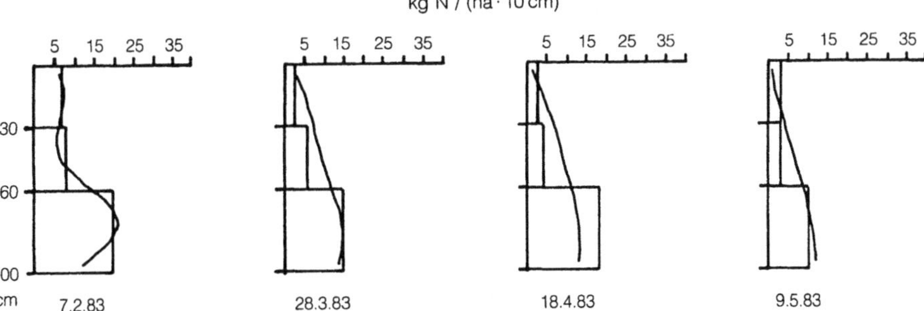

Konzentrationsprofil: Gemessene (Säulen) und berechnete (Linien) Veränderungen von mittleren Nitratprofilen im Frühjahr in einem Acker-Lößboden

1. Saumr. parallel und nahe der Küste, im Mündungsbereich der Flüsse (Süßwasser) unterbrochen. 2. Barrierr. weitab vor der Küste auf dem abgesunkenen Festlandsockel; die Korallen kompensieren das langsame Absinken durch Wachstum zur Wasseroberfläche hin, z.B. Großes Barrierr. vor der Küste Australiens. 3. Atolle, ringförmige Saumr. auf abgesunkenen Vulkaninseln. Die K.e gehören zu den artenreichsten und produktivsten Lebensräumen der Erde.

Kork. (Grch. phellos = Kork; Syn. Phellem). Ein sek. Abschlußgewebe bei >Sproßachsen< und >Wurzeln<, das im Zuge des sek. Dickenwachstums höherer >Pflanzen< durch die Tätigkeit eines Korkkambiums (Phellogen) an der Peripherie der genannten Organe nach außen zu produziert wird und Schutz vor Verdunstung, Verletzungen und dem Eindringen von >Phytopathogenen< bietet. Die Korkzellen zeichnen sich durch wasser- und luftundurchlässige Suberinauflagerungen als sekundäre Wandlage auf die prim. >Zellwand< aus; sie sterben daher frühzeitig ab und bilden ein leichtes, luftgefülltes Isoliergewebe. Die >Borke< besteht aus zahlreichen Korkschichten, die von mehreren aufeinanderfolgenden Korkkambien gebildet werden.

Kormophyten. (Grch. kormos = Stamm, Sproß; phyton = Pflanze, Gewächse). Sind nach dem Bauprinzip des Kormus, d.h. aus den Grundorganen >Sproßachse<, >Blatt< und >Wurzel<, aufgebaut und umfassen die Farnpflanzen (>Farne<) (Peridophyta) und >Samenpflanzen< (Spermatophyta). Mit den K. erreicht die Evolution der >Pflanzen< ihren Höhepunkt. Mit Hilfe hochdifferenzierter Gewebe erfolgt hier eine perfekte Anpassung an das Leben außerhalb des Wassers, insbesondere durch Vorrichtungen für die >Wasserversorgung< und den >Wassertransport<, zum Schutz vor Verdunstung, zur Festigung sowie durch Anpassungen bei der Fortpflanzung.

Kornberg-Enzym. Syn. für best. DNA >Polymerase<.

Korngrößenverteilung. Unterteilung der mineralischen Bodensubstanz des Feinbodens in die verschiedenen Körnungsklassen >Ton< (<2 µm Durchmesser), >Schluff< (Silt, 2 bis 63 µm) und >Sand< (63 bis 2.000 µm), wobei diese Bereiche oft noch in feine, mittlere und grobe Anteile differenziert werden. Die hierbei angegebenen Teilchendurchmesser sind Äquivalentdurchmesser auf der Basis des Stokes-Gesetzes (Sinkgeschwindigkeit kugelförmiger Teilchen in Wasser), so daß die wahren Durchmesser der Teilchen je nach deren Gestalt erheblich größer sein können. Viele bodenphysikalische Parameter (z.B. Porengrößenverteilung, Wasser- und Luftleitfähigkeit, Aggregatstabilität) haben eine enge Beziehung zur Korngrößenverteilung; bei Kenntnis der ungefähren Mineralzusammensetzung können auch bodenchemische Größen (z.B. >Kationenaustauschkapazität<, Sorptions- und Pufferfähigkeit) aus der K. geschätzt werden. Die Bestimmung der K. erfolgt meist durch Naßsiebung (Teilchen ab Schluffgröße) oder Sedimentationsanalyse (Feinschluff- und Tonfraktion). Hierbei treten Fehler besonders durch die Aggregierung von Teilchen auf, die dann fälschlicherweise einer größeren Körnungsklasse zugeordnet werden. Aus diesem Grund werden die in den meisten Böden vorhandenen Kittsubstanzen (z.B. >Huminstoffe<, Eisenoxide z.T. auch Kalk) oft vor der Analyse zerstört. Im Gelände wird die K. über einen Schlüssel zur Bestimmung der Bodenart ge-

schätzt, der Plastizität und Aussehen feuchter Bodenproben berücksichtigt; so erzielte Ergebnisse stimmen bei ausreichender Erfahrung mit Laborbefunden gut überein.

Kornkali. >Kalidünger<.

Koronarinsuffizienz. Ungenügende Blut-, d.h. Sauerstoffversorgung des Herzmuskels meist durch Elastizitätsverlust oder Verengung der Herzkranzgefäße.

Korpulenzfaktor. (K). Für die Prüfung mit >Goldorfen< (>Fischtest<) für das Abwasserabgabengesetz wurde früher für die Tiere ein K von 0,8–1,1 g/cm³ angegeben. Er wird berechnet nach der Gleichung

$$K = 100 \, m \times l^3$$

K Korpulenzfaktor in g/cm³, m Lebendgewicht der Fische in g, l Länge des Fisches (gemessen von der Maulspitze bis zum Ende der Schwanzflosse) in cm. K. bedeutet hier trotz der Einheit g/cm³ nicht die Dichte der Fische. (DIN 38412, Teil 15).

Korrelationsanalyse. Statistisches Verfahren zur Untersuchung stochastischer Zusammenhänge zwischen gleichwertigen Zufallsgrößen anhand einer >Stichprobe<. Dabei werden die Abhängigkeitsmaße und Vertrauensbereiche geschätzt und Hypothesen geprüft. Als Maßzahl für den Grad des Zusammenhanges dient der Korrelationskoeffizient r, der bei normalverteilten Daten von +1 (streng lineare gleichsinnige Abhängigkeit) über 0 (Unabhängigkeit) bis −1 (streng lineare gegensinnige Abhängigkeit) reicht. Die Art des Zusammenhangs ist gegeben durch den Verlauf der Anpassungskurve, deren Gleichung mittels der >Regressionsanalyse< bestimmt wird. Bei nicht normalverteilten Daten wird der Rang-Korrelationskoeffizient nach Spearman berechnet. Liegen mehrere Variablenmessungen für eine Beobachtung vor, so wird der Zusammenhang mit dem multiplen Korrelationskoeffizienten bestimmt, während in Gegenwart sich beeinflussender Variablen der partielle Korrelationskoeffizient angewendet wird.

Korrosion. Chem. Veränderung von Materialoberflächen beim Einwirken von Feuchtigkeit und Luftsauerstoff, wie z.B. das Rosten von Eisen und unlegiertem Stahl. Insbesondere sauer reagierende >Schadstoffe< wirken beschleunigend. In >Belastungsgebieten< weisen daher viele Materialien eine wesentlich geringere Lebensdauer auf bzw. sind deutlich häufiger instandzusetzen. Die damit verbundenen volkswirtschaftlichen Verluste sind enorm. Das >UBA< schätzt die volkswirtschaftlichen Verluste aufgrund luftverschmutzungsbedingter Materialschäden auf insgesamt ca. 2 Mrd. DM pro Jahr.

Kosmetika. Im klassischen Sinn untergliedert in Körperpflegemittel und Mittel der dekorativen Kosmetik. Nach dem >LMBG< sind K. wie folgt definiert: „Kosmetische Mittel im Sinne des Gesetzes sind Stoffe und Zubereitungen aus Stoffen, die dazu bestimmt sind, äußerlich am Menschen oder in seiner Mundhöhle zur Reinigung, zur Pflege oder zur Beeinflussung des Aussehens oder des Körpergeruchs oder zur Vermittlung von Geruchseindrücken angewendet werden, es sei denn, daß sie überwiegend dazu bestimmt sind, Krankheiten, Leiden, Körperschäden oder krankhafte Beschwerden zu lindern oder zu beseitigen". Wegen der Allgemeinzugänglichkeit von K. ist eine Kontrolle bzgl. möglicher gesundheitsschädlicher Ingredienzen sowie die regelmäßige Überprüfung der Verträglichkeit notwendig. Verbotene bzw. eingeschränkt zugelassene Inhaltsstoffe, für K. zugelassene Inhaltsstoffe sowie für K. zugelassene Kosmetikfarbstoffe sind in der Kosmetik-VO von 1981 aufgeführt. Werden neue Inhaltsstoffe für K. entwickelt, so unterliegen diese dem >Chemikaliengesetz<.

Kosmische Strahlung. Von der Sonne und aus dem Weltraum kommende hochenergetische Teilchen- und Wellenstrahlung fällt ständig auf die Erde ein. In den oberen Schichten der >Atmosphäre< lösen diese Strahlen >Kernreaktionen< aus, produzieren >radioaktive Stoffe< und >Sekundärstrahlung< aus >Neutronen<, >Protonen< und >Pionen<. Diese Sekundärstrahlung reagiert weiter mit Atomkernen im unteren Bereich der Lufthülle, so daß auf der Erdoberfläche im wesentlichen hochenergetische >Elektronen<, >Myonen< und Wellenstrahlen zu finden sind. Diese auf Lebewesen einwirkende Strahlung wird unter dem Begriff kosmische Strahlung zusammengefaßt. Die Intensität der kosmischen Strahlung hängt sehr stark von der Dicke der abschirmenden Luftschicht und der geographischen Breite ab, und sie unterliegt sehr starken zeitlichen Schwankungen. Für Deutschland liegt der durchschnittliche Wert der von der kosmischen Strahlung hervorgerufenen >effektiven Dosis< pro Jahr bei 0,3 mSv. Auf Meeresniveau hat man mit durchschnittlich 0,03 µSv/h zu rechnen. Dieser Wert verdoppelt sich etwa alle 1.200 Höhenmeter. In 10 km Höhe, der üblichen Flughöhe von Passagiermaschinen, beträgt die durchschnittliche Dosisleistung 4 µSv/h, wobei die Neutronenkomponente etwa die Hälfte dazu beiträgt. In Flughöhen der Überschallflugzeuge von 15 km beträgt die Dosisleistung bereits etwa 10 µSv/h. Bei der bemannten Raumfahrt sind die Astronauten der prim. Strahlenkomponente ausgesetzt, Dosiswerte bis zu 55 mSv z.B. bei der 175 Tage dauernden Mission IV an Bord des Raumschiffes Salut-6 wurden registriert.

Kosten-Nutzen-Analyse. Verfahren zur Anwendung wirtschaftlicher Prinzipien auf die Staatstätigkeit. Ziel der Analyse ist der Vergleich der aus einer staatlichen Ausgabe resultierenden volkswirtschaftlichen Kosten und Nutzen. Damit sollen unter allen möglichen öffentlichen Projekten diejenigen ausgesucht werden, durch die der volkswirtschaftliche Gesamtnutzen maximiert wird. Zur Durchführung einer Kosten-Nutzen-Analyse sind 1. die Projektalternativen zu formulieren, 2. die Projektwirkungen zu ermitteln, 3. die Projektwirkungen durch >Diskontierung< zeitlich zu homogenisieren und 4. die Kosten und Nutzen der versch. Projekte einander gegenüberzustellen. Dabei ist auch die Verteilung der Wirkungen von Bedeutung. Diese Aufzählung läßt bereits erkennen, daß die Durchführung von Kosten-Nutzen-Analysen im Bereich des Umweltschutzes mit erheblichen, z.T. bisher ungelösten Problemen zu tun hat. Eine der Hauptschwierigkeiten wird durch die besonderen Probleme der >externen Effekte< bzw. der >öffentlichen Güter< verursacht. Umweltbelastung ist gewöhnlich das „Nebenprodukt" der Produktion und damit zum größten Teil „extern" in bezug auf die Marktpartner. Die Reduzierung der Umweltbelastung andererseits ist ein „spez. öffentliches Gut": Jeder profitiert von einer Schadstoffreduzierung, auch wenn er nicht dafür zahlt (das „Ausschlußprinzip" funktioniert nicht). Zudem ist es für den Nutzen, den ein Individuum aus der Verbesserung der >Umweltmedien< zieht, völlig unerheblich, wieviele andere Individuen sich ebenfalls (und gleichzeitig) an den geringer belasteten Medien erfreuen (der „Konsum" der Schadstoffreduzierung ist „nicht-rivalisierend"). Für solche Güter fehlt bisher eine anerkannte Methode der Bewertung, weil niemand bereit ist, seine wahren Präferenzen zu offenbaren, solange er hoffen kann, die Güter auch unentgeltlich zu bekommen (sog. >Freifahrerproblem<). Der Charakter der schädlichen >Emissionen< als >externer Effekt< der Produktion bewirkt zudem, daß die Reduzierung der Umweltbelastung nur selten durch kurative staatliche Maßnahmen (Sanierung), sondern überwiegend durch das Erzwingen der Reduzierung der Emissionen bei den Privaten erfolgen muß. Damit treffen die Kosten der Verbesserung der Umwelt zunächst unmittelbar die Unternehmen, während der Nutzen allen gleichmäßig zugute kommt. Über die Verteilungswirkungen hinaus ist bei der Ermittlung der Kosten hier z.B. die internationale Wettbewerbslage zu berücksichtigen, weil durch nationale Auflagen die Kosten sich infolge von Umsatzeinbußen als weitaus höher erweisen können, als unmittelbar vorhersehbar.
Lit: Hanusch H (1987) Kosten-Nutzen-Analyse, Vahlen, München.

Kostenverordnung. Die Kostenverordnung zum >Atomgesetz< (AtKostV) vom 17.12. 1981 (Bundesgesetzblatt, Teil I, S.1.457) regelt die Erhebung von Gebühren und Auslagen durch die nach §§ 23 und 24 des Atomgesetzes zuständigen Behörden für deren Entscheidungen über Anträge nach dem Atomgesetz und die Maßnahmen der staatlichen Aufsicht.

Kostenwirksamkeitsanalyse. Verfahren zur Vorbereitung multikriterieller Entscheidungen. Es handelt sich um eine spezielle Variante der >Kosten-Nutzen-Analyse<, bei der es darum geht, entweder für eine fest vorgegebene Aufgabe diejenige Lösungsmöglichkeit zu finden, die mit den geringsten Kosten verbunden ist („fixed efficiency approach") oder für ein fest vorgegebenes Budget die Wirksamkeit der Maßnahmen zu maximieren („fixed cost approach"). Auf den Umweltschutz angewandt entspr. dies der Aufgabe, entweder diejenige Methode zu ermitteln, durch die auf die kostengünstigste Weise eine best. Senkung der Umweltbelastung erreicht werden kann, oder die Methode zu finden, die bei gegebenen Mitteln die größte Reduzierung der Umweltbelastung ermöglicht. Aus diesem Beispiel wird bereits deutlich, daß es bei der KWA nur darum gehen kann, die beste oder kostengünstigste Methode für die Erfüllung eines Ziels zu finden, über das bereits entschieden ist („Senkung der >Emission< in einem best. Gebiet bzw. aus einer best. Anlage um n % oder x Jahrestonnen"). Die Frage, ob es insgesamt vorzuziehen sei, etwa die Luft- oder die Gewässerbelastung zu senken, kann mit dieser Methode nicht behandelt werden. Ein wesentlicher Unterschied zur >Kosten-Nutzen-Analyse< liegt in den Bewertungsmaßstäben: Bei der Kosten-Nutzen-Analyse sollen nach Möglichkeit die Kosten und Nutzen der von den alternativen Projekten Betroffenen ermittelt und berücksichtigt werden. Die KWA dagegen stellt ausschließlich auf die Bewertung der alternativen Projekte durch die Entscheidungsträger ab.
Lit: Hesse H (1975) Verw. Fortb 3: 79–90 – Schneeweiß C (1990) Wirtschaftswiss Stud 1: 13–18.

Kot. Ausgeschiedener Darminhalt bei Mensch und Tier, auch als Faeces, Exkrement oder, beim Menschen, als Stuhl bezeichnet. Bestandteile sind die nicht aufgenommenen Reste von Nahrungsstoffen oder Futtermitteln, Bakterien, Epithel des Magen-Darmtraktes, Produkte der Verdauungsorgane, Gallenfarbstoffe. Der Geruch des menschlichen Kots wird u. a. durch Indol und Skatol verursacht, die bei dem in Dickdarm stattfindenen bakteriell-enzymatischen Abbauprozeß von nicht resorbierten aromatischen Aminosäuren, wie Tryptophan, entstehen.

Krählwerk. Langsam umlaufendes Gatter im >Eindicker<, meist mit Räumeinrichtung (DIN 4045). Für stärker eingedickte >Misch-<, >Faul-< und >Industrieschlämme< und für thermisch konditionierte Schlämme werden Schlammkrählwerke mit Zentralantrieb bevorzugt. Bei sperrigen >Frischschlämmen< und bei zur Gasbildung neigenden biol. Schlämmen und Faulschlämmen empfiehlt es sich, an der Räumbrücke bzw. an den Krählarmen senkrechte Rührstäbe anzuordnen, um durch deren Rührwirkung Brückenbildungen in den Schlammschichten zu zerstören, Gasblasen freizusetzen und freie Dränwege für Schlammwasser zu schaffen, damit eine stärkere Eindickung erreicht werden kann. Die erforderliche Antriebsleistung für die Schlammräumbrücke oder das Krählwerk ist vom Räumwiderstand des eingedickten Schlammes und damit von der Lagerungsdichte, dem spezifischen Gewicht und den rheologischen Eigenschaften des Schlammes als auch von der Räumgeschwindigkeit und der Länge, der Höhe und dem Anstellwinkel des Räumschildes abhängig.
Lit: Abwassertechnische Vereinigung (Hrsg.) (1982–1986) Lehr- und Handbuch der Abwassertechnik, 3. Aufl., Bd. 1–7, Verlag von Wilhelm Ernst und Sohn, Berlin München.

Kraftstoff-Additive. Zusätze zum >Otto-< und >Dieselkraftstoff<, um das Betriebsverhalten, insbesondere das Langzeitverhalten sicherzustellen. Hierzu gehören z. B. K., die für das Reinhalten von Einlaßkanälen, Ventilen und >Brennräumen< von Motoren sorgen.
Lit: Fabri J, Dabelstein W, Reglitzky A (1990) Motor Fuels, Ullmanns Encyclopedy of Industrial Chemistry, Bd. A 16, S. 719–753 – Bamberg E, Reders K (1986) Verbesserung von Ottokraftstoffen durch Additive, Mineralöltechnik 9 – Rath P, Vogel H, Starke K (1988) Wirkung optimierter Kraftstoffadditive, Mineralöltechnik 9 – Lach G, Winckler J (1990) Kraftstoffdampf-Emissionen von Personenwagen mit Ottomotor, ATZ Automobiltechnische Zeitschrift 92: Heft 7/8.

Kraftstoffdampf-Rückhaltesystem. Bei Fahrzeugen mit >Ottomotoren< vorgesehenes System, um im Stillstand des Fahrzeuges auftretende Kraftstoffdämpfe am Austreten in die Atmosphäre zu hindern (s. Abb.). Diese werden im >Aktivkohlebehälter< adsorbiert und bei Wiederinbetriebnahme des Motors diesem zur Verbrennung zugeführt, >Verdampfungsemission<.
Lit: Lach G, Winckler J (1990) Kraftstoffdampf-Emissionen von Personenwagen mit Ottomotor, ATZ Automobiltechnische Zeitschrift 92: Heft 7/8.

Kraftstoffe. 1. allgemein: Energieträger zum Betrieb von Verbrennungskraftmaschinen. Man unterscheidet in der Fahrzeugtechnik insbesondere >Otto-< und >Dieselkraftstoffe< für die entspr. Motore. Die Qualität der K. ist für die Umweltbelastung von großem Einfluß, z. B. hat auf die Verdampfungsemission von Ottokraftstoffen die >Kraftstoffflüchtigkeit< einen wesentlichen Einfluß, die Zusammensetzung der K. beeinflußt z. T. auch direkt die >Abgasemissionen<, wie z. B. Benzol. Auf die Abgasemissionen von Dieselmotoren ist die Zus. und Qualität des K. in besonderer Bedeutung. Die Erfordernisse der Katalysatortechnik werden durch >bleifreie Otto-K.< berücksichtigt, wobei die erforderliche >Klopffestigkeit< nicht durch den >Katalysator< schädigende >Bleiverb.<, sondern mittels geeigneter Kraftstoffkomponenten, wie z. B. Aromaten, MTBE etc., sichergestellt. Einige Kohlenwasserstoffbestandteile im K., insbesondere >Olefine<, neigen zur >Polimerisation<. Dadurch werden die >Gumbildung< und andere Beeinträchtigungen der >Gemischbildungsanlagen< gefördert. Dies führt dann zur Verschlechterung des Abgasverhaltens hauptsächlich bei längerem Betrieb. Andere gesundheitlich bedenkliche Komponenten, wie z. B. >Benzol<, sind gesetzlich limitiert. Die zündwilligen Paraffine werden bevorzugt als Diesel-K. eingesetzt und zeichnen sich dabei durch günstiges Abgasverhalten aus. Nachteilig ist allerdings ihr Kälteverhalten, da sie zur Paraffinausscheidung neigen, was zu Betriebsstörungen führen

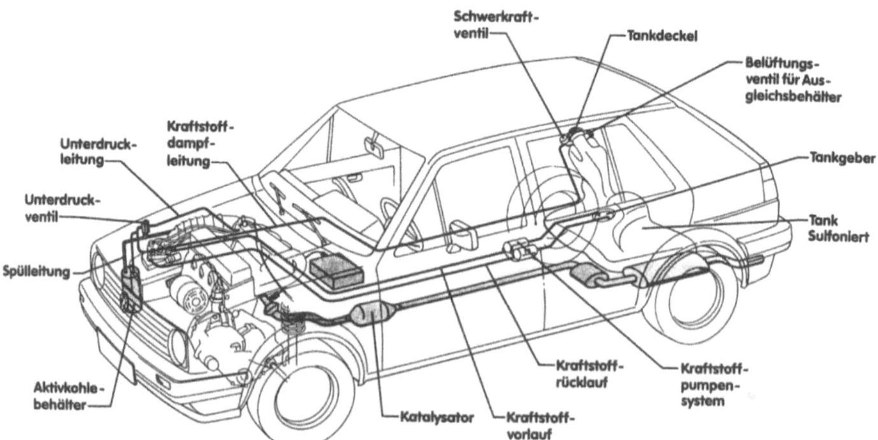

Kraftstoffdampf-Rückhaltesystem

kann. Dieses Problem wird durch geeignete >Additive<, wie z.B. Emulgatoren, reduziert.

2. alternative: Kraftstoffe, die nicht den heute üblichen >Otto-< oder >Dieselkraftstoffen< entspr. Hierzu gehören insbesondere >Alkoholkraftstoffe<, >Erd-< und >Flüssiggas<, >Pflanzenöle<, >Wasserstoff<. Sie werden in der Regel aus anderen Ressourcen als Erdöl hergestellt und zeichnen sich in den meisten Fällen durch umwelttechnische Vorteile aus, >nachwachsende Rohstoffe<.

Lit: Bamberg E, Reders K (1986) Verbesserung von Ottokraftstoffen durch Additive, Mineralöltechnik 9 – Waldmann H, Seidel G (1979) Kraft- und Schmierstoffe. In: Automobiltechnisches Handbuch, Ergänzungsband zur 18. Aufl. Abschnitt 2.6, Verlag Walter de Gruyter, Berlin, S.953–1252 – Nierhauve B, Giere HH (1981) Anpassungsmaßnahmen bei Ottokraftstoffen als Folge von Methanolbeimischungen, Erdöl und Kohle-Erdgas-Petrochemie Bd.34, Heft 11: 500–505 – Nierhauve B (1991) Neue Anforderungen an Ottokraftstoffe, Mineralöltechnik 9 – Dabelstein W, Reders K (1984) Unverbleite Ottokraftstoffe – Möglichkeiten und Grenzen der Herstellung, Shell Technischer Dienst – Menrad H, König A (1982) Alkoholkraftstoffe, Springer Verlag, Wien, ISBN 3-211-81696-8 – Asinger F (1986) Methanol, Chemie- und Energierohstoff, Springer Verlag, Berlin, ISBN 3-540-15864-2 – Schmitz G, Bartz R, Hilger U, Siedentop M (1990) Intelligent Alcohol Senso, SAE 900231 – Fabri J, Dabelstein W, Reglitzky A (1990) Chancen alternativer Kraftstoffe unter dem besonderen Aspekt der Umweltverträglichkeit, Shell Technischer Dienst ISSN 0934-3601 – Austmeyer K, Röver H (1989) Energieträger aus nachwachsenden Rohstoffen, Chem. Ing. Techn. 61: 009–016 – Schoedder F, Vellguth G (1987) Umweltverträglichkeit alternativer Kraftstoffe, Landtechnik 10: 401–404.

Kraftstoff-Flüchtigkeit. Die K. ist für das Betriebsverhalten von Fahrzeugmotoren und für die Umweltbelastung von großer Bedeutung, insbesondere bei >Ottokraftstoffen< wegen des rel. niedrigen Siedebeginns. Dieser ist für das >Kaltstart-< und >Warmlaufverhalten< von >Ottomotoren< erforderlich. Andererseits wird durch zu hohe K. die >Verdampfungsemission< beim Transport, Verladen und Betanken sowie im Betrieb von Fahrzeugen erhöht. Die konstruktive Seite der Fahrzeugtechnik wird durch den >SHED-Test< überprüft. Die K. ist durch die Kennwerte Siedeverlauf, >Dampfdruck< und >Dampf-Flüssigkeits-Verhältnis< dargestellt. Da Kraftstoffe sehr unterschiedlich zusammengesetzt sind, werden zur umfassenden Beschreibung der K. alle drei Größen benötigt. Die Praxis begnügt sich jedoch meist wegen der einfacheren Meßtechnik mit Siedeverlauf und Dampfdruck. Beide Werte sind mit Rücksicht auf das Umweltverhalten limitiert. Damit ist auch die mögliche Verwendung einiger Kraftstoffkomponenten, wie z.B. >Buten< und >MeOH<, eingeschränkt.

Lit: Bamberg E, Reders K (1986) Verbesserung von Ottokraftstoffen durch Additive, Mineralöltechnik 9.

Kraftstoff-Luftverhältnis. >Luftzahl<.

Kraftstofftank. Dient zur Aufnahme des fl. Kraftstoffes; hat im Vergleich zu anderen >Energiespeichern< wie >Elektrobatterien< und >Hydriden< zur Wasserstoffspeicherung die höchste Energiedichte.

Kraftstoffverbrauch. Wichtiger Kennwert von Kraftfahrzeugen und wird im allg. in L/100 km angegeben. Größere, schwerere und schnellere Fahrzeuge haben deutlich höhere Verbräuche und damit auch höhere >CO_2-Emissionen<. Mittels des >Heizwertes< läßt sich der >Energieverbrauch< zum Vergleich alternativer Antriebskonzepte errechnen. Der K. wird aus den Abgasbestandteilen nach einem Meßverfahren auf dem >Abgas-Rollenprüfstand< errechnet, unter Berücksichtigung der Bestandteile CO_2, CO, HC und von Kraftstoffeigenschaften wie H/C-Verhältnis und Dichte.

Kraftstoffverunreinigung. Unerwünschte Bestandteile im Kraftstoff, die z.T. die Funktion von Motoren auch in umweltschädigender Weise beeinträchtigen können. So führt z.B. ein unzulässig hoher >Bleigehalt< im >Ottokraftstoff< zu >Katalysatorenschäden<.

Kraftstoffzerstäubung. Wichtiges Mittel zur Erreichung einer guten >Gemischaufbereitung<- (s.a. >Einspritzung<, >Einspritzdüse<).

Kraftstoffzusätze. >Additive<.

Kraft-Wärme-Kopplung. Gleichzeitige Erzeugung von elektrischer Energie und Prozeß- oder Fernwärme in einem >Kraftwerk<. Bei der Kraft-Wärme-Kopplung wird insgesamt ein höherer thermischer >Wirkungsgrad< erreicht als bei alleiniger Stromerzeugung. Die Kraft-Wärme-Kopplung setzt einen hohen Wärmebedarf in geringer Standortentfernung vom Kraftwerk voraus. Das Kernkraftwerk Stade liefert Prozeßdampf für eine unmittelbar benachbarte chem. Fabrik.

Kraftwerksleistung in Deutschland. Die gesamte Netto-Kraftwerksleistung in Deutschland betrug Ende 1998 114.987 MW. Davon entfallen auf die Stromversorgungsunternehmen 99.352 MW, auf Industrie und Bahn 12.200 MW und auf private Wasser-, Wind-, Photovoltaik- und Biomasse-Kraftwerk 3.435 MW.

Eine Aufteilung der Kraftwerksleistung der Stromversorgungsunternehmen nach Energieträgern zeigt die Tabelle.

Kraftwerksleistung der Stromversorgungsunternehmen in Deutschland

Energiequelle	Nettoleistung
Steinkohle + Mischfeuerung	26.605
Kernenergie	22.178
Braunkohle	18.540
Erdgas	15.246
Wasser	8.385
Heizöl	7.487
Sonstige	911

Krankenhausabfälle. Mit ca. 32.000 t im Jahr 1993 wegen seiner Zusammensetzung >besonders überwachungsbedürftiger Abfall<. Insbesondere infektiöse Bestandteile machen die Verbrennung eines großen Teiles der K. unumgänglich. Von K. werden ca. 40% verwertet und ca. 60% beseitigt. Von den zu beseitigenden K. werden ca. 30% in betriebseigenen Verbrennungsanlagen entsorgt, ca. 50% über öffentliche >Deponien< oder >Verbrennungsanlagen<. Der Rest gelangt in Sonderabfalleinrichtungen oder sonstige Anlagen (z.B. Hausmülldeponien).

Krankheitserreger. Mikroorganismen oder metazoische Parasiten, die in der Lage sind, einen Wirt zu schädigen. Viren, Bakterien, Pilze, Protozoen sowie verschiedene Arten von Würmern und Gliederfüßlern können Krankheitserreger sein. Die Abb. (s. S.666) zeigt den schematischen Aufbau einer Bakterienzelle, in der Abb. (s. S.667) ist eine Übersicht über verschiedene Formen von Viren gegeben. Ob eine Infektionskrankheit entsteht, hängt von mehreren Faktoren ab,

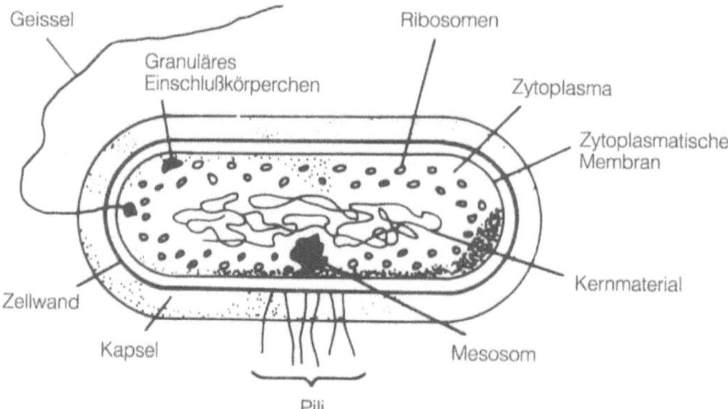

Krankheitserreger: Schematischer Aufbau einer Bakterienzelle

die Abb. (s. S.668) zeigt einige wichtige Zusammenhänge auf. Folgende Begriffe sind im Zusammenhang mit K. wichtig: Pathogenität: Die Fähigkeit, im Wirt eine Erkrankung hervorzurufen. Es gibt K., die dies immer (obligat pathogene K.) und welche, die dies nur unter bestimmten Umständen tun (fakultativ pathogene K.). Virulenz: Der Grad der krankmachenden Eigenschaften eines pathogenen Erregers. Die wichtigsten Möglichkeiten der K., einen Wirt zu schädigen, sind dabei: 1. Direkte Schädigung von Organen oder des Gesamtorganismus durch die Vermehrung des Erregers. 2. Bildung von Giftstoffen (Toxine) und anderen schädlichen Stoffwechselprodukten bei der Vermehrung des Erregers. 3. Veränderung von Stoffwechselfunktionen und Enzymreaktionen durch die Auseinandersetzung von Wirt und Erreger. 4. Schädigung durch überzogene oder fehlgeleitete Abwehrreaktionen des Körpers. K. können unterschiedlich lange in der Umwelt überleben, wodurch sich gegebenenfalls Infektionsmöglichkeiten für Mensch und Tier ergeben, s. a. >Tenazität<.

Krankheitsstatistik. Gibt wichtige Hinweise auf die gesundheitliche Situation einer Bevölkerung. Als geeignete Unterlagen sind für Deutschland neben den bestehenden regionalen Krebsregistern (z.B. Saarland) die Unterlagen der Allgemeinen Ortskrankenkassen (obwohl sie nur einen Teil der Bevölkerung erfassen) und die Daten der Mikrozensus-Zusatzbefragung. Weitere Hinweise können die Erfassung von Diagnosen in Krankenhäusern, die statistischen Unterlagen der Sozialversicherungen und der Berufsgenossenschaften (meldepflichtige Berufskrankheiten) sowie des öffentlichen Gesundheitsdienstes geben.

Lit: Steuer W (1982) Sozialhygiene, Thieme, Stuttgart New York.

Krautige Pflanzen. Besitzen unverholzte oder nur wenig verholzte >Sprosse<. Sie sterben nach der Samenreife ab. Man unterscheidet einjährige (Annuelle) und zweijährige Pflanzen (Bienne). Einjährige Kräuter findet man besonders unter Ruderalpflanzen und >Unkräutern<; unter den zweijährigen Kräutern finden sich z.B. zahlreiche Rosettenpflanzen.

KRB-A. Kernkraftwerk RWE-Bayernwerk in Gundremmingen/Donau, >Siedewasserreaktor< mit einer elektrischen Bruttoleistung von 250 MW, nukleare In-

betriebnahme am 14.08. 1966, im Januar 1977 endgültig außer Betrieb genommen; kumulierte Stromerzeugung: 15 TWh, Stillegung genehmigt am 26.05. 1983. Die Demontagearbeiten haben begonnen.

KRB-B. Kernkraftwerk Gundremmingen/Donau, Block B, >Siedewasserreaktor< mit einer elektrischen Bruttoleistung von 1.344 MW, nukleare Inbetriebnahme am 09.03. 1984.

KRB-C. Kernkraftwerk Gundremmingen/Donau, Block C, >Siedewasserreaktor< mit einer elektrischen Bruttoleistung von 1.344 MW, nukleare Inbetriebnahme am 26.10. 1984.

Krebs. Bezeichnung für bösartige Geschwülste; >Carcinom<.

Krebsbekämpfung. Vorrangiges Ziel sollte die Vermeidung der Einwirkung von >cancerogenen< Substanzen (Prävention) sein; im privaten Bereich z.B. durch Nichtrauchen, am Arbeitsplatz durch Verwendung nicht cancerogener Stoffe. Da aber nicht alle Risiken vermeidbar oder zu verringern sind, müssen durch Vorsorgeuntersuchungen >Carcinomerkrankungen< zum frühest möglichen Zeitpunkt aufgedeckt werden; die Heilungsrate von Krebserkrankungen kann dadurch erheblich verbessert werden.

Krebse. >Crustacea<.

Krebserkrankungen. Unter >Epidemiologie< des >Krebses< werden die vielfältigen Informationen und Aussagen u.a. über Häufigkeit der einzelnen Organkrebse, Alters- und Geschlechtsabhängigkeit und geographisches Vorkommen verstanden. Zur Aufdeckung von >Risikofaktoren< und aus Vorsorgegründen werden Ursachen der Krebsentstehung durch z.B. berufliche Tätigkeit, Ernährung, Genußmittel, Umweltbelastung, Vererbung und psychische Belastungen untersucht. Beispiele sind die Aufdeckung des Zusammenhangs zwischen Zigarettenrauch-Inhalation und der Entwicklung von Bronchialcarcinomen, die Entwicklung von Brustfellkrebs (Pleuramesotheliomen) und >Bronchialcarcinomen< nach >Asbeststaub-Exposition< und die Entstehung von >Vaginalcarcinomen< bei jungen Mädchen durch Einnahme hormonhaltiger Medikamente (Stilbestrol) ihrer Mütter. Eine wichtige Grundlage zur Aufdeckung solcher grundlegender Zu-

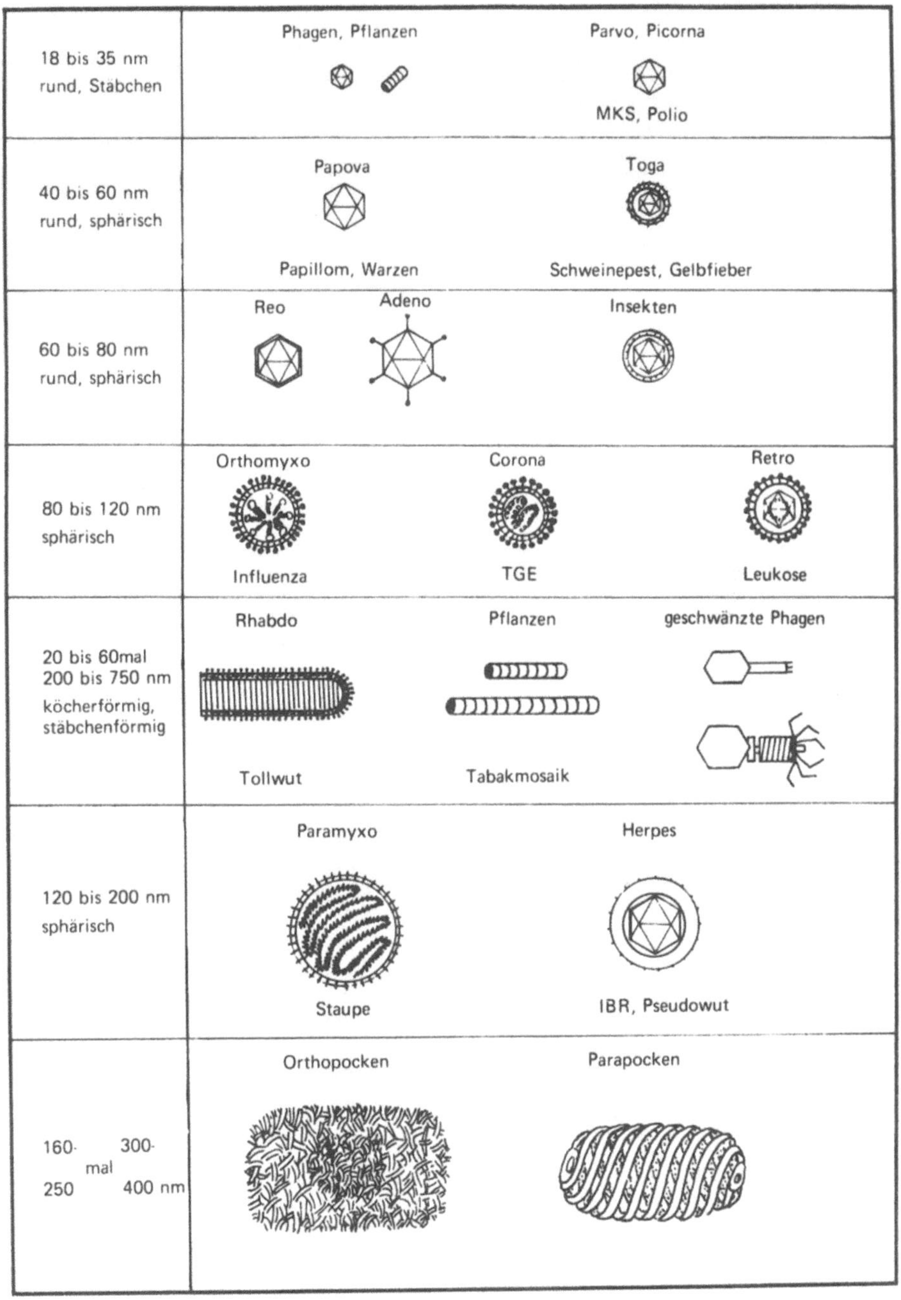

18 bis 35 nm rund, Stäbchen	Phagen, Pflanzen	Parvo, Picorna MKS, Polio
40 bis 60 nm rund, sphärisch	Papova Papillom, Warzen	Toga Schweinepest, Gelbfieber
60 bis 80 nm rund, sphärisch	Reo Adeno	Insekten
80 bis 120 nm sphärisch	Orthomyxo Corona Retro Influenza TGE Leukose	
20 bis 60mal 200 bis 750 nm köcherförmig, stäbchenförmig	Rhabdo Pflanzen geschwänzte Phagen Tollwut Tabakmosaik	
120 bis 200 nm sphärisch	Paramyxo Staupe	Herpes IBR, Pseudowut
160- 300- mal 250 400 nm	Orthopocken	Parapocken

Krankheitserreger: Relative Größe und Form bei Viren

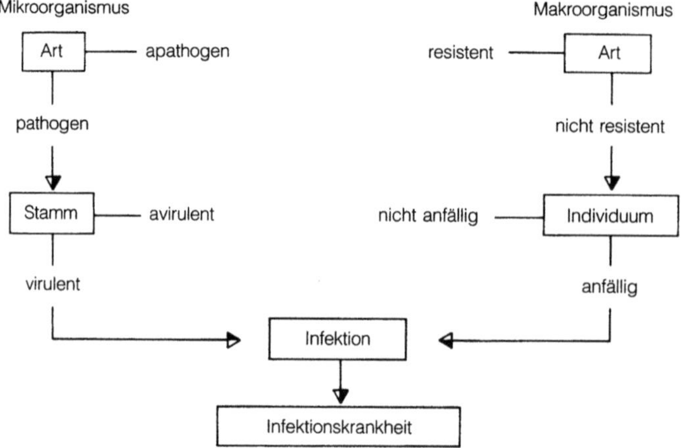

Krankheitserreger: Das Zusammenspiel wichtiger Faktoren von Mikro- und Makroorganismus zur Entstehung einer Infektionskrankheit

sammenhänge (über den Einzelfall hinaus) bildet die Einrichtung von Krebsregistern, die kontinuierlich die Neuerkrankungsfälle an Krebs in definierten Einzugsgebieten erfassen. Laut Todesursachenstatistik des Statistischen Bundesamtes haben die Todesfälle durch bösartige Neubildungen der weiblichen Brust von 1960 bis 1986 fast um das Doppelte zugenommen; der Dickdarmkrebs zeigt eine ähnlich hohe Steigerungsrate, bei Lungen-/Bronchialkrebs bei Männern ist dagegen eine Stagnation auf hohem Niveau zu beobachten (seit ca. 1970), bei Frauen wird weiterhin eine deutliche Zunahme registriert. Demgegenüber kann bei Magenkrebs eine ausgeprägte Abnahme der Häufigkeit in den letzten Jahren nachgewiesen werden.
Lit: Michaelis J (1990) Dtsch Ärztebl 87: B-2048–2054.

krebserzeugend. (cancerogen). 1. Chemikalienrecht: >Gefährlichkeitsmerkmal< nach § 3a Abs. 1 Nr. 12 >ChemG<. Krebserzeugend sind >Stoffe< und >Zubereitungen<, die bei Einatmen, Verschlucken oder Aufnahme über die Haut Krebs erregen oder die Krebshäufigkeit erhöhen können (Best. gemäß § 1 ChemGefMerkV). Für krebserzeugende Stoffe gibt es weder ein eigenes >Gefahrensymbol< noch eine entspr. >Gefahrenbezeichnung< die spez. >Kennzeichnung< erfolgt mit dem >R-Satz< 45. *Zusätzlich* sind sie als „>giftig<" nach den Kriterien gemäß Nr. 1.1.3.1 der >GefStoffV< Anhang I zu kennzeichnen. Bei Verdacht auf krebserzeugende Wirkung werden Stoffe bis zu einer endgültigen Einstufung *vorläufig* mit dem >Gefahrensymbol< und der >Gefahrenbezeichnung< „>mindergiftig<" nach den Kriterien gemäß Nr. 1.1.3.2 gekennzeichnet. Dafür ist der R-Satz 40 vorgesehen.
2. Immissionsschutzrecht: Begriff, dem zur Beachtung des Vorsorgeprinzips nach § 5 Abs. 1 Nr. 2 BImSchG in der Konkretisierung durch die >TA Luft< besondere Bedeutung für die Betreiber genehmigungsbedürftiger Anlagen zukommt. Gem. Nr. 2.3 TA Luft 1986 sind die im Abgas enthaltenen Emissionen krebserzeugender Stoffe unter Beachtung des Grundsatzes der Verhältnismäßigkeit so weit wie möglich zu begrenzen. Auf Teil III A1 und A2 der MAK-Werte-Liste wird hingewiesen. Für eine Reihe von Stoffen schreibt

Nr. 2.3 TA Luft 1986 fest, daß folgende Massenkonzentrationen im Abgas nicht überschritten werden dürfen (die den folgenden Klassen zugeordneten krebserzeugenden Stoffe sind in Nr. 2.3 TA Luft im einzelnen genannt):
Stoffe der Klasse I
   bei einem Massenstrom von 0,5 g/h
   oder mehr $0,1\ \text{mg/m}^3$
Stoffe der Klasse II
   bei einem Massenstrom von 5 g/h
   oder mehr $1\ \text{mg/m}^3$
Stoffe der Klasse III
   bei einem Massenstrom von 25 g/h
   oder mehr $5\ \text{mg/m}^3$
Im Zusammenhang mit der Altanlagensanierung gem. Teil 4 der TA Luft 1986 ist der Emissionsbegrenzung für krebserzeugende Stoffe zeitlich höchste Priorität zugeordnet.

Krebszyklus. >Zitronensäurezyklus<.

Kreide. Jüngerer Abschnitt des Mesozoikums, der sich in Unterkreide und Oberkreide gliedert und dessen Alter sich von etwa 135 bis 70 Mio. Jahre erstreckt.

Kreiselbelüfter. Oberflächenbelüfter zur Eintragung von Sauerstoff in Wasser/Abwasser. Die K. rotieren nicht um eine horizontale, sondern um eine vertikale Achse. Sie sind meist in der Mitte des zugeordneten Beckengrundrisses montiert. Sie werden auch in schwimmender Anordnung eingesetzt. Die verschiedenen Konstruktionen der K. haben als gemeinsames Prinzip die zentralsymmetrische Umwälzung, wobei das Wasser mittig von unten angesogen und radial über die Oberfläche ausgeworfen wird. Bei allen K.-Typen erfolgt der Sauerstoffeintrag primär in der durch den Kreisel erzeugten Turbulenzzone an der Oberfläche. Hier sind durch den direkten Kontakt zwischen Wasser und Luft bei ständiger Erneuerung der Grenzflächen zwischen Luftblasen und Wasser infolge der Turbulenzen günstige Voraussetzungen für einen intensiven Sauerstoffeintrag gegeben. Die K. erzeugen gleichzeitig Umwälzströmungen, wodurch die eingeschlagenen Luftblasen sich im Wasser verteilen und vornehmlich durch die an der Beckenwand auftretenden, vertikal zur Sohle gerichteten Strömungen in tiefere Schichten eingetragen werden. Hierdurch wird bei K. ein zusätzlicher Sauerstoffeintrag bewirkt, der von der Menge, Größe und Verweilzeit der in das Wasser eingeschlagenen Luftblasen abhängig ist.

Lit: Abwassertechnische Vereinigung (Hrsg.) (1985–1997) ATV-Handbuch, 4.Aufl., Bd.1–7, Verlag von Wilhelm Ernst und Sohn, Berlin München.

Kreiskolbenmotor. Hat einen einfachen Aufbau und eine große Leistungsdichte. Nachteile sind im allg. sein ungünstiger >Brennraum<, die ungünstigen >Abgasemissionen<, insbesondere >HC<, und seine schwierige gasseitige Abdichtung. Der wichtigste Vertreter ist der >Wankelmotor<, der in Deutschland und Japan Serienreife erlangt hat.

Kreislauf der Stoffe. In der Natur als „ökologischer Stoffwechsel": Bezeichnung für die Vorstellung, daß verschiedene Elemente in der Natur Zustände unterschiedlicher Bindung periodisch durchlaufen, nach best. Zeitabständen wiederholt im gleichen Zustand sowie am gleichen Ort anzutreffen sind. Die örtliche Fixierung ist dabei weniger wörtlich zu nehmen als etwa bei organismischen Kreisläufen wie dem gebahnten Blutkreislauf. Spielt zus. mit der Vorstellung vom offenen System in der Ökologie, in dem wie in allen lebendigen Systemen die >Entropie< auch abnehmen kann, eine zentrale Rolle. Von besonderer Bedeutung ist der Wasserkreislauf mit seinen versch. Teilkreisläufen als Grundlage der Hydrologie (s. Abb. unten) sowie der biol., lokale oder globale C- und N-Kreislauf.

Im C- und N-Kreislauf werden über Photosynth. aus der abiotischen Umgebung des Bodens, der >Gewässer< und der >Atmosphäre< niederenergetische C- und N-Verb. entnommen und über die sog. >Primärproduktion< in lebende org. Materie assimiliert. Nach der Passage versch. trophischer Niveaus durch >Sekundärproduzenten<, die alle die in den org. Verb. gebundene chem. Energie zur Aufrechterhaltung ihrer Stoffwechsel verwenden, wird diese org. Substanz wieder mineralisiert (s. Abb.a und b, S.670).

Für >Agro<-Ökosysteme ist in diesem Zusammenhang das Ausmaß des Recyclierens wichtig, d.h. wie weit die pflanzlichen Rückstände, Abbau- und Stoffwechselfolgeprodukte dem Boden wieder zugeführt werden. Auch bei einer weitgehend recyclierenden Wirtschaftsweise lassen sich Materieverluste durch Auswaschung, Abtrag und Verflüchtigung – letzteres als Quelle in globalen Kreisläufen gasförmiger Verb. – grundsätzlich nicht gänzlich vermeiden. Zur langfristig kontinuierlichen Pflanzenproduktion an ein und demselben >Standort< sind daher außer der Sonnenenergie auch >Nährstoffe< über eine Nährstoff-Ersatz-Wirtschaft durch Mineral- oder org. >Düngung< zuzuführen. S.a. >Subsistenz-Landwirtschaft<. Räumlich enge Kreisläufe, sog. Kurzschlüsse, entspr. Wirtschaftsweisen mit wenig Stoff- und Energiezufuhr bei klein gehaltenen Im- und Exportwegen. Weite Kreisläufe sind solche mit intensiver Ersatzwirtschaft und von weither geholten Düngern, weit weg exportierten landwirtschaftl. Produkten wie Wein, Obst, Gemüse und Fleisch. Grundsätzlich sind bei weiten Transportwegen entspr. stark energiezehrende irreversible Prozesse beteiligt, die die Bioproduktion ökonomisch verteuern und ökologisch belasten. – Die Vorstellung eines Kreislaufes der Stoffe ist zentral für die moderne Ökologie: alle Lebewesen nehmen Teil an diesem Kreislauf. Die Elemente sind dann als versch. Verb. in versch. Speichern bzw. >Kompartimenten< zu verstehen, zwischen denen Materieflüsse auftreten (s. Abb. S.671).

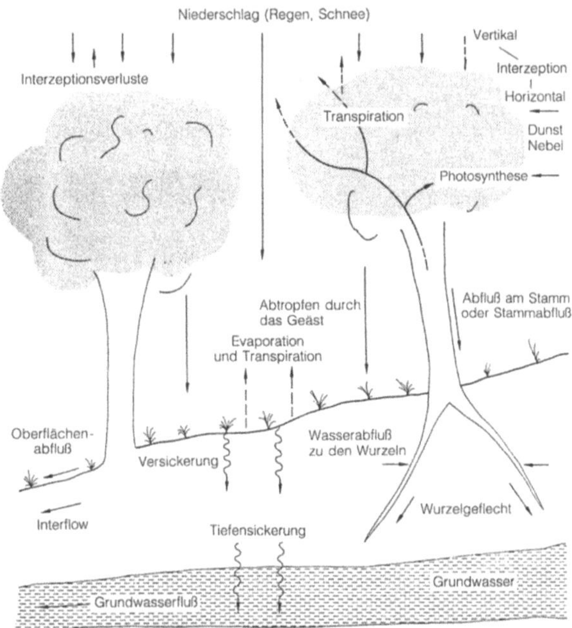

Kreislauf der Stoffe: Wasserkreislauf in einem bewaldeten Einzugsgebiet

Von globaler Bedeutung ist auch der Energiekreislauf: über Jahrmillionen dem natürlichen >C-Kreislauf< durch „biol. Sedimentation" entnommene Energie wird durch intensiven Abbau dieser in Kohle, Erdöl und -gas festgelegten Energievorräte in den modernen Intensiv-Industriegesellschaften in rel. kurzen Zeiträumen aufgebraucht. Dabei entstehen sek. Probleme, wie das entspr. schnelle Ansteigen des Gehaltes an CO_2 und Spurengasen, z.B. Methan, Lachgas, Ammoniak u.a., in der >Atmosphäre<. >Treibhauseffekt<, >Luftkreislauf<.

Kreislaufwasser. (Vadoses Wasser). Ist in der Hydrologie der Teil der Hydrosphäre, der am >hydrologischen Wasserkreislauf< teilnimmt.

Kreislaufwirtschafts- und Abfallgesetz. „Grundgesetz" des Rechts der Abfallwirtschaft; erlassen am 27. September 1994 und in Kraft getreten im Oktober 1996. Dieses Gesetz hat das Abfallgesetz vom 11.6. 1972 abgelöst, welches trotz mehrfacher Novellierungen in Richtung eines Abfallwirtschaftsgesetzes modernen Ansprüchen nicht mehr genügte. Die Reihenfolge der Kreislaufwirtschaft ist die >Abfallvermeidung<, die beim Hersteller und beim Konsumenten ansetzt, die >Abfallverwertung<, die aus einer stofflichen oder aus einer energetischen Verwertung bestehen kann, wobei die umweltverträglichere Verwertungsart Vorrang hat, und die >Abfallbeseitigung<. Neben diesem Defizit haben zwei weitere Erwägungen den Neuerlaß notwendig gemacht: die Anpassung des Deutschen Rechts an den europarechtlichen Abfallbegriff (s. die Aufzählung europarechtlicher Normen bei >Abfallrecht<) sowie die Aufhebung der Rechtszersplitterung, die durch 16 unterschiedliche Landesabfallgesetze im Laufe der Zeit entstanden war; Bedingung für die Möglichkeit der Rechtszersplitterung war die Lückenhaftigkeit des Abfallgesetzes des Bundes. Der Erlaß des jetzigen Kreislaufwirtschaftsgesetzes war stark umstritten; die Länder fürchteten, daß der Bund abfall-

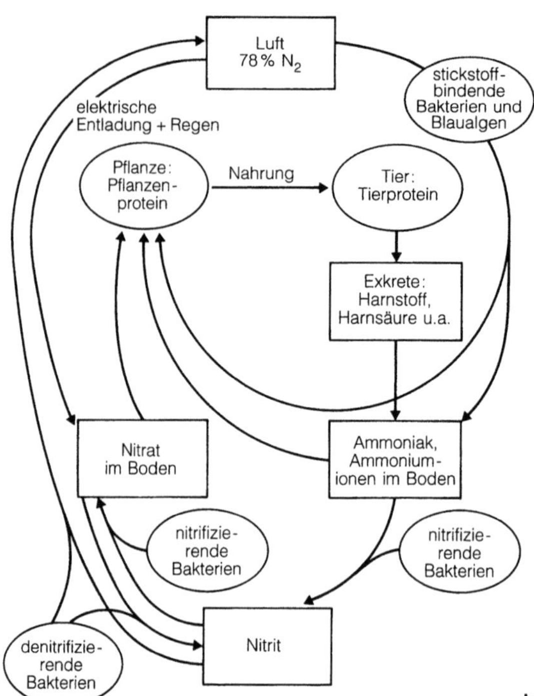

Kreislauf der Stoffe: Schema des a) C- und b) N-Kreislaufs

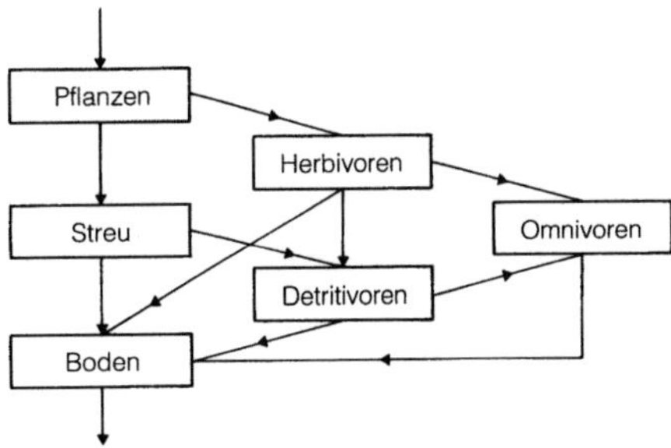

Kreislauf der Stoffe: Stoffflüsse (Pfeile) durch Komparti-mente (Speicher) als Teile von Kreisläufen in einem ökolo-gischen System. Auch Lebewesen stellen mit ihren Bio-massen Speicher dar

wirtschaftliche Fortschritte in den Ländern zurückneh-men werde. Ermöglicht wurde die Verabschiedung des Gesetzes durch Kompromisse; ein Kompromiß betrifft das Recht der Andienung von Sonderabfällen nach Landesrecht, welches entsprechend § 13 Abs. 4 KrW-/AbfG aufrechterhalten bleibt.

Das KrW-/AbfG regelt neben allg. Vorschriften Grundsätze und Pflichten der Erzeuger und Besitzer von Abfällen sowie der Entsorgungsträger, die Pro-duktverantwortung, die Planungsverantwortung, die Absatzförderung, Informationspflichten, die Überwa-chung im Abfallrecht, die Betriebsorganisation und den Beauftragten für Abfall sowie Schlußbestimmun-gen. Zu den einzelnen Inhalten des Gesetzes vgl. die Stichworte >Abfall, juristisch<, >Abfallbeförderung<, >Abfallbehandlung<, >Abfallbeseitigung<, >Abfallbe-seitigungsanlage<, >Abfallbesitzer<, >Abfallentsor-gung, juristisch<, >Abfallverbringung<, >Abfallver-meidung, juristisch<, >Abfallverwertung, juristisch<, >Abfallwirtschaftsplan<. S. a. >Abfallrecht<.

Die praktische Bedeutung des Gesetzes ist außeror-dentlich hoch; jeder Bürger ist von ihm betroffen. Es ist unmittelbar einsichtig, daß die finanzielle Dimensi-on des Gesetzes exorbitant ist; die genaue Höhe ist un-bekannt. Im Sinne der Erfinder des Gesetzes ist es auch erfolgreich: Das Gesetz will zunächst die Abfall-verwertung fördern und die Abfallbeseitigung (auf De-ponien) zurückdrängen – dieses Ziel scheint erreicht zu werden, weil die Recyclingwirtschaft wächst und die auf Deponien endgelagerten Mengen abnehmen. Das Gesetz will ferner die Privatisierung im Bereich der Abfallentsorgung fördern – auch dieses Ziel scheint erreichbar zu sein, weil sich immer mehr priva-te Unternehmen auf dem Gebiete der Abfallwirtschaft engagieren. Schließlich will das Gesetz auch die staatli-che Überwachung zurückdrängen – „Ersatzinstrumen-te" stellt das Gesetz z. B. im Bereich der Abfallbeför-derung bereit.

Krematorium. S. >Feuerbestattung<, >Verordnung zur Durchführung des Bundes-Immissionsschutzgeset-zes<.

Krenal, Krenon. Krenal ist der Quellbereich, Krenon die Gesamtheit der im Krenal lebenden Organismen. An das Krenal schließt sich das >Rhithral< an.

krenobiont (-phil, -xen). Ausschließlich, bevorzugt oder nur zufällig (indifferent) in Quellen lebend.

Kresoxim-methyl. Wirkt als >Fungizid< und zählt zur Substanzklasse der Strobilurine.
Chemische Bezeichnung: Methyl-(E)-2-methoxyimino-(2-(o-tolyloxymethyl)phenyl)acetat. Der Naturstoff Strobilurin A wird von dem Waldpilz Kiefernzapfen-rübling produziert, der sich damit gegen andere Pilze in der Nahrungskette verteidigt. Der hohe Dampf-druck und die Lichtinstabilität führen aber zu einer HWZ von nur wenigen Minuten, weshalb verwandte Verbindungen synthetisiert werden. Einer dieser syn-thetisierten Wirkstoffe ist Kresoxim-methyl.
CAS-Nummer: 143390–89–0
Hersteller: BASF
Wirkungstyp: Der aus dem Basidomyceten *Strobilurus tenacellus* gewonnene Naturstoff Strobilurin A hemmt die mitochondriale Atmung von Fusarium culmorum, an dem die Verzweigung des Elektronentransportwe-ges stattfindet. Die fungizide Wirkung ist bei protekti-ver Anwendung besonders ausgeprägt. Bei kurativem und eradikativem Einsatz erfaßt K. alle pilzlichen Strukturen auf der Blattoberfläche. Intakte Weizen-pflanzen reagieren auf eine Strobilurinbehandlung mit einer Reduzierung des CO_2-Kompensationsproduktes und erhöhter Biomassebildung (Greening-Effekt).
Bevorzugte Anwendung: In Getreide, Obst, Reben, Gemüse und Zierpflanzen gegen eine Vielzahl von Krankheiten.

Chemische und physikalische Eigenschaften: Weiße Kristalle mit einem schwach aromatischen Geruch und einem Schmelzpunkt von 98–100 °C sowie einem spezifischen Gewicht von 1,258 g/cm^3 bei 20 °C.
Dampfdruck: 2,3 mPa bei 20 °C.
Verteilungskoeffizient (log Po/w): 3,44 pH 7 und 25 °C.
Löslichkeit: In Wasser 2 mg/l bei 20 °C.
Stabilität: Bei pH 5 ist der Wirkstoff stabil.
Abbau und Metabolismus: Schnelle Metabolisierung zum Hauptmetaboliten (Säure des Wirkstoffes) in al-len Kompartimenten. DT_{90} beträgt im Boden <3 Tage. DT_{50} im Wasser bei pH 9 beträgt 7 h und pH 7 34 d; je-weils bei 25 °C. Im Säugerorganismus sind nach 120 h >90 % ausgeschieden, vorwiegend über Faeces und Galle.
Säugertoxizität: Akute orale LD_{50} für Ratte >5.000 mg/kg. Akute dermale LD_{50} für Ratte >2.000 mg/kg. Inhalation LC_{50} (4 h) für Ratte >5,6 mg/L. 2-Jahre-Fütterungstest NOEL für Ratte 800 mg/kg (36 mg/kg KGW). ADI-Wert 0,4 mg/kg KGW.
Bienentoxizität: Akute orale LD_{50} (48 h) 14 µg/Biene; Kontakt LC_{50} (48 h) >20 µg/Biene.
Fischtoxizität: LC_{50} (96 h) für Regenbogenforelle >0,15 und Karpfen >0,25 mg/L.
Vogeltoxizität: LD_{50} (8 d) für Wachtel >2.150 mg/kg.
Wirbellosetoxizität: EC_{50} (48 h) für *Daphnia* 0,186 mg/L. EC_{50} (72 h) für Grünalge 63 µg/L. LC_{50} (14 d) für Regenwurm >937 mg/kg Boden.

Kreuzbeeren. (Persische Beeren, Buckthorn Berries, Goldbeeren): Ein wässriger Extrakt aus unreifen, ge-trockneten Beeren verschiedener Rhamnus-Arten. Hauptfarbstoffe dieses gelben Extrakts sind Quercetin,

	R_1	R_2
Rhamnazin	—CH₃	—CH₃
Rhamnetin	—CH₃	—H
Quercetin	—H	—H

Rhamnetin und Rhamnazin. Durch Kochen mit verd. Schwefelsäure erhält man die freien, schlecht wasserlöslichen Flavone, die nur im alkalischen Milieu löslich sind (s. Formelschema oben).

Kreuzresistenz. „Übergreifen" der von einem Mikroorganismus (Krankheitserreger) gegen ein best. Antibiotikum erworbenen Resistenz auf andere Wirkstoffe. Zwischen den Wirkstoffen besteht im allg. eine chem. bzw. strukturelle Verwandtschaft und sie wirken auf die Mikroorganismen nach dem gleichen oder einem ähnlichen Prinzip. Ein Beispiel für eine K. ist die Resistenz gegen Terramycin, die auch gegen Aureomycin wirksam ist.

Kriebelmücken. Familie Simuliidae der Zweiflügler (Diptera, Unterordnung Nematocera). Die K. sind nur wenige Millimeter groß, dunkel gefärbt. Die Weibchen saugen an Wirbeltieren Blut und können bei Massenbefall für Weidevieh gefährlich werden. Die Entwicklung erfolgt über Larven in fließenden Gewässern. Sie sind kenntlich an dem verdickten Hinterleib, an dessen Ende ein Kranz von feinen Häkchen steht, aber kein Saugnapf. Die Larven heften sich unter Wasser auf festen Flächen an und entnehmen dem strömenden Wasser mit zwei großen Kopffächern feine Partikel in einer Kombination von Filtrieren und Klebfang. Sie verpuppen sich unter Wasser in tütenförmigen Gehäusen auf festen Unterlagen.

Kriging. Von Krige, südafr. Geologe; bezeichnet eine Interpolationsmethode für räumlich variable Größen auf der Grundlage des >Semivariogramms<; die Meßwerte weiter entfernter Meßpunkte gehen dabei mit geringeren Gewichten in die interpolierten Werte ein als die Meßwerte näher gelegener Punkte. Die Schätzvarianz an den interpolierten Punkten ist dabei nur von der Lage der Nachbarpunkte und nicht von deren Meßwerten abhängig. Punkt-Kriging nimmt die Schätzung an Punkten vor, wobei die Schätzvarianz rel. hoch ausfällt; Block-Kriging dient der Schätzung von Mittelwerten von Teilparzellen, von Blöcken. Dabei fällt die Schätzvarianz naturgemäß geringer aus als für Punkte. >Variogramm<.

kristallin. Zustand fester Materie mit einer in den 3 Raumrichtungen regelmäßigen Anordnung der Atome. Während früher makroskopisch oder lichtmikroskopisch erkennbare Strukturen als Kennzeichen für kristalline Stoffe verwendet wurden, gilt heute meist das Auftreten entsprechender Röntgen- oder Elektronenstrahlinterferenzen als Nachweis periodischer Atomanordnung. Daher erkennt man in vielen Bodenbestandteilen, die früher als amorph galten, heute eine kristalline Struktur (*Beispiel:* Ferrihydrit).

Kristallisation. Bildung von kristallinen Phasen aus gelösten Substanzen oder amorphen Feststoffen. Die K. setzt die Bildung und das Wachstum von Kristallkeimen voraus, wozu eine höhere Lösungskonzentration erforderlich ist als der Löslichkeit der Kristalle entspricht (Übersättigung). An die Wachstumszentren der Kristalle können auch andere Stoffe angelagert (adsorbiert) werden, wodurch die K. z. T. erheblich verlangsamt oder zu anderen Kristallmodifikationen gelenkt werden kann. Durch diesen Mechanismus können im Boden z. B. >Huminstoffe< die K. von Mineralen (z. B. Eisenoxiden) blockieren und so amorphe oder schlecht kristallisierte Phasen stabilisieren.

Kriterium. Ein Merkmal (z. B. die Abbaubarkeit), das angibt, unter welchen beobachtbaren Bedingungen ein theoret. behaupteter oder erwarteter Zustand (z. B. von Gewässern) als tatsächlich vorhanden oder als nicht existent festgestellt werden kann (Operationalisierung).

Kritikalität. 1. allgemein: Der Zustand eines >Kernreaktors<, in dem eine sich selbst erhaltende >Kettenreaktion< abläuft.
2. prompte: Der Zustand eines >Reaktors<, in dem die >Kettenreaktion< allein durch prompte Neutronen aufrechterhalten wird, d. h. ohne Hilfe verzögerter Neutronen. >Neutronen, prompte<; >Neutronen, verzögerte<.

Kritikalitätssicherheit. Sicherheit gegen unzulässiges Entstehen >kritischer< oder überkritischer >Anordnungen<.

Kritikalitätsstörfall. Störfall als Folge des ungewollten Entstehens einer >kritischen Anordnung< spaltstoffhaltiger Bauteile, z. B. >Brennelemente<, Apparate oder Behälter einer >kerntechnischen Anlage<. Ein Kritikalitätsstörfall hat im betroffenen Anlagenbereich kurzfristig eine hohe Neutronenstrahlung sowie eine Energiefreisetzung aus den Kernspaltungen zur Folge.

kritisch. Ein >Reaktor< ist kritisch, wenn ebensoviele >Neutronen< erzeugt werden wie durch Absorption und Ausfluß verlorengehen. Der kritische Zustand ist ein normaler Betriebszustand eines Reaktors.

Kritische Größe. Mindestabmessung einer Brennstoffanordnung, die bei bestimmter geometrischer Anordnung und Materialzusammensetzung >kritisch< wird.

Kritische Masse. Kleinste >Spaltstoff<masse, die unter festgelegten Bedingungen (Art des Spaltstoffs, Geometrie, moderiertes/unmoderiertes System etc.) eine sich selbsterhaltende >Kettenreaktion< in Gang setzt. Die Tabelle (s. S. 673) enthält für einige >Nuklide< die minimale kritische Masse für best. Bedingungen.

Kritisches Experiment. Exp. zur Bestätigung von Rechnungen im Hinblick auf die >kritische Größe< und andere physikalische Daten, die die >Reaktor<konstruktion beeinflussen.

Kronenraumpufferung. Nach der stomatären Aufnahme saurer Depositionen in Blätter oder Nadeln finden Pufferreaktionen statt, so daß der Protonenfluß mit dem >Bestandesniederschlag< geringer ist als die Pro-

Kritische Masse: Kritische Massen einiger Nuklide

Isotop	kleinste kritische Masse in Kugelform für wäßrige Lösung bei optimaler Moderation unreflektiert (kg)	wasserrefl. (kg)	kleinste kritische Masse in Kugelform für Metall (schnelle unmoderierte Systeme) unreflektiert (kg)	wasserrefl. (kg)
U-233	1,2	0,59	16,5	7,3
U-235	1,5	0,82	49,0	22,8
Np-237			68,6	64,9
Pu-238			7,2	5,6
Pu-239	0,905	0,53	10,0	5,42
Pu-240			158,7	148,4
Pu-241		0,26		6,0
Am-241			113,5	105,3
Am-242		0,023		
Cm-243		0,213		
Cm-244			23,2	22,0
Cm-245		0,042		
Cm-247		0,159		
Cf-249		0,032		
Cf-251		0,010		

tonendeposition. Zur Pufferung trägt hauptsächlich die Freisetzung von Ca^{2+} aus der Mittellamelle der Zellwände bei. Dieser Vorgang konnte bei Beständen mit hoher Schwefelsäuredeposition durch die Identifikation von Gipskristallen ($CaSO_4$) in den Stomata von Fichtennadeln identifiziert werden. Der Verbrauch von Pufferkapazität im Kronenraum führt bei stationärer Biomasse (z.B. in einem Dauerwald) zu einer äquivalenten Bodenversauerung, da die pflanzeninternen Puffer durch Kationenaufnahme aus dem Boden nachgeladen werden müssen.

Lit: Bosch C, Pfannkuch E, Baum U, Rehfuess KE (1983) Über die Erkrankung der Fichte (Picea abies, Karst) in den Hochlagen der Bayerischen Alpen. Forstwiss Cbl 102, 167–181 – Matzner E (1988) Der Stoffumsatz zweier Waldökosysteme im Solling. Ber. Forschungszentr. Waldökosysteme Univ. Göttingen, Reihe A, Bd. 21 – Slovik S, Kaiser WM, Körner C, Kindermann G, Heber U (1992) Quantifizierung der physiologischen Kausalkette von SO_2-Immissionsschäden. Allg. Forstzeitschr. 47: 800–805.

Kronentransparenz. Relativer Blatt- bzw. Nadelverlust gegenüber höhenzonal spezifischen Referenzbäumen mit voller Belaubung bzw. Benadelung. Die Kronentransparenz ist das wichtigste, okular einfach zu ermittelnde, aber nicht unumstrittene Kriterium bei der Erhebung von Waldschäden und deren zeitlicher Entwicklung im Rahmen der jährlichen >Waldschadensberichte<. Auslösender Faktor der Kronentransparenz ist meist Wassermangel. Zur sicheren Identifikation von primären Schadursachen müssen i.d.R. weitergehende ökosystemare Untersuchungen angestellt werden.

Kronenverlichtung. >Kronentransparenz<.

Krümelgefüge. Typ des >Bodengefüges<, der durch rundliche, stabile Aggregate von etwa 1 bis 10 mm Durchmesser gekennzeichnet ist. Der Wasser- und Lufthaushalt in Böden mit K. ist oft ausgeglichen, die Stabilität gegenüber Regenerosion hoch. Daher sind solche Böden oft besonders günstige (hochproduktive)

Kronenraumpufferung: Pufferung deponierter Protonen durch die Biomasse und das Nachladen dieses Puffers aus dem Boden

Pflanzenstandorte, so daß in landwirtschaftlich genutzten Böden der Aufbau und die Erhaltung eines K. angestrebt wird. Da K. v. a. durch die Tätigkeit von Bodentieren erzeugt und durch eine hohe biologische Aktivität im Boden stabilisiert werden, wirken sich entsprechende Maßnahmen zur Förderung des Bodenlebens (z.B. Zwischenfruchtanbau, Humuswirtschaft, Stickstoffdüngung, Stabilisierung des pH-Werts in der Nähe des Neutralpunkts) auch günstig auf das Bodengefüge aus.

Krusten. Verhärtung dünner Bodenschichten durch Abscheidung von Mineralen oder Dichtlagerung von Mineralteilchen beim Verdunsten des dispergierenden Wassers. So können Kalkkrusten durch Abscheidung von Calciumcarbonat in den Bodenporen, Eisen- und Manganoxidkrusten durch Oxidation mobiler Eisen(II)- und Mangan(II)-Verbindungen und Salz- oder Tonkrusten durch Verdunstung von Wasser an der Bodenoberfläche entstehen. Auch die oft mächtigen kaolinitischen (>Kaolinit<) und oxidischen Verwitterungsschichten mancher tropischer Böden werden oft als K. (z.B. Lateritkrusten) bezeichnet. Da K. häufig horizontal im Boden liegen, können sie u. U. den vertikalen Stofftransport behindern. K. an der Bodenoberfläche fördern dadurch den Oberflächenabfluß von Regenwasser und begünstigen so die >Bodenerosion<.

KrW-/AbfG. >Kreislaufwirtschafts- und Abfallgesetz<.

Kryal, Kryon. Kryal ist der Lebensraum des Gletscherbaches und der Schmelzwassertümpel am Rand des Ewigschneegebietes. Kryon ist die Gesamtheit der Organismen im Kryal; sie können kryobiont, -phil oder -xen sein. Die Kryobiologie befaßt sich allg. mit dem Leben auf dem permanenten Schnee.

Kryosphäre. Mit Schnee oder Eis bedeckte Bereiche der Erdoberfläche.

Kryoturbation. Mechanische Belastung eines Bodens und plastische Verformung der >Bodenhorizonte< durch wiederholten Wechsel zwischen Frost- und Tauphasen. Durch die Volumenänderung des Wassers beim Gefrieren und die plastische Verformbarkeit des wassergesättigten Bodens können Bereiche eines Bodens gegeneinander verschoben und miteinander vermischt werden, was am >Bodenprofil< oft gut zu erkennen ist.

KTA. Kerntechnischer Ausschuß. Der KTA hat die Aufgabe, auf Gebieten der >Kerntechnik<, bei denen sich aufgrund von Erfahrungen eine einheitliche Meinung von Fachleuten der Hersteller, Ersteller und Betreiber von Atomanlagen, der Gutachter und Behörden abzeichnet, für die Aufstellung sicherheitstechnischer Regeln zu sorgen und deren Anwendung zu fördern.

KTG. Kerntechnische Gesellschaft, Heussallee 10, Bonn.

Kühlmittel. 1. Kernenergie: Jeder Stoff, der der Wärmeableitung in einem >Kernreaktor< dient. Übliche Kühlmittel sind leichtes und >schweres Wasser<, Kohlendioxid, Helium und flüssiges Natrium.
2. Kraftfahrzeug: Zur Kühlung von >Verbrennungsmotoren< sind K. notwendig, die in der Regel aus einer Wasser-Glykol-Mischung mit entspr. >Additiven< zum Korrosionsschutz bestehen. >Ethylenglykol<.

Kühlschmierstoffe. K. (KSS) sind Zubereitungen bzw. Gemische, die bei der Metallbearbeitung insbesondere bei der Metallzerspanung und -umformung zum Kühlen und Schmieren der Werkstücke sowie zum Abtransport der anfallenden Späne verwendet werden. Der Einsatz dieser Stoffe läßt sich bis zum Beginn des Maschinenzeitalters zurückverfolgen. So wurden bereits im vorigen Jahrhundert pflanzliche Öle und tierische Fette als KSS in industriellen Bereichen verwendet. Heutzutage werden hauptsächlich KSS auf Mineralölbasis eingesetzt, denen i. d. R. verschiedene Additive zugesetzt werden. Nach DIN 51385 werden KSS in *nichtwassermischbar* und *wassermischbar* unterteilt, wobei die letzteren als *Konzentrat* bzw. *Wassergemischter* KSS (Fertigprodukt) weiter differenziert werden. Nichtwassermischbare KSS werden oft auch *Schneidöle* genannt. Neben den aus >Mineralölen< hergestellten KSS gibt es auch sog. >Esteröle<, die auf Basis von nachwachsenden Rohstoffen wie pflanzlichen Ölen durch Umesterung der nativen Triglyceride zu Monoestern höherer Alkohole gewonnen werden, wie z. B. Rapsöl-, Sonnenblumenöl-, Palmöl-, Sojaöl-Derivate mit 2-Ethylhexanol. Als Additive sind bei nichtwassermischbaren KSS EP-Additive (Extreme Pressure) und bei wassermischbaren KSS zusätzlich Emulgatoren, Korrosionsinhibitoren, >Stabilisatoren< und Lösungsvermittler, Antischaummittel, Komplexbildner und >Biozide< gebräuchlich.
Der KSS-Einsatz bereitet durchaus erhebliche gewerbehygienische Probleme, da sie bei den hohen Umlaufgeschwindigkeiten moderner Schleifmaschinen sehr fein zerstäuben und die Aerosole in die Werkhallen austreten und die Beschäftigten beeinträchtigen können. Daher ist der MAK-Wert für KSS mit einem Flammpunkt von $>100\,°C$ auf $10\,mg/m^3$ festgesetzt. Um diesen Wert zu erreichen, müssen die geschlossenen Kabinen der Schleifmaschinen aktiv abgesaugt und die Abluft in Ölnebelabscheidern gereinigt werden.
KSS bereiten auch beim Recycling der Metallspäne erhebliche Probleme. Um die Späne einschmelzen zu können, dürfen sie nicht mehr als 0,5 % KSS enthalten, da anderenfalls Brandgefahr besteht. Bei Lagerung und beim Transport der ölbehafteten Späne unter freiem Himmel werden die KSS mit Regen ausgewaschen und gelangen in den Untergrund, was zu einer erheblichen Kontamination von Böden bzw. Gleiskörpern führen kann. Daher werden z. Zt. Anstrengungen unternommen, die KSS bereits in der Produktion von den Spänen abzutrennen und in einem betriebsinternen Kreislauf wieder einzusetzen. Das setzt jedoch voraus, daß die Zusammensetzung der KSS dabei nicht verändert werden darf, was analytisch überwacht werden muß.

Lit: Hauptverband der Gewerblichen Berufsgenossenschaften (1996) BIA-Report Kühlschmierstoffe 7/96. 2. Aufl., Sankt Augustin – Mühl C, Ritterbusch J, Lorenz W, Bahadir M (1996) Umweltverträgliche Kühlschmierstoffe aus nachwachsenden Rohstoffen für die Metallzerspanung – Untersuchungen zur Chemie und Analytik. In: Tönshoff HK, Westkämper E (Hrsg.) Jahrbuch Schleifen, Honen, Läppen und Polieren. 58. Jg., Vulkan Verlag, Essen, S. 100–111.

Kühlteich. 1. Abwasser: Teiche, die der Wasserrückkühlung dienen, wie es bei >Kühltürmen< der Fall ist. Große Mengen im Betrieb gebrauchten Wassers werden im Fabrikationsgang gar nicht (>Kühlwässer<) oder nur teilweise durch ungelöste mineralische Stoffe, die sich leicht durch >Absetzbecken< oder >Filter< abscheiden lassen, verschmutzt. Es bestehen in solchen Fällen keine Bedenken, das Wasser zur Entlastung der

Wasserförderung in den Betrieb zurückzunehmen und direkt wiederzuverwenden. Dies trifft vor allen Dingen für die oft großen Mengen Kühlwasser zu, die lediglich einer Kühlung in Kühltürmen oder in Kühlteichen bedürfen. Die hierbei durch Verdunstung auftretenden Verluste sorgen dafür, daß stets eine allmähliche Erneuerung durch die zuzusetzende Frischwassermenge eintritt.
2. Kernkraft: Nutzung künstlicher oder natürlicher Teiche oder Seen zur >Wasserrückkühlung<. Um bei Feuchtlufttemperaturen von 8 °C (12 °C trocken, relative Luftfeuchte 57 %) 21 °C Kaltwassertemperatur halten zu können, ist für ein >Kraftwerk< mit 1.300 MW ein Teich mit etwa 10 km² Kühlfläche notwendig.

Kühlturm. Anlage zur Ableitung von >Abwärme< aus >Kraftwerken< oder industriellen Prozessen in die >Atmosphäre<. Zu unterscheiden sind Naß- und Trockenkühltürme. In einem Naßkühlturm wird >Kühlwasser< direkt mit einem Frischluftstrom gekühlt. Dabei verdampft ein Teil des Kühlwassers, und die Kühlluft erwärmt sich. Die Kühlturmschwaden sind weithin sichtbar, da sie Wassertröpfchen aus mitgerissenem Kühlwasser und wieder kondensiertem Kühlwasserdampf enthalten. In einem Trockenkühlturm erfolgt die Kühlung des Kühlwassers über geschlossene Wärmeaustauscher. Die erwärmte Kühlluft enthält kein Kühlwasser und ist daher unsichtbar. In einem Hybridkühlturm werden beide Kühlverfahren zur Minimierung der Schwadenbildung kombiniert. Großkraftwerke sind in der Regel mit Naturzug-Naßkühltürmen ausgerüstet. Entspr. dem >Stand der Technik< ist der Sprühtropfenauswurf so zu begrenzen, daß Wasserinhaltsstoffe und Keime keine schädlichen Umwelteinwirkungen hervorrufen können. Wegen der Geräuschprobleme und höheren Sprühtropfenemissionen werden Ventilator-Naßkühltürme bei Großkraftwerken kaum noch eingesetzt. Der Betrieb eines einzelnen Kühlturmes z.B. mit einer Abwärmeleistung von 950 MW für ein 750-MW-Steinkohlekraftwerk läßt, soweit keine orographischen Besonderheiten vorliegen, keine klimatischen Auswirkungen erwarten. Abwärmeleistungen von mehr als 5.000 MW an einem Standort können bei entspr. Wetterbildungen zur Ausbildung von Kumuluswolken führen. Hierbei ist das Auftreten zusätzlicher Niederschläge und Gewitter nicht ausgeschlossen. Bei Abwärmeleistungen von über 10.000 MW an einem Standort sind regionale klimatische Auswirkungen zu befürchten.

Kühlungsarten. Möglichkeiten der Abwärmeabfuhr aus >Kraftwerken<: >Frischwasserkühlung<, Kühlung durch >Kühlteiche<, >Umlaufkühlung<, Kühlung mit kraftwerksfremder Nutzung.

Kühlwasser. Bei zahlreichen industriellen Prozessen und im >Kraftwerksbereich< ist der Einsatz von ggf. großen Mengen an Kühlwasser zur Abführung von >Abwärme< erforderlich. Wird das erwärmte Kühlwasser direkt in Gewässer eingeleitet, werden diese entspr. der zugeführten Wärmemenge aufgeheizt. Über z.B. >Kühltürme< kann das erwärmte Kühlwasser wieder zurückgekühlt werden. Je nach Verfahren werden dabei zwischen 20 % und 100 % der Abwärme unmittelbar an die >Atmosphäre< abgegeben. Infolge der direkten Kühlung mit Luft bei Naßkühltürmen verdunstet ein Teil des Kühlwassers bzw. wird mitgerissen. Wasserinhaltsstoffe wie u.a. auch Keime werden dabei

emittiert. Über einen Kühlturm eines 700 MW-Kraftwerkes können dabei stündlich über 1.000 m³ Kühlwasser bzw. ca. 1 % des benötigten Kühlwasserstroms an die Atmosphäre abgegeben werden.

Küstennebel. Entsteht, sobald warme, feuchte Luft über kühles Wasser strömt und sich dabei abkühlt; wird oft noch durch Wärmeabstrahlung an einer >Inversion< verstärkt. Bekannteste Gebiete mit K.: Ostseeküste zur Zeit des Frühjahrs; in den Bereichen folgender kalter Auftriebswasser: Humboldt-Strom vor Nord-Chile und Peru, Benguela-Strom vor Namibia, Kalifornischer Strom vor Südkalifornien. >Labilität der Atmosphäre<.

Kugelhaufenreaktor. Ein gasgekühlter >Hochtemperaturreaktor<, dessen >Spaltzone< aus einer Kugelschüttung von >Brennstoff-< und >Moderator-< (Graphit)-Kugeln besteht. Die Kernkraftwerke AVR in Jülich und >THTR-300< in Uentrop hatten einen Kugelhaufenreaktor. Der THTR-300 enthielt etwa 600.000 Brennstoff- und Moderatorkugeln. Die Brennstoffkugeln bestehen aus einem Kern aus U-235 und >Thorium<, der von einer Graphitkugel mit 6 cm Durchmesser umgeben ist.

Kugelspringschwänze (Sminthuridae). K. lebt mit vielen Arten auch als Pflanzenfresser in der Vegetationsschicht, z.B. auf den Algen- und Flechtenrasen der Bäume. Bekannt ist der Luzernefloh *Sminthurus viridis* (s. Abb. S. 218). >Insecta<, >Collembola<.

Kultur. 1. Bestand einer Kulturpflanzenart auf einem Feld oder in einem Garten. 2. Haltung und Zucht von Mikroorganismen, aber auch von pflanzlichen und tierischen Einzellern und kleinen wirbellosen Tieren im Labor. Den unterschiedlichen Ansprüchen entsprechend gibt es ausgeklügelte Nährlösungen, die in flüssigen Medien oder in festen Nährböden angeboten werden.

Kulturlandschaft. Die vom Menschen genutzte und beeinflußte >Naturlandschaft<. Mit dem Beginn der Seßhaftigkeit und dem damit verbundenen >Ackerbau< verändert der Mensch in Mitteleuropa nach der Eiszeit erstmals nennenswert die Naturlandschaft. Mit der wachsenden Bevölkerung ist man bei dem niedrigen Ertragsniveau der Landwirtschaft zur Sicherung der Ernährung gezwungen, immer mehr bislang unberührte Natur für Ackerbau und Viehweide nutzbar zu machen, was vor allem das Roden von >Wald< und Trockenlegen von Sümpfen zur Folge hat. Unter diesem Aspekt findet in der Mitte des 13. Jh. die größte Ausdehnung der mit den damaligen technischen Möglichkeiten erreichbare Flächennutzung statt, die nach der Dezimierung der Bevölkerung durch die Pest wieder zurückgeht. In dieser Zeit wird auch der Wald als Viehweide und Energielieferant für Eisenerzgewinnung, Glashütten und Holzkohlenerzeugung genutzt. Der Ausbau der >Wasserwirtschaft<, der Verkehrswege, der großflächige Abbau von Rohstoffen mit Beginn der Industrialisierung verstärkt die Intensität der direkten Naturnutzung. Unsere heutige vielfältige strukturierte Landschaft ist fast ausschließlich K., z.B. ist auch die Lüneburger Heide das Ergebnis früherer Weidennutzung. Indirekt werden heute auch die naturbelassenen und -geschützten Landschaftsteile durch >Immissionen< beeinflußt, besonders durch den Eintrag von >Nährstoffen<.

Kulturmedium. >Nährmedium<.

Kumulation. >Akkumulation<.

Kunstdünger. Bezeichnung für synthetisch hergestellte >mineralische Dünger<, die entweder durch chemische Umwandlung natürlicher Ausgangsstoffe (z. B. Kalk- und Phosphatdünger) oder durch Synthese aus einfachen Ausgangsstoffen gewonnen werden, wie dies beim Haber-Bosch-Verfahren der Fall ist, wo Luftstickstoff und Wasserstoff unter dem hohen Druck zu Ammoniak vereinigt werden. Mit der Bezeichnung K. wird oft versucht, >organischen Düngern< eine höhere Wertigkeit gegenüber mineralischen zuzuschreiben. Aus der Sicht der >Pflanzenernährung< gibt es hierfür keine Anhaltspunkte, da die Pflanze die Nährstoffe unabhängig von der Formulierung des Düngers immer in derselben chemischen Form aufnimmt, es gibt also weder unnatürliche noch künstliche Nährstoffe. Auch für einen Vorteil organischer Dünger hinsichtlich Nahrungsqualität gibt es keinen Beleg. Mit Hilfe der mineralischen Dünger ist sogar in der Vergangenheit eine Erhöhung und eine bessere Ausgewogenheit der wichtigen pflanzlichen Inhaltsstoffe erzielt worden. Entscheidend ist die gezielte Nährstoffversorgung. Diese ist mit mineralischen Düngern leichter kalkulierbar als mit organischen. Ohne mineralischen Dünger bestünden heute keine Hoffnungen auf eine Sicherstellung der Welternährung. >Handelsdünger<.
Lit: Finck A (1989) Dünger und Düngung, 1. korrigierter Nachdr. d. 1. Aufl., VCH, Weinheim, S. 15, 376–390.

Kunstfasern. K. werden durch Abwandlung von Naturstoffen, wie z. B. Zellwolle aus >Zellstoff< und Acetatseide aus >Cellulose<, oder vollsynthetisch durch Verstrecken von verschiedenen linearen >Kunststoffen< gewonnen. Bekannte *Synthesefasern* sind z. B. Nylon und Perlon aus >Polyamid<, Dralon aus >Polyacrylnitril<, Trevira und Diolen aus >Polyester<.

Kunstharze. K. sind niedermolekulare Vorprodukte oder >makromolekulare< Rohstoffe, die flüssig, löslich oder schmelzbar sind und erst nach der Verarbeitung ihre Gebrauchsfestigkeit erhalten. Fälschlicherweise wird K. als Sammelbezeichnung für alle >Kunststoffe< verwendet. Korrekt ist es nur für amorphe >Copolymerisate<, z. B. als >Kleb<- und >Lack<-Rohstoffe sowie für Vor->Polymerisate< zur Herstellung von >Duroplasten<.

Kunsthorn. Durch Härten mit >Formaldehyd< aus Milcheiweiß (Casein) hergestellter >Kunststoff<, der bei höherer Temperatur ($T \geq 100\,°C$) oder bei Behandlung mit Ölen bzw. Glycerin sich teilweise, sonst nur spanabhebend verarbeiten läßt.

Kunstleder. Auf der Basis von >Kunststoffen< hergestellte, lederähnliche Produkte, die z. B. durch Beschichten und Gelieren eines Gewebes mit >PVC<-Paste, durch Schäumen von >PUR< sowie mit Bindemitteln und PUR-Deckschichten versehenen Synthesefaser-Geweben erhalten werden.

Kunstseide. >Kunstfaser<.

Kunststoffabbau. >Kunststoffe, abbaubare<.

Kunststoffadditive. K. sind i. d. R. niedermolekulare Substanzen, mit deren Hilfe die Kunststoffeigenschaften in bestimmter Weise beeinflußt werden, ja vielfach diese Kunststoffe überhaupt nur so verwendet werden können. Bekannte K. sind >Weichmacher< in >PVC< und Cellophan, Antioxidantien, PVC-Stabilisatoren, Licht- und >Flammschutzmittel<, >Gleitmittel<, org.

Peroxide als Vernetzer bei >Duroplasten<, Antistatika, >Füllstoffe<, Pigmente, >Pestizide< als Biostabilisatoren u. a. Neben den erwünschten Effekten weisen K. auch eine Reihe von unerwünschten Wirkungen auf. Wegen ihrer niedermolekularen Struktur migrieren sie zur Kunststoffoberfläche, von wo aus sie in das umgebende Medium übertreten, z. B. >Blei<- und >Cadmium<-Stabilisatoren aus Kunststoffrohren in Trinkwasser, Weichmacher aus PVC-Behältnissen in Blutkonserven sowie Nahrungsmittel u. a. Ebenfalls problematisch sind Farbpigmente in >PE< und PVC-Artikeln, die bei der >Müllverbrennung< freigesetzt werden und sich in der >Schwermetallbelastung< der >Flugasche< bemerkbar machen. Schließlich können die K. das >Kunststoffrecycling< erheblich beeinträchtigen, da beim letzteren i. d. R. gemischte Kunststoffabfälle eingesetzt werden, und die jeweiligen Additive zu Unverträglichkeiten führen bzw. in ungeeigneten Bestimmungsorten verwendet werden können, wie z. B. Pestizide aus biostabilisierten Kunststoffen in geschlossenen Räumen.

Kunststoffausdünstungen. K. erfolgen durch Migration von niedermolekularen< Substanzen zur K.-Oberfläche und Übertritt in die Gasphase. Es handelt sich dabei i. d. R. um >Kunststoffadditive< mit einem höheren Dampfdruck und relativ niedriger Geruchsschwelle, so daß diese Ausdünstungen wahrgenommen werden. Z. B. resultiert der typische „Plastikgeruch" der >PVC<-Artikel wie Folien aus den Ausdünstungen der >Weichmacher<, wie Di-2-ethylhexylphthalat oder Dibutylphthalat. Daneben spielen Ausdünstungen aus Schaumstoffen, die mit FCKW geschäumt wurden, eine erhebliche Rolle bei der Zerstörung der >Ozonschicht< der >Atmosphäre<. Ebenfalls von besonderer Relevanz sind K. in geschlossenen Räumen, da hier die Verdünnungsprozesse gegenüber dem Freiland deutlich eingeschränkt sind. Auch die Ausdünstung von Restmonomeren aus Polymerisationsprodukten (>Vinylchlorid< aus PVC) oder Polykondensationsprodukten (>Formaldehyd< aus Kunstharzen) stellt ein toxikologisches Problem dar und erfordert entsprechende Grenzwerte, die in den Produkten nicht überschritten werden dürfen.

Kunststoffbestandteile. Kunststoffe bestehen aus polymerisierten >Monomeren<, >Kunststoffadditiven<, Zuschlags- und >Füllstoffen<. Je nach Anwendungsgebiet kommen unterschiedliche K. zum Einsatz, was sich beim >Recyclingprozeß< nachteilig auswirkt.

Kunststoffdichtungsbahn. Großformatige ausrollbare Platten, dichtend gegen polare Flüssigkeiten (z. B. Wasser), z. Zt. aus >Polyethylen< (>HDPE<), in Systemen der Deponiebasis- und der Deponieoberflächenabdichtung. In einer Mindestdicke von 2,5 mm eingebaut, sind sie Bestandteil der >Basisabdichtung< bzw. der >Deponieabdeckung<. In Spezialausführung mit Metallplatte im Verbund zwischen zwei HDPE-Platten ist sie gegen unpolare Stoffe dicht.
Lit: Kaiser K (1995) Kunststoffdichtungsbahnen. Fraunhofer IRB Verlag, Berlin.

Kunststoffe. 1. allgemein: K. sind >makromolekulare< Werkstoffe (s. Abb.), die vollsynthetisch durch Verknüpfung von kleineren organischen Molekülen (>Monomere<) oder durch chemische Umwandlung von makromolekularen Naturstoffen gewonnen werden. Natürliche organische Werkstoffe, wie z. B. Holz und Wolle, sowie anorganische Werkstoffe, wie z. B. Metal-

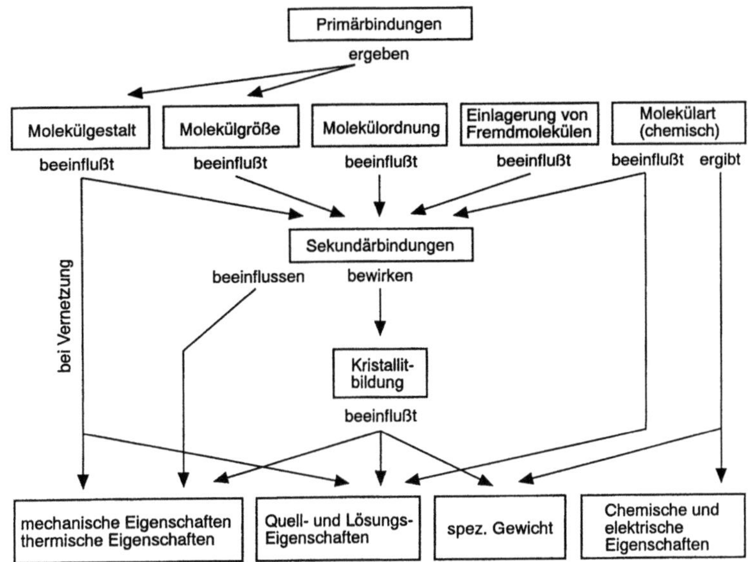

Kunststoffe: Zusammenhänge zwischen Molekül- und Werkstoffeigenschaften bei Kunststoffen (Übersicht) (aus: Biederbick K (1974) Kunststoffe, Vogel Verlag, Würzburg, S. 88)

le und Glas, werden ebenso wie >Kautschuk<- und >Gummi<-Produkte nicht zu K. gezählt. Nach der Art ihrer Synthese unterscheidet man >Polymerisate<, >Polykondensate< und >Polyaddukte<. Nach ihrem Verhalten bei Wärmezufuhr werden sie in >Thermoplaste<, die warm umformbar sind, da sie überwiegend aus Kettenmolekülen bestehen, und >Duroplaste< als härtbare K., die thermisch nicht mehr umgeformt werden können, da sie aus räumlich eng vernetzten >Makromolekülen< bestehen, eingeteilt. Als makromolekulare Kohlenstoffverbindungen weisen die K. (1) eine niedrige Dichte, (2) relativ hohe chemische Beständigkeit, (3) hohes elektrisches Isolierungsvermögen, (4) vielfältiges, einstellbares, mechanisches Verhalten, (5) eine begrenzte Temperaturstandfestigkeit und (6) Löslichkeit und Quellbarkeit auf. Diese Eigenschaften werden von den Primär- und Sekundärbindungen hervorgerufen.

Weltweit werden etwa 50 bis 60 Mio t Kunststoffe produziert, davon in Deutschland etwa 10 %. Sie verteilen sich zu 1/3 auf >Polyolefine< >HDPE<, >LDPE< und >PP<), zu einem weiteren 1/3 auf >PVC< und >PS< und das restliche 1/3 auf sonstige Kunststoffe. Mit 2/3 der gesamten petrochemischen Produktion sind die Kunststoffe wirtschaftlich besonders bedeutend. Sie werden sowohl als Konstruktionswerkstoffe in langlebigen Gütern, wie z.B. im Apparatebau, in Elektroartikeln und Kabelummantelungen, als Rohre und Profile im Bausektor sowie im Fahrzeugbau u.a. Gebieten, als auch als >Verpackungsmaterialien< im besonders >abfall<intensiven privaten Bereich eingesetzt. Häufig sind kurzlebige Einwegartikel wie Getränkeflaschen aus Kosten- und Gewichtsgründen aus Massenkunststoffen, wie >PVC<, >PP< und >PET< hergestellt. Für die jeweiligen Einsatzgebiete werden die K. zumeist durch >Additive< und >Füllstoffe< modifiziert, mit anderen K. gemischt (>Polyblends<) bzw. mit wei-

teren Werkstoffen wie Papier oder Metalle zu >Verbundwerkstoffen< vereinigt.

2. abbaubare: Unter a. K. werden polymere Werkstoffe verstanden, die unter natürlichen Bedingungen durch Einwirkung von UV-Strahlung der Sonne, durch chemische Prozesse wie Hydrolyse bzw. von >Enzym-Systemen< von Mikroorganismen oder höheren Organismen einem >abiotischen bzw. biotischen Abbau< ihres >makromolekularen Gerüstes< unterliegen. Damit ein >Photoabbau< der K. stattfindet, müssen sie Licht im Wellenlängenbereich $\lambda > 290$ nm absorbieren. Durch Verunreinigungen, Katalysatorrückstände, Fehlstellen und Carbonyl-Gruppen im makromolekularen Gerüst ist eine UV-Absorption zumeist gewährleistet, weshalb K. im Freilandeinsatz mittelfristig verspröden, was Folge einer partiellen photochem. Abbaureaktion ist, wenn sie nicht mit >Lichtschutzmitteln< stabilisiert werden. Bei photochem. a. K. werden entweder solche UV-labilen Gruppen in ausreichender Konzentration in das Polymergerüst eingebaut, z.B. C=O-Gruppen durch >Copolymerisation< von Ethylen und Kohlenmonoxid, Vinyl-Keton-Copolymere u.a., oder photosensitive >Additive< zugesetzt, die beim Zerfallen über geeignete Redox-Systeme den radikalischen Abbau fördern (Fe^{II}/Fe^{III}, Co^{II}/Co^{III}-Salze). Im weiteren Verlauf kommt es durch γ-Umlagerung mit nachfolgender Spaltung (Norrish II, der wichtigste Typ) aber auch der direkten α- (Norrish I) und β-Spaltung der Polymerkette an der jeweiligen Carbonyl-Gruppe zu einer Kettenverkürzung (s. Abb. oben).

Das Problem bei photoabbaubaren K. besteht darin, daß dieser radikalische Abbauprozeß stoppt, wenn die Lichteinwirkung unterbunden wird, etwa wenn die K. in den Deponiekörper oder in den Boden gelangen. Bei entsprechenden Mais-Mulchfolien wurden noch nach 5 Jahren nach dem Einpflügen der vorgeschädigten Folienreste in den Boden diese unverändert wie-

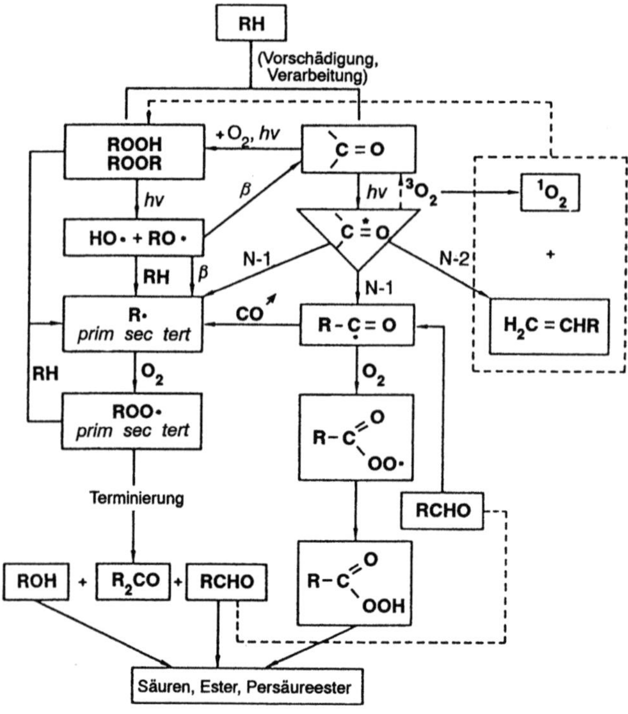

Kunststoffe, abbaubare: Schema des photooxidativen Abbaus von Polykohlenwasserstoffen. RH Polyolefin bzw. Polyolefinfragment; N-I, N-II: Norrish-I- bzw. Norrish-II-Spaltung; β: β-Spaltung. (Gyseling H (1985). In: Batzer H (Hrsg.) Polymere Werkstoffe, Thieme, Stuttgart, Bd. I, S. 541)

dergefunden. Offensichtlich ist der >mikrobielle Abbau< dieser K. im Boden gehemmt, da die Mikroorganismen den Abbau der Polymerkette von den Kettenenden her vornehmen, und bei >Makromolekülen< zu wenig Kettenenden zur Verfügung stehen. Bekannte Beispiele für biol. a. K. sind dagegen Polylactate (s. Formel rechts), die als chirurgische Fäden, Prothesehilfsmittel und Matrix für Medikamente (Depotpräparate) zum Einsatz kommen. Unter Einwirkung der Lactase->Enzyme< erfolgt ein biotischer Abbau im Körper, so daß diese Fäden nach der Operation sich langsam auflösen und nicht mehr gezogen werden müssen. Viele Bakterien und Algen produzieren die >Polyester< Poly(3-hydroxybutyrat) (PHB) und Poly(3-hydroxyvaleriat) (PHV), die z. B. als Copolymerisate (PHBV) in >Fermentern< auf >biotechnologischem Wege< produziert werden können (Monsanto ca. 1.000 t/a PHB/HV). Derivate von Biopolymeren (Cellulose und Stärke) sowie spezielle Polyester und Polyamide runden das stoffliche Angebot an biologisch abbaubaren K. ab. Es wird z. Zt. angestrebt, diese Art von bioabbaubaren K. für Einwegartikel einzusetzen, was allerdings noch technische und regulatorische Fragen im Entsorgungsbereich aufwirft. Es wurde auch versucht, nichtabbaubare K. wie >PE< durch Einarbeitung von abbaubaren Biopolymeren wie Cellulose und Stärke insgesamt abbaubar zu machen, indem die Cellulose und Stärke abbauenden Mikroorganismen die >persistente Kunststoffmatrix< mit Hilfe ihrer exoge-

Kunststoffe, abbaubare: Strukturen der Milchsäure, 3-Hydroxybuttersäure und 3-Hydroxyvaleriansäure sowie von deren Polymerisate

nen Enzyme >cometabolisieren< sollten. Mit Hilfe von >Radiotracer<-Techniken (^{14}C) konnte jedoch gezeigt werden, daß dies nicht erfolgt, und die Veränderung der Kunststoffeigenschaften (Versprödung) allein auf die Eliminierung (Abbau) des biopolymeren Additivs zurückzuführen ist.

3. faserverstärkte: Die mechanischen und rheologischen Eigenschaften von K. können durch Verstärkungsmittel wesentlich beeinflußt werden. Insbesondere mit Hilfe von Faserstoffen werden K. mit hohen Zug-, Biege-, Stoß- und Schlagfestigkeiten erhalten. Besonders bekannt sind *glasfaserverstärkte* >*Epoxid*-< oder >*Polyester-Harze*< (GFK), die wegen ihrer Wasser- und Wetterfestigkeit im Bootsbau verwendet werden. Wegen ihrer hohen Beständigkeit gegen verdünnte Säuren und Basen sowie, je nach der K.-Matrix, unpolare und polare Lösungsmittel werden f. K. im Apparate- und Behälterbau (Öltanks) eingesetzt. Außer Glasfasern kommen auch andere Faserstoffe, wie z. B. anorganische und organische Fasern, Kohlenstoffasern etc. zum Einsatz.

Kunststoff-Füllelemente. Angeregt durch die Produktion von Kunststoff-Füllmaterial für >Kühltürme< wurde Anfang der 50er Jahre in den USA die Verwendung derartiger Füllelemente auch in >Tropfkörpern< versucht. Hieraus entwickelte sich ein vielseitiger Einsatz von Tropfkörper-Füllelementen aus profilierten Kunststoffplatten (u. a. Polystyrol, PVC, Polyurethan, Polyethylen). Für Tropfkörper mit K.-F. wird im Hinblick auf die unterschiedlichen spezifischen Oberflächen (bis maximal $200\,\text{m}^2/\text{m}^3$) und Hohlraumanteile (bis 95 %) die Flächenbelastung B_A als Bemessungsparameter zugrunde gelegt.

Abhängig vom Füllungssystem und der Form der Füllelemente ergeben sich auch bei gleicher spezifischer Oberfläche unterschiedliche nutzbare Oberflächen, Kontaktzeiten und -wirkungen zwischen Abwasser und biol. Rasen. Der spezifischen Oberfläche zugeordnete Leistungsangaben und daraus abgeleitete Bemessungsempfehlungen können daraufhin nur mit der Einschränkung gelten, daß ggf. Korrekturwerte zu berücksichtigen sind. Dies gilt insbesondere zur jeweils angegebenen spezifischen Oberfläche, wenn diese im eingebauten und bewachsenen Zustand der Luft und dem Abwasser nur teilweise frei zugänglich ist. Soweit für die Füllung und die Abwasserbeschaffenheit nicht zuverlässig übertragbare Erfahrungen vorliegen, sind Versuche im mindestens halbtechnischen Maßstab dringend anzuraten.

Lit: Abwassertechnische Vereinigung (Hsg.) (1985–1997) ATV-Handbuch, 4. Aufl., Bd. 1–7, Verlag von Wilhelm Ernst und Sohn, Berlin München.

Kunststoffolien. K. sind dünne Bahnen oder Schläuche mit einer Schichtdicke von i. allg. $d < 0,2$ bis $0,3$ mm (Sackfolien). Größere Schichtdicken, die nicht mehr aufgewickelt werden können, bezeichnet man als K.-Platten oder K.-Tafeln. K. werden durch Gießen (Gieß-Folien), Walzen (Kalander-Folien) und >Extrusion< (Blas-, Flach-Folien) hergestellt. Da sie beim Herstellungsvorgang gestreckt werden, liegen die >Makromoleküle< in K. parallel ausgerichtet und nicht in der thermodynamisch bevorzugten Knäuelform vor. Ein erneutes Erhitzen über die Erweichungstemperatur führt zu einem Schrumpfen je nach dem ursprünglichen Streckverhältnis, wovon in der >Verpackung<sindustrie gezielt gebrauch gemacht wird (*Schrumpffolien*). Üblicherweise werden Folien aus PVC, LDPE und HDPE, PP sowie klar durchsichtigem Cellophan und ähnlichen Kunststoffen hergestellt. K. kommen neben der Landwirtschaft (Bedeckungs- und Mulch-Folien, Foliengewächshäuser, andere Abdecksysteme), der Bauwirtschaft (Dachbahnen, Bodenabdichtungen, >Deponie<-Basisabdichtungen u. a.) und

einigen Spezialgebieten vorwiegend im Verpackungswesen zum Einsatz. In Form von Tragetaschen, Schrumpf- und andere Form der Folienverpackung und Verbundfolien gemeinsam mit Wachspapier (z. B. Milchtüten) tragen K. erheblich zum >Abfallaufkommen< sowohl im kommunalen als auch im gewerblichen >Müll< bei. Etwa 15 Gew.-% des Verpackungsanteils im >Hausmüll< besteht aus >Kunststoffen<, was in Deutschland 1980 ca. 2 Mio. t entsprach. Probleme bereiten die K. im Müll beim Recyclingprozeß, da sie stark verunreinigt anfallen und sich nur schwer von anderen Müllbestandteilen trennen lassen. Anders ist es bei sortenreinen K. aus der Landwirtschaft und der Verpackung im Gewerbe (z. B. Foliensäcke), die sich leicht reinigen und wiederverwerten lassen. Hierzu werden sie nach dem Waschen und Trocknen zunächst zerschnitten, >thermoplastisch< umgranuliert und bis zu einigen % in neue Kunststoffe zugesetzt. Da sie nicht umgeschmolzen werden können, sind duroplastisch vernetzte Folien ohne chemische Umformung nicht recycelbar.

Kunststoffrecycling. Beim K. unterscheidet man zwischen der stofflichen (werkstofflich und rohstofflich) und energetischen Wiederverwertung. Für bestimmte Anwendungen, wie z. B. die Verpackung, gibt es nach der entsprechenden Verordnung ein Wiederverwertungsgebot. Die werkstoffliche Wiederverwertung von >Kunststoffen< ist im wesentlichen auf >Thermoplaste< beschränkt, da sie durch Umschmelzen in neue Formen überführt werden können. Bei vernetzten Kunststoffen (>Duroplasten<) ist dies nicht möglich, weshalb bei letzteren die Möglichkeit der >pyrolytischen< Crackung des >makromolekularen< Gerüstes unter Bildung wiederverwertbarer >Monomere< gesucht wird, was jedoch gegenwärtig eine nur untergeordnete Rolle spielt. Die >Recycling<-Quote ist besonders hoch bei sortenreinen Kunststoffen, z. B. Kunststoffverschnitt bei Produktionsstätten, Landwirtschafts- und Baufolien, sowie auch im >Verpackung<ssektor, wenn gleichartige Kunststoffe im gewerblichen Bereich in großen Mengen anfallen und daher leicht abgetrennt werden können. Dagegen ist eine nachträgliche Abtrennung von Kunststoffen aus Gemischtabfällen insbesondere aus dem >Hausmüll< besonders erschwert, weshalb ein halbwegs wirtschaftliches Recycling kaum mehr möglich ist.

Für eine Verbesserung der Recyclingquote insbesondere aus Haushalten ist eine getrennte Sammlung und Vorsortierung nach der chem. Zusammensetzung der Kunststoffe erforderlich, da viele Kunststoffe untereinander nicht verträglich sind. Die entsprechende Logistik wird z. B. vom DSD (Duales System Deutschland GmbH, Kennzeichen grüner Punkt) bereitgestellt. Auch Hersteller bestimmter Produkte bieten spezifische Rücknahmesysteme an (PVC-Recycling für Fenster oder Folien). Für eine bessere Erkennung der unterschiedlichen Kunststoffsorten mit dem Ziel der Getrenntsammlung wird gegenwärtig die spezifische Kennzeichnung, z. B. durch eine sortenabhängige Farbgebung, diskutiert. Gleichem Ziel dienen auch die Bestrebungen zur gezielten Deproduktion von technischen Geräten und Autos, die einen hohen Kunststoffanteil enthalten. Allerdings bestehen hier weitere Probleme in Form von Verbundwerkstoffen zwischen Kunststoffen und Metallen. Es wird auch im Automobilsektor angestrebt, einheitliche Kunststoffe einzusetzen, die recycelbar sind.

Da jedoch bei dem Umschmelzvorgang die >Polymer<-Eigenschaften durch einen partiellen Abbau der >Makromoleküle< bzw. durch partielle Vernetzungsreaktionen sich in gewissem Umfang verschlechtern können, werden die Recyclingprodukte vorrangig in minderwertigeren Anwendungsgebieten eingesetzt als die Erstpolymerisate. Aus >PET<-Getränkeflaschen werden z.B. nach dem Umgranulieren nicht mehr druckfeste neue Flaschen, sondern Flaschenböden hergestellt. Ein weiteres Problem besteht darin, daß die Kunststoffe im Zweiteinsatz in anderen Anwendungsgebieten Verwendung finden als sie ursprünglich vorgesehen waren. Damit kommen aber auch alle für den Ersteinsatz erforderlichen >Kunststoffadditive< in die Recyclingprodukte. Sie können dort besonders störend in Erscheinung treten, wenn sie sich über >Kunststoffausdünstungen< in ihrem neuen Einsatzgebiet bemerkbar machen. Es ist daher beim Recycling von Kunststoffen wie auch bei allen anderen Produkten besonders darauf zu achten, daß die hergestellten Güter nicht schadstoffbelastet sind. Eine akkurate analytische Kontrolle sowohl der Alt- als auch der Recyclingkunststoffe ist daher unerläßlich.

In Verbindung mit der Entwicklung >biologisch abbaubarer Kunststoffe< werden auch biologische Entsorgungsverfahren (>Kompostierung<, >Vergärung<) als Alternative interessant.

Kupfer (Cu). Chem. Element (s. Tabelle unten) mit einem Anteil an der Erdkruste (obere 16 km) von 0,007%. Als Halbedelmetall tritt es in der Natur gediegen auf, wenn auch die mineralischen Vorkommen überwiegen. Größere Lager von gediegenem K. existieren in Michigan (USA), im Ural und in Neu-Mexiko, während sich die wichtigsten Erzlagerstätten in den USA, Mittel- und Südamerika, Zentralafrika, Kanada und der ehemaligen UdSSR befinden. In Spuren ist K. überall enthalten; es wurde auch in Meteoriten und auf der Sonne nachgewiesen. Der Name leitet sich ab von lat. cuprum = aes cyprium (Erz aus Cypern) nach seinem antiken Hauptfundort. Aufgrund dieser Herkunft erhielt K. in der alchimistischen Symbolik das Zeichen der cyprischen Göttin Venus (♀). Als Werkstoff und Schmuck ist es seit mehr als 9.000 Jahren bekannt. Die Gewinnung aus Erzen erfolgte bereits vor ca. 6.000 Jahren bei den Ägyptern; ein echter

Kupfer (Cu): Physikalisch-chemische Daten von Kupfer

chem. Symbol	Cu
natürliche Isotope	63 (69,17 %), 65 (30,83 %)
Atomgewicht	63,546
Ordnungszahl	29
Elektronenkonfiguration	$3\,d^{10}\,4\,s^1$
Wertigkeit in Verbindungen	$0, +1, +2, +3, +4$
Smp.	$1.083 \pm 0,1\,°C$
Sdp.	$2.595\,°C$
Dichte	8,94
Mohshärte	2,5–3
Zugfestigkeit	$20\text{–}45\ kg \cdot mm^{-2}$
wichtige Mineralien	Kupferkies ($CuFeS_2$), Kupferglanz (Cu_2S), Bornit (Cu_5FeS_4), Bournonit ($2\,PbS \cdot Cu_2S \cdot Sb_2S_3$), Malachit ($2\,Cu(OH)_2 \cdot CuCO_3$), Berzelianit ($Cu_2Se$), Kupferlasur ($2\,CuCO_3 \cdot Cu(OH)_2$),
	Pseudomalachit ($Cu_5[(PO_4)(OH)_2]_2$), Cuprit (Cu_2O)

Bergbau ist allerdings erst seit ca. 3.000 Jahren belegt. Elementares K. krist. in der kubisch dichtesten Packung. In reinem Zustand ist es hellrot, elektrisch sehr leitfähig, mäßig hart, zäh, dehn- und schmiedbar. Ähnlich wie Gold kann es zu sehr feinem Draht gezogen oder zu sehr dünnen, grün durchscheinenden Blättchen ausgeschlagen werden. Die Verwendung für Kupferstiche beruht darauf, daß es auch sehr leicht poliert und graviert werden kann. Bei Temp. um 200 °C kann es durch interkristalline Hohlraumbildung zur Versprödung kommen. K. läßt sich gut legieren, aber nur schlecht gießen, da es Sauerstoff in größeren Mengen löst. An der Luft oxidiert Cu langsam zu Cu_2O, das fest an der Oberfläche haftet und Kupfergegenstände das typische Kupferrot gibt. In feuchter, CO_2- oder SO_2-haltiger Luft oder chloridhaltigen Sprühnebeln bildet sich ein Überzug (Patina) aus basischem Carbonat ($CuCO_3 \cdot Cu(OH)_2$), Sulfat ($CuSO_4 \cdot Cu(OH)_2$) bzw. Chlorid ($CuCl_2 \cdot 3\,Cu(OH)_2$). Bei Ausschluß von Luft und bei Normaltemp. ist Cu widerstandsfähig gegen nicht oxidierende Säuren, während es bei Anwesenheit von Luft langsam in ihnen gelöst wird, wobei der Sauerstoff als Oxidationsmittel wirkt. Auch in Lsg., die Kupferionen komplexieren können (NH_3, KCN, Thioharnstoff) oder mit ihnen schwerlösl. Verb. (Cu_2O, Cu_2S) bilden, ist elementares K. in Gegenwart von O_2 lösl., desgleichen in Gemischen aus nicht oxidierenden Säuren und Oxidationsmitteln. Am häufigsten sind Verb. der zweiwertigen Stufe, die in der Regel blau oder grün sind, während die meist farblosen Verb. der einwertigen Stufe nur im Ionenverband, gelöst in Acetonitril oder in stabilen Komplexen beständig sind. Von der drei- und vierwertigen Stufe sind nur wenige Verb. bekannt. Verwendet wird K. in der Elektroindustrie, für Legierungen (Messing, Bronzen u.a.), Braukessel, Vakuumpfannen, Lötkolben, Heiz- und Kühlschlangen, Dachbedeckungen, Schiffsbeschläge, Zündkapseln, Patronenhülsen, Kleinmünzen, Apparate der Nahrungsmittelindustrie, Statuen, Kupferstiche und Schmuck. Kupferverb. dienen als Pigmente und >Katalysatoren<, zur Herstellung von Kupferseide und als >Fungizid< im Weinbau. Cu^{2+} ist für >Algen<, Kleinpilze und >Bakterien< bereits in Spuren stark giftig. Die Abgabe von geringen Mengen lösl. Salze in saurer Umgebung ist wahrscheinlich die Ursache für die schwach antibakterielle Wirkung von Kupfergefäßen. Tiere dagegen vertragen rel. hohe Mengen an Kupferverb. Eine Ausnahme bilden Wiederkäuer, bei denen Vergiftungserscheinungen bei einem Kupfergehalt der Nahrung von mehr als 8 bis 10 ppm auftreten können, wobei es vor allem zu Leber- und Blutschäden kommt. Bei anderen Tieren lassen sich selbst bei Kupfergehalten von 250 ppm in der Nahrung keine Erkrankungen feststellen. Für Tiere und viele Pflanzen ist Cu ein >essentieller< Nahrungsbestandteil. Eine ganze Reihe von >Enzymen< (verschiedene Oxidasen, Hämocyanine, Plastocyanine) enthalten K.; nach >Eisen< und >Zink< ist es das dritthäufigste Metall im Körper. Kupfermangel äußert sich bei Pflanzen in Wachstumsminderung und ungenügender >Chlorophyllbildung< (Urbarmachungskrankheit, Heidemoorkrankheit, Weißseuche). Beim Menschen sind zwei vererbbare, unbehandelt tödliche Störungen des Kupferstoffwechsels bekannt: das Menkes-Syndrom und die Wilsonsche Krankheit. Bei letzterer ist aufgrund eines stark verringerten Gehaltes des Transportproteins (Coeruloplasmin) im Blut die Verteilung des K. im Organismus gestört; es kommt zu einer vermehrten Ablagerung in

Gehirn, Leber, Augen u. a. Geweben, die dadurch geschädigt werden. K. ist in der Nahrung in ausreichender Menge enthalten; nur ein Teil davon wird resorbiert. Bei erhöhter Zufuhr kann es gespeichert werden. Lösl. Kupferverb. sind für den Menschen wenig giftig. Allerdings wirken Kupfersalze in größeren Mengen stark brechreizend. Die Inhalation von Kupferdämpfen oder -rauch kann das sog. Metallfieber auslösen.

Lit: Merian E (Hrsg.) (1984) Metalle in der Umwelt, Verlag Chemie, Weinheim – Hollemann AF, Wiberg E, Wiberg N (1985) Lehrbuch der anorganischen Chemie, Walter de Gruyter, Berlin New York, S. 997–1009 – Hock B, Elstner EF (1984) Pflanzentoxikologie, Bibliographisches Institut Mannheim Wien Zürich – Kinzel H (1982) Pflanzenökologie und Mineralstoffwechsel, Ulmer, Stuttgart – Kaim W, Schwederski B (1991) Bioanorganische Chemie, Teubner, Stuttgart, S. 193–220.

Kupferhydroxid. Wirkt als >Fungizid<.
Chemische Bezeichnung: Kupferhydroxid
CAS-Nummer: 20427–59–2
Hersteller: Norddeutsche Affinerie, Kocide, Agtrol
Wirkungstyp: Kontaktfungizid mit präventiver Wirkung gegen pilzliche Infektionen. Die fungiziden Sporen nehmen Kupferionen auf und konzentrieren diese im äußeren Teil mit einer 100 bis 400fach höheren Konz. als im inneren Teil. Kupferionen besitzen eine hohe Bindungsaffinität zu Amino- und Carboxylgruppen, was zur Störung der Protein- und Enzymsynth. führt und die Germination verhindert. Aufgrund der unspezifischen Wirkungsweise ist eine Resistenz auszuschließen.
Bevorzugte Anwendung: Effektive Kontrolle pilzlicher Krankheiten wie Phytophthora, Peronospora, Plasmospora, Nectria, Venturia, Mycosphaerella, Coletotrichum, Cercospora, Hemilela u. a. Im Obst-, Wein-, Gemüse- und Zierpflanzenbau; ebenso in Zitrus, Kaffee und Kakao. Wirksam gegen Bakterien wie Erwina, Pseudomonas, Xanthomonas und Agrobacterium.
$Cu(OH)_2$ CuH_2O_2
M_r: 98,56
Chemische und physikalische Eigenschaften:
Physikalische Beschaffenheit: Blaues Pulver.
Stabilität: Trocken bei >50 °C lange stabil. Zersetzung bei 140 °C.
Korrosives Verhalten: Nicht korrosiv.
Löslichkeit: In Wasser 2,9 mg/L bei 25 °C und pH 7. Vollständig löslich in Salmiakgeist. Unlöslich in org. Lösungsmitteln.
Abbau und Metabolismus: Boden: Kupfer wird im Boden stark absorbiert, an den Humusbestandteilen findet komplexe Bindung statt. Die Verringerung des Kupfergehaltes im Boden findet durch Pflanzenentzug statt. Nach oraler Aufnahme werden >99% über Faeces ausgeschieden. Absorbiertes Kupfer im Blut tritt in zwei Formen auf: In Ceruloplasmin (synthetisiert in der Leber) und in der Albumin- und Aminosäureform.
Toxizität: Akute orale LD_{50} für Ratte 924 mg/kg. Akute dermale LD_{50} für Ratte >2.000 mg/kg. Akute percutane LD_{50} für Kaninchen >3.160 mg/kg. Akute Inhalation LC_{50} (4 h) für Ratte >30 mg/L. Keine Haut- und geringe Augenreizwirkung bei Kaninchen.
Bienentoxizität: Nicht bienentoxisch.
Fischtoxizität: Fischtoxizität ist sehr stark vom pH-Wert und von der Wasserhärte abhängig. EC_{50} (96 h) für Goldorfe 0,6, Karpfen 0,17 und Regenbogenforelle 0,38 mg/L. Langzeittest (3-Wochen) NOEL für Regenbogenforelle 0,09 mg/L.

Vogeltoxizität: Akute orale LD_{50} für Japanische Wachtel 3.400 mg/kg und Stockente >5.000 mg/kg.
Wirbellose-Toxizität: Algenwachstumstest LC_{50} (96 h) 35 mg/L und LC_{10} (96 h) 5 mg/L.

Kupferoxychlorid. Wirkt als >Fungizid< und zählt zu der Substanzklasse der anorg. Kupfersalze.
Chemische Bezeichnung: Di-Kupferchlorid-trihydroxid
CAS-Nummer: 1332–40–7
Hersteller: Norddeutsche Affinerie
Wirkungstyp: Protektiv wirksames Fungizid.
Bevorzugte Anwendung: Gegen Fusicladium, Reben- und Hopfenperonospora, Phytophthora und Cercospora. In Kombination mit anderen Fungiziden und Insektiziden erweiterter Wirkungsumfang.

$CuCl_2 \cdot 3\ Cu(OH)_2$
oder $Cu_2Cl(OH)_3$

Chemische und physikalische Eigenschaften:
Physikalische Beschaffenheit: Grünes Pulver.
Schmelzpunkt: Zersetzt sich ab etwa 220 °C unter Abspaltung von Salzsäure zu Oxiden des Kupfers.
Dampfdruck: $<10^{-5}$ Pa bei 20 °C.
Stabilität: In neutralem Medium weitgehend stabil. Zersetzt sich bei Erwärmen in alkal. Medium unter Bildung von Oxiden.
Korrosives Verhalten: Korrosiv für Eisen und andere Metalle.
Löslichkeit: Schwer lösl. in Wasser (bei pH 7 und 20 °C $<10^{-5}$ mg/L) und org. Lsg.-Mitteln. Löst sich in starken Mineralsäuren unter Entstehung der entspr. Salze. Unter Komplexbildung lösl. in Ammoniak- und Amin-Lsg.
Abbau: Pflanzen entziehen dem Boden Kupfer. So beträgt der Entzug von Kupfer durch Mais 55, durch Gerste 43, Weidelgras 195 und Zuckerrüben 191 g/ha/Jahr.
Toxizität: Akute orale LD_{50} für Ratte 700 bis 800 mg/kg. Akute dermale LD_{50} für Ratte >2.000 mg/kg. Inhalation LC_{50} für Ratte >30 mg/kg. Bei Kaninchen Augenreizwirkung. In niedrigen oralen Dosen (3 bis 5 g) kommt es meist nur zu gastroenteritischen Erscheinungen ohne resorptive Wirkungen, da der Stoff zum größten Teil durch Erbrechen entfernt wird. Nach oraler Aufnahme werden >99% über Faeces ausgeschieden. Absorbiertes Kupfer im Blut tritt in zwei Formen auf: in Ceruloplasmin (synthetisiert in der Leber) und in der Albumin- und Aminosäureform.
Bienentoxizität: Nicht bienengefährlich (B 4).
Fischtoxizität: Schwellenwert der Giftwirkung für ein Spritzmittel mit 45% Cu (etwa 80% Kupferoxychlorid) 10 bis 20 mg/L für Barsch, etwa 40 mg/L für Plötze und 20 bis 30 mg/L für Forelle (auch Setzlinge).

Kupfersulfat. 1. Kupferdünger: >Kupfer< gehört in der Pflanzenernährung zu den >Spurenelementen<. Sein Mangel ist typisch für moorige Böden und führt dort früher bei Hafer zur Heidemoorkrankheit (weiße Verfärbung und Eindrehen der Blattspitzen; bei starkem Mangel bleiben die Rispen taub). Heute kann Mangel bei hohen Erträgen, hohem ph-Wert und Trockenheit auftreten. K. enthält je nach Kristallwasseranteil 25 bzw. 36% Kupfer und kann als Boden- und Blattdünger (>Blattdüngung<) eingesetzt werden.
2. Fungizid/Molluskizid: K. ist ein Fungizid/Molluskizid aus der Substanzklasse der Kupferverb.
Chemische Bezeichnung: Kupfersulfat-Pentahydrat
CAS-Nummer: 7758–98–7
Hersteller: Kocide

Wirkungstyp: Fungizid, Algizid, Molluskizid.
Bevorzugte Anwendung: Zur Herstellung von Bordeaux-Gemisch (Kupferkalk-Brühe) durch Reaktion mit Kalkmilch. Als Algizid z.B. in Schwimmbecken (1,5 bis 2 mg Vitriol im Liter = 1,5 bis 2 mg bzw. 0,5 mg Cu/L) oder in Schiffsbodenfarben. Als Molluskizid zur Bekämpfung von Wasserschnecken. Zur Konservierung von Holz. Gegen Kupfermangelkrankheiten in landwirtschaftlichen Kulturen und im Zierpflanzenbau.

$CuSO_4 \cdot 5\,H_2O$

Chemische und physikalische Eigenschaften:
Physikalische Beschaffenheit: Blaue Kristalle.
Schmelzpunkt: Verliert ab 100 °C Kristallwasser unter Bildung des Monohydrats $CuSO_4 \cdot H_2O$, ab 200 °C auch das letzte Kristallwasser.
Siedepunkt: Zers. bei 200 °C.
Stabilität: Lagerbeständig. Bei Einwirkung von Alkalien auf wäßrige Lsg. entstehen Kupferoxide, mit Ammoniak und Aminen gefärbte Komplexe, mit zahlreichen org. Säuren schwerlösl. Salze.
Korrosives Verhalten: Korrosiv gegen Eisen.
Löslichkeit: In 100 g Wasser lösen sich bei 0 °C 14,8 g, bei 25 °C 23,05 g, bei 50 °C 33,5 g und bei 100 °C 73,6 g $CuSO_4 \cdot 5\,H_2O$. In 100 mL MeOH lösen sich bei 18 °C 15,6 g. In den meisten anderen org. Lsg.-Mitteln praktisch unlösl. In Glycerin mit smaragdgrüner Farbe lösl.
Abbau: Kupfersulfat wird im Boden teils in tiefere Schichten gewaschen, teils an Bodenbestandteile gebunden, teils zum Oxid umgewandelt.
Toxizität: Orale Aufnahme führt zu Brechreiz, weshalb die akute orale Toxizität kaum zu bestimmen ist. Es finden sich Angaben für die akute orale LD_{50} (Ratten) z.B. 300 mg/kg. Führt bei Menschen nach oraler Aufnahme von 3 bis 5 g zu Gastroenteritis, während 8 bis 10 g Kupfersulfat tödlich wirken können.
Bienentoxizität: Nach Verarbeitung zu schwer lösl. Kupferverb., z.B. Kupferkalkbrühe, bienenungefährlich.
Fischtoxizität: Durchschnittliche kritische Konz. 7 bis 8 mg/L. Regenbogenforellen sind empfindlicher (ab etwa 1 mg/L toxisch).

Kurbelgehäuseabgase. >Kurbelgehäuseentlüftung<.

Kurbelgehäuseentlüftung. Die aus der >Verbrennung< bei Hubkolbenmotoren ins Kurbelgehäuse gelangenden >Blow-by-Gase< bestehen zum großen Teil aus teil- und unverbrannten >HC<-Komponenten, die beim Austritt in die >Atmosphäre<, der sog. „offenen K." umweltbelastend und geruchsintensiv sind. Deshalb ist in den meisten Staaten seit den 60er Jahren die „geschlossene K." verbindlich, bei der die Blow-by-Gase in das Ansaugsystem des Motors zurückgeführt werden.

Kurkumin. >Curcumin<.

Kurzflügelkäfer (Staphylinidae). >Insecta<, >Mull-Moder-Modell< (s. Abb. S.218).

Kurztag. Täglicher Hell-Dunkel-Wechsel mit kurzer Licht- und langer Dunkel-Periode, je näher zum Pol, um so stärker im jeweiligen Winter ausgeprägt, z.B. Licht-Dunkel-Wechsel (LD) 8:16. Durch K. kann u.a. die Bildung von >Dauerstadien< angeregt werden, >Langtag<, >Photoperiodizität<.

Kurzwellige Strahlung. Der meteorologisch bedeutsame Spektralbereich der Sonnenstrahlung umfaßt den kurzwelligen Bereich von 0,3 bis 3,0 μm, auf den etwa 96 % der gesamten extraterrestrischen Sonnenstrahlung entfallen. Das Maximum der spektralen Verteilung der Sonnenstrahlung liegt bei 0,5 μm. >Infrarotstrahlung<, >ultraviolette Strahlung<, s. Tabelle bei >Sonnenstrahlung<.

Kurzzeitausbreitung. Begriff für die Ermittlung der >Strahlenexposition< durch kurzzeitige >Emission<. Die Umgebungsbelastung durch kurzzeitige Schadstofffreisetzung von bis zu etwa einer Stunde Dauer, während der sich die meteorologischen Einflußgrößen wie Windgeschwindigkeit und -richtung sowie die Diffusionskategorie nicht ändern, läßt sich durch den Kurzzeitausbreitungsfaktor bei der Ausbreitungsrechnung berücksichtigen.

Kurzzeittest. Toxizitätstest von kurzer Dauer bezogen auf die ganze Lebensspanne, z.B. Daphnienkurzzeittest (24 oder 48 h), Goldorfentest (48 h), >Zebrabärblingtest< (96 h). Gibt Hinweise auf die akute Wirkung eines Stoffes oder Abwassers.

KWG. Kernkraftwerk Grohnde/Weser, >Druckwasserreaktor< mit einer elektrischen Bruttoleistung von 1.430 MW, nukleare Inbetriebnahme am 01.09.1984.

KW-IR. >Kohlenwasserstoff-Index<.

KWL. Kernkraftwerk Lingen/Ems, >Siedewasserreaktor< mit fossilem Überhitzer mit einer elektrischen Bruttoleistung von 240 MW (davon 82 MW aus fossilem Überhitzer), nukleare Inbetriebnahme am 31.01. 1968; am 05.01.1977 endgültig außer Betrieb genommen; kumulierte Stromerzeugung: 11 TWh, Stillegung genehmigt am 21.11.1985.

KWO. Kernkraftwerk Obrigheim/Neckar, >Druckwasserreaktor< mit einer elektrischen Bruttoleistung von 357 MW, nukleare Inbetriebnahme am 22.09. 1968.

KWW. Kernkraftwerk Würgassen/Weser, >Siedewasserreaktor< mit einer elektrischen Bruttoleistung von 670 MW, nukleare Inbetriebnahme am 20.10.1971. Die Anlage wurde am 26.8.1994 nach einer Betriebszeit von 128.333 h und einer erzeugten Bruttoarbeit von rund 73 TWh abgeschaltet. Mit der Vorbereitung zur Stillegung wurde begonnen. Die vollständige Demontage soll in zwölf Jahren abgeschlossen sein.

Kybernetik. Wissenschaftsgebiet, das die Gesetzmäßigkeiten der Regelung, Steuerung, Informationsübertragung und -verarbeitung untersucht. Allgemeine Ergebnisse der K. werden auf Organismen, ökologische und technische Systeme sowie auf vielfältige andere Wissenschaftsbereiche übertragen. In der >Ökologie< wird die K. angewandt, um z.B. das biologische Gleichgewicht und seine Regelung zu beschreiben.

labil. >Labilität der Atmosphäre<:

Labilisierung. Veränderung des vertikalen Temperaturgradienten der Atmosphäre durch:
- Erwärmung der unteren Schicht: in Bodennähe z. B. durch Aufheizung durch wärmeres Meerwasser oder durch den durch Sonneneinstrahlung erhitzten Erdboden, in der freien Atmosphäre durch Heranführen (>Advektion<) erwärmter Luftmassen nach Durchgang einer Warmfront;
- Abkühlung der oberen Schicht durch Ausstrahlung an Dunst- oder Wolkenschichten oder durch >Advektion< kälterer Luftmassen;
- Hebung größerer Luftschichten bei >zyklonaler< Strömung.

Die L. ist die Ursache der >Konvektion<, sie verstärkt die >Turbulenz< und löst Quellwolken, Schauer und Gewitter aus.

Labilität der Atmosphäre. Zustand der Atmosphäre, in dem die vertikale Temperaturabnahme in nicht feuchtgesättigter Luft größer ist, als es der >Trockenadiabate< entspricht. Wird ein Luftquantum, das beim Start die Temperatur seiner Umgebung besitzt, vertikal verschoben, so ist es beim Aufsteigen immer wärmer, beim Absteigen immer kälter als seine Umgebung und hat damit das Bestreben, sich weiter von seiner Ausgangslage zu entfernen (>laminare Strömung<). Die L. ist Voraussetzung für die >Konvektion<. Gegensatz: >Stabilität der Atmosphäre<.

Laborkategorien. Für den Umgang mit offenen Radioaktivitäten: >Radionuklidlabor<.

Lachgas. >Distickstoffoxid<.

LacZ-Fusion. >Fusionsprotein<.

Lachsfische. (Salmoniden). Familie von sehr charakteristischen, kaltwasserliebenden Fischen in >Fließgewässern<, einheimisch im nördlichen Nordamerika und Eurasien. Einzelne Arten sind aus wirtschaftlichen Gründen in andere Erdteile eingebürgert worden, besonders die amerikanische Regenbogenforelle. Charakteristisch für alle L. ist die Fettflosse hinter der Rückenflosse, ein Hautläppchen ohne Flossenstrahlen. Die L. leben auch in Seen und im Meer. Die zwei Hauptgruppen sind: 1. Atlantischer Lachs *Salmo salar* L. und Amerikanische pazifische Lachse der Gattung Oncorhynchus; es sind anadrome Wanderfische, die zur Fortpflanzung vom Meer in die Flußoberläufe aufsteigen. 2. Bachforelle, *Salmo trutta trutta fario*, in europäischen Fließgewässern; Regenbogenforelle, *Oncorhynchus mykiss*, in nordamerikanischen Fließgewässern, aber überall eingebürgert; Seeforelle, *Salmo trutta lacustris* L.; Meerforelle, *Salmo trutta* L.; Huchen, *Hucho hucho* (L.) „Donaulachs" im Stromgebiet der Donau und anderen osteuropäischen Flüssen; *Hucho taimen* (PALLAS) im Amurgebiet. Nahe verwandt mit den L. sind die >Coregonen< und >Äschen<.

Lack. Die Lackierung von Fahrzeugen stellt bei der Pkw-Produktion ein wesentliches Umweltproblem dar wegen der >Emission< an Lösungsmitteln. Deshalb werden zunehmend wasserlösliche Lacke eingesetzt und teilweise bereits Pulverlackierung für untergeordnete Zwecke. Ein weiteres Problem sind die Lackabfälle, Lackschlamm. Da eine Deponierung kaum noch infrage kommt, eine Wiedereinbringung in den Produktionsprozeß sehr schwierig ist, müssen dafür noch

Einsatzmöglichkeiten gefunden werden, um das energetisch ungünstige Verbrennen zu vermeiden.

Lackmus. >Orseille<.

Lackschlamm. >Lack<.

β-Lactamase. (Syn. Penicillinase). Ein von Bakterien gebildetes Enzym, das in der Lage ist, den im Penicillin (>Antibiotika<) enthaltenen β-Lactamring (S und N enthaltender heterocyclischer 5-Ring) zu spalten und damit die antibiotische Wirkung des Penicillin außer Funktion zu setzen. Bakterien können auf diese Weise eine >Antibiotikaresistenz< – in diesem Fall eine Penicillinresistenz – ausbilden (s. a. >Resistenzbildung<).

Lactat. 1. Salze der Milchsäure CH_3-CH(OH)-COOH der allgemeinen Formel CH_3-CH(OH)-COOMe. Die zähflüssigen Alkalilactate benutzt man als Glycerinersatz (>Glycerin<) und in Verbindung mit Antimonlactat und >Tannin< als Beizmittel in der Textilfärbung. Titanlactat dient als Beizmittel in der Lederfärbung. Silberlactat spielt eine Rolle als >Antiseptikum< bei Wundverbänden. Eisenlactat dient als Zusatz zu Mitteln gegen Blutarmut. Natrium-, Kalium- und Calciumlactat sind als Zusatzstoffe unter den EG-Nummern E325 bis E327 lebensmittelrechtlich als Antioxidationsmittel, (>Antioxidation<) z. B. bei der Herstellung von Sülzen, als Kochsalzersatz usw. zugelassen. 2. >Milchsäureester< werden häufig ebenso als Lactate bezeichnet.

Lactatmethoden. Sammelbezeichnung für eine Gruppe von Extraktionsmethoden, mit denen die >pflanzenverfügbaren Anteile< von Nährstoffen erfaßt werden sollen. Dabei werden die Proben, je nach der Art des Nährstoffs und den Eigenschaften der zu untersuchenden Böden Lösungen verschiedener Lactate (Ammonium-Calcium-Lactat) mit unterschiedlicher Konzentration (0,01 bis 0,2-molar) und pH-Werten meist im schwach sauren Bereich geschüttelt. Das Lactat als Anion der schwachen Milchsäure hat dabei die Aufgabe, den pH-Wert zu stabilisieren und anionische Nährstoffe von den Sorptionsplätzen zu verdrängen, während kationische Nährstoffe durch die hohe Konzentration von Ca^{2+} bzw. NH_4^+ ausgetauscht werden.

Lactoflavin. >Riboflavin<.

Länderarbeitsgemeinschaft Abfall (LAGA). Die deutschen Bundesländer beraten in diesem Gremium in vielen Arbeitsgruppen >Abfall< betreffende Themen, die den Ländern wichtig erscheinen. Die LAGA veröffentlicht Technische Regeln, Merkblätter und Empfehlungen. Des weiteren existieren Länderarbeitsgemeinschaften für Boden (LABO) und Wasser (LAWA).

Lärm. Schallvorgänge oder Geräusche, die geeignet sind, den Menschen zu stören, zu belästigen oder ihn gesundheitlich zu gefährden; jede Form von unerwünschtem Schall ist somit als L. zu bezeichnen. Das Ausmaß der Geräusche, die von der *Emissionsquelle* auf den Menschen oder Gebiete einwirken, wird als Geräusch- bzw. Lärmbelastung bezeichnet; es wird durch akustische Immissionskennwerte beschrieben. Die Lärmwirkungen auf den Menschen können in drei Gruppen unterteilt werden: (a) vorübergehende oder bleibende Beeinträchtigung des Hörvermögens, (b) akustisch ausgelöste vegetative Reaktionen und (c) psychische Beeinträchtigungen. Wichtige Lärmquellen sind der Straßenverkehr (Kfz, Motoräder, Mopeds), Luftverkehr (Flughäfen und Umgebung, Nachtflugbetrieb, Hubschrauber, militärischer Flugbetrieb, insbesondere Tieffluglärm), Schienenverkehr (Eisenbahn, Straßenbahn), Wasserverkehr (Motorboote mit Außenbordmotoren), Industrie- und Gewerbe (Autowaschanlagen, Betonteilefertigung, Bitumenmischanlagen, Petrochem. Anlagen), Baumaschinen (Drucklufthämmer, Kompressoren, Bagger, Transportbetonmischer), der Wohn- und Freizeitbereich (Diskotheken, Spielhallen, Spielplätze, Sportstätten, Motorsport, Modellflugplätze, Hundezwinger). Als dominierende Lärmquelle wird von der Bevölkerung die Belästigung durch Straßenfahrzeuge angegeben.

1. Lärmmessungen: Um Messungen entsprechend der Filterwirkung der Dämmwirkung des menschlichen Ohrs für bestimmte Frequenzen zu ermöglichen, wird ein äquivalenter Bewertungsfilter (nach DIN 45645/1) benutzt; alle Messungen erfolgen nach der Bewertungskurve „A", die Ergebnisse werden demgemäß mit dB (A) angegeben. Aus einer kontinuierlichen Messung wird der mittlere Verlauf als Mittelungspegel und unter Berücksichtigung der Zeit der Beurteilungspegel berechnet; für Geräusche mit schnell ansteigender Lautstärke und von kurzer Dauer (z. B. Fluglärm) gelten besondere Anforderungen. Immissionsrichtwerte (über die Zumutbarkeit von Lärm, abhängig von Ort und Zeit, s. Tabelle) und Vorschriften für die Ermittlung von Geräuschimmissionen sind in der >TA Lärm< (Technische Anleitung zum Schutz gegen L.) für genehmigungsbedürftige Anlagen nach Bundes-Immissionsschutzgesetz festgelegt; L.-Immissionsrichtwerte für verschiedene Einwirkungsorte sind weiterhin in der VDI-Richtlinie 2058 enthalten.

2. Maßnahmen gegen Lärm: Sie dienen der Verminderung von Lärmentstehung und -ausbreitung. Es werden unterschieden: (a) aktive Schallschutzmaßnahmen (an der Emissionsquelle): z. B. Einführung lärmarmer Verfahren, Verwendung von schalldämmenden Technologien; (b) passive Schallschutzmaßnahmen: z. B. Schallschutzwände an Straßen, Schallschutzfenster; (c) persönlicher Schallschutz: z. B. Tragen von Gehörschutzstöpseln oder Schallschutzanzügen. Aufgabe des L.-Immissionsschutzes ist es, durch die Entwicklung von Lärmminderungsplänen die Anzahl der belästigten Personen auf ein Mindestmaß zu reduzieren bzw. durch Lärmvorsorgepläne, zur Zeit noch ruhige Gebiete zu erfassen und so weit wie möglich von einer Verlärmung zu schützen. Da der Straßenverkehr an erster Stelle der Lärmproblematik steht, sind hier direkte Maßnahmen an der Quelle (z. B. LKW und Zweiräder) von besonderer Wichtigkeit; weiterhin sind Verbesserungen durch lärmmindernde Straßendecken und geräuschärmere Reifen zu erwarten. Auf dem Gebiet

des Fluglärms sind durch Einschränkung der Tiefflüge und leisere Triebwerke am ehesten Lärmminderungen zu erreichen.

3. Physische Wirkungen: Die Schädigung des Gehörs durch L. kommt fast ausschließlich am Arbeitsplatz vor; als Lärmbereiche werden dabei die Räume definiert, in denen die Schallpegel gemäß Arbeitsstättenverordnung 85 dB(A) (Lärmmessung, s. o.) und mehr als Mittelungspegel betragen. Von besonderer Wirkung sind impulsartige Geräusche, bei denen der mittlere Geräuschpegel durch häufig auftretende, kurzfristige Pegelsprünge überlagert ist. Die Empfindlichkeit des Ohres gegen Lärmschädigung ist allerdings individuell unterschiedlich, so daß bei Überschreitung dieses Wertes im Einzelfall auch nach jahrelanger Lärmexposition noch eine normale Gehörschwelle vorliegen kann. Lärmschwerhörigkeit entsteht – am Arbeitsplatz – durch einen Verlust zunächst der äußeren, später dann der inneren Haarzellen; die übrigen Anteile des Hörorgans (äußeres Ohr, Mittelohr, Hörnerv und zentrale Leitungsbahnen) werden hier nicht geschädigt. Eine Schwerhörigkeit, verursacht durch eine Störung im Schalleitungssystem, kann deshalb nie durch L. verursacht worden sein. Neben der direkten Schädigung des Hörorgans kann L. (insbesondere Verkehrslärm) auch zu indirekten Wirkungen beim Menschen Führen. Eine besondere Rolle spielen dabei als Folge der Reizung des zentralen und vegetativen Nervensystems: (a) Schlafstörungen, (b) erhöhte Muskelspannung, (c) Blutdruckveränderungen und (d) Störung der Magen-Darm-Peristaltik. Darüber hinaus werden Beeinträchtigungen der Leistungsfähigkeit und Störung von Ruhe und Entspannung auf chronische Lärmeinwirkungen zurückgeführt.

4. Psychische Wirkungen: Die Wahrnehmung von Geräuschen kann zu Belästigungen im Sinne von Unbehagen, Unmut, Verärgerung und Beeinträchtigung von Verhaltensweisen führen; die Folge sind u. a. Störung von Schlaf und Entspannung (Ruhebedürfnis), Kommunikationsbehinderung, Störung bei Durchführung von Aufgaben oder Erschrecken (z. B. durch Tieffliegerlärm). Die Wirkung von L. auf den Menschen hängt aber auch von der psychischen Einstellung der betroffenen Person ab; bei negativer Einstellung werden auch relativ schwache Geräusche (z. B. Nachbarschaftslärm) stärker empfunden als laute Geräusche aus der eigenen Wohnung.

5. Psychologische Grundlagen: Der Mensch kann mit seinem Ohr Luftschwingungen im Bereich von 16 Hz bis 20 kHZ in Hörempfindungen umsetzen. Die bei minimaler Schallamplitude (Schalldruck) gerade noch hörbaren Töne werden als Hörschwelle bezeichnet

Lärm: Immissionsrichtwerte TA Lärm

Gebiete	db(A)
nur gewerbliche o. industrielle Anlagen	70
vorwiegend gewerbliche Anlagen	tagsüber 65, nachts[a] 50
gewerbliche Anlagen und Wohnungen, in denen weder vorwiegend gewerbliche Anlagen noch vorwiegend Wohnungen untergebracht sind	tagsüber 60, nachts 45
vorwiegend Wohnungen	tagsüber 55, nachts 40
ausschließlich Wohnungen	tagsüber 50, nachts 35
Kurgebiete, Krankenhäuser, Pflegeanstalten	tagsüber 45, nachts 35
Wohnungen, die mit der Anlage baulich verbunden sind	tagsüber 40, nachts 30

[a] Die Nachtzeit beträgt acht Stunden, sie beginnt um 22 Uhr und endet um 6 Uhr.

(für einen 1.000 Hz-Ton liegt sie bei 20 µPa). Das Ohr reagiert am empfindlichsten auf Frequenzen zwischen 1.000 und 4.000 Hz; außerhalb dieses Frequenzbereichs steigt der Schalldruck zur Erreichung der Hörschwelle an. Mit größer werdendem Schalldruck erhöht sich die empfundene Lautstärke; die sog. Fühl- oder Schmerzschwelle, d. h. derjenige Schalldruck, bei dem der Gehöreindruck in eine Schmerzempfindung übergeht, liegt bei 20 bis 60 Pa, also ca. 6 Zehnerpotenzen über der Hörschwelle. Die lineare Zunahme der menschlichen Hörempfindungen entspricht dem logarithmischen Anstieg des Schalldrucks; um Unterschiede in der Schallintensität vergleichen zu können, wurde deshalb ein logarithmisches Relativmaß, der sog. Schalldruckpegel (basierend auf der Hörschwelle von 20 µPa bei 1.000 Hz), definiert. Die Einheit ist das Dezibel (dB); dieses Maß zeigt an, wieviel mal größer die Schallintensität eines Geräusches ist, verglichen mit der Hörschwelle. Der Mensch hört in einem Bereich von 0 dB bis etwa 130 dB (bezogen auf die Frequenz 1.000 Hz).

Lit: Der Rat von Sachverständigen für Umweltfragen (1987) Umweltgutachten 1987. W. Kohlhammer, Stuttgart Mainz – Schulz J (1985) Lärm. In: Reichel et al. (Hrsg.) Grundlagen der Arbeitsmedizin. W. Kohlhammer, Stuttgart Berlin Köln Mainz.

Lärmemission. >Geräusch<.

Lärmschutzrecht. Summe der Rechtsnormen, die den Schutz vor Lärm zum Gegenstand haben. Es gibt kein einheitliches L., sondern verschiedenste, häufig beziehungslos nebeneinanderstehende Rechtsnormen. Sitz des Schutzes vor Verkehrslärm (Autos, Eisenbahnen, Straßenbahnen) sind die §§ 41 bis 43 des >Bundesimmissionschutzgesetzes<; die (entscheidenden) Grenzwerte enthält die 16. Verordnung zur Durchführung des Bundesimmissionsschutzgesetzes (Verkehrslärmschutzverordnung) vom 12.06. 1990, BGBl. I S. 1036. Ferner gibt es das Gesetz gegen den Fluglärm vom 30.03. 1971, BGBl. I S. 282. Mit Blick auf den von Anlagen ausgehenden Lärm gibt es technische Regeln (>TA Lärm<, VDI-Richtlinien), die als >antizipierte Sachverständigengutachten< fungieren (s. Tabelle S. 684). Privatrechtlicher Schutz gegen Lärm ist möglich aufgrund einer Unterlassungsklage gem. §§ 1004, 906 BGB; dies gilt indessen freilich nur dann, wenn der bekämpfte Lärm nicht von einer Anlage ausgeht, die in besonderen Verfahren genehmigt wurde; dann besteht nämlich Duldungspflicht und kein Unterlassungsanspruch, aber unter bestimmten Voraussetzungen Anspruch auf Nachbesserung des an der Anlage vorhandenen Lärmschutzes.

LAGA. >Länderarbeitsgemeinschaft Abfall<.

Lagerstabilität. Mindestzeitraum, innerhalb dessen ein Produkt in ungeöffneter Originalpackung unter normalen landesüblichen Lagerungsbedingungen haltbar ist. Bei Lebens- und Arzneimitteln ist das Ende dieses Zeitraums in vielen Ländern als Verfallsdatum auf der Packung angegeben. Die Etiketten von Pflanzenschutzmitteln mit einer L. von ≥2 Jahren weisen stattdessen das Herstellungsdatum aus. Dadurch soll zum Ausdruck gebracht werden, daß Restbestände nach Ablauf dieser Zeit nicht unbedingt unbrauchbar geworden sind. Eine Nachprüfung der in einer entsprechenden Formulierungsspezifikation (>Formulierung<) festgelegten Qualitätskriterien soll erweisen, ob das Produkt noch anwendbar ist, ob es ggf. vom Hersteller aufgearbeitet werden kann oder der Vernichtung zugeführt werden muß. Dabei kann eine Verschlechterung der für frische Produkte festgelegten Spezifikationswerte um etwa 10 % in der Regel ohne spürbare Beeinträchtigung der zugesicherten Produkteigenschaften in der Praxis in Kauf genommen werden. Die L. wird in umfangreichen Labor- und Praxisversuchen ermittelt, bei denen das Produkt in der vorgesehenen Verpackung unter verschiedenen Temperatur- und ggf. auch Feuchtigkeitsbedingungen gelagert und dabei regelmäßig analytisch überprüft wird. Schnelltests, wie z. B. die Einlagerung über 14 Tage bei 54 °C können nur grobe Hinweise auf die tatsächliche L. geben.

Lit: FAO (1987) Manual on the development and use of FAO specifications for plant protection products. FAO plant production and protection paper 85, Rom, S. 29–30.

Lagerstätte. Anreicherung mineralischer Rohstoffe in der Erdkruste.

Lagertank. Geschlossener Behälter zur Lagerung von fl. und gasförmigen Stoffen. Die Anforderungen an einen Lagertank richten sich nach den zu lagernden Stoffen. Besondere Anforderungen sind an Drucktanks zur Lagerung von Stoffen mit sehr hohem >Dampfdruck< und an Tanks zur Lagerung sehr >toxischer< Stoffe zu stellen. Die Lagerung von Stoffen mit niedrigem Dampfdruck, wie z. B. >Dieselkraftstoff<, ist in der Regel unproblematisch, da beim Befüllen und beim Druckausgleich über Be- und Entlüftungsleitungen lediglich geringe Stoffmengen freigesetzt werden. Beim Betrieb eines Tanks für Stoffe mit hohem Dampfdruck können jedoch beträchtliche >Emissionen< durch Verdrängung der mit >Schadstoffen< beladenen Tankluft beim Befüllen und durch die Tankatmung aufgrund von Druck- und Temperaturschwankungen auftreten. Durch Auswahl einer geeigneten Tankkonstruktion und durch >Emissionsminderung<smaßnahmen können die Emissionen minimiert werden. Umfangreiche Möglichkeiten für die Emissionsminderung bei raffineriefernen Mineralölvertriebslägern sind in der >VDI-Richtlinie< 3479 aufgeführt. Bei großen, zylindrischen, oberirdisch stehenden Lagertanks für >Mineralöl< und Mineralölerzeugnisse sind danach bei Lagerung von Stoffen mit hohem Dampfdruck – dies sind im allg. Produkte der >Gefahrenklasse< A I und A II, wie z. B. >Ottokraftstoff< – folgende Tankarten zu unterscheiden: Festdachtanks mit starrer Dachkonstruktion, deren Be- und Entlüftungseinrichtungen mit Vakuum/Druck-Ventilen (V/D-Ventilen) ausgestattet sind, Festdachtanks mit einer stets auf der Flüssigkeitsoberfläche schwimmenden, an der Tankwandung möglichst dicht anliegenden Schwimmdecke und Schwimmdachtanks, die oben offen sind. Vorteil einer Schwimmdecke bzw. eines Schwimmdachtanks ist, daß über der Flüssigkeit kein Gasraum ansteht, in dem sich der gelagerte Stoff bis zur Sättigungskonz. anreichern kann. Im Vergleich zu einem frei belüfteten Tank beträgt der Emissionsminderungsgrad einer Schwimmdecke ca. 90 %. Der Gesamt-Jahreswirkungsgrad eines V/D-Ventiles mit in der Praxis üblichen Ansprechdrücken von 1.006 bis 1.027 hPa erreicht ca. 50 %. Weiterhin hat die Wahl des Farbtones des Tankanstriches einen erheblichen Einfluß auf das Ausmaß der Tankatmung im Tag/Nacht-Rhythmus. Die Oberflächentemp. eines schwarz lackierten Körpers kann bei starker Sonneneinstrahlung im Vergleich zu einem weiß lackierten Körper um mehr als 25 °C höher liegen. Best. Farbtönen werden daher Anstrichfaktoren von 1,0 für den Farbton Weiß (Gesamtwärmeemissionsgrad ca. 84%) über 1,1 für den Farbton Alu-Silber (Gesamtwärmeemissionsgrad ca. 72%) bis 1,65 für den Farbton Schwarz (Gesamtwärmeemissionsgrad ca. 3%) zugeordnet. In der VDI-Richtlinie 3479 ist beispielhaft für einen lichtgrauen Tank für Otto-Superkraftstoff mit einem Tankvol. von 3.000 m³ die Gesamt-Tankemission (ohne Leckageverluste über z.B. Flansche, Pumpen, Absperr- und Regelorgane) für einen Festdachtank mit Schwimmdecke und zusätzlichem V/D-Ventil mit 8,9 Tonnen pro Jahr angegeben. Ohne Schwimmdecke und ohne V/D-Ventil errechnet sich danach eine Gesamt-Emission von 91,3 Tonnen pro Jahr, entspr. 1,01 kg je Kubikmeter bzw. ca. 1,35 kg je Tonne umgeschlagenen Kraftstoffs. Die 91,3 Tonnen setzen sich aus 15,2 Tonnen für die Gesamtatmung und 76,1 Tonnen an Befüllverlusten zusammen. Beim Beladen der Transportfahrzeuge treten >Betankungsverluste< auf. >Gaspendelung< ist in der Regel jedoch bei Tanklagern nicht möglich. Die aus dem Transportfahrzeug verdrängte beladene Luft kann entweder verbrannt oder Anlagen zur Rückgewinnung von Kohlenwasserstoffen durch >Absorption<, >Adsorption< bzw. >Kondensation< zugeführt werden.

Lagerungsdichte. >Bodendichte<.

lag-Phase. Gehemmte Anfangsphase eines Prozesses (chem. Reaktion, Wachstum u. ä.), während der noch kein meßbarer Prozeßablauf erkennbar ist. Bei >PSM< wird damit die Zeit ausgedrückt, die nötig ist, bis eine entsprechende Mikroorganismenmutante auftritt, bzw. die Zeit, die zum Abbau fähige Mikroorganismen benötigen, um sich an das neue Substrat zu gewöhnen. Der >Abbau< von metabolisch nutzbaren Verb. im Boden setzt erst nach einer Periode ein, in der keine oder nur eine sehr geringfügige Konz.-Abnahme erfolgt (= lag-, Adaptations- oder Latenzphase).

LAI (Länderausschuß für Immissionsschutz). Gremium aus Vertretern der für die >Luftreinhaltung< zuständigen Ministerien der Bundesländer und des Bundes zur Erörterung von Fragestellungen und zur Vorbereitung von Beschlüssen des Bundesrates und der Umweltministerkonferenz im Bereich des >Immissionsschutzes<. Im LAI werden vor allem >Verordnungen< und Verwaltungsvorschriften zum >Bundes-Immissionsschutzgesetz<, die der Zustimmung des Bundesrates bedürfen, beraten und bundeseinheitliche Kriterien für offene, nicht durch Vorschriften abgedeckte Fragestellungen beschlossen. Z.B. hat der LAI bundeseinheitliche Kriterien für die Festsetzung der >Belastungsgebiete< oder das Zulassungsverfahren für >Meßstellen< nach § 26 Bundes-Immissionsschutzgesetz beschlossen.

LAI-Empfehlungen. Kurzform für Empfehlungen zur Konkretisierung von >Dynamisierungsklauseln< in der >Großfeuerungsanlagen-Verordnung< – 13.BImSchV sowie in der >TA Luft< 1986. Der Länderausschuß für Immissionsschutz hat in seiner 77.Sitzung vom 06. bis 08.05. 1998 diese Empfehlungen beschlossen. Zur Begründung und Erläuterung der Empfehlungen wird in dem Beschluß ausgeführt: „Die >TA Luft< enthält in Nummer 3.1 bis 3.3 emissionsbegrenzende Anforderungen regelmäßig in Form von Emissionswerten. Sie enthält daneben in Nummer 3.3 für einzelne Anlagearten und Stoffe einen Emissionshöchstwert in Verbindung mit der Aufforderung, die Möglichkeiten zur weitergehenden Verminderung der Emissionen auszuschöpfen (Dynamisierungsklausel).
Mit diesem Bericht wird das Ziel verfolgt, diese Kombinationen von Emissionshöchstwerten mit Dynamisierungsklauseln im Hinblick auf einen bundeseinheitlichen Vollzug zu konkretisieren. Dies erfolgt im Regelfall durch Festlegung eines dem Stand der Technik entsprechenden konkreten Emissionswertes; eine solche Festlegung ist jedoch nach derzeitigem Kenntnisstand noch nicht für alle Dynamisierungsklauseln möglich. Es werden daher vereinzelt auch Zielwerte angegeben. Diese erschienen grundsätzlich unter Ausschöpfung technischer Maßnahmen erreichbar. Zum Teil ist die Dauererprobung dieser Maßnahmen noch nicht abgeschlossen oder die Entwicklung noch in Fluß. Daher ist in diesen Fällen im Einzelfall zu prüfen, ob unter Berücksichtigung des Grundsatzes der Verhältnismäßigkeit der Zielwert erreicht werden kann. Soweit auch Zielwerte nicht angegeben werden können, ist durch Einzelfallprüfung festzustellen, inwieweit die angegebenen Maßnahmen umgesetzt werden können. Die Einordnung von Altanlagen in die Sanierungsklassen nach Nr. 4 TA Luft wird durch die Konkretisierung nicht berührt. Maßstab dafür bleibt der in 3.3 genannte Emissionshöchstwert. Die Frist für die Nachrüstung ergibt sich grundsätzlich aus Nummer 4.2.4 TA Luft (1.3. 1994). Eine längere Frist kann im Einzelfall wegen Art und Umfang der notwendigen Umrüstungsmaßnahmen zur Einhaltung der konkretisierten Dynamisierungsklauseln erforderlich werden, die Emissionshöchstwerte sind in jedem Fall bis zum 1.März 1994 einzuhalten. Die Gliederung des Berichts folgt der Gliederung der TA Luft. Er enthält Angaben zu den jeweils mit Dynamisierungsklauseln versehenen Stoffen. In Buchstabe a wird in Kurzform die in der TA Luft festgelegte Kombination von Emissionshöchstwert und Art der Dynamisierungsklausel angegeben. Unter Buchstabe b werden die aus heutiger Sicht möglichen technischen Maßnahmen genannt, mit denen die Emissionen des luftverunreinigenden Stoffes vermindert werden können. Unter Buchstabe c werden, soweit möglich, die Emissions- oder Zielwerte jeweils für Neu- und Altanlagen angegeben."
Der Länderausschuß für Immissionsschutz hat in der o. a. Sitzung ferner beschlossen: „Er bittet die obersten Immissionsschutzbehörden der Länder, ihre nachgeordneten Behörden in einem veröffentlichten Erlaß anzuweisen, diese Empfehlungen anzuwenden. Dabei ist folgendes zu beachten:
– Soweit konkrete Emissionswerte angegeben sind, sollen sie den zuständigen Behörden – abgesehen von atypischen Sonderfällen – bindend vorgegeben werden.
– Soweit Zielwerte angegeben sind, sollen die zuständigen Behörden im Rahmen von Genehmigungsverfahren und im Zuge der Anhörung beim Erlaß von Ordnungsverfügungen ermitteln, welche der möglichen technischen Maßnahmen im Einzelfall anwendbar sind, um den Zielwert möglichst zu erreichen. Die zuständigen Behörden können die Einhaltung der Zielwerte selbst dann fordern, wenn nicht abschließend gewährleistet ist, daß dies mit den in Frage kommenden Maßnahmen im Einzelfall sicher möglich ist. In diesen Fällen sollen Anforderungen mit einer Öffnungsklausel in dem Sinne verbunden werden, daß ein anderer Emissionswert festgelegt wird, wenn der geforderte Wert aus Gründen, die

der Betreiber nicht zu vertreten hat, nicht eingehalten werden kann.

– Soweit auch Zielwerte nicht angegeben sind, sollen die zuständigen Behörden durch Einzelfallprüfung feststellen, inwieweit die angegebenen technischen Maßnahmen durch Einzelfallprüfung umgesetzt werden können."

Gerade Letzteres bleibt unter allg. verwaltungsrechtlichen wie auch verfassungsrechtlichen Grundsätzen umstritten. Ebenfalls mit der Einführung des Begriffs „Zielwert" bleiben die LAI-E. zu großen Teilen hinter grundsätzlichen Anforderungen des Verwaltungsverfahrensrechts wie dem >Bestimmtheitsgebot< sowie hinter verfassungsrechtlichen Forderungen wie dem Gleichbehandlungsprinzip zurück. Eine kategorische Anwendung der LAI-E. durch die Behörden bei Genehmigungen (§ 4 BImSchG) und nachträglichen Anordnungen (§ 17 BImSchG) im Sinne einer schlichten Fortsetzung der TA Luft verbietet sich von daher. Dem entspricht auch die bisher dazu vorliegende Rechtsprechung. Gleichwohl sind diese Empfehlungen für die Behörden jedenfalls dort nicht unbeachtlich, wo sie konkret den >Stand der Technik< aktualisiert aufzeigen und die dazu festzulegenden Maßnahmen für den jeweiligen Anlagenbetreiber nicht unverhältnismäßig sind. Praktisch dürfte dies eher im Rahmen von Genehmigungsbescheiden als im Rahmen nachträglicher Anordnungen zum Tragen kommen. Auch dies entspricht der derzeit vorliegenden Rechtsprechung durch die Verwaltungsgerichte. Darüber hinaus ist auf die dem LAI fehlende Legitimierung gemäß § 48 i. V. mit § 51 BImSchG hinzuweisen.

Lake Rubine R. >Litholrubin<.

Lakritze. >Süßholz<.

Lambda-Cyhalothrin. Wirkt als >Insektizid< und zählt zur Substanzklasse der Pyrethroide.

Chemische Bezeichnung: Reaktionsmischung (1:1) des (Z)-(1R,3R),S-Esters und (Z)-(1S,3S),R-Esters von α-Cyano-3-phenoxybenzyl-3-(2-chlor-3,3,3-trifluorpropenyl)-2,2-dimethylcyclopropancarboxylat

CAS-Nummer: 91465–08–6

Hersteller: Zeneca

Wirkungstyp: Nichtsystemisches Insektizid mit Kontakt- und Fraßwirkung. Wirkt auf das Nervensystem von Insekten mit schnellem Knockdown-Effekt. Besitzt repellierende Eigenschaften und eine hohe Dauerwirkung.

Bevorzugte Anwendung: Gegen beißende und saugende Insekten in Raps, Getreide, Kartoffeln, im Hopfen-, Wein-, Obst- und Gemüsebau.

(S) (Z) - (1R) - cis -

(R) (Z) - (1S) - cis -

Chemische und physikalische Eigenschaften: Farb- und geruchloser Feststoff mit einem Schmelzpunkt von 49,2 °C und einer Dichte von 1,33 bei 20 °C. Dampfdruck: 200 nPa bei 20 °C. Verteilungskoeffizient (log Po/w): 7,0 bei 20 °C. Löslichkeit: In Wasser 5 µg/L bei 20 °C und pH 7. Stabilität: Relativ lichtstabil. Ab pH 7 tritt Isomerisation auf, bei pH 9 beträgt die HWZ 7 Tage.

Abbau und Metabolismus: In der Pflanze findet hauptsächlich Esterspaltung zu Metaboliten mit höherer Polarität und Wasserlöslichkeit statt. Im Boden erfolgt unter aeroben Bedingungen der Abbau über Hydroxylierung und Hydrolyse, unter staunassen Bedingungen hauptsächlich mittels Hydrolyse. Die HWZ beträgt 6–40 Tage. In Ratten erfolgt nach oraler Aufnahme schnelle Metabolisierung mittels Ester-Hydrolyse und Ausscheidung über Urin und Faeces.

Säugertoxizität: Akute orale LD_{50} für männliche Ratte 79 und weibliche Ratte 56 mg/kg. Akute dermale LD_{50} für Ratte 1.293–1.507 mg/kg. Bei Kaninchen geringe Augen- und keine Hautreizung. Inhalation LC_{50} (4 h) für Ratte 0,06 mg/L Luft. 2-Jahre-Fütterungstest NOEL für Ratte 50 mg/kg KGW/Tag.

Bienentoxizität: Orale LD_{50} 38 ng/Biene und Kontakt LD_{50} 909 ng/Biene.

Fischtoxizität: Fischgiftig. LC_{50} (96 h) für Regenbogenforelle <0,1 mg/L.

Vogeltoxizität: Akute orale LD_{50} für Stockente >3.950 mg/kg. 5-Tage-Fütterungstest LC_{50} für Stockente 3.948 mg/kg Futter.

Wirbellosetoxizität: Giftig für Fischnährtiere. EC_{50} (48 h) für *Daphnia* 0,36 µg/L.

Lambdafenster. Der für die optimale Wirkung eines >Dreiwegekatalysators< zulässige Bereich in der >Luftzahle<, >geregelte Gemischbildung< (s. Abb.).

Nur im Bereich des L. ist der Katalysator ausreichend wirksam, sowohl reduzierend auf >NO_x< als auch oxidierend auf >CO< und >HC<.

Lit: Bosch (Hrsg.) (1987) Autoelektrik, Autoelektronik, ISBN 3-18-419 106–0, VDI-Verlag, Düsseldorf.

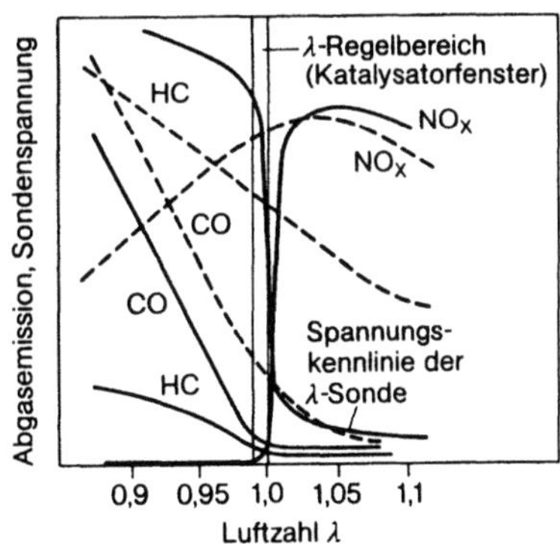

– – – – Ohne katalytische Nachbehandlung
——— Mit katalytischer Nachbehandlung

Lambdafenster: Lambdafenster, Katalysatorfenster

Lambdasonde. Meßsonde zur Best. des >Kraftstoff-Luftverhältnisses< aus der Zus. des >Abgases< von >Verbrennungsmotoren<. Hierbei wird mit einer meist mit Zirkondioxid dotierten Sonde gearbeitet (s. Abb. unten) die eine vom Sauerstoffpartialdruck im Abgas abhängige Spannung liefert. Dieser Effekt wird zur Regelung der Gemischbildung genutzt (>geregelte Gemischbildung<). Bei stöchiometrischem Gemisch entsteht in Abhängigkeit vom Sauerstoffgehalt im Abgas ein deutlicher Spannungssprung, der sich zur Regelung der Gemischbildung für >Dreiwegekatalysatoren< besonders gut eignet.

Lit: Bosch (Hrsg.) (1987) Autoelektrik, Autoelektronik, ISBN 3-18-419 106–0, VDI-VErlag, Düsseldorf.

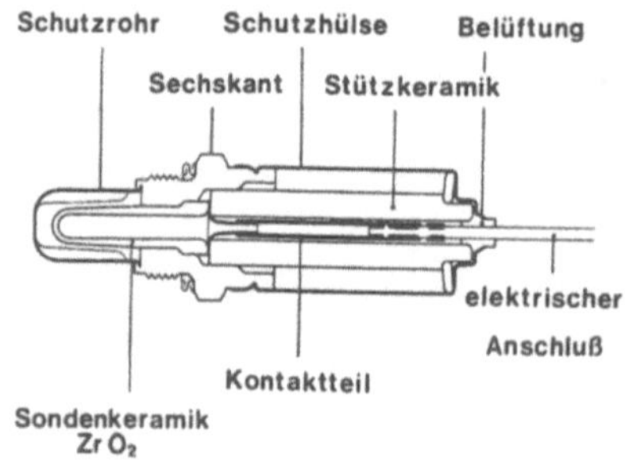

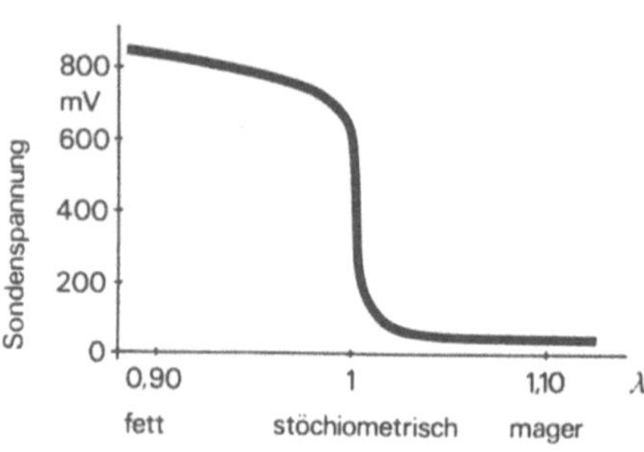

Lambdasonde: Aufbau und Kennlinie einer Lambdasonde (aus: Seiffert U, Walzer P (1989) Automobiltechniker der Zukunft, VDI-Verlag, Düsseldorf)

Lamellenabscheider. In einem Leichtstoff-Wassergemisch steigen die spezifisch leichteren Teilchen zur Wasseroberfläche auf und vereinigen sich dort zu einer Leichtstoffschicht. Wie Versuche ergaben, tritt auch der gleiche Effekt auf, wenn diese aufsteigenden Leichtstoffteilchen auf die Unterseite einer waagerecht oder schräg in einen Abscheideraum eingestellten Platte treffen. Die Steighöhe und damit die erforderliche Steigzeit als auch die Sinkzeit für absetzbare Stoffe werden gegenüber herkömmlichen >Abscheidern< ganz wesentlich verkürzt. Die projizierte Fläche dieser Platte wäre also der Oberfläche eines Abscheiders gleichzusetzen, wenn eine bestimmte Steiggeschwindigkeit und Durchflußmenge gegeben sind. Werden nun bei gleicher Breite und Wassertiefe n gleiche Platten übereinander eingebaut, könnte die Oberfläche des Abscheiders und damit die Länge bei gleichem Abscheidegrad theoretisch um das n-fache vermindert werden. Der Einbau der Platten erfolgt mit einer Neigung zur Beckenebene, so daß die an der Plattenunterseite abgeschiedenen Leichtstoffteilchen zur Wasseroberfläche aufsteigen und noch mitgeführte Sinkstoffe auf der Oberseite der darunter liegenden Platte zum Beckenboden abgleiten. Durch die Richtwirkung der Platten wird die gleichmäßige Verteilung der Strömung verbessert und ihre Turbulenz vermindert, vorausgesetzt, daß die Durchflußgeschwindigkeit nicht zu hoch liegt (s. Abb. unten).

Lit: Abwassertechnische Vereinigung (Hrsg.) (1985–1997) ATV-Handbuch, 4.Aufl., Bd.1–7, Verlag von Wilhelm Ernst und Sohn, Berlin München.

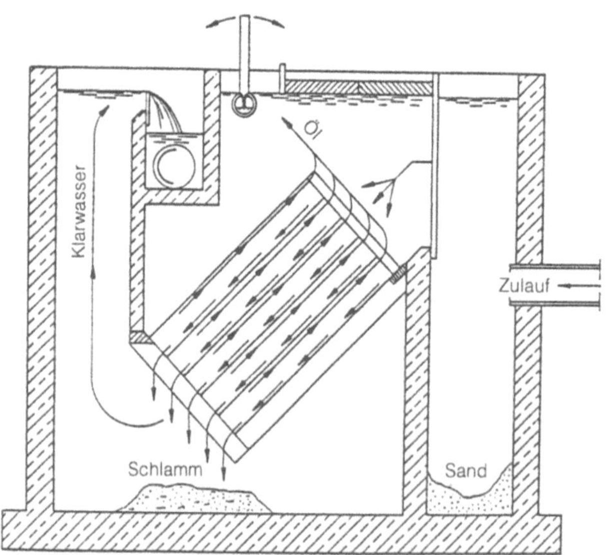

Lamellenabscheider: Lamellenabscheider – Querschnitt (WABAG) – (aus: Abwassertechnische Vereinigung (Hrsg.) (1985–1997) ATV-Handbuch, 4.Aufl., Bd.1–7, Verlag von Wilhelm Ernst u. Sohn, Berlin München)

Lamettasyndrom. Findet sich als Schadbild an Kammfichten, bei denen die Äste zweiter Ordnung herabhängen. Das L. entsteht durch die Entnadelung und Verkahlung dieser Seitenzweige zweiter Ordnung, die dann wie graue Lamettafäden nach unten hängen. Das Lamettasyndrom ist kein ausschließliches Phänomen der neuartigen Baumerkrankungen, es wurde schon Anfang des 16. Jahrhunderts in Baumdarstellungen festgehalten.
Lit: Schmidt-Vogt H (1989) Die Fichte, Bd. II/2: Krankheiten. Schäden. Fichtensterben, Verlag Paul Parey, Hamburg Berlin.

Lamettasyndrom bei Fichte. >Verzweigungsanomalien<.

laminar. >Laminare Strömung<.

Laminare Grenzschicht. Unterste Schicht in der >atmosphärischen Grenzschicht<, nur wenige Millimeter dick. In ihr ist die Strömung verwirbelungsfrei und verläuft parallel zum Untergrund. Der Vertikalaustausch von Impulsen erfolgt hier von Molekül zu Molekül. Die Windgeschwindigkeit nimmt von Null direkt an der Erdoberfläche linear mit der Höhe zu; (s. Abb. bei >atmosphärische Grenzschicht<).

Laminare Strömung. 1. Meteorologie: Strömung, bei der alle Teilchen auf nahezu parallelen Bahnen verwirbelungsfrei nebeneinander herlaufen, obwohl benachbarte Teilchen unterschiedliche Geschwindigkeiten aufweisen. Überschreitet ihre Geschwindigkeit einen durch die >Reynolds-Zahl< angegebenen kritischen Wert, so tritt >Turbulenz< auf. >Scherungsinstabilität<.
2. Wasser: Fließbewegung einer Flüssigkeit oder eines Gases, bei der sich die Teilchen in parallelen Stromfäden nebeneinander bewegen. Eine l. St. tritt nur bei niedrigen >Reynoldszahlen< auf, z. B. bei langsamer Wasserbewegung in sehr engen Gerinnen. Rauhigkeiten aller Art können eine laminare in eine >turbulente< Strömung umwandeln. Frei fließendes Wasser strömt immer turbulent. L. St. kommt in >Fließgewässern< nur in der >Grenzschicht< und im >hyporheischen Interstitial< vor.

Land- und Seewindzirkulation. An den Meeresküsten, in abgeschwächter Form auch an den Ufern größerer Binnenseen auftretendes tagesperiodisches Windsystem, das landeinwärts (Seewind) bzw. landauswärts (Landwind) setzt. Entstehung: Da sich tagsüber das Festland schneller erwärmt als die Wasseroberfläche, entsteht in Bodennähe ein horizontales Druckgefälle vom Meer zum Land, in der Höhe in umgekehrter Richtung. Der erforderliche horizontale Massenausgleich erfolgt durch eine landeinwärts setzende kühle und feuchte Luftströmung (Seewind), die ihre stärkste Ausbildung etwa 2 Stunden nach dem Sonnenhöchststand erreicht. Da sich nach Sonnenuntergang der feste Untergrund stärker als die Wasseroberfläche abkühlt, kehren sich die horizontalen Temperaturgegensätze um, so daß sich nunmehr der Landwind ausbilden kann. Seine Geschwindigkeiten sind in der Regel geringer, weil 1. nachts der horizontale Temperaturgradient geringer ist als am Tage, 2. die Bodenreibung des festen Untergrundes größer ist als diejenige der Meeresoberfläche. Voraussetzung für die ungestörte Ausbildung dieses Windsystems ist ein schwacher, großräumiger Luftdruckgradient. Die Geschwindigkeiten betragen in der Regel bis zu 5 m/s, können aber durch die verschiedensten orographischen Effekte sowie durch den Bewuchs und die Bebauung der Küste beeinflußt werden. >Berg- und Talwindzirkulation<.

Landbau. Gesamtheit aller landwirtschaftlichen Aktivitäten, die mit einer Bodennutzung verbunden sind, also auch die Tierhaltung und die Nutzung des dort erzeugten Düngers.

Landessammelstelle. Einrichtung der Länder für die Sammlung und Zwischenlagerung der in ihrem Gebiet angefallenen >radioaktiven Abfälle<.

Landlungenschnecken. >Gastropoda<.

Landschaft. Spezifischer Teil der Erdoberfläche, der grob durch geographische und geologische Faktoren bestimmt wird, z. B. durch das Oberflächenrelief, den Boden oder anstehendes Gestein, durch Wasserläufe etc. Mit Ausnahme der extremen Fels- und Eiswüsten ist eine L. durch >biotische< Phänomene überprägt, insbesondere durch die Form der Vegetation, die in *Naturlandschaften* vom Menschen nicht beeinflußt ist, z. B. >Regenwald< und Savanne, oder stark durch die Tätigkeit des Menschen gestaltet wird. So entstehen die *Agrarlandschaften*, die *Stadtlandschaften* usw.

Landschaftselemente. (Syn. Landschaftsfaktoren, Geofaktoren). Bestandteile einer >Landschaft<. Dazu gehören Böden, Gesteine, Klima, Wasser, Vegetation, Fauna und die Maßnahmen des Menschen in der Landschaft.

Landschaftsgliederung. Die hierarchische Ordnung von Raumeinheiten führt zu einer naturräumlichen Ordnung. Raumeinheiten werden aufgrund von >Landschaftselementen< wie Boden und Vegetation erstellt und in unterschiedlichen Dimensionen zusammengefaßt, z. B. regional oder kontinental. Ein anderer Aspekt der L. ist die räumliche Gliederung unserer Landschaften nach natur- und kulturräumlichen Einheiten.

Landschaftshaushalt. Die Vorstellungen von einem L. gehen davon aus, daß in einer >Landschaft< ein Fließgleichgewicht herrscht, in das die Landschaftselemente einbezogen sind, daß aber auch Stoffe und Energie von außen zugeführt werden und verloren gehen. Es handelt sich also um ein offenes System mit Input und Output, das allerdings bisher nur unvollkommen erfaßt werden kann. Ziel ist es, dieses System zu modellieren. Von den notwendigen Parametern lassen sich die >abiotischen Faktoren< gut messen, während die >biotischen Faktoren< oft nur schwer greifbar sind.

Landschaftsökologie. Die L. umfaßt einen Grenzbereich zwischen der >Ökologie< als Teilbereich der Biologie und der >Geoökologie< als Teilbereich der Geographie. In der >Landschaft< ist ein komplexes System von Organismen und >abiotischen Faktoren< vorhanden, welches erfaßt und erklärt werden muß. Dazu kommt in großen Bereichen der Erdoberfläche der >anthropogene< Einfluß. Dessen Bedeutung wird von der L. ebenfalls erfaßt, wobei vielfach die Möglichkeiten der >Landschaftspflege< und des >Naturschutzes< untersucht werden. Die L. versucht auch, die Stoff- und Energieflüsse zu erfassen.

Landschaftspflege. Die L. versucht in den durch den Menschen stark beeinflußten >Landschaften< einen Ausgleich zwischen der menschlichen Nutzung und Lebensmöglichkeiten für eine reichhaltige Flora und Fauna durch unterschiedliche Maßnahmen zu erreichen. Ziel ist meist eine vielfältige Strukturierung der Landschaft durch Schaffung von naturnahen Klein->biotopen< wie Hecken, Feldgehölzen, Feuchtbiotopen etc.

Landschaftspflegerecht. Aufgabe des >Bundesnaturschutzgesetzes< (§ 1 Abs. 1 Nr. 4) ist es unter anderem, die Vielfalt, Eigenart und Schönheit von Natur und Landschaft zu schützen, zu pflegen und zu entwickeln; deshalb ist dieses Gesetz sowie die es ausfüllenden Landesnaturschutzgesetze Basis des in D vorhandenen L.

Landschaftsplanung. Spezielles Handlungsprogramm nach dem >Bundesnaturschutzgesetz<; s. §§ 5, 6. Die überörtlichen Erfordernisse und Maßnahmen zur Verwirklichung der Ziele des Naturschutzes und der Landschaftspflege werden unter Beachtung der Grundsätze und Ziele der >Raumordnung< und Landesplanung für den Bereich eines Landes in Landschaftsprogrammen oder für Teile des Landes in Landschaftsrahmenplänen dargestellt; die örtlichen Erfordernisse und Maßnahmen zur Verwirklichung der Ziele des Naturschutzes und der >Landschaftspflege< sind in Landschaftsplänen mit Text, Karte und zusätzlicher Begründung näher darzustellen, sobald und soweit dies aus Gründen des Naturschutzes und der Landschaftspflege erforderlich ist. Der Landschaftsplan enthält, soweit es erforderlich ist, Darstellungen 1) des vorhandenen Zustands von Natur und Landschaft und seine Bewertung, 2) des angestrebten Zustands von Natur und Landschaft und der erforderlichen Maßnahmen, insbesondere der allgemeinen Schutz-, Pflege- und Entwicklungsmaßnahmen, der Maßnahmen zum Schutz und zur Pflege und zur Entwicklung bestimmter Teile von Natur und Landschaft, der Maßnahmen zum Schutz und zur Pflege der >Lebensgemeinschaft< und >Biotope< der Tiere und Pflanzen wild lebender Arten, speziell der besonders geschützten >Arten<.

Landschaftsschutzgebiet. Spezielle Form der Unterschutzstellung von Landschaftsteilen gem. § 15 des >Bundesnaturschutzgesetzes<; danach sind L. rechtsverbindlich festgesetzte Gebiete, in denen ein besonderer Schutz von Natur und Landschaft 1) zur Erhaltung oder Wiederherstellung der Leistungsfähigkeit des Naturhaushalts oder der Nutzungsfähigkeit der Naturgüter, 2) wegen der Vielfalt, Eigenart oder Schönheit des Landschaftsbildes oder 3) wegen ihrer besonderen Bedeutung für die Erholung erforderlich ist.

Landsenkung. Großflächige Absenkungen der Landoberfläche durch Förderung von artesischem Grundwasser wurden zuerst im Santa Clara Tal und im San Joaquin Tal, Kalifornien, beobachtet. In der Folgezeit wurden weitere Landsenkungen durch Grundwasserentnahmen u. a. aus Japan, aus Venedig, Italien, und aus Mexico City, Mexico, bekannt. Analoge Landsenkungen traten durch die Förderung von Erdöl und Erdgas (Kalifornien, Texas, Louisiana; Holland) auf. Durch die Grundwasserförderung wird der Grundwasserspiegel bzw. der Druckwasserspiegel abgesenkt, wodurch der intergranulare Druck erhöht wird (>Grundwasser<, Druckverhältnisse). Die Grundwasserleiter werden geringfügig elastisch verdichtet. In den zwischengeschalteten gering durchlässigen, porösen >Aquitarden< und >Aquicluden< vollzieht sich die vertikale Freisetzung des Wassers und die Anpassung des Porenwasserdruckes nur langsam. Das Auspressen

des Kompaktionswassers in diesen Gesteinen ist irreversibel. L. werden ferner durch das Aussolen von Steinsalzlagern und durch Tiefbau auf Kohle und andere Bodenschätze hervorgerufen.

Lit: Mattheß G, Ubell K (1983) Allgemeine Hydrogeologie, Grundwasserhaushalt, Gebr. Borntraeger, Berlin Stuttgart.

Landverdunstung. >Gebietsverdunstung<.

Landwirtschaft. Die wirtschaftliche Nutzung des Bodens durch Anbau von Kulturpflanzen und >Tierhaltung<, dazu gehören >Sonderkulturen< wie Obst-, Gemüse-, Wein- und Hopfenbau, im weiteren Sinn auch die >Forstwirtschaft<, >Gartenbau<, Jagd und Fischerei. Ebenso werden die vor- und nachgelagerten Wirtschaftsbereiche der L. zugerechnet. Vorgelagert ist z. B. die Landmaschinen- und Ackerschlepperindustrie, die Pflanzenschutzindustrie, der Düngemittelmarkt und die Futtermittelindustrie. Nachgelagert sind z. B. Molkereien, Mühlen, Brennereien sowie die verschiedenen Zweige der Ernährungsindustrie und des -handwerks. Wichtige Bereiche sind auch der Agrarhandel und die damit verknüpften ländlichen Genossenschaften. In Deutschland gelangen mit Stand 1990 (alte Bundesländer) ca. 90 % der landwirtschaftlichen Erzeugnisse erst nach einer Be- und Verarbeitung zum Verbraucher, lediglich ca. 5 % – gemessen am Verkaufserlös – vermarktet die L. direkt (z. B. Obst, Gemüse, Kartoffeln, Wein, Eier, Zierpflanzen). Der Anteil der Landwirtschaft an der gesamten volkswirtschaftlichen Wertschöpfung (jeweils netto) beläuft sich auf ca. 1 % (1992), zusammen mit den vor- und nachgelagerten Wirtschaftsbereichen, z. B. Agrarhandel, Ernährungsindustrie und -handwerk, Lebensmittelhandel, auf ca. 7 %. Die landwirtschaftliche Produktion kann man nach der >Flächennutzung< unterscheiden: >Ackerbau<, >Grünland<, >Sonderkulturen<, Gartenland, forstwirtschaftlich genutzte Fläche, bewirtschaftete Gewässer. Eine weitere Differenzierung ist anhand der Betriebssysteme gegeben: Marktfruchtbau (Getreide, Futterrüben), Futterbaubetriebe (Milchvieh, Rindermast), Veredlungsbetriebe (Schweine, Geflügel) und Dauerkulturbetriebe (Obst-, Wein-, Hopfenbau), wobei es durchgängig Mischformen gibt. Die Art der >Bodennutzung< ist stark von den Standortfaktoren abhängig, maßgeblich trifft dies auch für die >Intensität< der Bewirtschaftung zu, wobei das >Klima< eine noch wichtigere Rolle als der Boden spielt.

Landwirtschaftliche Kulturen. Zusammenfassende Bezeichnung für Gebiete, die planmäßig mit ein- oder mehrjährigen Nutzpflanzen im weitesten Sinne bepflanzt wurden, mit dem Ziel der Erzielung eines wirtschaftlichen Gewinns aus den Pflanzen selbst oder aus ihren Früchten.

Landwirtschaftliche Nutztiere. In der >Landwirtschaft< werden Tiere gehalten und zur Erzeugung von Nahrungsmitteln oder deren Vorstufen genutzt: Rinder, Schweine, Geflügel, Schafe, Pferde, Ziegen. Im weiteren Sinne gehört heute auch Damwild zu den landwirtschaflichen Nutztierarten, wenn es auch noch immer zu den Wildtieren gerechnet und das Produktionsverfahren als „nutztierartige Haltung von Damwild zur Fleischerzeugung" bezeichnet wird. Die Tötung von Damwild zwecks Verwertung erfolgt durch gezielten „nichtjagdlichen Schuß" im Gehege, um den Tieren Erregung und Angst zu ersparen. Das Tierseuchengesetz in der Bekanntmachung der Neufassung vom 20.12. 1995 regelt die Bekämpfung von Seuchen, die bei Haustieren oder Süßwasserfischen oder bei anderen Tieren auftreten und auf Haustiere oder Süßwasserfische übertragen werden können. Dieses Gesetz unterscheidet Haustiere = vom Menschen gehaltene Tiere, einschl. der Heimtiere und Bienen, jedoch ausschl. der Fische sowie Vieh = Pferde, Esel, Maulesel, Maultiere, Rinder, Schweine, Schafe, Ziegen, Kaninchen, Gänse, Enten, Hühner einschl. Perl- und Truthühner und Tauben, so daß nunmehr außer den rein l.N. einschl. der Bienen auch alle übrigen vom Menschen in irgendeiner Form gehaltenen Tiere, z.B. gefangengehaltene Wildtiere, Zootiere und Versuchstiere, unter den Begriff „Haustiere" fallen und dadurch tierseuchenrechtlich gemaßregelt werden können. Bei der landwirtschaftlichen Tierproduktion fallen auch Nebenprodukte an wie z.B. Wolle, Häute, Borsten, Federn, Knochen, Hörner, die zu Gebrauchsgegenständen verarbeitet werden können. Nebenziel der Produktion können auch andere Leistungen der l.N. sein, wie z.B. Landschaftspflege durch Schafe, Blütenbestäubung durch Bienen.

Langmuir-Isotherme. >Adsorption, Boden<.

Langsamfilter. Langsamfilter dienen der weitergehenden Aufbereitung des Wassers. Der Begriff der Langsamfilterung ergibt sich aus der geringen Filtriergeschwindigkeit, die nach DIN 19605 0,05 bis 0,5 m/h betragen kann, in der Praxis aber etwa 0,2 m/h selten überschreitet. Hierdurch wird die Bildung einer Filterhaut ermöglicht, die zu der für Langsamfilter charakteristischen Oberflächenwirkung führt. Langsamfilter werden daher auch als Flächenfilter bezeichnet. Beim erstmaligen Durchfluß von >Rohwasser< durch eine Filtersandschicht ist noch kein Reinigungseffekt zu erwarten, vielmehr bildet sich zunächst um die Sandkörner ein adsorptionsfähiger Film aus Schwebstoffen und Bakterien, der sich nach einer gewissen Laufzeit zu einer klebrigen, gallertartigen Schicht, der Filterhaut, verdichtet. Erst nach dieser Konditionierung des Filters erfolgt vornehmlich auf Grund der mechanischen Siebwirkung der Filterhaut die gewünschte Reinigung des Rohwassers. Neben den >Bakterien< sind in der Filerhaut auch >Algen< und >Urtierchen< anzutreffen, durch deren Lebenstätigkeit außer den adsorbierten auch gelöste Stoffe abgebaut werden können.
Lit: Brix J, Heyd H, Gerlach E (1963) Die Wasserversorgung, R. Oldenbourg Verlag, München Wien.

Langsamläufer. >Vielflügler<.

Langsandfang. >Essener Sandfang<. Langsandfänge werden als offene, langgesreckte >Gerinne< i. allg. zwei- oder mehrkammerig gebaut. Um bei schwankendem Durchfluß die gewünschte Fließgeschwindigkeit von 0,30 m/s einzuhalten, können zusätzliche Einrichtungen bzw. Einbauten am Ablauf des >Sandfanges< vorgesehen werden. Der abgesetzte Sand wird bei kleineren Anlagen von Hand, bei größeren >Kläranlagen< maschinell geräumt. Die Räumung kann mit auf einer Räumerbrücke fahrbaren Pumpe erfolgen. Da hierbei relativ viel Wasser gefördert wird, muß der Sand in getrennten Einrichtungen entwässert werden.

Langtag. Täglicher Hell-Dunkel-Wechsel mit langer Licht- und kurzer Dunkel-Periode, ausgeprägt jeweils im Sommer polwärts der Wendekreise, z.B. Licht-Dunkel-Wechsel (LD) 14:10. L. bewirkt z.B. die Samenkeimung und das Blühen vieler Pflanzen oder auch die Reifung der Gonaden, >Kurztag<, >Photoperiodik<.

Langwellige Strahlung. Die von der Temperatur des Strahlers abhängige l.S. umfaßt den Wellenlängenbereich von etwa 3 bis 100 µm mit einem Maximum bei etwa 10 µm. Man unterscheidet zwischen der Wärmestrahlung A der Atmosphäre (auch „Gegenstrahlung" genannt) aus dem oberen Halbraum und der Wärmestrahlung der Erdoberfläche (und der Luft zwischen Meßgerät und Boden) E aus dem unteren Halbraum. Die Differenz von E und A wird als effektive >Ausstrahlung< bezeichnet.

Langzeitausbreitungsfaktor. Rechenfaktor der Ausbreitungsrechnung von emittierten Schadstoffen, der die horizontale und vertikale Ausdehnung der Schadstoffwolke sowie die effektive Quellhöhe (Kaminhöhe und thermische Überhöhung) berücksichtigt. Der L. wird durch den Kurzzeitausbreitungsfaktor in der Ausbreitungsrechnung ersetzt, wenn die >Emission< nicht länger als ca. 1 h dauert.

Langzeitauto. Ein Fahrzeugkonzept mit extrem hoher Langlebigkeit entlastet zwar das Altautoproblem durch geringere Anzahl von zu verschrottenden Fahrzeugen, behält aber die einmal gefertigte Technologie für lange Zeit bei. Es erscheint günstiger, ein leistungsfähiges, die Umwelt wenig belastendes Recyclingssystem zu schaffen mit den üblichen Ersatzzeiten für Neufahrzeuge, womit für den gesamten Fahrzeugbestand eine schnellere Einführung neuer, leistungsfähigerer Technologien zur Senkung von >Abgasschadstoffen< und des >Kraftverbrauchs< möglich ist.

Langzeitbelebung. Belebungsverfahren mit langen Belüftungszeiten und geringer >Schlammbelastung< bei gleichzeitiger aerober >Schlammstabilisierung< (DIN 4045). Zur breiteren Anwendung des >Belebungsverfahrens< bei kleinen Abwassermengen und bei gewerblichen Abwässern haben die Verfahren mit aerober Schlammstabilisierung beigetragen. Während bei mittleren und großen Anlagen zunächst angestrebt wurde, die Belüftungszeit im Interesse der Wirtschaftlichkeit der Anlage möglichst zu verkürzen, wurde bei kleinen Anlagen im Interesse der Betriebssicherheit die Belüftungszeit gegenüber dem ursprünglichen Verfahren verlängert. Für die Bemessung des Beckeninhaltes ist von einem Schlammfilter von 25 d und einer Schlammtrockensubstanz von 5 kg/m^3 auszugehen.
Lit: Abwassertechnische Vereinigung (Hrsg.) (1985–1997) ATV-Handbuch, 4.Aufl., Bd. 1–7, Verlag von Wilhelm Ernst und Sohn, Berlin München.

Langzeittest. (Syn. chronischer Test). >Toxizitätstest< von langer Dauer bezogen auf die gesamte Lebensspanne; gewöhnlich als >chronischer Test< bezeichnet, z.B. >Daphnien-Reproduktionstest<.

Langzeitverhalten. Für die Luftqualität beim Einsatz vom umweltfreundlichen Fahrzeug ist das L. von besonderer Bedeutung. Hierbei spielt die Alterung von >Katalysatoren<, die Qualität der Betriebsstoffe, >Kraftstoffe<, die Konstanz der motorischen Abstimmung und das evtl. Nachjustieren bei Veränderungen eine wesentliche Rolle. Die Gesetzgeber legen auf das L. besonderen Wert, wobei vom Fahrzeughersteller entspr. Nachweise zu erbringen sind in Form von Dauerläufer etc.

Larven. Jugendstadien von Tieren mit vom Erwachsenen deutlich abweichendem Bau. Es fehlen nicht nur die Geschlechtsorgane, sondern es sind auch spezielle Larvalorgane vorhanden. Diese verschwinden im Laufe der postembryonalen Entwicklung während einer >Metamorphose< entweder sehr rasch, z.B. während der Puppenphase eines höheren Insekts, oder allmählich wie bei einem Frosch. Sehr einfache L. kommen besonders bei niedrigeren Meerestieren vor, für die >Arthropoden< sind gruppenspezifische Larvenstadien typisch.

Larvizid. >Pflanzenschutzmittel< und >Schädlingsbekämpfungsmittel<, die sich speziell gegen Larven von Insekten (Maden, Raupen) und Milben richten. >Insektizid<.

Lasalocid-Natrium. Ein Polyetherantibiotikum aus *Streptomyces lasaliensis*, wird beim Geflügel als >Futterzusatzstoff< zur Prophlaxe der >Coccidiose< eingesetzt. Es ist zugelassen für Masthühner und Junghennen mit 75 bis 125 mg/kg Futter. Eine >Absetzfrist< von 5 Tagen ist vorgeschrieben.

Lastbereiche. Die durch die Leistungsanforderungen der Stromverbraucher sich ergebende >Netzbelastung< muß über einen zeitlich angepaßten Kraftwerksbetrieb gedeckt werden. Dabei unterscheidet man Grundlast, Mittellast und Spitzenlast. In diesen Bereichen werden die >Kraftwerke< je nach ihren betriebstechnischen und wirtschaftlichen Eig. eingesetzt. Grundlast fahren die >Laufwasser-<, >Braunkohle< und >Kernkraftwerke<, Mittellast die >Steinkohle-< und >Gaskraftwerke< und Spitzenlast die >Speicher-< und >Pumpspeicherkraftwerke< sowie Gasturbinenanlagen. Ein optimaler Betrieb ist unter den heutigen und absehbaren Gegebenheiten gesichert, wenn das Verhältnis der Kraftwerksleistung in der Grundlastung einerseits und in der Mittel- und Spitzenlast andererseits 1:1 beträgt.

Lastkraftwagen. Hauptträger des >Güterstraßenverkehrs<. Sie werden weitgehend mit den sparsamen und schadstoffarmen >Dieselmotoren< betrieben. Sie verursachen zunehmend Straßenstaus, und man empfiehlt eine Verlagerung des Güterverkehrs auf die Schiene.

Latentwärmespeicher. Nutzt die bei Phasenänderungen auftretende verborgene Wärme aus, um Nachteile des instationären Motorbetriebs zu überwinden. Möglicher Einsatz zur Vermeidung von Nachteilen beim >Kaltstart<.

Latenzzeit. Symptomfreie Zeit zwischen der Einwirkung einer Schädigung (z.B. >toxische</>carcinogene< Substanz, >ionisierende Strahlung<) auf den Organismus und dem Auftreten erkennbarer Symptome oder Krankheiten (z.B. spezielle >Carcinome<, >Strahlenschäden<). Im Unterschied zu den Infektionskrankheiten (Inkubationszeit = Latenzzeit) kann der Zeitraum Jahre bis Jahrzehnte betragen. Es muß immer ein multifaktorielles Zusammenwirken mit anderen Faktoren berücksichtigt werden.
Lit: Frentzel-Beyme R (1985) Einführung in die Epidemiologie, Wissenschaftliche Buchgesellschaft, Darmstadt.

Lateralabfluß. (Interflow). Nicht bis zum Grundwasser absinkendes Niederschlagswasser, das oberflächenparallel im Boden dem >Fließgewässer< zuströmt. Der L. bildet zus. mit dem >Oberflächenabfluß< den >Direkt-

abfluß<, wie aus der >Hochwasserganglinie< hervorgeht. Durch den L. gelangen gelöste org. Stoffe, besonders >Huminstoffe<, aus dem Boden in das Fließgewässer. >Basisabfluß<.

Latex. L. im engeren Sinne ist der Milchsaft verschiedener Pflanzenarten, wie der Euphorbiaceae (Wolfsmilchgewächse), insbesondere der *Hevea brasiliansis*, und der Moraceae, insbesondere der mexikanischen *Castilloa elastica* und der ostindischen *Ficus elastica*. Aus dem hohen Polyisopren-Anteil der L. werden durch >Vulkanisation< >Kautschuk<-Produkte hergestellt. Inzwischen wird dieser Begriff jedoch weniger scharf für alle Dispersionen von natürlichem und synthetischem Kautschuk sowie für wäßrige, irreversibel koagulierende Dispersionen verwendet, die als Latexfarben eingesetzt werden.

Laubbaum. L. oder Laubholz ist ein Sammelbegriff für alle Holzgewächse, die >Laubblätter< tragen. Hierzu zählen Vertreter zahlreicher >Dikotylen<-Familien; für die >Gymnospermen< sind mit einigen Ausnahmen wie z.B. *Ginkgo biloba* >Nadelblätter< charakteristisch.

Laubblatt. Bezeichnet den wichtigsten Blatttyp, der 1. vorwiegend der >Photosynthese< dient (im Gegensatz z.B. zum Blütenblatt), 2. eine flächenförmige, dünne Blattspreite (und oft einen mehr oder weniger langen Blattstiel) besitzt (im Gegensatz z.B. zum >Nadelblatt<) und 3. mit der >Sproßachse< über den Blattgrund verbunden ist.

Laubwürmer (Regenwürmer). >Annelida<, >Lumbricidae<.

Laufkäfer (Carabidae). >Insecta<, >Bodenfauna<, >Mull-Moder-Modell< (s. Abb. S.218).

Laufwasserkraftwerk. Nutzt die kinetische Energie des Wassers mit Hilfe von >Turbinen< und >Generator< zur Erzeugung von elektrischer Energie. Beim Abfließen des Wassers zur tiefergelegenen Turbine geht die potentielle Energie (Lageenergie) des Wassers in kinetische Energie (Bewegungsenergie) über. Die Turbine formt diese kinetische Energie in Rotationsenergie um, aus der im Generator elektrische Energie entsteht. L. werden an Flüssen errichtet. Sie nutzen die anfallenden Wassermengen bei Tag und bei Nacht und sind damit besonders zur Deckung der elektrischen Grundlast geeignet. Man unterscheidet 2 Formen:
1) Ein Staudamm ist quer über den Fluß errichtet. Ein Maschinenhaus mit Turbinen und Generatoren wird in den Damm ein- oder an ihn angebaut.
2) Ein niedriges Wehr lenkt das Wasser in einen Kanal, der eine natürliche abfallende Biegung des Flusses abschneidet, aber dessen Gefälle vermeidet. Das Maschinenhaus wird an der Wiedereinmündung des Kanals gebaut, wo dann eine nutzbare Fallhöhe besteht.
Die Baugrößen reichen vom Kleinwasserkraftwerk mit wenigen kW Leistung aus einer Wasserturbine bis zu den größten Kraftwerken der Welt mit Dutzenden von Turbinen, die über 10.000 MW erreichen. Das derzeit größte Laufwasserkraftwerk ist das paraguayanisch-brasilianische Itaipu am Rio Parana mit 12.600 MW. In D werden derzeit ca. 4.000 L. mit einer Gesamtleistung von ca. 3.000 MW betrieben, die mit ca. 5% an der Stromerzeugung beteiligt sind. Die Nutzung der Wasserkraft läßt sich in Amerika, Afrika und v.a. in Asien noch beachtlich ausbauen. In Europa hin-

gegen ist das Potential bereits weitgehend ausgeschöpft. Natur- und Landschaftsschutz setzen einem weiteren Ausbau der Laufwasserkraftwerke zumindest in Europa Grenzen. Das Austrocknen von Flußbetten, das Absinken des Grundwasserspiegels, die Flußsohlenerosion und der Verlust von Aulandschaften sind nur einige Beispiele, wie der ökologische Haushalt durch wasserwirtschaftliche Eingriffe aus dem Gleichgewicht geraten kann. Diesen Nachteilen stehen als Vorteile gegenüber: eine emissionsfreie und – abgesehen von jahreszeitlichen Schwankungen – jederzeit verfügbare heimische Energiequelle.

Lit: Nitschke J, Schulz E, Wagner E (1988) Basisthema Strom. Verlags- und Wirtschaftsgesellschaft der Elektrizitätswerke, Frankfurt – Christaller H, Koros E, Wasserkraft. In: Bischoff G, Gocht W (Hrsg.) Das Energiehandbuch. Vieweg, Braunschweig, Wiesbaden, S. 193 – Schmitt D, Heck H (1990) Handbuch Energie. Neske, Pfullingen – v König F, Jehle C (1997) Bau von Wasserkraftanlagen. 3. Aufl., C. F. Müller Verlag, Hüthig GmbH, Heidelberg.

Laugung. Gewinnung von Mineralien unter Ausnutzung der Löslichkeit in Wasser oder Lauge, insbesondere anwendbar bei Salzgesteinen. >In-situ-Verfahren<.

Lavaschlacke. Poröses Gestein vulkanischen Ursprungs, das sich wegen seiner großen Oberfläche gut als Stützmaterial für >Bakterienrasen< eignet und deshalb als Tropfkörperfüllmaterial Verwendung findet. Grundsätzlich können als Füllmaterial alle Stein- oder Schlackenarten mit genügender mechanischer und chem. Widerstandsfähigkeit verwandt werden. Mit größerer Benetzungsfläche bei gleicher Korngröße und als festere Haftgrundlage für den >biol. Rasen< beschleunigen rauhe >Füllstoffe<, z.B. Lavaschlacke, die Konditionierung des >Tropfkörpers<. Sie geben ihm eine größere Widerstandsfähigkeit gegenüber den täglichen Belastungsschwankungen, Temperaturänderungen und auch Schadstoffen. Das spezifisch geringere Gewicht der porösen Schlacke entlastet außerdem das >Tropfkörperbauwerk< konstruktiv. Aus diesen Gründen wird Lavaschlacke in einem wirtschaftlich noch vertretbaren Abstand von den Gewinnungsstätten, z.B. in Nordrhein-Westfalen, bevorzugt eingesetzt.

Lit: Abwassertechnische Vereinigung (Hrsg.) (1982–1986) Lehr- und Handbuch der Abwassertechnik, 3. Aufl., Bd. 1–7, Verlag von Wilhelm Ernst und Sohn, Berlin München.

LAW. (Low active waste); Schwach aktiver Abfall.

LAWA (Länderarbeitsgemeinschaft Wasser und Abwasser). Am 3. Juli 1956, also während der Beratungen um das Wasserhaushaltsgesetz, trat erstmals eine juristische Arbeitsgemeinschaft der Länder in Düsseldorf zusammen, um über ein einheitliches Länderwasserrecht zu beraten. Nach erfolgreichem Abschluß dieser Arbeiten beschlossen die Länder, eine Arbeitsgemeinschaft der für die Wasserwirtschaft und das Wasserrecht zuständigen obersten Landesbehörden einzurichten und dort alle Fragen von gemeinsamen Interessen zu erörtern. Die Zusammenarbeit wurde 1961 in einem Statut geregelt. Danach hat jedes Land eine Stimme. I.d.R. wechselt der Vorsitz alle zwei Jahre, zweimal jährlich tagt eine Vollversammlung auf Abteilungsleiterebene.
Zusätzlich sind LAWA-Arbeitsgruppen für Wasserrecht, für Gewässerkunde, für Schutz und Bewirtschaftung oberirdischer Gewässer, für Schutz und Bewirtschaftung des Grundwassers und für Umgang mit wassergefährdenden Stoffen eingesetzt worden, die die Plenarsitzungen vorbereiten. Die Bundesregierung wird seit 1989 als ständiger Gast zu den Sitzungen eingeladen. Das Vorsitz führende Land richtet ein Sekretariat zur Abwicklung der vielfältigen Arbeiten ein.
Die Beschlüsse und Empfehlungen der LAWA sind für die Länder nicht bindend, dennoch haben sie zu einer wesentlichen Vereinheitlichung des wasserrechtlichen Vollzugs in den Ländern beigetragen. Die LAWA veröffentlicht auch gemeinsame Berichte oder Empfehlungen.

Lit: Bretschneider H, Lecher K, Schmidt M (1993) Taschenbuch der Wasserwirtschaft, 7. Aufl., Verlag Paul Parey, Hamburg Berlin.

LB-Rot 1. >Erythrosin<.

LB-Rot 2. >Litholrubin<.

LC$_{50}$. >Lethal Concentration Fifty<.

LD$_{50}$. >Lethal Dose Fifty<.

LDPE (Hochdruckpolyethylen). >Polyethylen<.

LEACHEM. Reihe von Modellen zur Schätzung der Auslaugung von Pestiziden, Stickstoff oder anorg. Ionen in terrestrischen Systemen, bei denen der Wasserfluß durch eine Lsg. der Richard-Gleichung berechnet wird und die Pestizidbewegung anhand der Konvektions-Dispersions-Gleichung. Zusätzlich können der Übergang in die Gasphase sowie eine Metabolisierung berücksichtigt werden.

Lit: Wagenet JR, Hutson JL (1987) Leaching estimation and chemistry model. Continuum, Water Resources Institute, Bd. 2, Cornell University, Ithaca.

Leaching. Auswaschung von Inhaltsstoffen der Biomasse mit dem Niederschlag. Insbesondere bei sauren Depositionen ist das L. im Kronenraum von Waldbeständen eine erhebliche Verlustquelle von Nährelementen. Wenn die >Bestandesdeposition< mit Hilfe der chem. Analyse von Bestandesniederschlägen ermittelt werden soll, muß der Anteil des L. ermittelt und als Teil eines ökosysteminternen Kreislaufes abgetrennt werden. Am meisten betroffen vom L. ist das Nährelement Kalium.

Lebendverbauung. Stabilisierung eines ökologisch günstigen Bodengefüges (z.B. Krümelgefüge) durch Organismen des Bodenlebens. Meist betrifft dies die Vernetzung durch Pilzhyphen oder die Verklebung durch Schleimstoffe, die von verschiedenen Organismen (z.B. Bakterien) abgesondert werden.

Lebensdauer, mittlere. Die m. L. oder auch kurze Lebensdauer ist die Zeit, in der die Anzahl der Kerne eines >Radionuklides< auf 1/e (e = 2,718...) abnimmt. Die Lebensdauer ist gleich dem Reziprokwert der >Zerfallskonstanten< λ. Zwischen der Lebensdauer und der >Halbwertszeit< T besteht die Beziehung:

$$\tau = T/\ln 2 \simeq 1{,}44 \cdot T.$$

Lebensfähige Bakterien. Bakterien, die sich vermehren können (ISO 6107/3).

Lebensformen. Viele Lebewesen in einem bestimmten Lebensraum beitzen gleichartige Anpassungserscheinungen und werden dann als L. bezeichnet. Deutlich ist dies bei Pflanzen, die z.B. nach ihrer Beziehung zum Wasser als echte Wasserpflanzen, Sumpfpflanzen, Feuchtpflanzen oder Trockenpflanzen klassifiziert werden können, wobei sie jeweils in bestimmten strukturellen und physiologischen Eigenschaften übereinstimmen. L. bei Tieren sind z.B. durch gleichartige Bewegungsweisen – Wurmgestalt, Schlängeln – charakterisiert. Nicht scharf zu trennen ist der Begriff des >Lebensformtyps<, bei dem die strukturellen und physiologischen Anpassungen detaillierter sind; >Konvergenz<.

Lebensgemeinschaft. Zufällige oder durch interne Wechselwirkungen einerseits, durch Beziehungen zur Umgebung andererseits bedingte Gemeinschaft von Populationen verschiedener Primär- und Sekundärproduzenten, d. h. >autotropher< und >heterotropher< Arten. >Biozönose<.

Lebensmittel. Laut >Lebensmittelgesetz< alle Stoffe, die in unverändertem oder zubereitetem oder verarbeitetem Zustand von Menschen gegessen oder getrunken werden können. Man unterscheidet zwischen Nahrungs- und Genußmitteln. Arzneimittel gehören laut Definition nicht zu den Lebensmitteln.

Lebensmittel- und Bedarfgegenständegesetz. (LMBG) Regelt den Umgang mit solchen Stoffen, die aufgrund ihres Verwendungszwecks mit dem menschlichen Körper in Berührung kommen. Zu diesen Stoffen gehören u. a. Lebensmittel, Tabakerzeugnisse und kosmetische Produkte.

Lebensmittelbestrahlung. Methode zur Konservierung von Lebensmitteln durch Elektronen-(β-) und γ-Strahlen. Als Strahlenquellen werden Elektronenbeschleuniger mit Energien von bis zu 10 MeV sowie Co-60 (E_γ = 1,17, 1,33 MeV; HWZ: 5,27 a) und Cs-137

(E = 0,66, 0,66 MeV; HWZ: 30 a) eingesetzt. Dem Vorteil eines höheren Wirkungsgrades bei Elektronenstrahlen steht eine erheblich größere Eindringtiefe der γ-Strahlen gegenüber. Meßgröße bei der L. ist die absorbierte Energie pro Masse, die Strahlendosis. Einheit der Strahlendosis ist das Gray (1 Gy = 1 J/kg; veraltet: 1 rad = 0,01 Gy). Die Strahlenwirkung (Radiolyse) beruht primär auf Schädigungen des genetischen Apparates der Mikroorganismen. Dabei gibt man als D_{10}-Wert (engl. DRD: „decimal reduction dose"; in kGy) die Strahlendosis an, die eine Population von Mikroorganismen um den Faktor 10 vermindert (z. B. *Clostridium botulinum* 3,3 bis 3,7 kGy; *Salmonella typhimurium* 0,2 bis 0,8 kGy). Andere Wirkungen beruhen auf der Bildung von angeregten Molekülen, Ionen und Radikalen, die in Folgereaktionen Peroxide bilden, Kohlenhydrate zu Alkoholen, Aldehyden, Ketonen, Carbonsäuren und Estern abbauen, Proteine desaminieren und Fette decarboxylieren können. Die Konzentrationen dieser Produkte liegen in bestrahlten Lebensmitteln für eine Dosis von 10 kGy im Mittel bei 300 ppm. Sie können zu einer deutlichen Veränderung des Geschmacks („Strahlengeschmack") führen. Auch Aussehen, Geruch und Konsistenz sind betroffen, wenn der für ein Lebensmittel charakteristische Schwellenwert einer Strahlendosis überschritten wird. Allgemein sind bei Dosen <1 kGy keine sensorischen Beeinträchtigungen feststellbar. Hinweise auf toxikologisch bedenkliche Veränderungen wurden bei Dosen < 10 kGy nicht gefunden. In diesem Dosisbereich ist ein Abtöten von Viren und eine Enzymdesaktivierung nur in Kom-

Lebensmittelbestrahlung: Anwendungsbeispiel für Lebensmittelbestrahlung und empfohlene Dosis. (Nach: Meier 1991; Ullman's Encyclopedia of Industrial Chemistry 1987)

Lebensmittel	Ziel	Dosis [kGy]
Kartoffeln, Zwiebeln, Knoblauch	Keimungshemmung	0,02–0,150
Früchte, Pilze	Reifungsverzögerung	0,2–0,4
Getreide, Mehl	Insektenbekämpfung	1–2
Früchte, Gemüse, Pilze	Haltbarkeitverlängerung	1–3
Fleisch, Geflügel, Fisch	Inaktivierung von Krankheitserregern	1–8
Kräuter, Gewürze	Keimreduktion	2–8
Sterildiät	Sterilisation	20–50
Lebensmittel allgemein	Abtöten von Viren	≥50

Lebensmittelbestrahlung: Methoden zum Nachweis bestrahlter Lebensmittel

Methode	Art der Lebensmittel	Detektiertes Produkt	Auswertung	Literatur
Thermolumineszenz	Gewürze, Trockenobst, Trockengemüse	Radikale, „angeregte Moleküle"	Vergleich mit unbestrahlten Proben	Meier 1991, Heide, Albrich, Mentele, Bögl 1987
Chemilumineszenz	Gewürze, Trockengemüse	Radikale, Hydroperoxide	Vergleich mit unbestrahlten Proben	Meier 1991, Heide, Albrich, Mentele, Bögl 1987
Elektronenspinresonanz (ESR)	Knochen- und schalenhaltige Lebensmittel	Radikale	Best. der Dosis durch Vergleich mit nachbestrahlten Proben	Meier 1991, Dodd, Leas, Swallow 1989
Gaschromatographie (GC)	Fett (Fleisch)	Alkane, Alkene, Aldehyde	50–100 ppm Radiolyseprodukte pro 5 kGy	Meier 1991, Biedermann, Grob, Meier 1989
Hochleistungsflüssigkeitschromatographie (HPLC)	Fleisch	O-Tyrosin	0,6 ppm pro 5 kGy gegenüber < 0,1 ppm in unbestrahlten Proben	Meier 1991, Karam, Simic 1988
Lichtinduzierte Lumineszenz	Gewürze	„angeregte Moleküle"	Vergleich mit unbestrahlten Proben	BgVV

bination mit anderen Konservierungsmethoden möglich. Von >FAO<, >WHO< und >IAEA< wird die Bestrahlung einiger Lebensmittel bis 10 kGy empfohlen (s. a. Tabelle S. 694 oben). In vielen Ländern wie USA, Japan, Frankreich, Belgien, Israel usw. sind L. erlaubt. In Deutschland ist sie nach § 35 des Lebensmittel- und Bedarfsgegenstandsgesetzes nicht zulässig. Auch in Österreich, der Schweiz und Schweden werden noch weitere Untersuchungen abgewartet, die auch Fragen der Akzeptanz von bestrahlten Lebensmitteln durch die Bevölkerung und ökonomische Überlegungen miteinbeziehen. Importverbote und Kennzeichnungspflicht für bestrahlte Lebensmittel setzen Analysenmethoden voraus, die eine eindeutige Unterscheidung zwischen bestrahlten und unbestrahlten Waren gewährleisten. Dies geschieht durch direkte oder indirekte (Lumineszenz) Bestimmung der Konzentrationen von Radiolyseprodukten (s. Tabelle S. 694 unten). Zuständig für Untersuchungen und Kontrollen ist seit 1994 das Bundesinstitut für gesundheitlichen Verbraucherschutz und Veterinärmedizin (BgVV, Berlin).

Lit: Meier W (1991) Physik In Unserer Zeit 22: 165–168 – Heiss R, Eichner K (1990) Haltbarmachen von Lebensmitteln. 2. Aufl., Springer-Verlag, Berlin Heidelberg New York London Paris Tokyo Hong Kong – Heide L, Albrich S, Mentele E, Bögl KW (1987) Bericht des Institut für Strahlenhygiene des Bundesgesundheitsamtes, Neuherberg, ISH-Heft 109 – Dodd NJF, Lea SJ, Swallow AJ (1989) Appl Radiat Isot 40: 1211–1214 – Biedermann M, Grob K, Meier W (1989) J High Resolut Chromatogr 12: 591–598 – Karam LR, Simic MG (1988) Anal Chem 60: 1117A–1119A.

Lebensmittelbuch. Von einer durch den Bundesminister des Inneren berufenen Lebensmittel-Kommission herausgegebene Leitsätze über Beurteilungsmerkmale hinsichtlich der Zusammensetzung und Eigenschaften von Lebensmitteln.

Lebensmittelfarben. Synth. oder natürliche Farbstoffe, die zum Färben von Lebensmitteln gesetzlich zugelassen sind. Sie dienen zum Erhalten oder zur Verbesserung der Färbung, was vor allem bei der Konservierung von Lebensmitteln für den optischen Eindruck wichtig ist.

Lebensmittelgesetz. Das „Gesetz über den Verkehr mit Lebensmitteln, Tabakerzeugnissen, kosmetischen Mitteln und sonstigen Bedarfsgegenständen“. Das Gesetz geht auf das Jahr 1879 zurück und wurde seitdem mehrmals erneuert und teilweise völlig neu gefaßt. Es soll den Verbraucher vor gesundheitlichen Schäden und vor Täuschung schützen.

Lebensmittelhygiene. Umfaßt nach der Definition der Codex Alimentarius Kommission (1962 von der WHO gegründet zur Durchführung des FAO/WHO Lebensmittelstandardprogramms) jede Maßnahme, die notwendig ist, um die Unbedenklichkeit, den einwandfreien Zustand und die Bekömmlichkeit von Lebensmitteln in allen Stadien, vom Anbau, der Erzeugung oder Herstellung bis an den Verbraucher zu gewährleisten. Ziel ist die gesundheitliche Unbedenklichkeit und die Fernhaltung oder Verringerung von qualitätsmindernden Einflüssen auf die Lebensmittel. Daraus ergeben sich folgende Aufgaben:
– Sicherung einer einwandfreien Produktion (z. B. frisches Fleisch, Milch oder Eier von gesunden Tieren).
– Erforschung der Umstände und Bedingungen, die zu hygienischen Gefährdungen und Qualitätsbeeinträchtigungen führen; Entwicklung von Verfahren,

die die Beschaffenheit von Lebensmitteln verbessern, Gesundheitsschädigungen vorbeugen und Verluste durch Verderb (>Konservierungsmittel<) mindern.
– Maßnahmen zur Kontrolle bei Gewinnung, Herstellung, Behandlung, Verarbeitung, Lagerung, Verpakkung, Transport und Verteilung von Lebensmitteln.

Zentralthemen zum Schutz des Verbrauchers sind der Schutz vor gesundheitlichen Beeinträchtigungen und die Sicherung der Qualität. Die L. ist eine angewandte Wissenschaft, die Methoden und Erkenntnisse der naturwissenschaftlichen Grundlagenfächer und verwandter Disziplinen aus Medizin und Biologie nutzt.

1. juristisch: Summe derjenigen Rechtsnormen, welche die gewerbliche Tätigkeit zum Gegenstand haben. Gewerbe ist jede nicht sozial unwertige, auf Gewinnerzielung gerichtete und auf Dauer angelegte selbständige Tätigkeit, ausgenommen Urproduktion, freie Berufe und bloße Verwaltung eigenen Vermögens. Hauptgesetz ist die >Gewerbeordnung< von 1869, die in der Zwischenzeit vielfach novelliert wurde; sie gilt jetzt i. d. F. der Bekanntmachung vom 01.01. 1987, BGBl. I, S. 425; aus der Gewerbeordnung ist eine Reihe bedeutender Spezialgesetze hervorgegangen, z. B. die Handwerksordnung, das Gaststättengesetz, das >Bundesimmissionsschutzgesetz<.

2. Genußmittel: Lebensmittel, die nicht wegen ihres >Nährwerts<, sondern wegen ihrer anregenden Wirkung vor allem auf das Nervensystem verzehrt werden, z. B. alkaloidhaltige (Kaffee, Tee, Kakao) oder alkoholische Getränke. Das Lebensmittelrecht unterscheidet nicht zwischen Nahrungsmitteln, die durch ihren Nährwert zum Ersatz verbrauchter Energien dienen, und den Genußmitteln, da keine eindeutige Abgrenzung möglich ist.

3. Grundnahrungsmittel: Werden vom Menschen wegen ihres Nährwerts verzehrt. Hierzu gehört *Fleisch* mit einem Proteingehalt von ca. 20 % und einem Fettgehalt von 1,5 bis 40 %. Wegen seines Gehaltes an essentiellen >Aminosäuren< zählt es zu den Hauptnahrungsmitteln. Der Proteingehalt wird nur durch sehr hohe Temperaturen bei der Zubereitung beeinträchtigt. Erhitztes Fleisch ist genauso bekömmlich wie rohes Fleisch, im Hinblick aber auf die mikrobiologischen und parasitären Risiken vorzuziehen. *Fisch* ist sehr wasserhaltig, etwas eiweißärmer als die Muskulatur von Schlachtvieh, besitzt wie Fleisch einen hohen Gehalt an essentiellen Aminosäuren und den Vitaminen A, B und D. Der Verzehr von rohem Fisch ist wegen der mikrobiellen und parasitären Risiken nicht zu empfehlen. *Hühnereier* enthalten Eiweiß, Fett, Mineralstoffe, Vitamin A und B. Als ungünstig gilt der hohe >Cholesteringehalt<, weshalb von zu häufigem Genuß abgeraten wird. Die bakteriellen Risiken sind gering, Gefährdungen treten in erster Linie durch den Befall von Eiprodukten durch Salmonellen auf. *Milch* stellt in ihrer Zusammensetzung ein ideales, aber auch leicht verderbliches Nahrungsmittel dar; von den Milchprodukten sind Sauermilch, Butter und Käse aus bakteriologischer Sicht weniger bedenklich als Milch. Bei den pflanzlichen Lebensmitteln geht der Brotverbrauch zurück, der Verzehr von Gemüse und Obst steigt, was im Hinblick auf den Gehalt an Vitaminen, Mineralsubstanzen und Ballaststoffen günstig zu beurteilen ist.

4. Konservierungsstoffe: Pflanzliche und tierische Lebensmittel sind in der Regel nicht lange haltbar, da verschiedenste Reaktionen noch nach der Ernte bzw. nach dem Schlachten ablaufen. Es entstehen Wertmin-

derungen durch Wasser, Luft (Sauerstoff), Licht, Wärme, durch substanzeigene oder mikrobielle >Enzyme<. Weiterhin sind Lebensmittel mit den verschiedensten >Mikroorganismen< (Bakterien, Hefen, Schimmelpilze) kontaminiert, die sich unter günstigen Umständen rasch vermehren. Diese Faktoren führen zu Qualitätsveränderungen, zum Verderb des Lebensmittels und möglicherweise zu Gesundheitsschädigungen durch Lebensmittelinfektionen oder Intoxikationen durch toxische Stoffwechselprodukte. Die Haltbarmachung muß auch die hygienische Sicherheit des konservierten Lebensmittels gewährleisten. Zwei Technologien zur Konservierung werden hauptsächlich angewandt: 1. Physikalische (Erhitzen, Bestrahlen) oder chemische Verfahren (Zusatz von antimikrobiellen Substanzen, Konservierungsstoffen) zur Verminderung oder Abtötung der Mikroorganismen, 2. Veränderung der Lebensmittel dahingehend, daß sich die Mikroorganismen nicht mehr vermehren können (Trocknen, Kühlen, Tiefgefrieren, Zuckern, Salzen, Pökeln usw.). In Deutschland sind zum Schutz vor mikrobiellem Verderb chemische Konservierungsstoffe als Zusatzstoffe für bestimmte Lebensmittel zugelassen. Der Gehalt an diesen Stoffen ist in der Zusatzstoff-Zulassungs-VO (ZZulV) geregelt, festgesetzte Höchstmengen für verschiedene Lebensmittel dürfen nicht überschritten werden. Als Konservierungsstoffe nach ZZulV sind zugelassen:
Sorbin- und Benzoesäure sowie deren Salze, *p*-Hydroxybenzoesäureester (PHB-ester), Ameisensäure und deren Salze, Biphenyl, Orthophenylphenol und Thiabendazol. Diese Stoffe müssen kenntlich gemacht werden. Die antimikrobielle Wirkung von Benzoesäure und Sorbinsäure besteht nach dem Eindringen in die Zellmembran des Mikroorganismus in der Behinderung der oxidativen Phosphorylierung und anderer oxydativ wirkender *Staphylococcus aureus*. Toxinbildende Schimmelpilze werden durch Essigsäure oder Sorbinsäure gehemmt.
Schwefeldioxid und Sulfite werden wegen ihrer antimikrobiellen, antioxidativen, enzymhemmenden und reduzierenden Eigenschaften eingesetzt.
Kalium- und Natriumnitrat sowie -nitrit werden nicht in der Liste der zugelassenen Konservierungsstoffe aufgeführt. Diese Salze werden hautpsächlich bei der Pökelung in Form von Pökelsalz angewendet. Nitrit tötet *Clostridium-botulinum*-Bakterien ab, die die für den Menschen höchst pathogenen Toxine im infizierten Lebensmittel erzeugen. Bei der Pökelung entsteht zunächst Stickoxid (NO), das sich an Myoglobin anlagert. Bei dieser „Umrötung" entsteht das Nitroso-Myoglobin, der rote Pökelfarbstoff. Bei der Pökelung liegen die Nitrat- und Nitritkonzentrationen um ein Mehrfaches über der zur Umwandlung des Myoglobins in Nitroso-Myoglobin rechnerisch erforderlichen Mindestmenge. Ein Teil des Überschusses setzt sich mit SH-Gruppen unter Bildung von Nitrosothiolen um. Bei Anwesenheit von sekundären Aminen können >cancerogene< Nitrosamine entstehen.
Salz, Zucker und Genußsäuren (Essig-, Zitronen-, Wein- und Milchsäure) werden auch zur Konservierung verwendet, gelten aber nicht als Konservierungsstoffe im Sinne der Zusatzstoff-Zulassungs-VO.
5. lebensmittelhygienische Vorschriften: Sinn der lebensmittelrechtlichen Vorschriften ist der Schutz des Verbrauchers vor gesundheitlichen Beeinträchtigungen und die Sicherung der Qualität der Lebensmittel. Das Lebensmittelrecht enthält „Bundesgesetze und -ver-

ordnungen sowie EWG-Recht über Lebensmittel (einschließlich Wein), Tabakerzeugnisse, kosmetische Mittel und Bedarfsgegenstände". Neben dem Lebensmittel- und Bedarfsgegenständegesetz (LMBG vom 15.08. 1974) und dem Bundesseuchengesetz (BSeuchG vom 18.12. 1979) sind noch eine Reihe von Spezialgesetzen für eine einwandfreie Lebensmittelversorgung von Bedeutung: Durchführungsgesetz EWG-Richtlinie Frisches Fleisch, Fleischbeschaugesetz, Nitritgesetz, Getreide-Gesetz, Milch-Gesetz, Wein-Gesetz, Geflügelfleischhygienegesetz. Die Gesetze werden durch Verordnungen ergänzt: Lebensmittelkennzeichnungs-VO, Hackfleisch-VO, Fleisch-VO, Diät-VO, Eiprodukte-VO, Entenei-VO, Geflügelfleischmindestanforderungen-VO, Quecksilber-VO (Fische), Höchstmengen-VO (tierische Lebensmittel), Höchstmengen-VO (Pflanzenbehandlungsmittel), Lebensmittelbestrahlungs-VO, Zusatzstoff-Verkehrs-VO, Zusatzstoff-Zulassungs-VO, Aflatoxin-VO, Konservierungsstoff-VO, Verordnung über die Zulassung von Nitrit und Nitrat zu Lebensmitteln. Weiterhin wurden für die Überwachung von Lebensmittelbetrieben in verschiedenen Bundesländern spezielle Hygiene-Verordnungen erlassen. Die Vorschriften werden ergänzt durch die Leitsätze des Lebensmittelbuches. Außerdem sind internationale Normen von Bedeutung. EG-Richtlinien müssen ebenso wie Standards der Codex-Alimentarius-Kommission der FAO/WHO erst in nationales Recht umgesetzt werden, ehe sie rechtswirksam werden.
6. Lebensmittelkontamination: Lebensmittel sind kontaminiert (verunreinigt), wenn Stoffe ungewollt und unbeabsichtigt und ohne Verschulden des Herstellers in oder auf sie gelangt sind. Neben Verpackungsmaterialien als Ursache sind es v.a. Stoffe, die während der Produktion zum verzehrfertigen Lebensmittel in sie gelangen, oder aber aus der Umwelt im weitesten Sinne, aus Boden, Wasser, Luft, durch Emissionen aus Industrie, Handwerk oder Haushalt usw. stammen. Zu einem vernachlässigbar kleinen Anteil sind sie natürlicher Herkunft, zum überwiegenden Teil jedoch anthropogenen Ursprungs. Zu den Kontaminationen zählen z.B. >Arsen< und >Thallium< sowie die >Schwermetalle< >Blei<, >Cadmium< und >Quecksilber<, >Nitrate< bzw. >Nitrite< und >Nitrosamine< ebenso wie einige schwerflüchtige und langsam abbaubare >Kohlenwasserstoffe<. Diese Fremdstoffe sind grundsätzlich unerwünscht, in vielen Fällen jedoch nicht zu vermeiden. Sie tragen zur Gesamtbelastung des Verbrauchers bei und erhöhen durch unnötige Aufnahme die Möglichkeit einer gesundheitsschädigenden Wirkung.
7. Lebensmitteltechnologie: Umfaßt alle Maßnahmen, mit deren Hilfe Lebensmittel erzeugt, verarbeitet und für Handel und Verkehr vorbereitet werden. In besonderem Maße spielen chem. Prozesse eine Rolle (z.B. Konservieren, Umwandlung wie Kochen, Backen, Braten, Schmelzen, Gärung usw.) neben physikalischen Verfahren wie Zerkleinern, Sortieren, Mischen, Trocknen, Umhüllen, Transportieren und Verpacken. Die L. entwickelt einerseits neue Lebensmittelzubereitungs- und Herstellungsverfahren und erforscht andererseits die Herstellung künstlicher Lebensmittel, Lebensmittelzusatzstoffe und die Auswertung bisher ungenutzter Rohstoffe.
8. Nährwert: Physiologischer Brennwert von Lebensmitteln, d.h. der Energiegehalt der Nährstoffe, der im Organismus für den >Stoffwechsel< zur Erzeugung von Kraft und Wärme sowie für die Bildung und Er-

neuerung der Körperzellen notwendig ist (Betriebs- und Baustofflieferant). Der Nährwert wird in Kilojoule gemessen und bewertet: 1 g Eiweiß und 1 g Kohlenhydrate haben jeweils einen N. von 17 kJ, 1 g Fett hat einen N. von 38 kJ.

Lit: Borneff J (1982) Hygiene, ein Leitfaden für Studenten und Ärzte, Thieme, Stuttgart New York – Fülgraff G (1989) Lebensmitteltoxikologie, Ulmer, Stuttgart. Sinell HJ (1980) Einführung in die Lebensmittelhygiene, Parey, Berlin Hamburg – Borneff J (1982) Hygiene, ein Leitfaden für Studenten und Ärzte. Georg Thieme Verlag, Stuttgart New York.

Lebensmittelkontamination. Radioaktiv: Die gesundheitliche Gefährdung des Konsumenten durch den Genuß radioaktiv kontaminierter Lebensmittel hat besondere Bedeutung durch den Reaktorunfall von Tschernobyl am 26.04. 1986 in der Ukraine in der UdSSR erlangt. Im Vordergrund der durch radioaktive Nuklide verursachten gesundheitlichen Schäden bei Tier und Mensch stehen als Spätfolgen die karzinogene (>Karzinogenese<), mutagene (>Mutagenität<) und teratogene (>Teratogenität<) Gefährdung. Diese Schäden sind Folgen der Fähigkeit der Strahlung radioaktiver Nuklide, biologische Moleküle entweder direkt zu ionisieren oder über freie Radikale chemische Reaktionen auszulösen. Spätschäden machen sich erst nach einigen Jahren, Jahrzehnten oder sogar erst in den kommenden Generationen bemerkbar. Ob allerdings kleine Dosen überhaupt zu Spätschäden führen, ist noch unklar. Aufgrund ihrer relativ kurzen Latenzzeit kommt zunächst Leukämie als strahleninduzierte Krebserkrankung in Betracht. Dann folgen Karzinome in anderen strahlenempfindlichen Geweben wie der weiblichen Brust, der Lunge, des Magen- und Darmtrakts und der Schilddrüse. Auch die Auslösung gutartiger Tumoren ist möglich. Die Kontamination von Fleisch ist proportional der Nuklidaufnahme mit dem Futter und der Tränke der Tiere. Dabei ist zu berücksichtigen, daß sich Radionuklide im Körper der Tiere ähnlich wie essentielle >Elemente< oder >Schwermetalle< verhalten. Inkorporiertes Cäsium wird von Schweinen und Rindern mit >biologischen Halbwertszeiten< zwischen 50 und 120 Tagen wieder ausgeschieden. Bei entsprechender Kontamination des Futters, z. B. von Getreide, bleibt auch die Aktivität im Fleisch bis zur nächsten Ernte erhalten. Ein völlig anderes Problem ergibt sich bei der Anwendung von Strahlen zur >Konservierung von Lebensmitteln<. Seit der Empfehlung eines Expertenkomitees im Jahr 1980 wurde die Bestrahlung von Lebensmitteln (mit Co-60 oder Cs-137) mit durchschnittlichen Gesamtdosen bis zu 10 kGy hinsichtlich toxikologischer Effekte für unbedenklich erklärt. In zahlreichen Staaten ist daher die Bestrahlung von Lebensmitteln mit und ohne Kennzeichnung zugelassen, während sie in Deutschland bisher verboten geblieben ist.

Lit: Wirth E, Kaul A (1989) Kontamination tierischer Produkte mit Radionukliden. In: Großklaus D (Hrsg.) Rückstände in von Tieren stammenden Lebensmitteln, Paul Parey, Berlin Hamburg, S. 161.

Lebensmittelrecht. Lebensmittel sind Stoffe, die dazu bestimmt sind, in unverändertem, zubereitetem oder verarbeitetem Zustand von Menschen verzehrt zu werden. Ausgenommen sind Stoffe, die überwiegend dazu bestimmt sind, zu anderen Zwecken als zur Ernährung oder zum Genuß verzehrt zu werden; auf diese Stoffe beziehen sich das Gesetz über den Verkehr mit Lebensmitteln, Tabakerzeugnissen, kosmetischen Mitteln und sonstigen Bedarfsgegenständen (Lebensmittel- und Bedarfsgegenständegesetz) vom 15.08. 1974, BGBl. I S.1945, und die auf dieses Gesetz gestützten Rechtsverordnungen.

Lebensmittelvergiftung. Erkrankungen des Menschen infolge des Verzehrs von Lebensmitteln. Die Mehrzahl der Lebensmittelvergiftungen ist bakteriellen Ursprungs. So können Intoxikationen durch *Clostridium botulinum* (>Botulinumtoxin<) oder *Staphylococcus aureus* nach dem Verzehr von Fleisch und Fleischprodukten, Geflügel, Kartofffelsalat etc. auftreten. Salmonellosen treten besonders nach dem Verzehr von infizierten Eiprodukten, Gefriergeflügel und Hackfleisch auf. Die von den Bakterien produzierten Toxine führen im Verdauungstrakt des Menschen meist zu Leibschmerzen, Erbrechen und Diarrhoe. Nicht bakteriellen Ursprungs sind Vergiftungen durch >Mykotoxine<, z. B. >Ergotalkaloide< und >Aflatoxine<.

Lebensmittelzusatzstoffe. Unter Lebensmittelzusatzstoffen werden allgemein solche verstanden, die Lebensmitteln bewußt zugesetzt werden dürfen, um deren Beschaffenheit zu beeinflussen oder bestimmte Eigenschaften oder Wirkungen zu erzielen. Ihre Zulassung erfolgt nach den gültigen lebensmittelrechtlichen Vorschriften, wobei für tierische Lebensmittel im Vordergrund die Zusatzstoff-Zulassungsverordnung (>Futterzusatzstoffe<, Zulassungsverfahren) und die >Fleisch-Verordnung< stehen. Sie erlauben den Zusatz von Stoffen, die im wesentlichen der Erhaltung des Nähr- und Genußwertes dienen und damit dazu beitragen können, daß bestimmte Lebensmittel zu jeder Jahreszeit und überall von guter Qualität angeboten werden. Zu diesen zulassungspflichtigen Zusatzstoffen zählen >Antioxidantien< gegen das schnelle Ranzigwerden von Fetten und fetthaltigen Lebensmitteln, >Konservierungs<- und >Farbstoffe< (>Carotinoide<) sowie >Emulgatoren<. Zum Schutze der Gesundheit wurden hier wirksame Voraussetzungen für die Zulassung von Zusatzstoffen im Lebensmittel geschaffen: 1) Die Verwendung von Zusatzstoffen ist grundsätzlich verboten, es gilt das „Verbotsprinzip", Ausnahmen bedürfen der ausdrücklichen Zulassung durch das zuständige Bundesministerium für Gesundheitswesen im Einvernehmen mit dem Bundesgesundheitsamt. Zugelassene Zusatzstoffe werden in einer „Positivliste" aufgeführt. Die Verwendung von Zusatzstoffen findet auch die Zustimmung der FAO/WHO Codex Alimentarius Commission. 2) Es muß vom Zusatzstoff nachgewiesen sein, daß er gesundheitlich unbedenklich und technologisch notwendig ist. Die gesundheitliche Unbedenklichkeit ist aufgrund toxikologischer Untersuchungen unter Einschluß von >Tierversuchen< nachzuweisen. 3) Zugelassene Zusatzstoffe dürfen nur in bestimmten Lebensmitteln unter bestimmten Voraussetzungen eingesetzt werden. Eine wesentliche Voraussetzung ist, daß sie nur bis zu festgesetzten >Höchstmengen< verwendet werden dürfen. 4) Die Verwendung von Zusatzstoffen in Lebensmitteln muß deutlich und umfassend kenntlich gemacht werden (Kennzeichnungspflicht). 5) Bei aufkommendem Verdacht über eine mögliche gesundheitliche Gefährdung durch einen zugelassenen Zusatzstoff erfolgt eine Überprüfung der Zulassung.

1. gesetzliche Regelung: Die Zusatzstoffregelung findet sich für die Bundesrepublik Deutschland im >LMBG<. Als Rechtsbegriff wurde der Begriff „Zusatzstoffe" erstmalig 1974 in das LMBG unter der Bezeichnung „fremde Stoffe" aufgenommen. Im

§ 1 LMBG werden „fremde Stoffe" als solche Stoffe definiert, die zu Lebensmitteln werden und keinen Gehalt an verdaulichen Fetten, Kohlenhydraten, Protein oder keinen Gehalt an Vitaminen, Provitaminen, Geruchs- und Geschmacksstoffen haben. 1977 wurde der Begriff des Zusatzstoffs eingeführt. Zusatzstoffe werden in Positivlisten aufgeführt und sind damit zugelassen. Stoffe, die nicht in Positivlisten stehen, sind verboten und dürfen Lebensmitteln nicht zugesetzt werden. Im § 2 LMBG wird definiert, was unter Zusatzstoffen zu verstehen ist. Weiterhin gibt es verschiedene Verordnungen für die gesetzliche Regelung des Umgangs mit Zusatzstoffen. Die Kennzeichnungsverordnung besagt, daß auf Fertigpackungen von Lebensmitteln Angaben zur Verkehrsbezeichnung, das Mindesthaltbarkeitsdatum, das Zutatenverzeichnis sowie Name und Anschrift des Herstellers, Verpackers oder Verkäufers zu finden sein müssen. Die Zusatzstoff-Zulassungsverordnung regelt die Beschränkung von Zulassungen, sowie die Zulassung von Konservierungsstoffen, Schwefeldioxid, Antioxidantien und Farbstoffen. Die Zusatzstoffverkehrsordnung enthält in 15 Listen die besonderen Reinheitsanforderungen an die Zusatzstoffe.
2. Rückstände: I. allg. verbleiben die Lebensmittelzusatzstoffe oder ihre Folgeprodukte im Lebensmittel und werden mit diesem durch den Menschen aufgenommen. Expertengruppen der FAO/WHO versuchen deshalb, Grenzwerte vorzuschlagen oder festzulegen. Als Sicherheitsgrenzwert wurde der ADI-Wert (>Acceptable Daily Intake<) festgelegt. Er gibt die tägliche Aufnahmemenge eines Stoffes an, die während des gesamten Lebens kein wahrnehmbares Gesundheitsrisiko darstellt. Bei der Festlegung des ADI-Werts berücksichtigt man alle zum Zeitpunkt der Festlegung über die Substanz bekannten Daten und hält i. allg. einen Sicherheitsfaktor von 100 ein.
3. Bewertung: Eine WHO/FAO-Expertengruppe hat eine Sammlung von Bewertungskriterien für Lebensmittelzusatzstoffe aufgestellt. Die toxikologische Bewertung bezieht sich auf allgemeine toxische Wirkungen und auf die mutagene Wirkung, die clastogene Wirkung (Störungen bei der Zellteilung), die teratogene und die cancerogene Wirkung. Als Motive für den Einsatz von Zusatzstoffen gelten die Verlängerung der Haltbarkeit, Erhaltung des Nährwerts, Verbesserung der sensorischen Eigenschaften und verarbeitungstechnische Gründe. Dabei ist zu beachten, daß der Zusatzstoff bestimmte Reinheitsanforderungen erfüllt, toxikologisch unbedenklich ist, der Einsatz nur dort erfolgt, wo es notwendig ist, Grenzwerte eingehalten werden und synergistische Wirkungen berücksichtigt werden. Die Zulassung sollte nicht erfolgen, wenn durch den Zusatzstoff der Nährwert verschlechtert werden sollte, negative Eigenschaften des Lebensmittels überdeckt werden sollen oder der Konsument getäuscht werden soll.
4. Verwendung: Die Verwendung von Zusatzstoffen sollte restriktiv erfolgen, d. h. nur in Fällen, wo es notwendig ist, z. B. zur Verlängerung der Haltbarkeit oder aus verarbeitungstechnischen Gründen. Ob bzw. wann der Einsatz von Zusatzstoffen notwendig ist, wird mit zunehmendem Gesundheitsbewußtsein der Verbraucher häufiger diskutiert, z. B. der Einsatz von Farbstoffen.

Lebensqualität. Ein im Zusammenhang mit der Umweltdiskussion stärker ins Bewußtsein gekommener Begriff. L. beinhaltet nicht nur einen hohen privaten Lebensstandard und bestimmte soziale Strukturen, sondern auch eine saubere Umwelt, gesunde Ernährung und umweltbewußte Lebensweise.

Lebensraum. >Biotop<.

Lecithine. Phospholipide, in denen die primäre und die sekundäre Hydroxygruppe des Glycerins mit je einem Fettsäuremolekül verestert ist. Die dritte Hydroxygruppe ist mit Phosphorsäure verestert und diese ihrerseits mit Cholin als quartärer Ammoniumbase. Es handelt sich somit um Triglyceride, die zwei langkettige Fettsäuren und einen mit einer Base verknüpften Phosphorsäurerest enthalten. Die Fettsäuren sind meist ungesättigt. Als Phospholipide sind Lecithine wichtig für Aufbau und Funktion biologischer Membranen. Ein Teil der Lecithine ist an Eiweiß gebunden (Lipoproteide). Lecithine kommen in hohen Konzentrationen im Eigelb, in Hirnsubstanz, in Herz und Leber vor. Lecithine werden aus Eigelb, aus Soja- und Rapsöl gewonnen. Der Zusatz von Lecithinen dient infolge der bipolaren Molekülstruktur zur Stabilisierung von >Emulsionen<. Außerdem können Lecithine Metallionen binden und wirken somit als Synergist zu den >Antioxidationsmitteln<. Wegen ihres Gehalts an ungesättigten Fettsäuren sind sie selbst jedoch leicht oxidierbar. Der Zusatz von Lecithinen erfolgt bei der Herstellung von Fertiggerichten, Schokolade und Margarine.

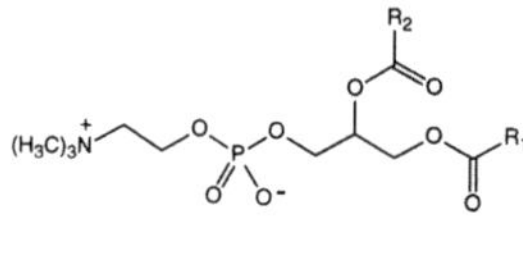

Lee. Die dem Wind abgewandte Seite einer Erhebung, eines Gebäudes oder eines Schiffes, gekennzeichnet durch geringere Bewölkung, geringeren Niederschlag, höhere Sonnenscheindauer als auf der dem Wind zugewandten Seite des Hindernisses. Gegensatz: >Luv<.

Leelage. Lage eines Ortes oder Landschaftsraumes, dessen Klima aufgrund der vorherrschenden Windrichtung durch häufige Leewirkungen geprägt wird. Gegensatz: >Luvlage<.

Leerlauf. Motorbetrieb ohne Abgabe von Nutzleistung, ist stets mit hohem >Kraftstoffverbrauch< und hohen >Abgasemissionen< verbunden.

Leerversuch. >Blindprobe<.

Legionellen. (L. pneumophila). Dies sind gramnegative, unbewegliche, sehr anspruchsvolle Stäbchenbakterien, deren wichtigste Merkmale neben den morphologisch kleinen, transparenten Kolonien die nosokomiale (im Krankenhaus erworbene) bedeutsame Verbreitung durch kontaminierte Warm- und Kaltwassersysteme ist. Der Anteil von L. als Erreger an der Gesamtzahl von Pneumonien (Lungenentzündungen) wird bis auf 30 % geschätzt. L. sind bei entsprechender Untersuchungstechnik praktisch in allen Oberflächengewässern (Flüssen, Seen) nachzuweisen. Das Wachstumsoptimum besteht bei Wassertemperaturen zwischen 25 und 37 °C in einem pH-Bereich von 5,0 bis 8,5 in Gegenwart von Metallen, besonders Eisen. Aerogene Infektionen über kontaminierte Aerosole, z. B. Inhalatoren, Klimaanlagen, Luftbefeuchterwasser, Perlatoren und Duschköpfe, Sprudelbäder (besonders in Krankenhäusern und Hotels), können diesen Erreger der Legionellose besonders bei immungeschwächten Patienten verbreiten. Ein Risiko kann beim Duschen durch kontaminierte aerosolproduzierende Duschköpfe bei einem Keimgehalt von 10^2 KBE/ml Trinkwasser bestehen. Für den häuslichen Bereich stehen als zusätzliche Kontaminationsquellen Mundduschen im Verdacht. Als Präventivmaßnahme wird die generelle Erwärmung des Warmwasseraufbereitungskessels auf 60 °C und das kurzzeitige Aufheizen der Wassertemperatur auf 70 °C in einem festzulegenden Abstand bei gleichzeitigem Öffnen aller Warmwasserentnahmestellen für die Dauer von mindestens 30 Sekunden diskutiert.

Lit: Beck G, Eikmann Th, Tilkes F (Hrsg.) (1997) Hygiene in Krankenhaus und Praxis. ecomed Verlag, Landsberg.

Leguminosen. (Lat. legumen = Hülsenfrucht). Hülsenfrüchtler bezeichnet eine Ordnung, welche die Familien Fabaceae (Schmetterlingsblütler), Caesalpiniaceae und Mimosaceae umfaßt. Den L. ist die Hülse als >Frucht< und der Besitz von >Wurzelknöllchen< mit symbiotischen, Luftstickstoff fixierenden Rhizobien (Rhizobium-, Bradyrhizobium-, Mesorhizobium-, Sinorhizobium-, Azorhizobium-Arten) gemeinsam. Die Schmetterlingsblütler haben eine große wirtschaftliche Bedeutung. Neben wichtigen Futterpflanzen, die auch zur Gründüngung genutzt werden (z.B. Klee, Luzerne, Esparsette, Lupine), liefern andere mit ihren protein- und >stärke<haltigen >Samen< wichtige Nahrungsmittel, z.B. versch. Bohnenarten, Feldbohne, Erbse, Linse. Hinzu kommen bedeutende Ölpflanzen wie Sojabohne und Erdnuß.

Leguminosengemenge. Eine Saatgutmischung versch. Schmetterlingsblütler-Arten (Fabaceae oder Papilionaceae), die als >Futtermittel< oder zur Aussaat von Gründünger dient. Im Fall der Gründüngung werden die herangewachsenen Pflanzen untergepflügt, hierdurch wird der Boden mit Stickstoff angereichert, der aus der Fixierung des Luftstickstoffs durch >Knöllchenbakterien< in den >Wurzelknöllchen< stammt.

Lehm. Bodenart, die >Sand<, >Schluff< und >Ton< in nennenswerten Konzentrationen enthält. Lehmböden begünstigen die Bildung eines stabilen Aggregatgefüges, das jedoch gegen mechanische Belastungen (z.B. Bodenbearbeitung bei zu hohem Wassergehalt) empfindlich ist und dann zu Verdichtungen neigt.

Leicht abbaubare Substanzen. „ready biodegradability". Substanzen, die mit einem festgelegten Verfahren zur Bestimmung der Gesamtabbaubarkeit in einem bestimmten Ausmaß biologisch abbaubar sind (ISO 6107/6). Substanzen, die in folgenden Testverfahren die angegebenen prozentualen Abbauwerte erreichen: OECD-Screeningtest 70%, Sturmtest 70%, geschlossener Flaschentest 60%, Respirometertest 60%.

leichtentzündlich. >Gefährlichkeitsmerkmal< nach § 3a Abs. 1 Nr. 4 >ChemG<. L. sind >Stoffe< und >Zubereitungen<, die a) sich bei gewöhnlicher Temp. an der Luft ohne Energiezufuhr erhitzen und schließlich entzünden können, b) in festem Zustand durch kurzzeitige Einwirkung einer Zündquelle leicht entzündet werden können und nach deren Entfernen in gefährlicher Weise weiterbrennen oder weiterglimmen, c) in fl. Zustand einen Flammpunkt unter 21 °C haben, d) als Gase bei Normaldruck mit Luft einen Explosionsbereich haben oder e) bei Berührung mit Wasser oder mit feuchter Luft leicht entzündliche Gase in gefährlicher Menge entwickeln (Best. gemäß § 1 ChemGefMerkV).
Stoffe und Zubereitungen werden mit dem >Gefahrensymbol< und der >Gefahrenbezeichnung< „Leichtentzündlich" gekennzeichnet, wenn die Ergebnisse der >Prüfungen< den in >GefStoffV< Anhang I Nr.1.1 genannten Kriterien entspr. Die unter 1.1.2.4.4 aufgeführten >R-Sätze< werden ebenfalls nach diesen Kriterien ausgewählt.

Leichtflüssigkeitsabscheider. S. >Benzinabscheider< und >Ölabscheider<.

Leichtlauföl. Motorenöl mit besonders geringer >Viskosität< bei niedrigen Temp., um Reibungsverluste und damit den >Kraftstoffverbrauch< niedrig zu halten.

Leichtmetalle. Automobilbau: Sie werden sowohl im Karosserie- als auch Motorenbau zur Gewichtsreduzierung erfolgreich eingesetzt. Hohe Wärmeleitung von Leichtmetallkolben ermöglicht bessere Kühlung und höhere Leistung (s. Abb. S.700).

Leichtstaub. (Internat. Kurzbezeichnung: GP). Pflanzenschutzmittelformulierung (>Formulierung<) in Form einer sehr feinteiligen Pulvermischung (<5 µm) aus Wirkstoff und Trägermaterial mit niedriger Schüttdichte zur pneumatischen Zerstäubung in Gewächshäusern. Wegen der langsamen Sedimentation des Staubes und der damit verbundenen Abdrift durch Wind verbietet sich eine Anwendung im Freiland (>Stäubemittel<).

Leichtwasserreaktor. Sammelbezeichnung für alle H_2O-moderierten und -gekühlten Reaktoren; >Siedewasserreaktor<, >Druckwasserreaktor<. Im Leichtwasserreaktor wird Wärme durch die kontrollierte >Kernspaltung< erzeugt. Der aus >Brenn-< und Steuer>elementen< bestehende Reaktorkern ist von einem wassergefüllten stählernen >Druckbehälter< umschlossen. Die bei der Spaltung entstehende Wärme geht an das Wasser über. Im Siedewasserreaktor verdampft das Wasser im Druckbehälter, im Druckwasserreaktor im Dampferzeuger eines zweiten Kreislaufes. Die Energie des Dampfes wird in Drehbewegungen der Turbine umgewandelt, an die ein Generator zur Erzeugung der elektrischen Energie gekoppelt ist. Nach Durchströmen der Turbine kondensiert der Dampf im >Kondensator< zu Wasser, das wieder dem Druckbehälter bzw. Dammpferzeuger zugeführt wird. Das zur Kühlung des Kondensators nötige Wasser wird einem Fluß entnommen und erwärmt in den Fluß zurückgeleitet oder gibt seine Wärme über einen >Kühlturm< an die Atmosphäre ab.

Leistung, spezifische. Maß für die Wärmeleistung pro Masseneinheit des >Brennstoffes<, die erzeugt und aus dem >Reaktorkern< abgeführt wird, z.B. >Biblis-A<: 34,7 kW/kg.

Leistungsdichte. Leistung eines Energiestroms pro Volumen- oder Flächeneinheit. Die Leistungsdichte wird meist auf die Fläche bezogen, die Dimension ist dann kW/m^2. Je höher die L., desto geringer ist der Werkstoff- bzw. Material- und >Flächenbedarf< bei den Nutzungsanlagen. Eine hohe L. führt folglich zu Kostensenkung und Erhöhung der Wirtschaftlichkeit. Niedrige Leistungsdichten hingegen benötigen außerdem >Speicher- und Reservesysteme<. Bei den >rege-

Leichtmetalle: Kunststoff- und Leichtmetallbauteile beim Forschungsfahrzeug VW „Auto 2000". AL Aluminiumlegierungen. Kunststoffe: CFK kohlefaserverstärkter Kunststoff; GFK glasfaserverstärkter Kunststoff; PA6 Polyamid 6; PBTP Polybutylenterephtalat; PC Polycarbonat; PE Polyethylen; PUR Polyurethan; PP Polypropylen; SMC sheet moulded compound (glasfaserverstärkter Kunststoff); VE Vinylester mit Glasfaserverstärkung

nerativen Energien< sind die L. i. allg. relativ gering. Bei der Gezeitenströmung (>Tidenhub<) liegt die L. bei ca. 0,002 kW/m^2, bei der >Erdwärme< bei ca. 0,00004 kW/m^2 und bei der >Sonnenstrahlung< bei weniger als 1,35 kW/m^2. Die Windströmung erreicht eine L. von maximal 3 kW/m^2. Im Vergleich dazu liegt die L. der Kernenergie (Brennelement) bei ca. 650 kW/m^2, die der Kohle (Verbrennungskammer) bei ca. 500 kW/m^2.

Leistungsfaktor. Kenngröße für die Nutzung eines >Kraftwerkes<.

Leistungsförderer. 1. Definition: Als L. im klassischen Sinn werden synthetisch (chemotechnisch) oder fermentativ (Sekundärstoffe von >Mikroorganismen<) hergestellte Stoffe bezeichnet, die bei leistungsgerechter Versorgung der Tiere mit allen essentiellen Nährstoffen den Futteraufwand für die Erzeugung von Nahrungsmitteln tierischer Herkunft (Milch, Fleisch, Eier, Wolle) verringern. Ihr Einsatz wird nach den „Richtlinien des Rates der Europäischen Gemeinschaft über Zusatzstoffe in der Tierernährung" (>Futterzusatzstoffe<, Zulassungsverfahren) geregelt. Leistungsfördernde Substanzen, die auf anderem Wege als über das >Mischfuttermittel< verabreicht werden – z.B. über Pansenboli oder >Implantate< –, fallen unter die >Arzneimittelgesetzgebung<. Leistungsfördernde Substanzen können grundsätzlich nach ihrem Wirkort und ihrer vorherrschenden Wirkungsweise unterschieden werden. Als Zielorte leistungsfördernder Substanzen sind der Intermediärstoffwechsel (Wirkungen im Intermediärstoffwechsel, s.u.) und der Magen-Darm-Trakt herauszustellen, wobei hier zu trennen ist zwischen der Wirkung in den Vormägen (Wirkungen in den Vormägen der Wiederkäuer, s.u.) der Wiederkäuer mit mi-

krobieller Verdauung (Fermentation) und der Wirkung im Darm (Wirkungen im Darm, s.u.) mit geringerer mikrobieller Besiedlung und daher vorherrschend enzymatischer Verdauung. Die wünschenswerten Effekte der L. sind die Beeinflussung der Verdauungsprozesse (Erhöhung der Menge bzw. Optimierung der Zusammensetzung der absorbierten Nährstoffe, Verringerung der Nährstoff- und Energieverluste) sowie die Umsetzungen im Intermediärstoffwechsel (erhöhte Verwertung von Nährstoffen und Energie für die Erhaltung und Leistung, Verbesserung der Produktqualität).

2. Wirkungen im Darm: L. mit antimikrobieller Aktivität zeigen gleichermaßen günstige Auswirkungen auf die Verdauungsprozesse im Darm von Wiederkäuern (Rind, Schaf) und Monogastriern (Schwein, Geflügel). Bei den derzeit in der Bundesrepublik zugelassenen L. für diese Indikation handelt es sich ausschließlich um Substanzen, die durch ihre antimikrobielle Wirksamkeit die Darmflora optimieren, so die Verdauungsprozesse im Intestinaltrakt günstig beeinflussen und damit die Futterausnutzung verbessern (Verringerung der Nährstoffverluste durch mikrobiellen Abbau) sowie den Gesundheitsstatus erhöhen (Reduzierung toxischer mikrobieller Stoffwechselprodukte). Günstige Wirkungen dieser Substanzen werden insbesondere bei jungen Tieren erzielt, die auf schnell wechselnde Umweltbelastungen (Absetzen, Umstallung, Futterwechsel) besonders empfindlich reagieren, weil die enzymatische Verdauungskapazität im Vergleich zu älteren Tieren schneller überlastet ist und bakteriell bedingte Krankheiten häufiger auftreten.

3. Wirkungen in den Vormägen der Wiederkäuer: Der Vorteil der Fermentation von Futterkohlenhydraten beim Wiederkäuer, nämlich die effiziente Nutzung ei-

niger für den Monogastrier nur gering verwertbarer Nahrungsbestandteile wie Cellulose, ist mit höheren Energieverlusten in Form von Methan (ca. 8 % der mit dem Futter aufgenommenen Bruttoenergie) verbunden. Bestimmte Zusatzstoffe mikrobieller Herkunft (>Fütterungsantibiotika<) verbessern die >Futterverwertung<, indem sie indirekt die Methanproduktion hemmen. Bei teilweise leicht reduzierter Futteraufnahme läßt sich durch den Einsatz derartiger Stoffe die Futterverwertung in der Rinder- und Lämmermast um 5 bis 15 % verbessern. In Deutschland sind für den Einsatz in der Rindermast ein Polyetherantibiotikum (>Monensin-Natrium<), ein Glykopeptid (>Avoparcin<) und ein Glykolipid (>Flavophospholipol<) zugelassen.

4. Wirkungen im Intermediärstoffwechsel: Die biochemisch-physiologischen Vorgänge im Intermediärstoffwechsel unterliegen generell der Regulation durch körpereigene >Hormone< (z.B. durch Somatotropine), deren Bildung und Sekretion ebenfalls durch körpereigene Faktoren reguliert, d. h. entweder gefördert (z.B. >Somatocrinine<) oder aber gehemmt wird (z.B. >Somatostatin<). Diese in verschiedenen Organen endogen durch Hormone und Enzyme regulierten Stoffwechselvorgänge können prinzipiell auch durch synthetisch hergestellte und exogen zugeführte Substanzen beeinflußt werden. Im Gegensatz zu >Futterzusatzstoffen< mit antimikrobieller Wirkung, die nur dann wirken können, wenn sie nicht oder zumindest nicht schnell resorbiert werden, müssen intermediär wirksame Stoffe über die Blutbahn in der wirksamen Form an den Ort der Wirkung (verschiedene Gewebe) gelangen. Das bedeutet, daß nur solche intermediär wirksamen Stoffe über das Futter verabreicht werden können, die absorbierbar sind und die nicht im Verdauungstrakt zu unwirksamen Formen abgebaut werden. Der Einsatz intermediär wirksamer Substanzen, die je nach Komplexität des Moleküls biotechnologisch bzw. chemisch-synthetisch hergestellt oder auch körpereigener Herkunft sein können, hat zum Ziel, die Effizienz der Synthesevorgänge im intermediären Stoffwechsel zu erhöhen (z.B. Verringerung der Energie- und Stickstoffverluste) sowie die Synthese in Richtung erwünschter Produkte (z.B. Fleisch oder Milch) zu steuern. Milch- und Fleischleistung lassen sich durch Verabreichung von Somatotropinen und Somatocrininen erhöhen. Bereits mehrfach reproduzierte Befunde schließlich liegen zum Einsatz von Verbindungen mit Phenylethylamin-Struktur (>Beta-Agonisten<) vor, die den Futteraufwand in der Endmast sämtlicher landwirtschaftlicher Nutztiere deutlich verringern und bei unveränderter Fleischqualität das Fleisch-/Fettverhältnis stark verbessern (deshalb auch engl. repartitioning agents = Umverteiler). Auch die in letzter Zeit kontrovers diskutierten >Anabolika< (körpereigene und synthetische Verbindungen), die in ihrer Wirkung den männlichen (>Androgene<) oder weiblichen Geschlechtshormonen (>Östrogene<, Gestagene) vergleichbar sind, wirken leistungssteigernd durch ihre intermediäre Wirkung. Aus wissenschaftlicher Sicht erscheinen die Verbraucherängste vor dem gesetzlich geregelten Einsatz dieser umfassend erforschten, gesundheitlich unbedenklichen Substanzen nicht begründet.
Lit: Greife HA, Berschauer F (1988) Übers. Tierernährg. 16: 27–78.

Leistungsreaktor. Ein für die Verwendung in einem >Kernkraftwerk< geeigneter >Kernreaktor<, im Gegensatz zu >Reaktoren<, die hauptsächlich für die Forschung oder zur Erzeugung von >Spaltstoffen< dienen. Leistungsreaktoren haben thermische Leistungen bis zu 5.000 MW, das entspricht einer elektrischen Leistung von 1.500 MW.

Leitbündel. Sie bestehen aus >Xylem<-Gewebe zum Langstreckentransport von Wasser und Mineralsalzen sowie aus >Phloem<-Gewebe zum Ferntransport von >Assimilaten< (vgl. >Leitgewebe<). Sie durchziehen als ununterbrochene Stränge die gesamte Pflanze und übernehmen bei >krautigen Pflanzen< gleichzeitig Festigungsfunktionen.

Leitfähigkeit. Symbol meistens L oder k, bezeichnet in der Physik der Transportprozesse, soweit diese mit >linearen< Näherungen auskommt, den Parameter, der den durchflossenen Körper oder das durchströmte >System< hinsichtlich des >Flusses< der fraglichen Komponente j aufgrund eines Potentialgradienten $\partial\mu_j/\partial z$ allein charakterisiert. In der quant. Beziehung zwischen Potentialgradienten $\partial\mu_j/\partial z$ als Ursache und eindimensionalem Massefluß J_j einer Komponenten j als Wirkung wird die Proportionalitäts-„Konstante" L_j als charakteristische Größe eingeführt:

$$J_j = - L_j \partial\mu_j/\partial z.$$

Für Wasser, das ein poröses System durchströmt, hängt die Leitfähigkeit $L_{Wasser} = k$ vom Potential des Wassers ψ selber ab:

$$J_w = k(\psi) \partial\psi/\partial z,$$

wobei $\partial\psi/\partial z$ der hydraulische Potentialgradient ist. Damit ist die Gl. nicht mehr linear. – Allg. ist die Leitfähigkeit nur selten od. in grober Näherung als Konstante anzusehen. Ausnahme z.B. beim >Ohmschen Gesetz< für den elektr. Strom. – Leitfähigkeit L_j und >Diffusionskoeffizient< D_j hängen, wenn μ_j eine Funktion nur von c_j ist, über die Darstellung des Flusses J_j vom Konzentrationsgradienten $\partial c_j/\partial z$

$$J_j = - D_j \partial c_j/\partial z$$

miteinander zusammen:

$$D_j = L_j \partial\mu_j/\partial c_j.$$

Eine gängige Verallgemeinerung erfährt die lineare Transportdynamik dadurch, daß jeder Gradient X_i in einem System zum Flusse J_j jeder Komponente j beitragen kann:

$$J_j = \Sigma_i L_{ji} X_i,$$

wobei die L_{ji} außer den Leitfähigkeiten (für i = j) jetzt auch sog. >Kopplungskoeffizienten< (für i ≠ j) bedeuten. S. a. >Permeabilität<, >Durchlässigkeit<.

Leitformen. >Syn. Leitarten<. Arten von Pflanzen oder Tieren, die in einem bestimmten >Biotop(typ)< regelmäßig vorkommen und zu seiner Charakterisierung herangezogen werden können. >Bioindikatoren<, >Indikatororganismen<, >Indikatorpflanzen<.

Leitgewebe. Finden sich in ihrer höchstentwickelten Form bei den >Kormophyten<, treten in einfacherer Zusammensetzung jedoch bereits bei den Braunalgen auf. Bei den Kormophyten unterscheidet man zwei völlig versch. Komponenten (s. Abb. S. 702): 1. Das >Xylem<, in dem hauptsächlich Wasser und darin gelöste Mineralsalze, aber auch Phytohormone wie z.B. Cytokinine mit Hilfe des Transpirationsstroms geleitet werden, enthält als funktionelle Elemente die >Tra-

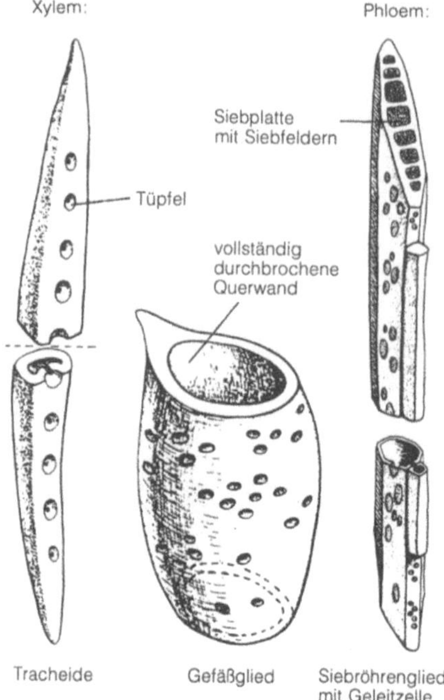

Leitgewebe: Die wichtigsten Zelltypen der Leitgewebe. (Aus: Hock B, Elstner EF (Hrsg.) (1988) Schadwirkungen auf Pflanzen. Ein Lehrbuch der Pflanzentoxikologie. 2. Aufl., B. I. Wissenschaftsverlag, Mannheim Wien Zürich)

cheiden< und (bei >Angiospermen<) die Gefäße (>Tracheen<). Bei beiden Zelltypen ist im funktionsfähigen Zustand der >Protoplast< eliminiert. Dem starken Unterdruck durch den Transpirationsstrom begegnen >Zellwand<verstärkungen, die meist große Mengen an >Lignin< enthalten. Bei den Gefäßen sind die Querwände ganz oder teilweise aufgelöst, so daß lange, durchgängige Röhren entstehen. 2. Das >Phloem<, in dem hauptsächlich >Assimilate< geleitet werden, enthält als funktionelle Elemente Siebzellen (Farnpflanzen und >Gymnospermen<) oder >Siebröhren< (hier fehlen >Zellkern< und >Tonoplast<, die Querwände sind als Siebplatten ausgebildet); letztere sind grundsätzlich mit >Geleitzellen< vergesellschaftet und treten in dieser Konfiguration bei Angiospermen auf. Die auch im funktionsfähigen Zustand lebenden >Zellen< stehen unter positivem Druck. Beim >Assimilattransport< findet eine Massenströmung vom Ort der Beladung (z. B. assimilierende >Blätter<) zum Ort der Entladung (z. B. >Wurzeln<) statt. Die Leitgewebe lassen sich für die Verteilung phytopharmakologischer Verb. in der Pflanze nutzen, die meist im Xylem, einige (z. B. versch. >Fungizide<) aber auch im Phloem transportiert werden.

Leitnuklid. Für >Abschirmungs<- und >Ausbreitung<srechnungen oder zur Ermittlung von Ortsdosisleistungen genügt es oft, nur einige wenige spezielle >Radionuklide<, die Leitnuklide, zu berücksichtigen. Die Leitnuklide verfügen über chem. Ähnlichkeit und/oder so hohe spezifische >Zerfallsenergie<, daß

sie schwächer strahlende Radionuklide in ihrer Wirkung überdecken, so daß deren rechnerische Vernachlässigung keine Fehler bei >Strahlenschutz<rechnungen hervorruft.

Leitpflanzen. Sie kennzeichnen entweder als dominierendes Florenelement ein best. Gebiet oder eine Pflanzengemeinschaft, oder sie dienen als Indikator für eine best. Umweltsituation (z. B. als Stickstoffzeiger, Feuchteanzeiger etc.); s. a. >Indikatorpflanzen<.

Leitsysteme. Zur besseren Verkehrssteuerung wie die >Wolfsburger Welle< sorgen Leitsysteme für eine Vergleichmäßigung des Verkehrs und damit niedrigere >Emissionen<.

Leitungsverluste. Energieverluste, die durch den Transport der >Energieträger< zu den Verbrauchsorten entstehen.

Leitwert. Ein L. ist im Sinne eines >Grenzwertes< zu verstehen, hat jedoch i. d. R. eine etwas geringere bindende Wirkung.

Lemna-minor-Test. Testsystem, welches das (gestörte) Wachstum der an der Wasseroberfläche schwimmenden kleinen Pflanze (Wasserlinse) zur Feststellung einer Schädigung durch toxische Substanzen nutzt. Dabei werden einer genauen Anzahl der Testpflanzen in Nährlösung in Bechergläsern steigende Konzentrationen eines Schadstoffs oder einer Testlösung (Sickerwasser, Abfalleluat etc.) zugesetzt und die Pflanzen unter einer Pflanzenlampe im Hell/Dunkel-Rhythmus (8/16 oder 12/12 Stunden) inkubiert. Die Veränderung der Blattvermehrung, die bei ungestörten Kontrollen i. allg. logarithmisch erfolgt, wird in Abhängigkeit von der Schadstoffkonzentration in der Nährlösung erfaßt und graphisch ausgewertet. >Bioindikatoren<, >Indikatorpflanze<, >Ökologische Chemie<, >Ökotoxikologie<.

Lenacil. Wirkt als >Herbizid< und zählt zur Substanzklasse der Uracil-Derivate.
CAS-Nummer: 2164–08–1
Hersteller: Du Pont
Wirkungstyp: Selektives Herbizid zur Vorauflaufbehandlung. Hemmstoff der Photosynthese. Aufnahme durch die Wurzeln.
Bevorzugte Anwendung: Gegen Samenunkräuter und einjährige Gräser in Spinat, Zuckerrüben, Erdbeeren und Zierpflanzen.

Chemische und physikalische Eigenschaften:
Physikalische Beschaffenheit: Krist., farblos.
Schmelzpunkt: 315 bis 317 °C.
Dampfdruck: $1 \cdot 10^{-9}$ hPa bei 25 °C.
Stabilität: Weitgehend stabil, auch gegen Säuren. Wird von Alkalien erst in der Hitze zersetzt.
Löslichkeit: In Wasser 6 mg/L bei 25 °C.
Abbau: Metabolismus im Boden unbekannt. Nach 5 bis 6 Monaten war Lenacil vollständig mikrobiol. abgebaut. Nachwirkungszeit im Boden 3 Monate (nach 1 bis 2 kg/ha).
Toxizität: Akute orale LD_{50} für Ratten >11.000 mg/kg. Die akute dermale LD_{50} für Kaninchen wird auf über

5.000 mg/kg geschätzt. Leichte Hautreizung durch 10%ige, stärkere Reizung durch 50%ige wäßrige Suspension. Verabreichung von 5.000 mg/kg enthaltender Nahrung an Ratten (5 Tage je Woche) über 2 Wochen brachte keinen pathologischen Befund. Dosis ohne Wirkung bei Hunden 500 mg/kg (3 Monate).
Inhalation LC_{50} für Ratte >5,2 mg/L.
Bienentoxizität: Nicht bienengefährlich (B4).
Fischtoxizität: Nicht fischgiftig. Mittlere letale Konzentration 50 mg/L.

Lentizellen. (Lat. lens = Linse). Meist linsenförmige oder spindelförmige Korkwarzen, die als Durchlaßstellen des sek. Abschlußgewebes von >Sproßachsen< den >Gasaustausch< der darunterliegenden Gewebe mit der Umgebung ermöglichen. Sie ersetzen somit nicht nur die >Spaltöffnungen< des prim. Abschlußgewebes (>Epidermis<), sondern werden auch unmittelbar unter diesen angelegt. Die L. sind allerdings im Öffnungsgrad nicht regulierbar, da ihre Durchlaßfunktion auf dem >Interzellularenreichtum< ihres Füllgewebes beruht und nicht auf einer >Turgor<-vermittelten Mechanik. Lentizellen ermöglichen auch den Eintritt von Schadgasen und bieten >phytopathogenen< Organismen Zutritt zur Pflanze.

Lepidium-sativum-Test. (Syn. Kressetest). Nach einigen Tagen der Keimung wird die Wurzellänge gemessen. Dieser Test dient der toxikologischen Untersuchung von Abwässern und Eluaten von Schlämmen, Deponiesickerwässern und festen Abfallstoffen. In Abhängigkeit von der Konzentration gegenüber der Kontrolle werden Steigerung bzw. Hemmung des Wurzelwachstums festgestellt. Der standardisierte Text ist in Vorbereitung.

Lepidoptera (Schmetterlinge). L., als große pflanzenfressende Gruppe, sind mit vielen Arten abhängig vom Erhalt der Artenvielfalt an Pflanzen der gewachsenen Kulturlandschaft und natürlichen Lebensräumen. >Insecta<.

Lepton. „Leichtes" Elementarteilchen. >Elementarteilchen<.

Leseband. Teil einer >Sortieranlage<, bestehend aus einem Transportband, das mit geringer Geschwindigkeit läuft. Von diesem Band werden per Hand, je nach Anforderung, unterschiedliche Stoffe gelesen und zumeist über Fallschächte im Boden in darunterliegende Container geworfen. L. werden für die Abtrennung von >Wertstoffen<, die gemeinsam in einem Behälter gesammelt wurden (>Gelber Sack<) oder für die Nachsortierung von getrennt gesammelten Wertstoffen (z.B. Trennung von Glas in verschiedene Farben) eingesetzt. Die Arbeitskräfte werden durch Staub, gasförmige >Emissionen< und Lärm gesundheitlich beeinträchtigt.

Leslie-Matrix. In populationsdynamischen Modellen, die Altersstrukturen der Populationen und altersabhängige Reproduktionsraten berücksichtigen, die Matrix, die dafür sorgt, daß aus einer diskreten Altersverteilung einer Population nach einem Zeitschritt die neue hervorgeht.
Lit: Leslie PH (1945) On the use of matrices in certain population mathematics, Biometrika 33: 183–212.

Lessivierung. Verlagerung von Tonmineralteilchen im Boden mit dem Sickerwasser. Die L. setzt eine Dispergierung des Tons voraus und ist an bestimmte boden-chemische Bedingungen gebunden (gleichsinnige Ladung der Teilchen, keine Brückenbildung durch mehrwertige Kationen) und läuft daher vorwiegend in schwach sauren Böden ab. In neutralen Böden sind dagegen die Tonteilchen durch Ca^{2+}, bei sehr tiefem pH durch Aluminiumionen geflockt und damit unbeweglich. Die L. führt zu einer Tonverarmung im Oberboden und zu einem Tonanreicherungshorizont im Unterboden; sie ist der wichtigste profilprägende Prozeß der >Parabraunerden<.

Letaldosis. Radioaktivität: Höhe der Strahlendosis, die zum Tod durch akutes Strahlensyndrom führt. Der Wert hängt sehr stark ab vom bestrahlten Vol. (Ganz- oder Teilkörperbestrahlung), vom zeitlichen Verlauf (kurzzeitige oder langzeitige Bestrahlung) und von der Art des Organschadens, welcher zum Tode führt (Nervensystem, Magen-Darm-Trakt, blutbildendes System). Entspr. der individuellen Widerstandsfähigkeit werden die Werte normalerweise auf die Mortalität von 50% der Bestrahlten, die LD_{50} bezogen. Aufgrund der geringen Zahl der bisher aufgetretenen, rekonstruierbaren tödlichen Strahlenunfälle und ihrer unterschiedlichen med. Versorgung streuen diese Werte sehr. Man geht heute davon aus, daß die LD_{50} für kurzzeitige Ganzkörperbestrahlung zwischen 4 und 7 >Gy< liegt.

Letalität. Anteil an tödlich endenden Fällen einer bestimmten Krankheit. Im allgemeinen wird die Letalität nach folgender Formel berechnet:
Anzahl der an einer bestimmten Krankheit Verstorbenen durch die Anzahl neuer Fälle der bestimmten Krankheit × 100.
Es erscheint sinnvoll, die Letalität nur für akute Krankheiten zu berechnen, da bei chronischen Erkrankungen – u.a. wegen der Verteilung der Sterbefälle auf viele Jahre und der Konkurrenz durch andere Todesursachen – eine exakte statistische Erfassung oft nicht mehr möglich ist.

Lethal Concentration Fifty (LC_{50}). Mittlere tödliche Konzentration einer Substanz oder Zubereitung in der Umgebung (Luft oder Wasser) von Versuchstieren, die innerhalb eines bestimmten Zeitraums die Hälfte der Versuchstiere tötet. Einheit: mg/L.

Lethal Concentration Low (LC_{Lo}). Niedrigste angegebene Konzentration einer Substanz, die nach gegebener Expositionsdauer irgendeine toxische Wirkung im Menschen bzw. eine >cancerogene<, neoplastigene oder teratogene Wirkung in Mensch oder Tier verursacht; Einheit: $mg\ L^{-1}$ oder $mg\ m^{-3}$.

Lethal Dose Fifty (LD_{50}). Mittlere tödliche Menge einer Substanz oder Zubereitung, die nach Verbringen in den Magen oder auf die Haut von Versuchstieren derselben Art die Hälfte der Versuchstiere tötet. Einheit: mg/kg.

Lethal Dose Low (LD_{Lo}). Niedrigste angegebene tödliche Dosis einer Substanz in Mensch oder Tier, auf einem beliebigen Applikationsweg (außer durch Inhalation) in irgendeiner gegebenen Zeit und in einer oder mehreren Teilmengen in den Körper gebracht. Einheit: mg/kg.

Lethal Time Fifty (LT_{50}). Diejenige Zeitdauer, in der 50% der Individuen bei einer gegebenen Wirkstoffkonz. absterben. LT_{90} usw. sinngemäß.

Leuchtbakterientest. >*Photobacterium phosphoreum*< (alt: *Vibro fischeri*).

Leuchtfarben. Die meisten der verwendeten Leuchtfarben basieren auf Licht>fluoreszenz< und auf >Phosphoreszenz< und sind damit ohne >radioaktive< Beimengungen. In größerem Umfang wird heute nur noch >Tritium< (H-3) als niederenergetischer >Betastrahler< zur Leuchtanregung in den sog. Beta-Lights eingesetzt, z.B. für Notausgangsschilder in öffentlichen Räumen, militärische Armaturen. In Zifferblättern von Taucheruhren verwendet man ebenfalls noch Tritium, manchmal auch Promethium-147. Diese Uhren müssen am Zifferblatt mit T bzw. P gekennzeichnet sein. In alten Weckern, Kompassen und Leuchtarmaturen, die vor 1955 hergestellt wurden, kann aber immer noch das >Gammastrahlung< emittierende >Radium< vorhanden sein.

Leuciscus idus. (Syn. Goldorfe). >Fischtest<. L. ist eine orange-gelbe Farbvarietät des Alands (Orfe), der in größeren Flüssen und Seen in Mittel- und Nordeuropa vorkommt. Der Fisch erreicht eine Länge von 30 bis 40 cm und laicht von April bis Juni. L. wird in D vornehmlich zur Prüfung der Schadwirkung von Abwässern als ein Parameter für das Abwasserabgabengesetz eingesetzt (DIN 38412 Teil 31). In dem 48 h dauernden Test werden Fische mit einer Länge von 5 bis 8 cm eingesetzt. Damit die Tiere das ganze Jahr diese Größe behalten, müssen die Züchter sehr sorgfältig Fütterung und Temperatur des Wassers im Auge behalten. Auch die nachfolgende Hälterung muß unter Konstanthaltung von Sauerstoffgehalt, Temperatur, pH-Wert, Fütterung etc. erfolgen. Während des Tests werden die Tiere nicht gefüttert. Tote Tiere werden zwischendurch entfernt. Abwässer oder Stoffzusätze werden für den Test neutralisiert. Für die Stoffprüfung gilt das Bewertungsmaßstab die >LC$_{50}$<. Bei der Abwasserprüfung gilt die Verdünnung als schädlich, bei der 1 Tier tot ist. L. wird auch wegen seiner Farbigkeit gern in Parkteichen gehalten.

Leukämie. Allg. Begriff für bösartige Entartung und Reifungsstörung der weißen Blutzellen (Leukocyten); Mechanismen sind weitgehend ungeklärt; wichtige bekannte Faktoren sind u.a. chemische Substanzen (v.a. >Benzol<), >ionisierende Strahlung<, Cytostatika und onkogene Viren. Die Häufigkeit beträgt im Jahr 40 bis 50 Fälle pro 1 Million Einwohner. Durch die allmähliche Verdrängung normaler Blutzellen und Wachstum von atypischen Zellen in Organen kommt es zur >Anämie<, erhöhter Blutungsbereitschaft, Infektionsanfälligkeit und Funktionsminderung befallener Organe. Die Einteilung der Leukämien erfolgt nach morphologischen, cytochemischen und immunchemischen Kriterien der atypischen Zellen, der Leukocyten-Zahl, aber auch nach dem klinischen Verlauf der Krankheit; man unterscheidet in erster Linie (a) akute Leukämien (akute lymphatische L., akute myeloische L.), (b) chronisch-myeloische L. und (c) chronisch-lymphatische L.

LEV. >Abgasgrenzwerte<.

Levamisol. >Anthelminthika.<

Level I-Fläche. Fläche eines EU-weiten 16 × 16 km-Meßnetzes, in dem jährlich der Kronenzustand erhoben wird. Bislang wurde je 1× auf diesen Flächen der Bodenzustand und der Ernährungszustand der Hauptbaumarten ermittelt.

Level II-Fläche. Intensiv-Monitoringfläche des EU-weiten Meßnetzes, auf der alle 2 Jahre der Ernährungszustand der Bäume ermittelt wird, alle 5 Jahre der Zuwachs und alle 10 Jahre der Zustand der Bodenfestphase. Auf einem Teil der Flächen werden auch Depositions- und Bodenlösungsmessungen durchgeführt, so daß Stoffflüsse und jährliche Stoffbilanzen berechnet werden können.

Libellen. Ordnung Odonata der Insekten mit primitiven Merkmalen: kauende Mundwerkzeuge, geschlossene Flügeladerzellen, direkte Flugmuskulatur, und abgeleiteten Merkmalen: sek. Kopulationsorgan des Männchens am 2. Abdominalsegment, Fangmaske der Larven. Die Imagines sind gute Flieger und sämtlich räuberisch. Die Geschlechtsöffnung liegt am 9. Hinterleibssegment. Zur Paarung ergreift das Männchen mit seinen Hinterleibszangen ein Weibchen hinter dem Kopf. Vorher oder während der Paarung füllt es sein sek. Kopulationsorgan mit Sperma. Das Weibchen biegt seinen Hinterleib so, daß es mit seiner Geschlechtsöffnung am 9. Hinterleibssegment das Sperma aufnehmen kann. Dabei entsteht das charakteristische „Paarungsrad". Die Eier werden direkt ins Wasser abgeworfen, in oder auf Pflanzen oder auf andere Substrate gelegt. Die Larven haben eine vorstreckbare Fangmaske zum Ergreifen der Beute; sie geht aus dem Labrum hervor und besteht aus Postmentum, Prämentum und den beiden Labialpalpen. Die Aufnahme des Sauerstoffs erfolgt über die Körperoberfläche, die bei den Kleinlibellen durch blattförmige Tracheenkiemen am Hinterleibsende vergrößert ist. Bei den Larven der Großlibellen wird Wasser in die Branchialkammer des Enddarms aufgenommen, wo ein umfangreiches Tracheengeflecht den Sauerstoff aufnimmt. In Mitteleuropa kommen folgende Familien vor: 1. Anisoptera, Großlibellen: Aeschnidae, Cordulegasteridae, Corduliidae, Gomphidae, Libellulidae; 2. Zygoptera, Kleinlibellen: Calopterygidae, Platycnemidae, Agrionidae, Lestidae. Insgesamt 80 Arten in Mitteleuropa. Alle Libellen sind geschützt, viele sind in ihrem Bestand gefährdet.

Lit: Dreyer W (1986) Die Libellen. Handbuch zur Biologie und Ökologie aller mitteleuropäischen Arten mit Bestimmungsschlüssel für Imagines und Larven, 1. Aufl., Gerstenberg, Hildesheim – Bellmann H (1987) Libellen beobachten – bestimmen, 1. Aufl., Neudamm, Melsungen.

Licht als ökologischer Faktor. Licht ist einer der ganz wichtigen >abiotischen Faktoren<. Tiere und Pflanzen können Licht durch seine Einwirkung auf bestimmte Pigmente wahrnehmen. Es wird L. vom UV-Bereich mit einer Wellenlänge von ca. 300 nm bis in den infraroten Bereich bei ca. 1.100 nm Wellenlänge wahrgenommen bzw. verarbeitet. Das L. wird von den Pflanzen als Energiespender für die >Photosynthese< genutzt, wobei es zu einer Umwandlung in chemische Energie kommt. Damit ist die Grundlage für alle wichtigen Lebenserscheinungen auf der Erde gegeben. Ausnahmen betreffen die >Chemosynthese<. Daneben wirkt das L. aber auch bei Pflanzen als Information. Pflanzen erfassen die Intensität und Richtung sowie Dauer und spektrale Zusammensetzung des Lichteinfalls. Viele Pflanzen sind an bestimmte Lichtverhältnisse angepaßt: Licht- und Schattenpflanzen, Licht- und Dunkelkeimer usw. Auch für die meisten Tiere ist L. ein lebensnotwendiger Faktor. Es wird mit unterschiedlichen Lichtsinnesorganen wahrgenommen, vom diffusen Hautlichtsinn bis hin zu komplizierten Linsenaugen. Das L. dient zur Orientierung, angefangen von einfachen Einstellreaktionen (>Lichtrückenreflex<

und >Phototaxis<) bis hin zur gezielten Jagd auf Beutetiere oder zum optischen Erkennen von anderen Nahrungsquellen, z.B. bei Insekten, die auch die Schwingungsrichtung des polarisierten L. wahrnehmen können. Die Aktivität vieler Tiere wird durch den Hell-Dunkel-Wechsel gesteuert (>Tagesrhythmus<) bzw. durch jahreszeitliche Änderungen der relativen Tageslänge, die u.a. die Reifung der Gonaden beeinflußt oder Ruhephasen bewirkt: >Diapause<.

Lichtreaktionen. Diejenigen Teilreaktionen der >Photosynthese<, bei denen die Umwandlung von Lichtenergie in chem. >Energie< erfolgt. Der Primärprozeß ist hierbei der Vorgang der Ladungstrennung, der unabhängig voneinander in zwei hintereinander geschalteten Photosystemen, PS II und I, stattfindet (s. Abb. unten). Bei der Absorption von Lichtquanten durch PS II kommt es zur Anregung des Reaktionszentrums P_{680}, einem Chlorophyll a-Dimer. Die Anregungsenergie bewirkt eine Ladungstrennung im P_{680}-Reaktionszentrum. Hierdurch kommt es zur Red. eines Prim.-Akzeptors Q auf der reduzierenden Seite und zur Ox. eines starken Ox.-Mittels auf der oxidierenden Seite. Der letzte Vorgang führt zur Wasserspaltung. Hierbei werden dem Wasser >Elektronen< entzogen, und es erfolgt eine Freisetzung von molekularem Sauerstoff:

$$2\,H_2O \rightarrow O_2 + 4\,H^+ + 4e^-$$

Auch beim PS I ist die Ladungstrennung, hier bei einem Reaktionszentrum P_{700} (wiederum ein Chlorophyll a-Dimer), der entscheidende Energiewandler-Prozeß. Dabei erfolgt eine Elektronenübertragung über eine Reihe von Elektronencarriern auf Ferredoxin und schließlich auf >NADP$^+$<; das oxidierte P_{700} entzieht andererseits dem Plastocyanin Elektronen. PS II und I sind durch eine >Elektronentransport<kette miteinander verbunden. Somit werden insgesamt die aus dem Wasser stammenden Elektronen auf NADP$^+$ übertragen und zur Synth. von NADPH genutzt. Außerdem führt der Elektronentransport zu einer H$^+$-Ansammlung im inneren >Thylakoid<raum. Das hierdurch aufgebaute elektrochem. Potential wird für die

>ATP-Synthese< genutzt; diese erfolgt bei der Entlassung der >Protonen< über einen Protonenkanal im ATP-Synthase-Komplex in der Thylakoidmembran. Eine Reihe von >Herbiziden< greift als Photosynthesehemmer in den Elektronentransport ein. Hierzu zählen u.a. Harnstoffderivate wie Diuron oder Monuron bzw. *s*-Triazine wie >Atrazin<, die durch ihre Bindung an das Q_B-Protein auf der reduzierenden Seite des PS II den Elektronenfluß unterbinden.

Lichtrückenreflex. Orientierung von Wassertieren nach dem Licht, das natürlicherweise von oben einfällt, so daß der Rücken dem Licht zugewandt ist; besonders deutlich bei im Wasser lebenden >Arthopoden< wie Krebsen und Wasserinsekten, aber auch bei Fischen und Amphibien. Aus der Gegenrichtung wirkt normalerweise die Schwerkraft als Reiz mit gleicher Wirkung. Im Experiment können diese beiden zur Orientierung der Wassertiere wichtigen Reize und ihre Wirkung getrennt werden. Eine Ausnahme bildet der Rückenschwimmer, eine bei uns häufige Wasserwanze, die mit der Bauchseite nach oben umherschwimmt.

Lichtschachtsaat. >Fahrgasse<.

Lichtschutzmittel. >Additiv< zur Verringerung des Lichteinflusses auf Materialien, deren Oberflächen dem Licht ausgesetzt sind, wie z.B. Kunststoffe, Farben und Lacke oder auch Spritzbeläge von Pflanzenschutzmitteln auf Blättern.

Lifetime Fill. Im Fahrzeugbau einmalige Versorgung mit best. Betriebsstoffen, die dann während der Nutzungsdauer des Fahrzeugs nicht mehr gewechselt werden. Hierzu gehören z.B. in vielen Fällen Getriebeöl und die Schmierung beweglicher Gelenke. Durch L. entspr. Entlastung von Entsorgungsproblemen. In vielen Fällen ist L. jedoch nicht möglich, z.B. bei Motorenölen, >Bremsflüssigkeiten< und >Kühlflüssigkeiten<, da diese hochbeansprucht sind und in ihrer Wirkungsfähigkeit mit der Zeit nachlassen.

Lignin. (Lat. lignum = Holz). L oder Holzstoff findet sich als Gerüstsubstanz in Sek.-Wänden und insbeson-

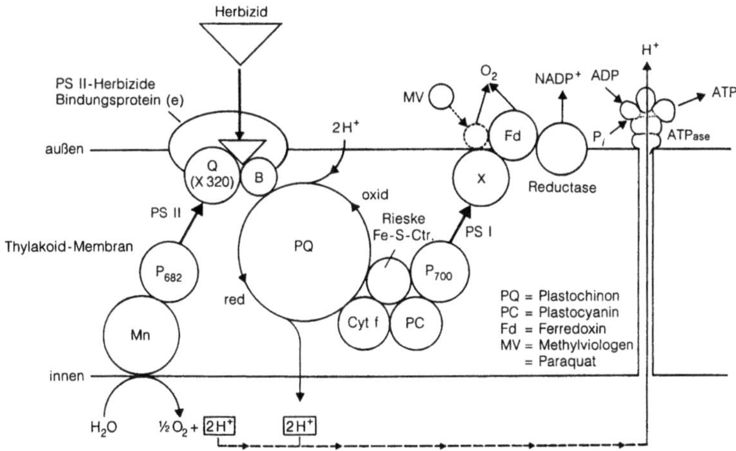

Lichtreaktionen: Z-Schema des photosynthetischen Elektronentransports. (Aus: Youngman RJ, Elstner EF (1988) Herbizide. In: Hock B, Elstner EF (Hrsg.) Schadwirkungen auf Pflanzen. Ein Lehrbuch der Pflanzentoxikologie, 2. Aufl., B. I. Wissenschaftsverlag, Mannheim Wien Zürich, S. 132–151)

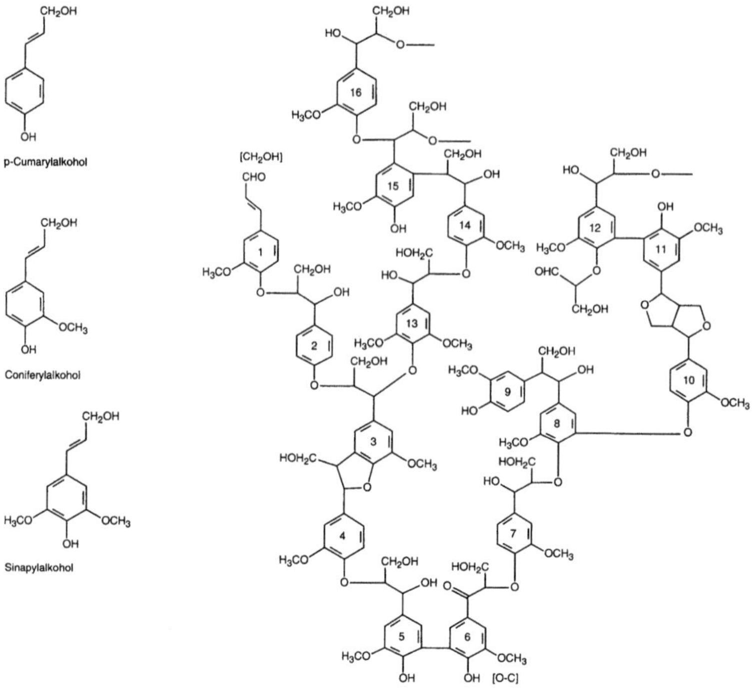

Lignin: *p*-Cumarylalkohol, Coniferylalkohol und Sinapylalkohol als Grundbausteine des Lignins. Diese Verbindungen sind zu einem dreidimensionalen Netzwerk des Makromoleküls verknüpft

dere auch in den zusammengesetzten Mittellamellen des >Holzes< und einiger anderer Gewebe. Durch die Verholzung werden die Cellulosemikrofibrillen zusammengekittet, und die Härte der >Zellwand< erhöht sich beträchtlich. Die Verbesserung der mechanischen Stärke war eine der Voraussetzungen für die Evolution der Landpflanzen. L. ist nach der >Cellulose< die häufigste org. Substanz auf der Erde. Bei der Holzverarbeitung, z.B. für die Papierherstellung, fallen weltweit pro Jahr 750.000 t L. an, die z.T. für die >Futtermittelpelletierung<, in der Bauindustrie und in der chem. Industrie genutzt werden. L. ist ein hochkompliziertes Makromolekül, dessen Grundbausteine *p*-Cumarylalkohol, Coniferylalkohol und Sinapylalkohol sich vom Phenylpropan ableiten. Sie sind zu einem dreidimensionalen Netzwerk verknüpft (s. chem. Formel oben). Deutliche Unterschiede bestehen in der Ligninzus. von >Gymnospermen< (überwiegend Coniferyl-Einheiten), >Dikotylen< (vorwiegend Sinapyl-Einheiten) und Gräsern (hohe Anteile von Cumaryl-Einheiten).
Lit: Fengel D, Wegener G (1984) Wood. Chemistry, ultrastructure, reactions, Walter de Gruyter, Berlin New York.

Ligninabbau. Erfolgt durch >Bakterien<, insbesondere >Actinomyceten<, und durch Weißfäulepilze. Die Biochemie ist am besten bei *Phanerochaete chrysosporium* untersucht, aber auch eine Reihe wertvoller Speisepilze ist zum L. in der Lage. Hierzu zählt z.B. der Austernseitling *Pleurotus ostreatus*, der Shiitake-Pilze (benannt nach dem Shii-Baum) *Lentinus edodes*, der Rotbraune Riesenträuschling, häufig als Braunkappe bezeichnet, *Stropharia rugoso-annulata*, der Samtfußrüb-

ling *Flammulina velutipes*, das Stockschwämmchen *Kuehneromyces mutabilis* u.v.a., die alle auf Stroh und Holzabfällen kultiviert werden können. Eine wichtige Rolle beim L. spielen die >Enzyme< Lignin-Peroxidase (Ligninase), Mangan-Peroxidase und Laccase bei Phanerochaete. Bei anderen Arten ist neben der Laccase vor allem die Veratrylalkoholoxidase am L. beteiligt. Die Abb. S. 707 zeigt ein Modell des Ligninabbaus, das KIRK für Phanerochaete entwickelte. Besondes wichtig hierfür ist der parallel verlaufende >Cellulose-< und >Glucoseabbau<, der H_2O_2 für die Lignin-Degradation liefert. Aus dem L. und anderen pflanzlichen und tierischen Überresten entstehen u.a. die hochpolymeren und schwer zersetzbaren Huminstoffe, die sich im Boden anreichern und zusammen mit den Tonmineralien zur Ionenaustauschfähigkeit des Bodens beitragen.

Limitation. Begrenzung von Ressourcen jeglicher Art für biol. Prozesse: Wachstum und Vermehrung von Organismen durch Nahrungsl., Aktivität z.B. durch L. von Sauerstoff, Ansiedlung durch Raumbegrenzung u.a.

Limitierende Faktoren. Als l.F. oder begrenzende Faktoren können im Stoffwechsel der Organismen einzelne Substanzen wirken, z.B. für die >Photosynthese<, aber auch das Licht als Energiequelle. Bei entsprechendem Mangel werden die Stoffwechselprozesse verlangsamt oder ganz eingestellt. In der >Ökologie< kann u.a. das Nahrungsangebot einen l.F. für das Wachstum einer >Population< darstellen und ist dann

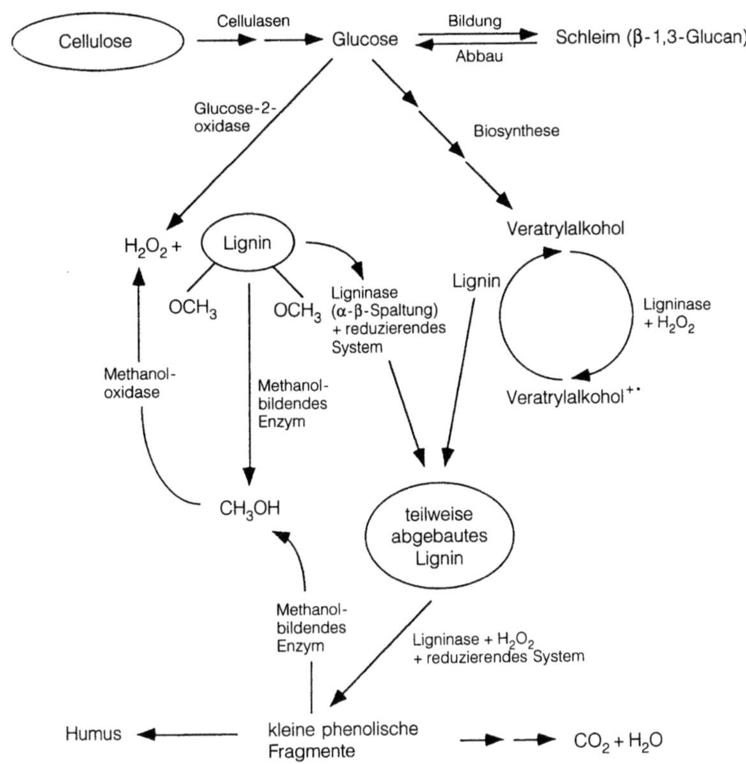

Ligninabbau: Schema des mikrobiellen Abbaus von Lignin und Cellulose mit verschiedenen Enzymen, der Bedeutung von Wasserstoffperoxid und des kationischen Radikals von Veratrylalkohol für den Ligninabbau

ein dichteabhängiger l. F., während z. B. klimatische Ereignisse als dichteunabhängige l. F. wirken können.

Limitierte Abgaskomponenten. >Schadstoffe<, die durch entspr. Vorschriften des Gesetzgebers in ihrer Erfassung und Analyse definiert sind, >Abgasanalyse<, und für die daraus folgend entspr. Grenzwerte, >Abgasgrenzwerte<, sind. Zu den l. A. gehören >CO<, >HC<, >NO$_x$< und >Feststoffe< (Partikel). Eine Erweiterung auf >Benzol<, >MeOH< und >Formaldehyd< wird in den USA, beginnend in Kalifornien angestrebt. Dabei wird unter Berücksichtigung der Ozonwerte die Neigung zur Bildung von >Photooxidantien< zugrunde gelegt, >Non-Methan-Organic-Gas<.

Limnokinetik. Gesamtheit der Wasserbewegungen unter der Oberfläche eines thermisch geschichteten Sees. Diese Bewegungen kommen zustande durch 1) Wirkungen des Windes und Luftdrucks auf die Seeoberfläche; 2) größere Zuflüsse in den See; 3) Wirkungen der >Corioliskräfte<. Die lange bekannten >Seiches< in Seen sind ein Teil der L.

Lit: Hollan E (1974) Wenn der Bodensee aufgewühlt wird, Umschau 74: 152–154 – Hollan E (1984) Strömungen im Bodensee, Wasserwirtschaft 74: 366–373 – Imboden DM (1990) Mixing and transport in lakes: Mechanisms and ecological relevance. In: Tilzer MM, Serruya C (Hrsg.) Large Lakes. Ecological structure and function. Springer, Berlin Heidelberg New York London Paris Tokyo Hong Kong, S. 47.

Limnokrene. Tümpelquelle. Grundwasseraustritt, dessen Quellwasser sich erst in einer Vertiefung sammelt, ehe es als Quellbach abfließt. Die Besiedlung der L. ist dementspr. von der in >Helokrenen< und >Rheokrenen< verschieden.

Limnologie. Teilgebiet der Ökologie, das sich mit den Gewässern auf dem Festland befaßt (Binnengewässer). Die allgemeine und theoretische L. verfolgt das Ziel, die physikalische, chem. und biol. Struktur und den biogenen Stoffhaushalt der stehenden und fließenden Gewässer qual. und quant. zu verstehen. Die angewandte L. leitet daraus die Grundlagen für die fischereiliche Bewirtschaftung, für Maßnahmen zum Schutz der Gewässer gegen >Eutrophierung< und >Gewässerbelastung< sowie zur Nutzung der Gewässer ab. Die L. ist als Seenkunde aus der Geographie hervorgegangen und von F. A. FOREL (1841–1912) 1900 so bezeichnet worden. Sie entwickelte sich rasch zu einer selbständigen Wissenschaft, zuerst in Europa durch FOREL, A. THIENEMANN (1882–1960), E. NAUMANN (1891–1934) u. a., sehr bald auch in Nordamerika durch E. A. BIRGE (1851–1950) und C. JUDAY (1871–1944). 1922 erfolgte die Gründung der „Internationalen Vereinigung für theoretische und angewandte Limnologie" durch THIENEMANN und NAUMANN. Dabei wurden ausdrücklich auch die >Fließgewässer< und teilweise (biol.) auch das Grundwasser in die L. einbezogen,

die so von der Seenkunde zur Binnengewässerkunde wurde. Die nicht biol. Grundwasserkunde ist bis heute als Hydrogeologie ein Teilgebiet der Geologie und Hydrologie.
Lit: Hutchinson GE (1957, 1967, 1975) A treatise on limnology Bd. 1–3. Wiley & Sons, New York. Chapman & Hall, London – Ruttner F (1962) Grundriß der Limnologie, 3. Aufl., Walter de Gruyter, Berlin – Schwoerbel J (1993) Einführung in die Limnologie, 7. Aufl., Fischer, Stuttgart New York – Wetzel RG (1983) Limnology, 2. Aufl., Sounders College Publishing, Philadelphia New York Chicago San Francisco Montreal Toronto London Sydney Tokyo Mexico City Rio de Janeiro Madrid – Lampert W, Sommer U (1993) Limnoökologie, 1. Aufl., Thieme, Stuttgart New York – Hynes HBN (1970) The ecology of running waters, 1. Aufl., Liverpool University Press, Liverpool – Brehm J, Meijering MPD (1990) Fließgewässerkunde, 2. Aufl., Quelle & Meyer, Heidelberg – Frey DG (1963) Limnology in North America, 1. Aufl., University of Wisconsin Press, Madison – Deckker PDE, Williams WD (1986) Limnology in Australia, 1. Aufl., Junk, Dordrecht Boston Lancaster – Lampert W, Rothhaupt KO (1989) Limnology in the Federal Repulic of Germany, 1. Aufl., Carus Druck, Plön – Besch WK, Hamm A, Lenhart B, Melzer A, Scharf B, Steinberg C (1984) Limnologie für die Paxis. Grundlagen des Gewässerschutzes, 1. Aufl., ecomed, Landsberg/Lech – Steleanu A (1989) Geschichte der Limnologie und ihrer Grundlagen, 1. Aufl., Haag & Herchen, Frankfurt/M.

Limonoide. L. sind charakteristische Inhaltsstoffe von Pflanzen der Familien Meliaceae und Rutaceae. Das bekannteste von ihnen ist das Azadirachtin (s. chem. Formel), das aus *Azadirachta indica* A. Juss (Meliaceae) (syn. *Melia azadirachta* A. Juss, Zedrach oder Persischer Flieder), einem in den Subtropen heimischen Baum, vorwiegend aus den Früchten gewonnen wird. Der Baum wird um des in der Frucht enthaltenden Öls willen kultiviert, der Presskuchen in der Landwirtschaft als Insektizid verwendet: Indien produziert ca. 83.000 t Öl (engl.: neem oil) als Rohmaterial für einfache Seifen usw. und 332.000 t Presskuchen pro Jahr. Die komplexe Struktur des Azadirachtins hat bisher die technische Synth. und damit die breitere Verwendung behindert, die deswegen auf einfache Zubereitungen wie getrocknete Blätter, Presskuchen, gemahlene Samenkerne u. a. in der Umgebung der Anbaugebiete beschränkt ist. Das Produkt besteht immer aus der natürlichen Mischung verschiedener Limonoide. Es ist, soweit bisher bekannt, sehr spez. bei ca. 200 Insektenspezies wirksam. Es ist daher sehr sicher in der Anw., differenziert zwischen verschiedenen Arthropoden und ist für Warmblüter unschädlich. Die Sz hemmt das Wachstum und die Fortpflanzung der Insekten und wirkt, auf die Pflanzen ausgebracht, auch fraßhemmend. Der häufig mit Azadirachta verwechselte Chinabaum (*Melia azedarach* L.) enthält ähnliche Inhaltsstoffe, ist aber sehr tox. gegen Warmblüter.

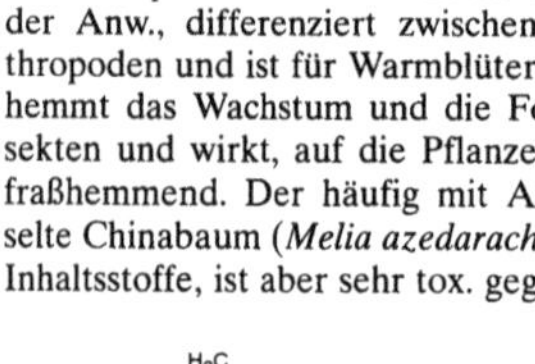

Azadirachtin

Lindan. (γ-Hexachlorcyclohexan). L. wirkt als >Insektizid<. Die Isolierung erfolgt aus dem Gemisch der >HCH<-Komponenten. Das γ-Isomere ist nahezu geruchsfrei und besitzt eine insektizide Wirkung.

Im sauren und alkalischen Milieu ist L. stabil. Im stark alkalischen Milieu erfolgt unter Abspaltung von Chlorwasserstoff die Reaktion bis zum > 1,2,4-Trichlorbenzol<. L. ist beständig gegen Licht und Ox. γ-HCH ist toxischer als >DDT<. γ-HCH kann im Fettgewebe angereichert werden, aber nicht in solch starkem Umfang wie >Aldrin<, >Dieldrin< oder >DDT<. Die Ausscheidung erfolgt relativ schnell, so daß die Gefahr der Kumulation sich verringert. Die Anwendung erfolgt als Atem-, Fraß- und Kontaktgift gegen beißende und saugende Insekten. Spinnmilben werden nicht geschädigt. Infolge der guten Wasserlöslichkeit ist die Anwendung als Bodeninsektizid gegen Käferlarven, Drahtwürmer, Engerlinge, Erdraupen etc. möglich. Wegen einer möglichen Geschmacksbeeinträchtigung der Nahrungsmittel ist auf die Anwendung im Lebensmittelanbau zu verzichten. Die Anwendung erfolgt weitgehend in Forstkulturen und im Baumwollanbau. Außerdem ist der Einsatz im Material- und Vorratsschutz sowie als Jacutin zur Bekämpfung von Ektoparasiten, z. B. Räudemilben und Zecken, sowie von Mücken und Fliegen möglich. Wegen der hohen Flüchtigkeit der Substanz ist die Persistenz in der Umwelt nur relativ gering. γ-HCH dringt in das Pflanzengewebe ein und besitzt eine hohe Initialtoxizität. Deshalb dient es oft zur Mischung mit DDT oder Cyclodienen. Im Warmblüterorganismus erfolgt die Metabolisierung über Zwischenstufen zu 1,2,4-Trichlorbenzol und zu isomeren Trichlorphenolen. Eine Derivat-Bildung mit Glucuronsäure führt zum Ausscheidungsprodukt. Im Insektenorganismus wird L. zu Pentachlorcyclohexen abgebaut. Dieses lagert sich an Glutathion an.
Substanzklasse: chlorierter Kohlenwasserstoff
Chemische Bezeichnung: γ-1,2,3,4,5,6-Hexachlorcyclohexan. L. mind. 99 %
CAS-Nummer: 58–89–9
Wirkungstyp: Insektizid mit Fraßgift-, Atemgift- und Berührungsgift-Wirkung.
Bevorzugte Anwendung: Gegen beißende Insekten im Acker-, Gemüse-, Obst- und Zierpflanzenbau und im Forst (Rüsselkäfer, Borkenkäfer). Gegen Bodenschädlinge. In Saatgutpuder für Getreide und Rüben. Gegen Ameisen. Gegen Vorratsschädlinge in leeren Speichern. Keine Anwendung in Getreidevorräten und deren Verarbeitungsprodukten.
Chemische und physikalische Eigenschaften:
Physikalische Beschaffenheit: Farblos, krist.
Schmelzpunkt: 112,5 bis 113,5 °C.

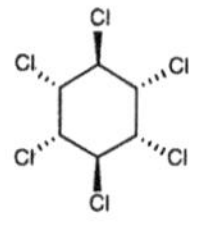

Verteilungskoeffizient (log $P_{o/w}$): 3,76 bei 20 °C.
Dampfdruck: $1,2 \cdot 10^{-3}$ Pa bei 20 °C.
Stabilität: Gegen Licht, Luft und Säuren weitgehend stabil. Empfindlich gegen Alkalien.
Korrosives Verhalten: Leicht korrosiv gegen Metalle.
Löslichkeit: In Wasser 10 mg/L bei 20 °C.
Abbau: In Insekten entstehen niedriger chlorierte, ungesättigte Metaboliten, z. B. Pentachlorcyclohexen (PCCH). In Ratten wurden neben PCCH 1,2,4-Trichlorbenzol und isomere Trichlorphenole gefunden, die als Glucuronsäurederivate ausgeschieden werden. Nach Verabreichung an Warmblüter wird L. in Milch,

Körperfett und Nieren gefunden, aber rel. schnell wieder ausgeschieden. 50 mg/kg im Futter wurden von Ratten über 2 Jahre ohne Schaden vertragen. Keine Akkumulation.
Toxizität: Akute orale LD_{50} für Ratte 88 bis 225 und Maus 245 bis 480 mg/kg. Akute dermale LD_{50} für Ratte 500 und Kaninchen 300 mg/kg. Bei Kaninchen keine Haut- und Augenreizung.
Bienentoxizität: Bienengefährlich (B 1).
Fischtoxizität: Giftig für Fische und Fischnährtiere. LC_{50} (96 Stunden) für Regenbogenforelle 27 µg/L, für Sonnenbarsch 57 µg/L und für Karpfen 90 µg/L. EC_{50} (48 Stunden) für *Daphnia pulex* 460 µg/L.

Lindoxverfahren. Firmenbezeichnung für ein Verfahren der Sauerstoffbegasung z. B. von Abwasser (Fa. Linde). Der in den ersten Arbeiten verwendete Begriff „high purity oxygen" hat dazu geführt, daß auch heute noch häufig von Rein-Sauerstoff-Verfahren gesprochen wird, obwohl nur eine technische Qualität mit ca. 98 % O_2 zum Einsatz kommt.

linear. Linear heißt eine Beziehung, in der eine Größe *a* proportional zu einer anderen *b* ist:

$a = C \cdot b$

C ist die Proportionalitätskonstante. Lineare Ansätze werden u. a. in der >Reaktions-< und in der >Transportdynamik< verwendet.

Linearbeschleuniger. Ein langes gerades Rohr, in dem Teilchen (meist >Elektronen< oder >Protonen<) durch elektrostatische Felder oder elektromagnetische Wellen beschleunigt werden und dadurch sehr hohe >Energien< erreichen (Stanford 2-miles Linac: 40 GeV Elektronen).

Lineare Freie Energie-Beziehung. (= linear free-energy relation, LFER). Bezeichnet eine in der Chemie gebräuchliche Technik der Korrelationsanalyse, um Beziehungen zwischen Gleichgewichtskonstanten einerseits und Raten- bzw. Geschwindigkeitskoeffizienten andererseits zu erhalten und zu bewerten. Man sagt, daß eine LFER existiert, wenn eine lineare Beziehung zwischen den logarithmierten Ratenkoeffizienten einer Reihe chem. Verb. und den logarithmierten entsprechenden Gleichgewichtskonstanten besteht. Eine solche Beziehung kann hilfreich für die Ermittlung von Gleichgewichtsparametern aus kinetischen Daten sein, z. B. bei Sorptionsprozessen von Herbiziden am Boden.
Lit: Shorter J (1973) Correlation analysis in organic chemistry: An introduction to linear free-energy relationships. Clarendon Press, Oxford, England – Brusseau ML, Rao PSC (1989) The influence of sorbate-organic matter interactions on sorption nonequilibrium. Chemosphere 18, 1691–1706.

Linearer Energieübertrag. Energieabgabe eines ionisierenden Teilchens an die durchstrahlte Materie. Der l. E. wird in keV/µm angegeben.

Linearverstärker. Impulsverstärker, dessen Ausgangsimpulsamplitude proportional der Amplitude des Eingangsimpulses ist.

Linker. (Engl. link = Bindeglied). Kurze, künstlich hergestellte, doppelsträngige DNA-Oligonucleotide, die Erkennungsstellen für Restriktions-Enzyme (Endonucleasen) enthalten. L. werden häufig bei Rekombinierungsexperimenten an die Enden von DNA-Fragmenten angefügt. Als L. werden aber auch 20 bis 80 Basenpaare lange DNA-Sequenzen bezeichnet, die bei der

„Verdichtung" von DNA zu >Chromosomen< (>Histone<) als kurze „Bindeglieder" zwischen zwei Histon-DNA-Komplexen liegen.

Linke-Trübungsfaktor. Extinktionsmaß, abgekürzt: T_L; wird stets dann benutzt, wenn man sich nicht für die einzelnen Streu- und Absorptionsprozesse in der Atmosphäre interessiert, sondern nur für die gesamte Extinktion, s. >Extinktionskoeffizient<, der die Sonnenstrahlung unterworfen ist. Der L. T. gibt die >optische Dicke< einer getrübten und feuchten Atmosphäre als Vielfaches der reinen, trockenen Atmosphäre an.
Lit: VDI Berichte Nr. 721 (1989) S. 140 – DIN 1304 (1989) Teil 2, Tabelle 3.

Linuron. Wirkt als >Herbizid< und zählt zur Substanzklasse der Harnstoff-Derivate.
Chemische Bezeichnung: 3-(3,4-Dichlorphenyl)-1-methoxy-1-methylharnstoff
CAS-Nummer: 330–55–2
Hersteller: Du Pont
Wirkungstyp: Selektives Herbizid. Stört die Photosynthese. Aufnahme durch Wurzeln und Blätter.
Bevorzugte Anwendung: Gegen Unkräuter in Möhren, Mais, Kartoffeln, Spargel, Erbsen, Ackerbohnen, Sellerie, Gladiolen und Ziergehölzen. Gegen auflaufende Unkräuter im Obst-, Beerenobst- und Weinbau.

Chemische und physikalische Eigenschaften:
Physikalische Beschaffenheit: Krist., farblos.
Schmelzpunkt: 93 bis 94 °C.
Verteilungskoeffizient (log $P_{o/w}$): ca. 3,0 bei pH 7 und 22 °C.
Dampfdruck: $2,2 \cdot 10^{-3}$ Pa bei 25 °C.
Stabilität: Wird langsam hydrolysiert durch Säuren und Basen, rascher bei erhöhter Temp.
Löslichkeit: 75 mg/L in Wasser von 25 °C.
Abbau: In Pflanzen enzymatische Abspaltung der Methyl- und Hydroxylgruppe, gleichzeitig Hydroxylierung des Phenylringes in 2-Stellung. Nachwirkungsdauer im Boden 3 bis 4 Monate (nach 3 kg/ha).
Bei Ratten wird nach oraler Aufnahme kein unveränderter Wirkstoff ausgeschieden. Als Ausscheidungsprodukte wurden nachgewiesen: entmethoxylierter und entmethylierter Wirkstoff, deren im Phenylring hydroxylierte Derivate sowie 3,4-Dichloranilin und dessen Konjugate.
Toxizität: Angaben über die akute orale LD_{50} für Ratten schwanken zwischen 1.500 und 4.000 mg/kg; Hunde 500 mg/kg, Kaninchen 2.250 mg/kg. Geringe Reizwirkung auf die Haut von Meerschweinchen mit 10 %iger wäßriger Suspension, keine allergische Hautreaktion. Höchste Dosis ohne Wirkung in 2-Jahre-Fütterungsversuchen an Ratten und Hunden 125 mg/kg Futter.
Inhalationstoxizität: LC_{50} für Ratte >0,849 mg/L. LD_{50} intraperitoneal für männliche Ratte 377 und weibliche Ratte 315 bis 400 mg/kg.
Bienentoxizität: Nicht bienengefährlich (B 4).
Fischtoxizität: LC_{50} für Sonnenbarsch und Regenbogenforelle 16 mg/L (96 Stunden).

Lipide. 1. allgemein: L. sind fettähnliche Stoffe (Lipoide), die aufgrund ihres Lsg.-Verhaltens als Gruppe zusammengefaßt werden, jedoch strukturell unterschied-

Lipide: Übersicht über die verschiedenen Verbindungsklassen der Lipide mit Beispielen, im Falle zusammengesetzter Lipide mit Hydrolyseprodukten

Verbindungsklassen	Beispiele und Hydrolyseprodukte (→)
A. Nicht hydrolysierbare Lipide	+
1. Kohlenwasserstoffe	
– Alkane	Hexdecan, Octadecan
– Carotinoide	Squalen, β-Carotin
2. Alkohole	
– langkettige Alkanole (> C$_{10}$) (Wachsalkohole)	1-Hexadecanol
– Carotinoid-Alkohole	Zeaxanthin, Phytol
– Sterine	Cholesterol
3. Säuren	
– langkettige Fettsäuren (> C$_{10}$),	
gesättigt	Stearinsäure (C$_{18:0}$)
einfach ungesättigt	Ölsäure (C$_{18:1}$)
mehrfach ungesättigt	Arachidonsäure (C$_{20:4}$)
B. Einfache Ester	
1. Fette	→ Fettsäuren + Glycerin, Glycerintripalmitat
2. Wachse	→ Fettsäure + Alkanol, Cetylalkoholpalmitat
3. Sterinester	→ Fettsäure + Cholesterol
C. Phospholipide	
1. Phosphatidsäuren	→ Fettsäuren + Glycerin + Phosphat, Cardiolipin
2. Phosphatide	→ Fettsäuren + Glycerin + Phosphat + Aminoalkohol, Lecithin
D. Glycolipide	
1. Cerebroside	→ Fettsäuren + Sphingosin + Zucker
2. Ganglioside	→ Fettsäuren + Sphingosin + Zucker + Neuraminsäure

Lipide: Chemische Struktur verschiedener mariner Lipide. *a* 1,2-Diacylglycero-3-phosphorylethanolamin, *b* 1,2-Diacylglycero-3-phosphoprylserin, *c* Astaxanthin, *d* 2,3-Dihydroxypropyl-5-deoxy5(dimethylarseno)-ribofuranosid, *e* 3'-0(5-deoxy-5(dimethylarseno)ribofuranosyl)-phosphatidylglycerol. (Aus: Ackermann 1989)

lich aufgebaut sein können. L. lösen sich in org. Lsg-Mitteln (z. B. Ether, Chloroform), nicht jedoch in Wasser; sie sind also hydrophob (wasserabweisend), bzw. lipophil (fettlöslich). Es gibt daneben auch grenzflächenaktive Lipide, die hydrophile und gleichzeitig lipophile Gruppen enthalten und als polare (ambiphile) Lipide von den neutralen Lipiden abgegrenzt werden. Eine Übersicht über die verschiedenen Verbindungsklassen der L. ist in der Tabelle dargestellt. Die Gruppe der Lipide weist bezüglich der Biosynth. große Gemeinsamkeiten auf: Sie werden alle aus aktivierter Essigsäure aufgebaut. Oft enthalten sie langkettige Fettsäuren als Hauptkomponente und werden im Stoffwechsel durch relativ einfache Rkt. und Umlagerungen ineinander überführt. L. sind auch wichtige Bestandteile der >Biomembranen< und bestimmen wesentlich deren Eigenschaften. L. werden von allen Organismen gebildet und auch als Reservestoffe gespeichert. Menschen und Tiere speichern L. als Fette hauptsächlich in ihrem Unterhautfettgewebe, wo sie z. B. bei Walen und Robben auch der Wärmeisolation, als Nieren- und Leberfett dem Organschutz oder als reiner Speicherstoff dienen. Fette mit höher ungesättigten Fettsäuren, z. B. Linol- und Linolensäure, sind für Men-

schen und höhere Tiere essentielle Nahrungsbestandteile. Manche Bakterien können Poly-β-hydroxyfettsäuren bilden und diese L. als Reservestoffe in den Zellen ablagern. Diesen Effekt kann man biotechnisch für die Produktion biogener Kunststoffe nutzbar machen. Sie sind u. a. wegen ihrer guten Abbaubarkeit umweltfreundlich.

2. marine: Neben den eigentlichen Fetten und Ölen, den Triglyceriden, bilden zahlreiche Verbindungen mit großer struktureller Vielfalt die Gesamtheit mariner L. Kennzeichnend ist der hohe Anteil an ein- und mehrfach ungesättigten Fettsäuren in den Wachsestern, Triglyceriden, Phospholipiden und biogenen >Kohlenwasserstoffen<. Neben diesen Lipidklassen spielen Arsenolipide, Carotinoide und Sulfolipide eine Rolle (s. Formel oben). Pflanzen und die einzelnen Tierstämme zeigen charakteristische Lipidkonzentrationen. L. haben Bedeutung als Reservestoffe, als Auftriebskomponenten im Schwimmverhalten, wie z. B. Wachsester bei Copepoden, und besitzen Speicherfunktionen bei der >Bioakkumulation< von Schadstoffen.

Lit: Ackermann RG (1989) (Hrsg.) Marine biogenic lipids. Bd. I u. II, CRC Press, Boca Taton, Fl., S. 462, 495 – Voet D, Voet JG (1992) Biochemie. VCH, Weinheim.

Lipidmembran. Aus >Lipiden< bestehende Membran, die entweder synth. hergestellt oder biogen (>Biomembran<) ist. An dieser Stelle soll auf die Biomembran näher eingegangen werden, die Zellen von Organismen nach außen hin abgrenzt (Zell-Membran) oder im Inneren der Zellen für eine Kompartimentierung sorgt. Beispiele dafür sind die Kern-Membran, die Membran der Lysosomen, des Endoplasmatischen Retikulums, der Chloroplasten und der Mitochondrien. Grundbestandteile aller biol. L. sind Phospholipide, die sich zu Doppelschichten anordnen. Dabei weisen die polaren, hydrophilen Gruppen (Phosphat-, Aminoalkohol-Gruppen) nach außen und die unpolaren, hydrophoben Gruppen (Kohlenwasserstoffketten) nach innen (s. Abb.). Die Lipidzusammensetzung ist typisch für jede Spezies, jedes Gewebe und jedes Organell innerhalb eines Zelltyps. Die funktionelle Bedeutung dieses Charakteristikums ist in vielen Fällen noch ungeklärt. Ein weiterer wesentlicher Bestandteil der L. sind Proteine, die entweder in die Membran eingebettet sind (integale Proteine) oder die gesamte Membran durchziehen („Tunnelproteine"). Bei einigen Membranen sind auf der Oberfläche Kohlenhydratketten angelagert, z.B. bei der äußeren Zellmembran. Sie verleihen der Oberfläche eine Spezifität und tragen zu Mechanismen der Zellerkennung bei. Die L. ist für die meisten physiol., in wässrigen Medien gelösten polaren und ionischen Stoffe nicht frei durchdringbar. Daraus ergeben sich auch die wichtigsten Aufgaben von biol. L. Es sind die Kompartimentierung von Zellen zur Bildung von stoffwechselphysiol. oft erforderlichen, getrennten Reaktionsräumen und die als Semipermeabilität bezeichnete, kontrollierte Aufnahme und Abgabe von Stoffen. Für den Transport hydrophiler Substanzen durch die Membran stehen Proteine zur Verfügung, bei denen es sich um integrale Membranproteine handelt, die entweder Kanäle darstellen (z.B. Ionenkanäle), durch die die Ionen entsprechend ihrem Konzentrationsgradienten diffundieren (passiver Transport), oder aber Transporter bzw. Pumpen, durch die Substanzen unter Energieverbrauch auch gegen ihren Konzentrationsgradienten transportiert werden können (aktiver Transport). Lipidlösliche Stoffe können die L. nach den Gesetzmäßigkeiten der Diffusion durchdringen, da sie in der als halbflüssig anzusehenden Lipiddoppelschicht der Membranen gelöst und wieder freigesetzt werden können. Der Effekt, daß gut lipidlösliche Substanzen (hoher >Octanol/Wasser-Verteilungskoeffizient<) leicht durch biol. Membranen diffundieren können, wird auch zum Einbringen von Pharmazeutika, z.B. von Narkotika, in Zellen ausgenutzt. Das bedeutet aber auch, daß lipophile Umweltschadstoffe leichter als polare in biol. Systeme eindringen können und dort akkumuliert werden bzw. ihre toxische Wirkung entfalten können. So ist die östrogene Wirkung von >DDT<, >PCB< und einigen weiteren Pestiziden darauf zurückzuführen, daß sie die L. durchdringen und dadurch an den Östrogenrezeptor binden können (>Hormone<). Zudem können die L. durch manche lipophile Schadstoffe oder Detergentien geschädigt oder gar zerstört werden.

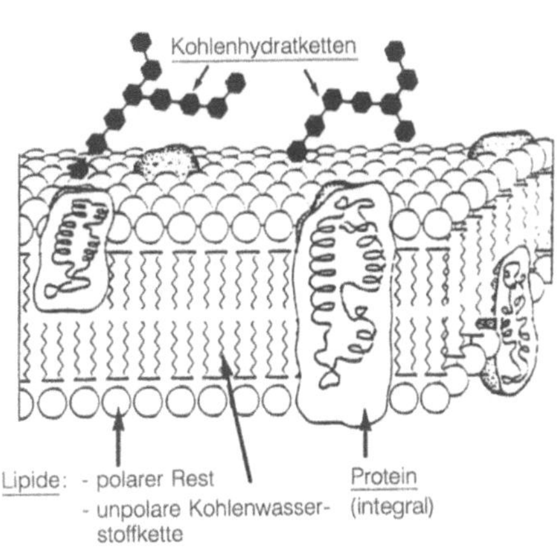

Lit: Houslay MD, Sanley KK (1983) Dynamics of biological membranes. Wiley, Chichester New York – Robertson RN (1983) The lively membranes. Cambridge University Press, Cambridge – Stryer L (1990) Biochemie. Spektrum der Wissenschaft Verlagsgesellschaft, Heidelberg – Vance DE, Vance JE (Hrsg.) (1985) Biochemistry of lipids and membranes. Benjamin/Cummings, Menlo Park – Lehninger AL, Nelson DL, Cox MM (1994) Prinzipien der Biochemie. 2.Aufl., Spektrum Akademischer Verlag, Heidelberg.

Lipidperoxidation. Eine häufige Initialreaktion der >Membranzerstörung<, wenn die >Zelle< auftretende Radikale (Moleküle mit ungepaarten >Elektronen<, $X\cdot$) nicht schnell genug entfernen kann. Hierzu zählen

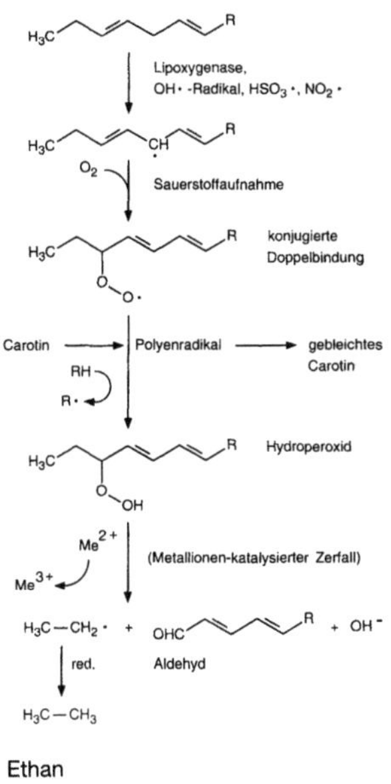

Lipidmembran: Schematische Darstellung einer Biomembran. (nach: Miram W, Scharf KH (Hrsg.) (1981) Biologie heute S II, Schroedel, Hannover)

Lipidperoxidation: Reaktionsfolge für die Lipidperoxidation, die enzymatisch durch Lipoxygenase oder Radikale eingeleitet werden kann und zur Ethan- und Aldehydbildung führt. (Aus: Elstner EF (1995) Schadstoffe, die über die Luft zugeführt werden. In: Hock B, Elstner EF (Hrsg.) Schadwirkungen auf Pflanzen. Ein Lehrbuch der Pflanzentoxikologie, 3.Aufl., Spektrum Akademischer Verlag, Heidelberg Berlin Oxford S.79–117.

z.B. Stickstoffdioxid, Bisulfitradikal und Hydroxylradikal sowie von der Lipoxygenase erzeugte Radikale. Sie entziehen einem Fettsäuremolekül der Membranstrukturen ein Elektron, wonach das Fettsäureradikal eine Reaktionsfolge durchläuft, wie es z.B. in der Abb. S.711 gezeigt wird. Es nimmt zunächst Sauerstoff auf und erfährt schließlich eine metallkatalysierte Zersetzung zu einem Aldehyd und Ethan, was beides zum Nachweis der L. herangezogen werden kann. Schutzmaßnahmen stehen in begrenztem Umfang zur Verhinderung der Lipidox. zur Verfügung, z.B. Singulett-Sauerstoff-Fänger ($^1O_2$-Scavanger) wie β-Carotin und α-Tocopherol, die durch Abfangen des reaktiven Sauerstoffs die Einleitung der destruktiven Reaktion verhindern.

Lit: Elstner EF (1990) Der Sauerstoff. Biochemie, Biologie, Medizin, B.I. Wissenschaftsverlag, Mannheim Wien Zürich.

Lipophile Stoffe. >Kohlenwasserstoff-Index<.

Lipophilie. Fähigkeit zur Anreicherung fettlöslicher Stoffe; die L. spielt eine besondere Rolle bei der >Bioakkumulation<. Organismen wie z.B. Fische oder Muscheln können in ihren Fettgeweben lipophile Stoffe anreichern.

Lipoxygenase. Ein Enzym, das die Oxidation der mehrfach ungesättigten Fettsäuren, z.B. Linol- und Linolensäure, unter Bildung von Peroxiden katalysiert. Lipoxygenase ist am Prozeß des Ranzigwerdens von Fetten beteiligt. Sie kommt natürlich in der Sojabohne, in Getreidekörnern, Leguminosensamen u.a. pflanzlichen Geweben vor.

Liquid Petroleum Gas. Bezeichnung für >Flüssiggas<.

Lissamin Grün B. >Grün S<.

***Lithobius* (Chilopoda).** L. lebt mit einigen Arten als wichtiger Räuber in der Streuschicht des Bodens. >Myriopoda<, >Hundertfüßer< (s. Abb. S.223).

lithogen. Bezeichnung für Stoffe des Bodens (z.B. Schwermetalle), die aus dem Ausgangsgestein stammen, im Gegensatz zu >anthropogen< oder >atmogen<. Häufig wird l. synonym zu >geogen< verwendet.

Litholrubin BK. (Lake Rubine R, Permanent Red 4B, Rubinpigment BK, E 180): Ein Azofarbstoff von bläulich-roter Farbe (Calciumsalz) oder von gelbstichig roter Farbe (Di-Natriumsalz), der zur Herstellung von Käsewachs eingesetzt wird.

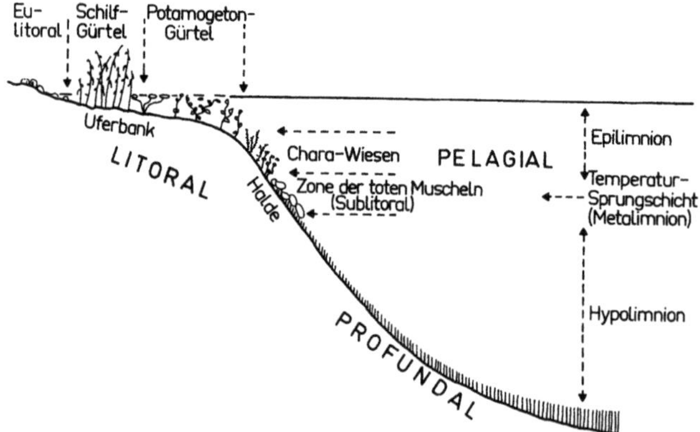

M = Na, Ca/2

Lithosphäre. Bezeichnung für den von Gesteinen erfüllten Raum, im Gegensatz zu Atmosphäre, Hydrosphäre und Pedosphäre.

Lithothelmen. Meist kleine beckenartige Vertiefungen an felsigen Küsten und Ufern von marinen und limnischen Gewässern, die je nach deren Wasserstand zeitweilig mit Wasser gefüllt sind. Die L. beherbergen teilweise spezifische, z.B. trockenresistente Organismen-Arten.

Lithotrophie. Verwendung von anorg. Substanzen als Elektronendonatoren bei der Energiegewinnung von Organismen (lithotrophe O.): H_2O oder H_2S bei der Photosynthese, NH_4^+ und NO_2^- bei nitrifizierenden, H_2S, S oder S_2O_3 bei farblosen Schwefelbakterien.

Litoral. Uferbereich eines Sees innerhalb der durchlichteten >euphotischen< Zone (s. Abb. unten) >Benthos<. Vom Land seewärts werden unterschieden: 1) Supralitoral, ohne direkte Wasserbenetzung, aber mit einem vom Gewässer geprägten feuchten Mikroklima; 2) Epilitoral, Spritzzone mit gelegentlicher kurzfristiger Wasserbenetzung; 3) Eulitoral, Bereich der natürlichen Wasserstandschwankungen. Dem Wellenschlag besonders ausgesetzt ist die Brandungszone; 4) Infralitoral, ständig untergetauchter Uferbereich, meist mit charakteristischen Vegetationsgürteln: oben der Röhrichtgürtel, dann Schwimmblattgürtel, in der Tiefe Gürtel der untergetauchten Wasserpflanzen; Tiefenbegrenzung durch Licht, Druck und Temp.; 5) Sublitoral, Übergangsbereich zur >aphotischen< Zone< und zum >Profundal<. Je nach Neigung der Uferböschung umfaßt das L. einen unterschiedlich ausgedehnten Uferbereich. – Im Meer kann das L. grundsätzlich ähnlich abgegrenzt werden, doch sind hier die Verhältnisse durch Küstenmorphologie und Gezeiten komplizierter.

Litoral

Litoralzone. Bereich vom Supralitoral bis zum Sublitoral eines Sees, s. >Litoral<. Im weiteren Sinn der Ufer- bzw. Küstenbereich eines Gewässers.

Litter-bag. >Netzbeutel<.

LMBG. Lebensmittel- und Bedarfsgegenständegesetz, ein 1975 in Kraft getretenes Gesetz zur rechtlichen Grundlage für einen umfassenden Schutz des Verbrauchers vor Gesundheitsschäden und vor Täuschung im Umgang mit Lebensmitteln, Tabakerzeugnissen und Bedarfsgegenständen. Das Gesetz stellt zudem den Grundstein für die gesetzliche Regelung von >Kosmetika< dar.

Lockergesteine. Nach ihrer Entstehung umfassen die L. Fluß-, See- und Meeresablagerungen, glaziale Bildungen, äolische Sedimente (Löß, Flugsand) und umgelagerte Verwitterungsbildungen, ferner unverfestigte vulkanische Tuffe (Pyroklastite).

Lockstoffe. Sammelbezeichnung für einfache oder zusammengesetzte, synthetische oder zu den >Pheromonen< gehörende Stoffe, die auf bestimmte Organismen spezifisch anlockend wirken (>Attractant<). Gemeint sind in erster Linie die Insektenlockstoffe, deren Wirkung man sich seit der 1959 erstmaligen Isolierung und Reindarstellung des Sexuallockstoffs >Bombykol< des Seidenspinners *Bombyx mori* durch BUTENANDT et al. verstärkt im >Pflanzenschutz< zunutze macht. Von praktischer Bedeutung sind hierbei zur Zeit nur die Sexuallockstoffe und die Aggregationspheromone. Es handelt sich um eine Gruppe leicht flüchtiger, chemischer Botenstoffe, die schon in sehr geringer Konzentration über den Geruchssinn wahrgenommen werden und der innerartlichen Kommunikation dienen. Sexuallockstoffe werden von einem kopulationsbereiten Insekt, meist von den Weibchen, zur Anlockung und sexuellen Erregung des Partners eingesetzt. Aggregationspheromone bzw. Versammlungsdüfte bewirken die Konzentration der Geschlechter an einem Ort. Sie wirken v.a. bei den Käfern als Regulativ für den Befall geeigneter Wirtspflanzen. Im Pflanzenschutz macht man sich die Wirkung der Insektenlockstoffe zunutze, indem man sie als Köderstoffe zur Anlockung von Insekten benutzt, sei es zur anschließenden Vernichtung durch >Insektizide<, Chemosterilantien (>Chemosterilisation<) oder spezifische Krankheitserreger oder zur Populationskontrolle und Früherkennung oder zum Fang für wissenschaftliche Zwecke. Schließlich besteht die Möglichkeit der Verwirrungstechnik, d.h. ein genügend großes Überangebot von Lockstoffquellen, z.B. in Form von mit Pheromonen getränkten Korkpartikeln, macht eine Orientierung der Insekten unmöglich. Für bestimmte Schadinsekten im Vorratsschutz, z.B. bei Speichermotten und Khprakäfern, haben sich einfache, lockstoffgetränkte Wellpappestreifen als brauchbare Fallen erwiesen, die schließlich zusammen mit den Schädlingen vernichtet werden. Die Wirksamkeit eines L. im Feldversuch hängt u.a. von seiner Reinheit, Stabilität und Konzentration ab. Der Einsatz läßt eine spezielle Bekämpfung von Schädlingen zu. Resistenzentwicklungen (>Resistenz<) wurden bis jetzt nicht beobachtet. (>Bombykol< , >Brevicomin<, >Disparlur<, >Grandlur<, >Hexalur<, >Muscalur<, >Ipsdienol<, >Ipsenol<). Die Wirksamkeit von natürlichen oder synthetischen Lockstoffen wird oft mit Hilfe der Lockstoffeinheit (LE) beschrieben. 1 LE ist z.B. bei Bombykol die Substanzmenge, die – in 1 ml Lösungsmittel enthalten – bei

50% einzeln gehaltener Seidenspinnermännchen eine positive Reaktion wie Flügelschlagen hervorruft, wenn man den Tieren einen mit der Test-Flüssigkeit benetzten Glasstab nähert.

Lit: Levinson HZ, Mori K (1983) Naturwissenschaften 70: 190–192 – Bestmann HJ, Vostrowsky O (1982) Naturwissenschaften 69: 457–471 – NN (1977) Referat. In: Naturw. Rdsch. 30: 178 – Levinson HZ (1975) Naturwissenschaften 62: 272–282 – Boness M (1973) Naturw. Rdsch. 26: 515–522 – Sirrenberg W (1977) Weitere Bekämpfungsmethoden. In: Büchel KH (Hrsg.) Pflanzenschutz und Schädlingsbekämpfung, 1.Aufl., Georg Thieme, Stuttgart, S.101 – Eiter K (1970) Insekten-Sexuallockstoffe. In: Wegler R (Hrsg.) Chemie der Pflanzenschutz- und Schädlingsbekämpfungsmittel. Bd.1, 1.Aufl., Springer, Berlin Heidelberg New York, S.497–522 – Vite JP, Francke W (1985) Chemie in unserer Zeit 19: 11–21.

Löschkalk. Gewonnen aus >Branntkalk< nach Zusatz einer definierten Wassermenge. Für je 100 kg CaO (Branntkalk) werden theoretisch 32,2 L Wasser benötigt. Magnesium-Branntkalk lagert Wasser langsamer und meist unvollständig an. L. ist in Eigenschaft und Wirkung dem Branntkalk ähnlich, im Gegensatz dazu aber nicht ätzend.

Löschmittel. Feste, flüssige oder gasförmige Stoffe, die aufgrund ihrer chemischen oder physikalischen Eigenschaften zum Löschen von Bränden (Abbruch der Verbrennung) geeignet sind. Sie werden nach ihrer vorwiegenden Löschwirkung in die Löschmittelgruppen Wasser (auch Netzmittelwasser), Schaum (Schwer-, Mittel- und Leichtschaum), >Halone<, Löschpulver und inerte Gase unterteilt und mit bestimmten Löschverfahren auf den Brandherd aufgebracht. Die Löschwirkung beruht auf der Unterbrechung der Verbrennung durch physikalische Vorgänge bzw. chemische Reaktionen.

Lit: Steinleitner HD (1989) Brandschutz- und sicherheitstechnische Kennwerte, Verlag Harri Deutsch, Thun Frankfurt.

Löslichkeit. Maß für die Fähigkeit eines Stoffes, in einem bestimmten Lösemittel aufgenommen zu werden (Wasserlöslichkeit, Fettlöslichkeit). Je mehr Stoff aufgenommen wird, desto höher ist die L.

Löß. Windsediment mit einem ausgeprägten Korngrößenmaximum zwischen 10 und 60 µm, das meist carbonathaltig und gelblich gefärbt ist. Ein dünner Lößschleier überzieht in Deutschland praktisch alle Böden bis in die mittleren Lagen der Mittelgebirge; die größte Mächtigkeit der Lößsedimente erreicht etwa 30 m. Aufgrund seiner günstigen bodenphysikalischen Eigenschaften, seiner hohen Gehalte an den meisten Pflanzennährstoffen und seiner hohen spezifischen Oberfläche ist L. Ausgangsgestein für sehr fruchtbare Böden. Da unverwitterter L. praktisch nicht aggregiert ist, ist er sehr anfällig für Bodenerosion durch Wind oder Wasser.

Lößlehm. Verwitterungsprodukt, das im Verlauf der Bodenbildung aus >Löß< entsteht. L. werden sehr häufig durch Erosion (>Bodenerosion<) und >Sedimentation< umgelagert und bilden dann Substrate für weitere Bodenbildungsprozesse. Entsprechend ihrer Entwicklungsgeschichte sind sie carbonatfrei, tonreich und neigen leicht zu Staunässe. Trotzdem sind sie, auch wegen der noch vorhandenen Pflanzennährstoffe, oft gute Ackerstandorte. Kritisch ist hier die mechanische Bodenbearbeitung, da die Gefahr von Verdichtung und Verschlämmung und damit die Erosionsgefährdung relativ hoch sind. Die Durchlässigkeit der L.-Böden ist meist relativ gering, so daß, verglichen mit anderen Böden, z.B. die Belastung des Grundwassers durch landwirtschaftliche Nutzung gering ist.

Lösung. 1. echte: Bezeichnung für eine Lsg., in der die gelöste Substanz mit dem >Lösungsmittel< eine molekulardisperse einphasige Mischung in unterschiedlichen Mengenverhältnissen bildet. Die Teilchengröße der gelösten Substanz hat dabei einen Durchmesser <1nm. Bei Teilchengrößen von etwa 1 bis 100 nm liegen kolloidale Lsg. vor.
2. gesättigte: Bezeichnung für eine Lsg., die bei weiterer Zugabe von einer in ihr gelösten Substanz nichts mehr zu lösen vermag, wobei die zuviel hinzugefügte Substanz als feste oder flüssige Phase ungelöst zurückbleibt. Es stellt sich dabei ein Gleichgewichtszustand ein, in dem ständig ungelöste Substanz in Lsg. geht, während gelöste Substanz gleich schnell aus der Lsg. ausgeschieden wird. Die Konz. in der Lsg. bleibt dabei konst. Die Menge an gelöster Substanz ist stark von der Temp. und dem betreffenden >Lösungsmittel< abhängig.
3. übersättigte: Bezeichnung für eine Lsg., in der bei einer bestimmten Temperatur mehr Substanz gelöst ist, als der Löslichkeit bei dieser Temp. entspricht. Die Lsg. ist metastabil. In Gegenwart von Keimen, wie z.B. Staubteilchen, scheidet sich der über die Sättigungsmenge hinausgehende Überschuß an gelöster Substanz aus.
4. antiseptische: Bezeichnung für eine Lsg., die als gelösten Stoff keimtötende Mittel (Antiseptika) enthält und sich durch eine stark bakteriostatische Wirkung auszeichnet. Sie findet Anwendung bei der Entkeimung medizinischer Instrumente sowie der lokalen Behandlung von Wunden, Haut und Schleimhäuten.

Lösungsenthalpie. >Lösungswärme<.

Lösungsmittel. (Syn. Solvens). Im weitesten Sinne Substanzen, die andere durch physikalische Vorgänge in Lösung bringen können, ohne dabei sich und die gelöste Substanz chem. zu verändern. Im engeren Sinne sind L. anorg. oder org. Flüssigkeiten, die andere Substanzen im gasförmigen, flüssigen und festen Zustand zu lösen vermögen. Die Löslichkeit ist um so größer, je ähnlicher die Wechselwirkungskräfte zwischen den Teilchen des L. und denen der gelösten Substanz sind. Ähnliche Wechselwirkungen treten z.B. in Anwesenheit gleichartiger Gruppen auf, die polarer oder unpolarer Natur sein können. Zu den polaren L. gehören neben dem wichtigsten L. Wasser viele stickstoff- und sauerstoffhaltige Verbindungen. Wichtige unpolare L. sind z.B. aromatische und gesättigte Kohlenwasserstoffe, Tetrachlormethan und Ether. L. finden Anwendung als Extraktionsmittel, in der >Chromatographie< als Elutionsmittel, bei der Reinigung von Substanzen durch Umkristallisieren, als Bestandteil von Lacken und Klebstoffen sowie als Entfettungs-, Reinigungs- und Abbeizmittel, als Medium bei chem. Reaktionen, zur Adsorption saurer Gase z.B. bei der Erdgasaufbereitung usw. Für die Anwendung von L. sind neben dem Lösevermögen auch sicherheitstechnische (Flammpunkt, Explosionsgrenzen) und toxikologische Daten (>MAK-Wert<) von Bedeutung.

Lösungsmitteldämpfe. >Farben<, >Holzschutzmittel<, >Lacke<, >Klebstoffe< und >Putzmittel< (>Haushaltschemikalien<) enthalten zumeist große Mengen an leichtflüchtigen >Lsg.-Mitteln< oder >Lsg.-Mittelgemischen<, die infolge der >Volatilität< aus den Produkten oder Anwendungsbereichen in die Raumluft freigesetzt werden. Bei großflächiger Anwendung in >Innenräumen< können beträchtliche Konz. an L. in der Raumluft bis hin zu den substanzspez. >MAK-Werten< auftreten und damit zur gesundheitlichen Beeinträchtigung exponierter Personen führen. Bei Holzschutzmitteln gibt es lösungsmittelarme Produkte, die bei Gehalten an org. Lsg.-Mitteln von weniger als 10% mit dem Umweltzeichen „>Blauer Engel<" ausgezeichnet sind. Enthalten diese >biozide< >Wirkstoffe<, sind sie dennoch nicht als unbedenklich einzustufen. Entsprechendes gilt für „Biolacke", bei denen synth. Lsg.-Mittel durch das als bedenklicher eingestufte >Terpentinöl< substituiert sind. L. können nach >pulmonaler< Aufnahme infolge ihrer >Lipophilie< zu großen Anteilen im Organismus resorbiert werden und Schleimhäute und das Zentalnervensystem schädigen (>Inhalationsgift<).

Lösungsmittelextraktion. Herauslösen einzelner Substanzen aus festen oder flüssigen Probenmaterialien mit Hilfe geeigneter >Lösungsmittel<. Dabei sollen die zu extrahierenden Substanzen keine chemische Reaktion mit dem Lösungsmittel eingehen. Man unterscheidet Fest-flüssig- und Flüssig-flüssig-Extraktion wobei Kalt- und Heißextraktionen durchgeführt werden können. Die einfachste Methode ist ein diskontinuierliches Verfahren, das auf einer Auslaugung bzw. Ausschüttelung des Probenmaterials beruht. Bei schwerlöslichen Bestandteilen oder bei der Abtrennung unlöslicher Feststoffe eignet sich das kontinuierliche Verfahren mittels Soxhlet-Extraktion. Die L. spielt eine wichtige Rolle in der Rückstandsanalytik, der Arzneimittelherstellung, in der Zuckergewinnung aus Zuckerrüben sowie der Gasreinigung.

Lösungspotential. >Potential, osmotisches<.

Lösungsvermittler. >Amphiphiles< Lösungsmittel das, zwei nicht vollständig mischbaren Flüssigkeiten zugesetzt, eine homogene Mischung aller Komponenten bewirkt.

Lösungswärme. (Syn. Lösungsenthalpie). Bezeichnung für die beim Auflösen einer Substanz in einem Lösungsmittel freigesetzte oder verbrauchte Energie. Die zu lösende Substanz kann fest, flüssig oder gasförmig sein.

log P$_{o/w}$. (Syn. Octanol-Wasser-Verteilungskoeffizient, „partition coefficient"). Der Verteilungskoeffizient (P) ist definiert als das Verhältnis der Konzentration einer Substanz in der Octanolphase zu der Konzentration in der wäßrigen Phase eines 2phasigen Octanol-Wasser-Systems.

$$P_{o/w} = c_{n\text{-Octanol}} \times c_{\text{Wasser}}$$

Die Werte für den Verteilungskoeffizienten Octanol/Wasser sind daher dimensionslos. Der Verteilungskoeffizient Octanol/Wasser ist nicht gleich dem Verhältnis der Löslichkeit einer Substanz in Octanol zur Löslichkeit in Wasser, da die organische und die wäßrige Phase in dem binären System im Gleichgewicht nicht aus reinem Octanol bzw. Wasser bestehen. Aus dem log P$_{o/w}$ kann in vielen Fällen auf die Eigenschaft der >Bioakkumulation< geschlossen werden. Er kann analytisch bestimmt oder berechnet werden.

Logarithmisches Windgesetz. In der >Prandtl-Schicht< nimmt die Windgeschwindigkeit nahe der Erdoberfläche stark und mit zunehmender Höhe immer weniger zu; sog. logarithmische Zunahme. Voraussetzung ist eine nahezu indifferente vertikale Temperaturschichtung. >Rauhigkeitslänge<.

Logistische Wachstumsfunktion. Oder logistische Wachstumsgl. nach >Verhulst-Pearl<. Eine der einfachsten Möglichkeiten, limitiertes Wachstum einer Population zu beschreiben, im Gegensatz zum unbegrenzten >exponentiellen Wachstum<. Ist N die Individuenzahl einer Population in einem Gebiet und r ihre Wachstumsrate als Differenz aus Geburten- und Sterberate, dann heißt diese Gl.

$$dN/dt = rN(K-N)/K,$$

wobei K die Belastbarkeit oder ökologische Kapazität (engl. carrying capacity) des betr. Gebietes für die betrachtete Population ist.

Lokale Agenda 21. Ein wichtiger Teil der >Agenda 21< ist die L.A.21, in dem Anregungen zu den Möglichkeiten und Aktivitäten von lokalen Initiativen für eine >nachhaltige Entwicklung< aufgeführt sind. Für die Umsetzung der L.A.21 eignen sich insbesondere kommunikative und diskursive Instrumente, wie Runde Tische, Bürgerforen, Konsensuskonferenzen u. a. m.
Gerade weil Nachhaltigkeit eine ethische Forderung darstellt, deren Durchsetzung die Anwendung ökologischer und ökonomischer Wissensbestände erfordert, läßt sich eine >nachhaltige Entwicklung< ohne neue politische Prozesse der Willensbildung und kollektiven Entscheidungsfindung kaum vorstellen. Die herkömmlichen Entscheidungsprozesse in Politik und Wirtschaft müssen durch neue partizipative Elemente ergänzt werden, durch die nachhaltige Verhaltensweisen ins individuelle Bewußtsein rücken und damit die Basis für eine Bereitschaft zur Umorientierung in der Politik schaffen.
Es versteht sich von selbst, daß Partizipation stets ein offener Prozeß sein muß, man also nicht die Ergebnisse der Beteiligung im voraus bestimmen kann. Bedenkt man aber das ausgeprägte Umweltbewußtsein und die offenkundige legitimatorische Basis für eine nachhaltige Politik, dann erscheint die Zuversicht gerechtfertigt, daß ein offener und vollständiger Austausch von Argumenten und Hintergrundinformationen zum Thema >Nachhaltigkeit< das Verantwortungsgefühl der Teilnehmer stärkt und bei entsprechenden Kommunikations- und Entscheidungsstrukturen die Bereitschaft zu einer nachhaltigen Politik erhöht. Wie diese im einzelnen aussehen mag, muß sich im Prozeß der Meinungs- und Urteilsbildung herausschälen.
Lit: Rösler C (1997) Lokale Agenda 21: Deutsche Städte auf dem Weg zur Nachhaltigkeit. GAIA, Jg. 6, Heft 3, S. 217–218.

Lokale Bilanz. Kurzbezeichnung für die mathematische Formulierung der lokalen Bilanzgleichung, die die Bilanzierung einer materiellen oder energetischen Komponente über ein örtlich eng umgrenztes Gebiet beschreibt; entspr. z.B. der >Kontinuitätsgleichung< der Hydrologie.

Lokales Gleichgewicht. Bezeichnet ein chem. >Gleichgewicht< in einem >infinitesimal< kleinen Volumenelement, das trotz ablaufender Transportprozesse erhalten bleibt. S. a. >Lokale Bilanz<.

Lokalisationsdiagnostik. Teilgebiet der >Nuklearmedizin<. Über die örtliche Verteilung der >Radioaktivität< nach Applikation eines >Radiopharmakons<

kann wegen der positiven >Aktivitätsanreicherung< in rel. kleinen Krankheitsherden oft früher als mit Hilfe der >Röntgen<diagnostik eine Diagnose gestellt werden. Mittels der Lokalisationsdiagnostik werden auch Metastasen im Skelett gesucht.

Lokalklima. Klima kleinerer Gebiete von etwa 100 m bis 10 km Durchmesser.

Loop. Geschlossener Rohrkreislauf, der Materialien und Einzelteile zur Prüfung unter verschiedenen Bedingungen aufnehmen kann. Liegt ein Teil des Loops und seines Inhalts in einem >Reaktor<, spricht man von einem In-pile-loop.

Lop Nor. Chinesisches >Kernwaffentestgebiet< im Westen der Provinz Xinjiang.

Lost. Identisch mit Senfgas, dtsch. Deckname für Bis(2-chlorethyl)sulfid, Kampfstoff; als Aerosol eingesetzt dringt er durch Kleidung und greift Haut und Schleimhäute an, schädigt Knochenmark und Immunsystem. Bei Intoxikationen erfolgt Senkung der Leukocyten-Zahl. Diese Beobachtung führte zur Synthese von Lost-Derivaten mit Hemmwirkung auf weiße Blutkörperchen, die man gegen Leukämie einsetzte. Der Name leitet sich aus *Lo*mmel und *St*einkopf, die an der Entwicklung beteiligt waren, ab.

Lotka-Volterra-Gleichung. Eine auf Lotka und Volterra zurückgehende einfache, modellmäßige, in Anlehnung an das Massenwirkungsgesetz der Chemie formulierte Beschreibung der Populationsdynamik eines >Räuber-Beute-Systems< in einem abgeschlossenen Gebiet. Beruht auf zwei stark vereinfachenden Annahmen: 1. die Geburtsrate $b = b_1 N_2$ der Räuberpopulation N_1 ist proportional zur Zahl der Beutetiere N_2; 2. die Sterberate $d = d_2 N_1$ der Beutetierpopulation N_2 ist proportional zur Zahl der Räuber N_1:

$$dN_1/dt = b_1 N_1 N_2 - d_1 N_1$$
$$dN_2/dt = b_2 N_2 - d_2 N_1 N_2$$

Diese Modellgl. beschreiben ein phasenverschobenes Oszillieren der beiden Populationen um $N_2 = d_1/b_1$ und $N_1 = b_2/d_2$.
Lit: Lotka HJ (1925) Elements of physical biology, Williams & Wilkins, Baltimore – Volterra V (1926) Variazioni e fluttuazioni del numero d'individui in specie animali conviventi, Mem Accad Lincei 6: 31–113.

Love Canal. Die Sondermüll-Ablagerung am Love Canal in der Nähe von Niagara Falls (New York) ist als ein in der Öffentlichkeit besonders bekanntes Beispiel für die Belastung der Normalbevölkerung durch toxische Inhaltsstoffe einer >Altablagerung< anzusehen. In den Jahren 1942 bis 1953 wurden in dem Kanal ca. 22.000 t Chemikalien (u. a. >Benzol< und >Chlorbenzole<) abgelagert, die im wesentlichen als Reststoffe bei der Produktion des >Pestizids< >Lindan< anfielen. 1953 wurde das Gelände dann mit Lehm abgedeckt und später in Randbereichen u. a. mit Eigenheimen und einer Grundschule bebaut. Mitte der 70er Jahre wurde der Austritt von Schadstoffen aus diesem Gelände erkannt und die Bewohner der Siedlung (ca. 300 Personen) in einer >epidemiologischen< Studie hinsichtlich möglicher Gesundheitsbeeinträchtigungen untersucht. Nach Angaben des Autors konnten hauptsächlich wegen der geringen Kollektivstärke nur wenige Effekte beobachtet werden, wie Störungen der Schwangerschaft (Frühaborte) und Defizite bei Neugeborenen (zu geringes Geburtsgewicht). Spätere Untersuchungen an der gleichen Risikopopulation konnten allerdings diese Beobachtungen nicht bestätigen und ergaben auch keinen Hinweis auf ein erhöhtes gesundheitliches Risiko der dort lebenden Personen. Als Einschränkung in der Aussagekraft der verschiedenen Studien muß besonders das Fehlen von spezifischen >Biological-Monitoring-Untersuchungen<, bezogen auf die verschiedenen Schadstoffe in der >Altlast<, angesehen werden.

Lit: Heath CW (1987) Assessment of Health Risks at Love Canal. In: Andelman JB, Underhill DW (Hrsg.) Health Effects from Hazardous Waste Sites, Lewis Publishers, MI, S. 211–220.

Low-level-jet. Starkwindfeld, bildet sich in 100 bis 300 m Höhe an nächtlichen Inversionen, kann bis zum doppelten Betrag des >geostrophischen Windes< anwachsen.

LPG. Liquid Petroleum Gas. >Flüssiggas<.

LSC. Liquid Scintillation Counter; >Flüssigszintillationszähler<.

LT$_{50}$. >Lethal Time Fifty<.

Lubricant. >Gleitmittel<.

Luciferine. Chem. uneinheitlich zusammengesetzte Gruppe von Verb. aus veschiedenen Organismen (Bakterien, Protozoen, Pilzen, Krebsen, Fischen, Würmern, Käfern etc.), die als gemeinsame Eigenschaften die Fähigkeit zur >Biolumineszenz< aufweisen. Bei der Ox. der L. wird ein mehr oder weniger großer Teil der freiwerdenden Reaktionsenergie als Licht mit sichtbarem Anteil abgegeben. Die Ox. der L. wird durch >Luciferasen< katalysiert. Das Luciferin aus dem Leuchtkäfer *Photinus pyralis* („firefly") ist am längsten bekannt und wird als *Photinus*-Luciferin bezeichnet. Es kommt auch in einheimischen, auch „Glühwürmchen" genannten Leuchtkäfern vor, z.B. in *Lampyris noctiluca* oder *Phausis splendidula*. Die L. aus anderen Organismen werden, wie das Photinus-Luciferin, typischerweise nach dem Gattungsnamen des Organismus benannt, in dem sie gebildet wurden. Beispiele dafür sind die *Cypridina*-L. aus Muschelarten und die *Latia*-L. aus Wasserschneckenarten.

Luciferin-Luciferase-Reaktion. Biolumineszenzreaktionen, bei denen unterschiedliche Verb. durch eine enzymatisch gesteuerte Oxidation angeregt werden und anschließend unter Abgabe von Fluoreszenzstrahlung in den Grundzustand zurückkehren. Unter der Bezeichnung Luciferine werden unabhängig von Struktur oder Herkunft alle Verb. zusammengefaßt, die von Luciferasen als Substrate zur Erzeugung der Biolumineszenz genutzt werden können. Dagegen ist der Name Luciferase ein Sammelbegriff für versch. Oxidoreduktasen, die durch Oxidation von Luciferinen Biolumineszenz erzeugen können. Wahrscheinlich wird bei allen Luciferinen (s. Tabelle) durch Addition von Sauerstoff ein angeregtes α-Peroxylacton (1,2-Di-

Luciferin-Luciferase-Reaktion

Organismus	Luciferin	Oxidiertes Luciferin
Photinus pyralis, Coleoptera (Käfer)	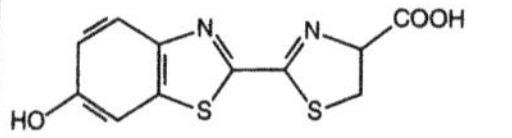	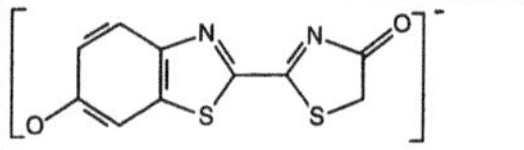
Cypridina hilgendorfii, Ostracoda (Muschelkrebse)	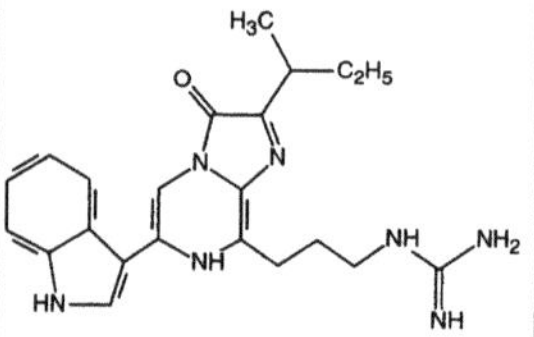	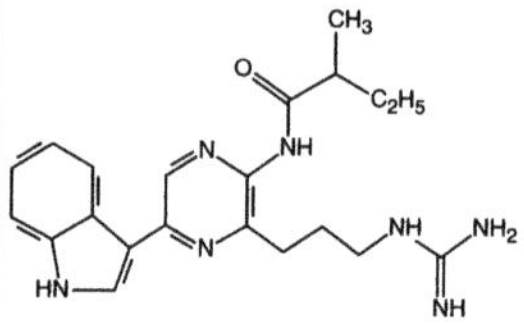
Euphausia pacifica, Malacostraca (höhere Krebse); *Pyrocystis lunula*, Dinophyceae (Dinoflagellaten)	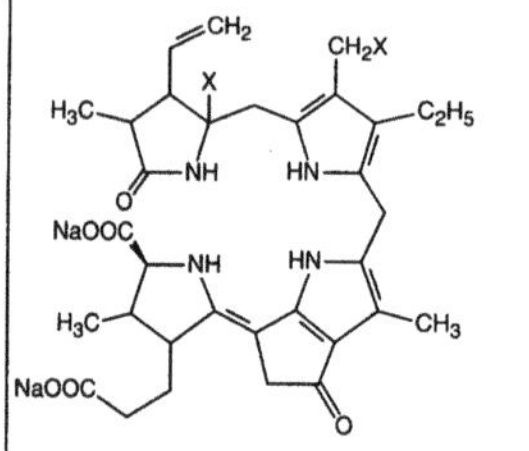 *Pyrocystis:* X = H *Euphausia:* X = OH	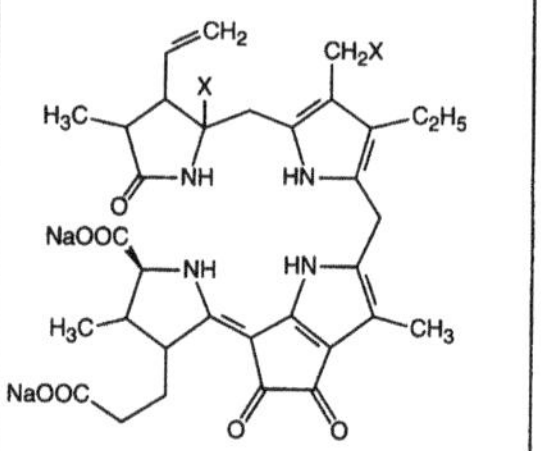
Renilla reniformis, Anthozoa (Korallen)	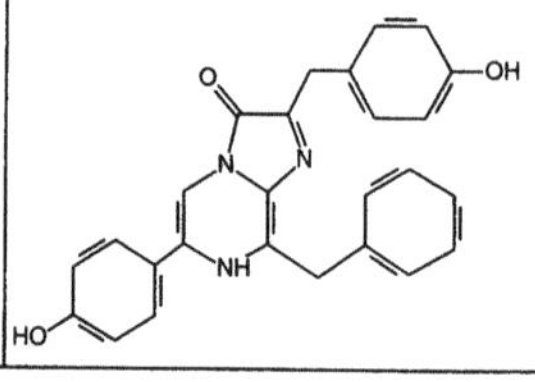	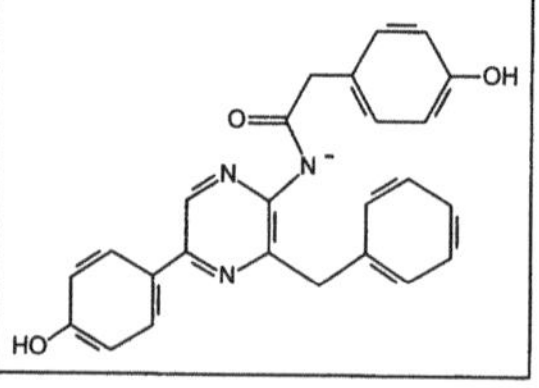

Luciferin-Luciferase-Reaktion

Organismus	λ_{max} (nm)	Lichtausbeute
Photinus pyralis	562 (gelbgrün)	$\leq 0{,}96$
Cypridina hilgendorfii	462 (blau)	0,28
Euphausia pacifica *Pyrocystis lunula*	474-476 (blau)	
Renilla reniformis	509 (grün)	0,25

Luciferin-Luciferase-Reaktion: Mechanismus der Oxidation des Photinus-Luciferins

oxetan-3-on) gebildet, bei dessen Zerfall Lichtquanten emittiert werden. Im Gegensatz zur Chemolumineszenz, bei der die angeregten Substanzen hauptsächlich aus dem ersten Triplettzustand heraus emittieren, findet die Emission bei der Biolumineszenz vor allem aus Singulettzuständen heraus statt. Das Fluoreszenzmaximum kann nicht nur durch Tautomerie des Oxidationsprodukts beeinflußt werden, sondern auch durch die Bindung an die Luciferase bzw. an weitere beteiligte Proteine. Deshalb kann sich die Farbe des in vitro emittierten Lichtes von derjenigen der In-vivo-Fluoreszenz unterscheiden. Die Lichtausbeuten reichen von 0,1 bei manchen Bakterien bis zu fast 1 bei *Photinus pyralis* (s. Tabelle oben). Über den genauen Mechanismus der Oxidation ist in vielen Fällen wenig bekannt. Am besten untersucht ist die Reaktion von *Photinus pyralis* (s. Formelschema oben). Unter ATP-Verbrauch entsteht zuerst ein gemischtes Anhydrid aus Luciferin und AMP, das dann in Gegenwart von Sauerstoff zu Oxyluciferin umgesetzt wird. In der Biochemie wird diese Reaktion zum empfindlichen Nachweis von ATP oder Sauerstoff, zur Best. von NADH, NADPH oder anderen Substraten sowie zur Luminometrie benutzt. Durch ihre hohe Nachweisempfindlichkeit eignet sich die Photinus-Luciferase auch als Markerenzym für Untersuchungen der Genexpression.

Lit: Matern U (1984) Geschichte und Mechanismus der Biolumineszenz. Biol Unserer Zeit 14: 140–149 – Kricka LJ (1988) Clinical and biochemical applications of luciferases and luciferins. Anal Biochem 175: 14–21 – Lümmen P (1988) Bakterielle Biolumineszenz: Biochemie, Physiologie und Molekulargenetik. Forum Mikrobiologie 10: 428–434 – Herring PJ (Hrsg.) (1978) Biolumineszenz in action. Academic Press, New York – Goto T (1980) Bioluminescence of marine organisms. In: Scheuer PJ (Hrsg.) Marine Natural Products, Academic Press, New York, S. 179–222.

Lückenindikation. Anwendungsgebiete (Schadorganismen in der jeweiligen Kulturart) mit geringfügigem Umfang bzw. geringfügiger gesamtgesellschaftlicher Bedeutung, für die keine oder keine ausreichenden Bekämpfungsverfahren existieren bzw. für die keine bzw. nicht ausreichend >Pflanzenschutzmittel< zugelassen sind.

Luftbeimengungen. L. sind feste, flüssige oder gasförmige Stoffe in der Atmosphäre, deren Konzentrationen im Vergleich zu den Hauptbestandteilen der Luft (Stickstoff und Sauerstoff) gering sind. L. können natürlichen wie auch anthropogenen Ursprungs sein. Die *festen* und *flüssigen* L. werden Aerosolpartikeln genannt und modellmäßig als kleine Kugeln vom Radius r aufgefaßt. Im Hinblick auf ihr Verhalten bei meteorologischen Vorgängen werden die Aerosolpartikeln in drei Größenbereiche mit folgenden Bezeichnungen eingeteilt:
- Aitken-Partikeln: $r < 0{,}1\,\mu m$;
- Große Partikeln: $0{,}1\,\mu m \leq r \leq 1\,\mu m$;
- Riesenpartikeln: $r > 1\,\mu m$.

Nach der Herkunft des Aerosols unterscheidet man vier Arten:
- kontinentales Aerosol füllt die Atmosphäre bis etwa 5 km Höhe über den Kontinenten;
- maritimes Aerosol geht über den Ozeanen bis etwa 2 km Höhe;
- Hintergrund-Aerosol ist in der Troposphäre oberhalb 5 km und
- stratosphärisches Aerosol ist in etwa 15 bis 25 km Höhe zu finden.

Mit zunehmender relativer Feuchte nehmen die Aerosolpartikeln Wasserdampf aus der umgebenden Luft auf, d. h., sie quellen zu kleinen Wolken- oder Nebeltröpfchen auf und fallen, wobei sie auf ihrem Wege zum Boden weitere Aerosolpartikeln auswaschen. Die *gasförmigen* L. werden Spurengase genannt, von denen als Wichtigste zu nennen sind Wasserdampf, Kohlenmonoxid, Kohlendioxid, Ammoniak, Stickstoffmonoxid, Stickstoffdioxid, Schwefeldioxid, Ozon, Methan und FCKW, s. Tabelle >Atmosphäre<. Als Maßeinheit für die Konzentration der Spurengase werden entweder ihr Partialdruck in nbar angegeben oder zumeist ihr >Mischungsverhältnis< zur Luft in ppb. Die Konzentration der L. hängt von den klein- und großturbulenten Mischungsvorgängen ab, die die L. von der Quelle forttransportieren.

Lit: VDI-Richtlinie Nr. 4280, Blatt 1 (Nov. 1996) Planung von Immissionsmessungen – Allgemeine Regeln für Untersuchungen der Luftbeschaffenheit.

Luftbelastung. Durch >Luftverunreinigungen< hervorgerufene >Immissionsbelastung<.

Luftdruck. Der von der Masse der Luft und der Wirkung der Schwerebeschleunigung der Erde ausgeübte Druck, definiert als das Gewicht einer Luftsäule von $1\,cm^2$ Querschnitt, die vom Meßpunkt bis zur äußersten Grenze der Atmosphäre reicht. Der L. wirkt, wie bei jedem Flüssigkeits- oder Gasdruck, senkrecht auf eine Fläche, unabhängig von ihrer Orientierung. Als Einheit des Luftdrucks gilt heute nach internationaler Vereinbarung das Hektopascal, Abk.: hPa, Pascal.

Lit: DIN 1304 (1989) Formelzeichen, Teil 2, zusätzliche Formelzeichen für Meteorologie und Geophysik, Tabelle 1 – VDI-Richtlinie Nr. 3786, Blatt 16 (Sep. 1996) Umweltmeteorologie – Messen des Luftdrucks.

Luftdruckgradient. Gefälle des Luftdrucks pro Längeneinheit. Da in der Atmosphäre die Flächen gleichen Luftdrucks nahezu horizontal, d. h. parallel zur Erdoberfläche, angeordnet sind, weist der L. nahezu senkrecht nach oben. Obwohl seine horizontale Komponente etwa um den Faktor 10^4 kleiner ist als die vertikale, ist in der Meteorologie der horizontale L. von Bedeutung, da er die Größenordnung des >geostrophischen Windes< bestimmt.

Luftdruckschreiber. >Barograph<.

Luftdrucktendenz. Änderung des Luftdrucks am Beobachtungsort. In den nationalen Wetterdiensten in der Regel angegeben in zehntel hPa pro 3 Stunden; Kurzform: fallend, steigend oder gleichbleibend. Die L. hat vor allem Bedeutung für die Beurteilung von Frontdurchgängen sowie für die Entwicklung und Verlagerung von Hoch- und Tiefdruckgebieten.

Lufteinblasung. Zur Verminderung der >CO<- und >HC-Emission< von >Ottomotoren< durch nachträgliche Ox. wird durch L. mittels einer zusätzlichen Luftpumpe, >Sekundärluftpumpe<, in das Abgassystem der notwendige Sauerstoff geliefert.
L. wird insbesondere bei noch nicht betriebswarmem Motor eingesetzt, wo mit Rücksicht auf das Laufverhalten in der Regel reicheres Gemisch mit dem entsprechenden Kraftstoffüberschuß erforderlich ist.

Luftelektrizität. Sammelbezeichnung für alle natürlichen elektrischen Erscheinungen in der Atmosphäre. Radioaktive, kosmische und ultraviolette Strahlung der Sonne erzeugen in der Atmosphäre Ladungsträger, die ein luftelektrisches Feld aufbauen, dessen Feldstärkevektor unter ungestörten Verhältnissen auf die Erde gerichtet ist. Die Potentialdifferenz zwischen der Erdoberfläche und einer leitenden Schicht in der unteren >Ionosphäre< (70 bis 80 km Höhe) beträgt etwa 200 bis 400 kV. Sie erzeugt einen elektrischen Vertikalstrom, der über der ganzen Erde etwa 1.500 A beträgt.

Luftfeuchtigkeit. Gehalt an Wasserdampf in der Luft. Unterschieden wird die *absolute* L., die die Wassermenge in g/m^3 Luft angibt, und die *relative* L., die den Anteil der bei der jeweiligen Temperatur maximal möglichen Wasserdampfmenge angibt. Die L. ist ein wichtiger >abiotischer Faktor<, der für Landpflanzen und luftlebende Tiere von großer Bedeutung ist, da sie auf die Verdunstung von der Körperoberfläche unmittelbar Einfluß hat und damit auf den Wasserhaushalt dieser Lebewesen >Feuchte<.

Lufthygiene. Teilgebiet der >Hygiene<, welches sich mit den Wechselwirkungen zwischen Mensch und Luft beschäftigt. Wichtige Aufgabengebiete sind dabei die Untersuchung der natürlichen Zusammensetzung der Luft und deren Belastung durch flüssige, gas- und partikelförmige Stoffe (einschließlich der >Mikroorganismen<); die Erforschung von Einflüssen der physikalischen und chem. Eigenschaften der Luft und von Wetter und Klima auf die Gesundheit des Menschen; von besonderer Bedeutung ist die Untersuchung von akuten (in >Smogperioden<) und chronischen Wirkungen von Luftschadstoffen auf die Bevölkerung, unter Berücksichtigung von Kombinationswirkungen verschiedener Schadfaktoren auch in niedrigen Konzentrationsbereichen. Ziel ist die Minderung oder Ausschaltung von schädigenden Einflüssen durch Ausarbeitung von Empfehlungen oder Richtlinien für Maßnahmen zur Reinhaltung der Luft.

1. Entstehung und Emission von Luftschadstoffen: Die Zusammensetzung der trockenen atmosphärischen Luft im wesentlichen konstant; lediglich beim Kohlendioxid (CO_2) ist eine Zunahme von etwa 0,7 ppm pro Jahr weltweit zu beobachten (Beteiligung am sog. >Treibhauseffekt<). Fremdstoffe gelangen durch natürliche oder menschlich bedingte (>anthropogene<) Vorgänge in die Luft (>Emission<). Unter natürlichen Vorgängen sind im wesentlichen zu nennen: Stoffwechsel bei Mensch, Tier, Pflanze und >Mikroorganismen<, Verwesung und Vermoderung, Brände, Stürme und Vulkanausbrüche. Anthropogen bedingte Quellen der >Luftverunreinigung< sind v. a. Haushaltungen, Verkehr, Industrie und Gewerbe. Der weitaus überwiegende Teil der Luftverunreinigungen entstammt Verbrennungsvorgängen jeder Art. Haushaltungen gelten als Flächenquellen mit mäßig hoher Ableitung der Abgase; typische Bestandteile sind >Schwefeldioxid<, Staub und Ruß, die praktisch nur während der Heizperiode emittiert werden. Der Kraftverkehr ist eine nicht-stationäre Quelle mit ungünstiger niedriger Ableitung der Abgase unmittelbar im Aufenthaltsbereich des Menschen; typische Komponenten des Abgases sind Kohlenmonoxid, >Kohlenwasserstoffe< (insbesondere >Benzol<), Stickstoffoxide, >Blei< und Ruß (>Dieselabgase<). Industrie und Gewerbe emittieren nach Art und Menge außerordentlich vielfältige Abgase; es wird unterschieden zwischen Punktquellen (Kamine) und diffusen Emissionsquellen (z. B. Undichtigkeiten in technischen Anlagen). Von besonderer Bedeutung sind Kraftwerke (Schwefeldioxid, Stickstoffoxide), >Müllverbrennungsanlagen< (>Dioxine<, Furane), Anlagen der Mineralölindustrie (Schwefelwasserstoff, org. Verbindungen), Chem. Industrie (Schwefelsäure, >Chlor<, >Vinylchlorid<), Metallindustrie (>Schwermetalle< z. B. Blei, >Cadmium<, >Arsen<, Nickel, Chrom) und die Kohleverarbeitung, v. a. >Kokereien< (>Polycyclische Aromatische Kohlenwasserstoffe<, Benzol).
2. Gesetzliche Grundlagen: Die rechtlichen Bestimmungen zur Luftreinhaltung in der Bundesrepublik Deutschland sind sehr umfangreich und unterliegen ständigen Änderungen und Erweiterungen. Es wird nach bundes- und landesrechtlichen Bestimmungen, nach speziellem >Immissionschutzrecht< und allg. Rechtsvorschriften (Ordnungsrecht, Bauordnung) und schließlich Direktiven der Europäischen Union unterschieden. Auf Bundesebene steht an erster Stelle das Bundes-Immissionsschutzgesetz (>BImSchG<) mit einer Reihe von Verordnungen (z. B. Verordnung über Großfeuerungsanlagen – 13. BImSchV) und Allgemeinen Verwaltungsvorschriften, wie Technische Anleitung zur Reinhaltung der Luft (>TA Luft<). Das BImSchG regelt u. a. Genehmigung und Betrieb von Emissionsquellen (anlagenbezogener Immissionsschutz), Anforderungen an Maschinen, Geräte, Fahrzeuge und Stoffe (produktbezogener Immissionsschutz) und Messung von >Immissionen<, Benennung von Belastungsgebieten, Aufstellung von Emissionskatastern und >Luftreinhalteplänen< (Gebietsbezogener Immissionsschutz). Die Verordnungen zum BImSchG enthalten v. a. spezielle Vorschriften zum Betreiben oder Überwachen von Anlagen, nennt Emissionsbegrenzungen, beschränkt Gehalte von Schadstoffen in Treibstoffen. Die TA Luft regelt die Grundsätze, nach denen Anlagen errichtet und betrieben werden dürfen und enthält >Emissions<- und >Immissionsgrenzwerte< (zum Schutz vor Gesundheitsgefahren und Belästigungen durch Immissionen). Weitere umweltrelevante

Bundesgesetze sind z. B. das >Chemikaliengesetz<, das >Benzinbleigesetz< und die Straßenverkehrs-Zulassungs-Ordnung. Auf Landesebene existieren teilweise Landes-Immissionsschutzgesetze, >Smog-Verordnungen<, Abstandserlaß, Raffinerierichtlinie. Vorschriften der Europäischen Union betreffen sowohl die Minderung von Emissionen (z. B. Begrenzung von Blei im Kraftstoff) wie von Immissionen (>Schwefeldioxid<, Blei, Stickstoffdioxid).

3. Immissionen: Im Sinne der >TA Luft< (s. a. >Lufthygiene, gesetzliche Grundlagen<) auf Menschen und Tiere, Pflanzen oder Sachen einwirkende Luftverunreinigungen. Immissionen werden angegeben als: (a) Massenkonzentration; als Masse der luftverunreinigenden Stoffe bezogen auf das Volumen der verunreinigten Luft in den Einheiten g/m^3, mg/m^3 oder µg/m^3; (b) Staubniederschlag; als zeitbezogene Massenbedeckung in den Einheiten g/m^2×d oder mg/m^2 × d.

4. Maßnahmen zur Immissionsminderung: Die Minderung von Immissionen kann durch verschiedene technische Verfahren zur Luftreinhaltung an stationären und nichtstationären Quellen (z. B. Reinigung von Kfz-Abgasen durch Katalysatoren) erreicht werden, aber auch u. a. durch die Verwendung schadstoffarmer oder -freier Materialien (z. B. Verordnung über Schwefelgehalt von leichtem Heizöl und Dieselkraftstoff, Benzinqualitätsverordnung) oder andere Maßnahmen (z. B. Fahrverbote für den Kfz-Verkehr). Die Wahl eines Abgasreinigungsverfahrens (zur Minderung der Emissionen) wird beeinflußt vor allem durch das Abgasvolumen, die Konzentration der Fremdstoffe im Abgas, die Art der gas- und staubförmigen Fremdstoffe (u. a. chemische Zusammensetzung, Korngröße der Stäube, Wasserdampfgehalt), die Temperatur von Roh- und Reingas, die Verwertbarkeit der abgeschiedenen Stoffe bzw. die Möglichkeit zu deren Beseitigung, die Sicherheit der Anlage und Wirtschaftlichkeit des Verfahrens.

5. Messung von Emissionen und Immissionen: Untersuchung von Luftverunreinigungen können durch die Analyse von Abgasen (Emissionsmessungen), von atmosphärischer Luft (Immissionsmessungen) und von Raumluft erfolgen. Bei Immissionsmessungen müssen sehr niedrige und in Abhängigkeit von Zeit und Raum oft stark schwankende Fremdstoff-Konzentrationen erfaßt werden. I. allg. werden dabei sehr spezielle Untersuchungsverfahren angewendet, da die meisten klassischen Methoden der Gasanalyse wegen der geringen Konzentrationen in den Luftproben hier ungeeignet sind. Wichtige Ziele der Messung von Immissionen sind: (a) Ermittlung der Belastung von Gebieten und damit insbesondere die >Exposition< der dort lebenden Bevölkerung; (b) Ermittlung der von einer Emissionsquelle ausgehenden Luftverunreinigung; (c) Prüfung der Einhaltung von Immissionsgrenzwerten. Messungen der Emissionen sind wegen der wesentlich höheren Fremdstoffkonzentrationen (1000fach und mehr höher als in der atmosphärischen Luft) grundsätzlich leichter durchzuführen. Bei Abgasuntersuchungen handelt es sich um Messungen in strömenden Gasen; die Probenahmestelle ist meist durch die Lage der Abgasquelle bzw. durch die Abgasführung vorgegeben. Wesentliche Aufgaben der Emissionsmessungen sind: (a) Prüfung der Einhaltung von Emissions-Begrenzungen, (b) Prüfungen der Funktionsfähigkeit von >Abgasreinigungsanlagen< und (c) Ermittlung von Emissionsfaktoren (s. a. >Entstehung und Emission von Luftschadstoffen<). Vorschriften für die Durchführung von Immissions- und Emissi-

onsmessungen sind u. a. in der >TA Luft<, in verschiedenen Verwaltungsvorschriften oder anderen Richtlinien (VDI-Richtlinien) enthalten.

6. Wirkung von Luftschadstoffen auf den Menschen. Diese können von Belästigungen (etwa durch Gerüche) bis hin zu schweren Gesundheitsschädigungen reichen (Smog-Periode in London 1952 mit mehr als 4.000 Todesfällen). Da die Zahl der luftverunreinigenden Stoffe groß ist, ihr Gehalt in der Luft v. a. von den Wetterbedingungen (>Transmission<) und den verschiedenen Emittenten räumlich und zeitlich stark beeinflußt wird und ihre Konzentrationen (z. B. im Vergleich zum Arbeitsplatz) i. allg. sehr niedrig sind, ist eine Beurteilung von Gesundheitsschädigungen nur unter Berücksichtigung kombinatorischer Wirkungen in niedrigem Dosisbereich möglich; konkurrierende Einflüsse aus dem privaten Bereich (wie z. B. Rauchen, Medikamenteneinnahme) und von anderen Belastungen u. a. durch Wasser und Lebensmittel müssen dabei beachtet werden. Insbesondere um Langzeiteffekte (durch chronische Einwirkungen) zu erkennen, werden i. d. R. >epidemiologische Studien< an repräsentativen Bevölkerungsgruppen durchgeführt (z. B. Wirkungsuntersuchungen im Rahmen der Luftreinhaltepläne in Nordrhein-Westfalen). In erster Linie sind die Atemwege mit ihrer großen inneren Oberfläche einer Schädigung durch Luftschadstoffe ausgesetzt; Wirkungen können aber auch das Herz-Kreislaufsystem, die Blutbildung, die Nieren, das Immun- und Nervensystem und die Haut betreffen. Beispiele von umweltmedizinisch relevanten Luftschadstoffen sind: Schwefeldioxid, Stickstoffdioxid, Kohlenstoffmonoxid, Ozon, Chlor und anorg. Chlorverbindungen, Fluorverbindungen, verschiedenste Kohlenwasserstoffe und partikelförmige Luftverunreinigungen (Stäube), Schwermetalle. Besondere Beachtung finden heutzutage die luftverunreinigenden Substanzen, denen ein >cancerogenes Potential< zugeschrieben wird; als wichtige Substanzen sind hier zu nennen: Arsen, Asbest, Benzol, Cadmium, Dieselabgas, Polycyclische Aromatische Kohlenwasserstoffe (PAH) und 2,3,7,8-TCDD.

Lit: Beck G, Schmidt P (1988) Hygiene – Präventmedizin, Enke, Stuttgart – Lahmann E (1990) Luftverunreinigung – Luftreinhaltung, Parey, Berlin Hamburg.

Luftkeimbelastung. Luftkeime können in vielen Bereichen des menschlichen und tierischen Lebensraumes vorkommen, die Bedeutung der Luftkeimbelastung hat durch die steigende Verwendung biotechnologischer Prozesse, insbesondere im Bereich der Entsorgung biologischer Abfälle zugenommen. Zur Feststellung der Luftkeimbelastung werden verschiedene Verfahren angewendet, nämlich die Impaktion und Filtration, das Impingement sowie die Elektro- und Thermopräzipitation (s. Abb. S. 720). Verschiedene Autoren haben mit unterschiedlichen Verfahren Luftkeimgehalte ermittelt (s. Tab. S. 720) Obwohl wegen der unterschiedlichen Bestimmungstechniken die Werte nicht oder nur eingeschränkt miteinander zu vergleichen sind, vermitteln sie jedoch eine Vorstellung von den Größenordnungen. Wichtig zur Beurteilung der Luftkeimbelastung ist die Kenntnis von den Luftkeimgehalten in unbelasteten oder besser natürlich belasteten Bereichen. Die Tabelle (S. 721) zeigt solche Werte für Hintergrundbelastung in Deutschland.

Lit: Böhm R, Martens W, Bittighofer PM (1998) Aktuelle Bewertung der Luftkeimbelastung in Abfallbehandlungsanlagen. Abfall-Wirtschaft, Neues aus Forschung und Technik, M. I. C. Baeza-Verlag, Witzenhausen.

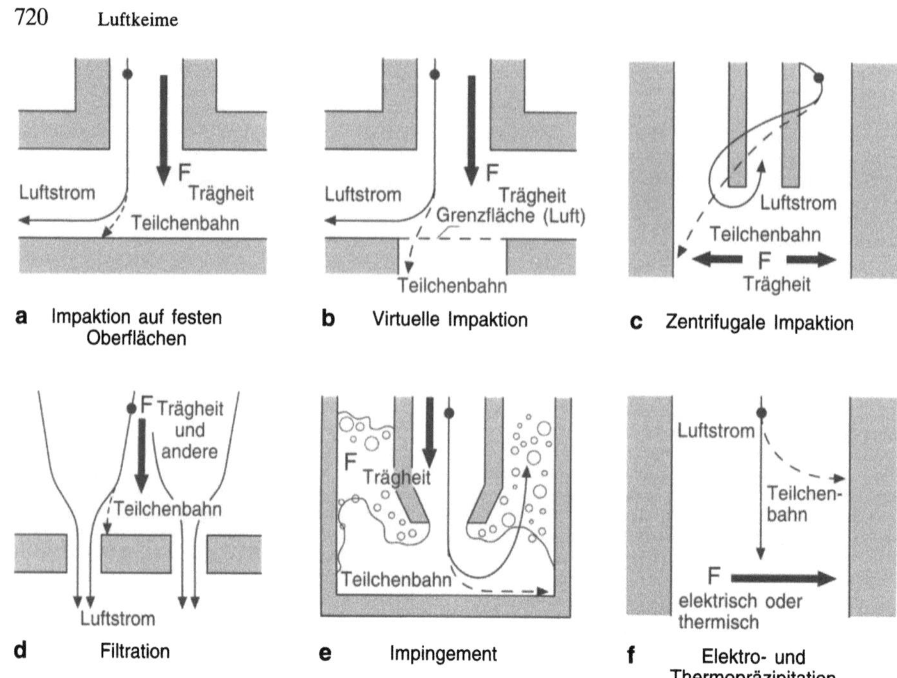

Luftkeimbelastung: Darstellung verschiedener Sammelverfahren für Bioaerosole nach Wileke und Baron (1993) aus Böhm et al. (1998). F Kraft (Force)

Luftkeimbelastung: Zusammengestellt aus der Literatur (Böhm et al. 1998)

Bereich/Probennahmepunkt	KBE/m³ Luft
Gesamtbakterien	
Freies Feld	100–500
Stadtluft	10–10.000
U-Bahn Station	1.000
Schwimmbad	100–700
Zahnklinik	bis 300
Kliniklabor	100
Molkerei	100–1.000
industr. Fleischverarbeitung	bis 17.000
Getreidemühle	100.000
Werkgelände Müllheizkraftwerk	2.600
Wertstoffsortierband	2.000–4.000
Biofilter eines Kompostwerks	2.600–1.600.000
Kläranlage	10.000–10.000.000
Schweinestall	1.200.000
Gesamtpilze (Sporen)	
Bereich/Probennahmepunkt	KBE/m² Luft
normale Raumluft	60–500
Klassenzimmer	1.000
U-Bahn Station	50–500
Müllverbrennungsanlage	330–10.000
Molkerei	20–200
Kompostierung	100.000–1.000.000
Schweinestall	bis 580.000
Wertstoffsortierband	2.600–17.000
Außenluft	10.000

Luftkeime. Dieser Begriff wird für keimhaltige Aerosole im weitesten Sinne verwendet. Dabei können sich Viren, Bakterien, Pilze bzw. deren Sporen als Zusammenballung mehrerer Mikroorganismen, in Tröpfchen eingeschlossen oder an Staubpartikel gebunden, über kurze oder längere Zeitspannen im luftgetragenen Zustand befinden. Als Keimquelle im landwirtschaftlichen Bereich kommen die Tiere selbst sowie sekundär Stallstaub oder Tröpfchen bei der Ausbringung tierischer >Fäkalien< (>Gülle<) in Frage. Praktische Bedeutung haben diese Keimaerosole bei der Ausbreitung von Infektionskrankheiten besonders der Atmungsorgane im Stall und unter besonderen Umständen auch von Bestand zu Bestand. Auskunft über die wichtigsten bakteriellen Luftkeimarten die in der Stallluft nachgewiesen werden können, gibt die Tabelle S. 721 unten. Dabei können in Abferkelställen 1.000 bis 1.400 koloniebildende Einheiten (KBE)/L Luft, in Schweineställen 600 bis 800 KBE/L Luft, in Legehennenbatterieställen 200 bis 300 KBE/L Luft und in Broilerställen 5.000 bis 8.000 KBE/L Luft gefunden werden.

Luftmangel. 1. Boden: Bezeichnung für den Mangel an Luftsauerstoff in einem Boden. L. kann nur auftreten, wenn der in den Poren vorhandene Luftsauerstoff bei geringer Nachlieferungsgeschwindigkeit durch Bodenatmung oder chemische Reaktionen verbraucht wird. Daher kann L. sowohl durch Wassersättigung oder Bodenverdichtung als auch durch Zufuhr leicht verwertbarer >Biomasse< (z.B. Gründüngung, Gülleausbringung) hervorgerufen werden. Bei länger anhaltendem L. entsteht Anaerobie.

Luftkeimbelastung: Auflistung von Hintergrundwerten, die bei verschiedenen Meßdurchgängen in städtischen und ländlichen Bereichen im Zeitraum 1995 bis 1997 gewonnen wurden

Mikrobiologischer Parameter	Umgebung	Sammelgerät	Anzahl KBE/m^3 Luft	
			von	bis
Gesamtbakterienzahl			$2,3 \times 10^2$	$4,6 \times 10^4$
	Städt. Umgebung	RCS-plus	$3,0 \times 10^1$	$2,0 \times 10^2$
	Städt. Umgebung	Andersen	$3,5 \times 10^1$	$1,3 \times 10^2$
	Einzelhausbebauung	RCS-plus	$1,0 \times 10^1$	$3,6 \times 10^2$
	Einzelhausbebauung	Andersen direkt	$7,1 \times 10^0$	$1,3 \times 10^2$
	Einzelhausbebauung	Andersen indirekt	0	$5,1 \times 10^3$
	Park	Spezial Impinger	$2,3 \times 10^2$	$4,6 \times 10^4$
	Park	RCS-plus	$1,1 \times 10^2$	$5,1 \times 10^2$
	Park	Andersen direkt	$1,8 \times 10^1$	$2,3 \times 10^2$
	Städt. Umgebung	PGP indirekt	$8,6 \times 10^1$	$4,9 \times 10^2$
	Feld/Baumschule	PGP direkt	$5,7 \times 10^1$	$1,2 \times 10^3$
	Feld/Baumschule	PGP indirekt	$8,6 \times 10^2$	$1,2 \times 10^4$
	Feld/Baumschule	Andersen indirekt	$2,0 \times 10^3$	$6,4 \times 10^5$
Gesamtpilzzahl	Städt. Umgebung	MP8	$6,7 \times 10^2$	$6,5 \times 10^3$
	Städt. Umgebung	PCS-plus	$1,2 \times 10^2$	$1,2 \times 10^3$
	Städt. Umgebung	Andersen direkt	$6,6 \times 10^2$	$1,7 \times 10^5$
	Städt. Umgebung	Andersen indirekt	$2,0 \times 10^2$	$9,3 \times 10^4$
	Einzelhausbebauung	MD8	$1,7 \times 10^3$	$4,1 \times 10^3$
	Einzelhausbebauung	PCS-plus	$8,0 \times 10^1$	$7,9 \times 10^2$
	Einzelhausbebauung	Andersen direkt	$7,1 \times 10^2$	$1,7 \times 10^3$
	Einzelhausbebauung	Andersen indirekt	$7,9 \times 10^2$	$3,5 \times 10^4$
	Park	Spezial Impinger	n.n.	$6,0 \times 10^3$
	Park	RCS-plus	$1,1 \times 10^1$	$1,8 \times 10^2$
	Städt. Umgebung	PGP indirekt	$2,1 \times 10^3$	$1,2 \times 10^4$
	Feld/Baumschule	PGP direkt	$6,3 \times 10^2$	$2,3 \times 10^3$
	Feld/Baumschule	PGP indirekt	$1,7 \times 10^3$	$3,2 \times 10^4$
	Feld/Baumschule	Andersen indirekt	$2,9 \times 10^3$	$3,3 \times 10^4$
Aspergillus fumigatus	Städt. Umgebung	PGP direkt	n.n.	$1,3 \times 10^3$
	Feld/Baumschule	PGP direkt	$2,9 \times 10^1$	$9,1 \times 10^2$
	Feld/Baumschule	PGP indirekt	n.n.	$1,1 \times 10^4$
	Feld/Baumschule	Andersen indirekt	n.n.	$4,6 \times 10^2$
Thermophile Actinomyceten	Feld/Baumschule	PGP direkt	n.n.	$6,0 \times 10^2$
	Feld/Baumschule	PGP indirekt	n.n.	$4,8 \times 10^3$
	Feld/Baumschule	Andersen indirekt	$3,0 \times 10^2$	$2,0 \times 10^3$

2. Auto: Im unterstöchiometrischen -„fetten"- >Kraftstoff-Luftgemisch< fehlende Luft zur vollständigen Verbrennung des Kraftstoffs, >Luftzahl<.

Luftmasse. Charakteristisch für die globale Temperaturverteilung ist, daß der große meridionale Temperaturunterschied zwischen dem Wärmeüberschußgebiet in Äquatornähe und den Wärmedefizitgebieten an den beiden Polen nicht gleichmäßig mit der geographischen Breite verteilt ist. Statt dessen findet man drei größere Räume, erfüllt mit relativ einheitlich temperierter Luft, die wiederum durch zwei mehr oder weniger schmale Übergangszonen voneinander getrennt sind, in denen der hemisphärische Temperaturkontrast konzentriert zu sein scheint. Luftmengen etwa einheitlicher Temperatur werden als L., die Übergangszonen zwischen ihnen als >Fronten< bezeichnet. Man kann hemisphärisch drei Hauptluftmassen unterscheiden (s. Abb. S. 722):

– Die kalte und zumeist trockene >Polarluft<, die aus dem Wärmedefizitgebiet der >polaren Antizyklonen< stammt;
– die warme und zumeist feuchte >Tropikluft<, die in der Passatregion entsteht und
– dazwischen liegend eine mittlere, in ihren Eigenschaften stark variable Luftmasse, die als gemäßigte Luft bezeichnet wird und charakteristisch für die Westwindzone der mittleren Breiten ist.

Diese drei Luftmassen sind alle nur schwach >baroklin<, weisen also nur geringe horizontale Temperaturunterschiede auf. Sie werden getrennt durch die beiden stark >baroklinen< >Frontalzonen<: der >Polarfront< – zwischen >Polarluft< und gemäßigter Luft – und der >Subtropikfront< – zwischen gemäßigter Luft und Tro-

Luftkeime: Die wichtigsten Luftkeimarten nach der Häufigkeit ihres Auftretens in den einzelnen Haltungssystemen

Abferkelställe	Schweinemastställe	Legehennenställe	Broilerställe
Staphylokokken	Streptokokken	Staphylokokken	Staphylokokken
Streptokokken	Staphylokokken	Streptokokken	Streptokokken
aerobe Sporenbildner	aerobe Sporenbildner	aerobe Sporenbildner	Hefen
Achromobacter	Hefen	Hefen	
Pseudomonaden			
Hefen			

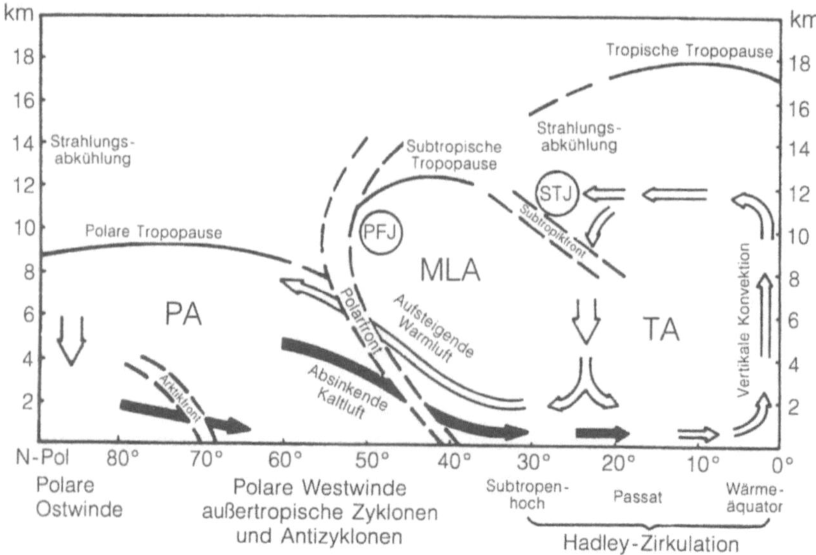

Luftmasse: Schema der Hauptluftmassen und Frontalzonen sowie der vorherrschenden meridionalen und vertikalen Luftbewegungen auf der Nordhalbkugel im Winter (PFJ: Polarfront-Jetstream, SFJ: Subtropen-Jetstream, PA: Polarluft, MLA: Luft der mittleren Breiten, TA: Tropikluft) (nach: Palmén E, Newton CW (1969) Atmospheric circulation systems, Academic Press, New York London)

pikluft. In der mittleren >Troposphäre< schwankt die mittlere Position der >Polarfront< jahreszeitlich bedingt zwischen 40° und 70° Breite, die der >Subtropikfront< zwischen 30° und 45° Breite. >Polarfront< und >Subtropikfront< weisen einen prinzipiellen Unterschied auf, s. Abb. oben. Während der Temperaturgegensatz zwischen >Polarluft< und gemäßigter Luft zumeist durch die gesamte >Troposphäre< hindurch gut ausgeprägt in Erscheinung tritt und häufig in Bodennähe besonders groß ist, ist der Unterschied zwischen gemäßigter Luft und Tropikluft nur in der oberen >Troposphäre< erkennbar, während in Bodennähe kaum eine deutliche Luftmassengrenze auszumachen ist. Charakteristisch für die drei Luftmassen sind die unterschiedlichen >Tropopausenhöhen< und ihre zugehörigen Temperaturen. Die entsprechenden Werte sind in der folgenden Tabelle zusammengefaßt (s. Tabelle unten). Im Bereich der beiden >Frontalzonen< sind die >Tropopausen< unterbrochen und ändern hier sprunghaft ihre Höhe im sog. Tropopausenbruch. Da unterhalb der >Tropopause< die Temperatur mit der Höhe abnimmt, findet hier eine relativ rasche vertikale Vermischung der einzelnen Luftpakete statt. In >zonaler< Richtung erfolgt der Transport von Luftbeimengungen mit der relativ großen Strömungsgeschwindigkeit der

Atmosphäre mit einer Zeitskala von Tagen. Die >meridionale< Vermischung von Pol zu Pol erfolgt mit deutlich geringerer Geschwindigkeit im Zeitraum von Wochen. Ferner tragen die sich hier bildenden Niederschläge zum Auswaschen der Spurenstoffe bei. Somit beträgt die Verweilzeit von Spurenstoffen in der >Troposphäre< in der Regel weniger als eine Woche. Oberhalb der >Tropopause< nimmt die Temperatur in der >Stratosphäre< u.a. aufgrund der Strahlungsabsorption durch >Ozon< mit der Höhe wieder zu, so daß eine >stabile< Schichtung mit stark verminderter vertikaler Vermischung entsteht, dabei nehmen die oberhalb der tropischen >Tropopause< lagernden Luftmassen die niedrigsten Temperaturen an. Die Verweilzeit von Spurenstoffen wächst oberhalb der >Tropopause< stark an und erreicht Werte von mehr als einem Jahr. Dies ist einer der Gründe, warum den Luftverkehrsemissionen in großen Höhen eine besondere Beachtung zukommt. Da die Hintergrundkonzentrationen von Wasserdampf, Stickoxiden und Kohlenwasserstoffen oberhalb der >Tropopause< sehr klein sind, können anthropogen verursachte Luftbeimengungen sehr rasch die Konzentrationen der natürlichen Werte erreichen. Der Transport von Stoffen aus der >Troposphäre< in die >Stratosphäre< erfolgt im wesentlichen auf

Luftmasse: Luftmasse – Tropopausenhöhen

Luftmasse	Höhe	Temperatur, Winter	Temperatur, Sommer
Polarluft	≈ 9 km	–55 °C	–45 °C
gemäßigte Luft	≈ 11 km	–60 °C	–55 °C
tropische Luft	≈ 13 km und ≈ 16 km	–85 °C	–70 °C

Nach: Baese K, Arpe K (1974) Jahresgang der charakteristischen Temperaturen der Polarfront in verschiedenen Standardniveaus, Meteorol Rundsch 27: 100–109

dem Umweg über die >Tropen<. Außerhalb der tropischen Konvektionsgebiete erfolgt der Austausch von statosphärischer und troposphärischer Luft an den persistenten Tropopausenbrüchen (s. o.) und bei den episodischen Ereignissen der Tropopausenfaltung und der Auflösung von >Kaltlufttropfen<, wobei letzter für den Vertikaltransport der Luftbeimengungen die größte Bedeutung zukommt. >Strahlstrom<.
Lit: Fortak H (1983) Meteorologie, C. Habel Verlagsbuchhandlung, 2.Aufl., Berlin Darmstadt.

Luftmengenmesser. Bestandteil von Benzin-Einspritzanlagen zur Ermittlung der vom Motor angesaugten Verbrennungsluftmenge, um die erforderliche Kraftstoffmenge messen zu können. Als L. haben sich Hitzdrahtinstrumente, verschiedene Klappsysteme und strömungstechnische Einrichtungen durchgesetzt. Die L. ist für das >Abgasverhalten< von Motoren nach dem >Kaltstart< besonders wesentlich, bis >Lambdasonde< und >Katalysator< ihre Betriebstemp. erreicht haben und die zum exakten Betrieb erforderliche Gemischregelung einsetzen kann.

Luftprobenahmetechnik. Org. >Luftschadstoffe< liegen meistens in niedrigen Konz. von ng bzw. µg Einzelstoff/m^3 vor. Deswegen müssen diese bei der Probenahme zur Steigerung der Nachweisempfindlichkeit angereichert werden. Bei der aktiven L. werden die Luftinhaltsstoffe durch Ansaugen der Luft mittels Gasprobennehmern über >Sorption<sphasen wie poröse >Adsorbentien< und Glasfaserfilter geleitet. Bei der passiven >Probenahme< erfolgt die Substanzanreicherung durch Prozesse der Gravitation (>Hausstaub<), >Diffusion< (>Passivsammler<) bzw. Permeation.

Luftqualitätskriterien. Maßstäbe zur Beurteilung der Luftqualität. Hierzu ist der Zusammenhang zwischen dem Ausmaß der >Luftbelastung< und deren schädlicher Auswirkung auf die Umwelt zu erfassen und zu bewerten.

Luftreinhalteabgabe. Im Zusammenhang mit dem Erlaß der Verordnung über Großfeuerungsanlagen (13.>BImSchV<) und der Altanlagensanierung im Rahmen der >TA Luft< 1986 sowie den von der Bundesregierung verfügten Programmen ökonomischer Anreize zur beschleunigten Durchführung emissionsmindernder Maßnahmen (§ 7d Einkommensteuergesetz, Zuschüsse, zinsverbilligte Kredite) sind darüber hinaus Vorschläge für Ergänzungsabgaben auf >Emissionen< (Industrie, Kraftwerke, Kraftverkehr) vorgetragen und diskutiert worden. Von der Bundesregierung sind diese Vorschläge jedoch nicht übernommen worden. Von einer „Luftreinhalteabgabe" werden gegenwärtig keine nennenswerten Verbesserungen für die Luftreinhaltung erwartet, da die große Regelungsdichte, das hohe Anspruchsniveau und die kurzen Vollzugsfristen keinen ökonomischen Spielraum für eine flankierende Abgabe zulassen.

Luftreinhaltepläne. Nach § 74 >BImSchG< haben die zuständigen Landesbehörden die in >Untersuchungsgebieten< auftretenden Luftverunreinigungen und die >Emissionskataster< auszuwerten und festzustellen, ob im gesamten Untersuchungsgebiet oder in Teilen desselben schädliche Umwelteinwirkungen durch Luftverunreinigungen auftreten können oder zu erwarten sind. Sollte dies der Fall sein, ist ein Luftreinhalteplan aufzustellen, in dem enthalten sein sollen: 1. Art und Umfang der festgestellten und zu erwartenden Luftverunreinigungen sowie die durch diese hervorgerufenen schädlichen Umwelteinwirkungen, 2. Feststellungen über die Ursachen der Luftverunreinigungen und 3. Maßnahmen zur Verminderung der Luftverunreinigungen und zur Vorsorge.
Aufstellung und Durchführung von L. sind wichtige Voraussetzungen dafür, daß in industriellen Ballungsgebieten notwendige Strukturveränderungen und Erweiterungen der industriellen Kapazität nicht an vorhandenen, zu hohen Immissionsbelastungen scheitern. In >Untersuchungsgebieten< kann wegen der i.allg. hohen Immissionsbelastung die Genehmigung weiterer emittierender Anlagen in Frage gestellt sein. Der hierdurch verursachte Konflikt zwischen Umweltschutz und Gemeinwohl kann mit Hilfe von L. gelöst werden, wenn sichergestellt ist, daß die Emissionen anderer Anlagen so weit gesenkt werden, daß auch künftig die >Immissionswerte< im Einwirkungsbereich der neuen Anlage eingehalten werden. Kernstück des L. sind die nach Ziffer 3 zu treffenden Maßnahmen, die auf eine Verminderung der Luftverunreinigungen und auf Vorsorge abzielen müssen.

Luftreinhalteprogramm. Das L. in Deutschland beinhaltet den gesamten Komplex gesetzlicher Vorschriften zum Schutz der Umwelt vor schädlichen Lufteinwirkungen. Gemeinsame Grundlage dieser Vorschriften ist das >Bundes-Immissionsschutzgesetz< von 1974 und die in der Folgezeit erlassenen Novellierungen und Vorschriften. Sein Ziel ist es, die Luftbelastung über dem Gebiet von Deutschland soweit wie möglich zu verringern.
Lit: Davids P, Lange M (1986) Die TA Luft 1986, VDI-Verlag, Düsseldorf.

Luftreinhaltung. Der Begriff „Luftreinhaltung" ist nach Artikel 74, Ziff.24, Grundgesetz, Gegenstand der konkurrierenden Gesetzgebung, d. h nach Artikel 72 Grundgesetz, daß die Länder die Befugnis zur Gesetzgebung haben, solange und soweit der Bund von seinen Gesetzgebungsrechten keinen Gebrauch macht. Die L. ist u.a. auch Ziel des Bundesnaturschutz- und des Bundeswaldgesetzes. Anlagen, die dem Atomgesetz unterliegen und nach der Atomrechtlichen Verfahrensverordnung zu genehmigen sind, sind u.a. nur dann genehmigungsbedürftig, wenn die Reinhaltung der Luft gewährleistet ist. Nach dem Umweltstatistikengesetz sind zum Zwecke der Umweltplanung alle Investitionen u.a. auch in Sachanlagen, die der L. dienen, zu erfassen. Grundlage für alle sonstigen rechtlichen und behördlichen Regelungen im Bereich der L. ist das >Bundes-Immissionsschutzgesetz< von 1974 in der Fassung der Bekanntmachung vom 14.05. 1990. Die Qualitätsziele der L. sind in der >TA Luft< von 1986 niedergelegt.

Luftreinhaltungsrecht. Geregelt im >Bundesimmissionsschutzgesetz< sowie in den auf diesem Gesetz beruhenden Rechtsverordnungen sowie in einigen Nebengesetzen, z.B. dem Gesetz zur Verminderung von Luftverunreinigungen durch Bleiverbindungen in Otto-Kraftstoffen für Kraftfahrzeugmotoren (Benzin-Blei-Gesetz) vom 05.08. 1971, BGBl. I S.1234. Im Bundesimmissionsschutzgesetz sind spezielle Handlungsformen zur Luftreinhaltung geregelt, z.B. Luftuntersuchungsgebiete, Aufstellung von Emissionskatastern und Luftreinhalteplänen, §§ 44 bis 47; gem. § 49 Abs.2 des Bundesimmissionsschutzgesetzes können sog. „Smogverordnungen" erlassen werden, aufgrund derer z.B. unter bestimmten Voraussetzungen ein

Fahrverbot für Personenkraftwagen ausgesprochen werden kann; zuständig für den Erlaß der sog. Smog-Verordnungen sind die Landesregierungen, die z.T. solche Verordnungen auch erlassen haben.

Luftschadstoffe. Als L. werden i. allgm. Stoffe bezeichnet, die in der natürlichen Zusammensetzung der Luft nicht oder nur in geringer Menge enthalten sind. Die Bezeichnung ist nicht korrekt, denn ein Stoff wird erst dann zu einem Schadstoff, wenn er eine bestimmte >Massenkonzentration<, einen bestimmten >Massenstrom< oder eine bestimmte Einwirkungsdauer überschreitet und nachweisbar Schäden verursacht. Korrekt ist die Bezeichnung Luftverunreinigung. Nach der >TA Luft< 1986, Ziff. 2.1.1, sind Luftverunreinigungen Veränderungen der natürlichen Zusammensetzung der Luft, insbesondere durch Rauch, Ruß, Staub, Gase, Aerosole, Dämpfe oder Geruchsstoffe, wobei zu den Dämpfen auch Wasserdampf gehören kann. Das bloße Vorhandensein einer Luftverunreinigung bedeutet nicht zwangsläufig, daß diese Verunreinigung einen L. darstellt.

Luftstrahlsieb. Eine schonende und wirkungsvolle Klassierung von feindispersem Trockengut wird in einer kontinuierlich beaufschlagten rotierenden Trommel durch Luftstrahlsiebung erreicht. Die mit Gewebe bespannte Trommel wird von außen mit einem breit gefächerten Luftstrahl beschickt, so daß verstopfte Sieböffnungen laufend freigeblasen werden. Zugleich übernimmt der aus der Trommel wieder austretende Luftstrom den Abtransport des Siebgutes, während der Siebüberlauf axial abgezogen wird. Die Trenngröße liegt bei 40 bis 100 µm. Großen Aufwand erfordert die Abscheidung des Feingutes aus der Luft in einem Filter (s. Abb.).

Lit: Bartholomé E, Biekert E, Hellmann H, Ley H (Hrsg.) (1972) Ullmanns Enzyklopädie der technischen Chemie, 4. Aufl., Bd. 2, Verlag Chemie, Weinheim.

Lufttemperatur. Temperatur der Luft, gemessen mit einem trockenen, belüfteten Thermometer unter Ausschaltung jeglicher Strahlungseinflüsse, siehe dazu auch DIN 19685. Die Luft erhält ihre Temperatur im wesentlichen durch die Wärmeabgabe der Erdoberfläche. Weitere Verweise s. >Temperatur<.

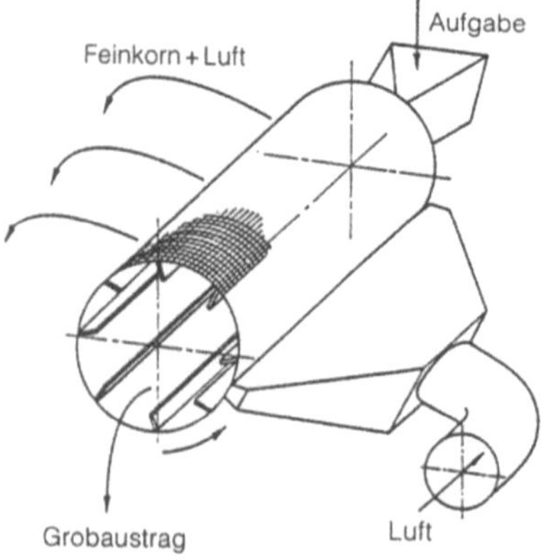

Luftstrahlsieb (aus: Bartholome E et al. (1972) Ullmanns Enzyklopädie der technischen Chemie, 4. Aufl., Bd. 2, Verlag Chemie, Weinheim)

Luftüberschuß. Im überstöchiometrischen -„mageren"->Kraftstoff-Luftgemisch< vorhandene Luftmenge, für die kein Kraftstoff zur Verbrennung zur Verfügung steht, >Luftzahl<, >Verbrennung<.

Luftventil. Unter Ausnutzung des im Abgassystem von Motoren periodisch auftretenden Unterdrucks läßt sich zusätzliche Verbrennungsluft zur Nachoxidation von >CO< und >HC< mittels entspr. L. ins Abgassystem saugen. Durch die damit mögliche Nachoxidation, evtl. mit Unterstützung von >Katalysatoren<, wird der Schadstoffgehalt an CO und HC vermindert, >Pulse Air System<.

Luftverhältnis. >Verbrennung<.

Luftverschmutzung. >Luftverunreinigungen<.

Luftverunreinigungen. Luftverunreinigungen im Sinne der >TA Luft< sind Veränderungen der natürlichen Zusammensetzung der >Atmosphäre<, insbesondere durch >Rauch<, >Ruß<, >Staub<, Gase >Aerosole<, Dämpfe (einschl. Wasserdampf) oder geruchsintensive Stoffe. Luftverunreinigungen können durch menschliche, aber auch durch natürliche Einflüsse, wie z.B. einen Vulkanausbruch, hervorgerufen werden. Luftverunreinigungen können als solche unmittelbar emittiert oder aus anderen Luftverunreinigungen in der Atmosphäre gebildet worden sein. Das Ausmaß der Luftverunreinigungen best. die nachteiligen Wirkungen auf den Menschen und dessen Umwelt (>Lufthygiene<).

Luftwechsel. Ein >Innenraum< steht durch L. mit der Außenluft und anderen angrenzenden Räumen in unmittelbarer Wechselwirkung. >Hygienisches< und bauphysikalisches Ziel der Lüftung ist der Austausch von Gasen einschließlich >anthropogener< Luftverunreinigungen. Dabei können allerdings auch Luftverunreinigungen von außen in Innenräume eingetragen werden. Als quant. Kenngröße für den Luftaustausch ist die Lufwechselzahl n als der stündlich einem Raum zugeführte Luftvol.-Strom bezogen auf das Raumvol. definiert. Der Verlauf der Konz.-Abnahme von >Innenraumchemikalien< wird mathematisch mit

$$k_t = k_0 \cdot e^{-nt}$$

mit k_t: Konz. zum Zeitpunkt t, k_0: Anfangskonz., t: Zeit und n: Luftwechselzahl beschrieben. Zur Ermittlung des L. wird in den zu untersuchenden Raum 1 L Lachgas (N_2O) je m^3 Raumvol. eingeleitet und der Konz.-Verlauf mit einem Infrarotgasanalysator gemessen. Die Konz.-Abnahme gilt als Maß für den L. und wird mit

$$n = 1/t \cdot \ln k_0/k_t$$

angegeben. Für Wohnräume ist ein Mindest-L. von $n = 0,8\ h^{-1}$ anzustreben. Schall- und wärmedämmende Fenster in extrem dichter Ausführung reduzieren den Luftaustausch dagegen auf Werte von $n < 0,4\ h^{-1}$. So beträgt die CO_2-Konz. in einem 50 m^3 großen und mit 3 Personen besetzten Raum nach 5 Stunden bei $n = 1\ h^{-1}$ 0,09 Vol.-%, dagegen bei $n = 0,3\ h^{-1}$ 0,34 Vol.-%. Hier wird fast der >MAK-Wert< für CO_2 von 0,5 Vol.-% erreicht. Eine Verbesserung des >Raumklimas< ist durch spezielle Luftkanäle in den Fenstern bzw. durch raumlufttechnische Anlagen (RLT-Anlagen) zu erzielen.

Lit: Wegner J, Schlüter G (1982) In: Aurand K, Seifert B, Wegner J (Hrsg.) Luftqualität in Innenräumen. Fischer Verlag, Stuttgart New York, 31–40.

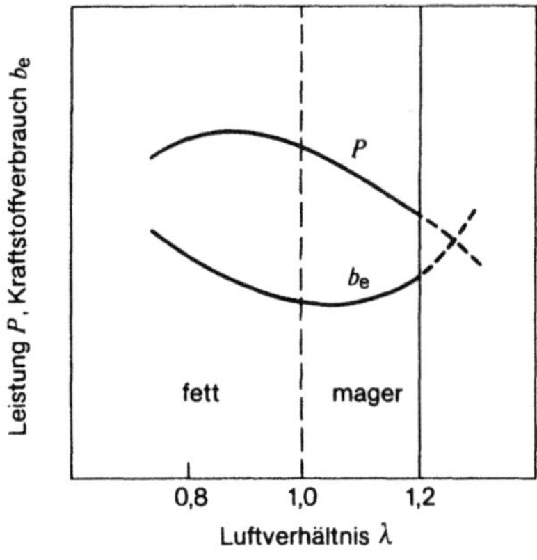

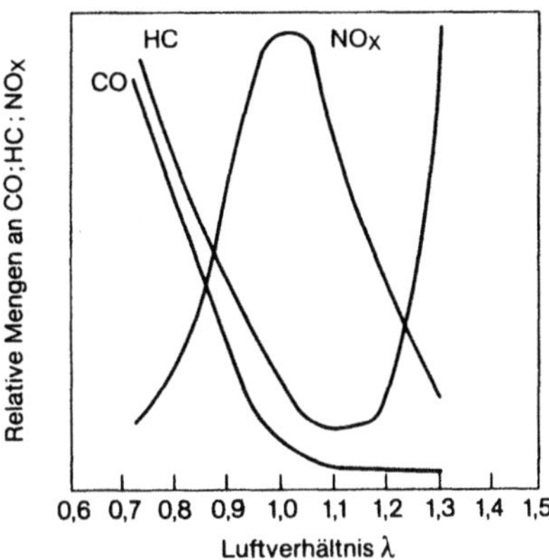

Luftzahl: Einfluß der Luftzahl auf Leistung und Kraftstoffverbrauch (links) sowie auf die Abgaszusammensetzung (rechts) (aus: Bosch (Hrsg.) (1987) Autoelektrik, Autoelektronik, ISBN 3-18-419 106–0, VDI-Verlag, Düsseldorf)

Luftwiderstand. Hauptsächlicher Anteil am Fahrwiderstand von Fahrzeugen, insbesondere bei höherer Fahrgeschwindigkeit. Der L. bestimmt somit wesentlich den >Kraftstoffverbrauch< und die Menge der >Abgasemissionen<.

Luftzahl. Die mit Lambda λ bezeichnete L. ist ein Maß für das >Kraftstoffluftverhältnis<. Dabei wird das tatsächliche Kraftstoff-Luftverhältnis zum >stöchiometrischen< ins Verhältnis gesetzt (s. Abb.):

$$\text{Luftzahl} = \frac{\text{tats. zugeführte Luftmasse}}{\text{stöch. Luftbedarf}}$$

Somit bedeuten L. = 1: stöchiometrisches Gemisch mit exakt der zum vollständigen Verbrennen der vorhandenen Kraftstoffmenge notwendigen Luftmenge L. > 1: mageres Kraftstoff-Luftgemisch mit Luftüberschuß L. < 1: fettes Kraftstoff-Luftgemisch mit Luftmangel.
Die L. hat direkten Einfluß auf die >Abgasemissionen< von >Verbrennungsmotoren<. So entstehen z.B. bei L.< 1. -fettes Gemisch-, hohe Emissionswerte an >CO< und >HC< mit hohem >Kraftstoffverbrauch<, während >NO$_x$< rel. gering ausfällt.

Luftzusammensetzung. (s. Tabelle unten).
Lit: Brandt F (1981) FDBR-Fachbuch Nr. 1: Brennstoffe und Verbrennungsrechnung, Vulkan-Verlag, Essen.

Lumbricidae. >Annelida<.

***Lumbricus* (Lumbricidae).** >Annelida<, >Bodenfauna<, >Mull-Moder-Modell<.

Lumen. SI-Einheit des Lichtstroms, abgekürzt lm. 1 lm ist gleich dem Lichtstrom, der in die Raumwinkeleinheit (Steradiant) durch eine gleichförmige punktförmige Strahlungsquelle der Lichtstärke 1 Candela (cd) ausgesandt wird. 1 lm = 1 cd sr.

Lunare Periodik. Manche Lebewesen zeigen rhythmische Lebenserscheinungen, die mit bestimmten Mondphasen korreliert sind. Dabei spielen das Mondlicht oder die Gezeiten eine Rolle. Besonders auffällig sind Fortpflanzungsgeschehnisse im marinen >Litoral<, wie sie bei verschiedenen Tieren und Pflanzen zu beobachten sind. Bekanntestes Beispiel ist der *Palolowurm*, der an den Ufern von Samoa zur Zeit des zunehmenden Halbmondes zwischen Mitte Oktober und Mitte November in großen Mengen schwärmt. Auch an unseren Küsten leben verschiedene Tiere – Borstenwürmer, Krebse, Insekten –, deren Fortpflanzung durch Mondlicht und/oder Gezeiten gesteuert wird. Die Gezeitenperiodik von 12,4 h ist durch eine 24-h-Tagesperiodik überlagert und kann so als Zeitgeber wirken: Alle 15 Tage sind gleichartige Bedingungen gegeben, d.h. die Ereignisse Ebbe und Flut fallen wieder in denselben Tagesbereich, bei denen z.B. die Abgabe von Geschlechtsprodukten erfolgt.

Lungenfibrose. Herdförmige oder diffuse, derbe, zur Restriktion führende Fibrose (Bindegewebsvermehrung) des Lungengerüsts. Endzustand >chronisch< entzündlicher Lungenprozesse mit narbigem Umbau; hervorgerufen u.a. durch Einwirkung von Alumini-

Luftzusammensetzung

	Luftzusammensetzung				
	exakt			für Handrechnungen	
	Vol.%	Gew.%		Vol.%	Gew.%
Stickstoff	78,084	75,510			
Argon	0,934	1,289			
Neon	0,002	0,001	Luft		
Kohlendioxid	0,032	0,049	Stickstoff	79,052	76,849
Sauerstoff	20,948	23,151	Sauerstoff	20,948	23,151
Summe	100,000	100,000		100,000	100,000

um-, >Beryllium<-, Hartmetall-, >Asbest<- oder Quarzstaub.

Lungenkarzinom. >Lungenkrebs<.

Lungenkrebs. (Syn. Lungenkarzinom, Bronchialkarzinom). Tritt meist in Form des von den Bronchien ausgehenden Bronchialkarzinoms, weniger im Bereich der Lungenbläschen (Alveolen) als Alveolarzellkarzinom auf. Wie bei jeder Form von >Krebs< ist auch hier eine irreversible maligne Entartung körpereigener Zellen charakteristisch, die durch ungehemmte Zellteilung zur Entstehung sogenannter maligner Neoplasien führt. Diese bösartigen Neubildungen zerstören das umgebende Gewebe und sind über den Lymph- oder Blutweg zur Bildung von Tochtergeschwüren (>Metastasen<) fähig. In Deutschland und in den USA steht Krebs nach den Herz-Kreislauferkrankungen an zweiter Stelle der Todesursachen, was z.T. jedoch als Folge steigender Lebenserwartung interpretiert wird. In Deutschland erkranken jährlich ca. 30.000 Menschen an Lungenkrebs, davon ca. 83% Männer und 17% Frauen, jeweils bevorzugt im Alter von über 45 Jahren. 35% aller Todesfälle durch Krebs sind dem Lungenkrebs zuzuschreiben. Die Zunahme der Neuerkrankungen des Lungenkrebses und die Zunahme in der Mortalitätsstatistik (>Mortalität<) ist in den westlichen Industrienationen beispiellos. Neben >Disposition<, Alter und Geschlecht erhöhen verschiedene Umweltfaktoren das Lungenkrebs-Risiko. Ätiologisch werden so neben dem >Rauchen< ein „Stadtfaktor" und die berufliche >Exposition< angeschuldigt. L. verursachende Substanzen gelangen über die Atemluft in den Respirationstrakt, wobei Populationsstudien eine jeweils charakteristische Dosis-Wirkungs-Beziehung zeigen. Parallel mit der zunehmenden Häufigkeit des Bronchialkarzinoms nahm auch die fortschreitende Industrialisierung und die Verunreinigung der Luft zu. Besonders in den Großstädten enthält die Atemluft potentielle >Karzinogene< wie z.B. polycyclische aromatische Kohlenwasserstoffe (>PAK<). 95% der operierten Kranken sind Raucher. Risikopatienten für Lungenkrebs sind in erster Linie Männer ab dem 40. Lebensjahr, die stark rauchen, d. h. 20 Zigaretten pro Tag und mehr. Eine Korrelation zwischen Lungenkrebs und Tabakrauch ist mehrfach belegt, wobei Rauchen das Lungenkrebsrisiko dosisabhängig erhöht. Im Tabakrauch liegt eine Vielzahl von im >Teer< enthaltenen PAK, *N*-Nitrosoverbindungen, >Arsen<, >Selen< und radioaktives Polonium-210 vor. Zahlreiche synthetische oder natürlich vorkommende Karzinogene, die häufig auch >mutagen< wirken, können zur Lungenkrebsentstehung beitragen. Viele Karzinome sind dabei nicht selbst wirksam, sondern werden erst durch >Biotransformation< auf subzellulärer Ebene von Präkarzinogenen zu den eigentlichen Karzinogenen umgewandelt. Ein typisches Beispiel hierfür sind die polycyclischen aromatischen Kohlenwasserstoffe (PAK). PAK entstehen durch unvollständige Verbrennung organischen Materials bei Temperaturen zwischen 500 und 950 °C. Hauptemissionsquelle (>Emissionsquelle<) ist die Verbrennung von >Kohle< und anderen fossilen Brennstoffen (>fossile Brennstoffe<) sowie von >Müll<. Die Aufnahme mit der Luft beträgt in Abhängigkeit vom Verschmutzungsgrad 2 bis 200 µg jährlich, zusätzlich zu der individuellen Belastung durch Aufnahme mit Tabakrauch, das sind 10 bis 150 ng pro Zigarette. PAK sind wahrscheinlich mitverantwortlich für das häufigere Auftreten von Bronchial-

karzinomen in städtischen Regionen. Die Gruppe der krebserzeugenden PAK ist in den Abschnitt III A2 der >MAK-Liste< aufgenommen worden. Am besten untersucht ist hier das ubiquitär verbreitete >Benzo(a)pyren<, das wie die meisten karzinogene auch >mutagene< Wirkung zeigt. Es kommt u.a. in Auto- und Industrieabgasen (>Abgase<) vor. Weitere karzinogene PAK, die mit der Atemluft aufgenommen werden, sind z.B. 3-Methylcholanthren und >Benz(a)anthracen<. Die Lungenkrebs erzeugende Wirkung der Inhalation von Dieselmotorabgasen (>Dieselmotor<) wurde in Inhalationsexperimenten bei Ratten nachgewiesen. Eine Fall-Kontroll-Studie bei amerikanischen Eisenbahnern ergab eine statistisch signifikant erhöhte Lungenkrebshäufigkeit bei beruflich durch Dieselmotorabgas Belasteten, was nicht allein auf den Gehalt an PAK zurückzuführen ist. Es ist noch nicht eindeutig geklärt, ob der Grad der Metabolisierung der PAK zu den eigentlichen krebserzeugenden Stoffwechselproduktion in der Lunge bei den an Dieselruß (>Ruß<) adsorbierten PAK viel größer ist als bei den leichtlöslichen. Weiterhin sind Verbindungen der Gruppe der *N*-Nitroso-Verbindungen karzinogen und bei >Inhalation< auch lungenkrebserzeugend. Sie entstehen aus >Aminen< bzw. Amiden und >Nitrit<. >Nitrosamine< sind z.B. Dimethylnitrosamin und Diethylnitrosamin, ein Nitrosamid ist z.B. *N*-Nitroso-*N*-methylharnstoff. Eine Zigarette enthält 15 bis 30 ng an flüchtigen und 0,8 bis 1,4 µg an tabakspezifischen Nitrosaminen. (Zur Bildung von Nitrosaminen im Tabakrauch s. Hermanek/ Gall, 1979). Unter gewissen Umständen tragen auch die karzinogenen Verbindungen der Gruppe der aromatischen Amine zur Lungenkrebsentstehung bei. Gewerblich kommen sie z.T. noch in der chemischen und der Farbstoffindustrie vor. Kokereiarbeiter, die über mehrere Jahre den Kokereiemissionen (>Kokerei<) und -nebenprodukten ausgesetzt sind, zeigen eine höhere Lungenkrebsrate als andere Stahlarbeiter. Verschiedene aromatische Amine kommen im Herstellungsbereich von Kokereinebenprodukten vor. Die Gruppe der >alkylierenden Substanzen< wirkt karzinogen durch DNA-Alkylierung. Bifunktionelle Stoffe, wie z.B. Lost-Derivate, führen zu einer Verknüpfung der beiden Einzelstränge der >DNA<. Zu den sog. Alkylantien zählen >Epoxide<, wie z.B. >Ethylenoxid<, und halogenierte >Ether<, wie z.B. Bis(chlormethyl)-ether. Bis(chlormethyl)ether gilt als einer der stärksten synthetischen Karzinogene. Es wird in vielen industriellen Herstellungsprozeßen verwendet, außerdem zur Vernichtung von >Bakterien< und >Pilzen< und zur Herstellung von >Formaldehyd<, beide kommen in vielen industriellen Prozessen nebeneinander vor und können sich spontan zu Bis(chlormethyl)-ether verbinden. Bei Inhalation können sie Lungenkrebs auslösen. Weitere hier zu nennende alkylierende Substanzen sind Ethyleniminderivate und Alkylsulfonsäureester. Diese Verbindungen sind z.T. in >Cytostatica< enthalten. Schließlich werden bei Inhalation von >Vinylchlorid< (VC) in Vinylchlorid-Werken erhöhte Lungenkrebsraten beobachtet. Als >Olefin< geht VC zahlreiche Additions- und Polymerisationsreaktionen z.B. unter Bildung von >Polyvinylchlorid (PVC)< ein. Unter den anorganischen lungenkrebserzeugenden Stoffen sind besonders diejenigen zu nennen, die durch berufliche Exposition wirksam werden. Die Todesfälle an Lungenkrebs nehmen bei Kupferhüttenarbeitern mit wachsender Expositionsdauer gegenüber >Arsen< bzw. Arsenoxiden zu. Die höchsten Zahlen der Todesfälle an Lungenkrebs sind unter Arbeitern aufgetreten, die gleichzeitig gegenüber Arsen und >Schwefeldioxid< exponiert waren.

Dies deutet darauf hin, daß Schwefeldioxid vermutlich ein Kokarzinogen ist, das die krebserzeugende Wirkung von Arsen steigert. Bei Nickelarbeitern ist das erhöhte Risiko nicht auf metallischen >Nickel< zurückzuführen, sondern besonders auf die Brennprozesse von Nickel-Kupfer-Sulfid zu Nickel-Kupfer-Oxid. Asbeststaub ruft bei Inhalation lungengängiger Kurzfasern zunächst die Staublungenerkrankung >Asbestose< hervor, aus der sich bei länger andauernder Einwirkung Lungenkrebs entwickeln kann. Asbest ist ein Arbeitsstoff, der als Dämmstoff und Feuerschutzmittel in Textilien und in Zement- und Fertigbauteilen weit verbreitet ist. Heute versucht man, Asbest durch physiologisch weniger bedenkliche Stoffe zu ersetzen. Besondere Beachtung verdient die Tatsache, daß Zigarettenrauchen das Lungenkrebsrisiko bei Asbestexposition um ca. das 100 fache erhöhen soll. Schließlich wurde bei Inhalation von >Hämatit< im Bergbau eine erhöhte Lungenkrebsrate festgestellt. Weitere anorganische lungenkrebserzeugende Stoffe sind z. B. >Cadmium< in Form von Cadmiumdioxid oder -sulfat, >Chrom< in chromatherstellenden Industrien, >Mangan< und evtl. >Blei<. Sie sind entweder selbst karzinogen oder über die von ihnen ausgehende >Radioaktivität<. Bei einigen karzinogenen Stoffen, die technisch unvermeidbar eingesetzt werden müssen, sind sog. >Technische Richtkonzentrationen< (TRK) angegeben. Ein Krebsrisiko kann dabei allerdings nicht ausgeschlossen werden. TRK liegen z. B. bei Asbest, Arsen, Nickel als Staub und >Vinylchlorid< vor. Für den Nachweis karzinogener Eigenschaften von neuen und alten Stoffen gibt es einige Testverfahren, z. B. den sog. >AMES-Test<. Ein sehr starkes Karzinogen ist >Radon<. Dieses radioaktive Edelgas wird beim natürlichen Zerfall von >Uran< und >Radium< gebildet. Neben Uran- und Radiumlagerstätten kommt es noch in einer Reihe von Bergwerken für Metalle und Nichtmetalle vor, z. B. in Minen für >Ton<, >Eisen<, >Flußspat<, >Wolfram<,>Kupfer< und >Zink<. Gefährlich sind besonders die Zerfallsprodukte von Radon, die sog. Radionuklide, die eine mittlere >Halbwertszeit< von 30 min haben. Sie lagern sich an Staubpartikel in der Luft an und werden so in den Atemtrakt geschleust. Der Körper ist so einer hohen Strahlendosis (>Strahlenexposition<) ausgesetzt. Kurioserweise existieren in Deutschland einige Heilbäder, die ihre dortigen Radonstollen zur Rheumalinderung einsetzen, wobei der medizinische Erfolg nicht nachweisbar ist, dafür aber die Strahlendosis von ca. 100.000 >Bq<. Schließlich können Röntgenstrahlen das Lungenkrebsrisiko erhöhen. Verschiedene Untersuchungen haben gezeigt, daß Vitamin A in Hamstern die Krebsentstehung hemmen kann und Vitamin A-Mangel (>Vitamine<) besonders bei Lungenkrebspatienten und Rauchern nachzuweisen ist.

Lit: Höpker WW, Lüllig H (1987) Lungenkarzinom, Resektion, Morphologie und Prognose, 1. Aufl., Springer, Berlin Heidelberg – Mann SG (1985) Epidemiology of Lung Cancer. In: Scarantino CW (Hrsg.) Lung Cancer, Springer, Berlin Heidelberg New York Tokyo – Roth L (1988) Krebs erzeugende Stoffe, 2. Aufl., Wissenschaftliche Verlagsgesellschaft, Stuttgart – Miller JA (1970) Cancer Res 30:559 – Pott F, Heinrich U (1988) Z Ges Hyg 34: 686–689 – Eisenbrand G (1981) N-Nitrosoverbindungen in Nahrung und Umwelt, Wissenschaftliche Verlagsgesellschaft mbH, Stuttgart – Rieben FW, Fritze D (1985) Praktische Lungen- und Bronchialheilkunde. Grundlagen, Diagnosen, Therapie, 1. Aufl., Dietrich Steinkopff, Darmstadt – Gericke D (1983) Naturwissenschaften 70: 173–179 – Der Bundesminister für Forschung und Technologie (1984) Krebsforschung. Zwischenbilanz der Forschungsbeförderung. Öffentlichkeitsarbeit, Bonn, August 1984 – Deutsches Krebsforschungszentrum (1984) Veröffentlichungen aus dem Deutschen Krebsforschungszentrum 1983, Heidelberg – Hermanek P, Gall FP (1979) Lungentumoren, Bd. 2, Kompendium der klinischen Tumorpathologie, Gerhard Witzstrock GmbH, Baden-Baden – Henry CJ, Kouri RE (1987) Specialized Test Article Administration: Nose-Only Exposure and Intratracheal Inoculation. In: Salem H (Hrsg.) Inhalation Toxicology. Research Methods, Applications, and Evaluation, Marcel Dekker, New York – Deutsche Gesellschaft für Arbeitsmedizin (1982) Kombinierte Belastungen am Arbeitsplatz. Der chronisch Erkrankte im Betrieb. Bericht über die 22. Jahrestagung der Deutschen Gesellschaft für Arbeitsmedizin, Gentner, Stuttgart – Leonard A, Gerber GB, Jacquet P, Lauwerys RR (1984) Mutagenicity, Carcinogenicity, and Teratogenicity of Industrially Used Metals. In: Kirsch-Volders M (Hrsg.) Mutagenicity, Carcinogenicity, and Teratogenicity of Industrial Pollutants, Plenum Press, New York – Poncelet F, Duverger-van Bogaert M, Lambotte-Vandepaer M, de Meester C (1984) Mutagenicity, Carcinogenicity, and Teratogenicity of Industrially Important Monomers. In: Kirsch-Volders M (Hrsg.) Mutagenicity, Carcinogenicity, and Teratogenicity of Industrial Pollutants, Plenum Press, New York – Nery R (1986) Cancer: an engima in biology and society, Croom Helm, London Sydney, The Charles Press, Philadelphia – Wirth W, Gloxhuber C (1985) Toxikologie, Für Ärzte, Naturwissenschaftler und Apotheker, 4. Aufl., Georg Thieme, Stuttgart – Deutsche Forschungsgemeinschaft (1988) Maximale Arbeitsplatzkonzentration und Biologische Arbeitsstofftoleranzwerte 1988. Mitteilung XXIV der Senatskommission zur Prüfung gesundheitsschädlicher Arbeitsstoffe, VCH Verlagsgesellschaft, Weinheim – Hörath H (1987) Giftige Stoffe der Gefahrstoffverordnung, 2. Aufl., Wissenschaftliche Verlagsgesellschaft, Stuttgart – Korte F, Bahadir M, Klein W, Lay JP, Parlar H, Scheunert I (1987) Lehrbuch der ökologischen Chemie. Grundlagen und Konzepte für die ökologische Beurteilung von Chemikalien, 2. Aufl., Georg Thieme, Stuttgart New York – Forth W, Henschler D, Rummel W (1988) Allgemeine und spezielle Pharmakologie und Toxikologie, 5. Aufl., Bibliographisches Institut, Mannheim.

Lungenödem. Zustand, bei dem Lungenbläschen mit wäßriger Flüssigkeit, meist aus den Blutgefäßen austretenem >Plasma< durchtränkt sind. Diese sind dadurch dem Atmungsvorgang entzogen. Kennzeichnend sind hochgradige Atemnot, rasselnde Atemgeräusche, Hustenreiz, dünnflüssiger evtl. blutig-schleimiger Auswurf, Blauwerden des Gesichts, kleiner fadenförmiger Puls. Ein L. tritt oft durch eine Lungenstauung bei Versagen des linken Herzens auf. Es wurde auch nach Arbeitsunfällen mit Freisetzung extrem hoher Konzentrationen von >Reizgasen< wie >Ozon<, >Stickstoffdioxid< sowie >Phosgen< beobachtet.

Lutein. (Xanthophyll, Helenien). Ein in allen grünen Pflanzen gemeinsam mit >Chlorophyll< und >Carotin< vorkommender gelber Farbstoff aus der Gruppe der >Carotinoide<. Freies Lutein kommt vorwiegend in Luzerne, Palmöl, Brennesseln und Algen vor. Luteindipalmitat dient unter der Bezeichnung >Helenien< ebenfalls als Farbstoff (s. Formelschema S. 728).

Luv. Die dem Wind zugewandte Seite einer Erhebung, eines Gebäudes oder eines Schiffes, gekennzeichnet durch: höhere Bewölkung, mehr Niederschlag, geringere Sonnenscheindauer als auf der dem Wind abgewandten Seite des Hindernisses. Gegensatz: >Lee<.

Luvlage. Lage eines Ortes oder Landschaftsraumes, dessen Klima aufgrund der vorherrschenden Windrichtung durch häufige Luvwirkungen geprägt wird. Gegensatz: >Leelage<.

Lutein

Luteindipalmitat

Lux. SI-Einheit des Beleuchtungsstärke, abgekürzt lx. 1 lx ist gleich der Beleuchtungsstärke, die ein gleichmäßig über eine Fläche von 1 Quadratmeter verteilter Lichtstrom von 1 >Lumen< erzeugt. 1 lx = 1 lm/m^2.

Luxmeter. Lichttechnisches Instrument zur Messung der Beleuchtungsstärke. Das auf ein Photoelement oder einen Photowiderstand auffallende Licht erzeugt einen zur Beleuchtungsstärke proportionalen Photo-strom, der von einem in Lux geeichten Milliampère-meter gemessen wird.

Luxuration. >Heterosis<.

LWR. >Leichtwasserreaktor<.

Lycopin. ψ,ψ-Carotin. Die Herstellung des orangen Farbstoffs erfolgt synthetisch oder durch Isolierung aus Tomatenkonzentrat. Der Zusatz erfolgt zu Toma-

Lycopin

Lysimeter: (a) Nicht wägbare Lysimeter (nach: Friedrich u. Franzen, 1960), (b) Filterwanne (nach: Liebscher, 1979), (c) Großlysimeter (nach: Prenck u. Flender, 1965)

tenprodukten wie Soßen, Purées oder Fischkonserven mit Tomatensoße.

Lymphozyten. Körperzellen von Wirbeltieren mit rundem, chromatinreichen Kern und schmalem, stark basophilen Cytoplasmasaum. Sie dienen als immunkompetente Zellen der Immunabwehr des Körpers gegen körperfremde Stoffe und besitzen die Fähigkeit zur spezifischen Reaktion mit >Antigenen<. Bei der Immunreaktion wirken verschiedene L.-Arten und Makrophagen zusammen. Der menschliche Körper besitzt etwa 10^{12} L., die sich aus undeterminierten hämopoetischen Stammzellen im Knochenmark entwickeln und sich dabei zu mindestens zwei wichtigen Typen differenzieren:

1. *T-Lymphozyten*: Das sind vom *Thymus* abhängige L., die Träger der zellvermittelten >Immunität< sind. Sie sind als sog. cytotoxische Zellen („Killer"-L.) dazu fähig, körperfremde Zellen zu zerstören. Beteiligt sind zusätzlich „T-Helfer-Zellen", die bei der Antikörperbildung mitwirken, und „Suppressor-Zellen", die Immunreaktionen ggf. unterdrücken können.

2. *B-Lymphozyten*: Das sind vom sog. *Bursa-Äquivalent* abhängige L., die auf ihrer Oberfläche >Immunglobuline< tragen, die sich beim Kontakt mit bestimmten Antigenen entweder zu Antikörper produzierenden Plasmazellen oder zu „Gedächtnis-Zellen" entwickeln. Letztere wirken als Speicher für die Information über „bekannte" Antigene und werden beim erneuten Kontakt mit dem gleichen Antigen unter Mitwirkung von „T-Helfer-Zellen" (s.o.) und Makrophagen bzw. Retikulumzellen wieder aktiv und vermitteln die schnelle spezifische Antikörperproduktion in den Plasmazellen.

Lysimeter. Mit gestörtem oder ungestörtem Boden gefüllte Behälter, die so versenkt aufgestellt werden, daß ihre Oberfläche mit der Umgebung in gleicher Höhe abschließt. Durch geeignete Meßeinrichtungen wird die >Durchsickerung< und – im Falle der wägbaren L. – der Bodenwasserhaushalt (Vorratsänderung) erfaßt. L. („Lösungsmesser") dienen außerdem zur Untersuchung des Nährstoffhaushalts der Böden und des Nährstoffverlustes im Sickerwasser bei verschiedenen landwirtschaftlichen Nutzungen. Bei Bepflanzung des L. kann außer der Bodenverdunstung auch die der jeweiligen Pflanzenart entsprechende >Evapotranspiration< (>Verdunstung<) gemessen werden. Als L.-Füllung dienen häufig ungestörte Boden-Monolithe (Mono-lith-L.). Bei den nicht wägbaren L. (Durchsickerungsmesser) ergibt sich die Verdunstung ET im langjährigen Mittel aus dem >Niederschlag< P und der Durchsickerung R_L nach ET $=$ P$-R_L$. Nicht wägbare L. (s. Abb. S. 728) können erhebliche Dimensionen annehmen (z.B. Groß-L. Typ Flender mit 20×20 m Fläche und 3,50 m Tiefe). Wägbare L. erlauben neben der Durchsickerung auch die >Vorratsänderungen< des Bodenwassers in den Bodenmonolithen gravimetrisch oder mit der Neutronensonde zu messen. Grundwasser-L. messen den Einfluß des Grundwassers auf den Wasserhaushalt der ungesättigten Zone und den L.-Körper, die Abhängigkeit des Sickerwasserablaufs vom Flurabstand und den kapillaren Wasserverbrauch aus dem Grundwasser.

Lysimeter-Anlagen. >Lysimeter<.

M

M 15. >Methanolkraftstoff<.

M 85. >Methanolkraftstoff<.

Maar. Stehendes Gewässer mit meist kreisrunder Oberfläche und rel. großer Tiefe in einer trichterförmigen Einsenkung der Erdoberfläche, durch vulkanische Tätigkeit entstanden. Die M. sind von einem charakteristischen niedrigen Aschewall umgeben. Klassische Beispiele in Mitteleuropa sind die Maare der Eifel, in denen A. THIENEMANN Grundlagen der >Seentypen< erarbeitet hat.

Lit: Scharf B (1987) Limnologische Beschreibung, Nutzung und Unterhaltung von Eifelmaaren, 1. Aufl., Ministerium für Umwelt und Gesundheit Rheinland-Pfalz, Mainz.

Maclurin. Eine Komponente des Lebensmittelfarbstoffs >Schokoladenbraun<.

Maculotoxin. >Tetrodotoxin<.

Mächtigkeit. Bei Lagerstätten die Dicke der mineralführenden geologischen Schicht.

Mageres Gemisch. >Luftzahl<.

Magermotor. Mit magerem Gemisch, >Luftzahl<, betriebener >Ottomotor<. Damit wird günstigster >Kraftstoffverbrauch< angestrebt bei noch akzeptablen Emissionswerten. Für hohe Ansprüche an die Qualität der Abgasreinigung ist der M. nach derzeitigem Stand der Technik nicht geeignet (1992).

Lit: VDI (1985) Magerbetrieb beim Ottomotor, VDI-Berichte 578, VDI-Verlag, Düsseldorf, ISBN 3-18-090578-6.

Magmatische Gesteine. >Magmatite<.

Magmatite. (Syn. magmatische Gesteine). Gesteine, die durch Erstarrung von Magma gebildet wurden. Sie werden entweder nach dem Ort ihrer Entstehung in Tiefen-, Gang- und Ergußgesteine oder nach ihrer Zusammensetzung in saure (Si-reiche) und basische oder ultrabasische (Si-arme) Gesteine unterteilt. Die wichtigsten Minerale dieser Gesteine sind >Quarz<, >Feldspäte<, >Biotit<, >Hornblende<, >Augit< und >Olivin<. Besonders wichtige M. sind z. B. Granit, Syenit, Porphyr, Diorit, Gabbro, Basalt, Diabas.

Magnesia-Kainit. >Kalidünger<.

Magnesium (Mg). Chem. Element (s. Tabelle rechts) aus der Gruppe der Erdalkalimetalle. Es ist ein grauweißes, unedles Leichtmetall, das in Gegenwart von Luftsauerstoff schnell von einer Oxidschicht überzogen wird. Oberhalb von 500 °C kann es sich selbst entzünden und verbrennt dann lebhaft mit blendend weißem Licht. Brennendes Magnesium kann Temp. von 2.400 °C erreichen, wobei es selbst Wasser zersetzen kann: $Mg + H_2O \rightarrow MgO + H_2$. Magnesium brennt auch in CO_2, CO, NO und SO_2, wobei es diesen Verb. den Sauerstoff entzieht. Aus diesem Grund sollte brennendes Magnesium nur mit Sand und Eisenfeilspänen gelöscht werden. Es wird von fast allen Säuren unter Bildung von Salzen angegriffen. Magnesium kommt in der oberen Erdkruste vorwiegend in Form unlöslichen Carbonate, Sulfate und Silikate vor. Sein Gesamtgehalt hängt stark vom verwendeten geochem. Modell ab und hier insbesondere von der Gewichtung der verschiedenen Feuer- und Sedimentgesteine, wobei die gefundenen Werte gegenwärtig zwischen 20.000 und 133.000 ppm liegen. Der wahrscheinlichste Wert liegt wohl bei 27.640 ppm (2,76 %), womit es in der Häufigkeitsliste der chem. Elemente an 6. Stelle steht. In der Natur kommt es aufgrund seines unedlen Charakters nur gebunden vor. Große Landmassen, wie die Dolomiten in Italien, bestehen vorwiegend aus dem Magnesiumkalkstein Dolomit $MgCa(CO_3)_2$. Als Hauptbestandteil ist es in zahlreichen Silicaten enthalten, zu dessen wichtigsten Mineralen das gewöhnliche Basaltmineral Olivin, der Seifenstein (Talk), Asbest und Glimmer gehören. In Form seiner 2wertigen Salze ist Magnesium für alle Organismen essentiell. Im Meer beträgt der Magnesium-Anteil pro kg Meerwasser durchschnittlich ca. 3,8 g $MgCl$, 1,66 g $MgSO_4$ und 0,076 g Magnesiumbromid $MgBr$, wobei der Anteil der Magnesiumsalze im Meer bei ca. 15 % des gesamten Salzgehaltes liegt. Der Gesamtgehalt an Magnesium im Boden erreicht Werte zwischen 500 und 5.000 ppm. Durch Verwitterung von Mg-haltigen Gesteinen und Mineralen werden Mg^{2+}-Ionen freigesetzt, die in dieser Form von den Pflanzen aufgenommen werden. Freigesetzte Mg^{2+}-Ionen können von negativ geladenen Bodenkolloiden sorptiv gebunden werden, wobei die Bindungen recht locker und unspezifisch sind. Unter humiden Klimabedingungen wird Mg^{2+} mit hoher Rate ausgewaschen. Gelöstes Mg^{2+} und adsorbiertes Mg^{2+} bilden im Boden ein Puffersystem, wobei das Puffervermögen für Mg^{2+} mit dem Tongehalt der Böden zunimmt. Magnesium besitzt im biochem. Stoffwechsel eine wichtige Rolle. Es hat essentielle Bedeutung als Bauelement des Chlorophylls und ist als Cofaktor an zahlreichen Enzymreaktionen beteiligt. Magnesium aktiviert alle durch ATP katalysierten Enzymreaktionen bei Stoffwechselvorgängen, wie z. B. im Citronensäurecyclus, bei der Photosynthese und in der Atmungskette. In Pflanzen liegt der Magnesiumgehalt zwischen 0,1 und 1 % (bezogen auf die Trockensubstanz). Vom Gesamtgehalt an Magnesium liegen in der Pflanze ca. 15 bis 20 % als Chlorophyllbaustein vor. Bei Magnesiummangel ist die Chlorophyllsynthese gehemmt und die Membranstruktur der Chloroplasten gestört. Es kommt zu Blattaufhellungen, die insbesondere in der Mitte der Blatthälfte zwischen den Blattadern auftreten. Charakteristisch ist weiterhin eine starke Welkung der gesamten Pflanze, was auf einen gestörten Wasserhaushalt zurückzuführen ist. Der erwachsene menschliche Organismus besitzt einen Gesamtbestand an Magnesium zwischen 25 und 35 g, wovon ca. 60 % in Knochen und Zähnen eingelagert sind,

Magnesium (Mg): Physikalisch-chemische Daten von Magnesium

chem. Symbol:	Mg
natürliche Isotope:	24 (78,70 %), 25 (10,13 %), 26 (11,17 %)
Atomgewicht:	24,32
Ordnungszahl:	12
Wertigkeit in Verb.:	+2
Smp.:	650 °C
Sdp.:	1.107 °C (unter Luftabschluß)
Dichte:	1,738
wichtige Mineralien:	Carnallit $KMgCl_3 \cdot 6H_2O$, Brucit $Mg(OH)_2$, Magnesit $MGCO_3$, Kieserit $MgSO_4 \cdot H_2O$, Dolomit $CaCO_3 \cdot MgCO_3$, Olivin $(Mg, Fe)_2[SiO_4]$, Serpentin $Mg_6([OH]_8/Si_4O_{10})$

30% in Muskeln lokalisiert sind, während der Rest im übrigen Körper verteilt ist. Ca. 1% des Gesamtgehaltes an Magnesium befindet sich außerhalb der Zellen, wovon ein Drittel an Proteine gebunden sind, während der Rest ionisiert vorliegt und als der biologisch aktive Teil angesehen werden kann. Die WHO empfiehlt eine Tagesaufnahme von 200 bis 300 mg. Besonders reich an Magnesium sind Getreide, Gemüse, Obst, Nüsse, Sojabohnen, Kakao und Milchprodukte. Magnesiummangel äußert sich in muskulären Verkrampfungen, nervlichen Krampfformen sowie in Herz- und Blutgefäßverkrampfungen. Vergiftungen durch eine Magnesium-Überdosierung kommen recht selten vor, da eine zu hohe Dosis zu Durchfall und Erbrechen führt.

Mg-carbonat, -oxid und -silikat werden bei der Lebensmittelherstellung als Rieselhilfsmittel oder Antiklumpmittel eingesetzt.

Lit: Greenwood NN, Earnshaw E (1990) Chemie der Elemente. VCH, Weinheim – Mengel K (1991) Ernährung und Stoffwechsel der Pflanze. Gustav Fischer Verlag, Jena.

Magnesiumhybrid. (MgH_2). Hochtemperaturenergiespeicher. Durch Wärmezufuhr bei einer Temperatur von ca. 500 °C wird aus MgH_2 Wasserstoff ausgetrieben (Dehydrierung). Wasserstoff kann zu einem späteren Zeitpunkt wieder in den Hochtemperaturspeicher zurückgeführt werden (Hydrierung). Durch die Aufnahme von Wasserstoff in Magnesium entsteht Reaktionswärme mit einer Temperatur von ca. 300 °C in Verbindung mit >Sonnenenergie< stellt sich somit ein vielversprechendes Speichermedium dar. Eine derartige Stromerzeugungsanlage mit MgH_2-Hochtemperaturspeicher wird derzeit entwickelt: Ein >Parabolspiegel< konzentriert die >Solarstrahlung<, die bei Temperaturen von 400 bis 500 °C. aus dem MgH_2->Speicher< Wasserstoff (H_2) abspaltet (Tagesbetrieb). Der Wasserstoff wird in einen zweiten Speicher (Tieftemperaturspeicher) geführt und kann von dort wieder in den Hochtemperaturspeicher zurückgeführt werden (Nachtbetrieb). Bei der Verbindung von Wasserstoff mit Magnesium zu MgH_2 wird Hochtemperaturwärme frei, die für energetische Prozesse genutzt werden kann: zum Heizen, zum Kochen oder für den Antrieb eines Stirling-Heißluftgenerators zur Elektrizitätserzeugung. Durch den Kühlvorgang beim Zurückführen des Wasserstoffs aus dem Tieftemperaturspeicher kann

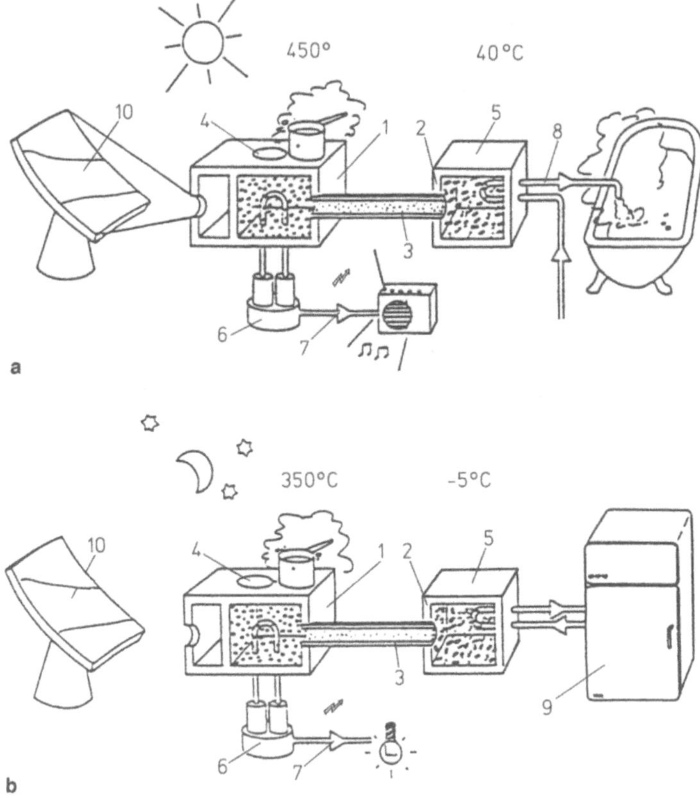

Magnesiumhybrid: Solare Stromerzeugungsanlage mit thermochemischem Speicher aus Magnesiumhybrid. *a* Tagesbetrieb: Durch Wärmezufuhr wird aus dem Magnesiumhybridspeicher Wasserstoff ausgetrieben. *b* Nachtbetrieb: Der Wasserstoff wird dem Magnesium unter Wärmeabgabe wieder zugeführt. (*1* Hochtemperaturspeicher, *2* Tieftemperaturspeicher, *3* Wasserstoff, *4* Kochplatte, *5* Wärmetauscher, *6* Stirling-Generator, *7* Elektrizität, *8* Warmwasser, *9* Kühlschrank, *10* Spiegelkonzentrator)

im „Nachtbetrieb" ein Kühlschrank betrieben werden (s. Abb. S. 731).

Lit: Groll M (1990) Solar-thermische Energieversorgungsanlagen mit Hochtemperatur-Wärmespeichern. 54. Physikertagung, 12.–16. März 1990, Deutsche Physikalische Gesellschaft, München.

Magnesiummangel. Verbreiteter Nährelementmangel an Fichte und Tanne im Zusammenhang mit den >neuartigen Waldschäden<. Da Mg-M. zunächst hauptsächlich in mittleren und höheren Lagen der Mittelgebirge in Zentral- und Nordeuropa auftrat, wurde dieses Syndrom auch als >montane Vergilbung< bezeichnet. Als Ursache des Mg-M. kann neben geringen gesteinsbürtigen Vorräten die in sauren Mineralböden niedrige relative Eintauschstärke des Magnesiums und die damit verbundenen hohen Magnesiumverluste mit dem Sikkerwassertransport angesehen werden. Häufig werden die Magnesiumverluste durch den Eintrag oder durch die bodeninterne Mobilisierung konservativer Anionen wie Nitrat oder Sulfat angetrieben.

Magnetabscheider. Teil einer >Sortieranlage< zur Abtrennung von Eisen- und Nichteisenmetallen aus >Abfällen< oder >Wertstoffen<. Neben der Gewinnung von Rohstoffen dient die Abscheidung auch dem Schutz von nachgeschalteten Geräten. Es wird zwischen Magnetbandrolle, Magnettrommel und Überbandmagneten sowie Metallsuchgeräten unterschieden. Allen M. ist gleich, daß Eisenteile mittels Elektromagneten aus dem auf einem Transportband vorbeifließenden Abfallstrom entfernt werden.

Lit: Emberger J (1980) Rohstoffquelle Müll. Abscheidung von Sekundärrohstoffen. Technik heute, Christiani, Konstanz.

Magnetische Linse. Magnetfeldanordnung, die auf einen Strahl geladener Teilchen einen fokussierenden oder defokussierenden Effekt ausübt.

Magnox. Hüllrohrmaterial in graphitmoderierten, gasgekühlten >Reaktoren<. Magnox (magnesium non oxidizing) ist eine Legierung aus Al, Be, Ca und Mg.

Magnox-Reaktor. Graphitmoderierter, CO_2-gekühlter >Reaktortyp< mit >Brennelementen< mit >Magnox<-Hülle. Überwiegend in Großbritannien gebauter Reaktortyp.

MAK. >Maximale Arbeitsplatzkonzentration<.

Makrofauna des Bodens. Die Zusammenfassung best. Tiergruppen nach der Körperbreite von 2 bis 20 mm. Dazu gehören u. a. teilweise die >Gastropoda< und >Araneida<, die >Lumbricidae<, Isopoda, >Dermaptera<, >Blattariae<, >Caelifera<, teilweise die >Coleoptera<, >Hymenoptera< und >Diptera<. Eine strenge Zuordnung aller Stadien in der Entwicklung und aller Arten einer Gruppe zur Makrofauna ist auf Grund erheblicher Größenunterschiede nicht möglich. Die org. Auflage nährstoffreicher Ökosysteme wird von vielen Arten der Makrofauna besiedelt. >Moder-< und >Rohhumus< enthalten weniger Arten aus dieser Gruppe. In jeder funktionellen Gruppe dominieren jeweils nur einzelne >Schlüsseltierarten< an >Siedlungsdichte<, >Biomasse< oder Funktion.

Makrogranulat. (Internat. Kurzbezeichnung: GG). Pflanzenschutzmittelformulierung (>Formulierung<) als >Granulat< im Korngrößenbereich von 2 bis 6 mm Durchmesser.

Makroklima. Das Klima großer Räume der Erde (Kontinente, Zonen, Länder). Das M. wird im wesentlichen durch die >Zirkulation der Atmosphäre< bestimmt. Die Ergebnisse makroklimatischer Untersuchungen werden meist in Form von Klimaatlanten dargestellt.

Makromoleküle. Unter M. (Riesenmolekülen) versteht man Moleküle, die aus einer großen Zahl von Grundbausteinen (>Monomere<) durch verschiedene Arten der Verknüpfung (>Polymerisation<) entstehen. Bei einem Polymerisationsgrad von 2 bis 50 monomeren Einheiten spricht man von *Oligomeren*. Der Begriff >Polymere< wird häufig fälschlicherweise synonym zu M. verwendet, obwohl es sich bei Polymeren um makroskopische (Werk-)Stoffe handelt, die aus M. aufgebaut sind. Der Begriff M. sollte tatsächlich nur auf der molekularen Ebene verwendet werden.

makromolekular. Aus >Makromolekülen< bestehend; makromolekulare Stoffe sind die >Polymere<.

Makrophyten. (Grch. macros = groß; phyton = Pflanze). Ein Begriff aus der >Limnologie<, bezeichnet in der Regel Wasserpflanzen aus dem Bereich der höheren >Pflanzen< und >Moose< im Gegensatz zu kleineren >Algen<, die entweder freischwebend (>Plankton<) oder als Aufwuchsflora in Gewässern auftreten. Daneben gibt es auch einige makrophytische Algen im Süßwasser, z. B. Arten der Familie Characeae.

Makrophyten-Index. Vergesellschaftung von >submersen< Makrophyten in Seen (und Fließgewässern) in Mitteleuropa zur Kennzeichnung von Nährstoffbelastungen im Uferbereich aufgrund ihrer Nährstoffansprüche bzw. ihrer Nährstofftoleranz. Der M. umfaßt 9 Kategorien und Zwischenstufen von 1,0 oligotroph bis 5,0 sehr >eutroph< (s. Tabelle).

Lit: Melzer A (1985) Makrophytische Wasserpflanzen als Bioindikatoren. Die Naturwissenschaften 72, 456–460.

MAK-Wert. Der MAK-Wert (*maximale Arbeitsplatzkonzentration*) ist die höchstzulässige Konzentration eines Arbeitsstoffes als Gas, Dampf oder Schwebstoff in der Luft am Arbeitsplatz, die nach dem gegenwärtigen Stand der Kenntnis auch bei wiederholter und langfristiger, in der Regel täglich 8stündiger Exposition, jedoch bei Einhaltung einer durchschnittlichen Wochenarbeitszeit von 40 Stunden (in Vierschichtbetrieben 42 Stunden je Woche im Durchschnitt von 4 aufeinanderfolgenden Wochen) i. allg. die Gesundheit der

Makrophyten-Index: Einteilung ausgewählter Makrophyten in Indikatorgruppen zur Ermittlung des Makrophyten-Trophie-Index (aus Melzer et al. 1988)

Gruppe 1	Gruppe 1.5	Gruppe 2
Chara hispida	Chara aspera	Chara tomentosa
	Chara intermedia	
Gruppe 2.5	**Gruppe 3**	**Gruppe 3.5**
Chara contraria	Chara vulgaris	P. berchtoldii
Chara fragilis	Myriophyllum spic.	P. lucens
Nitellopsis	Utricularia austral.	P. pusillus
obtusa	Potamogeton filif.	M. verticillatum
	P. perfoliatus	
Gruppe 4	**Gruppe 4.5**	**Gruppe 5**
Fontinalis	Elodea canadensis	Ceratophyllum dem.
antipyr.	E. nutalli	Lemna minor
P. pectinatus	P. crispus	P. mucronatus
Hippuris	Ranunculus circin.	Sagittaria sagitt.
vulgaris	R. trichophyllus	R. fluitans
		Zannichellia pal.
		P. nodosus

Beschäftigten nicht beeinträchtigt und diese nicht unangemessen belästigt. In der Regel wird der MAK-Wert als Durchschnittswert über Zeiträume bis zu einem Arbeitstag oder einer Arbeitsschicht integriert. Bei der Aufstellung von MAK-Werten sind in erster Linie die Wirkungscharakteristika der Stoffe berücksichtigt, daneben aber auch – soweit möglich – praktische Gegebenheiten der Arbeitsprozesse bzw. der durch diese bestimmten Expositionsmuster. Maßgebend sind dabei wissenschaftlich fundierte Kriterien des Gesundheitsschutzes, nicht die technischen und wirtschaftlichen Möglichkeiten der Realisation in der Praxis.

Lit: Deutsche Forschungsgemeinschaft (1990) Maximale Arbeitsplatzkonzentrationen und biologische Arbeitsstofftoleranzwerte, VCH Verlagsgesellschaft, Weinheim.

MAK-Wert-Liste. In der jährlich herausgegebenen MAK-Wert-Liste werden die von der „Senatskommission zur Prüfung gesundheitsschädlicher Arbeitsstoffe" der DFG aufgestellten, überprüften und erweiterten >maximalen Arbeitsplatzkonzentrationen< veröffentlicht. Zusätzlich enthält die Liste eine Aufstellung von Arbeitsstoffen mit bewiesener oder vermuteter Cancerogenität, die in drei Klassen unterteilt sind: a) III A 1: Stoffe, die beim Menschen nachweislich Krebs verursachen; b) III A 2: Stoffe, die im Tierversuch unter arbeitsplatzähnlichen Bedingungen Krebs verursachen; c) III B: Stoffe, bei denen ein krebserzeugendes Potential vermutet wird. Für krebserzeugende Stoffe werden >technische Richtkonzentrationen, TRK< angegeben. Daneben werden Stäube sowie besondere Arbeitsstoffe, wie z. B. organische Peroxide, Benzin und Terpentinöl, aufgeführt, für die >biologische Arbeitsplatztoleranzwerte<, d. h. höchstzulässige Konzentrationen von Arbeitsstoffen bzw. ihrer Metaboliten im Körper, angegeben sind.

Lit: Deutsche Forschungsgemeinschaft, Senatskommission zur Prüfung gesundheitsschädlicher Arbeitsstoffe (seit 1952) Maximale Arbeitsplatzkonzentrationen, Harald Boldt Verlag, Boppard.

Malabsorption. Störung der Absorption, das heißt, des Nahrungstransports vom Darmlumen in die Blut- und Lymphbahn. Ursachen hierfür sind angeborene Absorptionsstörungen, Dünndarmerkrankungen sowie akute oder chronische Darminfektionen.

Malaria. (Ital. mala aria = schlechte Luft). Infektionskrankheit durch >Protozoen< der Gattung Plasmodium, die durch Stechmücken (Anopheles) übertragen wird. Unterschieden werden: Malaria tropica durch *Plasmodium falciparum*; Malaria tertiana durch *Plasmodium vivax* oder *Plasmodium ovale*; Malaria quartana durch *Plasmodium malariae*. Die Symptome bestehen in Fieberanfällen mit Schüttelfrost und Schweißausbruch, Milz- und Lebervergrößerung, Kreislaufkollaps und zunehmender >Anämie< (durch Zerfall der von Plasmodien befallenen roten Blutkörperchen). In Abhängigkeit von der Plasmodien-Spezies wiederholen sich die Fieberanfälle im allgemeinen jeden 3. bzw. 4. Tag; die Inkubationszeit beträgt zwischen ein und zwei Wochen. Trotz intensiver Bekämpfungsmaßnahmen ist die Malaria heute immer noch weltweit in den Tropen und teilweise auch in den Subtropen (unterhalb von 2.000 m Höhe) verbreitet. Jährlich erkranken etwa 100 Millionen Menschen, die Todesrate liegt bei 1 Million.

Malathion. Ein auf Kulturen von Gemüse, Kartoffeln, Obst und Getreide eingesetztes Insektizid aus der

Warmblüter:

Insekt:

Malathion: Metabolisierung von M. durch Warmblüter und Insekten

Gruppe der org. Dithiophosphorsäureester. Die Wirkung erfolgt gegenüber Insekten und Spinnmilben vorwiegend als Kontaktgift. Im Pflanzengewebe tritt keine systemische Verteilung ein. Die Wirkungsdauer ist wegen des hohen Dampfdrucks gering. M. hat eine geringe Warmblütertoxizität, da der Abbau im Warmblüter anders verläuft als im Insekt. Im Warmblüterorganismus wird M. vorwiegend durch Carboxyesterasen enzymatisch zu ungiftiger Malathionmono- und -dicarbonsäure abgebaut. Diese und ihre wasserlöslichen Metaboliten werden im Urin ausgeschieden. Im Insekt erfolgt vor dem Abbau die Aktivierung zu Malaoxon (s. Formelschema). Wegen der geringen Warmblütertoxizität darf M. auch zum Vorratsschutz und zur Bekämpfung von Ektoparasiten an Nutztieren angewendet werden.

Maltol. 3-Hydroxy-2-methyl-4-pyron. M. bildet sich beim Erhitzen von Kohlenhydraten, vor allem von >Maltose< und Lactose. M. kommt deshalb in Malz, Kaffee, Kakao, Brot etc. vor. M. hat ein charakteristisches Karamelaroma und kann als Aromaverstärker eingesetzt werden. Der Zusatz von M. zu kohlenhydrathaltigen Lebensmitteln wie Marmelade, Fruchtsaft etc. verstärkt den Eindruck von Süße. Eine Reduktion von 15% des Zuckers in einem Lebensmittel kann durch den Zusatz von 5 bis 75 ppm M. als >Geschmacksverstärker< ausgeglichen werden.

Maltose. (Syn. Malzzucker). Ein aufgrund eines freien glykosidischen C-Atoms reduzierend wirkendes Disaccharid, das durch Einwirkung verdünnter Säuren oder Maltasen in zwei Glucosemoleküle gespalten wird. M. kommt in der Natur vorwiegend in keimenden Samen, z.B. in Gerste, vor. M. ist somit Bestandteil des Malzes und findet sich außerdem in Honig, Brot und Bier. M. entsteht als Zwischenprodukt beim biochemischen Abbau der Stärke. Technisch erfolgt die Herstellung ebenfalls aus Stärke durch den Zusatz von Amylasen. Der Einsatz erfolgt besonders als Maltosesirup in der Süßwaren- und Stärkeindustrie.

Malvidin. Ein Farbstoff aus der Gruppe der >Anthocyanidine<.

Malzamylasen. In Gerstenmalz vorkommende amylolytisch wirkende Enzyme, die bei der Verzuckerung von Stärke sowohl in der Bäckerei als auch in der Brauerei eingesetzt werden.

Mammutpumpe. Bei der Mammutpumpe erfolgt die Wasserförderung durch Einpressen von Druckluft in eine Steigleitung. Das spezifisch leichtere Luft-Wasser-Gemisch wird entsprechend der Tiefenlage der Luftzuführung und der Menge der zugeführten Luft durch die außen stehende Wassersäule hochgedrückt. Die Fördermenge wächst mit zunehmender Eintauchtiefe und Luftmenge. Wegen ihres sehr geringen Wir-

kungsgrades von 0,2 bis 0,4 werden Mammutpumpen in der Wasserversorgung kaum angewendet (s. Abb.).
Lit: Brix J, Heyd H, Gerlach E (1963) Die Wasserversorgung, R. Oldenbourg Verlag, München Wien.

Mammutrotor. >Kessener-Bürste<, >Käfigwalze<. Eine in der Abwassertechnik zur Sauerstoffzufuhr eingesetzte Weiterentwicklung der Bürstenwalze und Stabwalze ist der Mammutrotor. Beim Mammutrotor (Ø 1,0 m) kann man maximal eine Sauerstoffeintragsleistung in >Belebungsbecken< von 7 kg O$_2$ je Meter Walzenlänge und Stunde annehmen. Das betriebliche Optimum liegt bei geringeren Leistungswerten.
Lit: Imhoff K, Imhoff KR (1990) Taschenbuch der Stadtentwässerung, 27. Aufl., R. Oldenbourg Verlag, München Wien.

Management im Naturschutz. >Biotopmanagement<.

Man-Air-Ox. Verfahren zu Beginn der Abgasreinigungstechnologie in den 60er und 70er Jahren, übliche Bezeichnung für >Lufteinblasung< in das Abgassystem mittels einer vom Motor angetriebenen Luftpumpe (s. Abb. S.735). Damit sollte genügend Verbrennungsluft im Abgasstrom zur nachträglichen Oxidation von >CO< und >HC< Verfügung stehen.

Mancozeb. Wirkt als >Fungizid< und zählt zur Substanzklasse der Ethylen-*bis*-dithiocarbamate.
Chemische Bezeichnung: Mangan-ethylen-*bis*-(dithiocarbamat)-polymerkomplex mit Zinksalz
CAS-Nummer: 8018–01–7
Hersteller: Du Pont u.a.
Wirkungsprinzip: Protektiv wirksames Blattfungizid.
Bevorzugte Anwendung: Gegen Schorfkrankheiten im Obstbau, Falsche Mehltaupilze und Rostpilze im Gemüse- und Zierpflanzenbau, Hopfen- und Regenperonospora, Roten Brenner, Blauschimmel an Tabak, Kiefernschütte, Zusatzwirkung gegen Spinnmilben, Beizmittel gegen Auflaufkrankheiten bei Rüben und Kartoffeln.

Komplex, bestehend aus ca. 20% Mangan, ca. 2,4% Zink und ca. 60 bis 65% Ethylen-*bis*-dithiocarbamat-Anteil
Chemische und physikalische Eigenschaften:
Physikalische Beschaffenheit: Gelbgraues Pulvers.
Schmelzpunkt: Zersetzt sich, ohne zu schmelzen, bei 192 bis 194 °C.
Dampfdruck: < 10^{-3} Pa.
Flammpunkt: Etwa 138 °C.
Stabilität: Unter normalen, trockenen Lagerbedingungen stabil. Zersetzt sich langsam unter Einfluß von Wärme und Feuchtigkeit. Instabil in saurem Medium.
Korrosives Verhalten: In trockenem Zustand nicht korrosiv.
Löslichkeit: 6–20 mg/L in Wasser.
Abbau und Metabolismus: Hauptmetabolit in Pflanzen ist Ethylenthioharnstoff, daneben Ethylenthiurammonosulfid und wahrscheinlich auch Ethylenthiuram-disulfid und Schwefel. Im Boden erfolgt schnelle Metabolisierung durch Hydrolyse, Oxidation und Photolyse.

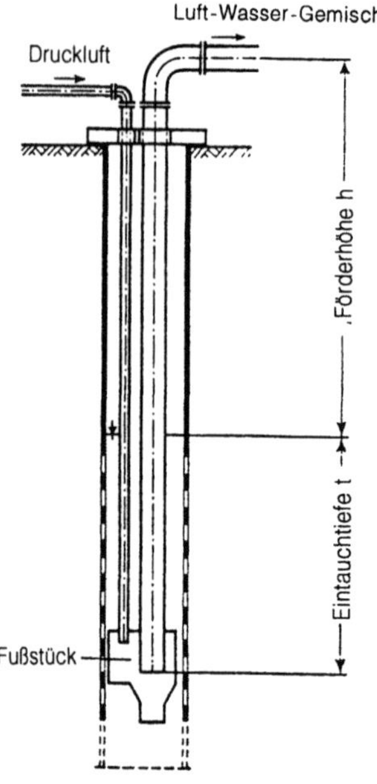

Mammutpumpe: Schema einer Mammutpumpe (aus: Brix J, Heyd H, Gerlach E, 1963)

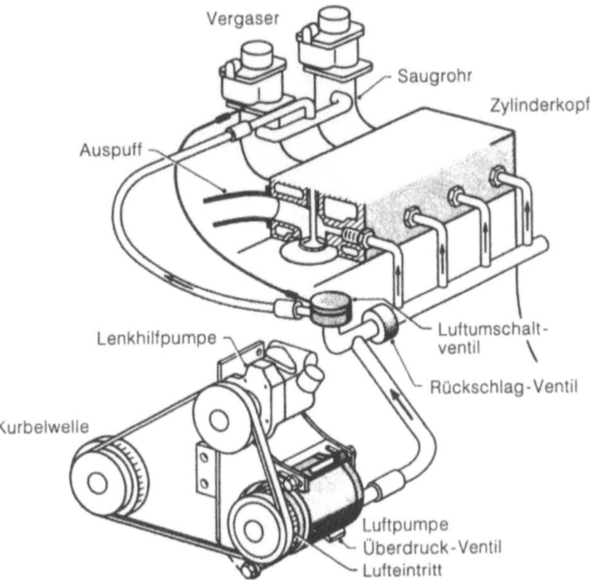

Man-Air-Ox: Prinzip einer Man-Air-Ox-Anlage (aus: Bussien (1987) Automobiltechnisches Handbuch, Ergänzungsband Abschnitt 6.1 Abgasentgiftung, 18. Aufl., Verlag Walter de Gruyter, S. 1253–1348)

DT_{50} beträgt 6–15 Tage. Im Säugerorganismus rasche Ausscheidung über Urin und Faeces.

Toxizität: Akute dermale LD_{50} für Ratte > 10.000 mg/ kg. Bei wiederholter Hautberührung kann Reizung auftreten.

Bienentoxizität: Nicht bienengefährlich (B 4). LC_{50} 0,19 mg/Biene.

Fischtoxizität: Fischgiftig. LC_{50} (48 h) für Goldfisch 9, Regenbogenforelle 2,2 und Karpfen 4 mg/L.

Vogeltoxizität: 10-Tage-Fütterungsstudie LC_{50} für Japanische Wachtel 3.200 und Stockente 6.400 mg/kg.

Maneb. Wirkt als >Fungizid< und zählt zur Substanzklasse der Ethylen-*bis*-dithiocarbamate.

Chemische Bezeichnung: Manganethylen-1,2-*bis*-thiocarbamat

CAS-Nummer: 12427–38–2

Hersteller: Du Pont, Rohm & Haas

Wirkungstyp: Blattfungizid

Bevorzugte Anwendung: Gegen Rostkrankheiten und Falsche Mehltaupilze, Rebenperonospora und Roten Brenner, Phytophthora, Botrytis-Arten, Kiefernschütte, Blauschimmel an Tabak, Kraut- und Knollenfäule an Kartoffeln.

$n > 1$

Chemische und physikalische Eigenschaften:

Physikalische Beschaffenheit: Gelbes, amorphes Pulver.

Schmelzpunkt: Zersetzt sich beim Erhitzen, ohne zu schmelzen.

Dampfdruck: $< 0,1 \cdot 10^{-4}$ Pa bei 20 °C.

Stabilität: Wirkungsverlust bei längerem Einfluß von Luft, Wärme und Feuchtigkeit. Beim Erhitzen auf 135 °C Zers. unter Entstehen brennbarer Produkte. Zers. findet auch in saurem Medium statt.

Löslichkeit: Kaum lösl. in Wasser, nahezu unlösl. in org. Lsg.-Mitteln. Lösl. unter Komplexbildung mit Chelatbildnern, z. B. Natriumsalz der Ethylendiamintetraessigsäure.

Abbau und Metabolismus: Beim Abbau entstehen Schwefelkohlenstoff und Ethylendiamin sowie Ethylen-*bis*-isothiocyanatsulfid. Über einige Zwischenstufen wird Ethylen-*bis*-thioharnstoff gebildet, der in die Pflanze eindringt, verteilt wird und in einem gewissen Umfang zu 2-Imidazolin abgebaut wird. Biol. wichtig ist der Hauptmetabolit Ethylen-*bis*-isothiocyanatsulfid.

Nach einmaliger oraler Gabe an Ratten wurden 50 bis 52 % über den Urin, 27 bis 31 % über die Faeces und ca. 0,5 % über die Atemluft ausgeschieden. Der Anteil ETU (Ethylenthioharnstoff) im Urin betrug 18 bis 19 % und in den Faeces 14 bis 18 %. Im Urin wird Maneb nahezu vollständig verstoffwechselt ausgeschieden.

Toxizität: Akute orale LD_{50} für Ratten und Meerschweinchen 7.500 mg/kg. 250 mg/kg in der Nahrung verursachten bei Ratten über 2 Jahre keine gesundheitlichen Schäden. Akute dermale LD_{50} für Ratte > 5.000 mg/kg. Kann Reizung von Augen, Nase, Rachen und Haut bewirken. Inhalation LC_{50} für Ratte > 5,1 mg/L.

Bienentoxizität: Nicht bienengefährlich (B 4).

Fischtoxizität: Giftig für Fische. LC_{50} (48 Stunden) für Karpfen 1,8 mg/L.

Mangan (Mn). Metallisches Element (s. Tabelle S. 736), dessen Anteil in der Erdkruste (oberste 16 km) ca. 0,1 % beträgt. In der Natur kommt es nur gebunden vor. Größere Lagerstätten existieren in der ehemaligen UdSSR, in Südafrika, Australien, Gabun,

Mangan (Mn): Physikalisch-chemische Daten von Mangan

chem. Symbol	Mn
natürliche Isotope	55 (100 %)
Atomgewicht	54,938
Ordnungszahl	25
Elektronenkonfiguration	$3 d^5 4 s^2$
Wertigkeit in Verbindungen	$(-1), (-2), (-3), +1, +2, +3,$
	$+4, +5, +6, +7$
Smp.	1.244 °C
Sdp.	2.097 °C
Dichte	7,2–7,43
Mohshärte	6
wichtige Mineralien	Braunsteine $(MnO_{1,7-2})$,
	Braunit $(3 Mn_2O_3 \cdot MnSiO_3)$,
	Hausmannit (Mn_3O_4),
	Manganit $(Mn_2O_3 \cdot H_2O)$,
	Rhodochrosit (= Mangan-
	spat, $MnCO_3$), Hauerit
	(= Mangankies, MnS_2),
	Rhodonit $(MnSiO_3)$

Brasilien und China. Auch in der Tiefsee befinden sich große Erzvorkommen in Form der sog. Manganknollen, die 11 bis 34 % Mn enthalten können. Dabei handelt es sich um Klumpen mit einem Durchmesser von 1 bis 20 cm und unterschiedlicher Zus., die wahrscheinlich durch Ausflockung aus kolloidaler Lsg. schalenförmig um einen Kern aus Gesteinsbruchstücken, Tierskeletten o. a. gewachsen sind. Mangan wurde auch auf der Sonne und in Meteoriten nachgewiesen; in Spuren kommt es in fast allen Böden vor. Der Name stammt vom Braunstein (MnO_2), der aufgrund der Verwechslung mit Magnetit (Fe_3O_3) für ein Eisenerz gehalten wurde. Die Bezeichnung Magnetit leitet sich ab von einem seiner Fundorte, der kleinasiatischen Stadt Magnesia (lithos magnetis = Stein aus Magnesia, Magnes). Als man die Eig. des Braunsteins erkannte, eisenhaltiges Glas zu entfärben, wurde Magnes in Manganes abgewandelt (evtl. von grch. manganizein = reinigen). Bei der Entdeckung des Elementes 1774 erhielt es dann den Namen Manganesium, der später in Manganium umgewandelt wurde, um Verwechslungen mit Magnesium zu vermeiden. Elementares Mangan existiert in vier temperaturabhängigen Modifikationen (α, β, γ und δ), von denen die α-Form bei Raumtemp. am stabilsten ist. In reinem Zustand ist es paramagnetisch; Legierungen zeigen oft starken Ferromagnetismus. Metallisches Mangan ist stahl- bis silbergrau, oft mit bunten Anlauffarben, spröde und pulverisierbar. Eine Passivierung findet nicht statt. Es reagiert mit Säuren unter Wasserstoffentwicklung und wird auch von Wasser langsam angegriffen. Bei erhöhten Temp. reagiert es heftig mit vielen Nichtmetallen. Die Verb. sind am häufigsten 2-, 4- oder 7 wertig. In der Regel zeigen die versch. Oxidationsstufen charakteristische Farben: + 2: rosa, + 3: rot, + 4: graublau bis braun, + 5: blau, + 6: grün und + 7: violett. Verwendet wird Mangan zur Desoxidation und Entschwefelung von >Eisen<, >Nickel< und >Kupfer<, zur Erhöhung der Korrosionsbeständigkeit von >Aluminium-< und >Magnesium<legierungen sowie als Zusatz zu Bronzen und Werkzeugstählen. Die Verb. dienen zur Herstellung von Pigmenten, Metallseifen, magnetischen Oxiden und Trockenbatterien, als Korrosionsschutz (Mn-Phosphate), als Trockenstoffe in der Lackindustrie und als Oxidationsmittel in der analytischen Chemie. Mangan gehört für alle Organis-

men zu den >essentiellen< Nahrungsbestandteilen; sowohl bei Pflanzen als auch bei Tieren sind Mangan-Mangelkrankheiten bekannt. Mehrere >Enzyme< (Pyruvat-Carboxylase, Arginase, alkalische Phosphatase u. a.) enthalten Mangan, und im Photosystem II dient ein Manganprotein als >Elektronendonator<. Darüber hinaus stimuliert Mangan die Cholesterinsynth. und ist an der Atmungsketten-Phosphorylierung, der Bildung der Blutgerinnungsfaktoren sowie der Synth. der Mucopolysaccharide beteiligt. Der menschliche Körper enthält ca. 20 mg Mn, und zwar hauptsächlich in den Knochen, >Zellkernen< und Mitochondrien. Der tgl. Bedarf beträgt mindestens 3 mg, die in der Regel durch die Nahrung ausreichend geliefert werden. Besonders reich an Mangan sind Nüsse, Vollkornprodukte, Kakao, Keimlinge und Tee. Dagegen enthält Milch sehr wenig Mangan. In größeren Mengen ist Mangan gesundheitsschädlich. Das Einatmen von Manganstaub führt zur Reizung von Haut und Atemwegen und bei chronischer Einwirkung zu Nervenschäden, die sich in Sprach- und Bewegungsstörungen äußern (Manganismus). Manganverb. können auf Hefen mutagen wirken.

Lit: Merian E (Hrsg.) (1984) Metalle in der Umwelt, Verlag Chemie, Weinheim – Hollemann AF, Wiberg E, Wiberg N (1985) Lehrbuch der anorganischen Chemie, Walter de Gruyter, Berlin New York, S. 1110–1117 – Hock B, Elstner EF (1984) Pflanzentoxikologie, Bibliographisches Institut Mannheim Wien Zürich – Kaim W, Schwederski B (1991) Bioanorganische Chemie, Teubner, Stuttgart.

Manganadditiv. Um die Reaktionstemp. beim Abbrennen von >Partikelfiltern< an >Dieselmotoren< herabzusetzen, kann M. eingesetzt werden. Diese Konzeption befindet sich noch in der Entwicklungsphase (1992).

Mangelstandorte. Pflanzenstandorte, bei denen Nährstoffmangel auftritt. Die entsprechenden Böden sind in der Regel durchlässige, stark ausgewaschene und versauerte Böden, die auch nur wenig Bindungsmöglichkeiten (Sorptionsplätze) für Pflanzennährstoffe haben. In einem solchen Fall sind die Böden gleichzeitig stark auswaschungsgefährdet. Von M. spricht man jedoch auch, wenn z. B. bei sonst guter Nährstoffversorgung Mangel an einem Spurennährstoff auftritt. Dieser Mangel kann einmal durch absolut geringe Nährstoffgehalte hervorgerufen werden, andererseits aber auch durch geringe Verfügbarkeit vorhandener Spurennährstoffe (z. B. Eisen und Mangan bei hohem pH und guter Durchlüftung, Kupfer bei sehr hohen Humusgehalten). Die Verbesserung des Pflanzenwachstums auf M. kann einerseits durch gezielte Düngung (auch Blattdüngung), andererseits auch durch Veränderung der Bodeneigenschaften erreicht werden.

Mangrovenwälder. Finden sich an flachen, ruhigen, von den Gezeiten beeinflußten Küsten und Flußmündungen der Tropenländer und werden von halophilen Holzpflanzen dominiert, z. B. aus den Gattungen Rhizophora, Bruguiera, Kandelia und Ceriops. Der optische Eindruck dieser Wälder wird von den auffallenden Stelzwurzeln der Bäume geprägt; weitere charakteristische Merkmale sind Atemwurzeln und Viviparie. Die Salzkonz. werden entweder durch aktive Sekretion von NaCl über Salzdrüsen oder aber durch aktive Salz-Exklusion in erträglichen Grenzen gehalten.

Lit: Tomlinson PB (1986) The botany of mangroves, Cambridge University Press, Cambridge New York.

Manipulator. Mechanische und elektromechanische Geräte zur sicheren Handhabung >radioaktiver Stoffe<. Oft werden sie hinter einer Schutzwand fernbedient.

Mannit. (E 421). Ein mehrwertiger Zuckeralkohol $C_6H_{14}O_6$, der durch die Reduktion der Aldohexose Mannose gebildet wird.

Mannose

Mannit

Mannit bildet weiße, geruchlose Kristalle von süßem Geschmack. Die Süßkraft gleicht der des >Sorbit<. Mannit wird jedoch i. allg. etwas seltener als >Zuckeraustauschstoff< eingesetzt.

Manometrischer Respirometertest. („Manometric respirometry test"). Test zur Erkennung der leichten biol. >Abbaubarkeit< für die Chemikaliengesetzgebung in Deutschland und der EU; auch ISO und OECD sehen ihn dafür vor. In einem Respirometer werden die Glasgefäße geschlossen. Sie sind mit einem Behälter versehen, der das gebildete CO_2 absorbiert. Es wird bei konstanter Temperatur gerührt. Die notwendige Sauerstoffzufuhr erfolgt durch elektrolytische Zersetzung. Gemessen wird die Abnahme über den O_2-Verbrauch; sie muß über 60% betragen, damit der Stoff als „ready biodegradable" bezeichnet werden kann. Dieser Test wird besonders für leicht flüchtige und nicht so leicht wasserlösliche Stoffe eingesetzt.

Marginalverteilung. Hat ein Paar von Zufallsvariablen X,Y eine gemeinsame Verteilungsfunktion $F_{x,y}$ der Art, daß

$$F_{X,Y}(x,y) = \int\limits_{-\infty}^{x} \int\limits_{-\infty}^{y} f_{X,Y}(s,t)\, ds\, dt$$

ist, dann nennt man die Funktion $f_{X,Y}(x,y)$ gemeinsame Wahrscheinlichkeitsdichte von X und Y. Die Funktionen

$$F_{X,Y}(x, +\infty) = \lim F_{X,Y}(x,y)$$
$$y \to \infty$$
$$F_{X,Y}(+\infty,y) = \lim F_{X,Y}(x,y)$$
$$x \to \infty$$

heißen dann Marginal- oder Randverteilungen von X bzw. Y. – Unter der Voraussetzung, daß

$$F_{X,Y}(x,+\infty) - F_{X,Y}(+\infty,y) = F_{X,Y}(x,y)$$

für jede Wahl von x und y ist, sind die Zufallsvariablen X und Y unabhängig voneinander.

Markierung. Kenntlichmachung einer Substanz durch Einbau gut nachweisbarer, meist radioaktiver Atome. Markierte Substanzen sind im Verlauf chem. und biol. Prozesse gut zu verfolgen. >Tracer<. Bei >Metabolismusforschung< werden die >Pestizide> und >Umweltchemikalien< häufig mit >Kohlenstoff-14< markiert.

Markierungsverfahren. Grundwasser: Werden zur Best. der >Abstandgeschwindigkeit< v_w und der Fließrichtung des Grundwassers angewendet. Die Auswertung der Konz.-Zeitkurven an einem Beobachtungspunkt ergibt aus dem Zeitpunkt des 1. Nachweises des

Markierungsstoffes die max. Abstandsgeschwindigkeit $v_{v,max}$, aus der Zeit t_{med} des Medianwertes der kumulativen Konz.-Zeit-Kurve die mittlere Abstandsgeschwindigkeit v_w und aus dem Zeitpunkt des Durchganges des Konz.-Maximums die dominierende Abstandsgeschwindigkeit $v_{w,dom}$. Die Markierungsstoffe werden im Brunnen (Eingabebrunnen) oder >Schwinden< (Versinkungs- bzw. Versickerungsstellen) in das Grundwasser eingebracht und ihr Wiederauftreten an anderer Stelle beobachtet. Verwendet werden feste Markierungsstoffe (z.B. Bakterien, Bärlappsporen), chem. Markierungsstoffe (z.B. NaCl, LiCl), Fluoreszenzfarbstoffe (z.B. Uranin, Pyranin) und radioaktive oder nach Geländeeinsatz im Reaktor aktivierbare Substanzen. Der Gehalt des Kreislaufwassers an stabilen und radioaktiven „Umweltisotopen" (^{2}H, T, ^{13}C, ^{14}C, ^{18}O), die eine Markierung des Wassers bewirken, wird zur Analyse der Grundwasserbewegung herangezogen.

Lit: Mattheß G, Ubell K (1983) Allgemeine Hydrogeologie, Grundwasserhaushalt, Gebr. Borntraeger, Berlin Stuttgart – Moser H, Rauert W (1980) Isotopenmethoden in der Hydrologie, Gebr. Borntraeger, Berlin Stuttgart.

Marktkonformität. (Syn. Marktorientierte Instrumente). Wirtschaftspolitische Forderungen auf der Basis einer ordnungspolitischen Grundentscheidung für die Marktwirtschaft. Es sollen möglichst nur solche politischen Instrumente eingesetzt werden, die den Marktmechanismus nicht stören. Insbesondere soll die Reaktion des Systems auf Preisänderungen nicht behindert werden. In der >Umweltökonomik< führt die Forderung nach M. zur Bevorzugung von Instrumenten, die die Kosten umweltbelastender Aktivitäten internalisieren und einen Anreiz zur Senkung der >Emissionen< bieten sollen, z.B. >Umweltzertifikate<. Dazu ist stets eine politische Festlegung von >Umweltstandards< erforderlich, hier z.B. von „Gesamtemissionen" eines Gebiets. Das Recht zur weiteren Emission in dieser Höhe kann dann den gegenwärtigen >Emittenten< zugeordnet werden und diese Emissionsrechte können gehandelt werden.

Lit: Endres A (1994) Umweltökonomie, Wissenschaftliche Buchgesellschaft, Darmstadt.

Marktversagen. Abweichungen des Ergebnisses (privatwirtschaftlich) marktmäßiger Koordination von einem (gesamtwirtschaftlich) optimalen Ergebnis. Die optimale >Allokation< von Gütern und Ressourcen ist nicht gewährleistet. Die Abweichungen zeigen einen potentiellen wirtschaftspolitischen Handlungsbedarf an.

Marmorierung. Nebeneinander von braunen und grauen Flecken im >Bodenprofil<. Eine M. kennzeichnet meist Staunässe und ist daher typisch für Pseudogleye. Ihre Ursache ist die kleinräumige reduktive Auflösung von Eisen(III)-oxiden unter Sauerstoffmangel, der Transport des 2wertigen Eisens im Bodenwasser und seine Oxidation zu braunen Eisen(III)-oxiden an Stellen, an denen (noch) Luftsauerstoff vorhanden ist.

Maßeinheiten. Meßgrößen im Bereich der >Luftreinhaltung< z.B. zur Festlegung von >Emissionswerten< werden in folgenden Einheiten angegeben:
- >Abgasvolumenstrom< in m^3/h;
- >Massenkonzentration< eines Schadstoffes im >Abgas< in g/m^3, mg/m^3, $\mu g/m^3$, ng/m^3, fg/m^3;
- >Massenstrom< eines Schadstoffes im Abgas in kg/h, g/h, mg/h, $\mu g/h$, ng/h;

– >Emissionsgrad< im Vomhundertsatz, d. h. in %;
– >Geruchszahl< als dimensionslose Zahl;
– Massen(konzentrations)gehalte in % (z. B. >Schwefelgehalt<) oder in kg/t, g/kg, mg/kg, µg/kg, ng/kg, fg/kg, g/L, mg/L, µg/L oder in ppm, ppb, ppt;
– energetische Leistungen in MW;
– Energieinhalte in kJ/kg;
– >Emissionsfaktoren< in kg/t, kg/TJ, g/km.
Meßgrößen zur Festlegung von >Immissionswerten< werden u. a. in folgenden Einheiten angegeben:
– >Massenkonzentration< eines >Schadstoffes< in der Luft in g/m^3, mg/m^3, $µg/m^3$, ng/m^3, pg/m^3, fg/m^3;
– >Staubniederschlag< als zeitbezogene Massenbedeckung in $g/(m^2d)$, $mg/(m^2d)$, $µg/(m^2d)$;
– Temperatur in °C;
– Druck in hPa;
– Windgeschwindigkeit in m/s, kn;
Bezeichnung der einzelnen eingesetzten Einheiten:
– t Tonne, kg Kilogramm, g Gramm, mg Milligramm,
  µg Mikrogramm (1 µg = 0,001 mg),
  ng Nanogramm (1 ng = 0,000.001 mg),
  pg Picogramm (1 pg = 0,000.000.001 mg),
  fg Femtogramm (1 fg = 0,000.000.000.001 mg);
– m^3 Kubikmeter, L Liter, cm^3 Kubikcentimeter;
– d Tag, h Stunde, s Sekunde;
– km Kilometer, m Meter;
– mbar Millibar (1 mbar = 0,001 bar = 100 Pascal);
– MW Megawatt, kJ Kilojoule, TJ Terjoule;
– ppm Parts Per Million, ppb Parts Per Billion, ppt Parts Per Trillion (als Gewichtsangabe: ppm = mg/kg, ppb = µg/kg, ppt = ng/kg; als Gas-Volumenangabe: ppm = cm^3/m^3, ppb = 10^{-3} cm^3/m^3, ppt = 10^{-6} cm^3/m^3. Die Einheiten ppm, ppb, ppt sollten nicht mehr verwendet werden. Umrechnung von ppm als Gas-Volumenangabe in mg/m^3: 1 [ppm] = Molekulargewicht/24 [mg/m^3] bei 20 °C, 1.013 hPa).

Masse, kritische. >Kritische Masse<.

Massenbilanz. Ist neben der >Energiebilanz< eine der wichtigsten Grundlagen der makroskopischen Materialtheorie. Sie sagt auf Basis der Elementarmassen deren Erhaltung voraus. Gilt so nicht ohne weiteres bei Umwandlungen im atomaren Bereich; s. a. >radioaktiver Zerfall<, >Kernspaltung<.

Massendefekt. Massendefekt bezeichnet die Tatsache, daß die aus >Protonen< und >Neutronen< aufgebauten >Atomkerne< eine etwas kleinere >Ruhemasse< haben, als der Summe der Ruhemassen der Protonen und Neutronen entspricht. Die Massendifferenz entspricht der freigewordenen >Bindungsenergie<. Für das >Alphateilchen< mit einer Masse von 4,00151 atomarer Masseneinheiten ergibt sich aus dem Aufbau aus 2 Protonen (je 1,00728 Masseneinheiten) und 2 Neutronen (je 1,00866 Masseneinheiten) ein Massendefekt von 0,03037 Masseneinheiten, was einer Energie (Bindungsenergie) von etwa 28 MeV entspricht.

Massenfluß. Massenfluß oder Materiefluß. Der meß- oder berechenbare >Fluß< von Materialmasse durch einen beliebigen Querschnitt während einer beliebigen Zeit, bezogen auf die Flächen- und Zeiteinheit. Dimension also definiert als $g\,cm^{-2}\,s^{-1}$. Oft unkorrekt verwendet für konvektiven Fluß zur Unterscheidung von diffusiven bzw. dispersiven Flüssen.

Massenkonzentration. Als M. wird die Masse der emittierten Stoffe bezogen auf das Volumen, in dem diese Masse enthalten ist, bezeichnet; sie wird angegeben in den Einheiten g/m^3 oder mg/m^3.
Durch behördliche Beachtung der >TA Luft< bei Verwaltungsakten (>Genehmigungsbescheid<) und rechtsverbindliche Festsetzung von Massenkonzentrationen als Emissionsbegrenzung an bestimmten Emissionsquellen wird der Begriff der Massenkonzentration zum >Rechtsbegriff< (s. u. a. Nr. 2.1.3 TA Luft 1986).

Massenkraftabscheider. Einrichtung zur >Staubabscheidung< unter Ausnutzung der Schwerkraft, Trägheitskraft und/oder Fliehkraft. Beim Durchströmen eines großen Behälters in horizontaler Richtung (Querstromabscheider) oder von unten nach oben in vertikaler Richtung (Gegenstromabscheider) sinken größere Partikel aufgrund ihrer Schwerkraft nach unten und können so abgeschieden werden. Derartige Abscheidesysteme kamen schon im Mittelalter zum Einsatz. Durch Einbau von Prallflächen wird der Abscheideeffekt erhöht, da Partikel die erzwungenen Richtungsänderungen aufgrund ihrer Trägheit nicht mitmachen, abgebremst und ausgetragen werden. Funkenkammern, Ringspaltabscheider und einfache Umlenkabscheider bzw. Absetzkammern nutzen ebenfalls die Trägheitskraft von Staubteilchen zu deren Abscheidung. >Fliehkraftabscheider< nutzen die Fliehkraft von Staubteilchen. Die Abscheideleistung ist von der Teilchengröße abhängig. Während sich >Grobstäube< sehr gut abscheiden lassen, ist der Abscheideeffekt für >Feinstäube< vergleichsweise gering, wobei Fliehkraftabscheider noch die besten Abscheideleistungen erbringen. Massenkraftabscheider genügen jedoch insgesamt nicht mehr dem heutigen >Stand der Technik< zur Staubabscheidung und dienen daher bevorzugt zur Produktabscheidung und Vorabscheidung grober Stäube zur Entlastung nachgeschalteter Einheiten zur >Abgasreinigung<.

Massenstrom. Die in der Zeiteinheit emittierte Masse an >Luftverunreinigungen<. Neben der >Massenkonzentration< wird auch der M. als >Emissionswert< zur >Emissionsbegrenzung< von Anlagen herangezogen. Nach >TA Luft< ist der M. die während einer Betriebsstunde bei bestimmungsgemäßem Betrieb einer Anlage unter den für die >Luftreinhaltung< ungünstigsten Betriebsbedingungen auftretende gesamte >Emission<. Der schadstoffspez. M. best. nach TA Luft, ob eine best. Massenkonz. im >Abgas< nicht überschritten werden darf, und ist zur Beurteilung der Notwendigkeit der Best. der >Immissionskenngrößen< sowie der Notwendigkeit des Einsatzes kontinuierlich registrierender Meßgeräte heranzuziehen.

Massentierhaltung. Die Erzeugung tierischer Nahrungsmittel erfolgt in Betrieben unterschiedlicher Größe. Nach dem Tierseuchengesetz versteht man unter Massentierhaltung Schweinemastbetriebe mit über 1.250 Stallplätzen, Legehennenbetriebe mit über 20.000 Stallplätzen bzw. Masthühnerbetriebe mit mehr als 30.000 Plätzen.

Massenverhältnis. Als M. wird das Verhältnis der emittierten Masse zu der Masse der erzeugten oder verarbeiteten Stoffe oder der eingesetzten Brenn- oder Rohstoffe bezeichnet; es wird in den Einheiten kg/t oder g/t angegeben (s. Nr. 2.1.3 >TA Luft<).

Massenzahl. Masse eines Atoms in Kernmasseneinheiten. >Nukleonenzahl<.

Masthilfsmittel. In der Tieproduktion können Stoffe eingesetzt werden, die das Wachstum, die >Futterverwertung< und die Schlachtkörperqualität positiv beeinflussen können. Dabei handelt es sich um >Leistungsförderer< mit antimikrobieller Aktivität (>Fütterungsantibiotika<) oder mit einer Wirkung auf den Protein- und Fettstoffwechsel der Tiere (>Anabolika<, >Hormone<, >Beta-Agonisten<, >Somatostatine<, >Somatocrinine<). Neben zugelassenen Masthilfsmitteln erfolgt verschiedentlich die illegale Verwendung nicht zugelassener Stoffe.

Mastix. Ein natürlich vorkommendes Harz, das aus der Rinde des im Mittelmeerraum vorkommenden Mastix-Strauches *Pistacia lentiscus* L. gewonnen wird. Mastix wird als Überzugsmittel für Zuckerwaren und als Glasurmittel für Kaffeebohnen eingesetzt.

Material. 1. abgereichertes: Material, in dem die Konz. eines >Isotops< oder mehrerer Isotope eines Bestandteiles unter ihren natürlichen Wert verringert ist.
2. angereichertes: Material, in dem die Konz. eines >Isotops< oder mehrerer Isotope eines Bestandteiles über ihren natürlichen Wert hinaus vergrößert ist. >Isotopenanreicherung<, >Isotopenhäufigkeit<.
3. nicht nachgewiesenes: Begriff aus dem Bereich der >Kernmaterialüberwachung<. Differenz zwischen dem realen Bestand und dem Buchbestand an Kernmaterial. >MUF<.

Materialbilanzen. Materialbilanzen stellen eine konsistente Beschreibung der Beziehung zwischen Natur und wirtschaftlicher Aktivität dar (s. Schaubild) und dienen in der >Umwelt- und Ressourcenökonomik< u. a. als Grundlage für >Input-Output-Analysen< und >Allgemeine Gleichgewichtsanalysen<. Die erstellten Bilanzen sind ex-post-Identitäten. Feld (1) beschreibt die rein wirtschaftlichen Beziehungen, (2) erfaßt die Umweltgüter (>externe Effekte<), die in die Natur abgegeben werden, (3) die natürlichen Ressourcen, die in den wirtschaftlichen Bereich fließen, und (4) beschreibt rein ökologische Interdependenzen. Als eigenständiger Sektor kann die Entsorgungsindustrie, die eine technologisch bestimmte Abfallmenge beseitigt, abgegrenzt werden. Materialbilanzen können verschiedene Einsichten liefern: Produktion und Konsum werden als „Durchfluß" gesehen; die Interdependenz zwischen verschiedenen >externen Effekten< wird aufgezeigt; die technologischen Möglichkeiten zur Verminderung der Umweltschädigung werden deutlich; die Schädlichkeit von Abfällen kann durch Verarbeitung und geeignete Ablagerung vermindert, die Assimilationsfähigkeit der Natur durch Investitionen erhöht und der Durchlauf an natürlichen Ressourcen (z. B. durch Verminderung von Konsum und Produktion, umweltfreundliche Güterstruktur, technischen Fortschritt und Recycling) herabgesetzt werden.

Ströme an von	Wirtschaft	Natur
Wirtschaft	(1)	(2)
Natur	(3)	(4)

Materialbilanzzone. Begriff aus der >Kernmaterialüberwachung<. Sie bezeichnet einen räumlichen Bereich, der so geartet ist, daß die Kernmaterialmenge bei jeder Weitergabe in jede oder aus jeder Materialbilanzzone bestimmt werden kann, und der Bestand an Kernmaterial in jeder Materialbilanzzone, falls erforderlich, in Übereinstimmung mit festgelegten Verfahren best. werden kann, damit die Materialbilanz aufgestellt werden kann.

Materialkreislauf. Modell, bei dem alle produzierten Güter nach ihrem Gebrauch wiederverwertet, d. h. der Produktion wieder zugeführt werden. Tatsächlich ist dies nicht vollständig möglich, da auf jeden Fall Stoffe so umgewandelt werden, daß sie nicht wiederverwertet werden können. >Recycling<.

Materiell-rechtlich. >Recht<.

Matrix. (Lat. matrix = Mutterstamm, Muttertier, Gebärmutter, Mutterboden). Im Sinne von erzeugende und einbettende Unterlage verschiedentlich in Biologie und Physik verwendeter Begriff. In der Bodenkunde die Festphase des Bodens vor allem im Zusammenhang mit Eig., die durch die komplizierte Oberfläche als Grenzfläche der >Bodenporen< bedingt sind; s. a. >Matrixpotential< des Bodenwassers.

Matrixpotential. Das M. (ψ_m), früher Kapillarpotential, ist ein Maß für alle durch die Festsubstanz (Matrix) auf das Wasser ausgeübten Einwirkungen. Das M. ist als Teilpotential dem >Gravitationspotential< entgegengesetzt und weist ein negatives Vorzeichen auf (negativer hydrostatischer Druck). Ohne negatives Vorzeichen ist der Zahlenwert als >Wasserspannung< bekannt. Dimension: cm WS = cm Wassersäule. Gravitations- und M. bilden zusammen das >hydraul. Potential<.
Lit: Scheffer F, Schachtschabel P (1992) Lehrbuch der Bodenkunde, 13. Aufl., Enke, Stuttgart.

Maulwurf (*Talpa europaea*). >Vertebrata<, >Talpidae<, >Bodenfauna<.

Maulwurfsgrille (>*Gryllotalpa gryllotalpa*<). >Insecta<, >Bodenfauna<.

MAW. Medium Active Waste; mittelaktiver >Abfall<.

Maximale Arbeitsplatzkonzentration (MAK). Die Deutsche Forschungsgemeinschaft definiert die MAK als „die höchstzulässige Konzentration eines Arbeitsstoffes als Gas, Dampf oder Schwebstoff in der Luft am Arbeitsplatz, die nach dem gegenwärtigen Stand der Kenntnis auch bei wiederholter und langfristiger, in der Regel täglich achtstündiger Exposition, jedoch bei Einhaltung einer durchschnittlichen Wochenarbeitszeit von 40 Stunden [...] i. allg. die Gesundheit der Beschäftigten nicht beeinträchtigt und diese nicht unangemessen belästigt." Die von der „Senatskommission zur Prüfung gesundheitsschädlicher Arbeitsstoffe" der DFG in der >MAK-Wert-Liste< aufgestellten und jährlich überprüften und erweiterten MAK-Werte sind empirisch ermittelt und dienen dem Schutz der Gesundheit am Arbeitsplatz. Sie werden erarbeitet unter Berücksichtigung der Wirkungscharakteristika der Arbeitsstoffe und wissenschaftlich fundierter Kriterien des Gesundheitsschutzes. Sie beruhen auch auf Erfahrungen und der aktuellen öffentlichen Meinungsbildung, i. allg. aber nicht auf der technischen und wirtschaftlichen Möglichkeit der Realisierung am Arbeitsplatz. Die durch Alter, Geschlecht, Konstitution, Klima, Arbeitsbedingungen und andere Faktoren bedingte unterschiedliche Empfindlichkeit der Menschen ist, soweit möglich, berücksichtigt. MAK-Werte werden i. allg. als Durchschnittswerte über einen Arbeitstag integriert. Kurzzeitig sind auch höhere Konzentrationen zulässig, solange der MAK-Wert im Tagesmittel nicht überschritten wird. Zusätzlich existieren jedoch Grenzwerte für Spitzenkonzentrationen, die nach dem jeweiligen Kenntnisstand als eben noch erträglich bzw. zumutbar gelten. Die für z. Zt. über 400 Stoffe ermittelten MAK-Werte werden in ppm bzw. für Gase und Dämpfe in mg/Nm^3 angegeben. Sie gelten nur für reine Stoffe und nicht für die in der Praxis auftretenden Gemische und sind im Gegensatz zu den >MIK-Werten< gesetzlich verbindlich. Die Überwachung ihrer Einhaltung ist jedoch problematisch. Für einige >Carcinogene< und >Mutagene< existieren nur >technische Richtkonzentrationen<, die als Anhaltspunkte für Schutzmaßnahmen gelten. Seit 1981 wird die MAK-Wert-Liste durch die Angabe >biologischer Arbeitsplatztoleranzwerte< ergänzt. Analog existieren in den angloamerikanischen Staaten die vom >NIOSH< erarbeiteten „Maximal Allowable Concentrations" bzw. die >„Threshold Limit Values"<. Die aktuellen MAK-Werte können bei der DFG in Bonn/Bad Godesberg erfragt werden. Hinweise auf Änderungen erscheinen in chemischen Fachzeitschriften und Blättern der Berufsgenossenschaften.

Lit: DFG, Senatskommission zur Prüfung gesundheitsschädlicher Arbeisstoffe (seit 1952) Max. Arbeitsplatzkonz., Harald Boldt Verlag, Boppard – Brauer L (Hrsg.) (1988) AUER Technikum Ausgabe 12, Auergesellschaft GmbH, Abt. WuÖ, Berlin – Henschler D (Hrsg.) (seit 1972) Gesundheitsschädliche Arbeitsstoffe. Toxikologisch-arbeitsmedizinische Begründung von MAK-Werten. Verlag Chemie, Weinheim.

Maximale Immissionskonzentration (MIK).

Die Konzentration aller festen, flüssigen und gasförmigen >Luftverunreinigungen< in der freien Atmosphäre, die nach heutigem Kenntnisstand i. allg. für Mensch, Tier, Pflanze und schutzwürdige Sachgüter bei Einwirkung bestimmter Dauer und Häufigkeit als unbedenklich gelten kann. MIK-Werte sind ebenso wie maximale Immissionsraten und -dosen maximale Immissionswerte und dienen der >Luftreinhaltung< und dem Schutz von Lebewesen und Sachgütern. Die Werte werden vom Verein Deutscher Ingenieure von der Kommission zur Reinhaltung der Luft erarbeitet und in den >VDI-Richtlinien< publiziert. Sie sind rein wirkungsbezogene, wissenschaftlich begründete und aus praktischen Erfahrungen abgeleitete Werte mit medizinischer oder naturwissenschaftlicher Indikation. Sie berücksichtigen nicht die technische Realisierbarkeit. Neben der eigentlichen toxischen Wirkung sind auch Aufnahme, Verteilung, Metabolismus und Ausscheidung sowie die mögliche >Kumulation< von Stoffen und Wirkungen zu beachten. Für carcinogene, teratogene und mutagene Substanzen existieren keine MIK-Werte. Sie gelten i. allg. für einzelne Stoffe, obwohl diese meist in Gemischen auftreten, für die aber nur in wenigen Fällen quantitativ gesicherte Fakten vorliegen. Zur Berücksichtigung sowohl akuter als auch chronischer, z. B. kumulativer Schadstoffwirkungen werden die Kurzzeitwerte MIK$_K$ sowie die Langzeitwerte MIK$_D$ für dauerhafte Einwirkungen definiert. Sie werden in mg/m^3 Luft, in ppm bzw. für Stäube in g/m^2 angegeben. Sie orientieren sich besonders an der zumutbaren Belastung von Kindern, alten und kranken Menschen unter dem Aspekt längerfristiger Expositionen. MIK-Werte gelten prinzipiell nur für die freie Atmosphäre außerhalb eines Emittenten. Als Richtwerte sind sie im Gegensatz zu den >MAK-Werten< ohne rechtliche Relevanz.

Lit: VDI-Richtlinien 2306 (1966) – VDI-Richtlinien 2310 (1974) 2310, Blatt 1 (1988).

MBA (mechanisch-biol. Abfallbehandlung). >Biologisch-mechanische Abfallbehandlung<.

MBZ. >Materialbilanzzone<.

MCPA. Wirkt als >Herbizid< und zählt zur Substanzklasse der Phenoxycarbonsäure-Derivate.
Chemische Bezeichnung: 4-Chlor-*o*-tolyloxyessigsäure
CAS-Nummer: 94–74–6
Hersteller: BASF AG
Wirkungstyp: Selektives, translozierendes Herbizid mit Wuchsstoffcharakter. Aufnahme erfolgt über die grünen Pflanzenteile, es wird in meristematischen Regionen konzentriert, wo es das Wachstum hemmt. Wüchsige Witterung beschleunigt den Wirkungseintritt.
Bevorzugte Anwendung: Gegen zweikeimblättrige Unkräuter in Getreide, auf Wiesen und Weiden, besonders zur Nachauflaufanwendung im Frühjahr sowie in Rebanlagen und in Zier- und Sportrasen. Breiter Einsatz im Gemisch mit anderen Herbiziden.

Chemische und physikalische Eigenschaften:
Physikalische Beschaffenheit: Krist.
Schmelzpunkt: 119 °C.
Dampfdruck: $2{,}7 \cdot 10^{-4}$ Pa bei 20 °C.
Verteilungskoeffizient (log P$_{o/w}$): 2,8 bei ca. pH 6,5 und 20 °C.
Stabilität: Die Säure ist chem. weitgehend stabil. Zusatz von Mineralsäuren zu Lsg. von MCPA-Salzen bringt die Säure zur Ausscheidung. Auch Schwermetallsalze ergeben Fällungen.
Korrosives Verhalten: Die Lsg. der Alkalisalze korrodieren Aluminium und Zink.
Löslichkeit: In Wasser 300 mg/L bei 25 °C. Natriumsalz: in Wasser 270 g/L bei 20 °C.
Abbau und Metabolismus: In Boden und Pflanze Abbau der Seitenkette zum 2-Methyl-4-chlorphenol, Ringhydroxylierung wahrscheinlich in 6-Stellung, Öffnung des Phenylringes. Nachwirkungsdauer im Boden 3 bis 4 Monate (nach 3 kg/ha).
Bei Ratten nach oraler Gabe rasche Absorption und Ausscheidung (fast ausschließlich renal, in geringem Maße faecal). Intensiver enterohepatischer Kreislauf. 3 Stunden nach Verabreichung höhere Konz. in Blut, Organen und Geweben, anschließend kontinuierliche Abnahme. Nur mäßige Metabolisierung und geringe Konjugatbildung.
Toxizität: Akute orale LD$_{50}$ für Ratte 700 mg/kg, für Maus 550 mg/kg. Akute dermale LD$_{50}$ für Ratte >4.000 mg/kg. Bei Kaninchen leicht haut-, stark augenreizend. 90-Tage-Fütterungstest Ratte >NOEL< 2,5 mg/kg/Tag.
Bienentoxizität: Das Mittel ist nicht bienengefährlich (B 4).
Fischtoxizität: LC$_{50}$ (96 Stunden) für Regenbogenforelle 232 mg/L und für Karpfen (48 Stunden) 195 mg/L.

Mebendazol. >Anthelminthika.<

Mechanisch-biologische Restabfallbehandlungsanlage (MBA bzw. MBRA). Anlage zur >Abfallvorbehandlung<, bei der die Abfälle einer mechanischen Zerkleinerung und einer anschließenden >Rotte< unterworfen werden. Ziel ist es, einen Rückstand zu erzeugen, der den Zulassungskriterien der >TA Siedlungsabfall< genügt. Nur bei dem Gehalt an Restorganik (definiert über den >Glühverlust< bzw. den >TOC<) können die Kriterien nicht eingehalten werden, so daß die Rückstände nur noch innerhalb der Übergangsfrist der TA Siedlungsabfall, d. h. bis höchstens zum Jahre 2005 abgelagert werden können. In der Zwischenzeit wurden aber bereits Ausnahmen von den Aufsichtsbehörden genehmigt, die eine Ablagerung über diesen Zeitraum zulassen. In 1996 waren 10 MBA in Betrieb, eine im Bau und 11 Anlagen im fortgeschrittenen Planungsstadium.

Lit: Umweltbundesamt (1997) Daten zur Umwelt. Ausgabe 1997, E. Schmidt, Berlin.

Mechanische Abfallvorbehandlung. Maßnahmen der Abfallkonditionierung, die nachfolgende Behandlungs-, Verwertungs- bzw. Beseitigungsverfahren ermöglichen und fördern sollen. Grundoperationen sind Oberflächenvergrößerung (Zerkleinerung), Oberflächenverringerung (Agglomeration), Klassierung (Trennung nach Korngröße bzw. Dichte) und Sortierung (Trennung nach Stoffen).

Mechanische Abwasserbehandlung. Bei der mechanischen Abwasserreinigung sollen die ungelösten Stoffe durch >physikalische Verfahren< aus dem Abwasser abgetrennt werden. Dies geschieht im wesentlichen auf zweierlei Weise: Die grobsinnlich wahrnehmbaren >Feststoffe< werden durch feststehende oder bewegliche Geräte (>Rechen< und Siebe) aus dem durchfließenden Abwasser abgetrennt und entnommen. Die übrigen Anlagen der mechanischen Abwasserreinigung (>Absetzbecken<) bewirken auf Grund der Dichteunterschiede entweder ein Absinken, z. B. des Sandes im >Sandfang<, oder ein Aufschwimmen z. B. von Ölen und Fetten im >Fettfang<. Mit Hilfe dieser physikalischen Verfahren der ersten Stufe einer kommunalen Kläranlage gelingt es, etwa 40 bis 70 % der suspendierten Stoffe, davon etwa 25 bis 40 % der org. Inhaltsstoffe, gemessen als >biochem. Sauerstoffbedarf<, zu entfernen. Es verbleiben die nicht >absetzbaren Schwebstoffe< und die >gelösten Stoffe<, die in einer zweiten Behandlungsstufe durch >biol. Verfahren< entfernt werden müssen.

Lit: Imhoff K, Imhoff KR (1990) Taschenbuch der Stadtentwässerung, 27. Aufl., R. Oldenbourg Verlag, Münhen Wien.

Mechanische Klärstufe. >Mechanische Abwasserbehandlung<.

mechanistisch. Bedeutet im Zusammenhang mit prinzipiellen Betrachtungsweisen in Physik, den anderen Naturwissenschaften und der Philosophie: sich auf mechanische Gesetzmäßigkeiten beziehend. Häufig wird damit auf die Beschränktheit dieser Prinzipien zur Erklärung komplexer Naturvorgänge hingewiesen und gegen weiterführende wie das thermodynamische >Entropieprinzip<, das physikalische >Quantenprinzip< oder das biol. >Vitalismusprinzip< abgehoben. Eine mechanistische Weltanschauung versucht, das gesamte Weltgeschehen auf Bewegungen und ihre >kausalen< Ursachen, die Kräfte, zurückzuführen; kurz, das Weltall wird als Riesenmaschine aufgefaßt. Nach Kant ist die Grundlage jeder exakten Wissenschaft mechanistisch. In der heutigen Biologie stehen Hypothesen und Theorien auf der Grundlage des mechanistischen Kausal-Ursachenprinzips und des vitalistischen Zweck-Ursachen-Prinzips (Darwinismus) sich gegenüber oder auch nebeneinander.

Mecoprop. Wirkt als >Herbizid< und zählt zur Substanzklasse der Phenoxycarbonsäure-Derivate.

Chemische Bezeichnung: Racemat: (*RS*)-2-(4-Chlor-*o*-tolyloxy)-propionsäure, P-Form (optisch rechtsdrehende Form): (*R*)-2-(4-Chlor-*o*-tolyloxy)-propionsäure.

CAS-Nummer: 7085–19–0 für das Racemat. 16484–77–8 für P-Form

Hersteller: BASF AG

Wirkungstyp: Selektives, translozierendes Herbizid mit Wuchsstoffcharakter. Aufnahme erfolgt über die grünen Pflanzenteile. Wüchsige Witterung beschleunigt den Wirkungseintritt und erhöht die Endwirkung. Bei P-Form Reduzierung der Wirkstoff- bzw. Produktmengen um 45 bis 50 %.

Bevorzugte Anwendung: Nachauflaufanwendung in Sommer- und Wintergetreide ohne Untersaaten; wirksam gegen Klettenlabkraut, Vogelmiere u. a. dikotyle Unkräuter. Einsatz in Kombination mit anderen Wuchsstoffen oder als Komponente in Totalherbiziden. Weitere Einsatzgebiete: Forst, Grünland, Weinbau, Rasenflächen und Grassamenuntersaaten.

Chemische und physikalische Eigenschaften:
Physikalische Beschaffenheit: Krist., gelb-bräunlich.
Schmelzpunkt: Racemat: ca. 90 °C. P-Form: 83 bis 88 °C.
Dampfdruck: $< 3{,}1 \cdot 10^{-4}$ Pa bei 20 °C.
Verteilungskoeffizient (log $P_{o/w}$): 0,09 bei pH 7 und 25 °C.
Stabilität: Bis 50 °C mehr als 2 Jahre stabil. Bei Xenon-Licht 8.000 Lux beträgt die Halbwertszeit 20 Stunden.
Korrosives Verhalten: Lsg. der Salze nicht korrosiv gegen Metalle. Säure ist in Anwesenheit von Feuchtigkeit gegen Metalle korrosiv.
Abbau und Metabolismus: In Boden und Pflanze Abbau der Seitenkette bis zum 2-Methyl-4-chlorphenol, Ringhydroxylierung in 6-Stellung, Spaltung des Phenylringes. Nachwirkungsdauer im Boden ca. 2 Monate, der Abbau erfolgt vorwiegend mikrobiell. Die Salze haben eine ausgeprägte Mobilität im Boden.
Im Säugerorganismus rel. schnelle Resorption über den Magen-Darm-Kanal, aber auch über die Haut möglich. Ausscheidung vorwiegend unverändert mit dem Urin.
Toxizität: Für Racemat: Akute orale LD_{50} für Ratte 580 bis 930 mg/kg (als Säure) und 1.010 bis 1.490 mg/kg (als K-Salz). Akute dermale LD_{50} für Kaninchen 900 und Ratte > 4.000 mg/kg. 90-Tage-Fütterungsversuch NOEL für Ratte 3,8 mg/kg/Tag und Hund 15 mg/kg/Tag. Leicht haut-, stark augenreizend. Inhalationstoxizität Ratte LC_{50} (4 Stunden) 800 mg/m^3 Luft. Für P-Form: Akute oral LD_{50} für Ratte 1.050 mg/kg. Akute dermale LD_{50} für Ratte > 4.000 mg/kg. Akute Inhalationstoxizität Ratte LC_{50} (4 Stunden) $> 5{,}6$ mg/L Luft. Starke Reizwirkung an Schleimhäuten. 7-Wochen-Fütterungstest NEL für Ratte 4,58 mg/kg/Tag.
Bienentoxizität: Das Mittel ist nicht bienengefährlich (B 4).
Fischtoxizität: LC_{50} (96 Stunden) für Forelle 150 bis 220 mg/L und Blaukiemen-Sonnenbarsch > 100 mg/L. LC_{50} (48 Stunden) für Spiegelkarpfen 560 mg/L.
Vogeltoxizität: Akute orale LD_{50} für Japanische Wachtel 740 mg/kg.

Medikamentenmißbrauch. (Syn. Arzneimittelmißbrauch). Medizinisch nicht notwendiges (oft gewohn-
heitsmäßiges) Einnehmen von Arzneimitteln vor allem
zur Befreiung von körperlich oder seelisch bedingten
Beschwerden oder Unlustgefühlen. Beeinflussend sind
beispielsweise die Persönlichkeitsstruktur (z.B. selbst-
unsichere und introvertierte Personen), Konflikte (z.B.
Untreue des Ehepartners), Angstsituationen (z.B. Versagen im Beruf und Existenzangst). Bei chronischer Anwendung besteht die Gefahr der Arzneimittelsucht, insbesondere durch Schmerzmittel (Salicylate, Morphin-,
Pyrazolon- und Anilinderivate), Schlafmittel (Barbiturate), Beruhigungsmittel (Benzodiazepine, Carbamin-
säure- und Diphenylmethanderivate) und Anregungs-
mittel (Phenylethylaminderivate). 30% aller Sucht-
kranken gelten als medikamentenabhängig, zwei Drittel davon sind Frauen (s.a. >Suchterkrankungen<).
Lit: Forth W, Henschler D, Rummel W (1988) Pharmakologie
und Toxikologie, BI Wissenschaftsverlag, Mannheim Wien Zürich.

Meer. Räumlich zusammenhängende Wassermasse auf
der Erde, welche einen gegenüber Süßwasser erhöhten
>Salzgehalt< bestimmter Zusammensetzung besitzt.
71% der Erdoberfläche sind von Meerwasser mit einem Gesamtvolumen von 1.350 Mio. km³ bedeckt, bei
einer Oberfläche von 362 Mio km². Die mittlere Tiefe
ist 3.729 m. Die maximale Tiefe in der Vitiaztiefe des
Marianengrabens beträgt 11.002 m. Die Kontinente
gliedern das Weltmeer in drei Ozeane, den *Atlantik*,
Indik und *Pazifik*. Randmeere wie die Nordsee sind
oft relativ seicht und überspülen den Festlandssockel
der angrenzenden Kontinente. Intrakontinentale Mittelmeere und Nebenmeere wie Ostsee, Schwarzes
Meer und Rotes Meer sind durch unterseeische
Schwellen von angrenzenden Wasserkörpern abgetrennt. Falls in solchen Meeren Niederschläge und
Flußabläufe die >Verdunstung< überwiegen (z.B. *Ostsee, Schwarzes Meer*), führt dies zu ausgeprägten
Schichtungen des Salzgehaltes und folglich der Dichte
mit spezifisch leichterem, ausgesüßtem Oberflächenwasser. Hierdurch wird im Gegensatz zu ozeanischen
Wasserkörpern und zu Nebenmeeren mit überwiegender Verdunstung (z.B. Rotes Meer) die vertikale Zirkulation erschwert oder ganz unterbunden. Die Versorgung des Tiefenwassers mit atmosphärischem >Sau-
erstoff< kann dann dessen Verbrauch durch mikrobielle >Oxidation< organischer Materie nicht oder nur unvollständig kompensieren. Bei völligem Sauerstoffschwund benutzen bestimmte Mikroorganismen >Sul-
fat<, das >Anion< der >Schwefelsäure< und ein
Hauptbestandteil des Meersalzes, als Sauerstoffliefe-
rant zur Oxidation organischer Materie. Hierbei entsteht aus dem Sulfation Hydrogensulfid. Dieses ist das
Anion des für höhere Organismen giftigen >Schwefel-
wasserstoffs< (>Meeresverschmutzung<). Wegen seiner auf der Zusammensetzung des Meersalzes beruhenden, schwach alkalischen Reaktion bindet Meerwasser große Mengen an >Kohlendioxid< aus der Atmosphäre. Hierauf führt man den langsameren als aus
bekanntem Eintrag berechneten Anstieg des Gehaltes
der atmosphärischen Luft an Kohlendioxid zurück.
Die Meere dienen einer außerordentlichen Vielzahl
an Organismen von Bakterien und einzelligen Algen
bis zu hoch entwickelten Säugetieren als Lebensraum,
der an Ausdehnung den terrestrischen um etwa das
300fache übertrifft. Manche marinen Organismen, vor
allem Fische, sind wichtige Quellen menschlicher Ernährung. Die Meere werden genutzt als Wasserwege

für die Schiffahrt, als Rohstoffquellen (>Meerwasser-
entsalzung<) und als Senken biologischer und zivilisa-
torischer Abfallprodukte (>Meeresverschmutzung<).
Lit: Dietrich G, Kalle K, Krauss W, Siedler G (1975) Allgemeine
Meereskunde, 3.Aufl., Gebr. Bornträger, Berlin Stuttgart –
Grasshoff K (1975) In: Riley JB, Skirrow G (Hrsg.) Chemical
Oceanography, Bd.2, 2.Aufl., Academic Press, London New
York San Francisco, S.501ff.

Meeresbergbau. >Bergbau< auf >Lagerstätten< auf
oder im Meeresboden, im wesentlichen Bergbau auf
>Erdöl< und >Erdgas<, z.T. auch Gewinnung von
>Manganknollen<.

Meereseinleitung. >Meeresversenkung<.

Meeresenergie. Die Energie, die in der Wärme der
Meere, in den Wellen und Strömungen sowie in den
Gezeiten (Ebbe und Flut) der Meere vorhanden ist.
Ursache für die Gezeiten – das zweimalige Senken
(Ebbe) und Heben (Flut) des Wasserspiegels pro Tag
– ist das Zusammenwirken von Anziehungskräften
zwischen Erde und Mond sowie zwischen Erde und
Sonne und von Fliehkräften auf der Erde. Die Gezeiten bewirken einen regelmäßigen Energietransport im
Meer. Schätzungsweise 1,4 Mrd. km³ Wassermassen
werden im 12-Stunden-Rhythmus hin und her bewegt.
Die *Gezeitenenergie* kann in speziellen >Gezeiten-
kraftwerken<, die den unterschiedlichen Tidenhub der
Weltmeere gegenüber abgeriegelten Buchten, Flußmündungen und Becken nutzen, zur elektrischen Energieerzeugung genutzt werden. Aus der von den Weltmeeren absorbierten >Sonnenenergie< rührt die *Meereswärme* her, und wegen der ungleichmäßigen Sonneneinstrahlung entstehen Wellen und Strömungen.
Die *Wellenenergie* setzt sich zusammen aus dem Unterschied zwischen der potentiellen Energie des Wassers
im Wellenberg und im Wellental sowie aus der Häufigkeit der Wellen. Daraus ergibt sich eine theoretische
mittlere Leistung von etwa 75 kW pro Meter Wellen-
frontbreite. Die Umwandlung der Wellenenergie in
mechanische Energie, mit der dann letztlich >Genera-
toren< angetrieben werden, kann durch eine Vielzahl
unterschiedlicher hydraulischer und pneumatischer Systeme (Konverter) erfolgen. Mehrere Konverter werden zu einem größeren Kraftwerk zusammengeschaltet. Die *Energie der Meeresströmung* läßt sich aus wirtschaftlichen und technischen Gründen nur sehr schwer
nutzen. Aus dem größten Meerestrom, dem Golfstrom, könnte lediglich eine gesamte elektrische Leistung von etwa 2.000.000 kW gewonnen werden. Damit ist eine Nutzung der Strömungsenergie nicht sinnvoll. Bei der Meereswärmenutzung will man den tiefer
liegenden kalten Schichten zur Energiegewinnung nutzen. In tropischen Seegebieten können z.B. Tempera-
turdifferenzen von 24°C und mehr auftreten. Derartige Systeme müßten auf offener See gebaut und mit
Sonderturbinen ausgerüstet werden. Als Energieausbeute käme entweder Strom oder Wasserstoff in Frage,
der dann zur Küste geleitet werden müßte.
Lit: Schaefer H (1978) Kernfragen, unsere Energieversorgung
heute und morgen. Econ Verlag, Düsseldorf Wien – Ahlhaus
O, Boldt G, Gonsior B, Klein K, Ziburske H (1981) Taschenlexikon Energie, Schwann, Düsseldorf.

Meeresfauna. >Wattfauna<.

Meeresgebiete. Gliederung: Geomorphologisch glie-
dert sich der Meeresbereich in die 3 Ozeane und die
Nebenmeere, wie Rand- und Mittelmeere (s. Tabelle).
Die grobökologische vertikale Gliederung umfaßt das

Meeresgebiete: Fläche, Inhalt, mittlere und größte Tiefe der Ozeane und ihrer Nebenmeere. (Aus: Dietrich et al. 1975)

Meere	Fläche in Mio qkm[a]	Inhalt in Mio cbkm[d]	Tiefe Mittel in m[a]	Tiefe Maximum in m[b]
Ozeane, ohne Nebenmeere				
Pazifischer	166,24	696,19	4.188	11.022[c]
Atlantischer	84,11	322,98	3.844	9.219[d]
Indischer	73,43	284,34	3.872	7.455[e]
Summe	323,78	1.303,51	4.026	–
Mittelmeere, interkontinental				
Arktisches[g]	12,26	13,70	1.117	5.449
Australasiatisches[h]	9,08	11,37	1.252	7.440
Amerikanisches	4,36	9,43	2.164	7.680
Europäisches[i]	3,02	4,38	1.450	5.092
Summe	28,72	38,88	1.354	–
Mittelmeere, intrakontinental				
Hudsonbai	1,23	0,16	128	218
Rotes Meer	0,45	0,24	538	2.604
Ostsee	0,39	0,02	55	459
Persischer Golf	0,24	0,01	25	170
Summe	2,31	0,43	184	–
Randmeere				
Beringmeer	2,26	3,37	1.491	4.096
Ochotskisches	1,39	1,35	971	3.372
Ostchinesisches	1,20	0,33	275	2.719
Japanisches	1,01	1,69	1.673	4.225
Golf v. Kalifornien	0,15	0,11	733	3.127
Nordsee	0,58	0,05	93	725[f]
St. Lorenz-Golf	0,24	0,03	125	549
Irische See	0,10	0,01	60	272
Übrige	0,30	0,15	470	–
Summe	7,23	7,09	979	–
Ozeane, mit Nebenmeeren				
Pazifischer	181,34	714,41	3.940	11.022[c]
Atlantischer	106,57	350,91	3.293	9.219[d]
Indischer	74,12	284,61	3.840	7.455[e]
Weltmeer	362,03	1.349,93	3.729	11.022[c]

[a] Nach Menard u. Smith (1966).
[b] Nach Ulrich.
[c] Vitiaztiefe im Marianengraben.
[d] Milwaukeetiefe im Puerto-Rico-Graben.
[e] Planettiefe im Sundagraben.
[f] Im Skagerrak gelegen.
[g] Bestehend aus Nordpolarmeer, Barentssee, Kanadische Straßensee, Baffinmeer und Hudsonbai.
[h] Einschließlich Andamanensee.
[i] Einschließlich Schwarzes Meer.

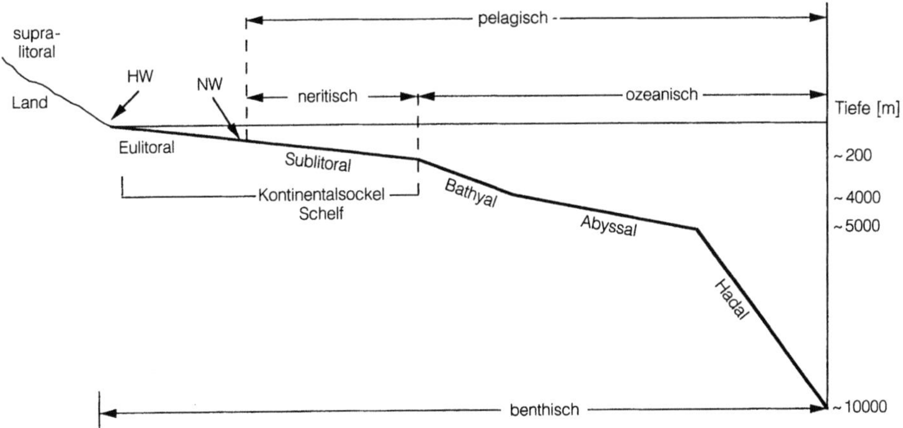

Meeresgebiete: Vertikale Gliederung des Ozeans

Pelagial als Zone des freien Wassers und das Benthal, den Meeresboden (s. Abb. S. 743) mit der dort anzutreffenden Flora und Fauna.

Meeresschutzkonventionen. Internationale Übereinkommen mit weltweiter oder regionaler Geltung zur Verhütung der Meeresverschmutzung. Die Gefährlichkeit von Ölverschmutzungen des Meeres wurde früh erkannt und führte 1954 zu dem „Internationalen Übereinkommen zur Verhütung der Verschmutzung der See durch Öl" (OILPOL). Das erste regionale Übereinkommen auf operationeller Basis war das Bonn-Abkommen (Bonn Agreement) von 1970 zwischen den Anliegerstaaten der Nordsee, das die Verschmutzung der Nordsee durch Öl betraf und eine Reaktion auf das Unglück des Öltankers „Torrey Canyon" darstellte, der 1967 nordöstlich der Scilly Island auflief. Es folgte die Oslo-Konvention (15.12. 1972), in der 13 Anliegerstaaten des Nordostatlantik das „Übereinkommen zur Verhütung der Meeresverschmutzung durch das Einbringen von Abfällen durch Schiffe und Luftfahrzeuge" schlossen. Dieselben Staaten schlossen am 04.06. 1974 das „Übereinkommen zur Verhütung der Meeresverschmutzung vom Land aus" (Paris-Konvention). Die räumliche Geltung dieser Konvention erstreckt sich auf den Nordostatlantik, die Nordsee und auf Teile des Eismeeres bis zur Barentssee. Sachlich bezieht es sich auf die Bekämpfung der Meeresverschmutzung durch Wasserläufe, durch Einleitungen von der Küste aus einschließlich der Unterwasserrohrleitungen und durch Bauwerke, besonders Explorations- und Förderplattformen. Die London-Konvention vom 29.12. 1972 hat als „Übereinkommen über die Verhütung der Meeresverschmutzung durch das Einbringen von Abfällen und anderen Stoffen" weltweite Geltung. Dem Sinne nach ähnliche Konventionen wurden von den sieben Anliegerstaaten der Ostsee (Helsinki-Konvention 1974) und den Nachbarstaaten des Mittelmeeres (Barcelona-Konvention 1976) geschlossen. Alle Konventionen enthalten Listen von solchen Stoffen, deren Einbringung in das Meer

verboten (Liste 1; s. Tabelle) oder an bestimmte Genehmigungsverfahren gebunden ist (Liste 2). Stoffe der Liste 2 umfassen Arsen-, Blei-, Kupfer- und Zinkverbindungen, organische Siliziumverbindungen, Cyanide, Fluoride sowie Pestizide, soweit sie nicht unter Liste 1 fallen. Beryllium-, Chrom-, Nickel- und Vanadiumverbindungen müssen ebenso wie die in Liste 1 aufgeführten Stoffe berücksichtigt werden, wenn sie als Spuren in großen Mengen eingebrachten Materials enthalten sind; ferner Behälter, Schrott und sonstige sperrige Gegenstände, die Fischerei und Schiffahrt erheblich behindern können.

Lit: Park P (Hrsg.) Oceanic processes in marine pollution. Bd. 3, Krüger Pull. Company, Malabar Fl., S. 341 – Nauke M (1989) In: Park CMK (Hrsg.) Oceanic Processes in Marine Pollution. Krüger Pull. Company, Malaber Fl.

Meeresschwinde. Öffnungen der Karstoberflächen an Küsten, an denen Meerwasser landeinwärts fließt. Das hydrologische System des Karstwasserkörpers wirkt als ein natürlicher Ejektor nach der Art der Wasserstrahlpumpe, wodurch im Bereich der Schwinde eine Druckabnahme und im Bereich des Wiederaustritts eine Druckzunahme eintritt. Die Meeresschwinden von Argostolion, Kephalonia (Griechenland) zeigen bei geschlossenem Wehr eine Wasserspiegelhöhe unter der Meeresspiegelhöhe, das versunkene Meerwasser tritt in Brackwasserquellen oberhalb des Meeresspiegels wieder aus. (>Süß-/Salzwassergrenze<) (s. Abb. S. 745).

Lit: Mattheß G, Ubell K (1983) Allgemeine Hydrogeologie, Gebr. Borntraeger, Berlin Stuttgart – Maurin V, Zötl J (1967) Salt water encroachment in the low altitude karst water horizons of the island of Kephallinea (Ionian Islands). Int Assoc Sci Hydrol Publ 74: 423–438.

Meeresströmungen. Unterschieden werden *Oberflächenströmungen* und *Tiefenwasserströmungen.* Erstere entstehen durch Windantrieb und dem Einfluß der Coriolis-Kraft. Die ozeanische Tiefenzirkulation wird von großen Wassermassen gebildet, die ihre charakteristischen Temperaturen und >Salzgehalte< mit den damit gekoppelten Dichtedifferenzen während ihrer Entste-

---

Meeresschutzkonventionen: Substanzen, deren Einbringen in das Meer durch die Meeresschutzkonventionen verboten ist. (Nach: Nauke 1989)

Substanz	London-Konvention	Oslo-Konvention	Barcelona-Konvention	Helsinki-Konvention
Organohalogenverbindungen	x	x	x	x
Organosiliziumverbindungen		x	x	x
Krebserregende Stoffe		x		x
Quecksilber u. seine Verbindungen	x	x	x	x
Cadmium u. seine Verbindungen	x	x	x	x
Persistentes Plastikmaterial u. andere persistente synthetische Materialien	x	x	x	x
Rohöl u. seine Rückstände, Petroleumdestillat-Rückstände, raffiniertes Petroleum oder Mischungen hieraus	x		x	x
Radioaktiver Abfall hoher Aktivität	x		x	x
mittlerer Aktivität			x	x
niedriger Aktivität			x	x
Saure u. alkalische Komponenten in bestimmten Konzentrationen u. Mengen			x	x
Stoffe, die für die biologische u. chemische Kriegsführung hergestellt worden sind	x		x	x

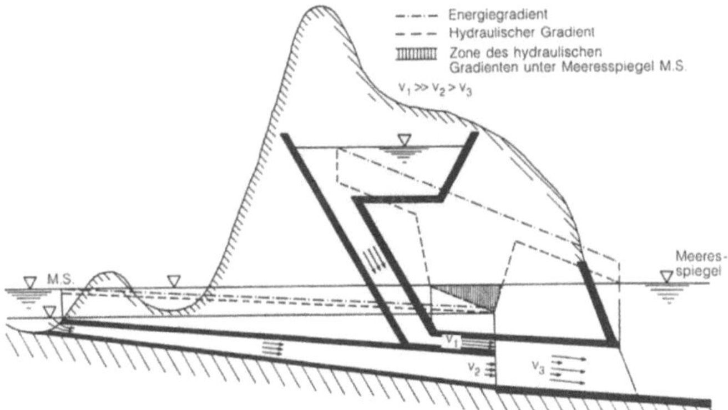

Meeresschwinde: Schema der hydraulischen Wirkungsweise der Meeresschwinden von Argostolion, Kephalonia (Griechenland)

hung an der Oberfläche des Ozeans in hohen Breiten erworben haben. Zur Bildung typischer Wassermassen. Bei der Oberflächenzirkulation werden Strömungsgeschwindigkeiten von >100 m/s (z.B. Golfstrom), bei Tiefenwasserströmen einige cm/s erreicht.

Meeresverschmutzung. Definiert als der direkte oder indirekte Eintrag von Substanzen oder Energie in die marine Umwelt (einschließlich der >Ästuarien<) durch den Menschen, der zu nachteiligen Auswirkungen führt, wie Schäden an lebenden Ressourcen oder Gefahren für die Gesundheit des Menschen, Behinderung von Aktivitäten auf dem Meer einschließlich der Fischerei, Beeinträchtigung der Qualität des Meerwassers und Verminderung des Erholungswertes. Hauptwege des Eintrags der verschiedenen Stoffgruppen und Verteilung der Stoffe im Meer sind in der folgenden Tabelle (1), s. unten, und Abb. (s. S.746) dargestellt. Ästuare und direkt angrenzendes Küstengewässer sind stärker belastet als die offene See (s. Abb.). >Polychlorierte Biphenyle< (PCB) und eine Reihe von Organochlorverbindungen reichern sich wegen ihrer Fettlöslichkeit, auch bei sehr kleinen Konzentrationen im Wasser, besonders im fettreichen Gewebe der Meerestiere erheblich an (>Bioakkumulation<, s. Tabelle (2) unten). Die eßbaren Teile (Filet) von Magerfischen, z.B. Kabeljau, enthalten ca. 1 % der auf Lipid bezogenen Gehalte der Tabelle. Metalle sind natürliche

Meeresverschmutzung: Tabelle (1) – Schadstoffgruppen und Transportwege

Schadstoffgruppe	Eintrag in das Meer durch				
	Flüsse	Dumping	Atmosphäre	Unfälle[a]	Schiffsbetrieb
Häusliche Abwässer und Klärschlamm		x			
Pesticide u. PCB	x		x	x	
Schwermetalle	x	x	x		
Öl	x			x	x
Petrochemikalien, techn. org. Chemikalien			x	x	
Organische Abfälle (Papierindustrie)	x	x			
Detergentien	x				
Radioaktives Material	(x)	x			

[a] Öl- und Chemiekalientanker.

Meeresverschmutzung: Tabelle (2) – Konzentrationen verschiedener Organohalogenverbindungen im Wasser der Deutschen Bucht und in der Leber von Klieschen *Limanda limanda*; (n = 18); Oktober 1984

Substanz	Wasser	Leber, bezogen auf Frischgewicht	Lipid (EOM)	BCF_{EOM}[a]
	(ng/L)	(ng/g)	(ng/g)	
PCB (Polychlorierte Biphenyle)	0,5	1.300	3.051	~6 × 10^6
HCB (Hexachlorbenzol)	0,02 bis 0,1	12,2	28,4	~0,3 × 10^6 −1,4 × 10^6
DDE (DDT-Metabolit)	0,06	74,4	177,3	~3 × 10^6
OCS (Octachlorstyrol)	0,5	7,0	16,4	~3,3 × 10^4
γ-HCH (Lindan)	3 bis 4	26,5	62,2	~2 × 10^4

[a] Biokonzentrationsfaktor bezogen auf „extractable organic matter" (eOM) (Lipid)

$$BCF = \frac{C_A}{C_W},$$

C_A = Konz. der Substanz im Tier (ng/g), C_W = Konz. der Substanz im Wasser (ng/L), 1 ng = 10^{-9} g.

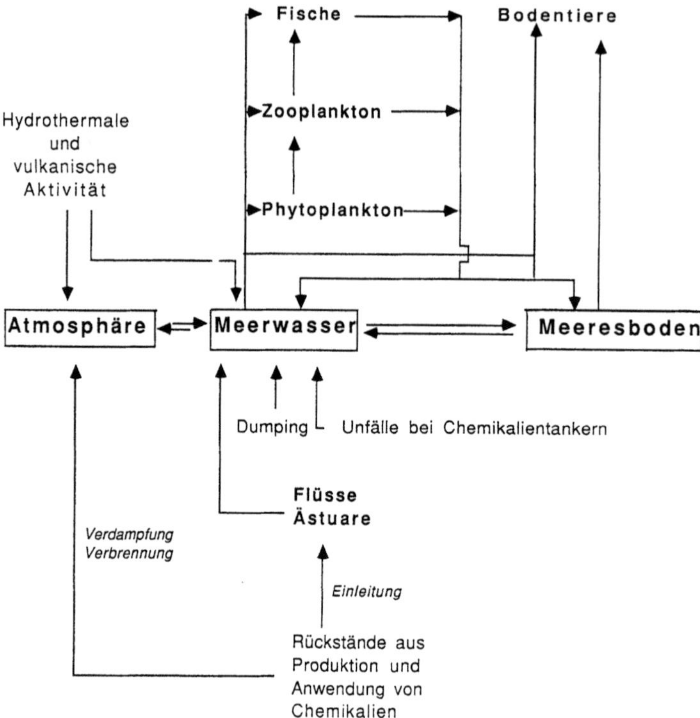

Meeresverschmutzung: Eintrag von Belastungsstoffen aus verschiedenen Quellen in das Meer (schematisch, vereinfacht)

Meeresverschmutzung: Tabelle (3) – Schwermetallgehalte in Nordseefischen in mg/kg Frischgewicht (Medianwerte)

Fischart	Cadmium	Blei	Quecksilber
a) *Muskel*			
Kabeljau	<0,01	0,0004 bis 0.009	0,05
Schollen			
b) *Leber*			
Kabeljau	0,034	0,047	0,02
Scholle	0,078	0,072	0,062
Hering	0,46	0,27	0,027

Meeresverschmutzung: Tabelle (4) – Konzentration von Schwermetallen im Wasser der Nordsee (Angaben in ng/L = 10^{-9} g/L)

Ort	Cd	Cu	Ni	Zn	Pb	Hg
Deutsche Bucht	28–55	235	471		20	3–50
Englische Südostküste	10–60	110–580		10–135		
Schottische Küste	13	191	211			2–3
Skagerrak	18–30	120–410	200–500	270–810	25–190	2,5
Zentrale und nördliche Nordsee	9–30	210–254	205–320		30–59	0,5–3

Inhaltsstoffe des Meerwassers und der Meeresorganismen und sind für die Entwicklung und Erhaltung der Biozönosen der Meeresorganismen lebensnotwendig. Ihre Bedeutung als Verschmutzungsstoffe besteht in erhöhten Konzentrationen in stärker belasteten Küstenbereichen. Häufig untersuchte Metalle in Fischen sind Cadmium, Blei und Quecksilber. Weltweit existiert ein großes Datenmaterial; beispielhaft werden in der Tabelle (3) (s. oben) Daten von Nordseefischen wiedergegeben. Quecksilbergehalte von 0,04 bis 0,1 mg/kg werden als „natürlicher" Wert für frisches Muskelgewebe von Fischen der Nordsee und des Nordatlantik angesehen. Die Konzentration einiger Schwermetalle im Wasser der Nordsee zeigt die Tabelle (4) (s. oben).

Meeresversenkung. Die >Endlagerung< von >radioaktiven Abfällen< unterhalb des Meeresbodens stellt eine mögliche Alternative zur Endlagerung in geologischen Formationen des Festlandes dar und basiert auf denselben generellen Prinzipien, nämlich der Isolation des Abfalls von der >Biosphäre< durch ein sog. Multibarrierensystem (>geologische< und >technische Barrieren<) sowie der Verhinderung unzulässiger radiologischer >Risiken< im Falle einer möglichen >Radionuklid<freisetzung. Die praktische Realisierung der Meeresversenkung kann mit Hilfe von zwei versch. Techniken erfolgen, sog. Penetratoren oder durch Bohrungen. Penetratoren enthalten Abfallgebinde und sinken aufgrund ihres hohen Eigengewichtes durch ca. 4.000 bis 6.000 m tiefes Meerwasser bis zu etwa 50 m in das Sediment des Meeresbodens ein. Als Alternative können Abfallgebinde auch in bis zu mehrere 100 m tiefe Bohrungen im Ozeanboden eingelagert werden. Der Unterschied zur Meereseinleitung besteht darin, daß bei letzterem Verfahren die Isolation des Abfalls in einer geologischen Formation nicht einbezogen ist.

Meerwasser, Zusammensetzung und Eigenschaften. Die Hauptbestandteile des M. (s. Tabelle) entsprechen mehr als 99,99 % der im Meerwasser gelösten Feststoffe. Gelöste >organische Substanzen< sind mit ca. 0,0007 g/L (als Kohlenstoff) vertreten. Die meisten der übrigen in Spuren vorkommenden Elemente sind im M. nachgewiesen und quantifiziert worden. Ihre Konzentrationen liegen im Bereich von 10^{-9} bis 10^{-6} g/L. Unter den im M. gelösten >Gasen< spielen Sauerstoff und Kohlendioxid eine besondere Rolle für Lebensprozesse (>Primärproduktion<, >Eutrophierung<).

Meerwasser, Zusammensetzung und Eigenschaften: Hauptbestandteile und einige Eigenschaften des Meerwassers bei einem Salzgehalt von 35 ‰ in g/kg Meerwasser. pH-Wert: 7,8 bis 8,2 (häufigste Werte), spezifisches Gewicht: 1,0265 g/cm³ (bei 10 °C und 34 ‰ Salzgehalt) Gefrierpunkt: −1,922 °C (bei 35 ‰ Salzgehalt)

Bestandteil (in Ionenform)	Gehalt in [g/kg]
Chlorid Cl$^-$	19,344
Natrium (Na$^+$)	10,773
Sulfat (SO$_4^{2-}$)	2,712
Magnesium (Mg^{2+})	1,290
Calcium (Ca^{2+})	0,412
Kalium (K$^+$)	0,399
Bromid (Br$^-$)	0,067
Strontium (Sr^{2+})	0,008
Bor (als Borsäure)	0,0045
Fluorid (F$^-$)	0,0013

Meerwasserentsalzung. Vor allem in Ländern mit geringen Niederschlagsmengen, direktem Zugang zu Meerwasser und relativ billigen Energiequellen wird Trink- und Brauchwasser durch weitgehende Entfernung der im Meerwasser gelösten Salze gewonnen. Hierzu gehören an erster Stelle die an den Arabischen Golf angrenzenden Gebiete, Israel und andere Mittelmeerländer. Die Trinkwasserversorgung von Kuwait z.B. beruht ausschließlich auf der Entsalzung von Meerwasser. Auf Schiffen ist die Gewinnung von Trinkwasser durch destillative Meerwasserentsalzung seit über 100 Jahren in Gebrauch. Natürliches Meerwasser enthält, von einigen Nebenmeeren wie die Ostsee mit geringerem Salzgehalt abgesehen, ca. 3,5 % gelöstes Meersalz der folgenden Zusammensetzung (Hauptbestandteile):

Meerwasserentsalzung: Gehalt an ionischen Hauptbestandteilen des Meerwassers

Kationen	[g/kg]	Anionen	[g/kg]
Natrium	10,752	Chlorid	19,345
Kalium	0,39	Bromid	0,066
Magnesium	1,295	Fluorid	0,0013
Calcium	0,416	Sulfat	2,701
Strontium	0,013	Bicarbonat	0,145
		Borat	0,027

Dieser hohe und in seiner Zusammensetzung von Süßwasser abweichende Salzgehalt macht Meerwasser für viele Zwecke ungeeignet, v.a. als Trinkwasser und für die Bewässerung von Pflanzen. Zur Entfernung des Meersalzes in großem Maßstab werden verschiedene Verfahren benutzt. Die gebräuchlichsten sind: Mehrstufige >Destillation< mit >Verdampfung< in ein Teilvakuum („flash distillation") und die >Umkehrosmose<. Die Kapazitäten von Anlagen der beiden ersten Verfahren erreichen mehrere zehntausend Kubikmeter täglich. Geringere Bedeutung hat Entfernung des Salzes durch >Ausfrieren< und >Elektrodialyse<. Die Umkehrosmose beruht darauf, daß Meerwasser mit einem höheren als dem >osmotischen Druck< durch Membranen gepreßt wird, welche die relativ großen Ionen des Meersalzes zurückhalten. Die hierfür gebräuchlichen >Membranen< aus >Polyamiden< und >Polysulfonen< sind häufig als Hohlfasern ausgebildet, welche hohe Drucktoleranz mit großer spezifischer Oberfläche kombinieren. Beim Ausfrieren wird das Meerwasser im Vakuum verdampft, wobei es sich bis zur Eisbildung abkühlt. Das ausfrierende Eis besteht aus reinem Wasser. Zurück bleibt eine angereicherte Salzsole,. Bei der >Elektrodialyse< entfernt eine angelegte Gleichspannung die entweder negative oder positive elektrische Ladung tragenden, im elektrischen Feld wandernden und daher sog. >Ionen< (grch. ion = wandernd) des Meersalzes durch Ionenaustauschmembranen aus dem zu reinigenden Wasser. Das durch Destillation oder Umkehrosmose gereinigte Meerwasser hat einen so geringen Salzgehalt, daß es vor allem als Trinkwasser ungeeignet ist. Durch nachträgliche Zusätze muß dieses Wasser in der Konzentration und Zusammensetzung der gelösten Salze dem normalen >Trinkwasser< angepaßt werden. Die für die Meerwasserentsalzung erforderliche Energie stammt meist aus der Verbrennung >fossiler Brennstoffe<. Zur Energieersparnis wird bei destillativen Verfahren häufig die >Abwärme< von Kraftwerken ausgenutzt. Auch Sonnenenergie benutzt man entweder direkt zum Erwärmen oder über den Umweg der Erzeugung elektrischer Energie. Der Energiebedarf für die Meerwasserentsalzung ist prinzipiell unabhängig vom angewandten Verfahren und beträgt theoretisch 0,701 kWh/m³ bei reversibler Prozeßführung. Unvermeidliche Reibungsverluste und die Notwendigkeit, zum Erzielen sinnvoller Produktionsraten bei vertretbarer Größe der Anlagen den Entsalzungsprozeß nicht in der Nähe des thermodynamischen Gleichgewichts ablaufen zu lassen, erhöhen den Energiebedarf auf ca. 3 kWh/m³.

Lit: Spiegler KS (1962) Salt-Water Purification. John Wiley and Sons, New York London – Dietrich G, Kalle K, Krauss W, Siedler G (1975) Allgemeine Meereskunde, 3. Aufl., Gebr. Bornträger, Berlin Stuttgart – Al-Homoud A, Hamdan LS, Hamdan I, Abdel-Jawad MM (1989) (Hrsg.) Proceedings of the Kuwait Symposium on Management and Technology of Water Resources in Arid Zones, Kuwait, 5.-7. 10. 1987. DESALINATION 72, Nr. 1–2.

Meerwasserintrusion. >Süß-/Salzwassergrenze<.

Mefloquin. >Antiprotozoika.<

Mega (M). Vorsatz vor Maßeinheiten, die um das 10^6fache vergrößert sind.

Megafauna des Bodens. Die grobe Zusammenfassung best. Tiergruppen des Bodens nach der Körperbreite von mehr als 20 mm. Hierher gehören die Vertebrata, u.a. Maulwürfe, Wühlmäuse und Hamster. Diese Tiergruppe spielt in >Mullböden< der Wälder, Wiesen und Äcker eine große Rolle.

Mehltau. Eine nicht-taxonomische Sammelbezeichnung für >phytopathogene< >Pilze<, die den namengebenden weißen, mehlartigen Belag auf Sprossen von Wirtspflanzen durch ihre >Sporen< oder ihr Myzelwachstum verursachen. Hierzu zählen der Echte und der Falsche Mehltau des Weins, deren Bekämpfung Ursache der starken >Fungizidbelastung< der Weinberge ist.
1. Echter: Ein obligater Pflanzenparasit aus der Gruppe der Erysiphales (>Ascomyceten<). Die weißen, mehlartigen Überzüge auf den befallenen Pflanzenteilen resultieren aus der ektoparasitischen Lebensweise des >Pilzes<, der die >Sprosse< der Wirtspflanzen mit Myzel und einreihigen >Konidien<trägern überzieht. Der Anschluß an die Wirtszellen erfolgt über Haustorien. Wichtige Arten sind *Oidium tuckeri* (Echter Mehltau des Weins), *Erysiphe graminis* (Echter Mehltau des Getreides), *Podosphaera leucoricha* (Apfelmehltau) u.v.a. Die früher übliche Schwefelbekämpfung wird heute weitgehend durch systemische >Fungizide< ersetzt.
2. Falscher: Ein obligater Pflanzenparasit aus der Gruppe der Peronosporaceae (>Oomyceten<). Die weißen, mehlartigen Beläge auf den befallenen Pflanzenteilen gehen auf die verzweigten Sporenträger zurück, die in der Regel aus den >Spaltöffnungen< herauswachsen. Im Gegensatz zum Echten Mehltau handelt es sich um einen Endoparasiten. Wichtige Arten sind *Plasmopara viticola* (Falscher Mehltau des Weins), *Peronospora tabacina* (Falscher Mehlau des Tabaks), *Bremia lactuca* (Falscher Mehltau des Salats) u.v.a. Die Bekämpfung erfolgte früher ausschließlich durch Kupferpräparate, z.B. Bordeaux-Brühe.

Mehrbereichsöl. Motoröl mit einer Viskositäts-Temp.-Kennung, die den Einsatz als Ganzjahresöl erlaubt. Dadurch werden häufige Ölwechsel vermieden und der Anfall von >Altöl< deutlich reduziert.

Mehrkammerbehälter. Abfallbehälter, der innen durch eine senkrechte Trennwand unterteilt ist, um mindestens zwei Abfallfraktionen (z.B. >Wertstoff< und >Restmüll<) aufzunehmen. Das Verhältnis der Volumen der Fraktionen ist im Bereich von 50:50 bis 70:30. Die M. sind nicht genormt, ihre Verbreitung ist z.Zt. auch nur gering.

Mehrkammercontainer. >Depotcontainer<, an zentralen Plätzen aufgestellt zur Erfassung von mindestens zwei >Wertstoffen< (z.B. Weißglas, Grünglas, Braunglas) in getrennten Kammern. M. werden als sog. Umleercontainer an Ort und Stelle in ein Sammelfahrzeug mit ebenfalls mehreren Kammern entleert oder als Absetzcontainer von einem Sammelfahrzeug komplett abgefahren und durch einen neuen Container ersetzt.

Mehrkammergrube. Aus mehreren hintereinander geschalteten Kammern bestehende >Kleinkläranlage<,

z.B. Mehrkammer-Absetzgrube zur >Entschlammung< und Mehrkammer-Ausfaulgrube zur Entschlammung und >Faulung< (DIN 4045), s.a. >Kleinkläranlage<.

Mehrnährstoffdünger. >Mineralische Dünger< mit zwei und mehr, meist drei Hauptnährstoffen, die durch mechanische Mischung oder chemische Synthese hergestellt werden. Die gebräuchlichsten M. sind NP-, PK- und NPK-Dünger (N = Stickstoff, P = Phosphat, K = Kalium). Es gibt sie in vielen Variationen. Gegenüber Einzelnährstoffdüngern haben M. einen arbeitswirtschaftlichen Vorteil, sind aber teurer. Vor allem für den >Gartenbau< hat man sog. Volldünger in flüssiger Form entwickelt, die für die jeweilige Kultur alle notwendigen Nährstoffe enthalten.

Mehrphasenfluß. Tritt im Untergrund bei der Strömung im >wasserungesättigten< Bereich und der Strömung in Gegenwart von fl. und gasförmigen >Kohlenwasserstoffen< auf. Der >Durchlässigkeitsbeiwert< eines Fluides hängt von der Durchlässigkeit des festen Mediums K, von der Dichte ϱ_{fl} und der dynamischen Viskosität η_{fl} des Fluides ab. Für ein beliebiges Fluid läßt sich daher für eine gegebene Temperatur und ein gegebenes Untergrundmaterial mit der Durchlässigkeit K der Durchlässigkeitsbeiwert k_{fl} dieses Fluides errechnen und mit demjenigen von Wasser k_{fw} vergleichen (k_{fl}/k_{fw}). Der Durchlässigkeitsbeiwert der reinen Phasen ist bei Benzin, Benzol und den meisten Chlorkohlenwasserstoffen (Ausnahme Tetrachlorethan) deutlich größer als derjenige von Wasser, während diese Werte bei den Mineralölen erheblich niedriger sind. Im allg. bewegen sich daher reine Mineralölphasen im porösen Medium langsamer und reine Phasen von Benzin, Benzol und Chlorkohlenwasserstoffen schneller als Wasser (s. Tabelle S.749).
Da die Benetzbarkeit der festen Untergrundmaterialien gegenüber org. Fluiden durchweg niedriger ist als gegenüber Wasser, nimmt das Wasser die kleinsten Porenräume und die organischen Fluide die großen Porenräume ein. Etwaige an den Körnern haftende org. Flüssigkeiten werden durch zutretendes Wasser von der Kornoberfläche in die Porenräume verdrängt. Diese Umbenetzung kann durch chemische und biologische Vorgänge, wie Verharzung und mikrobieller Abbau, behindert werden.
Bei der Strömung mehrerer Fluide durch ein poröses Medium gilt für jede dieser Phasen, eine effektive >Durchlässigkeit< (Permeabilität), die von ihrem Sättigungsgrad (>Sättigung<) abhängt. Da die nicht benetzende Phase bevorzugt die großen Kanäle besetzt, ist ihr Gehalt im fließenden Gemisch immer relativ höher als es ihrem prozentualen Anteil an der Füllung des Porenraumes entspricht.
Mit zunehmender Konz. an nichtbenetzender Phase nimmt die relative Permeabilität der benetzenden Phase schnell ab, da diese immer mehr in die kleinsten Hohlräume des Porenraumes verdrängt wird. Bei einer bestimmten Sättigung an benetzender Phase wird die Permeabilität dieser Phase schließlich unmeßbar klein. Diese Flüssigkeitsmenge kann sich trotz eines äußeren Druckgefälles nicht bewegen (>Restsättigung<).
Die Bewegung von drei nicht mischbaren Fluiden in einem porösen Medium kann in entsprechender Weise beschrieben werden, wobei drei verschiedene Grade der relativen Permeabilität in Abhängigkeit vom Sättigungsgrad auftreten, wie dies am Beispiel (s. Abb. S.749) von Luft, Wasser und Öl deutlich wird. Jeder

Mehrphasenfluß: Physikalische Daten und relative hydrologische Beweglichkeit verschiedener org. Fluide im Vergleich zu Wasser bei 20 °C (aus: Mattheß G, Ubell K, 1983)

	Quelle	Dichte	Löslichkeit in Wasser		Flüchtigkeit		Oberflächen-spannung		Dynamische Viskosität mPa · s	$\dfrac{k_h}{k_{fw}}$
		20 °C	g/kg	°C	mg/L	°C	mN/m	°C	20 °C	
Wasser	(4)	0,9982	–	–	–	–	72,75	20	1,0050	1
Benzin	(2)	0,725–0,785	50–500 (4)	20	–	–	–	–	0,65	1,54
Dieselkraftstoff	(2)	0,82–0,86	4–40 (4)	20	–	–	–	–	2,80–6,40	0,36–
Heizöl El	(2)	0,83–0,845	10–50 (4)	20	–	–	–	–	3,40–6,40	0,29–
Heizöl M	(2)	0,92–0,95	–	–	–	–	–	–	21–34	0,05–
Heizöl S	(2)	0,95–0,98	–	–	–	–	–	–	75–380	0,013 0,003
Rohöl Kuwait	(3)	–	–	–	–	–	–	–	15	0,067
Rohöl Mexiko	(3)	–	–	–	–	–	–	–	4.000	0,000
Dichlormethan	(1)	1,327	16,29	20	1,620	20	28,12	20	0,4355	3,07
Trichlormethan	(1)	1,498	9,0	25	980	20	27,28	20	0,564	2,67
Tetrachlormethan	(1)	1,555	–	–	767	20	26,76	20	0,969	1,62
1,2-Dichlorethen *tr*	(1)	1,2583	6,3	25	1,325	20	26,4	20	0,923	1,37
1,2-Dichlorethen *cis*	(1)	1,2841	3,5	25	–	–	28,3	20	0,474	2,73
1,1,1-Trichlorethan	(1), 1,3376	1,32	20	–	–	25,56	20	0,903 (15°)	1,86	
1,1,2-Trichlorethan	(1)	1,4398	4,36	20	–	–	33,83	30	1,19	1,22
1,1,2-Trichlorethen	(1)	1,462	1,1	25	432	20	32	25	0,58	2,54
1,1,2,2-Tetrachlorethan	(1)	1,598	2,88	20	44	20	36,04	20	1,75	0,92
Tetrachlorethen	(1)	1,623	0,15	25	127	20	32,32	25	0,88	1,86
1,2-Dichlorpropan	(1)	1,156	2,6	20	247	20	28,1	20	0,865	1,35
o-Dichlorbenzol	(1)	1,306	1,34	20	24	20	37,18	20	1,0656	1,23
Chlortoluol	(1)	1,083	–	–	–	–	33,44	20	1,037 (15°)	1,05
Benzol	(1)	0,8790	1,78	20	325	20	28,9	20	0,652	1,36

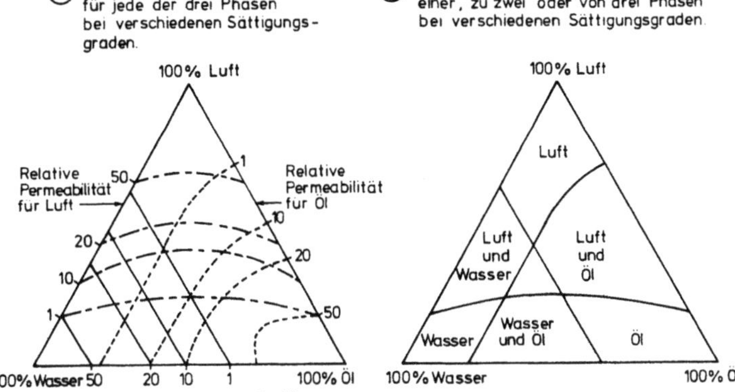

Mehrphasenfluß: Relative Durchlässigkeit (Permeabilität) (a) und Mobilitätszonen (b) für Luft, Wasser und Mineralöl in einem porösen Medium als Funktion der Sättigung dieser drei Phasen: Dreieck (A) Relative Permeabilität in % für jede der drei Phasen bei verschiedenen Sättigungsgraden; Dreieck (B) Gebiete des möglichen Flusses von einer, von zwei oder von drei Phasen bei verschiedenen Sättigungsgraden

Punkt auf dem Dreieck gibt ein Sättigungsstadium dieser Fluide an. Auf Dreieck (A) sind die Linien gleicher Durchlässigkeit für Luft, Wasser und Öl angeben, Dreieck (B) zeigt die Zonen, in den 3-Phasen-, 2-Phasen- und 1-Phasen-Fluß als Funktion der Sättigung auftritt.

Versickern org. Fluide, wie Mineralöle und Chlorkohlenwasserstoffe, etwa bei Tank-Unfällen, als geschlossene Phase im Untergrund, so breiten sich diese im ungesättigten Porenraum unter dem Einfluß der Schwerkraft und von Kapillar- und Adsorptionskräften aus. Bei Erreichen der Grundwasseroberfläche sammeln

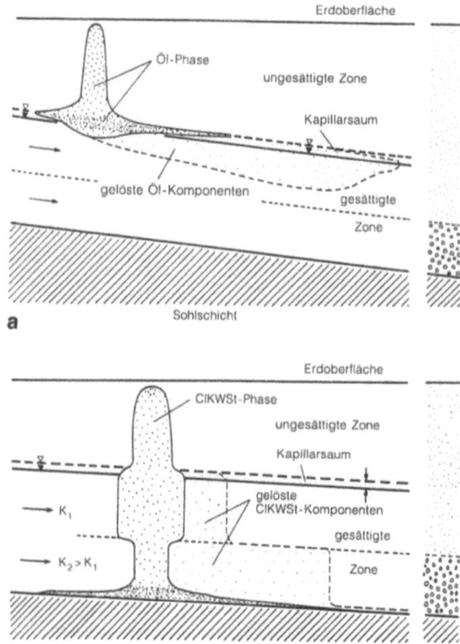

Mehrphasenfluß: Verhalten org. Fluidphasen mit niedrigerer (a) und höherer Dichte als Wasser (b) im Untergrund (aus: Schwille, 1981)

sich dort die spezifisch leichten org. Fluide (z. B. Mineralöle) an, während die spezifisch schweren Phasen (z. B. Chlorkohlenwasserstoffe ClKWSt) bei Überschreitung der Rückhaltekapazität zur Sohlschicht absinken (s. Abb. oben).

Auf der Grundwasseroberfläche bzw. auf der Sohlschicht entstehen mehr oder weniger flache Imprägnationskörper, die sich entsprechend dem hydraulischen Gefälle der Grundwasseroberfläche bzw. entsprechend den Druckgradienten im Körper und der Gestalt der unteren Grenzfläche des Grundwasserleiters ausbreiten, bis Restsättigung erreicht ist. Die löslichen Anteile der org. Fluide diffundieren in das Grundwasser. Im Unterstrom eines Imprägnationskörpers bildet sich so eine Verunreinigungszone. Die Wanderung der gelösten Substanzen kann mit Hilfe der Gesetzmäßigkeiten der >hydrodynamischen Dispersion< beschrieben werden.

Lit: Engelhardt W von (1960) Der Porenraum der Sedimente, Springer, Berlin Göttingen Heidelberg – Jackson RE (Hrsg.) (1980) Aquifer contamination and protection. Studies a. reports in hydrology 30, Paris, UNESCO – Mattheß G, Ubell K (1983) Allgemeine Hydrogeologie, Grundwasserhaushalt, Gebr. Borntraeger, Berlin Stuttgart – Schwille F (1981) Groundwater pollution in porous media by fluids immiscible in water, Studies Environment Sci 17, Elsevier, Amsterdam Oxford New York, S. 451–463.

Mehrphasenkonzentrat zur Saatgutbehandlung. (Internat. Kurzbezeichnung: FS). Pflanzenschutzmittelformulierung (>Formulierung<) in Form einer stabilen Dispersion eines oder mehrerer Wirkstoffe, i. allg. mit einer wäßrigen Phase als Dispersionsmittel. Die dispergierte Phase kann entweder fest (>Suspension<) oder flüssig (>Emulsion<) sein oder eine Mischung beider darstellen. Die Anwendung erfolgt entweder unverdünnt oder nach Verdünnung mit Wasser etwa im Verhältnis 1:1 in speziellen Beizgeräten, in denen die Flüssigkeit auf das Saatgut gesprüht wird. Ein in der Formulierung enthaltener Farbstoff ermöglicht die optische Unterscheidung von behandeltem und unbehandeltem Saatgut und erlaubt gleichzeitig eine einfache Kontrolle der Dosierung und der Gleichmäßigkeit der Verteilung. Dieser Formuliertyp hat weitgehend die >Feuchtbeizen< auf Basis organischer Lösungsmittel abgelöst. Durch die Verdünnbarkeit mit Wasser können die Spülflüssigkeiten der Behälter und Geräte in den Verarbeitungsprozeß zurückgeführt werden.

Mehrschichtfilter. Der überstaute, abwärts durchströmte Filter wird als Raumfilter mit einer Schicht (Einschichtfilter) oder besser mit zwei Schichten (Zweischichtfilter) über einem Filterboden aufgebaut.

Bei M. wird als obere Schicht im Vergleich zu der darunter liegenden Schicht ein relativ grobes, jedoch unter Betriebsbedingungen spezifisch leichteres Material gewählt, so daß der Schichtaufbau nach der Spülung wieder hergestellt ist. Als Materialien der oberen Schicht werden überwiegend Anthrazit, Bims, Blähschiefer und Blähton verwendet, während die untere Filterschicht wie auch beim Einschichtfilter fast immer aus Quarzsand besteht.

Der Zufluß in den Überstauraum ist schonend einzuleiten, so daß die Filteroberfläche nicht gestört wird.

Lit: Abwassertechnische Vereinigung e.V. (Hrsg.) (1985–1997) ATV-Handbuch, 4. Aufl., Band 1–7, Verlag Wilhelm Ernst und Sohn, Berlin München.

Mehrventiltechnik. Sie verringert die Massenkräfte am Ventil und ermöglicht damit höhere Drehzahlen, eine bessere Zylinderfüllung und senkt die Ventiltemp., so daß höhere spez. Leistungen erreichbar sind, sie vergrößert allerdings den Aufwand.

Mehrwegflasche. Flasche, die mehrfach einer gleichartigen Nutzung zugeführt werden kann. Teilweise werden M. wegen der zusätzlichen Transportkosten des Leergutes, der zur Reinigung vor der Wiederbefüllung notwendigen Waschsubstanzen umweltschädlicher eingestuft als >Einwegflaschen<, die gesamt als >Altglas< wiederverwendet werden. Häufig werden M. als >Pfandsystem< in den Handel gebracht. Seit 1994 ist eine deutliche Abnahme des Anteiles der M. zu erkennen, 1995 betrug er 72,2 %. Gemäß >Verpackungsverordnung< muß der Anteil der Mehrweganteile am Getränkeverbrauch 72 % betragen, sonst muß ein Pfandsystem für Einweggebinde erhoben werden.

Lit: Umweltbundesamt (1997) Daten zur Umwelt. Ausgabe 1997, E. Schmidt, Berlin.

Mehrwegprodukte. Produkte, zumeist Verpackungen, für den mehrfachen Gebrauch. Durch die Verwendung von M. können Energie und Rohstoffe eingespart und das >Abfallaufkommen< reduziert werden. Am bekanntesten sind >Mehrwegflaschen< im Bereich der Getränkeindustrie.

Mehrwegsystem. Wirtschaftskreislauf, in dem hauptsächlich >Mehrwegprodukte<, v. a. Mehrwegverpackungen verwendet werden. Zum M. gehören neben den >Mehrwegprodukten< auch deren Verteilung und Einsammlung sowie die nachfolgende Reinigung und Wiederbefüllung. Durch die Einführung eines >Pfandsystems< kann der Anreiz für ein M. gesteigert werden.

Meiose. (Grch. meióo = vermindern, verkleinern; Syn. Reifeteilung). Eine besondere Art der >Zellteilung<, welche die Neukombination der Gene ermöglicht und somit erbungleiche Tochterzellen, die Gonen, produziert. Die M. liefert zus. mit der Karyogamie die Grundvoraussetzung für die sexuelle Fortpflanzung und damit auch für die Evolution. Die M. läuft bei diploiden, tetraploiden etc. >Zellen< in zwei Teilungszyklen ab. In der M. I wird die Chromosomenzahl vom diploiden auf den haploiden Satz reduziert. Hier findet außerdem die Paarung homologer Chromosomen mit der Möglichkeit zur intrachromosomalen Rekombination durch Crossing-over (Prophase I) sowie die Zufallsverteilung der mütterlichen und väterlichen Chromosomen auf die entgegengesetzten Zellpole (Anaphase I) statt. Die M. II entspricht im Prinzip einer Mitose.

Melaminharz (MF). MF ist ein bekannter Vertreter der >Aminoplaste<, der durch >Polykondensation< eines Addukts aus Melamin und Formaldehyd, dem Hexamethylolmelamin, bei höheren Temperaturen gebildet wird und als Formmassen für Geschirr und Griffe für Kochtöpfe und Bügeleisen sowie als dekorative Schichtpreßstoffe für (Küchen-)Möbel zum Einsatz kommt, z.B. Bakelite (Rütgers) und Resopal (Römmler). Wie bei allen stickstoffhaltigen Kunststoffen wird bei der Pyrolyse von MF-Harzen Blausäure (HCN) in höheren Konzentrationen gebildet, worauf in Privathaushalten besonders geachtet werden muß.

Harnstoff-Formaldehyd-Harz   Melamin-Formaldehyd-Harz

Bildung von Melamin-Formaldehyd-Harzen (MF-Harze)

Melanschwarz. >Brillantschwarz<.

Melioration. Durchgreifende landwirtschaftliche Maßnahmen, die eine erhebliche und anhaltende Verbesserung der ökologischen Bodeneigenschaften zur Folge haben. Hierzu gehören z.B. die Meliorationskalkung saurer Böden zur deutlichen Erhöhung des pH-Werts sowie die Trockenlegung (>Dränage<) feuchter Standorte. Die Beurteilung der Meliorationswürdigkeit von Standorten muß neben ihrer landwirtschaftlichen Produktivität auch die Schutzwürdigkeit von nährstoffarmen und Feuchtstandorten berücksichtigen, so daß aus landschaftsökologischen Erwägungen nicht alle (aus ökonomischer Sicht) zur M. geeigneten Standorte auch entsprechend behandelt werden dürfen.

Melipax. Handelsname in der ehemaligen DDR für ein insektizid-wirksames Polychlorterpengemisch (>Toxaphen<).

Membran. (Lat. membrana = Haut). Bezeichnet 1. in der Chemie ein Diaphragma, d.h. eine Trennwand, wie sie z.B. für die >Dialyse< eingesetzt wird, 2. in der Biologie eine Elementarmembran (s. a >Biomembranen<), die ein Grundbestandteil jeder lebenden >Zelle< ist und die Kompartimentierung ermöglicht. Die Grundstruktur besteht aus einer Phospholipid-Doppelschicht, in die versch. Proteine eingelagert sind (s. Abb. bei >Biomembranen<). Hinzu kommen verschiedene Sterole und Glycolipide. Die beiden „Au-

ßenseiten" sind hydrophil, während die lipophilen Fettsäurereste zur Mitte der M. zeigen. Die gesamte Struktur verhält sich dynamisch, d.h. mit einer charakteristischen Fluidität (fluid mosaic membrane model nach Singer und Nicolson), die auch gegen äußere Widerstände (Temp.-Einfluß) aufrecht erhalten wird und über den Anteil der ungesättigten >Fettsäuren< variiert werden kann. Die wichtigsten Funktionen sind der selektive Transport von Stoffen und die vektorielle Verankerung von Komponenten der >Elektronentransportketten<, z.B. in Mitochondrien- und >Chloroplastenmembranen< sowie in der Plasmamembran.

Membranfilter (Ultrafilter). Mit dem Fortschritt in der Herstellung von Membranen verschiedener Porengrößen – wobei aber die Porenweiten in engen Grenzen bleiben – wurden auch mehrere technische Membranfilter entwickelt. Im einfachsten Fall werden nutschenartige Einschichtdruckfilter benutzt, die mit einer Filterfläche von max. einigen hundert cm^2 hauptsächlich für >Filtrationen< im Laboratoriumsmaßstab in Frage kommen. Selbst bei mehrschichtigen nutschenartigen Filtern stehen Kleindurchsätze zu analytischen Zwecken oder von Arzneimitteln im Mittelpunkt des Interesses. Da die Durchflußmengen mit abnehmenden Porendurchmesser sehr stark zurückgehen – bei scheinbaren Porendurchmessern von $6 \cdot 10^2$ nm treten z.B. noch mehr als 1.000 $m^3/m^2 \cdot$ Tag und bei $2 \cdot 10^2$ nm etwa $160\ m^3/m^2 \cdot$ Tag durch, gegenüber etwa 20 $m^3/m^2 \cdot$ Tag bei ca. 4 nm und nur 0,4 $m^3/m^2 \cdot$ Tag bei 2,1 nm –, muß man sich bemühen, große Flächen auf kleinem Raum unterzubringen, wenn man das Verfahren z.B. für die Wasserentsalzung, für Kesselspeisewasser, >Trinkwasser< usw. verwenden will, wobei ggf. auch die Rückgewinnung der gelösten Substanzen von Interesse ist.

Lit: Bartholomé E, Biekert E, Hellmann H, Ley H (Hrsg.) (1972) Ullmanns Enzyklopädie der technischen Chemie, 4.Aufl., Bd. 2, Verlag Chemie, Weinheim.

Membranfiltration. Die Mikro- bzw. Membranfiltration (einschließlich der Ultrafiltration und der Umkehrosmose) sind Verfahren, die zur Entkeimung von Trinkwasser und bestimmten Prozeßwässern in der Industrie einen weiten Anwendungsbereich haben. Dabei werden von mikroporösen Membranfiltern bzw. Filterkerzen oder von Hohlfasermembranen mit Porengrößen von 0,2 μm neben Feststoffpartikeln auch Protozoen und Bakterien aus dem Wasser weitgehend entfernt. Teilweise werden auch Viren, vermutlich durch Adsorptionsvorgänge an Feststoffpartikeln oder an das Filtermaterial zurückgehalten. Wiederverkeimungsprobleme ergeben sich bereits bei geringem Nährstoffgehalt des Wassers durch Bewuchs auf der Reinwasserseite des Filters und im Rohrnetz, da keine Depotwirkung wie bei Chlor besteht.

Lit: Abwassertechnische Vereinigung e.V. (Hrsg.) (1985–1997) ATV-Handbuch, 4.Aufl., Band 1–7, Verlag Wilhelm Ernst und Sohn, Berlin München.

Membranpermeabilität. Die Durchlässigkeit einer >Membran< für einen best. Stoff. Bei >Biomembranen< beruht der Stoffdurchtritt auf zwei völlig versch. Mechanismen: 1) Freie Permeation oder >Diffusion<: Nur kleine hydrophobe Moleküle wie O_2, N_2, aber auch Benzol, die sich leicht in der Doppellipidschicht lösen, sowie kleine ungeladene polare Moleküle wie z.B. CO_2 und Harnstoff können eine Biomembran durch Diffusion frei passieren. Auf dieser semipermeablen Eigenschaft beruht die >Osmose<. Hydrophobe

Moleküle können sich jedoch entspr. ihres Verteilungskoeffizienten durch die Membran hindurch lösen. 2) Spez. Transport: Er ist für best. >Ionen< oder ungeladene Moleküle spez. und oft schneller als die Diffusion. Hierfür stehen in Form von Carriern und Ionenkanälen besondere Translokatoren zur Verfügung. Beim spez. Transport unterscheidet man die katalysierte Diffusion (erleichterte Diffusion) und den >aktiven Transport<. Die katalysierte Diffusion erfordert keine >Energie<zufuhr; sie führt lediglich zum Konz.-Ausgleich zwischen den durch die Membran getrennten Räumen. Hierfür gibt es drei Möglichkeiten: a) unidirektionaler Transport (Uniport), der nur eine Molekülsorte umfaßt, b) Symport oder Cotransport, bei dem zwei Moleküle in gleicher Richtung transportiert werden, wobei eines davon (z.B. H^+) einem Konz.-Gradienten folgt, c) Antiport, bei dem zwei Moleküle in entgegengesetzter Richtung wandern und wiederum eines davon einem Konz.-Gradienten folgt. Der aktive Transport ist ein unidirektionaler Transport von Ionen wie z.B. H^+, K^+, Na^+ und Ca^{2+} gegen einen Konz.-Gradienten; er wird durch ATPasen vermittelt und benötigt Energie, die durch Hydrolyse von >ATP< bereitgestellt wird.

Membranzerstörung. Sie hat wegen der Aufhebung der Kompartimentierung immer den Zelltod zur Folge. Die Membrandestruktion geschieht häufig 1. durch Lipidperoxidation, 2. durch Detergenzien und ähnliche oberflächenaktive Verbindungen, die z.T. die Proteine aus der Membran herauslösen (z.B. Triton-X-100), 3. aber auch durch Transportantibiotika, welche die Permeabilität der Membranen z.B. durch Erzeugung einer Porenstruktur selektiv undurchlässig machen (z.B. Gramicidin A). Von erheblicher Bedeutung sind auch mechanische Schäden, z.B. Frostschäden, wenn es durch Eiskristallbildung zur Verletzung von Membranen kommt, was sich beim Auftauen bemerkbar macht. Die Membran von >Protoplasten< und >Organellen< läßt sich auch durch >osmotische< Einflüsse zerstören; sie platzen, wenn eine osmotische Wasseraufnahme über den Elastizitätspunkt der Membran hinaus erfolgt.

Mengenelemente. Als Mengenelemente faßt man die Mineralstoffe Calcium, Magnesium, Phosphor, Natrium, Kalium, Chlor und Schwefel zusammen. Zum Unterschied von >Spurenelementen< beträgt der mittlere Gehalt an Mengenelementen mehr als 50 mg pro kg Körpermasse. Alle angeführten Elemente sind für das Tier lebensnotwendig. Da der Schwefel zum größten Teil in den >Aminosäuren< Methionin, Cystein und Cystin vorkommt, ist die Schwefelversorgung im wesentlichen ein Aspekt der Proteinernährung.

Mepacrin. >Antiprotozoika.<

Meprobamat. Ein Psychopharmakon, das bei Menschen eingesetzt wird und als zentral angreifendes Muskelrelaxans und Tranquillans wirkt. Beim Menschen erfolgt eine Intoxikation. Deshalb erfolgte in den letzten Jahren der Ersatz durch Benzodiazepine. Meprobamat wird auch zur Sedierung von Tieren in Massenhaltung eingesetzt. Rückstände dürfen nicht im Fleisch enthalten sein.

Mercaptane. Thioalkohole. Schwefelhaltige, äußerst >geruchsintensive Stoffe<. Werden Mercaptane bei industriellen Prozessen, z.B. aus >Kokereien<, freigesetzt, können aufgrund des widerlichen Geruchs erhebliche >Belästigungen< in der Nachbarschaft auftreten.

Mercaptobenzimidazol. >Herbizid<, auch Hilfsmittel in der Gummi-Industrie.
Chemische Bezeichnung: 1,3-Dihydro-2*H*-benzimidazol-2-thion. $C_2H_6N_2S$ (M_r 150,2), farblose glänzende Blättchen, Smt. 304 °C.

Mercaptobenzothiazol. >Fungizid< und Vulkanisierungsbeschleuniger, Antioxidans, Korrosionsinhibitor.
Fungizider, bakterizider und herbizider Wirkstoff aus der Benzothiazol-Reihe mit zahlreichen weiteren technischen Einsatzmöglichkeiten.
Andere Bezeichnungen: 2-Benzothiazolthiol, 2(3*H*)-Benzothiazolthion. $C_7H_5NS_2$ (M_r 167,3), hellgelbe monokline Nadeln, Smt. 180,2 bis 181,7 °C; d 1,42; übelriechend.
Entwicklung: American Cyanamid 1956, Monsanto 1962.
Handelsnamen: MBT, Captax, Dermacid, Mertax, Thiotax; Zink-salz: Bantex; Natriumsalz: Nuodex 84.
M. hat breite Anwendung gefunden in der Gummi-Industrie als Vulkanisierungsbeschleuniger, ferner als Antioxidans, Korrosionsinhibitor und Hitzestabilisator (z.B. bei Dauerläufer-Motoren); ferner hat M. Verwendung als Herbizid, Fungizid (vornehmlich in Form der Salze), Bakterizid, Desinfektionsmittel sowie als Holzschutzmittel gefunden.

2-Mercaptobenzothiazol (und Tautomeres)

Lit: Merck Index (1983) 10. Aufl., Merck & Co., Rahway, NJ.

Mercaptodimethur. >Methiocarb<.

Merckoquant. Verschiedene Teststreifen der Fa. Merck zur schnellen Prüfung wäßriger Systeme auf jeweils ein spezifisches Element, Ion oder Molekül, wie beispielsweise Al, Cl, NH_4^+, NO_3^-, Peroxid oder Formaldehyd. Die Streifen sind für Vortests und zur Best. von Konz.-Bereichen geeignet.

Mergelsteine. >Tongesteine<.

Merichinone. >Semichinone<.

meridional. Bezeichnung für diejenige Art der Verteilung einer meteorologischen Größe, die parallel zu einem Längenkreis konstant ist. Gegensatz: >zonal<.

Meridionale Wetterlage. Wetterlage, bei der die großräumigen Strömungen in der freien Atmosphäre >meridional< verlaufen und dadurch einen horizontalen Luftmassenaustausch zwischen Gebieten verschiedener geographischer Breite bewirken. Typische m.W. sind: >Trogwetterlage<, bei der auf der Ostseite des

>Troges< (Vorderseite) Luft aus südlichen Gebieten nordwärts transportiert wird; stationäres, d. h. >blokkierendes Hochdruckgebiet<, an dessen Westseite die Tiefdruckgebiete in ihrer Wanderung nach Osten gehindert werden und infolgedessen nach Norden abdrehen. S. Abb. bei >Zirkulation<. Gegensatz: >zonale Wetterlage<.

Meristem. (Grch. meristos = ich teile). Das Bildungsgewebe der >Kormophyten< und einiger hochentwikkelter >Algen<; es besteht aus embryonalen >Zellen<. Die Aufgabe liegt in der Produktion neuer Zellen, wobei nach der Teilung mindestens eine der beiden Tochterzellen ihre embryonale Eig. behält. Die Sonderung von Meristemen und Dauergeweben ist eine charakteristische Eigenschaften der >Pflanze<, die mit dieser Konstruktion über ihr ganzes Leben hinweg neue Gewebe produziert. Die Meristeme lassen sich einteilen in 1. *prim. Meristeme*, die sich direkt (Apikalmeristeme der Hauptachse) oder indirekt (Restmeristeme, z. B. das >Kambium< der >Bäume<) auf die apikalen Pole des Embryos zurückführen lassen, 2 *sek. Meristeme* (= Folgemeristeme, z. B. das >Korkkambium<), die sich aus bereits ausdifferenzierten Zellen durch Entdifferenzierung bilden.

Merita Erde. >Curcuma<.

Meritorisches Gut. (s. a. >Öffentliches Gut<, >Clubgut<, >Mischgut<). Auf RICHARD A. MUSGRAVE zurückgehender Begriff für grundsätzlich private Güter, deren Bereitstellung durch den Staat damit gerechtfertigt wird, daß aufgrund verzerrter Präferenzen der Konsumenten deren am Markt geäußerten Nachfragewünsche zu einer suboptimalen Allokation dieser Güter führen. Ein gutes Beispiel liefert das Schulwesen: Nichts an der Leistung einer Schule hat spez. öffentlichen Charakter; man könnte sie durchaus privat betreiben und hat dies über Jahrhunderte hinweg auch getan. Weil aber die Konsumenten vermutlich andere Ausgaben vorziehen würden, käme es nicht zu der Versorgung, die der Staat für erforderlich hält. Er stellt deswegen die Leistungen bereit. Solche Güter nennt man „meritorische Güter". Durch sie soll die individuelle Konsumwahl korrigiert werden. Auch im Umweltbereich finden sich solche Elemente an vielen Stellen, so z. B. in der Abfallentsorgung.
Lit: Musgrave RA, Musgrave PB (1989) Public Finance in Theory and Practice, 5. Aufl., McGraw-Hill, New York.

Meromixis. Teildurchmischung eines meromiktischen Sees, wobei das Tiefenwasser nicht oder nicht vollständig an der >Mixis< teilnimmt. Gründe sind 1. zu geringe Windeinwirkung auf die Seefläche, weil diese 1 a. zu klein ist im Verhältnis zum Wasservol. oder 1 b. durch Berge vom Wind abgeschirmt ist. 2. Salzreiches, daher auch bei >Homothermie< stabil gelagertes Tiefenwasser, das >Monimolimnion<.

Mesoderm. (Grch. mesos = der Mittlere, derma = Haut). Das mittlere oder „dritte" Keimblatt, ein flächenhafter Zellverband, der bei Säugern im Stadium der Embryonalentwicklung zwischen >Endoderm< und Ektoderm gebildet wird. Er entsteht infolge einer Einwanderung und nachfolgenden Ausbreitung von >Ektoderm-Zellen< in der sog. „Primitivrinne". Das M. entwickelt sich später zum sog. Mesenchym und ist das Ausgangsgewebe für die verschiedenen Epithelien der Harn- und Geschlechtsorgane, der Nebennierenrinde, der Wirbelsäule und der Rippen, des größten

Teils der Skelettmuskulatur, des Koriums und der Unterhaut des dorsalen Rumpfabschnitts sowie der Gliedmaßen.

Mesofauna des Bodens. Die grobe Zusammenfassung best. Tiergruppen nach der Körperbreite von 100 µm bis 2 mm. Hierher gehören die >Gastropoda< teilweise, >Enchytraeidae<, >Pseudoscorpionida<, teilweise die >Araneida< und >Acarina<, Symphyla, >Collembola<, >Protura<, >Diplura< und teilweise die >Coleoptera<, >Hymenoptera<, >Diptera< u.a. Eine strenge Zuordnung aller Stadien in der Entwicklung und aller Arten einer Gruppe zur Mesofauna ist auf Grund erheblicher Größenunterschiede nicht möglich. In >Moder-< und >Rohhumusauflagen< von Wäldern sowie in der org. Auflage von Wiesenböden erreicht die besonders >hygrophile< Mesofauna >Siedlungsdichten< von bis zu 500.000 Individuen pro Quadratmeter. Mehr als 500 Tierarten sind daran beteiligt. In jeder funktionellen Gruppe dominieren jeweils nur einzelne >Schlüsseltierarten< an Siedlungsdichte oder >Biomasse<. In meist trockener org. Auflage oder bei geringem Vorrat org. Substanz sind Siedlungsdichte und Biomasse der Mesofauna relativ gering.

Mesoklima. Das >Klima< räumlich begrenzter Gebiete mit einem Durchmesser von 1 bis 100 km. Die Topographie des Geländes übt einen wesentlichen Einfluß auf das M. aus. Je nach Untersuchungsgebiet und Themenstellung unterscheidet man Gelände-, Lokal-, Stadt- oder auch Landschaftsklima.

Mesokosmen. Versuchsanlagen zur Simulierung vollständiger >Ökosysteme< bei der Untersuchung des Verhaltens von Chemikalien in der Umwelt. Um die natürlichen >Systeme< mit allen wirksamen Faktoren zu erfassen, werden im Freiland größere Ökosysteme, wie Seen, künstlich in Subsysteme unterteilt, die nicht nur die >Kompartimente< Luft, Wasser und Erde bzw. Sediment, sondern auch mindestens zwei trophische Stufen enthalten.

Meson. Bezeichnung für ein >Elementarteilchen<, das zur Gruppe der Hadronen – Teilchen, die der starken Wechselwirkung unterliegen – gehört, aber im Gegensatz zum >Baryon< aus dieser Gruppe einen ganzzahligen Spin aufweist. Der Name M. (von griech. μέσος = in der Mitte) stammt von der früheren Einteilung der Teilchen entsprechend der Teilchenmasse. Mit M. wurden Teilchen mit einer Masse zwischen der Masse der >Leptonen< (griech. λεπτός = leicht) und der Baryonen (griech. βαρύς = schwer) bezeichnet. Das heutige Standardmodell der Elementarteilchen bezeichnet als M. die Teilchen, die aus einem Quark und einem Antiquark aufgebaut sind.

π-Meson. >Pion<.

K-Meson. Elementarteilchen aus der Gruppe der >Mesonen<. >Elementarteilchen<.

Mesopause. Obere Begrenzung der >Mesosphäre<, in etwa 80 km Höhe gelegen; s. Abb. bei >Atmosphäre<.

Mesophile Faulung. Anaerober Abbau von Schlamm bei Temperaturen zwischen 25 und 40 °C, der das Wachstum von Mikroorganismen, die sich bei diesen Temperaturen am besten vermehren, d. h. von mesophilen Mikroorganismen, fördert (ISO 6107/3).

Mesophyll. (Grch. mesos = in der Mitte, phyllon = Blatt). Das >chloroplasten<haltige Grundgewebe

(>Parenchym<) des >Blattes<. Es gliedert sich bei dem in unserer Klimazone häufigsten Blattyp in eine obere Schicht aus Palisadenparenchym und eine untere Schicht aus Schwammparenchym.

Mesosaprobien. Leitorganismen, die eine mäßige >org. Belastung< eines natürlichen Gewässers anzeigen. Man unterscheidet α-Mesosaprobien, die in einem System der Überwindung der >Reduktionsphase< leben. Beispiel dafür: >Bakterien<: weniger als 1 Mio. pro mL Wasser; >Cyanobakterien<, >Kieselalgen<, >Grünalgen<, >Pilze<, >Protozoen<; Hundeegel, Kugelmuschel, Waffenfliegenlarve, Schleie, Karpfen, Aal. β-Mesosaprobien existieren in einem System, wo schon lebhafte Oxidation eingesetzt hat, hier gilt: Bakerien: weit unter 1 Mio. pro mL Wasser; Cyanobakterien, Kieselalgen, Grünalgen, Protozoen, Muscheln, Insektenlarven; Fische in großer Artenvielfalt.

Mesosphäre. Schicht der >Atmosphäre<, in etwa 50 km Höhe begrenzt durch die >Stratopause<, in etwa 80 km Höhe durch die >Mesopause<, s. Abb. bei >Atmosphäre<. In der M. nimmt die Temperatur von $0\,°C$ in der >Stratopause< mit einem vertikalen Gradienten von $-2,5$ bis $-3,0$ K/km auf etwa $-90\,°C$ in der >Mesopause< ab. Innerhalb der M. weist die Temperatur ein >meridionales< Temperaturgefälle vom Winterpolargebiet über den Äquator hinweg zum Sommerpolargebiet auf.

mesotroph. Ein Gewässer mit einem mittleren Gehalt an Nährstoffen und einem mittleren Wert der >Primärproduktion< ist m. Dieser Zustand kann durch Nährstoffzufuhr (oligotroph → m.) oder Verminderung der N. (eutroph → m.) eintreten.

Mesotrophes Wasser. Wasser mit einem Nährstoffzustand zwischen >oligotroph< und >eutroph<, der entweder natürlich bedingt oder die Folge von Nährstoffeintrag ist (ISO 6107/3).

Meßabweichung. Abweichung des unberichtigten Meßergebnisses vom Bezugswert, wobei dieser je nach Festlegung oder Vereinbarung der wahre Wert, der richtige Wert oder der Erwartungswert sein kann. M. können positiv oder negativ sein und werden unterteilt in zufällige, bekannte systematische und unbekannte systematische M. Als zufällige M. wird die Abweichung des unberichtigten Mittelwertes von dessen Erwartungswert, als systematische M. die Abweichung des Erwartungswertes vom wahren Wert bezeichnet. Bekannte systematische M. sind durch Korrekturen zu berichtigen, während zufällige und unbekannte systematische M. quantitativ in der >Meßunsicherheit< zusammenzufassen sind. Der Begriff Meßfehler sollte nicht mehr verwendet werden, da M. naturgemäß unvermeidbar sind.
Lit: DIN (Hrsg.) (1996) Leitfaden zur Angabe der Unsicherheit beim Messen. Beuth Verlag, Berlin.

Meßfehler. S. >Meßabweichung<.

Meßhäufigkeit. Sowohl bei der Durchführung von diskontinuierlichen, d.h. stichprobenartigen >Emissionsmessungen< als auch >Immissionsmessungen< ist ein ausreichendes Meßwertekollektiv ausschlaggebend für die Repräsentanz der aus den Meßergebnissen ermittelten Werte. Die Anzahl der erforderlichen Meßergebnisse richtet sich dabei nach der erwünschten Genauigkeit und der Schwankungsbreite der >Schadstoffkonz.< in dem zu messendem Medium. Bezüglich der

Meßplanung zur Feststellung der >Emissionen< einer Anlage fordert z.B. die >TA Luft< bei zeitlich unveränderten Betriebsbedingungen mindestens 3 Einzelmessungen und bei Anlagen mit überwiegend zeitlich veränderlichen Betriebsbedingungen mindestens 6 Einzelmessungen. Zur Feststellung der >Immissionsbelastungen< mittels diskontinuierlicher Messungen sind weitaus mehr Einzelmessungen erforderlich, da Immissionsbelastungen aufgrund mannigfacher zeitlicher als auch örtlicher Einflüsse beträchtlichen Schwankungen unterliegen. Die TA Luft fordert daher zur Best. der >Kenngrößen< für die >Vorbelastung< auf den einzelnen >Beurteilungsflächen< des >Beurteilungsgebietes< mittels diskontinuierlichen Messungen gasförmiger >Schadstoffe< mindestens 13 Messungen pro >Meßstelle< innerhalb des >Meßzeitraumes<. Beim Vorliegen hoher Belastungen sind zur Erhöhung der Aussagekraft der Meßergebnisse mindestens 26 Messungen pro Meßstelle erforderlich. >Schwebstaub< sowie >Blei< und >Cadmium< als Bestandteile des Schwebstaubes sind an wechselnden Werktagen und mindestens 5 Werktagen pro Meßstelle je Monat zu bestimmen, bzw. beim Vorliegen höherer Belastungen an mindestens 10 Werktagen je Monat. Der Meßwert für den >Staubniederschlag< ist an jeder Meßstelle während des gesamten Meßzeitraumes monatlich als Monatsmittelwert festzustellen.

Meßhöhe. >Immissionsbelastungen< sind abhängig von der Höhe über Grund. Nach >TA Luft< sind die >Immissionen< in der Regel in 1,50 m bis 4 m Höhe über der Flur zu messen. In Waldbeständen kann es erforderlich sein, höhere Meßpunkte entspr. der Bestockung festzulegen.

Meßinstitute. >Meßstellen<.

Meßobjekte. Im allg. die Stoffe oder die Größen, die gemessen bzw. analytisch bestimmt werden, wie z.B. >Luftschadstoffe<, wie >Schwefeldioxid<, >Kohlenmonoxid<, >Stickstoffdioxid<, Summe der org. Verbindungen, >Staub< etc. und Einflußgrößen, wie >Temperatur<, Druck, >Windrichtung<, >Windgeschwindigkeit< etc.

Meßöffnung. Öffnung z.B. in einer Abgasleitung zur Kontrolle der zulässigen Schadstoffkonzentration im >Abgas<. Die M. ist so anzubringen, daß eine repräsentative Messung im ausreichend durchmischten >Abgas< gefahrlos möglich ist. Z.T. sind konkrete Hinweise zur Beschaffenheit der M. in der jeweiligen Verordnung, Vorschrift etc. enthalten.

Meßstationen. Automatisch arbeitende Stationen mit Meßgeräten zur kontinuierlichen Best. der >Schadstoffkonzentration< in der Luft. In der Regel sind mehrere Meßstationen zu >Immissionsnetzen< zusammengefaßt. Über Meßstationen lassen sich die Schadstoffbelastungen ermitteln, für die kontinuierlich registrierende Meßgeräte, wie z.B. für >Schwefeldioxid<, >Stickstoffoxide<, >Kohlenmonoxid<, >Ozon<, org. Verb. in der Summe und >Schwebstaub< zur Verfügung stehen. Ggf. läßt sich die Probenahme automatisieren bei anschl. analytischen Best. der Einzelproben im Labor. Auch lassen sich einzelne org. Komponenten wie >Benzol< automatisch erfassen.

Meßstellen. Unter Meßstellen sind sowohl Meßorte bzw. Meßpunkte als auch Meßinstitute zu verstehen: 1. Meßstellen zur Durchführung von >Immissionsmessungen< für die Ermittlung der >Vorbelastung< mittels diskontinuierlicher Messungen nach >TA Luft< sind die Meßpunkte an den Eckpunkten der >Beurteilungsflächen< eines >Beurteilungsgebietes<. Die Meßstellen sind dabei so festzulegen, daß sie nicht unmittelbar den >Emissionen< aus benachbarten >Quellen< ausgesetzt sind und ein für die Beurteilungsfläche repräsentativer Wert ermittelt werden kann. Die Meßstellen sind möglichst nahe an den Schnittpunkten eines quadratischen Gitternetzes, z.B. Gauß-Krüger-Netz, festzulegen. Je nach den Erfordernissen im Hinblick auf die Größe der Beurteilungsflächen beträgt der Abstand der Meßstellen 1 km, 500 m oder 250 m. Abweichungen sind wegen besonderer örtlicher Verhältnisse zulässig; sie dürfen 20% der angegebenen Abstände nicht überschreiten. Bezüglich kontinuierlicher Messungen s. >Meßstationen< bzw. >Immissionsmeßnetze<.

2. Ermittlungen von >Emissionen< und >Immissionen< im Rahmen des >Bundes-Immissionsschutzgesetzes< dürfen nur von Stellen durchgeführt werden, die nach Nachweis der fachlichen Qualifikation und der erforderlichen Ausstattung von dem jeweils zuständigen Landesministerium als Meßstelle nach § 26 Bundes-Immissionsschutzgesetz zugelassen sind. In jedem einzelnen Bundesland wird regelmäßig eine Liste mit den im jeweiligen Bundesland zugelassenen Meßstellen veröffentlicht.

Meßunsicherheit. Aus Messungen gewonnener Schätzbetrag zur Kennzeichnung eines Wertebereichs, innerhalb dessen der Bezugswert der Meßgröße mit einer vorgegebenen Wahrscheinlichkeit (in der Regel 95%) liegt, wobei der Bezugswert je nach Festlegung oder Vereinbarung der wahre Wert, der richtige Wert oder der Erwartungswert sein kann. Die M. ist die Ergebnisunsicherheit eines Meßergebnisses. Sie ist ein Maß für die >Genauigkeit< dieses Meßergebnisses. Bezogen auf das (berichtigte) Meßergebnis ist sie ein einseitiger Schätzbetrag. Die M. enthält prinzipiell zwei Komponenten: die Komponente der unbekannten systematischen Meßabweichungen als Maß für die >Richtigkeit< des (berichtigten) Meßergebnisses und die Komponente der zufälligen Meßabweichungen als Maß für die >Präzision< des (berichtigten) Meßergebnisses.
Lit: DIN (Hrsg.) (1996) Leitfaden zur Angabe der Unsicherheit beim Messen. Beuth Verlag, Berlin.

Meßverfahren für Abgas. >Abgasanalyse<.

Meßzeitraum. Der Meßzeitraum für die Ermittlung der >Kenngrößen< für die >Vorbelastung< nach >TA Luft< beträgt in der Regel ein Jahr. Ein kürzerer Meßzeitraum kann zugelassen werden, wenn auch Messungen in einem kürzeren Zeitraum eine ausreichende Beurteilung der im Laufe eines Jahres auftretenden >Immissionen< zulassen. Ein Zeitraum von sechs Monaten soll nicht unterschritten werden.

messenger-RNA (mRNA). Die mRNA ist einer von drei >RNA<-Typen. Sie wird an der >DNA< synthetisiert und dient bei der >Proteinbiosynthese< als Matrize. Die mRNA ist das Produkt der >Transcription<. Durch den Vorgang der >Translation< wird dann die in der mRNA codierte Information in ein entsprechendes Protein umgesetzt.

Meta Orange. >Orange GGN<.

Metabolismus. 1. allgemein: Unter Metabolismus >Abbau< versteht man den in der Zelle ablaufenden >Stoffwechsel< in der Gesamtheit aller chemischen Reaktionen. Hierbei gewinnen Zellen Energie aus ihrer Umgebung und wandeln Nahrungsstoffe durch zahlreiche, miteinander verkoppelte Reaktionsschritte in Zellkomponenten um. Im weitesten Sinne werden Stoffe aufgenommen, eingebaut, umgewandelt, abgebaut und schließlich ausgeschieden. Wesentliches Ziel des Stoffwechsels ist die Erhaltung und Vermehrung der Körpersubstanz und die Energiegewinnung und damit die Aufrechterhaltung der Lebensvorgänge.

Man unterscheidet allgemein den >intermediären Stoffwechsel<, der in Zellen und Geweben stattfindet („Zell-Gewebs-Stoffwechsel") und sämtliche chemischen Umsetzungen von den Ausgangsstoffen bis zu den Endstoffen umfaßt, sowie den >Energie-< bzw. >Betriebsstoffwechsel<, der Energiegewinnung (z.B. Wärmeenergie, Körpertemperatur, Arbeitsleistung der Organe und Muskeln, chemische Synthese-Energie) durch chemische Umwandlung körpereigener Stoffe.

Zu den Hauptaufgaben des Stoffwechsels gehört die Erzeugung von ATP (Adeonsintriphosphat), NADPH (Nicotinamid-Adenin-Dinucleotid in der reduzierten Form) und von Vorstufen der Biomakromoleküle. Das ATP wird zur Muskelkontraktion und anderen Zellbewegungen benötigt, ferner zum aktiven Transport und zu weiteren Biosynthesen. Das NADPH ist der Träger von zwei Elektronen hohen Potentials und ermöglicht bei der Biosynthese Reduktionen höher oxidierter Verbindungen (z.B. Acetaldehyd $\rightarrow$ Ethanol am Ende der alkoholischen Gärung). ATP und NADPH werden ständig gebildet und verbraucht: Allein vom ATP werden im Fließgleichgewicht eines erwachsenen, ruhenden Menschen täglich durchschnittlich ca. 40 kg verbraucht; bei intensiver Arbeit steigt dieser Wert auf 0,5 kg/Minute an (!!).

Bei der Energiegewinnung aus Nahrungsstoffen unterscheidet man bei aeroben Organismen drei Stadien: 1) große Moleküle werden in ihre Bestandteile zerlegt; 2) diese kleineren Moleküle werden zu einigen wenigen einfachen, aber im Stoffwechsel zentralen Einheiten (z.B. Acetyl-CoA) abgebaut; 3) sodann treten der >Citratcyclus< und die oxidative Phosphorylierung in Aktion. Hierbei findet eine vollständige oxidative Umwandlung der Nahrungsstoffe zu CO_2 statt. Beim Übergang der Elektronen auf den endgültigen Elektronenakzeptor O_2 entsteht ATP.

Der Metabolismus wird durch zahlreiche Mechanismen kontrolliert und reguliert. Die dabei auftretenden Mengen entscheidender Enzyme werden durch Regulation ihrer Biosynthese gesteuert; ferner werden einige Enzyme in ihrer Aktivität durch >allosterische< Wechselwirkungen (z.B. sog. feedback-Hemmungen) sowie durch kovalente Modifizierung verändert. Ferner tragen die Kompartimentierung und die räumliche Trennung der Biosynthesewege vom Abbaugeschehen zur Regulation bei; gleichfalls ist die Energieladung, abhängig von den relativen Mengen an ATP, ADP und AMP, von Bedeutung: Hohe Energieladung hemmt ATP-erzeugende (>katabole<) Reaktionen, während ATP-verbrauchende (>anabole<) Prozesse aktiviert werden. Definitionsgemäß ist hierbei >Anabolismus< die Produktion essentieller Zellbestandteile aus einfachen Bausteinen, während der Abbau höhermolekularer Stoffe zu niedermolekularen Produkten als >Katabolismus< bezeichnet wird.

Neben dem eigentlichen Metabolismus existiert im Pflanzen- und Tierreich ein >Sekundärstoffwechsel<, der zwar zum Überleben primär nicht erforderlich ist, innerhalb dessen jedoch zahlreiche Naturstoffe (Blü-

Metabolismus: Ton-Metall-Humus-Komplex im Boden (nach Stevenson, 1972: Journal Environmental Quality 1, 333–343)

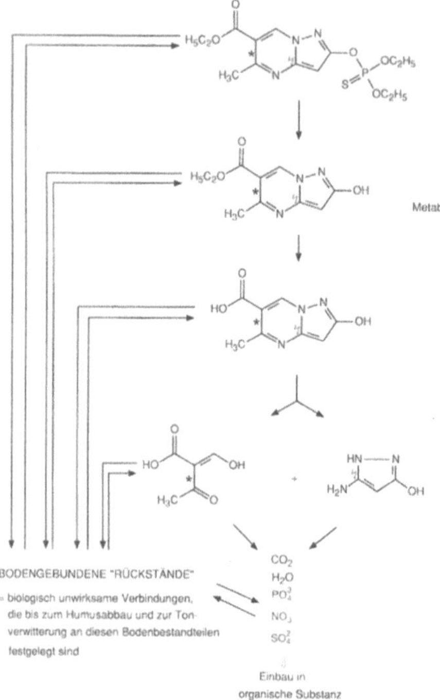

Metabolismus: Umwandlung eines Pflanzenschutzmittels – Beispiel: Fungizid Pyrazophos – auf und im Boden

tenfarbstoffe, Alkaloide, Gifte zum Schutz gegen Feinde, Harze, Riech- und Botenstoffe, Pheromone) in hierfür eigens spezialisierten Zellen gebildet werden.

Beim Menschen unterscheidet man nach den gebildeten Substanzgruppen z. B. folgende Stoffwechselwege: Eiweiß-, Fettsäure- und Kohlenhydrat-Stoffwechsel sowie den Harnstoffcyclus und ihre jeweils zahlreichen und verzweigten Haupt- und Nebenwege. Ein „Entgleisen" des Stoffwechsels führt zu Anomalien (Diabetes, Fettsucht, Lipidosen, Gicht, Hyperthyreose, Magersucht, Rachitis, Phenylketonurie usw.), vererbt oder erworben; in den meisten Fällen fehlen dem Organismus erforderliche Enzyme oder Hormone (z. B. Insulin). Dem Körper zugeführte Fremdstoffe (Arzneimittel, Rückstände von Pflanzenschutzmitteln, Gifte) werden in spezifisch entwickelten Stoffwechselprozessen (biologischer Abbau; Biotransformationen) abgebaut, entgiftet und ausgeschieden (z. B. mit Glucuronsäure verknüpft als Glucuronide).

Die Untersuchung des biochemischen bzw. enzymatischen Abbaus derartiger Fremdstoffe in Pflanzen- und Tierorganismen, meistens unter Zuhilfenahme von Isotopenmarkierung (Tracertechnik: ^{2}H(D), ^{3}H(T), ^{14}C, ^{13}C, ^{18}O, ^{35}S) liefert wertvolle Einblicke in den Metabolismus bzw. die Biosynthese und ist vor Einführung neuer Arzneimittel bzw. Pflanzenschutzmittel gesetzlich vorgeschrieben.

2. Pflanzenschutzmittel: In der Abb. (s. oben) wird am Beispiel eines Fungizids (>Pyrazophos<) die Umwandlung (Transformation) eines >Pflanzenschutzmittels< im Boden in versch. >Metaboliten<, Fragmente usw. bis hin zu bodeneigenen Verb. (Endmetaboliten) dargestellt, die schließlich in den Ton-Humus-Komplex des Bodens eingebaut werden. >Gebundene Rückstände< (s. Formelschema links).

Lit: Krebs HA, Kornberg HL (1957), Energy Transformations in Living Matter, Springer, Berlin – Wood WB (1974), The Molecular Basis of Metabolism, McGraw-Hill, New York – Atkinson DE (1977), Cellular Energy Metabolism and its Regulation, Academic Press, New York – Stryer L (1983) Biochemie, Vieweg, Braunschweig – Sandhoff K (1977) Chemie in uns Zeit 11: 1 – Spiteller G (1985) Angew Chem 97: 461.

Metabolit. M. sind die in Organismen biochemisch bzw. enzymatisch gebildeten Abbau-Produkte vielfältiger Art sowohl aus höhermolekularen natürlichen Vorstufen als auch aus von außen zugeführten Fremdstoffen (Arzneimittel, Pflanzenschutzmittel und Gifte aller Art); letztere werden in speziellen Abbauprozessen gleichfalls in M. verwandelt. Das Studium der dabei entstehenden M. z. T. auch nach vorheriger Markierung mit ^{2}H(D), ^{3}H(T), ^{13}C, ^{14}C, ^{18}O oder ^{35}S) läßt wichtige Rückschlüsse auf den metabolischen Abbauweg dieser Stoffe im jeweiligen Organismus zu.

Metalaxyl. Wirkt als >Fungizid< und zählt zur Substanzklasse der Acylalanin-Derivate.
Chemische Bezeichnung: DL-N-(2,6-Dimethyl-phenyl)-N-(2'-methoxyacetyl)-alanin-methylester
CAS-Nummer: 57837–19–1
Hersteller: Novartis
Wirkungstyp: Systemisches Fungizid mit präventiver und kurativer Wirkung gegen Falsche Mehltaupilze.

Aufnahme durch Blätter, Stengel und Wurzeln. Hemmstoff der Proteinsynth. in Pilzen.

Bevorzugte Anwendung: Gegen *Phytophthora* an Kartoffeln, gegen *Peronospora* an Hopfen. Allg. gegen Oomyceten und Falsche Mehltau-Krankheiten, gegen Wurzel-, Stengel-, Stamm- und Fruchtfäulen an versch. Kulturpflanzen.

Chemische und physikalische Eigenschaften:
Physikalische Beschaffenheit: Krist., farblos, geruchlos.
Schmelzpunkt: 71 bis 72 °C.
Dampfdruck: $2,9 \cdot 10^{-6}$ hPa bei 20 °C.
Verteilungskoeffizient (log $P_{o/w}$): 1,65 bei 20 °C.

Stabilität: Bei Zimmertemp. stabil in neutralem und saurem Medium.
Löslichkeit: In Wasser 7,1 g/L bei 20 °C.
Abbau und Metabolismus: In der Planze schneller photolytischer Abbau. Im Boden beträgt die HWZ 20–60 Tage. Im Warmblüterorganismus Hydrolyse der Esterbindung und oxidative Spaltung der Methylether-Bindung. Metalaxyl wird bei oraler Verabreichung rasch absorbiert. Innerhalb von 24 Stunden sind 60 bis 70 % der Dosis wieder ausgeschieden, etwa zu gleichen Teilen renal und über die Faeces.
Toxizität: Akute orale LD_{50} für Ratten 669 mg/kg. Akute dermale LD_{50} (Ratte) mehr als 3.100 mg/kg. Geringe Reizwirkung auf Haut und Auge (Kaninchen). Keine Sensibilisierung (Meerschweinchen). Inhalation LC_{50} für Ratte >2,3 mg/L (50 %ige Formulierung). 90-Tage-Fütterungstest >NOEL< für Ratte 250 mg/kg Futter. Subchronische Toxizität >NOEL< für Ratte 17 mg/kg/Tag und Hund 8 mg/kg/Tag.
Bienentoxizität: Nicht bienengefährlich (B 4).
Fischtoxizität: Nicht fischgiftig. LC_{50} >100 mg/L für Regenbogenforelle, Karpfen und Sonnenbarsch (96 Stunden).
Vogeltoxizität: Akute orale LD_{50} für Japanische Wachtel 923 mg/kg.

Metalaxyl-M. Wirkt als >Fungizid< und zählt zur Substanzklasse der Phenylamide.
Chemische Bezeichnung: (R)-2-((2,6-Dimethyl-phenyl)-methoxyacetylamino)-propion-methylester
CAS-Nummer: 70630–17–0
Hersteller: Novartis
Wirkungstyp: Systemisches Fungizid mit präventiver und kurativer Wirkung. Aufnahme erfolgt über Blätter, Stengel und Wurzeln mit basipetalen Transport. Hemmstoff der Proteinsynthese in Pilzen durch Störung der Nukleinsäuresynthese.
Bevorzugte Anwendung: Gegen verschiedene pilzliche Krankheiten in Kartoffeln, Hopfen, Gemüse und anderen Kulturen.

Chemische und physikalische Eigenschaften: Viskose gelblich-bräunliche Flüssigkeit mit einem Schmelz-

punkt von −38,7 °C und einer Dichte von 1,125 g/cm³ bei 20 °C.
Dampfdruck: 3,3 mPa bei 25 °C.
Verteilungskoeffizient (log Po/w): 1,71.
Stabilität: Unter sauren und neutralen Bedingungen stabil (DT_{50} > 200 Tage). Unter alkalischen Bedingungen DT_{50} 116 Tage bei pH 9.
Löslichkeit: In Wasser 26 g/L bei 25 °C.
Abbau und Metabolismus: In Pflanzen Metabolismus durch 4 Typen Phase I Reaktionen zu 8 verschiedenen Metaboliten; anschließend Konjugation mit Zucker. DT_{50} beträgt im Boden 14 Tage. Hohe Bodenmobilität; Koc-Wert 20–200 ml/g. DT_{50} für Photolyse mit künstlichem Sonnenlicht 156 Stunden. Im Wasser beträgt DT_{50} unter natürlichen Bedingungen 22–48 Tage. Bei Ratte schnelle Absorption und Ausscheidung über Urin und Faeces. Hydrolyse der Estergruppe, Oxidation der 2-(6)-Methylgruppe und des Phenylringes und anschließende N-Dealkylierung.
Säugertoxizität: Akute orale LD_{50} für Ratte 667 mg/kg und akute dermale LD_{50} für Ratte >2.000 mg/kg. Inhalation LC_{50} (4 h) für Ratte >2.290 mg/m³. Bei Kaninchen keine Haut- aber starke Augenreizung. NOEL für Ratte 2,5, Hund 8,0 und Maus 35,7 mg/kg KGW/Tag. ADI-Wert 0,025 mg/kg KGW.
Bienentoxizität: Orale LD_{50} (48 h) 25 µg/Biene.
Vogeltoxizität: LD_{50} (14 d) für Japanische Wachtel 1.419 mg/kg und LC_{50} (8 d) für Japanische Wachtel >5.620 mg/kg.
Fischtoxizität: LC_{50} (96 h) für Regenbogenforelle >100 mg/L.
Wirbellosetoxizität: LC_{50} (48 h) für *Daphnia magna* >100 mg/L. EC_{50} (72 h) für Grünalge 103 mg/L. LC_{50} (14 d) für Regenwurm >1.000 mg/kg Boden.

Metaldehyd. Wirkt als >Molluskizid< und zählt zur Substanzklasse der cyclischen Aldehydoligomere.
Chemische Bezeichnung: 2,4,6,8-Tetramethyl-1,3,5,7-tetraoxacyclooctan
CAS-Nummer: 108–62–3
Hersteller: Lonza
Wirkungstyp: Molluskizid mit Fraßgiftwirkung.
Bevorzugte Anwendung: Zus. mit einem Ködermaterial, vorzugsweise Kleie, als gekörntes Streumittel gegen Nacktschnecken, besonders Ackerschnecken, u. a. auf Raps, Wintergetreide, Gemüse und Erdbeeren.

Chemische und physikalische Eigenschaften:
Physikalische Beschaffenheit: Krist., farblos. Brennbar.
Schmelzpunkt: Im geschlossenen Rohr 246 °C.
Siedepunkt: Nicht destillierbar, sublimiert bei 112 bis 115 °C.
Dampfdruck: 6,6 ± 9m2 Pa bei 25 °C.
Verteilungskoeffizient (log $P_{o/w}$): 0,12 bei 20 °C.
Stabilität: Bei Erwärmung tritt langsame, ab 80 °C starke Depolymerisation ein.
Flammpunkt: 36 bis 40 °C.
Löslichkeit: In Wasser 0,020 % bei 17 °C bzw. 0,026 % bei 30 °C.
Abbau und Metabolismus: Allmähliche Aufspaltung in der Pflanze und im Boden zu Acetaldehyd und Oxidation zu Essigsäure. Im Säugerorganismus erfolgt nach

Oxidation zu Essigsäure Weiterabbau im Tricarbonsäurecyclus.

Toxizität: Akute orale LD_{50} für Ratte 283 bis 750 mg/kg, für Hund 600 bis 1.000 mg/kg. Akute dermale LD_{50} für Ratte >5.000 mg/kg. Inhalation LC_{50} für Ratte >15 mg/L. Bei Kaninchen Augenreizwirkung. Nicht fischtoxisch.

Metalimnion. Teilbereich eines thermisch geschichteten Sees zwischen der vom Wind durchmischten Oberschicht, dem >Epilimnion< und der nicht durchmischten Tiefenschicht, dem >Hypolimnion<. Die Temp. des sommerlich geschichteten Sees gemäßigter Breiten nimmt im M. in kleinen Tiefenstufen sprunghaft ab. Das M. wird daher auch „>Sprungschicht<", „discontinuity layer" oder „thermocline" genannt.

Metallhütten. >Hüttenindustrie<.

Metallhydrid. >Hydrid<.

Metallkatalysator. >Katalysator< mit Träger aus Metallfolien.

Metallothioneine. Niedermolekulare Proteine, die in nahezu allen Säugern und einigen Nichtsäugern sowie einigen Mikroorganismen auftreten und dort intrazellulär an der Schwermetallbindung beteiligt sind. Diese Proteine haben in der Zelle im Hinblick auf Schwermetallionen sowohl entgiftende (Detoxifikation) als auch Speicherungs- und Regelungs-Funktionen. Die Bildung dieser cystein- und somit sulfhydrylgruppenreichen Proteine ist oft nur durch bestimmte Metalle induzierbar; so werden M. bei >*Saccharomyces cerevisiae*< z.B. durch Kupferionen, nicht aber durch Cadmium- oder Zinkionen induziert, während beim Menschen die Induktion organ- und metallspezifisch erfolgt: Hg induziert M. in der Niere, Cd in Niere und Leber.

Lit: Berndt J (1995) Umweltbiochemie, Gustav Fischer Verlag, Stuttgart.

Metallreiniger. >Reinigungsmittel.<

Metallsalze. Verbindung eines Metallkations mit einem Säureanion; Kupfer-, Zink- oder Chromsalze wirken vornehmlich auf >anaerobe< >Bakterien< toxisch; Eisen- und Aluminiumsalze fördern die Koagulation des Schlammes und damit seine >Entwässerung< (>Schlammkonditionierung<). Sie verbinden sich bei Zugabe zum Abwasser mit den darin enthaltenen Phosphaten (>Fällung<).

Metallverarbeitung. Bei zahlreichen Prozessen zur Verarbeitung von Metallen können >Schadstoffe< freigesetzt und damit >Emissionsminderung<smaßnahmen erforderlich werden. Immissionsschutzrechtlich >genehmigungsbedürftig< sind daher u.a. Gießereien (>Gießereiabgase<), Anlagen zum Aufbringen von metallischen Schutzschichten mit Hilfe von schmelzflüssigen Bädern oder durch Flammspritzen, >Oberflächenbehandlungsanlagen< unter Verwendung von >Flußsäure< oder >Salpetersäure<, Strahlmittel oder >Lacken<, die org. Lösungsmittel enthalten. Oberflächenbehandlungsanlagen, in denen >Halogenkohlenwasserstoffe< zum Einsatz kommen, unterliegen der Zweiten Verordnung zur Durchführung des >Bundes-Immissionsschutzgesetzes<.

Metamitron. Wirkt als >Herbizid< und zählt zur Substanzklasse der Triazinon-Derivate.
Chemische Bezeichnung: 3-Methyl-4-amino-6-phenyl-1,2,4-triazin-5-(4*H*)-on

CAS-Nummer: 41394–05–2
Hersteller: Bayer AG
Wirkungstyp: Selektives Boden- und Blattherbizid zur Vorsaat- und Vorauflaufbehandlung mit hoher Selektivität in Betarüben. Wirkt als Photosynthesehemmer.
Bevorzugte Anwendung: Gegen Ungräser und Unkräuter in Zuckerrüben.

Chemische und physikalische Eigenschaften:
Physikalische Beschaffenheit: Farblose Kristalle.
Schmelzpunkt: 167 bis 169 °C.
Verteilungskoeffizient (log $P_{o/w}$): 0,83 bei 20 °C.
Dampfdruck: $8,6 \cdot 10^{-9}$ hPa bei 20 °C.
Stabilität: In saurem Medium weitgehend stabil. Wird durch starke Alkalien zersetzt.
Löslichkeit: In Wasser 0,18 g/L bei 20 °C.
Abbau: Als Hauptumwandlungsprodukt in Zuckerrüben wurde das 3-Methyl-6-phenyl-1,2,4-triazin-5-(4*H*)-on identifiziert. Im Boden waren nach 4 bis 6 Wochen noch 20 % des eingesetzten Wirkstoffs nachweisbar.
Bei Ratten erfolgt nach oraler Aufnahme schnelle Verteilung über alle Organe und Gewebe; Ausscheidung zu ca. 50 % renal und 50 % über Faeces; praktisch keine Abatmung. Hauptmetabolisierungsreaktionen sind Desaminierung und Hydroxylierung; gleiches Metabolitenspektrum in Urin und Faeces. Wichtigste Ausscheidungsprodukte: Desamino-Metamitron sowie dessen am Benzolring monohydroxyliertes Derivat.
Toxizität: Akute orale LD_{50} für Ratten 1.832 bis 3.343 mg/kg, für Mäuse 1.450 mg/kg, Hunde mehr als 1.000 mg/kg. Dermale LD_{50} für Ratten (24 Stunden Einwirkung) mehr als 500 mg/kg. Keine Reizwirkung auf Haut und Schleimhäute. Inhalationstoxizität: LC_{50} für Ratten (4 Stunden Einwirkung) mehr als 331 mg/m³. Verfütterung über 3 Monate an Ratten >NOEL< von 460 mg/kg, bei Hunden 500 mg/kg.
Bienentoxizität: Nicht bienengefährlich (B 4).
Fischtoxizität: LC_{50} (96 h) für Regenbogenforelle 326 mg/L.
Vogeltoxizität: Akute orale LD_{50} für Japanische Wachtel 1.875 und Huhn >5.000 mg/kg. >NOEL< für Japanische Wachtel 500 und Huhn 2.500 mg/kg KGW.
Wirbeltoxizität: EC_{50} (48 h) für *Daphnia magna* 101,7 mg/L. LC_{50} (14 d) für Regenwurm >1.000 mg/L.

Metamorphe Gesteine. >Metamorphite<.

Metamorphite. (Syn. metamorphe Gesteine). Gesteine, die durch Druck- und Temperaturänderungen aus bereits vorhandenen Gesteinen gebildet wurden. Man bezeichnet M. aus >magmatischen Gesteinen< als Orthogesteine, M. aus Sedimentgesteinen als Paragesteine. Der Mineralbestand ist sehr unterschiedlich, da er vom Ausgangsgestein und von den Bedingungen während der Metamorphose bestimmt wird. Besonders wichtige M. sind z.B. Phyllite, Glimmerschiefer, Gneise und Marmor.

Metamorphose. Umwandlung einer >Larve< oder eines Jugendstadiums während der postembryonalen Entwicklung. Die M. umfaßt z.B. bei einem Insekt alle Veränderungen während der Larvenstadien und des Puppenstadiums. Eine Kaulquappe wird im Laufe der M. zum fertigen, wenn auch zunächst noch kleinen

Frosch. Die M. erfaßt sowohl äußere als auch innere Organe, und es können auch physiologische Veränderungen damit verbunden sein.

Metastase. Sek. entstandener Krankheitsprozeß infolge Verschleppung von z.B. Tumorzellen, Mikroorganismen, Parasiten von einem prim., meist fortbestehenden Krankheitsherd; im engeren Sinne Tochtergeschwulst, insbesondere von malignen >Tumoren< durch Verschleppung von Tumorzellen.

Metazachlor. Wirkt als >Herbizid< und zählt zur Substanzklasse der Chloracetanilide.
Chemische Bezeichnung: 2-Chlor-N-(pyrazol-1-ylmethyl)acet-2',6'-xylidid
CAS-Nummer 67129–08–2
Hersteller: BASF AG
Wirkungstyp: Selektives Vorauflauf-Herbizid.
Bevorzugte Anwendung: Gegen Ungräser und breitblättrige Unkräuter in Raps, Soja, Tabak und Kartoffeln.

Chemische und physikalische Eigenschaften:
Physikalische Beschaffenheit: Krist., gelblich, schwacher Geruch.
Schmelzpunkt: Etwa 85 °C (techn. Wirkstoff).
Verteilungskoeffizient (log $P_{o/w}$): 2,13 bei ca. pH 6,5 und 22 °C.
Dampfdruck: $1,3 \cdot 10^{-5}$ Pa bei 20 °C
Stabilität: Kein Abbau bis 40 °C innerhalb 2 Jahren.
Löslichkeit: In Wasser 430 mg/L bei 20 °C.
Abbau und Metabolismus: Im Boden beträgt die HWZ 1–3 Monate, abhängig von der Bodenfeuchtigkeit. Nach 7 tägiger oraler Gabe des Wirkstoffes an Ratten wurden innerhalb von 6 Tagen 61 bis 70 % der eingesetzten Radioaktivität über den Urin und 24 bis 32 % über die Faeces ausgeschieden. Der Wirkstoff wird weitgehend metabolisiert und konnte in unveränderter Form nicht in der Gallenflüssigkeit oder im Urin nachgewiesen werden. Hauptmetabolit (40 % der Radioaktivität im Urin) ist das glucuronide Konjugat des am Pyrazolrings hydroxylierten Wirkstoffes.
Toxizität: Akute orale LD_{50} (Ratte) 2.150 mg/kg. Akute dermale LD_{50} (Ratte) >6.810 mg/kg. Keine Reizung der Schleimhäute (Kaninchen). Inhalation LC_{50} für Ratte >34,5 mg/L. 6-Monate-Fütterungstest >NOEL< für Hund 200 mg/kg Futter (8 mg/kg/Tag).
Bienentoxizität: Nicht bienengefährlich (B 4).
Fischtoxizität: Fischgiftig. LC_{50} (96 h) für Regenbogenforelle 4,4 und Karpfen 14,7 mg/L.
Wirbellosetoxizität: EC_{50} (48 h) für *Daphnia magna* 22,3 mg/L. EC_{50} (96 h) für Grünalge 1,63 mg/L. LC_{50} (14 d) für Regenwurm ca. 440 mg/kg Boden.
Vogeltoxizität: Akute orale LD_{50} für Stockente >2.510 mg/kg. 5-Tage-Fütterungstest LC_{50} für Stockente und Wachtel >5.620 mg/kg Futter.

Meteorologie. Lehre von den physikalischen und chem. Vorgängen in der Atmosphäre sowie von ihren Wechselwirkungen mit der festen und flüssigen Erdoberfläche und dem Weltraum. Als Begründer der M. kann ARISTOTELES (384 bis 322 v.Chr.) angesehen werden, der sich als erster mit den Witterungserscheinungen auseinandersetzte. Die M. ist ein wissenschaftliches Teilgebiet der Geophysik, d.s. – Geophysik im engeren Sinne, d.h. Physik des festen Erdkörpers, – Ozeanographie, Physik der Meere, – Meteorologie, Physik der Atmosphäre. Die M. beschränkt sich im wesentlichen auf die Untersuchungen aller Vorgänge in der unteren Atmosphäre (>Troposphäre< und >Stratosphäre<), da sich hier fast alle das Wetter bestimmenden Vorgänge abspielen; mit den höheren Atmosphärenschichten befaßt sich die Aeronomie. Zur Beschreibung der Bewegungsvorgänge in der Atmosphäre, der sog. dynamischen Prozesse, bedient sich die M. v.a. der Gleichungen der Hydro- und Thermodynamik; die Wechselwirkungen zwischen den einzelnen Komponenten der Atmosphäre, die sog. >Luftbeimengungen<, werden i.d.R. durch chem. Reaktionsgleichungen beschrieben. Die M. läßt sich in zwei Teilbereiche einteilen, die sich z.T. überschneiden: 1. Der Grundlagenbereich, i.d.R. bearbeitet an Forschungsinstituten, umfaßt die theoretische und experimentelle M., die >Synoptik<, zu der >Aerologie<, Radiometeorologie und Satellitenmeteorologie gehören, sowie die >Klimatologie<. Ein weiteres Forschungsgebiet befaßt sich mit den optischen Erscheinungen in der Atmosphäre. Als Grenzgebiet gegenüber der Biologie sind die Biometeorologie und die Bioklimatologie anzusehen. 2. Der Anwendungsbereich, i.d.R. bearbeitet durch die nationalen Wetterdienste, umfaßt in erster Linie die >Wettervorhersage<, darüber hinaus aber auch die Anwendung meteorologischer Forschungsergebnisse auf zahlreichen Spezialgebieten, wie z.B. der >technischen<, >maritimen< und Flugmeteorologie, der Hydro-, Agrar- und Forstmeteorologie.
Lit: Deutscher Wetterdienst (1987) Leitfäden für die Ausbildung im Deutschen Wetterdienst, Nr.1, Allgemeine Meteorologie, 3.Aufl., Selbstverlag des DWD, Offenbach (Main) – Fortak H (1983) Meteorologie, C. Habel Verlagsbuchhandlung, 2.Aufl., Berlin Darmstadt – VDI-Richtlinie 3786, Blatt 1 (Nov. 1995) Umweltmeteorologie – Meteorologische Messungen – Grundlagen.

Meteorologische Daten. Die nationalen >Wetterdienste< betreiben ein Meßnetz meteorologischer Stationen. Die an ihnen gewonnenen Rohdaten: Meßdaten und Beobachtungen, werden zunächst verschiedenen Kalibrier- und Prüfverfahren unterzogen und anschließend mit Hilfe statistischer Verfahren weiter bearbeitet. Die geprüften Daten wie auch die statistisch abgeleiteten Kenngrößen, wie z.B. Mittelwert, Streuung, Andauer- und Überschreitungshäufigkeiten, werden in Dateien archiviert und können als geprüfte m.D. von dem nationalen Wetterdienst, der Eigentümer dieser Daten ist, an Datennutzer abgegeben werden. >Wetterbeobachtungen<.

Meteorologische Gesellschaften. In vielen Ländern bestehende wissenschaftliche Gesellschaften zur Förderung der Forschung sowie zur Verbreitung des Wissens und der Erkenntnisse auf dem Gebiet der Meteorologie. Bekannte m.G.: – Royal Meteorological Society, gegr. 1850, London; – Österreichische Gesellschaft für Meteorologie, gegr. 1865, Wien; – Meteorologische Gesellschaft von Japan, gegr. 1882, Tokio; – Deutsche Meteorologische Gesellschaft, gegr. 1883, Hamburg; – American Meteorological Society, gegr. 1919, Boston.

Meteorologischer Dienst. >Wetterdienst<.

Meteorologisches Jahrbuch. Von den nationalen Wetterdiensten jährlich herausgegebene Zusammenstellung von >meteorologischen Daten<. Dabei wird darauf geachtet, daß stets eine möglichst gleichbleibende Auswahl von Stationen erfolgt, die repräsentativ für eine größere Umgebung ist.

METEOSAT. Abk. für: Meteorological Satellite. Von den europäischen Organisationen ESA = *European Space Agency* (1975 gegründet, Sitz in Paris) und EU-METSAT = *Eu*ropäische Organisation zur Nutzung *met*eorologischer *Sat*elliten (1973 gegründet, Sitz in Darmstadt) betreute Satelliten-Familie. Von einer geostationären Position auf 0° Länge über dem Äquator in etwa 36.000 km Höhe werden im Abstand von einer halben Stunde Aufnahmen in verschiedenen Spektralbereichen zur zeitlichen und räumlichen Überwachung der Atmosphäre gemacht. Die von den Bodenstationen aufbereiteten Bilddaten können über Satellit an zahlreiche Nutzer weiterverbreitet werden. Die Abb. (s. unten) zeigt das System polarumlaufender und geostationärer Satelliten. Die von den geostationären Satelliten gelieferten Bilder lassen sich z.B. zu einer Weltkarte in Form eines sog. Komposit-Bildes zusammenfügen. Ein Beispiel dafür s. >Wetterkarte<.

Methabenzthiazuron. Wirkt als >Herbizid< und zählt zur Substanzklasse der Harnstoff-Derivate.
Chemische Bezeichnung: 1-Benzothiazol-2-yl-1,3-dimethylharnstoff
CAS-Nummer: 18691–97–9
Hersteller: Bayer AG
Wirkungstyp: Selektives Nachauflauf-Herbizid, Hemmstoff der Hill-Reaktion. Aufnahme vorwiegend durch die Wurzeln, weniger über das Blatt.
Bevorzugte Anwendung: Zur Nachauflaufbehandlung (Frühjahr) im Winter- und Sommerweizen, gegen Windhalm, Ackerfuchsschwanz und weitere Ungräser und Unkräuter, auch in Erbsen, Dicken Bohnen, Akkerbohnen, im Grassamenbau, im Forst in Vorschulbeeten.

Chemische und physikalische Eigenschaften:
Physikalische Beschaffenheit: Krist., farblos.
Schmelzpunkt: 119 bis 120°C.
Verteilungskoeffizient (log $P_{o/w}$): 2,64 bei 20°C.
Dampfdruck: $5,9 \cdot 10^{-8}$ hPa bei 20°C.
Stabilität: Empfindlich gegen starke Säuren und Laugen.
Löslichkeit: In Wasser 59 mg/L bei 20°C.
Abbau: In Pflanzen Umwandlung zu *N*-Hydroxymethyl-*N*-(2-benzthiazolyl)-harnstoff und zu *N*-Methyl-*N*-(2-benzthiazolyl)-harnstoff, die wasserlösl. Glucoside bilden.
Nachwirkungsdauer im Boden 3 Monate (nach 3 bis 4 kg/ha).
Bei Ratten nach oraler Verabreichung rasche und nahezu vollständige Resorption. Schnelle Ausscheidung aus allen Organen und Geweben (ca. 2/3 renal, 1/3 biliär/faecal).
Metabolismus: Sehr schnelle Metabolisierung. Der Ausgangswirkstoff war nur in Spuren im Urin nachweisbar. Hauptmetabolisierungsreaktionen waren Ox. am Aromaten zu 6-Hydroxy-M. und Hydrolyse zu 2-Methylamino-6-hydroxybenzothiazol. Beide Verb. traten im Urin hauptsächlich als Sulfate auf.
Toxizität: Akute orale LD_{50} für männliche Ratte >2.500 mg/kg, weibliche Maus >1.000 mg/kg, Meerschweinchen >2.500 mg/kg, Kaninchen, Katze und Hund >1.000 mg/kg. Akute dermale LD_{50} für weibliche Ratte >500 mg/kg. Keine wesentliche Resorption durch die Haut, keine Hautveränderungen. In 2-Jahre-Fütterungsversuchen an Ratten und Hunden >NOEL< 600 bzw. 200 mg/kg Futter. Inhalationstoxizität: LC_{50} für männliche Ratte >0,5 mg/L Luft (4 Stunden).

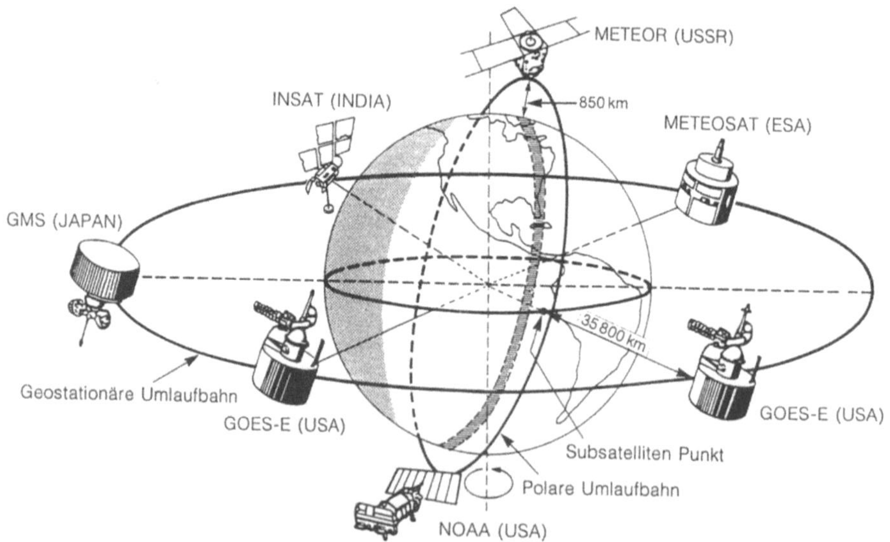

METEOSAT: Das System polarumlaufender und geostationärer meteorologischer Satelliten, gestartet im Rahmen des Welt-Wetter-Wacht-Programms der WMO. Aus: WMO (1990) WMO and global warming, WMO-Nr. 741

Bienentoxizität: Nicht bienengefährlich (B 4).
Fischtoxizität: Nicht fischgiftig, LC_{50} für Regenbogenforelle 15,9 mg/L (96 Stunden).
Wirbellosetoxizität: EC_{50} (48 h) für *Daphnia magna* 30,6 mg/L.

Methämoglobin. Kurzbezeichnung Met-Hb, im Gegensatz zu >Hämoglobin<, in dem das Eisen in zweiwertiger Form vorliegt, ist es im Methämoglobin zu dreiwertigem oxidiert. Das Met-Hb ist daher nicht in der Lage, Sauerstoff zu übertragen und fällt für die Atemfunktion aus. Der physiologische Met-Hb-Gehalt beträgt beim Erwachsenen 0,1 bis 0,6 % (beim Raucher bis 2,7 %) des Gesamthämoglobins. Eine Vermehrung des Met-Hb-Gehaltes findet sich bei gesteigerter Oxidation (z. B. durch >Nitrite<, Sulfonamide) oder verminderter Reduktion (z. B. infolge Reduktasemangels). >Methämoglobinämie<.
Lit: Siegenthaler W (1988) Differentialdiagnose innerer Krankheiten, Thieme, Stuttgart New York.

Methämoglobinämie. Enthält das Blut über 1,5 g/100 mL >Methämoglobin< (ca. 10 % des Gesamthämoglobins), bezeichnet man diesen Zustand als Methämoglobinämie. Bei diesem Grenzwert beginnt die >Cyanose< sichtbar zu werden. Klinische Symptome wie Schwindel, Müdigkeit oder Tachycardie werden bei einem Methämoglobin-Gehalt von über 40 % des Gesamthämoglobins manifest, es können Lethargie und Bewußtlosigkeit und Tod (bei 70 bis 80 % Methämoglobin) auftreten. Verschiedene chemische Substanzen und Medikamente begünstigen die Bildung von M., wie z. B. >Nitrite< und >Nitrate< (hier sind besonders Säuglinge gefährdet), nitrose Gase, Chlorate, Sulfonamide, Anilinderivate, aromatische Amino- und Nitroverbindungen.
Lit: Siegenthaler W (1988) Differentialdiagnose innerer Krankheiten, Thieme, Stuttgart New York.

Methamidophos. Wirkt als >Insektizid< und zählt zur Substanzklasse der >Phosphorsäureester<.
Chemische Bezeichnung: *O,S-*Dimethylamidothiophosphat
CAS-Nummer: 10265–92–6
Hersteller: Bayer AG
Wirkungstyp: Insektizid und Akarizid mit Fraßgift-, Berührungsgift- und systemischer Wirkung. Aufnahme durch Wurzeln und Blätter. Cholinesterase-Hemmstoff.
Bevorzugte Anwendung: Breites Wirkungsspektrum gegen saugende und fressende Insekten, Schwerpunkt bei Raupen und Blattläusen im Gemüse-, Obst-, Rüben-, Kartoffel-, Hopfen-, Zierpflanzen-, Mais-, Tabak- und Baumwollanbau.

Chemische und physikalische Eigenschaften:
Physikalische Beschaffenheit: Farblos, krist.
Schmelzpunkt: 44,5 °C.
Verteilungskoeffizient (log $P_{o/w}$): −0,80 bei 20 °C.
Dampfdruck: $4,2 \cdot 10^{-5}$ hPa bei 20 °C.
Stabilität: Unter trockenen Lagerbedingungen stabil. Hydrolyse-Halbwertszeit bei pH 9 und 37 °C 120 Stunden, bei pH 2 und 40 °C 140 Stunden.
Löslichkeit: In Wasser lösen sich bei 20 °C >200 g/100 mL.
Abbau: Wahrscheinlich Hydrolyse der *O-* und *S-*Esterbindung. Wirkungsdauer im Gewächshaus nach Bodenbehandlung 19 bis 47 Tage, nach Sproßapplikation 8 bis 25 Tage. Im Säugerorganismus rasche hydrolytische Metabolisierung. Geringe Mengen an Ausgangswirkstoff im Urin. Wichtigste Ausscheidungsprodukte im Urin: *O,S-*Dimethylthiophosphorsäure und Phosphorsäure; als Zwischenstufen sind weitere desaminierte und/oder demethylierte Verbb. wahrscheinlich (ca. 10 bis 20 %).
Toxizität: Akute orale LD_{50} für Ratte und Maus etwa 30 mg/kg. Akute dermale LD_{50} 110 mg/kg (WS nach 4 Stunden entfernt) bzw. etwa 50 mg/kg (WS nicht entfernt). Inhalationstoxiziät: LC_{50} für Ratte 525 mg/m^3 (Versuchsdauer 1 Stunde) bzw. 162 mg/kg (4 Stunden). Subchronische Toxizität (3 Monate): NOEL für Ratte 2 mg/kg, für Hund 1,5 mg/kg. 20 mg/kg bei Ratten und 15 mg/kg beim Hund.
Bienentoxizität: Bienengefährlich (B 1).
Fischtoxizität: LC_{50} etwa 100 mg/L für Goldfisch und Karpfen, 10 bis 100 mg/L für Goldorfe und Rotfeder, Versuchsdauer jeweils 96 Stunden.
Wirbellosetoxizität: EC_{50} (48 h) für *Daphnia magna* 0,27 mg/L.
Vogeltoxizität: Akute orale LD_{50} für Japanische Wachtel 8 und Stockente 29,5 mg/kg. 5-Tage-Fütterungstest LC_{50} für Stockente 1.000 und Japanische Wachtel 47 mg/kg Futter.

Methan. (Syn. Grubengas, Sumpfgas). CAS-Nr. 74–82–8. Einfachster Kohlenwasserstoff aus der Gruppe der >Alkane< mit der Summenformel CH_4, MG.: 16, Fp.: −183 °C, Kp.: −161 °C. Es ist ein farb- und geruchloses Gas, das mit bläulicher Flamme brennt. Mit Luft können sich explosionsfähige Gemische bilden. M. besitzt eine geringe Wasserlöslichkeit, ist aber gut löslich in Ether und Alkohol; Dichte 0,5547. Es kommt vor allem in >Erd-< und >Grubengasen< vor. Eine wachsende Rolle spielt die Methangewinnung durch Gärung >Faulgas<. M. wird als Treib-, Stadt- und Heizgas sowie in der chemischen Industrie als Ausgangsstoff für die Herstellung von Acetylen, Chlormethanen, Schwefelkohlenstoff und >Ruß< verwendet. Die globale Emission von M. in die Umwelt beträgt jährlich ca. 1.710 Mio. t, wovon ca. 1.600 Mio. t auf natürliche Emissionen zurückzuführen sind. Starke Emissionen werden von der Rinderzucht und vom Reisanbau verursacht. >Ozon in der Stratosphäre<.

Methanbakterien. Es sind >obligat< *anaerobe Bakterien*, die Methan und CO_2 als Endprodukt im >Energiestoffwechsel< bilden. Sie unterscheiden sich durch eine Reihe wichtiger Merkmale von den meisten normalen Bakterien. Die Zellformen sind sehr unterschiedlich, z. B. lange Stäbchen oder Filamente, kurze gekrümmte Stäbchen, kurze Stäbchen, kurze oder lange Spirillen, Kokkenpakete. Die Bakterien enthalten keine >Katalase< und Peroxid-Dismutase (>Aerobier<), und die meisten werden vom Sauerstoff schnell abgetötet, so daß besondere anaerobe Techniken zur Isolierung und >Kultivierung< nötig sind. In der Natur leben sie daher in sauerstofffreien Zonen, auch als >Symbionten<. Methan-Bakterien sind äußerst wichtig im >Kohlenstoffkreislauf<: beim sauerstofffreien Abbau von polymeren Naturstoffen (z. B. >Cellulose<, >Stärke<) sind sie letztes Glied einer anaeroben >Nahrungskette< und setzen niedermolekulare Gärungsendprodukte anderer Bakterien zu Methan (und CO_2) um (Methanbildung, >Mineralisation<). Fast alle Arten können molekularen Wasserstoff (H_2), sehr viele *Formiat*, wenige *Acetat*, >Methanol< und *Methylamine* als Energiequelle verwerten; einige setzen auch >Kohlenmonoxid< um.

Lit: Bogenrieder H, Collatz KG, Kössel H, Osche G (1985) Lexikon der Biologie, Herder, Freiburg Basel Wien.

Methanerzeugung. Im Laboratorium erhält man Methan durch starkes Erhitzen eines feinpulvrigen, stöchiometrischen Gemenges aus Ätznatron und Natriumacetat oder durch Zersetzung von Aluminiumcarbid mit Wasser. Methan läßt sich auch biol., aus physikalisch-chem. gewonnenen Gasen (z.B. Synthesegas, CO und H_2, aus der >Kohlevergasung<) herstellen. Die Herstellung von Methan aus >Faulgas< erfolgt durch Auswaschen von CO_2 mit Wasser unter Druck.

Lit: Bogenrieder H, Collatz KG, Kösel H, Osche G (1985) Lexikon der Biologie, Herder, Freiburg Basel Wien.

Methangärung. Die Bildung von >Biogas< steht im Zusammenhang mit dem anaeroben Abbau von Biomasse. Dabei spielen methanproduzierende Bakterien eine wichtige Rolle. Geeignete Umweltbedingungen für methanogene Bakterien finden sich dort, wo anaerobe Verhältnisse vorliegen wie z.B. in Sedimenten von Binnengewässern und Meeren, Reisfeldern, Sümpfen, Tundren, im Pansen von Wiederkäuern und im Innern von abgeschlossenen Mülldeponien. Wenn eine chem. Verbindung n Mol Kohlenstoff (C) und a Mol Wasserstoff (H) sowie b Mol Sauerstoff (O) enthält, die vollständig zu Methan (CH_4), Kohlendioxid (CO_2) und Wasser (H_2O) abgebaut werden, dann ergibt sich durch Addition der chem. Teilschritte und Umstellung der sog. Disproportionierungsgleichung nach Buswell, nach der pro Mol der org. vergärbaren Trockensubstanz maximal ein Mol Mischgas $CO_2 + CH_4$ entstehen kann, d.h. 22,4 Liter unter Standardbedingungen. Für Glucose erfolgt nach der Buswell-Gleichung durch Einsetzen der Molzahlen $C_6H_{12}O_6$ ein vollständiger Abbau zu $3 CO_2 + 3 CH_4$. Die Mengen von CO_2 und CH_4 sind gleich. Für Proteine beträgt das Verhältnis 30:70 und bei Fetten 33:67. Im Reaktor für die anaerobe Stabilisierung von Klärschlamm in Abwasserreinigungsanlagen oder für die Vergärung von Gülle oder anderen biogenen Stoffen zur Biogasgewinnung werden Kohlenhydrate, Fette und Proteine durch mikrobiell-biochem. Abbau- und Umwandlungsprozesse letztlich hauptsächlich in CH_4 und CO_2 überführt. Die Methanbildung steht bei diesen technologisch genutzten Prozessen im Vordergrund, so daß Methan im Verhältnis 2:1 zu Kohlendioxid gewonnen wird.

Methanol. (Methylalkohol). CAS-Nr. 67–56–1. Einfachster Vertreter aus der Gruppe der >Alkohole<. Farblose, brennbare Flüssigkeit, die in Wasser und org. >Lösungsmitteln< gut lösl. ist, in Fetten und Ölen dagegen eine sehr geringe Löslichkeit aufweist. Als Esterkomponente ist M. in vielen Pflanzenstoffen (z.B. im Lignin) enthalten und wird bei der Holzverkohlung in Form von „Holzgeist" freigesetzt. Die weltweite Produktion wird jährlich auf ca. 13 Mio. t geschätzt. M. findet Verwendung als Ausgangsprodukt für zahlreiche Stoffe in der chem. Industrie, als Treibstoff oder Zusatz zu Motorkraftstoffen und als Rohstoff für die fermentative Proteingewinnung. Die global in die Umwelt emittierte Menge wird auf 10 bis 30% der Produktion geschätzt. M. ist giftig, wobei dessen Wirkung durch den im Körper gebildeten Metaboliten >Ameisensäure< hervorgerufen wird. Das häufig wiederholte Einatmen von M.-Dämpfen verursacht Schleimhautreizungen, Benommenheit, Schwindel,

Kopfschmerzen und Krämpfe. Beim Menschen führen 100 mg/kg zur Beeinträchtigung der Sehfähigkeit und 300 mg/kg zum Tod. MAK: 200 mL/m³.
Strukturformel: CH_3-OH
M_r: 32, Kp.: 64,5 °C, Dichte: 0,787, Dampfdruck (20 °C): 124 mbar, n-Octanol-Wasser-Verteilungskoeffizient (log $P_{o/w}$): –71.

Methanolkraftstoff. Kraftstoff mit unterschiedlichem Methanolgehalt, vorzugsweise für Fahrzeuge mit Ottomotoren. Die Bezeichnung >M 15< kennzeichnet dabei einen Ottokraftstoff mit der Zumischung von 15% Methanol. >M 85< weist entsprechend auf einen Kraftstoff hin, der 85% Methanol und 15% andere >Kohlenwasserstoffe<, meist üblicher Ottokraftstoff, enthält. Die Zumischung von Methanol verbessert das Verbrennungsverhalten im Motor und damit die Abgasschadstoffemissionen. Um die durch Methanol oft erhöhten Kraftstoff-Verdampfungsverluste zu vermeiden, wird als Zumischungskomponente häufig anstelle von M. >MTBE< eingesetzt. >Umweltfreundliche Kraftstoffe<.

Methidathion. Ein Insektizid aus der Gruppe der Dithiophosphorsäureester, das vorwiegend auf Kulturen von Obst, Wein, Kartoffeln und Rüben eingesetzt wird.

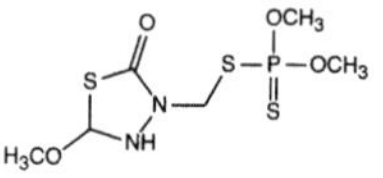

Methiocarb. Wirkt als >Insektizid<, >Molluskizid< und >Repellent< und zählt zur Substanzklasse der >Carbamate<.
Chemische Bezeichnung: 4-Methylthio-3,5-methyl-methylcarbamat
CAS-Nummer: 2032–65–7
Hersteller: Bayer AG
Wirkungstyp: Insektizid mit Kontakt- und Fraßgiftwirkung. Cholinesterase-Hemmstoff. Schnelle Anfangswirkung und gute Wirkungsdauer. Molluskizid mit Fraßgiftwirkung. Repellentwirkung gegenüber Fasanen und anderen Schadvögeln.
Bevorzugte Anwendung: Als Insektizid zur Bekämpfung von Lepidopteren, Coleopteren, Dipteren und Homopteren im Obst- und Ackerbau. Außerdem Wirkung gegen Bodenschädlinge wie Erdraupen, Maulwurfsgrillen, Moosknopfkäfer, Tausendfüßler u.a. Inkrustierung von Mais-Saatgut zur Fasanen-Abwehr und gegen Fritfliege. Molluskizide Wirkung gegen Nackt- und Gehäuseschnecken.

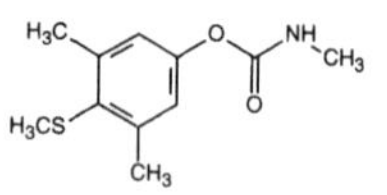

Chemische und physikalische Eigenschaften:
Physikalische Beschaffenheit: Krist., farblos.
Schmelzpunkt: 117 bis 118 °C (techn. Wirkstoff), 119 °C (reiner Wirkstoff).
Verteilungskoeffizient (log $P_{o/w}$): 3,34 bei 20 °C.
Dampfdruck: $3,8 \cdot 10^{-7}$ hPa bei 20 °C.
Stabilität: Hydrolysestabilität bei 20 °C, Halbwertszeit bei pH 4 >1 Jahr, pH 7 <35 Tage und pH 9 6 Stunden.
Löslichkeit: In Wasser 0,03 g/L bei 20 °C.

Abbau und Metabolismus: In Pflanzen Ox. der Methylthiogruppe zum Sulfoxid und Sulfon, außerdem Hydrolyse zum entspr. Thiophenol, Methylsulfoxid- und Methylsulfonyl-phenol. Bei Hunden und Mäusen nach oraler Verabreichung rasche Absorption und schnelle, vorwiegend renale Ausscheidung (nur geringer faecaler Anteil), Metabolisierung vor allem durch Hydrolyse sowie Ox. und Hydroxylierung; anschl. Ausscheidung in freier und konjugierter Form. Kontinuierliche Abnahme der Aktivität in allen Organen.

Toxizität: Technischer Wirkstoff: Akute orale LD_{50} für Ratte (nüchtern) 10 bis 47 mg/kg, Maus 52 bis 58 mg/kg, Hund 25 mg/kg. Akute dermale LD_{50} Ratte >5.000 mg/kg, Kaninchen >2.000 mg/kg. Keine Haut- und Augenreizwirkung. Fütterungsversuch 2 Jahre an Ratten >NOEL< 200 mg/kg Futter, ebenso bei Mäusen; Cholinesteraseaktivität jeweils bei 67 mg/kg Futter.

Bienentoxizität: Produkt ist bienengefährlich.

Fischtoxizität: LC_{50} (96 Stunden) für Karpfen 1 bis 10 mg/L, Blaukiemen-Sonnenbarsch 0,21 bis 0,75 mg/L, Regenbogenforelle 0,44 bis 4,7 mg/L und Goldorfe 3,5 mg/L.

Vogeltoxizität: Akute orale LD_{50} für männl. Stockente 7,1 und weibl. Stockente 9,4 mg/kg, männl. Japanische Wachtel ca. 10 und weibl. Japanische Wachtel 5 bis 14 mg/kg. Taube 13 mg/kg, Haussperling 18 mg/kg, Star 13 mg/kg und Huhn 175 bis 190 mg/kg.

Wirbellosetoxizität: EC_{50} (48 h) für *Daphnia magna* 19 μg/L.

Methomyl. Wirkt als >Insektizid< und zählt zur Substanzklasse der >Carbamate<.

Chemische Bezeichnung: *S*-Methyl-*N*-[(methyl)-carbamoxyl]-thioacetimidat

CAS-Nummer: 16752–77–5

Hersteller: Du Pont

Wirkungstyp: Insektizid mit systemischer und Berührungsgift-Wirkung. Akarizide Nebenwirkung. Cholinesterase-Hemmstoff.

Bevorzugte Anwendung: Gegen beißende und saugende Insekten, besonders Blattläuse und Blattsauger im Acker-, Gemüse-, Hopfen- und Zierpflanzenbau, gegen Sägewespen im Obstbau. Streumittel gegen Fliegen im Stall.

Chemische und physikalische Eigenschaften:

Physikalische Beschaffenheit: Krist., farblos, schwefelartiger Geruch.

Schmelzpunkt: 78 bis 79 °C.

Verteilungskoeffizient (log $P_{o/w}$): 1,08 bei 20 °C.

Dampfdruck: 6,67 · 10^{-5} hPa bei 25 °C.

Stabilität: In wässriger, neutraler Suspension und Lsg. weitgehend stabil. Hydrolyse in alkal. Medium.

Löslichkeit: In Wasser 57,9 g/L bei 25 °C.

Abbau: Halbwertszeit nach Blattapplikation 3 bis 5 Tage. Bei Ratten wird Methomyl nach oraler Aufnahme innerhalb von 24 Stunden wieder ausgeschieden; ein Viertel der Aktivität entfällt auf CO_2, die Hälfte auf Acetonitril, und ein weiteres Viertel auf einen Urin-Metaboliten. Es wurden weder *S*-Methyl-*N*-(methyl-carbamoyl)-oxythioacetimidat noch *S*-Methyl-*N*-hydroxythioacetimidat gefunden.

Toxizität: Akute orale LD_{50} für weiße Ratten 17 bis 24 mg/kg. Akute dermale LD_{50} für Kaninchen >5.000 mg/kg. Keine Hautreizung beobachtet. Nach Berührung der Augen leichte Konjunktivitis. Inhalationstoxizität: LC_{50} für Ratte 0,3 mg/L als Aerosol (4 Stunden).

Bienentoxizität: Bienengefährlich (B 1).

Fischtoxizität: Giftig für Fische. LC_{50} für Regenbogenforelle 3,4 mg/L, Blaukiemen Sonnenbarsch 0,8 mg/L (96 Stunden).

Wirbellosetoxizität: EC_{50} (48 h) für *Daphnia magna* 28,7 μg/L.

Vogeltoxizität: Akute orale LD_{50} für Stockente 15,9 und Taube 15,4 mg/kg. 8-Tage-Fütterungstest LC_{50} für Pekingente 1.890 und Japanische Wachtel 3.680 mg/kg Futter.

Methoxychlor. 2,2-*Bis*-(4-methoxy-phenyl)-1,1,1-trichlorethan. Die Synth. erfolgt durch Kondensation von Anisol mit Chloral in Gegenwart von Schwefelsäure oder Bortrifluorid.

Methoxychlor ist ein >DDT<-Analoges, besitzt aber eine wesentlich geringere Warmblütertoxizität als DDT. LD_{50} = 5.000 bis 7.000 mg/kg (Ratte, oral). Die letale Dosis für den Menschen beträgt schätzungsweise 450 g oral. Es erfolgt keine Speicherung im Fettgewebe. Deshalb wird Methoxychlor gegen Ektoparasiten an Milch- und Schlachtvieh, im Haushalt und in Gemüse- und Futtermittelkulturen eingesetzt. Im Pflanzenschutz ist Methoxychlor geringer wirksam als DDT. Wegen der günstigen toxikologischen Eigenschaften wird es dennoch als Monosubstanz oder in Kombination mit anderen Pflanzenschutzmitteln eingesetzt.

Methoxyquecksilberchlorid. Eine organische Quecksilberverbindung, die wegen ihrer fungiziden Wirkung zur Beizung von Saatgut einsetzbar ist. Seit 1982 ist der Einsatz von quecksilberhaltigen Fungiziden jedoch in der Bundesrepublik Deutschland verboten.

Methylbromid. Ein Nematizid, das eine sehr hohe Flüchtigkeit besitzt. Bei häufiger Anwendung kann es zu einer Anreicherung in den Pflanzen kommen. In Deutschland darf deshalb Gemüse auf behandelten Flächen erst drei Jahre nach der Anwendung angebaut werden. Mit Erlaubnis der zuständigen Behörde darf Methylbromid zur Begasung in Mühlen oder Vorratsräumen gegen Vorratsschädlinge eingesetzt werden.

CH_3Br

Methylenblauprobe. Methylenblau wird seit langem in der Abwasseruntersuchung verwendet. Im blaugefärbten Zustand zeigt es das Vorherrschen einer >aeroben<, also durch Anwesenheit von Sauerstoff geprägten Beschaffenheit der Wasserprobe an. Entfärbt es sich, ist daran zu erkennen, daß jeglicher gelöster Sauerstoff in der Probe verbraucht ist und >anaerobe< Vorgänge, d. h. Fäulnis, überhand nehmen. Voraussetzung für diese Bestimmung ist, daß kein Luftsauerstoff zur Probe Zutritt hat. Man füllt daher das 50 mL Glasfläschchen, nachdem man 5 Tropfen einer Methylenblaulsg. vorgegeben hat, randvoll mit Abwasser und setzt – ohne daß eine Luftblase eingeschlossen bleibt

– den Glasstopfen auf. Die Flasche soll dann bei etwa 20 °C (wie >BSB$_5$<-Flaschen) aufbewahrt werden. Es wird als Ergebnis die Zeit angegeben, nach welcher die Entfärbung eingetreten ist. >Rohabwasser< und mechanisch geklärtes Abwasser entfärben den Indikator i. allg. in 2 bis 8 h. Der Ablauf einer >biolog. Kläranlage< ist nur dann als haltbar zu bezeichnen, wenn innerhalb von 5 Tagen keine Entfärbung der Probe eintritt. Danach wird die Probe als n. e. (nicht entfärbt) bezeichnet und der Test abgebrochen.

Methylisothiocyanat. Wirkt als Nematizid, >Fungizid<, und zählt zur Substanzklasse der Isothiocyanate.
Chemische Bezeichnung: Methylisothiocyanat
CAS-Nummer: 556–61–6
Hersteller: Schering AG
Wirkungstyp: Bodenbegasungsmittel mit Wirkung gegen Nematoden, Pilze, Insekten und keimende Unkrautsamen.
Bevorzugte Anwendung: Bekämpfung von freilebenden Nematoden, Wurzelgallenälchen, Kartoffelnematoden und Kohlhernie. Entseuchung von Kompost- und Kulturerden in Frühbeeten und Gewächshäusern. Gegen Erreger von Wurzelfäulen, Umfall- und Welke-Erkrankungen. Gegen Engerlinge, Drahtwürmer, Erdraupen, Tipula- und Dickmaulrüßler-Larven. Gegen keimende Samen- und Wurzelunkräuter.

$$S=C=N-CH_3$$

Chemische und physikalische Eigenschaften:
Physikalische Beschaffenheit: Krist., farblos, Geruch nach Meerrettich.
Schmelzpunkt: 35 bis 36 °C.
Siedepunkt: 118 bis 119 °C.
Verteilungskoeffizient (log $P_{o/w}$): 1,021 bei 25 °C.
Dampfdruck: 2.760 Pa bei 20 °C.
Stabilität: Methylisothiocyanat ist reaktionsfähig und instabil. Rasche Hydrolyse in alkal. Medium, langsamere in saurer und neutraler Lsg. Empfindlich gegen Licht und Sauerstoff.
Korrosives Verhalten: Reagiert mit Eisen, Zink und anderen Metallen.
Löslichkeit: In Wasser 0,76 % bei 20 °C, 1,15 % bei 50 °C. Leicht lösl. in gebräuchlichen org. Lsg.-Mitteln wie Aceton, Cyclohexanon, Methylenchlorid, Chloroform, Tetrachlorkohlenstoff, Benzol, Xylol, Petrolether und Mineralölen.
Abbau: In normal feuchtem Boden geschehen Zers. und Verflüchtigung meist quant. innerhalb 3 Wochen bei 18 bis 20 °C Bodentemp. 4 Wochen bei 6 bis 12 °C und 8 Wochen bei 0 bis 6 °C. Vorschriften über Neubepflanzung beachten. Bei Ratten nach oraler Gabe schnelle Metabolisierung und Ausscheidung in 24 Stunden, vorwiegend renal (81 %). Hauptmetabolit: Mercaptoharnsäure-Verb. des Methylisothiocyanats. Beim Hund etwas langsamere Eliminierung, hauptsächlich über die Nieren (43 bis 48 % in 48 Stunden). Langsamerer Abbau in Plasma und Gewebe. Untersuchungsergebnisse deuten darauf hin, daß die Abbauprodukte von M. höchstwahrscheinlich in den körpereigenen Stoffwechsel übergehen.
Toxizität: Akute orale LD$_{50}$ für Ratten weiblich 72 mg/kg und männlich 175 mg/kg, für Mäuse 90 mg/kg. Akute dermale LD$_{50}$ für Ratte 2.780 mg/kg. Maus 1.820 mg/kg. Starke Reizwirkung auf Haut und Augen. Ratten vertrugen die tgl. Verabreichung von 30 mg/kg über 6 Monate ohne Krankheitserscheinungen. Inhala-

tionstoxizität: LC$_{50}$ für Ratte 1,9 mg/L Luft (1 Stunde). LD$_{50}$ intraperitoneal für Ratte 54 bis 56 und für Maus 82 bis 89 mg/kg.
Bienentoxizität: Nicht bienengefährlich bei zugelassener Anwendung (B 3).
Fischtoxizität: Fischgiftig.

Methylparaoxon. >Phosphorsäureinsektizide<.

Methylparathion. >Phosphorsäureinsektizide<.

Methylquecksilber. Kann durch mikrobielle Methylierung von anorg. Quecksilber entstehen. Toxische Wirkungen: >Dimethylquecksilber<. Klinische Symptome treten bei Blut-Konzentrationen von 0,2 µg Hg/mL auf, nach Verzehr von kontaminierten Fischen werden diese Konzentrationen leicht erreicht. Die HWZ von M. beträgt 70 bis 80 Tage, im ZNS ca. 100 Tage, es besteht Kumulationsgefahr (>Minamata-Krankheit<).

Methyl-*tert*-butylether (MTBE). Wesentlicher Bestandteil >umweltfreundlicher Kraftstoffe<, >Reformulated Gasoline<. Durch den Sauerstoffgehalt wird die motorische Verbrennung verbessert, die Octanzahl erhöht, >Antiklopfmittel<.

Metiram. Wirkt als >Fungizid< und zählt zur Substanzklasse der Dithiocarbamate.
Chemische Bezeichnung: Zink-ammoniat-ethylen-*bis*-(dithiocarbamat)-poly-(ethylenthiuramdisulfid)
CAS-Nummer: 9006–42–2
Hersteller: BASF, FMC
Wirkungstyp: Vorbeugend angewandtes Blattfungizid. Greift an best. Stellen des Benztraubensäure-Dehydrogenase-Systems ein, indem es sich mit Dithio-Gruppen der Liponsäure-Dehydrogenase verbindet.
Bevorzugte Anwendung: Gegen Schorf an Kernobst, Peronospora an Reben und Hopfen, Falsche Mehltaupilze und Roste an Gemüse, gegen Kraut- und Knollenfäule an Kartoffeln, Auflaufkrankheiten an Zierpflanzen, Kiefernschütte im Forst und weitere Indikationen.

Chemische und physikalische Eigenschaften:
Physikalische Beschaffenheit: Gelbes Pulver.
Schmelzpunkt: Zersetzt sich etwa ab 140 °C.
Verteilungskoeffizient (log $P_{o/w}$): 0,14 bei pH 7 und 21 °C.
Dampfdruck: $1 \cdot 10^{-5}$ Pa bei 20 °C.
Stabilität: Instabil in stark saurem und stark alkal. Medium.
Löslichkeit: Praktisch unlösl. in Wasser.
Abbau und Metabolismus: Das Dithiocarbamat zerfällt wie andere Fungizide dieser Klasse zu Derivaten des Thioharnstoffs, Thiurammonosulfids, Thiuramdisulfids und zu Schwefel. Nach einmaliger oraler Gabe von 5 mg/kg KG des Wirkstoffes an Ratten wurden innerhalb von 7 Tagen 37 bis 47 % über den Urin, 54 bis

65 % über die Faeces und 0,4 bis 1,1 % über die Atemluft ausgeschieden. Im Tierkörper wurden 0,9 bis 1,3 % wiedergefunden. Etwa 20 % im Urin wurde als *n*-Acetylethylendiamin und Ethylendiamin identifiziert. Der Anteil ETU (Ethylenthioharnstoff) betrug 18 bis 28 %, der Anteil Ethylenharnstoff 5 bis 10 %.
Toxizität: Akute orale LD_{50} für Ratte >10.000 mg/kg, Maus 5.400 mg/kg und Meerschweinchen 2.400 bis 4.800 mg/kg. Akute dermale LD_{50} für Ratte >2.000 mg/kg. Leicht haut- und augenreizend. Wirkt an der Haut von Meerschweinchen sensibilisierend. 90-Tage-Fütterungstest NOEL für Hund 45 mg/kg Tag. 14-Tage-Fütterungstest NOEL für Ratte 1.000 mg/kg Futter. Inhalation LC_{50} (4 h) für Ratte >5,7 mg/L.
Bienentoxizität: Orale LD_{50} >40 µg/Biene, dermale Kontakt-LD_{50} >16 µg/Biene, Produkte sind nicht bienengefährlich.
Fischtoxizität: LC_{50} (96 Stunden) für Karpfen 85 mg/L, für Forelle 1,1 mg/L.

Metobromuron. Wirkt als >Herbizid< und zählt zur Substanzklasse der Harnstoff-Derivate.
Chemische Bezeichnung: 3-(4-Bromphenyl)-1-methoxy-1-methyl-harnstoff
CAS-Nummer: 3060–89–7
Hersteller: Novartis
Wirkungstyp: Selektives Vorauflauf-Herbizid. Aufnahme durch Blätter und Wurzeln und Transport im Xylem. Hemmstoff der Photosynthese.
Bevorzugte Anwendung: Gegen einjährige Gräser und breitblättrige Unkräuter in Kartoffeln, Buschbohnen, Feldsalat und Tabak (vor dem Pflanzen) empfohlen.

Chemische und physikalische Eigenschaften:
Physikalische Beschaffenheit: Kristallin, weiß.
Schmelzpunkt: 95 bis 96 °C.
Dampfdruck: 0,39 mPa bei 20 °C.
Dichte: 1,6 bei 20 °C.
Verteilungskoeffizient (log $P_{o/w}$): 2,41.
Stabilität: Weitgehend stabil in neutralem, schwach saurem oder schwach alkalischem Medium. Hydrolyse in starken Säuren und Basen. Produkt bis 50 °C mindestens 2 Jahre stabil.
Löslichkeit: In Wasser 330 mg/L bei 20 °C.
Abbau und Metabolismus: Pflanze: In der Pflanze werden Methyl- und Methoxylgruppe abgespalten und der Harnstoffrest weiter abgebaut zum 4-Bromanilin. Wahrscheinlich gleichzeitig Ringhydroxylierung und Aufspaltung.
Boden: Die HWZ beträgt ca. 30 Tage.
Säugerorganismus: Bei Ratten erfolgt nach oraler Gabe rasche Absorption und Metabolisierung. Innerhalb 72 h werden ca. 90 % der Ausgangskonz. hauptsächlich über den Urin ausgeschieden.
Toxizität: Akute orale LD_{50} für männliche Ratte 2.000 und weibliche Ratte 3.000 mg/kg. Akute dermale LD_{50} für Ratte >3.000 und Kaninchen >10.200 mg/kg. Keine Haut- und Augenreizwirkung bei Kaninchen. Inhalationstoxizität (4 h) für Ratte >2,4 mg/L. Bei Meerschweinchen keine dermale Sensibilisierung. 2-Jahre-Fütterungstest NOEL für Ratte 250 und Hund 100 mg/kg Futter.

Bienentoxizität: Nicht bienengefährlich.
Fischtoxizität: LC_{50} (96 h) für Regenbogenforelle 36, Sonnenbarsch 40 und Karpfen 40 mg/L.
Vogeltoxizität: Leicht vogeltoxisch. Akute orale LD_{50} für Japanische Wachtel 1.429 und Stockente 6.643 mg/kg.
Wirbellosetoxizität: EC_{50} (48 h) für *Daphnia magna* 44 mg/L.

Metolachlor. Wirkt als >Herbizid< und zählt zur Substanzklasse der Acetanilide.
Chemische Bezeichnung: 2-Ethyl-6-methyl-*N*-(1-methyl-2-methoxyethyl)-chloracetanilid
CAS-Nummer: 51218–45–2
Hersteller: Novartis
Wirkungstyp: Selektives Bodenherbizid. Anwendung im Vorauflauf. Aufnahme vorwiegend über Hypokotyl und Koleoptile. Hemmstoff für den Keimvorgang.
Bevorzugte Anwendung: Gegen Schadgräser, besonders Hirsearten, in Zucker- und Futterrüben, Mais, Soja, Erdnuß, Sonnenblumen.

Chemische und physikalische Eigenschaften:
Physikalische Beschaffenheit: Farblose Flüssigkeit.
Siedepunkt: 282 °C bei 1.013 hPa.
Verteilungskoeffizient (log $P_{o/w}$): 3,45 bei 20 °C.
Dampfdruck: $1,7 \cdot 10^{-5}$ hPa bei 20 °C.
Stabilität: Wird durch starke Alkalien und starke Mineralsäuren hydrolisiert.
Löslichkeit: In Wasser 530 mg/L bei 20 °C.
Abbau und Metabolismus: In Getreide (Korn) und Grünteilen von Mais war kein Wirkstoff nachweisbar. In Laborversuchen ergab sich im Boden eine Halbwertszeit von etwa 26 Tagen. Abbau erfolgt hauptsächlich mikrobiell. Im Säugerorganismus erfolgt nach oraler Gabe schnelle Absorption und Metabolisierung durch Reaktion des Chlors mit endogenen Thiolreagenzien, durch oxidative Ethylenspaltung, gefolgt von Oxidation der endständigen Alkoholfunktionen zum Carbonsäurederivat.
Toxizität: Akute orale LD_{50} für Ratte 2.780, für Kaninchen ca. 4.000 und für Maus 894 mg/kg. Akute dermale LD_{50} für Ratte >3.170 mg/kg. Inhalation LC_{50} (4 h) für Ratte >1,75 mg/L. Keine Haut- und Augenreizung bei Kaninchen.
Bienentoxizität: Nicht bienengefährlich (B 3, B 4).
Fischtoxizität: LC_{50} (96 Stunden) für Regenbogenforelle 3,9, Sonnenbarsch 10 und Karpfen 4,9 mg/L.
Vogeltoxizität: Akute orale LD_{50} für Stockente >2.500 mg/kg. 8-Tage-Fütterungstest für Stockente und Japanische Wachtel >10.000 mg/kg.
Wirbellosetoxizität: EC_{50} (48 h) für *Daphnia magna* 0,25 mg/L.

Metoprolol. >Beta-Blocker<.

Metosulam. Wirkt als >Herbizid< und zählt zur Substanzklasse der Triazolpyrimidin-sulfonanilide.
Chemische Bezeichnung: 2',6'-Dichlor-5,7-dimethoxy-3'-methyl[1,2,4]triazol[1,5-α]pyrimidin-2-sulfonanilid
CAS-Nummer: 139528–85–1
Hersteller: DowAgrosciences
Wirkungstyp: Aufnahme erfolgt über Blatt und Wurzel. Hemmt die Acetolactat-Synthase (ALS) in den

Chloroplasten und bringt dadurch die Pflanzen innerhalb weniger Tage zum Absterben.

Bevorzugte Anwendung: Vor- und Nachauflaufherbizid gegen dikotyle Unkräuter, einschließlich schwerbekämpfbarer und triazinresistenter Arten in Mais. Mit herbiziden Partnern wird eine deutliche Wirkungssteigerung gegen ausgewählte Unkrautarten erzielt.

Chemische und physikalische Eigenschaften: Hell- bis dunkelgelbes, kristallines Pulver mit leichtem Knoblauchgeruch und einem Schmelzpunkt von 210–211,5 °C und einem spezifischen Gewicht von 1,49 g/cm^3 bei 20 °C.

Dampfdruck: 0,0004 nPa bei 20 °C.

Verteilungskoeffizient (log Po/w): 0,9778 (in destilliertem Wasser), 2,12 bei pH 5, 2,46 bei pH 7, 3,08 bei pH 9; jeweils bei 20 °C.

Stabilität: Photolyse DT_{50} 140 Tage (Xenon-Lampe). Zersetzung oberhalb 211,5 °C.

Löslichkeit: In Wasser 200 (destilliertes Wasser, pH 7,5), 100 (pH 5), 700 (pH 7), 5.600 (pH 9); jeweils mg/L bei 20 °C.

Abbau und Metabolismus: In der Pflanze selektive Metabolisierung durch O-Desalkylierung, Spaltung des Triazolpyrimidin-Ringes sowie Alkyloxidation mit anschließender Bildung von Glucosekonjugaten. Im Boden beträgt DT_{50} unter Freilandbedingungen 6–47 Tage. Metabolisierung über die 5- und 7-Hydroxy-Analoge zu 5-Amino-N(2,6-Dichlor-3-methylphenyl)-1H-1,2,4-triazol-3-sulfonamid. Im Wasser beträgt die Hydrolyse-HWZ > 30 Tage bei pH 5–9 und 25–50 °C. Bei Ratten erfolgt nach oraler Aufnahme schnelle Absorption und Metabolisierung über aliphatische Oxidation und O-Demethylierung und Ausscheidung über Urin. DT_{50} beträgt 54–60 Stunden.

Säugertoxizität: Akute orale LD_{50} für Ratte und Maus >5.000 mg/kg. Akute dermale LD_{50} für Kaninchen >2.000 mg/kg. Inhalation LC_{50} (4 h) für Ratte > 1,9 mg/L Luft. 2-Jahre-Fütterungstest NOEL für Ratte 5 mg/kg KGW/Tag. ADI-Wert 0,02 mg/kg KGW.

Bienentoxizität: Nicht bienengefährlich. LD_{50} (48 h) >50 (oral), > 100 µg/Biene (Kontakt).

Fischtoxizität: LC_{50} (96 h) für Regenbogenforelle und Blaukiemen Sonnenbarsch 200 mg/L.

Vogeltoxizität: Akute orale LD_{50} für Stockente und Japanische Wachtel >2.000 mg/kg.

Wirbellosetoxizität: EC_{50} (48 h) für *Daphnia magna* >200 mg/L. EC_{50} (72 h) für Grünalge 75 µg/L. LC_{50} (14 d) für Regenwurm >1.000 mg/kg Boden.

Metoxuron. Wie >Metobromuron< ein herbizid-wirkendes Harnstoffderivat, dessen Einsatz jedoch vorwiegend im Frühjahr zur Bekämpfung von Unkräutern und -gräsern im Getreideanbau erfolgt.

Metribuzin. Wirkt als >Herbizid< und zählt zur Substanzklasse der Triazinon-Derivate.

Chemische Bezeichnung: 4-Amino-6-*tert*-butyl-3-(methylthio)-1,2,4-triazin-5-(4H)-on

CAS-Nummer: 21087–64–9

Hersteller: Bayer AG

Wirkungstyp: Selektives Vorauflauf-Herbizid. Aufnahme durch Blätter und Wurzeln. Hemmstoff der Photosynthese.

Bevorzugte Anwendung: Unkrautbekämpfung in Kartoffeln, Tomaten, Sojabohnen, Spargel, Luzerne und Zuckerrohr. Gegen einjährige Unkräuter und Ungräser, besonders Ackerfuchsschwanz, Hirsearten, Kamille, Vogelmiere, Melde, Ackerhohlzahn, Knötericharten u. a.

Chemische und physikalische Eigenschaften:

Physikalische Beschaffenheit: Krist., farblos.

Schmelzpunkt: 125 bis 126,5 °C (techn. 120 bis 125 °C).

Geruch: charakteristischer Eigengeruch, schwach.

Verteilungskoeffizient (log $P_{o/w}$): 1,60 bei 20 °C.

Dampfdruck: $5,8 \cdot 10^{-7}$ hPa bei 20 °C.

Stabilität: Unter normalen Lagerbedingungen stabil. Bei 20 °C gegen verd. Säuren und Laugen (bis pH 12,5) beständig.

Löslichkeit: In Wasser bei 20 °C 122 mg/100 g, bei 20 °C.

Abbau: Im Boden und in der Pflanze Abbau über Desamino-Metribuzin zu Desaminodiketo-Metribuzin. Weitere Metabolisierung durch Glucosidbildung oder Bindung an Bodenpartikel. HWZ in Teichwasser etwa 7 Tage. Sonnenlicht fördert den Abbau. Nachwirkungsdauer im Boden etwa 3 Monate (nach 1,5 kg/ha). Untersuchungen zum Verhalten von Metribuzin wurden an mehreren Spezies (Ratten, Mäuse, Hunde, Schweine) mit 5-^{14}C-markiertem Wirkstoff durchgeführt. Aufnahme, Verteilung, Ausscheidung: Nach oraler Gabe rasche Resorption, Maximum der Radioaktivität innerhalb von 1 bis 4 Stunden (je nach Spezies). Rasche Verteilung auf Organe und Gewebe. Ausscheidung der Radioaktivität erfolgt innerhalb von 2 Tagen (80 bis 90 %) 1/3 bis 2/3 über Urin, der Rest über Faeces (je nach Spezies). Ausscheidung über Atemluft vernachlässigbar.

Toxizität: Akute orale LD_{50} für männliche Ratten 2.200 mg/kg; Mäuse etwa 700 mg/kg, Meerschweinchen 250 mg/kg, Katze >500 mg/kg. Akute dermale LD_{50} für Ratten >20.000 mg/kg. Bei Verfütterung von 50, 150 bzw. 500 mg/kg an Hunde über 90 Tage wurden keine Veränderungen in Aussehen und Verhalten, Futteraufnahme und Wachstum festgestellt und ergab sich kein Hinweis auf wirkstoffbedingte Organveränderungen (Bayer, Techn. Information). Im 2-Jahre-Fütterungsversuch an Ratten und Hunden >NOEL< jeweils 100 mg/kg Futter. Inhalation LC_{50} für Ratte >0,88 mg/L (Aerosol). Bei Kaninchen keine Haut- und Augenreizung.

Bienentoxizität: Nicht bienengefährlich (B 4).

Fischtoxizität: LC_{50} für Regenbogenforelle 76 mg/L/96 Stunden, für Goldfisch >10 mg/L/96 Stunden.

Vogeltoxizität: Akute orale LD_{50} für Japanische Wachtel 164, Stockente 460 und Huhn >1.000 mg/kg. 5-Ta-

ge-Fütterungstest LC$_{50}$ für Japanische Wachtel und Stockente >4.000 mg/kg Futter.
Wirbellosentoxizität: EC$_{50}$ (48 h) für *Daphnia magna* 35 mg/L.

Metrifonat. >Anthelminthika<.

Metronidazol. >Antiprotozoika<.

Metsulfuron-methyl. Wirkt als >Herbizid< und zählt zur Substanzklasse der Sulfonylharnstoffe.
Chemische Bezeichnung: Methyl-2-[3-(4-methoxy-6-methyl-1,3,5-triazin-2-yl)-harnstoffsulfonyl]-benzoat
CAS-Nummer: 74223–64–6
Hersteller: Du Pont
Wirkungstyp: Selektives systemisches Herbizid, das über die Wurzeln und Blätter absorbiert und sowohl akropetal wie auch basipetal in der Pflanze transportiert wird. Es hemmt die Synth. essentieller Aminosäuren, was zur Inhibierung der Zellteilung führt. Dies führt zum Wachstumsstillstand, die Unkräuter sterben von den Trieb- und Wurzelspitzen her ab.
Bevorzugte Anwendung: Gegen zweikeimblättrige Unkräuter im Winter- und Sommergetreide im Vor- und Nachauflauf.

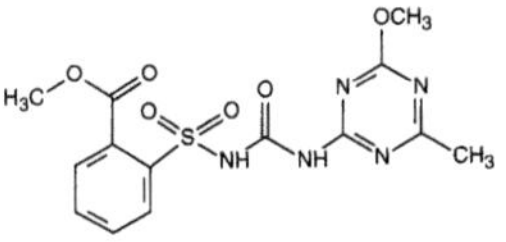

Chemische und physikalische Eigenschaften:
Physikalische Beschaffenheit: Weißer, krist. Feststoff mit schwach süßlichem Geruch.
Schmelzpunkt: 158 °C.
Verteilungskoeffizient (log P$_{o/w}$): 0,018 bei 20 °C.
Dampfdruck: 5,8 · 10^{-5} hPa bei 25 °C.
Stabilität: In der Luft stabil bis ca. 140 °C. In saurer und alkal. Lsg. Hydrolyse, die Halbwertszeit (25 °C) beträgt 15 Stunden bei pH 2, 33 Tage bei pH 5 und >41 Tage bei pH 7; für 45 °C: 2 Stunden bei pH 2, 2 Tage bei pH 5, 33 Tage bei pH 7 und 11 Tage bei pH 9.
Löslichkeit: In Wasser (25 °C) 1,1 g/L bei pH 5 und 9,5 g/L bei pH 7,0.
Abbau und Metabolismus: Im Boden erfolgt chem. Hydrolyse und mikrobieller Abbau. Die Halbwertszeit betrug in Abhängigkeit vom Boden-pH-Wert, Feuchtigkeit und Temp. in Feldversuchen 1 bis 4 Wochen. In Pflanzen erfolgt innerhalb weniger Tage völliger Abbau, tolerante Kulturpflanzen wie Getreide bauen den Wirkstoff durch Hydrolyse und Konjugation mit Glucose innerhalb von 24 Stunden fast völlig ab. Außer den Hydroxy-methyl-Analogen wurden als Metaboliten identifiziert: Methyl-2-(aminosulfonyl)-benzoat, 2-(Aminosulfonyl)-benzoesäure, Saccharin, 4-Methoxy-6-methyl-1,3,5-triazin-2-amin und 6-Hydroxymethyl-4-methoxy-1,3,5-triazin-2-amin. Im Säugerorganismus wird der Wirkstoff unmetabolisiert ausgeschieden. Nur ein Teil der *O*-Carbmethoxygruppe und der Sulfonylharnstoffgruppe wird über *O*-Demethylierung und Hydroxylierung ausgeschieden.
Toxizität: Akute orale LD$_{50}$ für Ratte >5.000 mg/kg. Akute dermale LD$_{50}$ für Kaninchen >2.000 mg/kg. Inhalation LC$_{50}$ (4 Stunden) für Ratte >5 mg/L Luft. Leichte Hautreizung am Meerschweinchen, jedoch keine Hautsensibilisierung. Bei Kaninchen mäßige, aber reversible Augenreizung. 90-Tage-Fütterungstest an Ratte: NOEL 1.000 mg/kg Futter.

Bienentoxizität: LD$_{50}$ >25 µg Biene. Das Mittel ist nicht bienengefährlich.
Fischtoxizität: LC$_{50}$ (96 Stunden) für Regenbogenforelle und Blaukiemen Sonnenbarsch >150 mg/L. LC$_{50}$ (48 Stunden) für *Daphnia* >150 mg/L.
Vogeltoxizität: Akute orale LD$_{50}$ für Stockente >2.510 mg/kg. 8-Tage-Fütterungstest für Stockente und Japanische Wachtel LC$_{50}$ >5.620 mg/kg.

Mevinphos. Wirkt als >Insektizid< und zählt zur Substanzklasse der >Phosphorsäureester<.
Chemische Bezeichnung: *O*-(2-Methoxycarbonyl-1-methyl-vinyl)-*O*,*O*-dimethylphosphat
CAS-Nummer: 7786–34–7
Hersteller: Cyanamid
Wirkungstyp: Systemisch wirkendes Insektizid und Akarizid mit Fraß-, Berührungs- und Atemgiftwirkung. Cholinesterase-Hemmstoff.
Bevorzugte Anwendung: Gegen beißende und saugende Insekten und Spinnmilben im Acker-, Gemüse-, Hopfen- und Zierpflanzenbau.

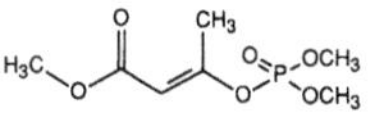

cis-Isomere, ca. 60%

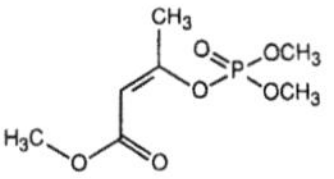

trans-Isomere, ca. 40%

Chemische und physikalische Eigenschaften:
Physikalische Beschaffenheit: Farblos, fl. (techn.: gelborange).
Schmelzpunkt: cis-Isomer 21 °C, trans-Isomer 6,9 °C.
Siedepunkt: 99 bis 103 °C bei 39 Pa.
Dampfdruck: 0,3 Pa. bei 20 °C.
Verteilungskoeffizient (log P$_{o/w}$): 1,34.
Stabilität: Im neutralen und sauren wässrigen Medium weitgehend stabil. Im alkal. Medium rasche Hydrolyse.
Korrosives Verhalten: Korrosiv gegen Eisen, Stahl, Messing.
Löslichkeit: Leicht lösl. in Wasser und in den meisten org. Lsg.-Mitteln.
Abbau: Erfolgt in der Pflanze vorwiegend hydrolytisch unter Entstehung von Phosphorsäuredimethylester und Phosphorsäure. Die cis-Verb. wird schneller abgebaut als die trans-Form. Im Boden erfolgt überwiegend hydrolytischer Abbau. Bei Mäusen und Kühen wird Mevinphos nach Inhalation oraler und dermaler Aufnahme schnell und vollständig abgebaut und im Urin und Faeces innerhalb von 3 bis 4 Tagen als Metabolit ausgeschieden.
Toxizität: Akute orale LD$_{50}$ für Ratten 6 bis 7 mg/kg, für Mäuse 4 bis 8 mg/kg. Akute dermale LD$_{50}$ für Kaninchen 33,8 mg/kg (Lsg. in Propylenglykol). Inhalationstoxizität LC$_{50}$ für Ratte 0,125 mg/L (Luft 1 Stunde). 2-Jahre-Fütterungstest >NOEL< für Ratte 4 mg/kg Futter und Hund 5 mg/kg Futter. >ADI<-Wert (WHO) 1,5 mg/kg KGW.
Bienentoxizität: Bienengefährlich (B 1). LD$_{50}$ 0,027 µg/Biene.
Fischtoxizität: Mäßige Fischtoxizität. LC$_{50}$ (48 h) für Regenbogenforelle 17 µg/L und Blaukiemen Sonnenbarsch 37 µg/L.

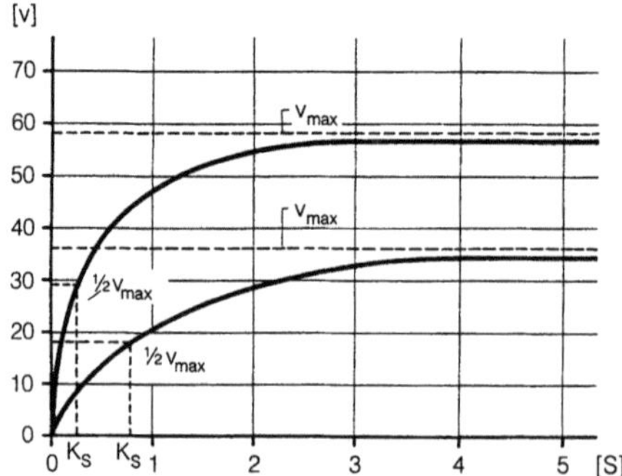

Michaelis-Menten-Gleichung: Grafische Darstellung der Michaelis-Menten-Beziehung (aus: Mudrack/Kunst, 1991)

Vogeltoxizität: Akute orale LD_{50} für Fasan 1,4, Stockente 4,6 und Huhn 7,5 mg/kg.

MEZ. >Mitteleuropäische Zeit<.

MFC. >Multi Fuel Concept<.

MGB. >Müllgroßbehälter<.

Michaelis-Menten-Gleichung. Gleichung von MICHAELIS-MENTEN zur Beschreibung enzymgesteuerter >biol. Abbauprozesse<

$$V = \frac{V_{max} \cdot S}{K_m \cdot S}$$

V = Abbaugeschwindigkeit, V_{max} = maximal erreichbare Abbaugeschwindigkeit, S = Substratkonz., K_m = Substratkonz., bei der $v = 1/2\ V_{max}$ ist. Man mißt die Geschwindigkeit einer enzymatischen Reaktion und trägt diese gegen die Substratkonz. auf; so ergibt sich die in der Abb. dargestellte Abhängigkeit der >Reaktionsgeschwindigkeit< einer >Enzymreaktion< von der Substratkonz. Man erhält eine Kurve (s. Abb.), die sich asymptotisch einer Parallelen zur x-Achse, nämlich der maximalen Reaktionsgeschwindigkeit (V_{max}) nähert. Die Substratkonz. bei halbmaximaler Reaktionsgeschwindigkeit ($1/2\ V_{max}$) wurde als Maß für die Enzymaktivität definiert. Der K_m-Wert = Michaelis-Menten-Konstante gibt jene Substratkonz. S (in mol/L) an, bei der die Reaktionsgeschwindkeit $1/2\ V_{max}$ ist. Ein kleiner Wert der Michaelis-Menten-Konstante bedeutet, daß bereits bei geringer Substratkonz. eine große Aktivität erreicht wird, die Aktivität des Enzyms also hoch ist. Große K_m-Werte weisen auf geringe Enzymaktivitäten hin.

Lit: Mudrack K, Kunst S (1991) Biologie der Abwasserreinigung, 3.Aufl., Gustav Fischer Verlag, Stuttgart New York.

Microbial loop. Moderner Ausdruck für die lange bekannte Tatsache, daß >Bakterien< >Nahrungsketten< miteinander verknüpfen, besonders über die Umwandlung von gelösten org. Stoffen (DOM) in bakterielle >Biomasse< (POM), die wieder von tierischen >Konsumenten< aufgenommen werden kann (s. Abb.). Weiterhin werden Bakterien im Gewässer von winzigen Zooflagellaten („>Picoplankton"<) und >Ciliaten< konsumiert und gelangen so über eine mikrobielle Nahrungskette in die tierische Nahrungskette der Metazoen. Die Bakterien werden offenbar auch von aqua-

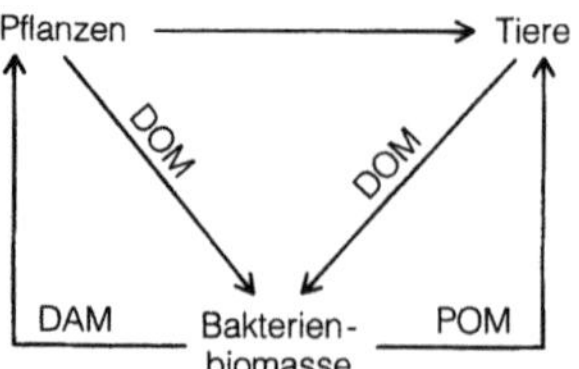

Microbial loop: DAM=gelöste anorg. Stoffe

tischen Viren (Bakteriophagen) kontrolliert, die das „Femtoplankton" bilden.

Lit: Güde H (1989) The role of grazing on bacteria in plankton succession. In: Sommer U (Hrsg.) Plankton Ecology, Springer, Berlin Heidelberg New York London Paris Tokyo – Azam E, Cho BC, Smith DC, Simon M (1990) Bacterial cycling of matter in the pelagic zone of aquatic ecosystems. In: Tilzer MM, Serruya C (Hrsg.) Large Lakes. Ecological structure and function, 1.Aufl., Springer, Berlin Heidelberg New York London Paris Tokyo Hong Kong – Stockner JG, Antia NJ (1986) Algal picoplankton from marine and freshwater ecosystems. A multidisciplinary perspective, Can J Fish Aquat Sci 43: 2472–2503.

Microtus **(Wühlmaus).** >Vertebrata<, >Microtidae<, >Bodenfauna<.

Miete. Geometrisch geordnete Aufschüttung, i.d.R. Dreiecks- oder Trapezquerschnitt.

Migration. 1. Definition: Spontane oder induzierte Wanderung von gelösten Stoffen, Organismen oder Feststoffen in einem Wasserkörper (ISO 6107/6). 2. Ökologie: Wanderungen von Tieren, die regelmäßig erfolgen und oft mit der Fortpflanzung verknüpft sind. Dabei erfolgt die Wanderung zwischen zwei Endpunkten hin und her, entweder durch ein Individuum, evtl. mehrfach oder gar oft im Laufe des Lebens, oder durch verschiedenen Generationen. Am auffälligsten sind die oft sehr weiten M. der Zugvögel, die z.T., wie beim Storch, auf regelmäßig genutzten „Straßen" erfolgen. Die weitesten Entfernungen legen mit jeweils 17.000 km bestimmte Seeschwalben zurück. Auch Fische können sehr weite Wanderungen unternehmen. Dabei wandern sie, wie die Lachse, zum Laichen aus dem Meer ins Süßwasser (anadrome Fische). Kleinräumige M., die mit einem Wirtswechsel verbunden sind, führen viele Blattläuse aus. So wandert die Rübenblattlaus im Frühjahr an die Zuckerrübe und im Herbst zur Überwinterung an das Pfaffenhütchen. M. zu Winterlagern sind auch bei anderen Insekten, aber ebenso bei Amphibien bekannt; s.a. >Emigration< und >Immigration<.

MIK. >Maximale Immissionskonzentration<.

Mikroarthropoden. Die direkte Übersetzung bedeutet Kleinarthropoden (>Arthropoden<). Der Begriff wird oft eingeschränkt angewendet auf die kleinen Vertreter der Bodenfauna, besonders auf die arten- und individuenreichen Gruppen der Bodenmilben und der >Springschwänze<, aber auch auf Vertreter der Hundert- und Tausendfüßer sowie andere Gliedertiere.

Mikrobarometer. Instrument zur Messung sehr kleiner sowie kurzzeitiger Luftdruckschwankungen, ausgerüstet mit höchstempfindlichen Vidie-Dosen.

Mikroben. >Mikroorganismen<.

Mikrobielle Biomasse. >Bodenbiologie, Methoden<.

Mikrobieller Abbau. Abbau von Stoffen durch Mikroorganismen z.B. in Gewässern, Kläranlagen und Böden. >Abbau<, >Metabolismus<.

Mikrobieller Befall. Ein Befall z.B. durch >Bakterien< und >Pilze<, erfolgt bei nichtresistenten Wirtsorganismen. Bei Tieren liefert das Immunsystem (humorale und zelluläre Immunabwehr) die erforderlichen Abwehrmechanismen. Bei >Pflanzen<, die über kein Immunsystem verfügen, bestehen folgende Möglichkeiten: 1) vorgeformte Abwehrmechanismen (Strukturresistenz sowie vorgebildete Abwehrstoffe); 2) induzierte Abwehrmechanismen. In sog. kompatiblen >Wirt-Parasit-Beziehungen< gelingt es dem >Parasiten<, die Abwehrschranken des Wirts zu überwinden. Bei Pflanzen hängt das Eindringen vom Pathogen-Typ ab. >Pilze< können die vorhandenen Barrieren, z.B. die >Epidermis<, enzymatisch auflösen, mechanisch durchstoßen, oder sie dringen durch geöffnete >Stomata< oder Wunden ein. Auch Bakterien nutzen natürliche Öffnungen (z.B. Stomata oder >Lentizellen<) sowie Wunden auf der Pflanzenoberfläche; darüber hinaus können sie mit Exoenzymen >Zellwände< auflösen. >Viren< dagegen gelangen nur passiv in die Pflanze; Voraussetzung ist eine Verwundung, auch über Insekten mit saugenden oder beißenden Mundwerkzeugen.

Mikrobiozönose. >Biochorion<.

Mikroemulsion. Transparente >anisotrope Emulsion<, die sich spontan bildet, wenn die Komponenten zusammengebracht werden. M. besitzen Tropfendurchmesser von <0,1 µm. Als Assoziationskolloide (>Kolloide<) sind sie innerhalb bestimmter Temperaturgrenzen thermodynamisch stabil. Sie bestehen aus Öl, Wasser und einem >amphiphilen< ionischen oder nichtionischen >Tensid< als >Emulgator< sowie häufig einem Kotensid, meist einem Alkohol. Tensid und Kotensid sind beide grenzflächenaktiv, doch kann das Kotensid keine Micellen bilden. Es verteilt sich in beiden Phasen, erniedrigt die Grenzflächenspannung und wird in die Grenzfläche eingebaut. Gemischte Filme aus Tensid und Kotensid sind in der Lage, sehr starke Krümmungen einzugehen. M. bilden sich nur innerhalb eng begrenzter Verhältnisse der Komponenten zueinander. Untersuchungen zur Mikrostruktur haben ergeben, daß M. in Phasenverhältnissen >80:20 oder <20:80 als kugelförmige >O/W- und W/O-Emulsionen< (>Emulsion<) existieren, dazwischen aber als zweifach zusammenhängende schwammartige Gebilde zu verstehen sind (s. Abb.).
Lit: Friberg SE (1985) J Dispersion Sci Technol 6: 317–337.

Mikrofauna des Bodens. Die grobe Zusammenfassung best. Tiergruppen nach der Körperbreite bis 100 µm. Hierher gehören die >Protozoa<, >Turbellaria<, >Rotatoria<, >Nematoda<, Nematomorpha, >Tardigrada<, >Acarina< teilweise, >Copepoda< und die >Pauropoda<. Eine strenge Zuordnung aller Stadien in der Entwicklung und aller Arten einer Gruppe zur Mikrofauna ist auf Grund erheblicher Größenunterschiede nicht möglich. In jeder funktionellen Gruppe dominieren jeweils nur einzelne >Schlüsseltierarten< an >Siedlungsdichte< und >Biomasse<.

Mikrofilamente. (Grch. mikros = klein, lat. filamen = Faden). Sie zählen zusammen mit den >Mikrotubuli< und den intermediären Filamenten zum >Cytoskelett<. >Mikrofilamente< sind Actinfilamente, bestehend aus Actinpolymeren und kommen auch in Nicht-Muskelzellen vor, wo sie zusammen mit Myosin an zahlreichen Bewegungsvorgängen beteiligt sind. Hierzu zählt u.a. die Cytokinese tierischer >Zellen< mit Hilfe eines kontraktilen Rings aus Actin und Myosin, Kontraktionen von Fibroblasten durch entsprechende Streßfasern, morphogenetische Bewegungen durch den Adhäsionsgürtel, ebenfalls aus Actin und Myosin, bei Epithelzellen. Die >Plasmaströmung< pflanzlicher Zellen beruht auf der Gegenwart von Actinfilamenten, an denen Myosin-Moleküle (vermutlich an der Oberfläche von >Zellorganellen<) entlang wandern. Zellgifte wie Cytochalasin B, das die Polymerisation der Actinmoleküle hemmt, oder Phalloidin, welches die Depolymerisation unterbindet, bringen die Plasmaströmung zum Erliegen.

Mikrofiltration. S. >Membranfiltration<.

Mikroflora. >Bacteria<, >Fungi<.

Mikrogranulat. (Internat. Kurzbezeichnung: MG). Pflanzenschutzmittelformulierung (>Formulierung<) als >Granulat< im Korngrößenbereich von 0,1 bis 0,6 mm Durchmesser.

Mikrohabitat. Kleinlebensraum, auch Klein>biotop< oder Mikrobiotop, der oft nur schwer gegen die Umgebung abzugrenzen ist, z.B. moosbedeckte Flächen auf Felsen. Das M. ist oft durch ein spezifisches >Mikroklima< charakterisiert. Ein Spezialfall sind die M. von >Endoparasiten< und >Symbionten<, z.B. das Blutgefäßsystem für >Malaria<parasiten oder der Darm von Termiten für cellulose-abbauende Einzeller; >Biochorion<, >ökologische Nische<.

Mikrokapsel. >Kapselsuspension<, >Mikroverkapselung<.

O/W-Typ   Schwammartige Mikroemulsion   W/O-Typ

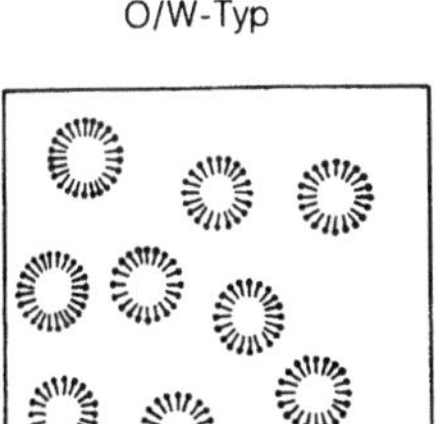
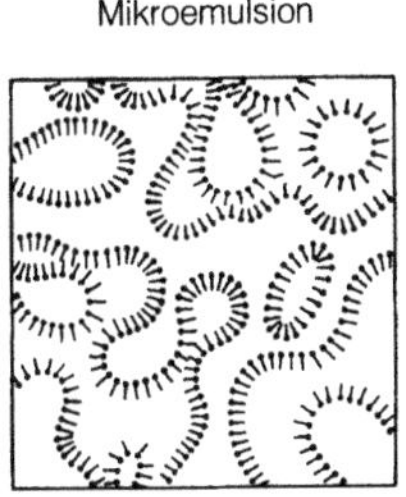
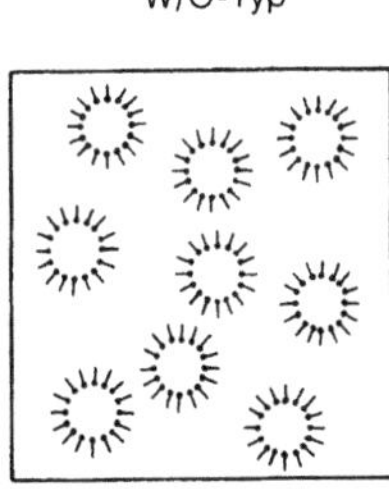

Mikroemulsion: Strukturen von Mikroemulsionen

Mikrokatalysator. Kleiner >Katalysator<, meist auf Metallträger zum einfachen Einbau bzw. zur Nachrüstung. Der M. wird üblicherweise ohne zusätzliches Gehäuse direkt in das Abgasrohr von >Ottomotoren< eingesetzt. Durch die einfache Bauart des M. ist seine Leistungsfähigkeit begrenzt.

Mikroklima. Das >Klima< der bodennahen Luftschicht bis in etwa 2 m Höhe und einer horizontalen Erstreckung bis zu 100 m. Das M. wird wesentlich bestimmt durch den Strahlungshaushalt und der sich daraus ergebenden vertikalen und horizontalen Temperaturverteilung. Ferner bestimmen die Feuchtigkeitsverhältnisse und die räumlich unterschiedlichen Reibungskoeffizienten das M. Spezielle M. sind Standortklima und Bestandsklima, d. h. Klima in einem Pflanzenbestand.

Mikrokosmen. Laborsysteme zur Simulierung ganzer >Ökosysteme< oder einzelner Ausschnitte bei der Untersuchung des Verhaltens von Chemikalien in der Umwelt. Dabei ist die Zahl der einwirkenden Faktoren im Verhältnis zu natürlichen >Systemen< soweit reduziert, daß durch Variation der Parameter bzw. durch Blindversuche der Einfluß der einzelnen Faktoren best. werden kann. Dazu müssen folgende Voraussetzungen erfüllt sein: 1) Alle drei Umweltkompartimente (Erde, Wasser, Luft) müssen vertreten sein, 2) Input und Output müssen registriert werden können und 3) die Umweltbedingungen (Licht, Temp., Durchmischungsrate u. a.) müssen entweder konst. oder meßbar sein. Soweit möglich sollte ein >Quasi-Gleichgewichtszustand< erreicht werden. Außerdem muß der Behälter so groß sein, daß sich Wandeffekte nicht

mehr störend auswirken können. Am häufigsten verwendet werden aquatische M., die in der Regel nur aus Wasser, Sedimenten und ausgewählten Organismen einer trophischen Stufe bestehen, sowie terrestrische M. mit standardisierten Böden oder Boden-Pflanze-Systemen.

Mikromorphologie des Bodens. Wird durch Bodendünnschliffe nach Kunststoffeinbettung dargestellt, s. >Methoden<. Es lassen sich daraus strukturelle Bilder des Wurzelgeflechts, der Besiedlung durch >Bodenorganismen< und deren Wirkung auf org. Substanz und durch >Bioturbation< und Faecesproduktion darstellen (s. Abb. unten).

Lit: Zachariae G (1965) Spuren tierischer Tätigkeit im Boden des Buchenwaldes, Forstwiss Forsch, Beihefte Forstwiss Centralblatt 20: 1–68.

Mikroorganismen. 1. Vorwiegend einzellige, niedere Organismen, die gewöhnlich nur mit Hilfe des Mikroskops zu erkennen sind. Der wesentliche Unterschied zu Pflanzen und Tieren besteht in ihrer relativ einfachen *biologischen Organisation* (z. B. kein echtes Gewebe). Aufgrund der Zellstrukturen können die Mikroorganismen in verschiedene Formen unterteilt werden: z. B. >Algen< und >Bakterien<, >Aktinomyceten<, manche >Pilze<, sowie niederste Tiere. Aerobe Mikroorganismen: Organismen, die beim Abbau org. Substanz Luftsauerstoff benötigen. Sie sind hauptsächlicher Bestandteil des >belebten Schlammes< oder des >biol. Rasens< bei der aeroben >biol. Abwasserreinigung<. Anaerobe Mikroorganismen: Organismen, die im Gegensatz zu den Aerobiern zeitweilig oder dauernd ohne Sauerstoff leben können. Sie gewinnen ihre

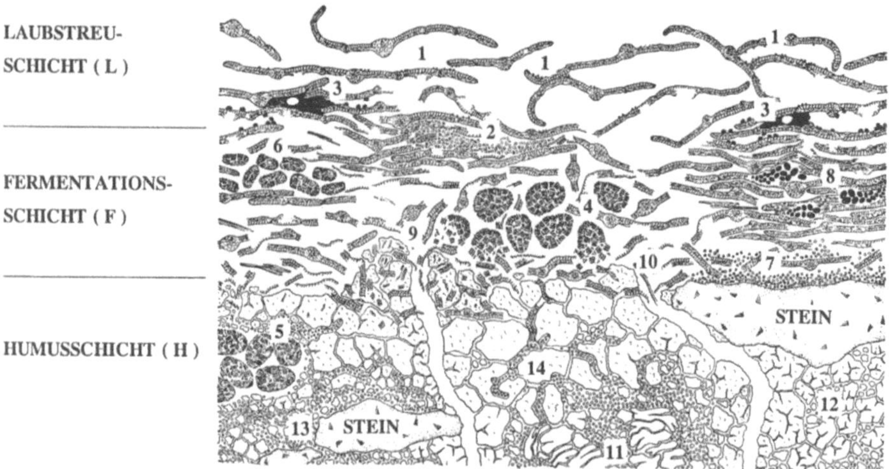

Mikromorphologie des Bodens: Mikromorphologisches Bild der Laubstreuzersetzung eines Waldbodens. 1 = Laubblattquerschnitte mit Springschwanzkotresten, 2 = Kotmasse von Zweiflüglerlarven nach Fraß an Blättern, 3 = Kotreste und Kotröhre eines Regenwurms der Gattung Dendrobaena, 4 = Kotballen von Doppelfüßern, 5 = Kotballen von Schnakenlarven, 6 = Kot eines Regenwurms der Gattung Dendrobaena aus Gliederfüßerkot und Blattmaterial der Fermentationsschicht, 7 = Enchytraeidenkot aus Arthropodenkot der F-Schicht angereichert über einem Stein ohne Bioturbationseinwirkung von Regenwürmern, 8 = langsam zersetzende Blattpakete mit Losung und Fraßspuren minierender Hornmilben, 9 = senkrechte Röhre des tiefgrabenden anözischen Regenwurms *Lumbricus terrestris* (Tauwurm) mit frischen Kotmassen an der Mündung, 10 = senkrechte Röhre von *L. terrrestris* unter einem Stein mündend, 11 = Kotmasse eines endogäischen Regenwurms der Gattung Allolobophora in lockerem Erdreich und 12 = dasselbe stark verdichtet mit Trockenrissen, 13 = im Mineralboden angereicherter Enchytraeidenkot, 14 = Bohrgänge mit Enchytraeidenkot in älteren Regenwurmexkrementen (nach Zachariae 1965)

Lebensenergie aus Spaltungsprozessen (s. a. >Faulung<). Fakultative Mikroorganismen: Organismen, die beim Stoffwechsel Luftsauerstofff als auch gebundenen Sauerstoff verwenden können. Mikroorganismen sind in der Natur fast überall verbreitet. Durch ihre vielfältigen Stoffwechselaktivitäten spielen sie eine außerordentlich wichtige Rolle in den *Stoffkreisläufen* der Natur, besonders beim *Abbau* und Umbau org. Substanzen (>Mineralisation<). Das rasche Wachstum und der schnelle Stoffumsatz sowie besondere Stoffwechselleistungen vieler Mikroorganismen werden zur Herstellung verschiedener Produkte ausgenutzt, z. B. Nahrungsmittel, Getränke, Antibiotika (>Biotechnologie<).
2. Bei der >biol. Abwasserreinigung< tätige >Lebensgemeinschaften<, die durch Stoffwechselprozesse gelöste und kolloidal gelöste org. Substanzen im Wasser abbauen (Bakterien, Pilze, Protozoen sowie niedere Würmer und *Insektenlarven*).

Lit: Bogenrieder H, Collatz KG, Kössel H, Osche G (1985) Lexikon der Biologie, Herder, Freiburg Basel Wien.

Mikrosieb. M. sind als horizontal gelagerte *Siebtrommeln* ausgebildet. Das zu reinigende Abwasser wird in den Innenraum der rotierenden Siebtrommel geleitet und durchströmt das Siebgewebe von innen nach außen. Die auf der Innenseite des Siebgewebes zurückgehaltenen Suspensa werden beim Umlauf im Scheitelpunkt der Trommel über dem Wasserspiegel von außen nach innen abgespritzt. Sie fallen in die innenliegende Schmutzwasserrinne und werden von dort aus der Trommel abgeführt. Die *Maschenweiten* der Gewebe von M. liegen zwischen etwa 10 μm und 25 μm. Die Beschickung beträgt bis zu 25 m³/m² · h. Die Betriebsdruckverluste sollten zwischen 5 und 10 mbar (<50 mbar) bei Trommeldrehzahlen unter 1/min liegen. Wegen des geringen Gesamtdruckverlustes muß das Abwasser oft nicht zusätzlich gehoben werden. Mit seinem praktisch zweidimensionalen, sehr feinporigen Trennmedium, auf dem die zurückgehaltenen Partikel eine dünne Schicht bilden, weist das M. die Merkmale eines Oberflächenfilters auf.

Lit: Abwassertechnische Vereinigung (Hrsg.) (1982–1986) Lehr- und Handbuch der Abwassertechnik, 3. Aufl., Bd. 1–7, Verlag von Wilhelm Ernst und Sohn, Berlin München – Bever J, Stein A, Teichmann H (1994) Weitergehende Abwasserreinigung, 3. Aufl., Oldenbourg Verlag, München Wien.

Mikrotubuli. (Grch. mikros = klein, lat. tubulus = Röhrchen). Sie zählen zusammen mit den >Mikrofilamenten< und den intermediären Filamenten zum >Cytoskelett<. Es handelt sich um röhrenförmige Strukturen aus Tubulin-Molekülen, die wiederum aus zwei Untereinheiten (α- und β-Tubulin) aufgebaut sind. Auf- und Abbau der M. erfolgen durch Polymerisation bzw. Depolymerisation. Am Aneinandervorbeigleiten der M. sind Motorproteine beteiligt; dies ermöglicht z. B. Cilien- und Geißelschlag, Bewegung der Chromosomen bei der Mitose und >Meiose<. Der Vorgang läßt sich durch Zellgifte wie Colchicin oder Vinblastin hemmen, die an die Tubulin-Untereinheiten binden. Für die Krafterzeugung sind Dynein-Moleküle erforderlich, große Proteinkomplexe mit ATPase-Aktivität, die benachbarte Tubuli unter >ATP<-Verbrauch seitlich gegeneinander verschieben.

Mikroverkapselung. Umhüllung von Flüssigkeitströpfchen oder Feststoffteilchen mit natürlichen oder synthetischen >Polymeren< zu Kapseln von 1 bis 5.000 μm Durchmesser. Die Art des Polymers und die Dicke der Kapselwand bestimmen deren Durchlässigkeit, die völlig dicht, semipermeabel oder permeabel ausgebildet werden kann. Die Freisetzung des Kernmaterials kann je nach Beschaffenheit der Wand durch Einwirkung mechanischer Kräfte, Temperatur, Feuchtigkeit, pH oder andere Parameter gesteuert werden. Mikrokapseln können als >Dispersion< (>Kapselsuspension< im Pflanzenschutz) oder als Pulver vorliegen. Als Wandmaterialien haben sich z. B. Gelatine, Ethylcellulose, Polyamid, Polyurethan, Polyethylen, Polystyrol und verschiedene Kopolymere bewährt. Die wichtigsten Herstellungsverfahren sind: 1) Sprühtrocknung einer >Emulsion< oder >Dispersion<, wobei das Wandmaterial im Dispersionsmittel gelöst ist; 2) Beschichtung im Wirbelbett, wobei ein Pulver mit einer Lösung des Wandmaterials besprüht wird; 3) Polykondensation oder Polyaddition, wobei die eine Polymerkomponente, z. B. Terephthalsäuredichlorid, im Kernmaterial gelöst ist. Nach Emulgierung in Wasser gibt man die andere wasserlösliche Komponente, z. B. Ethylendiamin, zu, wobei sich an der Grenzschicht schnell eine Kapselwand ausbildet; 4) >Koazervation< eines >lyophilen< >Kolloids< wie Gelatine an der Grenzschicht einer O/W-Emulsion (>Emulsion<). Anwendungsbeispiele sind kohlefreie Durchschreibpapiere, >Controlled-release-Zubereitungen< für Arznei- und Pflanzenschutzmittel, Aromen und Parfüms, die ihre Duftstoffe erst bei der Anwendung freisetzen, sowie Klebstoffpulver, die unter Druck wirksam werden.

Lit: Sliwka W (1975) Mikroverkapselung. Angew Chem 87: 556–567.

Mikrowellenhypothese. >neuartige Waldschäden<.

Milben. Acarina, >Arachnida<.

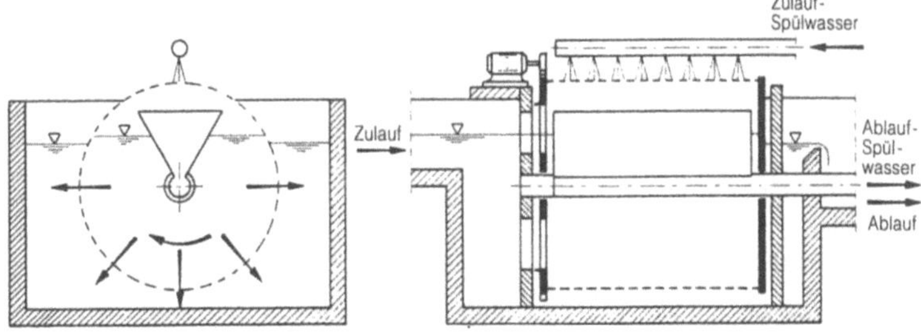

Mikrosieb (aus: Abwassertechnische Vereinigung, 1982–1986)

Milchkontamination, Radionuklide. Die Kontamination von Lebensmitteln durch Radionuklide erfolgt durch natürliche Radionuklide wie ^{40}K, ^{14}C etc. und durch Radionuklide aus Kernwaffentests oder Reaktorunglücken (^{137}C, ^9Sr). Seit Mitte der 60er Jahre ging die Gesamtbelastung stetig weiter zurück, da Kernwaffentests meist unterirdisch durchgeführt wurden. Nach dem Reaktorunfall von Tschernobyl 1986 wurden Radionuklide in Milch von Kühen, die kontaminiertes Futter aufgenommen hatten, nachgewiesen. Für Milch wurde ein Aktivitätshöchstwert von 500 Bq/L festgelegt.

Milchpulver. Durch Wasserentzug aus Milch hergestellte Trockensubstanz. Je nach Herstellungsverfahren kann eine Anreicherung oder Abreicherung von >Schadstoffen< in Bezug auf die Ausgangssubstanz erfolgen. Bei der nach dem Käsen zurückbleibenden Molke sind speziell >Kalium< und damit auch das natürliche >radioaktive< >K-40< und evtl. das nach einem radioaktiven >Fallout< in der Milch vorhandene >Cäsium-137< angereichert, was zu entspr. hohen Aktivitätswerten im Molkepulver führt.

Milchsäure. α-Hydroxypropionsäure. Die technische Herstellung erfolgt durch enzymatische Umsetzung von Kohlenhydraten zu >Maltose<, die durch *Lactobacillus delbrueckii* über Glucose zu Milchsäure vergoren wird. Milchsäure ist Stoffwechselprodukt vieler pflanzlicher und tierischer Organismen. Sie kommt in der D- oder L-Form oder als Racemat vor.

Im Sauerkraut, in saurer Milch und sauren Gurken findet sich Milchsäure als Produkt der bakteriellen Vergärung von Kohlenhydraten (Milchsäuregärung). Im Muskel wird Milchsäure als Produkt der Glykolyse des Blutzuckers gebildet. Der Zusatz von Milchsäure zu Eiklarpulver verbessert die Aufschlagfähigkeit. Getränken und essigsauren Gemüsen wird Milchsäure zur Geschmacksverbesserung zugesetzt. Bei Obst und Gemüse verhindert der Zusatz von Milchsäure das Auftreten von Verfärbungen. Die Anwendung von Natrium- oder Calciumlactat in der Bäckerei unterstützt das Wachstum der Sauerteighefen, während im Teig vorhandene Butter- und Essigsäurebakterien unwirksam gemacht werden. Milchsäure verestert sich in Lösungen, in denen die Milchsäurekonzentration >18% ist, intermolekular zu Oligomeren oder geht unter intermolekularer Wasserabspaltung in ringförmige Lactide über.

Durch Verdünnen dieser Lösung wird aus dem Lactid wieder Milchsäure gebildet. Das Lactid kann daher Lebensmitteln als Säuregenerator zugesetzt werden.

Milchsäureester. Ester der Milchsäure CH_3-CH(OH)-COOH der allgemeinen Formel CH_3-CH(OH)-COOR, wobei R ein Alkylrest ist. Milchsäureester sind farblose, z.T. hochsiedende Flüssigkeiten. Sie sind in Wasser meist wenig, in Alkohol und Ether gut lös-

lich. Sie wirken haut- und schleimhautreizend und bilden bei höheren Temperaturen in Anwesenheit von Luft explosive Gemische. Ethyllactat (Milchsäureethylester) wird als Lacklösungsmittel verwendet. Andere Milchsäureester spielen z.B. eine Rolle als Weichmacher für Cellulose- und Vinylharze (>Cellulose<).

Miles per gallon. In den USA übliche Angabe des >Kraftstoffverbrauchs< von Fahrzeugen, >Fuel Economy<. Für die Umrechnung: x miles/gallon = 235,22 L/100 km : x oder x L/100 km = 235,22 miles/gallon : x.

MILLI. Seit 1971 wird im >Kernforschungszentrum Karlsruhe< die Labor->Wiederaufarbeitungsanlage< MILLI betrieben, die auch für hochabgebrannte, kurz gekühlte >Kernbrennstoffe< geeignet ist und einen möglichen Tagesdurchsatz von 1 kg (= 1 Millitonne) hat. Sie enthält als >Extraktoren< Mischabsetzer mit Probenahmemöglichkeiten. Insgesamt wurden bis 1987 110 kg Brennstoff aus thermischen >Reaktoren< und 40 kg aus Schnellbrüter-Reaktoren (mit bis zu 100.000 mWd/t Abbrand und Kühlzeiten bis herab zu 0,7 Jahren) aufgearbeitet.

30-Millirem-Konzept. Die >Strahlenexposition< des Menschen infolge der Abgabe >radioaktiver Stoffe< in Luft oder Wasser beim Betrieb von >kerntechnischen Anlagen< und beim Umgang mit radioaktiven Stoffen wird durch die >Strahlenschutzverordnung< mit streng limitierenden Werten geregelt. Der den Schutz der Bevölkerung und der Umwelt regelnde Paragraph der Strahlenschutzverordnung legt folgende Grenzwerte der jährlichen Äquivalentdosen fest:

30-Millirem-Konzept: Grenzwerte jährlicher Äquivalentdosen

Organ(e)	effektive Dosis
Keimdrüsen, Gebärmutter, rotes Knochenmark	0,3 mSv/Jahr
alle anderen Organe	0,9 mSv/Jahr
Knochenoberfläche, Haut	1,8 mSv/Jahr

Von der früheren Dosiseinheit Millirem – 0,3 mSv sind gleich 30 Millirem – hat dieses Strahlenschutzkonzept seinen Namen. >Dosisgrenzwerte, Bevölkerung<.

Minamata-Krankheit. Durch die Einleitung quecksilberhaltiger Abwässer in die Bucht von Minamata (Japan) wurden Fische und Muscheln so stark mit Quecksilber angereichert (s. Tabelle unten), daß der Verzehr

Minamata-Krankheit: Quecksilbergehalte in Proben von Minamata und von benachbarten Gebieten ohne Quecksilberverschmutzung (Gehalte in mg/kg Trockengewicht). (Nach: Gerlach 1981)

Probe	Minamata-Bucht	Vergleichsgebiet
Muscheln	11–39	1,7–6
Fische	10–55	0,01–1,7
Mensch		
Leber	22–70	0,07–0,84
Niere	22–144	0,25–10,7
Gehirn	2–25	0,05–1,5
Haare	281–705	0,14–7,5

der Tiere bei den Bewohnern dieser Gegend charakteristische Krankheitssymptome mit z. T. tödlichem Ausgang hervorrief. Die 1952/53 aufgetretenen Symptome waren u. a. Taubheit von Lippen und Gliedmaßen, Einschränkung des Sehvermögens und schwankender Gang. Die quecksilberhaltigen Abwässer stammten aus einer Vinylchlorid- und Acetaldehydproduktion, bei der Quecksilberchlorid als Katalysator verwendet wurde. Bei der Produktion wurde u. a. das stark toxische Methylquecksilber mit dem Abwasser entlassen (>Schwermetalle<).

Lit: Gerlach SA (1981) Marine Pollution, Springer, Heidelberg, S. 218.

mindergiftig. >Gefährlichkeitsmerkmal< nach § 3a Abs. 1 Nr. 8 >ChemG<. Mindergiftig sind >Stoffe< und >Zubereitungen<, die bei Einatmen, Verschlucken oder Aufnahme über die Haut zum Tode führen oder akute oder chronische Gesundheitsschäden verursachen können (Best. gemäß § 1 ChemGefMerkV). Stoffe und Zubereitungen werden mit dem >Gefahrensymbol< und der >Gefahrenbezeichnung< „Mindergiftig" gekennzeichnet, wenn die Ergebnisse der Prüfungen den in >GefStoffV< Anhang I Nr. 1.1 genannten Kriterien entspr. Die unter Nr. 1.1.2.4.8 aufgeführten >R-Sätze< werden ebenfalls nach diesen Kriterien ausgewählt. (Sie verwenden jedoch die frühere Bezeichnung „gesundheitsschädlich" anstelle von „mindergiftig".)

Mindestanforderungen. Gemäß § 7a Abs. 3 WHG werden in Verwaltungsvorschriften der Bundesregierung (sog. Anhänge zur Rahmen-AbwasserVwV) für einzel-

Mindestanforderungen

	CSB (mg/L)	BSB$_5$ (mg/L)	NH$_4$-N* (mg/L)	N$_{ges}$* (mg/L)	P$_{ges}$ (mg/L)
Größenklasse 1 <60 kg/d BSB$_5$ (roh)	150	40	–	–	–
Größenklasse 2 60 bis <300 kg/d BSB$_5$ (roh)	110	25	–	–	–
Größenklasse 3 300 bis <1.200 kg/d BSB$_5$ (roh)	90	20	10	18**	–
Größenklasse 4 1.200 bis <6.000 kg/d BSB$_5$ (roh)	90	20	10	18**	2
Größenklasse 5 >6.000 kg/d BSB$_5$ (roh)	75	15	10	18**	1

N_{ges} Summe aus Ammonium-, Nitrit- und Nitrat-Stickstoff
* Diese Anforderung gilt bei einer Abwassertemperatur von 12 °C und größer im Ablauf des biol. Reaktors der Abwasserbehandlungsanlage. An die Stelle von 12 °C kann auch die zeitliche Begrenzung vom 1. Mai bis 31. Oktober treten.
** Im wasserrechtlichen Bescheid kann eine höhere Konzentration bis zu 25 mg/L zugelassen werden, wenn die Verminderung der Gesamtstickstofffracht mindestens 70 v. H. beträgt. Die Verminderung bezieht sich auf das Verhältnis der Stickstofffracht im Zulauf zu derjenigen im Ablauf in einem repräsentativen Zeitraum, der 24 Stunden nicht überschreiten soll. Für die Fracht im Zulauf ist die Summe aus org. und anorg. Stickstoff zu Grunde zu legen.

ne Abwasser-Herkunftsbereiche spezifische M. an die Verhinderung und die Behandlung dort typischerweise anfallender Abwässer vor deren Einleitung in Gewässer festgelegt. Diese Anforderungen werden von den Wasserbehörden bei ihren Entscheidungen als für den Regelfall maßgeblich zugrunde gelegt.

Kommunales Abwasser entstammt keinem der Herkunftsbereiche der AbwHerkV. Bei kommunalem Abwasser ist deshalb anzunehmen, daß es keine nach dem Stand der Technik zu behandelnden gefährlichen Inhaltsstoffe enthält. Der für diesen Herkunftsbereich geltende Anhang 1 (Gemeinden) bestätigt das dadurch, daß für die Behandlung von kommunalem Abwasser aus emissionsseitiger Sicht nur die allg. anerkannten Regeln der Technik (a. a. R. d. T.) anzuwenden sind.

Zum 01.01. 1990 trat der Anhang 1 (Gemeinden) der Rahmen-AbwasserVwV in Kraft. Mit der Änderung vom 27.08. 1991 sind die Anforderungen an die Stickstoffablaufwerte nochmals verschärft worden. Ab 01.01. 1992 wurden für die Größenklassen 3, 4 und 5 ein Grenzwert von Stickstoff$_{gesamt}$ = 18 mg/L für die Summe aus Ammonium, Nitrit- und Nitrat-Stickstoff, was dem gesamten anorg. Stickstoff entspricht, festgelegt.

Somit gelten seit dem 01.01. 1992 folgende Anforderungen an das Abwasser im Ablauf von kommunalen Abwasserbehandlungsanlagen (s. Tabelle).

Lit: Bever J, Stein A, Teichmann H (1994) Weitergehende Abwasserreinigung, 3. Aufl., Oldenbourg Verlag, München Wien.

Mindestareal. Größe eines (Rest)lebensraumes, der zum Überleben einer >Population< oder einer >Art< ausreicht. Durch die Zergliederung und/oder Zerstörung von >Landschaften< und Landschaftsteilen kommt es vielfach zur Verinselung ursprünglich zusammenhängender >Biotope<, in denen ein Überleben von >Populationen< vielfach auf Dauer unmöglich ist. Bietet ein >Areal< die Möglichkeit für die Neuausbreitung von Arten, spricht man von >ökologischen Zellen<.

Mindesttemperatur. Bei der Verbrennung von >Abfall< ist es zur ausreichenden Zerstörung der org. >Schadstoffe< erforderlich, eine bestimmte M. im >Abgas< nach der letzten Verbrennungsluftzufuhr einzuhalten. Z. B. gibt die Verordnung über Verbrennungsanlagen für Abfälle (17. Verordnung zur Durchführung des >Bundes-Immissionsschutzgesetzes< vom 23.11. 1990 in der Fassung vom 23.02. 1999 für die Verbrennung von >Hausmüll< eine M. von 850 °C und für die Verbrennung von anderen Einsatzstoffen mit einem Halogengehalt aus halogenorg. Stoffen von mehr als 1 vom Hundert des Gewichts, berechnet als Chlor, eine M. von 1.100 °C.

Mindestvolumengehalt. Bei der Verbrennung von >Abfall< ist es zur ausreichenden Zerstörung der org. >Schadstoffe< erforderlich, einen best. M. an Sauerstoff im >Abgas< zu gewährleisten. So fordert die Verordnung über >Verbrennungsanlagen< für Abfälle (17. Verordnung zur Durchführung des >Bundes-Immissionsschutzgesetzes< vom 23.11. 1990 in der Fassung vom 23.02. 1999 für die Verbrennung von festen Abfällen die Einhaltung eines M. an Sauerstoff von 6 vom Hundert und bei der Verbrennung von ausschließlich flüssigen Abfällen die Einhaltung eines M. an Sauerstoff von 3 vom Hundert.

Mineraldünger. >Dünger<, >Kunstdünger<.

Mineralfasern. Als M. werden Schall-, Kälte- und Wärmedämmstoffe aus anorg. Rohstoffen zusammengefaßt und in Naturfasern wie >Asbest< sowie in synth. Fasern wie Glasfasern, Gesteinsfasern, Schlackenfasern und Keramikfasern differenziert. M. werden als Filze, Matten, Platten, Tücher u.a. verarbeitet. Ferner werden M. in Kunstharze oder Metalle eingebettet oder lose als Mineralwolle zur Isolation von Gebäuden im Außen- und Innenbereich (>Baumaterialien<) eingesetzt. Da insbesondere Asbestfasern nach >Inhalation< als >cancerogen< eingestuft werden, wird heute Asbest zunehmend durch synth. M. substituiert, obgleich auch aus diesen Materialien lungengängige Fasern freigesetzt werden können.

Mineralisation. (Lat. minerale = Erzgestein). Auch >Mineralisierung<, bezeichnet den komplizierten, in versch. Schritten verlaufenden Abbau komplexer, kondensierter org. Substanz bis letzlich in die konstitutiven lösl. oder flüchtigen „mineralischen", d.h. anorg. niedermolekularen Verb. oder Elemente wie Sauerstoff, Wasserstoff, Stickstoff und Kohlendioxid; unter anoxischen Bedingungen auch zu Methan, Ammoniak, Schwefelwasserstoff etc., in Stoffe also, aus denen letztlich auch Minerale aufgebaut sind.

Mineralisationspotential. Bezeichnet das quant. Vermögen eines Substrates zur Freisetzung best. niedermolekularer Verbb. unter best. Bedingungen ohne Aussage über deren zeitlichen Verlauf. Sollte besser Mineralisationskapazität heißen, da es nichts zu tun hat mit einem physikalischen >Potential<.

Mineralisierung. 1. allgemein: Der Abbau org. Materie zu Kohlenstoffdioxid und Wasser sowie den Hydriden, Oxiden oder Mineralsalzen anderer Elemente (ISO 6107-3). Die M. erfolgt vorwiegend durch Mikroorganismen, gelegentlich auch durch Photoaktivität. Sowohl für den Boden als auch in Kläranlagen und für die Selbstreinigungskraft der Vorfluter ist sie von sehr großer Bedeutung. Sie ist abhängig von einigen Parametern wie Temperatur, pH-Wert sowie von der Zusammensetzung der Mikroorganismenpopulation. 2. Boden: Im Boden werden viele org. v.a. naturfremde Stoffe nur selten wirklich vollständig und rasch mineralisiert. I.d.R. werden Teile größerer Moleküle entweder in die Organismen aufgenommen oder mit schwer abbaubaren Stoffen verknüpft, so daß sich entsprechende Molekülbruchstücke später im >Humus< nachweisen lassen.

Mineralöl. >Erdöl< oder fl. Weiterverarbeitungsprodukt von Erdöl.

Mineralstoffe. Bestandteile pflanzlicher und tierischer Gewebe, die bei der Verbrennung als unverbrennbarer Rückstand verbleiben. Mineralstoffe können vom Organismus nicht selbst hergestellt werden, sondern müssen von außen mit der Nahrung zugeführt werden. Man unterscheidet zwischen Mengenelementen (Ca, P, K, Cl, Na, Mg), die in größeren Mengen zugeführt und benötigt werden und Spurenelementen (Fe, Zn, Cu, Mn, I, Mo etc.), die vom Organismus nur in kleinen Mengen benötigt werden. Essentiell sind außer den Mengenelementen die Spurenelemente Fe, F, Zn, Si, Cu, V, Se, Mn, Ni, Mo, Cr und Co. Im Organismus liegen die Mineralstoffe in Ionenform oder in organischen oder anorganischen Verbindungen vor. Mineralstoffe sind an vielfältigen physiologischen Funktionen beteiligt. K, Na und Cl sind z.B. an der Regulierung des osmotischen Drucks der Zellen beteiligt. P ist an oxidativen Phosphorylierungen im Stoffwechsel beteiligt und wird wie Ca und Mg zum Aufbau des Skelettsystems benötigt. Viele Mineralstoffe sind Aktivatoren bzw. Bestandteile von Enzymen. Z.B. ist Fe Bestandteil des Hämoglobins, I des Schilddrüsenhormons Thyrosin. Außerdem sind Mineralstoffe beteiligt an der Regulation des pH-Werts für die Bildung von Puffersystemen, für neuromuskuläre Erregungsleitungen sowie an Resorption, Sekretion und Exkretion. Ausgeschiedene Mineralstoffe müssen durch die Nahrung ersetzt werden. Mangel führt zu Erkrankungen des Organismus, z.B. Anämie bei Eisenmangel, Hypertrophie der Schilddrüse bei Iodmangel etc. Mineralstoffe sind in der Lebensmittelherstellung nicht nur unter ernährungsphysiologischen Aspekten von Bedeutung, sondern beeinflussen häufig auch Geschmack und Textur von Lebensmitteln und aktivieren oder hemmen Reaktionen.

Mineralwasser. 1. Naturwiss. Definition: Natürliches Grundwasser, das entweder mehr als 1 g/kg gelöste feste Mineralstoffe oder mindestens 1 g/kg freies gelöstes Kohlenstoffdioxid (Kohlensäure-Wasser, Säuerling) enthält. Namengebend für die M. sind solche Ionen, die mindestens 20 der Kationen- oder Anionen-Äquivalentsumme (je = 100 meq%) ausmachen. Die Bestandteile werden in der Reihenfolge Kationen – Anionen mit jeweils abnehmender Häufigkeit angegeben. Ein Wasser mit 71 meq% Na^+, 23 meq% Ca^{2+}, 64 meq% Cl^- und 29 meq% SO_4^{2-} ist demnach als Na-Ca-Cl-SO_4-Wasser zu bezeichnen. 2. Wirtschaftl. Definition: Abweichend von 1. entfällt in der seit 1.1. 1991 gültigen Fassung der Mineral- und Tafelwasserverordnung (MTV) vom 5.12. 1990 (BMJFG 1990, BGBl. I, S.2600) mit Rücksicht auf die Europäische Gemeinschaft die 1.000 mg/kg-Grenze. Nach § 3 MTV hat ein natürliches M. seinen Ursprung in einem unterirdischen, vor Verunreinigungen geschützten Wasservorkommen und wird aus einer oder mehreren natürli-

Mineralwasser: Grenzwerte für Mineralwasser (in mg/L) (BMJFG 1984)

	Natürliches Mineralwasser	Chem. Stoffe
As	0,05	0,04
Cd	0,005	0,005
Cr, gesamt	0,05	0,05
Hg	0,001	0,001
Ni	0,05	
Pb	0,05	0,04
Sb	0,01	
CN^-	–	0,05
F^-	–	1,5
NO_3^-	–	50
NO_2^-	–	0,1
Se, gesamt	0,01	0,008
SO_4^{2-}	–	240
BO_3^{3-}	30	
Ba	1	
Polycycl. aromat. Kohlenwasserstoffe C	–	0,0002
Org. Halogenverb. Trihalogenmethane	–	0,025
Summe an 1,1,1-Trichlorethan Trichlorethen, Tetrachlorethen, Dichlormethan	–	0,25
Tetrachlorkohlenstoff	–	0,003

chen oder künstlich erschlossenen Quellen gewonnen. Es ist von ursprünglicher Reinheit und besitzt bestimmte ernährungsphysiologische Wirkungen auf Grund seines Gehaltes an Mineralstoffen, Spurenelementen oder sonst. Bestandteilen. Seine Zusammensetzung, seine Temperatur und seine übrigen wesentlichen Merkmale bleiben im Rahmen natürlicher Schwankungen konstant; durch Schüttungsschwankungen werden sie nicht verändert. Seine Gehalte überschreiten nicht die in der folgenden Tabelle angegebenen Grenzwerte für As, Cd, $Cr_{ges.}$, Hg, Ni, Pb Sb, $Se_{ges.}$, Borat und Ba, ggf. nach einer Behandlung (Abtrennen bestimmter natürlicher Inhaltsstoffe, vollständiger oder teilweiser Entzug des freien Kohlenstoffdioxids, Versetzen oder ´Wiederversetzen mit Kohlenstoffdioxid). Zur speziellen Kennzeichnung sind außer dem Begriff „natürliches M." die Begriffe „natürl. kohlensäurehaltiges M.", „natürl. M. mit eigener Quellkohlensäure versetzt", „natürl. M. mit Kohlensäure versetzt" und „Säuerling oder Sauerbrunnen, auch Sprudel (natürl. Kohlenstoffdioxid-Gehalt von mehr als 250 mg/L) zulässig.
Die Grenzwerte für M. sind in der Mineral- und Tafelwasserverordnung vom 1.8. 1984 (BMJFG 1984; BGBl. I, S. 1036) festgelegt, wobei zwischen den Grenzwerten für natürliches M. und für chem. Stoffe in auf Flaschen abgefüllten, aufbereiteten M. unterschieden wird.

Minicontainer. M. wurden von Eisenbeis (1993) als Alternative zum >Netzbeutel< entwickelt. In Plastikstäben von ca. $16 \times 20 \times 400$ mm werden in 12 Bohrungen von 16 mm Ø kleine Plastikzylinder eingesetzt, die mit Gaze unterschiedlicher Maschenweite (20 µm–2 mm) verschlossen sind. In diese M. wird 100–200 mg Pflanzenmaterial gefüllt. Dann werden die Minicontainer-Stäbe senkrecht oder (meist) waagerecht in den Boden eingebracht. Der Abbau des Pflanzenmaterials wird nach Entnahme in mehrwöchigem Abstand erfaßt. Vorteil der Methode gegenüber den >Netzbeuteln< ist eine größere Zahl von Parallelproben und die geringere Störung des Bodengefüges beim Einbringen. Beim Einsatz kontaminierter Substanzen ist auch die Anwendung in der >Ökotoxikologie< möglich.
Lit: Eisenbeis G (1993) Zersetzung im Boden. Inf. Natursch. Landschaftspfl. 6, 53–76.

Minimalbodenbearbeitung. >Bodenbearbeitung, konservierende<.

Minimierung. Begrenzung umweltschädigender Einwirkungen auf ein technisch bzw. anwendungsbedingtes Mindestmaß. Das >Minimierungsgebot< ist eine Forderung aus dem politischen Raum und besagt, daß die Produktion und Anwendungen von Chemikalien so gering wie möglich zu halten ist, da jeder Stoffumsatz zu Umweltbelastungen führen könnte. >Risikominderung<.

Minimierungsgebot. In § 1 Abs. 1 des Wasserhaushaltsgesetzes niedergelegtes Prinzip, nach dem Gewässer so zu bewirtschaften sind, daß jede vermeidbare Beeinträchtigung unterbleibt.

Minimumfaktor. Lebenswichtiger Umweltfaktor, der Wachstum und Produktion oder andere Lebensäußerungen eines Organismus, einer Population oder einer Lebensgemeinschaft begrenzt. Dies ist in der Definition von J. v. Liebig (1862) ein Nährstoff, nach dessen Zufuhr („Düngung") die Begrenzung aufgehoben ist.

Im See ist primär der Phosphor Minimumfaktor, bei der >Eutrophierung< wird seine begrenzende Wirkung aufgehoben. M. kann auch Sauerstoff oder ein Spurenstoff, z. B. Molybdän für die Bildung der Nitratreduktase usw. sein. Auch physikalische Faktoren wie Licht, eine Bewuchs- oder Anheftungsfläche, selbst der Lebensraum im >hyporheischen Interstitial< können M. sein.

Minimumgesetz. Wurde von J. v. Liebig (1803–1873) aufgestellt und besagt, daß das Pflanzenwachstum von dem Nährstoff begrenzt wird, der zuerst ins Minimum gerät. Das M. wird oft durch das Bild der „Minimumtonne" veranschaulicht, wo der Wasserstand in der Tonne nicht höher als die kürzeste Daube sein kann. Das M. unterstellt einen linearen Ertragsanstieg und hat somit nur im Bereich starken Mangels Gültigkeit.

Miraculin. Ein Glykoprotein aus Früchten von *Synsepalum dulcificum*, das saure Früchte und verdünnte org. und anorg. Säuren als süß empfinden läßt, obwohl Miraculin selbst keinen Eigengeschmack besitzt. Hat man des miraculinhaltige Fruchtfleisch gekaut, schmeckt z. B. danach getrunkener Zitronensaft, als ob er gesüßt wäre. Miraculin wirkt somit als >Geschmacksverstärker<.

Mirex. Dodecachlor-octahydro-1,3,4-metheno-1H-cyclobuta[c,d]pentalen. Die Synth. erfolgt aus Hexachlorcyclopentadien (HCCP) durch Dimerisation unter Zusatz von Aluminiumchlorid in Dichlor- oder >Tetrachlormethan<. Es entsteht ein chem. sehr stabiler Käfig-Kohlenwasserstoff mit einer sehr hohen Smt. von 485 °C. Die Wirkung als Kontaktgift ist gering. Der Einsatz erfolgt wegen der guten Wirksamkeit als Fraßgift in Ameisenködern. Mirex hat eine mittelstarke akute Toxizität. $LD_{50} = 235$ bis 702 mg/kg (Ratte, oral). Für Vögel, Fische und Crustaceen ist Mirex relativ ungefährlich.

Mischabsetzer. Extraktionsapparat. Zwei unterschiedlich schwere, nicht mischbare Flüssigkeiten (z. B. wäßrige und org. Phase) werden mit Hilfe von Rührern gemischt und setzen sich anschließend durch natürliche Schwerkraft ab.

Mischbecken. M. für den Ausgleich unregelmäßig anfallender Abwässer. Werden die Mischbehälter mit >Rührwerk< so groß bemessen, daß sie den Abwasseranfall eines längeren Zeitraumes aufnehmen können, so erhält man M., die unter Beibehaltung ihrer Funktion als >Flockung<sbecken auch zum Ausgleich verschiedenartiger, in regelmäßigen oder unregelmäßigen Zeitintervallen anfallender Betriebsabwässer dienen. Solche Becken gewährleisten jedoch keine gleichmäßige Mischung und sind im Hinblick auf die erforderliche starke Umwälzung aus technischen Gründen in der Größenbemessung begrenzt; sie kommen vorwiegend für die Mischung der Abwässer bestimmter Betriebszweige in Betracht. Für den Ausgleich großer Abwassermengen, insbesondere des gesamten Anfalls eines Betriebes, können einfache, teichähnliche, flache Becken verwendet werden, bei denen durch die natür-

lichen Einflüsse (Regen, Wind, Temperaturwechsel) der Schichtenwirkung entgegengewirkt wird. Die Vermischung wird gefördert, wenn der Zu- oder Abfluß an mehreren Stellen erfolgt. Teiche dieser Art genügen meist nur geringen Ansprüchen an den Ausgleich.
Lit: Meinck F, Stooff H, Kohlschütter H (1968) Industrie-Abwässer, Gustav Fischer Verlag, Stuttgart.

Mischfuttermittel. M. sind Mischungen aus pflanzlichen oder tierischen Erzeugnissen im natürlichen Zustand, frisch oder haltbar gemacht, oder die Erzeugnisse ihrer industriellen Verarbeitung sowie org. und anorg. Stoffe, mit oder ohne Zusatzstoffe, die als >Allein-< oder >Ergänzungsfuttermittel< zur >Tierernährung< durch Fütterung bestimmt sind.

Mischgut. (>Clubgut<, >meritorisches Gut<, >öffentliches Gut<). Zwischen „reinen" privaten Gütern und „reinen" >öffentlichen Gütern< gibt es ein Spektrum von Zwischenstufen, sog. „Mischgütern". Diese haben einige Eig. der privaten und einige der öffentlichen Güter. Als Beispiel dient häufig die Schutzimpfung: Der Schutz der geimpften Personen ist „privates Gut", mit zunehmender Zahl Geimpfter sinkt aber auch für die Nichtgeimpften das Ansteckungsrisiko, ohne daß man jemanden davon ausschließen könnte und ohne daß sie sich gegenseitig im Genuß des geringeren Risikos stören („nichtrivalisierender Konsum"). Für die Nichtgeimpften ist die Schutzimpfung also >öffentliches Gut<.
Lit: Musgrave RA, Musgrave PB (1989) Public finance in theory and practice. 5. Aufl., McGraw-Hill, New York.

Mischkraftstoffe. Gemische aus >Otto<- oder >Dieselkraftstoffen< und meist >sauerstoffhaltigen< Komponenten, wie z.B. >Alkoholen< und >Ethern<. Durch diese Zumischung werden die Eigenschaften der Kraftstoffe beeinflußt, >Antiklopfmittel<, >Entmischung<.

Mischpolymerisation. >Copolymerisation<.

Mischprobe. Im Unterschied zu >Stichproben< werden Mischproben aus mehreren Teilproben als zeit- oder mengenproportionale oder als örtliche Mischproben hergestellt. Diese unterliegen keiner so großen Zufälligkeit wie Stichproben und liefern daher bei ihrer Untersuchung ein i. allg. repräsentatives Ergebnis. Die Proben werden entweder von Hand als über einen längeren Zeitraum geschöpfte Stichproben, besser aber durch Probenahmeautomaten gezogen. Bei zeitproportionalen Mischproben werden in gleichen Abständen konstante Teilvol. entnommen und zu einer Mischprobe vereinigt. Mengenproportionale Mischproben sind über bestimmte Zeiträume zusammengefaßte Einzelproben, die im Verhältnis zur Wassermenge entnommen werden.
Lit: Abwassertechnische Vereinigung (Hrsg.) (1982–1986) Lehrund Handbuch der Abwassertechnik, 3. Aufl., Bd. 1–7, Verlag von Wilhelm Ernst und Sohn, Berlin München.

Mischsystem. Das häusliche, gewerbliche und industrielle >Schmutzwaser< sowie das nicht vermeidbare >Fremdwaser< und Regenabfluß werden gemeinsam in einem Kanal, dem Mischwasserkanal, abgeleitet. Der Regenabfluß kann mehr als das 100fache des Schmutzwasserabflusses betragen. Die Abflußprofile wachsen daher mit zunehmendem >Einzugsgebiet< stark an. Um aus technischen und wirtschaftlichen Erfordernissen die Querschnitte zu begrenzen, werden an geeigneten Stellen Regenentlastungsbauwerke –

dies sind >Regenüberlaufbecken<, Kanalstauräume, >Regenüberläufe< – oder >Regenrückhaltebecken< angeordnet. Die Regenentlastungsbauwerke zum Schutz der Gewässer werden vorteilhaft bereits im Kanalnetz angeordnet, müssen spätestens jedoch am >Klärwerk< erstellt werden.
Lit: Abwassertechnische Vereinigung (Hrsg.) (1982–1986) Lehrund Handbuch der Abwassertechnik, 3. Aufl., Bd. 1–7, Verlag von Wilhelm Ernst und Sohn, Berlin München.

Mischungsverhältnis. In der Atmosphärenforschung hat es sich eingebürgert, den Spurenstoffgehalt als Mischungsverhältnis (Molenbruch) anzugeben. Hierbei wird das Mischungsverhältnis definiert als das Verhältnis der Moleküle eines Gases zu der Gesamtzahl der Moleküle. Zur Kennzeichnung des Volumen-Mischungsverhältnisses wird als vierter Buchstabe ein v, zur Kennzeichnung des Massen-Mischungsverhältnisses wird als vierter Buchstabe ein m angefügt. Folgende Abkürzungen, die aus dem englischen Sprachraum übernommen wurden, sind gebräuchlich:
1 ppm (1 part per million): 10^{-6} (1 Teil auf eine Million),
1 ppb (1 part per billion): 10^{-9} (1 Teil auf eine Milliarde),
1 ppt (1 part per trillion): 10^{-12} (1 Teil auf eine Billion).

Mischverfahren. >Mischsystem<.

Mischwald. Eine natürliche oder angepflanzte Baumgemeinschaft aus Laub- und Nadelhölzern. Der Nutz-Mischwald aus >Nadelbäumen< mit einem gewissen Anteil an dazwischengepflanzten >Laubbäumen< ist artenärmer und pflanzensoziologisch schlechter charakterisierbar als die natürlichen Mischwälder Mitteleuropas (z.B. Erlenbruchwald im Übergangsgebiet zwischen Moorverlandungszonen und Auenwaldregion).

Mischwasserbehandlung. Das ATV-Arbeitsblatt A 128 bildet die Grundlage für Planungen von Regenentlastungsanlagen in Mischsystemen.
Ein wesentliches Ziel des ATV-Arbeitsblattes A 128 war es, die Mischwassermenge, die innerhalb eines Jahres aus einem Abwassernetz entlastet werden darf, von der Qualität des entlasteten Mischwassers abhängig zu machen. Dort, wo im Jahresmittel hohe Verschmutzungen zu erwarten sind, darf nur wenig Mischwasser, wo niedrige Schmutzkonzentrationen zu erwarten sind, mehr Mischwasser entlastet werden. Daher sind größere Regenbecken erforderlich, wenn zum Beispiel:
– Großstädte hohe Schmutzkonzentrationen im Trokkenwetterabfluß haben,
– Schmutzwasserkanäle aus Trenngebieten oder
– Starkverschmutzer wie z.B. Brauereien, Schlachthöfe oder Molkereien oberhalb von Regenbecken angeschlossen werden.
Lit: Abwassertechnische Vereinigung e.V. (Hrsg.) (1985–1997) ATV-Handbuch, 4. Aufl., Band 1–7, Verlag Wilhelm Ernst und Sohn, Berlin München.

Misfueling. Betanken von Fahrzeugen mit ungeeignetem >Kraftstoff<, insbesondere mit bleihaltigem >Ottokraftstoff< bei >Katalysator<fahrzeugen. In den USA lange Zeit ein Problem, weil dort der verbleite Kraftstoff billiger als der unverbleite war. Durch M. wird die Wirkung der Katalysatoranlage stark beeinträchtigt.

Mistbank. Aus dem holländischen Wort „Meestbank" übernommener Begriff für eine Institution, die dort i.d.R. Gülleüberschüsse aus landwirtschaftlichen Betrieben mit Nutztierhaltung in Güllebedarfsbetriebe vermittelt, um umweltschädliche Überdüngung in den Gülleüberschußbetrieben zu vermeiden. Diese Art von Nährstoffausgleich wurde auch in deutschen Regionen mit hohem Tierbesatz als >Güllebank< oder Güllebörse eingeführt.

Mitfällung. >Coprecipitation<.

Mistwurm (*Eisenia fetida*). >Annelida<, >Lumbricidae<.

MITI-Test, modifizierter. (Ministry of International Trade and Industry, Japan). Von der Europäischen Gemeinschaft vorgeschriebene Methode zur Best. der biol. Abbaubarkeit von Substanzen. Verwendet werden dazu >Mikroorganismen<, die nicht an die Prüfsubstanz adaptiert sind und sie als einzige Quelle von org. Kohlenstoff benutzen. Die Prüfsubstanz wird zus. mit der Impfkultur in ein geschlossenes, automatisch arbeitendes System (Respirometer) gegeben. Anschl. wird 28 Tage lang kontinuierlich der >biol. Sauerstoffbedarf< (BSB) gemessen. Zusätzlich werden chem. Analysen, wie die Messung des gelösten org. Kohlenstoffs oder der restlichen Prüfsubstanz, durchgeführt. Die Abbaubarkeit kann definiert werden als:

$$\text{prozentualer Abbau (\%)} = \left(\frac{\text{BSB} - \text{B}}{\text{ThSB}}\right) \cdot 100$$

$$\text{oder} = \left(\frac{\text{BSB} - \text{B}}{\text{CSB}}\right) \cdot 100 \text{ oder} = \left(\frac{\text{Sb} - \text{Sa}}{\text{Sb}}\right) \cdot 100$$

B = biochem. Sauerstoffbedarf des Blindwerts, Sa = restliche Menge der Prüfsubstanz am Ende des biol. Abbaus, Sb = restliche Menge der Prüfsubstanz in einem Ansatz, der nur aus Wasser und Prüfsubstanz besteht, ThSB = theoretischer Sauerstoffbedarf, CSB = chemischer Sauerstoffbedarf.

Mitochondrium. (Pl. Mitochondrien). Eine in Zellen von >Eukaryonten< vorkommende Organelle. Mitochondrien dienen der Zellatmung und dadurch der ATP-Bildung („Energiegewinnung"); deshalb werden sie mitunter auch populär als „Kraftwerke der Zelle" bezeichnet. Mitochondrien sind formveränderliche, lipoidreiche Gebilde, die außen von einer >Biomembran< umgeben sind und im Inneren zusätzlich eine stark gefaltete, daher oberflächenreiche Biomembran (Cristae oder Tubuli) enthalten. Diese Membran beherbergt die zur Zellatmung erforderlichen Komponenten des Elektronentransportes der oxidativen Phosphorylierung und das zur ATP-Bildung erforderliche Enzym ATP-Synthase. Das innere M.-Kompartiment besteht aus einer gelartigen Substanz, der Matrix. Sie enthält hohe Konzentrationen der löslichen Enzyme des oxidativen Stoffwechsels zusammen mit den notwendigen Substraten und Nucleotid-Cofaktoren, sowie den genetischen Apparat des Organells, mit dem etliche der M.-Proteine erzeugt werden.

Mitose. (Grch. mitos = Faden). Die häufigste Form der Kernteilung. Hierbei entstehen aus einem Zellkern zwei erbgleiche Tochterkerne. Im Gegensatz zur >Meiose< verändert sich bei der M. die Chromosomenzahl nicht. Ausschließlich mitotische Kernteilungen finden sich bei der vegetativen Fortpflanzung. Zu Beginn der M. (Prophase) werden die zuvor replizierten Chromosomen in die Transportform überführt. Der Kondensationsprozeß des Chromatins führt zu den fädigen Strukturen, die zu der Bezeichnung M. geführt haben.

Mitteilungen. >Neue Stoffe<, die in Mengen unter 1 t jährlich oder nur zur Erforschung ihrer Eigenschaften in den Verkehr gebracht werden, sind von der Anmeldepflicht nach § 5 >ChemG< ausgenommen; sie unterliegen jedoch der Mitteilungspflicht nach § 16a ChemG.
Bis zur Vermarktungsmenge von 100 kg/a muß die vom >Hersteller< oder >Einführer< eines neuen Stoffes bei der deutschen >Anmeldestelle< (BAU) eingereichte M. folgende Angaben beinhalten: Identitätsmerkmale des Stoffes; Menge, die jährlich in der EU in den Verkehr gebracht werden soll; Hinweise zur Verwendung; Empfehlungen über Vorsichtsmaßnahmen; Sofortmaßnahmen bei Unfällen und vorgesehene >Kennzeichnung< (§ 16a Abs. 1).
Erreicht die innerhalb der EU in den Verkehr gebrachte Menge des mitgeteilten Stoffes innerhalb eines Jahres 100 kg, so sind der Anmeldestelle >Prüfnachweise< über *ausgewählte* physikalisch->chemische<, toxikologische und ökobiologische >Prüfungen< zur Verfügung zu stellen (§ 16a Abs. 2). Im Gegensatz zur >Anmeldung< ist das Mitteilungsverfahren (noch) nicht EU-harmonisiert; jedes Land hat seine eigenen Best.
Die Absätze 1 u. 2 des § 16a gelten *nicht* für neue Stoffe, die für Forschungs- und Analysenzwecke in den Verkehr gebracht werden und ausschließlich für Laboratorien best. sind (§ 16a Abs. 3). Stoffe, die zur verfahrensorientierten Forschung und Entwicklung für max. 1 Jahr an ausgewählte Kunden abgegeben werden, müssen der Anmeldestelle unter Angabe eines Forschungsprogramms und einer Kundenliste mitgeteilt werden (§ 16a Abs. 4).
Neue Stoffe, die der Anmeldepflicht nach § 4 Abs. 1 nicht unterliegen, weil sie nicht in den Verkehr gebracht werden (interne Zwischenprodukte) oder weil sie nur außerhalb der EU in den Verkehr gebracht werden, sind nur dann mitteilungspflichtig, wenn die hergestellte Menge jährlich 1 t erreicht (§ 16b ChemG).
Mitzuteilen sind dann: Identitätsmerkmale, die hergestellte Menge jährlich, Hinweise zur Verwendung, Prüfnachweis nach § 16a Abs. 2 sowie Empfehlungen über Vorsichtsmaßnahmen beim Verwenden, Sofortmaßnahmen bei Unfällen und Kennzeichnung (letztere nur bei >gefährlichen Stoffen< nach § 3a ChemG).
Eine Mitteilung nach § 16b ist nicht erforderlich für nicht isolierte Zwischenstufen, für intern hergestellte und verwendete Forschungs- und Entwicklungsstoffe und für Stoffe, die bereits vor dem 01.01.1990 hergestellt worden sind. Erreicht die hergestellte Menge des Stoffes jährlich 10 t, so ist der Anmeldestelle ein zusätzlicher Prüfnachweis über Toxizität gegenüber Wasserorganismen (kurzzeitige Einwirkung) vorzulegen.
Bringt ein Hersteller oder Einführer eine nach § 3a Abs. 1 Nr. 6, 7, 9 und 11 bis 14 ChemG als >gefährlich< eingestufte >Zubereitung< in den Verkehr, die für den Endverbraucher best. ist, so hat es das Bundesgesundheitsamt in einer M. nach § 16e zu informieren über Handelsname, Zusammensetzung, Kennzeichnung, Hinweise zur Verwendung, Empfehlungen über Vorsichtsmaßnahmen beim Verwenden und Sofortmaßnahmen bei Unfällen.

Lit: Bundesanstalt für Arbeitsschutz (1991) Leitfaden für Meldungen nach dem Chemikaliengesetz, Bundesanstalt für Arbeitsschutz, Dortmund.

Mitteilungspflicht. Mit Gesetz vom 09.10.1996 (BGBl. I S. 1498) weggefallene vormalige Regelung des >Bundes-Immissionsschutzgesetzes – BImSchG<

über eine wiederkehrende Mitteilungspflicht der Betreiber >genehmigungsbedürftiger Anlagen<.

Mittelblasige Belüftung. Die Belüfter in >Kläranlagen< mit Austrittsöffnungen von 1 bis 5 mm Durchmesser bestehen aus gelochten Rohren, Platten oder kreuzförmig auf ein Verteilerrohr aufgesetzten Rohrstücken (Sparger). Verstopfungen treten mit nahezu gleicher Häufigkeit wie bei feinblasiger >Belüftung< auf, sind aber mit einfachen Mitteln zu beheben. Durch den geringeren Austrittswiderstand besteht auch schon bei kleinen Unterschieden in der Höhenlage die Gefahr ungleichmäßiger Luftverteilung. Eine Reguliermöglichkeit für die einzelnen Luftzuführungen sollte deshalb stets vorgesehen werden, zumal die dafür notwendige Drosselung meist nur geringen Einfluß auf die Gesamthöhe hat. Auf eine sorgfältige Luftreinigung kann verzichtet werden, Maschengitter reichen aus. Für die Belüftungsanlage sollte grundsätzlich korrosionsfreies Material gewählt werden.
Lit: Abwassertechnische Vereinigung (Hrsg.) (1982–1986) Lehr- und Handbuch der Abwassertechnick, 3. Aufl., Bd. 1–7, Verlag von Wilhelm Ernst und Sohn, Berlin München.

Mitteleuropäische Sommerzeit. (Abk.: MESZ). Während der Zeit Ende März bis Ende Oktober gegenüber der >Mitteleuropäischen Zeit< um 1 Stunde vorverlegte Uhrzeit. Von den meisten europäischen Staaten eingeführte Zeit zur besseren Ausnutzung des Tageslichtes während des Sommers.

Mitteleuropäische Zeit. (Abk.: MEZ). Mittlere >Ortszeit< des Längengrades 15° Ost, in Deutschland durch Görlitz/Neiße verlaufend. Seit dem 1. April 1893 in Deutschland gesetzliche Zeit.

Mittellastkraftwerk. >Lastbereiche<.

Mittelstromverbrennung. Kombination von >Gleichstrom-< am Anfang und >Gegenstromverbrennung< am Ende, z. B. des >Rostes<. Vereinigt z. T. die Vorteile aber auch die Nachteile beider Verfahren.

Mittelwertmesser. Gerät zur Anzeige der im zeitlichen Durchschnitt vorhandenen Impulsrate eines Zählgerätes.

Mittlere quadratische Abweichung. >Standardabweichung<.

Mixis. Zustand eines Gewässers, in dem die gesamte Wassermasse oder ihr überwiegender Teil durchmischt wird. In >Seen< tritt bei Temperaturgleichheit (Homothermie) in der ganzen Wassermasse M. auf, sofern der Wind die Energie für eine solche Umwälzung liefert; solche Seen sind holomiktisch. Im Gegensatz dazu wird bei den meromiktischen Seen auch bei Homothermie das Tiefenwasser nicht von der M. erfaßt. Unabhängig davon kann eine M. im See je nach den klimatischen Verhältnissen unterschiedlich oft auftreten: demnach unterscheidet man amiktische Seen ohne M., oligomiktische mit weniger als eine M/Jahr, monomiktische mit einer M., dimikische mit 2 maliger M./Jahr. Bei den polymiktischen Seen treten mehr als zwei M.-Zustände/Jahr auf (s. Abb. >Dimiktischer See< und >Epilimnion<). >Fließgewässer< befinden sich infolge der >turbulenten< Wasserbewegung ständig im Zustand der vollständigen M. Im Ozean ist die M. auf eine rel. dünne Überflächenschicht begrenzt.

Mobilisierung. (Lat. mobilis = beweglich). Bezeichnet Prozesse der Freisetzung von niedermolekularen, in Wasser meist lösl. oder gasförmigen Komponenten, z. B. durch >Mineralisierung<; Gegensatz: >Immobilisierung<.

Mobilisierung von Schwermetallen durch Mikroorganismen. (Syn. mikrobielle Schwermetall-Mobilisierung). Neben der unerwünschten Mobilisierung von Schwermetallen durch bestimmte Chemikalien, z. B. der Mobilisierung aus Flußsedimenten durch den Einfluß von Komplexbildnern wie EDTA oder NTA, sind auch Mikroorganismen in der Lage, umweltrelevante, ökotoxische Schwermetalle auf biol. Weg zu mobilisieren. Bei manchen Erzgruben oder Kippen des Braunkohle-Tagebaus treten sog. „saure Grubenwässer" (Syn. „acid mine drainage", AMD) bzw. „Saure Kippenwässer" auf, die durch mikrobielle Ox. von Schwermetallsulfiden hohe Metallkonz. und durch gleichzeitig gebildete Schwefelsäure sehr hohe Sulfatgehalte und sehr niedrige pH-Werte aufweisen. Solche Wässer stellen eine große ökologische Gefahr dar, wenn sie z. B. in Oberflächengewässer, Grundwässer oder Böden gelangen. Bei der mikrobiellen Erzlaugung (microbial ore leaching) wird der gleiche Effekt ausgenutzt, um sulfidisch gebundene Schwermetalle aus wirtschaftlich interessanten Kupfer- oder Uranerzen herauszuholen. Bei dieser Art der Mobilisierung laufen generell zwei Mechanismen ab.
1. *Direkter Mechanismus*: Im direkten Kontakt von Bakterien und Schwermetallsulfiden werden durch Ox. des Sulfids wasserlösl. Sulfate gebildet. Dabei sinkt der pH-Wert durch H^+-Freisetzung (H_2SO_4). Als wichtigste Bakterienarten der Laugung werden *Thiobacillus ferrooxidans* und *Thiobacillus thiooxidans* angesehen. Diese Organismen sind >autotroph< und gewinnen durch die Ox. von Sulfiden Energie. Der direkte Mechanismus tritt allerdings hinter den indirekten zurück.
2. *Indirekter Mechanismus*: Das laugende Agens wird durch Mikroorganismen produziert und regeneriert: Fe^{3+}, das durch mikrobielle Ox. aus Fe^{2+} gebildet wurde, oxidiert Sulfide und wird dabei zu Fe^{2+} reduziert. Durch Fe^{3+} wird auch U^{IV} zu U^{VI} oxidiert, so daß das schwerlösl. UO_2 zu wasserlösl. $(UO_2)^{2+}$ (Uranylion) umgesetzt wird (mikrobielle Laugung von Uranerzen).
Durch eine mikrobiell bedingte Produktion org. Komplexbildner (z. B. Milchsäure, Citronensäure) ergeben sich weitere Gefahren bzw. Möglichkeiten der Mobilisierung von Schwermetallen (s. auch die Tabelle unter >Immobilisierung von Schwermetallen durch Mikroorganismen<).

Mobilität. Geschwindigkeit der Verteilung eines Stoffes in der Umwelt. Maßgebend sind die Verteilung bzw. die Transportvorgänge innerhalb eines best. Mediums, wie Luft, Pflanzen, Boden, Gewässer, Grundwasser etc. und die Parameter, die den Übergang zwischen den einzelnen Medien sowie den >Abbau< eines Stoffes in den einzelnen Medien bestimmen. Die Mobilität vieler Stoffe wurde lange Zeit deutlich unterschätzt. So z. B. die Eig. vieler >Halogenkohlenwasserstoffe<, >Beton< nahezu ungehindert zu durchdringen, wodurch sie aufgrund ihrer hohen Stabilität über das >Grundwasser< im Untergrund verteilt werden.

Modell. 1. allgemein: Vereinfachte Darstellung der Funktion eines Gegenstands oder des Ablaufs eines Sachverhaltes, die eine Untersuchung erleichtert. U. a. wird zwischen folgenden Modellen unterschieden:

Konzeptionelles Modell (Wort-Modell): Beschreibung eines Sachverhaltes in erster Näherung mit Hilfe verbaler Ausdrücke. *Mathematisches Modell:* Beschreibung von Abläufen mit Hilfe mathematischer Strukturen, z. B. in Form von Differentialgleichungen. *Deterministisches Modell:* Modell, bei dem aufgrund der Struktur die zeitliche Entwicklung eindeutig durch die Anfangsbedingungen bestimmt wird. *Stochastisches Modell:* Modell, das Elemente enthält, die die Variabilität best. Abläufe widerspiegeln, so daß sich zufallsbedingte Endwerte ergeben. *Simulationsmodell:* Umfangreiches Modell, mit dessen Hilfe versucht wird, komplexe Abläufe nachzuvollziehen, wobei diese Modelle normalerweise deterministische und stochastische Elemente enthalten.

2. Boden: Schema zur quantitativen Beschreibung komplizierter Bodenprozesse. Dabei unterscheidet man nach der Zielsetzung: a) Modelle zur Interpolation gemessener Werte. Solche Modelle können auf statistischen Berechnungen beruhen und liefern Zwischenwerte; sie lassen eine Extrapolation meist nicht zu (*Beispiel:* analytische Kalibrierkurve). b) Modelle zur Erklärung bestimmter Phänomene. Hierbei geht man davon aus, daß bei richtiger Vorhersage der gefundenen Beobachtungswerte die angenommenen Prozeßabläufe sehr wahrscheinlich den natürlichen Gegebenheiten entsprechen (*Beispiele:* Adsorptionsisothermen, kinetische Funktionen). c) Modelle zur Vorhersage bzw. Abschätzung eines bestimmten Kennwerts. Hierbei können statistische wie auch funktionelle Beziehungen verwendet werden. der Gültigkeitsbereich der Vorhersage ist allerdings in jedem Fall klar zu bestimmen (*Beispiel:* Erosionsabschätzung). Durch die Möglichkeiten moderner Datenverarbeitung können auch für sehr komplexe Prozesse M. entwickelt und angewendet werden. Ein wichtiges Problem hierbei ist jedoch nach wie vor die Parametrisierung, die Ermittlung der richtigen (geeigneten) Eingabegrößen, durch die in der Regel der Gültigkeitsbereich eines Modells begrenzt wird.

3. ökologisch: >Ökologische Modelle<.

Lit: Richter O, Diekkrüger B, Nörteshäuser P (eds) (1996) Environmental fate modelling of pesticides – from the laboratory to the field scale. VCH Verlagsgesellschaft mbH, Weinheim – Trapp S, Matthies M (1996) Dynamik von Schadstoffen – Umweltmodellierung mit CemoS. Springer Verlag, Berlin Heidelberg New York Tokyo.

Modellierung. Quant. Beschreibung physikalischer, chem. oder biol. Aspekte von Vorgängen, welche die Bewegung von >Radionukliden< innerhalb eines Mediums beeinflussen. Als mathematisches Modell wird die Beschreibung eines realen physikalischen Prozesses durch eine Reihe mathematischer Gleichungen bezeichnet, deren Lsg. das Verständnis dieses Prozesses unterstützt.

Modellraum. Standardisierter Raum zur Durchführung von >Modellversuchen< unter kontrollierten Versuchsbedingungen. Die Ausmaße dieses Raumes reichen von Reaktionsgefäßen wie Exsikkatoren über Boxen (z. B. $50 \times 50 \times 50$ cm^3) bis hin zur Wohnraumgröße (>Clean Room<). Zur Ermittlung der >Innenraumbelastung< werden >Innenraumchemikalien< gezielt eingebracht und deren Verhalten unter Variation der das >Raumklima< beeinflussenden Parameter wie >Luftwechsel<, >Luftfeuchtigkeit<, Temperatur u. a. untersucht. Die vereinfachten technischen Anordnungen gewährleisten bei praktikabler Durchführbarkeit die Beurteilung einzelner Einflußgrößen in Abhängig-

keit anderer Versuchsparameter. Da die Komplexität der Vorgänge in Wohnräumen in Modellversuchen nicht quant. erfaßbar ist, müssen solche Untersuchungen im Laboratoriumsmaßstab in >Fallstudien< validiert werden.

Modellsimulation. Bezeichnet die quant. Darstellung des Verhaltens einzelner Komponenten oder Populationen bzw. des Verlaufes von deren Konz. in mehr oder minder komplexen ökologischen, hydraulischen oder technischen >Systemen< aufgrund von >mathematischen Modellen<.

Modellversuche. Experimente, mit denen komplizierte natürliche Prozesse in vereinfachter, überschaubarer Weise nachgebildet werden können. So bedient man sich z. B. bei der Untersuchung bodenchemischer oder bodenmineralogischer Probleme z. T. standardisierter Minerale oder Reaktionsbedingungen und eliminiert „störende" Begleitstoffe (z. B. >Huminstoffe<, Fremdionen). Oft werden M. zur Zeitraffung langsam ablaufender Reaktionen (Alterungs-, Auflösungsprozesse etc.) bei erhöhter Temperatur oder höheren Stoffkonzentrationen sowie unter Schütteln oder Rühren (Verkürzung der Diffusionswege) durchgeführt. Das Hauptproblem der M. liegt in der Regel in der Interpretation der Ergebnisse. So müssen bei den oben erwähnten Beispielen die Funktionen der Abhängigkeit von Temperatur und Konzentration und die zugehörigen Wechselwirkungen mit anderen Bodenbestandteilen bekannt sein, um aus den entsprechenden M. verläßliche Aussagen über die realen Verhältnisse zu gewinnen. Dies ist jedoch selten der Fall, so daß M. zwar bestimmte Aspekte natürlicher Prozesse richtig wiedergeben können, die Ergebnisse jedoch nicht ohne weiteres verallgemeinert werden dürfen.

Moder. Humustyp (>Humus<), dessen ökologische Eigenschaften etwa zwischen denen von >Mull< und >Rohhumus< liegen. Beim Moderprofil folgt auf die Streulage L ein Horizont, der sowohl humifiziertes Material als auch Blatt- und Nadelreste aufweist und der als OfOh bezeichnet wird. Gegenüber dem Rohhumus besitzt der M. eine höhere biologische Aktivität, v. a. der Bodenfauna. Daher ist die Grenze zum Mineralboden (Ah-Horizont, >Bodenhorizonte<) oftmals nicht ganz scharf zu erkennen. Im Ah-Horizont liegen Minerale und Huminstoffteilchen aus dem gleichen Grund gut vermischt vor; der Ah-Horizont ist jedoch nicht sehr mächtig. Der pH-Wert liegt oft im Bereich um 5, in neuerer Zeit (wohl durch die akute Luftverschmutzung) auch z. T. erheblich tiefer; das C/N-Verhältnis liegt etwa zwischen 20 und 30. Typisch für M. ist der „moderartige" Geruch, der auf Ausscheidungen von Bodenpilzen zurückzuführen ist. M. findet sich häufig in (Laub)wäldern in Böden aus eher nährstoffreichen Ausgangsgesteinen, die jedoch evtl. entkalkt und bereits versauert sind.

Moderator. Material, mit dem schnelle >Neutronen< auf niedrige Energien „abgebremst" werden, da bei niedrigen Neutronenenergien die Spaltung der U-235-Kerne mit besserer Ausbeute verläuft. U. a. werden leichtes Wasser, >schweres Wasser< und Graphit als Moderatoren verwendet.

Moderierung. Vorgang, bei dem die kinetische Energie der >Neutronen< durch Stöße ohne merkliche Absorptionsverluste vermindert wird. Die bei der Kernspaltung entstehenden energiereichen Neutronen (ca.

1 MeV) werden auf niedere Energien (ca. 0,025 eV) gebracht, da sie in diesem Energiebereich mit größerer Wahrscheinlichkeit neue Spaltungen auslösen.

Modifizierter Sturmtest. >Sturmtest<.

Mohnopumpe. Die M. zählt zur Gruppe der rotierenden Verdrängerpumpen. Zur Förderung von Flüssigkeiten und pastösen Stoffen, z.B. Klärschlamm. Die Hauptteile, die das von MOINEAU erfundene System bestimmen, sind ein rotierendes Teil, der „Rotor" und ein feststehendes, der „Stator", in dem sich der erstere drehend bewegt. Der Rotor ist als eine Art Rundgewindeschraube mit extrem großer Steigung, großer Gangtiefe und extrem kleinem Kerndurchmesser ausgebildet. Der Stator ist sozusagen die Schraubenmutter und weist im Gegensatz zum Rotor zwei Gewindegänge mit der doppelten Steigungslänge des Rotors auf. Dadurch bleiben zwischen dem Stator und dem darin sich drehenden und zusätzlich radial bewegenden Rotor Förderräume, die sich kontinuierlich von der Eintritts- zur Austrittsseite bewegen.

Mojave-Wüste. Trockene Region Ostkaliforniens, nördlich der St. Gabriel-St. Bernadino-Berge in den USA. In der Mojave-Wüste ging 1982 die >Solarturmanlage< Solar One mit 1 Mw Leistung als Versuchsanlage in Betrieb, die jedoch aufgrund ihrer Störanfälligkeit nach einigen Jahren wieder abgestellt wurde.

Molekularbewegung, Brown'sche. Ungeordnete Bewegung von Molekülen in der flüssigen und Gasphase, bezeichnet nach dem Botaniker Robert Brown, der dieses Phänomen zuerst an einer >Suspension< von Pollen-Körpern beobachtete. Es handelt sich um eine Wärmebewegung wie bei Molekülen von Gasen, Flüssigkeiten und Lösungen, deren Ursprung gemäß der kinetischen Gastheorie in der Wärmeenergie liegt. Konsequenzen ergeben sich für die >Gasdiffusion<, den >Osmotischen Druck< und der damit zusammenhängenden technischen Anwendungen: >Reversosmose<, >Ultrafiltration< u.a.

Molekularbiologie. Beschäftigt sich in Zusammenarbeit mit der Chemie sowie der Physik mit der Lösung biol. Fragestellungen auf molekularer Ebene. Heute liegen die Schwerpunkte der M. im Bereich der >molekularen Genetik< (Molekulargenetik), da gentechnische Verfahren zur Gewinnung von Mikroorganismen mit besonderen Fähigkeiten und ertragsstarker und resistenter Pflanzen besonders gefördert werden. Zudem gewinnen gentechnische Verfahren bei der Entwicklung neuer Arzneimittel und Impfstoffe oder neuer Therapiemethoden, sowie zur Veränderung der Eigenschaften von Lebensmitteln oder deren Inhaltsstoffen zunehmend an Bedeutung.

Molekulare Genetik. (Grch. genesis = Entstehung, Ursache; Syn. Molekulargenetik). Beschäftigt sich auf der Ebene molekularer Strukturen mit den grundlegenden Phänomenen der Vererbung. Dabei stehen Untersuchungen an >Nucleinsäuren<, die als Träger der genetischen Information anzusehen sind, im Vordergrund. Die m.G. ist eines der drei Teilgebiete der >Genetik<. Die anderen Teilgebiete sind die „Klassische Genetik", die sich mit formalen Gesetzmäßigkeiten (Mendel-Gesetze) der Merkmalsvererbung, insbesondere bei höheren Organismen, befaßt, und die „Angewande Genetik", zu der die >genetische Beratung<, die Abstammungsforschung, sowie die Pflanzen- u. Tierzüchtung gehören.

Molekulargewicht. (Syn. relative Molmasse, molare Masse). Summe der relativen Atomgewichte aller ein Molekül bildenden Atome. Das M. stellt die Masse eines Moleküls dar, bezogen auf das Kohlenstoffisotop 12. Einheit: g/mol.

Molkereiabwasser. Die Belastung von Molkereiabwasser ist überwiegend auf die Vermischung mit org. hochkonzentrierten Produktresten aus Reinigungsprozessen zurückzuführen und nur sekundär auf nicht verwertbare Produktreste und Reinigungsmittel. Zur Senkung der >Abwasserlast< sollten vorrangig innerbetriebliche Maßnahmen genutzt werden, weil zurückgehaltene Produkte fast stets verwertbar sind, und erst danach Verfahren zur >Abwasservor-< und >Abwasserbehandlung< angewendet werden. >Chem.-physikalische Verfahren< sind nur begrenzt einsetzbar, weil Molkereiabwasser überwiegend gelöste org. Verunreinigungen enthält. Diese sind mit >biol. Verfahren< leicht abbaubar, wenn die Besonderheiten des Molkereiabwassers, wie starke Konz.-Schwankungen (>BSB$_5$<, pH) und erhöhte Temperaturen, berücksichtigt werden. Während für die Vorbehandlung nur begrenzt wirksame Anlagen zur Verfügung stehen, haben sich für die Direkteinleiter vor allem schwachbelastete >Belebungsanlagen< und >zweistufige Anlagen< in Kombination mit >Kunststofftropfkörpern< bewährt.
Lit: Abwassertechnische Vereinigung (Hrsg.) (1982–1986) Lehr- und Handbuch der Abwassertechnik, 3.Aufl., Bd.1–7, Verlag von Wilhelm Ernst und Sohn, Berlin München.

Mollusca. >Mollusken<.

Mollusken. (Syn. Weichtiere). Bezeichnung für eine große Gruppe der Invertebraten, zu der u.a. die Schnecken (Gastropoda), >Muscheln< (Bivalvia) und die Tintenfische (Scaphopoda) gehören. Weltweit zählt die Gruppe ca. 130.000 Arten. M. sind bilateral-symmetrische oder sekundär asymmetrische, unsegmentierte Tiere. Die Haut ist reich an Drüsenzellen und sondert in der Regel eine Schale ab, die bei den Muscheln paarig, bei den Schnecken unpaar und bei den Tintenfischen ein sog. Schulp im Innern ist. Die Grundmasse der Schalen besteht aus >Conchagenen<. Die Schalen abgestorbener M. können ganze geologische Formationen, den sog. Muschelkalk, bilden. Einige M. orientieren sich magnetotaktisch mit Hilfe von Magnetitkristallen (>Magnetit<) in ihrem Körper. M. vermögen z.T. Perlen zu bilden, die sich meist im Mantel, d.h. in der fleischigen Schicht, die den inneren Schalenseiten anliegt, entwickeln. Hierzu gehört vor allem die tropische und subtropische Meeresmuschelgattung Pteria (Seeperlmuschel); weniger die Riesen- und Purpurschnecken und einige Tintenfischarten. Die einzige perlenbildende Süßwassermuschelgattung Europas ist Margaritifera (Flußperlmuschel). Chemisch bestehen die Perlen ebenso wie die Perlmutterschicht der Schalen aus ca. 96% >Calciumcarbonat<, die durch 2 bis 4% organische Bindemittel, Conchagene, zusammengehalten werden. Die Perlenbildung wird angeregt durch Verletzungen oder durch Milbeneier u.a. >Parasiten<, Sandkörner usw., die zwischen Schale und Mantel geraten. Im Bindegewebe werden die Fremdkörper von schalenbildenden Epithelzellen des Mantels umhüllt, die dann im Lauf von 10 bis 30 Jahren immer mehr Perlsubstanz in konzentrischen Schichten um den Fremdkörper abscheiden. Einige Muscheln produzieren oder speichern für einige Zeit die aus verschiedener Algennahrung aufgenommenen biogenen >Toxine<, z. B. >Saxitoxin<, >Gonyautoxine<, >Brevetoxin-B<. >Muschelvergiftungen< sind derart häufig, daß sie schon im 17. Jahrhundert als medizinisches Problem betrachtet wurden. Auch aus einigen Meeresschnecken der Familie Aplysiidae (Seehasen) sind sehr unterschiedlich physiologisch wirksame Stoffe isoliert worden, z. B. >Aplysiatoxin<. Weinbergschnecken sezernieren ein Lecitin. Andererseits können M. Schadstoffe aus der Umwelt anreichern, z. B. >Arsen<, >Cadmium< oder >Kohlenwasserstoffe< aus Erdölverschmutzungen (>Erdöl<) des Meeres. Landschnecken können z. T. erhebliche Fraßschäden an Pflanzen und Früchten verursachen, o. a. verschiedene Nacktschnecken-Arten. Weinbergschnecken als Beispiel für Gehäuseschnecken können pro Individium in einer Nacht bis 200 cm^2 Kopfsalat verzehren. Wasserbewohnende Schnecken sind nicht selten Zwischenwirte für infektiöse >Parasiten< bei Mensch und Tier, z. B. für den großen Leberegel (*Fasciola hepatica*) und für die Pärchenegel (Schistosomatidae). Letztere verursachen die >Schistosomiasis<, auch >Bilharziose< genannt. Zur Bekämpfung der Schadschnecken dienen >Molluskizide<. Einige M., z. B. Austern, Miesmuscheln, Tintenfische und Weinbergschnecken, sind gefragte Delikatessen.

Lit: Habermehl G (1987) Gift-Tiere und ihr Waffen, 4. Aufl., Springer Berlin Heidelberg – Teuscher E, Lindequist U (1988) Biogene Gifte, 1. Aufl., Akademie, Berlin – Remane A, Storch V, Welsch U (1986) Systematische Zoologie, 3. Aufl., Gustav Fischer, Stuttgart New York – Purchon RD (1977) The biology of the Mollusca. In: Kerkut GA (Hrsg.) International Series of Monographs in pure and applied Biology. Division Zoology 75, 2. Aufl., Pergamon Press, Frankfurt – Schikora G (1982) Umschau 82: 458–461 – Habermehl G, Krebs HC (1986) Naturwissenschaften 73: 459–470 – Yanagawa Y (1988) Biochemistry 27: 6256–6262 Theede H, Scholz N (1982) Naturwiss. Rdsch. 35: 286–292 – Benson AA, Summons RE (1981) Science 211: 482–483 – Scheuer PJ (Hrsg.) (1978–1983) Marine Natural Products, Bd. I–IV, Academie Press, New York – Scheuer PJ (1982) Naturwissenschaften 69: 528–533.

Molluskizide. Mittel zur Bekämpfung von >Mollusken<; im engeren Sinne: Schneckenvertilgungsmittel. Mollusken (u. a. Schnecken) spielen von allen Schädlingsarten in der Landwirtschaft nur eine untergeordnete Rolle als Fraßschädlinge, hier vor allem im Gartenbau und bei Zierpflanzen, obgleich das Schneckenproblem heutzutage als noch ungelöst gilt. Schnecken treten nämlich zeitweise in großer Zahl auf und können zu katastrophalen Schäden führen. Hier sind insbesondere die Feldschnecken zu erwähnen, die zu größeren Schäden führen können. Die graue Feldschnecke legt z. B. 200–400 Eier zwischen August und November.

Gegen >Landschnecken< verwendet man noch immer die herkömmlichen „Bierfallen" sowie Ködermittel mit Metaldehyd oder Mercaptodimethur (3,5-Dimethyl-4(methylthio)phenyl-methylcarbamat, Mesurol®, ein Kontakt- und Magengift). Im Intensiv-Pflanzenbau werden ferner Austrocknungsmittel, wie z. B. Calciumoxid (Quicklime) oder Calciumcyanamid eingesetzt.

Gegen >Wasserschnecken< werden seit langem Kupfersulfat und andere Kupfersalze sowie zinnorganische Verbindungen eingesetzt.

Besondere Aufmerksamkeit widmete man der Bekämpfung von Schistosomiasis-übertragenden Schnecken, den sog. >Vektoren<; diese sind die Ursache für die nach der Malaria am weitesten verbreitete Tropenkrankheit Bilharziose bzw. Schistosomiasis. Nachdem die entscheidende Rolle bestimmter Süßwasserschnek-

ken für die Übertragung der Schistosomen erkannt war (Bilharz, Miyairi, Suzuki, 1850, 1914), wurde 1962 im Wirkstoff Niclosamide, Bayluscid® (300 mg/1.000 L Wasser; LD$_{50}$: >5.000 mg/kg (Ratte, oral, akut)) das entscheidende Molluskizid entdeckt.

Für die Heilung der Bilharziose wird das von E. Merck und der Bayer AG gemeinsam entwickelte Antihelmintikum Biltricid®, Cesol®, Praziquantel erfolgreich eingesetzt.

Niclosamid, Ethanolaminsalz

Lit: Büchel KH (1983) Chemistry of Pesticides, Wiley, New York – Ullmanns Enzyklopädie der techn. Chemie (1979) Bd. 17, Verlag Chemie, Weinheim.

Molybdän (Mo). Chem. Element (s. Tabelle), dessen Anteil an der Erdkruste (obere 16 km) auf 0,0014 Gew.-% gschätzt wird. In der Natur kommt es nur gebunden vor; die größten Lager befinden sich in Colorado und Norwegen. Der Name leitet sich ab von grch. molybdaena bzw. molybdos = Blei, das ursprünglich für alle bleiartig abfärbenden Mineralien, wie Bleiglanz, Molybdänglanz u. a., benutzt wurde. Molybdän ist ein zinnweißes, hartes, sprödes, leicht legierbares Metall, das kubisch-raumzentriert krist. In reinem Zustand ist es rel. weich, dehnbar, gut wärmeleitend und auch bei hohen Temp. ziemlich fest. Beim Erhitzen wird es dunkelrot und oxidiert von ca. 600 °C an zu MoO$_3$, das bei ca. 800 °C sublimiert; für technische Verwendungen bei hohen Temp. muß das Metall deshalb durch Legieren oder Beschichten geschützt werden. Wegen der Ausbildung einer Passivierungsschicht ist Molybdän an der Luft und gegenüber nicht oxidierenden Säuren sehr beständig. Dagegen reagiert es leicht mit oxidierenden Säuren und bei erhöhter Temp. auch mit vielen Nichtmetallen. Die Verb. sind meistens farbig und in der 6wertigen Form am beständigsten. Verwendet wird Mo in der Stahlindustrie und für Legierungen, in Form seiner Verb. auch als Katalysator, für keramische Hilfsmittel, Korrosionsinhibitoren,

Molybdän (Mo): Physikalisch-chemische Daten von Molybdän

chem. Symbol	Mo
natürliche Isotope	92 (14,84 %), 94 (9,25 %), 95 (15,92 %), 96 (16,68 %), 97 (9,55 %), 98 (24,13 %), 100 (9,63 %)
Atomgewicht	95,94
Ordnungszahl	42
Elektronenkonfiguration	4 d^5 5 s^1
Wertigkeit in Verbindungen	0, +2, +3, +4, +5, +6
Smp.	2.620 °C
Sdp.	5.560 °C
Dichte	10,22
Mohshärte	5,5
wichtige Mineralien	Molybdänglanz (= Molybdänit, MoS$_2$), Wulfenit (= Gelbbleierz, PbMoO$_4$)

Gleichrichter, Reagenzien, Schmierstoffe und Pigmente. Als Bestandteil mehrerer >Enzyme<, wie Nitrogenase, Nitratreduktase und verschiedenen Oxidasen, ist Molybdän >essentiell< für alle Organismen. Bei Pflanzen sind Molybdän-Mangelkrankheiten bekannt. Der Mensch enthält ca. 5 mg Mo; der tgl. Bedarf liegt bei ca. 2 µg/kg KG. Die Aufnahme größerer Mengen von Molybdänverb. führt bei Tieren zu Durchfall und Wachstumshemmung. Beim Menschen äußert sich Molybdänüberschuß in Leber- und Nierenschäden sowie Störungen des Kupferstoffwechsels.

Lit: Holleman AF, Wiberg E, Wiberg N (1985) Lehrbuch der anorganischen Chemie. Walter de Gruyter, Berlin New York, S. 1096–1103 – Parker GA (1986) Molybdenum. In: Hutzinger O (Hrsg.) The Handbook of Environmental Chemistry, Springer, Berlin Heidelberg New York, S. 217–240 – Merian E (Hrsg.) (1984) Metalle in der Umwelt, Verlag Chemie, Weinheim – Kaim W, Schwederski B (1991) Bioanorganische Chemie, Teubner, Stuttgart, S. 221–240.

Monalid. Ein Herbizid aus der Gruppe der Harnstoffderivate, das vorwiegend beim Anbau von Möhren, Petersilie und Sellerie eingesetzt wird.

Monellin. Ein Protein aus dem Fruchtfleisch von *Dioscoreophyllum cumminsii*. Das Protein besteht aus zwei nicht kovalent miteinander verbundenen Peptidketten. Monellin hat einen süßen Geschmack. Als >Süßstoff< hat es keine große Bedeutung, da der Geschmackseindruck nur langsam einsetzt und auch wieder abklingt.

Monensin-Natrium. Das Ionophoren-Antibiotikum Monensin-Na wird durch *Streptomyces cinnamonensis* gebildet. Es hat geringe Aktivität gegen grampositive >Mikroorganismen< und ist gegen gramnegative, wie *E. coli*, Salmonella, Pseudomonas und Vibrionen nicht wirksam. Es wird als >Leistungsförderer< bei Mastrindern in einer Dosierung von 10 bis 40 mg/kg (auf >Alleinfuttermittel< umgerechnet) verabfolgt. Die praktische Dosierung im >Ergänzungsfuttermittel< beträgt für 100 kg Körpergewicht 140 mg und jeweils 10 kg über 100 kg zusätzlich 6 mg. Eine weitere Anwendung als >Futterzusatzstoff< hat Monensin-Na als >Coccidiostatikum<.

Monimolimnion. Tiefenwasservol. eines >meromiktischen< Sees, das nicht an der >Zirkulation< (>Mixis<) teilnimmt.

Monitor. Gerät zur Überwachung >ionisierender Strahlung< oder der >Aktivitätskonzentration< >radioaktiver Stoffe< z. B. in Luft oder Wasser, das eine Warnung bei Überschreitung best., einstellbarer >Grenzwerte< abgibt. Ein Monitor dient auch zur quant. Messung.

Monitoring. Analytische Überwachung der Konzentrationen von Stoffen, die in der Umwelt vorkommen. Bei Bedarf kann die analytische Kontrolle (Monitoring) flächendeckend sein, viele Probenarten umfassen und auch angemessene zeitliche Auflösung gewährleisten. Eine vergleichsweise exakte Kontrolle der Exposition einer Chemikalie ist nur möglich, wenn ihre tatsächliche Verteilung in der Umwelt gemessen wird. Durch die Errichtung eines Überwachungssystems (Monitoring) wäre dadurch die aktuelle Belastung der Umwelt mit Chemikalien feststellbar. Besondere Bedeutung kommt in diesem Zusammenhang der weiteren Entwicklung der Analytik zu, da oft nur kleine Probenmengen, verbunden mit sehr geringen Stoffkonzentrationen, zur Verfügung stehen. Wegen der vielfältigen Belastung der Umwelt durch chemische Stoffe ist in einem Überwachungssystem neben einer Einzel- und Mehrstoffbestimmung auch die Messung von aussagefähigen Summengrößen wichtig. Unter Berücksichtigung der Erfassung von Schadstoffbelastungen durch Wirkungskataster werden folgende Elemente für ein Überwachungssystem wichtig:

- Ermittlung der Konzentration einzelner bekannter Stoffe,
- Erfassung ganzer Chemikaliengruppen in Extrakten (z. B. polycyclische Aromaten, halogenierte Kohlenwasserstoffe) sowie deren analytische Auffächerung durch geeignete physikalisch-chemische Methoden,
- Beachtung der Korrelation zwischen Schadstoffbelastung (Rückstandskataster) und Wirkungskataster, wie etwa Boden/pH-Wert-Kataster.

Pflanzenschutzmittel: Im besonderen kann es sich dabei z. B. um die regelmäßig Erhebung von epidemiologischen Daten in Pflanzenbeständen mit dem Ziel der Optimierung produktionstechnischer Entscheidungen oder um Messungen zur Quantifizierung der Umweltbelastung mit >Xenobiotika< mittels Indikatororganismen oder chem. Verfahren handeln. In den letzten Jahren hat vor allem das Grundwassermonitoring im Rahmen der Novellierung der Trinkwasser-Verordnung (TrinkwV vom 22.05. 1986) an Bedeutung gewonnen. In der Trinkwasserverordnung werden u. a. die Grenzwerte für chem. Stoffe, die in der EG-Richtlinie 80/778/EWG vom Juli 1980 über die Qualität von „Wasser für den menschlichen Gebrauch" festgelegt wurden, im Trinkwasser angeführt, die bei >PSM< incl. tox. Hauptmetabolite sowie für polychlorierte bzw. polybromierte Biphenyle und Terphenyle bezogen auf die Einzelsubstanz einen (Vorsorge-)Grenzwert von nur 0,0001 mg/L vorsieht. In der Summe aller positiven Befunde darf eine Trinkwasserprobe lediglich 0,0005 mg/L enthalten.

Lit: Korte F (1987) Lehrbuch der ökologischen Chemie, Thieme, Stuttgart New York – Günther KO (1981) Erkennung der Umweltgefährlichkeit von Stoffen, Ullmans Enzyklopädie der technischen Chemie, Bd. 6, Umweltschutz und Arbeitssicherheit, S. 51–63.

Monitororganismen. 1. allgemein: (Lat. monitor = Mahner, Warner). Ermöglichten eine qual. und quant. Erfassung von >Schadstoffen< und sind somit zur >Immission<überwachung und zur Identifikation von Belastungsräumen geeignet. M. können entweder am natürlichen Standort entnommen oder nach standardisierten Verfahren exponiert werden. Man unterscheidet (a) *Wirkungsindikatoren*, die schon bei niedrigen Konz. mit der Ausbildung spez. Schadsymptome reagieren, wie z. B. die gegen >Ozon< empfindliche Tabakvarietät *Nicotiana tabacum* Bel W3, und (b) >*Akkumulationsindikatoren*<, die wie z. B. die >Moose< best. Schadstoffe ohne Symptomausbildung im Gewebe anreichern und sie somit analytisch erfaßbar machen.

2. Wasser: Sollen Schadstoffe aus dem umgebenden Wasser so anreichern, daß ihr analytisch bestimmbarer Gehalt an diesen Schadstoffen die Beurteilung der Belastungssituation einer Region ermöglicht. M. sollen u. a. seßhaft, zahlreich im Biotop und leicht zu sam-

meln sein sowie die zu bestimmenden Stoffe so stark anreichern, daß deren analytische Erfassung möglich ist.

Monoacylglyceride. Glycerinester, die meist im Gemisch mit >Diacylglyceriden< als synth. >Emulgatoren< eingesetzt werden.

Monodeponie. Im Sinne der >TA Abfall< eine oberirdische >Deponie< oder >Untertagedeponie< oder ein gesonderter Bereich einer Deponie, in der >Abfälle<, die aus einem definierten Produktions- bzw. Behandlungsverfahren oder aus der >Altlastensanierung< stammen, oder die nach Art und Reaktionsverhalten vergleichbar sind, zeitlich unbegrenzt abgelagert werden.

Monod-Gleichung. Es gibt in der Literatur verschiedene Darstellungen der >Enzymaktivität<. Eine sehr bekannte ist die graphische Darstellung der Monod-Beziehung (s. Abb.). Anstelle der >Reaktionsgeschwindigkeit< wird hier die >Wachstumsrate< der Mikroorganismen (μ) gegen die Substratkonz. (S) aufgetragen. Die allgemeinere Darstellung ist die der Reaktionsgeschwindigkeit. Die Abhängigkeit zwischen der Wachstumsrate und der Substratkonz. ist insofern spezieller, als die Wachstumsrate auch von der Reaktionsgeschwindigkeit der enzymatischen Reaktionen mit abhängt, d.h. die allgemeinere Darstellung Reaktionsgeschwindigkeit V gegen S geht in die speziellere mit ein. Die Darstellung der Monod-Beziehung zeigt, daß die Wachstumsrate solange in Abhängigkeit von der Substratkonz. verläuft, bis die Wachstumsrate kleiner als μ_{max} ist. Würde bei μ_{max} die Substratkonz. weiter erhöht, so wird sich lediglich die nicht verwertbare Substratmenge erhöhen.

Lit: Mudrack K, Kunst S (1991) Biologie der Abwasserreinigung, Gustav Fischer Verlag, Stuttgart New York.

Mono-Jetronic. Herstellerbezeichnung (Bosch) für >Zentraleinspritzanlage< für Ottomotoren.

monoklonal. (Grch. klon = Zweig, Schößling). Monoklonal ist ein Adjektiv, das auf die Herkunft aus einem >Klon<, meistens einem Zellklon, also einer erbgleichen Nachkommenschaft eines pflanzlichen oder tierischen Individuums hindeutet (z. B. >monoklonaler Antikörper<).

Monoklonaler Antikörper. >Antikörper<, der durch einen Zellklon (>Klon<) gebildet worden ist. Monoklonale Antikörper bieten die Vorteile einer hohen Reinheit und Selektivität gegenüber >Antigenen< sowie die Möglichkeit zur In-vitro-Produktion in Hybridomkulturen (>Zellkultur<, >Hybridom<). Beispiele für die Anwendung m. A. sind serologische Nachweismethoden (>Immunoassays<) für Östrogene, Blutgerinnungsfaktoren, Interferone oder Interleukine.

Lit: Primrose SB (1990) Biotechnologie: Grundlagen, Anwendungen, Perspektiven. Spektrum der Wissenschaft Verlagsgesellschaft mbH, Heidelberg – Campbell AM (1991) Monoclonal antibody and immunosensor technology. Elsevier, Amsterdam.

Monokotyle Pflanze. Einkeimblättrige Pflanze; >Monokotyledonen<.

Monokotyledonen. (Syn. Monokotylen, Einkeimblättrige, einkeimblättrige Pflanze, Monokotyledoneae; Gegensatz: >Dikotyledonen<). Klasse der Blütenpflanzen, deren Keimling nur ein Keimblatt (Kotyledon) ausbildet, welches sowohl als Laubblatt oder im Samen als Saugorgan ausgebildet sein kann. Die Primärwurzel ist kurzlebig und wird im Laufe der Zeit durch sproßbürtige Wurzeln ersetzt. Die Laubblätter der M. weisen im Gegensatz zu den Dikotyledonen meist unverzweigte, parallel verlaufende Hauptadern auf. Die Blüten sind vorwiegend aus dreizähligen Blütenorgankreisen aufgebaut. Die Leitbündel sind zerstreut über den Sproßquerschnitt angeordnet. Ein normales sekundäres Dickenwachstum tritt bei M. nicht auf. Zu den M. gehören Kräuter oder ausdauernde Pflanzen, die oft Knollen, Zwiebeln oder Rhizome ausbilden. In der Erdgeschichte sind sie, wie auch die Dikotyledonen, seit der „Unterkreide" (seit ca. 100 bis 130 Mio. Jahren) nachzuweisen (Fossilien).

Monokultur. Ist der Daueranbau einer Nutzpflanzenart über mehrere Jahre (Anzahl nicht definiert) auf derselben Fläche. Es gibt also keine >Fruchtfolge<. Man findet M. v. a. beim Anbau von z. B. Kaffee, Tee und Reis, im >Ackerbau< Deutschlands stellt M. die Ausnahme dar. Unter den Verhältnissen Mitteleuropas führt M. zu einem Anstieg des fruchtspezifischen Schaderregerbefalls und damit zum Ertragsabfall. M. kann auch zu Resistenzen von Schaderregern und zu einer Verschlechterung der >Bodenstruktur< führen. Allerdings hat sich gezeigt, daß M. von Weizen in Verbindung mit Zwischenfruchtanbau (>Zwischenfrucht<) bei verringertem Ertragsniveau möglich ist. Die Selbstverträglichkeit von Roggen dokumentiert der 100 jährige Roggenanbauversuch in Halle. Mais ist ebenfalls gut selbstverträglich. Sein Daueranbau bringt an entsprechenden Standorten v. a. Erosionsprobleme (>Erosion<). Grundsätzlich bedeutet M. eine Verringerung der Artenzahl auf dieser Fläche und erfordert für hohe Erträge mehr Regelungsaufwand durch den Landwirt.

Monolinuron. Wirkt als >Herbizid< und zählt zur Substanzklasse der Harnstoff-Derivate.
Chemische Bezeichnung: 3-(4-Chlorphenyl)-1-methoxy-1-methylharnstoff
CAS-Nummer: 1746–81–2
Hersteller: AgrEvo
Wirkungstyp: Selektives Vorauflauf-Herbizid. Aufnahme durch Blätter und Wurzeln. Der Transport im Xylem erfolgt akropetal. Hemmstoff der Photosynthese.
Bevorzugte Anwendung: Gegen Unkräuter in Kartoffeln, Spargel, Bohnen, Wintergerste, Winterweizen, im Weinbau; im Zierpflanzenanbau in Gladiolen nach dem Setzen. In Ziergehölzen ab 3. Standjahr.

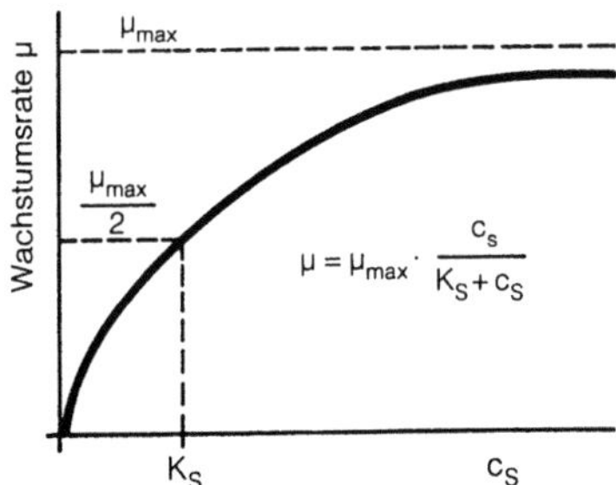

Monod-Gleichung: Grafische Darstellung der Monod-Beziehung. K_s = halbmaximale Konzentrationskonstante, C_s = Substratkonstante

Chemische und physikalische Eigenschaften:
Physikalische Beschaffenheit: Krist., farblos.
Schmelzpunkt: 79 bis 80 °C.
Verteilungskoeffizient (log $P_{o/w}$): ca. 2,2 bei pH 7 und 22 °C.
Dampfdruck: $5,1 \cdot 10^{-2}$ Pa bei 25 °C.
Stabilität: In saurem und alkal. Medium langsame Zers. Im trockenen, neutralen Bereich weitgehend stabil. UV-Licht beschleunigt Abbau.
Löslichkeit: In Wasser 580 mg/L bei 20 °C.
Abbau: Im Boden und Pflanze Abspaltung der Methyl- und Methoxyl-Gruppe am endständigen N-Atom, gleichzeitig Ringhydroxylierung unter Entstehen von 3-(2-Hydroxy-4-chlor-phenyl)-harnstoff und der entsprechenden 3-Hydroxy-Verb. Weiterer Abbau über das Anilinderivat und Ringspaltung. Nachwirkungsdauer im Boden etwa 3 bis 4 Monate (nach 3 kg/ha). Bei Ratten und Schweinen nach oraler Gabe rasche und weitgehend vollständige Absorption und schnell einsetzende, überwiegend renale Ausscheidung in Form von Konjugaten mit noch intakter Harnstoffstruktur am Ring. Die biochem. Umwandlung setzt sowohl an den aliphatischen Substituenten als auch am aromatischen Ring an.
Toxizität: Akute orale LD_{50} für Ratten 1.430 bis 1.660 mg/kg. Akute dermale LD_{50} für Ratte >2.000 mg/ kg. Inhalation LC_{50} (4 h) für Ratte >3,39 mg/L. Keine Haut- und Augenreizung bei Kaninchen. LD_{50} intraperitoneal für Ratte 600 und weibliche Kaninchen 336 mg/kg. Höchste unwirksame Dosis im 90-Tage-Fütterungsversuch für Ratten 50 mg/kg, für Hunde 25 mg/kg.
Bienentoxizität: Nicht bienengefährlich (B 4).
Fischtoxizität: Nicht fischgiftig. LC_{50} (96 h) für Regenbogenforelle 56 mg/L und Karpfen 74 mg/L.
Vogeltoxizität: Akute orale LD_{50} für Stockente >500 mg/kg und Japanische Wachtel >1.690 mg/kg.
Wirbellosentoxizität: EC_{50} (48 h) für *Daphnia magna* 32,5 mg/L.

Monolith. (Grch. monos = allein, einzeln; lithos = Stein, Gestein). Aus anstehendem Boden oder Gestein herauspräparierter Block unterschiedlicher Form und Größe als Denkmal oder zur Untersuchung der Prozesse in ungestörter Lagerung.

Monomere. 1. allgemein: M. sind niedermolekulare Verbindungen, die über geeignete Polyreaktionen (>Polyaddition<, >Polykondensation< und >Polymerisation<) zum Aufbau von >Makromolekülen< bzw. >Polymeren< beitragen. Sie liegen dann in letzteren als Grundbausteine vor z. B.

$n\,CH_2{=}CH_2$	$\rightarrow$	$-[\text{-}CH_2\text{-}CH_2\text{-}]_n$
Monomer		Grundbaustein des Polymers
Ethylen		Polyethylen

2. >Chemikaliengesetz<: Die weitaus meisten M. enthalten mehrere funktionelle Gruppen (z. B. Isocyanat-, Amino-, Hydroxy, Carboxy- oder C-C-Mehrfachbindungen), die sie befähigen, miteinander über Polyreaktionen zu reagieren. Dabei entstehen Polymerisate,

Polykondensate oder Polyaddukte, die – je nach Art der eingesetzten M. – linear, verzweigt oder dreidimensional vernetzt sein können. Polymerisate, Polykondensate oder Polyaddukte sind von der Anmeldepflicht für Neustoffe nach ChemG ausgenommen, sofern sie weniger als 2 Gew.-% eines neuen, nicht im Altstoffinventar >EINECS< aufgeführten Monomers in chem. gebundener Form enthalten. Im Gegensatz zu Polymeren unterliegen neue M. der vollen Anmeldepflicht, sofern keine Ausnahmegründe nach § 5 ChemG greifen (s. >Mitteilungen<). M. mit gefährlichen Eig. nach § 3 a >ChemG< sind einer entspr. >Einstufung<, >Verpackung< und >Kennzeichnung< zuzuführen, auch wenn es sich um >Altstoffe< handelt. Eine gesetzliche Verpflichtung zur >Prüfung< besteht allerdings nur für >neue Stoffe<.

Monomixis. Jährlich einmalige Zirkulation eines Sees, der somit monomiktisch ist. Monomiktisch sind Seen der subpolaren Regionen und des Hochgebirges mit M. im Sommer (kalt monomiktische Seen) und Seen vorwiegend der mediterranen und subtropischen Klimazone (warm monomiklische Seen). Aber z. B. auch der Bodensee-Obersee: infolge seiner großen Wassermasse und Tiefe erreicht er erst im Spätwinter >Homothermie< und >Mixis<, hat also nur eine Winterzirkulation.

Mononatriumglutamat. (MSG, Glutamat): Mononatriumsalz der Glutaminsäure, also einer >Aminosäure<. Die Anwendung erfolgt als >Geschmacksverstärker<. Der Zusatz von 0,2 bis 0,5 % MSG zu Trockensuppen, Fleisch-, Fisch- und Gemüsekonserven intensiviert den sensorischen Eindruck vor allem der „fleischartigen" Geschmackskomponenten. Die Wirkung ist pH-abhängig, da nur die im Bereich zwischen pH 5 bis pH 8 vorliegende Dissoziationsform die geschmacksverstärkende Wirkung besitzt. Bei der Aufnahme von Mengen >5 g kann es zu Symptomen wie Schwäche und Herzklopfen kommen. Dieses bezeichnet man auch als „Chinarestaurant-Syndrom", da in der chinesischen Küche viel mit Glutamat gearbeitet wird. In Kombination mit > 5'-Nucleotiden< tritt ein synergistischer Effekt ein.

monophag. Bezeichnung für die Spezialisierung eines Tieres auf die Ernährung von einer Pflanzenart bzw. einer Beuteart (Naturspezialist). Zu den monophagen Tieren gehören viele Pflanzen- und Tierparasiten. Gegensatz: >polyphag<.

Monophagie. >monophag<.

Monotonne. Zusätzlicher Abfallbehälter für die Erfassung eines einzigen Wertstoffes, z. B. nur Altpapier oder nur Altglas. Dieses System hat gegenüber dem >Gelben Sack< den Vorteil einer geringeren Verschmutzung des gesammelten Stoffes und der weniger aufwendigen Nachsortierung (>Nachsortieranlage<).

Monotyp. Bezeichnung für eine systematische Einheit (Taxon, >Taxonomie<), die in der nächstkleineren Einheit nur einen einzigen Vertreter hat, z. B. nur eine Art in einer Gattung oder innerhalb einer Ordnung nur eine Familie.

monotypisch. >Monotyp<.

montane Vergilbung. Vgl. >Magnesiummangel<, >Blattverfärbung<.

Monte-Carlo-Simulation. Eine Simulation, die mit Wahrscheinlichkeitsverteilungen anstelle fester Werte z.B. für die Anfangs- und Randbedingungen oder für die Leitfähigkeits- oder andere Parameter arbeitet. Sie erlaubt daher auch nur Wahrscheinlichkeitsaussagen für die Simulationsergebnisse. S.a. >deterministische< Simulationen.

Montmorillonit. Aufweitbares Dreischichtsilicatmineral der Smectitgruppe, das durch >isomorphen Ersatz< vorwiegend des Al (oktaedrisch) gekennzeichnet ist.

Monuron. Wirkt als >Herbizid< und zählt zur Substanzklasse der Harnstoff-Derivate.
Chemische Bezeichnung: N-(4-Chlorphenyl)-N',N'-dimethylharnstoff
CAS-Nummer: 150–68–5
Hersteller: Du Pont
Wirkungstyp: Wurzelherbizid, im allg. Vorauflauf- und Totalherbizid (Hemmstoff der Photosynthese).
Bevorzugte Anwendung: Vernichtung von Pflanzenbewuchs und Moos auf Wegen, Plätzen und Gleisanlagen; selektiv in Baumwolle und Zuckerrohr, Spargel und Ziersträuchern.

Chemische und physikalische Eigenschaften:
Physikalische Beschaffenheit: Krist., farblos.
Schmelzpunkt: 174 bis 175 °C.
Dampfdruck: $5 \cdot 10^{-7}$ hPa bei 25 °C.
Stabilität: Stabil in neutralem Medium bei Normaltemp. Wird langsam durch Säuren und Laugen hydrolysiert, rascher bei Erwärmung.
Löslichkeit: In Wasser 230 mg/L bei 25 °C.
Abbau: In Boden und Pflanze Entmethylierung des endständigen N-Atoms, gleichzeitig Ringhydroylierung unter Entstehen von 3-(2-Hydroxy-4-chlorphenyl)-harnstoff und der entspr. 3-Hydroxyverb. Weiterer Abbau über das Anilin-Derivat und Ringspaltung. Bei Ratten tritt die max. Blutkonz. 2 Stunden nach der oralen Verabreichung auf; danach verteilt sich der Wirkstoff gleichmäßig über den ganzen Körper. Die Ausscheidung erfolgt hauptsächlich mit dem Urin, aber auch mit der Milch bei laktierenden Tieren. Metabolisierung erfolgt beim Säugetier durch oxidative N-Demethylierung, Hydroxylierung des Phenylrings und Spaltung des Harnstoffs unter Bildung von Chloranilinen.
Toxizität: Akute orale LD_{50} für Ratten 3.600 mg/kg. Verfütterung von 500 mg/kg enthaltender Nahrung über 1 Jahr bzw. 250 mg/kg über 2 Jahre an Ratten und Hunde ergab keine Krankheitssymptome. Keine Hautreizung durch 33 %ige wäßrige Paste bei Meerschweinchen.
Bienentoxizität: Nicht bienengefährlich (B 4).
Fischtoxizität: Nicht fischgiftig. LC_{50} für Regenbogenforelle 76 mg/L (96 Stunden).

Moore. 1. allgemein: In der Nacheiszeit entstandene, mindestens 30 cm mächtige Torflager, die durch den unvollständigen Abbau von Pflanzenresten teilweise unter Sauerstoffabschluß entstanden sind und die eine charakteristische Vegetation aufweisen. Die beiden Haupttypen sind:

a. Flach-, Wiesen- oder Niederungsmoore (topogene M.) mit einer Wasserversorgung über Grundwasser und Niederschlag. Moore dieses Typs treten daher auch in niederschlagsarmen Gebieten auf. Untertypen:
– Verlandungsmoore, entstehen durch Verlandung stehender Gewässer. Typisch ist unter der Torfschicht eine mehr oder weniger mächtige Lage von Seesediment: >Mudde<;
– Quell- und Hangmoore im Bereich von Quellmulden und durchsickerten Hängen;
– Versumpfungsniedermoore auf Talsohlen und in Mulden, mit ebener oder konkaver Oberfläche.
b. Hochmoore (ombrogene Moore) mit meist aufgewölbter Oberfläche. Die Wasserversorgung erfolgt nur durch Regenwasser, Moore dieses Typs sind daher nur in humiden Gebieten ausgebildet.
Übergangsmoore liegen in ihren ökologischen Bedingungen zwischen beiden Typen und stellen oft auch ein Übergangsstadium in der Entwicklung eines Flachmoores zum Hochmoor dar. Die Vegetation der Moortypen ist sehr charakteristisch, besonders die der Niederungsmoore. Für die Hochmoore sind Torfmoose der Gattung Sphagnum typisch, die durch fortgesetztes apikales Wachstum die charakteristische Aufwölbung der Hochmoore verursachen. Sie sind >Kationenaustauscher< und führen durch Abgabe von >Protonen< zur Versauerung der Moore. Der pH-Wert liegt in Flachmooren etwa bei 5 bis 6, in Hochmooren zwischen 3,5 und 4,5. Der Torf entsteht dadurch, daß diese Moose an den basalen Teilen absterben und zus. mit anderen Pflanzenresten unter Sauerstoffabschluß nur teilweise zersetzt werden. Die Torfbilung beträgt nur 0,5 mm im Jahr. Im Gegensatz zu den Mooren kommt es in Sümpfen nicht zur Torfbildung. >Hochmoor<, >Niedermoor<.
2. Böden: Böden mit sehr hohen Gehalten an organischen Substanzen, die aus Mooren nach deren Entwässerung gebildet wurden. In den meisten Fällen ist die Ursache der Bildung von M. die Verbesserung der ökologischen Standortsbedingungen, z.B. Trockenlegung, Düngung oder pH-Erhöhung. Damit verbunden ist ein biologischer Abbau des >Torfs<, bei dem der gebundene Stickstoff als Nitrat im Grundwasser erscheint. Bei ursprünglich nährstoffarmen >Hochmooren< kann der so hervorgerufene Substanzverlust die Bodenoberfläche um mehrere cm pro Jahr absenken. Bei der landwirtschaftlichen Nutzung von M. muß berücksichtigt werden, daß Minerale mit einem Nachlieferungsvermögen von Pflanzennährstoffen weitgehend oder vollständig fehlen, diese Stoffe also entsprechend zugedüngt werden müssen. Neben den Hauptnährstoffen (K, Mg, P) betrifft dies vorwiegend die Spurennährstoffe, die, wie das Kupfer, entweder gar nicht vorhanden oder in komplexer Bindung nicht pflanzenverfügbar sind. Dieser Effekt hat allerdings auch zur Folge, daß Aluminiumtoxizität kaum auftritt, der optimale pH-Wert also tiefer sein kann als in humusarmen Mineralböden. Für die >Melioration< von Mooren für die landwirtschaftliche Nutzung gibt es eine Reihe z.T. sehr alter Verfahren (z.B. Sandmischkultur, Deckkultur, Tiefpflügen), die meist den Mineralanteil erhöhen und damit Wasserhaushalt und Nährstoffnachlieferung verbessern sollen.
Lit: Göttlich K (1990) Moor- und Torfkunde, 2.Aufl., Schweizerbart, Stuttgart.

Moose. Die Abteilung Bryophyta zählt zus. mit den >Farngewächsen< zum Organisationstyp der Archegoniaten, d. h. als Geschlechtsorgane werden Archegonien (weibl.) und Antheridien (männl.) ausgebildet. Außerdem entwickelt sich ähnlich wie bei den Farngewächsen und >Samenpflanzen< die befruchtete Eizelle zu einem vielzelligen Embryo, der von der Mutterpflanze ernährt wird. M. zählen zu den einfachsten Landpflanzen. Die Bevorzugung feuchter >Biotope< zeigt, daß sie bei ihrer Anpassung an das Landleben die Perfektion z. B. der Samenpflanzen nicht erreicht haben. So ist ihre Befruchtung noch von der Anwesenheit von tropfbarem Wasser abhängig, außerdem haben sie einen instabilen, schlecht regulierten Wasserhaushalt. >Leitbündel< fehlen, und die >Cuticula< ist meist recht zart. Deshalb trocknen sie bei ungünstiger Wasserversorgung reversibel ein, d. h. sie sind poikilohydre Pflanzen. Ihre Vegetationskörper ist einfacher gebaut als der >Kormus< der höheren >Pflanzen<, und in ihrem Lebenszyklus dominiert der Gametophyt, d. h. die haploide Generation. Man unterscheidet nach dem Aufbau Laub-, Leber- und Hornmoose. M. werden als Monitororganismen (Akkumulationsindikatoren) herangezogen.

Moosmilben (Oribatida). >Acarina< (s. Abb. S. 223).

Morbidität. Anzahl der Erkrankungen an einer bestimmten Krankheit, im allgemeinen bezogen auf 100.000 Personen der Bevölkerung in einem bestimmten Zeitraum (meist 1 Kalenderjahr); >Inzidenz<, >Prävalenz<. Probleme ergeben sich z. B. aus der Einordnung der einzelnen Person in Kategorien – gesund oder krank –, insbesondere bei chronischen Krankheiten mit unsicherem Auftreten von Krankheitssymptomen, und mit der Zuverlässigkeit und Vergleichbarkeit von diagnostischen Verfahren.

Morin. Eine Komponente des Lebensmittelfarbstoffs >Schokoladenbraun<.

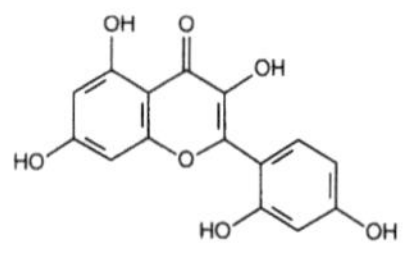

Morphin. >Morphium<.

Morphin Base. >Morphium<.

Morphium. (Syn. Morphin). Wichtigstes >Alkaloid< des >Opiums<; wird meist als Salz (Morphinum hydrochlorium) als narkotisches Schmerzmittel angewandt und weist ein starkes Suchtpotential auf (s. a. >Suchterkrankungen<). Typisch für die Morphinabhängigkeit ist eine extreme Toleranzentwicklung, die Anfangsdosis muß nach ca. 2 bis 3 Wochen bis auf des Zehnfache gesteigert werden und kann dabei leicht die kritische Dosis – bis zu Atemlähmung und Tod – erreichen. Bei längerer Dauer der Abhängigkeit kommt es zu schneller Abmagerung und allgemeinem Kräfteverfall. Durch verunreinigte Spritzen kann es zur Übertragung von Infektionskrankheiten wie >Hepatitis< (Leberentzündung) und >AIDS< kommen.

Lit: Zankl H, Zieger G (1987) Gesundheitslehre, VCH, Weinheim.

Morphogenese. Gestalt- oder Formbildung während der Entstehung von Lebewesen. Die M. ist i. allg. mit einer Zellvermehrung im Zuge einer embryonalen oder postembryonalen Entwicklung verbunden, z. T. auch bei einer vegetativen Fortpflanzung. Neben der Zellteilung spielen Zellverformungen und Zellwanderungen bei Tieren eine wichtige Rolle. Während der M. laufen Determinations-, Induktions- und Differenzierungsprozesse ab. Die Steuerung erfolgt durch das >Genom< im Zusammenspiel mit äußeren Faktoren. Die M. wird durch körpereigene *morphogenetische Substanzen* beeinflußt, die auf weitgehend unbekannte Weise wirken. Bei Wirbeltieren wird dem Kollagen eine solche Wirkung zugeschrieben. Morphogenetisch können aber auch verschiedenste synthetische Substanzen wirken, die u. U. zur Mißbildung von Embryonen führen; bekanntestes Beispiel ist das Arzneimittel Contergan.

Morsleben. >ERAM<.

Mortalität. Anzahl der Todesfälle durch eine bestimmte Krankheit, im allg. bezogen auf 100.000 Personen der Bevölkerung in einem bestimmten Zeitraum (meist 1 Kalenderjahr). Besonders bewährt haben sich >epidemiologische< Mortalitätsstudien zur Untersuchung langfristig auftretender gesundheitlicher Schädigungen, z. B. zum Nachweis einer Frühsterblichkeit durch bestimmte Gesundheitsrisiken.

Moskito. Oder Stechmücken, Familie Culicidae, gehörten zu den Diptera (Zweiflügler). Von den 2.500 bekannten Arten gibt es in Mitteleuropa 50. Nur die Weibchen saugen Blut, so daß sie auch für die Übertragung von Krankheiten bei den befallenen Warmblütern verantwortlich sind. Die bekannteste durch M. vermittelte Krankheit ist die tropische Malaria. Die Larven entwickeln sich in stehenden Gewässern und Sümpfen.

Motorenfamilie. Im Fahrzeugbau übliche Bezeichnung für Motoren gleicher Grundbauart, die in versch. Fahrzeugtypen eingebaut werden. Für Motoren aus gleicher M. gilt u. U. die gleiche Abgaszulassung.

Motorgeräusch. >Geräusch<.

Motorkapselung. >Geräuschkapselung<.

Motormanagement. Im weitesten Sinne jegliche Art von automatischen Regelungen und Steuerungen zur Erreichung einer optimalen Betriebsweise vor allem zur Erfüllung von Umweltzielen; z. B. bei >Öko-Polo<, >elektronischer Einspritzung<, >elektronischer Zündung<, >Abgaskontrollsystemen<.

Motoroctanzahl (MOZ). Kennzahl für die >Klopffestigkeit< von >Ottokraftstoffen<. Wird nach ISO 5163 bestimmt, >Octanzahl<.

Motoröl. Das zum Betrieb von >Verbrennungsmotoren< erforderliche M. ist für die Umwelt von großer Bedeutung. Entspr. leistungsfähiges M. ermöglicht lange Wechselintervalle und somit geringere Belastung durch >Altöl<. Gebrauchtes M. muß umweltschonend wiederaufgearbeitet, >Zweitraffinat<, bzw. entsorgt werden. Die Leistungsfähigkeit von M. wird durch aufwendige Herstellung und Additivierung sichergestellt, >Leichtlauföl<.

Motronic. Herstellerbezeichnung (Bosch) für mikroprozessorgesteuerte bzw. -geregelte Benzineinspritzanlage mit integrierter Zündung (s. Abb. S. 787).

MOZ. >Ortszeit<.

MOZ. Motor Octanzahl. >Octanzahlen< .

MPG. Max-Planck-Gesellschaft e. V., München.

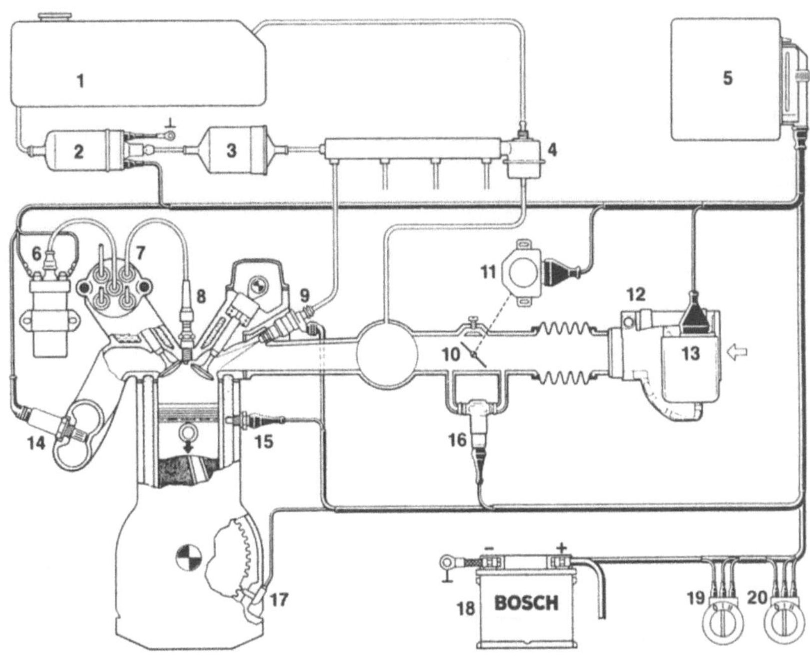

Motronic: Schema einer Motronic-Benzineinspritzung. *1* Kraftstoffbehälter, *2* Elektrokraftstoffpumpe, *3* Kraftstoffilter, *4* Druckregler, *5* Steuergerät, *6* Zündspule, *7* Hochspannungsverteiler, *8* Zündkerze, *9* Einspritzventil, *10* Drosselklappe, *11* Drosselklappenschalter, *12* Luftmengenmesser, *13* Potentiometer und Lufttemperaturfühler, *14* Lambda-Sonde, *15* Motortemperaturfühler, *16* Leerlaufdrehsteller, *17* Drehzahl- und Bezugsmarkengeber, *18* Batterie, *19* Zünd-Start-Schalter, *20* Klimaschalter (aus: Bosch (Hrsg.) (1987) Autoelektrik, Autoelektronik, ISBN 3-18-419 106–0, VDI-Verlag, Düsseldorf)

MPG. Miles Per Gallon. In USA übliche Angabe des Kraftstoffverbrauchs von Fahrzeugen.

MPI. Max-Planck-Institut.

MPN. (Syn. wahrscheinlichste Zahl, „*M*ost *P*robable *N*umber"). Statistisch abgesicherter Wert für die Anzahl von Mikroorganismen in einem definierten Wasservolumen. >Koloniezahlbestimmung<, >Keimzahlbestimmung<.

MR-Verfahren. Verfahren der Simmering-Graz-Pauker AG [Wien – inzwischen umbenannt in AE-Energie und Tochter von Babcock-Borsing-Power] zur Abgasreinigung, das mit einer Auslaugung der Rückstände arbeitet (>Abgasreinigung<). Das Waschwasser aus der zweiten Wäscherstufe zur SO_2-Abscheidung wird getrennt mit Schlacke und Filterstaub bzw. Kesselasche gemischt, wobei leicht lösl. Bestandteile von Asche und Schlacke aufgenommen werden. Dadurch steigt der pH-Wert des Wassers, es kann nach einer Sedimentation erneut im SO_2-Wäscher verwendet werden. Auf diese Weise wird SO_2 mit hohem pH-Wert besonders gründlich abgeschieden, gleichzeitig kann ein Großteil der Kalkzugabe eingespart werden. Die Gipsbildung findet dabei im Naßentschlacker statt, der Gips kann mit der Schlacke entsorgt werden. Durch diese Verfahrensführung kann die Filterkuchenmenge auf bis zu 5 bis 10 % reduziert werden. Im Filterstaub noch enthaltene schwer lösl. Bestandteile können dann wie beim 3R-Verfahren mit dem sauren

Waschwasser der ersten Stufe extrahiert werden. Die gelösten Schwermetalle werden dann in der Abwasseraufbereitung abgeschieden, sie können mit metallurgischen Prozessen zurückgewonnen werden.
Lit: Prospekt und Referenzliste über Rauchgasreinigungsanlagen hinter Müllverbrennungen, MR-Verfahren der Simmering-Graz-Pauker AG, Wien.

MSTS. >Multi-Service-Transportsystem<.

MTBE. >Methyl-*tert*-butylether<.

MTR. Materials Testing Reactor; Reaktor zur Materialuntersuchung mit hoher >Neutronenflußdichte<.

Mucor. >Fungi< (s. Abb. S. 469).

Mudde. Feinkörnige bis tonige, überwiegend org. Seesedimente in Mooren, die durch Verlandung stehender Gewässer entstanden sind. Die M. liegen dementsprechend unter der Torfschicht. Ihre Farbe ist im Gegensatz zum Torf grau-grün bis braun, ihre Konsistenz plastisch-elastisch. Die Leber-M. sind gummiartig elastisch (Konsistenz erinnert an die von Leber) und offenbar besonders reich an unvollständig zersetzten org. Resten. Je nach dem überwigenden anorg. Anteil liegt Kalk-M., Ton-M., in >dystrophen< Seen auch Torf-M. vor. Die M. sind für die >Paläolimnologie<, für die Moorgeschichte und die menschliche Urgeschichte als Zeithorizont von großer Bedeutung.

Mücken. >Diptera<.

Müll. Wörtl.: Staub (norddeutsch: Mölm), in der Umgangssprache gebräuchlich für >Abfall<.

Müllabfuhr. Einsammeln und Transport von >Hausmüll<, >Sperrmüll< und hausmüllähnlichen >Gewerbeabfällen<. Die M. wird teils von der öffentlichen Hand, teils von beauftragten Dritten durchgeführt. Die Abfuhr von Hausmüll erfolgt durch das Sammeln und Umleeren von genormten Abfallbehältern (>Mülltonnen<, >Müllgroßbehälter<, >Müllsäcke<) in >Müllfahrzeugen< nach einem festen Zeitplan. Die Abfuhr von Sperrmüll und hausmüllähnlichen Gewerbeabfällen geschieht nach unterschiedlichen Zeitplänen oder nach Bedarf.

Mülldeponie. >Deponie, geordnete<.

Mülldreieck. Aus dem M. ist in Abhängigkeit vom Gehalt an Brennbarem, Wasser und >Asche< ablesbar, ob der Müll ohne Zusatzbrennstoff brennen wird. Nur Müll mit einer Zus. innerhalb des starkumrandeten Polygons, d. h. mit weniger als 50 % Wasser, weniger als 60 % Asche und mehr als 25 % Brennbarem wird selbstgängig brennen. Diese Zus. weist v. a. auf Grund von Papier- und Kunststoffverpackungen der europäische Hausmüll auf, während der japanische Hausmüll wegen hohen Wassergehalts (durch vegetabile Substanzen) teilweise nicht selbstgängig brennt (s. Abb. unten).
Lit: Thomé-Kozmiensky KJ (1983) Müllverbrennung und Rauchgasreinigung, EF-Verlag, Berlin.

Müllgebühr. >Abfallgebühr<.

Müllgroßbehälter (MGB). Rollbare Abfallbehälter mit 120, 240 und seltener 360 l Inhalt aus Kunststoff mit 2 Rädern und 660, 770, 1100, 2500 und 5000 l Inhalt aus Kunststoff oder feuerverzinktem Stahlblech mit 4 Rädern. Die Fertigung in Kunststoff hat den Vorteil des geringeren Gewichtes und der Korrosionsbeständigkeit. Die rechteckigen MGB sind so gefertigt, daß bei der Entleerung über die >Schüttung< der Sammelfahrzeuge eine Staubentwicklung weitgehend vermieden wird. Die MGB werden i. d. R. im sog. Umleerverfahren entleert, d. h. der Behälter wird in das Sammelfahrzeug entleert und verbleibt beim Abfallerzeuger. Ausnahme kann die Sammlung von Gewerbe- und Industrieabfällen bilden, dort werden vielfach M. im Wechselverfahren eingesetzt, d. h. der volle M. wird gegen einen leeren M. ausgetauscht. Die MGB sind genormt: MGB 120/240 nach DIN 30740, MGB 1100 nach DIN 30700 und MGB 2500/5000 nach DIN 30737.

Müllheizwert. Der Brennwert H_o (früher oberer Heizwert) ist definiert als der Quotient aus der bei vollständiger Verbrennung eines festen Brennstoffes freiwerdenden Wärmemenge und der Masse des Brennstoffes, wenn die Temperatur des Brennstoffes vor dem Verbrennen und die seiner Verbrennungserzeugnisse 25 °C beträgt, und wenn das vor dem Verbrennen im Brennstoff vorhandene Wasser und das beim Verbrennen gebildete Wasser in fl. Zustand vorliegen. Außerdem müssen die Verbrennungserzeugnisse des Kohlenstoffs und des Schwefels als Kohlendioxid und Schwefeldioxid in gasförmigem Zustand vorliegen. Eine Ox. des Stickstoffs darf nicht stattgefunden haben. Ggf. muß eine Rückrechnung erfolgen. Der (untere) Heizwert H_u unterscheidet sich vom Brennwert H_o nur dadurch, daß das Wasser nach der Verbrennung in dampfförmigem Zustand vorliegt, d. h. der Heizwert ist um die Verdampfungswärme des Wassers niedriger als der Brennwert. Für feste Brennstoffe sind die Vorschriften zur „Bestimmung des Brennwertes mit dem Bomben-Kalorimeter" in der DIN 51900 bzw. ISO/R 1928 festgelegt. Der Müllheizwert schwankt örtlich und jahreszeitlich unter Umständen sehr stark und liegt häufig zwischen 6 und 12 MJ/kg. Die einzelnen Müllbestandteile (>Müllzusammensetzung<) haben folgende Heizwerte (s. Tabelle).

Müll-Klärschlamm-Kompost. >Kompost<, hergestellt aus unsortierten >Siedlungsabfällen< und kommunalem >Klärschlamm<; wird wegen zu hoher Schwermetallgehalte und unkalkulierbarer Belastung mit toxischen org. Verbindungen nicht mehr hergestellt.

Müllkompost. >Kompost<, hergestellt aus unsortierten >Siedlungsabfällen<; wird – wie >Müll-Klärschlamm-Kompost< – wegen zu hoher Schwermetallgehalte und unkalkulierbarer org. Belastungen nicht mehr hergestellt.

Müllsäcke. Säcke mit zumeist 60 oder 110 L Rauminhalt aus Polyethylen, die innerhalb einer Kommune für eine zusätzliche Abfallentsorgung verkauft werden. Die Entsorgungsgebühr wird über den Verkaufspreis miterhoben. M. sind genormt nach DIN 55465. Teilweise werden M. zur Erfassung von >Wertstoffen< eingesetzt (>gelber Sack<).

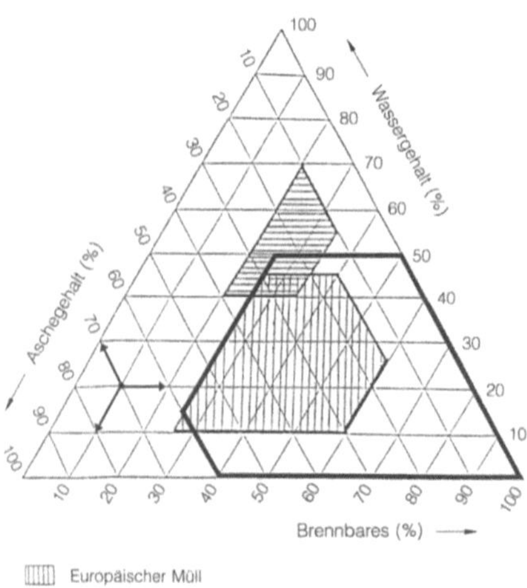

Mülldreieck (aus: Thomé-Kozmiensky, 1983)

Müllheizwert [Aus: Bilitewski B et al. (1990) Abfallwirtschaft – Eine Einführung, Springer-Verlag, Berlin Heidelberg]

Müll-Fraktion	Heizwert [kJ/kg]
Papier und Pappe	10.700
Kunststoffe	31.300
Textilien	13.000
Vegetabilien	6.300
Verbundstoffe	21.300
Glas	−380
Metalle	−380
Mineralien	−380
Problemstoffe	−380

Müllsickerwasser. >Sickerwasser< aus Abfalldeponien.

Müllsortierung. S. >Abfallsortierung<.

Mülltonne. Umgangssprachliche Bezeichnung für Hausmüllsammelbehälter. In ländlichen Gebieten sind teils noch M. mit 35, 50 und 110 l Fassungsvermögen aus feuerverzinktem Stahlblech oder Kunststoff im Gebrauch. Die M. weisen keine Räder auf und müssen daher zum Sammelfahrzeug getragen oder in Schräglage getreidelt werden. Nachdem sie für dichtbesiedelte städtische Gebiete unwirtschaftlich sind, werden dort >Müllgroßbehälter< eingesetzt.

Müllumschlaganlage. S. >Abfallumschlaganlage<.

Mülluntersuchung. >Abfallanalyse<.

Müllverbrennung. >Abfallvorbehandlung, thermische<, >Verbrennung<.

Müllverbrennungsanlagen. Man unterscheidet Anlagen zur Hausmüllverbrennung, das sind v. a. >Roste< und Anlagen zur Sonderabfallverbrennung, wofür v. a. >Drehrohröfen< eingesetzt werden. Für spezielle Zwecke werden auch >Wirbelschichten< und >Etagenöfen< verwendet. S. a. >Verbrennung< und >Thermische Abfallbehandlung<.

Müllverdichtung. >Einbau, hochverdichtet<.

Müllvergasung. >Abfallvorbehandlung, thermische<, >Vergasung<, >Thermo-Select-Verfahren<, >Noell-Konversions-Verfahren<.

Müllvolumen. >Abfallvolumen<.

Müllzusammensetzung. S. >Hausmüllzusammensetzung<.

MUF. Material unaccounted for (nicht nachgewiesenes Material); Begriff aus dem Bereich der >Kernmaterialüberwachung<. MUF ist die Differenz zwischen dem realen Bestand und dem Buchbestand an Kernmaterial.

Mulchen. Verfahren zum Schutz der Bodenoberfläche gegen Austrocknung oder Erosion oder zur Unkrautbekämpfung, bei dem der Boden mit Pflanzenresten oder anderen organischen Substanzen abgedeckt wird. Hierfür werden häufig Ernterückstände entweder direkt auf der Fläche belassen oder nachträglich wieder ausgebracht. Mit gleichem Erfolg können auch im Herbst frostempfindliche Pflanzen (z.B. Senf oder Phaezelia) angebaut werden, die im Winter abfrieren und dann ebenfalls als Mulch wirken.

Mulchsaat. >Bodenbearbeitung, konservierende<.

Mull. Humustyp (>Humus<), der besonders günstige ökologische Eigenschaften des Standorts widerspiegelt. Das Profil des M. besteht aus einer Streulage (L-Horizont; >Bodenhorizonte<), die wegen des raschen Biomasseabbaus nicht das ganze Jahr über vorhanden ist, und einem relativ mächtigen Ah-Horizont. Dieser ist durch relativ hohe Nährstoffgehalte (C/N-Verhältnis zwischen 10 und 20) und durch eine vollständige Vermischung der >Huminstoffe< mit den Mineralteilchen gekennzeichnet. M. entsteht bei hoher biologischer Aktivität, nährstoffreicher, leicht abbaubarer Streu und pH-Werten im Bereich des Neutralpunkts. Durch die in neuerer Zeit rasch fortschreitende Bodenversauerung wurden mullartige Humusformen jedoch auch bei pH-Werten deutlich unter 7 gefunden.

Mull-Moder-Modell. Diese beiden natürlich vorkommenden >Humusformen< sind bodenbiol. Kontraste. Der >Mullboden< ist von >Bakterien<, >Mikrofauna< und >Makrofauna< stark beeinflußt. Mineralbodenwühler sind häufig. Im dauerfeuchten >Moderboden< dominieren >Pilze< sowie die >Mikro-< und >Mesofauna<. Der Mineralboden wird nur von sehr wenigen spezialisierten Tierarten besiedelt. Das Modell stellt die Grundlage zur bodenbiol. Betrachtung des >Edaphons< aller Böden dar (s. Tabelle S.790).
Lit: Schaefer M, Schauermann J (1990) The soil fauna of beech forests: comparison between a mull and a moder soil, Pedobiologia 34: 299–314.

Multibarrierensystem. Zusammenwirken von >geologischen Barrieren<, >geotechnischen B.< und >technischen B.<, die einzeln oder gemeinsam (auch bei Versagen einer einzelnen Barriere) eine unzulässige Freisetzung und Ausbreitung von Schadstoffen verhindern. Bestandteile des M. können beispielsweise sein: >Abfallart< und -form, >Behälter<, >Hohlraumverfüllung<, >Wirtsgestein<, >Deckgebirge<, >Schachtverschluß<.

Multi-Fuel-Concept (MFC). Fahrzeug mit >Ottomotor<, das wahlweise mit >Alkoholkraftstoff< oder handelsüblichem >Ottokraftstoff< zu betreiben ist (s. Abb. S.790). Das M. ist für die Einführungsphase von Alkoholkraftstoffen z.B. in Kalifornien vorgesehen, um Sicherheit für den Betreiber bei evtl. Versorgungsproblemen mit einer Kraftstoffsorte zu bieten. Das Konzept enthält einen >Alkoholsensor<, der die Zus. des Kraftstoffs für die Gemischbildungsanlage ermittelt, >Alkoholmotor<.
Lit: Decker G, Heinrich H, Kammann U, Steinke D (1991) The Volkswagen Multi Fuel Concept, ISAF, International Symposium on Alcohol Fuels, 12–15.11. 1991, Florenz – Decker G, Degen A, Heinrich H (1991) Stand der Multi Fuel-Motorentechnik bei Volkswagen, 3. Aachener Kolloquium „Fahrzeug- und Motorentechnik", 15–17.10. 1991: 363–382.

Multigruppenmodell. Rechenmodell, das eine >Neutronen<population in eine endliche Anzahl von Energiegruppen einteilt. Jeder Energiegruppe wird eine einzelne effektive Energie zugeordnet.

Multiple Chemical Sensitivity (MCS). Im Zusammenhang mit der >Innenraumbelastung< durch >Innenraumchemikalien< beschreibt MCS eine Hypersensibilisierung exponierter Personen gegenüber diversen Chemikalien. Eine Initialwirkung kann bereits durch eine einmalige Exposition gegenüber Chemikalien in hoher Konzentration (z.B. Anwendung von >Holzschutzmitteln<) ausgelöst werden, aus der eine Überempfindlichkeit gegenüber einer Vielzahl von Stoffen (z.B. >Haushaltschemikalien<, >Kosmetika<, >Putzmittel<, >Tabakrauch<), verbunden mit unspezifischen körperlichen Reaktionen ähnlich wie beim >Sick Building Syndrom< (z.B. Müdigkeit, Kopfschmerzen, Schleimhaut- und Augenreizungen, Hautreaktionen), resultiert.

Multiple lineare Regression. Ein Regressionsansatz, bei dem mehrere als stetig (homogen) angenommene Zufallsvariable P,Q,R, ... in Wertegruppen p_1, q_1, r_1; p_2, q_2, r_2; p_3, q_3, r_3; etc. so vorliegen, daß jede herausgegriffene Zufallsvariable P statistisch als linear abhängig von den anderen Variablen dargestellt werden kann.

Multiplikationsfaktor. Verhältnis der >Neutronen<zahl in einer Neutronengeneration zur Neutronenzahl in

Mull-Moder-Modell: Artenzahl (S), Jahresdurchschnitt der Siedlungsdichte (N, Individuen $\times$ m^{-2}) und Biomasse (B, mg Trockenmasse $\times$ m^{-2}) der wirbellosen Bodentiere in Rotbuchenwäldern (Melico-Fagetum des Göttinger Waldes auf Kalk und Luzulo-Fagetum des Solling). Geändert nach Schaefer und Schauermann 1990, s. Mull-Moder-Modell

Tiergruppe	Kalkbuche Göttingen nährstoffreich			Moderbuche Solling nährstoffarm		
	S	N	B	S	N	B
Mikrofauna						
Flagellaten	–	$2,7 \times 10^9$	54	–	–	–
Nacktamöben	–	$3,5 \times 10^9$	1.133	–	–	–
Schalenamöben	65	84×10^6	343	51	57×10^6	256
Strudelwürmer	3	859	8	3	1.882	4
Fadenwürmer	65	732.000	146	26	2.500.000	0,24 FW
Bärtierchen	4	4.207	4	–	41[a]	9[a]
Ruderfußkrebse	–	3.873	2	1	3.300[a]	0,6[a]
Saprophage und Mikrophytophage Mesofauna						
Enchytraeiden	36	22.300	600	15	108.000	1.640
Hornmilben	61	25.900	180	72	101.810	195
Schildkrötmilben	11	3.390	26	4	1.525	–
Zwergfüßer	2	57	–	1	–	–
Doppelschwänze	–	161	–	>1	277	–
Beintaster	–	2.481	–	>1	278	–
Springschwänze	48	37.835	153	>11	63.000	246
Zoophage Mesofauna						
Raubmilben	67	2.620	45	13	10.800	397
Saprophage Makrofauna						
Schnecken	30	120	430	4	0	0
Regenwürmer	11	205	10.700	4	19	168
Asseln	6	286	93	0	0	0
Doppelfüßer	6	55	618	1	0	0
Schnellkäferlarven	11	37	104	5	332	706
Zweiflüglerlarven	37[b] (>245 spp.)	2.843	161	40[b]	7.415	628
Zoophage Makrofauna						
Webespinnen	102	140	47	93	462	173
Pseudoskorpione	3	35	16	2	89	10
Weberknechte	8	19	11	4	20[a]	6[a]
Hundertfüßer	10	187	265	7	74	155
Laufkäfer	24	5	144	26	7	93
Kurzflügelkäfer	85	103	76	117	314	180

[a] Einzelwerte, [b] Anzahl Familien, FW = Frischgewicht

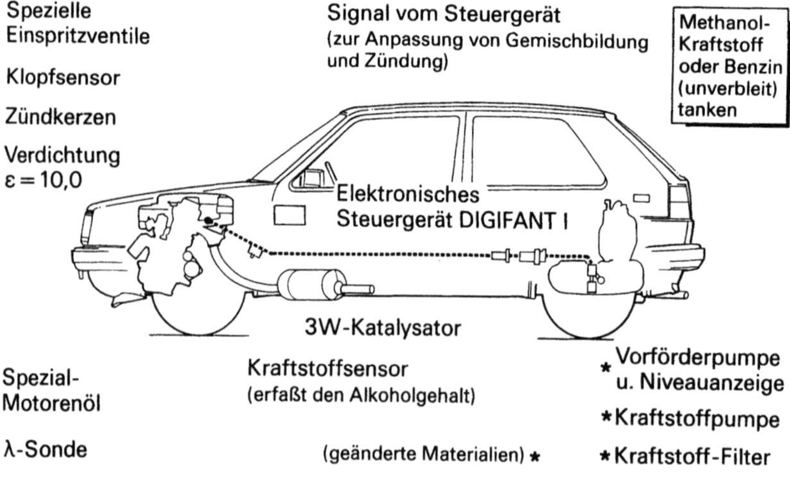

Multi-Fuel-Concept (MFC): Prinzip eines Multi Fuel Concepts für Methanol- und Benzinbetrieb (Decker G, Heinrich H, Kammann U, Steinke D (1991) The Volkswagen Multi Fuel Concept, ISAF. International Symposium on Alcohol Fuels, 12–15.11. 1991, Florenz)

der unmittelbar vorhergehenden Generation. >Kritikalität< eines >Reaktors< tritt ein, wenn dieses Verhältnis gleich 1 ist.

Multi-Service-Transportsystem (MSTS). Sammel- und Transportsystem für Abfälle, bei dem durch den Wechsel von Fahrzeugaufbauten die Fahrzeuge für die unterschiedlichsten Aufgaben eingesetzt werden können. Kernstück ist dabei ein Umleerverfahren, bei dem die >Müllgroßbehälter< nicht mehr vom Personal zur Entleerung hinter das Fahrzeug gestellt werden, sondern der Fahrer mit einem Ladearm vom Fahrzeugstand aus die Entleerung vornimmt. Für kleinere Abfallbehälter werden auch Systeme für die seitliche Entleerung in das Müllfahrzeug angeboten.

Mururoa. Atoll in Französisch-Polynesien, Südpazifik, rund 500 km östlich von Neuseeland; >Kernwaffentestgebiete<.

Musca domestica. (Syn. Große Stubenfliege). Innerhalb der Insekten zu der Ordnung der Diptera, d.h. Zweiflügler, gehörende Fliegenart. Die Mundwerkzeuge sind leckend, die Vorderflügel häutig, die Hinterflügel zu Schwingkölbchen mit Steuerungs- und Gleichgewichtsfunktion reduziert. M.d. ist an den unmittelbaren Lebensbereich des Menschen gebunden. Sie legt ca. 1.000 Eier. Die madenartigen Larven entwickeln sich u.a. in >Exkrementen< von Haustieren und Menschen; sie können aber vorübergehend auch gastrointestinal in verschiedenen Wirten leben, d.h. Myiasis durch Larven. Die Imagines leben an verschiedenen Nahrungs- und Genußmitteln, aber auch an eiternden Wunden, Kot- und Abfallhaufen. Dadurch sind sie als Überträger von z.B. Tuberkulose, Typhus, Salmonellen und Poliomyelitis besonders geeignet. Die Anwesenheit der Stubenfliege ist oft auf mangelnde >Hygiene< zurückzuführen. Dem Schutz vor der Stubenfliege oder deren Bekämpfung dienen u.a. Insektenabwehrmittel, >Insektizide<, der >Lockstoff< >Muscalur< und die mechanisch wirkenden Fliegenfänger, also mit Haftklebstoffen bzw. Hartharz, Leinöl, Honig und dergleichen beschichtete Papierstreifen. Muscaron®-Fliegenstreifen sind mit >Fenthion< und >Dichlorvos< beschichtete Streifen zur Fliegenbekämpfung in Stallungen. Schließlich wird M.d. als Testorganismus genutzt, z.B. um die insektizide Wirksamkeit von Chlorden-Isomeren zu bestimmen.

Lit: Remane A, Storch V, Welsch U (1986) Systematische Zoologie, 3.Aufl., Gustav Fischer, Stuttgart New York – Skidmore P (1985) The Biology of the Muscidae of the world, Ser. Entomol. Dordrecht – Jacobs W, Renner M (1988) Biologie und Ökologie der Insekten, 2.Aufl., Gustav Fischer, Stuttgart New York – Busvine JR (1980) Insects and Hygiene, Chapman and Hall, London – Eichler W (1980) Grundzüge der veterinärmedizinischen Entomologie. Ausgewählte Beispiele wichtiger Parasitengruppen, Gustav Fischer, Jena – Korte F, Klein W, Parlar H, Scheunert I (1980) Ökologische Chemie. Grundlagen und Konzepte für die ökologische Beurteilung von Chemikalien, 1.Aufl., Georg Thieme, Stuttgart New York – Gäb S, Cochrange WP, Parlar H, Korte F (1975) Z. Naturforsch. 30b: 239–244.

Muscalur. Chemische Bezeichnung: *cis*-9-Tricosen. $C_{23}H_{46}$. >Lockstoff< der Stubenfliege >*Musca domestica*<, der sich als artspezifisches Fliegenbekämpfungsmittel eignet. M. wird unter dem Handelsnamen Muscamone vertrieben.

$$H_3C(CH_2)_{12} \quad (CH_2)_7CH_3$$

Lit: Sirrenberg W (1977) Weitere Bekämpfungsmethoden. In: Büchel KH (Hrsg.) Pflanzenschutz und Schädlingsbekämpfung, 1.Aufl., Georg Thieme, Stuttgart, S.101.

Muschelkalk. Mittlere geologische Abteilung der Trias, in der etwa vor 215 bis 205 Mio. Jahren z.T. sehr reine Kalksedimente abgelagert wurden.

Muscheln. >Mollusken<.

Muschelvergiftungen. Vergiftungen, zu denen es gelegentlich nach dem Genuß normalerweise eßbarer Muscheln (Austern, Miesmuscheln, Venusmuscheln u.a.) kommt. Die saisonal auftretende passive Giftigkeit verläuft parallel zu Massenvermehrungen best. Dinoflagellaten, die von den planktonfiltrierenden Muscheln mit der Nahrung aufgenommen werden. Diese Algenblüten können in fast allen Weltmeeren vorkommen, sind aber in den Küstenbereichen am häufigsten. Besonders groß ist die Gefährdung in den Monaten Mai bis September. Nach den Symptomen unterscheidet man drei Formen mit unterschiedlich schwerem Verlauf. Während die gastrointestinale und die erythematöse Form rel. mild verlaufen und meistens schnell abklingen, ist die Lähmungsvergiftung in der Regel sehr schwer und in ca. 8 % der Fälle tödlich. Die Toxine, die die Lähmungsvergiftung bewirken, werden möglicherweise nicht von den Dinoflagellaten selbst produziert, sondern von symbiontischen Bakterien. Die Strukturen sind in der Tabelle (s. unten) dargestellt. Bei >Saxitoxin< (LD_{50}(Maus) = ca. 10 µg · kg^{-1}), den >Gonyautoxinen< und den >Brevetoxinen< (LD_{50} = 0,5 mg/kg) handelt es sich um Nervengifte; durch die ersteren werden die Na$^+$-Kanäle der Nervenmembrane reversibel blockiert, während die Brevetoxine eine Öffnung der Na$^+$-Kanäle bewirken. Dagegen ist die Wirkungsweise der Okadainsäurederivate und

Muschelvergiftungen: Überblick über die beiden wichtigsten Formen von Muschelvergiftungen

Vergiftungsform	Symptome	Dinoflagellaten	Toxine Strukturformel s. o.
Gastrointestinale Vergiftung (diarrhetic shellfish poisoning)	Übelkeit, Erbrechen, Durchfall, Unterleibsschmerzen	*Prorocentrum lima, P. minimum, Dinophysis fortii, D. acuminata*	Okadainsäure Dinophysistoxine, Pectenotoxine
Lähmungsvergiftung (paralytic shellfish poisoning)	kribbelndes Gefühl im Gesicht, das sich über den Körper ausdehnt und in Taubheit übergeht, Schwäche, Gleichgewichtsstörungen, Kopf- und Muskelschmerzen, erhöhter Puls, in schweren Fällen Sehstörungen und Tod durch Atemlähmung	*Gonyaulax catenella Gonyaulax tamarensis Gymnodinium breve*	Saxitoxin Gonyautoxine Brevetoxine

Okadainsäure: R_1 = H, R_2 = H
Dinophysistoxin-1: R_1 = H, R_2 = CH_3
Dinophysistoxin-3: R_1 = H_3CCO, R_2 = CH_3

Okadainsäure und Derivate

Saxitoxin

Pectenotoxine

Brevetoxin B und C

BTX-B: R = $-CH_2-C(=CH_2)-CHO$

BTX-C: R = $-CH_2-C(=O)-CH_2Cl$

Übersicht über die Gonyautoxine

	R_1	R_2	R_3	R_4
Gonyautoxin-I	—H	—OH	—H	$-OSO_3^-$
Gonyautoxin-II	—H	—H	—H	$-OSO_3^-$
Gonyautoxin-III	—H	—H	$-OSO_3^-$	—H
Gonyautoxin-IV	—H	—OH	$-OSO_3^-$	—H
Gonyautoxin-V	$-SO_3^-$	—H	—H	—H
Gonyautoxin-VI	$-SO_3^-$	—OH	—H	—H
Gonyautoxin-VIII	$-SO_3^-$	—H	$-OSO_3^-$	—H

der Pectenotoxine weniger gut untersucht. Die Brevetoxine (chem. Formeln s. oben) sind auch für Fische sehr giftig, so daß eine starke Vermehrung von *Gymnodinium breve* mit einem Massensterben von Fischen verbunden ist. Beispielsweise wurden nach offiziellen Schätzungen bei den Algenblüten 1971 und 1973 an der Golfküste Nordamerikas Hunderte Tonnen von Fisch vergiftet.

Lit: Mebs D (1989) Gifte im Riff, Wissenschaftliche Verlagsgesellschaft, Stuttgart, S. 77–80 – Kremer BP (1981) Toxische Planktonalgen, Naturwissenschaften 68: 101–109.

Muskovit. Hell gefärbter >Glimmer< mit der Formel $KAl_2Si_3AlO_{10}(OH)_2$, der meist im Verlauf der Metamorphose entsteht.

Mutagen. (Lat. mutatio = Veränderung, Wechsel). Agens, das in der Lage ist, >Mutationen< auszulösen. Dies kann durch direkte Reaktionen mit den genetischen Erbinformationsträgern (Nucleinsäuren) oder indirekt durch Beeinträchtigung der Chromosomenverteilung während der Kernteilung verursacht werden. Weiterhin gibt es die Möglichkeit, daß mutagene Wirkungen sek. über zellinterne Reaktionsprodukte vermittelt werden. (>Mutagenität<).

Mutagenese. (Grch. genesis = Entstehung, Ursache). Bezeichnet den Vorgang der Entstehung (Reaktionsablauf, Wirkungsprinzip) einer >Mutation< infolge der Einwirkung eines >Mutagens<.

Mutagenität. Fähigkeit chemischer oder physikalischer >Noxen<, etwa Chemikalien oder Strahlung, die Erbanlagen einer Zelle oder eines Organismus zu schädigen. Träger der genetischen Information ist die DNA (Desoxyribonukleinsäure), die durch mutagene Noxen entweder direkt oder in ihrer Organisationsform verändert wird. Man unterscheidet:
1) Genmutation (Punktmutation), bei der die DNA direkt betroffen ist durch a) Basenaustausch (Änderung der Nukleotidfolge bei gleichbleibender Nukleotidanzahl innerhalb der DNA), b) Rastermutation (Basenverlust, Basenzufügung);
2) Chromosomenmutation, bei der eine Änderung der Struktur der Chromosomen eingetreten ist durch a) Deletion (Segment-, Operonverlust), b) Duplikation (Segmentverdoppelung), c) Translokation (Positionswechsel von Segmenten), d) Inversion (Drehung eines Segments um 180 Grad);
3) Genommutation (Polyploidie), bei der eine Änderung der Anzahl der Chromosomensätze im Zellkern vorliegt.
Aufgrund des gleichen Angriffspunktes im Organismus korrespondiert die Mutagenität häufig mit der

>Carcinogenität<. Zwischen M. und Carcinogenität besteht oft ein biochem. oder mindestens statistisch nachweisbarer Zusammenhang. So können Mutagenitätstests auch als orientierende Untersuchung zum Nachweis karzinogener Wirkungen dienen. Der bekannteste Test zum Nachweis der M. einer Agens ist der >AMES-Test<.

Lit: Stephan U, Elstner P (1985) Fachlexikon ABC Toxikologie, Verlag Harri Deutsch, Thun Frankfurt.

Mutante. (Lat. mutatio = Veränderung, Wechsel). Zelle oder Individuum, bei der/dem eine >Mutation< aufgetreten ist. Infolge dessen unterscheidet sich die M. in mindestens einem >Gen< von dem häufigsten und ursprünglichen >Genotyp<, dem Wildtyp (Syn. Stammform, Standardtyp).

Mutation. (Lat. mutatio = Veränderung, Wechsel; Syn. Allogonie, Idation). Sprunghafte Änderung der qualitativen oder quantitativen Struktur und Wirkung eines oder mehrerer Erbfaktoren (>Gen<). Als M. wird eine Veränderung der Erbinformation im allg. nur dann bezeichnet, wenn die veränderten Informationen auch replizierbar, d. h. vererbbar sind (s. a. >Punkt-Mutation<, >Chromosomenaberration<, >Chromosomendeletion<).

Lit: Lewin B (1991) Gene – Lehrbuch der molekularen Genetik, 2. Aufl., VCH Verlagsgesellschaft, Weinheim.

Mutationsrate. (Syn. Mutationshäufigkeit, Mutationsfrequenz). Häufigkeit, mit der in einem bestimmten >Gen< innerhalb einer Population eine >Mutation< auftritt. Als Häufigkeit wird hier die Anzahl der Mutationen je Generationsdauer angegeben. Die spontane oder natürliche M. schwankt je nach Gen zwischen 10^{-4} und 10^{-9} (>„hot spot"<). Eine M. von 10^{-4} entspricht dem Auftreten einer Mutation auf 10.000 Individuen. Die M. kann durch die Einwirkung von bestimmten >Mutagenen< um mehrere Zehnerpotenzen erhöht werden. Für manche empfindliche Gene können die M. in Experimenten bis auf Werte von 10^{-2} erhöht werden. Diese M. wird auch als Experimentalrate, besser aber als Experimental-M. bezeichnet.

Mutterkorn. Das M. stellt das Sklerotium, die Dauerform des Pilzes *Claviceps purpurea* dar, der sich in der Getreidefrucht entwickelt und diese zerstört. Er findet sich vor allem beim Roggen. M. ist ein dunkelvioletter, bis über 3 cm langer kolbenförmiger Körper, auf dessen Entfernung geachtet werden muß, da er sehr giftige Stoffe enthält. Diese bestehen aus verschiedenen Alkaloiden. Diese Bestandteile des M. üben eine starke Wirkung auf den Uterus aus, können zum Verwerfen führen und sind daher bei tragenden Tieren besonders schädlich. Des weiteren können allgemeine Störungen und Schädigungen auftreten, wie Schwindelanfälle, Erbrechen, Kolik und schließlich der Tod. Werden im Pflanzenbau keine >Fungizide< eingesetzt, so ist die Gefahr der M.-Bildung erhöht.

Muttermilch. M. wird in den Brustdrüsen der Frau gebildet und dient der Ernährung des Säuglings. Wertvolle Inhaltsstoffe sind Zucker, Fette, Proteine, >Spurenelemente<, >Vitamine< und Abwehrstoffe. In den ersten Tagen der Geburt wird Kolostralmilch sezerniert, die sich von der eigentlichen M. durch höhere Gehalte an Immunglobulinen, Leukocyten, Mineralien und Vitaminen unterscheidet. Neben diesen Inhaltsstoffen können auch andere Stoffe wie Medikamente, Alkohol und >Umweltchemikalien< wie >Organochlorverb.< über das Blut zum Brustdrüsengewebe transportiert werden und in die M. gelangen. In M.-Proben nachgewiesene >Kontaminationen< bewegen sich für >Pentachlorphenol< in einem weiten Konz.-Bereich von 0,03 bis 2,8 µg/kg M. Für Organochlorinsektizide ist oftmals mit einer höheren Belastung zu rechnen. (s. Abb.). Außerdem können im Fettgewebe angereicher-

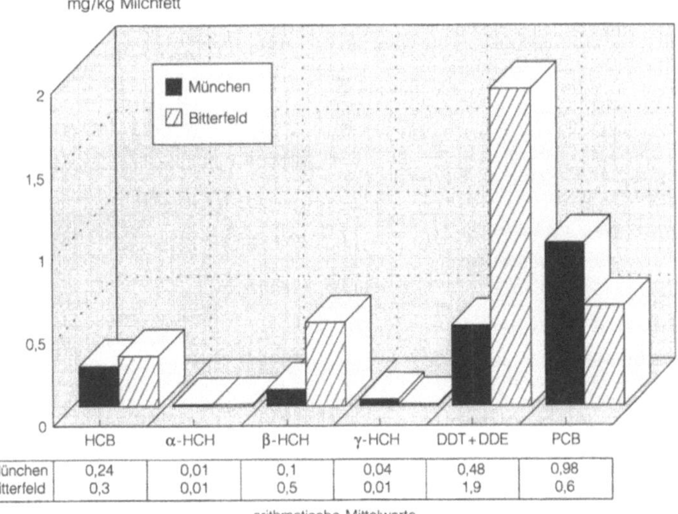

	HCB	α-HCH	β-HCH	γ-HCH	DDT+DDE	PCB
München	0,24	0,01	0,1	0,04	0,48	0,98
Bitterfeld	0,3	0,01	0,5	0,01	1,9	0,6

Muttermilch: Pestizid- und PCB-Gehalte in Frauenmilch – Vergleich München/Bitterfeld – (Vergleich: PCDD/PCDF-Gehalte in Muttermilch aus Bayern beträgt 10 bis 32 ng TCDD-TEQ/kg Milchfett) (aus: S. Ehrenstorfer et al., Öff. Gesundh.-Wes. 53, 784–791, 1991)

te >lipophile< Verb. während der Laktation durch Abbau von Fetten mobilisiert und vom Säugling mit der M. aufgenommen werden. Neben der Aufnahme von Umweltchemikalien mit der Nahrung stellt auch die >Innenraumbelastung< mit >Innenraumchemikalien< (>Pentachlorphenol<, >Lindan< u. a.) einen wesentlichen >Expositionspfad< dar.

Mutternuklid. Radioaktives >Nuklid<, aus dem ein Nuklid (Tochternuklid) hervorgegangen ist; z. B. zerfällt Po-218 (Mutternuklid) zu Pb-214 (Tochternuklid).

MVA. >Müllverbrennungsanlage<.

MVEG. Motor Vehicle Emission Group, EG-Behörde.

MWd/t. Megawattag je Tonne; Einheit für die je Tonne >Kernbrennstoff< während der Einsatzzeit im >Reaktor< abgegebene thermische Engergie; >Abbrand<.

MWe. Megawatt elektrisch; elektrische Leistung eines >Kraftwerkes< in Megawatt. Die elektrische Leistung eines Kraftwerkes ist gleich der thermischen Gesamtleistung multipliziert mit dem >Wirkungsgrad< der Anlage. Der Wirkungsgrad bei Kraftwerken mit >Leichtwasserreaktoren< beträgt 33 bis 35% gegenüber bis zu 40% bei modernen kohle-, öl- oder gasgefeuerten Kraftwerken. >Kernkraftwerke< mit >Schnellen Brutreaktoren< und >Hochtemperaturreaktoren< erreichen ebenfalls Wirkungsgrade von 40%.

MWth. Megawatt thermisch; Gesamtleistung eines >Kernreaktors< in Megawatt. >MWe<, >Wirkungsgrad<.

MWV. Mineralöl-Wirtschaftsverband. Dachverband deutscher Mineralölfirmen.

Mycel. Die Gesamtheit aller >Hyphen< eines >Pilzes< in Form eines Geflechtes oder Netzes. Hyphen als längliche Zellenverbände sind Wachstumsformen von Fadenpilzen wie z. B. Aspergillum. Hyphen entstehen durch Spitzenwachstum mit zentripetaler Teilung. In sauren Wald- oder Graslandböden bewirkt das M. oft durch die Vernetzung der Mineralteilchen eine erhebliche Steigerung der Gefügestabilität (>Bodengefüge<). Auch in den Humushorizonten von Waldböden stabilisiert ein M. oft humifiziertes und fermentiertes Streumaterial und unterstützt so einen Schutz der Böden vor Austrocknung und Erosion (>Bodenerosion<).

mycetophag. = pilzfressend.

Mycetophilidae (Pilzmücken). M. sind mit vielen Arten und hohen Siedlungsdichten wichtige Totsubstanzfresser der Landökosysteme, aber auch spezialisiert an Pilzen u. a. >Bodenfauna< (s. Abb. S. 218).

Myclobutanil. Wirkt als >Fungizid< und zählt zur Substanzklasse der Azole.
Chemische Bezeichnung: 2-(4-Chlorphenyl-2-(*1H*-1,2,4-triazol-1-ylmethyl)hexannitril
CAS-Nummer: 88671–89–0
Hersteller: Rohm & Haas
Wirkungstyp: Systemisches Fungizid mit protektiver und kurativer Wirkung. Hemmstoff der Ergosterol-Biosynthese.
Bevorzugte Anwendung: Gegen eine Vielzahl verschiedener pilzlicher Krankheiten im Getreide, Obst- und Weinbau.

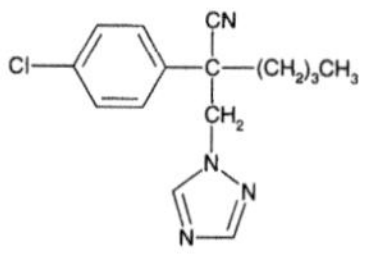

Chemische und physikalische Eigenschaften: Schwachgelbe Kristalle mit einem Schmelzpunkt von 63–68 °C.
Dampfdruck: 0,213 mPa bei 25 °C.
Verteilungskoeffizient (log Po/w): 2,94 bei pH 7 und 25 °C.
Löslichkeit: In Wasser 142 mg/L bei 255 °C.
Stabilität: Wäßrige Lösungen zersetzen sich unter dem Einfluß von Licht.
Abbau und Metabolismus: Im Boden Abbau über hochpolare Verbindungen entsprechender Triazole und weiterer Abbau durch Ringspaltung. Die HWZ beträgt im lehmigen Boden 66 Tage. In Tieren und Pflanzen Abbau durch Oxidation an der Butylgruppe zu einem Keton und einem Alkohol, der teilweise zu einem Glukosid konjugiert.
Säugertoxizität: Akute orale LD_{50} für männliche Ratte 1.600 und weibliche Ratte 2.290 mg/kg. Akute dermale LD_{50} für Kaninchen. Geringe Augenreizwirkung bei Kaninchen. 3-Monate-Fütterungstest NOEL für Ratte und weiblichen Hund 100 mg/kg Futter. ADI-Wert 0,03 mg/kg KGW.
Bienentoxizität: Nicht bienentoxisch.
Fischtoxizität: LC_{50} (96 h) für Forelle 2,4 mg/L.
Vogeltoxizität: Akute orale LD_{50} für Japanische Wachtel 510 mg/kg.
Wirbellosetoxizität: LC_{50} (48 h) für *Daphnia magna* 11 mg/L.

Mycoherbizid. Formulierte Sporensuspension von Pflanzenpathogenen, die anwendungstechnisch wie ein Herbizid gehandhabt wird. >Biologischer Pflanzenschutz<.

Mycotoxine. >Mykotoxine<.

Mykorrhiza. (Grch. mykes = Pilz; rhiza = Wurzel). Bezeichnet eine >Symbiose< zwischen >Pilzen< und >Wurzeln< höherer >Pflanzen<. Sie dient der Wasser- und Mineralsalzversorgung der höheren Pflanze, während der Pilz hauptsächlich >Photosynthese<-Produkte von der Wirtspflanze erhält und diese gegenüber bodenbürtigen Pathogenen schützt. Man unterscheidet zwei Grundtypen (s. Abb.): 1. Die >Ektomykorrhiza<, bei der die Hauptmasse der Pilzhyphen vorwiegend an der Wurzeloberfläche als Pilzmantel wächst und von dort aus in das umgebende Substrat sowie zu den >Interzellularen< der äußeren Wurzelschicht vordringt, wo die >Hyphen< als >Hartigsches< Netz die Rindenzellen umgeben. Diese Mykorrhizaform ist für Waldbäume typisch; sie gedeihen ohne Pilzpartner oft kümmerlich. Als Symbiosepartner fungieren meist >Basidiomyceten<, z. B. Röhrlinge, Täublinge, Ritterlinge u. v. a., die außerhalb der Symbiose nicht zum Fruchten kommen. Eines der Frühsymptome der „neuartigen" Baumerkrankungen ist der Rückgang der Ektomykorrhiza. 2. Die >Endomykorrhiza< bildet keinen Pilzmantel, vielmehr dringen die Hyphen *in* die Zellen der Rindenschicht ein, wo sie allerdings von Matrixmaterial und der Wirtszellwand umgeben sind. Zu den wichtigsten Formen der Endomykorrhiza zählt a) die >VA-Mykorrhiza< (vesikulär-arbusculär, wegen der typischen Hyphenanschwellungen und Verzweigungen in

den Wirtszellen), die bei den meisten Kulturpflanzen (Ausnahmen >Zuckerrübe< und Weißer Senf) sowie v. a. >Bäumen< und >Sträuchern< vorkommt. Als Pilzpartner fungieren >Zygomyceten< (Glomales) aus sieben Gattungen, darunter *Glomus, Gigaspora* und *Acaulospora*. VAM-Pilze lassen sich nicht außerhalb der Symbiose kultivieren. In der Praxis werden sie zur Verbesserung der Pflanzenernährung und der Pflanzengesundheit genutzt. b) Bei der Orchideenmykorrhiza fungieren bei heimischen Orchideen v. a. Rhizoctonia-Arten (imperfekte >Basidiomyceten<) als Pilzpartner. Mykorrhizierte Wurzeln lassen eine äußere Pilzwirts- und eine innere Pilzverdauungszone erkennen, was auf Vorteile für die höhere Pflanze hinweist. Frühstadien der Samenkeimung (Protokorme) sind vollständig auf die Ernährung durch den Pilz angewiesen; hier fungiert der Pilz als Wirt, die Orchidee mit geringen Einschränkungen als >Parasit<.
Lit: Varma A, Hock B (1998) Mycorrhiza. 2nd ed., Springer-Verlag, Berlin Heidelberg New York Tokyo.

Mykotoxine. (Grch. mykes = Pilz; toxikon = Gift). Sek. >Metaboliten<, die von >Pilzhyphen< abgegeben und bei höheren Tieren und beim Menschen zu Vergiftungen führen, wenn infizierte Nahrungsmittel verzehrt werden. Die Mykotoxinproduktion erfolgt meist in späteren Stadien des >Wachstums<, wenn >Sporen< gebildet werden. Zu den wichtigsten Mykotoxinen zählen die >Aflatoxine< aus *Aspergillus flavus* und *A. parasiticus*, Bisfuranocumarin-Metaboliten, z.B. Aflatoxin B_1, aus dem im weiteren >Stoffwechsel< Aflatoxin B_{2A} (verantwortlich für die >aktue Toxizität< durch unspez. Hemmung von Leberenzymen) und Aflatoxin-2,3-Epoxid (verantwortlich für chronische Effekte durch Alkylierung von Makromolekülen wie >DNA<) entsteht. Aflatoxin zählt zu den stärksten >Cancerogenen<; die Wirkung geht auf das 2,3-Epoxid zurück. Eine Vielzahl von Mykotoxinen produziert die Gattung Fusarium, z.B. Trichothecene aus der Klasse der Sesquiterpene (hierzu gehören das hochtoxische T_2-Toxin, Nivalenol, Roridin A, Verrucarin) und Zearalenon, ein makrozyklisches Lacton mit östrogener Wirkung. Der >Mutterkornpilz< *Claviceps purpurea* liefert Ergot-Alkaloide wie z.B. Ergotamine, pharmazeutisch genutzte Verb., die aber in vergangenen Zeiten, als die Getreidereinigung noch nicht möglich war, zu Massensterben führten (Ergotismus: Brand- und Krampfseuche) (s. chem. Formeln rechts).
1. gesundheitliche Bewertung: Da den meisten M. eine hohe Kanzerogenität zugesprochen wird, sollten sie in Lebensmitteln möglichst nicht enthalten sein. Nach den vorliegenden Ergebnissen und Daten der Literatur sind die Mykotoxinkonzentrationen in deutschen Lebensmitteln sehr niedrig, so daß z.Zt. eine Gefährdung des Verbrauchers in Deutschland nicht zu vermuten ist. Dies ist mit hoher Wahrscheinlichkeit die Folge der Anstrengungen im Futtermittelrecht (>Futtermittelgesetz<). Dort wurde in der 2.Verordnung zur Änderung der >Futtermittel-Verordnung< der Höchstgehalt in >Ergänzungsfuttermitteln< für Milchtiere auf 10 µg >Aflatoxin< B_1/kg >Futtermittel< festgelegt.
2. Vorkommen in Lebensmitteln: Zur Zeit liegen relativ wenig Daten über M. in Lebensmitteln vor. So wurden in Milchproben im Jahre 1982 durchschnittlich 25 bis 29 ng >Aflatoxin< M_1/kg Milch gefunden. Aufgrund besonderer Bedingungen wird in Dänemark in Schweinenieren immer wieder >Ochratoxin< gefunden; in Deutschland sind ähnliche Befunde nicht be-

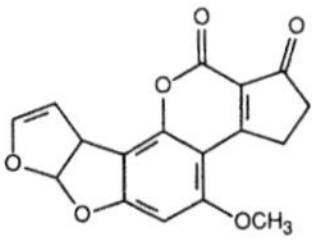

Aflatoxin B₁

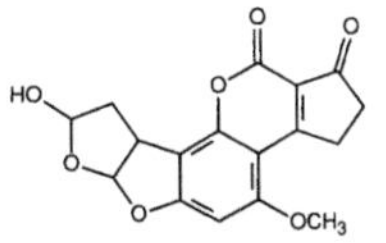

Aflatoxin B₂ₐ

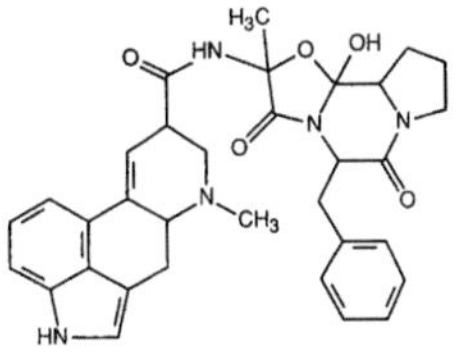

Ergotamin

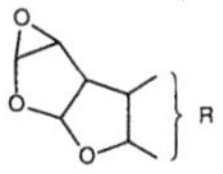

2:3 Epoxide

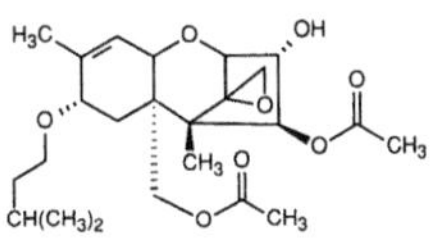

T-2 Toxin

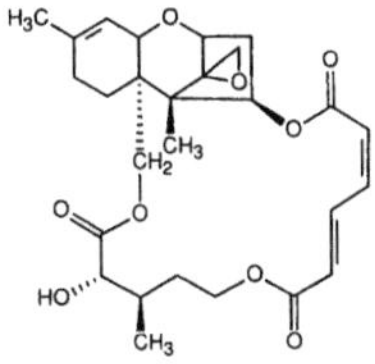

Verrucarin A

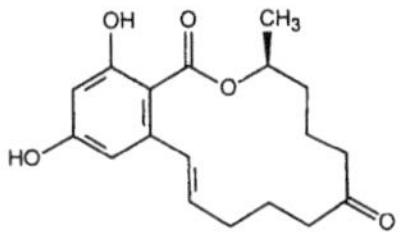

Zearalenon

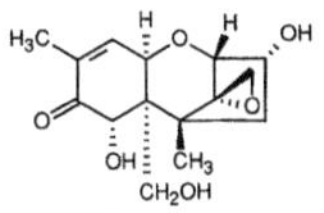

Vomitoxin

kannt. Aussagen zur zeitlichen Entwicklung des Kontaminationsgeschehens von Lebensmitteln tierischen Ursprungs sind kaum zu machen, da, wie beim >Carry-over< ausgeführt, die Gehalte in den Lebensmitteln ausschließlich von den verwendeten >Futtermitteln< bestimmt werden. Hinsichtlich der Analytik ist zu sagen, daß speziell beim Nachweis von M. in Konzentrationsbereiche vorgestoßen werden mußte, die bis dahin bei keinem anderen Stoff in der Routineanalytik üblich waren. Wegen der sehr niedrigen Gehalte in Lebensmitteln ist ein zuverlässiger Nachweis auch nur durch besonders erfahrene Laboratorien möglich.

Mykotoxinkontamination. Unter den in >Futtermitteln< vorkommenden >Schimmelpilzarten< und -stämmen ist ein großer Teil zur Anhäufung von Toxinen im Substrat befähigt. Das von Fusarien gebildete >Zearalenon< ist östrogen wirksam und ruft beim Schwein, aber auch bei Geflügel und anderen Tierarten den sog. Hyperestrogenismus hervor. Diese Krankheit ist für die landwirtschaftliche Praxis vor allem wegen der mit ihr verknüpften Fruchtbarkeitsstörungen wichtig. Eine große Zahl von Mykotoxinen wird von Aspergillus- und Penicillium-Arten gebildet. Am bekanntesten sind die >Aflatoxine<, von denen ein Teil (u. a. Aflatoxin B_1, B_2, G_1, G_2) durch Stämme von >*Aspergillus flavus*< und *Aspergillus parasiticus* produziert wird. Andere Substanzen dieser Gruppe werden im Tier aus im Futter enthaltenen Aflatoxinen gebildet. Eine Aflatoxinproduktion durch Pilze ist weitgehend auf die

Tropen und Suptropen beschränkt: Erdnußextraktionsschrot und andere Ölsaatrückstände sind häufig kontaminiert, auch Körnermais kann stark befallen sein. Die Kenntnisse über die Wirkung dieser Toxine im tierischen Organismus sind, mit Ausnahme des gut untersuchten Aflatoxin B_1, noch lückenhaft. Soweit aus Versuchen mit Labortieren bekannt, variiert die akute Toxizität über einen weiten Bereich. Sehr hoch ist sie beim Aflatoxin B_1, etwas niedriger bei >Ochratoxin A<. Ochratoxin A ist vor allem ein Nierengift, erhöhte Wasseraufnahme und Durchfälle sind typische Krankheitssymptome. Aflatoxin B_1 ist, soweit bisher bekannt, eines der stärksten in der Natur vorkommenden Karzinogene (>Karzinogenität<). Inwieweit in Futtermitteln auftretende Mykotoxine und/oder toxische Derivate über die Nahrungskette in Lebensmittel tierischer Herkunft gelangen können, wurde bisher nur für einige Aflatoxine und Fusarien-Toxine sowie für das Ochratoxin A untersucht. In letzter Zeit hat es nicht an Versuchen gefehlt, mykotoxinhaltige Futtermittel zu entgiften. Für eine Reihe von Mykotoxinen wurde gefunden, daß sie gegenüber gewissen physikalischen, chemischen und biologischen Verfahren bzw. Faktoren instabil sind, z.T. wurde dabei auch ein Rückgang der Toxizität nachgewiesen. Bis jetzt kann noch kein Verfahren der landwirtschaftlichen Praxis uneingeschränkt empfohlen werden, erfolgversprechend ist bei einigen Mykotoxinen eine Behandlung mit Alkalien (u.a. >Ammoniak<).

Lit: Menke KH, Huss W (1987) Tierernährung und Futtermittelkunde, 3.Aufl., Ulmer, Stuttgart.

Myon. Elektrisch geladenes, instabiles >Elementarteilchen< mit einer >Ruheenergie< von 105,659 MeV, das entspricht dem 207,15fachen der Ruheenergie eines Elektrons. Das M. hat eine >mittlere Lebensdauer< von $2,2 \cdot 10^{-6}$ s. Das M. gehört zur Elementarteilchengruppe der >Leptonen<.

Myriopoda. Tausendfüßer sind ursprünglich gebaute Arthropoda mit homonomer Segmentierung. In der Untergruppe der >Hundertfüßer< oder Chilopoda ist das erste Beinpaar mit Giftdrüsen versehen. Alle Arten leben räuberisch im Boden. Gattungen mit großer Bedeutung sind u.a. Lithobius oder Steinläufer und Geophilus oder Erdläufer. In der Untergruppe der Symphyla oder Zwergfüßer, die blind sind, sind viele >saprophage< Arten in hoher Dichte in feuchten Böden zu finden. Die >Pauropoda< oder Wenigfüßer sind zarte, winzige Arten des feuchten Bodens. Die >Diplopoda< oder Doppelfüßer sind mit fester Kalkschale ausgestattet. Sie sind saprophag. Als Anzeiger von >Calcium< sind Diplopoda in >Siedlungsdichten< bis 100 Individuen pro m^2 zu finden. Wichtige Gattungen und gleichzeitig typische Lebensformtypen sind u.a. Glomeris oder Saftkugler, Julus oder Schnurfüßer und Polydesmus oder Bandfüßer. S. Abb. S.223.

Myxobakterien. >Bacteria<.

Myxococcus. >Bacteria< (s. Abb. S.142).

Myxomycota. Schleimpilze sind evtl. den Einzellern zuzuordnen. Die M. leben in freier Ortsbewegung und ernähren sich durch Phagocytose. Sporen werden gebildet.

MZFR. Mehrzweckforschungsreaktor im >Kernforschungszentrum Karlsruhe<, >Druckwasserreaktor< (D_2O-moderiert und -gekühlt) mit einer elektrischen Bruttoleistung von 58 MW, nukleare Inbetriebnahme am 29.09. 1965; am 03.05. 1984 endgültig außer Betrieb genommen; kumulierte Stromerzeugung: 5 TWh.